SISTEMAS DE CONTROLE MODERNOS

O GEN | Grupo Editorial Nacional – maior plataforma editorial brasileira no segmento científico, técnico e profissional – publica conteúdos nas áreas de ciências exatas, humanas, jurídicas, da saúde e sociais aplicadas, além de prover serviços direcionados à educação continuada e à preparação para concursos.

As editoras que integram o GEN, das mais respeitadas no mercado editorial, construíram catálogos inigualáveis, com obras decisivas para a formação acadêmica e o aperfeiçoamento de várias gerações de profissionais e estudantes, tendo se tornado sinônimo de qualidade e seriedade.

A missão do GEN e dos núcleos de conteúdo que o compõem é prover a melhor informação científica e distribuí-la de maneira flexível e conveniente, a preços justos, gerando benefícios e servindo a autores, docentes, livreiros, funcionários, colaboradores e acionistas.

Nosso comportamento ético incondicional e nossa responsabilidade social e ambiental são reforçados pela natureza educacional de nossa atividade e dão sustentabilidade ao crescimento contínuo e à rentabilidade do grupo.

SISTEMAS DE CONTROLE MODERNOS

14ª edição

Richard C. Dorf
University of California, Davis

Robert H. Bishop
University of South Florida

Tradução e Revisão Técnica

Rubens Junqueira Magalhães Afonso

Doutor pelo Programa de Pós-graduação em Engenharia
Eletrônica e Computação – Área de Sistemas e Controle
do Instituto Tecnológico de Aeronáutica (ITA)

- Data do fechamento do livro: 30/05/2024

- **Atendimento ao cliente: (11) 5080-0751 | faleconosco@grupogen.com.br**

  LTC | LIVROS TÉCNICOS E CIENTÍFICOS EDITORA LTDA.
  Uma editora integrante do GEN | Grupo Editorial Nacional
  Travessa do Ouvidor, 11
  Rio de Janeiro – RJ – CEP 20040-040
  www.grupogen.com.br

- Adaptação de capa: Rejane Megale
- Imagens da capa: Alexey Kotelnikov/Alamy Stock Photo e Butterfly Hunter/Shutterstock
- Editoração eletrônica: Arte & Ideia
- Ficha catalográfica

CIP-BRASIL. CATALOGAÇÃO NA PUBLICAÇÃO
SINDICATO NACIONAL DOS EDITORES DE LIVROS, RJ

D749s
14. ed.

Dorf, Richard C.
Sistemas de controle modernos / Richard C. Dorf, Robert H. Bishop ; tradução e revisão técnica Rubens Junqueira Magalhães Afonso. - 14. ed. - Rio de Janeiro : LTC, 2024.

Tradução de: Modern control systems
Apêndice
Inclui bibliografia e índice
ISBN 978-85-216-3885-8

1. Sistemas de controle por realimentação. 2. Teoria do controle. I. Bishop, Robert H. II. Afonso, Rubens Junqueira Magalhães. III. Título.

24-88973 CDD: 629.83
CDU: 681.5

Meri Gleice Rodrigues de Souza - Bibliotecária - CRB-7/6439

Dedicado à memória do
Professor Richard C. Dorf

Sumário Geral

Sumário

CAPÍTULO 4 *Características de Sistemas de Controle com Realimentação 174*

CAPÍTULO 5 *Desempenho de Sistemas de Controle com Realimentação 224*

CAPÍTULO 6 *Estabilidade de Sistemas Lineares com Realimentação 282*

CAPÍTULO 7 *Método do Lugar Geométrico das Raízes 322*

APÊNDICES NO AMBIENTE DE APRENDIZAGEM DO GEN

MATERIAL COMPLEMENTAR DO SITE

Material Suplementar

Este livro conta com os seguintes materiais suplementares:

- Apêndice A: Fundamentos de MATLAB.
- Apêndice B: Fundamentos de MathScript RT Module.
- Apêndice C: Símbolos, Unidades e Fatores de Conversão.
- Apêndice D: Pares de Transformada de Laplace.
- Apêndice E: Introdução à Álgebra Matricial.
- Apêndice F: Conversão de Decibéis.
- Apêndice G: Números Complexos.
- Apêndice H: Pares de Transformada z.
- Apêndice I: Avaliação em Tempo Discreto da Resposta no Tempo.
- Apêndice J: Auxílios de Projeto.

O acesso aos materiais suplementares é gratuito. Basta que o leitor se cadastre, faça seu *login* em nosso *site* (www.grupogen.com.br) e, após, clique em Ambiente de aprendizagem. Em seguida, insira no canto superior esquerdo o código PIN de acesso localizado na orelha deste livro.

O acesso ao material suplementar online fica disponível até seis meses após a edição do livro ser retirada do mercado.

Caso haja alguma mudança no sistema ou dificuldade de acesso, entre em contato conosco (gendigital@grupogen.com.br).

Prefácio

SISTEMAS DE CONTROLE MODERNOS – O LIVRO

Questões globais como mudanças climáticas, água potável, sustentabilidade, pandemia, gestão de resíduos, redução de emissões, minimização do uso de matéria-prima e de energia fizeram com que muitos engenheiros repensassem as abordagens existentes para projetos de engenharia. Um dos resultados dessa evolução estratégica foi considerar a *engenharia verde* e o *projeto centrado em humanos*. O objetivo dessas abordagens de engenharia é projetar produtos que minimizem a poluição, reduzam os riscos à saúde humana e melhorem o meio ambiente. A aplicação dos princípios da engenharia verde e do projeto centrado em humanos evidencia o poder dos sistemas de controle com realimentação como uma tecnologia habilitadora.

Para reduzir os gases do efeito estufa e minimizar a poluição, é necessário melhorar tanto a qualidade quanto a quantidade dos sistemas de monitoramento ambiental. Um exemplo é a utilização de medições via rede sem fio em plataformas móveis de sensores para monitorar o ambiente externo. Outro caso é o monitoramento da qualidade da energia distribuída para mensurar baixos fatores de potência, variações de tensão e a presença de harmônicos. Muitos dos sistemas e componentes de engenharia verde necessitam do monitoramento meticuloso das correntes e tensões elétricas. Por exemplo, os transformadores de corrente usados em vários capacitores para medir e controlar correntes dentro de redes de distribuição de energia em sistemas interconectados para o fornecimento de energia elétrica. Os sensores são componentes fundamentais de todo sistema de controle com realimentação, visto que as medições fornecem as informações necessárias sobre o estado do sistema, de modo que este possa agir apropriadamente.

O papel dos sistemas de controle continuará a se expandir à medida que as questões globais enfrentadas requerem níveis cada vez maiores de automação e precisão. Neste livro, são apresentados exemplos-chave ligados a essa engenharia, como o monitoramento de turbinas eólicas e a modelagem de um gerador fotovoltaico para controle com realimentação, cuja função é obter o fornecimento máximo de acordo com a variação da luz solar durante o dia.

O vento e o sol são importantes fontes de energia renovável. A conversão da energia eólica em eletricidade é realizada por turbinas eólicas conectadas a geradores elétricos. Porém, a intermitência dessa fonte torna o desenvolvimento de redes inteligentes essencial para direcionar essa energia até a rede de distribuição, quando ela está disponível, bem como para captar energia de outras fontes quando o vento diminui ou cessa. Assim, uma rede elétrica inteligente é um sistema composto de hardware e software que direciona de maneira confiável e eficiente a energia para residências, empresas, escolas e outros usuários, mesmo na presença de intermitência e de outras perturbações. Outra questão advém da irregularidade de direção e força do vento, que causa a necessidade de instalar sistemas de controle diretamente nas turbinas eólicas para a geração de energia elétrica estável e confiável. O objetivo desses dispositivos de controle é reduzir os efeitos dessas características do vento. Os sistemas de armazenamento de energia também são tecnologias críticas para a engenharia verde, o que leva à pesquisa pelo desenvolvimento de sistemas de armazenagem de energias renováveis, como as células de combustível. O controle ativo também pode ser um elemento-chave para que esses sistemas sejam efetivos.

Outra tecnologia instigante para o desenvolvimento de sistemas de controle é a Internet das Coisas – uma rede de objetos físicos dotados de dispositivos eletrônicos, software, sensores e conectividade. Conforme o que se prevê, cada um dos milhões de dispositivos na rede possuirá um computador conectado à internet. A capacidade de controlar esses dispositivos conectados será de grande interesse para os engenheiros de controle. De fato, engenharia de controle é um campo empolgante e desafiador. Devido a sua própria natureza, é matéria multidisciplinar e conquistou seu lugar como uma disciplina essencial no currículo de engenharia. É sensato esperar abordagens diferentes para seu domínio e prática. Uma vez que o assunto possui forte fundamentação matemática, pode-se abordá-lo a partir de um ponto de vista rigorosamente teórico, enfatizando teoremas e demonstrações. Por outro lado, como o objetivo final é implementar controladores em sistemas reais, pode-se adotar uma abordagem *ad hoc* contando apenas com a intuição e a experiência prática ao se projetar sistemas de controle com realimentação. A abordagem deste livro é apresentar uma metodologia de engenharia de controle que, enquanto reúne os fundamentos matemáticos, também enfatiza a modelagem de sistemas físicos e os projetos de sistemas de controle práticos com especificações de sistema realistas.

Acredita-se que a abordagem mais importante e produtiva para o aprendizado é a redescoberta e a recriação individual das respostas e dos métodos passados. Assim, o ideal é apresentar ao estudante uma série de problemas e perguntas e indicar algumas das respostas que foram obtidas nas últimas décadas. O método tradicional – apresentar ao estudante não o problema, mas a solução completa – priva-o de toda a agitação, corta o seu impulso criativo e reduz a aventura da humanidade a um amontoado empoeirado de teoremas. A saída, então, é apresentar alguns dos problemas importantes e sem resposta que ainda continuam sendo enfrentados, para que o estudante possa confirmar aquilo que ele realmente assimilou e compreendeu.

O objetivo deste livro é apresentar a estrutura da teoria de controle com realimentação e proporcionar uma sequência de descobertas empolgantes à medida que se avança na leitura do texto e na resolução dos problemas. Se o conteúdo deste livro puder efetivamente auxiliar o estudante na descoberta da teoria e da prática de sistemas de controle com realimentação, ele terá atingido seu propósito fundamental.

O QUE HÁ DE NOVO NESTA EDIÇÃO

Esta edição de *Sistemas de Controle Modernos* incorpora as seguintes atualizações principais:

- Disponível tanto em e-book quanto em livro impresso.
- Mais de 20% de problemas novos ou atualizados. Há mais de 980 exercícios de fim de capítulo, problemas, problemas avançados, problemas de projeto e problemas computacionais.

PÚBLICO-ALVO

Este livro é direcionado para cursos de graduação introdutórios sobre sistemas de controle voltados para estudantes de Engenharia. Há uma fronteira muito tênue entre as várias engenharias na prática de sistemas de controle; por essa razão, o texto é escrito sem nenhuma inclinação consciente para uma área específica. Assim, espera-se que ele seja igualmente útil para todas as áreas da Engenharia e que, eventualmente, ajude a ilustrar a utilidade da Engenharia de Controle. Os numerosos problemas e exemplos representam todas as áreas, e os exemplos de sistemas de controle sociológicos, biológicos, ecológicos e econômicos são destinados a propiciar ao leitor uma consciência da aplicabilidade geral da teoria de controle a muitas facetas da vida. Acredita-se que a exposição dos estudantes de uma área a exemplos e problemas de outras áreas expande a capacidade dele de visualização para além da própria área de estudo. Muitos estudantes seguem carreiras em áreas da Engenharia diferentes daquela em que se formaram. Muitos estudantes seguem carreiras em áreas de Engenharia diferentes das suas. Espera-se que esta introdução à Engenharia de Controle proporcione aos estudantes uma compreensão mais ampla do projeto e da análise de sistemas de controle.

Nas treze edições anteriores, *Sistemas de Controle Modernos* foi utilizado em cursos do ciclo profissional para estudantes de Engenharia em muitas faculdades e universidades, globalmente, assim como foi utilizado em cursos de pós-graduação em Engenharia para estudantes sem experiência em Engenharia de Controle.

A DÉCIMA QUARTA EDIÇÃO

Estudantes e docentes que usam a décima quarta edição têm acesso aos Apêndices A a J, disponíveis no Ambiente de aprendizagem do GEN.

Continuamos dando ênfase no projeto que historicamente tem caracterizado esta obra. Usando os problemas de engenharia do mundo real associados ao projeto de um controlador para um sistema de leitura de acionadores de disco, apresenta-se o *Exemplo de Projeto Sequencial*, o qual é considerado sequencialmente em cada capítulo de acordo com os métodos e conceitos nele contidos. Os acionadores de disco são usados em computadores de todos os tamanhos e representam uma aplicação importante da Engenharia de Controle. Vários aspectos do projeto de controladores para o sistema de leitura de acionadores de disco são considerados em cada capítulo. Por exemplo, no Capítulo 1, identificam-se os objetivos do controle, as variáveis a serem controladas, escrevem-se as especificações de controle e estabelece-se a configuração preliminar de sistema para o acionador de disco. Em seguida, no Capítulo 2, obtêm-se os modelos do processo, dos sensores e dos atuadores. Nos capítulos restantes, continua-se o processo de projeto, enfatizando-se os pontos principais dos capítulos.

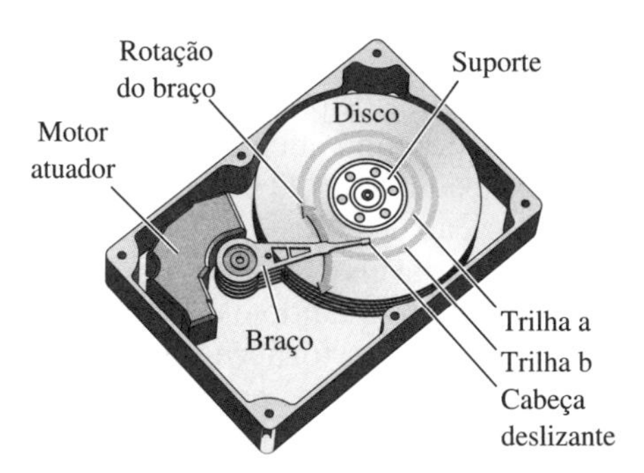

No mesmo espírito do *Exemplo de Projeto Sequencial*, apresenta-se o *Problema de Projeto Continuado*, proporcionando aos estudantes a oportunidade de desenvolver um problema de projeto por capítulo. A maquinaria de alta precisão impõe demandas rigorosas em sistemas de mesas deslizantes. No *Problema de Projeto Continuado*, os estudantes aplicam as técnicas e ferramentas apresentadas em cada capítulo para o desenvolvimento de uma solução de projeto que atenda aos requisitos especificados.

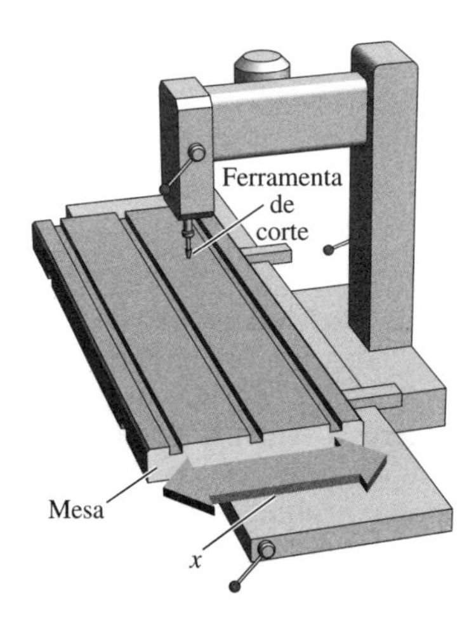

O componente de projeto e análise assistidos por computador continua a ser desenvolvido e melhorado. Além disso, muitas das soluções para vários componentes do *Exemplo de Projeto Sequencial* utilizam arquivos m com as sequências de instruções correspondentes incluídas nas figuras.

A seção *Verificação de Competências* é incluída ao fim de cada capítulo, na qual são apresentados três conjuntos de problemas para testar o conhecimento sobre o conteúdo do capítulo. São problemas de Verdadeiro ou Falso, Múltipla Escolha e Correspondência de Palavras. Para obter um retorno imediato, pode-se comparar as respostas com o gabarito fornecido depois dos problemas de fim de capítulo.

RECURSOS PEDAGÓGICOS

O livro é organizado em torno dos conceitos da teoria de sistemas de controle desenvolvidos nos domínios da frequência e do tempo. Procurou-se realizar uma escolha moderna dos tópicos, no melhor sentido, bem como dos sistemas discutidos nos exemplos e problemas. Portanto, este livro inclui discussões sobre sistemas de controle robusto e sensibilidade do sistema, modelos em variáveis de estado, controlabilidade e observabilidade, sistemas controlados por computador, controle com modelo interno, controladores PID robustos e projeto e análise assistidos por computador, para citar algumas. Entretanto, os tópicos clássicos da teoria de controle que provaram ser muito úteis na prática foram mantidos e expandidos.

Desenvolvimento de Princípios Básicos: Do Clássico ao Moderno. O objetivo é apresentar uma exposição clara dos princípios básicos das técnicas de projeto no domínio da frequência e no domínio do tempo. Os métodos clássicos da Engenharia de Controle são cobertos completamente: transformadas de Laplace e funções de transferência; projeto com lugar geométrico das raízes; análise de estabilidade de Routh-Hurwitz; métodos da resposta em frequência, incluindo Bode, Nyquist e

Nichols; erro em regime estacionário para sinais de teste-padrão; aproximações para sistema de segunda ordem; margem de fase, margem de ganho e faixa de passagem. Adicionalmente, a cobertura do método de variáveis de estado é expressiva. Noções fundamentais de controlabilidade e observabilidade para modelos em variáveis de estado são examinadas. O projeto de realimentação de estado completo com a fórmula de Ackermann para alocação de polos é apresentado juntamente com uma discussão sobre as limitações da realimentação de variáveis de estado. Os observadores são apresentados como um meio de fornecer estimativas do estado quando o estado completo não é medido.

Sobre este forte alicerce de princípios básicos, o livro fornece muitas oportunidades para se explorar tópicos além do tradicional. Nos últimos capítulos, são apresentadas introduções aos tópicos mais avançados de controle robusto e controle digital, e um capítulo inteiro é devotado ao projeto de sistemas de controle com realimentação baseados na estrutura prática industrial de compensadores de avanço e de atraso de fase. A capacidade de solução de problemas é enfatizada pelos capítulos. Cada um deles (exceto o primeiro) apresenta ao estudante o conceito de projeto e análise assistidos por computador.

Desenvolvimento Progressivo de Habilidades para Solução de Problemas. Ler os capítulos, assistir às aulas e fazer anotações, trabalhar por meio dos exemplos ilustrados, tudo faz parte do processo de aprendizagem. Mas o verdadeiro teste encontra-se no fim do capítulo com os problemas. O livro considera seriamente a questão de resolução de problemas. Em cada capítulo, há cinco tipos deles:

- Exercícios;
- Problemas;
- Problemas Avançados;
- Problemas de Projeto;
- Problemas Computacionais.

Por exemplo, o conjunto de problemas para os Modelos Matemáticos de Sistemas, no Capítulo 2, inclui 31 exercícios, 51 problemas, 9 problemas avançados, 6 problemas de projeto e 10 problemas computacionais. Os exercícios permitem que os estudantes utilizem prontamente os conceitos e métodos introduzidos em cada capítulo resolvendo exercícios relativamente diretos antes de tentarem problemas mais complexos. Os problemas requerem uma extensão dos conceitos do capítulo para novas situações. Os problemas avançados representam problemas de complexidade crescente. Os problemas de projeto enfatizam a tarefa de projetar; os problemas computacionais proporcionam ao estudante prática com solução de problemas que usam essa ferramenta. No total, o livro contém mais de 980 problemas. A abundância de problemas com complexidade crescente promove aos estudantes confiança em sua capacidade de resolvê-los à medida que avançam dos exercícios para os problemas de projeto e os problemas computacionais.

Ênfase no Projeto sem Comprometer Princípios Básicos. O importantíssimo tópico sobre projeto de sistemas de controle complexos do mundo real é um tema central no texto. A ênfase em projetos para aplicação no mundo real reflete o interesse da indústria nesse tema.

O processo de projeto consiste em sete blocos principais organizados em três grupos:

1. Estabelecimento de objetivos e variáveis a serem controladas e definição das especificações (métricas) que serão usadas para medir o desempenho;
2. Definição de sistema e modelagem;
3. Projeto do sistema de controle e simulação e análise do sistema integrado.

Em cada capítulo deste livro, destacam-se a conexão entre o processo de projeto e os principais tópicos abordados. O objetivo é demonstrar diferentes aspectos do processo de projeto por meio de exemplos ilustrativos.

Vários aspectos do processo de projeto de sistemas de controle são ilustrados, em detalhes, em diversos exemplos ao longo de todos os capítulos, incluindo aplicações de projetos de controle em robótica, manufatura, medicina e transporte (terrestre, aéreo e espacial).

Cada capítulo inclui uma seção para auxiliar os estudantes a utilizar conceitos de projeto e análise assistidos por computador e refazer muitos dos exemplos de projeto. Em geral, são fornecidos arquivos m que podem ser usados no projeto e na análise de sistemas de controle. Cada sequência de instruções é discutida com caixas de comentários que destacam aspectos importantes da sequência de instruções. A saída associada à sequência de instruções (geralmente um gráfico) também contém caixas de comentários apontando para elementos importantes. As sequências de instruções também

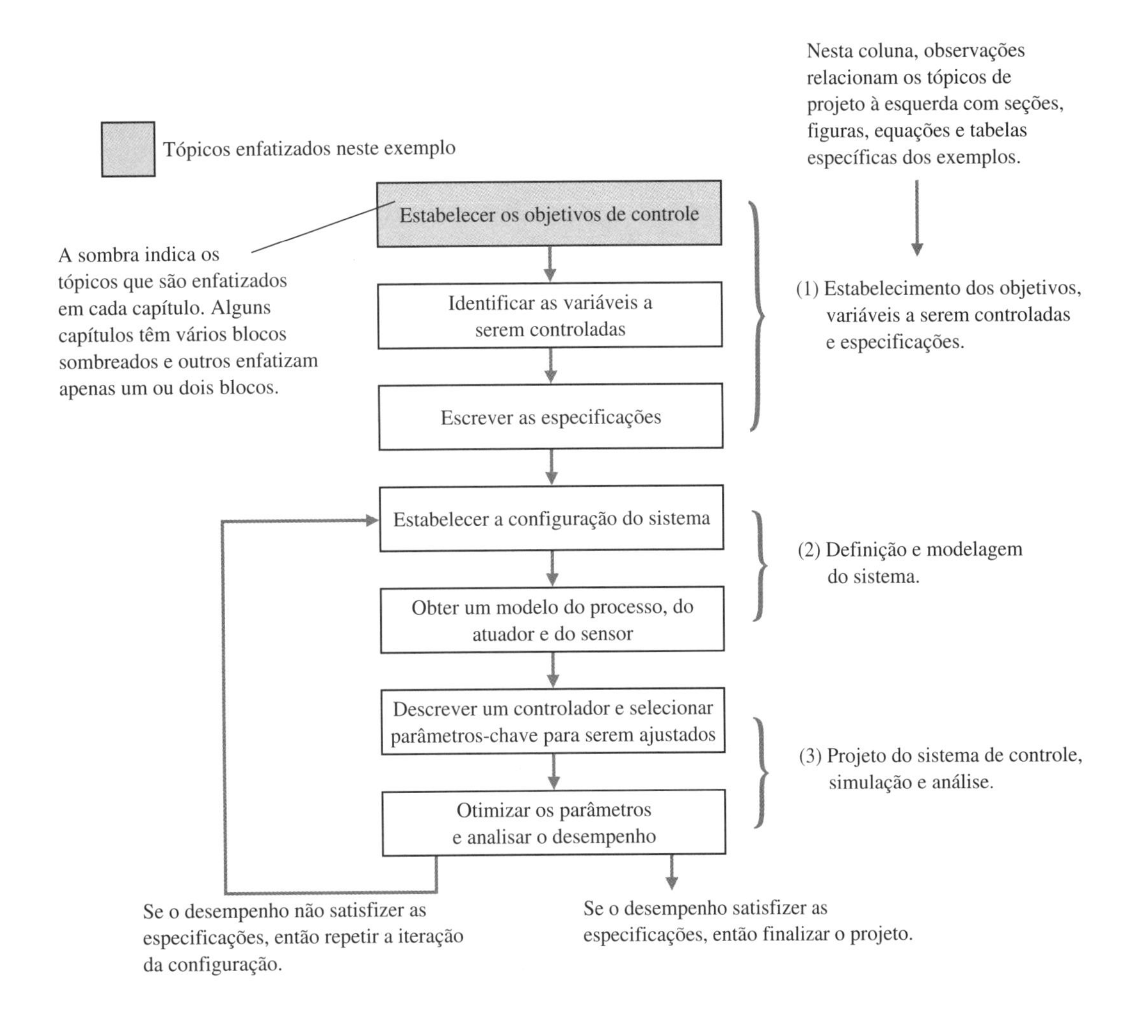

podem ser utilizadas com modificações como ponto de partida para solucionar outros problemas relacionados.

Intensificação da Aprendizagem. Cada capítulo inicia com uma apresentação que descreve os tópicos abordados e termina com as seções *Resumo*, *Verificação de Competências* e *Termos* e *Conceitos*. Essas seções reforçam os conceitos importantes discutidos e servem como referência para uso posterior.

Um sombreado é usado para dar ênfase, quando necessário, e para tornar os gráficos e figuras mais fáceis de interpretar. Por exemplo, considere o controle por computador de um robô para pintar um automóvel com *spray*. Pode-se solicitar que o estudante investigue a estabilidade em malha fechada para diversos valores do ganho K do controlador e determine a resposta a uma perturbação em degrau unitário, $T_p(s) = 1/s$, para a entrada $R(s) = 0$. A figura associada auxilia o estudante (a) a visualizar o problema e (b) a dar o próximo passo para desenvolver o modelo em função de transferência e completar a análise.

ORGANIZAÇÃO

Capítulo 1 Introdução aos Sistemas de Controle. O Capítulo 1 fornece uma introdução à história básica da teoria e prática do controle. O propósito deste capítulo é descrever a abordagem geral para projetar e construir um sistema de controle.

Capítulo 2 Modelos Matemáticos de Sistemas. Modelos matemáticos de sistemas físicos na forma de entrada-saída ou de função de transferência são desenvolvidos no Capítulo 2. Uma variedade de sistemas é considerada.

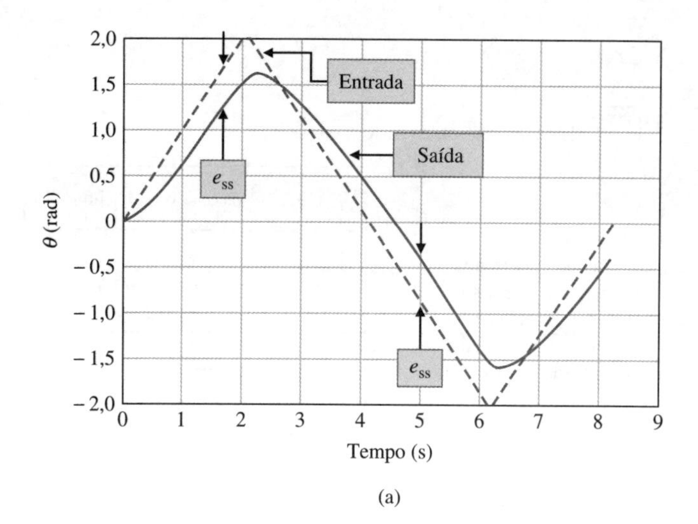

(a)

```
%Calcula a resposta do Sistema de Controle do Robô Móvel
%para uma entrada onda triangular
%
numg=[10 20]; deng=[1 10 0]; sysg=tf(numg,deng);      ← G(s)Gc(s)
[sys]=feedback(sysg, [1]);
t=[0:0.1:8.2]';
v1=[0:0.1:2]';v2=[2:-0.1:-2]';v3=[-2:0.1:0]';          ← Calcula a entrada onda triangular.
u=[v1;v2;v3];
[y,T]=lsim(sys,u,t);                                    ← Simulação linear.
plot(T,y,t,u,'--'),
xlabel('Tempo (s)'), ylabel('\theta (rad)'), grid
```

(b)

Capítulo 3 Modelos em Variáveis de Estado. Modelos matemáticos de sistemas na forma de variáveis de estado são desenvolvidos no Capítulo 3. A resposta transitória de sistemas de controle e o desempenho destes sistemas são examinados.

Capítulo 4 Características de Sistemas de Controle com Realimentação. As características dos sistemas de controle com realimentação são descritas no Capítulo 4. As vantagens da realimentação são examinadas, e o conceito de sinal de erro do sistema é apresentado.

Capítulo 5 Desempenho de Sistemas de Controle com Realimentação. No Capítulo 5, o desempenho de sistemas de controle é examinado. O desempenho de um sistema de controle é correlacionado com a posição no plano s dos polos e zeros da função de transferência do sistema.

Capítulo 6 Estabilidade de Sistemas Lineares com Realimentação. A estabilidade de sistemas com realimentação é investigada no Capítulo 6. A relação entre a estabilidade do sistema e a equação característica da função de transferência do sistema é estudada. O critério de estabilidade de Routh-Hurwitz é apresentado.

Capítulo 7 Método do Lugar Geométrico das Raízes. O Capítulo 7 trata do deslocamento das raízes da equação característica no plano s à medida que um ou dois parâmetros variam. O lugar das raízes no plano s é determinado por um método gráfico. Apresentam-se também o popular controlador PID e o método de sintonia de PID de Ziegler-Nichols.

Capítulo 8 Métodos da Resposta em Frequência. No Capítulo 8, um sinal de entrada senoidal em regime estacionário é utilizado para examinar a resposta em regime estacionário do sistema à medida que a frequência da senoide varia. O desenvolvimento do gráfico da resposta em frequência, chamado diagrama de Bode, é considerado.

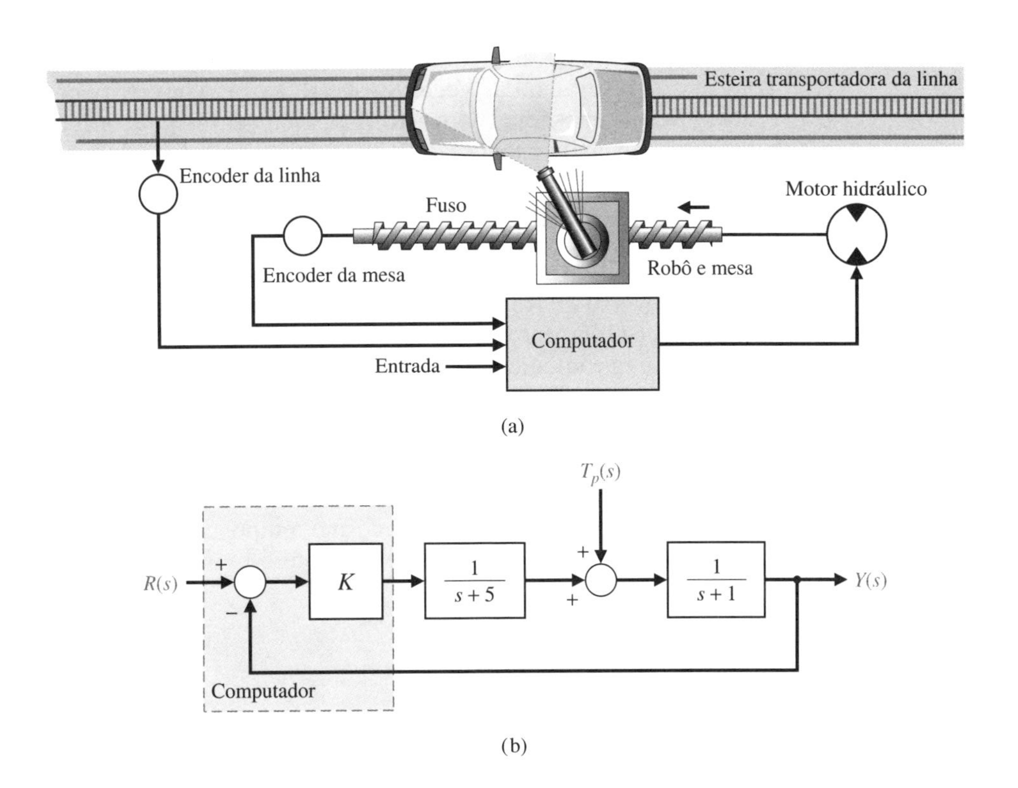

Capítulo 9 Estabilidade no Domínio da Frequência. A estabilidade do sistema é investigada com métodos da resposta em frequência no Capítulo 9. A estabilidade relativa e o critério de Nyquist são examinados. A estabilidade é considerada usando diagramas de Nyquist e de Bode e a carta de Nichols.

Capítulo 10 Projeto de Sistemas de Controle com Realimentação. Diversas abordagens para o projeto e a compensação de um sistema de controle são descritas e desenvolvidas no Capítulo 10. Vários dispositivos que atuam como compensadores são apresentados e se mostra o modo como estes componentes ajudam a alcançar melhor desempenho. O enfoque é dado em compensadores de avanço e de atraso de fase.

Capítulo 11 Projeto de Sistemas com Realimentação de Variáveis de Estado. O tópico principal do Capítulo 11 é o projeto de sistemas de controle usando modelos em variáveis de estado. Os autores examinam os métodos de projeto de realimentação de estado completo e de projeto de observador baseados na alocação de polos. Apresentam testes de controlabilidade e observabilidade e examinam o conceito de projeto com modelo interno.

Capítulo 12 Sistemas de Controle Robusto. O Capítulo 12 trata do projeto de sistemas de controle altamente exatos na presença de incertezas significantes. Cinco métodos para projeto robusto são examinados, incluindo lugar geométrico das raízes, resposta em frequência, métodos ITAE para controladores PID robustos, modelos internos e realimentação pseudoquantitativa.

Capítulo 13 Sistemas de Controle Digital. Métodos para descrever e analisar o desempenho de sistemas controlados por computador são descritos no Capítulo 13. A estabilidade e o desempenho de sistemas com dados amostrados são examinados.

AGRADECIMENTOS

Os autores desejam expressar sincera gratidão às seguintes pessoas que auxiliaram no desenvolvimento desta décima quarta edição, bem como em todas as edições anteriores: John Hung, Auburn University; Zak Kassas, University of California-Irvine; Hanz Richter, Cleveland State Universtiy; Abhishek Gupta, The Ohio State University; Darris White, Embry Riddle Aeronautical University; John K. Schueller, University of Florida; Mahmoud A. Abdallah, Central State University (OH); John N. Chiasson, University of Pittsburgh; Samy El-Sawah, California State Polytechnic University,

Pomona; Peter J. Gorder, Kansas State University; Duane Hanselman, University of Maine; Ashok Iyer, University of Nevada, Las Vegas; Leslie R. Koval, University of Missouri-Rolla; L. G. Kraft, University of New Hampshire; Thomas Kurfess, Georgia Institute of Technology; Julio C. Mandojana, Mankato State University; Luigi Mariani, University of Padova; Jure Medanic, University of Illinois at Urbana-Champaign; Eduardo A. Misawa, Oklahoma State University; Medhat M. Morcos, Kansas State University; Mark Nagurka, Marquette University; D. Subbaram Naidu, Idaho State University; Ron Perez, University of Wisconsin-Milwaukee; Carla Schwartz, The MathWorks, Inc.; Murat Tanyel, Dordt College; Hal Tharp, University of Arizona; John Valasek, Texas A & M University; Paul P. Wang, Duke University e Ravi Warrier, GMI Engineering and Management Institute. Agradecimentos especiais a Greg Mason, Seattle University, e Jonathan Sprinkle, University of Arizona, pelo desenvolvimento do conteúdo interativo e dos vídeos das soluções do original em inglês.

LINHAS ABERTAS DE COMUNICAÇÃO

Aos autores, são bem-vindas críticas e sugestões dos usuários sobre *Sistemas de Controle Modernos* para melhorias em futuras edições. Ao mesmo tempo, eles podem manter os leitores informados de quaisquer novidades de interesse geral sobre o livro-texto e ainda repassar comentários de outros leitores.

Mantenham contato!

Robert H. Bishop robertbishop@usf.edu

Sobre os Autores

Richard C. Dorf foi Professor Emérito de Engenharia Elétrica e de Computação na University of California, em Davis. Conhecido como um docente altamente interessado na área de engenharia elétrica e sua aplicação às necessidades socioeconômicas, Dorf escreveu e publicou diversos livros-textos e manuais de sucesso sobre engenharia, incluindo o best-seller *Engineering Handbook*, segunda edição, e a terceira edição do *Electrical Engineering Handbook*. Foi também coautor de *Technology Ventures*, livro de destaque em empreendedorismo tecnológico. Foi membro do Institute of Electrical and Electronics Engineers (IEEE) e da American Society for Engineering Education (ASEE). Deteve uma patente para o controlador PIDA.

Robert H. Bishop é decano de Engenharia na University of South Florida, presidente e CEO do Instituto de Engenharia Aplicada e professor titular no Departamento de Engenharia Elétrica. Antes de fazer parte dessa instituição, foi decano de Engenharia na Marquette University e, mais anteriormente, chefe de Departamento e professor titular de Engenharia Aeroespacial e Engenharia Mecânica na University of Texas at Austin, onde ocupou a cátedra *Joe J. King* e foi eleito *Distinguished Teaching Professor*. Bishop iniciou sua carreira em Engenharia como membro do corpo técnico no Charles Stark Draper Laboratory. Escreveu o conhecido livro para ensino de programação gráfica intitulado *Learning with LabVIEW* e também é o editor-chefe da *Mechatronics Handbook*. Bishop continua a atuar como professor e pesquisador e é autor/coautor de mais de 145 artigos de revistas e conferências. Ele é membro titular (*fellow*) da American Institute of Aeronautics and Astronautics (AIAA), da American Astronautical Society (AAS), da American Association for the Advancement of Science (AAAS) e ativo na ASEE e no IEEE.

Sobre os Autores

CAPÍTULO 1

Introdução aos Sistemas de Controle

APRESENTAÇÃO

Um sistema de controle consiste em componentes interconectados de modo a atingir determinado propósito. Neste capítulo, são examinados os sistemas de controle em malha aberta e os sistemas de controle com realimentação em malha fechada. São examinados exemplos de sistemas de controle através do curso da história. Os primeiros sistemas usavam muitas das mesmas ideias de realimentação que são empregadas em processos modernos de manufatura. Um processo de projeto é apresentado e engloba a definição de objetivos e variáveis a serem controladas, a definição de especificações, a definição do sistema, a modelagem e a análise. A natureza iterativa do projeto permite que os desvios de projeto sejam tratados de maneira eficiente enquanto soluções de compromisso necessárias entre complexidade, desempenho e custo são realizadas. Finalmente é introduzido o Exemplo de Projeto Sequencial: Sistema de Leitura de Acionadores de Disco. Esse exemplo será considerado sequencialmente em cada capítulo deste livro. Ele representa um problema de projeto de sistema de controle prático enquanto serve simultaneamente como uma útil ferramenta de aprendizado.

RESULTADOS DESEJADOS

Ao concluírem o Capítulo 1, os estudantes devem ser capazes de:

- Elencar exemplos ilustrativos de sistemas de controle e descrever suas relações com questões contemporâneas relevantes.
- Recontar uma breve história dos sistemas de controle e seu papel na sociedade.
- Prever o futuro do controle no contexto de seus caminhos evolucionários.
- Reconhecer os elementos do projeto de sistemas de controle e possuir um reconhecimento do controle no contexto de projetos de engenharia.

1.1 INTRODUÇÃO

Os engenheiros criam produtos que auxiliam as pessoas. Nossa qualidade de vida é mantida e melhorada por meio da engenharia. Para realizar isso, os engenheiros se esforçam para compreender, modelar e controlar os materiais e as forças da natureza em prol da humanidade. Uma área fundamental da engenharia que se estende por muitas áreas técnicas é o campo multidisciplinar da engenharia de sistemas de controle. Os engenheiros de controle têm como função entender e controlar partes do seu ambiente, frequentemente chamadas de **sistemas**, que são interconexões de elementos e dispositivos com uma finalidade desejada. O sistema pode ser algo tão corriqueiro como um sistema de controle de velocidade em cruzeiro de um automóvel, ou algo tão extenso e complexo como uma interface direta entre cérebro e computador para controlar um manipulador. A engenharia de controle lida com o projeto (e implementação) de sistemas de controle, usando modelos lineares e invariantes no tempo, que representam sistemas físicos reais, não lineares e variantes no tempo, com parâmetros incertos e perturbações externas. Conforme os sistemas computacionais tornaram-se mais baratos – especialmente os processadores embarcados –, passaram a consumir menos energia e a ocupar menos espaço, ao mesmo tempo em que aumentaram a capacidade de processamento; concomitantemente, sensores e atuadores experimentaram o mesmo aumento em capacidade com redução de dimensões, as aplicações de sistemas de controle cresceram em número de aplicações e em complexidade. Um **sensor** é um dispositivo que provê uma medida de sinal externo desejado. Por exemplo, detetores resistivos de temperatura (*resistance temperature detectors* – RTDs) são sensores usados para medir temperaturas. Um **atuador** é um dispositivo acionado pelo sistema de controle para alterar ou ajustar o ambiente. Um motor elétrico usado para rotacionar um manipulador robótico é um exemplo de dispositivo que transforma energia elétrica em torque mecânico.

O panorama da engenharia de controle está mudando rapidamente. A era da Internet das Coisas (*Internet of Things* – IoT) apresenta muitos desafios intrigantes na aplicação de sistemas de controle no ambiente (considere o uso mais eficiente de energia em casas e empresas), manufatura (considere a impressão 3D), bens de consumo, energia, dispositivos médicos e cuidados com a saúde, transporte (considere carros automatizados!), entre muitos outros [14]. Atualmente, um desafio para os engenheiros de controle é criar modelos matemáticos simples, mas ao mesmo tempo confiáveis e acurados de muitos de nossos sistemas modernos, complexos, inter-relacionados e interconectados. Felizmente, muitas ferramentas modernas de projeto estão disponíveis, assim como programas abertos e grupos de internet (para compartilhar ideias e responder perguntas), a fim de auxiliar o modelador. A implementação dos próprios sistemas de controle também está se tornando mais automatizada, mais uma vez assistida por muitos recursos prontamente disponíveis na internet, associados ao acesso a computadores, sensores e atuadores relativamente baratos. A **engenharia de sistemas de controle** enfoca a modelagem de um amplo conjunto de sistemas físicos e o uso destes modelos para projetar controladores que façam com que os sistemas operando com realimentação em malha fechada apresentem as características desejadas, tais como estabilidade, estabilidade relativa, rastreamento com erro em regime estacionário dentro de limites admissíveis máximos, rastreamento em regime transiente (sobressinal percentual, tempo de acomodação, tempo de subida e tempo de pico), rejeição a perturbações externas e robustez a incertezas no modelo. O passo extremamente importante no projeto completo e processo de implementação é projetar sistemas de controle, como controladores PID, controladores de avanço e atraso de fases, controladores de realimentação de variáveis de estado e outras estruturas populares de controladores. É disso que trata este livro!

A engenharia de controle é baseada nos princípios da teoria da realimentação e da análise de sistemas lineares, e integra conceitos de teoria de redes e teoria da comunicação. Ela possui uma forte fundação matemática, porém é muito prática e impacta nossa vida cotidiana em quase tudo o que fazemos. De fato, engenharia de controle não é limitada a nenhuma disciplina de engenharia, mas é igualmente aplicável nas engenharias aeroespacial, agronômica, biomédica, química, civil, de computação, industrial, elétrica, ambiental, mecânica, nuclear e até mesmo em ciência da computação. Muitos aspectos da engenharia de controle podem ser encontrados em estudos em engenharia de sistemas.

Um **sistema de controle** é uma interconexão de componentes formando a configuração de sistema que proporcionará uma resposta desejada do sistema. A base para a análise de um sistema são os princípios fornecidos pela teoria de sistemas lineares, a qual supõe relação de causa e efeito para os componentes de um sistema. Um componente ou **processo** a ser controlado pode ser representado graficamente, como mostrado na Figura 1.1. A relação entrada-saída representa a relação de causa e efeito do processo, o qual, por sua vez, representa o processamento do sinal de entrada para fornecer um sinal de saída desejado. Um **sistema de controle em malha aberta** usa um controlador e um atuador para obter a resposta desejada, como mostra a Figura 1.2. Um sistema em malha aberta é um sistema sem realimentação.

Um sistema de controle em malha aberta usa um dispositivo de atuação para controlar o processo diretamente sem usar realimentação.

Em contraste com um sistema de controle em malha aberta, um sistema de controle em malha fechada utiliza uma medida adicional da saída real para compará-la com a resposta desejada. A medida da saída é chamada **sinal de realimentação**. Um **sistema de controle com realimentação em malha fechada** simples é mostrado na Figura 1.3. Um sistema de controle com realimentação é um sistema de controle que tende a manter uma relação predeterminada entre duas variáveis do

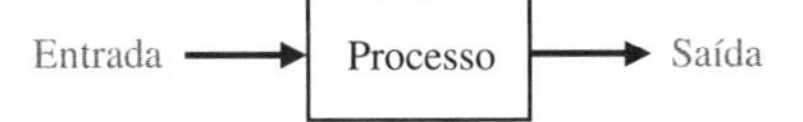

FIGURA 1.1 Processo a ser controlado.

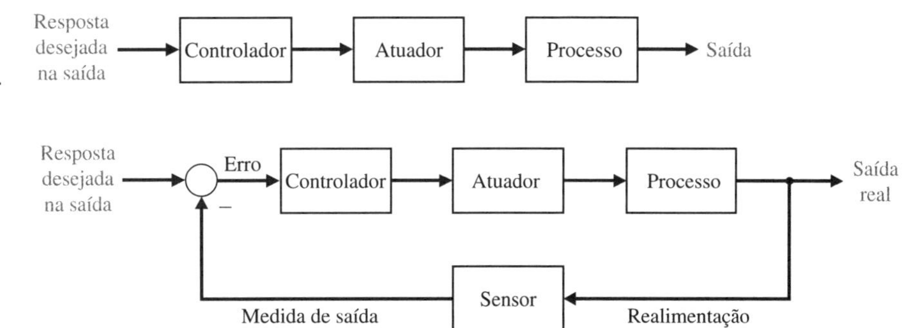

FIGURA 1.2 Sistema de controle em malha aberta (sem realimentação).

FIGURA 1.3 Sistema de controle em malha fechada (com realimentação).

sistema por meio da comparação de funções dessas variáveis e usando a diferença como meio de controle. Com um sensor exato, a saída medida é uma boa aproximação da saída real do sistema.

Um sistema de controle com realimentação frequentemente utiliza uma função de uma relação predeterminada entre a saída e a entrada de referência para controlar o processo. Frequentemente, a diferença entre a saída do processo sendo controlado e a entrada de referência é amplificada e usada para controlar o processo de modo que a diferença seja continuamente reduzida. Usualmente a diferença entre a saída desejada e a saída real é igual ao erro, o qual é então corrigido pelo controlador. A saída do controlador faz com que o atuador ajuste o processo para reduzir o erro. Por exemplo, se uma embarcação vai incorretamente para a direita, o leme é atuado para dirigir a embarcação para a esquerda. O sistema mostrado na Figura 1.3 é um sistema de controle com **realimentação negativa**, porque a saída é subtraída da entrada e a diferença é usada como sinal de entrada para o controlador. O conceito de realimentação é a base para a análise e o projeto de sistemas de controle.

Um sistema de controle em malha fechada usa uma medida da saída e a realimentação desse sinal para compará-lo com a saída desejada (referência ou comando).

O controle em malha fechada possui diversas vantagens sobre o controle em malha aberta, incluindo a capacidade de rejeitar **perturbações** externas e melhorar a atenuação do **ruído de medida**. As perturbações e o ruído de medida são incorporados no diagrama de blocos como entradas externas, conforme ilustrado na Figura 1.4. Perturbações externas e ruído de medida são inevitáveis em aplicações reais e devem ser abordados em projetos concretos de sistemas de controle.

Os sistemas com realimentação nas Figuras 1.3 e 1.4 são sistemas com realimentação com malha única. Muitos sistemas de controle com realimentação possuem mais de uma malha de realimentação. Um **sistema de controle com realimentação com múltiplas malhas** comum é ilustrado na Figura 1.5, com uma malha interna e uma externa. Nesse cenário, a malha interna possui um controlador e um sensor e a malha externa possui um controlador e um sensor. Outras variações de sistemas com realimentação com múltiplas malhas são consideradas ao longo do livro, uma vez que elas representam situações mais concretas encontradas em aplicações no mundo real. Entretanto, o sistema com realimentação com malha única é utilizado para se aprender sobre os benefícios dos sistemas de controle com realimentação, já que os resultados se estendem prontamente a sistemas com múltiplas malhas.

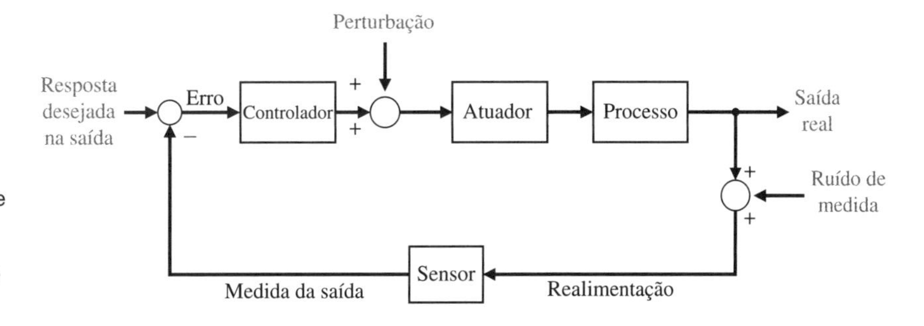

FIGURA 1.4 Sistema de controle em malha fechada com perturbações externas e ruído de medida.

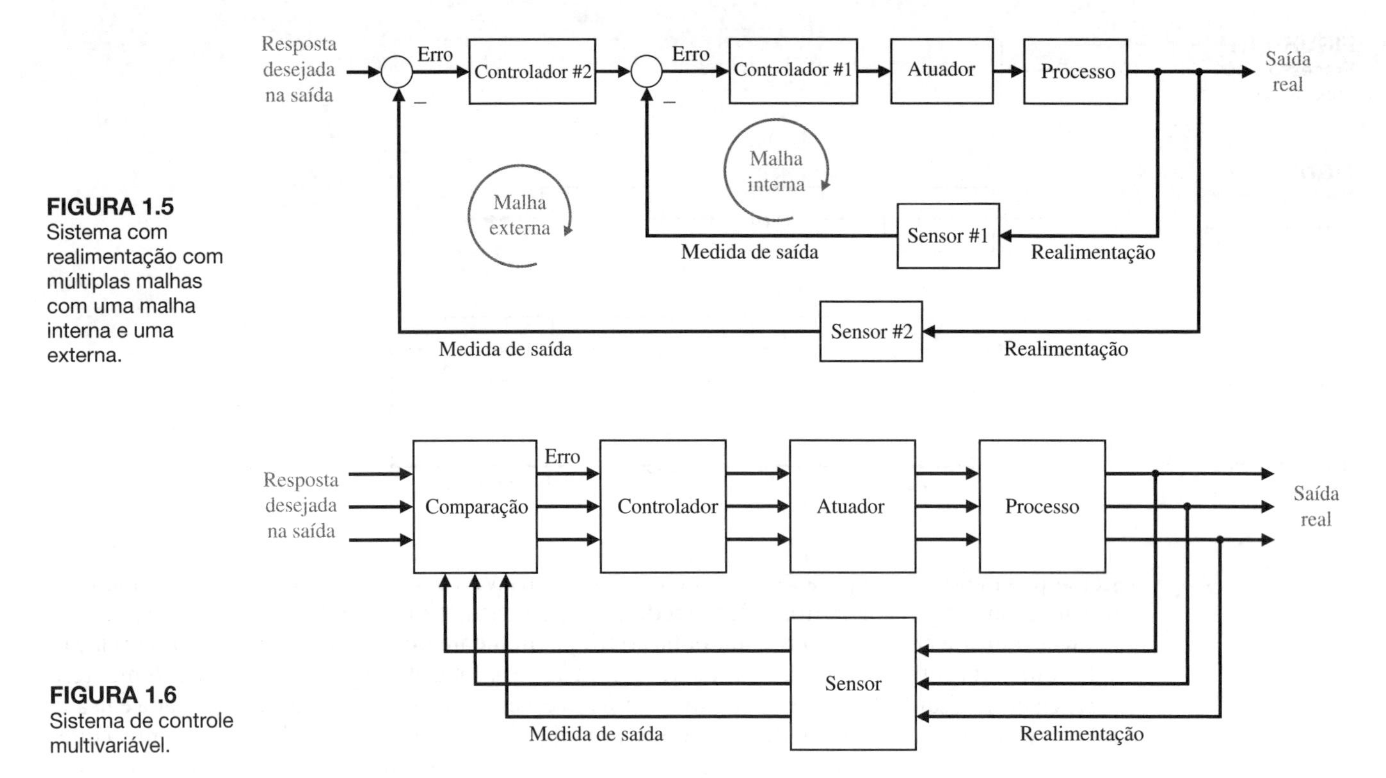

FIGURA 1.5 Sistema com realimentação com múltiplas malhas com uma malha interna e uma externa.

FIGURA 1.6 Sistema de controle multivariável.

Devido à crescente complexidade dos sistemas sendo controlados ativamente e ao interesse na obtenção de desempenho ótimo, a importância da engenharia de controle continua aumentando. Além disso, à medida que os sistemas se tornam mais complexos, o inter-relacionamento de muitas variáveis controladas precisa ser considerado no esquema de controle. Um diagrama de blocos retratando um **sistema de controle multivariável** é mostrado na Figura 1.6.

Um exemplo comum de sistema de controle em malha aberta é um forno de micro-ondas ajustado para operar por tempo fixo. Um exemplo de sistema de controle em malha fechada é uma pessoa que dirige um automóvel (supondo que os olhos dele ou dela estejam abertos) olhando o posicionamento do automóvel na estrada e fazendo os ajustes adequados.

A introdução da realimentação possibilita o controle de uma saída de interesse e pode melhorar a precisão, mas requer atenção no que se refere às questões de estabilidade e desempenho.

1.2 BREVE HISTÓRIA DO CONTROLE AUTOMÁTICO

O uso de realimentação para controlar um sistema tem uma história fascinante. As primeiras aplicações de controle com realimentação apareceram no desenvolvimento de mecanismos reguladores com boias na Grécia, no período de 300 a 1 a.C. [1, 2, 3]. O relógio de água de Ktesibios usava um regulador com boia. Uma lâmpada a óleo inventada por Philon em aproximadamente 250 a.C. usava um regulador com boia para manter um nível constante de óleo combustível. Heron de Alexandria, que viveu no primeiro século d.C., publicou um livro intitulado *Pneumatica*, no qual esboçou várias formas de mecanismos de nível de água usando reguladores com boia [1].

O primeiro sistema com realimentação a ser inventado na Europa moderna foi o regulador de temperatura de Cornelis Drebbel (1572–1633), da Holanda [1]. Dennis Papin (1647–1712) inventou o primeiro regulador de pressão para caldeiras a vapor em 1681. O regulador de pressão de Papin era uma espécie de regulador de segurança, similar à válvula de uma panela de pressão.

O primeiro controlador automático com realimentação usado em um processo industrial é geralmente aceito como o **regulador de esferas** de James Watt, desenvolvido em 1769 para controlar a velocidade de um motor a vapor [1, 2]. O dispositivo inteiramente mecânico, mostrado na Figura 1.7, media a velocidade do eixo de saída e utilizava o movimento das esferas para controlar a válvula de vapor e, desse modo, a quantidade de vapor entrando no motor. Como retratado na Figura 1.7, o eixo do regulador é conectado por meio de ligações mecânicas e engrenagens cônicas ao eixo de saída do motor a vapor. À medida que a velocidade do eixo de saída do motor a vapor aumenta, os pesos esféricos se elevam e se afastam do eixo do regulador e, por meio de ligações mecânicas, a válvula de vapor se fecha e o motor desacelera.

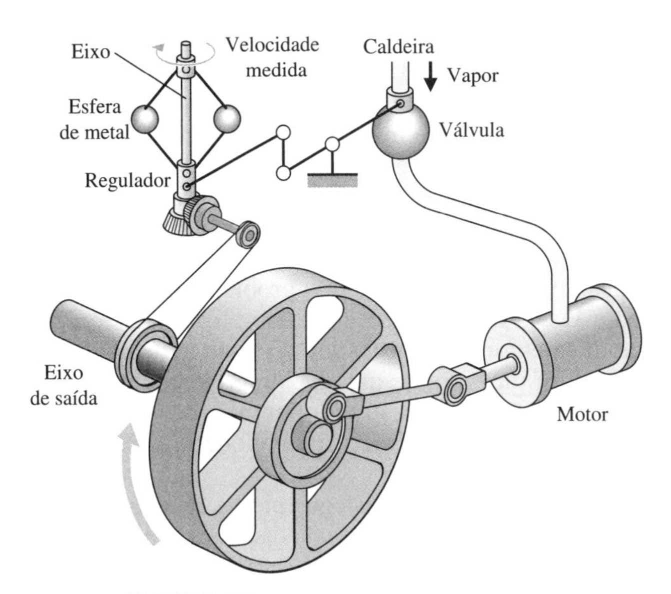

FIGURA 1.7 Regulador de esferas de Watt.

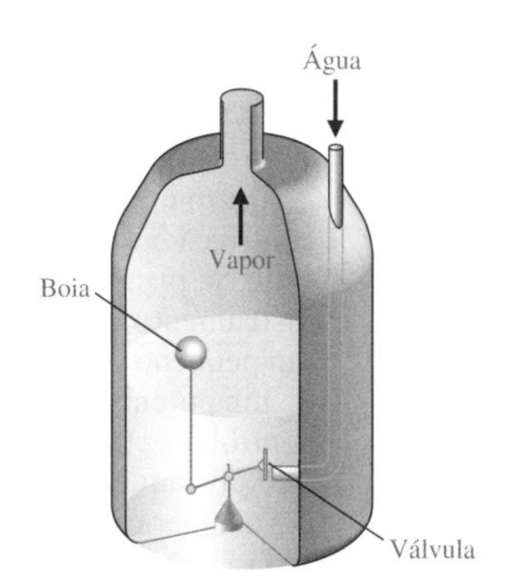

FIGURA 1.8 Regulador de nível de água com boia.

O primeiro sistema com realimentação da história é o regulador de nível de água com boia, supostamente inventado por I. Polzunov em 1765 [4]. O sistema regulador de nível é mostrado na Figura 1.8. A boia detecta o nível de água e controla a válvula que cobre a entrada de água da caldeira.

O século seguinte foi caracterizado pelo desenvolvimento de sistemas de controle automático por meio da intuição e da invenção. Esforços para aumentar a exatidão dos sistemas de controle levaram a atenuações mais lentas das oscilações transitórias e até mesmo a sistemas instáveis. Tornou-se então imperativo desenvolver uma teoria do controle automático. Em 1868, J. C. Maxwell formulou uma teoria matemática relacionada com a teoria de controle usando um modelo de equações diferenciais de um regulador [5]. O estudo de Maxwell tratava do efeito que vários parâmetros do sistema tinham no seu desempenho. Durante o mesmo período, I. A. Vyshnegradskii formulou uma teoria matemática dos reguladores [6].

Antes da Segunda Guerra Mundial, a teoria e a prática do controle nos Estados Unidos e na Europa Ocidental se desenvolveram de modo diferente do que na Rússia e no Leste Europeu. O principal incentivo para o uso de realimentação nos Estados Unidos foi o desenvolvimento do sistema telefônico e dos amplificadores eletrônicos com realimentação por Bode, Nyquist e Black nos Laboratórios Telefônicos Bell [7-10, 12].

Harold S. Black graduou-se no Instituto Politécnico de Worcester em 1921 e ingressou nos Laboratórios Bell da American Telegraph and Telephone (AT&T). À época, a maior tarefa enfrentada pelos Laboratórios Bell era o aperfeiçoamento do sistema telefônico e o projeto de amplificadores de sinal melhores. Black recebeu a tarefa de linearizar, estabilizar e aprimorar os amplificadores que eram usados em tandem para suportar conversações por distâncias de alguns milhares de quilômetros. Após anos trabalhando com circuitos osciladores, Black teve a ideia de amplificadores com realimentação negativa como forma de evitar auto-oscilações. Sua ideia aumentaria a estabilidade do circuito sobre uma larga faixa de frequências [8].

O domínio da frequência foi usado principalmente para descrever a operação dos amplificadores com realimentação em termos de faixa de passagem e outras variáveis da análise em frequência. Em contraste, os matemáticos eminentes e mecânicos aplicados da antiga União Soviética inspiraram e dominaram a área de teoria de controle. A teoria russa estava inclinada a utilizar formulações no domínio do tempo usando equações diferenciais.

O controle de um processo industrial (manufatura, produção e assim por diante) por meios automáticos em vez de manuais é frequentemente chamado de **automação**. A automação é predominante nas indústrias química, de geração de energia, de papel, automotiva e metalúrgica, entre outras. O conceito de automação é fundamental para nossa sociedade industrial. Máquinas automáticas são usadas para aumentar a produção de uma fábrica. As indústrias estão preocupadas com a produtividade por trabalhador em suas fábricas. **Produtividade** é definida como a razão entre a saída física e a entrada física [26]. Nesse caso, estamos nos referindo à produtividade da mão de obra, que é a saída real por hora de trabalho.

Um grande impulso para a teoria e a prática do controle automático ocorreu durante a Segunda Guerra Mundial, quando se tornou necessário projetar e construir pilotos automáticos para aeronaves, sistemas de posicionamento de armas, sistemas de controle de antenas de radares e outros sistemas militares baseados na abordagem do controle com realimentação. A complexidade e o desempenho esperados desses sistemas militares fizeram com que fosse necessária uma extensão das técnicas de controle disponíveis e promoveram o interesse em sistemas de controle e o desenvolvimento de novos conhecimentos e métodos. Antes de 1940, na maioria dos casos, o projeto de sistemas de controle era uma arte envolvendo a abordagem de tentativa e erro. Durante a década de 1940, métodos matemáticos e analíticos aumentaram em número e utilidade, e a engenharia de controle tornou-se um ramo da engenharia por si mesma [10–12].

Outro exemplo da descoberta de uma solução de engenharia para um problema de sistema de controle foi a criação de um sistema de mira por David B. Parkinson dos Laboratórios Telefônicos Bell. Na primavera de 1940, Parkinson pretendia melhorar o registrador automático de nível, um instrumento que desenhava os níveis de tensão em uma tira de papel. Componente crítico era um pequeno potenciômetro usado para controlar a caneta do registrador por meio de um atuador. Se um potenciômetro pôde ser usado para controlar a caneta do registrador, poderia ser capaz de controlar outras máquinas, como uma bateria antiaérea? [13].

Após um esforço considerável, um modelo de engenharia foi entregue para testes ao exército norte-americano em 1º de dezembro de 1941. Modelos de produção estavam disponíveis no início de 1943, e eventualmente 3.000 controladores de baterias foram entregues. A entrada do controlador era fornecida por um radar e a bateria era apontada usando os dados da posição atual da aeronave e calculando a posição futura do alvo.

Técnicas do domínio da frequência continuaram a dominar a área de controle após a Segunda Guerra Mundial com um aumento no uso da transformada de Laplace e do plano complexo de frequência. Durante a década de 1950, a ênfase da teoria de engenharia de controle estava no desenvolvimento e uso de métodos no plano s e, particularmente, na abordagem do lugar geométrico das raízes. Além disso, durante a década de 1980 o uso de computadores digitais para componentes de controle tornou-se rotineiro. A tecnologia desses novos elementos de controle para realizar cálculos exatos e rápidos não estava disponível anteriormente para os engenheiros de controle. Esses computadores são empregados especialmente em sistemas de controle de processos nos quais muitas variáveis são medidas e controladas simultaneamente pelo computador.

Com o advento do Sputnik e a era espacial, um novo impulso foi dado à engenharia de controle. Tornou-se necessário o projeto de sistemas de controle complexos e de alta exatidão para mísseis e sondas espaciais. Além disso, a necessidade de minimizar o peso de satélites e controlá-los com muita exatidão deu origem à importante área do controle ótimo. Devido a esses requisitos, os métodos do domínio do tempo desenvolvidos por Liapunov, Minorsky e outros têm sido tratados com grande interesse. Teorias de controle ótimo desenvolvidas por L. S. Pontryagin na antiga União Soviética e R. Bellman nos Estados Unidos, assim como estudos sobre sistemas robustos, têm contribuído para o interesse em métodos no domínio do tempo. A engenharia de controle precisa considerar ambas as abordagens, domínio do tempo e domínio da frequência, simultaneamente na análise e no projeto de sistemas de controle.

Um avanço notável, com impacto global, é o sistema de radionavegação norte-americano baseado no espaço, conhecido como Sistema de Posicionamento Global ou GPS – *Global Positioning System* [82–85]. Em um passado distante, várias estratégias e sensores foram desenvolvidos para evitar que exploradores se perdessem nos oceanos, como a navegação seguindo a linha costeira, a utilização de bússolas para apontar o norte e de sextantes para medir os ângulos das estrelas, da Lua e do Sol com relação ao horizonte. Os primeiros exploradores eram capazes de estimar a latitude com exatidão, mas não a longitude. Foi apenas a partir do século XVIII, com o desenvolvimento do cronômetro e seu uso combinado com o sextante, que a longitude pôde ser estimada. Sistemas de navegação baseados em rádio começaram a surgir no início do século XX e foram usados na Segunda Guerra Mundial. Com o advento do Sputnik e a era espacial, observou-se que sinais de rádio de satélites poderiam ser utilizados para navegar na superfície observando-se o efeito Doppler nos sinais de rádio recebidos. A pesquisa e o desenvolvimento culminaram na década de 1990 com 24 satélites de navegação (conhecidos como GPS) que resolveram o problema fundamental que exploradores enfrentaram por séculos, fornecendo um mecanismo confiável para determinar com precisão a posição atual. Disponível gratuitamente em todo o mundo, o GPS oferece informações muito confiáveis de posição e tempo a qualquer instante, dia ou noite, em qualquer lugar do mundo. A utilização do GPS como sensor para fornecer informações de posição (e velocidade) é a espinha dorsal de sistemas de controle ativos para sistemas de transporte aéreos, terrestres e marítimos. O GPS ajuda os profissionais dos serviços de resgate e emergência a salvar vidas, assim como nos auxilia em atividades do dia a dia, incluindo o controle de redes de distribuição de energia, terraplanagem, agricultura, topografia e muitas outras tarefas.

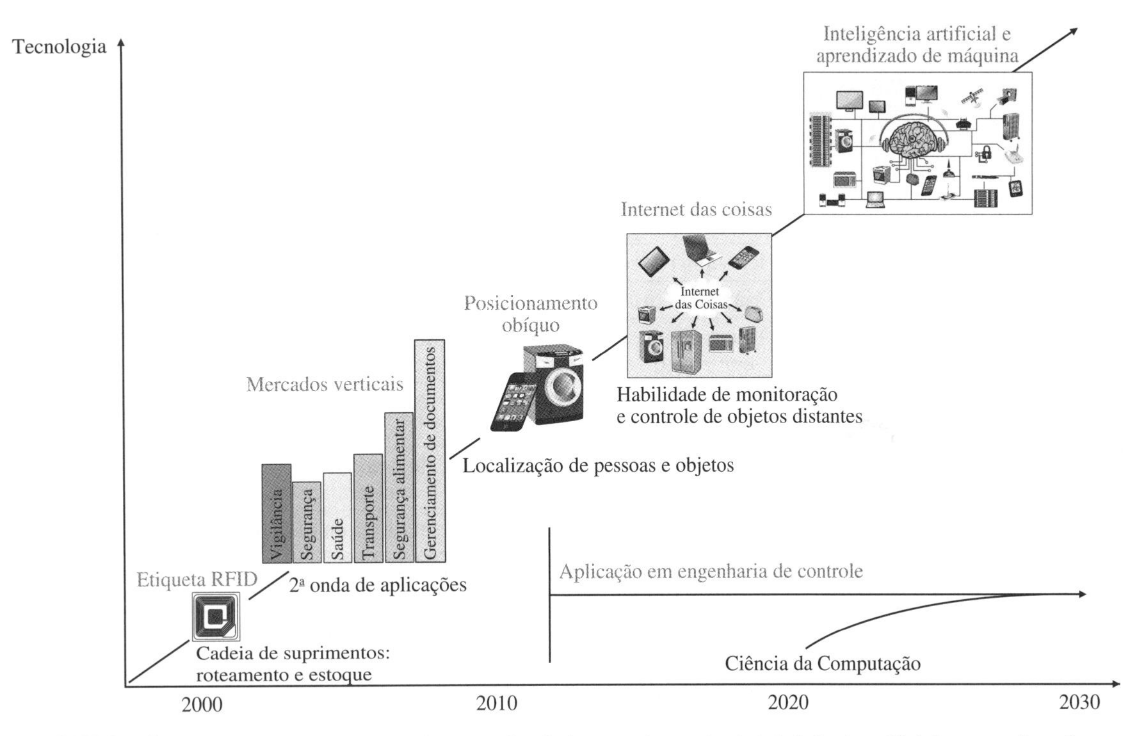

FIGURA 1.9 Mapa de tecnologia para a Internet das Coisas, aprimorado via inteligência artificial, com aplicações em engenharia de controle. (Fonte: SRI Bussiness Inteligence.)

Sistemas globais de navegação via satélite (como GPS, GLONASS e Galileo), fornecendo dados de posição, navegação e tempo, acoplados à tecnologia sem fio em evolução, sistemas computacionais e dispositivos móveis de alta capacidade, sistemas de informações geográficas globais e web semântica estão apoiando o campo em evolução de **posicionamento onipresente** [100-103]. Esses sistemas podem fornecer informação sobre a localização de pessoas, veículos e outros objetos em função do tempo ao redor do globo. Como a **computação** pessoal **onipresente** [104] continua a levar a tecnologia ao limite em que a ação está ocorrendo, encontraremos muitas oportunidades para projetar e comissionar sistemas autônomos fundamentados na base sólida de conceitos de teoria de sistemas abordada neste texto introdutório sobre sistemas de controle modernos.

A evolução da **Internet das Coisas** (*Internet of Things* – **IoT**) está provocando um impacto de transformação na área de engenharia de controle. A ideia da IoT, proposta originalmente por Kevin Ashton em 1999, é a rede de objetos físicos dotados de dispositivos eletrônicos, software, sensores e conectividade – todos elementos de engenharia de controle [14]. Cada uma das "coisas" na rede contém um computador embarcado com acesso à internet. A capacidade de controlar dispositivos conectados é de grande interesse para engenheiros de controle, mas resta muito trabalho a ser feito, especialmente no estabelecimento de padrões [24]. A International Data Corporation estima que haverá 41,6 bilhões de dispositivos IoT gerando 79,4 zettabytes (ZB) de dados até o ano de 2025 [106]. Um ZB equivale a um trilhão de GB! A Figura 1.9 apresenta o mapa tecnológico ilustrando que no futuro próximo a engenharia de controle provavelmente desempenhará um papel na criação de aplicações de controle ativas para dispositivos conectados (adotada de [27]).

Uma seleção histórica do desenvolvimento de sistemas de controle é resumida na Tabela 1.1.

1.3 EXEMPLOS DE SISTEMAS DE CONTROLE

A engenharia de controle trata da análise e do projeto de sistemas orientados a objetivos. Portanto, a mecanização de políticas orientadas a objetivo transformou-se em uma hierarquia de sistemas de controle orientados a objetivo. A teoria de controle moderno trata de sistemas que têm características de auto-organização, adaptação, robustez e otimalidade.

EXEMPLO 1.1 **Veículos automatizados**

Dirigir um automóvel é uma tarefa agradável quando o veículo responde rapidamente aos comandos do motorista. A era dos veículos autônomos ou autopilotados está próxima [15, 19, 20]. O veículo

Tabela 1.1 Desenvolvimentos Históricos Selecionados de Sistemas de Controle

1769	Desenvolvimento do motor a vapor e do regulador de James Watt.
1868	J. C. Maxwell formulou um modelo matemático para o controle de regulação de um motor a vapor.
1913	Apresentação da máquina mecanizada de montagem de Henry Ford na produção de automóveis.
1927	H. S. Black concebe o amplificador com realimentação negativa e H. W. Bode analisa amplificadores realimentados.
1932	H. Nyquist desenvolve um método para analisar a estabilidade de sistemas.
1941	Criação da primeira bateria antiaérea com controle ativo.
1952	Desenvolvimento do controle numérico (CN) no Instituto Tecnológico de Massachusetts para o controle de eixos de máquina-ferramenta.
1954	George Devol desenvolve a "transferência programada de itens", considerada o primeiro projeto de robô industrial.
1957	O Sputnik dá início à era espacial, levando, com o tempo, à miniaturização dos computadores e aos avanços na teoria de controle automático.
1960	O primeiro robô Unimate é apresentado, com base no projeto de Devol. O Unimate foi instalado em 1961 para alimentar máquinas de fundição.
1970	Desenvolvimento de modelos em variáveis de estado e do controle ótimo.
1980	O projeto de sistemas de controle robusto é largamente estudado.
1983	Chegada do computador pessoal (e de programas para projeto de controladores logo em seguida) trazendo as ferramentas de projeto para a mesa do engenheiro.
1990	A ARPANET governamental (primeira rede a usar o Protocolo de Internet – Internet Protocol) foi desativada e as conexões privadas à internet realizadas por companhias comerciais rapidamente se espalharam.
1994	Controle com realimentação largamente utilizado em automóveis. Demanda por sistemas robustos e confiáveis na manufatura.
1995	O Sistema de Posicionamento Global (GPS) se torna operacional, disponibilizando serviços de posicionamento, navegação e sincronização em todo o mundo.
1997	Primeiro veículo autônomo da história, conhecido como Sojourner, explora a superfície marciana.
2007	A missão Orbital Express realizou o primeiro encontro e acoplamento espaciais autônomos.
2011	O Robonaut R2 da NASA se tornou o primeiro robô construído pelos Estados Unidos na Estação Espacial Internacional projetado para auxiliar atividades extraveiculares da tripulação.
2013	Pela primeira vez, um veículo – conhecido como BRAiVE e projetado na Universidade de Parma, Itália – moveu-se autonomamente em uma rota mista de tráfego aberta à circulação do público sem uma pessoa no assento de motorista.
2014	Internet das Coisas (*Internet of Things* – IoT) tornou-se possível pela convergência de diversos sistemas-chave incluindo sistemas embarcados, redes de sensores sem fio, sistemas de controle e automação.
2016	A SpaceX pousa com sucesso o primeiro foguete em uma plataforma móvel autônoma com espaçoporto controlada por um robô autônomo.
2019	A Wing, da Alphabet, inicia as primeiras entregas comerciais com drones nos Estados Unidos.

autônomo deve ser capaz de sensoriar o ambiente em mutação, planejar trajetórias, determinar as entradas de controle que incluem controlar a direção e virar, acelerar e frear, e desempenhar muitas outras funções tipicamente feitas pelo motorista, implementando a estratégia de controle na prática. A direção é uma das funções críticas de veículos autônomos. Um diagrama de blocos simples de um sistema de controle de direção de automóvel é mostrado na Figura 1.10(a). A trajetória desejada é comparada com uma medida da trajetória real para gerar uma medida do erro, como mostrado na Figura 1.10(b). Essa medida é obtida por realimentação visual e tátil (movimento do corpo), como a fornecida pela sensação do volante nas mãos (sensores). Esse sistema com realimentação é uma versão familiar do sistema de controle de direção de um transatlântico ou dos controles de voo de uma aeronave de grande porte. Uma resposta típica da direção de deslocamento é mostrada na Figura 1.10(c). ■

EXEMPLO 1.2 **Controle com humano na malha**

Um sistema de controle básico, em malha fechada controlado manualmente, para a regulação do nível de um líquido em um tanque é mostrado na Figura 1.11. A entrada é um nível de referência

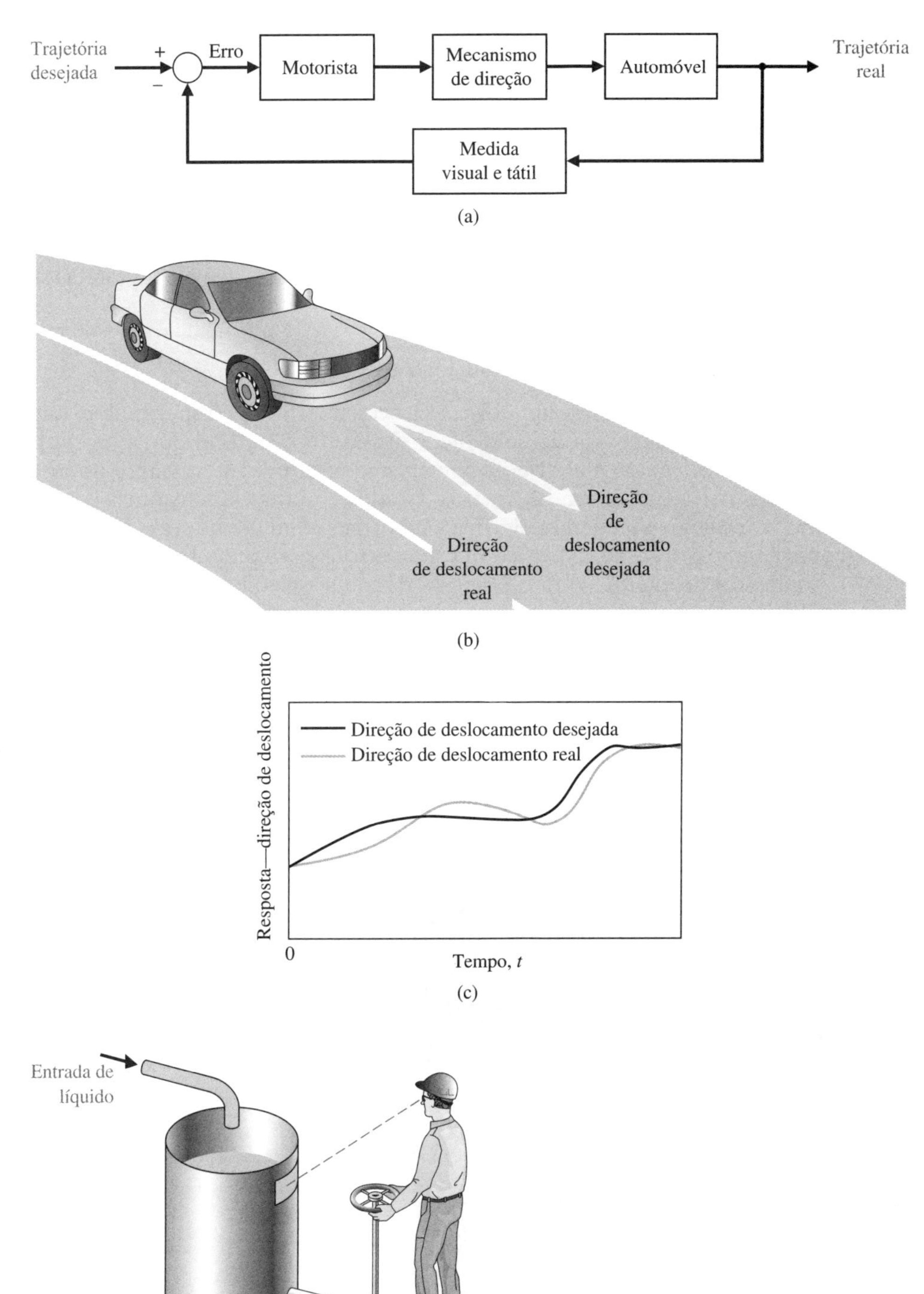

FIGURA 1.10 (a) Sistema de controle de direção do automóvel. (b) O motorista usa a diferença entre a trajetória real e a desejada para gerar um ajuste controlado da direção do volante. (c) Resposta típica da direção de deslocamento.

FIGURA 1.11 Sistema de controle manual para regular o nível de líquido em um tanque pelo ajuste da válvula de saída. O operador observa o nível do líquido por meio de uma vigia na lateral do tanque.

do líquido que o operador é instruído a manter (essa referência é memorizada pelo operador). O amplificador de potência é o operador, e o sensor é visual. O operador compara o nível real com o nível desejado e abre ou fecha a válvula (atuador) ajustando o fluxo de saída do líquido para manter o nível desejado. ■

EXEMPLO 1.3 **Robôs humanoides**

O uso de computadores integrados com máquinas que desempenham tarefas como um trabalhador humano tem sido previsto por vários autores. Em sua famosa peça de 1923, intitulada *R.U.R.* [48], Karel Capek chamou trabalhadores artificiais de *robots* (robôs), derivando a palavra do substantivo tcheco *robota*, que significa "trabalho".

Um **robô** é uma máquina controlada por computador e envolve tecnologia intimamente associada à automação. A robótica industrial pode ser definida como uma área particular da automação na qual a máquina automática (isto é, o robô) é projetada para substituir a mão de obra humana [18, 33]. Desse modo, os robôs possuem certas características humanas. Hoje a característica humana mais comum é um manipulador mecânico, padronizado de forma semelhante ao braço e ao punho humanos. Alguns dispositivos têm até mecanismos antropomórficos, incluindo os que podem ser reconhecidos como braços, punhos e mãos mecânicas [28]. Um exemplo de robô antropomórfico é mostrado na Figura 1.12. No entanto, reconhece-se que máquinas automáticas são bem ajustadas para algumas tarefas, como é observado na Tabela 1.2, mas que outras tarefas são mais bem realizadas por humanos [106]. ■

EXEMPLO 1.4 **Indústria de energia elétrica**

Tem havido recentemente uma discussão considerável a respeito da distância entre a prática e a teoria em engenharia de controle. Entretanto, é natural que a teoria preceda a aplicação em várias áreas da engenharia de controle. Contudo, é interessante notar que na indústria de energia elétrica, a maior indústria nos Estados Unidos, essa distância é relativamente insignificante. A indústria de energia elétrica está principalmente interessada na conversão de energia, controle e distribuição. É crítico que o controle por computador seja cada vez mais aplicado na indústria de energia com o objetivo de melhorar o uso eficiente dos recursos energéticos. Além disso, o controle de **usinas geradoras** de energia para emissão mínima de resíduos tem se tornado cada vez mais importante. As usinas modernas e de grande capacidade, que excedem várias centenas de megawatts, demandam sistemas de controle automático que levem em conta o inter-relacionamento entre as variáveis do processo e uma produção de energia otimizada. É comum se ter 90 ou mais variáveis manipuladas sendo controladas de modo coordenado. Um modelo simplificado mostrando diversas variáveis de controle importantes de um grande sistema de gerador de caldeira é mostrado na Figura 1.13. Esse é um exemplo da importância

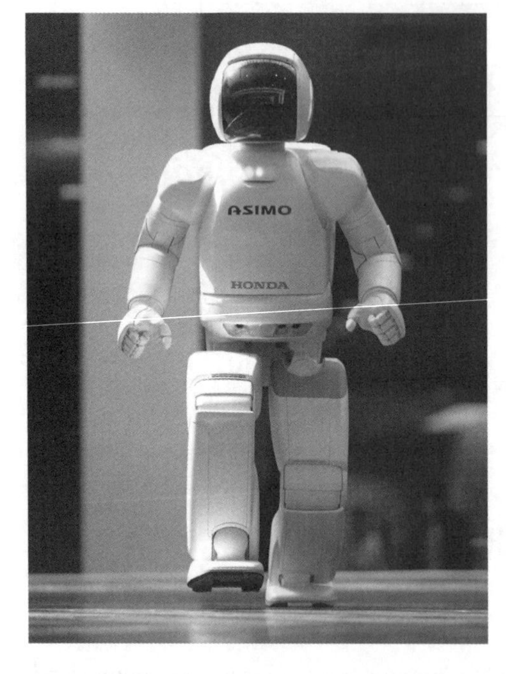

FIGURA 1.12 O robô humanoide ASIMO da Honda. O ASIMO anda, sobe escadas e contorna esquinas. (Disponível em: httpspt.wikipedia.orgwikiFicheiro ASIMO_4.28.11.jpg. Acesso em: 25 Set. 2023.)

Tabela 1.2 Dificuldade de Tarefas: Seres Humanos *Versus* Máquinas Automáticas

Tarefas Difíceis para Máquinas	Tarefas Difíceis para Seres Humanos
Demonstrar emoções reais	Operar em ambientes tóxicos
Atuar com base em princípios éticos	Realizar atividades altamente repetitivas
Coordenar-se precisamente com outros robôs	Buscar em águas profundas
Prever ações e respostas humanas	Explorar o ambiente espacial extraplanetário
Adquirir novas habilidades por conta própria	Trabalhar diligentemente sem intervalos por longos períodos

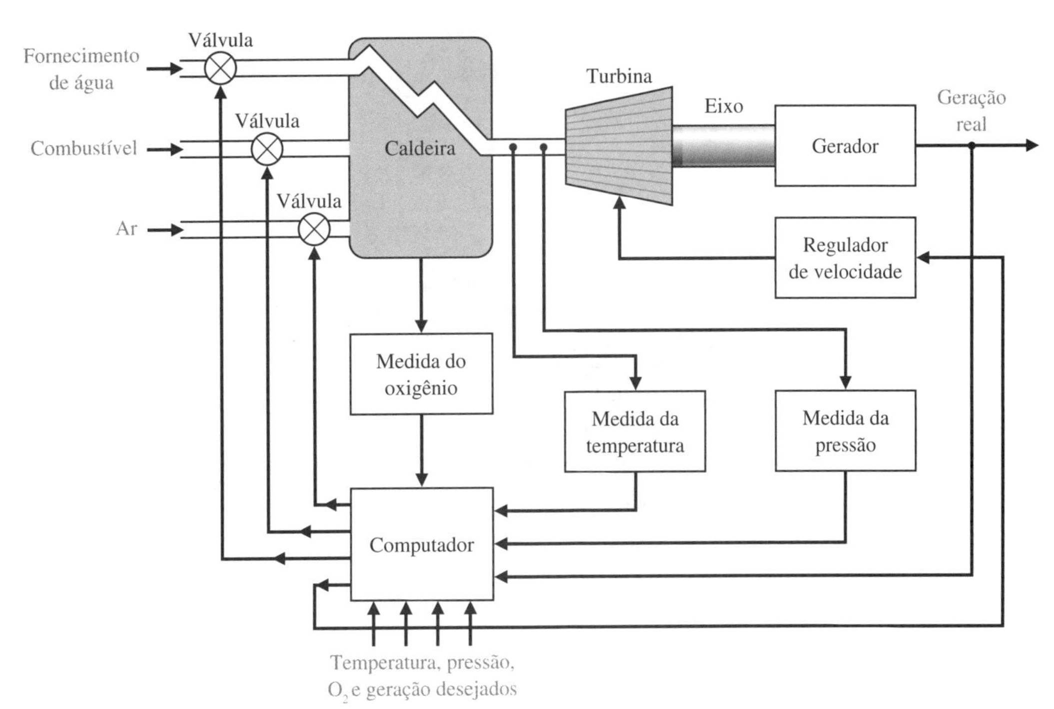

FIGURA 1.13 Sistema de controle coordenado para um gerador de caldeira.

de se medir muitas variáveis, como pressão e concentração de oxigênio, para fornecer informações ao computador para o cálculo do controle. ■

A indústria de energia elétrica tem usado os aspectos modernos da engenharia de controle para aplicações significantes e interessantes. Aparentemente, o fator que mantém a distância entre teoria e aplicações na indústria de processos é a falta de instrumentação para medir todas as variáveis importantes do processo, incluindo a qualidade e a composição do produto. À medida que esses instrumentos se tornam disponíveis, as aplicações de teoria de controle moderno em sistemas industriais podem aumentar consideravelmente.

EXEMPLO 1.5 Engenharia biomédica

Há muitas aplicações da teoria de controle de sistemas em experimentação biomédica, diagnósticos, próteses e controle de sistemas biológicos [22, 23, 48]. Os sistemas de controle considerados variam do nível celular até o de um sistema nervoso central e incluem regulação de temperatura e controle neurológico, respiratório e cardiovascular. A maioria dos sistemas de controle fisiológicos são sistemas em malha fechada. Entretanto, não é encontrado um único controlador, mas em vez disso uma malha de controle dentro de outra malha de controle, formando uma hierarquia de sistemas. A modelagem da estrutura de processos biológicos confronta o analista com um modelo de ordem elevada e estrutura complexa. Dispositivos protéticos auxiliam milhões de pessoas ao redor do mundo. Avanços recentes em tecnologias de controle com realimentação vão transformar profundamente a vida de amputados e pessoas que vivem com paralisia. A Figura 1.14 mostra uma prótese conjunta de mão e braço com a mesma destreza de um braço humano. Especialmente fascinantes são os avanços em realimentação para membros protéticos controlados pelo cérebro, habilitando o poder do cérebro humano a guiar o movimento [39]. Outro avanço fascinante no desenvolvimento de membros protéticos é possibilitar a sensação de tato e dor [22]. Muito progresso foi feito em restaurar a sensação de tato e dor e em conectar membros protéticos com realimentação tátil diretamente ao cérebro. ■

EXEMPLO 1.6 Sistemas sociais, econômicos e políticos

É interessante e valiosa a tentativa de modelar os processos com realimentação predominantes nas esferas social, econômica e política. Essa abordagem está pouco desenvolvida no momento, mas aparenta ter um futuro promissor. A sociedade é composta de vários sistemas com realimentação e agências reguladoras que são controladores exercendo as forças necessárias na sociedade

FIGURA 1.14 Avanços recentes em eletrônica para próteses resultaram no desenvolvimento de um conjunto de mão e braço protéticos que têm a mesma destreza de uma mão humana (KuznetsovDmitry/iStockphoto).

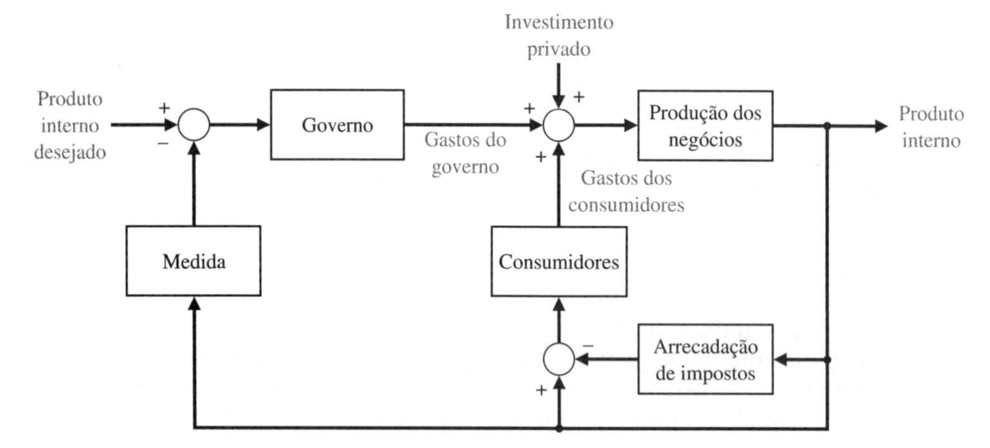

FIGURA 1.15 Modelo de sistema de controle com realimentação do produto interno.

para manter uma saída desejada. Um modelo simples de parâmetros concentrados do sistema de controle com realimentação do produto interno é mostrado na Figura 1.15. Esse tipo de modelo ajuda o analista a entender os efeitos do controle do governo e os efeitos dinâmicos dos gastos do governo. Claro que muitas outras malhas não mostradas também existem, visto que, teoricamente, os gastos do governo não podem exceder os impostos coletados sem gerar déficit, o que por si só é uma malha de controle contendo o Serviço da Receita Federal Norte-americano e o Congresso. Em um país socialista, a malha devida aos consumidores é desenfatizada e o controle do governo é enfatizado. Nesse caso, o bloco de medição precisa ser exato e responder rapidamente; ambas as características são difíceis de serem obtidas de um sistema burocrático. Esse tipo de modelo político ou social com realimentação, embora usualmente não seja rigoroso, fornece informações sobre esses processos e auxilia na compreensão deles. ■

EXEMPLO 1.7 **Veículos aéreos não tripulados**

A avançada área de pesquisa e desenvolvimento em veículos aéreos não tripulados (VANTs) está repleta de potencial para a aplicação de sistemas de controle. Estas aeronaves também são conhecidas como drones. Um exemplo de drone é mostrado na Figura 1.16. Drones não são tripulados, mas são normalmente controlados por operadores em solo. Normalmente eles não operam de forma autônoma, e sua falta de habilidade em fornecer o nível de segurança requerida em espaço aéreo complexo não permite que eles voem livremente no espaço aéreo comercial, embora a entrega de pacotes via drones já tenha se iniciado. Um desafio significante é desenvolver sistemas de controle capazes de evitar colisões em voo. Em última instância, o objetivo é usar drones autonomamente em aplicações como fotografia aérea para auxiliar no controle de desastres, trabalho de levantamento aéreo para auxiliar em projetos de construção, monitoramento de plantações e monitoramento meteorológico contínuo. Uma área intrigante e emergente de pesquisa aplicada é a integração entre

FIGURA 1.16 Drone comercial (Murmakova/ iStockPhoto).

inteligência artificial (IA) e drones [74]. Veículos aéreos não tripulados inteligentes vão demandar emprego significante de sistemas de controle avançados por toda a estrutura da aeronave. ■

EXEMPLO 1.8 **Sistemas de controle industriais**

Outros sistemas de controle familiares têm os mesmos elementos básicos do sistema mostrado na Figura 1.3. Uma geladeira tem um seletor de temperatura, ou uma temperatura desejada, um termostato para medir a temperatura real e o erro, e um motor de compressão para amplificar a potência. Outros exemplos domésticos são fornos, caldeiras e aquecedores de água. Na indústria, existem vários exemplos, incluindo controladores de velocidade; controladores de temperatura e pressão de processos; e controladores de posição, espessura, composição e qualidade [17, 18].

Sistemas de controle com realimentação são usados extensivamente em aplicações industriais. Milhares de robôs industriais e laboratoriais estão atualmente em uso. Manipuladores robóticos podem pegar objetos pesando centenas de quilos e posicioná-los com precisão de poucos milímetros [28]. Equipamentos de manipulação automáticos para o lar, escolas e indústria são particularmente úteis em tarefas perigosas, repetitivas, enfadonhas ou simples. Máquinas que automaticamente carregam e descarregam, cortam, soldam ou montam são usadas pela indústria para obter exatidão, segurança, economia e produtividade [28, 41].

Outra indústria importante, a metalúrgica, tem tido considerável sucesso em controlar automaticamente seus processos. De fato, em muitos casos, a teoria de controle está sendo totalmente aplicada. Por exemplo, uma laminadora de tiras a quente é controlada com relação à temperatura, largura, espessura e qualidade da lâmina de aço.

Tem havido considerável interesse recente na aplicação de conceitos de controle com realimentação em armazenamento e controle de inventário. Além disso, o controle automático de sistemas de agricultura (fazendas) está recebendo interesse crescente. Silos e tratores controlados automaticamente têm sido desenvolvidos e testados. Controle automático de geradores eólicos, aquecedores solares e trocadores de calor e desempenho de motores de automóveis são exemplos modernos importantes [20, 21]. ■

1.4 PROJETO DE ENGENHARIA

O **projeto de engenharia** é a principal tarefa de um engenheiro. É um processo complexo no qual tanto a criatividade quanto a capacidade analítica desempenham papéis fundamentais.

Projeto é o processo de concepção ou invenção de formas, partes e detalhes de um sistema para atingir um propósito específico.

A atividade de projeto pode ser considerada planejamento para o surgimento de um produto ou sistema particular. O projeto é um ato inovador pelo qual o engenheiro criativamente usa conhecimentos e materiais para especificar a forma, função e conteúdo material de um sistema. As etapas do projeto são (1) determinar uma necessidade originada dos valores de vários grupos, cobrindo o espectro que vai dos responsáveis pelas políticas públicas até o consumidor; (2) especificar em detalhes o que a solução para essa necessidade deve ser e incorporar esses valores; (3) desenvolver e avaliar várias soluções alternativas para atender essas especificações; e (4) decidir qual delas deve ser projetada em detalhes e fabricada.

Um fator importante em projetos reais é a limitação de tempo. O projeto deve ser realizado dentro de prazos impostos e eventualmente ajustado para um projeto inferior ao ideal, mas considerado "bom o suficiente". Em muitas situações, o tempo é a *única* vantagem competitiva.

Um dos principais desafios para o projetista é escrever as especificações para o produto técnico. **Especificações** são declarações que explicitamente expressam o que o dispositivo ou produto deve ser e fazer. O projeto de sistemas técnicos objetiva fornecer especificações de projeto apropriadas e se baseia em quatro características: complexidade, soluções de compromisso, desvios de projeto e risco.

A **complexidade do projeto** resulta da grande gama de ferramentas, decisões e conhecimentos a serem usados no processo. O grande número de fatores que deve ser considerado ilustra a complexidade da atividade de especificação do projeto, não apenas em atribuir a esses fatores sua importância relativa em um projeto específico, mas também em dar a eles substância na forma numérica ou escrita, ou em ambas.

O conceito de **solução de compromisso** envolve a necessidade de resolver objetivos de projeto conflitantes, todos os quais desejáveis. O processo de projeto requer um compromisso eficiente entre critérios desejáveis, porém conflitantes.

Ao fazer um dispositivo técnico, normalmente acha-se que o produto final não se parece com o originalmente visualizado. Por exemplo, a imagem que é feita de um problema a ser resolvido não aparece em descrições escritas nem, em última análise, nas especificações. Esses **desvios de projeto** são intrínsecos na progressão de uma ideia abstrata para sua realização.

Essa incapacidade em se estar absolutamente certo sobre predições do desempenho de um objeto tecnológico leva a grandes incertezas sobre os efeitos reais dos dispositivos e produtos projetados. Essas incertezas são incorporadas na ideia de consequências não intencionais ou **risco**. O resultado é que o projeto de um sistema é uma atividade na qual devem-se assumir riscos.

Complexidade, soluções de compromisso, desvios de projeto e risco são inerentes ao projeto de novos sistemas e dispositivos. Embora possam ser minimizados quando todas as consequências de um determinado projeto são consideradas, eles estão sempre presentes no processo de projeto.

No projeto de engenharia, existe uma diferença fundamental entre os dois grandes tipos de pensamento que precisa ser estabelecida: **análise** e **síntese**. Na análise, a atenção é focada nos modelos dos sistemas físicos que são analisados para prover compreensão e que indicam direções para melhorias. Por outro lado, a síntese é o processo pelo qual essas novas configurações físicas são criadas.

O projeto é um processo que pode seguir em várias direções antes que a direção desejada seja encontrada. É um processo deliberativo pelo qual o projetista cria alguma coisa nova em resposta a uma necessidade identificada enquanto descobre restrições realistas. O processo de projeto é inerentemente iterativo – é preciso começar em algum lugar! Engenheiros de sucesso aprendem a simplificar sistemas complexos de maneira apropriada para o propósito de projeto e análise. Um desvio entre o sistema físico complexo e o modelo de projeto é inevitável. Desvios de projeto são intrínsecos na progressão do conceito inicial até o produto final. Sabe-se intuitivamente que é mais fácil melhorar um conceito inicial de forma incremental do que tentar criar logo no início um projeto final. Em outras palavras, o projeto de engenharia não é um processo linear. Ele é um processo iterativo, não linear e criativo.

A principal abordagem para o projeto de engenharia mais efetivo é a análise e otimização paramétrica. A análise paramétrica é baseada em (1) identificação dos parâmetros-chave, (2) geração da configuração do sistema e (3) verificação de quão bem a configuração atende as necessidades. Essas três etapas formam um laço iterativo. Uma vez que os parâmetros-chave são identificados e a configuração sintetizada, o projetista pode **otimizar** os parâmetros. Tipicamente, o projetista se esforça para identificar um conjunto limitado de parâmetros a serem ajustados.

1.5 PROJETO DE SISTEMAS DE CONTROLE

O projeto de sistemas de controle é um exemplo específico de projeto de engenharia. O objetivo do projeto de engenharia de controle é obter a configuração, especificações e identificação dos parâmetros-chave de um sistema proposto a atender uma necessidade real.

O processo de projeto de sistema de controle é ilustrado na Figura 1.17. O processo de projeto consiste em sete blocos principais, que são organizados em três grupos:

1. Estabelecimento dos objetivos e variáveis a serem controladas e definição das especificações (métricas) que serão usadas para medir o desempenho.
2. Definição do sistema e modelagem.
3. Projeto do sistema de controle e simulação e análise do sistema integrado.

Em cada capítulo deste livro será evidenciada a conexão entre o processo de projeto ilustrado na Figura 1.17 e os tópicos principais do respectivo capítulo. O objetivo é demonstrar aspectos dife-

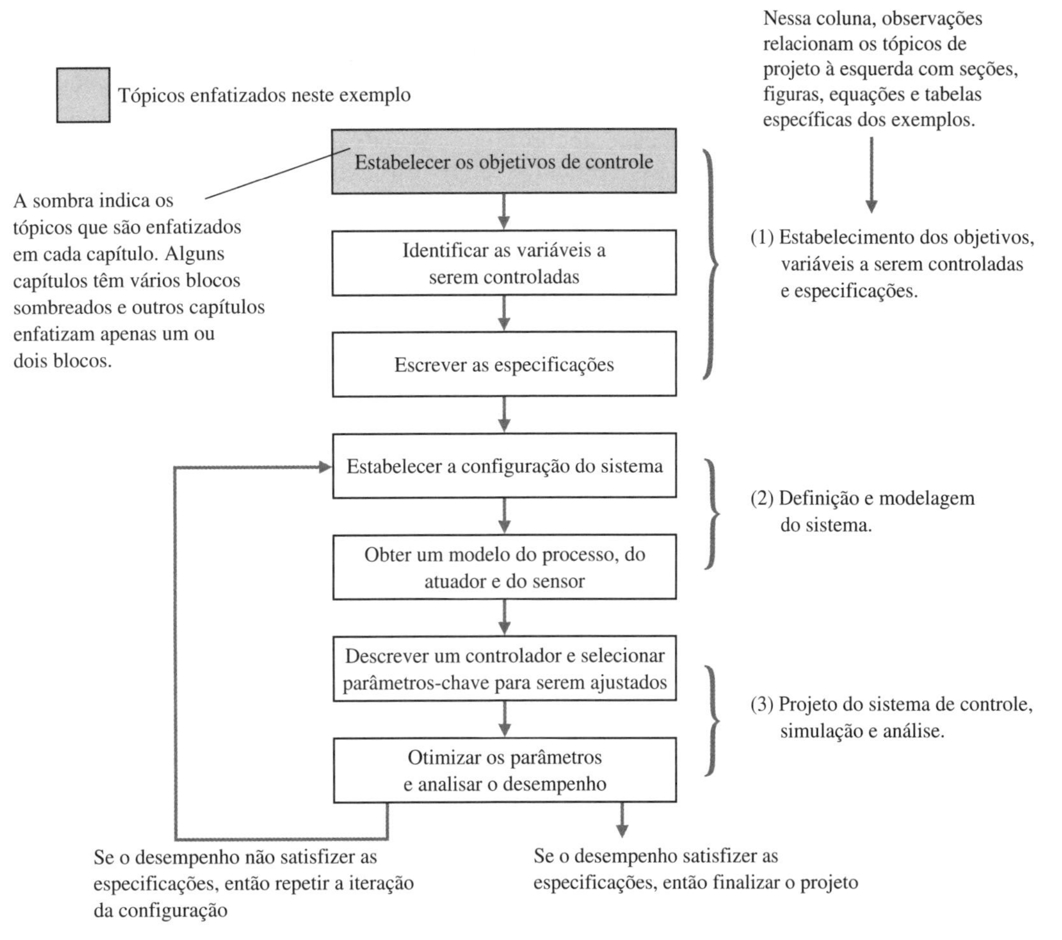

FIGURA 1.17 Processo de projeto de sistema de controle.

rentes do processo de projeto por meio de exemplos ilustrativos. Foram estabelecidas as seguintes conexões entre os capítulos deste livro e o diagrama de blocos do processo de projeto:

1. Estabelecimento dos objetivos, variáveis de controle e especificações: Capítulos 1, 3, 4 e 13.
2. Definição e modelagem do sistema: Capítulos 2 a 4 e 11 a 13.
3. Projeto do sistema de controle, simulação e análise: Capítulos 4 a 13.

A primeira etapa no processo de projeto consiste no estabelecimento dos objetivos do sistema. Por exemplo, é possível declarar que o objetivo é controlar a velocidade de um motor de modo exato. A segunda etapa é a identificação das variáveis que se deseja controlar (por exemplo, a velocidade do motor). A terceira etapa é escrever as especificações em termos da exatidão que deve ser conseguida. A exatidão de controle necessária leva então à identificação de um sensor para medir a variável controlada. As especificações de desempenho vão descrever como o sistema em malha fechada deve se comportar e irão incluir (1) boa regulação contra perturbações, (2) respostas desejadas aos comandos, (3) sinais de atuação realistas, (4) sensibilidade baixa e (5) robustez.

Como projetistas, prosseguimos para a primeira tentativa para configurar um sistema que resultará no desempenho de controle desejado. Essa configuração de sistema consistirá normalmente em um sensor, o processo a ser controlado, um atuador e um controlador, como mostrado na Figura 1.3. A etapa seguinte consiste em identificar um candidato a atuador. Isso dependerá, é claro, do processo a ser controlado, mas a atuação escolhida precisa ser capaz de ajustar efetivamente o desempenho do processo. Por exemplo, se o objetivo for controlar a velocidade de rotação de um volante, deve-se escolher um motor como atuador. O sensor, nesse caso, precisa ser capaz de medir a velocidade de maneira exata. Então é obtido um modelo para cada um desses elementos.

Estudantes de controle frequentemente recebem esses modelos, habitualmente representados na forma de função de transferência ou variáveis de estado, com o entendimento de que eles representam os sistemas físicos em estudo, mas sem uma explicação detalhada. Uma questão óbvia é: de onde veio o modelo na forma de função de transferência ou variáveis de estado? Dentro do contexto de um curso em sistemas de controle, existe a necessidade de abordar questões importantes sobre modelagem. Com esse intuito, nos capítulos iniciais, é dada uma visão dos pontos-chave da modelagem e questões fundamentais são respondidas: como se obtém a função de transferência? Que considerações básicas estão implícitas no desenvolvimento de modelos? Quão gerais são as funções de transferência? Entretanto, modelagem matemática de sistemas físicos é um assunto por si só. Não se pode esperar cobrir inteiramente a modelagem matemática, mas estudantes interessados são encorajados a procurar referências extras (ver, por exemplo, [76-80]).

A etapa seguinte é a escolha de um controlador, o qual frequentemente consiste em um amplificador somador que irá comparar a resposta desejada e a resposta real e então passará adiante esse sinal de medida de erro para um amplificador.

A etapa final no processo de projeto é o ajuste dos parâmetros do sistema para atingir o desempenho desejado. Se for possível alcançar o desempenho desejado por meio do ajuste de parâmetros, o projeto será finalizado e prosseguirá para a documentação dos resultados. Senão, será necessário o estabelecimento de uma configuração melhorada do sistema e provavelmente a escolha de um sensor e de um atuador melhores. Então serão repetidas as etapas do projeto até que seja possível atender as especificações, ou até que se decida que as especificações são exigentes demais e precisam ser relaxadas.

O processo de projeto tem sido drasticamente afetado pelo advento de computadores poderosos e baratos e por softwares eficientes para projeto e análise de sistemas de controle. Por exemplo, o Boeing 777 foi a primeira aeronave civil do mundo 100% projetada digitalmente. Os benefícios dessa abordagem de projeto para a Boeing foram uma economia de 50% em custos de desenvolvimento, uma redução de 93% em mudanças de projeto e taxa de retrabalho e uma redução de 50-80% em problemas com manufatura tradicional [56]. O projeto subsequente, conhecido como Boeing 787 Dreamliner, foi desenvolvido sem protótipos físicos. Em muitas aplicações, a disponibilidade de ferramentas de projeto digitais, incluindo a certificação do sistema de controle em simulações computacionais realistas, representa uma redução de custo significante em termos de dinheiro e tempo.

Outro exemplo notável de inovação em projeto é o processo generativo de projeto acoplado com inteligência artificial [57]. Projeto generativo é o processo de projeto iterativo que tipicamente utiliza programa de computador para gerar um (potencialmente grande) número de projetos baseados em um conjunto de restrições fornecidas pelo projetista. O projetista, então, refina a solução viável produzida pelo programa de computador ajustando o espaço de restrições para reduzir o número de soluções viáveis. Por exemplo, o projeto generativo está revolucionado o projeto de aeronaves [58]. A aplicação do processo de projeto generativo altamente intensivo em computação na teoria de controle com realimentação segue como uma questão em aberto. Contudo, o processo de projeto generativo pode também ser aplicado em um ambiente mais tradicional (menos intensivo computacionalmente) para estender o processo de projeto na Figura 1.17. Por exemplo, uma vez que se tenha encontrado um único projeto que atenda as especificações, o processo pode ser repetido selecionando diferentes configurações de sistema e estruturas de controlador. Depois que um número de controladores que satisfaçam as especificações estiver projetado, o projetista pode então começar a afunilar o projeto por meio do ajuste das restrições. Há facetas do processo de projeto generativo que serão destacadas neste livro conforme discutirmos o processo de projeto de sistemas de controle.

Em resumo, o problema de projeto de controlador é o seguinte: dado um modelo do sistema a ser controlado (incluindo seus sensores e atuadores) e um conjunto de objetivos de projeto, encontrar um controlador adequado ou determinar que não existe controlador adequado. Assim como a maioria dos projetos de engenharia, o projeto de sistema de controle com realimentação é um processo iterativo e não linear. Um projetista bem-sucedido precisa considerar a física por trás da planta sendo controlada, a estratégia de projeto de controle, a arquitetura de projeto do controlador (ou seja, que tipo de controlador será empregado) e estratégias efetivas de sintonia do controlador. Além disso, uma vez que o projeto esteja completo, o controlador é frequentemente implementado em hardware, e, portanto, questões de interface de hardware podem aparecer. Quando consideradas juntas, essas diferentes fases do projeto de sistema de controle tornam a tarefa de projetar e implementar um sistema de controle bastante desafiadora [73].

1.6 SISTEMAS MECATRÔNICOS

Um estágio natural do processo evolucionário do projeto de engenharia moderno é englobado na área conhecida como **mecatrônica** [64]. O termo mecatrônica foi cunhado no Japão na década de 1970 [65-67]. Mecatrônica é a integração sinérgica de sistemas mecânicos, elétricos e computacionais e tem evoluído nos últimos 30 anos, levando a uma nova geração de produtos inteligentes. Controle com realimentação é um aspecto integral de sistemas mecatrônicos modernos. É possível entender a extensão que a mecatrônica alcança em várias disciplinas considerando os componentes

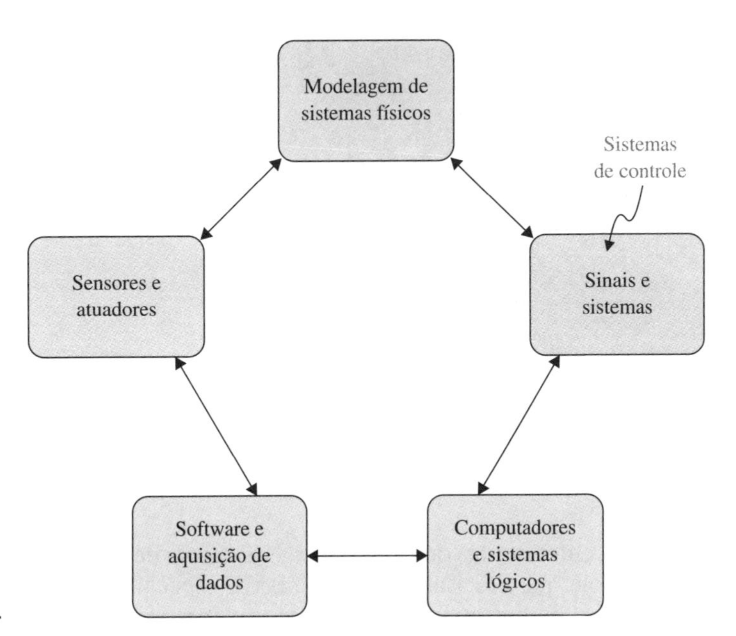

FIGURA 1.18
Elementos-chave da mecatrônica [64].

que constituem a mecatrônica [68-71]. Os elementos-chave da mecatrônica são (1) modelagem de sistemas físicos, (2) sensores e atuadores, (3) sinais e sistemas, (4) computadores e sistemas lógicos e (5) software e aquisição de dados. O controle com realimentação engloba aspectos de todos os cinco elementos-chave da mecatrônica, mas é associado principalmente ao elemento de sinais e sistemas, como ilustrado na Figura 1.18.

Avanços no hardware dos computadores e na tecnologia de software associados ao desejo de aumentar a relação custo-desempenho têm revolucionado os projetos de engenharia. Novos produtos estão sendo desenvolvidos na interseção de disciplinas tradicionais de engenharia, ciências da computação e ciências naturais. Avanços em disciplinas tradicionais estão incentivando o crescimento de sistemas mecatrônicos por meio do fornecimento de "tecnologias aplicadas". Uma tecnologia aplicada crítica foi o microprocessador, que teve um profundo efeito no projeto de produtos de consumo. Podem-se esperar avanços contínuos em microprocessadores e microcontroladores de baixo custo, novos sensores e atuadores desenvolvidos graças a avanços em aplicações de sistemas microeletromecânicos (*microelectromechanical systems* – MEMS), metodologias avançadas de controle e métodos de programação em tempo real, tecnologias de rede e rede sem fio e tecnologias maduras de engenharia assistida por computador (*computer-aided engineering* – CAE) para modelagem avançada de sistemas, prototipação virtual e testes. O desenvolvimento rápido continuado nessas áreas apenas acelerará o avanço de produtos inteligentes (isto é, ativamente controlados).

Uma área instigante de desenvolvimento de sistemas mecatrônicos na qual os sistemas de controle exercerão um papel significante é a área de produção e consumo de energia alternativa. Automóveis de combustível híbrido e geração de energia eólica eficiente são dois exemplos de sistemas que podem se beneficiar dos métodos de projeto mecatrônicos. De fato, a filosofia de projeto mecatrônico pode ser efetivamente ilustrada pelo exemplo da evolução dos automóveis modernos [64]. Antes da década de 1960, o rádio era o único dispositivo eletrônico significante em um automóvel. Hoje, diversos automóveis têm muitos microcontroladores, grande quantidade de sensores e milhares de linhas de código de software. Um automóvel moderno não pode mais ser classificado como máquina estritamente mecânica – ele foi transformado em um abrangente sistema mecatrônico.

EXEMPLO 1.9 **Veículos de combustível híbrido**

O **automóvel de combustível híbrido**, apresentado na Figura 1.19, utiliza um motor de combustão interna convencional combinado com uma bateria (ou outro dispositivo de armazenamento de energia, como células de combustível ou bateria inercial) e um motor elétrico para fornecer um sistema de propulsão capaz de dobrar a economia de combustível com relação aos automóveis convencionais. Embora os veículos híbridos nunca se tornem veículos de emissão zero (uma vez que possuem motor de combustão interna), eles podem reduzir o nível de emissões perigosas entre um terço e metade, e com melhorias futuras essas emissões podem ser ainda mais reduzidas. Como declarado anteriormente, os automóveis modernos requerem muitos sistemas de controle avançados para operar. Os sistemas de controle precisam regular o desempenho do motor, incluindo misturas ar-combustível, tempo de abertura das válvulas, transmissão, controle de tração, freios com antibloqueio e suspensão

FIGURA 1.19 O automóvel de combustível híbrido pode ser visto como um sistema mecatrônico. (dreamnikon/ iStockPhoto.)

eletronicamente controlada, entre muitas outras funções. No veículo de combustível híbrido, existem funções adicionais de controle que precisam ser satisfeitas. É especialmente necessário o controle de potência entre o motor de combustão interna e o motor elétrico, a determinação das necessidades de armazenamento de energia, a implementação do carregamento da bateria e a preparação do veículo para partidas de baixa emissão. A efetividade geral do veículo de combustível híbrido depende da combinação das unidades de energia escolhidas (por exemplo, baterias *versus* células de combustível para o armazenamento de energia). Finalmente, a estratégia de controle que integra os vários componentes elétricos e mecânicos em um sistema de transporte viável influencia fortemente a aceitabilidade do conceito de veículo de combustível híbrido no mercado. ■

O segundo exemplo de um sistema mecatrônico é o sistema avançado de geração de energia eólica.

EXEMPLO 1.10 **Energia eólica**

Muitas nações do mundo hoje se deparam com reservas instáveis de energia. Adicionalmente, os efeitos negativos da utilização de combustível fóssil na qualidade do ar são bem documentados. Muitas nações têm desequilíbrio entre o fornecimento e a demanda de energia, consumindo mais do que produzem. Para resolver esse desequilíbrio, muitos engenheiros estão desenvolvendo sistemas consideravelmente avançados para utilizar fontes alternativas de energia, como a energia eólica. De fato, a energia eólica é uma das formas de geração de energia que crescem mais rapidamente nos Estados Unidos e em outros locais pelo mundo. Uma fazenda de vento é mostrada na Figura 1.20.

No fim de 2019, a capacidade de geração de energia eólica global instalada era superior a 650,8 GW. Nos Estados Unidos, existia energia derivada do vento suficiente para suprir mais de 27,5 milhões de residências, de acordo com a Associação Americana de Energia Eólica. Nos últimos 40 anos, os pesquisadores se concentraram no desenvolvimento de tecnologias que funcionam bem em áreas de vento forte (definidas como as áreas com velocidade do vento de pelo menos 6,7 m/s a uma altura de 10 m). A maior parte dos locais de vento forte de fácil acesso nos Estados Unidos está agora sendo utilizada, e tecnologias melhores precisam ser desenvolvidas para que as áreas de vento fraco se tornem viáveis economicamente. Novos desenvolvimentos são necessários em materiais e aerodinâmica, de modo que rotores de turbinas maiores possam operar de maneira eficiente

FIGURA 1.20 Geração eficiente de energia eólica. (Foto cortesia de NASA.)

com ventos fracos, e como problema relacionado, as torres que sustentam as turbinas precisam ficar mais altas sem aumentarem os custos totais. Além disso, controles avançados serão necessários para atingir o nível de eficiência requerido para os sistemas de geração de energia eólica. Turbinas eólicas mais novas podem operar sob ventos com velocidade de menos de 1 mph.[1] ■

EXEMPLO 1.11 **Computadores vestíveis**

Muitos sistemas de controle contemporâneos são sistemas de **controle embarcados** [81]. Sistemas de controle embarcados utilizam computadores digitais de propósito específico embarcados como componentes integrais da malha de realimentação. Muitos novos produtos vestíveis incluem computadores embarcados. Isso inclui relógios de pulso, óculos, pulseiras esportivas, tecidos inteligentes e vestimentas computadorizadas. A Figura 1.21 ilustra os populares óculos computadorizados. Como exemplo, os dispositivos em óculos podem permitir aos médicos acessar e gerenciar dados e mostrá-los quando necessário durante o exame de um paciente. Podem-se imaginar aplicações futuras em que os óculos monitorariam e rastreariam o movimento ocular do médico e usariam essas informações em uma malha fechada de realimentação para controlar precisamente um instrumento médico durante um procedimento. A utilização de computadores vestíveis em sistemas de controle com realimentação ainda está em sua infância e as possibilidades são enormes. ■

Avanços nos sensores, atuadores e dispositivos de comunicação estão levando a uma nova classe de sistemas de controle embarcados que são ligados em rede usando tecnologia sem fio, possibilitando com isso controle distribuído espacialmente. Projetistas de sistemas de controle embarcados precisam ser capazes de entender e trabalhar com vários protocolos de rede e diversos sistemas operacionais e linguagens de programação. Enquanto a teoria de sistemas e controle serve como base para o projeto de sistemas de controle moderno, o processo de projeto está se expandindo rapidamente em um empreendimento multidisciplinar englobando múltiplas áreas da engenharia, bem como da tecnologia da informação e das ciências da computação.

Avanços em produtos de energia alternativa, assim como o automóvel híbrido e o desenvolvimento de geradores de energia eólica eficientes, são exemplos vivos do desenvolvimento mecatrônico. Existem diversos outros exemplos de sistemas inteligentes prontos para entrar em nosso dia a dia, incluindo veículos autônomos, aplicações domésticas inteligentes (tais como lava-louças, aspiradores de pó e fornos micro-ondas), dispositivos com rede sem fio, "máquinas de fácil interação" [72] que auxiliam na realização de cirurgias e sensores e atuadores implantáveis.

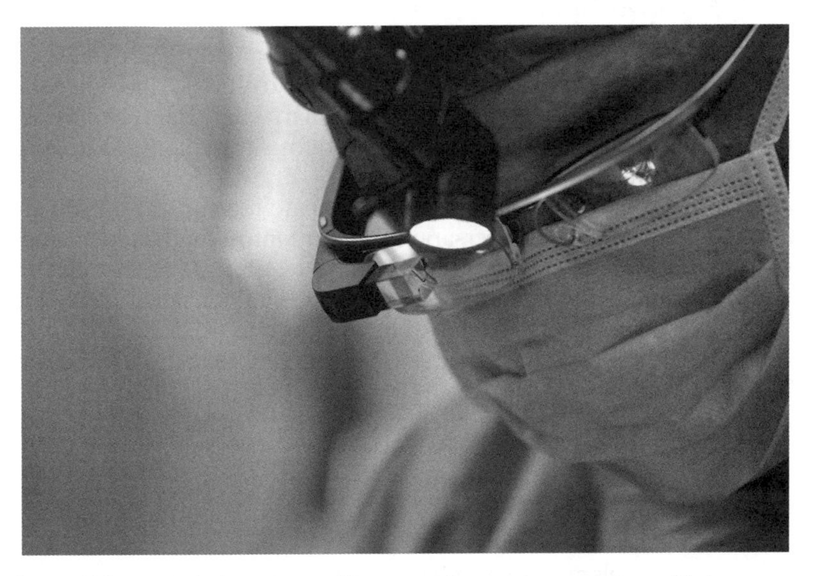

FIGURA 1.21 Computadores vestíveis podem auxiliar um médico a prover melhores cuidados com a saúde. (Foto cortesia da ChinaFotoPress/Getty Images.)

[1]N.T.: 1 mph = 1 milha por hora; 1 mph = 1,61 km/h.

1.7 ENGENHARIA VERDE

Questões globais como mudanças climáticas, água potável, sustentabilidade, gestão de resíduos, redução de emissões, minimização do uso de matéria-prima e de energia fizeram com que muitos engenheiros repensassem as abordagens existentes para o projeto de engenharia em áreas críticas. Um resultado da evolução da estratégia de projeto é considerar uma abordagem que se tornou conhecida como "engenharia verde". O objetivo da engenharia verde é projetar produtos que minimizarão a poluição, reduzirão o risco à saúde humana e melhorarão o ambiente. Os princípios básicos da engenharia verde são [86]:

1. Conceber processos e produtos de forma holística, usar a análise de sistemas e integrar ferramentas de avaliação de impacto ambiental.
2. Conservar e melhorar os ecossistemas naturais enquanto se protege a saúde humana e o bem-estar.
3. Utilizar o conceito de ciclo de vida em todas as atividades de engenharia.
4. Garantir que toda a entrada e toda saída de material e energia sejam tão inerentemente seguras e benignas quanto possível.
5. Minimizar a exploração de recursos naturais.
6. Procurar arduamente prevenir o desperdício.
7. Desenvolver e aplicar soluções de engenharia considerando-se a geografia, aspirações e culturas locais.
8. Criar soluções de engenharia além das tecnologias atuais ou dominantes; melhorar, inovar e criar tecnologias para atingir a sustentabilidade.
9. Engajar ativamente comunidades e partes interessadas no desenvolvimento de soluções de engenharia.

Colocar os princípios da engenharia verde em prática leva a um entendimento mais profundo do poder dos sistemas de controle com realimentação como uma tecnologia aplicada. Por exemplo, na Seção 1.9, são examinadas as redes elétricas inteligentes. Essas redes objetivam fornecer energia elétrica de forma mais confiável, eficiente e ecológica. O que, por sua vez, irá potencialmente propiciar o uso em larga escala de fontes de energia renováveis, como a energia eólica e a solar, que são naturalmente intermitentes. Sensoriamento e realimentação são áreas tecnológicas fundamentais que possibilitam as redes elétricas inteligentes [87]. As aplicações de engenharia verde podem ser classificadas em uma de cinco categorias [88]:

1. Monitoramento Ambiental
2. Sistemas de Armazenamento de Energia
3. Monitoramento da Qualidade da Energia
4. Energia Solar
5. Energia Eólica

À medida que a área da engenharia verde amadurece, é quase certo que mais aplicações serão desenvolvidas, especialmente à medida que o oitavo princípio (listado antes) da engenharia verde for aplicado para criar soluções de engenharia além das tecnologias atuais ou dominantes e melhorar, inovar e criar tecnologias. Nos capítulos subsequentes são apresentados exemplos de cada uma dessas áreas.

Existe um esforço global em curso para reduzir os gases do efeito estufa de todas as fontes. Para se conseguir isso, é necessário melhorar tanto a qualidade quanto a quantidade dos sistemas de monitoramento ambiental. Um exemplo é a utilização de medidas via rede sem fio em uma plataforma móvel de sensores controlada roboticamente por cabos se movendo no interior da mata para medir parâmetros ambientais chave em uma floresta tropical.

Sistemas de armazenamento de energia são tecnologias críticas para a engenharia verde. Existem muitos tipos de sistemas de armazenamento de energia. O mais conhecido é a bateria. As baterias são usadas para alimentar a maioria dos dispositivos eletrônicos em uso atualmente; algumas baterias são recarregáveis e algumas são descartáveis. Para se aderir aos princípios da engenharia verde, deve-se favorecer sistemas de armazenamento de energia que sejam renováveis. Um dispositivo de armazenamento de energia muito importante para os sistemas de engenharia verde é a célula de combustível.

Os problemas associados ao monitoramento da qualidade da energia são variados e podem incluir baixo fator de potência, variações de tensão e presença de harmônicos. Muitos dos sistemas e componentes de engenharia verde necessitam de monitoramento meticuloso das correntes e tensões elétricas. Um exemplo interessante pode ser a modelagem de transformadores de corrente que são usados em diversas capacidades para medição e monitoramento dentro de redes de distribuição de energia de sistemas interconectados usados para o fornecimento de energia elétrica.

A conversão eficiente de energia solar em energia elétrica é um desafio de engenharia. Duas tecnologias utilizadas para a geração de energia elétrica a partir da luz do sol são as células fotovoltaicas e a energia solar térmica. Com sistemas fotovoltaicos a luz do sol é convertida diretamente em energia elétrica, e com a energia solar térmica o sol aquece a água para criar vapor que é usado para alimentar máquinas a vapor. Projetar e implantar sistemas fotovoltaicos solares para a geração de energia solar é uma abordagem que emprega princípios da engenharia verde para utilizar a energia do sol e assim prover energia para nossas residências, escritórios e empresas.

Energia derivada do vento é uma importante fonte de energia renovável ao redor do mundo. A conversão de energia eólica em energia elétrica é realizada por turbinas eólicas conectadas a geradores elétricos. A característica intermitente da energia eólica torna o desenvolvimento das redes inteligentes essencial para levar a energia até a rede de distribuição quando essa está disponível e prover energia de outras fontes quando o vento diminui ou é interrompido. A característica irregular da direção e da força do vento também tem como consequência a necessidade de geração de energia elétrica estável e confiável pelo uso de sistemas de controle nas próprias turbinas eólicas. O objetivo desses dispositivos de controle é reduzir os efeitos da intermitência do vento e o efeito da mudança de direção do vento.

O papel dos sistemas de controle na engenharia verde continuará a se expandir à medida que as questões globais enfrentadas requererem níveis cada vez maiores de automação e precisão.

1.8 EVOLUÇÃO FUTURA DOS SISTEMAS DE CONTROLE

O objetivo permanente dos sistemas de controle é propiciar uma ampla flexibilidade e um alto nível de autonomia. Dois conceitos de sistemas abordam esse objetivo por meio de diferentes caminhos evolucionários, como ilustrado na Figura 1.22. Os robôs industriais atuais são reconhecidos como bastante autônomos – uma vez programados, normalmente não é necessária intervenção posterior. Por causa de limitações sensoriais, esses sistemas robóticos têm flexibilidade limitada para adaptarem-se a mudanças no ambiente de trabalho; aprimorar essa percepção do ambiente é uma motivação para as pesquisas em visão computacional. O sistema de controle é muito adaptável, mas depende de supervisão humana. Sistemas robóticos avançados aprimoram adaptabilidade a tarefas através de realimentação sensorial avançada. Áreas de pesquisa concentradas em inteligência artificial, integração de sensores, visão computacional e programação CAD/CAM off-line tornarão os sistemas mais universais e econômicos. Os sistemas de controle estão se movendo em direção à operação autônoma como um aperfeiçoamento do controle humano. Pesquisas em controle supervisionado, métodos de interface homem-máquina e gerenciamento de bases de dados computacionais destinam-se a reduzir a carga de operadores humanos e melhorar a eficiência desses operadores. Muitas atividades de pesquisa são comuns à robótica e aos sistemas de controle e são direcionadas a reduzir o custo de implementação e expandir as áreas de aplicação. Elas incluem métodos aperfeiçoados de comunicação e linguagens de programação avançadas.

A facilitação do trabalho humano pela tecnologia, um processo que foi iniciado na Pré-história, está entrando em um novo estágio. A aceleração no ritmo da inovação tecnológica inaugurada pela

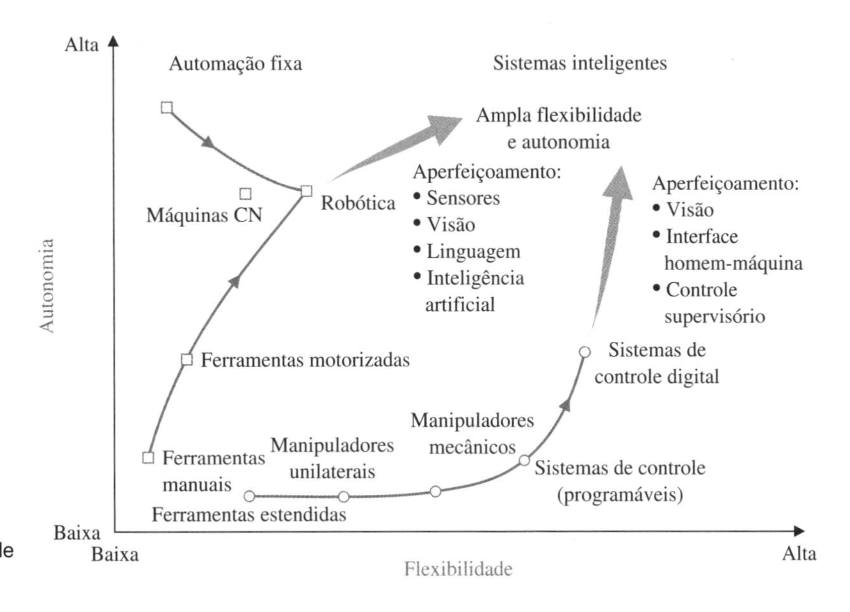

FIGURA 1.22 Evolução dos sistemas de controle e de autonomia.

Revolução Industrial tem até recentemente resultado sobretudo no deslocamento da força muscular humana das tarefas de produção. A revolução atual na tecnologia computacional está causando uma mudança social igualmente importante, a expansão da coleta de informação e do processamento da informação à medida que os computadores estendem o alcance do cérebro humano [16].

Sistemas de controle são usados para alcançar (1) maior produtividade e (2) melhor desempenho de um dispositivo ou sistema. A automação é usada para melhorar a produtividade e obter produtos de alta qualidade. Automação é a operação ou controle automático de um processo, dispositivo ou sistema. Utiliza-se o controle automático de máquinas e processos para produzir um produto confiável e com alta precisão [28]. Com a demanda por produção flexível personalizada, a necessidade por automação e robótica flexível está crescendo [17, 25].

A teoria, a prática e a aplicação do controle automático é uma disciplina da engenharia vasta, excitante e extremamente útil. Pode-se rapidamente entender a motivação para o estudo de sistemas de controle moderno.

1.9 EXEMPLOS DE PROJETOS

Nesta seção, são apresentados exemplos ilustrativos de projetos. Esse é um padrão que será seguido em todos os capítulos subsequentes. Cada capítulo conterá um número de exemplos interessantes em uma seção especial intitulada Exemplos de Projetos, cujo propósito é destacar os tópicos principais do capítulo. Pelo menos um exemplo dentre os apresentados na seção Exemplos de Projetos será um problema mais detalhado com solução que demonstrará uma ou mais etapas do processo de projeto mostrado na Figura 1.17. No primeiro exemplo, é examinado o desenvolvimento das redes elétricas inteligentes como um conceito para o fornecimento mais confiável e eficiente da energia elétrica como parte de uma estratégia para prover um sistema de distribuição de energia mais ecológico. Redes elétricas inteligentes possibilitarão a utilização em larga escala de fontes renováveis de energia que dependem de fenômenos naturais para gerar energia e que são intermitentes, como a energia eólica e a energia solar. O fornecimento de energia limpa é um desafio de engenharia que certamente deve incluir sistemas de controle com realimentação, sensores e atuadores efetivos. No segundo exemplo apresentado aqui, um controle de velocidade de um disco giratório ilustra o conceito de controle em malha aberta e controle em malha fechada com realimentação. O terceiro exemplo é um sistema de controle de aplicação de insulina no qual são determinados os objetivos de projeto, as variáveis a serem controladas e uma configuração preliminar de sistema em malha fechada.

EXEMPLO 1.12 **Sistemas de controle de redes elétricas inteligentes**

Uma rede elétrica inteligente é tanto um conceito quanto um sistema físico. Em essência, o conceito é fornecer energia de maneira mais confiável e eficiente mantendo-se as características de ecologia, economia e segurança [89, 90]. Uma rede elétrica inteligente pode ser vista como um sistema composto de hardware e software que direciona energia de maneira mais confiável e eficiente para residências, empresas, escolas e outros usuários de energia. Um panorama da rede elétrica inteligente é ilustrado esquematicamente na Figura 1.23. As redes elétricas inteligentes podem ter abrangência nacional ou local. Até mesmo redes elétricas inteligentes domésticas (ou microrredes) podem ser levadas em consideração. De fato, as redes elétricas inteligentes englobam uma área de investigação muito vasta e rica. Como será visto, os sistemas de controle desempenham papel fundamental nas redes elétricas inteligentes em todos os níveis.

Um aspecto interessante das redes elétricas inteligentes é a gestão da demanda em tempo real que requer um fluxo de informação bidirecional entre o consumidor e o sistema de geração de energia [91]. Por exemplo, medidores inteligentes são usados para medir a utilização de energia elétrica em residências e escritórios. Esses sensores transmitem dados para concessionárias e permitem que a concessionária transmita sinais de controle de volta para a residência ou edifício. Esses medidores inteligentes podem controlar e ligar ou desligar aparelhos e dispositivos domésticos e equipamentos de escritório. Dispositivos domésticos com gerenciamento inteligente de energia permitem que seus proprietários controlem sua utilização e respondam a mudanças da tarifa em horários de pico.

As cinco tecnologias-chave necessárias para implementar com sucesso uma rede elétrica inteligente moderna são (i) comunicações integradas, (ii) sensoriamento e medições, (iii) componentes avançados, (iv) métodos de controle avançados e (v) interfaces aperfeiçoadas e apoio a decisão [87]. Duas das cinco tecnologias-chave enquadram-se na categoria geral de sistemas de controle, (ii) sensoriamento e medições e (iv) métodos de controle avançados. É evidente que os sistemas de controle desempenharão um papel fundamental na efetivação da rede elétrica inteligente moderna. O impacto potencial da rede elétrica inteligente no fornecimento de energia

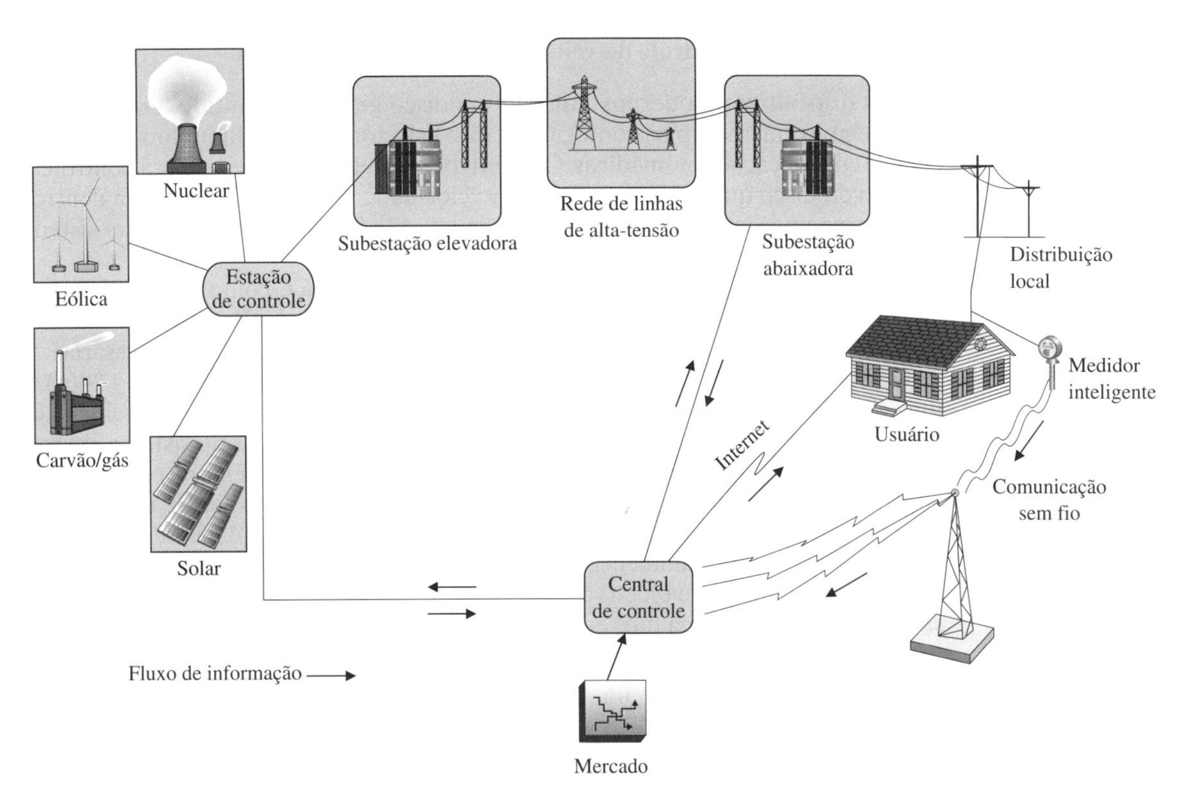

FIGURA 1.23 Redes elétricas inteligentes são redes de distribuição que medem e controlam o consumo.

é muito elevado. Atualmente, a rede de distribuição de energia dos Estados Unidos inclui 9.200 unidades gerando capacidade de mais de um milhão de MW ao longo de 300.000 milhas de linhas de transmissão.[2] Uma rede elétrica inteligente usará sensores, controladores, internet e sistemas de comunicação para melhorar a confiabilidade e a eficiência da rede. Estima-se que a implantação de redes elétricas inteligentes poderá reduzir as emissões de CO_2 em 12% até 2030 [91].

Um dos elementos da rede elétrica inteligente são as redes de distribuição que medem e controlam o consumo. Em uma rede elétrica inteligente, a geração de energia depende da situação do mercado (oferta/demanda e custo) e da fonte de energia disponível (eólica, carvão, nuclear, geotérmica, biomassa etc.). De fato, usuários de redes elétricas inteligentes com painéis solares ou turbinas eólicas podem vender sua energia excedente para a rede e receber pagamentos como microgeradores [92]. Nos capítulos subsequentes, serão examinados vários problemas de controle associados ao direcionamento de painéis solares e com a determinação da inclinação das pás de uma turbina eólica para controlar a velocidade do rotor, controlando assim a produção de energia.

A transmissão de energia elétrica é chamada fluxo de carga e o controle aperfeiçoado da energia melhorará sua segurança e eficiência. Linhas de transmissão possuem efeitos indutivos, capacitivos e resistivos que resultam em efeitos dinâmicos ou perturbações. A rede elétrica inteligente precisa antecipar e responder rapidamente a perturbações do sistema. Isto é conhecido como autocura. Em outras palavras, uma rede elétrica inteligente deverá ser capaz de tratar perturbações significantes que ocorram em escalas de tempo muito pequenas. Para conseguir isso, o processo de autocura é construído em torno da ideia de um sistema de controle com realimentação no qual autoavaliações são usadas para detectar e analisar perturbações de modo que ações corretivas possam ser tomadas para restaurar a rede. Isso requer sensoriamento e medições para fornecer informações aos sistemas de controle. Um dos benefícios da utilização de redes elétricas inteligentes é que fontes de energia renováveis que dependem de fenômenos naturais intermitentes (como o vento e a luz solar) podem potencialmente ser utilizadas mais eficientemente permitindo a limitação de carga quando o vento cessa ou nuvens bloqueiam o sol.

Os sistemas de controle com realimentação desempenharão um papel cada vez mais importante no desenvolvimento de redes elétricas inteligentes à medida que nos aproximamos da data prevista. Pode ser interessante recordar os vários tópicos examinados nesta seção no contexto de sistemas de controle à medida que cada capítulo deste livro revela novos métodos de projeto e análise de sistemas de controle. ■

[2]N.T.: 300.000 milhas = 483.000 km.

EXEMPLO 1.13 **Controle de velocidade de um disco giratório**

Muitos dispositivos modernos utilizam um disco giratório mantido a uma velocidade constante. Por exemplo, microscópios confocais de disco giratório possibilitam imageamento linha a linha de células em aplicações biomédicas. O objetivo é projetar um sistema para controle da velocidade de rotação do disco que irá assegurar que a velocidade real de rotação esteja dentro de uma porcentagem especificada da velocidade desejada [40, 43]. Serão considerados um sistema sem realimentação e um sistema com realimentação.

Para obter a rotação do disco, será escolhido um motor CC como atuador, porque ele proporciona velocidade proporcional à tensão elétrica aplicada ao motor. Para aplicar a tensão de entrada no motor, será escolhido um amplificador capaz de fornecer a potência necessária.

O sistema em malha aberta (sem realimentação) é mostrado na Figura 1.24(a). Esse sistema usa uma bateria como fonte para fornecer uma tensão que é proporcional à velocidade desejada. Essa tensão é amplificada e aplicada no motor. O diagrama de blocos do sistema em malha aberta identificando o controlador, o atuador e o processo é mostrado na Figura 1.24(b).

Para obter um sistema com realimentação, é necessária a escolha de um sensor. Um sensor útil é o tacômetro, que fornece tensão de saída proporcional à velocidade de rotação de seu eixo. Desse modo, o sistema com realimentação em malha fechada toma a forma mostrada na Figura 1.25(a). O modelo em diagrama de blocos do sistema com realimentação é mostrado na Figura 1.25(b). A tensão de erro é gerada pela diferença entre a tensão de entrada e a tensão do tacômetro.

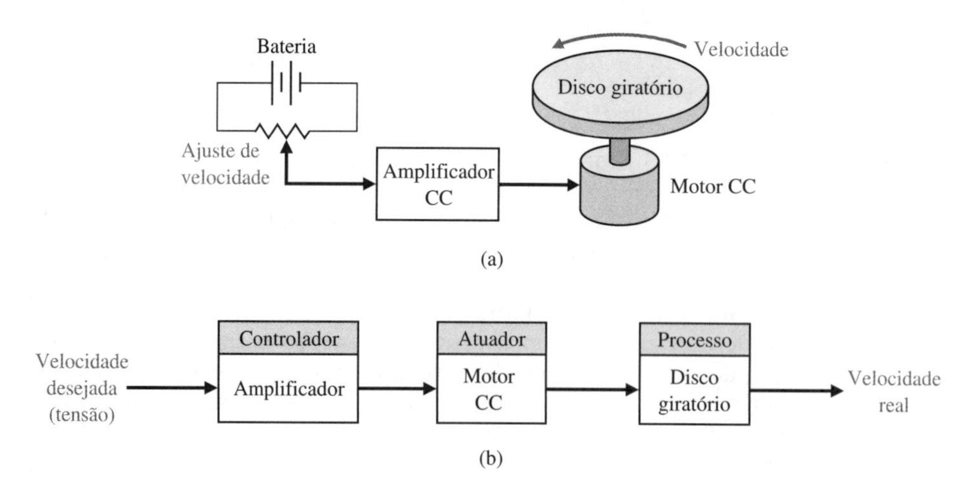

FIGURA 1.24 (a) Controle em malha aberta (sem realimentação) da velocidade de um disco giratório. (b) Modelo em diagrama de blocos.

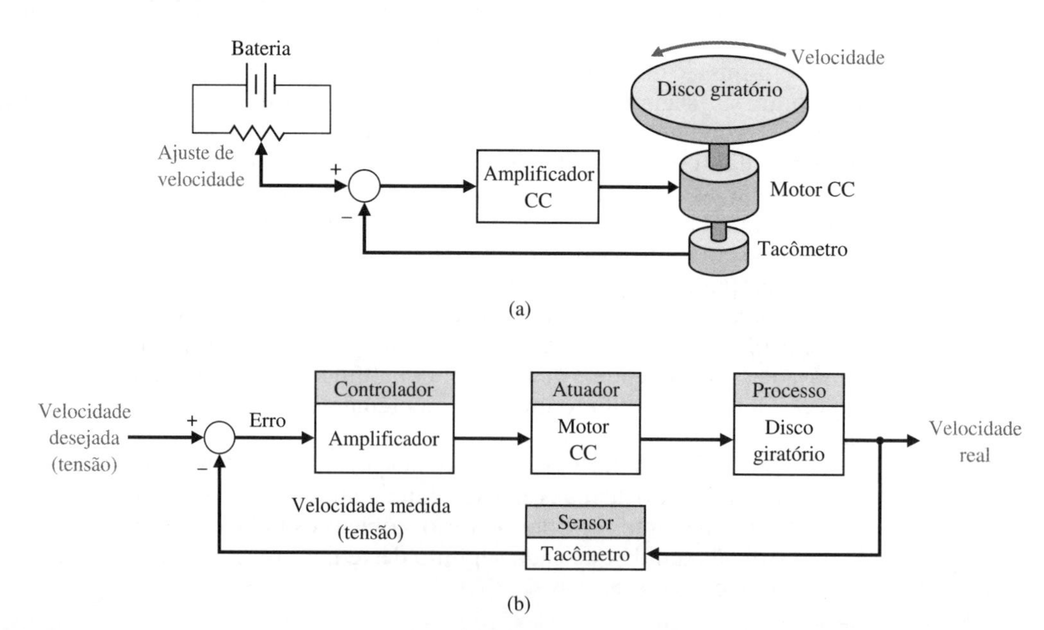

FIGURA 1.25 (a) Controle em malha fechada da velocidade de um disco giratório. (b) Modelo em diagrama de blocos.

Espera-se que o sistema com realimentação da Figura 1.25 seja superior ao sistema em malha aberta da Figura 1.24, porque o sistema com realimentação responderá aos erros e atuará para reduzi-los. Com componentes precisos, pode-se esperar redução no erro do sistema com realimentação para um centésimo do erro do sistema em malha aberta. ■

EXEMPLO 1.14 **Sistema de controle de aplicação de insulina**

Sistemas de controle têm sido utilizados na área biomédica para criar sistemas automáticos de administração de medicamentos implantados em pacientes [29–31]. Sistemas automáticos podem ser usados para regular a pressão arterial, o nível de açúcar no sangue e a frequência cardíaca. Uma aplicação comum da engenharia de controle está no campo da administração de medicamentos, em que modelos matemáticos da relação dose–efeito dos medicamentos são utilizados. Um sistema de liberação de medicamentos implantado no corpo utiliza sistema em malha fechada, uma vez que sensores miniaturizados de glicose já estão disponíveis. As melhores soluções baseiam-se em bombas de insulina de bolso programadas individualmente que podem aplicar a insulina.

As concentrações de glicose e insulina no sangue para uma pessoa saudável são mostradas na Figura 1.26. O sistema precisa aplicar a insulina a partir de um reservatório implantado na pessoa diabética. Desse modo, o objetivo do controle é:

Objetivo do Controle

Projetar um sistema para regular a concentração de açúcar no sangue de um diabético pelo controle de aplicação de insulina.

Recorrendo à Figura 1.26, a etapa seguinte no processo de projeto é a definição da variável a ser controlada. Associada ao objetivo de controle, pode-se definir a variável a ser controlada como:

Variável a Ser Controlada

Concentração de glicose no sangue

Nos capítulos subsequentes, serão vistas ferramentas para descrever quantitativamente as especificações do projeto de controle por meio de uma variedade de especificações de desempenho em regime estacionário e especificações da resposta transitória, ambas no domínio do tempo e no domínio da frequência. Nesse momento, as especificações do projeto de controle serão qualitativas e imprecisas. Nesse aspecto, para o problema em questão, pode-se definir as especificações de projeto como:

Especificações do Projeto de Controle

Prover um nível de glicose no sangue para o diabético que acompanhe (rastreie) o nível de glicose de uma pessoa saudável.

Dados os objetivos de projeto, as variáveis a serem controladas e as especificações do projeto de controle, pode-se agora propor uma configuração preliminar para o sistema. Um sistema em malha fechada usa um sensor de glicemia implantável e uma bomba motora em miniatura para regular a taxa de aplicação de insulina como mostrado na Figura 1.27. O sistema de controle com realimentação usa um sensor para medir o nível real de glicose e comparar esse nível com o nível desejado, consequentemente ligando a bomba motora quando necessário. ■

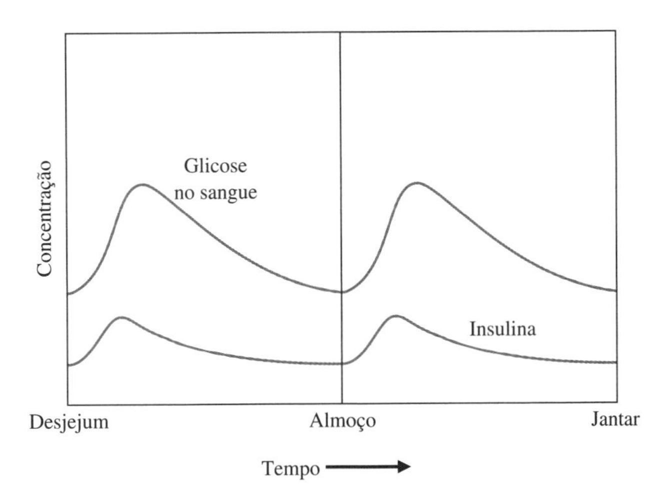

FIGURA 1.26 Níveis sanguíneos de glicose e insulina para uma pessoa saudável.

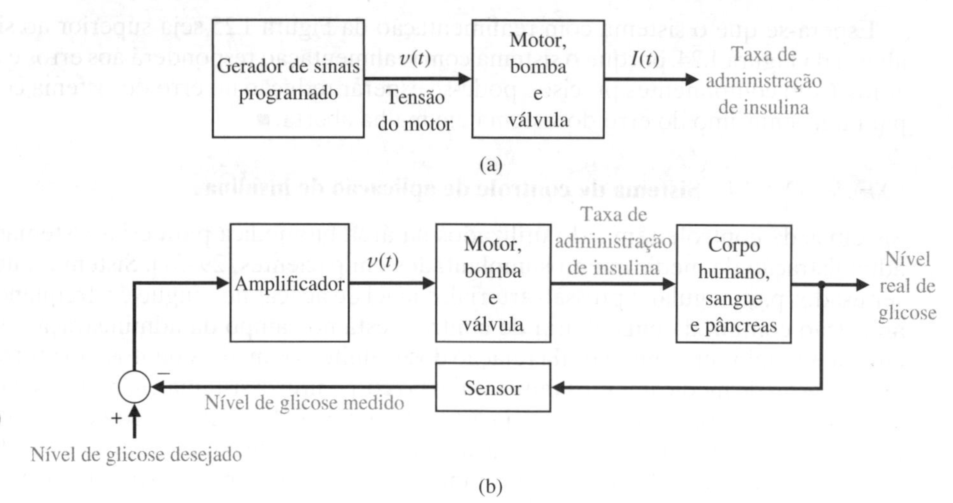

FIGURA 1.27 (a) Controle em malha aberta (sem realimentação) e (b) controle em malha fechada da glicose no sangue.

1.10 EXEMPLO DE PROJETO SEQUENCIAL: SISTEMA DE LEITURA DE ACIONADORES DE DISCO

Será usado o processo de projeto da Figura 1.17 em cada capítulo para identificar as etapas que estão sendo realizadas. Por exemplo, no Capítulo 1 serão (1) identificados o objetivo de controle e (2) as variáveis a serem controladas, (3) definidas as especificações iniciais para as variáveis e (4) estabelecida uma configuração preliminar para o sistema.

Informações podem ser armazenadas em discos magnéticos de forma rápida e eficiente. Acionadores de disco são usados em computadores portáteis e em computadores de todos os tamanhos e todos são essencialmente padronizados como definido pelos padrões ANSI. Mesmo com o advento de tecnologias de armazenamento avançadas, como armazenamento em nuvem, memórias *flash* e dispositivos de estado sólido (*solid-state drives* – SSDs), os acionadores de disco rígido permanecem sendo importantes meios de armazenamento. O papel dos discos rígidos está mudando de armazenamento primário rápido para armazenamento lento de enorme capacidade [50]. A instalação de dispositivos SSD está ultrapassando a de dispositivos com acionadores de disco (*hard disk drives* – HDDs) pela primeira vez. As unidades SSD são conhecidas por terem desempenho muito superior ao dos HDDs, porém a diferença em custo por gigabyte é de cerca de 6:1, e espera-se que permaneça assim até 2030. Entre as muitas razões para manter nosso interesse por unidades HDD está a estimativa de que 90% da capacidade requerida por aplicações de computação em nuvem serão supridos por HDDs dentro de um horizonte previsível [51, 62]. No passado, os projetistas de acionadores de disco concentravam-se em melhorar a densidade de dados e o tempo de acesso. Projetistas estão agora considerando a utilização de acionadores de disco na execução de tarefas historicamente delegadas às unidades centrais de processamento (*central processing units* – CPUs), levando, com isso, a melhorias no ambiente computacional [63]. Três áreas "inteligentes" sendo investigadas incluem a recuperação de erros off-line, alertas para falhas do acionador de disco e armazenagem de dados em múltiplos acionadores de disco. Considere-se o diagrama básico de um acionador de disco mostrado na Figura 1.28. O objetivo do dispositivo leitor do acionador de disco é posicionar a cabeça de leitura para ler os dados armazenados em uma trilha do disco. A variável a ser controlada com exatidão é a posição da cabeça de leitura (montada sobre um dispositivo deslizante). O disco gira a uma velocidade entre 1.800 e 10.000 rpm e a cabeça "voa" sobre o disco a uma distância inferior a 100 nm. A especificação inicial para a exatidão do posicionamento é 1 μm. Além disso, planeja-se

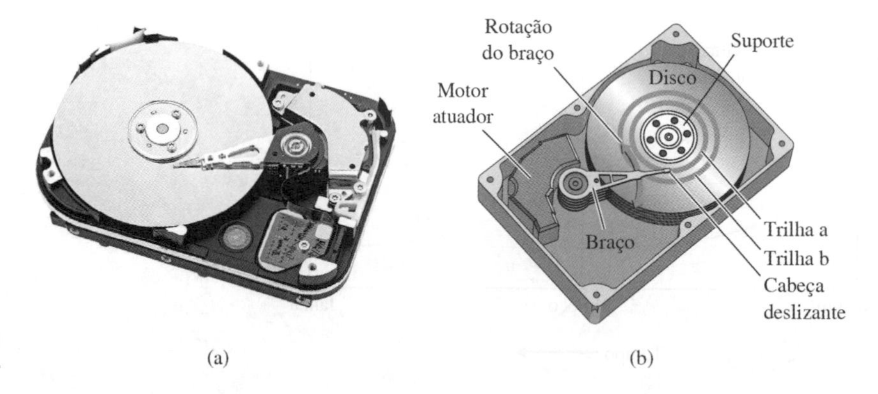

FIGURA 1.28 (a) Acionador de disco. (Ragnarock/Shutterstock.) (b) Diagrama de um acionador de disco.

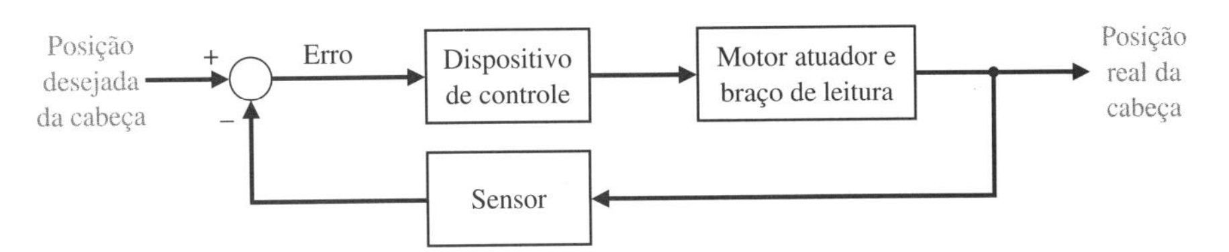

FIGURA 1.29 Sistema de controle em malha fechada para acionador de disco.

que o sistema seja capaz de mover a cabeça da trilha *a* para a trilha *b* em até 50 ms, se possível. Desse modo, é estabelecida uma configuração de sistema inicial como mostra a Figura 1.29. Esse sistema em malha fechada proposto usa um motor para atuar (mover) o braço até a posição desejada no disco. O projeto do acionador de disco será considerado mais adiante, no Capítulo 2.

1.11 RESUMO

Neste capítulo, foram tratados sistemas de controle em malha aberta e com realimentação em malha fechada. Exemplos de sistemas de controle ao longo da história foram apresentados para motivar e relacionar o assunto com o passado. Em termos de questões contemporâneas, áreas-chave de aplicação foram discutidas, incluindo robôs humanoides, veículos aéreos não tripulados, energia eólica, automóveis híbridos e controle embarcado. O papel central do controle na mecatrônica foi examinado. A mecatrônica é a integração sinérgica de sistemas mecânicos, elétricos e computacionais. Finalmente, o processo de projeto foi apresentado de uma forma estruturada com as seguintes etapas: o estabelecimento de objetivos e variáveis a serem controladas, definição de especificações, definição do sistema, modelagem e análise. A natureza iterativa do projeto permite que os desvios de projeto sejam tratados efetivamente enquanto se realizam soluções de compromisso necessárias em complexidade, desempenho e custo.

VERIFICAÇÃO DE COMPETÊNCIAS

Nesta seção, são apresentados três conjuntos de problemas para testar o conhecimento do leitor: Verdadeiro ou Falso, Múltipla Escolha e Correspondência de Palavras. Para obter um retorno imediato, compare as respostas com o gabarito fornecido depois dos problemas de fim de capítulo.

Nos problemas seguintes de **Verdadeiro ou Falso** e **Múltipla Escolha**, circule a resposta correta.

1. O regulador de esferas é geralmente aceito como o primeiro controlador automático com realimentação usado em um processo industrial. *Verdadeiro ou Falso*

2. Um sistema de controle em malha fechada utiliza uma medida da saída e realimentação do sinal para compará-la com a resposta desejada. *Verdadeiro ou Falso*

3. Síntese e análise em engenharia são a mesma coisa. *Verdadeiro ou Falso*

4. O diagrama de blocos na Figura 1.30 é um exemplo de sistema com realimentação em malha fechada. *Verdadeiro ou Falso*

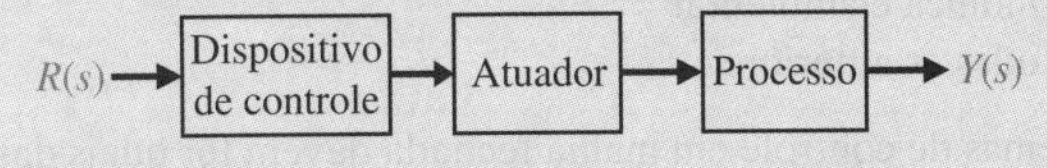

FIGURA 1.30 Sistema com dispositivo de controle, atuador e processo.

5. Sistema multivariável é um sistema com mais de uma entrada e/ou mais de uma saída. *Verdadeiro ou Falso*

6. Entre as primeiras aplicações de controle com realimentação, incluem-se quais das seguintes?

a. Relógio de água de Ktesibios
b. Regulador de esferas de Watt
c. Regulador de temperatura de Drebbel
d. Todas as anteriores

7. Quais das seguintes opções são aplicações modernas importantes dos sistemas de controle?

a. Automóveis seguros
b. Robôs autônomos
c. Manufatura automatizada
d. Todas as anteriores

8. Complete a seguinte sentença:
O controle de um processo industrial por meios automáticos em vez de manuais é frequentemente chamado de ____________.
a. realimentação negativa
b. automação
c. desvio de projeto
d. especificação

9. Complete a seguinte sentença:
____________ *são intrínsecos no progresso de um conceito inicial até o produto final.*
a. Sistemas com realimentação em malha fechada
b. Reguladores de esferas
c. Desvios de projeto
d. Sistemas de controle em malha aberta

10. Complete a seguinte sentença:
Engenheiros de controle ocupam-se em entender e controlar segmentos de seus ambientes, frequentemente chamados de ____________.
a. sistemas
b. síntese de projeto
c. soluções de compromisso
d. risco

11. Estão entre os pioneiros do desenvolvimento da teoria de sistemas e controle:
a. H. Nyquist
b. H. W. Bode
c. H. S. Black
d. Todos os anteriores

12. Complete a seguinte sentença:
Um sistema de controle em malha aberta utiliza um dispositivo de atuação para controlar um processo ____________.
a. sem usar realimentação
b. usando realimentação
c. em projeto de engenharia
d. em síntese de engenharia

13. Um sistema com mais de uma variável de entrada ou mais de uma variável de saída é conhecido por qual nome?
a. Sistema com realimentação em malha fechada
b. Sistema com realimentação em malha aberta
c. Sistema de controle multivariável
d. Sistema de controle robusto

14. A engenharia de controle é aplicável em quais áreas da engenharia?
a. Mecânica e aeroespacial
b. Elétrica e biomédica
c. Química e ambiental
d. Todas as anteriores

15. Sistemas de controle em malha fechada devem ter quais das seguintes propriedades:
a. Boa regulação contra perturbações
b. Respostas desejadas aos comandos
c. Baixa sensibilidade a mudanças nos parâmetros da planta
d. Todas as anteriores

No problema de **Correspondência de Palavras** seguinte, combine o termo com sua definição escrevendo a letra correta no espaço fornecido.

a. Otimização	O sinal de saída é realimentado de modo que ele seja subtraído do sinal de entrada.	________
b. Risco	Um sistema que usa uma medida da saída e a compara com a saída desejada.	________
c. Complexidade de projeto	Um conjunto de critérios de desempenho preestabelecidos.	________
d. Sistema	Uma medida da saída do sistema usada na realimentação para controlar o sistema.	________

e. Projeto	Sistema com mais de uma variável de entrada ou mais de uma variável de saída.	______
f. Sistema de controle com realimentação em malha fechada	Resultado de uma tomada de decisão sobre o grau de compromisso entre critérios conflitantes.	______
g. Regulador de esferas	Uma interconexão de elementos e dispositivos para determinado propósito.	______
h. Especificações	Manipulador reprogramável e multifuncional utilizado para uma variedade de tarefas.	______
i. Síntese	Desvio entre o sistema físico complexo e o modelo de projeto, intrínseco à progressão do conceito inicial até o produto final.	______
j. Sistema de controle em malha aberta	O padrão intrincado de partes entremeadas e conhecimento necessário.	______
k. Sinal de realimentação	Razão entre a saída física e a entrada física de um processo industrial.	______
l. Robô	Processo de projeto de um sistema técnico.	______
m. Sistema de controle multivariável	Sistema que utiliza um dispositivo para controlar o processo sem usar realimentação.	______
n. Desvio de projeto	Incertezas incorporadas nas consequências não intencionais de um projeto.	______
o. Realimentação positiva	Processo de concepção ou invenção de formas, partes e detalhes de um sistema para atingir um propósito específico.	______
p. Realimentação negativa	O dispositivo, planta ou sistema sendo controlado.	______
q. Solução de compromisso	O sinal de saída é realimentado de modo que ele seja somado ao sinal de entrada.	______
r. Produtividade	Interconexão de componentes formando uma configuração de sistema que proporcionará uma resposta desejada.	______
s. Projeto de engenharia	Controle de um processo por meios automáticos.	______
t. Processo	Ajuste dos parâmetros para obter-se o projeto mais favorável ou vantajoso.	______
u. Sistema de controle	Processo pelo qual novas configurações físicas são criadas.	______
v. Automação	Dispositivo mecânico para controlar a velocidade de um motor a vapor.	______

EXERCÍCIOS

Os exercícios são aplicações diretas dos conceitos do capítulo.

Os sistemas seguintes podem ser descritos por diagramas de blocos mostrando a relação de causa-efeito e a realimentação (quando presente). Identifique a função de cada bloco, a variável de entrada desejada, a variável de saída e a variável medida. Use a Figura 1.3 como modelo quando apropriado.

E1.1 Descreva sensores típicos que possam medir cada um dos itens seguintes [93]:

a. Posição linear
b. Velocidade
c. Aceleração não gravitacional
d. Posição rotacional (ou ângulo)
e. Velocidade rotacional
f. Temperatura
g. Pressão
h. Fluxo de líquido (ou gás)
i. Torque
j. Força
k. O campo magnético da Terra
l. Frequência cardíaca

E1.2 Descreva atuadores típicos que possam fazer as seguintes conversões [93]:

a. Energia fluídica em energia mecânica
b. Energia elétrica em energia mecânica
c. Deformação mecânica em energia elétrica
d. Energia química em energia cinética
e. Calor em energia elétrica

E1.3 Uma fonte de sinais óptica precisa ser capaz de controlar o nível de potência de saída com uma exatidão de 1% [32]. Um *laser* é controlado por uma corrente de entrada para fornecer a potência de saída. Um microprocessador controla a corrente de entrada do *laser*. O microprocessador compara o nível de potência desejado com um sinal medido proporcional à potência de saída do *laser*, obtido de um sensor. Complete o diagrama de blocos representando esse sistema de controle em malha fechada mostrado na Figura E1.3, identificando a variável de saída, a variável de entrada, a variável medida e o dispositivo de controle.

E1.4 Um motorista de automóvel usa um sistema de controle para manter a velocidade do carro em nível predeterminado. Esboce um diagrama de blocos para ilustrar esse sistema com realimentação.

E1.5 A pesca com mosca é um esporte que desafia o praticante a arremessar um pequeno anzol, preparado para se parecer com uma

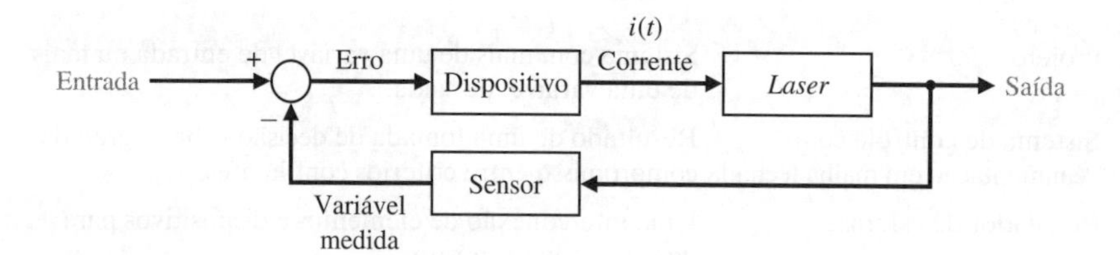

FIGURA E1.3 Diagrama de blocos parcial de uma fonte óptica.

mosca, usando uma vara leve e linha. O objetivo é posicionar a mosca com exatidão e suavidade na superfície distante do rio [59]. Descreva o processo de arremesso da mosca e um modelo desse processo.

E1.6 Uma câmera com foco automático ajusta a distância entre as lentes e o filme usando um feixe de infravermelho ou ultrassom para determinar a distância até o objeto a ser fotografado [42]. Esboce um diagrama de blocos desse sistema de controle em malha aberta e explique brevemente sua operação.

E1.7 Como um veleiro não pode navegar diretamente contra o vento e como viajar sempre seguindo o vento é usualmente demorado, a menor trajetória a ser seguida é raramente uma linha reta. Desse modo, veleiros cortam o vento – a conhecida trajetória em ziguezague – e seguem gingando a favor do vento. Uma decisão tática de quando cortar o vento e para onde ir pode determinar o resultado de uma corrida.

Descreva o processo de cortar com um veleiro à medida que o vento muda de direção. Esboce um diagrama de blocos descrevendo esse processo.

E1.8 Estradas automatizadas modernas estão sendo implementadas ao redor do mundo. Considere duas faixas de rolamento de uma estrada que se fundem em uma única faixa de rolamento. Descreva um sistema de controle com realimentação embarcado em um automóvel rastreando o automóvel da frente que garanta que o veículo entre na faixa de rolamento única com uma distância predeterminada entre os dois veículos.

E1.9 Descreva o diagrama de blocos do sistema de controle de velocidade de uma motocicleta com piloto humano.

E1.10 Descreva o processo de *biofeedback* humano usado para regular fatores como dor ou temperatura corporal. *Biofeedback* é uma técnica pela qual um ser humano pode, com algum sucesso, conscientemente regular seu pulso, reação à dor e temperatura corporal.

E1.11 Futuras aeronaves comerciais avançadas serão habilitadas para teleprocessamento. Isso permitirá que as aeronaves tirem proveito da melhoria contínua do poder de processamento dos computadores e do crescimento das redes de computadores. As aeronaves podem continuamente comunicar sua localização, velocidade e parâmetros críticos de integridade para controladores em terra e colher e transmitir dados meteorológicos locais. Esboce um diagrama de blocos mostrando como os dados meteorológicos de várias aeronaves podem ser transmitidos para uma estação de terra e combinados usando redes de computadores poderosas em terra para criar um alerta de condições meteorológicas exato, que é então transmitido de volta à aeronave para otimização da rota.

E1.12 Veículos aéreos não tripulados (VANTs) estão sendo desenvolvidos para operar em voo autonomamente por longos períodos de tempo. Por autonomamente, entenda-se que não há interação com operadores humanos em terra. Esboce um diagrama de blocos de um VANT autônomo que foi designado para monitoração de plantações usando fotografia aérea. O VANT precisa fotografar e transmitir toda a área da plantação seguindo uma trajetória preestabelecida da maneira mais exata possível.

E1.13 Considere o pêndulo invertido mostrado na Figura E1.13. Esboce o diagrama de blocos de um sistema de controle com realimentação. Identifique o processo, o sensor, o atuador e o controlador. O objetivo é manter o pêndulo em pé, ou seja, manter $\theta = 0$, na presença de perturbações.

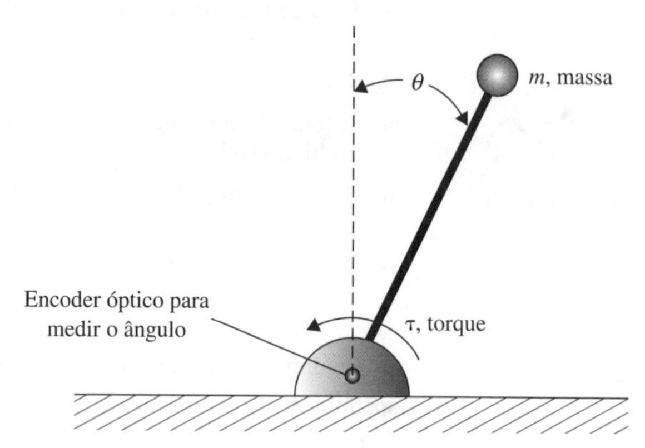

FIGURA E1.13 Controle de pêndulo invertido.

E1.14 Descreva o diagrama de blocos de uma pessoa jogando videogame. Suponha que o dispositivo de entrada seja um *joystick* e que o jogo está sendo jogado em um computador pessoal.

E1.15 Para pessoas com diabetes, registrar e manter o nível de glicemia dentro de níveis seguros é muito importante. Monitores e leitores contínuos de glicemia sanguínea estão disponíveis, permitindo medida da glicemia sanguínea indolor sem necessidade de perfurações nos dedos, conforme ilustrado na Figura E1.15. Esboce um diagrama de blocos com monitor e leitor contínuos de glicemia sanguínea e as possíveis ações de controle que podem ser implementadas ao passo em que se mede uma leitura de glicemia sanguínea alta.

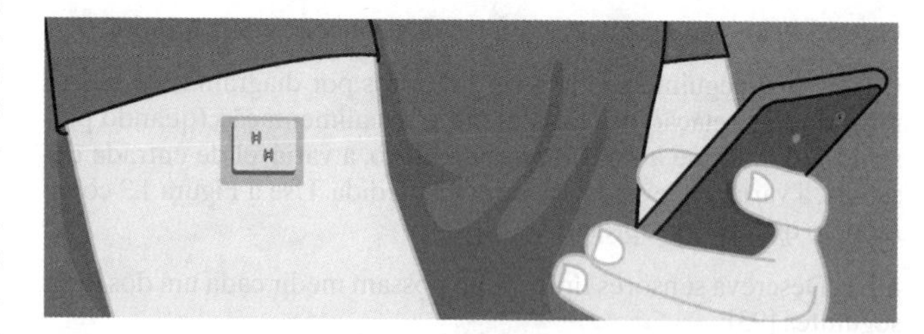

FIGURA E1.15 Sistema de monitoramento contínuo de glicemia sanguínea.

PROBLEMAS

Os problemas requerem uma extensão dos conceitos deste capítulo para novas situações.

Os sistemas seguintes podem ser descritos por diagramas de blocos mostrando a relação de causa-efeito e a realimentação (quando presente). Cada bloco deve descrever sua função. Use a Figura 1.3 como modelo quando apropriado.

P1.1 Muitos automóveis de luxo possuem sistemas de ar-condicionado controlados com o uso de termostatos para o conforto dos passageiros. Esboce um diagrama de blocos de um sistema de ar-condicionado no qual o motorista ajusta a temperatura interior desejada em um painel. Identifique a função de cada elemento do sistema de temperatura controlado com o uso de termostatos.

P1.2 No passado, sistemas de controle usavam um operador humano como parte de um sistema de controle em malha fechada. Esboce um diagrama de blocos do sistema de controle de válvula mostrado na Figura P1.2.

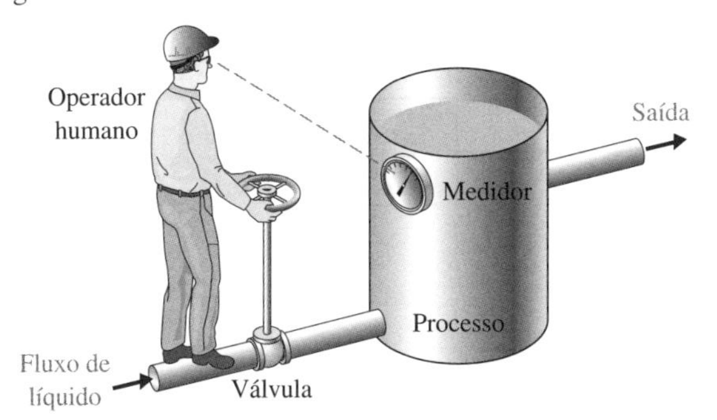

FIGURA P1.2 Controle de vazão de líquido.

P1.3 Em um sistema de controle de processo químico, é importante controlar a composição química do produto. Para isso, uma medida da composição pode ser obtida usando-se um analisador de fluxo infravermelho, como mostrado na Figura P1.3. A válvula no fluxo aditivo pode ser controlada. Complete a malha de controle com realimentação e esboce um diagrama de blocos descrevendo a operação da malha de controle.

P1.4 O controle exato de um reator nuclear é importante para geradores de sistemas de energia. Admitindo-se que o número de nêutrons presentes é proporcional ao nível de energia, uma câmara de ionização é usada para medir o nível de energia. A corrente i_s é proporcional ao nível de energia. A posição das barras de controle de grafite modera o nível de energia. Complete o sistema de controle do reator nuclear mostrado na Figura P1.4 e esboce o diagrama de blocos descrevendo a operação da malha de controle com realimentação.

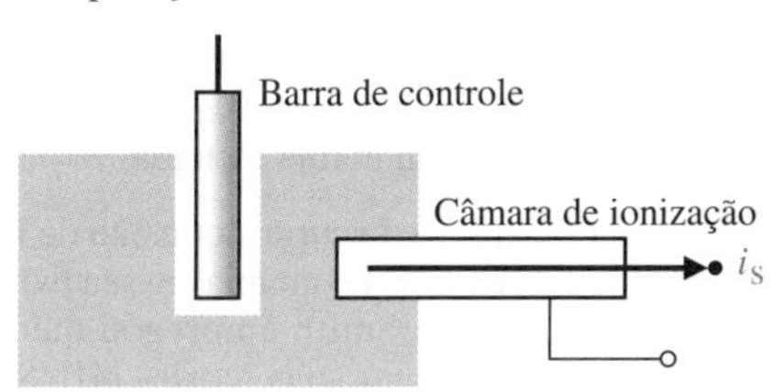

FIGURA P1.4 Controle de reator nuclear.

P1.5 Um sistema de controle seguidor de luz, usado para rastrear o sol, é mostrado na Figura P1.5. O eixo de saída, direcionado por um motor por meio de uma engrenagem redutora helicoidal, tem um suporte no qual são montadas duas fotocélulas. Complete o sistema em malha fechada de modo que o sistema siga a fonte de luz.

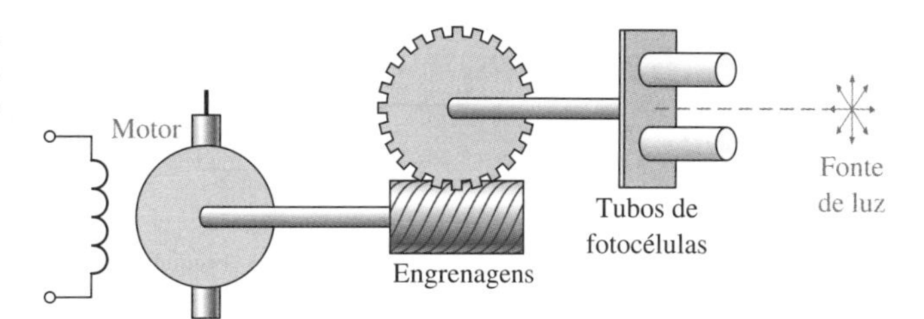

FIGURA P1.5 Uma fotocélula é montada em cada tubo. A luz incidindo em cada célula é a mesma nas duas apenas quando a fonte de luz está exatamente no centro, como mostrado.

P1.6 Sistemas com realimentação nem sempre envolvem realimentação negativa. A inflação econômica, evidenciada pelo aumento contínuo de preços, é um sistema com **realimentação positiva**. Um sistema de controle com realimentação positiva, como mostrado na Figura P1.6, adiciona o sinal de realimentação ao sinal de entrada e o sinal resultante é usado como entrada para o processo. Um modelo simples da espiral inflacionária preço-salário é mostrado na Figura P1.6. Adicione malhas de realimentação adicionais, como controle legislativo ou controle de variação de impostos, para estabilizar o sistema. Presume-se que um aumento no salário dos trabalhadores, depois de certo intervalo de tempo, resulta em aumento nos preços.

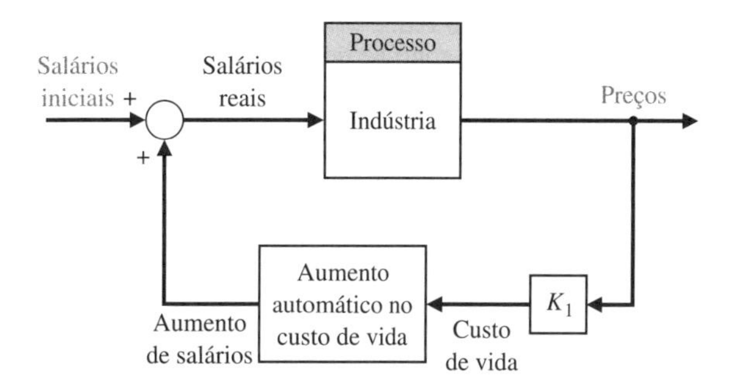

FIGURA P1.6 Realimentação positiva.

Em que condições os preços poderiam ser estabilizados por uma falsificação ou um atraso na disponibilidade de dados sobre o custo de vida? Como um programa nacional de diretrizes econômicas de salários e preços poderia afetar o sistema com realimentação?

P1.7 Conta-se uma história sobre um sargento que parava na joalheria toda manhã às nove horas e acertava seu relógio comparando-o com o cronômetro na vitrine. Até que, um dia, o sargento entrou na loja e cumprimentou o dono pela exatidão do cronômetro.

"Ele está sincronizado de acordo com os sinais horários de Arlington?", perguntou o sargento.

"Não", respondeu o proprietário. "Eu o acerto pelo tiro de canhão das cinco horas que é disparado do forte todas as tardes. Diga-me, sargento, por que você para todos os dias e verifica seu relógio?".

O sargento respondeu: "Eu sou o responsável pelo canhão do forte!".

A realimentação predominante nesse caso é positiva ou negativa? O cronômetro da joalheria atrasa dois minutos a cada período de 24 horas e o relógio do sargento atrasa três minutos a cada oito horas. Qual é o erro introduzido no horário do canhão do forte em um período de 12 dias?

P1.8 O processo de aprendizagem estudante-professor é inerentemente um processo com realimentação que objetiva a redução do erro do sistema a um mínimo. Construa um modelo com realimentação do processo de aprendizagem e identifique cada bloco do sistema.

P1.9 Modelos de sistemas de controle fisiológicos são uma ajuda valiosa na profissão médica. Um modelo do sistema de controle da frequência do batimento cardíaco é mostrado na Figura P1.9 [23, 48]. Esse modelo inclui o processamento dos sinais nervosos pelo cérebro. O sistema de controle da frequência cardíaca é, de fato, um sistema multivariável, e as variáveis x, y, w, v, z e u são variáveis vetoriais. Em outras palavras, a variável x representa muitas variáveis do coração,

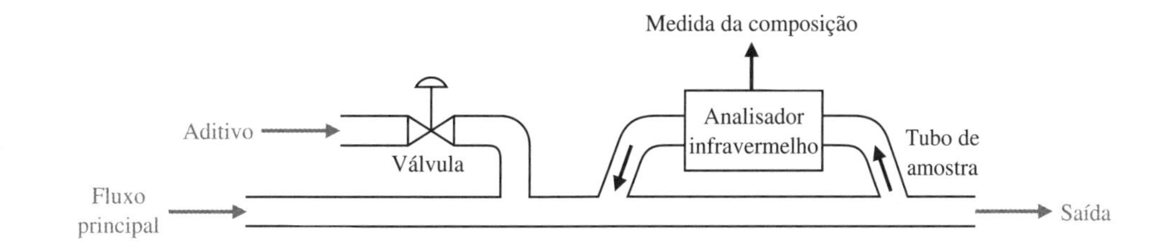

FIGURA P1.3 Controle de composição química.

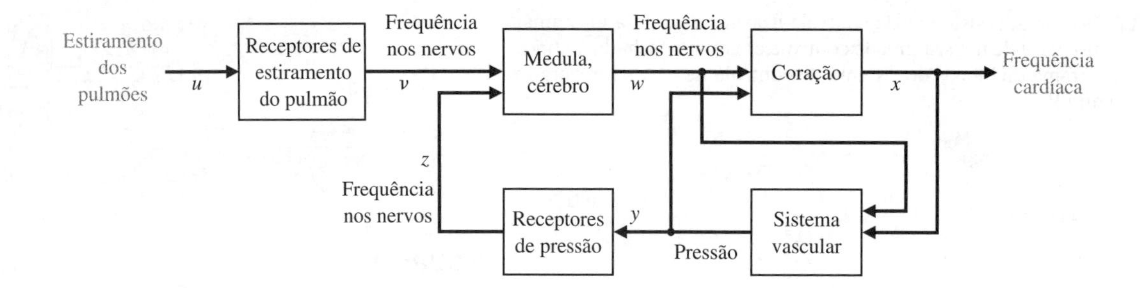

FIGURA P1.9 Controle da frequência cardíaca.

$x_1, x_2,..., x_n$. Examine o modelo do sistema de controle da frequência cardíaca e adicione ou retire blocos, se necessário. Determine um modelo do sistema de controle de um dos seguintes sistemas de controle fisiológicos:

1. Sistema de controle respiratório
2. Sistema de controle da adrenalina
3. Sistema de controle de um braço humano
4. Sistema de controle do olho
5. Pâncreas e sistema de controle do nível de açúcar no sangue
6. Sistema circulatório

P1.10 A importância dos sistemas de controle de tráfego aéreo está aumentando à medida que aumenta o tráfego aéreo nos aeroportos mais movimentados. Engenheiros estão desenvolvendo sistemas de controle de tráfego aéreo e sistemas para evitar colisões usando os satélites de navegação do Sistema de Posicionamento Global (*global positioning system* – GPS) [34, 55]. O GPS permite que cada aeronave conheça sua posição no corredor do espaço aéreo de aterrissagem com muita precisão. Esboce um diagrama de blocos descrevendo como um controlador de tráfego aéreo pode usar o GPS para evitar colisões entre aeronaves.

P1.11 O controle automático do nível de água com boia de nível foi usado no Oriente Médio em um relógio de água [1, 11]. O relógio de água (Figura P1.11) foi usado de algum tempo antes de Cristo até o século XVII. Discuta a operação do relógio de água e determine como a boia fornece o controle de realimentação que mantém a exatidão do relógio. Esboce um diagrama do sistema com realimentação.

P1.12 Um mecanismo de direcionamento automático para moinhos de vento foi inventado por Meikle por volta de 1750 [1, 11]. A engrenagem das pás da cauda mostrada na Figura P1.12 gira o moinho automaticamente na direção do vento. As pás da cauda do moinho, em ângulo reto com as pás principais, são usadas para girar a torre. A razão entre as engrenagens é da ordem de 3.000 para 1. Discuta a operação do moinho de vento e estabeleça a operação de realimentação que mantém as pás principais na direção do vento.

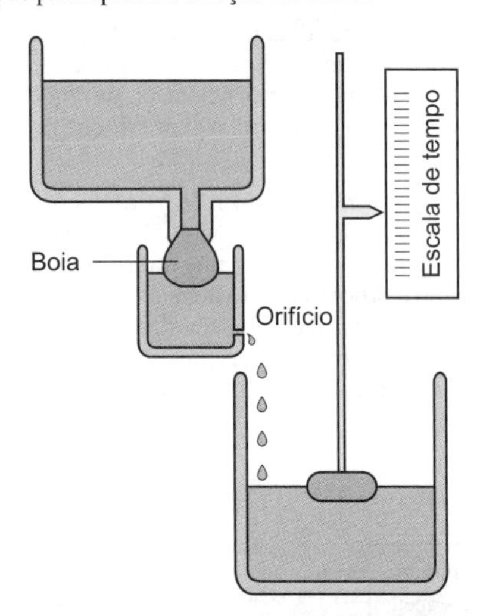

FIGURA P1.11 Relógio de água. (Adaptada de Newton, Gould e Kaiser, *Analytical Design of Linear Feedback Controls*. Wiley, New York, 1957.)

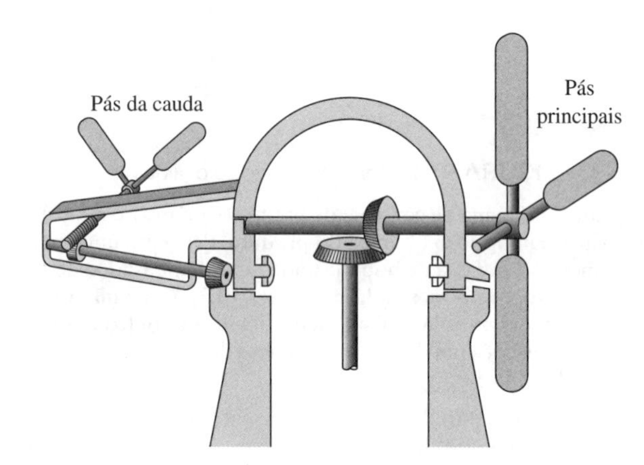

FIGURA P1.12 Mecanismo de direcionamento automático para moinhos. (Adaptada de Newton, Gould e Kaiser, *Analytical Design of Linear Feedback Controls*. Nova York: Wiley, 1957.)

P1.13 Um exemplo comum de sistema de controle com duas entradas é o chuveiro doméstico com válvulas distintas para água quente e fria. O objetivo é obter (1) determinada temperatura da água do chuveiro e (2) determinado fluxo de água. Esboce um diagrama de blocos do sistema de controle em malha fechada.

P1.14 Adam Smith (1723-1790) discutiu a questão da livre competição entre os participantes de uma economia em seu livro *A Riqueza das Nações*. Pode-se dizer que Smith empregou mecanismos de realimentação social para explicar suas teorias [41]. Smith sugere que (1) os trabalhadores disponíveis geralmente comparam os vários empregos possíveis e entram naqueles que oferecem as maiores recompensas e (2) em qualquer emprego a recompensa diminui à medida que o número de trabalhadores aumenta. Seja r = média do total de recompensas de todos os negócios, c = total de recompensas em um negócio particular e q = influxo de trabalhadores em um negócio específico. Esboce um sistema com realimentação para representar esse sistema.

P1.15 Pequenos computadores são usados em automóveis para o controle de emissões e para obter melhor consumo de combustível. Um sistema de injeção de combustível controlado por computador que ajusta automaticamente a relação da mistura ar-combustível pode melhorar o consumo de combustível e reduzir consideravelmente a emissão indesejada de poluentes. Esboce um diagrama de blocos para tal sistema em um automóvel.

P1.16 Todos os seres humanos já tiveram febre associada a uma enfermidade. A febre está relacionada a uma mudança da entrada de controle do termostato do corpo. Esse termostato, dentro do cérebro, normalmente regula a temperatura em 36°C a despeito de variações externas de temperatura entre −20°C e 40°C ou mais. Em caso de febre, a temperatura de entrada, ou desejada, é aumentada. Mesmo para muitos cientistas, é frequentemente surpresa descobrir que a febre não indica nada de errado com o controle de temperatura do corpo, mas mais exatamente uma regulação forçada em um nível mais elevado da entrada desejada. Esboce um diagrama de blocos do sistema de controle de temperatura e explique como uma aspirina irá diminuir a febre.

P1.17 Jogadores de beisebol usam a realimentação para estimar a trajetória da bola e rebater corretamente um arremesso [35]. Descreva o método usado por um rebatedor para estimar a posição de um arremesso de modo que ele possa posicionar o bastão na posição correta para acertar a bola.

P1.18 Uma vista em corte de um regulador de pressão comumente utilizado é mostrada na Figura P1.18. A pressão desejada é ajustada girando um parafuso calibrado. Ele comprime a mola e aumenta a força que se opõe ao movimento para cima do diafragma. A parte inferior do diafragma é exposta à pressão da água que deve ser controlada. Desse modo, o movimento do diafragma é uma indicação da diferença de pressão entre a pressão desejada e a real. Ele age como um comparador. A válvula é conectada ao diafragma e se move de acordo com a diferença de pressão até que atinja uma posição na qual a diferença seja zero. Esboce um diagrama de blocos mostrando o sistema de controle com a pressão de saída como a variável regulada.

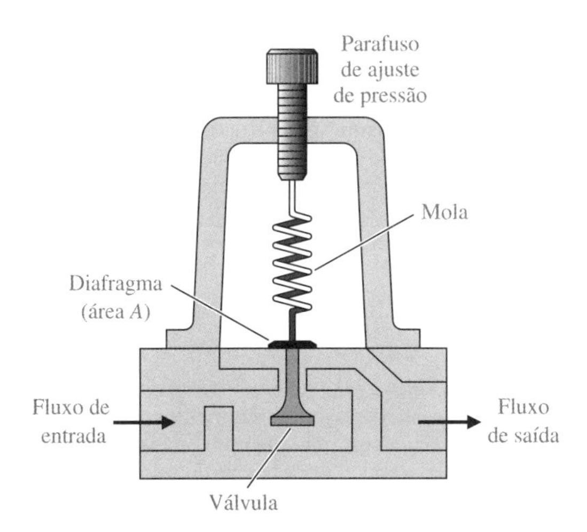

FIGURA P1.18 Regulador de pressão.

P1.19 Ichiro Masaki, da General Motors, patenteou um sistema que ajusta automaticamente a velocidade do carro para manter uma distância segura do veículo à frente. Usando uma câmera de vídeo, o sistema detecta e armazena uma imagem de referência do carro à frente. Ele então compara essa imagem com um fluxo de imagens ao vivo à medida que os dois carros se movem na estrada e calcula a distância. Masaki sugere que o sistema pode controlar a direção, assim como a velocidade, permitindo ao condutor colar no carro à frente e ter um "reboque computadorizado". Esboce um diagrama de blocos para o sistema de controle.

P1.20 Um carro de corrida de alto desempenho com aerofólio ajustável é mostrado na Figura P1.20. Desenvolva um diagrama de blocos descrevendo a capacidade do aerofólio em manter aderência constante entre os pneus do carro e a superfície da pista de corrida. Por que é importante manter uma boa aderência?

P1.21 O potencial de emprego de dois ou mais helicópteros para o transporte de cargas que são pesadas demais para um único helicóptero é uma questão bastante estudada no projeto de aeronaves de asas rotativas para os cenários civil e militar [37]. Requisitos gerais podem ser satisfeitos de maneira mais eficiente com aeronaves menores pelo uso de sustentação múltipla para picos de demanda pouco frequentes. Portanto, a motivação principal para o uso de sustentação múltipla pode ser atribuída à promessa da obtenção de um aumento de produtividade sem a necessidade da construção de helicópteros maiores e mais caros. Um caso específico de arranjo para sustentação múltipla onde dois helicópteros transportam uma carga juntos foi batizado de **sustentação gêmea**. A Figura P1.21 mostra uma configuração típica da sustentação gêmea "pingente de dois pontos" no plano lateral/vertical.

Desenvolva o diagrama de blocos descrevendo as ações dos pilotos, a posição de cada helicóptero e a posição da carga.

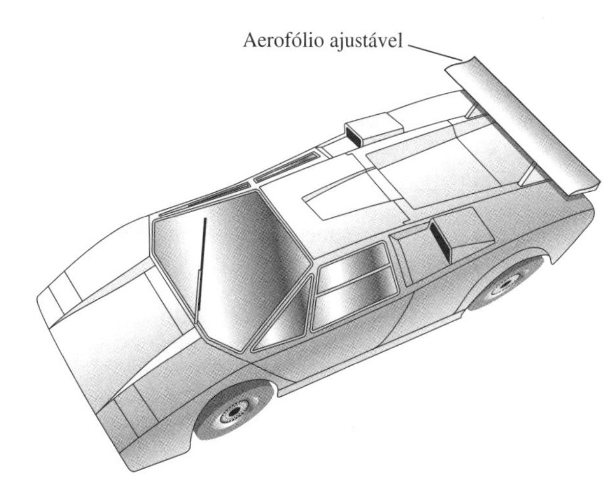

FIGURA P1.20 Carro de corrida de alto desempenho com aerofólio ajustável.

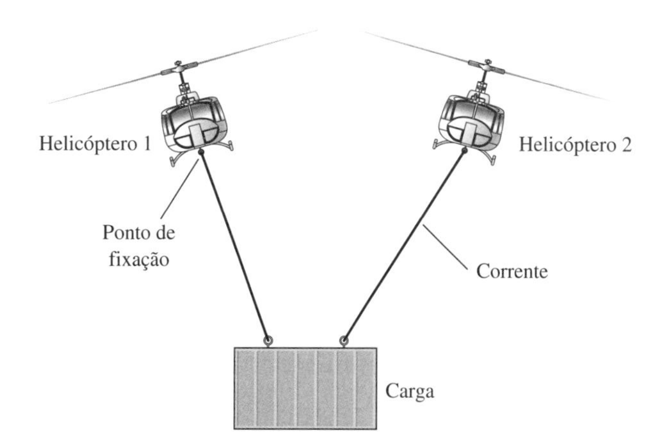

FIGURA P1.21 Dois helicópteros usados para sustentar e mover uma grande carga.

P1.22 Engenheiros desejam projetar um sistema de controle que permita que um prédio ou outra estrutura reaja à força de um terremoto da mesma maneira com que um ser humano é capaz de reagir. A estrutura deverá ceder à força, mas apenas um pouco, antes de ganhar força para retornar à situação anterior [47]. Desenvolva um diagrama de blocos de um sistema de controle para reduzir os efeitos da força de um terremoto.

P1.23 Engenheiros da Universidade de Ciências de Tóquio estão desenvolvendo um robô com rosto humano [52]. O robô pode apresentar expressões faciais, de modo que ele possa trabalhar cooperativamente com trabalhadores humanos. Esboce um diagrama de blocos para um sistema de controle de expressões faciais de seu próprio projeto.

P1.24 Uma inovação para um limpador de para-brisas automotivo intermitente é o conceito de ajustar o ciclo do limpador de acordo com a intensidade da chuva [54]. Esboce o diagrama de blocos do sistema de controle do limpador.

P1.25 Nos últimos 50 anos, mais de 20.000 toneladas de hardware foram colocadas em órbita da Terra. Durante o mesmo intervalo de tempo, mais de 15.000 toneladas de hardware voltaram à Terra. Os objetos que continuam em órbita variam em tamanho de grandes espaçonaves operacionais a minúsculos grãos de tinta. Existem cerca de 500.000 objetos medindo pelo menos 1 centímetro em órbita da Terra. Cerca de 20.000 objetos espaciais são atualmente rastreados por estações em solo. O controle de tráfego espacial [61] está se tornando uma questão importante, especialmente para companhias de satélites comerciais que planejam que seus satélites passem por órbitas em altitudes onde outros satélites estejam operando e por áreas onde exista uma grande concentração de destroços espaciais. Esboce um diagrama de blocos de um sistema de controle de tráfego espacial que companhias comerciais poderiam usar para manter seus satélites a salvo de colisões enquanto operam no espaço.

P1.26 A NASA está desenvolvendo um veículo compacto projetado para transmitir dados da superfície de um asteroide de volta para a Terra, como ilustrado na Figura P1.26. O veículo usará uma câmera para tirar fotos panorâmicas da superfície do asteroide. O veículo pode se posicionar de modo que a câmera fique apontada diretamente para baixo, para a superfície, ou diretamente para o céu. Esboce um diagrama de blocos ilustrando como o veículo pode ser posicionado para apontar a câmera na direção desejada. Suponha que os comandos de direcionamento sejam transmitidos da Terra para o veículo e que a posição da câmera seja medida e transmitida de volta para a Terra.

FIGURA P1.26 Veículo compacto projetado para explorar um asteroide. (Fotografia cortesia da NASA.)

P1.27 Uma célula de combustível de metanol direto é um dispositivo eletroquímico que converte uma solução de metanol e água em eletricidade [75]. Assim como baterias recarregáveis, células de combustível convertem produtos químicos diretamente em energia; elas são frequentemente comparadas às baterias, mais especificamente às baterias recarregáveis. Entretanto, uma diferença significante entre baterias recarregáveis e células de combustível de metanol direto é que, adicionando mais solução de metanol e água, as células de combustível se recarregam instantaneamente. Esboce um diagrama de blocos de um sistema de recarga de células de combustível de metanol direto que use realimentação para monitorar e recarregar continuamente a célula de combustível.

PROBLEMAS AVANÇADOS

Os problemas avançados consistem em problemas de complexidade crescente.

PA1.1 O desenvolvimento de dispositivos robóticos para microcirurgia terá grandes implicações em procedimentos cirúrgicos delicados de olhos e cérebro. Os dispositivos microcirúrgicos empregam controle com realimentação para reduzir os efeitos de tremores musculares do cirurgião. Movimentos precisos de um braço robótico articulado podem ajudar muito um cirurgião fornecendo uma mão cuidadosamente controlada. Um desses dispositivos é mostrado na Figura PA1.1. Os dispositivos microcirúrgicos têm sido avaliados em procedimentos clínicos e estão agora sendo comercializados. Esboce o diagrama de blocos de um procedimento cirúrgico com dispositivo microcirúrgico na malha sendo operado por um cirurgião. Suponha que a posição do manipulador do dispositivo microcirúrgico possa ser medida e esteja disponível para a realimentação.

PA1.2 Sistemas avançados de energia eólica estão sendo instalados em vários locais ao redor do mundo como uma alternativa para as nações lidarem com os preços crescentes dos combustíveis e a escassez de energia, e reduzir os efeitos negativos da utilização de combustíveis fósseis na qualidade do ar. O moinho de vento moderno pode ser visto como um sistema mecatrônico. Pense sobre como um sistema de energia eólica avançado pode ser projetado como um sistema mecatrônico. Liste os vários componentes do sistema de energia eólica e associe cada componente com um dos cinco elementos de um sistema mecatrônico: modelagem de sistema físico, sinais e sistemas, computadores e sistemas lógicos, software e aquisição de dados, e sensores e atuadores.

PA1.3 Muitos automóveis luxuosos modernos possuem opção de estacionamento automático. Essa função especial estacionará um automóvel lateralmente sem a intervenção do motorista. A Figura PA1.3 ilustra o cenário de estacionamento lateral. Esboce um diagrama de blocos do sistema de controle com realimentação de estacionamento lateral automático. Usando suas próprias palavras, descreva o problema de controle e os desafios que os projetistas do sistema de controle enfrentam.

PA1.4 A óptica adaptativa tem aplicação em uma grande variedade de problemas-chave de controle, incluindo o imageamento da retina humana e observações astronômicas de larga escala baseadas em terra [98]. Em ambos os casos, a abordagem é usar um sensor de frente de onda para medir distorções na luz incidente e para controlar

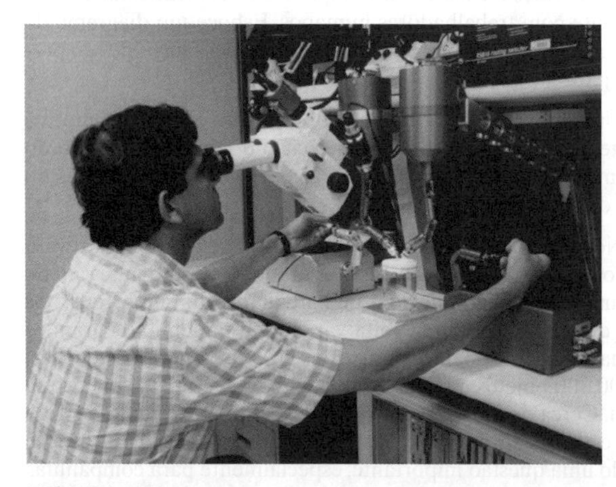

FIGURA PA1.1 Manipulador robótico para microcirurgia. (Fotografia cortesia da NASA.)

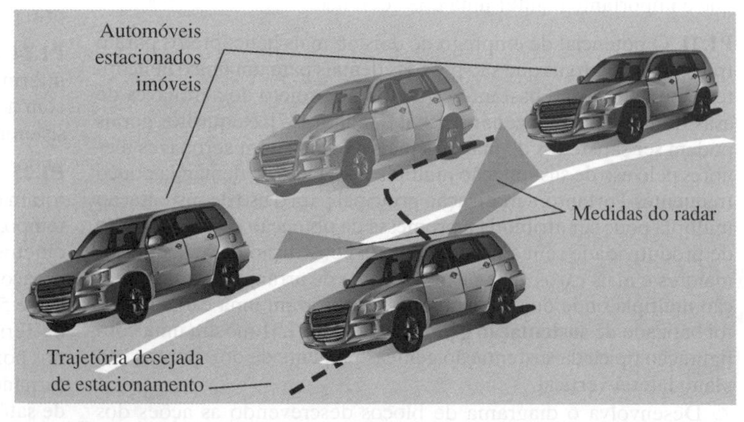

FIGURA PA1.3 Estacionamento lateral automático de um automóvel.

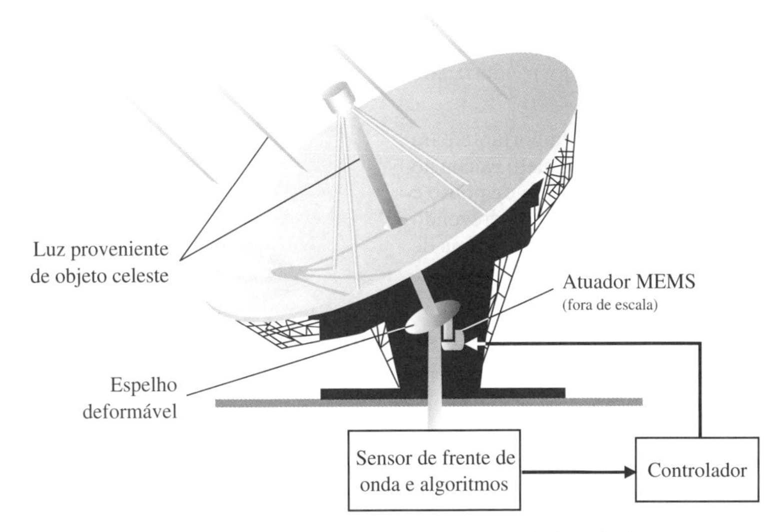

FIGURA PA1.4 Telescópio óptico extremamente grande com espelhos deformáveis para compensação atmosférica.

e compensar ativamente os erros induzidos pelas distorções. Considere o caso de um telescópio óptico baseado em terra extremamente grande, possivelmente um telescópio óptico de até 100 metros de diâmetro. Os componentes do telescópio incluem espelhos deformáveis, atuados por dispositivos microeletromecânicos (MEMS) e sensores para medir a distorção da luz incidente que passa através da turbulenta e incerta atmosfera terrestre.

Existe pelo menos uma grande barreira tecnológica para a construção de um telescópio óptico de 100 metros. A computação numérica associada com controle e compensação de um telescópio óptico extremamente grande pode ser da ordem de 10^{10} cálculos a cada 1,5 ms. Até agora esse poder computacional é inatingível. Supondo que a capacidade computacional se tornará disponível, então o projeto de um sistema de controle com realimentação que use o poder computacional disponível pode ser considerado. Podem-se considerar várias questões de controle associadas com um telescópio óptico de larga escala. Alguns dos problemas de controle que devem ser considerados incluem o controle de direcionamento da cúpula principal, o controle dos espelhos deformáveis individuais e a atenuação da deformação da cúpula devida a mudanças na temperatura externa.

Descreva um sistema de controle com realimentação em malha fechada para controlar um dos espelhos deformáveis de modo a compensar as distorções na luz incidente. A Figura PA1.4 mostra um diagrama do telescópio com um único espelho deformável. Suponha que o espelho tenha um atuador MEMS associado que pode ser usado para mudar a orientação. Suponha também que o sensor de frente de onda e os algoritmos associados forneçam a configuração desejada do espelho deformável para o sistema de controle com realimentação.

PA1.5 O Burj Khalifa é o edifício mais alto do mundo [94]. O edifício, mostrado na Figura PA1.5, tem mais de 800 m e mais de 160 andares. Existem 57 elevadores servindo essa que é a estrutura mais alta livre de cabos do mundo. Movendo-se a até 10 m/s, os elevadores têm a maior distância percorrida no mundo da parada mais baixa até a mais elevada. Descreva um sistema de controle com realimentação em malha fechada que guie um elevador de arranha-céu até um andar desejado enquanto mantém um tempo de trânsito razoável [95]. Lembre-se de que grandes acelerações deixarão os passageiros desconfortáveis.

PA1.6 Sistemas de controle estão ajudando os seres humanos a cuidar de seus lares. O aspirador robótico retratado na Figura PA1.6 é um exemplo de sistema mecatrônico controlado ativamente que

FIGURA PA1.5 O edifício mais alto do mundo, em Dubai. (Diy13/iStockPhoto.)

FIGURA PA1.6 Um aspirador robótico se comunica com a estação base à medida que manobra pela sala. (rep0rter/iStockPhoto.)

depende de sensores infravermelhos e tecnologia de microchips para navegar ao redor de móveis. Descreva um sistema de controle com realimentação em malha fechada que guie o aspirador robótico para evitar colisões com obstáculos [96].

PA1.7 A SpaceX desenvolveu um sistema muito importante para permitir a recuperação do primeiro estágio de seu foguete Falcon no mar, conforme mostrado na Figura PA1.7. A plataforma de pouso é um navio autônomo. Esboce um diagrama de blocos descrevendo os sistemas de controle para arfagem e rolamento da plataforma de pouso no mar.

FIGURA PA1.7 Aterrissagem de retorno do foguete da SpaceX em navio autônomo baseado no mar.

PROBLEMAS DE PROJETO

Os problemas de projeto enfatizam a tarefa de projeto. Problemas de projeto continuados (PPC) são construídos a partir de um problema de projeto de capítulo em capítulo.

PPC1.1 Requisitos rigorosos crescentes de máquinas modernas de alta precisão estão provocando demanda crescente em sistemas deslizantes [53]. O objetivo típico é controlar com exatidão o trajeto desejado da mesa mostrada na Figura PPC1.1. Esboce um modelo em diagrama de blocos de um sistema com realimentação para alcançar o objetivo desejado. A mesa pode mover-se na direção x como mostrado.

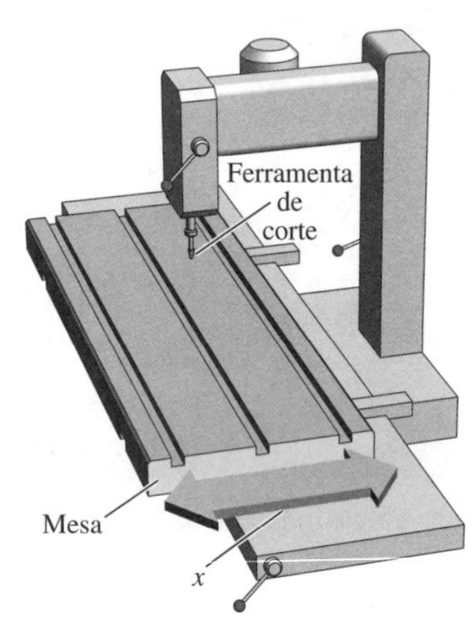

FIGURA PPC1.1 Máquina operatriz com mesa.

PP1.1 O ruído da estrada e do veículo que invade o interior do automóvel aumenta a fadiga dos ocupantes [60]. Projete o diagrama de blocos de um sistema com realimentação "antirruído" que reduzirá o efeito de ruídos indesejáveis. Indique os dispositivos de cada bloco.

PP1.2 Muitos carros são equipados com controle de cruzeiro que, ao se pressionar um botão, automaticamente mantém determinada velocidade. Desse modo, o motorista pode conduzir o veículo no limite de velocidade ou em uma velocidade econômica sem checar continuamente o velocímetro. Projete um controle com realimentação na forma de diagrama de blocos para um sistema de controle de cruzeiro.

PP1.3 Descreva um sistema de controle com realimentação no qual um usuário utiliza um smartphone para controlar e monitorar remotamente uma máquina de lavar, conforme ilustrado na Figura PP1.3. O sistema de controle deve ser capaz de iniciar e interromper o ciclo de lavagem, controlar a quantidade de detergente e a temperatura da água, fornecer as notificações sobre o *status* do ciclo.

PP1.4 Como parte da automação de uma fazenda de gado leiteiro, a automação da ordenha de vacas está sendo estudada [36]. Projete

FIGURA PP1.3 Uso de smartphone para monitorar e controlar remotamente uma máquina de lavar. (AndreyPopov/iStockPhoto.)

uma máquina de ordenha que possa ordenhar vacas quatro ou cinco vezes por dia de acordo com a demanda das vacas. Esboce um diagrama de blocos e indique os dispositivos de cada bloco.

PP1.5 Um braço robótico de grande porte para a soldagem de grandes estruturas é mostrado na Figura PP1.5. Esboce o diagrama

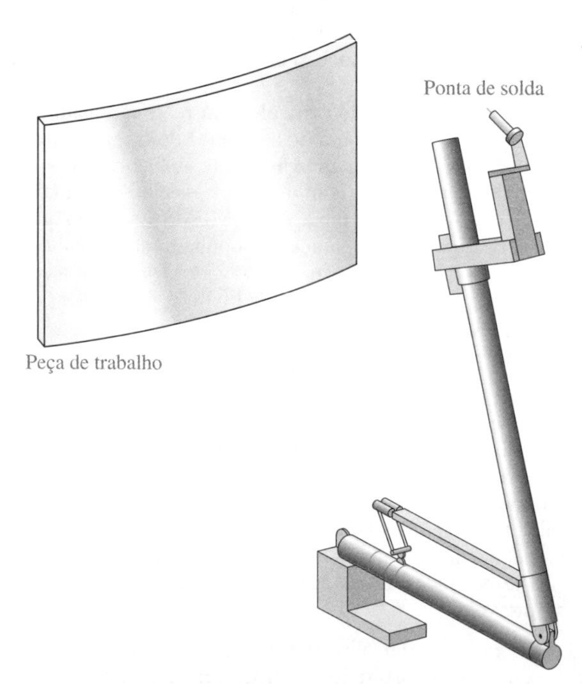

FIGURA PP1.5 Soldador robótico.

de blocos de um sistema de controle com realimentação em malha fechada para controlar com exatidão a posição da ponta de solda.

PP1.6 O controle de tração de automóveis, que inclui freios antiderrapantes e aceleração antipatinação, pode melhorar o desempenho e a condução do veículo. O objetivo desse controle é maximizar a tração nos pneus pela prevenção de travamento de freios, bem como da patinação durante a aceleração. O escorregamento da roda, diferença entre a velocidade do veículo e a velocidade da roda, é escolhido como a variável a ser controlada por causa de sua forte influência na força de tração entre o pneu e a estrada [19]. O coeficiente de aderência entre a roda e a estrada atinge seu máximo com um escorregamento baixo. Desenvolva um modelo em diagrama de blocos de uma roda de um sistema de controle de tração.

PP1.7 O telescópio espacial Hubble foi consertado e modificado no espaço em várias ocasiões [44, 46, 49]. Um problema desafiador em controlar o Hubble é amortecer a tremulação que vibra a espaçonave cada vez que ela entra ou sai da sombra da Terra. A pior vibração tem um período de cerca de 20 segundos, ou uma frequência de 0,05 hertz. Projete um sistema com realimentação que reduza as vibrações do telescópio espacial Hubble.

PP1.8 Uma aplicação desafiadora do projeto de controle é o uso de nanorrobôs na medicina. Os nanorrobôs irão requerer capacidade de computação embarcada e sensores e atuadores minúsculos. Felizmente, avanços em computação biomolecular, sensores biológicos e atuadores são promissores a ponto de viabilizar o surgimento de nanorrobôs médicos na próxima década [99]. Muitas aplicações médicas interessantes serão beneficiadas pelos nanorrobôs. Por exemplo, uma aplicação pode ser o uso de dispositivos robóticos para administrar precisamente drogas anti-HIV ou combater o câncer através da administração de quimioterapia, como ilustrado na Figura PP1.8.

Atualmente não é possível construir nanorrobôs operacionais, mas pode-se considerar o processo de projeto de controle que possibilitará o eventual desenvolvimento e instalação desses dispositivos minúsculos na área médica. Considere o problema de projetar um nanorrobô para liberar um medicamento contra o câncer em uma região específica do corpo humano. O local-alvo pode ser, por exemplo, a localização de um tumor. Sugira um ou mais objetivos de controle que possam guiar o processo de projeto. Recomende as variáveis que devem ser controladas e providencie uma lista de especificações razoáveis para essas variáveis.

PP1.9 Considere o veículo para transporte humano (*human transportation vehicle* – HTV) retratado na Figura PP1.9. O HTV autoequilibrado é controlado ativamente para permitir o transporte seguro e fácil de uma única pessoa [97]. Descreva um sistema de controle com realimentação em malha fechada para ajudar o usuário do HTV a equilibrar e manobrar o veículo.

PP1.10 Além de manterem a velocidade, muitos veículos são capazes de manter uma distância predeterminada do automóvel à sua frente, como ilustrado na Figura PP1.10. Projete um sistema de controle com realimentação que seja capaz de manter a velocidade de cruzeiro a uma distância predeterminada do veículo à frente. O que acontece se o veículo à frente desacelerar para uma velocidade menor do que a velocidade de cruzeiro desejada?

FIGURA PP1.9 Veículo de transporte pessoal. (Fotografia cortesia de Sergiy Kuzmin/Shutterstock.)

FIGURA PP1.8 Ilustração artística de um nanorrobô interagindo com células sanguíneas humanas.

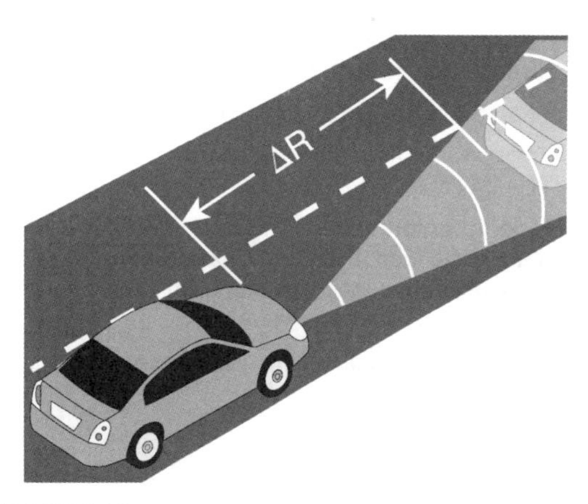

FIGURA PP1.10 Mantendo velocidade de cruzeiro a uma distância predeterminada.

RESPOSTAS PARA A VERIFICAÇÃO DE COMPETÊNCIAS

Verdadeiro ou Falso: (1) Verdadeiro; (2) Verdadeiro; (3) Falso; (4) Falso; (5) Verdadeiro

Múltipla Escolha: (6) d; (7) d; (8) b; (9) c; (10) a; (11) d; (12) a; (13) c; (14) d; (15) d

Correspondência de Palavras (em ordem, de cima para baixo): p, f, h, k, m, q, d, l, n, c, r, s, j, b, e, t, o, u, v, a, i, g

TERMOS E CONCEITOS

Análise O processo de examinar um sistema para obter melhor compreensão, fornecer informações e encontrar direções para melhorias.

Atuador Atuador é um dispositivo acionado pelo sistema de controle para alterar ou ajustar o ambiente.

Automação O controle de um processo por meios automáticos.

Automóvel de combustível híbrido Automóvel que usa um motor de combustão interna convencional combinado com um dispositivo de armazenamento de energia como sistema de propulsão.

Complexidade de projeto Padrão intrincado de partes entremeadas e conhecimento necessário.

Computação onipresente Um conceito em que a computação é tornada disponível em qualquer lugar a qualquer instante e pode ocorrer em qualquer dispositivo.

Controle embarcado Sistema de controle com realimentação que utiliza computadores digitais de propósito específico embarcados como componentes integrais da malha de realimentação.

Desvio de projeto Um desvio entre o sistema físico complexo e o modelo de projeto, intrínseco da progressão do conceito inicial até o produto final.

Engenharia de sistemas de controle Disciplina da engenharia que foca a modelagem de um amplo conjunto de sistemas físicos e o uso destes modelos para projetar controladores que façam com que os sistemas operando com realimentação em malha fechada apresentem as características de desempenho desejadas.

Especificações Declarações que explicitamente expressam o que o dispositivo ou produto deve ser e fazer. Um conjunto de critérios de desempenho preestabelecidos.

Internet das Coisas (IoT) Rede de objetos físicos dotados de dispositivos eletrônicos, software, sensores e conectividade.

Mecatrônica Integração sinérgica de sistemas mecânicos, elétricos e computacionais.

Otimização Ajuste dos parâmetros para obter-se o projeto mais favorável ou vantajoso.

Perturbação Um sinal de entrada não desejado que afeta o sinal de saída.

Planta *Veja* Processo.

Posicionamento onipresente Um conceito em que sistemas de posicionamento identificam a localização e posição de pessoas, veículos e objetos ao longo do tempo em qualquer localização, em ambientes fechados ou a céu aberto.

Processo O dispositivo, planta ou sistema sendo controlado.

Produtividade Razão entre a saída física e a entrada física de um processo industrial.

Projeto Processo de concepção ou invenção de formas, partes e detalhes de um sistema para atingir um propósito específico.

Projeto de engenharia O processo de projeto de um sistema técnico.

Realimentação negativa Um sinal de saída realimentado de modo que ele seja subtraído do sinal de entrada.

Realimentação positiva Um sinal de saída realimentado de modo que ele seja somado ao sinal de entrada.

Regulador de esferas Dispositivo mecânico para controlar a velocidade de um motor a vapor.

Risco Incertezas incorporadas nas consequências não intencionais de um projeto.

Robô Computadores programáveis integrados com um manipulador. Manipulador reprogramável e multifuncional usado para uma variedade de tarefas.

Ruído de medida Um sinal de entrada não desejado que afeta a medida do sinal de saída.

Sensor Dispositivo que provê uma medida de um sinal externo desejado.

Sinal de realimentação Uma medida da saída do sistema usada para realimentação a fim de controlar o sistema.

Síntese Processo pelo qual novas configurações físicas são criadas. Combinação de elementos ou dispositivos separados para formar um todo coerente.

Sistema Uma interconexão de elementos e dispositivos para determinado propósito.

Sistema de controle Interconexão de componentes formando uma configuração de sistema que fornecerá uma resposta desejada.

Sistema de controle com realimentação com múltiplas malhas Um sistema de controle com realimentação com mais de uma malha de controle com realimentação.

Sistema de controle com realimentação em malha fechada Sistema que usa uma medida da saída e a compara com a saída desejada para controlar o processo.

Sistema de controle em malha aberta Sistema que usa um dispositivo para controlar o processo sem usar realimentação. Desse modo, a saída não tem efeito sobre o sinal para o processo.

Sistema de controle multivariável Sistema com mais de uma variável de entrada ou mais de uma variável de saída.

Solução de compromisso O resultado de uma decisão de compromisso entre critérios conflitantes.

CAPÍTULO

2

Modelos Matemáticos de Sistemas

APRESENTAÇÃO

Modelos matemáticos de sistemas físicos são elementos-chave no projeto e na análise de sistemas de controle. O comportamento dinâmico é geralmente descrito com o uso de equações diferenciais ordinárias. Será considerada uma vasta gama de sistemas. Uma vez que a maioria dos sistemas físicos não é linear, serão discutidas aproximações lineares, as quais possibilitam o uso de métodos baseados na transformada de Laplace. Prossegue-se então para a obtenção de relações entrada-saída, na forma de funções de transferência. Funções de transferência podem ser organizadas em diagramas de blocos ou em diagramas de fluxo de sinal para descrever graficamente as interconexões entre os blocos. Diagramas de blocos e diagramas de fluxo de sinal são ferramentas muito convenientes e naturais para o projeto e a análise de sistemas de controle complexos. Conclui-se o capítulo com o desenvolvimento de modelos de função de transferência para os vários componentes do Exemplo de Projeto Sequencial: Sistema de Leitura de Acionadores de Disco.

RESULTADOS DESEJADOS

Ao concluírem o Capítulo 2, os estudantes devem ser capazes de:

- Reconhecer que as equações diferenciais podem descrever o comportamento dinâmico de sistemas físicos.
- Utilizar aproximações lineares por meio da expansão em série de Taylor.
- Entender a aplicação da transformada de Laplace e seu papel na obtenção de funções de transferência.
- Interpretar diagramas de blocos e diagramas de fluxo de sinal e explicar seu papel na análise de sistemas de controle.
- Descrever o importante papel da modelagem no processo de projeto de um sistema de controle.

2.1 INTRODUÇÃO

Para entender e controlar sistemas complexos, deve-se obter **modelos matemáticos** quantitativos desses sistemas. É necessário, portanto, analisar as relações entre as variáveis do sistema e obter um modelo matemático. Como os sistemas em consideração são dinâmicos por natureza, suas equações descritivas são usualmente **equações diferenciais**. Além disso, se essas equações puderem ser **linearizadas**, então a **transformada de Laplace** pode ser usada para simplificar o método de solução. Na prática, a complexidade dos sistemas e a falta de conhecimento de todos os fatores relevantes tornam necessária a introdução de **hipóteses** a respeito da operação do sistema. Por essa razão, frequentemente será útil considerar o sistema físico, enunciar quaisquer hipóteses necessárias e linearizar o sistema. Em seguida, pelo uso das leis físicas que descrevem o sistema linear equivalente, pode-se obter um conjunto de equações diferenciais lineares invariantes no tempo. Finalmente, utilizando ferramentas matemáticas, como a transformada de Laplace, obtém-se uma solução descrevendo a operação do sistema. Em resumo, a abordagem para a modelagem de sistemas dinâmicos pode ser listada como a seguir:

1. Definir o sistema e seus componentes.
2. Formular o modelo matemático e as principais hipóteses necessárias fundamentando-se em princípios básicos.
3. Obter as equações diferenciais representando o modelo matemático.
4. Resolver as equações para as variáveis de saída desejadas.
5. Examinar as soluções e as hipóteses.
6. Se necessário, analisar ou projetar novamente o sistema.

2.2 EQUAÇÕES DIFERENCIAIS DE SISTEMAS FÍSICOS

As equações diferenciais descrevendo o desempenho dinâmico de um sistema físico são obtidas por meio do uso das leis físicas do processo [1–4]. Considere o sistema de torção massa-mola da Figura 2.1, com o torque aplicado $T_a(t)$. Admite-se que o elemento mola de torção não tenha massa. Supõe-se que seja desejável medir o torque $T_s(t)$ transmitido à massa m. Uma vez que a mola não tem massa, a soma dos torques que agem sobre a mola propriamente dita deve ser zero ou

$$T_a(t) - T_s(t) = 0,$$

o que implica que $T_s(t) = T_a(t)$. Observa-se imediatamente que o torque externo $T_a(t)$ aplicado à extremidade da mola é transmitido *através da* mola de torção. Por causa disso, refere-se ao torque como uma **variável através**. De modo semelhante, a diferença de velocidade angular associada ao elemento mola de torção é

$$\omega(t) = \omega_s(t) - \omega_a(t).$$

Desse modo, a diferença de velocidade angular é medida sobre o elemento mola de torção e é referida como uma **variável sobre**. Esses mesmos tipos de argumento podem ser usados para a maioria das variáveis físicas usuais (tais como força, corrente, volume, vazão etc.). Uma discussão mais completa sobre variáveis através e variáveis sobre pode ser encontrada em [26, 27]. Um resumo das variáveis através e das variáveis sobre dos sistemas dinâmicos é dado na Tabela 2.1 [5]. Informações a respeito do Sistema Internacional (SI) de unidades associadas com as numerosas variáveis examinadas nesta seção podem ser encontradas *online*, em diversas referências convenientes.

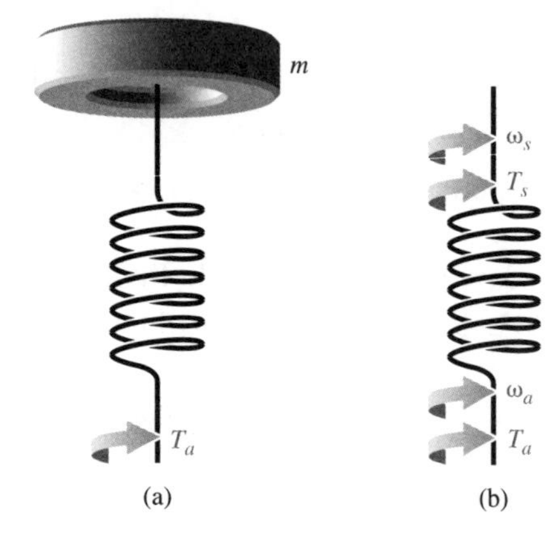

FIGURA 2.1 (a) Sistema de torção massa-mola. (b) Elemento mola.

Tabela 2.1 Resumo das Variáveis Através e Variáveis Sobre de Sistemas Físicos

Sistema	Variável Através do Elemento	Variável Através Integrada	Variável Sobre o Elemento	Variável Sobre Integrada
Elétrico	Corrente, i	Carga, q	Diferença de tensão, v_{21}	Enlace de fluxo, λ_{21}
Mecânico translacional	Força, F	Momento translacional, P	Diferença de velocidade, v_{21}	Diferença de deslocamento, y_{21}
Mecânico rotacional	Torque, T	Momento angular, h	Diferença de velocidade angular, ω_{21}	Diferença de deslocamento angular, θ_{21}
Fluídico	Vazão volumétrica, Q	Volume, V	Diferença de pressão, P_{21}	Momento de pressão, γ_{21}
Térmico	Fluxo térmico, q	Energia térmica, H	Diferença de temperatura, $\mathcal{T}_{21}$	

Por exemplo, variáveis que representam temperatura são expressas em graus Kelvin em unidades SI e variáveis que representam comprimento são expressas em metros. Um resumo das equações descritivas para elementos dinâmicos lineares com parâmetros concentrados é dado na Tabela 2.2 [5]. As equações na Tabela 2.2 são descrições idealizadas e apenas aproximam as condições reais (por exemplo, quando uma aproximação linear com parâmetros concentrados é usada para um elemento com parâmetros distribuídos).

Nomenclatura

- *Variável através:* F = força, T = torque, i = corrente, Q = vazão volumétrica de fluido, q = fluxo térmico.
- *Variável sobre:* v = velocidade translacional, ω = velocidade angular, v = tensão elétrica, P = pressão, $\mathcal{T}$ = temperatura.
- *Armazenamento indutivo:* L = indutância, $1/k$ = inverso da rigidez translacional ou rotacional, I = inércia fluídica.
- *Armazenamento capacitivo:* C = capacitância, M = massa, J = momento de inércia, C_f = capacitância fluídica, C_t = capacitância térmica.
- *Dissipadores de energia:* R = resistência, b = atrito viscoso, R_f = resistência fluídica, R_t = resistência térmica.

O símbolo v é usado tanto para a tensão em circuitos elétricos quanto para a velocidade em sistemas mecânicos de translação e é distinto dentro do contexto de cada equação diferencial. Para sistemas mecânicos, utilizam-se as leis de Newton, e para sistemas elétricos, as leis de Kirchhoff. Por

Tabela 2.2 Resumo das Equações Diferenciais para Elementos Ideais

Tipo de Elemento	Elemento Físico	Equação	Energia E ou Potência $\mathcal{P}$	Símbolo
Armazenamento indutivo	Indutância elétrica	$v_{21} = L\frac{di}{dt}$	$E = \frac{1}{2}Li^2$	v_2, L, i, v_1
	Mola translacional	$v_{21} = \frac{1}{k}\frac{dF}{dt}$	$E = \frac{1}{2}\frac{F^2}{k}$	v_2, k, v_1, F
	Mola rotacional	$\omega_{21} = \frac{1}{k}\frac{dT}{dt}$	$E = \frac{1}{2}\frac{T^2}{k}$	ω_2, k, ω_1, T
	Inércia fluídica	$P_{21} = I\frac{dQ}{dt}$	$E = \frac{1}{2}IQ^2$	P_2, I, Q, P_1
Armazenamento capacitivo	Capacitância elétrica	$i = C\frac{dv_{21}}{dt}$	$E = \frac{1}{2}C{v_{21}}^2$	v_2, i, C, v_1
	Massa translacional	$F = M\frac{dv_2}{dt}$	$E = \frac{1}{2}M{v_2}^2$	F, v_2, M, v_1 = constante
	Massa rotacional	$T = J\frac{d\omega_2}{dt}$	$E = \frac{1}{2}J{\omega_2}^2$	T, ω_2, J, ω_1 = constante
	Capacitância fluídica	$Q = C_f\frac{dP_{21}}{dt}$	$E = \frac{1}{2}C_f{P_{21}}^2$	Q, P_2, C_f, P_1
	Capacitância térmica	$q = C_t\frac{d\mathcal{T}_2}{dt}$	$E = C_t\mathcal{T}_2$	q, $\mathcal{T}_2$, C_t, $\mathcal{T}_1$ = constante
Dissipadores de energia	Resistência elétrica	$i = \frac{1}{R}v_{21}$	$\mathcal{P} = \frac{1}{R}{v_{21}}^2$	v_2, R, i, v_1
	Amortecedor translacional	$F = bv_{21}$	$\mathcal{P} = b{v_{21}}^2$	F, v_2, b, v_1
	Amortecedor rotacional	$T = b\omega_{21}$	$\mathcal{P} = b{\omega_{21}}^2$	T, ω_2, b, ω_1
	Resistência fluídica	$Q = \frac{1}{R_f}P_{21}$	$\mathcal{P} = \frac{1}{R_f}{P_{21}}^2$	P_2, R_f, Q, P_1
	Resistência térmica	$q = \frac{1}{R_t}\mathcal{T}_{21}$	$\mathcal{P} = \frac{1}{R_t}\mathcal{T}_{21}$	$\mathcal{T}_2$, R_t, q, $\mathcal{T}_1$

exemplo, o sistema mecânico massa-mola-amortecedor simples mostrado na Figura 2.2(a) é descrito pela segunda lei de Newton para o movimento. O diagrama de corpo livre da massa M é mostrado na Figura 2.2(b). Neste exemplo de sistema massa-mola-amortecedor, o atrito com as paredes foi modelado como um **amortecedor viscoso**, ou seja, a força de atrito é linearmente proporcional à velocidade da massa. Na realidade, a força de atrito pode se comportar de uma forma mais complicada. Por exemplo, o atrito com as paredes pode se comportar como um **amortecedor de Coulomb**. O atrito de Coulomb, também conhecido como atrito seco, é uma função não linear da velocidade da massa e possui uma descontinuidade em torno da velocidade zero. Para uma superfície bem lubrificada e escorregadia, o atrito viscoso é apropriado e será utilizado aqui e em exemplos massa-mola-amortecedor subsequentes. Somando as forças agindo sobre M e utilizando a segunda lei de Newton, resulta

$$M\frac{d^2y(t)}{dt^2} + b\frac{dy(t)}{dt} + ky(t) = r(t), \tag{2.1}$$

em que k é a constante de mola de uma mola ideal e b é a constante de atrito. A Equação (2.1) é uma equação diferencial linear de segunda ordem com coeficientes constantes (invariantes no tempo).

Alternativamente, pode-se descrever o circuito elétrico RLC da Figura 2.3 utilizando a lei de Kirchhoff das correntes. Obtém-se, então, a seguinte equação íntegro-diferencial:

$$\frac{v(t)}{R} + C\frac{dv(t)}{dt} + \frac{1}{L}\int_0^t v(t)\,dt = r(t). \tag{2.2}$$

A solução da equação diferencial que descreve o processo pode ser obtida por meio de métodos clássicos, tais como o uso de fatores de integração e o método dos coeficientes a determinar [1]. Por exemplo, quando a massa é inicialmente deslocada a uma distância $y(0) = y_0$ e liberada, a resposta dinâmica do sistema pode ser representada por uma equação da forma

$$y(t) = K_1e^{-\alpha_1 t}\operatorname{sen}(\beta_1 t + \theta_1). \tag{2.3}$$

Uma solução semelhante é obtida para a tensão do circuito RLC quando o circuito for submetido a uma corrente constante $r(t) = I$. Então, a tensão é

$$v(t) = K_2e^{-\alpha_2 t}\cos(\beta_2 t + \theta_2). \tag{2.4}$$

Uma curva de tensão típica de um circuito RLC é mostrada na Figura 2.4.

Para revelar ainda mais a grande similaridade entre as equações diferenciais dos sistemas mecânico e elétrico, pode-se reescrever a Equação (2.1) em função da velocidade:

$$v(t) = \frac{dy(t)}{dt}.$$

Temos, então,

$$M\frac{dv(t)}{dt} + bv(t) + k\int_0^t v(t)\,dt = r(t). \tag{2.5}$$

Nota-se imediatamente a equivalência das Equações (2.5) e (2.2), nas quais a velocidade $v(t)$ e a tensão $v(t)$ são variáveis equivalentes, usualmente chamadas de **variáveis análogas**, e os sistemas são sistemas análogos. Consequentemente, a solução para a velocidade é similar à Equação (2.4) e a resposta para um sistema subamortecido é mostrada na Figura 2.4. O conceito de sistemas análogos é uma técnica muito útil e poderosa para a modelagem de sistemas. A analogia tensão elétrica-velocidade, frequentemente chamada de analogia força-corrente, é uma analogia natural, porque ela

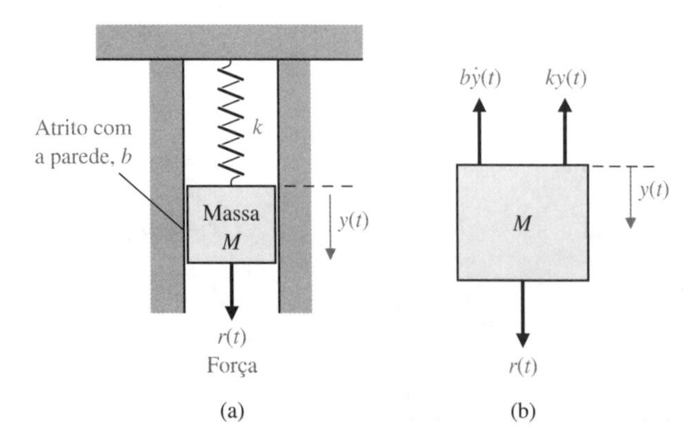

FIGURA 2.2 (a) Sistema massa-mola-amortecedor. (b) Diagrama de corpo livre.

r(t)
Fonte de corrente
R L C
+ v(t) −

FIGURA 2.3 Circuito RLC.

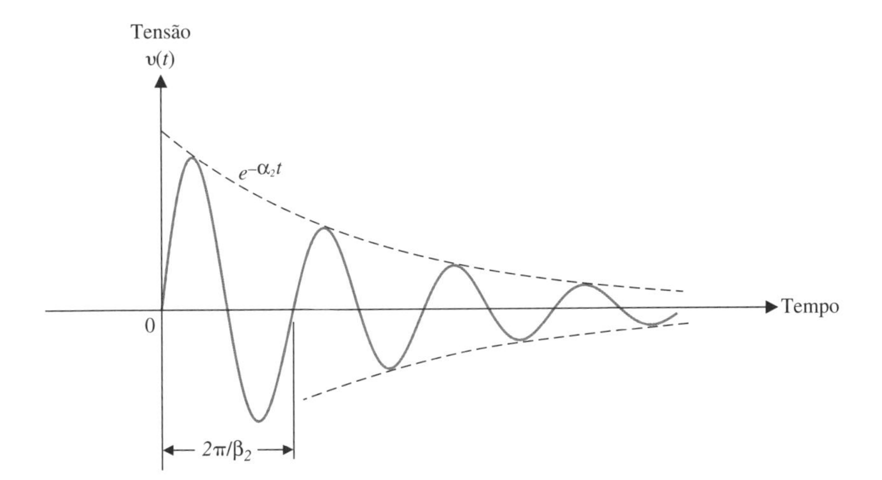

FIGURA 2.4 Resposta de tensão típica para um circuito *RLC*.

relaciona as variáveis através e as variáveis sobre análogas dos sistemas elétrico e mecânico. Outra analogia que relaciona as variáveis de velocidade e de corrente elétrica frequentemente usada é chamada de analogia força-tensão elétrica [21, 23].

Sistemas análogos com soluções similares existem para sistemas elétricos, mecânicos, térmicos e fluídicos. A existência de sistemas e de soluções análogas fornece ao analista a capacidade de estender a solução de um sistema para todos os sistemas análogos com as mesmas equações diferenciais descritivas. Consequentemente, o que se aprende sobre a análise e o projeto de sistemas elétricos é imediatamente estendido para a compreensão de sistemas fluídicos, térmicos e mecânicos.

2.3 APROXIMAÇÕES LINEARES DE SISTEMAS FÍSICOS

A maioria dos sistemas físicos é linear para uma certa excursão das variáveis. Em geral, os sistemas se tornam não lineares à medida que os valores das variáveis aumentam sem limites. Por exemplo, o sistema massa-mola-amortecedor da Figura 2.2 é linear e descrito pela Equação (2.1) enquanto a massa for submetida a pequenos deslocamentos $y(t)$. Entretanto, se $y(t)$ for aumentado de maneira contínua, eventualmente, a mola poderá se distender demasiadamente e quebrar. Desse modo, a questão da linearidade e os limites de aplicabilidade precisam ser considerados para cada sistema.

Um sistema é definido como linear em termos da excitação e da resposta do sistema. No caso do circuito elétrico, a excitação é a corrente de entrada $r(t)$ e a resposta é a tensão elétrica $v(t)$. Em geral, uma **condição necessária** para que um sistema seja linear pode ser determinada em função de uma excitação $x(t)$ e de uma resposta $y(t)$. Quando o sistema em repouso é submetido a uma excitação $x_1(t)$, produz uma resposta $y_1(t)$. Além disso, quando o sistema é submetido a uma excitação $x_2(t)$, produz uma resposta correspondente $y_2(t)$. Para que o sistema seja linear, é necessário que a excitação $x_1(t) + x_2(t)$ resulte em uma resposta $y_1(t) + y_2(t)$. Esse é o chamado **princípio da superposição**.

Além disso, o fator de escala de magnitude precisa ser preservado em um **sistema linear**. Novamente, considere um sistema com entrada $x(t)$ que resulta em saída $y(t)$. Então, a resposta de um sistema linear a uma entrada x multiplicada por uma constante β precisa ser igual à resposta àquela entrada multiplicada pela mesma constante, de modo que a saída seja $\beta y(t)$. Essa é a propriedade da **homogeneidade**.

Um sistema linear satisfaz as propriedades de superposição e homogeneidade.

Um sistema caracterizado pela relação $y(t) = x^2(t)$ não é linear, pois a propriedade da superposição não é satisfeita. Um sistema representado pela relação $y(t) = mx(t) + b$ não é linear, pois ele não satisfaz a propriedade da homogeneidade. Porém, este segundo sistema pode ser considerado linear em torno de um ponto de operação x_0, y_0 para pequenas variações Δx e Δy. Quando $x(t) = x_0 + \Delta x(t)$ e $y(t) = y_0 + \Delta y(t)$, temos

$$y(t) = mx(t) + b$$

ou

$$y_0 + \Delta y(t) = mx_0 + m\Delta x(t) + b.$$

Consequentemente, $\Delta y(t) = m\Delta x(t)$, o que satisfaz as condições necessárias.

A linearidade de muitos elementos mecânicos e elétricos pode ser assumida sobre uma variação razoavelmente ampla de valores das variáveis [7]. Esse não é usualmente o caso de elementos térmicos e fluídicos, que são mais frequentemente não lineares em sua natureza. Felizmente, contudo, podem-se com frequência linearizar os elementos não lineares admitindo condições de pequenas variações do sinal. Essa é a abordagem normal usada para obter um circuito linear equivalente para circuitos eletrônicos e transistores. Considere um elemento genérico com uma variável (através) de excitação $x(t)$ e uma variável (sobre) de resposta $y(t)$. Vários exemplos de variáveis de sistemas dinâmicos são dados na Tabela 2.1. O relacionamento entre as duas variáveis é escrito como

$$y(t) = g(x(t)), \tag{2.6}$$

em que $g(x(t))$ indica que $y(t)$ é uma função de $x(t)$. O ponto de operação normal é designado por x_0. Como a curva (função) é contínua sobre a faixa de interesse, uma expansão em **série de Taylor** em torno do ponto de operação pode ser utilizada [7]. Temos, então,

$$y(t) = g(x(t)) = g(x_0) + \left.\frac{dg}{dx}\right|_{x(t)=x_0} \frac{(x(t) - x_0)}{1!} + \left.\frac{d^2g}{dx^2}\right|_{x(t)=x_0} \frac{(x(t) - x_0)^2}{2!} + \cdots. \tag{2.7}$$

A inclinação da curva no ponto de operação,

$$m = \left.\frac{dg}{dx}\right|_{x(t)=x_0},$$

é uma boa aproximação para a curva sobre uma pequena faixa de variação de $x(t) - x_0$, o desvio em torno do ponto de operação. Assim, como aproximação razoável, a Equação (2.7) se torna

$$y(t) = g(x_0) + \left.\frac{dg}{dx}\right|_{x(t)=x_0} (x(t) - x_0) = y_0 + m(x(t) - x_0). \tag{2.8}$$

Finalmente, a Equação (2.8) pode ser reescrita como a equação linear

$$y(t) - y_0 = m(x(t) - x_0)$$

ou

$$\Delta y(t) = m\Delta x(t). \tag{2.9}$$

Considere o caso de uma massa, M, apoiada sobre uma mola não linear, como mostrado na Figura 2.5(a). O ponto de operação normal é a posição de equilíbrio que ocorre quando a força da mola equilibra a força gravitacional Mg, em que g é a aceleração da gravidade. Desse modo, obtém-se $f_0 = Mg$, como mostrado. Para a mola não linear com $f(t) = y^2(t)$, a posição de equilíbrio é $y_0 = (Mg)^{1/2}$. O modelo linear para pequenas variações é

$$\Delta f(t) = m\Delta y(t),$$

em que

$$m = \left.\frac{df}{dy}\right|_{y(t)=y_0},$$

como mostrado na Figura 2.5(b). Desse modo, $m = 2\, y_0$. Uma **aproximação linear** é tão exata quanto a hipótese de pequenas variações é aplicável ao problema específico.

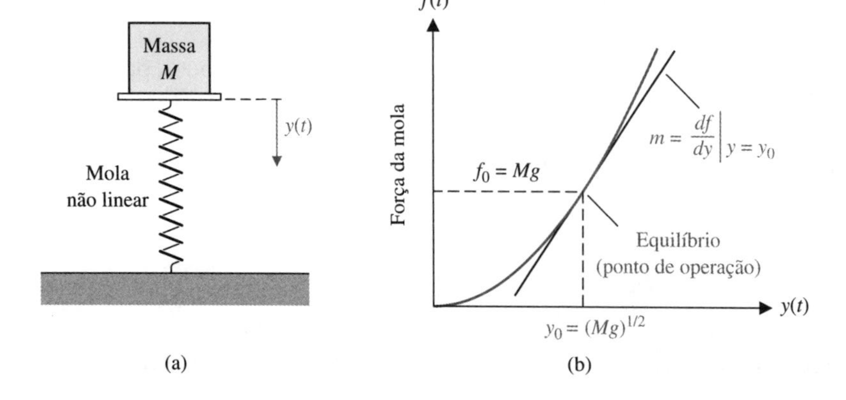

FIGURA 2.5
(a) Massa apoiada sobre uma mola não linear. (b) Força da mola por $y(t)$.

Se a variável dependente $y(t)$ depende de diversas variáveis de excitação, $x_1(t), x_2(t), ..., x_n(t)$, então a relação funcional é escrita como

$$y(t) = g(x_1(t), x_2(t), \ldots, x_n(t)). \tag{2.10}$$

A expansão em série de Taylor em torno do ponto de operação $x_{1_0}, x_{2_0}, ..., x_{n_0}$ é útil para uma aproximação linear da função não linear. Quando os termos de ordem mais elevada são desprezados, a aproximação linear é escrita como

$$y(t) = g(x_{1_0}, x_{2_0}, \ldots, x_{n_0}) + \left.\frac{\partial g}{\partial x_1}\right|_{x(t)=x_0} (x_1(t) - x_{1_0}) + \left.\frac{\partial g}{\partial x_2}\right|_{x(t)=x_0} (x_2(t) - x_{2_0}) \tag{2.11}$$
$$+ \cdots + \left.\frac{\partial g}{\partial x_n}\right|_{x(t)=x_0} (x_n(t) - x_{n_0}),$$

em que x_0 é o ponto de operação. O Exemplo 2.1 irá ilustrar claramente a utilidade deste método.

EXEMPLO 2.1 **Modelo do oscilador de pêndulo**

Considere o oscilador de pêndulo mostrado na Figura 2.6(a). O torque aplicado à massa é

$$T(t) = MgL \operatorname{sen} \theta(t), \tag{2.12}$$

em que g é a aceleração da gravidade. A condição de equilíbrio para a massa é $\theta_0 = 0°$. A relação não linear entre $T(t)$ e $\theta(t)$ é mostrada graficamente na Figura 2.6(b). A primeira derivada calculada no ponto de equilíbrio fornece a aproximação linear, que é

$$T(t) - T_0 \cong MgL \left.\frac{\partial \operatorname{sen} \theta}{\partial \theta}\right|_{\theta(t)=\theta_0} (\theta(t) - \theta_0),$$

em que $T_0 = 0$. Então, temos

$$T(t) = MgL\theta(t). \tag{2.13}$$

Essa aproximação é razoavelmente exata para $-\pi/4 \leq \theta \leq \pi/4$. Por exemplo, a resposta do modelo linear para uma oscilação de $\pm 30°$ está dentro do limite de 5% em relação à resposta real do pêndulo não linear. ■

2.4 TRANSFORMADA DE LAPLACE

A habilidade de obter aproximações lineares de sistemas físicos permite que o analista considere o uso da **transformada de Laplace**. O método da transformada de Laplace substitui as equações diferenciais de difícil solução por equações algébricas relativamente fáceis de serem resolvidas [1, 3]. A solução da resposta no domínio do tempo é obtida por meio das seguintes operações:

1. Obter as equações diferenciais linearizadas.
2. Obter a transformada de Laplace das equações diferenciais.
3. Resolver a equação algébrica resultante para a transformada da variável de interesse.

A transformada de Laplace existe nas equações diferenciais lineares para as quais a integral de transformação converge. Desse modo, para que exista a transformada de $f(t)$, é suficiente que

$$\int_{0^-}^{\infty} |f(t)| e^{-\sigma_1 t} \, dt < \infty,$$

para algum σ_1 real e positivo [1]. O 0^- indica que a integral deve incluir qualquer descontinuidade, como uma função delta em $t = 0$. Se a magnitude de $f(t)$ for $|f(t)| < Me^{\alpha t}$ para todos os valores

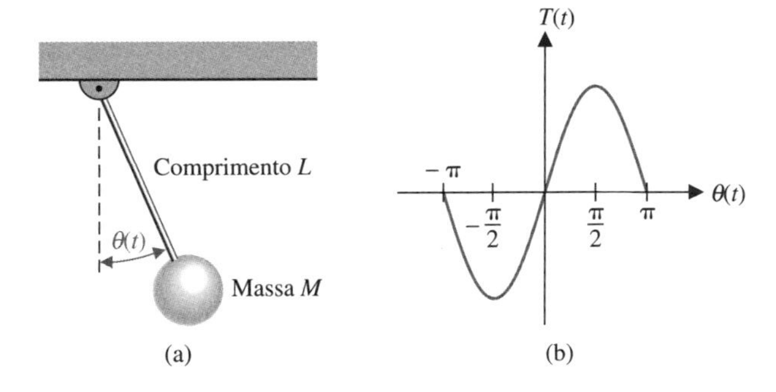

FIGURA 2.6 Oscilador de pêndulo.

positivos de t, a integral convergirá para $\sigma_1 > \alpha$. A região de convergência é, portanto, dada por $\infty > \sigma_1 > \alpha$, e σ_1 é conhecida como a abscissa da convergência absoluta. Sinais que sejam fisicamente realizáveis sempre possuem uma transformada de Laplace. A transformada de Laplace para uma função do tempo, $f(t)$, é

$$F(s) = \int_{0^-}^{\infty} f(t)e^{-st}\, dt = \mathcal{L}\{f(t)\}. \tag{2.14}$$

A **transformada inversa de Laplace** é escrita como

$$f(t) = \frac{1}{2\pi j}\int_{\sigma-j\infty}^{\sigma+j\infty} F(s)e^{+st}\, ds. \tag{2.15}$$

As integrais de transformação foram utilizadas para deduzir tabelas de transformadas de Laplace que são usadas para a maioria dos problemas. Uma tabela de pares de transformadas de Laplace importantes é dada na Tabela 2.3, e uma lista mais completa de pares de transformadas de Laplace pode ser encontrada em diversas referências.

Tabela 2.3 Pares Importantes da Transformada de Laplace

$f(t)$	$F(s)$
Função degrau unitário, $u(t)$	$\frac{1}{s}$
e^{-at}	$\frac{1}{s+a}$
$\operatorname{sen}\omega t$	$\frac{\omega}{s^2+\omega^2}$
$\cos\omega t$	$\frac{s}{s^2+\omega^2}$
t^n	$\frac{n!}{s^{n+1}}$
$f^{(k)}(t) = \frac{d^k f(t)}{dt^k}$	$s^kF(s) - s^{k-1}f(0^-) - s^{k-2}f'(0^-) - \ldots - f^{(k-1)}(0^-)$
$\int_{-\infty}^{t} f(t)\, dt$	$\frac{F(s)}{s} + \frac{1}{s}\int_{-\infty}^{0} f(t)\, dt$
Função impulso unitário $\delta(t)$	1
$e^{-at}\operatorname{sen}\omega t$	$\frac{\omega}{(s+a)^2+\omega^2}$
$e^{-at}\cos\omega t$	$\frac{s+a}{(s+a)^2+\omega^2}$
$\frac{1}{\omega}[(\alpha-a)^2+\omega^2]^{1/2}e^{-at}\operatorname{sen}(\omega t+\phi)$, $\phi = \tan^{-1}\frac{\omega}{\alpha-a}$	$\frac{s+\alpha}{(s+a)^2+\omega^2}$
$\frac{\omega_n}{\sqrt{1-\zeta^2}}e^{-\zeta\omega_n t}\operatorname{sen}\omega_n\sqrt{1-\zeta^2}t,\ \zeta<1$	$\frac{\omega_n^2}{s^2+2\zeta\omega_n s+\omega_n^2}$
$\frac{1}{a^2+\omega^2}+\frac{1}{\omega\sqrt{a^2+\omega^2}}e^{-at}\operatorname{sen}(\omega t-\phi)$, $\phi = \tan^{-1}\frac{\omega}{-a}$	$\frac{1}{s[(s+a)^2+\omega^2]}$
$1-\frac{1}{\sqrt{1-\zeta^2}}e^{-\zeta\omega_n t}\operatorname{sen}\left(\omega_n\sqrt{1-\zeta^2}t+\phi\right)$, $\phi = \cos^{-1}\zeta,\ \zeta<1$	$\frac{\omega_n^2}{s(s^2+2\zeta\omega_n s+\omega_n^2)}$
$\frac{\alpha}{a^2+\omega^2}+\frac{1}{\omega}\left[\frac{(\alpha-a)^2+\omega^2}{a^2+\omega^2}\right]^{1/2}e^{-at}\operatorname{sen}(\omega t+\phi)$. $\phi = \tan^{-1}\frac{\omega}{\alpha-a}-\tan^{-1}\frac{\omega}{-a}$	$\frac{s+\alpha}{s[(s+a)^2+\omega^2]}$

Alternativamente, a variável de Laplace s pode ser considerada o operador diferencial, de modo que

$$s \equiv \frac{d}{dt}. \tag{2.16}$$

Por conseguinte, temos também o operador integral

$$\frac{1}{s} \equiv \int_{0^-}^{t} dt. \tag{2.17}$$

A transformada inversa de Laplace é usualmente obtida com o uso da expansão em frações parciais de Heaviside. Essa abordagem é particularmente útil para a análise e o projeto de sistemas, porque o efeito de cada raiz característica ou autovalor pode ser claramente observado.

Para ilustrar a utilidade da transformada de Laplace e os passos envolvidos na análise do sistema, reconsidere o sistema massa-mola-amortecedor descrito pela Equação (2.1), que é

$$M\frac{d^2y(t)}{dt^2} + b\frac{dy(t)}{dt} + ky(t) = r(t). \tag{2.18}$$

Desejamos obter a resposta, $y(t)$, como uma função do tempo. A transformada de Laplace da Equação (2.18) é

$$M\left(s^2Y(s) - sy(0^-) - \frac{dy}{dt}(0^-)\right) + b(sY(s) - y(0^-)) + kY(s) = R(s). \tag{2.19}$$

Quando

$$r(t) = 0 \quad \text{e} \quad y(0^-) = y_0 \quad \text{e} \quad \left.\frac{dy}{dt}\right|_{t=0^-} = 0,$$

temos

$$Ms^2Y(s) - Msy_0 + bsY(s) - by_0 + kY(s) = 0. \tag{2.20}$$

Resolvendo para $Y(s)$, obtemos

$$Y(s) = \frac{(Ms + b)y_0}{Ms^2 + bs + k} = \frac{p(s)}{q(s)}. \tag{2.21}$$

O polinômio do denominador $q(s)$, quando igualado a zero, é chamado de **equação característica**, porque as raízes dessa equação determinam a característica da resposta no domínio do tempo. As raízes dessa equação característica são chamadas também de **polos** do sistema. As raízes do polinômio do numerador $p(s)$ são chamadas de **zeros** do sistema; por exemplo, $s = -b/M$ é um zero da Equação (2.21). Polos e zeros são frequências críticas. Nos polos, a função $Y(s)$ torna-se infinita, enquanto nos zeros a função torna-se zero. O gráfico no **plano *s*** de frequências complexas de polos e zeros retrata graficamente a característica da resposta transitória natural do sistema.

Para um caso específico, é considerado o sistema com $k/M = 2$ e $b/M = 3$. Então, a Equação (2.21) se torna

$$Y(s) = \frac{(s + 3)y_0}{(s + 1)(s + 2)}. \tag{2.22}$$

Os polos e zeros de $Y(s)$ são mostrados no plano s na Figura 2.7.

Expandindo a Equação (2.22) em frações parciais, obtemos

$$Y(s) = \frac{k_1}{s + 1} + \frac{k_2}{s + 2}, \tag{2.23}$$

em que k_1 e k_2 são os coeficientes da expansão. Os coeficientes k_i são chamados de **resíduos** e são calculados multiplicando-se a Equação (2.22) completa pelo fator no denominador da Equação (2.22) correspondente a k_i e fazendo s igual à raiz. Calculando k_1 quando $y_0 = 1$, temos

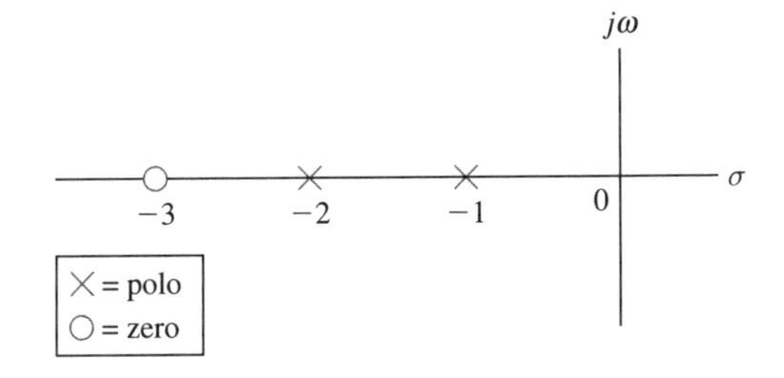

FIGURA 2.7 Diagrama de polos e zeros no plano *s*.

$$k_1 = \left.\frac{(s - s_1)p(s)}{q(s)}\right|_{s=s_1} \tag{2.24}$$

$$= \left.\frac{(s + 1)(s + 3)}{(s + 1)(s + 2)}\right|_{s_1=-1} = 2$$

e $k_2 = -1$. Alternativamente, os resíduos de $Y(s)$ para os respectivos polos podem ser calculados graficamente no plano s, uma vez que a Equação (2.24) pode ser escrita como

$$k_1 = \left.\frac{s + 3}{s + 2}\right|_{s=s_1=-1} \tag{2.25}$$

$$= \left.\frac{s_1 + 3}{s_1 + 2}\right|_{s_1=-1} = 2.$$

A representação gráfica da Equação (2.25) é mostrada na Figura 2.8. O método gráfico de cálculo dos resíduos será particularmente valioso quando a ordem da equação característica for elevada e diversos polos forem pares complexos conjugados.

A transformada inversa de Laplace da Equação (2.22) é então

$$y(t) = \mathcal{L}^{-1}\left\{\frac{2}{s + 1}\right\} + \mathcal{L}^{-1}\left\{\frac{-1}{s + 2}\right\}. \tag{2.26}$$

Usando a Tabela 2.3, encontramos

$$y(t) = 2e^{-t} - 1e^{-2t}. \tag{2.27}$$

Finalmente, costuma ser desejável determinar a condição de **regime estacionário** ou o **valor final** da resposta $y(t)$. Por exemplo, a posição final ou a posição de repouso em regime estacionário do sistema massa-mola-amortecedor poderia ser calculada. O **teorema do valor final** estabelece que

$$\boxed{\lim_{t\to\infty} y(t) = \lim_{s\to 0} sY(s),} \tag{2.28}$$

em que um polo simples de $Y(s)$ na origem é permitido, mas polos sobre o eixo imaginário e no semiplano da direita e polos múltiplos na origem não. Portanto, para o caso específico massa-mola-amortecedor, encontramos

$$\lim_{t\to\infty} y(t) = \lim_{s\to 0} sY(s) = 0. \tag{2.29}$$

Consequentemente, a posição final para a massa é a posição normal de equilíbrio $y = 0$.

Reconsidere o sistema massa-mola-amortecedor. A equação para $Y(s)$ pode ser escrita como

$$Y(s) = \frac{(s + b/M)y_0}{s^2 + (b/M)s + k/M} = \frac{(s + 2\zeta\omega_n)y_0}{s^2 + 2\zeta\omega_n s + \omega_n^2}, \tag{2.30}$$

em que ζ é o **coeficiente de amortecimento** adimensional e ω_n é a **frequência natural** do sistema. As raízes da equação característica são

$$s_1, s_2 = -\zeta\omega_n \pm \omega_n\sqrt{\zeta^2 - 1}, \tag{2.31}$$

em que, neste caso, $\omega_n = \sqrt{k/M}$ e $\zeta = b/(\sqrt{kM})$. Quando $\zeta > 1$, as raízes são reais e o sistema é **superamortecido**; quando $\zeta < 1$, as raízes são complexas e o sistema é **subamortecido**. Quando $\zeta = 1$, as raízes são reais e repetidas e essa condição é chamada de **amortecimento crítico**.

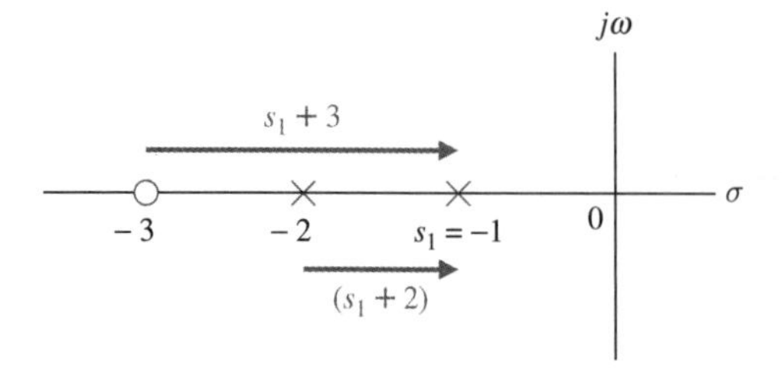

FIGURA 2.8 Cálculo gráfico dos resíduos.

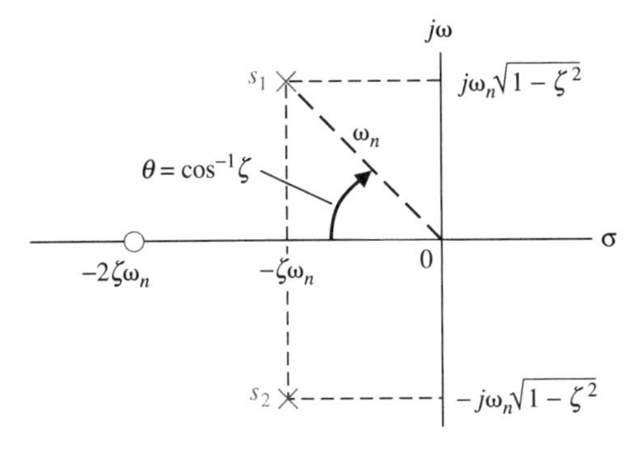

FIGURA 2.9 Um diagrama no plano *s* dos polos e zeros de *Y*(*s*).

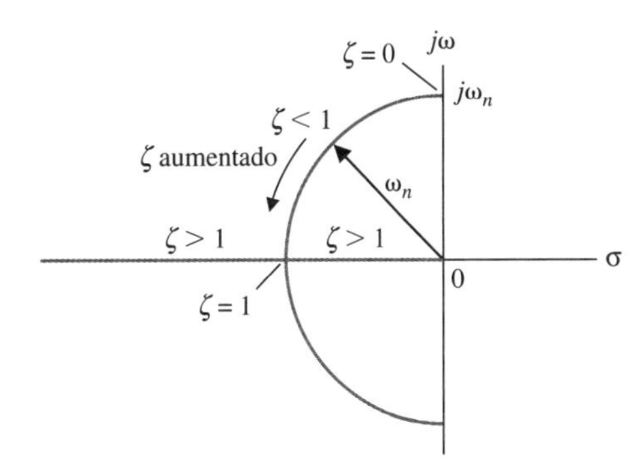

FIGURA 2.10 O lugar das raízes quando ζ varia com ω_n constante.

Quando $\zeta < 1$, a resposta é subamortecida, e

$$s_{1,2} = -\zeta\omega_n \pm j\omega_n\sqrt{1 - \zeta^2}. \tag{2.32}$$

O diagrama de polos e zeros no plano s de $Y(s)$ é mostrado na Figura 2.9, em que $\theta = \cos^{-1} \zeta$. À medida que o valor de ζ varia mantendo ω_n constante, as raízes complexas conjugadas percorrerão um lugar geométrico circular, como mostrado na Figura 2.10. A resposta transitória se torna cada vez mais oscilatória à medida que as raízes se aproximam do eixo imaginário quando ζ se aproxima de zero.

A transformada inversa de Laplace pode ser calculada usando-se o cálculo gráfico de resíduos. A expansão em frações parciais da Equação (2.30) é

$$Y(s) = \frac{k_1}{s - s_1} + \frac{k_2}{s - s_2}. \tag{2.33}$$

Como s_2 é o conjugado complexo de s_1, o resíduo k_2 é o conjugado complexo de k_1, de modo que obtemos

$$Y(s) = \frac{k_1}{s - s_1} + \frac{\hat{k}_1}{s - \hat{s}_1},$$

em que o sinal ^ indica a relação de conjugado complexo. O resíduo k_1 é calculado a partir da Figura 2.11 como

$$k_1 = \frac{y_0(s_1 + 2\zeta\omega_n)}{s_1 - \hat{s}_1} = \frac{y_0 M_1 e^{j\theta}}{M_2 e^{j\pi/2}}, \tag{2.34}$$

em que M_1 é a magnitude de $s_1 + 2\zeta\omega_n$ e M_2 é a magnitude de $s_1 - \hat{s}_1$.Uma revisão sobre números complexos pode ser encontrada em diversas referências *on-line*. Neste caso, obtemos

$$k_1 = \frac{y_0(\omega_n e^{j\theta})}{2\omega_n\sqrt{1 - \zeta^2}e^{j\pi/2}} = \frac{y_0}{2\sqrt{1 - \zeta^2}e^{j(\pi/2-\theta)}}, \tag{2.35}$$

em que $\theta = \cos^{-1} \zeta$. Consequentemente,

$$k_2 = \frac{y_0}{2\sqrt{1 - \zeta^2}}e^{j(\pi/2-\theta)}. \tag{2.36}$$

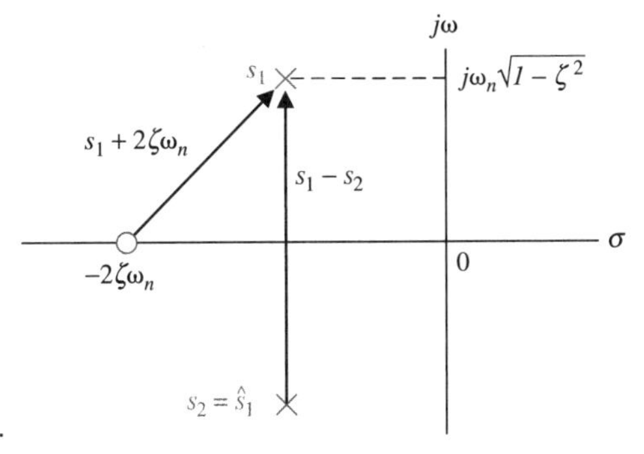

FIGURA 2.11
Cálculo do resíduo k_1.

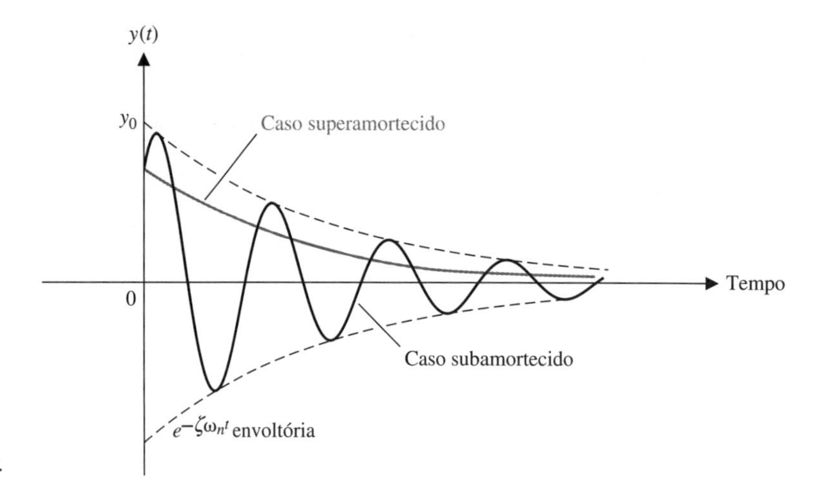

FIGURA 2.12 Resposta do sistema massa-mola-amortecedor.

Finalmente, tomando $\beta = \sqrt{1 - \zeta^2}$ chegamos a

$$\begin{aligned} y(t) &= k_1 e^{s_1 t} + k_2 e^{s_2 t} \\ &= \frac{y_0}{2\sqrt{1 - \zeta^2}} \left(e^{j(\theta - \pi/2)} e^{-\zeta\omega_n t} e^{j\omega_n \beta t} + e^{j(\pi/2 - \theta)} e^{-\zeta\omega_n t} e^{-j\omega_n \beta t} \right) \\ &= \frac{y_0}{\sqrt{1 - \zeta^2}} e^{-\zeta\omega_n t} \operatorname{sen}(\omega_n \sqrt{1 - \zeta^2} t + \theta). \end{aligned} \quad (2.37)$$

A solução, Equação (2.37), também pode ser obtida usando-se o item 11 da Tabela 2.3. As respostas transitórias para os casos superamortecido ($\zeta > 1$) e subamortecido ($\zeta < 1$) são mostradas na Figura 2.12. A resposta transitória que ocorre quando $\zeta < 1$ apresenta uma oscilação na qual a amplitude diminui com o tempo e é chamada de **oscilação amortecida**.

A relação entre a posição dos polos e zeros no plano s e a forma da resposta transitória pode ser interpretada a partir do diagrama de polos e zeros no plano s. Por exemplo, como visto na Equação (2.37), ajustando o valor de $\zeta\omega_n$, a envoltória $e^{-\zeta\omega_n t}$ varia e, consequentemente, a resposta $y(t)$ mostrada na Figura 2.12 também varia. Quanto maior o valor de $\zeta\omega_n$, mais rápido é o amortecimento da resposta $y(t)$. Na Figura 2.9, vê-se que a posição do polo complexo s_1 é dada por $s_1 = -\zeta\omega_n + j\omega_n\sqrt{1 - \zeta^2}$. Então, aumentando o valor de $\zeta\omega_n$, o polo é movido mais para a esquerda no plano s. Desse modo, a conexão entre a posição do polo no plano s e a resposta ao degrau é evidente — movendo o polo s_1 para mais longe no semiplano esquerdo leva-se a um amortecimento mais rápido da resposta transitória ao degrau. Naturalmente, a maior parte dos sistemas de controle terá mais do que um par de polos complexos conjugados; assim, a resposta transitória será o resultado da contribuição de todos os polos. De fato, a magnitude da resposta de cada polo, representada pelo resíduo, pode ser visualizada examinando-se os resíduos gráficos no plano s. A conexão entre a posição dos polos e zeros e as respostas transitória e em regime estacionário serão mais discutidas nos capítulos subsequentes. Será observado que as abordagens da transformada de Laplace e do plano s são técnicas muito úteis para a análise e o projeto de sistemas, nas quais a ênfase é colocada no desempenho transitório e em regime estacionário. De fato, como o estudo de sistemas de controle está concentrado primariamente no desempenho transitório e de regime estacionário de sistemas dinâmicos, temos um motivo real para apreciar o valor das técnicas da transformada de Laplace.

2.5 FUNÇÃO DE TRANSFERÊNCIA DE SISTEMAS LINEARES

A **função de transferência** de um sistema linear é definida como a razão entre a transformada de Laplace da variável de saída e a transformada de Laplace da variável de entrada, com todas as condições iniciais supostas iguais a zero. A função de transferência de um sistema (ou elemento) representa a relação que descreve a dinâmica do sistema considerado.

Uma função de transferência só pode ser definida para um sistema linear e estacionário (de parâmetros constantes). Um sistema não estacionário, frequentemente chamado de sistema variante no tempo, possui um ou mais parâmetros variáveis no tempo, e a transformada de Laplace não pode ser utilizada. Além disso, uma função de transferência é uma descrição entrada-saída do comportamento de um sistema. Assim, a descrição através de função de transferência não inclui nenhuma informação a respeito da estrutura interna do sistema e de seu comportamento.

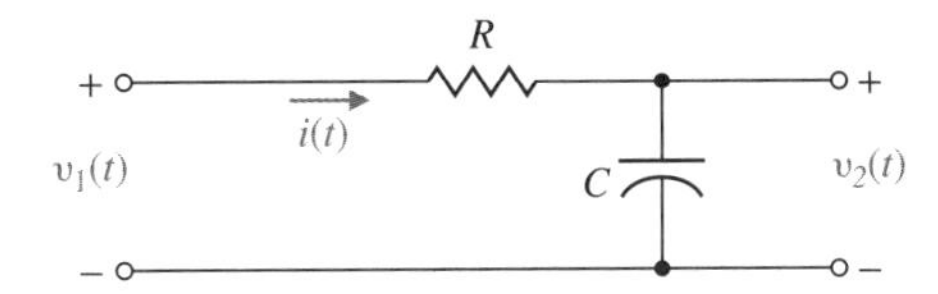

FIGURA 2.13
Circuito *RC*.

A função de transferência do sistema massa-mola-amortecedor é obtida a partir da Equação (2.19), reescrita com condições iniciais nulas, conforme segue:

$$Ms^2Y(s) + bsY(s) + kY(s) = R(s). \tag{2.38}$$

Então, a função de transferência é

$$G(s) = \frac{Y(s)}{R(s)} = \frac{1}{Ms^2 + bs + k}. \tag{2.39}$$

A função de transferência do circuito *RC* mostrado na Figura 2.13 é obtida escrevendo a equação de Kirchhoff para a tensão, resultando em

$$V_1(s) = \left(R + \frac{1}{Cs}\right)I(s), \tag{2.40}$$

expressa em termos de variáveis transformadas. Frequentemente as variáveis e suas transformadas serão referenciadas indistintamente. A variável transformada será diferenciada pelo uso de uma letra maiúscula ou pelo argumento (s).

A tensão de saída é

$$V_2(s) = I(s)\left(\frac{1}{Cs}\right). \tag{2.41}$$

Desse modo, resolvendo a Equação (2.40) para $I(s)$ e substituindo o resultado na Equação (2.41), temos

$$V_2(s) = \frac{(1/Cs)V_1(s)}{R + 1/Cs}.$$

Então, a função de transferência é obtida como a razão $V_2(s)/V_1(s)$, que é

$$G(s) = \frac{V_2(s)}{V_1(s)} = \frac{1}{RCs + 1} = \frac{1}{\tau s + 1} = \frac{1/\tau}{s + 1/\tau}, \tag{2.42}$$

em que $\tau = RC$, a **constante de tempo** do circuito. O polo simples de $G(s)$ é $s = -1/\tau$. A Equação (2.42) poderia ser obtida imediatamente se fosse observado que o circuito é um divisor de tensão, em que

$$\frac{V_2(s)}{V_1(s)} = \frac{Z_2(s)}{Z_1(s) + Z_2(s)}, \tag{2.43}$$

e $Z_1(s) = R$ e $Z_2(s) = 1/Cs$.

Um circuito elétrico com várias malhas ou um sistema mecânico análogo com várias massas resulta em um sistema de equações simultâneas na variável de Laplace. Usualmente, é mais conveniente resolver as equações simultâneas utilizando matrizes e determinantes [1, 3, 15]. Uma introdução a matrizes e determinantes pode ser encontrada em diversas referências *on-line*.

Considerando o comportamento de longo prazo de um sistema, determina-se a resposta a certas entradas que permanecem depois que os transitórios desaparecem. Considere o sistema dinâmico representado pela equação diferencial

$$\frac{d^ny(t)}{dt^n} + q_{n-1}\frac{d^{n-1}y(t)}{dt^{n-1}} + \cdots + q_0y(t) = p_{n-1}\frac{d^{n-1}r(t)}{dt^{n-1}} + p_{n-2}\frac{d^{n-2}r(t)}{dt^{n-2}} + \cdots + p_0r(t), \tag{2.44}$$

em que $y(t)$ é a resposta e $r(t)$ é a entrada ou função forçante. Se as condições iniciais forem todas nulas, então a função de transferência é o coeficiente de $R(s)$ em

$$Y(s) = G(s)R(s) = \frac{p(s)}{q(s)}R(s) = \frac{p_{n-1}s^{n-1} + p_{n-2}s^{n-2} + \cdots + p_0}{s^n + q_{n-1}s^{n-1} + \cdots + q_0}R(s). \tag{2.45}$$

A resposta na saída consiste em uma resposta natural (determinada pelas condições iniciais) mais uma resposta forçada determinada pela entrada. Temos agora

$$Y(s) = \frac{m(s)}{q(s)} + \frac{p(s)}{q(s)}R(s),$$

em que $q(s) = 0$ é a equação característica. Se a entrada tiver uma forma racional

$$R(s) = \frac{n(s)}{d(s)},$$

então

$$Y(s) = \frac{m(s)}{q(s)} + \frac{p(s)}{q(s)}\frac{n(s)}{d(s)} = Y_1(s) + Y_2(s) + Y_3(s), \tag{2.46}$$

em que $Y_1(s)$ é a expansão em frações parciais da resposta natural, $Y_2(s)$ é a expansão em frações parciais dos termos envolvendo fatores de $q(s)$, e $Y_3(s)$ é a expansão em frações parciais dos termos envolvendo fatores de $d(s)$.

Tomando-se a transformada inversa de Laplace, resulta

$$y(t) = y_1(t) + y_2(t) + y_3(t).$$

A resposta transitória consiste em $y_1(t) + y_2(t)$ e a resposta em regime estacionário é $y_3(t)$.

EXEMPLO 2.2 **Solução de uma equação diferencial**

Considere um sistema descrito pela equação diferencial

$$\frac{d^2y(t)}{dt^2} + 4\frac{dy(t)}{dt} + 3y(t) = 2r(t),$$

em que as condições iniciais são $y(0) = 1, \frac{dy}{dt}(0) = 0$ e $r(t) = 1, t \geq 0$.

A transformada de Laplace leva a

$$[s^2Y(s) - sy(0)] + 4[sY(s) - y(0)] + 3Y(s) = 2R(s).$$

Como $R(s) = 1/s$ e $y(0) = 1$, obtemos

$$Y(s) = \frac{s + 4}{s^2 + 4s + 3} + \frac{2}{s(s^2 + 4s + 3)},$$

em que $q(s) = s^2 + 4s + 3 = (s + 1)(s + 3) = 0$ é a equação característica e $d(s) = s$. Então, a expansão em frações parciais leva a

$$Y(s) = \left[\frac{3/2}{s + 1} + \frac{-1/2}{s + 3}\right] + \left[\frac{-1}{s + 1} + \frac{1/3}{s + 3}\right] + \frac{2/3}{s} = Y_1(s) + Y_2(s) + Y_3(s).$$

Assim, a resposta é

$$y(t) = \left[\frac{3}{2}e^{-t} - \frac{1}{2}e^{-3t}\right] + \left[-1e^{-t} + \frac{1}{3}e^{-3t}\right] + \frac{2}{3},$$

e a resposta em regime estacionário é

$$\lim_{t\to\infty} y(t) = \frac{2}{3}. \blacksquare$$

EXEMPLO 2.3 **Função de transferência de um circuito amp-op**

O amplificador operacional (amp-op) pertence a uma classe importante de circuitos analógicos integrados, comumente usados como blocos constituintes na implementação de sistemas de controle e em muitas outras aplicações importantes. Amp-ops são elementos ativos (isto é, possuem uma fonte de energia externa) com um ganho elevado quando operando em suas regiões lineares. Um modelo de amp-op ideal é mostrado na Figura 2.14.

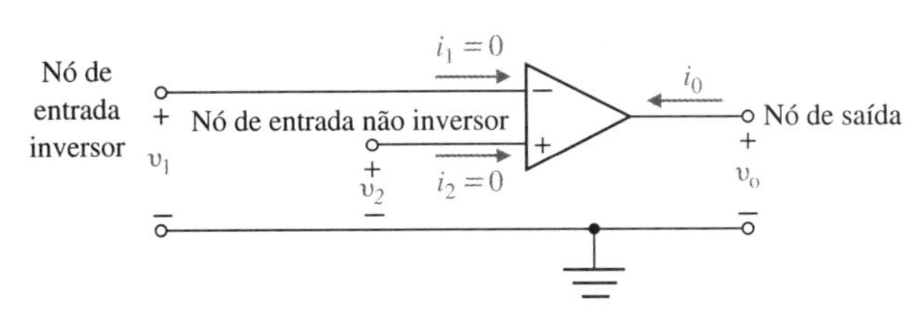

FIGURA 2.14 Amp-op ideal.

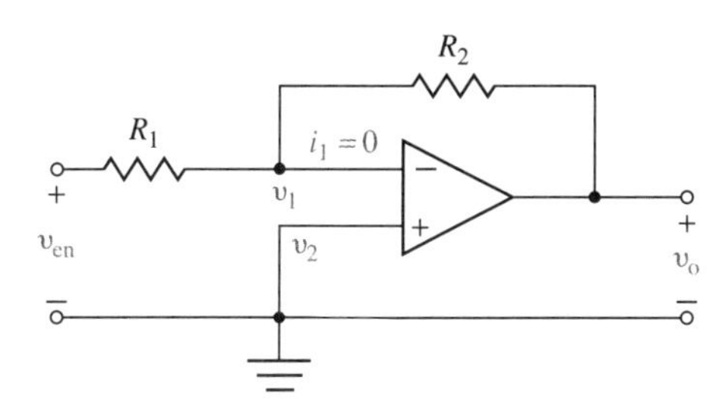

FIGURA 2.15 Amplificador inversor operando com condições ideais.

As condições de operação para um amp-op ideal são (1) $i_1 = 0$ e $i_2 = 0$; desse modo, implica que a impedância de entrada seja infinita e (2) $v_2 - v_1 = 0$ (ou $v_1 = v_2$). A relação entrada-saída para um amp-op ideal é

$$v_0 = K(v_2 - v_1) = -K(v_1 - v_2),$$

na qual o ganho K tende a infinito. Em nossas análises, admite-se que os amp-ops lineares estão operando com ganho alto e em condições ideais.

Considere o amplificador inversor mostrado na Figura 2.15. Em condições ideais, $i_1 = 0$; então, escrevendo a equação para os nós em v_1, temos

$$\frac{v_1 - v_{en}}{R_1} + \frac{v_1 - v_0}{R_2} = 0.$$

Uma vez que $v_2 = v_1$ (em condições ideais) e $v_2 = 0$ (observe a Figura 2.15 e compare-a com a Figura 2.14), segue que $v_1 = 0$. Consequentemente,

$$-\frac{v_{en}}{R_1} - \frac{v_0}{R_2} = 0$$

e, reorganizando os termos, obtemos

$$\frac{v_0}{v_{en}} = -\frac{R_2}{R_1}.$$

Vê-se que, quando $R_2 = R_1$, o circuito com o amp-op ideal inverte o sinal da entrada, isto é, $v_0 = -v_{en}$ quando $R_2 = R_1$. ■

EXEMPLO 2.4 **Função de transferência de um sistema**

Considere o sistema mecânico mostrado na Figura 2.16 e seu circuito elétrico análogo mostrado na Figura 2.17. O circuito elétrico análogo é um análogo do tipo força-corrente, como delineado na Tabela 2.1. As velocidades $v_1(t)$ e $v_2(t)$ do sistema mecânico são diretamente análogas às tensões de nós $v_1(t)$ e $v_2(t)$ do circuito elétrico. As equações simultâneas, admitindo-se condições iniciais nulas, são

$$M_1 sV_1(s) + (b_1 + b_2)V_1(s) - b_1V_2(s) = R(s) \tag{2.47}$$

e

$$M_2 sV_2(s) + b_1(V_2(s) - V_1(s)) + k\frac{V_2(s)}{s} = 0. \tag{2.48}$$

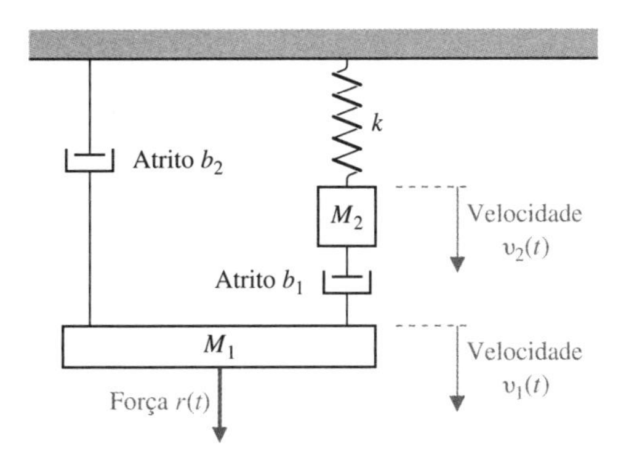

FIGURA 2.16 Sistema mecânico com duas massas.

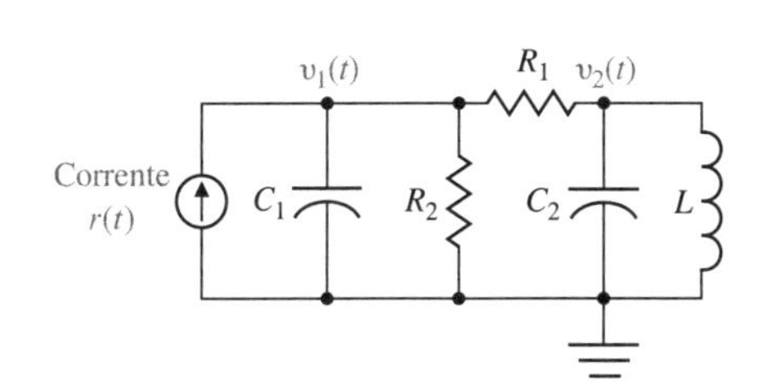

FIGURA 2.17 Circuito elétrico análogo com dois nós $C_1 = M_1$, $C_2 = M_2$, $L = 1/k$, $R_1 = 1/b_1$, $R_2 = 1/b_2$.

Estas equações são obtidas usando as equações de força para o sistema mecânico da Figura 2.16. Reorganizando as Equações (2.47) e (2.48), obtemos

$$(M_1s + (b_1 + b_2))V_1(s) + (-b_1)V_2(s) = R(s),$$

$$(-b_1)V_1(s) + \left(M_2s + b_1 + \frac{k}{s}\right)V_2(s) = 0,$$

ou, em forma matricial,

$$\begin{bmatrix} M_1s + b_1 + b_2 & -b_1 \\ -b_1 & M_2s + b_1 + \dfrac{k}{s} \end{bmatrix} \begin{bmatrix} V_1(s) \\ V_2(s) \end{bmatrix} = \begin{bmatrix} R(s) \\ 0 \end{bmatrix}. \tag{2.49}$$

Admitindo-se que a velocidade de M_1 seja a variável de saída, resolvemos para $V_1(s)$ por meio de inversão de matrizes ou da regra de Cramer para obtermos [1, 3]

$$V_1(s) = \frac{(M_2s + b_1 + k/s)R(s)}{(M_1s + b_1 + b_2)(M_2s + b_1 + k/s) - b_1^2}. \tag{2.50}$$

Então, a função de transferência do sistema mecânico (ou elétrico) é

$$G(s) = \frac{V_1(s)}{R(s)} = \frac{(M_2s + b_1 + k/s)}{(M_1s + b_1 + b_2)(M_2s + b_1 + k/s) - b_1^2}$$

$$= \frac{(M_2s^2 + b_1s + k)}{(M_1s + b_1 + b_2)(M_2s^2 + b_1s + k) - b_1^2s}. \tag{2.51}$$

Se for desejada a função de transferência em termos da posição $x_1(t)$, temos

$$\frac{X_1(s)}{R(s)} = \frac{V_1(s)}{sR(s)} = \frac{G(s)}{s}. \tag{2.52}$$ ■

Como exemplo, será obtida a função de transferência de um componente elétrico importante, o **motor CC** [8]. Um motor CC é usado para mover cargas e é chamado de **atuador**.

Um atuador é um dispositivo que fornece a força motriz para o processo.

EXEMPLO 2.5 **Função de transferência do motor CC**

O motor CC é um dispositivo atuador de potência que entrega energia a uma carga, como mostrado na Figura 2.18(a); um esboço de um motor CC é mostrado na Figura 2.18(b). O motor CC converte energia elétrica de corrente contínua (CC) em energia mecânica rotacional. A maior parte do

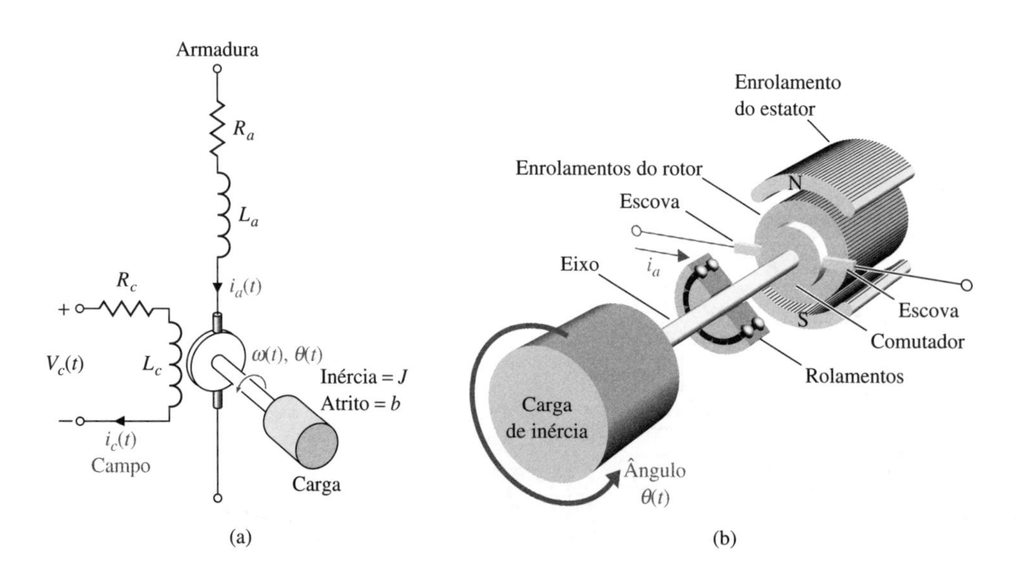

FIGURA 2.18 (a) Diagrama elétrico e (b) esboço de um motor CC.

torque gerado no rotor (armadura) do motor está disponível para acionar uma carga externa. Por causa de características como torque elevado, controlabilidade da velocidade sobre uma ampla faixa de valores, portabilidade, característica velocidade-torque bem comportada e adaptabilidade a vários tipos de métodos de controle, os motores CC são usados largamente em inúmeras aplicações de controle, incluindo manipuladores robóticos, mecanismos de transporte de fitas, acionadores de disco, máquinas operatrizes e atuadores de servoválvulas.

A função de transferência do motor CC será deduzida para uma aproximação linear de um motor real, e efeitos de segunda ordem, como histerese e a queda de tensão nas escovas, serão desprezados. A tensão de entrada pode ser aplicada nos terminais do campo ou da armadura. O fluxo de campo no entreferro, $\phi(t)$, do motor é proporcional à corrente de campo, contanto que o campo não esteja saturado; então

$$\phi(t) = K_c i_c(t). \tag{2.53}$$

O torque desenvolvido pelo motor é admitido como linearmente relacionado a $\phi(t)$ e à corrente de armadura, como a seguir:

$$T_m(t) = K_1 \phi(t) i_a(t) = K_1 K_c i_c(t) i_a(t). \tag{2.54}$$

É evidente, a partir da Equação (2.54), que, para ter um sistema linear, uma corrente precisa ser mantida constante enquanto a outra se torna a corrente de entrada. Primeiramente, será considerado o motor controlado pela corrente de campo, o qual fornece uma amplificação de potência substancial. Temos, então, em notação de transformada de Laplace,

$$T_m(s) = (K_1 K_c I_a) I_c(s) = K_m I_c(s), \tag{2.55}$$

em que $i_a = I_a$ é uma corrente de armadura constante e K_m é definida como a constante do motor. A corrente de campo se relaciona com a tensão de campo conforme

$$V_c(s) = (R_c + L_c s) I_c(s). \tag{2.56}$$

O torque motor $T_m(s)$ é igual ao torque entregue à carga. Esta relação pode ser expressa como

$$T_m(s) = T_C(s) + T_p(s), \tag{2.57}$$

em que $T_C(s)$ é o torque da carga e $T_p(s)$ é o torque de perturbação, frequentemente desprezível. Entretanto, o torque de perturbação muitas vezes deve ser considerado em sistemas sujeitos a forças externas como as produzidas por rajadas de vento em antenas. O torque da carga para a inércia rotativa, conforme mostrado na Figura 2.18, é escrito como

$$T_C(s) = Js^2\theta(s) + bs\theta(s). \tag{2.58}$$

Reorganizando as Equações (2.55)–(2.57), temos

$$T_C(s) = T_m(s) - T_p(s), \tag{2.59}$$

$$T_m(s) = K_m I_c(s), \tag{2.60}$$

$$I_c(s) = \frac{V_c(s)}{R_c + L_c s}. \tag{2.61}$$

Portanto, a função de transferência da combinação motor-carga, com $T_p(s) = 0$, é

$$\frac{\theta(s)}{V_c(s)} = \frac{K_m}{s(Js + b)(L_c s + R_c)} = \frac{K_m/(JL_c)}{s(s + b/J)(s + R_c/L_c)}. \tag{2.62}$$

O modelo em diagrama de blocos do motor CC controlado pelo campo é mostrado na Figura 2.19. Alternativamente, a função de transferência pode ser escrita em termos das constantes de tempo do motor como

$$\frac{\theta(s)}{V_c(s)} = G(s) = \frac{K_m/(bR_c)}{s(\tau_c s + 1)(\tau_C s + 1)}, \tag{2.63}$$

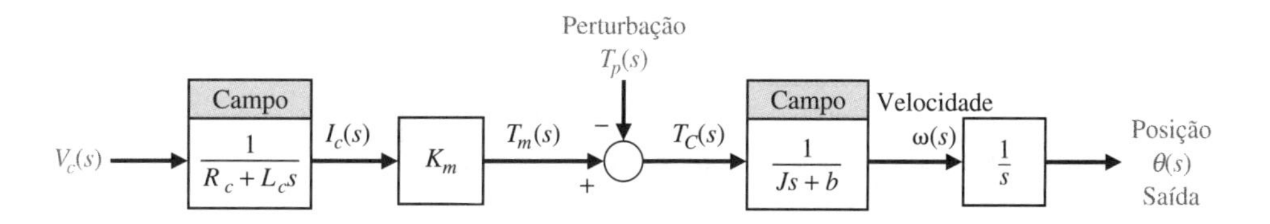

FIGURA 2.19 Modelo em diagrama de blocos de motor CC controlado pelo campo.

em que $\tau_c = L_c/R_c$ e $\tau_C = J/b$. Tipicamente, constata-se que $\tau_C > \tau_c$ e muitas vezes a constante de tempo do campo pode ser desprezada.

O motor CC controlado pela armadura usa a corrente de armadura i_a como variável de controle. O campo do estator pode ser estabelecido por uma bobina de campo e corrente ou um ímã permanente. Quando uma corrente de campo constante é estabelecida em uma bobina de campo, o torque do motor é

$$T_m(s) = (K_1 K_c I_c) I_a(s) = K_m I_a(s). \tag{2.64}$$

Quando um ímã permanente é utilizado, temos

$$T_m(s) = K_m I_a(s),$$

em que K_m é uma função da permeabilidade do material magnético.

A corrente de armadura é relacionada com a tensão aplicada à armadura por

$$V_a(s) = (R_a + L_a s) I_a(s) + V_{ce}(s), \tag{2.65}$$

em que $V_{ce}(s)$ é a tensão devida à força contraeletromotriz proporcional à velocidade do motor. Consequentemente, temos

$$V_{ce}(s) = K_{ce}\omega(s), \tag{2.66}$$

em que $\omega(s) = s\theta(s)$ é a transformada da velocidade angular e a corrente de armadura é

$$I_a(s) = \frac{V_a(s) - K_{ce}\omega(s)}{R_a + L_a s}. \tag{2.67}$$

As Equações (2.58) e (2.59) representam o torque de carga, de forma que

$$T_C(s) = Js^2\theta(s) + bs\theta(s) = T_m(s) - T_p(s). \tag{2.68}$$

As relações para o motor CC controlado pela armadura estão mostradas esquematicamente na Figura 2.20. Usando as Equações (2.64), (2.67) e (2.68), ou o diagrama de blocos, e fazendo $T_p(s) = 0$, resolvemos para obter a função de transferência

$$G(s) = \frac{\theta(s)}{V_a(s)} = \frac{K_m}{s[(R_a + L_a s)(Js + b) + K_{ce}K_m]}$$
$$= \frac{K_m}{s(s^2 + 2\zeta\omega_n s + \omega_n^2)}. \tag{2.69}$$

Contudo, para muitos motores CC, a constante de tempo da armadura, $\tau_a = L_a/R_a$, é desprezível; portanto,

$$G(s) = \frac{\theta(s)}{V_a(s)} = \frac{K_m}{s[R_a(Js + b) + K_{ce}K_m]} = \frac{K_m/(R_a b + K_{ce}K_m)}{s(\tau_1 s + 1)}, \tag{2.70}$$

em que a constante de tempo equivalente $\tau_1 = R_a J/(R_a b + K_{ce}K_m)$.

Note que K_m é igual a K_{ce}. Essa igualdade pode ser mostrada considerando-se a operação do motor em regime estacionário e o equilíbrio de potência quando a resistência do rotor é desprezada. A potência de entrada do rotor é $K_{ce}\omega(t)i_a(t)$, e a potência entregue ao eixo é $T(t)\omega(t)$. Na condição de regime estacionário, a potência de entrada é igual à potência entregue ao eixo, de modo que $K_{ce}\omega(t)i_a(t) = T(t)\omega(t)$; como $T(t) = K_m i_a(t)$ [Equação (2.64)], concluímos que $K_{ce} = K_m$. ■

O conceito e a abordagem da função de transferência são muito importantes porque fornecem ao analista e ao projetista um modelo matemático útil dos elementos do sistema. A função de transferência será um auxílio continuamente valioso na tentativa de se modelarem sistemas dinâmicos. A abordagem é particularmente útil, porque os polos e zeros da função de transferência no plano s

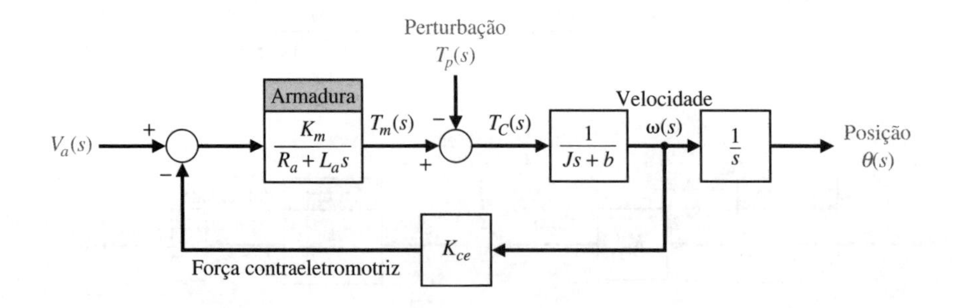

FIGURA 2.20 Motor CC controlado pela armadura.

representam a resposta transitória do sistema. As funções de transferência de diversos elementos dinâmicos são dadas na Tabela 2.4.

Em muitas situações de engenharia, a transmissão do movimento de rotação de um eixo para outro é um requisito fundamental. Por exemplo, a potência de saída de um motor de automóvel é transferida para as rodas de tração por meio de uma caixa de câmbio e de um diferencial. A caixa de câmbio permite que o motorista escolha diferentes relações de transmissão dependendo das condições de tráfego, enquanto o diferencial possui uma relação fixa. A velocidade do motor, nesse caso, não é constante, uma vez que ela está sendo controlada pelo motorista. Outro exemplo é um conjunto de engrenagens que transfere a potência do eixo de um motor elétrico para o eixo de uma antena giratória. São exemplos de conversores mecânicos as engrenagens, as correntes e as correias. Um conversor elétrico comumente usado é o transformador. Um exemplo de dispositivo que converte movimento de rotação em movimento linear é a engrenagem de cremalheira mostrada na Tabela 2.4, item 17.

Tabela 2.4 Funções de Transferência de Circuitos e Elementos Dinâmicos

Elemento ou Sistema	$G(s)$
1. Circuito integrador, filtro 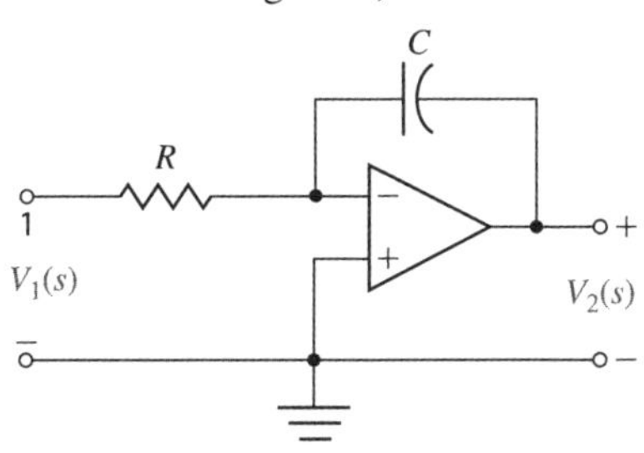	$\frac{V_2(s)}{V_1(s)} = -\frac{1}{RCs}$
2. Circuito diferenciador 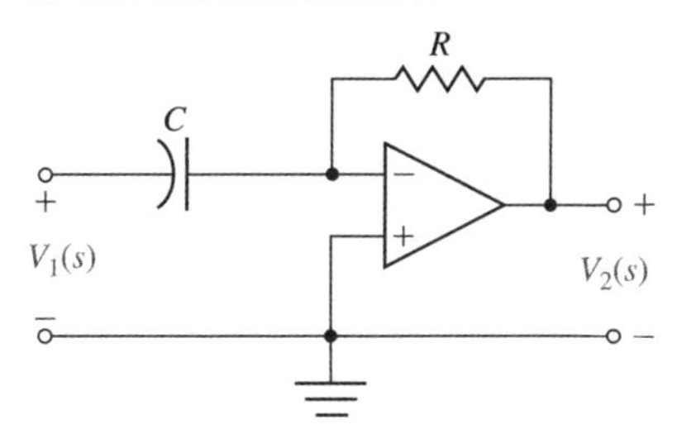	$\frac{V_2(s)}{V_1(s)} = -RCs$
3. Circuito diferenciador 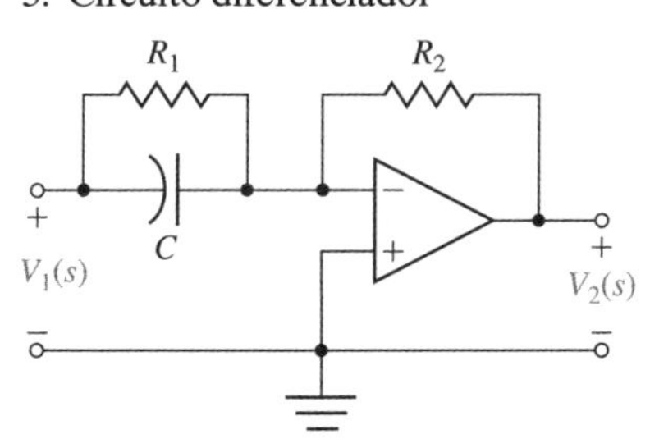	$\frac{V_2(s)}{V_1(s)} = -\frac{R_2(R_1Cs + 1)}{R_1}$
4. Filtro integrador 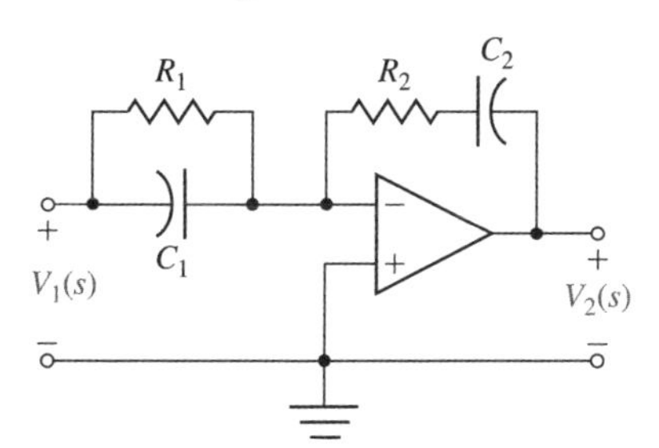	$\frac{V_2(s)}{V_1(s)} = -\frac{(R_1C_1s + 1)(R_2C_2s + 1)}{R_1C_2s}$

(continua)

Tabela 2.4 Funções de Transferência de Circuitos e Elementos Dinâmicos (*Continuação*)

Elemento ou Sistema	G(s)

5. Motor CC, controlado pelo campo, atuador rotacional

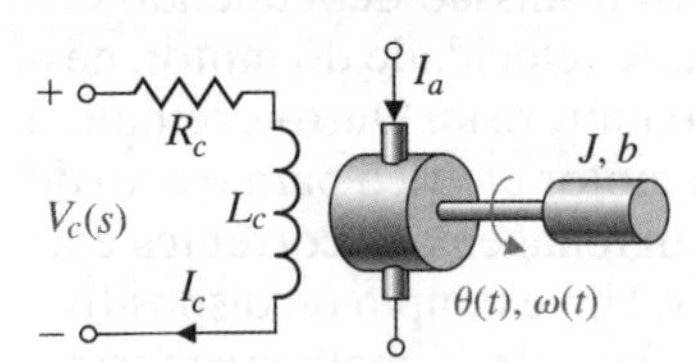

$$\frac{\theta(s)}{V_c(s)} = \frac{K_m}{s(Js + b)(L_c s + R_c)}$$

6. Motor CC, controlado pela armadura, atuador rotacional

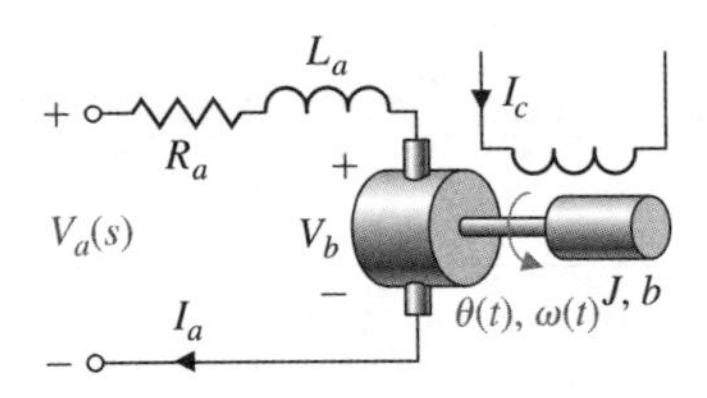

$$\frac{\theta(s)}{V_a(s)} = \frac{K_m}{s[(R_a + L_a s)(Js + b) + K_{ce}K_m]}$$

7. Motor CA, bifásico controlado pelo campo, atuador rotacional

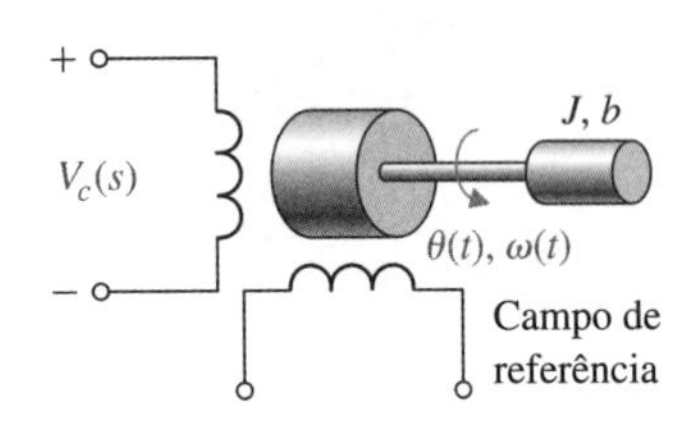

$$\frac{\theta(s)}{V_c(s)} = \frac{K_m}{s(\tau s + 1)}$$

$\tau = J/(b - m)$

m = inclinação da curva de torque-velocidade linearizada (normalmente negativa)

8. Amplidina, amplificador rotacional de potência

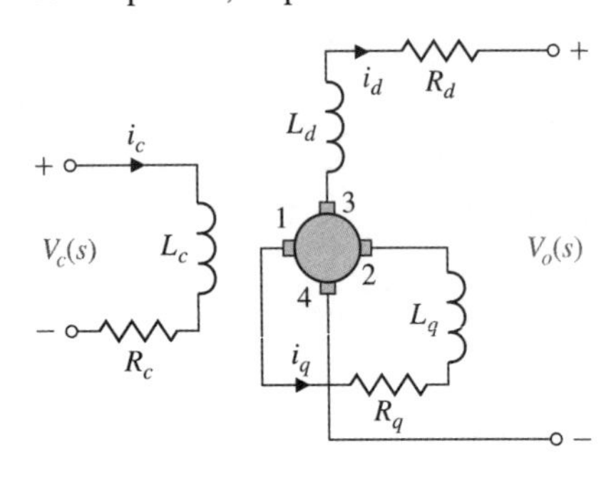

$$\frac{V_o(s)}{V_c(s)} = \frac{K/(R_c R_q)}{(s\tau_c + 1)(s\tau_q + 1)}$$

$\tau_c = L_c/R_c, \quad \tau_q = L_q/R_q$

para o caso a vazio, $i_d \approx 0, \tau_c \approx \tau_q$, $0{,}05 \text{ s} < \tau_c < 0{,}5 \text{ s}$

$V_q, V_{34} = V_d$

9. Atuador hidráulico [9, 10]

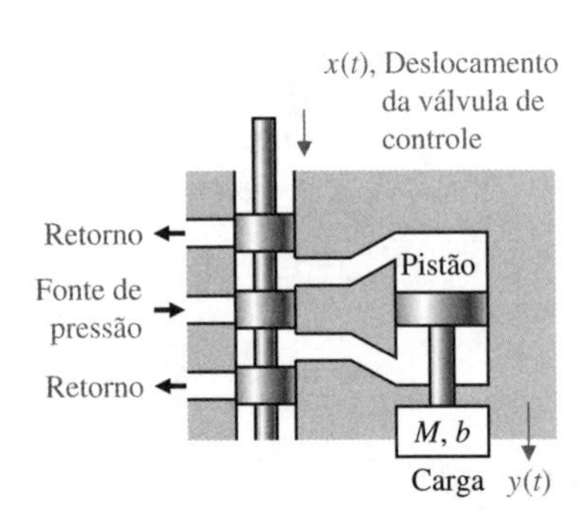

$$\frac{Y(s)}{X(s)} = \frac{K}{s(Ms + B)}$$

$$K = \frac{Ak_x}{k_p}, \quad B = \left(b + \frac{A^2}{k_p}\right)$$

$$k_x = \left.\frac{\partial g}{\partial x}\right|_{x_0, P_0}, \quad k_p = \left.\frac{\partial g}{\partial P}\right|_{x_0, P_0},$$

$g = g(x, P) =$ vazão

$A =$ área de pistão

$M =$ massa de carga

$b =$ atrito de carga

(*continua*)

Tabela 2.4 Funções de Transferência de Circuitos e Elementos Dinâmicos (*Continuação*)

Elemento ou Sistema	*G*(*s*)

10. Trem de engrenagens, transformador rotacional

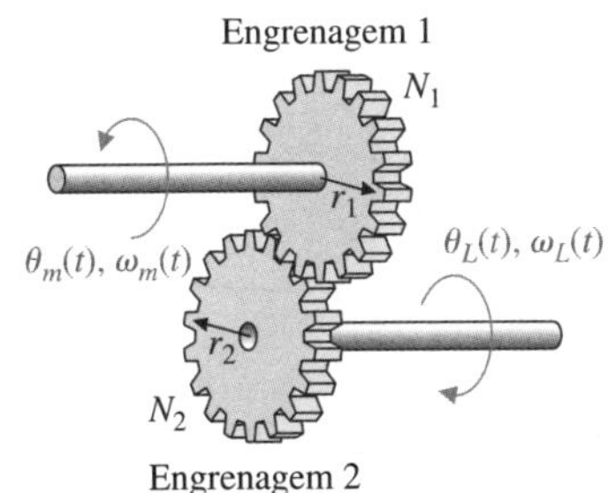

$$\text{Relação de engrenagens} = n = \frac{N_1}{N_2}$$

$$N_2\theta_L(t) = N_1\theta_m(t), \quad \theta_L(t) = n\theta_m(t)$$

$$\omega_L(t) = n\omega_m(t)$$

11. Potenciômetro, controle de tensão

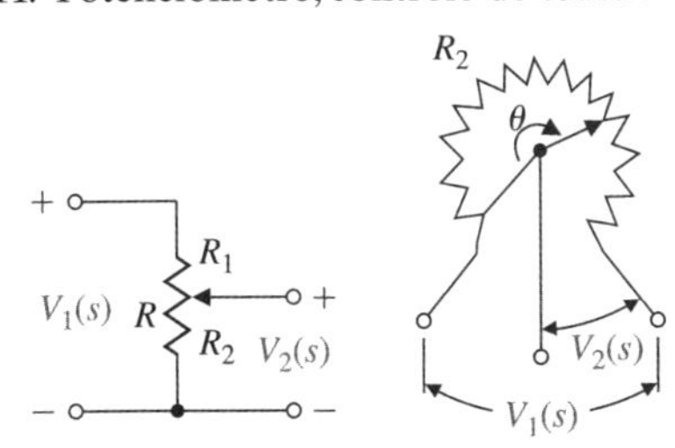

$$\frac{V_2(s)}{V_1(s)} = \frac{R_2}{R} = \frac{R_2}{R_1 + R_2}$$

$$\frac{R_2}{R} = \frac{\theta}{\theta_{\text{máx}}}$$

12. Potenciômetro, ponte para detecção de erro

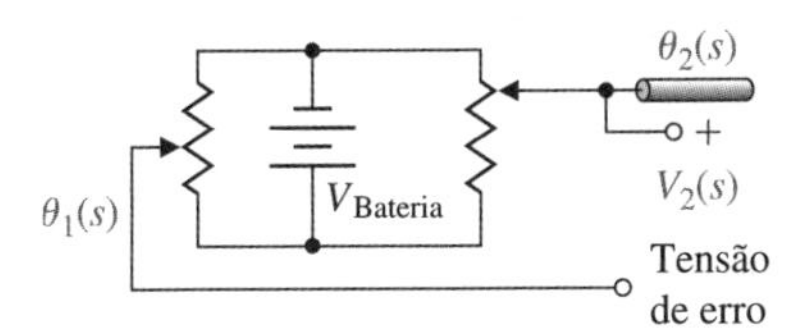

$$V_2(s) = k_s(\theta_1(s) - \theta_2(s))$$

$$V_2(s) = k_s\theta_{\text{erro}}(s)$$

$$k_s = \frac{V_{\text{Bateria}}}{\theta_{\text{máx}}}$$

13. Tacômetro, sensor de velocidade

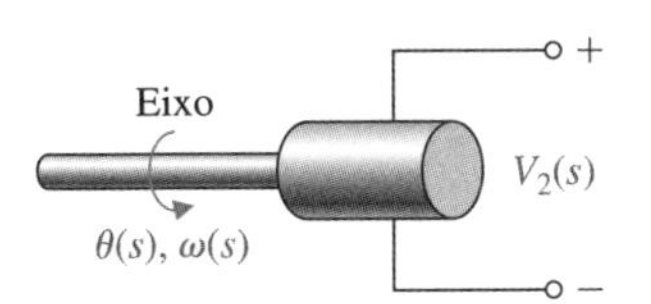

$$V_2(s) = K_t\omega(s) = K_t s\theta(s)$$

$$K_t = \text{constante}$$

14. Amplificador CC

\+ $V_1(s)$ −   + $V_2(s)$ −

$$\frac{V_2(s)}{V_1(s)} = \frac{k_a}{s\tau + 1}$$

R_o = resistência de saída

C_o = capacitância de saída

$\tau = R_o C_o$, $\tau \ll 1\text{s}$

e é frequentemente desprezível para amplificadores de controladores

(*continua*)

Tabela 2.4 Funções de Transferência de Circuitos e Elementos Dinâmicos (*Continuação*)

Elemento ou Sistema	$G(s)$

15. Acelerômetro, sensor de aceleração

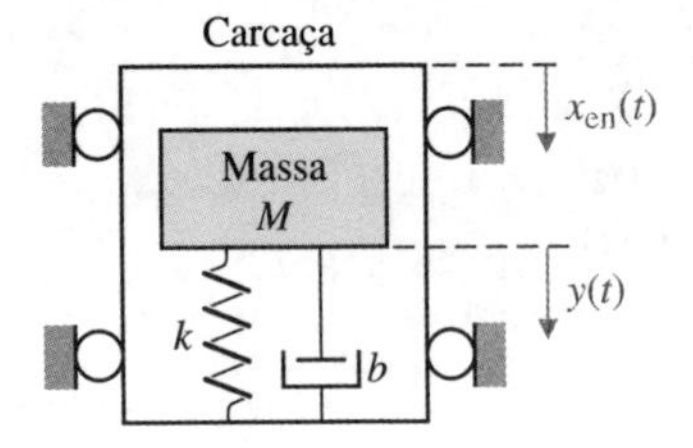

$$x_o(t) = y(t) - x_{en}(t),$$

$$\frac{X_o(s)}{X_{en}(s)} = \frac{-s^2}{s^2 + (b/M)s + k/M}$$

Para oscilações de baixa frequência, em que $\omega < \omega_n$,

$$\frac{X_o(j\omega)}{X_{en}(j\omega)} \simeq \frac{\omega^2}{k/M}$$

16. Sistema de aquecimento térmico

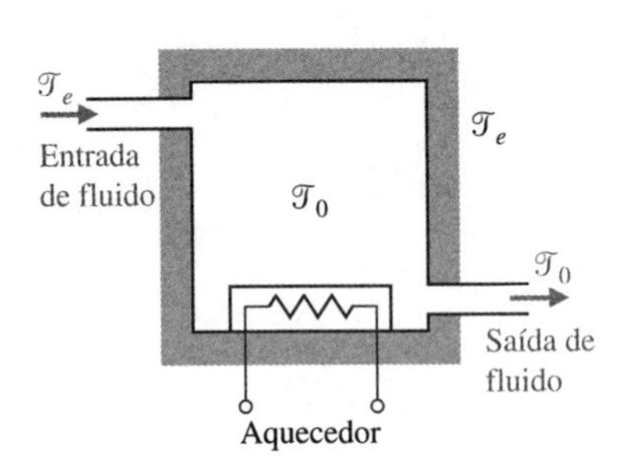

$$\frac{\mathcal{T}(s)}{q(s)} = \frac{1}{C_t s + (QS + 1/R_t)}, \text{ em que}$$

$\mathcal{T} = \mathcal{T}_o - \mathcal{T}_e =$ diferença de temperatura devido ao processo térmico

$C_t =$ capacitância térmica

$Q =$ vazão do fluido = constante

$S =$ calor específico da água

$R_t =$ resistência térmica do isolamento

$q(s) =$ transformada da vazão do fluxo térmico do elemento aquecedor

17. Engrenagem de cremalheira

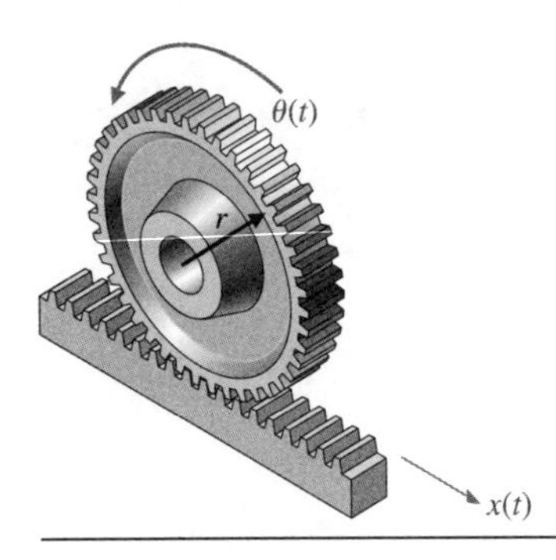

$x(t) = r\theta(t)$
converte movimento radial em movimento linear

2.6 MODELOS EM DIAGRAMAS DE BLOCOS

Os sistemas dinâmicos que abrangem os sistemas de controle com realimentação costumam ser representados matematicamente por um conjunto de equações diferenciais simultâneas. Como observado nas seções anteriores, a transformada de Laplace reduz o problema à solução de um conjunto de equações algébricas lineares. Como os sistemas de controle dizem respeito ao controle de variáveis específicas, as variáveis controladas precisam relacionar-se com as variáveis de controle. Essa relação é representada tipicamente pela função de transferência do subsistema que relaciona as variáveis de entrada e as de saída. Por essa razão, podemos admitir corretamente que a função de transferência é uma relação importante para a engenharia de controle.

A importância desta relação causa-efeito é evidenciada pela facilidade de representar a relação entre as variáveis do sistema por meio do **diagrama de blocos**. Os diagramas de blocos consistem de blocos operacionais unidirecionais, que representam a função de transferência das variáveis de interesse. Um diagrama de blocos de um motor CC controlado pelo campo com uma carga é mostrado na Figura 2.21. A relação entre o deslocamento $\theta(s)$ e a tensão de entrada $V_c(s)$ é retratada claramente pelo diagrama de blocos.

Para representar um sistema com diversas variáveis sendo controladas, uma interconexão de blocos é utilizada. Por exemplo, o sistema mostrado na Figura 2.22 possui duas variáveis de entrada e duas de saída [6]. Usando relações da função de transferência, podemos escrever as equações simultâneas para as variáveis de saída como

$$Y_1(s) = G_{11}(s)R_1(s) + G_{12}(s)R_2(s) \tag{2.71}$$

e

$$Y_2(s) = G_{21}(s)R_1(s) + G_{22}(s)R_2(s), \tag{2.72}$$

em que $G_{ij}(s)$ é a função de transferência relacionando a i-ésima variável de saída com a j-ésima variável de entrada. O diagrama de blocos representando este conjunto de equações é mostrado na Figura 2.23. Em geral, para J entradas e I saídas, escrevem-se as equações simultâneas em forma matricial como

$$\begin{bmatrix} Y_1(s) \\ Y_2(s) \\ \vdots \\ Y_I(s) \end{bmatrix} = \begin{bmatrix} G_{11}(s) & \cdots & G_{1J}(s) \\ G_{21}(s) & \cdots & G_{2J}(s) \\ \vdots & & \vdots \\ G_{I1}(s) & \cdots & G_{IJ}(s) \end{bmatrix} \begin{bmatrix} R_1(s) \\ R_2(s) \\ \vdots \\ R_J(s) \end{bmatrix} \tag{2.73}$$

ou

$$\mathbf{Y}(s) = \mathbf{G}(s)\mathbf{R}(s). \tag{2.74}$$

Aqui, as matrizes $\mathbf{Y}(s)$ e $\mathbf{R}(s)$ são matrizes coluna contendo as I variáveis de saída e as J variáveis de entrada, respectivamente, e $\mathbf{G}(s)$ é uma matriz de função de transferência I por J. A representação matricial do inter-relacionamento entre diversas variáveis é particularmente valiosa para sistemas de controle multivariáveis complexos. Informações elementares sobre álgebra matricial podem ser encontradas *on-line* e em diversas referências, como, por exemplo, [21].

A representação em diagrama de blocos de um dado sistema frequentemente pode ser reduzida a um diagrama mais simples, com menos blocos que o diagrama original. Uma vez que as funções de transferência representam sistemas lineares, a multiplicação é comutativa. Portanto, na Tabela 2.5, item 1, temos

$$X_3(s) = G_2(s)X_2(s) = G_2(s)G_1(s)X_1(s).$$

Quando dois blocos são conectados em cascata, como na Tabela 2.5, item 1, admite-se que

$$X_3(s) = G_2(s)G_1(s)X_1(s)$$

seja verdade. Isto pressupõe que, quando o primeiro bloco é conectado com o segundo, o efeito de carregamento do primeiro bloco é desprezível. Podem ocorrer carregamento e interação entre componentes ou sistemas interconectados. Se o carregamento entre dispositivos interconectados ocorrer, o engenheiro deve levar em conta esta mudança na função de transferência e utilizar a função de transferência corrigida nos cálculos subsequentes.

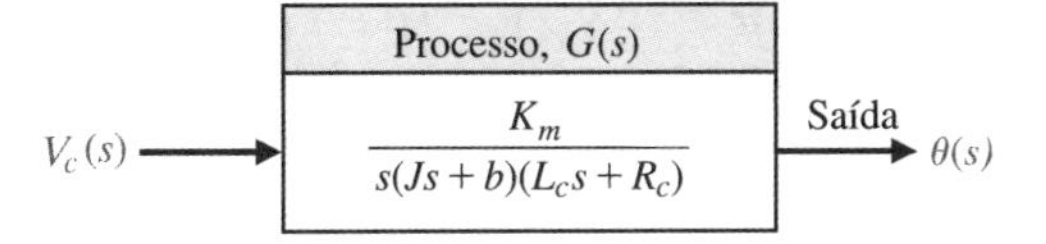

FIGURA 2.21 Diagrama de blocos de um motor CC.

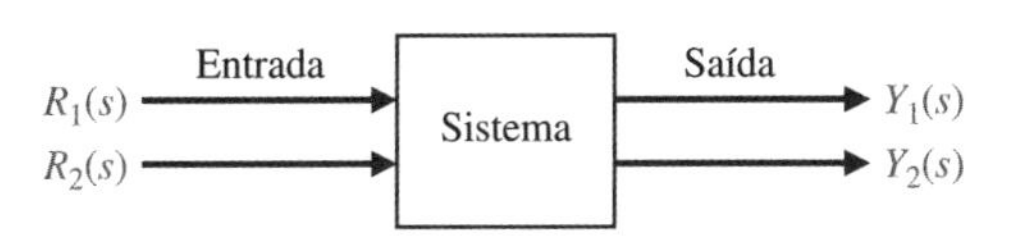

FIGURA 2.22 Representação geral em diagrama de blocos de um sistema de duas entradas e duas saídas.

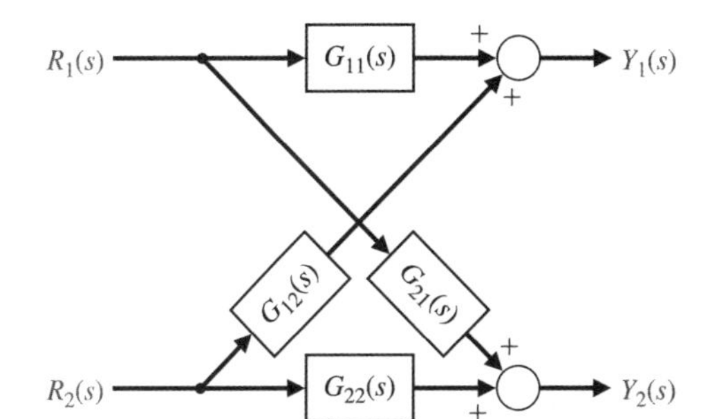

FIGURA 2.23 Diagrama de blocos de um sistema interconectado, com duas entradas e duas saídas.

Tabela 2.5 Transformações de Diagramas de Blocos

Transformação	Diagrama Original	Diagrama Equivalente
1. Combinando blocos em cascata	$X_1 \to G_1(s) \to X_2 \to G_2(s) \to X_3$	$X_1 \to G_1G_2 \to X_3$ ou $X_1 \to G_2G_1 \to X_3$
2. Deslocando um ponto de soma da entrada para a saída de um bloco	X_1, +, $\pm$, X_2, G, X_3	X_1, G, +, X_3, $\pm$, G, X_2
3. Deslocando um ponto de coleta da saída para a entrada de um bloco	X_1, G, X_2, X_2	X_1, G, X_2, X_2, G
4. Deslocando um ponto de coleta da entrada para a saída de um bloco	X_1, G, X_2, X_1	X_1, G, X_2, X_1, $\frac{1}{G}$
5. Deslocando um ponto de soma da saída para a entrada de um bloco	X_1, G, +, $\pm$, X_3, X_2	X_1, +, $\pm$, G, X_3, $\frac{1}{G}$, X_2
6. Eliminando uma malha de realimentação	X_1, +, $\pm$, G, X_2, H	$X_1 \to \frac{G}{1 \mp GH} \to X_2$

As técnicas de transformação e redução de diagramas de blocos são deduzidas considerando a álgebra das variáveis do diagrama. Por exemplo, considere o diagrama de blocos mostrado na Figura 2.24. Este sistema de controle com realimentação negativa é descrito pela equação para o sinal de atuação, que é

$$E_a(s) = R(s) - B(s) = R(s) - H(s)Y(s). \tag{2.75}$$

Como a saída está relacionada com o sinal de atuação através de $G(s)$, temos

$$Y(s) = G(s)U(s) = G(s)G_a(s)Z(s) = G(s)G_a(s)G_c(s)E_a(s); \tag{2.76}$$

desse modo,

$$Y(s) = G(s)G_a(s)G_c(s)[R(s) - H(s)Y(s)]. \tag{2.77}$$

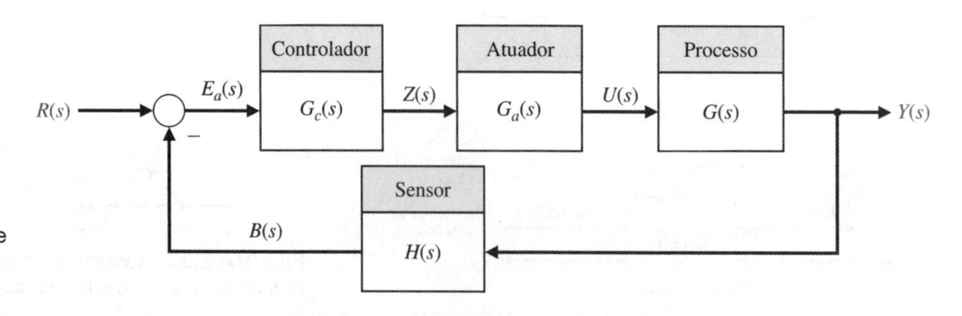

FIGURA 2.24 Sistema de controle com realimentação negativa.

Combinando os termos de $Y(s)$, obtemos

$$Y(s)[1 + G(s)G_a(s)G_c(s)H(s)] = G(s)G_a(s)G_c(s)R(s). \tag{2.78}$$

Consequentemente, a **função de transferência em malha fechada** relacionando a saída $Y(s)$ à entrada $R(s)$ é

$$\frac{Y(s)}{R(s)} = \frac{G(s)G_a(s)G_c(s)}{1 + G(s)G_a(s)G_c(s)H(s)}. \tag{2.79}$$

A redução do diagrama de blocos mostrado na Figura 2.24 para representação com um único bloco é um exemplo de diversas técnicas úteis. Essas transformações de diagramas são fornecidas na Tabela 2.5. Todas as transformações na Tabela 2.5 podem ser deduzidas por manipulações algébricas simples das equações que representam os blocos. A análise de sistemas pelo método da redução de diagrama de blocos propicia uma compreensão da contribuição de cada elemento componente melhor do que a que seria possível por meio da manipulação das equações. A utilidade das transformações de diagramas de blocos será ilustrada pelo exemplo a seguir, que usa a redução de diagrama de blocos.

EXEMPLO 2.6 **Redução de diagrama de blocos**

O diagrama de blocos de um sistema de controle com múltiplas malhas de realimentação é mostrado na Figura 2.25. É interessante observar que o sinal de realimentação $H_1(s)Y(s)$ é um sinal de realimentação positiva, e que a malha $G_3(s)G_4(s)H_1(s)$ é uma **malha de realimentação positiva**. O procedimento de redução do diagrama de blocos é baseado na utilização da Tabela 2.5, transformação 6, a qual elimina malhas de realimentação. Consequentemente, as outras transformações são usadas para colocar o diagrama em uma forma pronta para a eliminação das malhas de realimentação. Primeiro, para eliminar a malha $G_3(s)G_4(s)H_1(s)$, desloca-se $H_2(s)$ para a saída do bloco $G_4(s)$ usando a transformação 4 e obtém-se a Figura 2.26(a). Eliminando a malha $G_3(s)G_4(s)H_1(s)$ com o uso da transformação 6, obtém-se a Figura 2.26(b). Então, eliminando a malha interna contendo $H_2(s)/G_4(s)$, obtém-se a Figura 2.26(c). Finalmente, reduzindo a malha contendo $H_3(s)$, obtém-se a função de transferência do sistema em malha fechada, como mostrado na Figura 2.26(d). Vale a pena examinar a forma do numerador e do denominador desta função de transferência em malha fechada. Observa-se que o numerador é composto da função de transferência em cascata dos elementos da malha direta à frente conectando a entrada $R(s)$ à saída $Y(s)$. O denominador é composto de 1 menos a soma das funções de transferência em cada malha fechada. A malha $G_3(s)G_4(s)H_1(s)$ tem um sinal positivo na soma a ser subtraída porque ela é uma malha de realimentação positiva, enquanto as malhas $G_1(s)G_2(s)G_3(s)G_4(s)H_3(s)$ e $G_2(s)G_3(s)H_2(s)$ são malhas de realimentação negativa. Para ilustrar esse ponto, o denominador pode ser reescrito como

$$q(s) = 1 - (+G_3(s)G_4(s)H_1(s) - G_2(s)G_3(s)H_2(s) - G_1(s)G_2(s)G_3(s)G_4(s)H_3(s)). \tag{2.80}$$

Essa forma do numerador e do denominador é bastante próxima da forma geral para sistemas com múltiplas malhas de realimentação, como será constatado na seção a seguir. ■

A representação em diagrama de blocos de sistemas de controle com realimentação é uma abordagem valiosa e largamente usada. O diagrama de blocos fornece ao analista uma representação gráfica dos inter-relacionamentos das variáveis controladas e das variáveis de entrada. Além disso, o projetista pode facilmente visualizar as possibilidades de adicionar blocos ao diagrama de blocos de um sistema para alterar e melhorar o desempenho desse sistema. A transição do método de diagrama de blocos para um método que utiliza uma representação por meio de arcos orientados em vez de blocos é prontamente efetuada e apresentada na seção seguinte.

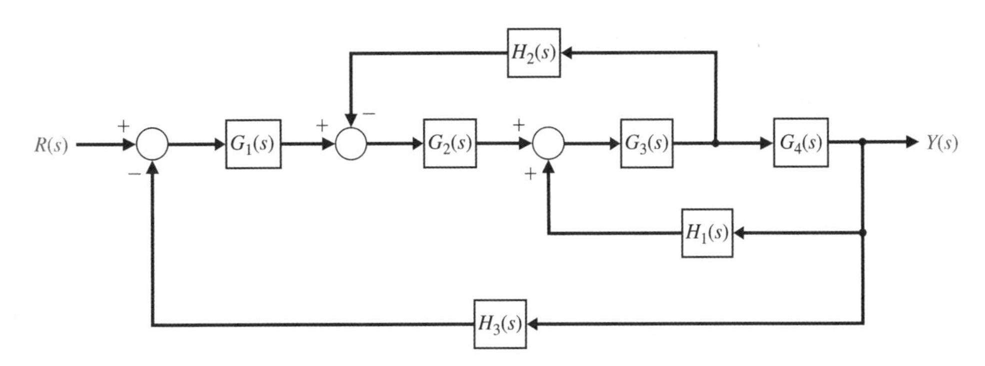

FIGURA 2.25 Sistema de controle com múltiplas malhas de realimentação.

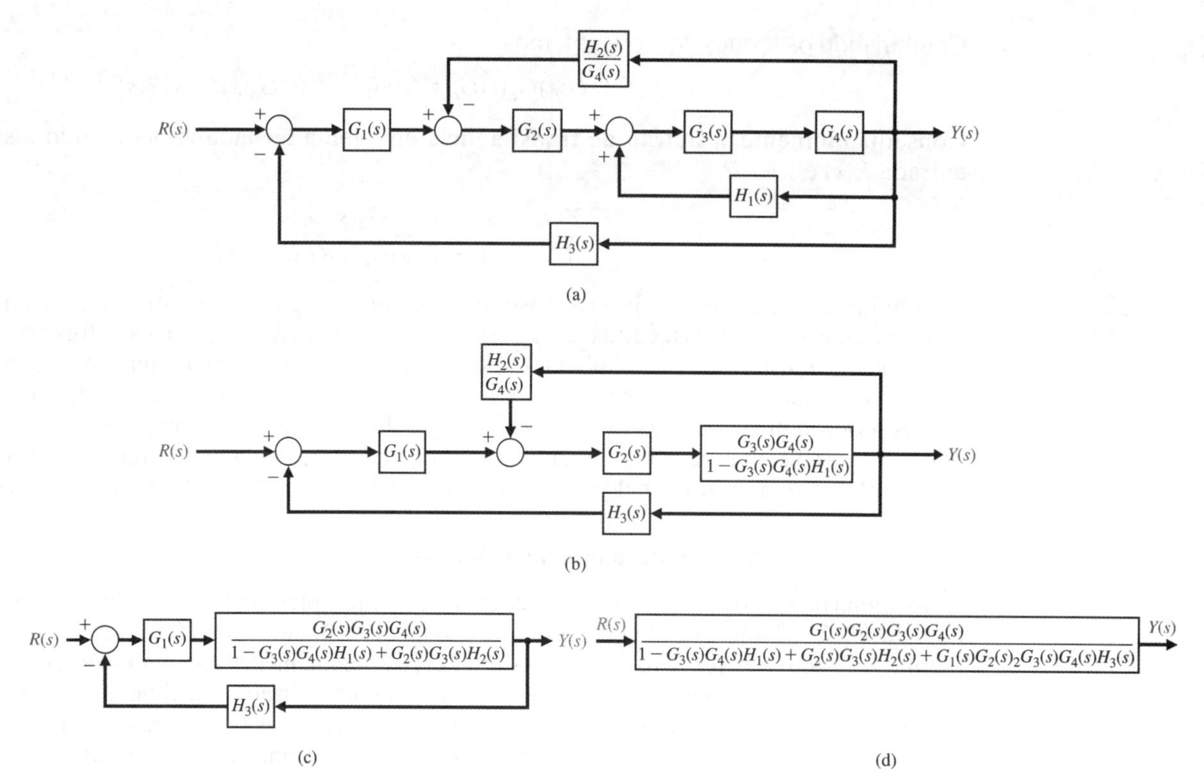

FIGURA 2.26 Redução do diagrama de blocos do sistema da Figura 2.25.

2.7 MODELOS EM DIAGRAMAS DE FLUXO DE SINAL

Os diagramas de blocos são adequados para a representação dos inter-relacionamentos de variáveis controladas e de entrada. Um método alternativo para a determinação dos relacionamentos entre as variáveis de um sistema foi desenvolvido por Mason e é baseado em uma representação do sistema por meio de segmentos de arcos [4, 25]. A vantagem do método do caminho dos arcos, chamado de método do diagrama de fluxo de sinal, é a disponibilidade de uma fórmula para o ganho do diagrama de fluxo, a qual fornece a relação entre variáveis do sistema sem requerer qualquer procedimento de redução ou manipulação do diagrama de fluxo.

A transição de uma representação em diagrama de blocos para uma representação de segmentos de arcos orientados é fácil de realizar reconsiderando-se os sistemas da seção anterior. Um **diagrama de fluxo de sinal** é um diagrama composto de nós que são conectados através de vários arcos orientados e é uma representação gráfica de um conjunto de relações lineares. Diagramas de fluxo de sinal são particularmente úteis para sistemas de controle com realimentação, porque a teoria da realimentação está interessada principalmente no fluxo e no processamento dos sinais nos sistemas. O elemento básico de um diagrama de fluxo de sinal é um segmento de caminho unidirecional chamado de **ramo**, o qual indica a dependência de uma variável de entrada e de uma variável de saída de modo equivalente a um bloco do diagrama de blocos. Assim, o ramo que relaciona a saída $\theta(s)$ de um motor CC com a tensão de campo $V_c(s)$ é semelhante ao diagrama de blocos da Figura 2.21 e é mostrado na Figura 2.27. Os pontos de entrada e de saída ou junções são chamados de **nós**. Semelhantemente, o diagrama de fluxo de sinal representando as Equações (2.71) e (2.72), bem como a Figura 2.23, é mostrado na Figura 2.28. A relação entre cada variável é escrita próxima do arco direcional. Todos os ramos que saem de um nó irão passar o sinal nodal para o nó de saída de cada um dos ramos (unidirecionalmente). A soma de todos os sinais que entram em um nó é igual à variável desse nó. Um **caminho** é um ramo ou uma

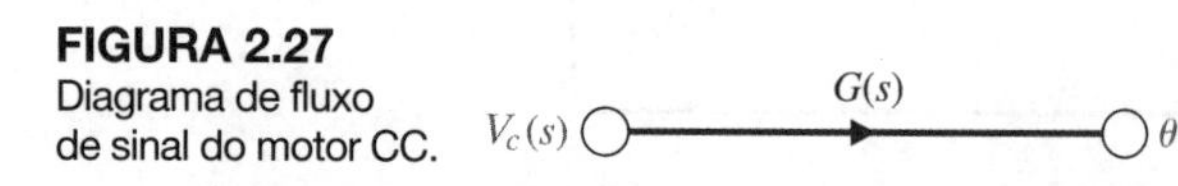

FIGURA 2.27 Diagrama de fluxo de sinal do motor CC.

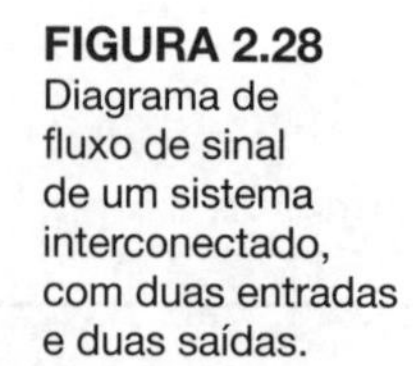

FIGURA 2.28 Diagrama de fluxo de sinal de um sistema interconectado, com duas entradas e duas saídas.

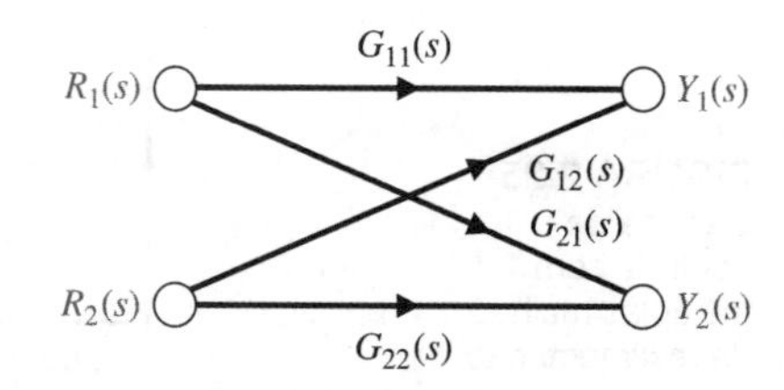

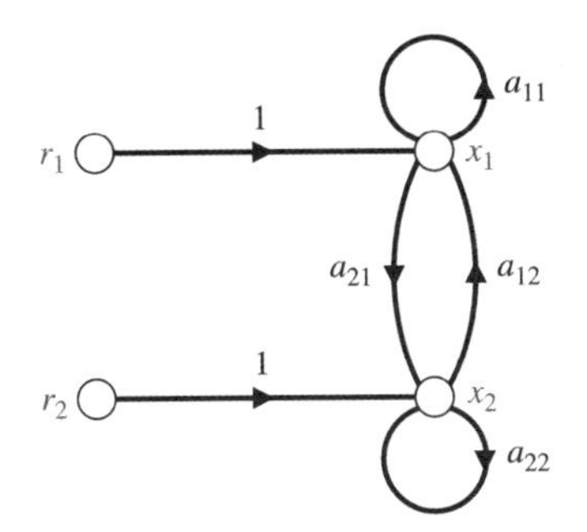

FIGURA 2.29 Diagrama de fluxo de sinal de duas equações algébricas.

sequência contínua de ramos que podem ser atravessados de um sinal (nó) até outro sinal (nó). Um **laço** é um caminho fechado que começa e termina em um mesmo nó, sem que nenhum nó seja atravessado mais de uma vez ao longo do caminho. Diz-se que dois laços **não se tocam** se eles não possuírem nenhum nó em comum. Dois laços que se tocam compartilham um ou mais nós em comum. Em consequência, considerando novamente a Figura 2.28, obtemos

$$Y_1(s) = G_{11}(s)R_1(s) + G_{12}(s)R_2(s) \tag{2.81}$$

e

$$Y_2(s) = G_{21}(s)R_1(s) + G_{22}(s)R_2(s). \tag{2.82}$$

O diagrama de fluxo é simplesmente um método pictográfico de escrever um sistema de equações algébricas que indicam a interdependência das variáveis. Como outro exemplo, considere o seguinte conjunto de equações algébricas simultâneas:

$$a_{11}x_1 + a_{12}x_2 + r_1 = x_1 \tag{2.83}$$

$$a_{21}x_1 + a_{22}x_2 + r_2 = x_2. \tag{2.84}$$

As duas variáveis de entrada são r_1 e r_2, e as variáveis de saída são x_1 e x_2. Um diagrama de fluxo de sinal representando as Equações (2.83) e (2.84) é mostrado na Figura 2.29. As Equações (2.83) e (2.84) podem ser reescritas como

$$x_1(1 - a_{11}) + x_2(-a_{12}) = r_1 \tag{2.85}$$

e

$$x_1(-a_{21}) + x_2(1 - a_{22}) = r_2. \tag{2.86}$$

A solução simultânea das Equações (2.85) e (2.86) usando a regra de Cramer resulta nas soluções

$$x_1 = \frac{(1 - a_{22})r_1 + a_{12}r_2}{(1 - a_{11})(1 - a_{22}) - a_{12}a_{21}} = \frac{1 - a_{22}}{\Delta}r_1 + \frac{a_{12}}{\Delta}r_2 \tag{2.87}$$

e

$$x_2 = \frac{(1 - a_{11})r_2 + a_{21}r_1}{(1 - a_{11})(1 - a_{22}) - a_{12}a_{21}} = \frac{1 - a_{11}}{\Delta}r_2 + \frac{a_{21}}{\Delta}r_1. \tag{2.88}$$

O denominador da solução é o determinante Δ do conjunto de equações e é reescrito como

$$\Delta = (1 - a_{11})(1 - a_{22}) - a_{12}a_{21} = 1 - a_{11} - a_{22} + a_{11}a_{22} - a_{12}a_{21}. \tag{2.89}$$

Neste caso, o denominador é igual a 1 menos cada um dos laços individuais a_{11}, a_{22} e $a_{12}a_{21}$, mais o produto dos dois laços que não se tocam a_{11} e a_{22}. Os laços a_{22} e $a_{21}a_{12}$ se tocam, assim como a_{11} e $a_{21}a_{12}$.

O numerador para x_1 com a entrada r_1 é 1 vezes $1 - a_{22}$, que é o valor de Δ excluindo-se os termos que tocam o caminho 1 de r_1 para x_1. Em consequência, o numerador de r_2 para x_1 é simplesmente a_{12}, porque o caminho através de a_{12} toca todos os laços. O numerador para x_2 é simétrico ao de x_1.

Em geral, a dependência linear $T_{ij}(s)$ entre a variável independente x_i (frequentemente chamada de variável de entrada) e uma variável dependente x_j é dada pela fórmula de Mason para o ganho do diagrama de fluxo [11, 12],

$$T_{ij}(s) = \frac{\sum_k P_{ijk}(s)\,\Delta_{ijk}(s)}{\Delta(s)}, \tag{2.90}$$

$P_{ijk}(s)$ = ganho do k-ésimo caminho da variável x_i para a variável x_j,
$\Delta(s)$ = determinante do diagrama,
$\Delta_{ijk}(s)$ = cofator do caminho $P_{ijk}(s)$,

e o somatório é feito para todos os k possíveis caminhos de x_i para x_j. O ganho do caminho ou transmitância $P_{ijk}(s)$ é definido como o produto dos ganhos dos ramos do caminho, percorrido na direção dos arcos, sem nenhum nó sendo encontrado mais de uma vez. O cofator $\Delta_{ijk}(s)$ é o determinante, desconsiderando-se os laços que tocam o k-ésimo caminho. O determinante $\Delta(s)$ é

$$\Delta(s) = 1 - \sum_{n=1}^{N} L_n(s) + \sum_{\substack{n,\,m \\ \text{não se tocam}}} L_n(s)L_m(s) - \sum_{\substack{n,\,m,\,p \\ \text{não se tocam}}} L_n(s)L_m(s)L_p(s) + \cdots, \tag{2.91}$$

em que $L_q(s)$ é igual ao valor da transmitância do q-ésimo laço. Portanto, a regra para calcular $\Delta(s)$ em termos dos laços $L_1(s), L_2(s), L_3(s), ..., L_N(s)$ é

Δ= 1 – (soma de ganho de todos os laços distintos)
+ (soma dos produtos dos ganhos de todas as combinações de dois laços que não se tocam)
– (soma dos produtos dos ganhos de todas as combinações de três laços que não se tocam)
+ · · · .

A fórmula do ganho é frequentemente usada para relacionar a variável de saída $Y(s)$ com a variável de entrada $R(s)$ e é dada de forma um pouco simplificada como

$$\boxed{T(s) = \frac{\Sigma_k P_k(s)\Delta_k(s)}{\Delta(s)},} \tag{2.92}$$

em que $T(s) = Y(s)/R(s)$.

Diversos exemplos ilustrarão a utilidade e a facilidade deste método. Embora a equação de ganho, Equação (2.90), pareça assustadora, deve ser lembrado que ela representa um processo de somatório, não um processo complicado de solução.

EXEMPLO 2.7 **Função de transferência de um sistema interativo**

Um diagrama de fluxo de sinal com dois caminhos é mostrado na Figura 2.30(a) e o diagrama de blocos correspondente é mostrado na Figura 2.30(b). Um exemplo de sistema de controle com múltiplos caminhos de sinal é o de um robô com diversas pernas. Os caminhos conectando a entrada $R(s)$ e a saída $Y(s)$ são

$$P_1(s) = G_1(s)G_2(s)G_3(s)G_4(s) \text{ (caminho 1) e}$$

$$P_2(s) = G_5(s)G_6(s)G_7(s)G_8(s) \text{ (caminho 2).}$$

Há quatro laços individuais:

$$L_1(s) = G_2(s)H_2(s), \quad L_2(s) = H_3(s)G_3(s),$$

$$L_3(s) = G_6(s)H_6(s) \quad \text{e} \quad L_4(s) = G_7(s)H_7(s).$$

Os laços L_1 e L_2 não tocam L_3 e L_4. Portanto, o determinante é

$$\Delta(s) = 1 - (L_1(s) + L_2(s) + L_3(s) + L_4(s)) + \\ (L_1(s)L_3(s) + L_1(s)L_4(s) + L_2(s)L_3(s) + L_2(s)L_4(s)). \tag{2.93}$$

O cofator do determinante ao longo do caminho 1 é calculado removendo-se de $\Delta(s)$ os laços que tocam o caminho 1. Assim, temos

$$L_1(s) = L_2(s) = 0 \quad \text{e} \quad \Delta_1(s) = 1 - (L_3(s) + L_4(s)).$$

De modo semelhante, o cofator para o caminho 2 é

$$\Delta_2(s) = 1 - (L_1(s) + L_2(s)).$$

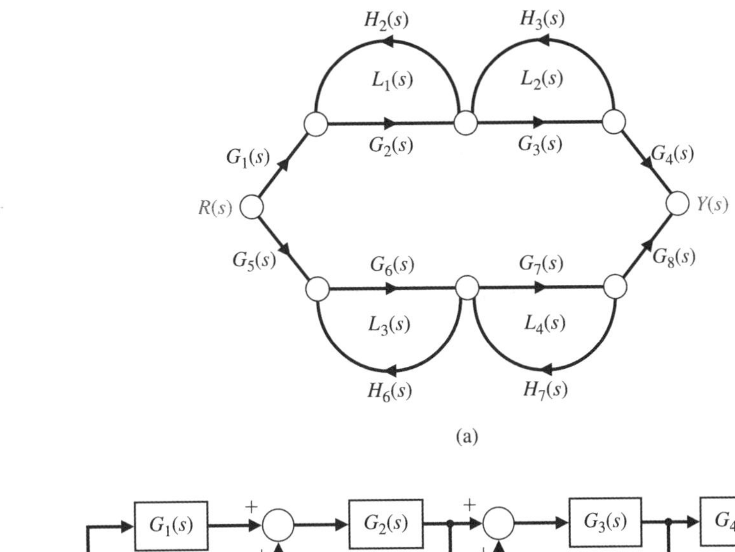

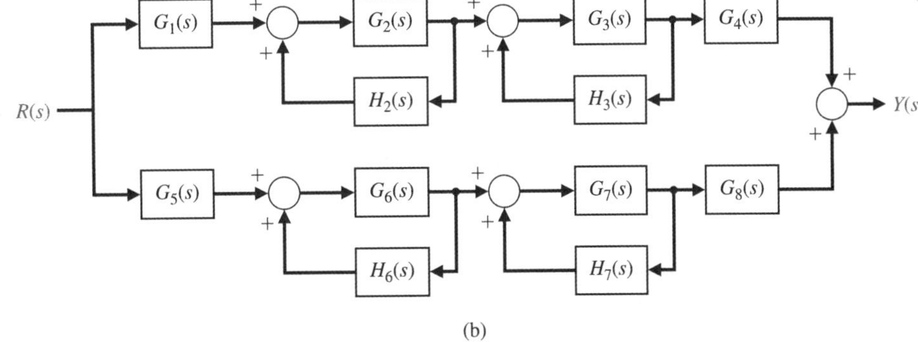

FIGURA 2.30 Sistema interativo com dois caminhos. (a) Diagrama de fluxo de sinal. (b) Diagrama de blocos.

Portanto, a função de transferência do sistema é

$$\frac{Y(s)}{R(s)} = T(s) = \frac{P_1(s)\Delta_1(s) + P_2(s)\Delta_2(s)}{\Delta(s)}$$
$$= \frac{G_1(s)G_2(s)G_3(s)G_4(s)(1 - L_3(s) - L_4(s))}{\Delta(s)}$$
$$+ \frac{G_5(s)G_6(s)G_7(s)G_8(s)(1 - L_1(s) - L_2(s))}{\Delta(s)}, \tag{2.94}$$

em que $\Delta(s)$ é dado na Equação (2.93).

Uma análise similar pode ser efetuada usando técnicas de redução de diagramas de blocos. O diagrama de blocos mostrado na Figura 2.30(b) tem quatro malhas de realimentação internas dentro do diagrama de blocos global. A redução do diagrama de blocos é simplificada pela redução inicial das quatro malhas de realimentação internas e posterior arranjo dos sistemas resultantes em série. Ao longo do caminho superior, a função de transferência é

$$Y_1(s) = G_1(s)\left[\frac{G_2(s)}{1 - G_2(s)H_2(s)}\right]\left[\frac{G_3(s)}{1 - G_3(s)H_3(s)}\right]G_4(s)R(s)$$
$$= \left[\frac{G_1(s)G_2(s)G_3(s)G_4(s)}{(1 - G_2(s)H_2(s))(1 - G_3(s)H_3(s))}\right]R(s).$$

Similarmente ao longo do caminho inferior, a função de transferência é

$$Y_2(s) = G_5(s)\left[\frac{G_6(s)}{1 - G_6(s)H_6(s)}\right]\left[\frac{G_7(s)}{1 - G_7(s)H_7(s)}\right]G_8(s)R(s)$$
$$= \left[\frac{G_5(s)G_6(s)G_7(s)G_8(s)}{(1 - G_6(s)H_6(s))(1 - G_7(s)H_7(s))}\right]R(s).$$

A função de transferência total é então dada por

$$Y(s) = Y_1(s) + Y_2(s) = \left[\frac{G_1(s)G_2(s)G_3(s)G_4(s)}{(1 - G_2(s)H_2(s))(1 - G_3(s)H_3(s))} + \frac{G_5(s)G_6(s)G_7(s)G_8(s)}{(1 - G_6(s)H_6(s))(1 - G_7(s)H_7(s))}\right]R(s). \quad \blacksquare$$

EXEMPLO 2.8 **Motor controlado pela armadura**

O diagrama de blocos do motor CC controlado pela armadura é mostrado na Figura 2.20. Este diagrama foi obtido a partir das Equações (2.64)–(2.68). O diagrama de fluxo de sinal pode ser obtido tanto a partir das Equações (2.64)–(2.68) quanto a partir do diagrama de blocos e é mostrado na Figura 2.31. Usando a fórmula de Mason do ganho do diagrama de fluxo de sinal, é possível obter a função de transferência para $\theta(s)/V_a(s)$ com $T_p(s) = 0$. O percurso direto é $P_1(s)$, o qual toca o único laço $L_1(s)$ em que

$$P_1(s) = \frac{1}{s}G_1(s)G_2(s) \quad \text{e} \quad L_1(s) = -K_{ce}G_1(s)G_2(s).$$

Portanto, a função de transferência é

$$T(s) = \frac{P_1(s)}{1 - L_1(s)} = \frac{(1/s)G_1(s)G_2(s)}{1 + K_{ce}G_1(s)G_2(s)} = \frac{K_m}{s[(R_a + L_a s)(Js + b) + K_{ce}K_m]}. \quad \blacksquare$$

A fórmula do ganho do diagrama de fluxo de sinal fornece uma abordagem razoavelmente direta para a avaliação de sistemas complexos. Para comparar o método com o da redução do diagrama de blocos, reconsidere o sistema complexo do Exemplo 2.6.

EXEMPLO 2.9 **Função de transferência de um sistema com múltiplas malhas**

Um sistema com realimentação com múltiplas malhas é mostrado na Figura 2.25 na forma de diagrama de blocos. Não há necessidade de redesenhar o diagrama na forma de diagrama de fluxo de sinal, e, por isso, podemos prosseguir usando a fórmula de Mason para o ganho do diagrama de fluxo de sinal. Há um caminho direto $P_1(s) = G_1(s)G_2(s)G_3(s)G_4(s)$. Os laços de realimentação são

$$L_1(s) = -G_2(s)G_3(s)H_2(s), \quad L_2(s) = G_3(s)G_4(s)H_1(s)$$
$$\text{e} \quad L_3(s) = -G_1(s)G_2(s)G_3(s)G_4(s)H_3(s). \tag{2.95}$$

Todos os laços possuem nós em comum e, portanto, todos se tocam. Além disso, o caminho $P_1(s)$ toca todos os laços, assim, $\Delta_1(s) = 1$. Desse modo, a função de transferência em malha fechada é

$$T(s) = \frac{Y(s)}{R(s)} = \frac{P_1(s)\Delta_1(s)}{1 - L_1(s) - L_2(s) - L_3(s)} = \frac{G_1(s)G_2(s)G_3(s)G_4(s)}{\Delta(s)}, \tag{2.96}$$

em que

$$\Delta(s) = 1 + G_2(s)G_3(s)H_2(s) - G_3(s)G_4(s)H_1(s) + G_1(s)G_2(s)G_3(s)G_4(s)H_3(s). \quad \blacksquare$$

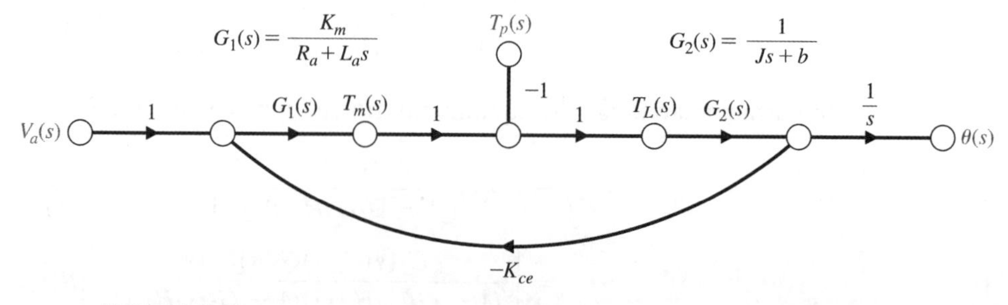

FIGURA 2.31 Diagrama de fluxo de sinal do motor CC controlado pela armadura.

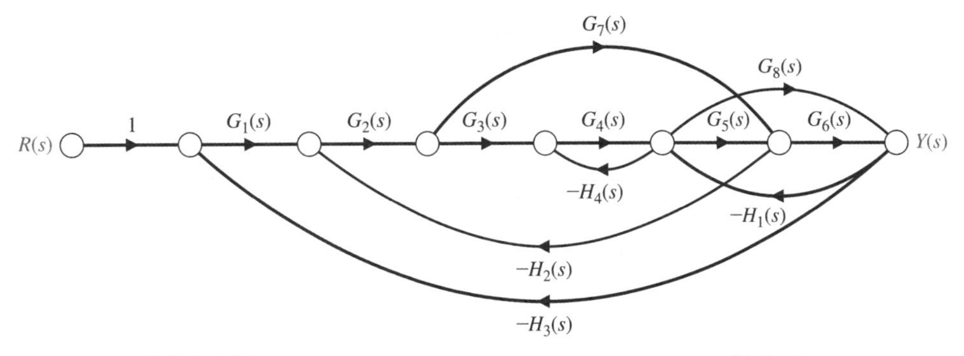

FIGURA 2.32 Diagrama de fluxo de sinal de um sistema com múltiplos laços.

EXEMPLO 2.10 **Função de transferência de um sistema complexo**

Considere o sistema com diversos laços de realimentação e caminhos diretos mostrado na Figura 2.32. Os caminhos diretos são

$$P_1(s) = G_1(s)G_2(s)G_3(s)G_4(s)G_5(s)G_6(s), \quad P_2(s) = G_1(s)G_2(s)G_7(s)G_6(s) \quad \text{e}$$
$$P_3(s) = G_1(s)G_2(s)G_3(s)G_4(s)G_8(s).$$

Os laços de realimentação são

$$L_1(s) = -G_2(s)G_3(s)G_4(s)G_5(s)H_3(s), \quad L_2(s) = -G_5(s)G_6(s)H_1(s),$$
$$L_3(s) = -G_8(s)H_1(s), \quad L_4(s) = -G_7(s)H_2(s)G_2(s),$$
$$L_5(s) = -G_4(s)H_4(s), \quad L_6(s) = -G_1(s)G_2(s)G_3(s)G_4(s)G_5(s)G_6(s)H_3(s),$$
$$L_7(s) = -G_1(s)G_2(s)G_7(s)G_6(s)H_3(s) \quad \text{e}$$
$$L_8(s) = -G_1(s)G_2(s)G_3(s)G_4(s)G_8(s)H_3(s).$$

O laço L_5 não toca o laço L_4 nem o laço L_7, e o laço L_3 não toca o laço L_4; mas todos os outros laços se tocam. Por essa razão, o determinante é

$$\Delta(s) = 1 - (L_1(s) + L_2(s) + L_3(s) + L_4(s) + L_5(s) + L_6(s) + L_7(s) + L_8(s)) \\ + (L_5(s)L_7(s) + L_5(s)L_4(s) + L_3(s)L_4(s)). \tag{2.97}$$

Os cofatores são

$$\Delta_1(s) = \Delta_3(s) = 1 \quad \text{e} \quad \Delta_2(s) = 1 - L_5(s) = 1 + G_4(s)H_4(s).$$

Finalmente, a função de transferência é

$$T(s) = \frac{Y(s)}{R(s)} = \frac{P_1(s) + P_2(s)\Delta_2(s) + P_3(s)}{\Delta(s)}. \tag{2.98}$$

■

2.8 EXEMPLOS DE PROJETO

Nesta seção, são apresentados quatro exemplos ilustrativos de projeto. No primeiro, descreve-se a modelagem de um gerador fotovoltaico de forma favorável para que o controle com realimentação obtenha máxima geração de energia à medida que a luz do Sol varia com o tempo. A utilização de controle com realimentação para melhorar a eficiência da produção de energia a partir da energia solar em áreas ensolaradas é uma contribuição valiosa para a engenharia verde. No segundo exemplo, é apresentada uma visão detalhada da modelagem do nível de fluido em um reservatório. A modelagem é apresentada detalhadamente para enfatizar o esforço requerido para obter um modelo linear na forma de uma função de transferência. Os dois exemplos restantes incluem o desenvolvimento de um modelo de motor elétrico de tração e o projeto de um filtro passa-baixa.

EXEMPLO 2.11 **Geradores fotovoltaicos**

As células fotovoltaicas foram desenvolvidas nos Laboratórios Bell em 1954. As células solares são um exemplo de células fotovoltaicas e convertem luz solar em energia elétrica. Outros tipos de células fotovoltaicas podem detectar radiação e medir a intensidade luminosa. A utilização de células solares para a produção de energia segue os princípios da engenharia verde, minimizando a poluição. Painéis solares minimizam a degradação dos recursos naturais e são efetivos em áreas onde a luz solar é abundante. Os geradores fotovoltaicos são sistemas que produzem energia elétrica usando um conjunto de módulos fotovoltaicos compostos de células solares interconectadas. Geradores fotovoltaicos podem ser usados para recarregar baterias; eles podem ser diretamente conectados a uma rede elétrica ou podem acionar motores elétricos sem uma bateria [34-42].

A produção de energia de uma célula solar varia com a disponibilidade de luz solar, com a temperatura e com cargas externas. Para aumentar a eficiência geral do gerador fotovoltaico, estratégias de controle com realimentação podem ser utilizadas na busca pela maximização da produção de energia. Isto é conhecido como rastreamento do ponto de máxima potência (*Maximum Power Point Tracking* – MPPT) [34-36]. Existem certos valores de corrente e tensão associados às células solares que correspondem à máxima geração de energia. O MPPT utiliza controle com realimentação em malha fechada para buscar o ponto ótimo e permitir que o circuito conversor de energia extraia o máximo de energia do sistema gerador fotovoltaico. O projeto de controle será examinado em capítulos posteriores, mas o foco aqui é na modelagem do sistema.

A célula solar pode ser modelada como um circuito equivalente, mostrado na Figura 2.33, composto de uma fonte de corrente, I_{FO}, um diodo sensível à luz, uma resistência em série, R_S, e uma resistência de desvio (resistência de *shunt*), R_P [34, 36-38].

A tensão de saída, V_{FV}, é dada por

$$V_{FV} = \frac{N}{\lambda}\ln\left(\frac{I_{FO} - I_{FV} + MI_0}{MI_0}\right) - \frac{N}{M}R_S I_{FV}, \tag{2.99}$$

em que o gerador fotovoltaico é composto de M cadeias paralelas com N células em série por cadeia. I_0 é a corrente de saturação reversa do diodo, I_{FO} representa o nível de exposição ao Sol e λ é uma constante conhecida que depende do material da célula [34-36]. O nível de exposição ao Sol é uma medida da quantidade de radiação solar que incide nas células solares.

Admita que seja utilizado um painel solar de silício simples ($M = 1$) com 10 células em série ($N = 10$) e que os parâmetros sejam dados por $1/\lambda = 0{,}05$ V, $R_S = 0{,}025\ \Omega$, $I_{FO} = 3$ A e $I_0 = 0{,}001$ A. A relação tensão *versus* corrente da Equação (2.99) e a relação potência *versus* corrente são mostradas na Figura 2.34 para um nível particular de exposição ao Sol em que $I_{FO} = 3$ A. Na Figura 2.34, observamos que quando $dP/dI_{FV} = 0$ estamos no nível máximo de potência com valores associados $V_{FV} = V_{mp}$ e $I_{FV} = I_{mp}$, de tensão e corrente de máxima potência, respectivamente. À medida que a luz solar varia o nível de exposição ao Sol, I_{FO}, varia resultando em diferentes curvas de potência.

O objetivo do rastreamento do ponto de máxima potência é procurar obter a condição de tensão e corrente que maximize a geração de energia à medida que as condições variam. Isto é conseguido variando-se a tensão de referência como função do nível de exposição ao Sol. A tensão de referência é a tensão no ponto de máxima potência, como mostrado na Figura 2.35. O sistema de controle com realimentação deve rastrear a tensão de referência de forma rápida e acurada.

A Figura 2.36 ilustra um diagrama de blocos simplificado do sistema controlado. Os principais componentes são um circuito de potência (por exemplo, um CI de controle de fase e uma ponte de tiristores), o gerador fotovoltaico e um transdutor de corrente. A planta, incluindo o circuito de potência, o gerador fotovoltaico e o transdutor de corrente, é modelada como função de transferência de segunda ordem dada por

$$G(s) = \frac{K}{s(s + p)}, \tag{2.100}$$

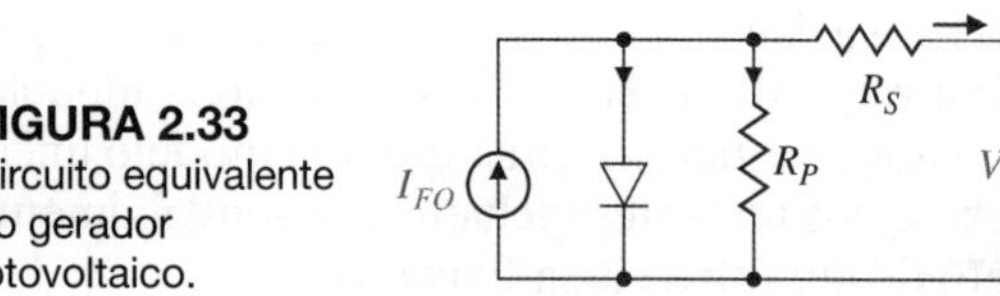

FIGURA 2.33 Circuito equivalente do gerador fotovoltaico.

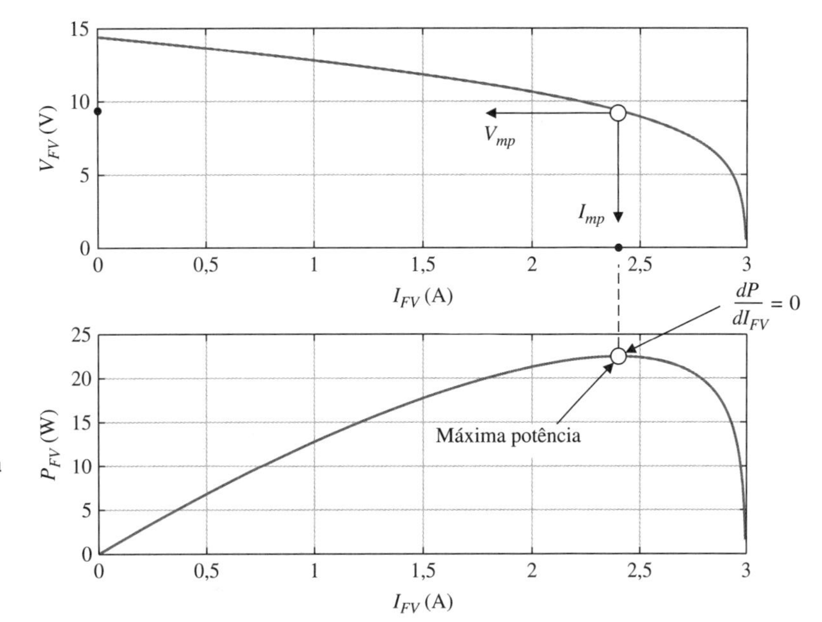

FIGURA 2.34 Tensão *versus* corrente e potência *versus* corrente para um gerador fotovoltaico de exemplo com um nível específico de exposição ao sol.

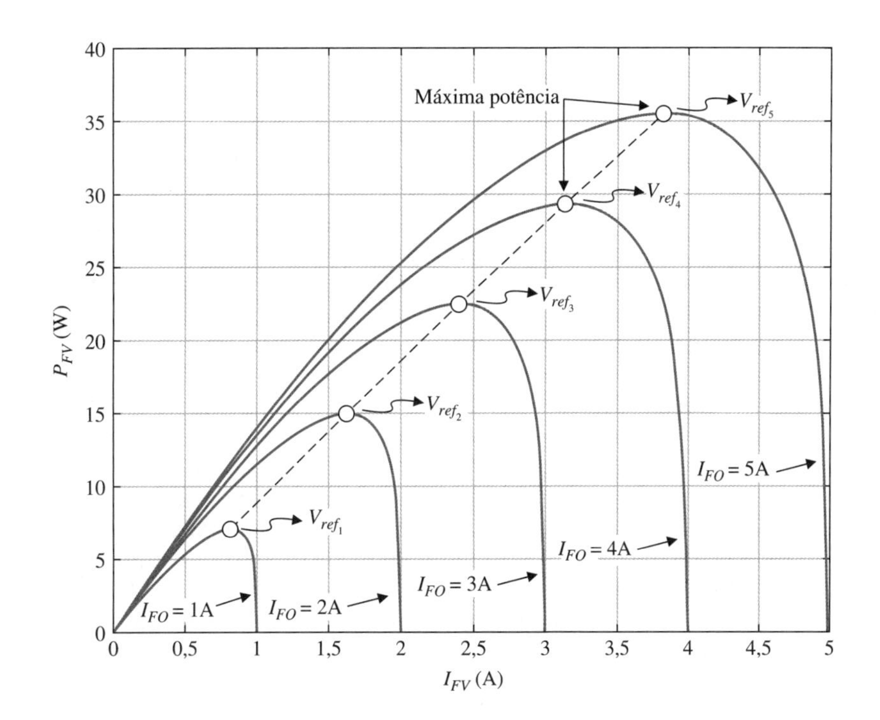

FIGURA 2.35 Pontos de máxima potência para diferentes valores de I_{FO} especificam V_{ref}.

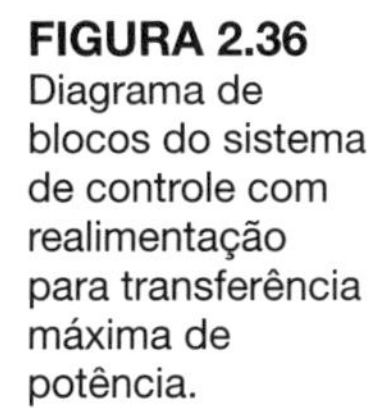

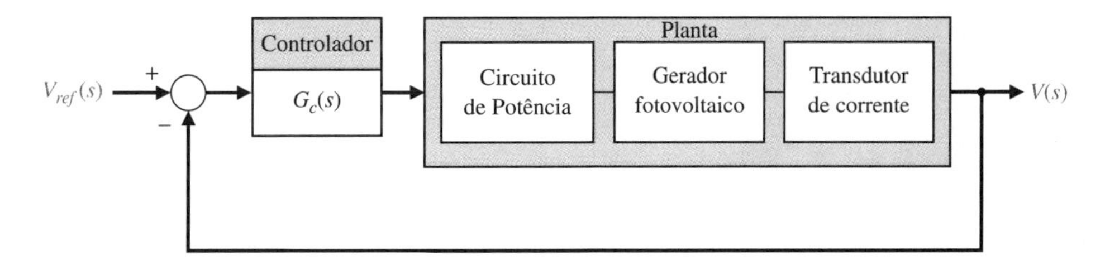

FIGURA 2.36 Diagrama de blocos do sistema de controle com realimentação para transferência máxima de potência.

em que K e p dependem do gerador fotovoltaico e da eletrônica associada [35]. O controlador $G_c(s)$, na Figura 2.36, é projetado de modo que, à medida que o nível de exposição ao Sol varia (isto é, I_{FO} varia), a tensão de saída se aproxima da tensão de entrada de referência, $V_{ref}(s)$, a qual é ajustada para a tensão associada com o ponto de máxima potência, resultando em transferência máxima de potência. Se, por exemplo, o controlador é um controlador proporcional e integral

$$G_c(s) = K_P + \frac{K_I}{s},$$

a função de transferência em malha fechada é

$$T(s) = \frac{K(K_P s + K_I)}{s^3 + ps^2 + KK_P s + KK_I}. \tag{2.101}$$

Podemos escolher os ganhos do controlador na Equação (2.101) para alocar os polos de $T(s)$ em posições desejadas, de modo a atender às especificações de desempenho desejadas. ■

EXEMPLO 2.12 **Modelagem de escoamento de fluido**

Um sistema de escoamento de fluido é mostrado na Figura 2.37. O reservatório (ou tanque) contém água que é expelida através de uma abertura de saída. A água é suprida ao reservatório através de uma tubulação controlada por uma válvula de entrada. As variáveis de interesse são a velocidade do fluido V (m/s), a altura do fluido no reservatório H (m) e a pressão p (N/m^2). A pressão é definida como a força por unidade de área exercida pelo fluido em uma superfície imersa no fluido (e em repouso com relação a esse fluido). A pressão do fluido age perpendicularmente à superfície. Para referências adicionais sobre modelagem de escoamento de fluido, veja [28-30].

Os elementos do processo de projeto de sistema de controle enfatizados neste exemplo são mostrados na Figura 2.38. A estratégia é estabelecer a configuração do sistema e então obter os modelos matemáticos apropriados que descrevam o reservatório com escoamento de fluido a partir de uma perspectiva entrada-saída.

As equações gerais de movimento e energia que descrevem o escoamento de fluidos são bastante complicadas. As equações que regem a dinâmica do sistema são equações diferenciais parciais não lineares acopladas. É preciso que se façam algumas hipóteses seletivas que reduzam a complexidade do modelo matemático. Embora não seja necessário que o engenheiro de controle seja um especialista em dinâmica dos fluidos, e embora um entendimento profundo de dinâmica dos fluidos não seja necessariamente adquirido durante o processo do projeto do sistema de controle, faz todo o sentido, do ponto de vista da engenharia, que se adquira pelo menos um entendimento rudimentar das importantes hipóteses simplificadoras. Para um exame mais completo da dinâmica dos fluidos, veja [31-33].

A fim de se obter um modelo matemático realista, porém tratável, para o reservatório com escoamento de fluido, primeiro são feitas algumas hipóteses fundamentais. Admite-se que a água no tanque é incompressível e que o escoamento não é viscoso, não é rotacional e é regular. Um fluido incompressível tem massa específica constante ρ (kg/m^3). De fato, todos os fluidos são compressíveis em certo grau. O fator de compressibilidade k é uma medida da compressibilidade de um fluido. Um valor menor de k indica menor compressibilidade. O ar (que é um fluido compressível) tem fator de compressibilidade de $k_{ar} = 0{,}98$ m^2/N, enquanto a água tem fator de compressibilidade de $k_{H_2O} = 4{,}9 \times 10^{-10}$ m^2/N $= 50 \times 10^{-6}$ atm^{-1}. Em outras palavras, um dado volume de água diminui em 50 milionésimos de seu volume original para um aumento de uma atmosfera (atm) na pressão. Desse modo, a hipótese de que a água é incompressível torna-se válida para nossa aplicação.

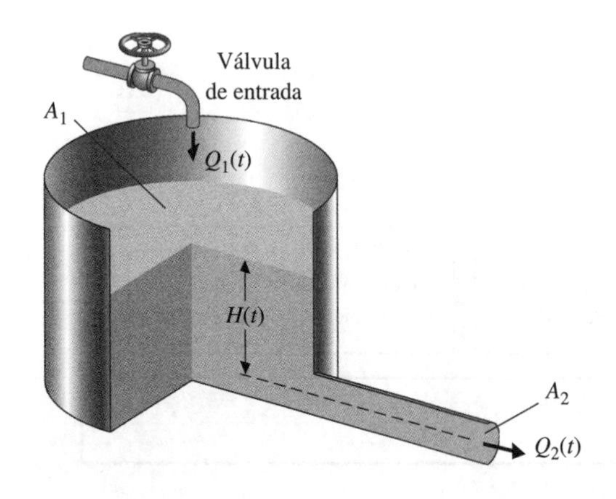

FIGURA 2.37 Configuração do reservatório com escoamento de fluido.

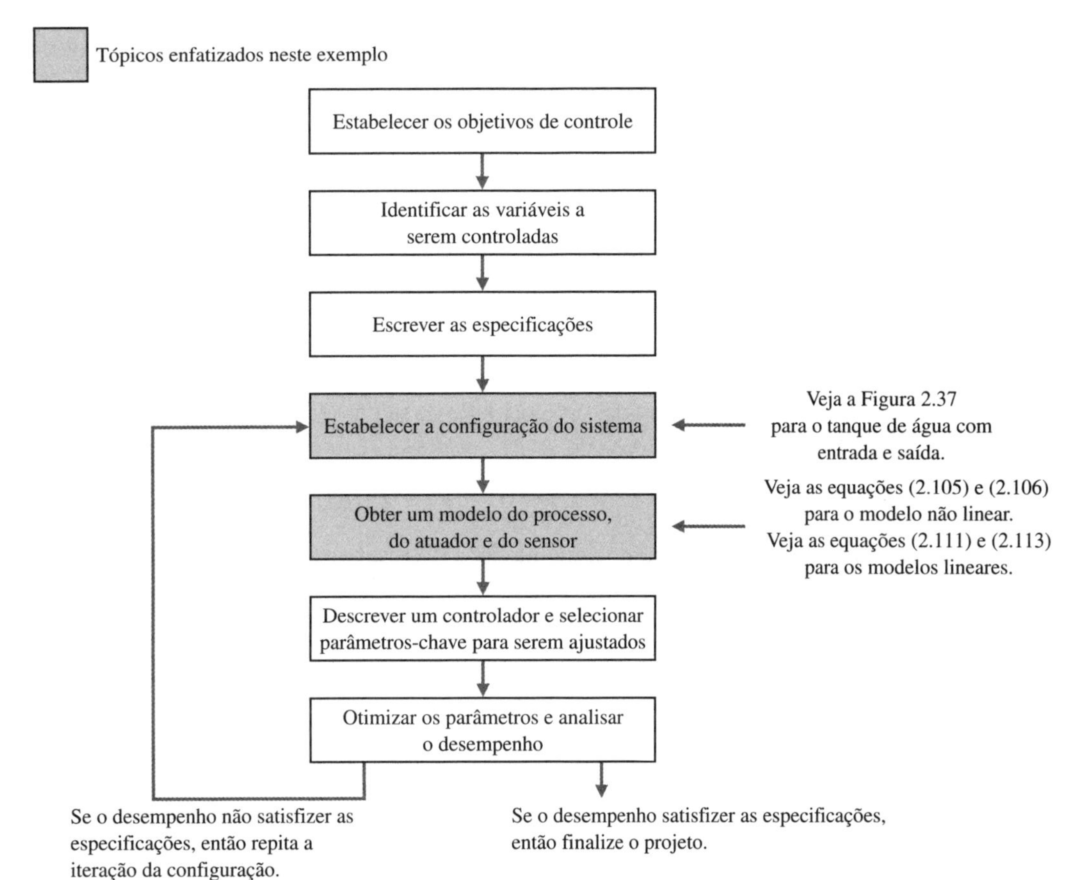

FIGURA 2.38 Elementos do processo de projeto de sistema de controle enfatizados no exemplo do reservatório com escoamento de fluido.

Considere um fluido em movimento. Suponha que, inicialmente, as velocidades de escoamento sejam diferentes para camadas adjacentes do fluido. Então, uma troca de moléculas entre as duas camadas tende a equalizar as velocidades das camadas. Isto é atrito interno, e a troca de cinética é conhecida como viscosidade. Sólidos são mais viscosos que fluidos, e fluidos são mais viscosos que gases. Uma medida de viscosidade é o coeficiente de viscosidade μ (N · s/m^2). Um coeficiente de viscosidade maior implica maior viscosidade. O coeficiente de viscosidade (em condições normais, 20 °C) para o ar é $\mu_{ar} = 0{,}178 \times 10^{-4}$ N s/m^2, e para a água é $\mu_{H_2O} = 1{,}054 \times 10^{-3}$ N s/m^2.

Então, a água é cerca de 60 vezes mais viscosa que o ar. A viscosidade depende principalmente da temperatura, não da pressão. Para comparação, a água a 0 °C é cerca de duas vezes mais viscosa que a água a 20 °C. Com fluidos de baixa viscosidade, como o ar e a água, os efeitos do atrito são importantes apenas nas camadas de fronteira, uma fina camada adjacente à parede do reservatório e da tubulação de saída. Pode-se desprezar a viscosidade no desenvolvimento deste modelo. Diz-se que o fluido não é viscoso.

Se cada elemento do fluido em cada ponto do escoamento não tem velocidade angular com relação a esse ponto, o fluxo é denominado não rotacional. Imagine uma pequena roda de pás imersa no fluido (por exemplo, na saída). Se a roda de pás tiver movimento de translação sem rotação, o fluxo é não rotacional. Admita que a água no tanque é não rotacional. Para um fluido não viscoso, um fluxo inicialmente não rotacional permanece não rotacional.

O fluxo de água no tanque e na saída pode ser regular ou irregular. O fluxo é regular se a velocidade em cada ponto é constante com o tempo. Isso não implica necessariamente que a velocidade seja a mesma em cada ponto, mas sim que em qualquer ponto a velocidade não mude com o tempo. Condições de regime regular podem ser atingidas em velocidades baixas do fluido. Admita condições de fluxo regular. Se a área da abertura de saída for muito grande, então o fluxo através do reservatório pode não ser lento o suficiente para o estabelecimento de condições de regime regular que supostamente existiriam, e o modelo não irá predizer o fluxo do fluido de maneira correta.

Para obter um modelo matemático do fluido dentro do reservatório, são empregados princípios básicos da ciência e da engenharia, como o princípio da conservação da massa. A massa de água no tanque em qualquer instante de tempo é

$$m(t) = \rho A_1 H(t), \tag{2.102}$$

em que A_1 é a área do tanque, ρ é a massa específica da água e $H(t)$ é a altura da água no reservatório. As constantes para o sistema do reservatório são dadas na Tabela 2.6.

Nas fórmulas seguintes, um subscrito 1 denota quantidades na entrada, e um subscrito 2 refere-se a quantidades na saída. Tomando a derivada temporal de $m(t)$ na Equação (2.102), resulta

$$\dot{m}(t) = \rho A_1 \dot{H}(t),$$

em que foi usado o fato de o fluido ser incompressível (ou seja, $\dot{\rho} = 0$) e que a área do tanque, A_1, não muda com o tempo. A mudança de massa no reservatório é igual à massa que entra no tanque menos a massa que deixa o tanque, ou

$$\dot{m}(t) = \rho A_1 \dot{H}(t) = Q_1(t) - \rho A_2 v_2(t), \tag{2.103}$$

em que $Q_1(t)$ é a vazão de entrada de massa em regime estacionário, $v_2(t)$ é a velocidade de saída e A_2 é a área da abertura de saída. A velocidade de saída $v_2(t)$ é uma função da altura da água. Da equação de Bernoulli [39], temos

$$\frac{1}{2}\rho v_1^2(t) + P_1 + \rho g H(t) = \frac{1}{2}\rho v_2^2(t) + P_2,$$

em que v_1 é a velocidade da água na boca do reservatório, e P_1 e P_2 são as pressões atmosféricas na entrada e na saída, respectivamente. Mas P_1 e P_2 são iguais à pressão atmosférica e A_2 é suficientemente pequena ($A_2 = A_1/100$), de modo que a água escoa vagarosamente e a velocidade $v_1(t)$ é desprezível. Então, a equação de Bernoulli fica reduzida a

$$v_2(t) = \sqrt{2gH(t)}. \tag{2.104}$$

Substituindo a Equação (2.104) na Equação (2.103) e resolvendo para $\dot{H}(t)$, resulta

$$\dot{H}(t) = -\left[\frac{A_2}{A_1}\sqrt{2g}\right]\sqrt{H(t)} + \frac{1}{\rho A_1}Q_1(t). \tag{2.105}$$

Usando a Equação (2.104), obtemos a razão de saída de massa

$$Q_2(t) = \rho A_2 v_2(t) = (\rho\sqrt{2g}A_2)\sqrt{H(t)}. \tag{2.106}$$

Para manter as equações tratáveis, definem-se

$$k_1 := -\frac{A_2\sqrt{2g}}{A_1}, \quad k_2 := \frac{1}{\rho A_1} \quad \text{e} \quad k_3 := \rho\sqrt{2g}A_2.$$

Então, segue que

$$\begin{aligned}\dot{H}(t) &= k_1\sqrt{H(t)} + k_2 Q_1(t),\\ Q_2(t) &= k_3\sqrt{H(t)}.\end{aligned} \tag{2.107}$$

A Equação (2.107) representa o modelo do sistema de tanque de água, em que a entrada é $Q_1(t)$ e a saída é $Q_2(t)$. A Equação (2.107) é um modelo em equação diferencial ordinária não linear de primeira ordem. O modelo da Equação (2.107) tem a forma funcional

$$\begin{aligned}\dot{H}(t) &= f(H(t), Q_1(t)),\\ Q_2(t) &= h(H(t), Q_1(t)),\end{aligned}$$

em que

$$f(H(t), Q_1(t)) = k_1\sqrt{H(t)} + k_2 Q_1(t) \quad \text{e} \quad h(H(t), Q_1(t)) = k_3\sqrt{H(t)}.$$

Um conjunto de equações linearizadas descrevendo a altura da água no reservatório é obtido usando a expansão em série de Taylor em torno de uma condição de escoamento de equilíbrio. Quando o sistema de tanque está em equilíbrio, temos $\dot{H}(t) = 0$. Podemos definir Q^* e H^* como a vazão de entrada de massa e o nível da água de equilíbrio, respectivamente. A relação entre Q^* e H^* é dada por

Tabela 2.6 Constantes Físicas de um Tanque de Água

ρ (kg/m³)	g (m/s²)	A_1 (m²)	A_2 (m²)	H^* (m)	Q^* (kg/s)
1.000	9,8	$\pi/4$	$\pi/400$	1	34,77

$$Q^* = -\frac{k_1}{k_2}\sqrt{H^*} = \rho\sqrt{2g}A_2\sqrt{H^*}. \tag{2.108}$$

Esta condição ocorre quando entra no tanque em A_1 exatamente a quantidade suficiente de água para compensar a quantidade saindo por A_2. Podemos escrever o nível da água e a vazão de entrada de massa como

$$\begin{aligned} H(t) &= H^* + \Delta H(t), \\ Q_1(t) &= Q^* + \Delta Q_1(t), \end{aligned} \tag{2.109}$$

em que $\Delta H(t)$ e $\Delta Q_1(t)$ são pequenas variações a partir dos valores de equilíbrio (regime estacionário). A expansão em série de Taylor em torno da condição de equilíbrio é dada por

$$\begin{aligned} \dot{H}(t) = f(H(t), Q_1(t)) = f(H^*, Q^*) &+ \left.\frac{\partial f}{\partial H}\right|_{\substack{H=H^* \\ Q1=Q^*}} (H(t) - H^*) \\ &+ \left.\frac{\partial f}{\partial Q_1}\right|_{\substack{H=H^* \\ Q1=Q^*}} (Q_1(t) - Q^*) + \cdots, \end{aligned} \tag{2.110}$$

em que

$$\left.\frac{\partial f}{\partial H}\right|_{\substack{H=H^* \\ Q1=Q^*}} = \left.\frac{\partial\left(k_1\sqrt{H} + k_2Q_1\right)}{\partial H}\right|_{\substack{H=H^* \\ Q1=Q^*}} = \frac{1}{2}\frac{k_1}{\sqrt{H^*}}$$

e

$$\left.\frac{\partial f}{\partial Q_1}\right|_{\substack{H=H^* \\ Q1=Q^*}} = \left.\frac{\partial(k_1\sqrt{H} + k_2Q_1)}{\partial Q_1}\right|_{\substack{H=H^* \\ Q1=Q^*}} = k_2.$$

Usando a Equação (2.108), temos

$$\sqrt{H^*} = \frac{Q^*}{\rho\sqrt{2g}A_2},$$

de modo que

$$\left.\frac{\partial f}{\partial H}\right|_{\substack{H=H^* \\ Q1=Q^*}} = -\frac{A_2^2}{A_1}\frac{g\rho}{Q^*}.$$

Segue, da Equação (2.109), que

$$\dot{H}(t) = \Delta\dot{H}(t),$$

uma vez que H^* é constante. Além disso, o termo $f(H^*, Q^*)$ é identicamente nulo, por definição da condição de equilíbrio. Desprezando os termos de ordem mais elevada na expansão em série de Taylor, resulta

$$\Delta\dot{H}(t) = -\frac{A_2^2}{A_1}\frac{g\rho}{Q^*}\Delta H(t) + \frac{1}{\rho A_1}\Delta Q_1(t). \tag{2.111}$$

A Equação (2.111) é um modelo linear descrevendo a variação no nível da água $\Delta H(t)$ a partir do valor de regime estacionário devido a uma variação da vazão nominal de entrada de massa $\Delta Q_1(t)$.

Similarmente, para a variável de saída $Q_2(t)$, temos

$$\begin{aligned} Q_2(t) &= Q_2^* + \Delta Q_2(t) = h(H(t), Q_1(t)) \\ &\approx h(H^*, Q^*) + \left.\frac{\partial h}{\partial H}\right|_{\substack{H=H^* \\ Q_1=Q^*}} \Delta H(t) + \left.\frac{\partial h}{\partial Q_1}\right|_{\substack{H=H^* \\ Q_1=Q^*}} \Delta Q_1(t), \end{aligned} \tag{2.112}$$

em que $\Delta Q_2(t)$ é uma pequena variação na vazão de saída de massa e

$$\left.\frac{\partial h}{\partial H}\right|_{\substack{H=H^* \\ Q1=Q^*}} = \frac{g\rho^2A_2^2}{Q^*}$$

e

$$\left.\frac{\partial h}{\partial Q_1}\right|_{\substack{H=H^* \\ Q_1=Q^*}} = 0.$$

Consequentemente, a equação linearizada para a variável de saída $Q_2(t)$ é

$$\Delta Q_2(t) = \frac{g\rho^2 A_2^2}{Q^*}\Delta H(t). \quad (2.113)$$

Para o projeto e análise de um sistema de controle, é conveniente obter o relacionamento entrada-saída na forma de função de transferência. A ferramenta para isso é a transformada de Laplace. Tomando a derivada temporal da Equação (2.113) e substituindo o resultado na Equação (2.111), produz-se o relacionamento entrada-saída

$$\Delta \dot{Q}_2(t) + \frac{A_2^2}{A_1}\frac{g\rho}{Q^*}\Delta Q_2(t) = \frac{A_2^2 g\rho}{A_1 Q^*}\Delta Q_1(t).$$

Se for definido

$$\Omega := \frac{A_2^2}{A_1}\frac{g\rho}{Q^*}, \quad (2.114)$$

então temos

$$\Delta \dot{Q}_2(t) + \Omega \Delta Q_2(t) = \Omega \Delta Q_1(t). \quad (2.115)$$

Tomando a transformada de Laplace (com condições iniciais nulas), chega-se à função de transferência

$$\Delta Q_2(s)/\Delta Q_1(s) = \frac{\Omega}{s + \Omega}. \quad (2.116)$$

A Equação (2.116) descreve o relacionamento entre uma mudança na vazão de saída de massa $\Delta Q_2(s)$ por causa de uma mudança na vazão de entrada de massa $\Delta Q_1(s)$. Podemos também obter um relacionamento na forma de função de transferência entre uma mudança na vazão de entrada de massa e uma mudança no nível de água no tanque $\Delta H(s)$. Tomando a transformada de Laplace (com condições iniciais nulas) da Equação (2.111), resulta

$$\Delta H(s)/\Delta Q_1(s) = \frac{k_2}{s + \Omega}. \quad (2.117)$$

Dado o modelo linear e invariante no tempo do tanque de água na Equação (2.115), podemos obter soluções para entradas em degrau e senoidal. Lembre-se de que a entrada $\Delta Q_1(s)$ é na verdade uma mudança na vazão de entrada de massa a partir do valor de regime Q^*.

Considerando a entrada em degrau

$$\Delta Q_1(s) = q_o/s,$$

em que q_o é a magnitude da entrada em degrau e a condição inicial é $\Delta Q_2(0) = 0$. Então, podemos usar a função de transferência na forma dada pela Equação (2.116) para obtermos

$$\Delta Q_2(s) = \frac{q_o \Omega}{s(s + \Omega)}.$$

A expansão em frações parciais produz

$$\Delta Q_2(s) = \frac{-q_o}{s + \Omega} + \frac{q_o}{s}.$$

Tomando a transformada inversa de Laplace, resulta

$$\Delta Q_2(t) = -q_o e^{-\Omega t} + q_o.$$

Note que $\Omega > 0$ [veja a Equação (2.114)]; então, o termo $e^{-\Omega t}$ tende a zero à medida que t tende a ∞. Consequentemente, a saída em regime estacionário por causa de uma entrada em degrau de magnitude q_o é

$$\Delta Q_{2_{ss}} = q_o.$$

Verifica-se que, em regime estacionário, a variação da vazão de saída de massa a partir do valor de equilíbrio é igual à variação da vazão de entrada da massa a partir do valor de equilíbrio. Examinando a variável Ω na Equação (2.114), percebe-se que, quanto maior a abertura de saída A_2, mais rápido o sistema atinge o regime estacionário. Em outras palavras, à medida que Ω fica maior, o termo exponencial $e^{-\Omega t}$ desaparece mais rápido e o regime estacionário é atingido em menos tempo.

Similarmente, para o nível de água temos

$$\Delta H(s) = \frac{-q_o k_2}{\Omega}\left(\frac{1}{s + \Omega} - \frac{1}{s}\right).$$

Tomando-se a transformada inversa de Laplace, resulta

$$\Delta H(t) = \frac{-q_o k_2}{\Omega}(e^{-\Omega t} - 1).$$

A variação no regime estacionário do nível de água em razão de uma entrada em degrau de magnitude q_o é

$$\Delta H_{ss} = \frac{q_o k_2}{\Omega}.$$

Considere a entrada senoidal

$$\Delta Q_1(t) = q_o \operatorname{sen} \omega t,$$

a qual tem a transformada de Laplace

$$\Delta Q_1(s) = \frac{q_o \omega}{s^2 + \omega^2}.$$

Admita que o sistema tenha condições iniciais nulas, isto é, $\Delta Q_2(0) = 0$. Então, da Equação (2.116), temos

$$\Delta Q_2(s) = \frac{q_o \omega \Omega}{(s + \Omega)(s^2 + \omega^2)}.$$

Expandindo em frações parciais e tomando a transformada inversa de Laplace, resulta

$$\Delta Q_2(t) = q_o \Omega \omega\left(\frac{e^{-\Omega t}}{\Omega^2 + \omega^2} + \frac{\operatorname{sen}(\omega t - \phi)}{\omega(\Omega^2 + \omega^2)^{1/2}}\right),$$

em que $\phi = \tan^{-1}(\omega/\Omega)$. Então, na medida em que $t \to \infty$, temos:

$$\Delta Q_2(t) \quad \to \quad \frac{q_o \Omega}{\sqrt{\Omega^2 + \omega^2}} \operatorname{sen}(\omega t - \phi).$$

A máxima variação na vazão de saída é

$$|\Delta Q_2(t)|_{\text{máx}} = \frac{q_o \Omega}{\sqrt{\Omega^2 + \omega^2}}. \tag{2.118}$$

A análise analítica do modelo linear do sistema para entrada em degrau e senoidal é uma maneira valiosa de ganhar compreensão sobre a resposta do sistema a sinais de teste. No entanto, a análise analítica é limitada, no sentido de que uma representação mais completa pode ser obtida com investigações numéricas cuidadosamente construídas usando simulações computacionais de ambos os modelos matemáticos, o linear e o não linear. Uma simulação computacional usa um modelo e as condições reais do sistema que está sendo modelado, bem como comandos de entrada reais aos quais o sistema estará sujeito.

Vários níveis de fidelidade de simulação (ou seja, exatidão) estão disponíveis ao engenheiro de controle. Nos estágios iniciais do processo de projeto, pacotes de programas de projeto altamente interativos são efetivos. Neste estágio, a velocidade do computador não é tão importante quanto o tempo que se leva para obter uma solução inicial válida e para repetir o processo e ajustar essa solução. Boa capacidade gráfica de saída é crucial. As simulações de análise são geralmente de baixa fidelidade, no sentido de que muitas das simplificações (como a linearização) feitas no processo de projeto são mantidas na simulação.

À medida que o projeto amadurece, usualmente é necessário realizar experimentos numéricos em um ambiente de simulação mais realista. Neste ponto do processo de projeto, a velocidade de processamento do computador torna-se mais importante, uma vez que tempos muito longos de simulação necessariamente reduzem o número de experimentos computacionais que podem ser obtidos e, correspondentemente, os custos são elevados. Usualmente, estas simulações de alta fidelidade são programadas em FORTRAN, C, C++, MATLAB, LabVIEW, ou linguagens similares.

Admitindo-se que um modelo e a simulação sejam confiavelmente exatos, a simulação computacional tem as seguintes vantagens [13]:

1. O desempenho do sistema pode ser observado sob todas as condições concebíveis.
2. Os resultados do desempenho do sistema em campo podem ser extrapolados com um modelo de simulação para fins de predição.
3. Decisões relativas a sistemas futuros atualmente em um estágio conceitual podem ser examinadas.
4. Ensaios de sistemas sendo testados podem ser realizados em um período de tempo muito reduzido.
5. Os resultados de simulação podem ser obtidos a um custo menor que o de experimentos reais.
6. O estudo de situações hipotéticas pode ser efetuado, mesmo quando a situação hipotética não for realizável no momento.
7. A modelagem e a simulação computacional são muitas vezes as únicas técnicas plausíveis ou seguras para analisar e avaliar um sistema.

O modelo não linear descrevendo a vazão do nível de água é o seguinte (usando as constantes dadas na Tabela 2.6):

$$\dot{H}(t) = -0{,}0443\sqrt{H(t)} + 1{,}2732 \times 10^{-3}\, Q_1(t), \qquad (2.119)$$
$$Q_2(t) = 34{,}77\sqrt{H(t)}.$$

Com $H(0) = 0{,}5$ m e $Q_1(t) = 34{,}77$ kg/s, pode-se integrar numericamente o modelo não linear dado pela Equação (2.119) para obter os valores no tempo de $H(t)$ e $Q_2(t)$. A resposta do sistema é mostrada na Figura 2.39. Como esperado a partir da Equação (2.108), o nível de água do sistema em regime estacionário é $H^* = 1$ m, quando $Q^* = 34{,}77$ kg/s.

Leva-se cerca de 250 segundos para que o regime estacionário seja atingido. Admita que o sistema esteja em regime estacionário e que se queira avaliar a resposta a uma mudança em degrau na vazão de entrada de massa. Considere

$$\Delta Q_1(t) = 1 \text{ kg/s}.$$

Então, o modelo em função de transferência pode ser usado para se obter a resposta ao degrau unitário. A resposta ao degrau é mostrada na Figura 2.40 para ambos os modelos, linear e não linear. Usando o modelo linear, constata-se que a mudança no nível de água em regime estacionário é $\Delta H = 5{,}75$ cm. Usando-se o modelo não linear, constata-se que a mudança no nível de água em regime estacionário é $\Delta H = 5{,}84$ cm. Então, é verificada uma pequena diferença nos resultados obtidos a partir do modelo linear e a partir do modelo não linear mais exato.

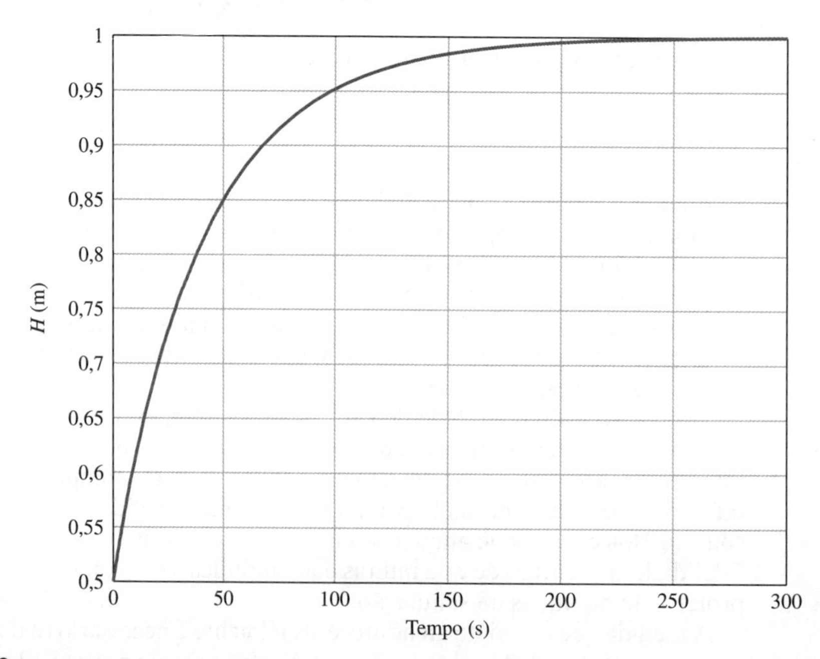

FIGURA 2.39 Valores no tempo para o nível de água do tanque, obtidos pela integração das equações não lineares da Equação (2.119) com $H(0) = 0{,}5$ m e $Q_1(t) = Q^* = 34{,}77$ kg/s.

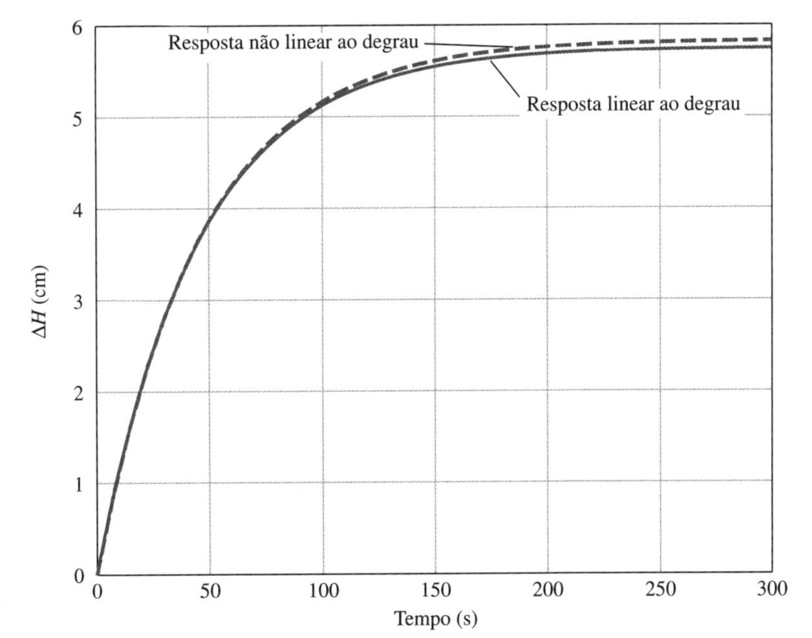

FIGURA 2.40 Respostas linear e não linear para uma entrada em degrau.

Como etapa final, considere a resposta do sistema a uma mudança senoidal na vazão de entrada, fazendo

$$\Delta Q_1(s) = \frac{q_o \omega}{s^2 + \omega^2},$$

em que $\omega = 0{,}05$ rad/s e $q_o = 1$. A vazão total de entrada de água é

$$Q_1(t) = Q^* + \Delta Q_1(t),$$

em que $Q^* = 34{,}77$ kg/s. A vazão de saída é mostrada na Figura 2.41.

A resposta do nível de água é mostrada na Figura 2.42. O nível de água é senoidal, com um valor médio de $H_{\text{méd}} = H^* = 1$ m. Como mostrado na Equação (2.118), a vazão de saída no regime estacionário é senoidal, com

$$|\Delta Q_2(t)|_{\text{máx}} = \frac{q_o \Omega}{\sqrt{\Omega^2 + \omega^2}} = 0{,}4 \text{ kg/s}.$$

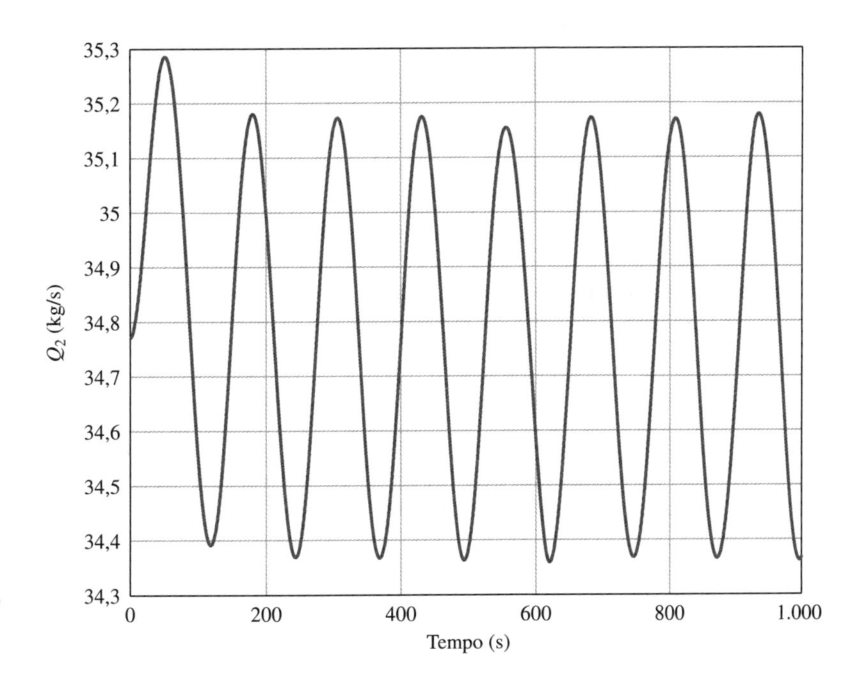

FIGURA 2.41 Resposta na vazão de saída para uma variação senoidal na vazão de entrada.

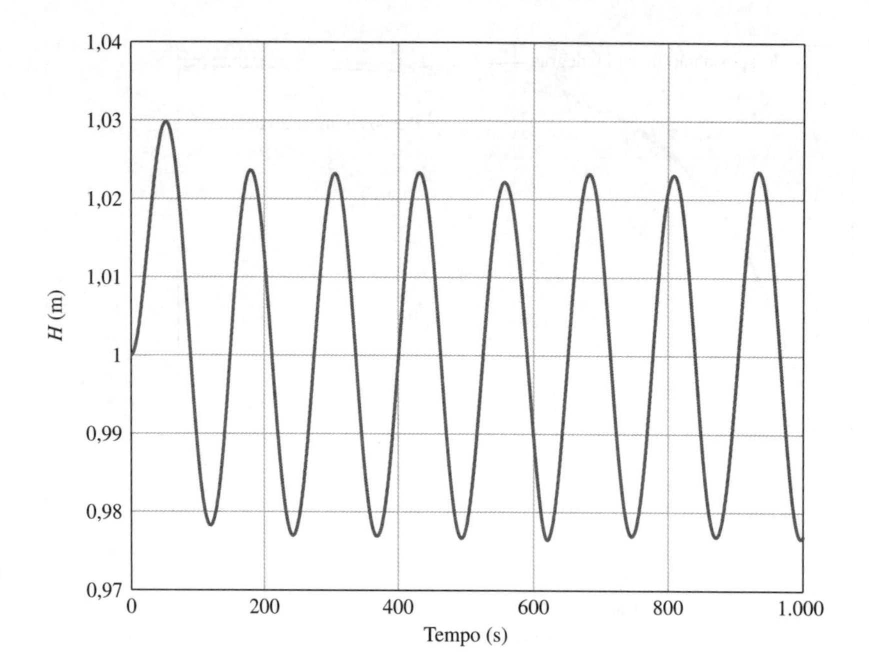

FIGURA 2.42 Resposta no nível da água para uma variação senoidal na vazão de entrada.

Assim, em regime estacionário (veja a Figura 2.41), espera-se que a vazão de saída oscile em uma frequência de $\omega = 0{,}05$ rad/s, com um valor máximo de

$$Q_{2_{\text{máx}}} = Q^* + |\Delta Q_2(t)|_{\text{máx}} = 35{,}18\ \text{kg/s}. \quad \blacksquare$$

EXEMPLO 2.13 **Controle de um motor elétrico de tração**

O acionamento de um motor elétrico é mostrado na forma de diagrama de blocos na Figura 2.43(a), incorporando o controle necessário. O objetivo do projeto é obter um modelo do sistema e a função de transferência em malha fechada do sistema, $\omega(s)/\omega_d(s)$, selecionar resistores apropriados R_1, R_2, R_3 e R_4 e então predizer a resposta do sistema.

O primeiro passo é descrever a função de transferência de cada bloco. Propomos o uso de um tacômetro para gerar uma tensão proporcional à velocidade e conectar esta tensão, v_t, a uma entrada de um amplificador substrato, como é mostrado na Figura 2.43(b). O amplificador de potência é não linear e pode ser representado aproximadamente por $v_2(t) = 2e^{3}v_1(t) = g(v_1)$, uma função exponencial com ponto de operação normal, $v_{10} = 1{,}5$ V. Obtemos um modelo linear:

$$\Delta v_2(t) = \left.\frac{dg(v_1)}{dv_1}\right|_{v_{10}} \Delta v_1(t) = 6e^{3v_{10}}\Delta v_1(t) = 540\ \Delta v_1(t). \tag{2.120}$$

Tomando a transformada de Laplace, encontramos

$$\Delta V_2(s) = 540\Delta V_1(s).$$

Além disso, para o amplificador substrato, temos

$$v_1 = \frac{1 + R_2/R_1}{1 + R_3/R_4}v_{\text{en}} - \frac{R_2}{R_1}v_t. \tag{2.121}$$

Deseja-se obter um controle de entrada que ajuste $\omega_d(t) = v_{\text{en}}$, em que as unidades de ω_d são rad/s e as unidades de v_{en} são volts. Então, quando $v_{\text{en}} = 10$ V, a velocidade em regime estacionário será $\omega = 10$ rad/s. Nota-se que em regime estacionário $v_t = K_t\omega_d$ e espera-se que, em equilíbrio, a saída de regime estacionário seja

$$v_1 = \frac{1 + R_2/R_1}{1 + R_3/R_4}v_{\text{en}} - \frac{R_2}{R_1}K_t v_{\text{en}}. \tag{2.122}$$

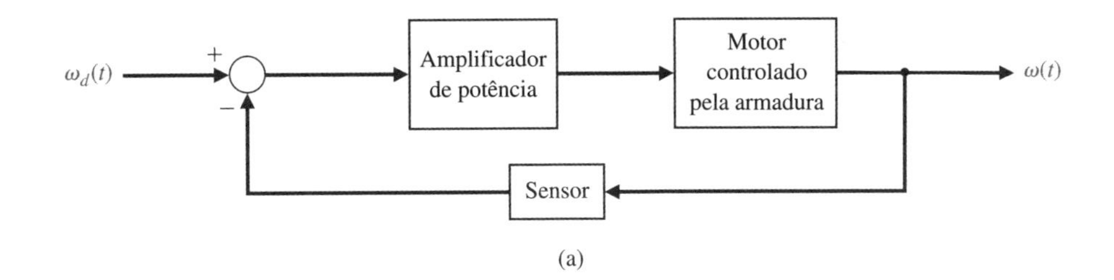

(a)

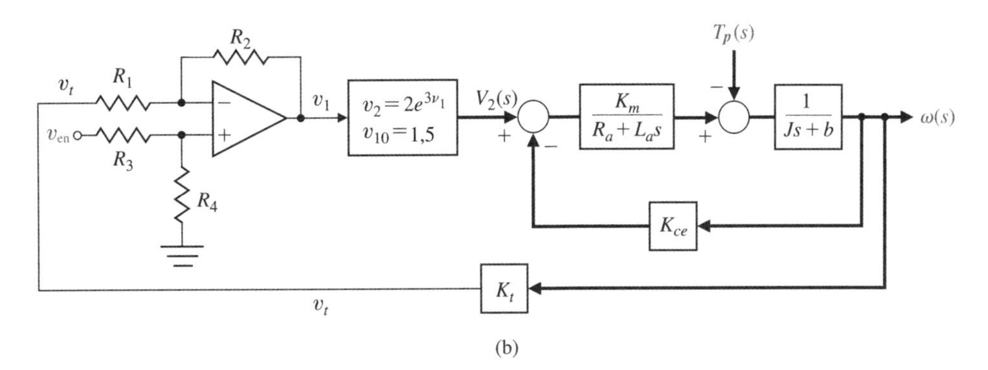

(b)

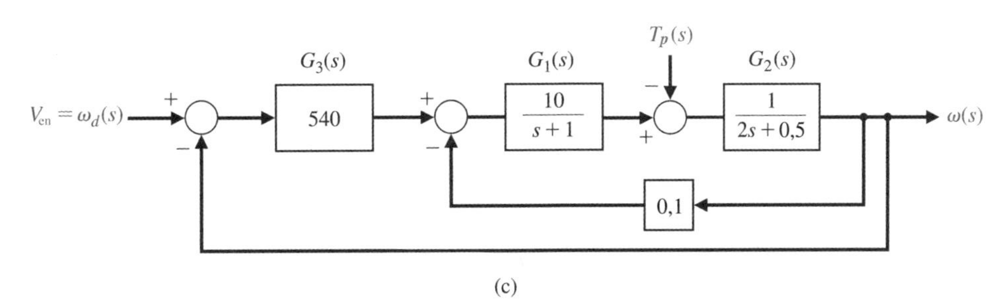

(c)

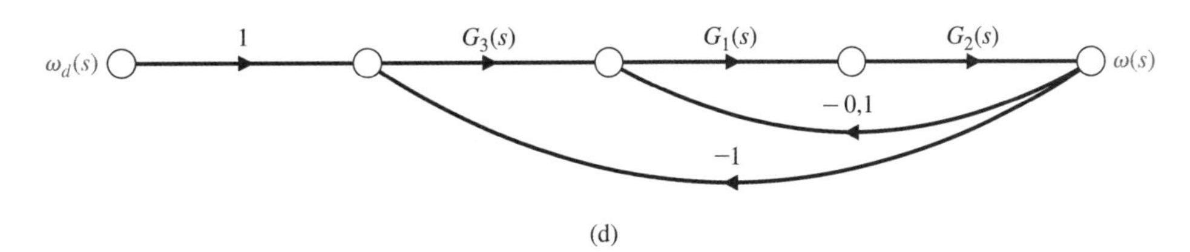

(d)

FIGURA 2.43 Controle de velocidade de um motor elétrico de tração.

Quando o sistema está em equilíbrio, $v_1 = 0$, e, quando $K_t = 0{,}1$, temos

$$\frac{1 + R_2/R_1}{1 + R_3/R_4} = \frac{R_2}{R_1}K_t.$$

Essa relação poderá ser alcançada quando

$$R_2/R_1 = 10 \quad \text{e} \quad R_3/R_4 = 10.$$

Os parâmetros do motor e da carga são dados na Tabela 2.7. O sistema completo é mostrado na Figura 2.43(b). Reduzindo-se o diagrama de blocos da Figura 2.43(c) ou o diagrama de fluxo de sinal da Figura 2.43(d), chega-se à função de transferência

$$\frac{\omega(s)}{\omega_d(s)} = \frac{540G_1(s)G_2(s)}{1 + 0{,}1G_1(s)G_2(s) + 540G_1(s)G_2(s)} = \frac{540G_1(s)G_2(s)}{1 + 540{,}1G_1(s)G_2(s)}$$

$$= \frac{5.400}{(s+1)(2s+0{,}5) + 5.401} = \frac{5.400}{2s^2 + 2{,}5s + 5.401{,}5}$$

$$= \frac{2.700}{s^2 + 1{,}25s + 2.700{,}75}. \tag{2.123}$$

Como a equação característica é de segunda ordem, observa-se que $\omega_n = 52$ e $\zeta = 0{,}012$, e espera-se que a resposta do sistema seja altamente oscilatória (subamortecida). ■

Tabela 2.7 Parâmetros de um Motor CC Grande

$K_m = 10$	$J = 2$
$R_a = 1$	$b = 0{,}5$
$L_a = 1$	$K_{ce} = 0{,}1$

EXEMPLO 2.14 **Projeto de um filtro passa-baixa**

O objetivo é projetar um filtro passa-baixa de primeira ordem que deixe passar sinais com frequências abaixo de 106,1 Hz e atenue sinais com frequências acima de 106,1 Hz. Além disso, o ganho estático deve ser ½.

Um circuito em cascata com um elemento armazenador de energia, como mostrado na Figura 2.44(a), irá agir como um circuito passa-baixa de primeira ordem. Observe que o ganho estático será igual a ½ (abrir o circuito do capacitor). As equações de corrente e tensão são

$$I_1 = (V_1 - V_2)G,$$
$$I_2 = (V_2 - V_3)G,$$
$$V_2 = (I_1 - I_2)R,$$
$$V_3 = I_2 Z,$$

em que $G = 1/R$, $Z(s) = 1/Cs$. O diagrama de fluxo de sinal construído para as quatro equações é mostrado na Figura 2.44(b) e o diagrama de blocos correspondente é mostrado na Figura 2.44(c). Os três laços são $L_1(s) = -GR = -1$, $L_2(s) = -GR = -1$ e $L_3(s) = -GZ(s)$. Todos os laços tocam o caminho direto. Os laços $L_1(s)$ e $L_3(s)$ não se tocam. Consequentemente, a função de transferência é

$$T(s) = \frac{V_3(s)}{V_1(s)} = \frac{P_1(s)}{1 - (L_1(s) + L_2(s) + L_3(s)) + L_1(s)L_3(s)} = \frac{GZ(s)}{3 + 2GZ(s)}$$
$$= \frac{1}{3RCs + 2} = \frac{1/(3RC)}{s + 2/(3RC)}.$$

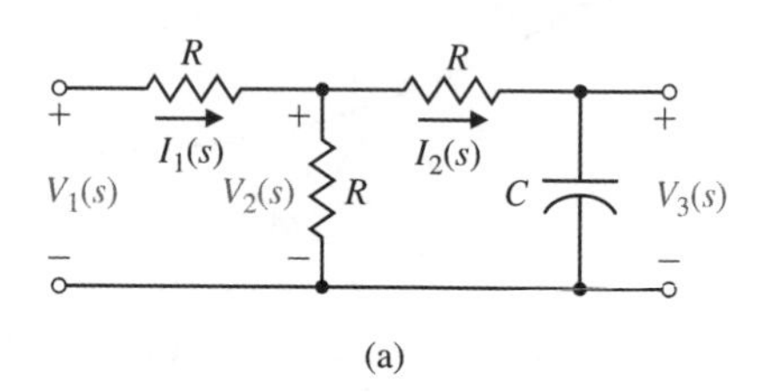

(a)

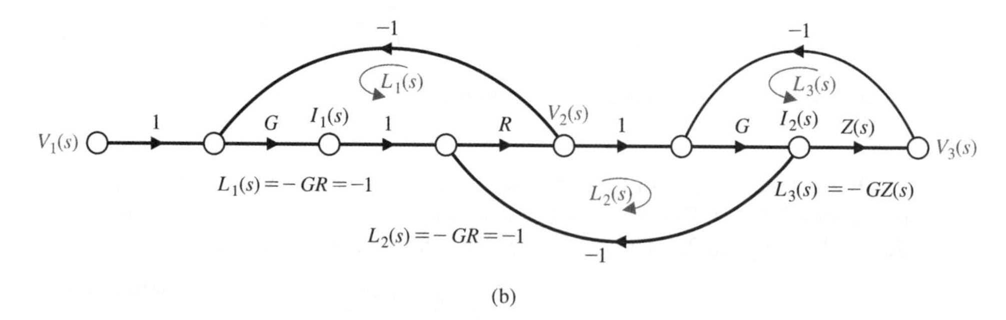

(b)

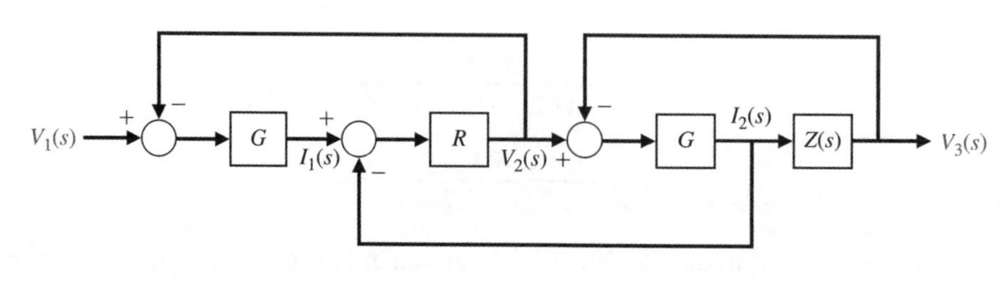

(c)

FIGURA 2.44
(a) Circuito em cascata, (b) seu diagrama de fluxo de sinal e (c) seu diagrama de blocos.

Se for preferível a utilização de técnicas de redução de diagramas de blocos, é possível começar pela saída com

$$V_3(s) = Z(s)I_2(s).$$

Mas o diagrama de blocos mostra que

$$I_2(s) = G(V_2(s) - V_3(s)).$$

Portanto,

$$V_3(s) = Z(s)GV_2(s) - Z(s)GV_3(s),$$

então

$$V_2(s) = \frac{1 + Z(s)G}{Z(s)G}V_3(s).$$

Essa relação entre $V_3(s)$ e $V_2(s)$ será usada no desenvolvimento subsequente. Continuando com a redução do diagrama de blocos, temos

$$V_3(s) = -Z(s)GV_3(s) + Z(s)GR(I_1(s) - I_2(s)),$$

mas, do diagrama de blocos, observa-se que

$$I_1(s) = G(V_1(s) - V_2(s)), \qquad I_2(s) = \frac{V_3(s)}{Z(s)}.$$

Portanto,

$$V_3(s) = -Z(s)GV_3(s) + Z(s)G^2R(V_1(s) - V_2(s)) - GRV_3(s).$$

Substituindo $V_2(s)$, resulta

$$V_3(s) = \frac{(GR)(GZ(s))}{1 + 2GR + GZ(s) + (GR)(GZ(s))}V_1(s).$$

Mas sabemos que $GR = 1$; por isso, obtemos

$$V_3(s) = \frac{GZ(s)}{3 + 2GZ(s)}V_1(s) = \frac{1/(3RC)}{s + 2/(3RC)}.$$

Observe que o ganho estático é ½, como esperado. Deseja-se que o polo esteja em $p = 2\pi(106{,}1) = 666{,}7 = 2.000/3$. Em consequência, requer-se $RC = 0{,}001$. Selecione $R = 1$ kΩ e $C = 1$ μF. Consequentemente, finaliza-se o filtro

$$T(s) = \frac{333{,}3}{s + 666{,}7}. \blacksquare$$

2.9 SIMULAÇÃO DE SISTEMAS USANDO PROGRAMAS DE PROJETO DE CONTROLE

A aplicação das muitas ferramentas clássicas e modernas de projeto e análise de sistemas de controle é baseada em modelos matemáticos. A maior parte dos pacotes de programas de projeto de controle mais populares pode ser usada com sistemas dados na forma de descrições em funções de transferência. Neste livro, iremos nos concentrar nas sequências de instruções em arquivos m (*m-file scripts*), que contêm comandos e funções para analisar e projetar sistemas de controle. Vários pacotes comerciais de controle de sistemas estão disponíveis para o uso de estudantes. Os arquivos m aqui descritos são compatíveis com o MATLAB[1] Control System Toolbox e com o LabVIEW MathScript RT Module.[2]

Esta seção é iniciada com a análise de um modelo matemático massa-mola-amortecedor típico de um sistema mecânico. Usando uma sequência de instruções em arquivo m, será desenvolvida capacidade de análise interativa para analisar os efeitos da frequência natural e do amortecimento sobre a resposta livre do deslocamento da massa. Esta análise utilizará o fato de que se dispõe de uma solução analítica que descreve a resposta livre do deslocamento da massa no domínio do tempo.

[1]Veja o Apêndice A para uma introdução ao MATLAB.

[2]Veja o Apêndice B para uma introdução ao LabVIEW MathScript RT Module.

Posteriormente, serão examinados as funções de transferência e os diagramas de blocos. Em particular, estamos interessados na manipulação de polinômios, no cálculo de polos e zeros da função de transferência, no cálculo de funções de transferência em malha fechada, na redução de diagramas de blocos e no cálculo da resposta de um sistema para entrada em degrau unitário. A seção é concluída com o projeto de controle do motor elétrico de tração do Exemplo 2.13.

As funções abordadas nesta seção são roots, poly, conv, polyval, tf, pzmap, pole, zero, series, parallel, feedback, minreal e step.

Um sistema mecânico massa-mola-amortecedor é mostrado na Figura 2.2. O movimento da massa, denotado por $y(t)$, é descrito pela equação diferencial

$$M\ddot{y}(t) + b\dot{y}(t) + ky(t) = r(t).$$

A resposta dinâmica livre, $y(t)$, do sistema mecânico massa-mola-amortecedor é

$$\boxed{y(t) = \frac{y(0)}{\sqrt{1-\zeta^2}} e^{-\zeta\omega_n t} \operatorname{sen}\left(\omega_n\sqrt{1-\zeta^2}\,t + \theta\right),}$$

em que $\omega_n = \sqrt{k/M}$, $\zeta = b/(2\sqrt{kM})$ e $\theta = \cos^{-1}\zeta$. O deslocamento inicial é $y(0)$. A resposta transitória do sistema é subamortecida quando $\zeta < 1$, superamortecida quando $\zeta > 1$ e criticamente amortecida quando $\zeta = 1$. Pode-se visualizar a resposta livre no domínio do tempo do deslocamento da massa a partir de um deslocamento inicial $y(0)$. Considere o caso subamortecido:

- $y(0) = 0{,}15 \text{ m}, \quad \omega_n = \sqrt{2}\frac{\text{rad}}{\text{s}}, \quad \zeta = \frac{1}{2\sqrt{2}} \quad \left(\frac{k}{M} = 2, \frac{b}{M} = 1\right).$

Os comandos para gerar o gráfico da resposta livre são mostrados na Figura 2.45. Na preparação, os valores das variáveis $y(0)$, ω_n, t e ζ são definidos via linha de comando. Então, a sequência de instruções do arquivo unforced.m é executada para gerar os gráficos desejados. Isso cria capacidade de análise interativa para analisar os efeitos da frequência natural e do amortecimento na resposta livre do deslocamento da massa. É possível investigar os efeitos da frequência natural e do amortecimento sobre a resposta no domínio do tempo simplesmente entrando com novos valores de ω_n e ζ na linha de comando e rodando o arquivo unforced.m novamente. O gráfico da resposta no tempo é mostrado na Figura 2.46. Observe que a sequência de instruções no arquivo rotula o gráfico automaticamente com os valores do coeficiente de amortecimento e da frequência natural. Isso evita confusão quando se executam muitas simulações interativas. A utilização de sequências de instruções em arquivos é um aspecto importante do desenvolvimento de uma capacidade efetiva de projeto e análise interativos.

Para o problema massa-mola-amortecedor, a solução livre da equação diferencial estava prontamente disponível. Em geral, ao simular sistemas de controle com realimentação em malha fechada sujeitos a uma variedade de entradas e condições iniciais, é difícil obter a solução analiticamente. Nesses casos, pode-se calcular a solução numericamente e exibir a solução graficamente.

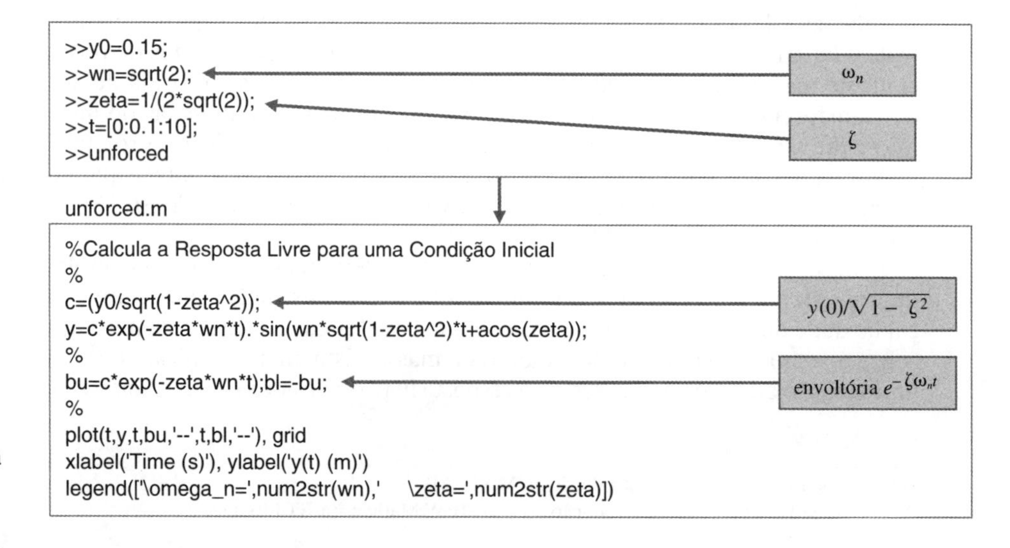

FIGURA 2.45 Sequência de instruções para analisar o sistema massa-mola-amortecedor.

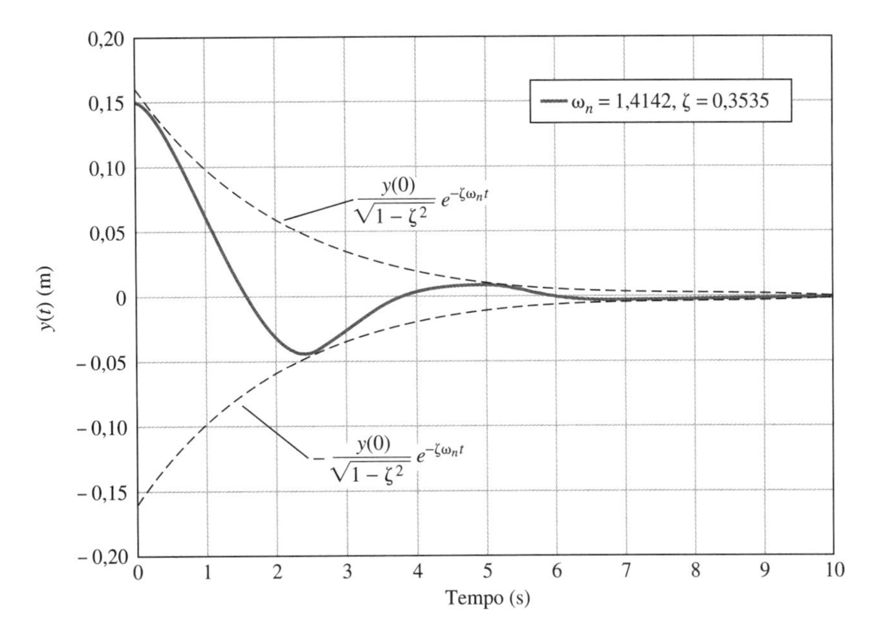

FIGURA 2.46 Resposta livre do sistema massa-mola-amortecedor.

A maioria dos sistemas considerados neste livro pode ser descrita por funções de transferência. Como a função de transferência é uma razão de polinômios, começa-se investigando como manipular polinômios, lembrando que trabalhar com funções de transferência significa que tanto o polinômio do numerador quanto o polinômio do denominador devem ser especificados.

Os polinômios são representados por vetores linha contendo os coeficientes do polinômio em ordem decrescente do grau. Por exemplo, o polinômio

$$p(s) = s^3 + 3s^2 + 4$$

é definido e mostrado na Figura 2.47. Observe que, mesmo com o coeficiente do termo em s sendo igual a zero, ele é incluído na entrada da definição de $p(s)$.

Se **p** for um vetor linha contendo os coeficientes de $p(s)$ em ordem decrescente dos graus, então roots(**p**) é um vetor coluna contendo as raízes do polinômio. Reciprocamente, se **r** for um vetor coluna contendo as raízes do polinômio, então poly(**r**) é um vetor linha com os coeficientes do polinômio em ordem decrescente dos graus. É possível calcular as raízes do polinômio $p(s) = s^3 + 3s^2 + 4$ com a função roots, como mostrado na Figura 2.47. Nessa figura, é mostrado como montar o polinômio com a função poly.

A multiplicação de polinômios é efetuada com a função conv. Suponha que se deseja expandir o polinômio

$$n(s) = (3s^2 + 2s + 1)(s + 4).$$

Os comandos associados usando a função conv são mostrados na Figura 2.48. Desse modo, o polinômio expandido é

$$n(s) = 3s^3 + 14s^2 + 9s + 4.$$

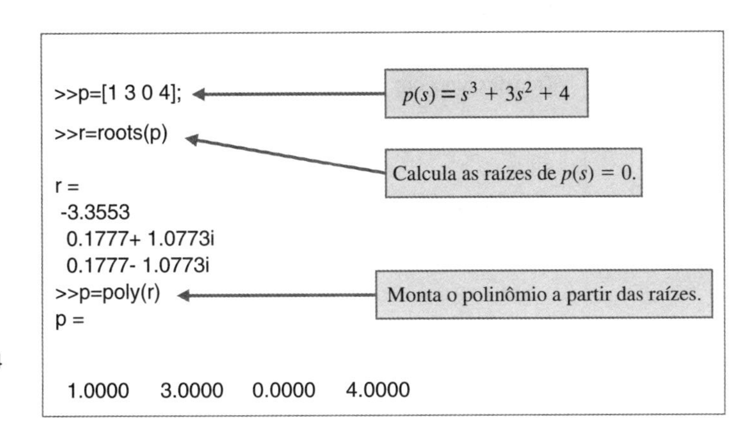

FIGURA 2.47 Definindo o polinômio $p(s) = s^3 + 3s^2 + 4$ e calculando suas raízes.

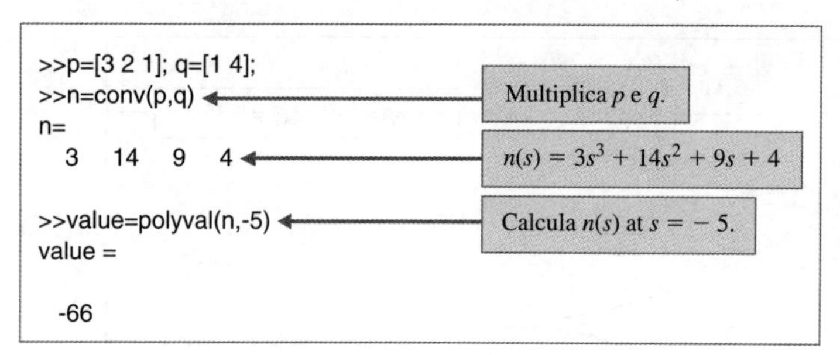

FIGURA 2.48 Usando **conv** e **polyval** para multiplicar e calcular o valor do polinômio $(3s^2 + 2s + 1)(s + 4)$.

A função polyval é usada para calcular o valor de um polinômio para dado valor da variável. O polinômio $n(s)$ tem o valor $n(-5) = -66$, conforme mostrado na Figura 2.48.

Modelos de sistemas lineares e invariantes no tempo podem ser tratados como *objetos*, permitindo que os modelos de sistemas sejam manipulados como entidades individuais. No caso de funções de transferência, os modelos de sistemas podem ser criados com o uso da função tf; para modelos de variáveis de estado, pode ser usada a função ss. O uso da tf é ilustrado na Figura 2.49(a). Por exemplo, se tivermos modelos de dois sistemas

$$G_1(s) = \frac{10}{s^2 + 2s + 5} \quad \text{e} \quad G_2(s) = \frac{1}{s + 1},$$

podemos somá-los usando o operador "+" para obtermos

$$G(s) = G_1(s) + G_2(s) = \frac{s^2 + 12s + 15}{s^3 + 3s^2 + 7s + 5}.$$

Os comandos correspondentes são mostrados na Figura 2.49(b), em que sys1 representa $G_1(s)$ e sys2 representa $G_2(s)$. O cálculo dos polos e zeros associados com a função de transferência é efetuado operando-se sobre o objeto modelo de sistema com as funções pole e zero, respectivamente, como ilustrado na Figura 2.50.

No próximo exemplo, será obtido um gráfico das posições dos polos e zeros no plano complexo. Isso será realizado usando a função pzmap, mostrada na Figura 2.51. No gráfico de polos e zeros, os zeros serão representados por um "o" e os polos por um "×". Se a função pzmap for chamada sem os argumentos do lado esquerdo da igualdade, o gráfico será gerado automaticamente.

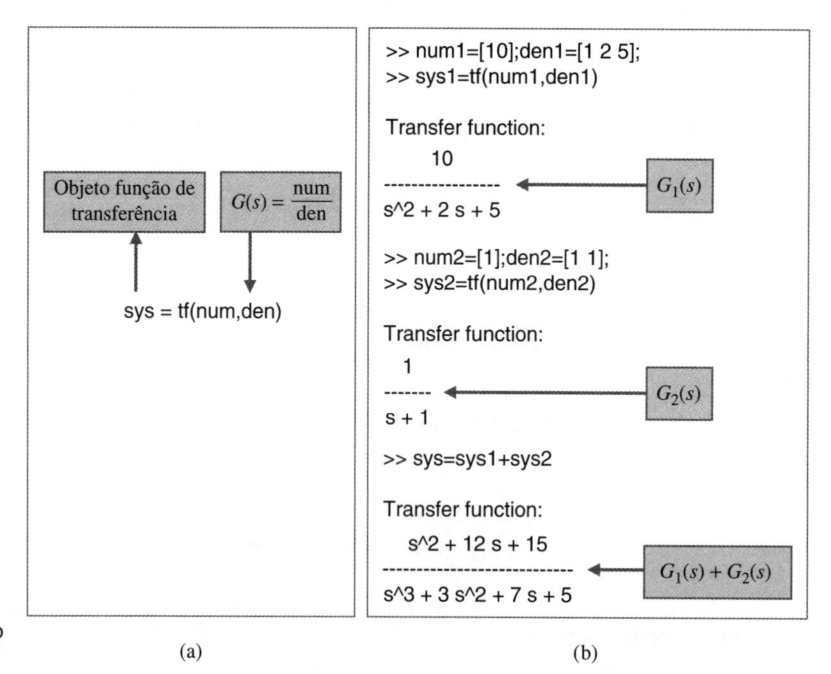

FIGURA 2.49 (a) Função **tf**. (b) Usando a função **tf** para criar objetos função de transferência e somando-os usando o operador "*tf*".

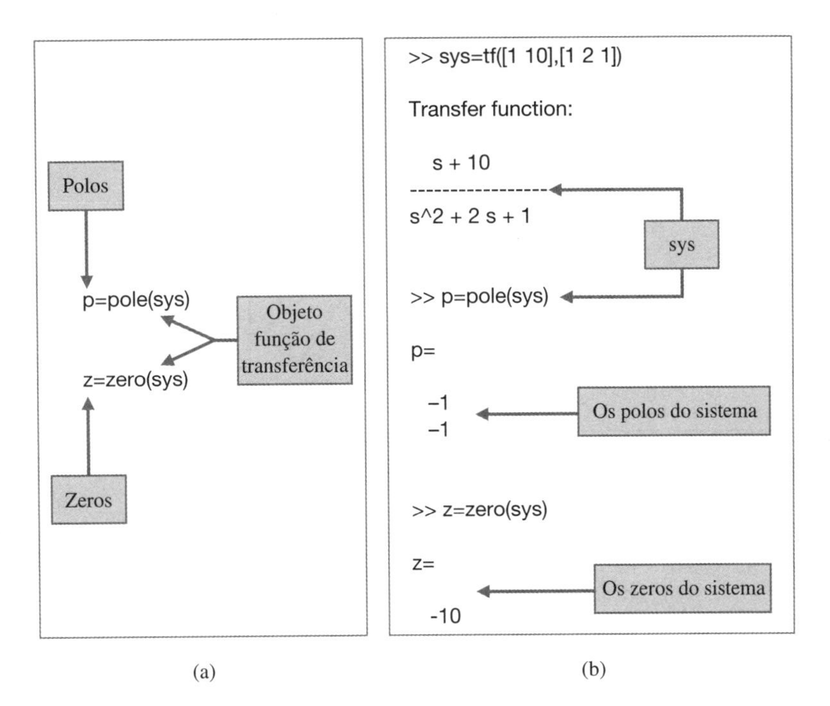

FIGURA 2.50 (a) Funções **pole** e **zero**. (b) Usando as funções **pole** e **zero** para calcular as posições dos polos e zeros de um sistema linear.

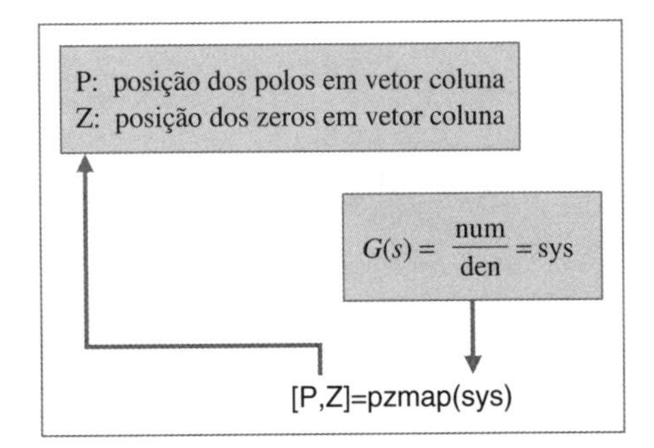

FIGURA 2.51 Função **pzmap**.

EXEMPLO 2.15 **Funções de transferência**

Considere as funções de transferência

$$G(s) = \frac{6s^2 + 1}{s^3 + 3s^2 + 3s + 1} \quad \text{e} \quad H(s) = \frac{(s + 1)(s + 2)}{(s + 2i)(s - 2i)(s + 3)}.$$

Utilizando uma sequência de instruções em arquivo m, é possível calcular os polos e zeros de $G(s)$, a equação característica de $H(s)$ e dividir $G(s)$ por $H(s)$. Pode-se também obter um gráfico do diagrama de polos e zeros de $G(s)/H(s)$ no plano complexo.

O diagrama de polos e zeros da função de transferência $G(s)/H(s)$ é mostrado na Figura 2.52, e os comandos associados são mostrados na Figura 2.53. O diagrama de polos e zeros mostra claramente a posição dos cinco zeros, mas parece que há apenas dois polos. Este não pode ser o caso, uma vez que se sabe que para sistemas físicos o número de polos deve ser maior ou igual ao número de zeros. Usando a função roots, é possível averiguar que, de fato, há quatro polos em $s = -1$. Desse modo, polos múltiplos ou zeros múltiplos na mesma posição não podem ser discernidos no diagrama de polos e zeros. ■

Suponha que foram desenvolvidos modelos matemáticos na forma de funções de transferência para o processo, representado por $G(s)$, e para o controlador, representado por $G_c(s)$, e possivelmente para muitos outros componentes do sistema como sensores e atuadores. O objetivo é interconectar esses componentes para formar um sistema de controle.

Um sistema de controle simples em malha aberta pode ser obtido pela interconexão de um processo e de um controlador em cascata, como ilustrado na Figura 2.54. Pode-se calcular a função de transferência de $R(s)$ para $Y(s)$, como se segue.

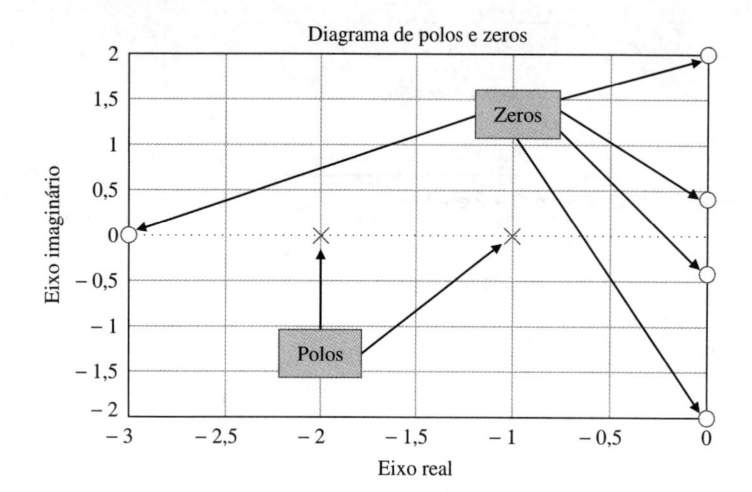

FIGURA 2.52 Diagrama de polos e zeros para $G(s)/H(s)$.

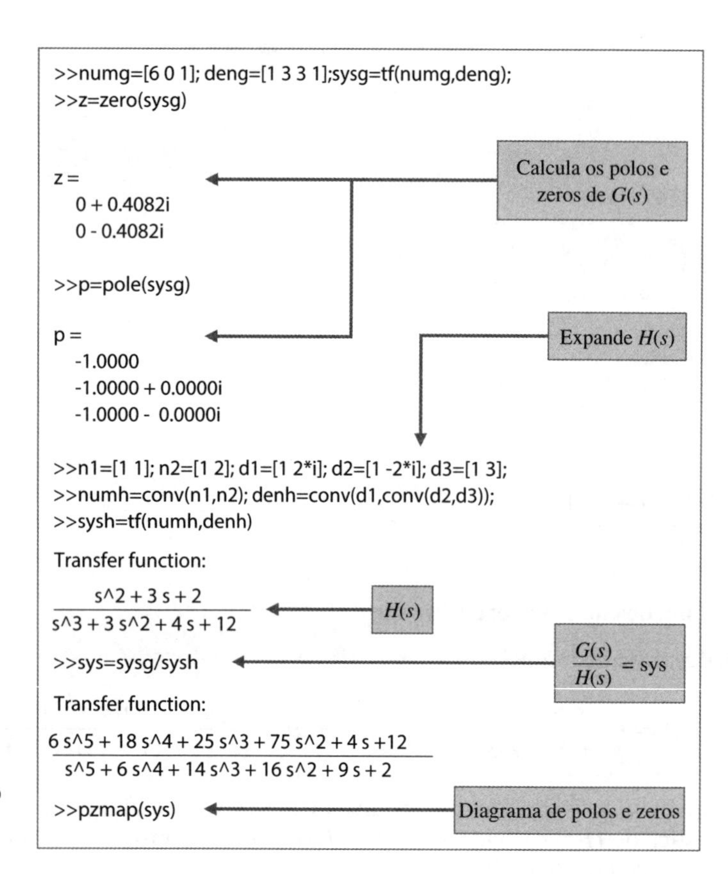

FIGURA 2.53 Exemplo de função de transferência para $G(s)$ e $H(s)$.

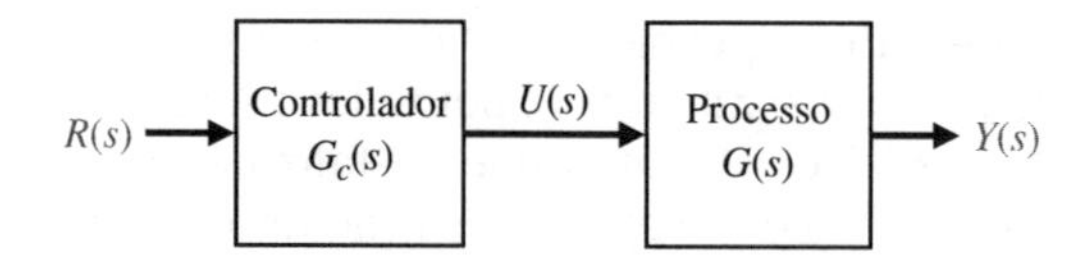

FIGURA 2.54 Sistema de controle em malha aberta (sem realimentação).

EXEMPLO 2.16 **Conexão em cascata**

Seja o processo representado pela função de transferência $G(s)$

$$G(s) = \frac{1}{500s^2},$$

e seja o controlador representado pela função de transferência $G_c(s)$

$$G_c(s) = \frac{s+1}{s+2}.$$

É possível usar a função **series** para colocar duas funções de transferência $G_1(s)$ e $G_2(s)$ em cascata, como mostrado na Figura 2.55.

A função de transferência $G_c(s)G(s)$ é calculada com o uso da função **series**, como mostrado na Figura 2.56. A função de transferência resultante é

$$G_c(s)G(s) = \frac{s+1}{500s^3 + 1.000s^2} = \text{sys},$$

em que sys é o nome da função de transferência na sequência de instruções. ∎

Os diagramas de blocos muito frequentemente apresentam funções de transferência em paralelo. Nesses casos, a função **parallel** pode ser bastante útil. A função **parallel** é descrita na Figura 2.57.

Pode-se introduzir um sinal de realimentação em um sistema de controle fechando a malha com **realimentação unitária**, como mostrado na Figura 2.58. O sinal $E_a(s)$ é um **sinal de erro**; o sinal $R(s)$ é a **entrada de referência**. Nesse sistema de controle, o controlador está no percurso de ação à frente, e a função de transferência em malha fechada é

$$T(s) = \frac{G_c(s)G(s)}{1 \mp G_c(s)G(s)}.$$

É possível utilizar a função **feedback** como ajuda no processo de redução de diagramas de blocos para calcular a função de transferência em malha fechada em sistemas de controle com malha única ou múltiplas malhas.

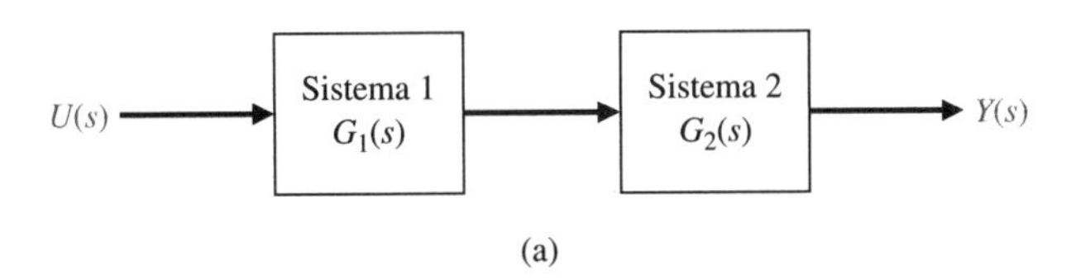

(a)

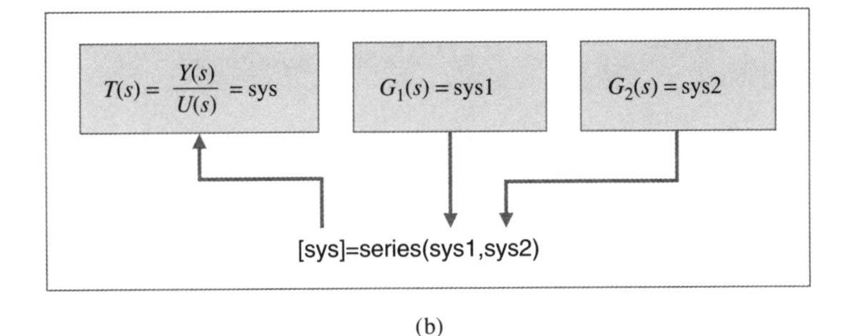

(b)

FIGURA 2.55 (a) Diagrama de blocos. (b) Função **series**.

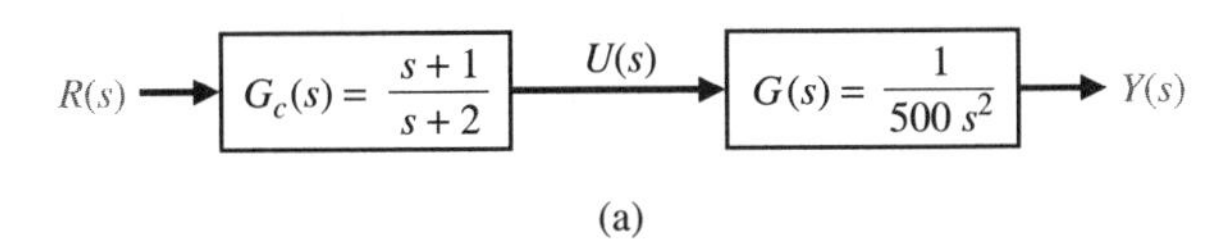

(a)

```
>>numg=[1]; deng=[500 0 0]; sysg=tf(numg,deng);
>>numh=[1 1]; denh=[1 2]; sysh=tf(numh,denh);
>>sys=series(sysg,sysh);
>>sys

Transfer function:
       s + 1
 ------------------
 500 s^3 + 1000 s^2
```

$G_c(s)G(s)$

(b)

FIGURA 2.56 Uso da função **series**.

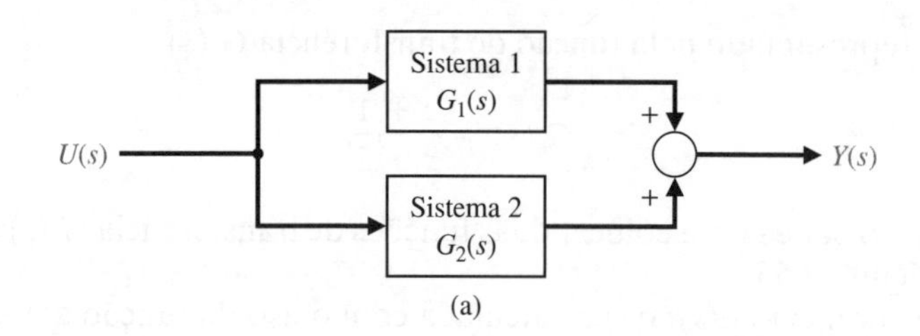

(a)

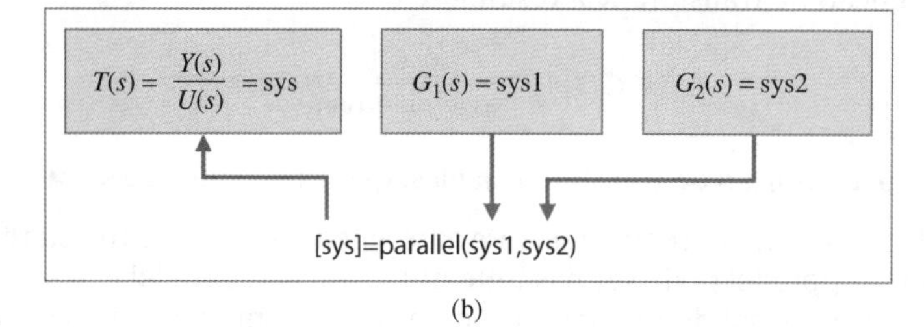

(b)

FIGURA 2.57 (a) Diagrama de blocos. (b) Função **parallel**.

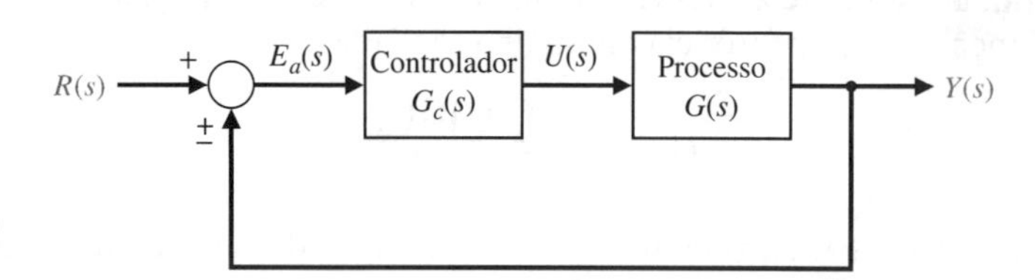

FIGURA 2.58 Sistema de controle básico com realimentação unitária.

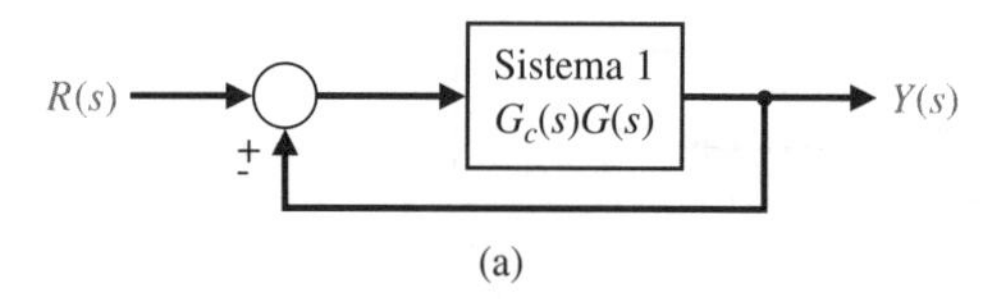

(a)

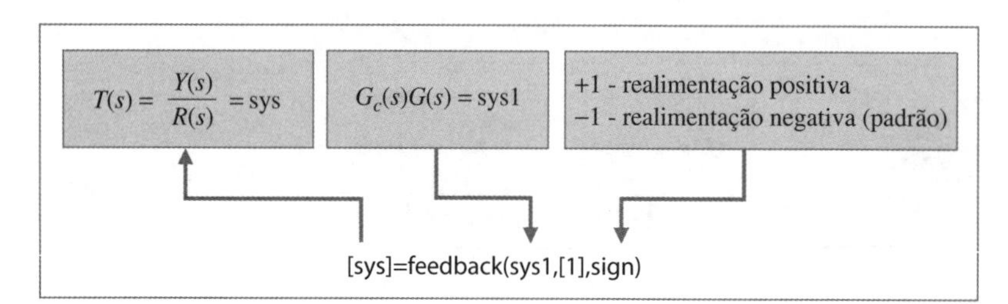

(b)

FIGURA 2.59 (a) Diagrama de blocos. (b) Função **feedback** com realimentação unitária.

É frequente o caso em que o sistema de controle em malha fechada possui realimentação unitária, como ilustrado na Figura 2.58. Pode-se usar a função feedback para calcular a função de transferência em malha fechada definindo $H(s) = 1$. O uso da função feedback para realimentação unitária é descrito na Figura 2.59.

A função feedback é mostrada na Figura 2.60 com a configuração de sistema associada, a qual inclui $H(s)$ no caminho de realimentação. Se a entrada "sign" for omitida, então a realimentação negativa será adotada.

EXEMPLO 2.17 Função feedback com realimentação unitária

Sejam o processo, $G(s)$, e o controlador, $G_c(s)$, como na Figura 2.61(a). Para utilizar a função feedback, utiliza-se primeiro a função series para calcular $G_c(s)G(s)$, seguida da função feedback para fechar a malha. A sequência de comandos é mostrada na Figura 2.61(b). A função de transferência em malha fechada, como mostrado na Figura 2.61(b), é

$$T(s) = \frac{G_c(s)G(s)}{1 + G_c(s)G(s)} = \frac{s + 1}{500s^3 + 1.000s^2 + s + 1} = \text{sys}. \blacksquare$$

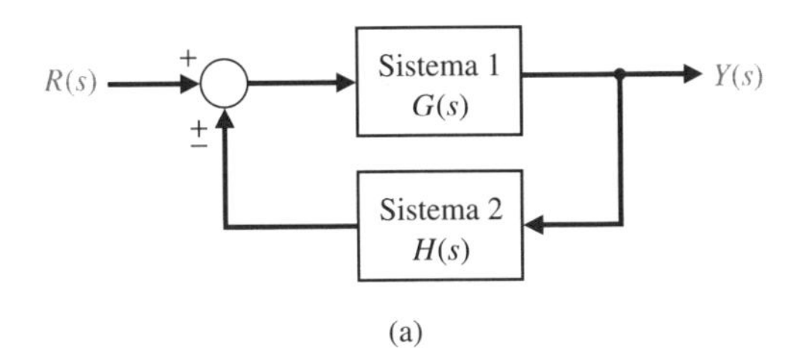

(a)

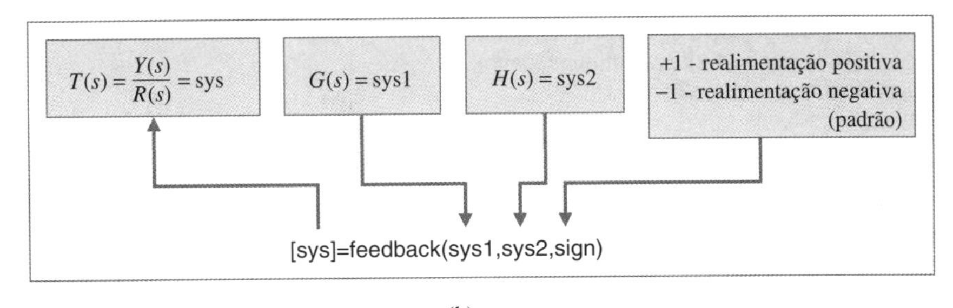

(b)

FIGURA 2.60
(a) Diagrama de blocos.
(b) Função **feedback**.

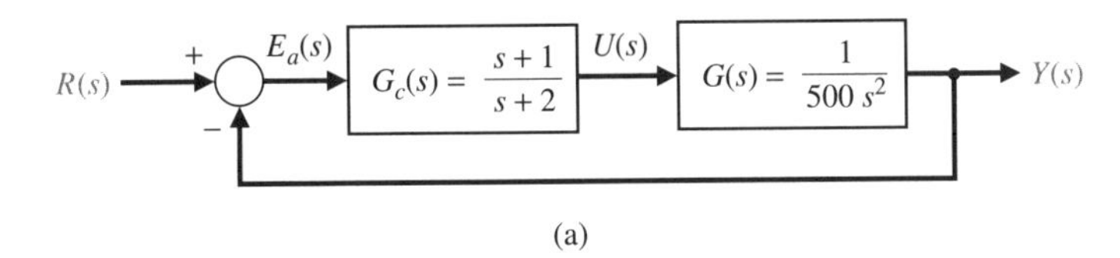

(a)

```
>>numg=[1]; deng=[500 0 0]; sys1=tf(numg,deng);
>>numc=[1 1]; denc=[1 2]; sys2=tf(numc,denc);
>>sys3=series(sys1,sys2);
>>sys=feedback(sys3,[1])

Transfer function:
          s + 1
------------------------------
500 s^3 + 1000 s^2 + s + 1
```

$$\frac{Y(s)}{R(s)} = \frac{G_c(s)G(s)}{1 + G_c(s)G(s)}$$

(b)

FIGURA 2.61
(a) Diagrama de blocos. (b) Utilização da função **feedback**.

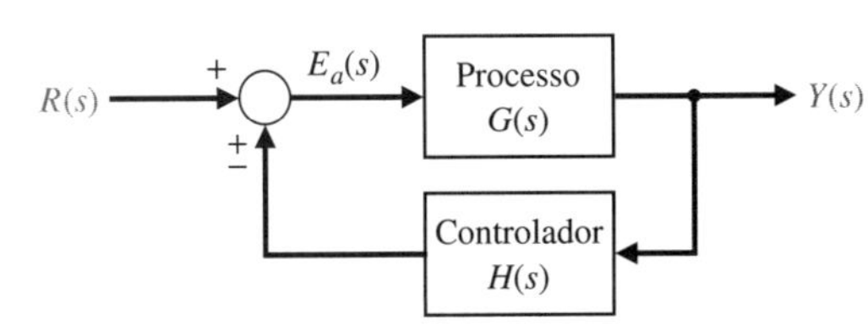

FIGURA 2.62
Um sistema de controle básico com o controlador na malha de realimentação.

Outra configuração básica de controle com realimentação é mostrada na Figura 2.62. Nesse caso, o controlador está localizado no caminho de realimentação. A função de transferência em malha fechada é

$$T(s) = \frac{G(s)}{1 \mp G(s)H(s)}.$$

EXEMPLO 2.18 **Função feedback**

Sejam o processo, $G(s)$, e o controlador, $H(s)$, como na Figura 2.63(a). Para calcular a função de transferência em malha fechada com o controlador na malha de realimentação, usa-se a função feedback. A sequência de comandos é mostrada na Figura 2.63(b). A função de transferência em malha fechada é

$$T(s) = \frac{s + 2}{500s^3 + 1.000s^2 + s + 1} = \text{sys}. \blacksquare$$

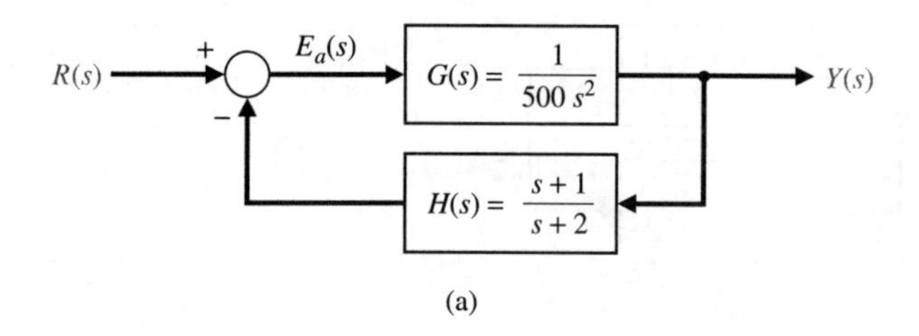

(a)

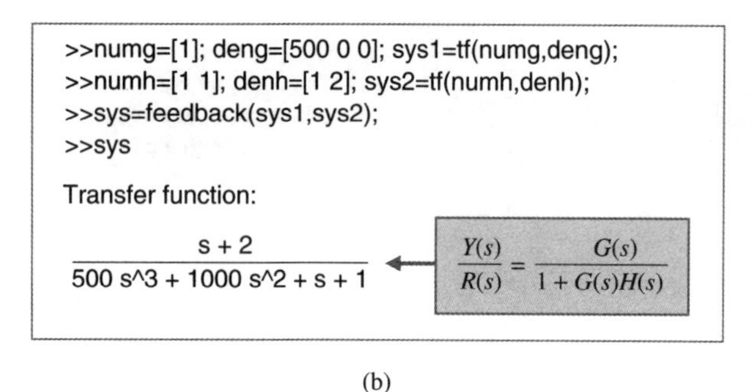

```
>>numg=[1]; deng=[500 0 0]; sys1=tf(numg,deng);
>>numh=[1 1]; denh=[1 2]; sys2=tf(numh,denh);
>>sys=feedback(sys1,sys2);
>>sys

Transfer function:
             s + 2
------------------------------
500 s^3 + 1000 s^2 + s + 1
```


(b)

FIGURA 2.63 Utilização da função **feedback**: (a) diagrama de blocos, (b) sequência de instruções.

As funções series, parallel e feedback podem ser usadas para auxiliar na manipulação de diagramas de blocos em diagramas de blocos com múltiplas malhas.

EXEMPLO 2.19 **Redução de múltiplas malhas**

Um sistema com múltiplas malhas de realimentação é mostrado na Figura 2.25. O objetivo é calcular a função de transferência em malha fechada, $T(s)$, com

$$G_1(s) = \frac{1}{s + 10}, \quad G_2(s) = \frac{1}{s + 1},$$

$$G_3(s) = \frac{s^2 + 1}{s^2 + 4s + 4}, \quad G_4(s) = \frac{s + 1}{s + 6},$$

$$H_1(s) = \frac{s + 1}{s + 2}, \quad H_2(s) = 2 \quad \text{e} \quad H_3(s) = 1.$$

Para este exemplo, um procedimento de cinco passos é seguido:

- Passo 1. Entrar com as funções de transferência do sistema.
- Passo 2. Deslocar $H_2(s)$ para a saída de $G_4(s)$.
- Passo 3. Eliminar o laço $G_3(s)G_4(s)H_1(s)$.
- Passo 4. Eliminar o laço que contém $H_2(s)$.
- Passo 5. Eliminar o laço remanescente e calcular $T(s)$.

Os cinco passos são utilizados na Figura 2.64, e a redução de diagrama de blocos correspondente é mostrada na Figura 2.26. O resultado da execução dos comandos é

$$\text{sys} = \frac{s^5 + 4s^4 + 6s^3 + 6s^2 + 5s + 2}{12s^6 + 205s^5 + 1.066s^4 + 2.517s^3 + 3.128s^2 + 2.196s + 712}.$$

É preciso ter cautela em chamar isso de função de transferência em malha fechada. A função de transferência é definida como a relação entrada-saída depois do cancelamento de polos e zeros. Se forem calculados os polos e zeros de $T(s)$, descobre-se que os polinômios do numerador e do denominador possuem $(s + 1)$ como fator comum. Isso deve ser cancelado antes que se possa afirmar que se tem a função de transferência em malha fechada. Para ajudar no cancelamento de polos e zeros, será usada a função minreal. A função minreal, mostrada na Figura 2.65, remove os fatores de polos e zeros comuns de uma função de transferência. O passo final no procedimento de redução do diagrama de blocos é o cancelamento de fatores comuns, como mostrado na Figura 2.66. Após a aplicação da função minreal, verifica-se que o grau do polinômio do denominador foi reduzido de seis para cinco, significando um cancelamento de polo e zero. ■

```
>>ng1=[1]; dg1=[1 10]; sysg1=tf(ng1,dg1);
>>ng2=[1]; dg2=[1 1]; sysg2=tf(ng2,dg2);
>>ng3=[1 0 1]; dg3=[1 4 4]; sysg3=tf(ng3,dg3);
>>ng4=[1 1]; dg4=[1 6]; sysg4=tf(ng4,dg4);          Passo 1
>>nh1=[1 1]; dh1=[1 2]; sysh1=tf(nh1,dh1);
>>nh2=[2]; dh2=[1]; sysh2=tf(nh2,dh2);
>>nh3=[1]; dh3=[1]; sysh3=tf(nh3,dh3);
>>sys1=sysh2/sysg4;                                  Passo 2
>>sys2=series(sysg3,sysg4);
>>sys3=feedback(sys2,sysh1,+1);                      Passo 3
>>sys4=series(sysg2,sys3);
>>sys5=feedback(sys4,sys1);                          Passo 4
>>sys6=series(sysg1,sys5);
>>sys=feedback(sys6,sysh3);                          Passo 5

Transfer function:
              s^5 + 4 s^4 + 6 s^3 + 6 s^2 + 5 s + 2
---------------------------------------------------------------
12 s^6 + 205 s^5 + 1066 s^4 + 2517 s^3 + 3128 s^2 + 2196 s + 712
```

FIGURA 2.64 Redução de blocos de múltiplas malhas.

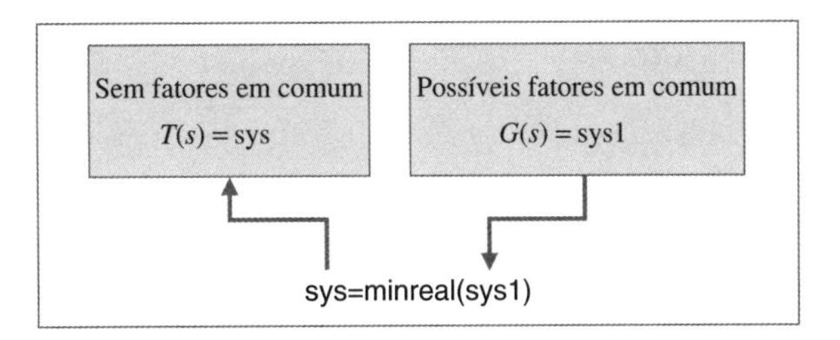

FIGURA 2.65 Função **minreal**.

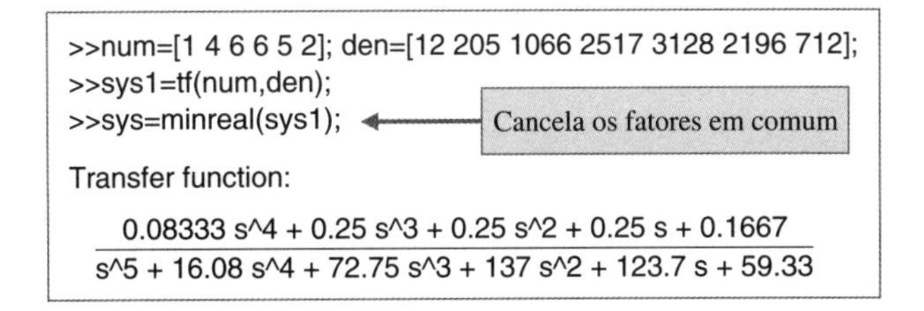

FIGURA 2.66 Utilização da função **minreal**.

EXEMPLO 2.20 **Controle de um motor elétrico de tração**

Finalmente, reconsidere o sistema motor elétrico de tração do Exemplo 2.13. O diagrama de blocos é mostrado na Figura 2.43(c). O objetivo é calcular a função de transferência em malha fechada e investigar a resposta de $\omega(s)$ para um comando $\omega_d(s)$. O primeiro passo, como mostrado na Figura 2.67, é calcular a função de transferência $\omega(s)/\omega_d(s) = T(s)$. A equação característica em malha fechada é de segunda ordem com $\omega_n = 52$ e $\zeta = 0{,}012$. Uma vez que o amortecimento é pequeno, espera-se que a resposta seja altamente oscilatória. É possível investigar a resposta $\omega(t)$ para uma entrada de referência, $\omega_d(t)$, utilizando-se a função step. A função step, mostrada na Figura 2.68, calcula a resposta de um sistema linear a um degrau unitário. A função step é muito importante, uma vez que as especificações de desempenho de sistemas de controle são frequentemente dadas em termos da resposta ao degrau unitário.

Se o único objetivo for traçar o gráfico da saída, $y(t)$, pode-se usar a função step sem os argumentos da esquerda e obter o gráfico automaticamente com as legendas dos eixos. Se for necessário $y(t)$ para qualquer outra finalidade além do gráfico, deve-se usar a função step com os argumentos da esquerda, seguida da função plot para traçar o gráfico de $y(t)$. Define-se t como um vetor linha contendo os instantes em que é desejado o valor da variável de saída $y(t)$. É possível escolher também $t = t_{\text{final}}$, que resulta em uma resposta de $t = 0$ a $t = t_{\text{final}}$, e o número de pontos intermediários é determinado automaticamente.

A resposta ao degrau do motor elétrico de tração é mostrada na Figura 2.69. Como esperado, a resposta da velocidade de rotação, dada por $y(t)$, é altamente oscilatória. Observe que a saída é $y(t) \equiv \omega(t)$. ■

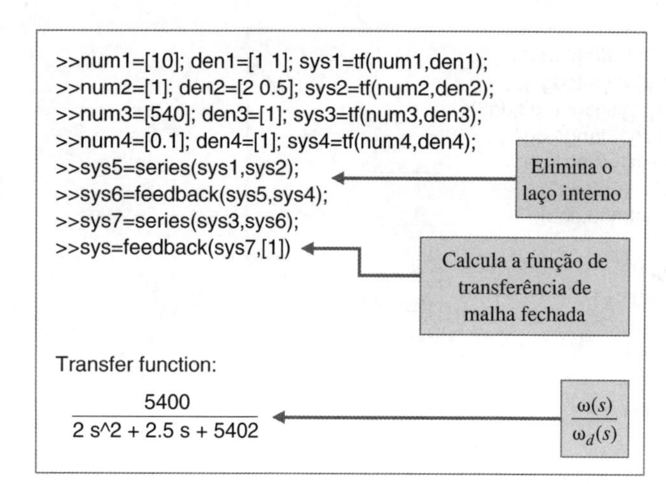

FIGURA 2.67 Redução de blocos do motor elétrico de tração.

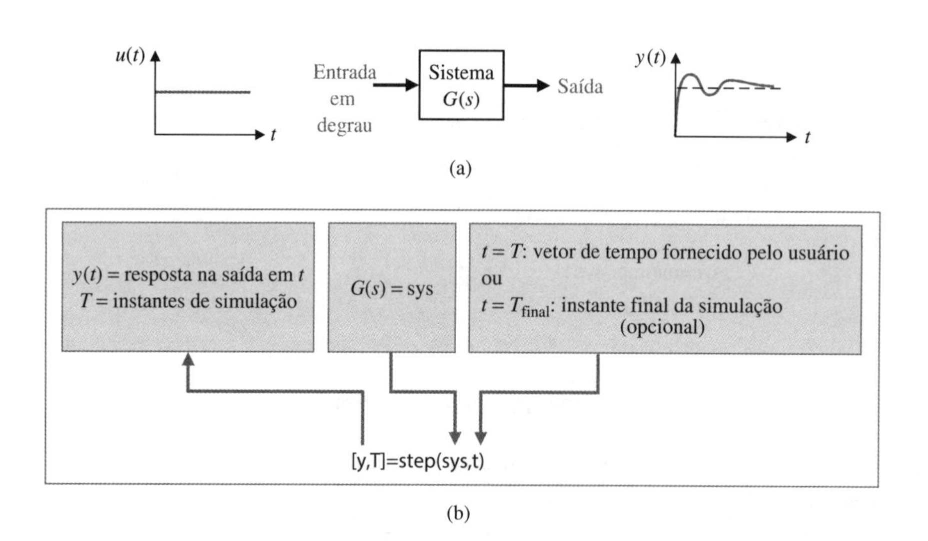

(b)

FIGURA 2.68 Função **step**.

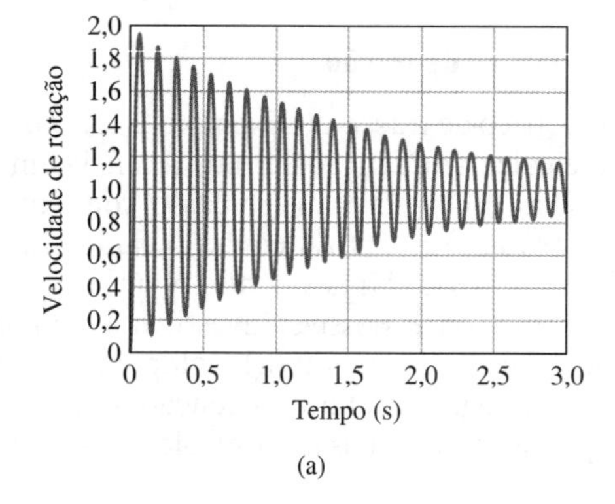

(a)

```
% Esta sequência de instruções calcula a
% resposta ao degrau da velocidade de rotação
% do motor de tração
%
num=[5400]; den=[2 2.5 5402]; sys=tf(num,den);
t=[0:0.005:3];
[y,t]=step(sys,t);
plot(t,y),grid
xlabel('Tempo (s)')
ylabel('Velocidade de rotação')
```

(b)

FIGURA 2.69 (a) Resposta ao degrau da velocidade de rotação do motor de tração. (b) Sequência de instruções.

2.10 EXEMPLO DE PROJETO SEQUENCIAL: SISTEMA DE LEITURA DE ACIONADORES DE DISCO

O objetivo para o sistema de acionamento de disco é posicionar a cabeça de leitura com exatidão na trilha desejada e deslocá-la de uma trilha para a outra. É necessário identificar a planta, o sensor e o controlador. O leitor do acionador de disco usa um motor CC de ímã permanente para girar o braço de leitura. O motor CC é chamado de motor de bobina de voz. A cabeça de leitura é montada em um dispositivo deslizante, que é conectado ao braço, como mostrado na Figura 2.70. Uma pequena lâmina (de metal flexível) é usada para permitir que a cabeça flutue sobre o disco a uma

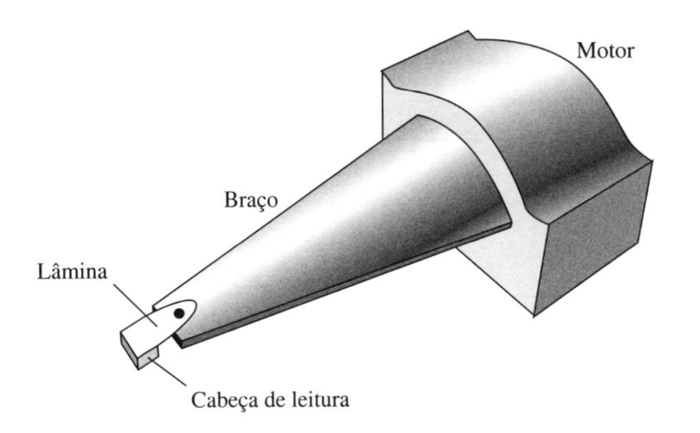

FIGURA 2.70 Suporte da cabeça de leitura, mostrando a lâmina.

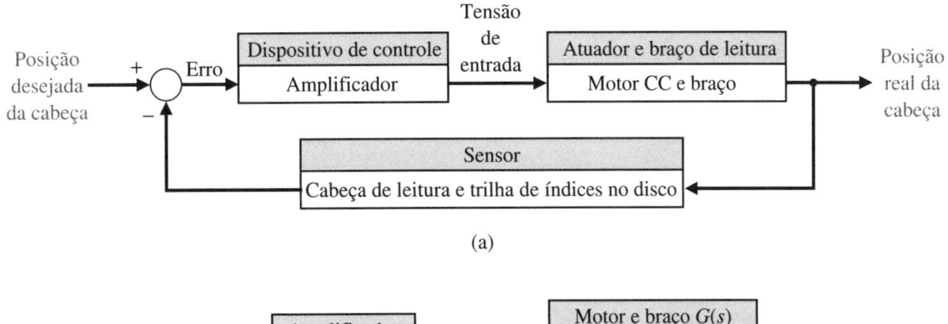

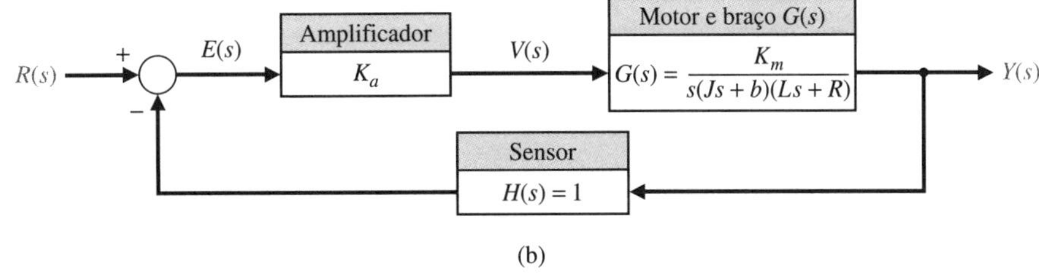

FIGURA 2.71 Modelo em diagrama de blocos do sistema de leitura de acionador de disco.

distância inferior a 100 nm. A cabeça de filme fino lê o fluxo magnético e fornece um sinal para um amplificador. O sinal de erro da Figura 2.71(a) é fornecido pela leitura do erro a partir de uma trilha de índice pré-gravada. Admitindo-se uma cabeça de leitura exata, o sensor possui função de transferência $H(s) = 1$, como mostrado na Figura 2.71(b). Os modelos do motor CC de ímã permanente e do amplificador linear são mostrados na Figura 2.71(b). Como uma boa aproximação, utiliza-se o modelo do motor CC controlado pela armadura, como foi mostrado anteriormente na Figura 2.20 com $K_{ce} = 0$. O modelo mostrado na Figura 2.71(b) admite que a lâmina seja inteiramente rígida e não apresente deflexão significativa. Em projetos de controle futuros, deve-se considerar o modelo em que a lâmina não pode ser entendida como completamente rígida.

Parâmetros típicos para o sistema de acionamento de disco são dados na Tabela 2.8. Então, temos

$$G(s) = \frac{K_m}{s(Js + b)(Ls + R)} = \frac{5.000}{s(s + 20)(s + 1.000)}. \quad (2.124)$$

Tabela 2.8 Parâmetros Típicos para o Leitor de Acionador de Disco

Parâmetro	Símbolo	Valor Típico
Inércia do braço e da cabeça de leitura	J	1 N m s²/rad
Coeficiente de atrito viscoso	b	20 N m s/rad
Ganho do amplificador	K_a	10-1.000
Resistência da armadura	R	1 Ω
Constante do motor	K_m	5 N m/A
Indutância da armadura	L	1 mH

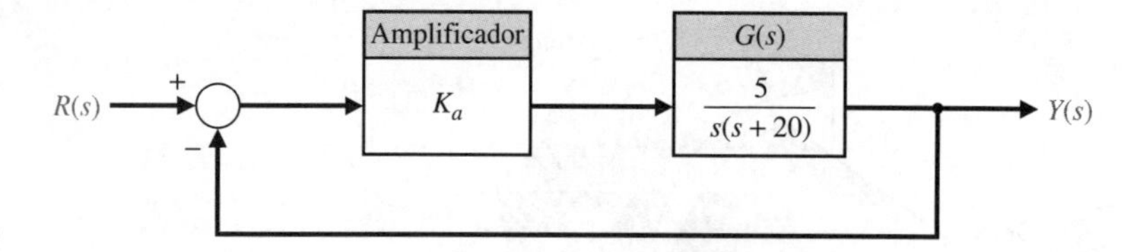

FIGURA 2.72 Diagrama de blocos do sistema em malha fechada.

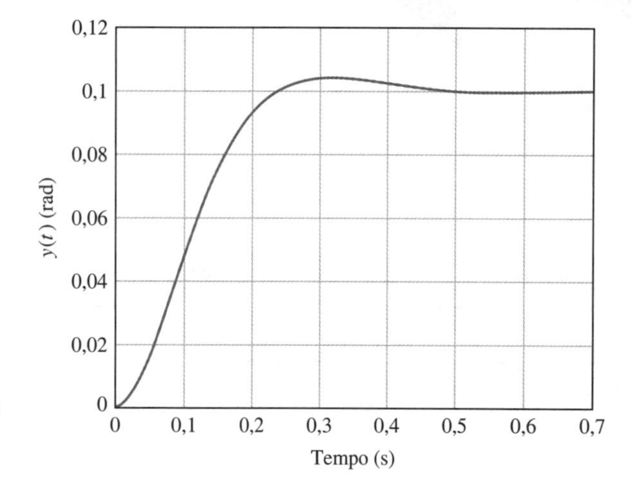

FIGURA 2.73 A resposta do sistema mostrado na Figura 2.72 para $R(s) = \frac{0,1}{s}$.

Podemos escrever também

$$G(s) = \frac{K_m/(bR)}{s(\tau_c s + 1)(\tau s + 1)}, \tag{2.125}$$

em que $\tau_C = J/b = 50$ ms e $\tau = L/R = 1$ ms. Uma vez que $\tau << \tau_C$, frequentemente despreza-se τ. Então,

$$G(s) \approx \frac{K_m/(bR)}{s(\tau_c s + 1)} = \frac{0{,}25}{s(0{,}05s + 1)} = \frac{5}{s(s + 20)}.$$

O diagrama de blocos do sistema em malha fechada é mostrado na Figura 2.72. Usando a transformação de diagrama de blocos da Tabela 2.5, temos

$$\frac{Y(s)}{R(s)} = \frac{K_a G(s)}{1 + K_a G(s)}. \tag{2.126}$$

Usando o modelo de segunda ordem aproximado para $G(s)$, obtemos

$$\frac{Y(s)}{R(s)} = \frac{5K_a}{s^2 + 20s + 5K_a}.$$

Quando $K_a = 40$, temos

$$Y(s) = \frac{200}{s^2 + 20s + 200} R(s).$$

Obtemos a resposta ao degrau para $R(s) = \frac{0{,}1}{s}$ rad, como mostrado na Figura 2.73.

2.11 RESUMO

Neste capítulo, tratamos dos modelos matemáticos quantitativos de componentes e de sistemas de controle. As equações diferenciais que descrevem o desempenho dinâmico de sistemas físicos foram utilizadas para construir modelos matemáticos. Os sistemas físicos considerados podem incluir uma ampla variedade de sistemas de engenharia mecânicos, elétricos, biomédicos, ambientais, aeroespaciais, industriais e químicos. Uma aproximação linear usando a expansão em série de Taylor em torno de um ponto de operação foi utilizada para obter uma aproximação linear de pequenos sinais para os componentes de controle não lineares. Então, com a aproximação de um sistema linear, é possível utilizar a transformada de Laplace e a relação entrada-saída dada na forma de função de transferência. A abordagem da função de transferência para sistemas lineares permite ao analista determinar a resposta do sistema a vários sinais de entrada em termos da posição dos polos e zeros da função de transferência. Usando as notações de função de transferência, foram desenvolvidos modelos em diagramas de blocos de sistemas de componentes interconectados. Os relacionamentos dos blocos foram obtidos. Adicionalmente, um uso alternativo dos modelos em função de transferência na forma de diagramas de fluxo de sinal foi investigado. A fórmula de Mason do ganho de diagramas de fluxo de sinal foi investigada e mostrou-se útil na obtenção de relacionamentos entre variáveis do sistema em sistemas complexos com realimentação. A vantagem do método do diagrama de fluxo de sinal é a disponibilidade da fórmula de Mason do ganho de diagramas de fluxo de sinal, a qual fornece o relacionamento entre as variáveis do sistema sem a necessidade de nenhuma redução ou de manipulação do diagrama de fluxo de sinal. Assim, obteve-se um modelo matemático útil para sistemas de controle com realimentação por meio do desenvolvimento do conceito de função de transferência de um sistema linear e do relacionamento entre as variáveis de sistema usando modelos em diagramas de blocos e em diagramas de fluxo de sinal. Considerou-se a utilidade da simulação computacional de sistemas lineares e não lineares para determinar a resposta de um sistema para diversas condições dos parâmetros do sistema e do ambiente. Finalmente, foi dada sequência ao desenvolvimento do Sistema de Leitura de Acionadores de Disco por meio da obtenção de um modelo na forma de função de transferência do motor e do braço.

VERIFICAÇÃO DE COMPETÊNCIAS

Nesta seção, são apresentados três conjuntos de problemas para testar o conhecimento do leitor: Verdadeiro ou Falso, Múltipla Escolha e Correspondência de Palavras. Para obter um retorno imediato, compare as respostas com o gabarito fornecido depois dos problemas de fim de capítulo. Utilize o diagrama de blocos da Figura 2.74 como especificado nos vários enunciados dos problemas.

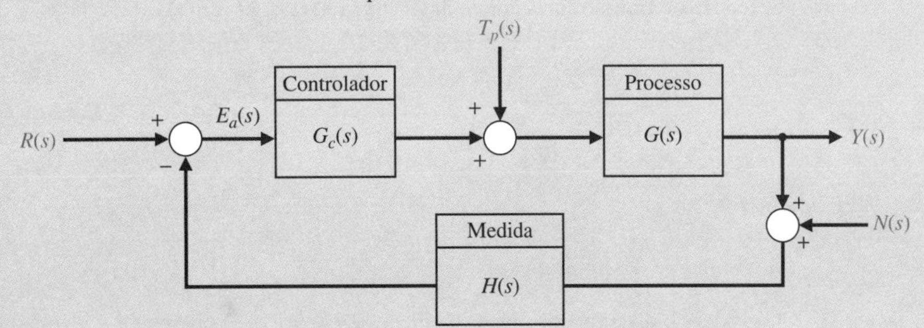

FIGURA 2.74 Diagrama de blocos para a Verificação de Competências.

Nos seguintes problemas de **Verdadeiro ou Falso** e **Múltipla Escolha**, circule a resposta correta.

1. Poucos sistemas físicos são lineares para uma certa excursão das variáveis. *Verdadeiro ou Falso*
2. O diagrama no plano s dos polos e zeros retrata graficamente a característica da resposta natural de um sistema. *Verdadeiro ou Falso*
3. As raízes da equação característica são os zeros do sistema em malha fechada. *Verdadeiro ou Falso*
4. Um sistema linear satisfaz as propriedades de superposição e homogeneidade. *Verdadeiro ou Falso*
5. A função de transferência é a razão entre a transformada de Laplace da variável de saída e a transformada de Laplace da variável de entrada, com todas as condições iniciais iguais a zero. *Verdadeiro ou Falso*
6. Considere o sistema da Figura 2.74 em que

$$G_c(s) = 10, \quad H(s) = 1 \quad \text{e} \quad G(s) = \frac{s + 50}{s^2 + 60s + 500}.$$

Se a entrada $R(s)$ é uma entrada em degrau unitário, $T_p(s) = 0$ e $N(s) = 0$, o valor final da saída $Y(s)$ é:*

a. $y_{ss} = \lim_{t\to\infty} y(t) = 100$

b. $y_{ss} = \lim_{t\to\infty} y(t) = 1$

c. $y_{ss} = \lim_{t\to\infty} y(t) = 50$

d. Nenhuma das anteriores

*N.T.: O subscrito *ss* se refere ao regime estacionário, *steady state* em inglês.

7. Considere o sistema da Figura 2.74 com

$$G_c(s) = 20, \quad H(s) = 1 \quad \text{e} \quad G(s) = \frac{s+4}{s^2 - 12s - 65}.$$

Quando todas as condições iniciais são zero, a entrada $R(s)$ é um impulso, a perturbação $T_p(s) = 0$ e o ruído $N(s) = 0$, a saída $y(t)$ é

a. $y(t) = 10e^{-5t} + 10e^{-3t}$
b. $y(t) = e^{-8t} + 10e^{-t}$
c. $y(t) = 10e^{-3t} - 10e^{-5t}$
d. $y(t) = 20e^{-8t} + 5e^{-15t}$

8. Considere um sistema representado pelo diagrama de blocos da Figura 2.75.

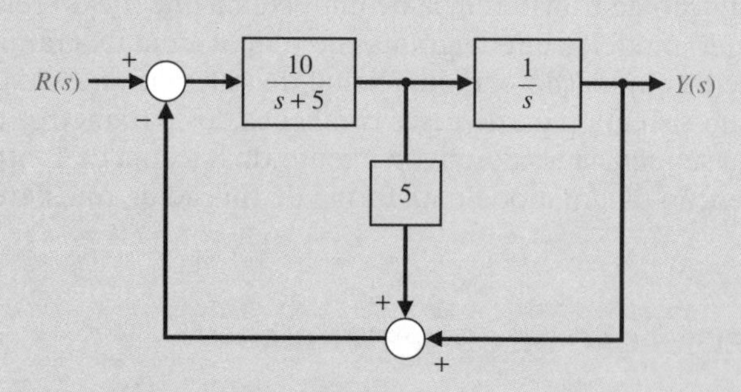

FIGURA 2.75 Diagrama de blocos com uma malha interna.

A função de transferência em malha fechada $T(s) = Y(s)/R(s)$ é

a. $T(s) = \dfrac{50}{s^2 + 55s + 50}$
b. $T(s) = \dfrac{10}{s^2 + 55s + 10}$
c. $T(s) = \dfrac{10}{s^2 + 50s + 55}$
d. Nenhuma das anteriores

Considere o diagrama de blocos da Figura 2.74 para os Problemas 9 a 11, em que

$$G_c(s) = 4, \quad H(s) = 1 \quad \text{e} \quad G(s) = \frac{5}{s^2 + 10s + 5}.$$

9. A função de transferência em malha fechada $T(s) = Y(s)/R(s)$ é

a. $T(s) = \dfrac{50}{s^2 + 5s + 50}$
b. $T(s) = \dfrac{20}{s^2 + 10s + 25}$
c. $T(s) = \dfrac{50}{s^2 + 5s + 56}$
d. $T(s) = \dfrac{20}{s^2 + 10s - 15}$

10. A resposta em malha fechada para um degrau unitário é

a. $y(t) = \dfrac{20}{25} + \dfrac{20}{25}e^{-5t} - t^2e^{-5t}$
b. $y(t) = 1 + 20te^{-5t}$
c. $y(t) = \dfrac{20}{25} - \dfrac{20}{25}e^{-5t} - 4te^{-5t}$
d. $y(t) = 1 - 2e^{-5t} - 4te^{-5t}$

11. O valor final de $y(t)$ é:

a. $y_{ss} = \lim_{t\to\infty} y(t) = 0{,}8$

b. $y_{ss} = \lim_{t\to\infty} y(t) = 1{,}0$

c. $y_{ss} = \lim_{t\to\infty} y(t) = 2{,}0$

d. $y_{ss} = \lim_{t\to\infty} y(t) = 1{,}25$

12. Considere a equação diferencial

$$\ddot{y}(t) + 2\dot{y}(t) + y(t) = u(t)$$

em que $y(0) = \dot{y}(0) = 0$ e $u(t)$ é um degrau unitário. Os polos desse sistema são:

a. $s_1 = -1, s_2 = -1$

b. $s_1 = 1j, s_2 = -1j$

c. $s_1 = -1, s_2 = -2$

d. Nenhuma das anteriores

13. Um carro de massa m = 1.000 kg é ligado a um caminhão usando uma mola de rigidez k = 20.000 N/m e um amortecedor de constante b = 200 Ns/m, como mostrado na Figura 2.76. O caminhão se movimenta com aceleração constante de a = 0,7 m/s².

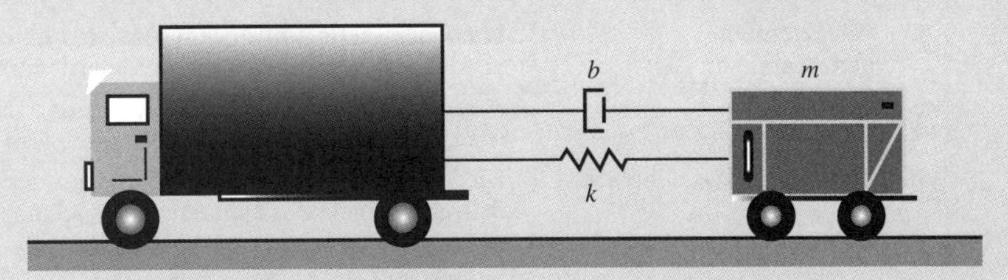

FIGURA 2.76 Caminhão puxando um carro de massa m.

A função de transferência entre a velocidade do caminhão e a velocidade do carro é:

a. $T(s) = \dfrac{50}{5s^2 + s + 100}$

b. $T(s) = \dfrac{20 + s}{s^2 + 10s + 25}$

c. $T(s) = \dfrac{100 + s}{5s^2 + s + 100}$

d. Nenhuma das anteriores

14. Considere o sistema em malha fechada da Figura 2.74 com

$$G_c(s) = 15, \quad H(s) = 1 \quad \text{e} \quad G(s) = \frac{1.000}{s^3 + 50s^2 + 4.500s + 1.000}.$$

Calcule a função de transferência em malha fechada e os polos e zeros em malha fechada.

a. $T(s) = \dfrac{15.000}{s^3 + 50s^2 + 4.500s + 16.000}$, $s_1 = -3{,}70$, $s_{2,3} = -23{,}15 \pm 61{,}59j$

b. $T(s) = \dfrac{15.000}{50s^2 + 4.500s + 16.000}$, $s_1 = -3{,}70$, $s_2 = -86{,}29$

c. $T(s) = \dfrac{1}{s^3 + 50s^2 + 4.500s + 16.000}$, $s_1 = -3{,}70$, $s_{2,3} = -23{,}2 \pm 63{,}2j$

d. $T(s) = \dfrac{15.000}{s^3 + 50s^2 + 4.500s + 16.000}$, $s_1 = -3{,}70$, $s_2 = -23{,}2$, $s_3 = -63{,}2$

15. Considere o sistema com realimentação da Figura 2.74 com

$$G_c(s) = \frac{K(s+0{,}3)}{s}, \quad H(s) = 2s \quad \text{e} \quad G(s) = \frac{1}{(s-2)(s^2+10s+45)}.$$

Admitindo $R(s) = 0$ e $N(s) = 0$, a função de transferência em malha fechada da perturbação $T_p(s)$ para a saída $Y(s)$ é:

a. $\dfrac{Y(s)}{T_P(s)} = \dfrac{1}{s^3 + 8s^2 + (2K + 25)s + (0{,}6K - 90)}$

b. $\dfrac{Y(s)}{T_P(s)} = \dfrac{100}{s^3 + 8s^2 + (2K + 25)s + (0{,}6K - 90)}$

c. $\dfrac{Y(s)}{T_P(s)} = \dfrac{1}{8s^2 + (2K + 25)s + (0{,}6K - 90)}$

d. $\dfrac{Y(s)}{T_P(s)} = \dfrac{K(s + 0{,}3)}{s^4 + 8s^3 + (2K + 25)s^2 + (0{,}6K - 90)s}$

No problema a seguir, de **Correspondência de Palavras**, combine o termo com sua definição escrevendo a letra correta no espaço fornecido.

a. Atuador	Uma oscilação na qual a amplitude diminui com o tempo.	_______
b. Diagramas de blocos	Sistema que satisfaz as propriedades de superposição e homogeneidade.	_______
c. Equação característica	Caso em que o amortecimento está na fronteira entre o subamortecido e o superamortecido.	_______
d. Amortecimento crítico	Transformação de uma função $f(t)$ do domínio do tempo para o domínio da frequência complexa produzindo $F(s)$.	_______
e. Oscilação amortecida	Dispositivo que fornece a força motriz para o processo.	_______
f. Coeficiente de amortecimento	Uma medida do amortecimento. Um número adimensional da equação característica de segunda ordem.	_______
g. Motor CC	A relação formada igualando-se a zero o denominador de uma função de transferência.	_______
h. Transformada de Laplace	Blocos operacionais unidirecionais que representam as funções de transferência dos elementos do sistema.	_______
i. Aproximação linear	Regra que habilita o usuário a obter uma função de transferência através do traçado de caminhos e laços no sistema.	_______
j. Sistema linear	Um atuador elétrico que utiliza tensão de entrada como variável de controle.	_______
k. Regra do laço de Mason	Razão entre a transformada de Laplace da variável de saída e a transformada de Laplace da variável de entrada.	_______
l. Modelos matemáticos	Descrições do comportamento de um sistema usando matemática.	_______
m. Diagrama de fluxo de sinal	Um modelo de sistema que é usado para investigar o comportamento do sistema por meio da utilização de sinais de entrada reais.	_______
n. Simulação	Diagrama que consiste em nós conectados por meio de vários arcos orientados e que é a representação gráfica de um conjunto de relações lineares.	_______
o. Função de transferência	Modelo aproximado que resulta em uma relação linear entre a saída e a entrada do dispositivo.	_______

EXERCÍCIOS

Os exercícios são aplicações diretas dos conceitos do capítulo.

E2.1 Um sistema com realimentação unitária negativa possui função não linear $y = f(e) = e^2$, como mostrado na Figura E2.1. Para uma entrada r na faixa de 0 a 6, calcule e represente graficamente a saída em malha aberta e em malha fechada em função da entrada e mostre que a realimentação resulta em uma relação mais linear.

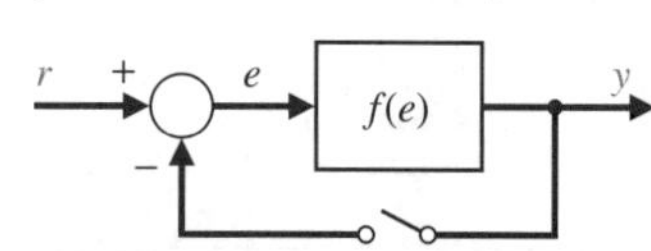

FIGURA E2.1 Malha aberta e malha fechada.

E2.2 Um termistor apresenta uma resposta à temperatura representada por

$$R = R_o e^{-0{,}1T},$$

em que $R_o = 10.000\ \Omega$, R = resistência e T = temperatura em graus Celsius. Determine o modelo linear para o termistor operando a $T = 20$ °C e para uma pequena faixa de variação de temperatura.

Resposta: $\Delta R = -135\Delta T$

E2.3 A curva de força *versus* deslocamento de uma mola para o sistema massa-mola-amortecedor da Figura 2.1 é mostrada na Figura E2.3. Determine graficamente a constante de mola para o ponto de equilíbrio de $y = 0{,}5$ cm e a uma faixa de operação de $\pm 1{,}5$ cm.

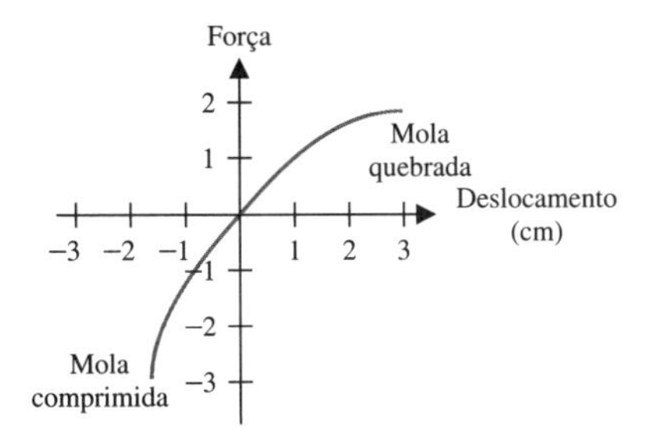

FIGURA E2.3 Comportamento da mola.

E2.4 Uma impressora a *laser* utiliza um feixe de *laser* para imprimir cópias rapidamente para um computador. O *laser* é posicionado por um sinal de controle de entrada $r(t)$, de modo que se tenha

$$Y(s) = \frac{4(s+50)}{s^2+30s+200}R(s).$$

A entrada $r(t)$ representa a posição desejada do feixe de *laser*.

(a) Se $r(t)$ é uma entrada em degrau unitário, determine a saída $y(t)$.

(b) Qual é o valor final de $y(t)$?

Respostas: (a) $y(t) = 1 + 0{,}6e^{-20t} - 1{,}6e^{-10t}$, (b) $y_{ss} = 1$

E2.5 Um amplificador não inversor utiliza um amp-op como mostrado na Figura E2.5. Admita um modelo de amp-op ideal e determine v_s/v_{en}.

Resposta: $\dfrac{v_s}{v_{en}} = 1 + \dfrac{R_2}{R_1}$

FIGURA E2.5 Amplificador não inversor usando amp-op.

E2.6 Um dispositivo não linear é representado pela função

$$y = f(x)\ 5\ e^x,$$

em que o ponto de operação para a entrada x é $x_o = 1$. Determine uma aproximação linear válida próximo ao ponto de operação.

Resposta: $y = ex$

E2.7 A intensidade de uma lâmpada permanece constante quando monitorada por uma malha com realimentação controlada por um optotransistor. Quando a tensão diminui, a saída da lâmpada também diminui e o optotransistor Q_1 puxa menos corrente. Como resultado, um transistor de potência conduz mais e carrega um capacitor mais rapidamente [24]. A tensão no capacitor controla diretamente a tensão na lâmpada. Um diagrama de blocos do sistema é mostrado na Figura E2.7. Encontre a função de transferência em malha fechada, $I(s)/R(s)$, em que $I(s)$ é a intensidade da lâmpada e $R(s)$ é o comando ou nível desejado de luz.

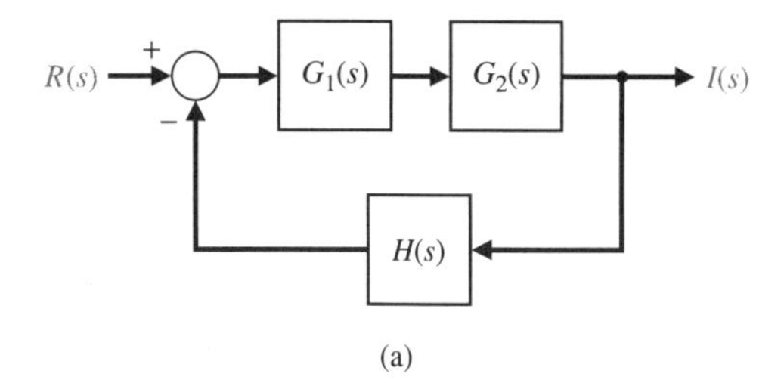

(a)

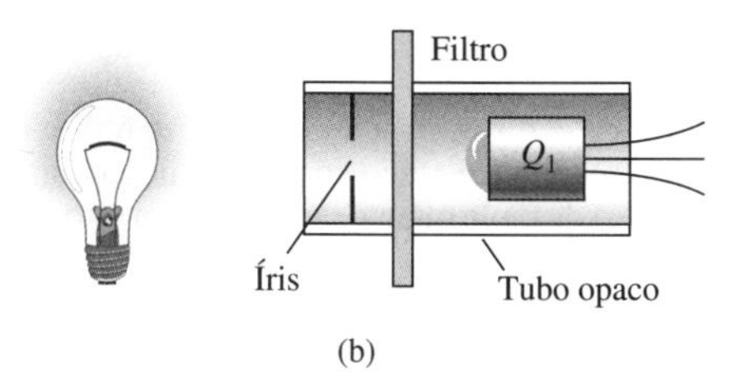

(b)

FIGURA E2.7 Controlador de lâmpada.

E2.8 Um engenheiro de controle, N. Minorsky, projetou um sistema de direção de navio inovador na década de 1930 para a Marinha dos Estados Unidos. O sistema é representado pelo diagrama de blocos mostrado na Figura E2.8, em que $Y(s)$ é o rumo do navio, $R(s)$ é o rumo desejado e $A(s)$ é o ângulo do leme [16]. Encontre a função de transferência $Y(s)/R(s)$.

Resposta: $\dfrac{Y(s)}{R(s)} =$

$$\frac{KG_1(s)G_2(s)/s}{1+G_1(s)H_3(s)+G_1(s)G_2(s)[H_1(s)+H_2(s)]+KG_1(s)G_2(s)/s}$$

E2.9 Um sistema de freio automobilístico antibloqueio de quatro rodas utiliza realimentação eletrônica para controlar automaticamente a força de frenagem em cada roda [15]. Um modelo em diagrama de blocos de um sistema de controle de frenagem é mostrado na Figura E2.9, em que $F_d(s)$ e $F_t(s)$ são as forças dos freios dianteiros e traseiros, respectivamente, e $R(s)$ é a resposta desejada para o automóvel em uma estrada congelada. Encontre $F_d(s)/R(s)$.

E2.10 Uma das aplicações potencialmente mais benéficas de um sistema de controle automotivo é o controle ativo do sistema de suspen-

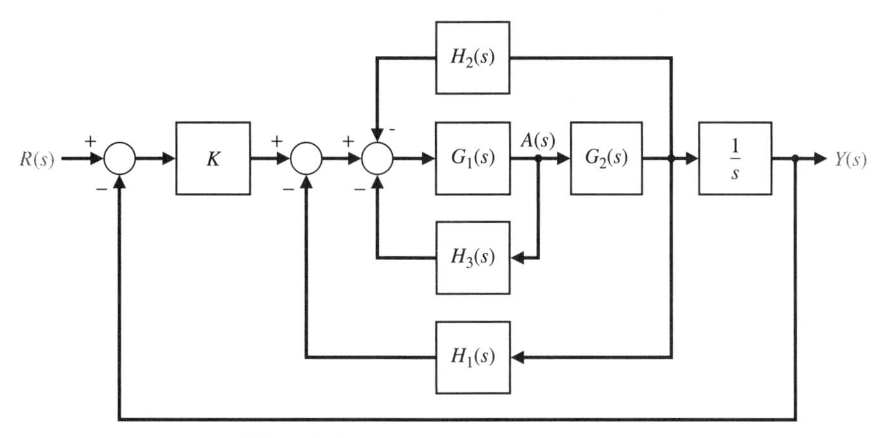

FIGURA E2.8 Sistema de direção de navio.

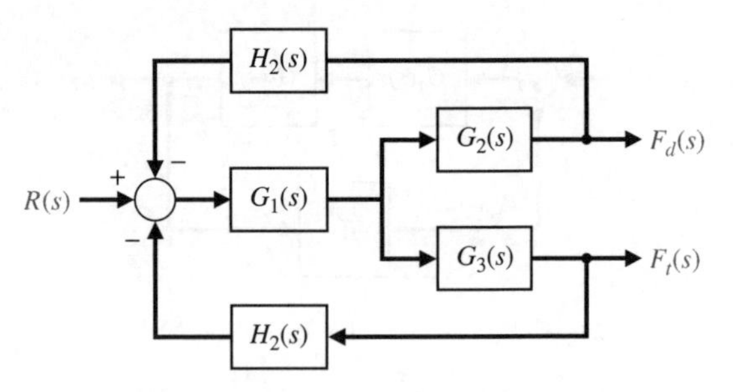

FIGURA E2.9 Sistema de controle de freio.

são. Um sistema de controle com realimentação utiliza amortecedor constituído de um cilindro cheio com um fluido compressível que fornece tanto força de mola quanto de amortecimento [17]. O cilindro possui um êmbolo ativado por motor, um sensor para medir deslocamentos e um pistão. A força de mola é gerada pelo deslocamento do pistão, que comprime o fluido. Durante o deslocamento do pistão, o desequilíbrio de pressão sobre o pistão é usado para controlar o amortecimento. O êmbolo varia o volume interno do cilindro. Esse sistema com realimentação é mostrado na Figura E2.10. Desenvolva um modelo em diagrama de blocos.

E2.11 Uma mola apresenta uma característica força *versus* deslocamento, como mostrado na Figura E2.11. Encontre a constante da mola para pequenas variações em torno do ponto de operação x_o, quando x_o é (a) −1,4; (b) 0; (c) 3,5.

E2.12 Veículos *off-road* experimentam muitas perturbações à medida que trafegam por caminhos acidentados. Um sistema de suspensão ativa pode ser controlado por um sensor que olha "à frente" para as condições do caminho. Um exemplo de sistema de suspensão simples que pode acomodar os solavancos é mostrado na Figura E2.12. Encontre o ganho K_1 adequado, de modo que o veículo não pule quando a deflexão desejada é $R(s) = 0$ e a perturbação é $T_p(s)$.

Resposta: $K_1K_2 = 1$

E2.13 Considere o sistema com realimentação da Figura E2.13. Calcule as funções de transferência $Y(s)/T_p(s)$ e $Y(s)/N(s)$.

E2.14 Determine a função de transferência

$$\frac{Y_1(s)}{R_2(s)}$$

para o sistema multivariável na Figura E2.14.

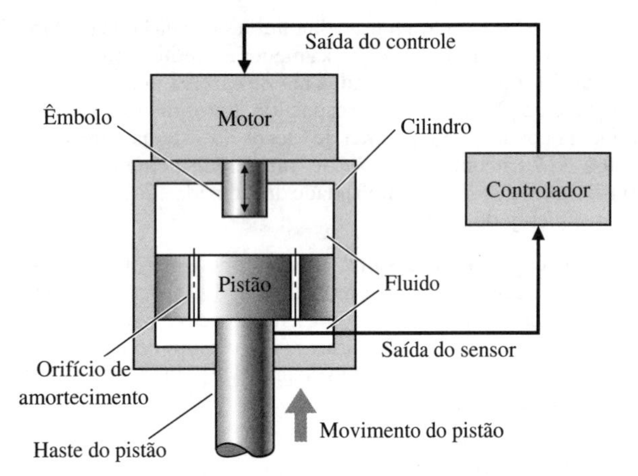

FIGURA E2.10 Amortecedor.

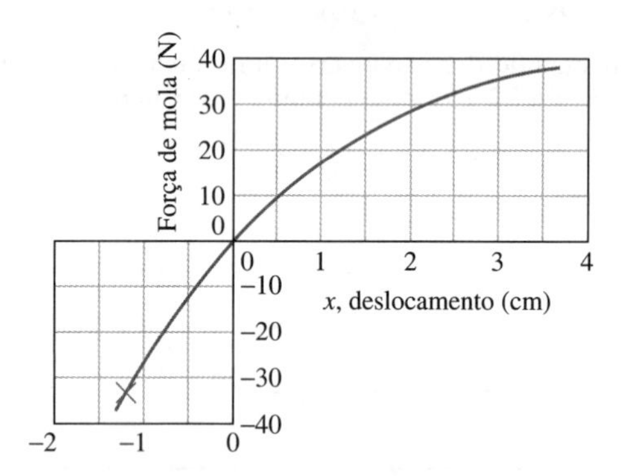

FIGURA E2.11 Característica da mola.

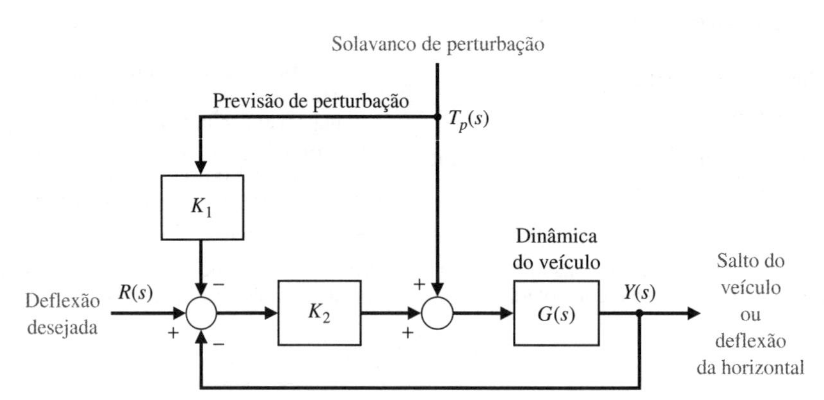

FIGURA E2.12 Sistema de suspensão ativa.

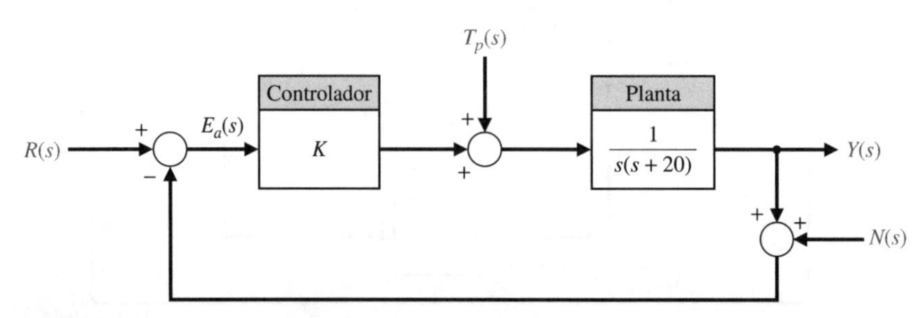

FIGURA E2.13 Sistema com realimentação com ruído de medida $N(s)$ e perturbação da planta $T_p(s)$.

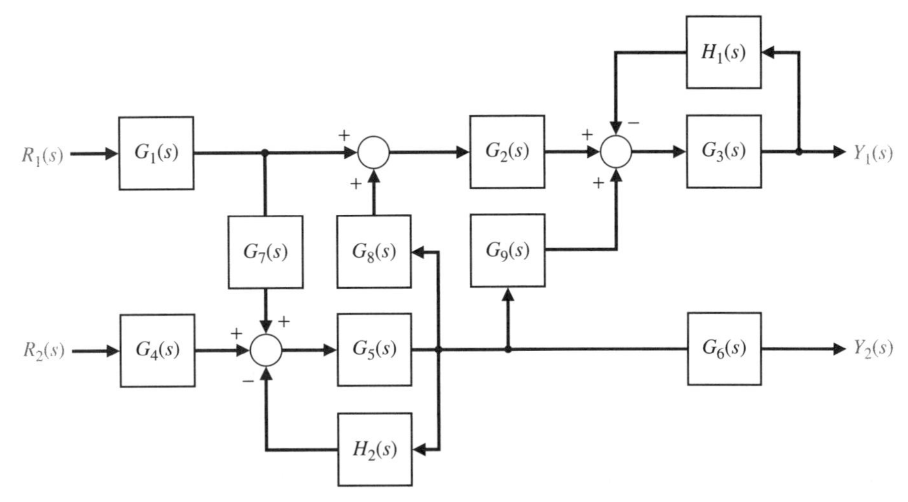

FIGURA E2.14 Sistema multivariável.

E2.15 Obtenha as equações diferenciais para o circuito na Figura E2.15 em termos de $i_1(t)$ e $i_2(t)$.

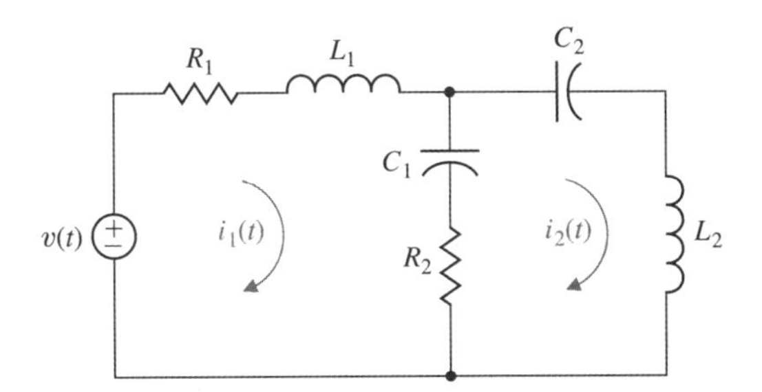

FIGURA E2.15 Circuito elétrico.

E2.16 O sistema de controle de posição de uma plataforma espacial é governado pelas seguintes equações:

$$\frac{d^2p(t)}{dt^2} + 2\frac{dp(t)}{dt} + 4p(t) = \theta$$

$$v_1(t) = r(t) - p(t)$$

$$\frac{d\theta(t)}{dt} = 0{,}5v_2(t)$$

$$v_2(t) = 8v_1(t).$$

As variáveis envolvidas são as seguintes:

$r(t)$ = posição desejada da plataforma

$p(t)$ = posição real da plataforma

$v_1(t)$ = tensão de entrada no amplificador

$v_2(t)$ = tensão de saída do amplificador

$\theta(t)$ = posição do eixo do motor

Esboce um diagrama de fluxo de sinal ou um diagrama de blocos do sistema, identificando as partes componentes, e determine a função de transferência do sistema $P(s)/R(s)$.

E2.17 Uma mola desenvolve a força f representada pela relação

$$f = kx^2,$$

em que x é o deslocamento da mola. Determine um modelo linear para a mola quando $x_0 = \frac{1}{2}$.

E2.18 A saída y e a entrada x de um dispositivo são relacionadas por

$$y = x + 1{,}4x^3.$$

(a) Encontre os valores da saída para operação em regime estacionário nos dois pontos de operação $x_o = 1$ e $x_o = 2$.

(b) Obtenha modelos linearizados para ambos os pontos de operação e compare-os.

E2.19 A função de transferência de um sistema é

$$\frac{Y(s)}{R(s)} = \frac{30(s+1)}{s^2 + 5s + 6}.$$

Determine $y(t)$ quando $r(t)$ é uma entrada em degrau unitário.

Resposta: $y(t) = 5 + 15e^{-2t} - 20e^{-3t}, t \geq 0$

E2.20 Determine a função de transferência $V_0(s)/V(s)$ do circuito com amplificador operacional mostrado na Figura E2.20. Admita que o amplificador operacional é ideal. Determine a função de transferência quando $R_1 = R_2 = 100$ kΩ, $C_1 = 10$ μF e $C_2 = 5$ μF.

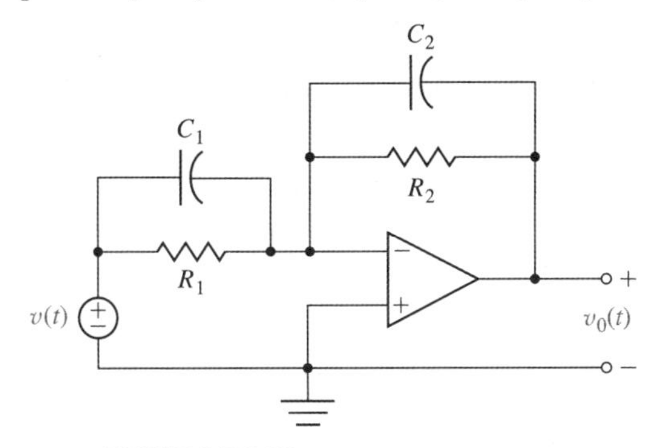

FIGURA E2.20 Circuito com amp-op.

E2.21 Um sistema de posicionamento deslizante de alta precisão é mostrado na Figura E2.21. Defina a função de transferência $X_p(s)/X_{en}(s)$ quando o coeficiente de atrito viscoso da haste acionadora é $b_a = 0{,}65$, a constante de mola da haste acionadora é $k_a = 1{,}8$, $m_c = 1$ e o atrito de deslizamento é $b_d = 0{,}9$.

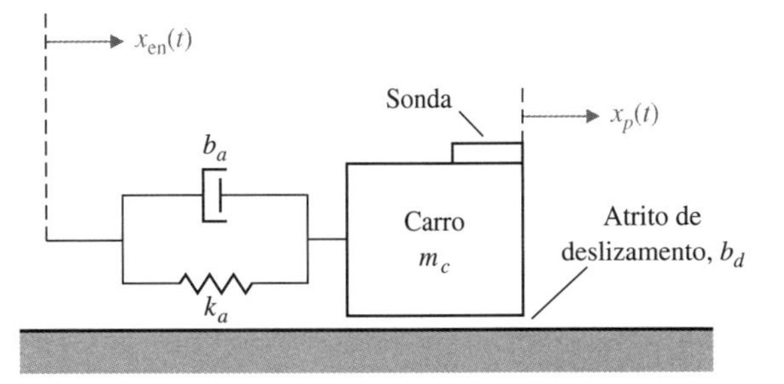

FIGURA E2.21 Posicionamento deslizante de precisão.

E2.22 A velocidade angular ω do satélite mostrado na Figura E2.22 é ajustada mudando-se o comprimento da barra L. A função de transferência entre $\omega(s)$ e a variação incremental do comprimento da barra $\Delta L(s)$ é

$$\frac{\omega(s)}{\Delta L(s)} = \frac{2(s+4)}{(s+5)(s+1)^2}.$$

A variação de comprimento da barra é $\Delta L(s) = 1/s$. Determine a resposta da velocidade $\omega(t)$.

Resposta: $\omega(t) = 1{,}6 + 0{,}025e^{-5t} - 1{,}625e^{-t} - 1{,}5te^{-t}$

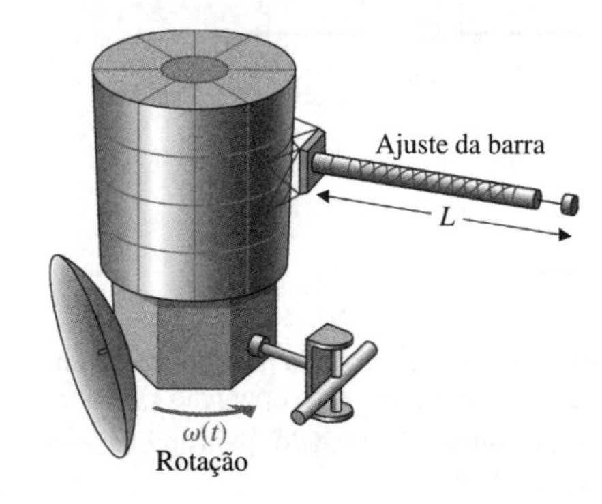

FIGURA E2.22 Satélite com velocidade angular ajustável.

E2.23 Determine a função de transferência em malha fechada $T(s) = Y(s)/R(s)$ para o sistema da Figura E2.23.

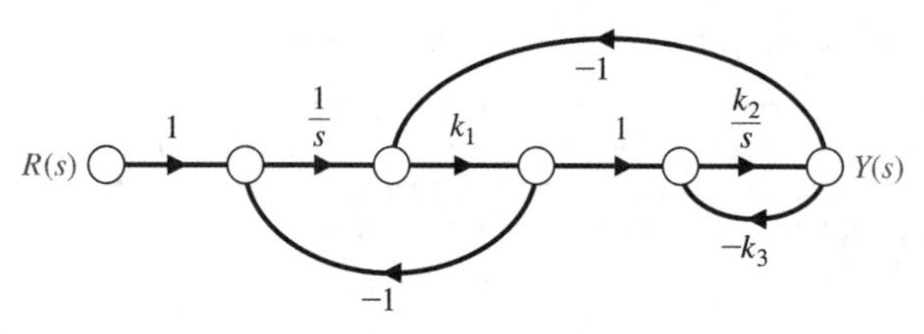

FIGURA E2.23 Sistema de controle com três malhas de realimentação.

E2.24 Um amplificador pode apresentar uma zona morta, como mostrado na Figura E2.24. Use uma aproximação que utilize a equação cúbica $y = ax^3$ na região aproximadamente linear. Escolha a e determine uma aproximação linear para o amplificador quando o ponto de operação for $x = 0{,}6$.

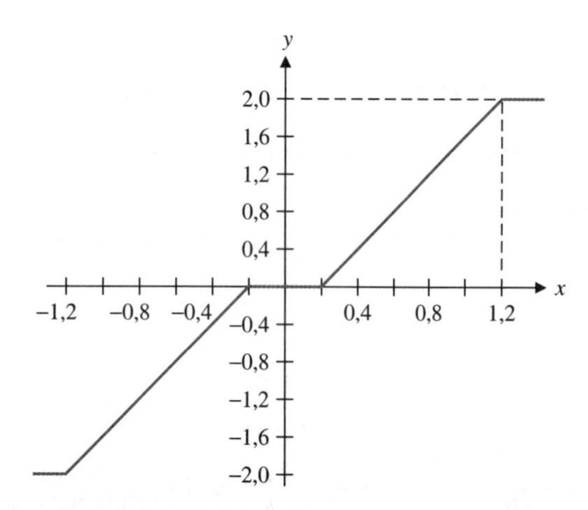

FIGURA E2.24 Amplificador com zona morta.

E2.25 O diagrama de blocos de um sistema é mostrado na Figura E2.25. Determine a função de transferência $T(s) = Y(s)/R(s)$.

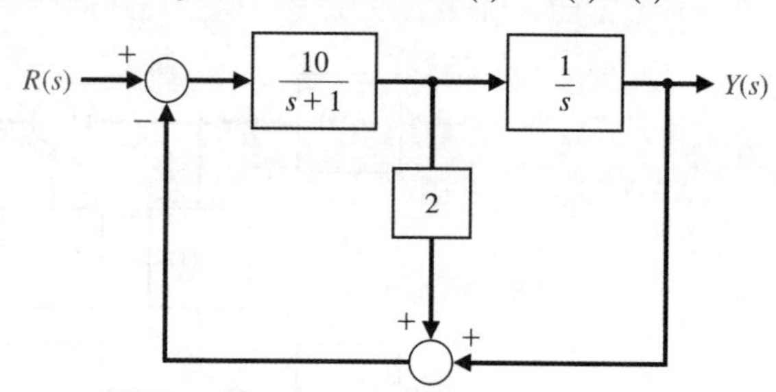

FIGURA E2.25 Sistema com múltiplas malhas de realimentação.

E2.26 Determine a função de transferência $X_2(s)/F(s)$ para o sistema mostrado na Figura E2.26. Ambas as massas deslizam sobre uma superfície sem atrito, e $k = 1$ N/m.

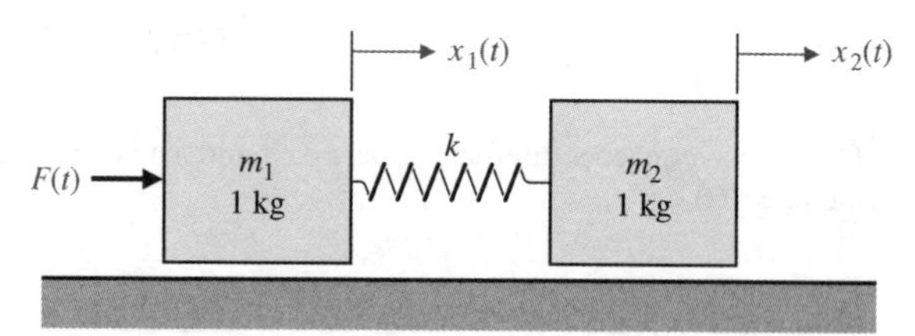

FIGURA E2.26 Duas massas conectadas em uma superfície sem atrito.

Resposta: $\dfrac{X_2(s)}{F(s)} = \dfrac{1}{s^2(s^2+2)}$

E2.27 Determine a função de transferência $Y(s)/T_p(s)$ para o sistema mostrado na Figura E2.27.

Resposta: $\dfrac{Y(s)}{T_p(s)} = \dfrac{G_2(s)}{1 + G_1(s)G_2(s)H(s)}$

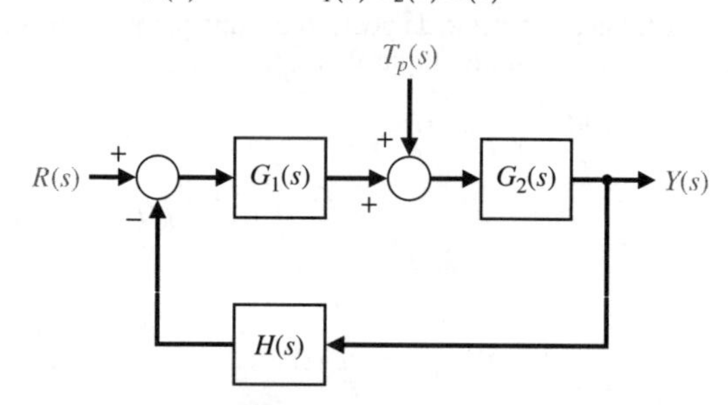

FIGURA E2.27 Sistema com perturbação.

E2.28 Determine a função de transferência $V_0(s)/V(s)$ para o circuito com amp-op mostrado na Figura E2.28 [1]. Sejam $R_1 = 167$ kΩ, $R_2 = 240$ kΩ, $R_3 = 1$ kΩ, $R_4 = 240$ kΩ e $C = 0{,}8$ μF. Admita amp-ops ideais.

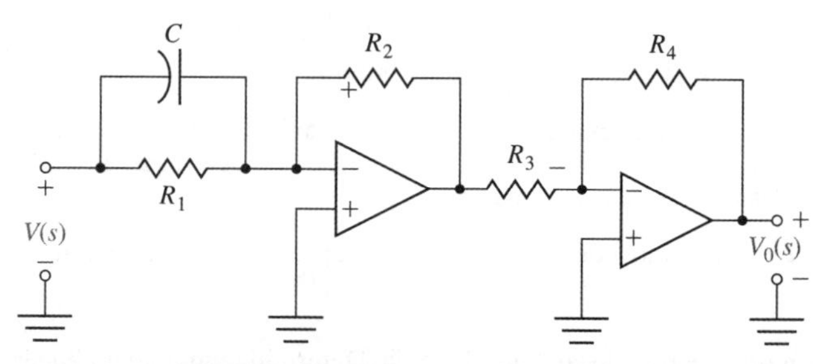

FIGURA E2.28 Circuito com amp-op.

E2.29 Um sistema é mostrado na Figura E2.29(a).

(a) Determine $G(s)$ e $H(s)$ do diagrama de blocos mostrado na Figura E2.29(b) que sejam equivalentes aos do diagrama de blocos da Figura E2.29(a).

(b) Determine $Y(s)/R(s)$ para a Figura E2.29(b).

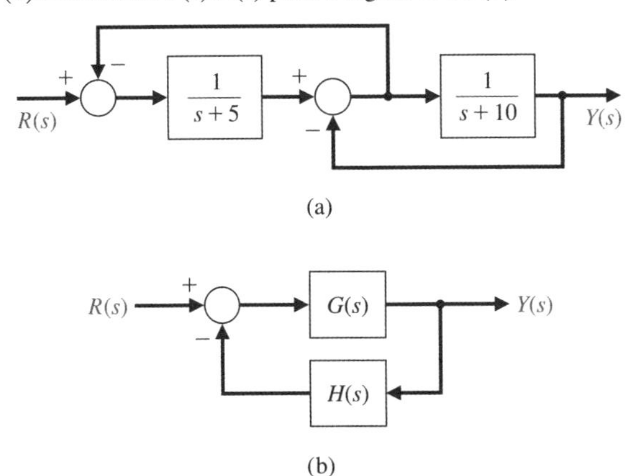

FIGURA E2.29 Equivalência de diagramas de blocos.

E2.30 Um sistema é mostrado na Figura E2.30.

(a) Defina a função de transferência em malha fechada $Y(s)/R(s)$, quando $G(s) = \dfrac{15}{s^2 + 5s + 15}$.

(b) Determine $Y(s)$ quando a entrada $R(s)$ é um degrau unitário.

(c) Calcule $y(t)$.

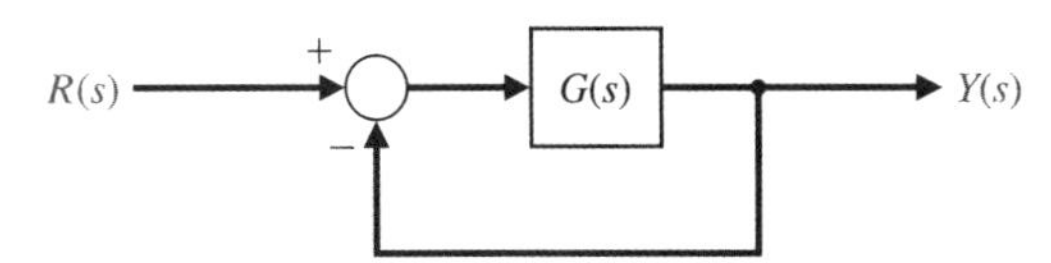

FIGURA E2.30 Sistema de controle com realimentação unitária.

E2.31 Determine a expansão em frações parciais para $V(s)$ e calcule a transformada inversa de Laplace. A função de transferência $V(s)$ é dada por

$$V(s) = \frac{100}{s^2 + 10s + 100}.$$

PROBLEMAS

Os problemas requerem uma extensão dos conceitos deste capítulo para novas situações.

P2.1 Um circuito elétrico é mostrado na Figura P2.1. Obtenha um conjunto de equações íntegro-diferenciais simultâneas representando o circuito.

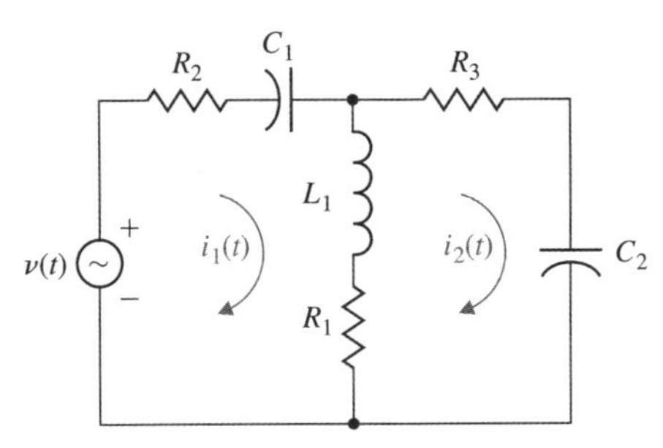

FIGURA P2.1 Circuito elétrico.

P2.2 Um amortecedor de vibrações dinâmico é mostrado na Figura P2.2. Este sistema é representativo de muitas situações envolvendo a vibração de máquinas contendo componentes desbalanceados. Os parâmetros M_2 e k_{12} podem ser escolhidos de tal modo que a massa principal M_1 não vibre em regime estacionário quando $F(t) = a$ sen$(\omega_0 t)$. Obtenha as equações diferenciais que descrevem o sistema.

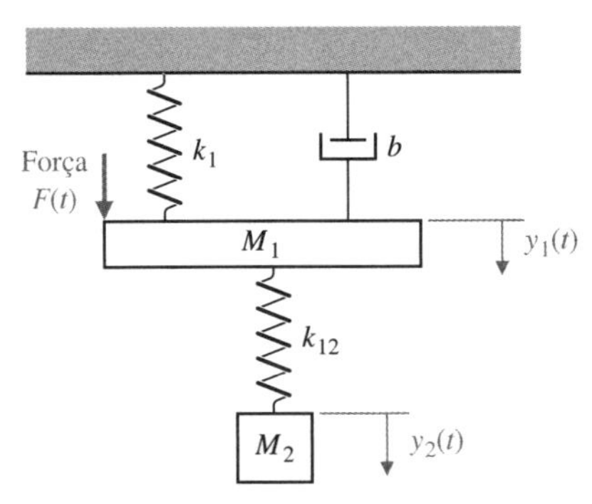

FIGURA P2.2 Amortecedor de vibração.

P2.3 Um sistema massa-mola acoplado é mostrado na Figura P2.3. As massas e as molas são supostamente iguais. Obtenha as equações diferenciais descrevendo o sistema.

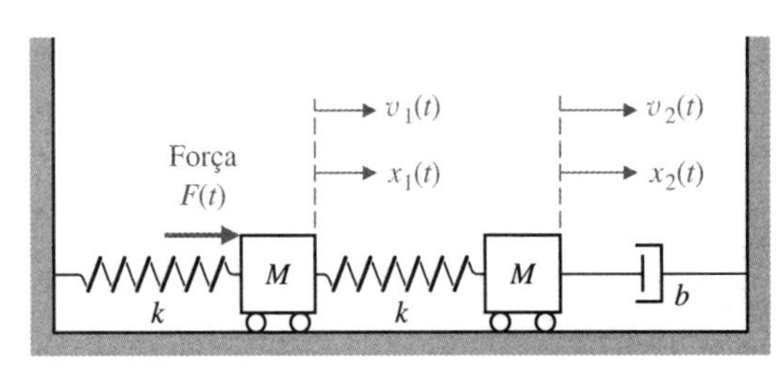

FIGURA P2.3 Sistema de duas massas.

P2.4 Um amplificador não linear pode ser descrito pela seguinte característica:

$$v_0(t) = \begin{cases} v_{en}^2 & v_{en} \geq 0 \\ -v_{en}^2 & v_{en} < 0 \end{cases}.$$

O amplificador será operado sobre uma faixa de ±0,5 volt em torno do ponto de operação para v_{en}. Descreva o amplificador por meio de uma aproximação linear (a) quando o ponto de operação é $v_{en} = 0$ e (b) quando o ponto de operação é $v_{en} = 1$ volt. Obtenha um esboço da função não linear e da aproximação para cada caso.

P2.5 O escoamento de um fluido através de um orifício pode ser representado pela equação não linear

$$Q = K(P_1 - P_2)^{1/2},$$

em que as variáveis são mostradas na Figura P2.5 e K é uma constante [2]. (a) Determine uma aproximação linear para a equação de escoamento do fluido. (b) O que acontece com a aproximação obtida na parte (a) se o ponto de operação for $P_1 - P_2 = 0$?

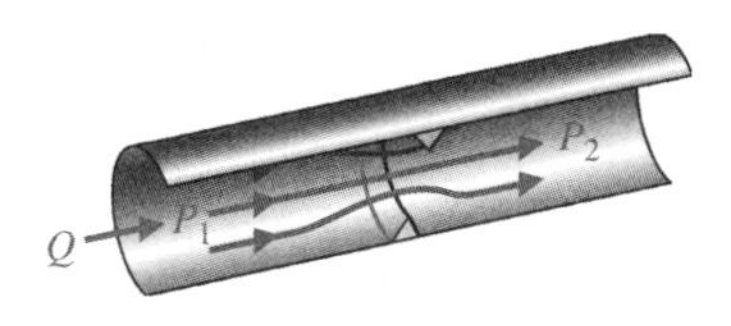

FIGURA P2.5 Escoamento através de um orifício.

P2.6 Usando a transformação de Laplace, obtenha a corrente $I_2(s)$ do Problema P2.1. Admita que todas as correntes iniciais são zero, que a tensão inicial sobre o capacitor C_1 é zero, $v(t)$ é zero e a tensão inicial sobre C_2 é 10 V.

P2.7 Obtenha a função de transferência do circuito diferenciador mostrado na Figura P2.7.

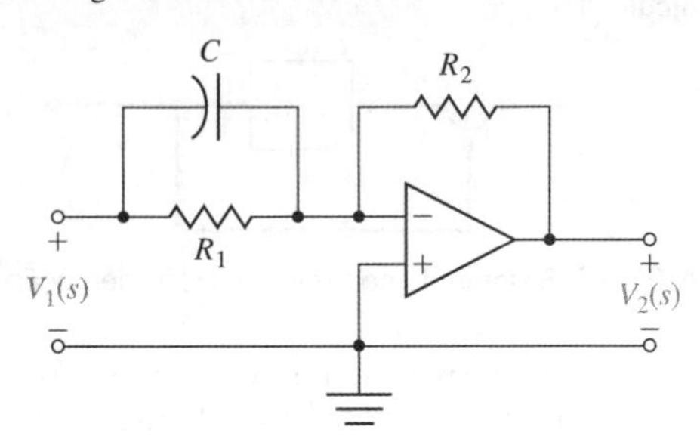

FIGURA P2.7 Circuito diferenciador.

P2.8 Um circuito em ponte T é frequentemente usado em sistemas de controle CA (corrente alternada) como filtro [8]. O circuito em ponte T é mostrado na Figura P2.8. Mostre que a função de transferência do circuito é

$$\frac{V_o(s)}{V_{en}(s)} = \frac{1 + 2R_1Cs + R_1R_2C^2s^2}{1 + (2R_1 + R_2)Cs + R_1R_2C^2s^2}.$$

Esboce o diagrama de polos e zeros quando $R_1 = 2$, $R_2 = 0{,}75$ e $C = 1{,}0$.

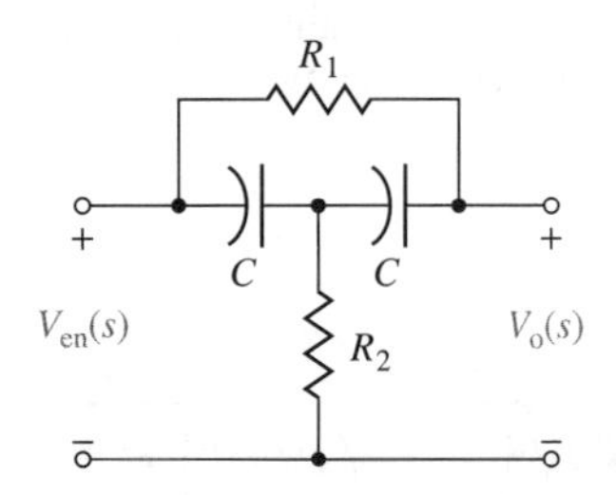

FIGURA P2.8 Circuito em ponte T.

P2.9 Determine a função de transferência $X_1(s)/F(s)$ para o sistema massa-mola acoplado do Problema P2.3. Esboce o diagrama de polos e zeros no plano s para baixo amortecimento quando $M = 1$, $b/k = 1$ e

$$\zeta = \frac{1}{2}\frac{b}{\sqrt{kM}} = 0{,}1.$$

P2.10 Determine a função de transferência $Y_1(s)/F(s)$ para o sistema amortecedor de vibrações do Problema P2.2. Determine os parâmetros necessários M_2 e k_{12}, de modo que a massa M_1 não vibre em regime estacionário quando $F(t) = a\ \text{sen}(\omega_0 t)$.

P2.11 Para sistemas eletromecânicos que requerem grandes amplificações de potência, amplificadores rotacionais são frequentemente usados [8, 19]. O amplidina é um amplificador de potência rotacional. Um amplidina e um servomotor são mostrados na Figura P2.11. Obtenha a função de transferência $\theta(s)/V_c(s)$ e desenhe o diagrama de blocos do sistema. Admita $v_d = k_2 i_q$ e $v_q = k_1 i_c$.

P2.12 Para o sistema de controle em malha aberta descrito pelo diagrama de blocos mostrado na Figura P2.12, determine o valor de K tal que $y(t) \to 1$ à medida que $t \to \infty$, quando $r(t)$ é uma entrada em degrau unitário. Admita condições iniciais nulas.

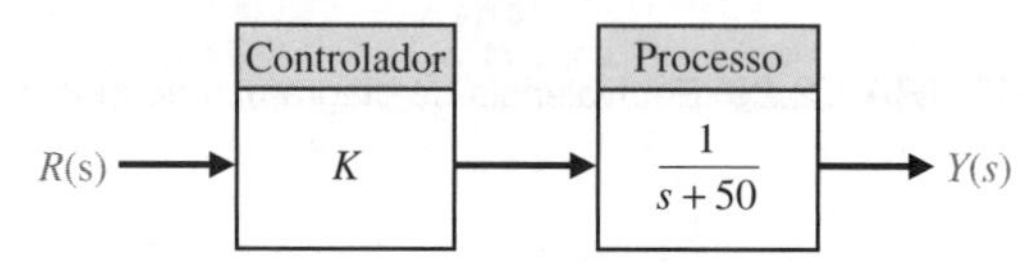

FIGURA P2.12 Sistema de controle em malha aberta.

P2.13 Um sistema de controle eletromecânico em malha aberta é mostrado na Figura P2.13. O gerador, acionado em velocidade constante, fornece a tensão de campo para o motor. O motor possui inércia J_m e atrito de mancal b_m. Obtenha a função de transferência $\theta_C(s)/V_c(s)$ e desenhe um diagrama de blocos do sistema. A tensão do gerador v_g pode ser considerada proporcional à corrente de campo i_c.

P2.14 Uma carga rotativa é conectada a um motor elétrico CC controlado pelo campo por meio de um sistema de engrenagens. O motor é suposto linear. Um teste resulta na carga de saída alcançando velocidade de 1 rad/s em 0,5 s quando uma tensão constante de 80 V é aplicada aos terminais do motor. A velocidade de saída em regime estacionário é de 2,4 rad/s. Determine a função de transferência

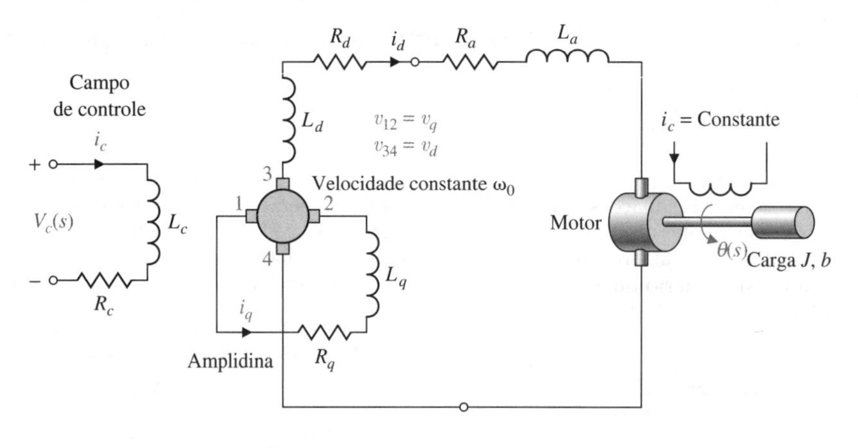

FIGURA P2.11 Amplidina e motor controlado pela armadura.

FIGURA P2.13 Motor e gerador.

$\theta(s)/V_c(s)$ do motor, em rad/V. A indutância do campo pode ser considerada desprezível. Observe também que a aplicação de 80 V aos terminais do motor é uma entrada em degrau de 80 V de magnitude.

P2.15 Considere o sistema massa-mola representado na Figura P2.15. Determine uma equação diferencial que descreva o movimento da massa m. Obtenha a resposta do sistema, $x(t)$, com condições iniciais $x(0) = x_0$ e $\dot{x}(0) = 0$.

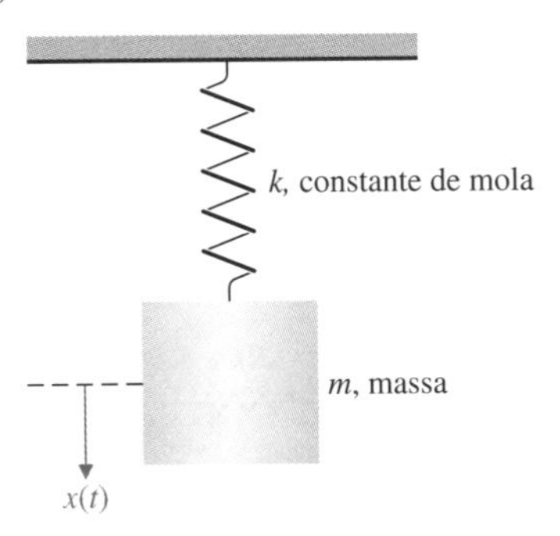

FIGURA P2.15 Sistema massa-mola suspenso.

P2.16 Um sistema mecânico é mostrado na Figura P2.16, o qual é submetido a um deslocamento conhecido $x_3(t)$ com respeito à referência. (a) Determine as duas equações de movimento independentes. (b) Obtenha as equações de movimento em termos da transformada de Laplace, admitindo-se condições iniciais nulas. (c) Esboce um diagrama de fluxo de sinal representando as equações do sistema. (d) Obtenha o relacionamento $T_{13}(s)$ entre $X_1(s)$ e $X_3(s)$ usando a fórmula de Mason para o ganho do diagrama de fluxo de sinal. Compare o trabalho necessário para obter $T_{13}(s)$ por métodos matriciais com o que usa a fórmula de Mason para o ganho do diagrama de fluxo de sinal.

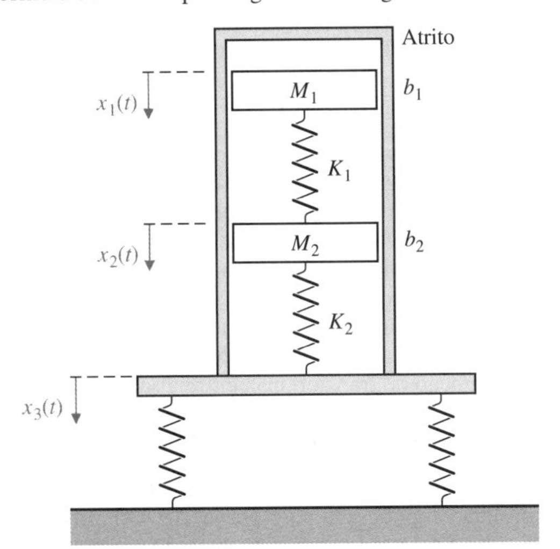

FIGURA P2.16 Sistema mecânico.

P2.17 Obtenha um diagrama de fluxo de sinal para representar o seguinte conjunto de equações algébricas, em que x_1 e x_2 devem ser consideradas as variáveis dependentes e 6 e 11 são as entradas:

$$x_1 + 1{,}5x_2 = 6, \qquad 2x_1 + 4x_2 = 11.$$

Determine o valor de cada uma das variáveis dependentes usando a fórmula do ganho. Depois de calcular x_1, por meio da fórmula de Mason para o ganho do diagrama de fluxo de sinal, verifique a solução usando a regra de Cramer.

P2.18 Um circuito LC em cascata é mostrado na Figura P2.18. É possível escrever as equações que descrevem o circuito como a seguir:

$$I_1 = (V_1 - V_a)Y_1, \qquad V_a = (I_1 - I_a)Z_2,$$

$$I_a = (V_a - V_2)Y_3, \qquad V_2 = I_aZ_4.$$

Construa um diagrama de fluxo a partir das equações e determine a função de transferência $V_2(s)/V_1(s)$.

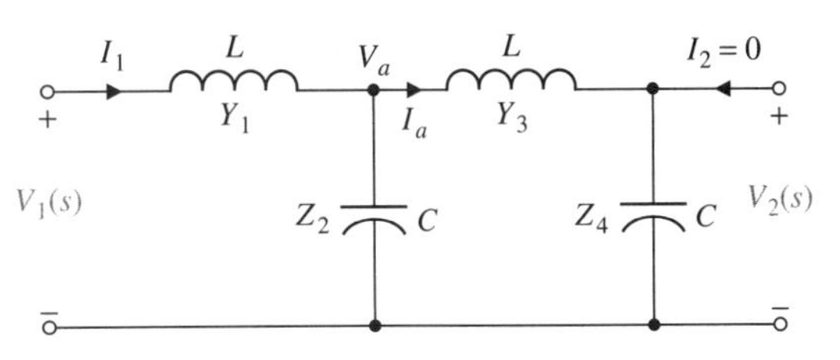

FIGURA P2.18 Circuito LC em cascata.

P2.19 O amplificador seguidor de fonte fornece baixa impedância de saída e um ganho essencialmente unitário. O diagrama do circuito é mostrado na Figura P2.19(a) e o modelo para pequenos sinais é mostrado na Figura P2.19(b). Este circuito utiliza um FET (*field effector transistor* – transistor de efeito de campo) e fornece um ganho aproximadamente unitário. Admita que $R_2 >> R_1$ para fins de polarização, e que $R_g >> R_2$. (a) Calcule o ganho do amplificador. (b) Calcule o ganho quando $g_m = 2.000\ \mu\Omega$ e $R_s = 10\ \text{k}\Omega$, em que $R_s = R_1 + R_2$. (c) Esboce um diagrama de blocos que represente as equações do circuito.

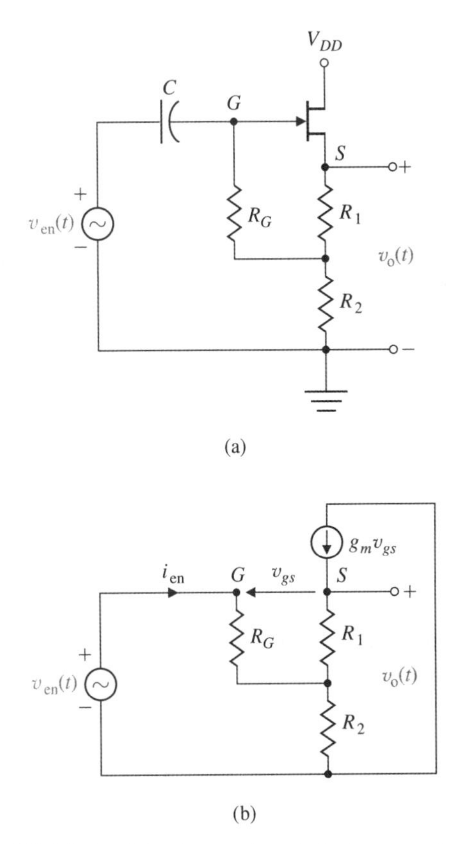

FIGURA P2.19 Amplificador seguidor de fonte ou de dreno comum usando um FET.

P2.20 Um servomecanismo hidráulico com realimentação mecânica é mostrado na Figura P2.20 [18]. O pistão de potência possui área igual a A. Quando a válvula é movimentada a uma pequena distância Δz, o óleo fluirá para o cilindro à taxa $p \cdot \Delta z$, em que p é o coeficiente da abertura. A pressão de entrada do óleo é admitida constante. A partir da geometria, verifica-se que $\Delta z = k\dfrac{l_1 - l_2}{l_1}(x - y) - \dfrac{l_2}{l_1}y$.

(a) Determine o diagrama de fluxo de sinal ou o diagrama de blocos em malha fechada para este sistema mecânico. (b) Obtenha a função de transferência em malha fechada $Y(s)/X(s)$.

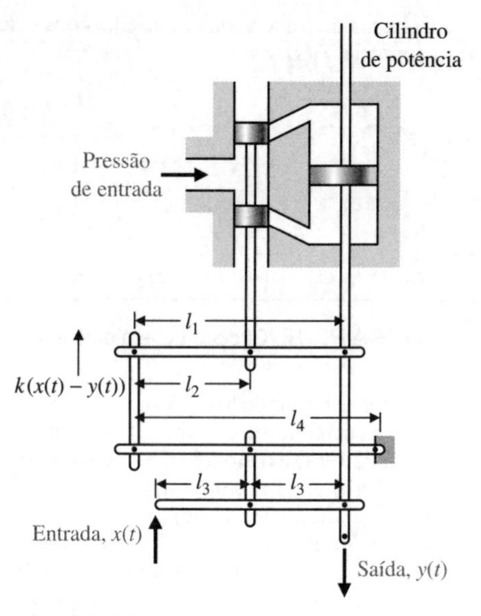

FIGURA P2.20 Servomecanismo hidráulico.

P2.21 A Figura P2.21 mostra dois pêndulos suspensos por pivôs sem atrito e conectados em seus pontos médios por uma mola [1]. Admita que cada pêndulo pode ser representado por uma massa M na extremidade de uma barra, sem massa, de comprimento L. Considere também que o deslocamento é pequeno e que aproximações lineares podem ser usadas para sen θ e cos θ. A mola localizada no meio das barras fica não distendida quando $\theta_1 = \theta_2$. A força de entrada é representada por $f(t)$, a qual influencia somente a barra da esquerda. (a) Obtenha as equações do movimento e esboce um diagrama de blocos para elas. (b) Determine a função de transferência $T(s) = \theta_1(s)/F(s)$. (c) Esboce a posição dos polos e zeros de $T(s)$ no plano s.

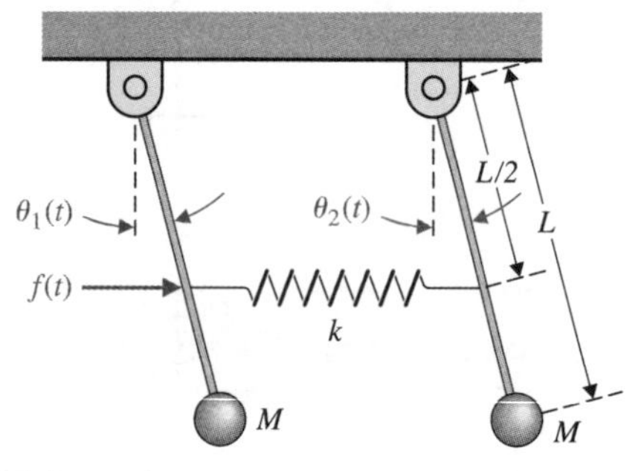

FIGURA P2.21 Ambas as barras têm comprimento L e a mola está localizada a $L/2$.

P2.22 Um seguidor de tensão (amplificador compensador) é mostrado na Figura P2.22. Mostre que $T = V_o(s)/V_{en}(s) = 1$. Admita um amp-op ideal.

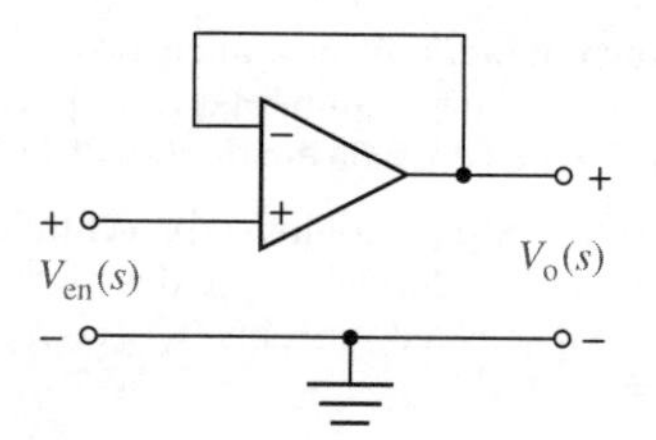

FIGURA P2.22 Amplificador compensador.

P2.23 O circuito equivalente para pequenos sinais de um amplificador a transistor na configuração emissor comum é mostrado na Figura P2.23. O amplificador a transistor inclui um resistor de realimentação R_f. Determine a relação entrada-saída $V_{ce}(s)/V_{en}(s)$.

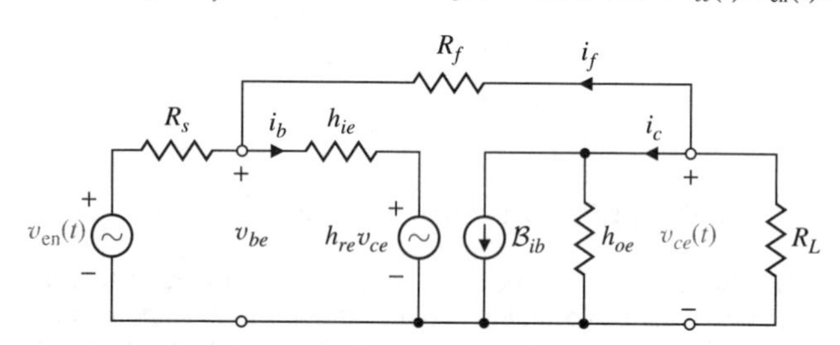

FIGURA P2.23 Amplificador emissor comum.

P2.24 Um amplificador de tensão com realimentação com dois transistores em cascata é mostrado na Figura P2.24(a). Este circuito equivalente CA despreza os resistores de polarização e os capacitores de desvio (*shunt*). Um diagrama de blocos representando o circuito é mostrado na Figura P2.24(b). Esse diagrama despreza os efeitos de h_{re}, que é usualmente uma aproximação exata, e considera que $R_2 + R_L >> R_1$. (a) Determine o ganho de tensão $V_o(s)/V_{en}(s)$. (b) Determine o ganho de corrente i_{c2}/i_{b1}. (c) Determine a impedância de entrada $V_{en}(s)/I_{b1}(s)$.

P2.25 H. S. Black é conhecido por ter desenvolvido um amplificador com realimentação negativa em 1927. Frequentemente esquecido é o fato de que três anos antes ele tinha inventado uma técnica de projeto de circuito conhecida como correção por ação à frente [19]. Experimentos recentes têm mostrado que essa técnica oferece o potencial para produzir uma excelente estabilização de amplificadores. O amplificador de Black é mostrado na Figura P2.25(a) na forma registrada em 1924. O diagrama de blocos é mostrado na Figura P2.25(b). Determine a função de transferência entre a saída $Y(s)$ e a entrada $R(s)$ e entre a saída e a perturbação $T_p(s)$. $G(s)$ é usada para denotar o amplificador representado por μ na Figura P2.25(a).

P2.26 Um robô possui flexibilidade significativa nos membros do braço com uma carga pesada na garra [6, 20]. Um modelo de duas massas do robô é mostrado na Figura P2.26. Determine a função de transferência $Y(s)/F(s)$.

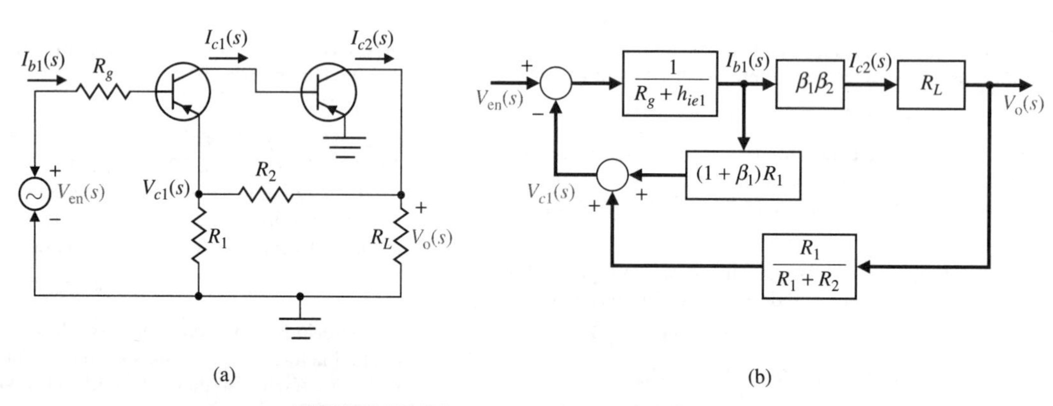

FIGURA P2.24 Amplificador com realimentação.

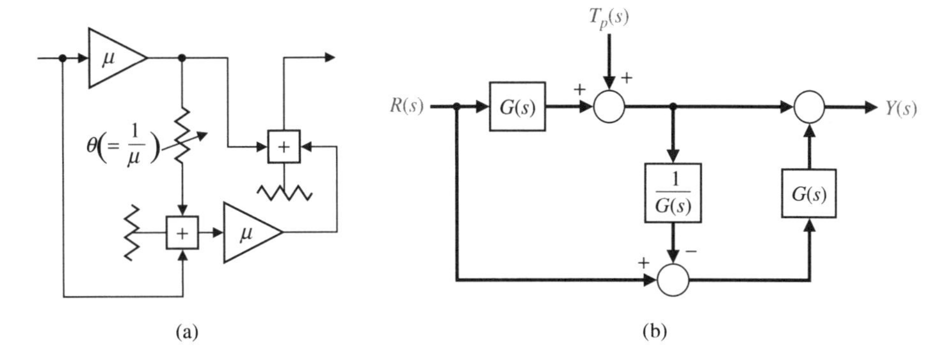

FIGURA P2.25 Amplificador de H. S. Black.

FIGURA P2.26 Modelo massa-mola-amortecedor de um braço robótico.

P2.27 Trens levitados magneticamente fornecem uma alternativa de alta velocidade e atrito muito baixo às rodas de aço sobre trilhos de aço. O trem flutua sobre uma camada de ar, como mostrado na Figura P2.27 [25]. A força de levitação F_L é controlada pela corrente nas bobinas de levitação i e pode ser aproximada por

$$F_L = k\frac{i^2}{z^2},$$

em que z é o intervalo de ar. Essa força é oposta à força descendente $F = mg$. Determine a relação linearizada entre o intervalo de ar z e a corrente de controle nas proximidades da condição de equilíbrio.

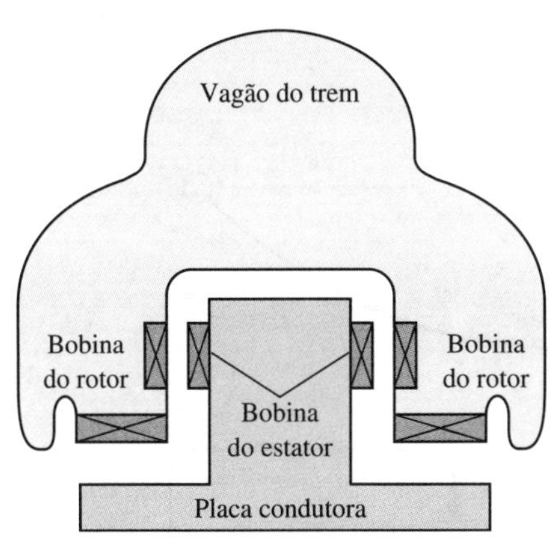

FIGURA P2.27 Vista em corte do trem.

P2.28 Um modelo com múltiplas malhas de um sistema ecológico urbano poderia incluir as seguintes variáveis: número de pessoas na cidade (P), modernização (M), migração para a cidade (C), instalações para saneamento (S), número de doenças (D), bactérias/área (B) e quantidade de lixo por área (L), em que o símbolo para a variável é dado entre parênteses. Os seguintes laços de causa e efeito são tomados como hipóteses:

1. $P \to L \to B \to D \to P$
2. $P \to M \to C \to P$
3. $P \to M \to S \to D \to P$
4. $P \to M \to S \to B \to D \to P$

Esboce um diagrama de fluxo de sinal para esses relacionamentos de causalidade, usando símbolos de ganho apropriados. Indique se cada ganho considerado deve ser positivo ou negativo. Por exemplo, a conexão causal de S para B é negativa porque um aumento das instalações de saneamento conduz a uma redução no número de bactérias/área. Quais dos quatro laços são malhas de realimentação positiva e quais são malhas de realimentação negativa?

P2.29 Deseja-se equilibrar uma esfera que rola sobre uma barra oscilante, como mostrado na Figura P2.29. Admite-se que a corrente de entrada do motor i controla o torque com atrito desprezível. Admite-se que a barra pode ser equilibrada próximo à horizontal ($\phi = 0$); desse modo, tem-se um pequeno desvio de $\phi(t)$. Encontre a função de transferência $X(s)/I(s)$ e desenhe um diagrama de blocos ilustrando a função de transferência e mostrando $\phi(s)$, $X(s)$ e $I(s)$.

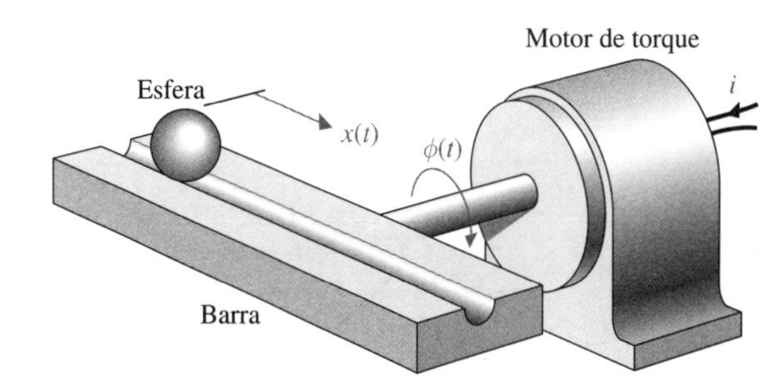

FIGURA P2.29 Barra oscilante e esfera.

P2.30 O elemento de medida ou sensor em um sistema com realimentação é importante para a exatidão do sistema [6]. A resposta dinâmica do sensor é importante. Muitos elementos sensores possuem a função de transferência

$$H(s) = \frac{k}{\tau s + 1}$$

Admita que um fotodetector sensível à posição tenha $\tau = 10\ \mu s$. Obtenha a resposta ao degrau do sistema. Mostre que a velocidade de resposta a degrau é independente de k. Determine o tempo para atingir 98% do valor final.

P2.31 Um sistema de controle interativo com duas entradas e duas saídas é mostrado na Figura P2.31. Resolva para $Y_1(s)/R_1(s)$ e $Y_2(s)/R_1(s)$, quando $R_2 = 0$.

P2.32 Um sistema consiste em dois motores elétricos que são acoplados por uma correia flexível contínua. A correia também passa sobre um braço oscilante que é instrumentado para permitir a medição da velocidade e da tração da correia. O problema básico de controle é regular a velocidade da correia e a tração variando-se os torques dos motores.

Um exemplo de sistema prático semelhante ao mostrado ocorre nos processos de manufatura de fibras têxteis, quando o fio é enrolado de um carretel para outro em alta velocidade. Entre os dois carretéis, o fio é processado de uma forma que pode requerer

FIGURA P2.31 Sistema interativo.

que a velocidade e a tração sejam controladas entre limites definidos. Um modelo do sistema é mostrado na Figura P2.32. Encontre $Y_2(s)/R_1(s)$. Determine um relacionamento para o sistema que fará Y_2 independente de R_1.

P2.33 Encontre a função de transferência $Y(s)/R(s)$ para o sistema de controle de velocidade em marcha lenta de um motor com injeção de combustível, como mostrado na Figura P2.33.

P2.34 O sistema de suspensão para uma roda de uma caminhonete clássica é ilustrado na Figura P2.34. A massa do veículo é m_1 e a massa da roda é m_2. A mola da suspensão tem uma constante de mola k_1 e o pneu tem uma constante de mola k_2. A constante de amortecimento do amortecedor é b. Obtenha a função de transferência $Y_1(s)/X(s)$, a qual representa a resposta do veículo aos solavancos na estrada.

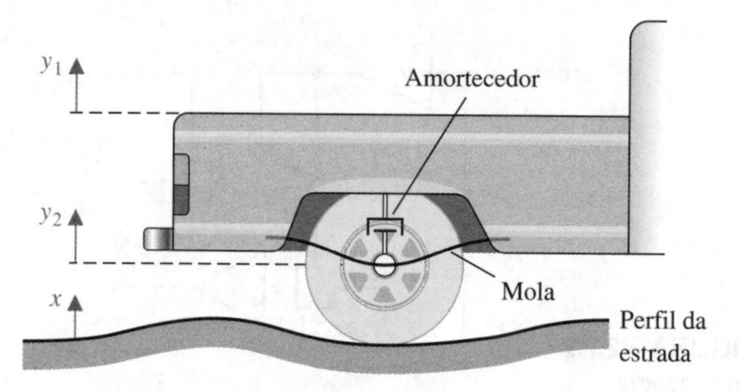

FIGURA P2.34 Suspensão da caminhonete.

P2.35 Um sistema de controle com realimentação tem a estrutura mostrada na Figura P2.35. Determine a função de transferência em malha fechada $Y(s)/R(s)$ (a) por meio da manipulação de diagrama de blocos e (b) pelo uso do diagrama de fluxo de sinal e da fórmula de Mason para o ganho do diagrama de fluxo de sinal. (c) Escolha os ganhos K_1 e K_2 de modo que a resposta em malha fechada para uma entrada em degrau seja criticamente amortecida com duas raízes iguais em $s = -10$. (d) Trace o gráfico da resposta criticamente amortecida para uma entrada em degrau unitário. Qual o tempo requerido para que a resposta ao degrau atinja 90% do seu valor final?

P2.36 Um sistema é representado pela Figura P2.36. (a) Determine a expansão em frações parciais e $y(t)$ para uma entrada rampa $r(t) = t, t \geq 0$. (b) Obtenha um gráfico de $y(t)$ para a parte (a) e encontre $y(t)$ para $t = 1{,}0$ s. (c) Determine a resposta ao impulso do sistema, $y(t)$ para $t \geq 0$. (d) Obtenha o gráfico de $y(t)$ para a parte (c) e encontre $y(t)$ para $t = 1{,}0$ s.

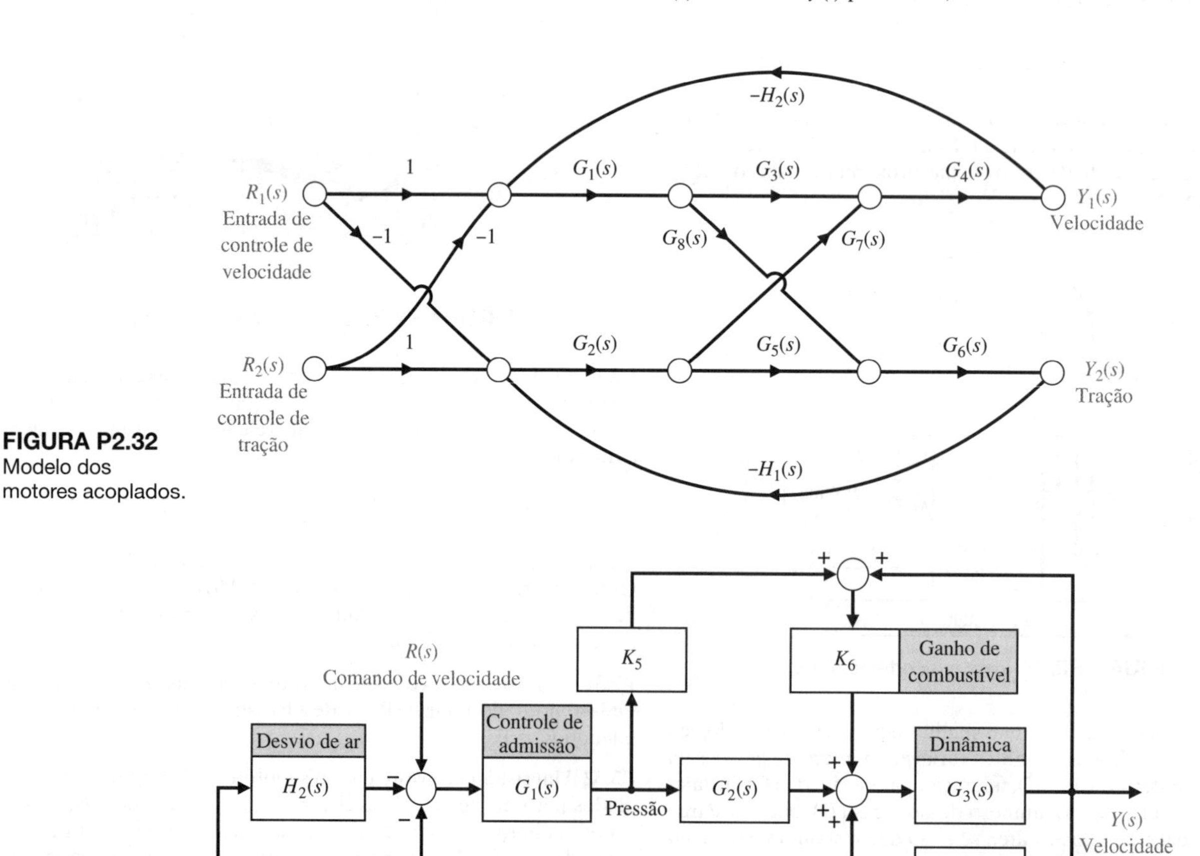

FIGURA P2.32 Modelo dos motores acoplados.

FIGURA P2.33 Sistema de controle de velocidade em marcha lenta.

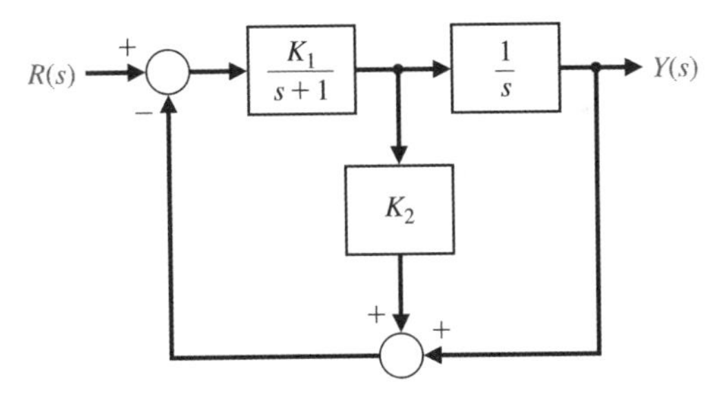

FIGURA P2.35 Sistema com múltiplas malhas de realimentação.

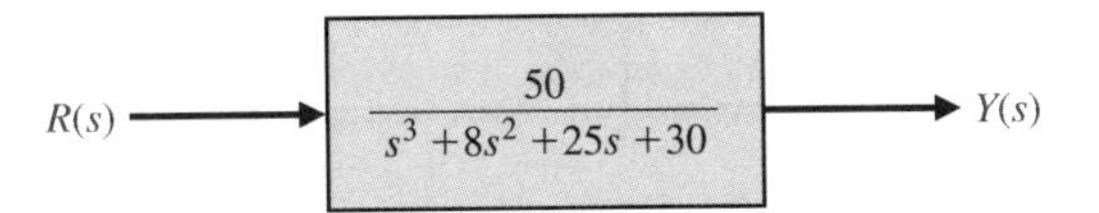

FIGURA P2.36 Sistema de terceira ordem.

P2.37 Um sistema de duas massas é mostrado na Figura P2.37 com força de entrada $u(t)$. Quando $m_1 = m_2 = 1$ e $K_1 = K_2 = 1$, (a) encontre o conjunto de equações diferenciais que descrevem o sistema e (b) calcule a função de transferência de $U(s)$ para $Y(s)$.

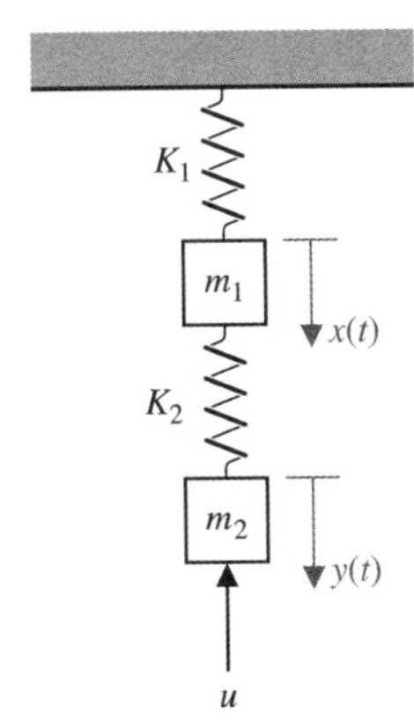

FIGURA P2.37 Sistema de duas massas.

P2.38 Um oscilador de torção consiste em duas esferas de aço em cada extremidade de uma longa haste delgada, como mostrado na Figura P2.38. A haste está suspensa por meio de um fio fino que pode ser torcido continuamente, sem se partir. O dispositivo será torcido até 4.000 graus. Quanto tempo levará até que o movimento decaia para uma oscilação de apenas 10 graus? Admita que o fio possua uma constante de mola rotacional de 2×10^{-4} N m/rad e que o coeficiente de atrito viscoso da esfera no ar é 2×10^{-4} N ms/rad. A esfera possui uma massa de 1 kg.

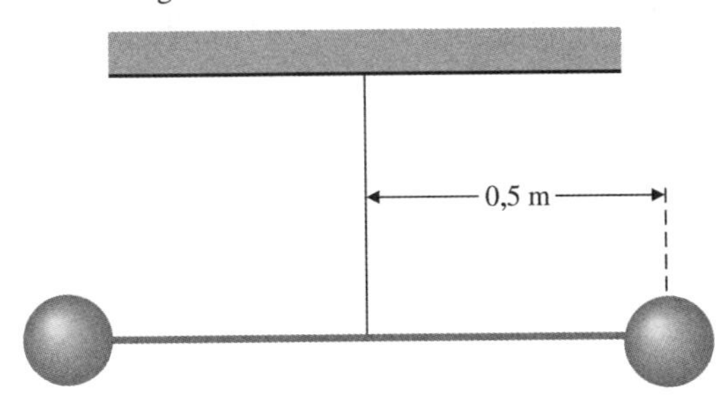

FIGURA P2.38 Oscilador de torção.

P2.39 Para o circuito da Figura P2.39, determine a transformada da tensão de saída $V_0(s)$. Admita que o circuito esteja em regime estacionário quando $t < 0$. Admita que a chave se mova instantaneamente do contato 1 para o contato 2 em $t = 0$.

P2.40 Um dispositivo de amortecimento é utilizado para reduzir vibrações indesejadas de máquinas. Um fluido viscoso, tal como um

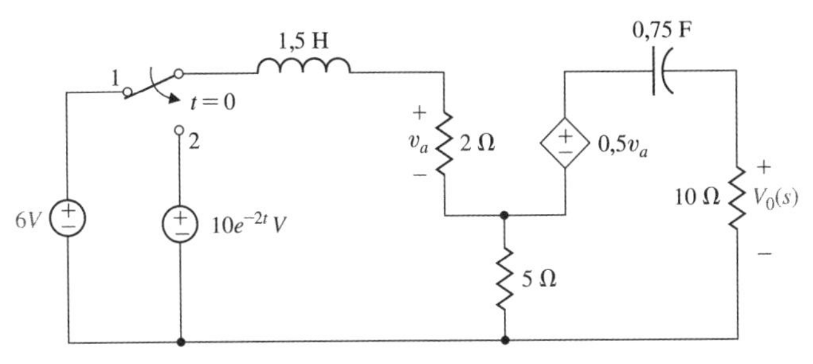

FIGURA P2.39 Modelo de um circuito eletrônico.

óleo pesado, é colocado entre as rodas, como mostrado na Figura P2.40. Quando a vibração se torna excessiva, o movimento relativo das duas rodas cria o amortecimento. Quando o dispositivo está girando sem vibração, não existe movimento relativo e não ocorre amortecimento. Encontre $\theta_1(s)$ e $\theta_2(s)$. Admita que o eixo possua uma constante de mola K e que b é a constante de amortecimento do fluido. O torque de carga é T.

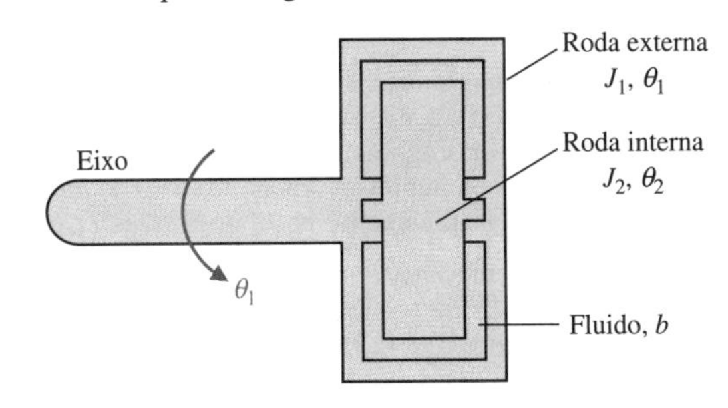

FIGURA P2.40 Vista em corte de um dispositivo de amortecimento.

P2.41 O controle lateral de um foguete com motor de tubeira móvel é mostrado na Figura P2.41. O desvio lateral a partir da trajetória desejada é h e a velocidade axial do foguete é V. O torque de controle do motor é $T_c(s)$ e o torque de perturbação é $T_p(s)$. Deduza as equações descritivas de um modelo linear do sistema e desenhe o diagrama de blocos com as funções de transferência apropriadas.

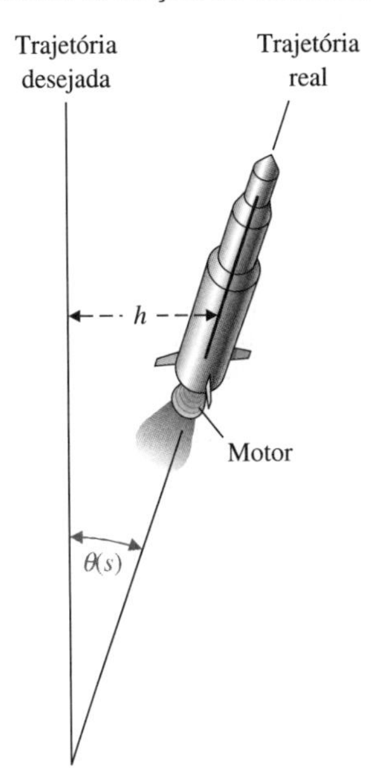

FIGURA P2.41 Foguete com tubeira móvel.

P2.42 Em muitas aplicações, como a leitura de códigos de produtos em supermercados, na impressão e na manufatura, um dispositivo de leitura óptica (*scanner* óptico) é utilizado para ler códigos, como mostrado na Figura P2.42. À medida que o espelho gira, uma força de atrito proporcional à sua velocidade angular é desenvolvida.

A constante de atrito é igual a 0,06 N s/rad e o momento de inércia é igual a 0,1 kg m². A variável de saída é a velocidade $\omega(t)$. (a) Obtenha a equação diferencial para o motor. (b) Ache a resposta do sistema quando o torque do motor de entrada é um degrau unitário e a velocidade inicial em $t = 0$ é igual a 0,7.

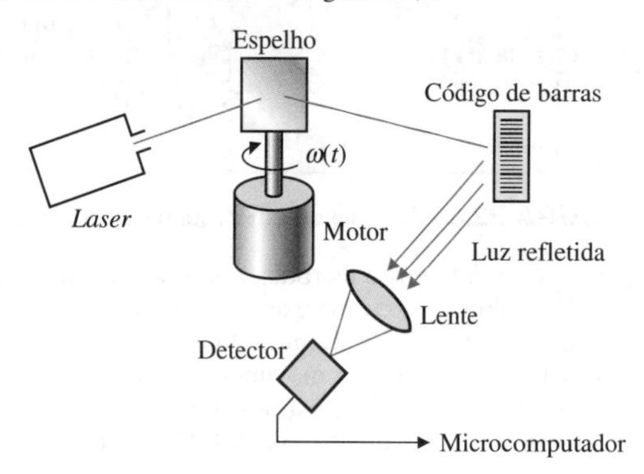

FIGURA P2.42 Leitor óptico.

P2.43 Um conjunto de engrenagens ideal é mostrado na Tabela 2.4, item 10. Despreze a inércia e o atrito das engrenagens e admita que o trabalho realizado por uma engrenagem seja igual ao realizado pela outra. Deduza os relacionamentos dados no item 10 da Tabela 2.4. Determine também o relacionamento entre os torques T_m e T_C.

P2.44 Um conjunto de engrenagens ideal é conectado a uma carga cilíndrica, maciça, como mostrado na Figura P2.44. A inércia do eixo do motor e da engrenagem G_2 é J_m. Determine (a) a inércia da carga J_C e (b) o torque T no eixo do motor. Admita que o atrito na carga seja b_C e que o atrito no eixo do motor seja b_m. Admita também que a massa específica do disco de carga seja ρ e que a relação de engrenagens é n. *Dica*: O torque no eixo do motor é dado por $T = T_1 + T_m$.

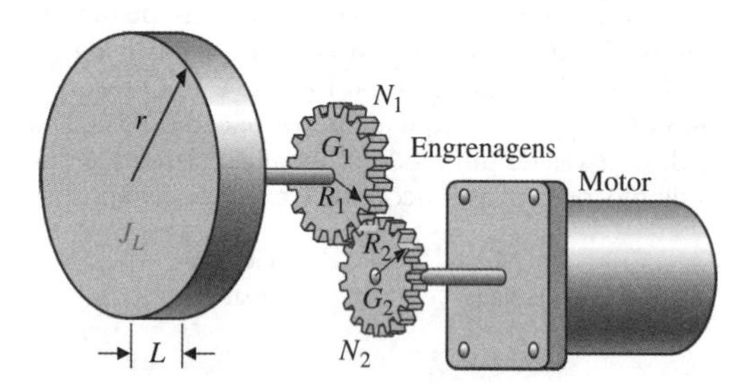

FIGURA P2.44 Motor, engrenagens e carga.

P2.45 Para utilizar a vantagem da força dos manipuladores robóticos e a vantagem intelectual dos seres humanos, uma classe de manipuladores chamados de **extensores** foi examinada [22]. O extensor é definido como um manipulador ativo usado por um ser humano para aumentar sua força. O ser humano fornece uma entrada $U(s)$, como mostrado na Figura P2.45. O ponto terminal do extensor é $P(s)$. Determine a saída $P(s)$ para $U(s)$ e $F(s)$ na forma

$$P(s) = T_1(s)U(s) + T_2(s)F(s).$$

P2.46 Uma carga adicionada a um caminhão resulta em força $F(s)$ sobre a mola do suporte, e o pneu se deforma, como mostrado na Figura P2.46(a). O modelo para o movimento do pneu é mostrado na Figura P2.46(b). Determine a função de transferência $X_1(s)/F(s)$.

P2.47 O nível de água $h(t)$ em um tanque é controlado por um sistema em malha aberta, como mostrado na Figura P2.47. Um motor CC controlado pela corrente de armadura i_a gira um eixo, abrindo uma válvula. A indutância do motor CC é desprezível, isto é, $L_a = 0$. O atrito de rotação do eixo do motor e da válvula também é desprezível, isto é, $b = 0$. A altura da água no tanque é

$$h(t) = \int [1{,}6\theta(t) - h(t)]\,dt,$$

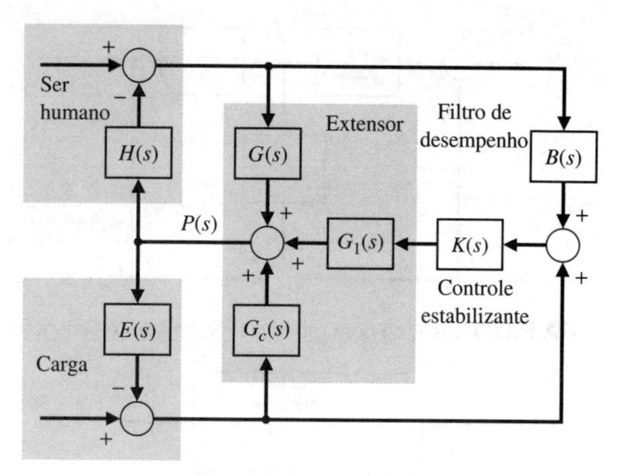

FIGURA P2.45 Modelo do extensor.

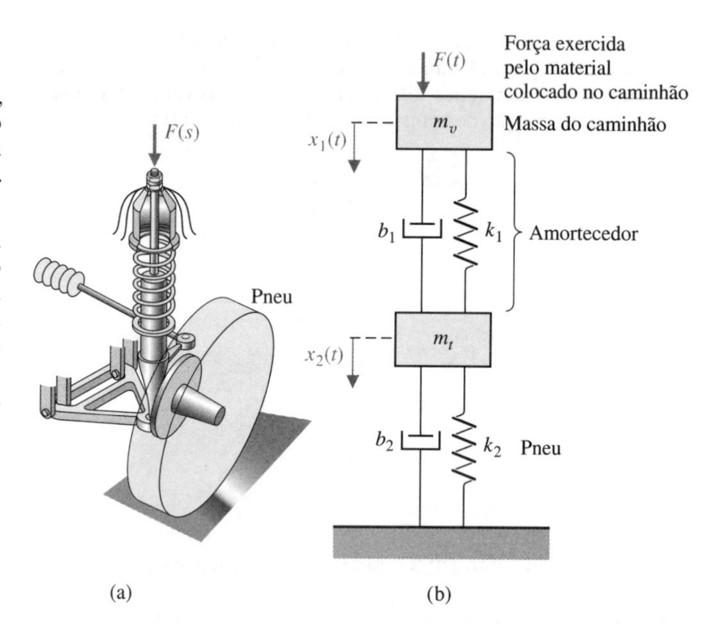

FIGURA P2.46 Modelo do suporte do caminhão.

a constante do motor é $K_m = 10$ e a inércia do motor e da válvula é $J = 6 \times 10^{-3}$ kg m². Determine (a) a equação diferencial para $h(t)$ e $v(t)$ e (b) a função de transferência $H(s)/V(t)$.

P2.48 O circuito mostrado na Figura P2.48 é chamado de filtro de avanço e atraso de fase.

(a) Encontre a função de transferência $V_2(s)/V_1(s)$. Admita um amp-op ideal.

(b) Determine $V_2(s)/V_1(s)$, quando $R_1 = 300$ kΩ, $R_2 = 200$ kΩ, $C_1 = 4$ μF e $C_2 = 0{,}2$ μF.

(c) Determine a expansão em frações parciais de $V_2(s)/V_1(s)$.

P2.49 Um sistema de controle em malha fechada é mostrado na Figura P2.49.

(a) Determine a função de transferência

$$T(s) = Y(s)/R(s).$$

(b) Determine os polos e zeros de $T(s)$.

(c) Use uma entrada em degrau unitário, $R(s) = 1/s$ e obtenha a expansão em frações parciais de $Y(s)$ e os valores dos resíduos.

(d) Desenhe o gráfico de $y(t)$ e discuta os efeitos dos polos real e complexos de $T(s)$. Os polos complexos ou o polo real dominam a resposta?

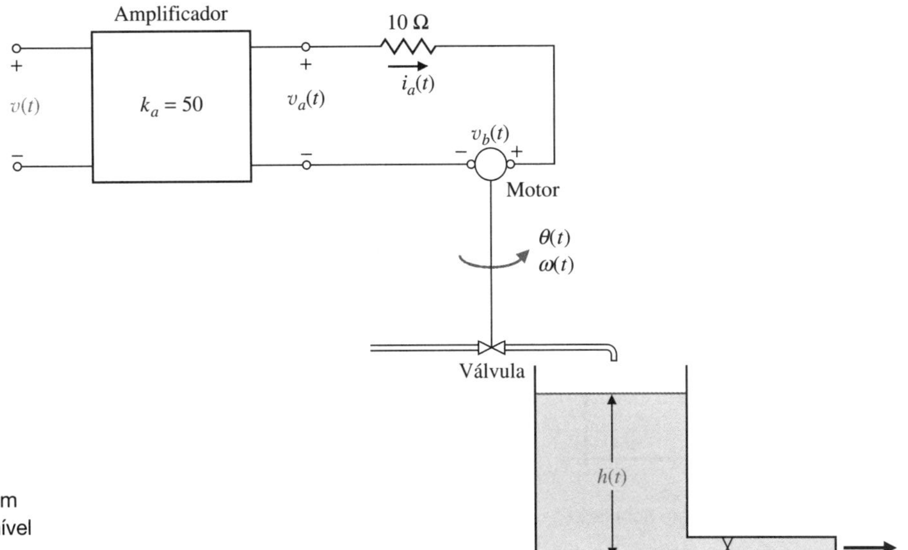

FIGURA P2.47 Sistema de controle em malha aberta para o nível de água de um tanque.

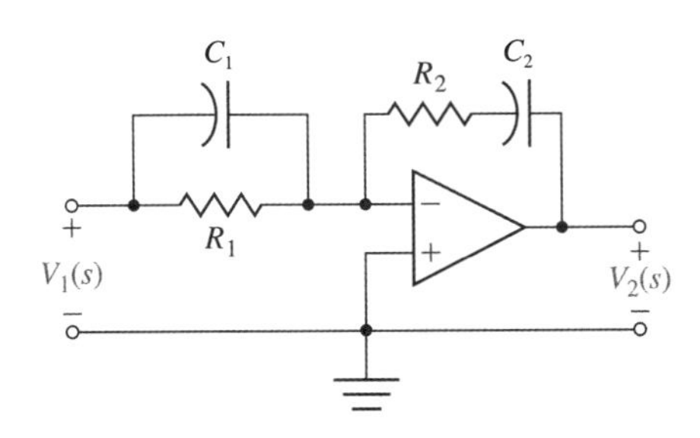

FIGURA P2.48 Filtro de avanço e atraso de fase.

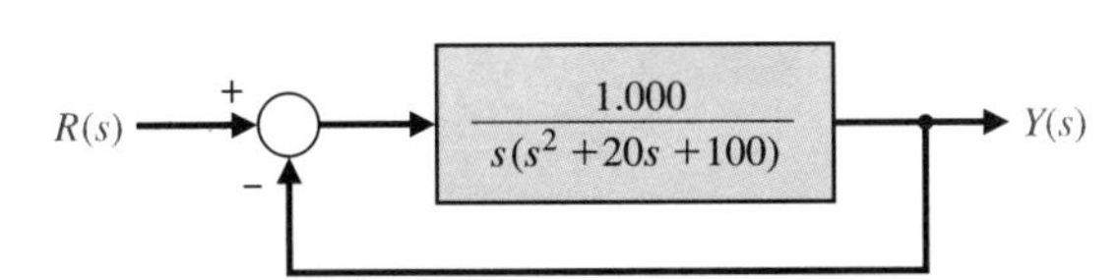

FIGURA P2.49 Sistema de controle com realimentação unitária.

P2.50 Um sistema de controle em malha fechada é mostrado na Figura P2.50.

(a) Determine a função de transferência $T(s) = Y(s)/R(s)$.

(b) Determine os polos e zeros de $T(s)$.

(c) Use uma entrada em degrau unitário, $R(s) = 1/s$ e obtenha a expansão em frações parciais de $Y(s)$ e os valores dos resíduos.

(d) Desenhe o gráfico de $y(t)$ e discuta os efeitos dos polos real e complexos de $T(s)$. Os polos complexos ou o polo real dominam a resposta?

(e) Prediga o valor final de $y(t)$ para a entrada em degrau unitário.

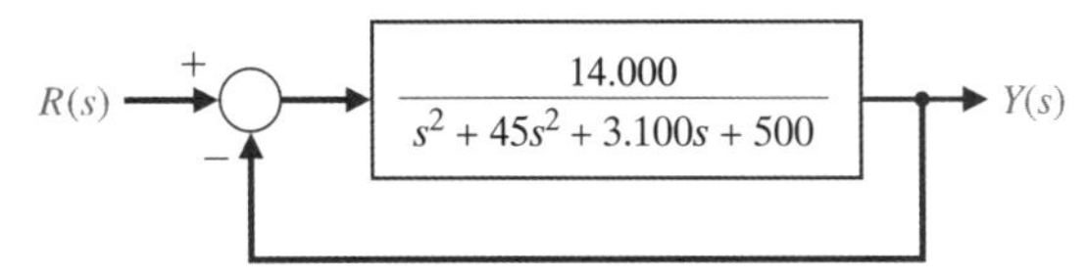

FIGURA P2.50 Sistema de terceira ordem com realimentação.

P2.51 Considere o sistema com duas massas na Figura P2.51. Encontre o conjunto de equações diferenciais que descreve o sistema.

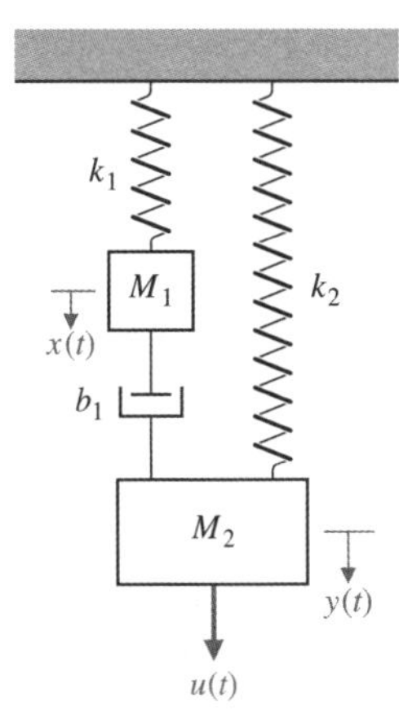

FIGURA P2.51 Sistema com duas massas, duas molas e um amortecedor.

PROBLEMAS AVANÇADOS

PA2.1 Um motor CC controlado pela armadura está acionando uma carga. A tensão de entrada é 5 V. A velocidade em $t = 2$ segundos é 30 rad/s e a velocidade de regime é 70 rad/s quando $t \to \infty$. Determine a função de transferência $\omega(s)/V(s)$.

PA2.2 Um sistema possui um diagrama de blocos, como mostrado na Figura PA2.2. Determine a função de transferência

$$T(s) = \frac{Y_2(s)}{R_1(s)}.$$

Deseja-se desacoplar $Y_2(s)$ de $R_1(s)$ obtendo-se $T(s) = 0$. Escolha $G_5(s)$ em termos dos outros $G_i(s)$ para obter o desacoplamento.

PA2.3 Considere o sistema de controle com realimentação na Figura PA2.3. Defina o erro de rastreamento como

$$E(s) = R(s) - Y(s).$$

(a) Determine um $H(s)$ apropriado, de modo que o erro de rastreamento seja nulo para qualquer entrada $R(s)$ na ausência de perturbações de entrada [isto é, quando $T_p(s) = 0$]. (b) Usando $H(s)$ determinado na parte (a), determine a resposta $Y(s)$ para uma perturbação $T_p(s)$ quando a entrada $R(s) = 0$. (c) É possível obter $Y(s) = 0$ para um distúrbio arbitrário $T_p(s)$ quando $G_p(s) \neq 0$? Explique sua resposta.

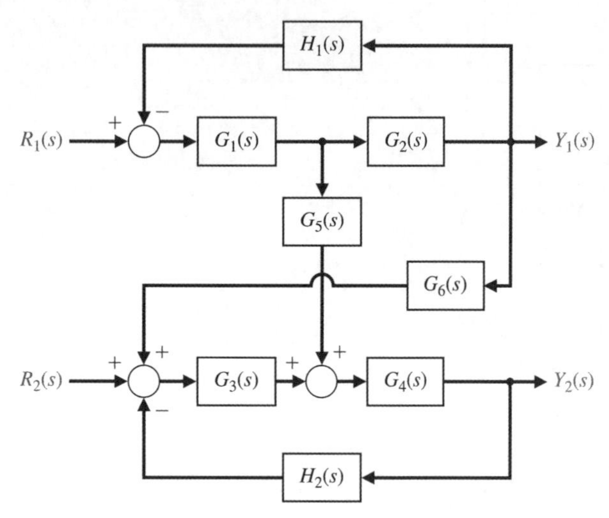

FIGURA PA2.2 Sistema de controle acoplado.

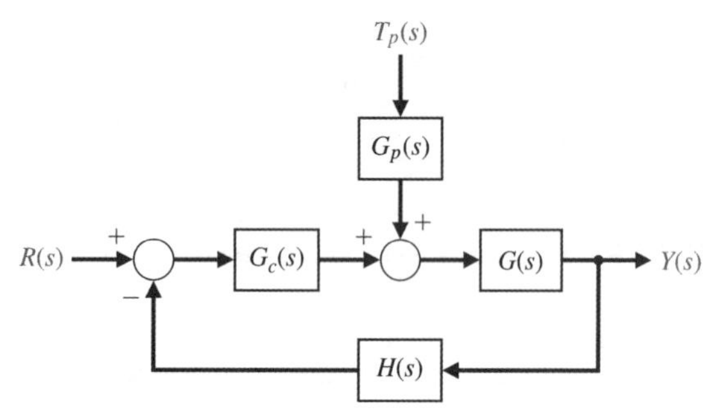

FIGURA PA2.3 Sistema com realimentação com uma entrada de perturbação.

PA2.4 Considere um sistema de aquecimento térmico dado por

$$\frac{\mathcal{T}(s)}{q(s)} = \frac{1}{C_t s + (QS + 1/R_t)},$$

em que a saída $\mathcal{T}(s)$ é a diferença de temperatura devida ao processo térmico e a entrada $q(s)$ é a vazão do fluxo térmico do elemento aquecedor. Os parâmetros do sistema são C_t, Q, S e R_t. O sistema de aquecimento térmico é ilustrado na Tabela 2.5. (a) Determine a resposta do sistema a um degrau unitário $q(s) = 1/s$. (b) Na medida em que $t \to \infty$, para qual valor a resposta ao degrau determinada na parte (a) tende? Isso é conhecido como a resposta em regime estacionário. (c) Descreva como você pode escolher os parâmetros do sistema C_t, Q, S e R_t para aumentar a velocidade de resposta do sistema a uma entrada em degrau.

PA2.5 Para o sistema de três carros (Figura PA2.5), obtenha as equações de movimento. O sistema possui três entradas $u_1(t)$, $u_2(t)$ e $u_3(t)$ e três saídas $x_1(t)$, $x_2(t)$ e $x_3(t)$. Obtenha três equações diferenciais ordinárias de segunda ordem com coeficientes constantes. Se possível, escreva as equações de movimento na forma matricial.

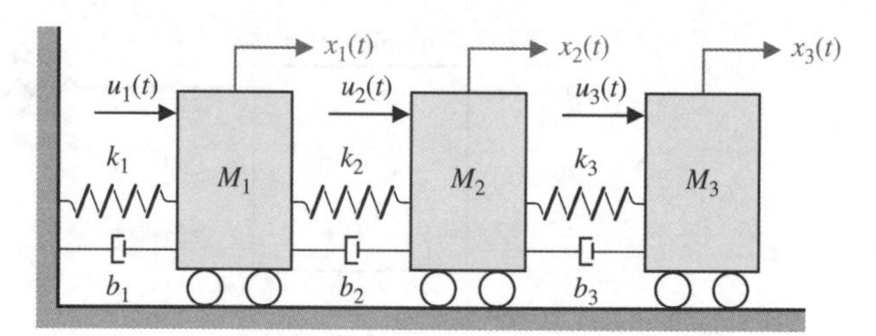

FIGURA PA2.5 Sistema de três carros com três entradas e três saídas.

PA2.6 Considere a estrutura de suspensão por guindaste na Figura PA2.6. Escreva as equações de movimento descrevendo o movimento do carro e da carga. A massa do carro é M, a da carga é m, o conector rígido sem massa tem comprimento L e o atrito é modelado como $F_b(t) = -b\dot{x}(t)$ em que $x(t)$ é a distância percorrida pelo carro.

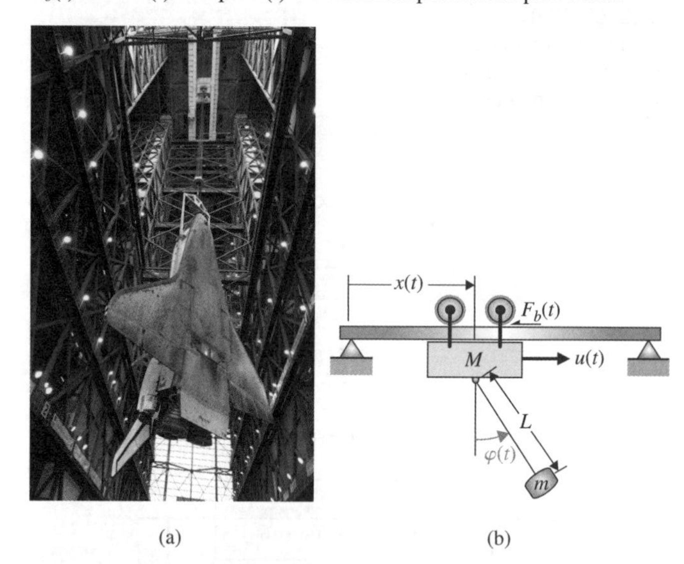

FIGURA PA2.6 (a) Suspensão por guindaste suportando o Ônibus Espacial Atlantis (créditos da imagem: NASA/Jack Pfaller) e (b) representação esquemática da estrutura de suspensão por guindaste.

PA2.7 Considere o sistema com realimentação unitária do diagrama de blocos da Figura PA2.7. Calcule analiticamente a resposta do sistema para uma perturbação em impulso. Determine uma relação entre o ganho K e o tempo mínimo que a resposta do sistema a uma perturbação em impulso leva para chegar a $y(t) < 0{,}5$. Admita que $K > 0$. Para que valor de K a resposta à perturbação chega a $y(t) = 0{,}5$ em $t = 0{,}01$?

PA2.8 Considere o sistema de controle de carretel de cabo da Figura PA2.8. Encontre os valores de K_t e K_a de modo que a máxima ultrapassagem percentual seja $M.U.P. \leq 15\%$ e a velocidade desejada em regime estacionário seja atingida. Calcule a resposta em malha fechada $y(t)$ analiticamente e confirme se a resposta em regime estacionário e a $M.U.P.$ atendem às especificações.

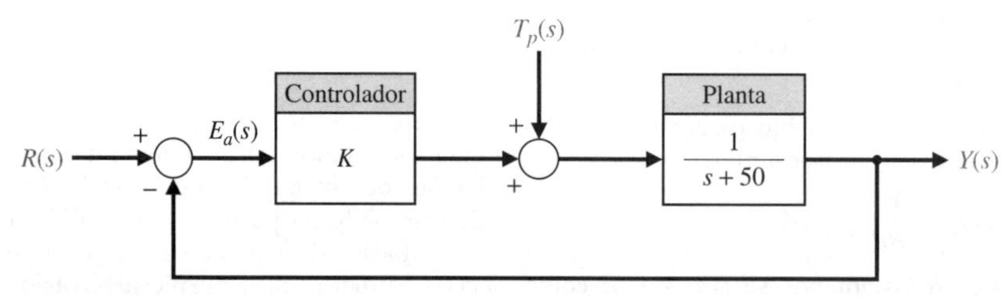

FIGURA PA2.7 Sistema de controle com realimentação unitária com controlador $G_c(s) = K$.

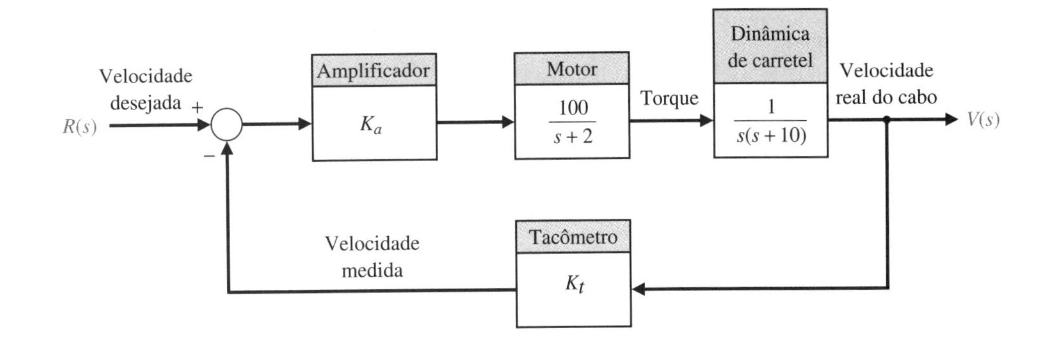

FIGURA PA2.8 Sistema de controle de carretel de cabo.

PA2.9 Considere o amplificador operacional inversor na Figura PA2.9. Encontre a função de transferência $V_o(s)/V_i(s)$. Mostre que a função de transferência pode ser expressa como

$$G(s) = \frac{V_o(s)}{V_i(s)} = K_P + \frac{K_I}{s} + K_D s,$$

em que os ganhos K_P, K_I e K_D são funções de C_1, C_2, R_1 e R_2. Este circuito é um controlador (PID) proporcional-integral-derivativo.

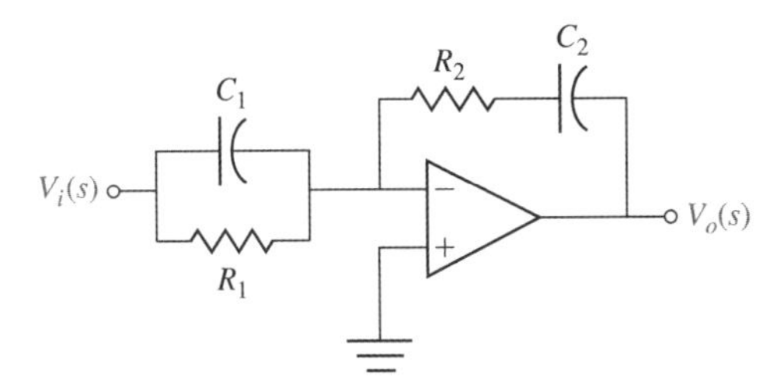

FIGURA PA2.9 Circuito com amplificador operacional inversor representando um controlador PID.

PROBLEMAS DE PROJETO

PPC2.1 Deseja-se posicionar com exatidão a mesa de uma máquina como mostrado na Figura PPC2.1. Um motor de acionamento por tração com sarilho possui algumas características desejáveis quando comparado com o dispositivo mais comum de fuso de esferas. O acionador por tração apresenta baixo atrito e não possui folgas. Entretanto, ele é sensível a perturbações. Desenvolva um modelo do acionador por tração mostrado na Figura PPC2.1(a) para os parâmetros dados na Tabela PPC2.1. O acionador utiliza um motor CC controlado pela armadura com um sarilho conectado ao eixo. A barra acionadora move a mesa corrediça linear. A corrediça deslizante usa um suporte de ar, de modo que seu atrito é desprezível. Considere o modelo em malha aberta, Figura PPC2.1(b), e sua função de transferência neste problema. A realimentação será introduzida posteriormente.

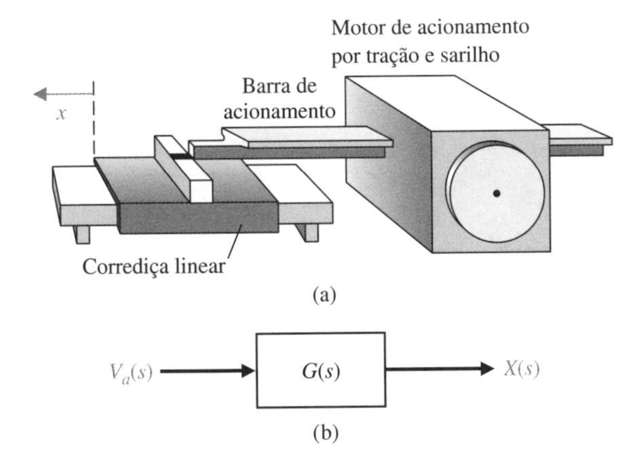

FIGURA PPC2.1 (a) Acionador por tração, sarilho e corrediça linear deslizante. (b) Modelo em diagrama de blocos.

PP2.1 Um sistema de controle é mostrado na Figura PP2.1. Com

$$G_1(s) = \frac{10}{s+10}$$

e

$$G_2(s) = \frac{1}{s},$$

determine os ganhos K_1 e K_2 tais que o valor final de $y(t)$ conforme $t \to \infty$ convirja para $y \to 1$ e os polos de malha fechada estejam localizados em $s_1 = -20$ e $s_2 = -0{,}5$.

Tabela PPC2.1 Parâmetros Típicos para o Motor CC Controlado pela Armadura, Sarilho e Corrediça

M_s	Massa da corrediça	5,693 kg
M_b	Massa da barra de acionamento	6,96 kg
J_m	Inércia do cilindro, haste, motor e tacômetro	$10{,}91 \cdot 10^{-3}$ kg m^2
r	Raio do cilindro	$31{,}75 \cdot 10^{-3}$ m
b_m	Amortecimento do motor	0,268 N ms/rad
K_m	Constante de torque	0,8379 N m/amp
K_{ce}	Constante de força contraeletromotriz	0,838 V s/rad
R_m	Resistência do motor	1,36 Ω
L_m	Indutância do motor	3,6 mH

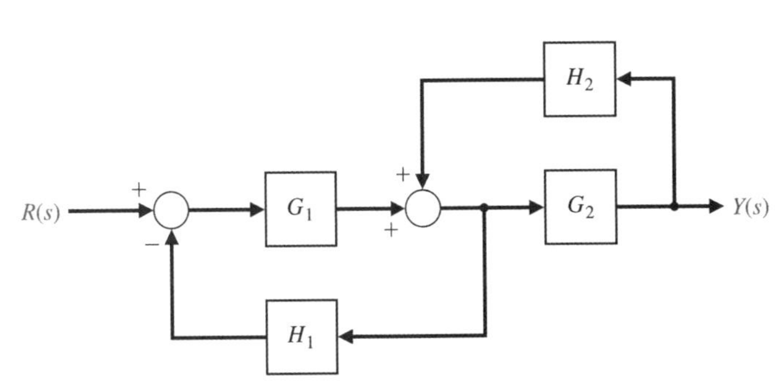

FIGURA PP2.1 Escolha de funções de transferência.

PP2.2 O circuito de feixe de um aparelho de televisão é representado pelo modelo na Figura PP2.2. Escolha a condutância desconhecida G de modo que a tensão v seja 24 V. Cada condutância é dada em siemens (S).

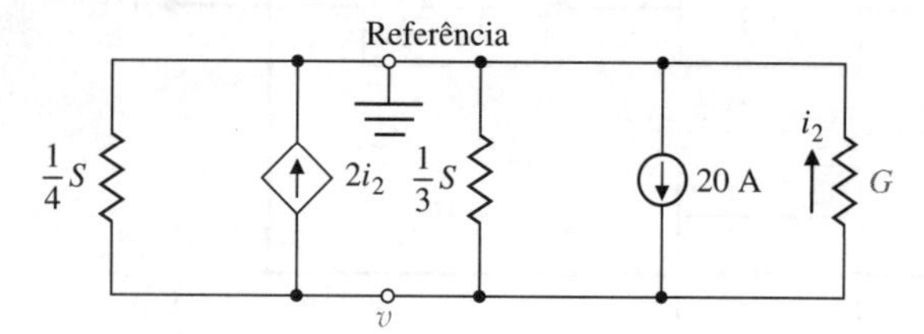

FIGURA PP2.2 Circuito de feixe de televisor.

PP2.3 Uma entrada $r(t) = t, t \geq 0$, é aplicada a uma caixa preta com função de transferência $G(s)$. A resposta resultante na saída, quando as condições iniciais são nulas, é

$$y(t) = \frac{1}{4}e^{-t} - \frac{1}{100}e^{-5t} - \frac{6}{25} + \frac{1}{5}t,\ t \geq 0.$$

Determine $G(s)$ para este sistema.

PP2.4 Um circuito com amplificador operacional que pode servir como filtro é mostrado na Figura PP2.4. Determine a função de transferência do circuito, admitindo um amp-op ideal. Encontre $v_0(t)$ quando a entrada é $v_1(t) = At, t \geq 0$.

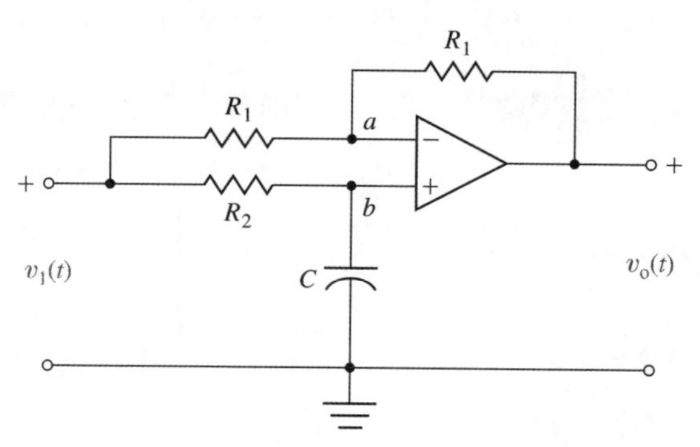

FIGURA PP2.4 Circuito com amplificador operacional.

PP2.5 Considere o relógio mostrado na Figura PP2.5. A haste do pêndulo, de comprimento L, sustenta um disco de pêndulo. Admita que a haste do pêndulo seja uma haste fina, rígida, e sem massa, e que o disco de pêndulo tenha uma massa m. Projete o comprimento do pêndulo L, de modo que o período do movimento seja de 2 segundos. Observe que com um período de 2 segundos cada "tique" e cada "taque" do relógio representam 1 segundo, como desejado. Suponha ângulos pequenos, $\varphi(t)$, na análise, de modo que sen $\varphi(t) \approx \varphi(t)$. Você pode explicar por que a maioria dos relógios de pêndulo tem cerca de 1,5 m ou mais de altura?

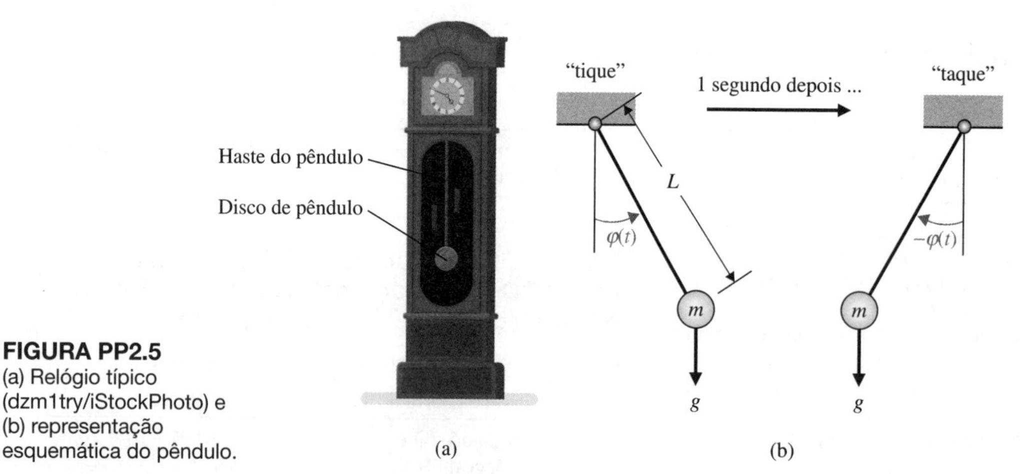

FIGURA PP2.5 (a) Relógio típico (dzm1try/iStockPhoto) e (b) representação esquemática do pêndulo.

PROBLEMAS COMPUTACIONAIS

PC2.1 Considere os dois polinômios

$$p(s) = s^2 + 8s + 12$$

e

$$q(s) = s + 2.$$

Calcule o seguinte:

(a) $p(s)\,q(s)$

(b) polos e zeros de $G(s) = \dfrac{q(s)}{p(s)}$

(c) $p(-1)$

PC2.2 Considere o sistema com realimentação descrito na Figura PC2.2.

(a) Calcule a função de transferência em malha fechada usando as funções series e feedback.

(b) Obtenha a resposta ao degrau unitário do sistema em malha fechada com a função step e verifique que o valor final da saída é 2/5.

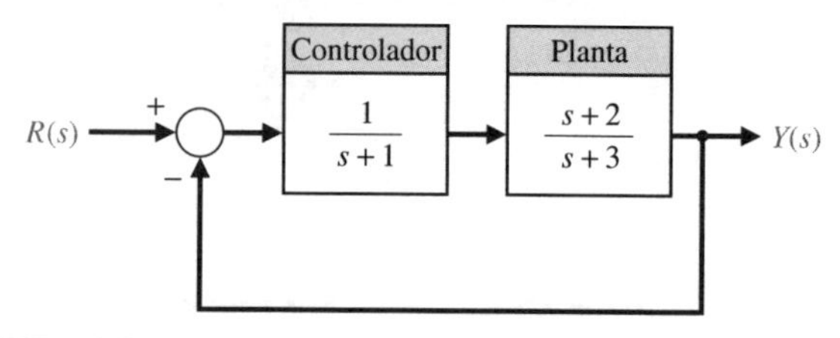

FIGURA PC2.2 Sistema de controle com realimentação negativa.

PC2.3 Considere a equação diferencial

$$\ddot{y}(t) + 8\dot{y}(t) + 16y(t) = 16u(t),$$

em que $y(0) = \dot{y}(0) = 0$ e $u(t)$ é um degrau unitário. Determine a solução $y(t)$ analiticamente e verifique-a traçando em um mesmo gráfico a solução analítica e a resposta ao degrau obtida com a função step.

PC2.4 Considere o sistema mecânico descrito na Figura PC2.4. A entrada é dada por $f(t)$ e a saída é $y(t)$. Determine a função de transferência de $f(t)$ para $y(t)$ e, usando uma sequência de instruções em arquivo m, trace o gráfico da resposta do sistema a uma entrada em degrau unitário. Sejam $m = 10$, $k = 1$ e $b = 0{,}5$. Mostre que a amplitude máxima da saída está em torno de 1,8.

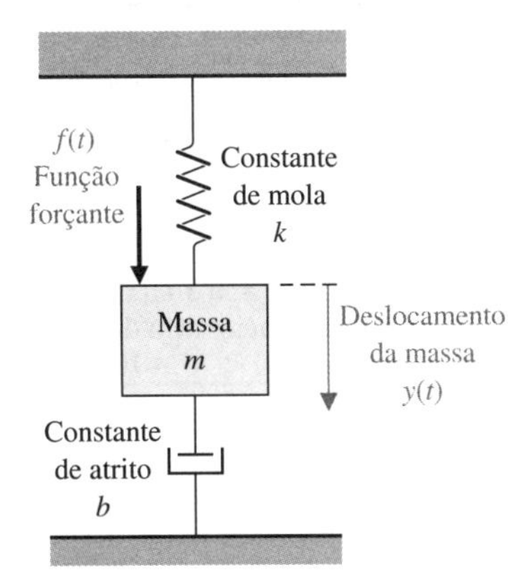

FIGURA PC2.4 Sistema mecânico massa-mola-amortecedor.

PC2.5 Um sistema de controle de atitude de um único eixo de um satélite pode ser representado pelo diagrama de blocos na Figura PC2.5. As variáveis k, a e b são parâmetros do controlador e J é o momento de inércia do veículo espacial. Admita que o valor nominal do momento de inércia seja J = 10,8E8 (slug ft^2) e que os valores dos parâmetros do controlador sejam k = 10,8E8, $a = 1$ e $b = 8$.

(a) Desenvolva uma sequência de instruções em arquivo m para calcular a função de transferência em malha fechada $T(s) = \theta(s)/\theta_d(s)$.

(b) Calcule e trace o gráfico da resposta ao degrau para uma entrada em degrau de 10°.

(c) O valor exato do momento de inércia é geralmente desconhecido e pode mudar lentamente com o tempo. Compare o desempenho da resposta ao degrau do veículo espacial quando J é reduzido de 20 e 50%. Use os parâmetros do controlador k = 10,8E8, $a = 1$ e $b = 8$ e uma entrada em degrau de 10°. Discuta os resultados.

PC2.6 Considere o diagrama de blocos na Figura PC2.6.

(a) Use uma sequência de instruções para reduzir o diagrama de blocos na Figura PC2.6 e calcule a função de transferência em malha fechada.

(b) Gere um diagrama de polos e zeros da função de transferência em malha fechada na forma gráfica usando a função pzmap.

(c) Determine explicitamente os polos e zeros da função de transferência em malha fechada usando as funções pole e zero, e correlacione os resultados com o diagrama de polos e zeros da parte (b).

PC2.7 Para o pêndulo simples mostrado na Figura PC2.7, a equação não linear do movimento é dada por

$$\ddot{\theta}(t) + \frac{g}{L}\operatorname{sen}\theta(t) = 0,$$

em que $L = 0{,}5$ m, $m = 1$ kg e $g = 9{,}8$ m/s^2. Quando a equação não linear é linearizada em torno do ponto de equilíbrio $\theta_0 = 0$, obtém-se o modelo linear invariante no tempo,

$$\ddot{\theta}(t) + \frac{g}{L}\theta(t) = 0.$$

Crie uma sequência de instruções em arquivo m para traçar o gráfico de ambas as respostas, não linear e linear, do pêndulo simples quando o ângulo inicial do pêndulo for $\theta(0) = 30°$ e explique quaisquer diferenças.

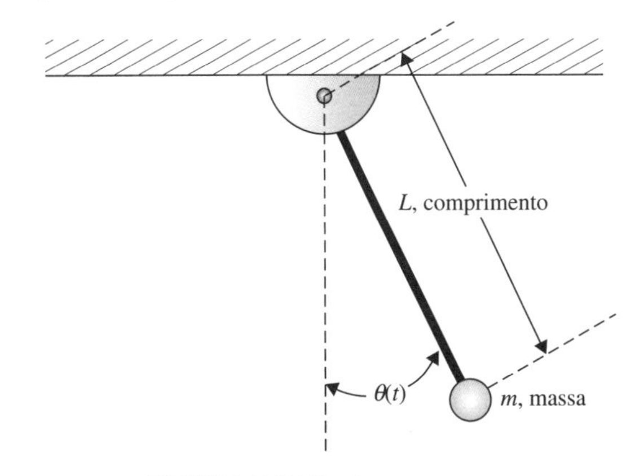

FIGURA PC2.7 Pêndulo simples.

PC2.8 Um sistema possui a função de transferência

$$\frac{X(s)}{R(s)} = \frac{(50/z)(s + z)}{s^2 + s + 50}.$$

Trace o gráfico da resposta do sistema quando $R(s)$ é um degrau unitário para o parâmetro $z = 1, 3$ e 10.

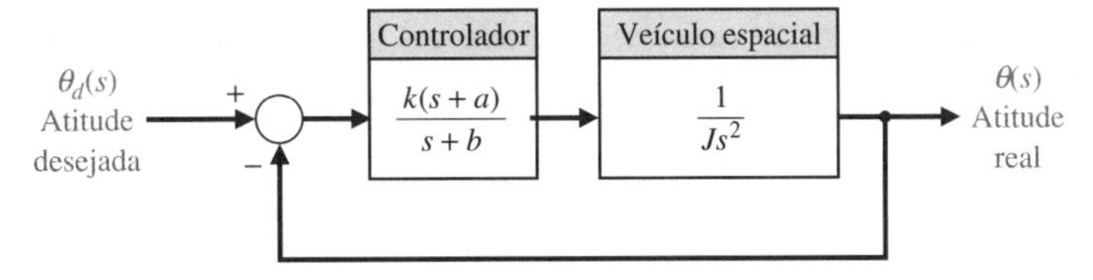

FIGURA PC2.5 Diagrama de blocos do controle de atitude de um único eixo de um veículo espacial.

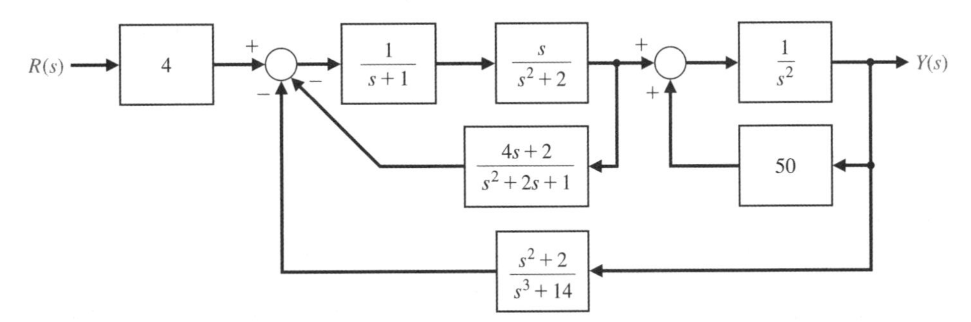

FIGURA PC2.6 Diagrama de blocos de um sistema de controle com realimentação com múltiplas malhas.

PC2.9 Considere o sistema de controle com realimentação na Figura PC2.9, em que

$$G(s) = \frac{s+1}{s+2} \quad \text{e} \quad H(s) = \frac{1}{s+1}.$$

(a) Usando uma sequência de instruções em arquivo m, determine a função de transferência em malha fechada.

(b) Obtenha o diagrama de polos e zeros usando a função pzmap. Onde estão os polos e zeros do sistema em malha fechada?

(c) Existe algum cancelamento de polos e zeros? Se existe, use a função minreal para cancelar os polos e zeros em comum na função de transferência em malha fechada.

(d) Por que é importante cancelar polos e zeros em comum na função de transferência?

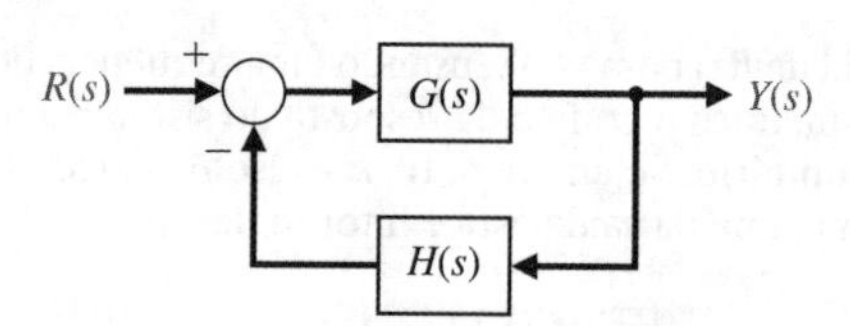

FIGURA PC2.9 Sistema de controle com realimentação não unitária.

PC2.10 Considere o diagrama de blocos na Figura PC2.10. Crie um arquivo m para completar as seguintes tarefas:

(a) Calcular a resposta ao degrau do sistema em malha fechada [isto é, $R(s) = 1/s$ e $T_p(s) = 0$] e traçar o gráfico do valor em regime estacionário da saída $Y(s)$ em função do ganho do controlador $0 < K \leq 10$.

(b) Calcular a resposta à perturbação em degrau do sistema em malha fechada [isto é, $R(s) = 0$ e $T_p(s) = 1/s$] e traçar o gráfico do valor em regime estacionário da saída $Y(s)$ em função do ganho do controlador $0 < K \leq 10$ no mesmo gráfico do item (a).

(c) Determinar o valor de K de modo que o valor em regime estacionário da saída seja igual para a resposta à entrada e a resposta à perturbação.

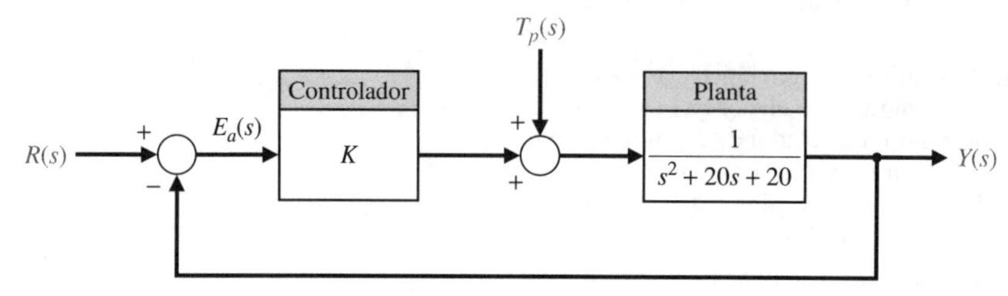

FIGURA PC2.10 Diagrama de blocos de um sistema com realimentação unitária com uma entrada de referência $R(s)$ e uma entrada de perturbação $T_p(s)$.

RESPOSTAS PARA A VERIFICAÇÃO DE COMPETÊNCIAS

Verdadeiro ou Falso: (1) Falso; (2) Verdadeiro; (3) Falso; (4) Verdadeiro; (5) Verdadeiro

Múltipla Escolha: (6) b; (7) a; (8) b; (9) b; (10) c; (11) a; (12) a; (13) c; (14) a; (15) a

Correspondência de Palavras (em ordem, de cima para baixo): e, j, d, h, a, f, c, b, k, g, o, l, n, m, i

TERMOS E CONCEITOS

Amortecedor de Coulomb Um tipo de amortecedor mecânico em que o modelo da força de atrito é uma função não linear da velocidade da massa e possui uma descontinuidade em torno da velocidade zero. Também conhecido como atrito seco.

Amortecedor viscoso Um tipo de amortecedor mecânico em que o modelo da força de atrito é linearmente proporcional à velocidade da massa.

Amortecimento crítico O caso em que o amortecimento está na fronteira entre o subamortecido e o superamortecido.

Aproximação linear Modelo aproximado que resulta em uma relação linear entre a saída e a entrada do dispositivo.

Atuador Dispositivo que faz com que o processo produza a saída. O dispositivo que fornece a força motriz para o processo.

Caminho Um ramo ou uma sequência contínua de ramos que podem ser atravessados de um sinal (nó) até outro sinal (nó) em um diagrama de fluxo de sinal.

Coeficiente de amortecimento Uma medida do amortecimento. Um número adimensional para a equação característica de segunda ordem.

Condição necessária Condição ou afirmação que precisa ser satisfeita para alcançar um efeito ou resultado desejado. Por exemplo, para um sistema linear é necessário que a entrada $u_1(t) + u_2(t)$ resulte em uma resposta $y_1(t) + y_2(t)$, em que a entrada $u_1(t)$ resulta em uma resposta $y_1(t)$ e a entrada $u_2(t)$ resulta em uma resposta $y_2(t)$.

Constante de tempo O intervalo de tempo necessário para um sistema mudar de um estado a outro por uma porcentagem específica. Para um sistema de primeira ordem, a constante de tempo é o tempo que a saída leva para apresentar uma variação de 63,2% devido a uma entrada em degrau.

Diagrama de fluxo de sinal Um diagrama que consiste em nós conectados através de vários ramos orientados e que constitui a representação gráfica de um conjunto de relações lineares.

Diagramas de blocos Blocos operacionais unidirecionais que representam as funções de transferência dos elementos do sistema.

Entrada de referência A entrada para um sistema de controle frequentemente representando a saída desejada, denotada por $R(s)$.

Equação característica Relação formada igualando-se a zero o denominador de uma função de transferência.

Equação diferencial Uma equação incluindo derivadas de uma função.

Frequência natural A frequência de oscilação natural que ocorreria em um par de polos complexos se o coeficiente de amortecimento fosse igual a zero.

Função de transferência Razão entre a transformada de Laplace da variável de saída e a transformada de Laplace da variável de entrada.

Função de transferência em malha fechada Relação do sinal de saída com o sinal de entrada para uma interconexão de sistemas quando todas as malhas de realimentação ou ação direta tiverem sido fechadas ou consideradas. Geralmente obtida por meio da redução de diagrama de blocos ou de diagramas de fluxo de sinal.

Hipóteses Afirmações que refletem situações e condições que são tomadas como certas, sem comprovação. Em sistemas de controle, hipóteses são frequentemente empregadas para simplificar os modelos dinâmicos físicos dos sistemas sendo considerados para tornar o problema de projeto de controle mais tratável.

Homogeneidade A propriedade de um sistema linear pela qual a resposta do sistema $y(t)$ para uma entrada $u(t)$ leva a uma resposta $\beta y(t)$, quando a entrada é $\beta u(t)$.

Laço Caminho fechado que se origina e termina em um mesmo nó de um diagrama de fluxo de sinal sem nenhum nó sendo atravessado mais de uma vez ao longo do caminho.

Linearizado Tornado linear ou colocado em uma forma linear. As aproximações em série de Taylor são comumente empregadas para obter modelos lineares de sistemas físicos.

Malha de realimentação positiva Malha de realimentação em que o sinal de saída é realimentado de modo que ele seja somado ao sinal de entrada.

Modelos matemáticos Descrições do comportamento de um sistema usando matemática.

Motor CC Atuador elétrico que utiliza uma tensão de entrada como variável de controle.

Não se tocam Dois laços em um diagrama de fluxo de sinal que não possuem nenhum nó em comum.

Nó O ponto de entrada e saída ou junção em um diagrama de fluxo de sinal.

Oscilação amortecida Uma oscilação na qual a amplitude decresce com o tempo.

Plano *s* O plano complexo em que, dado o número complexo $s = \sigma + j\omega$, o eixo x (ou eixo horizontal) é o eixo σ e o eixo y (ou eixo vertical) é o eixo $j\omega$.

Polos As raízes do polinômio do denominador (isto é, as raízes da equação característica) da função de transferência.

Princípio da superposição A lei segundo a qual, se duas entradas são multiplicadas por escalares, somadas e passam através de um sistema linear invariante no tempo, então a saída será idêntica à soma das saídas por causa das entradas multiplicadas por escalares individuais quando passadas pelo mesmo sistema.

Ramo Segmento de caminho unidirecional em um diagrama de fluxo de sinal que indica a dependência de uma variável de entrada e de uma variável de saída.

Realimentação unitária Sistema de controle com realimentação no qual o ganho da malha de realimentação é unitário.

Regime estacionário O valor que a saída atinge depois que todos os transitórios constituintes da resposta tiverem desaparecido. Também chamado de valor final.

Regra do laço de Mason Uma regra que habilita o usuário a obter uma função de transferência por meio do traçado de caminhos e laços no sistema.

Resíduos As constantes k_i associadas com a expansão em frações parciais da saída $Y(s)$ quando a saída é escrita na forma de polos e resíduos.

Série de Taylor Uma série de potências definida por $g(x) = \sum_{m=0}^{\infty} \frac{g^{(m)}(x_0)}{m!}(x - x_0)^m$. Para $m < \infty$, a série é uma aproximação usada para linearizar funções e modelos de sistemas.*

Simulação Modelo de um sistema que é usado para investigar o comportamento do sistema por meio da utilização de sinais de entrada reais.

Sinal de erro Diferença entre a saída desejada $R(s)$ e a saída real $Y(s)$; portanto, $E(s) = R(s) - Y(s)$.

Sistema linear Um sistema que satisfaz as propriedades de superposição e homogeneidade.

Subamortecido O caso em que o coeficiente de amortecimento é $\zeta < 1$.

Superamortecido O caso em que o coeficiente de amortecimento é $\zeta > 1$.

Teorema do valor final O teorema que afirma que $\lim_{t\to\infty} y(t) = \lim_{s\to 0} sY(s)$, em que $Y(s)$ é a transformada de Laplace de $y(t)$.

Transformada de Laplace Transformação da função $f(t)$ do domínio do tempo para o domínio da frequência complexa produzindo $F(s)$.

Transformada inversa de Laplace Transformação de uma função $F(s)$ do domínio da frequência complexa para o domínio do tempo produzindo $f(t)$.

Valor final O valor que a saída atinge depois que todos os transitórios constituintes da resposta tiverem desaparecido. Também chamado de valor em regime estacionário.

Variáveis análogas Variáveis associadas com sistemas elétricos, mecânicos, térmicos e fluídicos, que possuem soluções similares dando ao analista a habilidade de estender a solução de um sistema a todos os sistemas análogos com as mesmas equações diferenciais descritivas.

Variável através Uma variável que tem o mesmo valor em ambas as extremidades de um elemento.

Variável sobre Uma variável determinada medindo-se a diferença dos valores nas duas extremidades de um elemento.

Zeros As raízes do polinômio do numerador da função de transferência.

*N.T.: De fato, para uma aproximação linear, utiliza-se apenas o termo com $m = 1$.

CAPÍTULO 3

Modelos em Variáveis de Estado

APRESENTAÇÃO

Neste capítulo, considera-se a modelagem de sistemas que utiliza métodos no domínio do tempo. Serão considerados sistemas físicos descritos por uma equação diferencial ordinária de ordem n. Utilizando um conjunto (que não é único) de variáveis, conhecidas como variáveis de estado, é possível se obter um conjunto de equações diferenciais de primeira ordem. Agrupam-se essas equações de primeira ordem utilizando uma notação matricial compacta em um modelo conhecido como modelo em variáveis de estado. A relação entre os modelos em diagramas de fluxo de sinal e os modelos em variável de estado será investigada. Diversos sistemas físicos interessantes, incluindo uma estação espacial e um acionador de correia de uma impressora, são apresentados e analisados. O capítulo é concluído com o desenvolvimento de um modelo em variáveis de estado para o Exemplo de Projeto Sequencial: Sistema de Leitura de Acionadores de Disco.

RESULTADOS DESEJADOS

Ao concluírem o Capítulo 3, os estudantes devem ser capazes de:

- Definir o conceito de variáveis de estado, equações diferenciais de estado e equações de saída.
- Reconhecer que modelos em variáveis de estado podem descrever o comportamento dinâmico de sistemas físicos e podem ser representados por diagramas de blocos e diagramas de fluxo de sinal.
- Obter o modelo em função de transferência a partir de um modelo em variáveis de estado, e vice-versa.
- Identifcar métodos de solução para modelos em variáveis de estado e do papel da matriz de transição de estado na obtenção da resposta no tempo.
- Explicar o importante papel da modelagem em espaço de estados no projeto de sistemas de controle.

3.1 INTRODUÇÃO

No capítulo anterior, foram desenvolvidas e estudadas abordagens úteis para a análise e para o projeto de sistemas com realimentação. A transformada de Laplace foi utilizada para transformar as equações diferenciais representantes do sistema em uma equação algébrica expressa em função da variável complexa s. Utilizando essa equação algébrica, foi possível obter uma representação na forma de função de transferência da relação entrada-saída.

Neste capítulo, os modelos de sistemas são representados utilizando um conjunto de equações diferenciais ordinárias em uma forma matricial vetorial conveniente. O **domínio do tempo** é o domínio matemático que incorpora a descrição do sistema, incluindo as entradas, as saídas e a resposta em termos do tempo, t. Modelos lineares invariantes no tempo com uma única saída e uma única entrada podem ser representados por modelos em variáveis de estado. Conceitos matemáticos poderosos da álgebra linear e da análise matricial vetorial, bem como ferramentas computacionais efetivas, podem ser usados no projeto e na análise de sistemas de controle no domínio do tempo. Adicionalmente, esses métodos de projeto e análise podem ser prontamente estendidos para sistemas não lineares, variantes no tempo e com múltiplas entradas e saídas. Como veremos, modelos matemáticos de sistemas lineares invariantes no tempo podem ser representados tanto no domínio da frequência quanto no domínio do tempo. As técnicas de projeto no domínio do tempo são mais um item na caixa de ferramentas do projetista.

Um sistema de controle variante no tempo é um sistema no qual um ou mais parâmetros do sistema podem variar em função do tempo.

Por exemplo, a massa de uma aeronave varia como função do tempo conforme o combustível é gasto durante o voo. Um sistema multivariável é um sistema com diversos sinais de entrada e saída.

A representação no domínio do tempo de sistemas de controle é uma base essencial para a teoria de controle moderno e para a otimização de sistemas. No próximo capítulo, haverá oportunidade para projetar um sistema de controle ótimo utilizando métodos no domínio do tempo. Neste capítulo, será desenvolvida a representação no domínio do tempo de sistemas de controle e serão ilustrados vários métodos para a solução da resposta no tempo do sistema.

3.2 VARIÁVEIS DE ESTADO DE UM SISTEMA DINÂMICO

A análise e o projeto de sistemas de controle no domínio do tempo utilizam o conceito de estado de um sistema [1–3, 5].

Estado de um sistema é um conjunto de variáveis cujos valores, em conjunto com os sinais de entrada e as equações descrevendo a dinâmica, irão fornecer o estado e a saída futuros do sistema.

Para um sistema dinâmico, o estado do sistema é descrito em função de um conjunto de **variáveis de estado** $\mathbf{x}(t) = (x_1(t), x_2(t),..., x_n(t))$. As variáveis de estado são aquelas variáveis que determinam o comportamento futuro de um sistema quando o estado presente do sistema e os sinais de excitação são conhecidos. Considere o sistema mostrado na Figura 3.1, em que $y(t)$ é o sinal de saída e $u(t)$ é o sinal de entrada. Um conjunto de variáveis de estado $x(t) = (x_1(t), x_2(t),..., x_n(t))$ para o sistema mostrado na figura é um conjunto tal que o conhecimento dos valores iniciais das variáveis de estado $x(t_0) = (x_1(t_0), x_2(t_0),..., x_n(t_0))$ no instante inicial t_0 e do sinal de entrada $u(t)$ para $t \geq t_0$ é suficiente para determinar os valores futuros da saída e das variáveis de estado [2].

O conceito de um conjunto de variáveis de estado que representam um sistema dinâmico pode ser ilustrado em termos do sistema massa-mola-amortecedor mostrado na Figura 3.2. O número de variáveis de estado escolhido para representar esse sistema deve ser o menor possível a fim de evitar variáveis de estado redundantes. Um conjunto de variáveis de estado suficiente para descrever esse sistema inclui a posição e a velocidade da massa. Consequentemente, define-se um conjunto de variáveis de estado como $x(t) = (x_1(t), x_2(t))$, em que

$$x_1(t) = y(t) \quad \text{e} \quad x_2(t) = \frac{dy(t)}{dt}.$$

A equação diferencial descreve o comportamento do sistema e pode ser escrita como

$$M\frac{d^2y(t)}{dt^2} + b\frac{dy(t)}{dt} + ky(t) = u(t). \tag{3.1}$$

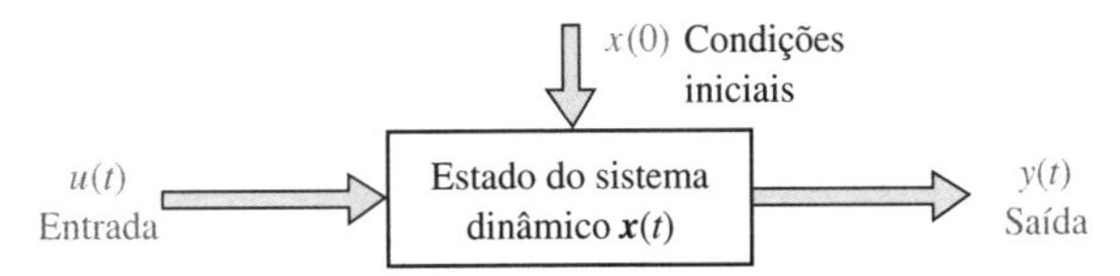

FIGURA 3.1 Sistema dinâmico.

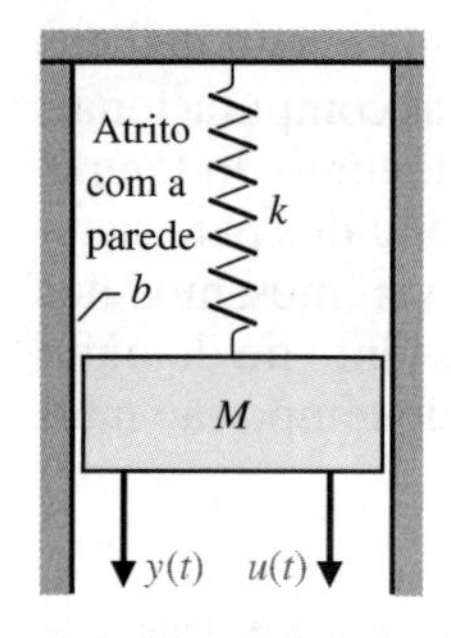

FIGURA 3.2 Sistema massa-mola-amortecedor.

Para escrever a Equação (3.1) em função das variáveis de estado, substituem-se as variáveis de estado como definidas anteriormente e obtém-se

$$M\frac{dx_2(t)}{dt} + bx_2(t) + kx_1(t) = u(t). \tag{3.2}$$

Portanto, as equações que descrevem o comportamento do sistema massa-mola-amortecedor podem ser escritas como um sistema de duas equações diferenciais de primeira ordem

$$\frac{dx_1(t)}{dt} = x_2(t) \tag{3.3}$$

e

$$\frac{dx_2(t)}{dt} = \frac{-b}{M}x_2(t) - \frac{k}{M}x_1(t) + \frac{1}{M}u(t). \tag{3.4}$$

Esse sistema de equações diferenciais descreve o comportamento do estado do sistema em função da taxa de variação de cada variável de estado.

Como outro exemplo da caracterização das variáveis de estado de um sistema, considere o circuito *RLC* mostrado na Figura 3.3. O estado desse sistema pode ser descrito por um conjunto de variáveis de estado $\mathbf{x}(t) = (x_1(t), x_2(t))$, em que $x_1(t)$ é a tensão no capacitor $v_c(t)$ e $x_2(t)$ é a corrente no indutor $i_L(t)$. Esta escolha de variáveis de estado é intuitivamente satisfatória, porque a energia armazenada no circuito pode ser descrita em função dessas variáveis como

$$\mathscr{E} = \frac{1}{2}Li_L^2(t) + \frac{1}{2}Cv_c^2(t). \tag{3.5}$$

Consequentemente, $x_1(t_0)$ e $x_2(t_0)$ fornecem a energia inicial total do circuito e o estado do sistema em $t = t_0$. Para um circuito *RLC* passivo, o número de variáveis de estado necessárias é igual ao número de elementos armazenadores de energia independentes. Utilizando a lei das correntes de Kirchhoff no nó, obtém-se uma equação diferencial de primeira ordem descrevendo a taxa de variação da tensão no capacitor como

$$i_c(t) = C\frac{dv_c(t)}{dt} = +u(t) - i_L(t). \tag{3.6}$$

A lei de Kirchhoff das tensões para a malha da direita fornece a equação descrevendo a taxa de variação da corrente no indutor como

$$L\frac{di_L(t)}{dt} = -Ri_L(t) + v_c(t). \tag{3.7}$$

A saída desse sistema é representada pela equação algébrica linear

$$v_o(t) = Ri_L(t).$$

É possível reescrever as Equações (3.6) e (3.7) como um sistema de duas equações diferenciais de primeira ordem em função das variáveis de estado $x_1(t)$ e $x_2(t)$, como a seguir:

$$\frac{dx_1(t)}{dt} = -\frac{1}{C}x_2(t) + \frac{1}{C}u(t) \tag{3.8}$$

e

$$\frac{dx_2(t)}{dt} = +\frac{1}{L}x_1(t) - \frac{R}{L}x_2(t). \tag{3.9}$$

O sinal de saída é então

$$y_1(t) = v_o(t) = Rx_2(t). \tag{3.10}$$

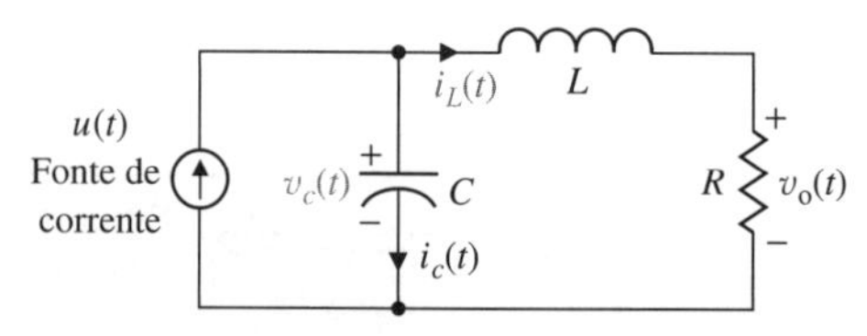

FIGURA 3.3 Circuito *RLC*.

Utilizando as Equações (3.8) e (3.9) e as condições iniciais do circuito representadas por $\mathbf{x}(t_0) = (x_1(t_0), x_2(t_0))$, é possível determinar o comportamento futuro.

As variáveis de estado que descrevem um sistema não são um conjunto único, e vários conjuntos alternativos de variáveis de estado podem ser escolhidos. Por exemplo, para um sistema de segunda ordem, como o sistema massa-mola-amortecedor ou o circuito RLC, as variáveis de estado podem ser qualquer combinação linearmente independente de $x_1(t)$ e $x_2(t)$. Para o circuito RLC, o conjunto de variáveis de estado poderia ser escolhido como as duas tensões, $v_c(t)$ e $v_L(t)$, em que $v_L(t)$ é a queda de tensão sobre o indutor. Então, as novas variáveis de estado, $x_1^*(t)$ e $x_2^*(t)$, estão relacionadas com as antigas variáveis de estado, $x_1(t)$ e $x_2(t)$, como

$$x_1^*(t) = v_c(t) = x_1(t) \tag{3.11}$$

e

$$x_2^*(t) = v_L(t) = v_c(t) - Ri_L(t) = x_1(t) - Rx_2(t). \tag{3.12}$$

A Equação (3.12) representa a relação entre a tensão no indutor e as antigas variáveis de estado $v_c(t)$ e $i_L(t)$. Em um sistema típico, existem várias escolhas para um conjunto de variáveis de estado que especificam a energia armazenada no sistema e, portanto, descrevem adequadamente a dinâmica do sistema. É usual a escolha de um conjunto de variáveis que possam ser facilmente medidas.

Uma abordagem alternativa para o desenvolvimento de um modelo de um dispositivo é o uso de grafos de ligação. Os grafos de ligação podem ser usados para dispositivos ou sistemas elétricos, mecânicos, hidráulicos e térmicos, bem como para combinações de vários tipos de elementos. Os grafos de ligação produzem um sistema de equações na forma de variáveis de estado [7].

As variáveis de estado de um sistema caracterizam o comportamento dinâmico do sistema. O interesse do engenheiro está primariamente em sistemas físicos, em que as variáveis são tensões, correntes, velocidades, posições, pressões, temperaturas e variáveis físicas similares. Entretanto, o conceito de estado do sistema também é útil na análise de sistemas biológicos, sociais e econômicos. Para esses sistemas, o conceito de estado é estendido além do conceito de configuração atual de um sistema físico para o ponto de vista amplo de variáveis que serão capazes de descrever o comportamento futuro do sistema.

3.3 EQUAÇÃO DIFERENCIAL DE ESTADO

A resposta de um sistema é descrita pelo sistema de equações diferenciais de primeira ordem escritas em função das variáveis de estado $(x_1(t), x_2(t), ..., x_n(t))$ e das entradas $(u_1(t), u_2(t), ..., u_m(t))$. Essas equações diferenciais de primeira ordem podem ser escritas na forma geral como

$$\begin{aligned}
\dot{x}_1(t) &= a_{11}x_1(t) + a_{12}x_2(t) + \cdots + a_{1n}x_n(t) + b_{11}u_1(t) + \cdots + b_{1m}u_m(t),\\
\dot{x}_2(t) &= a_{21}x_1(t) + a_{22}x_2(t) + \cdots + a_{2n}x_n(t) + b_{21}u_1(t) + \cdots + b_{2m}u_m(t),\\
&\vdots\\
\dot{x}_n(t) &= a_{n1}x_1(t) + a_{n2}x_2(t) + \cdots + a_{nn}x_n(t) + b_{n1}u_1(t) + \cdots + b_{nm}u_m(t),
\end{aligned} \tag{3.13}$$

em que $\dot{x}(t) = dx(t)/dt$. Assim, este sistema de equações diferenciais simultâneas pode ser escrito na forma matricial como a seguir [2, 5]:

$$\frac{d}{dt}\begin{pmatrix} x_1(t) \\ x_2(t) \\ \vdots \\ x_n(t) \end{pmatrix} = \begin{bmatrix} a_{11} & a_{12}\cdots & a_{1n} \\ a_{21} & a_{22}\cdots & a_{2n} \\ \vdots & \cdots & \vdots \\ a_{n1} & a_{n2}\cdots & a_{nn} \end{bmatrix}\begin{pmatrix} x_1(t) \\ x_2(t) \\ \vdots \\ x_n(t) \end{pmatrix} + \begin{bmatrix} b_{11}\cdots & b_{1m} \\ \vdots & \vdots \\ b_{n1}\cdots & b_{nm} \end{bmatrix}\begin{pmatrix} u_1(t) \\ \vdots \\ u_m(t) \end{pmatrix}. \tag{3.14}$$

A matriz coluna consistindo nas variáveis de estado é chamada de **vetor de estado** e é escrita como

$$\mathbf{x}(t) = \begin{pmatrix} x_1(t) \\ x_2(t) \\ \vdots \\ x_n(t) \end{pmatrix}, \tag{3.15}$$

em que o negrito indica um vetor. O vetor dos sinais de entrada é definido como $\mathbf{u}(t)$. Então, o sistema pode ser representado pela notação compacta da **equação diferencial de estado** como

$$\boxed{\dot{\mathbf{x}}(t) = \mathbf{A}\mathbf{x}(t) + \mathbf{B}\mathbf{u}(t).} \tag{3.16}$$

A equação (3.16) é também comumente chamada de equação de estado.

A matriz $\mathbf{A}$ é uma matriz quadrada $n \times n$, e $\mathbf{B}$ é uma matriz $n \times m$.[1] A equação diferencial de estado relaciona a taxa de variação do estado do sistema com o estado do sistema e os sinais de entrada. Em geral, as saídas de um sistema linear podem ser relacionadas com as variáveis de estado e os sinais de entrada pela **equação de saída**

$$\boxed{\mathbf{y}(t) = \mathbf{C}\mathbf{x}(t) + \mathbf{D}\mathbf{u}(t),} \tag{3.17}$$

em que $y(t)$ é o conjunto dos sinais de saída expressos na forma de um vetor coluna. A **representação em espaço de estados** (ou representação em variáveis de estado) consiste na equação diferencial de estado e na equação de saída.

Utilizam-se as Equações (3.8) e (3.9) para obter a equação diferencial em variáveis de estado para o circuito RLC da Figura 3.3 como

$$\dot{\mathbf{x}}(t) = \begin{bmatrix} 0 & \dfrac{-1}{C} \\ \dfrac{1}{L} & \dfrac{-R}{L} \end{bmatrix} \mathbf{x}(t) + \begin{bmatrix} \dfrac{1}{C} \\ 0 \end{bmatrix} u(t) \tag{3.18}$$

e a saída como

$$y(t) = [0 \quad R]\mathbf{x}(t). \tag{3.19}$$

Quando $R = 3$, $L = 1$ e $C = 1/2$, temos

$$\dot{\mathbf{x}}(t) = \begin{bmatrix} 0 & -2 \\ 1 & -3 \end{bmatrix} \mathbf{x}(t) + \begin{bmatrix} 2 \\ 0 \end{bmatrix} u(t)$$

e

$$y(t) = [0 \quad 3]\mathbf{x}(t).$$

A solução da equação diferencial de estado pode ser obtida de modo semelhante ao método de solução de uma equação diferencial de primeira ordem. Considere a equação diferencial de primeira ordem

$$\dot{x}(t) = ax(t) + bu(t), \tag{3.20}$$

em que $x(t)$ e $u(t)$ são funções escalares do tempo. Espera-se uma solução exponencial da forma e^{at}. Tomando a transformada de Laplace da Equação (3.20), temos

$$sX(s) - x(0) = aX(s) + bU(s);$$

então,

$$X(s) = \frac{x(0)}{s - a} + \frac{b}{s - a}U(s). \tag{3.21}$$

A transformada inversa de Laplace da Equação (3.21) é

$$x(t) = e^{at}x(0) + \int_0^t e^{+a(t-\tau)}bu(\tau)d\tau. \tag{3.22}$$

Espera-se que a solução da equação diferencial de estado geral seja semelhante à Equação (3.22) e que tenha a forma exponencial. A **função exponencial matricial** é definida como

$$\boxed{e^{\mathbf{A}t} = \exp(\mathbf{A}t) = \mathbf{I} + \mathbf{A}t + \frac{\mathbf{A}^2t^2}{2!} + \cdots + \frac{\mathbf{A}^kt^k}{k!} + \cdots,} \tag{3.23}$$

[1]Letras minúsculas em negrito representam vetores, e letras maiúsculas em negrito representam matrizes. Para uma introdução às matrizes e operações matriciais elementares, consultar as Referências [1] e [2].

a qual converge para todo t finito e qualquer $\mathbf{A}$ [2]. Então, a solução da equação diferencial de estado é

$$\mathbf{x}(t) = \exp(\mathbf{A}t)\mathbf{x}(0) + \int_0^t \exp[\mathbf{A}(t-\tau)]\mathbf{B}\mathbf{u}(\tau)d\tau. \tag{3.24}$$

A Equação (3.24) pode ser verificada tomando a transformada de Laplace da Equação (3.16) e reorganizando os termos para obter

$$\mathbf{X}(s) = [s\mathbf{I} - \mathbf{A}]^{-1}\mathbf{x}(0) + [s\mathbf{I} - \mathbf{A}]^{-1}\mathbf{B}\mathbf{U}(s), \tag{3.25}$$

em que se observa que $[s\mathbf{I} - \mathbf{A}]^{-1} = \mathbf{\Phi}(s)$ é a transformada de Laplace de $\mathbf{\Phi}(t) = \exp(\mathbf{A}t)$. Tomando a transformada inversa de Laplace da Equação (3.25) e observando que o segundo termo no lado direito da equação envolve o produto $\mathbf{\Phi}(s)\mathbf{B}\mathbf{U}(s)$, obtém-se a Equação (3.24). A função exponencial matricial descreve a resposta livre do sistema e é chamada de **matriz fundamental** ou **matriz de transição de estado** $\mathbf{\Phi}(t)$. Em consequência, a Equação (3.24) pode ser escrita como

$$\boxed{\mathbf{x}(t) = \mathbf{\Phi}(t)\mathbf{x}(0) + \int_0^t \mathbf{\Phi}(t-\tau)\mathbf{B}\mathbf{u}(\tau)d\tau.} \tag{3.26}$$

A solução para o sistema livre (isto é, quando $\mathbf{u}(t) = 0$) é

$$\begin{pmatrix} x_1(t) \\ x_2(t) \\ \vdots \\ x_n(t) \end{pmatrix} = \begin{bmatrix} \phi_{11} & \cdots & \phi_{1n}(t) \\ \phi_{21} & \cdots & \phi_{2n}(t) \\ \vdots & & \vdots \\ \phi_{n1} & \cdots & \phi_{nn}(t) \end{bmatrix} \begin{pmatrix} x_1(0) \\ x_2(0) \\ \vdots \\ x_n(0) \end{pmatrix}. \tag{3.27}$$

Observa-se que, para determinar a matriz de transição de estado, todas as condições iniciais são fixadas em 0, exceto para uma variável de estado, e a saída de cada variável de estado é calculada. Isto é, o termo $\phi_{ij}(t)$ é a resposta da i-ésima variável de estado em razão de uma condição inicial na j-ésima variável de estado quando há condições iniciais nulas em todas as outras variáveis. Esta relação entre as condições iniciais e as variáveis de estado será utilizada para calcular os coeficientes da matriz de transição em uma seção adiante. Entretanto, primeiro serão desenvolvidos diversos diagramas de fluxo de sinal de modelos de estado de sistemas e será investigada a estabilidade dos sistemas que utilizam esses diagramas de fluxo.

EXEMPLO 3.1 **Dois carrinhos com rodas**

Considere o sistema mostrado na Figura 3.4. As variáveis de interesse são apontadas na figura e definidas como: M_1, M_2 = massas dos carrinhos, $p(t), q(t)$ = posições dos carrinhos, $u(t)$ = força externa agindo no sistema, k_1, k_2 = constantes das molas e b_1, b_2 = coeficientes de amortecimento. O diagrama de corpo livre da massa M_1 é mostrado na Figura 3.5(b), em que $\dot{p}(t), \dot{q}(t)$ = velocidades de M_1 e M_2, respectivamente. Admite-se que os carrinhos têm atrito de rolamento desprezível. Considere que qualquer atrito de rolamento existente seja incorporado nos coeficientes de amortecimento b_1 e b_2.

Dado o diagrama de corpo livre com as forças e direções aplicadas apropriadamente, utilize a segunda lei de Newton (soma das forças igual à massa do objeto multiplicada por sua aceleração) para obter as equações de movimento — uma equação para cada massa. Para a massa M_1, temos

$$M_1\ddot{p}(t) + b_1\dot{p}(t) + k_1p(t) = u(t) + k_1q(t) + b_1\dot{q}(t), \tag{3.28}$$

em que

$$\ddot{p}(t), \ddot{q}(t) = \text{acelerações de } M_1 \text{ e } M_2, \text{ respectivamente.}$$

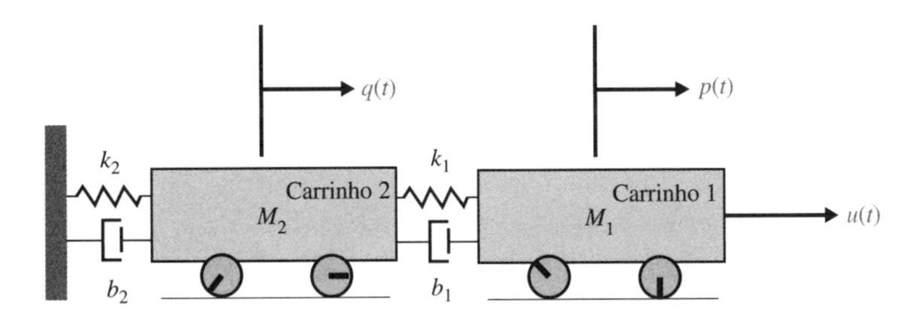

FIGURA 3.4 Dois carrinhos com rodas ligados por molas e amortecedores.

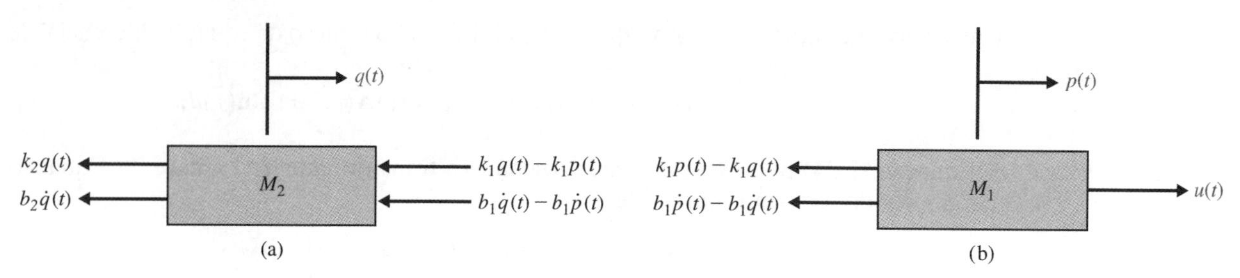

FIGURA 3.5 Diagramas de corpo livre de dois carrinhos com rodas. (a) Carrinho 2; (b) Carrinho 1.

Similarmente, para a massa M_2 na Figura 3.5(a) temos

$$M_2\ddot{q}(t) + (k_1 + k_2)q(t) + (b_1 + b_2)\dot{q}(t) = k_1p(t) + b_1\dot{p}(t). \tag{3.29}$$

Temos então um modelo dado pelas duas equações diferenciais ordinárias de segunda ordem nas Equações (3.28) e (3.29). Pode-se começar o desenvolvimento de um modelo em espaço de estados definindo

$$x_1(t) = p(t),$$
$$x_2(t) = q(t).$$

Alternativamente, seria possível definir $x_1(t) = q(t)$ e $x_2(t) = p(t)$. O modelo em espaço de estados não é único. Denotando as derivadas de $x_1(t)$ e $x_2(t)$ como $x_3(t)$ e $x_4(t)$, respectivamente, segue-se que

$$x_3(t) = \dot{x}_1(t) = \dot{p}(t), \tag{3.30}$$

$$x_4(t) = \dot{x}_2(t) = \dot{q}(t). \tag{3.31}$$

Considerando as derivadas de $x_3(t)$ e $x_4(t)$, resultam, respectivamente,

$$\dot{x}_3(t) = \ddot{p}(t) = -\frac{b_1}{M_1}\dot{p}(t) - \frac{k_1}{M_1}p(t) + \frac{1}{M_1}u(t) + \frac{k_1}{M_1}q(t) + \frac{b_1}{M_1}\dot{q}(t), \tag{3.32}$$

$$\dot{x}_4(t) = \ddot{q}(t) = -\frac{k_1 + k_2}{M_2}q(t) - \frac{b_1 + b_2}{M_2}\dot{q}(t) + \frac{k_1}{M_2}p(t) + \frac{b_1}{M_2}\dot{p}(t), \tag{3.33}$$

nas quais são usadas a relação para $\ddot{p}(t)$ dada na Equação (3.28) e a relação para $\ddot{q}(t)$ dada na Equação (3.29). Mas $\dot{p}(t) = x_3(t)$ e $\dot{q}(t) = x_4(t)$; então, a Equação (3.32) pode ser escrita como

$$\dot{x}_3(t) = -\frac{k_1}{M_1}x_1(t) + \frac{k_1}{M_1}x_2(t) - \frac{b_1}{M_1}x_3(t) + \frac{b_1}{M_1}x_4(t) + \frac{1}{M_1}u(t) \tag{3.34}$$

e a Equação (3.33) como

$$\dot{x}_4(t) = \frac{k_1}{M_2}x_1(t) - \frac{k_1 + k_2}{M_2}x_2(t) + \frac{b_1}{M_2}x_3(t) - \frac{b_1 + b_2}{M_2}x_4(t). \tag{3.35}$$

Na forma matricial, as Equações (3.30), (3.31), (3.34) e (3.35) podem ser escritas como

$$\dot{\mathbf{x}}(t) = \mathbf{A}\mathbf{x}(t) + \mathbf{B}u(t)$$

em que

$$\mathbf{x}(t) = \begin{pmatrix} x_1(t) \\ x_2(t) \\ x_3(t) \\ x_4(t) \end{pmatrix} = \begin{pmatrix} p(t) \\ q(t) \\ \dot{p}(t) \\ \dot{q}(t) \end{pmatrix},$$

$$\mathbf{A} = \begin{bmatrix} 0 & 0 & 1 & 0 \\ 0 & 0 & 0 & 1 \\ -\frac{k_1}{M_1} & \frac{k_1}{M_1} & -\frac{b_1}{M_1} & \frac{b_1}{M_1} \\ \frac{k_1}{M_2} & -\frac{k_1 + k_2}{M_2} & \frac{b_1}{M_2} & -\frac{b_1 + b_2}{M_2} \end{bmatrix} \quad \text{e} \quad \mathbf{B} = \begin{bmatrix} 0 \\ 0 \\ \frac{1}{M_1} \\ 0 \end{bmatrix},$$

e $u(t)$ é a força externa atuando sobre o sistema. Se $p(t)$ for escolhida como a saída, então

$$y(t) = [1 \quad 0 \quad 0 \quad 0]\mathbf{x}(t) = \mathbf{C}\mathbf{x}(t).$$

Suponha que os parâmetros dos dois carrinhos com rodas tenham os seguintes valores: $k_1 = 150$ N/m; $k_2 = 700$ N/m; $b_1 = 15$ N s/m; $b_2 = 30$ N s/m; $M_1 = 5$ kg; e $M_2 = 20$ kg. A resposta do sistema de dois carrinhos com rodas é mostrada na Figura 3.6, na qual as condições iniciais são $p(0) = 10$ cm, $q(0) = 0$ e $\dot{p}(0) = \dot{q}(0) = 0$ e não há força motriz de entrada, ou seja, $u(t) = 0$.

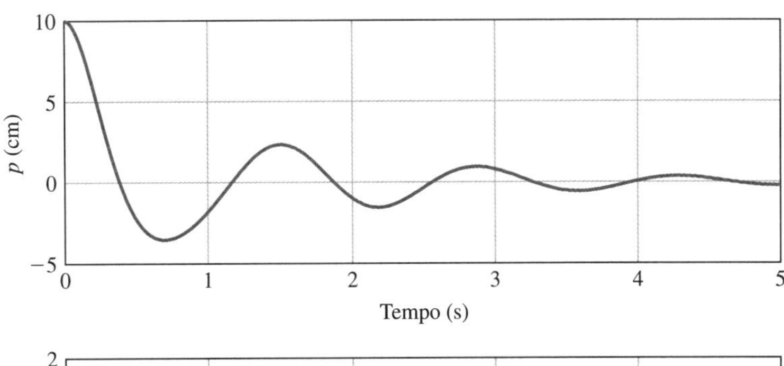

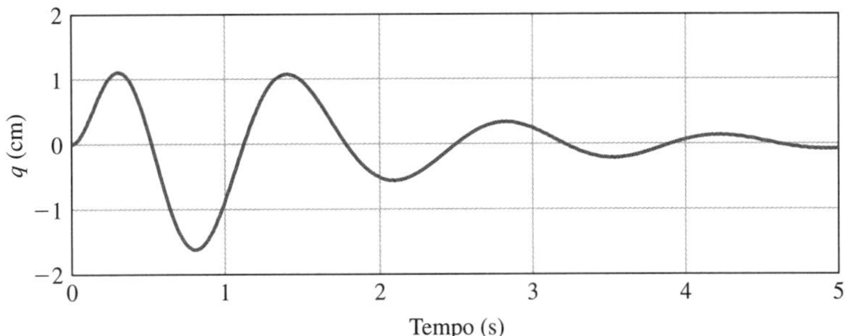

FIGURA 3.6 Resposta à condição inicial do sistema de dois carrinhos.

■

3.4 MODELOS EM DIAGRAMA DE FLUXO DE SINAL E DIAGRAMA DE BLOCOS

O estado de um sistema descreve o comportamento dinâmico desse sistema, cuja dinâmica é representada por um sistema de equações diferenciais de primeira ordem. Alternativamente, a dinâmica do sistema pode ser representada por uma equação diferencial de estado, como na Equação (3.16). Em qualquer um dos casos, é útil desenvolver um modelo gráfico do sistema e utilizar esse modelo para relacionar o conceito de variável de estado com o conceito familiar da representação na forma de função de transferência. O modelo gráfico pode ser representado pelos diagramas de fluxo de sinal ou diagramas de blocos.

Como foi aprendido em capítulos anteriores, um sistema pode ser descrito significativamente por uma relação entrada-saída, a função de transferência $G(s)$. Por exemplo, se houver interesse na relação entre a tensão de saída e a tensão de entrada do circuito da Figura 3.3, pode-se obter a função de transferência

$$G(s) = \frac{V_0(s)}{U(s)}.$$

A função de transferência para o circuito RLC da Figura 3.3 é da forma

$$G(s) = \frac{V_0(s)}{U(s)} = \frac{\alpha}{s^2 + \beta s + \gamma}, \tag{3.36}$$

em que α, β e γ são funções dos parâmetros R, L e C do circuito, respectivamente. Os valores de α, β e γ podem ser determinados a partir das equações diferenciais que descrevem o circuito. Para o circuito RLC (veja as Equações 3.8 e 3.9), temos

$$\dot{x}_1(t) = -\frac{1}{C}x_2(t) + \frac{1}{C}u(t), \tag{3.37}$$

$$\dot{x}_2(t) = \frac{1}{L}x_1(t) - \frac{R}{L}x_2(t) \tag{3.38}$$

e

$$v_o(t) = Rx_2(t). \tag{3.39}$$

O diagrama de fluxo representando estas equações simultâneas é mostrado na Figura 3.7(a), na qual $1/s$ indica uma integração. O modelo em diagrama de blocos correspondente é mostrado na Figura 3.7(b). A função de transferência é encontrada como

$$\frac{V_o(s)}{U(s)} = \frac{R/(LCs^2)}{1 + R/(Ls) + 1/(LCs^2)} = \frac{R/(LC)}{s^2 + (R/L)s + 1/(LC)}. \tag{3.40}$$

Muitos circuitos elétricos, sistemas eletromecânicos e outros sistemas de controle não são tão simples quanto o circuito RLC da Figura 3.3, e uma tarefa frequentemente difícil é determinar um sistema de equações diferenciais de primeira ordem descrevendo o sistema. Consequentemente, com frequência é mais simples deduzir a função de transferência do sistema e então deduzir o modelo de estado a partir da função de transferência.

O modelo de estado em diagrama de fluxo de sinal e o modelo em diagrama de blocos podem ser deduzidos prontamente a partir da função de transferência de um sistema. Contudo, como foi mencionado na Seção 3.3, há mais de uma alternativa para o conjunto de variáveis de estado e, consequentemente, há mais de uma forma possível para os modelos em diagrama de fluxo de sinal e em diagrama de blocos. Existem algumas **formas canônicas** fundamentais da representação em variáveis de estado, como a forma canônica em variáveis de fase, que será investigada neste capítulo. Em geral, pode-se representar uma função de transferência como

$$G(s) = \frac{Y(s)}{U(s)} = \frac{b_m s^m + b_{m-1}s^{m-1} + \cdots + b_1 s + b_0}{s^n + a_{n-1}s^{n-1} + \cdots + a_1 s + a_0} \tag{3.41}$$

em que $n \geq m$ e todos os coeficientes a e b são números reais. Multiplicando o numerador e o denominador por s^{-n}, obtemos

$$G(s) = \frac{b_m s^{-(n-m)} + b_{m-1}s^{-(n-m+1)} + \cdots + b_1 s^{-(n-1)} + b_0 s^{-n}}{1 + a_{n-1}s^{-1} + \cdots + a_1 s^{-(n-1)} + a_0 s^{-n}}. \tag{3.42}$$

A familiaridade com a fórmula de Mason para o ganho do diagrama de fluxo de sinal permite que se reconheçam os fatores de realimentação no denominador e os fatores do caminho direto à frente no numerador. A fórmula de Mason para o ganho do diagrama de fluxo de sinal foi discutida na Seção 2.7 e é escrita como

$$G(s) = \frac{Y(s)}{U(s)} = \frac{\sum_k P_k(s)\Delta_k(s)}{\Delta(s)}. \tag{3.43}$$

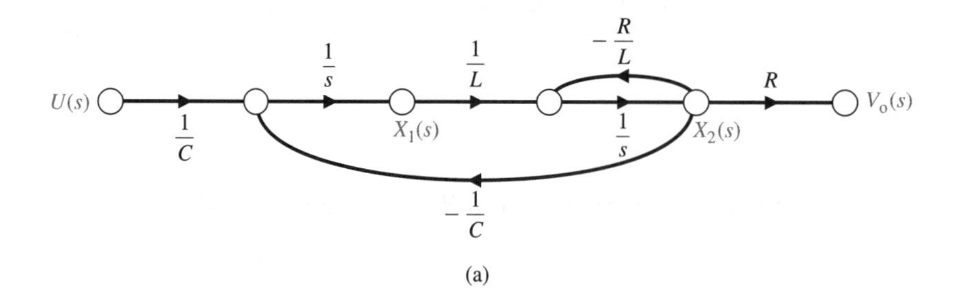

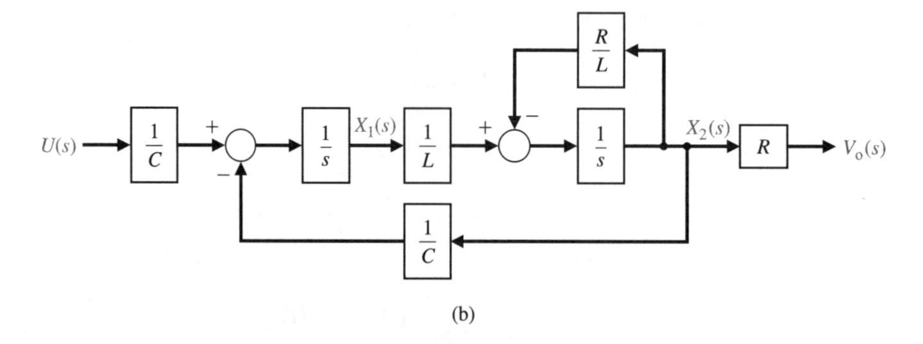

FIGURA 3.7 Circuito *RLC*. (a) Diagrama de fluxo de sinal. (b) Diagrama de blocos.

Quando todos os laços de realimentação se tocam e todos os caminhos à frente tocam os laços de realimentação, a Equação (3.43) se reduz a

$$G(s) = \frac{\sum_k P_k(s)}{1 - \sum_{q-1}^{N} L_q(s)} = \frac{\text{Soma dos fatores do caminho à frente – fatores do caminho}}{1 - \text{soma dos fatores dos laços de realimentação}}. \quad (3.44)$$

Há diversos diagramas de fluxo que poderiam representar a função de transferência. Duas configurações de diagrama de fluxo baseadas na fórmula de Mason para o ganho do diagrama de fluxo de sinal são de particular interesse e vamos abordá-las em mais detalhes. Na próxima seção, serão consideradas duas configurações adicionais: o modelo de variáveis de estado físicas e o modelo na forma diagonal (ou forma canônica de Jordan).

Para ilustrar a dedução do modelo de estado em diagrama de fluxo de sinal, considere inicialmente a função de transferência de quarta ordem

$$G(s) = \frac{Y(s)}{U(s)} = \frac{b_0}{s^4 + a_3 s^3 + a_2 s^2 + a_1 s + a_0}$$
$$= \frac{b_0 s^{-4}}{1 + a_3 s^{-1} + a_2 s^{-2} + a_1 s^{-3} + a_0 s^{-4}}. \quad (3.45)$$

Observa-se, primeiramente, que o sistema é de quarta ordem e, por isso, são identificadas quatro variáveis de estado ($x_1(t), x_2(t), x_3(t)$ e $x_4(t)$). Recordando a fórmula de Mason para o ganho do diagrama de fluxo de sinal, nota-se que o denominador pode ser considerado como 1 menos a soma dos ganhos dos laços. Além disso, o numerador da função de transferência é igual ao fator do caminho direto à frente do diagrama de fluxo. O diagrama de fluxo precisa conter um número mínimo de integradores igual à ordem do sistema. Portanto, usamos quatro integradores para representar este sistema. Os nós do diagrama de fluxo necessários e os quatro integradores são mostrados na Figura 3.8. Considerando a interconexão em série mais simples dos integradores, pode-se representar a função de transferência pelo diagrama de fluxo da Figura 3.9. Examinando esta figura, observa-se

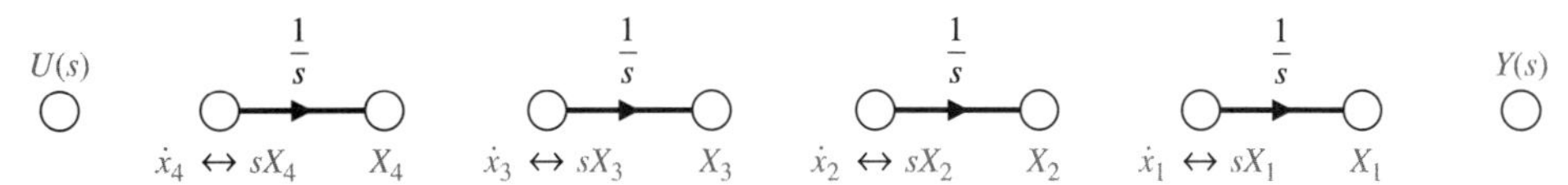

FIGURA 3.8 Nós e integradores do diagrama de fluxo para o sistema de quarta ordem.

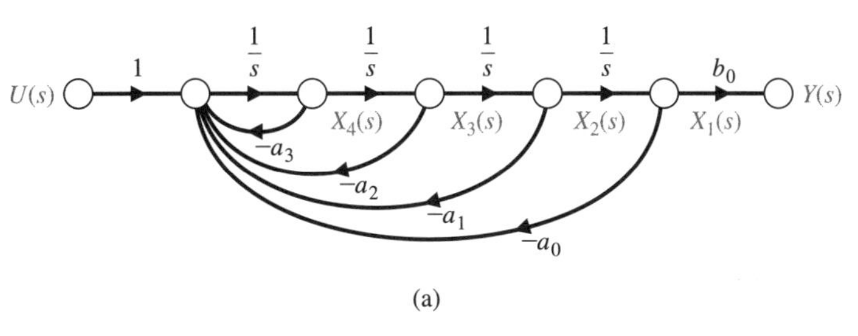

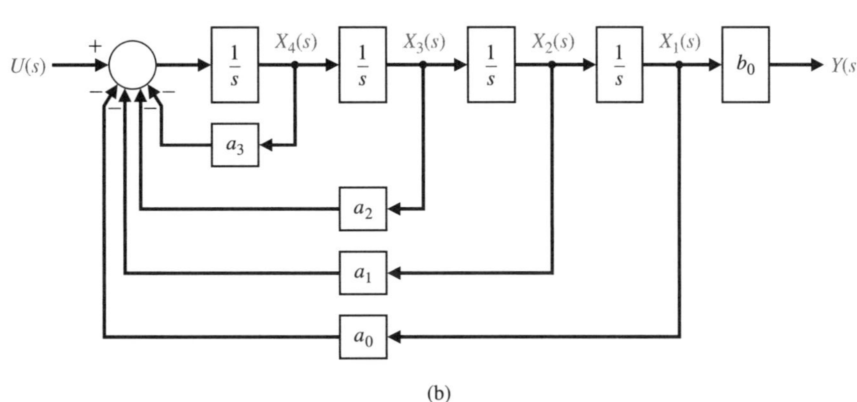

FIGURA 3.9 Modelo para *G*(*s*) da Equação (3.45). (a) Diagrama de fluxo de sinal. (b) Diagrama de blocos.

que todos os laços se tocam e que a função de transferência deste diagrama de fluxo é de fato a Equação (3.45). O leitor pode verificar prontamente isso observando que o fator do caminho direto à frente é b_0/s^4 e que o denominador é igual a 1 menos a soma dos ganhos dos laços.

Pode-se também considerar o modelo em diagrama de blocos da Equação (3.45). Reorganizando os termos da Equação (3.45) e tomando a transformada inversa de Laplace, produz-se o modelo de equações diferenciais

$$\frac{d^4(y(t)/b_0)}{dt^4} + a_3\frac{d^3(y(t)/b_0)}{dt^3} + a_2\frac{d^2(y(t)/b_0)}{dt^2} + a_1\frac{d(y(t)/b_0)}{dt} + a_0(y(t)/b_0) = u(t).$$

Definem-se as quatro variáveis de estado como a seguir:

$$\begin{aligned} x_1(t) &= y(t)/b_0 \\ x_2(t) &= \dot{x}_1(t) = \dot{y}(t)/b_0 \\ x_3(t) &= \dot{x}_2(t) = \ddot{y}(t)/b_0 \\ x_4(t) &= \dot{x}_3(t) = \dddot{y}(t)/b_0. \end{aligned}$$

Então, a equação diferencial de quarta ordem pode ser escrita equivalentemente como quatro equações diferenciais de primeira ordem, a saber,

$$\begin{aligned} \dot{x}_1(t) &= x_2(t), \\ \dot{x}_2(t) &= x_3(t), \\ \dot{x}_3(t) &= x_4(t) \end{aligned}$$

e

$$\dot{x}_4(t) = -a_0x_1(t) - a_1x_2(t) - a_2x_3(t) - a_3x_4(t) + u(t);$$

e a equação de saída correspondente é

$$y(t) = b_0x_1(t).$$

O modelo em diagrama de blocos pode ser obtido prontamente a partir das quatro equações diferenciais de primeira ordem, como ilustrado na Figura 3.9(b).

Considere agora a função de transferência de quarta ordem em que o numerador é um polinômio em s, de modo que temos

$$\begin{aligned} G(s) &= \frac{b_3s^3 + b_2s^2 + b_1s + b_0}{s^4 + a_3s^3 + a_2s^2 + a_1s + a_0} \\ &= \frac{b_3s^{-1} + b_2s^{-2} + b_1s^{-3} + b_0s^{-4}}{1 + a_3s^{-1} + a_2s^{-2} + a_1s^{-3} + a_0s^{-4}}. \end{aligned} \tag{3.46}$$

Os termos do numerador representam fatores de caminhos diretos à frente na fórmula de Mason para o ganho do diagrama de fluxo de sinal. Os caminhos diretos à frente tocarão todos os laços, e uma realização apropriada da Equação (3.46) em diagrama de fluxo de sinal é mostrada na Figura 3.10(a). Os fatores dos caminhos diretos à frente são b_3/s, b_2/s^2, b_1/s^3 e b_0/s^4, como necessário para fornecer o numerador da função de transferência. Lembre-se de que a fórmula de Mason para o ganho do diagrama de fluxo de sinal indica que o numerador da função de transferência é simplesmente a soma dos fatores dos caminhos diretos à frente. Esta forma geral de um diagrama de fluxo de sinal pode representar a função de transferência geral da Equação (3.46) mediante o uso de n laços de realimentação que envolvem os coeficientes a_n e m fatores de caminhos diretos à frente e que envolvem os coeficientes b_m. A forma geral do modelo de estado em diagrama de fluxo e em diagrama de blocos mostrada na Figura 3.10 é chamada de **forma canônica em variáveis de fase**.

As variáveis de estado são identificadas na Figura 3.10 como a saída de cada elemento armazenador de energia, isto é, a saída de cada integrador. Para obter o sistema de equações diferenciais de primeira ordem que representa o modelo de estado da Equação (3.46), será introduzido um novo conjunto de nós no diagrama de fluxo, com cada novo nó precedendo imediatamente cada integrador da Figura 3.10(a) [5, 6]. Os nós são colocados antes de cada integrador e, por essa razão, eles representam a derivada da saída de cada integrador. O diagrama de fluxo de sinal, incluindo os nós

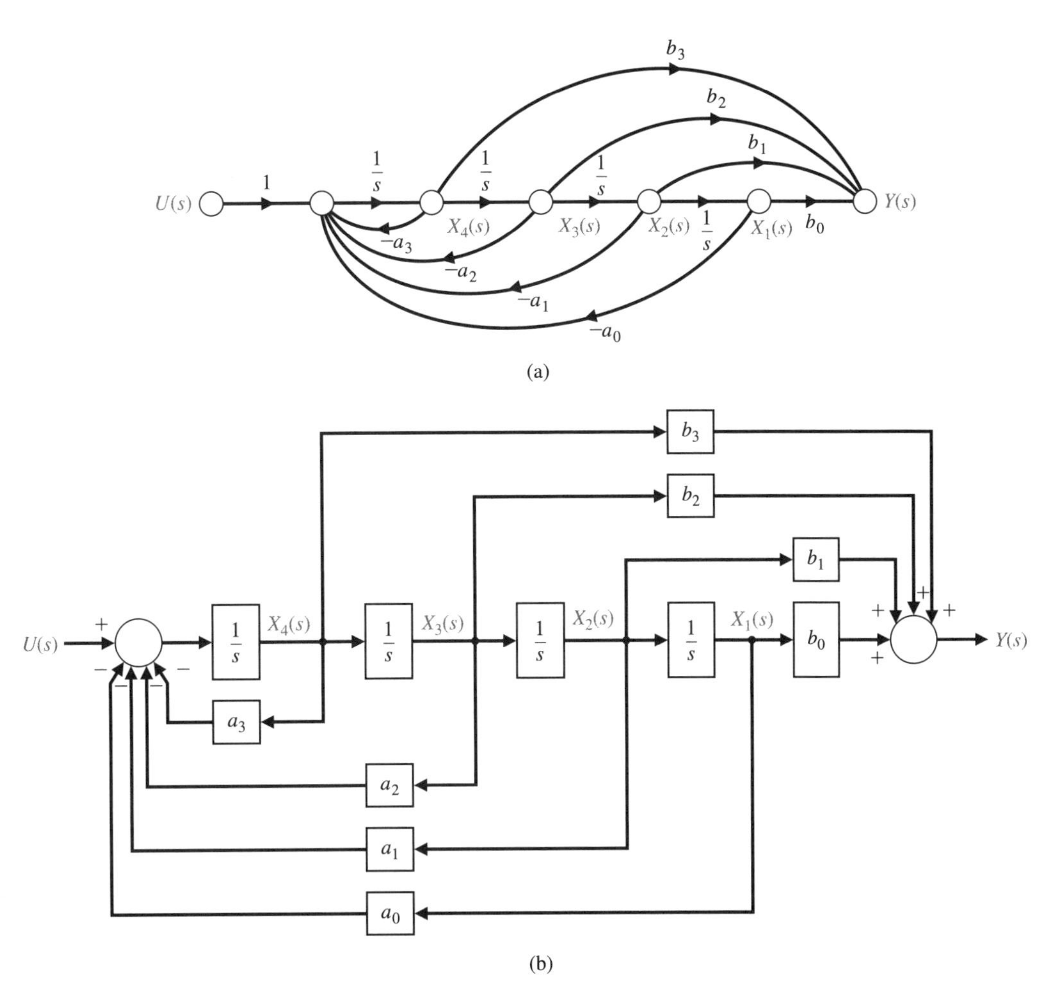

FIGURA 3.10 Modelo para $G(s)$ da Equação (3.46) no formato de variáveis de fase. (a) Diagrama de fluxo de sinal. (b) Diagrama de blocos.

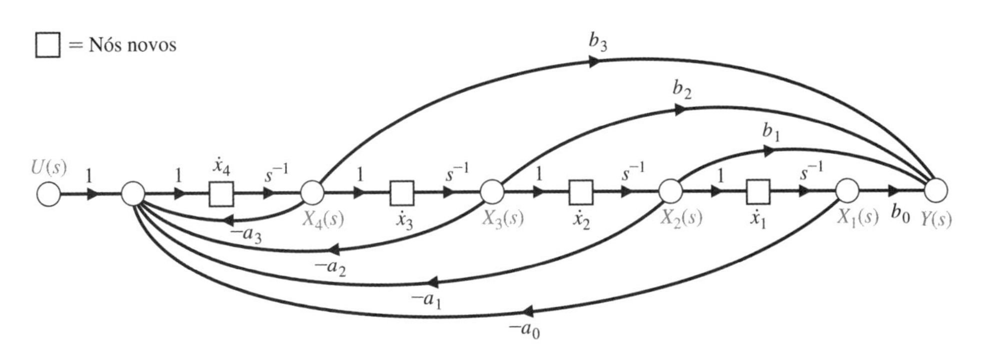

FIGURA 3.11 Diagrama de fluxo da Figura 3.10 com nós inseridos.

adicionados, é mostrado na Figura 3.11. Usando-se o diagrama de fluxo dessa figura, é possível obter o seguinte sistema de equações diferenciais de primeira ordem descrevendo o estado do modelo:

$$\dot{x}_1(t) = x_2(t), \qquad \dot{x}_2(t) = x_3(t), \qquad \dot{x}_3(t) = x_4(t),$$

$$\dot{x}_4(t) = -a_0x_1(t) - a_1x_2(t) - a_2x_3(t) - a_3x_4(t) + u(t). \tag{3.47}$$

Nesta equação, $x_1(t), x_2(t),..., x_n(t)$ são as n **variáveis de fase**.

O modelo em diagrama de blocos também pode ser construído diretamente a partir da Equação (3.46). Define-se a variável intermediária $Z(s)$ e reescreve-se a Equação (3.46) como

$$G(s) = \frac{Y(s)}{U(s)} = \frac{b_3s^3 + b_2s^2 + b_1s + b_0}{s^4 + a_3s^3 + a_2s^2 + a_1s + a_0}\frac{Z(s)}{Z(s)}.$$

Observe que, multiplicando-se por $Z(s)/Z(s)$, não se modifica a função de transferência, $G(s)$. Igualando-se os polinômios dos numeradores e dos denominadores, obtemos

$$Y(s) = [b_3 s^3 + b_2 s^2 + b_1 s + b_0]Z(s)$$

e

$$U(s) = [s^4 + a_3 s^3 + a_2 s^2 + a_1 s + a_0]Z(s).$$

Tomando a transformada inversa de Laplace de ambas as equações, produzem-se as equações diferenciais

$$y(t) = b_3 \frac{d^3 z(t)}{dt^3} + b_2 \frac{d^2 z(t)}{dt^2} + b_1 \frac{dz(t)}{dt} + b_0 z(t)$$

e

$$u(t) = \frac{d^4 z(t)}{dt^4} + a_3 \frac{d^3 z(t)}{dt^3} + a_2 \frac{d^2 z(t)}{dt^2} + a_1 \frac{dz(t)}{dt} + a_0 z(t).$$

Definem-se as quatro variáveis de estado como a seguir:

$$x_1(t) = z(t)$$
$$x_2(t) = \dot{x}_1(t) = \dot{z}(t)$$
$$x_3(t) = \dot{x}_2(t) = \ddot{z}(t)$$
$$x_4(t) = \dot{x}_3(t) = \dddot{z}(t).$$

Então, a equação diferencial pode ser escrita equivalentemente como

$$\dot{x}_1(t) = x_2(t),$$
$$\dot{x}_2(t) = x_3(t),$$
$$\dot{x}_3(t) = x_4(t)$$

e

$$\dot{x}_4(t) = -a_0 x_1(t) - a_1 x_2(t) - a_2 x_3(t) - a_3 x_4(t) + u(t),$$

e a equação de saída correspondente é

$$y(t) = b_0 x_1(t) + b_1 x_2(t) + b_2 x_3(t) + b_3 x_4(t). \tag{3.48}$$

O modelo em diagrama de blocos pode ser prontamente obtido a partir das quatro equações diferenciais de primeira ordem e da equação de saída, como ilustrado na Figura 3.10(b).

Na forma matricial, é possível representar o sistema na Equação (3.46) como

$$\dot{\mathbf{x}}(t) = \mathbf{A}\mathbf{x}(t) + \mathbf{B}u(t), \tag{3.49}$$

ou

$$\frac{d}{dt}\begin{pmatrix} x_1 \\ x_2 \\ x_3 \\ x_4 \end{pmatrix} = \begin{bmatrix} 0 & 1 & 0 & 0 \\ 0 & 0 & 1 & 0 \\ 0 & 0 & 0 & 1 \\ -a_0 & -a_1 & -a_2 & -a_3 \end{bmatrix}\begin{pmatrix} x_1 \\ x_2 \\ x_3 \\ x_4 \end{pmatrix} + \begin{bmatrix} 0 \\ 0 \\ 0 \\ 1 \end{bmatrix} u(t). \tag{3.50}$$

A saída é

$$y(t) = \mathbf{C}\mathbf{x}(t) = [b_0 \quad b_1 \quad b_2 \quad b_3]\begin{pmatrix} x_1 \\ x_2 \\ x_3 \\ x_4 \end{pmatrix}. \tag{3.51}$$

As estruturas gráficas da Figura 3.10 não são representações únicas da Equação (3.46); outra estrutura igualmente útil pode ser obtida. Um diagrama de fluxo que representa igualmente bem a Equação (3.46) é mostrado na Figura 3.12(a). Nesse caso, os fatores do caminho direto à frente são obtidos alimentando-se o sinal $U(s)$ à frente. Esse modelo é chamado de **forma canônica de entrada com ação à frente**.

Então, o sinal de saída $y(t)$ é igual à primeira variável de estado $x_1(t)$. Esta estrutura de diagrama de fluxo tem os fatores de caminho direto à frente b_0/s^4, b_1/s^3, b_2/s^2, b_3/s, e todos os caminhos diretos à frente tocam os laços de realimentação. Consequentemente, a função de transferência resultante é, de fato, igual à Equação (3.46).

Associado à forma de entrada com ação à frente, há o sistema de equações diferenciais de primeira ordem

$$\dot{x}_1(t) = -a_3x_1(t) + x_2(t) + b_3u(t), \qquad \dot{x}_2(t) = -a_2x_1(t) + x_3(t) + b_2u(t),$$
$$\dot{x}_3(t) = -a_1x_1(t) + x_4(t) + b_1u(t) \quad \text{e} \quad \dot{x}_4(t) = -a_0x_1(t) + b_0u(t). \tag{3.52}$$

Desse modo, em formato matricial, temos

$$\frac{d\mathbf{x}(t)}{dt} = \begin{bmatrix} -a_3 & 1 & 0 & 0 \\ -a_2 & 0 & 1 & 0 \\ -a_1 & 0 & 0 & 1 \\ -a_0 & 0 & 0 & 0 \end{bmatrix}\mathbf{x}(t) + \begin{bmatrix} b_3 \\ b_2 \\ b_1 \\ b_0 \end{bmatrix}u(t) \tag{3.53}$$

e

$$y(t) = [1 \quad 0 \quad 0 \quad 0]\mathbf{x}(t) + [0]u(t).$$

Embora a forma canônica de entrada com ação à frente da Figura 3.12 represente a mesma função de transferência que a forma canônica em variáveis de fase da Figura 3.10, as variáveis de estado de cada diagrama não são iguais. Além disso, reconhece-se que as condições iniciais do sistema podem ser representadas pelas condições iniciais dos integradores, $x_1(0)$, $x_2(0)$,..., $x_n(0)$. Considerando-se um sistema de controle, será determinada a equação diferencial de estado pelo uso das duas formas de modelo de estado em diagrama de fluxo.

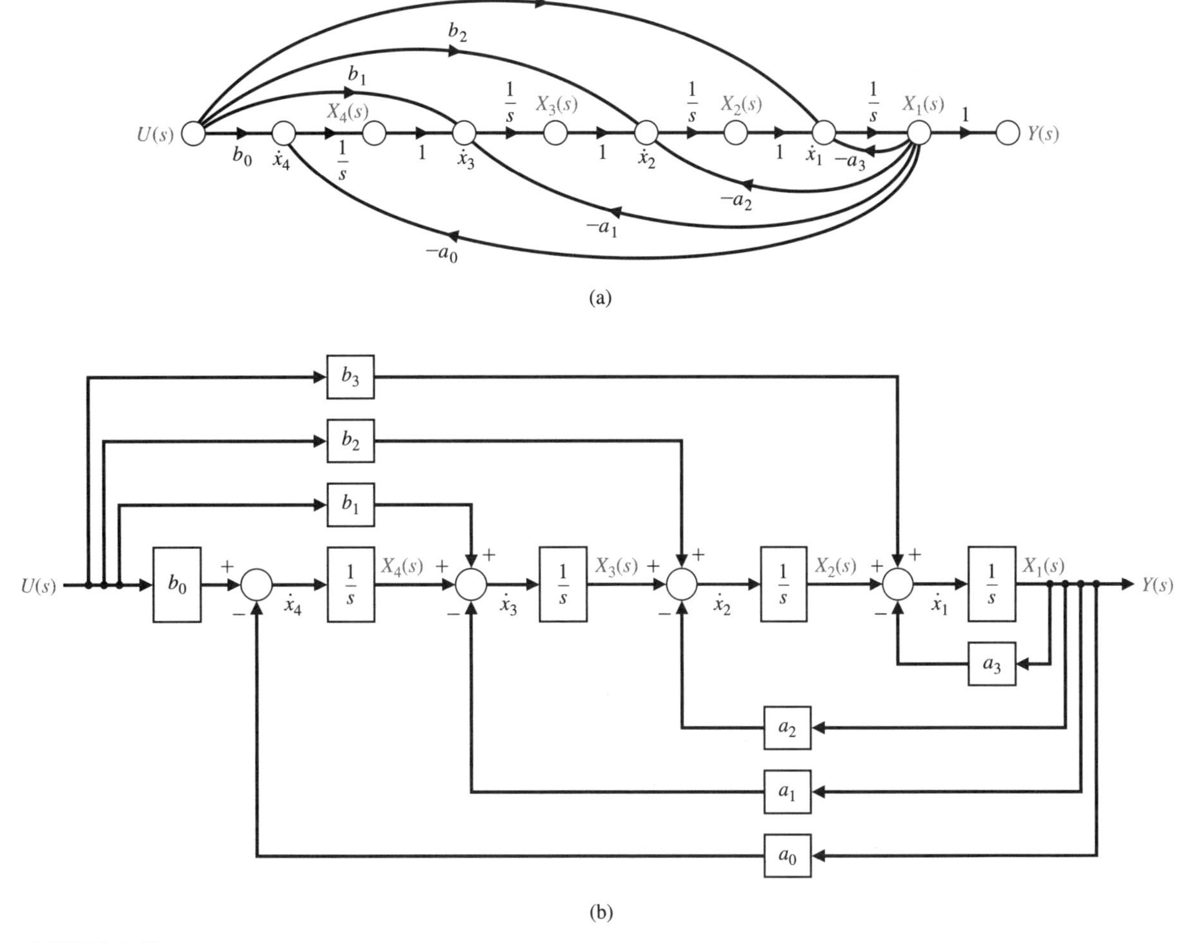

FIGURA 3.12 (a) Modelo de estado alternativo em diagrama de fluxo para a Equação (3.46). Este modelo é chamado forma canônica de entrada com ação à frente. (b) Diagrama de blocos da forma canônica de entrada com ação à frente.

EXEMPLO 3.2 **Dois modelos de variáveis de estado**

Considere uma função de transferência em malha fechada

$$T(s) = \frac{Y(s)}{U(s)} = \frac{2s^2 + 8s + 6}{s^3 + 8s^2 + 16s + 6}.$$

Multiplicando-se o numerador e o denominador por s^{-3}, temos

$$T(s) = \frac{Y(s)}{U(s)} = \frac{2s^{-1} + 8s^{-2} + 6s^{-3}}{1 + 8s^{-1} + 16s^{-2} + 6s^{-3}}. \tag{3.54}$$

O primeiro modelo é o modelo de estado em variáveis de fase usando a ação à frente das variáveis de estado para fornecer o sinal de saída. O diagrama de fluxo de sinal e o diagrama de blocos são mostrados nas Figuras 3.13(a) e (b), respectivamente. A equação diferencial de estado é

$$\dot{\mathbf{x}}(t) = \begin{bmatrix} 0 & 1 & 0 \\ 0 & 0 & 1 \\ -6 & -16 & -8 \end{bmatrix} \mathbf{x}(t) + \begin{bmatrix} 0 \\ 0 \\ 1 \end{bmatrix} u(t), \tag{3.55}$$

e a saída é

$$y(t) = [6 \quad 8 \quad 2]\mathbf{x}(t). \tag{3.56}$$

O segundo modelo utiliza a alimentação à frente da variável de entrada, como mostrado na Figura 3.14. A equação diferencial vetorial para o modelo de entrada com ação à frente é

$$\dot{\mathbf{x}}(t) = \begin{bmatrix} -8 & 1 & 0 \\ -16 & 0 & 1 \\ -6 & 0 & 0 \end{bmatrix} \mathbf{x}(t) + \begin{bmatrix} 2 \\ 8 \\ 6 \end{bmatrix} u(t), \tag{3.57}$$

e a saída é

$$y(t) = [1 \quad 0 \quad 0]\mathbf{x}(t).$$

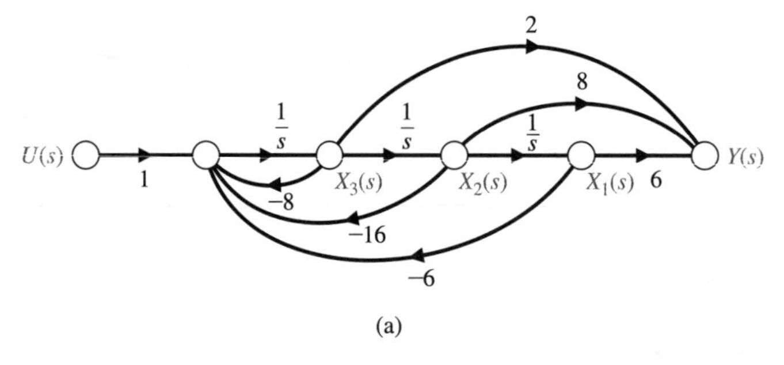

(a)

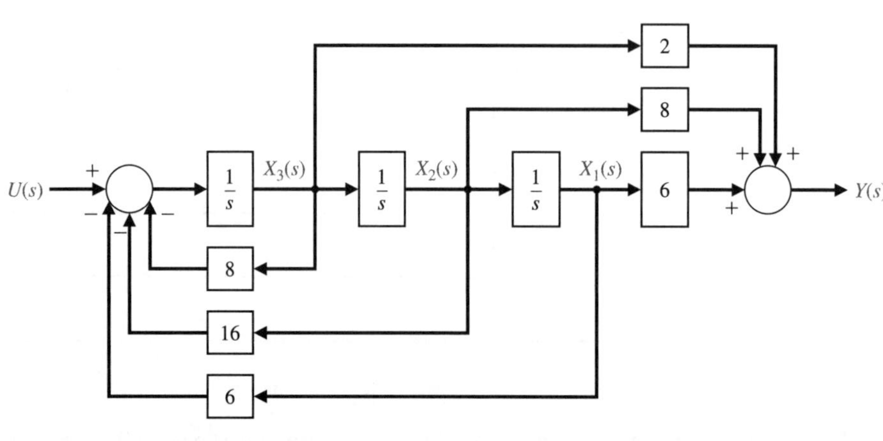

(b)

FIGURA 3.13
(a) Diagrama de fluxo do modelo de estado em variáveis de fase para *T*(*s*).
(b) Diagrama de blocos para a forma canônica em variáveis de fase.

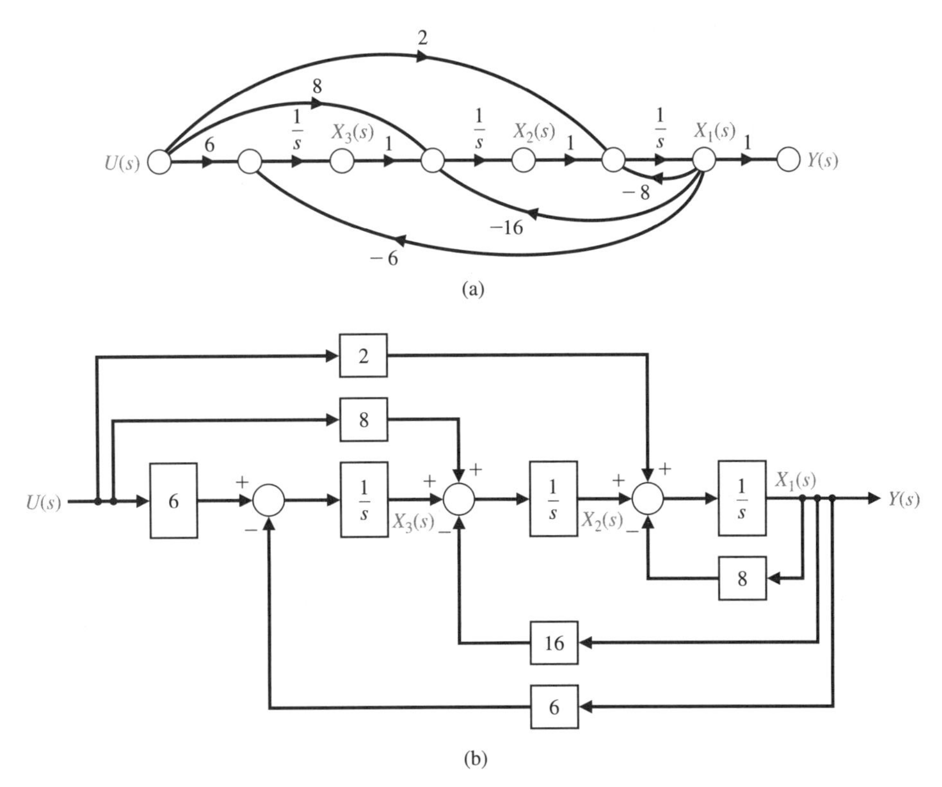

FIGURA 3.14 (a) Diagrama de fluxo de modelo de estado alternativo para $T(s)$ usando a forma canônica de entrada com ação à frente. (b) Modelo em diagrama de blocos. ■

Observa-se que não é necessário fatorar os polinômios do numerador ou do denominador para obter as equações diferenciais de estado para o modelo em variáveis de fase ou para o modelo de entrada com ação à frente. Evitando a fatoração de polinômios, é possível também evitar o esforço fatigante envolvido. Ambos os modelos requerem três integradores porque o sistema é de terceira ordem. Entretanto, é importante enfatizar que as variáveis de estado do modelo de estado da Figura 3.13 não são idênticas às variáveis de estado do modelo de estado da Figura 3.14. Naturalmente, um conjunto de variáveis de estado está relacionado com o outro conjunto de variáveis de estado por uma transformação linear apropriada das variáveis. Uma transformação linear matricial é representada por $\mathbf{z} = \mathbf{Mx}$, a qual transforma o vetor $\mathbf{x}$ no vetor $\mathbf{z}$ por meio da matriz $\mathbf{M}$. Finalmente, observa-se que a função de transferência da Equação (3.41) representa um sistema linear de uma única saída com coeficientes constantes; desse modo, a função de transferência pode representar uma equação diferencial de ordem n

$$\frac{d^n y(t)}{dt^n} + a_{n-1}\frac{d^{n-1}y(t)}{dt^{n-1}} + \cdots + a_0 y(t) = \frac{d^m u(t)}{dt^m} + b_{m-1}\frac{d^{m-1}u(t)}{dt^{m-1}} + \cdots + b_0 u(t). \tag{3.58}$$

Portanto, podem-se obter as n equações diferenciais de primeira ordem para a equação diferencial de ordem n utilizando o modelo de estado em variáveis de fase ou o modelo de entrada com ação à frente desta seção.

3.5 MODELOS ALTERNATIVOS EM DIAGRAMA DE FLUXO DE SINAL E DIAGRAMA DE BLOCOS

Frequentemente, o projetista de sistemas de controle estuda o diagrama de blocos de um sistema de controle real que representa dispositivos e variáveis físicos. Um exemplo de um modelo de motor CC com a velocidade do eixo como variável de saída é mostrado na Figura 3.15 [9]. Deseja-se selecionar as **variáveis físicas** como as variáveis de estado. Assim, escolhe-se: $x_1(t) = y(t)$, a velocidade de saída; $x_2(t) = i(t)$, a corrente de campo; e a terceira variável de estado, $x_3(t)$, é escolhida como $x_3(t) = \frac{1}{4}r(t) - \frac{1}{20}u(t)$, em que $u(t)$ é a tensão de campo. É possível desenhar os modelos para essas variáveis físicas, como mostrado na Figura 3.16. Observe que as variáveis de estado $x_1(t)$, $x_2(t)$ e $x_3(t)$ são identificadas nos modelos. Este formato será designado como o modelo de variáveis de estado físicas. O modelo é particularmente útil quando podemos medir as variáveis de estado físicas.

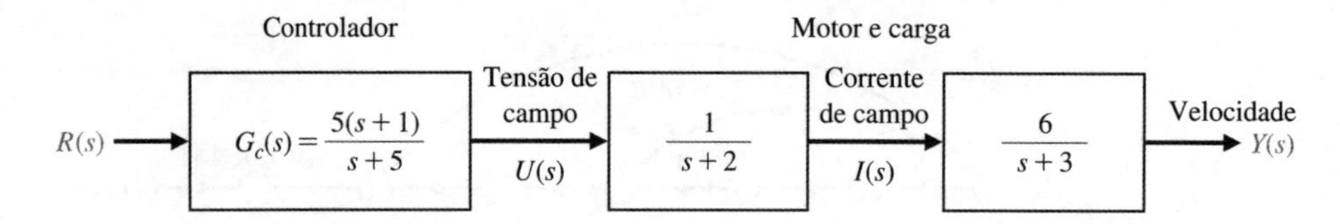

FIGURA 3.15 Modelo em diagrama de blocos de um controle de motor CC em malha aberta com a velocidade como saída.

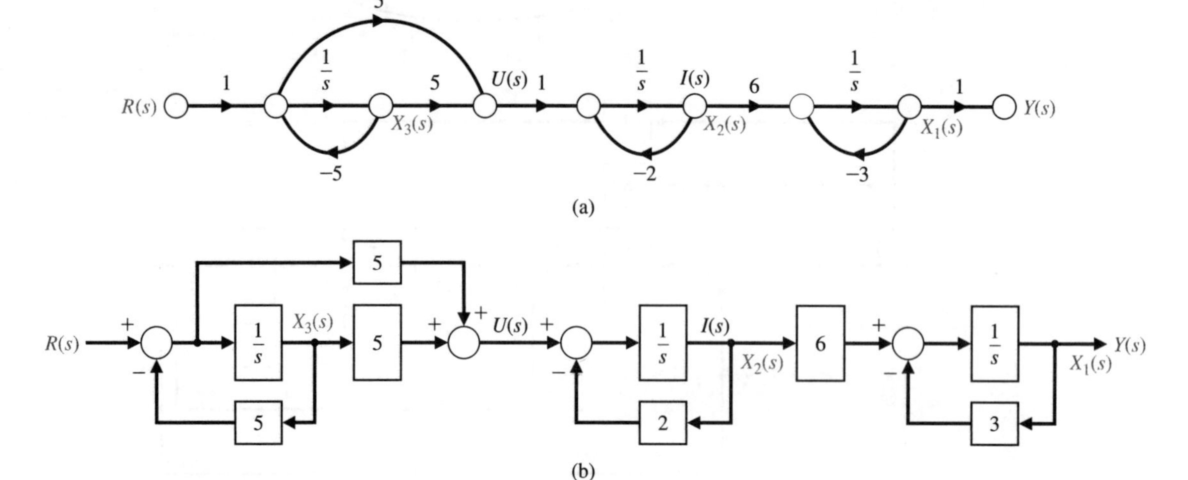

FIGURA 3.16 (a) Diagrama de fluxo de sinal para variáveis de estado físicas para o diagrama de blocos da Figura 3.15. (b) Diagrama de blocos para variáveis de estado físicas.

Observe que o modelo de cada bloco é determinado separadamente. Por exemplo, observe que a função de transferência do controlador é

$$\frac{U(s)}{R(s)} = G_c(s) = \frac{5(s+1)}{s+5} = \frac{5+5s^{-1}}{1+5s^{-1}},$$

e o diagrama de fluxo entre $R(s)$ e $U(s)$ representa $G_c(s)$.

A equação diferencial em variáveis de estado é obtida diretamente a partir da Figura 3.16 como

$$\dot{\mathbf{x}}(t) = \begin{bmatrix} -3 & 6 & 0 \\ 0 & -2 & -20 \\ 0 & 0 & -5 \end{bmatrix} \mathbf{x}(t) + \begin{bmatrix} 0 \\ 5 \\ 1 \end{bmatrix} r(t) \tag{3.59}$$

e

$$y = [1 \quad 0 \quad 0]\mathbf{x}(t). \tag{3.60}$$

Uma segunda forma de modelo que deve ser considerada é a de modos de resposta desacoplados. A função de transferência entrada-saída total do sistema do diagrama de blocos mostrado na Figura 3.15 é

$$\frac{Y(s)}{R(s)} = T(s) = \frac{30(s+1)}{(s+5)(s+2)(s+3)} = \frac{q(s)}{(s-s_1)(s-s_2)(s-s_3)},$$

e a resposta transitória tem três modos ditados por s_1, s_2 e s_3. Esses modos são indicados pela expansão em frações parciais como

$$\frac{Y(s)}{R(s)} = T(s) = \frac{k_1}{s+5} + \frac{k_2}{s+2} + \frac{k_3}{s+3}, \tag{3.61}$$

em que encontramos $k_1 = -20$, $k_2 = -10$ e $k_3 = 30$. O modelo de variáveis de estado desacopladas representando a Equação (3.61) é mostrado na Figura 3.17. A equação diferencial matricial em variáveis de estado é

$$\dot{\mathbf{x}}(t) = \begin{bmatrix} -5 & 0 & 0 \\ 0 & -2 & 0 \\ 0 & 0 & -3 \end{bmatrix} \mathbf{x}(t) + \begin{bmatrix} 1 \\ 1 \\ 1 \end{bmatrix} r(t)$$

e

$$y(t) = [-20 \quad -10 \quad 30]\mathbf{x}(t). \tag{3.62}$$

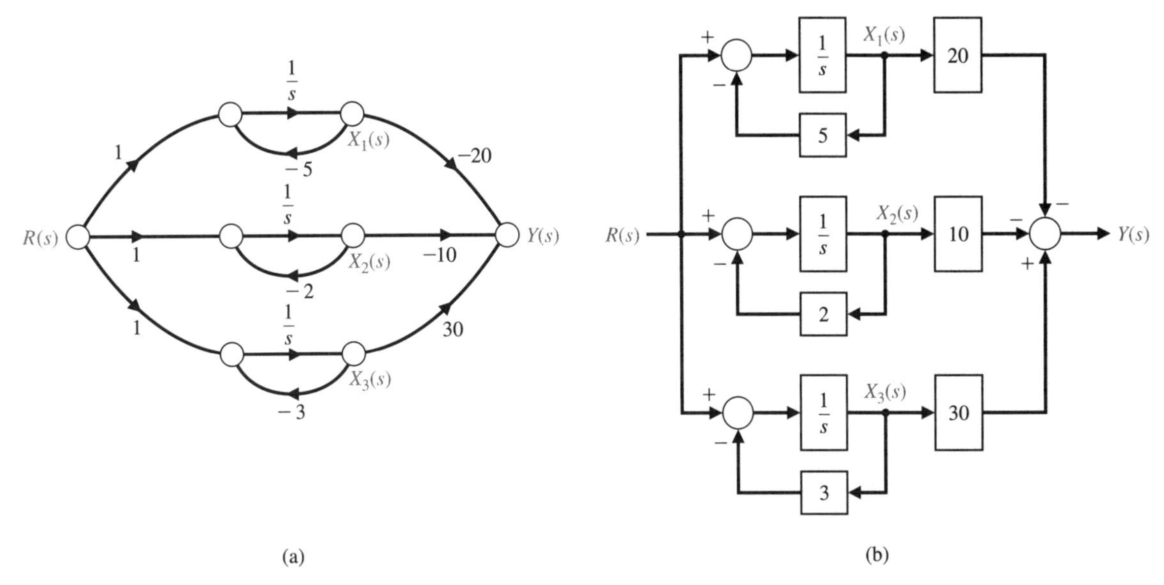

FIGURA 3.17 (a) Modelo em diagrama de fluxo de sinal para variáveis de estado desacopladas para o sistema mostrado na forma de diagrama de blocos na Figura 3.15. (b) Modelo em diagrama de blocos para variáveis de estado desacopladas.

Observe que $x_1(t)$ foi escolhida como a variável de estado associada com $s_1 = -5$, $x_2(t)$ como a variável associada com $s_2 = -2$, e $x_3(t)$ como a variável associada com $s_3 = -3$, como indicado na Figura 3.17. Essa escolha de variáveis de estado é arbitrária; por exemplo, $x_1(t)$ poderia ser escolhida como a variável de estado associada ao fator $s + 2$.

A forma desacoplada da equação diferencial matricial de estado mostra os polos distintos do modelo $-s_1, -s_2, ..., -s_n$, e esse formato é chamado frequentemente de **forma canônica diagonal**. Um sistema pode sempre ser escrito na forma diagonal se ele possuir polos distintos; caso contrário, ele poderá apenas ser escrito em uma forma bloco diagonal, conhecida como a **forma canônica de Jordan** [24].

EXEMPLO 3.3 Controle de pêndulo invertido

O problema de equilibrar um cabo de vassoura na palma da mão de uma pessoa é ilustrado na Figura 3.18. A única condição de equilíbrio é $\theta(t) = 0$ e $d\theta(t)/dt = 0$. O problema de equilibrar um cabo de vassoura na mão de alguém não é diferente do problema de controlar a atitude de um míssil durante os estágios iniciais do lançamento. Esse é o clássico e intrigante problema do pêndulo invertido montado em um carrinho, como mostrado na Figura 3.19. O carrinho deve ser movimentado de modo que a massa m permaneça sempre na posição vertical. As variáveis de estado devem ser expressas em função da posição angular $\theta(t)$ e da posição do carrinho $y(t)$. As equações diferenciais descrevendo o movimento do sistema podem ser obtidas escrevendo-se a soma das forças na direção horizontal e a soma dos momentos em torno do centro de rotação [2, 3, 10, 23]. Admite-se que $M \gg m$ e que a posição angular $\theta(t)$ é pequena, de modo que as equações são lineares. A soma das forças na direção horizontal é

$$M\ddot{y}(t) + ml\ddot{\theta}(t) - u(t) = 0, \tag{3.63}$$

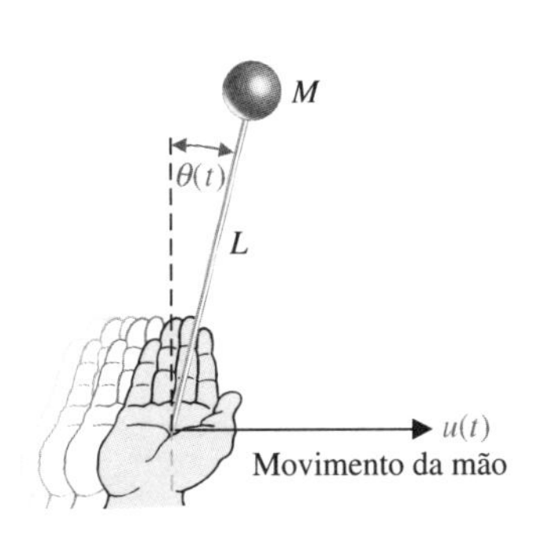

FIGURA 3.18 Um pêndulo invertido equilibrado na mão de uma pessoa através do movimento da mão para reduzir $\theta(t)$. Admite-se, por facilidade, que o pêndulo gira no plano x–y.

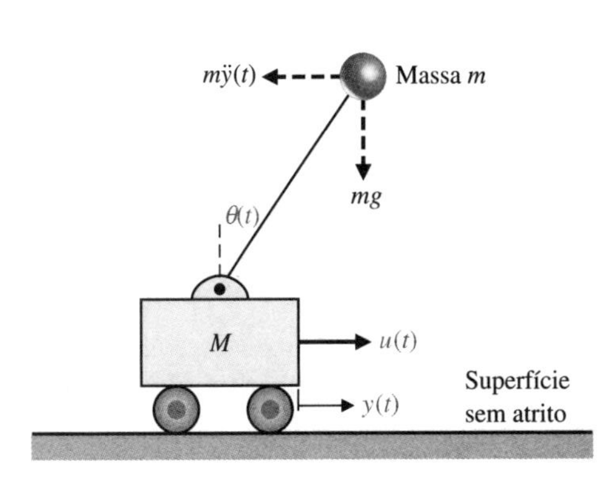

FIGURA 3.19 Um carrinho e um pêndulo invertido. O pêndulo está limitado a girar no plano vertical.

em que $u(t)$ é igual à força aplicada ao carrinho e l é a distância da massa m até o centro de rotação. A soma dos torques em torno do centro de rotação é

$$ml\ddot{y}(t) + ml^2\ddot{\theta}(t) - mlg\theta(t) = 0. \quad (3.64)$$

As variáveis de estado para as duas equações de segunda ordem são escolhidas como $(x_1(t), x_2(t), x_3(t), x_4(t)) = (y(t), \dot{y}(t), \theta(t), \dot{\theta}(t))$. Então, as Equações (3.63) e (3.64) são escritas em função das variáveis de estado como

$$M\dot{x}_2(t) + ml\dot{x}_4(t) - u(t) = 0 \quad (3.65)$$

e

$$\dot{x}_2(t) + l\dot{x}_4(t) - gx_3(t) = 0. \quad (3.66)$$

Para obter as equações diferenciais de primeira ordem necessárias, resolve-se a Equação (3.66) para $l\dot{x}_4(t)$ e substitui-se na Equação (3.65), resultando

$$M\dot{x}_2(t) + mgx_3(t) = u(t), \quad (3.67)$$

uma vez que $M \gg m$. Substituindo $\dot{x}_2(t)$ da Equação (3.65) na Equação (3.66), temos

$$Ml\dot{x}_4(t) - Mgx_3(t) + u(t) = 0. \quad (3.68)$$

Consequentemente, as quatro equações diferenciais de primeira ordem podem ser escritas como

$$\dot{x}_1(t) = x_2(t), \quad \dot{x}_2(t) = -\frac{mg}{M}x_3(t) + \frac{1}{M}u(t),$$

$$\dot{x}_3(t) = x_4(t) \quad \text{e} \quad \dot{x}_4(t) = \frac{g}{l}x_3(t) - \frac{1}{Ml}u(t). \quad (3.69)$$

Desse modo, as matrizes do sistema são

$$\mathbf{A} = \begin{bmatrix} 0 & 1 & 0 & 0 \\ 0 & 0 & -mg/M & 0 \\ 0 & 0 & 0 & 1 \\ 0 & 0 & g/l & 0 \end{bmatrix}, \quad \mathbf{B} = \begin{bmatrix} 0 \\ 1/M \\ 0 \\ -1/(Ml) \end{bmatrix}. \quad (3.70) \blacksquare$$

3.6 FUNÇÃO DE TRANSFERÊNCIA A PARTIR DA EQUAÇÃO DE ESTADO

Dada uma função de transferência $G(s)$, é possível obter as equações em variáveis de estado usando o modelo em diagrama de fluxo de sinal. Agora volta-se ao tema de determinar a função de transferência $G(s)$ de um sistema com uma única entrada e uma única saída (*single-input, single-output* – SISO). Retomando as Equações (3.16) e (3.17), temos

$$\dot{\mathbf{x}}(t) = \mathbf{A}\mathbf{x}(t) + \mathbf{B}u(t) \quad (3.71)$$

e

$$y(t) = \mathbf{C}\mathbf{x}(t) + \mathbf{D}u(t) \quad (3.72)$$

em que $y(t)$ é a única saída e $u(t)$ é a única entrada. As transformadas de Laplace das Equações (3.71) e (3.72) são

$$s\mathbf{X}(s) = \mathbf{A}\mathbf{X}(s) + \mathbf{B}U(s) \quad (3.73)$$

e

$$Y(s) = \mathbf{C}\mathbf{X}(s) + \mathbf{D}U(s), \quad (3.74)$$

em que $\mathbf{B}$ é uma matriz $n \times 1$, uma vez que $U(s)$ é uma entrada única. Observe que não foram incluídas condições iniciais, já que estamos procurando obter a função de transferência. Reorganizando a Equação (3.73), obtemos

$$(s\mathbf{I} - \mathbf{A})\mathbf{X}(s) + \mathbf{B}U(s). \quad (3.75)$$

Uma vez que $[s\mathbf{I} - \mathbf{A}]^{-1} = \mathbf{\Phi}(s)$, temos

$$\mathbf{X}(s) = \mathbf{\Phi}(s)\mathbf{B}U(s). \quad (3.76)$$

Substituindo $\mathbf{X}(s)$ na Equação (3.74), obtemos

$$Y(s) = [\mathbf{C}\mathbf{\Phi}(s)\mathbf{B} + \mathbf{D}]U(s). \quad (3.77)$$

Portanto, a função de transferência $G(s) = Y(s)/U(s)$ é

$$\boxed{G(s) = \mathbf{C\Phi}(s)\mathbf{B} + \mathbf{D}} \tag{3.78}$$

EXEMPLO 3.4 **Função de transferência de um circuito *RLC***

Será determinada a função de transferência $G(s) = Y(s)/U(s)$ para o circuito RLC da Figura 3.3, conforme descrito pelas equações diferenciais [veja as Equações (3.18) e (3.19)]:

$$\dot{\mathbf{x}}(t) = \begin{bmatrix} 0 & \dfrac{-1}{C} \\ \dfrac{1}{L} & \dfrac{-R}{L} \end{bmatrix} \mathbf{x}(t) + \begin{bmatrix} \dfrac{1}{C} \\ 0 \end{bmatrix} u(t)$$

$$y(t) = [0 \quad R]\mathbf{x}(t).$$

Então, temos

$$[s\mathbf{I} - \mathbf{A}] = \begin{bmatrix} s & \dfrac{1}{C} \\ \dfrac{-1}{L} & s + \dfrac{R}{L} \end{bmatrix}.$$

Portanto, obtemos

$$\mathbf{\Phi}(s) = [s\mathbf{I} - \mathbf{A}]^{-1} = \frac{1}{\Delta(s)} \begin{bmatrix} \left(s + \dfrac{R}{L}\right) & \dfrac{-1}{C} \\ \dfrac{1}{L} & s \end{bmatrix},$$

em que

$$\Delta(s) = s^2 + \frac{R}{L}s + \frac{1}{LC}.$$

Logo, a função de transferência é

$$G(s) = [0 \quad R] \begin{bmatrix} \dfrac{s + \dfrac{R}{L}}{\Delta(s)} & \dfrac{-1}{C\Delta(s)} \\ \dfrac{1}{L\Delta(s)} & \dfrac{s}{\Delta(s)} \end{bmatrix} \begin{bmatrix} \dfrac{1}{C} \\ 0 \end{bmatrix}$$

$$= \frac{R/(LC)}{\Delta(s)} = \frac{R/(LC)}{s^2 + \dfrac{R}{L}s + \dfrac{1}{LC}}, \tag{3.79}$$

que está de acordo com o resultado, Equação (3.40), obtido a partir da fórmula de Mason para o ganho do modelo em diagrama de fluxo de sinal. ■

3.7 RESPOSTA NO TEMPO E MATRIZ DE TRANSIÇÃO DE ESTADO

É frequentemente desejável obter a resposta no domínio do tempo das variáveis de estado de um sistema de controle e assim examinar o desempenho do sistema. A resposta transitória de um sistema pode ser obtida diretamente calculando a solução da equação diferencial de estado vetorial. Na Seção 3.3, verificou-se que a solução para a equação diferencial de estado (Equação 3.26) era

$$\mathbf{x}(t) = \mathbf{\Phi}(t)\mathbf{x}(0) + \int_0^t \mathbf{\Phi}(t - \tau)\mathbf{B}\mathbf{u}(\tau)\, d\tau. \tag{3.80}$$

Se as condições iniciais $\mathbf{x}(0)$, a entrada $\mathbf{u}(\tau)$ e a matriz de transição de estado $\mathbf{\Phi}(t)$ forem conhecidas, a resposta no tempo de $\mathbf{x}(t)$ pode ser calculada. Assim, o problema se reduz ao cálculo de $\mathbf{\Phi}(t)$, a matriz de transição de estado que representa a resposta do sistema. Felizmente, a matriz de transição de estado pode ser calculada prontamente por meio do uso de técnicas do diagrama de fluxo de sinal.

Antes de prosseguir com o cálculo da matriz de transição de estado usando o diagrama de fluxo de sinal, deve-se observar que existem vários outros métodos para o cálculo da matriz de transição, tais como o cálculo da série exponencial

$$\mathbf{\Phi}(t) = \exp(\mathbf{A}t) = \sum_{k=0}^{\infty} \frac{\mathbf{A}^k t^k}{k!} \tag{3.81}$$

em uma forma truncada [2, 8]. Existem diversos métodos eficientes para o cálculo de $\mathbf{\Phi}(t)$ por meio de um algoritmo computacional [21].

Na Equação (3.25), verificou-se que $\mathbf{\Phi}(s) = [s\mathbf{I} - \mathbf{A}]^{-1}$. Consequentemente, se $\mathbf{\Phi}(s)$ for obtida por meio da inversão matricial, é possível obter $\mathbf{\Phi}(t)$ observando-se que $\mathbf{\Phi}(t) = \mathcal{L}^{-1}\{\mathbf{\Phi}(s)\}$. O processo de inversão de matrizes é geralmente bastante trabalhoso para sistemas de ordem elevada.

A utilidade do modelo de estado em diagrama de fluxo de sinal para obter a matriz de transição de estado se torna clara, considerando-se a versão no domínio da transformada de Laplace da Equação (3.80), quando a entrada é zero. Tomando-se a transformada de Laplace da Equação (3.80) quando $\mathbf{u}(\tau) = 0$,

$$\mathbf{X}(s) = \mathbf{\Phi}(s)\mathbf{x}(0). \tag{3.82}$$

Portanto, podemos calcular a transformada de Laplace da matriz de transição a partir do diagrama de fluxo de sinal determinando a relação entre a variável de estado $X_i(s)$ e as condições iniciais do estado $[x_1(0), x_2(0),..., x_n(0)]$. Então, a matriz de transição de estado é simplesmente a transformada inversa de $\mathbf{\Phi}(s)$; isto é,

$$\boxed{\mathbf{\Phi}(t) = \mathcal{L}^{-1}\{\mathbf{\Phi}(s)\}.} \tag{3.83}$$

A relação entre uma variável de estado $X_i(s)$ e as condições iniciais $\mathbf{x}(0)$ é obtida utilizando-se a fórmula de Mason para o ganho do diagrama de fluxo de sinal. Assim, para um sistema de segunda ordem,

$$\begin{aligned} X_1(s) &= \phi_{11}(s)x_1(0) + \phi_{12}(s)x_2(0), \\ X_2(s) &= \phi_{21}(s)x_1(0) + \phi_{22}(s)x_2(0), \end{aligned} \tag{3.84}$$

e a relação entre $X_2(s)$ como saída e $x_1(0)$ como entrada pode ser calculada por meio da fórmula de Mason para o ganho do diagrama de fluxo. Todos os elementos da matriz de transição de estado, $\phi_{ij}(s)$, podem ser obtidos calculando-se as relações individuais entre $X_i(s)$ e $x_j(0)$ a partir do diagrama de fluxo do modelo de estado. Um exemplo ilustrará essa abordagem para a determinação da matriz de transição.

EXEMPLO 3.5 **Cálculo da matriz de transição de estado**

Será considerado o circuito *RLC* da Figura 3.3. Busca-se calcular $\mathbf{\Phi}(s)$ por meio de (1) determinação da inversão matricial $\mathbf{\Phi}(s) = [s\mathbf{I} - \mathbf{A}]^{-1}$ e (2) utilização do diagrama de fluxo de sinal e da fórmula de Mason para o ganho do diagrama de fluxo.

Primeiro determina-se $\mathbf{\Phi}(s)$ calculando $\mathbf{\Phi}(s) = [s\mathbf{I} - \mathbf{A}]^{-1}$. Observamos a partir da Equação (3.18) que

$$\mathbf{A} = \begin{bmatrix} 0 & -2 \\ 1 & -3 \end{bmatrix}.$$

Então

$$[s\mathbf{I} - \mathbf{A}] = \begin{bmatrix} s & 2 \\ -1 & s+3 \end{bmatrix}. \tag{3.85}$$

A matriz inversa é

$$\mathbf{\Phi}(s) = [s\mathbf{I} - \mathbf{A}]^{-1} = \frac{1}{\Delta(s)}\begin{bmatrix} s+3 & -2 \\ 1 & s \end{bmatrix}, \tag{3.86}$$

em que $\Delta(s) = s(s + 3) + 2 = s^2 + 3s + 2 = (s + 1)(s + 2)$.

O modelo de estado em diagrama de fluxo de sinal do circuito *RLC* da Figura 3.3 é mostrado na Figura 3.7. Esse circuito *RLC* pode ser representado pelas variáveis de estado $x_1(t) = v_c(t)$ e $x_2(t) = i_L(t)$. As condições iniciais, $x_1(0)$ e $x_2(0)$, representam a tensão no capacitor e a corrente no indutor iniciais, respectivamente. O diagrama de fluxo, incluindo as condições iniciais de cada variável de estado, é mostrado na Figura 3.20. As condições iniciais aparecem como o valor inicial da variável de estado na saída de cada integrador.

Para se obter $\mathbf{\Phi}(s)$, faz-se $U(s) = 0$. Quando $R = 3$, $L = 1$ e $C = 1/2$, obtém-se o diagrama de fluxo de sinal mostrado na Figura 3.21, em que os nós de saída e de entrada foram apagados porque não estão envolvidos no cálculo de $\mathbf{\Phi}(s)$. Então, usando a fórmula de Mason para o ganho do diagrama de fluxo de sinal, obtém-se $X_1(s)$ em função de $x_1(0)$ como

$$X_1(s) = \frac{1 \cdot \Delta_1(s) \cdot [x_1(0)/s]}{\Delta(s)}, \tag{3.87}$$

em que $\Delta(s)$ é o determinante do diagrama e $\Delta_1(s)$ é o cofator do caminho. O determinante do diagrama é

$$\Delta(s) = 1 + 3s^{-1} + 2s^{-2}.$$

O cofator do caminho é $\Delta_1 = 1 + 3s^{-1}$, porque o caminho entre $x_1(0)$ e $X_1(s)$ não toca o laço com o fator $-3s^{-1}$. Portanto, o primeiro elemento da matriz de transição é

$$\phi_{11}(s) = \frac{(1 + 3s^{-1})(1/s)}{1 + 3s^{-1} + 2s^{-2}} = \frac{s + 3}{s^2 + 3s + 2}. \tag{3.88}$$

O elemento $\phi_{12}(s)$ é obtido calculando-se a relação entre $X_1(s)$ e $x_2(0)$ como

$$X_1(s) = \frac{(-2s^{-1})(x_2(0)/s)}{1 + 3s^{-1} + 2s^{-2}}.$$

Portanto,

$$\phi_{12}(s) = \frac{-2}{s^2 + 3s + 2}. \tag{3.89}$$

Similarmente, para $\phi_{21}(s)$,

$$\phi_{21}(s) = \frac{(s^{-1})(1/s)}{1 + 3s^{-1} + 2s^{-2}} = \frac{1}{s^2 + 3s + 2}. \tag{3.90}$$

Finalmente, para $\phi_{22}(s)$,

$$\phi_{22}(s) = \frac{1(1/s)}{1 + 3s^{-1} + 2s^{-2}} = \frac{s}{s^2 + 3s + 2}. \tag{3.91}$$

Consequentemente, a matriz de transição de estado na forma de transformada de Laplace é

$$\mathbf{\Phi}(s) = \begin{bmatrix} (s + 3)/(s^2 + 3s + 2) & -2/(s^2 + 3s + 2) \\ 1/(s^2 + 3s + 2) & s/(s^2 + 3s + 2) \end{bmatrix}. \tag{3.92}$$

Os fatores da equação característica são $(s + 1)$ e $(s + 2)$, de modo que

$$(s + 1)(s + 2) = s^2 + 3s + 2.$$

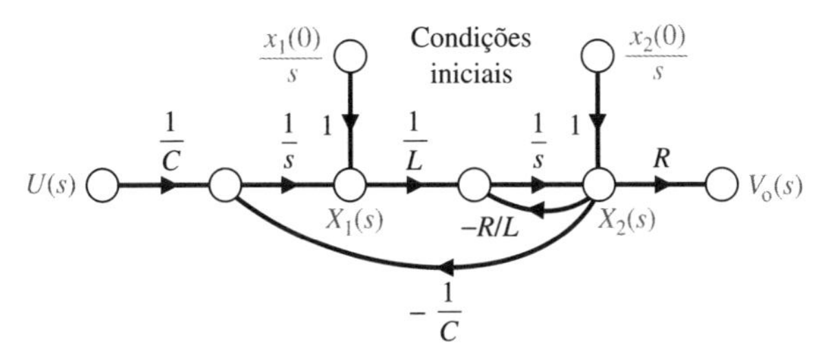

FIGURA 3.20 Diagrama de fluxo do circuito *RLC*.

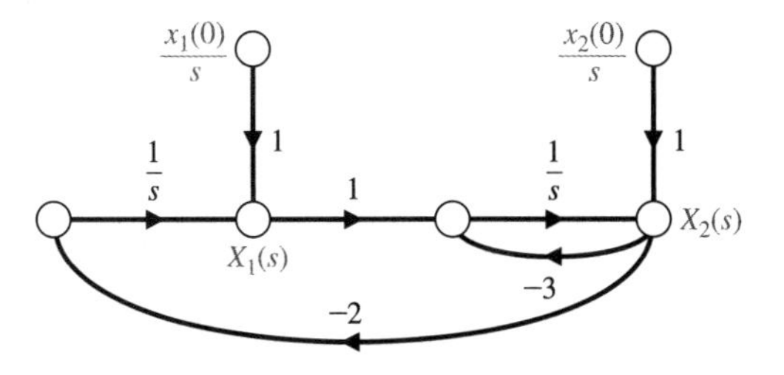

FIGURA 3.21 Diagrama de fluxo do circuito *RLC* com $U(s) = 0$.

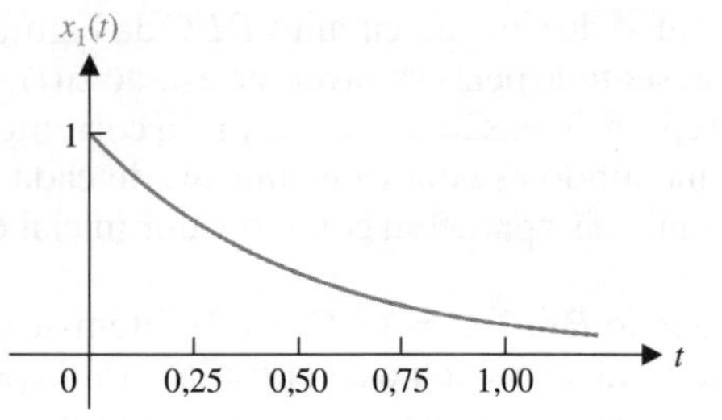

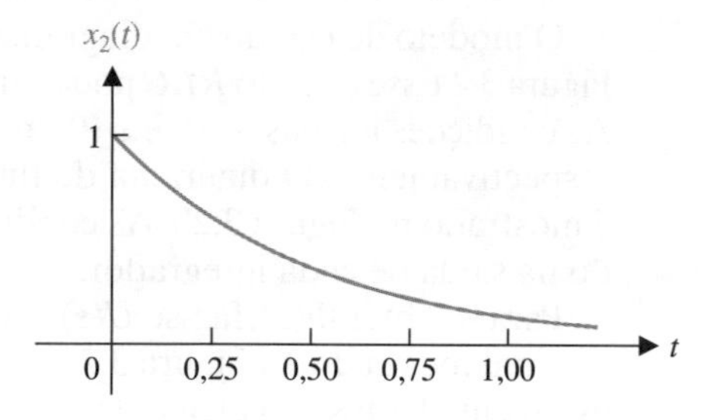

FIGURA 3.22 Resposta no tempo das variáveis de estado do circuito *RLC* para $x_1(0) = x_2(0) = 1$.

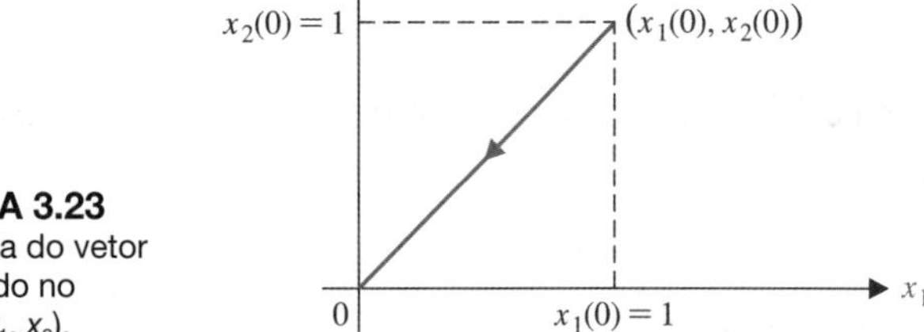

FIGURA 3.23 Trajetória do vetor de estado no plano (x_1, x_2).

Então, a matriz de transição de estado é

$$\mathbf{\Phi}(t) = \mathscr{L}^{-1}\{\mathbf{\Phi}(s)\} = \begin{bmatrix} (2e^{-t} - e^{-2t}) & (-2e^{-t} + 2e^{-2t}) \\ (e^{-t} - e^{-2t}) & (-e^{-t} + 2e^{-2t}) \end{bmatrix}. \tag{3.93}$$

O cálculo da resposta no tempo do circuito *RLC* para diversas condições iniciais e sinais de entrada pode agora ser realizado utilizando-se a Equação (3.80). Por exemplo, quando $x_1(0) = x_2(0) = 1$ e $u(t) = 0$, temos

$$\begin{pmatrix} x_1(t) \\ x_2(t) \end{pmatrix} = \mathbf{\Phi}(t)\begin{pmatrix} 1 \\ 1 \end{pmatrix} = \begin{pmatrix} e^{-2t} \\ e^{-2t} \end{pmatrix}. \tag{3.94}$$

A resposta do sistema para essas condições iniciais é mostrada na Figura 3.22. A trajetória do vetor de estado $(x_1(t), x_2(t))$ no plano (x_1, x_2) é mostrada na Figura 3.23.

O cálculo da resposta no tempo é facilitado pela determinação da matriz de transição de estado. Embora esta abordagem esteja limitada a sistemas lineares, ela é um método poderoso e utiliza o familiar diagrama de fluxo de sinal para calcular a matriz de transição. ■

3.8 EXEMPLOS DE PROJETO

Nesta seção, são apresentados dois exemplos ilustrativos de projeto. No primeiro exemplo, é apresentada uma visão detalhada da modelagem de um grande veículo espacial (como uma estação espacial) usando um modelo em variáveis de estado. O modelo em variáveis de estado é então usado para verificar a estabilidade da orientação da espaçonave em órbita baixa da Terra. O processo de projeto é evidenciado neste exemplo. O segundo exemplo é um projeto de acionador de correia de impressora. A relação entre o modelo em variáveis de estado e o diagrama de blocos é ilustrada e, com o uso de métodos de redução de diagrama de blocos, a função de transferência equivalente ao modelo em variáveis de estado é obtida.

EXEMPLO 3.6 **Modelagem da orientação de uma estação espacial**

A Estação Espacial Internacional, mostrada na Figura 3.24, é um bom exemplo de uma espaçonave de propósito múltiplo que pode operar em muitas configurações diferentes. Uma etapa importante no processo de projeto de sistema de controle é o desenvolvimento de um modelo matemático do movimento da espaçonave. Em geral, esse modelo descreve os movimentos de translação e a atitude da espaçonave sob a influência de forças e torques externos, e forças e torques de controle e atuação. O modelo dinâmico da espaçonave resultante é um sistema de equações diferenciais ordinárias não lineares altamente acopladas. Objetiva-se simplificar o modelo ao mesmo tempo que se mantêm características importantes do sistema. Esta não é uma tarefa trivial, mas um importante e frequentemente negligenciado componente da engenharia de controle. Neste exemplo, o movimento

FIGURA 3.24 Estação Espacial Internacional. (Cortesia da NASA.)

rotacional é considerado. O movimento translacional, embora criticamente importante para a manutenção da órbita, pode ser desacoplado do movimento rotacional.

Muitas espaçonaves (como a Estação Espacial Internacional) irão manter uma atitude voltada para a Terra. Isso significa que câmeras e outros instrumentos científicos apontando para baixo serão capazes de sondar a Terra. Reciprocamente, instrumentos científicos apontando para cima irão observar o espaço profundo, como desejado. Para alcançar uma atitude voltada para a Terra, a espaçonave precisa de um sistema de controle regulador de atitude capaz de aplicar os torques necessários. Torques são as entradas para o sistema, nesse caso a estação espacial. A atitude é a saída do sistema. A Estação Espacial Internacional emprega giroscópios de controle de momento e jatos de controle de reação como atuadores para controlar a atitude. Giroscópios de controle de momento são trocadores de momento e têm preferência sobre jatos de controle de reação porque não consomem combustível. Eles são atuadores que consistem em um volante girando em velocidade constante, montado em um conjunto de argolas. A orientação do volante é variada pela rotação das argolas, resultando em uma mudança na direção do momento angular do volante. De acordo com o princípio básico da conservação do momento angular, mudanças no momento do giroscópio de controle de momento precisam ser transferidas para a estação espacial, produzindo, assim, um torque de reação. O torque de reação pode ser empregado para controlar a atitude da estação espacial. Entretanto, há um limite máximo de controle que pode ser fornecido pelo giroscópio de controle de momento. Quando esse máximo é atingido, diz-se que o dispositivo atingiu a saturação. Desse modo, embora giroscópios de controle de momento não consumam combustível, eles podem propiciar apenas uma quantia limitada de controle. Na prática, é possível controlar a atitude da estação espacial enquanto simultaneamente se tiram da saturação os giroscópios de controle de momento.

Vários métodos para tirar os giroscópios de controle de momento da saturação estão disponíveis, mas usar os torques ambientais naturalmente existentes é o método preferido porque minimiza o uso dos jatos de controle de reação. Uma ideia engenhosa é usar os torques de gradiente de gravidade (os quais ocorrem naturalmente) para continuamente tirar da saturação os dispositivos trocadores de momento. Devido à variação do campo gravitacional da Terra sobre a Estação Espacial Internacional, o momento total gerado pelas forças gravitacionais em torno do centro de massa da espaçonave é diferente de zero. Esse momento diferente de zero é chamado de torque de gradiente de gravidade. Uma mudança na atitude muda o torque de gradiente de gravidade atuando no veículo. Desse modo, a combinação de controle de atitude e gerenciamento de momento torna-se uma questão de compromisso.

Os elementos do processo de projeto enfatizados neste exemplo são ilustrados na Figura 3.25. Pode-se começar o processo de modelagem definindo a atitude da estação espacial usando os três ângulos, $\theta_2(t)$ (ângulo de arfagem), $\theta_3(t)$ (ângulo de guinagem) e $\theta_1(t)$ (ângulo de rolagem). Esses três ângulos representam a atitude da estação espacial relativa à atitude desejada de apontar para a Terra. Quando $\theta_1(t) = \theta_2(t) = \theta_3(t) = 0$, a estação espacial está orientada na direção desejada. O objetivo é manter a estação espacial orientada na atitude desejada enquanto a quantidade de

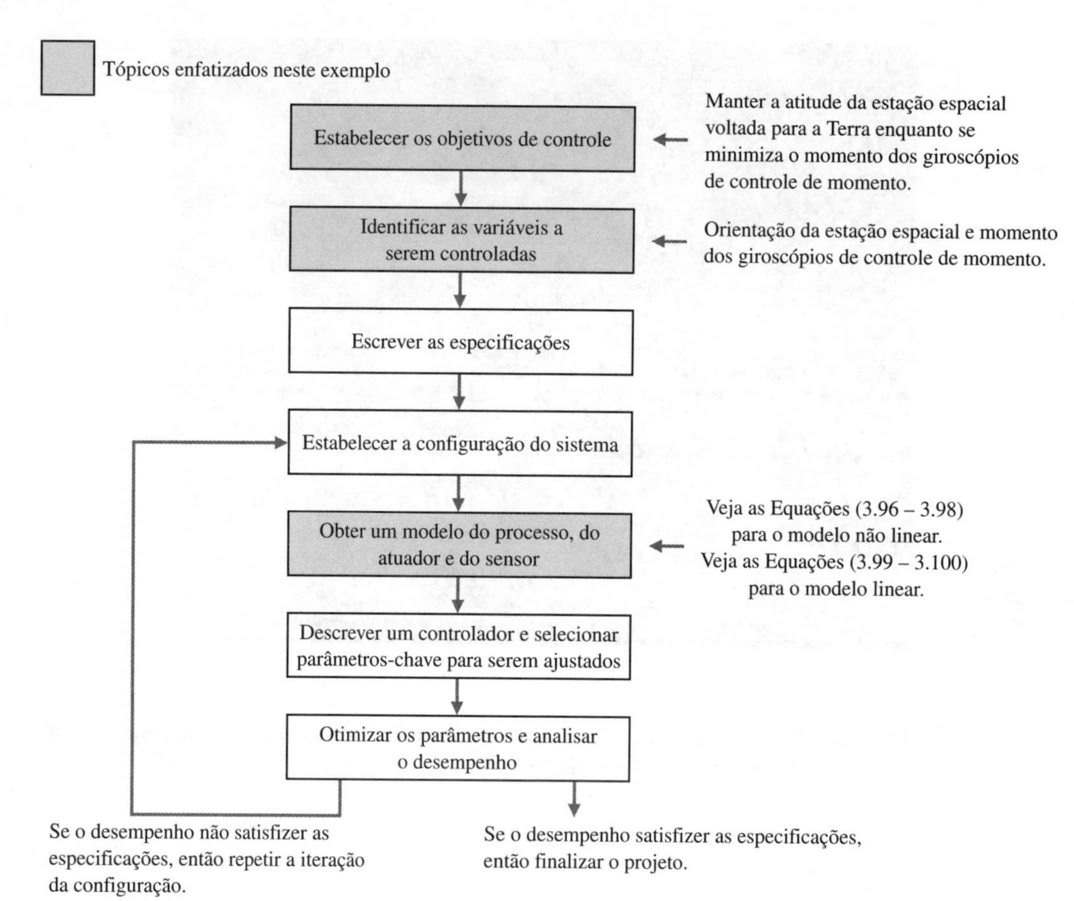

FIGURA 3.25 Elementos do processo de projeto de sistema de controle enfatizados no exemplo do controle de espaçonave.

mudança de momento requerida é minimizada pelos giroscópios de controle de momento (mantendo em mente que se deseja evitar saturação). O objetivo de controle pode ser declarado como:

Objetivo de Controle

Minimizar os ângulos de rolagem, guinagem e arfagem na presença de perturbações externas persistentes enquanto, simultaneamente, minimiza-se o momento do giroscópio de controle de momento.

A taxa de variação temporal do momento angular de um corpo em torno de seu centro de massa é igual à soma dos torques externos agindo nesse corpo. Desse modo, a dinâmica da atitude de uma espaçonave é acionada por torques agindo externamente. O principal torque externo agindo na estação espacial é devido à gravidade. Levando-se em conta a Terra como massa pontual, o torque de gradiente de gravidade [30] agindo na espaçonave é dado por

$$\mathbf{T}_g(t) = 3n^2\mathbf{c}(t) \times \mathbf{I}\mathbf{c}(t), \tag{3.95}$$

em que n é a velocidade angular orbital (n = 0,0011 *rad/s* para a estação espacial) e $\mathbf{c}(t)$ é

$$\mathbf{c}(t) = \begin{bmatrix} -\text{sen}\,\theta_2(t)\cos\theta_3(t) \\ \text{sen}\,\theta_1(t)\cos\theta_2(t) + \cos\theta_1(t)\,\text{sen}\,\theta_2(t)\,\text{sen}\,\theta_3(t) \\ \cos\theta_1(t)\cos\theta_2(t) - \text{sen}\,\theta_1(t)\,\text{sen}\,\theta_2(t)\,\text{sen}\,\theta_3(t) \end{bmatrix}.$$

A notação '×' indica o produto vetorial. A matriz **I** é a matriz de inércia da espaçonave e é uma função da configuração da estação espacial. Segue-se também, da Equação (3.95), que os torques de gradiente de gravidade são uma função da atitude $\theta_1(t)$, $\theta_2(t)$ e $\theta_3(t)$. Deseja-se manter uma atitude determinada (que é apontando para a Terra $\theta_1 = \theta_2 = \theta_3 = 0$), mas algumas vezes é necessário desviar-se dessa atitude de modo que se possam gerar torques de gradiente de gravidade para auxiliar no gerenciamento do momento dos giroscópios de controle de momento. Nisso reside o conflito; como engenheiros, frequentemente somos requisitados a desenvolver sistemas de controle para gerenciar objetivos conflitantes.

Agora se examina o efeito do torque aerodinâmico agindo sobre a estação espacial. Mesmo na altitude elevada da estação espacial, o torque aerodinâmico afeta o movimento de atitude. O torque aerodinâmico agindo na estação espacial é gerado pela força de arrasto atmosférica que age através do centro de pressão. Em geral, o centro de pressão e o centro de massa não coincidem; desse modo, desenvolvem-se torques aerodinâmicos. Em órbitas terrestres baixas, o torque aerodinâmico é uma função senoidal que tende a oscilar em torno de um pequeno valor diferente de zero (*bias*). A oscilação no torque é primariamente o resultado da expansão atmosférica diária da Terra. Por causa do calor, a parte da atmosfera mais próxima ao Sol se expande mais em direção ao espaço do que a parte da atmosfera no lado da Terra mais afastado do Sol. Como a estação espacial viaja em torno da Terra (cerca de uma volta a cada 90 minutos), ela se move através de variadas massas específicas do ar, desse modo causando um torque aerodinâmico cíclico. Além disso, os painéis solares da estação espacial giram à medida que rastreiam o Sol. Isso resulta em outro componente cíclico do torque aerodinâmico. O torque aerodinâmico é geralmente muito menor que o torque de gradiente de gravidade. Por essa razão, para propósitos de projeto, pode-se ignorar o torque de arrasto atmosférico e considerá-lo um torque de perturbação. É desejável que o controlador minimize os efeitos da perturbação aerodinâmica na atitude da espaçonave.

Torques causados pela gravitação de outros corpos celestes, campos magnéticos, radiação solar, ventos solares e outros fenômenos menos significantes são muito menores que o torque gravitacional induzido pela Terra e que o torque aerodinâmico. Esses torques no modelo dinâmico são ignorados e tratados como perturbações.

Finalmente, é preciso examinar os giroscópios de controle de momento propriamente ditos. Primeiro, todos os giroscópios de controle de momento serão agrupados e considerados como uma única fonte de torque. Representa-se o momento total dos giroscópios de controle de momento pela variável $\mathbf{h}(t)$. É necessário conhecer e compreender a dinâmica na fase de projeto para gerenciar o momento angular. Mas, uma vez que as constantes de tempo associadas com essas dinâmicas são muito menores do que as da dinâmica da atitude, pode-se ignorar a dinâmica e admitir que os giroscópios de controle de momento podem produzir, com precisão e sem atraso no tempo, o torque demandado pelo sistema de controle.

Com base na discussão anterior, um modelo não linear simplificado que pode ser usado como base para o projeto de controle é

$$\dot{\Theta}(t) = \mathbf{R}(\mathbf{\Theta})\mathbf{\Omega}(t) + \mathbf{n}, \tag{3.96}$$

$$\mathbf{I}\dot{\Omega}(t) = -\Omega(t) \times \mathbf{I}\Omega(t) + 3n^2\mathbf{c}(t) \times \mathbf{I}\mathbf{c}(t) - \mathbf{u}(t), \tag{3.97}$$

$$\dot{\mathbf{h}}(t) = -\Omega(t) \times \mathbf{h}(t) + \mathbf{u}(t), \tag{3.98}$$

em que

$$\mathbf{R}(\mathbf{\Theta}) = \frac{1}{\cos\theta_3(t)}\begin{bmatrix} \cos\theta_3(t) & -\cos\theta_1(t)\,\mathrm{sen}\,\theta_3(t) & \mathrm{sen}\,\theta_1(t)\,\mathrm{sen}\,\theta_3(t) \\ 0 & \cos\theta_1(t) & -\mathrm{sen}\,\theta_1(t) \\ 0 & \mathrm{sen}\,\theta_1(t)\cos\theta_3(t) & \cos\theta_1(t)\cos\theta_3(t) \end{bmatrix}$$

$$\mathbf{n} = \begin{pmatrix} 0 \\ n \\ 0 \end{pmatrix}, \quad \Omega = \begin{pmatrix} \omega_1(t) \\ \omega_2(t) \\ \omega_3(t) \end{pmatrix}, \quad \Theta = \begin{pmatrix} \theta_1(t) \\ \theta_2(t) \\ \theta_3(t) \end{pmatrix}, \quad \mathbf{u} = \begin{pmatrix} u_1(t) \\ u_2(t) \\ u_3(t) \end{pmatrix},$$

em que $\mathbf{u}(t)$ é o torque de entrada dos giroscópios de controle de momento, $\mathbf{\Omega}(t)$ é a velocidade angular, $\mathbf{I}$ é a matriz de momento de inércia e $\mathbf{n}$ é a velocidade angular orbital. Duas boas referências que descrevem os fundamentos da modelagem da dinâmica de espaçonaves são [26] e [27]. Existem muitos artigos tratando do controle e do gerenciamento de momento da estação espacial. Uns dos primeiros a apresentarem o modelo não linear nas Equações (3.96–3.98) foram Wie *et al.* [28]. Outras informações relacionadas com o modelo e com o problema de controle em geral aparecem em [29–33]. Artigos relacionados com tópicos de controle avançado aplicados à estação espacial podem ser encontrados em [34–40]. Pesquisadores estão desenvolvendo leis de controle não lineares baseados no modelo não linear das Equações (3.96)–(3.98). Vários bons artigos neste tópico aparecem em [41–50].

A Equação (3.96) representa a cinemática – relacionamento entre os ângulos de Euler, denotados por $\Theta(t)$ e o vetor de velocidade angular $\Omega(t)$. A Equação (3.97) representa a dinâmica da atitude da estação espacial. Os termos no lado direito da equação representam a soma dos torques externos agindo na espaçonave. O primeiro torque é devido ao acoplamento cruzado da inércia. O segundo termo representa o torque de gradiente de gravidade, e o último termo é o torque aplicado na espaçonave pelos atuadores. Os torques de perturbação (em razão de fatores como a atmosfera) não são incluídos no modelo usado no projeto. A Equação (3.98) representa o momento total dos giroscópios de controle de momento.

A abordagem convencional para o projeto do gerenciamento do momento da espaçonave é desenvolver um modelo linear, representando a atitude da espaçonave e o momento do giroscópio de controle de momento, por meio da linearização do modelo não linear. Essa linearização é realizada por uma aproximação padrão em série de Taylor. Métodos de projeto de controle linear podem, então, ser prontamente aplicados. Para propósitos de linearização, admite-se que a espaçonave possui produtos de inércia nulos (isto é, a matriz de inércia é diagonal) e que as perturbações aerodinâmicas são desprezíveis. O estado de equilíbrio em torno do qual é feita a linearização é

$$\boldsymbol{\Theta} = \mathbf{0},$$

$$\boldsymbol{\Omega} = \begin{pmatrix} 0 \\ -n \\ 0 \end{pmatrix}$$

$$\mathbf{h} = \mathbf{0},$$

e onde admite-se que

$$\mathbf{I} = \begin{bmatrix} I_1 & 0 & 0 \\ 0 & I_2 & 0 \\ 0 & 0 & I_3 \end{bmatrix}.$$

Na realidade, a matriz de inércia **I** não é uma matriz diagonal. Desprezar os termos fora da diagonal principal é consistente com as aproximações de linearização e é uma hipótese bastante comum. Aplicando-se a aproximação pela série de Taylor, produz-se o modelo linear, o qual resulta em um desacoplamento do eixo de arfagem dos eixos de rolagem/guinagem.

As equações linearizadas para o eixo de arfagem são

$$\begin{pmatrix} \dot{\theta}_2(t) \\ \dot{\omega}_2(t) \\ \dot{h}_2(t) \end{pmatrix} = \begin{bmatrix} 0 & 1 & 0 \\ 3n^2\,\Delta_2 & 0 & 0 \\ 0 & 0 & 0 \end{bmatrix} \begin{pmatrix} \theta_2(t) \\ \omega_2(t) \\ h_2(t) \end{pmatrix} + \begin{bmatrix} -0 \\ -1/I_2 \\ -1 \end{bmatrix} u_2(t), \tag{3.99}$$

em que

$$\Delta_2 := \frac{I_3 - I_1}{I_2}.$$

O subscrito 2 se refere aos termos do eixo de arfagem, o subscrito 1 é para os termos do eixo de rolagem, e 3 é para os termos do eixo de guinagem. As equações linearizadas para os eixos de rolagem/guinagem são

$$\begin{pmatrix} \dot{\theta}_1(t) \\ \dot{\theta}_3(t) \\ \dot{\omega}_1(t) \\ \dot{\omega}_3(t) \\ \dot{h}_1(t) \\ \dot{h}_3(t) \end{pmatrix} = \begin{bmatrix} 0 & n & 1 & 0 & 0 & 0 \\ -n & 0 & 0 & 1 & 0 & 0 \\ -3n^2\Delta_1 & 0 & 0 & -n\Delta_1 & 0 & 0 \\ 0 & 0 & -n\Delta_3 & 0 & 0 & 0 \\ 0 & 0 & 0 & 0 & 0 & n \\ 0 & 0 & 0 & 0 & -n & 0 \end{bmatrix} \begin{pmatrix} \theta_1(t) \\ \theta_3(t) \\ \omega_1(t) \\ \omega_3(t) \\ h_1(t) \\ h_3(t) \end{pmatrix}$$

$$+ \begin{bmatrix} -0 & -0 \\ -0 & -0 \\ -1/I_1 & -0 \\ -0 & -1/I_3 \\ -1 & -0 \\ -0 & -1 \end{bmatrix} \begin{pmatrix} u_1(t) \\ u_3(t) \end{pmatrix}, \tag{3.100}$$

em que

$$\Delta_1 := \frac{I_2 - I_3}{I_1} \quad \text{e} \quad \Delta_3 := \frac{I_1 - I_2}{I_3}.$$

Considere a análise do eixo de arfagem. Define-se o vetor de estado como

$$\mathbf{x}(t) := \begin{pmatrix} \theta_2(t) \\ \omega_2(t) \\ h_2(t) \end{pmatrix}$$

e a saída como

$$y(t) = \theta_2(t) = [1 \quad 0 \quad 0]\mathbf{x}(t).$$

Aqui se considera a atitude da espaçonave, $\theta_2(t)$, como a saída de interesse. Podem-se também facilmente considerar ambas, a velocidade angular, $\omega_2(t)$, e o momento do giroscópio de controle de momento, $h_2(t)$, como saídas. O modelo em variáveis de estado é

$$\begin{aligned} \dot{\mathbf{x}}(t) &= \mathbf{A}\mathbf{x}(t) + \mathbf{B}u(t), \\ y(t) &= \mathbf{C}\mathbf{x}(t) + \mathbf{D}u(t), \end{aligned} \tag{3.101}$$

em que

$$\mathbf{A} = \begin{bmatrix} 0 & 1 & 0 \\ 3n^2\,\Delta_2 & 0 & 0 \\ 0 & 0 & 0 \end{bmatrix}, \quad \mathbf{B} = \begin{bmatrix} 0 \\ -1/I_2 \\ 1 \end{bmatrix},$$

$$\mathbf{C} = [1 \quad 0 \quad 0], \quad \mathbf{D} = [0],$$

e $u(t)$ é o torque do giroscópio de controle de momento no eixo de arfagem. A solução para a equação diferencial de estado dada na Equação (3.101) é

$$\mathbf{x}(t) = \mathbf{\Phi}(t)\mathbf{x}(0) + \int_0^t \mathbf{\Phi}(t-\tau)\mathbf{B}u(\tau)\,d\tau,$$

em que

$$\mathbf{\Phi}(t) = \exp(\mathbf{A}t) = \text{l}^{-1}\left\{(s\mathbf{I} - \mathbf{A})^{-1}\right\}$$

$$= \begin{bmatrix} \frac{1}{2}\left(e^{\sqrt{3n^2\Delta_2 t}} + e^{-\sqrt{3n^2\Delta_2 t}}\right) & \frac{1}{2\sqrt{3n^2\,\Delta_2}}\left(e^{\sqrt{3n^2\Delta_2 t}} - e^{-\sqrt{3n^2\Delta_2 t}}\right) & 0 \\ \frac{\sqrt{3n^2\Delta_2}}{2}\left(e^{\sqrt{3n^2\Delta_2 t}} - e^{-\sqrt{3n^2\Delta_2 t}}\right) & \frac{1}{2}\left(e^{\sqrt{3n^2\Delta_2 t}} + e^{-\sqrt{3n^2\Delta_2 t}}\right) & 0 \\ 0 & 0 & 1 \end{bmatrix}.$$

Pode-se ver que, se $\Delta_2 > 0$, então alguns elementos da matriz de transição de estado terão termos da forma e^{at}, em que $a > 0$. Isso indica que o sistema é instável. Além disso, se temos interesse na saída $y(t) = \theta_2(t)$,

$$y(t) = \mathbf{C}\mathbf{x}(t).$$

Com $\mathbf{x}(t)$ dado por

$$\mathbf{x}(t) = \mathbf{\Phi}(t)\mathbf{x}(0) + \int_0^t \mathbf{\Phi}(t-\tau)\mathbf{B}u(\tau)d\tau,$$

segue-se que

$$y(t) = \mathbf{C}\mathbf{\Phi}(t)\mathbf{x}(0) + \int_0^t \mathbf{C}\mathbf{\Phi}(t-\tau)\mathbf{B}u(\tau)d\tau.$$

A função de transferência relacionando a saída $Y(s)$ com a entrada $U(s)$ é

$$G(s) = \frac{Y(s)}{U(s)} = \mathbf{C}(s\mathbf{I} - \mathbf{A})^{-1}\mathbf{B} = -\frac{1}{I_2\left(s^2 - 3n^2\,\Delta_2\right)}.$$

A equação característica é

$$s^2 - 3n^2\Delta_2 = (s + \sqrt{3n^2\Delta_2})(s - \sqrt{3n^2\Delta_2}) = 0.$$

Se $\Delta_2 > 0$ (isto é, se $I_3 > I_1$), então temos dois polos reais — um no semiplano esquerdo e outro no semiplano direito. Para uma espaçonave com $I_3 > I_1$, pode-se dizer que uma atitude voltada para a Terra é uma orientação instável. Isso significa que é necessário um controle ativo.

Ao contrário, quando $\Delta_2 < 0$ (isto é, quando $I_1 > I_3$), a equação característica possui duas raízes imaginárias em

$$s = \pm j\sqrt{3n^2|\Delta_2|}.$$

Esse tipo de espaçonave é marginalmente estável. Na ausência de qualquer torque dos giroscópios de controle de momento, a espaçonave irá oscilar em torno da orientação voltada à Terra para qualquer pequeno desvio inicial a partir da atitude desejada. ■

EXEMPLO 3.7 **Modelagem de acionador de correia para impressora**

Uma impressora de baixo custo comumente usada para computadores utiliza um acionador de correia para mover o dispositivo de impressão lateralmente pela página impressa [11]. O dispositivo de impressão pode ser uma unidade a *laser*, uma esfera de impressão ou uma cabeça de impressão térmica. Um exemplo de acionador de correia para impressora com motor CC como atuador é mostrado na Figura 3.26. Neste modelo, um sensor de luz é usado para medir a posição do dispositivo de impressão, e a tensão da correia ajusta a flexibilidade de mola da correia. O objetivo do projeto é determinar o efeito da constante de mola da correia, k, e escolher parâmetros apropriados para o motor, a polia da correia e o controlador. Para realizar a análise, determina-se um modelo do sistema de acionamento de correia e escolhem-se muitos dos seus parâmetros. Usando esse modelo, será obtido o modelo em diagrama de fluxo de sinal e serão escolhidas as variáveis de estado. Então, determina-se uma função de transferência apropriada para o sistema, e seus outros parâmetros serão escolhidos, exceto a constante de mola. Finalmente, o efeito da variação da constante de mola será determinado dentro de um intervalo realista.

Propõe-se o modelo do sistema de acionamento de correia mostrado na Figura 3.27. Este modelo assume que a constante de mola da correia é k, que o raio da polia é r, que a rotação angular do eixo do motor é $\theta(t)$ e que a rotação angular da polia da direita é $\theta_p(t)$. A massa do dispositivo de impressão é m e sua posição é $y(t)$. Um sensor de luz é usado para medir $y(t)$ e a saída do sensor é uma tensão elétrica $v_1(t)$, em que $v_1(t) = k_1 y(t)$. O controlador fornece uma tensão de saída $v_2(t)$, em que $v_2(t)$ é uma função de $v_1(t)$. A tensão $v_2(t)$ é conectada ao campo do motor. Admite-se que é possível usar a relação linear

$$v_2(t) = -\left(k_2 \frac{dv_1(t)}{dt} + k_3 v_1(t)\right),$$

e escolhe-se usar $k_2 = 0{,}1$ e $k_3 = 0$ (realimentação de velocidade).

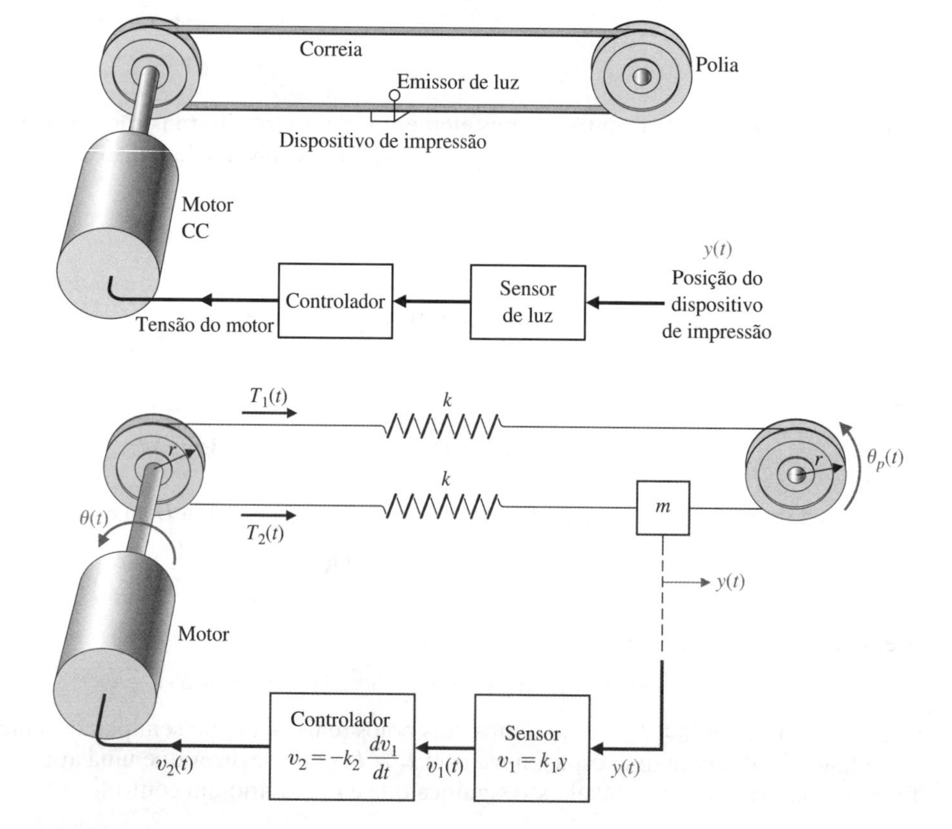

FIGURA 3.26 Sistema de acionador de correia para impressora.

FIGURA 3.27 Modelo do acionador de correia para impressora.

A inércia do motor e da polia é $J = J_{motor} + J_{polia}$. Planeja-se usar um motor CC de potência moderada. Selecionando um motor CC de 1/8 hp típico, descobre-se que $J = 0{,}01$ kg m^2, a indutância de campo é desprezível, a resistência de campo é $R = 2\ \Omega$, a constante do motor é $K_m = 2$ Nm/A e o atrito do motor e da polia é $b = 0{,}25$ N ms/rad. O raio da polia é $r = 0{,}15$ m, $m = 0{,}2$ kg, e $k_1 = 1$ V/m.

Vamos agora escrever as equações de movimento para o sistema; observe que $y(t) = r\theta_p(t)$. Então, a tensão de equilíbrio T_1 é

$$T_1(t) = k(r\theta(t) - r\theta_p(t)) = k(r\theta(t) - y(t)).$$

A tensão de equilíbrio $T_2(t)$ é

$$T_2(t) = k(y(t) - r\theta(t)).$$

A tensão líquida aplicada na massa m é

$$T_1(t) - T_2(t) = m\frac{d^2y(t)}{dt^2} \tag{3.102}$$

e

$$\begin{aligned} T_1(t) - T_2(t) &= k(r\theta(t) - y(t)) - k(y(t) - r\theta(t)) \\ &= 2k(r\theta(t) - y(t)) = 2kx_1(t), \end{aligned} \tag{3.103}$$

em que a primeira variável de estado é $x_1(t) = r\theta(t) - y(t)$. Fazendo a segunda variável de estado ser $x_2(t) = dy(t)/dt$, e usando as Equações (3.102) e (3.103), obtemos

$$\frac{dx_2(t)}{dt} = \frac{2k}{m}x_1(t). \tag{3.104}$$

A primeira derivada de $x_1(t)$ é

$$\frac{dx_1(t)}{dt} = r\frac{d\theta(t)}{dt} - \frac{dy(t)}{dt} = rx_3(t) - x_2(t) \tag{3.105}$$

quando selecionada a terceira variável de estado como $x_3(t) = d\theta(t)/dt$. Necessita-se agora de uma equação diferencial descrevendo a rotação do motor. Quando $L = 0$, tem-se a corrente de campo $i(t) = v_2(t)/R$ e o torque do motor $T_m(t) = K_m i(t)$. Consequentemente,

$$T_m(t) = \frac{K_m}{R}v_2(t),$$

e o torque do motor fornece o torque para acionar as correias mais o torque de perturbação ou torque de carga indesejado, de modo que

$$T_m(t) = T(t) + T_d(t).$$

O torque $T(t)$ aciona o eixo da polia, de modo que

$$T(t) = J\frac{d^2\theta(t)}{dt^2} + b\frac{d\theta(t)}{dt} + rT_1(t) - rT_2(t).$$

Consequentemente,

$$\frac{dx_3(t)}{dt} = \frac{d^2\theta(t)}{dt^2}.$$

Então,

$$\frac{dx_3(t)}{dt} = \frac{T_m(t) - T_d(t)}{J} - \frac{b}{J}x_3(t) - \frac{2kr}{J}x_1(t),$$

em que

$$T_m(t) = \frac{K_m}{R}v_2(t) \qquad \text{e} \qquad v_2(t) = -k_1k_2\frac{dy(t)}{dt} = -k_1k_2x_2(t).$$

Desse modo, obtemos

$$\frac{dx_3(t)}{dt} = \frac{-K_m k_1 k_2}{JR} x_2(t) - \frac{b}{J} x_3(t) - \frac{2kr}{J} x_1(t) - \frac{T_d(t)}{J}. \tag{3.106}$$

As Equações (3.104)–(3.106) são as três equações diferenciais de primeira ordem necessárias para descrever este sistema. A equação diferencial matricial é

$$\dot{\mathbf{x}}(t) = \begin{bmatrix} 0 & -1 & r \\ \frac{2k}{m} & 0 & 0 \\ \frac{-2kr}{J} & \frac{-K_m k_1 k_2}{JR} & \frac{-b}{J} \end{bmatrix} \mathbf{x}(t) + \begin{bmatrix} 0 \\ 0 \\ \frac{-1}{J} \end{bmatrix} T_d(t). \tag{3.107}$$

Os modelos em diagrama de fluxo de sinal e em diagrama de blocos representando a equação diferencial matricial são mostrados na Figura 3.28, em que se inclui a identificação do nó para o torque de perturbação $T_p(t)$.

Pode-se utilizar o diagrama de fluxo para determinar a função de transferência $X_1(s)/T_p(s)$. O objetivo é reduzir o efeito da perturbação $T_p(s)$, e a função de transferência mostrará como atingir esse objetivo. Usando a fórmula de Mason para o ganho do diagrama de fluxo de sinal, obtemos

$$\frac{X_1(s)}{T_p(s)} = \frac{-\frac{r}{J}s^{-2}}{1 - (L_1(s) + L_2(s) + L_3(s) + L_4(s)) + L_1(s)L_2(s)},$$

em que

$$L_1(s) = \frac{-b}{J}s^{-1}, L_2(s) = \frac{-2k}{m}s^{-2}, L_3(s) = \frac{-2kr^2s^{-2}}{J} \text{ e } L_4(s) = \frac{-2kK_m k_1 k_2 r s^{-3}}{mJR}.$$

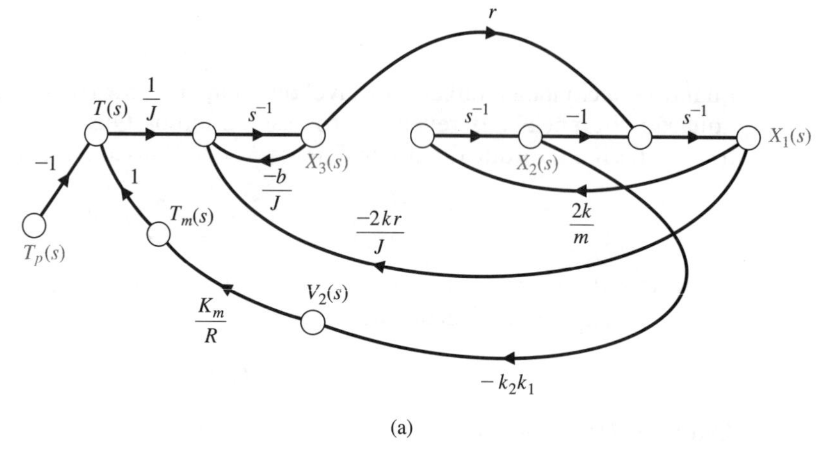

(a)

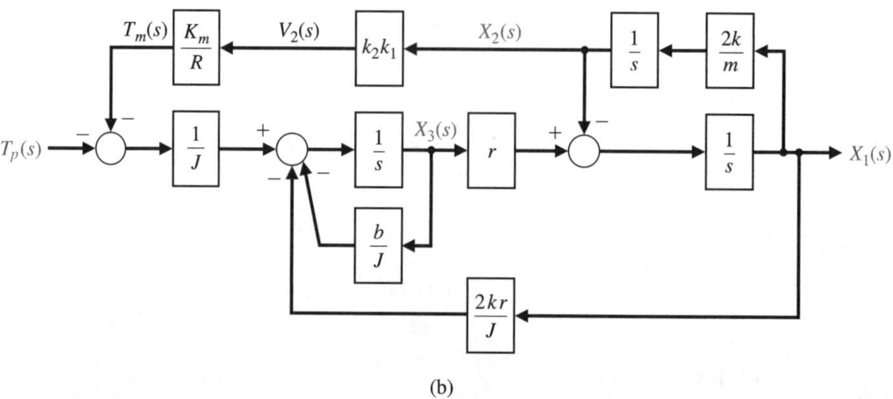

(b)

FIGURA 3.28 Acionador de correia para impressora. (a) Diagrama de fluxo de sinal. (b) Modelo em diagrama de blocos.

Temos, então,

$$\frac{X_1(s)}{T_P(s)} = \frac{-\left(\frac{r}{J}\right)s}{s^3 + \left(\frac{b}{J}\right)s^2 + \left(\frac{2k}{m} + \frac{2kr^2}{J}\right)s + \left(\frac{2kb}{Jm} + \frac{2kK_m k_1 k_2 r}{JmR}\right)}.$$

Pode-se também determinar a função de transferência em malha fechada por meio de métodos de redução de diagrama de blocos, como ilustrado na Figura 3.29. Lembre-se de que não existe um único caminho a ser seguido na redução de diagramas de blocos; entretanto, existe apenas uma única solução correta ao final. O diagrama de blocos original é mostrado na Figura 3.28(b). O resultado da primeira etapa é mostrado na Figura 3.29(a), em que a malha de realimentação superior foi reduzida a uma única função de transferência. O segundo passo ilustrado na Figura 3.29(b) reduz então as duas malhas de realimentação inferiores a uma única função de transferência. No terceiro passo, mostrado na Figura 3.29(c), a malha de realimentação inferior é fechada e então as funções de transferência remanescentes em série na malha inferior são combinadas. A função de transferência em malha fechada do passo final é mostrada na Figura 3.29(d).

Substituindo os valores dos parâmetros, obtemos

$$\frac{X_1(s)}{T_P(s)} = \frac{-15s}{s^3 + 25s^2 + 14{,}5ks + 265k}. \tag{3.108}$$

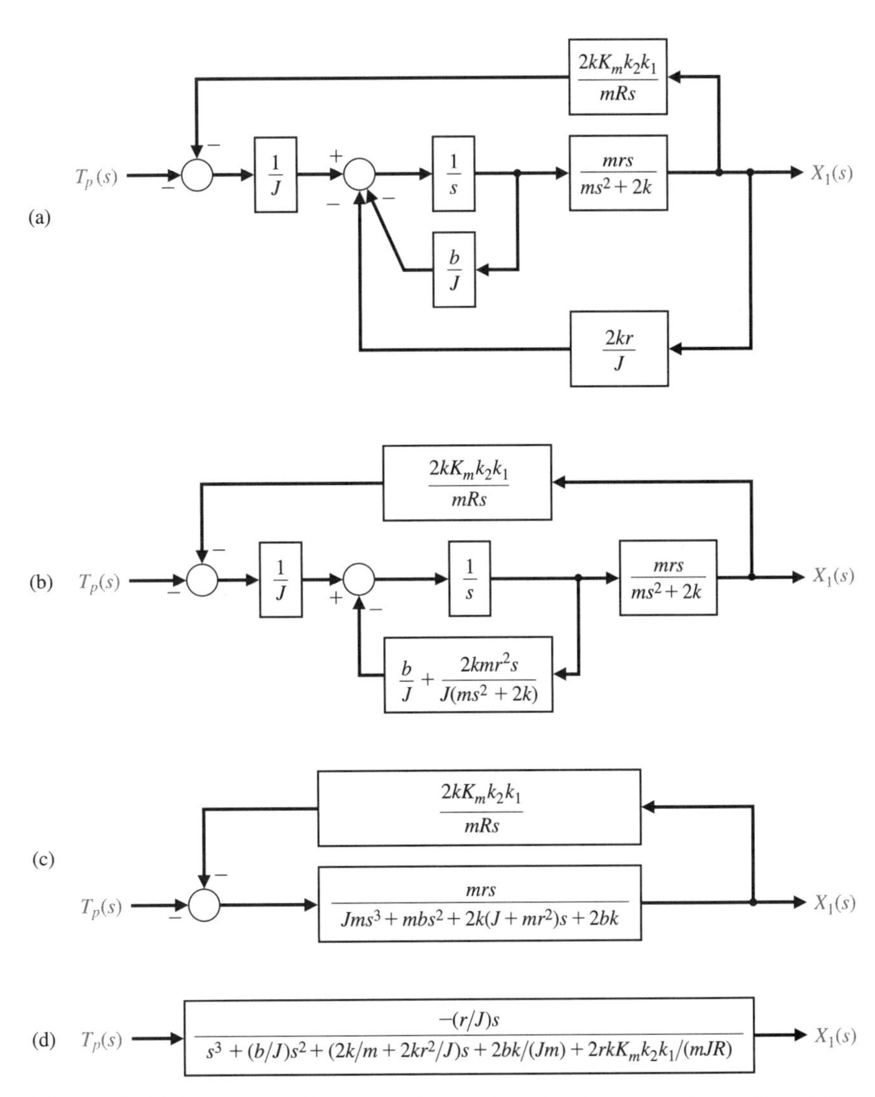

FIGURA 3.29 Redução do diagrama de blocos do acionador de correia para impressora.

Deseja-se escolher a constante de mola k, de forma que a variável de estado $x_1(t)$ caia rapidamente para um valor pequeno quando uma perturbação ocorrer. Para propósitos de teste, considera-se uma perturbação em degrau $T_p(s) = a/s$. Lembrando que $x_1(t) = r\theta(t) - y(t)$, busca-se então uma pequena magnitude para x_1, de forma que y seja praticamente igual ao valor desejado $r\theta$. Se houver uma correia perfeitamente rígida com $k \to \infty$, então $y(t) = r\theta(t)$ exatamente. Com uma perturbação em degrau, $T_p(s) = a/s$, temos

$$X_1(s) = \frac{-15a}{s^3 + 25s^2 + 14{,}5ks + 265k}. \tag{3.109}$$

O teorema do valor final fornece

$$\lim_{t \to \infty} x_1(t) = \lim_{s \to 0} sX_1(s) = 0, \tag{3.110}$$

e, assim, o valor em regime estacionário de $x_1(t)$ é zero. É preciso usar um valor realista para k na faixa $1 \leq k \leq 40$. Para um valor médio de $k = 20$, temos

$$\begin{aligned} X_1(s) &= \frac{-15a}{s^3 + 25s^2 + 290s + 5.300} \\ &= \frac{-15a}{(s + 22{,}56)(s^2 + 2{,}44s + 234{,}93)}. \end{aligned} \tag{3.111}$$

A equação característica possui uma raiz real e duas raízes complexas. A expansão em frações parciais produz

$$\frac{X_1(s)}{a} = \frac{A}{s + 22{,}56} + \frac{Bs + C}{(s + 1{,}22)^2 + (15{,}28)^2}, \tag{3.112}$$

em que se encontram $A = -0{,}0218$, $B = 0{,}0218$ e $C = -0{,}4381$. Claramente, com esses resíduos pequenos, a resposta para a perturbação unitária é relativamente pequena. Como A e B são pequenos, comparados com C, pode-se aproximar $X_1(s)$ como

$$\frac{X_1(s)}{a} \cong \frac{-0{,}4381}{(s + 1{,}22)^2 + (15{,}28)^2}.$$

Tomando a transformada inversa de Laplace, obtemos

$$\frac{x_1(t)}{a} \cong -0{,}0287e^{-1{,}22t} \operatorname{sen} 15{,}28t. \tag{3.113}$$

A resposta real de x_1 é mostrada na Figura 3.30. Este sistema reduzirá o efeito da perturbação indesejada a uma magnitude relativamente pequena. Assim, foi alcançado o objetivo de projeto.

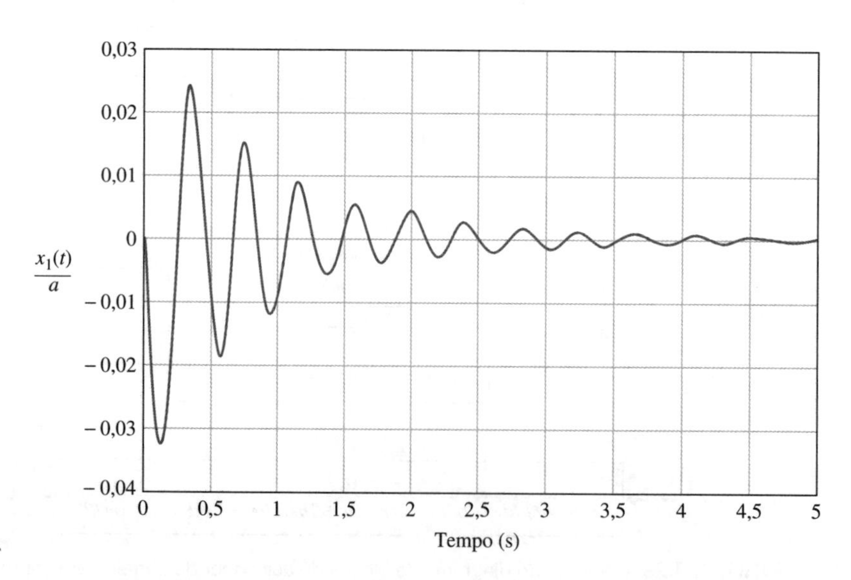

FIGURA 3.30 Resposta de $x_1(t)$ a uma perturbação em degrau: valor de pico = −0,0325.

■

3.9 ANÁLISE DE MODELOS EM VARIÁVEIS DE ESTADO USANDO PROGRAMAS DE PROJETO DE CONTROLE

O método no domínio do tempo utiliza uma representação em espaço de estados do modelo de sistema, dado por

$$\dot{\mathbf{x}}(t) = \mathbf{A}\mathbf{x}(t) + \mathbf{B}u(t) \quad \text{e} \quad y(t) = \mathbf{C}\mathbf{x}(t) + \mathbf{D}u(t). \tag{3.114}$$

O vetor $\mathbf{x}(t)$ é o estado do sistema, $\mathbf{A}$ é a matriz constante $n \times n$ do sistema, $\mathbf{B}$ é a matriz constante $n \times m$ de entrada, $\mathbf{C}$ é a matriz constante $p \times n$ de saída e $\mathbf{D}$ é uma matriz constante $p \times m$. O número de entradas, m, e o número de saídas, p, são definidos como um, isso porque estão sendo considerados apenas problemas de entrada única e saída única (SISO). Consequentemente, $y(t)$ e $u(t)$ não são variáveis em negrito (matrizes).

Os principais elementos da representação em espaço de estados na Equação (3.114) são o vetor de estado $\mathbf{x}(t)$ e as matrizes constantes ($\mathbf{A}, \mathbf{B}, \mathbf{C}, \mathbf{D}$). Duas novas funções cobertas nesta seção são ss e lsim. Também será considerada a utilização da função expm para calcular a matriz de transição de estado.

Dada uma função de transferência, é possível obter uma representação em espaço de estados equivalente, e vice-versa. A função tf pode ser usada para converter uma representação em espaço de estados em uma representação em função de transferência; a função ss pode ser usada para converter uma representação em função de transferência para uma representação em espaço de estados. Essas funções são mostradas na Figura 3.31, em que sys_tf representa um modelo em função de transferência e sys_ss é a representação em espaço de estados.

Por exemplo, considere o sistema de terceira ordem

$$T(s) = \frac{Y(s)}{R(s)} = \frac{2s^2 + 8s + 6}{s^3 + 8s^2 + 16s + 6}. \tag{3.115}$$

Pode-se obter uma representação em espaço de estados usando a função ss, como mostrado na Figura 3.32. Uma representação em espaço de estados da Equação (3.115) é dada pela Equação (3.114), em que

$$\mathbf{A} = \begin{bmatrix} -8 & -4 & -1{,}5 \\ 4 & 0 & 0 \\ 0 & 1 & 0 \end{bmatrix}, \quad \mathbf{B} = \begin{bmatrix} 2 \\ 0 \\ 0 \end{bmatrix},$$

$$\mathbf{C} = [1 \quad 1 \quad 0{,}75] \quad \text{e} \quad \mathbf{D} = [0].$$

A representação em espaço de estados da função de transferência na Equação (3.115) é mostrada na Figura 3.33.

A representação em variáveis de estado não é única. Por exemplo, outra representação em variáveis de estado igualmente válida é dada por

$$\mathbf{A} = \begin{bmatrix} -8 & -2 & -0{,}75 \\ 8 & 0 & 0 \\ 0 & 1 & 0 \end{bmatrix}, \mathbf{B} = \begin{bmatrix} 0{,}125 \\ 0 \\ 0 \end{bmatrix}, \mathbf{C} = [16 \quad 8 \quad 6], \mathbf{D} = [0].$$

É possível que, ao usar a função ss, a representação em variáveis de estado fornecida pelo programa de projeto de controle seja diferente dos dois exemplos anteriores, dependendo do programa específico e da versão.

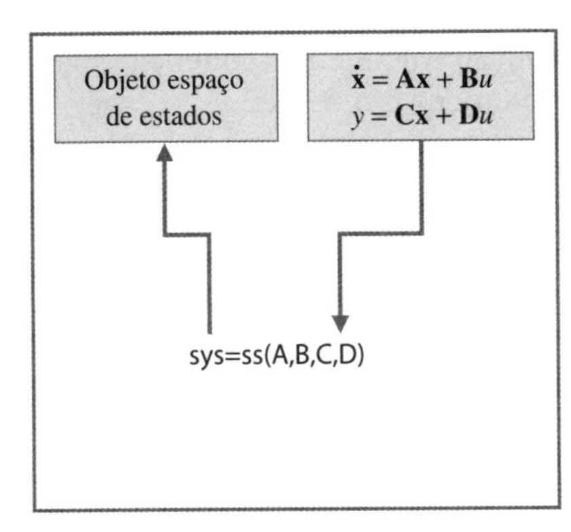

(a)

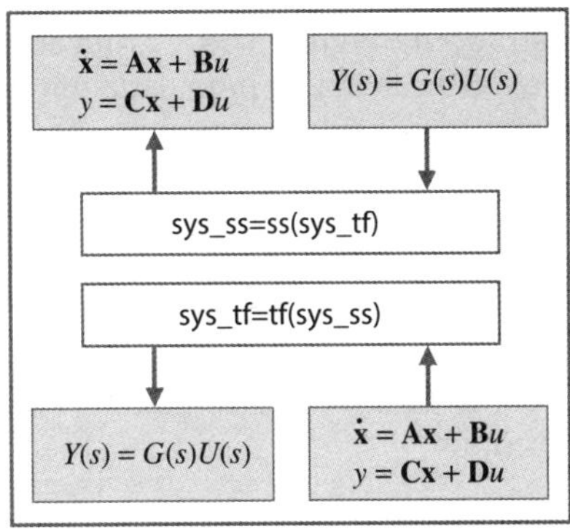

(b)

FIGURA 3.31 (a) Função **ss**. (b) Conversão de modelo de sistema linear.

convert.m

```
% Convert G(s) = (2s^2+8s+6)/(s^3+8s^2+16s+6)
% to a state-space representation
%
num=[2 8 6]; den=[1 8 16 6]; sys_tf=tf(num,den);
sys_ss=ss(sys_tf);
```

(a)

```
>>convert
a =
          x1      x2      x3
   x1     -8      -4      -1.5
   x2      4       0       0
   x3      0       1       0
b =
          u1
   x1      2
   x2      0
   x3      0
c =
          x1      x2      x3
   y1      1       1       0.75
d =
          u1
   y1      0
```

(b)

FIGURA 3.32 Conversão da Equação (3.115) para uma representação em espaço de estados. (a) Sequência de instruções em arquivo m. (b) Dados de saída.

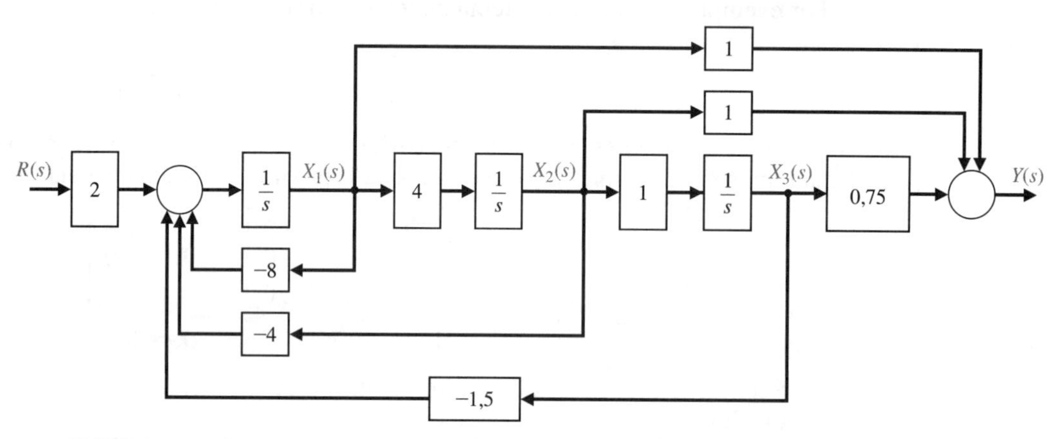

FIGURA 3.33 Diagrama de blocos com $x_1(s)$ definida como a variável de estado mais à esquerda.

A resposta no tempo do sistema na Equação (3.114) é dada pela solução para a equação integral vetorial

$$\mathbf{x}(t) = \exp(\mathbf{A}t)\mathbf{x}(0) + \int_0^t \exp[\mathbf{A}(t - \tau)]\mathbf{B}u(\tau)\, d\tau. \tag{3.116}$$

A função exponencial matricial na Equação (3.116) é a matriz de transição de estado, $\mathbf{\Phi}(t)$, em que

$$\mathbf{\Phi}(t) = \exp(\mathbf{A}t).$$

Pode-se usar a função expm para calcular a matriz de transição para determinado instante de tempo, como ilustrado na Figura 3.34. A função expm(A) calcula a exponencial matricial. Em contraste, a função exp(A) calcula $e^{a_{ij}}$ para cada um dos elementos $a_{ij} \in \mathbf{A}$.

Por exemplo, considere o circuito RLC da Figura 3.3 descrito pela representação em espaço de estados da Equação (3.18) com

$$\mathbf{A} = \begin{bmatrix} 0 & -2 \\ 1 & -3 \end{bmatrix}, \quad \mathbf{B} = \begin{bmatrix} 2 \\ 0 \end{bmatrix}, \quad \mathbf{C} = [1 \quad 0] \quad \text{e} \quad \mathbf{D} = 0.$$

As condições iniciais são $x_1(0) = x_2(0) = 1$ e a entrada $u(t) = 0$. Em $t = 0{,}2$, a matriz de transição de estado é como dado na Figura 3.34. O estado em $t = 0{,}2$ é predito pelos métodos de transição de estado como

$$\begin{pmatrix} x_1 \\ x_2 \end{pmatrix}_{t=0,2} = \begin{bmatrix} 0{,}9671 & -0{,}2968 \\ 0{,}1484 & 0{,}5219 \end{bmatrix} \begin{pmatrix} x_1 \\ x_2 \end{pmatrix}_{t=0} = \begin{pmatrix} 0{,}6703 \\ 0{,}6703 \end{pmatrix}.$$

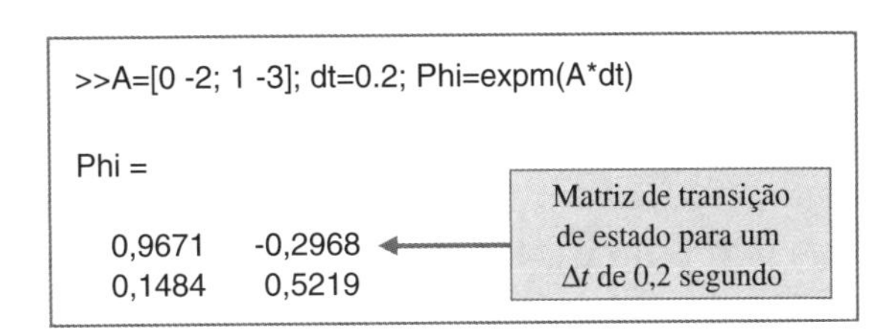

FIGURA 3.34 Cálculo da matriz de transição de estado para determinado tempo, $\Delta t = dt$.

A resposta no tempo do sistema da Equação (3.115) pode também ser obtida com uso da função lsim. A função lsim pode aceitar como entrada condições iniciais não nulas, bem como uma função de entrada, como mostrado na Figura 3.35. Usando a função lsim, é possível calcular a resposta do circuito RLC, como mostrado na Figura 3.36.

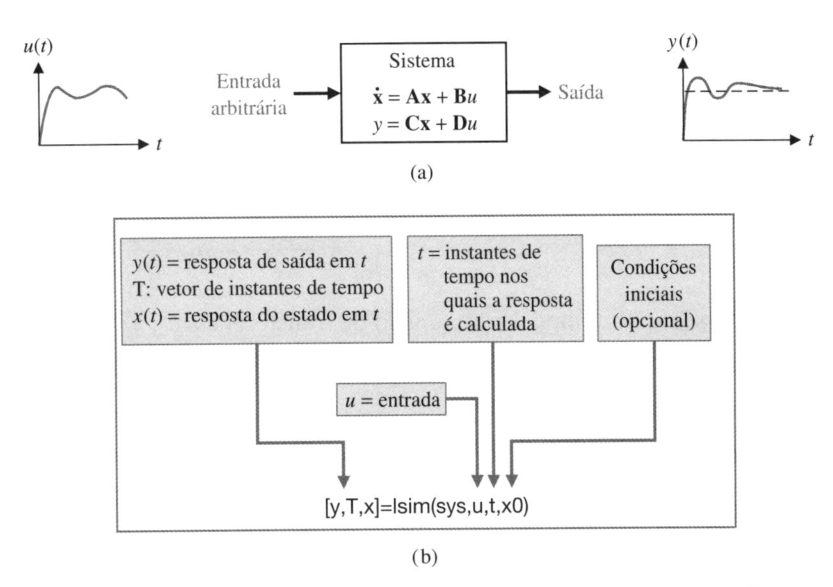

FIGURA 3.35 Função **lsim** para calcular a resposta de saída e do estado.

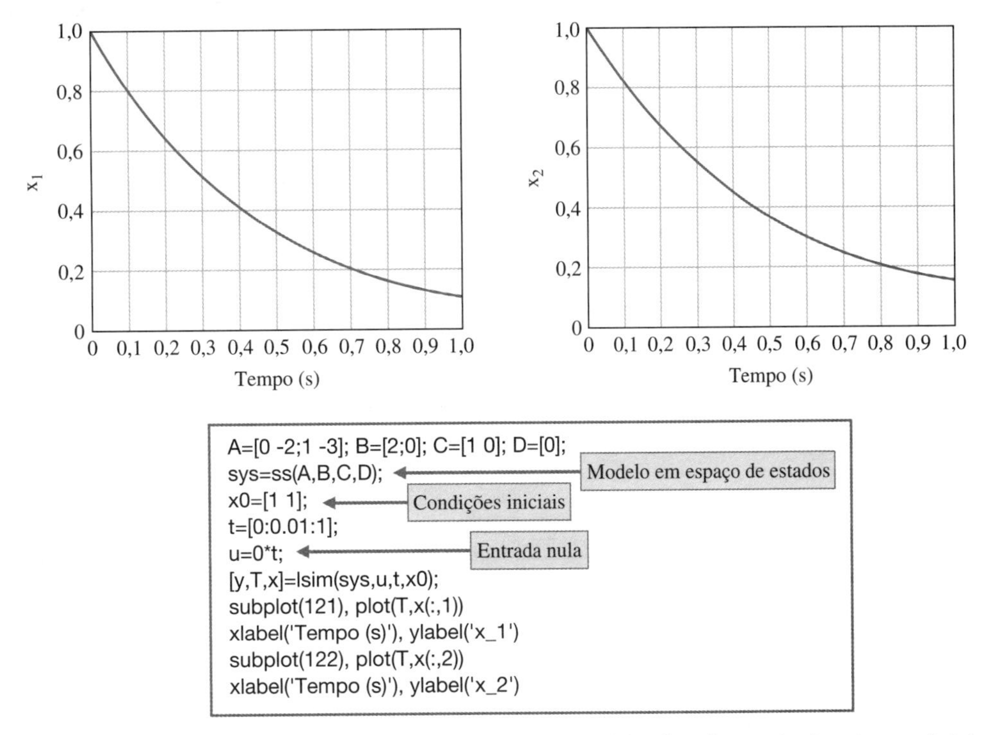

FIGURA 3.36 Cálculo da resposta no tempo para condições iniciais não nulas e entrada nula usando **lsim**.

O estado em $t = 0{,}2$ é predito com a função lsim como $x_1(0{,}2) = x_2(0{,}2) = 0{,}6703$. Se for possível comparar os resultados obtidos pela função lsim e pela multiplicação do vetor de estado da condição inicial pela matriz de transição de estado, serão encontrados resultados idênticos.

3.10 EXEMPLO DE PROJETO SEQUENCIAL: SISTEMA DE LEITURA DE ACIONADORES DE DISCO

Discos avançados possuem até 8.000 trilhas por centímetro. Essas trilhas têm tipicamente 1 μm de largura. Desse modo, existem requisitos rigorosos quanto à exatidão do posicionamento da cabeça de leitura e quanto ao movimento de uma trilha para outra. Neste capítulo, será desenvolvido um modelo em variáveis de estado do sistema acionador de disco que incluirá o efeito da lâmina.

Uma vez que se deseja um braço e uma lâmina leves para um movimento rápido, deve-se considerar o efeito da lâmina, a qual é uma base muito fina constituída de metal flexível. Novamente, deseja-se controlar com exatidão a posição da cabeça $y(t)$, como mostrado na Figura 3.37(a). Tentar-se-á deduzir um modelo para o sistema mostrado na Figura 3.37(a). Identifica-se a massa do motor como M_1 e a massa da montagem da cabeça como M_2. A flexibilidade da lâmina é representada pela constante de mola k. A força $u(t)$ para acionar a massa M_1 é gerada pelo motor CC. Se a mola é absolutamente rígida (não flexível), então obtemos o modelo simplificado mostrado na Figura 3.37(b). Parâmetros típicos para o sistema de duas massas são dados na Tabela 3.1.

Deseja-se obter o modelo em função de transferência do sistema simplificado da Figura 3.37(b). Observe que $M = M_1 + M_2 = 20{,}5$ g $= 0{,}0205$ kg. Então, temos

$$M\frac{d^2y(t)}{dt^2} + b_1\frac{dy(t)}{dt} = u(t). \tag{3.117}$$

Desse modo, o modelo em função de transferência é

$$\frac{Y(s)}{U(s)} = \frac{1}{s(Ms + b_1)}.$$

Para os parâmetros da Tabela 3.1, obtemos

$$\frac{Y(s)}{U(s)} = \frac{1}{s(0{,}0205s + 0{,}410)} = \frac{48{,}78}{s(s + 20)}.$$

Tabela 3.1 Parâmetros Típicos do Modelo de Duas Massas

Parâmetro	Símbolo	Valor
Massa do motor	M_1	20 g = 0,02 kg
Constante de mola	k	$10 \leq k \leq \infty$
Massa da montagem da cabeça	M_2	0,5 g = 0,0005 kg
Posição da cabeça	$x_2(t)$	variável em mm
Atrito na massa 1	b_1	410×10^{-3} N/(m/s)
Resistência de campo	R	1 Ω
Indutância de campo	L	1 mH
Constante do motor	K_m	0,1025 N m/A
Atrito na massa 2	b_2	$4{,}1 \times 10^{-3}$ N/(m/s)

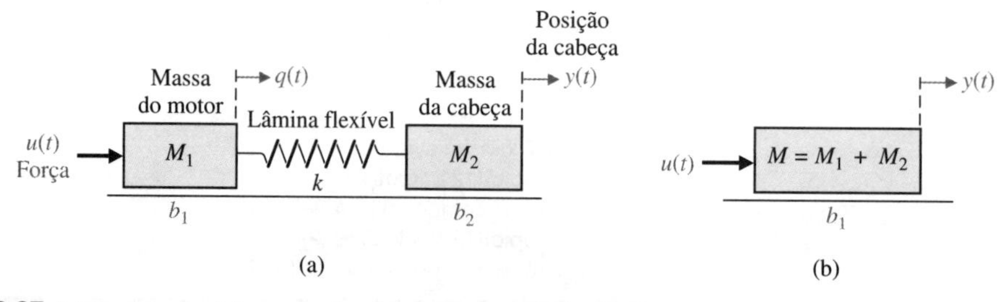

FIGURA 3.37 (a) Modelo do sistema de duas massas com lâmina flexível. (b) Modelo simplificado com lâmina rígida.

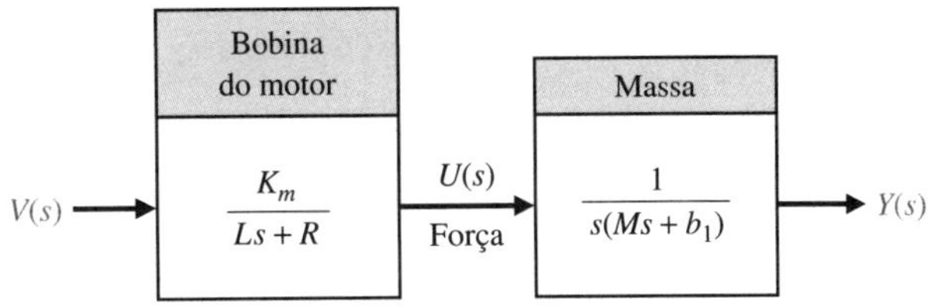

Bobina do motor
$\frac{K_m}{Ls + R}$
Massa
$\frac{1}{s(Ms + b_1)}$
$V(s)$ $U(s)$ Força $Y(s)$

FIGURA 3.38 Modelo em função de transferência da cabeça de leitura com lâmina rígida.

O modelo em função de transferência da cabeça de leitura, incluindo o efeito da bobina do motor, é mostrado na Figura 3.38. Quando $R = 1\ \Omega$, $L = 1$ mH e $K_m = 0{,}1025$, obtemos

$$G(s) = \frac{Y(s)}{V(s)} = \frac{5.000}{s(s + 20)(s + 1.000)}. \tag{3.118}$$

Agora, deseja-se obter o modelo em variáveis de estado do sistema de duas massas mostrado na Figura 3.37(a). Escrevem-se as equações diferenciais como

$$\text{Massa } M_1\text{: } M_1\frac{d^2q(t)}{dt^2} + b_1\frac{dq(t)}{dt} + kq(t) - ky(t) = u(t)$$

$$\text{Massa } M_2\text{: } M_2\frac{d^2y(t)}{dt^2} + b_2\frac{dy(t)}{dt} + ky(t) - kq(t) = 0.$$

Para desenvolver o modelo em variáveis de estado, escolhem-se as variáveis de estado como $x_1(t) = q(t)$ e $x_2(t) = y(t)$. Então, temos

$$x_3(t) = \frac{dq(t)}{dt} \quad \text{e} \quad x_4(t) = \frac{dy(t)}{dt}.$$

Portanto, em forma matricial,

$$\mathbf{x}(t) = \mathbf{A}\mathbf{x}(t) + \mathbf{B}u(t),$$

e temos

$$\mathbf{x}(t) = \begin{pmatrix} q(t) \\ y(t) \\ \dot{q}(t) \\ \dot{y}(t) \end{pmatrix}, \quad \mathbf{B} = \begin{bmatrix} 0 \\ 0 \\ 1/M_1 \\ 0 \end{bmatrix}$$

e

$$\mathbf{A} = \begin{bmatrix} 0 & 0 & 1 & 0 \\ 0 & 0 & 0 & 1 \\ -k/M_1 & k/M_1 & -b_1/M_1 & 0 \\ k/M_2 & -k/M_2 & 0 & -b_2/M_2 \end{bmatrix}. \tag{3.119}$$

Observe que a saída é $\dot{y}(t) = x_4(t)$. Além disso, para $L = 0$ ou indutância desprezível, $u(t) = K_m v(t)$. Para os parâmetros típicos e para $k = 10$, temos

$$\mathbf{B} = \begin{bmatrix} 0 \\ 0 \\ 50 \\ 0 \end{bmatrix} \quad \text{e} \quad \mathbf{A} = \begin{bmatrix} 0 & 0 & 1 & 0 \\ 0 & 0 & 0 & 1 \\ -500 & +500 & -20{,}5 & 0 \\ +20.000 & -20.000 & 0 & -8{,}2 \end{bmatrix}.$$

A resposta de $\dot{y}(t)$ para $u(t) = 1, t > 0$ é mostrada na Figura 3.39. Essa resposta é bastante oscilatória, e fica claro que se quer uma lâmina bastante rígida com $k > 100$.

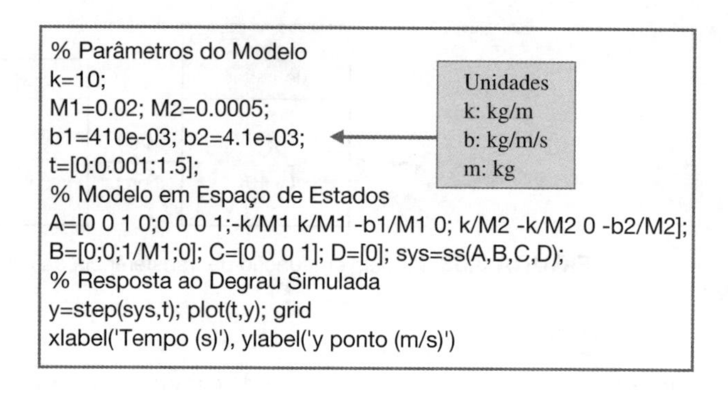

```
% Parâmetros do Modelo
k=10;
M1=0.02; M2=0.0005;
b1=410e-03; b2=4.1e-03;
t=[0:0.001:1.5];
% Modelo em Espaço de Estados
A=[0 0 1 0;0 0 0 1;-k/M1 k/M1 -b1/M1 0; k/M2 -k/M2 0 -b2/M2];
B=[0;0;1/M1;0]; C=[0 0 0 1]; D=[0]; sys=ss(A,B,C,D);
% Resposta ao Degrau Simulada
y=step(sys,t); plot(t,y); grid
xlabel('Tempo (s)'), ylabel('y ponto (m/s)')
```


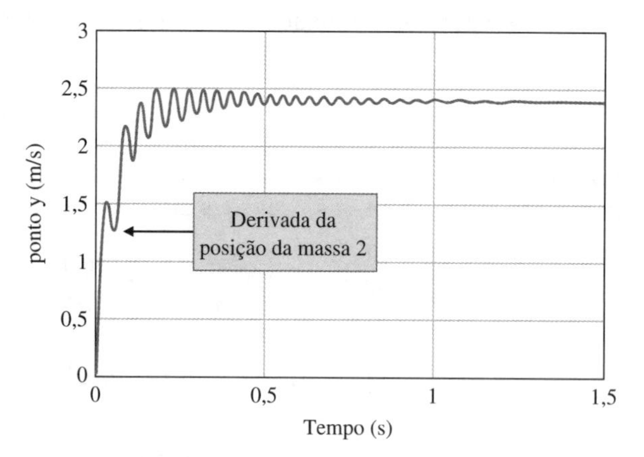

FIGURA 3.39 Resposta de $\dot{y}$ para uma entrada em degrau para o modelo de duas massas com $k = 10$.

3.11 RESUMO

Neste capítulo, foram consideradas a descrição e a análise de sistemas no domínio de tempo. Examinaram-se o conceito de estado de um sistema e a definição das variáveis de estado de um sistema. A escolha de um conjunto de variáveis de estado para um sistema foi examinada e a não unicidade das variáveis de estado foi observada. Examinaram-se a equação diferencial de estado e a solução para $\mathbf{x}(t)$. Estruturas alternativas de modelos em diagramas de fluxo de sinal e diagramas de blocos foram consideradas para representar a função de transferência (ou a equação diferencial) de um sistema. Usando a fórmula de Mason para o ganho do diagrama de fluxo de sinal, notou-se a facilidade de obtenção de um modelo em diagrama de fluxo. A equação diferencial de estado representando os modelos em diagrama de fluxo e em diagrama de blocos também foi examinada. A resposta no tempo de um sistema linear e sua matriz de transição associada foram objetos de exame, assim como a utilidade da fórmula de Mason para o ganho do diagrama de fluxo de sinal para a obtenção da matriz de transição foi ilustrada. Uma análise detalhada do desenvolvimento de um modelo de estação espacial foi apresentada para um cenário realista, em que o controle de atitude se efetua em conjunto com a minimização do controle do atuador. O relacionamento entre a modelagem na forma de variáveis de estado e o projeto de sistemas de controle foi estabelecido. Discutiu-se e ilustrou-se o uso de programas de projeto de controle para converter uma função de transferência para a forma de variáveis de estado e calcular a matriz de transição de estado. O capítulo se concluiu com o desenvolvimento de um modelo em variáveis de estado para o Exemplo de Projeto Sequencial: Sistema de Leitura de Acionadores de Disco.

VERIFICAÇÃO DE COMPETÊNCIAS

Nesta seção, são apresentados três conjuntos de problemas para testar o conhecimento do leitor: Verdadeiro ou Falso, Múltipla Escolha e Correspondência de Palavras. Para obter um retorno imediato, compare as respostas com o gabarito fornecido depois dos problemas de fim de capítulo.

Nos problemas seguintes de **Verdadeiro ou Falso** e **Múltipla Escolha**, circule a resposta correta.

1. As variáveis de estado de um sistema compreendem um conjunto de variáveis que descrevem a resposta futura do sistema, quando dados o estado atual, todas as entradas de excitação futuras e o modelo matemático descrevendo a dinâmica. *Verdadeiro ou Falso*
2. A função exponencial matricial descreve a resposta livre do sistema e é chamada matriz de transição de estado. *Verdadeiro ou Falso*
3. As saídas de um sistema linear podem ser relacionadas com as variáveis de estado e os sinais de entrada por meio da equação diferencial de estado. *Verdadeiro ou Falso*
4. Um sistema de controle invariante no tempo é um sistema para o qual um ou mais dos parâmetros do sistema podem variar como uma função do tempo. *Verdadeiro ou Falso*
5. Uma representação em espaço de estados de um sistema sempre pode ser escrita na forma diagonal. *Verdadeiro ou Falso*
6. Considere um sistema com o modelo matemático dado pela equação diferencial:

$$5\frac{d^3y(t)}{dt^3} + 10\frac{d^2y(t)}{dt^2} + 5\frac{dy(t)}{dt} + 2y(t) = u(t).$$

Uma representação em espaço de estados do sistema é:

a. $\dot{\mathbf{x}}(t) = \begin{bmatrix} -2 & -1 & -0{,}4 \\ 1 & 0 & 0 \\ 0 & 1 & 0 \end{bmatrix}\mathbf{x}(t) + \begin{bmatrix} 1 \\ 0 \\ 0 \end{bmatrix}u(t)$

$y(t) = [0 \quad 0 \quad 0{,}2]\mathbf{x}(t)$

b. $\dot{\mathbf{x}}(t) = \begin{bmatrix} -5 & -1 & -0{,}7 \\ 1 & 0 & 0 \\ 0 & -1 & 0 \end{bmatrix}\mathbf{x}(t) + \begin{bmatrix} -1 \\ 0 \\ 0 \end{bmatrix}u(t)$

$y(t) = [0 \quad 0 \quad 0{,}2]\mathbf{x}(t)$

c. $\dot{\mathbf{x}}(t) = \begin{bmatrix} -2 & -1 \\ 1 & -0 \end{bmatrix}\mathbf{x}(t) + \begin{bmatrix} 1 \\ 0 \end{bmatrix}u(t)$

$y(t) = [1 \quad 0]\mathbf{x}(t)$

d. $\dot{\mathbf{x}}(t) = \begin{bmatrix} -2 & -1 & -0{,}4 \\ 1 & 0 & 0 \\ 0 & 1 & 0 \end{bmatrix}\mathbf{x}(t) + \begin{bmatrix} 1 \\ 0 \\ 0 \end{bmatrix}u(t)$

$y(t) = [0 \quad 0 \quad 0{,}2]\mathbf{x}(t)$

Para os Problemas 7 e 8, considere o sistema representado por

$$\dot{\mathbf{x}}(t) = \mathbf{A}\mathbf{x}(t) + \mathbf{B}u(t),$$

em que

$$\mathbf{A} = \begin{bmatrix} 0 & 5 \\ 0 & 0 \end{bmatrix} \quad \text{e} \quad \mathbf{B} = \begin{bmatrix} 1 \\ 0 \end{bmatrix}.$$

7. A matriz de transição de estado associada é:

a. $\boldsymbol{\Phi}(t,0) = [5t]$

b. $\boldsymbol{\Phi}(t,0) = \begin{bmatrix} 1 & 5t \\ 0 & 1 \end{bmatrix}$

c. $\boldsymbol{\Phi}(t,0) = \begin{bmatrix} 1 & 5t \\ 1 & 1 \end{bmatrix}$

d. $\boldsymbol{\Phi}(t,0) = \begin{bmatrix} 1 & 5t & t^2 \\ 0 & 1 & t \\ 0 & 0 & 1 \end{bmatrix}$

8. Para as condições iniciais $x_1(0) = x_2(0) = 1$, a resposta $x(t)$ para entrada nula é:

a. $x_1(t) = (1 + t), x_2(t) = 1$ para $t \geq 0$

b. $x_1(t) = (5 + t), x_2(t) = t$ para $t \geq 0$

c. $x_1(t) = (5t + 1), x_2(t) = 1$ para $t \geq 0$

d. $x_1(t) = x_2(t) = 1$ para $t \geq 0$

9. Um sistema com entrada única e saída única tem a representação em variáveis de estado

$$\dot{\mathbf{x}}(t) = \begin{bmatrix} -0 & -1 \\ -5 & -10 \end{bmatrix}\mathbf{x}(t) + \begin{bmatrix} 1 \\ 0 \end{bmatrix}u(t)$$

$$y(t) = [0 \quad 10]\mathbf{x}(t)$$

A função de transferência do sistema $T(s) = Y(s)/U(s)$ é:

a. $T(s) = \dfrac{-50}{s^3 + 5s^2 + 50s}$

b. $T(s) = \dfrac{-50}{s^2 + 10s + 5}$

c. $T(s) = \dfrac{-5}{s + 5}$

d. $T(s) = \dfrac{-50}{s^2 + 5s + 5}$

10. O modelo em equação diferencial para dois sistemas de primeira ordem em série é

$$\ddot{x}(t) + 4\dot{x}(t) + 3x(t) = u(t),$$

em que $u(t)$ é a entrada do primeiro sistema e $x(t)$ é a saída do segundo sistema. A resposta $x(t)$ do sistema para um impulso unitário $u(t)$ é:

a. $x(t) = e^{-t} - 2e^{-2t}$

b. $x(t) = \frac{1}{2}e^{-2t} - \frac{1}{3}e^{-3t}$

c. $x(t) = \frac{1}{2}e^{-t} - \frac{1}{2}e^{-3t}$

d. $x(t) = e^{-t} - e^{-3t}$

11. Um sistema dinâmico de primeira ordem é representado pela equação diferencial

$$5\dot{x}(t) + x(t) = u(t).$$

A função de transferência e a representação no espaço de estados correspondentes são

a. $G(s) = \dfrac{1}{1 + 5s}$ e $\begin{aligned}\dot{x} &= -0{,}2x + 0{,}5u \\ y &= 0{,}4x\end{aligned}$

b. $G(s) = \dfrac{10}{1 + 5s}$ e $\begin{aligned}\dot{x} &= -0{,}2x + u \\ y &= x\end{aligned}$

c. $G(s) = \dfrac{1}{s + 5}$ e $\begin{aligned}\dot{x} &= -5x + u \\ y &= x\end{aligned}$

d. Nenhuma das anteriores

Considere o diagrama de blocos da Figura 3.40 para os Problemas 12 a 14:

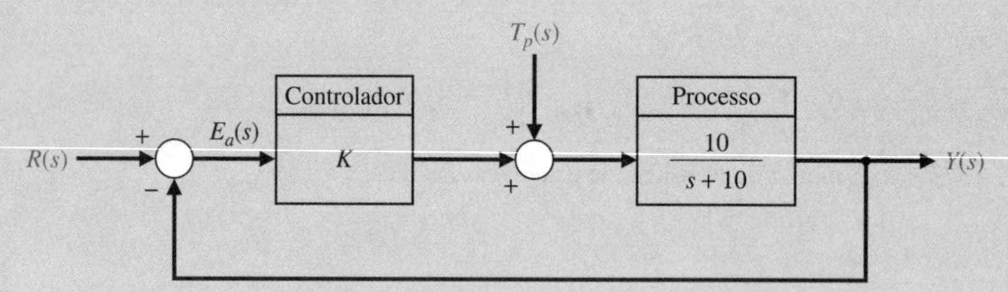

FIGURA 3.40 Diagrama de blocos para a Verificação de Competências.

12. Os efeitos da entrada $R(s)$ e da perturbação $T_p(s)$ na saída $Y(s)$ podem ser considerados independentemente um do outro porque:

a. Este é um sistema linear, portanto pode ser aplicado o princípio da superposição.

b. A entrada $R(s)$ não influencia a perturbação $T_p(s)$.

c. A perturbação $T_p(s)$ ocorre em uma frequência alta, enquanto a entrada $R(s)$ ocorre em uma frequência baixa.

d. O sistema é causal.

13. A representação em espaço de estados do sistema em malha fechada de $R(s)$ para $Y(s)$ é:

a. $\dot{x}(t) = -10x(t) + 10Kr(t)$
$y(t) = x(t)$

b. $\dot{x}(t) = -(10 + 10K)x(t) + r(t)$
$y(t) = 10x(t)$

c. $\dot{x}(t) = -(10 + 10K)x(t) + 10Kr(t)$
$y(t) = x(t)$

d. Nenhuma das anteriores

14. O erro em regime estacionário $E(s) = Y(s) - R(s)$ devido a uma perturbação em degrau unitário $T_p(s) = 1/s$ é:

a. $e_{ss} = \lim_{t\to\infty} e(t) = \infty$

b. $e_{ss} = \lim_{t\to\infty} e(t) = 1$

c. $e_{ss} = \lim_{t\to\infty} e(t) = \dfrac{1}{K+1}$

d. $e_{ss} = \lim_{t\to\infty} e(t) = K + 1$

15. Um sistema é representado pela função de transferência

$$\frac{Y(s)}{R(s)} = T(s) = \frac{5(s+10)}{s^3 + 10s^2 + 20s + 50}.$$

Uma representação em variáveis de estado é:

a. $\dot{\mathbf{x}}(t) = \begin{bmatrix} -10 & -20 & -50 \\ -1 & -0 & -0 \\ -0 & -1 & -0 \end{bmatrix} \mathbf{x}(t) + \begin{bmatrix} 1 \\ 1 \\ 0 \end{bmatrix} u(t)$

$y(t) = [\,0 \;\; 5 \;\; 50\,]\,\mathbf{x}(t)$

b. $\dot{\mathbf{x}}(t) = \begin{bmatrix} -10 & -20 & -50 \\ -1 & -0 & -0 \\ -0 & -1 & -0 \end{bmatrix} \mathbf{x}(t) + \begin{bmatrix} 1 \\ 0 \\ 0 \end{bmatrix} u(t)$

$y(t) = [\,0 \;\; 5 \;\; 50\,]\,\mathbf{x}(t)$

c. $\dot{\mathbf{x}}(t) = \begin{bmatrix} -10 & -20 & -50 \\ 1 & 0 & 0 \\ 0 & 1 & 0 \end{bmatrix} \mathbf{x}(t) + \begin{bmatrix} 1 \\ 0 \\ 0 \end{bmatrix} u(t)$

$y(t) = [\,0 \;\; 5 \;\; 50\,]\,\mathbf{x}(t)$

d. $\dot{\mathbf{x}}(t) = \begin{bmatrix} -10 & -20 \\ 0 & -1 \end{bmatrix} \mathbf{x}(t) + \begin{bmatrix} 1 \\ 0 \end{bmatrix} u(t)$

$y(t) = [\,0 \;\; 5\,]\,\mathbf{x}(t)$

No problema de **Correspondência de Palavras** a seguir, combine o termo com sua definição escrevendo a letra correta no espaço fornecido.

Termo	Definição	
a. Vetor de estado	A equação diferencial para o vetor de estado: $\dot{\mathbf{x}}(t) = \mathbf{A}\mathbf{x}(t) + \mathbf{B}u(t)$.	_______
b. Estado de um sistema	A função exponencial matricial que descreve a resposta livre do sistema.	_______
c. Sistema variante no tempo	O domínio matemático que incorpora a resposta e a descrição de um sistema em função do tempo, t.	_______
d. Matriz de transição	Vetor contendo todas as n variáveis de estado, $x_1, x_2, \ldots, x_n$.	_______
e. Variáveis de estado	Um conjunto de números tal que o conhecimento desses números e da função de entrada irá, com as equações que descrevem a dinâmica, fornecer o estado futuro do sistema.	_______
f. Equação diferencial de estado	Um sistema para o qual um ou mais dos parâmetros podem variar em função do tempo.	_______
g. Domínio do tempo	O conjunto de variáveis que descrevem o sistema.	_______

EXERCÍCIOS

E3.1 Para o circuito mostrado na Figura E3.1 identifique um conjunto de variáveis de estado.

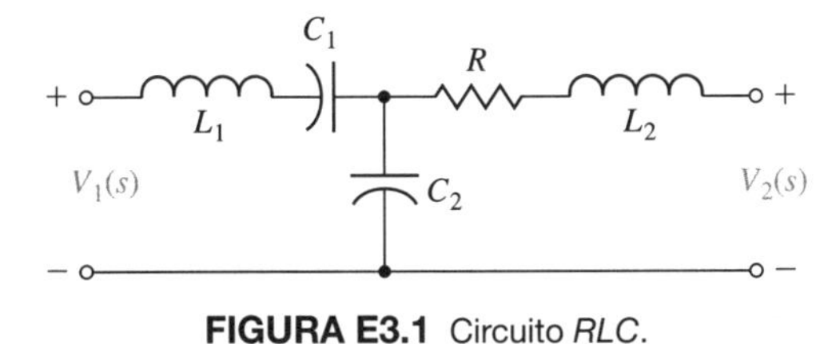

FIGURA E3.1 Circuito *RLC*.

E3.2 Um sistema de acionamento de braço robótico para uma articulação pode ser representado pela equação diferencial [8]

$$\frac{dv(t)}{dt} = -k_1 v(t) - k_2 y(t) + k_3 i(t),$$

em que $v(t)$ = velocidade, $y(t)$ = posição e $i(t)$ é a corrente de controle do motor. Coloque a equação na forma de variáveis de estado e construa a forma matricial para $k_1 = k_2 = 1$.

E3.3 Um sistema pode ser representado pela equação diferencial

$$\dot{\mathbf{x}}(t) = \mathbf{A}\mathbf{x}(t) + \mathbf{B}u(t),$$

em que

$$\mathbf{A} = \begin{bmatrix} 0 & 1 \\ -2 & -3 \end{bmatrix}$$

Encontre (a) a equação característica e (b) as raízes do sistema.

Respostas: (a) $\lambda^2 + 3\lambda + 2 = 0$; (b) $-2, -1$

E3.4 Obtenha uma matriz de variáveis de estado para um sistema com uma equação diferencial

$$\frac{d^3y(t)}{dt^3} + 4\frac{d^2y(t)}{dt^2} + 6\frac{dy(t)}{dt} + 8y(t) = 20u(t).$$

E3.5 Um sistema é representado por um diagrama de blocos como mostrado na Figura E3.5. Escreva as equações de estado na forma

$$\dot{\mathbf{x}}(t) = \mathbf{A}\mathbf{x}(t) + \mathbf{B}u(t)$$
$$y(t) = \mathbf{C}\mathbf{x}(t) + \mathbf{D}u(t)$$

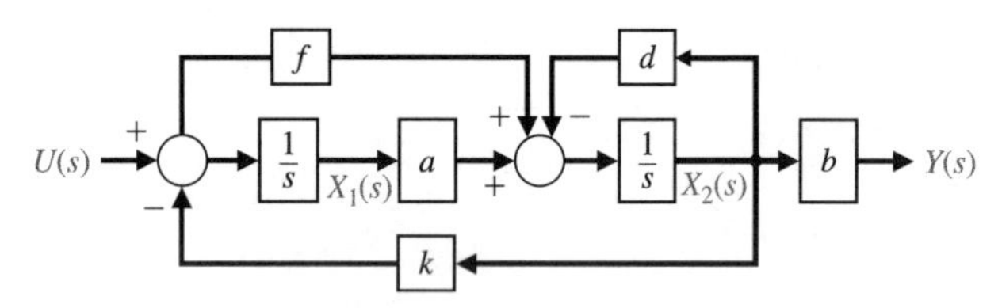

FIGURA E3.5 Diagrama de blocos.

E3.6 Considere o sistema

$$\dot{\mathbf{x}}(t) = \begin{bmatrix} 0 & 1 \\ 0 & 0 \end{bmatrix}\dot{\mathbf{x}}(t).$$

(a) Encontre a matriz $\mathbf{\Phi}(t)$. (b) Para as condições iniciais $x_1(0) = x_2(0) = 1$, encontre $\mathbf{x}(t)$.

Resposta: (b) $x_1(t) = 1 + t, x_2(t) = 1, t \geq 0$

E3.7 Considere a massa e a mola mostradas na Figura 3.2, em que $M = 1$ kg, $k = 100$ N/m e $b = 20$ Ns/m. (a) Encontre a equação diferencial vetorial de estado. (b) Determine as raízes da equação característica para este sistema.

Respostas:

(a) $\dot{\mathbf{x}}(t) = \begin{bmatrix} 0 & 1 \\ -100 & -20 \end{bmatrix}\mathbf{x}(t) + \begin{bmatrix} 0 \\ 1 \end{bmatrix}u(t)$

(b) $s = -10, -10$

E3.8 Considere o sistema

$$\dot{\mathbf{x}}(t) = \begin{bmatrix} 0 & 1 & 0 \\ 0 & 0 & 1 \\ 0 & -8 & -2 \end{bmatrix}\mathbf{x}(t).$$

Encontre (a) a equação característica e (b) as raízes do sistema.

E3.9 Um diagrama de blocos com múltiplas malhas é mostrado na Figura E3.9. As variáveis de estado são denotadas por $x_1(t)$ e $x_2(t)$. (a) Determine uma representação em variáveis de estado do sistema em malha fechada em que a saída é denotada por $y(t)$ e a entrada é $r(t)$. (b) Determine a equação característica.

E3.10 O sistema de controle de um veículo pairando é representado por duas variáveis de estado e [13]

$$\dot{\mathbf{x}}(t) = \begin{bmatrix} 0 & 6 \\ -1 & -5 \end{bmatrix}\mathbf{x}(t) + \begin{bmatrix} 0 \\ 1 \end{bmatrix}u(t).$$

(a) Encontre as raízes da equação característica.

(b) Encontre a matriz de transição de estado $\mathbf{\Phi}(t)$.

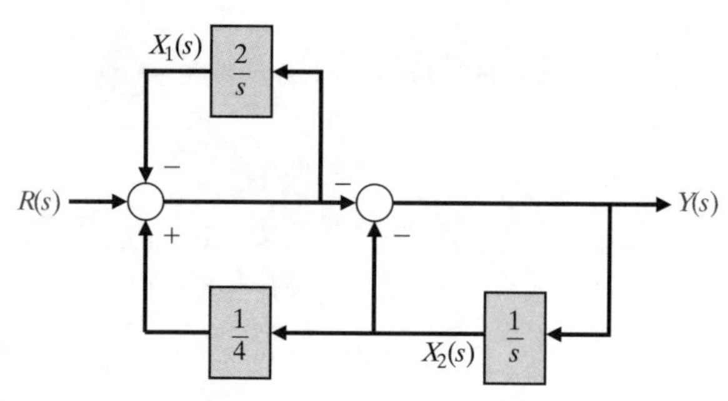

FIGURA E3.9 Sistema de controle com realimentação com múltiplas malhas.

Respostas:

(a) $s = -3, -2$

(b) $\mathbf{\Phi}(t) = \begin{bmatrix} 3e^{-2t} - 2e^{-3t} & -6e^{-3t} + 6e^{-2t} \\ e^{-3t} - e^{-2t} & 3e^{-3t} - 2e^{-2t} \end{bmatrix}$

E3.11 Determine uma representação em variáveis de estado para o sistema descrito pela função de transferência

$$T(s) = \frac{Y(s)}{R(s)} = \frac{4(s+3)}{(s+2)(s+6)}.$$

E3.12 Use um modelo em variáveis de estado para descrever o circuito da Figura E3.12. Obtenha a resposta para uma entrada em degrau unitário com corrente inicial zero e tensão inicial no capacitor zero.

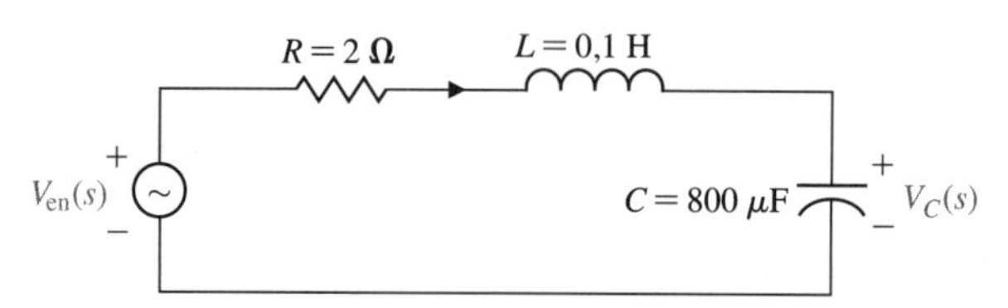

FIGURA E3.12 Circuito *RLC* em série.

E3.13 Um sistema é descrito pelas duas equações diferenciais

$$\frac{dy(t)}{dt} + y(t) - 2u(t) + aw(t) = 0$$

e

$$\frac{dw(t)}{dt} - by(t) + 4u(t) = 0,$$

em que $w(t)$ e $y(t)$ são funções do tempo e $u(t)$ é uma entrada $u(t)$. (a) Escolha um conjunto de variáveis de estado. (b) Escreva a equação diferencial matricial e especifique os elementos das matrizes. (c) Encontre as raízes características do sistema em função dos parâmetros a e b.

Resposta: (c) $s = -1/2 \pm \sqrt{1 - 4ab}/2$

E3.14 Desenvolva a representação em espaço de estados de um material radioativo de massa M ao qual é acrescentado material radioativo adicional à taxa $r(t) = Ku(t)$, em que K é uma constante. Identifique as variáveis de estado. Suponha que o decaimento em massa é proporcional à massa presente.

E3.15 Considere o caso das duas massas conectadas, como mostrado na Figura E3.15. O atrito de deslizamento de cada massa tem a constante b. Determine uma equação diferencial em variáveis de estado.

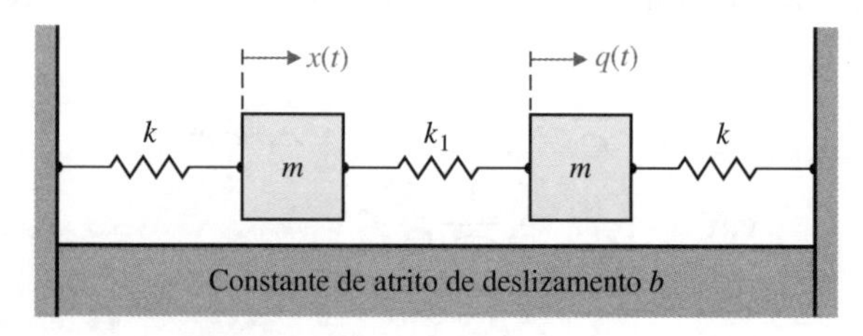

FIGURA E3.15 Sistema de duas massas.

E3.16 Dois carros com atrito de rolamento desprezível são conectados, como mostrado na Figura E3.16. Uma força de entrada é $u(t)$. A saída é a posição do carro 2, isto é, $y(t) = q(t)$. Determine uma representação em espaço de estados para o sistema.

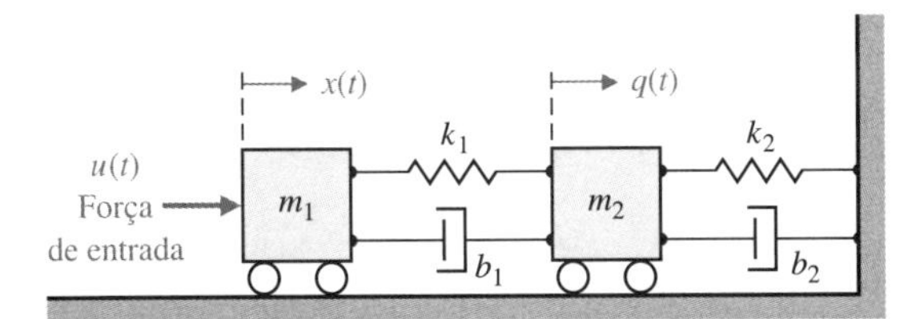

FIGURA E3.16 Dois carros com atrito de rolamento desprezível.

E3.17 Determine uma equação diferencial matricial em variáveis de estado para o circuito mostrado na Figura E3.17:

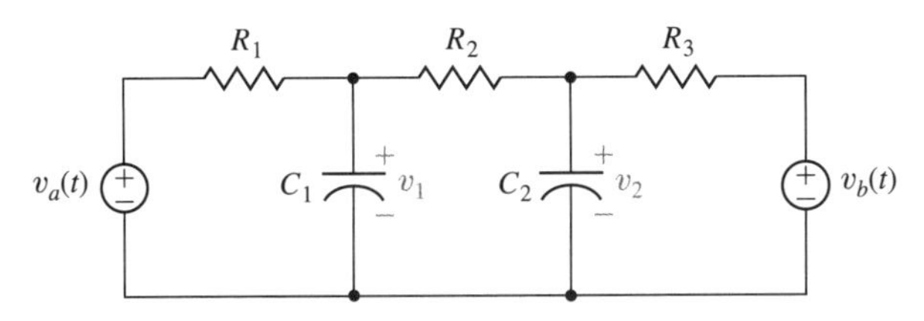

FIGURA E3.17 Circuito *RC*.

E3.18 Considere um sistema representado pelas seguintes equações diferenciais:

$$Ri_1(t) + L_1\frac{di_1(t)}{dt} + v(t) = v_a(t)$$

$$L_2\frac{di_2(t)}{dt} + v(t) = v_b(t)$$

$$i_1(t) + i_2(t) = C\frac{dv(t)}{dt}$$

em que R, L_1, L_2 e C são constantes dadas, e $v_a(t)$ e $v_b(t)$ são entradas. Defina as variáveis de estado como $x_1(t) = i_1(t)$, $x_2(t) = i_2(t)$ e $x_3(t) = v(t)$. Obtenha uma representação em variáveis de estado do sistema em que a saída é $x_3(t)$.

E3.19 Um sistema de entrada única e saída única possui as equações matriciais

$$\dot{\mathbf{x}}(t) = \begin{bmatrix} 0 & 1 \\ -4 & -7 \end{bmatrix}\mathbf{x}(t) + \begin{bmatrix} 0 \\ 1 \end{bmatrix}u(t)$$

e

$$y(t) = [4 \quad 0]\mathbf{x}(t).$$

Determine a função de transferência $G(s) = Y(s)/U(s)$.

E3.20 Para o pêndulo simples mostrado na Figura E3.20, a equação não linear do movimento é dada por

$$\ddot{\theta}(t) + \frac{g}{L}\operatorname{sen}\theta(t) + \frac{k}{m}\dot{\theta}(t) = 0,$$

em que g é a gravidade, L é o comprimento do pêndulo, m é a massa presa na extremidade do pêndulo (admite-se que a haste não tem massa) e k é o coeficiente de atrito no centro de rotação.

(a) Linearize a equação de movimento em torno da condição de equilíbrio $\theta_0 = 0°$.

(b) Obtenha uma representação em variáveis de estado do sistema. A saída do sistema é o ângulo $\theta(t)$.

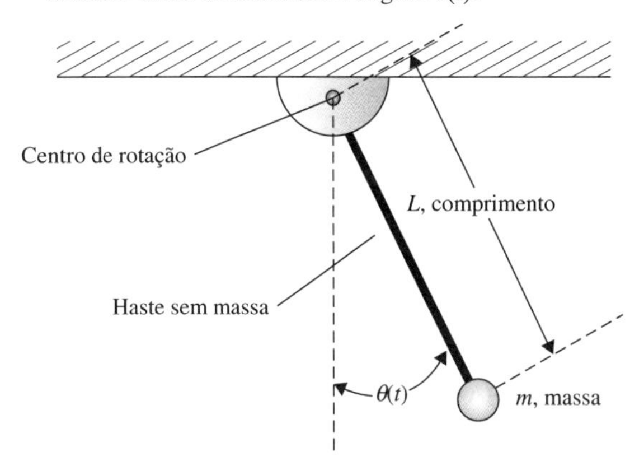

FIGURA E3.20 Pêndulo simples.

E3.21 Um sistema de entrada única e saída única é descrito por

$$\dot{\mathbf{x}}(t) = \begin{bmatrix} 0 & 1 \\ -1 & -2 \end{bmatrix}\mathbf{x}(t) + \begin{bmatrix} 1 \\ 0 \end{bmatrix}u(t)$$

$$y(t) = [0 \quad 1]\mathbf{x}(t)$$

Obtenha a função de transferência $G(s) = Y(s)/U(s)$ e determine a resposta do sistema para uma entrada em degrau unitário.

E3.22 Considere o sistema na forma de variáveis de estado

$$\dot{\mathbf{x}}(t) = \mathbf{A}\mathbf{x}(t) + \mathbf{B}u(t)$$
$$y(t) = \mathbf{C}\mathbf{x}(t) + \mathbf{D}u(t)$$

com

$$\mathbf{A} = \begin{bmatrix} 3 & 2 \\ 3 & 4 \end{bmatrix}, \mathbf{B} = \begin{bmatrix} 1 \\ -1 \end{bmatrix}, \mathbf{C} = [1 \quad 0] \text{ e } \mathbf{D} = [0].$$

(a) Calcule a função de transferência $G(s) = Y(s)/U(s)$. (b) Determine os polos e zeros do sistema. (c) Se possível, represente o sistema como um sistema de primeira ordem

$$\dot{x}(t) = ax(t) + bu(t)$$
$$y(t) = cx(t) + du(t)$$

em que a, b, c e d são escalares, de modo que a função de transferência seja a mesma que a obtida em (a).

E3.23 Considere um sistema modelado pela equação diferencial de terceira ordem

$$\dddot{x}(t) + 3\ddot{x}(t) + 3\dot{x}(t) + x(t)$$
$$= \dddot{u}(t) + 2\ddot{u}(t) + 4\dot{u}(t) + u(t).$$

Desenvolva uma representação em variáveis de estado e obtenha um diagrama de blocos do sistema admitindo que a saída seja $x(t)$ e que a entrada seja $u(t)$.

PROBLEMAS

P3.1 Um circuito *RLC* é mostrado na Figura P3.1. (a) Identifique um conjunto adequado de variáveis de estado. (b) Obtenha o sistema de equações diferenciais de primeira ordem em função das variáveis de estado. (c) Escreva a equação diferencial de estado.

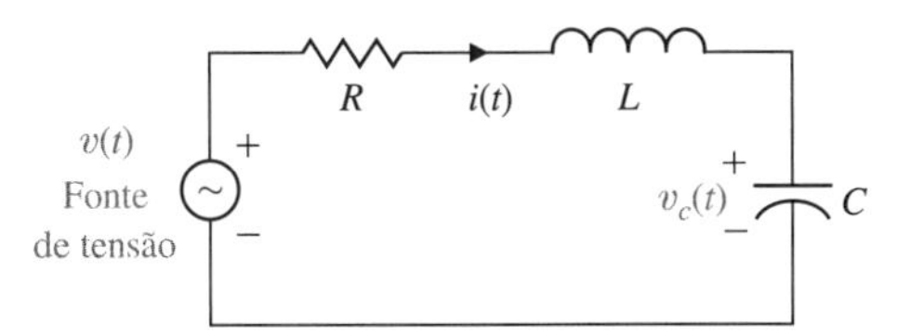

FIGURA P3.1 Circuito *RLC*.

P3.2 Um circuito em ponte **balanceada** é mostrado na Figura P3.2. (a) Mostre que as matrizes **A** e **B** para este circuito são

$$\mathbf{A} = \begin{bmatrix} -2/((R_1 + R_2)C) & 0 \\ 0 & -2R_1R_2/((R_1 + R_2)L) \end{bmatrix},$$

$$\mathbf{B} = 1/(R_1 + R_2)\begin{bmatrix} 1/C & 1/C \\ R_2/L & -R_2/L \end{bmatrix}.$$

(b) Esboce o diagrama de blocos. As variáveis de estado são $(x_1(t), x_2(t)) = (v_c(t), i_L(t))$.

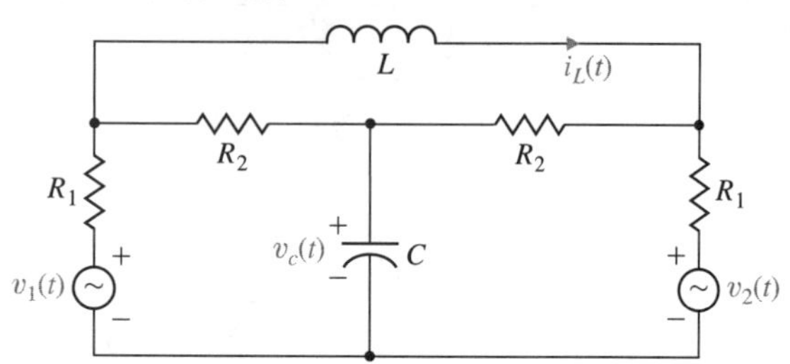

FIGURA P3.2 Circuito em ponte balanceada.

P3.3 Um circuito RLC é mostrado na Figura P3.3. Defina as variáveis de estado como $x_1(t) = i_L(t)$ e $x_2(t) = v_c(t)$. Obtenha a equação diferencial de estado.

Resposta parcial:

$$\mathbf{A} = \begin{bmatrix} 0 & 1/L \\ -1/C & -1/(RC) \end{bmatrix}.$$

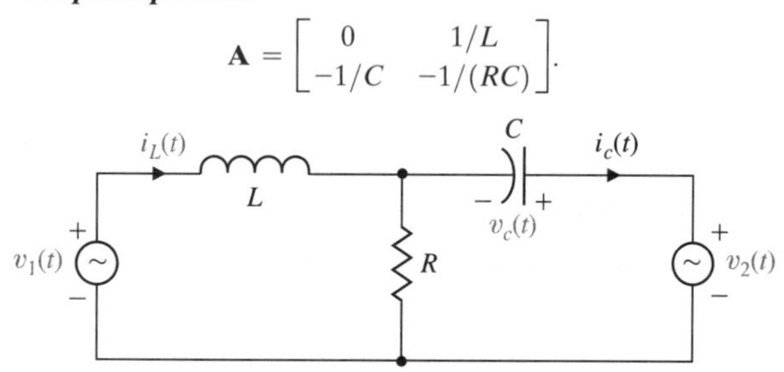

FIGURA P3.3 Circuito *RLC*.

P3.4 A função de transferência de um sistema é

$$T(s) = \frac{Y(s)}{R(s)} = \frac{s^2 + 4s + 12}{s^3 + 4s^2 + 8s + 12}.$$

Esboce o diagrama de blocos e obtenha um modelo em variáveis de estado.

P3.5 Um sistema de controle em malha fechada é mostrado na Figura P3.5. (a) Determine a função de transferência em malha fechada $T(s) = Y(s)/R(s)$. (b) Determine um modelo em espaço de estados e esboce um diagrama de blocos do modelo em forma de variáveis de fase.

P3.6 Determine a equação matricial em variáveis de estado para o circuito mostrado na Figura P3.6. Faça $x_1(t) = v_1(t)$, $x_2(t) = v_2(t)$ e $x_3(t) = i(t)$.

P3.7 Um sistema de controle de profundidade automático para um submarino robô é mostrado na Figura P3.7. A profundidade é medida por um transdutor de pressão. O ganho do atuador de superfície da popa é $K = 1$ quando a velocidade vertical é 25 m/s. O submarino tem a função de transferência

$$G(s) = \frac{(s+2)^2}{s^2 + 2}$$

e o transdutor de realimentação é $H(s) = s + 3$. Determine uma representação em espaço de estados para o sistema.

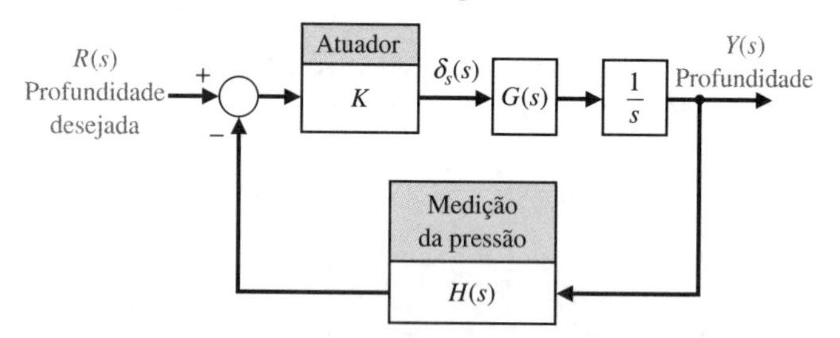

FIGURA P3.7 Controle de profundidade de submarino.

P3.8 O pouso suave de um módulo lunar descendo na Lua pode ser modelado como mostrado na Figura P3.8. Defina as variáveis de estado como $x_1(t) = y(t)$, $x_2(t) = \dot{y}(t)$, $x_3(t) = m(t)$ e o controle como $u(t) = \dot{m}(t)$. Admita que g é a aceleração da gravidade na Lua. Encontre um modelo em variáveis de estado para este sistema. Este é um modelo linear?

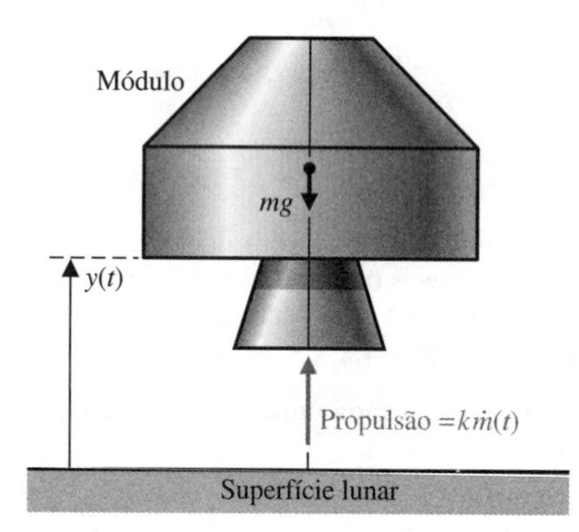

FIGURA P3.8 Controle de pouso do módulo lunar.

P3.9 Um sistema de controle de velocidade utilizando componentes de fluxo de fluido deve ser projetado. Trata-se de um sistema de

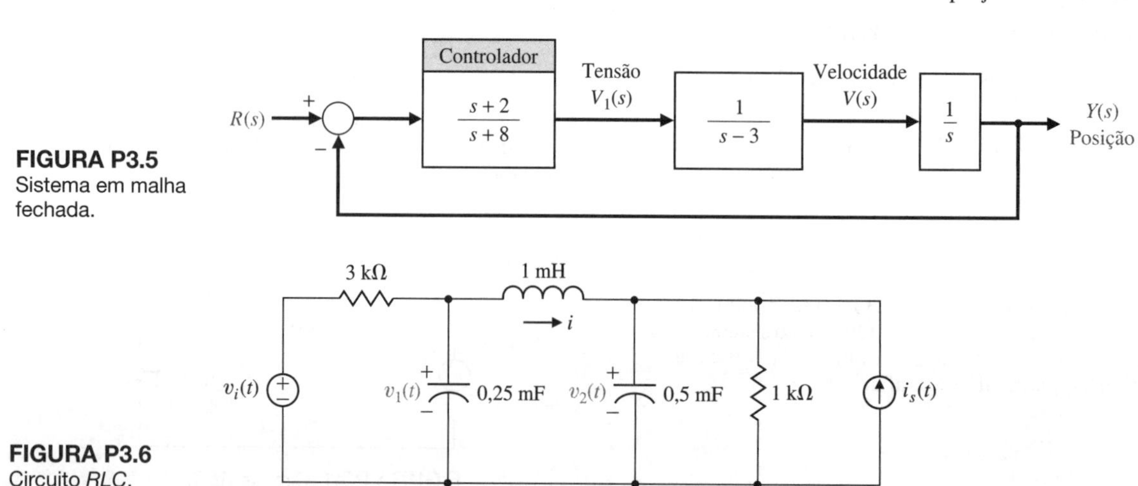

FIGURA P3.5 Sistema em malha fechada.

FIGURA P3.6 Circuito *RLC*.

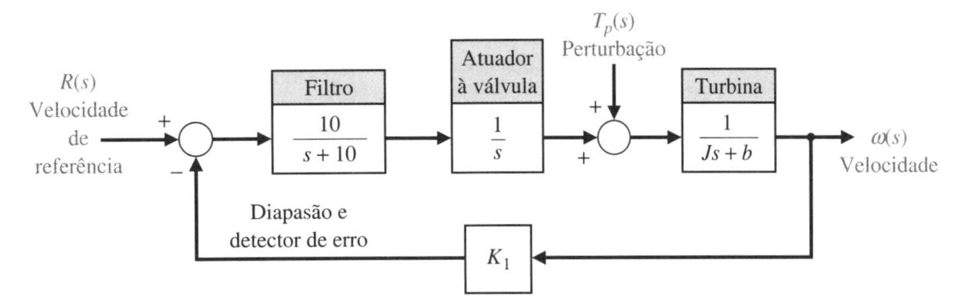

FIGURA P3.9 Controle de turbina a vapor.

controle de fluido puro porque não tem nenhuma parte mecânica em movimento. O fluido pode ser um gás ou um líquido. Deseja-se que o sistema mantenha a velocidade dentro de 0,5% da velocidade desejada usando um diapasão de referência e um atuador a válvula. Os sistemas de controle fluídicos são insensíveis e confiáveis sobre uma ampla faixa de temperaturas, radiação eletromagnética nuclear, aceleração e vibração. A amplificação no sistema é realizada pelo uso de um amplificador de deflexão de jato de fluido. O sistema pode ser projetado para uma turbina a vapor de 500 kW com velocidade de 12.000 rpm. O diagrama de blocos do sistema é mostrado na Figura P3.9. Em unidades adimensionais, temos $b = 0{,}1$, $J = 1$ e $K_1 = 0{,}5$. (a) Determine a função de transferência em malha fechada

$$T(s) = \frac{\omega(s)}{R(s)}.$$

(b) Determine uma representação em variáveis de estado.

(c) Determine a equação característica obtida a partir da matriz **A**.

P3.10 Muitos sistemas de controle devem operar em duas dimensões, por exemplo, nos eixos x e y. Um sistema de controle de dois eixos é mostrado na Figura P3.10, na qual um conjunto de variáveis de estado é identificado. O ganho de cada eixo é K_1 e K_2, respectivamente. (a) Obtenha a equação diferencial de estado. (b) Encontre a equação característica a partir da matriz **A**. (c) Determine a matriz de transição de estado para $K_1 = 1$ e $K_2 = 2$.

P3.11 Um sistema é descrito por

$$\dot{\mathbf{x}}(t) = \mathbf{A}\mathbf{x}(t)$$

em que

$$\mathbf{A} = \begin{bmatrix} 0 & 1 \\ -2 & -3 \end{bmatrix}$$

e $x_1(0) = 1$ e $x_2(0) = 0$. Determine $x_1(t)$ e $x_2(t)$.

P3.12 Um sistema é descrito por sua função de transferência

$$\frac{Y(s)}{R(s)} = T(s) = \frac{8(s + 5)}{s^3 + 12s^2 + 44s + 48}.$$

(a) Determine um modelo em variáveis de estado.

(b) Determine $\mathbf{\Phi}(t)$, a matriz de transição de estado.

P3.13 Reconsidere o circuito *RLC* do Problema P3.1, em que $R = 2{,}5$, $L = 1/4$ e $C = 1/6$. (a) Determine se o sistema é estável encontrando a equação característica com a ajuda da matriz **A**. (b) Determine a matriz de transição do circuito. (c) Quando a corrente inicial no indutor for 0,1 A, $v_c(0) = 0$ e $v(t) = 0$, determine a resposta do sistema. (d) Repita a parte (c) quando as condições iniciais forem nulas e $v(t) = E$, para $t > 0$, em que E é uma constante.

P3.14 Determine uma representação em variáveis de estado para um sistema com a função de transferência

$$\frac{Y(s)}{R(s)} = T(s) = \frac{s + 50}{s^4 + 12s^3 + 10s^2 + 34s + 50}.$$

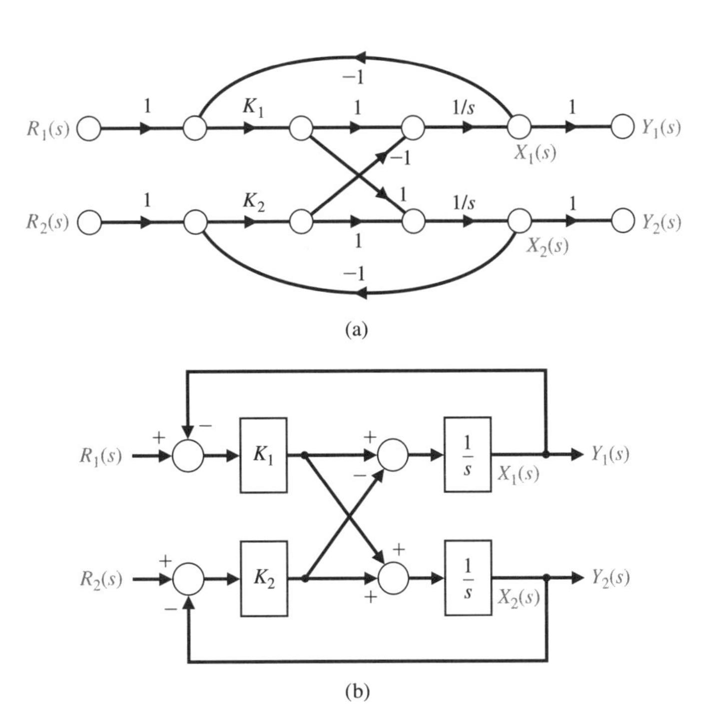

FIGURA P3.10 Sistema de dois eixos. (a) Diagrama de fluxo de sinal. (b) Modelo em diagrama de blocos.

P3.15 Obtenha um diagrama de blocos e uma representação em variáveis de estado deste sistema.

$$\frac{Y(s)}{R(s)} = T(s) = \frac{14(s+4)}{s^3 + 10s^2 + 31s + 16}.$$

P3.16 A dinâmica de um submarino controlado é significativamente diferente da de um avião, míssil ou navio de superfície. Essa diferença resulta principalmente do momento no plano vertical por causa do efeito da força ascensional. Portanto, é interessante considerar o controle da profundidade de um submarino. As equações descrevendo a dinâmica de um submarino podem ser obtidas usando as leis de Newton e os ângulos definidos na Figura P3.16. Para simplificar as equações, será admitido que $\theta(t)$ é um ângulo pequeno e que a velocidade v é constante e igual a 25 ft/s. As variáveis de estado do submarino, considerando apenas o controle vertical, são $x_1(t) = \theta(t)$, $x_2(t) = \dot{\theta}(t)$ e $x_3 = \alpha(t)$, em que $\alpha(t)$ é o ângulo de ataque. Assim, a equação diferencial vetorial de estado para este sistema, quando o submarino tem um casco do tipo Albacore, é

$$\dot{\mathbf{x}}(t) = \begin{bmatrix} 0 & 1 & 0 \\ -0{,}01 & -0{,}11 & 0{,}12 \\ 0 & 0{,}07 & -0{,}3 \end{bmatrix} \mathbf{x}(t) + \begin{bmatrix} 0 \\ -0{,}1 \\ +0{,}1 \end{bmatrix} u(t),$$

em que $u(t) = \delta_s(t)$ é a deflexão da superfície de popa. (a) Determine se o sistema é estável. (b) Determine a resposta do sistema a um comando em degrau de 0,285° na superfície de popa com condições iniciais nulas.

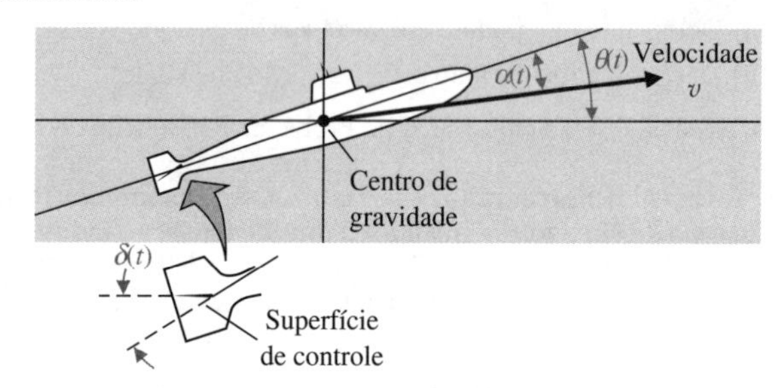

FIGURA P3.16 Controle de profundidade de um submarino.

P3.17 Um sistema é descrito pelas equações em variáveis de estado

$$\dot{\mathbf{x}}(t) = \begin{bmatrix} 1 & 1 & -1 \\ 4 & 3 & 0 \\ -2 & 1 & 10 \end{bmatrix} \mathbf{x}(t) + \begin{bmatrix} 0 \\ 0 \\ 4 \end{bmatrix} u(t),$$

$$y(t) = [1 \quad 0 \quad 0]\mathbf{x}(t).$$

Determine $G(s) = Y(s)/U(s)$.

P3.18 Considere o controle do robô mostrado na Figura P3.18. O motor girando no cotovelo move o pulso por meio do antebraço, o qual possui alguma flexibilidade, como mostrado [16]. A mola tem uma constante de mola k e a constante de atrito viscoso b. Sejam as variáveis de estado $x_1(t) = \phi_1(t) - \phi_2(t)$ e $x_2(t) = \omega_1(t)/\omega_0$, em que

$$\omega_0^2 = \frac{k(J_1 + J_2)}{J_1 J_2}.$$

Escreva a equação em variáveis de estado na forma de matricial quando $x_3(t) = \omega_2(t)/\omega_0$.

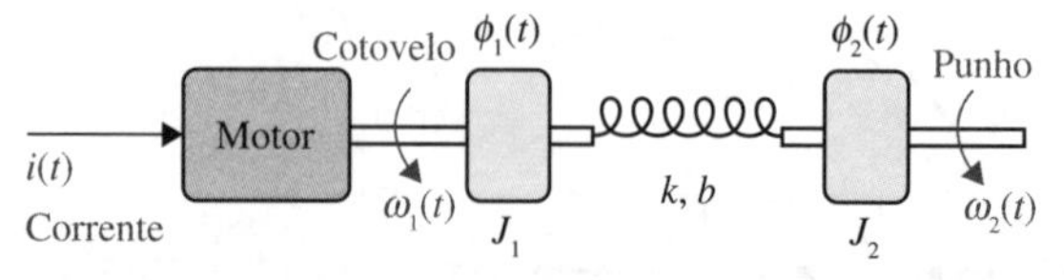

FIGURA P3.18 Um robô industrial. (Cortesia de GCA Corporation.)

P3.19 Considere o sistema descrito por

$$\dot{\mathbf{x}}(t) = \begin{bmatrix} 0 & 1 \\ -4 & -4 \end{bmatrix} \mathbf{x}(t),$$

em que $\mathbf{x}(t) = (x_1(t), x_2(t))^T$. (a) Calcule a matriz de transição de estado $\mathbf{\Phi}(t, 0)$. (b) Usando a matriz de transição de estado de (a) e para as condições iniciais $x_1(0) = 1$ e $x_2(0) = -1$, encontre a solução $\mathbf{x}(t)$ para $t \geq 0$.

P3.20 Um reator nuclear que estava operando em equilíbrio com elevado nível de fluxo de nêutrons térmicos é parado repentinamente. Na paralisação, a densidade X de xenônio 135 e a densidade I de iodo 135 são 7×10^{16} e 3×10^{15} átomos por unidade de volume, respectivamente. Os tempos de meia-vida dos isótopos de I_{135} e Xe_{135} são 6,7 e 9,2 horas, respectivamente. As equações de decaimento são [15, 19]

$$\dot{I}(t) = -\frac{0{,}693}{6{,}7} I(t), \quad \dot{X}(t) = -\frac{0{,}693}{9{,}2} X(t) - I(t).$$

Determine as concentrações de I_{135} e Xe_{135} como funções do tempo após a paralisação determinando (a) a matriz de transição e a resposta do sistema. (b) Verifique que a resposta do sistema é a mostrada na Figura P3.20.

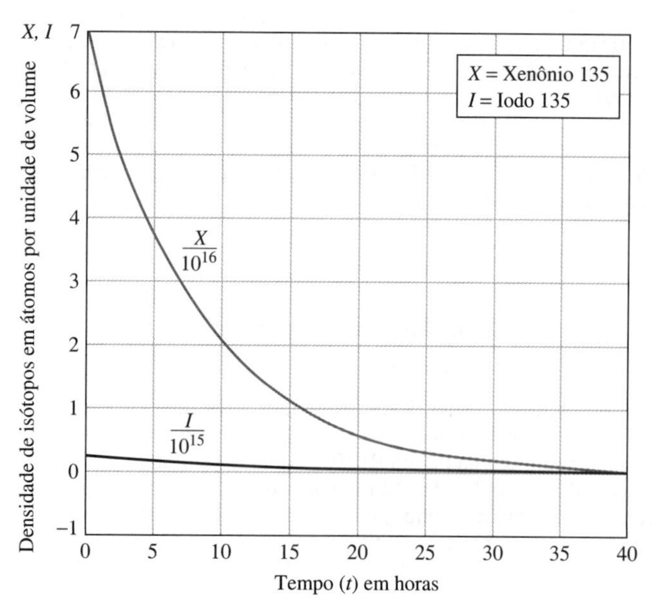

FIGURA P3.20 Resposta do reator nuclear.

P3.21 Considere o diagrama de blocos da Figura P3.21.

(a) Verifique que a função de transferência é

$$G(s) = \frac{Y(s)}{U(s)} = \frac{h_1 s + h_0 + a_1 h_1}{s^2 + a_1 s + a_0}.$$

(b) Mostre que um modelo em variáveis de estado é dado por

$$\dot{\mathbf{x}}(t) = \begin{bmatrix} 0 & 1 \\ -a_0 & -a_1 \end{bmatrix} \mathbf{x}(t) + \begin{bmatrix} h_1 \\ h_0 \end{bmatrix} u(t),$$

$$y(t) = [1 \quad 0]\mathbf{x}(t).$$

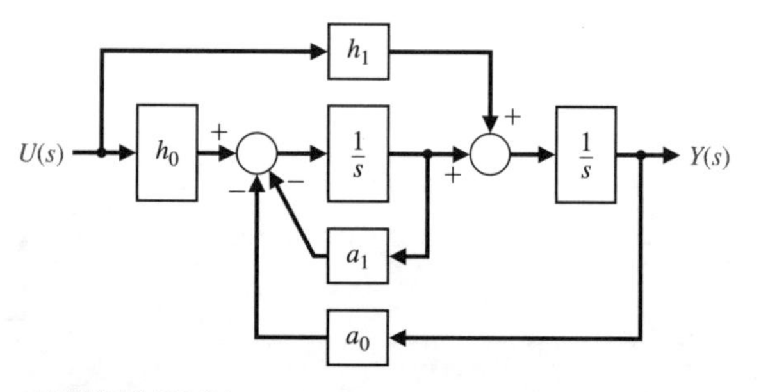

FIGURA P3.21 Modelo de sistema de segunda ordem.

P3.22 Determine um modelo em variáveis de estado para o circuito mostrado na Figura P3.22. As variáveis de estado são $x_1(t) = i(t)$, $x_2(t) = v_1(t)$ e $x_3(t) = v_2(t)$. A variável de saída é $v_0(t)$.

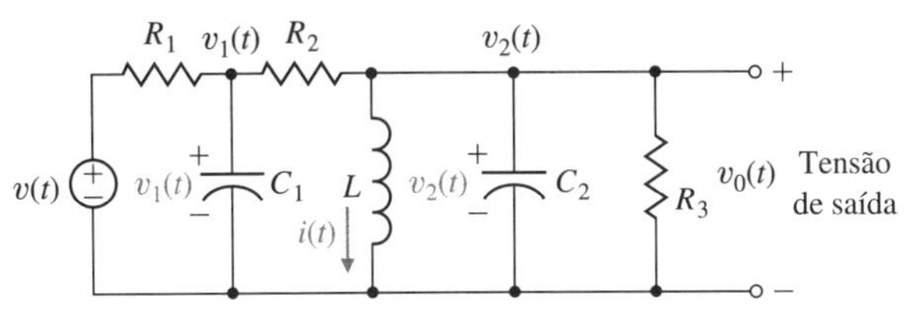

FIGURA P3.22 Circuito *RLC*.

P3.23 O sistema de dois reservatórios mostrado na Figura P3.23(a) é controlado por um motor que ajusta a válvula de entrada e, como resultado, varia a vazão do fluxo de saída. O sistema tem a função de transferência

$$\frac{Q_0(s)}{I(s)} = G(s) = \frac{1}{s^3 + 10s^2 + 29s + 20}$$

para o diagrama de blocos mostrado na Figra P3.23(b). Obtenha um modelo em variáveis de estado.

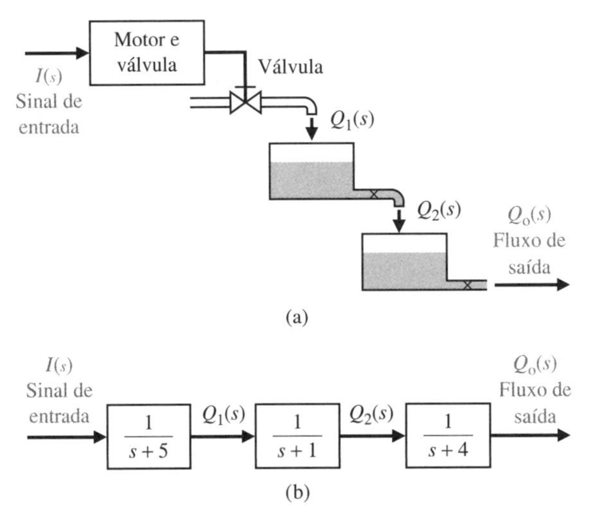

FIGURA P3.23 Um sistema de dois reservatórios com a corrente do motor controlando a vazão do fluxo de saída. (a) Diagrama físico. (b) Diagrama de blocos.

P3.24 Deseja-se a utilização de controladores bem projetados para manter a temperatura de edifícios dotados de sistemas de aquecimento com coletores solares. Um sistema de aquecimento solar pode ser descrito por [10]

$$\frac{dx_1(t)}{dt} = 3x_1(t) + u_1(t) + u_2(t)$$

e

$$\frac{dx_2(t)}{dt} = 2x_2(t) + u_2(t) + d(t),$$

em que $x_1(t)$ = desvio de temperatura com relação ao equilíbrio desejado e $x_2(t)$ = temperatura do material armazenado (como um reservatório de água). Além disso, $u_1(t)$ e $u_2(t)$ são as respectivas vazões de fluxo do aquecimento convencional e do aquecimento solar, onde o meio de transporte é o ar forçado. Uma perturbação solar sobre a temperatura de armazenamento (como céu nublado) é representada por $p(t)$. Escreva as equações matriciais e resolva para a resposta do sistema quando $u_1(t) = 0$, $u_2(t) = 1$ e $p(t) = 1$, com condições iniciais nulas.

P3.25 Um sistema tem a seguinte equação diferencial:

$$\dot{\mathbf{x}}(t) = \begin{bmatrix} 0 & 1 \\ -2 & -3 \end{bmatrix} \mathbf{x}(t) + \begin{bmatrix} 0 \\ 1 \end{bmatrix} r(t).$$

Determine $\mathbf{\Phi}(t)$ e sua transformada $\mathbf{\Phi}(s)$ para o sistema.

P3.26 Um sistema tem um diagrama de blocos como mostrado na Figura P3.26. Determine um modelo em variáveis de estado e a matriz de transição de estado $\mathbf{\Phi}(s)$.

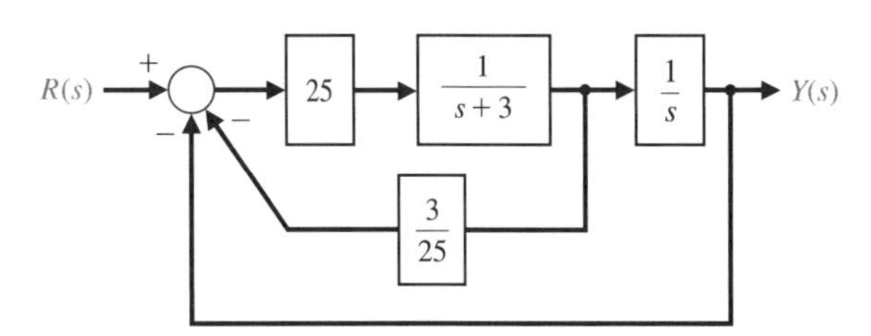

FIGURA P3.26 Sistema com realimentação.

P3.27 Um giroscópio com grau único de liberdade é mostrado na Figura P3.27. Os giroscópios captam o movimento angular de um sistema e são usados em sistemas de controle automático para voo. O plano de suporte se movimenta em torno do eixo de saída *OB*. A entrada é medida em torno do eixo de entrada *OA*. A equação do movimento em torno do eixo de saída é obtida igualando-se a taxa de variação da velocidade angular com a soma dos torques. Obtenha uma representação no espaço de estados do sistema giroscópio.

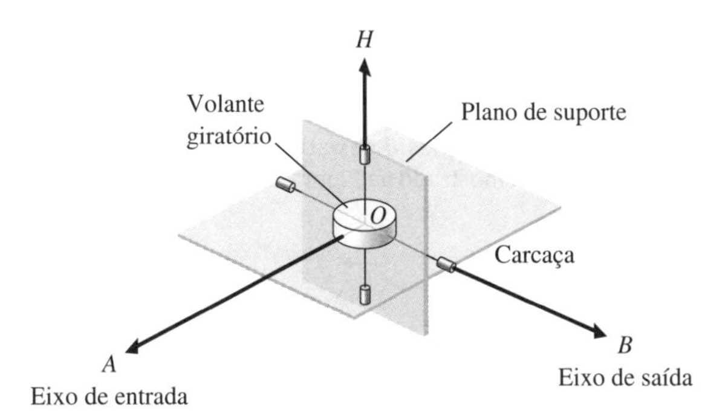

FIGURA P3.27 Giroscópio.

P3.28 Um sistema de duas massas é mostrado na Figura P3.28. A constante de atrito de rolamento é *b*. Determine uma representação em variáveis de estado quando a variável de saída é $y_2(t)$.

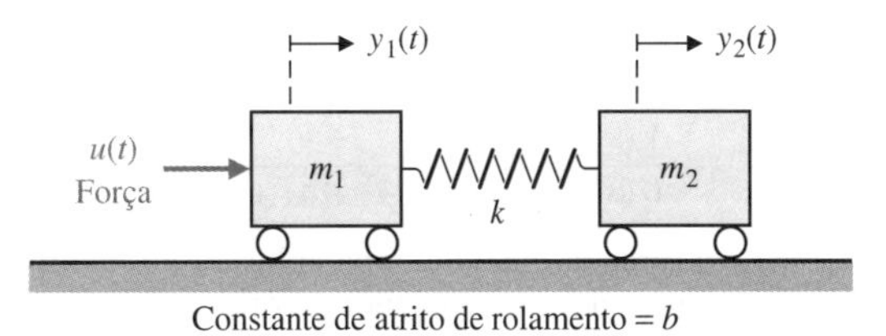

FIGURA P3.28 Sistema de duas massas.

P3.29 Tem havido um considerável esforço de engenharia direcionado a encontrar maneiras de realizar operações de manipulação no espaço – por exemplo, a montagem de uma estação espacial e a recuperação de satélites. Para executar tais tarefas, os ônibus espaciais transportam um sistema manipulador remoto (*remote manipulator system* – RMS) no compartimento de carga [4, 12, 21]. O RMS provou sua eficiência em missões recentes do ônibus espacial, mas agora uma nova abordagem de projeto pode ser considerada – um manipulador com segmentos de braço infláveis. Tal projeto pode reduzir o peso do manipulador por um fator de quatro enquanto produz um manipulador que, antes de ser inflado, ocuparia apenas um oitavo do espaço ocupado no compartimento de carga do ônibus espacial pelo RMS atual.

O uso de um RMS no compartimento de carga em um ônibus espacial para construir uma estrutura espacial é mostrado na Figura P3.29(a) e um modelo do braço RMS flexível é mostrado na Figura P3.29(b), em que J é a inércia do motor de acionamento e L é a distância ao centro da gravidade do componente de carga. Deduza as equações de estado para este sistema.

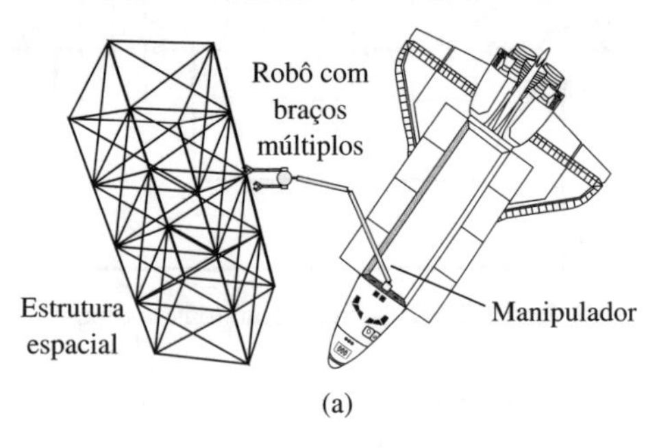

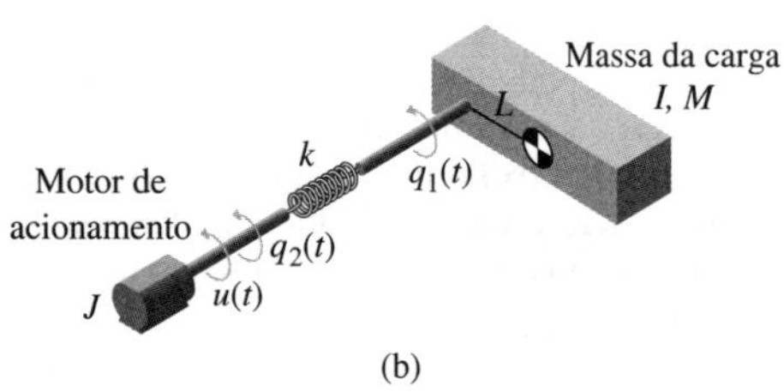

FIGURA P3.29 Sistema manipulador remoto.

P3.30 Obtenha as equações de estado para o circuito com duas entradas e uma saída mostrado na Figura P3.30, em que a saída é $i_2(t)$.

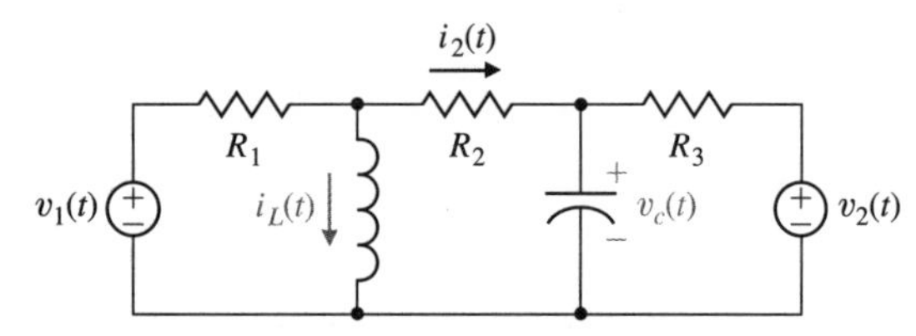

FIGURA P3.30 Circuito *RLC* com duas entradas.

P3.31 Extensores são manipuladores robóticos que estendem (isto é, aumentam) a força do braço humano em tarefas de manipulação de cargas (Figura P3.31) [19, 22]. O sistema é representado pela função de transferência

$$\frac{Y(s)}{U(s)} = G(s) = \frac{30}{s^2 + 4s + 3},$$

em que $U(s)$ é a força da mão humana aplicada no manipulador robótico e $Y(s)$ é a força do manipulador robótico aplicada na carga. Determine um modelo em variáveis de estado e a matriz de transição de estado para o sistema.

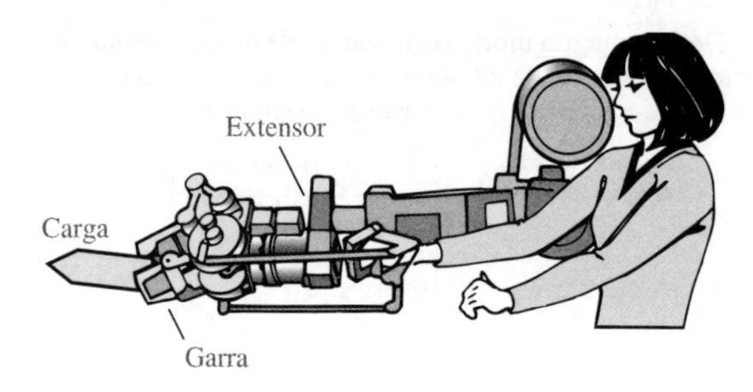

FIGURA P3.31 Extensor para aumentar a força do braço humano em tarefas de manipulação de cargas.

P3.32 Um remédio tomado oralmente é ingerido à taxa $r(t)$. A massa do remédio no trato gastrintestinal é denotada por $m_1(t)$ e na corrente sanguínea por $m_2(t)$. A taxa de variação da massa do remédio no trato gastrintestinal é igual à taxa com que o remédio é ingerido menos a taxa à qual o remédio entra na corrente sanguínea, uma taxa que é considerada proporcional à massa presente. A taxa de variação da massa na circulação sanguínea é proporcional à quantidade vinda do trato gastrintestinal menos a taxa com que massa é perdida pelo metabolismo, a qual é proporcional à massa presente no sangue. Desenvolva uma representação em espaço de estados para este sistema.

Para o caso especial em que os coeficientes de **A** são iguais a 1 (com o sinal apropriado), determine a resposta quando $m_1(0) = 1$ e $m_2(0) = 0$. Represente graficamente as variáveis de estado em função do tempo e no plano de estado $x_1 - x_2$.

P3.33 A dinâmica da atitude de um foguete é representada por

$$\frac{Y(s)}{U(s)} = G(s) = \frac{1}{s^2},$$

e realimentação por variáveis de estado é usada onde $x_1(t) = y(t)$, $x_2(t) = \dot{y}(t)$ e $u(t) = -x_2(t) - 0{,}5x_1(t)$. Determine as raízes da equação característica desse sistema e a resposta do sistema quando as condições iniciais são $x_1(0) = 0$ e $x_2(0) = 1$. A entrada $U(s)$ são os torques aplicados, e $Y(s)$ é a atitude do foguete.

P3.34 Um sistema tem a função de transferência

$$\frac{Y(s)}{R(s)} = T(s) = \frac{6}{s^3 + 6s^2 + 11s + 6}.$$

(a) Construa uma representação em variáveis de estados do sistema.

(b) Determine o elemento $\phi_{11}(t)$ da matriz de transição de estado deste sistema.

P3.35 Determine uma representação em espaço de estados para o sistema mostrado na Figura P3.35. A indutância do motor é desprezível, a constante do motor é $K_m = 10$, a constante de força contraeletromotriz é $K_{ce} = 0{,}0706$ e o atrito do motor é desprezível. A inércia do motor e da válvula é $J = 0{,}006$ e a área do reserva-

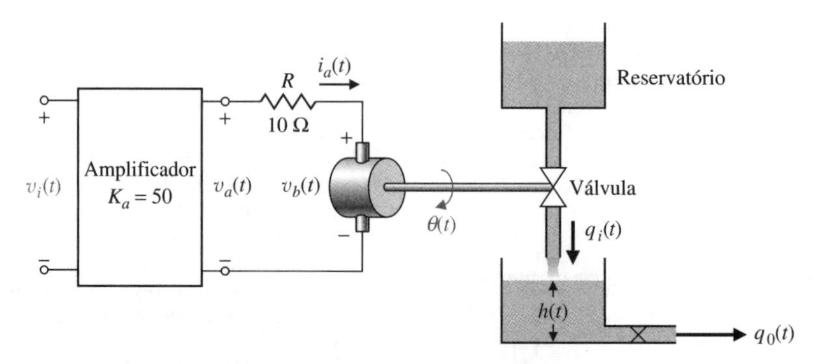

FIGURA P3.35 Sistema de um reservatório.

tório é 50 m². Observe que o motor é controlado pela corrente de armadura $i_a(t)$. Sejam $x_1(t) = h(t)$, $x_2(t) = \theta(t)$ e $x_3(t) = \dot{\theta}(t)$. Admita que $q_1(t) = 80\theta(t)$, em que $\theta(t)$ é o ângulo do eixo. O fluxo de saída é $q_0(t) = 50h(t)$.

P3.36 Considere o sistema de duas massas da Figura P3.36. Encontre uma representação em variáveis de estado do sistema. Admita que a saída é $x(t)$.

P3.37 Considere o diagrama de blocos da Figura P3.37. Usando o diagrama de blocos como guia, obtenha o modelo em variáveis de estado do sistema na forma

$$\dot{\mathbf{x}}(t) = \mathbf{A}\mathbf{x}(t) + \mathbf{B}u(t)$$
$$y(t) = \mathbf{C}\mathbf{x}(t) + \mathbf{D}u(t)$$

Usando o modelo em variáveis de estado como guia, obtenha um modelo em equação diferencial de terceira ordem para o sistema.

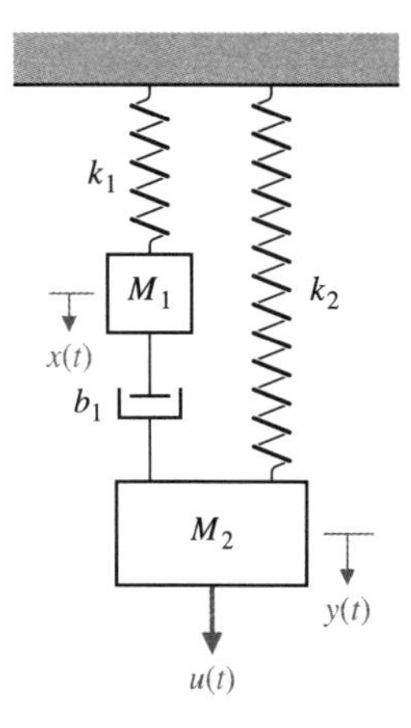

FIGURA P3.36 Sistema de duas massas com duas molas e um amortecedor.

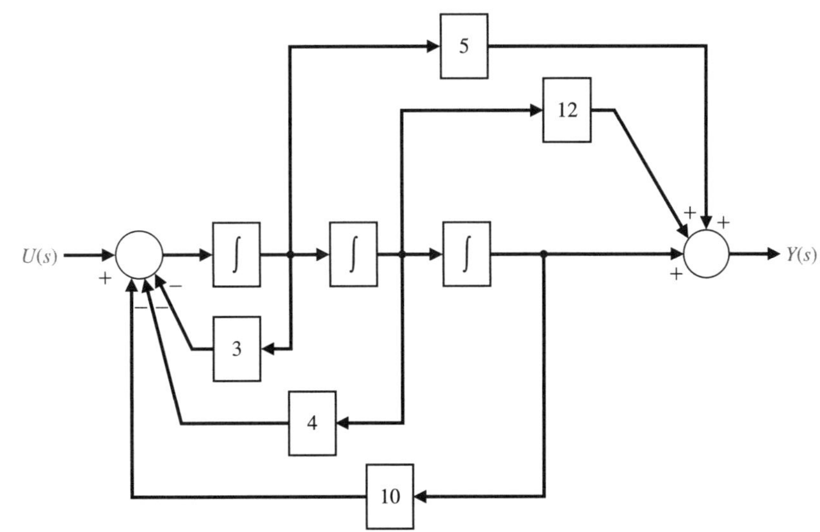

FIGURA P3.37 Um modelo em diagrama de blocos de um sistema de terceira ordem.

PROBLEMAS AVANÇADOS

PA3.1 Considere o sistema de levitação eletromagnética mostrado na Figura PA3.1. Um eletroímã é localizado na parte superior do sistema experimental. Usando a força eletromagnética f, deseja-se suspender a esfera de ferro. Observe que este sistema de levitação eletromagnética simples é essencialmente inviável. Então, o controle com realimentação é indispensável. Como sensor de distância, uma sonda de indução padrão do tipo corrente de Foucault é colocada abaixo da esfera [20].

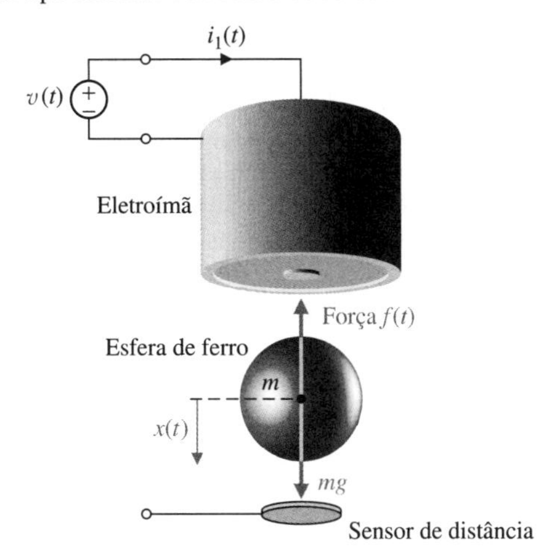

FIGURA PA3.1 Sistema de levitação eletromagnética.

Admita que as variáveis de estado são $x_1(t) = x(t)$, $x_2(t) = \dot{x}(t)$ e $x_3(t) = i(t)$. O eletroímã tem indutância $L = 0{,}508$ H e resistência $R = 23{,}2\ \Omega$. Use uma aproximação em série de Taylor para a força eletromagnética. A corrente é $i_1(t) = I_0 + i(t)$, em que $I_0 = 1{,}06$ A é o ponto de operação e $i(t)$ é a variável. A massa m é igual a 1,75 kg. A distância é $x_d(t) = X_0 + x(t)$, em que $X_0 = 4{,}36$ mm é o ponto de operação e $x(t)$ é a variável. A força eletromagnética é $f(t) = k(i_1(t)/x_d(t))^2$, em que $k = 2{,}9 \times 10^{-4}$ N m²/A². Determine a equação diferencial matricial e a função de transferência equivalente $X(s)/V(s)$.

PA3.2 Considere a massa m montada sobre um carrinho sem massa, como mostrado na Figura PA3.2. Determine a função de transferência $Y(s)/U(s)$ e use a função de transferência para obter uma representação em espaço de estados do sistema.

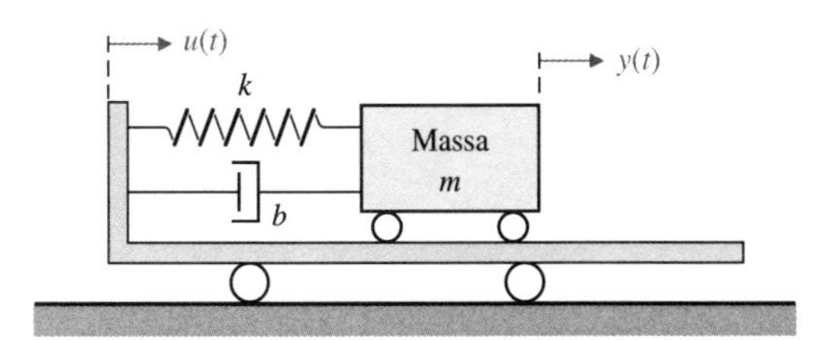

FIGURA PA3.2 Massa sobre carrinho.

PA3.3 O controle do movimento de um veículo autônomo de um ponto para outro depende do controle, com exatidão, da posição do veículo [16]. O controle da posição do veículo autônomo $Y(s)$ é obtido pelo sistema mostrado na Figura PA3.3. Obtenha uma representação em variáveis de estado do sistema.

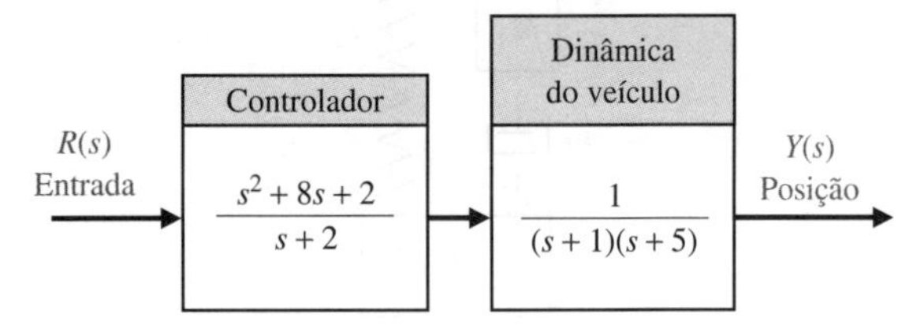

FIGURA PA3.3 Controle de posição.

PA3.4 Suspensões dianteiras tornaram-se equipamento padrão nas bicicletas para terreno acidentado. Substituindo o garfo rígido que liga o pneu dianteiro da bicicleta à sua estrutura, tais suspensões absorvem a energia do impacto, protegendo a estrutura e o ciclista dos solavancos. Os garfos usados comumente, entretanto, utilizam apenas uma constante de mola e tratam os impactos em altas e baixas velocidades – impactos que variam muito em severidade – essencialmente da mesma maneira.

Um sistema de suspensão com diversas regulagens que podem ser ajustadas enquanto a bicicleta está em movimento seria atraente. Uma mola pneumática e espiral com amortecedor de óleo que permite um ajuste da constante de amortecimento ao terreno, bem como ao peso do ciclista, está disponível [17]. O modelo do sistema de suspensão é mostrado na Figura PA3.4, em que b é ajustável. Escolha o valor apropriado para b de modo que a bicicleta acomode (a) um grande impacto em velocidades elevadas e (b) um pequeno impacto em velocidades baixas. Admita $k_2 = 1$ e $k_1 = 2$.

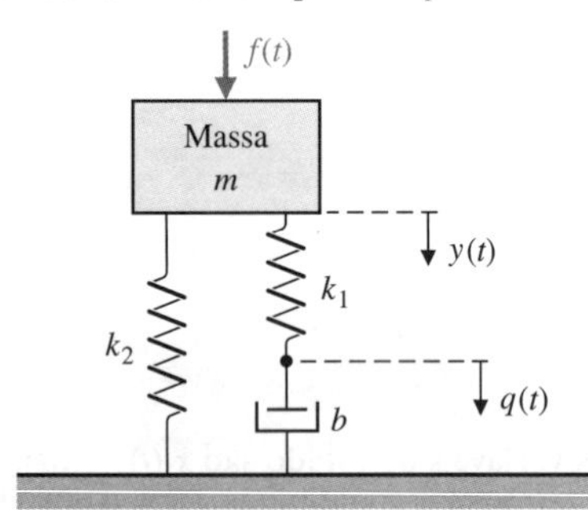

FIGURA PA3.4 Amortecedor.

PA3.5 A Figura PA3.5 mostra uma massa M suspensa a partir de outra massa m por meio de uma haste leve, de comprimento L. Obtenha um modelo em variáveis de estado usando um modelo linear admitindo um pequeno ângulo para $\theta(t)$. Admita que a saída é o ângulo $\theta(t)$.

PA3.6 Considere um guindaste movendo-se na direção x enquanto a massa m se move na direção z, como mostrado na Figura PA3.6. O motor do carrinho e o motor do guindaste são muito potentes com respeito à massa do carrinho, ao cabo do guindaste e à carga m. Considere as variáveis de entrada do controle como as distâncias $D(t)$ e $R(t)$. Além disso, admita que $\theta(t) < 50°$. Determine um modelo linear e descreva a equação diferencial em variáveis de estado.

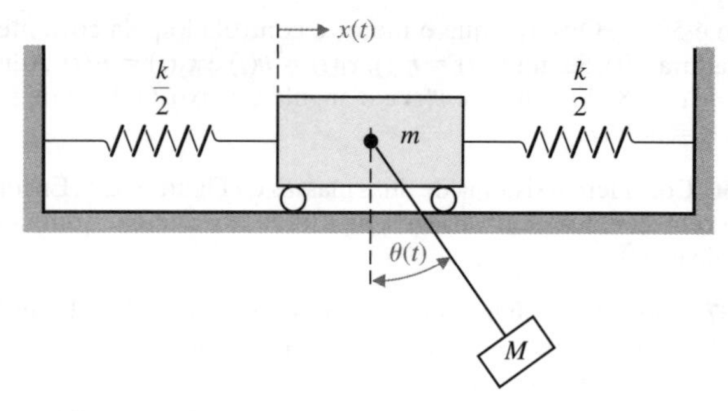

FIGURA PA3.5 Massa suspensa a partir de carrinho.

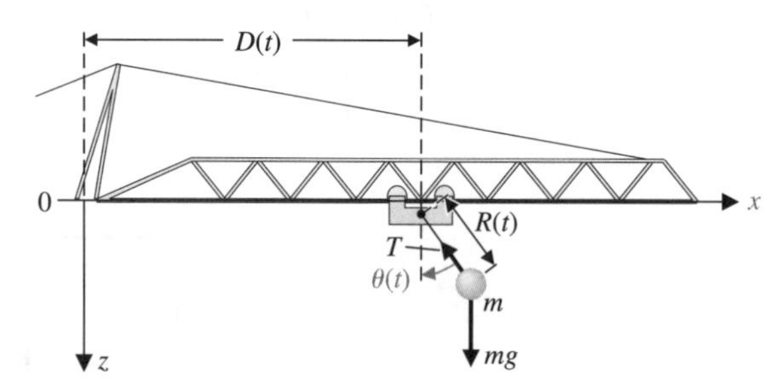

FIGURA PA3.6 Um guindaste movendo-se na direção x enquanto a massa se move na direção z.

PA3.7 Considere o sistema com uma única entrada e uma única saída descrito por

$$\dot{\mathbf{x}}(t) = \mathbf{A}\mathbf{x}(t) + \mathbf{B}u(t)$$

$$y(t) = \mathbf{C}\mathbf{x}(t)$$

em que

$$\mathbf{A} = \begin{bmatrix} -1 & 1 \\ 0 & 0 \end{bmatrix}, \mathbf{B} = \begin{bmatrix} 0 \\ 1 \end{bmatrix}, \mathbf{C} = [2 \quad 1].$$

Admita que a entrada é uma combinação linear dos estados, isto é,

$$u(t) = -\mathbf{K}\mathbf{x}(t) + r(t),$$

em que $r(t)$ é a entrada de referência. A matriz $\mathbf{K} = [K_1 \; K_2]$ é conhecida como a matriz de ganhos. Substituindo $u(t)$ na equação de variáveis de estado, temos o sistema em malha fechada

$$\dot{\mathbf{x}}(t) = [\mathbf{A} - \mathbf{B}\mathbf{K}]\mathbf{x}(t) + \mathbf{B}r(t)$$

$$y(t) = \mathbf{C}\mathbf{x}(t).$$

O processo de projeto envolve encontrar **K** de modo que os autovalores de **A**-**BK** estejam nas posições desejadas no semiplano esquerdo. Calcule o polinômio característico associado com o sistema em malha fechada e determine valores de **K** de modo que os autovalores em malha fechada estejam no semiplano esquerdo.

PA3.8 Um sistema para introduzir fluido radioativo em cápsulas é mostrado na Figura PA3.8(a). O eixo horizontal movendo a bandeja de cápsulas é acionado por um motor linear. O controle do eixo x é mostrado na Figura PA3.8(b). (a) Obtenha um modelo em variáveis de estado do sistema em malha fechada com entrada $r(t)$ e saída $y(t)$. (b) Determine as raízes características do sistema e calcule K, de modo que os valores característicos sejam todos alocados em $s_1 = -3$, $s_2 = -3$ e $s_3 = -3$. (c) Determine analiticamente a resposta ao degrau unitário do sistema em malha fechada.

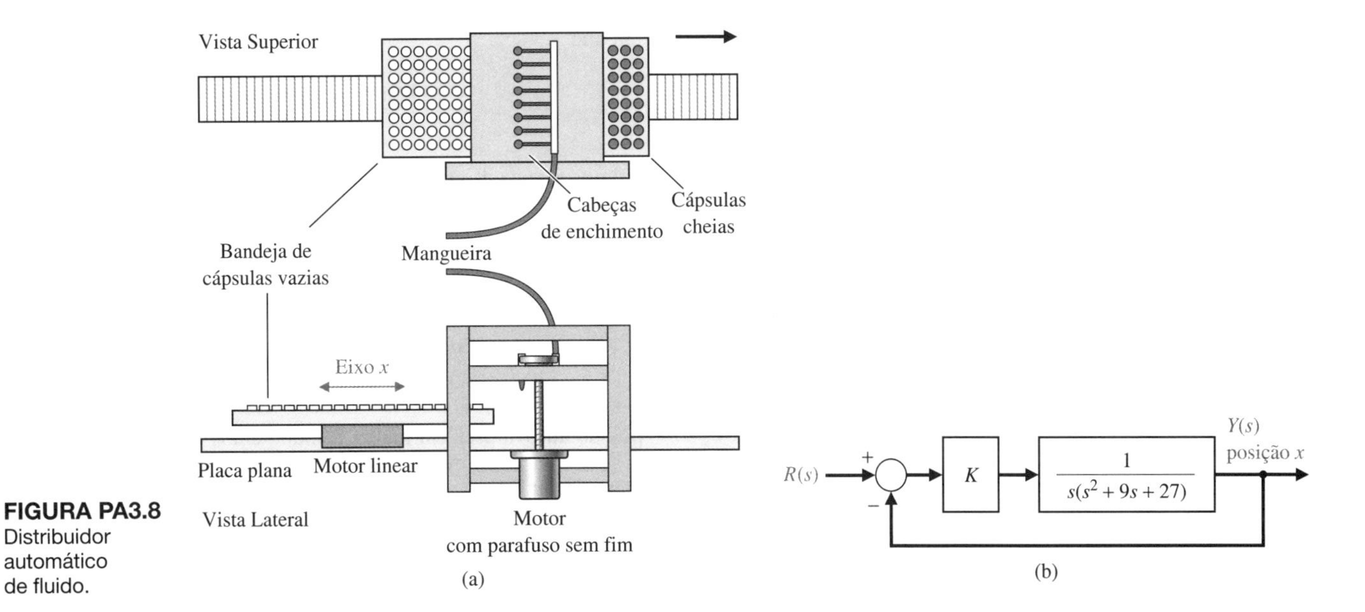

FIGURA PA3.8 Distribuidor automático de fluido.

PROBLEMAS DE PROJETO

PPC3.1 O acionador por tração usa o sistema de sarilho mostrado na Figura PPC2.1. Despreze o efeito da indutância do motor e determine um modelo em variáveis de estado para o sistema. Os parâmetros são dados na Tabela PPC2.1. O atrito da corrediça é desprezível.

PP3.1 Um sistema massa-mola-amortecedor, como mostrado na Figura 3.2, é usado como amortecedor em uma motocicleta grande de alto desempenho. Os parâmetros originais escolhidos são $m = 1$ kg, $b = 9$ N s/m e $k = 20$ N/m. (a) Determine a matriz do sistema, as raízes características e a matriz de transição $\Phi(t)$. As condições iniciais severas são admitidas como $y(0) = 1$ e $dy/dt|_{t=0} = 2$. (b) Represente graficamente a resposta de $y(t)$ e $\dot{y}(t)$ para os dois primeiros segundos. (c) Reprojete o amortecedor mudando a constante de mola e a constante de amortecimento para reduzir o efeito de uma alta taxa de força de aceleração $\ddot{y}(t)$ sobre o motociclista. A massa deve ficar constante em 1 kg.

PP3.2 Um sistema tem a equação matricial em variáveis de estado na forma de variáveis de fase

$$\dot{\mathbf{x}}(t) = \begin{bmatrix} 0 & 1 \\ -a & -b \end{bmatrix}\mathbf{x}(t) + \begin{bmatrix} 0 \\ d \end{bmatrix}u(t)$$

$$y(t) = [1 \quad 0]\mathbf{x}(t).$$

Deseja-se que a forma canônica diagonal da equação diferencial seja

$$\dot{\mathbf{z}}(t) = \begin{bmatrix} 0 & 1 \\ -10 & -2 \end{bmatrix}\mathbf{z}(t) + \begin{bmatrix} 1 \\ 1 \end{bmatrix}u(t),$$

$$y(t) = [1 \quad -1]\mathbf{z}(t).$$

Determine os parâmetros a, b e d que produzem a equação diferencial matricial diagonal requerida.

PP3.3 Um mecanismo de parada de aeronaves é usado em um porta- aviões, como mostrado na Figura PP3.3. O modelo linear de cada absorvedor de energia tem uma força de resistência ao movimento $f_D = K_D\dot{x}_3(t)$. É desejável parar o avião dentro de 30 m após o engate

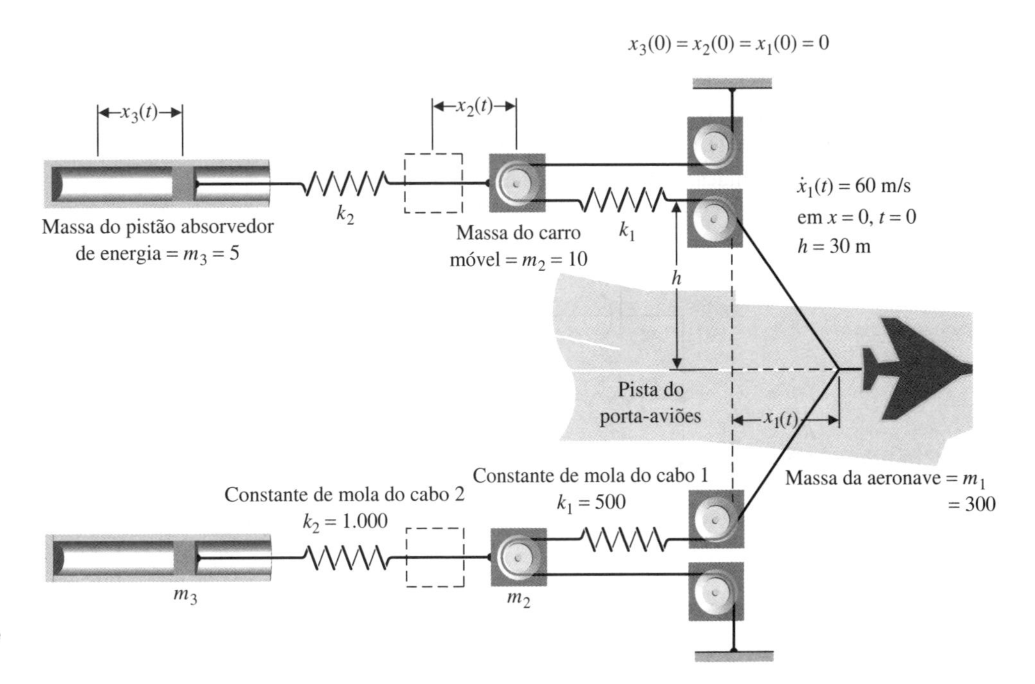

FIGURA PP3.3 Mecanismo de parada de aeronaves.

no cabo de parada [13]. A velocidade da aeronave na aterrissagem é 60 m/s. Escolha a constante K_D necessária e represente graficamente a resposta das variáveis de estado.

PP3.4 A empresa Mile-High Bungi Jumping quer que você projete um sistema de *bungi jumping* (ou seja, uma corda) de modo que o saltador não possa atingir o chão quando sua massa for inferior a 100 kg, mas superior a 50 kg. Além disso, a empresa quer um tempo de suspensão (o tempo em que um saltador fica se movendo para cima e para baixo) maior que 25 segundos, porém menor que 40 segundos. Determine as características da corda. O saltador encontra-se em uma plataforma 90 m acima do chão, e a corda será presa a um suporte firme 10 m acima da plataforma. Admita que o saltador tenha 2 m de altura e que a corda é presa em sua cintura (1 m de altura).

PP3.5 Considere o sistema com uma única entrada e uma única saída descrito por

$$\dot{\mathbf{x}}(t) = \mathbf{A}\mathbf{x}(t) + \mathbf{B}u(t)$$
$$y(t) = \mathbf{C}\mathbf{x}(t)$$

em que

$$\mathbf{A} = \begin{bmatrix} 0 & 1 \\ -4 & -5 \end{bmatrix}, \quad \mathbf{B} = \begin{bmatrix} 0 \\ 1 \end{bmatrix}, \quad \mathbf{C} = [\,1 \quad 0\,].$$

Admita que a entrada é uma combinação linear dos estados, isto é,

$$u(t) = -\mathbf{K}\mathbf{x}(t) + r(t),$$

em que $r(t)$ é a entrada de referência. Determine $\mathbf{K} = [K_1\ K_2]$ de modo que o sistema em malha fechada

$$\dot{\mathbf{x}}(t) = [\mathbf{A} - \mathbf{B}\mathbf{K}]\mathbf{x}(t) + \mathbf{B}r(t)$$
$$y(t) = \mathbf{C}\mathbf{x}(t)$$

possua autovalores em malha fechada em r_1 e r_2. Observe que, se $r_1 = \sigma + j\omega$ é um número complexo, então $r_2 = \sigma - j\omega$ é seu complexo conjugado.

PROBLEMAS COMPUTACIONAIS

PC3.1 Determine uma representação em variáveis de estado para as seguintes funções de transferência (sem realimentação) usando a função ss:

(a) $G(s) = \dfrac{1}{s + 10}$

(b) $G(s) = \dfrac{s^2 + 5s + 3}{s^2 + 8s + 5}$

(c) $G(s) = \dfrac{s + 1}{s^3 + 3s^2 + 3s + 1}$

PC3.2 Determine uma representação em função de transferência para os seguintes modelos em variáveis de estado usando a função tf:

(a) $\mathbf{A} = \begin{bmatrix} 0 & 1 \\ 2 & 8 \end{bmatrix}, \mathbf{B} = \begin{bmatrix} 0 \\ 1 \end{bmatrix}, \mathbf{C} = [1 \quad 0]$

(b) $\mathbf{A} = \begin{bmatrix} 1 & 1 & 0 \\ -2 & 0 & 4 \\ 5 & 4 & -7 \end{bmatrix}, \mathbf{B} = \begin{bmatrix} -1 \\ 0 \\ 1 \end{bmatrix}, \mathbf{C} = [0 \quad 1 \quad 0]$

(c) $\mathbf{A} = \begin{bmatrix} 0 & 1 \\ -1 & -2 \end{bmatrix}, \mathbf{B} = \begin{bmatrix} 0 \\ 1 \end{bmatrix}, \mathbf{C} = [-2 \quad 1].$

PC3.3 Considere o circuito mostrado na Figura PC3.3. Determine a função de transferência $V_0(s)/V_{en}(s)$. Admita um amp-op ideal.

(a) Determine a representação em variáveis de estado quando $R_1 = 1\ \text{k}\Omega$, $R_2 = 10\ \text{k}\Omega$, $C_1 = 0{,}5$ mF e $C_2 = 0{,}1$ mF.

(b) Usando a representação em variáveis de estado da parte (a), represente graficamente a resposta ao degrau unitário com a função step.

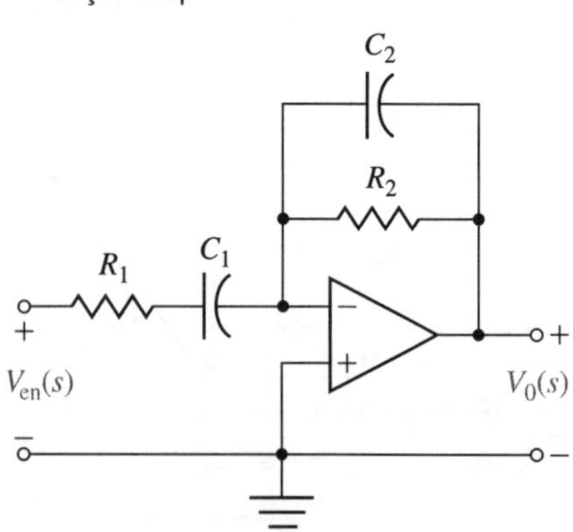

FIGURA PC3.3 Circuito com amp-op.

PC3.4 Considere o sistema

$$\dot{\mathbf{x}}(t) = \begin{bmatrix} 0 & 1 & 0 \\ 0 & 0 & 1 \\ -4 & -1 & -6 \end{bmatrix}\mathbf{x}(t) + \begin{bmatrix} 0 \\ 0 \\ 1 \end{bmatrix}u(t),$$
$$y(t) = [1 \quad 0 \quad 0]\mathbf{x}(t).$$

(a) Usando a função tf, determine a função de transferência $Y(s)/U(s)$.

(b) Represente graficamente a resposta do sistema à condição inicial $\mathbf{x}(0) = [0\ \ -1\ \ 1]^T$ para $0 \le t \le 20$.

(c) Calcule a matriz de transição de estado usando a função expm e determine $\mathbf{x}(t)$ em $t = 20$ para a condição inicial dada na parte (b). Compare o resultado com a resposta do sistema obtida na parte (b).

PC3.5 Considere os dois sistemas

$$\dot{\mathbf{x}}_1(t) = \begin{bmatrix} 0 & 1 & 0 \\ 0 & 0 & 1 \\ -4 & -5 & -8 \end{bmatrix}\mathbf{x}_1(t) + \begin{bmatrix} 0 \\ 0 \\ 4 \end{bmatrix}u(t),$$
$$y(t) = [1 \quad 0 \quad 0]\mathbf{x}_1(t) \quad (1)$$

e

$$\dot{\mathbf{x}}_2(t) = \begin{bmatrix} 0{,}5000 & 0{,}5000 & 0{,}7071 \\ -0{,}5000 & -0{,}5000 & 0{,}7071 \\ -6{,}3640 & -0{,}7071 & -8{,}000 \end{bmatrix}\mathbf{x}_2(t) + \begin{bmatrix} 0 \\ 0 \\ 4 \end{bmatrix}u(t),$$
$$y(t) = [0{,}7071 \quad -0{,}7071 \quad 0]\mathbf{x}_2(t). \quad (2)$$

(a) Usando a função tf, determine a função de transferência $Y(s)/U(s)$ para o sistema (1).

(b) Repita a parte (a) para o sistema (2).

(c) Compare os resultados nas partes (a) e (b) e comente.

PC3.6 Considere o sistema de controle em malha fechada na Figura PC3.6.

(a) Determine uma representação em variáveis de estado do controlador.

(b) Repita a parte (a) para o processo.

(c) Com o controlador e o processo na forma de variáveis de estado, use as funções series e feedback para calcular uma representação do sistema em malha fechada na forma de variáveis de estado e represente graficamente a resposta ao impulso do sistema em malha fechada.

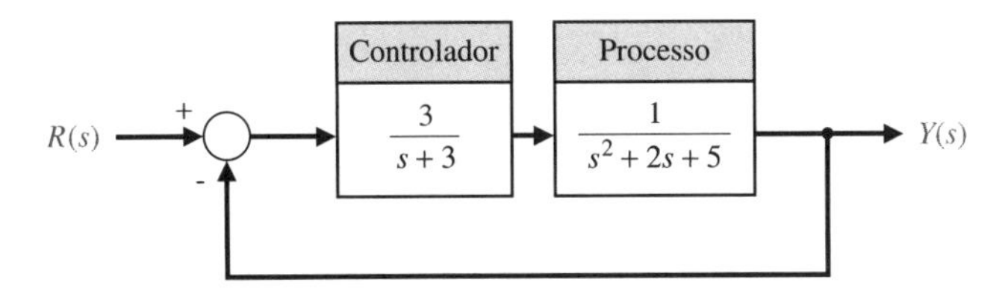

FIGURA PC3.6 Sistema de controle com realimentação em malha fechada.

PC3.7 Considere o seguinte sistema:

$$\dot{\mathbf{x}}(t) = \begin{bmatrix} 0 & 1 \\ -4 & -7 \end{bmatrix}\mathbf{x}(t) + \begin{bmatrix} 0 \\ 1 \end{bmatrix}u(t)$$

$$y(t) = [1 \quad 0]\mathbf{x}(t)$$

com

$$\mathbf{x}(0) = \begin{pmatrix} 1 \\ 0 \end{pmatrix}.$$

Usando a função lsim, obtenha e represente graficamente a resposta do sistema (para $x_1(t)$ e $x_2(t)$) quando $u(t) = 0$.

PC3.8 Considere o modelo em variáveis de estado com parâmetro K dado por

$$\dot{\mathbf{x}}(t) = \begin{bmatrix} 0 & 1 & 0 \\ 0 & 0 & 1 \\ -2 & -K & -2 \end{bmatrix}\mathbf{x}(t) + \begin{bmatrix} 0 \\ 0 \\ 1 \end{bmatrix}u(t),$$

$$y(t) = [1 \quad 0 \quad 0]\mathbf{x}(t).$$

Represente graficamente os valores característicos do sistema em função de K na faixa de valores $0 \leq K \leq 100$. Determine a faixa de valores de K para a qual todos os valores característicos estão no semiplano esquerdo.

RESPOSTAS PARA A VERIFICAÇÃO DE COMPETÊNCIAS

Verdadeiro ou Falso: (1) Verdadeiro; (2) Verdadeiro; (3) Falso; (4) Falso; (5) Falso

Múltipla Escolha: (6) a; (7) b; (8) c; (9) b; (10) c; (11) a; (12) a; (13) c; (14) c; (15) c

Correspondência de Palavras (em ordem, de cima para baixo): f, d, g, a, b, c, e

TERMOS E CONCEITOS

Domínio do tempo Domínio matemático que incorpora a resposta e a descrição de um sistema em função do tempo, t.

Equação de saída Equação algébrica que relaciona o vetor de estado $\mathbf{x}$ e as entradas $\mathbf{u}$ com as saídas $\mathbf{y}$ por meio da relação $\mathbf{y} = \mathbf{Cx} + \mathbf{Du}$.

Equação diferencial de estado A equação diferencial para o vetor de estado: $\dot{\mathbf{x}} = \mathbf{Ax} + \mathbf{Bu}$.

Estado de um sistema Um conjunto de números tal que o conhecimento desses números e da função de entrada irá, com as equações que descrevem a dinâmica, fornecer o estado futuro do sistema.

Forma canônica Uma forma fundamental ou básica da representação do modelo em variáveis de estados, incluindo forma canônica em variáveis de fase, forma canônica de entrada com ação à frente, forma canônica diagonal e forma canônica de Jordan.

Forma canônica de entrada com ação à frente Uma forma canônica descrita por n laços de realimentação envolvendo os coeficientes a_n do polinômio de grau n do denominador da função de transferência e caminhos à frente obtidos por meio da alimentação à frente do sinal de entrada.

Forma canônica de Jordan Uma forma canônica em bloco diagonal para sistemas que não possuem polos distintos.

Forma canônica diagonal Uma forma canônica desacoplada mostrando os n polos distintos do sistema na diagonal da matriz $\mathbf{A}$ da representação em variáveis de estado.

Forma canônica em variáveis de fase Uma forma canônica descrita por n laços de realimentação envolvendo os coeficientes a_n do polinômio de grau n do denominador da função de transferência e m caminhos à frente envolvendo os coeficientes b_m do polinômio de grau m do numerador da função de transferência.

Função exponencial matricial Importante função matricial, definida como $e^{\mathbf{A}t} = \mathbf{I} + \mathbf{A}t + (\mathbf{A}t)^2/2! + \cdots + (\mathbf{A}t)^k/k! + \cdots$, que desempenha um papel importante na solução de equações diferenciais lineares com coeficientes constantes.

Matriz de transição $\Phi(t)$ A função exponencial matricial que descreve a resposta livre do sistema.

Matriz fundamental *Veja* Matriz de transição.

Representação em espaço de estados Um modelo no domínio do tempo consistindo na equação diferencial de estado $\dot{\mathbf{x}} = \mathbf{Ax} + \mathbf{Bu}$ e na equação de saída $\mathbf{y} = \mathbf{Cx} + \mathbf{Du}$.

Sistema variante no tempo Sistema para o qual um ou mais dos parâmetros podem variar em função do tempo.

Variáveis de estado O conjunto de variáveis que descrevem o sistema.

Variáveis de fase As variáveis de estado associadas com a forma canônica em variáveis de fase.

Variáveis físicas Variáveis de estado representando as variáveis físicas do sistema.

Vetor de estado O vetor que contém todas as n variáveis de estado, $x_1, x_2, \ldots, x_n$.

CAPÍTULO

4 Características de Sistemas de Controle com Realimentação

APRESENTAÇÃO

Neste capítulo, explora-se o papel dos sinais de erro para caracterizar o desempenho de sistemas de controle com realimentação, incluindo a redução da sensibilidade a incertezas do modelo, rejeição de perturbações, atenuação do ruído de medida, erros em regime estacionário e características da resposta transitória. O sinal de erro é utilizado para controlar o processo por meio de realimentação negativa. De modo geral, o objetivo é minimizar o sinal de erro. Examina-se a sensibilidade de um sistema a mudanças de parâmetros, uma vez que é desejável minimizar os efeitos de variações de parâmetros e incertezas. Além disso, deseja-se reduzir o efeito de perturbações indesejadas e de ruídos de medida na capacidade do sistema de rastrear uma entrada desejada. Descreve-se então o desempenho transitório e em regime estacionário de um sistema com realimentação e mostra-se como esse desempenho pode ser prontamente melhorado com realimentação. O capítulo é concluído com uma análise de desempenho do sistema do Exemplo de Projeto Sequencial: Sistema de Leitura de Acionadores de Disco.

RESULTADOS DESEJADOS

Ao concluírem o Capítulo 4, os estudantes devem ser capazes de:

- Explicar o papel central dos sinais de erro na análise de sistemas de controle.
- Identificar as melhorias propiciadas pelo controle com realimentação na redução da sensibilidade do sistema a mudanças nos parâmetros, na rejeição de perturbações e na atenuação do ruído de medida.
- Descrever as diferenças entre controlar a resposta transitória e a resposta em regime estacionário de um sistema.
- Determinar os benefícios e os custos da realimentação no processo de projeto de controle.

4.1 INTRODUÇÃO

Um sistema de controle é definido como uma interconexão de componentes formando um sistema que produzirá uma resposta desejada do sistema. Como a resposta desejada do sistema é conhecida, um sinal proporcional ao erro entre a resposta desejada e a resposta real é gerado. A utilização desse sinal para controlar o processo resulta em uma sequência de operações em malha fechada que é chamada de sistema com realimentação. Esta sequência de operações em malha fechada é mostrada na Figura 4.1. A introdução da realimentação para melhorar o sistema de controle é frequentemente necessária. É interessante que isto também seja o caso de sistemas na natureza, como sistemas biológicos e fisiológicos; a realimentação é inerente nesses sistemas. Por exemplo, o sistema de controle da frequência cardíaca humana é um sistema de controle com realimentação. Para

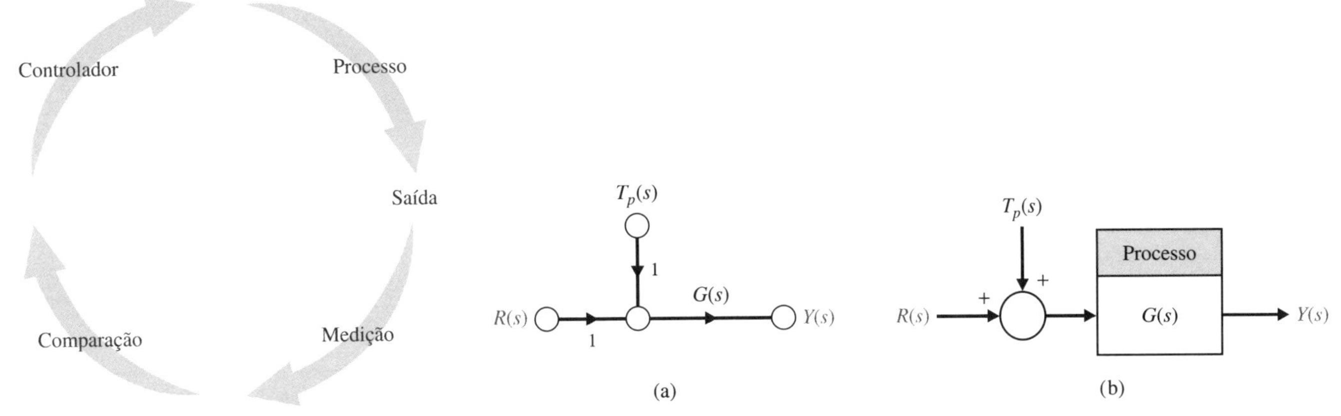

FIGURA 4.1 Sistema em malha fechada.

FIGURA 4.2 Sistema em malha aberta com uma entrada de perturbação $T_p(s)$. (a) Diagrama de fluxo de sinal. (b) Diagrama de blocos.

ilustrar as características e vantagens da introdução da realimentação, será considerado um sistema com realimentação com uma única malha. Embora muitos sistemas de controle tenham múltiplas malhas, um sistema com malha única é ilustrativo. Uma compreensão plena dos benefícios da realimentação pode ser mais bem obtida a partir de um sistema com uma única malha e então estendida aos sistemas com múltiplas malhas.

Um sistema sem realimentação, frequentemente chamado de sistema em malha aberta, é mostrado na Figura 4.2. A perturbação, $T_p(s)$, influencia diretamente a saída, $Y(s)$. Na ausência de realimentação, o sistema de controle é altamente sensível a perturbações e tanto ao conhecimento quanto a variações dos parâmetros de $G(s)$.

Se o sistema em malha aberta não fornece resposta satisfatória, então um controlador adequado $G_c(s)$ em cascata pode ser inserido antes do processo $G(s)$, conforme mostrado na Figura 4.3. Então, é necessário projetar a função de transferência em cascata $G_c(s)G(s)$, de forma que a função de transferência forneça a resposta transitória desejada. Isso é conhecido como controle em malha aberta.

Um sistema em malha aberta opera sem realimentação e gera diretamente a saída em resposta a um sinal de entrada.

Em contraste, um sistema de controle em malha fechada com realimentação negativa é mostrado na Figura 4.4.

Um sistema em malha fechada usa uma medida do sinal de saída e uma comparação com a saída desejada para gerar um sinal de erro que é usado pelo controlador para ajustar o atuador.

Apesar do custo e da maior complexidade do sistema, o controle com realimentação em malha fechada tem as seguintes vantagens:

- Menor sensibilidade do sistema a variações nos parâmetros do processo.
- Melhor rejeição de perturbações.
- Melhor atenuação do ruído de medida.
- Melhor redução do erro em regime estacionário do sistema.
- Fácil controle e ajuste da resposta transitória do sistema.

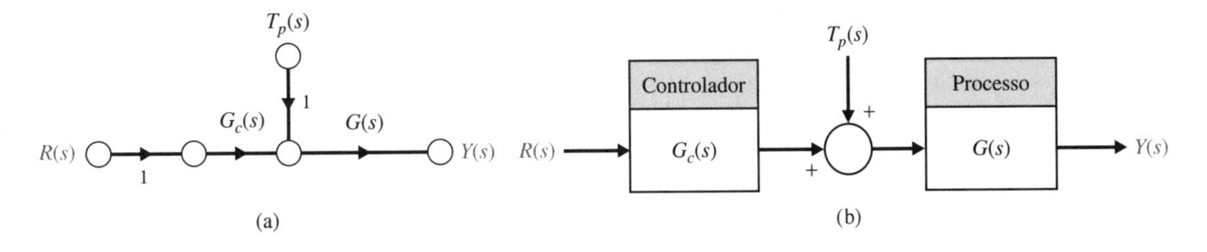

FIGURA 4.3 Sistema de controle em malha aberta (sem realimentação). (a) Diagrama de fluxo de sinal. (b) Diagrama de blocos.

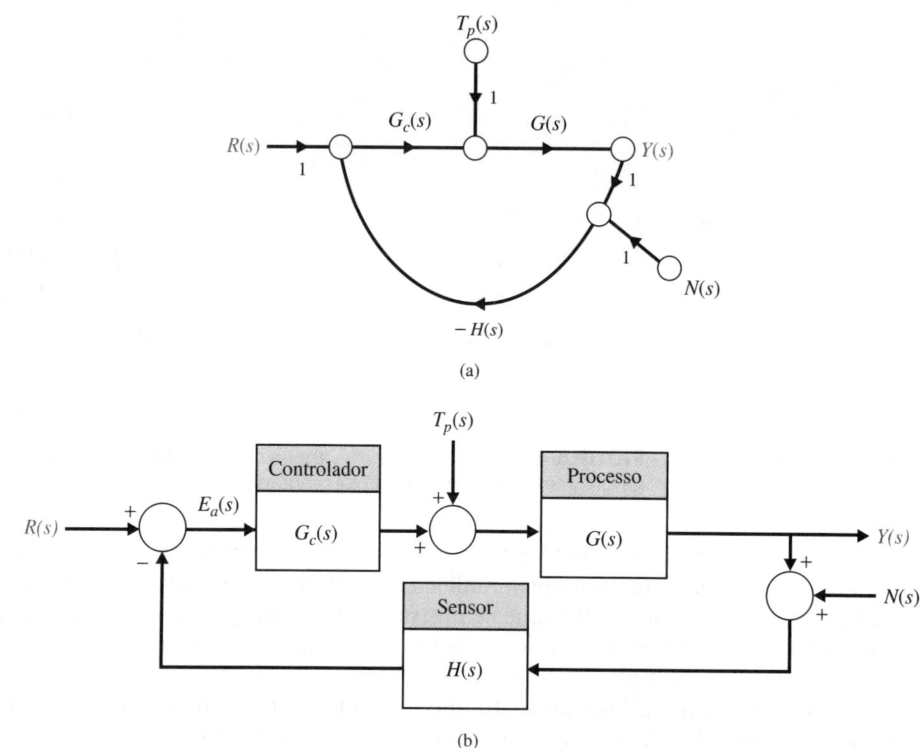

FIGURA 4.4 Sistema de controle em malha fechada. (a) Diagrama de fluxo de sinal. (b) Diagrama de blocos.

Neste capítulo, examina-se como o emprego da realimentação pode resultar nos benefícios listados anteriormente. Usando a noç ão de um sinal de erro de rastreamento, será fácil evidenciar que é possível utilizar a realimentação com um controlador na malha para melhorar o desempenho do sistema.

4.2 ANÁLISE DO SINAL DE ERRO

O sistema de controle com realimentação em malha fechada mostrado na Figura 4.4 possui três entradas – $R(s)$, $T_p(s)$ e $N(s)$ – e uma saída, $Y(s)$. Os sinais $T_p(s)$ e $N(s)$ são os sinais de perturbação e de ruído de medida, respectivamente. Define-se o **erro de rastreamento** como

$$E(s) = R(s) - Y(s). \tag{4.1}$$

Para facilitar a discussão, considera-se um sistema com realimentação unitária, isto é, $H(s) = 1$, na Figura 4.4. A influência de um elemento de realimentação não unitário na malha será considerada posteriormente.

Após alguma manipulação do diagrama de blocos, constata-se que a saída é dada por

$$Y(s) = \frac{G_c(s)G(s)}{1 + G_c(s)G(s)}R(s) + \frac{G(s)}{1 + G_c(s)G(s)}T_p(s) - \frac{G_c(s)G(s)}{1 + G_c(s)G(s)}N(s). \tag{4.2}$$

Consequentemente, com $E(s) = R(s) - Y(s)$, tem-se

$$E(s) = \frac{1}{1 + G_c(s)G(s)}R(s) - \frac{G(s)}{1 + G_c(s)G(s)}T_p(s) + \frac{G_c(s)G(s)}{1 + G_c(s)G(s)}N(s). \tag{4.3}$$

Define-se a função

$$L(s) = G_c(s)G(s).$$

A função, $L(s)$, é conhecida como **ganho em malha aberta** e desempenha um papel fundamental na análise de sistemas de controle [12]. Em termos de $L(s)$, o erro de rastreamento é dado por

$$E(s) = \frac{1}{1 + L(s)}R(s) - \frac{G(s)}{1 + L(s)}T_p(s) + \frac{L(s)}{1 + L(s)}N(s). \tag{4.4}$$

Pode-se definir a função

$$F(s) = 1 + L(s).$$

Então, em termos de $F(s)$, define-se a função sensibilidade como

$$S(s) = \frac{1}{F(s)} = \frac{1}{1 + L(s)}. \tag{4.5}$$

De modo similar, em termos do ganho em malha aberta, define-se a função sensibilidade complementar como

$$C(s) = \frac{L(s)}{1 + L(s)}. \tag{4.6}$$

Em termos das funções $S(s)$ e $C(s)$, pode-se escrever o erro de rastreamento como

$$E(s) = S(s)R(s) - S(s)G(s)T_p(s) + C(s)N(s). \tag{4.7}$$

Examinando a Equação (4.7), percebe-se que (para determinado $G(s)$), se é desejado minimizar o erro de rastreamento, requer-se que tanto $S(s)$ quanto $C(s)$ sejam pequenas. Tenha em mente que $S(s)$ e $C(s)$ são, ambas, funções do controlador $G_c(s)$, o qual o engenheiro de projeto de controle deve escolher. Entretanto, a seguinte relação especial entre $S(s)$ e $C(s)$ vigora:

$$S(s) + C(s) = 1. \tag{4.8}$$

Obviamente, não é possível fazerem-se simultaneamente $S(s)$ e $C(s)$ pequenas, portanto, compromissos de projeto precisam ser feitos.

Para analisar a equação do erro de rastreamento, precisa-se entender o que significa para uma função de transferência ser "grande" ou "pequena". A discussão sobre a magnitude de uma função de transferência é assunto dos Capítulos 8 e 9, sobre métodos da resposta em frequência. Entretanto, para os propósitos no presente momento, descreve-se a magnitude do ganho em malha aberta $L(s)$ considerando a magnitude de $|L(j\omega)|$ sobre uma faixa de frequências, ω, de interesse.

Considerando o erro de rastreamento na Equação (4.4), é evidente que, em determinado $G(s)$, para reduzir a influência da perturbação, $T_p(s)$, no erro de rastreamento, $E(s)$, deseja-se que $L(s)$ seja grande sobre a faixa de frequências que caracteriza as perturbações. Desse modo, a função de transferência $G(s)/(1 + L(s))$ será pequena, por meio disso, reduzindo a influência de $T_p(s)$. Uma vez que $L(s) = G_c(s)G(s)$, isto implica que se deve projetar o controlador $G_c(s)$ para ter uma grande magnitude na faixa de frequência de importância. Por outro lado, para atenuar o ruído de medida $N(s)$ e reduzir sua influência no erro de rastreamento, deseja-se que $L(s)$ seja pequeno sobre a faixa de frequências que caracteriza o ruído de medida. A função de transferência $L(s)/(1 + L(s))$ será pequena, por meio disso, reduzindo a influência de $N(s)$. Novamente, uma vez que $L(s) = G_c(s)G(s)$, isto implica que se deve projetar o controlador $G_c(s)$ para ter uma pequena magnitude na faixa relevante de frequências. Felizmente, o conflito aparente entre desejar fazer $G_c(s)$ grande para rejeitar perturbações e desejar fazer $G_c(s)$ pequeno para atenuar o ruído de medida pode ser tratado na fase de projeto tornando o ganho em malha aberta $L(s)$ grande em baixas frequências (geralmente associadas com a faixa de frequência das perturbações) e tornando $L(s)$ pequeno em altas frequências (geralmente associadas com ruído de medida).

Uma discussão mais abrangente sobre rejeição de perturbações e atenuação de ruído de medida é apresentada nas seções subsequentes. Em seguida, discute-se como se pode usar a realimentação para reduzir a sensibilidade do sistema a variações e incertezas nos parâmetros do processo, $G(s)$. Isto é realizado através da análise do erro de rastreamento na Equação (4.2) quando $T_p(s) = N(s) = 0$.

4.3 SENSIBILIDADE DOS SISTEMAS DE CONTROLE À VARIAÇÃO DE PARÂMETROS

Um processo, representado pela função de transferência $G(s)$, qualquer que seja sua natureza, está sujeito a mudanças no ambiente, envelhecimento, ignorância dos valores exatos dos parâmetros do processo e outros fatores naturais que afetam um processo de controle. Em um sistema em malha aberta, todos estes erros e mudanças resultam em uma saída variável e incorreta. Porém, um sistema em malha fechada detecta a variação na saída devido às mudanças no processo e tenta corrigir a saída. A sensibilidade de um sistema de controle a variações nos parâmetros é de importância fundamental. Uma vantagem importante de um sistema de controle com realimentação em malha fechada é sua capacidade de reduzir a sensibilidade de um sistema [1–4, 18].

Para o caso em malha fechada, se $G_c(s)G(s) >> 1$ em todas as frequências complexas de interesse, pode-se usar a Equação (4.2) para obter-se (fazendo $T_p(s) = 0$ e $N(s) = 0$)

$$Y(s) \cong R(s).$$

A saída é aproximadamente igual à entrada. Contudo, a condição $G_c(s)G(s) >> 1$ pode fazer com que a resposta do sistema seja altamente oscilatória e até mesmo instável. Mas o fato de que, aumentando-se a magnitude do ganho em malha aberta, reduz-se o efeito de $G(s)$ sobre a saída é um resultado extraordinariamente útil. Consequentemente, a primeira vantagem de um sistema com realimentação é que o efeito da variação de parâmetros do processo $G(s)$ é reduzido.

Admita que o processo (ou planta) $G(s)$ sofra uma mudança de modo que o modelo real da planta seja $G(s) + \Delta G(s)$. A mudança na planta pode se dar por mudanças no ambiente externo ou pode apenas representar a incerteza em certos parâmetros da planta. Considera-se o efeito no erro de rastreamento $E(s)$ devido a $\Delta G(s)$. Baseando-se no princípio da superposição, pode-se fazer $T_p(s) = N(s) = 0$ e considerar-se apenas a entrada de referência $R(s)$. A partir da Equação (4.3), segue-se que

$$E(s) + \Delta E(s) = \frac{1}{1 + G_c(s)(G(s) + \Delta G(s))}R(s).$$

Então, a variação no erro de rastreamento é

$$\Delta E(s) = \frac{-G_c(s)\Delta G(s)}{(1 + G_c(s)G(s) + G_c(s)\Delta G(s))(1 + G_c(s)G(s))}R(s).$$

Uma vez que usualmente verifica-se que $G_c(s)G(s) \gg G_c(s)\,\Delta G(s)$, tem-se

$$\Delta E(s) \approx \frac{-G_c(s)\Delta G(s)}{(1 + L(s))^2}R(s).$$

Observa-se que a variação no erro de rastreamento é reduzida por um fator $1 + L(s)$, o qual é geralmente maior que 1 sobre a faixa de frequências de interesse.

Para $L(s)$ grande, tem-se $1 + L(s) \approx L(s)$ e pode-se aproximar a variação no erro de rastreamento por

$$\Delta E(s) \approx -\frac{1}{L(s)}\frac{\Delta G(s)}{G(s)}R(s). \tag{4.9}$$

Maior magnitude de $L(s)$ se traduz em menores variações no erro de rastreamento (isto é, menor sensibilidade a variações $\Delta G(s)$ no processo). Além disso, um $L(s)$ maior implica menor sensibilidade, $S(s)$. Surge então uma questão: como se define a sensibilidade?

A **sensibilidade do sistema** é definida como a razão entre a variação percentual da função de transferência do sistema e a variação percentual da função de transferência do processo. A função de transferência do sistema é

$$T(s) = \frac{Y(s)}{R(s)} \tag{4.10}$$

e, consequentemente, a sensibilidade é definida como

$$S = \frac{\Delta T(s)/T(s)}{\Delta G(s)/G(s)}. \tag{4.11}$$

No limite, para pequenas variações incrementais, a Equação (4.11) se torna

$$\boxed{S = \frac{\partial T/T}{\partial G/G} = \frac{\partial \ln T}{\partial \ln G}.} \tag{4.12}$$

A sensibilidade do sistema é a razão entre a variação na função de transferência do sistema e a variação na função de transferência (ou parâmetro) do processo para uma pequena variação incremental.

A sensibilidade do sistema em malha aberta a variações na planta $G(s)$ é igual a 1. A sensibilidade em malha fechada é prontamente obtida pelo uso da Equação (4.12). A função de transferência do sistema em malha fechada é

$$T(s) = \frac{G_c(s)G(s)}{1 + G_c(s)G(s)}.$$

Consequentemente, a sensibilidade do sistema com realimentação é

$$S_G^T = \frac{\partial T}{\partial G} \cdot \frac{G}{T} = \frac{G_c}{(1 + G_c G)^2} \cdot \frac{G}{GG_c/(1 + G_c G)}$$

ou

$$\boxed{S_G^T = \frac{1}{1 + G_c(s)G(s)}.} \tag{4.13}$$

Constata-se que a sensibilidade do sistema em malha fechada pode ser reduzida abaixo da sensibilidade do sistema em malha aberta aumentando-se $L(s) = G_c(s)G(s)$ sobre a faixa de frequências de interesse. Observe-se que S_G^T na Equação (4.13) é exatamente igual à função sensibilidade $S(s)$ dada na Equação (4.5).

Frequentemente, busca-se determinar S_α^T, em que α é um parâmetro interno da função de transferência $G(s)$. Usando a regra da cadeia, obtém-se

$$S_\alpha^T = S_G^T S_\alpha^G. \tag{4.14}$$

Muito frequentemente a função de transferência do sistema $T(s)$ é uma fração da forma [1]

$$T(s, \alpha) = \frac{N(s, \alpha)}{D(s, \alpha)}, \tag{4.15}$$

na qual α é um parâmetro que pode estar sujeito a variações devidas ao ambiente. Então, pode-se obter a sensibilidade em relação a α reescrevendo-se a Equação (4.11) como

$$S_\alpha^T = \frac{\partial \ln T}{\partial \ln \alpha} = \left.\frac{\partial \ln N}{\partial \ln \alpha}\right|_{\alpha=\alpha_0} - \left.\frac{\partial \ln D}{\partial \ln \alpha}\right|_{\alpha=\alpha_0} = S_\alpha^N - S_\alpha^D, \tag{4.16}$$

na qual α_0 é o valor nominal do parâmetro.

Uma vantagem importante dos sistemas de controle com realimentação é a capacidade de reduzir o efeito da variação de parâmetros de um sistema de controle pelo acréscimo da malha de realimentação. Para se obterem sistemas em malha aberta de elevada exatidão, os componentes do sistema em malha aberta, $G(s)$, devem ser escolhidos cuidadosamente a fim de alcançar as especificações exatas. Contudo, um sistema em malha fechada permite que $G(s)$ seja especificado com menor exatidão, porque a sensibilidade a variações ou erros em $G(s)$ é reduzida pelo ganho em malha aberta $L(s)$. Este benefício dos sistemas em malha fechada é uma profunda vantagem. Um exemplo simples ilustrará o valor da realimentação para reduzir a sensibilidade.

EXEMPLO 4.1 **Amplificador com realimentação**

Um amplificador, usado em várias aplicações, tem um ganho $-K_a$, como mostrado na Figura 4.5(a). A tensão de saída é

$$V_o(s) = -K_a V_{en}(s). \tag{4.17}$$

Frequentemente acrescenta-se a realimentação utilizando-se um potenciômetro R_p, como mostrado na Figura 4.5(b). A função de transferência do amplificador sem realimentação é

$$T(s) = -K_a \tag{4.18}$$

e a sensibilidade a variações no ganho do amplificador é

$$S_{K_a}^T = 1. \tag{4.19}$$

O modelo em diagrama de blocos do amplificador com realimentação é mostrado na Figura 4.6, na qual

$$\beta = \frac{R_2}{R_1} \tag{4.20}$$

e

$$R_p = R_1 + R_2. \tag{4.21}$$

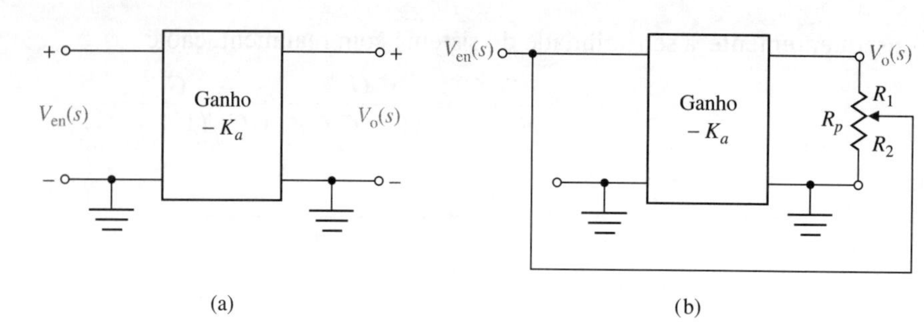

FIGURA 4.5
(a) Amplificador em malha aberta.
(b) Amplificador com realimentação.

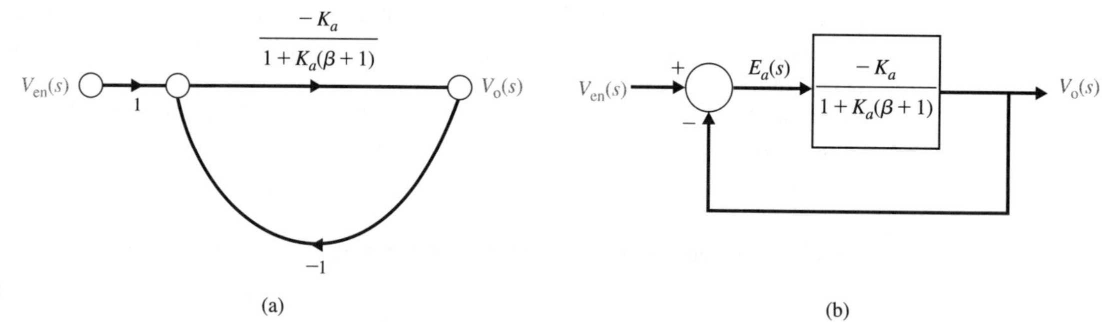

FIGURA 4.6
Modelo de diagrama de blocos do amplificador com realimentação admitindo-se $R_p \gg R_0$ do amplificador.

A função de transferência em malha fechada do amplificador com realimentação é

$$T(s) = \frac{-K_a}{1 + K_a\beta}. \tag{4.22}$$

A sensibilidade do amplificador com realimentação em malha fechada é

$$S_{K_a}^T = S_G^T S_{K_a}^G = \frac{1}{1 + K_a\beta}. \tag{4.23}$$

Se K_a for grande, a sensibilidade será baixa. Por exemplo, se

$$K_a = 10^4 \quad \text{e} \quad \beta = 0{,}1, \tag{4.24}$$

tem-se

$$S_{K_a}^T = \frac{1}{1 + 10^3} \approx \frac{1}{1.000}, \tag{4.25}$$

ou a magnitude é um milésimo da magnitude do amplificador em malha aberta.

Voltaremos ao conceito de sensibilidade em capítulos subsequentes. Estes capítulos enfatizarão a importância da sensibilidade no projeto e na análise de sistemas de controle. ■

4.4 SINAIS DE PERTURBAÇÃO EM UM SISTEMA DE CONTROLE COM REALIMENTAÇÃO

Muitos sistemas de controle estão sujeitos a sinais de perturbação externos que fazem com que o sistema forneça uma saída incorreta. Os amplificadores eletrônicos possuem ruído inerente gerado no interior dos circuitos integrados ou dos transistores; as antenas de radar estão sujeitas a rajadas de vento; e muitos sistemas geram sinais de distorção indesejados por causa de elementos não lineares. Efeito importante da realimentação em um sistema de controle é a eliminação parcial do efeito de sinais de perturbação. Um **sinal de perturbação** é um sinal de entrada indesejado que afeta o sinal de saída. O benefício dos sistemas com realimentação é que os efeitos da distorção, do ruído e de perturbações indesejáveis podem ser reduzidos eficazmente.

Rejeição de Perturbações

Quando $R(s) = N(s) = 0$, segue-se da Equação (4.4) que

$$E(s) = -S(s)G(s)T_P(s) = -\frac{G(s)}{1 + L(s)}T_P(s).$$

Para um $G(s)$ fixo e dada $T_p(s)$, à medida que o ganho em malha aberta $L(s)$ aumenta, o efeito de $T_p(s)$ no erro de rastreamento diminui. Em outras palavras, a função sensibilidade $S(s)$ é pequena quando o ganho em malha aberta é grande. Diz-se que um ganho em malha aberta grande leva a uma boa rejeição de perturbações. Mais precisamente, para uma boa rejeição de perturbações, necessita-se de um ganho em malha aberta grande sobre as frequências de interesse associadas com os sinais de perturbação esperados.

Na prática, os sinais de perturbação são muitas vezes de baixa frequência. Quando este é o caso, diz-se que se deseja que o ganho em malha aberta seja grande em baixas frequências. Isto é equivalente a declarar que se deseja projetar o controlador $G_c(s)$ de modo que a função sensibilidade $S(s)$ seja pequena em baixas frequências.

Como exemplo específico de um sistema com perturbação indesejada, reconsidere o sistema de controle de velocidade de uma laminadora de aço [19]. Os rolos, que processam o aço, estão sujeitos a grandes mudanças de carga ou perturbações. Quando uma barra de aço se aproxima dos rolos (veja a Figura 4.7), os rolos estão vazios. Entretanto, quando a barra se encaixa nos rolos, a carga nos rolos aumenta imediatamente para um valor elevado. Este efeito de mudança de carga pode ser aproximado por uma mudança em degrau do torque de perturbação.

O modelo em função de transferência de um motor CC controlado pela armadura com um torque de perturbação na carga foi determinado no Exemplo 2.5 e é mostrado na Figura 4.8, na qual se admite que L_a é desprezível. Faça $R(s) = 0$ e examine $E(s) = -\omega(s)$, para uma perturbação $T_p(s)$.

A variação na velocidade devida à perturbação na carga é então

$$E(s) = -\omega(s) = \frac{1}{Js + b + K_m K_{ce}/R_a} T_p(s). \tag{4.26}$$

O erro de velocidade em regime estacionário devido ao torque na carga, $T_p(s) = D/s$, é encontrado usando-se o teorema do valor final. Portanto, para o sistema em malha aberta, tem-se

$$\begin{aligned}\lim_{t\to\infty} E(t) &= \lim_{s\to 0} sE(s) = \lim_{s\to 0} s\frac{1}{Js + b + K_m K_{ce}/R_a}\left(\frac{D}{s}\right) \\ &= \frac{D}{b + K_m K_{ce}/R_a} = -\omega_0(\infty).\end{aligned} \tag{4.27}$$

O sistema de controle de velocidade em malha fechada é mostrado na forma de diagrama de blocos na Figura 4.9. O sistema em malha fechada é mostrado na forma de diagrama de fluxo de sinal e de diagrama de blocos na Figura 4.10, na qual $G_1(s) = K_a K_m/R_a$, $G_2(s) = 1/(Js + b)$ e $H(s) = K_t + K_{ce}/K_a$. O erro, $E(s) = -\omega(s)$, do sistema em malha fechada da Figura 4.10 é:

$$E(s) = -\omega(s) = \frac{G_2(s)}{1 + G_1(s)G_2(s)H(s)} T_p(s). \tag{4.28}$$

Então, se $G_1 G_2 H(s)$ for muito maior que 1 sobre a faixa de valores de s, obtém-se o resultado aproximado

$$E(s) \approx \frac{1}{G_1(s)H(s)} T_p(s). \tag{4.29}$$

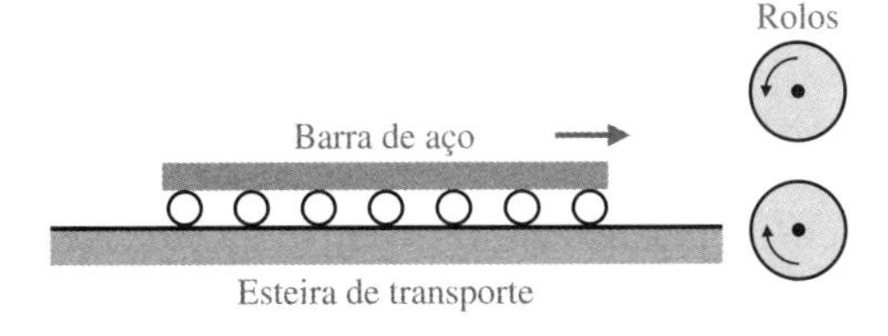

FIGURA 4.7 Laminadora de aço.

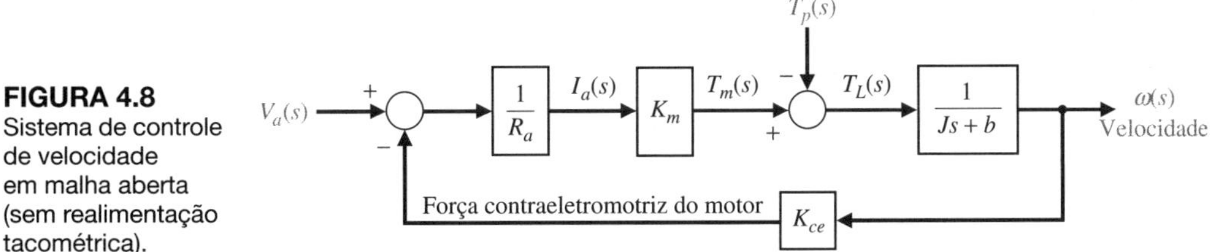

FIGURA 4.8 Sistema de controle de velocidade em malha aberta (sem realimentação tacométrica).

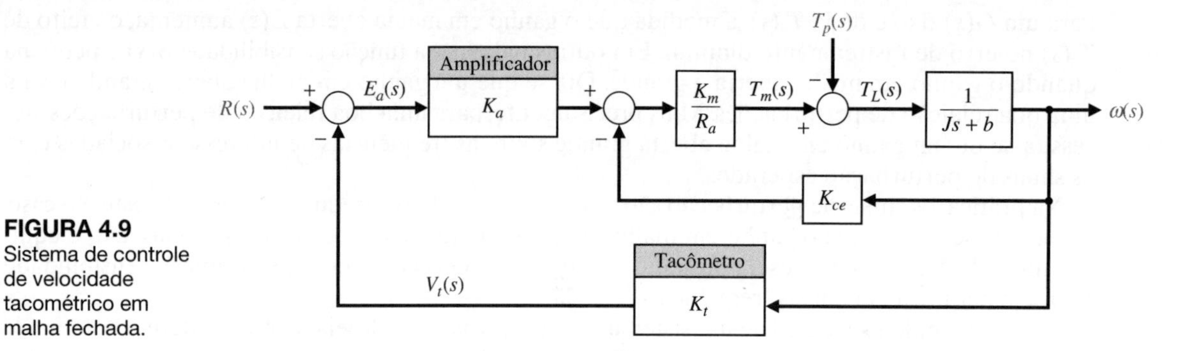

FIGURA 4.9 Sistema de controle de velocidade tacométrico em malha fechada.

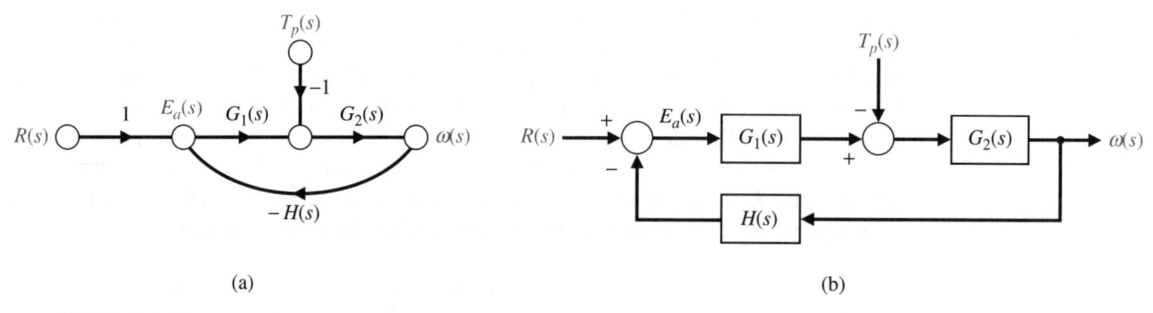

FIGURA 4.10 Sistema em malha fechada. (a) Modelo em diagrama de fluxo de sinal. (b) Modelo em diagrama de blocos.

Consequentemente, se $G_1(s)H(s)$ torna-se suficientemente grande, o efeito da perturbação pode ser reduzido pela realimentação em malha fechada. Observe que

$$G_1(s)H(s) = \frac{K_aK_m}{R_a}\left(K_t + \frac{K_{ce}}{K_a}\right) \approx \frac{K_aK_mK_t}{R_a},$$

uma vez que $K_a \gg K_{ce}$. Desse modo, há esforço para se obter um ganho de amplificador, K_a, grande e minimizar-se R_a. O erro para o sistema mostrado na Figura 4.10 é

$$E(s) = R(s) - \omega(s),$$

e $R(s) = \omega_d(s)$, a velocidade desejada. Assumindo-se $R(s) = 0$, examina-se $\omega(s)$:

$$\omega(s) = \frac{-1}{Js + b + (K_m/R_a)(K_tK_a + K_{ce})}T_P(s). \tag{4.30}$$

A saída em regime estacionário é obtida utilizando-se o teorema do valor final e tem-se

$$\lim_{t\to\infty}\omega(t) = \lim_{s\to 0}(s\omega(s)) = \frac{-1}{b + (K_m/R_a)(K_tK_a + K_{ce})}D; \tag{4.31}$$

quando o ganho do amplificador K_a for suficientemente grande, tem-se

$$\omega(\infty) \approx \frac{-R_a}{K_aK_mK_t}D = \omega_c(\infty). \tag{4.32}$$

A razão entre as velocidades de saída em regime estacionário em malha fechada e em malha aberta devidas a uma perturbação indesejada é

$$\frac{\omega_c(\infty)}{\omega_0(\infty)} = \frac{R_ab + K_mK_{ce}}{K_aK_mK_t} \tag{4.33}$$

e é usualmente menor que 0,02.

Atenuação do Ruído de Medida

Quando $R(s) = T_p(s) = 0$, segue-se da Equação (4.4) que

$$E(s) = C(s)N(s) = \frac{L(s)}{1 + L(s)}N(s).$$

À medida que o ganho em malha aberta $L(s)$ diminui, o efeito de $N(s)$ no erro de rastreamento diminui. Em outras palavras, a função sensibilidade complementar $C(s)$ é pequena quando o ganho em malha aberta $L(s)$ é pequeno. Se $G_c(s)$ for projetado de modo que $L(s) \ll 1$, então o ruído será atenuado porque

$$C(s) \approx L(s).$$

Nota-se que um ganho em malha aberta pequeno leva a uma boa atenuação do ruído. Mais precisamente, para uma atenuação do ruído de medida efetiva, necessita-se de um ganho em malha aberta pequeno sobre as frequências associadas com os sinais de ruído esperados.

Na prática, sinais de ruído de medida são muitas vezes de alta frequência. Desse modo, deseja-se que o ganho em malha aberta seja pequeno em altas frequências. Isto é equivalente a uma função sensibilidade complementar pequena em altas frequências. A separação de perturbações (em baixas frequências) e ruído de medida (em altas frequências) é muito afortunada porque ela concede ao projetista de sistema de controle uma maneira para abordar o processo de projeto: o controlador deve ter ganho grande em baixas frequências e ganho pequeno em altas frequências. Lembrando que por pequeno e grande quer se dizer que a magnitude do ganho em malha aberta é pequena/grande nas várias frequências altas/baixas. Não é sempre o caso em que as perturbações são de baixa frequência ou que o ruído de medida é de alta frequência. Se a separação em frequência não existir, o processo de projeto usualmente ficará mais complicado (por exemplo, pode ser necessário o uso de filtros *notch* para rejeitar perturbações em altas frequências conhecidas). Um sinal de ruído predominante em muitos sistemas é o ruído gerado pelo sensor de medida. Este ruído $N(s)$ pode ser representado como mostrado na Figura 4.4. O efeito do ruído na saída é

$$Y(s) = \frac{-G_c(s)G(s)}{1 + G_c(s)G(s)}N(s), \tag{4.34}$$

que é aproximadamente

$$Y(s) \simeq -N(s), \tag{4.35}$$

para um ganho em malha aberta $L(s) = G_c(s)G(s)$ grande. Isto é consistente com a discussão anterior de que um ganho de malha aberta pequeno leva a uma atenuação do ruído de medida. Claramente, o projetista precisa configurar de maneira apropriada o ganho de malha aberta.

A equivalência da sensibilidade, S_G^T, e da resposta do erro de rastreamento do sistema em malha fechada a uma entrada de referência pode ser ilustrada considerando-se a Figura 4.4. A sensibilidade do sistema a $G(s)$ é

$$S_G^T = \frac{1}{1 + G_c(s)G(s)} = \frac{1}{1 + L(s)}. \tag{4.36}$$

O efeito da referência no erro de rastreamento (com $T_p(s) = 0$ e $N(s) = 0$) é

$$\frac{E(s)}{R(s)} = \frac{1}{1 + G_c(s)G(s)} = \frac{1}{1 + L(s)}. \tag{4.37}$$

Em ambos os casos, verifica-se que os efeitos indesejáveis podem ser suavizados aumentando-se o ganho de malha aberta. A realimentação em sistemas de controle fundamentalmente reduz a sensibilidade do sistema a variações de parâmetros e o efeito das entradas de perturbação. Observe-se que as medidas tomadas para reduzir os efeitos de variações nos parâmetros ou perturbações são equivalentes, e afortunadamente eles são reduzidos ao mesmo tempo. Como uma ilustração final, considera-se o efeito do ruído no erro de rastreamento:

$$\frac{E(s)}{T_p(s)} = \frac{G_c(s)G(s)}{1 + G_c(s)G(s)} = \frac{L(s)}{1 + L(s)}. \tag{4.38}$$

Verifica-se que os efeitos indesejáveis do ruído de medida podem ser suavizados diminuindo-se o ganho em malha aberta. Tendo-se em mente a relação

$$S(s) + C(s) = 1,$$

a solução de compromisso no processo de projeto é evidente.

4.5 CONTROLE DA RESPOSTA TRANSITÓRIA

Uma das características mais importantes dos sistemas de controle é sua resposta transitória. A **resposta transitória** é a resposta de um sistema como função do tempo antes do regime estacionário. Uma vez que o propósito dos sistemas de controle é fornecer uma resposta desejada, a resposta transitória de sistemas de controle frequentemente deve ser ajustada até que seja satisfatória. Se um sistema de controle em malha aberta não fornecer uma resposta satisfatória, então a função de transferência em cascata $G_c(s)G(s)$ deve ser ajustada. Para tornar este conceito mais compreensível, considere um sistema de controle específico, o qual possa ser operado em malha aberta ou em malha fechada. Um sistema de controle de velocidade, como mostrado na Figura 4.11, é frequentemente utilizado em processos industriais para movimentar materiais e produtos. A função de transferência do sistema em malha aberta (sem realimentação) é dada por

$$\frac{\omega(s)}{V_a(s)} = G(s) = \frac{K_1}{\tau_1 s + 1}, \tag{4.39}$$

em que

$$K_1 = \frac{K_m}{R_a b + K_{ce}K_m} \quad \text{e} \quad \tau_1 = \frac{R_a J}{R_a b + K_{ce}K_m}.$$

No caso de uma laminadora de aço, a inércia dos rolos é relativamente grande e um motor de grande porte controlado pela armadura é necessário. Se os rolos de aço forem submetidos a um comando em degrau para mudança de velocidade de

$$R(s) = \frac{k_2 E}{s}, \tag{4.40}$$

a resposta na saída do sistema controle em malha aberta mostrada na Figura 4.12(a) é

$$\omega(s) = K_a G(s) R(s). \tag{4.41}$$

A mudança de velocidade transitória é então

$$\omega(t) = K_a K_1 (k_2 E)(1 - e^{-t/\tau_1}). \tag{4.42}$$

Se esta resposta transitória é muito lenta, precisa-se escolher outro motor com uma constante de tempo τ_1 diferente, se possível. Contudo, como τ_1 é dominada pela inércia da carga, J, pode não ser possível conseguir uma grande alteração da resposta transitória.

Um sistema de controle de velocidade em malha fechada é facilmente obtido utilizando-se um tacômetro para gerar tensão proporcional à velocidade, como mostrado na Figura 4.12(b). Esta tensão é subtraída da tensão do potenciômetro e amplificada como mostrado na Figura 4.12. A função de transferência em malha fechada é

$$\frac{\omega(s)}{R(s)} = \frac{K_a G(s)}{1 + K_a K_t G(s)} = \frac{K_a K_1/\tau_1}{s + (1 + K_a K_t K_1)/\tau_1}. \tag{4.43}$$

O ganho do amplificador, K_a, pode ser ajustado para satisfazer as especificações da resposta transitória requeridas. Além disso, a constante de ganho do tacômetro, K_t, pode ser alterada, se necessário.

A resposta transitória a uma mudança em degrau no comando de entrada é então

$$\omega(t) = \frac{K_a K_1}{1 + K_a K_t K_1}(k_2 E)(1 - e^{-pt}), \tag{4.44}$$

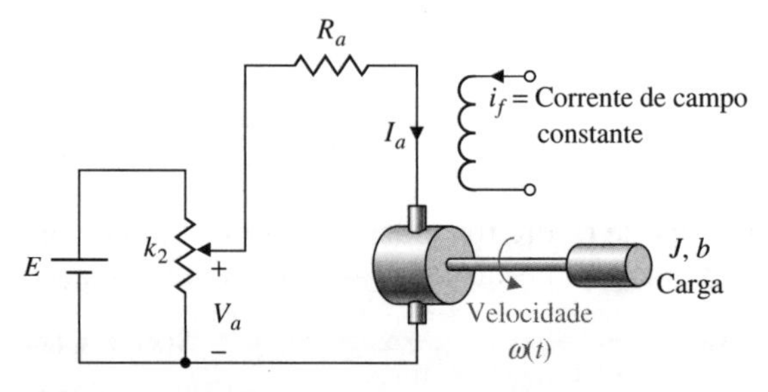

FIGURA 4.11 Sistema de controle de velocidade em malha aberta (sem realimentação).

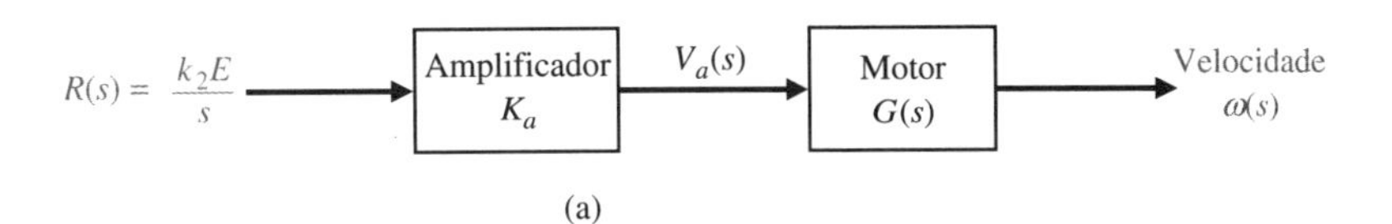

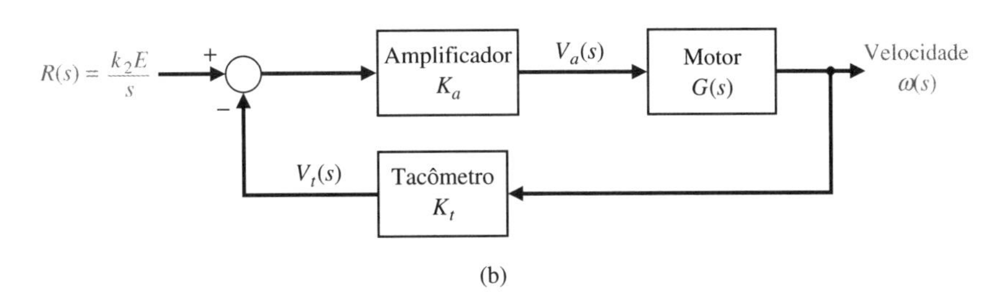

FIGURA 4.12 (a) Sistema de controle de velocidade em malha aberta. (b) Sistema de controle de velocidade em malha fechada.

na qual $p = (1 + K_aK_tK_1)/\tau_1$. Como se supõe que a inércia da carga é muito grande, altera-se a resposta aumentando-se K_a. Então, tem-se a resposta aproximada

$$\omega(t) \approx \frac{1}{K_t}(k_2E)\left[1 - \exp\left(\frac{-(K_aK_tK_1)t}{\tau_1}\right)\right]. \tag{4.45}$$

Para uma aplicação típica, o polo em malha aberta poderia ser $1/\tau_1 = 0{,}10$, enquanto o polo em malha fechada poderia ser pelo menos $(K_aK_tK_1)/\tau_1 = 10$, um fator de cem na melhoria da velocidade de resposta. Para se alcançar o ganho $K_aK_tK_1$, o ganho do amplificador K_a deve ser razoavelmente grande e o sinal de tensão da armadura para o motor e seu sinal de torque associado deverão ser maiores para a operação em malha fechada do que para a operação em malha aberta. Portanto, um motor de potência mais elevada será necessário para evitar-se a saturação do motor. As respostas dos sistemas em malha fechada e em malha aberta são mostradas na Figura 4.13. Observe a resposta rápida do sistema em malha fechada com relação ao sistema em malha aberta.

Enquanto se considera este sistema de controle de velocidade, será pertinente determinar a sensibilidade dos sistemas em malha aberta e em malha fechada. Como antes, a sensibilidade do sistema em malha aberta a uma variação na constante do motor ou a uma variação na constante do potenciômetro k_2 é unitária. A sensibilidade do sistema em malha fechada a uma variação em K_m é

$$S_{K_m}^T = S_G^T S_{K_m}^G \approx \frac{[s + (1/\tau_1)]}{s + (K_aK_tK_1 + 1)/\tau_1}.$$

Usando os valores típicos fornecidos no parágrafo anterior, tem-se

$$S_{K_m}^T \approx \frac{(s + 0{,}10)}{s + 10}.$$

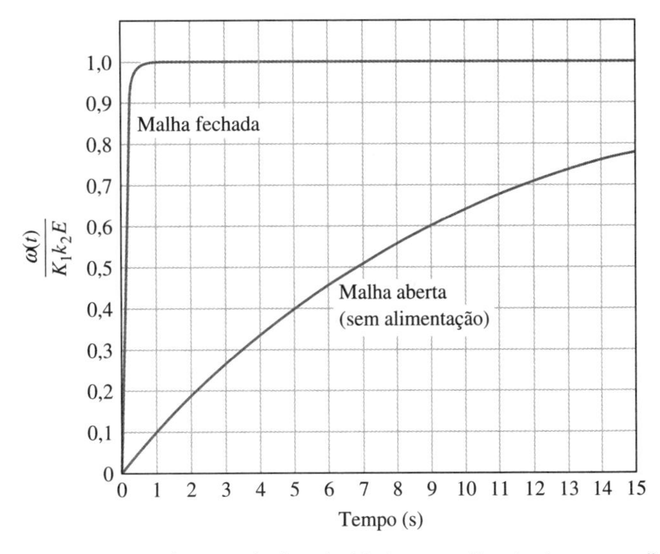

FIGURA 4.13 Resposta dos sistemas de controle de velocidade em malha aberta e em malha fechada quando $\tau = 10$ e $K_1K_aK_t = 100$. O tempo para que a saída atinja 98% do valor final para o sistema em malha aberta e em malha fechada é de 40 segundos e 0,4 segundo, respectivamente.

Constata-se que a sensibilidade é uma função de s e deve ser calculada para diversos valores de frequência. Este tipo de análise em frequência é direto, mas será protelado até um capítulo mais adiante. Contudo, percebe-se claramente que em uma frequência baixa específica – por exemplo, $s = j\omega = j1$ – a magnitude da sensibilidade é aproximadamente $|S^T_{K_m}| \cong 0{,}1$.

4.6 ERRO EM REGIME ESTACIONÁRIO

Um sistema de controle com realimentação dá ao engenheiro a capacidade de ajustar a resposta transitória. Além disso, como foi visto, a sensibilidade do sistema e o efeito de perturbações podem ser reduzidos significativamente. Entretanto, como requisito adicional, deve-se examinar e comparar o erro final em regime estacionário para um sistema em malha aberta e um sistema em malha fechada. O **erro em regime estacionário** é o erro depois que a resposta transitória decai deixando apenas a resposta contínua.

O erro do sistema em malha aberta mostrado na Figura 4.3 é

$$E_0(s) = R(s) - Y(s) = (1 - G_c(s)G(s))R(s), \tag{4.46}$$

quando $T_p(s) = 0$. A Figura 4.4 mostra o sistema em malha fechada. Quando $T_p(s) = 0$, $N(s) = 0$ e faz-se $H(s) = 1$, o erro de rastreamento é dado por

$$\boxed{E_c(s) = \frac{1}{1 + G_c(s)G(s)}R(s).} \tag{4.47}$$

Para calcular o erro em regime estacionário, utiliza-se o teorema do valor final

$$\lim_{t\to\infty} e(t) = \lim_{s\to 0} sE(s). \tag{4.48}$$

Portanto, usando uma entrada em degrau unitário como entrada de comparação, obtém-se para o sistema em malha aberta

$$\begin{aligned} e_o(\infty) &= \lim_{s\to 0} s(1 - G_c(s)G(s))\left(\frac{1}{s}\right) = \lim_{s\to 0}(1 - G_c(s)G(s)) \\ &= 1 - G_c(0)G(0). \end{aligned} \tag{4.49}$$

Para o sistema a malha fechada, tem-se

$$e_c(\infty) = \lim_{s\to 0} s\left(\frac{1}{1 + G_c(s)G(s)}\right)\left(\frac{1}{s}\right) = \frac{1}{1 + G_c(0)G(0)}. \tag{4.50}$$

O valor de $G_c(s)G(s)$ quando $s = 0$ é frequentemente chamado de ganho estático* e é normalmente maior que um. Consequentemente, o sistema em malha aberta usualmente apresentará um erro em regime estacionário de magnitude significativa. Em contraste, o sistema em malha fechada com ganho estático em malha $L(0) = G_c(0)G(0)$ razoavelmente elevado terá um erro em regime estacionário pequeno.

Examinando a Equação (4.49), observa-se que o sistema de controle em malha aberta pode apresentar erro em regime estacionário nulo pelo simples ajuste e calibração do ganho estático do sistema $G_c(0)G(0)$, de modo que $G_c(0)G(0) = 1$. Em consequência, pode-se perguntar logicamente: qual a vantagem do sistema em malha fechada neste caso? Para responder essa questão, retorna-se ao conceito de sensibilidade do sistema a incerteza nos parâmetros de $G(s)$ e a variação destes parâmetros no tempo. No sistema em malha aberta, pode-se calibrar o sistema de modo que $G_c(0)G(0) = 1$, mas durante a operação do sistema é inevitável que os parâmetros de $G(s)$ mudem de valor devido a mudanças no ambiente e que o ganho estático do sistema deixe de ser igual a 1. Por ser um sistema em malha aberta, o erro em regime estacionário não será nulo. Em contraste, o sistema em malha fechada com realimentação monitora continuamente o erro em regime estacionário e fornece um sinal de atuação para reduzir o erro em regime estacionário. Uma vez que os sistemas são suscetíveis a desvios dos parâmetros, efeitos do ambiente e erros de calibração, a realimentação negativa fornece benefícios.

A vantagem do sistema em malha fechada é que ele reduz o erro em regime estacionário resultante de variações dos parâmetros e de erros de calibração. Isso pode ser ilustrado por meio de um exemplo. Considere um sistema com realimentação unitária com função de transferência do processo e controlador, respectivamente.

$$G(s) = \frac{K}{\tau s + 1} \quad \text{e} \quad G_c(s) = \frac{K_a}{\tau_1 s + 1}. \tag{4.51}$$

Tal sistema poderia representar um processo de controle térmico, um regulador de tensão ou um processo de controle de nível de água. Para um ajuste específico da variável de entrada desejada, que pode ser representado pela função normalizada de entrada em degrau unitário, tem-se $R(s) = 1/s$. Então, o erro em regime estacionário do sistema em malha aberta é, como na Equação (4.49),

$$e_0(\infty) = 1 - G_c(0)G(0) = 1 - KK_a \tag{4.52}$$

quando um conjunto consistente de unidades dimensionais é utilizado para $R(s)$ e KK_a. O erro do sistema em malha fechada é

$$E_c(s) = R(s) - T(s)R(s)$$

na qual $T(s) = G_c(s)G(s)/(1 + G_c(s)G(s))$. O erro em regime estacionário é

$$e_c(\infty) = \lim_{s \to 0} s\{1 - T(s)\}\frac{1}{s} = 1 - T(0).$$

Então, tem-se

$$e_c(\infty) = 1 - \frac{KK_a}{1 + KK_a} = \frac{1}{1 + KK_a}. \tag{4.53}$$

Para o sistema em malha aberta, poder-se-ia calibrar o sistema de modo que $KK_a = 1$ e o erro em regime estacionário seria nulo. Para o sistema em malha fechada, poder-se-ia definir um valor elevado para o ganho KK_a. Se $KK_a = 100$, o erro em regime permanente do sistema em malha fechada seria $e_f(\infty) = 1/101$.

Se a calibração do ajuste de ganho se desvia ou se modifica por $\Delta K/K = 0{,}1$ (uma variação de 10%), o erro em regime estacionário em malha aberta é $|\Delta e_a(\infty)| = 0{,}1$. Então, a variação percentual a partir do ajuste da calibração é

$$\frac{|\Delta e_a(\infty)|}{|r(t)|} = \frac{0{,}10}{1}, \tag{4.54}$$

ou 10%. Em contraste, o erro em regime estacionário do sistema em malha fechada, com $\Delta K/K = 0{,}1$, será $e_f(\infty) = 1/91$ se o ganho diminuir. Assim, a alteração é

$$\Delta e_f(\infty) = \frac{1}{101} - \frac{1}{91} \tag{4.55}$$

e a variação relativa é

$$\frac{\Delta e_f(\infty)}{|r(t)|} = 0{,}0011, \tag{4.56}$$

ou 0,11%. Isto é uma melhora significativa, uma vez que a variação relativa em malha fechada é duas ordens de grandeza menor que a variação relativa do sistema em malha aberta.

4.7 CUSTO DA REALIMENTAÇÃO

As vantagens de se usar controle com realimentação trazem consigo um custo associado. O primeiro custo da realimentação é aumento no número de **componentes** e na **complexidade** do sistema. Para adicionar a realimentação, é necessário considerar vários componentes de realimentação; o componente de medição (sensor) é o elemento-chave. O sensor é frequentemente o componente mais caro em um sistema de controle. Além disso, o sensor introduz ruído no sistema.

O segundo custo da realimentação é a **perda de ganho**. Por exemplo, em um sistema em malha única, o ganho em malha aberta é $G_c(s)G(s)$ e é reduzido para $G_c(s)G(s)/(1 + G_c(s)G(s))$ em um sistema com realimentação unitária negativa. O ganho em malha fechada é menor por um fator de $1/(1 + G_c(s)G(s))$, o qual é exatamente o fator que reduz a sensibilidade do sistema a variações de parâmetros e a perturbações. Normalmente, tem-se ganho em malha aberta adicional disponível e se está mais do que disposto a trocá-lo por maior controle da resposta do sistema.

O custo final da realimentação é a introdução da possibilidade de **instabilidade**. Mesmo quando o sistema em malha aberta é estável, o sistema em malha fechada pode não ser sempre estável.

A adição de realimentação a sistemas dinâmicos origina mais desafios para o projetista. Contudo, na maioria dos casos, as vantagens excedem muito as desvantagens, e um sistema com realimentação é desejável. Portanto, é necessário considerar a complexidade adicional e o problema da estabilidade quando se projeta um sistema de controle.

Deseja-se que a saída do sistema, $Y(s)$, seja igual à entrada, $R(s)$. Pode-se perguntar: por que não ajustar $G_c(s)G(s) = 1$? (Veja a Figura 4.3, admitindo que $T_p(s) = 0$.) Em outras palavras, por que não deixar $G_c(s)$ ser o inverso do processo $G(s)$? A resposta para esta pergunta se evidencia quando lembramos que o processo $G(s)$ representa um processo real e possui dinâmica que pode não aparecer diretamente no modelo em função da transferência. Adicionalmente, o parâmetro em $G(s)$ pode ser incerto ou variar com o tempo. Portanto, não se pode ajustar $G_c(s)G(s) = 1$ perfeitamente na prática. Há ainda outros problemas que surgem, então não é aconselhável projetar um sistema de controle desta maneira.

4.8 EXEMPLOS DE PROJETO

Nesta seção, são apresentados dois exemplos ilustrativos: a máquina de perfuração do Canal da Mancha e o problema de controle da pressão sanguínea durante a anestesia. O exemplo da máquina de perfuração do Canal da Mancha foca-se na resposta a perturbações do sistema em malha fechada. O exemplo sobre controle de pressão sanguínea é um exame em maior profundidade do problema de projeto de controle. Uma vez que modelos de pacientes na forma de funções de transferência são difíceis de se obter a partir de princípios físicos e biológicos básicos, uma abordagem diferente utilizando dados medidos é examinada. O impacto positivo do controle com realimentação em malha fechada é ilustrado no contexto do projeto.

EXEMPLO 4.2 **Máquinas de perfuração do Canal da Mancha**

O túnel sob o Canal da Mancha da França até a Grã-Bretanha tem 38 quilômetros de extensão e foi perfurado 76 metros abaixo do nível do mar em seu ponto mais baixo. O túnel é uma ligação crítica entre a Europa e a Grã-Bretanha, possibilitando viajar de Londres a Paris em 2 horas e 15 minutos usando a ligação férrea do túnel do canal – *Channel Tunnel Rail Link* (conhecido como *High Speed* 1).

As máquinas, operando a partir de ambas as extremidades do canal, perfuraram em direção ao centro. Para unirem-se corretamente no meio do canal, um sistema de orientação a *laser* manteve as máquinas precisamente alinhadas. Um modelo do controle da máquina de perfuração é mostrado na Figura 4.14, no qual $Y(s)$ é o ângulo real da direção de deslocamento da máquina de perfuração e $R(s)$ é o ângulo desejado. O efeito de carga sobre a máquina é representado pela perturbação, $T_p(s)$.

O objetivo do projeto é escolher o ganho K de modo que a resposta a mudanças no ângulo de entrada seja adequada, enquanto mantém-se erro mínimo devido a perturbações. A saída decorrente das duas entradas é

$$Y(s) = \frac{K + 11s}{s^2 + 12s + K}R(s) + \frac{1}{s^2 + 12s + K}T_p(s). \tag{4.57}$$

Desse modo, para reduzir o efeito da perturbação, deseja-se ajustar o ganho para um valor maior que 10. Quando se escolhe $K = 100$ e se faz com que a perturbação seja nula, tem-se a resposta ao degrau para uma entrada em degrau unitário $r(t)$ como mostrada na Figura 4.15. Quando a entrada é $r(t) = 0$ e determina-se a resposta a uma perturbação em degrau unitário, obtém-se $y(t)$, como mostrado na Figura 4.15. O efeito da perturbação é bastante pequeno. Se o ganho K for ajustado como igual a 20, obtêm-se as respostas de $y(t)$ devido a uma entrada em degrau unitário $r(t)$ e devido a uma perturbação em degrau unitário $T_p(t)$ exibidas juntas na Figura 4.16. Quando $K = 100$, a máxima ultrapassagem percentual é 22% e o tempo de estabelecimento é 0,7 *s*. Quando $K = 20$, a máxima ultrapassagem percentual é 3,9% e o tempo de acomodação é 0,9 *s*.

O erro em regime estacionário do sistema para uma entrada em degrau unitário $R(s) = 1/s$ é

$$\lim_{t\to\infty} e(t) = \lim_{s\to 0} s \frac{1}{1 + \dfrac{K + 11s}{s(s+1)}\left(\dfrac{1}{s}\right)} = 0. \tag{4.58}$$

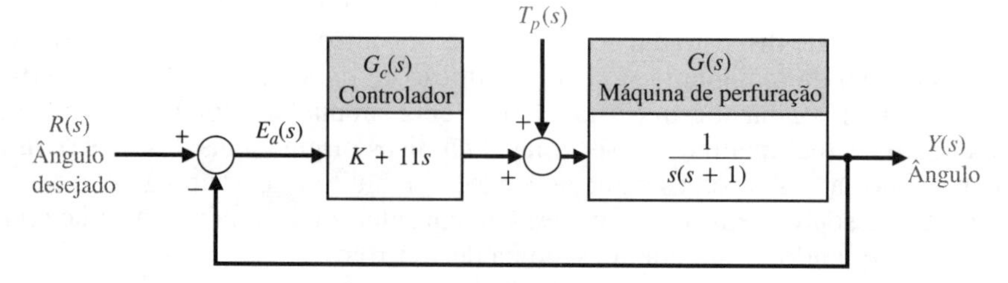

FIGURA 4.14 Modelo em diagrama de blocos de um sistema de controle de máquina de perfuração.

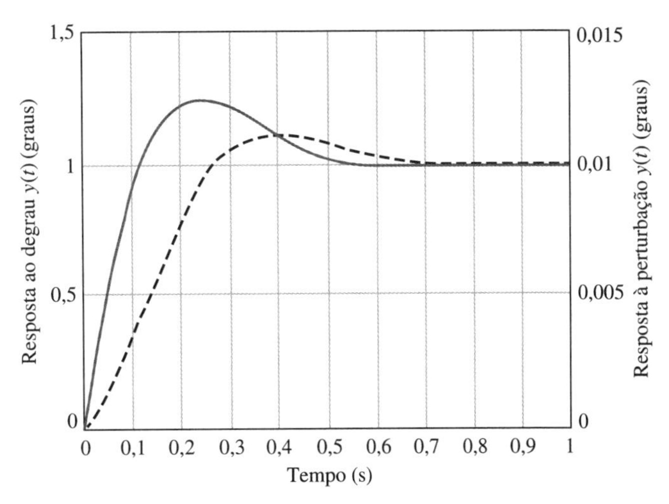

FIGURA 4.15 Resposta $y(t)$ a uma entrada degrau unitário (linha sólida) e a uma perturbação degrau unitário (linha tracejada) com $T_p(s) = 1/s$ para $K = 100$.

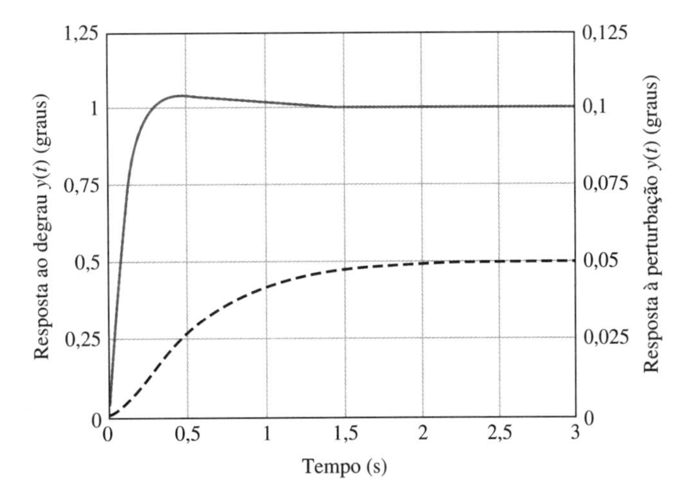

FIGURA 4.16 Resposta $y(t)$ a uma entrada degrau unitário (linha sólida) e a uma perturbação degrau unitário (linha tracejada) para $K = 20$.

O valor em regime estacionário de $y(t)$ quando a perturbação é um degrau unitário, $T_p(s) = 1/s$, e o valor desejado é $r(t) = 0$ é

$$\lim_{t\to\infty} y(t) = \lim_{s\to 0}\left[\frac{1}{s(s+12)+K}\right] = \frac{1}{K}. \tag{4.59}$$

Desse modo, o valor em regime estacionário é 0,01 e 0,05 para $K = 100$ e 20, respectivamente.

Finalmente, examina-se a sensibilidade do sistema a uma mudança no processo $G(s)$ usando-se a Equação (4.12). Então,

$$S_G^T = \frac{s(s+1)}{s(s+12)+K}. \tag{4.60}$$

Para baixas frequências ($|s| < 1$), a sensibilidade pode ser aproximada por

$$S_G^T \simeq \frac{s}{K}, \tag{4.61}$$

na qual $K \geq 20$. Desse modo, a sensibilidade do sistema é reduzida aumentando-se o ganho K. Neste caso, escolhe-se $K = 20$ para um compromisso de projeto aceitável. ■

EXEMPLO 4.3 **Controle da pressão sanguínea durante a anestesia**

Os objetivos da anestesia são eliminar a dor, a consciência e os reflexos naturais de modo que a cirurgia possa ser conduzida com segurança. No passado, cerca de 150 anos atrás, álcool, ópio e *cannabis* eram usados para alcançar estes objetivos, mas se provaram inadequados [23]. O alívio da dor era insuficiente tanto em magnitude quanto em duração; pouca medicação contra a dor e o paciente sentia muita dor, medicação excessiva e o paciente morria ou entrava em coma. Na década de 1850, o éter foi usado com sucesso nos Estados Unidos na extração de dentes e pouco tempo depois outros meios de alcançar a inconsciência de maneira segura foram desenvolvidos, incluindo o uso de clorofórmio e de óxido nitroso.

Em uma sala de cirurgia moderna, o nível de anestesia é de responsabilidade do anestesista. Vários parâmetros vitais, como pressão sanguínea, ritmo cardíaco, temperatura, oxigenação do sangue e exalação de dióxido de carbono, são controlados dentro de limites aceitáveis pelo anestesista. Naturalmente, para garantir a segurança do paciente, uma anestesia adequada deve ser mantida durante todo o procedimento cirúrgico. Qualquer auxílio que o anestesista possa obter automaticamente aumentará as margens de segurança, por liberar o anestesista para dedicar-se a outras funções não facilmente automatizáveis. Este é um exemplo de interação entre ser humano e computador para o controle geral do processo. Claramente a segurança do paciente é o objetivo fundamental. O objetivo de controle então é desenvolver um sistema automático para regular o nível de anestesia. Esta função é acessível ao controle automático e, de fato, é usada rotineiramente em aplicações clínicas [24, 25].

Considera-se como medir o nível de anestesia. Muitos anestesistas apontam a pressão arterial média (PAM) como a medida mais confiável do nível de anestesia [26]. O nível da PAM serve como guia para a administração de anestesia via inalação. Baseando-se em experiência clínica e nos procedimentos seguidos por anestesistas, determina-se que a variável a ser controlada é a pressão arterial média.

Os elementos do processo de projeto de sistema de controle enfatizados neste exemplo são ilustrados na Figura 4.17. Da perspectiva de projeto de sistema de controle, o objetivo de controle pode ser especificado em termos mais concretos:

Objetivo de Controle

Regular a pressão arterial média em qualquer ponto de operação desejado e manter o ponto de operação determinado na presença de perturbações indesejadas.

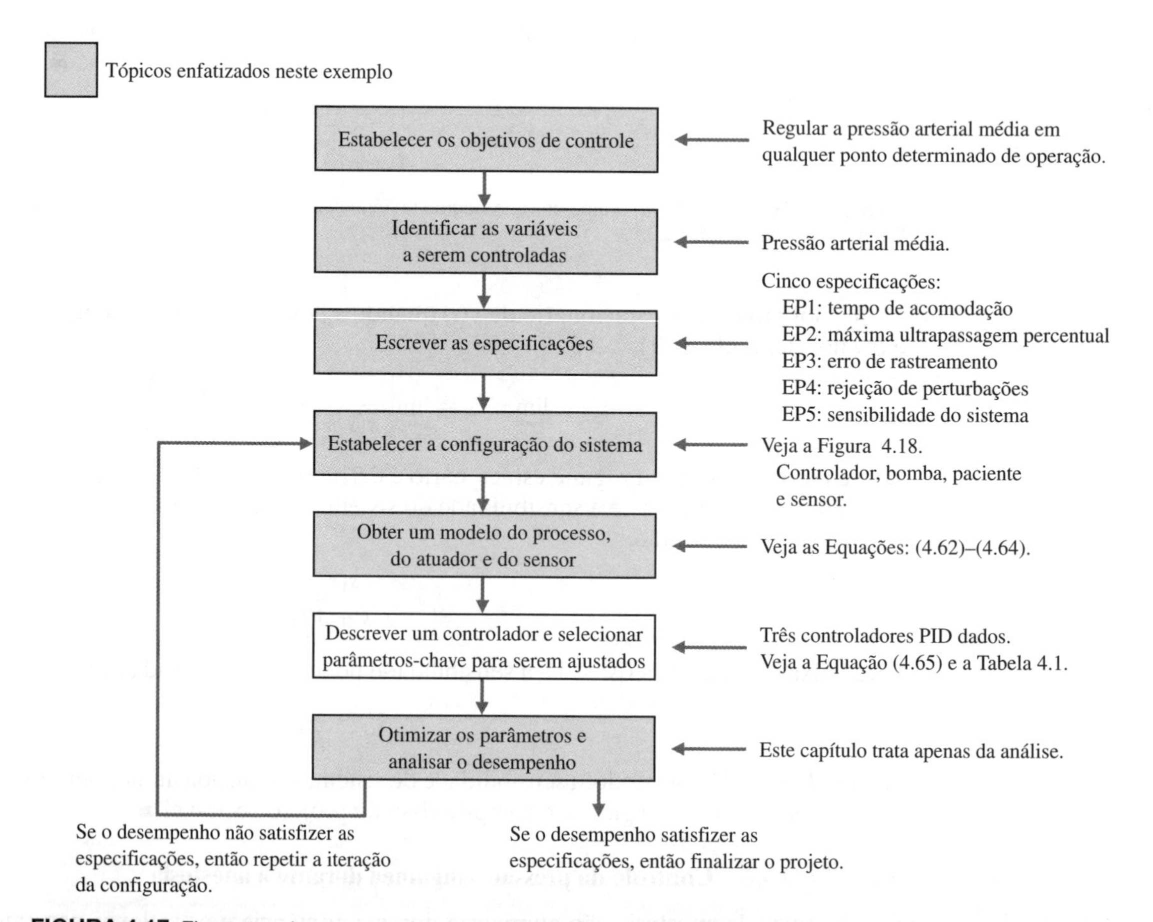

FIGURA 4.17 Elementos do processo de projeto de sistemas de controle enfatizados no exemplo de controle de pressão sanguínea.

Associada ao objetivo de controle especificado, identifica-se a variável a ser controlada:

Variável a Ser Controlada

Pressão arterial média (PAM).

Uma vez que é desejável desenvolver um sistema que será usado em aplicações clínicas, é essencial estabelecer especificações de projeto realistas. Em termos gerais, o sistema de controle deve ter complexidade mínima enquanto satisfaz as especificações de controle. Complexidade mínima se traduz em aumento da confiabilidade do sistema e diminuição do custo.

O sistema em malha fechada deve responder rápida e suavemente a mudanças no ponto de operação da PAM (realizadas pelo anestesista) sem ultrapassagem excessiva. O sistema em malha fechada deve minimizar os efeitos de perturbações indesejadas. Existem duas categorias importantes de perturbações: perturbações cirúrgicas, como incisões cutâneas, e erros de medição, como erros de calibração e ruído estocástico. Por exemplo, uma incisão cutânea pode aumentar a PAM rapidamente em 10 mmHg [26]. Finalmente, uma vez que se deseja utilizar o mesmo sistema de controle para muitos pacientes diferentes e não se pode ter um modelo separado para cada paciente (por motivos práticos), deve-se ter um sistema em malha fechada que seja insensível a variações nos parâmetros do processo (isto é, ele deve atender às especificações para muitas pessoas diferentes).

Baseando-se em experiência clínica [24], pode-se explicitamente declarar as especificações de controle como a seguir:

Especificações de Projeto de Controle

EP1 Tempo de acomodação menor que 20 minutos para uma variação em degrau de 10% a partir do ponto de operação da PAM.

EP2 Máxima ultrapassagem percentual menor que 15% para uma variação em degrau de 10% a partir do ponto de operação da PAM.

EP3 Erro de rastreamento em regime estacionário nulo para uma variação em degrau a partir do ponto de operação da PAM.

EP4 Erro em regime nulo para uma entrada de perturbação cirúrgica em degrau (de magnitude $|p(t)| \leq 50$) com resposta máxima dentro de uma faixa de $\pm 5\%$ do ponto de operação da PAM.

EP5 Sensibilidade mínima a variações nos parâmetros do processo.

Cobrem-se as noções de máxima ultrapassagem percentual (EP1) e tempo de acomodação (EP2) mais completamente no Capítulo 5. Elas se enquadram mais naturalmente na categoria de desempenho do sistema. As três especificações de projeto restantes, EP3 a EP5, envolvendo erro de rastreamento em regime estacionário (EP3), rejeição de perturbações (EP4) e sensibilidade do sistema a variações em parâmetros (EP5), são os tópicos principais deste capítulo. A última especificação, EP5, é um tanto vaga; entretanto, esta é uma característica de muitas especificações do mundo real. Na configuração do sistema, Figura 4.18, identificam-se os elementos principais do sistema como controlador, bomba/vaporizador de anestesia, sensor e paciente.

A entrada do sistema $R(s)$ é a alteração desejada na pressão arterial média, e a saída $Y(s)$ é a alteração real na pressão. A diferença entre a alteração desejada e a alteração medida na pressão sanguínea forma um sinal usado pelo controlador para determinar valores de ajuste para a bomba/vaporizador que administra gás anestésico ao paciente.

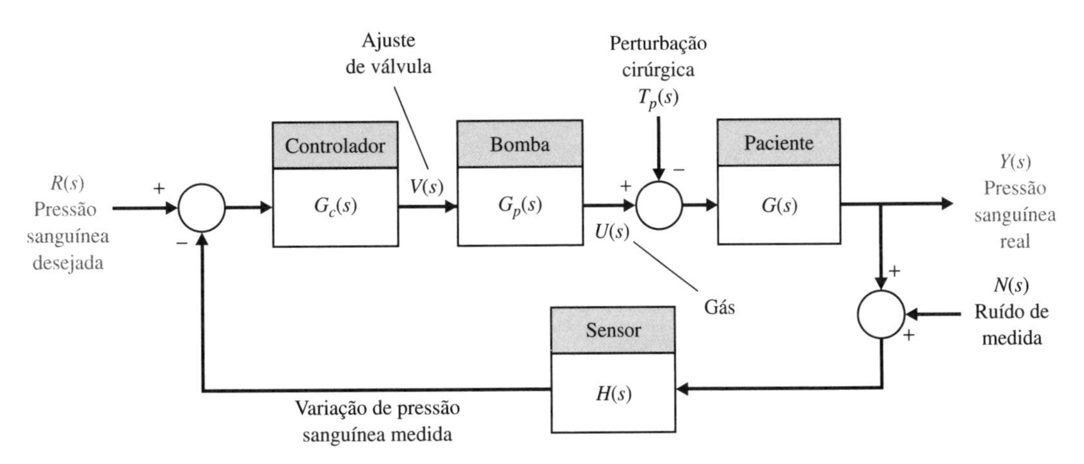

FIGURA 4.18 Configuração do sistema de controle de pressão sanguínea.

O modelo da bomba/vaporizador depende diretamente do projeto mecânico. Admite-se uma bomba/vaporizador simples, na qual a taxa de variação do gás na saída é igual ao ajuste da válvula de entrada, ou

$$\dot{u}(t) = v(t).$$

A função de transferência da bomba é, portanto, dada por

$$G_b(s) = \frac{U(s)}{V(s)} = \frac{1}{s}. \tag{4.62}$$

Isto é equivalente a dizer que, de uma perspectiva de entrada/saída, a bomba tem a resposta ao impulso

$$h(t) = 1 \qquad t \geq 0.$$

Desenvolver um modelo exato de paciente é muito mais complicado. Uma vez que os sistemas fisiológicos do paciente (especialmente em um paciente doente) não são facilmente modelados, um procedimento de modelagem baseado no conhecimento do processo físico subjacente não é praticável. Mesmo se tal modelo pudesse ser desenvolvido, ele seria, em geral, um modelo não linear, variante no tempo, com múltiplas entradas e múltiplas saídas. Este tipo de modelo não é diretamente aplicável aqui no cenário de sistemas lineares, invariantes no tempo e de entrada e saída únicas.

Por outro lado, quando se encara o paciente como um sistema e adota-se uma perspectiva entrada/saída, pode-se usar o conceito familiar da resposta ao impulso. Então, restringindo-se a pequenas variações na pressão sanguínea a partir de um determinado ponto de operação (como 100 mmHg), pode-se argumentar que em uma pequena região em torno do ponto de operação o paciente se comporta de forma linear e invariante no tempo. Esta abordagem se ajusta bem ao requisito de manter-se a pressão sanguínea em torno de um determinado ponto de operação (ou valor de referência). A abordagem da resposta ao impulso para modelar a resposta do paciente à anestesia foi usada com sucesso no passado [27].

Admita que se adote uma abordagem caixa-preta e obtenha-se a resposta ao impulso da Figura 4.19 para um paciente hipotético. Observe que a resposta ao impulso inicialmente tem um retardo no tempo. Isso reflete o fato de que se leva um intervalo finito de tempo para que a PAM do paciente responda à infusão do gás anestésico. Ignora-se o retardo no tempo neste projeto e análise, mas isso é feito com cautela. Em capítulos subsequentes aprender-se-á a tratar retardos no tempo. Tenha em mente que o retardo existe e deverá ser considerado na análise em algum momento.

Um ajuste aceitável dos dados mostrados na Figura 4.19 é dado por

$$y(t) = te^{-pt} \qquad t \geq 0,$$

em que $p = 2$ e o tempo (t) é medido em minutos. Pacientes diferentes são associados com diferentes valores do parâmetro p. A função de transferência correspondente é

$$G(s) = \frac{1}{(s+p)^2}. \tag{4.63}$$

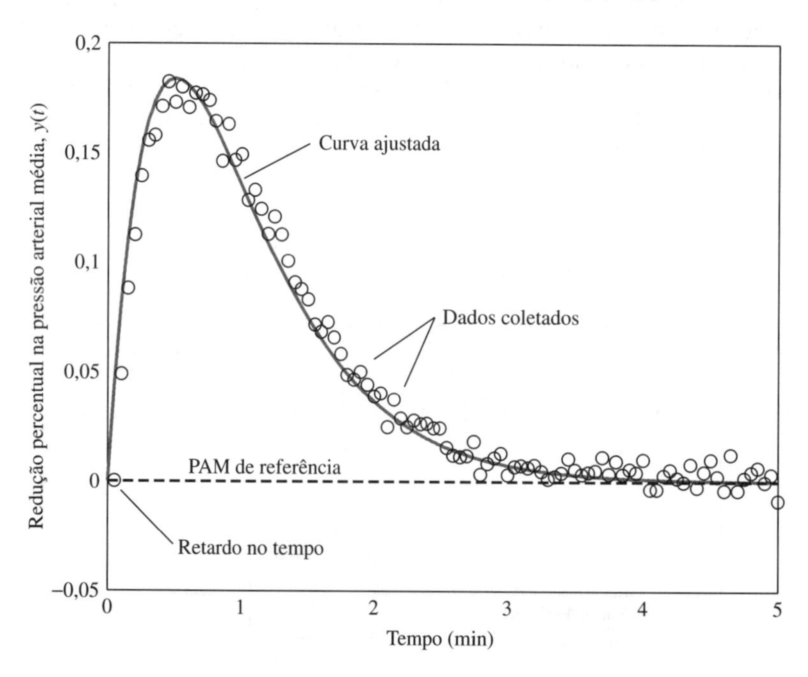

FIGURA 4.19 Resposta ao impulso da pressão arterial média (PAM) para um paciente hipotético.

Para o sensor admite-se uma medida perfeita livre de ruído e

$$H(s) = 1. \tag{4.64}$$

Consequentemente, tem-se um sistema com realimentação unitária.

Um bom controlador para esta aplicação é um controlador proporcional-integral-derivativo (PID):

$$G_c(s) = K_P + sK_D + \frac{K_I}{s} = \frac{K_D s^2 + K_P s + K_I}{s}, \tag{4.65}$$

em que K_P, K_D e K_I são os ganhos do controlador a serem determinados para satisfazer todas as especificações de projeto. Os parâmetros-chave escolhidos são como se segue:

Parâmetros-chave de Ajuste Escolhidos

Ganhos do controlador K_P, K_D e K_I.

Inicia-se a análise considerando os erros em regime estacionário. O erro de rastreamento (mostrado na Figura 4.18 com $T_p(s) = 0$ e $N(s) = 0$) é

$$E(s) = R(s) - Y(s) = \frac{1}{1 + G_c(s)G_b(s)G(s)} R(s),$$

ou

$$E(s) = \frac{s^4 + 2ps^3 + p^2 s^2}{s^4 + 2ps^3 + (p^2 + K_D)s^2 + K_P s + K_I} R(s).$$

Utilizando o teorema do valor final, determina-se que o erro de rastreamento em regime estacionário é

$$\lim_{s \to 0} sE(s) = \lim_{s \to 0} \frac{R_0(s^4 + 2ps^3 + p^2 s^2)}{s^4 + 2ps^3 + (p^2 + K_D)s^2 + K_P s + K_I} = 0,$$

em que $R(s) = R_0/s$ é uma entrada em degrau de magnitude R_0. Portanto,

$$\lim_{t \to \infty} e(t) = 0.$$

Com um controlador PID, espera-se um erro de rastreamento em regime estacionário nulo (para uma entrada em degrau) com quaisquer valores não nulos de K_P, K_D e K_I. O termo integral, K_I/s, no controlador PID é o motivo pelo qual o erro em regime estacionário para um degrau unitário é nulo. Desse modo, a especificação de projeto EP3 é satisfeita.

Quando se considera o efeito de uma entrada de perturbação em degrau, faz-se $R(s) = 0$ e $N(s) = 0$. Deseja-se que a saída em regime estacionário $Y(s)$ seja zero para uma perturbação em degrau. A função de transferência da perturbação $T_p(s)$ para a saída $Y(s)$ é

$$\begin{aligned} Y(s) &= \frac{-G(s)}{1 + G_c(s)G_p(s)G(s)} T_P(s) \\ &= \frac{-s^2}{s^4 + 2ps^3 + (p^2 + K_D)s^2 + K_P s + K_I} T_P(s). \end{aligned}$$

Quando

$$T_P(s) = \frac{P_0}{s},$$

verifica-se que

$$\lim_{s \to 0} sY(s) = \lim_{s \to 0} \frac{-P_0 s^2}{s^4 + 2ps^3 + (p^2 + K_D)s^2 + K_P s + K_I} = 0.$$

Portanto,

$$\lim_{t \to \infty} y(t) = 0.$$

Desse modo, uma perturbação em degrau de magnitude P_0 não produzirá uma saída em regime estacionário, como desejado.

A sensibilidade da função de transferência em malha fechada a variações em p é dada por

$$S_p^T = S_G^T S_p^G.$$

Calcula-se S_p^G como a seguir:

$$S_p^G = \frac{\partial G(s)}{\partial p}\frac{p}{G(s)} = \frac{-2p}{s + p}$$

e

$$S_G^T = \frac{1}{1 + G_c(s)G_p(s)G(s)} = \frac{s^2(s + p)^2}{s^4 + 2ps^3 + (p^2 + K_D)s^2 + K_Ps + K_I}.$$

Portanto,

$$S_p^T = S_G^T S_p^G = -\frac{2p1s + p2s^2}{s^4 + 2ps^3 + 1p^2 + K_D2s^2 + K_Ps + K_I}. \tag{4.66}$$

Deve-se calcular a função sensibilidade S_p^T em vários valores de frequência. Para baixas frequências, pode-se aproximar a sensibilidade do sistema S_p^T por

$$S_p^T \approx \frac{2p^2s^2}{K_I}.$$

Assim, em baixas frequências e para um dado p pode-se reduzir a sensibilidade do sistema a variações em p por meio de um aumento do ganho K_I do PID. Admita que três conjuntos de ganhos de PID foram propostos, como mostrado na Tabela 4.1. Com $p = 2$ e os ganhos de PID dados como os casos 1–3 na Tabela 4.1, pode-se representar graficamente a magnitude da sensibilidade S_p^T em função da frequência para cada controlador PID. O resultado é mostrado na Figura 4.20. Observa-se que, usando o controlador PID 3 com os ganhos $K_P = 6$, $K_D = 4$ e $K_I = 4$, tem-se a menor sensibilidade do sistema (em baixas frequências) a variações no parâmetro do processo, p. O PID 3 é o controlador com o maior ganho K_I. À medida que a frequência aumenta, observa-se na Figura 4.20 que a sensibilidade aumenta e que o PID 3 tem o maior pico de sensibilidade.

Tabela 4.1 Ganhos do Controlador PID e Resultados do Desempenho do Sistema

PID	K_P	K_D	K_I	Máxima ultrapassagem da resposta à entrada (%)	Tempo de acomodação (min)	Máxima ultrapassagem da resposta à perturbação (%)
1	6	4	1	14,0	10,9	5,25
2	5	7	2	14,2	8,7	4,39
3	6	4	4	39,7	11,1	5,16

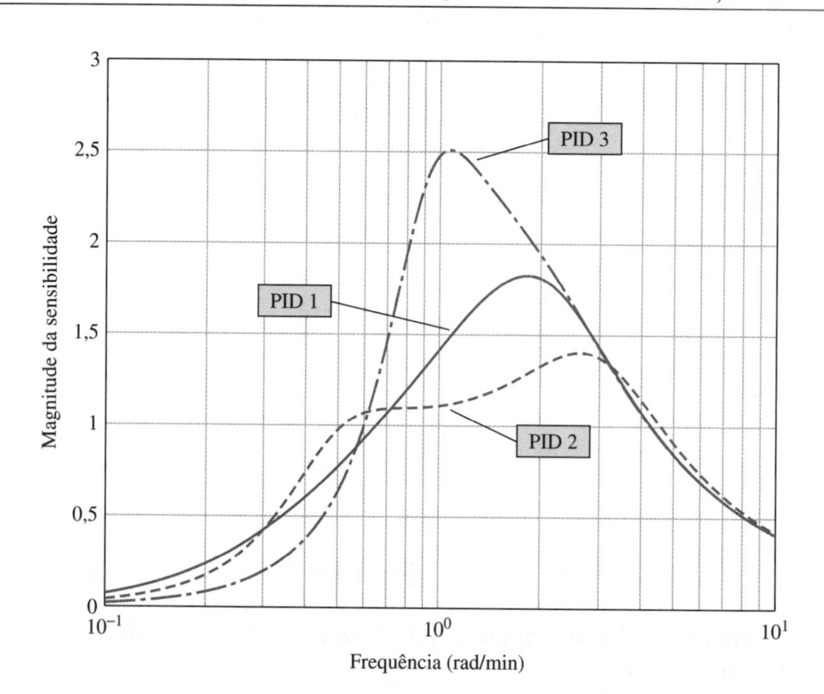

FIGURA 4.20 Sensibilidade do sistema a variações no parâmetro p.

Considera-se agora a resposta transitória. Admita que se deseja reduzir a PAM por uma variação em degrau de 10%. A entrada associada é

$$R(s) = \frac{R_0}{s} = \frac{10}{s}.$$

A resposta ao degrau para cada controlador PID é mostrada na Figura 4.21. O PID 1 e o PID 2 atendem às especificações de tempo de acomodação e máxima ultrapassagem; entretanto, o PID 3 tem uma máxima ultrapassagem excessiva. A máxima ultrapassagem é o valor pelo qual a saída do sistema excede a resposta em regime estacionário. Nesse caso, a resposta em regime permanente é uma queda de 10% no valor de referência da PAM. Quando uma máxima ultrapassagem de 15% ocorre, a PAM baixa em 11,5%, como ilustrado na Figura 4.21. O tempo de acomodação é o tempo necessário para que a saída do sistema fique confinada em certa porcentagem (por exemplo, 2%) da amplitude de saída em regime estacionário. Cobrem-se as noções de máxima ultrapassagem e tempo de acomodação mais completamente no Capítulo 5. As máximas ultrapassagens e os tempos de acomodação são resumidos na Tabela 4.1.

Conclui-se a análise considerando a resposta a perturbações. De análises anteriores, sabe-se que a função de transferência da entrada de perturbação $T_p(s)$ para a saída $Y(s)$ é

$$\begin{aligned} Y(s) &= \frac{-G(s)}{1 + G_c(s)G_p(s)G(s)} T_p(s) \\ &= \frac{-s^2}{s^4 + 2ps^3 + (p^2 + K_D)s^2 + K_P s + K_I} T_p(s). \end{aligned}$$

Para investigar a especificação de projeto EP4, calcula-se a resposta à perturbação em degrau com

$$T_P(s) = \frac{P_0}{s} = \frac{50}{s}.$$

Esta é a perturbação de magnitude máxima ($|T_p(t)| = P_0 = 50$). Uma vez que qualquer perturbação em degrau de menor magnitude (isto é, $|T_p(t)| = P_0 < 50$) resultará em uma máxima resposta de saída menor, precisa-se considerar apenas a entrada de perturbação em degrau de máxima magnitude ao se determinar se a especificação de projeto EP4 é satisfeita.

A resposta à perturbação em degrau para cada controlador PID é mostrada na Figura 4.22. O controlador PID 2 atende à especificação de projeto EP4 com resposta dentro de uma faixa de $\pm 5\%$ do ponto de operação da PAM, enquanto os controladores PID 1 e PID 3 quase atendem à especificação. Os picos dos valores de saída para cada controlador são resumidos na Tabela 4.1.

Em resumo, dados os três controladores PID, deve-se escolher o PID 2 como controlador. Ele atende a todas as especificações de projeto enquanto fornece uma insensibilidade aceitável a variações no parâmetro da planta. ■

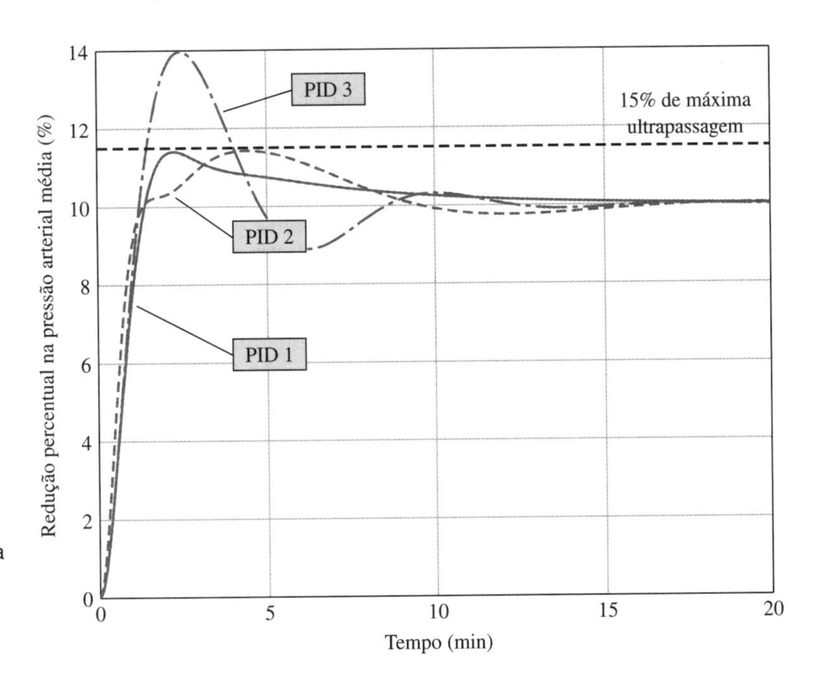

FIGURA 4.21 Resposta à entrada em degrau da pressão arterial média (PAM) com $R(s) = 10/s$.

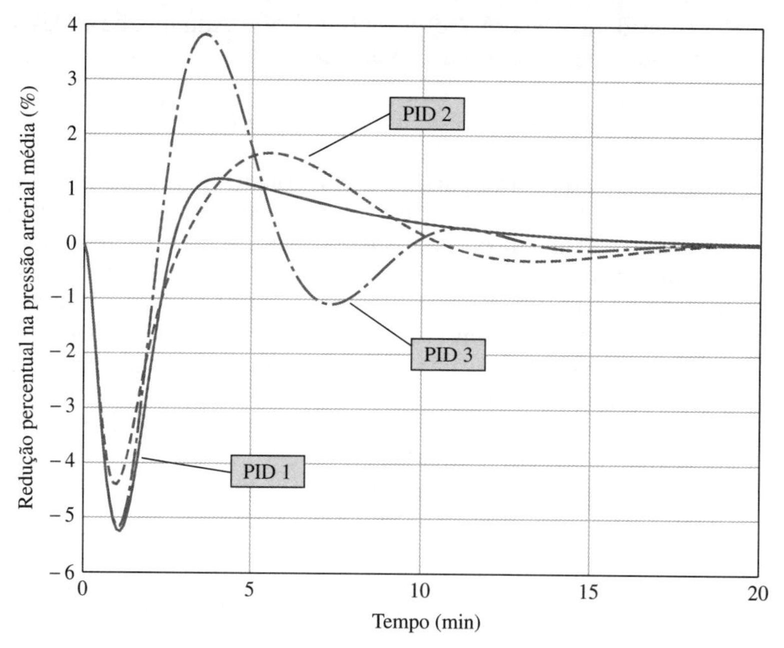

FIGURA 4.22 Resposta à perturbação em degrau da pressão arterial média (PAM).

4.9 CARACTERÍSTICAS DE SISTEMAS DE CONTROLE USANDO PROGRAMAS DE PROJETO DE CONTROLE

Nesta seção, as vantagens da realimentação serão ilustradas com dois exemplos. No primeiro exemplo, será introduzido controle com realimentação a um sistema de velocidade com tacômetro em um esforço para rejeitar perturbações. O exemplo do sistema de controle de velocidade com tacômetro pode ser encontrado na Seção 4.5. A redução na sensibilidade do sistema a variações do processo, o ajuste da resposta transitória e a redução do erro em regime estacionário serão demonstrados no exemplo da máquina de perfuração do Canal da Mancha da Seção 4.8.

EXEMPLO 4.4 **Sistema de controle de velocidade**

A descrição em diagrama de blocos do motor CC controlado pela armadura em malha aberta, com um torque de perturbação na carga, $T_p(s)$, é mostrado na Figura 4.8. Os valores para os vários parâmetros são dados na Tabela 4.2. O sistema possui duas entradas, $V_a(s)$ e $T_p(s)$. Contando com o princípio da superposição, o qual se aplica ao sistema linear, considera-se cada uma das entradas separadamente. Para investigar os efeitos das perturbações sobre o sistema, faz-se $V_a(s) = 0$ e considera-se somente a perturbação $T_p(s)$. Reciprocamente, para investigar a resposta do sistema a uma entrada de referência, faz-se $T_p(s) = 0$ e considera-se apenas a entrada $V_a(s)$.

O diagrama de blocos do sistema de controle de velocidade com tacômetro em malha fechada é mostrado na Figura 4.9. Os valores para K_a e K_t são dados na Tabela 4.2.

Se o sistema apresentar boa rejeição a perturbações, então espera-se que a perturbação $T_p(s)$ tenha um pequeno efeito sobre a saída $\omega(s)$. Considere o sistema em malha aberta na Figura 4.8 primeiro. Pode-se calcular a função de transferência de $T_p(s)$ para $\omega(s)$ e obter a resposta na saída a uma perturbação em degrau unitário (isto é, $T_p(s) = 1/s$). A resposta no tempo a uma perturbação em degrau unitário é mostrada na Figura 4.23(a). A sequência de instruções mostrada na Figura 4.23(b) é utilizada para analisar o sistema de velocidade em malha aberta.

A função de transferência em malha aberta [da Equação (4.26)] é

$$\frac{\omega(s)}{T_p(s)} = \frac{-1}{2s + 1{,}5} = \text{sys\_a},$$

Tabela 4.2 Parâmetros do Sistema de Controle com Tacômetro

R_a	K_m	J	b	K_{ce}	K_a	K_t
1 Ω	10 Nm/A	2 kg m^2	0,5 Nm s	0,1 Vs	54	1 Vs

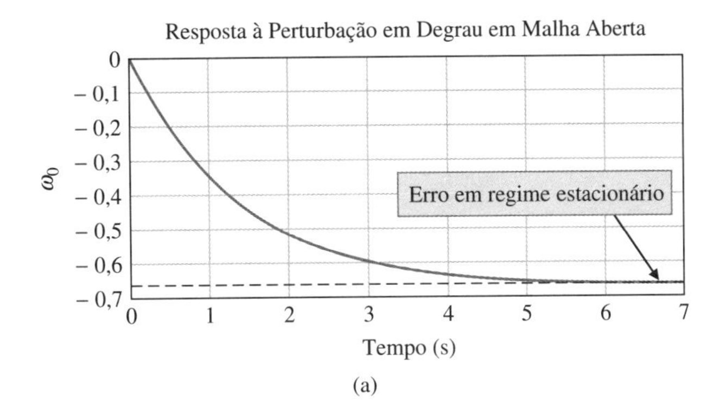

(a)

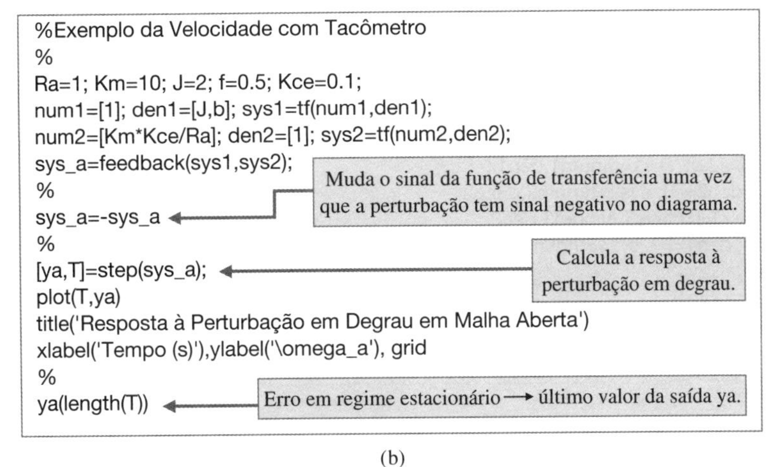

```
%Exemplo da Velocidade com Tacômetro
%
Ra=1; Km=10; J=2; f=0.5; Kce=0.1;
num1=[1]; den1=[J,b]; sys1=tf(num1,den1);
num2=[Km*Kce/Ra]; den2=[1]; sys2=tf(num2,den2);
sys_a=feedback(sys1,sys2);
%
sys_a=-sys_a
%
[ya,T]=step(sys_a);
plot(T,ya)
title('Resposta à Perturbação em Degrau em Malha Aberta')
xlabel('Tempo (s)'),ylabel('\omega_a'), grid
%
ya(length(T))
```


(b)

FIGURA 4.23 Análise do sistema de controle de velocidade em malha aberta. (a) Resposta. (b) Sequência de instruções.

em que sys_a representa a função de transferência em malha aberta na sequência de instruções. Como o valor desejado de $\omega(s)$ é zero (lembrar que $V_a(s) = 0$), o erro em regime estacionário é exatamente o valor final de $\omega(t)$, o qual denota-se por $\omega_a(t)$ para indicar malha aberta. O erro em regime estacionário, mostrado no gráfico na Figura 4.23(a), é aproximadamente o valor da velocidade quando $t = 7$ segundos. Pode-se obter um valor aproximado do erro em regime estacionário examinando-se o último valor do vetor de saída $\mathbf{y}_a$, que foi calculado no processo de geração do gráfico na Figura 4.23(a). O valor aproximado de ω_a em regime estacionário é

$$\omega_a(\infty) \approx \omega_a(7) = -0{,}66 \text{ rad/s.}$$

O gráfico comprova que o regime estacionário foi alcançado.

De modo semelhante, inicia-se a análise do sistema em malha fechada calculando-se a função de transferência de $T_p(s)$ para $\omega(s)$ e depois gerando-se a resposta no tempo de $\omega(t)$ a uma entrada de perturbação em degrau unitário. A resposta na saída e a sequência de instruções são mostradas na Figura 4.24. A função de transferência em malha fechada a partir da perturbação de entrada (da Equação [4.30]) é

$$\frac{\omega(s)}{T_p(s)} = \frac{-1}{2s + 541{,}5} = \text{sys\_f}.$$

Como antes, o erro em regime estacionário é exatamente o valor final de $\omega(t)$, o qual denota-se por $\omega_f(t)$ para indicar que é em malha fechada. O erro em regime estacionário é mostrado no gráfico na Figura 4.24(a). Pode-se obter um valor aproximado do erro em regime estacionário examinando-se o último valor do vetor de saída $\mathbf{y}_f$, que foi calculado no processo de geração do gráfico na Figura 4.24(a). O valor aproximado de ω em regime estacionário é

$$\omega_f(\infty) \approx \omega_f(0{,}02) = -0{,}002 \text{ rad/s.}$$

Geralmente espera-se que $\omega_f(\infty)/\omega_a(\infty) < 0{,}02$. Nesse exemplo, a razão entre a velocidade de saída em regime estacionário em malha fechada e em malha aberta devido a uma entrada de perturbação em degrau unitário é

$$\frac{\omega_f(\infty)}{\omega_a(\infty)} = 0{,}003.$$

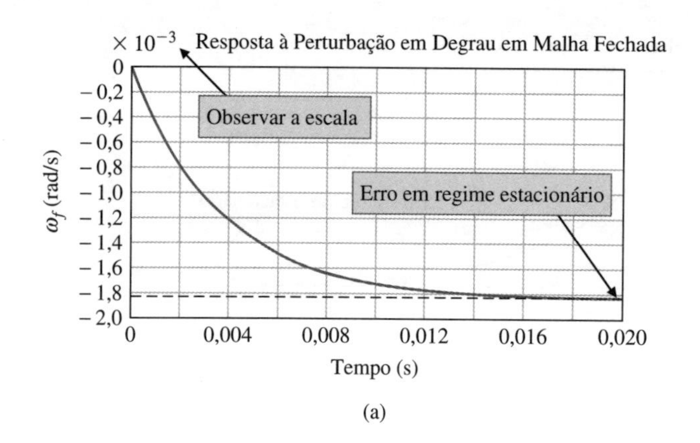

(a)

```
%Exemplo da Velocidade com Tacômetro
%
Ra=1; Km=10; J=2; b=0.5; Kce=0.1; Ka=54; Kt=1;
num1=[1]; den1=[J,b]; sys1=tf(num1,den1);
num2=[Ka*Kt]; den2=[1]; sys2=tf(num2,den2);
num3=[Kce]; den3=[1]; sys3=tf(num3,den3);
num4=[Km/Ra]; den4=[1]; sys4=tf(num4,den4);
sysa=parallel(sys2,sys3);
sysb=series(sysa,sys4);
sys_f=feedback(sys1,sysb);
%
sys_f=-sys_f
%
[yf,T]=step(sys_f);
plot(T,yf)
title('Resposta à Perturbação em Degrau em Malha Fechada')
xlabel('Tempo (s)'), ylabel('\omega_f (rad/s)'), grid
%
yf(length(T))
```

Redução do diagrama de blocos.

Muda o sinal da função de transferência uma vez que a perturbação tem sinal negativo no diagrama.

Calcula a resposta à perturbação em degrau.

Erro em regime estacionário → último valor da saída yf.

(b)

FIGURA 4.24 Análise do sistema de controle de velocidade em malha fechada. (a) Resposta. (b) Sequência de instruções.

Conseguiu-se alcançar uma melhora notável na rejeição de perturbações. Fica claro que o acréscimo da malha de realimentação negativa reduziu o efeito de perturbação na saída. Isso demonstra a propriedade de rejeição de perturbações dos sistemas com realimentação em malha fechada. ■

EXEMPLO 4.5 **Máquinas de perfuração do Canal da Mancha**

A descrição em diagrama de blocos das máquinas de perfuração do Canal da Mancha é mostrada na Figura 4.14. A função de transferência da saída devida às duas entradas é [Equação (4.57)]

$$Y(s) = \frac{K + 11s}{s^2 + 12s + K}R(s) + \frac{1}{s^2 + 12s + K}T_p(s).$$

O efeito do ganho de controle, K, na resposta transitória é mostrado na Figura 4.25 juntamente com a sequência de instruções usada para gerar os gráficos. Comparando-se os dois gráficos das partes (a) e (b), fica evidente que, diminuindo-se K, diminui-se a máxima ultrapassagem. Embora isto não seja tão óbvio a partir dos gráficos da Figura 4.25, é também verdade que, diminuindo-se K, aumenta-se o tempo de acomodação. Isso pode ser verificado examinando-se mais de perto os dados usados para gerar os gráficos. Este exemplo demonstra como a resposta transitória pode ser alterada pelo ganho do controle com realimentação K. Com base na análise até aqui, pode-se preferir usar $K = 20$. Outras considerações devem ser levadas em conta antes que se possa estabelecer o projeto final.

Antes de se fazer a escolha final de K, é importante considerar a resposta do sistema a uma perturbação em degrau unitário, como mostrado na Figura 4.26. Observa-se que, aumentando-se K, reduz-se a resposta em regime estacionário de $y(t)$ a uma perturbação em degrau. O valor em regime estacionário de $y(t)$ é 0,05 e 0,01 para $K = 20$ e 100, respectivamente. Os erros em regime estacionário, as máximas ultrapassagens percentuais e os tempos de acomodação (critério de 2%) estão

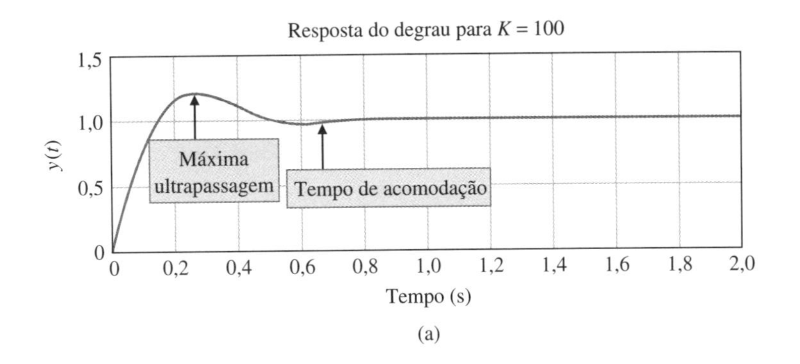

(a)

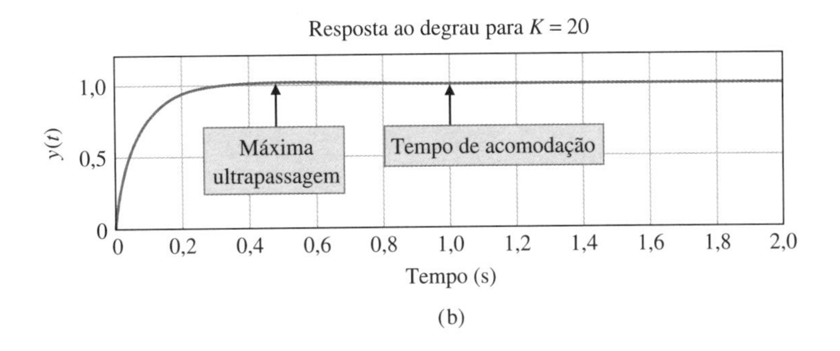

(b)

```
% Resposta à Entrada em Degrau Unitário R(s)=1/s para K=20 e K=100
%
numg=[1]; deng=[1 1 0]; sysg=tf(numg,deng);
K1=100; K2=20;
num1=[11 K1]; num2=[11 K2]; den=[0 1];
sys1=tf(num1,den);
sys2=tf(num2,den);
%
sysa=series(sys1,sysg); sysb=series(sys2,sysg);
sysc=feedback(sysa,[1]); sysd=feedback(sysb,[1]);
%
t=[0:0.01:2.0];
[y1,t]=step(sysc,t); [y2,t]=step(sysd,t);
subplot(211),plot(t,y1), title('Resposta ao degrau para K=100')
xlabel('Tempo (s)'),ylabel('y(t)'), grid
subplot(212),plot(t,y2), title('Resposta ao degrau para K=20')
xlabel('Tempo (s)'),ylabel('y(t)'), grid
```

Funções de transferência em malha fechada.

Escolha do intervalo de tempo.

Cria subgráficos com legendas para os eixos x e y

(c)

FIGURA 4.25 Resposta a uma entrada em degrau quando (a) $K = 100$ e (b) $K = 20$. (c) Sequência de instruções.

resumidos na Tabela 4.3. Os valores em regime estacionário para uma entrada de perturbação em degrau são calculados a partir do teorema do valor final como a seguir:

$$\lim_{t\to\infty} y(t) = \lim_{s\to 0} s\left\{\frac{1}{s(s+12)+K}\right\}\frac{1}{s} = \frac{1}{K}.$$

Se a única consideração do projeto for a rejeição de perturbações, deve ser escolhido $K = 100$.

Acabou-se de se experimentar uma situação muito comum de solução de compromisso no projeto de sistemas de controle. Neste exemplo particular, o aumento de K leva a uma rejeição melhor de perturbações, enquanto diminuir K leva a um desempenho melhor (isto é, menos ultrapassagem). A decisão final sobre como escolher K depende do projetista. Embora programas de projeto de controle possam certamente auxiliar no projeto do sistema de controle, eles não podem substituir a capacidade de tomada de decisão e a intuição do engenheiro.

A etapa final na análise é examinar a sensibilidade do sistema a alterações no processo. A sensibilidade do sistema é dada por [Equação (4.60)],

$$S_G^T = \frac{s(s+1)}{s(s+12)+K}.$$

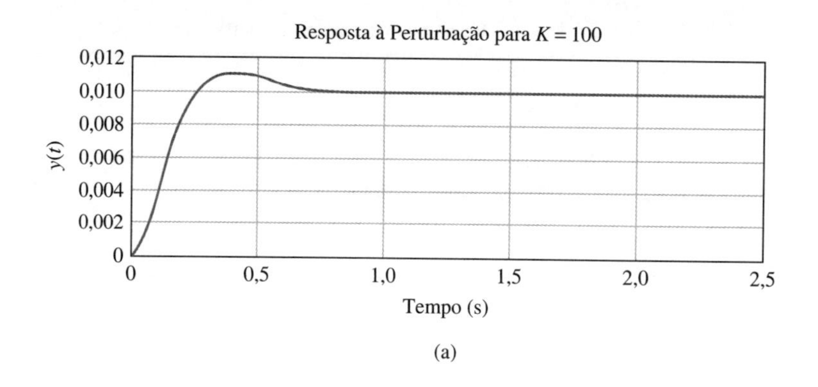

(a)

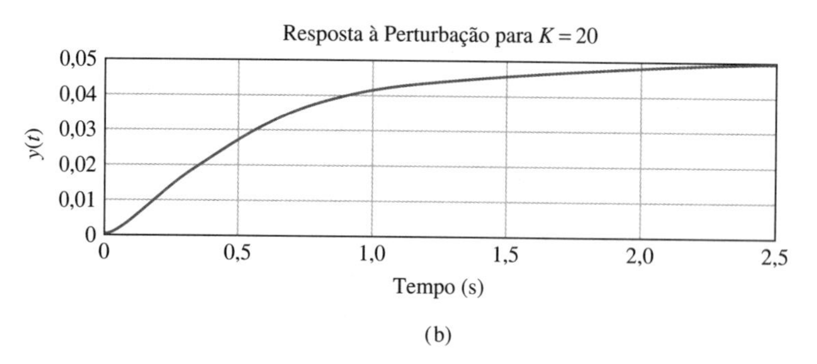

(b)

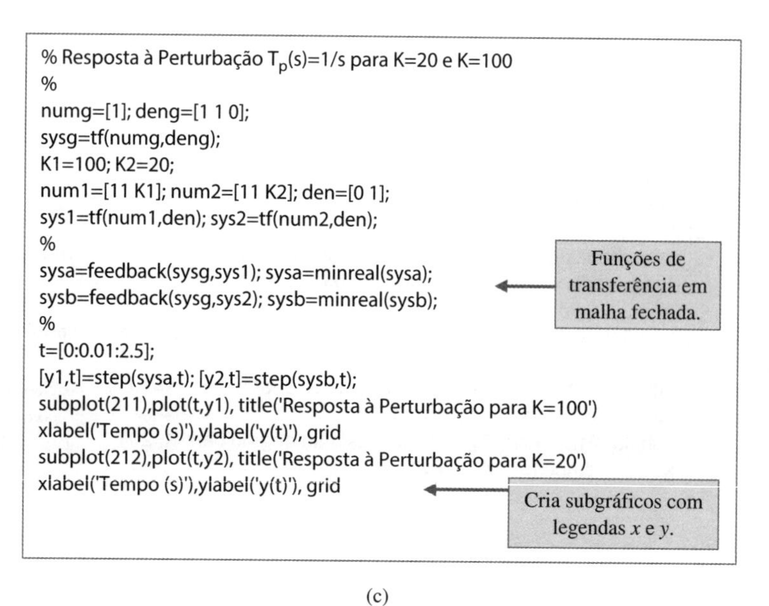

```
% Resposta à Perturbação Tp(s)=1/s para K=20 e K=100
%
numg=[1]; deng=[1 1 0];
sysg=tf(numg,deng);
K1=100; K2=20;
num1=[11 K1]; num2=[11 K2]; den=[0 1];
sys1=tf(num1,den); sys2=tf(num2,den);
%
sysa=feedback(sysg,sys1); sysa=minreal(sysa);
sysb=feedback(sysg,sys2); sysb=minreal(sysb);
%
t=[0:0.01:2.5];
[y1,t]=step(sysa,t); [y2,t]=step(sysb,t);
subplot(211),plot(t,y1), title('Resposta à Perturbação para K=100')
xlabel('Tempo (s)'),ylabel('y(t)'), grid
subplot(212),plot(t,y2), title('Resposta à Perturbação para K=20')
xlabel('Tempo (s)'),ylabel('y(t)'), grid
```


(c)

FIGURA 4.26 Resposta a uma perturbação em degrau quando (a) $K = 100$ e (b) $K = 20$. (c) Sequência de instruções.

Tabela 4.3 Resposta do Sistema de Controle da Máquina de Perfuração para $K = 20$ e $K = 100$

	$K = 20$	$K = 100$
Resposta ao degrau		
Máxima Ultrapassagem	4%	22%
T_s	1,0 s	0,7 s
Resposta à Perturbação		
e_{ss}	5%	1%

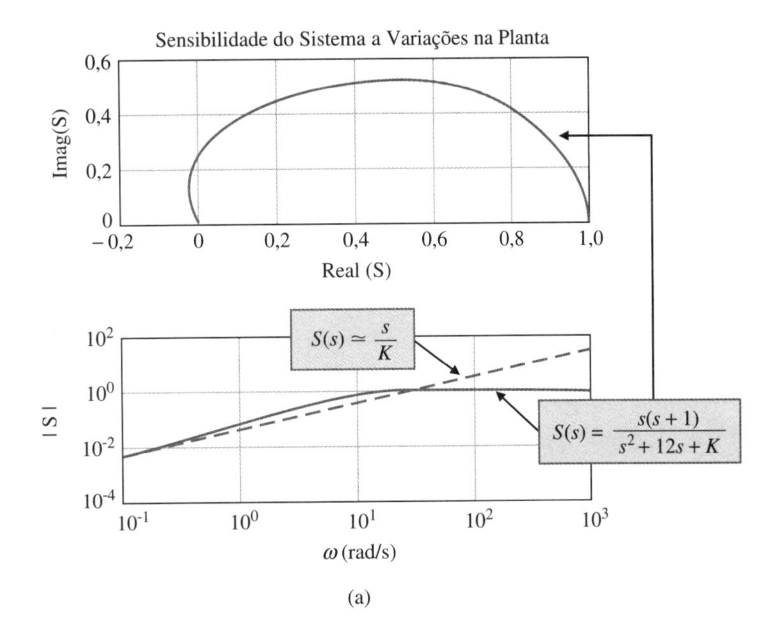

(a)

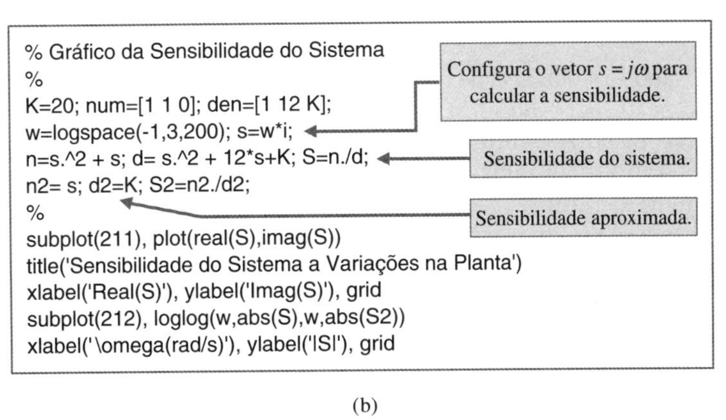

```
% Gráfico da Sensibilidade do Sistema
%
K=20; num=[1 1 0]; den=[1 12 K];
w=logspace(-1,3,200); s=w*i;
n=s.^2 + s; d= s.^2 + 12*s+K; S=n./d;
n2= s; d2=K; S2=n2./d2;
%
subplot(211), plot(real(S),imag(S))
title('Sensibilidade do Sistema a Variações na Planta')
xlabel('Real(S)'), ylabel('Imag(S)'), grid
subplot(212), loglog(w,abs(S),w,abs(S2))
xlabel('\omega(rad/s)'), ylabel('ISI'), grid
```


(b)

FIGURA 4.27 (a) Sensibilidade do sistema a variações da planta ($s = j\omega$). (b) Sequência de instruções.

Podem-se calcular os valores de $S_G^T(s)$ para diferentes valores de s e gerar um gráfico da sensibilidade do sistema. Para baixas frequências, pode-se aproximar a sensibilidade do sistema por

$$S_G^T \simeq \frac{s}{K}.$$

Aumentando-se o ganho K, reduz-se a sensibilidade do sistema. Os gráficos da sensibilidade do sistema quando $s = j\omega$ são mostrados na Figura 4.27 para $K = 20$. ■

4.10 EXEMPLO DE PROJETO SEQUENCIAL: SISTEMA DE LEITURA DE ACIONADORES DE DISCO

O projeto de um sistema de acionador de disco é um exercício de compromisso e otimização. O acionador de disco deve posicionar corretamente a cabeça de leitura enquanto é capaz de reduzir os efeitos de variação dos parâmetros e de impactos e vibrações externos. O braço mecânico e a lâmina irão apresentar ressonância em frequências que podem ser provocadas por excitações tais como impactos em um computador portátil. As perturbações na operação do acionador de disco incluem impactos mecânicos, desgaste ou folga no suporte central e variações nos parâmetros devidas a variações dos componentes. Nesta seção, será examinado o desempenho do sistema de acionador de disco em resposta a perturbações e variações nos parâmetros do sistema. Adicionalmente, será examinado o erro em regime estacionário do sistema para um comando degrau e a resposta transitória à medida que o ganho do amplificador K_a é ajustado.

Considere-se o sistema mostrado na Figura 4.28. Este sistema em malha fechada utiliza um amplificador com ganho variável como controlador, e as funções de transferência são mostradas na Figura 4.29. Primeiro, serão determinados os valores em regime estacionário para uma entrada em degrau unitário, $R(s) = 1/s$, quando $T_p(s) = 0$. Quando $H(s) = 1$, obtém-se

$$E(s) = R(s) - Y(s) = \frac{1}{1 + K_a G_1(s) G_2(s)} R(s).$$

Consequentemente,

$$\lim_{t\to\infty} e(t) = \lim_{s\to 0} s \left[\frac{1}{1 + K_a G_1(s) G_2(s)}\right] \frac{1}{s}. \tag{4.67}$$

Então, o erro em regime estacionário é $e(\infty) = 0$ para uma entrada em degrau. Este desempenho é obtido a despeito de alterações nos parâmetros do sistema.

Agora, determina-se o desempenho transitório do sistema à medida que K_a é ajustado. A função de transferência em malha fechada (com $T_p(s) = 0$) é

$$T(s) = \frac{Y(s)}{R(s)} = \frac{K_a G_1(s) G_2(s)}{1 + K_a G_1(s) G_2(s)}$$

$$= \frac{5.000 K_a}{s^3 + 1.020 s^2 + 20.000 s + 5.000 K_a}. \tag{4.68}$$

Usando a sequência de instruções mostrada na Figura 4.30(a), obtém-se as respostas do sistema para $K_a = 10$ e $K_a = 80$, mostradas na Figura 4.30(b). Claramente, o sistema é mais rápido em responder ao comando de entrada quando $K_a = 80$, mas a resposta é inaceitavelmente oscilatória.

Agora, determina-se o efeito da perturbação $T_p(s) = 1/s$ quando $R(s) = 0$. Deseja-se reduzir o efeito da perturbação a um nível insignificante. Usando-se o sistema da Figura 4.29, obtém-se a resposta $Y(s)$ para a entrada $T_p(s)$ quando $K_a = 80$ como

$$Y(s) = \frac{G_2(s)}{1 + K_a G_1(s) G_2(s)} T_p(s). \tag{4.69}$$

Usando-se a sequência de instruções da Figura 4.31(a), obtém-se a resposta do sistema quando $K_a = 80$ e $T_p(s) = 1/s$, como mostrado na Figura 4.31(b). A fim de reduzir ainda mais o efeito da perturbação, seria necessário aumentar o valor de K_a acima de 80. Contudo, a resposta a um comando degrau $r(t) = 1, t > 0$ seria inaceitavelmente oscilatória. No próximo capítulo tentaremos determinar o melhor valor para K_a, dado o requisito de uma resposta rápida, porém não oscilatória.

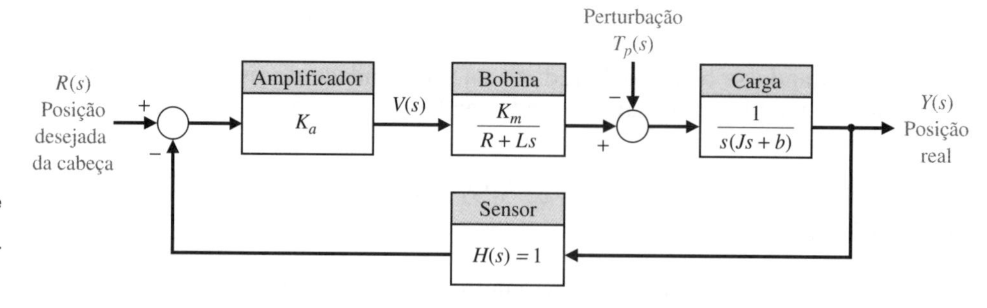

FIGURA 4.28 Sistema de controle para a cabeça de leitura do acionador de disco.

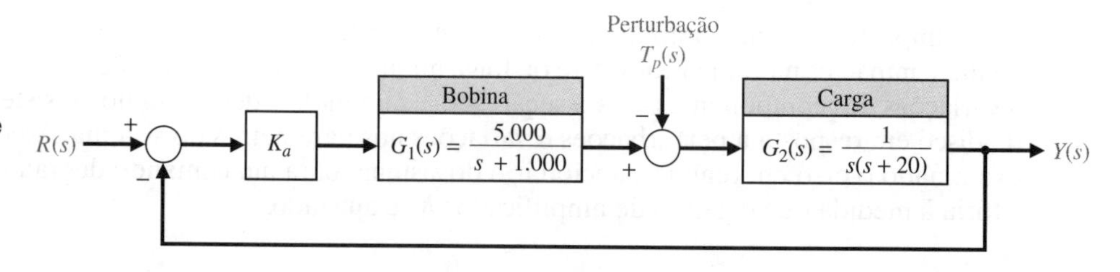

FIGURA 4.29 Sistema de controle da cabeça do acionador de disco com os parâmetros típicos.

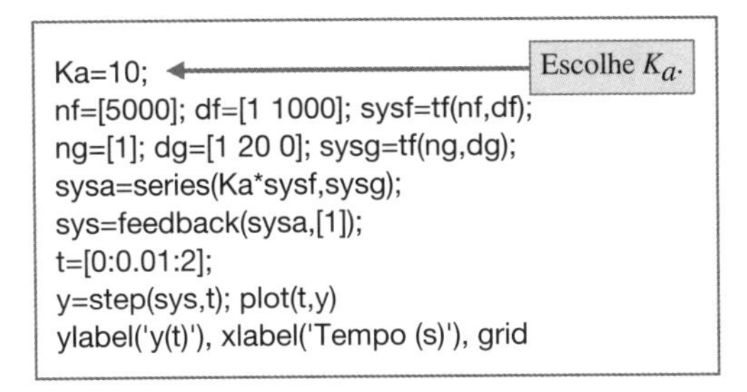

```
Ka=10;
nf=[5000]; df=[1 1000]; sysf=tf(nf,df);
ng=[1]; dg=[1 20 0]; sysg=tf(ng,dg);
sysa=series(Ka*sysf,sysg);
sys=feedback(sysa,[1]);
t=[0:0.01:2];
y=step(sys,t); plot(t,y)
ylabel('y(t)'), xlabel('Tempo (s)'), grid
```


(a)

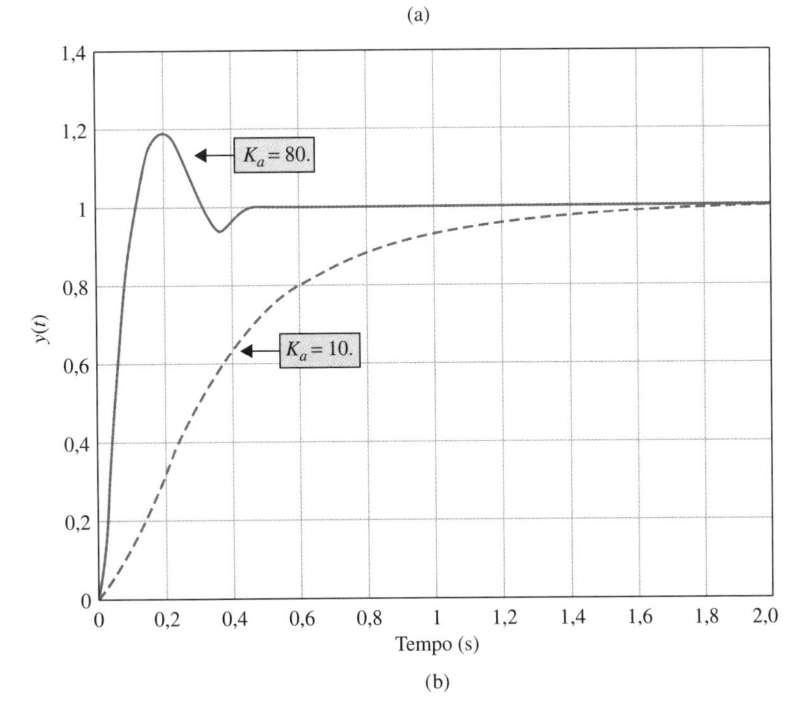

(b)

FIGURA 4.30 Resposta em malha fechada. (a) Sequência de instruções. (b) Resposta ao degrau para $K_a = 10$ e $K_a = 80$.

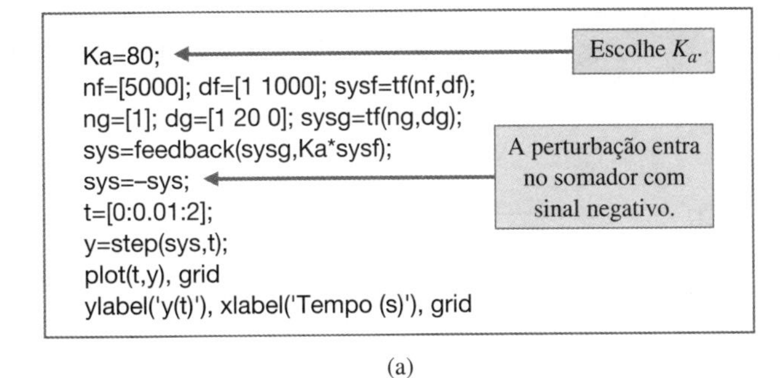

```
Ka=80;
nf=[5000]; df=[1 1000]; sysf=tf(nf,df);
ng=[1]; dg=[1 20 0]; sysg=tf(ng,dg);
sys=feedback(sysg,Ka*sysf);
sys=-sys;
t=[0:0.01:2];
y=step(sys,t);
plot(t,y), grid
ylabel('y(t)'), xlabel('Tempo (s)'), grid
```


(a)

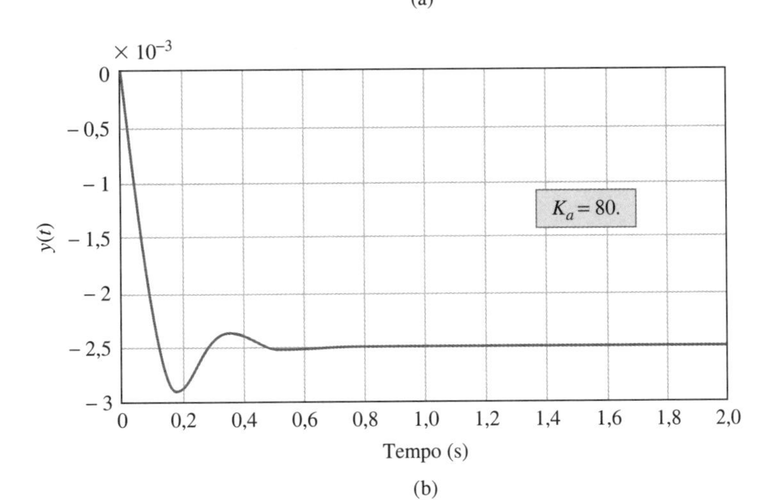

(b)

FIGURA 4.31 Resposta à perturbação em degrau. (a) Sequência de instruções. (b) Resposta à perturbação para $K_a = 80$.

4.11 RESUMO

As razões fundamentais para se utilizar a realimentação, a despeito de seu custo e da complexidade adicional, são as seguintes:

1. Redução na sensibilidade do sistema a variações nos parâmetros do processo.
2. Melhoria na rejeição de perturbações.
3. Melhoria na atenuação de ruídos de medida.
4. Melhoria na redução do erro em regime estacionário do sistema.
5. Facilidade de controlar e ajustar a resposta transitória do sistema.

O ganho em malha aberta $L(s) = G_c(s)G(s)$ desempenha um papel fundamental na análise de sistemas de controle. Associadas ao ganho em malha aberta podem-se definir as funções sensibilidade e sensibilidade complementar como

$$S(s) = \frac{1}{1 + L(s)} \quad \text{e} \quad C(s) = \frac{L(s)}{1 + L(s)},$$

respectivamente. O erro de rastreamento é dado por

$$E(s) = S(s)R(s) - S(s)G(s)T_p(s) + C(s)N(s).$$

A fim de minimizar-se o erro de rastreamento, $E(s)$, deseja-se tornar $S(s)$ e $C(s)$ pequenos. Uma vez que as funções sensibilidade e sensibilidade complementar satisfazem a restrição

$$S(s) + C(s) = 1,$$

defrontamo-nos com a solução de compromisso fundamental no projeto de sistemas de controle entre a rejeição de perturbações e a redução da sensibilidade a variações na planta de um lado, e a atenuação do ruído de medida do outro.

Os sistemas de controle com realimentação possuem muitas características benéficas. Desse modo, não é surpreendente que exista uma grande quantidade de sistemas de controle com realimentação na indústria, governo e natureza.

VERIFICAÇÃO DE COMPETÊNCIAS

Nesta seção, são apresentados três conjuntos de problemas para testar o conhecimento do leitor: Verdadeiro ou Falso, Múltipla Escolha e Correspondência de Palavras. Para obter um retorno imediato, compare as respostas com o gabarito fornecido depois dos problemas de fim de capítulo. Use o diagrama de blocos da Figura 4.32 como especificado nos vários enunciados dos problemas.

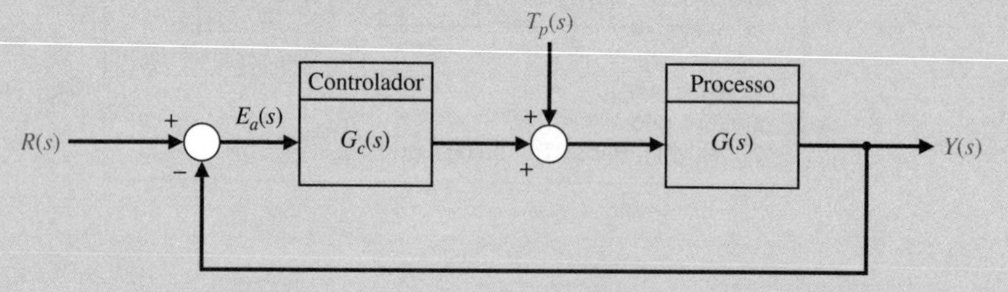

FIGURA 4.32 Diagrama de blocos para a Verificação de Competências.

Nos seguintes problemas de **Verdadeiro ou Falso** e **Múltipla Escolha**, circule a resposta correta.

1. Uma das características mais importantes dos sistemas de controle é sua resposta transitória. *Verdadeiro ou Falso*
2. A sensibilidade do sistema é a razão entre a variação na função de transferência do sistema e a variação da função de transferência do processo para uma pequena variação incremental. *Verdadeiro ou Falso*
3. Uma vantagem primária de um sistema de controle em malha aberta é a habilidade de se reduzir a sensibilidade do sistema. *Verdadeiro ou Falso*
4. Perturbação é um sinal de entrada desejado que afeta o sinal de saída do sistema. *Verdadeiro ou Falso*
5. Uma vantagem de se utilizar a realimentação é uma sensibilidade menor do sistema a variações nos parâmetros do processo. *Verdadeiro ou Falso*

6. A função de transferência em malha aberta do sistema na Figura 4.32 é

$$G_c(s)G(s) = \frac{50}{\tau s + 10}.$$

A sensibilidade do sistema em malha fechada para pequenas variações em τ é:

a. $S_\tau^T(s) = -\frac{\tau s}{\tau s + 60}$

b. $S_\tau^T(s) = \frac{\tau}{\tau s + 10}$

c. $S_\tau^T(s) = \frac{\tau}{\tau s + 60}$

d. $S_\tau^T(s) = -\frac{\tau s}{\tau s + 10}$

7. Considere os dois sistemas na Figura 4.33.

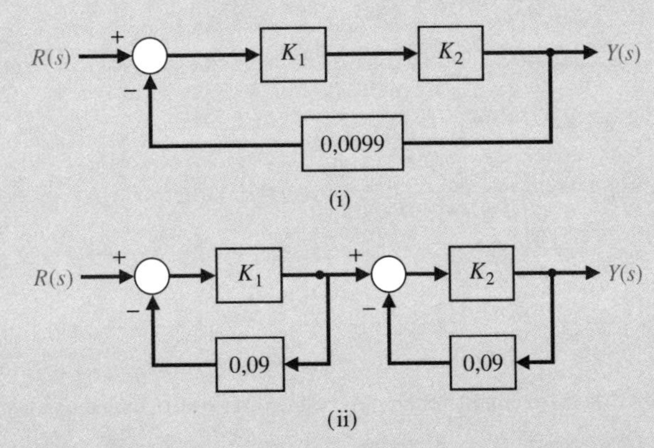

FIGURA 4.33 Dois sistemas com realimentação com ganhos K_1 e K_2.

Estes sistemas têm a mesma função de transferência quando $K_1 = K_2 = 100$. Qual sistema é mais sensível a variações no parâmetro K_1? Calcule a sensibilidade usando os valores nominais $K_1 = K_2 = 100$.

a. O sistema (i) é mais sensível e $S_{K_1}^T = 0{,}01$

b. O sistema (ii) é mais sensível e $S_{K_1}^T = 0{,}1$

c. O sistema (ii) é mais sensível e $S_{K_1}^T = 0{,}01$

d. Ambos os sistemas são igualmente sensíveis a variações em K_1.

8. Considere a função de transferência em malha fechada

$$T(s) = \frac{A_1 + kA_2}{A_3 + kA_4},$$

em que A_1, A_2, A_3 e A_4 são constantes. Calcule a sensibilidade do sistema a variações no parâmetro k.

a. $S_k^T = \frac{k(A_2A_3 - A_1A_4)}{(A_3 + kA_4)(A_1 + kA_2)}$

b. $S_k^T = \frac{k(A_2A_3 + A_1A_4)}{(A_3 + kA_4)(A_1 + kA_2)}$

c. $S_k^T = \frac{k(A_1 + kA_2)}{(A_3 + kA_4)}$

d. $S_k^T = \frac{k(A_3 + kA_4)}{(A_1 + kA_2)}$

Considere o diagrama de blocos da Figura 4.32 para os Problemas 9 a 12, em que $G_c(s) = K_1$ e $G(s) = \frac{K}{s + K_1K_2}$.

9. A função de transferência em malha fechada é

a. $T(s) = \frac{KK_1^2}{s + K_1(K + K_2)}$

b. $T(s) = \frac{KK_1}{s + K_1(K + K_2)}$

c. $T(s) = \dfrac{KK_1}{s - K_1(K + K_2)}$

d. $T(s) = \dfrac{KK_1}{s^2 + K_1Ks + K_1K_2}$

10. A sensibilidade $S_{K_1}^T$ do sistema em malha fechada a variações em K_1 é:

a. $S_{K_1}^T(s) = \dfrac{Ks}{(s + K_1(K + K_2))^2}$

b. $S_{K_1}^T(s) = \dfrac{2s}{s + K_1(K + K_2)}$

c. $S_{K_1}^T(s) = \dfrac{s}{s + K_1(K + K_2)}$

d. $S_{K_1}^T(s) = \dfrac{K_1(s + K_1K_2)}{(s + K_1(K + K_2))^2}$

11. A sensibilidade S_K^T do sistema em malha fechada a variações em K é:

a. $S_K^T(s) = \dfrac{s + K_1K_2}{s + K_1(K + K_2)}$

b. $S_K^T(s) = \dfrac{Ks}{(s + K_1(K + K_2))^2}$

c. $S_K^T(s) = \dfrac{s + KK_1}{s + K_1K_2}$

d. $S_K^T(s) = \dfrac{K_1(s + K_1K_2)}{(s + K_1(K + K_2))^2}$

12. O erro de rastreamento em regime estacionário para uma entrada em degrau unitário $R(s) = 1/s$ com $T_p(s) = 0$ é:

a. $e_{ss} = \dfrac{K}{K + K_2}$

b. $e_{ss} = \dfrac{K_2}{K + K_2}$

c. $e_{ss} = \dfrac{K_2}{K_1(K + K_2)}$

d. $e_{ss} = \dfrac{K_1}{K + K_2}$

Considere o diagrama de blocos da Figura 4.32 para os Problemas 13–14, em que $G_c(s) = K$ e $G(s) = \dfrac{b}{s + 1}$.

13. A sensibilidade S_b^T é:

a. $S_b^T = \dfrac{1}{s + Kb + 1}$

b. $S_b^T = \dfrac{s + 1}{s + Kb + 1}$

c. $S_b^T = \dfrac{s + 1}{s + Kb + 2}$

d. $S_b^T = \dfrac{s}{s + Kb + 2}$

14. Calcule o valor mínimo de K de modo que o erro em regime estacionário devido a uma perturbação em degrau unitário seja menor que 10%.

a. $K = 1 - \dfrac{1}{b}$

b. $K = b$

c. $K = 10 - \dfrac{1}{b}$

d. O erro em regime estacionário é ∞ para qualquer K

15. Um processo é projetado para seguir uma trajetória descrita por

$$r(t) = (5 - t + 0{,}5t^2)u(t)$$

na qual $r(t)$ é a resposta desejada e $u(t)$ é uma função em degrau unitário. Considere o sistema com realimentação unitária da Figura 4.32. Calcule o erro em regime estacionário ($E(s) = R(s) - Y(s)$ com $T_p(s) = 0$) quando a função de transferência em malha é

$$L(s) = G_c(s)G(s) = \frac{10(s+1)}{s^2(s+5)}.$$

a. $e_{ss} = \lim_{t\to\infty} e(t) \to \infty$

b. $e_{ss} = \lim_{t\to\infty} e(t) = 1$

c. $e_{ss} = \lim_{t\to\infty} e(t) = 0{,}5$

d. $e_{ss} = \lim_{t\to\infty} e(t) = 0$

No problema de **Correspondência de Palavras** seguinte, combine o termo com sua definição escrevendo a letra correta no espaço fornecido.

a. Instabilidade	Sinal de entrada indesejado que afeta o sinal de saída do sistema.	_______
b. Erro em regime estacionário	Diferença entre a saída desejada, $R(s)$, e a saída real, $Y(s)$.	_______
c. Sensibilidade do sistema	Um sistema sem realimentação que gera a saída diretamente em resposta a um sinal de entrada.	_______
d. Componentes	Erro quando o período de tempo é grande e a resposta transitória tiver desaparecido deixando a resposta contínua.	_______
e. Sinal de perturbação	Razão entre a variação na função de transferência do sistema e a variação na função de transferência (ou parâmetro) do processo para uma pequena variação incremental.	_______
f. Resposta transitória	A resposta de um sistema como função do tempo.	_______
g. Complexidade	Sistema com uma medida do sinal de saída e uma comparação com a saída desejada para gerar um sinal de erro que é aplicado ao atuador.	_______
h. Sinal de erro	Uma medida da estrutura, intricamento ou comportamento de um sistema que caracteriza os relacionamentos e interações entre vários componentes.	_______
i. Sistema em malha fechada	Partes, subsistemas, ou montagens parciais de que consiste o sistema completo.	_______
j. Perda de ganho	Atributo de um sistema que descreve a tendência do sistema de sair da condição de equilíbrio quando inicialmente deslocado.	_______
k. Sistema em malha aberta	Redução na amplitude da razão entre o sinal de saída e o sinal de entrada por meio de um sistema, usualmente medido em decibéis.	_______

EXERCÍCIOS

E4.1 Um sistema de áudio digital é projetado para minimizar o efeito de perturbações e de ruídos como mostrado na Figura E4.1. Como aproximação, pode-se representar $G(s) = K_2$. (a) Calcule a sensibilidade do sistema com relação a K_2. (b) Calcule o efeito do ruído de perturbação $T_p(s)$ em $V_o(s)$. (c) Que valor você escolheria para K_1 para minimizar o efeito da perturbação?

E4.2 Um sistema em malha fechada é usado para rastrear o Sol de modo a obter o máximo de energia a partir de um painel fotovoltaico. O sistema de rastreamento pode ser representado por um sistema de controle com realimentação unitária e

$$G_c(s)G(s) = \frac{100}{\tau s + 1},$$

em que $\tau = 3$ segundos, nominalmente. (a) Calcule a sensibilidade deste sistema para uma pequena variação em τ. (b) Calcule a constante de tempo da resposta do sistema em malha fechada.

Respostas: $S = -3s/(3s + 101)$; $\tau_f = 3/101$ s

E4.3 Um braço robótico e uma câmera poderiam ser usados para colher frutas, como mostrado na Figura E4.3(a). A câmera é usada para

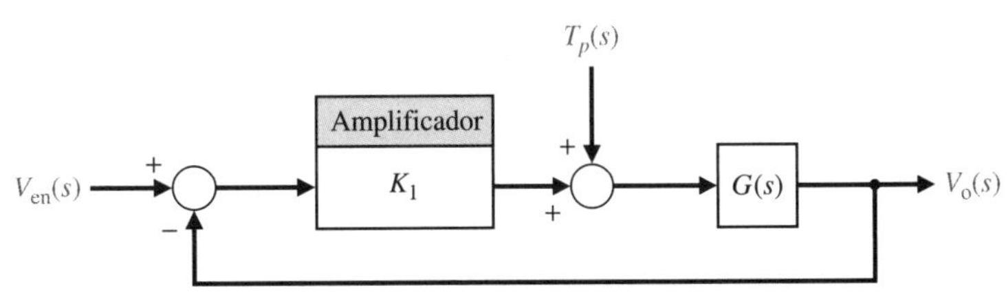

FIGURA E4.1 Sistema de áudio digital.

fechar a malha de realimentação com um microcomputador, o qual controla o braço [8, 9]. A função de transferência para o processo é

$$G(s) = \frac{K}{(s+20)^2}.$$

(a) Calcule o erro em regime estacionário esperado da garra para um comando degrau A em função de K. (b) Cite um possível sinal de perturbação para este sistema.

Resposta: (a) $e_{ss} = \dfrac{A}{1 + K/400}$

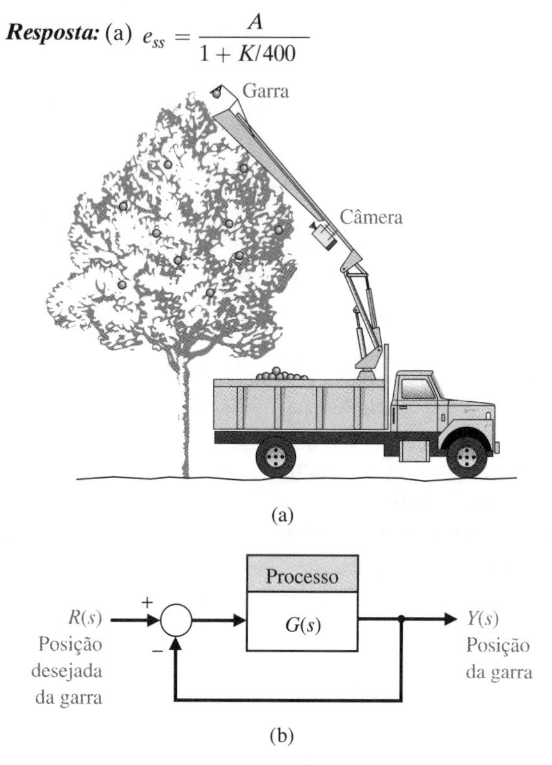

FIGURA E4.3 Robô colhedor de frutas.

E4.4 Um acionador de disco magnético requer um motor para posicionar uma cabeça de leitura/gravação sobre trilhas de dados em um disco giratório, como mostrado na Figura E4.4. O motor e a cabeça podem ser representados pela função de transferência

$$G(s) = \frac{100}{s(\tau s + 1)},$$

na qual $\tau = 0{,}001$ segundo. O controlador toma a diferença entre as posições real e desejada e gera um erro. Este erro é multiplicado por um amplificador K. (a) Qual é o erro de posição em regime estacionário para uma mudança em degrau na entrada desejada? (b) Calcule o K necessário para que se tenha um erro em regime estacionário de 0,1 mm para uma entrada em rampa de 10 cm/s.

Respostas: $e_{ss} = 0$; $K = 10$

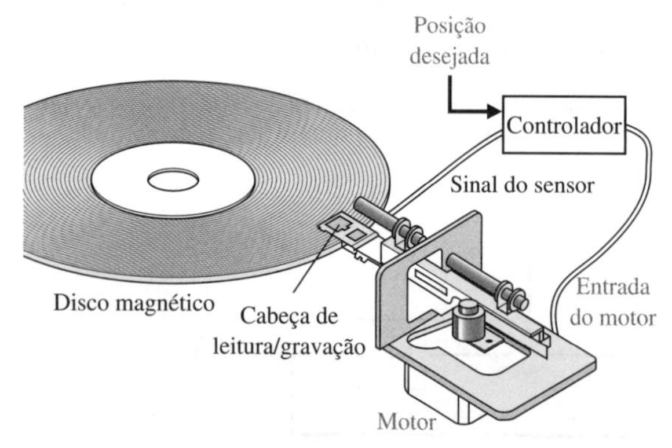

FIGURA E4.4 Controle de acionador de disco.

E4.5 Um sistema com realimentação unitária tem a função de transferência em malha aberta

$$L(s) = G_c(s)G(s) = \frac{100K}{s(s+b)}.$$

Determine o relacionamento entre o erro em regime estacionário para uma entrada rampa e o ganho K e o parâmetro do sistema b. Para que valores de K e b pode-se garantir que a magnitude do erro em regime estacionário para uma entrada rampa será menor que 0,1?

E4.6 Um sistema com realimentação tem a função de transferência em malha fechada dada por

$$T(s) = \frac{s^2 + ps + 20}{s^3 + ps^2 + 4s + (1-p)}.$$

Calcule a sensibilidade da função de transferência em malha fechada a mudanças no parâmetro p, em que $p > 0$. Calcule o erro em regime estacionário para uma entrada em degrau unitário como função do parâmetro p.

E4.7 A maioria das pessoas já viu um projetor de *slides* fora de foco. Um projetor com foco automático se ajusta para compensar variações na posição do *slide* e perturbações de temperatura [11]. Desenhe o diagrama de blocos de um sistema de foco automático e descreva como o sistema funciona. Uma projeção de um *slide* fora de foco é exemplo visual de erro em regime estacionário.

E4.8 Veículos com tração nas quatro rodas são populares em regiões onde as condições das estradas no inverno são geralmente escorregadias devido à neve e ao gelo. Um veículo com tração nas quatro rodas e freios antibloqueio utiliza um sensor para conservar cada uma das rodas girando e manter a tração. Um sistema é mostrado na Figura E4.8. Encontre a resposta em malha fechada deste sistema à medida que ele tenta manter uma velocidade constante da roda. Determine a resposta quando $R(s) = A/s$.

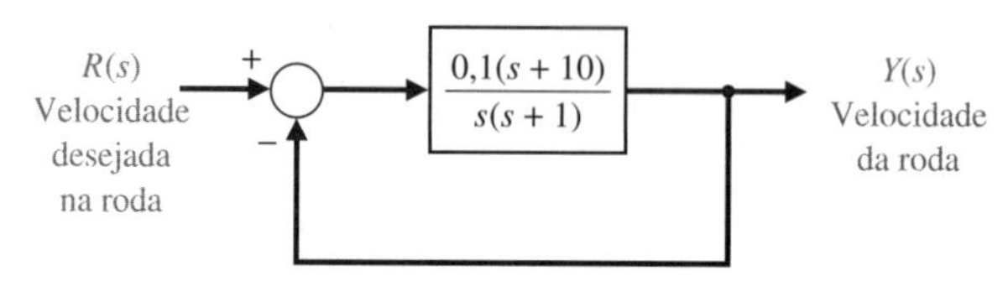

FIGURA E4.8 Automóvel com tração nas quatro rodas.

E4.9 Os submersíveis com casco de plástico transparente têm potencial para revolucionar o lazer subaquático. Um pequeno veículo submersível tem um sistema de controle de profundidade como ilustrado na Figura E4.9.

(a) Determine a função de transferência em malha fechada $T(s) = Y(s)/R(s)$.

(b) Determine as sensibilidades $S^T_{K_1}$ e S^T_K.

(c) Determine o erro em regime estacionário devido a uma perturbação $T_p(s) = 1/s$.

(d) Calcule a resposta $y(t)$ para uma entrada em degrau $R(s) = 1/s$ quando $K = 2$ e $K_2 = 3$ e $1 < K_1 < 10$. Escolha K_1 para a resposta mais rápida.

E4.10 Considere o sistema de controle com realimentação mostrado na Figura E4.10. (a) Determine o erro em regime estacionário para uma entrada em degrau em função do ganho K. (b) Determine a máxima ultrapassagem para a resposta ao degrau para $40 \le K \le 400$. (c) Represente graficamente a máxima ultrapassagem e o erro em regime estacionário *versus* K.

E4.11 Considere o sistema em malha fechada na Figura E4.11, onde

$$G(s) = \frac{K}{s+10} \quad \text{e} \quad H(s) = \frac{14}{s^2 + 5s + 6}.$$

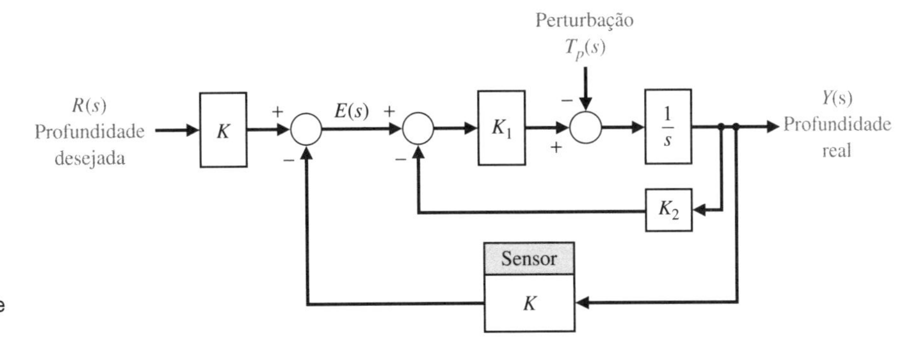

FIGURA E4.9 Sistema de controle de profundidade.

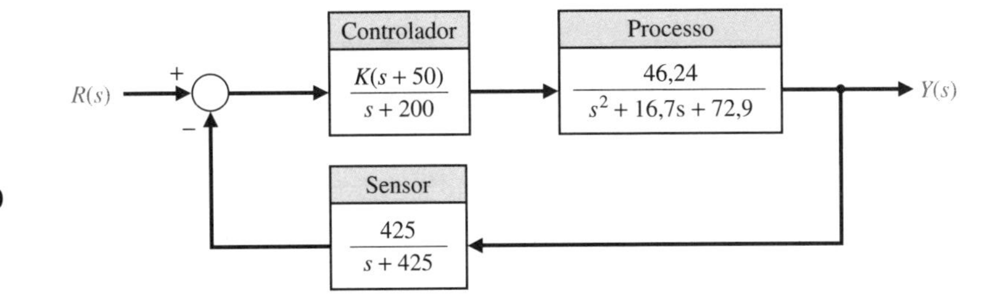

FIGURA E4.10 Sistema de controle com realimentação.

(a) Calcule a função de transferência $T(s) = Y(s)/R(s)$.

(b) Defina o erro de rastreamento como $E(s) = R(s) - Y(s)$. Calcule $E(s)$ e determine o erro de rastreamento em regime estacionário devido a uma entrada em degrau unitário, isto é, fazendo $R(s) = 1/s$.

(c) Calcule a função de transferência $Y(s)/T_p(s)$ e determine o erro em regime estacionário da saída devido a uma entrada de perturbação em degrau unitário, isto é, fazendo $T_p(s) = 1/s$.

(d) Calcule a sensibilidade S_K^T.

E4.12 Na Figura E4.12, considere o sistema em malha fechada com ruído de medida $N(s)$, no qual

$$G(s) = \frac{100}{s+100}, \quad G_c(s) = K_1 \quad \text{e} \quad H(s) = \frac{K_2}{s+5}.$$

Na análise seguinte, o erro de rastreamento é definido como $E(s) = R(s) - Y(s)$:

(a) Calcule a função de transferência $T(s) = Y(s)/R(s)$ e determine o erro de rastreamento em regime estacionário devido a uma entrada em degrau unitário, isto é, fazendo $R(s) = 1/s$ e admitindo que $N(s) = 0$.

(b) Calcule a função de transferência $Y(s)/N(s)$ e determine o erro de rastreamento em regime estacionário devido a uma perturbação em degrau unitário, isto é, fazendo $N(s) = 1/s$ e admitindo que $R(s) = 0$. Lembre-se de que, neste caso, a saída desejada é zero.

(c) Se o objetivo é rastrear a entrada enquanto se rejeita o ruído de medida (em outras palavras, enquanto minimiza-se o efeito de $N(s)$ na saída), como você escolheria os parâmetros K_1 e K_2?

E4.13 Um sistema em malha fechada é utilizado em uma laminadora de aço de alta velocidade para controlar a exatidão da espessura da lâmina de aço. A função de transferência para o processo mostrado na Figura E4.13 pode ser representada como

$$G(s) = \frac{1}{s(s+75)}.$$

Calcule a sensibilidade da função de transferência em malha fechada a variações no ganho do controlador K.

E4.14 Considere o sistema com realimentação unitária mostrado na Figura E4.14. O sistema possui dois parâmetros, o ganho do controlador K e a constante K_1 no processo.

(a) Calcule a sensibilidade da função de transferência em malha fechada a variações em K_1.

(b) Como você escolheria um valor para K de modo a minimizar os efeitos de perturbações externas, $T_p(s)$?

E4.15 Reconsidere o sistema com realimentação unitária examinado no exercício E4.14. Desta vez, escolha $K = 100$ e $K_1 = 50$. O sistema em malha fechada é representado na Figura E4.15.

(a) Calcule o erro em regime estacionário do sistema em malha fechada devido a uma entrada em degrau unitário, $R(s) = 1/s$, com $T_p(s) = 0$. Lembre-se de que o erro de rastreamento é definido como $E(s) = R(s) - Y(s)$.

(b) Calcule a resposta em regime estacionário, $y_{ss} = \lim_{t\to\infty} y(t)$, quando $T_p(s) = 1/s$ e $R(s) = 0$.

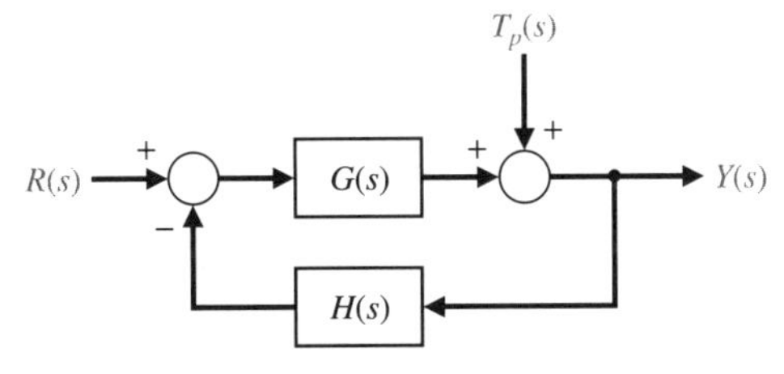

FIGURA E4.11 Sistema em malha fechada com realimentação não unitária.

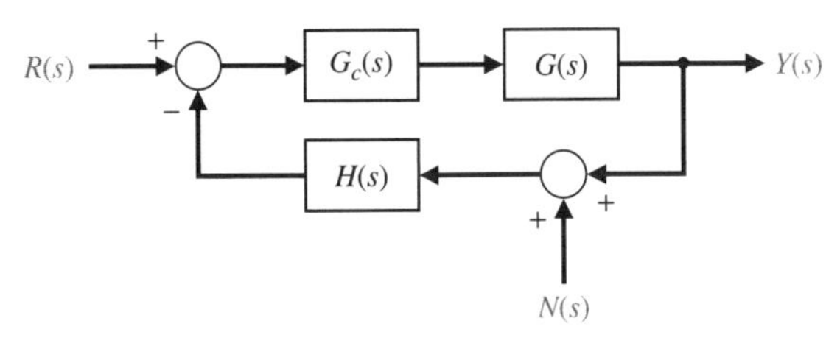

FIGURA E4.12 Sistema em malha fechada com realimentação não unitária e ruído de medida.

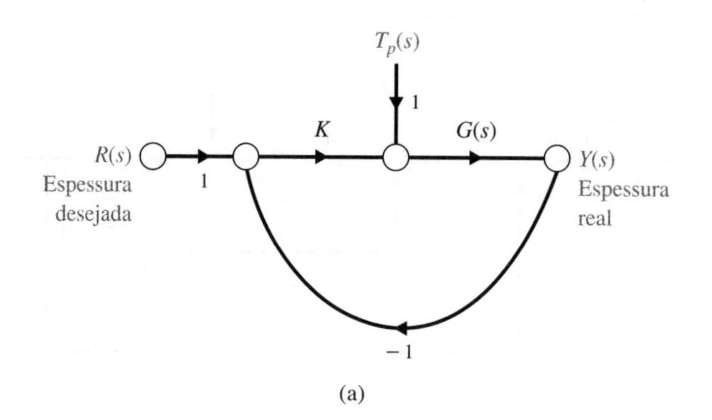

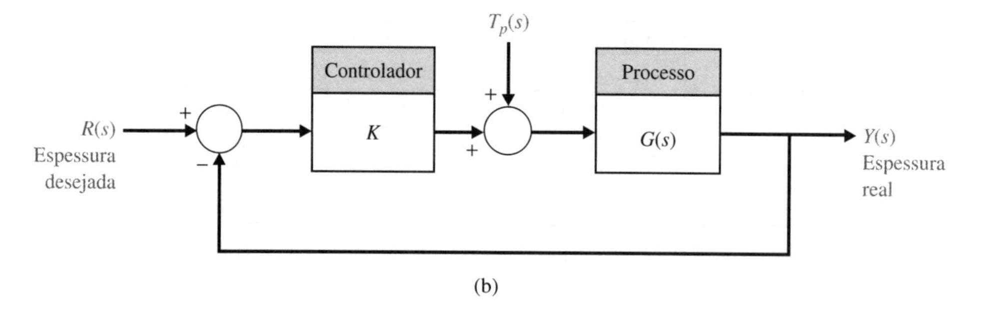

FIGURA E4.13 Sistema de controle para uma laminadora de aço. (a) Diagrama de fluxo de sinal. (b) Diagrama de blocos.

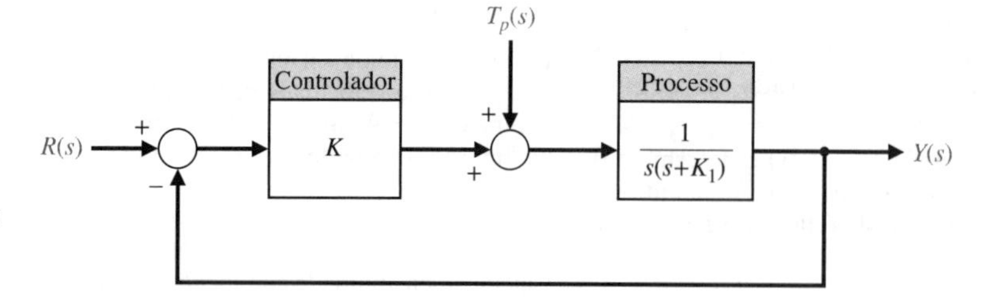

FIGURA E4.14 Sistema com realimentação em malha fechada com dois parâmetros, K e K_1.

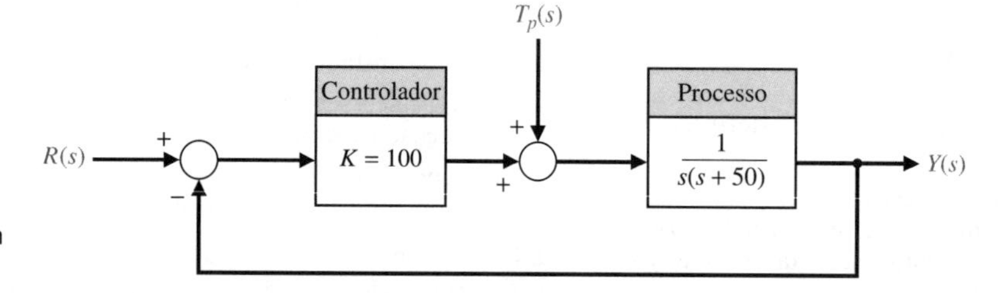

FIGURA E4.15 Sistema com realimentação em malha fechada com $K = 100$ e $K_1 = 50$.

PROBLEMAS

P4.1 A função de transferência em malha aberta de um sistema de escoamento de fluido pode ser escrita como

$$G(s) = \frac{\Delta Q_2(s)}{\Delta Q_1(s)} = \frac{1}{\tau s + 1},$$

em que $\tau = RC$, R é uma constante equivalente à resistência oferecida pelo orifício de modo que $1/R = \frac{1}{2}kH_0^{-1/2}$, e C = área da seção transversal do tanque. Uma vez que $\Delta H = R\,\Delta Q_2$, tem-se o seguinte para a função de transferência relacionando a altura do fluido acima do orifício a uma mudança na entrada:

$$G_1(s) = \frac{\Delta H(s)}{\Delta Q_1(s)} = \frac{R}{RCs + 1}.$$

Para um sistema com realimentação em malha fechada, um sensor de boia de nível e uma válvula podem ser utilizados como mostrado na Figura P4.1. Admitindo que a massa da boia seja desprezível, a válvula é controlada de modo que uma redução na vazão de fluxo, ΔQ_1, é proporcional a um aumento na altura, ΔH, ou $\Delta Q_1 = -K\Delta H$. Desenhe um diagrama de fluxo de sinal ou um diagrama de blocos

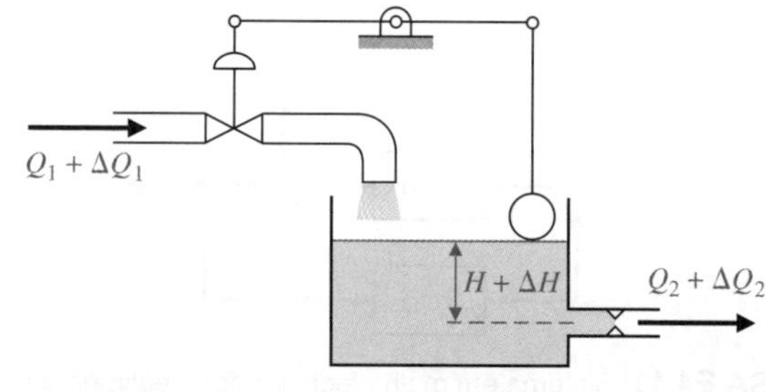

FIGURA P4.1 Controle de nível de reservatório.

do sistema em malha fechada. Determine e compare os sistemas em malha aberta e em malha fechada para (a) sensibilidade a variações no coeficiente equivalente R e no coeficiente de realimentação K, (b) a capacidade de reduzir efeitos de uma perturbação no nível $\Delta H(s)$ e (c) o erro em regime estacionário do nível (altura) para uma mudança em degrau da entrada $\Delta Q_1(s)$.

P4.2 É importante assegurar o conforto dos passageiros em navios pela estabilização das oscilações do navio devidas a ondas [13]. A maioria dos sistemas de estabilização de navios utiliza aletas ou hidrofólios projetados para fora do casco na água a fim de gerar um torque de estabilização sobre o navio. Um diagrama simples de sistema de estabilização de navio é mostrado na Figura P4.2. O movimento de rolagem de um navio pode ser visto como um pêndulo oscilando com um desvio da vertical de $\theta(t)$ graus e um período típico de 3 s. A função de transferência de um navio típico é

$$G(s) = \frac{\omega_n^2}{s^2 + 2\zeta\omega_n s + \omega_n^2},$$

em que $\omega_n = 3{,}5$ rad/s e $\zeta = 0{,}3$. Com este fator baixo de amortecimento ζ, as oscilações continuam por vários ciclos e a amplitude de rolagem pode alcançar 18° para a amplitude esperada das ondas em mar normal. Determine e compare os sistemas em malha aberta e em malha fechada para (a) sensibilidade a variações na constante do atuador K_a e do sensor de rolagem K_1 e (b) a capacidade de reduzir os efeitos de perturbações em degrau das ondas. Observe que a rolagem desejada $\theta_d(s)$ é zero grau. (c) Encontre as faixas de valores de K_1 e K_a tais que o erro de rastreio em regime permanente seja reduzido em 90% ou mais para uma entrada de perturbação em degrau dada por $T_p(s) = A/s$.

P4.3 Uma das variáveis mais importantes que devem ser controladas em sistemas industriais e químicos é a temperatura. Uma representação simples de sistema de controle térmico é mostrada na Figura P4.3 [14]. A temperatura $\mathcal{T}$ do processo é controlada por meio do aquecedor com uma resistência R. Uma representação aproximada da dinâmica relaciona linearmente a perda de calor do processo com a diferença de temperatura $\mathcal{T} - \mathcal{T}_a$. Esta relação se mantém se a diferença de temperatura for relativamente pequena e se o armazenamento de energia do aquecedor e das paredes do reservatório forem desprezíveis. Admite-se que $E_a(s) = k_a E_b E(s)$, em que k_a é a constante do atuador. A resposta linearizada do sistema em malha aberta é

$$\mathcal{T}(s) = \frac{k_1 k_a E_b}{\tau s + 1} E(s) + \frac{\mathcal{T}_a(s)}{\tau s + 1},$$

na qual

$\tau = MC/(\rho A)$,

M = massa no reservatório,

A = área da superfície do reservatório,

ρ = constante de transferência de calor,

C = constante de calor específico e

k_1 = uma constante dimensional.

Determine e compare os sistemas em malha aberta e em malha fechada com relação (a) à sensibilidade a variações na constante $K = k_1 k_a E_b$; (b) à capacidade de reduzir os efeitos de uma perturbação em degrau na temperatura ambiente $\Delta\mathcal{T}_a(s)$; e (c) ao erro em regime estacionário do controlador de temperatura para uma mudança em degrau na entrada, $E_{des}(s)$.

P4.4 Um sistema de controle possui dois caminhos à frente, como mostrado na Figura P4.4. (a) Determine a função de transferência total $T(s) = Y(s)/R(s)$. (b) Calcule a sensibilidade, S_G^T, utilizando a Equação (4.16). (c) A sensibilidade depende de $U(s)$ ou de $M(s)$?

P4.5 Grandes antenas de micro-ondas têm-se tornado cada vez mais importantes para a radioastronomia e para o rastreamento de satélites. Uma grande antena com diâmetro de 60 ft (18 m), por exemplo, é sujeita a grandes torques de rajadas de vento. Uma antena proposta deve ter um erro de menos de 20° em ventos de 35 mph. Experimentos mostram que a força do vento exerce uma perturbação máxima na antena de 200.000 ft lb (271.000 nm) a uma velocidade de 35 mph, ou o equivalente a 10 volts na entrada $T_p(s)$ do amplidina. Um problema em se acionar antenas grandes é a forma da função de transferência do sistema que possui ressonância estrutural. O servossistema

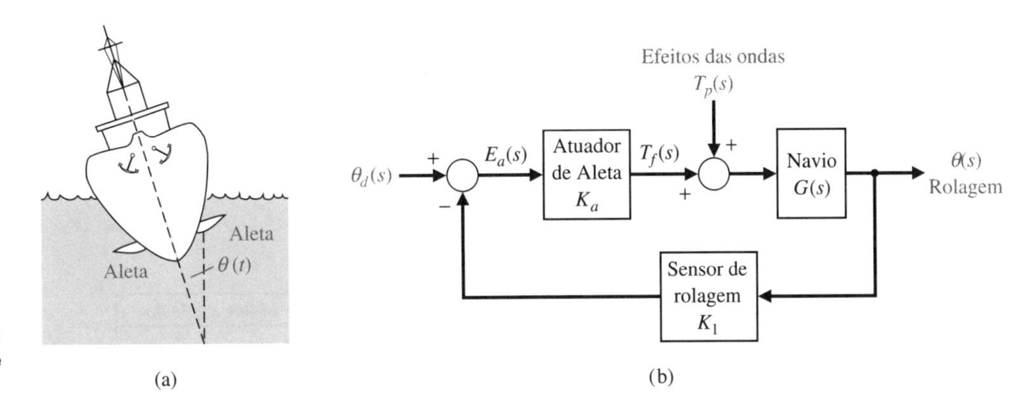

FIGURA P4.2 Sistema de estabilização de navio. O efeito das ondas é um torque $T_p(s)$ no navio.

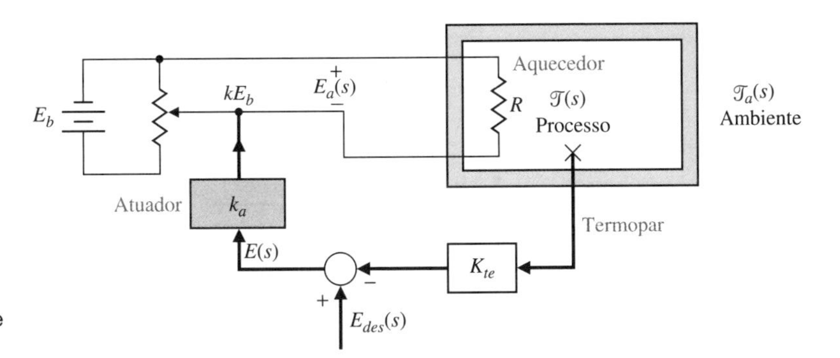

FIGURA P4.3 Sistema de controle de temperatura.

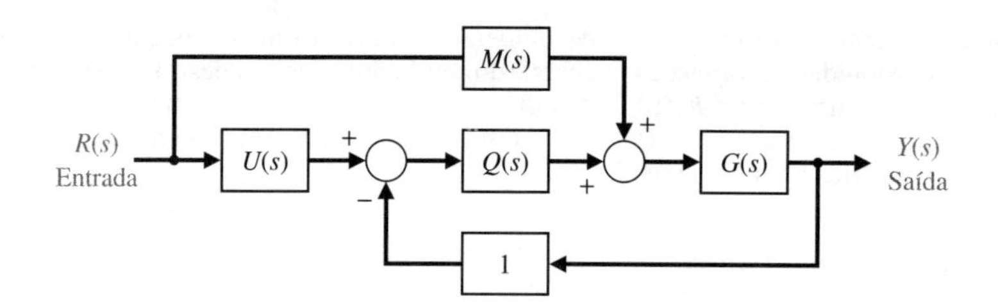

FIGURA P4.4
Sistema com dois caminhos.

da antena é mostrado na Figura P4.5. A função de transferência da antena, motor de acionamento e amplidina é aproximada por

$$G(s) = \frac{\omega_n^2}{s(s^2 + 2\zeta\omega_n s + \omega_n^2)},$$

na qual $\zeta = 0{,}707$ e $\omega_n = 10$. A função de transferência do amplificador de potência é aproximadamente

$$G_1(s) = \frac{k_a}{\tau s + 1},$$

na qual $\tau = 0{,}2$ s. (a) Determine a sensibilidade do sistema a uma variação no parâmetro k_a. (b) O sistema está sujeito a uma perturbação $T_p(s) = 1/s$. Determine a magnitude requerida de k_a de modo a manter o erro em regime estacionário do sistema inferior a 20° quando a entrada $R(s)$ for zero. (c) Determine o erro do sistema sujeito a uma perturbação $T_p(s) = 10/s$ quando ele estiver operando como um sistema em malha aberta ($k_s = 0$) com $R(s) = 0$.

P4.6 Um sistema de controle de velocidade automático será necessário para carros de passageiros trafegando nas autoestradas automáticas do futuro. Um modelo de sistema de controle de velocidade com realimentação para um veículo padrão é mostrado na Figura P4.6. A perturbação de carga devida a um declive percentual, $\Delta T_p(s)$, também é mostrada. O ganho do motor K_m varia dentro da faixa de 10 a 1.000 para vários modelos de automóveis. A constante de tempo do motor τ_m é 20 segundos. (a) Determine a sensibilidade do sistema a variações no ganho do motor K_m. (b) Determine o efeito do torque de carga na velocidade. (c) Determine o declive percentual constante $\Delta T_p(s) = \Delta p/s$ em que o veículo para (velocidade $V(s) = 0$) em função dos fatores de ganho. Observe que, uma vez que o declive é constante, a solução em regime estacionário é suficiente. Admita que $R(s) = 30/s$ km/h e que $K_m K_1 >> 1$. Quando $K_g/K_1 = 2$, qual declive percentual Δp pode causar a parada do automóvel?

P4.7 Um robô utiliza realimentação para controlar a orientação do eixo de cada uma das suas juntas. O efeito de carga varia devido a diversos objetos de carga e à posição estendida do braço. O sistema será defletido pela carga transportada pela garra. Desse modo, o sistema pode ser representado pela Figura P4.7, na qual o torque de carga é $T_p(s) = P/s$. Admita $R(s) = 0$ na posição de suporte. (a) Qual é o efeito de $T_p(s)$ sobre $Y(s)$? (b) Determine a sensibilidade da malha fechada a k_2. (c) Qual é o erro em regime estacionário quando $R(s) = 1/s$ e $T_p(s) = 0$?

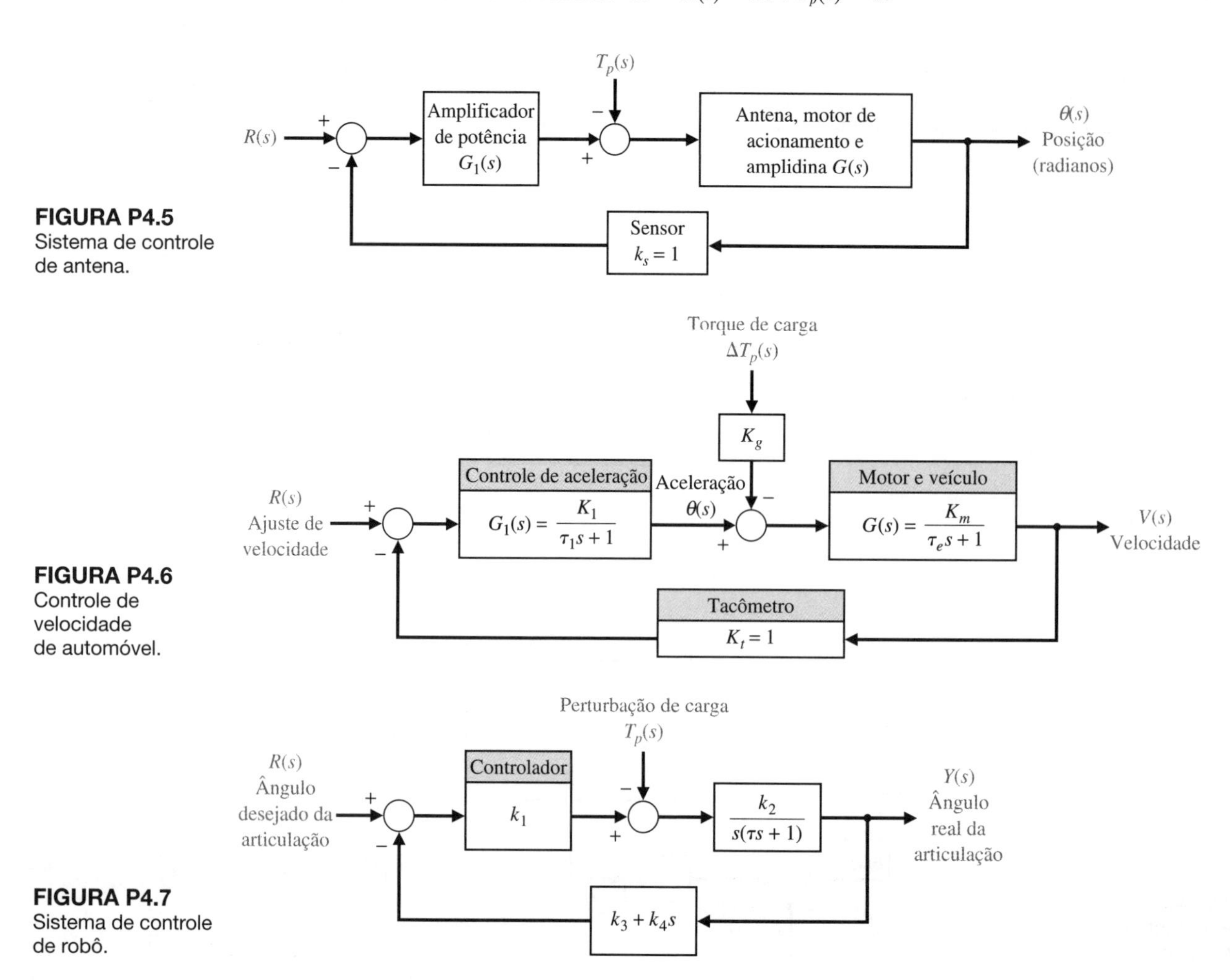

FIGURA P4.5
Sistema de controle de antena.

FIGURA P4.6
Controle de velocidade de automóvel.

FIGURA P4.7
Sistema de controle de robô.

P4.8 Variações extremas de temperatura resultam em muitas falhas de circuitos eletrônicos [1]. Sistemas de controle de temperatura com realimentação reduzem as variações de temperatura usando aquecedor para superar baixas temperaturas externas. Um diagrama de blocos de um sistema é mostrado na Figura P4.8. O efeito de uma queda na temperatura ambiente é uma redução em degrau em $T_p(s)$. A temperatura real do circuito eletrônico é $Y(s)$. A dinâmica da variação de temperatura do circuito eletrônico é representada pela função de transferência

$$G(s) = \frac{100}{s^2 + 25s + 100}.$$

(a) Determine a sensibilidade do sistema com relação a K. (b) Obtenha o efeito da perturbação $T_p(s)$ na saída $Y(s)$. (c) Encontre a faixa de K tal que a saída $Y(s)$ seja menor que 10% da entrada de perturbação escalonada com magnitude A (ou seja, $T_p(s) = A/s$).

P4.9 Um dispositivo de sensoriamento unidirecional muito útil é o sensor fotoemissor [15]. Uma fonte de luz é sensível à corrente fluindo no emissor e altera a resistência do fotossensor. Ambos, a fonte de luz e o fotocondutor, são encapsulados em um único dispositivo de quatro terminais. Este dispositivo fornece um ganho grande e total isolamento. Um circuito com realimentação utilizando este dispositivo é mostrado na Figura P4.9(a) e a característica resistência–corrente não linear é mostrada na Figura P4.9(b). A curva de resistência pode ser representada pela equação

$$\log_{10} R = \frac{0{,}175}{(i - 0{,}005)^{1/2}},$$

na qual i é a corrente na fonte de luz. O ponto de operação normal é obtido quando $v_{en} = 2{,}0$ V e $v_o = 35$ V. (a) Determine a função de transferência em malha fechada do sistema. (b) Determine a sensibilidade do sistema a variações no ganho, K.

P4.10 Para uma instalação de processamento de papel, é importante manter uma tensão constante sobre a folha contínua de papel entre os cilindros de desenrolamento e de enrolamento. A tensão varia à medida que as larguras dos rolos de papel nos cilindros mudam e um ajuste na velocidade do motor do cilindro de enrolamento é necessário, como mostrado na Figura P4.10. Se a velocidade do motor do cilindro de enrolamento não for controlada, à medida que o papel for sendo transferido do cilindro de desenrolamento para o cilindro de enrolamento, a velocidade $v_0(t)$ diminui e a tensão de tração sobre o papel cai [10, 14]. A combinação de três rolos e da mola fornece uma medida da tensão do papel. A força da mola é igual a $k_1Y(s)$, e o transformador diferencial linear, o retificador e o amplificador podem ser representados por $E_0(s) = -k_2Y(s)$. Consequentemente, a medida da tensão é descrita pela relação $2T(s) = k_1Y(s)$, na qual $Y(s)$ é o desvio da condição de equilíbrio e $T(s)$ é o componente vertical do desvio na tensão da condição de equilíbrio. A constante de tempo do motor é $\tau = L_a/R_a$, e a velocidade linear do cilindro de enrolamento é duas vezes a velocidade angular do motor, isto é, $V_0(s) = 2\omega_0(s)$. A equação do motor é então

$$E_0(s) = \frac{1}{K_m}[\tau s\omega_0(s) + \omega_0(s)] + k_3\Delta T(s),$$

na qual $\Delta T(s)$ = perturbação na tensão. (a) Desenhe o diagrama de blocos em malha fechada do sistema, incluindo a perturbação

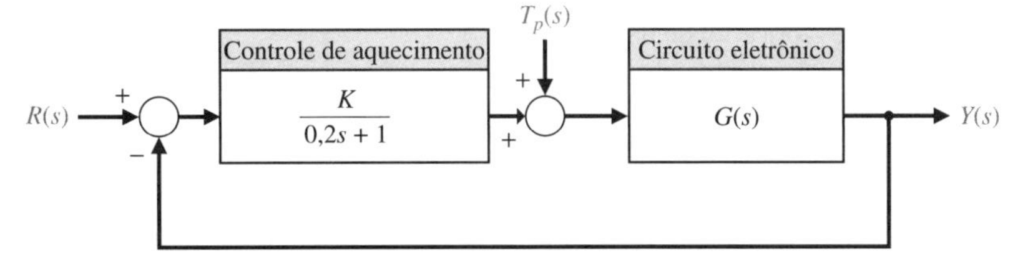

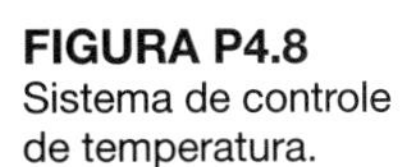
FIGURA P4.8
Sistema de controle de temperatura.

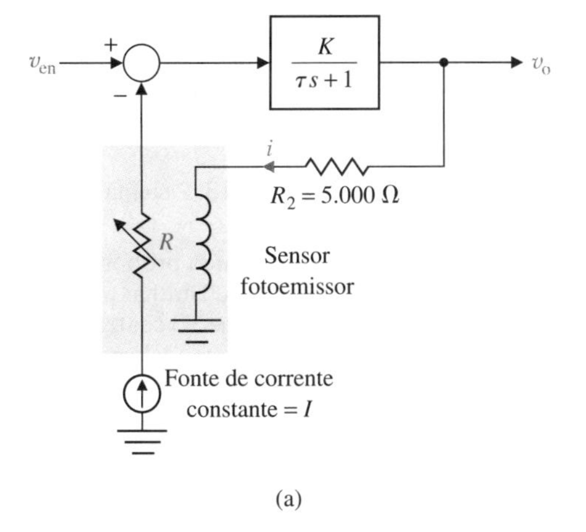

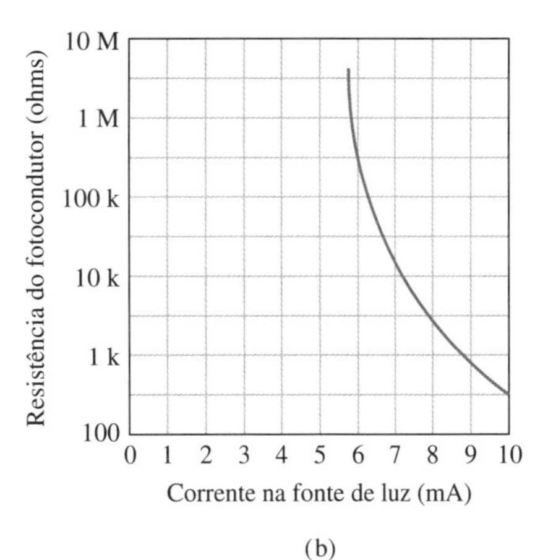

FIGURA P4.9
Sistema fotossensor.

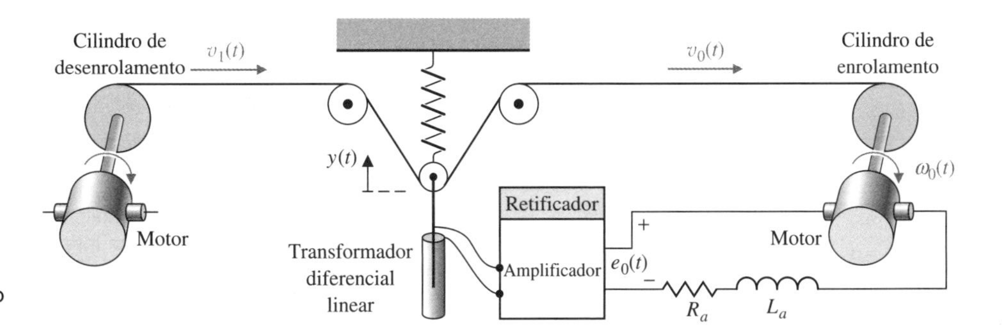

FIGURA P4.10
Controle de tensão do papel.

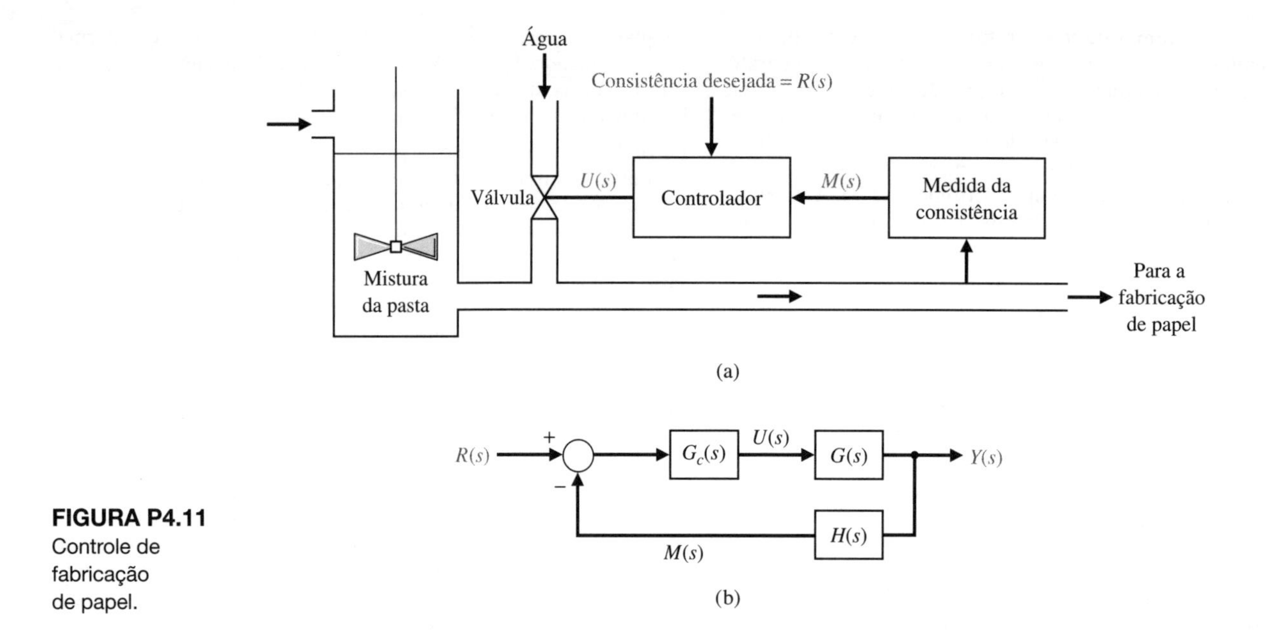

FIGURA P4.11 Controle de fabricação de papel.

$\Delta T(s)$. (b) Acrescente o efeito de uma perturbação na velocidade do cilindro de desenrolamento $\Delta V_1(s)$ ao diagrama de blocos. (c) Determine a sensibilidade do sistema à constante do motor K_m. (d) Determine o erro em regime estacionário na tensão quando ocorre uma perturbação em degrau na velocidade $\Delta V_1(s) = A/s$.

P4.11 Um objetivo importante do processo de fabricação de papel é manter a consistência uniforme da pasta de celulose à medida que ela segue para secagem e enrolamento. Um diagrama do sistema de controle de diluição da consistência da pasta espessa é mostrado na Figura P4.11(a). A quantidade de água adicionada determina a consistência. O diagrama de blocos do sistema é mostrado na Figura P4.11(b). Seja $H(s) = 1$ e

$$G_c(s) = \frac{K}{20s + 1}, \qquad G(s) = \frac{1}{3s + 1}.$$

Determine (a) a função de transferência em malha fechada $T(s) = Y(s)/R(s)$, (b) a sensibilidade S^T_K e (c) o erro em regime estacionário para uma mudança em degrau na consistência desejada $R(s) = A/s$. (d) Calcule o valor de K necessário para um erro em regime estacionário admissível de 4%.

P4.12 Dois sistemas com realimentação são mostrados na Figura P4.12(a) e (b). (a) Calcule as funções de transferência em malha fechada T_1 e T_2 para cada sistema. (b) Compare as sensibilidades dos dois sistemas com respeito ao parâmetro K_1 para os valores nominais $K_1 = K_2 = 1$.

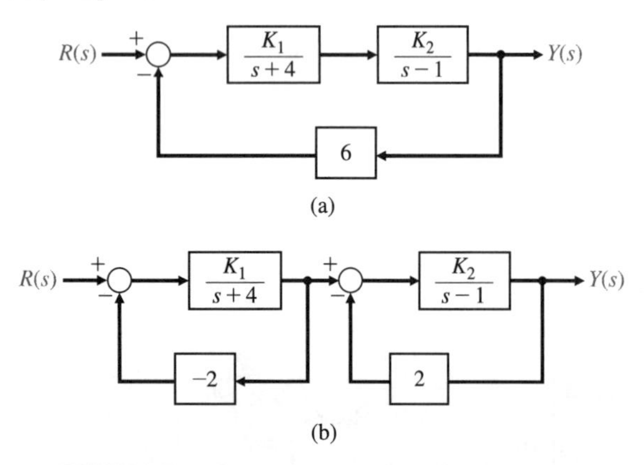

FIGURA P4.12 Dois sistemas com realimentação.

P4.13 Uma forma de função de transferência em malha fechada é

$$T(s) = \frac{G_1(s) + kG_2(s)}{G_3(s) + kG_4(s)}.$$

(a) Mostre que

$$S_k^T = \frac{k(G_2G_3 - G_1G_4)}{(G_3 + kG_4)(G_1 + kG_2)}.$$

(b) Determine a sensibilidade do sistema mostrado na Figura P4.13, usando a equação verificada na parte (a).

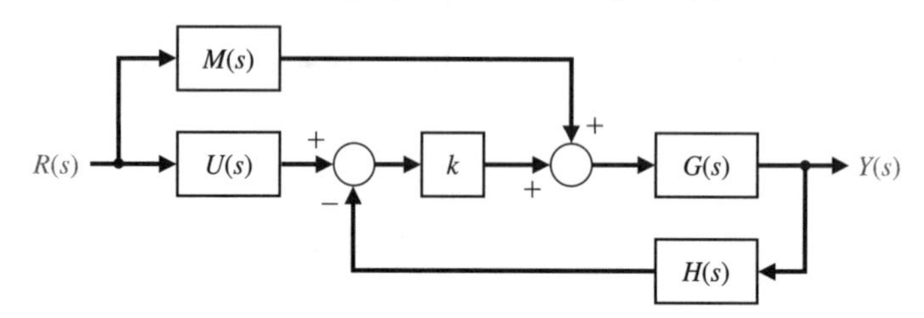

FIGURA P4.13 Sistema em malha fechada.

P4.14 Um avião hipersônico proposto deverá subir a 80.000 pés (24.000 metros), voar a 3.800 milhas por hora (6.100 km/h) e cruzar o oceano Pacífico em 2 horas. O controle de velocidade da aeronave pode ser representado pelo modelo na Figura P4.14. (a) Encontre a sensibilidade da função de transferência em malha fechada $T(s)$ a uma pequena variação no parâmetro a. (b) Qual é o intervalo do parâmetro a para um sistema em malha fechada estável?

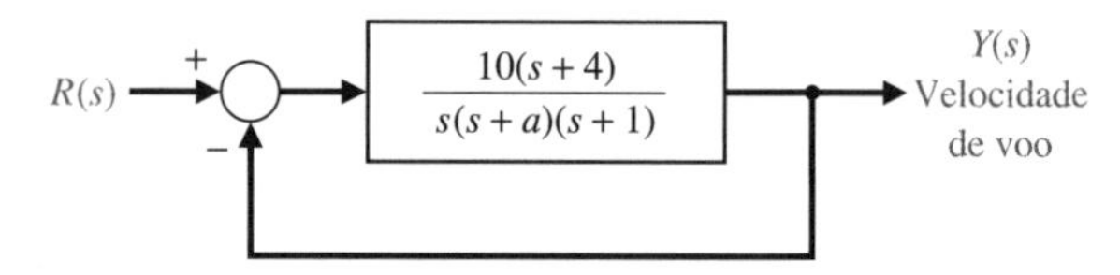

FIGURA P4.14 Controle de velocidade de aeronave hipersônica.

P4.15 A Figura P4.15 mostra o modelo de um sistema de dois reservatórios contendo um líquido aquecido, em que $T_0(s)$ é a temperatura do fluido escoando para dentro do primeiro reservatório e $T_2(s)$ é a temperatura do líquido escoando para fora do segundo reservatório. O sistema de dois reservatórios possui um aquecedor no primeiro reservatório com uma entrada de calor controlável Q. As constantes de tempo

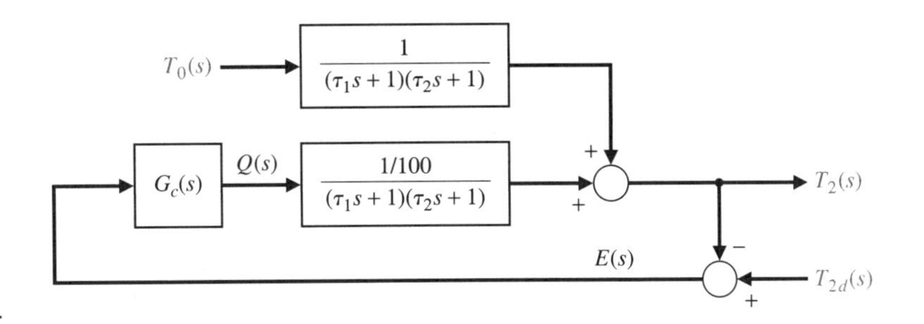

FIGURA P4.15 Controle de temperatura de dois reservatórios.

são $\tau_1 = 10$ s e $\tau_2 = 50$ s. (a) Determine $T_2(s)$ em função de $T_0(s)$ e de $T_{2d}(s)$. (b) Se $T_{2d}(s)$, a temperatura de saída desejada, for alterada instantaneamente de $T_{2d}(s) = A/s$ para $T_{2d}(s) = 2A/s$, em que $T_0(s) = A/s$, determine a resposta transitória de $T_2(t)$ quando $G_c(s) = K = 500$. (c) Encontre o erro em regime estacionário e_{ss} para o sistema da parte (b), em que $E(s) = T_{2d}(s) - T_2(s)$.

P4.16 O controle de direção de um navio moderno pode ser representado pelo sistema mostrado na Figura P4.16 [16,20]. (a) Encontre o efeito em regime estacionário de uma força do vento constante representada por $T_p(s) = 1/s$ para $K = 10$ e $K = 25$. Admita que a entrada no leme $R(s)$ seja zero, sem nenhuma perturbação, e que não foi ajustada. (b) Mostre que o leme pode ser utilizado para trazer o desvio do navio de volta a zero.

P4.17 Uma garra de robô, mostrada na parte (a) da Figura P4.17, deve ser controlada de modo que ela feche para um ângulo θ usando um sistema de controle de motor CC, como mostrado na parte (b). O modelo do sistema de controle é mostrado na parte (c), onde $K_m = 60$, $R_f = 2\ \Omega$, $K_f = K_i = 1$, $J = 0{,}2$ e $b = 1$. (a) Determine a resposta $\theta(t)$ do sistema a uma mudança em degrau em $\theta_d(t)$ quando $K = 20$. (b) Admitindo $\theta_d(t) = 0$, descubra o efeito de uma perturbação de carga $T_p(s) = A/s$. (c) Determine o erro em regime estacionário e_{ss} quando a entrada for $r(t) = t, t > 0$. (Admita que $T_p(s) = 0$.)

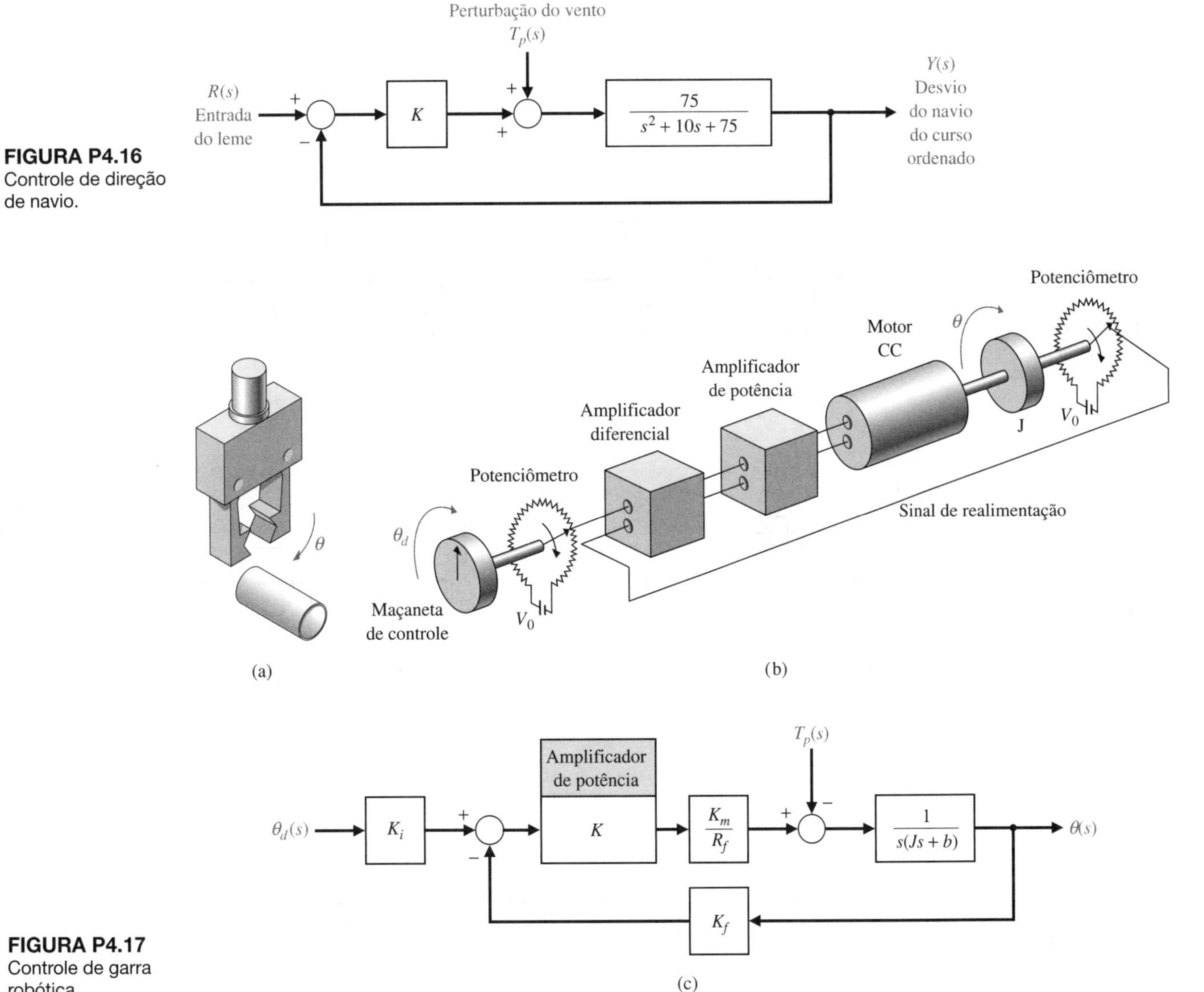

FIGURA P4.16 Controle de direção de navio.

FIGURA P4.17 Controle de garra robótica.

PROBLEMAS AVANÇADOS

PA4.1 Um controle de regulação de nível de reservatório é mostrado na Figura PA4.1(a). Deseja-se regular o nível $H(s)$ em resposta a uma variação na perturbação $Q_3(s)$. O diagrama de blocos mostra pequenas variações das variáveis em torno das condições de equilíbrio de modo que o valor desejado $H_d(s) = 0$. Determine a equação para o erro $E(s)$ e determine o erro em regime estacionário para uma perturbação em degrau unitário quando (a) $G(s) = K$ e (b) $G(s) = K/s$.

PA4.2 A junta de articulação do ombro de um braço robótico utiliza um motor CC controlado pela armadura e um conjunto de engrenagens no eixo de saída. O modelo do sistema é mostrado na Figura PA4.2 com um torque de perturbação $T_p(s)$, o qual representa o efeito da carga. Determine o erro em regime estacionário quando o ângulo de entrada desejado for um degrau de modo que $\theta_d(s) = A/s$, $G_c(s) = K$ e a entrada de perturbação for igual a zero. Quando $\theta_d(s) = 0$ e o efeito da carga é $T_p(s) = M/s$, determine o erro em regime estacionário quando (a) $G(s) = K$ e (b) $G(s) = K/s$.

PA4.3 Uma máquina operatriz é projetada para seguir uma trajetória desejada de modo que

$$r(t) = (1 - t)u(t),$$

na qual $u(t)$ é a função em degrau unitário. O sistema de controle da máquina operatriz é mostrado na Figura PA4.3.

(a) Determine o erro em regime estacionário quando $R(s)$ é a trajetória desejada como dado e $T_p(s) = 0$.

(b) Represente graficamente o erro $e(t)$ na trajetória desejada para a parte (a) com $0 < t \leq 10$ s.

(c) Se $R(s) = 0$ encontre o erro em regime estacionário quando $T_p(s) = 1/s$.

(d) Represente graficamente o erro $e(t)$ na parte (c) para $0 < t \leq 10$ s.

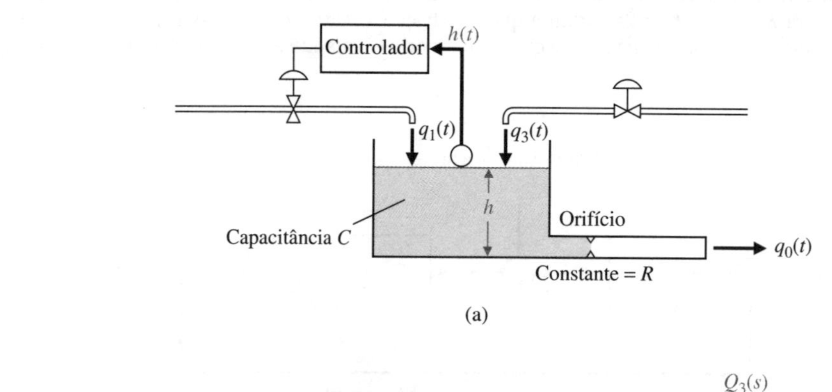

(a)

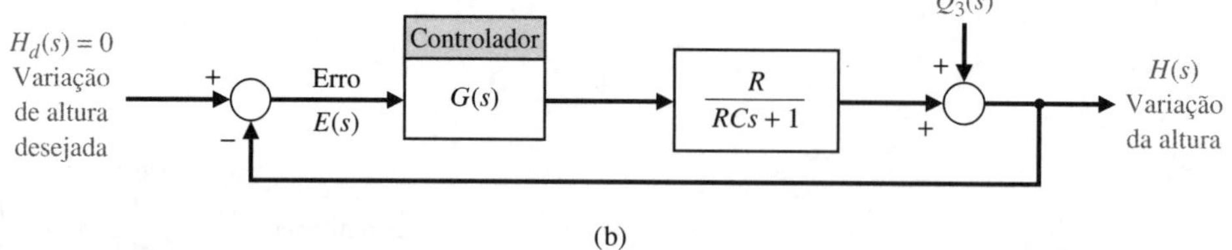

(b)

FIGURA PA4.1 Um regulador de nível de reservatório.

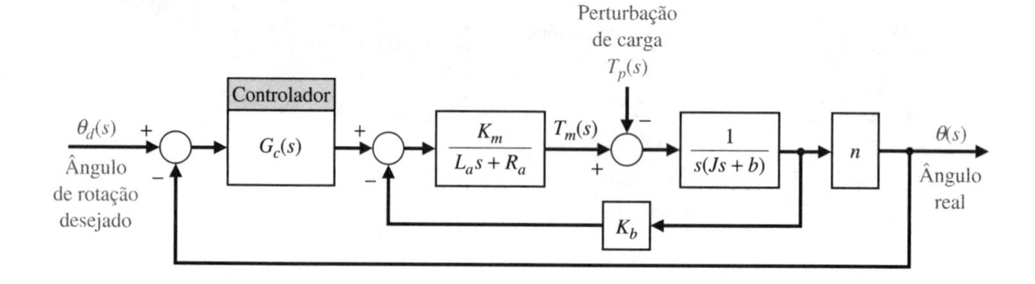

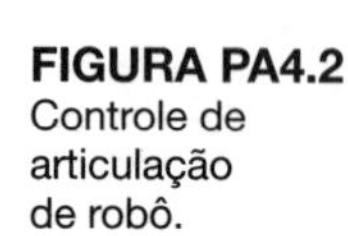

FIGURA PA4.2 Controle de articulação de robô.

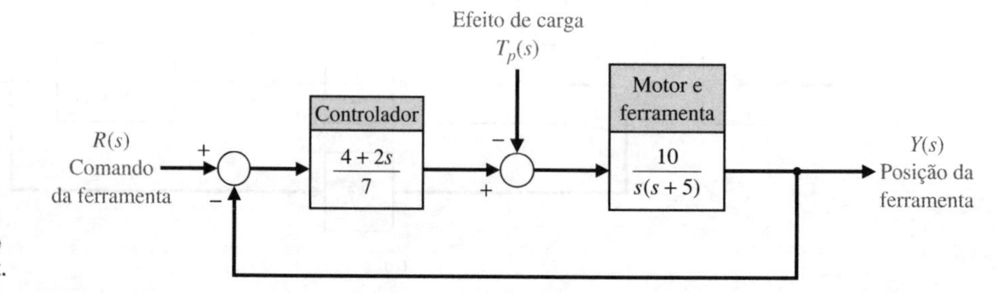

FIGURA PA4.3 Realimentação de máquina operatriz.

PA4.4 Um motor CC controlado pela armadura com realimentação é mostrado na Figura PA4.4. Admita que $K_m = 10, J = 1$ e $R = 1$. Assuma que o erro de rastreamento é $E(s) = V(s) - K_t\omega(s)$.

(a) Determine o ganho K necessário para restringir o erro em regime estacionário para uma entrada rampa a 0,1 (admita que $T_p(s) = 0$).

(b) Para o ganho escolhido na parte (a), determine e represente graficamente o erro $e(t)$ devido a uma perturbação rampa para $0 \leq t \leq 5$ s.

PA4.5 Um sistema que controla a pressão arterial média durante a anestesia foi projetado e testado [12]. O nível de pressão arterial é postulado com indicador do nível de anestesia durante uma cirurgia. Um diagrama de blocos do sistema é mostrado na Figura PA4.5, em que o impacto da cirurgia é representado pela perturbação $T_p(s)$.

(a) Determine o erro em regime estacionário devido a uma perturbação degrau unitário.

(b) Determine o erro em regime estacionário para uma entrada em rampa.

(c) Escolha um valor adequado de K menor ou igual a 25 e represente graficamente a resposta $y(t)$ para uma entrada de perturbação em degrau unitário.

PA4.6 Um circuito útil, chamado circuito de avanço de fase, é mostrado na Figura PA4.6.

(a) Determine a função de transferência $G(s) = V_0(s)/V(s)$.

(b) Determine a sensibilidade de $G(s)$ com respeito à capacitância C.

(c) Determine e represente graficamente a resposta transitória $v_0(t)$ para uma entrada em degrau $V(s) = 1/s$.

PA4.7 Um sistema de controle com realimentação com ruído de sensor e uma entrada de perturbação é mostrado na Figura PA4.7. O objetivo é reduzir os efeitos do ruído e da perturbação. Seja $R(s) = 0$.

(a) Determine o efeito da perturbação em $Y(s)$.

(b) Determine o efeito do ruído em $Y(s)$.

(c) Escolha o melhor valor para K, com $1 \leq K \leq 100$, de modo que os efeitos no erro em regime estacionário devido à perturbação e ao ruído sejam minimizados. Admita que $T_p(s) = A/s$ e $N(s) = B/s$.

PA4.8 O diagrama de blocos do sistema de controle de uma máquina operatriz é mostrado na Figura PA4.8.

(a) Determine a função de transferência $T(s) = Y(s)/R(s)$.

(b) Determine a sensibilidade S_b^T.

(c) Escolha K, com $1 \leq K \leq 100$, de modo que os efeitos de uma perturbação em degrau unitário sejam minimizados.

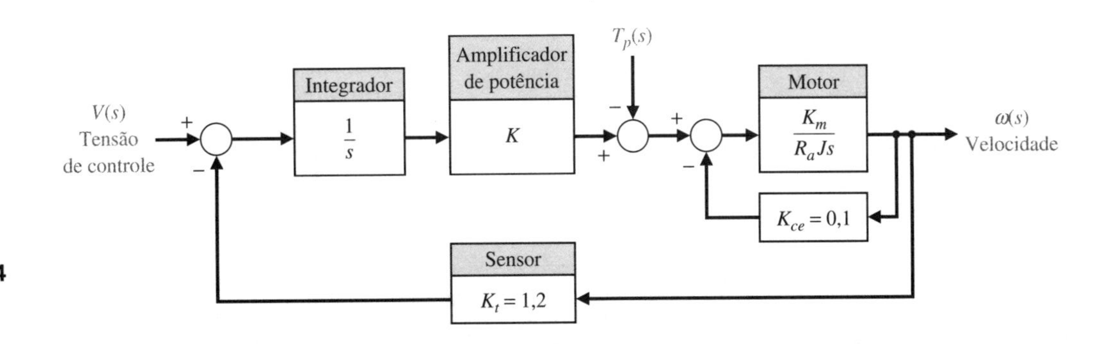

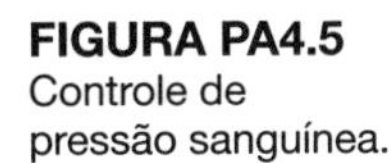

FIGURA PA4.4 Motor CC com realimentação.

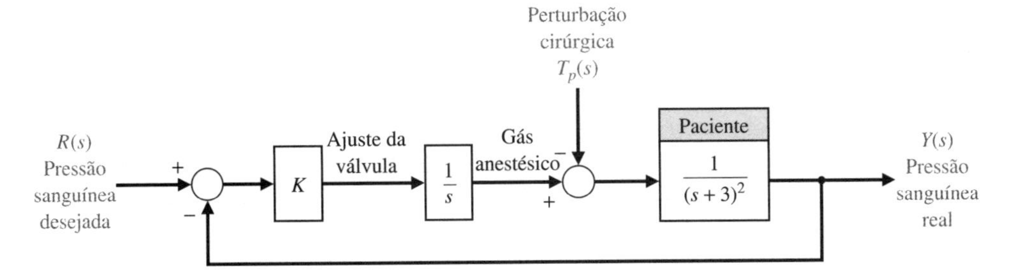

FIGURA PA4.5 Controle de pressão sanguínea.

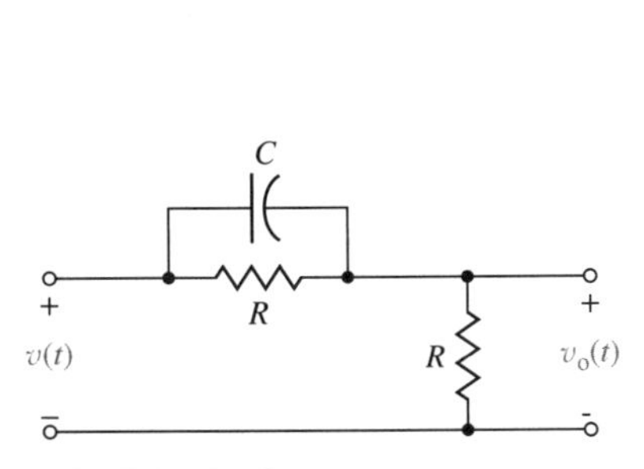

FIGURA PA4.6 Um circuito de avanço de fase.

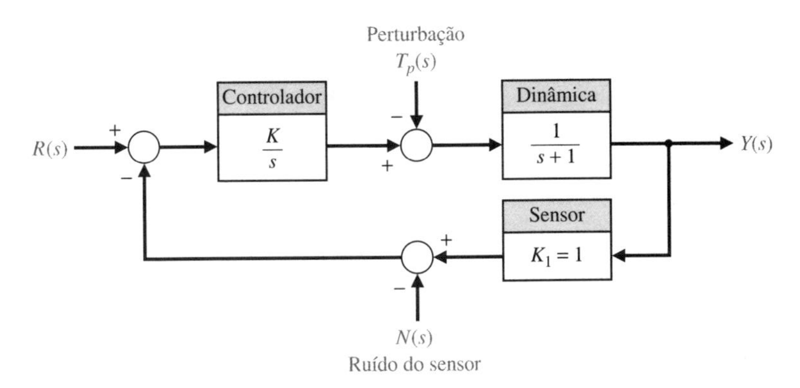

FIGURA PA4.7 Sistema com realimentação com ruído.

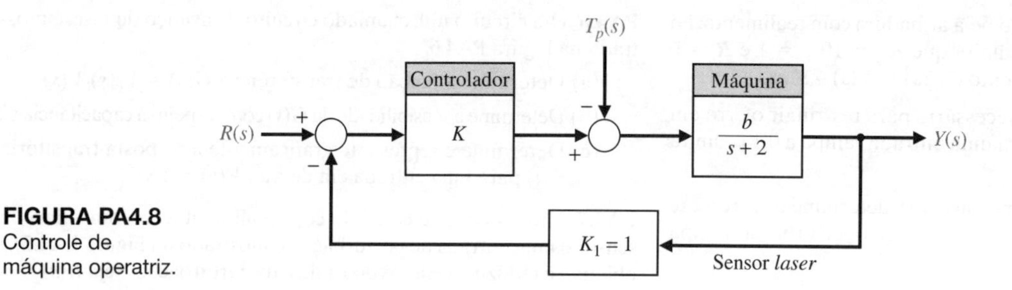

FIGURA PA4.8 Controle de máquina operatriz.

PROBLEMAS DE PROJETO

PPC4.1 Um sistema de acionamento por sarilho de uma corrediça deslizante está descrito no PPC2.1. A posição da corrediça deslizante x é medida com um gabarito capacitivo, como mostrado na Figura PPC4.1, o qual é bastante linear e exato. Esboce o modelo do sistema com realimentação e determine a resposta do sistema quando o controlador for um amplificador e $H(s) = 1$. Determine a resposta ao degrau para diversos valores escolhidos do ganho do amplificador $G_c(s) = K_a$.

PP4.1 Um sistema de controle de velocidade em malha fechada é submetido a uma perturbação devida à carga, como mostrado na Figura PP4.1. A velocidade desejada é $\omega_d(t) = 100$ rad/s e a perturbação de carga é uma entrada em degrau unitário $T_p(s) = 1/s$. Admita que a velocidade atingiu o valor de 100 rad/s sem carga e está em regime estacionário. (a) Determine o efeito em regime estacionário da perturbação na carga e (b) represente graficamente $\omega(t)$ para a perturbação em degrau com valores escolhidos de ganho de modo que $10 \leq K \leq 25$. Determine um valor adequado para o ganho K.

PP4.2 O controle do ângulo de rolagem de um aeroplano é conseguido utilizando-se o torque desenvolvido pelos ailerons. Um modelo linear do sistema de controle de rolagem de um pequeno avião experimental é mostrado na Figura PP4.2, em que

$$G(s) = \frac{1}{s^2 + 5s + 10}.$$

O objetivo é manter um pequeno ângulo de rolagem devido a perturbações. Escolha um ganho apropriado KK_1 que reduzirá o efeito de perturbações enquanto se consegue obter uma resposta transitória desejável a uma perturbação em degrau. Para obter uma resposta transitória desejável, faça $KK_1 < 50$.

PP4.3 Considere o sistema mostrado na Figura PP4.3.

(a) Determine a faixa de valores de K_1 admissível de modo que o erro em regime estacionário seja $e_{ss} \leq 1\%$.

(b) Determine valores adequados para K_1 e K de modo que a magnitude do erro em regime estacionário devido a uma perturbação de vento $T_p(t) = 2t$ mrad/s, $0 \leq t < 5$ s, seja inferior a 0,1 mrad.

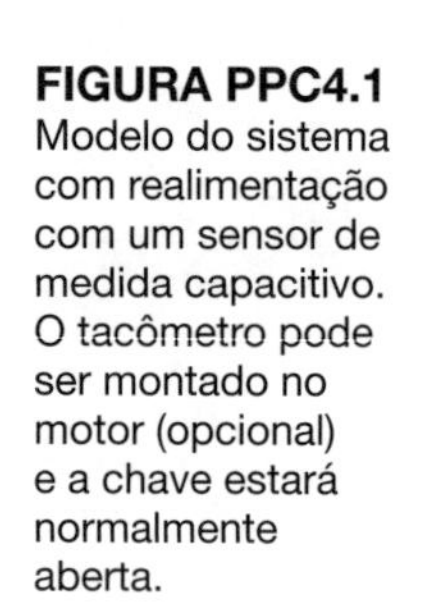

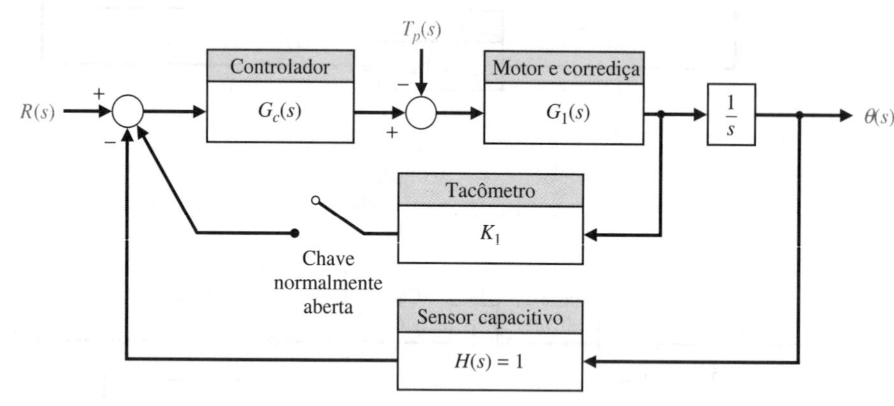

FIGURA PPC4.1 Modelo do sistema com realimentação com um sensor de medida capacitivo. O tacômetro pode ser montado no motor (opcional) e a chave estará normalmente aberta.

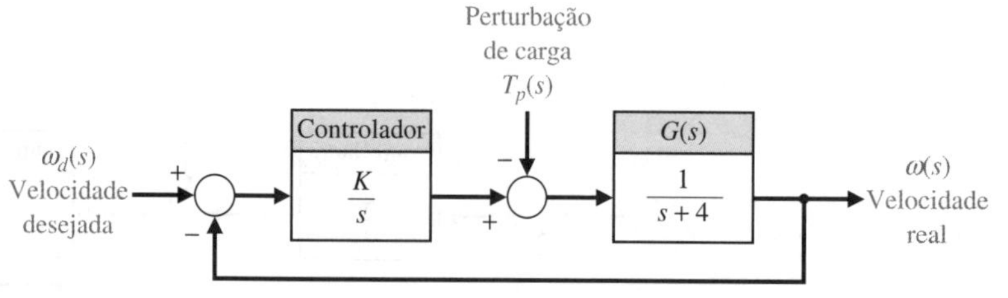

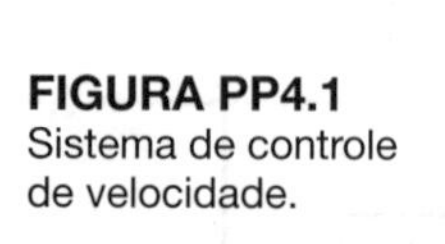

FIGURA PP4.1 Sistema de controle de velocidade.

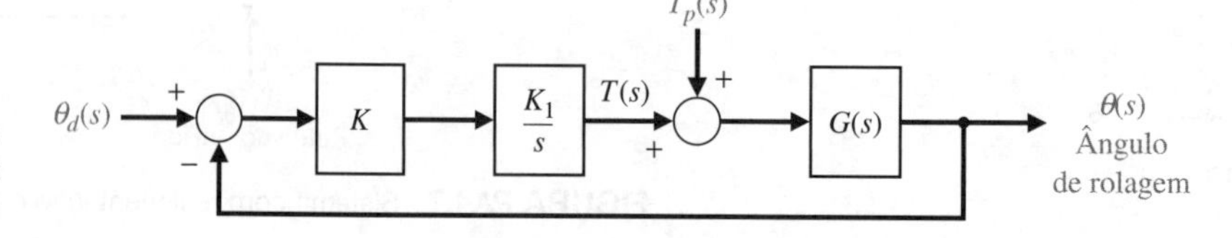

FIGURA PP4.2 Controle do ângulo de rolagem de uma aeronave.

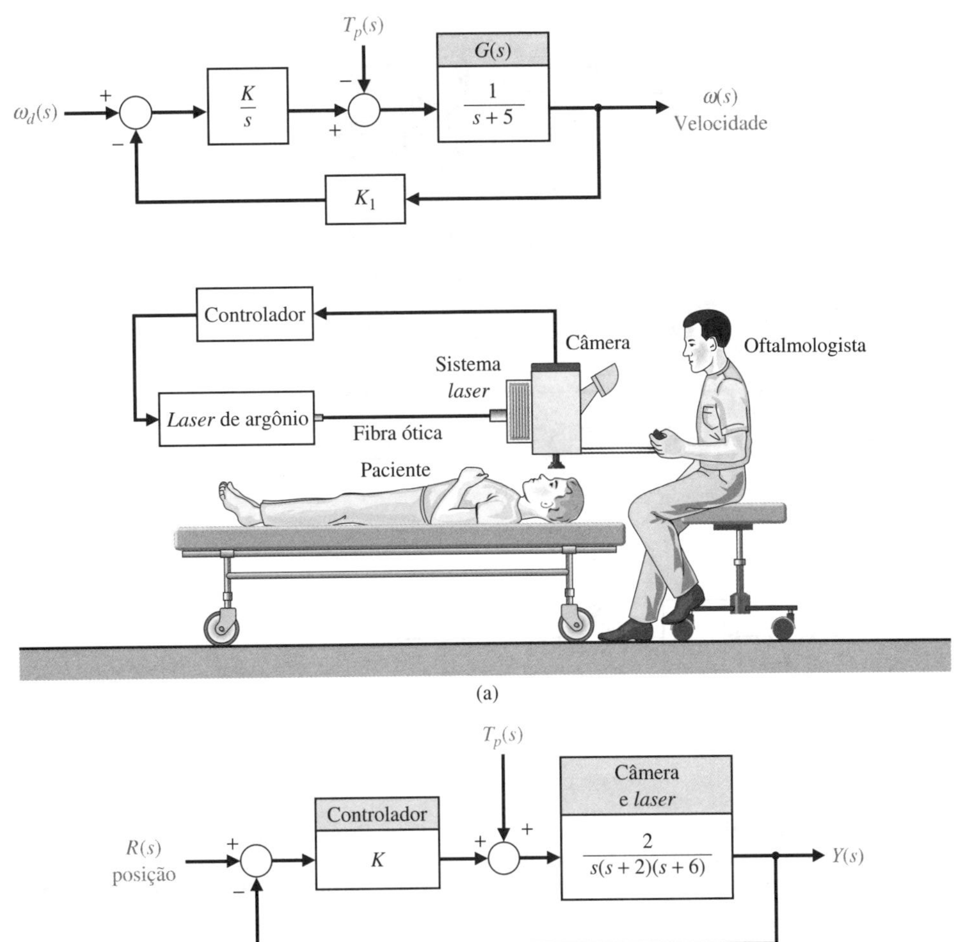

FIGURA PP4.3 Sistema de controle de velocidade.

FIGURA PP4.4 Sistema de cirurgia oftalmológica a *laser*.

PP4.4 Os *lasers* têm sido usados em cirurgias oftalmológicas já há muitos anos. Eles podem cortar os tecidos ou auxiliar na coagulação [17]. O *laser* permite ao oftalmologista aplicar calor em um ponto no olho de forma controlada. Muitos tratamentos utilizam a retina como o alvo do *laser*. A retina é o tecido sensorial fino que fica na superfície interna da parte de trás do olho e é o transdutor real do olho, convertendo energia luminosa em pulsos elétricos. Ocasionalmente, esta camada descola da parede, resultando na morte da área descolada por ausência de sangue e conduzindo à cegueira parcial ou total do olho. Um *laser* pode ser usado para "soldar" a retina no seu lugar correto na parede interna.

O controle automático de posição habilita ao oftalmologista indicar para o controlador onde as lesões deverão ser inseridas. O controlador então monitora a retina e controla a posição do *laser* de modo tal que cada lesão seja colocada no local correto. Um sistema de câmera de vídeo com grande abertura angular é necessário para monitorar o movimento da retina, como mostrado na Figura PP4.4(a). Caso o olho se movimente durante a irradiação, o *laser* precisa ser redirecionado ou desligado. O sistema de controle de posição é mostrado na Figura PP4.4(b). Escolha um ganho apropriado para o controlador de modo que a resposta transitória a uma mudança em degrau $R(s)$ seja satisfatória e o efeito de perturbações devidas a ruídos no sistema sejam minimizados. Além disso, assegure que o erro em regime estacionário para um comando de entrada em degrau seja zero. Determine o maior valor de $K > 0$ para assegurar estabilidade em malha fechada.

PP4.5 Um circuito com amp-op pode ser usado para gerar um pulso curto. O circuito mostrado na Figura PP4.5 pode gerar um pulso $v_0(t) = 5e^{-100t}, t > 0$, quando a entrada $v(t)$ for um degrau unitário [6]. Escolha valores apropriados para os resistores e o capacitor. Admita um amp-op ideal.

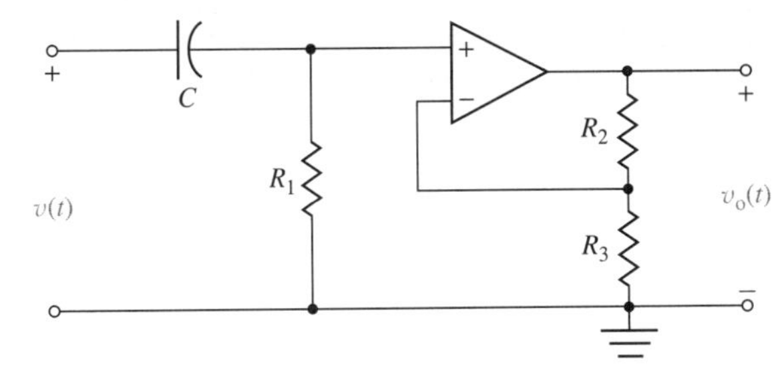

FIGURA PP4.5 Circuito com amp-op.

PP4.6 Um *hidrobot* está sendo considerado para exploração remota sob o gelo de Europa, uma lua do planeta gigante Júpiter. A Figura PP4.6(a) mostra uma versão artística da missão. O *hidrobot* é um veículo subaquático autopropulsado que poderia analisar a composição química da água em busca de sinais de vida. Um aspecto importante do veículo é uma descida vertical controlada até as profundezas na presença de correntes submarinas. Um sistema de controle com realimentação simplificado é mostrado na Figura PP4.6(b). O parâmetro $J > 0$ é o momento de inércia de arfagem. (a) Admita que $G_c(s) = K$. Sob quais valores de K o sistema é estável? (b) Qual é o erro em regime estacionário devido a uma perturbação em degrau unitário quando $G_c(s) = K$? (c) Admita que $G_c(s) = K_P + K_D s$. Sob quais valores de K_P e K_D o sistema é estável? (d) Qual é o erro em regime estacionário devido a uma perturbação em degrau unitário quando $G_c(s) = K_P + K_D s$?

(a)

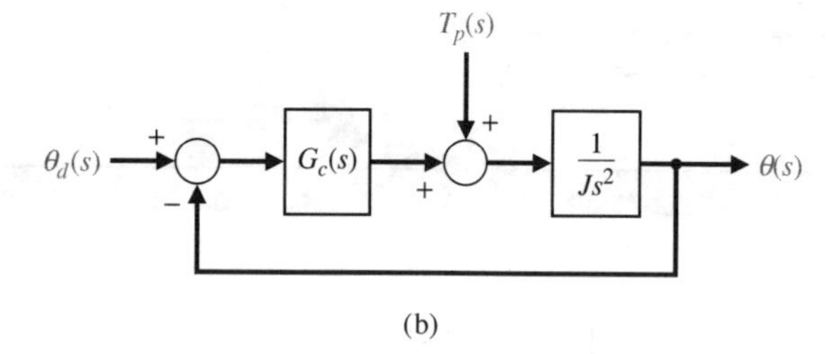

(b)

FIGURA PP4.6 (a) Exploração de Europa sob o gelo. (Usada com permissão. Crédito: NASA.) (b) Sistema com realimentação.

PP4.7 O interesse em veículos subaquáticos não tripulados (UUVs – *unmanned underwater vehicles*) tem aumentado recentemente, com grande número de aplicações possíveis sendo consideradas. Elas incluem aplicações de coleta de informações, detecção de minas e vigilância. Independentemente da missão pretendida, existe forte necessidade de um controle confiável e robusto do veículo. O veículo proposto é mostrado na Figura PP4.7(a) [28].

Deseja-se controlar o veículo em várias condições de operação. O veículo tem 30 pés (9 m) de comprimento com um estabilizador vertical próximo à proa. As entradas de controle são comandos de estabilizadores de popa, leme e velocidade do eixo. Neste caso, deseja-se controlar a rolagem do veículo usando-se os estabilizadores de popa. O sistema de controle é mostrado na Figura PP4.7(b), na qual $R(s) = 0$, o ângulo de rolagem desejado, e $T_p(s) = 1/s$. Admita que o controlador é

$$G_c(s) = K(s + 2).$$

(a) Projete o ganho do controlador K de modo que o erro máximo do ângulo de rolagem devido a uma entrada de perturbação em degrau unitário seja menor que 0,05.

(b) Calcule o erro do ângulo de rolagem em regime estacionário para a entrada de perturbação e explique o resultado.

PP4.8 Um novo sistema de câmera de vídeo suspensa móvel controlada remotamente para trazer mobilidade tridimensional ao futebol americano profissional é mostrado na Figura PP4.8(a) [29]. A câmera pode ser movimentada sobre o campo, bem como para cima e para baixo. O controle do motor de cada uma das polias é representado pelo sistema da Figura PP4.8(b), na qual os valores nominais são $\tau_1 = 20$ ms e $\tau_2 = 2$ ms. (a) Calcule a sensibilidade $S_{\tau_1}^T$ e a sensibilidade $S_{\tau_2}^T$. (b) Projete o ganho do controlador K de modo que o erro de rastreamento em regime estacionário devido a uma perturbação em degrau unitário seja menor que 0,05.

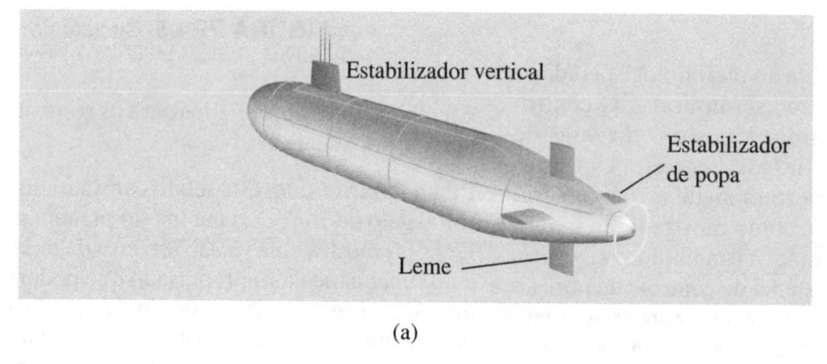

(a)

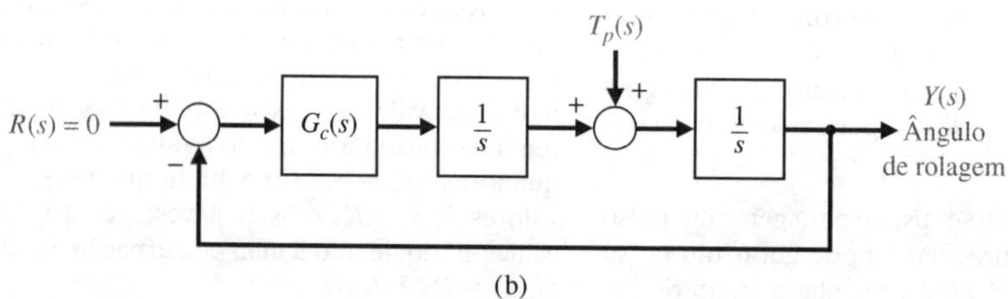

(b)

FIGURA PP4.7 Controle de um veículo subaquático.

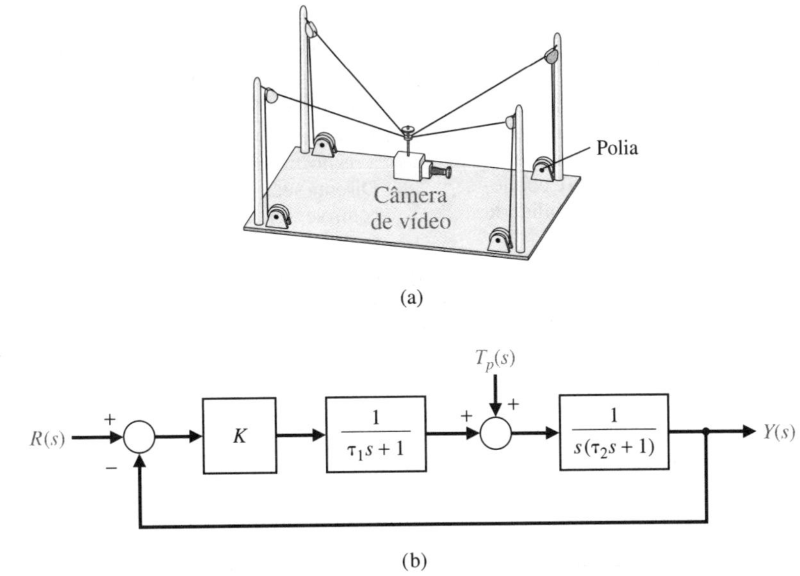

FIGURA PP4.8 Câmera de TV controlada remotamente.

PROBLEMAS COMPUTACIONAIS

PC4.1 Considere um sistema com realimentação unitária com

$$G(s) = \frac{20}{s^2 + 4s + 20}.$$

Obtenha a resposta ao degrau e determine a máxima ultrapassagem percentual. Qual é o erro em regime estacionário?

PC4.2 Considere a função de transferência (sem realimentação)

$$G(s) = \frac{4}{s^2 + 2s + 20}.$$

Quando a entrada é um degrau unitário, o valor em regime estacionário desejado para a saída é um. Usando a função step, mostre que o erro em regime estacionário a uma entrada em degrau unitário é 0,8.

PC4.3 Considere a função de transferência em malha fechada

$$T(s) = \frac{5K}{s^2 + 15s + K}.$$

Obtenha a família de respostas ao degrau para $K = 10$, 200 e 500. Represente as respostas simultaneamente em um único gráfico e desenvolva uma tabela de resultados que inclua a máxima ultrapassagem percentual, o tempo de acomodação e o erro em regime estacionário.

PC4.4 Considere o sistema com realimentação da Figura PC4.4. Admita que o controlador é

$$K = 10.$$

(a) Desenvolva uma sequência de instruções em arquivo m para calcular a função de transferência em malha fechada $T(s) = Y(s)/R(s)$ e representar graficamente a resposta ao degrau unitário. (b) Na mesma sequência de instruções, calcule a função de transferência da perturbação $T_p(s)$ para a saída $Y(s)$ e represente graficamente a resposta a perturbação em degrau unitário. (c) A partir dos gráficos em (a) e (b) anteriores, estime o erro de rastreamento em regime estacionário para uma entrada em degrau unitário e o erro de rastreamento em regime estacionário para uma entrada de perturbação em degrau unitário. (d) A partir dos gráficos em (a) e (b) anteriores, estime o erro de rastreamento máximo para uma entrada em degrau unitário e o erro de rastreamento máximo para uma entrada de perturbação em degrau unitário. Em que instante aproximadamente os erros máximos acorrem?

PC4.5 Considere o sistema de controle em malha fechada mostrado na Figura PC4.5. Desenvolva uma sequência de instruções em arquivo m para auxiliar na busca por um valor de k de modo que a máxima ultrapassagem percentual para uma entrada em degrau unitário seja aproximadamente 10%. A sequência de instruções deve calcular a

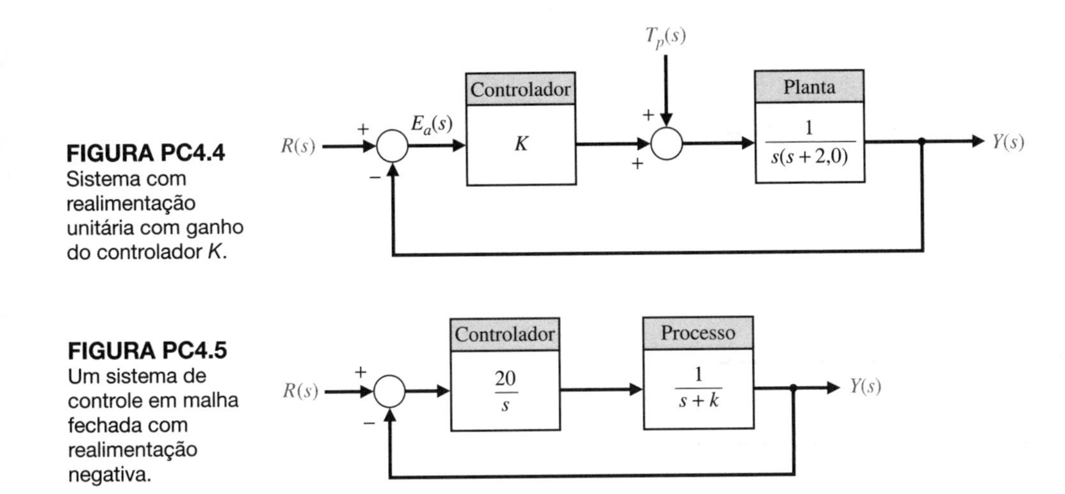

FIGURA PC4.4 Sistema com realimentação unitária com ganho do controlador K.

FIGURA PC4.5 Um sistema de controle em malha fechada com realimentação negativa.

função de transferência em malha fechada $T(s) = Y(s)/R(s)$ e gerar a resposta ao degrau. Verifique graficamente que o erro em regime estacionário para uma entrada em degrau unitário é nulo.

PC4.6 Considere o sistema de controle em malha fechada mostrado na Figura PC4.6. O ganho do controlador é $K = 2$. O valor nominal do parâmetro da planta é $a = 1$. O valor nominal é usado apenas para propósitos de projeto, uma vez que na realidade o valor não é conhecido com precisão. O objetivo da análise é investigar a sensibilidade do sistema em malha fechada ao parâmetro a.

(a) Quando $a = 1$, mostre analiticamente que o valor em regime estacionário de $Y(s)$ é igual a 2 quando $R(s)$ é um degrau unitário. Verifique que a resposta ao degrau unitário permanece dentro de 2% do valor final depois de 4 segundos.

(b) A sensibilidade do sistema a variações no parâmetro a pode ser investigada estudando-se os efeitos das variações do parâmetro na resposta transitória. Represente graficamente a resposta ao degrau unitário para $a = 0,5, 2$ e 5. Discuta os resultados.

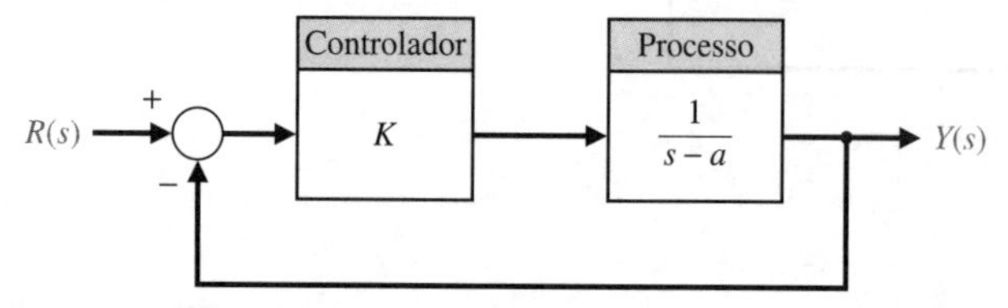

FIGURA PC4.6 Um sistema de controle em malha fechada com parâmetro incerto a.

PC4.7 Considere o sistema mecânico de torção na Figura PC4.7(a). O torque devido à torção do eixo é $-k\theta(s)$; o torque de amortecimento devido ao dispositivo de freio é $-b\theta(s)$; o torque de perturbação é $T_p(s)$; o torque de entrada é $R(s)$; e o momento de inércia do sistema mecânico é J. A função de transferência do sistema mecânico de torção é

$$G(s) = \frac{1/J}{s^2 + (b/J)s + k/J}.$$

Um sistema de controle em malha fechada para o sistema é mostrado na Figura PC4.7(b). Admita que o ângulo desejado $\theta_d = 0°$, $k = 5$, $b = 0,9$ e $J = 1$.

(a) Determine a resposta em malha aberta $\theta(t)$ do sistema para uma perturbação em degrau unitário.

(b) Com o ganho do controlador $K_0 = 50$, determine a resposta em malha fechada $\theta(t)$ a uma perturbação em degrau unitário.

(c) Represente graficamente a resposta em malha aberta *versus* a resposta em malha fechada para a entrada de perturbação. Discuta seus resultados e elabore um argumento para utilizar controle com realimentação em malha fechada visando melhorar as propriedades de rejeição de distúrbios de um sistema.

PC4.8 Um sistema de controle com realimentação negativa é representado na Figura PC4.8. Admita que o objetivo de projeto seja encontrar um controlador $G_c(s)$ de complexidade mínima de modo que o sistema em malha fechada possa rastrear uma entrada em degrau unitário com erro em regime estacionário nulo.

(a) Como primeira tentativa, considere um controlador proporcional simples

$$G_c(s) = K,$$

em que K é um ganho fixo. Seja $K = 2$. Represente graficamente a resposta ao degrau unitário e determine o erro em regime estacionário a partir do gráfico.

(b) Considere agora um controlador mais complexo

$$G_c(s) = K_0 + \frac{K_1}{s},$$

em que $K_0 = 2$ e $K_1 = 20$. Este controlador é conhecido como controlador proporcional integral (PI). Represente graficamente a resposta ao degrau unitário e determine o erro em regime estacionário a partir do gráfico.

(c) Compare os resultados das partes (a) e (b) e discuta a solução de compromisso entre a complexidade do controlador e o desempenho do erro de rastreamento em regime estacionário.

PC4.9 Considere o sistema em malha fechada na Figura PC4.9, cuja função de transferência é

$$G(s) = \frac{10s}{s + 100} \quad \text{e} \quad H(s) = \frac{5}{s + 50}.$$

(a) Obtenha a função de transferência em malha fechada $T(s) = Y(s)/R(s)$ e a resposta ao degrau unitário; isto é, faça $R(s) = 1/s$ e admita que $N(s) = 0$.

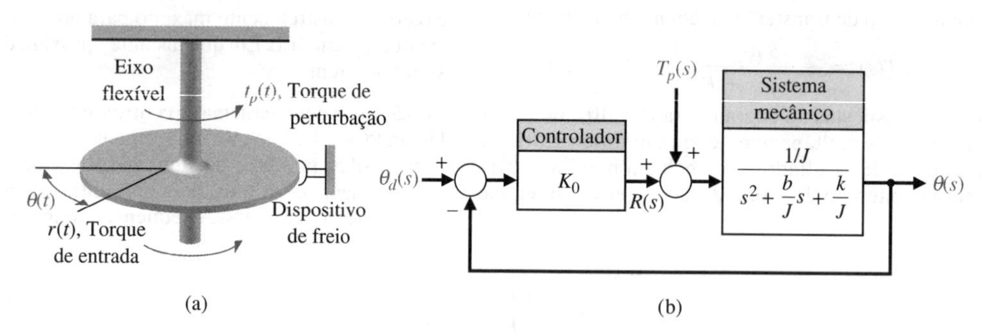

FIGURA PC4.7 (a) Sistema mecânico de torção. (b) Sistema de controle com realimentação do sistema mecânico de torção.

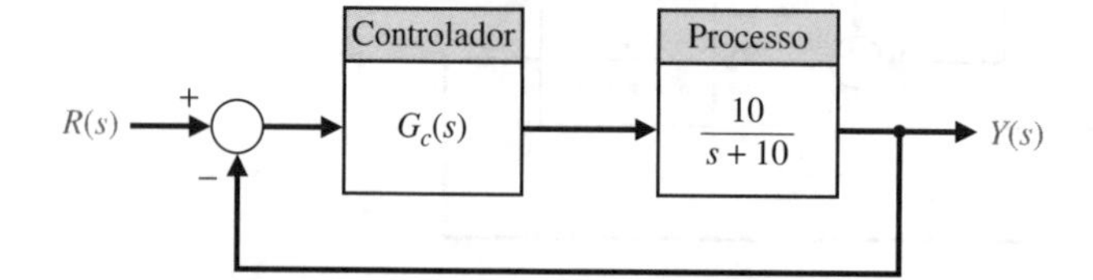

FIGURA PC4.8 Sistema simples de controle com realimentação com uma única malha.

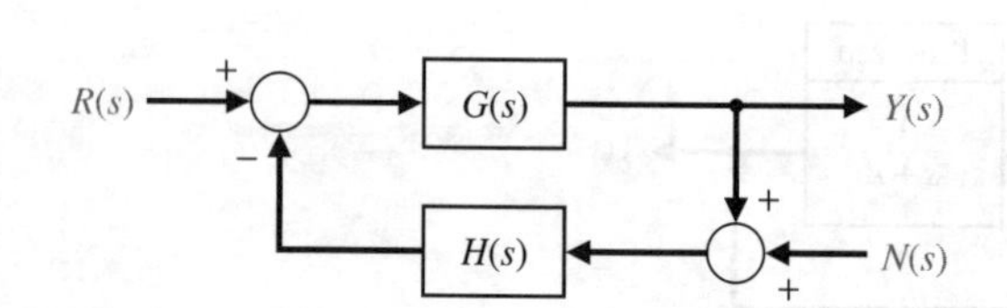

FIGURA PC4.9 Sistema em malha fechada com realimentação não unitária e ruído de medida.

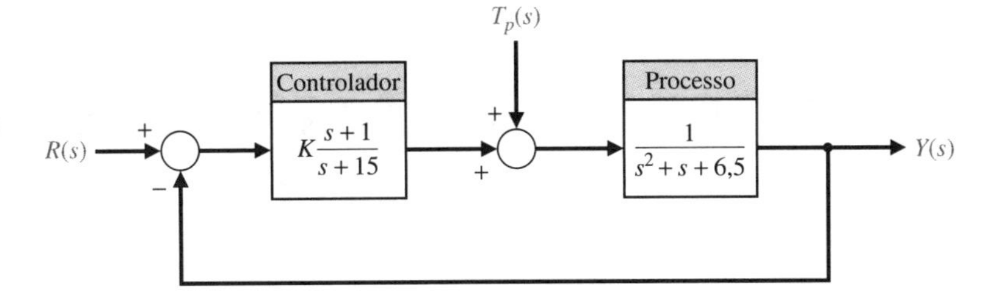

FIGURA PC4.10 Sistema com realimentação em malha fechada com perturbações externas.

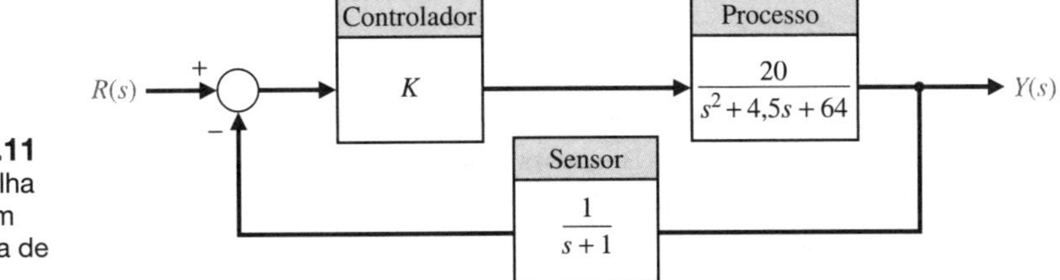

FIGURA PC4.11 Sistema em malha fechada com um sensor na malha de realimentação.

(b) Obtenha a resposta à perturbação quando

$$N(s) = \frac{100}{s^2 + 100}$$

é uma entrada senoidal de frequência $\omega = 10$ rad/s. Admita que $R(s) = 0$.

(c) No regime estacionário, quais são a frequência e a magnitude de pico da resposta à perturbação da parte (b)?

PC4.10 Considere o sistema em malha fechada representado na Figura PC4.10. O ganho do controlador K pode ser modificado para atender às especificações de projeto.

(a) Determine a função de transferência em malha fechada $T(s) = Y(s)/R(s)$.

(b) Represente graficamente a resposta do sistema em malha fechada para $K = 5, 10$ e 50.

(c) Sendo $K = 10$ o ganho do controlador, determine o valor em regime estacionário de $y(t)$ quando a perturbação é um degrau unitário, isto é, quando $T_p(s) = 1/s$ e $R(s) = 0$.

PC4.11 Considere o sistema com realimentação não unitária representado na Figura PC4.11.

(a) Determine a função de transferência em malha fechada $T(s) = Y(s)/R(s)$.

(b) Para $K = 10, 12$ e 15, represente graficamente as respostas ao degrau unitário. Determine os erros em regime estacionário e os tempos de acomodação a partir dos gráficos.

Para as partes (a) e (b), desenvolva uma sequência de instruções em arquivo m que calcule a função de transferência em malha fechada e gere os gráficos para diferentes valores de K.

RESPOSTAS PARA A VERIFICAÇÃO DE COMPETÊNCIAS

Verdadeiro ou Falso: (1) Verdadeiro; (2) Verdadeiro; (3) Falso; (4) Falso; (5) Verdadeiro

Múltipla Escolha: (6) a; (7) b; (8) a; (9) b; (10) c; (11) a; (12) b; (13) b; (14) c; (15) c

Correspondência de Palavras (em ordem, de cima para baixo): e, h, k, b, c, f, i, g, d, a, j

TERMOS E CONCEITOS

Complexidade Medida da estrutura, intricamento ou comportamento de um sistema que caracteriza os relacionamentos e interações entre vários componentes.

Componentes Partes, subsistemas ou montagens parciais em que consiste o sistema completo.

Erro de rastreamento. Ver **sinal de erro**.

Erro em regime estacionário Erro quando o período de tempo for grande e a resposta transitória tiver desaparecido, deixando a resposta contínua.

Ganho em malha aberta Razão entre o sinal de realimentação e o sinal atuante do controlador. Para um sistema com realimentação unitária, tem-se: $L(s) = G_c(s)G(s)$.

Instabilidade Atributo de um sistema que descreve a tendência de o sistema sair da condição de equilíbrio quando inicialmente deslocado.

Perda de ganho Redução na amplitude da razão entre o sinal de saída e o sinal de entrada através de um sistema, usualmente medido em decibéis.

Resposta transitória A resposta de um sistema como função do tempo antes do regime estacionário.

Sensibilidade do sistema Razão entre a variação na função de transferência do sistema e a variação na função de transferência (ou parâmetro) do processo para uma pequena variação incremental.

Sinal de erro Diferença entre a saída desejada $R(s)$ e a saída real $Y(s)$. Portanto, $E(s) = R(s) - Y(s)$.

Sinal de perturbação Um sinal de entrada indesejado que afeta o sinal de saída do sistema.

Sistema em malha aberta Sistema sem realimentação que gera a saída diretamente em resposta a um sinal de entrada.

Sistema em malha fechada Sistema com uma medida do sinal de saída e uma comparação com a saída desejada para gerar um sinal de erro que é aplicado no atuador.

CAPÍTULO

5 Desempenho de Sistemas de Controle com Realimentação

APRESENTAÇÃO

A capacidade de ajustar a resposta transitória e em regime estacionário de um sistema de controle é consequência benéfica do projeto de sistemas de controle. Neste capítulo, apresentam-se as especificações de desempenho no domínio do tempo e usam-se sinais de entrada-padrão para testar a resposta do sistema de controle. A correlação entre o desempenho de sistema e a posição dos polos e zeros da função de transferência é discutida. Serão desenvolvidas relações entre as especificações de desempenho e a frequência natural e o fator de amortecimento para sistemas de segunda ordem. Contando com a aproximação por polos dominantes, pode-se extrapolar os conceitos associados a sistemas de segunda ordem para sistemas de ordem mais elevada. O conceito de índice de desempenho será considerado. Um conjunto de índices de desempenho quantitativos que representam adequadamente o desempenho do sistema de controle será apresentado. O capítulo fecha com uma análise de desempenho do Exemplo de Projeto Sequencial: Sistema de Leitura de Acionadores de Disco.

RESULTADOS DESEJADOS

Ao concluírem o Capítulo 5, os estudantes devem ser capazes de:

- Identificar sinais de teste padrão usados em controle e descrever as características da resposta transitória de sistemas de segunda ordem a sinais de entrada de teste.
- Reconhecer as relações diretas entre as posições dos polos de sistemas de segunda ordem e a resposta transitória.
- Identificar as fórmulas de projeto que relacionam as posições dos polos de segunda ordem com a máxima ultrapassagem percentual, o tempo de acomodação, o tempo de subida e o instante de pico.
- Explicar o impacto impacto de um zero e de um terceiro polo na resposta de sistemas de segunda ordem.
- Descrever o controle ótimo como medido com índices de desempenho.

5.1 INTRODUÇÃO

A capacidade de ajustar o desempenho da resposta transitória e em regime estacionário é uma vantagem nítida de sistemas de controle com realimentação. Para analisar e projetar um sistema de controle, deve-se definir e medir seu desempenho. Com base no desempenho desejado do sistema de controle, os parâmetros do sistema podem ser ajustados para fornecerem a resposta desejada. Uma vez que os sistemas de controle são inerentemente dinâmicos, seu desempenho é normalmente especificado em função de ambas as respostas, transitória e em regime estacionário. A **resposta transitória** é a resposta que desaparece com o tempo. A **resposta em regime estacionário** é a que persiste por um longo período após o início da aplicação de um sinal de entrada.

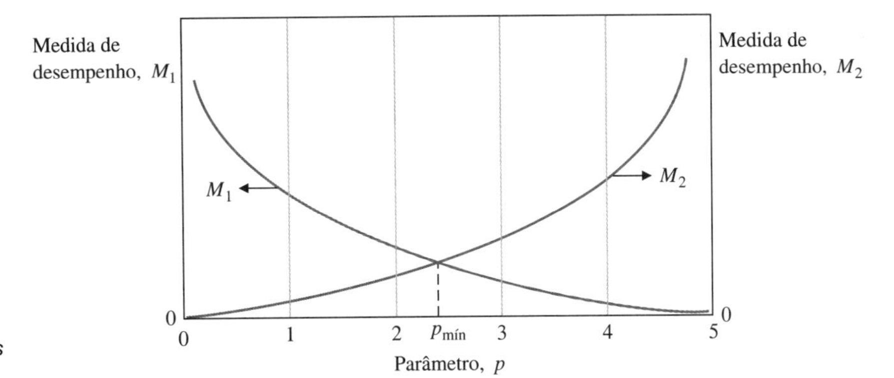

FIGURA 5.1 Duas medidas de desempenho *versus* o parâmetro p.

As **especificações de projeto** para sistemas de controle normalmente incluem vários índices de resposta no tempo para um comando de entrada específico, bem como uma exatidão desejada em regime estacionário. No decorrer de qualquer projeto, as especificações são frequentemente revisadas para realizar um compromisso. Portanto, as especificações raramente são um conjunto rígido de requisitos, mas sim uma primeira tentativa de registrar um desempenho desejado. O compromisso efetivo e o ajuste de especificações são ilustrados graficamente na Figura 5.1. O parâmetro p pode minimizar a medida de desempenho M_2 se p for escolhido como um valor muito pequeno. Entretanto, isso resulta em uma medida M_1 grande, uma situação indesejável. Se as medidas de desempenho são igualmente importantes, o ponto de interseção em $p_{\text{mín}}$ fornece o melhor compromisso. Esse tipo de compromisso é normalmente encontrado no projeto de sistemas de controle. Fica claro que, se as especificações originais designavam que tanto M_1 quanto M_2 fossem minimizadas, as especificações não poderiam ser atendidas simultaneamente; elas deveriam então ser alteradas para permitir o compromisso resultante com $p_{\text{mín}}$ [1, 10, 15, 20].

As especificações, as quais são declaradas em termos das medidas de desempenho, indicam a qualidade do sistema para o projetista. Em outras palavras, as medidas de desempenho ajudam a responder à questão: quão bem o sistema realiza a tarefa para a qual ele foi projetado?

5.2 SINAIS DE ENTRADA DE TESTE

As especificações de desempenho no domínio do tempo são índices importantes, uma vez que sistemas de controle são inerentemente sistemas no domínio do tempo. A resposta transitória é de interesse primordial para projetistas de sistemas de controle. É necessário determinar inicialmente se o sistema é estável; pode-se atingir este objetivo com o uso das técnicas dos capítulos a seguir. Se o sistema é estável, a resposta para um sinal de entrada específico fornecerá várias medidas de desempenho. Entretanto, como o sinal de entrada real do sistema é geralmente desconhecido, um **sinal de entrada de teste** padrão é normalmente escolhido. Essa abordagem é muito útil uma vez que existe correlação razoável entre a resposta de um sistema a uma entrada de teste padrão e a capacidade do sistema de funcionar em condições normais de operação. Além disso, a utilização de uma entrada-padrão permite ao projetista comparar vários projetos concorrentes. Muitos sistemas de controle são submetidos a sinais de entrada que são muito parecidos com os sinais de teste padrão.

Os sinais de entrada de teste padrão comumente usados são a entrada em degrau, a entrada rampa e a entrada parabólica. Estas entradas são mostradas na Figura 5.2. As equações representando tais sinais de teste são dadas na Tabela 5.1, na qual a transformada de Laplace pode ser obtida usando-se a Tabela 2.3. O sinal rampa é a integral da entrada em degrau, e a parábola é simplesmente a integral

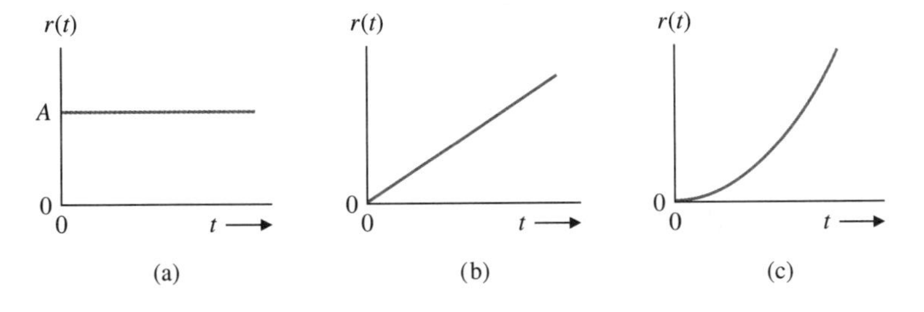

FIGURA 5.2 Sinais de entrada de teste: (a) degrau, (b) rampa e (c) parabólico.

Tabela 5.1 Sinais de Entrada de Teste

Sinal de Teste	$r(t)$	$R(s)$
Degrau	$r(t) = A,\ t > 0$ $= 0, t < 0$	$R(s) = A/s$
Rampa	$r(t) = At,\ t > 0$ $= 0, t < 0$	$R(s) = A/s^2$
Parabólico	$r(t) = At^2,\ t > 0$ $= 0, t < 0$	$R(s) = 2A/s^3$

da entrada rampa. Uma função **impulso unitário** é também útil para propósitos de sinal de teste. O impulso unitário é baseado em uma função retangular

$$f_\epsilon(t) = \begin{cases} 1/\epsilon, & -\dfrac{\epsilon}{2} \le t \le \dfrac{\epsilon}{2}; \\ 0, & \text{caso contrário,} \end{cases}$$

em que $\epsilon > 0$. Quando ϵ se aproxima de zero, a função $f_\epsilon(t)$ se aproxima da função impulso unitário $\delta(t)$, a qual possui as seguintes propriedades:

$$\int_{-\infty}^{\infty} \delta(t)\, dt = 1 \quad \text{e} \quad \int_{-\infty}^{\infty} \delta(t-a)g(t)\, dt = g(a). \tag{5.1}$$

A entrada impulso é útil quando se considera a integral de convolução para a saída $y(t)$ em função de uma entrada $r(t)$, a qual é escrita como

$$y(t) = \int_{-\infty}^{t} g(t-\tau)r(\tau)\, d\tau = \mathcal{L}^{-1}\{G(s)R(s)\}. \tag{5.2}$$

A relação na Equação (5.2) representa a relação entrada-saída em malha aberta de um sistema $G(s)$. Se a entrada é um impulso unitário, tem-se

$$y(t) = \int_{-\infty}^{t} g(t-\tau)\delta(\tau)\, d\tau. \tag{5.3}$$

A integral possui valor somente em $\tau = 0$; portanto,

$$y(t) = g(t),$$

a resposta a impulso do sistema $G(s)$. O sinal de teste de resposta a impulso pode frequentemente ser usado para um sistema dinâmico submetendo-se o sistema a um pulso de grande amplitude e de largura estreita com área A.

Os sinais de teste padrão são da forma geral

$$r(t) = t^n, \tag{5.4}$$

e a transformada de Laplace é

$$R(s) = \frac{n!}{s^{n+1}}. \tag{5.5}$$

Assim, a resposta a um sinal de teste pode ser relacionada com a resposta a outro sinal de teste na forma da Equação (5.4). O sinal de entrada em degrau é o mais fácil de ser gerado e avaliado e é normalmente escolhido para testes de desempenho.

Considere a resposta de um sistema $G(s)$ para uma entrada em degrau unitário quando, $R(s) = 1/s$,

$$G(s) = \frac{9}{s+10}.$$

Então, a saída é

$$Y(s) = \frac{9}{s(s+10)},$$

a resposta durante o período transitório é

$$y(t) = 0{,}9(1 - e^{-10t})$$

e a resposta em regime estacionário é

$$y(\infty) = 0{,}9.$$

Se o erro é $E(s) = R(s) - Y(s)$, então o erro em regime estacionário é

$$e_{ss} = \lim_{s \to 0} sE(s) = \lim_{s \to 0} \frac{s + 1}{s + 10} = 0{,}1.$$

5.3 DESEMPENHO DE SISTEMAS DE SEGUNDA ORDEM

Consideremos um sistema de segunda ordem com uma única malha e determinemos sua resposta a uma entrada em degrau unitário. Um sistema de controle com realimentação em malha fechada é mostrado na Figura 5.3. O sistema em malha fechada é

$$Y(s) = \frac{G(s)}{1 + G(s)} R(s). \tag{5.6}$$

Pode-se reescrever a Equação (5.6) como

$$\boxed{Y(s) = \frac{\omega_n^2}{s^2 + 2\zeta\omega_n s + \omega_n^2} R(s).} \tag{5.7}$$

Com uma entrada em degrau unitário, obtém-se

$$Y(s) = \frac{\omega_n^2}{s(s^2 + 2\zeta\omega_n s + \omega_n^2)}, \tag{5.8}$$

da qual segue que

$$y(t) = 1 - \frac{1}{\beta} e^{-\zeta\omega_n t} \operatorname{sen}(\omega_n \beta t + \theta), \tag{5.9}$$

em que $\beta = \sqrt{1 - \zeta^2}$, $\theta = \cos^{-1} \zeta$ e $0 < \zeta < 1$. A resposta transitória deste sistema de segunda ordem para vários valores do fator de amortecimento ζ é mostrada na Figura 5.4. À medida que ζ diminui, as raízes em malha fechada se aproximam do eixo imaginário e a resposta se torna cada vez mais oscilatória.

A transformada de Laplace do impulso unitário é $R(s) = 1$ e, portanto, a saída para um impulso é

$$Y(s) = \frac{\omega_n^2}{s^2 + 2\zeta\omega_n s + \omega_n^2}. \tag{5.10}$$

A resposta para uma entrada função impulso é então

$$y(t) = \frac{\omega_n}{\beta} e^{-\zeta\omega_n t} \operatorname{sen}(\omega_n \beta t), \tag{5.11}$$

a qual é a derivada da resposta a uma entrada em degrau. A resposta a impulso do sistema de segunda ordem é mostrada na Figura 5.5 para vários valores do fator de amortecimento ζ.

Medidas de desempenho padrão são normalmente definidas em função da resposta ao degrau de um sistema como mostrado na Figura 5.6. A velocidade da resposta é medida pelo **tempo de subida** T_r e pelo **instante de pico** T_p. Para sistemas subamortecidos com máxima ultrapassagem, o tempo de subida de 0–100% é um índice útil. Se o sistema for superamortecido, então o instante de pico não é definido e o tempo de subida de 10–90%, T_{r_1}, é normalmente usado. A similaridade com a qual a

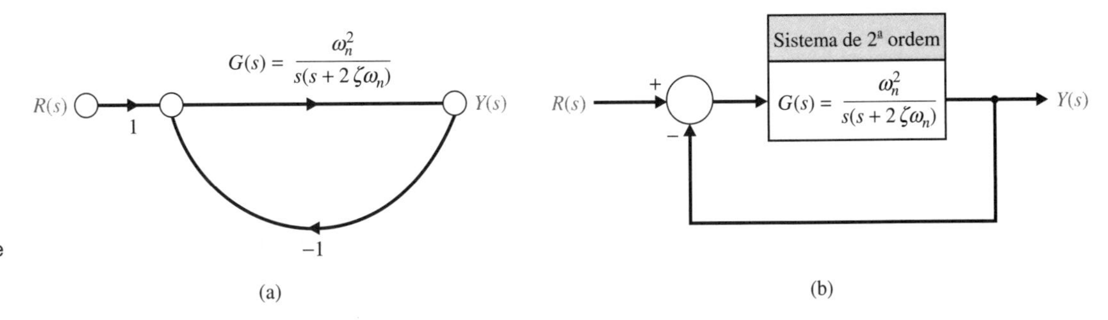

FIGURA 5.3 Sistema de controle de segunda ordem em malha fechada.

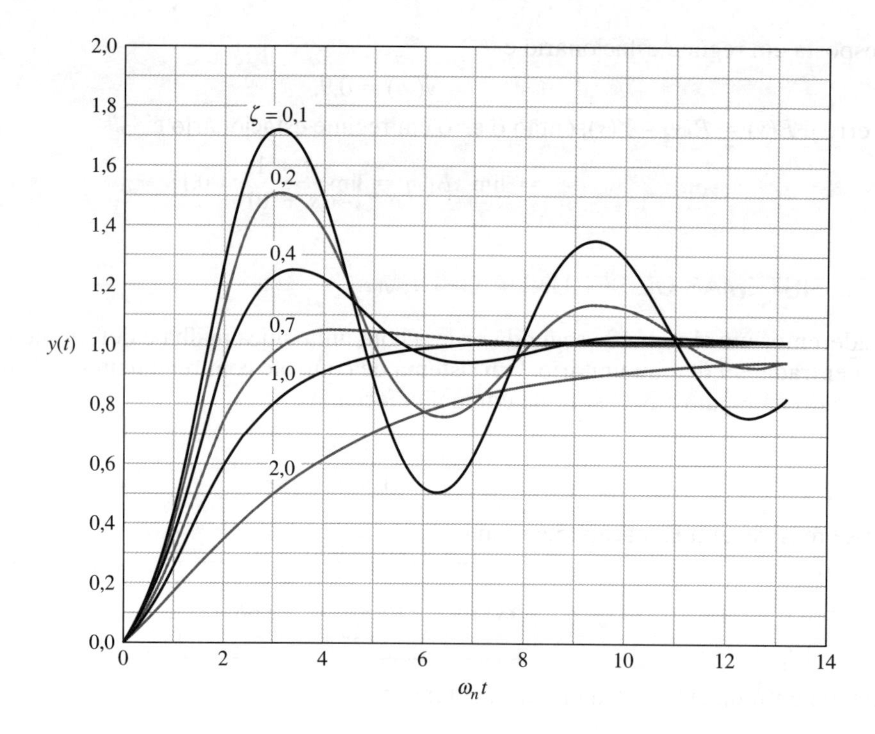

FIGURA 5.4 Resposta transitória de um sistema de segunda ordem a uma entrada em degrau.

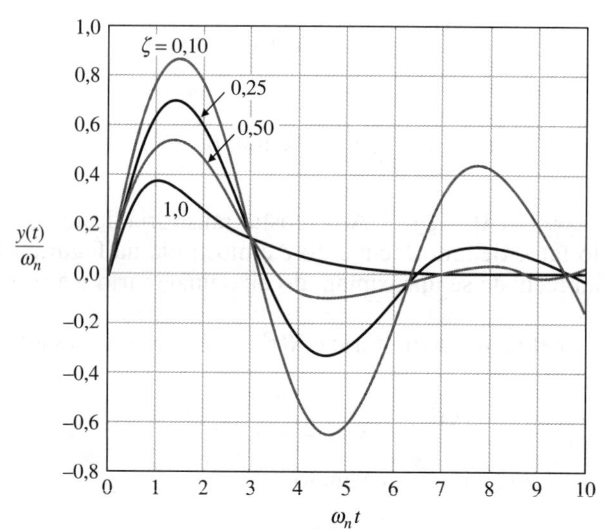

FIGURA 5.5 Resposta de um sistema de segunda ordem para uma entrada função impulso.

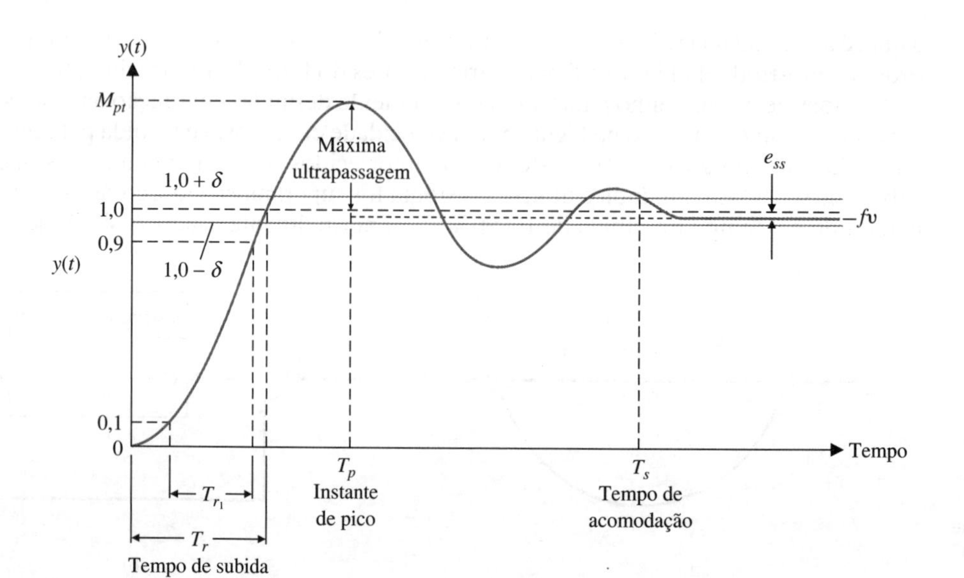

FIGURA 5.6 Resposta ao degrau de um sistema de segunda ordem.

resposta real se aproxima da entrada em degrau é medida pela máxima ultrapassagem percentual e pelo tempo de acomodação T_s. A **máxima ultrapassagem percentual** é definida como

$$M.U.P. = \frac{M_{Pt} - fv}{fv} \times 100\% \quad (5.12)$$

para uma entrada em degrau unitário, na qual M_{pt} é o valor de pico da resposta no tempo e fv é o valor final da resposta. Normalmente, fv é a magnitude da entrada, mas muitos sistemas têm valor final significativamente diferente da magnitude da entrada desejada. Para o sistema representado pela Equação (5.8) com um degrau unitário, tem-se $fv = 1$.

O **tempo de acomodação**, T_s, é definido como o tempo necessário para o sistema estabelecer-se dentro de uma dada porcentagem δ da amplitude de entrada. Essa faixa de $\pm\delta$ é mostrada na Figura 5.7. Para o sistema de segunda ordem com constante de amortecimento em malha fechada $\zeta\omega_n$ e uma resposta descrita pela Equação (5.9), busca-se determinar o tempo T_s para o qual a resposta permanece dentro de 2% do valor final. Isto ocorre aproximadamente quando

$$e^{-\zeta\omega_n T_s} < 0{,}01,$$

ou

$$\zeta\omega_n T_s \cong 4.$$

Portanto, tem-se

$$\boxed{T_s = 4\tau = \frac{4}{\zeta\omega_n}.} \quad (5.13)$$

Então, define-se o tempo de acomodação como quatro constantes de tempo (isto é, $\tau = 1/\zeta\omega_n$) das raízes dominantes da equação característica. O erro em regime estacionário do sistema pode ser medido na resposta ao degrau do sistema como mostrado na Figura 5.6.

A resposta transitória do sistema pode ser descrita em função de dois fatores:

1. A velocidade da resposta, como representado pelo tempo de subida e pelo instante de pico.
2. A proximidade da resposta com a resposta desejada, como representado pela máxima ultrapassagem e pelo tempo de acomodação.

Em verdade, estes são requisitos frequentemente conflitantes: portanto, um compromisso precisa ser obtido. Para se obter uma relação explícita entre M_{pt} e T_p como função de ζ, pode-se diferenciar a Equação (5.9) e igualar o resultado a zero, resultando*

$$\dot{y}(t) = \frac{\zeta\omega_n}{\beta} e^{-\zeta\omega_n t}\text{sen}(\omega_n\beta t + \theta) - \omega_n e^{-\zeta\omega_n t}\cos(\omega_n\beta t + \theta) = 0$$

$$\frac{\zeta}{\beta}\text{sen}(\omega_n\beta t + \theta) - \cos(\omega_n\beta t + \theta) = 0.$$

Relembrando que $\beta = \sqrt{1 - \zeta^2}$ e multiplicando a equação por β

$$\zeta\text{sen}(\omega_n\beta t + \theta) - \sqrt{1 - \zeta^2}\cos(\omega_n\beta t + \theta) = 0.$$

Usando a relação trigonométrica do seno da soma:

$$\text{sen}(\omega_n\beta t + \theta - \cos^{-1}(\zeta)) = 0.$$

E, finalmente, da definição de $\theta = \cos - 1(\zeta)$:

$$\text{sen}(\omega_n\beta t) = 0,$$

que é igual a zero quando $\omega_n\beta t = n\pi$, em que $n = 0,1,2,\ldots$. O primeiro instante não nulo em que a igualdade se verifica é quando $n = 1$. Então, determina-se que a relação do instante de pico para esse sistema de segunda ordem é

$$\boxed{T_p = \frac{\pi}{\omega_n\sqrt{1 - \zeta^2}}} \quad (5.14)$$

*N.T.: A demonstração matemática que consta no original estava incompleta, razão pela qual fizemos os devidos ajustes.

e a resposta de pico é

$$M_{pt} = 1 + e^{-\zeta\pi/\sqrt{1-\zeta^2}}. \tag{5.15}$$

Portanto, a máxima ultrapassagem percentual é

$$\boxed{M.U.P. = 100e^{-\zeta\pi/\sqrt{1-\zeta^2}}.} \tag{5.16}$$

A máxima ultrapassagem percentual em função do fator de amortecimento, ζ, é mostrada na Figura 5.7. O instante de pico normalizado, $\omega_n T_p$, em função do fator de amortecimento, ζ, também é mostrado na Figura 5.7. Inspecionando a Figura 5.7, vemos que somos novamente confrontados com um compromisso necessário entre a velocidade de resposta e a máxima ultrapassagem admitida.

A velocidade da resposta ao degrau pode ser medida como o tempo que a resposta leva para subir de 10 a 90% da magnitude da entrada em degrau. Esta é a definição do tempo de subida, T_{r1}, mostrado na Figura 5.6. O tempo de subida normalizado, $\omega_n T_{r1}$, em função de $\zeta(0{,}05 \leq \zeta \leq 0{,}95)$ é mostrado na Figura 5.8. Embora seja difícil obter expressões analíticas exatas para T_{r1}, pode-se utilizar a aproximação linear

$$\boxed{T_{r1} = \frac{2{,}16\zeta + 0{,}60}{\omega_n},} \tag{5.17}$$

que é exata para $0{,}3 \leq \zeta \leq 0{,}8$. Esta aproximação linear é mostrada na Figura 5.8.

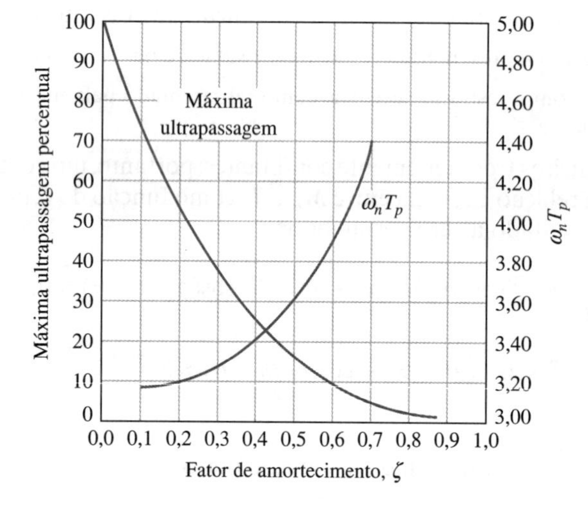

FIGURA 5.7 Máxima ultrapassagem percentual e instante de pico normalizado em função do fator de amortecimento ζ para um sistema de segunda ordem [Equação (5.8)].

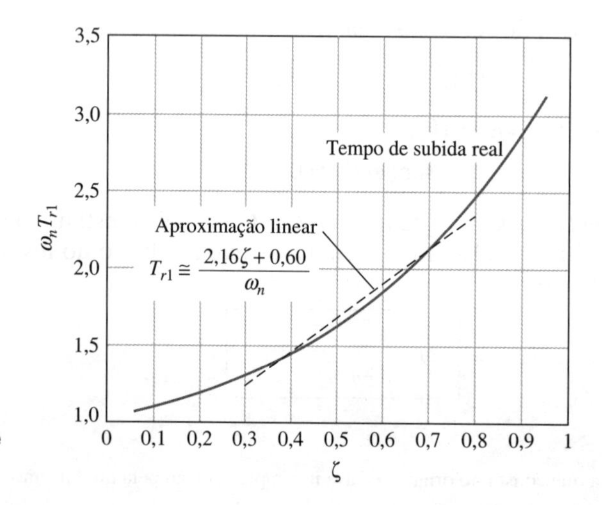

FIGURA 5.8 Tempo de subida normalizado, $\omega_n T_{r1}$, em função de ζ para um sistema de segunda ordem.

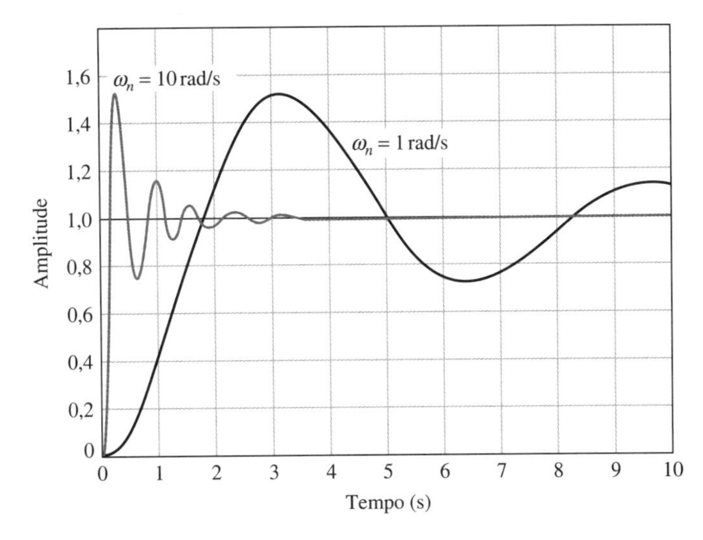

FIGURA 5.9 Resposta ao degrau para $\zeta = 0{,}2$ para $\omega_n = 1$ e $\omega_n = 10$.

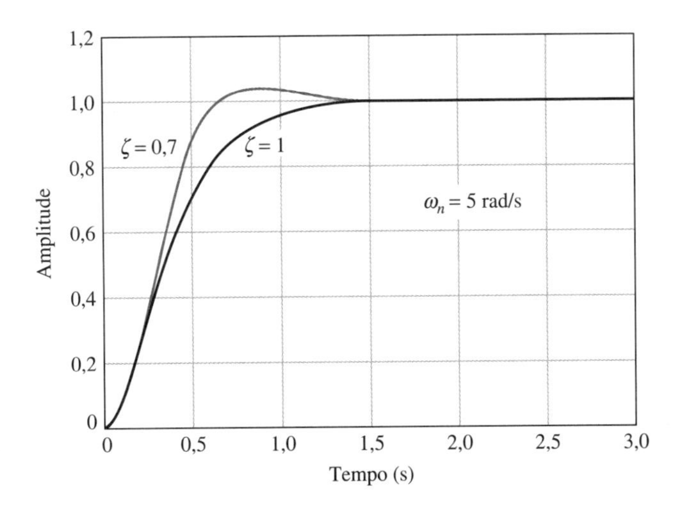

FIGURA 5.10 Resposta ao degrau para $\omega_n = 5$ com $\zeta = 0{,}7$ e $\zeta = 1$.

A velocidade da resposta a uma entrada em degrau como descrita pela Equação (5.17) depende de ζ e de ω_n. Para um dado ζ, a resposta é mais rápida para ω_n maior, como mostrado na Figura 5.9. Note que a máxima ultrapassagem é independente de ω_n.

Para um dado ω_n, a resposta é mais rápida para ζ menores, como mostrado na Figura 5.10. A velocidade da resposta, no entanto, será limitada pela máxima ultrapassagem que pode ser aceita.

5.4 EFEITOS DE UM TERCEIRO POLO E DE UM ZERO NA RESPOSTA DO SISTEMA DE SEGUNDA ORDEM

As curvas apresentadas na Figura 5.7 são exatas somente para o sistema de segunda ordem da Equação (5.8). No entanto, elas proporcionam informações importantes, porque muitos sistemas possuem um par de raízes dominantes, e a resposta ao degrau pode ser estimada utilizando-se a Figura 5.7. Esta abordagem, apesar de ser uma aproximação, evita a avaliação da transformada inversa de Laplace para determinar-se a máxima ultrapassagem percentual e outras medidas de desempenho. Por exemplo, para um sistema de terceira ordem com uma função de transferência em malha fechada

$$T(s) = \frac{1}{(s^2 + 2\zeta s + 1)(\gamma s + 1)}, \tag{5.18}$$

o diagrama do plano s é mostrado na Figura 5.11. Este sistema de terceira ordem é normalizado com $\omega_n = 1$. O desempenho (como indicado pela máxima ultrapassagem percentual, $M.U.P.$, e pelo tempo de acomodação, T_s) é representado adequadamente pelas curvas de um sistema de segunda ordem quando [4]

$$|1/\gamma| \geq 10|\zeta\omega_n|.$$

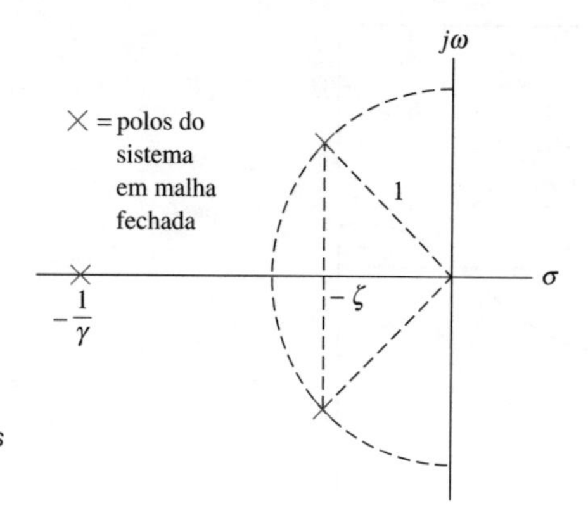

FIGURA 5.11 Diagrama no plano s de um sistema de terceira ordem.

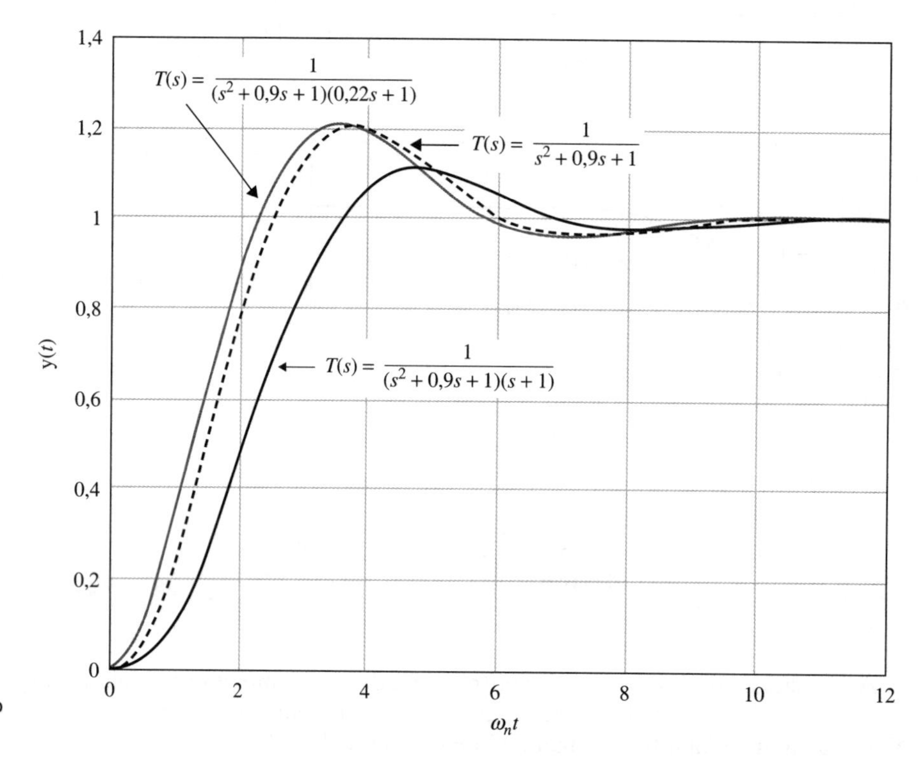

FIGURA 5.12 Comparação de dois sistemas de terceira ordem com um sistema de segunda ordem (linha tracejada) ilustrando o conceito de polos dominantes quando $|1/\gamma| \geq 10\zeta\omega_n$.

Em outras palavras, a resposta de um sistema de terceira ordem pode ser aproximada pelas **raízes dominantes** do sistema de segunda ordem desde que a parte real das raízes dominantes seja menor que um décimo da parte real da terceira raiz [15, 20].

Considere-se o sistema de terceira ordem

$$T(s) = \frac{1}{(s^2 + 2\zeta\omega_n s + 1)(\gamma s + 1)},$$

em que $\omega_n = 1{,}0$, $\zeta = 0{,}45$ e $\gamma = 1{,}0$. Nesse caso, $|1/\gamma| \not\geq 10\zeta\omega_n$. Os polos do sistema estão em $s_{1,2} = -0{,}45 \pm 0{,}89i$ e $s_3 = -1{,}0$. Conforme ilustrado na Figura 5.12, a máxima ultrapassagem percentual é $M.U.P. = 10{,}9\%$, o tempo de acomodação (a uma faixa de 2% do valor final) é $T_s = 8{,}84$ s e o tempo de subida é $T_{r1} = 2{,}16\ s$. Admita que se tenha outro sistema de terceira ordem com $\omega_n = 1{,}0$, $\zeta = 0{,}45$ e $\gamma = 0{,}22$. Então, os polos do sistema estão em $s_{1,2} = -0{,}45 \pm 0{,}89i$ (os mesmos do primeiro sistema) e $s_3 = -4{,}5$. Nesse caso $|1/\gamma| \geq 10\zeta\omega_n$ e o par de polos complexos conjugados são os polos dominantes. Conforme ilustrado na Figura 5.12, a máxima ultrapassagem percentual é $M.U.P. = 20{,}0\%$, o tempo de acomodação é $T_s = 8{,}56$ s e o tempo de subida é $T_{r1} = 1{,}6\ s$. Quando o par de polos complexos conjugados são os polos dominantes, pode-se criar a aproximação por um sistema de segunda ordem

$$\hat{T}(s) = \frac{1}{s^2 + 2\zeta\omega_n s + 1} = \frac{1}{s^2 + 0{,}9s + 1}$$

e se esperaria que a máxima ultrapassagem percentual, o tempo de acomodação e o tempo de subida fossem $M.U.P. = 100e^{-\zeta\pi/\sqrt{1-\zeta^2}} = 20{,}5\%$, $T_s = 4/\zeta\omega_n = 8{,}89$ s e $T_{r1} = (2{,}16\zeta + 0{,}6)/\omega_n = 1{,}57$ s, respectivamente. Na Figura 5.12 evidencia-se que, para um sistema de terceira ordem satisfazendo a condição $|1/\gamma| \geq 10\zeta\omega_n$, a resposta ao degrau se aproxima mais da resposta do sistema de segunda ordem, como esperado.

As medidas de desempenho associadas ao sistema de segunda ordem na Equação (5.10) são precisas apenas para sistemas sem zeros finitos. Se a função de transferência de um sistema possui um zero finito e este está localizado relativamente próximo ao par de polos complexos dominantes, então o zero afetará substancialmente a resposta transitória do sistema. Em outras palavras, a resposta transitória de um sistema com um zero e dois polos pode ser afetada pela posição do zero [5]. Considere-se o sistema com função de transferência

$$T(s) = \frac{(\omega_n^2/a)(s + a)}{s^2 + 2\zeta\omega_n s + \omega_n^2}.$$

Pode-se investigar a resposta do sistema comparada com a de um sistema de segunda ordem sem o zero finito. Suponha que $\zeta = 0{,}45$ e admita que $a/\zeta\omega_n = 0{,}5$; 1; 2 e 10,0. As respostas ao degrau unitário resultantes são mostradas na Figura 5.13. Conforme a razão $a/\zeta\omega_n$ aumenta, o zero finito se distancia mais no semiplano da esquerda e longe dos polos, e a resposta ao degrau aproxima-se da resposta do sistema de segunda ordem, como esperado.

A correlação da resposta do sistema no domínio do tempo com a localização no plano s dos polos da função de transferência em malha fechada é um conceito-chave para se entender o desempenho do sistema em malha fechada.

EXEMPLO 5.1 Escolha de parâmetros

Um sistema de controle com realimentação e uma única malha é mostrado na Figura 5.14. Deve-se escolher o ganho K e o parâmetro p de modo que as especificações no domínio do tempo sejam atendidas. A resposta transitória a um degrau unitário é especificada para se ter máxima ultrapassagem percentual de $M.U.P. \leq 5\%$ e tempo de acomodação a uma faixa de 2% do valor final de $T_s \leq 4$ s. Para sistemas de segunda ordem, a relação da Equação (5.16) entre a máxima ultrapassagem percentual e ζ e a relação da Equação (5.13) entre o tempo de acomodação e $\zeta\omega_n$ são conhecidas. Resolvendo-se para $M.U.P. \leq 5\%$ resulta $\zeta \geq 0{,}69$ e resolvendo-se para $T_s \leq 4$ s resulta $\zeta\omega_n \geq 1$.

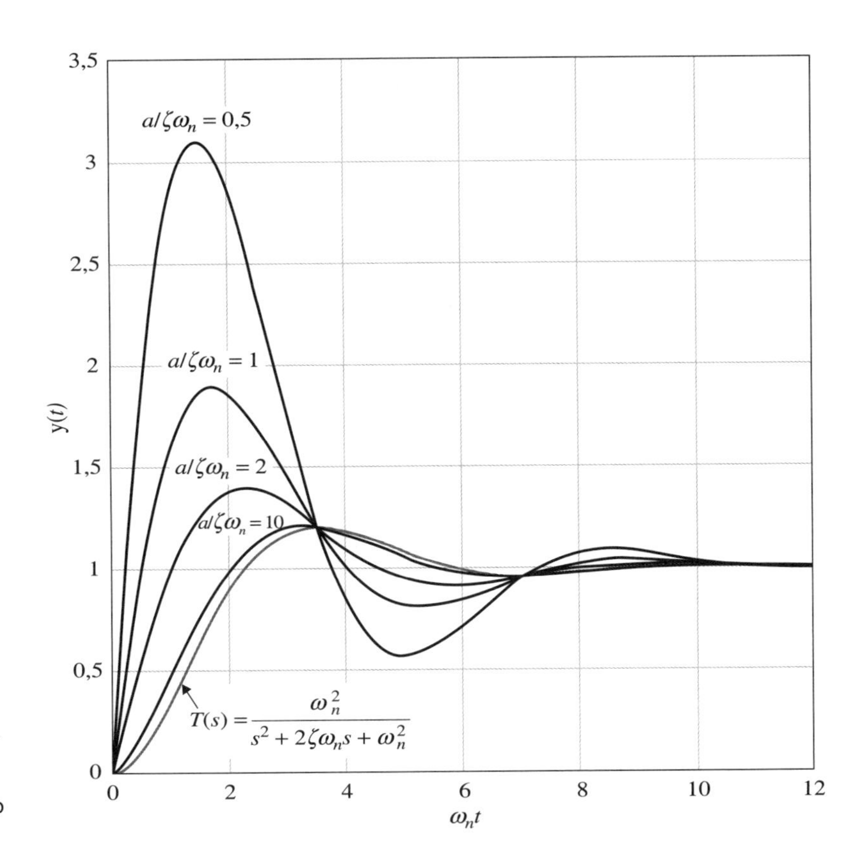

FIGURA 5.13 Respostas para funções de transferência de segunda ordem com um zero para quatro valores da razão $a/\zeta\omega_n = 0{,}5$; 1; 2 e 10,0 quando $\zeta = 0{,}45$.

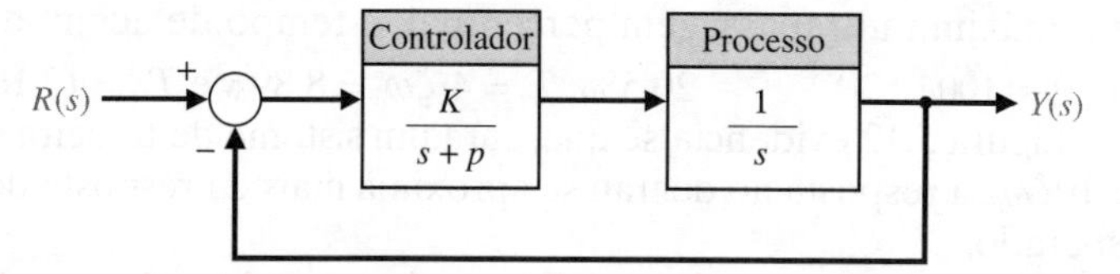

FIGURA 5.14 Sistema de controle com realimentação e uma única malha.

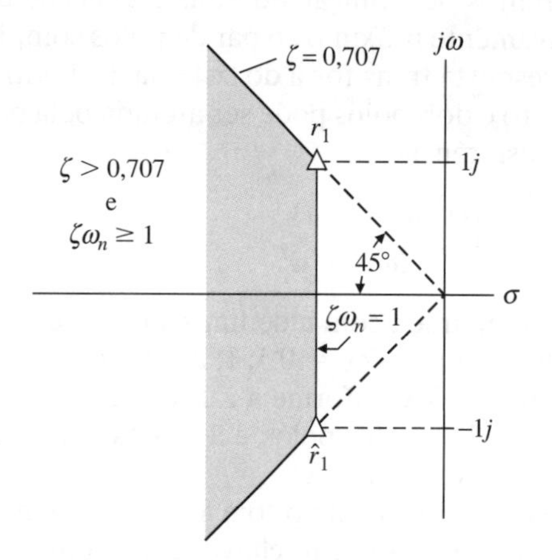

FIGURA 5.15 Especificações e posições das raízes no plano *s*.

A região que satisfará ambos os requisitos no domínio do tempo é mostrada no plano *s* na Figura 5.15. Para cumprir as especificações de desempenho, podem-se escolher $\zeta = 0{,}707$ ($M.U.P. = 4{,}3\%$) e $\zeta\omega_n = 1$ ($T_s = 4$ s). Dessa forma, os polos desejados em malha fechada são $r_1 = -1 + j1$ e $\hat{r}_1 = -1 - j1$. Portanto, $\zeta = 1/\sqrt{2}$ e $\omega_n = 1/\zeta = \sqrt{2}$. A função de transferência em malha fechada é

$$T(s) = \frac{G_c(s)G(s)}{1 + G_c(s)G(s)} = \frac{K}{s^2 + ps + K} = \frac{\omega_n^2}{s^2 + 2\zeta\omega_n s + \omega_n^2}.$$

A resolução de K e p resulta $K = \omega_n^2 = 2$ e $p = 2\zeta\omega_n = 2$. Como este é exatamente o sistema de segunda ordem na forma da Equação (5.7), as especificações de desempenho no domínio do tempo serão precisamente satisfeitas. ■

EXEMPLO 5.2 **Impacto de um zero e um polo adicional**

Considere um sistema com função de transferência em malha fechada

$$\frac{Y(s)}{R(s)} = T(s) = \frac{\frac{\omega_n^2}{a}(s + a)}{(s^2 + 2\zeta\omega_n s + \omega_n^2)(1 + \tau s)}.$$

Ambos, o zero e o polo real, podem afetar a resposta transitória. Se $a \gg \zeta\omega_n$ e $\tau \ll 1/\zeta\omega_n$, então o polo e o zero terão um efeito pequeno na resposta ao degrau.

Admite-se que se tem

$$T(s) = \frac{1{,}6(s + 2{,}5)}{(s^2 + 6s + 25)(0{,}16s + 1)}.$$

Note que o ganho estático é igual a $T(0) = 1$ e se espera um erro em regime estacionário nulo para uma entrada em degrau. Comparando-se as duas funções de transferências, têm-se $\zeta\omega_n = 3$, $\tau = 0{,}16$ e $a = 2{,}5$. Os polos e o zero são mostrados no plano *s* na Figura 5.16. Como uma aproximação, despreza-se o polo real e o zero e obtém-se

$$T(s) \approx \frac{25}{s^2 + 6s + 25}.$$

Agora tem-se $\zeta = 0{,}6$ e $\omega_n = 5$ para os polos dominantes. Para este sistema de segunda ordem, esperam-se

$$T_s = \frac{4}{\zeta\omega_n} = 1{,}33\,\text{s} \quad \text{e} \quad M.U.P. = 100 e^{-\pi\zeta/\sqrt{1-\zeta^2}} = 9{,}5\%.$$

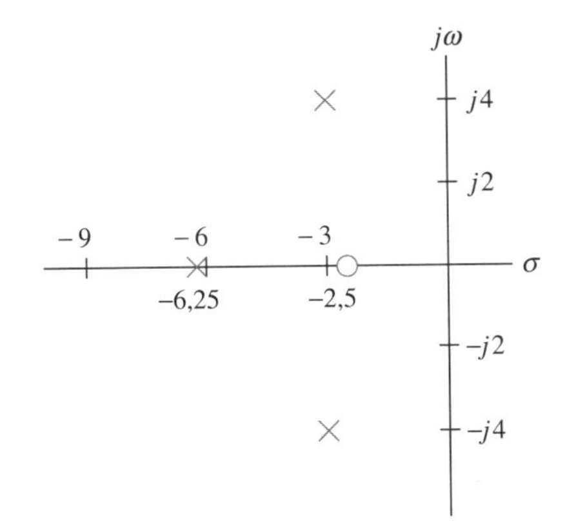

FIGURA 5.16 Polos e zeros no plano *s* para um sistema de terceira ordem.

Para o sistema de terceira ordem real, encontram-se $M.U.P. = 38\%$ e $T_s = 1{,}6$ *s*. Portanto, o efeito do terceiro polo e do zero de $T(s)$ não pode ser negligenciado. Isso é esperado, pois $a \not\gg \zeta\omega_n$ e $a \not\ll 1/\zeta\omega_n$. ■

O fator de amortecimento exerce um papel fundamental no desempenho do sistema em malha fechada. Como visto nas fórmulas de projeto para tempo de acomodação, máxima ultrapassagem percentual, instante de pico e tempo de subida, o fator de amortecimento é um fator-chave na determinação do desempenho geral. De fato, para sistemas de segunda ordem, o fator de amortecimento é o único fator determinante do valor da máxima ultrapassagem percentual para uma entrada em degrau. Como pode ser verificado, o fator de amortecimento pode ser estimado a partir da resposta de um sistema a uma entrada em degrau [12]. A resposta ao degrau de um sistema de segunda ordem para uma entrada em degrau unitário é dada na Equação (5.9), seguindo que a frequência do termo senoidal amortecido (para $\zeta < 1$) é

$$\omega = \omega_n (1 - \zeta^2)^{1/2} = \omega_n \beta$$

e o número de ciclos em 1 segundo é $\omega/(2\pi)$.

A constante de tempo para o decaimento exponencial é $\tau = 1/(\zeta\omega_n)$ em segundos. O número de ciclos da senoide amortecida durante uma constante de tempo é

$$(\text{ciclos/tempo}) \times \tau = \frac{\omega}{2\pi\zeta\omega_n} = \frac{\omega_n \beta}{2\pi\zeta\omega_n} = \frac{\beta}{2\pi\zeta}.$$

Admitindo-se que a resposta decai em n constantes de tempo visíveis, tem-se

$$\text{ciclos visíveis} = \frac{n\beta}{2\pi\zeta}. \tag{5.19}$$

Para o sistema de segunda ordem, a resposta permanece dentro de 2% do valor em regime estacionário depois de quatro constantes de tempo (4τ). Por isso, $n = 4$ e

$$\text{ciclos visíveis} = \frac{4\beta}{2\pi\zeta} = \frac{4(1 - \zeta^2)^{1/2}}{2\pi\zeta} \simeq \frac{0{,}6}{\zeta} \tag{5.20}$$

para $0{,}2 \le \zeta \le 0{,}6$.

A partir da resposta ao degrau, contam-se o número de ciclos visíveis até o tempo de acomodação e utiliza-se a Equação (5.20) para estimar ζ.

Um método alternativo para estimar ζ é determinar a máxima ultrapassagem percentual para a resposta ao degrau e usar a Equação (5.16) para estimar ζ.

5.5 POSIÇÃO DAS RAÍZES NO PLANO *s* E RESPOSTA TRANSITÓRIA

A resposta transitória de um sistema de controle com realimentação em malha fechada pode ser descrita em função da posição dos polos da função de transferência. A função de transferência em malha fechada é escrita geralmente como

$$T(s) = \frac{Y(s)}{R(s)} = \frac{\sum P_i(s)\,\Delta_i(s)}{\Delta(s)},$$

na qual $\Delta(s) = 0$ é a equação característica do sistema. Para um sistema em malha fechada com realimentação unitária, a equação característica se reduz a $1 + G_c(s)G(s) = 0$. São os polos e zeros de $T(s)$ que determinam a resposta transitória. Entretanto, para um sistema em malha fechada, os polos de $T(s)$ são raízes da equação característica $\Delta(s) = 0$. A saída de um sistema (com ganho estático = 1) sem raízes repetidas para uma entrada em degrau unitário pode ser formulada como uma expansão em frações parciais como

$$Y(s) = \frac{1}{s} + \sum_{i=1}^{M} \frac{A_i}{s + \sigma_i} + \sum_{k=1}^{N} \frac{B_k s + C_k}{s^2 + 2\alpha_k s + (\alpha_k^2 + \omega_k^2)}, \tag{5.21}$$

em que A_i, B_k e C_k são constantes. As raízes do sistema devem ser ou $s = -\sigma_i$ ou pares complexos conjugados como $s = -\alpha_k \pm j\omega_k$. Então, a transformada inversa resulta na resposta transitória como a soma de termos

$$y(t) = 1 + \sum_{i=1}^{M} A_i e^{-\sigma_i t} + \sum_{k=1}^{N} D_k e^{-\alpha_k t} \operatorname{sen}(\omega_k t + \theta_k), \tag{5.22}$$

em que D_k é uma constante e depende de B_k, C_k, α_k e ω_k. A resposta transitória é composta da saída em regime estacionário, termos exponenciais e termos senoidais amortecidos. Para a resposta ser estável — isto é, limitada para uma entrada em degrau —, a parte real dos polos deve estar no semiplano esquerdo do plano s. A resposta a impulso para várias posições de raízes é mostrada na Figura 5.17. A informação dada pela posição das raízes é bastante ilustrativa.

É importante para o analista de sistemas de controle entender a relação completa da representação em frequência complexa de um sistema linear, os polos e os zeros de sua função de transferência e sua resposta no domínio do tempo a um degrau e outras entradas. Em áreas como processamento de sinais e controle, muitos dos cálculos de análise e projeto são feitos no plano da frequência complexa, no qual um modelo do sistema é representado em função dos polos e zeros de sua função de transferência $T(s)$. Por outro lado, o desempenho do sistema é frequentemente analisado examinando-se respostas no domínio do tempo, particularmente quando se lida com sistemas de controle.

O projetista de sistemas de controle irá prever os efeitos da adição, remoção ou mudança dos polos e zeros de $T(s)$ no plano s na resposta ao degrau e ao impulso do sistema. Do mesmo modo, o projetista deverá visualizar as mudanças necessárias para os polos e zeros de $T(s)$ a fim de efetivar mudanças desejadas na resposta ao degrau e ao impulso do modelo.

Um projetista experiente está ciente dos efeitos das posições dos zeros na resposta do sistema. Os polos de $T(s)$ determinam os modos de resposta particulares que estarão presentes, e os zeros de $T(s)$ estabelecem os pesos relativos das funções individuais de cada modo. Por exemplo, mover um zero para perto de um polo específico reduzirá a contribuição relativa na resposta da saída do modo correspondente ao polo. Em outras palavras, os zeros têm impacto direto nos valores de A_i e D_k na Equação (5.22). Por exemplo, se há um zero próximo ao polo em $s = -\sigma_i$, então A_i será muito menor em magnitude.

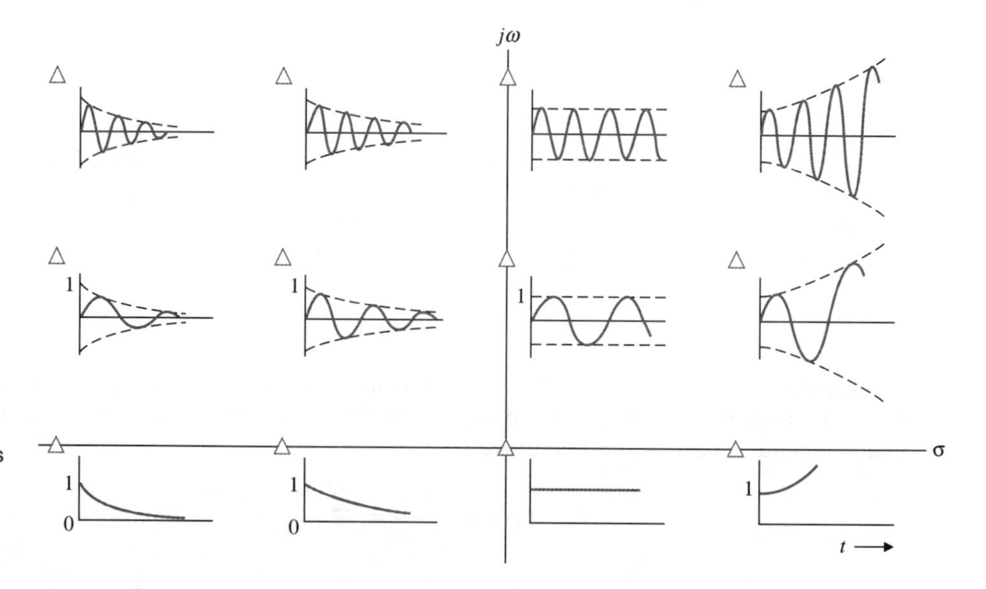

FIGURA 5.17 Resposta a impulso para várias posições de raízes no plano s. (A raiz conjugada não é mostrada.)

5.6 ERRO EM REGIME ESTACIONÁRIO DE SISTEMAS DE CONTROLE COM REALIMENTAÇÃO

Uma das razões fundamentais para o uso da realimentação, a despeito de seu custo e maior complexidade, é a melhora resultante na redução do erro do sistema em regime estacionário. O erro em regime estacionário de um sistema em malha fechada estável é normalmente muitas ordens de grandeza menor que o erro de um sistema em malha aberta. O sinal de atuação do sistema, o qual é uma medida do erro do sistema, é denotado por $E_a(s)$. Considere o sistema com realimentação negativa unitária. Na ausência de perturbações externas, $T_p(s) = 0$, e de ruído de medida, $N(s) = 0$, o erro de rastreamento é

$$E(s) = \frac{1}{1 + G_c(s)G(s)} R(s).$$

O uso do teorema do valor final e o cálculo do erro de rastreamento em regime estacionário resultam

$$\lim_{t\to\infty} e(t) = e_{ss} = \lim_{s\to 0} s \frac{1}{1 + G_c(s)G(s)} R(s). \tag{5.23}$$

É útil determinar-se o erro em regime estacionário de um sistema com realimentação unitária para os três sinais de entrada de teste padrão. Mais adiante nesta seção, serão considerados os erros de rastreamento em regime estacionário para sistemas com realimentação não unitária.

Entrada em Degrau. O erro em regime estacionário para uma entrada em degrau de magnitude A é, portanto,

$$e_{ss} = \lim_{s\to 0} \frac{s(A/s)}{1 + G_c(s)G(s)} = \frac{A}{1 + \lim_{s\to 0} G_c(s)G(s)}.$$

É a forma da função de transferência em malha $G_c(s)G(s)$ que determina o erro em regime estacionário. A função de transferência em malha é escrita de forma geral como

$$G_c(s)G(s) = \frac{K\prod_{i=1}^{M}(s + z_i)}{s^N \prod_{k=1}^{Q}(s + p_k)}, \tag{5.24}$$

em que Π denota o produto dos fatores e $z_i \neq 0, p_k \neq 0$ para todo $1 \leq i \leq M$ e $i \leq k \leq Q$. Portanto, a função de transferência em malha à medida que s se aproxima de zero depende do número de integrações, N. Se N é maior do que zero, então $\lim_{s\to 0} G_c(s)G(s)$ tende a infinito e o erro em regime estacionário tende a zero. O número de integrações é frequentemente indicado classificando-se o sistema com um **tipo numérico** que simplesmente é igual a N.

Consequentemente, para um sistema do tipo zero, $N = 0$, o erro em regime estacionário é

$$e_{ss} = \frac{A}{1 + G_c(0)G(0)} = \frac{A}{1 + K\prod_{i=1}^{M} z_i / \prod_{k=1}^{Q} p_k}. \tag{5.25}$$

A constante $G_c(0)G(0)$ é simbolizada por K_p, a **constante de erro de posição**, e é dada por

$$\boxed{K_p = \lim_{s\to 0} G_c(s)G(s).}$$

O erro de rastreamento em regime estacionário para uma entrada em degrau de magnitude A é então dado por

$$\boxed{e_{ss} = \frac{A}{1 + K_p}.} \tag{5.26}$$

Consequentemente, o erro em regime estacionário para uma entrada em degrau unitário com uma integração ou mais, $N \geq 1$, é zero porque

$$e_{ss} = \lim_{s\to 0} \frac{A}{1 + K\prod z_i/(s^N \prod p_k)} = \lim_{s\to 0} \frac{As^N}{s^N + K\prod z_i/\prod p_k} = 0. \tag{5.27}$$

Entrada Rampa. O erro em regime estacionário para uma entrada (de velocidade) rampa com inclinação A é

$$e_{ss} = \lim_{s\to 0} \frac{s(A/s^2)}{1 + G_c(s)G(s)} = \lim_{s\to 0} \frac{A}{s + sG_c(s)G(s)} = \lim_{s\to 0} \frac{A}{sG_c(s)G(s)}. \quad (5.28)$$

Novamente, o erro em regime estacionário depende do número de integrações, N. Para um sistema de tipo zero, $N = 0$, o erro em regime estacionário é infinito. Para um sistema do tipo um, $N = 1$, o erro é

$$e_{ss} = \lim_{s\to 0} \frac{A}{sK\prod(s + z_i)/[s\prod(s + p_k)]},$$

ou

$$\boxed{e_{ss} = \frac{A}{K\prod z_i/\prod p_k} = \frac{A}{K_v},} \quad (5.29)$$

em que K_v é designada como a **constante de erro de velocidade**. A constante de erro de velocidade é calculada como

$$K_v = \lim_{s\to 0} sG_c(s)G(s).$$

Quando a função de transferência possui duas ou mais integrações, $N \geq 2$, obtém-se um erro em regime estacionário nulo. Quando $N = 1$, existe um erro em regime estacionário. No entanto, a velocidade em regime estacionário da saída é igual à velocidade de entrada, como será visto em breve.

Entrada de Aceleração. Quando a entrada do sistema é $r(t) = At^2/2$, o erro em regime estacionário é

$$e_{ss} = \lim_{s\to 0} \frac{s(A/s^3)}{1 + G_c(s)G(s)} = \lim_{s\to 0} \frac{A}{s^2 G_c(s)G(s)}. \quad (5.30)$$

O erro em regime estacionário é infinito para uma integração. Para duas integrações, $N = 2$, obtém-se

$$\boxed{e_{ss} = \frac{A}{K\prod z_i/\prod p_k} = \frac{A}{K_a},} \quad (5.31)$$

em que K_a é designada como **constante de erro de aceleração**. A constante de erro de aceleração é

$$\boxed{K_a = \lim_{s\to 0} s^2 G_c(s)G(s).}$$

Quando o número de integrações é igual ou maior do que três, então o erro em regime estacionário do sistema é nulo.

Sistemas de controle são frequentemente descritos em função do seu tipo numérico e das constantes de erro, K_p, K_v e K_a. Definições para as constantes de erro e o erro em regime estacionário para as três entradas estão resumidas na Tabela 5.2.

Tabela 5.2 Resumo dos Erros em Regime Estacionário

Número de Integrações em $G_c(s)G(s)$, Tipo Numérico	Entrada		
	Degrau, $r(t) = A$, $R(s) = A/s$	Rampa, $r(t) = At$, $R(s) = A/s^2$	Parábola, $r(t) = At^2/2$, $R(s) = A/s^3$
0	$e_{ss} = \frac{A}{1 + K_p}$	∞	∞
1	$e_{ss} = 0$	$\frac{A}{K_v}$	∞
2	$e_{ss} = 0$	0	$\frac{A}{K_a}$

EXEMPLO 5.3 **Controle de direção de robô móvel**

Um robô móvel pode ser projetado como um dispositivo de assistência ou serviçal para uma pessoa severamente incapacitada [7]. O sistema de controle de direção para tal robô pode ser representado pelo diagrama de blocos mostrado na Figura 5.18. O controlador de direção é

$$G_c(s) = K_1 + K_2/s. \tag{5.32}$$

Portanto, o erro em regime estacionário do sistema para uma entrada em degrau quando $K_2 = 0$ e $G_c(s) = K_1$ é

$$e_{ss} = \frac{A}{1 + K_p}, \tag{5.33}$$

em que $K_p = KK_1$. Quando K_2 é maior que zero, tem-se um sistema tipo 1,

$$G_c(s) = \frac{K_1 s + K_2}{s},$$

e o erro em regime estacionário é zero para uma entrada em degrau.

Se o comando de direção é uma entrada rampa, o erro em regime estacionário é

$$e_{ss} = \frac{A}{K_v}, \tag{5.34}$$

em que

$$K_v = \lim_{s \to 0} sG_c(s)G(s) = K_2 K.$$

A resposta transitória do veículo a uma entrada onda triangular quando $G_c(s) = (K_1 s + K_2)/s$ é mostrada na Figura 5.19. A resposta transitória mostra claramente o efeito do erro em regime estacionário, o qual pode não ser considerável se K_v for suficientemente grande. Note que a saída mantém a velocidade desejada como requerido pela entrada, mas ela apresenta um erro em regime estacionário. ■

As constantes de erro de um sistema de controle, K_p, K_v e K_a, descrevem a habilidade de um sistema em reduzir ou eliminar o erro em regime estacionário. Portanto, elas são utilizadas como medidas numéricas do desempenho em regime estacionário. O projetista determina as constantes de erro para dado sistema e tenta determinar métodos para aumentar as constantes de erro enquanto mantém uma resposta transitória aceitável. No caso do sistema de controle de direção, deseja-se aumentar o fator de ganho KK_2 para aumentar K_v e reduzir o erro em regime estacionário. No entanto, um aumento de KK_2 resulta em consequente decréscimo no fator de amortecimento do sistema ζ e, portanto, em uma resposta mais oscilatória a uma entrada em degrau. Desse modo, deseja-se um compromisso que forneça o máximo K_v baseado no menor ζ permitido.

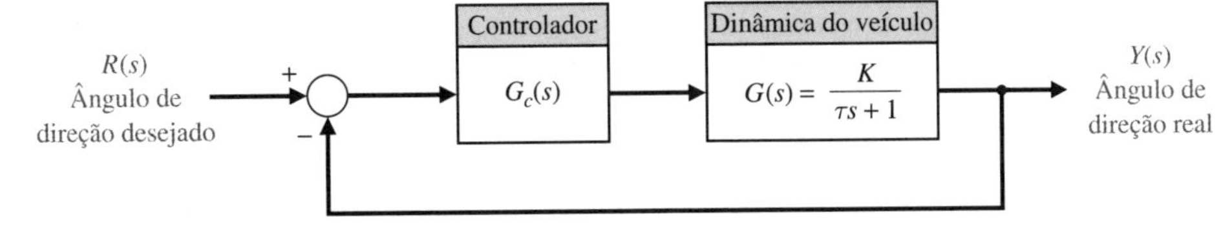

FIGURA 5.18 Diagrama de blocos de um sistema de controle de direção para um robô móvel.

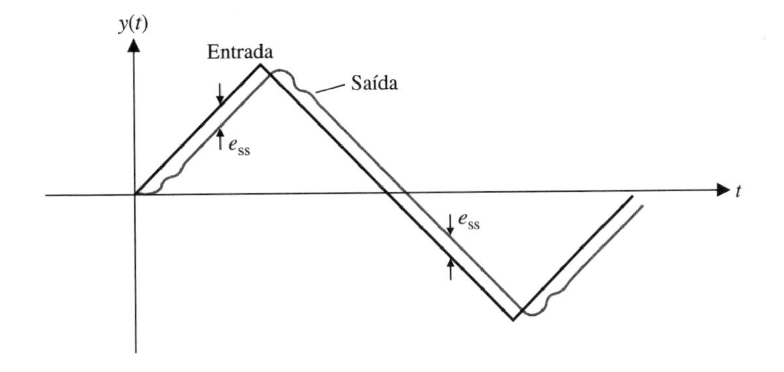

FIGURA 5.19 Resposta à onda triangular.

Nas discussões anteriores, admitiu-se que havia um sistema com realimentação unitária. Agora, sistemas com realimentação não unitária são considerados. Para um sistema no qual a realimentação é não unitária, as unidades da saída $Y(s)$ são usualmente diferentes da saída do sensor. Por exemplo, um sistema de controle de velocidade é mostrado na Figura 5.20. As constantes K_1 e K_2 são responsáveis pela conversão de um conjunto de unidades em outro conjunto de unidades (aqui, são convertidos rad/s para volts). Pode-se escolher K_1 e então fazer $K_1 = K_2$ e mover os blocos de K_1 e K_2 para depois do nó de soma. Então, obtém-se o diagrama de blocos equivalente mostrado na Figura 5.21. Assim, obtém-se um sistema com realimentação unitária como desejado.

Considere um sistema com realimentação negativa não unitária com o sistema $H(s)$ malha de realimentação dado por

$$H(s) = \frac{K_2}{\tau s + 1},$$

o qual possui um ganho estático de

$$\lim_{s \to 0} H(s) = K_2.$$

Se for feito $K_2 = K_1$, então o sistema é transformado no sistema da Figura 5.21 para o cálculo do regime estacionário. Para verificar isso, considera-se o erro do sistema $E(s)$, no qual

$$E(s) = R(s) - Y(s) = [1 - T(s)]R(s), \tag{5.35}$$

uma vez que $Y(s) = T(s)R(s)$. Note que

$$T(s) = \frac{K_1\, G_c(s)G(s)}{1 + H(s)G_c(s)G(s)} = \frac{(\tau s + 1)K_1 G_c(s)G(s)}{\tau s + 1 + K_1 G_c(s)G(s)}$$

e, portanto,

$$E(s) = \frac{1 + \tau s(1 - K_1 G_c(s)G(s))}{\tau s + 1 + K_1 G_c(s)G(s)} R(s).$$

Então, o erro em regime estacionário para uma entrada em degrau unitário é

$$e_{ss} = \lim_{s \to 0} s\, E(s) = \frac{1}{1 + K_1 \lim_{s \to 0} G_c(s)G(s)}. \tag{5.36}$$

Admite-se que

$$\lim_{s \to 0} sG_c(s)G(s) = 0.$$

EXEMPLO 5.4 **Erro em regime estacionário**

Determine o valor apropriado de K_1 e calcule o erro em regime estacionário para uma entrada em degrau unitário para o sistema mostrado na Figura 4.4 quando

$$G_c(s) = 40,\ G(s) = \frac{1}{s + 5} \quad \text{e} \quad H(s) = \frac{2}{0{,}1s + 1}.$$

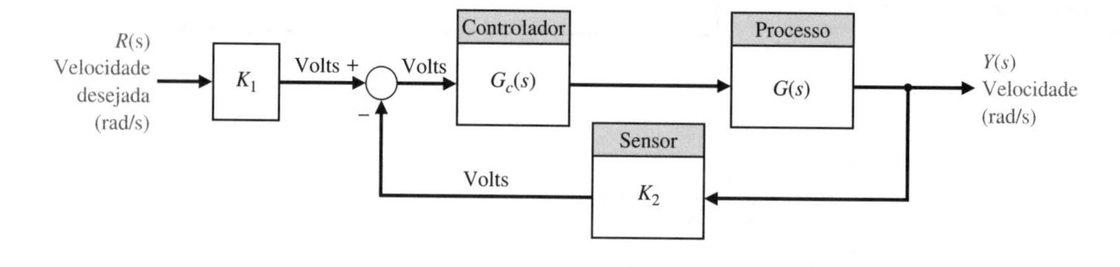

FIGURA 5.20 Um sistema de controle de velocidade.

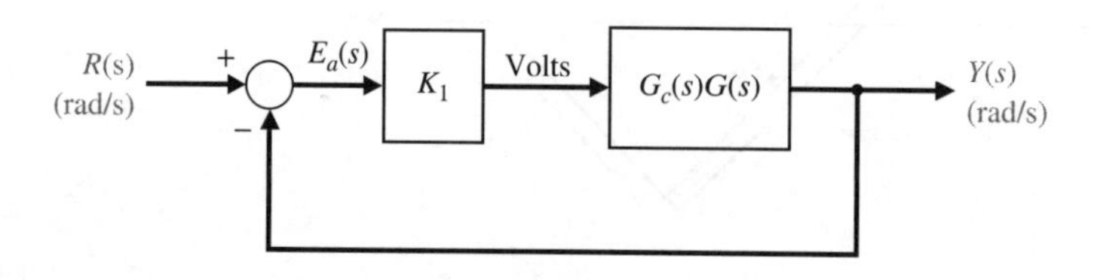

FIGURA 5.21 O sistema de controle de velocidade da Figura 5.20 com $K_1 = K_2$.

Escolhendo-se $K_1 = K_2 = 2$, pode-se usar a Equação (5.36) para determinar

$$e_{ss} = \frac{1}{1 + K_1 \lim_{s\to 0} G_c(s)G(s)} = \frac{1}{1 + 2(40)(1/5)} = \frac{1}{17},$$

ou 5,9% da magnitude da entrada em degrau. ■

EXEMPLO 5.5 **Sistema com realimentação não unitária**

Considere o sistema da Figura 5.22, no qual se admite que não se possa inserir um ganho K_1 logo depois de $R(s)$ como foi feito para o sistema da Figura 5.20. Então, o erro real é dado pela Equação (5.35), a qual é

$$E(s) = [1 - T(s)]R(s).$$

Determina-se um ganho K apropriado de modo que o erro em regime estacionário para uma entrada em degrau seja minimizado. O erro em regime estacionário é

$$e_{ss} = \lim_{s\to 0} s[1 - T(s)]\frac{1}{s},$$

em que

$$T(s) = \frac{G_c(s)G(s)}{1 + G_c(s)G(s)H(s)} = \frac{K(s+4)}{(s+2)(s+4) + 2K}.$$

Então, tem-se

$$T(0) = \frac{4K}{8 + 2K}.$$

O erro em regime estacionário para uma entrada em degrau unitário é

$$e_{ss} = 1 - T(0).$$

Desse modo, para obter-se um erro em regime estacionário nulo, requer-se que

$$T(0) = \frac{4K}{8 + 2K} = 1,$$

ou $8 + 2K = 4K$. Desse modo, $K = 4$ resultará em um erro em regime estacionário nulo. É improvável que atender a uma especificação de regime estacionário seja o único requisito de um sistema de controle com realimentação, então escolher o controlador como ganho com apenas um parâmetro para ajustar provavelmente não é prático. ■

A determinação do erro em regime estacionário é mais simples para sistemas com realimentação unitária. Entretanto, é possível estender a noção de constantes de erro para sistemas com realimentação não unitária pela manipulação apropriada do diagrama de blocos e da obtenção de um sistema com realimentação unitária equivalente. Lembre-se de que o sistema em estudo deve ser estável, caso contrário o uso do teorema do valor final não será válido. Considere o sistema com realimentação não unitária na Figura 5.21 e admita que $K_1 = 1$. A função de transferência em malha fechada é

$$\frac{Y(s)}{R(s)} = T(s) = \frac{G_c(s)G(s)}{1 + H(s)G_c(s)G(s)}.$$

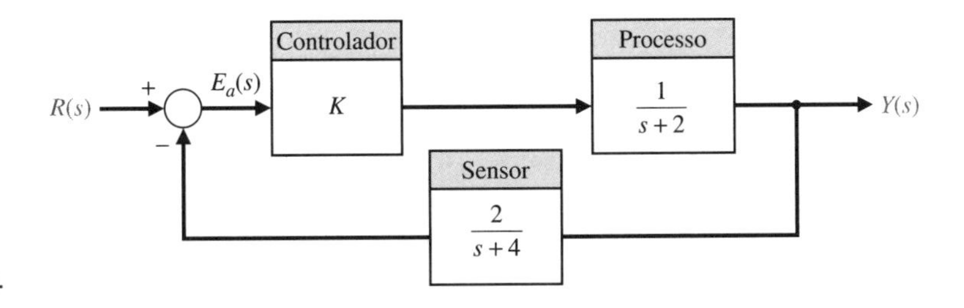

FIGURA 5.22 Um sistema com uma realimentação $H(s)$.

Manipulando-se o diagrama de blocos apropriadamente, pode-se obter o sistema com realimentação unitária equivalente com

$$\frac{Y(s)}{R(s)} = T(s) = \frac{Z(s)}{1 + Z(s)} \quad \text{em que} \quad Z(s) = \frac{G_c(s)G(s)}{1 + G_c(s)G(s)(H(s) - 1)}.$$

A função de transferência de malha do sistema com realimentação unitária equivalente é $Z(s)$. Segue-se que as constantes de erros para sistemas com realimentação não unitária são dadas por:

$$K_p = \lim_{s\to 0} Z(s), K_v = \lim_{s\to 0} sZ(s) \quad \text{e} \quad K_a = \lim_{s\to 0} s^2 Z(s).$$

Note que, quando $H(s) = 1$, então $Z(s) = G_c(s)G(s)$ e mantêm-se as constantes de erro do sistema com realimentação unitária. Por exemplo, quando $H(s) = 1$, então $K_p = \lim_{s\to 0} Z(s) = \lim_{s\to 0} G_c(s)G(s)$ como esperado.

5.7 ÍNDICES DE DESEMPENHO

A teoria de controle moderna assume que se pode especificar quantitativamente o desempenho requerido do sistema. Então, um índice de desempenho pode ser calculado ou medido para avaliar o desempenho do sistema. Medidas quantitativas do desempenho de um sistema são muito valiosas no projeto e na operação de sistemas de controle.

Um sistema é considerado um **sistema de controle ótimo** quando seus parâmetros são ajustados de modo que o índice alcance um extremo, geralmente um valor mínimo. Para ser útil, um índice de desempenho deve ser um número sempre positivo ou zero. Então, o melhor sistema é definido como o sistema que minimiza esse índice.

Um índice de desempenho é uma medida quantitativa do desempenho de um sistema e é escolhido de modo que se dê ênfase às especificações de sistema importantes.

Um índice de desempenho comum é a integral do erro quadrático (*integral of the square of the error* – ISE), definida como

$$\text{ISE} = \int_0^T e^2(t)\, dt. \tag{5.37}$$

O limite superior T é um tempo finito escolhido pelo projetista do sistema de controle. É usualmente conveniente escolher T como o tempo de acomodação T_s. A resposta ao degrau para um sistema de controle com realimentação específico é mostrada na Figura 5.23(b) e o erro, na Figura 5.23(c). O erro quadrático é mostrado na Figura 5.23(d) e a integral do erro quadrático, na Figura 5.23(e). Esse critério discriminará sistemas excessivamente superamortecidos e excessivamente subamortecidos. O valor mínimo da integral ocorre para um valor de compromisso do amortecimento. O índice de desempenho da Equação (5.37) é matematicamente conveniente para propósitos analíticos e computacionais.

Três outros índices de desempenho que podem ser considerados incluem

$$\text{IAE} = \int_0^T |e(t)|\, dt, \tag{5.38}$$

$$\text{ITAE} = \int_0^T t|e(t)|\, dt \tag{5.39}$$

e

$$\text{ITSE} = \int_0^T te^2(t) dt. \tag{5.40}$$

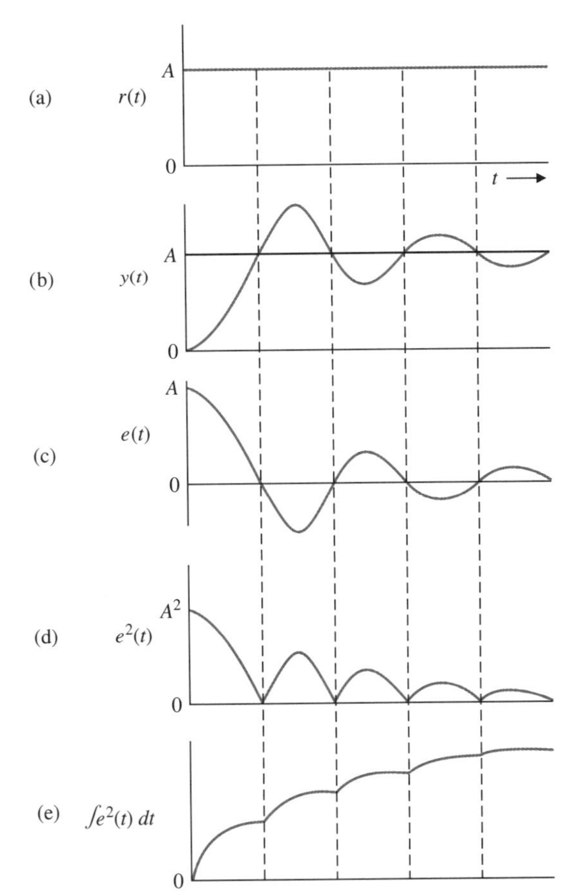

FIGURA 5.23 Cálculo da integral do erro quadrático.

O ITAE é capaz de reduzir a contribuição que quaisquer erros iniciais grandes, bem como enfatizar erros que ocorrem mais tarde na resposta [6]. O índice de desempenho ITAE fornece a melhor seletividade dos índices de desempenho; isto é, o valor mínimo da integral é prontamente discernível à medida que os parâmetros do sistema são variados. A forma geral da integral de desempenho é

$$I = \int_0^T f(e(t), r(t), y(t), t)\, dt, \tag{5.41}$$

na qual f é uma função do erro, entrada, saída e tempo. Podem-se obter vários índices baseados em várias combinações das variáveis do sistema e do tempo.

EXEMPLO 5.6 **Sistema de controle de telescópio espacial**

Considere o sistema de controle de apontamento de um telescópio espacial mostrado na Figura 5.24 [9]. Deseja-se selecionar a magnitude do ganho, K_3, para minimizar o efeito da perturbação, $T_p(s)$. A função de transferência em malha fechada da perturbação para a saída é

$$\frac{Y(s)}{T_p(s)} = \frac{s(s + K_1K_3)}{s^2 + K_1K_3\, s + K_1K_2K_p}. \tag{5.42}$$

Valores típicos para as constantes são $K_1 = 0{,}5$ e $K_1K_2K_p = 2{,}5$. Nesse caso, o objetivo é minimizar $y(t)$, na qual, para uma perturbação em degrau unitário, a ISE mínima pode ser calculada analiticamente. A atitude é

$$y(t) = \frac{\sqrt{10}}{\beta}\left[e^{-0{,}25K_3t}\,\text{sen}\left(\frac{\beta}{2}t + \psi\right)\right], \tag{5.43}$$

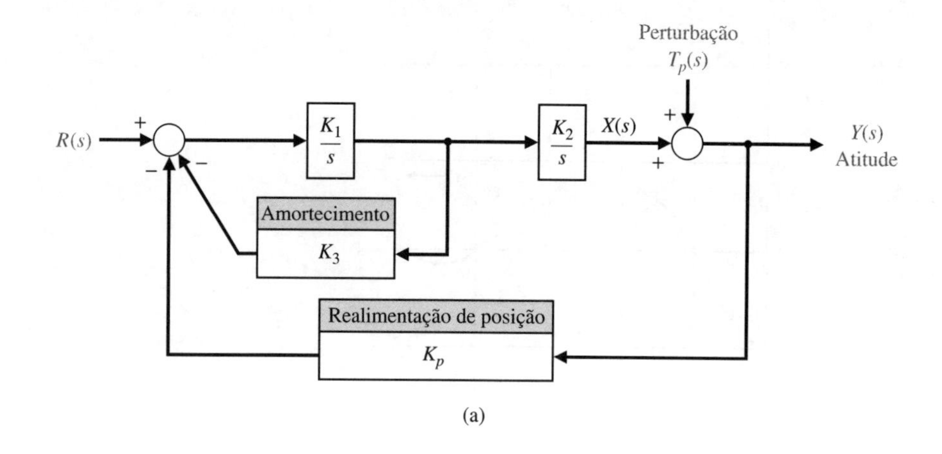

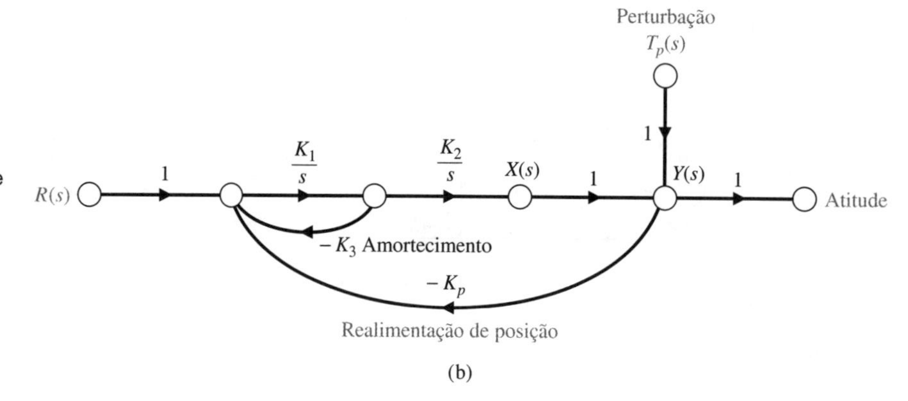

FIGURA 5.24 Sistema de controle de direcionamento de um telescópio espacial. (a) Diagrama de blocos. (b) Diagrama de fluxo de sinal.

em que $\beta = \sqrt{10 - K_3^2/4}$. Elevando-se $y(t)$ ao quadrado e integrando-se o resultado, tem-se

$$I = \int_0^\infty \frac{10}{\beta^2} e^{-0,5K_3 t} \operatorname{sen}^2\left(\frac{\beta}{2}t + \psi\right) dt = \int_0^\infty \frac{10}{\beta^2} e^{-0,5K_3 t}\left(\frac{1}{2} - \frac{1}{2}\cos(\beta t + 2\psi)\right) dt$$

$$= \frac{1}{K_3} + 0,1K_3. \tag{5.44}$$

Derivando I e igualando o resultado a zero, e resolvendo para K_3, obtém-se

$$\frac{dI}{dK_3} = -K_3^{-2} + 0,1 = 0. \tag{5.45}$$

Portanto, a ISE mínima é obtida quando $K_3 = \sqrt{10} = 3,2$. Esse valor de K_3 corresponde a um fator de amortecimento ζ de 0,50. Os valores de ISE e IAE para esse sistema são mostrados graficamente na Figura 5.25. O mínimo para o índice de desempenho IAE é obtido quando $K_3 = 4,2$ e $\zeta = 0,665$. Embora o critério ISE não seja tão seletivo quanto o critério IAE, é óbvio que se pode resolver analiticamente para o valor mínimo de ISE. O mínimo de IAE é obtido pela determinação do valor real de IAE para vários valores do parâmetro de interesse. ■

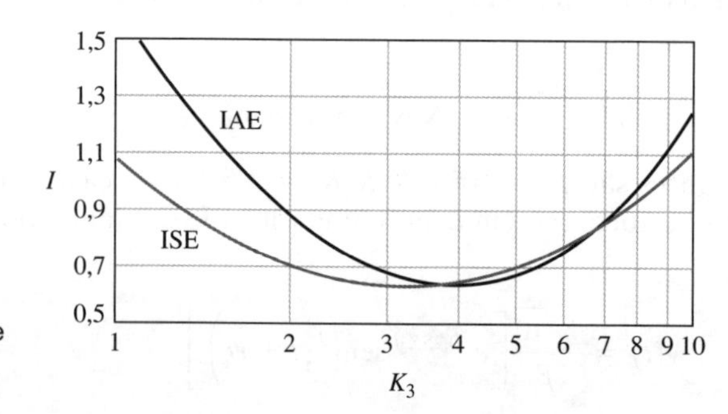

FIGURA 5.25 Índices de desempenho do sistema de controle do telescópio *versus* K_3.

Um sistema de controle é ótimo quando o índice de desempenho escolhido é minimizado. No entanto, o valor ótimo dos parâmetros depende diretamente da definição de ótimo, ou seja, do índice de desempenho. Portanto, no Exemplo 5.6, descobriu-se que o ajuste ótimo foi diferente para diferentes índices de desempenho.

Os coeficientes que irão minimizar o critério de desempenho ITAE para uma entrada em degrau foram determinados para a função de transferência em malha fechada geral [6]

$$T(s) = \frac{Y(s)}{R(s)} = \frac{b_0}{s^n + b_{n-1}s^{n-1} + \cdots + b_1 s + b_0}. \tag{5.46}$$

Essa função de transferência tem um erro em regime estacionário nulo para uma entrada em degrau. Note que a função de transferência possui n polos e nenhum zero. Os coeficientes ótimos para o critério ITAE são dados na Tabela 5.3. As respostas usando coeficientes ótimos para uma entrada em degrau são dadas na Figura 5.26 para ISE, IAE e ITAE. As respostas são fornecidas para um tempo normalizado $\omega_n t$. Outras formas-padrão baseadas em diferentes índices de desempenho estão disponíveis e podem ajudar o projetista a determinar faixas de coeficientes para um problema específico.

Para uma entrada rampa, os coeficientes foram determinados de modo a minimizar o critério ITAE para a função de transferência em malha fechada geral [6]

$$T(s) = \frac{b_1 s + b_0}{s^n + b_{n-1}s^{n-1} + \cdots + b_1 s + b_0}. \tag{5.47}$$

Tabela 5.3 Coeficientes Ótimos de $T(s)$ Baseados no Critério ITAE para uma Entrada em Degrau

$s + \omega_n$
$s^2 + 1{,}4\omega_n s + \omega_n^2$
$s^3 + 1{,}75\omega_n s^2 + 2{,}15\omega_n^2 s + \omega_n^3$
$s^4 + 2{,}1\omega_n s^3 + 3{,}4\,\omega_n^2 s^2 + 2{,}7\omega_n^3 s + \omega_n^4$
$s^5 + 2{,}8\omega_n s^4 + 5{,}0\omega_n^2 s^3 + 5{,}5\omega_n^3 s^2 + 3{,}4\omega_n^4 s + \omega_n^5$
$s^6 + 3{,}25\omega_n s^5 + 6{,}60\omega_n^2 s^4 + 8{,}60\omega_n^3 s^3 + 7{,}45\omega_n^4 s^2 + 3{,}95\omega_n^5 s + \omega_n^6$

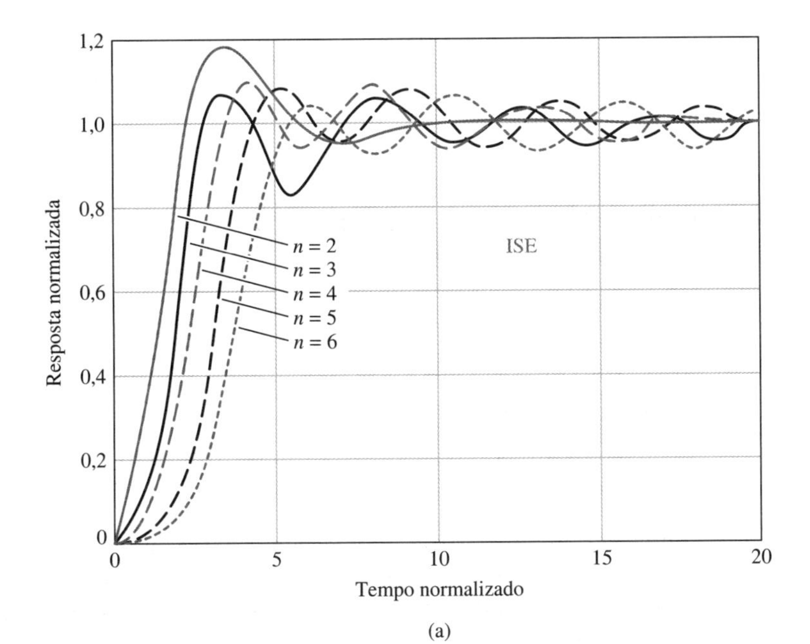

FIGURA 5.26 Respostas ao degrau de uma função de transferência normalizada usando coeficientes ótimos para (a) ISE, (b) IAE e (c) ITAE. A resposta é para o tempo normalizado, $\omega_n t$ (*continua*).

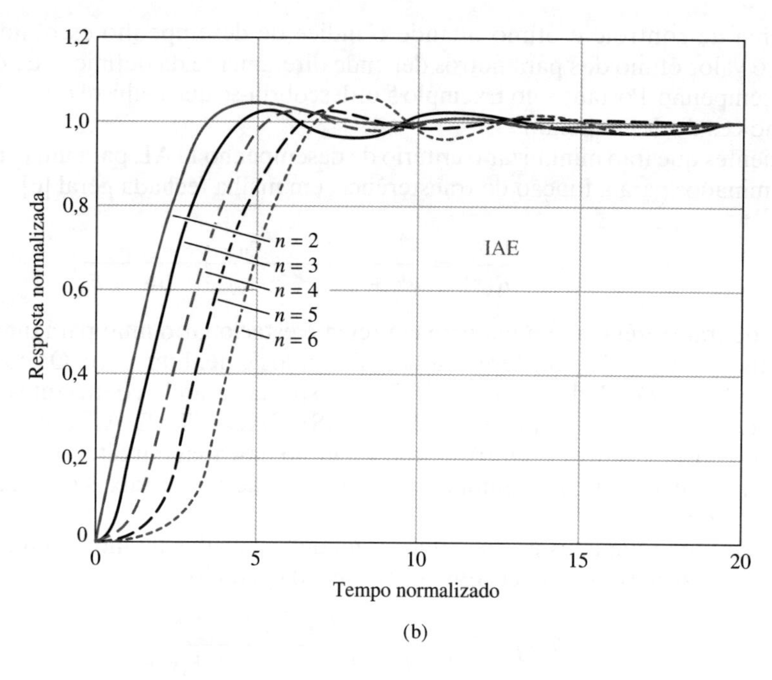

(b)

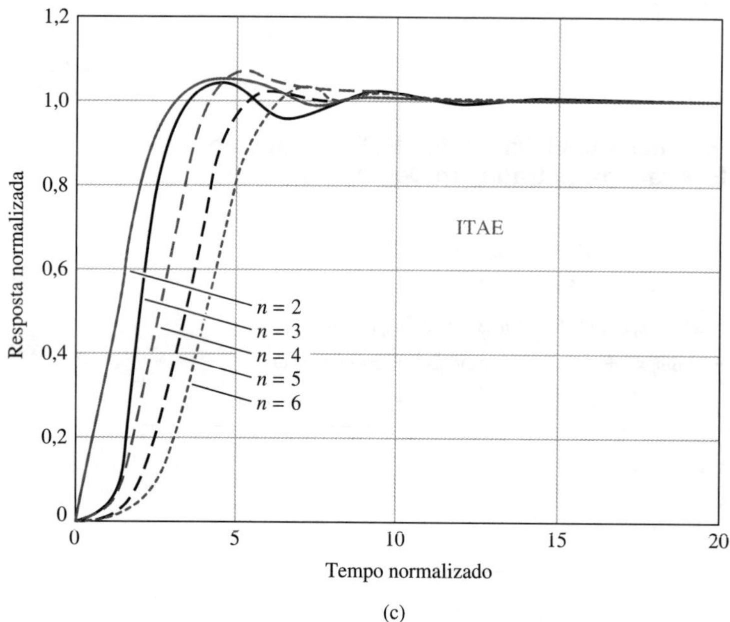

(c)

FIGURA 5.26
(Continuação)

Tabela 5.4 Coeficientes Ótimos de $T(s)$ Baseados no Critério ITAE para uma Entrada Rampa

$$s^2 + 3{,}2\omega_n s + \omega_n^2$$
$$s^3 + 1{,}75\omega_n s^2 + 3{,}25\omega_n^2 s + \omega_n^3$$
$$s^4 + 2{,}41\omega_n s^3 + 4{,}93\omega_n^2 s^2 + 5{,}14\omega_n^3 s + \omega_n^4$$
$$s^5 + 2{,}19\omega_n s^4 + 6{,}50\omega_n^2 s^3 + 6{,}30\omega_n^3 s^2 + 5{,}24\omega_n^4 s + \omega_n^5$$

Essa função de transferência tem um erro em regime estacionário nulo para uma entrada rampa. Os coeficientes ótimos para essa função de transferência são dados na Tabela 5.4. A função de transferência, Equação (5.47), subentende que o processo $G(s)$ tem duas ou mais integrações puras, como requerido para fornecer um erro em regime estacionário nulo.

5.8 SIMPLIFICAÇÃO DE SISTEMAS LINEARES

É muito útil estudar sistemas complexos com funções de transferência de ordem elevada com uso de modelos aproximados de ordem inferior. Vários métodos estão disponíveis para reduzir a ordem da função de transferência de um sistema. Uma maneira relativamente simples de eliminar determinado polo insignificante de uma função de transferência é notar um polo que tenha parte real negativa que seja muito mais negativa que os outros polos. Desse modo, espera-se que esse polo afete insignificantemente a resposta transitória.

Por exemplo, quando há um sistema com função de transferência

$$G(s) = \frac{K}{s(s+2)(s+30)},$$

pode-se seguramente desprezar o impacto do polo em $s = -30$. Entretanto, deve-se manter a resposta em regime estacionário do sistema, então reduz-se o sistema para

$$G(s) = \frac{(K/30)}{s(s+2)}.$$

Uma abordagem mais sofisticada tenta casar a resposta em frequência da função de transferência de ordem reduzida com a resposta em frequência da função de transferência original o mais próximo possível. Embora métodos de resposta em frequência sejam abordados no Capítulo 8, o método de aproximação associado baseia-se estritamente em manipulação algébrica e é apresentado aqui. Seja o sistema de ordem elevada descrito pela função de transferência

$$G_H(s) = K\frac{a_m s^m + a_{m-1}s^{m-1} + \cdots + a_1 s + 1}{b_n s^n + b_{n-1}s^{n-1} + \cdots + b_1 s + 1}, \tag{5.48}$$

na qual os polos estão no semiplano esquerdo do plano s e $m \leq n$. A função de transferência aproximada de ordem inferior é

$$G_L(s) = K\frac{c_p s^p + \cdots + c_1 s + 1}{d_g s^g + \cdots + d_1 s + 1}, \tag{5.49}$$

em que $p \leq g < n$. Observe que a constante de ganho, K, é a mesma para o sistema original e o aproximado; isso garante a mesma resposta em regime estacionário. O método esboçado no Exemplo 5.7 é baseado na seleção de c_i e d_i de tal forma que $G_L(s)$ tenha uma resposta em frequência muito próxima da de $G_H(s)$. Isso é equivalente a especificar que $G_H(j\omega)/G_L(j\omega)$ deve se desviar o mínimo possível da unidade para várias frequências. Os coeficientes c e d são obtidos por meio do uso de

$$M^{(k)}(s) = \frac{d^k}{ds^k}M(s) \tag{5.50}$$

e

$$\Delta^{(k)}(s) = \frac{d^k}{ds^k}\Delta(s), \tag{5.51}$$

em que $M(s)$ e $\Delta(s)$ são os polinômios do numerador e do denominador de $G_H(s)/G_L(s)$, respectivamente. Define-se também

$$M_{2q} = \sum_{k=0}^{2q} \frac{(-1)^{k+q} M^{(k)}(0) M^{(2q-k)}(0)}{k!\,(2q-k)!}, \qquad q = 0, 1, 2 \ldots \tag{5.52}$$

e uma equação análoga para Δ_{2q}. As soluções para os coeficientes c e d são obtidas pela equação

$$M_{2q} = \Delta_{2q} \tag{5.53}$$

para $q = 1, 2, \ldots$ até o número necessário para encontrar os coeficientes desconhecidos.

EXEMPLO 5.7 **Modelo simplificado**

Considere o sistema de terceira ordem

$$G_H(s) = \frac{6}{s^3 + 6s^2 + 11s + 6} = \frac{1}{1 + \frac{11}{6}s + s^2 + \frac{1}{6}s^3}. \tag{5.54}$$

Usando-se o modelo de segunda ordem

$$G_L(s) = \frac{1}{1 + d_1 s + d_2 s^2}, \tag{5.55}$$

determina-se que

$$M(s) = 1 + d_1 s + d_2 s^2 \quad \text{e} \quad \Delta(s) = 1 + \frac{11}{6}s + s^2 + \frac{1}{6}s^3.$$

Então, sabe-se que

$$M^{(0)}(s) = 1 + d_1 s + d_2 s^2 \tag{5.56}$$

e $M^{(0)}(0) = 1$. Semelhantemente, tem-se

$$M^{(1)} = \frac{d}{ds}(1 + d_1 s + d_2 s^2) = d_1 + 2d_2 s. \tag{5.57}$$

Portanto, $M^{(1)}(0) = d_1$. Continuando esse processo, descobre-se que

$$\begin{aligned}
M^{(0)}(0) &= 1 & \Delta^{(0)}(0) &= 1,\\
M^{(1)}(0) &= d_1 & \Delta^{(1)}(0) &= \frac{11}{6},\\
M^{(2)}(0) &= 2d_2 & \Delta^{(2)}(0) &= 2,\\
M^{(3)}(0) &= 0 & \Delta^{(3)}(0) &= 1.
\end{aligned} \tag{5.58}$$

Agora iguala-se $M_{2q} = \Delta_{2q}$ para $q = 1$ e 2. Descobre-se que, para $q = 1$,

$$\begin{aligned}
M_2 &= (-1)\frac{M^{(0)}(0)M^{(2)}(0)}{2} + \frac{M^{(1)}(0)M^{(1)}(0)}{1} + (-1)\frac{M^{(2)}(0)M^{(0)}(0)}{2}\\
&= -d_2 + d_1^2 - d_2 = -2d_2 + d_1^2.
\end{aligned} \tag{5.59}$$

Uma vez que a equação para Δ_2 é similar, tem-se

$$\begin{aligned}
\Delta_2 &= (-1)\frac{\Delta^{(0)}(0)\,\Delta^{(2)}(0)}{2} + \frac{\Delta^{(1)}(0)\,\Delta^{(1)}(0)}{1} + (-1)\frac{\Delta^{(2)}(0)\,\Delta^{(0)}(0)}{2}\\
&= -1 + \frac{121}{36} - 1 = \frac{49}{36}.
\end{aligned} \tag{5.60}$$

A Equação (5.53) com $q = 1$ requer que $M_2 = \Delta_2$; portanto,

$$-2d_2 + d_1^2 = \frac{49}{36}. \tag{5.61}$$

Completando o processo para $M_4 = \Delta_4$, obtém-se

$$d_2^2 = \frac{7}{18}. \tag{5.62}$$

Solucionando as Equações (5.61) e (5.62) resulta $d_1 = 1{,}615$ e $d_2 = 0{,}624$. (Os outros conjuntos de soluções são rejeitados porque eles levam a polos instáveis.) A função de transferência do sistema de ordem reduzida é

$$G_L(s) = \frac{1}{1 + 1{,}615s + 0{,}624s^2} = \frac{1{,}60}{s^2 + 2{,}590s + 1{,}60}. \tag{5.63}$$

É interessante ver que os polos de $G_H(s)$ são $s = -1, -2, -3$, enquanto os polos de $G_L(s)$ são $s = -1{,}024$ e $-1{,}565$. Pelo fato de o modelo de ordem reduzida ter dois polos, estima-se que se obteria uma resposta ao degrau levemente superamortecida com tempo de acomodação para 2% do valor final de aproximadamente 3 segundos. ■

Às vezes é desejável manter os polos dominantes do sistema original, $G_H(s)$, no modelo de ordem inferior. Isso pode ser realizado especificando-se que o denominador de $G_L(s)$ seja os polos dominantes de $G_H(s)$ e permitindo que o numerador de $G_L(s)$ seja objeto da aproximação.

Outro método novo e útil para a redução de ordem é o método da aproximação de Routh baseado na ideia de truncar a tabela de Routh usada para determinar estabilidade. Os aproximadores de Routh podem ser calculados por um algoritmo recursivo finito [19].

5.9 EXEMPLOS DE PROJETO

Nesta seção, são apresentados dois exemplos ilustrativos. O primeiro exemplo é uma visão simplificada do problema de controle de direcionamento do telescópio espacial Hubble. O problema do telescópio espacial Hubble destaca o processo do cálculo dos ganhos do controlador para alcançar especificações de máxima ultrapassagem percentual desejadas, bem como atender especificações de erro em regime estacionário. O segundo exemplo considera o controle do ângulo de inclinação lateral de uma aeronave. O exemplo de controle de atitude de aeronave representa uma visão mais aprofundada do problema de projeto de controle. Nele, considera-se um modelo de quarta ordem complexo da dinâmica lateral do movimento da aeronave que é aproximado por um modelo de segunda ordem usando os métodos de aproximação da Seção 5.8. O modelo simplificado pode ser usado para ganhar maior compreensão sobre o projeto de controladores e sobre o impacto de parâmetros-chave do controlador no desempenho transitório.

EXEMPLO 5.8 **Controle do telescópio espacial Hubble**

O telescópio espacial orbital Hubble é o mais complexo e mais caro instrumento científico já construído. O espelho do telescópio, de 2,4 metros, tem a superfície mais lisa que qualquer espelho já feito, e seu sistema de direcionamento é capaz de focá-lo em uma moeda de 10 centavos a 644 quilômetros de distância [18, 21]. Considere o modelo do sistema de direcionamento do telescópio mostrado na Figura 5.27.

O objetivo do projeto é escolher K_1 e K de modo que (1) a máxima ultrapassagem percentual da saída para um comando degrau, $r(t)$, seja $M.U.P. \leq 10\%$, (2) o erro em regime estacionário para um comando rampa seja minimizado e (3) o efeito de uma perturbação em degrau seja reduzido. Como o sistema possui uma malha interna, pode-se empregar redução de diagrama de blocos para se obter o sistema simplificado da Figura 5.27(b).

A saída devido às duas entradas do sistema da Figura 5.27(b) é dada por

$$Y(s) = T(s)R(s) + [T(s)/K]T_p(s), \tag{5.64}$$

em que

$$T(s) = \frac{KG(s)}{1 + KG(s)} = \frac{L(s)}{1 + L(s)}.$$

O erro de rastreamento é

$$E(s) = \frac{1}{1 + L(s)}R(s) - \frac{G(s)}{1 + L(s)}T_p(s). \tag{5.65}$$

Primeiro, escolhem-se K e K_1 para satisfazer o requisito de máxima ultrapassagem percentual para uma entrada em degrau, $R(s) = A/s$. Fazendo $T_p(s) = 0$, tem-se

$$Y(s) = \frac{KG(s)}{1 + KG(s)}R(s) = \frac{K}{s^2 + K_1 s + K}\left(\frac{A}{s}\right). \tag{5.66}$$

Para ajustar a máxima ultrapassagem em menos de 10%, escolhe-se $\zeta = 0,6$. Pode-se usar a Equação (5.16) para determinar que a máxima ultrapassagem será 9,5% para $\zeta = 0,6$. Em seguida, examina-se o erro em regime estacionário para uma rampa, $r(t) = Bt, t \geq 0$. Usando Equação (5.28):

$$e_{ss} = \lim_{s \to 0}\left\{\frac{B}{sKG(s)}\right\} = \frac{B}{K/K_1}. \tag{5.67}$$

O erro em regime estacionário devido a uma entrada rampa é reduzido e aumentando-se K/K_1. O erro em regime estacionário devido a uma perturbação em degrau unitário é igual a $-1/K$. O erro em regime estacionário devido a uma entrada de perturbação em degrau pode ser reduzido pelo aumento de K. Em resumo, busca-se um K grande para se obter um erro em regime estacionário pequeno devido a uma perturbação em degrau e um valor grande de K/K_1 para se obter um erro em regime estacionário pequeno para a entrada rampa. Também se requer $\zeta = 0,6$ para limitar a máxima ultrapassagem.

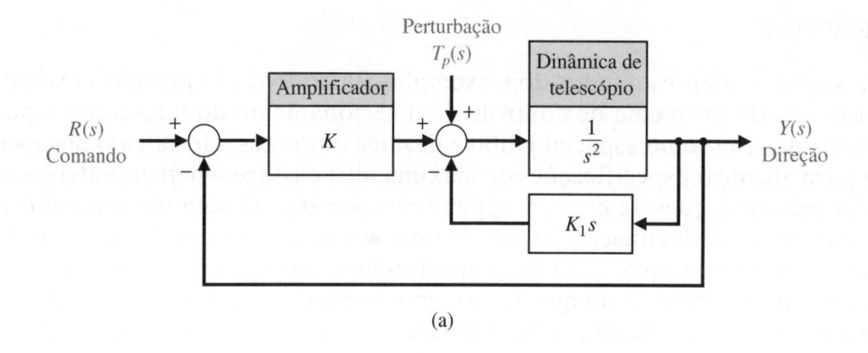

(a)

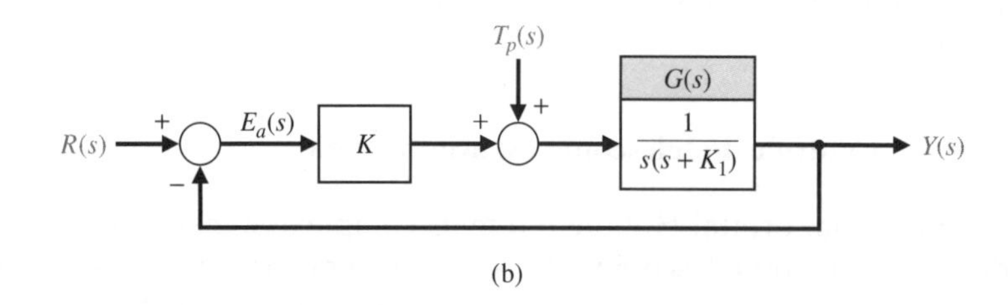

(b)

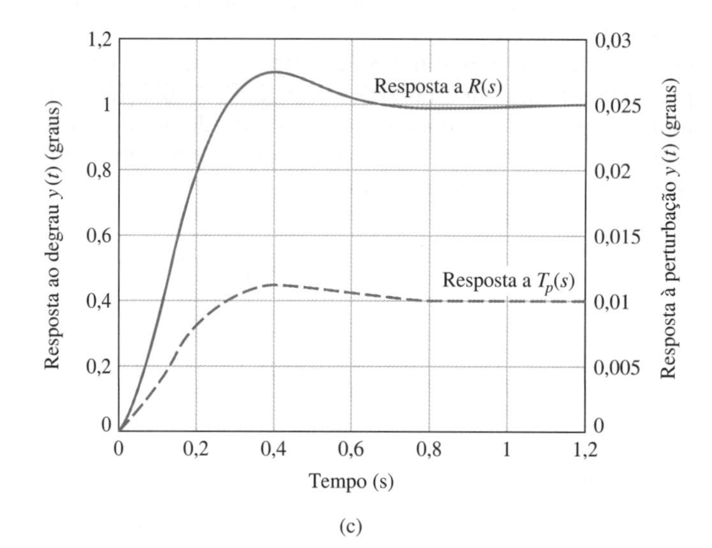

(c)

FIGURA 5.27 (a) Sistema de direcionamento do telescópio Hubble, (b) diagrama de blocos reduzido, (c) resposta do sistema a um comando de entrada em degrau unitário e uma entrada de perturbação em degrau unitário.

Com $\zeta = 0{,}6$, a equação característica do sistema é

$$s^2 + 2\zeta\omega_n s + \omega_n^2 = s^2 + 2(0{,}6)\omega_n s + K. \tag{5.68}$$

Portanto $\omega_n = \sqrt{K}$, e o segundo termo do denominador da Equação (5.66) requer $K_1 = 2(0{,}6)\omega_n$. Então, $K_1 = 1{,}2\sqrt{K}$, desse modo a razão K/K_1 se torna

$$\frac{K}{K_1} = \frac{K}{1{,}2\sqrt{K}} = \frac{\sqrt{K}}{1{,}2}.$$

Se for escolhido $K = 100$, tem-se $K_1 = 12$ e $K/K_1 = 8{,}33$. As respostas do sistema para um comando de entrada em degrau unitário e para uma entrada de perturbação em degrau unitário são mostradas na Figura 5.27(c). Note como o efeito da perturbação é relativamente insignificante.

Finalmente, nota-se que o erro em regime estacionário para a entrada rampa é

$$e_{ss} = \frac{B}{8{,}33} = 0{,}12B.$$

Esse projeto, usando $K = 100$, fornece resultados aceitáveis. ■

EXEMPLO 5.9 **Controle de atitude de uma aeronave**

Cada vez que se voa em um avião de transporte de passageiros comercial, experimenta-se diretamente os benefícios dos sistemas de controle automático. Esses sistemas ajudam os pilotos através da melhoria das qualidades de manejo da aeronave sobre uma grande faixa de condições de voo e através do fornecimento de substituição ao piloto (para emergências como ir ao toalete) durante voos muito longos. A conexão especial entre voo e controles começou no trabalho inicial dos irmãos Wright. Usando túneis de vento, os irmãos Wright aplicaram técnicas de projeto sistemáticas para tornar realidade seu sonho de voo motorizado. Essa abordagem sistemática para o projeto colaborou para o sucesso deles.

Outro aspecto significante da abordagem deles foi sua ênfase em controles de voo; os irmãos insistiram que sua aeronave fosse controlada por um piloto. Observando que os pássaros controlam o movimento de rolagem torcendo suas asas, os irmãos Wright construíram uma aeronave com mecanismos mecânicos que torciam as asas de sua aeronave. Hoje não se usa mais a deformação das asas como mecanismo para realizar uma manobra de rolagem; em vez disso, controla-se o movimento de rolagem pelo uso de ailerons, como mostrado na Figura 5.28. Os irmãos Wright também usaram profundores (localizados na frente) para controle longitudinal (movimento de arfagem) e lemes de direção para controle lateral (movimento de guinagem). As aeronaves de hoje ainda usam tanto profundores quanto lemes de direção, embora os profundores sejam geralmente localizados na cauda (traseira) da aeronave.

A primeira decolagem de um voo controlado, motorizado e sem auxílio ocorreu em 1903 com o *Wright Flyer I* (também conhecido como *Kitty Hawk*). A primeira aeronave funcional, o *Flyer III*, conseguia voar em oitos e permanecer no ar por meia hora. O controle de voo em três eixos foi uma grande (e frequentemente não reconhecida) contribuição dos irmãos Wright. Uma perspectiva histórica resumida é apresentada em Stevens e Lewis [24]. O desejo contínuo de voar mais rápido, mais suavemente e por mais tempo fomentaram desenvolvimentos adicionais em controle de voo automático.

O tópico principal deste capítulo é o controle do movimento de rolagem automático de uma aeronave. Os elementos do processo de projeto enfatizados são ilustrados na Figura 5.29.

Inicialmente considera-se o modelo da dinâmica lateral de uma aeronave movendo-se ao longo de uma trajetória de voo nivelada, reta e constante. Por dinâmica lateral, quer-se dizer o movimento de atitude do avião ao redor da velocidade de deslocamento à frente. Um modelo matemático exato descrevendo o movimento (de translação e rotação) de uma aeronave é um conjunto complicado de equações diferenciais altamente não lineares, variantes no tempo e acopladas. Uma boa descrição do processo de desenvolvimento de tal modelo matemático aparece em Etkin e Reid [25].

Para os nossos propósitos, um modelo dinâmico simplificado é necessário para o processo de projeto do piloto automático. Um modelo simplificado pode consistir em uma função de transferência descrevendo a relação entrada/saída entre a deflexão do aileron e o ângulo de inclinação lateral da aeronave. A obtenção de tal função de transferência pode requerer muitas simplificações prudentes no modelo matemático original não linear de alta fidelidade.

Suponha que se tenha uma aeronave rígida com um plano de simetria. Admite-se que a aeronave esteja voando em velocidade subsônica ou supersônica baixa (Mach < 3). Isso permite que se faça uma aproximação de terra plana. Ignoram-se quaisquer efeitos giroscópicos de rotor devido a massas girantes na aeronave (como hélices ou turbinas). Essas hipóteses permitem desacoplar o movimento rotacional longitudinal (arfagem) do movimento rotacional lateral (rolagem e guinagem).

Naturalmente, também é necessário considerar a linearização das equações de movimento não lineares. Para efetuar isso, consideram-se somente condições de voo em regime estacionário como

- Voo nivelado reto constante
- Voo nivelado em curva constante

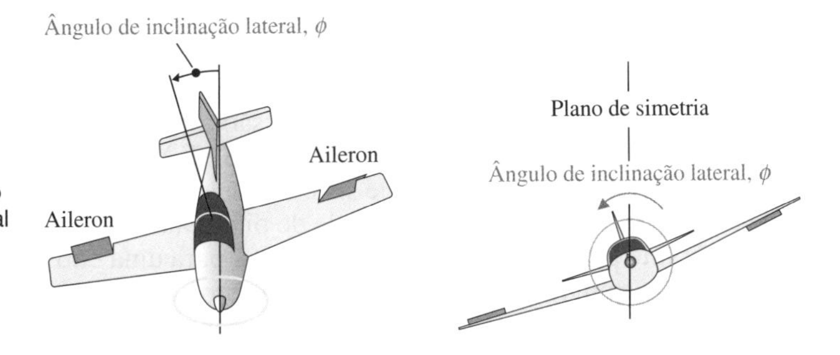

FIGURA 5.28 Controle do ângulo de inclinação lateral de uma aeronave usando deflexões diferenciais dos ailerons.

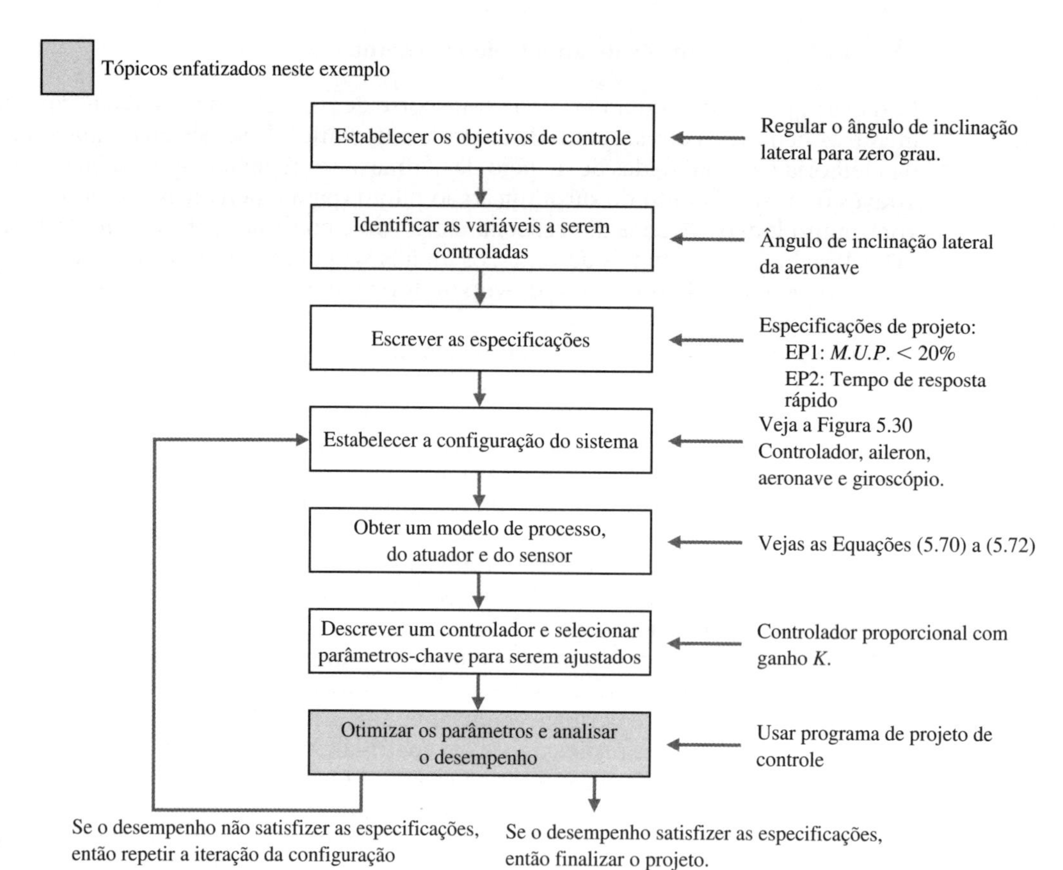

FIGURA 5.29 Elementos do processo de projeto de sistema de controle enfatizados no exemplo de controle de atitude de aeronave.

- Subida simétrica constante
- Rolagem constante.

Para este exemplo, admite-se que a aeronave esteja voando a baixa velocidade em atitude de voo nivelado reto constante, e deseja-se projetar um piloto automático para controlar o movimento de rolagem. Pode-se declarar o objetivo de controle como se segue:

Objetivo de Controle

Regular o ângulo inclinação lateral da aeronave em zero grau (constante, nivelado) e manter a orientação de nível na presença de perturbações externas imprevisíveis.

Identifica-se a variável a ser controlada como:

Variável a Ser Controlada

Ângulo de inclinação lateral da aeronave (denotado por ϕ).

Definir especificações de sistema para controle de aeronaves é complicado, então isso não será tentado aqui. Esse é um assunto por si só e muitos engenheiros têm investido esforços significantes desenvolvendo especificações de projeto boas e práticas. O objetivo é projetar um sistema de controle de modo que os polos dominantes do sistema em malha fechada tenham frequência natural e amortecimento satisfatórios [24]. Deve-se definir satisfatórios e escolher sinais de entrada de teste nos quais será baseada a análise.

A escala de opinião de pilotos de Cooper–Harper fornece uma maneira de correlacionar a sensação da aeronave com especificações de projeto de controle [26]. Essa escala trata as questões de qualidade de manejo. Muitos requisitos de qualidade de voo são especificados por agências governamentais, como a Força Aérea dos Estados Unidos [27]. O USAF MIL-F-8785C é uma fonte de especificações no domínio do tempo para projeto de sistemas de controle.

Por exemplo, pode-se projetar um sistema de controle de piloto automático para uma aeronave em voo nivelado reto constante para atingir uma $M.U.P. \leq 20\%$ para uma entrada em degrau, com movimento oscilatório mínimo e um tempo de resposta rápido (isto é, um instante de pico pequeno). Subsequentemente, implementa-se o controlador no sistema de controle da aeronave e se conduzem testes de voo ou simulações computacionais de alta fidelidade, após os quais os pilotos devem dizer se gostaram do desempenho da aeronave. Se o desempenho geral não for satisfatório, alteram-se as especificações no domínio do tempo (neste caso, a especificação de máxima ultrapassagem percentual) e se refaz o projeto até que se alcance uma sensação e desempenho que os pilotos (e no final das contas os passageiros) irão aceitar. Apesar da simplicidade dessa abordagem e muitos anos de pesquisa, especificações de projeto de sistemas de controle precisas que forneçam características de voo aceitáveis em todos os casos ainda não estão disponíveis [24].

As especificações de projeto de controle dadas neste exemplo podem parecer um tanto inventadas. Na realidade, as especificações deveriam ser muito mais intrincadas e, de muitas formas, menos precisamente conhecidas. Mas o processo de projeto deve começar em algum lugar. Com essa abordagem em mente, especificações de projeto simples são escolhidas e inicia-se o processo de projeto iterativo. As especificações de projeto são:

Especificações de Projeto de Controle

EP1 Máxima ultrapassagem percentual $M.U.P. \leq 20\%$ para uma entrada em degrau unitário.

EP2 Tempo de resposta rápido medido pelo tempo de pico.

Fazendo-se as hipóteses simplificadoras discutidas anteriormente e linearizando-se em torno da condição de equilíbrio de voo nivelado reto, consegue-se obter um modelo em função de transferência descrevendo a relação da saída de ângulo de inclinação lateral, $\phi(s)$, com a entrada de deflexão do aileron, $\delta_a(s)$. A função de transferência tem a forma

$$\frac{\phi(s)}{\delta_a(s)} = \frac{k(s - c_0)(s^2 + b_1 s + b_0)}{s(s + d_0)(s + e_0)(s^2 + f_1 s + f_0)}. \tag{5.69}$$

O movimento lateral (rolagem/guinagem) tem três modos principais: modo de rolamento holandês, modo espiral e modo de rolamento. O modo de rolamento holandês, o qual tem esse nome por causa da semelhança com o movimento de um patinador de velocidade no gelo, é caracterizado por um movimento de rolagem e guinagem. O centro de massa do avião segue uma trajetória aproximadamente em linha reta, e um impulso do leme de direção pode excitar esse modo. O modo espiral é caracterizado por um movimento essencialmente de guinagem com um pouco de rolagem. Esse é um modo fraco, mas ele pode fazer com que a aeronave entre em um mergulho em espiral bastante inclinado. O movimento de rolamento é quase um movimento de rolagem puro. Esse é o movimento de interesse para o projeto de piloto automático. O denominador da função de transferência na Equação (5.69) mostra dois modos de primeira ordem (modos espiral e de rolamento) e um modo de segunda ordem (modo de rolamento holandês).

Normalmente, os coeficientes $c_0, b_0, b_1, d_0, e_0, f_0, f_1$ e o ganho k são funções complicadas de derivadas de estabilidade. As derivadas de estabilidade são funções das condições de voo e da configuração da aeronave; elas diferem para diversos tipos de aeronaves. O acoplamento entre rolagem e guinagem está incluído na Equação (5.69).

Na função de transferência na Equação (5.69), o polo em $s = -d_0$ está associado com o modo espiral. O polo em $s = -e_0$ está associado com o modo de rolamento. Geralmente, $e_0 >> d_0$. Para um F-16 voando a 152 m/s em voo nivelado reto constante, tem-se $e_0 = 3{,}57$ e $d_0 = 0{,}0128$ [24]. Os polos conjugados complexos dados pelo termo $s^2 + f_1 s + f_0$ representam o movimento de rolamento holandês.

Para pequenos ângulos de ataque (como em voo nivelado reto constante), o modo de rolamento holandês geralmente se cancela com o termo $s^2 + b_1 s + b_0$ da função de transferência. Essa é uma aproximação, mas ela é consistente com as outras hipóteses simplificadoras. Além disso, pode-se ignorar o modo espiral uma vez que ele é essencialmente um movimento de guinagem apenas fracamente acoplado com o movimento de rolagem. O zero em $s = c_0$ representa o efeito de gravidade que faz com que a aeronave deslize para o lado à medida que gira. Admite-se que esse efeito é desprezível, uma vez que ele é mais pronunciado em uma manobra de rolagem lenta na qual o deslizamento pode aumentar, e admite-se que o deslizamento da aeronave é pequeno ou zero. Portanto, pode-se simplificar a função de transferência na Equação (5.69) para obter-se uma aproximação com um único grau de liberdade:

$$\frac{\phi(s)}{\delta_a(s)} = \frac{k}{s(s + e_0)}. \tag{5.70}$$

Para a aeronave em questão escolhe-se $e_0 = 1{,}4$ e $k = 11{,}4$. A constante de tempo associada ao modo de rolamento é $\tau = 1/e_0 = 0{,}7$ s. Esses valores representam uma resposta do movimento de rolagem razoavelmente rápida.

Para o modelo do atuador do aileron, tipicamente usa-se um modelo simples de sistema de primeira ordem,

$$\frac{\delta_a(s)}{e(s)} = \frac{p}{s+p}, \tag{5.71}$$

em que $e(s) = \phi_d(s) - \phi(s)$. Nesse caso, escolhe-se $p = 10$. Isso corresponde a uma constante de tempo de $\tau = 1/p = 0{,}1$ s. Esse é um valor típico consistente com uma resposta rápida. Necessita-se de um atuador com resposta rápida de modo que a dinâmica da aeronave controlada ativamente seja a componente dominante da resposta do sistema. Um atuador lento é similar a um retardo no tempo que pode causar problemas de desempenho e de estabilidade.

Para uma simulação de alta fidelidade, poderia ser necessário desenvolver um modelo exato da dinâmica do giroscópio. O giroscópio, tipicamente um giroscópio integrador, é normalmente caracterizado por uma resposta muito rápida. Para manter a consistência com as outras hipóteses simplificadoras, ignora-se a dinâmica do giroscópio no processo do projeto. Isso significa que se admite que o sensor meça o ângulo de inclinação lateral precisamente. O modelo do giroscópio é dado por uma função de transferência unitária,

$$K_g = 1. \tag{5.72}$$

Desse modo, o modelo do sistema físico é dado pelas Equações (5.70), (5.71) e (5.72).

O controlador escolhido para este projeto é um controlador proporcional,

$$G_c(s) = K.$$

A configuração do sistema é mostrada na Figura 5.30. O parâmetro-chave escolhido é como se segue:

Parâmetro-chave de Ajuste Escolhido

Ganho do controlador K.

A função de transferência em malha fechada é

$$T(s) = \frac{\phi(s)}{\phi_d(s)} = \frac{114K}{s^3 + 11{,}4s^2 + 14s + 114K}. \tag{5.73}$$

Deseja-se determinar analiticamente os valores de K que irão resultar na resposta desejada, isto é, máxima ultrapassagem percentual menor que 20% e um instante de pico pequeno. A análise analítica seria mais simples se o sistema em malha fechada fosse um sistema de segunda ordem (uma vez que tem-se relações valiosas entre tempo de acomodação, máxima ultrapassagem percentual, frequência natural e fator de amortecimento); entretanto, tem-se um sistema de terceira ordem dado por $T(s)$ na Equação (5.73). Pode considerar-se aproximar a função de transferência de terceira ordem por uma função de transferência de segunda ordem — isto é algumas vezes uma abordagem de engenharia muito boa para a análise. Existem muitos métodos disponíveis para obter funções de transferência aproximadas. Aqui é usado o método algébrico descrito na Seção 5.8 que tenta casar a resposta em frequência do sistema aproximado o máximo possível com a do sistema real.

A função de transferência pode ser reescrita como

$$T(s) = \frac{1}{1 + \frac{14}{114K}s + \frac{11{,}4}{114K}s^2 + \frac{1}{114K}s^3},$$

por meio da fatoração e do cancelamento do termo constante do numerador e do denominador. Suponha que a função de transferência aproximada seja dada pelo sistema de segunda ordem

$$G_L(s) = \frac{1}{1 + d_1 s + d_2 s^2}.$$

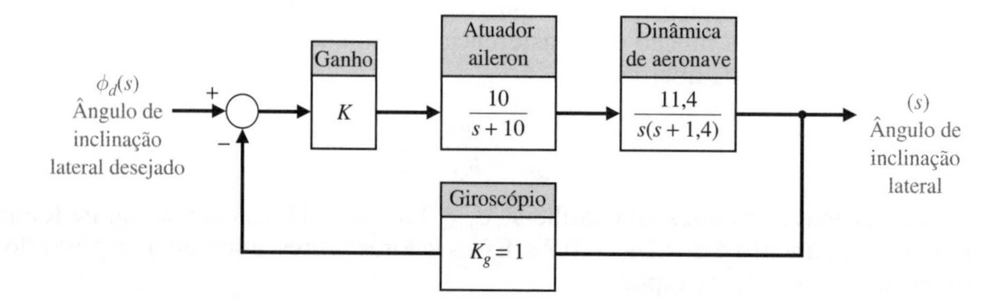

FIGURA 5.30 Piloto automático de controle de ângulo de inclinação lateral.

O objetivo é encontrar valores adequados de d_1 e d_2. Como na Seção 5.8, definem-se $M(s)$ e $\Delta(s)$ como numerador e denominador de $T(s)/G_L(s)$. Também definem-se

$$M_{2q} = \sum_{k=0}^{2q} \frac{(-1)^{k+q} M^{(k)}(0) M^{(2q-k)}(0)}{k!\,(2q-k)!}, \quad q = 1, 2, \ldots \tag{5.74}$$

e

$$\Delta_{2q} = \sum_{k=0}^{2q} \frac{(-1)^{k+q} \Delta^{(k)}(0)\, \Delta^{(2q-k)}(0)}{k!\,(2q-k)!}, \quad q = 1, 2, \ldots. \tag{5.75}$$

Então, formando o conjunto de equações algébricas

$$M_{2q} = \Delta_{2q}, \quad q = 1, 2, \ldots, \tag{5.76}$$

pode-se resolver para os parâmetros desconhecidos da função aproximada. O índice q é incrementado até que equações suficientes sejam obtidas a fim de solucionar para os coeficientes desconhecidos da função aproximada. Nesse caso, $q = 1, 2$ uma vez que se têm dois parâmetros d_1 e d_2 para calcular.

Têm-se

$$\begin{aligned} M(s) &= 1 + d_1 s + d_2 s^2 \\ M^{(1)}(s) &= \frac{dM}{ds} = d_1 + 2d_2 s \\ M^{(2)}(s) &= \frac{d^2M}{ds^2} = 2d_2 \\ M^{(3)}(s) &= M^4(s) = \cdots = 0. \end{aligned}$$

Então, calculando para $s = 0$, chega-se a

$$\begin{aligned} M^{(1)}(0) &= d_1 \\ M^{(2)}(0) &= 2d_2 \\ M^{(3)}(0) &= M^{(4)}(0) = \cdots = 0. \end{aligned}$$

Analogamente,

$$\begin{aligned} \Delta(s) &= 1 + \frac{14}{114K}s + \frac{11{,}4}{114K}s^2 + \frac{s^3}{114K} \\ \Delta^{(1)}(s) &= \frac{d\Delta}{ds} = \frac{14}{114K} + \frac{22{,}8}{114K}s + \frac{3}{114K}s^2 \\ \Delta^{(2)}(s) &= \frac{d^2\Delta}{ds^2} = \frac{22{,}8}{114K} + \frac{6}{114K}s \\ \Delta^{(3)}(s) &= \frac{d^3\Delta}{ds^3} = \frac{6}{114K} \\ \Delta^{(4)}(s) &= \Delta^5(s) = \cdots = 0. \end{aligned}$$

Calculando para $s = 0$, segue-se que

$$\begin{aligned} \Delta^{(1)}(0) &= \frac{14}{114K}, \\ \Delta^{(2)}(0) &= \frac{22{,}8}{114K}, \\ \Delta^{(3)}(0) &= \frac{6}{114K}, \\ \Delta^{(4)}(0) &= \Delta^{(5)}(0) = \cdots = 0. \end{aligned}$$

Usando a Equação (5.74) para $q = 1$ e $q = 2$, chega-se a

$$M_2 = -\frac{M(0)M^{(2)}(0)}{2} + \frac{M^{(1)}(0)M^{(1)}(0)}{1} - \frac{M^{(2)}(0)M(0)}{2} = -2d_2 + d_1^2$$

e

$$M_4 = \frac{M(0)M^{(4)}(0)}{0!\,4!} - \frac{M^{(1)}(0)M^{(3)}(0)}{1!\,3!} + \frac{M^{(2)}(0)M^{(2)}(0)}{2!\,2!}$$
$$- \frac{M^{(3)}(0)M^{(1)}(0)}{3!\,1!} + \frac{M^{(4)}(0)M(0)}{4!\,0!} = d_2^2.$$

Analogamente, usando a Equação (5.75), descobre-se que

$$\Delta_2 = \frac{-22{,}8}{114K} + \frac{196}{(114K)^2} \quad \text{e} \quad \Delta_4 = \frac{101{,}96}{(114K)^2}.$$

Desse modo, formando o conjunto de equações algébricas na Equação (5.76),

$$M_2 = \Delta_2 \quad \text{e} \quad M_4 = \Delta_4,$$

obtêm-se

$$-2d_2 + d_1^2 = \frac{-22{,}8}{114K} + \frac{196}{(114K)^2} \quad \text{e} \quad d_2^2 = \frac{101{,}96}{(114K)^2}.$$

Resolvendo para d_1 e d_2, resultam

$$d_1 = \frac{\sqrt{196 - 296{,}96K}}{114K}, \tag{5.77}$$

$$d_2 = \frac{10{,}097}{114K}, \tag{5.78}$$

em que sempre se escolhem os valores positivos de d_1 e d_2 de modo que $G_L(s)$ tenha polos no semiplano esquerdo. Assim (depois de alguma manipulação), a função de transferência aproximada é

$$G_L(s) = \frac{11{,}29K}{s^2 + \sqrt{1{,}92 - 2{,}91K}s + 11{,}29K}. \tag{5.79}$$

Requer-se que $K < 0{,}65$, de modo que o coeficiente do termo s permaneça um número real.

A função de transferência de segunda ordem desejada pode ser reescrita como

$$G_L(s) = \frac{\omega_n^2}{s^2 + 2\zeta\omega_n s + \omega_n^2}. \tag{5.80}$$

Comparando os coeficientes nas Equações (5.79) e (5.80), resultam

$$\omega_n^2 = 11{,}29K \quad \text{e} \quad \zeta^2 = \frac{0{,}043}{K} - 0{,}065. \tag{5.81}$$

A especificação de projeto de que a máxima ultrapassagem percentual $M.U.P.$ seja menor que 20% implica que se deseja que $\zeta \geq 0{,}45$. Ajustando $\zeta = 0{,}45$ na Equação (5.81) e resolvendo para K, resulta

$$K = 0{,}16.$$

Com $K = 0{,}16$, calcula-se

$$\omega_n = \sqrt{11{,}29K} = 1{,}34.$$

Então, pode-se estimar o instante de pico T_p a partir da Equação (5.14) como

$$T_p = \frac{\pi}{\omega_n\sqrt{1 - \zeta^2}} = 2{,}62 \text{ s}.$$

Neste ponto, pode-se ficar tentado a selecionar $\zeta > 0{,}45$ de modo que se reduza a máxima ultrapassagem percentual ainda mais que 20%. O que aconteceria se fosse decidido tentar essa abordagem? A partir da Equação (5.81), observa-se que K diminui à medida que ζ aumenta. Então, uma vez que

$$\omega_n = \sqrt{11{,}29K},$$

à medida que K diminui, então ω_n também diminui. Mas o tempo de pico aumenta à medida que ω_n diminui. Uma vez que o objetivo é atender à especificação de máxima ultrapassagem percentual menor que 20% enquanto se minimiza o tempo de pico, usa-se a escolha inicial de $\zeta = 0{,}45$ de modo que não se aumente T_p desnecessariamente.

A aproximação do sistema de segunda ordem permitiu ganhar uma visão mais profunda do relacionamento entre o parâmetro K e a resposta do sistema, como medida através da máxima ultrapassagem percentual e do tempo de pico. É claro que o ganho $K = 0{,}16$ é apenas um ponto de partida no projeto uma vez que, de fato, tem-se um sistema de terceira ordem e o efeito do terceiro polo (que foi ignorado até agora) deve ser considerado.

Uma comparação do modelo de terceira ordem da aeronave na Equação (5.73) com a aproximação de segunda ordem na Equação (5.79) para uma entrada em degrau unitário é mostrada na Figura 5.31. A resposta ao degrau do sistema de segunda ordem é uma boa aproximação da resposta ao degrau do sistema original, então pode-se esperar que a análise analítica usando um sistema de segunda ordem mais simples forneça indicações exatas da relação entre K, a máxima ultrapassagem percentual e o tempo de pico.

Com a aproximação de segunda ordem, estima-se que com $K = 0{,}16$ a máxima ultrapassagem percentual $M.U.P. = 20\%$ e o instante de pico $T_p = 2{,}62$ segundos. Como mostrado na Figura 5.32, a máxima ultrapassagem percentual do sistema original de terceira ordem é $M.U.P. = 20{,}5\%$ e o

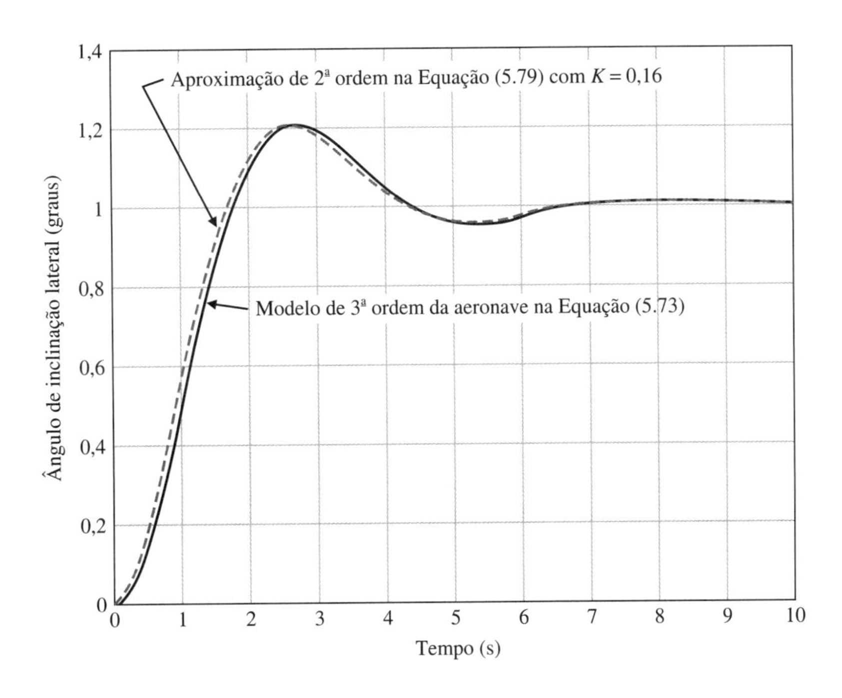

FIGURA 5.31 Comparação da resposta ao degrau do modelo de terceira ordem da aeronave com a aproximação de segunda ordem.

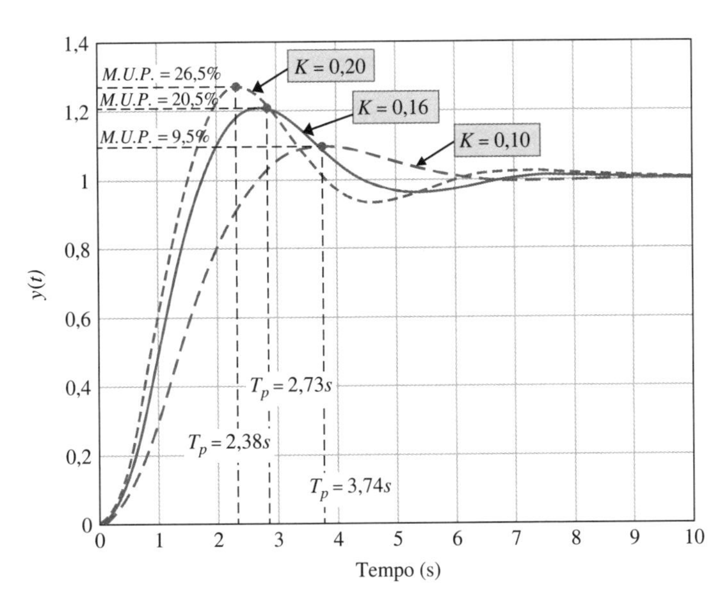

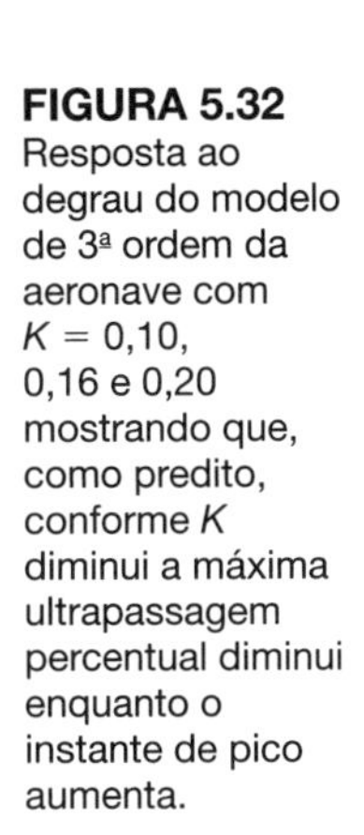

FIGURA 5.32 Resposta ao degrau do modelo de 3ª ordem da aeronave com $K = 0{,}10$, $0{,}16$ e $0{,}20$ mostrando que, como predito, conforme K diminui a máxima ultrapassagem percentual diminui enquanto o instante de pico aumenta.

instante de pico é $T_p = 2{,}73$ s. Desse modo, observa-se que a análise analítica usando o sistema aproximado é um excelente prognosticador da resposta real. Para propósitos de comparação, escolhe-se duas variações no ganho e observa-se a resposta. Para $K = 0{,}1$, a máxima ultrapassagem percentual é 9,5% e o instante de pico $T_p = 3{,}74$ s. Para $K = 0{,}2$, a máxima ultrapassagem percentual é 26,5% e o instante de pico $T_p = 2{,}38$ s. Assim, como previsto, à medida que K diminui, o fator de amortecimento aumenta, levando a uma redução na máxima ultrapassagem percentual. Além disso, como previsto, à medida que a máxima ultrapassagem percentual diminui, o instante de pico aumenta. ■

5.10 DESEMPENHO DE SISTEMAS COM O USO DE PROGRAMAS DE PROJETO DE CONTROLE

Nesta seção, serão investigadas especificações de desempenho no domínio do tempo dadas em função da resposta transitória a um dado sinal de entrada e de erros de rastreamento em regime estacionário resultantes. Conclui-se com uma discussão da simplificação de sistemas lineares. A função introduzida nesta seção é impulse. A função lsim será discutida e se verá como essas funções são usadas para simular um sistema linear.

Especificações no Domínio do Tempo. Especificações de desempenho no domínio do tempo são normalmente dadas em função da resposta transitória de um sistema a dado sinal de entrada. Pelo fato de os sinais de entrada reais serem normalmente desconhecidos, usa-se um sinal de entrada de teste padrão. Considere-se o sistema de segunda ordem mostrado na Figura 5.3. A saída em malha fechada é

$$Y(s) = \frac{\omega_n^2}{s^2 + 2\zeta\omega_n s + \omega_n^2} R(s). \tag{5.82}$$

Já foi discutido o uso da função step para calcular a resposta ao degrau de um sistema. Agora será tratado outro sinal de teste importante: o impulso. A resposta ao impulso é a derivada no tempo da resposta ao degrau. Calcula-se a resposta ao impulso com a função impulse mostrada na Figura 5.33.

Pode-se obter um gráfico semelhante ao da Figura 5.4 com a função step, como mostrado na Figura 5.34. Usando a função impulse, pode-se obter um gráfico semelhante ao da Figura 5.5. A resposta de um sistema de segunda ordem para uma entrada função impulso é mostrada na Figura 5.35. Na sequência de instruções, ajusta-se $\omega_n = 1$, o que é equivalente a calcular a resposta ao degrau em função de $\omega_n t$. Isso fornece um gráfico mais geral válido para qualquer $\omega_n > 0$.

Em muitos casos, pode ser necessário simular a resposta do sistema a uma entrada arbitrária, mas conhecida. Nesses casos, usa-se a função lsim. A função lsim é mostrada na Figura 5.36.

EXEMPLO 5.10 **Controle de direção de robô móvel**

O diagrama de blocos para um sistema de controle de direção para um robô móvel é mostrado na Figura 5.18. Admita que a função de transferência do controlador de direção seja

$$G_c(s) = K_1 + \frac{K_2}{s}.$$

u(t) — t — Entrada impulso → Sistema G(s) → Saída — y(t) — t

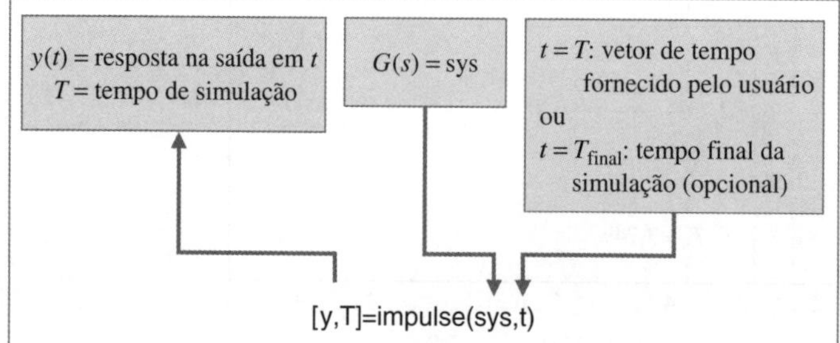

FIGURA 5.33 Função **impulse**.

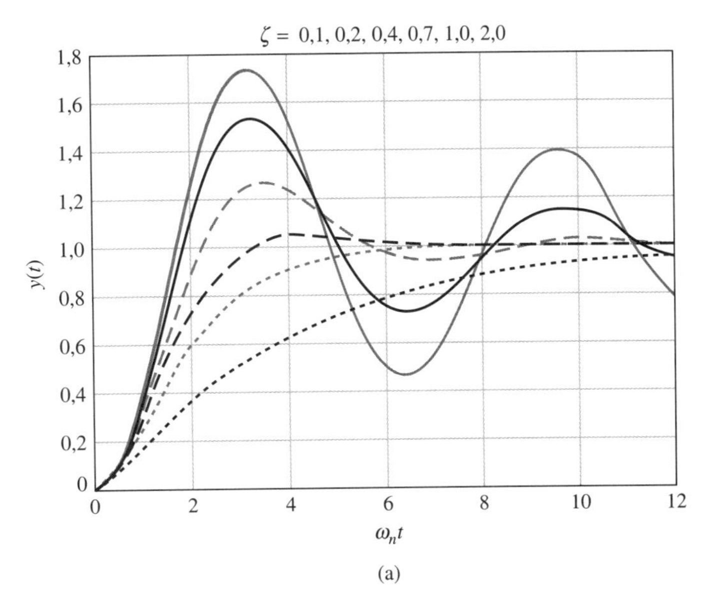

(a)

```
%Calcula a resposta ao degrau para um sistema de segunda ordem
%Reproduz a Figura 5.4
%
t=[0:0.1:12]; num=[1];
zeta1=0.1; den1=[1 2*zeta1 1]; sys1=tf(num,den1);
zeta2=0.2; den2=[1 2*zeta2 1]; sys2=tf(num,den2);
zeta3=0.4; den3=[1 2*zeta3 1]; sys3=tf(num,den3);
zeta4=0.7; den4=[1 2*zeta4 1]; sys4=tf(num,den4);
zeta5=1.0; den5=[1 2*zeta5 1]; sys5=tf(num,den5);
zeta6=2.0; den6=[1 2*zeta6 1]; sys6=tf(num,den6);
%
[y1,T1]=step(sys1,t); [y2,T2]=step(sys2,t);      <-- Calcula a resposta ao degrau.
[y3,T3]=step(sys3,t); [y4,T4]=step(sys4,t);
[y5,T5]=step(sys5,t); [y6,T6]=step(sys6,t);
%
plot(T1,y1,T2,y2,T3,y3,T4,y4,T5,y5,T6,y6)        <-- Gera o gráfico e as legendas.
xlabel(' \omega_n t'), ylabel('y(t)')
title('\zeta = 0,1, 0,2, 0,4, 0,7, 1,0, 2,0'), grid
```

(b)

FIGURA 5.34 (a) Resposta de um sistema de segunda ordem a uma entrada em degrau. (b) Sequência de instruções.

Quando a entrada é uma rampa, o erro em regime estacionário é

$$e_{ss} = \frac{A}{K_v}, \tag{5.83}$$

em que

$$Kv = K_2 K.$$

O efeito da constante do controlador, K_2, no erro em regime estacionário é evidente a partir da Equação (5.83). Sempre que K_2 é grande, o erro em regime estacionário é pequeno.

Pode-se simular a resposta do sistema em malha fechada a uma entrada rampa usando a função lsim. Os ganhos do controlador, K_1 e K_2, e o ganho do sistema K podem ser representados simbolicamente na sequência de instruções de modo que vários valores possam ser escolhidos e simulados. Os resultados são mostrados na Figura 5.37 para $K_1 = K = 1$, $K_2 = 2$ e $\tau = 1/10$. ■

Simplificação de Sistemas Lineares. Pode ser possível desenvolver um modelo aproximado de ordem reduzida que aproxime de perto a resposta entrada–saída de um modelo de ordem elevada. Um procedimento para aproximar funções de transferência é dado na Seção 5.8. Pode-se usar simulação computacional para comparar o modelo aproximado com o modelo real, como ilustrado no exemplo seguinte.

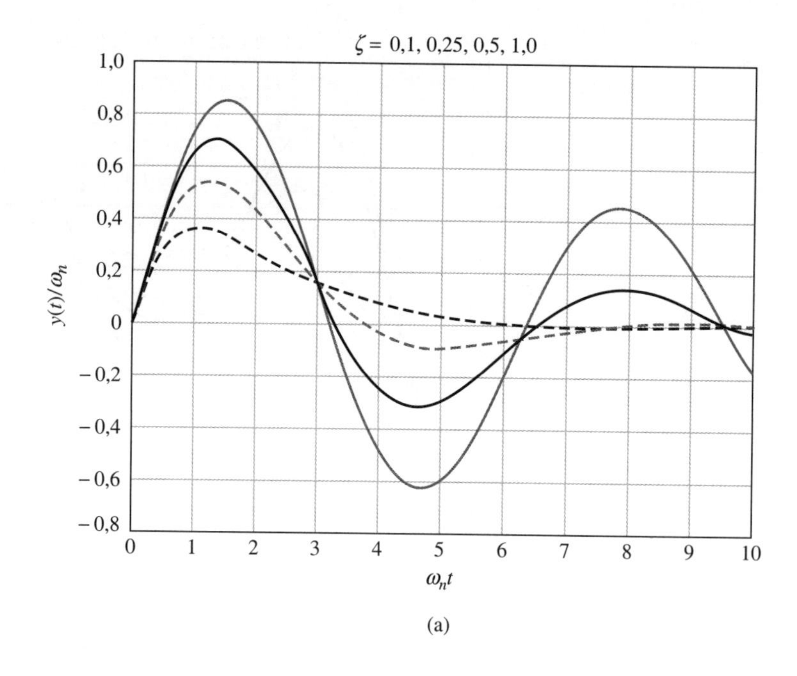

(a)

```
%Calcula a resposta a impulso para um sistema de segunda ordem
%Reproduz a Figura 5.5
%
t=[0:0.1:10]; num=[1];
zeta1=0.1; den1=[1 2*zeta1 1]; sys1=tf(num,den1);
zeta2=0.25; den2=[1 2*zeta2 1]; sys2=tf(num,den2);
zeta3=0.5; den3=[1 2*zeta3 1]; sys3=tf(num,den3);
zeta4=1.0; den4=[1 2*zeta4 1]; sys4=tf(num,den4);
%
[y1,T1]=impulse(sys1,t);
[y2,T2]=impulse(sys2,t);     <-- Calcula a resposta ao impulso.
[y3,T3]=impulse(sys3,t);
[y4,T4]=impulse(sys4,t);
%                            <-- Gera o gráfico e as legendas.
plot(t,y1,t,y2,t,y3,t,y4)
xlabel(' \omega _nt'), ylabel('y(t)/\omega_n')
title('\zeta = 0,1, 0,25, 0,5, 1,0'), grid
```

(b)

FIGURA 5.35 (a) Resposta de um sistema de segunda ordem a uma entrada função impulso. (b) Sequência de instruções.

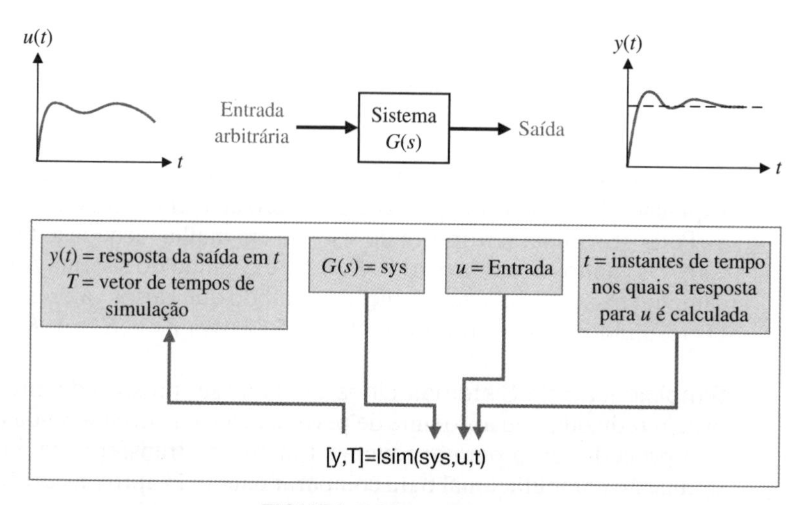

FIGURA 5.36 Função **lsim**.

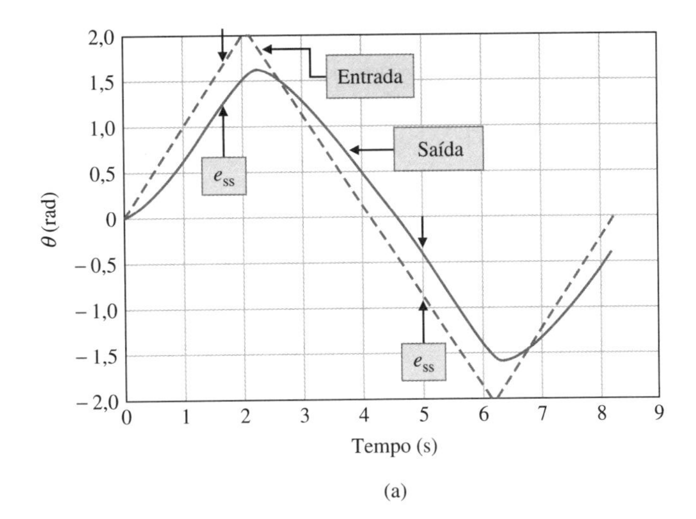

(a)

```
%Calcula a resposta do Sistema de Controle do Robô Móvel
%para uma entrada onda triangular
%
numg=[10 20]; deng=[1 10 0]; sysg=tf(numg,deng);
[sys]=feedback(sysg, [1]);
t=[0:0.1:8.2]';
v1=[0:0.1:2]';v2=[2:-0.1:-2]';v3=[-2:0.1:0]';
u=[v1;v2;v3];
[y,T]=lsim(sys,u,t);
plot(T,y,t,u,'--'),
xlabel('Tempo (s)'), ylabel('\theta (rad)'), grid
```

$G(s)G_c(s)$

Calcula a entrada onda triangular

Simulação linear.

(b)

FIGURA 5.37 (a) Resposta transitória do sistema de controle de direção do robô móvel para uma entrada onda triangular. (b) Sequência de instruções.

EXEMPLO 5.11 **Modelo simplificado**

Considere-se o sistema de terceira ordem

$$G_H(s) = \frac{6}{s^3 + 6s^2 + 11s + 6}.$$

Uma aproximação de segunda ordem é

$$G_L(s) = \frac{1,60}{s^2 + 2,590s + 1,60}.$$

Uma comparação de suas respectivas respostas ao degrau é dada na Figura 5.38. ■

5.11 EXEMPLO DE PROJETO SEQUENCIAL: SISTEMA DE LEITURA DE ACIONADORES DE DISCO

Nesta seção, considera-se mais a fundo o processo de projeto do sistema de leitura de acionadores de disco. Será especificado o desempenho desejado para o sistema. Então, se tentará ajustar o ganho do amplificador K_a para se obter o melhor desempenho possível.

O objetivo é alcançar a resposta mais rápida para uma entrada em degrau $r(t)$ enquanto (1) limita-se a máxima ultrapassagem e a natureza oscilatória da resposta e (2) reduz-se o efeito de uma perturbação na posição de saída da cabeça de leitura. As especificações são resumidas na Tabela 5.5.

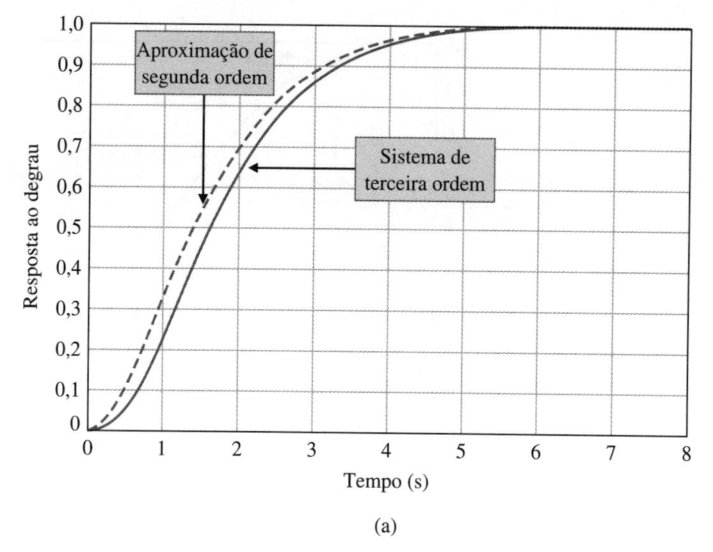

(a)

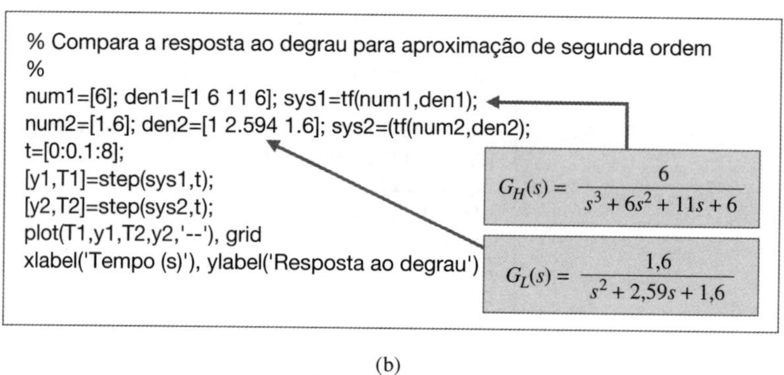

(b)

FIGURA 5.38 (a) Comparação da resposta ao degrau para uma função de transferência aproximada com a função de transferência real. (b) Sequência de instruções.

Tabela 5.5 Especificações para a Resposta Transitória

Medida de Desempenho	Valor Desejado
Máxima ultrapassagem percentual	Menor que 5%
Tempo de acomodação	Menor que 250 ms
Máximo valor de resposta para uma perturbação em degrau unitário	Menor que 5×10^{-3}

Considere o modelo de segunda ordem do motor e do braço, o qual despreza o efeito da indutância da bobina. Tem-se, então, o sistema em malha fechada mostrado na Figura 5.39. Então, a saída quando $T_p(s) = 0$ é

$$\begin{aligned} Y(s) &= \frac{5K_a}{s(s+20) + 5K_a} R(s) \\ &= \frac{5K_a}{s^2 + 20s + 5K_a} R(s) \\ &= \frac{\omega_n^2}{s^2 + 2\zeta\omega_n s + \omega_n^2} R(s). \end{aligned} \tag{5.84}$$

Portanto, $\omega_n^2 = 5K_a$ e $2\zeta\omega_n = 20$. Então, determina-se a resposta do sistema como mostrado na Figura 5.40. A Tabela 5.6 mostra as medidas de desempenho para valores escolhidos de K_a.

Quando K_a é aumentado para 60, o efeito de uma perturbação é reduzido por um fator de 2. Pode-se mostrar isso representando-se graficamente a saída, $y(t)$, resultado de uma entrada de

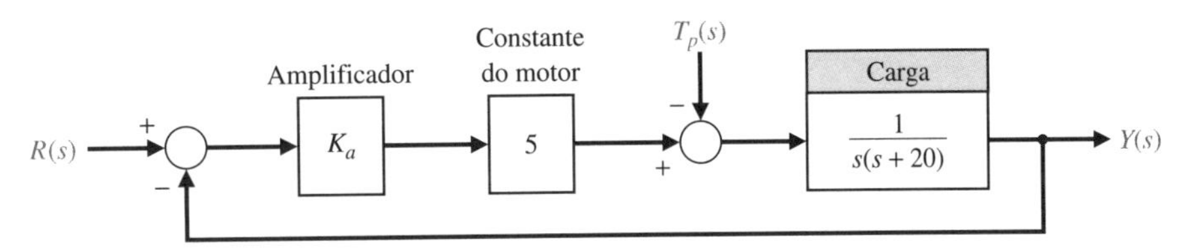

FIGURA 5.39 Modelo de sistema de controle com um modelo de segunda ordem do motor e da carga.

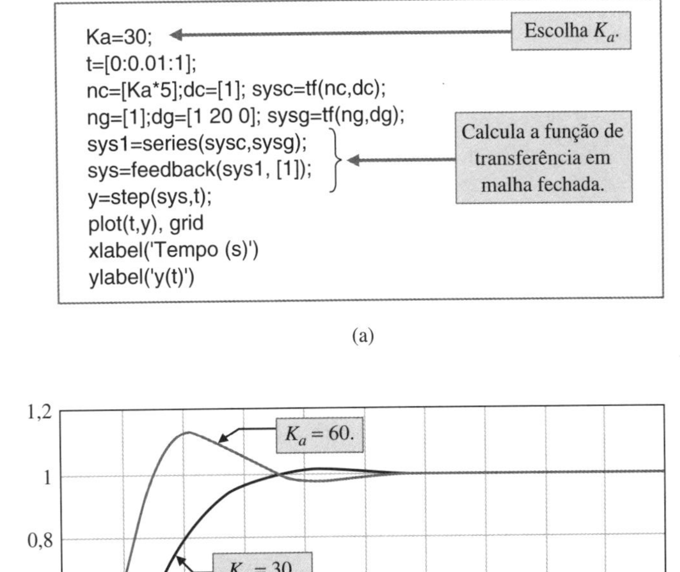

```
Ka=30;
t=[0:0.01:1];
nc=[Ka*5];dc=[1]; sysc=tf(nc,dc);
ng=[1];dg=[1 20 0]; sysg=tf(ng,dg);
sys1=series(sysc,sysg);
sys=feedback(sys1, [1]);
y=step(sys,t);
plot(t,y), grid
xlabel('Tempo (s)')
ylabel('y(t)')
```


(a)

(b)

FIGURA 5.40 Resposta do sistema para uma entrada em degrau unitário, $r(t) = 1$, $t > 0$. (a) Sequência de instruções. (b) Resposta para $K_a = 30$ e 60.

Tabela 5.6 Resposta ao Modelo de Segunda Ordem para uma Entrada em Degrau

K_a	20	30	40	60	80
Máxima ultrapassagem percentual	0	1,2%	4,3%	10,8%	16,3%
Tempo de acomodação (s)	0,55	0,40	0,40	0,40	0,40
Fator de amortecimento	1	0,82	0,707	0,58	0,50
Valor máximo da resposta $y(t)$ para uma perturbação unitária	-10×10^{-3}	$-6{,}6 \times 10^{-3}$	$-5{,}2 \times 10^{-3}$	$-3{,}7 \times 10^{-3}$	$-2{,}9 \times 10^{-3}$

perturbação em degrau unitário, como mostrado na Figura 5.41. Claramente, quando se deseja alcançar os objetivos com esse sistema, é necessário escolher-se um ganho de compromisso. Nesse caso, escolhe-se $K_a = 40$ como o melhor compromisso. No entanto, esse compromisso não atende todas as especificações. No próximo capítulo, será considerado novamente o processo de projeto e se mudará a configuração do sistema de controle.

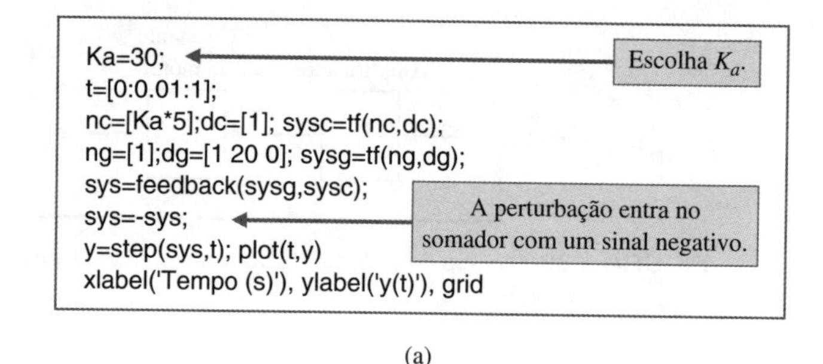

(a)

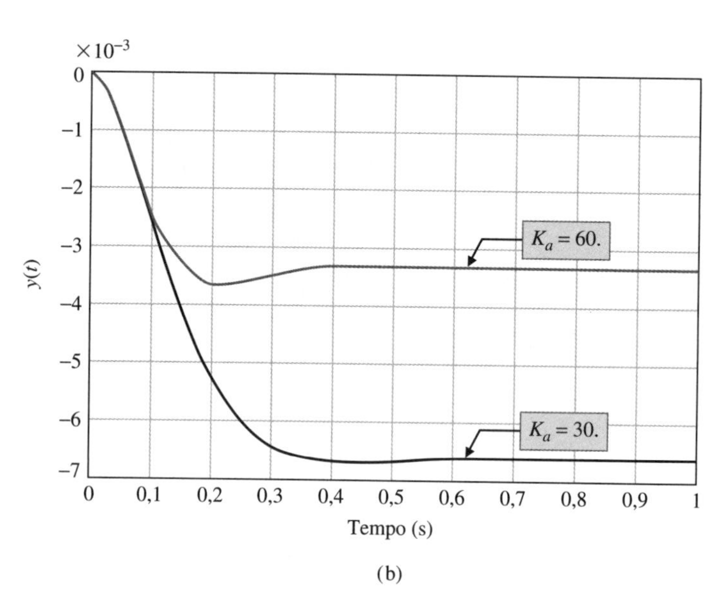

(b)

FIGURA 5.41 Resposta do sistema para uma perturbação em degrau unitário, $T_p(s) = 1/s$. (a) Sequência de instruções. (b) Resposta para $K_a = 30$ e 60.

5.12 RESUMO

Neste capítulo, consideraram-se a definição e a medida do desempenho de um sistema de controle com realimentação. O conceito de medida ou índice de desempenho foi explorado e a utilidade de sinais de teste padrão foi apresentada. Então, descreveram-se medidas de desempenho para um sinal de teste de entrada em degrau padrão. Por exemplo, a máxima ultrapassagem, o instante de pico e o tempo de acomodação da resposta para um sinal de entrada em degrau do sistema sendo testado foram considerados. O fato de que as especificações para a resposta desejada são frequentemente contraditórias foi observado, e o conceito de um compromisso de projeto foi proposto. Discutiu-se a relação entre as posições das raízes da função de transferência do sistema no plano s e a resposta do sistema. Uma medida muito importante do desempenho do sistema é erro em regime estacionário para sinais de entrada de teste específicos. Finalmente, a utilidade de um índice de desempenho integral foi apresentada e discutiram-se alguns exemplos de projeto que minimizam um índice de desempenho do sistema. Desse modo, o interesse estava na definição e na utilidade de medidas quantitativas do desempenho de sistemas de controle com realimentação.

VERIFICAÇÃO DE COMPETÊNCIAS

Nesta seção, são apresentados três conjuntos de problemas para testar o conhecimento do leitor: Verdadeiro ou Falso, Múltipla Escolha e Correspondência de Palavras. Para obter um retorno imediato, compare as respostas com o gabarito fornecido depois dos problemas de fim de capítulo. Use o diagrama de blocos da Figura 5.42 como especificado nos vários enunciados dos problemas.

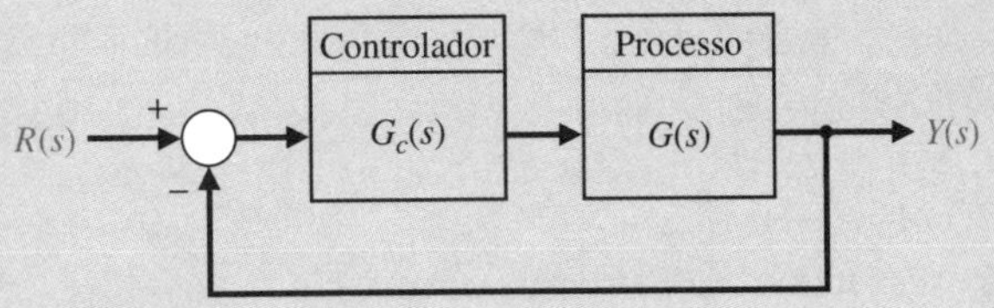

FIGURA 5.42 Diagrama de blocos para a Verificação de Competências.

Nos seguintes problemas de **Verdadeiro ou Falso** e **Múltipla Escolha**, circule a resposta correta.

1. Em geral, um sistema de terceira ordem pode ser aproximado pelas raízes dominantes de um sistema de segunda ordem se a parte real das raízes dominantes for menor que 1/10 da parte real da terceira raiz. *Verdadeiro ou Falso*

2. O número de zeros da função de transferência em malha na origem é chamado de tipo numérico. *Verdadeiro ou Falso*

3. O tempo de subida é definido como o tempo necessário para o sistema estabelecer-se dentro de uma dada porcentagem da amplitude de entrada. *Verdadeiro ou Falso*

4. Em um sistema de segunda ordem sem zeros, a máxima ultrapassagem percentual para um degrau unitário é uma função apenas do fator de amortecimento. *Verdadeiro ou Falso*

5. Um sistema do tipo 1 tem um erro de rastreamento em regime estacionário nulo para uma entrada rampa. *Verdadeiro ou Falso*

Considere o sistema de controle em malha fechada da Figura 5.42 para os Problemas 6 e 7 com

$$L(s) = G_c(s)G(s) = \frac{6}{s(s+3)}.$$

6. O erro em regime estacionário para uma entrada em degrau unitário $R(s) = 1/s$ é:

a. $e_{ss} = \lim_{t\to\infty} e(t) = 1$

b. $e_{ss} = \lim_{t\to\infty} e(t) = 1/2$

c. $e_{ss} = \lim_{t\to\infty} e(t) = 1/6$

d. $e_{ss} = \lim_{t\to\infty} e(t) = \infty$

7. A máxima ultrapassagem percentual da saída para uma entrada em degrau unitário é:

a. $M.U.P. = 9\%$

b. $M.U.P. = 1\%$

c. $M.U.P. = 20\%$

d. Não há máxima ultrapassagem

Considere o diagrama de blocos do sistema de controle mostrado na Figura 5.42 nos Problemas 8 e 9 com a função de transferência em malha

$$L(s) = G_c(s)G(s) = \frac{K}{s(s+10)}.$$

8. Encontre o valor de K de modo que o sistema produza uma resposta ITAE ótima.

a. $K = 1{,}10$

b. $K = 12{,}56$

c. $K = 51{,}02$

d. $K = 104{,}7$

9. Calcule a máxima ultrapassagem esperada para uma entrada em degrau unitário.

a. $M.U.P. = 1{,}4\%$

b. $M.U.P. = 4{,}6\%$

c. $M.U.P. = 10{,}8\%$

d. Nenhuma máxima ultrapassagem esperada.

10. Um sistema possui a função de transferência em malha fechada $T(s)$ dada por

$$T(s) = \frac{Y(s)}{R(s)} = \frac{2.500}{(s+20)(s^2+10s+125)}.$$

Usando a noção de polos dominantes, estime a máxima ultrapassagem percentual esperada.

a. $M.U.P. \approx 5\%$

b. $M.U.P. \approx 20\%$

c. $M.U.P. \approx 50\%$

d. Nenhuma máxima ultrapassagem esperada.

11. Considere o sistema de controle com realimentação unitária da Figura 5.42 no qual

$$L(s) = G_c(s)G(s) = \frac{K}{s(s+5)}.$$

As especificações de projeto são:

i. Instante de pico $T_p \leq 1{,}0$

ii. Máxima ultrapassagem percentual $M.U.P. \leq 10\%$.

Com K como o parâmetro de projeto, segue-se que

a. Ambas as especificações podem ser satisfeitas.

b. Apenas a primeira especificação $T_p \leq 1{,}0$ pode ser satisfeita.

c. Apenas a segunda especificação $M.U.P. \leq 10\%$ pode ser satisfeita.

d. Nenhuma das especificações pode ser satisfeita.

12. Considere o sistema de controle com realimentação na Figura 5.43 no qual $G(s) = \dfrac{K}{s+10}$.

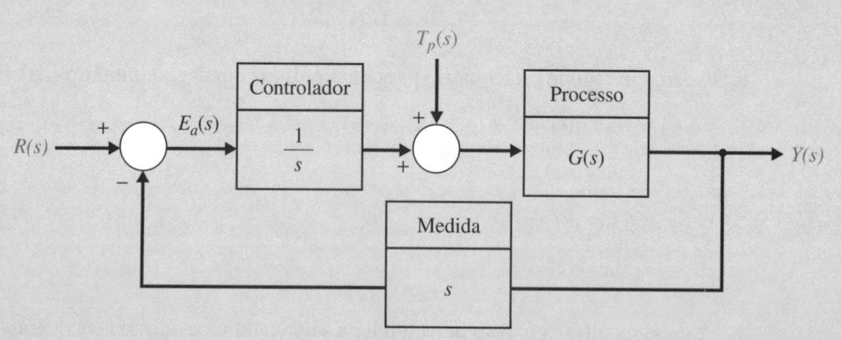

FIGURA 5.43 Sistema com realimentação com controlador integral e medida derivativa.

O valor nominal de $K = 10$. Usando um critério de 2%, calcule o tempo de acomodação, T_s, para uma perturbação em degrau unitário, $T_p(s) = 1/s$.

a. $T_s = 0{,}02$ s

b. $T_s = 0{,}19$ s

c. $T_s = 1{,}03$ s

d. $T_s = 4{,}83$ s

13. Uma planta possui a função de transferência dada por

$$G(s) = \frac{1}{(1+s)(1+0{,}5s)}$$

e é controlada por um controlador proporcional $G_c(s) = K$, como mostrado no diagrama de blocos da Figura 5.42. O valor de K que resulta em um erro em regime estacionário $E(s) = Y(s) - R(s)$ com magnitude igual a 0,01 para uma entrada em degrau unitário é:

a. $K = 49$

b. $K = 99$

c. $K = 169$

d. Nenhuma das anteriores

Nos Problemas 14 e 15, considere o sistema de controle na Figura 5.42, no qual

$$G(s) = \frac{6}{(s+5)(s+2)} \quad \text{e} \quad G_c(s) = \frac{K}{s+50}.$$

14. Um modelo aproximado de segunda ordem da função de transferência em malha é:

a. $\hat{G}_c(s)\hat{G}(s) = \dfrac{(3/25)K}{s^2 + 7s + 10}$

b. $\hat{G}_c(s)\hat{G}(s) = \dfrac{(1/25)K}{s^2 + 7s + 10}$

c. $\hat{G}_c(s)\hat{G}(s) = \dfrac{(3/25)K}{s^2 + 7s + 500}$

d. $\hat{G}_c(s)\hat{G}(s) = \dfrac{6K}{s^2 + 7s + 10}$

15. Usando a aproximação de segunda ordem (veja o Problema 14), estime o ganho K de modo que a máxima ultrapassagem percentual seja aproximadamente $M.U.P. \approx 15\%$.

a. $K = 10$

b. $K = 300$

c. $K = 1.000$

d. Nenhuma das anteriores

No problema de **Correspondência de Palavras** seguinte, combine o termo com sua definição escrevendo a letra correta no espaço fornecido.

a. Impulso unitário	Tempo para um sistema responder a uma entrada em degrau e subir até uma resposta de pico.	______
b. Tempo de subida	As raízes da equação característica que causam a resposta transitória dominante do sistema.	______
c. Tempo de acomodação	O número N de polos da função de transferência, $G(s)$, na origem.	______
d. Tipo numérico	A constante calculada como $\lim_{s\to 0} G(s)$.	______
e. Máxima ultrapassagem percentual	Sinal de entrada usado como teste-padrão da habilidade de um sistema em responder adequadamente.	______
f. Constante de erro de posição, K_p	Tempo requerido para que a saída do sistema se acomode no interior de certa faixa de valores percentuais da amplitude de entrada.	______
g. Constante de erro de velocidade, K_v	Um conjunto de critérios de desempenho preestabelecidos.	______
h. Resposta em regime estacionário	Um sistema cujos parâmetros são ajustados de modo que o índice de desempenho alcance um valor extremo.	______
i. Instante de pico	Medida quantitativa do desempenho de um sistema.	______
j. Raízes dominantes	Tempo para um sistema responder a uma entrada em degrau e atingir uma resposta igual a uma porcentagem da magnitude da entrada.	______
k. Sinal de entrada de teste	Quantidade na qual a resposta de saída do sistema segue além da resposta desejada.	______
l. Constante de erro de aceleração, K_a	A constante calculada como $\lim_{s\to 0} s^2 G(s)$.	______
m. Resposta transitória	A constante calculada como $\lim_{s\to 0} G(s)$.	______
n. Especificações de projeto	Componente da resposta do sistema que persiste por um longo período de tempo após o início da aplicação de qualquer sinal.	______
o. Índice de desempenho	Componente da resposta do sistema que desaparece com o tempo.	______
p. Sistema de controle ótimo	Uma entrada de teste consistindo em um impulso de amplitude infinita e largura zero, e tendo área unitária.	______

EXERCÍCIOS

E5.1 Um sistema de controle de motor para um acionador de disco de computador deve reduzir o efeito de perturbações e variações de parâmetros, assim como reduzir o erro em regime estacionário. Deseja-se ter erro em regime estacionário nulo para o sistema de controle de posicionamento da cabeça. (a) Que tipo numérico de sistema é necessário? (Quantos integradores?) (b) Se a entrada é um sinal rampa e deseja-se obter um erro em regime estacionário nulo, que tipo numérico de sistema é necessário?

E5.2 O motor, o chassi e os pneus de um carro de corrida afetam a aceleração e a velocidade que pode ser alcançada [9]. O controle de velocidade do carro é representado pelo modelo mostrado na Figura E5.2. (a) Calcule o erro em regime estacionário do carro para um comando degrau na velocidade. (b) Calcule a máxima ultrapassagem da velocidade para um comando degrau.

Respostas: (a) $e_{ss} = A/52$; (b) $M.U.P. = 32\%$

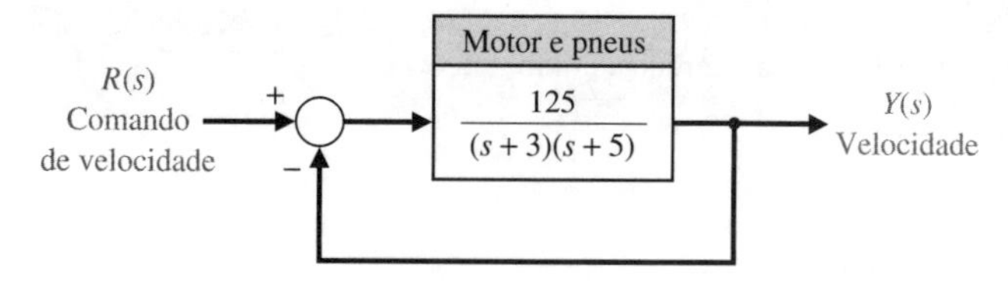

FIGURA E5.2 Controle de velocidade de carro de corrida.

E5.3 Novos sistemas de transporte de passageiros sobre trilhos que poderiam competir lucrativamente com companhias aéreas estão sendo desenvolvidos. Dois desses sistemas, o TGV francês e o Shinkansen japonês, alcançam velocidades de 160 mph [17]. O Transrapid, um trem levitado magneticamente, é mostrado na Figura E5.3(a).

O uso de levitação magnética e propulsão eletromagnética para fornecer movimento veicular sem contato torna a tecnologia do Transrapid radicalmente diferente. A parte de baixo do vagão (onde as rodas estariam em um vagão convencional) fica ao redor de um trilho guia. Ímãs na parte de baixo do trilho guia atraem eletroímãs da parte envolvente, puxando-a para cima em direção ao trilho guia. Isso suspende o veículo cerca de um centímetro acima do trilho guia.

O controle de levitação é representado pela Figura E5.3(b). (a) Escolha K de modo que o sistema forneça uma resposta ITAE ótima. (b) Determine a máxima ultrapassagem esperada para uma entrada em degrau de $I(s)$.

Resposta: $K = 100$; 4,6%

(a)

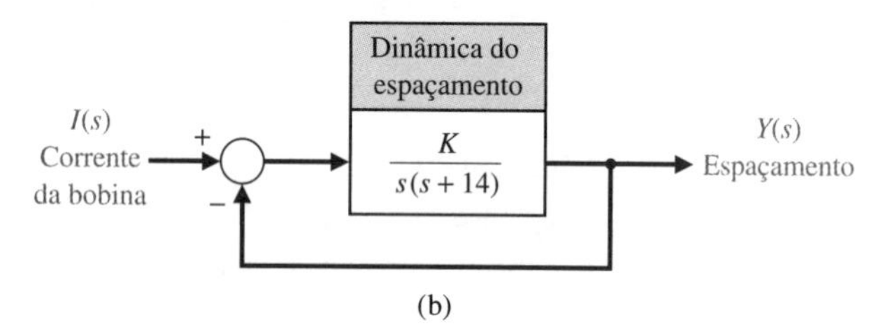

(b)

FIGURA E5.3 Controle de trem levitado. (Hanna_Alandi/iStockPhoto.)

E5.4 Um sistema com realimentação unitária negativa tem função de transferência em malha

$$L(s) = G_c(s)G(s) = \frac{2(s+8)}{s(s+4)}.$$

(a) Determine a função de transferência em malha fechada $T(s) = Y(s)/R(s)$. (b) Encontre a resposta no tempo, $y(t)$, para uma entrada em degrau $r(t) = A$ para $t > 0$. (c) Determine a máxima ultrapassagem da resposta. (d) Usando o teorema do valor final, determine o valor em regime estacionário de $y(t)$.

Resposta: (b) $y(t) = 1 - 1{,}07e^{-3t}\,\text{sen}(\sqrt{7}t + 1{,}2)$

E5.5 Considere o sistema com realimentação na Figura E5.5. Encontre K tal que o sistema em malha fechada minimize o critério de desempenho ITAE para uma entrada em degrau.

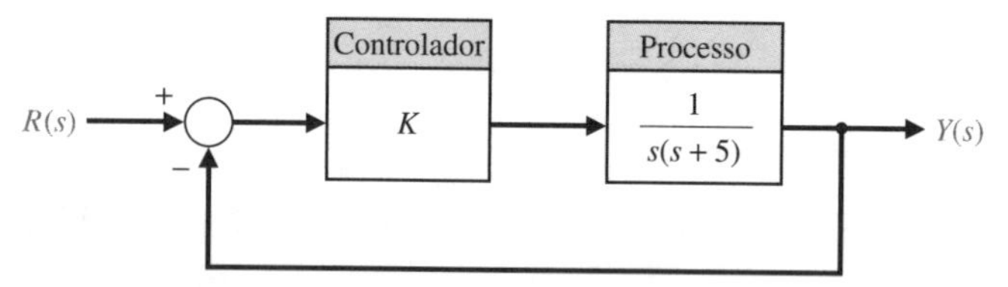

FIGURA E5.5 Sistema com realimentação com controlador proporcional $G_c(s) = K$.

E5.6 Considere o diagrama de blocos mostrado na Figura E5.6 [16]. (a) Calcule o erro em regime estacionário para uma entrada rampa. (b) Escolha um valor de K que resultará em máxima ultrapassagem nula para uma entrada em degrau. Forneça a resposta mais rápida possível.

Represente graficamente os polos e zeros desse sistema e discuta a dominância dos polos complexos. Qual máxima ultrapassagem se espera para uma entrada em degrau?

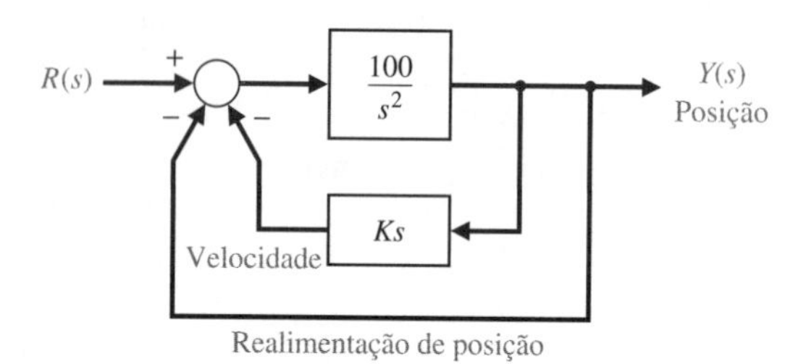

FIGURA E5.6 Diagrama de blocos com realimentação de posição e velocidade.

E5.7 O controle efetivo de injeção de insulina pode resultar em melhor qualidade de vida para pessoas diabéticas. A injeção de insulina controlada automaticamente por meio de uma bomba e sensor que mede o açúcar do sangue pode ser muito efetiva. Um sistema de bomba e injeção tem controle com realimentação como mostrado na Figura E5.7. Calcule um ganho adequado K de modo que a máxima ultrapassagem da resposta ao degrau com a injeção do medicamento seja aproximadamente 7%. $R(s)$ é o nível desejado de açúcar no sangue e $Y(s)$ é o nível de açúcar real.

Resposta: $K = 1{,}67$

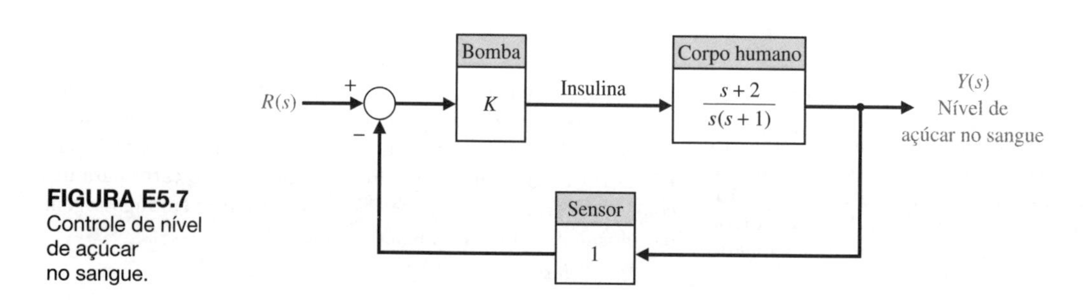

FIGURA E5.7 Controle de nível de açúcar no sangue.

E5.8 Um sistema de controle para posicionamento da cabeça de um acionador de disco flexível possui a função de transferência em malha fechada

$$T(s) = \frac{16(s+15)}{(s+20)(s^2+2s+12)}.$$

Represente graficamente os polos e zeros desse sistema e discuta a dominância dos polos complexos. Qual máxima ultrapassagem se espera para uma entrada em degrau?

E5.9 Um sistema de controle com realimentação unitária negativa possui a função de transferência em malha

$$L(s) = G_c(s)G(s) = \frac{K}{s(s+\sqrt{K})}.$$

(a) Determine a máxima ultrapassagem percentual e o tempo de acomodação (usando um critério de 2%) devido a uma entrada em degrau unitário.

(b) Para que faixa de variação de K o tempo de acomodação é aproximadamente $T_s \leq 1s$?

E5.10 Um sistema de controle de segunda ordem possui a função de transferência em malha fechada $T(s) = Y(s)/R(s)$. Seguem-se as especificações do sistema para uma entrada em degrau:

(1) Máxima ultrapassagem percentual $M.U.P. \leq 5\%$.

(2) Tempo de acomodação $T_s < 4$ s.

(3) Instante de pico $T_p < 1$ s.

Mostre a área admissível para os polos de $T(s)$ de modo a alcançar a resposta desejada. Use um critério de acomodação de 2% para determinar o tempo de acomodação.

E5.11 Um sistema com realimentação unitária é mostrado na Figura E5.11. Determine o erro em regime estacionário para uma entrada em degrau e para uma entrada rampa quando

$$G(s) = \frac{20(s+3)}{(s+1)(s+2)(s+10)}.$$

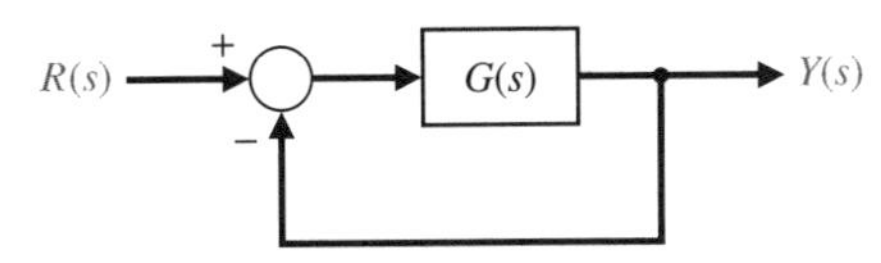

FIGURA E5.11 Sistema com realimentação unitária.

E5.12 Todos estão familiarizados com as rodas-gigantes (conhecidas nos Estados Unidos como rodas de Ferris) presentes em feiras e parques. George Ferris nasceu em Galesburg, Illinois, em 1859; mais tarde, mudou-se para Nevada e então graduou-se no Instituto Politécnico Rensselaer em 1881. Em 1891, Ferris tinha experiência considerável com ferro, aço e construção de pontes. Ele concebeu e construiu sua famosa roda para a Feira Mundial de 1893 em Chicago [8]. Considere um requisito no qual a velocidade em regime estacionário deva ser controlada dentro de uma faixa de 5% da velocidade desejada para o sistema mostrado na Figura E5.12.

(a) Determine o ganho necessário K para alcançar o requisito de regime estacionário.

(b) Para o ganho da parte (a), determine e represente graficamente o erro para uma perturbação $T_p(s) = 1/s$. A velocidade varia mais que 5%? [Faça $R(s) = 0$ e lembre-se de que $E(s) = R(s) - Y(s)$.]

E5.13 Para o sistema com realimentação unitária mostrado na Figura E5.11, determine o erro em regime estacionário para uma entrada em degrau e uma entrada rampa quando

$$G(s) = \frac{20}{s^2 + 14s + 50}.$$

Resposta: $e_{ss} = 0{,}71$ para uma entrada em degrau e $e_{ss} = \infty$ para uma rampa.

E5.14 Um sistema com realimentação é mostrado na Figura E5.14.

(a) Determine o erro em regime estacionário para um degrau unitário quando $K = 0{,}4$ e $G_p(s) = 1$.

(b) Escolha um valor apropriado para $G_p(s)$ de modo que o erro em regime estacionário seja igual a zero para uma entrada em degrau unitário.

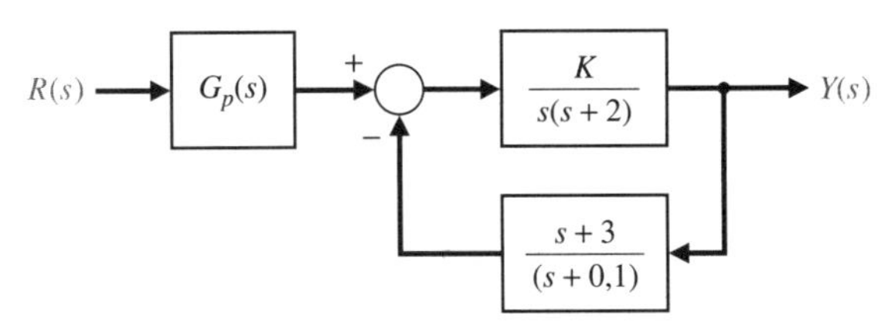

FIGURA E5.14 Sistema com realimentação.

E5.15 Um sistema de controle em malha fechada possui função de transferência $T(s)$ conforme a seguir:

$$T(s) = \frac{Y(s)}{R(s)} = \frac{2.500}{(s+50)(s^2+10s+50)}.$$

Represente graficamente $y(t)$ para uma entrada em degrau $R(s)$ quando (a) o $T(s)$ real é usado e (b) usando os polos complexos relativamente dominantes. Compare os resultados.

E5.16 Um sistema de segunda ordem é

$$T(s) = \frac{Y(s)}{R(s)} = \frac{(10/z)(s+z)}{(s+1)(s+8)}.$$

Considere o caso quando $1 < z < 8$. Obtenha a expansão em frações parciais e represente graficamente a saída para uma entrada em degrau unitário para $z = 2, 4$ e 6.

E5.17 Uma função de transferência de sistema de controle em malha fechada $T(s)$ possui dois polos complexos conjugados dominantes. Esboce a região no semiplano esquerdo do plano s onde os polos complexos devem estar localizados para atender às especificações dadas.

(a) $0{,}6 \leq \zeta \leq 0{,}8, \quad \omega_n \leq 10$
(b) $0{,}5 \leq \zeta \leq 0{,}707, \quad \omega_n \geq 10$
(c) $\zeta \geq 0{,}5, \quad 5 \leq \omega_n \leq 10$
(d) $\zeta \leq 0{,}707, \quad 5 \leq \omega_n \leq 10$
(e) $\zeta \geq 0{,}6, \quad \omega_n \leq 6$

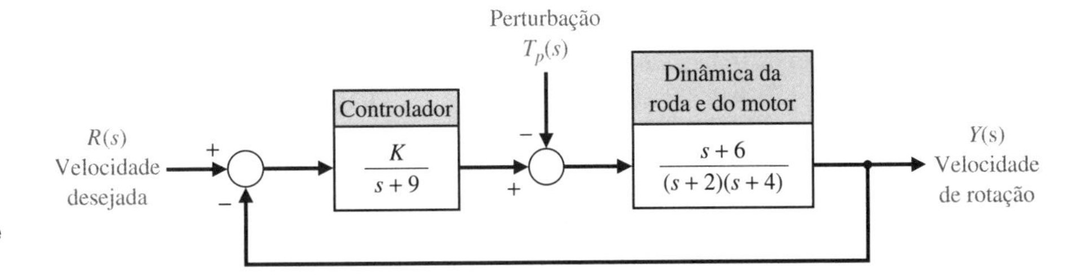

FIGURA E5.12 Controle de velocidade de uma roda-gigante.

E5.18 Um sistema é mostrado na Figura E5.18(a). A resposta para um degrau unitário, quando $K = 1$, é mostrada na Figura E5.18(b). Determine o valor de K para que o erro em regime estacionário seja igual a zero.

Resposta: $K = 1{,}25$.

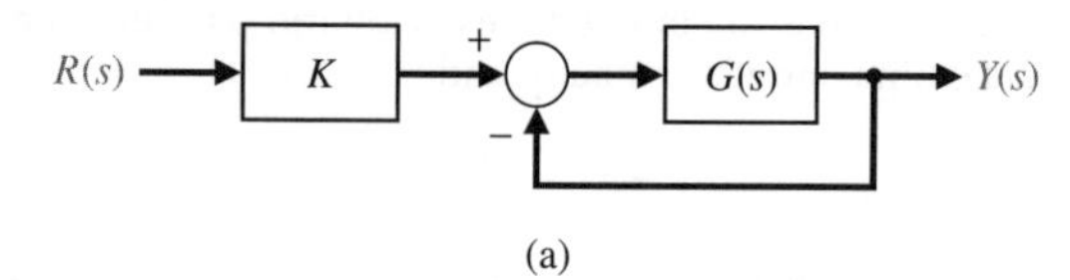

(a)

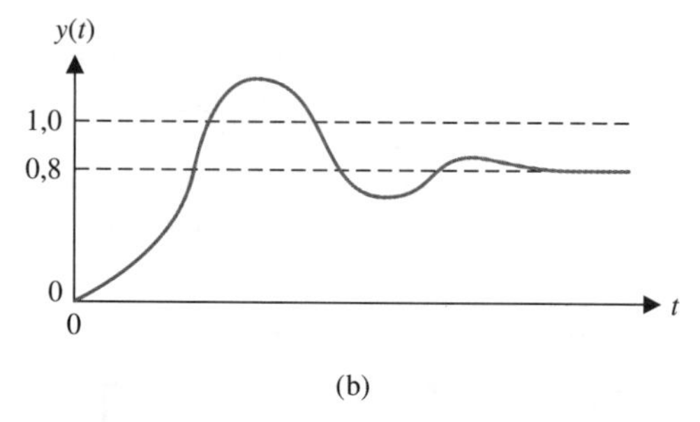

(b)

FIGURA E5.18 Sistema com realimentação com pré-filtro.

E5.19 Um sistema de segunda ordem possui a função de transferência em malha fechada

$$T(s) = \frac{Y(s)}{R(s)} = \frac{\omega_n^2}{s^2 + 2\zeta\omega_n s + \omega_n^2} = \frac{7}{s^2 + 3{,}175s + 7}.$$

(a) Determine a máxima ultrapassagem percentual $M.U.P.$, o instante de pico T_p e o tempo de acomodação T_s da resposta à entrada em degrau.

(b) Obtenha a resposta do sistema para um degrau unitário e verifique os resultados da parte (a).

E5.20 Considere o sistema em malha fechada na Figura E5.20, no qual

$$L(s) = \frac{s + 1}{s^2 + 3s}K_a.$$

(a) Determine a função de transferência em malha fechada $T(s) = Y(s)/R(s)$.

(b) Determine o erro em regime estacionário da resposta do sistema em malha fechada para uma entrada rampa unitária.

(c) Escolha um valor para K_a de modo que o erro em regime estacionário da resposta do sistema para uma entrada em degrau unitário seja zero.

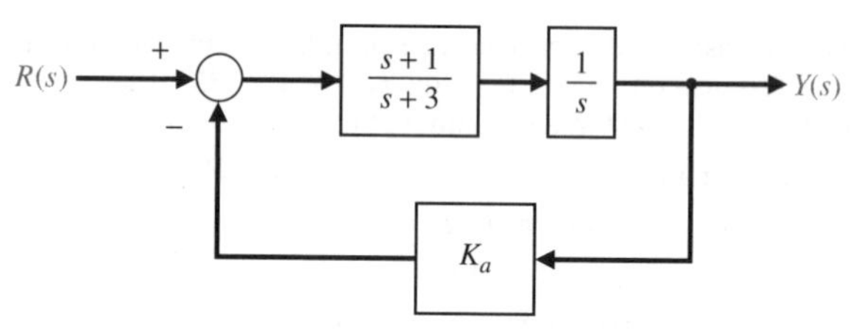

FIGURA E5.20 Sistema de controle em malha fechada com realimentação não unitária com parâmetro K_a.

PROBLEMAS

P5.1 Um problema importante para os sistemas de televisão é o salto ou tremulação da imagem devido ao movimento da câmera. Esse efeito ocorre quando a câmera é montada em um caminhão em movimento ou avião. O sistema Dynalens foi projetado para reduzir o efeito de movimento de varredura rápido; veja a Figura P5.1. Um movimento de varredura máximo de 25°/s é esperado. Sejam $K_g = K_t = 1$ e admita que τ_g é desprezível. (a) Determine o erro do sistema $E(s)$. (b) Determine o ganho de malha necessário $K_aK_mK_t$ quando um erro em regime estacionário de 1°/s é tolerável. (c) A constante de tempo do motor é $\tau_m = 0{,}40$ s. Determine o ganho de malha necessário para que o tempo de acomodação (para 2% do valor final de v_f) seja $T_s = 0{,}03$ s.

P5.2 Um sistema de controle em malha fechada específico está para ser projetado para resposta subamortecida para uma entrada em degrau. As especificações para o sistema são as seguintes:

$$10\% < M.U.P. < 20\%,$$
$$T_s < 0{,}6 \text{ s}.$$

(a) Identifique a área desejada para as raízes dominantes do sistema. (b) Determine o menor valor (em magnitude) de uma terceira raiz r_3 se as raízes complexas conjugadas devem representar a resposta dominante. (c) A função de transferência do sistema em malha fechada $T(s)$ é de terceira ordem e a realimentação tem um ganho unitário. Determine a função de transferência direta à frente $G(s) = Y(s)/E(s)$ quando o tempo de acomodação para 2% do valor final é $T_s = 0{,}6$ s e a máxima ultrapassagem percentual é $M.U.P.= 20\%$.

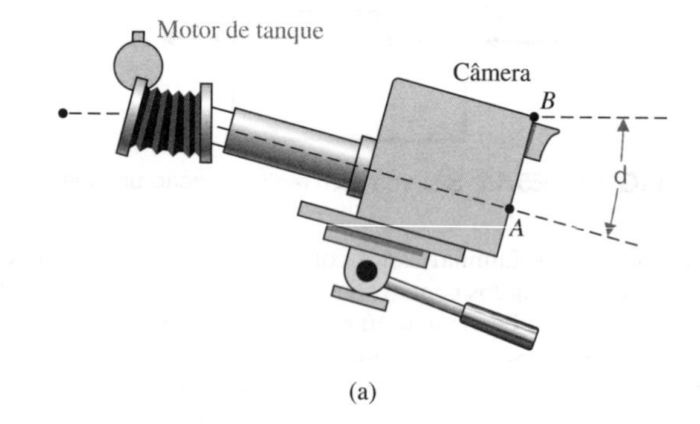

(a)

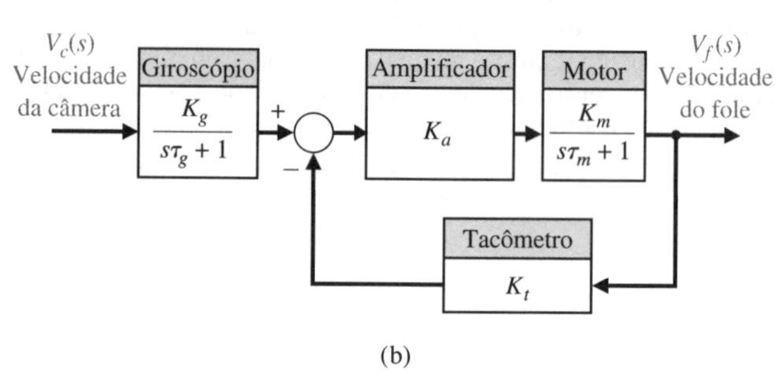

(b)

FIGURA P5.1 Controle de tremulação de câmera.

P5.3 Um raio *laser* pode ser usado para soldar, perfurar, gravar, cortar e marcar metais, como mostrado na Figura P5.3(a) [14]. Admita que se tenha um requisito de trabalho para um *laser* exato a fim de marcar um caminho parabólico, com um sistema de controle em malha fechada, como mostrado na Figura P5.3(b). Calcule o ganho necessário para resultar em um erro em regime estacionário de 5 mm para $r(t) = t^2$ cm.

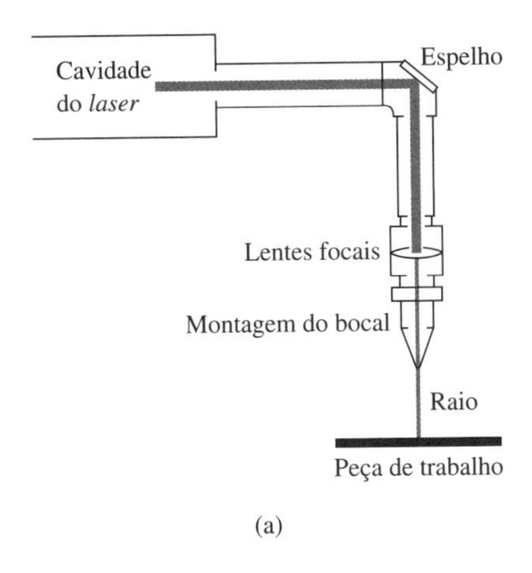

(a)

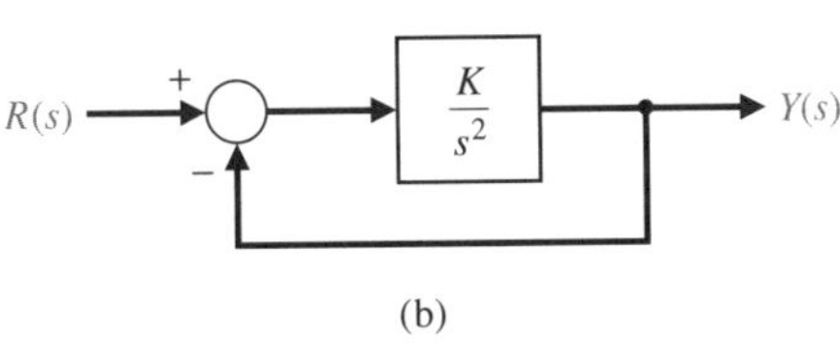

(b)

FIGURA P5.3 Controle de raio *laser*.

P5.4 A função de transferência em malha de um sistema com realimentação negativa unitária é

$$L(s) = G_c(s)G(s) = \frac{K}{s(s+4)}.$$

Uma resposta do sistema para uma entrada em degrau é especificada como se segue:

$$T_p = 0{,}25 \text{ s},$$
$$M.U.P. = 10\%$$

(a) Determine se ambas as especificações podem ser atendidas simultaneamente. (b) Se as especificações não puderem ser atendidas simultaneamente, determine um valor de compromisso para K de modo que as especificações do instante de pico e máxima ultrapassagem percentual sejam relaxadas pela mesma porcentagem.

P5.5 Um telescópio espacial vai ser lançado para realizar experimentos astronômicos [8]. Deseja-se que o sistema de controle de apontamento alcance 0,01 minuto de arco e rastreie objetos solares com movimento aparente de até 0,21 minuto de arco por segundo. O sistema é ilustrado na Figura P5.5(a). O sistema de controle é mostrado na Figura P5.5(b). Admita que $\tau_1 = 1$ segundo e $\tau_2 = 0$. (a) Determine o ganho $K = K_1K_2$ necessário de modo que a resposta a um comando degrau seja tão rápida quanto possível com máxima ultrapassagem $M.U.P. \leq 5\%$. (b) Determine o erro em regime estacionário do sistema para uma entrada em degrau e uma entrada rampa.

P5.6 Um robô é programado para fazer uma ferramenta ou um maçarico de solda seguir uma trajetória prescrita [7, 11]. Considere uma ferramenta robótica que segue uma trajetória em forma de dente de serra, como mostrado na Figura P5.6(a). A função de transferência de malha da planta é

$$L(s) = G_c(s)G(s) = \frac{100(s+2)}{s(s+6)(s+30)}$$

para o sistema em malha fechada mostrado na Figura 5.6(b). Calcule o erro em regime estacionário.

P5.7 O astronauta Bruce McCandless II fez o primeiro passeio livre no espaço em 7 de fevereiro de 1984, usando o dispositivo de propulsão a jato de gás ilustrado na Figura P5.7(a). O controlador pode ser representado por um ganho K_2, como mostrado na Figura P5.7(b). O momento de inércia do equipamento e do astronauta é $I = 25$ kg m^2. (a) Determine o ganho necessário K_3 para manter um erro em regime estacionário igual a 1 cm quando a entrada é uma rampa unitária. (b) Com esse ganho K_3, determine o ganho necessário K_1K_2 de modo a restringir a máxima ultrapassagem percentual em $M.U.P. \leq 10\%$.

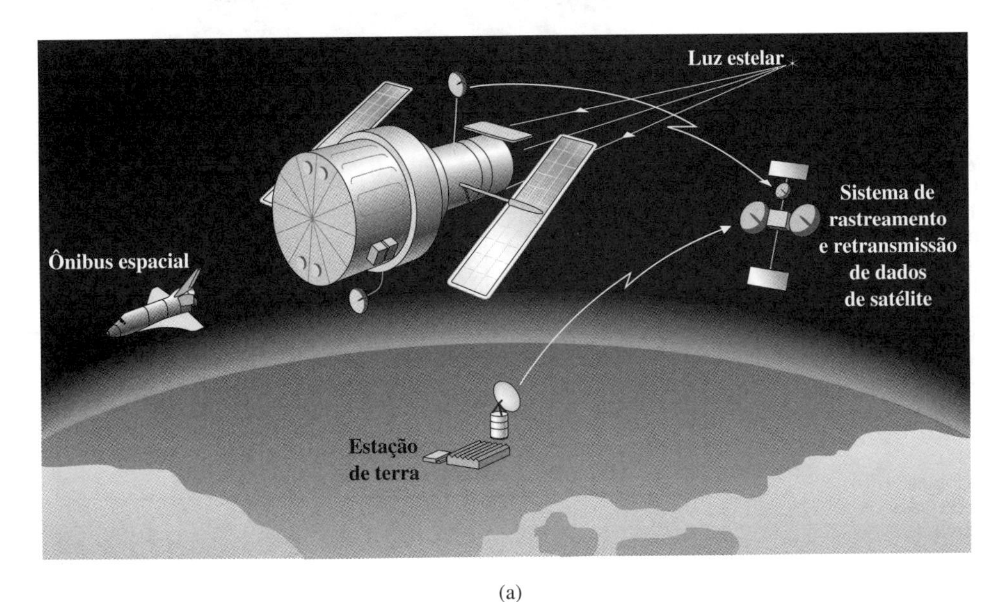

(a)

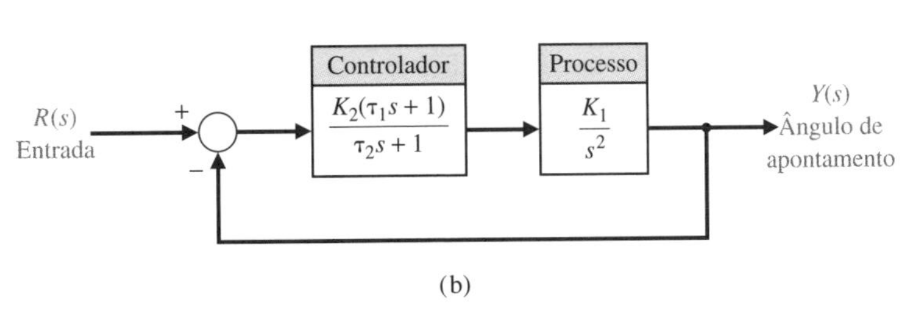

(b)

FIGURA P5.5 (a) Telescópio espacial. (b) Sistema de controle de apontamento do telescópio espacial.

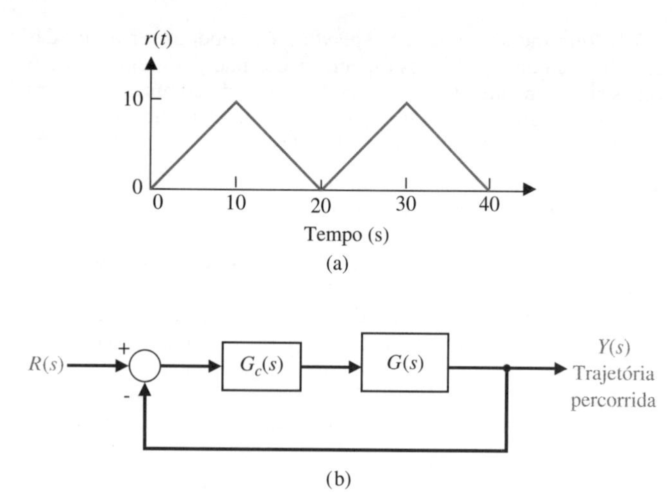

FIGURA P5.6 Controle de trajetória do robô.

P5.8 Painéis fotovoltaicos (células solares) geram uma tensão CC que pode ser usada para acionar motores CC ou que pode ser convertida para energia CA e adicionada à rede de distribuição. É desejável manter o fornecimento de energia do painel em seu máximo disponível à medida que a incidência solar muda durante o dia. Um sistema em malha fechada para isso é mostrado na Figura P5.8. A função de transferência para o processo é

$$G(s) = \frac{K}{s + 40},$$

na qual $K = 40$. (a) Determine a função de transferência em malha fechada e (b) determine o tempo de acomodação para 2% do valor final do sistema para uma perturbação em degrau unitário.

P5.9 Sistemas de antena que recebem e transmitem sinais para satélites de comunicação geralmente têm uma antena do tipo corneta extremamente grande. A antena de micro-ondas pode ter 54 m de comprimento e pesar 340 toneladas. A foto de uma antena é mostrada na Figura P5.9. Suponha que o satélite de comunicação tenha 0,9 m de diâmetro e se mova a aproximadamente 25.700 kph a uma altitude de 4.020 quilômetros. A antena deve estar posicionada a exatamente 1/10 de grau, porque o feixe de micro-ondas tem 0,2° de largura e é bastante atenuado por grandes distâncias. Se a antena estiver seguindo o satélite em movimento, determine o K_v necessário para o sistema.

P5.10 Um sistema de controle de velocidade de motor CC controlado pela armadura usa a tensão de força contraeletromotriz do motor como sinal de realimentação. (a) Desenhe o diagrama de

(a)

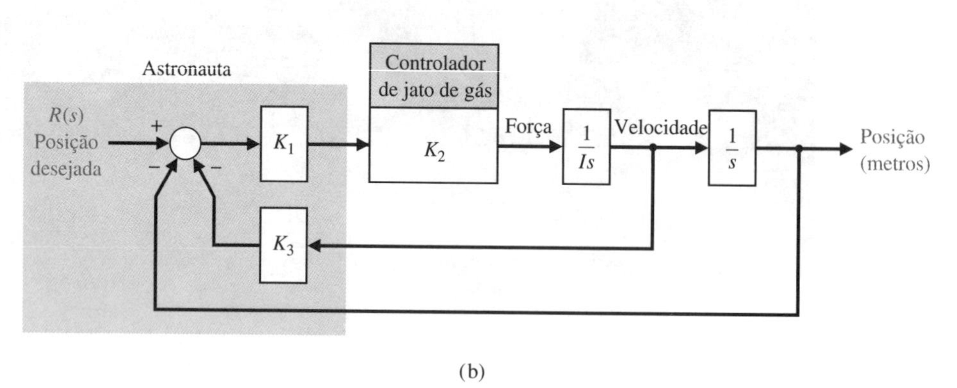

(b)

FIGURA P5.7 (a) O astronauta Bruce McCandless II é mostrado a alguns metros do ônibus espacial em órbita da Terra. Ele usou um dispositivo controlado manualmente impulsionado a nitrogênio chamado de unidade de manobra tripulada. (Cortesia da NASA.) (b) Diagrama de blocos.

FIGURA P5.8 Controle de célula solar.

FIGURA P5.9 Uma antena grande recebe e transmite sinais para um satélite de comunicação. (Andrea Izzotti/iStockPhoto.)

blocos desse sistema (veja o Exemplo 2.5). (b) Calcule o erro em regime estacionário desse sistema para um comando de entrada em degrau ajustando a velocidade para um novo nível. Admita que $R_a = L_a = J = b = 1$, a constante do motor é $K_m = 1$ e $K_{ce} = 1$. (c) Escolha um ganho de realimentação para o sinal de força contraeletromotriz para produzir uma resposta ao degrau com máxima ultrapassagem percentual de $M.U.P. = 15\%$.

P5.11 Um sistema de controle com realimentação unitária possui a função de transferência de processo

$$\frac{Y(s)}{E(s)} = G(s) = \frac{K}{s}.$$

A entrada do sistema é uma função degrau com amplitude A. A condição inicial do sistema no instante t_0 é $y(t_0) = Q$, em que $y(t)$ é a saída do sistema. O índice de desempenho é definido como

$$I = \int_0^\infty e^2(t)\,dt.$$

(a) Mostre que $I = (A - Q)^2/(2K)$. (b) Determine o ganho K que irá minimizar o índice de desempenho I. Esse ganho é um valor praticável? (c) Escolha um valor praticável de ganho e determine o valor resultante do índice de desempenho.

P5.12 As viagens de trem entre cidades aumentarão à medida que são desenvolvidos trens que viajam a altas velocidades, tornando o tempo de viagem do centro de uma cidade para o centro de outra equivalente ao tempo viagem de uma linha aérea. A Ferrovia Nacional do Japão tem um trem chamado de Trem Bala que viaja a uma velocidade média de 320 km/h [17]. Para manter a velocidade desejada, propõe-se um sistema de controle de velocidade que produz um erro de regime estacionário nulo a uma entrada rampa. Um sistema de terceira ordem é suficiente. Determine a função de transferência ótima do sistema $T(s)$ para um critério de desempenho ITAE. Estime o tempo de acomodação (com um critério de 2%) e a máxima ultrapassagem para uma entrada em degrau quando $\omega_n = 10$.

P5.13 Quer-se aproximar um sistema de quarta ordem por um modelo de ordem inferior. A função de transferência do sistema original é

$$G_H(s) = \frac{s^3 + 7s^2 + 24s + 24}{s^4 + 10s^3 + 35s^2 + 50s + 24} = \frac{s^3 + 7s^2 + 24s + 24}{(s+1)(s+2)(s+3)(s+4)}.$$

Mostre que, se for obtido um modelo de segunda ordem a partir do método da Seção 5.8 e se os polos e o zero de $G_L(s)$ não forem especificados, tem-se

$$G_L(s) = \frac{0{,}2917s + 1}{0{,}399s^2 + 1{,}375s + 1} = \frac{0{,}731(s + 3{,}428)}{(s + 1{,}043)(s + 2.4)}.$$

P5.14 Para o sistema original do Problema P5.13, quer-se encontrar o modelo de ordem inferior quando os polos do modelo de segunda ordem são especificados como –1 e –2 e o modelo tem um zero não especificado. Mostre que esse modelo de ordem inferior é

$$G_L(s) = \frac{0{,}986s + 2}{s^2 + 3s + 2} = \frac{0{,}986(s + 2{,}028)}{(s+1)(s+2)}.$$

P5.15 Considere um sistema com realimentação unitária com função de transferência em malha

$$L(s) = G_c(s)G(s) = \frac{K(s+3)}{(s+5)(s^2 + 4s + 10)}.$$

Determine o valor do ganho K tal que a máxima ultrapassagem percentual para uma entrada em degrau seja minimizada.

P5.16 Um amplificador magnético com baixa impedância de saída é mostrado na Figura P5.16 em série com um filtro passa-baixas e um pré-amplificador. O amplificador tem alta impedância de entrada e ganho de 1 e é usado para somar os sinais como mostrado. Escolha um valor para a capacitância C de modo que a função de transferência $V_0(s)/V_{en}(s)$ tenha um fator de amortecimento $1/\sqrt{2}$. A constante de tempo do amplificador magnético é igual a 1 segundo e o ganho é $K = 10$. Calcule o tempo de acomodação (com um critério de 2%) do sistema resultante.

P5.17 Marca-passos eletrônicos para corações humanos regulam a frequência de batimento do coração. Uma proposta de sistema em malha fechada que inclui um marca-passo e a medida da frequência cardíaca é mostrada na Figura P5.17 [2, 3]. A função de transferência da bomba cardíaca e do marca-passo é

$$G(s) = \frac{K}{s(s/12 + 1)}.$$

Projete o ganho do amplificador para resultar em um sistema com tempo de acomodação para uma perturbação em degrau de menos de 1 segundo. A máxima ultrapassagem para um degrau na frequência cardíaca desejada deve ser menor que 10%. (a) Encontre uma faixa de variação adequada para K. (b) Se o valor nominal de K é $K = 10$, encontre a sensibilidade do sistema para pequenas variações em K. (c) Calcule a sensibilidade da parte (b) em CC (fazer $s = 0$). (d) Calcule a magnitude da sensibilidade na frequência cardíaca normal de 60 batimentos/minuto.

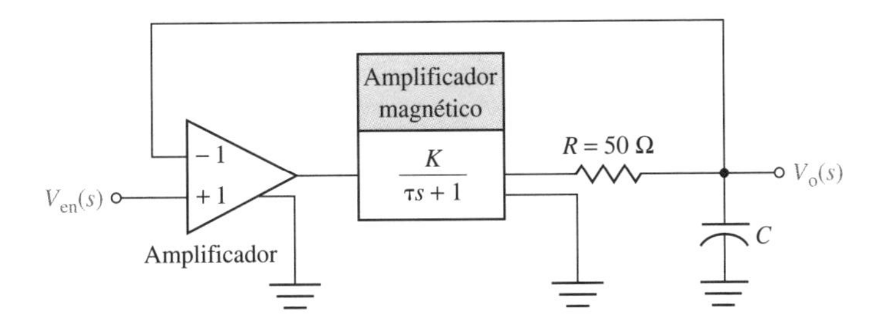

FIGURA P5.16 Amplificador com realimentação.

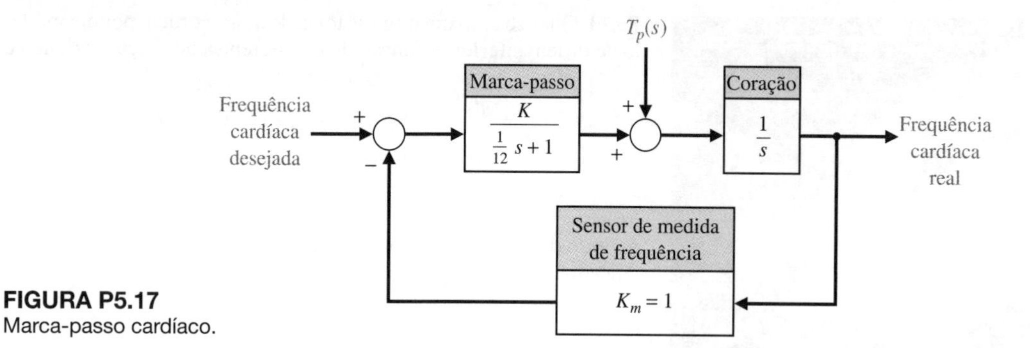

FIGURA P5.17
Marca-passo cardíaco.

P5.18 Considere o sistema de terceira ordem

$$G(s) = \frac{1}{s^3 + 5s^2 + 10s + 1}.$$

Determine um modelo de primeira ordem com um polo não especificado e sem zeros que represente o sistema de terceira ordem.

P5.19 Um sistema de controle em malha fechada com realimentação unitária negativa possui função de transferência de malha

$$L(s) = G_c(s)G(s) = \frac{8}{s(s^2 + 6s + 12)}.$$

(a) Determine a função de transferência em malha fechada $T(s)$. (b) Determine uma aproximação de segunda ordem para $T(s)$. (c) Represente graficamente a resposta de $T(s)$ e da aproximação de segunda ordem para uma entrada em degrau unitário e compare os resultados.

P5.20 Um sistema é mostrado na Figura P5.20.

(a) Determine o erro de regime estacionário para uma entrada em degrau unitário em função de K e K_1, na qual $E(s) = R(s) - Y(s)$.

(b) Escolha K_1 de modo que o erro em regime estacionário seja nulo.

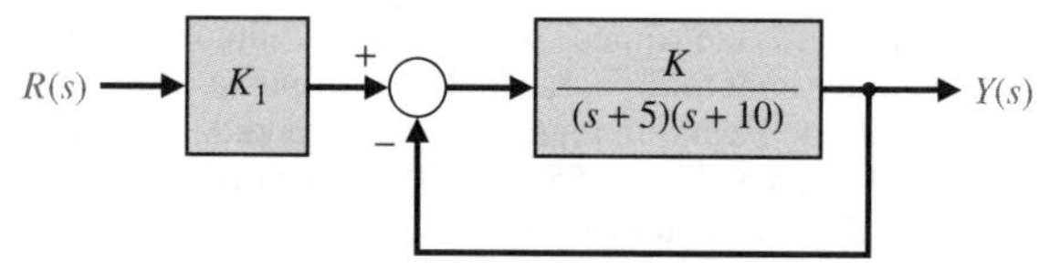

FIGURA P5.20 Sistema com pré-ganho, K_1.

P5.21 Considere o sistema em malha fechada na Figura P5.21. Determine valores para os parâmetros k e a de modo que as seguintes especificações sejam satisfeitas:

(a) O erro em regime estacionário para uma entrada em degrau unitário seja nulo.

(b) O sistema em malha fechada tenha uma máxima ultrapassagem percentual de $M.U.P. \leq 5\%$.

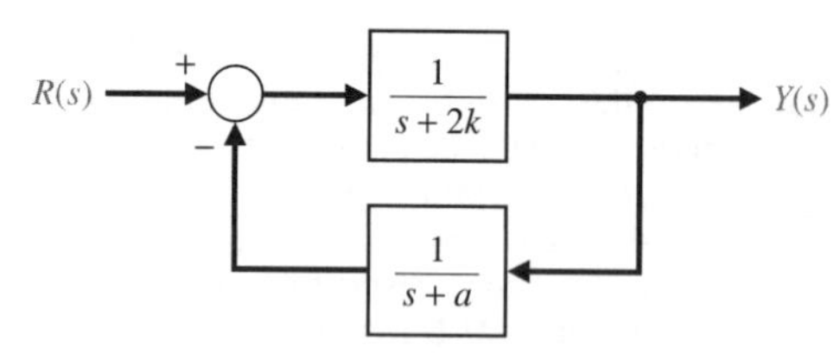

FIGURA P5.21 Sistema em malha fechada com parâmetros k e a.

P5.22 Considere o sistema em malha fechada na Figura P5.22, em que

$$G_c(s)G(s) = \frac{2}{s + 0{,}2K} \quad \text{e} \quad H(s) = \frac{2}{2s + \tau}.$$

(a) Se $\tau = 2{,}43$, determine o valor de K tal que o erro em regime estacionário da resposta do sistema em malha fechada para uma entrada em degrau unitário seja zero.

(b) Determine a máxima ultrapassagem percentual e o instante de pico da resposta ao degrau unitário quando K é o determinado na parte (a).

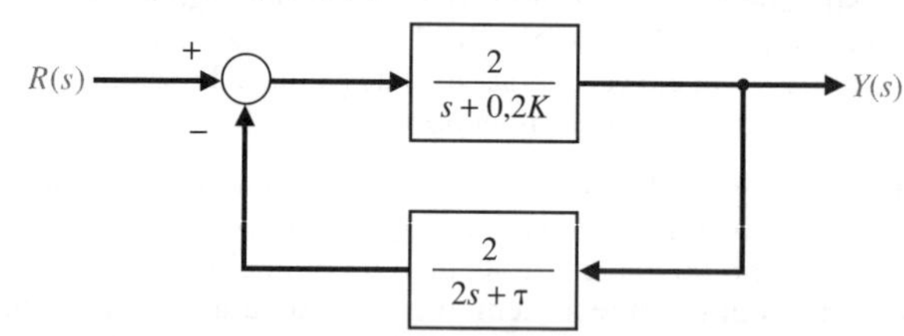

FIGURA P5.22 Sistema de controle em malha fechada com realimentação não unitária.

PROBLEMAS AVANÇADOS

PA5.1 Uma função de transferência em malha fechada é

$$T(s) = \frac{Y(s)}{R(s)} = \frac{54(s + 10)}{(s + 15)(s^2 + 8s + 36)}.$$

(a) Determine o erro em regime estacionário para uma entrada em degrau unitário.

(b) Admita que os polos complexos sejam dominantes e determine a máxima ultrapassagem e o tempo de acomodação para 2% do valor final.

(c) Represente graficamente a resposta do sistema real e compare-a com as estimativas da parte (b).

PA5.2 Um sistema em malha fechada é mostrado na Figura PA5.2. Represente graficamente a resposta a uma entrada em degrau unitário para o sistema com $\tau_z = 0; 0{,}05; 0{,}1$ e $0{,}5$. Registre a máxima ultrapassagem percentual, o tempo de subida e o tempo de acomodação (com um critério de 2%) conforme τ_z varia. Descreva o efeito da variação de τ_z. Compare a posição do zero $-1/\tau_z$ com a posição dos polos em malha fechada.

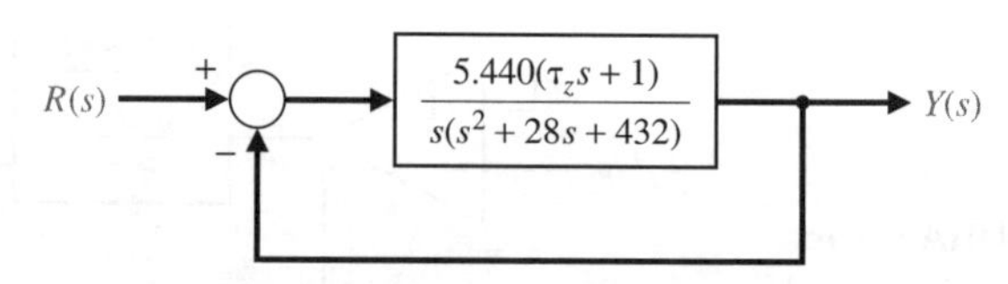

FIGURA PA5.2 Sistema com um zero variável.

PA5.3 Um sistema em malha fechada é mostrado na Figura PA5.3. Represente graficamente a resposta a uma entrada em degrau unitário para o sistema com $\tau_p = 0{,}25; 0{,}5; 2$ e 5. Registre a máxima ultrapassagem percentual, o tempo de subida e o tempo de acomodação (com um critério de 2%) conforme τ_p varia. Descreva o efeito da variação de τ_p. Compare a posição do polo em malha aberta $-1/\tau_p$ com a posição dos polos em malha fechada.

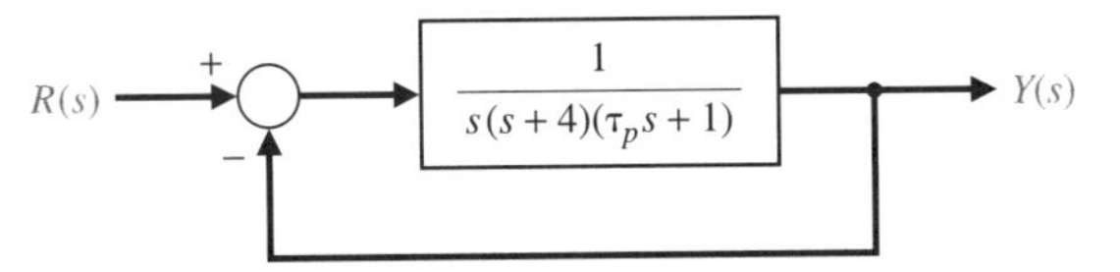

FIGURA PA5.3 Sistema com um polo variável no processo.

PA5.4 O controle de velocidade de um trem de alta velocidade é representado pelo sistema mostrado na Figura PA5.4 [17]. Determine a equação do erro em regime estacionário em função de K para uma entrada em degrau unitário $r(t)$. Considere três valores para K iguais a 1, 10 e 100.

(a) Determine o erro em regime estacionário.

(b) Determine e represente graficamente a resposta $y(t)$ para (i) uma entrada em degrau unitário $R(s) = 1/s$ e (ii) uma entrada de perturbação em degrau unitário $T_p(s) = 1/s$.

(c) Crie uma tabela mostrando a máxima ultrapassagem, o tempo de acomodação (com um critério de 2%), e_{ss} para $r(t)$ e $|y/t_p|_{\text{máx}}$ para os três valores de K. Escolha o melhor valor de compromisso.

PA5.5 Um sistema com controlador é mostrado na Figura PA5.5. O zero do controlador pode ser variado. Seja $\alpha = 0, 10, 100$.

(a) Determine o erro em regime estacionário para uma entrada em degrau $r(t)$ para $\alpha = 0$ e $\alpha \neq 0$.

(b) Represente graficamente a resposta do sistema a uma perturbação de entrada em degrau para os três valores de α. Compare os resultados e escolha o melhor entre os três valores de α.

PA5.6 O modelo em diagrama de blocos de um motor CC controlado pela corrente da armadura é mostrado na Figura PA5.6.

(a) Determine o erro de rastreamento em regime estacionário para uma entrada rampa em função de K, K_{ce} e K_m.

(b) Sejam $K_m = 10$ e $K_{ce} = 0{,}05$, escolha K de modo que o erro de rastreamento em regime estacionário seja igual a 1.

(c) Represente graficamente a resposta para uma entrada em degrau unitário e para uma entrada rampa unitária por 20 segundos. As respostas são aceitáveis?

PA5.7 Considere o sistema em malha fechada na Figura PA5.7 com funções de transferência

$$G_c(s) = \frac{100}{s + 100} \quad \text{e} \quad G(s) = \frac{K}{s(s + 50)},$$

em que

$$1.000 \leq K \leq 5.000.$$

(a) Admita que os polos complexos sejam dominantes e estime o tempo de acomodação e a máxima ultrapassagem

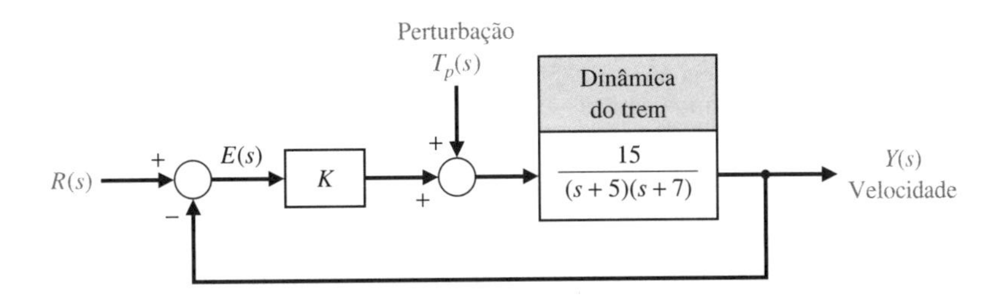

FIGURA PA5.4
Controle de velocidade.

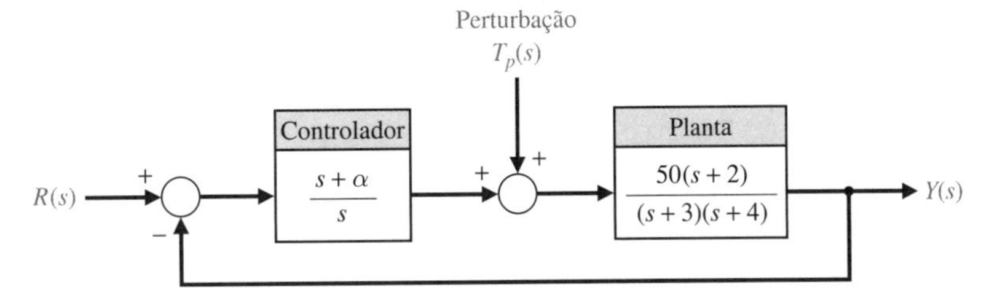

FIGURA PA5.5
Sistema com parâmetro de controle α.

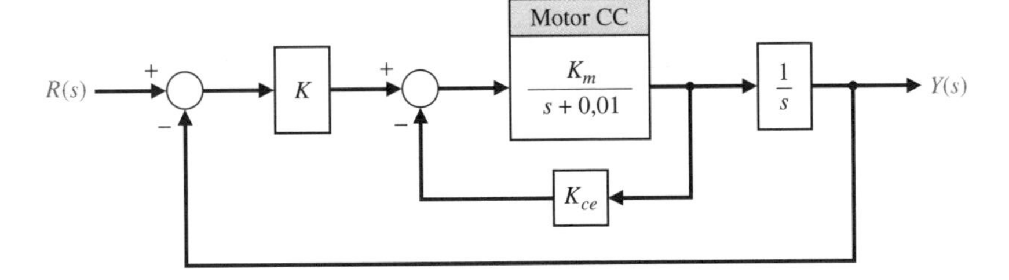

FIGURA PA5.6
Controle de motor CC.

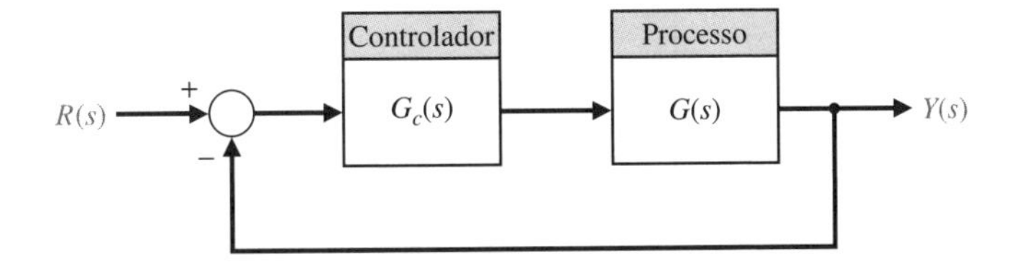

FIGURA PA5.7
Sistema em malha fechada com realimentação unitária.

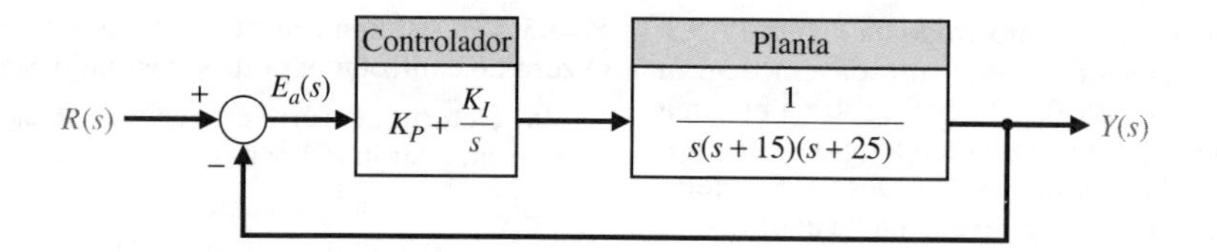

FIGURA PA5.9 Sistema de controle com realimentação com um controlador proporcional e integral.

percentual para uma entrada em degrau unitário para $K = 1.000, 2.000, 3.000, 4.000$ e 5.000.

(b) Determine o tempo de acomodação e a máxima ultrapassagem percentual reais para um degrau unitário para os valores de K da parte (a).

(c) Represente graficamente juntos os resultados de (a) e (b) e comente.

PA5.8 Um sistema com realimentação unitária negativa possui a função de transferência em malha

$$L(s) = G_c(s)G(s) = \frac{K(s+2)}{s^2 + \frac{2}{3}s + \frac{1}{3}}.$$

Determine o ganho K que minimiza o fator de amortecimento ζ dos polos do sistema em malha fechada. Qual é o fator de amortecimento mínimo?

PA5.9 O sistema com realimentação unitária negativa na Figura PA5.9 tem o processo dado por

$$G(s) = \frac{1}{s(s+15)(s+25)}.$$

O controlador é um controlador proporcional e integral com ganhos K_P e K_I. O objetivo é projetar os ganhos do controlador de modo que as raízes dominantes tenham um fator de amortecimento ζ igual a 0,707. Determine o instante de pico e o tempo de acomodação (com critério de 2%) resultantes do sistema para uma entrada em degrau unitário.

PROBLEMAS DE PROJETO

PPC5.1 O sistema de acionamento por sarilho dos problemas anteriores (veja PPC1.1 a PPC4.1) tem uma perturbação em razão de mudanças na peça que está sendo trabalhada conforme o material é removido. O controlador é um amplificador $G_c(s) = K_a$. Calcule o efeito de uma perturbação em degrau unitário e determine o melhor valor do ganho do amplificador de modo que a máxima ultrapassagem para um comando degrau $r(t) = A, t > 0$ seja $M.U.P. \leq 5\%$, enquanto se reduz o efeito da perturbação o máximo possível.

PP5.1 O piloto automático do controle de rolagem de uma aeronave é mostrado na Figura PP5.1. O objetivo é escolher um K adequado de modo que a resposta a um comando degrau unitário $\phi_d(t) = A, t \geq 0$, forneça uma resposta $\phi(t)$ que seja uma resposta rápida e tenha máxima ultrapassagem de $M.U.P. \leq 20\%$. (a) Determine a função de transferência em malha fechada $\phi(s)/\phi_d(s)$. (b) Determine as raízes da equação característica para $K = 0{,}7$; 3 e 6. (c) Usando o conceito de raízes dominantes, encontre a máxima ultrapassagem percentual e o instante de pico esperados para o sistema de segunda ordem aproximado. (d) Represente graficamente a resposta real e compare com os resultados aproximados da parte (c). (e) Escolha o ganho K de modo que a máxima ultrapassagem percentual seja igual a 16%. Qual é o instante de pico resultante?

PP5.2 O projeto do controle para um braço de soldagem com longo alcance requer a escolha cuidadosa dos parâmetros [13]. O sistema é mostrado na Figura PP5.2. O coeficiente de amortecimento ζ, o ganho K e a frequência natural ω_n podem ser escolhidos. (a) Determine K e ω_n de modo que a resposta a uma entrada em degrau unitário chegue a $T_p \leq 1$ s e $M.U.P. \leq 10\%$. (b) Represente graficamente a resposta do sistema projetado na parte (a) para uma entrada em degrau.

PP5.3 Sistemas de suspensão ativa para automóveis modernos proporcionam uma viagem segura e confortável. O projeto de um sistema de suspensão ativa ajusta as válvulas do amortecedor de modo que a viagem atenda as condições. Um pequeno motor elétrico, como mostrado na Figura PP5.3, muda as configurações da válvula [13]. Escolha um valor de projeto para K e para o parâmetro q de modo a satisfazer o desempenho ITAE para um comando degrau $R(s)$ e um tempo de acomodação (com um critério de 2%) para a resposta ao degrau $T_s \leq 0{,}5$. Uma vez completado o projeto, preveja a máxima ultrapassagem resultante para uma entrada em degrau.

PP5.4 O satélite espacial mostrado na Figura PP5.4(a) usa um sistema de controle para reajustar sua orientação, como mostrado na Figura PP5.4(b).

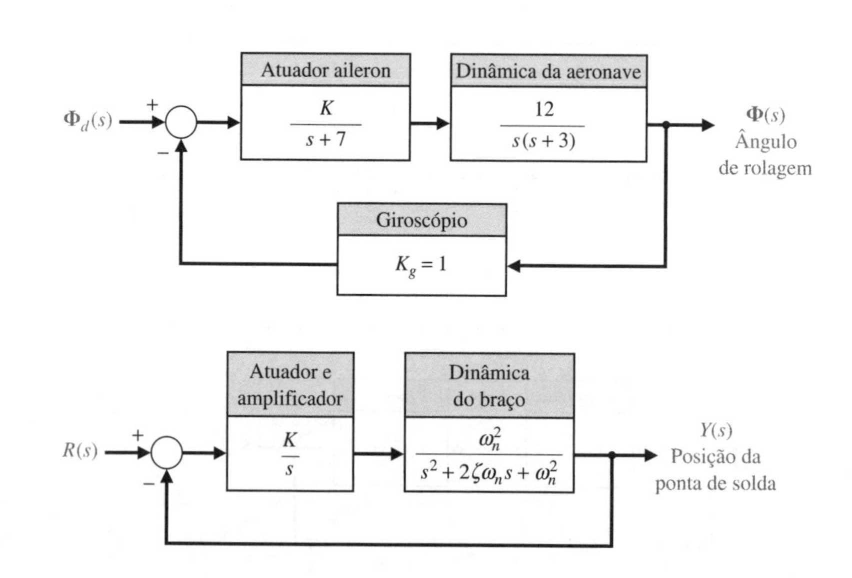

FIGURA PP5.1 Controle de ângulo de rolagem.

FIGURA PP5.2 Controle de posição de ponta de solda.

(a) Determine um modelo de segunda ordem para o sistema em malha fechada.

(b) Usando o modelo de segunda ordem, escolha um ganho K de modo que a máxima ultrapassagem percentual $M.U.P. \leq 10\%$ e o erro em regime estacionário para um degrau seja menor que 12%.

(c) Verifique seu projeto determinando o desempenho real do sistema de terceira ordem.

PP5.5 Um robô de rebarbação pode ser usado para retirar as saliências de peças usinadas seguindo uma trajetória pré-planejada (sinal de comando de entrada). Na prática, erros ocorrem por inexatidão do robô, erros de usinagem, grandes tolerâncias e desgaste da ferramenta. Esses erros podem ser eliminados com o uso de realimentação de força para modificar a trajetória em tempo real [8, 11].

Enquanto o controle de força tem sido capaz de tratar do problema de exatidão, tem sido mais difícil solucionar o problema da estabilidade de contato. Na verdade, fechando a malha de força e introduzindo um sensor de força de punho complacente (o tipo mais comum de controle de força), pode-se aumentar o problema da estabilidade.

Um modelo de sistema de rebarbação robótico é mostrado na Figura PP5.5. Determine a região de estabilidade para o sistema para K_1 e K_2. Admita que ambos os ganhos ajustáveis sejam maiores que zero.

PP5.6 O modelo para um sistema de controle de posição usando motor CC é mostrado na Figura PP5.6. O objetivo é escolher K_1 e K_2 de modo que o instante de pico seja $T_p \leq 0{,}5$ segundo e a máxima ultrapassagem $M.U.P.$ para uma entrada em degrau seja $M.U.P. \leq 2\%$.

PP5.7 Um came tridimensional para gerar uma função de duas variáveis é mostrado na Figura PP5.7(a). x e y podem ser controlados usando-se um sistema de controle de posição [31]. O controle de x pode ser realizado com um motor CC e realimentação de posição

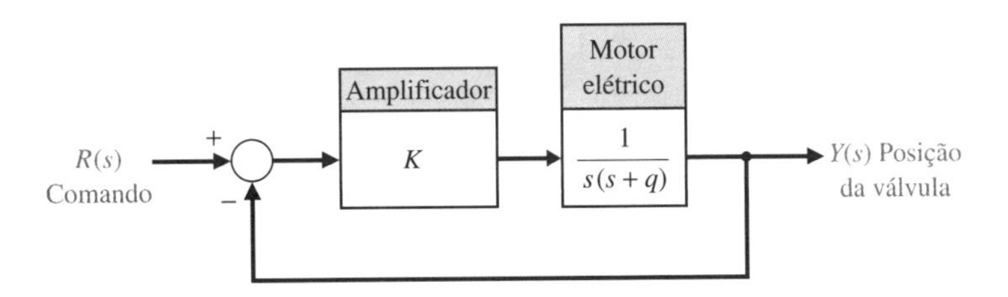

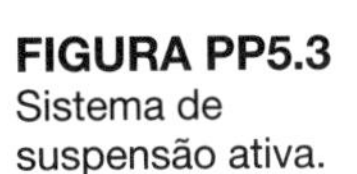
FIGURA PP5.3 Sistema de suspensão ativa.

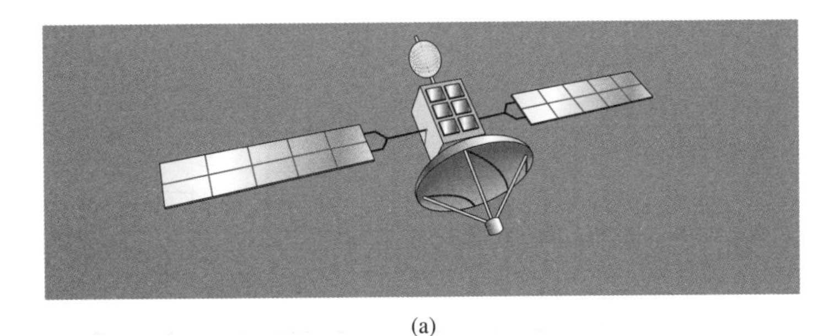

(a)

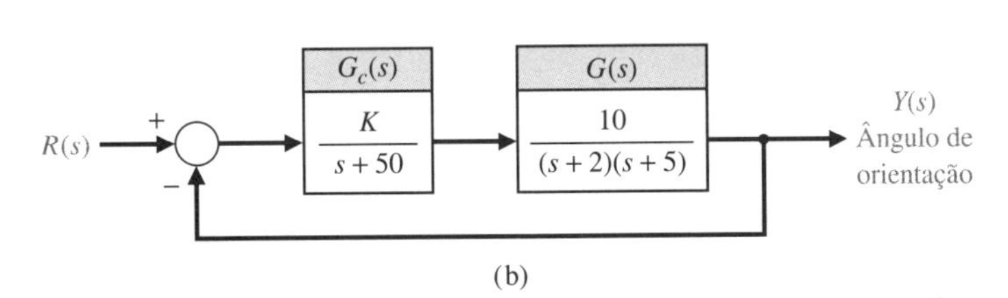

(b)

FIGURA PP5.4 Controle de um satélite espacial.

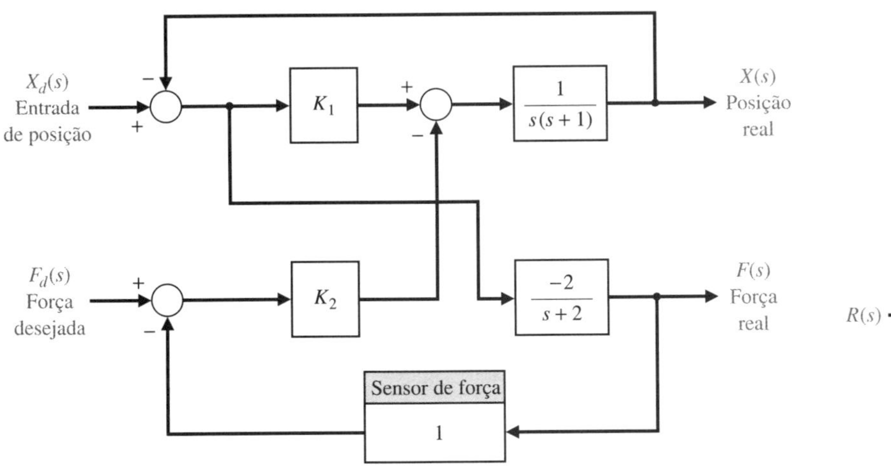

FIGURA PP5.5 Robô de rebarbação.

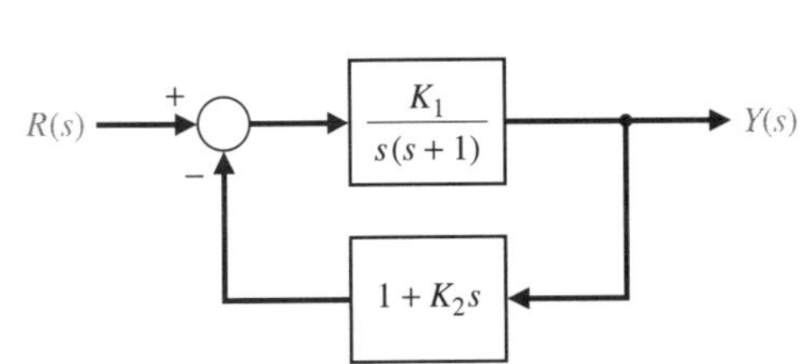

FIGURA PP5.6 Robô de controle de posição.

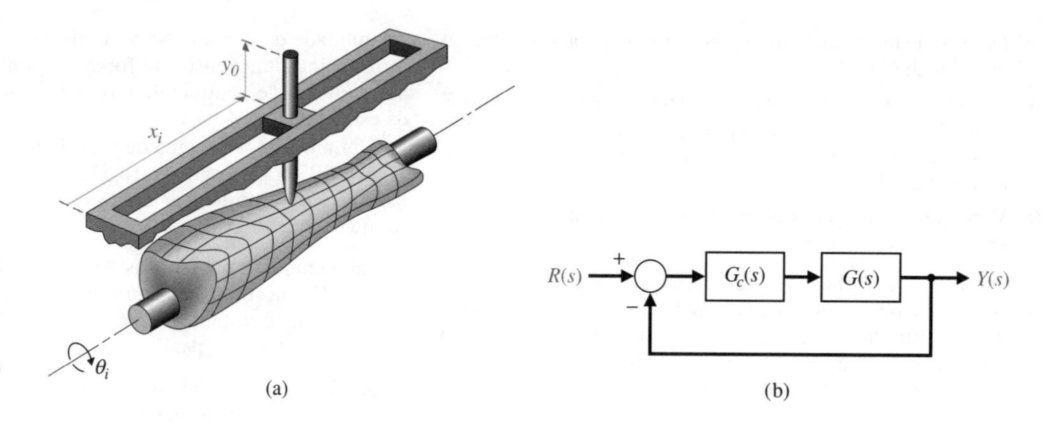

FIGURA PP5.7
(a) Came tridimensional e (b) sistema de controle do eixo *x*.

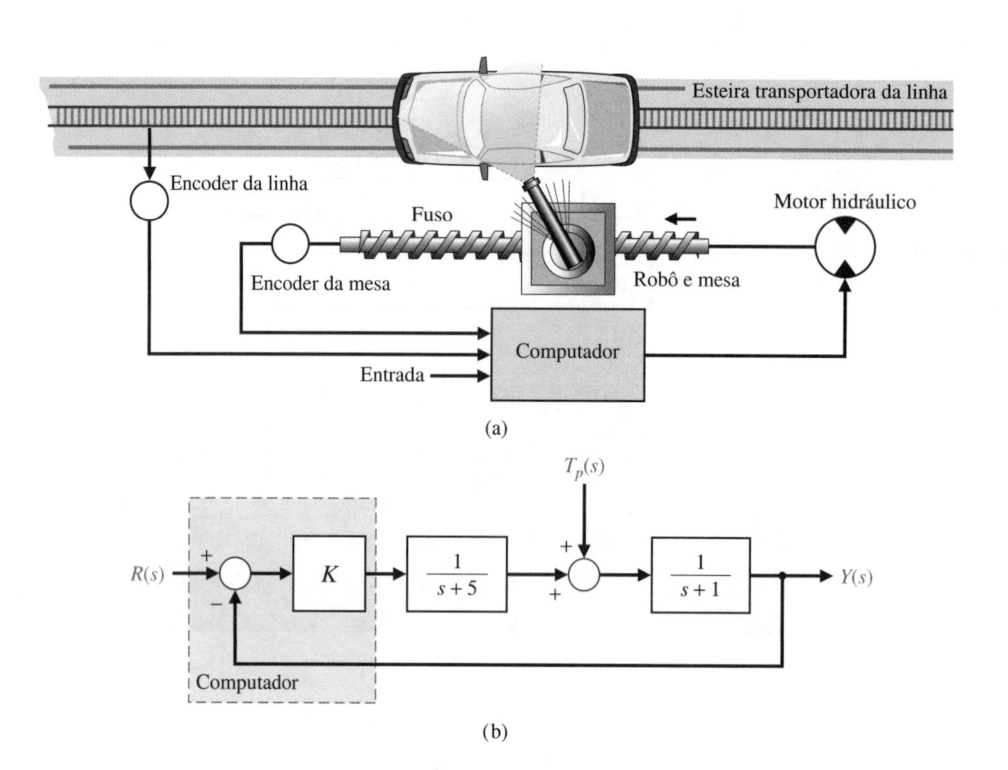

FIGURA PP5.8
Robô de pintura por pulverização.

da forma mostrada na Figura PP5.7(b), com o motor CC e a carga representados por

$$G(s) = \frac{K}{s(s+p)(s+4)},$$

em que $K = 2$ e $p = 2$. Projete um controlador proporcional e derivativo

$$Gc(s) = K_p + K_D s$$

para conseguir máxima ultrapassagem percentual $M.U.P. \leq 5\%$ para uma entrada em degrau unitário e tempo de acomodação $T_s \leq 2$ s.

PP5.8 O controle por computador de um robô para pintar um automóvel por pulverização é realizado pelo sistema mostrado na Figura PP5.8(a) [7]. Deseja-se investigar o sistema quando $K = 1, 10$ e 20. O diagrama de blocos do controle com realimentação é mostrado na Figura PP5.8(b). (a) Para os três valores de *K*, determine a máxima ultrapassagem percentual, o tempo de acomodação (com um critério de 2%) e o erro em regime estacionário para uma entrada em degrau unitário. Registre os resultados em uma tabela. (b) Escolha um dos três valores de *K* que forneça desempenho aceitável. (c) Para o valor escolhido na parte (b), determine a saída para uma perturbação $T_p(s) = 1/s$ quando $R(s) = 0$.

PROBLEMAS COMPUTACIONAIS

PC5.1 Considere a função de transferência em malha fechada

$$T(s) = \frac{20}{s^2 + 9s + 20}.$$

Obtenha analiticamente a resposta a impulso analiticamente e compare o resultado com o obtido usando a função impulse.

PC5.2 Um sistema com realimentação unitária negativa tem a função de transferência em malha

$$L(s) = G_c(s)G(s) = \frac{s+10}{s^2(s+15)}.$$

Usando lsim, obtenha a resposta do sistema em malha fechada a uma entrada rampa unitária,

$$R(s) = 1/s^2.$$

Considere o intervalo de tempo $0 \leq t \leq 50$. Qual é o erro em regime estacionário?

PC5.3 Um conhecimento prático da relação entre as posições dos polos do sistema de segunda ordem mostrado na Figura PC5.3 e a resposta transitória é importante no projeto de controle. Com isso em mente, considere os quatro casos que se seguem:

1. $\omega_n = 2,\quad \zeta = 0,$
2. $\omega_n = 2,\quad \zeta = 0{,}1,$
3. $\omega_n = 1,\quad \zeta = 0,$
4. $\omega_n = 1,\quad \zeta = 0{,}2.$

Usando as funções impulse e subplot, crie um gráfico contendo quatro subgráficos, com cada subgráfico representando a resposta a impulso de um dos quatro casos listados. Compare o gráfico com a Figura 5.17 na Seção 5.5 e discuta os resultados.

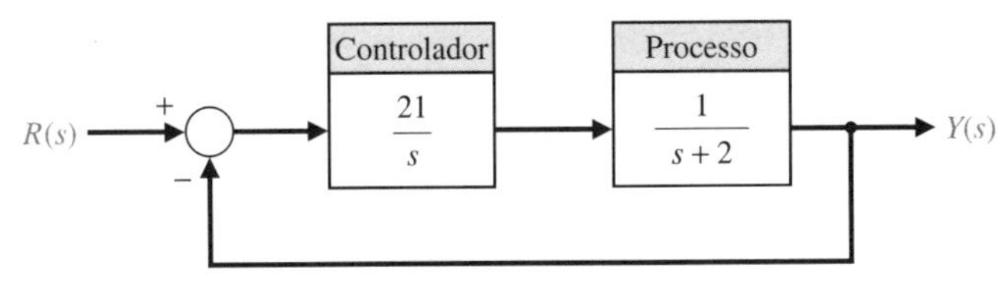

FIGURA PC5.3 Sistema de segunda ordem simples.

PC5.4 Considere o sistema de controle mostrado na Figura PC5.4.

(a) Mostre analiticamente que a máxima ultrapassagem percentual esperada da resposta do sistema em malha fechada para uma entrada em degrau unitário é $M.U.P. = 50\%$.

(b) Desenvolva uma sequência de instruções em arquivo m para representar graficamente a resposta a uma entrada em degrau do sistema em malha fechada e estime a máxima ultrapassagem percentual a partir do gráfico. Compare o resultado com a parte (a).

FIGURA PC5.4 Um sistema de controle com realimentação negativa.

PC5.5 Considere o sistema com realimentação na Figura PC5.5. Desenvolva uma sequência de instruções em arquivo m para projetar um controlador e um pré-filtro

$$G_c(s) = K\frac{s+z}{s+p} \quad \text{e} \quad G_p(s) = \frac{K_p}{s+\tau}$$

tal que o critério de desempenho ITAE seja minimizado. Para $\omega_n = 0{,}45$ e $\zeta = 0{,}59$, represente graficamente a resposta ao degrau unitário e determine a máxima ultrapassagem percentual e o tempo de acomodação.

PC5.6 A função de transferência em malha de um sistema com realimentação unitária negativa é

$$L(s) = G_c(s)G(s) = \frac{25}{s(s+5)}.$$

Desenvolva uma sequência de instruções em arquivo m para representar graficamente a resposta ao degrau unitário e determine os valores de máxima ultrapassagem M_p, instante de pico T_p e tempo de acomodação T_s (com um critério de 2%).

PC5.7 Um piloto automático projetado para manter um avião em voo reto e nivelado é mostrado na Figura PC5.7.

(a) Suponha que o controlador seja um controlador de ganho constante dado por $G_c(s) = 2$. Usando a função lsim, calcule e represente graficamente a resposta à rampa para $\theta_d(t) = at$, em que $a = 0{,}5°/\text{s}$. Determine o erro de atitude depois de 10 segundos.

(b) Se a complexidade do controlador for aumentada, pode-se reduzir o erro de rastreamento em regime estacionário. Com esse objetivo em mente, suponha que o controlador de ganho constante seja substituído por um controlador mais sofisticado

$$G_c(s) = K_1 + \frac{K_2}{s} = 2 + \frac{1}{s}.$$

Esse tipo de controlador é conhecido como controlador proporcional e integral (PI). Repita a simulação da parte (a) com o controlador PI e compare os erros de rastreamento em regime estacionário do controlador de ganho constante com o controlador PI.

PC5.8 O diagrama de blocos de uma malha para a velocidade angular do piloto automático de um míssil é mostrado na Figura PC5.8. Usando as fórmulas analíticas para sistemas de segunda ordem, prediga M_{pt}, T_p e T_s para o sistema em malha fechada devido a uma entrada em degrau unitário. Compare os resultados preditos com a resposta ao degrau unitário real obtida com a função step. Explique quaisquer diferenças.

PC5.9 Desenvolva uma sequência de instruções em arquivo m que possa ser usada para analisar o sistema em malha fechada na Figura PC5.9. Excite o sistema com uma entrada em degrau e apresente a

FIGURA PC5.5 Sistema de controle com realimentação com controlador e pré-filtro.

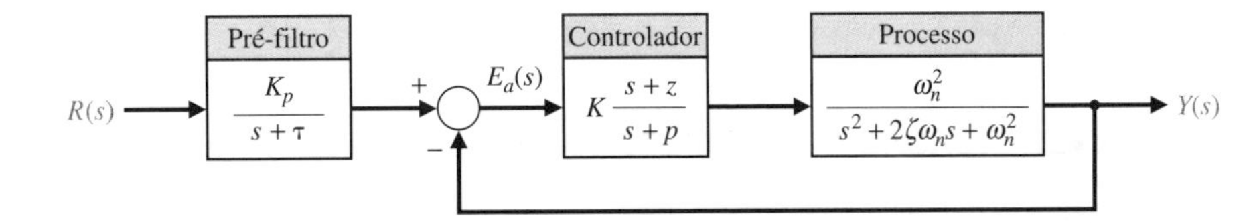

FIGURA PC5.7 Diagrama de blocos de um piloto automático de avião.

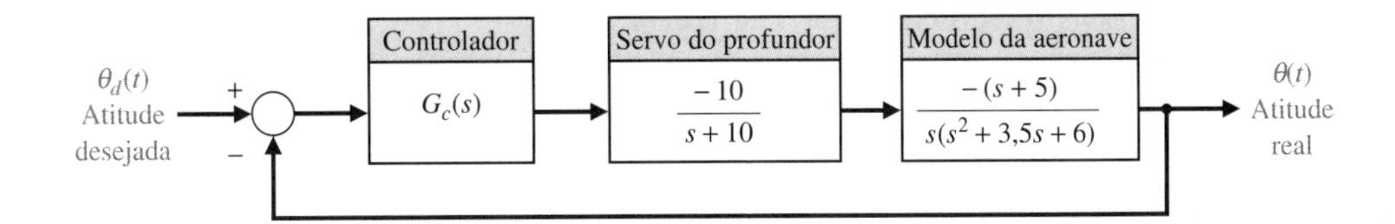

FIGURA PC5.8 Uma malha de piloto automático da velocidade angular de míssil.

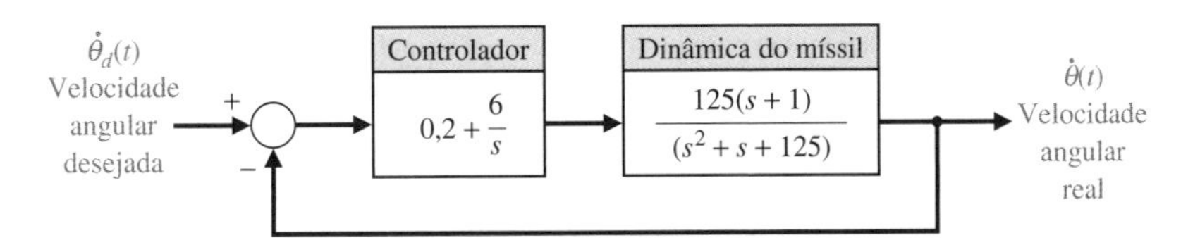

saída em um gráfico. Qual é o tempo de acomodação e a máxima ultrapassagem percentual?

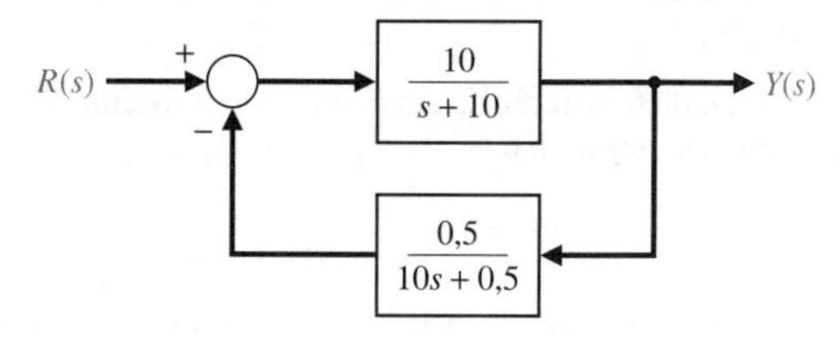

FIGURA PC5.9 Sistema com realimentação não unitária.

PC5.10 Desenvolva uma sequência de instruções em arquivo m de forma a simular a resposta do sistema na Figura PC5.10 para uma entrada rampa $R(s) = 1/s^2$. Qual é o erro em regime estacionário? Apresente a saída em um gráfico *x-y*.

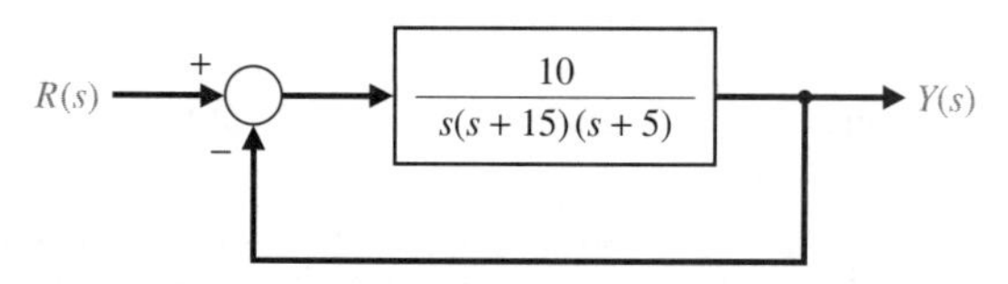

FIGURA PC5.10 Sistema em malha fechada para arquivo m.

PC5.11 Considere o sistema em malha fechada na Figura PC5.11. Desenvolva uma sequência de instruções em arquivo m para realizar as seguintes tarefas:

(a) Determinar a função de transferência em malha fechada $T(s) = Y(s)/R(s)$.

(b) Representar graficamente a resposta do sistema em malha fechada a uma entrada impulso $R(s) = 1$, uma entrada em degrau unitário $R(s) = 1/s$ e uma entrada rampa unitária $R(s) = 1/s^2$. Use a função subplot para mostrar as três respostas do sistema.

PC5.12 Uma função de transferência em malha fechada é dada por

$$T(s) = \frac{Y(s)}{R(s)} = \frac{77(s+2)}{(s+7)(s^2+4s+22)}.$$

(a) Obtenha a resposta da função de transferência em malha fechada $T(s) = Y(s)/R(s)$ a uma entrada em degrau unitário. Qual é o tempo de acomodação T_s (use um critério de 2%) e a máxima ultrapassagem percentual *M.U.P.*?

(b) Desprezando o polo real em $s = -7$, determine o tempo de acomodação T_s e a máxima ultrapassagem percentual *M.U.P.* Compare os resultados com a resposta do sistema real na parte (a). Que conclusões podem ser feitas em relação a desprezar o polo?

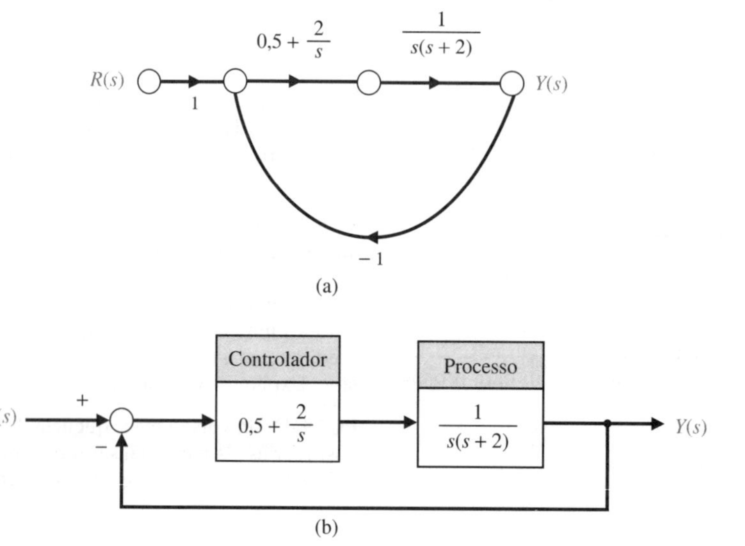

FIGURA PC5.11 Sistema com realimentação unitária e uma única malha. (a) Diagrama de fluxo de sinal. (b) Diagrama de blocos.

RESPOSTAS PARA A VERIFICAÇÃO DE COMPETÊNCIAS

Verdadeiro ou Falso: (1) Verdadeiro; (2) Falso; (3) Falso; (4) Verdadeiro; (5) Falso

Múltipla Escolha: (6) a; (7) a; (8) c; (9) b; (10) b; (11) a; (12) b; (13) b; (14) a; (15) b

Correspondência de Palavras (em ordem, de cima para baixo): i, j, d, g, k, c, n, p, o, b, e, l, f, h, m, a

TERMOS E CONCEITOS

Constante de erro de aceleração, K_a A constante calculada como $\lim_{s\to 0}[s^2 G_c(s)G(s)]$. O erro em regime estacionário para uma entrada parabólica, $r(t) = At^2/2$, é igual a A/K_a.

Constante de erro de posição, K_p A constante calculada como $\lim_{s\to 0} G_c(s)G(s)$. O erro em regime estacionário para uma entrada em degrau (de magnitude A) é igual a $A/(1 + K_p)$.

Constante de erro de velocidade, K_v A constante calculada como $\lim_{s\to 0}[G_c(s)G(s)]$. O erro em regime estacionário para uma entrada rampa (de inclinação A) para um sistema é igual a A/K_v.

Especificações de projeto Conjunto de critérios de desempenho preestabelecidos.

Impulso unitário Entrada de teste consistindo em um impulso de amplitude infinita e largura zero, e tendo uma área unitária. O impulso unitário é usado para determinar a resposta a impulso.

Índice de desempenho Medida quantitativa do desempenho de um sistema.

Instante de pico O tempo para um sistema responder a uma entrada em degrau e subir até uma resposta de pico.

Máxima ultrapassagem percentual Quantidade na qual a resposta de saída do sistema segue além da resposta desejada.

Raízes dominantes Raízes da equação característica que causam a resposta transitória dominante do sistema.

Resposta em regime estacionário Componente da resposta do sistema que persiste por um longo período de tempo após o início da aplicação de qualquer sinal.

Resposta transitória Componente da resposta do sistema que desaparece com o tempo.

Sinal de entrada de teste Um sinal de entrada usado como teste-padrão da habilidade de um sistema em responder adequadamente.

Sistema de controle ótimo Sistema cujos parâmetros são ajustados de modo que o índice de desempenho alcance um valor extremo.

Tempo de acomodação Tempo requerido para que a saída do sistema se acomode no interior de uma faixa de valores percentuais da amplitude de entrada.

Tempo de subida Tempo para um sistema responder a uma entrada em degrau e atingir uma resposta igual a uma porcentagem da magnitude da entrada. O tempo de subida 0–100%, T_r, mede o tempo até 100% da magnitude da entrada. Alternativamente, T_{r_1} mede o tempo de 10 a 90% da resposta à entrada em degrau.

Tipo numérico O número N de polos da função de transferência, $G_c(s)G(s)$, na origem. $G_c(s)G(s)$ é função de transferência em malha.

CAPÍTULO 6

Estabilidade de Sistemas Lineares com Realimentação

APRESENTAÇÃO

A estabilidade de sistemas com realimentação em malha fechada é fundamental para o projeto de sistemas de controle. Um sistema estável deve apresentar saída limitada se a entrada correspondente for limitada. Isso é conhecido como estabilidade do tipo entrada-limitada, saída-limitada. A estabilidade de um sistema com realimentação está diretamente relacionada com a posição das raízes da equação característica da função de transferência do sistema e com a posição dos autovalores da matriz do sistema para um sistema no formato de variáveis de estado. O método de Routh–Hurwitz é introduzido como uma ferramenta útil para verificar a estabilidade de um sistema. A técnica permite calcular o número de raízes da equação característica que está no semiplano direito sem a necessidade de calcular realmente os valores das raízes. Isso fornece um método de projeto para determinar valores de certos parâmetros do sistema que conduzirão à estabilidade em malha fechada. Para sistemas estáveis, será introduzido o conceito de estabilidade relativa, que permite caracterizar o grau de estabilidade. O capítulo é concluído com o projeto de um controlador estabilizante baseado no método de Routh–Hurwitz para o Exemplo de Projeto Sequencial: Sistema de Leitura de Acionadores de Disco.

RESULTADOS DESEJADOS

Ao concluírem o Capítulo 6, os estudantes devem ser capazes de:

- Explicar o conceito de estabilidade de sistemas dinâmicos.
- Descrever os conceitos-chave de estabilidade absoluta e relativa.
- Explicar a estabilidade do tipo entrada-limitada, saída-limitada.
- Descrever a relação da posição dos polos no plano *s* (para modelos em função de transferência) e da posição dos autovalores (para modelos em variáveis de estado) com a estabilidade do sistema.
- Construir uma tabela de Routh e empregar o critério de estabilidade de Routh–Hurwitz para determinar a estabilidade.

6.1 CONCEITO DE ESTABILIDADE

Quando se consideram o projeto e a análise de sistemas de controle com realimentação, a **estabilidade** é de extrema importância. De um ponto de vista prático, um sistema com realimentação em malha fechada que é instável tem pouco valor. Como em toda regra geral, existem exceções; mas, para os propósitos deste livro, será declarado que todos os projetos de controle devem resultar em um sistema estável em malha fechada. Muitos sistemas físicos são inerentemente instáveis em malha aberta e alguns sistemas são até projetados para serem instáveis em malha aberta. A maior parte das aeronaves de caça modernas é *instável por projeto* em malha aberta, e, sem controle ativo com realimentação ajudando o piloto, não poderiam voar. O controle ativo é implementado pelos engenheiros para estabilizar o sistema instável — isto é, a aeronave — de modo que outras considerações, tais como o desempenho transitório, possam ser tratadas. Usando realimentação, podem-se estabilizar sistemas instáveis e então, com uma escolha criteriosa de parâmetros do controlador, pode-se ajustar o desempenho transitório. Nos sistemas estáveis em malha aberta, também se utiliza realimentação para ajustar o desempenho em malha fechada e atender às especificações de projeto. Estas especificações tomam a forma de erros de rastreamento em regime estacionário, máxima ultrapassagem percentual, tempo de acomodação, instante de pico e outros índices discutidos.

Pode-se dizer que um sistema com realimentação em malha fechada ou é estável ou não é estável. Este tipo de caracterização estável/não estável é denominado **estabilidade absoluta**. Um sistema que possui estabilidade absoluta é chamado de sistema estável — o rótulo de absoluto é omitido. Dado que um sistema em malha fechada seja estável, pode-se caracterizar adicionalmente o grau de estabilidade. Isso é referido como **estabilidade relativa**. Os pioneiros do projeto de aeronaves estavam familiarizados com o conceito de estabilidade relativa — quanto mais estável uma aeronave, mais difícil era manobrá-la (isto é, mudar sua orientação). Um resultado da instabilidade relativa de aeronaves de caça modernas é a alta manobrabilidade. Uma aeronave de caça é menos estável que uma de transporte comercial, consequentemente pode manobrar mais rapidamente. Como será discutido posteriormente nesta seção, pode-se determinar se um sistema é estável (no sentido absoluto) determinando-se se todos os polos da função de transferência estão no semiplano esquerdo do plano s, ou equivalentemente, se todos os autovalores da matriz $\mathbf{A}$ do sistema estão no semiplano esquerdo do plano s. Dado que todos os polos (ou autovalores) estão no semiplano esquerdo do plano s, investiga-se a estabilidade relativa examinando-se as posições relativas dos polos (ou autovalores).

Um **sistema estável** é definido como um sistema com resposta de sistema limitada (confinada). Isto é, se o sistema é submetido a uma entrada ou perturbação limitada e a resposta é limitada em magnitude, o sistema é tido como estável.

Um sistema estável é um sistema dinâmico com resposta limitada para uma entrada limitada.

O conceito de estabilidade pode ser ilustrado considerando-se um cone de seção reta circular colocado em uma superfície horizontal plana. Quando o cone está apoiado sobre sua base e é levemente inclinado, retorna para a sua posição de equilíbrio original. Esta posição e a resposta são ditas estáveis. Se o cone está apoiado de lado e é levemente deslocado, rola sem nenhuma tendência de deixar a posição de lado. Esta posição é designada como de estabilidade neutra. Por outro lado, se o cone é apoiado em sua ponta e solto, cai para um dos lados. Essa posição é dita instável. Essas três posições são ilustradas na Figura 6.1.

A estabilidade de um sistema dinâmico é definida de maneira semelhante. A resposta a um deslocamento, ou condição inicial, resultará em uma resposta decrescente, neutra ou crescente. Especificamente, vem da definição de estabilidade que um sistema linear é estável se e somente se o valor absoluto de sua resposta ao impulso $g(t)$, integrada sobre um intervalo infinito, é finita. Isto é, em termos da Equação (5.2) da integral de convolução de uma entrada limitada, $\int_0^\infty |g(t)|\, dt$ deve ser finita.

A posição no plano s dos polos de um sistema indica a resposta transitória resultante. Os polos no semiplano esquerdo do plano s resultam em uma resposta decrescente para entradas de perturbação. De modo semelhante, polos sobre o eixo $j\omega$ e no semiplano direito resultam em resposta neutra e crescente, respectivamente, para uma entrada de perturbação. Essa divisão do plano s é mostrada na Figura 6.2. Evidentemente, os polos de sistemas dinâmicos desejáveis devem ficar no semiplano esquerdo do plano s [1–3].

Um exemplo comum do efeito potencialmente desestabilizante da realimentação é o da realimentação em sistemas de amplificação de áudio e alto-falantes usados para falar ao público em auditórios. Nesse caso, um alto-falante produz sinal de áudio que é uma versão amplificada dos sons captados pelo microfone. Juntamente com as outras entradas de áudio, o som originado no próprio alto-falante pode ser captado pelo microfone. A intensidade desse sinal particular depende

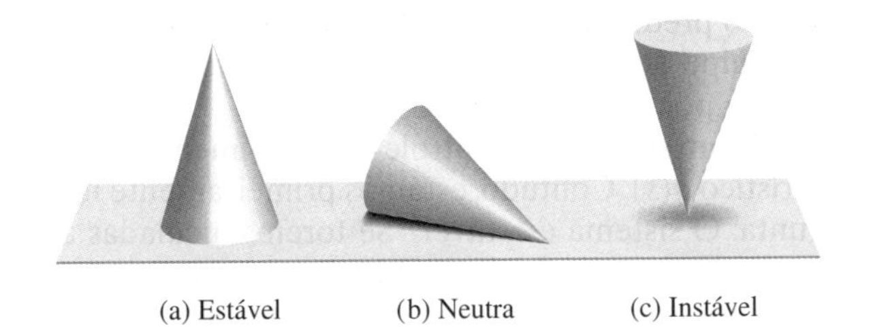

FIGURA 6.1 Ilustração de estabilidade.

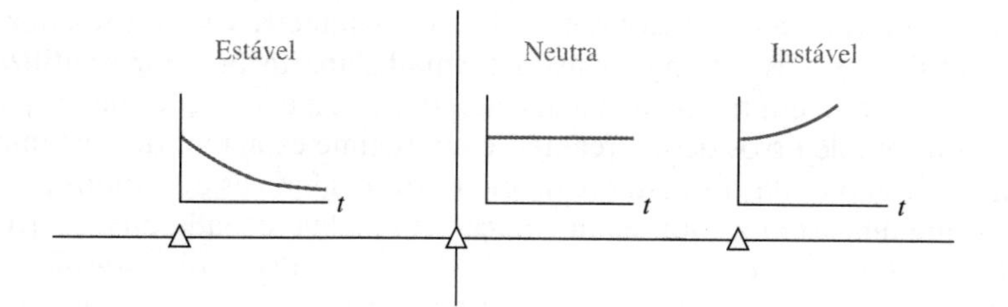

FIGURA 6.2 Estabilidade no plano *s*.

da distância entre o alto-falante e o microfone. Devido às propriedades atenuadoras do ar, uma distância maior causará o recebimento de um sinal mais fraco pelo microfone. Devido à velocidade de propagação finita das ondas sonoras, também haverá um retardo no tempo entre o sinal produzido pelo alto-falante e o sinal recebido pelo microfone. Nesse caso, a saída vinda da malha de realimentação é somada à entrada externa. Esse é um exemplo de realimentação positiva.

À medida que a distância entre o alto-falante e o microfone diminui, percebe-se que, se o microfone é colocado muito perto do alto-falante, então o sistema ficará instável. O resultado dessa instabilidade é amplificação excessiva e distorção dos sinais de áudio e um guincho oscilatório.

Em se tratando de sistemas lineares, reconhece-se que o requisito de estabilidade pode ser definido em termos de posição dos polos da função de transferência em malha fechada. A função de transferência de um sistema em malha fechada pode ser escrita como

$$T(s) = \frac{p(s)}{q(s)} = \frac{K\prod_{i=1}^{M}(s + z_i)}{s^N \prod_{k=1}^{Q}(s + \sigma_k)\prod_{m=1}^{R}[s^2 + 2\alpha_m s + (\alpha_m^2 + \omega_m^2)]}, \tag{6.1}$$

em que $q(s) = \Delta(s) = 0$ é a equação característica cujas raízes são os polos do sistema em malha fechada. A resposta de saída para uma entrada função impulso (quando $N = 0$) é então

$$y(t) = \sum_{k=1}^{Q} A_k e^{-\sigma_k t} + \sum_{m=1}^{R} B_m \left(\frac{1}{\omega_m}\right) e^{-\alpha_m t} \operatorname{sen}(\omega_m t + \theta_m), \tag{6.2}$$

em que A_k e B_m são constantes que dependem de σ_k, z_i, α_m, K e ω_m. Para se obter uma resposta limitada, os polos do sistema em malha fechada devem estar no semiplano esquerdo do plano *s*. Assim, **uma condição necessária e suficiente para um sistema com realimentação ser estável é que todos os polos da função de transferência do sistema tenham parte real negativa.** Um sistema é estável se todos os polos da função de transferência estão no semiplano esquerdo do plano *s*. Um sistema não é estável se nem todas as raízes estão no semiplano esquerdo. Se a equação característica possui raízes simples sobre o eixo imaginário (eixo $j\omega$) com todas as outras raízes no semiplano esquerdo, a saída em regime estacionário terá oscilação sustentada para uma entrada limitada, a menos que a entrada seja uma senoide (que é limitada) cuja frequência seja igual à magnitude das raízes no eixo $j\omega$. Nesse caso, a saída se torna ilimitada. Tal sistema é dito **marginalmente estável**, uma vez que somente certas entradas limitadas (senoides com a frequência dos polos) farão com que a saída se torne ilimitada. Em um sistema instável, a equação característica possui pelo menos uma raiz no semiplano direito do plano *s* ou raízes $j\omega$ repetidas; nesse caso, a saída se tornará ilimitada para qualquer entrada.

Por exemplo, se a equação característica de um sistema em malha fechada é

$$(s + 10)(s^2 + 16) = 0,$$

então o sistema é dito marginalmente estável. Se esse sistema é excitado por uma senoide de frequência $\omega = 4$, a saída se torna ilimitada.

Um exemplo de como a ressonância mecânica pode causar grandes deslocamentos ocorreu em um centro de compras de 39 andares em Seul, Coreia do Sul. O prédio *Techno-Mart* abriga atividades como ginástica aeróbica, além de compras. Após uma sessão de boxe tailandês no 12º andar com cerca de vinte participantes, o prédio tremeu por 10 minutos, o que provocou uma evacuação que durou dois dias [5]. Uma equipe de especialistas concluiu que o edifício fora provavelmente submetido a ressonância mecânica por exercícios físicos vigorosos.

Para averiguar a estabilidade de um sistema de controle com realimentação, é possível determinar as raízes do polinômio característico $q(s)$. Contudo, estamos primeiramente interessados em determinar a resposta para a pergunta: O sistema é estável? Se forem calculadas as raízes da equação característica a fim de responder a essa questão, haverá muito mais informações do que o necessário. Portanto, diversos métodos foram desenvolvidos, os quais fornecem a resposta desejada, sim ou não, para a questão da estabilidade. As três abordagens para a questão da estabilidade são: (1) a abordagem no plano s; (2) a abordagem na frequência ($j\omega$); e (3) a abordagem no domínio do tempo.

As vendas de robôs industriais atingiram os maiores valores já registrados no ano de 2013. Na realidade, desde a introdução dos robôs industriais no final dos anos 1960 até 2013, houve 2,5 milhões de robôs industriais operacionais vendidos. O estoque mundial de robôs industriais operacionais no final de 2013 estava na faixa de 1,3 a 1,6 milhão de unidades. Projetava-se que, entre 2015 e 2017, as instalações de robôs industriais aumentariam a uma média de 12% ao ano [10]. Claramente, o mercado de robôs industriais é dinâmico. O mercado mundial de robôs de serviços é similarmente ativo. As projeções de 2014 a 2017 eram de que aproximadamente 31 milhões de novos robôs de serviço para uso pessoal (como aspiradores de pó e cortadores de grama) e aproximadamente 134.500 novos robôs de serviços para uso profissional seriam colocados em uso [10]. Como a capacidade dos robôs aumenta, é razoável assumir que os números em uso continuarão a crescer. Robôs com características humanas são especialmente interessantes, em particular aqueles que caminham eretos [21]. O robô IHMC mostrado na Figura 6.3 competiu recentemente no Desafio Robótico da DARPA (DARPA *Robotics Challenge*) [24]. Examinando o robô IHMC mostrado na Figura 6.3, pode-se imaginar que esse robô não é inerentemente estável e que o controle ativo é requerido para mantê-lo ereto durante o movimento de caminhada. Nas próximas seções, introduz-se o critério de estabilidade de Routh-Hurwitz para investigar a estabilidade de sistemas que analisam a equação característica sem determinar diretamente as raízes.

6.2 CRITÉRIO DE ESTABILIDADE DE ROUTH-HURWITZ

A discussão e a determinação da estabilidade têm ocupado o interesse de muitos engenheiros. Maxwell e Vyshnegradskii foram os primeiros a considerar a questão da estabilidade de sistemas dinâmicos. No final do século XIX, A. Hurwitz e E. J. Routh publicaram independentemente um método para investigar a estabilidade de um sistema linear [6, 7]. O método de estabilidade de Routh–Hurwitz fornece uma resposta para a questão da estabilidade considerando a equação característica do sistema. A equação característica é escrita como

$$\Delta(s) = q(s) = a_n s^n + a_{n-1} s^{n-1} + \cdots + a_1 s + a_0 = 0. \tag{6.3}$$

Para averiguar a estabilidade do sistema, é necessário determinar se alguma das raízes de $q(s)$ se situa no semiplano direito do plano s. Se a Equação (6.3) for escrita de forma fatorada, tem-se

$$a_n (s - r_1)(s - r_2) \cdots (s - r_n) = 0, \tag{6.4}$$

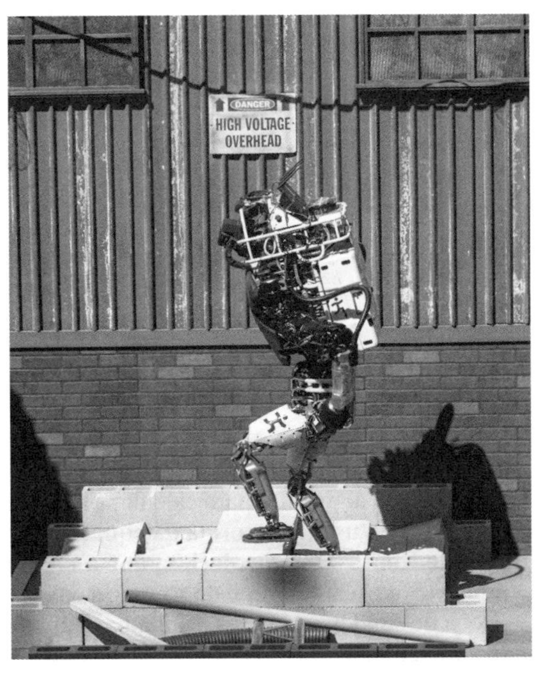

FIGURA 6.3 Time IHMC nos escombros do primeiro dia do Desafio Robótico da DARPA (DARPA *Robotics Challenge*), 2015. (Office of Naval Research from Arlington, United States, via Wikimedia Commons)

em que r_i = i-ésima raiz da equação característica. Multiplicando-se os fatores, constata-se que

$$\begin{aligned} q(s) = a_n s^n &- a_n(r_1 + r_2 + \cdots + r_n)s^{n-1} \\ &+ a_n(r_1 r_2 + r_2 r_3 + r_1 r_3 + \cdots)s^{n-2} \\ &- a_n(r_1 r_2 r_3 + r_1 r_2 r_4 \cdots)s^{n-3} + \cdots \\ &+ a_n(-1)^n r_1 r_2 r_3 \cdots r_n = 0. \end{aligned} \tag{6.5}$$

Em outras palavras, para uma equação de grau n, obtém-se

$$\begin{aligned} q(s) = a_n s^n &- a_n\,(\text{soma de todas as raízes})\, s^{n-1} \\ &+ a_n\,(\text{soma dos produtos das raízes tomadas duas a duas})\, s^{n-2} \\ &- a_n\,(\text{soma do produto das raízes tomadas três a três})\, s^{n-3} \\ &+ \cdots + a_n(-1)^n\,(\text{produto de todas as } n \text{ raízes}) = 0. \end{aligned} \tag{6.6}$$

Examinando a Equação (6.5), observa-se que todos os coeficientes do polinômio devem ter o mesmo sinal se todas as raízes estiverem no semiplano esquerdo. Além disso, para um sistema estável, é necessário que todos os coeficientes sejam diferentes de zero. Esses requisitos são necessários, mas não suficientes. Isto é, sabe-se imediatamente que o sistema é instável se eles não forem satisfeitos; contudo, se forem satisfeitos, deve-se prosseguir mais adiante para verificar a estabilidade do sistema. Por exemplo, quando a equação característica é

$$q(s) = (s + 2)(s^2 - s + 4) = (s^3 + s^2 + 2s + 8), \tag{6.7}$$

o sistema é instável e ainda assim o polinômio possui todos os coeficientes positivos.

O **critério de Routh–Hurwitz** é um critério necessário e suficiente para a estabilidade de sistemas lineares. O método foi desenvolvido originalmente em função de determinantes, mas se utilizará a formulação mais conveniente em forma de tabela. O critério de Routh–Hurwitz é baseado na ordenação dos coeficientes da equação característica

$$a_n s^n + a_{n-1}s^{n-1} + a_{n-2}s^{n-2} + \cdots + a_1 s + a_0 = 0 \tag{6.8}$$

em uma tabela ou lista como a seguir [4]:

$$\begin{array}{c|cccc} s^n & a_n & a_{n-2} & a_{n-4} & \cdots \\ s^{n-1} & a_{n-1} & a_{n-3} & a_{n-5} & \cdots \end{array}$$

Linhas adicionais da tabela, também conhecida como Tabela de Routh, são então completadas como

$$\begin{array}{c|cccc} s^n & a_n & a_{n-2} & a_{n-4} & \cdots \\ s^{n-1} & a_{n-1} & a_{n-3} & a_{n-5} & \cdots \\ s^{n-2} & b_{n-1} & b_{n-3} & b_{n-5} & \cdots \\ s^{n-3} & c_{n-1} & c_{n-3} & c_{n-5} & \cdots \\ \vdots & \vdots & \vdots & \vdots & \\ s^0 & h_{n-1} & & & \end{array}$$

em que

$$b_{n-1} = \frac{a_{n-1}a_{n-2} - a_n a_{n-3}}{a_{n-1}} = \frac{-1}{a_{n-1}} \begin{vmatrix} a_n & a_{n-2} \\ a_{n-1} & a_{n-3} \end{vmatrix},$$

$$b_{n-3} = -\frac{1}{a_{n-1}} \begin{vmatrix} a_n & a_{n-4} \\ a_{n-1} & a_{n-5} \end{vmatrix}, \quad \ldots$$

$$c_{n-1} = \frac{-1}{b_{n-1}} \begin{vmatrix} a_{n-1} & a_{n-3} \\ b_{n-1} & b_{n-3} \end{vmatrix}, \quad \ldots$$

e assim por diante. O algoritmo para calcular os elementos na tabela pode ser continuado com base em determinantes ou usando a forma da equação para b_{n-1}.

O critério de Routh–Hurwitz declara que o número de raízes de $q(s)$ com parte real positiva é igual ao número de trocas de sinal da primeira coluna da tabela de Routh. Esse critério requer que não haja troca de sinal na primeira coluna para um sistema estável. Esse requisito é tanto necessário quanto suficiente.

Quatro casos distintos ou configurações da primeira coluna da tabela devem ser considerados, e cada um deles deve ser tratado separadamente e requer modificações adequadas do procedimento de cálculo da tabela: (1) nenhum elemento na primeira coluna é zero; (2) existe um zero na primeira coluna, mas alguns outros elementos da linha que contém o zero na primeira coluna são diferentes de zero; (3) há um zero na primeira coluna e os outros elementos da linha que contém o zero também são iguais a zero; e (4) como no terceiro caso, mas com raízes repetidas no eixo $j\omega$.

Para ilustrar esse método claramente, diversos exemplos serão apresentados para cada caso.

Caso 1. Nenhum elemento na primeira coluna é zero.

EXEMPLO 6.1 **Sistema de segunda ordem**

O polinômio característico de um sistema de segunda ordem é

$$q(s) = a_2s^2 + a_1s + a_0.$$

A tabela de Routh é escrita como

$$\begin{array}{c|cc} s^2 & a_2 & a_0 \\ s^1 & a_1 & 0 \\ s^0 & b_1 & 0 \end{array},$$

em que

$$b_1 = \frac{a_1a_0 - (0)a_2}{a_1} = \frac{-1}{a_1}\begin{vmatrix} a_2 & a_0 \\ a_1 & 0 \end{vmatrix} = a_0.$$

Portanto, a exigência para um sistema de segunda ordem estável é simplesmente que todos os coeficientes sejam positivos ou que todos os coeficientes sejam negativos. ■

EXEMPLO 6.2 **Sistema de terceira ordem**

O polinômio característico de um sistema de terceira ordem é

$$q(s) = a_3s^3 + a_2s^2 + a_1s + a_0.$$

A tabela de Routh é

$$\begin{array}{c|cc} s^3 & a_3 & a_1 \\ s^2 & a_2 & a_0 \\ s^1 & b_1 & 0 \\ s^0 & c_1 & 0 \end{array},$$

na qual

$$b_1 = \frac{a_2a_1 - a_0a_3}{a_2} \quad \text{e} \quad c_1 = \frac{b_1a_0}{b_1} = a_0.$$

Para o sistema de terceira ordem ser estável, é necessário e suficiente que os coeficientes sejam positivos e que $a_2a_1 > a_0a_3$. A condição quando $a_2a_1 = a_0a_3$ resulta em um caso de estabilidade marginal e um par de raízes fica sobre o eixo imaginário no plano s. Esse caso marginal é reconhecido como o Caso 3, porque há um zero na primeira coluna quando $a_2a_1 = a_0a_3$. Isso será discutido como parte do Caso 3.

Como exemplo final de equações características que resultam em nenhum elemento nulo na primeira coluna, considere-se o polinômio

$$q(s) = (s - 1 + j\sqrt{7})(s - 1 - j\sqrt{7})(s + 3) = s^3 + s^2 + 2s + 24. \tag{6.9}$$

O polinômio satisfaz todas as condições necessárias porque todos os coeficientes existem e são positivos. Assim, utilizando a tabela de Routh, tem-se

$$\begin{array}{c|rr} s^3 & 1 & 2 \\ s^2 & 1 & 24 \\ s^1 & -22 & 0 \\ s^0 & 24 & 0 \end{array}.$$

Como ocorrem duas trocas de sinal na primeira coluna, descobre-se que duas raízes de $q(s)$ se encontram no plano direito do plano s e o conhecimento prévio é confirmado. ■

Caso 2. Existe um zero na primeira coluna, mas alguns outros elementos da linha que contém o zero na primeira coluna são diferentes de zero. Se apenas um elemento da tabela for nulo, pode ser substituído por um número positivo pequeno, ϵ, o qual se faz tender a zero depois que a tabela é completada. Por exemplo, considere-se o seguinte polinômio característico:

$$q(s) = s^5 + 2s^4 + 2s^3 + 4s^2 + 11s + 10. \tag{6.10}$$

A tabela de Routh é então

$$\begin{array}{c|ccc} s^5 & 1 & 2 & 11 \\ s^4 & 2 & 4 & 10 \\ s^3 & \epsilon & 6 & 0 \\ s^2 & c_1 & 10 & 0 \\ s^1 & d_1 & 0 & 0 \\ s^0 & 10 & 0 & 0 \end{array},$$

em que

$$c_1 = \frac{4\epsilon - 12}{\epsilon} \quad \text{e} \quad d_1 = \frac{6c_1 - 10\epsilon}{c_1}.$$

Quando $0 < \epsilon << 1$, encontra-se que $c_1 < 0$ e $d_1 > 0$. Portanto, há duas mudanças de sinal na primeira coluna; assim, o sistema é instável com duas raízes no semiplano direito.

EXEMPLO 6.3 **Sistema instável**

Como exemplo final do Caso 2, considere-se o polinômio característico

$$q(s) = s^4 + s^3 + s^2 + s + K, \tag{6.11}$$

no qual deseja-se determinar o ganho K que resulta em estabilidade marginal. A tabela de Routh é então

$$\begin{array}{c|ccc} s^4 & 1 & 1 & K \\ s^3 & 1 & 1 & 0 \\ s^2 & \epsilon & K & 0 \\ s^1 & c_1 & 0 & 0 \\ s^0 & K & 0 & 0 \end{array},$$

em que

$$c_1 = \frac{\epsilon - K}{\epsilon}.$$

Quando $0 < \epsilon << 1$ e $K > 0$, tem-se que $c_1 < 0$. Portanto, há duas mudanças de sinal na primeira coluna; assim, o sistema é instável com duas raízes no semiplano direito. Quando $0 < \epsilon << 1$ e $K < 0$, tem-se que $c_1 > 0$, mas, como o último termo da primeira coluna é igual a K, ocorre uma mudança de sinal na primeira coluna. Desse modo, o sistema é instável com uma raiz no semiplano direito. Consequentemente, o sistema é instável para todos os valores do ganho K. ■

Caso 3. Há um zero na primeira coluna, e os outros elementos da linha que contém o zero também são iguais a zero. O Caso 3 ocorre quando todos os elementos de uma linha são iguais a zero ou quando a linha consiste em um único elemento que é igual a zero. Essa condição ocorre quando o polinômio contém singularidades que estão simetricamente localizadas em torno da origem do plano s. Portanto, o Caso 3 ocorre quando fatores como $(s + \sigma)(s - \sigma)$ ou $(s + j\omega)(s - j\omega)$ ocorrem. Esse problema é contornado utilizando-se o **polinômio auxiliar**, $U(s)$, o qual precede imediatamente a linha de zeros na tabela de Routh. A ordem do polinômio auxiliar é sempre par e indica o número de pares de raízes simétricas.

Para ilustrar essa abordagem, considere-se um sistema de terceira ordem com um polinômio característico

$$q(s) = s^3 + 2s^2 + 4s + K, \tag{6.12}$$

em que K é um ganho em malha aberta ajustável. A tabela de Routh é então

$$\begin{array}{c|cc} s^3 & 1 & 4 \\ s^2 & 2 & K \\ s^1 & \dfrac{8-K}{2} & 0 \\ s^0 & K & 0 \end{array}.$$

Para um sistema estável, requer-se que

$$0 < K < 8.$$

Quando $K = 8$, tem-se duas raízes no eixo $j\omega$ e um caso de estabilidade marginal. Observe-se que se obtém uma linha de zeros (Caso 3) quando $K = 8$. O polinômio auxiliar, $U(s)$, é a equação da linha que precede a linha de zeros. A equação da linha que precede a linha de zeros é, nesse caso, obtida a partir da linha s^2. Recorde-se que essa linha contém os coeficientes das potências pares de s e, consequentemente, tem-se

$$U(s) = 2s^2 + Ks^0 = 2s^2 + 8 = 2(s^2 + 4) = 2(s + j2)(s - j2). \tag{6.13}$$

Quando $K = 8$, os fatores do polinômio característico são

$$q(s) = (s + 2)\,(s + j2)(s - j2). \tag{6.14}$$

Caso 4. Raízes repetidas da equação característica no eixo $j\omega$. Se as raízes no eixo $j\omega$ da equação característica são simples, o sistema não é estável nem instável; em vez disso, é chamado de marginalmente estável, uma vez que possui um modo senoidal não amortecido. Se as raízes no eixo $j\omega$ forem repetidas, a resposta do sistema será instável, com a forma $t\,\mathrm{sen}(\omega t + \phi)$. O critério de Routh-Hurwitz não revelará essa forma de instabilidade [20].

Considere o sistema com um polinômio característico

$$q(s) = (s + 1)(s + j)(s - j)(s + j)(s - j) = s^5 + s^4 + 2s^3 + 2s^2 + s + 1.$$

A tabela de Routh é

$$\begin{array}{c|ccc} s^5 & 1 & 2 & 1 \\ s^4 & 1 & 2 & 1 \\ s^3 & \epsilon & \epsilon & 0. \\ s^2 & 1 & 1 & \\ s^1 & \epsilon & 0 & \\ s^0 & 1 & & \end{array}$$

Quando $0 < \epsilon << 1$, nota-se a ausência de mudanças nos sinais da primeira coluna. Contudo, quando $\epsilon \to 0$, obtém-se uma linha de zeros na linha de s^3 e uma linha de zeros na linha de s^1. O polinômio auxiliar na linha de s^2 é $s^2 + 1$, e o polinômio auxiliar na linha de s^4 é $s^4 + 2s^2 + 1 = (s^2 + 1)^2$, indicando as raízes repetidas no eixo $j\omega$. Assim, o sistema é instável.

EXEMPLO 6.4 **Sistema de quinta ordem com raízes no eixo $j\omega$**

Considere o polinômio característico

$$q(s) = s^5 + s^4 + 4s^3 + 24s^2 + 3s + 63. \tag{6.15}$$

A tabela de Routh é

$$\begin{array}{c|ccc} s^5 & 1 & 4 & 3 \\ s^4 & 1 & 24 & 63 \\ s^3 & -20 & -60 & 0. \\ s^2 & 21 & 63 & 0 \\ s^1 & 0 & 0 & 0 \end{array}$$

Consequentemente, o polinômio auxiliar é

$$U(s) = 21s^2 + 63 = 21(s^2 + 3) = 21(s + j\sqrt{3})(s - j\sqrt{3}), \quad (6.16)$$

o qual indica que duas raízes estão no eixo imaginário. Para examinar as raízes restantes, divide-se o polinômio característico pelo polinômio auxiliar para obter-se

$$\frac{q(s)}{s^2 + 3} = s^3 + s^2 + s + 21.$$

Estabelecendo uma tabela de Routh para essa equação, tem-se

$$\begin{array}{c|cc} s^3 & 1 & 1 \\ s^2 & 1 & 21 \\ s^1 & -20 & 0 \\ s^0 & 21 & 0 \end{array}$$

As duas mudanças de sinal na primeira coluna indicam a presença de duas raízes no semiplano direito e o sistema é instável. As raízes no semiplano direito são $s = +1 \pm j\sqrt{6}$. ■

EXEMPLO 6.5 **Controle de soldagem**

Grandes robôs soldadores são usados nas fábricas de automóveis de hoje. A ponta de solda é deslocada para diferentes posições no chassi do automóvel e uma resposta rápida e exata é requerida. Um diagrama de blocos do sistema de posicionamento de uma ponta de solda é mostrado na Figura 6.4. Deseja-se determinar a faixa de valores de K e de a para os quais o sistema é estável. A equação característica é

$$1 + G(s) = 1 + \frac{K(s + a)}{s(s + 1)(s + 2)(s + 3)} = 0.$$

Portanto, $q(s) = s^4 + 6s^3 + 11s^2 + (K + 6)s + Ka = 0$. Estabelecendo-se a tabela de Routh, tem-se

$$\begin{array}{c|ccc} s^4 & 1 & 11 & Ka \\ s^3 & 6 & K + 6 & \\ s^2 & b_3 & Ka & \\ s^1 & c_3 & & \\ s^0 & Ka & & \end{array},$$

em que

$$b_3 = \frac{60 - K}{6} \quad \text{e} \quad c_3 = \frac{b_3(K + 6) - 6Ka}{b_3}.$$

O coeficiente c_3 determina a faixa aceitável de K e de a, enquanto b_3 requer que K seja menor que 60. Exigindo que $c_3 \geq 0$, obtém-se

$$(K - 60)(K + 6) + 36Ka \leq 0.$$

A relação requerida entre K e a é então

$$a \leq \frac{(60 - K)(K + 6)}{36K}$$

quando a é positivo. Consequentemente, se $K = 40$, requer-se $a \leq 0{,}639$. ■

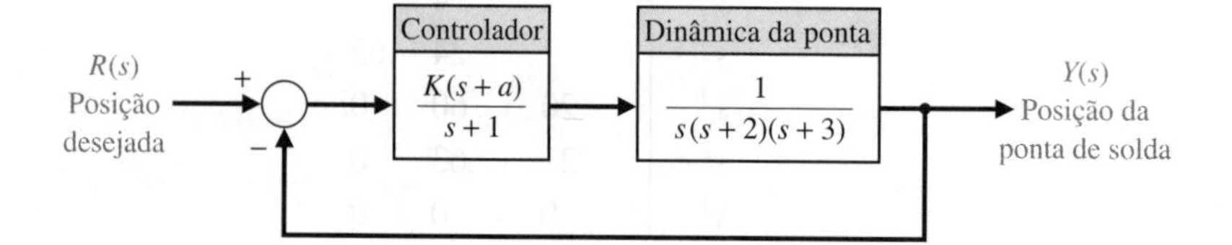

FIGURA 6.4 Controle de posição de ponta de solda.

Tabela 6.1 Critério de Estabilidade de Routh–Hurwitz

n	Equação Característica	Critério
2	$s^2 + bs + 1 = 0$	$b > 0$
3	$s^3 + bs^2 = 0$	$bc - 1 > 0$
4	$s^4 + bs^3 + cs^2 + ds + 1 = 0$	$bcd - d^2 - b^2 > 0$
5	$s^5 + bs^4 + cs^3 + ds^2 + es + 1 = 0$	$bcd + b - d^2 - b^2e > 0$
6	$s^6 + bs^5 + cs^4 + ds^3 + es^2 + fs + 1 = 0$	$(bcd - d^2 - b^2e)e + b^2c - bd - bc^2f - f^2 + e + cdf > 0$

Nota: As equações estão normalizadas por $(\omega_n)^n$.

A forma geral da equação característica de um sistema de n-ésima ordem é

$$s^n + a_{n-1}s^{n-1} + a_{n-2}s^{n-2} + \cdots + a_1 s + \omega_n^n = 0.$$

Divide-se tudo por ω_n^n e usa-se $\overset{*}{s} = s/\omega_n$ para se obter a forma normalizada da equação característica:

$$\overset{*}{s}^n + b\overset{*}{s}^{n-1} + c\overset{*}{s}^{n-2} + \cdots + 1 = 0.$$

Por exemplo, normaliza-se

$$s^3 + 5s^2 + 2s + 8 = 0$$

dividindo-se tudo por $8 = \omega_n^3$, obtendo-se

$$\frac{s^3}{\omega_n^3} + \frac{5}{2}\frac{s^2}{\omega_n^2} + \frac{2}{4}\frac{s}{\omega_n} + 1 = 0,$$

ou

$$\overset{*}{s}^3 + 2{,}5\overset{*}{s}^2 + 0{,}5\overset{*}{s} + 1 = 0,$$

em que $\overset{*}{s} = s/\omega_n$. Nesse caso, $b = 2{,}5$ e $c = 0{,}5$. Usando-se essa forma normalizada da equação característica, resume-se o critério de estabilidade para equações características até a sexta ordem, como fornecido na Tabela 6.1. Observe-se que $bc = 1{,}25$ e que o sistema é estável.

6.3 ESTABILIDADE RELATIVA DE SISTEMAS DE CONTROLE COM REALIMENTAÇÃO

A verificação da estabilidade usando o critério de Routh–Hurwitz fornece apenas uma resposta parcial à questão da estabilidade. O critério de Routh–Hurwitz verifica a estabilidade absoluta de um sistema determinando se alguma das raízes da equação característica está no semiplano direito do plano s. Contudo, se o sistema satisfaz o critério de Routh–Hurwitz e é absolutamente estável, é desejável determinar-se a **estabilidade relativa**; isto é, é necessário investigar o amortecimento relativo de cada uma das raízes da equação característica. A estabilidade relativa de um sistema pode ser definida como a propriedade que é medida por meio da parte real relativa a cada raiz ou par de raízes. Desse modo, a raiz r_2 é relativamente mais estável que as raízes r_1 e $\hat{r}_1$, como mostrado na Figura 6.5. A estabilidade relativa de um sistema também pode ser definida em termos dos coeficientes de amortecimento ζ relativos de cada par de raízes complexas e, portanto, em função da velocidade de resposta e da máxima ultrapassagem em vez do tempo de acomodação.

A investigação da estabilidade relativa de cada uma das raízes é importante porque a posição dos polos em malha fechada no plano s determina o desempenho do sistema. Portanto, se reexamina o polinômio característico $q(s)$ e se consideram diversos métodos para a determinação da estabilidade relativa.

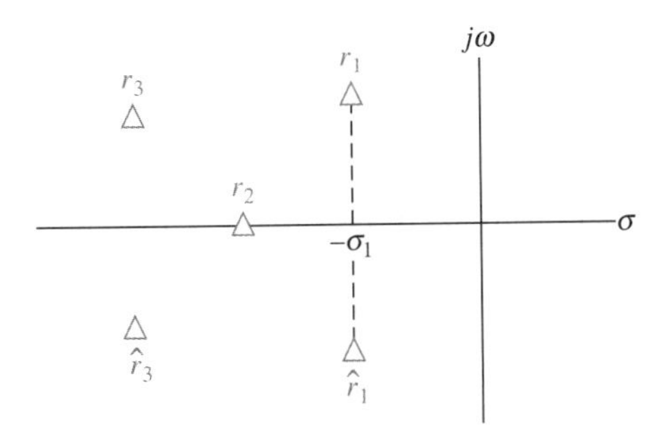

FIGURA 6.5 Posições das raízes no plano s.

Uma vez que a estabilidade relativa de um sistema é ditada pela posição das raízes da equação característica, uma primeira abordagem usando uma formulação no plano s é estender o critério de Routh–Hurwitz para determinar a estabilidade relativa. Isso pode ser realizado simplesmente usando-se uma mudança de variável, a qual desloca o eixo do plano s para utilizar o critério de Routh–Hurwitz. Examinando-se a Figura 6.5, observa-se que um deslocamento do eixo vertical no plano s para $-\sigma_1$ resultará nas raízes r_1 e $\hat{r}_1$ aparecendo no eixo deslocado. A magnitude correta do deslocamento do eixo vertical deve ser obtida na base da tentativa e erro. Então, sem resolver o polinômio de quinta ordem $q(s)$, pode-se determinar a parte real das raízes dominantes $r_1, \hat{r}_1$.

EXEMPLO 6.6 **Deslocamento de eixo**

Considere-se a equação característica de terceira ordem simples

$$q(s) = s^3 + 4s^2 + 6s + 4. \tag{6.17}$$

Ao se ajustar a variável deslocada s_n igual a $s + 1$, obtém-se

$$(s_n - 1)^3 + 4(s_n - 1)^2 + 6(s_n - 1) + 4 = s_n^3 + s_n^2 + s_n + 1. \tag{6.18}$$

Então, a tabela de Routh é estabelecida como

$$\begin{array}{c|cc} s_n^3 & 1 & 1 \\ s_n^2 & 1 & 1 \\ s_n^1 & 0 & 0^* \\ s_n^0 & 1 & 0 \end{array}$$

Há raízes sobre o eixo imaginário deslocado que podem ser obtidas a partir do polinômio auxiliar

$$U(s_n) = s_n^2 + 1 = (s_n + j)(s_n - j) = (s + 1 + j)(s + 1 - j). \tag{6.19}$$ ■

O deslocamento do eixo do plano s para determinar a estabilidade relativa de um sistema é uma abordagem muito útil, particularmente para sistemas de ordem elevada com diversos pares de raízes complexas conjugadas em malha fechada.

6.4 ESTABILIDADE DE SISTEMAS EM VARIÁVEIS DE ESTADO

A estabilidade de um sistema modelado por meio de um diagrama de fluxo de sinal em variáveis de estado pode ser prontamente determinada. Se o sistema que está sendo investigado for representado por um modelo em diagrama de fluxo de sinal com variáveis de estado, obtém-se a equação característica calculando-se o determinante do diagrama de fluxo. Se o sistema é representado por um modelo em diagrama de blocos, obtém-se a equação característica utilizando-se métodos de redução de diagramas de blocos.

EXEMPLO 6.7 **Estabilidade de um sistema de segunda ordem**

Um sistema de segunda ordem é descrito pelas duas equações diferenciais de primeira ordem

$$\dot{x}_1 = -3x_1 + x_2 \quad \text{e} \quad \dot{x}_2 = +1x_2 - Kx_1 + Ku, \tag{6.20}$$

em que $u(t)$ é a entrada. O modelo em diagrama de fluxo desse conjunto de equações diferenciais é mostrado na Figura 6.6(a) e o modelo em diagrama de blocos, na Figura 6.6(b).

Usando-se a fórmula de Mason para o ganho do diagrama de fluxo de sinal, observam-se três laços:

$$L_1 = s^{-1}, \quad L_2 = -3s^{-1} \quad \text{e} \quad L = -Ks^{-2},$$

em que L_1 e L_2 não possuem nenhum nó em comum. Portanto, o determinante é

$$\Delta = 1 - (L_1 + L_2 + L_3) + L_1L_2 = 1 - (s^{-1} - 3s^{-1} - Ks^{-2}) + (-3s^{-2}).$$

Multiplica-se por s^2 para obter-se a equação característica

$$s^2 + 2s + (K - 3) = 0.$$

Uma vez que todos os coeficientes devem ser positivos, requer-se $K > 3$ para ter-se estabilidade. Uma análise similar pode ser empreendida usando-se o diagrama de blocos. Fechando-se as duas malhas de realimentação, produzem-se as duas funções de transferência

$$G_1(s) = \frac{1}{s - 1} \quad \text{e} \quad G_2(s) = \frac{1}{s + 3},$$

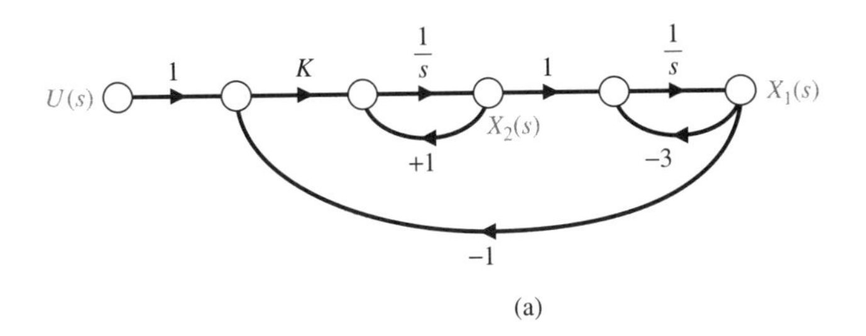

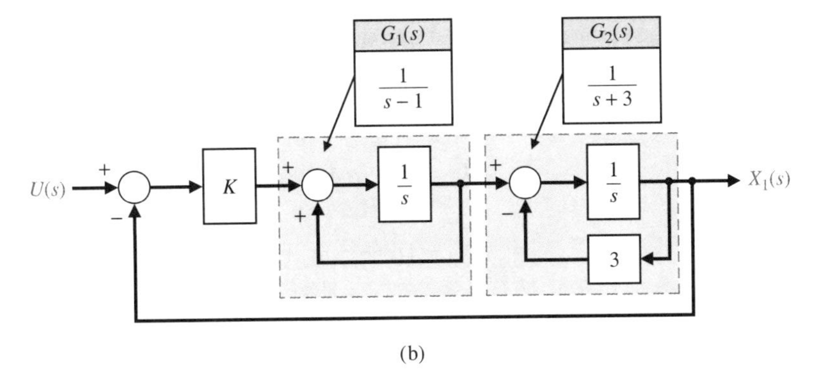

FIGURA 6.6
(a) Modelo em diagrama de fluxo para as equações em variáveis de estado do Exemplo 6.7. (b) Modelo em diagrama em blocos.

como ilustrado na Figura 6.6(b). A função de transferência em malha fechada é, assim,

$$T(s) = \frac{KG_1(s)G_2(s)}{1 + KG_1(s)G_2(s)}.$$

Consequentemente, a equação característica é

$$\Delta(s) = 1 + KG_1(s)G_2(s) = 0,$$

ou

$$\Delta(s) = (s - 1)(s + 3) + K = s^2 + 2s + (K - 3) = 0. \tag{6.21}$$

Isso confirma os resultados obtidos usando técnicas de diagrama de fluxo de sinal. ■

Um método de obtenção da equação característica diretamente da equação diferencial vetorial é baseado no fato de que a solução do sistema livre é uma função exponencial. A equação diferencial vetorial sem sinais de entrada é

$$\dot{\mathbf{x}} = \mathbf{A}\mathbf{x}, \tag{6.22}$$

em que $\mathbf{x}$ é o vetor de estado. A solução tem forma exponencial e pode-se definir uma constante λ tal que a solução do sistema para um estado possa ter a forma $x_i(t) = k_i e^{\lambda_i t}$. Os λ_i são chamados de raízes características ou autovalores do sistema, que são simplesmente as raízes da equação característica. Fazendo-se $\mathbf{x} = \mathbf{k}e^{\lambda t}$ e substituindo-se na Equação (6.22), tem-se

$$\lambda \mathbf{k} e^{\lambda t} = \mathbf{A}\mathbf{k}e^{\lambda t}, \tag{6.23}$$

ou

$$\lambda \mathbf{x} = \mathbf{A}\mathbf{x}. \tag{6.24}$$

A Equação (6.24) pode ser reescrita como

$$(\lambda \mathbf{I} - \mathbf{A})\mathbf{x} = \mathbf{0}, \tag{6.25}$$

em que $\mathbf{I}$ é a matriz identidade e $\mathbf{0}$ é a matriz nula. Esse sistema de equações simultâneas possui uma solução não trivial se e somente se o determinante se anular — isto é, somente se

$$\det(\lambda \mathbf{I} - \mathbf{A}) = 0. \tag{6.26}$$

A equação de n-ésima ordem em λ resultante do cálculo desse determinante é a equação característica e a estabilidade do sistema pode ser prontamente averiguada.

EXEMPLO 6.8 **Sistema epidêmico fechado**

A equação diferencial vetorial do sistema epidêmico é dada como:

$$\frac{d\mathbf{x}}{dt} = \begin{bmatrix} -\alpha & -\beta & 0 \\ \beta & -\gamma & 0 \\ \alpha & \gamma & 0 \end{bmatrix} \mathbf{x} + \begin{bmatrix} 1 & 0 \\ 0 & 1 \\ 0 & 0 \end{bmatrix} \begin{bmatrix} u_1 \\ u_2 \end{bmatrix}.$$

A equação característica é então

$$\det(\lambda\mathbf{I} - \mathbf{A}) = \det\left\{ \begin{bmatrix} \lambda & 0 & 0 \\ 0 & \lambda & 0 \\ 0 & 0 & \lambda \end{bmatrix} - \begin{bmatrix} -\alpha & -\beta & 0 \\ \beta & -\gamma & 0 \\ \alpha & \gamma & 0 \end{bmatrix} \right\}$$

$$= \det \begin{bmatrix} \lambda + \alpha & \beta & 0 \\ -\beta & \lambda + \gamma & 0 \\ -\alpha & -\gamma & \lambda \end{bmatrix}$$

$$= \lambda[\lambda^2 + (\alpha + \gamma)\lambda + (\alpha\gamma + \beta^2)] = 0.$$

Desse modo, obtém-se a equação característica do sistema. A raiz adicional $\lambda = 0$ resulta da definição de x_3 como a integral de $\alpha x_1 + \gamma x_2$, e x_3 não afeta as outras variáveis de estado. Assim, a raiz $\lambda = 0$ indica a integração conectada com x_3. A equação característica indica que o sistema é marginalmente estável quando $\alpha + \gamma > 0$ e $\alpha\gamma + \beta^2 > 0$. ■

6.5 EXEMPLOS DE PROJETO

Nesta seção, são apresentados dois exemplos ilustrativos. O primeiro exemplo é um problema de controle de veículo com esteiras. Nesse primeiro exemplo, questões de estabilidade são tratadas empregando-se o critério da estabilidade de Routh–Hurwitz e o resultado é a escolha de dois parâmetros-chave do sistema. O segundo exemplo ilustra o problema de estabilidade da motocicleta controlada por robô e como Routh–Hurwitz pode ser usado na escolha dos ganhos do controlador durante o processo do projeto. O exemplo da motocicleta controlada por robô destaca o processo do projeto com especial atenção ao impacto dos parâmetros-chave do controlador na estabilidade.

EXEMPLO 6.9 **Controle de direção de veículo com esteiras**

O projeto de um controle de direção para um veículo com esteiras envolve a escolha de dois parâmetros [8]. Na Figura 6.7, o sistema mostrado na parte (a) tem o modelo mostrado na parte (b). As duas esteiras são operadas com velocidades diferentes para virarem o veículo. Deve-se escolher K e a de modo que o sistema seja estável e que o erro em regime estacionário para um comando rampa seja menor ou igual a 24% da magnitude do comando.

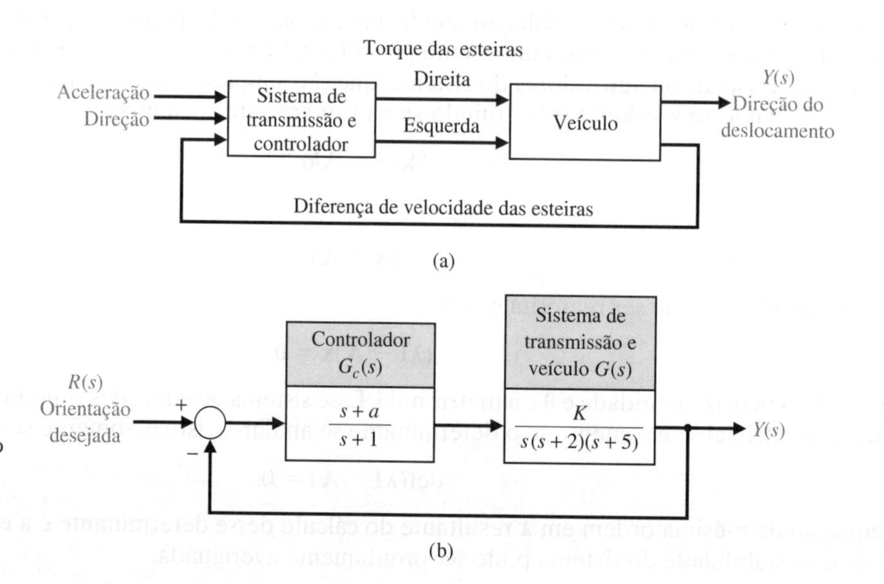

FIGURA 6.7 (a) Sistema de controle de direção para um veículo com duas esteiras. (b) Diagrama de blocos.

A equação característica do sistema com realimentação é

$$1 + G_c(s)G(s) = 0,$$

ou

$$1 + \frac{K(s + a)}{s(s + 1)(s + 2)(s + 5)} = 0. \tag{6.27}$$

Portanto, tem-se

$$s(s + 1)(s + 2)(s + 5) + K(s + a) = 0,$$

ou

$$s^4 + 8s^3 + 17s^2 + (K + 10)s + Ka = 0. \tag{6.28}$$

Para determinar-se a região estável para K e a, constrói-se a tabela de Routh como

$$\begin{array}{c|ccc} s^4 & 1 & 17 & Ka \\ s^3 & 8 & K + 10 & 0 \\ s^2 & b_3 & Ka & \\ s^1 & c_3 & & \\ s^0 & Ka & & \end{array},$$

em que

$$b_3 = \frac{126 - K}{8} \quad \text{e} \quad c_3 = \frac{b_3(K + 10) - 8Ka}{b_3}.$$

Para que os elementos da primeira coluna sejam positivos, é necessário que Ka, b_3 e c_3 sejam positivos. Portanto, requer-se que

$$K < 126,$$
$$Ka > 0 \quad \text{e}$$
$$(K + 10)(126 - K) - 64Ka > 0. \tag{6.29}$$

A região de estabilidade para $K > 0$ é mostrada na Figura 6.8. O erro em regime estacionário para uma entrada rampa $r(t) = A(t), t > 0$ é

$$e_{ss} = A/K_v,$$

em que

$$K_v = \lim_{s \to 0} sG_cG = Ka/10.$$

Portanto, tem-se

$$e_{ss} = \frac{10A}{Ka}. \tag{6.30}$$

Quando e_{ss} é igual a 23,8% de A, requer-se que $Ka = 42$. Isso pode ser satisfeito pelo ponto escolhido na região estável quando $K = 70$ e $a = 0{,}6$, como mostrado na Figura 6.8. Outro projeto aceitável poderia ser atingido quando $K = 50$ e $a = 0{,}84$. Pode-se calcular uma série de possíveis combinações de K e a que podem satisfazer $Ka = 42$ e que ficam dentro da região estável, e todas serão soluções de projeto aceitáveis. Contudo, nem todos os valores escolhidos de K e a ficam dentro da região estável. Observe que K não pode exceder 126. ■

EXEMPLO 6.10 **Motocicleta controlada por robô**

Considere-se a motocicleta controlada por robô mostrada na Figura 6.9. A motocicleta irá se mover em uma linha reta com velocidade constante v. Seja $\phi(t)$ o ângulo entre o plano de simetria da motocicleta e a vertical. O ângulo desejado $\phi_d(t)$ é igual a zero:

$$\phi_d(s) = 0.$$

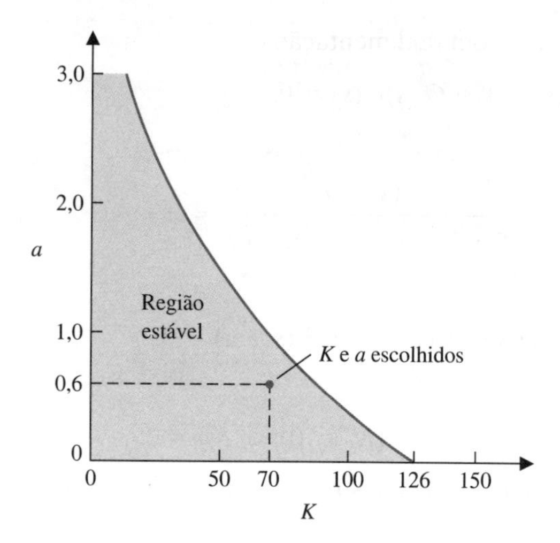

FIGURA 6.8
Região estável.

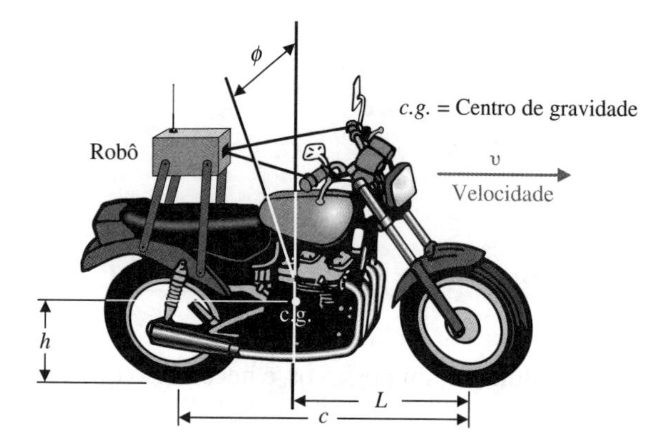

FIGURA 6.9
Motocicleta controlada por robô.

Os elementos de projeto enfatizados neste exemplo são ilustrados na Figura 6.10. A utilização do critério de estabilidade de Routh–Hurwitz permitirá chegar à essência da questão, isto é, desenvolver uma estratégia para calcular os ganhos do controlador enquanto se garante a estabilidade em malha fechada.

O objetivo de controle é:

Objetivo de Controle

Controlar a motocicleta na posição vertical e manter a posição predeterminada na presença de perturbações.

A variável a ser controlada é:

Variável a Ser Controlada

A posição da motocicleta com relação à vertical, $\phi(t)$.

Como o foco aqui está na estabilidade e não em características da resposta transitória, as especificações de controle estarão relacionadas somente com a estabilidade; o desempenho transitório é uma questão que deve ser discutida, uma vez que tenham sido investigadas todas as questões relativas à estabilidade. A especificação de projeto de controle é:

Especificação de Projeto

EP1 O sistema em malha fechada deve ser estável.

Os principais componentes da motocicleta controlada por robô são a motocicleta e o robô, o controlador e as medidas de realimentação. O principal assunto do capítulo não é a modelagem; assim não se dá atenção ao desenvolvimento do modelo da dinâmica da motocicleta. Em vez disso, conta-se com os trabalhos de outros (ver [22]). O modelo da motocicleta é dado por

$$G(s) = \frac{1}{s^2 - \alpha_1}, \tag{6.31}$$

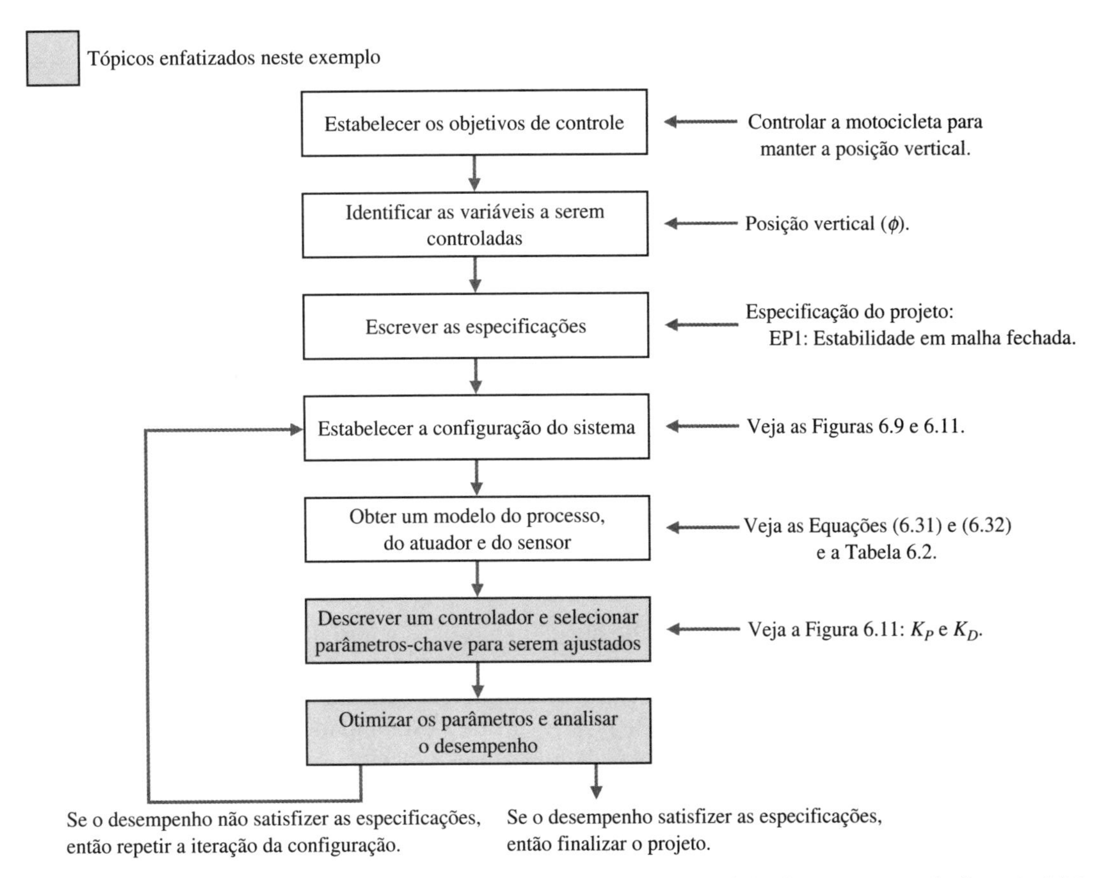

FIGURA 6.10 Elementos do processo de projeto de sistema de controle enfatizados neste exemplo da motocicleta controlada por robô.

em que $\alpha_1 = g/h$, $g = 9{,}806$ m/s^2 e h é a altura do centro de gravidade da motocicleta acima do solo (veja a Figura 6.9). A motocicleta é instável com polos em $s = \pm\sqrt{\alpha_1}$. O controlador é dado por

$$G_c(s) = \frac{\alpha_2 + \alpha_3 s}{\tau s + 1}, \tag{6.32}$$

em que

$$\alpha_2 = v^2/(hc)$$

e

$$\alpha_3 = vL/(hc).$$

A velocidade da motocicleta é denotada por v, e c denota a distância entre eixos (a distância entre os centros das rodas). O comprimento, L, é a distância horizontal entre o eixo da roda dianteira e o centro de gravidade da motocicleta. A constante de tempo do controlador é denotada por τ. Esse termo representa a velocidade de resposta do controlador; valores menores de τ indicam maior velocidade de resposta. Muitas hipóteses simplificadoras são necessárias para se obterem os modelos em funções de transferência simples nas Equações (6.31) e (6.32).

O controle é realizado virando-se o guidão. A rotação da roda dianteira na vertical não é evidente nas funções de transferência. Além disso, as funções de transferência admitem uma velocidade constante v, o que significa que se deve ter outro sistema de controle trabalhando, regulando a velocidade. Parâmetros nominais da motocicleta e do controlador robô são dados na Tabela 6.2.

Montando-se os componentes do sistema com realimentação, tem-se a configuração de sistema mostrada na Figura 6.11. Um exame da configuração revela que o bloco do controlador robô é uma função do sistema físico (h, c e L), das condições de operação (v) e da constante de tempo do robô (τ). Nenhum parâmetro necessita de ajuste, a menos que os parâmetros e/ou a velocidade da motocicleta sejam modificados fisicamente. De fato, neste exemplo, os parâmetros a serem ajustados estão na malha de realimentação:

Tabela 6.2 Parâmetros Físicos

τ	0,2 s
α_1	9,1/s²
α_2	2,7 1/s²
α_3	1,35 1/s
h	1,09 m
V	2,0 m/s
L	1,0 m
c	1,36 m

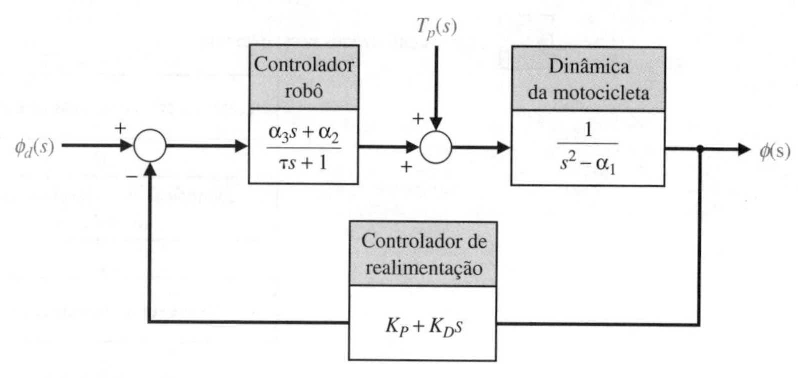

FIGURA 6.11 Diagrama de blocos do sistema com realimentação da motocicleta controlada por robô.

Parâmetros-Chave de Ajuste Escolhidos

Ganhos de realimentação K_P e K_D.

Os parâmetros-chave de ajuste não estão sempre no caminho à frente; de fato, eles podem existir em qualquer subsistema no diagrama de blocos.

Deseja-se usar a técnica de Routh–Hurwitz para analisar a estabilidade do sistema em malha fechada. Que valores de K_P e K_D levam à estabilidade em malha fechada? Uma questão relacionada que pode ser proposta é: dados valores específicos de K_P e K_D para o sistema nominal (isto é, valores nominais de α_1, α_2, α_3 e τ), como os parâmetros podem variar mantendo ainda a estabilidade em malha fechada?

A função de transferência em malha fechada de $\phi_d(s)$ para $\phi(s)$ é

$$T(s) = \frac{\alpha_2 + \alpha_3 s}{\Delta(s)},$$

em que

$$\Delta(s) = \tau s^3 + (1 + K_D\alpha_3)s^2 + (K_D\alpha_2 + K_P\alpha_3 - \tau\alpha_1)s + K_P\alpha_2 - \alpha_1.$$

A questão que precisa ser respondida é: para quais valores de K_P e K_D a equação característica $\Delta(s) = 0$ possui todas as raízes no semiplano esquerdo?

Pode-se construir a seguinte tabela de Routh:

$$\begin{array}{c|cc} s^3 & \tau & K_D\alpha_2 + K_P\alpha_3 - \tau\alpha_1 \\ s^2 & 1 + K_D\alpha_3 & K_P\alpha_2 - \alpha_1 \\ s & a & \\ 1 & K_P\alpha_2 - \alpha_1 & \end{array}$$

em que

$$a = \frac{(1 + K_D\alpha_3)(K_D\alpha_2 + K_P\alpha_3 - \tau\alpha_1) - \tau(\alpha_2 K_P - \alpha_1)}{1 + K_D\alpha_3}.$$

Por inspeção da coluna 1, determina-se que para a estabilidade requer-se

$$\tau > 0, K_D > -1/\alpha_3, K_P > \alpha_1/\alpha_2 \quad \text{e} \quad a > 0.$$

Escolhendo $K_D > 0$, a segunda desigualdade é satisfeita (observar que $\alpha_3 > 0$). No caso em que $\tau = 0$, deve-se reformular a equação característica e refazer a tabela de Routh. Precisa-se determinar as condições de K_P e K_D tais que $a > 0$. Constata-se que $a > 0$ implica que a seguinte relação deve ser satisfeita:

$$\alpha_2\alpha_3 K_D^2 + (\alpha_2 - \tau\alpha_1\alpha_3 + \alpha_3^2 K_P)K_D + (\alpha_3 - \tau\alpha_2)K_P > 0. \tag{6.33}$$

Utilizando-se os valores nominais dos parâmetros $\alpha_1, \alpha_2, \alpha_3$ e τ (veja a Tabela 6.2), para todos $K_D > 0$ e $K_P > 3{,}33$, o lado esquerdo na Equação (6.33) é positivo, consequentemente, $a > 0$. Levando-se em conta todas as desigualdades, uma região válida para a escolha dos ganhos é $K_D > 0$ e $K_P > \alpha_1/\alpha_2 = 3{,}33$.

Escolhendo-se qualquer ponto (K_P, K_D) na região de estabilidade, o resultado é um conjunto válido (isto é, estável) de ganhos para a malha de realimentação. Por exemplo, escolhendo-se

$$K_P = 10 \quad \text{e} \quad K_D = 5$$

produz-se um sistema estável em malha fechada. Os polos em malha fechada são

$$s_1 = -35{,}2477, s_2 = -2{,}4674 \quad \text{e} \quad s_3 = -1{,}0348.$$

Uma vez que todos os polos possuem parte real negativa, sabe-se que a resposta do sistema para qualquer entrada limitada será limitada.

Para essa motocicleta controlada por robô, não se espera ter que responder a entradas de comandos diferentes de zero (isto é, $\phi_d(t) \neq 0$) uma vez que se deseja que a motocicleta permaneça em pé, e certamente se deseja que permaneça de pé na presença de perturbações externas. A função de transferência da perturbação $T_p(s)$ para a saída $\phi(s)$ sem realimentação é

$$\phi(s) = \frac{1}{s^2 - \alpha_1} T_p(s).$$

A equação característica é

$$q(s) = s^2 - \alpha_1 = 0.$$

Os polos do sistema são

$$s_1 = -\sqrt{\alpha_1} \quad \text{e} \quad s_2 = +\sqrt{\alpha_1}.$$

Assim, observa-se que a motocicleta é instável; possui um polo no semiplano direito. Sem controle com realimentação, qualquer perturbação externa resultará na queda da motocicleta. Claramente, um sistema de controle (em geral fornecido por um motociclista humano) é necessário. Com a realimentação e o controlador robô na malha, a função de transferência em malha fechada da perturbação para a saída é

$$\frac{\phi(s)}{T_p(s)} = \frac{\tau s + 1}{\tau s^3 + (1 + K_D\alpha_3)s^2 + (K_D\alpha_2 + K_P\alpha_3 - \tau\alpha_1)s + K_P\alpha_2 - \alpha_1}.$$

A resposta para uma perturbação em degrau é mostrada na Figura 6.12; a resposta é estável. O sistema de controle consegue manter a motocicleta de pé, contudo inclinada em aproximadamente $\phi = 0{,}055$ rad $= 3{,}18$ graus.

É importante dar ao robô a capacidade de controlar a motocicleta em uma larga gama de velocidades. É possível para o robô, com os ganhos de realimentação escolhidos ($K_P = 10$ e $K_D = 5$), controlar a motocicleta à medida que a velocidade varia? Por experiência, sabe-se que em velocidades baixas uma bicicleta se torna mais difícil de controlar. Espera-se observar as mesmas características na análise de estabilidade desse sistema. Sempre que possível, tenta-se relacionar o problema de engenharia em mãos com experiências da vida real. Isso ajuda a desenvolver a intuição que pode ser usada como uma verificação de razoabilidade da solução.

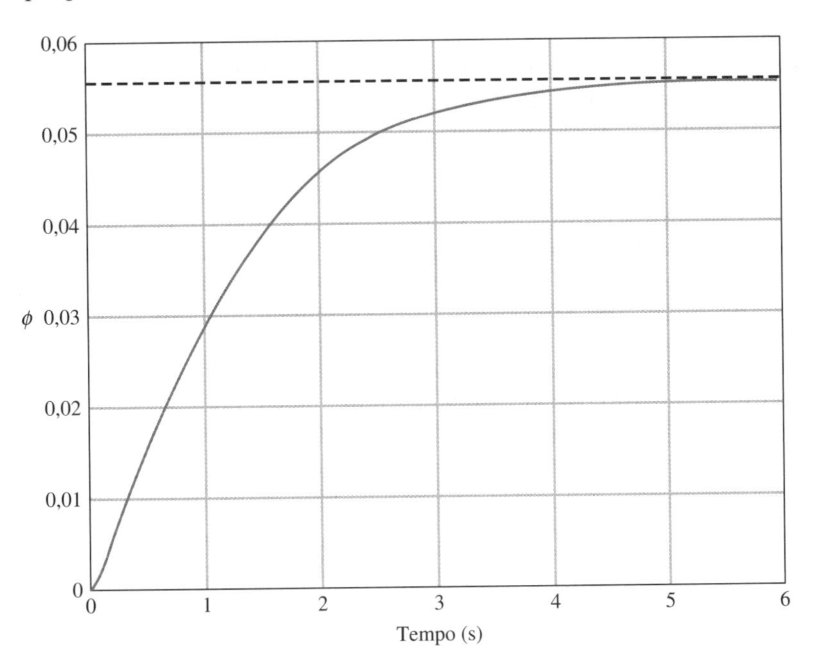

FIGURA 6.12 Resposta à perturbação com $K_P = 10$ e $K_D = 5$.

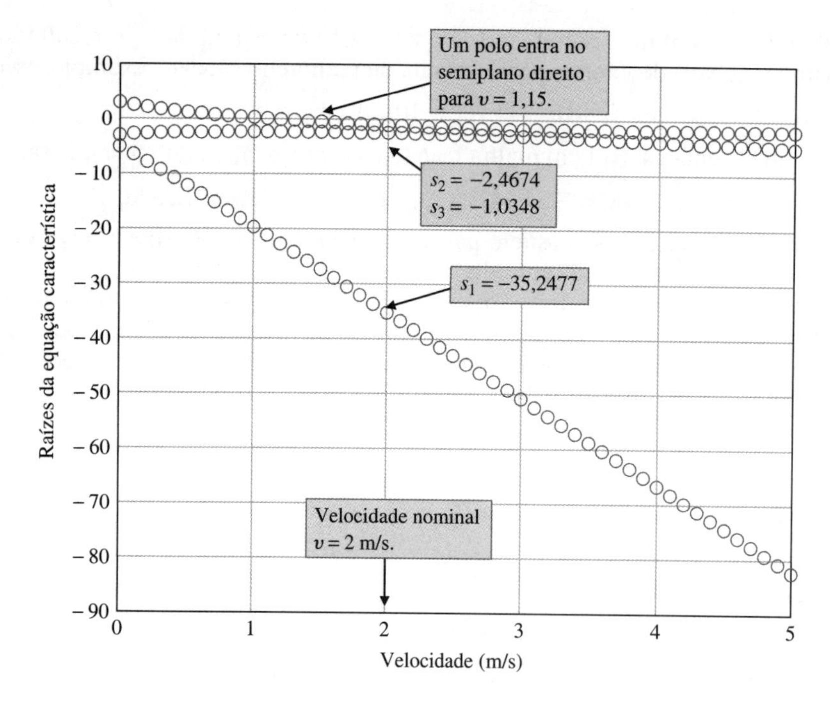

FIGURA 6.13 Raízes da equação característica à medida que a velocidade da motocicleta varia.

Um gráfico das raízes da equação característica à medida que a velocidade v varia é mostrado na Figura 6.13. Os dados no gráfico foram gerados usando-se os valores nominais dos ganhos de realimentação, $K_P = 10$ e $K_D = 5$. Esses ganhos foram escolhidos para o caso em que $v = 2$ m/s. A Figura 6.13 mostra que, à medida que v aumenta, as raízes da equação característica permanecem estáveis (isto é, no semiplano esquerdo) com todos os pontos negativos. Mas, à medida que a velocidade da motocicleta diminui, as raízes se movem na direção do zero, com uma raiz se tornando positiva em $v = 1{,}15$ m/s. No ponto onde uma raiz é positiva, a motocicleta fica instável. ■

6.6 ESTABILIDADE DE SISTEMAS COM O USO DE PROGRAMAS DE PROJETO DE CONTROLE

Nesta seção, será visto como o computador pode auxiliar na análise de estabilidade fornecendo um método fácil e exato para o cálculo dos polos da equação característica. Para o caso da equação característica como função de um único parâmetro, será possível gerar um gráfico exibindo o deslocamento dos polos à medida que o parâmetro varia. A seção é finalizada com um exemplo.

A função introduzida nesta seção é uma função for, a qual é usada para repetir um conjunto de instruções por um número específico de vezes.

Estabilidade de Routh–Hurwitz. Como declarado anteriormente, o critério de Routh–Hurwitz é um critério necessário e suficiente para a estabilidade. Dada uma equação característica com coeficientes fixos, pode-se utilizar Routh–Hurwitz para determinar o número de raízes no semiplano direito. Por exemplo, considere-se a equação característica

$$q(s) = s^3 + s^2 + 2s + 24 = 0$$

associada ao sistema de controle em malha fechada mostrado na Figura 6.14. A tabela de Routh–Hurwitz correspondente é mostrada na Figura 6.15. As duas mudanças de sinal na primeira coluna indicam que há duas raízes do polinômio característico no semiplano direito; portanto, o sistema em malha fechada é instável. Pode-se verificar o resultado de Routh–Hurwitz calculando-se diretamente as raízes da equação característica, como mostrado na Figura 6.16, usando-se a função pole. Recorde-se de que a função pole calcula os polos do sistema.

Sempre que a equação característica for uma função de um único parâmetro, o método de Routh–Hurwitz pode ser utilizado para determinar a faixa de valores que o parâmetro pode assumir

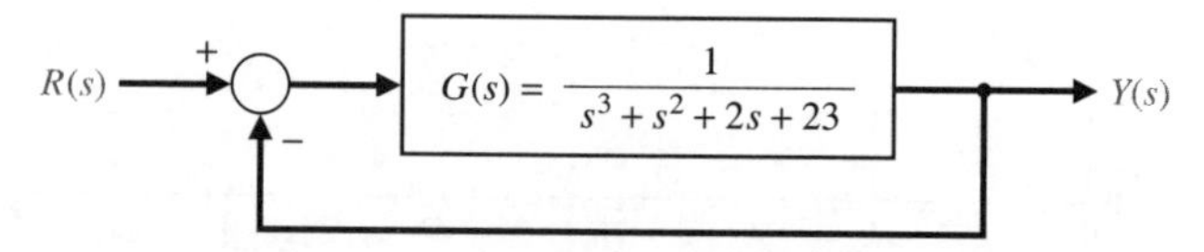

FIGURA 6.14 Sistema de controle em malha fechada com $T(s) = Y(s)/R(s) = 1/(s^3 + s^2 + 2s + 24)$.

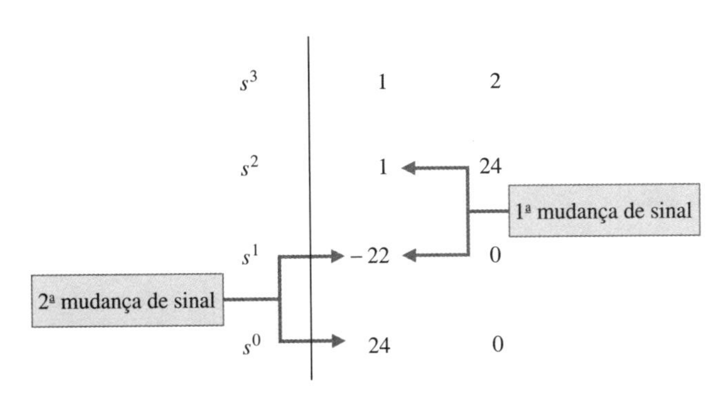

FIGURA 6.15 Tabela de Routh para o sistema de controle em malha fechada com $T(s) = Y(s)/R(s) = 1/(s^3 + s^2 + 2s + 24)$.

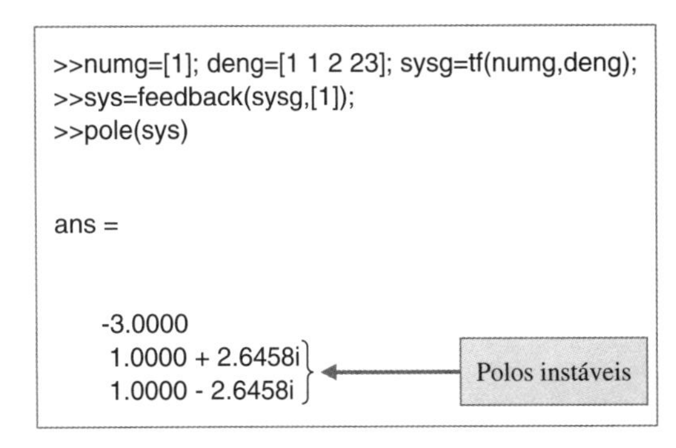

FIGURA 6.16 Usando a função **pole** para calcular os polos do sistema de controle em malha fechada do sistema mostrado na Figura 6.14.

enquanto mantém a estabilidade. Considere-se o sistema com realimentação em malha fechada na Figura 6.17. A equação característica é

$$q(s) = s^3 + 2s^2 + 4s + K = 0.$$

Usando a abordagem de Routh–Hurwitz, descobre-se que se requer $0 < K < 8$ para estabilidade [veja a Equação (6.12)]. Pode-se verificar esse resultado graficamente. Como mostrado na Figura 6.18(b), cria-se um vetor de valores para K para os quais deseja-se calcular as raízes da equação característica. Então, usando-se a função roots, calculam-se e representam-se graficamente as raízes da equação característica, como mostrado na Figura 6.18(a). Pode-se observar que, à medida que K aumenta, as raízes da equação característica se movem em direção ao semiplano direito quando o ganho tende para $K = 8$ e, eventualmente, no semiplano direito quando $K > 8$.

A sequência de instruções na Figura 6.18 contém a função for. Essa função fornece um mecanismo para executar repetidamente uma série de instruções em dado número de vezes. A função for conectada com uma instrução end define um laço de cálculo repetitivo. A Figura 6.19 descreve o formato da função for e fornece um exemplo ilustrativo da sua utilidade. O exemplo define um laço que é repetido dez vezes. Durante a i-ésima iteração, em que $1 \leq i \leq 10$, o i-ésimo elemento do vetor **a** é feito igual a 20 e o escalar b é recalculado.

O método de Routh–Hurwitz permite que se façam declarações definitivas referentes à estabilidade absoluta de um sistema linear. O método não trata a questão da estabilidade relativa, a qual está diretamente relacionada com a posição das raízes da equação característica. Routh–Hurwitz informa quantos polos estão no semiplano direito, mas não a posição específica dos polos. Com um programa de projeto de controle, podem-se calcular facilmente os polos explicitamente, permitindo desse modo que a estabilidade relativa seja estudada.

EXEMPLO 6.11 Controle de veículo com esteiras

O diagrama de blocos do sistema de controle para o veículo com duas esteiras é mostrado na Figura 6.7. O objetivo de projeto é encontrar valores para a e K tais que o sistema seja estável e o erro em regime estacionário de uma entrada rampa seja menor ou igual a 24% do comando.

Pode-se usar o método de Routh–Hurwitz para auxiliar na busca de valores adequados para a e K. A equação característica em malha fechada é

$$q(s) = s^4 + 8s^3 + 17s^2 + (K + 10)s + aK = 0.$$

Usando a tabela de Routh, descobre-se que, para obter estabilidade, requer-se que

$$K < 126, \quad \frac{126 - K}{8}(K + 10) - 8aK > 0 \quad \text{e} \quad aK > 0.$$

Para K positivo, segue-se que se pode restringir a busca para $0 < K < 126$ e $a > 0$. A abordagem será usar o computador para ajudar a encontrar uma região parametrizada de a *versus* K na qual

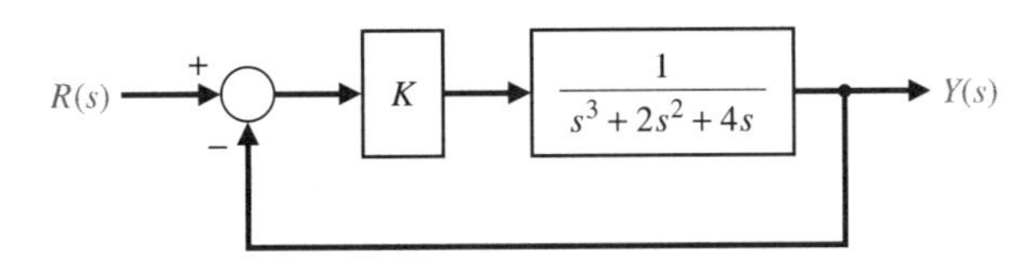

FIGURA 6.17 Sistema de controle em malha fechada com $T(s) = Y(s)/R(s) = K/(s^3 + 2s^2 + 4s + 4)$.

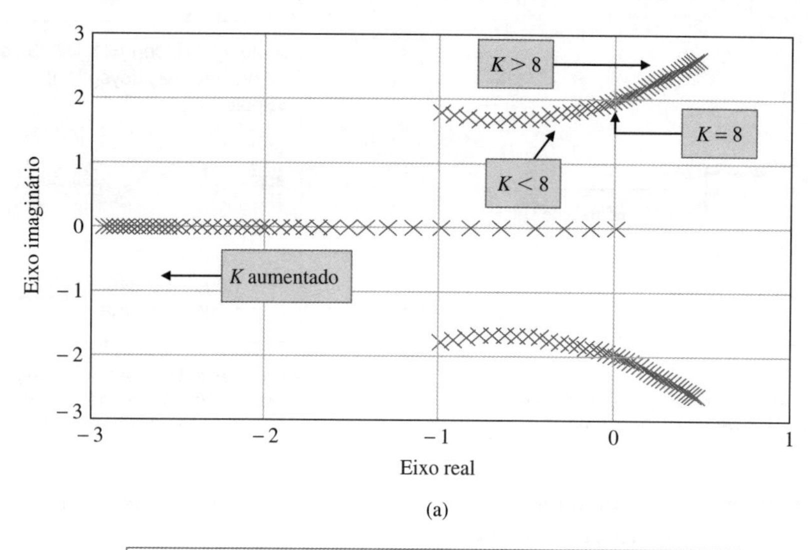

(a)

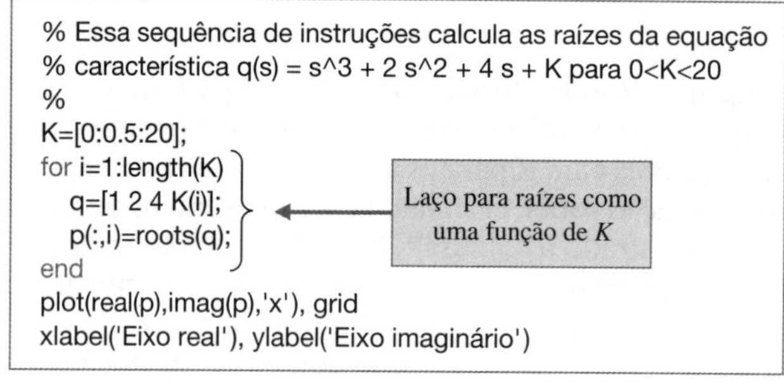

(b)

FIGURA 6.18 (a) Gráfico das posições das raízes de $q(s) = s^3 + 2s^2 + 4s + K$ para $0 \leq K \leq 20$. (b) Sequência de instruções.

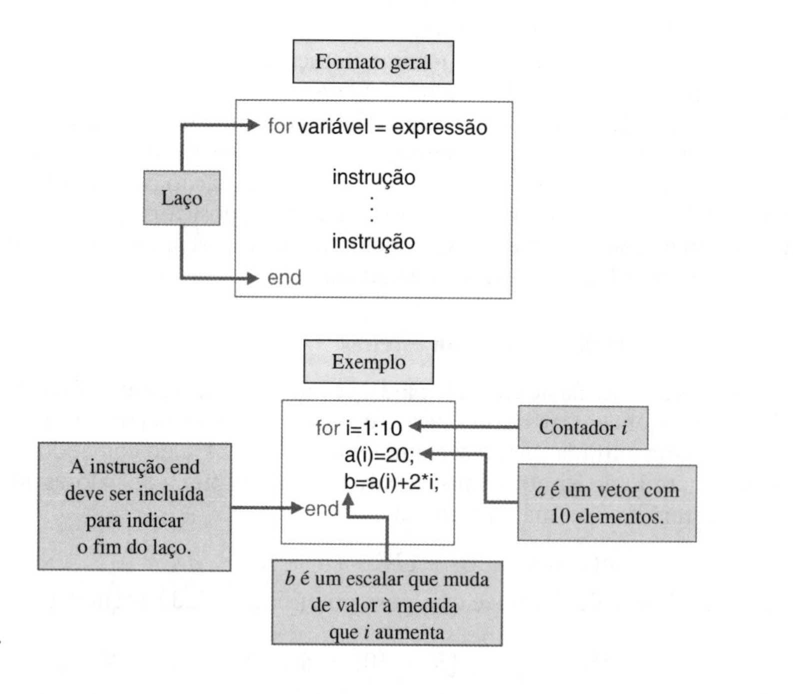

FIGURA 6.19 Função **for** e um exemplo ilustrativo.

a estabilidade é assegurada. Então, pode-se encontrar um conjunto de pares (a, K) pertencentes à região estável para os quais a especificação de erro em regime estacionário seja atingida. Esse procedimento, mostrado na Figura 6.20, envolve a escolha de uma faixa de valores para a e K e o cálculo das raízes do polinômio característico para valores específicos de a e K. Para cada valor de K, encontra-se o primeiro valor de a que resulta em pelo menos uma raiz da equação característica no semiplano direito. O processo é repetido até que toda a faixa de valores escolhidos para a e K tenha sido esgotada. O gráfico dos pares (a, K) define a separação entre as regiões estável e instável. A região à esquerda da curva de *a versus K* na Figura 6.20 é a região estável.

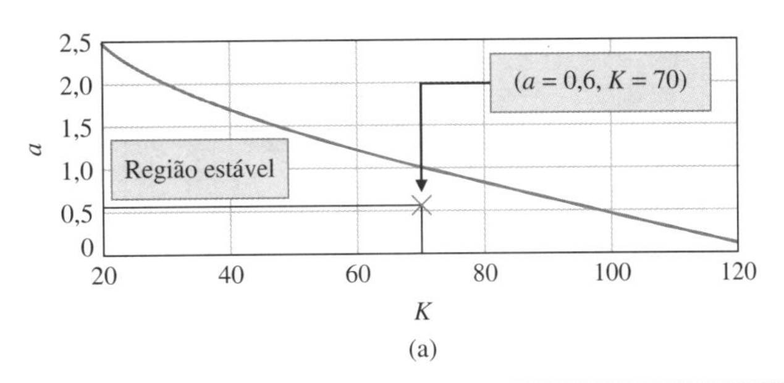

(a)

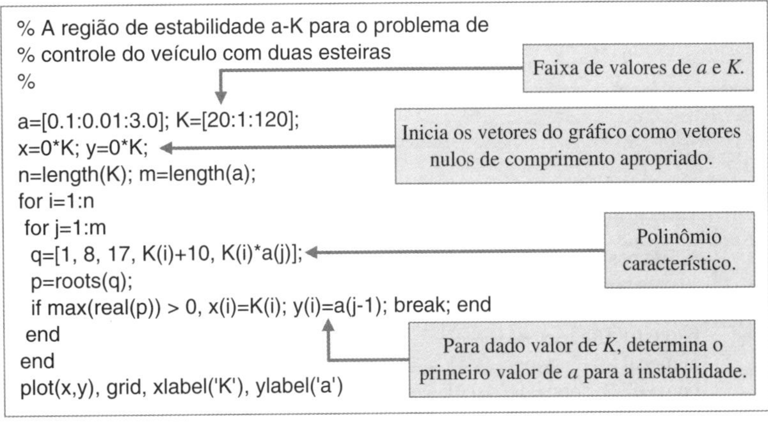

```
% A região de estabilidade a-K para o problema de
% controle do veículo com duas esteiras
%
a=[0.1:0.01:3.0]; K=[20:1:120];
x=0*K; y=0*K;
n=length(K); m=length(a);
for i=1:n
 for j=1:m
  q=[1, 8, 17, K(i)+10, K(i)*a(j)];
  p=roots(q);
  if max(real(p)) > 0, x(i)=K(i); y(i)=a(j-1); break; end
 end
end
plot(x,y), grid, xlabel('K'), ylabel('a')
```


(b)

FIGURA 6.20 (a) Região de estabilidade para a e K para o controle de direção do veículo com duas esteiras. (b) Sequência de instruções.

Admitindo-se que $r(t) = At, t > 0$, então o erro em regime estacionário é

$$e_{ss} = \lim_{s\to 0} s \cdot \frac{s(s+1)(s+2)(s+5)}{s(s+1)(s+2)(s+5) + K(s+a)} \cdot \frac{A}{s^2} = \frac{10A}{aK},$$

em que foi usado o fato de que

$$E(s) = \frac{1}{1 + G_c(s)G(s)} R(s) = \frac{s(s+1)(s+2)(s+5)}{s(s+1)(s+2)(s+5) + K(s+a)} R(s).$$

Dada a especificação de regime estacionário, $e_{ss} < 0{,}24A$, descobre-se que a especificação é atendida quando

$$\frac{10A}{aK} < 0{,}24A,$$

ou

$$aK > 41{,}67. \tag{6.34}$$

Quaisquer valores de a e K que estejam na região estável da Figura 6.20 e satisfaçam a Equação (6.34) conduzirão a um projeto aceitável. Por exemplo, $K = 70$ e $a = 0{,}6$ irão satisfazer todos os requisitos de projeto. A função de transferência em malha fechada (com $a = 0{,}6$ e $K = 70$) é

$$T(s) = \frac{70s + 42}{s^4 + 8s^3 + 17s^2 + 80s + 42}.$$

Os polos em malha fechada associados são

$$s = -7{,}0767,$$
$$s = -0{,}5781,$$
$$s = -0{,}1726 + j3{,}1995 \quad \text{e}$$
$$s = -0{,}1726 - j3{,}1995.$$

A resposta correspondente a uma entrada rampa unitária é mostrada na Figura 6.21. O erro em regime estacionário é menor que 0,24, como desejado. ■

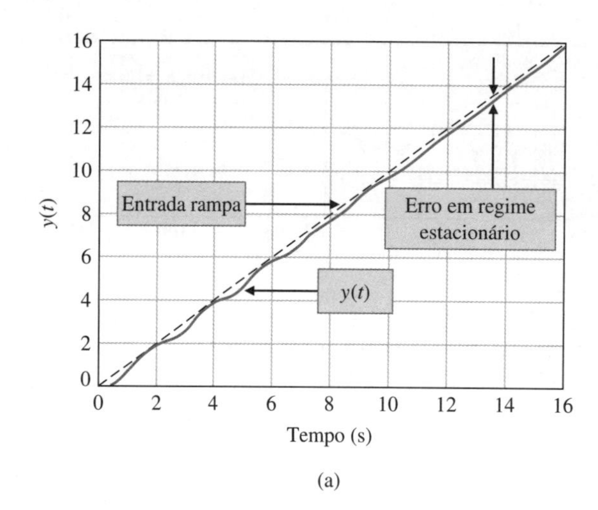

(a)

```
% Resposta à rampa do controle de direção de um veículo com duas
% esteiras com a=0,6 e K=70.
%
t=[0:0.01:16]; u=t;
numgc=[1 0.6]; dengc=[1 1]; sysgc=tf(numgc,dengc);
numg=[70]; deng=[1 7 10 0]; sysg=tf(numg,deng);
sysa=series(sysgc,sysg);
sys=feedback(sysa,[1]);
y=lsim(sys,u,t);
plot(t,y,t,u,'--'), grid
xlabel('Tempo (s)'), ylabel('y(t)')
```

u = entrada rampa unitária

Simulação linear

$a = 0{,}6$ e $K = 70$

(b)

FIGURA 6.21 (a) Resposta à rampa para $a = 0{,}6$ e $K = 70$ para o controle de direção do veículo com duas esteiras. (b) Sequência de instruções.

Estabilidade de Sistemas em Variáveis de Estado. Determinemos agora a estabilidade de sistemas descritos na forma de variáveis de estado. Admita que se tem um sistema na forma de espaço de estados como na Equação (6.22). A estabilidade do sistema pode ser verificada com a equação característica associada com a matriz $\mathbf{A}$ do sistema. A equação característica é

$$\det(s\mathbf{I} - \mathbf{A}) = 0. \tag{6.35}$$

O lado esquerdo da equação característica é um polinômio em s. Se todas as raízes da equação característica tiverem parte real negativa (isto é, $\mathrm{Re}(s_i) < 0$), então o sistema será estável.

Quando o modelo do sistema é dado na forma de variáveis de estado, deve-se calcular o polinômio característico associado à matriz $\mathbf{A}$. A esse respeito tem-se várias opções. Pode-se calcular a equação característica diretamente a partir da Equação (6.35) calculando-se manualmente o determinante de $s\mathbf{I} - \mathbf{A}$. Então, podem-se calcular as raízes usando a função roots para verificar a estabilidade ou, alternativamente, pode-se utilizar o método de Routh–Hurwitz para detectar quaisquer raízes instáveis. Infelizmente, os cálculos manuais podem tornar-se longos, especialmente se a dimensão de $\mathbf{A}$ for elevada. É aconselhável evitar esse cálculo manual, se possível. Como será apresentado, o computador pode ajudar nesse esforço.

A função poly pode ser usada para calcular a equação característica associada a $\mathbf{A}$. A função poly é usada para construir um polinômio a partir de um vetor de raízes. Também pode ser usada para calcular a equação característica de $\mathbf{A}$, como ilustrado na Figura 6.22. A matriz de entrada $\mathbf{A}$ é

$$\mathbf{A} = \begin{bmatrix} -8 & -16 & -6 \\ 1 & 0 & 0 \\ 0 & 1 & 0 \end{bmatrix},$$

e o polinômio característico associado é

$$s^3 + 8s^2 + 16s + 6 = 0.$$

Se $\mathbf{A}$ é uma matriz $n \times n$, poly($\mathbf{A}$) é um vetor linha com $n + 1$ elementos cujos elementos são os coeficientes da equação característica $\det(s\mathbf{I} - \mathbf{A}) = 0$.

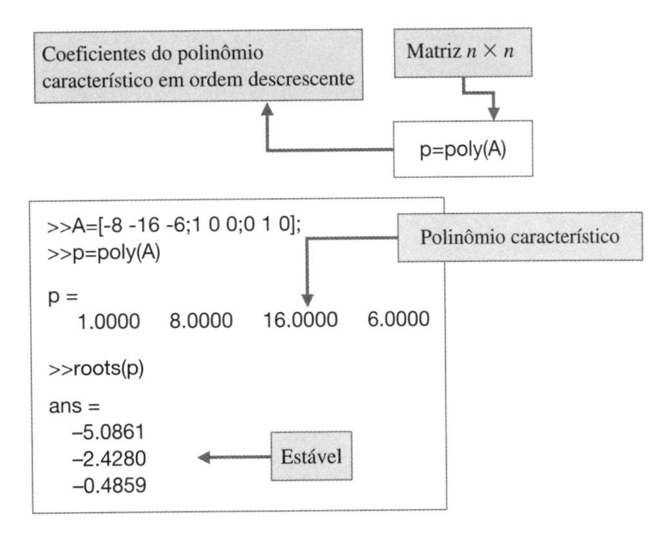

FIGURA 6.22 Calculando o polinômio característico de **A** com a função **poly**.

6.7 EXEMPLO DE PROJETO SEQUENCIAL: SISTEMA DE LEITURA DE ACIONADORES DE DISCO

Nesta seção, será examinada a estabilidade do sistema de leitura de acionadores de disco à medida que K_a é ajustado e o sistema será reconfigurado.

Considere-se o sistema como mostrado na Figura 6.23. Inicialmente considera-se o caso em que a chave está aberta. Então, a função de transferência em malha fechada é

$$\frac{Y(s)}{R(s)} = \frac{K_a G_1(s) G_2(s)}{1 + K_a G_1(s) G_2(s)}, \tag{6.36}$$

em que

$$G_1(s) = \frac{5.000}{s + 1.000} \quad \text{e} \quad G_2(s) = \frac{1}{s(s + 20)}.$$

A equação característica é

$$s^3 + 1.020s^2 + 20.000s + 5.000K_a = 0. \tag{6.37}$$

A tabela de Routh é

$$\begin{array}{c|cc} s^3 & 1 & 20.000 \\ s^2 & 1.020 & 5.000K_a \\ s^1 & b_1 & \\ s^0 & 5.000K_a & \end{array},$$

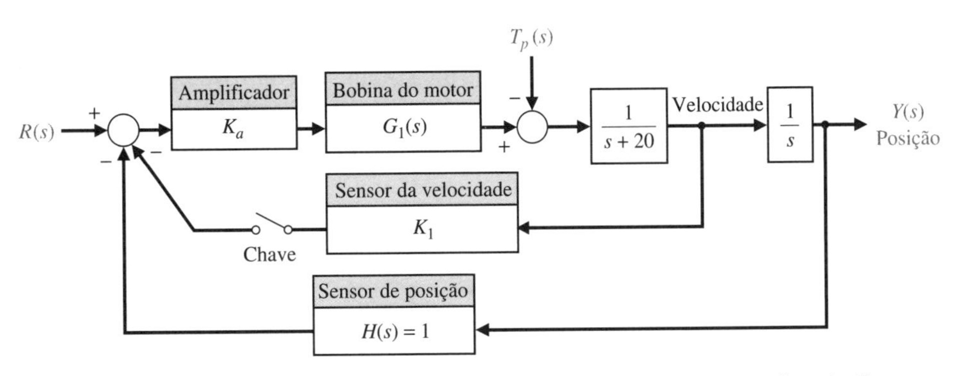

FIGURA 6.23 Sistema da cabeça de acionador de disco em malha fechada com uma realimentação de velocidade opcional.

em que

$$b_1 = \frac{(20.000)\,1.020 - 5.000K_a}{1.020}.$$

O caso $b_1 = 0$ resulta em estabilidade marginal quando $K_a = 4.080$. Usando-se a equação auxiliar, tem-se

$$s^2 + 20.000 = 0,$$

ou as raízes no eixo $j\omega$ são $s = \pm j141{,}4$. Para que o sistema seja estável, $K_a < 4.080$.

Agora adicione-se a realimentação de velocidade com o fechamento da chave no sistema da Figura 6.23. A função de transferência em malha fechada para o sistema é então

$$\frac{Y(s)}{R(s)} = \frac{K_a G_1(s) G_2(s)}{1 + [K_a G_1(s) G_2(s)](1 + K_1 s)}, \tag{6.38}$$

uma vez que o fator de realimentação é igual a $1 + K_1 s$, como mostrado na Figura 6.24.

A equação característica é

$$1 + [K_a G_1(s) G_2(s)](1 + K_1 s) = 0,$$

ou

$$s(s + 20)(s + 1.000) + 5.000K_a(1 + K_1 s) = 0.$$

Consequentemente, tem-se

$$s^3 + 1.020s^2 + [20.000 + 5.000K_a K_1]s + 5.000K_a = 0.$$

Então, a tabela de Routh é

$$\begin{array}{c|cc} s^3 & 1 & 20.000 + 5.000K_a K_1 \\ s^2 & 1.020 & 5.000K_a \\ s^1 & b_1 & \\ s^0 & 5.000K_a & \end{array},$$

em que

$$b_1 = \frac{1.020(20.000 + 5.000K_a K_1) - 5.000K_a}{1.020}.$$

Para garantir a estabilidade, é necessário selecionar o par (K_a, K_1) tal que $b_1 > 0$, no qual $K_a > 0$. Quando $K_1 = 0{,}05$ e $K_a = 100$, pode-se determinar a resposta do sistema utilizando-se a sequência de instruções mostrada na Figura 6.25. O tempo de acomodação (com um critério de 2%) é aproximadamente 260 ms e a máxima ultrapassagem percentual é $M.U.P. = 0\%$. O desempenho do sistema está resumido na Tabela 6.3. As especificações de desempenho são quase satisfeitas, e algumas iterações sobre K_1 são necessárias para se obter o tempo de acomodação desejado de 250 ms.

6.8 RESUMO

Neste capítulo, foi considerado o conceito de estabilidade de um sistema de controle com realimentação. Uma definição de sistema estável em termos de uma resposta de sistema limitada foi apresentada e relacionada com a posição dos polos da função de transferência do sistema no plano s.

O critério de estabilidade de Routh–Hurwitz foi apresentado e diversos exemplos foram considerados. A estabilidade relativa de um sistema de controle com realimentação também foi considerada em termos da posição dos polos da função de transferência do sistema no plano s. A estabilidade de sistemas em variáveis de estado foi considerada.

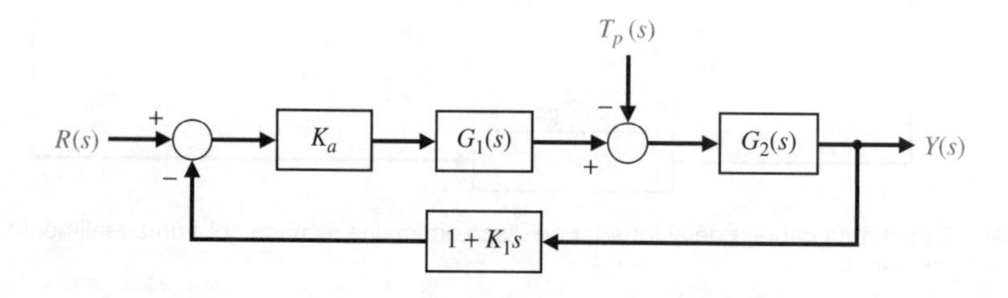

FIGURA 6.24 Sistema equivalente com a chave de realimentação de velocidade fechada.

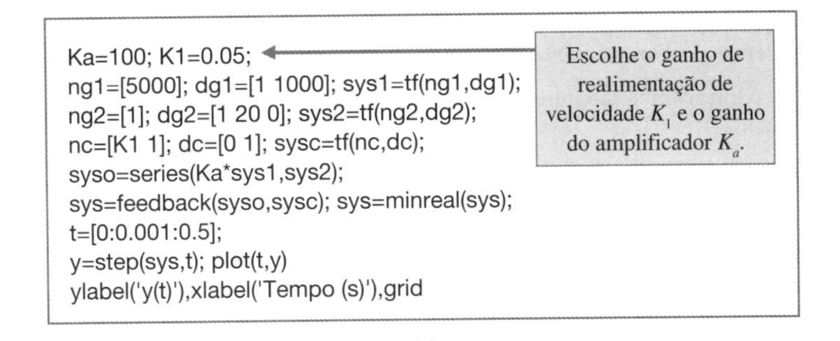

```
Ka=100; K1=0.05;
ng1=[5000]; dg1=[1 1000]; sys1=tf(ng1,dg1);
ng2=[1]; dg2=[1 20 0]; sys2=tf(ng2,dg2);
nc=[K1 1]; dc=[0 1]; sysc=tf(nc,dc);
syso=series(Ka*sys1,sys2);
sys=feedback(syso,sysc); sys=minreal(sys);
t=[0:0.001:0.5];
y=step(sys,t); plot(t,y)
ylabel('y(t)'),xlabel('Tempo (s)'),grid
```


(a)

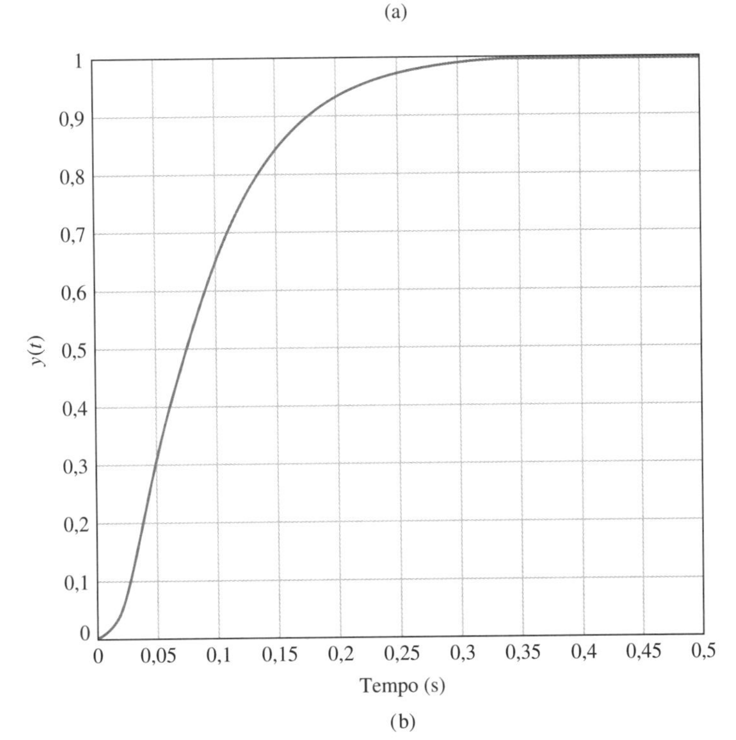

(b)

FIGURA 6.25 Resposta do sistema com realimentação de velocidade. (a) Sequência de instruções. (b) Resposta com $K_a = 100$ e $K_1 = 0{,}05$.

Tabela 6.3 Desempenho do Sistema Acionador de Disco Comparado com as Especificações

Medida de Desempenho	Valor Desejado	Resposta Real
Máxima ultrapassagem percentual	Menor que 5%	0%
Tempo de acomodação	Menor que 250 ms	260 ms
Máxima resposta para uma perturbação unitária	Menor que 5×10^{-3}	2×10^{-3}

VERIFICAÇÃO DE COMPETÊNCIAS

Nesta seção, são apresentados três conjuntos de problemas para testar o conhecimento do leitor: Verdadeiro ou Falso, Múltipla Escolha e Correspondência de Palavras. Para obter um retorno imediato, compare as respostas com o gabarito fornecido depois dos problemas de fim de capítulo. Use o diagrama de blocos da Figura 6.26 como especificado nos vários enunciados dos problemas.

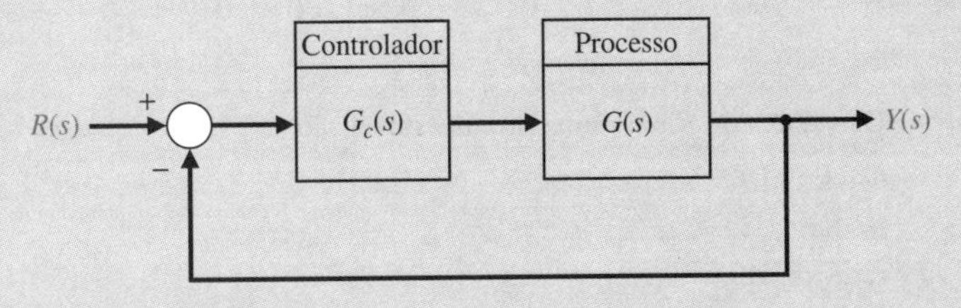

FIGURA 6.26 Diagrama de blocos para a Verificação de Competências.

Nos seguintes problemas de **Verdadeiro ou Falso** e **Múltipla Escolha**, circule a resposta correta.

1. Sistema estável é um sistema dinâmico com resposta de saída limitada para qualquer entrada. *Verdadeiro ou Falso*

2. Um sistema marginalmente estável possui polos sobre o eixo $j\omega$. *Verdadeiro ou Falso*

3. Um sistema é estável se todos os polos estão no semiplano direito. *Verdadeiro ou Falso*

4. O critério de Routh–Hurwitz é um critério necessário e suficiente para se determinar a estabilidade de sistemas lineares. *Verdadeiro ou Falso*

5. A estabilidade relativa caracteriza o grau de estabilidade. *Verdadeiro ou Falso*

6. Um sistema possui a equação característica

$$q(s) = s^3 + 4Ks^2 + (5 + K)s + 10 = 0.$$

A faixa de valores de K para um sistema estável é

a. $K > 0{,}46$

b. $K < 0{,}46$

c. $0 < K < 0{,}46$

d. Instável para todo K.

7. Utilizando o critério de Routh–Hurwitz, determine se os seguintes polinômios são estáveis ou instáveis:

$$p_1(s) = s^2 + 10s + 5 = 0,$$

$$p_2(s) = s^4 + s^3 + 5s^2 + 20s + 10 = 0.$$

a. $p_1(s)$ é estável, $p_2(s)$ é estável

b. $p_1(s)$ é instável, $p_2(s)$ é estável

c. $p_1(s)$ é estável, $p_2(s)$ é instável

d. $p_1(s)$ é instável, $p_2(s)$ é instável

8. Considere o diagrama de blocos do sistema de controle com realimentação na Figura 6.26. Investigue a estabilidade em malha fechada para $G_c(s) = K(s + 1)$ e $G(s) = \dfrac{1}{(s+2)(s-1)}$, para os dois casos nos quais $K = 1$ e $K = 3$.

a. Instável para $K = 1$ e estável para $K = 3$.

b. Instável para $K = 1$ e instável para $K = 3$.

c. Estável para $K = 1$ e instável para $K = 3$.

d. Estável para $K = 1$ e estável para $K = 3$.

9. Considere um sistema com realimentação negativa unitária na Figura 6.26 com função de transferência em malha em que

$$L(s) = G_c(s)G(s) = \frac{K}{(1 + 0{,}5s)(1 + 0{,}5s + 0{,}25s^2)}.$$

Determine o valor de K para o qual o sistema em malha fechada é marginalmente estável.

a. $K = 10$

b. $K = 3$

c. O sistema é instável para todo K

d. O sistema é estável para todo K

10. Um sistema é representado por $\dot{\mathbf{x}} = \mathbf{A}\mathbf{x}$, no qual

$$\mathbf{A} = \begin{bmatrix} 0 & 1 & 0 \\ 0 & 0 & 1 \\ -5 & -K & 10 \end{bmatrix}.$$

Os valores de K para um sistema estável são

a. $K < 1/2$

b. $K > 1/2$

c. $K = 1/2$

d. O sistema é estável para todo K

11. Use a tabela de Routh para auxiliar o cálculo das raízes do polinômio

$$q(s) = 2s^3 + 2s^2 + s + 1 = 0.$$

a. $s_1 = -1; s_{2,3} = \pm\frac{\sqrt{2}}{2}j$

b. $s_1 = 1; s_{2,3} = \pm\frac{\sqrt{2}}{2}j$

c. $s_1 = -1; s_{2,3} = 1 \pm \frac{\sqrt{2}}{2}j$

d. $s_1 = -1; s_{2,3} = 1$

12. Considere o seguinte sistema de controle com realimentação unitária na Figura 6.26 no qual

$$G(s) = \frac{1}{(s-2)(s^2+10s+45)} \quad \text{e} \quad G_c(s) = \frac{K(s+0{,}3)}{s}.$$

A faixa de valores de K para estabilidade é

a. $K < 260{,}68$

b. $50{,}06 < K < 123{,}98$

c. $100{,}12 < K < 260{,}68$

d. O sistema é instável para todo $K > 0$

Nos Problemas 13 e 14, considere o sistema representado na forma de espaço de estados

$$\dot{\mathbf{x}} = \begin{bmatrix} 0 & -1 & 0 \\ 0 & 0 & 1 \\ -5 & -10 & -5 \end{bmatrix}\mathbf{x} + \begin{bmatrix} 0 \\ 0 \\ 20 \end{bmatrix}u$$

$$y = [1 \quad 0 \quad 1]\mathbf{x}.$$

13. A equação característica é

a. $q(s) = s^3 + 5s^2 - 10s - 6$

b. $q(s) = s^3 + 5s^2 + 10s - 5$

c. $q(s) = s^3 - 5s^2 + 10s - 5$

d. $q(s) = s^2 - 5s + 10$

14. Usando o critério de Routh–Hurwitz, determine se o sistema é estável, instável ou marginalmente estável.

a. Estável

b. Instável

c. Marginalmente estável

d. Nenhuma das anteriores

15. Um sistema possui a representação em diagrama de blocos como mostrada na Figura 6.26, em que $G(s) = \frac{10}{(s+15)^2}$ e $G_c(s) = \frac{K}{s+80}$, sendo que K é sempre positivo. O ganho limitante para um sistema estável é:

a. $0 < K < 28.875$

b. $0 < K < 27.075$

c. $0 < K < 25.050$

d. Estável para todo $K > 0$

No problema de **Correspondência de Palavras** seguinte, combine o termo com sua definição escrevendo a letra correta no espaço fornecido.

a. Critério de Routh–Hurwitz	Medida de desempenho de um sistema.	______
b. Polinômio auxiliar	Um sistema dinâmico com resposta de sistema limitada para uma entrada limitada.	______
c. Marginalmente estável	Propriedade que é medida pela parte real relativa de cada raiz ou par de raízes da equação característica.	______

d. Sistema estável	Critério para se determinar a estabilidade de um sistema através do exame da equação característica da função de transferência.	_____
e. Estabilidade	A equação que precede imediatamente uma linha de zeros na tabela de Routh.	_____
f. Estabilidade relativa	Uma descrição do sistema que revela se o sistema é estável ou não sem a consideração de outros atributos do sistema, tal como o grau de estabilidade.	_____
g. Estabilidade absoluta	Um sistema possui este tipo de estabilidade se a resposta à entrada nula permanece limitada à medida que $t \to \infty$.	_____

EXERCÍCIOS

E6.1 Um sistema possui uma equação característica $s^3 + Ks^2 + (1 + K)s + 6 = 0$. Determine a faixa de valores de K para um sistema estável.

Resposta: $K > 2$

E6.2 Um sistema possui uma equação característica $s^3 + 15s^2 + 2s + 40 = 0$. Usando o critério de Routh–Hurwitz mostre que o sistema é instável.

E6.3 Um sistema possui uma equação característica $s^3 + 10s^2 + 32s^2 + 37s + 10 = 0$. Usando o critério de Routh–Hurwitz, determine se o sistema é estável.

E6.4 Um sistema de controle possui a estrutura mostrada na Figura E6.4. Determine o ganho para o qual o sistema se torna instável.

Resposta: $K = 20/7$

E6.5 Um sistema com realimentação unitária possui uma função de transferência em malha

$$L(s) = \frac{K}{(s+1)(s+3)(s+6)},$$

em que $K = 20$. Encontre as raízes da equação característica do sistema em malha fechada.

E6.6 Um sistema com realimentação negativa possui uma função de transferência em malha

$$L(s) = G_c(s)G(s) = \frac{K(s+2)}{s(s-1)}.$$

(a) Encontre o valor do ganho quando o ζ das raízes em malha fechada é igual a 0,707. (b) Encontre o valor do ganho quando o sistema em malha fechada possuir duas raízes no eixo imaginário.

E6.7 Para o sistema com realimentação do Exercício E6.5, encontre o valor de K quando duas raízes estão no eixo imaginário. Determine o valor das três raízes.

Resposta: $s = -10, \pm j5{,}2$

E6.8 Projetistas têm desenvolvido aeronaves de caça pequenas, velozes e com decolagem vertical que são invisíveis ao radar (aeronaves *stealth*). Esse conceito de aeronave utiliza tubeiras a jato de giro rápido para manobrar a aeronave [16]. O sistema de controle de rumo ou direção é mostrado na Figura E6.8. Determine o ganho máximo do sistema para operação estável.

E6.9 Um sistema possui uma equação característica

$$s^3 + 5s^2 + (K+1)s + 10 = 0.$$

Determine a faixa de valores de K para um sistema estável.

Resposta: $K > 1$

E6.10 Considere um sistema de realimentação com função de transferência em malha fechada

$$T(s) = \frac{4}{s^3 + 4s^2 + s + 4}.$$

O sistema é estável?

E6.11 Um sistema com função de transferência $Y(s)/R(s)$ é

$$\frac{Y(s)}{R(s)} = \frac{15(s+2)}{s^4 + 8s^3 + 2s^2 + 3s + 1}.$$

Determine o erro em regime estacionário para uma entrada em degrau unitário. O sistema é estável?

E6.12 Um sistema possui a equação característica de segunda ordem

$$s^2 + as + b = 0,$$

em que a e b são parâmetros constantes. Determine as condições necessárias e suficientes para que o sistema seja estável. É possível determinar a estabilidade de um sistema de segunda ordem apenas inspecionando-se os coeficientes da equação característica?

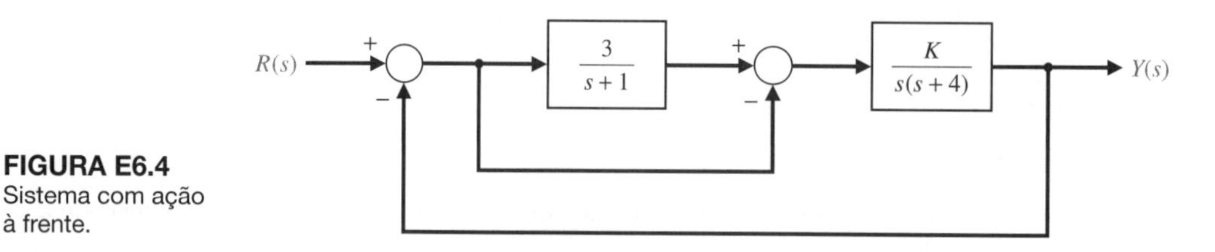

FIGURA E6.4 Sistema com ação à frente.

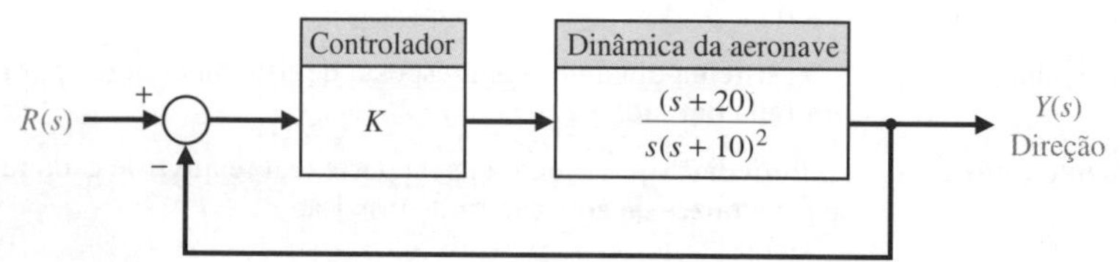

FIGURA E6.8 Controle de direção de aeronave.

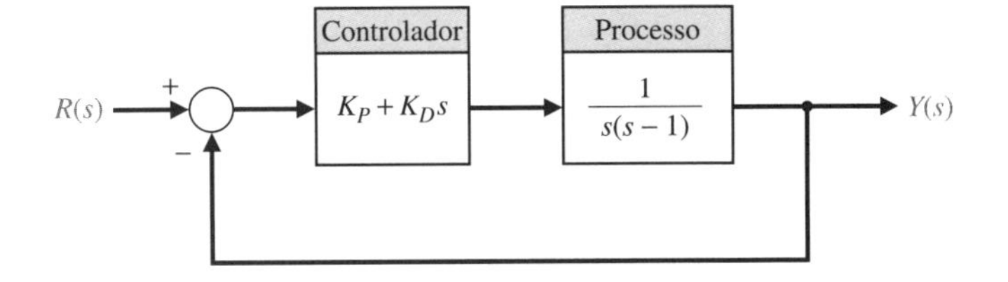

FIGURA E6.13 Sistema em malha fechada com um controlador proporcional e derivativo $G_c(s) = K_P + K_D s$.

E6.13 Considere o sistema com realimentação na Figura E6.13. Determine a faixa de valores de K_P e K_D para a estabilidade do sistema em malha fechada.

E6.14 Usando mancais magnéticos, um rotor é suspenso sem contato. A técnica de suspensão sem contato para rotores se torna muito importante em aplicações industriais leves e pesadas [14]. A equação diferencial matricial para um sistema de mancais magnéticos é

$$\dot{\mathbf{x}}(t) = \begin{bmatrix} 0 & 1 & 0 \\ -3 & -1 & 0 \\ -2 & -1 & -2 \end{bmatrix} \mathbf{x}(t),$$

em que $\mathbf{x}^T(t) = [y(t), \dot{y}(t), i(t)]$, $y(t)$ = espaçamento do mancal e $i(t)$ é a corrente eletromagnética. Determine se o sistema é estável.

Resposta: O sistema é estável.

E6.15 Um sistema possui uma equação característica

$$q(s) = s^6 + 9s^5 + 31{,}25s^4 + 61{,}25s^3 + 67{,}75s^2 + 14{,}75s + 15 = 0.$$

(a) Determine se o sistema é estável, usando o critério de Routh–Hurwitz. (b) Determine as raízes da equação característica.

Respostas: (a) O sistema é marginalmente estável. (b) $s = -3, -4, -1 \pm 2j, \pm 0{,}5j$.

E6.16 Um sistema possui uma equação característica

$$q(s) = s^4 + 10s^3 + 50s^2 + 80s + 25 = 0.$$

(a) Determine se o sistema é estável, usando o critério de Routh–Hurwitz. (b) Determine as raízes da equação característica.

E6.17 A equação diferencial matricial de um modelo em variáveis de estado de um sistema é

$$\dot{\mathbf{x}}(t) = \begin{bmatrix} 0 & -1 & -1 \\ -8 & -12 & 8 \\ -8 & -12 & 5 \end{bmatrix} \mathbf{x}(t).$$

(a) Determine a equação característica. (b) Determine se o sistema é estável. (c) Determine as raízes da equação característica.

Resposta: (a) $q(s) = s^3 + 7s^2 + 36s + 24 = 0$

E6.18 Um sistema possui uma equação característica

$$q(s) = s^3 + s^2 + 9s + 9 = 0.$$

(a) Determine se o sistema é estável, usando o critério de Routh–Hurwitz. (b) Determine as raízes da equação característica.

E6.19 Determine se os sistemas com as seguintes equações características são estáveis ou instáveis:

(a) $s^3 + 3s^2 + 5s + 75 = 0$
(b) $s^4 + 5s^3 + 10s^2 + 10s + 80 = 0$ e
(c) $s^2 + 6s + 3 = 0$

E6.20 Encontre as raízes dos seguintes polinômios:

(a) $s^3 + 5s^2 + 8s + 4 = 0$ e
(b) $s^3 + 9s^2 + 27s + 27 = 0$.

E6.21 Um sistema possui uma função de transferência $Y(s)/R(s) = T(s) = 1/s$. (a) Esse sistema é estável? (b) Se $r(t)$ é uma entrada em degrau unitário, determine a resposta $y(t)$.

E6.22 Um sistema possui a equação característica

$$q(s) = s^3 + 15s^2 + 30s + K = 0.$$

Desloque o eixo vertical 1 unidade para a direita usando $s = s_n - 1$ e determine o valor de ganho K de modo que as raízes complexas sejam $s = -1 \pm \sqrt{3}j$.

E6.23 A equação diferencial matricial de um modelo em variáveis de estado de um sistema é

$$\dot{\mathbf{x}}(t) = \begin{bmatrix} 0 & 1 & 0 \\ 0 & 0 & 1 \\ -8 & -k & -4 \end{bmatrix} \mathbf{x}(t).$$

Encontre a faixa de valores de k na qual o sistema é estável.

E6.24 Considere o sistema representado na forma de variáveis de estado

$$\dot{\mathbf{x}}(t) = \mathbf{A}\mathbf{x}(t) + \mathbf{B}u(t)$$
$$y(t) = \mathbf{C}\mathbf{x}(t) + \mathbf{D}u(t),$$

em que

$$\mathbf{A} = \begin{bmatrix} 0 & 1 & 0 \\ 0 & 0 & 1 \\ -k & -k & -k \end{bmatrix}, \mathbf{B} = \begin{bmatrix} 0 \\ 0 \\ 1 \end{bmatrix}$$

$$\mathbf{C} = [1 \quad 0 \quad 0], \mathbf{D} = [0].$$

(a) Qual é a função de transferência do sistema? (b) Para quais valores de k o sistema é estável?

E6.25 Um sistema com realimentação em malha fechada é mostrado na Figura E6.25. Para qual faixa de valores dos parâmetros K e p o sistema é estável?

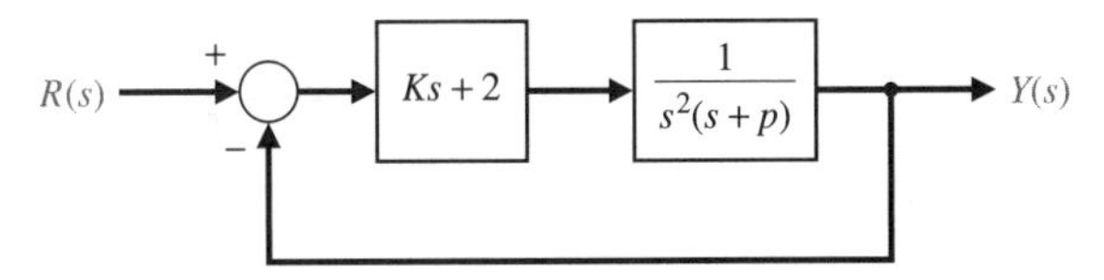

FIGURA E6.25 Sistema em malha fechada com parâmetros K e p.

E6.26 Considere o sistema em malha fechada na Figura E6.26, em que

$$G(s) = \frac{4}{s-1} \quad \text{e} \quad G_c(s) = \frac{1}{2s + K}.$$

(a) Determine a equação característica associada ao sistema em malha fechada.

(b) Determine os valores de K para os quais o sistema em malha fechada é estável.

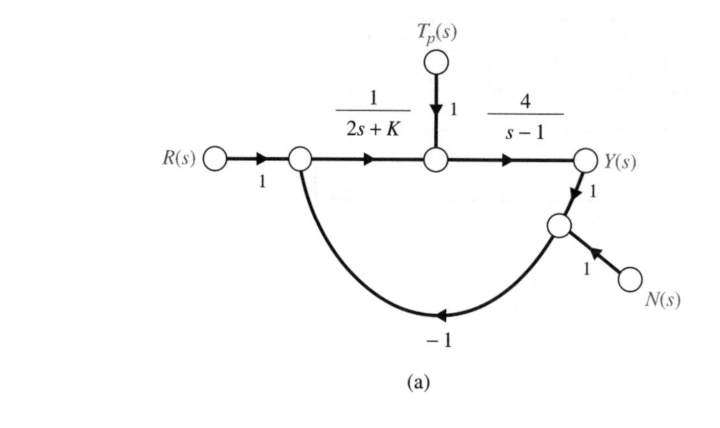

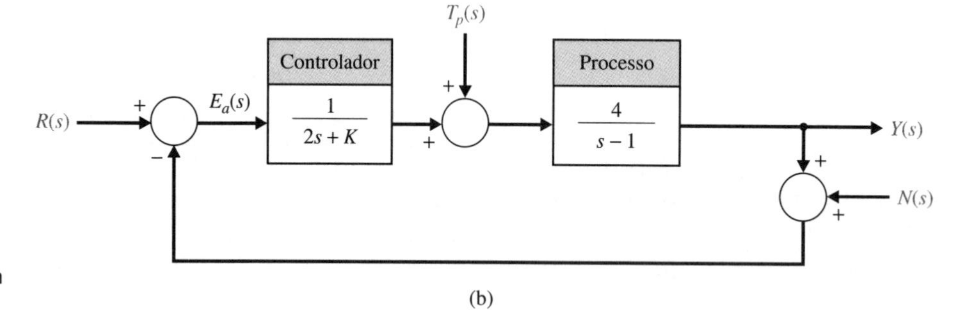

FIGURA E6.26 Sistema de controle com realimentação em malha fechada com parâmetro *K*.

PROBLEMAS

P6.1 Utilizando o critério de Routh–Hurwitz, determine a estabilidade dos seguintes polinômios:

(a) $s^2 + 5s + 2 = 0$
(b) $s^3 + 4s^2 + 8s + 4 = 0$
(c) $s^3 + 2s^2 - 6s + 20 = 0$
(d) $s^4 + s^3 + 2s^2 + 12s + 10 = 0$
(e) $s^4 + s^3 + 3s^2 + 2s + K = 0$
(f) $s^5 + s^4 + 2s^3 + s + 6 = 0$
(g) $s^5 + s^4 + 2s^3 + s^2 + s + K = 0$

Determine o número de raízes, caso existam, no semiplano direito. Se for ajustável, determine a faixa de valores de *K* que resulta em um sistema estável.

P6.2 Um sistema de controle de antena foi analisado no Problema P4.5, tendo sido determinado que, para reduzir o efeito de perturbações do vento, o ganho do amplificador magnético, k_a, deve ser o maior possível. (a) Determine o valor limitante de ganho para se manter um sistema estável. (b) Deseja-se ter um tempo de acomodação do sistema igual a 1,5 segundo. Usando um eixo deslocado e o critério de Routh–Hurwitz, determine o valor de ganho que satisfaça esse requisito. Admita que as raízes complexas do sistema em malha fechada dominam a resposta transitória. (Esta é uma aproximação válida neste caso?)

P6.3 A solda em arco é uma das mais importantes áreas de aplicação para robôs industriais [11]. Na maior parte das situações de soldagem na manufatura, as incertezas nas dimensões da peça, geometria da junção e no processo de soldagem propriamente dito requerem o uso de sensores para manter a qualidade da solda. Diversos sistemas utilizam um sistema de visão para medir a geometria da poça de metal fundido, como mostrado na Figura P6.3. Este sistema usa uma taxa constante de alimentação do fio a ser fundido. (a) Calcule o valor máximo de *K* para o sistema que resultará em um sistema estável. (b) Para a metade do valor máximo de *K* encontrado na parte (a), determine as raízes da equação característica. (c) Estime a máxima ultrapassagem do sistema da parte (b) quando ele é submetido a uma entrada em degrau.

P6.4 Um sistema de controle com realimentação é mostrado na Figura P6.4. As funções de transferência do controlador e do processo são dadas por

$$G_c(s) = K \quad \text{e} \quad G(s) = \frac{s + 40}{s(s + 10)}$$

e a função de transferência de realimentação é $H(s) = 1/(s + 20)$. (a) Determine o valor limitante de ganho *K* para um sistema estável. (b) Para o ganho que resulta em estabilidade marginal, determine a magnitude das raízes imaginárias. (c) Reduza o ganho para metade da

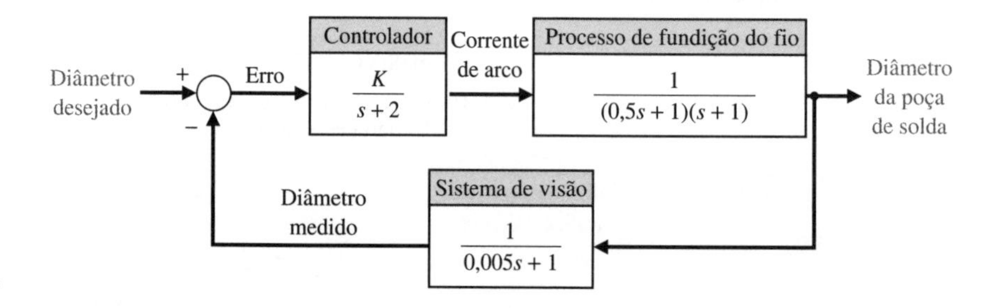

FIGURA P6.3 Controle de solda.

magnitude do valor marginal e determine a estabilidade relativa do sistema (1) deslocando o eixo e usando o critério de Routh–Hurwitz e (2) determinando as posições das raízes. Mostre que as raízes estão entre –1 e –2.

P6.5 Determine a estabilidade relativa dos sistemas com as seguintes equações características (1) deslocando o eixo no plano s e usando o critério Routh–Hurwitz e (2) determinando a posição das raízes complexas no plano s.

(a) $s^3 + 5s^2 + 6s + 2 = 0$.

(b) $s^4 + 9s^3 + 30s^2 + 42s + 20 = 0$.

(c) $s^3 + 20s^2 + 100s + 200 = 0$.

P6.6 Um sistema de controle com realimentação unitária é mostrado na Figura P6.6. Determine a estabilidade do sistema com as seguintes funções de transferência usando o critério de Routh-Hurwitz.

(a) $G_c(s)G(s) = \dfrac{2s+2}{s^2(s+4)}$

(b) $G_c(s)G(s) = \dfrac{30}{s(s^3+10s^2+35s+75)}$

(c) $G_c(s)G(s) = \dfrac{(s+1)(s+3)}{s(s+4)(s+7)}$

P6.7 O modelo linear de um detector de fase (malha de captura de fase) pode ser representado pela Figura P6.7 [9]. Os sistemas de malha de captura de fase são projetados para manter uma diferença de fase nula entre o sinal da portadora de entrada e um oscilador controlado por tensão local. O filtro para uma aplicação particular é escolhido como

$$F(s) = \frac{2(s+45)}{(s+1)(s+90)}.$$

Deseja-se minimizar o erro em regime estacionário do sistema para uma mudança em rampa no sinal com informação de fase. (a) Determine o valor limitante do ganho $K_aK = K_v$ de modo a manter o sistema estável. (b) Um erro em regime estacionário igual a 2° é aceitável para um sinal rampa de 75 rad/s. Para esse valor de ganho K_v, determine a posição das raízes do sistema.

P6.8 Um sistema de controle de velocidade muito interessante e útil foi projetado para um sistema de controle de cadeira de rodas. Um sistema proposto utilizando sensores de velocidade montados em um chapéu é mostrado na Figura P6.8. O chapéu sensor fornece uma saída proporcional à magnitude do movimento da cabeça. Há um sensor montado a cada intervalo de 90º de modo que movimentos para a frente, esquerda, direita ou para trás possam ser comandados. Valores típicos para as constantes de tempo são $\tau_1 = 0{,}5$ s, $\tau_2 = 1$ s e $\tau_3 = \frac{1}{4}$ s.

(a) Determine o ganho limitante $K = K_1K_2K_3$ para um sistema estável.

(b) Quando o ganho K é ajustado igual a um terço do valor limitante, determine se o tempo de acomodação (para 2% do valor final do sistema) é $T_s \leq 4$ s.

(c) Determine o valor de ganho que resulta em um sistema com tempo de acomodação $T_s \leq 4$ s. Além disso, obtenha o valor das raízes da equação característica quando o tempo de acomodação é $T_s \leq 4$ s.

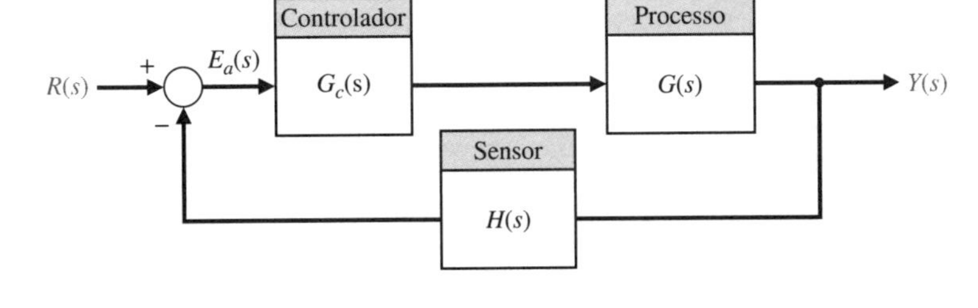

FIGURA P6.4
Sistema com realimentação não unitária.

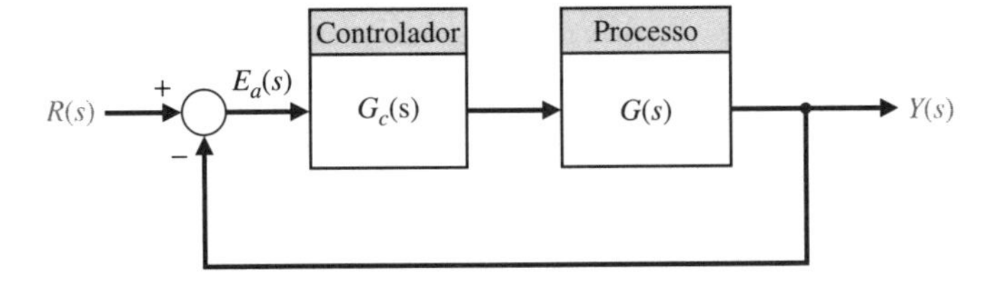

FIGURA P6.6
Sistema com realimentação unitária.

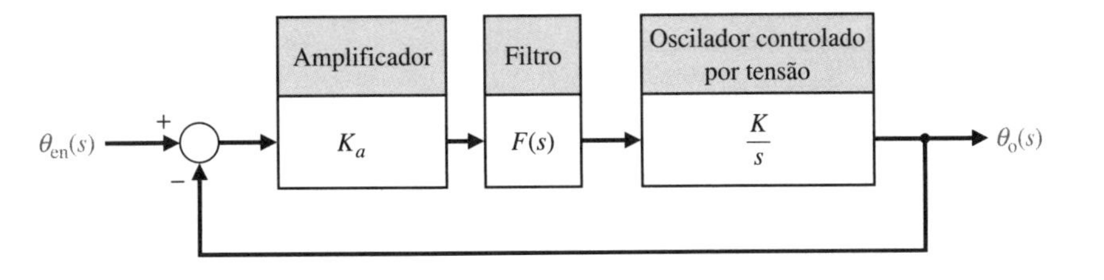

FIGURA P6.7
Sistema de malha de captura de fase.

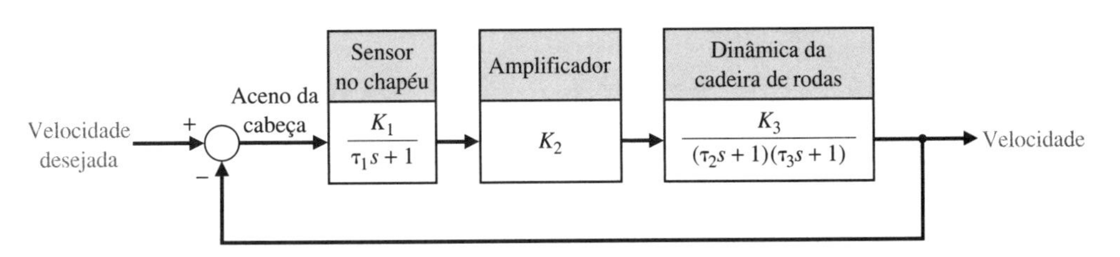

FIGURA P6.8
Sistema de controle de cadeira de rodas.

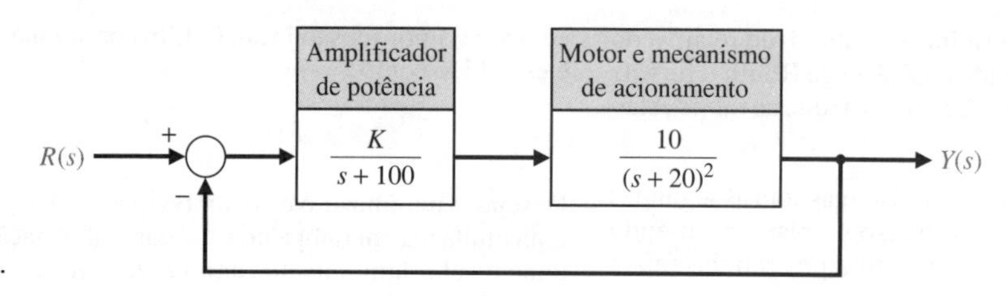

FIGURA P6.9 Controle de acionamento de fita.

P6.9 Um dispositivo de armazenamento de fita cassete foi projetado para armazenamento em massa [1]. É necessário controlar a velocidade da fita com exatidão. O controle de velocidade do acionador da fita é representado pelo sistema mostrado na Figura P6.9.

(a) Determine o ganho limitante para um sistema estável.

(b) Determine um ganho adequado de modo que a máxima ultrapassagem percentual para um comando degrau seja de $M.U.P. = 5\%$.

P6.10 Os robôs podem ser usados em operações de manufatura e de montagem que requerem manipulação exata, rápida e versátil [10, 11]. A função de transferência de malha de um braço acionado diretamente é dada por

$$G_c(s)G(s) = \frac{K(s + 10)}{s(s + 3)(s^2 + 4s + 8)}.$$

(a) Determine o valor do ganho K quando o sistema oscila. (b) Calcule as raízes do sistema em malha fechada para o valor de K determinado na parte (a).

P6.11 Um sistema de controle com realimentação possui uma equação característica

$$s^3 + (2 + K)s^2 + s + (1 + 2K) = 0.$$

O parâmetro K deve ser positivo. Qual é o valor máximo que K pode assumir antes que o sistema se torne instável? Quando K é igual ao valor máximo, o sistema oscila. Determine a frequência de oscilação.

P6.12 Um sistema possui a equação característica de terceira ordem

$$s^3 + as^2 + bs + c = 0,$$

em que a, b e c são parâmetros constantes. Determine as condições necessárias e suficientes para que o sistema seja estável. É possível determinar a estabilidade do sistema apenas inspecionando-se os coeficientes da equação característica?

P6.13 Considere o sistema na Figura P6.13. Determine as condições para K, p e z que devem ser satisfeitas para a estabilidade em malha fechada. Admita que $K > 0$, $\zeta > 0$ e $\omega_n > 0$.

P6.14 Um sistema de controle com realimentação possui uma equação característica

$$s^6 + 2s^5 + 13s^4 + 16s^3 + 56s^2 + 32s + 80 = 0.$$

Determine se o sistema é estável e determine os valores das raízes.

P6.15 A estabilidade de uma motocicleta e do piloto é uma importante área de estudos [12, 13]. As características de manejo de uma motocicleta devem incluir um modelo do piloto, bem como do veículo. As dinâmicas de motocicleta e piloto podem ser representadas por uma função de transferência em malha

$$L(s) = \frac{K(s^2 + 30s + 1.125)}{s(s + 20)(s^2 + 10s + 125)(s^2 + 60s + 3.400)}.$$

(a) Como aproximação, calcule a faixa de valores aceitáveis de K para um sistema estável quando o polinômio do numerador (zeros) e o polinômio do denominador ($s^2 + 60s + 3.400$) são desprezados. (b) Calcule a faixa real de valores aceitáveis de K, levando em conta todos os polos e zeros.

P6.16 Um sistema possui função de transferência em malha fechada

$$T(s) = \frac{1}{s^3 + 5s^2 + 20s + 6}.$$

(a) Determine se o sistema é estável. (b) Determine as raízes da equação característica. (c) Represente graficamente a resposta do sistema para uma entrada em degrau unitário.

P6.17 O elevador da Torre Panorâmica de 70 andares de Yokohama opera a uma velocidade máxima de 45 km/h. Para atingir tal velocidade sem causar desconforto nos passageiros, o elevador acelera por longos períodos, em vez de acelerar mais bruscamente. Subindo, ele alcança a velocidade máxima somente no 27º andar; e começa a desacelerar 15 andares depois. O resultado é uma aceleração de pico semelhante à de outros elevadores de arranha-céus — pouco menor que um décimo da força da gravidade. Engenhosidade admirável foi usada para torná-lo seguro e confortável. Freios especiais de cerâmica tiveram que ser desenvolvidos; freios de ferro poderiam derreter. Sistemas controlados por computador amortecem as vibrações. O elevador foi aperfeiçoado aerodinamicamente para reduzir o ruído do vento à medida que ele acelera para cima e para baixo [19]. Um sistema de controle proposto para a posição vertical do elevador é mostrado na Figura P6.17. Determine a faixa de valores de K para um sistema estável, em que $K > 0$.

P6.18 Considere o caso de coelhos e raposas. O número de coelhos é x_1 e, se nada interferisse, poderia crescer indefinidamente (até que o suprimento de alimento fosse exaurido), de modo que

$$\dot{x}_1 = kx_1.$$

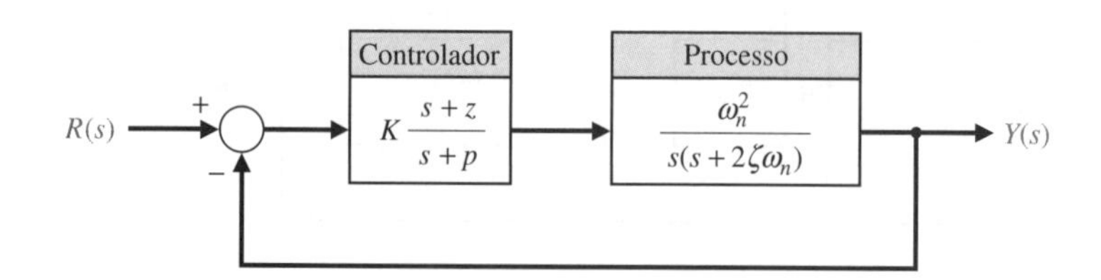

FIGURA P6.13 Sistema de controle com controlador com três parâmetros K, p e z.

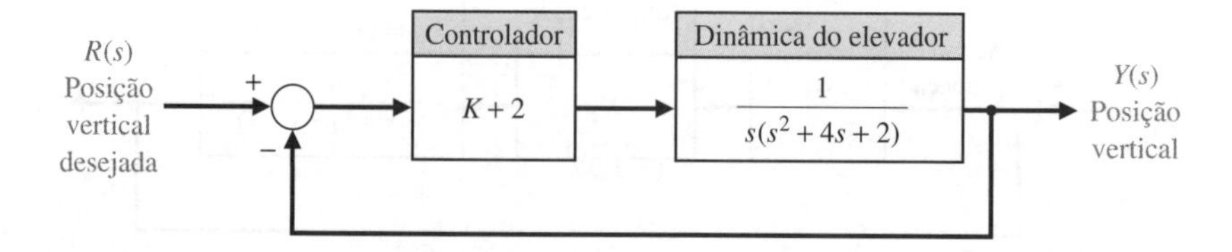

FIGURA P6.17 Sistema de controle de elevador.

Contudo, com raposas presentes, tem-se

$$\dot{x}_1 = kx_1 - ax_2,$$

em que x_2 é o número de raposas. Agora, se as raposas precisam de coelhos para existirem, tem-se

$$\dot{x}_2 = -hx_2 + bx_1.$$

Determine se este sistema é estável e desse modo decai para a condição $x_1(t) = x_2(t) = 0$ em $t = \infty$. Quais os requisitos sobre a, b, h e k para um sistema estável? Qual é o resultado quando k é maior do que h?

P6.19 O objetivo de aeronaves de decolagem e pouso vertical (*vertical takeoff and landing* – VTOL) é realizar operações a partir de aeroportos relativamente pequenos e ainda operar como aeronaves normais em voo nivelado [16]. Uma aeronave decolando de forma semelhante à de um foguete é inerentemente instável. Um sistema de controle utilizando jatos ajustáveis pode controlar o veículo, como mostrado na Figura P6.19. (a) Determine a faixa de valores de ganho para a qual o sistema é estável. (b) Determine o ganho K para o qual o sistema é marginalmente estável e as raízes da equação característica para este valor de K.

P6.20 Um veículo de decolagem e pouso vertical (VTOL) pessoal é mostrado na Figura P6.20(a). Um possível sistema de controle para a altitude da aeronave é mostrado na Figura P6.20(b). (a) Para $K = 17$, determine se o sistema é estável. (b) Determine uma faixa de estabilidade, se existir, para $K > 0$.

P6.21 Considere o sistema descrito na forma de variáveis de estado por

$$\dot{\mathbf{x}}(t) = \mathbf{A}\mathbf{x}(t) + \mathbf{B}u(t)$$
$$y(t) = \mathbf{C}\mathbf{x}(t)$$

em que

$$\mathbf{A} = \begin{bmatrix} 0 & 1 \\ -k_1 & -k_2 \end{bmatrix}, \mathbf{B} = \begin{bmatrix} 0 \\ 1 \end{bmatrix} \quad \text{e} \quad \mathbf{C} = [1 \quad -1]$$

e em que $k_1 \neq k_2$ e tanto k_1 quanto k_2 são números reais.

(a) Calcule a matriz de transição de estado $\Phi(t, 0)$. (b) Calcule os autovalores da matriz **A** do sistema. (c) Calcule as raízes do polinômio característico. (d) Discuta os resultados das partes (a) a (c) em termos da estabilidade do sistema.

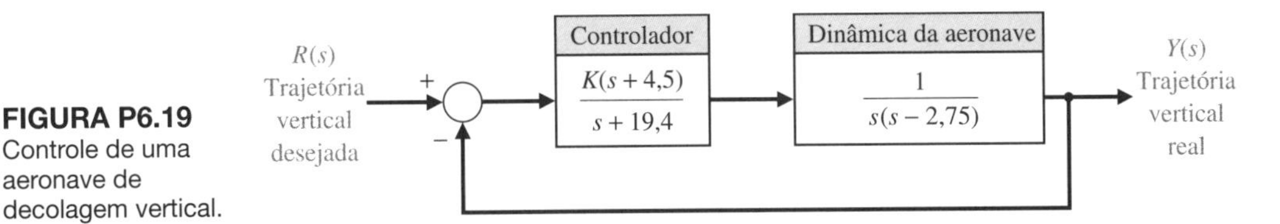

FIGURA P6.19 Controle de uma aeronave de decolagem vertical.

(a)

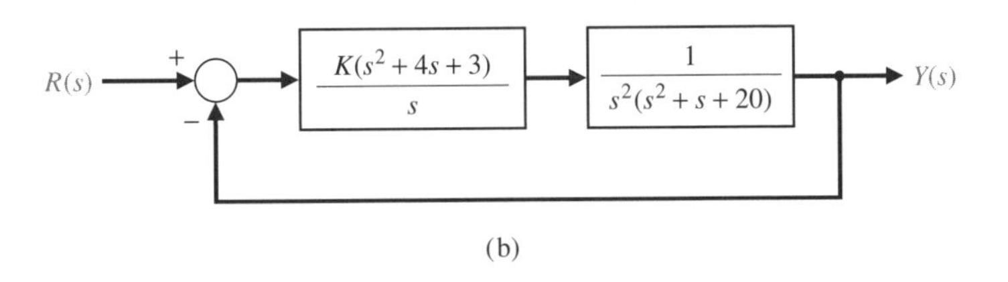

(b)

FIGURA P6.20 (a) Aeronave VTOL pessoal. (Chesky_W/ iStockPhoto.) (b) Sistema de controle.

PROBLEMAS AVANÇADOS

PA6.1 Um sistema de controle teleoperado incorpora tanto uma pessoa (operador) quanto uma máquina remota. O sistema teleoperado normal é baseado em um enlace unidirecional para a máquina e uma realimentação limitada para o operador. Entretanto, um acoplamento de duas vias usando troca bidirecional de informações permite melhor operação [18]. No caso de controle remoto de um robô, uma realimentação de força mais uma realimentação de posição é útil. A equação característica de um sistema teleoperado, como mostrado na Figura PA6.1, é

$$s^4 + 20s^3 + K_1s^2 + 4s + K_2 = 0,$$

em que K_1 e K_2 são fatores de ganho de realimentação. Determine e represente graficamente a região de estabilidade deste sistema para K_1 e K_2.

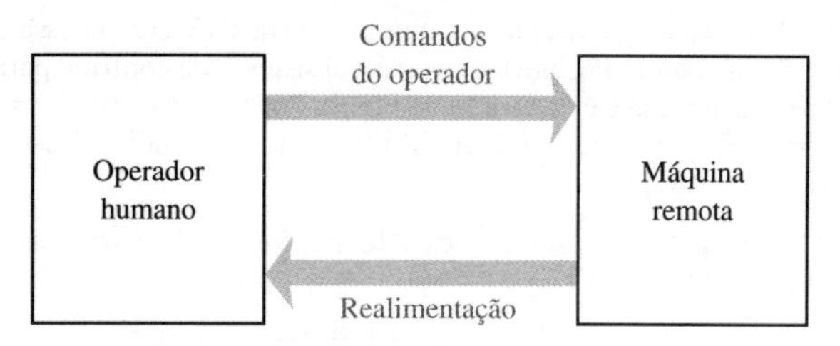

FIGURA PA6.1 Modelo de uma máquina teleoperada.

PA6.2 Considere o caso de um piloto da Marinha pousando uma aeronave em um porta-aviões. O piloto tem três tarefas básicas. A primeira tarefa é guiar a aproximação da aeronave ao navio ao longo de uma extensão da linha central da pista. A segunda tarefa é manter a aeronave com inclinação correta. A terceira tarefa é manter a velocidade de descida correta. Um modelo de sistema de controle de posição lateral é mostrado na Figura PA6.2. Determine a faixa de valores de estabilidade para $K \geq 0$.

PA6.3 Um sistema de controle é mostrado na Figura PA6.3. Deseja-se que o sistema seja estável e que o erro em regime estacionário para uma entrada em degrau unitário seja menor ou igual a 0,05.

(a) Determine a faixa de valores de α que satisfaça o requisito de erro. (b) Determine a faixa de valores de α que satisfaça o requisito de estabilidade. (c) Escolha um valor de α que satisfaça ambos os requisitos.

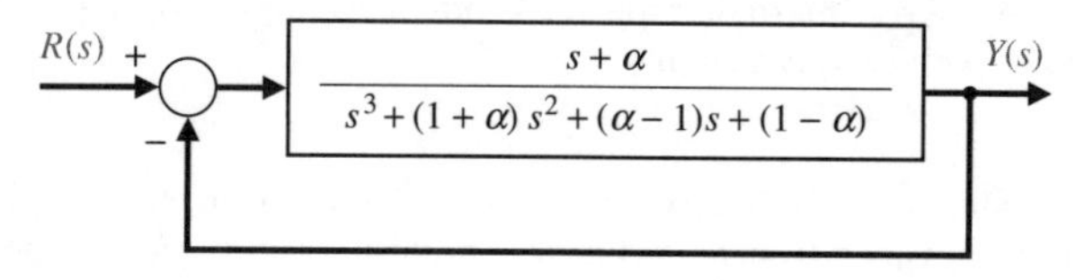

FIGURA PA6.3 Sistema de terceira ordem com realimentação unitária.

PA6.4 Uma linha de enchimento de garrafas usa um mecanismo de alimentação fusiforme, como mostrado na Figura PA6.4. A realimentação do tacômetro é usada para manter controle de velocidade exato. Determine e represente graficamente a faixa de valores de K e p que permite operação estável.

PA6.5 Considere o sistema em malha fechada na Figura PA6.5. Admita que todos os ganhos sejam positivos, isto é, $K_1 > 0$, $K_2 > 0$, $K_3 > 0$, $K_4 > 0$ e $K_5 > 0$.

(a) Determine a função de transferência em malha fechada $T(s) = Y(s)/R(s)$.

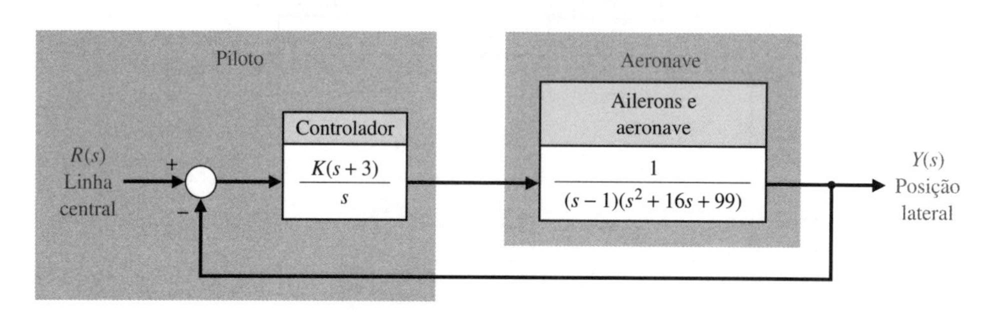

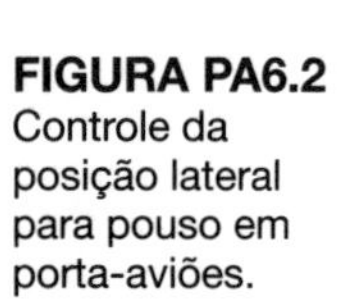
FIGURA PA6.2 Controle da posição lateral para pouso em porta-aviões.

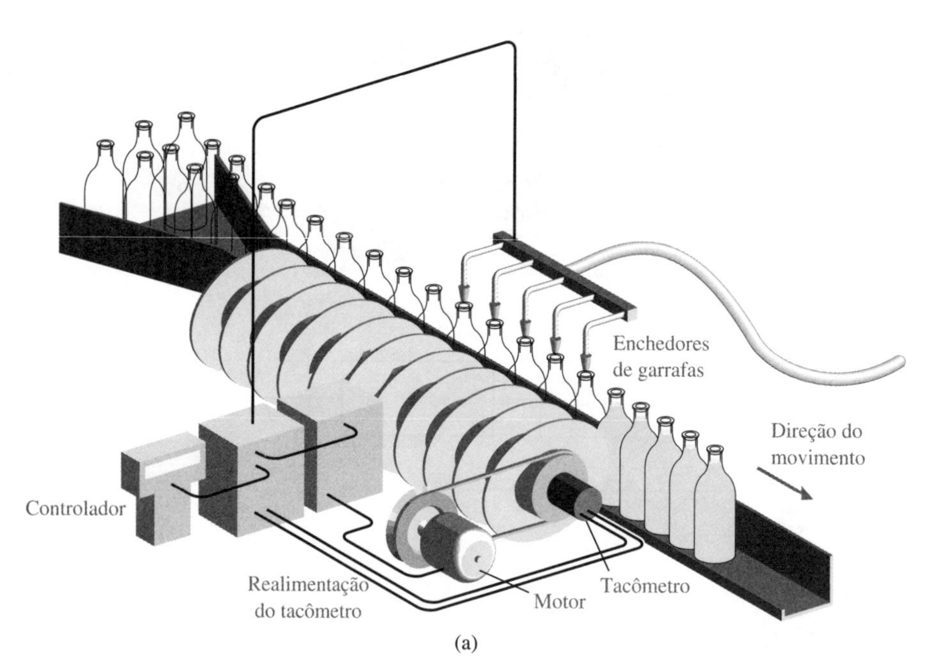

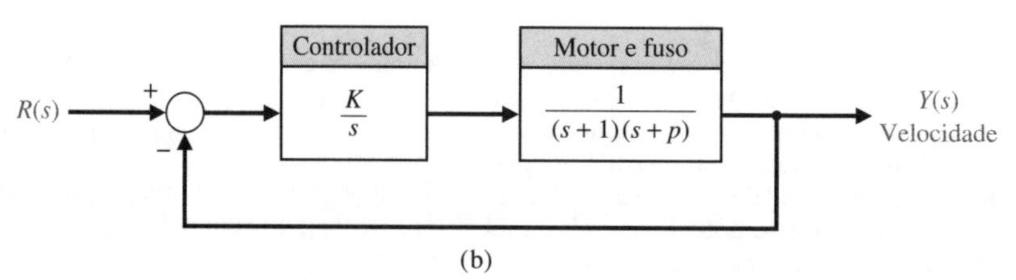

FIGURA PA6.4 Controle de velocidade de uma linha de enchimento de garrafas. (a) Esquema do sistema. (b) Diagrama de blocos.

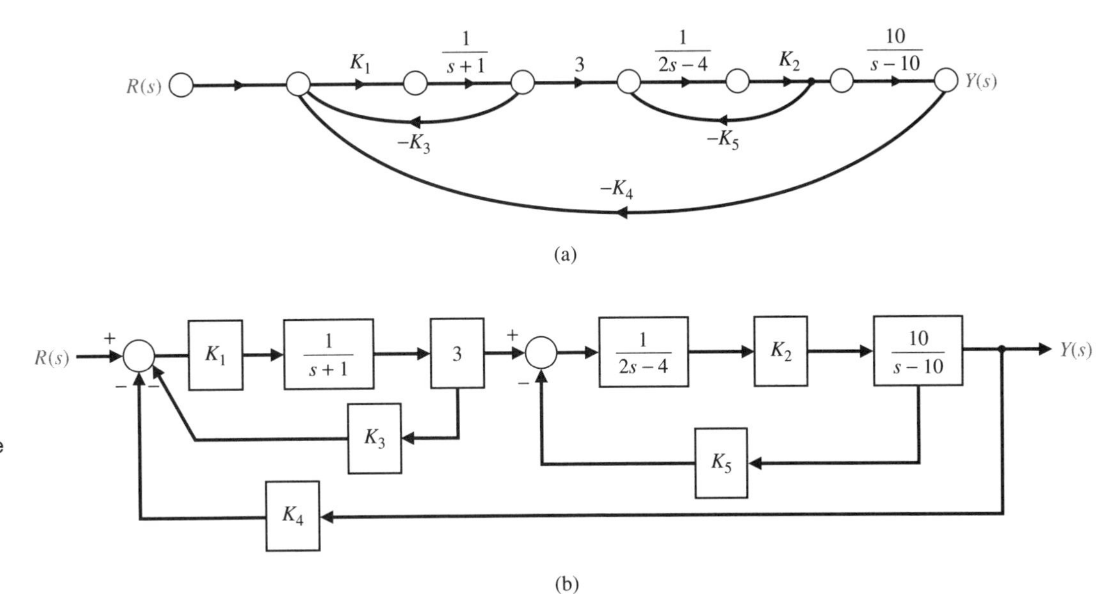

FIGURA PA6.5 Sistema de controle com realimentação e múltiplas malhas. (a) Diagrama de fluxo de sinal. (b) Diagrama de blocos.

(b) Obtenha as condições de escolha dos ganhos K_1, K_2, K_3, K_4 e K_5, de modo a se garantir que o sistema em malha fechada seja estável.

(c) Usando os resultados da parte (b), escolha valores os cinco ganhos de modo que o sistema em malha fechada seja estável e represente graficamente a resposta ao degrau unitário.

PA6.6 Uma espaçonave com câmera é mostrada na Figura PA6.6. (a) A câmera gira cerca de 16° em um plano inclinado com relação à base. Jatos de reação estabilizam a base contra os torques de reação dos motores de giro. Admita que o controle da velocidade de rotação para o giro da câmera possui uma função de transferência da planta

$$G(s) = \frac{1}{(s + 5)(s + 3)(s + 7)}.$$

Um controlador proporcional e derivativo é usado em um sistema como mostrado na Figura PA6.6(b), em que

$$G_c(s) = K_p + K_D s,$$

e em que $K_P > 0$ e $K_D > 0$. Obtenha e represente graficamente a relação entre K_P e K_D que resulta em um sistema estável em malha fechada.

PA6.7 A capacidade de um ser humano de executar tarefas físicas é limitada não pelo intelecto, mas pela força física. Se, em um ambiente apropriado, a potência mecânica de uma máquina for intimamente integrada com a força mecânica de um braço humano sob o controle do intelecto humano, o sistema resultante será superior ao de uma combinação vagamente integrada de ser humano e robô totalmente automatizado.

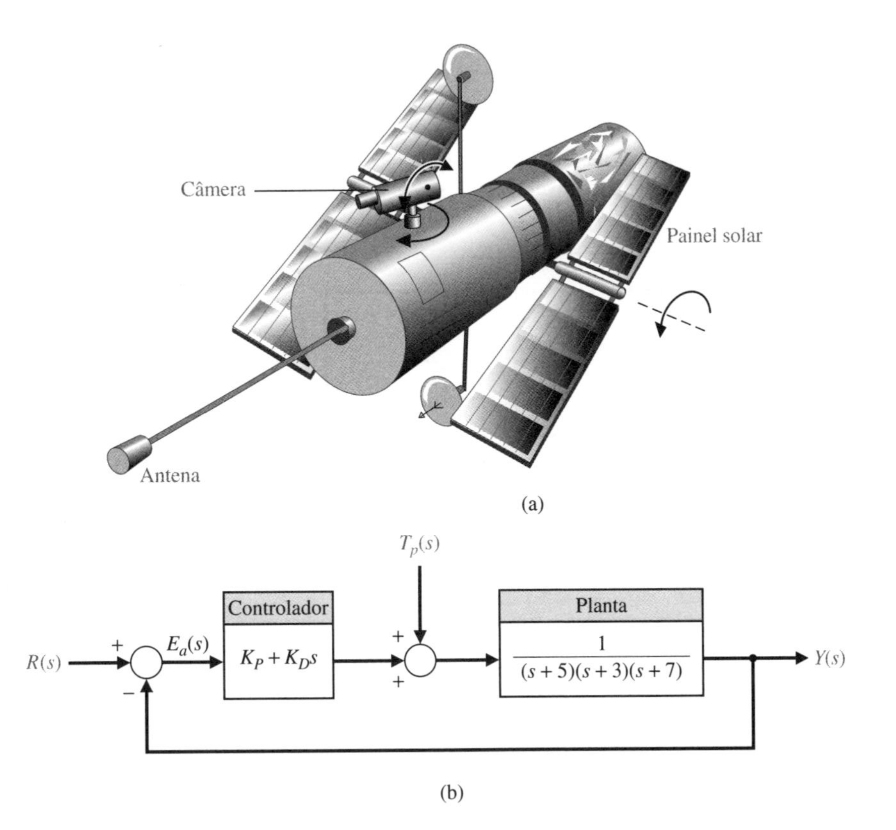

FIGURA PA6.6 (a) Espaçonave com câmera. (b) Sistema de controle com realimentação.

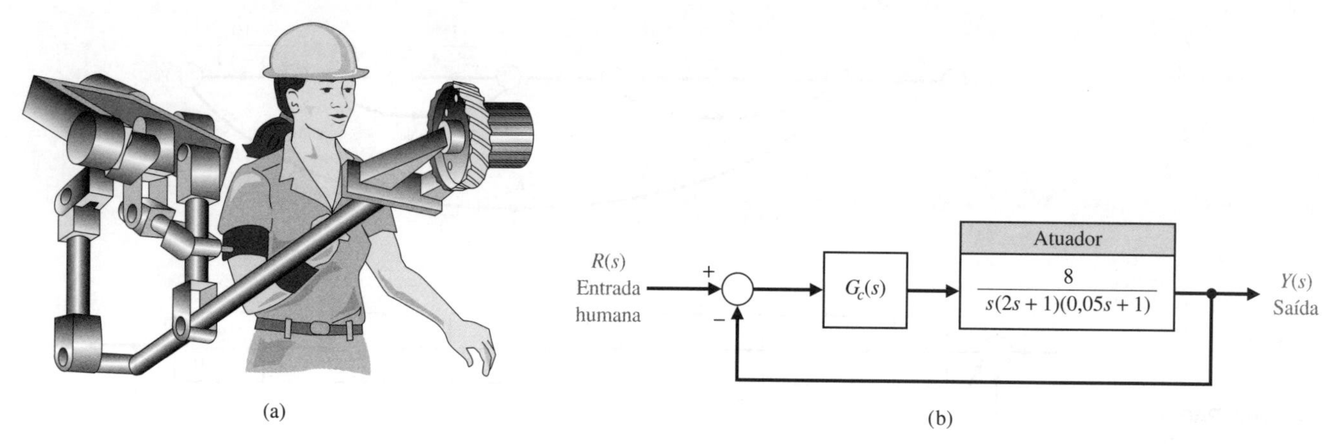

FIGURA PA6.7 Controle de robô extensor.

Os extensores são definidos como uma classe de manipuladores robóticos que ampliam a força do braço humano enquanto mantêm o controle humano sobre a tarefa [23]. A característica marcante de um extensor é a transmissão de ambos, potência e sinais de informação. O extensor é vestido pelo ser humano; o contato físico entre o extensor e o ser humano permite a transferência direta de potência mecânica e de sinais de informação. Por causa desta interface singular, o controle da trajetória do extensor pode ser realizado sem nenhum tipo de haste de comando ou teclado. O ser humano fornece um sistema de controle para o extensor, enquanto os atuadores do extensor fornecem a maior parte da força necessária para a tarefa. O ser humano se torna uma parte do extensor e "sente" uma versão em escala reduzida da carga que o extensor está carregando. Um extensor é mostrado na Figura PA6.7(a) [23]. O diagrama de blocos do sistema é mostrado na Figura PA6.7(b). Considere o controlador proporcional e integral

$$G_c(s) = K_P + \frac{K_I}{s}.$$

Determine a faixa de valores dos ganhos do controlador K_P e K_I tais que o sistema em malha fechada seja estável.

PROBLEMAS DE PROJETO

PPC6.1 O sistema de acionamento por sarilho do problema PPC5.1 usa o amplificador como controlador. Determine o valor máximo do ganho K_a antes que o sistema se torne instável.

PP6.1 O controle de ignição por centelhas de um motor de automóvel requer desempenho constante sobre uma larga gama de parâmetros [15]. O sistema de controle é mostrado na Figura PP6.1, com ganho de controlador K a ser escolhido. O parâmetro p é igual a 2 para muitos carros, mas pode ser igual a zero para os de alto desempenho. Escolha um ganho K que resultará em um sistema estável para ambos os valores de p.

PP6.2 Um veículo guiado automaticamente em Marte é representado pelo sistema na Figura PP6.2. O sistema possui roda manobrável tanto na frente quanto na parte de trás do veículo e o projeto requer que $H(s) = Ks + 1$. Determine (a) o valor de K requerido para estabilidade, (b) o valor de K quando uma raiz da equação característica é igual a $s = -5$ e (c) o valor das duas raízes restantes para o ganho escolhido na parte (b). (d) Encontre a resposta do sistema para um comando degrau do ganho escolhido na parte (b).

PP6.3 Um sistema com realimentação negativa unitária com

$$L(s) = G_c(s)G(s) = \frac{K(s + 2)}{s(1 + \tau s)(1 + 2s)}$$

possui dois parâmetros a serem escolhidos. (a) Determine e represente graficamente as regiões de estabilidade para este sistema.

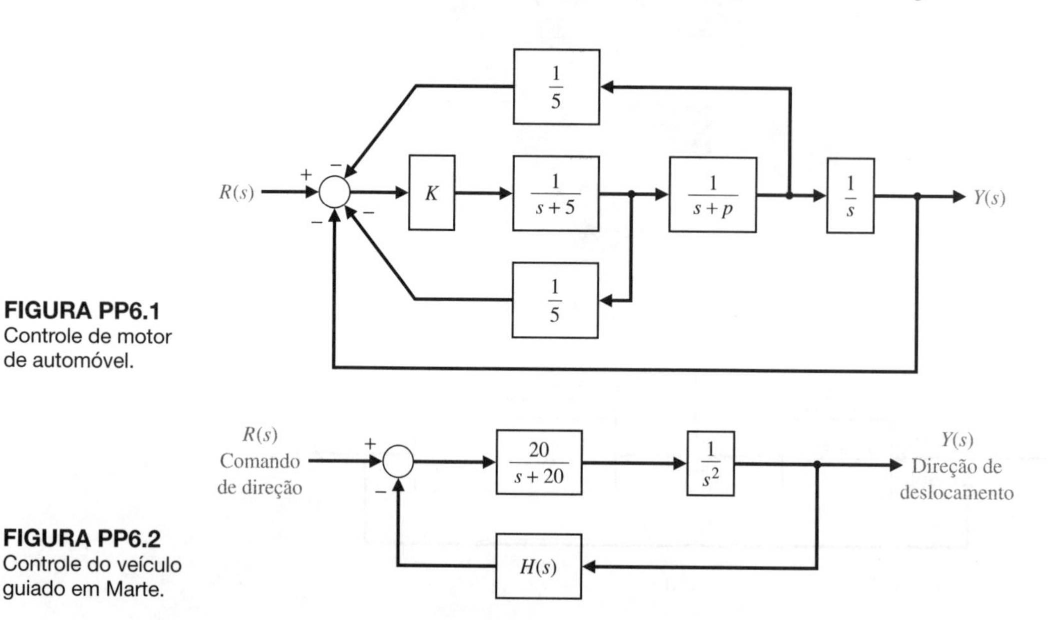

FIGURA PP6.1 Controle de motor de automóvel.

FIGURA PP6.2 Controle do veículo guiado em Marte.

(b) Escolha τ e K de modo que o erro em regime estacionário para uma entrada rampa seja menor ou igual a 25% da magnitude da entrada. (c) Determine a máxima ultrapassagem percentual de uma entrada em degrau para o projeto escolhido na parte (b).

PP6.4 O sistema de controle de atitude de um foguete é mostrado na Figura PP6.4 [17]. (a) Determine a faixa de valores do ganho K e do parâmetro m de modo que o sistema seja estável e represente graficamente a região de estabilidade. (b) Escolha valores do ganho e do parâmetro de modo que o erro em regime estacionário para uma entrada rampa seja menor ou igual a 10% da magnitude de entrada. (c) Determine a máxima ultrapassagem percentual de uma entrada em degrau para o projeto escolhido na parte (b).

PP6.5 Um sistema de controle de tráfego é projetado para controlar a distância entre veículos, como mostrado na Figura PP6.5 [15]. (a) Determine a faixa de valores de ganho K para os quais o sistema é estável. (b) Se K_m é o valor máximo de K de modo que as raízes características estão sobre o eixo $j\omega$, então seja $K = K_m/N$, em que N deve ser selecionado. Deseja-se que o tempo de pico seja $T_p \leq 2$ segundos e que a máxima ultrapassagem percentual seja $M.U.P. \leq 20\%$. Determine um valor apropriado para N.

PP6.6 Considere o sistema de entrada única e saída única descrito por

$$\dot{\mathbf{x}}(t) = \mathbf{A}\mathbf{x}(t) + \mathbf{B}u(t)$$

$$y(t) = \mathbf{C}\mathbf{x}(t)$$

em que

$$\mathbf{A} = \begin{bmatrix} 0 & 1 \\ 2 & -2 \end{bmatrix}, \mathbf{B} = \begin{bmatrix} 0 \\ 1 \end{bmatrix}, \mathbf{C} = \begin{bmatrix} 1 & 0 \end{bmatrix}.$$

Admita que a entrada seja uma combinação linear dos estados, isto é,

$$u(t) = -\mathbf{K}\mathbf{x}(t) + r(t)$$

em que $r(t)$ é a entrada de referência. A matriz $\mathbf{K} = [K_1\ K_2]$ é conhecida como matriz de ganho. Se $u(t)$ for substituído na equação de variáveis de estado, será obtido o sistema em malha fechada

$$\dot{\mathbf{x}}(t) = [\mathbf{A} - \mathbf{B}\mathbf{K}]\mathbf{x}(t) + \mathbf{B}r(t)$$

$$y(t) = \mathbf{C}\mathbf{x}(t).$$

Para quais valores de $\mathbf{K}$ o sistema em malha fechada é estável? Determine a região do semiplano esquerdo onde os autovalores em malha fechada desejados devem ser posicionados de modo que a máxima ultrapassagem percentual para uma entrada em degrau unitário, $R(s) = 1/s$, seja menor que $M.U.P. < 5\%$ e o tempo de acomodação seja menor que $T_s < 4s$. Escolha uma matriz ganho, $\mathbf{K}$, de modo que a resposta ao degrau do sistema atenda às especificações $M.U.P. < 5\%$ e $T_s < 4s$.

PP6.7 Considere o sistema de controle com realimentação da Figura PP6.7. O sistema possui uma malha interna e uma malha externa. A malha interna deve ser estável e ter velocidade rápida de resposta. (a) Considere a malha interna primeiro. Determine a faixa de valores de K_1 que resulta em uma malha interna estável. Isto é, a função de transferência $Y(s)/U(s)$ deve ser estável. (b) Escolha o valor de K_1 na faixa de valores estáveis que leve à resposta ao degrau mais rápida. (c) Para o valor de K_1 escolhido em (b), determine a faixa de valores de K_2 de modo que o sistema em malha fechada $T(s) = Y(s)/R(s)$ seja estável.

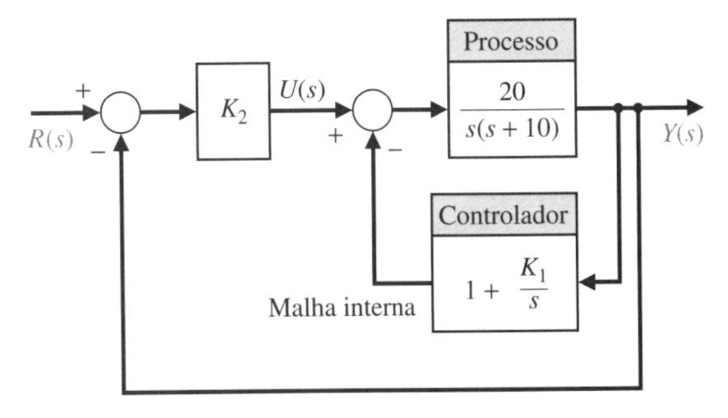

FIGURA PP6.7 Sistema com realimentação com malhas interna e externa.

PP6.8 Considere o sistema com realimentação mostrado na Figura PP6.8. A função de transferência do processo é marginalmente estável. O controlador é o controlador proporcional e derivativo (PD)

$$G_c(s) = K_P + K_D s.$$

Determine se é possível encontrar valores de K_P e K_D de modo que o sistema em malha fechada seja estável. Se sim, obtenha os valores dos parâmetros do controlador de modo que o erro de rastreamento em regime estacionário $E(s) = R(s) - Y(s)$ para uma entrada em degrau unitário $R(s) = 1/s$ seja $e_{ss} = \lim_{t\to\infty} e(t) \leq 0{,}1$ e o amortecimento do sistema em malha fechada seja $\zeta = \sqrt{2}/2$.

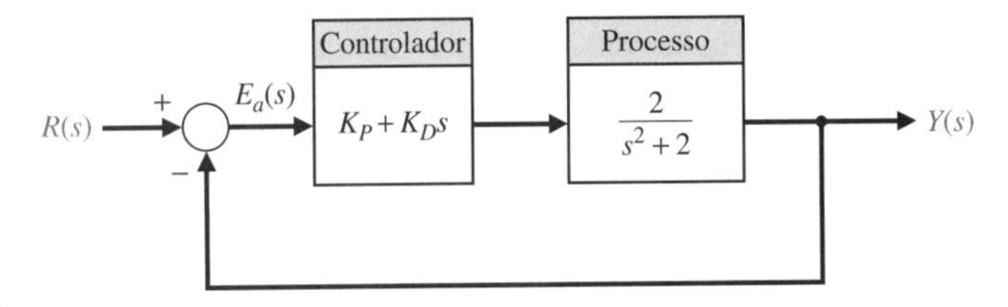

FIGURA PP6.8 Uma planta marginalmente estável com controlador PD na malha.

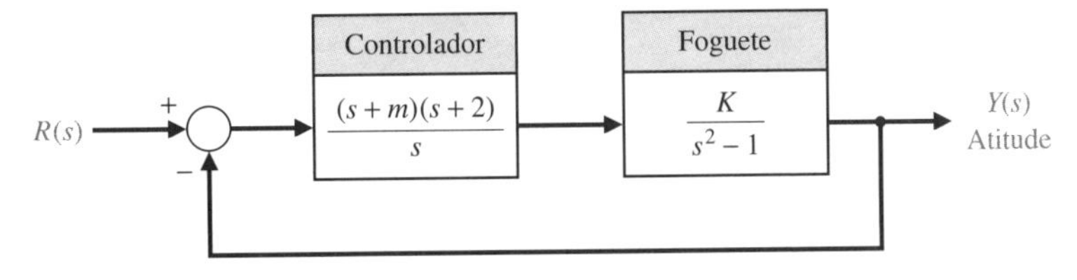

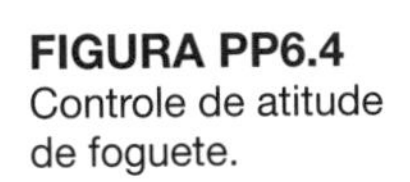

FIGURA PP6.4 Controle de atitude de foguete.

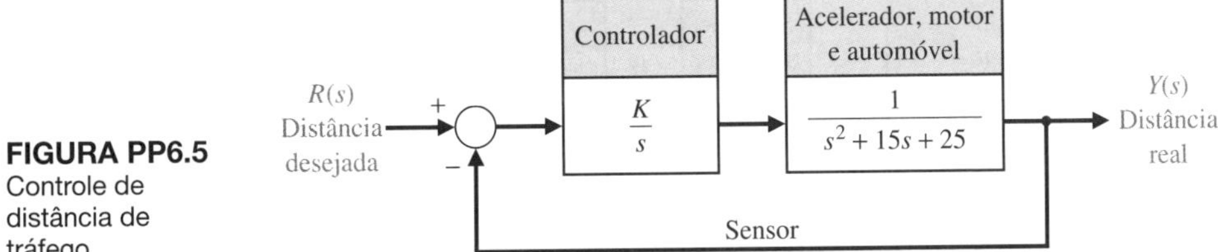

FIGURA PP6.5 Controle de distância de tráfego.

PROBLEMAS COMPUTACIONAIS

PC6.1 Determine as raízes das seguintes equações características:

(a) $q(s) = s^3 + 2s^2 + 20s + 10 = 0$.

(b) $q(s) = s^4 + 8s^3 + 24s^2 + 32s + 16 = 0$.

(c) $q(s) = s^4 + 2s^2 + 1 = 0$.

PC6.2 Considere um sistema com realimentação negativa unitária com

$$G_c(s) = K \quad \text{e} \quad G(s) = \frac{s^2 - 6s + 5}{s^2 + 2s + 1}.$$

Desenvolva uma sequência de instruções para calcular as raízes do polinômio característico da função de transferência em malha fechada para $K = 1/4$, $1/3$ e 1. Sob quais valores de K o sistema em malha fechada é estável?

PC6.3 Um sistema com realimentação negativa unitária possui a função de transferência em malha

$$L(s) = G_c(s)G(s) = \frac{s + 1}{s^3 + 4s^2 + 6s + 10}.$$

Desenvolva uma sequência de instruções para determinar a função de transferência em malha fechada e mostre que as raízes da equação característica são $s_1 = -2{,}89$ e $s_{2,3} = -0{,}55 \pm j1{,}87$.

PC6.4 Considere a função de transferência em malha fechada

$$T(s) = \frac{1}{s^5 + 2s^4 + 2s^3 + 4s^2 + s + 2}.$$

(a) Usando o método de Routh–Hurwitz, determine se o sistema é estável. Se não for estável, quantos polos estarão no semiplano direito? (b) Calcule os polos de $T(s)$ e verifique o resultado da parte (a). (c) Represente graficamente a resposta ao degrau unitário e discuta os resultados.

PC6.5 Um modelo de "piloto de papel" é utilizado algumas vezes no projeto e na análise de controle de aeronaves para representar o piloto na malha. Um diagrama de blocos de uma aeronave com piloto "na malha" é mostrado na Figura PC6.5. A variável τ representa o tempo de resposta do piloto. Pode-se representar um piloto mais lento com $\tau = 0{,}6$ e um piloto mais rápido com $\tau = 0{,}1$. As variáveis restantes no modelo do piloto são admitidas como $K = 1$, $\tau_1 = 2$ e $\tau_2 = 0{,}5$. Desenvolva uma sequência de instruções para calcular os polos do sistema em malha fechada para os pilotos rápido e lento. Comente os resultados. Qual o máximo tempo de resposta do piloto admissível para estabilidade?

PC6.6 Considere o sistema de controle com realimentação na Figura PC6.6. Usando a função for, desenvolva uma sequência de instruções em arquivo m para calcular os polos da função de transferência em malha fechada para $0 \leq K \leq 5$ e apresentar os resultados graficamente denotando os polos com símbolo "×". Determine a máxima faixa de valores de K para estabilidade com o método de Routh–Hurwitz. Calcule as raízes da equação característica quando K for o menor valor permitido para estabilidade.

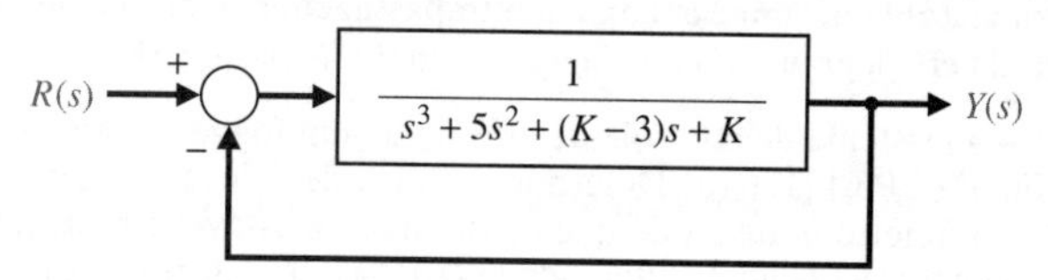

FIGURA PC6.6 Um sistema de controle com realimentação e uma única malha com parâmetro K.

PC6.7 Considere um sistema na forma de variáveis de estado:

$$\dot{\mathbf{x}}(t) = \begin{bmatrix} 0 & 1 & 0 \\ 0 & 0 & 1 \\ -12 & -14 & -10 \end{bmatrix}\mathbf{x}(t) + \begin{bmatrix} 0 \\ 0 \\ 12 \end{bmatrix}u(t),$$

$$y(t) = [1 \quad 1 \quad 0]\mathbf{x}(t).$$

(a) Calcule a equação característica usando a função poly. (b) Calcule as raízes da equação característica e determine se o sistema é estável. (c) Obtenha o gráfico da resposta $y(t)$ quando $u(t)$ for um degrau unitário e quando o sistema tiver condições iniciais nulas.

PC6.8 Considere o sistema de controle com realimentação na Figura PC6.8. (a) Usando o método de Routh–Hurwitz, determine a faixa de valores de K_1 que resulta em estabilidade em malha fechada. (b) Desenvolva uma sequência de instruções para apresentar graficamente a posição dos polos como função de $0 < K_1 < 30$ e comente os resultados.

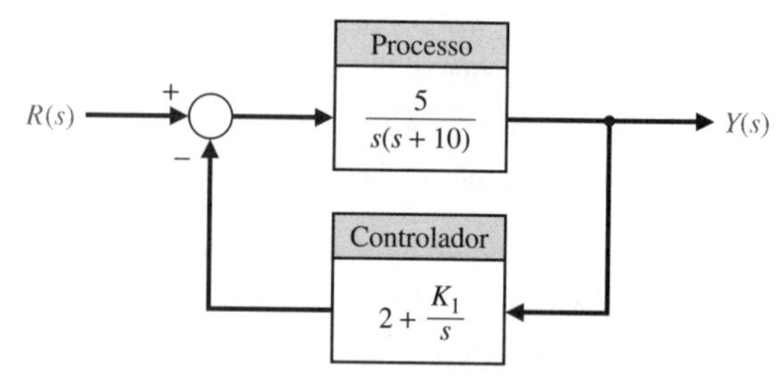

FIGURA PC6.8 Sistema com realimentação não unitária com parâmetro K_1.

PC6.9 Considere um sistema representado na forma de variáveis de estado

$$\dot{\mathbf{x}}(t) = \mathbf{A}\mathbf{x}(t) + \mathbf{B}u(t)$$

$$y(t) = \mathbf{C}\mathbf{x}(t) + \mathbf{D}u(t),$$

em que

$$\mathbf{A} = \begin{bmatrix} 0 & 1 & 0 \\ 2 & 0 & 1 \\ -k & -3 & -2 \end{bmatrix}, \mathbf{B} = \begin{bmatrix} -1 \\ 0 \\ 1 \end{bmatrix},$$

$$\mathbf{C} = [1 \quad 2 \quad 0], \mathbf{D} = [0].$$

(a) Para quais valores de k o sistema é estável?

(b) Desenvolva uma sequência de instruções para apresentar graficamente a posição dos polos como função de $0 < k < 10$ e comente os resultados.

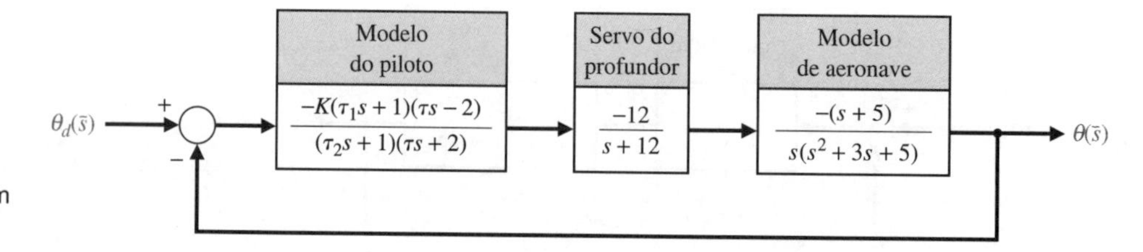

FIGURA PC6.5 Uma aeronave com piloto na malha.

RESPOSTAS PARA A VERIFICAÇÃO DE COMPETÊNCIAS

Verdadeiro ou Falso: (1) Falso; (2) Verdadeiro; (3) Falso; (4) Verdadeiro; (5) Verdadeiro

Múltipla Escolha: (6) a; (7) c; (8) a; (9) b; (10) b; (11) a; (12) a; (13) b; (14) a; (15) b

Correspondência de Palavras (em ordem, de cima para baixo): e, d, f, a, b, g, c

TERMOS E CONCEITOS

Critério de Routh–Hurwitz Critério para se determinar a estabilidade de um sistema por meio do exame da equação característica da função de transferência. O critério estabelece que o número de raízes da equação característica com parte real positiva é igual ao número de mudanças de sinal dos coeficientes da primeira coluna da tabela de Routh.

Estabilidade Medida de desempenho de um sistema. O sistema será estável se todos os polos da função de transferência tiverem parte real negativa.

Estabilidade absoluta Uma descrição do sistema que revela se o sistema é estável ou não sem a consideração de outros atributos do sistema, tal como o grau de estabilidade.

Estabilidade relativa A propriedade que é medida pela parte real relativa de cada raiz ou par de raízes da equação característica.

Marginalmente estável Um sistema é marginalmente estável se e somente se a resposta à entrada nula permanece limitada à medida que $t \to \infty$.

Polinômio auxiliar Equação que precede imediatamente uma linha de zeros na tabela de Routh.

Sistema estável Sistema dinâmico com uma resposta de sistema limitada para uma entrada limitada.

CAPÍTULO

7 Método do Lugar Geométrico das Raízes

APRESENTAÇÃO

O desempenho de um sistema com realimentação pode ser descrito em função da posição das raízes da equação característica no plano *s*. Um gráfico mostrando como as raízes da equação característica se movem no plano *s* à medida que um único parâmetro varia é conhecido como diagrama do lugar geométrico das raízes. O lugar geométrico das raízes é uma ferramenta poderosa para projetar e analisar sistemas de controle com realimentação. Serão discutidas técnicas práticas para se obter manualmente um esboço do diagrama do lugar geométrico das raízes. Também serão considerados diagramas do lugar geométrico das raízes gerados computacionalmente e sua efetividade no processo de projeto será ilustrada. Será mostrado que é possível utilizar métodos do lugar geométrico das raízes para projeto de controladores quando mais de um parâmetro varia. Isso é importante porque se sabe que a resposta de um sistema com realimentação em malha fechada pode ser ajustada para alcançar o desempenho desejado através da escolha criteriosa de um ou mais parâmetros do controlador. O popular controlador PID é apresentado como uma estrutura de controle prática. Também será definida uma medida de sensibilidade de uma raiz específica a pequenas variações incrementais em um parâmetro do sistema. O capítulo é concluído com um projeto de controlador baseado no método do lugar geométrico das raízes para o Exemplo de Projeto Sequencial: Sistema de Leitura de Acionadores de Disco.

RESULTADOS DESEJADOS

Ao concluírem o Capítulo 7, os estudantes devem ser capazes de:

- Descrever o poderoso conceito do lugar geométrico das raízes e seu papel no projeto de sistemas de controle.
- Criar um diagrama do lugar geométrico das raízes por meio de um esboço ou computadores.
- Identificar o controlador PID como elemento-chave de muitos sistemas com realimentação.
- Explicar o papel dos diagramas do lugar geométrico das raízes no projeto de parâmetros e na análise de sensibilidade de um sistema.
- Projetar controladores que satisfaçam às especificações desejadas utilizando métodos do lugar geométrico das raízes.

7.1 INTRODUÇÃO

A estabilidade relativa e o desempenho transitório de um sistema de controle em malha fechada estão diretamente relacionados com a posição das raízes em malha fechada da equação característica no plano *s*. Frequentemente é necessário ajustarem-se um ou mais parâmetros do sistema para se obterem posições adequadas das raízes. Portanto, vale a pena determinar como as raízes da equação característica de um dado sistema percorrem o plano s conforme os parâmetros são variados; ou seja, é útil determinar o **lugar** das raízes no plano s à medida que um parâmetro é variado. O **método do lugar geométrico das raízes** foi apresentado por Evans em 1948 e tem sido desenvolvido e utilizado extensivamente no exercício da engenharia de controle [1–3]. A técnica do lugar geométrico das raízes é um método gráfico para se esboçar o lugar das raízes no plano s à medida que um parâmetro é variado. De fato, o método do lugar geométrico das raízes fornece ao engenheiro uma medida da sensibilidade das raízes do sistema a uma variação no parâmetro considerado. A técnica do lugar geométrico das raízes pode ser usada com grande proveito em conjunto com o critério Routh–Hurwitz.

O método do lugar geométrico das raízes fornece informação gráfica e, por essa razão, um esboço aproximado pode ser usado para se obter informação qualitativa referente à estabilidade e ao desempenho do sistema. Além disso, o lugar das raízes da equação característica de um sistema com múltiplas malhas pode ser investigado tão facilmente quanto no caso de um sistema com uma única malha. Se a posição das raízes não for satisfatória, os ajustes necessários nos parâmetros frequentemente podem ser determinados com rapidez a partir do lugar geométrico das raízes [4].

7.2 CONCEITO DO LUGAR GEOMÉTRICO DAS RAÍZES

O desempenho dinâmico de um sistema de controle em malha fechada é descrito pela função de transferência em malha fechada

$$T(s) = \frac{Y(s)}{R(s)} = \frac{p(s)}{q(s)}, \tag{7.1}$$

em que $p(s)$ e $q(s)$ são polinômios em s. As raízes da equação característica $q(s)$ determinam os modos de resposta do sistema. No caso do sistema simples com uma única malha mostrado na Figura 7.1, tem-se a equação característica

$$\boxed{1 + KG(s) = 0,} \tag{7.2}$$

em que K é um parâmetro variável e $0 \leq K < \infty$. As raízes características do sistema devem satisfazer a Equação (7.2), na qual as raízes estão no plano s. Sendo s uma variável complexa, a Equação (7.2) pode ser reescrita na forma polar como

$$|KG(s)|\underline{/KG(s)} = -1 + j0 \tag{7.3}$$

e, portanto, é necessário que

$$\boxed{|KG(s)| = 1}$$

e

$$\boxed{\underline{/KG(s)} = 180° + k360°,} \tag{7.4}$$

na qual $k = 0, \pm1, \pm2, \pm3, \ldots$

O lugar geométrico das raízes é o caminho percorrido pelas raízes da equação característica traçada no plano s à medida que um parâmetro do sistema varia de zero a infinito.

Considere o sistema de segunda ordem simples mostrado na Figura 7.2. A equação característica é

$$\Delta(s) = 1 + KG(s) = 1 + \frac{K}{s(s+2)} = 0,$$

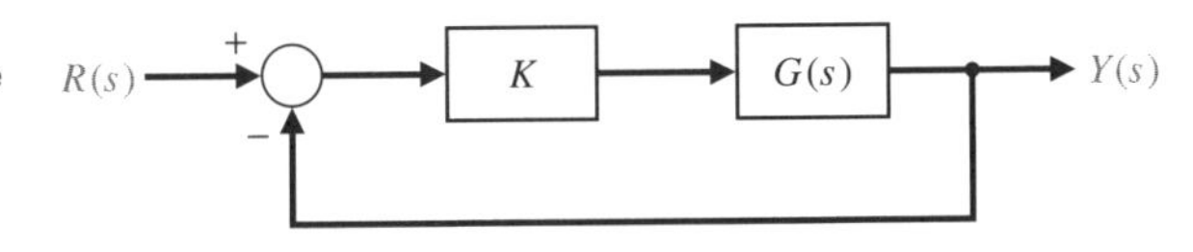

FIGURA 7.1 Sistema de controle em malha fechada com parâmetro variável K.

FIGURA 7.2 Sistema de controle com realimentação unitária. O ganho K é um parâmetro variável.

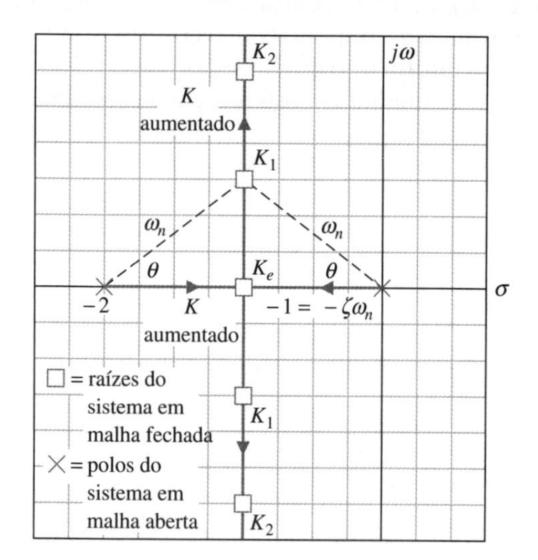

FIGURA 7.3 Lugar geométrico das raízes para um sistema de segunda ordem quando $K_e < K_1 < K_2$. O lugar é mostrado com linhas grossas, e setas que indicam a direção do aumento de K. Observa-se que as raízes da equação característica são denotadas por "□" no lugar geométrico das raízes.

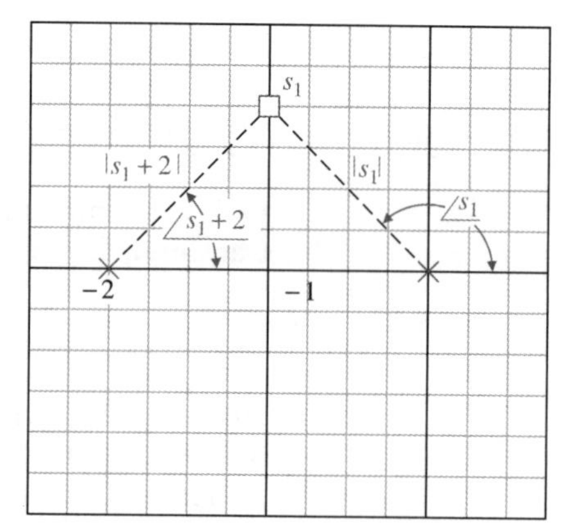

FIGURA 7.4 Cálculo do ângulo e do ganho em s_1 para o ganho $K = K_1$.

ou, alternativamente,

$$\Delta(s) = s^2 + 2s + K = s^2 + 2\zeta\omega_n s + \omega_n^2 = 0. \tag{7.5}$$

O lugar das raízes é encontrado à medida que o ganho K é variado exigindo-se que

$$|KG(s)| = \left|\frac{K}{s(s+2)}\right| = 1 \tag{7.6}$$

e

$$\angle KG(s) = \pm 180°, \pm 540°, \ldots. \tag{7.7}$$

O ganho K pode ser variado de zero até um valor positivo infinitamente grande. Para um sistema de segunda ordem, as raízes são

$$s_1, s_2 = -\zeta\omega_n \pm \omega_n\sqrt{\zeta^2 - 1}, \tag{7.8}$$

e para $\zeta < 1$, sabe-se que $\theta = \cos^{-1}\zeta$. Graficamente, para dois polos em malha aberta, como mostrado na Figura 7.3, o lugar das raízes é uma linha vertical para $\zeta \leq 1$ de modo a satisfazer o requisito de ângulo, Equação (7.7). Por exemplo, como mostrado na Figura 7.4, em uma raiz s_1, os ângulos são

$$\left.\angle \frac{K}{s(s+2)}\right|_{s=s_1} = -\angle s_1 - \angle(s_1 + 2) = -[(180° - \theta) + \theta] = -180°. \tag{7.9}$$

Este requisito de ângulo é satisfeito em qualquer ponto na linha vertical que é um bissetor perpendicular do segmento de reta que vai de 0 a –2. Além disso, o ganho K em pontos particulares é encontrado por meio da Equação (7.6) como

$$\left|\frac{K}{s(s+2)}\right|_{s=s_1} = \frac{K}{|s_1||s_1 + 2|} = 1, \tag{7.10}$$

e então

$$K = |s_1|\,|s_1 + 2|, \tag{7.11}$$

em que $|s_1|$ é a magnitude do vetor que vai a partir da origem até s_1 e $|s_1 + 2|$ é a magnitude do vetor que vai a partir de –2 até s_1.

Em um sistema em malha fechada com múltiplas malhas, usando-se a fórmula de Mason para o ganho do diagrama de fluxo de sinal, tem-se

$$\Delta(s) = 1 - \sum_{n=1}^{N} L_n + \sum_{\substack{n,\,m \\ \text{que não se tocam}}} L_n L_m - \sum_{\substack{n,\,m,\,p \\ \text{que não se tocam}}} L_n L_m L_p + \cdots, \tag{7.12}$$

em que L_n é igual ao valor da transmitância do n-ésimo laço. Então, tem-se uma equação característica que pode ser escrita como

$$q(s) = \Delta(s) = 1 + F(s). \tag{7.13}$$

Para encontrar as raízes da equação característica, iguala-se a Equação (7.13) a zero e obtém-se

$$1 + F(s) = 0. \tag{7.14}$$

A Equação (7.14) pode ser reescrita como

$$F(s) = -1 + j0, \tag{7.15}$$

e as raízes da equação característica devem também satisfazer esta relação.

Em geral, a função $F(s)$ pode ser escrita como

$$F(s) = \frac{K(s + z_1)(s + z_2)(s + z_3)\cdots(s + z_M)}{(s + p_1)(s + p_2)(s + p_3)\cdots(s + p_n)}.$$

Então, os requisitos de magnitude e de ângulo para o lugar geométrico das raízes são

$$|F(s)| = \frac{K|s + z_1|\,|s + z_2|\cdots}{|s + p_1|\,|s + p_2|\cdots} = 1 \tag{7.16}$$

e

$$\angle F(s) = \angle s + z_1 + \angle s + z_2 + \cdots$$

$$-(\angle s + p_1 + \angle s + p_2 + \cdots) = 180^\circ + k360^\circ, \tag{7.17}$$

na qual k é um inteiro. O requisito de magnitude, Equação (7.16), permite determinar-se o valor de K para dada posição de raiz s_1. Um ponto de teste no plano s, s_1, é confirmado como uma posição de raiz quando a Equação (7.17) é satisfeita. Todos os ângulos são medidos no sentido anti-horário a partir de uma linha horizontal.

Para ilustrar ainda mais o procedimento do lugar geométrico das raízes, considere-se novamente o sistema de segunda ordem da Figura 7.5(a), em que $a > 0$. O efeito da variação do parâmetro a

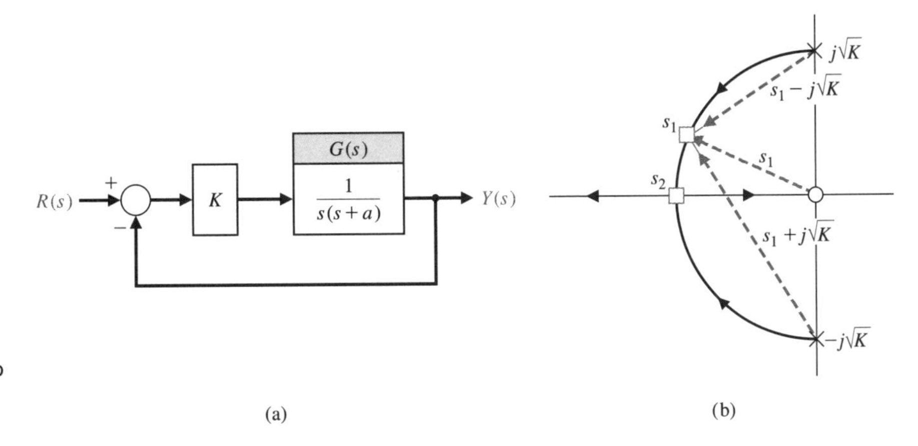

FIGURA 7.5 (a) Sistema com uma única malha. (b) Lugar geométrico das raízes como função do parâmetro a, em que $a > 0$.

pode ser retratado efetivamente reescrevendo-se a equação característica para a forma do lugar geométrico das raízes com a sendo o fator multiplicativo no numerador. Então, a equação característica é

$$1 + KG(s) = 1 + \frac{K}{s(s + a)} = 0,$$

ou, alternativamente,

$$s^2 + as + K = 0.$$

Dividindo-se pelo fator $s^2 + K$, obtém-se

$$1 + \frac{as}{s^2 + K} = 0. \tag{7.18}$$

Assim, o critério de magnitude é satisfeito quando

$$\frac{a|s_1|}{|s_1^2 + K|} = 1 \tag{7.19}$$

na raiz s_1. O critério de ângulo é

$$\angle s_1 - (\angle s_1 + j\sqrt{K} + \angle s_1 - j\sqrt{K}) = \pm 180°, \ \pm 540°, \ldots.$$

Em princípio, poder-se-ia construir o lugar geométrico das raízes determinando-se os pontos no plano s que satisfazem ao critério de ângulo. Na próxima seção, será desenvolvido um procedimento de vários passos para esboçar o lugar geométrico das raízes. O lugar geométrico das raízes para a equação característica na Equação (7.18) é mostrado na Figura 7.5(b). Especificamente na raiz s_1, a magnitude do parâmetro a é encontrada a partir da Equação (7.19) como

$$a = \frac{|s_1 - j\sqrt{K}||s_1 + j\sqrt{K}|}{|s_1|}. \tag{7.20}$$

As raízes do sistema se fundem no eixo real no ponto s_2 e fornecem resposta criticamente amortecida a uma entrada em degrau. O parâmetro a tem uma magnitude nas raízes criticamente amortecidas, $s_2 = \sigma_2$, igual a

$$a = \frac{|\sigma_2 - j\sqrt{K}||\sigma_2 + j\sqrt{K}|}{\sigma_2} = \frac{1}{\sigma_2}(\sigma_2^2 + K) = 2\sqrt{K}, \tag{7.21}$$

em que σ_2 é calculado a partir dos comprimentos dos vetores no plano s como $\sigma_2 = \sqrt{K}$. À medida que a aumenta além do valor crítico, as raízes são reais e também distintas; uma raiz é maior que σ_2 e a outra é menor.

Em geral, deseja-se um processo metódico para se determinar o lugar das raízes à medida que um parâmetro varia. Na próxima seção, será desenvolvida tal abordagem metódica para se esboçar um diagrama do lugar geométrico das raízes.

7.3 PROCEDIMENTO DO LUGAR GEOMÉTRICO DAS RAÍZES

As raízes da equação característica de um sistema fornecem uma compreensão valiosa a respeito da resposta do sistema. Para localizar as raízes da equação característica de forma gráfica no plano s, será desenvolvido um procedimento metódico de sete passos que facilita o esboço rápido do lugar das raízes.

Passo 1: Prepare o esboço do lugar geométrico das raízes. Comece escrevendo a equação característica como

$$1 + F(s) = 0. \tag{7.22}$$

Rearranje a equação, se necessário, de modo que o parâmetro de interesse, K, apareça como o fator multiplicativo na forma

$$1 + KP(s) = 0. \tag{7.23}$$

Nosso interesse é determinar o lugar geométrico das raízes à medida que K varia como $0 \leq K < \infty$. Na Seção 7.7, considera-se o caso quando K varia entre $-\infty < K \leq 0$.

Fatore $P(s)$ e escreva o polinômio na forma de polos e zeros, como se segue:

$$1 + K\frac{\prod_{i=1}^{M}(s + z_i)}{\prod_{j=1}^{n}(s + p_j)} = 0. \tag{7.24}$$

Marque a posição dos polos $-p_i$ e zeros $-z_i$ no plano s com os símbolos escolhidos. Por convenção, usa-se "x" para denotar polos e "o" para denotar zeros.

Reescrevendo a Equação (7.24), tem-se

$$\prod_{j=1}^{n}(s + p_j) + K\prod_{i=1}^{M}(s + z_i) = 0. \tag{7.25}$$

Observe que a Equação (7.25) é outra maneira de se escrever a equação característica. Quando $K = 0$, as raízes da equação característica são os polos de $P(s)$. Para verificar isso, considere a Equação (7.25) com $K = 0$. Então, tem-se

$$\prod_{j=1}^{n}(s + p_j) = 0.$$

Quando resolvida, a equação resulta em valores de s que coincidem com os polos de $P(s)$. Reciprocamente, quando $K \to \infty$, as raízes da equação característica são os zeros de $P(s)$. Para verificar isso, primeiro divide-se a Equação (7.25) por K. Então, tem-se

$$\frac{1}{K}\prod_{j=1}^{n}(s + p_j) + \prod_{j=1}^{M}(s + z_j) = 0,$$

que, com $K \to \infty$, reduz-se a

$$\prod_{j=1}^{M}(s + z_j) = 0.$$

Quando resolvida, a equação resulta em valores de s que coincidem com os zeros de $P(s)$. Portanto, observa-se que **o lugar das raízes da equação característica $1 + KP(s) = 0$ começa nos polos de $P(s)$ e termina nos zeros de $P(s)$ à medida que K aumenta de zero a infinito.** Para a maior parte das funções $P(s)$ que serão encontradas, alguns dos zeros de $P(s)$ estarão no infinito no plano s. Isso acontece porque a maior parte das funções consideradas tem mais polos do que zeros. Com n polos e M zeros e $n > M$, tem-se $n - M$ ramos do lugar geométrico das raízes tendendo aos $n - M$ zeros no infinito.

Passo 2: Determine os segmentos do eixo real que são lugares das raízes. **O lugar geométrico das raízes no eixo real fica sempre em uma seção do eixo real à esquerda de um número ímpar de polos e zeros.** Este fato é verificado examinando-se o critério de ângulo da Equação (7.17). Esses dois passos úteis para se traçar o lugar geométrico das raízes serão ilustrados com um exemplo adequado.

EXEMPLO 7.1 **Sistema de segunda ordem**

Um sistema de controle com realimentação e uma única malha possui a equação característica

$$1 + G_c(s)G(s) = 1 + \frac{K\left(\frac{1}{2}s + 1\right)}{\frac{1}{4}s^2 + s} = 0. \tag{7.26}$$

Passo 1: A equação característica pode ser escrita como

$$1 + K\frac{2(s + 2)}{s^2 + 4s} = 0,$$

em que

$$P(s) = \frac{2(s + 2)}{s^2 + 4s}.$$

FIGURA 7.6 (a) O zero e os polos de um sistema de segunda ordem, (b) os segmentos do lugar geométrico das raízes e (c) a magnitude de cada vetor em s_1.

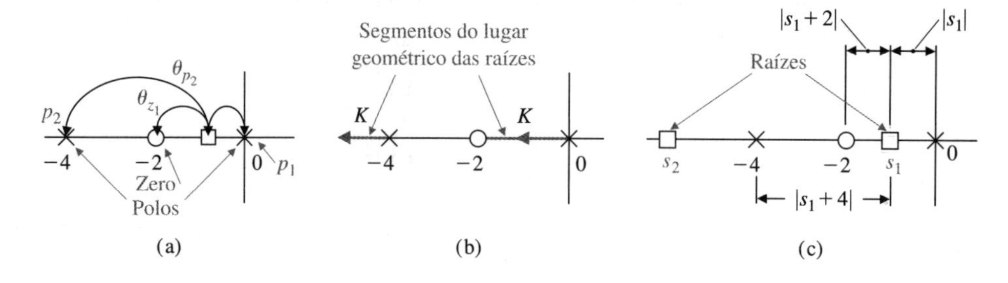

A função de transferência, $P(s)$, é reescrita em termos dos polos e zeros como

$$1 + K\frac{2(s+2)}{s(s+4)} = 0. \tag{7.27}$$

Para determinar o lugar geométrico das raízes do ganho $0 \leq K < \infty$, localizam-se os polos e zeros no eixo real como mostrado na Figura 7.6(a).

Passo 2: O critério de ângulo é satisfeito no eixo real entre os pontos 0 e –2, pois o ângulo a partir do polo p_1 na origem é 180° e o ângulo a partir do zero e do polo p_2 em $s = -4$ é igual a zero grau. O lugar das raízes começa nos polos e termina nos zeros e, portanto, o lugar geométrico das raízes aparece como mostrado na Figura 7.6(b), em que a direção do lugar das raízes à medida que K aumenta ($K \uparrow$) é indicada por uma seta. Observa-se que, como o sistema tem dois polos reais e um zero real, o segundo segmento do lugar das raízes termina em um zero no infinito negativo. Para calcular o ganho K em uma posição de raiz específica no lugar das raízes, utiliza-se o critério de magnitude, Equação (7.16). Por exemplo, o ganho K na raiz $s = s_1 = -1$ é encontrado a partir de (7.16) como

$$\frac{(2K)|s_1+2|}{|s_1||s_1+4|} = 1$$

ou

$$K = \frac{|-1||-1+4|}{2|-1+2|} = \frac{3}{2}. \tag{7.28}$$

Essa magnitude também pode ser calculada graficamente, como mostrado na Figura 7.6(c). Para o ganho de $K = \frac{3}{2}$, existe outra raiz, localizada no lugar das raízes à esquerda do polo em –4. A posição da segunda raiz é encontrada graficamente como $s = -6$, como mostrado na Figura 7.6(c).

Agora, determina-se o número de lugares separados, LS. Como os lugares começam nos polos e terminam nos zeros, o **número de lugares separados é igual ao número de polos**, visto que o número de polos é maior ou igual ao número de zeros. Portanto, como se verifica na Figura 7.6, o número de lugares separados é igual a dois, porque existem dois polos e um zero.

Observe-se que os **lugares das raízes devem ser simétricos em relação ao eixo real horizontal**, porque as raízes complexas devem aparecer como pares de raízes complexas conjugadas. ■

Retorna-se agora ao desenvolvimento de uma lista geral de passos para o lugar geométrico das raízes.

Passo 3: Os lugares vão para os zeros no infinito ao longo de assíntotas centradas em σ_A e com ângulos ϕ_A. Quando o número de zeros finitos de $P(s)$, M, é menor que o número de polos n por um valor igual a $N = n - M$, então N ramos de lugares devem terminar em zeros no infinito. Esses ramos de lugares vão para os zeros situados no infinito seguindo **assíntotas** à medida que K tende a infinito. Essas assíntotas lineares são centradas em um ponto no eixo real dado por

$$\sigma_A = \frac{\sum \text{polos de } P(s) - \sum \text{zeros de } P(s)}{n - M} = \frac{\sum_{j=1}^{n}(-p_j) - \sum_{i=1}^{M}(-z_i)}{n - M}. \tag{7.29}$$

O **ângulo das assíntotas** em relação ao eixo real é

$$\boxed{\phi_A = \frac{2k+1}{n-M}180^\circ,} \quad k = 0, 1, 2, \ldots, (n - M - 1) \tag{7.30}$$

em que k é um índice inteiro [3]. A utilidade dessa regra é óbvia para se esboçar a forma aproximada de um lugar geométrico das raízes. A Equação (7.30) pode ser prontamente obtida considerando-se um ponto em um segmento do lugar geométrico das raízes a uma distância remota dos polos e zeros finitos no plano s. O ângulo resultante nesse ponto remoto é 180°, porque é um ponto em um segmento do lugar geométrico das raízes. Os polos e zeros finitos de $P(s)$ estão a uma grande distância do ponto remoto, então os ângulos a partir de cada polo e zero, ϕ, são essencialmente iguais e, portanto, o ângulo resultante é simplesmente $(n - M)\phi$, em que n e M são o número de polos e o de zeros finitos, respectivamente. Então, tem-se

$$(n - M)\phi = 180^\circ,$$

ou, alternativamente,

$$\phi = \frac{180^\circ}{n - M}.$$

Levando-se em consideração todos os possíveis segmentos do lugar geométrico das raízes em posições remotas no plano s, obtém-se a Equação (7.30).

O centro das assíntotas lineares, frequentemente chamado de **centroide das assíntotas**, é determinado considerando-se a equação característica na Equação (7.24). Para valores grandes de s, apenas os termos de ordem mais elevada precisam ser considerados, de modo que a equação característica se reduz a

$$1 + \frac{Ks^M}{s^n} = 0.$$

Entretanto, essa relação, a qual é uma aproximação, indica que o centroide de $n - M$ assíntotas está na origem, $s = 0$. Uma aproximação melhor é obtida se for considerada uma equação característica da forma

$$1 + \frac{K}{(s - \sigma_A)^{n-M}} = 0$$

com um centroide em σ_A.

O centroide é determinado considerando-se os primeiros dois termos da Equação (7.24), os quais podem ser obtidos a partir da relação

$$1 + \frac{K\prod_{i=1}^{M}(s + z_i)}{\prod_{j=1}^{n}(s + p_j)} = 1 + K\frac{s^M + b_{M-1}s^{M-1} + \cdots + b_0}{s^n + a_{n-1}s^{n-1} + \cdots + a_0}.$$

Observa-se que

$$b_{M-1} = \sum_{i=1}^{M} z_i \quad \text{e} \quad a_{n-1} = \sum_{j=1}^{n} p_j.$$

Considerando apenas os dois primeiros termos dessa expansão, tem-se

$$1 + \frac{K}{s^{n-M} + (a_{n-1} - b_{M-1})s^{n-M-1}} = 0.$$

Os primeiros dois termos de

$$1 + \frac{K}{(s - \sigma_A)^{n-M}} = 0$$

são

$$1 + \frac{K}{s^{n-M} - (n - M)\sigma_A s^{n-M-1}} = 0.$$

Igualando o termo para s^{n-M-1}, obtém-se

$$a_{n-1} - b_{M-1} = -(n - M)\sigma_A,$$

ou

$$\sigma_A = \frac{\sum_{i=1}^{n}(-p_i) - \sum_{i=1}^{M}(-z_i)}{n - M},$$

a qual é a Equação (7.29).

Por exemplo, reexamine o sistema mostrado na Figura 7.2 e discutido na Seção 7.2. A equação característica é escrita como

$$1 + \frac{K}{s(s + 2)} = 0.$$

Uma vez que $n - M = 2$, espera-se que dois lugares terminem em zeros no infinito. As assíntotas dos lugares passam por um centro

$$\sigma_A = \frac{-2}{2} = -1$$

e têm ângulos de

$$\phi_A = 90° \text{ (para } k = 0\text{)} \quad \text{e} \quad \phi_A = 270° \text{ (para } k = 1\text{)}.$$

O lugar geométrico das raízes é rapidamente esboçado e o lugar das raízes mostrado na Figura 7.3 é obtido. Um exemplo ilustrará melhor o processo da utilização das assíntotas.

EXEMPLO 7.2 **Sistema de quarta ordem**

Um sistema de controle com realimentação negativa unitária possui uma equação característica como se segue:

$$1 + G_c(s)G(s) = 1 + \frac{K(s + 1)}{s(s + 2)(s + 4)^2}. \tag{7.31}$$

Deseja-se esboçar o lugar geométrico das raízes para se determinar o efeito do ganho K. Os polos e zeros estão localizados no plano s, como mostrado na Figura 7.7(a). Os lugares das raízes no eixo real devem estar localizados à esquerda de um número ímpar de polos e zeros, que são mostrados com linhas grossas na Figura 7.7(a). A interseção das assíntotas é

$$\sigma_A = \frac{(-2) + 2(-4) - (-1)}{4 - 1} = \frac{-9}{3} = -3. \tag{7.32}$$

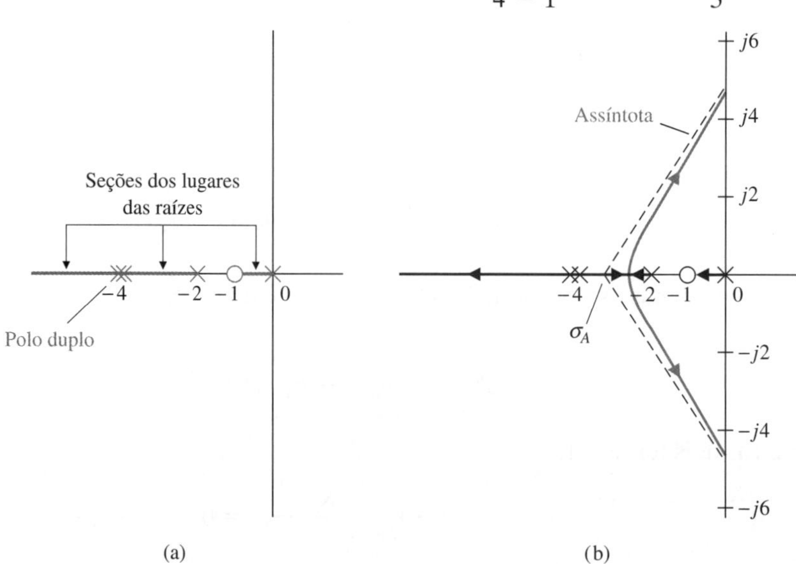

FIGURA 7.7 Um sistema de quarta ordem com (a) um zero e (b) lugar geométrico das raízes.

Os ângulos das assíntotas são

$$\phi_A = +60^\circ \quad (k = 0),$$
$$\phi_A = 180^\circ \quad (k = 1) \quad \text{e}$$
$$\phi_A = 300^\circ \quad (k = 2),$$

com três assíntotas, uma vez que $n - M = 3$. Além disso, observa-se que os lugares das raízes devem começar nos polos; portanto, dois lugares devem partir do polo duplo em $s = -4$. Então, com as assíntotas esboçadas na Figura 7.7(b), pode-se esboçar a forma do lugar geométrico das raízes como mostrado na Figura 7.7(b). O formato real do lugar das raízes na área próxima a σ_A poderia ser avaliado graficamente, se necessário. ■

Segue-se agora o desenvolvimento de mais passos do processo de determinação dos lugares das raízes.

Passo 4: Determine onde o lugar das raízes cruza o eixo imaginário (caso isto ocorra), usando o critério de Routh–Hurwitz. **O ponto no qual o lugar geométrico das raízes realmente cruza o eixo imaginário é prontamente calculado utilizando-se o critério.**

Passo 5: Determine o ponto de saída no eixo real (se existir algum). O lugar geométrico das raízes no Exemplo 7.2 deixa o eixo real em um **ponto de saída**. A saída do lugar das raízes do eixo real ocorre onde a mudança resultante no ângulo causada por uma pequena variação é zero. O lugar das raízes deixa o eixo real onde existe uma multiplicidade de raízes (tipicamente duas). O ponto de saída para um sistema de segunda ordem simples é mostrado na Figura 7.8(a) e, para o caso especial de um sistema de quarta ordem, na Figura 7.8(b). Em geral, devido ao critério de fase, **as tangentes aos lugares no ponto de saída são igualmente espaçadas sobre 360°. Portanto, na Figura 7.8(a) constata-se que os dois lugares no ponto de saída têm uma diferença de 180°, enquanto na Figura 7.8(b) os quatro lugares têm uma diferença de 90°.**

O ponto de saída no eixo real pode ser obtido gráfica ou analiticamente. O método mais direto de cálculo do ponto de saída envolve a reorganização da equação característica para isolar o fator multiplicativo K. Então, a equação característica é escrita como

$$p(s) = K. \tag{7.33}$$

Por exemplo, considere-se um sistema em malha fechada com realimentação unitária com uma função de transferência em malha aberta

$$L(s) = KG(s) = \frac{K}{(s + 2)(s + 4)},$$

que possui a equação característica

$$1 + KG(s) = 1 + \frac{K}{(s + 2)(s + 4)} = 0. \tag{7.34}$$

Alternativamente, a equação pode ser escrita como

$$K = p(s) = -(s + 2)(s + 4). \tag{7.35}$$

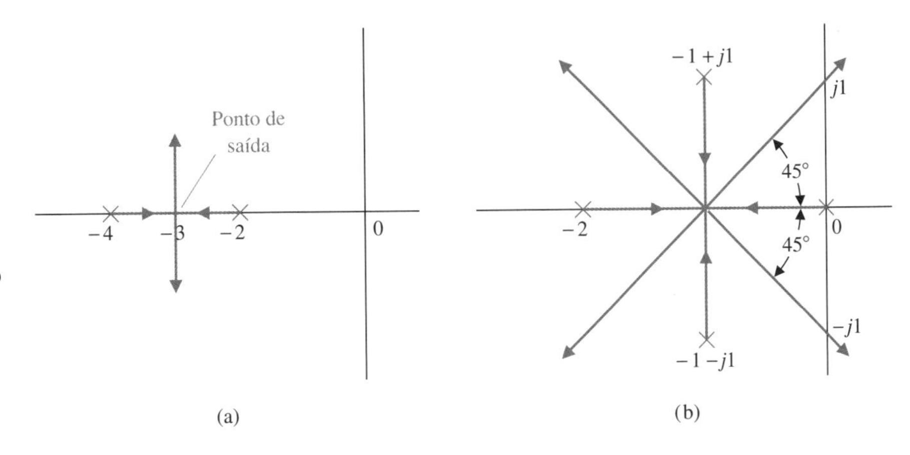

FIGURA 7.8 Ilustração do ponto de saída (a) para um sistema de segunda ordem simples e (b) para um sistema de quarta ordem.

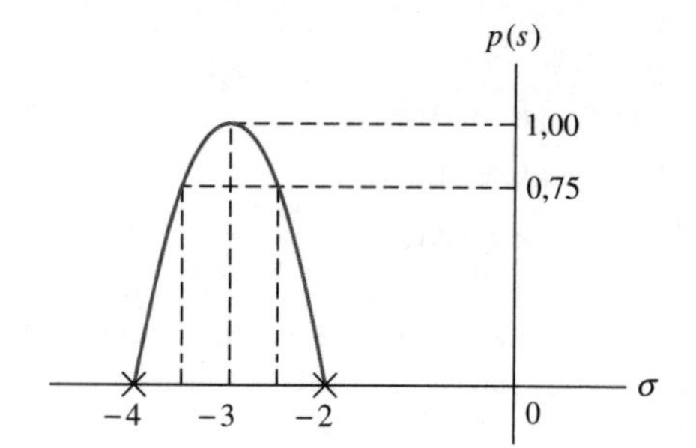

FIGURA 7.9 Obtenção gráfica do ponto de saída.

Os lugares das raízes para este sistema são mostrados na Figura 7.8(a). Espera-se que o ponto de saída esteja próximo a $s = \sigma = -3$ e traça-se o gráfico de $p(s)|_{s=\sigma}$ próximo a esse ponto, como mostrado na Figura 7.9. Neste caso, $p(s)$ é igual a zero nos polos $s = -2$ e $s = -4$. O gráfico de $p(s)$ *versus* $s - \sigma$ é simétrico, e o ponto de máximo ocorre em $s = \sigma = -3$, o ponto de saída.

Analiticamente, o mesmo resultado pode ser obtido determinando-se o máximo de $K = p(s)$. Para encontrar-se o máximo, deriva-se, iguala-se o polinômio resultante a zero e determinam-se as raízes deste polinômio. Por essa razão, pode-se avaliar

$$\frac{dK}{ds} = \frac{dp(s)}{ds} = 0 \tag{7.36}$$

para se encontrar o ponto de saída. A Equação (7.36) é uma expressão analítica do procedimento gráfico mostrado na Figura 7.9 e resultará em uma equação apenas um grau menor que o número total de polos e zeros $n + M - 1$.

A prova da Equação (7.36) é obtida a partir da consideração da equação característica

$$1 + F(s) = 1 + \frac{KY(s)}{X(s)} = 0,$$

a qual pode ser escrita como

$$X(s) + KY(s) = 0. \tag{7.37}$$

Para um pequeno incremento em K, tem-se

$$X(s) + (K + \Delta K)Y(s) = 0.$$

Dividindo-se por $X(s) + KY(s)$, o resultado é

$$1 + \frac{\Delta KY(s)}{X(s) + KY(s)} = 0. \tag{7.38}$$

Como o denominador é a equação característica original, uma multiplicidade m de raízes existe em um ponto de saída e

$$\frac{Y(s)}{X(s) + KY(s)} = \frac{C_i}{(s - s_i)^m} = \frac{C_i}{(\Delta s)^m}. \tag{7.39}$$

Então, pode-se escrever a Equação (7.38) como

$$1 + \frac{\Delta KC_i}{(\Delta s)^m} = 0, \tag{7.40}$$

ou, alternativamente,

$$\frac{\Delta K}{\Delta s} = \frac{-(\Delta s)^{m-1}}{C_i}. \tag{7.41}$$

Portanto, quando se faz Δs tender a zero, obtém-se

$$\frac{dK}{ds} = 0 \tag{7.42}$$

nos pontos de saída.

Agora, considerando novamente o caso específico no qual

$$L(s) = KG(s) = \frac{K}{(s+2)(s+4)},$$

obtém-se

$$p(s) = K = -(s+2)(s+4) = -(s^2 + 6s + 8). \tag{7.43}$$

Então, quando se deriva, tem-se

$$\frac{dp(s)}{ds} = -(2s+6) = 0, \tag{7.44}$$

e o ponto de saída ocorre em $s = -3$. Um exemplo mais complexo ilustrará a abordagem e demonstrará o uso da técnica gráfica para determinar o ponto de saída.

EXEMPLO 7.3 **Sistema de terceira ordem**

Um sistema de controle com realimentação é mostrado na Figura 7.10. A equação característica é

$$1 + G(s)H(s) = 1 + \frac{K(s+1)}{s(s+2)(s+3)} = 0. \tag{7.45}$$

O número de polos n menos o número de zeros M é igual a 2, e então tem-se duas assíntotas a $\pm 90°$ com um centro em $\sigma_A = -2$. As assíntotas e as seções dos lugares no eixo real são mostradas na Figura 7.11(a). Um ponto de saída ocorre entre $s = -2$ e $s = -3$. Para calcular o ponto de saída, reescreve-se a equação característica de modo que K seja isolado; assim,

$$s(s+2)(s+3) + K(s+1) = 0,$$

ou

$$p(s) = \frac{-s(s+2)(s+3)}{s+1} = K. \tag{7.46}$$

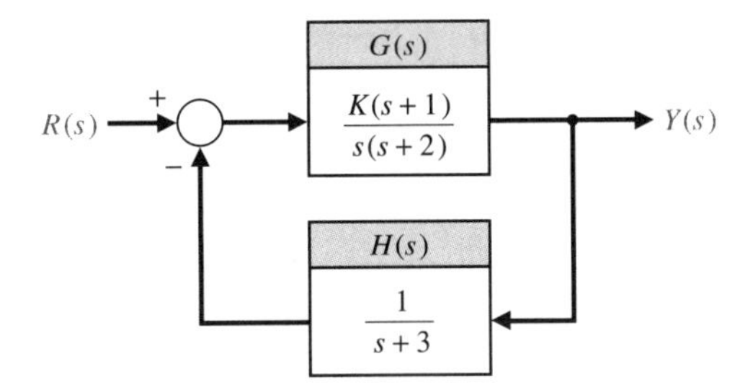

FIGURA 7.10 Sistema em malha fechada.

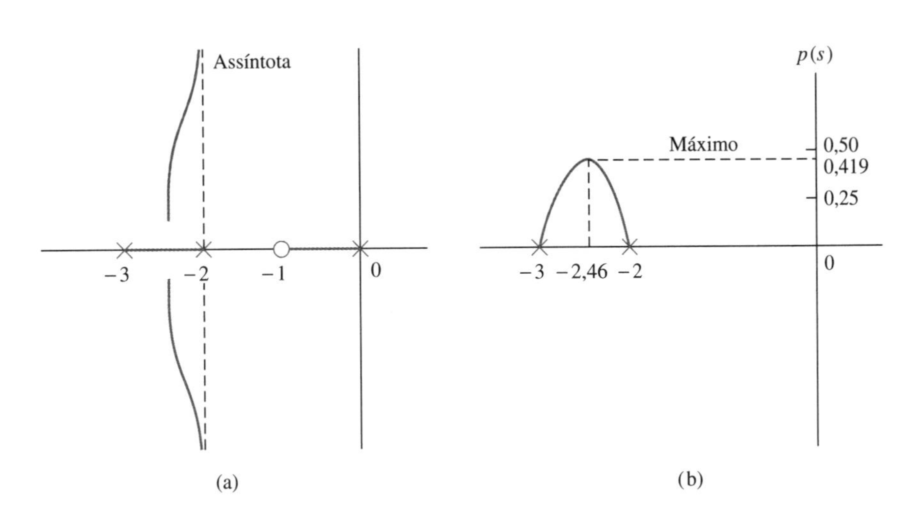

FIGURA 7.11 Cálculo de (a) assíntotas e (b) ponto de saída.

Tabela 7.1

$p(s)$	0	0,411	0,419	0,417	+0,390	0
s	−2,00	−2,40	−2,46	−2,50	−2,60	−3,0

Portanto, calculando-se $p(s)$ para vários valores de s entre $s = -2$ e $s = -3$, obtêm-se os resultados da Tabela 7.1, como mostrado na Figura 7.11(b). Alternativamente, deriva-se a Equação (7.46) e iguala-se a zero para obter-se

$$\frac{d}{ds}\left(\frac{-s(s+2)(s+3)}{(s+1)}\right) = \frac{(s^3+5s^2+6s)-(s+1)(3s^2+10s+6)}{(s+1)^2} = 0$$

$$2s^3 + 8s^2 + 10s + 6 = 0. \tag{7.47}$$

Agora, para localizar o máximo de $p(s)$, determinam-se as raízes da Equação (7.47) obtendo-se $s = -2{,}46$, $-0{,}77 \pm 0{,}79j$. O único valor de s no eixo real no intervalo $s = -2$ a $s = -3$ é $s = -2{,}46$; consequentemente, este deve ser o ponto de saída. É evidente a partir deste exemplo que a avaliação numérica de $p(s)$ nas proximidades do ponto de saída esperado fornece um método efetivo de se determinar o ponto de saída. ■

Passo 6: Determine o ângulo de partida do lugar das raízes a partir de um polo e o ângulo de chegada do lugar das raízes em um zero, usando o critério de ângulo. O **ângulo de partida do lugar das raízes a partir de um polo é a diferença entre o ângulo resultante devido a todos os outros polos e zeros e o ângulo do critério de $\pm 180°$ $(2k+1)$**, do mesmo modo que o ângulo de chegada do lugar das raízes em um zero. O ângulo de partida (ou de chegada) é de particular interesse para polos (e zeros) complexos porque a informação é útil para se completar o lugar geométrico das raízes. Por exemplo, considere-se a função de transferência em malha aberta de terceira ordem

$$L(s) = G(s)H(s) = \frac{K}{(s+p_3)(s^2+2\zeta\omega_n s+\omega_n^2)}. \tag{7.48}$$

As posições dos polos e os ângulos dos vetores em um polo complexo $-p_1$ são mostrados na Figura 7.12(a). Os ângulos em um ponto de teste s_1, à distância infinitesimal de $-p_1$, devem satisfazer o critério de ângulo. Portanto, uma vez que $\theta_2 = 90°$, tem-se

$$\theta_1 + \theta_2 + \theta_3 = \theta_1 + 90° + \theta_3 = +180°,$$

ou seja, o ângulo de partida no polo p_1 é

$$\theta_1 = 90° - \theta_3,$$

como mostrado na Figura 7.12(b). A saída no polo $-p_2$ é o oposto da saída de $-p_1$ porque $-p_1$ e $-p_2$ são conjugados complexos. Outro exemplo de ângulo de partida é mostrado na Figura 7.13. Neste caso, o ângulo de partida é encontrado a partir de

$$\theta_2 - (\theta_1 + \theta_3 + 90°) = 180° + k360°.$$

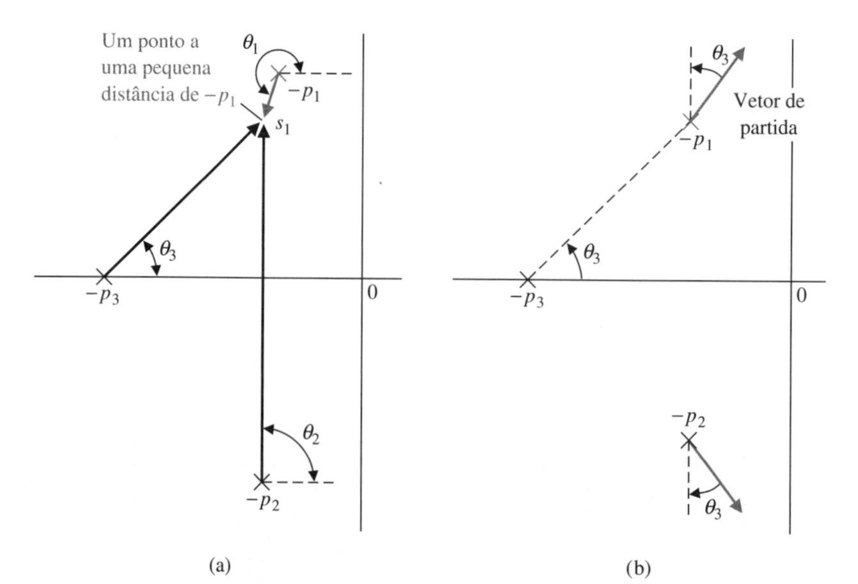

FIGURA 7.12 Ilustração do ângulo de partida. (a) Ponto de teste a uma distância infinitesimal de $-p_1$. (b) Vetor de partida real em $-p_1$.

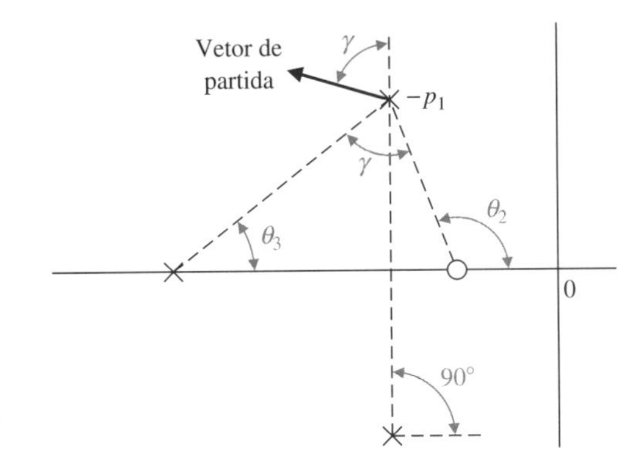

FIGURA 7.13
Cálculo do ângulo de partida.

Uma vez que $\theta_2 - \theta_3 = \gamma$ no diagrama, descobre-se que o ângulo de partida é $\theta_1 = 90° + \gamma$.

Passo 7: O passo final do processo de esboço do lugar geométrico das raízes é completar o esboço. Isso requer o esboço em todas as seções do lugar das raízes não cobertas nos seis passos anteriores.

Em algumas situações, pode-se querer determinar a posição de uma raiz s_x e o valor do parâmetro K_x para essa posição de raiz. Determinam-se as posições das raízes que satisfazem o critério de fase na raiz $s_x, x = 1, 2, ..., n$, utilizando-se o critério de fase. O critério de fase, dado na Equação (7.17), é

$$\underline{/P(s)} = 180° + k360° \qquad \text{e} \qquad k = 0, \pm 1, \pm 2, \ldots .$$

Para determinar o valor do parâmetro K_x em uma raiz específica s_x, utiliza-se o requisito de magnitude (Equação 7.16). O requisito de magnitude em s_x é

$$K_x = \left. \frac{\prod_{j=1}^{n} |s + p_j|}{\prod_{i=1}^{M} |s + z_i|} \right|_{s=s_x} .$$

Os sete passos no método do lugar geométrico das raízes são resumidos na Tabela 7.2.

Tabela 7.2 Sete Passos para se Esboçar o Lugar Geométrico das Raízes

Passo	Equação ou Regra Associada
1. Prepare o esboço do lugar geométrico das raízes.	
(a) Escreva a equação característica de modo que o parâmetro de interesse, K, apareça como um multiplicador.	$1 + KP(s) = 0.$
(b) Fatore $P(s)$ em função dos n polos e M zeros.	$1 + K\frac{\prod_{i=1}^{M}(s + z_i)}{\prod_{j=1}^{n}(s + p_j)} = 0.$
(c) Marque os polos e zeros de malha aberta de $P(s)$ no plano s com os símbolos escolhidos.	$\times$ = polos, ○ = zeros Lugar das raízes começa em um polo e termina em um zero.
(d) Determine o número de lugares separados, LS.	$LS = n$ quando $n \geq M$; n = número de polos finitos, M = número de zeros finitos.
(e) Os lugares das raízes são simétricos com relação ao eixo real horizontal.	
2. Determine os segmentos do eixo real que são lugares das raízes.	O lugar das raízes fica à esquerda de um número ímpar de polos e zeros.
3. Os lugares vão para os zeros no infinito seguindo assíntotas centralizadas em σ_A e com ângulos ϕ_A.	$\sigma_A = \frac{\sum(-p_j) - \sum(-z_i)}{n - M}.$

(continua)

Tabela 7.2 Sete Passos para se Esboçar o Lugar Geométrico das Raízes (*Continuação*)

Passo	Equação ou Regra Associada
4. Determine os pontos nos quais o lugar cruza o eixo imaginário (caso isso ocorra).	$\phi_A = \frac{2k+1}{n-M} 180°, k = 0, 1, 2, \ldots, (n - M - 1).$
5. Determine os pontos de saída no eixo real (se existir algum).	Utilize o critério de Routh–Hurwitz. a) Faça $K = p(s)$. b) Determine as raízes de $dp(s)/ds = 0$ ou utilize o método gráfico para encontrar o máximo de $p(s)$.
6. Determine o ângulo de partida do lugar das raízes a partir dos polos complexos e o ângulo de chegada do lugar das raízes nos zeros complexos, usando o critério de fase.	$\underline{/P(s)} = 180° + k360°$ em $s = -p_j$ ou $-z_i$.
7. Complete o esboço do lugar geométrico das raízes.	

EXEMPLO 7.4 **Sistema de quarta ordem**

1. (a) Deseja-se traçar o lugar geométrico das raízes para a equação característica de um sistema à medida que K varia para $0 \le K < \infty$ quando

$$1 + \frac{K}{s^4 + 12s^3 + 64s^2 + 128s} = 0.$$

(b) Determinando-se os polos, tem-se

$$1 + \frac{K}{s(s+4)(s+4+j4)(s+4-j4)} = 0. \tag{7.49}$$

Este sistema não possui zeros finitos.

(c) Os polos estão localizados no plano s, como mostrado na Figura 7.14(a).

(d) Como o número de polos n é igual a 4, tem-se quatro lugares separados.

(e) Os lugares das raízes são simétricos em relação ao eixo real.

2. Um segmento do lugar geométrico das raízes existe no eixo real entre $s = 0$ e $s = -4$.

3. Os ângulos das assíntotas são

$$\phi_A = \frac{(2k+1)}{4} 180°, \qquad k = 0, 1, 2, 3;$$

$$\phi_A = +45°, 135°, 225°, 315°.$$

O centro das assíntotas é

$$\sigma_A = \frac{-4 - 4 - 4j - 4 + 4j}{4} = -3.$$

Então as assíntotas são desenhadas como mostrado na Figura 7.14(a).

4. A equação característica é reescrita como

$$s(s+4)(s^2 + 8s + 32) + K = s^4 + 12s^3 + 64s^2 + 128s + K = 0. \tag{7.50}$$

Portanto, a tabela de Routh é

$$\begin{array}{c|ccc} s^4 & 1 & 64 & K \\ s^3 & 12 & 128 & \\ s^2 & b_1 & K & \\ s^1 & c_1 & & \\ s^0 & K & & \end{array},$$

em que

$$b_1 = \frac{12(64) - 128}{12} = 53{,}33 \quad \text{e} \quad c_1 = \frac{53{,}33(128) - 12K}{53{,}33}.$$

Por essa razão, o valor limitante do ganho para estabilidade é $K = 568{,}89$, e as raízes da equação auxiliar são

$$53{,}33s^2 + 568{,}89 = 53{,}33(s^2 + 10{,}67) = 53{,}33(s + j3{,}266)(s - j3{,}266). \tag{7.51}$$

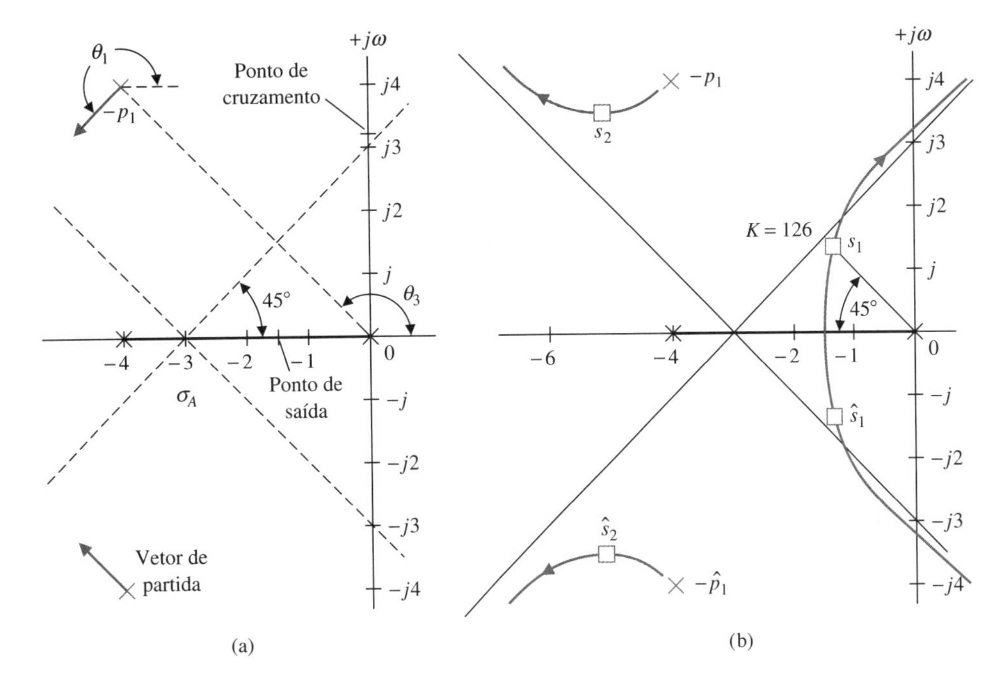

FIGURA 7.14 Lugar geométrico das raízes para o Exemplo 7.4. Localizando (a) os polos e (b) as assíntotas.

Os pontos onde o lugar das raízes cruza o eixo imaginário são mostrados na Figura 7.14(a). Portanto, quando $K = 568{,}89$, o lugar geométrico das raízes cruza o eixo $j\omega$ em $s = \pm j3{,}266$.

5. O ponto de saída é estimado avaliando-se

$$K = p(s) = -s(s + 4)(s + 4 + j4)(s + 4 - j4)$$

entre $s = -4$ e $s = 0$. Espera-se que o ponto de saída esteja situado entre $s = -3$ e $s = -1$, portanto procura por um valor máximo de $p(s)$ nesta região. Os valores resultantes de $p(s)$ para alguns valores de s são dados na Tabela 7.3. O máximo de $p(s)$ é encontrado como estando em aproximadamente $s = -1{,}577$, como indicado na tabela. Uma estimativa mais exata do ponto de saída não é normalmente necessária. O ponto de saída é então indicado na Figura 7.14(a).

6. O ângulo de partida no polo complexo p_1 pode ser estimado utilizando-se o critério de ângulo, como se segue:

$$\theta_1 + 90° + 90° + \theta_3 = 180° + k360°.$$

Aqui, θ_3 é o ângulo formado pelo vetor que sai do polo p_3. Os ângulos a partir dos polos em $s = -4$ e $s = -4 - j4$ são ambos iguais a 90°. Uma vez que $\theta_3 = 135°$, constata-se que

$$\theta_1 = -135° \equiv +225°,$$

como mostrado na Figura 7.14(a).

7. Completa-se o esboço como mostrado na Figura 7.14(b).

Utilizando-se a informação deduzida a partir dos sete passos do método do lugar geométrico das raízes, o esboço completo do lugar geométrico das raízes é obtido completando-se o esboço da melhor maneira possível, por meio de inspeção visual. O lugar geométrico das raízes para este sistema é mostrado na Figura 7.14(b). Quando as raízes complexas próximas à origem têm um fator de amortecimento $\zeta = 0{,}707$, o ganho K pode ser determinado graficamente como mostrado na Figura 7.14(b). Os comprimentos dos vetores até a posição da raiz s_1 a partir dos polos de malha aberta são calculados e resultam em um ganho em s_1 de

$$K = |s_1||s_1 + 4||s_1 - p_1||s_1 - \hat{p}_1| = (1{,}9)(2{,}9)(3{,}8)(6{,}0) = 126. \qquad (7.52)$$

O outro par de raízes complexas encontra-se em s_2 e $\hat{s}_2$, quando $K = 126$. O efeito das raízes complexas em s_2 e $\hat{s}_2$ na resposta transitória será desprezível comparado ao das raízes s_1 e $\hat{s}_1$. Este fato

Tabela 7.3

$p(s)$	0	51,0	68,44	80,0	83,57	75,0	0
s	−4,0	−3,0	−2,5	−2,0	−1,577	−1,0	0

pode ser verificado considerando-se o amortecimento da resposta devido a cada um dos pares de raízes. O amortecimento devido a s_1 e $\hat{s}_1$ é

$$e^{-\zeta_1 \omega_{n_1} t} = e^{-\sigma_1 t},$$

e o fator de amortecimento devido a s_2 e $\hat{s}_2$ é

$$e^{-\zeta_2 \omega_{n_2} t} = e^{-\sigma_2 t},$$

em que σ_2 é aproximadamente cinco vezes maior que σ_1. Desse modo, o termo de resposta transitória devido a s_2 decairá muito mais rapidamente que o termo de resposta transitória devido a s_1. Assim, a resposta a uma entrada em degrau unitário pode ser escrita como

$$\begin{aligned} y(t) &= 1 + c_1 e^{-\sigma_1 t} \operatorname{sen}(\omega_1 t + \theta_1) + c_2 e^{-\sigma_2 t} \operatorname{sen}(\omega_2 t + \theta_2) \\ &\approx 1 + c_1 e^{-\sigma_1 t} \operatorname{sen}(\omega_1 t + \theta_1). \end{aligned} \tag{7.53}$$

As raízes conjugadas complexas próximas da origem do plano s com relação às outras raízes de sistema em malha fechada são chamadas de **raízes dominantes** do sistema porque representam ou dominam a resposta transitória. A dominância relativa das raízes complexas, em um sistema de terceira ordem com um par de raízes conjugadas complexas, é determinada pela razão entre a raiz real e a parte real das raízes complexas e resultará em dominância aproximada para razões maiores que 5.

A dominância do segundo termo da Equação (7.53) também depende das magnitudes relativas dos coeficientes c_1 e c_2. Esses coeficientes, os quais são os resíduos calculados para as raízes complexas, dependem, por sua vez, das posições dos zeros no plano s. Portanto, o conceito de raízes dominantes é útil para se estimar a resposta de um sistema, mas deve ser usado com cautela e com uma compreensão das hipóteses subjacentes. ■

7.4 PROJETO DE PARÂMETROS PELO MÉTODO DO LUGAR GEOMÉTRICO DAS RAÍZES

Originalmente, o método do lugar geométrico das raízes foi desenvolvido para se determinar a posição das raízes da equação característica à medida que o ganho de sistema, K, era variado de zero a infinito. Contudo, como foi verificado, o efeito de outros parâmetros do sistema pode ser prontamente investigado com o uso do método do lugar geométrico das raízes. Fundamentalmente, o método do lugar geométrico das raízes diz respeito a uma equação característica [Equação (7.22)], que pode ser escrita como

$$1 + F(s) = 0. \tag{7.54}$$

Então, o método do lugar geométrico das raízes padrão que foi estudado pode ser aplicado. Surge a questão: como investigar o efeito de dois parâmetros, α e β? Parece que o método do lugar geométrico das raízes é um método de parâmetro único; felizmente, pode ser prontamente estendido para a investigação de dois ou mais parâmetros. Este método de **projeto de parâmetros** utiliza a abordagem do lugar geométrico das raízes para escolher os valores dos parâmetros.

A equação característica de um sistema dinâmico pode ser escrita como

$$a_n s^n + a_{n-1} s^{n-1} + \cdots + a_1 s + a_0 = 0. \tag{7.55}$$

Consequentemente, o efeito de variar $0 \leq a_1 < \infty$ pode ser determinado a partir da equação do lugar geométrico das raízes

$$1 + \frac{a_1 s}{a_n s^n + a_{n-1} s^{n-1} + \cdots + a_2 s^2 + a_0} = 0. \tag{7.56}$$

Se o parâmetro de interesse, α, não aparece sozinho como um coeficiente, o parâmetro pode ser isolado como

$$a_n s^n + a_{n-1} s^{n-1} + \cdots + (a_{n-q} - \alpha) s^{n-q} + \alpha s^{n-q} + \cdots + a_1 s + a_0 = 0. \tag{7.57}$$

Por exemplo, uma equação de terceira ordem de interesse poderia ser

$$s^3 + (3 + \alpha)s^2 + 3s + 6 = 0. \tag{7.58}$$

Para determinar o efeito do parâmetro α, isola-se o parâmetro e reescreve-se a equação na forma do lugar geométrico das raízes, como mostrado nos passos seguintes:

$$s^3 + 3s^2 + \alpha s^2 + 3s + 6 = 0; \tag{7.59}$$

$$1 + \frac{\alpha s^2}{s^3 + 3s^2 + 3s + 6} = 0. \tag{7.60}$$

Então, para determinar o efeito de dois parâmetros, deve-se repetir a abordagem do lugar geométrico das raízes duas vezes. Assim, para uma equação característica com dois parâmetros variáveis, α e β, tem-se

$$
\begin{aligned}
a_n s^n + a_{n-1}s^{n-1} + \cdots + (a_{n-q} - \alpha)s^{n-q} + \alpha s^{n-q} + \cdots \\
+ (a_{n-r} - \beta)s^{n-r} + \beta s^{n-r} + \cdots + a_1 s + a_0 = 0.
\end{aligned} \tag{7.61}
$$

Os dois parâmetros variáveis foram isolados e o efeito de α será determinado. Então, o efeito de β será determinado. Por exemplo, para certa equação característica de terceira ordem com α e β como parâmetros, obtém-se

$$s^3 + s^2 + \beta s + \alpha = 0. \tag{7.62}$$

Nesse caso particular, os parâmetros aparecem como coeficientes da equação característica. O efeito de variar β de zero a infinito é determinado a partir da equação do lugar geométrico das raízes

$$1 + \frac{\beta s}{s^3 + s^2 + \alpha} = 0. \tag{7.63}$$

Observa-se que o denominador da Equação (7.63) é a equação característica do sistema com $\beta = 0$. Portanto, deve-se primeiro calcular o efeito da variação α de zero a infinito utilizando-se a equação

$$s^3 + s^2 + \alpha = 0,$$

reescrita como

$$1 + \frac{\alpha}{s^2(s + 1)} = 0, \tag{7.64}$$

na qual β foi definido como igual a zero na Equação (7.62). Então, uma vez calculado o efeito de α, um valor de α é escolhido e usado com a Equação (7.63) para calcular o efeito de β. Este método de dois passos para calcular-se o efeito de α e então o de β pode ser realizado como dois procedimentos do lugar geométrico das raízes. Primeiro, obtém-se um lugar das raízes à medida que α varia e se escolhe um valor adequado de α; o resultado são posições satisfatórias de raízes. Então, obtém-se o lugar geométrico das raízes para β notando-se que os polos da Equação (7.63) são as raízes calculadas pelo lugar geométrico das raízes da Equação (7.64). Uma limitação desta abordagem é que nem sempre será possível obter uma equação característica que seja linear em relação ao parâmetro considerado.

Para ilustrar esta abordagem, vamos obter o lugar geométrico das raízes para α e então para β para a Equação (7.62). Um esboço do lugar geométrico das raízes à medida que α varia para a Equação (7.64) é mostrado na Figura 7.15(a), onde as raízes para dois valores do ganho α são mostradas. Se o ganho α é escolhido como α_1, então as raízes resultantes da Equação (7.64) se tornam os polos da Equação (7.63). O lugar geométrico das raízes da Equação (7.63) à medida que β varia é mostrado na Figura 7.15(b), e um β adequado pode ser escolhido com base nas posições desejadas das raízes.

Usando o método do lugar geométrico das raízes, esta abordagem de projeto de parâmetros será detalhadamente ilustrada no exemplo de projeto específico.

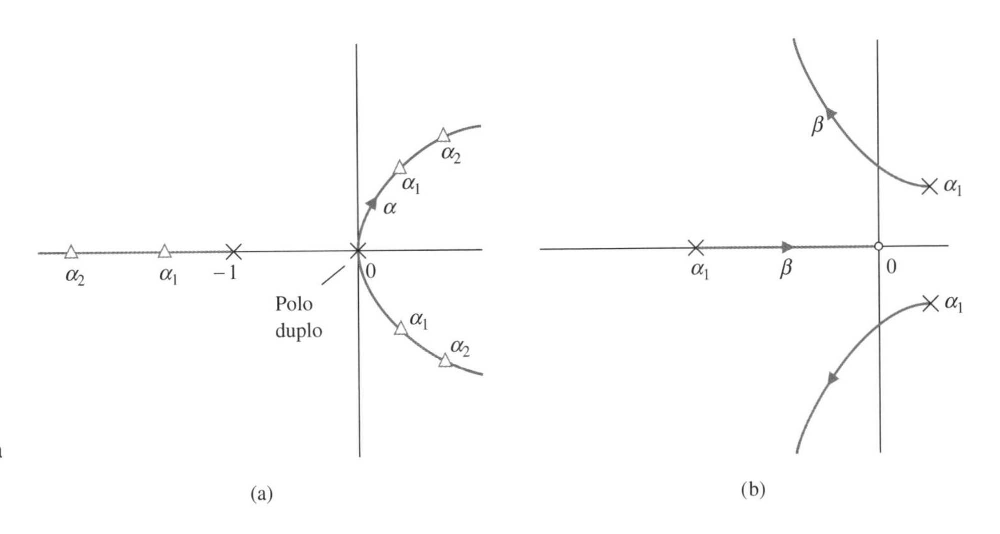

FIGURA 7.15 Lugares das raízes como função de α e β. (a) Lugares à medida que α varia. (b) Lugares à medida que β varia para um valor de $\alpha = \alpha_1$.

EXEMPLO 7.5 **Controle de ponta de solda**

Um sistema de solda para chassi de automóvel requer um sistema de controle exato para posicionar a ponta de solda [4]. O sistema de controle com realimentação deve ser projetado para satisfazer as seguintes especificações:

1. Erro em regime estacionário para uma entrada rampa $e_{ss} \leq 35\%$ da inclinação de entrada
2. Fator de amortecimento das raízes dominantes $\zeta \geq 0{,}707$
3. Tempo de acomodação para faixa de 2% do valor final $T_s \leq 3$ segundos

A estrutura do sistema de controle com realimentação é mostrada na Figura 7.16, em que o ganho do amplificador K_1 e o ganho da realimentação derivativa K_2 devem ser escolhidos. A especificação de erro em regime estacionário pode ser escrita como

$$e_{ss} = \lim_{t\to\infty} e(t) = \lim_{s\to 0} sE(s) = \lim_{s\to 0} \frac{s(|R|/s^2)}{1 + G_2(s)}, \tag{7.65}$$

em que $G_2(s) = G(s)/(1 + G(s)H_1(s))$. Portanto, o requisito de erro em regime estacionário é

$$\frac{e_{ss}}{|R|} = \frac{2 + K_1K_2}{K_1} \leq 0{,}35. \tag{7.66}$$

Assim, será escolhido um valor pequeno de K_2 para se obter um valor baixo de erro em regime estacionário. A especificação do fator de amortecimento requer que as raízes do sistema em malha fechada estejam abaixo da linha de 45° no semiplano esquerdo do plano s, conforme ilustrado na Figura 7.17. A especificação do tempo de acomodação pode ser reescrita em função da parte real das raízes dominantes como

$$T_s = \frac{4}{\sigma} \leq 3\text{ s}. \tag{7.67}$$

Portanto, é necessário que $\sigma \geq 4/3$; esta área no semiplano esquerdo do plano s está indicada juntamente com o requisito de ζ na Figura 7.17. Observe-se que $\sigma \geq 4/3$ implica que se deseja que as raízes dominantes se situem à esquerda da linha definida por $\sigma = -4/3$. Para satisfazer às especificações, todas as raízes devem ficar dentro da área sombreada do semiplano esquerdo.

Os parâmetros a serem escolhidos são $\alpha = K_1$ e $\beta = K_2K_1$. A equação característica é

$$s^2 + 2s + \beta s + \alpha = 0. \tag{7.68}$$

O lugar das raízes à medida que $\alpha = K_1$ varia (com $\beta = 0$) é determinado a partir da equação

$$1 + \frac{\alpha}{s(s + 2)} = 0, \tag{7.69}$$

como mostrado na Figura 7.18(a). Para um ganho $K_1 = \alpha = 20$, as raízes são $s = -1 \pm j4{,}36$, como indicadas no lugar das raízes. Assim, o efeito da variação de $\beta = 20K_2$ é determinado a partir da equação do lugar das raízes

$$1 + \frac{\beta s}{s^2 + 2s + 20} = 0. \tag{7.70}$$

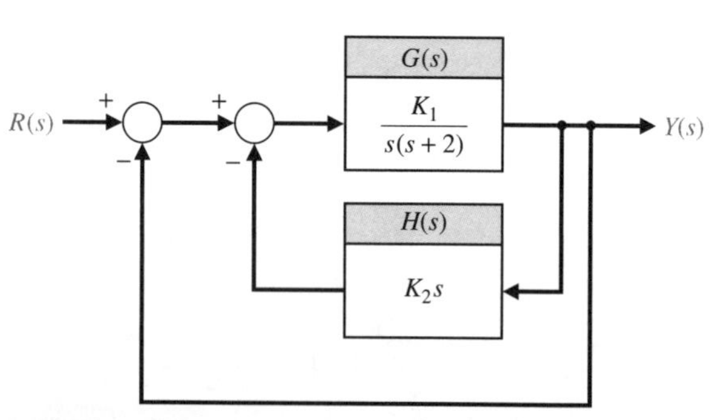

FIGURA 7.16 Diagrama de blocos do sistema de controle da ponta de solda.

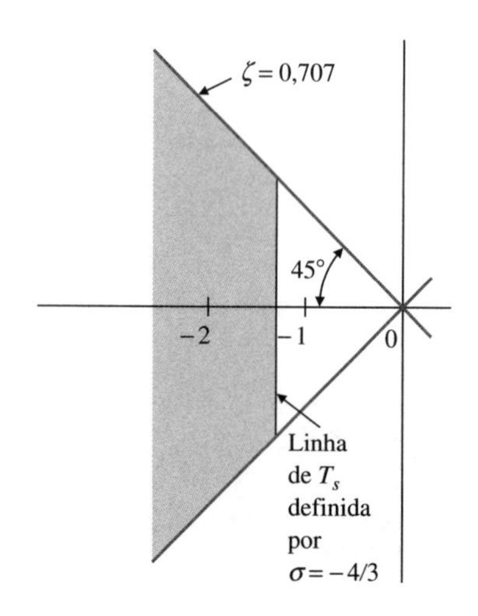

FIGURA 7.17 Uma região no plano s para posições desejadas das raízes.

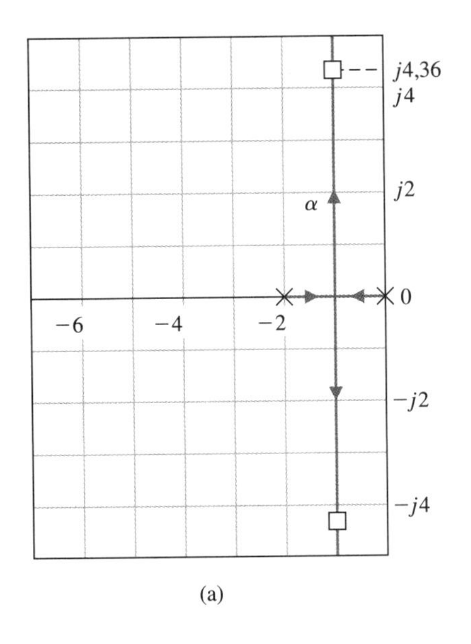

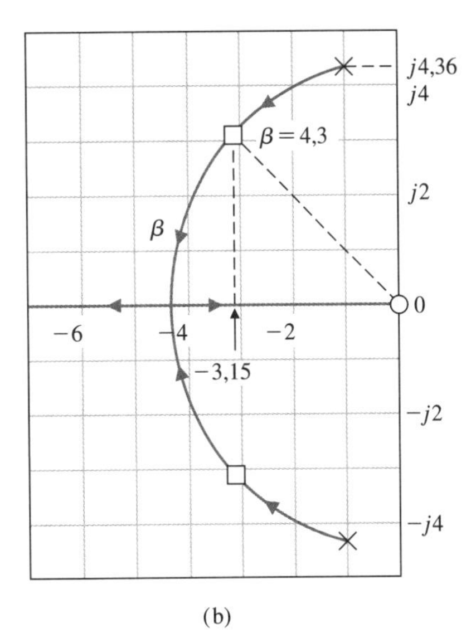

FIGURA 7.18 Lugares das raízes como função de (a) α e (b) β.

O lugar geométrico das raízes para a Equação (7.70) é mostrado na Figura 7.18(b), e as raízes com $\zeta = 0{,}707$ são obtidas quando $\beta = 4{,}3 = 20K_2$ ou quando $K_2 = 0{,}215$. A parte real destas raízes é $\sigma = -3{,}15$; consequentemente, o tempo de acomodação (para 2% do valor final) é igual a 1,27 segundo, consideravelmente menor que a especificação de $T_s \leq 3$ s. ■

Pode-se estender o método do lugar geométrico das raízes para mais de dois parâmetros estendendo-se o número de passos no método apresentado nesta seção. Além disso, uma família de lugares das raízes pode ser gerada para dois parâmetros a fim de se determinar o efeito total da variação dos dois parâmetros. Por exemplo, vamos determinar o efeito da variação de α e β da seguinte equação característica:

$$s^3 + 3s^2 + 2s + \beta s + \alpha = 0. \tag{7.71}$$

A equação do lugar geométrico das raízes como função de α é (fazendo $\beta = 0$)

$$1 + \frac{\alpha}{s(s+1)(s+2)} = 0. \tag{7.72}$$

O lugar geométrico das raízes como função de β é

$$1 + \frac{\beta s}{s^3 + 3s^2 + 2s + \alpha} = 0. \tag{7.73}$$

O lugar geométrico das raízes para a Equação (7.72) como função de α é mostrado na Figura 7.19 (linhas contínuas). As raízes desse lugar, indicadas por barras diagonais, tornam-se os polos para o lugar das raízes da Equação (7.73). Então, o lugar das raízes da Equação (7.73) é continuado na Figura 7.19 (linhas tracejadas), na qual o lugar para β é mostrado para vários valores escolhidos de α. Esta família de lugares, frequentemente chamada de **contorno das raízes**, ilustra o efeito de α e β nas raízes da equação característica de um sistema [3].

7.5 SENSIBILIDADE E O LUGAR GEOMÉTRICO DAS RAÍZES

Uma das principais razões para a utilização de realimentação negativa em sistemas de controle é a redução do efeito das variações de parâmetros. O efeito das variações de parâmetros pode ser descrito por uma medida da sensibilidade do desempenho do sistema a mudanças de um parâmetro específico. Definiu-se a **sensibilidade logarítmica** originalmente sugerida por Bode como

$$S_K^T = \frac{\partial \ln T}{\partial \ln K} = \frac{\partial T/T}{\partial K/K}, \tag{7.74}$$

na qual a função de transferência do sistema é $T(s)$ e o parâmetro de interesse é K.

É útil definir-se uma medida da sensibilidade em termos das posições das raízes da equação característica [7–9]. Como essas raízes representam os modos dominantes da resposta transitória,

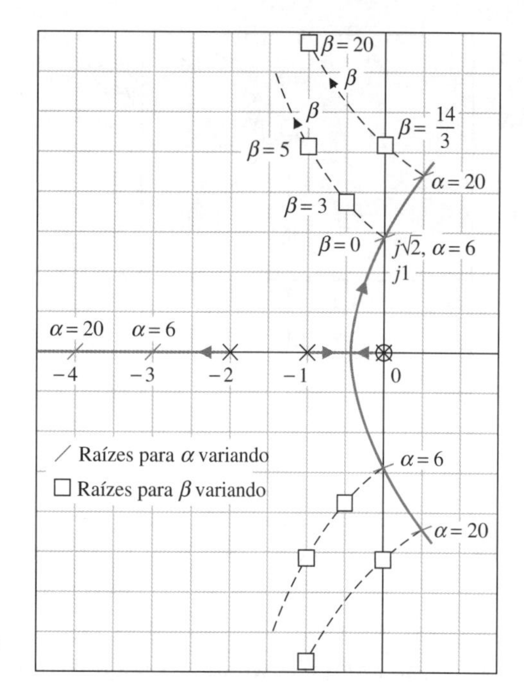

FIGURA 7.19 Lugar geométrico das raízes para dois parâmetros. Os lugares para α variando são linhas contínuas; os lugares para β variando são linhas tracejadas.

o efeito das variações de parâmetros nas posições das raízes é uma medida importante e útil da sensibilidade. A **sensibilidade da raiz** de um sistema $T(s)$ pode ser definida como

$$S_K^{r_i} = \frac{\partial r_i}{\partial \ln K} = \frac{\partial r_i}{\partial K/K}, \tag{7.75}$$

em que r_i é igual à i-ésima raiz do sistema, de modo que

$$T(s) = \frac{K_1 \prod_{j=1}^{M} (s + z_j)}{\prod_{i=1}^{n} (s + r_i)} \tag{7.76}$$

e K é um parâmetro que afeta as raízes. A sensibilidade da raiz relaciona as mudanças nas posições das raízes no plano s com as mudanças no parâmetro. A sensibilidade da raiz está relacionada com a sensibilidade logarítmica pela equação

$$S_K^T = \frac{\partial \ln K_1}{\partial \ln K} - \sum_{i=1}^{n} \frac{\partial r_i}{\partial \ln K} \cdot \frac{1}{s + r_i} \tag{7.77}$$

na qual os zeros de $T(s)$ são independentes do parâmetro K de modo que

$$\frac{\partial z_j}{\partial \ln K} = 0.$$

Essa sensibilidade logarítmica pode ser prontamente obtida determinando-se a derivada de $T(s)$, Equação (7.76), com relação a K. Para este caso particular, quando o ganho do sistema é independente do parâmetro K, tem-se

$$S_K^T = -\sum_{i=1}^{n} S_K^{r_i} \cdot \frac{1}{s + r_i}, \tag{7.78}$$

e as duas medidas de sensibilidade são relacionadas diretamente.

O cálculo da sensibilidade da raiz para um sistema de controle pode ser prontamente efetuado utilizando-se os métodos do lugar geométrico das raízes da seção anterior. A sensibilidade da raiz $S_K^{r_i}$ pode ser calculada na raiz $-r_i$ examinando-se o contorno das raízes para o parâmetro K. Pode-se variar K por um pequeno valor finito ΔK e calcular a raiz modificada $-(r_i + \Delta r_i)$ em $K + \Delta K$. Então, usando-se a Equação (7.75), tem-se

$$S_K^{r_i} \approx \frac{\Delta r_i}{\Delta K/K}. \tag{7.79}$$

A Equação (7.79) é uma aproximação que tende ao valor real da sensibilidade à medida que $\Delta K \to 0$. Um exemplo ilustrará o procedimento de cálculo da sensibilidade da raiz.

EXEMPLO 7.6 **Sensibilidade da raiz de um sistema de controle**

A equação característica do sistema de controle com realimentação mostrado na Figura 7.20 é

$$1 + \frac{K}{s(s + \beta)} = 0,$$

ou, alternativamente,

$$s^2 + \beta s + K = 0. \tag{7.80}$$

O ganho K será considerado como o parâmetro α. Então, o efeito de uma mudança em cada parâmetro pode ser determinado utilizando-se as relações

$$\alpha = \alpha_0 \pm \Delta\alpha \qquad \text{e} \qquad \beta = \beta_0 \pm \Delta\beta,$$

em que α_0 e β_0 são os valores nominais ou desejados para os parâmetros α e β, respectivamente. Será considerado o caso em que o valor nominal do polo é $\beta_0 = 1$ e o ganho desejado é $\alpha_0 = K = 0{,}5$. Então, o lugar geométrico das raízes pode ser obtido como uma função de $\alpha = K$ utilizando-se a equação do lugar geométrico das raízes

$$1 + \frac{K}{s(s + \beta_0)} = 1 + \frac{K}{s(s + 1)} = 0, \tag{7.81}$$

como mostrado na Figura 7.21. O valor nominal do ganho $K = \alpha_0 = 0{,}5$ resulta em duas raízes complexas, $-r_1 = -0{,}5 + j0{,}5$ e $-r_2 = -\hat{r}_1$, como mostrado na Figura 7.21. Para se calcular o efeito de mudanças inevitáveis no ganho, a equação característica com $\alpha = \alpha_0 + \Delta\alpha$ se torna

$$s^2 + s + \alpha_0 \pm \Delta\alpha = s^2 + s + 0{,}5 \pm \Delta\alpha. \tag{7.82}$$

Consequentemente, o efeito de mudanças no ganho pode ser calculado a partir do lugar geométrico das raízes da Figura 7.21. Para uma mudança de 20% em α, tem-se $\Delta\alpha = \pm 0{,}1$. As posições das raízes para um ganho $\alpha = 0{,}4$ e $\alpha = 0{,}6$ são prontamente determinadas por métodos do lugar geométrico das raízes, e as posições das raízes para $\Delta\alpha = \pm 0{,}1$ são mostradas na Figura 7.21. Quando $\alpha = K = 0{,}6$, a raiz no segundo quadrante do plano s é

$$(-r_1) + \Delta r_1 = -0{,}5 + j0{,}59,$$

e a mudança na raiz é $\Delta r_1 = +j0{,}09$. Quando $\alpha = K = 0{,}4$, a raiz no segundo quadrante é

$$(-r_1) + \Delta r_1 = -0{,}5 + j0{,}387,$$

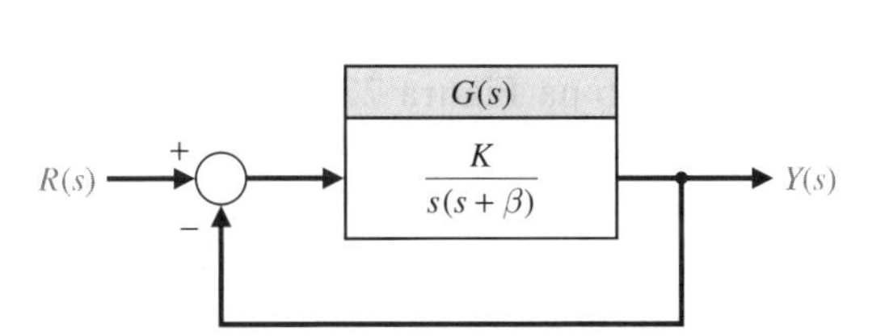

FIGURA 7.20 Um sistema de controle com realimentação.

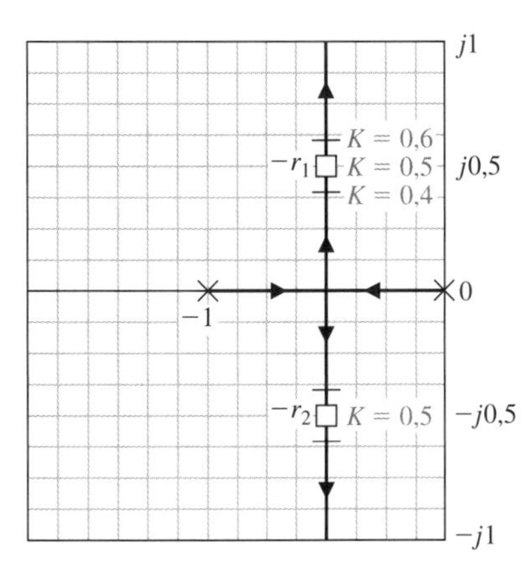

FIGURA 7.21 Lugar geométrico das raízes para K.

e a mudança na raiz é $-\Delta r_1 = -j0{,}11$. Assim, a sensibilidade da raiz para r_1 é

$$S_{K+}^{r_1} = \frac{\Delta r_1}{\Delta K/K} = \frac{+j0{,}09}{+0{,}2} = j0{,}45 = 0{,}45\underline{/+90^\circ} \tag{7.83}$$

para mudanças positivas de ganho. Para incrementos negativos de ganho, a sensibilidade é

$$S_{K-}^{r_1} = \frac{\Delta r_1}{\Delta K/K} = \frac{-j0{,}11}{+0{,}2} = -j0{,}55 = 0{,}55\underline{/-90^\circ}.$$

Para mudanças infinitesimalmente pequenas no parâmetro K, a sensibilidade será igual para incrementos negativos ou positivos em K. O ângulo da sensibilidade da raiz indica a direção na qual a raiz se move à medida que o parâmetro varia. O ângulo de movimento para $+\Delta\alpha$ é sempre 180° a partir do ângulo de movimento para $-\Delta\alpha$ no ponto $\alpha = \alpha_0$.

O polo β é representado por $\beta = \beta_0 + \Delta\beta$, em que $\beta_0 = 1$. Então o efeito da variação dos polos é representado pela equação característica

$$s^2 + s + \Delta\beta s + K = 0,$$

ou, na forma do lugar geométrico das raízes,

$$1 + \frac{\Delta\beta s}{s^2 + s + K} = 0. \tag{7.84}$$

O denominador do segundo termo é a equação característica não alterada quando $\Delta\beta = 0$. O lugar geométrico das raízes para o sistema sem alterações ($\Delta\beta = 0$) é mostrado na Figura 7.21 como função de K. Para uma especificação de projeto requerendo $\zeta = 0{,}707$, as raízes complexas ficam situadas em

$$-r_1 = -0{,}5 + j0{,}5 \quad \text{e} \quad -r_2 = -\hat{r}_1 = -0{,}5 - j0{,}5.$$

Então, como as raízes são complexas conjugadas, a sensibilidade da raiz para r_1 é a conjugada da sensibilidade da raiz para $\hat{r}_1 = r_2$. Usando-se as técnicas do lugar geométrico das raízes para parâmetros discutidas na seção anterior, obtém-se o lugar geométrico das raízes para $\Delta\beta$ como mostrado na Figura 7.22. Normalmente se está interessado no efeito de uma variação para o parâmetro de modo que $\beta = \beta_0 + \Delta\beta$, para o qual o lugar das raízes à medida que β diminui é obtido a partir da equação do lugar geométrico das raízes

$$1 + \frac{-(\Delta\beta)s}{s^2 + s + K} = 0.$$

Nota-se que a equação é da forma

$$1 - \Delta\beta P(s) = 0.$$

Comparando-se esta equação com a Equação (7.23) na Seção 7.3, constata-se que o sinal que precede o ganho $\Delta\beta$ é negativo neste caso. De modo semelhante ao desenvolvimento do método do lugar geométrico das raízes na Seção 7.3, requer-se que o lugar geométrico das raízes satisfaça às equações

$$|\Delta\beta P(s)| = 1 \quad \text{e} \quad \underline{/P(s)} = 0^\circ \pm k360^\circ,$$

em que k é um inteiro. O lugar das raízes segue um lugar de zero grau em contraste com o lugar de 180° considerado anteriormente. De qualquer modo, as regras do lugar geométrico das raízes da Seção 7.3 podem ser alteradas para levar em conta o requisito de ângulo de zero grau, e então o lugar geométrico das raízes pode ser obtido como nas seções anteriores. Por essa razão, para se obter o efeito da redução de β, determina-se o lugar de zero grau em contraste com o lugar de 180°, como mostrado pelo lugar tracejado na Figura 7.22. Para encontrar o efeito de uma mudança de 20% do parâmetro β, calculam-se as novas raízes para $\Delta\beta = \pm 0{,}20$, como mostrado na Figura 7.22. A sensibilidade da raiz é prontamente obtida de forma gráfica e, para uma mudança positiva em β, é

$$S_{\beta+}^{r_1} = \frac{\Delta r_1}{\Delta\beta/\beta} = \frac{0{,}16\underline{/-128^\circ}}{0{,}20} = 0{,}80\underline{/-128^\circ}.$$

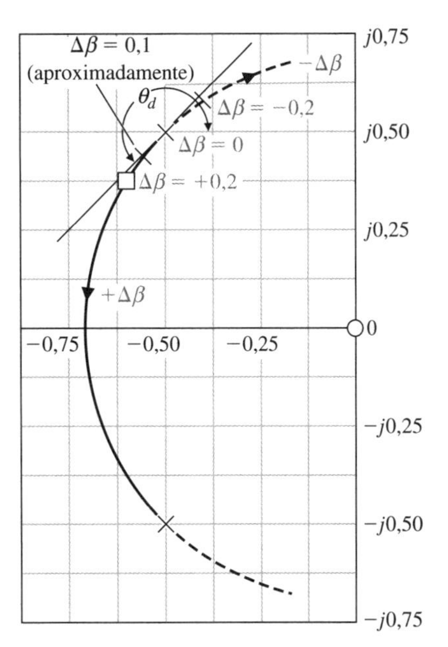

FIGURA 7.22 Lugar geométrico das raízes para o parâmetro β.

A sensibilidade da raiz para uma variação negativa em β é

$$S_{\beta-}^{r_1} = \frac{\Delta r_1}{\Delta\beta/\beta} = \frac{0{,}125\underline{/39^\circ}}{0{,}20} = 0{,}625\underline{/+39^\circ}.$$

À medida que a variação percentual $\Delta\beta/\beta$ diminui, as medidas de sensibilidade $S_{\beta+}^{r_1}$ e $S_{\beta-}^{r_1}$ se aproximarão de uma igualdade em magnitude e de uma defasagem de 180°. Assim, para pequenas variações quando $\Delta\beta/\beta \leq 0{,}10$, as medidas de sensibilidade estão relacionadas conforme

$$|S_{\beta+}^{r_1}| = |S_{\beta-}^{r_1}|$$

e

$$\underline{/S_{\beta+}^{r_1}} = 180^\circ + \underline{/S_{\beta-}^{r_1}}\,.$$

Frequentemente, a medida de sensibilidade da raiz é desejada para pequenas variações no parâmetro. Quando a variação relativa no parâmetro é da ordem de $\Delta\beta/\beta = 0{,}10$, pode-se estimar o incremento na variação da raiz aproximando-se o lugar geométrico das raízes pela reta com o ângulo de partida θ_d. Essa aproximação é mostrada na Figura 7.22 e é correta apenas para variações relativamente pequenas em $\Delta\beta$. De qualquer modo, o uso desta aproximação permite ao analista evitar ter que esboçar o diagrama do lugar geométrico das raízes completo. Portanto, para a Figura 7.22, a sensibilidade da raiz pode ser calculada para $\Delta\beta/\beta = 0{,}10$ sobre a reta de partida, e obtém-se

$$S_{\beta+}^{r_1} = \frac{0{,}075\underline{/-132^\circ}}{0{,}10} = 0{,}75\underline{/-132^\circ}. \tag{7.85}$$

A medida da sensibilidade da raiz para a variação de um parâmetro é útil ao se comparar a sensibilidade com relação a diversos parâmetros de projeto e em diferentes posições das raízes. Comparando-se a Equação (7.85) para β com a Equação (7.83) para α, descobre-se (a) que a sensibilidade para β é superior em magnitude por aproximadamente 50% e (b) que o ângulo para $S_{\beta-}^{r_1}$ indica que a aproximação da raiz em direção ao eixo $j\omega$ é mais sensível a variações em β. Desse modo, os requisitos de tolerância para β seriam mais rigorosos do que para α. Tal informação fornece ao projetista uma medida comparativa das tolerâncias requeridas para cada parâmetro. ■

Para utilizar a medida da sensibilidade da raiz na análise e no projeto de sistemas de controle, deve ser realizada uma série de cálculos, que irão determinar as diversas escolhas de possíveis configurações de raízes e os zeros e polos da função de transferência em malha aberta. Portanto, a medida da sensibilidade da raiz como técnica de projeto é um tanto limitada por dois fatores: o número relativamente grande de cálculos requeridos e a inexistência de uma direção óbvia para o ajuste dos parâmetros de modo a fornecer uma sensibilidade minimizada ou reduzida. Contudo, a medida da sensibilidade da raiz pode ser utilizada como medida de análise, a qual permite que o projetista compare a sensibilidade para diversos projetos de sistema baseados em um método adequado de projeto. A medida da sensibilidade da raiz é um índice útil da sensibilidade do sistema a variações de parâmetros expressas no plano s. A deficiência da medida da sensibilidade é que esta depende da capacidade da posição das raízes de representar o desempenho do sistema. Como foi visto nos capítulos anteriores, as posições das raízes representam o desempenho de forma bastante adequada para muitos sistemas, mas a devida consideração deve ser dada para a posição dos zeros da função de transferência em malha fechada e para a dominância de raízes em consideração. A medida da sensibilidade da raiz é uma medida adequada da sensibilidade do desempenho do sistema e pode ser confiantemente usada em análise e projeto de sistemas.

7.6 CONTROLADORES PID

Uma forma de controlador amplamente usado em controle de processos industriais é o **controlador PID**, de três termos [4, 10]. Esse controlador tem uma função de transferência

$$\boxed{G_c(s) = K_p + \frac{K_I}{s} + K_D s.}$$

A equação para a saída no domínio do tempo é

$$u(t) = K_p e(t) + K_I \int e(t)dt + K_D \frac{de(t)}{dt}.$$

O controlador de três termos é chamado de controlador PID porque contém um termo proporcional, um termo integral e um termo derivativo representados por K_P, K_I e K_D, respectivamente. A função de transferência do termo derivativo é na realidade

$$G_d(s) = \frac{K_D s}{\tau_d s + 1},$$

mas τ_d é usualmente muito menor que as constantes de tempo do processo propriamente dito, de modo que é desprezado.

Ajustando-se $K_D = 0$, então tem-se o **controlador proporcional e integral (PI)**

$$\boxed{G_c(s) = K_p + \frac{K_I}{s}.}$$

Quando $K_I = 0$, tem-se

$$\boxed{G_c(s) = K_p + K_D s,}$$

que é chamado de **controlador proporcional e derivativo (PD)**.

O controlador PID pode ser visto também como uma cascata de um controlador PI e um controlador PD. Considere-se o controlador PI

$$G_{PI}(s) = \hat{K}_P + \frac{\hat{K}_I}{s}$$

e o controlador PD

$$G_{PD}(s) = \overline{K}_P + \overline{K}_D s,$$

em que $\hat{K}_P$ e $\hat{K}_I$ são os ganhos do controlador PI e $\overline{K}_P$ e $\overline{K}_D$ são os ganhos do controlador PD. Cascateando os dois controladores (isto é, colocando-os em série)

$$
\begin{aligned}
G_c(s) &= G_{PI}(s)G_{PD}(s) \\
&= \left(\hat{K}_P + \frac{\hat{K}_I}{s}\right)(\overline{K}_P + \overline{K}_D s) \\
&= (\overline{K}_P\hat{K}_P + \hat{K}_I\overline{K}_D) + \hat{K}_P\overline{K}_D s + \frac{\hat{K}_I\overline{K}_P}{s} \\
&= K_P + K_D s + \frac{K_I}{s},
\end{aligned}
$$

em que há as seguintes relações entre os ganhos dos controladores PI e PD e os ganhos do controlador PID

$$
\begin{aligned}
K_P &= \overline{K}_P\hat{K}_P + \hat{K}_I\overline{K}_D \\
K_D &= \hat{K}_P\overline{K}_D \\
K_I &= \hat{K}_I\overline{K}_D.
\end{aligned}
$$

Considere-se o controlador PID

$$
\begin{aligned}
G_c(s) &= K_P + \frac{K_I}{s} + K_D s = \frac{K_D s^2 + K_P s + K_I}{s} \\
&= \frac{K_D(s^2 + as + b)}{s} = \frac{K_D(s + z_1)(s + z_2)}{s},
\end{aligned}
$$

em que $a = K_P/K_D$ e $b = K_I/K_D$. Portanto, um controlador PID introduz uma função de transferência com um polo na origem e dois zeros que podem ser posicionados em qualquer lugar do plano s.

Considere o sistema mostrado na Figura 7.23 em que se utiliza um controlador PID com zeros complexos $-z_1$ e $-z_2$, em que $-z_1 = -3 + j1$ e $-z_2 = -\hat{z}_1$. Pode-se traçar o gráfico do lugar geométrico das raízes como mostrado na Figura 7.24. À medida que o ganho, K_D, do controlador é aumentado, as raízes complexas tendem para os zeros. A função de transferência em malha fechada é

$$
T(s) = \frac{G(s)G_c(s)}{1 + G(s)G_c(s)} = \frac{K_D(s + z_1)(s + \hat{z}_1)}{(s + r_2)(s + r_1)(s + \hat{r}_1)}.
$$

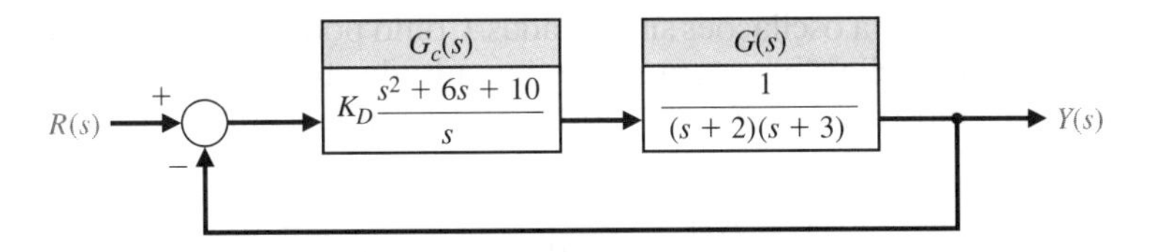

FIGURA 7.23 Sistema em malha fechada com um controlador.

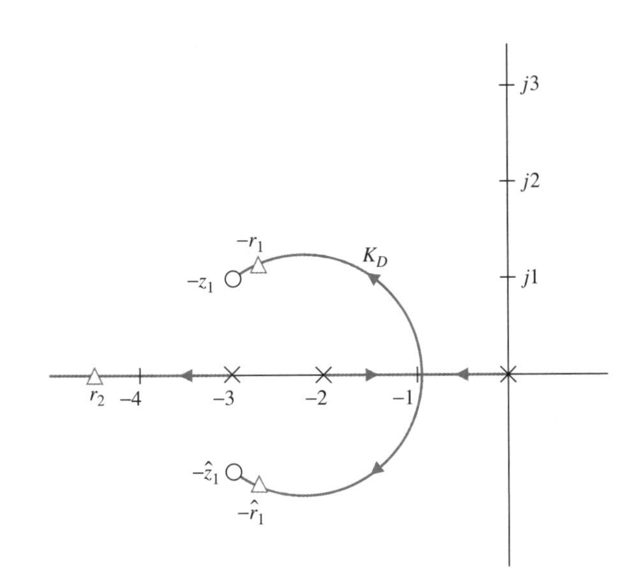

FIGURA 7.24 Lugar geométrico das raízes para planta com um controlador PID com zeros complexos.

A resposta desse sistema será atrativa. A máxima ultrapassagem percentual para um degrau será $M.U.P. \leq 2\%$ e o erro em regime estacionário para uma entrada em degrau será $e_{ss} = 0$. O tempo de acomodação será de aproximadamente $T_s = 1$ s. Se um tempo de acomodação menor é desejado, então escolhe-se z_1 e z_2 mais à esquerda no semiplano esquerdo do plano s e ajusta-se K_D para levar as raízes para perto dos zeros complexos.

A popularidade dos controladores PID pode ser atribuída parcialmente ao seu bom desempenho em uma vasta gama de condições de operação e parcialmente à sua simplicidade funcional, que permite aos engenheiros operá-los de uma forma simples e direta. Para se implementar o controlador PID, três parâmetros devem ser determinados: o ganho proporcional, denotado por K_P, o ganho integral, denotado por K_I, e o ganho derivativo, denotado por K_D [10].

Existem muitos métodos disponíveis para se determinar valores aceitáveis dos ganhos do PID. O processo de determinação dos ganhos é frequentemente chamado **sintonia de PID**. Uma abordagem comum para a sintonia é o uso de métodos de **sintonia manual de PID**, nos quais os ganhos do controlar PID são obtidos por tentativa e erro com mínima análise analítica usando respostas ao degrau obtidas via simulação ou, em alguns casos, testes reais nos sistemas e decidindo-se os ganhos baseando-se em observações e experiência. Um método mais analítico é conhecido como o método de **sintonia de Ziegler-Nichols**. O método de sintonia de Ziegler-Nichols na realidade tem diversas variações. Nesta seção é examinado um método de sintonia de Ziegler-Nichols baseado em respostas em malha aberta a uma entrada em degrau e um método de sintonia de Ziegler-Nichols relacionado com o primeiro, com base na resposta em malha fechada a um degrau unitário.

Uma abordagem para a sintonia manual é primeiro fazer $K_I = 0$ e $K_D = 0$. A seguir, o ganho K_P é vagarosamente incrementado até que a saída do sistema em malha fechada oscile exatamente no limiar da estabilidade. Isso pode ser feito tanto em simulação quanto no sistema real, se ele não puder ser afetado a ponto de ser desativado. Uma vez que o valor de K_P (com $K_I = 0$ e $K_D = 0$) que leva o sistema em malha fechada ao limiar de estabilidade é encontrado, reduz-se o valor do ganho K_P para se atingir o que é conhecido como o **decaimento de um quarto da amplitude**. Isto é, a amplitude da resposta em malha fechada é reduzida aproximadamente a um quarto do valor máximo em um período de oscilação. Uma regra prática é começar reduzindo o ganho proporcional K_P pela metade. O passo seguinte do processo de projeto é aumentar K_I e K_D manualmente para alcançar uma resposta ao degrau desejada. A Tabela 7.4 descreve em termos gerais o efeito do aumento de K_I e K_D.

EXEMPLO 7.7 **Sintonia manual de PID**

Considere-se o sistema em malha fechada na Figura 7.25 em que $b = 10$, $\zeta = 0{,}707$ e $\omega_n = 4$.

Para iniciar o processo de sintonia manual, faz-se $K_I = 0$ e $K_D = 0$ e aumenta-se K_P até que o sistema em malha fechada tenha oscilações sustentadas. Como pode ser visto na Figura 7.26(a), quando $K_P = 885{,}5$, tem-se uma oscilação sustentada de magnitude $A = 1{,}9$ e período $P = 0{,}83$ s. O lugar geométrico das raízes mostrado na Figura 7.26(b) corresponde à equação característica

$$1 + K_P\left[\frac{1}{s(s+10)(s+5{,}66)}\right] = 0.$$

O lugar geométrico das raízes mostrado na Figura 7.26(b) ilustra que quando $K_P = 885{,}5$ há polos em malha fechada em $s = \pm 7{,}5j$, levando ao comportamento oscilatório da resposta ao degrau na Figura 7.26(a).

Reduz-se $K_P = 885{,}5$ pela metade como o primeiro passo para se obter uma resposta ao degrau com decaimento de amplitude de aproximadamente um quarto. Pode ser necessário iterar sobre o valor $K_P = 442{,}75$. A resposta ao degrau é mostrada na Figura 7.27, na qual nota-se que a amplitude de pico é reduzida a um quarto do valor máximo em um período, como desejado. Para conseguir essa redução, o valor de K_P foi refinado reduzindo-se lentamente o valor a partir de $K_P = 442{,}75$ até $K_P = 370$.

Tabela 7.4 Efeito do Aumento dos Ganhos do PID K_P, K_D e K_I na Resposta ao Degrau

Ganho do PID	Máxima Ultrapassagem Percentual	Tempo de Acomodação	Erro em Regime Estacionário
Aumentando K_P	Aumenta	Impacto mínimo	Diminui
Aumentando K_I	Aumenta	Aumenta	Erro em regime estacionário nulo
Aumentando K_D	Diminui	Diminui	Nenhum impacto

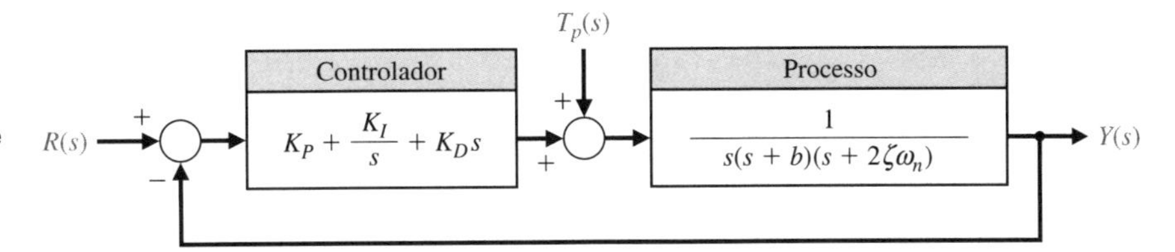

FIGURA 7.25 Sistema de controle com realimentação unitária com controlador PID.

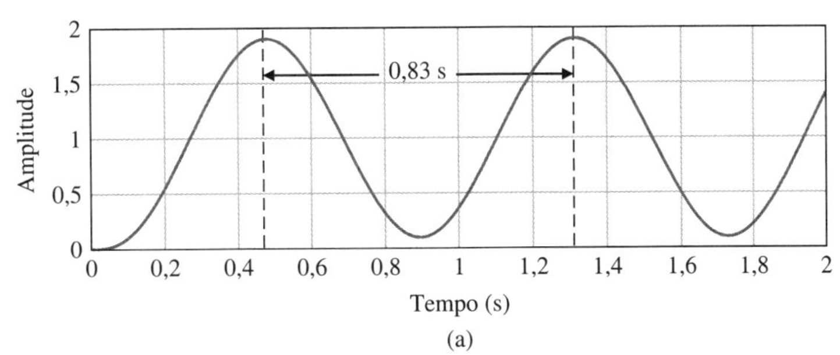

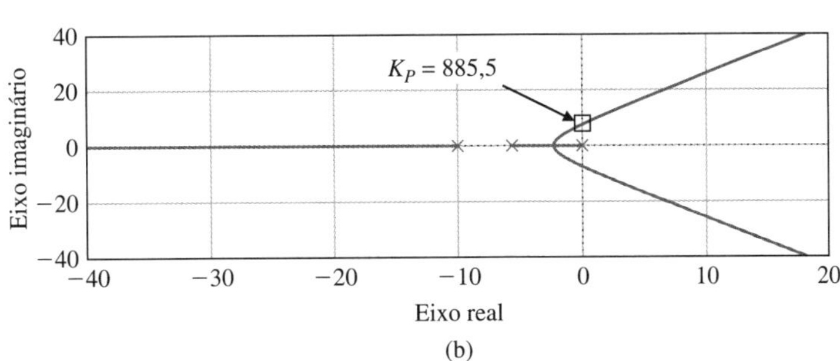

FIGURA 7.26 (a) Resposta ao degrau com $K_P = 885,5$, $K_D = 0$ e $K_I = 0$. (b) Lugar geométrico das raízes mostrando que $K_P = 885,5$ resulta em estabilidade marginal com $s = \pm 7,5j$.

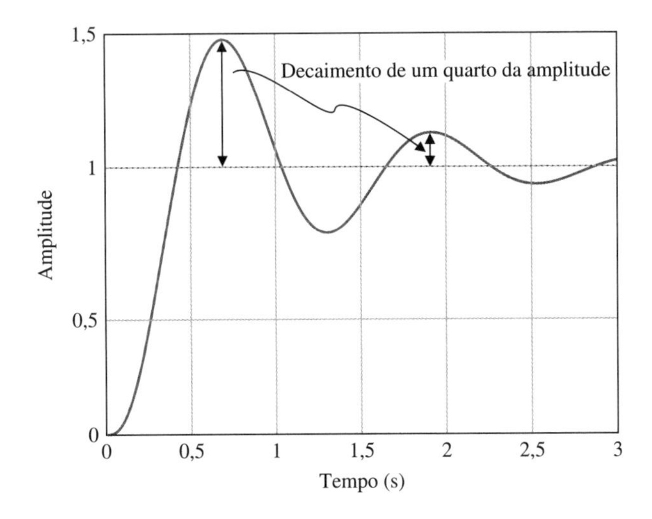

FIGURA 7.27 Resposta ao degrau com $K_P = 370$ mostrando o decaimento de um quarto da amplitude.

O lugar geométrico das raízes para $K_P = 370$, $K_I = 0$ e $0 \leq K_D < \infty$ é mostrado na Figura 7.28. Nesse caso, a equação característica é:

$$1 + K_D\left[\frac{s}{(s+10)(s+5,66) + K_P}\right] = 0.$$

Observa-se na Figura 7.28 que, à medida que K_D aumenta, o lugar geométrico das raízes mostra que os polos complexos em malha fechada se movem para a esquerda e, fazendo isso, aumenta-se o fator de amortecimento associado e assim diminui-se a máxima ultrapassagem percentual. O movimento dos polos complexos para a esquerda também aumenta o $\zeta\omega_n$ associado, reduzindo desse modo o tempo de acomodação. Esses efeitos da variação de K_D

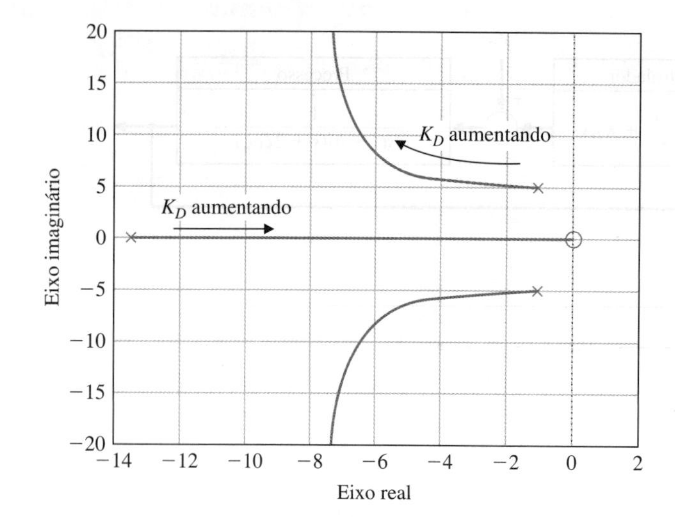

FIGURA 7.28 Lugar geométrico das raízes para $K_P = 370$, $K_I = 0$ e $0 \leq K_D < \infty$.

são consistentes com a informação fornecida na Tabela 7.4. À medida que K_D aumenta (com $K_D > 75$), a raiz real começa a dominar a resposta e as tendências descritas na Tabela 7.4 tornam-se menos corretas. A máxima ultrapassagem percentual e o tempo de acomodação em função de K_D são mostrados na Figura 7.29.

O lugar geométrico das raízes para $K_P = 370$, $K_D = 0$ e $0 \leq K_I < \infty$ é mostrado na Figura 7.30. A equação característica é

$$1 + K_I \left[\frac{1}{s\big(s(s + 10)(s + 5{,}66) + K_P\big)} \right] = 0.$$

Observa-se na Figura 7.30 que, conforme K_I aumenta, o lugar geométrico das raízes mostra que o par de polos complexos em malha fechada se move para a direita. Isso diminui o fator de amortecimento associado e desse modo aumenta a máxima ultrapassagem percentual. De fato, quando $K_I = 778{,}2$, o sistema é marginalmente estável com polos em malha fechada em $s = \pm 4{,}86j$. O movimento dos polos complexos para a direita também diminui o $\zeta\omega_n$ associado, aumentando desse modo o tempo de acomodação. A máxima ultrapassagem percentual e o tempo de acomodação como funções de K_I são mostrados na Figura 7.31. As tendências na Figura 7.31 são consistentes com a Tabela 7.4.

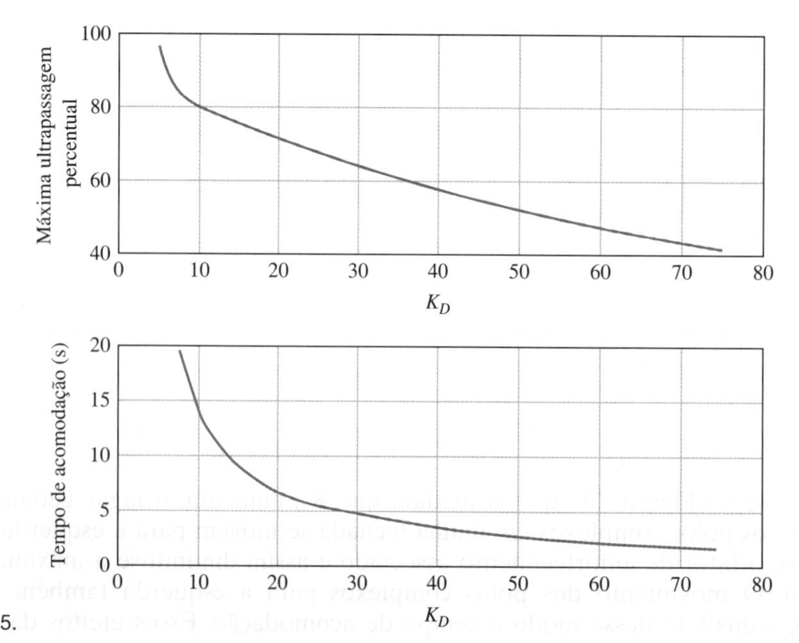

FIGURA 7.29 Máxima ultrapassagem percentual e tempo de acomodação com $K_P = 370$, $K_I = 0$ e $5 \leq K_D < 75$.

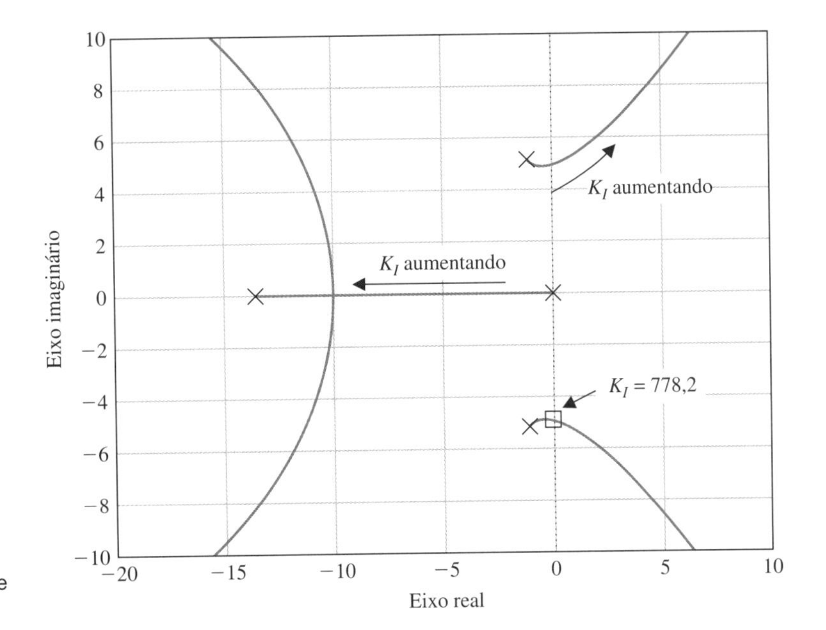

FIGURA 7.30 Lugar geométrico das raízes para $K_P = 370$, $K_D = 0$ e $0 \leq K_I < \infty$.

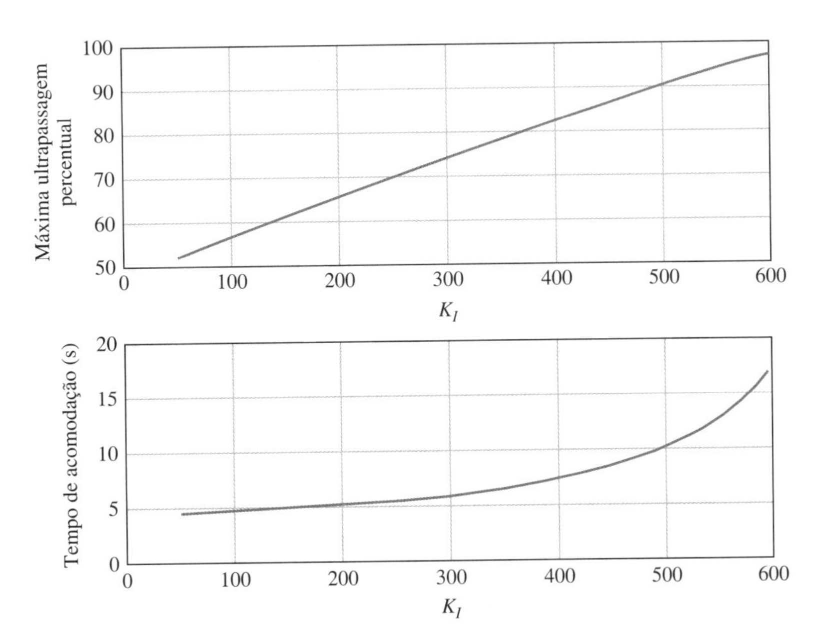

FIGURA 7.31 Máxima ultrapassagem percentual e tempo de acomodação com $K_P = 370$, $K_D = 0$ e $50 \leq K_I < 600$.

Para atender as especificações de máxima ultrapassagem percentual e tempo de acomodação, podem-se escolher $K_P = 370$, $K_D = 60$ e $K_I = 100$. A resposta ao degrau mostrada na Figura 7.32 apresenta um $T_s = 2{,}4$ s e $M.U.P. = 12{,}8\%$ atendendo às especificações. ■

Dois métodos importantes para a sintonia de ganhos de controlador PID foram publicados em 1942 por John G. Ziegler e Nathaniel B. Nichols, métodos esses que se destinavam a obter uma resposta ao degrau em malha fechada rápida sem oscilações excessivas e com excelente rejeição de perturbações. Essas duas abordagens são classificadas sob o título geral de métodos de sintonia de Ziegler-Nichols. A primeira abordagem é baseada em conceitos em malha fechada requerendo a obtenção do **ganho crítico** e do **período crítico**. A segunda abordagem é baseada em conceitos em malha aberta dependendo de **curvas de reação**. Os métodos de sintonia de Ziegler-Nichols são baseados em formas supostas dos modelos dos processos, mas os modelos não precisam ser precisamente conhecidos. Isto torna a abordagem de sintonia muito prática em aplicações de controle de processos. A sugestão é considerar as regras de Ziegler-Nichols para se obterem projetos iniciais de controladores seguindo-se por iterações de projeto e refinamento. Deve-se lembrar que as regras de Ziegler-Nichols não funcionarão com todas as plantas ou processos.

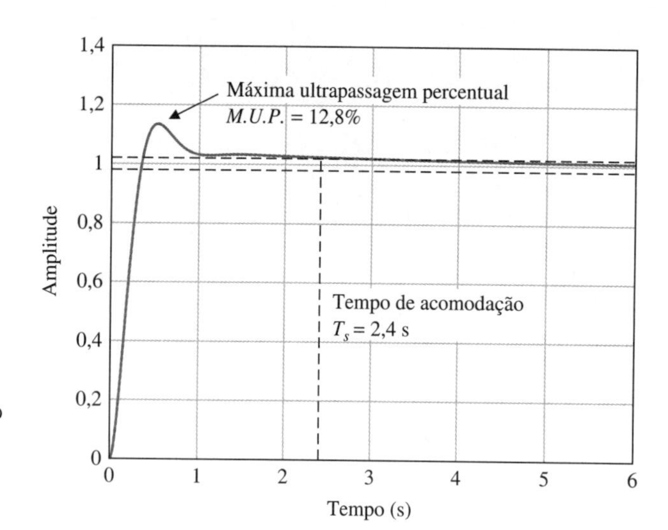

FIGURA 7.32 Máxima ultrapassagem percentual e tempo de acomodação com projeto final $K_P = 370$, $K_D = 60$ e $K_I = 100$.

Tabela 7.5 Sintonia de PID por Ziegler-Nichols Usando Ganho Crítico K_C e Período de Oscilação T_C

Sintonia de Ganhos de Controlador PID por Ziegler-Nichols Usando Conceitos em Malha Fechada			
Tipo de Controlador	K_P	K_I	K_D
Proporcional (P) $G_c(s) = K_P$	$0{,}5\, K_C$	–	–
Proporcional e integral (PI) $G_c(s) = K_P + \frac{K_I}{s}$	$0{,}45\, K_C$	$\frac{0{,}54K_C}{T_C}$	–
Proporcional, integral e derivativo (PID) $G_c(s) = K_P + \frac{K_I}{s} + K_D s$	$0{,}6\, K_C$	$\frac{1{,}2K_C}{T_C}$	$\frac{0{,}6K_C T_C}{8}$

O método de sintonia de Ziegler-Nichols em malha fechada considera a resposta do sistema em malha fechada a uma entrada em degrau (ou perturbação em degrau) com o controlador PID na malha. Inicialmente, os ganhos derivativo e integral, K_D e K_I, respectivamente, são ajustados em zero. O ganho proporcional K_P é aumentado (em simulação ou no sistema real) até que o sistema em malha fechada atinja o limiar de instabilidade. O ganho no limiar de instabilidade, denotado por K_C, é chamado de ganho crítico. O período das oscilações sustentadas, denotado por T_C, é chamado de período crítico. Uma vez que K_C e T_C sejam determinados, os ganhos do PID são calculados usando-se as relações na Tabela 7.5 de acordo com o método de sintonia de Ziegler-Nichols.

EXEMPLO 7.8 **Sintonia de PID por Ziegler-Nichols em malha fechada**

Considere-se novamente o sistema no Exemplo 7.7. Os ganhos K_P, K_D e K_I são calculados usando-se as fórmulas na Tabela 7.5. Descobriu-se no Exemplo 7.7 que $K_C = 885{,}5$ e $T_C = 0{,}83$ s. Por meio do uso das fórmulas de Ziegler-Nichols obtêm-se

$$K_P = 0{,}6K_C = 531{,}3, \quad K_I = \frac{1{,}2K_C}{T_C} = 1.280{,}2 \quad \text{e} \quad K_D = \frac{0{,}6K_C T_C}{8} = 55{,}1.$$

Comparando-se a resposta ao degrau nas Figuras 7.33 e 7.34, observa-se que o tempo de acomodação é aproximadamente o mesmo para os controladores PID sintonizado manualmente e sintonizado por Ziegler-Nichols. Entretanto, a máxima ultrapassagem percentual do controlador sintonizado manualmente é menor que a do sintonizado por Ziegler-Nichols. Isso se deve ao fato de que a sintonia de Ziegler-Nichols é projetada para fornecer a melhor rejeição de perturbação em vez de o melhor desempenho de resposta de entrada.

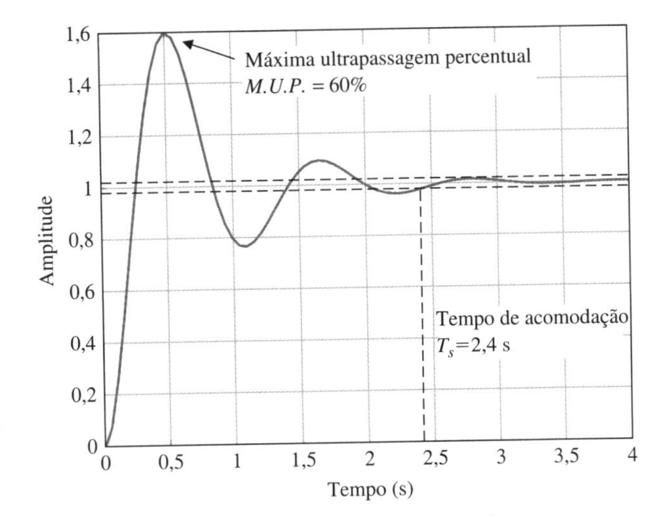

FIGURA 7.33 Resposta no tempo para a sintonia de PID por Ziegler-Nichols com $K_P = 531{,}3$, $K_I = 1.280{,}2$ e $K_D = 55{,}1$.

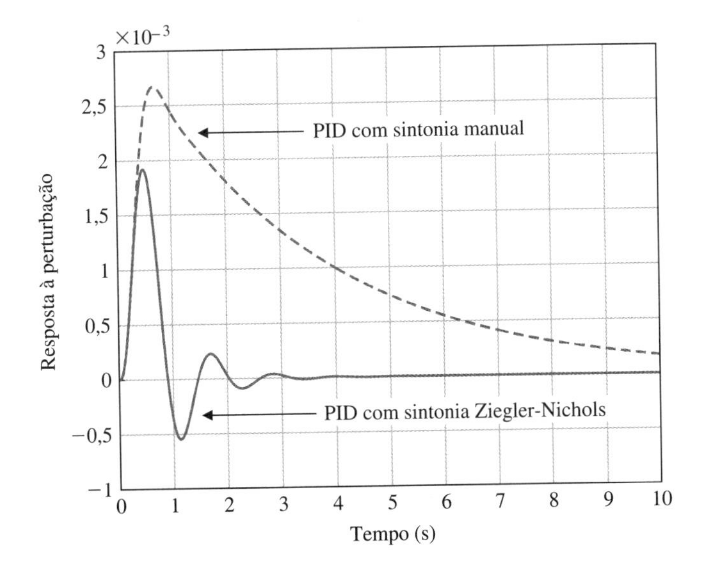

FIGURA 7.34 Resposta à perturbação para a sintonia de PID por Ziegler-Nichols e para a sintonia manual.

Na Figura 7.34, observa-se que o desempenho para perturbação em degrau do controlador PID Ziegler-Nichols é de fato melhor que o do controlador sintonizado manualmente. Enquanto a abordagem de Ziegler-Nichols fornece um procedimento estruturado para se obter os ganhos do controlador PID, a adequação da sintonia por Ziegler-Nichols depende dos requisitos do problema investigado. ∎

O método de sintonia de Ziegler-Nichols em malha aberta utiliza uma curva de reação obtida desligando-se o controlador (isto é, tirando-o da malha) e introduzindo-se uma entrada (ou perturbação) em degrau. Essa abordagem é muito utilizada em aplicações de controle de processos. A saída medida é a curva de reação e é admitida como tendo a forma geral mostrada na Figura 7.35. A resposta na Figura 7.35 implica que o processo seja um sistema de primeira ordem com retardo no tempo. Se o sistema real não condiz com a forma admitida, então outra abordagem para a sintonia do PID deve ser considerada. Contudo, se o sistema subjacente for linear e letárgico (ou lento e caracterizado por um retardo), o modelo admitido pode ser suficiente para a obtenção de uma escolha razoável de ganhos do PID usando o método de sintonia de Ziegler-Nichols em malha aberta.

A curva de reação é caracterizada pelo retardo no tempo, ΔT, e pela taxa de reação, R. Geralmente, a curva de reação é gravada e a análise numérica é realizada para se obterem estimativas dos parâmetros ΔT e R. Um sistema possuindo a curva de reação na Figura 7.35 pode ser aproximado por um sistema de primeira ordem com um retardo no tempo como

$$G(s) = M\left[\frac{p}{s+p}\right]e^{-\Delta T s},$$

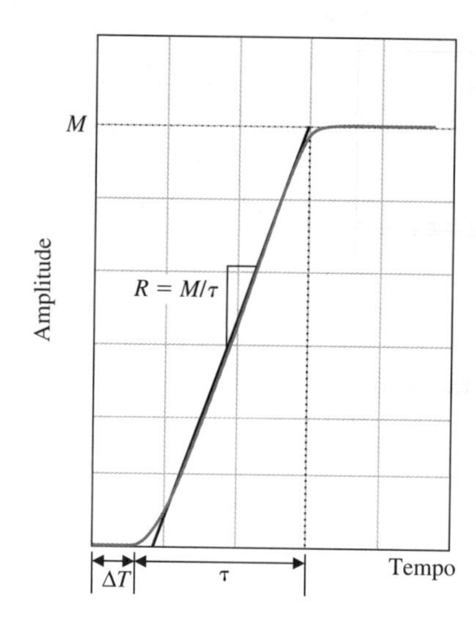

FIGURA 7.35 Curva de reação ilustrando os parâmetros R e ΔT requeridos para o método de sintonia em malha aberta de Ziegler-Nichols.

Tabela 7.6 Sintonia de PID por Ziegler-Nichols Usando Curva de Reação Caracterizada por Retardo no Tempo, ΔT, e Taxa de Reação, R

Sintonia de Ganhos de Controlador PID por Ziegler-Nichols Usando Conceitos em Malha Aberta

Tipo de Controlador	K_P	K_I	K_D
Proporcional (P) $G_c(s) = K_P$	$\frac{1}{R\Delta T}$	–	–
Proporcional e integral (PI) $G_c(s) = K_P + \frac{K_I}{s}$	$\frac{0,9}{R\Delta T}$	$\frac{0,27}{R\Delta T^2}$	–
Proporcional, integral e derivativo (PID) $G_c(s) = K_P + \frac{K_I}{s} + K_D s$	$\frac{1,2}{R\Delta T}$	$\frac{0,6}{R\Delta T^2}$	$\frac{0,6}{R}$

em que M é a magnitude da resposta em regime estacionário, ΔT é o retardo no tempo e p está relacionado com a inclinação da curva de reação. Os parâmetros M, τ e ΔT podem ser estimados a partir da resposta ao degrau em malha aberta e então utilizados para calcular $R = M/\tau$. Uma vez que isso seja feito, os ganhos do PID são calculados como mostrado na Tabela 7.6. Pode-se usar o método de sintonia em malha aberta de Ziegler-Nichols também para se projetar um controlador proporcional ou um controlador proporcional e integral.

EXEMPLO 7.9 **Sintonia de controlador PI por Ziegler-Nichols em malha aberta**

Considere-se a curva de reação mostrada na Figura 7.36. Estima-se o retardo no tempo como $\Delta T = 0{,}1$ s e a taxa de reação $R = 0{,}8$.

Usando a sintonia de Ziegler-Nichols para os ganhos do controlador PI, tem-se

$$K_P = \frac{0{,}9}{R\Delta T} = 11{,}25 \quad \text{e} \quad K_I = \frac{0{,}27}{R\Delta T^2} = 33{,}75.$$

A resposta ao degrau do sistema em malha fechada (admitindo realimentação unitária) é mostrada na Figura 7.37. O tempo de acomodação é $T_s = 1{,}28$ s e a máxima ultrapassagem percentual é $M.U.P. = 78\%$. Uma vez que se está utilizando um controlador PI, o erro em regime estacionário é zero, como esperado. ■

O método de sintonia manual e as duas abordagens de sintonia de Ziegler-Nichols apresentados não levarão sempre a um desempenho em malha fechada desejado. Os três métodos fornecem passos de projeto estruturados levando a ganhos candidatos para o PID e devem ser encarados como um primeiro passo da iteração de projeto. Uma vez que os controladores PID (e os relacionados PD e PI) estão em larga utilização atualmente em diversas aplicações, é importante familiarizar-se com várias abordagens de projeto. O controlador PD será usado mais adiante neste capítulo para controlar o acionador de disco do exemplo de projeto sequencial (veja a Seção 7.10).

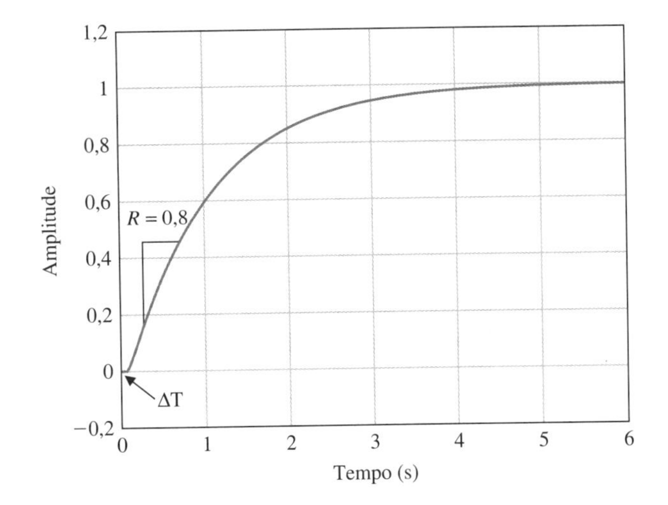

FIGURA 7.36 Curva de reação com $T_d = 0{,}1$ s e $R = 0{,}8$.

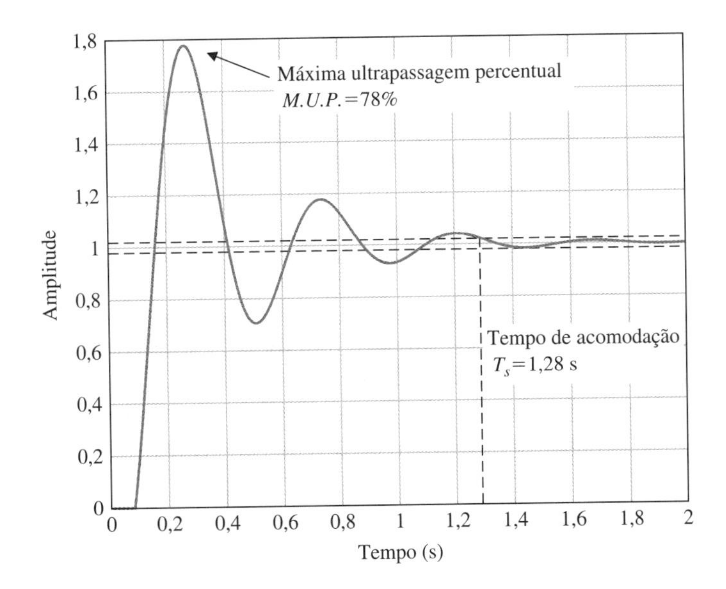

FIGURA 7.37 Resposta no tempo para a sintonia de PI por Ziegler-Nichols com $K_P = 11{,}25$ e $K_I = 33{,}75$.

7.7 LUGAR GEOMÉTRICO DAS RAÍZES COM GANHO NEGATIVO

Como discutido na Seção 7.2, o desempenho dinâmico de um sistema de controle em malha fechada é descrito pela função de transferência em malha fechada, isto é, pelos polos e zeros do sistema em malha fechada. O lugar geométrico das raízes é uma ilustração gráfica da variação das raízes da equação característica à medida que um único parâmetro de interesse varia. Sabe-se que as raízes da equação característica são justamente os polos em malha fechada. No caso do sistema mostrado com realimentação unitária negativa e uma única malha na Figura 7.1, a equação característica é

$$1 + KG(s) = 0, \tag{7.86}$$

na qual K é o parâmetro de interesse. O procedimento ordenado de sete passos para o esboço do lugar geométrico das raízes descrito na Seção 7.3 e resumido na Tabela 7.2 é válido para o caso no qual $0 \le K < \infty$. Às vezes surge uma situação em que se está interessado no lugar geométrico das raízes para valores negativos do parâmetro de interesse, em que $-\infty < K \le 0$. Faz-se referência a isso como o **lugar geométrico das raízes com ganho negativo**. O objetivo aqui é desenvolver um procedimento ordenado para esboçar o lugar geométrico das raízes com ganho negativo usando conceitos familiares do esboço do lugar geométrico das raízes descrito na Seção 7.2.

Reordenar a Equação (7.86) resulta

$$G(s) = -\frac{1}{K}.$$

Uma vez que K é negativo, segue-se que

$$|KG(s)| = 1 \quad \text{e} \quad \boxed{\angle KG(s) = 0° + k360°}, \tag{7.87}$$

sendo $k = 0, \pm 1, \pm 2, \pm 3, ...$ Ambas as condições de magnitude e fase na Equação (7.87) precisam ser satisfeitas para todos os pontos no lugar geométrico das raízes com ganho negativo. Observe-se que a condição de fase na Equação (7.87) é diferente da condição de fase na Equação (7.4). Como será mostrado, a nova condição de fase leva a várias modificações importantes nos passos do esboço do lugar geométrico das raízes a partir daqueles resumidos na Tabela 7.2.

EXEMPLO 7.10 **Lugar geométrico das raízes com ganho negativo**

Considere o sistema mostrado na Figura 7.38. A função de transferência de malha é

$$L(s) = KG(s) = K\frac{s - 20}{s^2 + 5s - 50}$$

e a equação característica é

$$1 + K\frac{s - 20}{s^2 + 5s - 50} = 0.$$

Esboçando-se o lugar geométrico das raízes, produz-se o gráfico mostrado na Figura 7.39(a), em que pode ser observado que o sistema em malha fechada não é estável para nenhum $0 \leq K < \infty$. O lugar geométrico das raízes com ganho negativo é mostrado na Figura 7.39(b). Usando-se o lugar geométrico das raízes com ganho negativo na Figura 7.39(b), descobre-se que o sistema é estável para $-5{,}0 < K < -2{,}5$. O sistema na Figura 7.38 pode, portanto, ser estabilizado somente com ganho negativo K. ∎

Para localizar as raízes da equação característica de forma gráfica no plano s para valores negativos do parâmetro de interesse, os sete passos resumidos na Tabela 7.2 serão revisitados para se obter um procedimento ordenado similar que facilite o esboço rápido do lugar das raízes.

Passo 1: Prepare o esboço do lugar geométrico das raízes. Como antes, comece escrevendo a equação característica e rearranje-a, se necessário, de modo que o parâmetro de interesse, K, apareça como o fator multiplicativo na forma,

$$1 + KP(s) = 0. \tag{7.88}$$

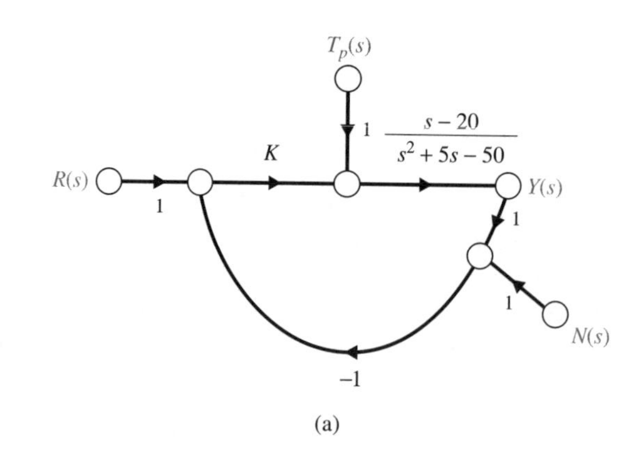

(a)

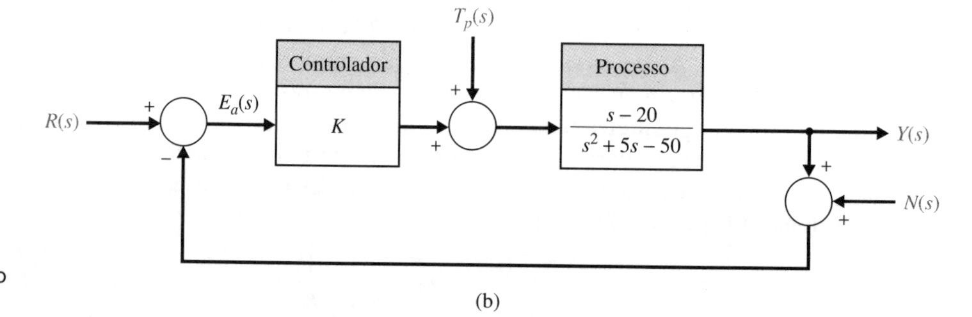

(b)

FIGURA 7.38 (a) Diagrama de fluxo de sinal e (b) diagrama de blocos de um sistema com realimentação unitária com ganho de controlador, K.

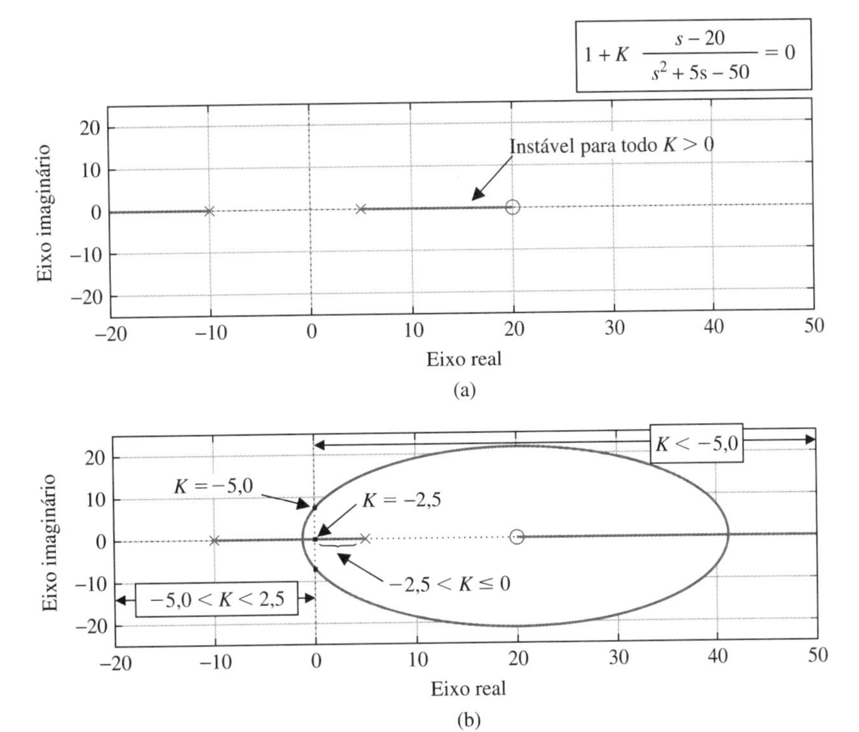

FIGURA 7.39 (a) Lugar geométrico das raízes para $0 \leq K < \infty$. (b) Lugar geométrico das raízes com ganho negativo para $-\infty < K \leq 0$.

Com relação ao lugar geométrico das raízes com ganho negativo, o interesse é determinar o lugar das raízes da equação característica na Equação (7.88) como $-\infty < K \leq 0$. Conforme na Equação (7.24), fatore $P(s)$ na Equação (7.88) na forma de polos e zeros, e marque a posição dos polos e zeros no plano s com "x" para denotar polos e "o" para denotar zeros.

Quando $K = 0$, as raízes da equação característica são os polos de $P(s)$, e quando $K \to -\infty$, as raízes da equação característica são os zeros de $P(s)$. Portanto, o lugar das raízes da equação característica começa nos polos de $P(s)$ quando $K = 0$ e termina nos zeros de $P(s)$ à medida que $K \to -\infty$. Se $P(s)$ tem n polos e M zeros e $n > M$, tem-se $n - M$ ramos do lugar geométrico das raízes tendendo aos zeros no infinito e o número de lugares separados é igual ao número de polos. Os lugares das raízes são simétricos com relação ao eixo real horizontal porque as raízes complexas devem aparecer como pares de raízes complexas conjugadas.

Passo 2: Determine os segmentos do eixo real que são lugares das raízes. O lugar geométrico das raízes no eixo real fica sempre em uma seção do eixo real à esquerda de um número **par** de polos e zeros. Isso decorre do critério de ângulo da Equação (7.87).

Passo 3: Quando $n > M$, tem-se $n - M$ ramos de lugares tendendo aos zeros no infinito à medida que $K \to -\infty$ seguindo assíntotas centradas em σ_A e com ângulos ϕ_A. As assíntotas lineares são centradas em um ponto no eixo real dado por

$$\sigma_A = \frac{\sum \text{polos de } P(s) - \sum \text{zeros de } P(s)}{n - M} = \frac{\sum_{j=1}^{n} (-p_j) - \sum_{i=1}^{M} (-z_i)}{n - M}. \tag{7.89}$$

O ângulo das assíntotas em relação ao eixo real é

$$\boxed{\phi_A = \frac{2k + 1}{n - M} 360^\circ} \qquad k = 0, 1, 2, \ldots, (n - M - 1), \tag{7.90}$$

em que k é um índice inteiro.

Passo 4: Determine onde o lugar das raízes cruza o eixo imaginário (caso isso ocorra), usando o critério de Routh–Hurwitz.

Passo 5: Determine o ponto de saída no eixo real (se existir algum). Em geral, devido ao critério de fase, as tangentes aos lugares no ponto de saída são igualmente espaçadas sobre 360°. O ponto de saída no eixo real pode ser obtido gráfica ou analiticamente. O ponto de saída pode ser calculado reorganizando-se a equação característica

$$1 + K\frac{n(s)}{d(s)} = 0$$

como

$$p(s) = K,$$

em que $p(s) = -d(s)/n(s)$ e encontrando-se os valores de s que maximizam $p(s)$. Isso é realizado resolvendo-se a equação

$$n(s)\frac{\mathrm{d}[d(s)]}{\mathrm{d}s} - d(s)\frac{\mathrm{d}[n(s)]}{\mathrm{d}s} = 0. \tag{7.91}$$

A Equação (7.91) fornece uma equação polinomial em s de grau $n + M - 1$, em que n é um número de polos e M é o número de zeros. Assim, o número de soluções é $n + M - 1$. As soluções que pertencem ao lugar geométrico das raízes são os pontos de saída.

Passo 6: Determine o ângulo de partida do lugar das raízes a partir de um polo e o ângulo de chegada do lugar das raízes em um zero, usando o critério de ângulo. O ângulo de partida do lugar das raízes a partir de um polo, ou o ângulo de chegada em um zero, é a diferença entre o ângulo resultante devido a todos os outros polos e zeros e o ângulo do critério de $\pm k360°$.

Passo 7: O passo final é completar o esboço desenhando todas as seções do lugar das raízes não cobertas nos seis passos anteriores.

Os sete passos para se esboçar um lugar geométrico das raízes com ganho negativo estão resumidos na Tabela 7.7.

Tabela 7.7 Sete Passos para Esboçar um Lugar Geométrico das Raízes com Ganho Negativo (texto em cinza denota mudanças a partir dos passos do lugar geométrico das raízes na Tabela 7.2)

Passo	Equação ou Regra Associada
1. Prepare o esboço do lugar geométrico das raízes.	
(a) Escreva a equação característica de modo que o parâmetro de interesse, K, apareça como multiplicador.	(a) $1 + KP(s) = 0$
(b) Fatore $P(s)$ em função dos n polos e M zeros.	(b) $1 + K\dfrac{\prod_{i=1}^{M}(s + z_i)}{\prod_{j=1}^{n}(s + p_j)} = 0$
(c) Marque os polos e zeros de malha aberta de $P(s)$ no plano s com os símbolos escolhidos.	(c) × = polos, ○ = zeros
(d) Determine o número de lugares separados, LS.	(d) Lugar das raízes começa em um polo e termina em um zero. $LS = n$ quando $n \geq M$; n = número de polos finitos, M = número de zeros finitos.
(e) Os lugares das raízes são simétricos com relação ao eixo real horizontal.	
2. Determine os segmentos do eixo real que são lugares das raízes.	O lugar das raízes fica à esquerda de um número par de polos e zeros.
3. Os lugares vão para os zeros no infinito seguindo assíntotas centralizadas em σ_A e com ângulos ϕ_A.	$\sigma_A = \dfrac{\sum_{j=1}^{n}(-p_j) - \sum_{i=1}^{M}(-z_i)}{n - M}$. $\phi_A = \dfrac{2k+1}{n-M}360°, k = 0, 1, 2, \ldots (n - M - 1)$
4. Determine os pontos nos quais o lugar cruza o eixo imaginário (caso isso ocorra).	Utilize o critério de Routh–Hurwitz.
5. Determine os pontos de saída no eixo real (se existir algum).	a) Faça $K = p(s)$ b) Determine as raízes de $dp(s)/ds = 0$ ou utilize o método gráfico para encontrar o máximo de $p(s)$.
6. Determine o ângulo de partida do lugar das raízes a partir dos polos complexos e o ângulo de chegada do lugar das raízes nos zeros complexos, usando o critério de fase.	$\angle P(s) = \pm k360°$ em $s = -p_j$ ou $-z_i$
7. Complete o esboço do lugar geométrico das raízes com ganho negativo.	

7.8 EXEMPLOS DE PROJETO

Nesta seção, são apresentados dois exemplos ilustrativos. O primeiro exemplo é um sistema de controle de turbina eólica. O sistema de controle com realimentação usa um controlador PI para alcançar um tempo de acomodação e um tempo de subida rápidos enquanto limita a máxima ultrapassagem percentual para uma entrada em degrau. No segundo exemplo, o controle automático da velocidade de um automóvel é considerado. Nesse exemplo, o método do lugar geométrico das raízes é estendido de um parâmetro para três parâmetros à medida que os três ganhos do controlador PID são determinados. O processo de projeto é enfatizado, incluindo-se consideração dos objetivos do controle e das variáveis associadas a serem controladas, as especificações de projeto e o projeto do controlador PID usando métodos do lugar geométrico das raízes.

EXEMPLO 7.11 **Controle de velocidade de turbina eólica**

A conversão de energia eólica em energia elétrica é realizada por turbinas de energia eólica conectadas a geradores elétricos. De particular interesse são as turbinas eólicas localizadas no mar, como mostrado na Figura 7.40 [33]. O novo conceito é permitir que a turbina eólica flutue em vez de posicionar a estrutura em uma torre fixada a grandes profundidades no fundo do oceano. Isso permite que a estrutura da turbina eólica seja colocada em águas profundas a até 160 quilômetros da costa, longe o bastante para não poluir visualmente a paisagem [34]. Além disso, a força do vento geralmente é maior em mar aberto, com potencial de produção de 5 MW contra típico 1,5 MW das turbinas eólicas na costa. Entretanto, a característica irregular da direção e da força do vento resulta em necessidade de energia elétrica constante e confiável usando-se sistemas de controle para as turbinas eólicas. O objetivo desses dispositivos de controle é reduzir os efeitos da intermitência do vento e das mudanças de direção do vento. O controle de velocidade do rotor e do gerador pode ser realizado pelo ajuste do ângulo de passo das pás.

Um modelo básico do sistema de controle de velocidade do gerador é mostrado na Figura 7.41 [35]. Um modelo linearizado do passo coletivo para a velocidade do gerador é dado por[1]

$$G(s) = \frac{4{,}2158(s - 827{,}1)(s^2 - 5{,}489s + 194{,}4)}{(s + 0{,}195)(s^2 + 0{,}101s + 482{,}6)}. \tag{7.92}$$

FIGURA 7.40 Turbinas eólicas colocadas no mar podem ajudar a aliviar a demanda de energia. (Wirestock/iStockPhoto.)

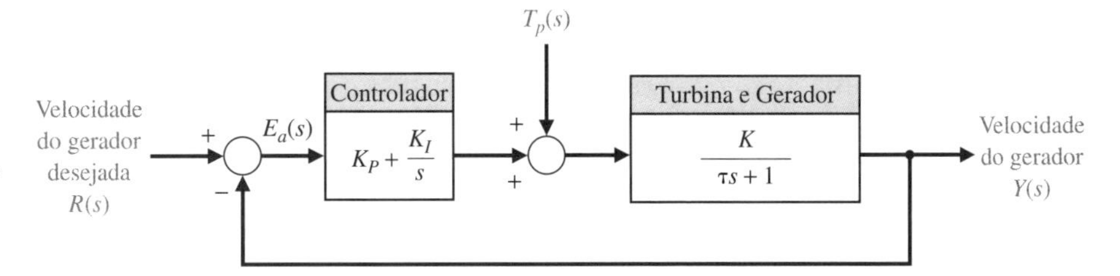

FIGURA 7.41 Sistema de controle de velocidade de gerador de turbina eólica.

[1]Fornecido por Dr. Lucy Pao e Jason Laks em correspondência privada.

O modelo corresponde a uma turbina de 600 KW com altura de cubo = 36,6 m, diâmetro do rotor = 40 m, velocidade nominal do rotor = 41,7 rpm, velocidade nominal do gerador = 1.800 rpm e máxima variação de passo = 18,7 graus/segundo. Observe-se que o modelo linearizado na Equação (7.92) possui zeros no semiplano direito em $s_1 = 827{,}1$ e $s_{2,3} = 0{,}0274 \pm 0{,}1367j$, o que faz deste um sistema de fase não mínima.

Uma versão simplificada do modelo na Equação (7.92) é dada pela função de transferência

$$G(s) = \frac{K}{\tau s + 1}, \tag{7.93}$$

em que $\tau = 5$ s e $K = -7.200$. Será projetado um controlador PI para controlar a velocidade do gerador da turbina usando-se o modelo simplificado de primeira ordem na Equação (7.93) e se confirmará que as especificações de projeto são satisfeitas para ambos, o modelo de primeira ordem e o modelo de terceira ordem na Equação (7.92). O controlador PI, denotado por $G_c(s)$, é dado por

$$G_c(s) = K_P + \frac{K_I}{s} = K_P\left[\frac{s + \tau_c}{s}\right],$$

em que $\tau_c = K_I/K_P$, e os ganhos K_P e K_I devem ser determinados. Uma análise de estabilidade indica que ganhos negativos $K_I < 0$ e $K_P < 0$ estabilizarão o sistema. A principal especificação de projeto é se ter tempo de acomodação $T_s < 4$ segundos para uma entrada em degrau unitário. Também se deseja máxima ultrapassagem percentual limitada ($M.U.P. < 25\%$) e um tempo de subida curto ($T_r < 1$ s) enquanto se atende a especificação de tempo de acomodação. Para este fim, serão visados um fator de amortecimento das raízes dominantes como $\zeta > 0{,}4$ e uma frequência natural $\omega_n > 2{,}5$ rad/s.

O lugar geométrico das raízes é mostrado na Figura 7.42 para a equação característica

$$1 + \hat{K}_P\left[\frac{s + \tau_c}{s}\frac{7.200}{5s + 1}\right] = 0,$$

em que $\tau_c = 2$ e $\hat{K}_P = -K_P > 0$. O posicionamento do zero do controlador em $s = -\tau_c = -2$ é um parâmetro de projeto. Escolhe-se o valor de $\hat{K}_P$ tal que o fator de amortecimento dos polos complexos em malha fechada seja $\zeta = 0{,}707$. A escolha de $\hat{K}_P = 0{,}0025$ resulta em $K_P = -0{,}0025$ e $K_I = -0{,}005$. O controlador PI é

$$G_c(s) = K_P + \frac{K_I}{s} = -0{,}0025\left[\frac{s + 2}{s}\right].$$

A resposta ao degrau é mostrada na Figura 7.43 usando o modelo simplificado de primeira ordem da Equação (7.93). A resposta ao degrau tem $T_s = 1{,}8$ segundo, $T_r = 0{,}34$ segundo e $\zeta = 0{,}707$ o que se traduz em $M.U.P. = 19\%$. O controlador PI é capaz de atender a todas as especificações de controle. A resposta ao degrau usando o modelo de terceira ordem da Equação (7.92) é mostrada na Figura 7.44, onde se observa o efeito das componentes desprezadas no projeto como pequenas oscilações na resposta de velocidade. A resposta à perturbação de impulso em malha fechada na Figura 7.45 mostra uma rejeição rápida e exata da perturbação em menos de 3 segundos devido a uma mudança do ângulo de passo de 1°. ■

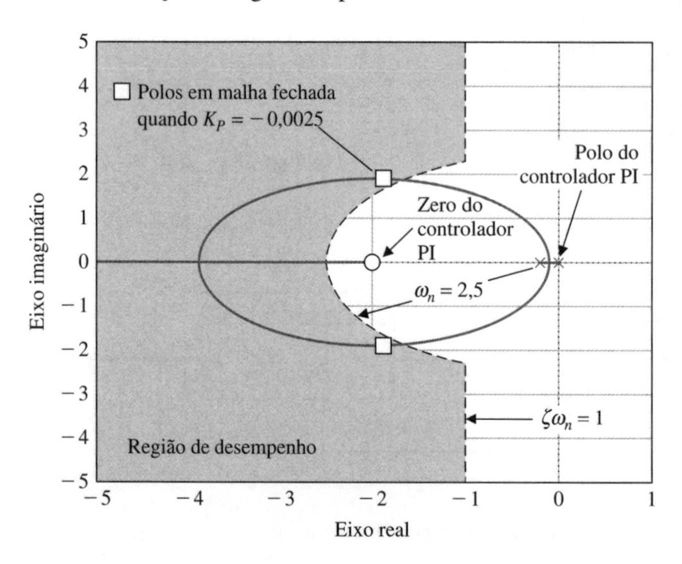

FIGURA 7.42 Lugar geométrico das raízes do controle de velocidade de gerador de turbina eólica com um controlador PI.

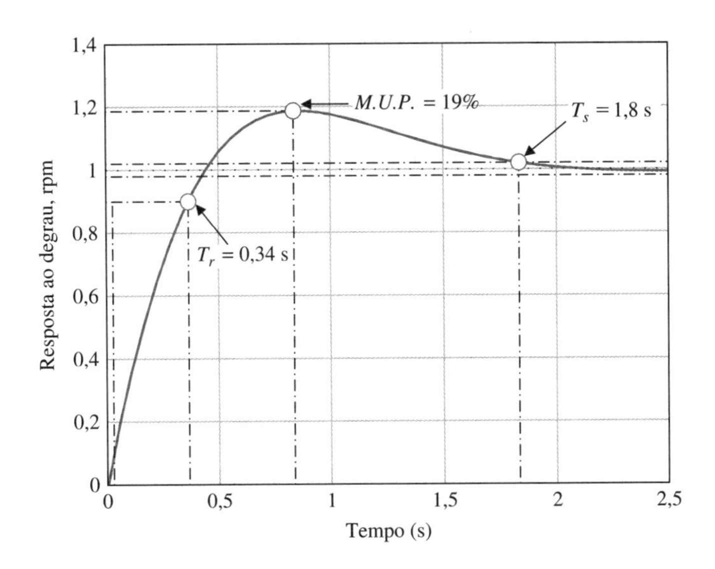

FIGURA 7.43 Resposta ao degrau do sistema de controle de velocidade do gerador da turbina eólica usando o modelo de primeira ordem da Equação (7.93), com o controlador PI projetado mostrando que todas as especificações são satisfeitas com *M.U.P.* = 19%, T_s = 1,8 s e T_r = 0,34 s.

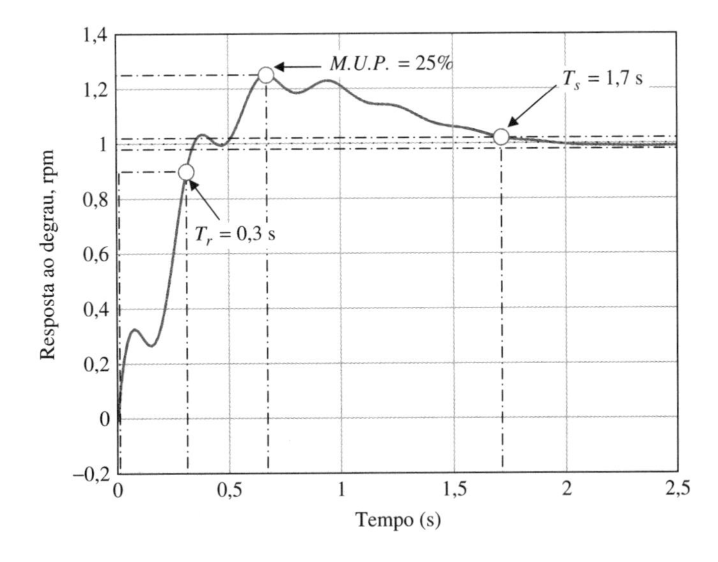

FIGURA 7.44 Resposta ao degrau do modelo de terceira ordem da Equação (7.92), com o controlador PI mostrando que todas as especificações são satisfeitas com *M.U.P.* = 25%, T_s = 1,7 s e T_r = 0,3 s.

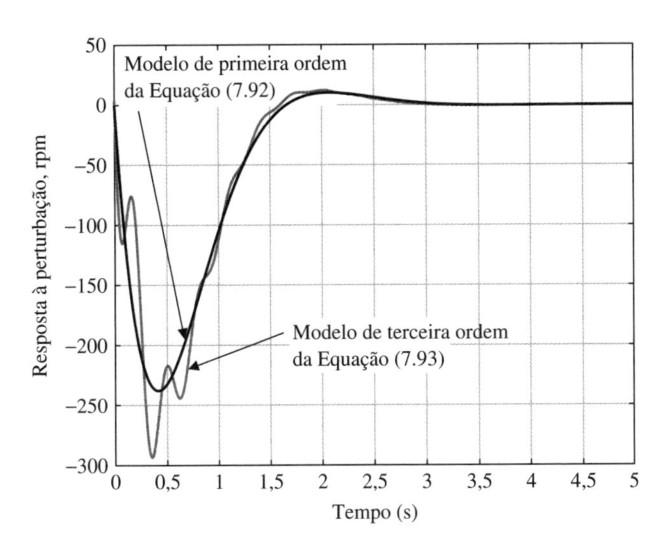

FIGURA 7.45 Resposta à perturbação do sistema de controle de velocidade do gerador da turbina eólica com um controlador PI mostrando excelentes características de rejeição à perturbação.

EXEMPLO 7.12 **Controle de velocidade de automóvel**

Espera-se que o mercado de eletrônicos automotivos alcance US$ 300 bilhões. É previsto um crescimento de mais de 7% em freios eletrônicos, direção eletrônica e informação ao motorista. Muito do poder computacional adicional será usado em novas tecnologias para carros inteligentes e estradas inteligentes, tais como os sistemas de veículos e rodovias inteligentes (*intelligent vehicle/highway systems* – IVHS) [14, 30, 31]. Novos sistemas embarcados no automóvel possibilitarão automóveis semiautônomos, melhorias de segurança, redução de emissões e outras características, inclusive controle inteligente de cruzeiro, e sistemas de freios totalmente eletrônicos, eliminando a hidráulica [32].

O termo IVHS refere-se a um conjunto variado de eletrônicos que fornecem informação em tempo real sobre acidentes, congestionamento e serviços disponíveis nas rodovias, para motoristas e controladores de tráfego. O IVHS também engloba dispositivos que tornam os veículos mais autônomos: sistemas que evitam colisão e tecnologia de rastreamento de pista, que alertam os motoristas para impedir desastres e permitem que um carro se dirija sozinho.

Um exemplo de um sistema de rodovia automatizada é mostrado na Figura 7.46. Um sistema de controle de velocidade para manter a velocidade entre os veículos é mostrado na Figura 7.47. A saída $Y(s)$ é a velocidade relativa dos dois automóveis; a entrada $R(s)$ é a velocidade relativa desejada entre os dois veículos. O objetivo do projeto é desenvolver um controlador que possa manter a velocidade desejada entre os veículos e manobrar o veículo ativo (nesse caso, o automóvel de trás) conforme comandado. Os elementos do processo de projeto enfatizados neste exemplo são descritos na Figura 7.48.

O objetivo de controle é

Objetivo de Controle

Manter a velocidade prescrita entre os dois veículos e manobrar o veículo ativo como comandado.

A variável a ser controlada é a velocidade relativa entre os dois veículos:

Variável a Ser Controlada

A velocidade relativa entre veículos, denotada por $y(t)$.

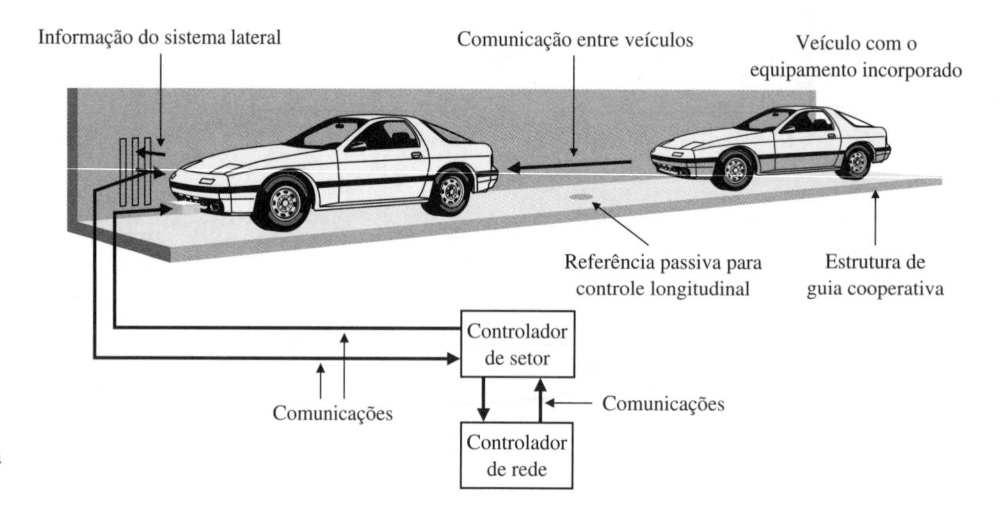

FIGURA 7.46
Sistema de rodovia automatizada.

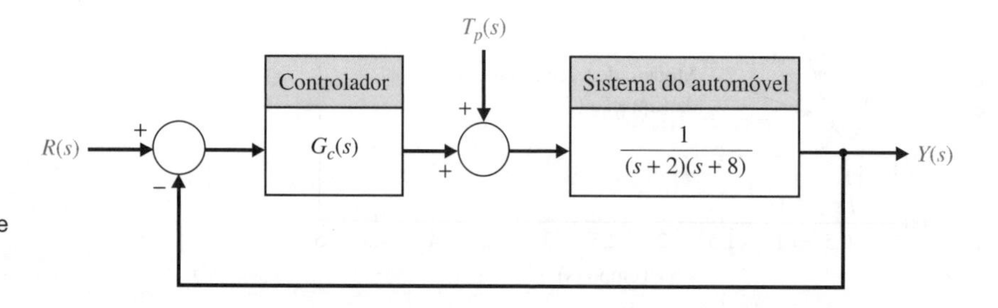

FIGURA 7.47
Sistema de controle de velocidade de veículo.

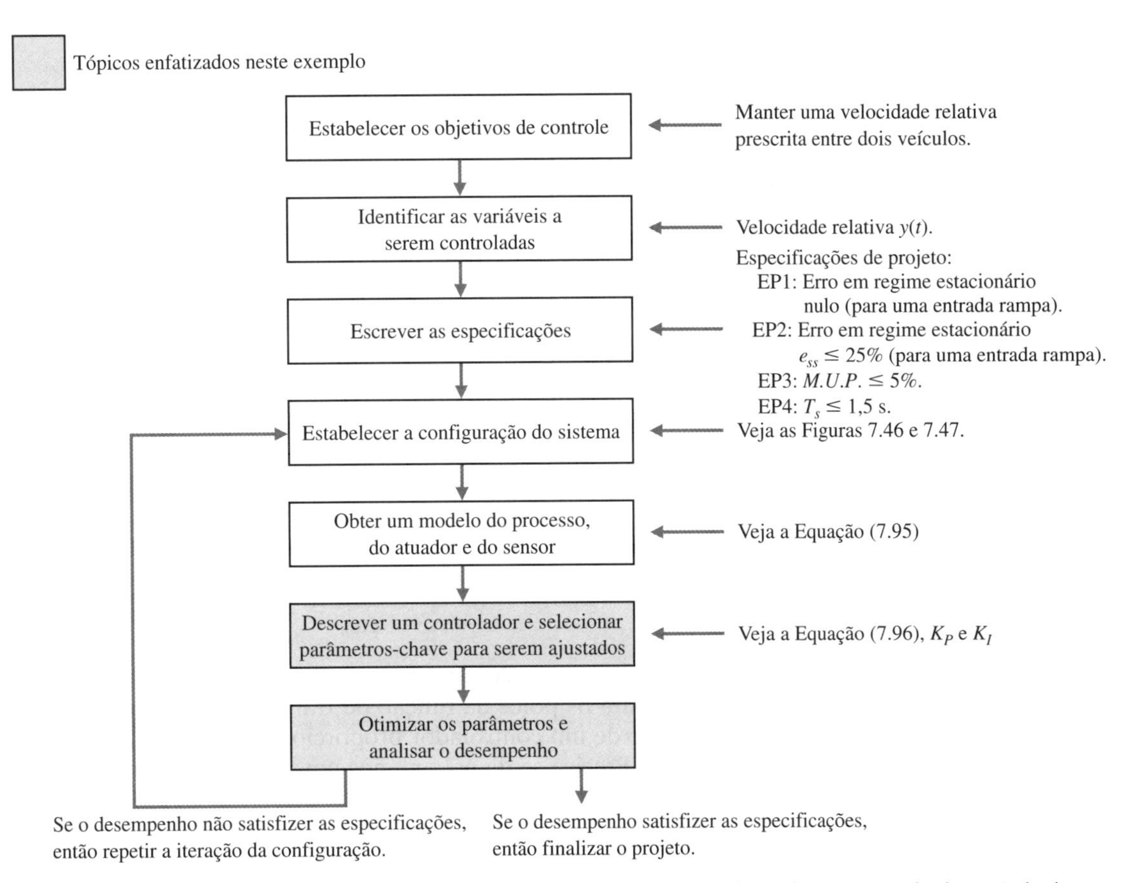

FIGURA 7.48 Elementos do processo de projeto de sistema de controle enfatizados no exemplo de controle de velocidade de automóvel.

As especificações de projeto são:

Especificações de Projeto

EP1 Erro em regime estacionário nulo para entrada em degrau.

EP2 Erro em regime estacionário devido a uma entrada rampa, $e_{ss} \leq 25\%$ da magnitude da entrada.

EP3 Máxima ultrapassagem percentual $M.U.P. \leq 5\%$ para uma entrada em degrau.

EP4 Tempo de acomodação $T_s \leq 1{,}5$ s para uma entrada em degrau (usando um critério de 2% para estabelecer o tempo de acomodação).

A partir das especificações de projeto e do conhecimento do sistema em malha aberta, constata-se que se necessita de um sistema do tipo 1 para garantir erro em regime estacionário nulo para uma entrada em degrau. A função de transferência do sistema em malha aberta é de um sistema do tipo 0; portanto, o controlador precisa aumentar o tipo do sistema em pelo menos 1. Um controlador do tipo 1 (isto é, um controlador com integrador) satisfaz a EP1. Para atender a EP2, é preciso ter a constante de erro de velocidade

$$K_v = \lim_{s\to 0} sG_c(s)G(s) \geq \frac{1}{0{,}25} = 4, \tag{7.94}$$

em que

$$G(s) = \frac{1}{(s+2)(s+8)}, \tag{7.95}$$

e $G_c(s)$ é o controlador (ainda a ser especificado).

A especificação de máxima ultrapassagem percentual EP3 permite que se defina um fator de amortecimento a ser obtido:

$$M.U.P. \leq 5\% \quad \text{implica} \quad \zeta \geq 0{,}69.$$

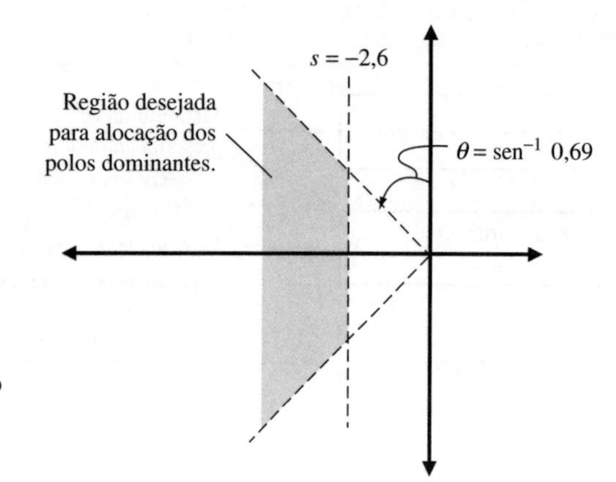

FIGURA 7.49 Região desejada no plano complexo para alocar os polos dominantes do sistema.

Similarmente, a partir da especificação do tempo de acomodação EP4 tem-se

$$T_s \approx \frac{4}{\zeta\omega_n} \leq 1{,}5.$$

Resolvendo para $\zeta\omega_n$, encontra-se $\zeta\omega_n \geq 2{,}6$.

A região desejada para os polos da função de transferência em malha fechada é mostrada na Figura 7.49. A utilização de um controlador proporcional $G_c(s) = K_P$ não é aceitável, porque EP2 não pode ser satisfeita. Precisa-se de pelo menos um polo na origem para que o sistema siga uma entrada rampa. Considere o controlador PI

$$G_c(s) = \frac{K_P s + K_I}{s} = K_P \frac{s + \dfrac{K_I}{K_P}}{s}. \tag{7.96}$$

A questão é onde alocar o zero em $s = -K_I/K_P$.

Deseja-se saber para quais valores de K_P e K_I o sistema é estável. A função de transferência em malha fechada é

$$T(s) = \frac{K_P s + K_I}{s^3 + 10s^2 + (16 + K_P)s + K_I}.$$

A tabela de Routh correspondente é

$$\begin{array}{c|cc} s^3 & 1 & 16 + K_P \\ s^2 & 10 & K_I \\ s & \dfrac{10(K_P + 16) - K_I}{10} & 0 \\ 1 & K_I & \end{array}$$

O primeiro requisito para estabilidade (da coluna 1, linha 4) é

$$K_I > 0. \tag{7.97}$$

Da primeira coluna, terceira linha, tem-se a desigualdade

$$K_P > \frac{K_I}{10} - 16. \tag{7.98}$$

Segue-se de EP2 que

$$K_v = \lim_{s \to 0} sG_c(s)G(s) = \lim_{s \to 0} s \frac{K_P\left(s + \dfrac{K_I}{K_P}\right)}{s} \frac{1}{(s + 2)(s + 8)} = \frac{K_I}{16} > 4.$$

Portanto, o ganho integral deve satisfazer

$$K_I > 64. \tag{7.99}$$

Se for escolhido $K_I > 64$, então a desigualdade na Equação (7.97) é satisfeita. A região válida para K_P é então dada pela Equação (7.98), em que $K_I > 64$.

É necessário considerar-se EP4. Neste momento, deseja-se ter os polos dominantes à esquerda da linha $s = -2{,}6$. Sabe-se por experiência em esboçar lugares geométricos das raízes que, uma vez que se tem três polos (em $s = 0, -2$ e -8) e um zero (em $s = -K_I/K_P$), espera-se que dois ramos de lugares vão para o infinito acompanhando duas assíntotas com $\phi = -90°$ e $+90°$ centradas em

$$\sigma_A = \frac{\sum(-p_i) - \sum(-z_i)}{n_p - n_z},$$

em que $n_p = 3$ e $n_z = 1$. Neste caso,

$$\sigma_A = \frac{-2 - 8 - \left(-\dfrac{K_I}{K_P}\right)}{2} = -5 + \frac{1}{2}\frac{K_I}{K_P}.$$

Deseja-se ter $\alpha < -2{,}6$ de tal forma que os dois ramos irão se desviar para dentro da região desejada. Portanto,

$$-5 + \frac{1}{2}\frac{K_I}{K_P} < -2{,}6,$$

ou

$$\frac{K_I}{K_P} < 4{,}7. \tag{7.100}$$

Então, como primeiro projeto, pode-se escolher K_P e K_I tais que

$$K_I > 64,\ K_P > \frac{K_I}{10} - 16 \quad \text{e} \quad \frac{K_I}{K_P} < 4{,}7.$$

Suponha que se escolha $K_I/K_P = 2{,}5$. Desse modo, a equação característica em malha fechada é

$$1 + K_P\frac{s + 2{,}5}{s(s + 2)(s + 8)} = 0.$$

O lugar geométrico das raízes é mostrado na Figura 7.50. Para satisfazer $\zeta = 0{,}69$ (que veio de EP3), precisa-se escolher $K_P < 30$. Escolhe-se o valor na fronteira da região de desempenho (veja a Figura 7.50) da maneira mais cuidadosa possível.

Escolhendo-se $K_P = 26$, tem-se $K_I/K_P = 2{,}5$, o que implica $K_I = 65$. Isto satisfaz a especificação de erro de rastreamento em regime estacionário (EP2) uma vez que $K_I = 65 > 64$.

O controlador PI resultante é

$$G_c(s) = 26 + \frac{65}{s}. \tag{7.101}$$

A resposta ao degrau é mostrada na Figura 7.51.

A máxima ultrapassagem percentual é $M.U.P. = 8\%$ e o tempo de acomodação é $T_s = 1{,}45$ s. A especificação de máxima ultrapassagem percentual não é satisfeita com precisão, mas o controlador na Equação (7.101) representa um primeiro projeto muito bom. Pode-se refiná-lo iterativamente. Mesmo os polos em malha fechada situando-se na região desejada, a resposta não satisfaz exatamente as especificações, porque o zero do controlador influencia a resposta. O sistema em malha fechada é um sistema de terceira ordem e não tem o desempenho de um sistema de segunda ordem. Pode-se considerar mover o zero para $s = -2$ (escolhendo-se $K_I/K_P = 2$), de modo que o polo em $s = -2$ seja cancelado e o sistema resultante seja um sistema de segunda ordem.

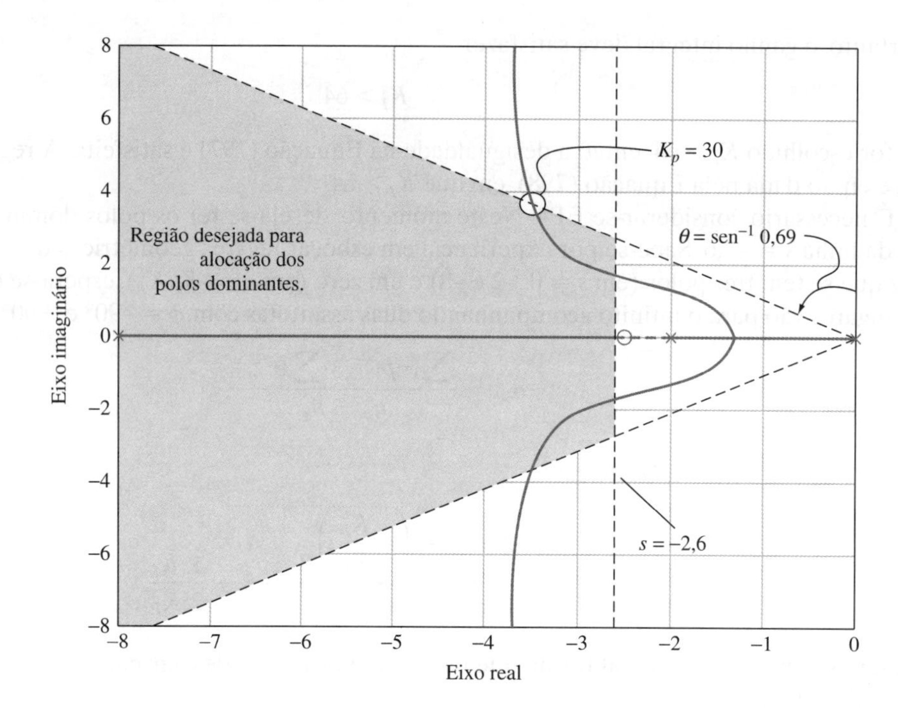

FIGURA 7.50 Lugar geométrico das raízes para $K_I/K_P = 2{,}5$.

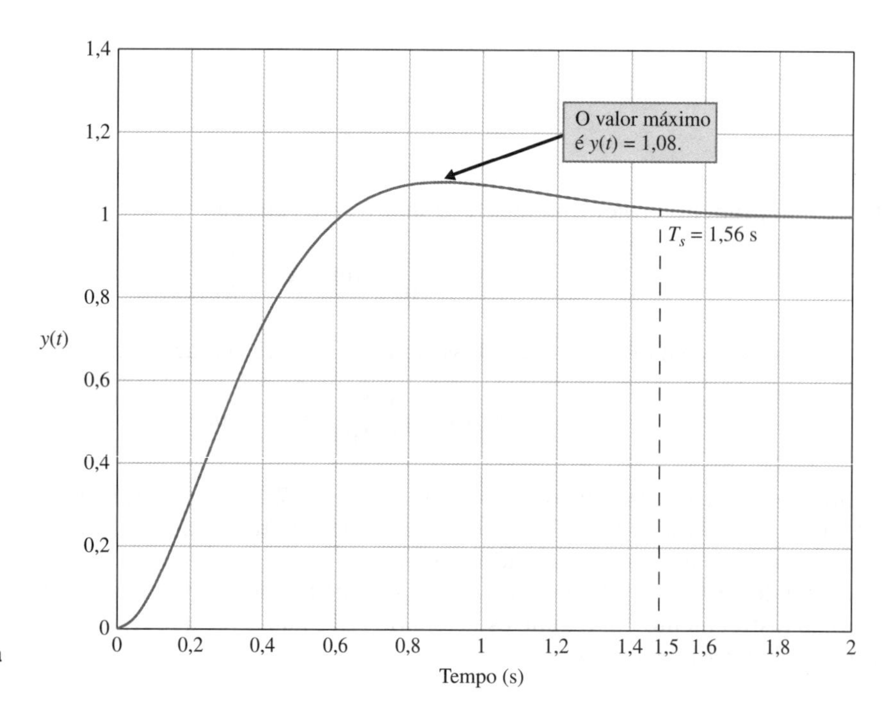

FIGURA 7.51 Controle de velocidade de automóvel usando o controlador PI da Equação (7.101).

7.9 LUGAR GEOMÉTRICO DAS RAÍZES COM O USO DE PROGRAMAS DE PROJETO DE CONTROLE

Um esboço aproximado do lugar geométrico das raízes pode ser obtido aplicando-se o procedimento ordenado resumido na Tabela 7.2. Alternativamente, podem-se usar programas de projeto de controle para se obter um diagrama preciso do lugar geométrico das raízes. Contudo, não se deve cair na tentação de contar unicamente com o computador para obter diagramas do lugar geométrico das raízes enquanto se desprezam os passos manuais do desenvolvimento de um lugar geométrico das raízes aproximado. Os conceitos fundamentais por trás do método do lugar geométrico das raízes estão embutidos nos passos manuais e são essenciais para entender plenamente sua aplicação.

A seção começa com uma discussão sobre como se obter um diagrama do lugar geométrico das raízes gerado por computador. Segue-se uma discussão sobre a conexão entre a expansão em frações parciais, os polos dominantes e a resposta do sistema em malha fechada. A sensibilidade da raiz é coberta nos parágrafos finais.

As funções cobertas nesta seção são rlocus, rlocfind e residue. As funções rlocus e rlocfind são utilizadas para se obterem diagramas do lugar geométrico das raízes, e a função residue é utilizada para expansão em frações parciais de funções racionais.

Obtendo-se um Diagrama do Lugar Geométrico das Raízes. Considere o sistema de controle em malha fechada na Figura 7.10. A função de transferência em malha fechada é

$$T(s) = \frac{Y(s)}{R(s)} = \frac{K(s+1)(s+3)}{s(s+2)(s+3)+K(s+1)}.$$

A equação característica pode ser escrita como

$$1 + K\frac{s+1}{s(s+2)(s+3)} = 0. \tag{7.102}$$

A forma da equação característica na Equação (7.102) é necessária para se usar a função rlocus na geração de diagramas do lugar geométrico das raízes. A forma geral da equação característica necessária para a aplicação da função rlocus é

$$1 + KG(s) = 1 + K\frac{p(s)}{q(s)} = 0, \tag{7.103}$$

em que K é o parâmetro de interesse a ser variado de $0 \leq K < \infty$. A função rlocus é mostrada na Figura 7.52, na qual se define o objeto função de transferência sys $= G(s)$. Os passos para se obter o diagrama do lugar geométrico das raízes associado à Equação (7.102), juntamente com o diagrama do lugar geométrico das raízes associado, são mostrados na Figura 7.53. Chamar-se a função rlocus sem argumentos do lado esquerdo resulta em uma geração automática do diagrama do lugar geométrico das raízes. Quando chamada com argumentos do lado esquerdo, a função rlocus retorna uma matriz das posições das raízes e o vetor de ganhos associado.

Os passos para se obter um diagrama do lugar geométrico das raízes gerado por computador são os seguintes:

1. Obter a equação característica na forma dada na Equação (7.103), na qual K é o parâmetro de interesse.
2. Usar a função rlocus para gerar o diagrama.

Referindo-se à Figura 7.53, pode-se ver que, à medida que K aumenta, dois ramos do lugar geométrico das raízes saem do eixo real. Isto significa que, para alguns valores de K, a equação característica do sistema em malha fechada terá duas raízes complexas. Suponha que se deseja encontrar o valor de K correspondendo a um par de raízes complexas. Pode-se usar a função rlocfind para isso, mas apenas depois que um lugar geométrico das raízes tiver sido obtido com a função rlocus. Executar a função rlocfind resultará em um cursor em cruz aparecendo no gráfico do lugar geométrico das raízes. Move-se o cursor em forma de cruz para a posição de interesse do lugar das raízes e pressiona-se a tecla enter. O valor do parâmetro K e o valor do ponto selecionado serão então mostrados na janela de comando. O uso da função rlocfind é ilustrado na Figura 7.54.

Os pacotes de programas de projeto de controle podem responder de maneira diferente quando interagem com gráficos, tais como com a função rlocfind no lugar geométrico das raízes. A resposta de rlocfind na Figura 7.54 corresponde ao MATLAB.

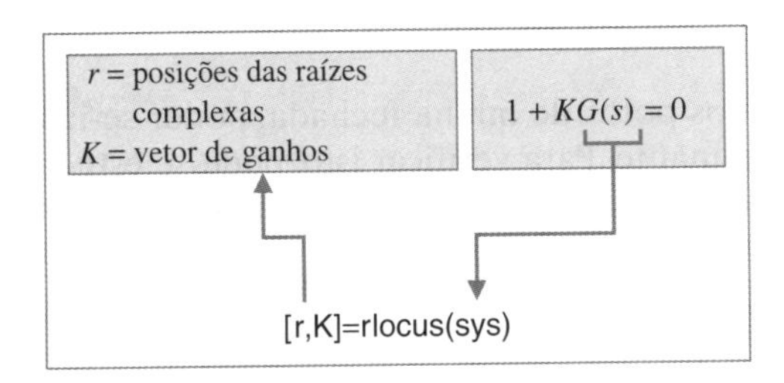

FIGURA 7.52
Função rlocus.

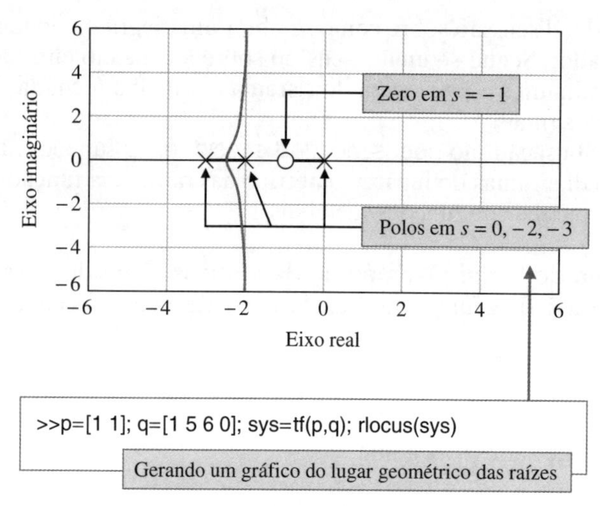

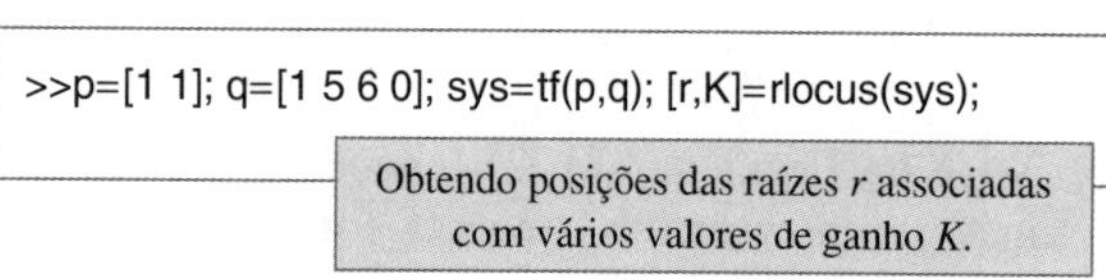

FIGURA 7.53 Lugar geométrico das raízes para a equação característica, Equação (7.102).

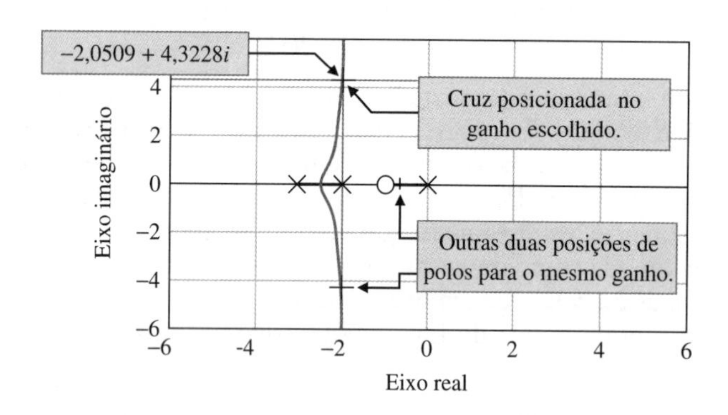

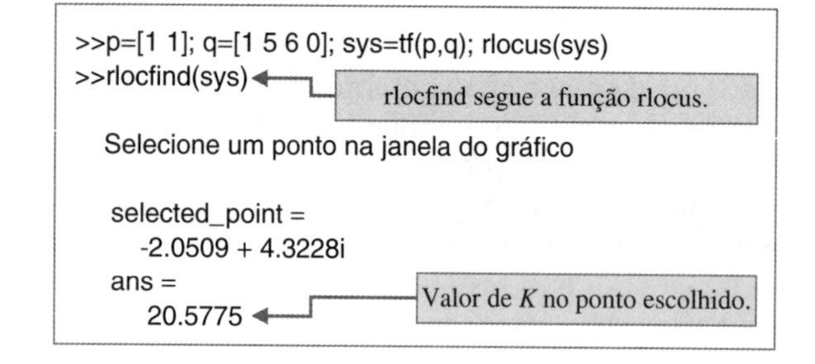

FIGURA 7.54 Usando a função **rlocfind**.

Dando-se continuidade ao exemplo do lugar geométrico das raízes de terceira ordem, constata-se que, quando $K = 20{,}5775$, a função de transferência em malha fechada possui três polos e dois zeros em

$$\text{polos: } s = \begin{pmatrix} -2{,}0505 + j4{,}3227 \\ -2{,}0505 - j4{,}3227 \\ -0{,}8989 \end{pmatrix}; \qquad \text{zeros: } s = \begin{pmatrix} -1 \\ -3 \end{pmatrix}.$$

Considerando-se apenas a posição dos polos de malha fechada, poder-se-ia esperar que o polo real em $s = -0{,}8989$ fosse o polo dominante. Para verificar isto, pode-se estudar a resposta do sistema em malha fechada a uma entrada em degrau, $R(s) = 1/s$. Para uma entrada em degrau, tem-se

$$Y(s) = \frac{20{,}5775(s+1)(s+3)}{s(s+2)(s+3) + 20{,}5775(s+1)} \cdot \frac{1}{s}. \tag{7.104}$$

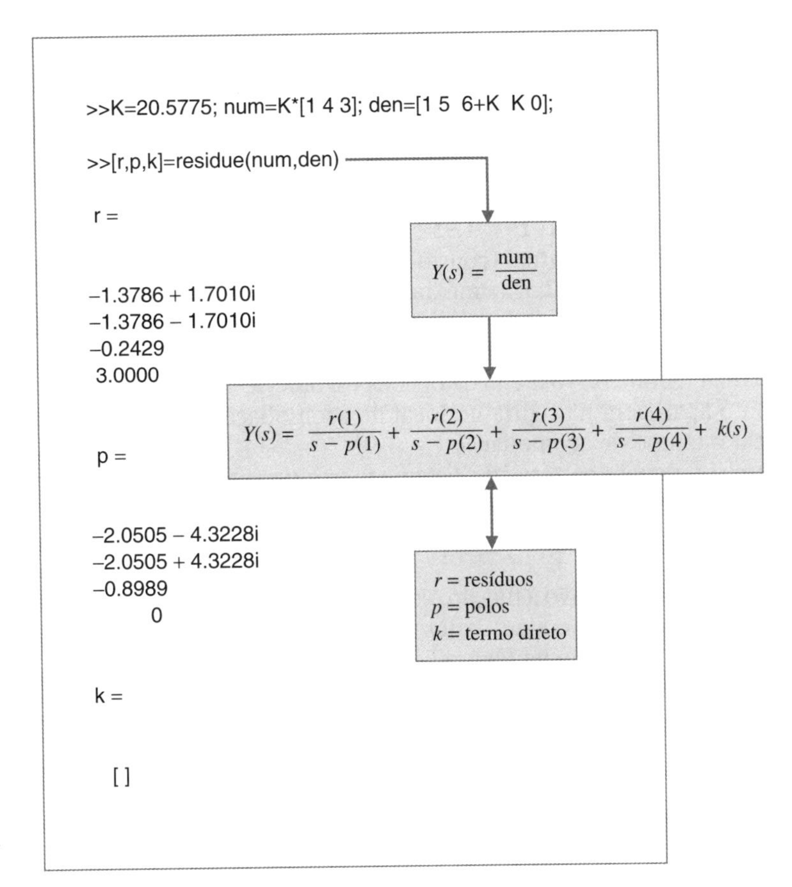

FIGURA 7.55 Expansão em frações parciais da Equação (7.104).

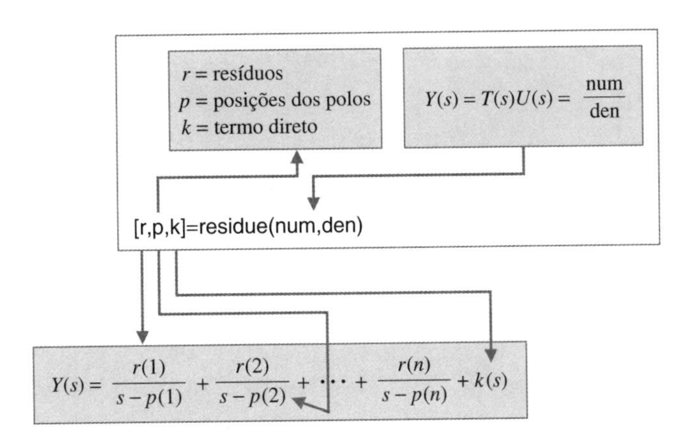

FIGURA 7.56 Função **residue**.

Geralmente, o primeiro passo para se calcular $y(t)$ é expandir a Equação (7.104) em frações parciais. A função **residue** pode ser usada para expandir a Equação (7.104), como mostrado na Figura 7.55. A função **residue** é descrita na Figura 7.56.

A expansão em frações parciais da Equação (7.104) é

$$Y(s) = \frac{-1{,}3786 + j1{,}7010}{s + 2{,}0505 + j4{,}3228} + \frac{-1{,}3786 - j1{,}7010}{s + 2{,}0505 - j4{,}3228} + \frac{-0{,}2429}{s + 0{,}8989} + \frac{3}{s}.$$

Comparando-se os resíduos, observa-se que o coeficiente do termo correspondente ao polo em $s = -0{,}8989$ é consideravelmente menor do que os coeficientes dos termos correspondentes aos polos complexos conjugados em $s = -2{,}0505 \pm j4{,}3227$. A partir disso, espera-se que a influência do polo em $s = -0{,}8989$ na resposta de saída $y(t)$ não seja dominante. O tempo de acomodação (para o intervalo de 2% do valor final) é então predito considerando-se os polos complexos conjugados.

Os polos em $s = -2{,}0505 \pm j4{,}3227$ correspondem a um amortecimento de $\zeta = 0{,}4286$ e a uma frequência natural de $\omega_n = 4{,}7844$. Assim, o tempo de acomodação é predito como

$$T_s \cong \frac{4}{\zeta\omega_n} = 1{,}95 \text{ s.}$$

Usando-se a função **step**, como mostrado na Figura 7.57, constata-se que $T_s = 1{,}6$ s. Assim, a aproximação do tempo de acomodação $T_s \cong 1{,}95$ é uma aproximação razoavelmente boa. É predito que a máxima ultrapassagem percentual (considerando o zero de $T(s)$ em $s = -3$) seja $M.U.P. = 60\%$. Como pode ser visto na Figura 7.57, a máxima ultrapassagem real é de $M.U.P. = 50\%$.

Quando se usa a função **step**, pode-se clicar com o botão direito do mouse na figura para acessar o menu de opções que permite verificar o tempo de acomodação e o pico da resposta ao degrau, como ilustrado na Figura 7.57. No menu de opções, escolhe-se "*Characteristics*" e escolhe-se "*Settling Time*". Um ponto aparecerá na figura no local de acomodação. Coloca-se o cursor sobre o ponto para se verificar o tempo de acomodação.

Neste exemplo, o papel dos zeros do sistema na resposta transitória é ilustrado. A proximidade do zero em $s = -1$ com o polo em $s = -0{,}8989$ reduz o impacto deste polo na resposta transitória. Os principais contribuintes para a resposta transitória são os polos complexos em $s = -2{,}0505 \pm j4{,}3228$ e o zero em $s = -3$.

Existe um detalhe final relativo à função **residue**: pode-se converter a expansão em frações parciais de volta para os polinômios num/den, dados os resíduos r, as posições dos polos p e os termos diretos k, com o comando mostrado na Figura 7.58.

Sensibilidade e o Lugar Geométrico das Raízes. As raízes da equação característica desempenham papel importante na definição da resposta transitória do sistema em malha fechada. O efeito de variação dos parâmetros nas raízes da equação característica é uma medida útil de sensibilidade. A sensibilidade da raiz é definida na Equação (7.75). Pode-se utilizar a Equação (7.75) para investigar a sensibilidade das raízes da equação característica a variações no parâmetro K. Se K for alterado por um valor finito pequeno ΔK e for calculada a raiz modificada $r_i + \Delta r_i$, segue-se que $S_K^{r_i}$ é dada na Equação (7.79).

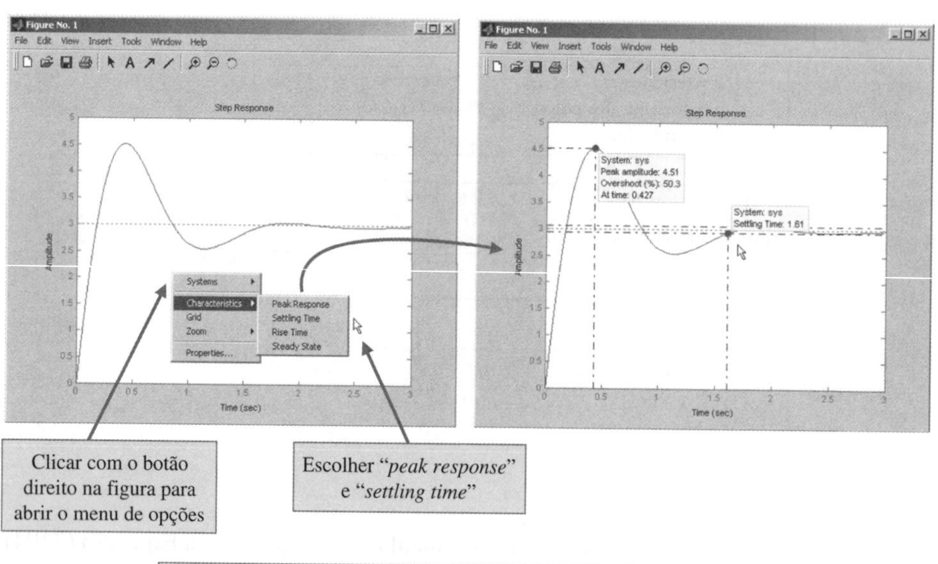


```
>>K=20.5775;num=k*[1 4 3]; den=[1 5 6+K K]; sys=tf(num,den);
>>step(sys)
```

FIGURA 7.57 Resposta ao degrau para o sistema em malha fechada na Figura 7.10 com $K = 20{,}5775$.

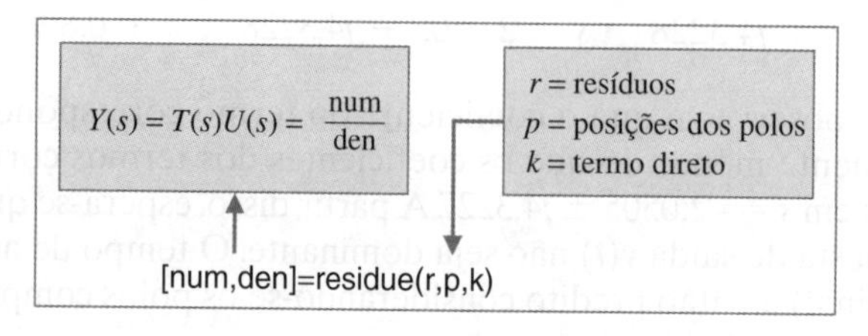

FIGURA 7.58 Conversão de uma expansão em frações parciais de volta para uma função racional.

```
% Calcula a sensibilidade do sistema para a
% variação de um parâmetro
%
K=20.5775, den=[1 5 6+K K]; r1=roots(den);
%
dK=1.0289;                    ← 5% de variação em K
%
Km=K+dK; denm=[1 5 6+Km Km]; r2=roots(denm);
dr=r1-r2;                     ← Δr
%
S=dr/(dK/K);                  ← Fórmula da sensibilidade
```

FIGURA 7.59 Cálculo da sensibilidade para o lugar geométrico das raízes para uma mudança de 5% em $K = 20,5775$.

A grandeza $S_K^{r_i}$ é um número complexo. Retornando-se ao exemplo de terceira ordem da Figura 7.10 [Equação (7.102)], alterando-se K por um fator de 5%, descobre-se que o polo dominante conjugado complexo em $s = -2,0505 + j4,3228$ muda de

$$\Delta r_i = -0,0025 - j0,1168$$

quando K varia de $K = 20,5775$ para $K = 21,6064$. A partir da Equação (7.79), segue-se que

$$S_K^{r_i} = \frac{-0,0025 - j0,1168}{1,0289/20,5775} = -0,0494 - j2,3355.$$

A sensibilidade $S_K^{r_i}$ também pode ser escrita na forma

$$S_K^{r_i} = 2,34\angle 268,79°.$$

A magnitude e a direção de $S_K^{r_i}$ fornecem uma medida da sensibilidade da raiz. A sequência de instruções usada para realizar estes cálculos de sensibilidade é mostrada na Figura 7.59.

A medida da sensibilidade da raiz pode ser útil para se comparar a sensibilidade de vários parâmetros do sistema em diferentes posições das raízes.

7.10 EXEMPLO DE PROJETO SEQUENCIAL: SISTEMA DE LEITURA DE ACIONADORES DE DISCO

Neste capítulo, será usado o controlador PID para se obter uma resposta desejável. Seguiremos com o mesmo modelo e então será escolhido um controlador. Finalmente, os parâmetros serão otimizados e o desempenho será analisado. Neste capítulo, será utilizado o método do lugar geométrico das raízes na escolha dos parâmetros do controlador.

Utiliza-se o lugar geométrico das raízes para escolher os ganhos do controlador. O controlador PID introduzido neste capítulo é

$$G_c(s) = K_P + \frac{K_I}{s} + K_D s.$$

Uma vez que o modelo do processo $G_1(s)$ já possui uma integração, faz-se $K_I = 0$. Então, tem-se o controlador PD

$$G_c(s) = K_P + K_D s,$$

e o objetivo é escolher K_P e K_D de modo a atender as especificações. O sistema é mostrado na Figura 7.60. A função de transferência do sistema em malha fechada é

$$\frac{Y(s)}{R(s)} = T(s) = \frac{G_c(s)G_1(s)G_2(s)}{1 + G_c(s)G_1(s)G_2(s)}.$$

A fim de se obter o lugar geométrico das raízes como função de um parâmetro, escreve-se $G_c(s)G_1(s)G_2(s)$ como

$$G_c(s)G_1(s)G_2(s) = \frac{5.000(K_P + K_D s)}{s(s + 20)(s + 1.000)} = \frac{5.000 K_D(s + z)}{s(s + 20)(s + 1.000)},$$

em que $z = K_P/K_D$. Usa-se K_P para escolher a posição do zero z e então se esboça o lugar das raízes como função de K_D. Escolhe-se $z = 1$ de modo que

$$G_c(s)G_1(s)G_2(s) = \frac{5.000 K_D(s + 1)}{s(s + 20)(s + 1.000)}.$$

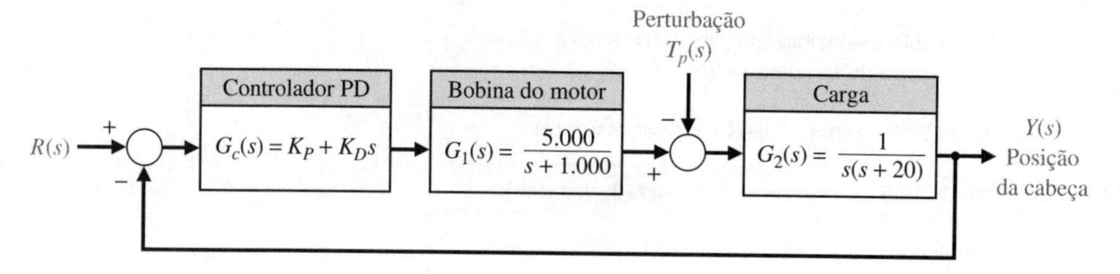

FIGURA 7.60 Sistema de controle de acionador de disco com um controlador PD.

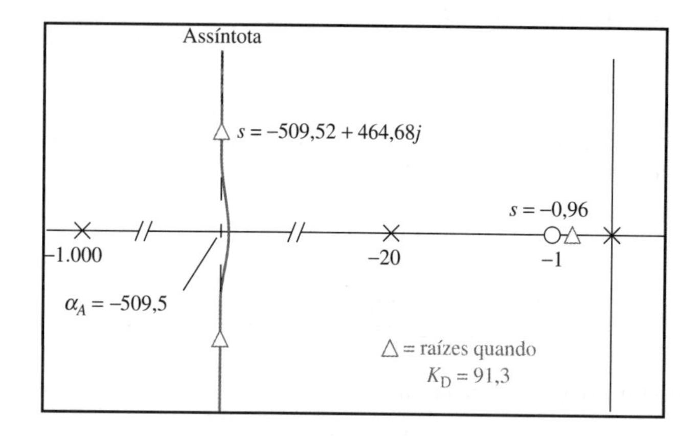

FIGURA 7.61 Esboço do lugar geométrico das raízes.

Tabela 7.8 Especificações e Desempenho Real do Projeto do Sistema de Controle de Acionadores de Disco

Medida de Desempenho	Valor Desejado	Resposta Real
Máxima ultrapassagem percentual	Menor que 5%	0%
Tempo de acomodação	Menor que 250 ms	20 ms
Resposta máxima para uma perturbação unitária	Menor que 5×10^{-3}	2×10^{-3}

O número de polos menos o número de zeros é 2, e se esperam assíntotas a $\phi_A = \pm 90°$ com um centroide

$$\sigma_A = \frac{-1.020 + 1}{2} = -509,5,$$

como mostrado na Figura 7.61. Pode-se esboçar rapidamente o lugar geométrico das raízes, como mostrado na Figura 7.61. Utiliza-se o lugar geométrico das raízes gerado por computador para determinar os valores das raízes sob diversos valores de K_D. Quando $K_D = 91,3$ obtêm-se as raízes mostradas na Figura 7.61. Então, obtendo-se a resposta do sistema, conseguem-se as medidas da resposta real como listadas na Tabela 7.8. Como projetado, o sistema atende a todas as especificações. O sistema leva um tempo de acomodação de 20 ms para "praticamente" alcançar o valor final. Na realidade, o sistema tende muito lentamente para o valor final após alcançar rapidamente 97% do valor final.

7.11 RESUMO

A estabilidade relativa e o desempenho da resposta transitória de um sistema de controle em malha fechada estão diretamente relacionados com a posição das raízes da equação característica em malha fechada. Investigou-se o deslocamento das raízes características no plano s à medida que parâmetros-chave (como os ganhos do controlador) do sistema são variados. O lugar geométrico das raízes e o lugar geométrico das raízes com ganho negativo são representações gráficas do deslocamento dos polos do sistema em malha fechada à medida que um parâmetro varia. Os diagramas podem ser esboçados a mão usando um conjunto de regras com a finalidade de analisar o projeto inicial de um sistema e de determinar alterações adequadas na estrutura do sistema e valores de parâmetros. Um computador é então comumente utilizado para obter o lugar das raízes para a utilização no projeto e análise final. Um resumo de quinze diagramas típicos do lugar geométrico das raízes é mostrado na Tabela 7.9.

Tabela 7.9 Diagramas do Lugar Geométrico das Raízes para Funções de Transferência Típicas

G(s)	Lugar Geométrico das Raízes
1. $\dfrac{K}{s\tau_1 + 1}$	$j\omega$; σ; Lugar Geométrico das Raízes; $-\frac{1}{\tau_1}$
2. $\dfrac{K}{(s\tau_1 + 1)(s\tau_2 + 1)}$	$j\omega$; σ; r_1; r_2; $-\frac{1}{\tau_1}$; $-\frac{1}{\tau_2}$
3. $\dfrac{K}{(s\tau_1 + 1)(s\tau_2 + 1)(s\tau_3 + 1)}$	$j\omega$; σ; r_1; r_2; r_3; $-\frac{1}{\tau_3}$; $-\frac{1}{\tau_2}$; $-\frac{1}{\tau_1}$
4. $\dfrac{K}{s}$	$j\omega$; σ
5. $\dfrac{K}{s(s\tau_1 + 1)}$	$j\omega$; σ; r_1; r_2; $-\frac{1}{\tau_1}$
6. $\dfrac{K}{s(s\tau_1 + 1)(s\tau_2 + 1)}$	$j\omega$; σ; r_1; r_2; r_3; $-\frac{1}{\tau_2}$; $-\frac{1}{\tau_1}$
7. $\dfrac{K(s\tau_a + 1)}{s(s\tau_1 + 1)(s\tau_2 + 1)}$	$j\omega$; σ; r_1; r_2; r_3; $-\frac{1}{\tau_2}$; $-\frac{1}{\tau_a}$; $-\frac{1}{\tau_1}$
8. $\dfrac{K}{s^2}$	$j\omega$; σ; Polo duplo; r_1; r_2

(continua)

Tabela 7.9 Diagramas do Lugar Geométrico das Raízes para Funções de Transferência Típicas (*Continuação*)

G(s)	Lugar Geométrico das Raízes
9. $\dfrac{K}{s^2(s\tau_1 + 1)}$ 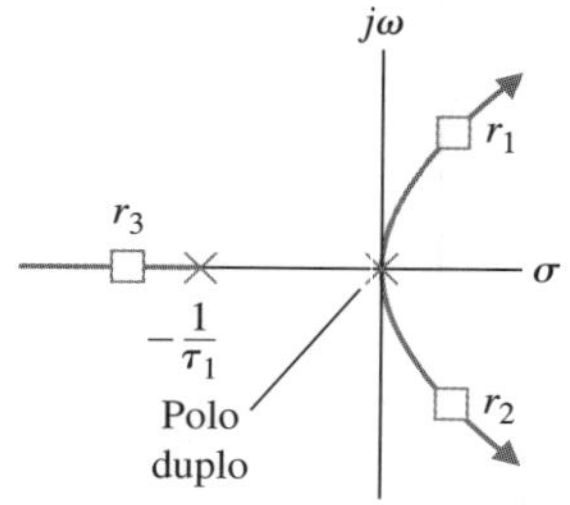 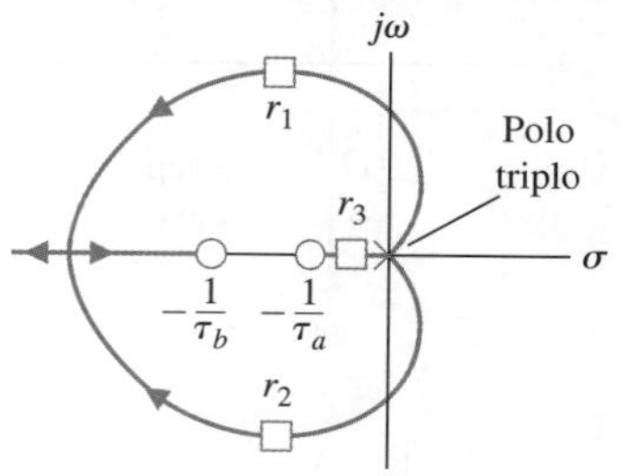	$j\omega$, σ, r_1, r_2, r_3, $-\frac{1}{\tau_1}$, Polo duplo
10. $\dfrac{K(s\tau_a + 1)}{s^2(s\tau_1 + 1)}$ $\tau_a > \tau_1$	$j\omega$, σ, r_1, r_2, r_3, $-\frac{1}{\tau_1}$, $-\frac{1}{\tau_a}$, Polo duplo
11. $\dfrac{K}{s^3}$	$j\omega$, σ, r_1, r_2, r_3, Polo triplo
12. $\dfrac{K(s\tau_a + 1)}{s^3}$	$j\omega$, σ, r_1, r_2, r_3, $-\frac{1}{\tau_a}$, Polo triplo
13. $\dfrac{K(s\tau_a + 1)(s\tau_b + 1)}{s^3}$	$j\omega$, σ, r_1, r_2, r_3, $-\frac{1}{\tau_b}$, $-\frac{1}{\tau_a}$, Polo triplo
14. $\dfrac{K(s\tau_a + 1)(s\tau_b + 1)}{s(s\tau_1 + 1)(s\tau_2 + 1)(s\tau_3 + 1)(s\tau_4 + 1)}$	$j\omega$, σ, r_1, r_2, r_3, r_4, r_5, $\frac{-1}{\tau_4}$, $\frac{-1}{\tau_3}$, $\frac{-1}{\tau_b}$, $\frac{-1}{\tau_a}$, $\frac{-1}{\tau_2}$, $\frac{-1}{\tau_1}$
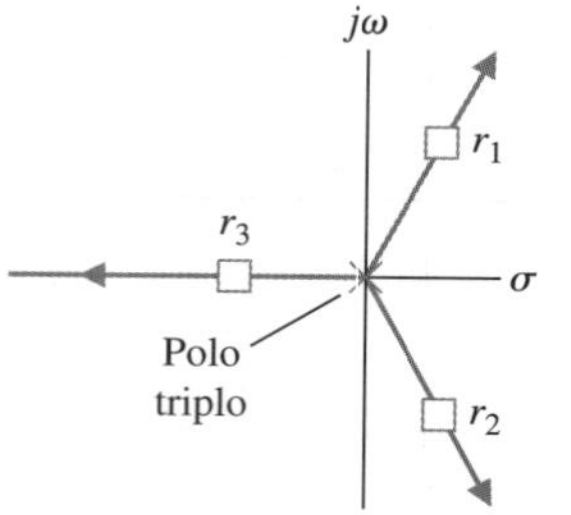 15. $\dfrac{K(s\tau_a + 1)}{s^2(s\tau_1 + 1)(s\tau_2 + 1)}$	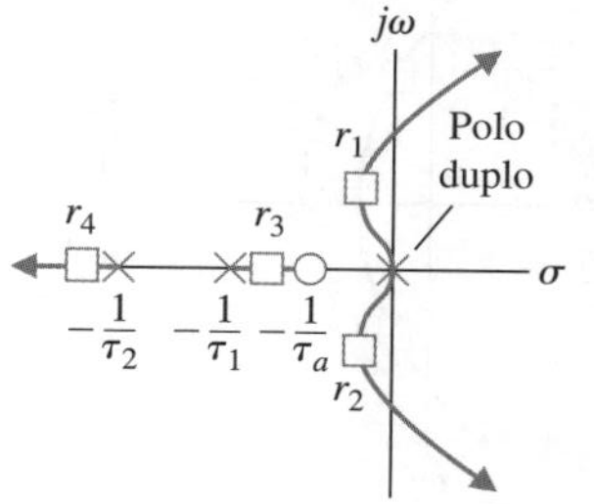 $j\omega$, σ, r_1, r_2, r_3, r_4, $-\frac{1}{\tau_2}$, $-\frac{1}{\tau_1}$, $-\frac{1}{\tau_a}$, Polo duplo

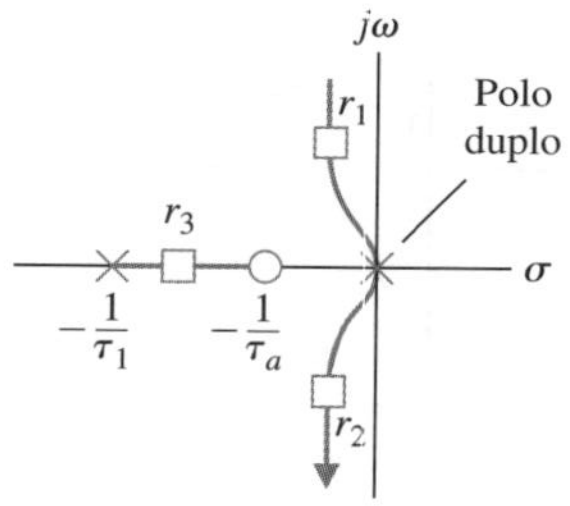

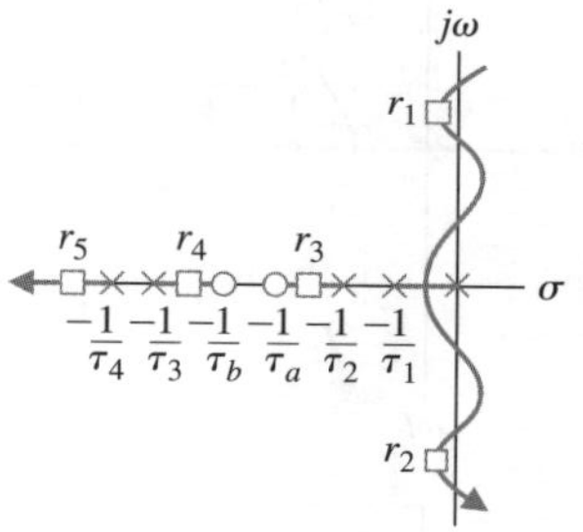

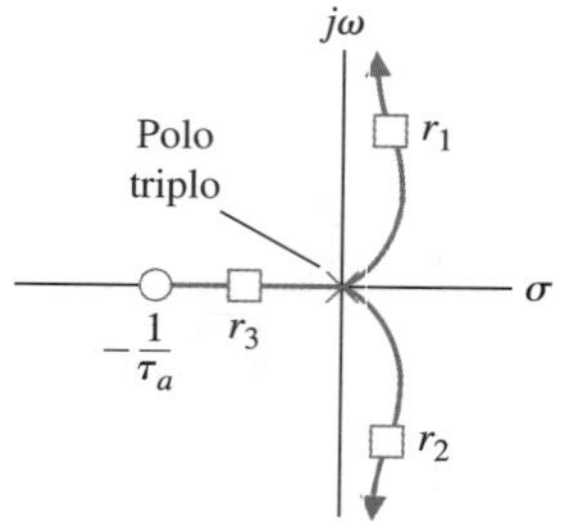

Além disso, o método do lugar geométrico das raízes foi estendido para o projeto de vários parâmetros de um sistema de controle em malha fechada. Então, a sensibilidade das raízes características foi investigada para variações indesejadas dos parâmetros definindo-se uma medida da sensibilidade da raiz. Fica claro que o método do lugar geométrico das raízes é uma abordagem poderosa e útil para a análise e o projeto de sistemas de controle modernos e continuará a ser um dos procedimentos mais importantes da engenharia de controle.

VERIFICAÇÃO DE COMPETÊNCIAS

Nesta seção, são apresentados três conjuntos de problemas para testar o conhecimento do leitor: Verdadeiro ou Falso, Múltipla Escolha e Correspondência de Palavras. Para obter um retorno imediato, compare as respostas com o gabarito fornecido depois dos problemas de fim de capítulo. Use o diagrama de blocos da Figura 7.62 como especificado nos vários enunciados dos problemas.

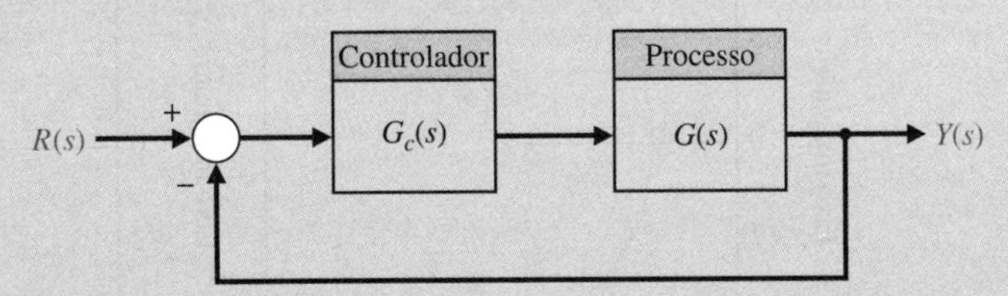

FIGURA 7.62 Diagrama de blocos para a Verificação de Competências.

Nos seguintes problemas de **Verdadeiro ou Falso** e **Múltipla Escolha**, circule a resposta correta.

1. O lugar geométrico das raízes é o caminho que as raízes da equação característica (dada por $1 + KG(s) = 0$) percorrem no plano s à medida que o parâmetro de sistema $0 \leq K < \infty$ varia. *Verdadeiro ou Falso*

2. No diagrama do lugar geométrico das raízes, o número de lugares separados é igual ao número de polos de $G(s)$. *Verdadeiro ou Falso*

3. O lugar geométrico das raízes sempre começa nos zeros e termina nos polos de $G(s)$. *Verdadeiro ou Falso*

4. O lugar geométrico das raízes fornece ao projetista do sistema de controle uma medida da sensibilidade dos polos do sistema a variações de um parâmetro de interesse. *Verdadeiro ou Falso*

5. O lugar geométrico das raízes fornece um entendimento valioso da resposta do sistema a várias entradas de teste. *Verdadeiro ou Falso*

6. Considere o sistema de controle na Figura 7.62, em que a função de transferência de malha é

$$L(s) = G_c(s)G(s) = \frac{K(s^2 + 5s + 9)}{s^2(s + 3)}.$$

Usando o método do lugar geométrico das raízes, determine o valor de K tal que as raízes dominantes tenham um fator de amortecimento $\zeta = 0,5$.

a. $K = 1,2$
b. $K = 4,5$
c. $K = 9,7$
d. $K = 37,4$

Nos Problemas 7 e 8, considere o sistema com realimentação unitária na Figura 7.62 com

$$L(s) = G_c(s)G(s) = \frac{K(s + 1)}{(s^2 + 5s + 17,33)}.$$

7. Os ângulos de partida do lugar geométrico das raízes dos polos complexos são aproximadamente

a. $\phi_d = \pm 180°$
b. $\phi_d = \pm 115°$
c. $\phi_d = \pm 205°$
d. Nenhuma das anteriores

8. O lugar geométrico das raízes é dado por qual dos seguintes?

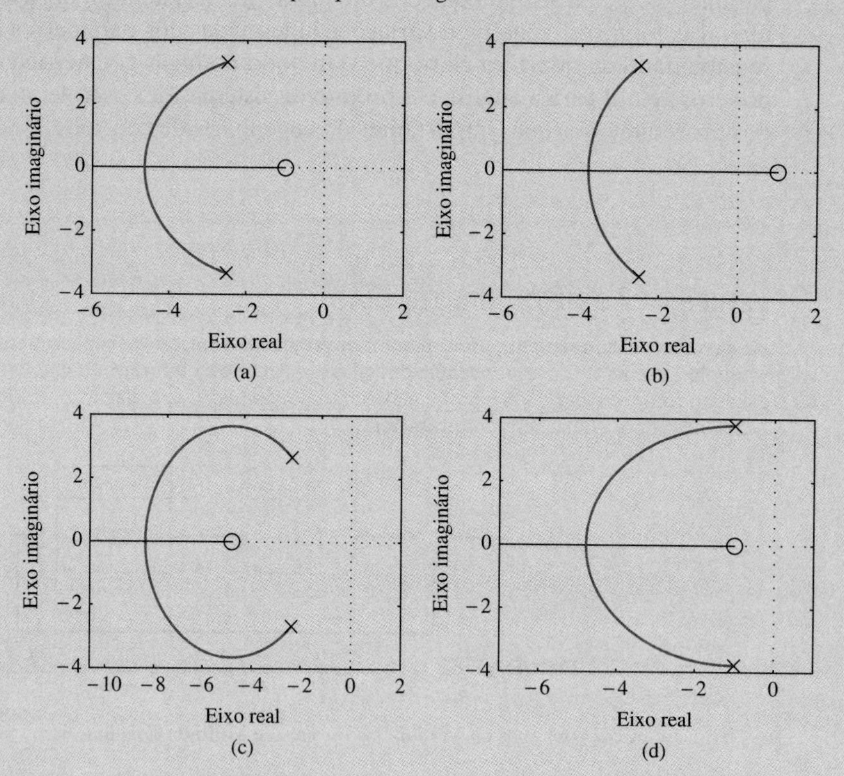

9. Um sistema com realimentação unitária possui a função de transferência em malha fechada dada por

$$T(s) = \frac{K}{(s + 45)^2 + K}.$$

Usando o método do lugar geométrico das raízes, determine o valor do ganho K de modo que o sistema em malha fechada tenha um fator de amortecimento $\zeta = \sqrt{2}/2$.

a. $K = 25$
b. $K = 1.250$
c. $K = 2.025$
d. $K = 10.500$

10. Considere o sistema de controle com realimentação unitária na Figura 7.62 em que

$$L(s) = G_c(s)G(s) = \frac{10(s + z)}{s(s^2 + 4s + 8)}.$$

Usando o método do lugar geométrico das raízes, determine o valor máximo de z para estabilidade em malha fechada.

a. $z = 7{,}2$
b. $z = 12{,}8$
c. Instável para todo $z > 0$
d. Estável para todo $z > 0$

Nos Problemas 11 e 12, considere o sistema de controle na Figura 7.62 em que o modelo do processo é

$$G(s) = \frac{7.500}{(s + 1)(s + 10)(s + 50)}.$$

11. Suponha que o controlador seja

$$G_c(s) = \frac{K(1 + 0{,}2s)}{1 + 0{,}025s}.$$

Usando o método do lugar geométrico das raízes, determine o valor máximo de ganho K para estabilidade em malha fechada.

a. $K = 2{,}13$
b. $K = 3{,}88$
c. $K = 14{,}49$
d. Estável para todo $K > 0$

12. Suponha que um controlador proporcional simples seja utilizado, isto é, $G_c(s) = K$. Usando o método do lugar geométrico das raízes, determine o máximo ganho de controlador K para estabilidade em malha fechada.

a. $K = 0{,}50$
b. $K = 1{,}49$
c. $K = 4{,}49$
d. Instável para $K > 0$

13. Considere o sistema com realimentação unitária na Figura 7.62 em que

$$L(s) = G_c(s)G(s) = \frac{K}{s(s+5)(s^2+6s+17{,}76)}.$$

Determine o ponto de saída no eixo real e o respectivo ganho, K.

a. $s = -1{,}8$, $K = 58{,}75$
b. $s = -2{,}5$, $K = 4{,}59$
c. $s = 1{,}4$, $K = 58{,}75$
d. Nenhuma das anteriores

Nos Problemas 14 e 15, considere o sistema com realimentação na Figura 7.62, em que

$$L(s) = G_c(s)G(s) = \frac{K(s+1+j)(s+1-j)}{s(s+2j)(s-2j)}.$$

14. Qual dos seguintes é o lugar geométrico das raízes correspondente?

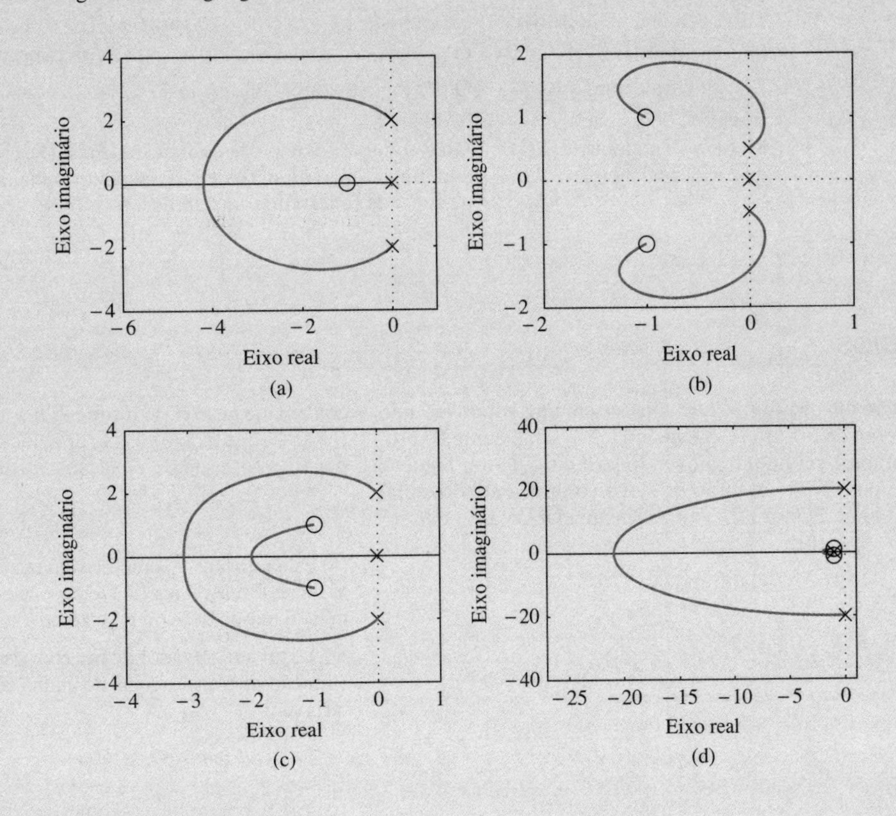

15. Os ângulos de partida dos polos complexos e os ângulos de chegada nos zeros complexos são:

a. $\phi_D = \pm 180°, \phi_A = 0°$

b. $\phi_D = \pm 116{,}6°, \phi_A = \pm 198{,}4°$

c. $\phi_D = \pm 45{,}8°, \phi_A = \pm 116{,}6°$

d. Nenhuma das anteriores

No problema de **Correspondência de Palavras** seguinte, combine o termo com sua definição escrevendo a letra correta no espaço fornecido.

a. Projeto de parâmetro	A amplitude da resposta em malha fechada é reduzida a aproximadamente um quarto do valor máximo em um período de oscilação.	_______
b. Sensibilidade da raiz	O caminho que o lugar geométrico das raízes segue à medida que o parâmetro se torna muito grande e tende a ∞.	_______
c. Lugar geométrico das raízes	O centro das assíntotas lineares, σ_A.	_______
d. Segmentos do lugar geométrico das raízes no eixo real	O processo de determinar os ganhos do controlador PID usando um de diversos métodos analíticos baseados em respostas à entrada em degrau em malha aberta e em malha fechada.	_______
e. Método do lugar geométrico das raízes	Um método para escolher um ou dois parâmetros usando o método do lugar geométrico das raízes.	_______
f. Centroide das assíntotas	O lugar geométrico das raízes que fica em uma seção do eixo real à esquerda de um número ímpar de polos e zeros.	_______
g. Ponto de saída	O lugar geométrico das raízes para valores negativos do parâmetro de interesse em que $-\infty < K \leq 0$.	_______
h. Lugar	O ângulo com o qual o lugar das raízes deixa um polo complexo no plano s.	_______
i. Ângulo de partida	Um caminho ou trajetória que é traçado à medida que um parâmetro é variado.	_______
j. Número de lugares separados	O lugar ou caminho das raízes traçado no plano s à medida que um parâmetro é variado.	_______
k. Assíntota	A sensibilidade das raízes à medida que um parâmetro varia a partir de seu valor normal.	_______
l. Lugar geométrico das raízes com ganho negativo	O método para se determinar o lugar das raízes da equação característica $1 + KG(s) = 0$ para $0 \leq K < \infty$.	_______
m. Sintonia de PID	O processo de se determinar os ganhos do controlador PID.	_______
n. Decaimento de um quarto da amplitude	O ponto no eixo real onde o lugar das raízes deixa o eixo real no plano s.	_______
o. Método de sintonia de PID de Ziegler-Nichols	Igual ao número de polos da função de transferência, admitindo que o número de polos é maior ou igual ao número de zeros da função de transferência.	_______

EXERCÍCIOS

E7.1 Considere um dispositivo que consiste em uma esfera rolando na borda interna de um aro [11]. Este modelo é semelhante ao problema do combustível líquido movendo-se dentro de um foguete. O aro é livre para girar em torno do seu eixo principal horizontal como mostrado na Figura E7.1. A posição angular do aro pode ser controlada através do torque $T(t)$ aplicado ao aro a partir de um motor de torque fixado ao eixo de acionamento do aro. Se realimentação negativa for usada, a equação característica do sistema é

$$1 + \frac{Ks(s+4)}{s^2 + 2s + 2} = 0.$$

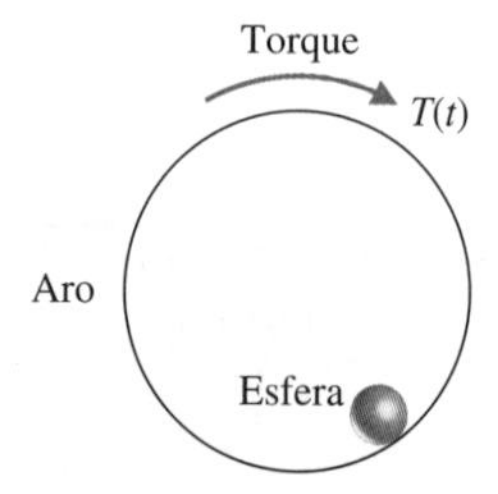

FIGURA E7.1 Aro girado por motor.

(a) Esboce o lugar geométrico das raízes. (b) Determine o ganho quando as raízes forem iguais. (c) Determine estas duas raízes iguais. (d) Determine o tempo de acomodação do sistema quando as raízes são iguais.

E7.2 Em um gravador de fita com sistema de controle de velocidade, a função de transferência de malha com realimentação negativa unitária tem

$$L(s) = G_c(s)G(s) = \frac{K}{s(s+2)(s^2+4s+5)}.$$

(a) Esboce o lugar geométrico das raízes para K e mostre que as raízes dominantes são $s = -0{,}35 \pm j0{,}80$ quando $K = 6{,}5$.

(b) Para as raízes dominantes da parte (a), calcule o tempo de acomodação e a máxima ultrapassagem para uma entrada em degrau.

E7.3 O sistema de controle de um dispositivo de teste de suspensão de automóvel com realimentação unitária tem a função de transferência de malha [12]

$$L(s) = G_c(s)G(s) = \frac{K\left(s^2 + 6s + 9\right)}{s^2(s + 10)}.$$

Deseja-se que os polos dominantes tenham um ζ igual a 0,5. Usando o lugar geométrico das raízes, mostre que $K = 4$ é requerido e que as raízes dominantes são $s = -0{,}86 \pm j1{,}48$.

E7.4 Considere um sistema com realimentação unitária com a função de transferência de malha

$$L(s) = G_c(s)G(s) = \frac{K(s + 1)}{s^2 + 4s + 5}.$$

(a) Determine o ângulo de partida do lugar geométrico das raízes a partir dos polos complexos. (b) Determine o ponto em que o lugar geométrico das raízes entra no eixo real.

Respostas: $\pm 225°$; $-2{,}4$

E7.5 Considere um sistema com realimentação unitária com uma função de transferência de malha

$$L(s) = G_c(s)G(s) = \frac{1}{s^3 + 50s^2 + 500s + 1.000}.$$

(a) Determine o ponto de saída do eixo real. (b) Determine o centroide das assíntotas. (c) Determine o valor de K no ponto de saída.

E7.6 Uma versão de estação espacial é mostrada na Figura E7.6 [28]. É crítico manter-se essa estação na orientação adequada, na direção do Sol e da Terra, para a geração de energia e comunicações. O controlador de orientação pode ser representado por um sistema com realimentação unitária com um atuador e controlador, tal como

$$L(s) = G_c(s)G(s) = \frac{20K}{s\left(s^2 + 10s + 80\right)}.$$

Esboce o lugar geométrico das raízes do sistema à medida que K aumenta. Determine o valor de K que resulta em um sistema instável.

Resposta: $K = 40$

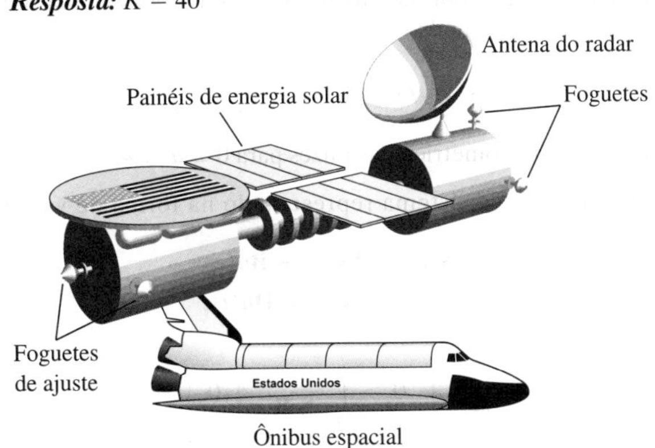

FIGURA E7.6 Estação espacial.

E7.7 O elevador em um moderno edifício de escritórios se movimenta à velocidade máxima de 25 pés por segundo e ainda é capaz de parar dentro de uma faixa de um oitavo de polegada do nível do chão de cada andar. A função de transferência em malha do controle de posição do elevador com realimentação unitária é

$$L(s) = G_c(s)G(s) = \frac{K(s + 8)}{s(s + 4)(s + 6)(s + 9)}.$$

Determine o ganho K quando as raízes complexas possuem um ζ igual a 0,8.

E7.8 Esboce o lugar geométrico das raízes para um sistema com realimentação unitária com

$$L(s) = G_c(s)G(s) = \frac{K(s + 1)}{s^2(s + 9)}.$$

(a) Determine o ganho quando todas as três raízes são reais e iguais. (b) Determine as raízes quando todas as raízes são iguais, como na parte (a).

Respostas: $K = 27$; $s = -3$

E7.9 O espelho primário de um grande telescópio possui diâmetro de 10 m e consiste em um mosaico de 36 segmentos hexagonais com a orientação de cada segmento controlada ativamente. Suponha que este sistema com realimentação unitária para os segmentos do espelho possui a função de transferência em malha

$$L(s) = G_c(s)G(s) = \frac{K}{s(s^2 + 2s + 5)}.$$

(a) Determine as assíntotas e desenhe-as no plano s.

(b) Determine o ângulo de partida dos polos complexos.

(c) Determine o ganho quando duas raízes estão no eixo imaginário.

(d) Esboce o lugar geométrico das raízes.

E7.10 Um sistema com realimentação unitária possui a função de transferência de malha

$$L(s) = KG(s) = \frac{K(s + 2)}{s(s + 1)}.$$

(a) Determine os pontos de saída e de entrada no eixo real.

(b) Determine o ganho e as raízes quando a parte real das raízes complexas está localizada em –2.

(c) Esboce o lugar das raízes.

Respostas: (a) $-0{,}59$, $-3{,}41$; (b) $K = 3$, $s = -2 \pm j\sqrt{2}$

E7.11 O sistema de controle de força de um robô com realimentação unitária possui uma função de transferência em malha [6]

$$L(s) = KG(s) = \frac{K(s + 2{,}5)}{(s^2 + 2s + 2)(s^2 + 4s + 5)}.$$

(a) Determine o ganho K que resulta em raízes dominantes com um fator de amortecimento de 0,707. Esboce o lugar geométrico das raízes.

(b) Determine a máxima ultrapassagem percentual real e o tempo de pico para o ganho K da parte (a).

E7.12 Um sistema com realimentação unitária possui uma função de transferência em malha

$$L(s) = KG(s) = \frac{K(s + 2)}{s^2 + s + 4}.$$

(a) Esboce o lugar geométrico das raízes para $K > 0$. (b) Determine as raízes quando $K = 3$ e 8. (c) Calcule o tempo de subida, a máxima ultrapassagem percentual e o tempo de acomodação (com um critério de 2%) do sistema para uma entrada em degrau unitário quando $K = 3$ e 8.

E7.13 Um sistema com realimentação unitária possui uma função de transferência em malha

$$L(s) = G_c(s)G(s) = \frac{4(s + z)}{s(s + 1)(s + 3)}.$$

(a) Desenhe o lugar geométrico das raízes à medida que z varia de 0 a 100. (b) Usando o lugar geométrico das raízes, estime a máxima ultrapassagem percentual e o tempo de acomodação (com um critério de 2%) do sistema em $z = 0{,}6$; 2 e 4 para uma entrada em degrau. (c) Determine a máxima ultrapassagem e o tempo de acomodação reais em $z = 0{,}6$; 2 e 4.

E7.14 Um sistema com realimentação unitária possui uma função de transferência em malha

$$L(s) = G_c(s)G(s) = \frac{K(s+10)}{s(s+5)}.$$

(a) Determine os pontos de saída e de entrada do lugar geométrico das raízes e esboce o lugar geométrico das raízes para $K > 0$. (b) Determine o ganho K quando as duas raízes características possuem um ζ de $1/\sqrt{2}$. (c) Calcule as raízes.

E7.15 (a) Trace o gráfico do lugar geométrico das raízes para um sistema com realimentação unitária com uma função de transferência em malha

$$L(s) = G_c(s)G(s) = \frac{K(s+10)(s+2)}{s^3}.$$

(b) Calcule a faixa de valores de K para a qual o sistema é estável. (c) Prediga o erro em regime estacionário do sistema para uma entrada rampa.

Respostas: (a) $K > 1{,}67$; (b) $e_{ss} = 0$

E7.16 Um sistema com realimentação unitária negativa possui uma função de transferência em malha

$$L(s) = G_c(s)G(s) = \frac{Ke^{-sT}}{s+1},$$

em que $T = 0{,}1$ s. Mostre que uma aproximação para o retardo no tempo é

$$e^{-sT} \approx \frac{\frac{2}{T} - s}{\frac{2}{T} + s}.$$

Usando

$$e^{-0{,}1s} = \frac{20 - s}{20 + s},$$

obtenha o lugar geométrico das raízes do sistema para $K > 0$. Determine a faixa de valores de K para a qual o sistema é estável.

E7.17 Um sistema de controle, como mostrado na Figura E7.17, possui o processo

$$G(s) = \frac{1}{s(s-2)}.$$

(a) Quando $G_c(s) = K$, mostre que o sistema é sempre instável esboçando o lugar geométrico das raízes. (b) Quando

$$G_c(s) = \frac{K(s+2)}{s+10},$$

esboce o lugar geométrico das raízes e determine a faixa de valores de K para a qual o sistema é estável. Determine o valor de K e as raízes complexas quando duas raízes estão no eixo $j\omega$.

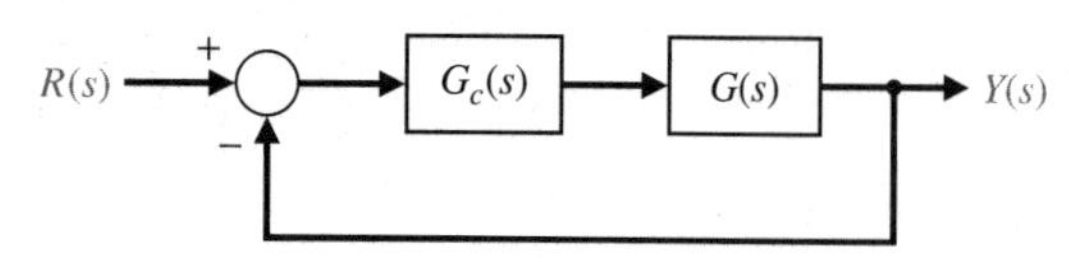

FIGURA E7.17 Sistema com realimentação.

E7.18 Um sistema com realimentação unitária negativa em malha fechada é usado para controlar a guinagem de uma aeronave. Quando a função de transferência em malha é

$$L(s) = G_c(s)G(s) = \frac{K}{s(s+3)(s^2+2s+2)},$$

determine (a) o ponto de saída do lugar geométrico das raízes e (b) o valor das raízes no eixo $j\omega$ e o ganho requerido para essas raízes. Esboce o lugar geométrico das raízes.

Respostas: (a) Ponto de saída: $s = -2{,}29$; (b) eixo $j\omega$: $s = \pm j1{,}09$, $K = 8$

E7.19 Um sistema com realimentação unitária possui uma função de transferência em malha

$$L(s) = G_c(s)G(s) = \frac{K}{s(s+3)(s^2+6s+64)}.$$

(a) Determine o ângulo de partida do lugar das raízes nos polos complexos. (b) Esboce o lugar geométrico das raízes. (c) Determine o ganho K quando as raízes estão no eixo $j\omega$ e determine a posição dessas raízes.

E7.20 Um sistema com realimentação unitária possui uma função de transferência em malha

$$L(s) = G_c(s)G(s) = \frac{K(s+1)}{s(s-2)(s+6)}.$$

(a) Determine a faixa de valores de K para estabilidade. (b) Esboce o lugar geométrico das raízes. (c) Determine o valor máximo de ζ das raízes complexas estáveis.

Respostas: (a) $K > 16$; (b) $\zeta = 0{,}25$

E7.21 Um sistema com realimentação unitária possui uma função de transferência em malha

$$L(s) = G_c(s)G(s) = \frac{Ks}{s^3 + 8s^2 + 12}.$$

Esboce o lugar geométrico das raízes. Determine o ganho K quando as raízes complexas da equação característica possuem um ζ aproximadamente igual a 0,6.

E7.22 Um míssil de alto desempenho para o lançamento de um satélite possui um sistema com realimentação unitária com a função de transferência em malha

$$L(s) = G_c(s)G(s) = \frac{K(s^2+18)(s+2)}{(s^2-2)(s+12)}.$$

Esboce o lugar geométrico das raízes à medida que K varia de $0 < K < \infty$.

E7.23 Um sistema com realimentação unitária possui uma função de transferência em malha

$$L(s) = G_c(s)G(s) = \frac{4(s^2+1)}{s(s+a)}.$$

Esboce o lugar geométrico das raízes para $0 \leq a < \infty$.

E7.24 Considere o sistema representado na forma de variáveis de estado

$$\dot{\mathbf{x}}(t) = \mathbf{A}\mathbf{x}(t) + \mathbf{B}u(t)$$
$$y(t) = \mathbf{C}\mathbf{x}(t) + \mathbf{D}u(t),$$

em que

$$\mathbf{A} = \begin{bmatrix} 0 & 1 \\ -4 & -k \end{bmatrix}, \mathbf{B} = \begin{bmatrix} 0 \\ 1 \end{bmatrix},$$
$$\mathbf{C} = [\,1 \quad 0\,] \quad \text{e} \quad \mathbf{D} = [0].$$

Determine a equação característica e então esboce o lugar geométrico das raízes para $0 < k < \infty$.

E7.25 Um sistema com realimentação em malha fechada é mostrado na Figura E7.25. Para qual faixa de valores do parâmetro K o sistema é estável? Esboce o lugar das raízes para $0 < K < \infty$.

E7.26 Considere o sistema de entrada única e saída única descrito por

$$\dot{\mathbf{x}}(t) = \mathbf{A}\mathbf{x}(t) + \mathbf{B}u(t)$$
$$y(t) = \mathbf{C}\mathbf{x}(t)$$

em que

$$\mathbf{A} = \begin{bmatrix} 0 & 1 \\ 3 - K & -2 - K \end{bmatrix}, \mathbf{B} = \begin{bmatrix} 0 \\ 1 \end{bmatrix}, \mathbf{C} = [1 \quad -1].$$

Determine o polinômio característico e trace o lugar geométrico das raízes para $0 \leq K < \infty$. Para quais valores de K o sistema é estável?

E7.27 Considere o sistema com realimentação unitária na Figura E7.27. Esboce o lugar geométrico das raízes para $0 \leq p < \infty$. Para quais valores de p o sistema de malha fechada é estável?

E7.28 Considere o sistema com realimentação na Figura E7.28. Obtenha o lugar geométrico das raízes com ganho negativo para $-\infty < K \leq 0$. Para quais valores de K o sistema é estável?

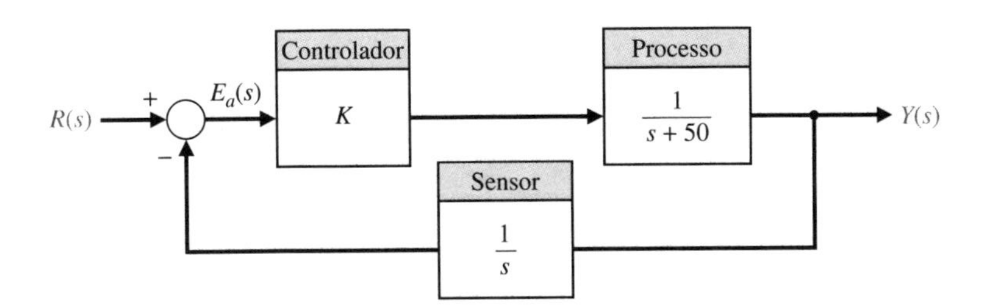

FIGURA E7.25 Sistema com realimentação não unitária com parâmetro K.

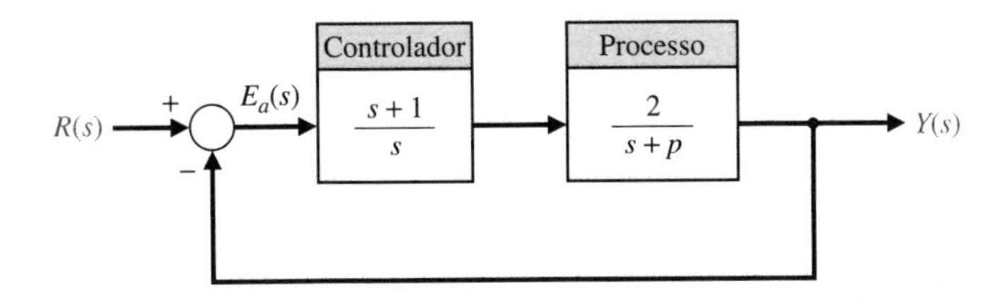

FIGURA E7.27 Sistema com realimentação unitária com parâmetro p.

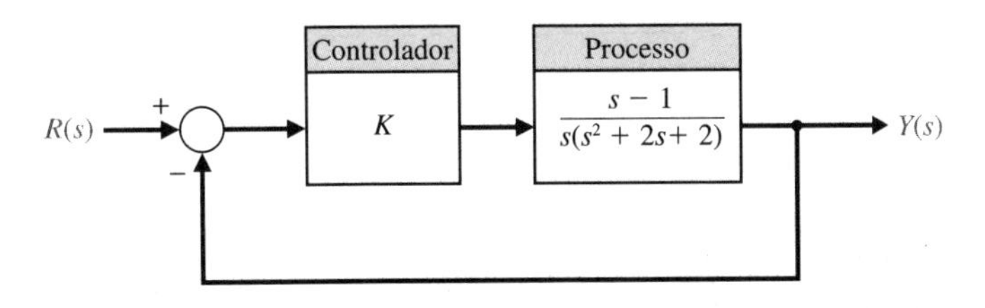

FIGURA E7.28 Sistema com realimentação para lugar geométrico das raízes com ganho negativo.

PROBLEMAS

P7.1 Esboce o lugar geométrico das raízes para as seguintes funções de transferência em malha do sistema mostrado na Figura P7.1 quando $0 \leq K < \infty$:

$$\text{(a)}\ L(s) = G_c(s)G(s) = \frac{K}{s(s+5)(s+20)}$$

$$\text{(b)}\ L(s) = G_c(s)G(s) = \frac{K}{(s^2+2s+2)(s+2)}$$

$$\text{(c)}\ L(s) = G_c(s)G(s) = \frac{K(s+10)}{s(s+1)(s+20)}$$

$$\text{(d)}\ L(s) = G_c(s)G(s) = \frac{K(s^2+4s+8)}{s^2(s+1)}$$

P7.2 Considere a função de transferência em malha de um sistema detector de fase

$$L(s) = G_c(s)G(s) = K_a K \frac{10(s+10)}{s(s+1)(s+100)}.$$

Esboce o lugar geométrico das raízes como função do ganho $K_v = K_a K$. Determine o valor de K_v referente se as raízes complexas tiverem um fator de amortecimento igual a 0,60 [13].

P7.3 Um sistema com realimentação unitária possui a função de transferência em malha

$$L(s) = G_c(s)G(s) = \frac{K}{s(s+2)(s+5)}.$$

Determine (a) o ponto de saída do eixo real e o ganho K para este ponto, (b) o ganho e as raízes quando duas raízes estão no eixo imaginário e (c) as raízes quando $K = 6$. (d) Esboce o lugar geométrico das raízes.

P7.4 Suponha que a função de transferência em malha de uma antena grande é dada por

$$L(s) = G_c(s)G(s) = \frac{k_a}{\tau s + 1} \frac{\omega_n^2}{s(s^2 + 2\zeta\omega_n s + \omega_n^2)},$$

em que $\tau = 0{,}2$, $\zeta = 0{,}707$ e $\omega_n = 1$ rad/s. Esboce o lugar geométrico das raízes para $0 \leq k_a < \infty$. Determine o maior valor permitido para k_a de modo que o sistema seja estável.

P7.5 O controle automático de helicópteros é necessário porque, diferentemente das aeronaves de asa fixa que possuem um grau razoável de estabilidade inerente, o helicóptero é bastante instável. Um sistema de controle de helicóptero que utiliza uma malha de controle automático e mais uma alavanca de controle de pilotagem é mostrado na Figura P7.5. Quando o piloto não está usando a alavanca de controle, pode-se considerar que a chave esteja aberta. A dinâmica do helicóptero é representada pela função de transferência

$$G(s) = \frac{25(s+0{,}03)}{(s+0{,}4)(s^2-0{,}36s+0{,}16)}.$$

(a) Com a malha de controle do piloto aberta (controle sem interferência), esboce o lugar geométrico das raízes para a malha de estabilização automática. Determine o ganho K_2 que resulta em um amortecimento para as raízes complexas igual a $\zeta = 0{,}707$. (b) Para

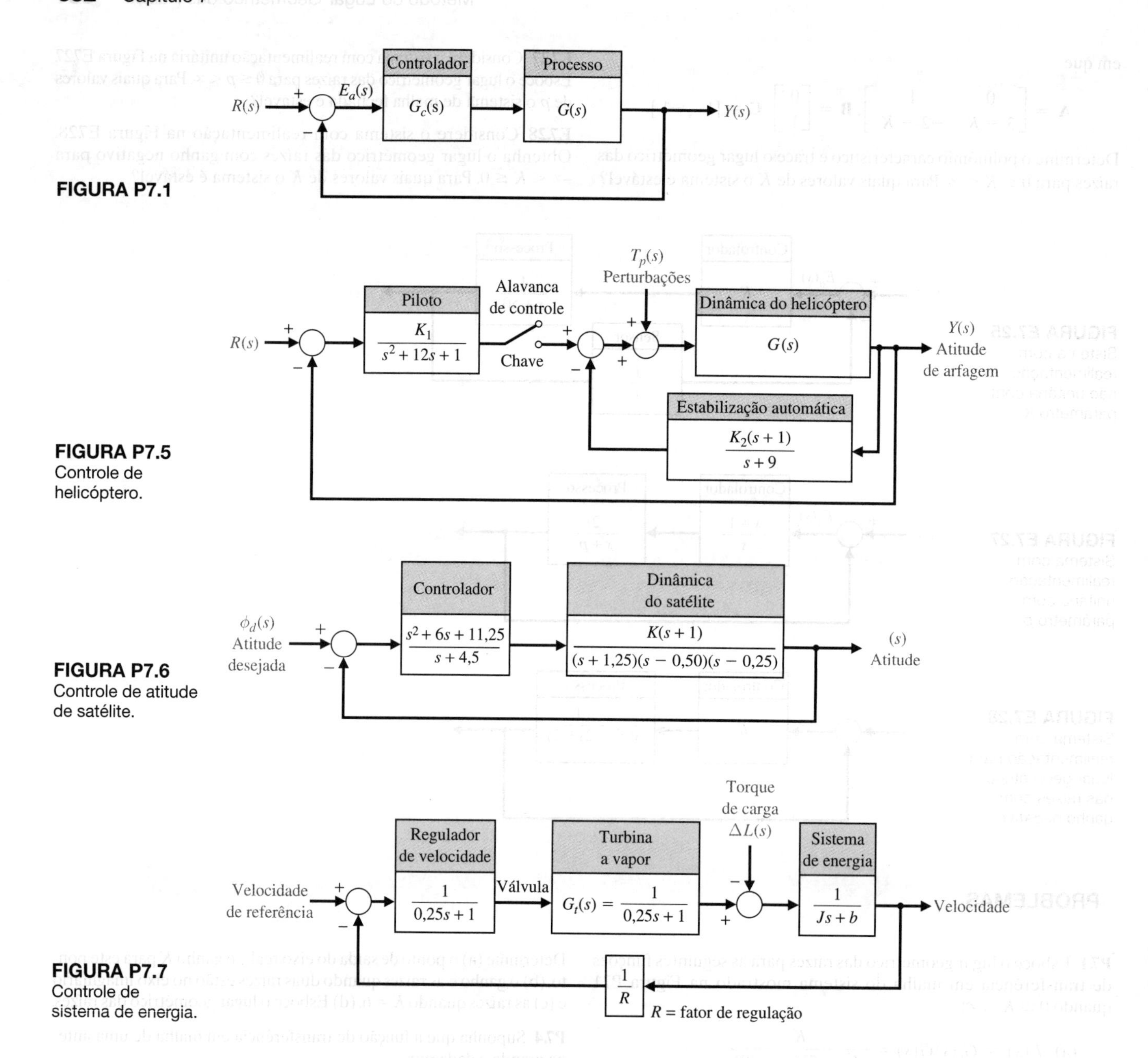

FIGURA P7.1

FIGURA P7.5 Controle de helicóptero.

FIGURA P7.6 Controle de atitude de satélite.

FIGURA P7.7 Controle de sistema de energia.

o ganho K_2 obtido na parte (a), determine o erro em regime estacionário devido a uma rajada de vento $T_p(s) = 1/s$. (c) Com a malha do piloto incluída, desenhe o lugar geométrico das raízes à medida que K_1 varia de zero a ∞ quando K_2 é ajustado para o valor calculado na parte (a). (d) Recalcule o erro em regime estacionário da parte (b) quando K_1 for igual a um valor adequado baseado no lugar geométrico das raízes.

P7.6 Um sistema de controle de atitude para um satélite no interior da atmosfera terrestre é mostrado na Figura P7.6.

(a) Desenhe o lugar geométrico das raízes do sistema à medida que K varia de 0 a ∞. (b) Determine a faixa de valores de K para estabilidade em malha fechada. (c) Determine o ganho K que resulta em um sistema com tempo de acomodação (com um critério de 2%) menor que 12 segundos e máxima ultrapassagem percentual M.U.P. $\leq 25\%$.

P7.7 O sistema de controle de velocidade para um sistema de distribuição de energia isolado é mostrado na Figura P7.7. A válvula controla o fluxo de entrada de vapor na turbina de modo a levar em conta as mudanças de carga $\Delta L(s)$ no interior da rede de distribuição de energia. A velocidade de equilíbrio desejada resulta em uma frequência do gerador igual a 60 cps. O momento de inércia efetivo J é igual a 4.000 e a constante de atrito b é igual a 0,75. O fator de regulação de velocidade em regime estacionário R é representado pela equação $R \approx (\omega_0 - \omega_r)/\Delta L$, em que ω_r é igual à velocidade com a carga e ω_0 é igual à velocidade sem a carga. Deseja-se obter um R muito pequeno, usualmente menor que 0,10. (a) Usando técnicas do lugar geométrico das raízes, determine a regulação R atingível quando o fator de amortecimento das raízes do sistema deve ser maior que 0,60. (b) Verifique que o desvio de velocidade em regime estacionário para uma mudança no torque da carga $\Delta L(s) = \Delta L/s$ é, de fato, aproximadamente igual a $R\Delta L$ quando $R \leq 0,1$.

P7.8 Considere novamente o sistema de controle de energia do Problema P7.7 quando a turbina a vapor é substituída por uma turbina hidráulica. Para turbinas hidráulicas, a grande inércia da água usada como fonte de energia causa uma constante de tempo consideravelmente maior. A função de transferência de uma turbina hidráulica pode ser aproximada por

$$G_t(s) = \frac{-\tau s + 1}{(\tau/2)s + 1},$$

em que $\tau = 1$ segundo. Com o resto do sistema permanecendo como foi dado no Problema P7.7, repita as partes (a) e (b) do Problema P7.7.

P7.9 A obtenção do controle seguro e eficiente do espaçamento entre veículos guiados controlados automaticamente é uma parte importante do uso futuro de veículos em instalações industriais [14, 15]. É importante que o sistema elimine os efeitos de perturbações (tais como óleo no piso), bem como mantenha o espaçamento exato entre veículos em um trilho guia. O sistema pode ser representado pelo diagrama de blocos da Figura P7.9. A dinâmica do veículo pode ser representada por

$$G(s) = \frac{(s + 0{,}2)(s^2 + 2s + 300)}{s(s - 0{,}5)(s + 0{,}9)(s^2 + 1{,}52s + 357)}.$$

(a) Esboce o lugar geométrico das raízes do sistema. (b) Determine todas as raízes quando o ganho de malha $K = K_1K_2$ for igual a 5.000.

P7.10 Novos conceitos no projeto de aeronaves para passageiros terão a autonomia para cruzar o Pacífico sem escalas e a eficiência para fazer isso de modo econômico [16, 29]. Esses novos projetos irão requerer o uso de materiais leves resistentes à temperatura e de sistemas de controle avançados. Controle de ruído é uma questão importante em projetos de aeronaves modernas, uma vez que a maioria dos aeroportos possuem especificações rigorosas de nível de ruído. Uma aeronave avançada é mostrada na Figura P7.10(a), a qual teria capacidade para 200 passageiros e viajaria a uma velocidade pouco abaixo da velocidade do som. O sistema de controle de voo deve fornecer boas características de manobra e condições de voo confortáveis. Um sistema de controle automático pode ser projetado para a próxima geração de aeronaves de passageiros.

As características desejadas das raízes dominantes do sistema de controle mostrado na Figura P7.10(b) possuem um $\zeta = 0{,}707$. As características da aeronave são $\omega_n = 2{,}5$, $\zeta = 0{,}30$ e $\tau = 0{,}1$. O fator de ganho K_1, entretanto, irá variar sobre uma faixa de 0,02 em condições de cruzeiro com carga média a 0,20 em condições de descida com pouca carga. (a) Esboce o lugar geométrico das raízes como função do ganho de malha K_1K_2. (b) Determine o ganho K_2 necessário para obter raízes com $\zeta = 0{,}707$ quando a aeronave está em condições de cruzeiro com carga média. (c) Com o ganho K_2 como determinado na parte (b), determine o ζ das raízes quando o ganho K_1 resulta da condição de descida com pouca carga.

P7.11 Um sistema de computador requer um sistema de transporte de fita magnética de alto desempenho [17]. As condições ambientais impostas ao sistema resultam em um teste severo do projeto de engenharia de controle. Um sistema de acionamento direto com motor CC para o sistema de rolo de fita magnética é mostrado na

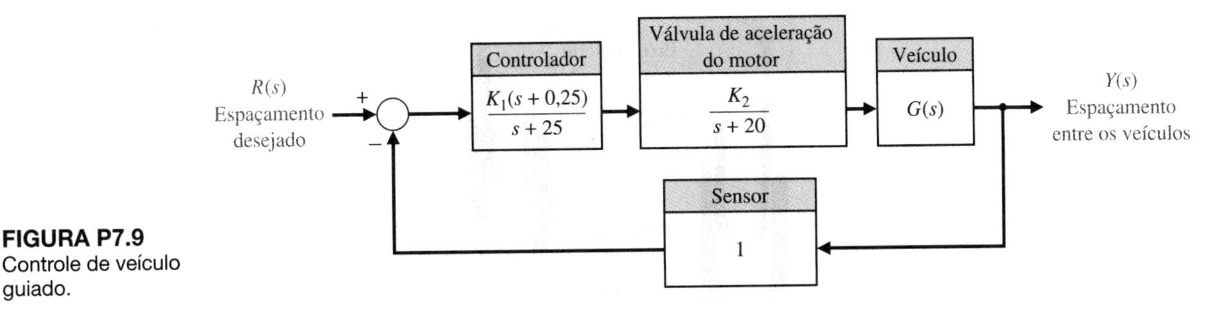

FIGURA P7.9 Controle de veículo guiado.

(a)

(b)

FIGURA P7.10 (a) Uma aeronave a jato para passageiros do futuro. (Muratart/ Shutterstock.) (b) Sistema de controle.

Figura P7.11, em que r é igual ao raio do rolo e J é igual à inércia do rolo e do rotor. Uma reversão completa da direção do rolo de fita é requerida em 6 ms, e o rolo de fita deve seguir um comando degrau em 3 ms ou menos. A fita é normalmente operada à velocidade de 100 in/s. O motor e os componentes escolhidos para este sistema possuem as seguintes características:

$K_{ce} = 0{,}40$ $\qquad r = 0{,}2$

$K_p = 1$ $\qquad K_1 = 2{,}0$

$\tau_1 = \tau_a = 1$ ms $\qquad K_2$ é ajustável.

$K_T/(LJ) = 2{,}0$

A inércia do rolo e do rotor do motor é de $2{,}5 \times 10^{-3}$ quando o rolo está vazio e $5{,}0 \times 10^{-3}$ quando o rolo está cheio. Uma série de fotocélulas é usada como dispositivo sensor de erro. A constante de tempo do motor é $L/R = 0{,}5$ ms. (a) Esboce o lugar geométrico das raízes para o sistema quando $K_2 = 10$ e $J = 5{,}0 \times 10^{-3}$, $0 < K_a < \infty$. (b) Determine o ganho K_a que resulta em um sistema bem amortecido, de modo que o ζ de todas as raízes seja maior ou igual a 0,60. (c) Com o K_a determinado na parte (b), esboce o lugar geométrico das raízes para $0 < K_2 < \infty$.

P7.12 Um sistema de controle de velocidade preciso (Figura P7.12) é requerido para uma plataforma usada em testes de sistemas giroscópios e inerciais em que uma variedade de velocidades controladas com exatidão é necessária. Um sistema de motor de torque CC com acionamento direto foi utilizado para fornecer (1) uma faixa de velocidades de 0,01°/s a 600°/s e (2) 0,1% de erro máximo em regime estacionário para uma entrada em degrau. O motor de torque CC com acionamento direto evita o uso de uma sequência de engrenagens com suas folgas e atrito inerentes. Além disso, o motor com acionamento direto possui alta capacidade de torque, alta eficiência e pequenas constantes de tempo do motor. A constante de ganho do motor é nominalmente $K_m = 1{,}8$, mas está sujeita a variações de até 50%. O ganho do amplificador K_a é normalmente maior que 10 e sujeito a uma variação de 10%. (a) Determine o mínimo do ganho de malha necessário para satisfazer o requisito de erro em regime estacionário. (b) Determine o valor limitante de ganho para estabilidade.

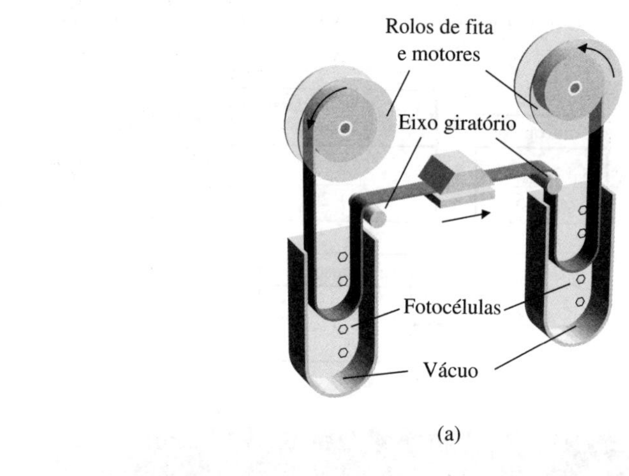

(a)

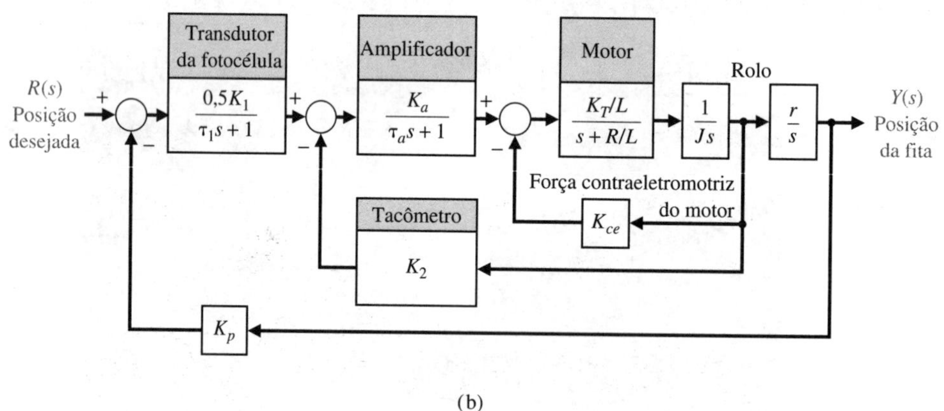

(b)

FIGURA P7.11 (a) Sistema de controle de fita. (b) Diagrama de blocos.

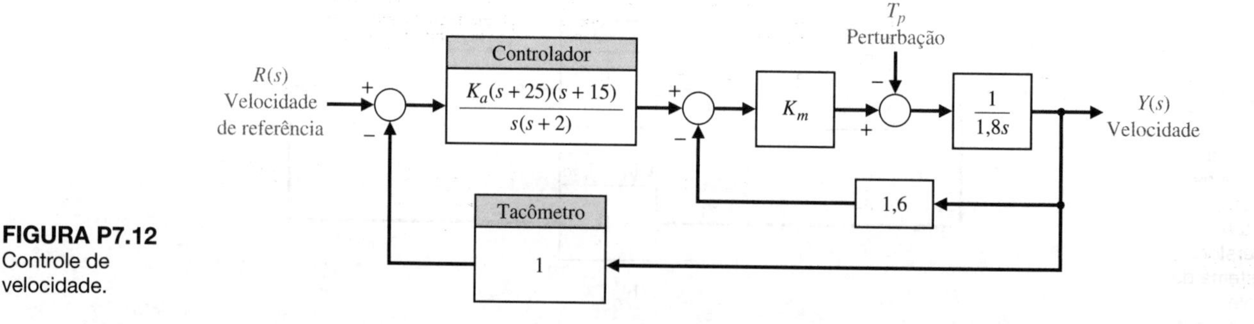

FIGURA P7.12 Controle de velocidade.

(c) Esboce o lugar geométrico das raízes à medida que K_a varia de 0 a ∞. (d) Determine as raízes quando $K_a = 40$ e estime a resposta para uma entrada em degrau.

P7.13 Um sistema com realimentação unitária possui a função de transferência em malha

$$L(s) = G_c(s)G(s) = \frac{K}{s(s+3)(s^2+4s+7{,}84)}.$$

(a) Determine o ponto de saída do eixo real e o ganho para este ponto. (b) Determine o ganho para obter duas raízes complexas mais próximas do eixo $j\omega$ com um fator de amortecimento de 0,707. (c) As duas raízes da parte (b) são dominantes? (d) Determine o tempo de acomodação (com um critério de 2%) do sistema quando o ganho da parte (b) é usado.

P7.14 A função de transferência de malha de um sistema com realimentação negativa unitária é

$$L(s) = G_c(s)G(s) = \frac{K(s+2{,}2)(s+3{,}4)}{s^2(s+1)(s+10)(s+25)}.$$

Este sistema é chamado de condicionalmente estável porque é estável somente para uma faixa de valores do ganho K tal que $k_1 < K < k_2$. Usando o lugar geométrico das raízes, determine a faixa de valores de ganho para a qual o sistema é estável. Esboce o lugar geométrico das raízes para $0 < K < \infty$.

P7.15 Considere que a dinâmica da motocicleta e do piloto pode ser representada pela função de transferência em malha

$$G_c(s)G(s) = \frac{K(s^2+30s+625)}{s(s+20)(s^2+20s+200)(s^2+60s+3.400)}.$$

Esboce o lugar geométrico das raízes para o sistema. Determine o ζ das raízes dominantes quando $K = 3 \times 10^4$.

P7.16 Os sistemas de controle para manter uma força de tração constante sobre uma lâmina de aço em uma laminadora de tiras a quente são chamados de "*loopers*". Um sistema típico é mostrado na Figura P7.16. O *looper* é um braço com 2 a 3 pés de comprimento com um rolo na extremidade, que é levantado e pressionado contra a lâmina por um motor [18]. A velocidade típica de passagem da lâmina pelo *looper* é de 2.000 ft/min. A tensão elétrica proporcional à posição do *looper* é comparada à tensão de referência e integrada onde é admitido que uma mudança na posição do *looper* é proporcional a uma mudança na força de tração da lâmina de aço. A constante de tempo τ do filtro é desprezível em relação às outras constantes de tempo do sistema. (a) Esboce o lugar geométrico das raízes do sistema de controle para $0 < K_a < \infty$. (b) Determine o ganho K_a que resulta em um sistema cujas raízes possuem um fator de amortecimento $\zeta = 0{,}707$ ou maior. (c) Determine o efeito de τ à medida que τ aumenta a partir de um valor desprezível.

P7.17 Considere o amortecedor de vibrações na Figura P7.17. Usando o método do lugar geométrico das raízes, determine o efeito dos parâmetros M_2 e k_{12}. Determine os valores específicos dos parâmetros M_2 e k_{12} de modo que a massa M_1 não vibre quando $F(t) = a\,\text{sen}(\omega_0 t)$. Admita que $M_1 = 1$, $k_1 = 1$ e $b = 1$. Admita também que $k_{12} < 1$ e que o termo k_{12}^1 pode ser desprezado.

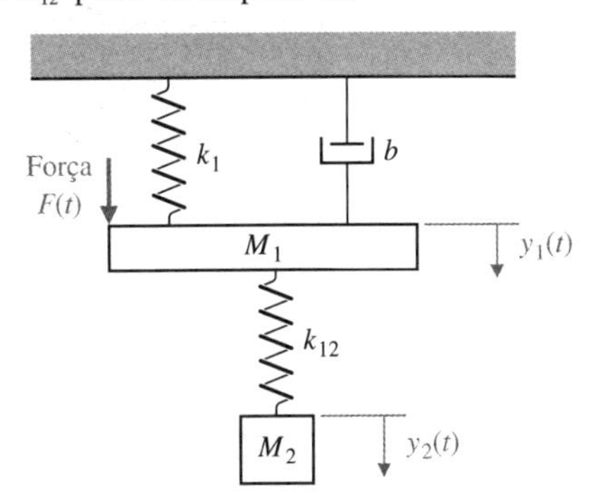

FIGURA P7.17 Amortecedor de vibrações.

P7.18 Um sistema de controle com realimentação é mostrado na Figura P7.18. O filtro $G_c(s)$ é frequentemente chamado de compensador e o problema de projeto envolve escolher os parâmetros α e β. Assuma $\beta/\alpha = 10$. Usando o método do lugar geométrico das raízes, determine o efeito da variação dos parâmetros. Escolha um filtro adequado de modo que o tempo de acomodação (para 2% do valor final) seja $T_s \leq 3$ s e o fator de amortecimento das raízes dominantes seja $\zeta = 0{,}5$.

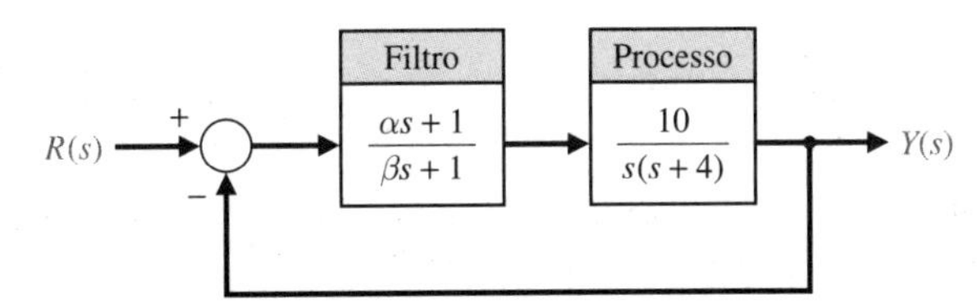

FIGURA P7.18 Projeto de filtro.

P7.19 Nos últimos anos, muitos sistemas de controle automático para veículos guiados em fábricas têm sido instalados. Um sistema usa

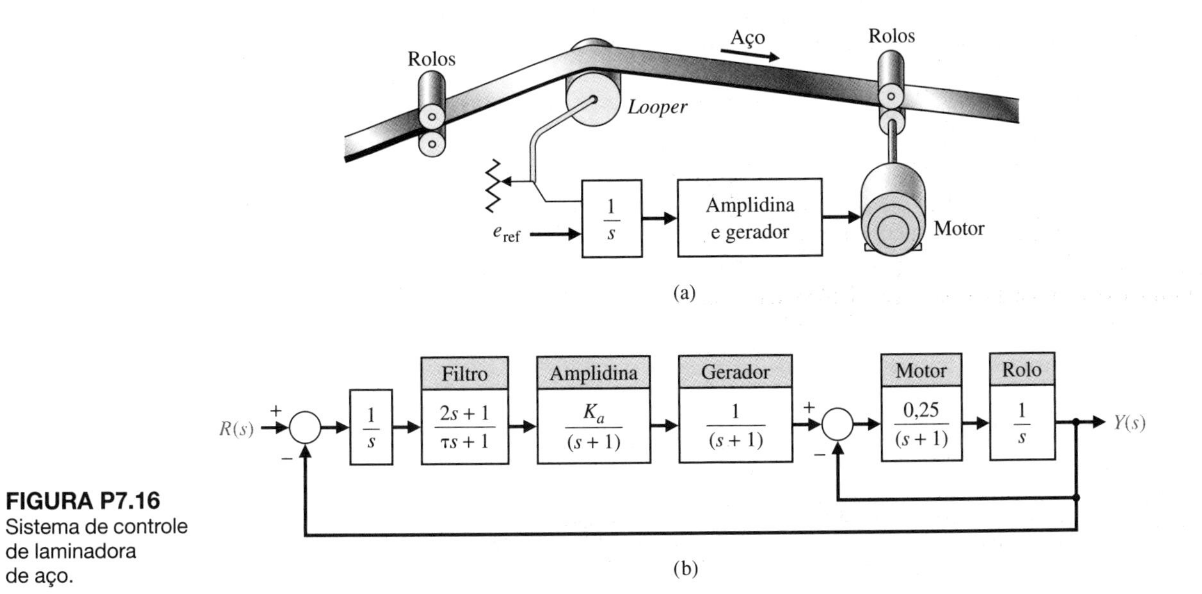

FIGURA P7.16 Sistema de controle de laminadora de aço.

(a)

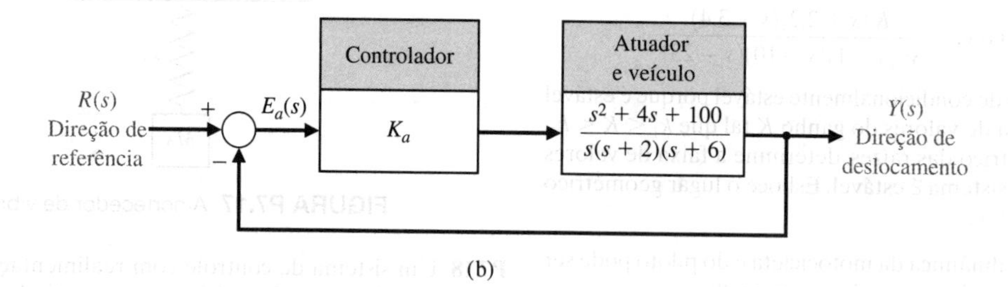

(b)

FIGURA P7.19 (a) Veículo guiado automaticamente. (Vanit Janthra/ iStockPhoto.) (b) Diagrama de blocos.

uma fita magnética aplicada sobre o piso para guiar o veículo ao longo da pista desejada [10, 15]. Usando repetidores marcados no piso, os veículos guiados automaticamente podem receber ordens (por exemplo, para acelerar ou diminuir a velocidade) em locais-chave. Um exemplo de veículo guiado em uma fábrica é mostrado na Figura P7.19(a).

Esboce o lugar geométrico das raízes e determine um ganho adequado K_a de modo que o fator de amortecimento das raízes complexas seja $\zeta = 0{,}707$.

P7.20 Determine a sensibilidade da raiz para as raízes dominantes do projeto para o Problema P7.18 para o ganho $K = 4\alpha/\beta$ e o polo $s = -2$.

P7.21 Determine a sensibilidade da raiz das raízes dominantes do sistema de energia do Problema P7.7. Calcule a sensibilidade para variações (a) dos polos em $s = -4$ e (b) do ganho de realimentação, $1/R$.

P7.22 Determine a sensibilidade da raiz das raízes dominantes do Problema P7.1(a) quando K é ajustado de modo que o fator de amortecimento das raízes não perturbadas seja $\zeta = 0{,}707$. Calcule e compare a sensibilidade como função dos polos e zeros da função de transferência em malha $L(s) = G_c(s)G(s)$.

P7.23 Repita o Problema 7.22 para a função de transferência em malha $L(s) = G_c(s)G(s)$ do Problema P7.1(c).

P7.24 Para sistemas de ordem relativamente elevada, a forma do lugar geométrico das raízes pode muitas vezes apresentar uma configuração inesperada. Os lugares geométricos das raízes de quatro sistemas com realimentação de terceira ordem ou superior diferentes são mostrados na Figura P7.24. Os polos e zeros de malha aberta de $KG(s)$ são mostrados e a forma dos lugares geométricos das raízes à medida que K varia de zero a infinito é apresentada. Verifique os diagramas da Figura P7.24 construindo os lugares geométricos das raízes.

P7.25 Circuitos eletrônicos integrados de estado sólido são compostos de elementos R e C distribuídos. Por essa razão, circuitos eletrônicos com realimentação na forma de circuitos integrados devem ser investigados obtendo-se a função de transferência de circuitos RC distribuídos. Foi mostrado que a inclinação da curva de atenuação de um circuito RC distribuído é $10n$ dB/década, em que n é a ordem do filtro RC [13]. Essa atenuação está em contraste com a atenuação

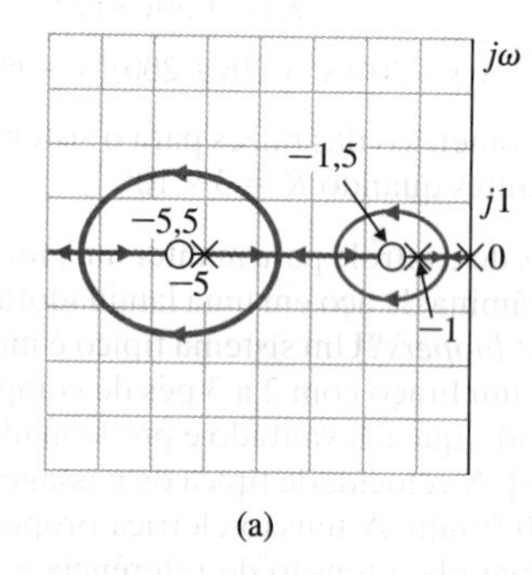

(a)

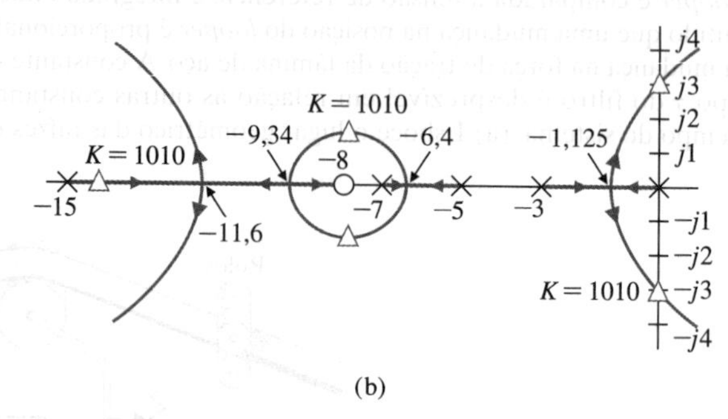

(b)

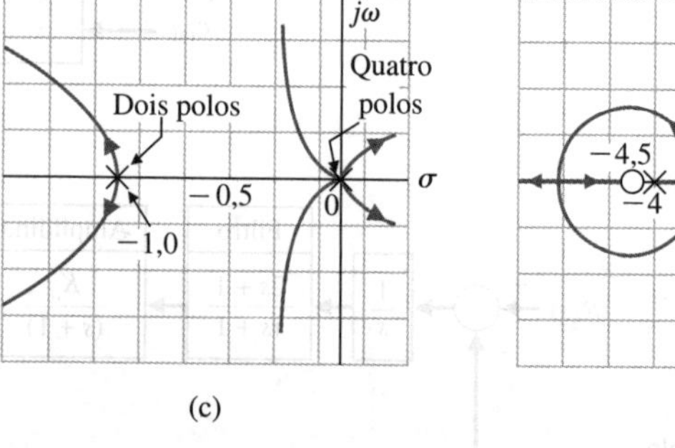

(c)

(d)

FIGURA P7.24 Lugares geométricos das raízes de quatro sistemas.

normal de $20n$ dB/década dos circuitos a parâmetros concentrados. Um caso interessante acontece quando o circuito RC distribuído ocorre em um percurso de realimentação série com derivação de um amplificador a transistor. Então, a função de transferência em malha pode ser escrita como

$$L(s) = G_c(s)G(s) = \frac{K(s-1)(s+3)^{1/2}}{(s+1)(s+2)^{1/2}}.$$

(a) Usando o método do lugar geométrico das raízes, determine o lugar das raízes à medida que K varia de zero a infinito. (b) Calcule o ganho no limiar da estabilidade e a frequência de oscilação para este ganho.

P7.26 Um sistema com realimentação negativa e uma única malha possui uma função de transferência em malha

$$L(s) = G_c(s)G(s) = \frac{K(s+2)^2}{s(s^2+2)(s+10)}.$$

(a) Esboce o lugar geométrico das raízes para $0 \leq K < \infty$. (b) Determine a faixa de valores do ganho K para a qual o sistema é estável. (c) Para qual valor de K na faixa $K \geq 0$ existem raízes puramente imaginárias? Quais são os valores destas raízes? (d) O uso da aproximação de raízes dominantes para se estimar o tempo de acomodação seria justificável neste caso para uma grande magnitude do ganho ($K > 50$)?

P7.27 Um sistema com realimentação negativa unitária possui função de transferência em malha

$$L(s) = G_c(s)G(s) = \frac{K\left(s^2+0{,}05\right)}{s\left(s^2+2\right)}.$$

Esboce o lugar geométrico das raízes como função de K. Determine os valores de K em que o traçado do lugar geométrico das raízes entra e deixa o eixo real.

P7.28 Para atender às normas sobre emissões de automóveis em vigor nos Estados Unidos, as emissões de hidrocarbonetos (HC) e de monóxido de carbono (CO) são usualmente controladas por um conversor catalítico no escapamento dos automóveis. Normas federais para emissão de óxidos de nitrogênio (NO_x) são atendidas principalmente por técnicas de recirculação de gases de exaustão (RGE).

Embora muitos esquemas estejam sendo investigados para atender aos padrões referentes a todas as três de emissões, um dos mais promissores emprega um catalisador de três vias — para emissões de HC, CO e NO_x — em conjunto com um sistema de controle do motor em malha fechada. A abordagem é usar um controle de motor em malha fechada, como mostrado na Figura P7.28 [19, 23]. O sensor de gases do escapamento dá uma indicação de exaustão rica ou pobre e a compara com uma referência. O sinal de diferença é processado pelo controlador e a saída do controlador modula o nível de vácuo no carburador de forma a obter a melhor relação ar–combustível para operação adequada do conversor catalítico. A função de transferência em malha é representada por

$$L(s) = \frac{Ks^2+12s+20}{s^3+10s^2+25s}.$$

Obtenha o lugar geométrico das raízes como função de K. Calcule onde segmentos do lugar das raízes entram e deixam o eixo real. Determine as raízes quando $K = 2$. Prediga a resposta ao degrau do sistema quando $K = 2$.

P7.29 Um sistema de controle com realimentação unitária possui função de transferência em malha

$$L(s) = G_c(s)G(s) = \frac{K(s^2+10s+30)}{s^2(s+10)}.$$

Deseja-se que as raízes dominantes possuam o fator de amortecimento $\zeta = 0{,}707$. Determine o ganho K quando esta condição é satisfeita. Mostre que as raízes complexas são $s = -3{,}56 \pm j3{,}56$ com este ganho.

P7.30 Um circuito RLC é mostrado na Figura P7.30. Os valores nominais (normalizados) dos elementos do circuito são $L - C = 1$ e $R = 2{,}5$. Mostre que a sensibilidade da raiz das duas raízes da impedância de entrada $Z(s)$ a uma variação em R é diferente por um fator de 4.

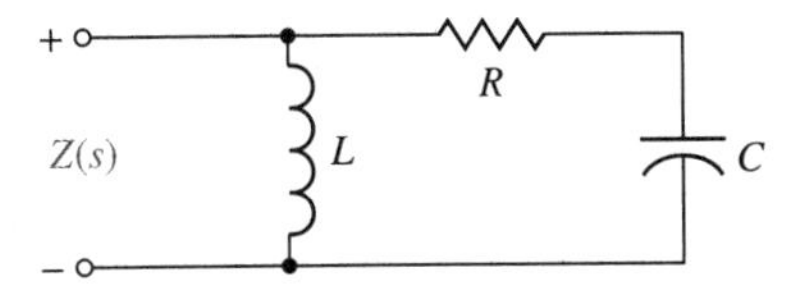

FIGURA P7.30 Circuito RLC.

P7.31 O desenvolvimento de aeronaves e de mísseis de alta velocidade requer informação a respeito de parâmetros aerodinâmicos que prevalecem em velocidades muito altas. Túneis de vento são utilizados para testar estes parâmetros. Esses túneis de vento são construídos comprimindo-se o ar a pressões muito altas e liberando-o através de uma válvula para criar o vento. Como a pressão do ar cai à medida que o ar escapa, é necessário abrir mais a válvula para manter constante a velocidade do vento. Desse modo, um sistema de controle é necessário para ajustar a válvula a fim de manter uma velocidade do vento constante. A função de transferência em malha para um sistema com realimentação unitária é

$$L(s) = G_c(s)G(s) = \frac{K(s+4)}{s(s+0{,}2)(s^2+15s+150)}.$$

Esboce o gráfico do lugar geométrico das raízes e mostre a posição das raízes para $K = 1.391$.

P7.32 Um robô móvel adequado para a tarefa de guarda noturno está disponível. Este guarda nunca dorme e pode patrulhar incansavelmente grandes armazéns e áreas externas. O sistema de controle de direção para o robô móvel possui uma realimentação unitária com a função de transferência em malha

$$L(s) = G_c(s)G(s) = \frac{K(s+1)(s+5)}{s(s+1{,}5)(s+2)}.$$

(a) Encontre K para todos os pontos de saída e entrada no eixo real. (b) Encontre K quando o fator de amortecimento das raízes complexas for 0,707. (c) Encontre o valor mínimo do fator de amortecimento para as raízes complexas e o ganho K associado. (d) Encontre a máxima ultrapassagem e o tempo de acomodação (para o intervalo de 2% do valor final) para uma entrada em degrau unitário para o ganho, K, determinado nas partes (b) e (c).

P7.33 O V-22 Osprey Tiltrotor da Bell-Boeing é tanto um aeroplano quanto um helicóptero. Sua vantagem é a capacidade de girar seus motores a 90° em uma posição vertical para decolagens e pousos como mostrado na Figura P7.33(a) e depois mudar os motores para uma posição horizontal e viajar como um aeroplano [20].

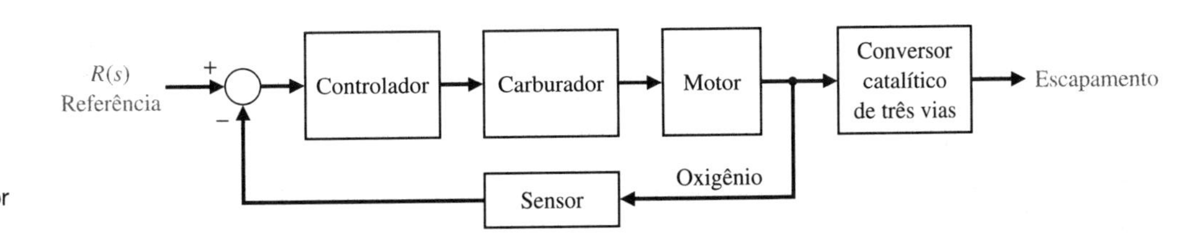

FIGURA P7.28 Controle de motor de automóvel.

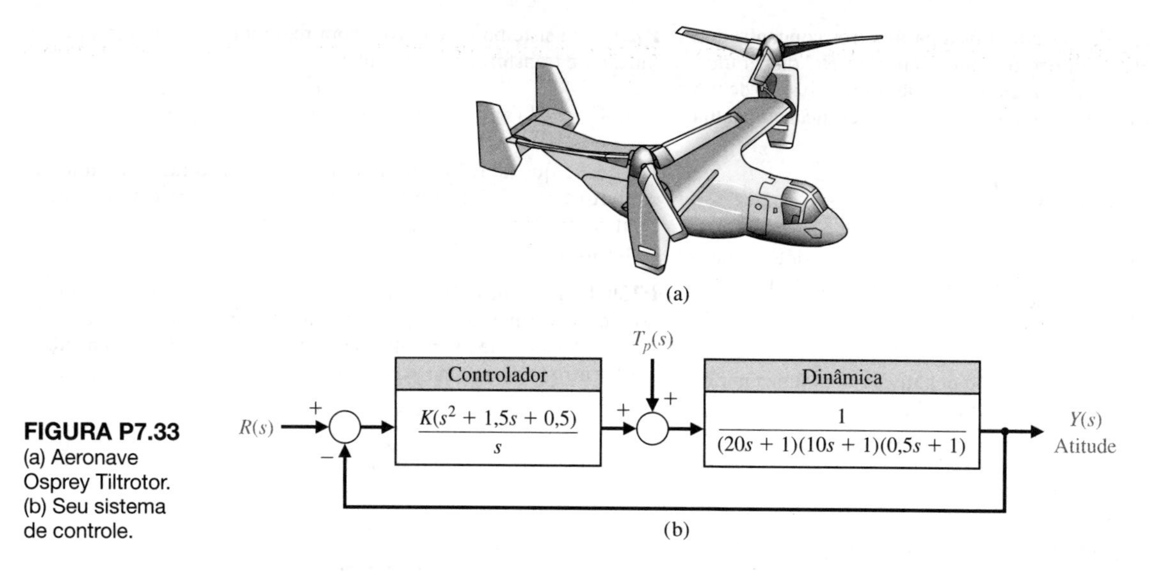

FIGURA P7.33 (a) Aeronave Osprey Tiltrotor. (b) Seu sistema de controle.

O sistema de controle de altitude no modo helicóptero é mostrado na Figura P7.33(b). (a) Determine o lugar geométrico das raízes à medida que K varia e determine a faixa de valores de K para um sistema estável. (b) Com $K = 280$, encontre o $y(t)$ real para uma entrada em degrau unitário $r(t)$, a máxima ultrapassagem percentual e o tempo de acomodação (com um critério de 2%). (c) Quando $K = 280$ e $r(t) = 0$, encontre $y(t)$ para uma perturbação em degrau unitário, $T_p(s) = 1/s$.

P7.34 O controle de combustível de um automóvel usa uma bomba diesel que é sujeita a variações de parâmetros. Um sistema com realimentação unitária negativa possui a função de transferência em malha

$$L(s) = G_c(s)G(s) = \frac{K(s+2)}{(s+1)(s+2,5)(s+4)(s+10)}.$$

(a) Esboce o lugar geométrico das raízes à medida que K varia de 0 a 2.000. (b) Determine as raízes para K igual a 400, 500 e 600. (c) Prediga como a máxima ultrapassagem percentual para um degrau irá variar para o ganho K, supondo raízes dominantes. (d) Determine a resposta no domínio do tempo real para uma entrada em degrau para todos os três ganhos e compare a máxima ultrapassagem real com a máxima ultrapassagem predita.

P7.35 Uma empilhadeira eletro-hidráulica potente pode ser usada para suspender paletas pesando várias toneladas até o topo de andaimes de 35 pés em um canteiro de obras. O sistema com realimentação unitária possui uma função de transferência em malha

$$L(s) = G_c(s)G(s) = \frac{K(s+1)^2}{s(s^2+1)}.$$

(a) Esboce o lugar geométrico das raízes para $K > 0$. (b) Determine o ganho K quando duas raízes complexas possuem $\zeta = 0{,}707$ e calcule todas as três raízes. (c) Determine o ponto de entrada do lugar das raízes no eixo real. (d) Estime a máxima ultrapassagem esperada para uma entrada em degrau e compare-a com a máxima ultrapassagem real.

P7.36 Um microrrobô com manipulador de alto desempenho foi projetado para testar partículas muito pequenas, tais como células vivas simples [6]. O sistema com realimentação unitária possui a função de transferência em malha

$$L(s) = G_c(s)G(s) = \frac{K(s+1)(s+2)(s+3)}{s^3(s-1)}.$$

(a) Esboce o lugar geométrico das raízes para $K > 0$. (b) Determine o ganho e as raízes quando a equação característica possui duas raízes imaginárias. (c) Determine as raízes características quando $K = 20$ e $K = 100$. (d) Para $K = 20$, estime a máxima ultrapassagem percentual para uma entrada em degrau e compare a estimativa com a máxima ultrapassagem real.

P7.37 Identifique os parâmetros K, a e b do sistema mostrado na Figura P7.37. O sistema é submetido a uma entrada em degrau unitário e a resposta da saída apresenta máxima ultrapassagem, mas após algum tempo atinge o valor final de 1. Quando o sistema em malha fechada é submetido a uma entrada rampa, a resposta da saída segue a entrada rampa com um erro em regime estacionário finito. Quando o ganho é duplicado para $2K$, a resposta da saída para uma entrada impulso é uma senoide pura com período de 0,314 segundo. Determine K, a e b.

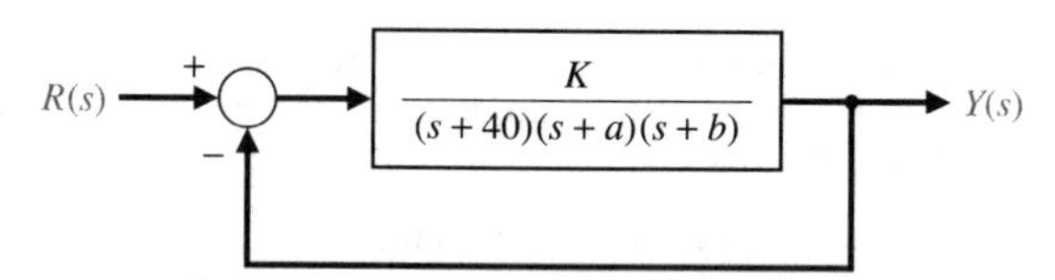

FIGURA P7.37 Sistema com realimentação.

P7.38 Um sistema com realimentação unitária possui a função de transferência em malha

$$L(s) = G_c(s)G(s) = \frac{K(s+1)}{s(s-3)}.$$

(a) Determine a faixa de valores de K de modo que o sistema em malha fechada seja estável. (b) Esboce o lugar geométrico das raízes. (c) Determine as raízes para $K = 10$. (d) Para $K = 10$, prediga a máxima ultrapassagem percentual para uma entrada em degrau. (e) Determine a máxima ultrapassagem real.

P7.39 Os trens de alta velocidade para os trilhos das estradas de ferro dos Estados Unidos devem percorrer espirais e curvas. Nos trens convencionais, os eixos das rodas são fixados em armações de aço chamadas de truques. Os truques giram à medida que o trem entra em uma curva, mas os eixos das rodas fixos permanecem paralelos entre si, mesmo que o eixo das rodas dianteiras tenda a seguir em uma direção diferente da direção do eixo das rodas traseiras [24]. Se o trem estiver indo rápido, pode saltar dos trilhos. Uma solução utiliza eixos das rodas que giram independentemente. Para contrabalançar as grandes forças centrífugas em uma curva, o trem também possui um sistema hidráulico computadorizado que inclina o vagão à medida que este contorna uma curva. Sensores embarcados calculam a velocidade do trem e a severidade da curva e passam essa informação para bombas hidráulicas sob o piso de cada vagão. As bombas inclinam o vagão até oito graus, fazendo com que ele se incline na curva como um carro de corrida em uma pista inclinada lateralmente.

O sistema de controle de inclinação é mostrado na Figura P7.39. Esboce o lugar geométrico das raízes e determine o valor de K quando as raízes complexas possuem amortecimento máximo. Prediga a resposta deste sistema para uma entrada em degrau $R(s)$.

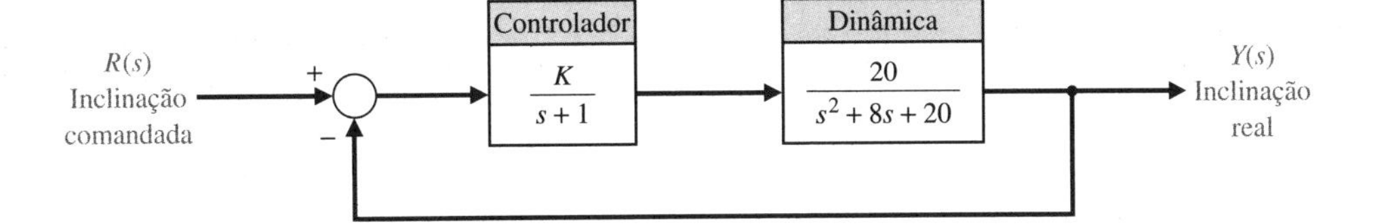

FIGURA P7.39 Controle de inclinação para um trem de alta velocidade.

PROBLEMAS AVANÇADOS

PA7.1 A vista superior de um avião a jato de alto desempenho é mostrada na Figura PA7.1(a) [20]. Usando o diagrama de blocos da Figura PA7.1(b), esboce o lugar geométrico das raízes e determine o ganho K de modo que o ζ dos polos complexos próximos ao eixo $j\omega$ seja o maior possível. Calcule as raízes para este K e prediga a resposta para uma entrada em degrau. Determine a resposta real e compare-a com a resposta predita.

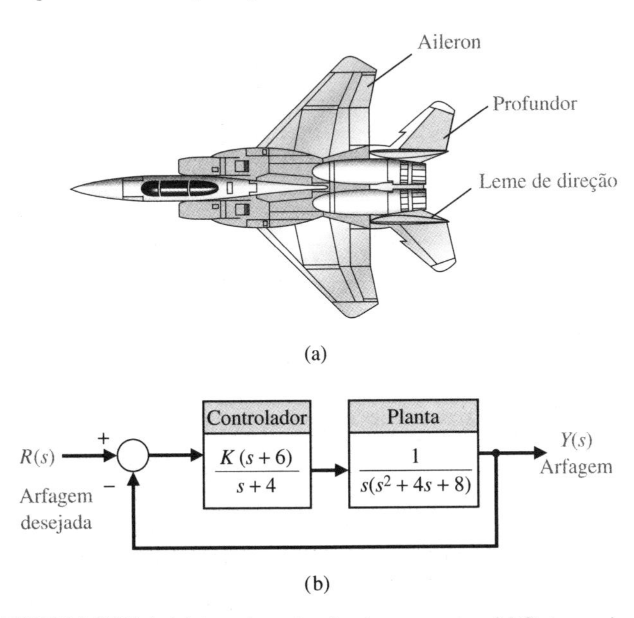

FIGURA PA7.1 (a) Aeronave de alto desempenho. (b) Sistema de controle de arfagem.

PA7.2 Um trem de alta velocidade levitando magneticamente "flutua" no entreferro sobre seu sistema de trilhos, como mostrado na Figura PA7.2(a) [24]. O sistema de controle do entreferro possui um sistema com realimentação unitária com uma função de transferência em malha

$$L(s) = G_c(s)G(s) = \frac{K(s+1)(s+2)}{s(s-0{,}5)(s+5)(s+10)}.$$

O sistema de controle com realimentação é ilustrado na Figura PA7.2(b). O objetivo é escolher K de modo que a resposta para uma entrada em degrau unitário seja razoavelmente amortecida. Esboce o lugar geométrico das raízes e escolha K de modo que $T_s \leq 3$ s e $M.U.P. \leq 20\%$. Determine a resposta real para o K escolhido e a máxima ultrapassagem percentual.

PA7.3 Um toca-discos compacto para uso portátil requer boa rejeição de perturbações e uma posição exata do sensor óptico de leitura. O sistema de controle de posição utiliza realimentação unitária e uma função de transferência em malha

$$L(s) = G_c(s)G(s) = \frac{10}{s(s+1)(s+p)}.$$

O parâmetro p pode ser escolhido selecionando-se o motor CC apropriado. Esboce o lugar geométrico das raízes como função de p. Escolha p de modo que o fator de amortecimento das raízes complexas da equação característica seja aproximadamente $\zeta = 1/\sqrt{2}$.

PA7.4 O sistema de controle de um manipulador remoto possui realimentação unitária e uma função de transferência em malha

$$L(s) = G_c(s)G(s) = \frac{(s+\alpha)}{s^3 + (1+\alpha)s^2 + (\alpha-1)s + 1 - \alpha}.$$

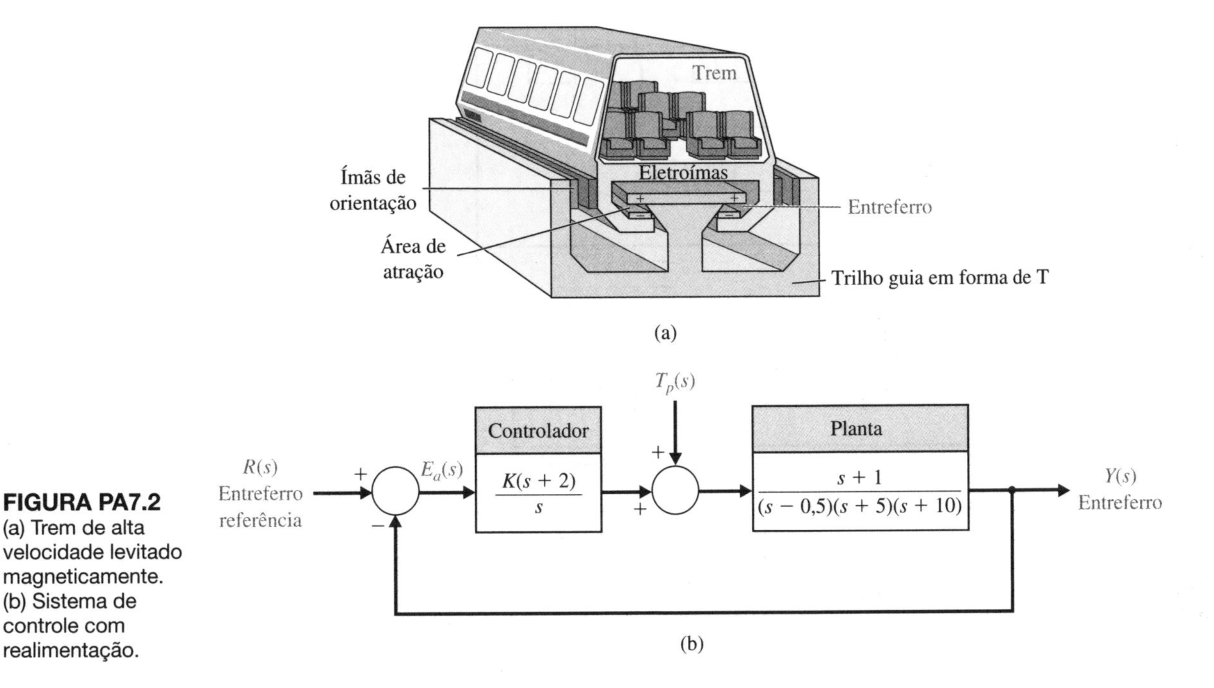

FIGURA PA7.2 (a) Trem de alta velocidade levitado magneticamente. (b) Sistema de controle com realimentação.

Deseja-se que o erro de posição em regime estacionário para uma entrada em degrau seja menor ou igual a 10% da magnitude da entrada. Esboce o lugar geométrico das raízes como função do parâmetro α. Determine a faixa de valores de α requerida para o erro em regime estacionário desejado. Localize as raízes para o valor admissível de α de modo a atender ao erro em regime estacionário requerido e estime a resposta ao degrau do sistema.

PA7.5 Um sistema com realimentação unitária possui a função de transferência em malha

$$L(s) = G_c(s)G(s) = \frac{K}{s^3 + 10s^2 + 8s - 15}.$$

(a) Esboce o lugar geométrico das raízes e determine K para um sistema estável com raízes complexas com $\zeta = 1/\sqrt{2}$.

(b) Determine a sensibilidade da raiz das raízes complexas da parte (a).

(c) Determine a variação percentual em K (aumento ou redução) de modo que as raízes fiquem no eixo $j\omega$.

PA7.6 Um sistema com realimentação unitária possui uma função de transferência em malha

$$L(s) = G_c(s)G(s) = \frac{K(s^2 + 2s + 3)}{s^3 + 3s^2 + 6s}.$$

Esboce o lugar geométrico das raízes para $K > 0$ e escolha um valor para K que irá maximizar o fator de amortecimento das raízes complexas.

PA7.7 Um sistema com realimentação positiva é mostrado na Figura PA7.7. O lugar geométrico das raízes para $K > 0$ deve atender à condição

$$KG(s) = 1\angle \pm k360°$$
$$\text{para } k = 0, 1, 2, \ldots .$$

Esboce o lugar das raízes para $0 < K < \infty$.

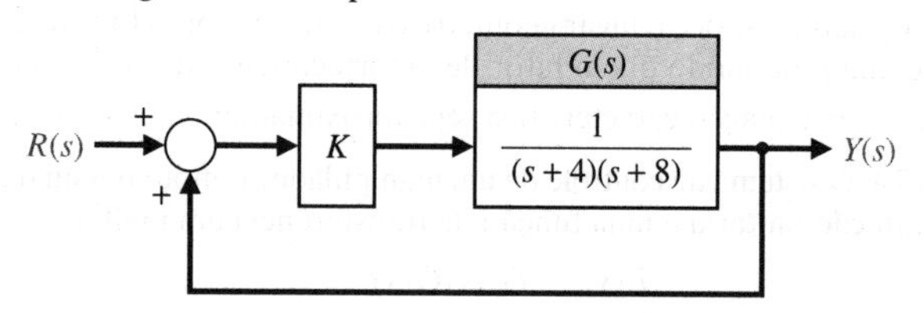

FIGURA PA7.7 Um sistema em malha fechada com realimentação positiva.

PA7.8 Um sistema de controle de posição para um motor CC é mostrado na Figura PA7.8. Obtenha o lugar geométrico das raízes para a constante de realimentação de velocidade K e escolha K de modo que todas as raízes da equação característica sejam reais (duas sejam reais e iguais). Estime a resposta ao degrau do sistema para o K escolhido. Compare a estimativa com a resposta real.

PA7.9 Um sistema de controle é mostrado na Figura PA7.9. Esboce os lugares geométricos das raízes para as seguintes funções de transferência $G_c(s)$:

(a) $G_c(s) = K$

(b) $G_c(s) = K(s + 3)$

(c) $G_c(s) = \dfrac{K(s + 1)}{s + 20}$

(d) $G_c(s) = \dfrac{K(s + 1)(s + 4)}{s + 10}$

PA7.10 Um sistema com realimentação é mostrado na Figura PA7.10. Esboce o lugar geométrico das raízes à medida que K varia quando $K \geq 0$. Determine o valor de K que fornecerá uma resposta ao degrau com máxima ultrapassagem $M.U.P. \leq 5\%$ e um tempo de acomodação (com o critério de 2%) $T_s \leq 2{,}5$ s.

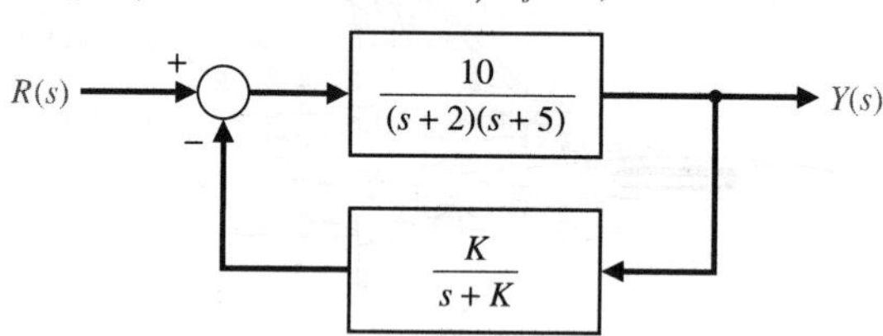

FIGURA PA7.10 Um sistema de controle com realimentação não unitária.

PA7.11 Um sistema de controle é mostrado na Figura PA7.11. Esboce o lugar geométrico das raízes e escolha um ganho K de modo que a resposta ao degrau do sistema tenha máxima ultrapassagem menor que 10% e o tempo de acomodação (com um critério de 2%) seja $T_s \leq 4$ s.

PA7.12 Um sistema de controle com controlador PI é mostrado na Figura PA7.12. (a) Faça $K_I/K_P = 0{,}2$ e determine K_P de modo que as raízes complexas tenham fator de amortecimento máximo. (b) Prediga a resposta ao degrau do sistema com K_P ajustado para o valor determinado na parte (a).

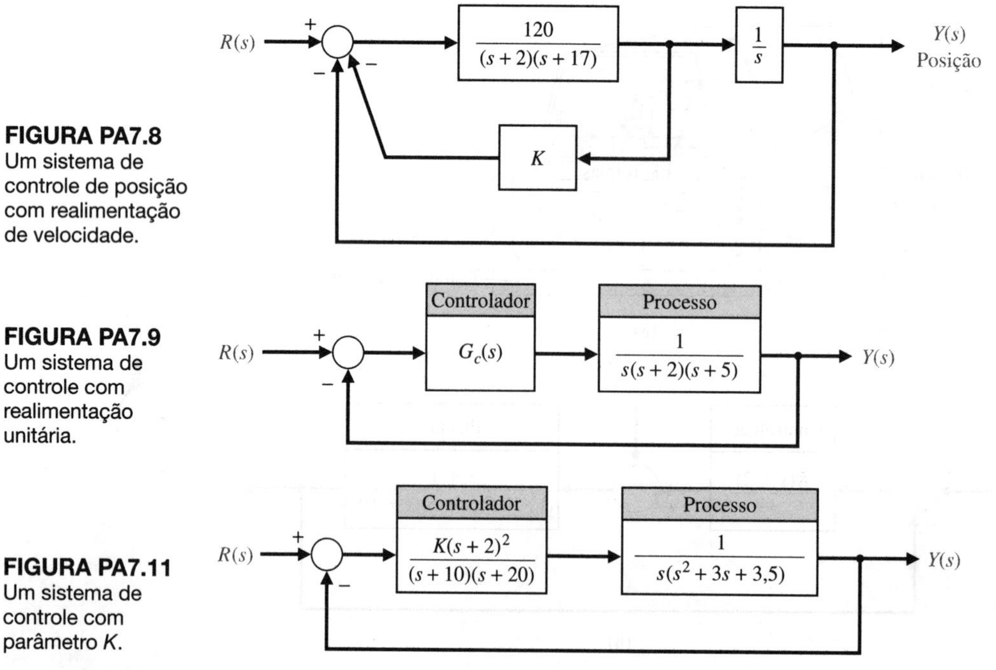

FIGURA PA7.8 Um sistema de controle de posição com realimentação de velocidade.

FIGURA PA7.9 Um sistema de controle com realimentação unitária.

FIGURA PA7.11 Um sistema de controle com parâmetro K.

PA7.13 O sistema com realimentação mostrado na Figura PA7.13 possui dois parâmetros desconhecidos K_1 e K_2. A função de transferência do processo é instável. Esboce o lugar geométrico das raízes para $0 \leq K_1, K_2 < \infty$. Qual é o menor tempo de acomodação que você poderia esperar do sistema em malha fechada como resposta a uma entrada em degrau unitário $R(s) = 1/s$? Explique.

PA7.14 Considere o sistema de controle com realimentação unitária mostrado na Figura PA7.14. Projete um controlador PID usando os métodos Ziegler–Nichols. Determine a resposta em degrau unitário e a resposta à perturbação unitária. Qual a máxima ultrapassagem percentual e o tempo de acomodação para a entrada em degrau unitário?

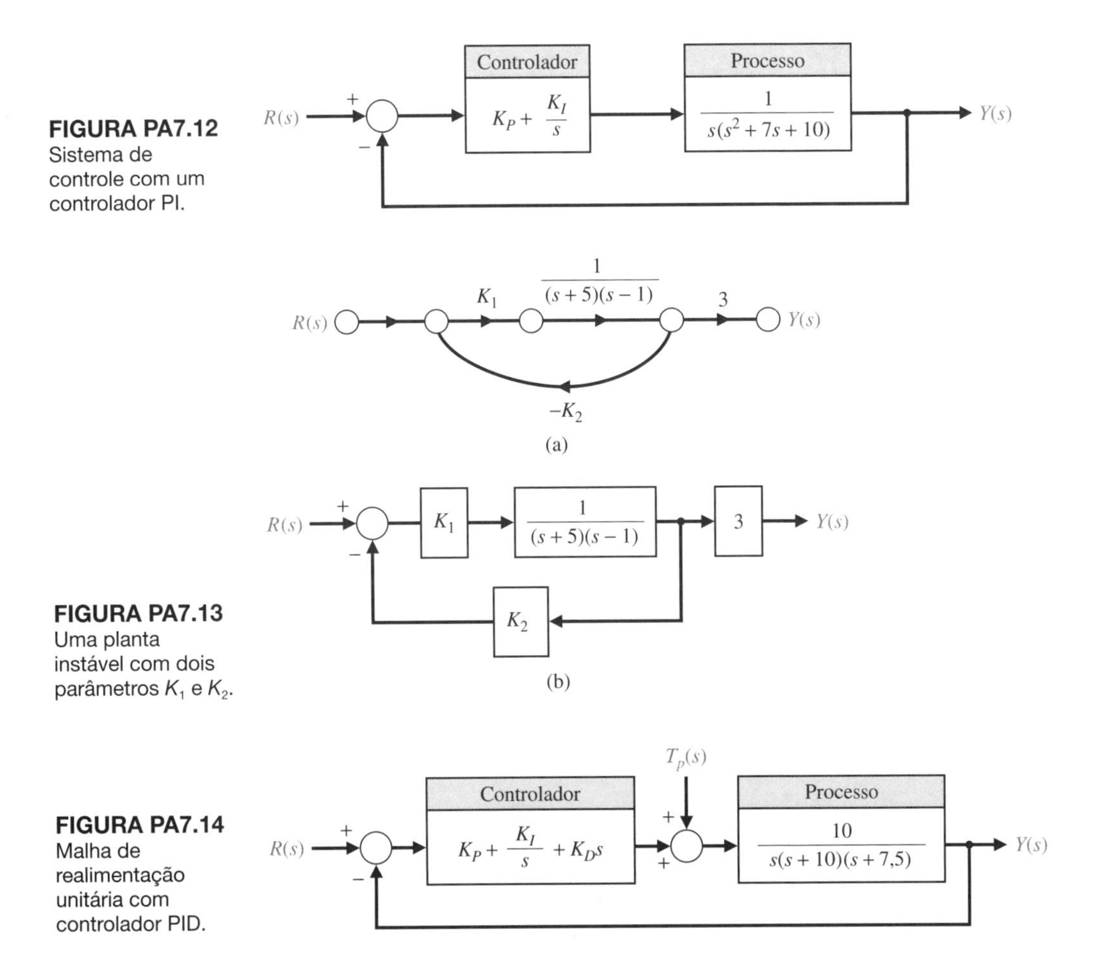

FIGURA PA7.12 Sistema de controle com um controlador PI.

FIGURA PA7.13 Uma planta instável com dois parâmetros K_1 e K_2.

FIGURA PA7.14 Malha de realimentação unitária com controlador PID.

PROBLEMAS DE PROJETO

PPC7.1 O sistema de motor de acionamento e corrediça utiliza a saída de um tacômetro montado no eixo do motor como mostrado na Figura PPC4.1 (opção com a chave fechada). A tensão elétrica de saída do tacômetro é $v_T = K_1\theta$. Utilize a realimentação de velocidade com o ganho ajustável K_1. Escolha os melhores valores para o ganho K_1 e para o ganho do amplificador K_a de modo que a resposta transitória para uma entrada em degrau tenha uma máxima ultrapassagem $M.U.P. \leq 5\%$ e um tempo de acomodação (para uma faixa de 2% do valor final) $T_s \leq 300$ ms.

PP7.1 Uma aeronave de alto desempenho, mostrada na Figura PP7.1(a), utiliza ailerons, leme e profundor para manobrar dentro de uma trajetória de voo tridimensional [20]. O sistema de controle de velocidade de arfagem para uma aeronave de caça a 10.000 m e Mach 0,9 pode ser representado pelo sistema na Figura PP7.1(b).

(a) Esboce o lugar geométrico das raízes quando o controlador é um ganho, de modo que $G_c(s) = K$, e determine K quando o ζ para as raízes com $\omega_n > 2$ for $\zeta \geq 0,15$ (procure um ζ máximo). (b) Represente graficamente a resposta $q(t)$ para uma entrada em degrau $r(t)$ com K como em (a). (c) Um projetista sugere um controlador antecipatório com $G_c(s) = K_1 + K_2 s = K(s + 2)$. Esboce o lugar geométrico das raízes para este sistema à medida que K varia e determine um K de modo que o ζ de todas as raízes em malha fechada seja $\zeta > 0,8$. (d) Represente graficamente a resposta $q(t)$ para uma entrada em degrau $r(t)$ com K como em (c).

PP7.2 Um helicóptero de grande porte usa dois rotores conjugados girando em sentidos opostos, como mostrado na Figura P7.33(a). O controlador ajusta o ângulo de inclinação do rotor principal e, em seguida, o movimento para a frente mostrado na Figura PP7.2.

(a) Esboce o lugar geométrico das raízes do sistema e determine K quando o ζ das raízes complexas for igual a 0,6. (b) Represente graficamente a resposta do sistema a uma entrada em degrau $r(t)$ e determine o tempo de acomodação (com um critério de 2%) e a máxima ultrapassagem para o sistema da parte (a). Qual é o erro em regime estacionário para uma entrada em degrau? (c) Repita as partes (a) e (b) quando o ζ das raízes complexas for 0,41. Compare os resultados com os obtidos nas partes (a) e (b).

PP7.3 Um veículo tipo rover foi projetado para manobrar a 0,25 mph sobre o solo marciano. Como Marte está a 189 milhões de milhas da Terra e poderia se levar até 40 minutos em cada direção para se comunicar com a Terra [22, 27], o rover deve agir de forma independente e confiável. Parecendo um cruzamento entre um pequeno caminhão e um jipe elevado, o rover é constituído de três seções articuladas,

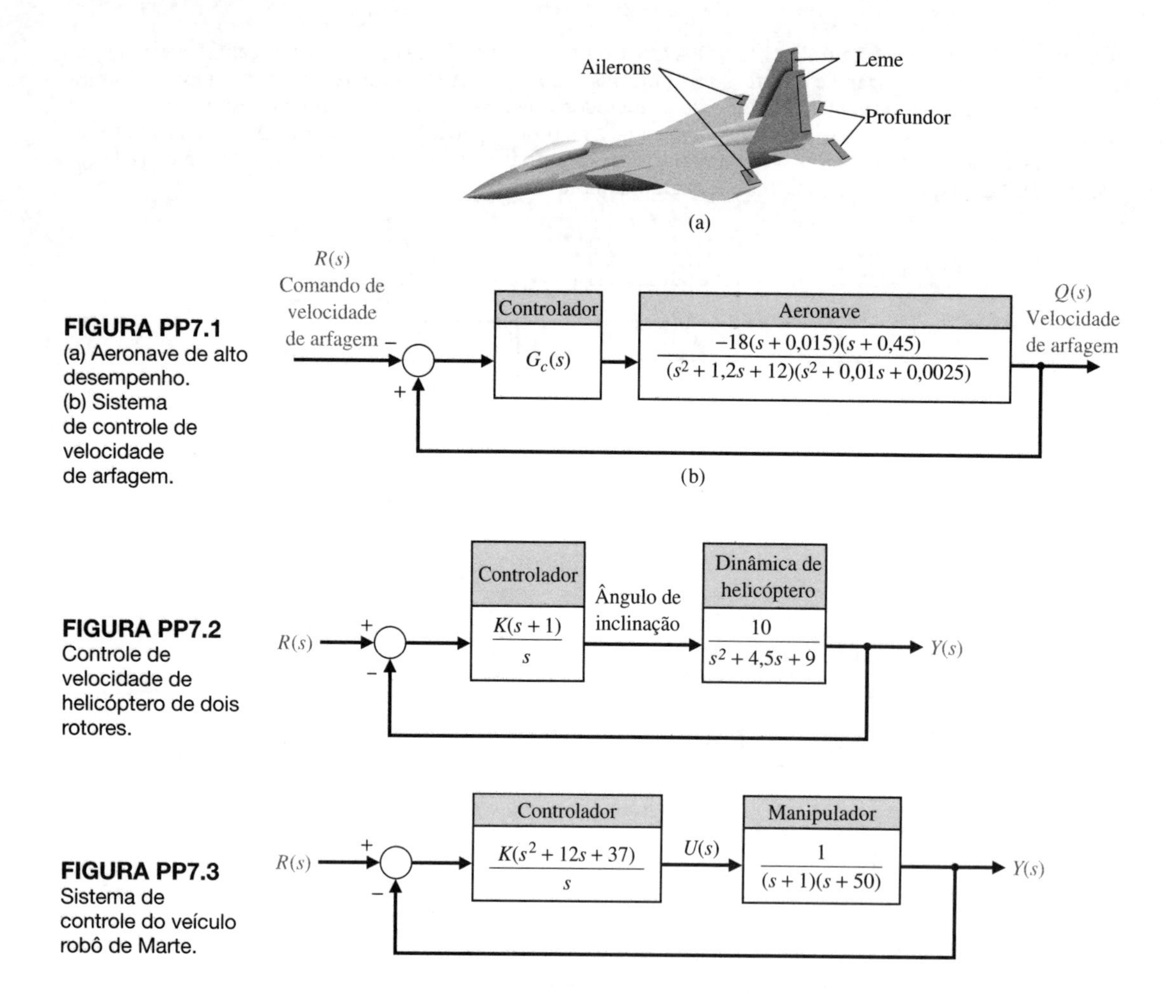

FIGURA PP7.1 (a) Aeronave de alto desempenho. (b) Sistema de controle de velocidade de arfagem.

FIGURA PP7.2 Controle de velocidade de helicóptero de dois rotores.

FIGURA PP7.3 Sistema de controle do veículo robô de Marte.

cada uma com duas rodas cônicas de um metro, com mancais de eixos independentes. Um par de braços para colher amostras — um para escavar e perfurar e outro para manipular objetos delicados — se projeta de sua dianteira como pinças. O controle dos braços pode ser representado pelo sistema mostrado na Figura PP7.3. (a) Esboce o lugar geométrico das raízes para K e identifique o ganho K para o qual o sistema em malha fechada possui três polos reais. (b) Determine o ganho K que minimiza o fator de amortecimento para os polos de malha fechada dominantes. (c) Determine a máxima ultrapassagem percentual *M.U.P.* para K dado conforme o item (b).

PP7.4 Um maçarico de solda é controlado remotamente para obter grande exatidão enquanto opera em ambientes variáveis e perigosos [21]. Um modelo do controle de posição do braço de soldagem é mostrado na Figura PP7.4, com a perturbação representando as mudanças ambientais. (a) Com $T_p(s) = 0$, escolha K_1 e K para fornecer um desempenho de alta qualidade do sistema de controle de posição. Escolha um conjunto de critérios de desempenho e examine os resultados de seu projeto. (b) Para o sistema na parte (a), faça $R(s) = 0$ e determine o efeito de um degrau unitário $T_p(s) = 1/s$ obtendo $y(t)$.

PP7.5 Um avião a jato de alto desempenho com sistema de controle de piloto automático possui uma realimentação unitária como mostrado na Figura PP7.5. Esboce o lugar geométrico das raízes e escolha um ganho K que resulte em raízes dominantes. Com esse ganho K, prediga a resposta ao degrau do sistema. Determine a resposta real do sistema e compare-a com a resposta predita.

PP7.6 Um sistema para auxiliar e controlar a caminhada de uma pessoa parcialmente deficiente poderia usar controle automático do movimento de andar [25]. Um modelo de sistema é mostrado na Figura PP7.6. Usando o lugar geométrico das raízes, escolha K como o máximo fator de amortecimento possível para as raízes complexas. Prediga a resposta à entrada em degrau do sistema e compare-a com a resposta ao degrau real.

PP7.7 Um robô móvel usando sistema de visão como um dispositivo de medição é mostrado na Figura PP7.7(a) [36]. O sistema de controle

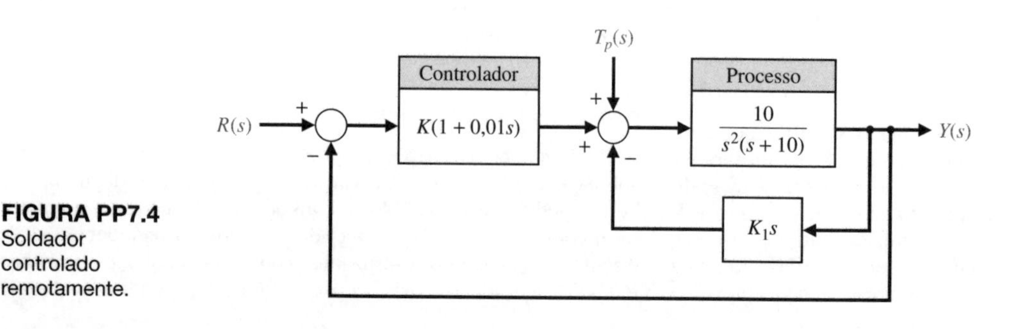

FIGURA PP7.4 Soldador controlado remotamente.

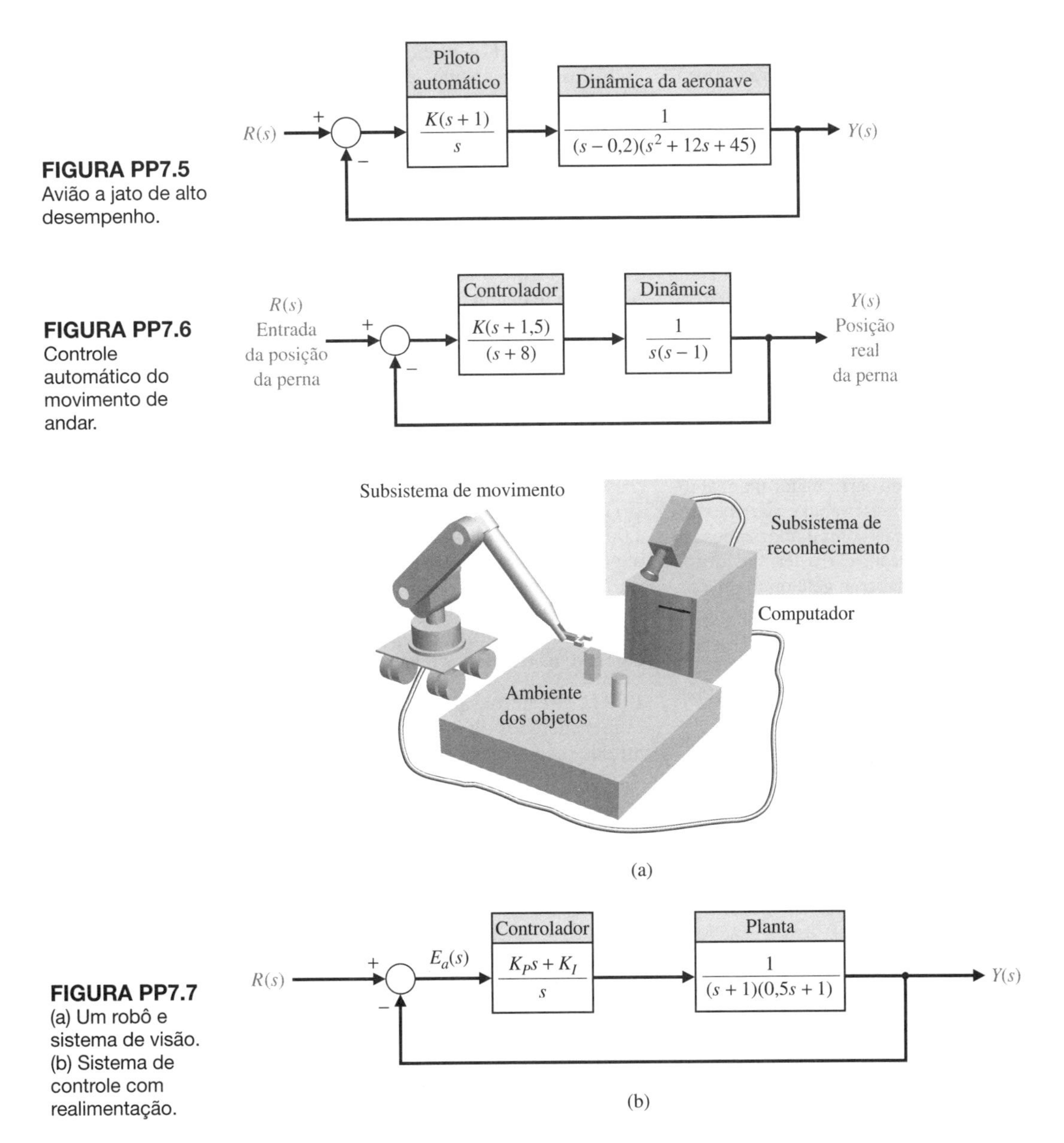

FIGURA PP7.5 Avião a jato de alto desempenho.

FIGURA PP7.6 Controle automático do movimento de andar.

FIGURA PP7.7 (a) Um robô e sistema de visão. (b) Sistema de controle com realimentação.

é mostrado na Figura PP7.7(b). Projete o controlador PI de modo que (a) a máxima ultrapassagem percentual para uma entrada em degrau seja $M.U.P. \leq 5\%$; (b) o tempo de acomodação (com um critério de 2%) seja $T_s \leq 6$ segundos; (c) a constante de erro de velocidade do sistema $K_v > 0,9$; e (d) o instante de pico, T_p, para uma entrada em degrau seja minimizado.

PP7.8 A maior parte dos amplificadores operacionais comerciais é projetada para ser estável com ganho unitário [26]. Isto é, eles são estáveis quando usados em uma configuração de ganho unitário. Para obter uma faixa de passagem elevada, alguns amp-ops desprezam o requisito de serem estáveis com ganho unitário. Um desses amplificadores possui ganho estático de 10^5 e uma faixa de passagem de 10 kHz. O amplificador, $G(s)$, é conectado no circuito com realimentação mostrado na Figura PP7.8(a). O amplificador é representado pelo modelo mostrado na Figura PP7.8(b), em que $K_a = 10^5$. Esboce o lugar geométrico das raízes para K. Determine o valor mínimo do ganho estático do amplificador em malha fechada para estabilidade. Escolha um ganho estático e os resistores R_1 e R_2.

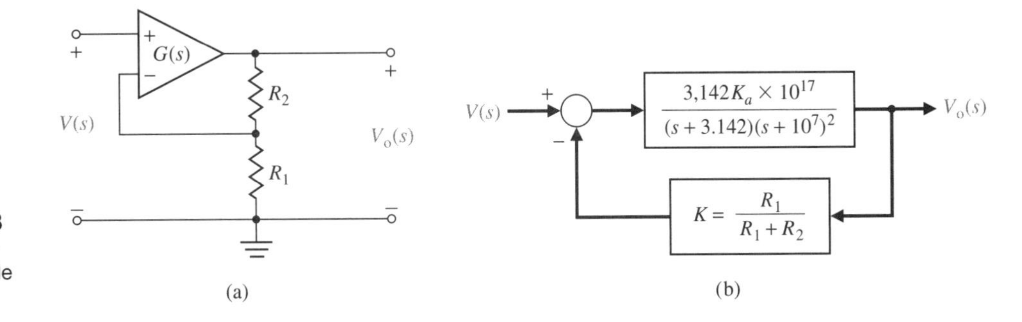

FIGURA PP7.8 (a) Circuito amp-op. (b) Sistema de controle.

PP7.9 Um braço robótico acionado na junta do cotovelo é mostrado na Figura PP7.9(a) e o sistema de controle para o atuador é mostrado na Figura PP7.9(b). Represente graficamente o lugar geométrico das raízes para $K \geq 0$. Escolha $G_p(s)$ de modo que o erro em regime estacionário para uma entrada em degrau seja igual a zero. Usando o $G_p(s)$ escolhido, represente graficamente $y(t)$ para K igual a 1; 1,75 e 3,0. Anote o tempo de subida, o tempo de acomodação (com um critério de 2%) e a máxima ultrapassagem percentual para os três ganhos. Deseja-se limitar a máxima ultrapassagem em $M.U.P. \leq 6\%$ enquanto se consegue o menor tempo de subida possível. Escolha o melhor sistema para $1 \leq K \leq 3{,}0$.

PP7.10 O automóvel com direção nas quatro rodas tem várias vantagens. O sistema dá ao motorista maior grau de controle sobre o automóvel. O motorista obtém um veículo mais complacente sobre grande variedade de condições. O sistema permite ao motorista fazer mudanças de pista rápidas e suaves. Também evita guinadas, que são o balanço da traseira durante movimentos abruptos. Além disso, o sistema com direção nas quatro rodas dá ao carro maior maneabilidade. Isto permite o motorista estacionar o carro em espaços extremamente apertados. Com sistemas adicionais computadorizados em malha fechada operando, pode-se evitar que um carro derrape fora de controle em condições anormais de estradas com gelo ou molhadas.

O sistema funciona movimentando as rodas traseiras em relação ao ângulo de direção das rodas dianteiras. O sistema de controle capta informação a respeito do ângulo de direção das rodas dianteiras e a passa para o atuador na traseira. Este atuador então move as rodas traseiras apropriadamente.

Quando se dá às rodas traseiras um ângulo de direção em relação às dianteiras, o veículo pode variar sua resposta de aceleração lateral segundo a função de transferência de malha

$$L(s) = G_c(s)G(s) = K\frac{1 + (1+\lambda)T_1s + (1+\lambda)T_2s^2}{s[1 + (2\zeta/\omega_n)s + (1/\omega_n^2)s^2]},$$

em que $\lambda = 2q/(1 - q)$ e q é a relação entre o ângulo de direção da roda traseira e o ângulo de direção da roda dianteira [14]. Admite-se que $T_1 = T_2 = 1$ segundo e $\omega_n = 4$. Projete um sistema com realimentação unitária, escolhendo um conjunto adequado de parâmetros (λ, K, ζ) de modo que a resposta do controle de direção seja rápida e ainda apresente características moderadas de máxima ultrapassagem. Além disso, q deve estar entre 0 e 1.

PP7.11 O controle de pilotagem de um guindaste é mostrado na Figura PP7.11(a). O carro é movimentado por uma entrada $F(t)$ com a finalidade de controlar $x(t)$ e $\phi(t)$ [13]. O modelo do controle de pilotagem do guindaste é mostrado na Figura PP7.11(b). Projete um controlador que conseguirá controlar as variáveis desejadas e maximizar o amortecimento em malha fechada quando $G_c(s) = K$.

PP7.12 Um veículo explorador projetado para uso em outros planetas e luas é mostrado na Figura PP7.12(a) [21]. O diagrama de blocos do controle de direção é mostrado na Figura PP7.12(b).

(a) Esboce o lugar geométrico das raízes à medida que K varia de 0 a 1.000. Determine as raízes para K igual a 100, 300 e 600. (b) Prediga a máxima ultrapassagem, o tempo de acomodação (com um critério de 2%) e o erro em regime estacionário para uma entrada em degrau, supondo raízes dominantes. (c) Determine a resposta no tempo real para uma entrada em degrau para os três valores do ganho K e compare os resultados reais com os resultados preditos.

PP7.13 O controle automático de um aeroplano é um exemplo que requer métodos de realimentação multivariáveis. Neste sistema, a atitude de uma aeronave é controlada através de três conjuntos de superfícies: profundores, um leme e ailerons, como mostrado na Figura PP7.13(a). Manipulando essas superfícies, um piloto pode ajustar a aeronave em uma trajetória de voo desejada [20].

Um piloto automático, o qual será considerado aqui, é um sistema de controle automático que controla o ângulo de rolagem $\phi(t)$

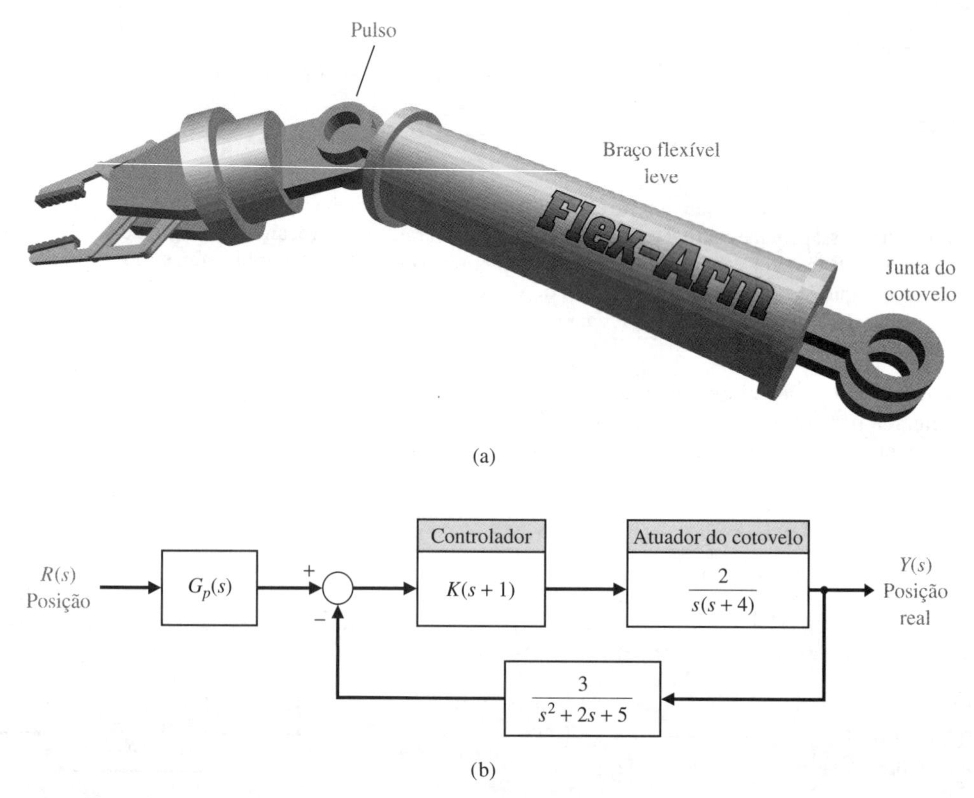

FIGURA PP7.9 (a) Um braço robótico acionado pela junta do cotovelo. (b) Seu sistema de controle.

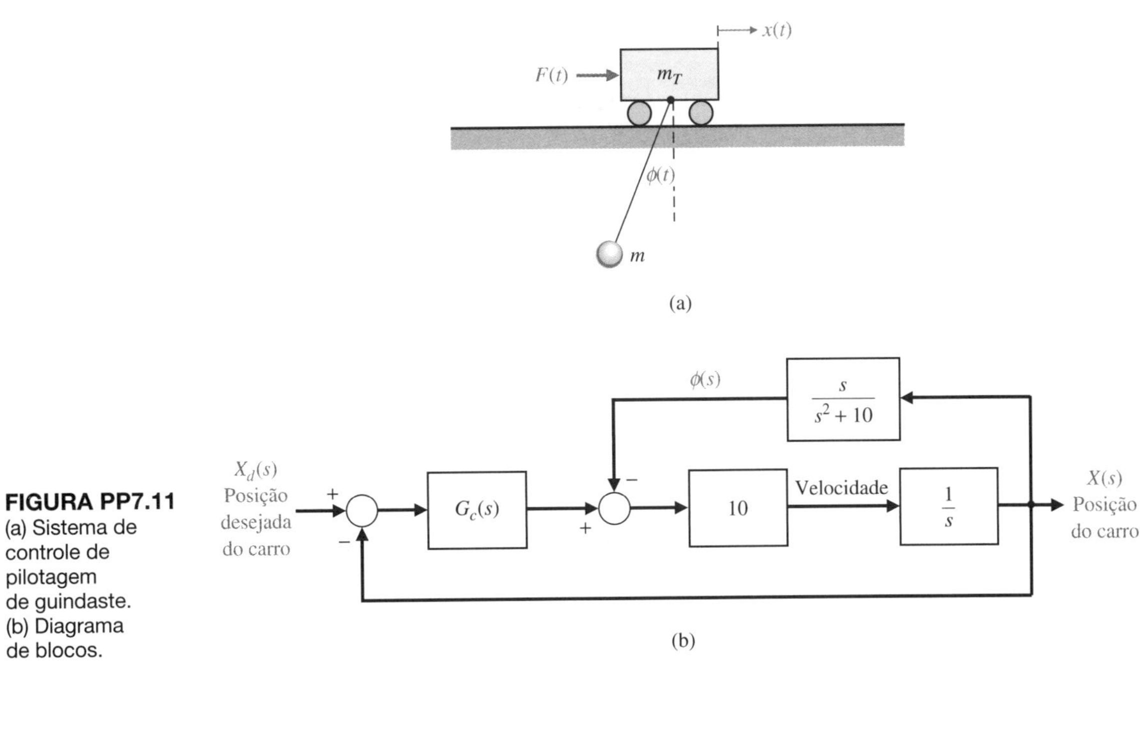

FIGURA PP7.11 (a) Sistema de controle de pilotagem de guindaste. (b) Diagrama de blocos.

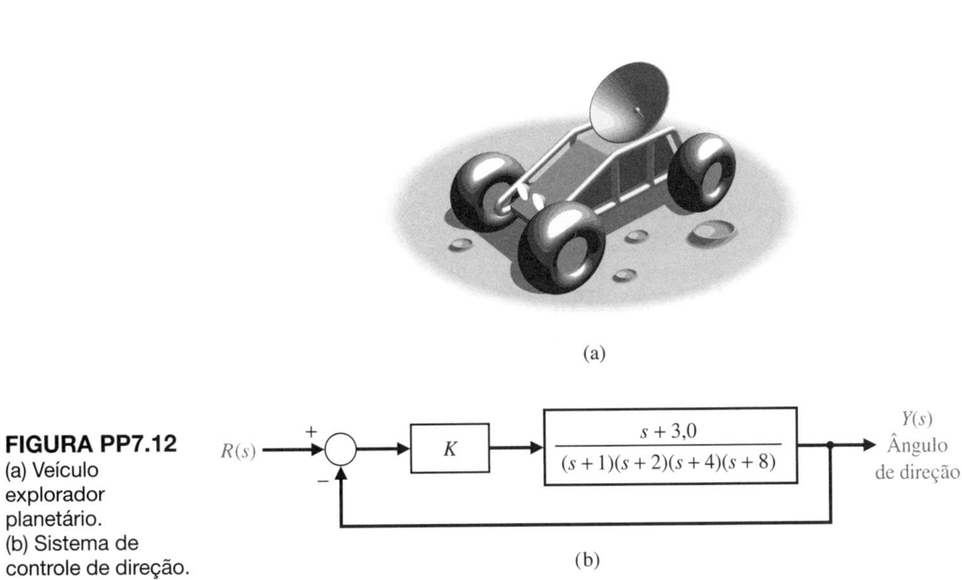

FIGURA PP7.12 (a) Veículo explorador planetário. (b) Sistema de controle de direção.

ajustando as superfícies dos ailerons. A deflexão das superfícies dos ailerons por um ângulo $\theta(t)$ gera um torque devido à pressão do ar sobre essas superfícies. Isso causa um movimento de rolagem da aeronave. As superfícies dos ailerons são controladas por um atuador hidráulico com função de transferência $1/s$.

O ângulo de rolagem real $\phi(t)$ é medido e comparado com a entrada. A diferença entre o ângulo de rolagem desejado $\phi_d(t)$ e o ângulo de rolagem real $\phi(t)$ acionará o atuador hidráulico, o qual, por sua vez, ajusta a deflexão da superfície do aileron.

Um modelo simplificado cujo movimento de rolagem pode ser considerado independente dos outros movimentos é adotado, e seu diagrama de blocos mostrado na Figura PP7.13(b). Admita que a velocidade de rolagem $\dot{\phi}(t)$ é realimentada usando-se um giroscópio de velocidade. Deseja-se erro em regime estacionário nulo para uma entrada degrau unitário. A resposta ao degrau desejada tem máxima ultrapassagem $M.U.P. \leq 15\%$ e um tempo de acomodação (com critério de 2%) $T_s \leq 25$ s. Escolha os parâmetros K_1 e K_2.

PP7.14 Considere o sistema com realimentação mostrado na Figura PP7.14. A função de transferência do processo é marginalmente estável. O controlador é o controlador proporcional derivativo (PD).

(a) Determine a equação característica do sistema em malha fechada.

(b) Faça $\tau = K_P/K_D$. Escreva a equação característica na forma

$$\Delta(s) = 1 + K_D \frac{n(s)}{d(s)}.$$

(c) Represente graficamente o lugar geométrico das raízes para $0 \leq K_D < \infty$ quando $\tau = 6$.

(d) Qual é o efeito no lugar geométrico das raízes quando $0 < \tau < \sqrt{10}$?

(e) Projete o controlador PD para satisfazer as seguintes especificações:

(i) $M.U.P. \leq 5\%$

(ii) $T_s \leq 1$ s

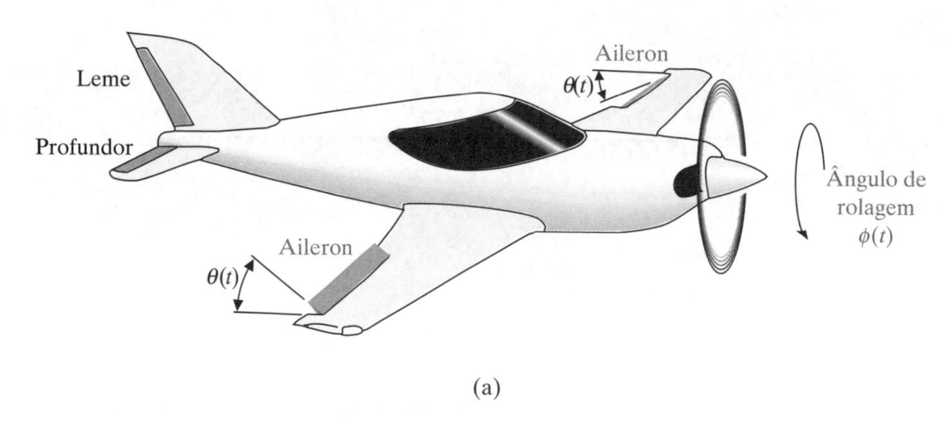

(a)

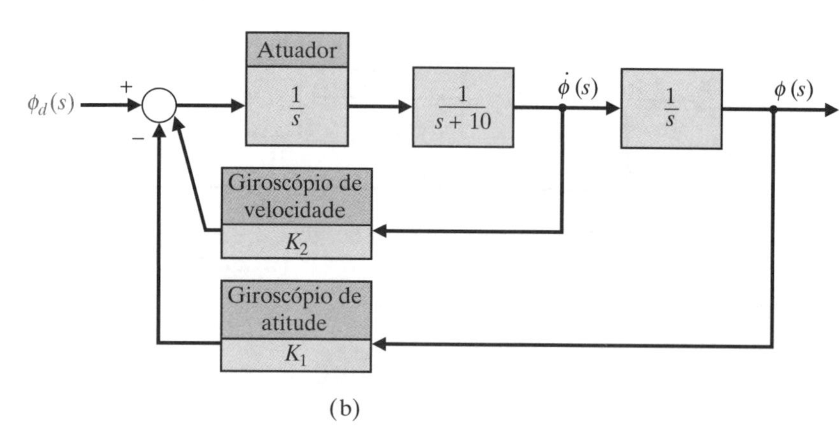

(b)

FIGURA PP7.13 (a) Aeroplano com um conjunto de ailerons. (b) Diagrama em blocos para controlar a velocidade de rolagem do aeroplano.

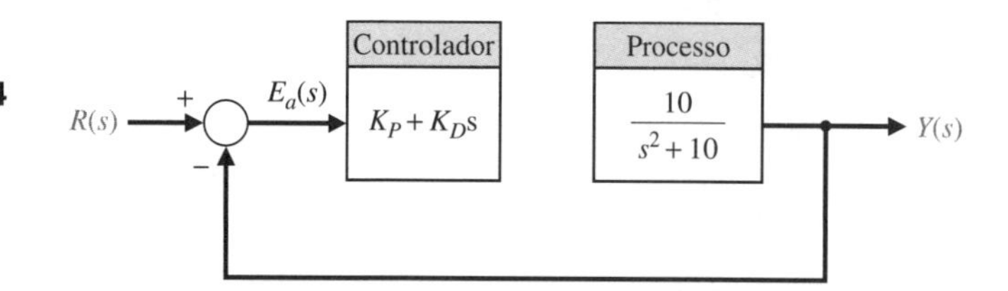

FIGURA PP7.14 Uma planta marginalmente estável com um controlador PD na malha.

PROBLEMAS COMPUTACIONAIS

PC7.1 Usando a função rlocus, obtenha o lugar geométrico das raízes para as seguintes funções de transferência do sistema mostrado na Figura PC7.1 quando $0 < K < \infty$:

(a) $G(s) = \dfrac{25}{s^3 + 10s^2 + 40s + 25}$

(b) $G(s) = \dfrac{s + 10}{s^2 + 2s + 10}$

(c) $G(s) = \dfrac{s^2 + 2s + 4}{s(s^2 + 5s + 10)}$

(d) $G(s) = \dfrac{s^5 + 6s^4 + 6s^3 + 12s^2 + 6s + 4}{s^6 + 4s^5 + 5s^4 + s^3 + s^2 + 12s + 1}$

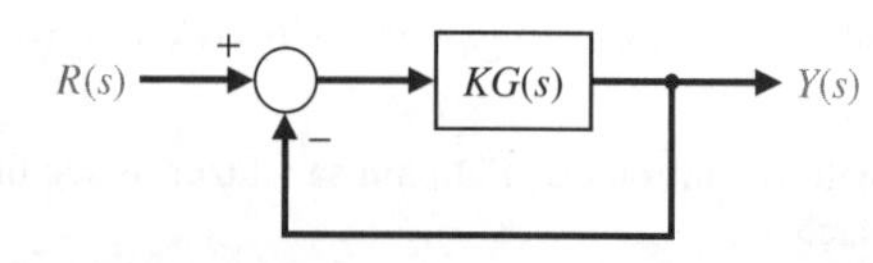

FIGURA PC7.1 Sistema com realimentação e uma única malha com parâmetro K.

PC7.2 Um sistema com realimentação unitária negativa possui a função de transferência em malha

$$KG(s) = K\frac{s^2 - 2s + 2}{s(s^2 + 3s + 2)}.$$

Desenvolva uma sequência de instruções em arquivo m para traçar o gráfico do lugar geométrico das raízes e mostrar com a função rlocfind que o máximo valor de K para um sistema estável é $K = 0{,}79$.

PC7.3 Calcule a expansão em frações parciais de

$$Y(s) = \frac{s + 6}{s(s^2 + 6s + 5)}$$

e verifique o resultado usando a função residue.

PC7.4 Um sistema com realimentação unitária negativa possui a função de transferência em malha

$$L(s) = G_c(s)G(s) = \frac{(1 + p)s - p}{s^2 + 4s + 10}.$$

Desenvolva uma sequência de instruções em arquivo m para obter o lugar geométrico das raízes à medida que p varia; $0 < p < \infty$. Para quais valores de p a malha fechada é estável?

PC7.5 Considere o sistema com realimentação unitária com função de transferência

$$L(s) = \frac{K}{s(s+10)}.$$

Para qual valor de K a resposta a degrau unitário é tal que a máxima ultrapassagem percentual $M.U.P. < 5\%$? Mostre a resposta a degrau e confirme que a especificação de desempenho é satisfeita.

PC7.6 Uma grande antena, como é mostrado na Figura PC7.6(a), é usada para receber sinais de satélite e deve rastrear o satélite com exatidão à medida que se move pelo céu. O sistema de controle usa um motor controlado pela armadura e um controlador a ser escolhido, como mostrado na Figura PC7.6(b). As especificações do sistema requerem um erro em regime estacionário para uma entrada rampa $r(t) = Bt$ menor ou igual a $0{,}01B$, em que B é uma constante. Também se busca uma máxima ultrapassagem para uma entrada em degrau de $M.U.P. \leq 5\%$ com um tempo de acomodação (com um critério de 2%) de $T_s \leq 2$ segundos. (a) Usando métodos do lugar geométrico das raízes, crie uma sequência de instruções em arquivo m para ajudar no projeto do controlador. (b) Represente graficamente a resposta ao degrau resultante e calcule a máxima ultrapassagem percentual e o tempo de acomodação e rotule o gráfico adequadamente. (c) Determine o efeito da perturbação $T_p(s) = Q/s$ (em que Q é uma constante) na saída $Y(s)$.

PC7.7 Considere o sistema de controle com realimentação na Figura PC7.7. Tem-se três controladores potenciais para o sistema:

1. $G_c(s) = K$ (controlador proporcional)
2. $G_c(s) = K/s$ (controlador integral)
3. $G_c(s) = K(1 + 1/s)$ (controlador proporcional integral (PI))

As especificações de projeto são $T_s \leq 10$ segundos e $M.U.P. \leq 10\%$ para uma entrada em degrau unitário.

(a) Para o controlador proporcional, desenvolva uma sequência de instruções em arquivo m para esboçar o lugar geométrico das raízes de $0 < K < \infty$ e determine o valor de K de modo que as especificações de projeto sejam satisfeitas.

(b) Repita a parte (a) para o controlador integral.

(c) Repita a parte (a) para o controlador PI.

(d) Represente em um mesmo gráfico as respostas aos degrau unitário para os sistemas em malha fechada com cada um dos controladores projetados nas partes de (a) a (c).

(e) Compare e contraste os três controladores obtidos nas partes (a) a (c), concentrando-se nos erros em regime estacionário e no desempenho transitório.

PC7.8 Considere o sistema de controle de atitude de eixo único de uma nave espacial mostrado na Figura PC7.8. O controlador é conhecido como um controlador proporcional e derivativo (PD). Suponha que se requer a razão de $K_P/K_D = 5$. Então, desenvolva uma sequência de instruções em arquivo m usando métodos do lugar geométrico das raízes e determine os valores de K_D/J e K_P/J de modo que o tempo de acomodação seja $T_s \leq 4$ s e que a máxima

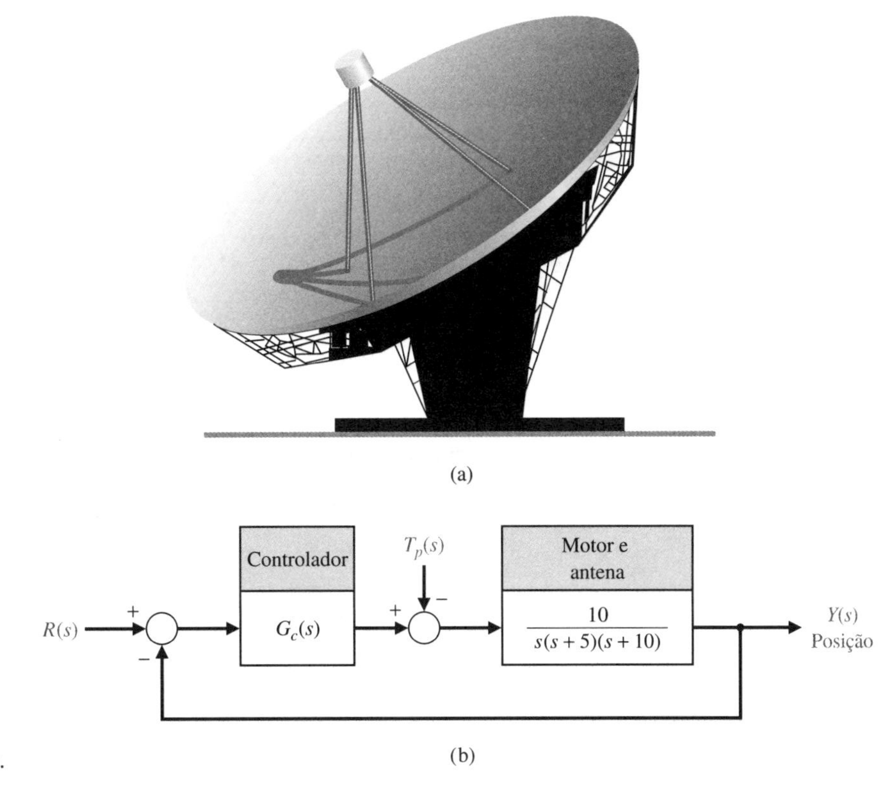

FIGURA PC7.6 Controle de posição de antena.

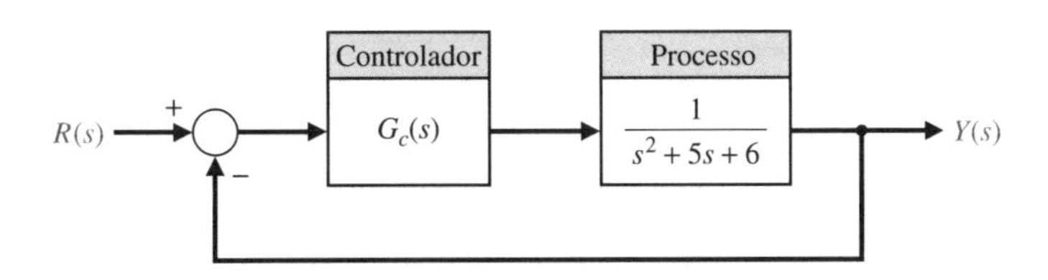

FIGURA PC7.7 Um sistema de controle com realimentação e uma única malha com controlador $G_c(s)$.

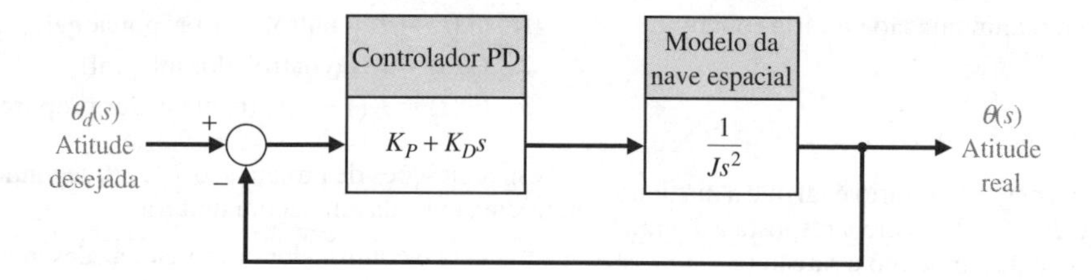

FIGURA PC7.8 Um sistema de controle de atitude de nave espacial com controlador proporcional e derivativo.

ultrapassagem percentual seja $M.U.P \leq 10\%$ para uma entrada em degrau unitário. Utilize um critério de 2% na determinação do tempo de acomodação.

PC7.9 Considere o sistema de controle com realimentação da Figura PC7.9. Desenvolva uma sequência de instruções em arquivo m para representar graficamente o lugar geométrico das raízes para $0 < K < \infty$. Determine o valor de K que resulta em um fator de amortecimento dos polos de malha fechada $\zeta = 0{,}5$.

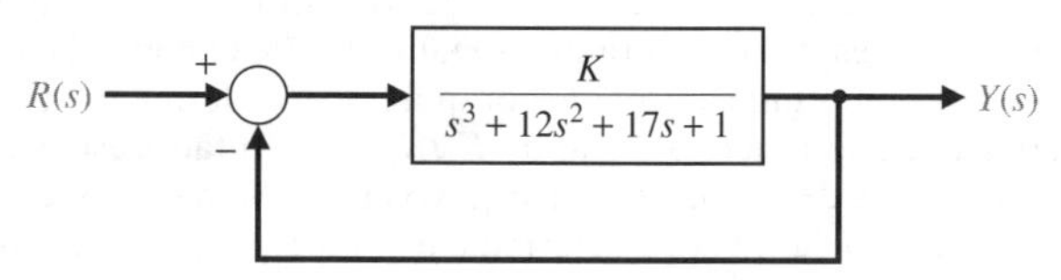

FIGURA PC7.9 Sistema com realimentação unitária com parâmetro K.

PC7.10 Considere o sistema representado na forma de variáveis de estado

$$\dot{\mathbf{x}}(t) = \mathbf{A}\mathbf{x}(t) + \mathbf{B}u(t)$$

$$y(t) = \mathbf{C}\mathbf{x}(t) + \mathbf{D}u(t),$$

em que

$$\mathbf{A} = \begin{bmatrix} 0 & 1 & 0 \\ 0 & 0 & 1 \\ -1 & -5 & -2-k \end{bmatrix}, \mathbf{B} = \begin{bmatrix} 1 \\ 0 \\ 4 \end{bmatrix},$$

$$\mathbf{C} = [1 \quad -9 \quad 12] \quad \text{e} \quad \mathbf{D} = [0].$$

(a) Determine a equação característica. (b) Usando o critério de Routh–Hurwitz, determine os valores de k para os quais o sistema é estável. (c) Desenvolva uma sequência de instruções em arquivo m para representar graficamente o lugar geométrico das raízes e compare os resultados com os obtidos em (b).

RESPOSTAS PARA A VERIFICAÇÃO DE COMPETÊNCIAS

Verdadeiro ou Falso: (1) Verdadeiro; (2) Verdadeiro; (3) Falso; (4) Verdadeiro; (5) Verdadeiro

Múltipla Escolha: (6) b; (7) c; (8) a; (9) c; (10) a; (11) b; (12) c; (13) a; (14) c; (15) b

Correspondência de Palavras (em ordem, de cima para baixo): n, k, f, o, a, d, l, i, h, c, b, e, m, g, j.

TERMOS E CONCEITOS

Ângulo das assíntotas O ângulo ϕ_A que a assíntota faz com relação ao eixo real.

Ângulo de partida O ângulo com o qual um lugar das raízes deixa um polo complexo no plano s.

Assíntota Caminho que o lugar geométrico das raízes segue à medida que o parâmetro se torna muito grande e tende a infinito. O número de assíntotas é igual ao número de polos menos o número de zeros.

Centroide das assíntotas O centro σ_A das assíntotas lineares.

Contorno das raízes Família de lugares das raízes que retratam o efeito da variação de dois parâmetros nas raízes da equação característica.

Controlador PID Um controlador largamente utilizado, usado na indústria, com a forma $G_c(s) = K_p + \frac{K_I}{s} + K_D s$, em que K_P é o ganho proporcional, K_I é o ganho integral e K_D é o ganho derivativo.

Controlador proporcional e derivativo (PD) Controlador de dois termos com a forma $G_c(s) = K_P + K_D s$, onde K_P é o ganho proporcional e K_D é o ganho derivativo.

Controlador proporcional e integral (PI) Controlador de dois termos com a forma $G_c(s) = K_p + \frac{K_I}{s}$, no qual K_P é o ganho proporcional e K_I é o ganho integral.

Curva de reação Resposta obtida retirando-se o controlador e introduzindo-se uma entrada em degrau. O sistema sendo considerado é admitido como um sistema de primeira ordem com retardo no tempo.

Decaimento de um quarto da amplitude A amplitude da resposta em malha fechada é reduzida a aproximadamente um quarto do valor máximo em um período de oscilação.

Ganho crítico Ganho proporcional do controlador PID, K_P, na fronteira da instabilidade quando $K_D = 0$ e $K_I = 0$.

Lugar Caminho ou trajetória que é traçado à medida que um parâmetro é variado.

Lugar geométrico das raízes Lugar ou caminho das raízes traçado no plano s à medida que um parâmetro é variado.

Lugar geométrico das raízes com ganho negativo O lugar geométrico das raízes para valores negativos do parâmetro de interesse, em que $-\infty < K \leq 0$.

Método de sintonia de PID de Ziegler-Nichols Processo de determinação dos ganhos do controlador PID usando um de diversos métodos analíticos baseados em respostas à entrada em degrau em malha aberta e em malha fechada.

Método do lugar geométrico das raízes Método para determinar o lugar geométrico das raízes da equação característica $1 + KP(s) = 0$ à medida que K varia de 0 a infinito.

Métodos manuais de sintonia de PID Processo de determinação dos ganhos do controlador PID por tentativa e erro com mínima análise analítica.

Número de lugares separados Igual ao número de polos da função de transferência, admitindo que o número de polos é maior ou igual ao número de zeros da função de transferência.

Período crítico Período das oscilações sustentadas quando K_P é o ganho crítico, $K_D = 0$ e $K_I = 0$.

Ponto de saída Ponto no eixo real em que o lugar das raízes deixa o eixo real no plano s.

Projeto de parâmetro Método para se escolher um ou dois parâmetros usando o método do lugar geométrico das raízes.

Raízes dominantes As raízes da equação característica que representam ou dominam a resposta transitória em malha fechada.

Segmentos do lugar geométrico das raízes no eixo real O lugar geométrico das raízes que fica em uma seção do eixo real à esquerda de um número ímpar de polos e zeros.

Sensibilidade da raiz Sensibilidade das raízes à medida que um parâmetro varia a partir de seu valor normal. A sensibilidade da raiz é dada por $S_K^r = \dfrac{\partial r}{\partial K/K}$, a variação incremental da raiz dividida pela variação proporcional do parâmetro.

Sensibilidade logarítmica Uma medida da sensibilidade do desempenho do sistema para variações em um parâmetro específico, dada por $S_K^T(s) = \dfrac{\partial T(s)/T(s)}{\partial K/K}$, em que $T(s)$ é a função de transferência do sistema e K é o parâmetro de interesse.

Sintonia de PID Processo para determinar os ganhos do controlador PID.

CAPÍTULO 8

Métodos da Resposta em Frequência

APRESENTAÇÃO

Neste capítulo, considera-se a resposta em regime estacionário de um sistema a um sinal de teste de entrada senoidal. Será visto que a resposta de um sistema linear com coeficientes constantes a um sinal de entrada senoidal é um sinal de saída senoidal com a mesma frequência da entrada. Contudo, a magnitude e a fase do sinal de saída diferem das do sinal senoidal de entrada, e a diferença é uma função da frequência de entrada. Assim, será investigada a resposta em regime estacionário do sistema a uma entrada senoidal à medida que a frequência é variada.

Será examinada a função de transferência $G(s)$ quando $s = j\omega$ e se desenvolverão métodos para representar graficamente o número complexo $G(j\omega)$ à medida que ω varia. O diagrama de Bode é uma das ferramentas gráficas mais poderosas para se analisarem e projetarem sistemas de controle, e esse assunto será coberto neste capítulo. Também serão considerados diagramas polares e diagramas de logaritmo de magnitude e fase. Serão desenvolvidas diversas medidas de desempenho no domínio do tempo em termos da resposta em frequência do sistema, bem como será apresentado o conceito de faixa de passagem do sistema. O capítulo se conclui com uma análise da resposta em frequência do Exemplo de Projeto Sequencial: Sistema de Leitura de Acionadores de Disco.

RESULTADOS DESEJADOS

Ao concluírem o Capítulo 8, os estudantes devem ser capazes de:

- Explicar o conceito da resposta em frequência e seu papel no projeto de sistemas de controle.
- Esboçar um diagrama de Bode e também obter um diagrama de Bode gerado por computador.
- Descrever diagramas de logaritmo de magnitude e fase.
- Identificar as especificações de desempenho no domínio da frequência e a estabilidade relativa baseada em margens de ganho e fase.
- Projetar um controlador que atenda às especificações desejadas usando métodos de resposta em frequência.

8.1 INTRODUÇÃO

Uma abordagem muito prática e importante para a análise e o projeto de um sistema é o método da **resposta em frequência**.

A resposta em frequência de um sistema é definida como a resposta em regime estacionário do sistema a um sinal de entrada senoidal. A senoide é um sinal de entrada peculiar, e o sinal de saída resultante para um sistema linear é senoidal em regime estacionário; difere da forma de onda de entrada somente em amplitude e fase.

Por exemplo, considere o sistema $Y(s) = T(s)R(s)$ com $r(t) = A$ sen ωt. Temos

$$R(s) = \frac{A\omega}{s^2 + \omega^2}$$

e

$$T(s) = \frac{m(s)}{q(s)} = \frac{m(s)}{\prod_{i=1}^{n}(s + p_i)},$$

em que $-p_i$ são assumidos como polos distintos. Então, na forma das frações parciais, temos

$$Y(s) = \frac{k_1}{s + p_1} + \cdots + \frac{k_n}{s + p_n} + \frac{\alpha s + \beta}{s^2 + \omega^2}.$$

Tomando-se a transformada inversa de Laplace, o resultado é

$$y(t) = k_1 e^{-p_1 t} + \cdots + k_n e^{-p_n t} + \mathcal{L}^{-1}\left\{\frac{\alpha s + \beta}{s^2 + \omega^2}\right\},$$

em que α e β são constantes dependentes do problema. Se o sistema é estável, então todos os p_i têm parte real positiva e

$$\lim_{t\to\infty} y(t) = \lim_{t\to\infty} \mathcal{L}^{-1}\left\{\frac{\alpha s + \beta}{s^2 + \omega^2}\right\},$$

uma vez que cada termo exponencial $k_i e^{-p_i t}$ decai para zero à medida que $t \to \infty$.

No limite para $y(t)$, pode-se mostrar que, para $t \to \infty$ (o regime estacionário),

$$\begin{aligned} y(t) &= \mathcal{L}^{-1}\left[\frac{\alpha s + \beta}{s^2 + \omega^2}\right] = \frac{1}{\omega}\left|A\omega T(j\omega)\right| \text{sen}(\omega t + \phi) \\ &= A\,|\,T(j\omega)\,|\ \text{sen}(\omega t + \phi), \end{aligned} \tag{8.1}$$

em que $\phi = \underline{/T(j\omega)}$.

Assim, o sinal de saída em regime estacionário depende apenas da magnitude e da fase de $T(j\omega)$ em uma frequência específica ω. A resposta em regime estacionário, como descrita na Equação (8.1), é verdadeira apenas para sistemas estáveis, $T(s)$.

Uma vantagem do método da resposta em frequência é a pronta disponibilidade de sinais de teste senoidais para várias faixas de frequência e amplitudes. Assim, a determinação experimental da resposta em frequência de um sistema é facilmente realizada. A função de transferência desconhecida de um sistema pode ser deduzida a partir da resposta em frequência de um sistema determinada experimentalmente [1, 2]. Além disso, o projeto de um sistema no domínio da frequência fornece ao projetista o controle da faixa de passagem do sistema, bem como alguma medida da resposta do sistema a ruídos e perturbações indesejadas.

Uma segunda vantagem do método da resposta em frequência é que a função de transferência descrevendo o comportamento senoidal em regime estacionário de um sistema pode ser obtida substituindo-se s por $j\omega$ na função de transferência do sistema $T(s)$. A função de transferência representando o comportamento senoidal em regime estacionário de um sistema é então uma função da variável complexa $j\omega$, sendo a mesma uma função complexa $T(j\omega)$ que possui uma magnitude e uma fase. A magnitude e a fase de $T(j\omega)$ são prontamente representadas por gráficos que propiciam uma significante compreensão da análise e projeto de sistemas de controle.

A desvantagem básica do método da resposta em frequência para análise e projeto é a conexão indireta entre o domínio da frequência e o domínio de tempo. Correlações diretas entre a resposta em frequência e as características da resposta transitória correspondentes são relativamente tênues, e na prática, a característica da resposta em frequência é ajustada usando-se vários critérios de projeto que normalmente resultarão em uma resposta transitória satisfatória.

O **par da transformada de Laplace** é

$$F(s) = \mathcal{L}\{f(t)\} = \int_0^\infty f(t)e^{-st}\,dt \tag{8.2}$$

e

$$f(t) = \mathcal{L}^{-1}\{F(s)\} = \frac{1}{2\pi j}\int_{\sigma-j\infty}^{\sigma+j\infty} F(s)e^{st}\,ds, \tag{8.3}$$

em que a variável complexa $s = \sigma + j\omega$. De forma similar, o **par da transformada de Fourier** é escrito como

$$F(\omega) = \mathcal{F}\{f(t)\} = \int_{-\infty}^{\infty} f(t)e^{-j\omega t}\,dt \tag{8.4}$$

e

$$f(t) = \mathcal{F}^{-1}\{F(\omega)\} = \frac{1}{2\pi}\int_{-\infty}^{\infty} F(\omega)e^{j\omega t}\,d\omega. \tag{8.5}$$

A **transformada de Fourier** existe para $f(t)$ quando

$$\int_{-\infty}^{\infty} |f(t)|\,dt < \infty.$$

As transformadas de Fourier e de Laplace estão estreitamente relacionadas, como se pode ver examinando-se as Equações (8.2) e (8.4). Quando a função $f(t)$ é definida apenas para $t \geq 0$, como é frequentemente o caso, os limites inferiores das integrais são os mesmos. Então, observa-se que as duas equações diferem apenas na variável complexa. Assim, se a transformada de Laplace de uma função $f_1(t)$ é conhecida como $F_1(s)$, pode-se obter a transformada de Fourier dessa mesma função do tempo fazendo-se $s = j\omega$ em $F_1(s)$ [3].

Pode-se perguntar, uma vez que as transformadas de Fourier e de Laplace são tão estreitamente relacionadas, por que não usar sempre a transformada de Laplace? Por que usar a transformada de Fourier afinal? A transformada de Laplace permite investigar a posição no plano s dos polos e zeros de uma função de transferência $T(s)$. Entretanto, o método da resposta em frequência permite considerar a função de transferência $T(j\omega)$ e levar em conta as características de amplitude e fase do sistema. Esta capacidade para investigar e representar a característica de um sistema por meio de equações e curvas de amplitude e fase é uma vantagem para a análise e o projeto de sistemas de controle.

Se for considerada a resposta em frequência do sistema em malha fechada, deve-se ter uma entrada $r(t)$ que possua transformada de Fourier no domínio de frequência, como a seguir:

$$R(j\omega) = \int_{-\infty}^{\infty} r(t)e^{-j\omega t}\,dt.$$

Então, a resposta em frequência na saída de um sistema de controle com realimentação unitária pode ser obtida substituindo-se $s = j\omega$ na relação do sistema em malha fechada, $Y(s) = T(s)R(s)$, de modo que se tem

$$Y(j\omega) = T(j\omega)R(j\omega) = \frac{G_c(j\omega)G(j\omega)}{1 + G_c(j\omega)G(j\omega)}R(j\omega). \tag{8.6}$$

Utilizando-se a transformada inversa de Fourier, a resposta transitória na saída seria

$$y(t) = \mathcal{F}^{-1}\{Y(j\omega)\} = \frac{1}{2\pi}\int_{-\infty}^{\infty} Y(j\omega)e^{j\omega t}\,d\omega. \tag{8.7}$$

Contudo, uma vez que normalmente é muito difícil calcular essa integral da transformada inversa, exceto para os sistemas mais simples, uma integração gráfica pode ser utilizada. Alternativamente, como se observará nas seções subsequentes, algumas medidas da resposta transitória podem ser relacionadas às características da frequência e utilizadas para propósitos de projeto.

8.2 DIAGRAMAS DA RESPOSTA EM FREQUÊNCIA

A função de transferência de um sistema $G(s)$ pode ser descrita no domínio da frequência pela relação

$$G(j\omega) = G(s)|_{s=j\omega} = R(\omega) + jX(\omega), \tag{8.8}$$

em que

$$R(\omega) = \text{Re}[G(j\omega)] \quad \text{e} \quad X(\omega) = \text{Im}[G(j\omega)].$$

Alternativamente, a função de transferência pode ser representada por uma magnitude $|G(j\omega)|$ e uma fase $\phi(j\omega)$ como

$$G(j\omega) = |G(j\omega)|e^{j\phi(\omega)} = |G(j\omega)|\underline{/\phi(\omega)}, \tag{8.9}$$

em que

$$\phi(\omega) = \tan^{-1}\frac{X(\omega)}{R(\omega)} \quad \text{e} \quad |G(j\omega)|^2 = [R(\omega)]^2 + [X(\omega)]^2.$$

A representação gráfica da resposta em frequência do sistema $G(j\omega)$ pode utilizar a Equação (8.8) ou a Equação (8.9). A representação em **diagrama polar** da resposta em frequência é obtida usando-se a Equação (8.8). As coordenadas do diagrama polar são as partes real e imaginária de $G(j\omega)$, como mostrado na Figura 8.1. Um exemplo de diagrama polar ilustrará esta abordagem.

EXEMPLO 8.1 **Resposta em frequência de um filtro *RC***

Um filtro *RC* simples é mostrado na Figura 8.2. A função de transferência desse filtro é

$$G(s) = \frac{V_2(s)}{V_1(s)} = \frac{1}{RCs + 1}, \tag{8.10}$$

e a função de transferência senoidal em regime estacionário é

$$G(j\omega) = \frac{1}{j\omega(RC) + 1} = \frac{1}{j(\omega/\omega_1) + 1}, \tag{8.11}$$

em que

$$\omega_1 = \frac{1}{RC}.$$

Então, o diagrama polar é obtido a partir da relação

$$\begin{aligned} G(j\omega) = R(\omega) + jX(\omega) &= \frac{1 - j(\omega/\omega_1)}{(\omega/\omega_1)^2 + 1} \\ &= \frac{1}{1 + (\omega/\omega_1)^2} - \frac{j(\omega/\omega_1)}{1 + (\omega/\omega_1)^2}. \end{aligned} \tag{8.12}$$

O primeiro passo é determinar $R(\omega)$ e $X(\omega)$ nas duas frequências, $\omega = 0$ e $\omega = \infty$. Em $\omega = 0$, tem-se $R(\omega) = 1$ e $X(\omega) = 0$. Em $\omega = \infty$, tem-se $R(\omega) = 0$ e $X(\omega) = 0$. Esses dois pontos são mostrados na Figura 8.3. O lugar geométrico das partes real e imaginária é também mostrado na Figura 8.3 e é fácil demonstrar que se trata de um círculo com o centro em $(\frac{1}{2}, 0)$. Quando $\omega = \omega_1$, as partes real

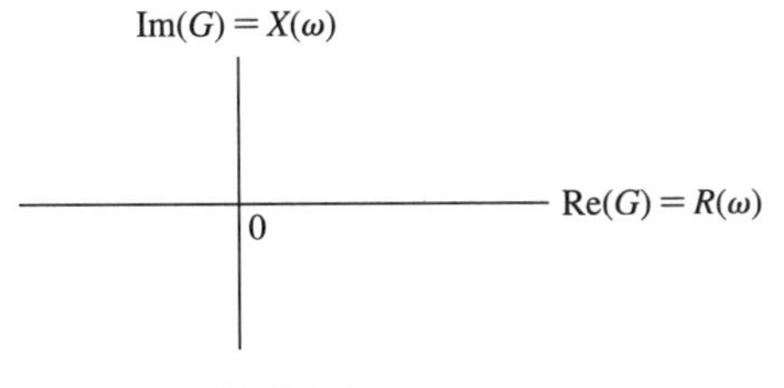

FIGURA 8.1 Plano polar.

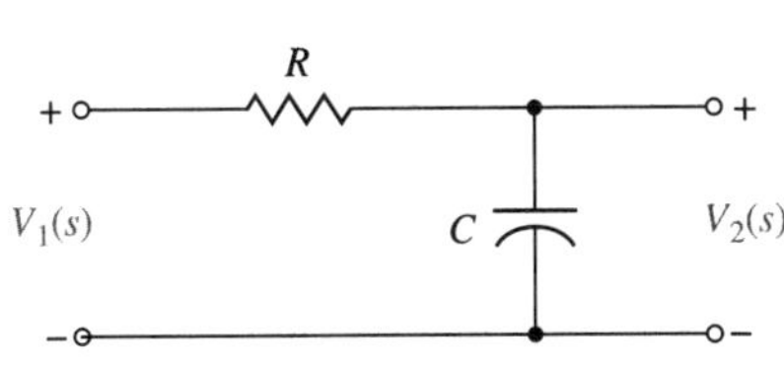

FIGURA 8.2 Um filtro *RC*.

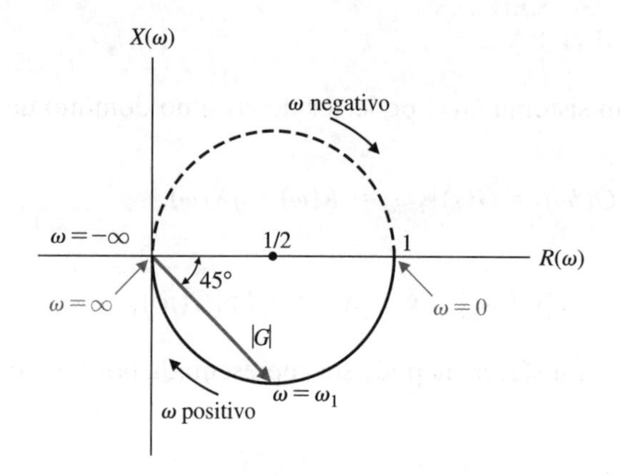

FIGURA 8.3 Diagrama polar para o filtro *RC*.

e imaginária são iguais em magnitude e o ângulo $\phi(\omega) = -45°$. O diagrama polar pode também ser prontamente obtido a partir da Equação (8.9) como

$$G(j\omega) = |G(j\omega)|\underline{/\phi(\omega)}, \tag{8.13}$$

em que

$$|G(j\omega)| = \frac{1}{[1 + (\omega/\omega_1)^2]^{1/2}} \quad \text{e} \quad \phi(\omega) = -\tan^{-1}(\omega/\omega_1).$$

Portanto, quando $\omega = \omega_1$, a magnitude é $|G(j\omega_1)| = 1/\sqrt{2}$ e a fase $\phi(\omega_1) = -45°$. Além disso, quando ω tende a $+\infty$, tem-se $|G(j\omega)| \to 0$ e $\phi(\omega) = -90°$. De forma semelhante, quando $\omega = 0$, tem-se $|G(j\omega)| = 1$ e $\phi(\omega) = 0$. ■

EXEMPLO 8.2 **Diagrama polar de uma função de transferência**

O diagrama polar de uma função de transferência é útil para se investigar a estabilidade do sistema. Considere uma função de transferência

$$G(s)|_{s=j\omega} = G(j\omega) = \frac{K}{j\omega(j\omega\tau + 1)} = \frac{K}{j\omega - \omega^2\tau}. \tag{8.14}$$

Então, a magnitude e a fase são escritas como

$$|G(j\omega)| = \frac{K}{(\omega^2 + \omega^4\tau^2)^{1/2}} \quad \text{e} \quad \phi(\omega) = -\tan^{-1}\frac{1}{-\omega\tau}.$$

A fase e a magnitude são prontamente calculadas nas frequências $\omega = 0$, $\omega = 1/\tau$ e $\omega = +\infty$. O diagrama polar de $G(j\omega)$ é mostrado na Figura 8.4.

Uma solução alternativa utiliza as partes real e imaginária de $G(j\omega)$ como

$$G(j\omega) = \frac{K}{j\omega - \omega^2\tau} = \frac{K(-j\omega - \omega^2\tau)}{\omega^2 + \omega^4\tau^2} = R(\omega) + jX(\omega), \tag{8.15}$$

em que $R(\omega) = -K\omega^2\tau/M(\omega)$ e $X(\omega) = -\omega K/M(\omega)$, e em que $M(\omega) = \omega^2 + \omega^4\tau^2$. Então, quando $\omega = \infty$, tem-se $R(\omega) = 0$ e $X(\omega) = 0$. Quando $\omega = 0$, tem-se $R(\omega) = -K\tau$ e $X(\omega) = -\infty$. Quando $\omega = 1/\tau$, tem-se $R(\omega) = -K\tau/2$ e $X(\omega) = -K\tau/2$, como mostrado na Figura 8.4.

Outro método para obter o diagrama polar é avaliar o vetor $G(j\omega)$ graficamente em frequências específicas, ω, ao longo do eixo $s = j\omega$ no plano s. Considera-se

$$G(s) = \frac{K/\tau}{s(s + 1/\tau)}$$

com os dois polos mostrados no plano s na Figura 8.5.

Quando $s = j\omega$, temos

$$G(j\omega) = \frac{K/\tau}{j\omega(j\omega + p)},$$

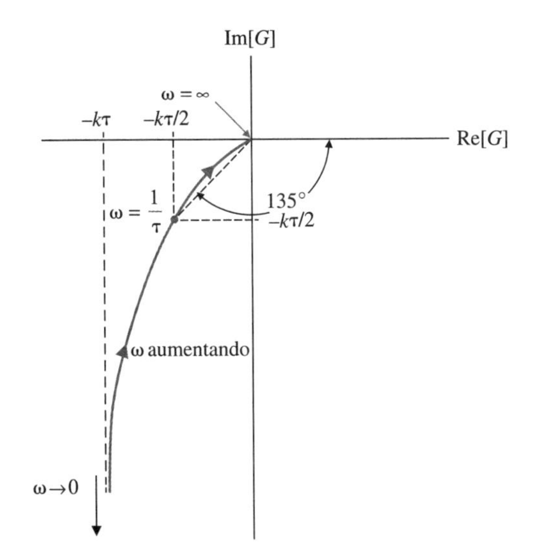

FIGURA 8.4 Diagrama polar para $G(j\omega) = K/(j\omega(j\omega\tau + 1))$. Observe que $\omega = \infty$ na origem.

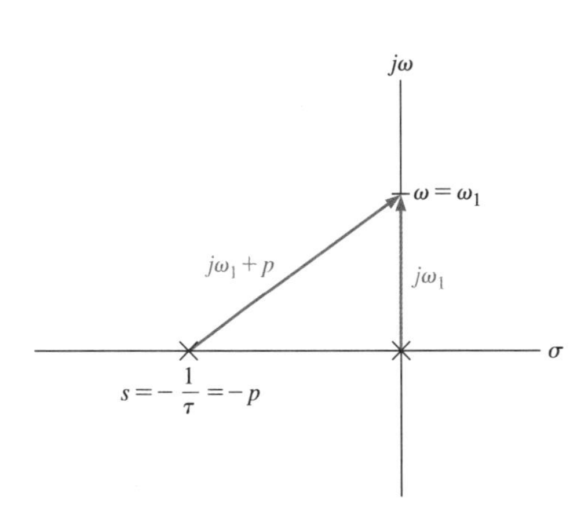

FIGURA 8.5 Dois vetores no plano s para estimar $G(j\omega_1)$.

em que $p = 1/\tau$. A magnitude e a fase de $G(j\omega)$ podem ser calculadas em uma frequência específica, ω_1, sobre o eixo $j\omega$, como mostrado na Figura 8.5. A magnitude e a fase são, respectivamente,

$$|G(j\omega_1)| = \frac{K/\tau}{|j\omega_1|\,|j\omega_1 + p|}$$

e

$$\phi(\omega) = -\underline{/(j\omega_1)} - \underline{/(j\omega_1 + p)} = -90^\circ - \tan^{-1}(\omega_1/p). \;\blacksquare$$

Há diversas possibilidades para as coordenadas de um gráfico que retrata a resposta em frequência de um sistema. Como foi visto, pode-se utilizar um diagrama polar para representar a resposta em frequência de um sistema [Equação (8.8)]. Contudo, as limitações dos diagramas polares são nitidamente visíveis. A inclusão de polos ou zeros em um sistema existente requer que a resposta em frequência seja calculada novamente, como mostrado nos Exemplos 8.1 e 8.2. Além disso, calcular a resposta em frequência dessa maneira é cansativo e não indica o efeito dos polos e zeros individualmente.

A introdução de **diagramas logarítmicos**, frequentemente chamados de **diagramas de Bode**, simplifica a determinação da representação gráfica da resposta em frequência. Os diagramas logarítmicos são chamados de diagramas de Bode em homenagem a H. W. Bode, que os utilizou extensivamente em seus estudos de amplificadores com realimentação [4, 5]. A **função de transferência no domínio da frequência** é

$$G(j\omega) = |G(j\omega)|e^{j\phi(\omega)}. \tag{8.16}$$

O logaritmo da magnitude é normalmente expresso em termos do logaritmo na base 10, de modo que se utiliza

$$\boxed{\text{Ganho logarítmico} = 20\log_{10}|G(j\omega)|,} \tag{8.17}$$

em que a unidade é o **decibel (dB)**. O ganho logarítmico em dB e o ângulo $\phi(\omega)$ podem ser traçados em função da frequência ω utilizando vários arranjos diferentes. Para um diagrama de Bode, o gráfico do ganho logarítmico em dB *versus* ω é normalmente traçado em um conjunto de eixos, e a fase $\phi(\omega)$ *versus* ω em outro conjunto de eixos, como mostrado na Figura 8.6. Por exemplo, os diagramas de Bode da função de transferência do Exemplo 8.1 podem ser prontamente obtidos, como será visto no exemplo a seguir.

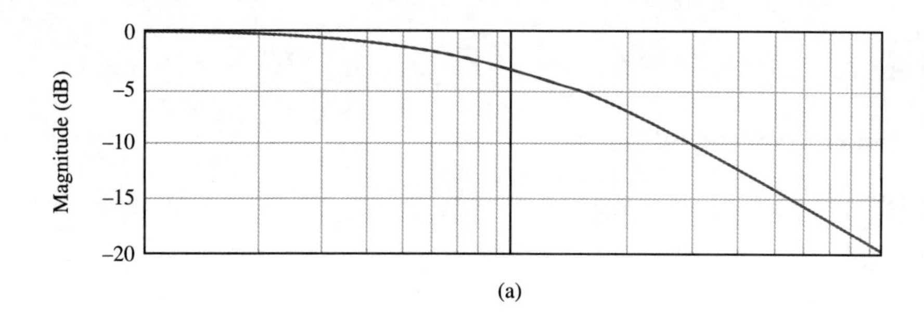

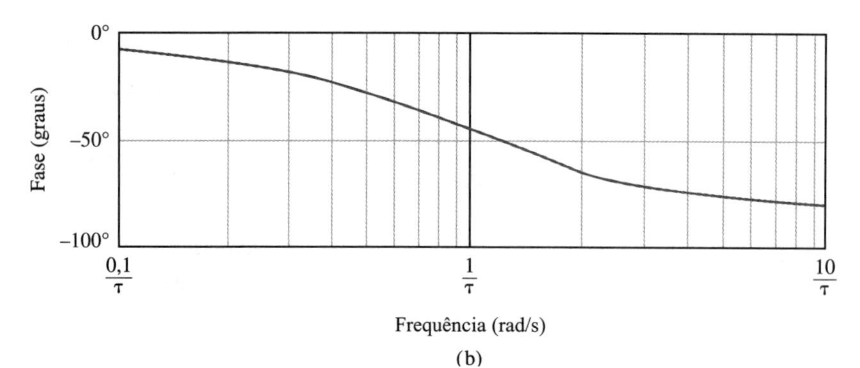

FIGURA 8.6 Diagrama de Bode para $G(j\omega) = 1/(j\omega\tau + 1)$: (a) diagrama de magnitude e (b) diagrama de fase.

EXEMPLO 8.3 **Diagrama de Bode de um filtro *RC***

A função de transferência do Exemplo 8.1 é

$$G(j\omega) = \frac{1}{j\omega(RC) + 1} = \frac{1}{j\omega\tau + 1}, \tag{8.18}$$

em que

$$\tau = RC,$$

a constante de tempo do circuito. O ganho logarítmico é

$$20 \log|G(j\omega)| = 20 \log\left(\frac{1}{1 + (\omega\tau)^2}\right)^{1/2} = -10 \log(1 + (\omega\tau)^2). \tag{8.19}$$

Para baixas frequências, isto é, $\omega \ll 1/\tau$, o ganho logarítmico é

$$20 \log|G(j\omega)| = -10 \log(1) = 0 \text{ dB}, \qquad \omega \ll 1/\tau. \tag{8.20}$$

Para altas frequências, isto é, $\omega \gg 1/\tau$, o ganho logarítmico é

$$20 \log G(j\omega) = -20 \log(\omega\tau) \qquad \omega \gg 1/\tau, \tag{8.21}$$

e em $\omega = 1/\tau$, tem-se

$$20 \log|G(j\omega)| = -10 \log 2 = -3{,}01 \text{ dB}.$$

O gráfico de magnitude para esse circuito é mostrado na Figura 8.6(a). A fase desse circuito é

$$\phi(\omega) = -\tan^{-1}(\omega\tau). \tag{8.22}$$

O diagrama de fase é mostrado na Figura 8.6(b). A frequência $\omega = 1/\tau$ é frequentemente chamada de **frequência de corte** ou **frequência de quebra**. ■

Uma escala linear de frequência não é a escolha mais conveniente ou sensata, e considera-se o uso de uma escala logarítmica de frequência. A conveniência de uma escala logarítmica de frequência pode ser vista examinando-se a Equação (8.21) para altas frequências, $\omega \gg 1/\tau$, como se segue:

$$20 \log|G(j\omega)| = -20 \log(\omega\tau) = -20 \log \tau - 20 \log \omega. \tag{8.23}$$

Assim, em um conjunto de eixos em que o eixo horizontal é log ω, a curva assintótica para $\omega \gg 1/\tau$ é uma linha reta, como mostrado na Figura 8.7. A inclinação da reta pode ser obtida a partir da Equação (8.21). O intervalo entre duas frequências com uma razão igual a 10 é chamado de uma **década**, de modo que a faixa de frequências de ω_1 a ω_2, em que $\omega_2 = 10\omega_1$, é chamada de uma década. A diferença entre os ganhos logarítmicos, para $\omega \gg 1/\tau$, sobre uma década de frequência é

$$\begin{aligned} 20 \log|G(j\omega_1)| - 20 \log|G(j\omega_2)| &= -20 \log(\omega_1\tau) - (-20 \log(\omega_2\tau)) \\ &= -20 \log \frac{\omega_1\tau}{\omega_2\tau} \\ &= -20 \log \frac{1}{10} = +20 \text{ dB}; \end{aligned} \tag{8.24}$$

isto é, a inclinação da reta assintótica para essa função de transferência de primeira ordem é –20 dB/década, e a inclinação para essa função de transferência é mostrada na Figura 8.7. Em vez de se usar um eixo horizontal para log ω e coordenadas retangulares lineares, é mais fácil utilizar um eixo horizontal com escala logarítmica com uma coordenada retangular linear para dB e uma coordenada logarítmica para ω. Alternativamente, pode-se usar uma coordenada logarítmica para a magnitude, bem como para a frequência, e evitar a necessidade de calcular o logaritmo da magnitude.

O intervalo de frequência $\omega_2 = 2\omega_1$ é muitas vezes usado e é chamado de uma **oitava** de frequência. A diferença entre os ganhos logarítmicos para $\omega \gg 1/\tau$, para uma oitava, é

$$\begin{aligned} 20 \log|G(j\omega_1)| - 20 \log|G(j\omega_2)| &= -20 \log \frac{\omega_1\tau}{\omega_2\tau} \\ &= -20 \log \frac{1}{2} = 6{,}02 \text{ dB}. \end{aligned} \tag{8.25}$$

Portanto, a inclinação da reta assintótica é –6 dB/oitava.

A principal vantagem do diagrama logarítmico é a conversão de fatores multiplicativos, como $(j\omega\tau + 1)$, em fatores aditivos, $20 \log(j\omega\tau + 1)$, em virtude da definição do ganho logarítmico. Isto pode ser prontamente verificado considerando-se a função de transferência

$$G(j\omega) = \frac{K_b \prod_{i=1}^{Q} (1 + j\omega\tau_i) \prod_{l=1}^{P} [(1 + (2\zeta_l/\omega_{n_l})j\omega + (j\omega/\omega_{n_l})^2)]}{(j\omega)^N \prod_{m=1}^{M} (1 + j\omega\tau_m) \prod_{k=1}^{R} [(1 + (2\zeta_k/\omega_{n_k})j\omega + (j\omega/\omega_{n_k})^2)]}. \tag{8.26}$$

Essa função de transferência inclui Q zeros, N polos na origem, M polos no eixo real, P pares de zeros conjugados complexos e R pares de polos conjugados complexos. A magnitude logarítmica de $G(j\omega)$ é

$$\begin{aligned} 20 \log|G(j\omega)| &= 20 \log K_b + 20\sum_{i=1}^{Q} \log|1 + j\omega\tau_i| \\ &\quad -20 \log\left|(j\omega)^N\right| - 20\sum_{m=1}^{M} \log|1 + j\omega\tau_m| \\ &\quad +20\sum_{l=1}^{P} \log\left|1 + \frac{2\zeta_l}{\omega_{n_l}} j\omega + \left(\frac{j\omega}{\omega_{nl}}\right)^2\right| - 20\sum_{k=1}^{R} \log\left|1 + \frac{2\zeta_k}{\omega_{n_k}} j\omega + \left(\frac{j\omega}{\omega_{n_k}}\right)^2\right| \end{aligned} \tag{8.27}$$

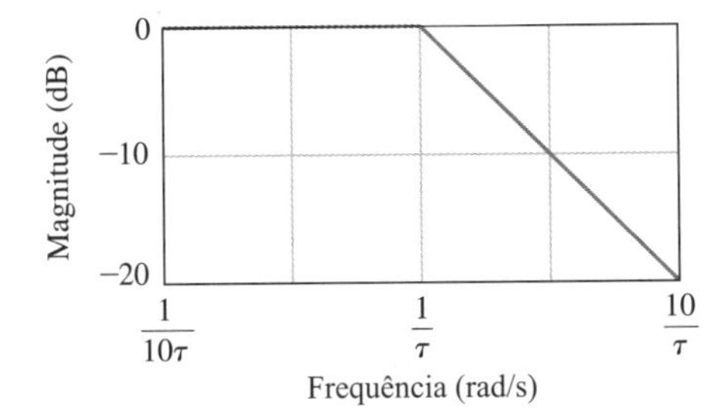

FIGURA 8.7 Curva assintótica para $(j\omega\tau + 1)^{-1}$.

e o diagrama de Bode pode ser obtido adicionando-se a curva devida a cada um dos fatores individuais. Além disso, o diagrama de fase separado é obtido como

$$\phi(\omega) = +\sum_{i=1}^{Q} \tan^{-1}(\omega\tau_i) - N(90°) - \sum_{m=1}^{M} \tan^{-1}(\omega\tau_m)$$
$$-\sum_{k=1}^{R} \tan^{-1} \frac{2\zeta_k \omega_{n_k}\omega}{\omega_{n_k}^2 - \omega^2} + \sum_{l=1}^{P} \tan^{-1} \frac{2\zeta_l\ \omega_{n_l}\omega}{\omega_{n_l}^2 - \omega^2}, \quad (8.28)$$

o qual é a somatória das fases devidas a cada fator individual da função de transferência.

Portanto, os quatro tipos de fatores diferentes que podem ocorrer em uma função de transferência são os seguintes:

1. Ganho constante K_b
2. Polos (ou zeros) na origem $(j\omega)$
3. Polos (ou zeros) no eixo real $(j\omega\tau + 1)$
4. Polos (ou zeros) conjugados complexos $[1 + (2\zeta/\omega_n)j\omega + (j\omega/\omega_n)^2]$

É possível determinar o diagrama de magnitude logarítmica e de fase para esses quatro fatores e então utilizá-los para se obter um diagrama de Bode em qualquer forma geral de uma função de transferência. Tipicamente, as curvas para cada fator são obtidas e então adicionadas graficamente para obter as curvas da função de transferência completa. Além disso, esse procedimento pode ser simplificado usando-se aproximações assintóticas para essas curvas e obtendo-se as curvas reais apenas em frequências específicas importantes.

Ganho Constante K_b. O ganho logarítmico para K_b **constante** é

$$\boxed{20 \log K_b = \text{Constante em db}}$$

e a fase é

$$\boxed{\phi(\omega) = 0.}$$

A curva de ganho é uma reta horizontal no diagrama de Bode.

Se o ganho é um valor negativo, $-K_b$, o ganho logarítmico permanece 20 log K_b. O sinal negativo é levado em conta na fase, –180°.

Polos (ou Zeros) na Origem $(j\omega)$. Um polo na origem possui magnitude logarítmica

$$\boxed{20 \log\left|\frac{1}{j\omega}\right| = -20 \log \omega \text{ dB}} \quad (8.29)$$

e fase

$$\boxed{\phi(\omega) = -90°.}$$

A inclinação da curva de magnitude é –20 dB/década para um polo. De modo similar, para um polo múltiplo na origem, tem-se

$$\boxed{20 \log\left|\frac{1}{(j\omega)^N}\right| = -20N \log \omega} \quad (8.30)$$

e a fase é

$$\boxed{\phi(\omega) = -90°N.}$$

Neste caso, a inclinação devida ao polo múltiplo é $-20N$ dB/década. Para um zero na origem, tem-se uma magnitude logarítmica

$$\boxed{20 \log|j\omega| = +20 \log \omega,} \quad (8.31)$$

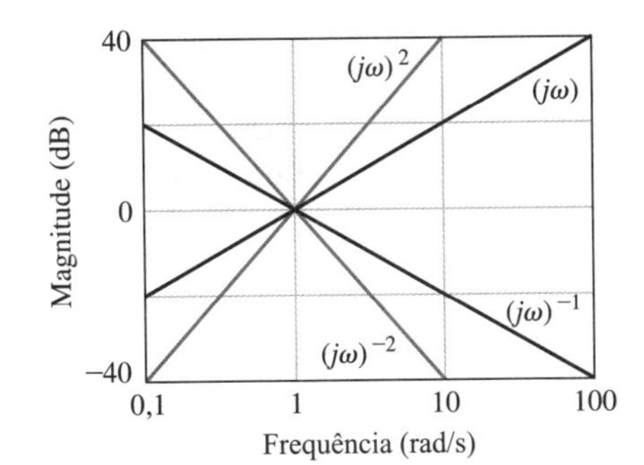

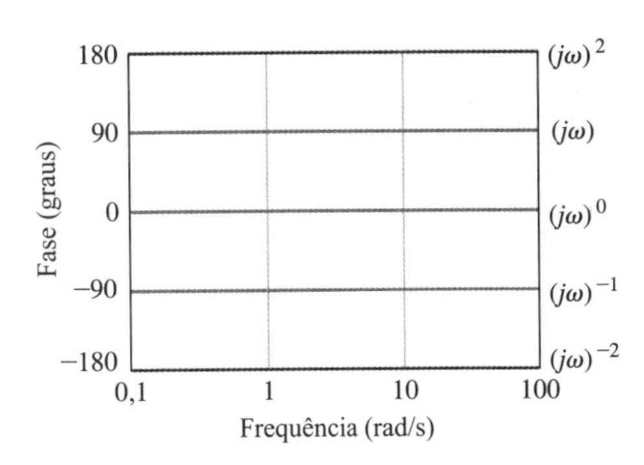

FIGURA 8.8 Diagrama de Bode para $(j\omega)^{\pm N}$.

em que a inclinação é +20 dB/década e a fase é

$$\phi(\omega) = +90°.$$

O diagrama de Bode de magnitude e fase de $(j\omega)^{\pm N}$ é mostrado na Figura 8.8 para $N = 1$ e $N = 2$.

Polos ou Zeros no Eixo Real. Para um polo no eixo real,

$$20 \log \left| \frac{1}{1 + j\omega\tau} \right| = -10 \log(1 + \omega^2\tau^2). \tag{8.32}$$

A curva assintótica para $\omega \ll 1/\tau$ é $20 \log 1 = 0$ dB, e a curva assintótica para $\omega \gg 1/\tau$ é $-20 \log(\omega\tau)$, a qual tem uma inclinação de –20 dB/década. A interseção das duas assíntotas ocorre quando

$$20 \log 1 = 0 \text{ dB} = -20 \log(\omega\tau),$$

ou quando $\omega = 1/\tau$, a **frequência de corte**. O ganho logarítmico real quando $\omega = 1/\tau$ é –3 dB. A fase é $\phi(\omega) = -\tan^{-1}(\omega\tau)$ para o fator do denominador. O diagrama de Bode de um fator de polo $(1 + j\omega\tau)^{-1}$ é mostrado na Figura 8.9.

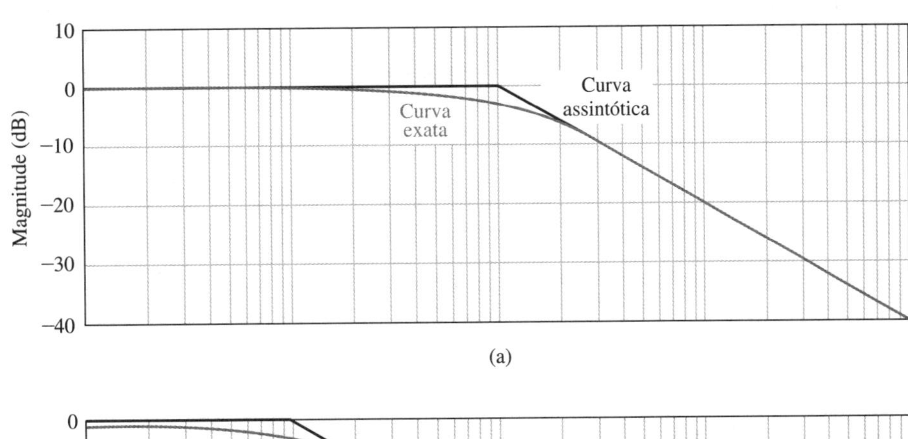

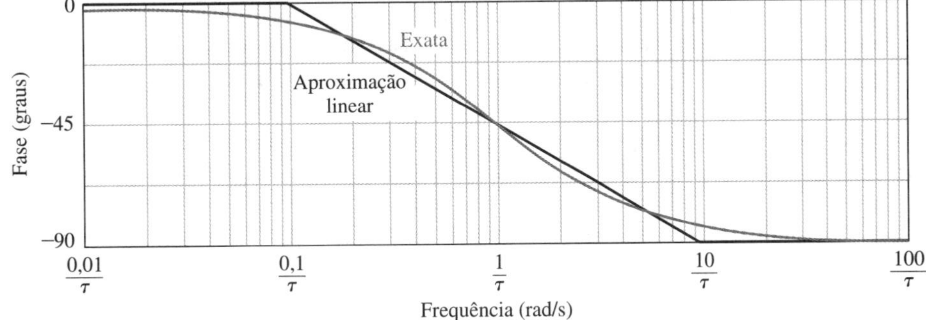

FIGURA 8.9 Diagrama de Bode para $(1 + j\omega\tau)^{-1}$.

O diagrama de Bode de um fator de zero $1 + j\omega\tau$ é obtido da mesma maneira que para o polo. Entretanto, a inclinação é positiva em +20 dB/década e a fase é $\phi(\omega) = +\tan^{-1}(\omega\tau)$.

Uma aproximação linear por partes para a curva de fase pode ser obtida como mostrado na Figura 8.9. Essa aproximação linear, que passa pela fase correta na frequência de corte, fica dentro de 6º da curva de fase real para todas as frequências. Essa aproximação propicia uma maneira útil de determinar rapidamente a forma das curvas de fase de uma função de transferência $G(s)$. Entretanto, frequentemente as curvas de fase exatas são requeridas, e a curva de fase real para o fator de primeira ordem deve ser obtida por meio de um programa de computador.

Polos ou Zeros Conjugados Complexos $[1 + (2\zeta/\omega_n)j\omega + (j\omega/\omega_n)^2]$. O fator quadrático para um par de polos conjugados complexos pode ser escrito na forma normalizada como

$$[1 + j2\zeta u - u^2]^{-1}, \tag{8.33}$$

em que $u = \omega/\omega_n$. Então, a magnitude logarítmica para um par de polos conjugados complexos é

$$20 \log|G(j\omega)| = -10 \log((1 - u^2)^2 + 4\zeta^2u^2) \tag{8.34}$$

e a fase é

$$\phi(\omega) = -\tan^{-1} \frac{2\zeta u}{1 - u^2}. \tag{8.35}$$

Quando $u \ll 1$, a magnitude é

$$20 \log|G(j\omega)| = -10 \log 1 = 0 \text{ dB},$$

e a fase tende a 0º. Quando $u \gg 1$, a magnitude logarítmica tende a

$$20 \log|G(j\omega)| = -10 \log u^4 = -40 \log u,$$

que resulta em uma curva com inclinação de –40 dB/década. A fase, quando $u \gg 1$, tende a –180º. As assíntotas de magnitude se cruzam na reta de 0 dB quando $u = \omega/\omega_n = 1$. Contudo, a diferença entre a curva de magnitude real e a aproximação assintótica é uma função do fator de amortecimento e deve ser levada em conta quando $\zeta < 0{,}707$. O diagrama de Bode de um fator quadrático devido a um par de polos conjugados complexos é mostrado na Figura 8.10. O valor máximo $M_{p\omega}$ da resposta em frequência ocorre na **frequência de ressonância** ω_r. Quando o fator de amortecimento tende a zero, então ω_r tende a ω_n, a **frequência natural**. A frequência de ressonância é determinada tomando-se a derivada da magnitude da Equação (8.33) em relação à frequência normalizada, u, e igualando-se o resultado a zero. A frequência de ressonância é dada pela relação

$$\omega_r = \omega_n\sqrt{1 - 2\zeta^2}, \quad \zeta < 0{,}707, \tag{8.36}$$

e o valor máximo da magnitude $|G(j\omega)|$ é

$$M_{p\omega} = |G(j\omega_r)| = (2\zeta\sqrt{1 - \zeta^2})^{-1}, \quad \zeta < 0{,}707, \tag{8.37}$$

para um par de polos complexos. O valor máximo da resposta em frequência, $M_{p\omega}$, e a frequência de ressonância ω_r são mostrados em função do fator de amortecimento ζ para um par de polos complexos na Figura 8.11. Supondo a dominância em malha fechada de um par de polos conjugados complexos, descobre-se que estas curvas são úteis para se estimar o fator de amortecimento de um sistema a partir da resposta em frequência determinada experimentalmente.

As curvas de resposta em frequência podem ser calculadas no plano s determinando-se os comprimentos e os ângulos dos vetores em várias frequências ω ao longo do eixo $s = +j\omega$. Por exemplo, considerando-se o fator de segunda ordem com polos conjugados complexos, tem-se:

$$G(s) = \frac{1}{(s/\omega_n)^2 + 2\zeta s/\omega_n + 1} = \frac{\omega_n^2}{s^2 + 2\zeta\omega_n s + \omega_n^2}. \tag{8.38}$$

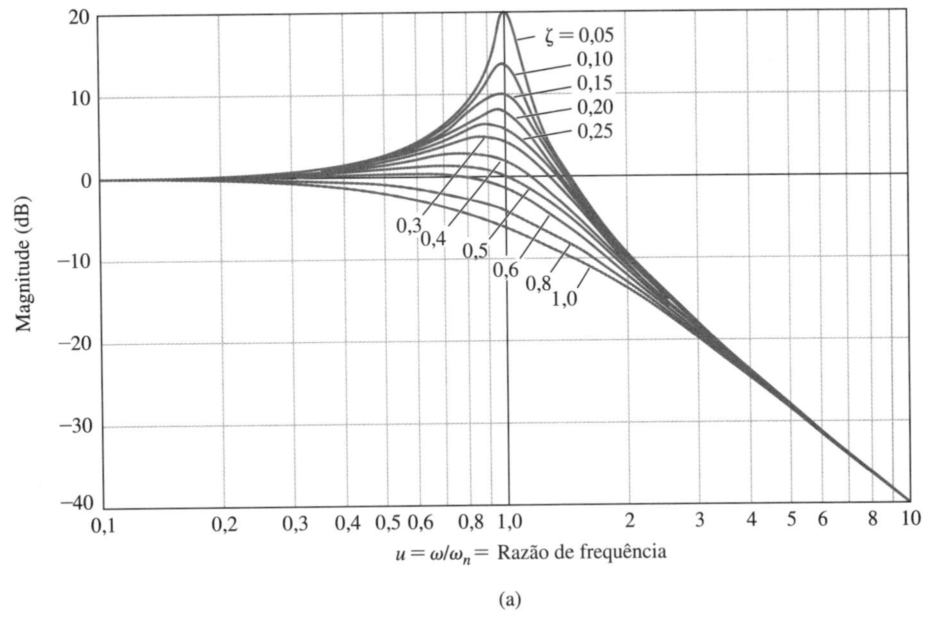

(a)

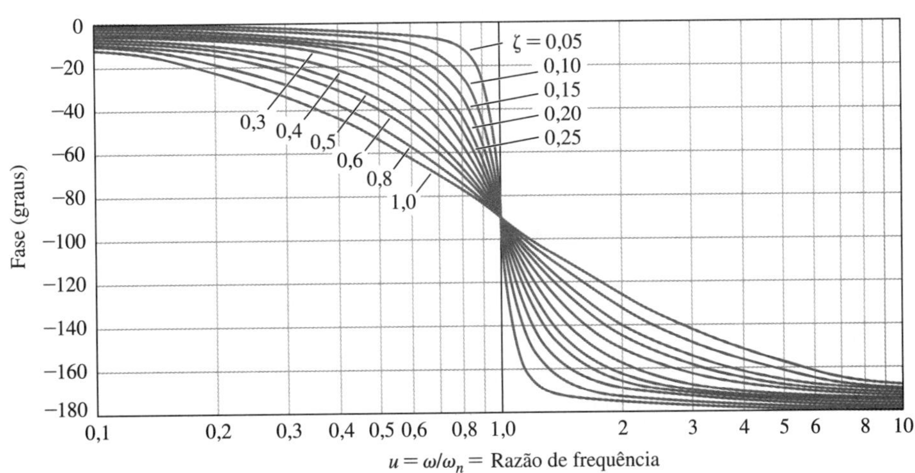

(b)

FIGURA 8.10
Diagrama de Bode para $G(j\omega) = [1 + (2\zeta/\omega_n)j\omega + (j\omega/\omega_n)]^{-1}$.

Os polos para ζ variando ficam em um círculo de raio ω_n e são mostrados para um ζ particular na Figura 8.12(a). A função de transferência calculada para a frequência real $s = j\omega$ é escrita como

$$G(j\omega) = \left.\frac{\omega_n^2}{(s - s_1)(s - \hat{s}_1)}\right|_{s=j\omega} = \frac{\omega_n^2}{(j\omega - s_1)(j\omega - \hat{s}_1)}, \tag{8.39}$$

em que s_1 e $\hat{s}_1$ são os polos conjugados complexos. Os vetores $j\omega - s_1$ e $j\omega - \hat{s}_1$ são os vetores a partir dos polos até a frequência $j\omega$, como mostrado na Figura 8.12(a). Então, a magnitude e a fase podem ser calculadas para várias frequências específicas. A magnitude é

$$|G(j\omega)| = \frac{\omega_n^2}{|j\omega - s_1||j\omega - \hat{s}_1|} \tag{8.40}$$

e a fase é

$$\phi(\omega) = -\underline{/(j\omega - s_1)} - \underline{/(j\omega - \hat{s}_1)}.$$

A magnitude e a fase podem ser calculadas em três frequências específicas, a saber,

$$\omega = 0, \qquad \omega = \omega_r \quad \text{e} \quad \omega = \omega_d,$$

como mostrado na Figura 8.12 nas partes (b), (c) e (d), respectivamente. A magnitude e a fase correspondendo a essas frequências são mostradas na Figura 8.13.

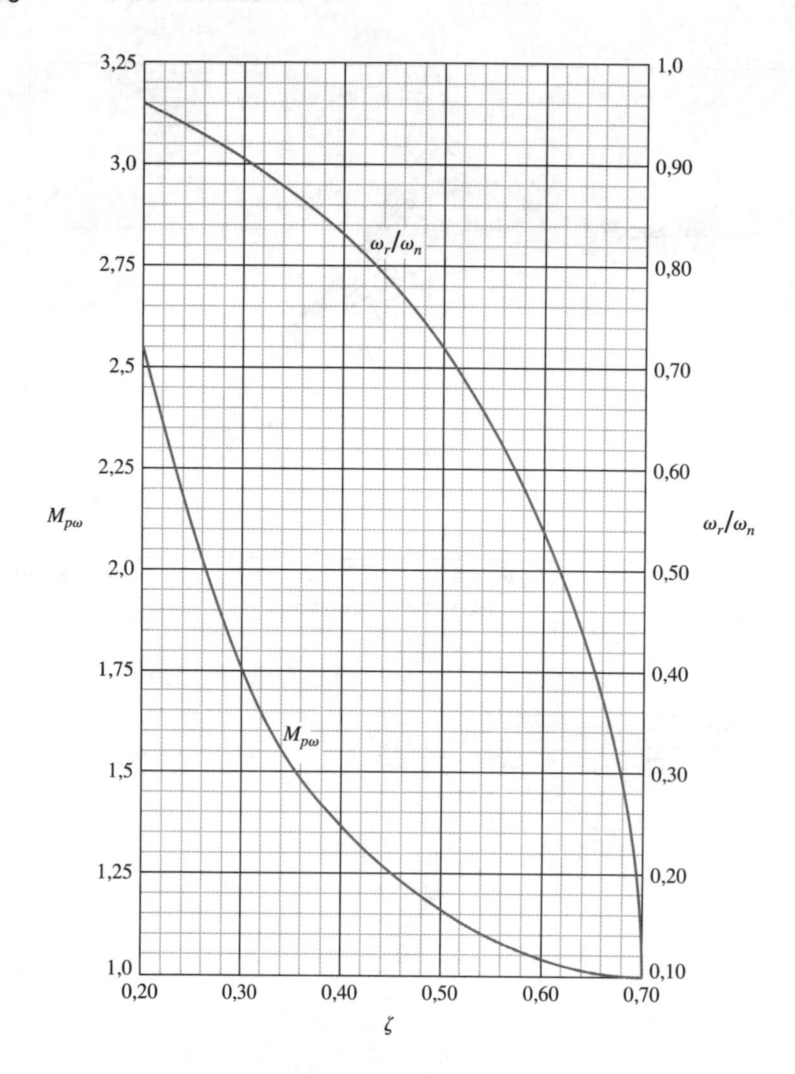

FIGURA 8.11 O máximo $M_{p\omega}$ da resposta em frequência e a frequência de ressonância ω_r *versus* ζ para um par de polos conjugados complexos.

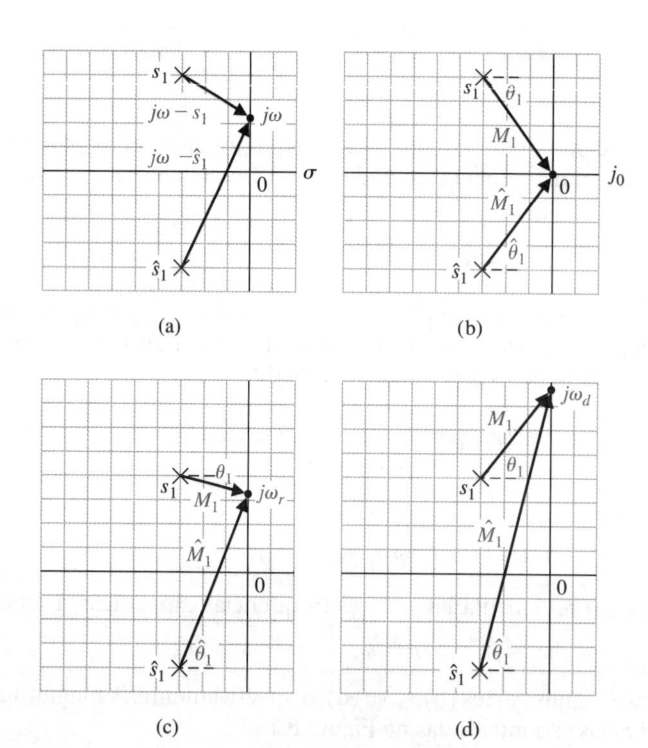

FIGURA 8.12 Cálculo vetorial da resposta em frequência para valores escolhidos de ω.

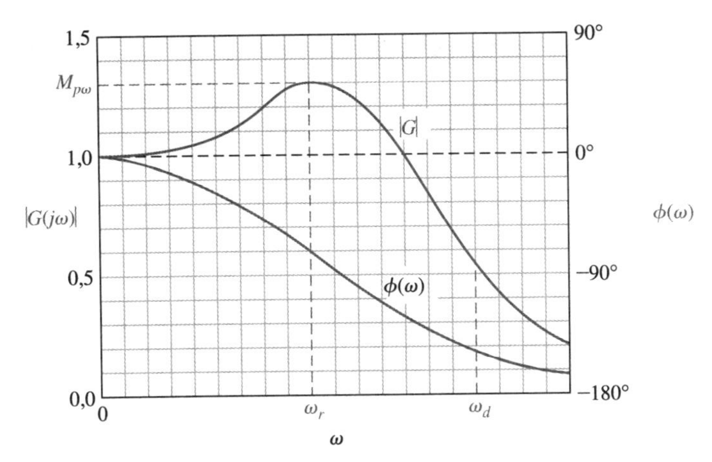

FIGURA 8.13 Diagrama de Bode para polos conjugados complexos.

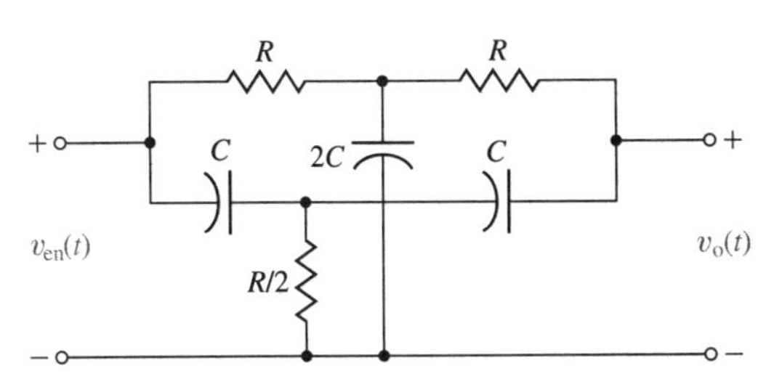

FIGURA 8.14 Circuito T simétrico.

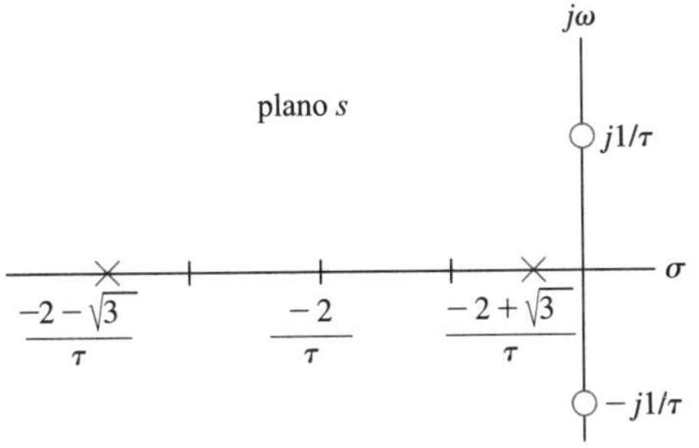

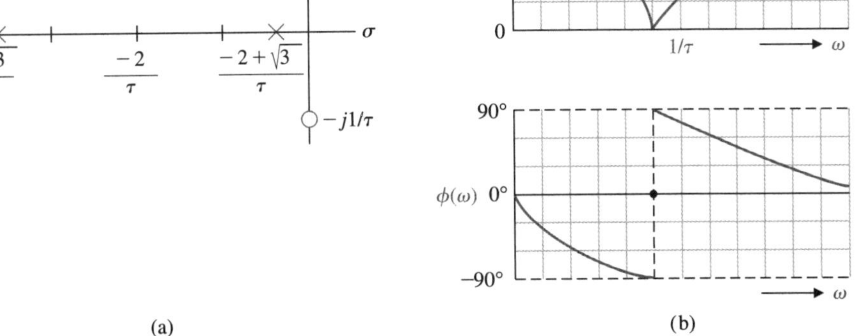

FIGURA 8.15 Circuito T simétrico. (a) Configuração de polos e zeros. (b) Resposta em frequência.

EXEMPLO 8.4 **Diagrama de Bode de um circuito T simétrico**

Como exemplo da determinação da resposta em frequência usando o diagrama de polos e zeros e os vetores até $j\omega$, considere o circuito T simétrico mostrado na Figura 8.14 [6]. A função de transferência desse circuito é

$$G(s) = \frac{V_o(s)}{V_{en}(s)} = \frac{(s\tau)^2 + 1}{(s\tau)^2 + 4s\tau + 1}, \tag{8.41}$$

em que $\tau = RC$. Os zeros estão em $s = \pm j1/\tau$, e os polos estão em $s = (-2 \pm \sqrt{3})/\tau$ no plano s, como mostrado na Figura 8.15(a). Em $\omega = 0$, tem-se $|G(j\omega)| = 1$ e $\phi(\omega) = 0°$. Em $\omega = 1/\tau$, $|G(j\omega)| = 0$, e a fase do vetor a partir do zero em $s = j1/\tau$ passa por uma transição de 180°. Quando ω tende a ∞, $|G(j\omega)| = 1$ e $\phi(\omega) = 0°$ novamente. A resposta em frequência é mostrada na Figura 8.15(b). ■

Um resumo das curvas assintóticas para termos básicos de uma função de transferência é fornecido na Tabela 8.1.

Nos exemplos anteriores, os polos e zeros de $G(s)$ ficaram restritos ao semiplano esquerdo. Entretanto, um sistema pode ter zeros localizados no semiplano direito do plano s e ainda assim ser estável. Funções de transferência com zeros no semiplano direito do plano s são classificadas como **funções de transferência de fase não mínima**. Se os zeros de uma função de transferência são todos refletidos em relação ao eixo $j\omega$, não há mudança na magnitude da função de transferência e a única diferença está nas características de variação de fase. Se as características de fase das duas funções de sistema são comparadas, pode-se mostrar facilmente que a variação total de fase sobre a faixa de frequência de zero a infinito é menor para o sistema com todos os zeros no semiplano esquerdo do plano s. Assim, a função de transferência $G_1(s)$, com todos os seus zeros no semiplano esquerdo do plano s, é chamada **função de transferência de fase mínima**. A função de transferência $G_2(s)$, com $|G_2(j\omega)| = |G_1(j\omega)|$ e todos os zeros de $G_1(s)$ refletidos em relação ao

Tabela 8.1 Curvas Assintóticas para Termos Básicos de uma Função de Transferência

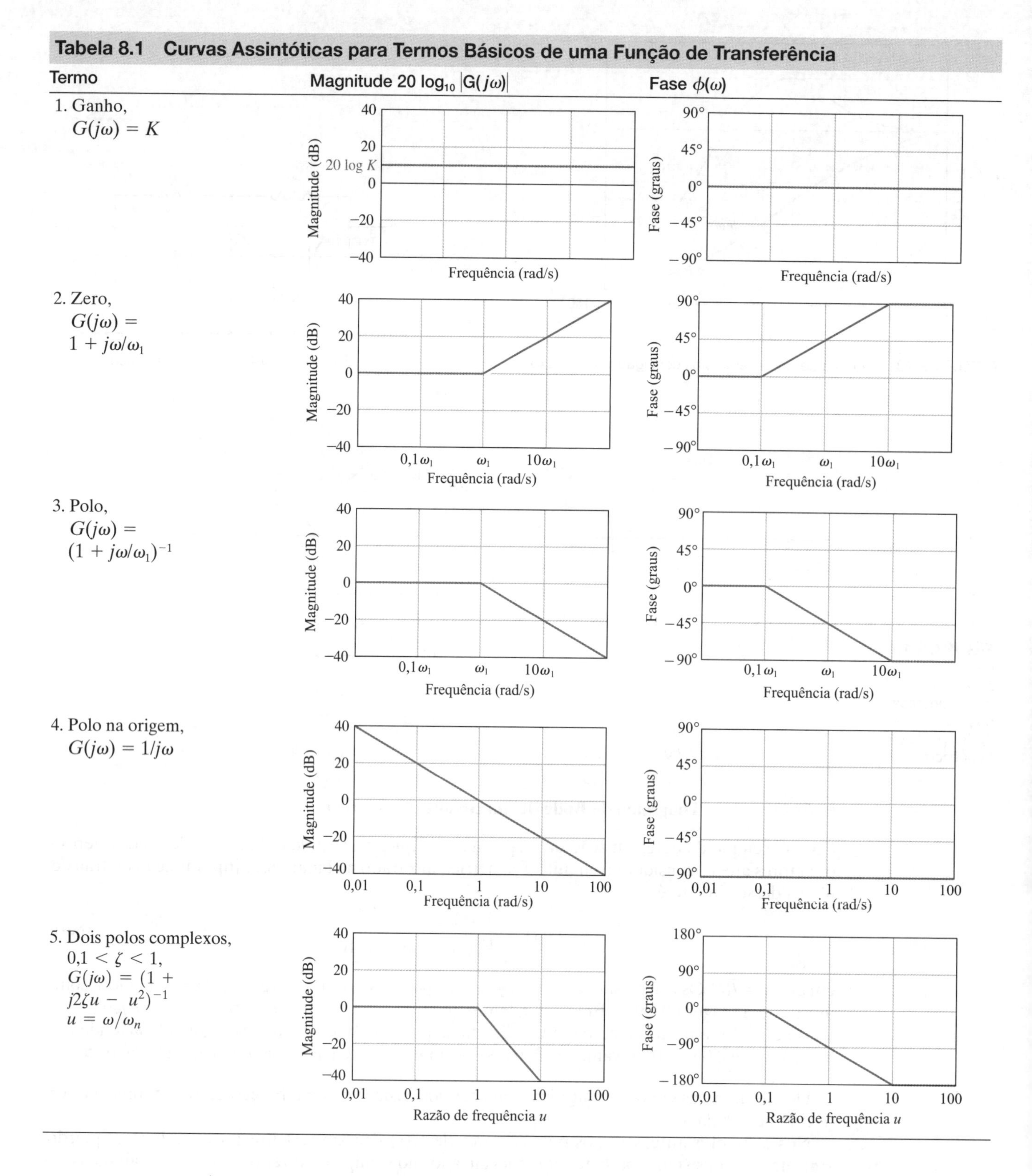

eixo $j\omega$ no semiplano direito do plano s, é chamada função de transferência de fase não mínima. A reflexão de qualquer zero ou par de zeros no semiplano direito resulta em uma função de transferência de fase não mínima.

> **Uma função de transferência é chamada função de transferência de fase mínima se todos os seus zeros estiverem no semiplano esquerdo do plano s. É denominada função de transferência de fase não mínima se tiver zeros no semiplano direito do plano s.**

As duas configurações de polos e zeros mostradas nas Figuras 8.16(a) e (b) possuem as mesmas características de amplitude, como pode ser deduzido a partir dos comprimentos dos vetores. Contudo, as características de fase são diferentes para as Figuras 8.16(a) e (b). A característica de fase mínima da Figura 8.16(a) e a característica de fase não mínima da Figura 8.16(b) são mostradas na Figura 8.17. Claramente, a variação de fase de

$$G_1(s) = \frac{s + z}{s + p}$$

é de menos de 80°, enquanto a variação de fase de

$$G_2(s) = \frac{s - z}{s + p}$$

é de 180°. O significado do termo **fase mínima** é ilustrado na Figura 8.17. A faixa de variação da fase de uma função de transferência de fase mínima é a menor possível ou mínima correspondente a uma dada curva de amplitude, enquanto a variação da curva de fase não mínima é maior que o mínimo possível e não necessariamente a maior possível.

Um circuito de fase não mínima particularmente interessante é o **circuito passa-tudo**, que pode ser implementado com um circuito entrelaçado simétrico [8]. Uma configuração simétrica de polos e zeros é obtida como mostrado na Figura 8.18(a). Novamente, a magnitude $|G(j\omega)|$ permanece constante; neste caso, é igual à unidade. Entretanto, a fase varia de 0° a –360°. Uma vez que $\theta_2 = 180° - \theta_1$ e $\hat{\theta}_2 = 180° - \hat{\theta}_1$, a fase é dada por $\phi(\omega) = -2(\theta_1 + \hat{\theta}_1)$. A característica de magnitude e de fase do circuito passa-tudo é mostrada na Figura 8.18(b). Um circuito entrelaçado de fase não mínima é mostrado na Figura 8.18(c).

EXEMPLO 8.5 **Esboço de um diagrama de Bode**

O diagrama de Bode de uma função de transferência $G(s)$, a qual contém vários zeros e polos, é obtido adicionando-se a curva devida a cada polo e zero individual. A simplicidade deste método será ilustrada considerando-se uma função de transferência

$$G(j\omega) = \frac{5(1 + j0{,}1\omega)}{j\omega(1 + j0{,}5\omega)(1 + j0{,}6(\omega/50) + (j\omega/50)^2)}. \tag{8.42}$$

Os fatores, na ordem de sua ocorrência à medida que a frequência aumenta, são os seguintes:

1. Um ganho constante $K = 5$
2. Um polo na origem
3. Um polo em $\omega = 2$
4. Um zero em $\omega = 10$
5. Um par de polos complexos em $\omega = \omega_n = 50$

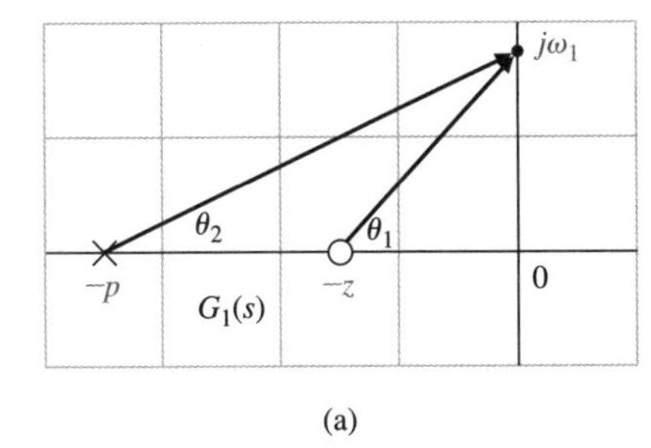

(a)

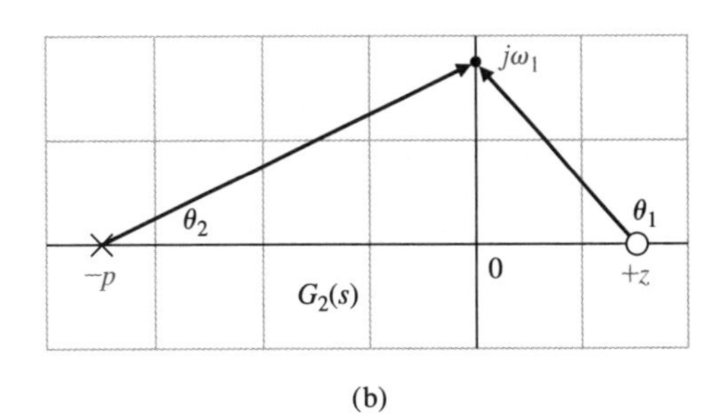

(b)

FIGURA 8.16 Configurações de polos e zeros dando a mesma resposta em amplitude e características de fase diferentes.

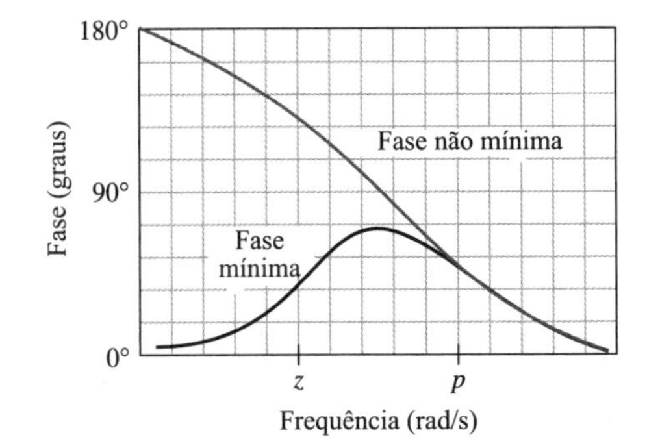

FIGURA 8.17 Características de fase para as funções de transferência de fase mínima e não mínima.

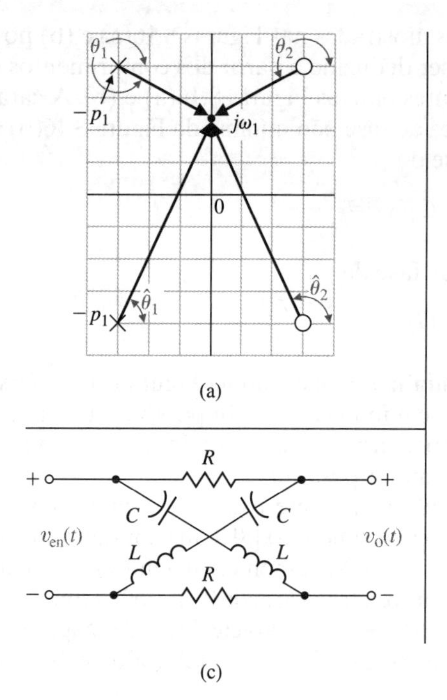

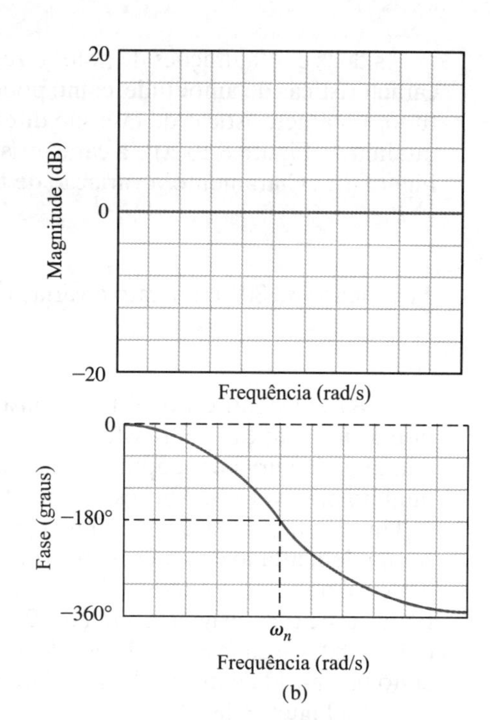

R
C C
$v_{en}(t)$ $v_o(t)$
L L
R
(c)

FIGURA 8.18 Circuito passa-tudo. (a) Configuração de polos e zeros, (b) resposta em frequência e (c) um circuito entrelaçado.

Primeiro, representa-se graficamente a característica de magnitude para cada fator individual de polo e zero e para o ganho constante:

1. O ganho constante é 20 log 5 = 14 dB, como mostrado na Figura 8.19.
2. A magnitude do polo na origem estende-se a partir da frequência zero até frequências infinitas e tem uma inclinação de –20 dB/década cruzando a linha de 0 dB em $\omega = 1$, como mostrado na Figura 8.19.
3. A aproximação assintótica da magnitude do polo em $\omega = 2$ tem uma inclinação de –20 dB/década além da frequência de corte em $\omega = 2$. A magnitude assintótica abaixo da frequência de corte é 0 dB, como mostrado na Figura 8.19.
4. A magnitude assintótica para o zero em $\omega = +10$ tem uma inclinação de +20 dB/década além da frequência de corte em $\omega = 10$, como mostrado na Figura 8.19.
5. A magnitude para os polos complexos é –40 db/década. A frequência de corte é $\omega = \omega_n = 50$, como mostrado na Figura 8.19. Esta aproximação deve ser corrigida para a magnitude real porque o fator de amortecimento é $\zeta = 0{,}3$, e a magnitude difere de forma apreciável da aproximação, como mostrado na Figura 8.20.

Consequentemente, a magnitude assintótica total pode ser representada graficamente somando-se as assíntotas devidas a cada fator, como mostrado pela linha contínua na Figura 8.20. Examinando a curva assintótica da Figura 8.20, observa-se que a curva pode ser obtida diretamente traçando-se cada assíntota na ordem, à medida que a frequência aumenta. Assim, a inclinação é –20 dB/década por causa de $K(j\omega)^{-1}$ cruzando 14 dB em $\omega = 1$. Então, em $\omega = 2$, a inclinação se torna –40 dB/década por causa do polo em $\omega = 2$. A inclinação muda para –20 dB/década por causa do zero em $\omega = 10$. Finalmente, a inclinação se torna –60 dB/década em $\omega = 50$ por causa do par de polos complexos em $\omega_n = 50$.

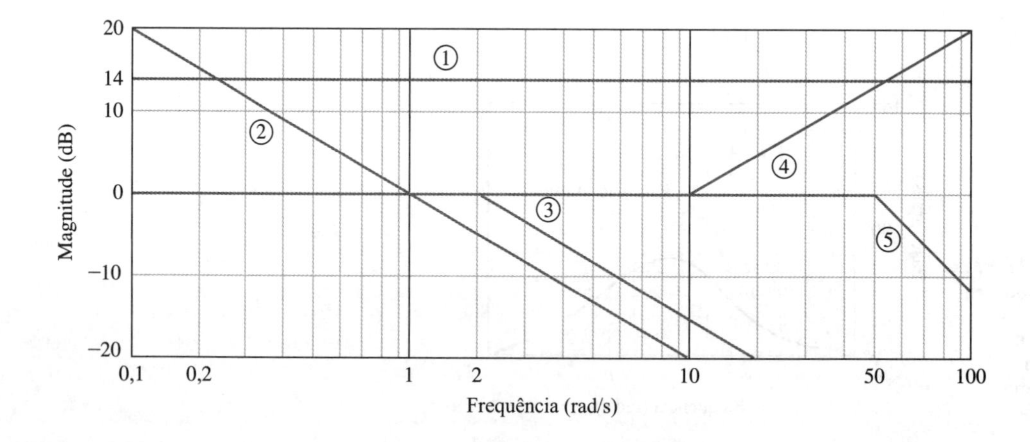

FIGURA 8.19 Assíntotas de magnitude dos polos e zeros usados no exemplo.

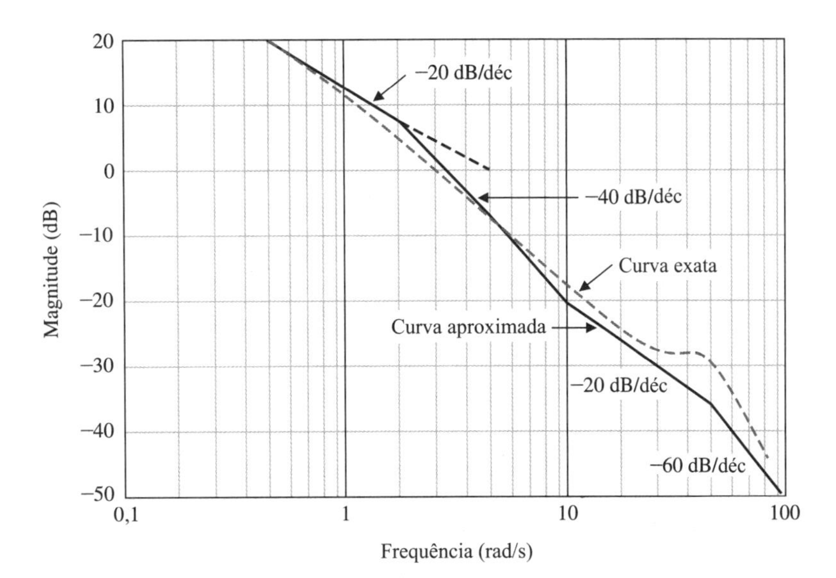

FIGURA 8.20 Característica de magnitude.

A curva de magnitude exata é então obtida utilizando-se a Figura 8.9, que fornece a diferença entre as curvas real e assintótica para um polo único. O zero único segue um padrão semelhante, porém com a curva exata +3 dB acima na frequência de quebra. A curva de magnitude exata para o par de polos complexos é obtida utilizando-se a Figura 8.10(a) para o fator quadrático. A curva de magnitude exata para $G(j\omega)$ é mostrada por uma linha tracejada na Figura 8.20.

A característica de fase pode ser obtida somando-se a fase devida a cada fator individual. Usualmente, a aproximação linear da característica de fase para um único polo ou zero é adequada para a análise inicial. Assim, as características de fase individuais para os polos e zeros são mostradas na Figura 8.21 e são as seguintes:

1. A fase do ganho constante é 0°.
2. A fase do polo na origem é uma constante –90°.
3. A aproximação linear da característica de fase para o polo em $\omega = 2$ é mostrada na Figura 8.21, em que a mudança de fase é –45° em $\omega = 2$.
4. A aproximação linear da característica de fase para o zero em $\omega = 10$ também é mostrada na Figura 8.21, em que a mudança de fase é +45° em $\omega = 10$.
5. A característica de fase real para o par de polos complexos é obtida a partir da Figura 8.10 e é mostrada na Figura 8.21.

Consequentemente, a característica de fase total, $\phi(\omega)$, é obtida somando-se a fase devida a cada fator, como mostrado na Figura 8.21. Embora esta curva seja uma aproximação, sua utilidade merece consideração como primeira tentativa para determinar a característica de fase. Assim, uma frequência de interesse é a frequência para a qual $\phi(\omega) = -180°$. A curva aproximada indica que uma variação de fase de –180° ocorre em $\omega = 46$. A variação de fase real em $\omega = 46$ pode ser calculada rapidamente como

$$\phi(\omega) = -90° - \tan^{-1}\omega\tau_1 + \tan^{-1}\omega\tau_2 - \tan^{-1}\frac{2\zeta u}{1 - u^2}, \tag{8.43}$$

em que

$$\tau_1 = 0{,}5, \qquad \tau_2 = 0{,}1, \qquad 2\zeta = 0{,}6 \qquad \text{e} \qquad u = \omega/\omega_n = \omega/50.$$

Então se verifica que

$$\phi(46) = -90° - \tan^{-1} 23 + \tan^{-1} 4{,}6 - \tan^{-1} 3{,}55 = -175°, \tag{8.44}$$

e a curva aproximada tem um erro de 5° em $\omega = 46$. Todavia, uma vez que a frequência de interesse aproximada seja determinada a partir da curva de fase aproximada, a variação de fase exata para as frequências próximas é determinada prontamente usando-se a relação de variação de fase exata [Equação (8.43)]. Essa abordagem é usualmente preferível ao cálculo da variação de fase exata para todas as frequências ao longo de várias décadas. Em resumo, podem-se obter curvas aproximadas para a magnitude e para a variação de fase de uma função de transferência $G(j\omega)$ com o objetivo de determinar as faixas de frequência importantes. Então, dentro das faixas de frequência importantes relativamente pequenas, as magnitudes e variações de fase exatas podem ser rapidamente calculadas usando-se equações exatas, como a Equação (8.43).

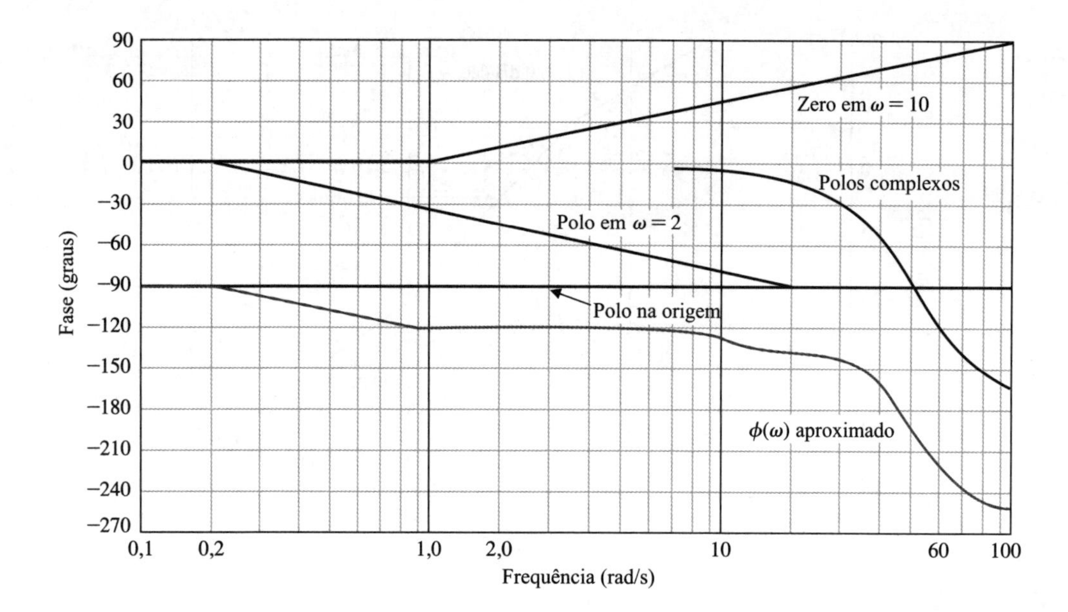

FIGURA 8.21 Característica de fase.

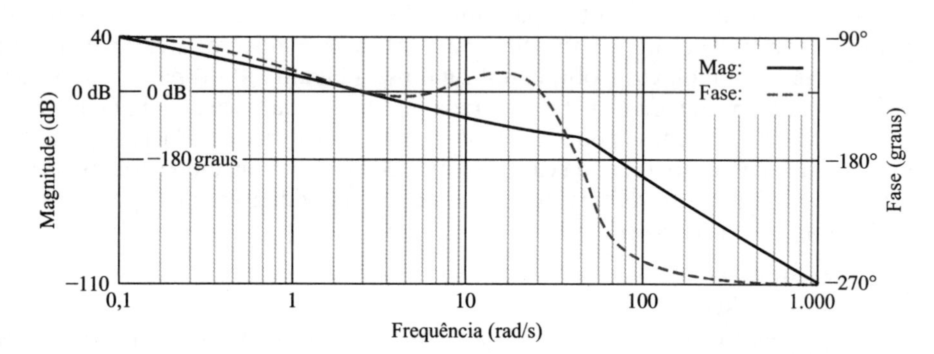

FIGURA 8.22 Diagrama de Bode do $G(j\omega)$ da Equação (8.42).

O diagrama de Bode para a função de transferência na Equação (8.42) é mostrado na Figura 8.22. O diagrama é gerado para quatro décadas e a reta de 0 dB é indicada, bem como a reta de –180°. O gráfico indica que a magnitude é 34 dB e que a fase é –92,36° em $\omega = 0{,}1$. Do mesmo modo, o gráfico indica que a magnitude é –43 dB e que a fase é –243° em $\omega = 100$. Examinando-se o gráfico, verifica-se que a magnitude é 0 dB em $\omega = 3{,}0$ e que a fase é –180° em $\omega = 50$. ■

8.3 MEDIDAS DA RESPOSTA EM FREQUÊNCIA

Uma onda senoidal pode ser usada para medir a resposta em frequência em malha aberta de um sistema de controle. Na prática, um diagrama de amplitude *versus* frequência e um diagrama de fase *versus* frequência serão obtidos [1, 3, 6]. A partir desses dois diagramas, a função de transferência em malha aberta $G_c(j\omega)G(j\omega)$ pode ser inferida. De modo similar, a resposta em frequência em malha fechada de um sistema de controle, $T(j\omega)$, pode ser obtida, e a função de transferência real pode ser inferida.

Um dispositivo chamado analisador de onda pode ser usado para medir as variações de amplitude e de fase à medida que a frequência da onda senoidal de entrada é alterada. Além disso, um dispositivo chamado analisador de função de transferência pode ser usado para avaliar as funções de transferência em malha aberta e em malha fechada [6].

Um instrumento analisador de sinais típico pode realizar medidas da resposta em frequência de CC até 100 kHz. Recursos embutidos de análise e modelagem podem deduzir polos e zeros a partir das respostas em frequência medidas ou construir respostas de magnitude e de fase com modelos fornecidos pelo usuário. Esse dispositivo também pode sintetizar a resposta em frequência de um modelo de sistema, permitindo a comparação com uma resposta real.

Como exemplo de determinação de função de transferência a partir do diagrama de Bode, considere o diagrama mostrado na Figura 8.23. O sistema é um circuito estável que consiste em resistores e capacitores. Uma vez que a magnitude diminui cerca de –20 dB/década à medida que ω

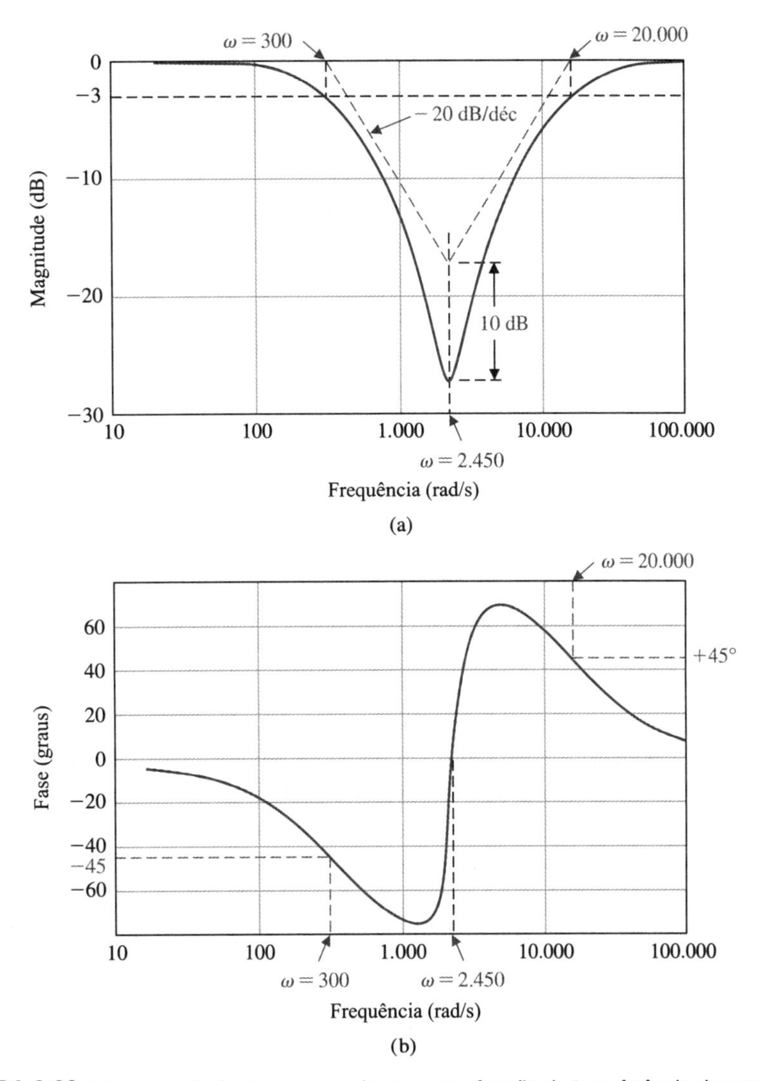

FIGURA 8.23 Diagrama de Bode para um sistema com função de transferência desconhecida.

aumenta entre 100 e 1.000, e, uma vez que a fase é –45° e a magnitude é –3 dB em 300 rad/s, pode-se deduzir que um fator é um polo em $p_1 = 300$. Em seguida, deduz-se que existe um par de zeros quadráticos em $\omega_n = 2.450$. Isso é deduzido observando-se que a fase muda abruptamente cerca de +180°, passando por 0° em $\omega_n = 2.450$. Além disso, a inclinação da magnitude muda de –20 dB/década para +20 dB/década em $\omega_n = 2.450$. Uma vez que a inclinação da magnitude retorna para 0 dB/década à medida que ω ultrapassa 50.000, conclui-se que há um segundo polo assim como dois zeros. Esse segundo polo está em $p_2 = 20.000$, uma vez que a magnitude é –3 dB a partir da assíntota e a fase é +45° neste ponto (–90° para o primeiro polo, +180° para o par de zeros quadráticos e –45° para o segundo polo). Esboçam-se as assíntotas para os polos e o numerador da função de transferência proposta $T(s)$ da Equação (8.45), como mostrado na Figura 8.23(a). A equação é

$$T(s) = \frac{(s/\omega_n)^2 + (2\zeta/\omega_n)s + 1}{(s/p_1 + 1)(s/p_2 + 1)}. \tag{8.45}$$

A diferença em magnitude na frequência de quebra ($\omega_n = 2.450$) das assíntotas para o valor mínimo da resposta é de 10 dB, o que, a partir da Equação (8.37), indica que $\zeta = 0{,}16$. (Compare o gráfico dos zeros quadráticos com o gráfico dos polos quadráticos na Figura 8.10. Observe que os gráficos precisam ser virados "de cabeça para baixo" para os zeros quadráticos e que a fase vai de 0° para +180° em vez de –180°.) Portanto, a função de transferência é

$$T(s) = \frac{(s/2.450)^2 + (0{,}32/2.450)s + 1}{(s/300 + 1)(s/20.000 + 1)}.$$

Esta resposta em frequência é obtida, na realidade, de um circuito em ponte T.

8.4 ESPECIFICAÇÕES DE DESEMPENHO NO DOMÍNIO DA FREQUÊNCIA

Deve-se fazer a pergunta: como a resposta em frequência de um sistema se relaciona com a resposta transitória esperada do sistema? Em outras palavras, dado um conjunto de especificações no domínio do tempo (desempenho transitório), como especificar a resposta em frequência? Para um sistema de segunda ordem simples, essa pergunta já foi respondida considerando-se o desempenho no domínio do tempo em termos de máxima ultrapassagem, tempo de acomodação e outros critérios de desempenho, como a integral do erro quadrático. Para o sistema de segunda ordem mostrado na Figura 8.24, a função de transferência em malha fechada é

$$T(s) = \frac{\omega_n^2}{s^2 + 2\zeta\omega_n s + \omega_n^2}. \tag{8.46}$$

A resposta em frequência desse sistema com realimentação é mostrada na Figura 8.25. Uma vez que esse é um sistema de segunda ordem, o fator de amortecimento do sistema está relacionado com a máxima magnitude $M_{p\omega}$, a qual ocorre na frequência ω_r, como mostrado na Figura 8.25.

Na frequência de ressonância ω_r um valor máximo de $M_{p\omega}$ da resposta em frequência é obtido.

A faixa de passagem, ω_B, é uma medida da capacidade do sistema de reproduzir fielmente um sinal de entrada.

A faixa de passagem é a frequência ω_B na qual a resposta em frequência decaiu 3 dB a partir do seu valor em baixa frequência. Isso corresponde a aproximadamente metade de uma oitava, ou cerca de $1/\sqrt{2}$ do valor em baixa frequência.

A frequência de ressonância ω_r e a **faixa de passagem** de –3 dB podem ser relacionadas com a velocidade da resposta transitória. Desse modo, à medida que a faixa de passagem ω_B aumenta, o tempo de subida da resposta ao degrau do sistema diminui. Além disso, a máxima ultrapassagem para uma entrada em degrau pode ser relacionada com $M_{p\omega}$ por meio do fator de amortecimento ζ. As curvas da Figura 8.11 relacionam a magnitude e a frequência de ressonância com o fator de amortecimento do sistema de segunda ordem. Com o fator de amortecimento, a máxima ultrapassagem percentual para um degrau unitário pode ser calculada. Assim, verifica-se que, à medida que o pico de ressonância $M_{p\omega}$ aumenta em magnitude, a máxima ultrapassagem para uma entrada em degrau aumenta. Em geral, a magnitude $M_{p\omega}$ indica a estabilidade relativa de um sistema.

A faixa de passagem de um sistema ω_B, como indicada na resposta em frequência, pode ser relacionada aproximadamente com a frequência natural do sistema. A Figura 8.26 mostra a faixa de passagem normalizada ω_B/ω_n *versus* ζ para o sistema de segunda ordem da Equação (8.46). A resposta do sistema de segunda ordem a uma entrada em degrau unitário é da forma

$$y(t) = 1 + Be^{-\zeta\omega_n t}\cos(\omega_1 t + \theta). \tag{8.47}$$

Quanto maior a magnitude de ω_n quando ζ é constante, mais rapidamente a resposta tenderá ao valor desejado em regime estacionário. Assim, especificações desejáveis no domínio da frequência são como a seguir:

1. Magnitudes de ressonância relativamente pequenas: $M_{p\omega} < 1{,}5$, por exemplo.
2. Faixas de passagem relativamente grandes de modo que a constante de tempo do sistema $\tau = 1/(\zeta\omega_n)$ seja suficientemente pequena.

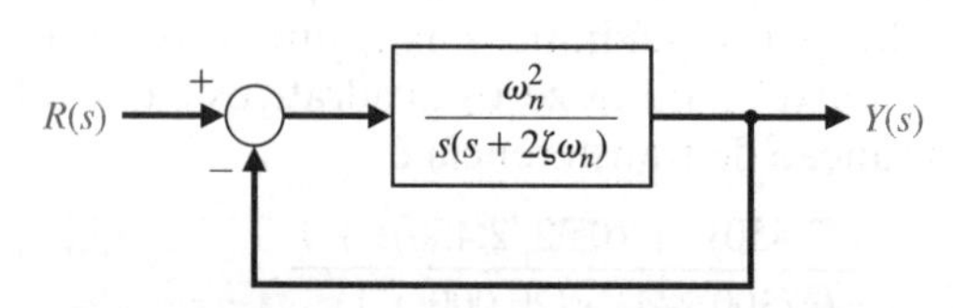

FIGURA 8.24 Um sistema de segunda ordem em malha fechada.

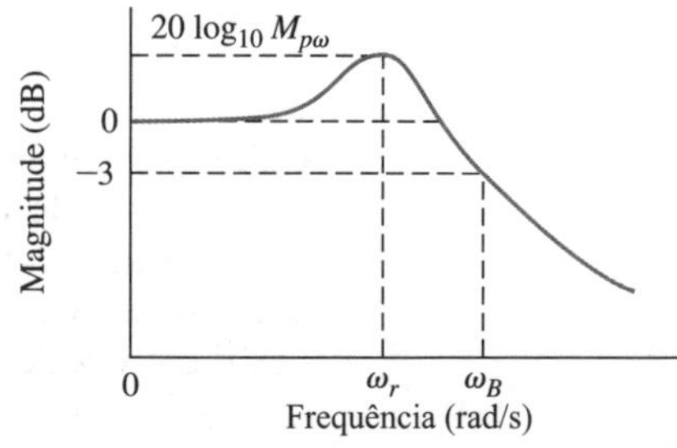

FIGURA 8.25 Característica de magnitude da função de transferência de segunda ordem em malha fechada, $T(s)$.

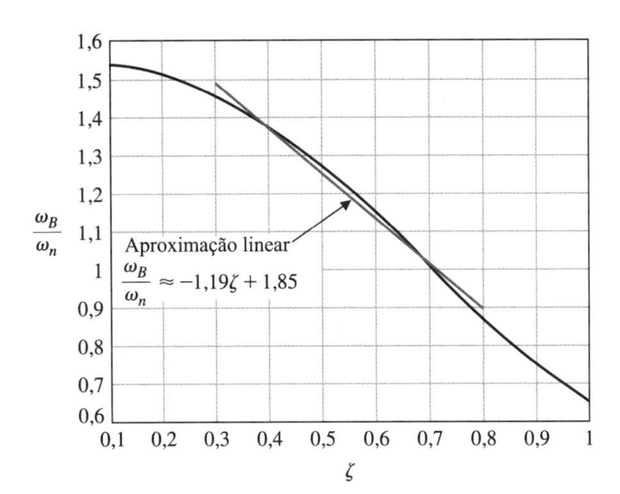

FIGURA 8.26 Faixa de passagem normalizada ω_B/ω_n *versus* ζ para um sistema de segunda ordem [Equação (8.46)]. A aproximação linear $\omega_B/\omega_n = -1,19\zeta + 1,85$ é correta para $0,3 \leq \zeta \leq 0,8$.

A utilidade das especificações da resposta em frequência e sua relação com o desempenho transitório real dependem da aproximação do sistema por um par de polos complexos de segunda ordem, chamados de **raízes dominantes**. Se a resposta em frequência for dominada por um par de polos complexos, as relações entre a resposta em frequência e a resposta no tempo discutidas nesta seção serão válidas. Felizmente, grande parte dos sistemas de controle satisfaz essa aproximação de dominância de segunda ordem na prática.

As especificações de erro em regime estacionário também podem ser relacionadas com a resposta em frequência de um sistema em malha fechada. O erro em regime estacionário para um sinal de entrada de teste específico pode ser relacionado com o ganho e com o número de integrações (polos na origem) da função de transferência de malha. Portanto, para o sistema mostrado na Figura 8.24, o erro em regime estacionário para uma entrada rampa é especificado em termos de K_v, a constante de velocidade. O erro em regime estacionário para o sistema é

$$\lim_{t\to\infty} e(t) = \frac{A}{K_v},$$

em que A = magnitude da entrada rampa. A constante de velocidade para o sistema da Figura 8.24 sem realimentação é

$$K_v = \lim_{s\to 0} sG(s) = \lim_{s\to 0} s\left(\frac{\omega_n^2}{s(s + 2\zeta\omega_n)}\right) = \frac{\omega_n}{2\zeta}. \tag{8.48}$$

A função de transferência pode ser escrita como

$$G(s) = \frac{\omega_n/(2\zeta)}{s(s/(2\zeta\omega_n) + 1)} = \frac{K_v}{s(\tau s + 1)}, \tag{8.49}$$

e a constante de ganho é K_v para este sistema do tipo um. Por exemplo, reexaminando-se o Exemplo 8.5, tem-se um sistema do tipo um com função de transferência de malha

$$G(j\omega) = \frac{5(1 + j\omega\tau_2)}{j\omega(1 + j\omega\tau_1)(1 + j0,6u - u^2)}, \tag{8.50}$$

em que $u = \omega/\omega_n$. Portanto, nesse caso, tem-se $K_v = 5$. Em geral, se a função de transferência de malha de um sistema com realimentação é escrita como

$$G(j\omega) = \frac{K\prod_{i=1}^{M}(1 + j\omega\tau_i)}{(j\omega)^N\prod_{k=1}^{Q}(1 + j\omega\tau_k)}, \tag{8.51}$$

então, o sistema é do tipo N e o ganho K é a constante de ganho para o erro em regime estacionário. Assim, para um sistema do tipo zero que possui dois polos, temos

$$G(j\omega) = \frac{K}{(1 + j\omega\tau_1)(1 + j\omega\tau_2)}. \tag{8.52}$$

Nesta equação, $K = K_p$ (a constante de erro de posição), que aparece como o ganho de baixa frequência no diagrama de Bode.

Além disso, a constante de ganho $K = K_v$ para o sistema do tipo um aparece como o ganho da seção de baixa frequência da característica de magnitude. Considerando-se apenas o polo e o ganho do sistema do tipo um da Equação (8.50), temos

$$G(j\omega) = \frac{5}{j\omega} = \frac{K_v}{j\omega}, \qquad \omega < 1/\tau_1, \tag{8.53}$$

e o K_v é numericamente igual à frequência quando esta parte da característica de magnitude cruza a reta de 0 dB. Por exemplo, o cruzamento de baixa frequência de $K_v/j\omega$ na Figura 8.20 é igual a $\omega = 5$, como esperado.

Portanto, as características da resposta em frequência representam o desempenho de um sistema de maneira muito adequada, e, com alguma experiência, são muito úteis para a análise e projeto de sistemas de controle com realimentação.

8.5 DIAGRAMAS DE LOGARITMO DA MAGNITUDE E FASE

Existem vários métodos alternativos para representar a resposta em frequência de uma função $G(j\omega)$. Verificou-se que representações gráficas adequadas da resposta em frequência são (1) o diagrama polar e (2) o diagrama de Bode. Uma abordagem alternativa para retratar a resposta em frequência graficamente é traçar a magnitude logarítmica em dB *versus* a fase para uma faixa de frequências. Considere o diagrama do logaritmo da magnitude *versus* fase da função de transferência

$$G_1(j\omega) = \frac{5}{j\omega(0{,}5j\omega + 1)(j\omega/6 + 1)} \tag{8.54}$$

mostrado na Figura 8.27. Os números indicados sobre a curva são os valores de frequência ω.

A curva de logaritmo da magnitude e fase para a função de transferência

$$G_2(j\omega) = \frac{5(0{,}1j\omega + 1)}{j\omega(0{,}5j\omega + 1)(1 + j0{,}6(\omega/50) + (j\omega/50)^2)} \tag{8.55}$$

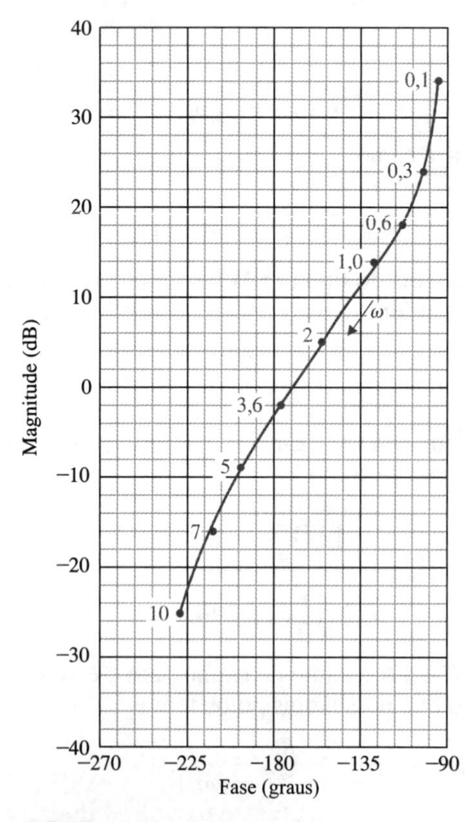

FIGURA 8.27 Curva de logaritmo da magnitude e fase para $G_1(j\omega)$.

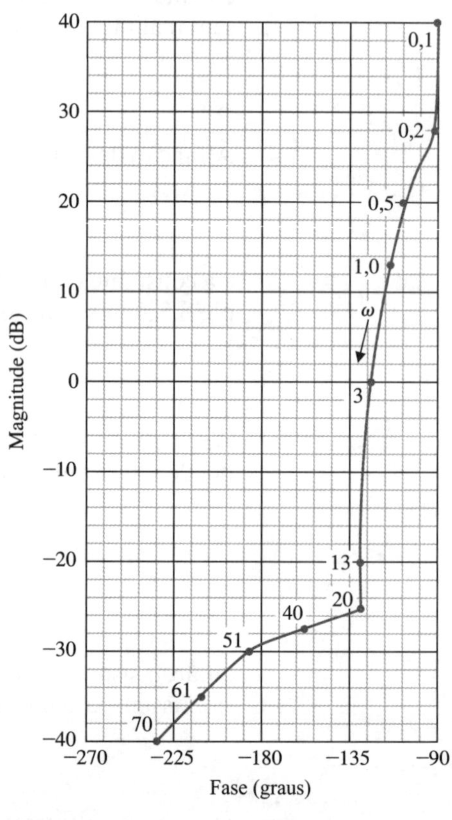

FIGURA 8.28 Curva de logaritmo da magnitude e fase para $G_2(j\omega)$.

é mostrada na Figura 8.28. Essa curva é obtida mais facilmente utilizando-se os diagramas de Bode das Figuras 8.20 e 8.21 para transferir a informação da resposta em frequência para as coordenadas de logaritmo da magnitude e fase. A forma do lugar geométrico da resposta em frequência em um diagrama de logaritmo da magnitude e fase é particularmente importante à medida que a fase se aproxima de –180° e a magnitude se aproxima de 0 dB. O lugar geométrico da Equação (8.54) e da Figura 8.27 difere substancialmente do lugar geométrico da Equação (8.55) e da Figura 8.28. Portanto, conforme a correlação entre a forma do lugar geométrico e a resposta transitória de um sistema é estabelecida, será obtida outra representação útil da resposta em frequência de um sistema. Pode-se estabelecer um critério de estabilidade no domínio da frequência, para o qual será útil empregar o diagrama de logaritmo da magnitude e fase para investigar a estabilidade relativa de sistemas de controle com realimentação em malha fechada.

8.6 EXEMPLOS DE PROJETO

Nesta seção, são apresentados dois exemplos ilustrativos usando métodos da resposta em frequência para projetar controladores. O primeiro exemplo descreve o controle de um gerador fotovoltaico para alcançar fornecimento máximo de energia à medida que a luz solar varia com o tempo. O segundo exemplo considera o controle de uma pata de um dispositivo robótico de seis patas. Nesse exemplo, as especificações que devem ser satisfeitas incluem uma mistura de especificações no domínio no tempo (máxima ultrapassagem percentual e tempo de acomodação) e especificações no domínio da frequência (faixa de passagem). O processo de projeto leva a um controlador de PID viável que atende todas as especificações.

EXEMPLO 8.6 **Rastreamento do ponto de máxima potência para geradores fotovoltaicos**

Um objetivo da engenharia verde é projetar produtos que irão minimizar a poluição e melhorar o ambiente. A utilização de energia solar é uma maneira de fornecer energia limpa usando geradores fotovoltaicos que convertem luz solar diretamente em energia elétrica. Entretanto, a saída de um gerador fotovoltaico varia e depende da luz solar disponível, da temperatura e das cargas vinculadas. Neste exemplo, promove-se uma discussão sobre a regulação da tensão elétrica fornecida por um sistema de gerador fotovoltaico usando controle com realimentação [24]. Projeta-se um controlador para atender às especificações desejadas.

Considere o sistema de controle com realimentação na Figura 8.29. A função de transferência da planta é

$$G(s) = \frac{K}{s(s + p)}$$

em que $K = 300.000$ e $p = 360$. Este modelo é consistente com um gerador fotovoltaico com 182 células gerando mais de 1.100 W [24]. Admita um controlador da forma

$$G_c(s) = K_c\left[\frac{\tau_1 s + 1}{\tau_2 s + 1}\right], \tag{8.56}$$

em que K_c, τ_1 e τ_2 devem ser determinados. O controlador na Equação (8.56) é um compensador de avanço ou atraso de fase dependendo de τ_1 e τ_2. O controlador deve minimizar os efeitos de perturbações e variações na planta fornecendo um ganho elevado em baixas frequências enquanto minimiza o ruído de medida fornecendo um ganho baixo em altas frequências [24]. Para atingir esses objetivos, as especificações de projeto são:

1. $|G_c(j\omega)G(j\omega)| \geq 20$ dB em $\omega \leq 10$ rad/s
2. $|G_c(j\omega)G(j\omega)| \leq -20$ dB em $\omega \geq 1.000$ rad/s
3. Margem de fase $M.F. \geq 60°$

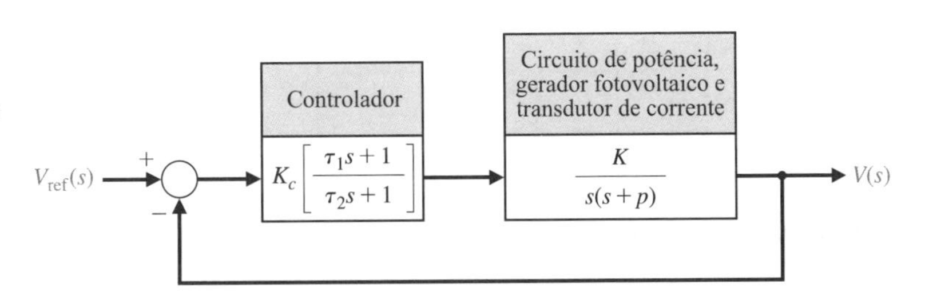

FIGURA 8.29 Sistema de controle com realimentação de gerador fotovoltaico para rastreamento de tensão de entrada de referência.

A margem de fase do sistema não compensado é $M.F. = 36{,}3^\circ$, indicando que o sistema compensado precisa adicionar aproximadamente $M.F. = 25^\circ$, portanto o compensador deve adicionar o avanço de fase requerido. Além disso, a magnitude da resposta em frequência não compensada em $\omega = 1.000$ rad/s é –11 dB, indicando que o ganho precisa ser reduzido ainda mais em altas frequências para atender às especificações.

Um controlador possível é

$$G_c(s) = 250\left[\frac{0{,}04s + 1}{100s + 1}\right].$$

A margem de fase compensada é $M.F. = 60{,}4^\circ$. Como pode ser visto na Figura 8.30, a especificação de ganho elevado em baixa frequência é satisfeita, bem como a especificação de ganho baixo em alta frequência. A resposta ao degrau em malha fechada é mostrada na Figura 8.31. O tempo de acomodação é $T_s = 0{,}11$ s e a máxima ultrapassagem percentual é $M.U.P. = 19{,}4\%$, ambos bastante aceitáveis para o controle da tensão do gerador fotovoltaico. ■

EXEMPLO 8.7 **Controle de uma pata de um robô de seis patas**

O Ambler é uma máquina que anda com seis patas desenvolvida na Universidade Carnegie-Mellon [23]. Uma concepção artística do Ambler é mostrada na Figura 8.32.

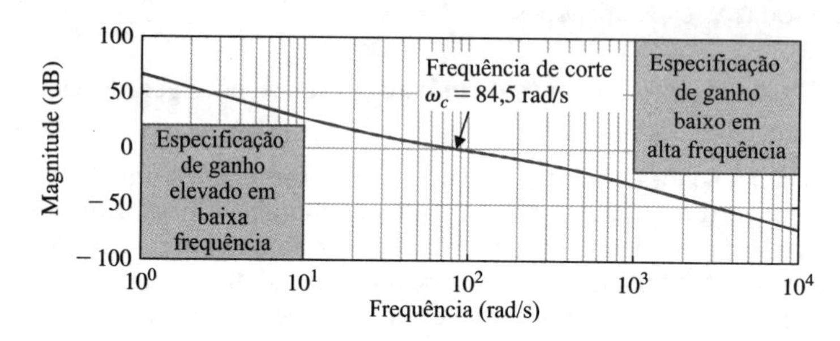

FIGURA 8.30 Diagrama de Bode do sistema compensado com $G_c(s) = 250\left[\frac{0{,}04s + 1}{100s + 1}\right]$.

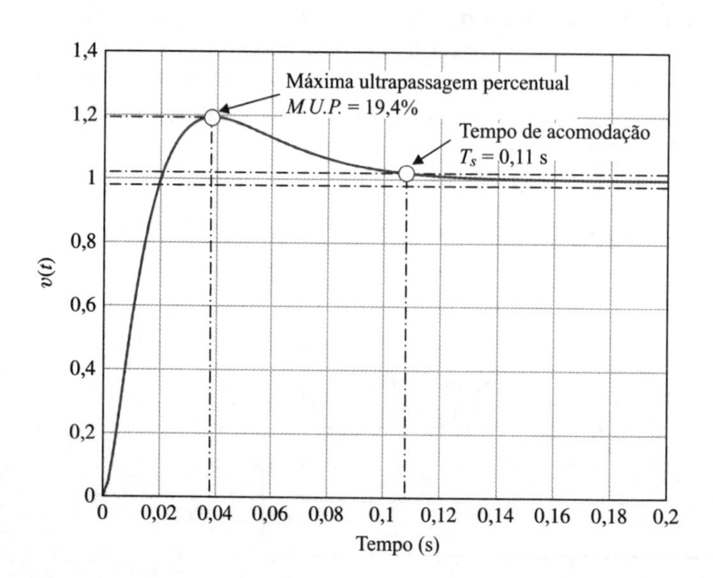

FIGURA 8.31 Resposta ao degrau do sistema em malha fechada.

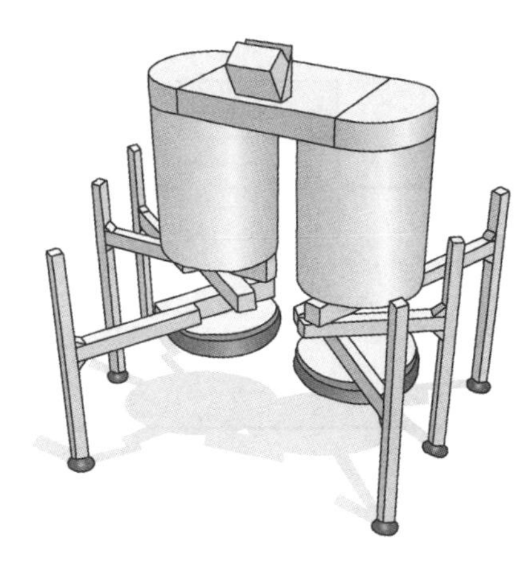

FIGURA 8.32 Concepção artística do Ambler com seis patas.

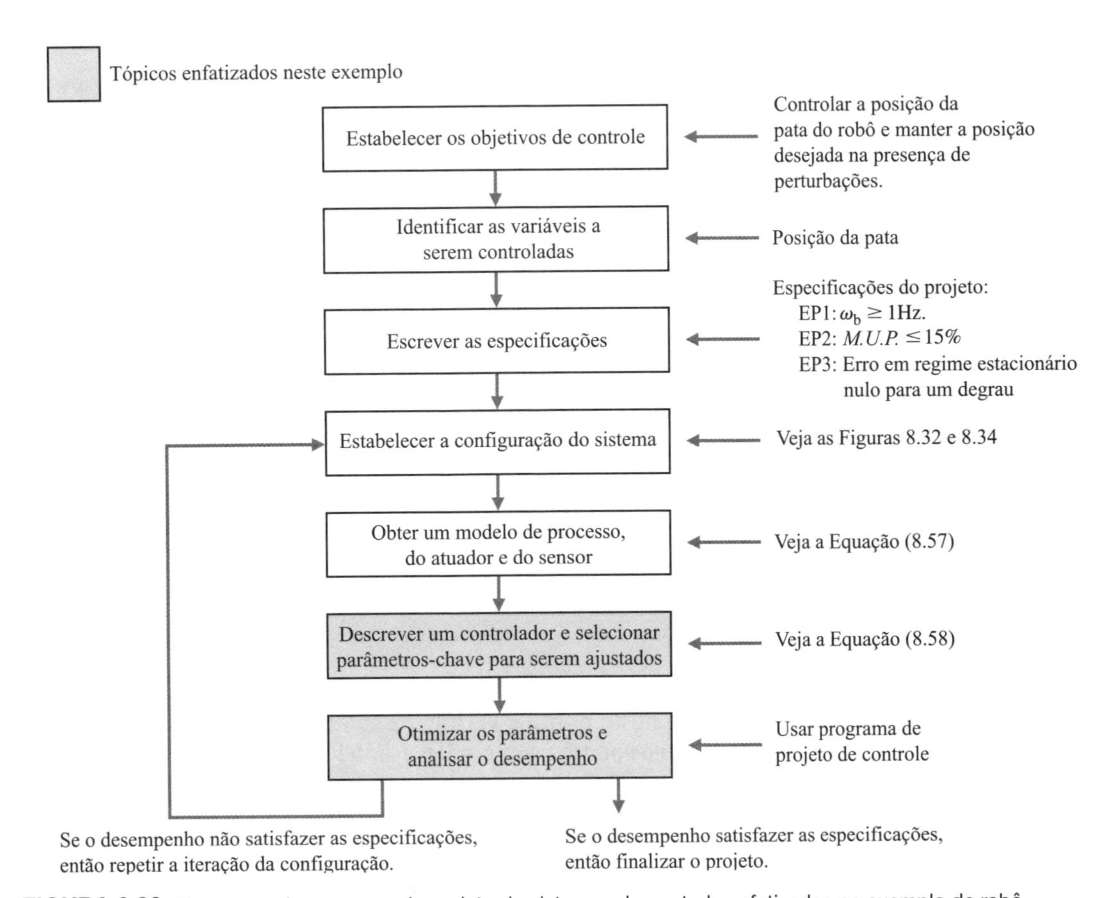

FIGURA 8.33 Elementos do processo de projeto de sistemas de controle enfatizados no exemplo de robô com seis patas.

Neste exemplo, considera-se o projeto de sistema de controle para o controle de posição de uma pata. Os elementos do processo de projeto enfatizados neste exemplo estão destacados na Figura 8.33. O modelo matemático do atuador e da pata é fornecido. A função de transferência é

$$G(s) = \frac{1}{s(s^2 + 2s + 10)}. \tag{8.57}$$

A entrada é um comando de tensão para o atuador e a saída é a posição da pata (apenas a posição vertical). Um diagrama de blocos do sistema de controle é mostrado na Figura 8.34. O objetivo de controle é

Objetivo de Controle

Controlar a posição da pata do robô e manter a posição na presença de ruído de medida indesejado.

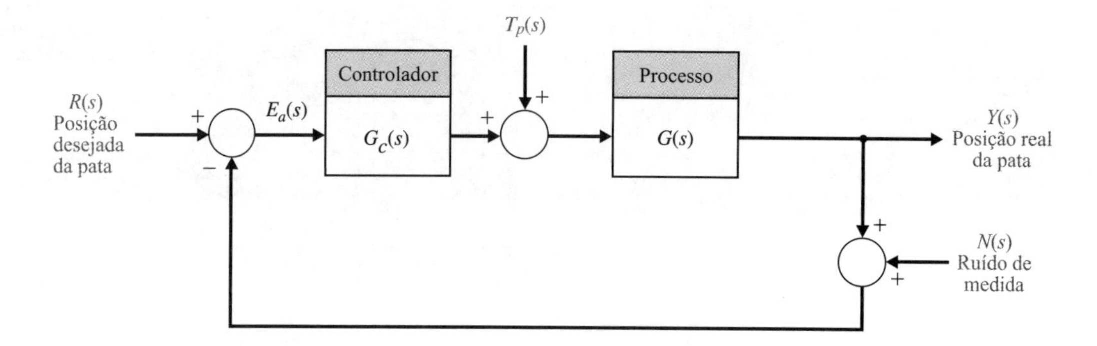

FIGURA 8.34 Sistema de controle para uma pata.

A variável a ser controlada é

Variável a Ser Controlada

Posição da pata, $Y(s)$.

Deseja-se que a pata se mova para a posição comandada o mais rápido possível, mas com ultrapassagem mínima. Como primeiro passo prático, o objetivo de projeto será produzir um sistema que se mova, ainda que lentamente. Em outras palavras, a faixa de passagem do sistema de controle inicialmente será pequena.

As especificações de projeto de controle são

Especificações de Projeto de Controle

EP1 Faixa de passagem em malha fechada $\omega_B \geq 1$ Hz.

EP2 Máxima ultrapassagem percentual $M.U.P. \leq 15\%$ para uma entrada em degrau.

EP3 Erro de rastreamento em regime estacionário nulo para uma entrada em degrau.

As especificações EP1 e EP2 pretendem garantir um desempenho de rastreamento aceitável. A especificação de projeto EP3, na realidade, não é um problema para o projeto: a função de transferência do atuador/pata é um sistema do tipo um, de modo que um erro de rastreamento em regime estacionário nulo para uma entrada em degrau está garantido. Deve-se garantir que $G_c(s)G(s)$ permaneça pelo menos como sistema do tipo um.

Considere o controlador

$$G_c(s) = \frac{K(s^2 + as + b)}{s + c}. \tag{8.58}$$

Quando $c \to 0$, um controlador PID é obtido com $K_P = Ka$, $K_D = K$ e $K_I = Kb$. Pode-se deixar que c seja um parâmetro neste ponto e verificar se a liberdade adicional de escolher $c \neq 0$ é útil. Pode ser que se possa simplesmente fazer $c = 0$ e usar a forma de PID. Os parâmetros-chave de ajuste são

Parâmetros-Chave de Ajuste Escolhidos

K, a, b e c.

O controlador na Equação (8.58) não é o único que pode ser considerado. Por exemplo, pode-se considerar

$$G_c(s) = K\frac{s + z}{s + p}, \tag{8.59}$$

em que K, z e p são os parâmetros-chave de ajuste. O projeto do controlador do tipo dado na Equação (8.59) será deixado como um problema de projeto no final do capítulo.

A resposta de um sistema de controle em malha fechada é determinada predominantemente pela posição dos polos dominantes. A abordagem para o projeto é determinar posições apropriadas para os polos dominantes do sistema em malha fechada. É possível determinar as posições a partir das especificações de desempenho usando fórmulas da aproximação de segunda ordem. Uma vez que os parâmetros do controlador são obtidos de modo que o sistema em malha fechada tenha os polos dominantes desejados, os polos restantes são posicionados de modo que sua contribuição para a resposta total seja desprezível.

Pela especificação EP1, deseja-se

$$\omega_B = 1 \text{ Hz} = 6{,}28 \text{ rad/s}. \tag{8.60}$$

A partir da especificação de máxima ultrapassagem percentual, é possível determinar o valor mínimo de ζ. Portanto, para $M.U.P. \leq 15\%$, requer-se $\zeta \geq 0{,}52$; sendo assim, projetaremos com $\zeta = 0{,}52$. Ainda que o tempo de acomodação não seja uma especificação de projeto para este problema, usualmente tenta-se tornar a resposta do sistema tão rápida quanto possível, enquanto todas as especificações do projeto ainda são atendidas. A partir da Figura 8.26 e da Equação (8.60) segue-se que

$$\omega_n = \frac{\omega_B}{-1{,}1961\zeta + 1{,}8508} = 5{,}11 \text{ rad/s}. \tag{8.61}$$

Então, com $\omega_n = 5{,}11$ rad/s e $\zeta = 0{,}52$ e usando-se a Equação (8.36), calcula-se $\omega_r = 3{,}46$ rad/s.

Assim, se tivéssemos um sistema de segunda ordem, desejaríamos determinar valores dos ganhos de controle tais que $\omega_n = 5{,}11$ rad/s e $\zeta = 0{,}52$, o que fornece $M_{p\omega} = 1{,}125$ e $\omega_r = 3{,}46$ rad/s.

O sistema em malha fechada sendo estudado é um sistema de quarta ordem e não um sistema de segunda ordem. Assim, uma abordagem de projeto válida seria escolher K, a, b e c, de modo que dois polos fossem dominantes e apropriadamente posicionados para atender às especificações de projeto. Essa será a abordagem seguida aqui.

Outra abordagem válida é desenvolver uma aproximação de segunda ordem do sistema de quarta ordem. Na função de transferência aproximada, os parâmetros K, a, b e c são deixados como variáveis. O objetivo é obter uma função de transferência aproximada $T_L(s)$ de tal forma que a resposta em frequência de $T_L(s)$ seja muito próxima à do sistema original.

A função de transferência de malha é

$$L(s) = G_c(s)G(s) = \frac{K(s^2 + as + b)}{s(s^2 + 2s + 10)(s + c)}$$

e a função de transferência em malha fechada é

$$T(s) = \frac{K(s^2 + as + b)}{s^4 + (2 + c)s^3 + (10 + 2c + K)s^2 + (10c + Ka)s + Kb}. \tag{8.62}$$

A equação característica associada é

$$s^4 + (2 + c)s^3 + (10 + 2c + K)s^2 + (10c + Ka)s + Kb = 0. \tag{8.63}$$

O polinômio característico desejado também deve ser de quarta ordem, mas pretende-se que seja composto de múltiplos fatores, como a seguir:

$$P_d(s) = (s^2 + 2\zeta\omega_n s + \omega_n^2)(s^2 + d_1 s + d_0),$$

em que ζ e ω_n são escolhidos para atender as especificações de projeto, e as raízes de $s^2 + 2\zeta\omega_n s + \omega_n^2 = 0$ são as raízes dominantes. Reciprocamente, deseja-se que as raízes de $s^2 + d_1 s + d_0 = 0$ sejam as raízes não dominantes. As raízes dominantes devem estar em uma reta vertical do plano complexo definida pela distância $s = -\zeta\omega_n$ a partir do eixo imaginário. Seja

$$d_1 = 2\alpha\zeta\omega_n.$$

Então, as raízes de $s^2 + d_1 s + d_0 = 0$, quando complexas ou iguais, ficam em uma reta vertical no plano complexo definida por $s = -\alpha\zeta\omega_n$. Escolhendo-se $\alpha > 1$, efetivamente movem-se as raízes para a esquerda das raízes dominantes. Quanto maior o valor de α, mais distantes à esquerda das raízes dominantes ficarão as raízes não dominantes. Um valor razoável de α é $\alpha = 12$. Além disso, quando se escolhe

$$d_0 = \alpha^2\zeta^2\omega_n^2,$$

obtêm-se duas raízes reais

$$s^2 + d_1 s + d_0 = (s + \alpha\zeta\omega_n)^2 = 0.$$

Escolher $d_0 = \alpha^2\zeta^2\omega_n^2$ não é necessário, mas parece ser uma escolha racional, uma vez que se deseja que a contribuição das raízes não dominantes à resposta total seja rapidamente enfraquecida e não oscilatória.

O polinômio característico desejado é então

$$s^4 + 2\zeta\omega_n(1 + \alpha)s^3 + \omega_n^2(1 + \alpha\zeta^2(\alpha + 4))s^2 + 2\alpha\zeta\omega_n^3(1 + \zeta^2\alpha)s + \alpha^2\zeta^2\omega_n^4 = 0. \tag{8.64}$$

Igualando os coeficientes das Equações (8.63) e (8.64), são produzidas quatro relações envolvendo K, a, b, c e α:

$$2\zeta\omega_n(1 + \alpha) = 2 + c,$$
$$\omega_n^2(1 + \alpha\zeta^2(4 + \alpha)) = 10 + 2c + K,$$
$$2\alpha\zeta\omega_n^3(1 + \zeta^2\alpha) = 10c + Ka,$$
$$\alpha^2\zeta^2\omega_n^4 = Kb.$$

Neste caso, $\zeta = 0{,}52$, $\omega_n = 5{,}11$ e $\alpha = 12$. Então, obtemos

$$c = 67{,}13$$
$$K = 1.239{,}2$$
$$a = 5{,}17$$
$$b = 21{,}48$$

e o controlador resultante é

$$G_c(s) = 1.239\frac{s^2 + 5{,}17s + 21{,}48}{s + 67{,}13}. \tag{8.65}$$

A resposta ao degrau do sistema em malha fechada usando o controlador na Equação (8.65) é mostrada na Figura 8.35. A máxima ultrapassagem percentual é $M.U.P. = 14\%$ e o tempo de acomodação é $T_s = 0{,}96$ s.

O diagrama de magnitude do sistema em malha fechada é mostrado na Figura 8.36. A faixa de passagem é $\omega_B = 27{,}2$ rad/s $= 4{,}33$ Hz. Isso satisfaz EP1, mas é maior que $\omega_B = 1$ Hz usado no projeto (isso porque o sistema não é um sistema de segunda ordem). A maior faixa de passagem leva a se esperar um tempo de acomodação mais rápido. A magnitude de pico é $M_{p\omega} = 1{,}21$. Esperava-se $M_{p\omega} = 1{,}125$.

Qual é a resposta em regime estacionário do sistema em malha fechada se a entrada é um sinal senoidal? A partir das argumentações anteriores, espera-se que à medida que a frequência da entrada aumenta a magnitude da saída diminua. Dois casos são apresentados aqui. Na Figura 8.37, a frequência de entrada é $\omega = 1$ rad/s. A magnitude de saída é aproximadamente igual a 1 em regime estacionário. Na Figura 8.38, a frequência de entrada é $\omega = 500$ rad/s. A magnitude de saída é menor que 0,005 em regime estacionário. Isso comprova a intuição de que a resposta do sistema diminui à medida que a frequência da entrada senoidal aumenta.

Utilizando métodos analíticos simples, obteve-se um conjunto inicial de parâmetros do controlador para o robô móvel. O controlador assim projetado demonstrou satisfazer as especificações de projeto. Alguns ajustes finos seriam necessários para atender às especificações de projeto de modo exato. ■

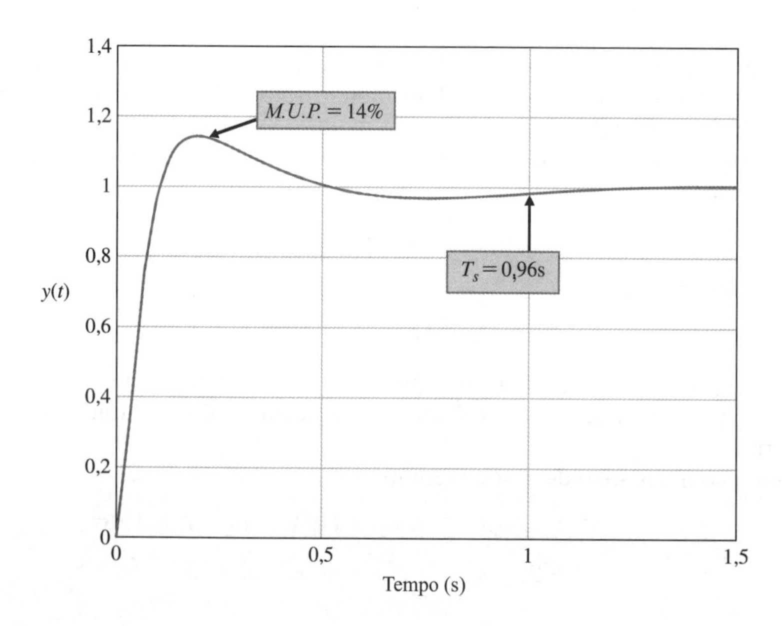

FIGURA 8.35 Resposta ao degrau usando o controlador da Equação (8.65).

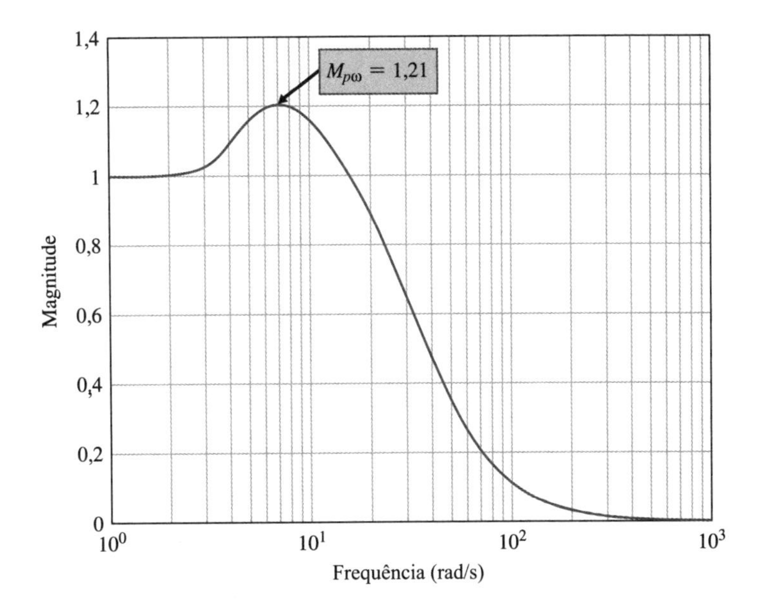

FIGURA 8.36 Diagrama de magnitude do sistema em malha fechada com o controlador da Equação (8.65).

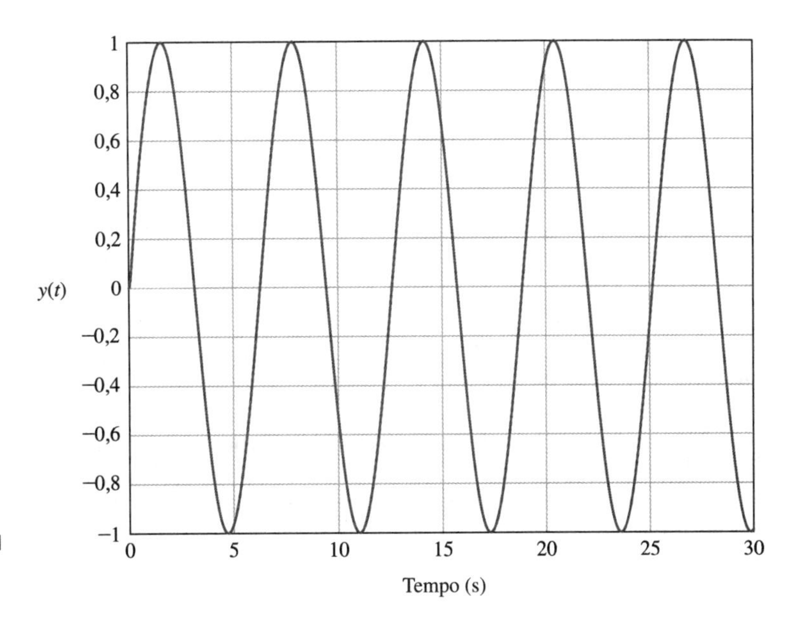

FIGURA 8.37 Resposta de saída do sistema em malha fechada quando a entrada é um sinal senoidal de frequência $\omega = 1$ rad/s.

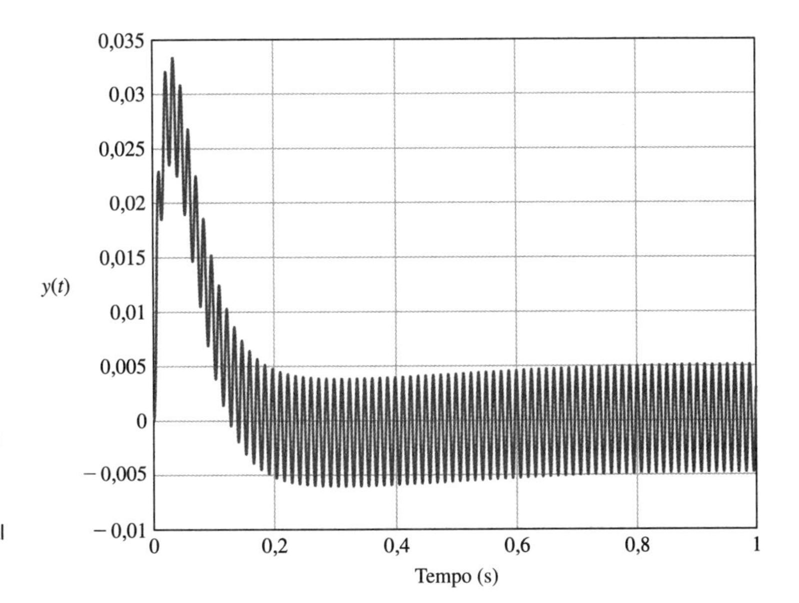

FIGURA 8.38 Resposta de saída do sistema em malha fechada quando a entrada é um sinal senoidal de frequência $\omega = 500$ rad/s.

8.7 MÉTODOS DA RESPOSTA EM FREQUÊNCIA COM O USO DE PROGRAMAS DE PROJETO DE CONTROLE

Nesta seção, serão cobertas as funções bode e logspace. A função bode é usada para gerar um diagrama de Bode, e a função logspace gera um vetor de frequências espaçadas em escala logarítmica utilizado pela função bode.

Considere a função de transferência

$$G(s) = \frac{5(1 + 0{,}1s)}{s(1 + 0{,}5s)(1 + (0{,}6/50)s + (1/50^2)s^2)}. \tag{8.66}$$

O diagrama de Bode correspondente à Equação (8.66) é mostrado na Figura 8.39. O diagrama consiste no logaritmo do ganho em dB *versus* ω em um gráfico e na fase $\phi(\omega)$ em grau *versus* ω em rad/s em um segundo gráfico. Como no caso dos diagramas do lugar geométrico das raízes, será tentador contar exclusivamente com programas de projeto de controle para se obter diagramas de Bode. Os programas devem ser tratados como uma ferramenta em um conjunto de ferramentas que podem ser usadas para projetar e analisar sistemas de controle. É essencial desenvolver a capacidade de obter manualmente diagramas de Bode aproximados. Não existe substituto para uma compreensão clara da teoria subjacente.

Um diagrama de Bode é obtido com a função bode, mostrada na Figura 8.40. O diagrama de Bode é gerado automaticamente se a função bode é chamada sem argumentos do lado esquerdo. Caso contrário, as características de magnitude e de fase são colocadas na área de trabalho por meio das variáveis *mag* e *phase*. Um diagrama de Bode é obtido com as funções plot ou semilogx usando *mag*, *phase* e ω. O vetor ω contém os valores de frequência em rad/s nos quais o diagrama de Bode será calculado. Se ω não for especificado, a função bode escolherá automaticamente os valores de frequência, colocando mais pontos em regiões nas quais a resposta em frequência estiver mudando rapidamente. Se as frequências são explicitamente especificadas, é desejável gerar o vetor ω usando-se a função logspace. A função logspace é mostrada na Figura 8.41.

O diagrama de Bode na Figura 8.39 é gerado utilizando-se a sequência de instruções mostrada na Figura 8.42. A função bode escolheu automaticamente a faixa de frequências. Essa faixa pode ser escolhida pelo usuário com o uso da função logspace. A função bode pode ser utilizada com um modelo em variáveis de estado, como mostrado na Figura 8.43. O uso da função bode é exatamente o mesmo que com funções de transferência, exceto que a entrada é um objeto espaço de estados em vez de um objeto função de transferência.

Tenha em mente que o objetivo é projetar sistemas de controle que satisfaçam certas especificações de desempenho dadas no domínio do tempo. Assim, deve-se estabelecer uma conexão entre a resposta em frequência e a resposta transitória no tempo de um sistema. A relação entre especificações dadas no domínio do tempo e dadas no domínio da frequência depende da aproximação do sistema por um sistema de segunda ordem com os polos, sendo as raízes dominantes do sistema.

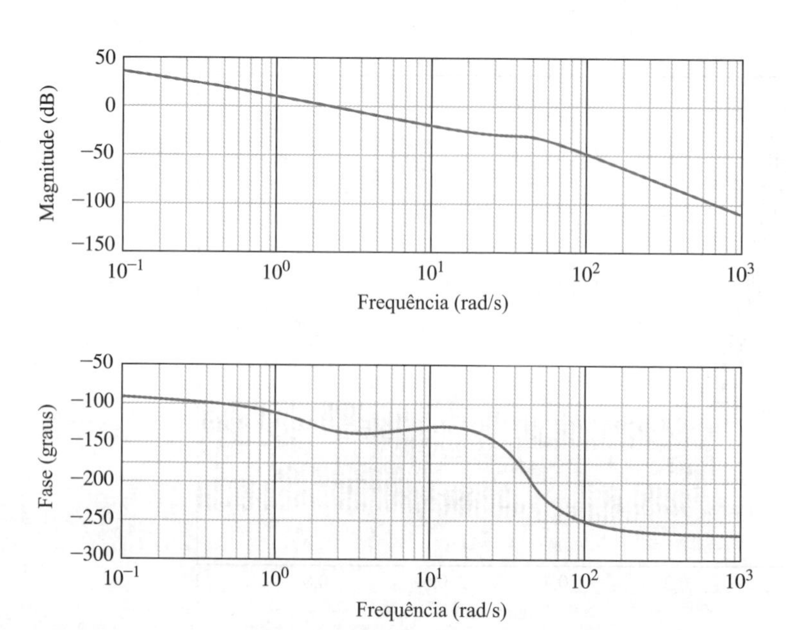

FIGURA 8.39 Diagrama de Bode associado com a Equação (8.66).

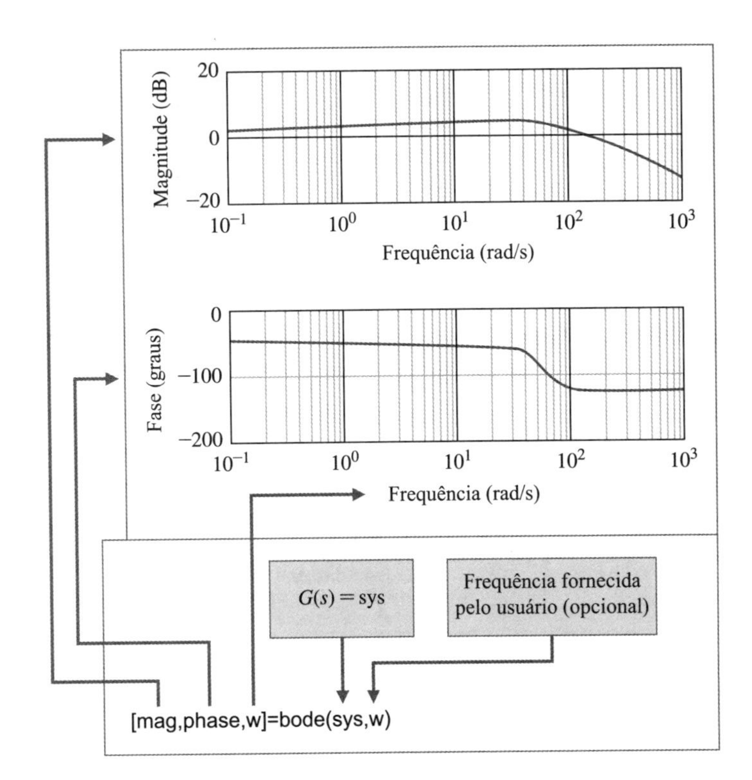

FIGURA 8.40 Função **bode**, dada $G(s)$.

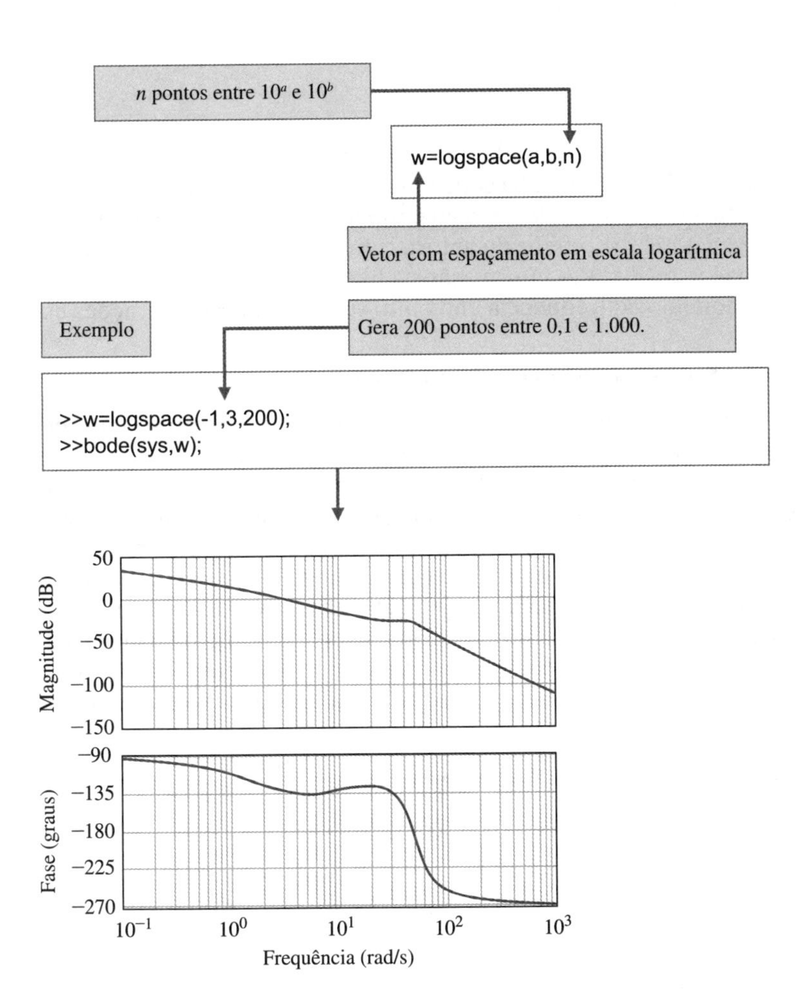

FIGURA 8.41 Função **logspace**.

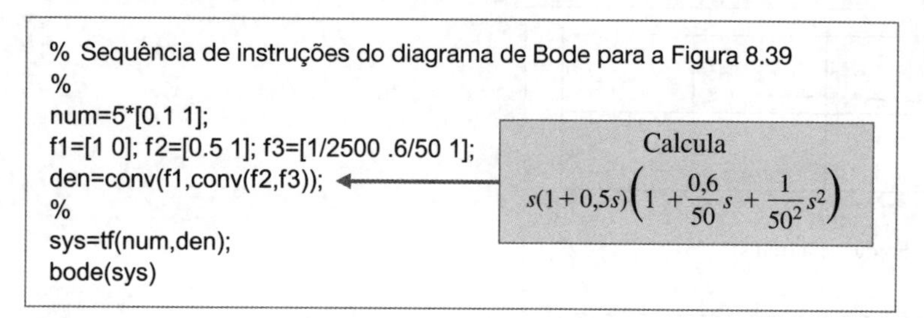

FIGURA 8.42 Sequência de instruções para o diagrama de Bode na Figura 8.39.

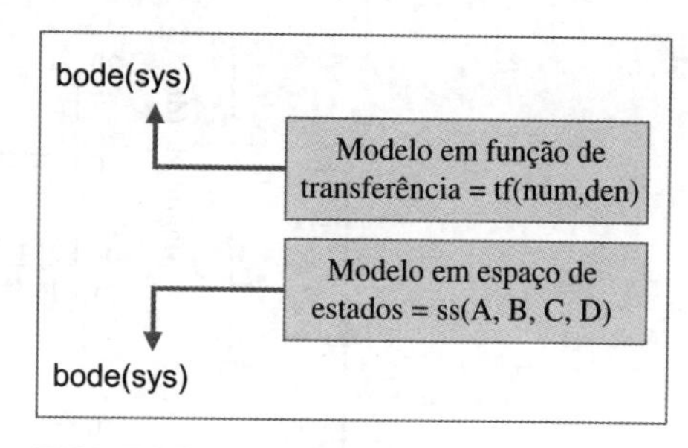

FIGURA 8.43 Função **bode** com um modelo em variáveis de estado.

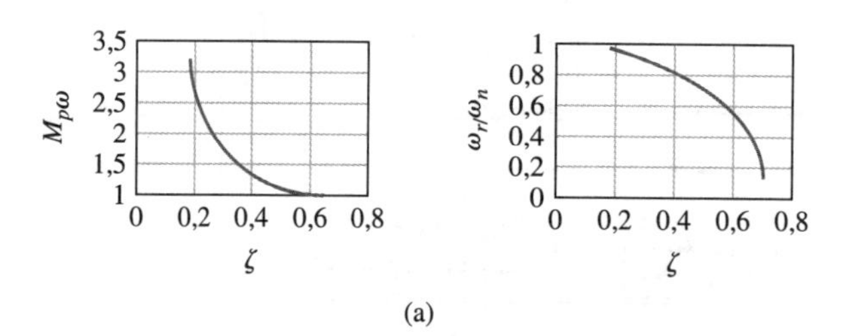

(a)

```
zeta=[0.15:0.01:0.7];
wr_over_wn=sqrt(1-2*zeta.^2);
Mp=(2*zeta .* sqrt(1-zeta.^2)).^(-1);
%
subplot(211),plot(zeta,Mp),grid
xlabel('\zeta'), ylabel('M_{p\omega}')
subplot(212),plot(zeta,wr_over_wn),grid
xlabel('\zeta'), ylabel('\omega_r/\omega_n')
```

zeta varia de 0,15 a 0,70

Gera gráficos

(b)

FIGURA 8.44 (a) Relação entre $(M_{p\omega}, \omega_r)$ e (ζ, ω_n) para um sistema de segunda ordem. (b) Sequência de instruções.

Considere-se o sistema de segunda ordem mostrado na Figura 8.24. A característica de magnitude do diagrama de Bode associada com a função de transferência em malha fechada da Equação (8.46) é mostrada na Figura 8.25. A relação entre a frequência de ressonância, ω_r, o máximo da resposta em frequência, $M_{p\omega}$, e o fator de amortecimento, ζ, e a frequência natural, ω_n, é mostrada na Figura 8.44 (e na Figura 8.11). A informação na Figura 8.44 será bastante útil no projeto de sistemas de controle no domínio da frequência enquanto se atendem especificações no domínio do tempo.

EXEMPLO 8.8 Sistema de máquina de gravação

Máquinas de gravação utilizam dois motores de acionamento e parafusos-guia para posicionar a ponta de gravação na direção desejada [7]. O modelo em diagrama de blocos para o sistema de controle de posição é mostrado na Figura 8.45. O objetivo é escolher K de modo que o sistema em malha fechada tenha resposta no tempo aceitável para um comando degrau. Um diagrama de blocos funcional descrevendo o processo de projeto no domínio da frequência é mostrado na Figura 8.46. Primeiro, escolhe-se $K = 2$ e então se itera sobre K se o desempenho for inaceitável. A sequência de instruções mostrada na Figura 8.47 é utilizada no projeto. O valor de K é definido no nível de comando. Então, a sequência de instruções é executada e o diagrama de Bode em malha fechada é gerado. Os valores de $M_{p\omega}$ e de ω_r são determinados por inspeção a partir do diagrama de Bode. Esses valores são usados em conjunto com a Figura 8.44 para determinar os valores correspondentes de ζ e de ω_n.

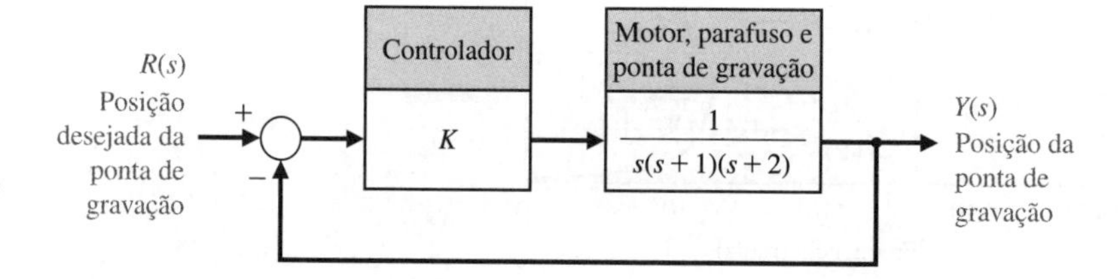

FIGURA 8.45 Modelo de diagrama de bloco de máquina de gravação.

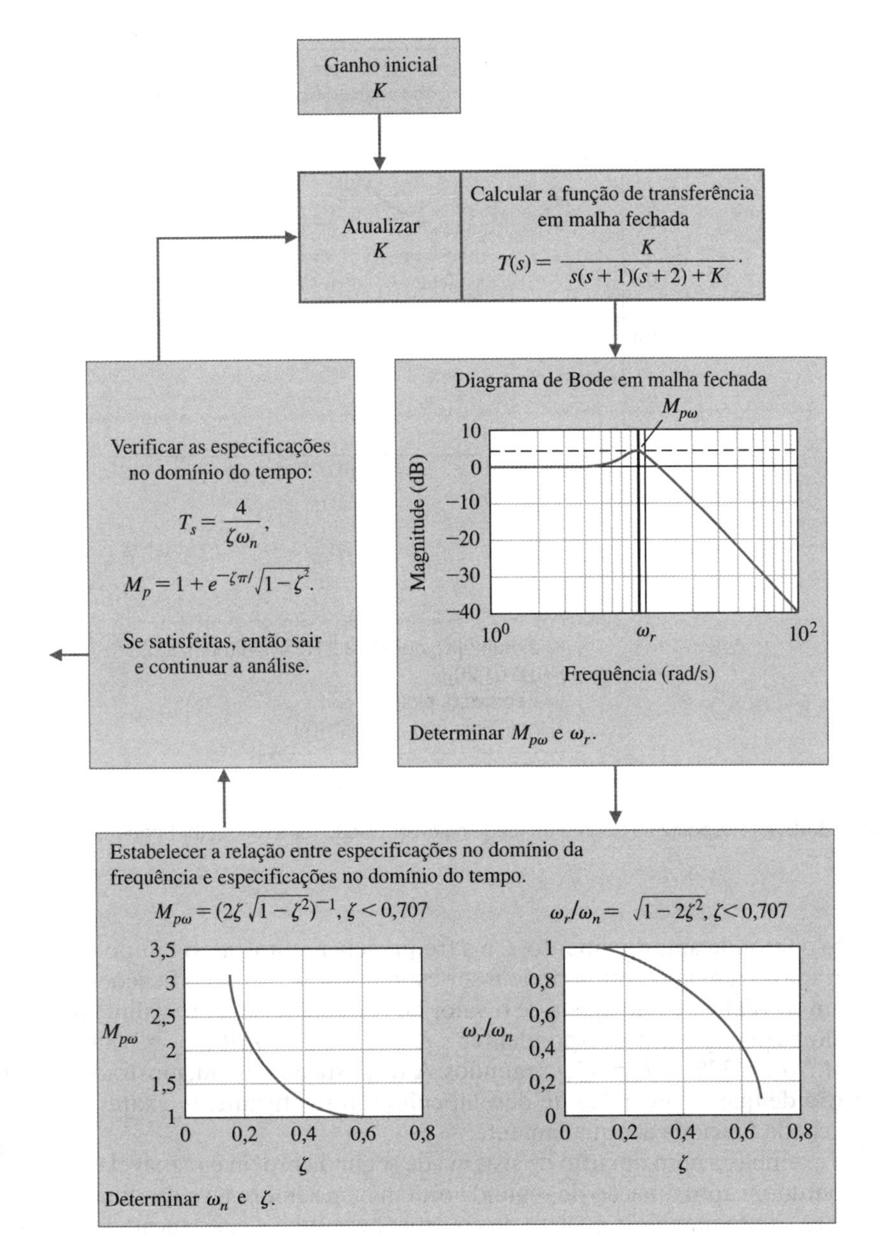

FIGURA 8.46 Diagrama de blocos funcionais para o projeto em frequência de uma máquina de gravação.

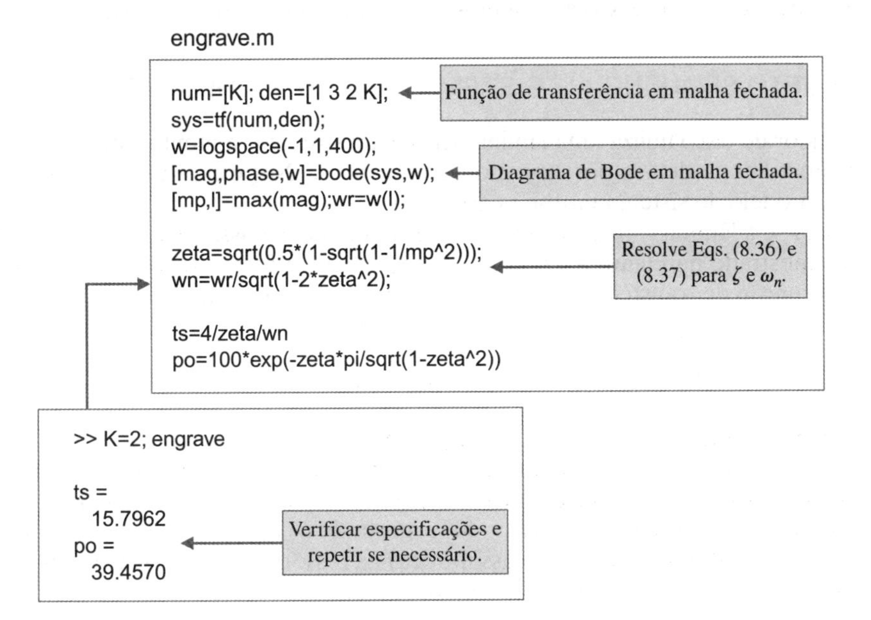

FIGURA 8.47 Sequência de instruções para o projeto de uma máquina de gravação.

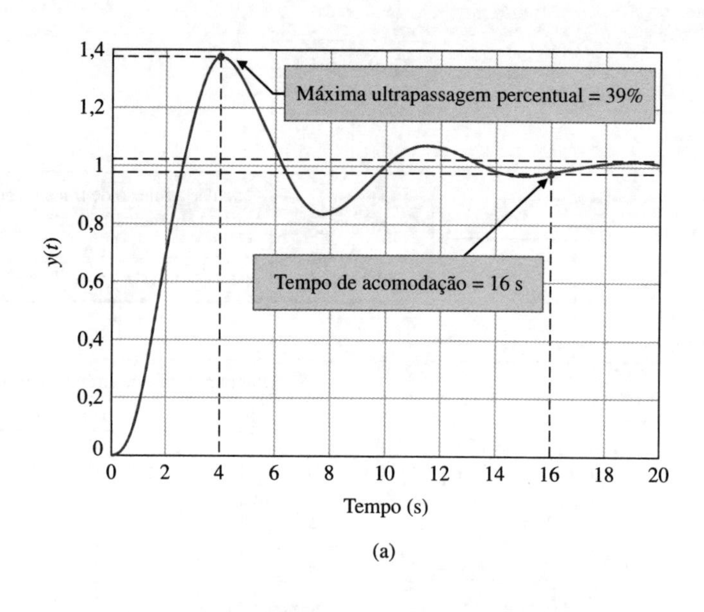

(a)

```
K=2; num=[K]; den=[1 3 2 K]; sys=tf(num,den);
t=[0:0.01:20];
y=step(sys,t); plot(t,y); grid
xlabel('Time (s)'), ylabel('y(t)')
```

(b)

FIGURA 8.48 (a) Resposta ao degrau da máquina de gravação para $K = 2$. (b) Sequência de instruções em arquivo m.

Dados o fator de amortecimento, ζ, e a frequência natural, ω_n, o tempo de acomodação e a máxima ultrapassagem percentual podem ser estimados. Se as especificações no domínio do tempo não forem satisfeitas, então ajusta-se o valor de K e repete-se o procedimento.

Os valores para ζ e ω_n correspondentes a $K = 2$ são $\zeta = 0{,}29$ e $\omega_n = 0{,}88$. Isto leva a uma predição de $M.U.P. = 37\%$ e $T_s = 15{,}7$ segundos. A resposta ao degrau, mostrada na Figura 8.48, é uma verificação de que as previsões de desempenho são relativamente exatas e de que o sistema em malha fechada funciona adequadamente.

Neste exemplo, a aproximação de sistema de segunda ordem é razoável e leva a um projeto aceitável. Contudo, a aproximação de segunda ordem nem sempre leva diretamente a um bom projeto. Felizmente, os programas de projeto de controle permitem a construção de recursos de projeto interativo para auxiliar no processo de projeto reduzindo a carga de cálculo manual ao mesmo tempo em que fornecem fácil acesso a inúmeras ferramentas de controle clássico e moderno. ■

8.8 EXEMPLO DE PROJETO SEQUENCIAL: SISTEMA DE LEITURA DE ACIONADORES DE DISCO

O acionador de disco utiliza uma lâmina pênsil para sustentar a montagem da cabeça de leitura. Essa lâmina pode ser modelada por uma mola e uma massa. Neste capítulo, será incluído o efeito da lâmina no modelo do sistema motor e carga [22].

Modela-se a lâmina com a cabeça montada como uma massa M, uma mola k e um atrito viscoso b, como mostrado na Figura 8.49. Aqui, admite-se que a força $u(t)$ é exercida sobre a lâmina pelo braço. A função de transferência de um sistema massa-mola-amortecedor é

$$\frac{Y(s)}{U(s)} = G_3(s) = \frac{\omega_n^2}{s^2 + 2\zeta\omega_n s + \omega_n^2} = \frac{1}{1 + (2\zeta s/\omega_n) + (s/\omega_n)^2}.$$

Uma típica montagem de lâmina e cabeça tem $\zeta = 0{,}3$ e ressonância natural em $f_n = 3.000$ Hz. Portanto, $\omega_n = 18{,}85 \times 10^3$, como mostrado no modelo do sistema (veja a Figura 8.50).

Primeiro, esboça-se a característica de magnitude para o diagrama de Bode em malha aberta. O esboço do diagrama de Bode com $K = 400$ é mostrado na Figura 8.51. Observe que a curva real possui um ganho de 10 dB (acima da curva assintótica) na ressonância $\omega = \omega_n$, como mostrado no esboço.

Observe a ressonância em ω_n. Claramente, deseja-se evitar excitar essa ressonância.

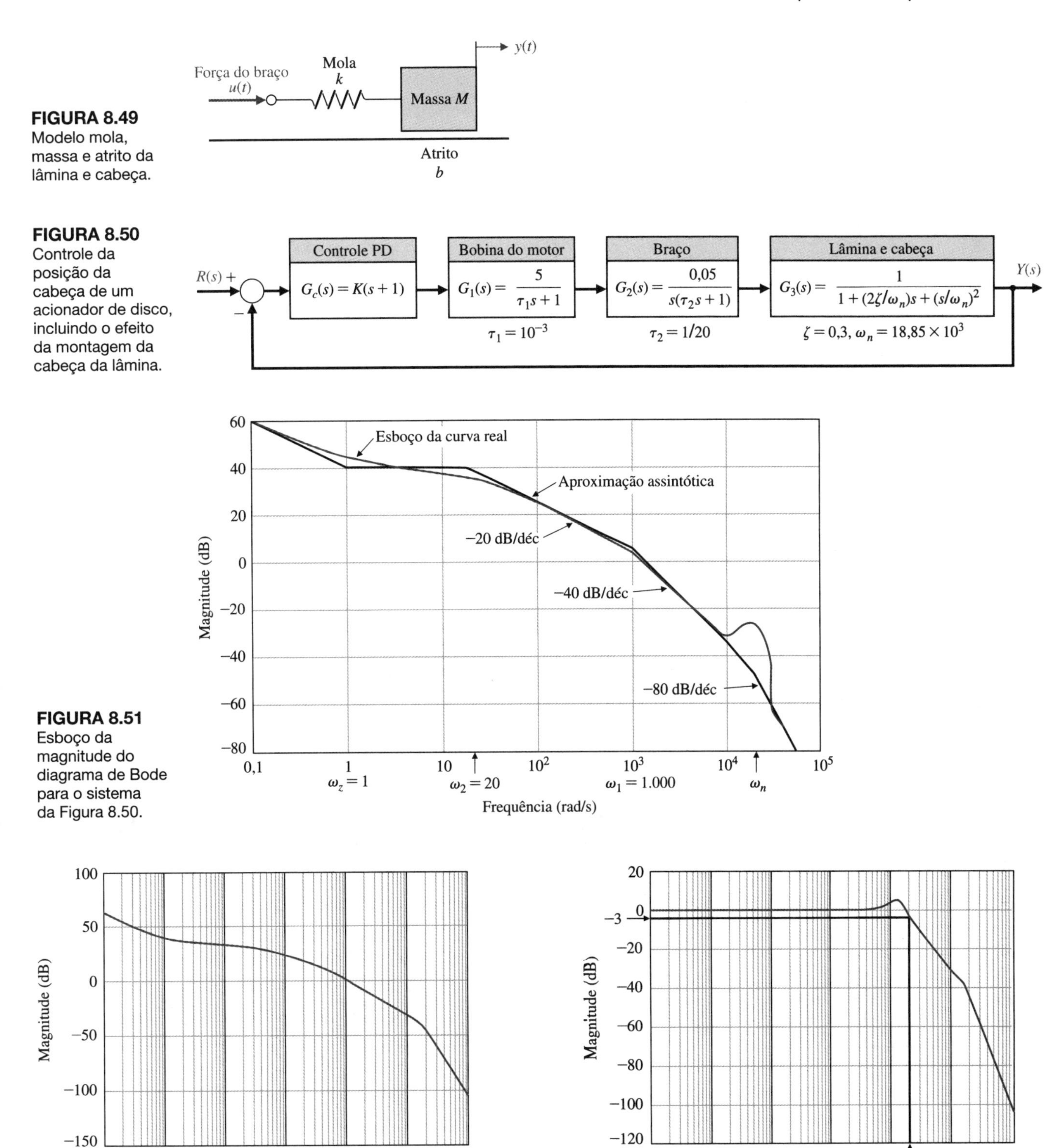

FIGURA 8.49 Modelo mola, massa e atrito da lâmina e cabeça.

FIGURA 8.50 Controle da posição da cabeça de um acionador de disco, incluindo o efeito da montagem da cabeça da lâmina.

FIGURA 8.51 Esboço da magnitude do diagrama de Bode para o sistema da Figura 8.50.

FIGURA 8.52 Diagrama de Bode de magnitude para (a) a função de transferência em malha aberta e (b) o sistema em malha fechada.

Gráficos da magnitude do diagrama de Bode em malha aberta e do diagrama de Bode em malha fechada são mostrados na Figura 8.52. A faixa de passagem do sistema em malha fechada é $\omega_B = 2.000$ rad/s. Pode-se estimar o tempo de acomodação (com um critério de 2%) deste sistema em que $\zeta \simeq 0{,}8$ e $\omega_n \simeq \omega_B = 2.000$ rad/s. Portanto, espera-se $T_s = 2{,}5$ ms para o sistema da Figura 8.50. Enquanto $K \leq 400$, a ressonância estará fora da faixa de passagem do sistema.

Tabela 8.2 Gráficos do Diagrama de Bode para Funções de Transferência Típicas

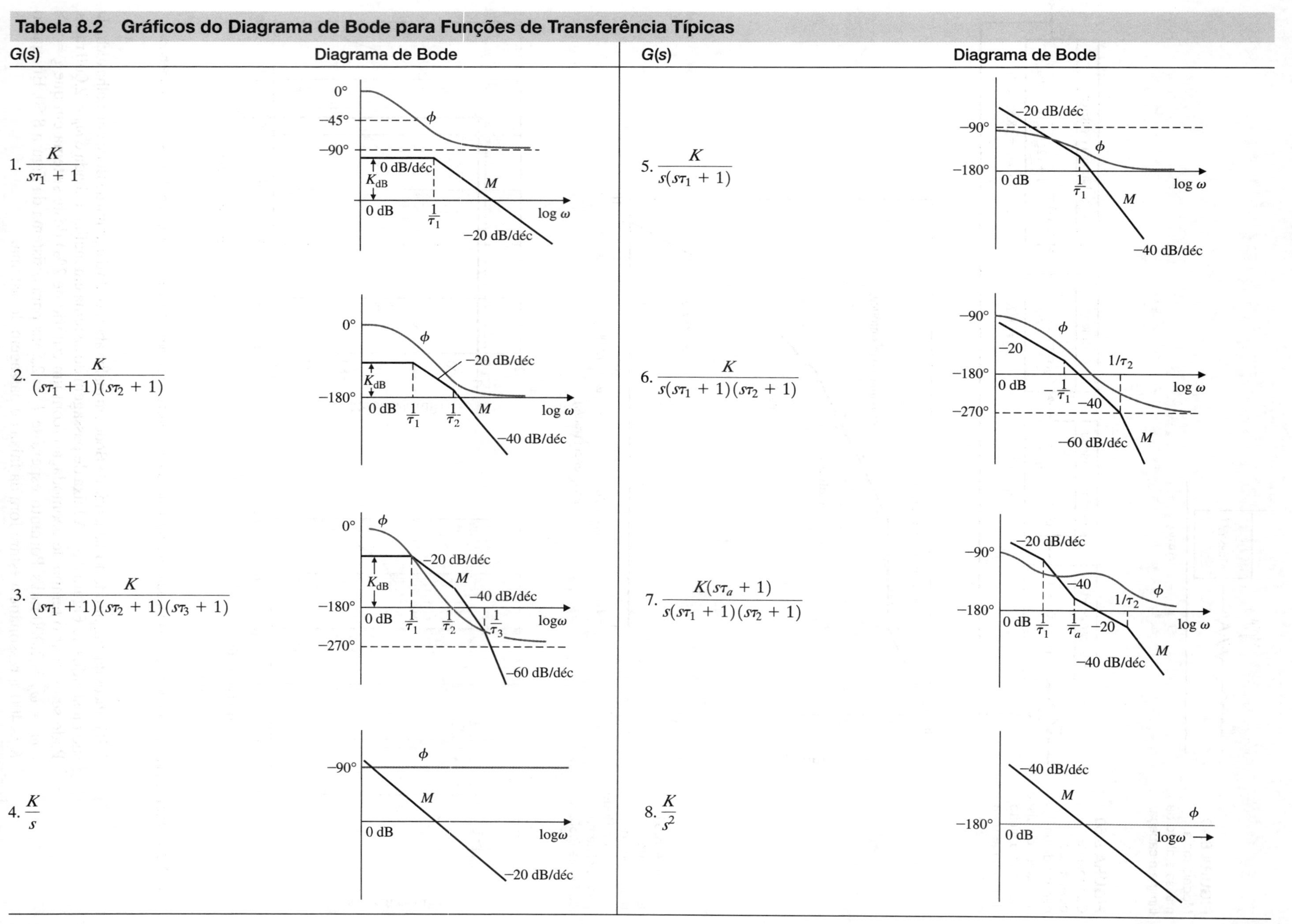

(continua)

Tabela 8.2 Gráficos do Diagrama de Bode para Funções de Transferência Típicas (*continuação*)

$G(s)$	Diagrama de Bode	$G(s)$	Diagrama de Bode
9. $\dfrac{K}{s^2(s\tau_1 + 1)}$	−40 dB/déc; M; −80°; 0 dB; $\frac{1}{\tau_1}$; −270°; ϕ; −60 dB/déc; log ω	13. $\dfrac{K(s\tau_a + 1)(s\tau_b + 1)}{s^3}$	−60 dB/déc; M; −40 dB/déc; ϕ; −90°; 0 dB; −180°; $\frac{1}{\tau_a}$; $\frac{1}{\tau_b}$; log ω; −20 dB/déc; −270°
10. $\dfrac{K(s\tau_a + 1)}{s^2(s\tau_1 + 1)}$ $\tau_a > \tau_1$	−40 dB/déc; M; ϕ; $1/\tau_1$; −180°; 0 dB; $\frac{1}{\tau_a}$; −20 dB/déc; −40 dB/déc; log ω	14. $\dfrac{K(s\tau_a + 1)(s\tau_b + 1)}{s(s\tau_1 + 1)(s\tau_2 + 1)(s\tau_3 + 1)(s\tau_4 + 1)}$	−20; −40; −60; −40; −90°; $\frac{1}{\tau_3}$; $\frac{1}{\tau_4}$; log ω; 0 dB; −180°; $\frac{1}{\tau_1}$; $\frac{1}{\tau_2}$; $\frac{1}{\tau_a}$; −20; $\frac{1}{\tau_b}$; −40; −60; ϕ; M; −270°
11. $\dfrac{K}{s^3}$	−60 dB/déc; M; 0 dB; −180; log ω; −270; ϕ	15. $\dfrac{K(s\tau_a + 1)}{s^2(s\tau_1 + 1)(s\tau_2 + 1)}$	M; ϕ; $\frac{1}{\tau_1}$; −40; $\frac{1}{\tau_2}$; −180°; 0 dB; $\frac{1}{\tau_a}$; −20; log ω; −40; −60
12. $\dfrac{K(s\tau_a + 1)}{s^3}$	−60 dB/déc; M; −180°; 0 dB; $1/\tau_a$; log ω; −40 dB/déc; −270°; ϕ		

8.9 RESUMO

Neste capítulo, considerou-se a representação de um sistema de controle com realimentação por meio de suas características de resposta em frequência. A resposta em frequência de um sistema foi definida como a resposta do sistema em regime estacionário a um sinal de entrada senoidal. Diversas formas alternativas de diagramas da resposta em frequência foram consideradas. Incluíram o diagrama polar da resposta em frequência de um sistema $G(j\omega)$ e diagramas logarítmicos, frequentemente chamados de diagramas de Bode. A utilidade da medida logarítmica também foi ilustrada. A facilidade para se obter um diagrama de Bode para os diversos fatores de $G(j\omega)$ foi observada. A aproximação assintótica para se esboçar o diagrama de Bode simplifica o cálculo consideravelmente. Um resumo de 15 diagramas de Bode típicos é mostrado na Tabela 8.2. Várias especificações de desempenho no domínio da frequência foram examinadas, entre as quais a magnitude máxima $M_{p\omega}$ e a frequência de ressonância ω_r. A relação entre o gráfico do diagrama de Bode e as constantes de erro do sistema (K_p e K_v) foi observada. Finalmente, o diagrama de logaritmo da magnitude *versus* fase foi considerado para representar graficamente a resposta em frequência de um sistema.

VERIFICAÇÃO DE COMPETÊNCIAS

Nesta seção, são apresentados três conjuntos de problemas para testar o conhecimento do leitor: Verdadeiro ou Falso, Múltipla Escolha e Correspondência de Palavras. Para obter um retorno imediato, compare as respostas com o gabarito fornecido depois dos problemas de fim de capítulo. Use o diagrama de blocos da Figura 8.53 como especificado nos vários enunciados dos problemas.

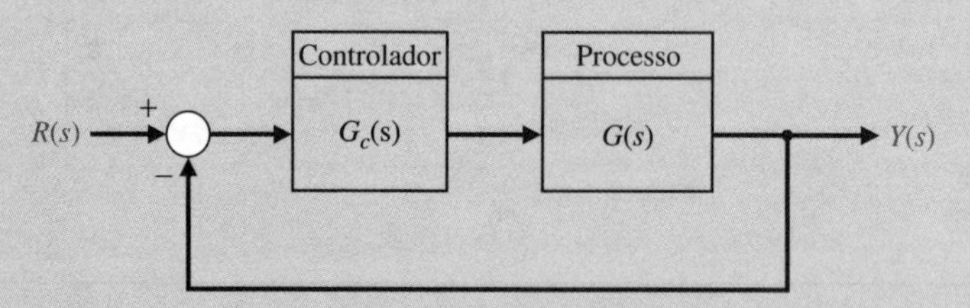

FIGURA 8.53 Diagrama de blocos para a Verificação de Competências.

Nos seguintes problemas de **Verdadeiro ou Falso** e **Múltipla Escolha**, circule a resposta correta.

1. A resposta em frequência representa a resposta em regime estacionário de um sistema estável a um sinal de entrada senoidal em várias frequências. *Verdadeiro ou Falso*

2. Um gráfico da parte real de $G(j\omega)$ *versus* a parte imaginária de $G(j\omega)$ é chamado diagrama de Bode. *Verdadeiro ou Falso*

3. Uma função de transferência é chamada de fase mínima se todos os zeros estão no semiplano direito do plano s. *Verdadeiro ou Falso*

4. A frequência de ressonância e a faixa de passagem podem ser relacionadas com a velocidade da resposta transitória. *Verdadeiro ou Falso*

5. Uma vantagem dos métodos da resposta em frequência é a pronta disponibilidade de sinais de teste senoidal para várias faixas de frequências e amplitudes. *Verdadeiro ou Falso*

6. Considere o sistema estável representado pela equação diferencial

$$x(t) + 3x(t) = u(t),$$

em que $u(t) = \text{sen}\, 3t$. Determine o atraso de fase para este sistema.

a. $\phi = 0°$
b. $\phi = -45°$
c. $\phi = -60°$
d. $\phi = -180°$

Nos Problemas 7 e 8, considere o sistema com realimentação na Figura 8.53 com a função de transferência de malha

$$L(s) = G(s)G_c(s) = \frac{8(s+1)}{s(2+s)(2+3s)}.$$

7. O diagrama de Bode deste sistema corresponde a qual diagrama na Figura 8.54?

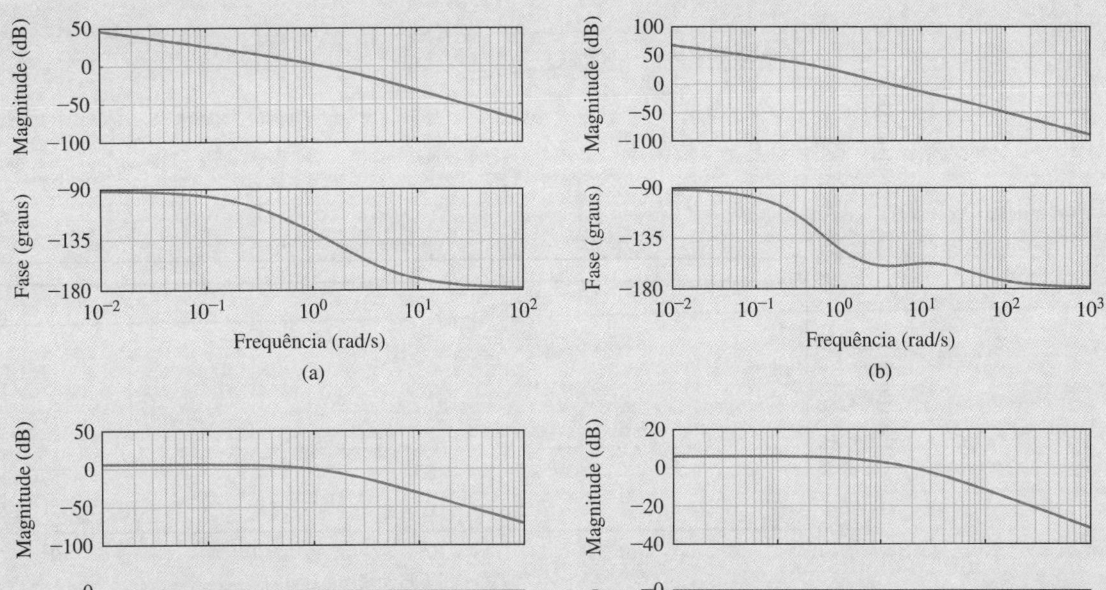

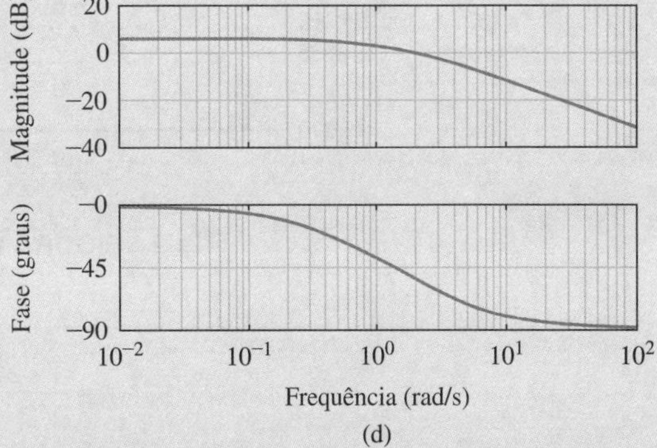

FIGURA 8.54 Seleção de diagramas de Bode.

8. Determine a frequência na qual o ganho tem magnitude unitária e calcule a fase nessa frequência.

   a. $\omega = 1$ rad/s, $\phi = -82°$

   b. $\omega = 1{,}26$ rad/s, $\phi = -133^c$

   c. $\omega = 1{,}26$ rad/s, $\phi = 133°$

   d. $\omega = 4{,}2$ rad/s, $\phi = -160°$

Nos Problemas 9 e 10, considere o sistema com realimentação na Figura 8.53 com a função de transferência de malha:

$$L(s) = G(s)G_c(s) = \frac{50}{s^2 + 12s + 20}.$$

9. As frequências de quebra do diagrama de Bode são

   a. $\omega = 1$ e $\omega = 12$ rad/s

   b. $\omega = 2$ e $\omega = 10$ rad/s

   c. $\omega = 20$ e $\omega = 1$ rad/s

   d. $\omega = 12$ e $\omega = 20$ rad/s

10. As inclinações das curvas assintóticas em frequências muito baixas ($\omega \ll 1$) e altas ($\omega \gg 10$) são, respectivamente:

    a. Em baixas frequências: inclinação = 20 dB/década e em altas frequências: inclinação = 20 dB/década

    b. Em baixas frequências: inclinação = 0 dB/década e em altas frequências: inclinação = –20 dB/década

    c. Em baixas frequências: inclinação = 0 dB/década e em altas frequências: inclinação = –40 dB/década

    d. Em baixas frequências: inclinação = –20 dB/década e em altas frequências: inclinação = –20 dB/década

11. Considere o diagrama de Bode na Figura 8.55

    Qual função de transferência de malha $L(s) = G_c(s)G(s)$ corresponde ao diagrama de Bode na Figura 8.55?

    a. $L(s) = G_c(s)G(s) = \dfrac{100}{s(s + 5)(s + 6)}$

    b. $L(s) = G_c(s)G(s) = \dfrac{24}{s(s + 2)(s + 6)}$

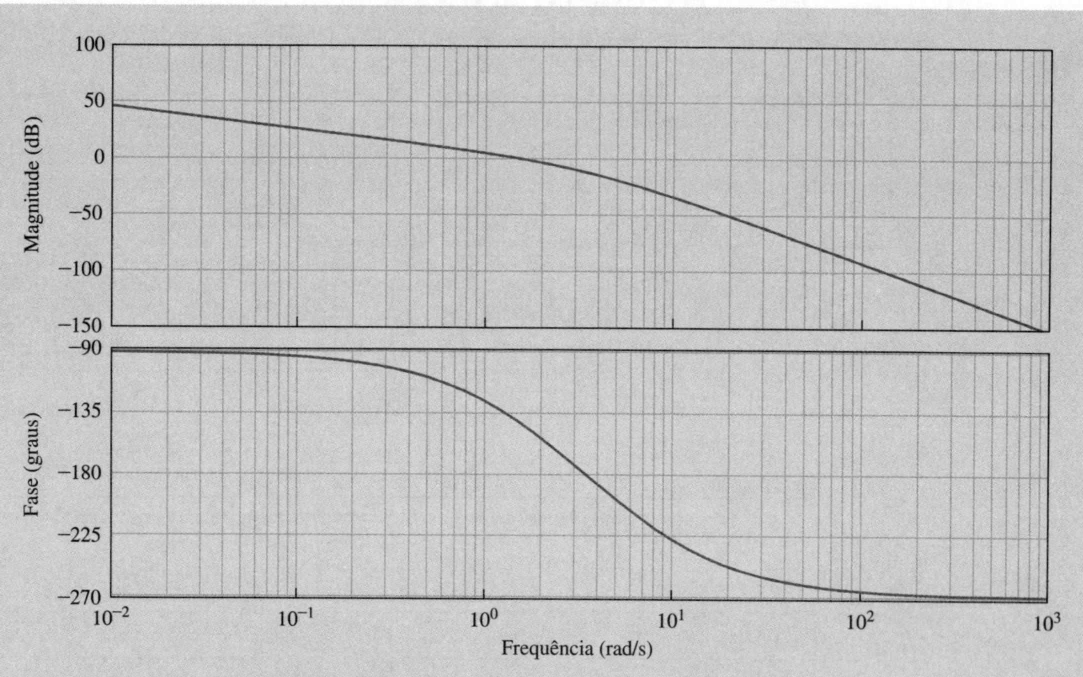

FIGURA 8.55 Diagrama de Bode para sistema desconhecido.

c. $L(s) = G_c(s)G(s) = \dfrac{24}{s^2(s + 6)}$

d. $L(s) = G_c(s)G(s) = \dfrac{10}{s^2 + 0{,}5s + 10}$

12. Admita que uma especificação de projeto para um sistema de controle com realimentação requer que a máxima ultrapassagem percentual para uma entrada em degrau seja *M.U.P.* $\leq 10\%$. A especificação correspondente no domínio da frequência é

a. $M_{p\omega} \leq 0{,}55$
b. $M_{p\omega} \leq 0{,}59$
c. $M_{p\omega} \leq 1{,}05$
d. $M_{p\omega} \leq 1{,}27$

13. Considere o sistema de controle com realimentação na Figura 8.53 com função de transferência de malha

$$L(s) = G_c(s)G(s) = \frac{100}{s(s + 11{,}8)}.$$

A frequência de ressonância, ω_r, e a faixa de passagem, ω_b, são

a. $\omega_r = 1{,}59$ rad/s, $\omega_b = 1{,}86$ rad/s
b. $\omega_r = 3{,}26$ rad/s, $\omega_b = 16{,}64$ rad/s
c. $\omega_r = 12{,}52$ rad/s, $\omega_b = 3{,}25$ rad/s
d. $\omega_r = 5{,}49$ rad/s, $\omega_b = 11{,}6$ rad/s

Para os Problemas 14 e 15, considere a resposta em frequência de um processo $G(j\omega)$ representada na Figura 8.56.

14. Determine o tipo do sistema (isto é, o número de integradores, N):

a. $N = 0$
b. $N = 1$
c. $N = 2$
d. $N > 2$

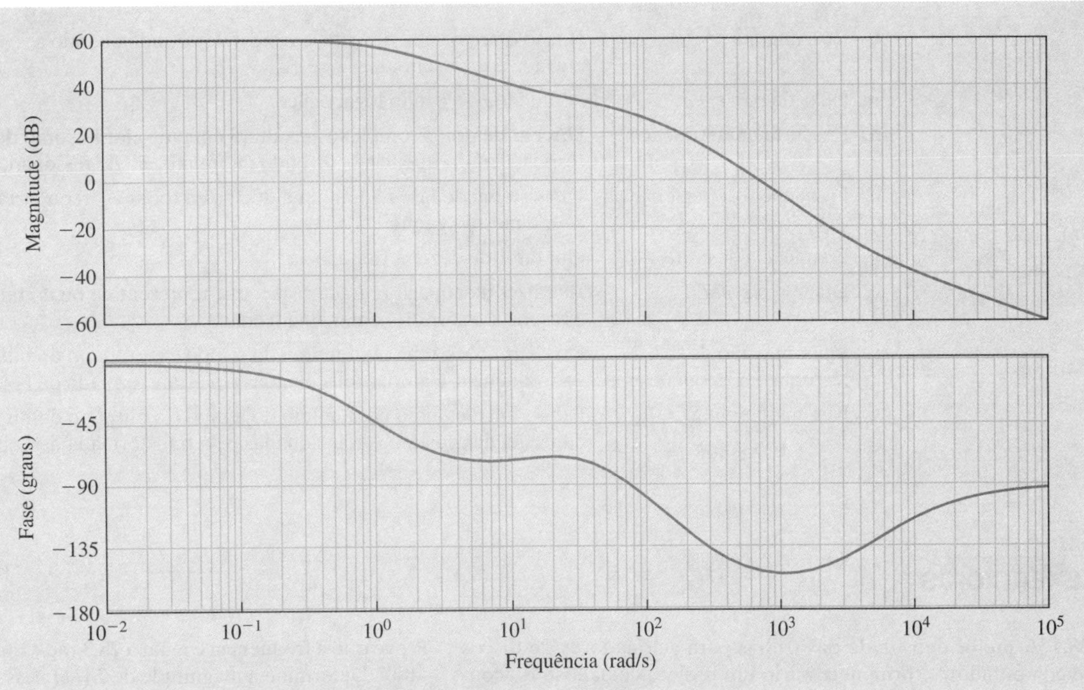

FIGURA 8.56 Diagrama de Bode para $G(j\omega)$.

15. A função de transferência que corresponde ao diagrama de Bode na Figura 8.56 é:

a. $G(s) = \dfrac{100(s + 10)(s + 5.000)}{s(s + 5)(s + 6)}$

b. $G(s) = \dfrac{100}{(s + 1)(s + 20)}$

c. $G(s) = \dfrac{100}{(s + 1)(s + 50)(s + 200)}$

d. $G(s) = \dfrac{100(s + 20)(s + 5.000)}{(s + 1)(s + 50)(s + 200)}$

No problema de **Correspondência de Palavras** seguinte, combine o termo com sua definição escrevendo a letra correta no espaço fornecido.

a. Par da transformada de Laplace	O logaritmo da magnitude da função de transferência e a fase são traçados em função do logaritmo de ω, a frequência. _______
b. Decibel (dB)	O logaritmo da magnitude da função de transferência, $20 \log_{10} \lvert G(j\omega) \rvert$. _______
c. Transformada de Fourier	Um gráfico da parte real de $G(j\omega)$ *versus* a parte imaginária de $G(j\omega)$. _______
d. Diagrama de Bode	A resposta em regime estacionário de um sistema a um sinal de entrada senoidal. _______
e. Função de transferência no domínio da frequência	Todos os zeros de uma função de transferência estão situados no semiplano esquerdo do plano s. _______
f. Década	A frequência na qual a resposta em frequência decaiu 3 dB a partir de seu valor em baixa frequência. _______
g. Raízes dominantes	A frequência na qual se obtém o valor máximo da resposta em frequência de um par de polos complexos. _______
h. Circuito passa-tudo	A frequência de oscilação natural que ocorreria para dois polos complexos se o amortecimento fosse igual a zero. _______
i. Magnitude logarítmica	Funções de transferência com zeros no semiplano direito do plano s. _______
j. Frequência natural	A frequência na qual a aproximação assintótica da resposta em frequência para um polo (ou zero) muda de inclinação. _______
k. Par da transformada de Fourier	A transformação de uma função do tempo para o domínio da frequência. _______

l. Fase mínima	Razão entre o sinal de saída e o sinal de entrada quando a entrada é uma senoide.	______
m. Faixa de passagem	A unidade do ganho logarítmico.	______
n. Resposta em frequência	Um par de polos complexos resultará em um valor máximo da resposta em frequência ocorrendo na frequência de ressonância.	______
o. Frequência de ressonância	Um sistema de fase não mínima que passa todas as frequências com o mesmo ganho.	______
p. Frequência de corte	Um fator de dez em frequência.	______
q. Diagrama polar	As raízes da equação característica que representam ou dominam a resposta transitória em malha fechada.	______
r. Valor máximo da resposta em frequência	Par de funções, uma no domínio do tempo e a outra no domínio da frequência, e ambas relacionadas pela transformada de Fourier.	______
s. Fase não mínima	Par de funções, uma no domínio do tempo e a outra no domínio da frequência, e ambas relacionadas pela transformada de Laplace.	______

EXERCÍCIOS

E8.1 A maior densidade das trilhas para acionadores de discos de computadores torna necessário um projeto cuidadoso do controle de posicionamento da cabeça [1]. A função de transferência de malha é

$$L(s) = G_c(s)G(s) = \frac{K}{(s+2)^2}.$$

Represente graficamente a resposta em frequência para este sistema quando $K = 4$. Calcule a fase e a magnitude em $\omega = 0{,}5, 1, 2, 4$ e ∞.

Respostas: $|L(j0{,}5)| = 0{,}94$ e $\angle L(j0{,}5) = -28{,}1°$.

E8.2 Uma mão robótica operada por tendões pode ser implementada usando um atuador pneumático [8]. O atuador pode ser representado por

$$G(s) = \frac{1.000}{(s+100)(s+10)}.$$

Represente graficamente a resposta em frequência de $G(j\omega)$. Mostre que a magnitude de $G(j\omega)$ é –3 dB em $\omega = 10$ e –33 dB em $\omega = 200$. Mostre também que a fase é –171° em $\omega = 700$.

E8.3 Um braço robótico possui função de transferência de malha do controle de uma junta

$$L(s) = G_c(s)G(s) = \frac{300(s+100)}{s(s+10)(s+40)}.$$

Prove que a frequência é igual a 28,3 rad/s quando a fase de $L(j\omega)$ é –180°. Determine a magnitude de $L(j\omega)$ nessa frequência.

Resposta: $|L(j28{,}3)| = -2{,}5$ dB.

E8.4 A resposta em frequência para o sistema

$$G(s) = \frac{Ks}{(s+a)(s^2+20s+100)}$$

é mostrada na Figura E8.4. Determine K e a examinando as curvas de resposta em frequência.

E8.5 O diagrama de magnitude de uma função de transferência

$$G(s) = \frac{K(1+0{,}5s)(1+as)}{s(1+s/8)(1+bs)(1+s/36)}$$

é mostrado na Figura E8.5. Determine K, a e b a partir do diagrama.

Resposta: $K = 8$, $a = 1/4$, $b = 1/24$.

E8.6 Vários estudos propuseram um robô extraveicular que poderia se mover nas proximidades de uma estação espacial da NASA e executar tarefas físicas em diversas estações de trabalho [9]. O braço é controlado por um controle com realimentação unitária com função de transferência de malha

$$L(s) = G_c(s)G(s) = \frac{K}{s(s/10+1)(s/125+1)}.$$

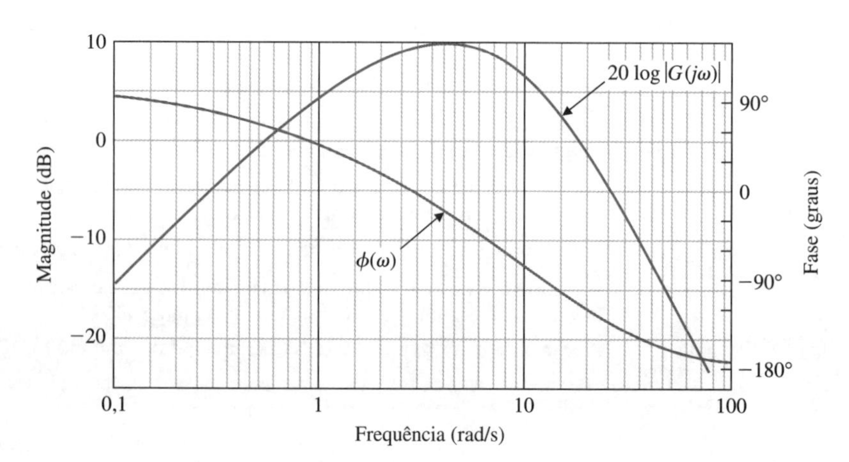

FIGURA E8.4
Diagrama de Bode.

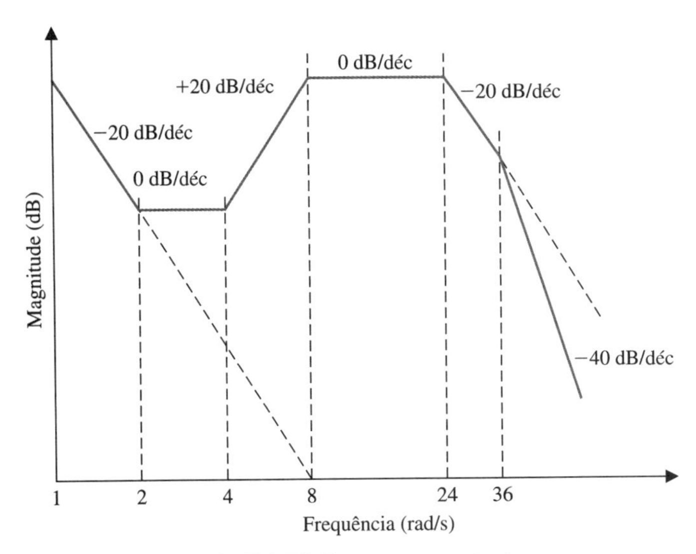

FIGURA E8.5 Diagrama de Bode.

Desenhe o diagrama de Bode para $K = 40$ e determine a frequência quando $20 \log |L(j\omega)|$ é 0 dB.

E8.7 Considere o sistema com uma função de transferência em malha fechada

$$T(s) = \frac{Y(s)}{R(s)} = \frac{4}{(s^2 + s + 1)(s^2 + 0{,}4s + 4)}.$$

Esse sistema não terá erro em regime estacionário para uma entrada em degrau. (a) Represente graficamente a resposta em frequência, observando os dois picos na resposta de magnitude. (b) Prediga a resposta no tempo para uma entrada em degrau, observando que o sistema possui quatro polos e não pode ser representado como um sistema dominante de segunda ordem. (c) Represente graficamente a resposta ao degrau.

E8.8 Um sistema com realimentação possui uma função de transferência de malha

$$L(s) = G_c(s)G(s) = \frac{100(s - 1)}{s^2 + 25s + 100}.$$

(a) Determine as frequências de corte (frequências de quebra) para o diagrama de Bode. (b) Determine a inclinação da curva assintótica em frequências muito baixas e em altas frequências. (c) Esboce o diagrama de Bode de magnitude.

E8.9 O diagrama de Bode de um sistema é mostrado na Figura E8.9. Estime a função de transferência G(s).

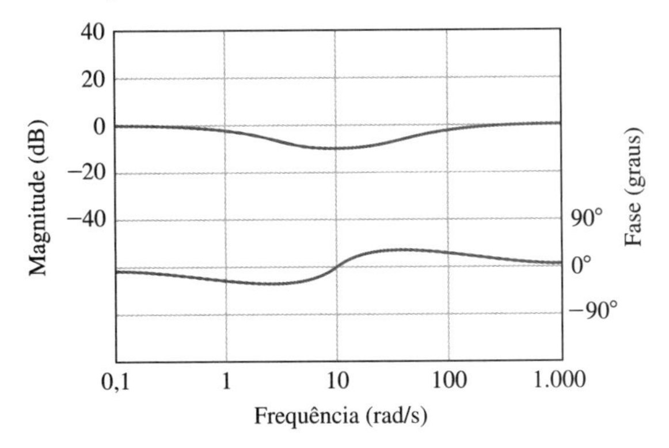

FIGURA E8.9 Diagrama de Bode.

E8.10 Um analisador dinâmico pode ser utilizado para mostrar a resposta em frequência de um sistema. A Figura E8.10 mostra a resposta em frequência real de um sistema. Estime os polos e zeros do dispositivo. Observe que $X = 1{,}37$ kHz no primeiro cursor e $\Delta X = 1{,}275$ kHz até o segundo cursor.

X = 1,37 kHz ΔYa = 4,076 dB
Ya = – 4,9411 ΔX = 1,275 kHz
M: Freq Resp 20Avg 0%0vlp Unif
10,0
dB
–30,0
0 X 2 kHz 4 kHz

FIGURA E8.10 Resposta em frequência.

E8.11 Considere o sistema de controle com realimentação na Figura E8.11. Esboce o diagrama de Bode de $G(s)$ e determine a frequência de cruzamento, isto é, a frequência quando $20 \log_{10}|G(j\omega)| = 0$ dB.

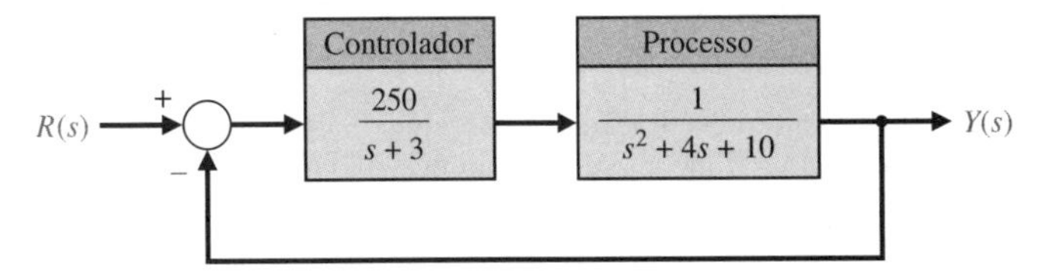

FIGURA E8.11 Sistema com realimentação unitária.

E8.12 Considere o sistema representado na forma de variáveis de estado

$$\dot{\mathbf{x}}(t) = \begin{bmatrix} 0 & 1 \\ -4 & -5 \end{bmatrix} \mathbf{x}(t) + \begin{bmatrix} 0 \\ 4 \end{bmatrix} u(t)$$

$$y(t) = [\,1 \quad 0\,]\mathbf{x}(t) + [0]u(t).$$

(a) Determine a representação em função de transferência do sistema. (b) Esboce o diagrama de Bode.

E8.13 Determine a faixa de passagem do sistema de controle com realimentação na Figura E8.13.

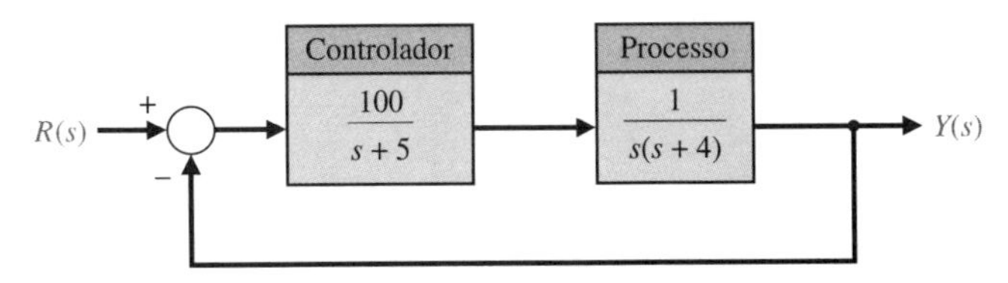

FIGURA E8.13 Sistema de terceira ordem com realimentação.

E8.14 Considere o sistema com realimentação não unitária na Figura E8.14, em que o ganho do controlador é $K = 2$. Esboce o diagrama de Bode da função de transferência de malha. Determine a fase da função de transferência de malha quando a magnitude $20 \log|L(j\omega)| = 0$ dB. Lembre-se de que a função de transferência de malha é $L(s) = G_c(s)G(s)H(s)$.

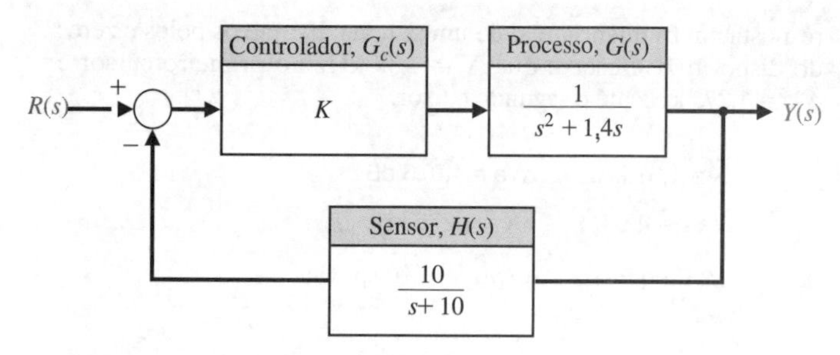

FIGURA E8.14 Sistema com realimentação não unitária com ganho de controlador K.

E8.15 Considere o sistema de entrada única e saída única descrito por

$$\dot{\mathbf{x}}(t) = \mathbf{A}\mathbf{x}(t) + \mathbf{B}u(t)$$
$$y(t) = \mathbf{C}\mathbf{x}(t)$$

em que

$$\mathbf{A} = \begin{bmatrix} 0 & 1 \\ -6-K & -1 \end{bmatrix}, \mathbf{B} = \begin{bmatrix} 0 \\ 1 \end{bmatrix}, \mathbf{C} = [5 \quad 3].$$

Calcule a faixa de passagem do sistema para $K = 1, 2$ e 10. À medida que K aumenta, a faixa de passagem aumenta ou diminui?

PROBLEMAS

P8.1 Esboce o diagrama polar da resposta em frequência para as seguintes funções de transferência de malha

(a) $L(s) = G_c(s)G(s) = \dfrac{1}{(1+0{,}25s)(1+3s)}$

(b) $L(s) = G_c(s)G(s) = \dfrac{5(s^2+1{,}4s+1)}{(s-1)^2}$

(c) $L(s) = G_c(s)G(s) = \dfrac{s-8}{s^2+6s+8}$

(d) $L(s) = G_c(s)G(s) = \dfrac{20(s+8)}{s(s+2)(s+4)}$

P8.2 Esboce a representação em diagrama de Bode da resposta em frequência para as funções de transferência dadas no Problema P8.1.

P8.3 Um circuito de rejeição é o circuito em ponte T mostrado na Figura P8.3. A função de transferência desse circuito é

$$G(s) = \frac{s^2+\omega_n^2}{s^2+2(\omega_n/Q)s+\omega_n^2}$$

em que $\omega_n^2 = 2/LC$, $Q = \omega_n L/R_1$ e R_2 é ajustado de modo que $R_2 = (\omega_n L)^2/4R_1$ [3]. (a) Determine a configuração de polos e zeros (b) Esboce o diagrama de Bode.

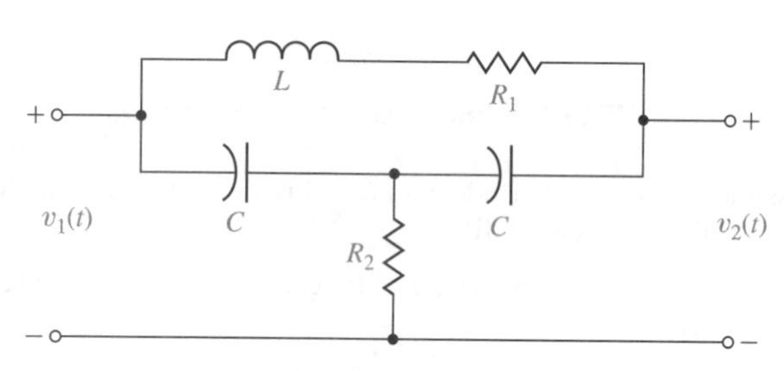

FIGURA P8.3 Circuito em ponte T.

P8.4 Um sistema de controle para controlar a pressão em uma câmara fechada é mostrado na Figura P8.4. Esboce o diagrama de Bode para a função de transferência de malha.

P8.5 A indústria global de robôs está crescendo rapidamente [8]. Um robô industrial típico possui múltiplos graus de liberdade. Um sistema de controle de posição com realimentação unitária para uma junta sensível à força possui função de transferência de malha

$$G_c(s)G(s) = \frac{K}{(1+s/2)(1+s)(1+s/30)(1+s/100)},$$

em que $K = 20$. Esboce o diagrama de Bode desse sistema.

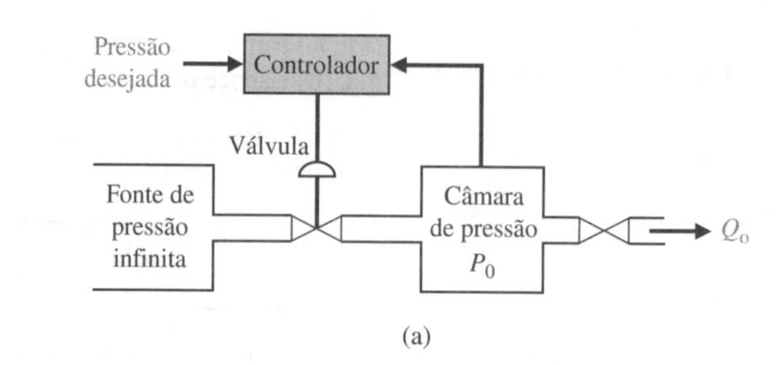

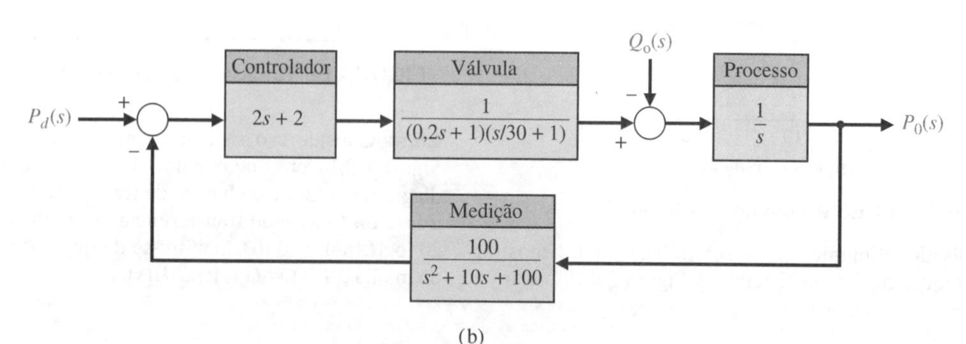

FIGURA P8.4 (a) Controlador de pressão. (b) Modelo em diagrama de blocos.

P8.6 As curvas assintóticas do logaritmo de magnitude para duas funções de transferência são dadas na Figura P8.6. Esboce as curvas assintóticas da variação de fase correspondentes a cada sistema. Determine a função de transferência para cada sistema. Admita que os sistemas possuem funções de transferência de fase mínima.

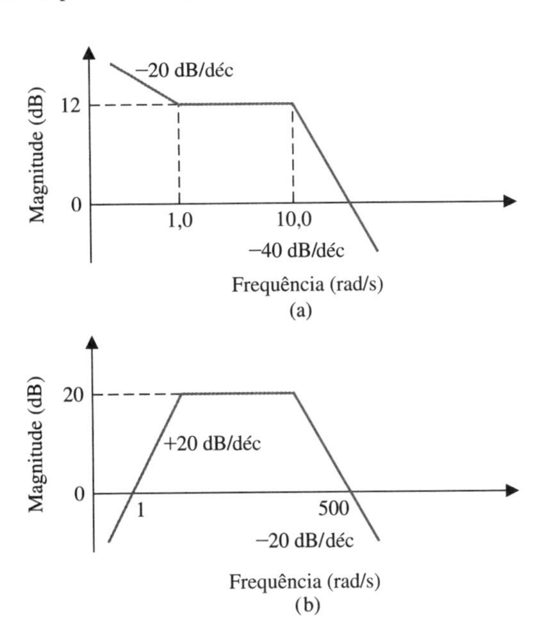

FIGURA P8.6 Curvas de logaritmo de magnitude.

P8.7 Veículos sem motorista podem ser usados em armazéns, em aeroportos e em muitas outras aplicações. Esses veículos seguem um fio embutido no piso e ajustam as rodas dianteiras direcionáveis a fim de manter a direção adequada, como mostrado na Figura P8.7(a) [10]. Os sensores de bobinas, montados no conjunto das rodas dianteiras, detectam um erro na direção de deslocamento e ajustam a direção. O sistema de controle completo é mostrado na Figura P8.7(b). A função de transferência de malha é

$$L(s) = \frac{K}{s(s+\pi)^2} = \frac{K_v}{s(s/\pi+1)^2}.$$

(a) Faça $K_v = \pi$ e esboce o diagrama de Bode. (b) Utilizando o diagrama de Bode, determine a frequência de cruzamento.

P8.8 Um sistema de controle com realimentação é mostrado na Figura P8.8. A especificação para o sistema em malha fechada requer que a máxima ultrapassagem para uma entrada em degrau seja $M.U.P. \leq 10\%$. (a) Determine a especificação correspondente $M_{p\omega}$ no domínio da frequência para a função de transferência em malha fechada (b) Determine a frequência de ressonância ω_r. (c) Determine a faixa de passagem do sistema em malha fechada.

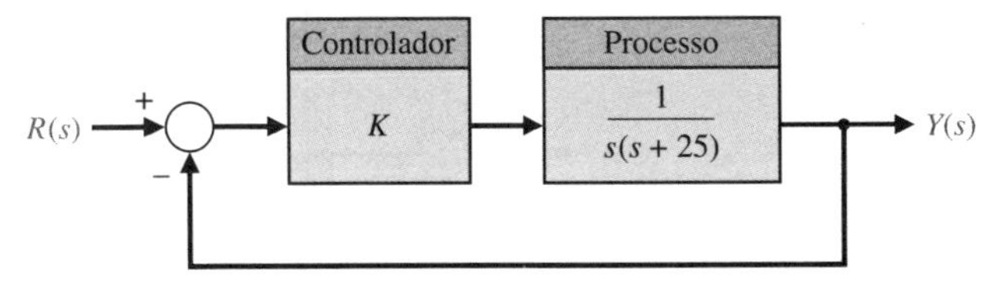

FIGURA P8.8 Sistema de segunda ordem com realimentação unitária.

P8.9 Esboce as curvas de logaritmo da magnitude *versus* fase para as funções de transferência (a) e (b) do Problema P8.1.

P8.10 Um atuador linear é utilizado no sistema mostrado na Figura P8.10 para posicionar uma massa M. A posição real da massa é medida por um resistor de fio deslizante e, portanto, $H(s) = 1{,}0$. O ganho do amplificador é escolhido de modo que o erro em regime estacionário do sistema seja menor que 1% da magnitude da posição de referência $R(s)$. O atuador possui uma bobina de campo com resistência $R_c = 0{,}1\ \Omega$ e $L_c = 0{,}2$ H. A massa da carga é 0,1 kg e o atrito é 0,2 N s/m. A constante de mola é igual a 0,4 N/m. (a) Determine o ganho K necessário para manter um erro em regime estacionário para uma entrada em degrau menor que 1%. (b) Esboce o diagrama de Bode da função de transferência de malha. (c) Esboce o diagrama de Bode para a função de transferência em malha fechada. Determine $M_{p\omega}$, ω_r e a faixa de passagem.

P8.11 A pilotagem automática de um navio pode ser uma aplicação particularmente útil da teoria de controle com realimentação [20]. No caso de rotas oceânicas com tráfego intenso, é importante manter o movimento do navio ao longo de um curso correto. Um sistema automático pode ser mais adequado para manter um erro pequeno em relação ao rumo desejado que um timoneiro que efetua correções de rumo em intervalos irregulares. Um modelo matemático do sistema de pilotagem foi desenvolvido para um navio se movendo com velocidade constante e para pequenos desvios do curso desejado. Para um grande navio tanque, a função de transferência do navio é

$$G(s) = \frac{E(s)}{\delta(s)} = \frac{0{,}164(s+0{,}2)(-s+0{,}32)}{s^2(s+0{,}25)(s-0{,}009)},$$

em que $E(s)$ é a transformada de Laplace do desvio do navio em relação ao rumo desejado e $\delta(s)$ é a transformada de Laplace do ângulo de deflexão do leme de direção. Verifique que o diagrama de Bode de $G(j\omega)$ é o mostrado Figura P8.11.

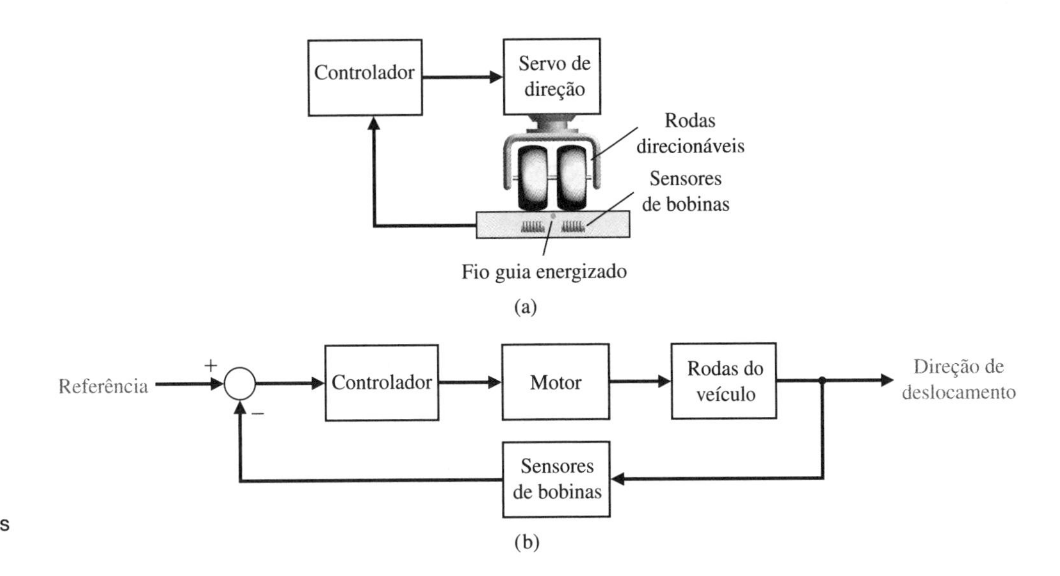

FIGURA P8.7 Controle de rodas direcionáveis.

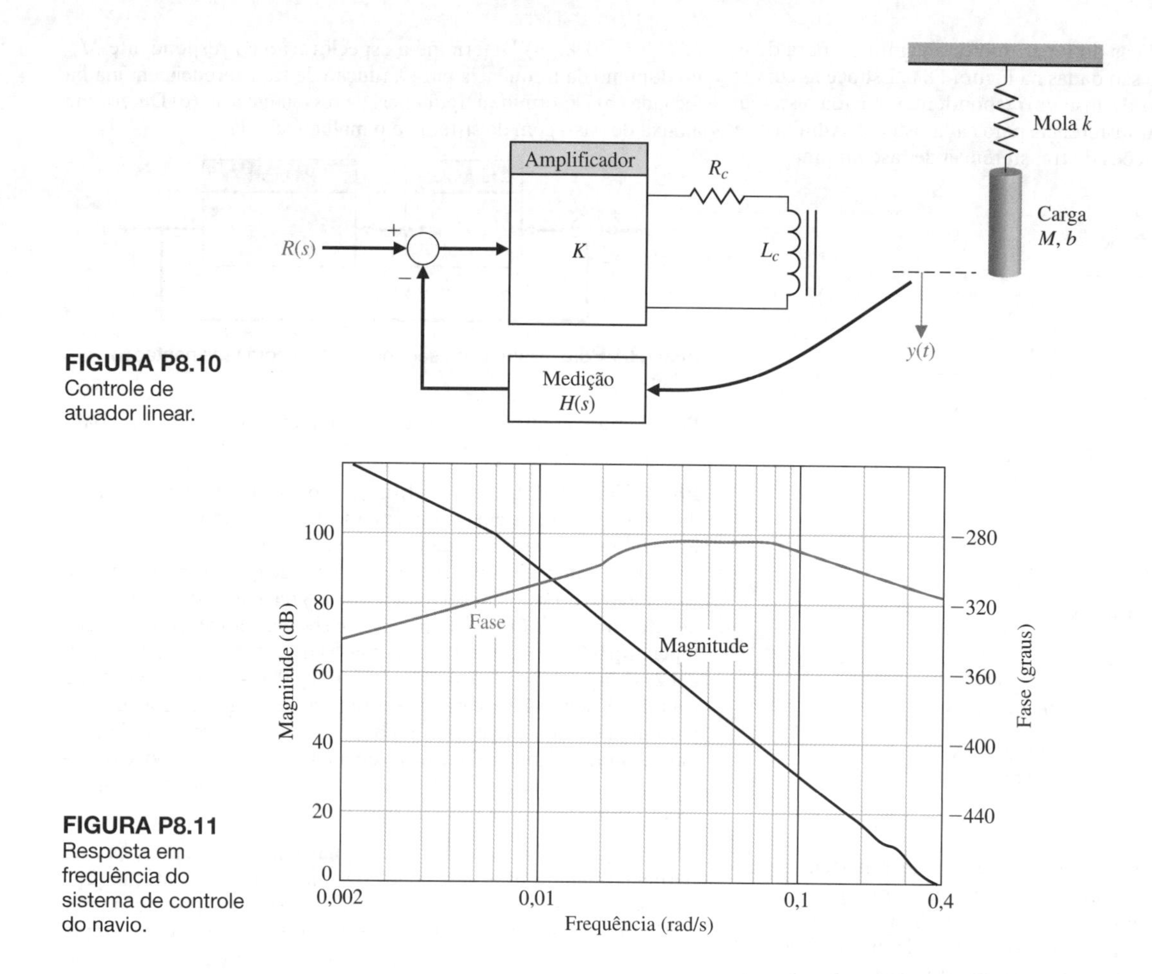

FIGURA P8.10 Controle de atuador linear.

FIGURA P8.11 Resposta em frequência do sistema de controle do navio.

P8.12 O diagrama de blocos de um sistema de controle com realimentação é mostrado na Figura P8.12(a). As funções de transferência dos blocos são representadas pelas curvas de resposta em frequência mostradas na Figura P8.12(b). (a) Quando G_3 não está conectado ao sistema, determine o fator de amortecimento ζ do sistema. (b) Conecte G_3 e determine o fator de amortecimento ζ. Admita que os sistemas possuem funções de transferência de fase mínima.

P8.13 Um sistema de controle de posição pode ser construído usando um motor CA e componentes CA, como mostrado na Figura P8.13. O gerador de sincronismo e o transformador de controle podem ser considerados como um transformador com enrolamento rotativo. O rotor detector de posição do gerador de sincronismo gira com a carga de um ângulo θ_0. O motor do gerador de sincronismo é energizado com uma tensão de referência CA, por exemplo, 115 volts, 60 Hz. O sinal de entrada ou comando é $R(s) = \theta_{en}(s)$ e é aplicado girando-se o rotor do transformador de controle. O motor CA bifásico opera como resultado do sinal de erro amplificado. As vantagens de um sistema de controle CA são (1) eliminação dos efeitos de deriva CC e (2) simplicidade e exatidão dos componentes CA. Para se medir a resposta em frequência em malha aberta, simplesmente desconectam-se X de Y e X' de Y' e então aplica-se um gerador de sinais com modulação senoidal aos terminais $Y - Y'$ e se mede a resposta em $X - X'$. (O erro $(\theta_0 - \theta_{en})$ será ajustado em zero antes de se aplicar o gerador CA.) A resposta em frequência resultante da função de transferência de malha $L(j\omega)$ é mostrada na Figura 8.13(b). Determine a função de transferência de malha. Admita que o sistema possui uma função de transferência de fase mínima.

P8.14 Um amplificador passa-faixa pode ser representado pelo modelo de circuito mostrado na Figura P8.14 [3]. Quando $R_1 = R_2 = 1$ kΩ, $C_1 = 100$ pF, $C_2 = 1$ μF e $K = 100$, mostre que

$$G(s) = \frac{10^9 s}{(s + 1.000)(s + 10^7)}.$$

(a) Esboce o diagrama de Bode de $G(j\omega)$. (b) Determine o ganho da faixa média (em dB). (c) Determine os pontos de –3 dB de alta e de baixa frequência.

P8.15 Para determinar a função de transferência de um processo $G(s)$, a resposta em frequência pode ser medida usando-se uma entrada senoidal. Um sistema produz os dados na tabela a seguir:

ω, rad/s	$\lvert G(j\omega)\rvert$	Fase, graus
0,1	50	−90
1	5,02	−92,4
2	2,57	−96,4
4	1,36	−100
5	1,17	−104
6,3	1,03	−110
8	0,97	−120
10	0,97	−143
12,5	0,74	−169
20	0,13	−145
31	0,026	−158

Determine a função de transferência $G(s)$.

P8.16 O ônibus espacial foi usado para reparar satélites. A Figura P8.16 ilustra como um membro da tripulação, com seus pés atados a uma plataforma na extremidade do braço robótico do ônibus espacial, usou seus braços para parar o movimento de rotação do satélite.

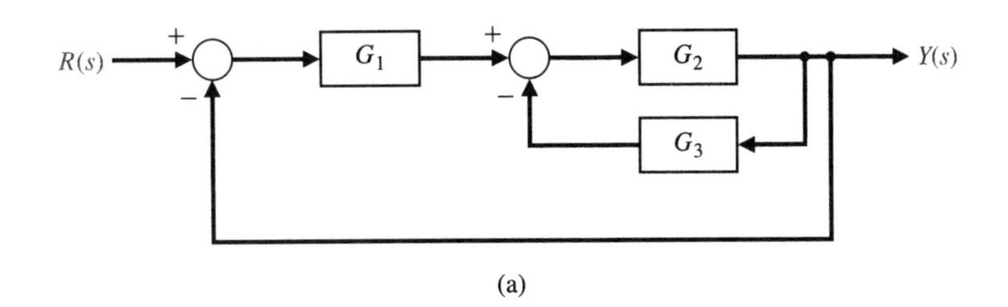

(a)

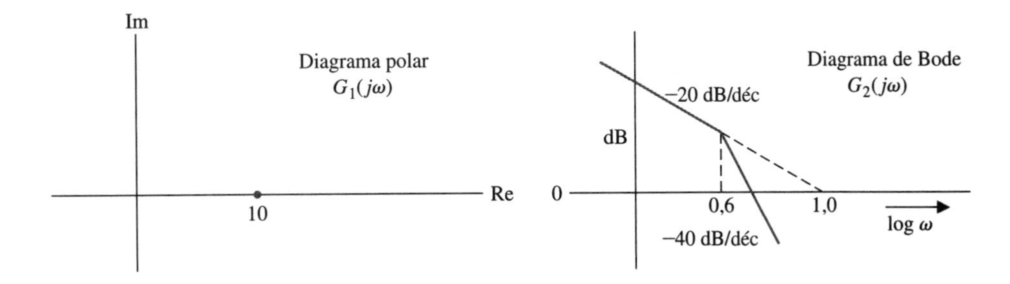

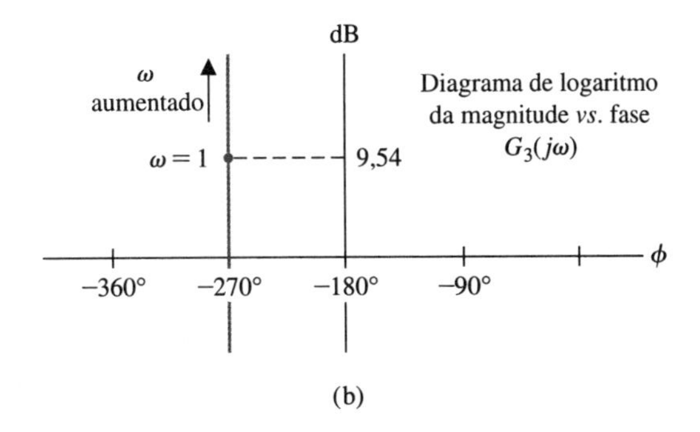

(b)

FIGURA P8.12 Sistema com realimentação.

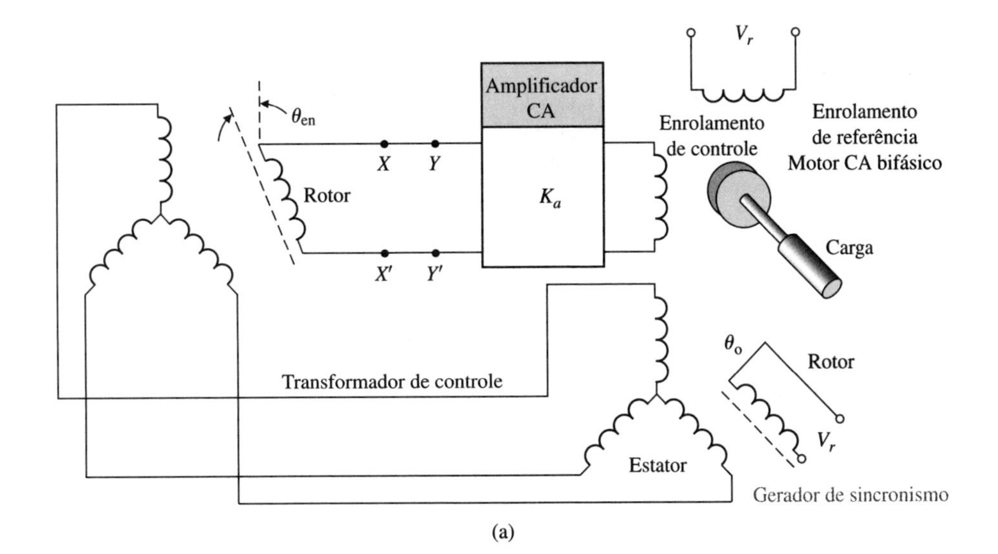

(a)

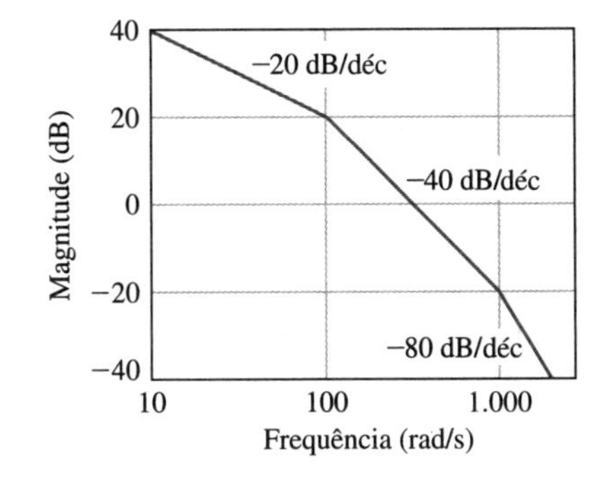

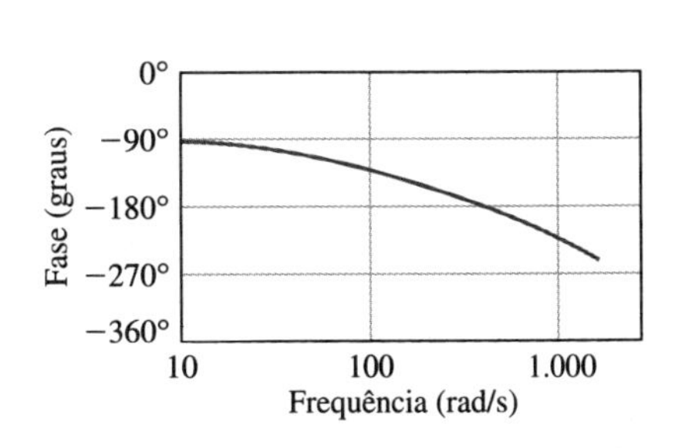

(b)

FIGURA P8.13 (a) Controle de Motor CA. (b) Diagrama de Bode na função de transferência de malha.

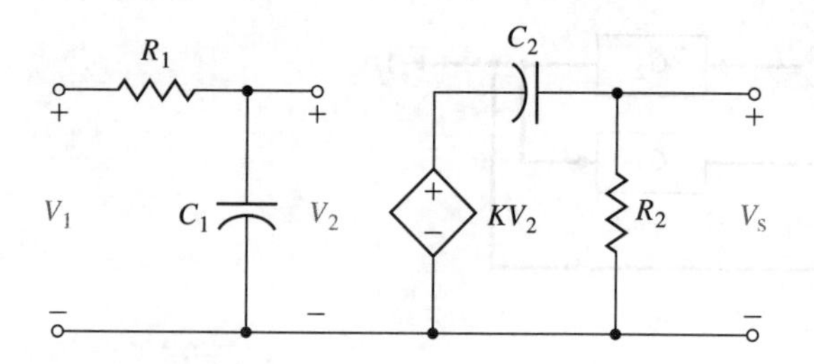

FIGURA P8.14 Amplificador passa-faixa.

O sistema de controle do braço robótico possui uma função de transferência em malha fechada

$$\frac{Y(s)}{R(s)} = \frac{75}{s^2 + 20s + 75}.$$

(a) Determine a resposta $y(t)$ a uma entrada em degrau unitário, $R(s) = 1/s$. (b) Determine a faixa de passagem do sistema.

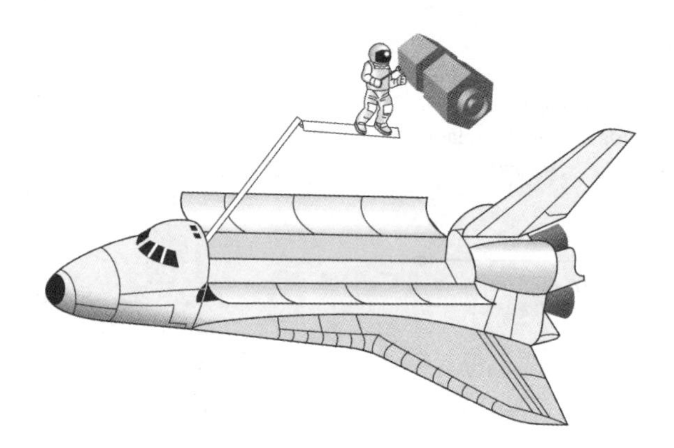

FIGURA P8.16 Reparo de satélite.

P8.17 A aeronave de asa oblíqua (*oblique wing aircraft* – OWA) experimental possui uma asa que gira em torno de um eixo, como mostrado na Figura P8.17. A asa fica na posição normal não angulada para velocidades baixas e pode se mover até uma posição angulada para melhor voo supersônico [11]. A função de transferência de malha do sistema de controle da aeronave é

$$L(s) = G_c(s)G(s) = \frac{0{,}1(s+3)}{s(s+4)(s^2+3{,}2s+64)}.$$

(a) Esboce o diagrama de Bode. (b) Determine a frequência de cruzamento. Determine a frequência quando a fase é $\phi(\omega) = -180°$.

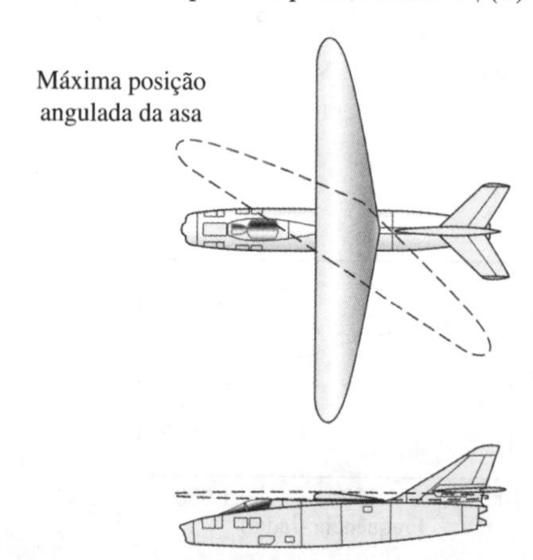

FIGURA P8.17 Aeronave de asa oblíqua, vista de topo e vista lateral.

P8.18 A operação remota desempenha um papel importante em ambientes hostis. Engenheiros de pesquisa têm tentado melhorar as operações remotas realimentando fartas informações sensoriais adquiridas pelo robô para o operador com sensação de presença. Esse conceito é chamado tele-existência ou telepresença [9].

O sistema de tele-existência consiste em um sistema com sensação visual e auditiva de presença, de um sistema de controle por computador e de um mecanismo robótico antropomórfico com um braço dotado de sete graus de liberdade e de um mecanismo de locomoção. Os movimentos da cabeça, do braço direito, da mão direita e outros movimentos auxiliares do operador são medidos. Um sistema de entrada auditiva e visual estéreo especialmente projetado, montado no mecanismo do pescoço do robô, capta informações visuais e auditivas do ambiente remoto. Essas informações são alimentadas de volta e então utilizadas pelo sistema de exibição estéreo especialmente projetado para dar uma sensação de presença ao operador. O sistema de controle de locomoção possui a função de transferência de malha

$$L(s) = G_c(s)G(s) = \frac{50(s+2)}{s^2 + 5s + 20}.$$

Obtenha o diagrama de Bode para a função de transferência de malha e determine a frequência de cruzamento.

P8.19 Um controlador de motor CC largamente usado em automóveis é mostrado na Figura P8.19(a). O gráfico medido de $\theta(s)/I(s)$ é mostrado na Figura P8.19(b). Determine a função de transferência de $\theta(s)/I(s)$.

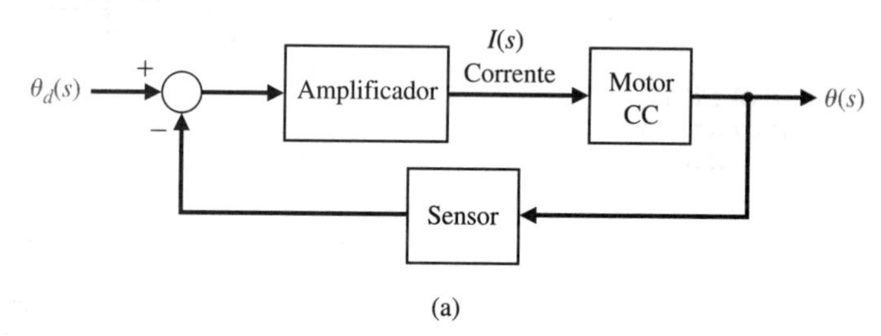

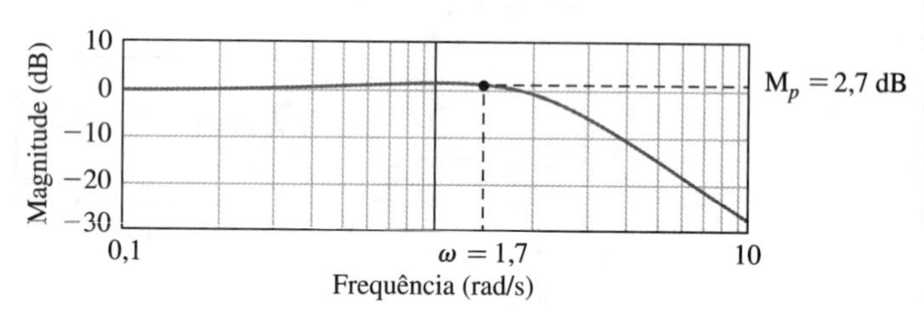

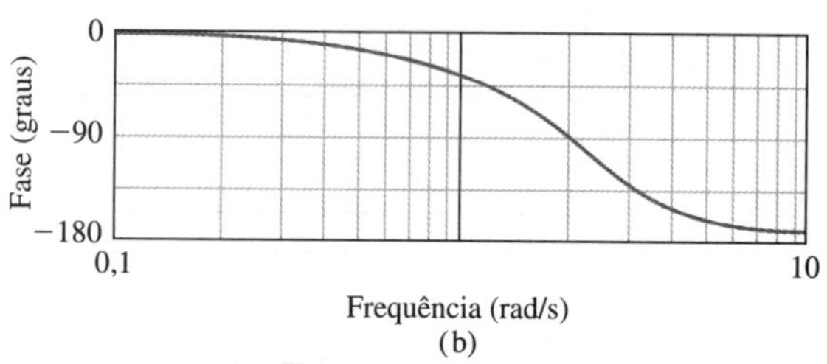

FIGURA P8.19 (a) Controlador do motor. (b) Diagrama de Bode.

P8.20 Para o desenvolvimento bem-sucedido de projetos espaciais, a robótica e a automação serão tecnologias-chave. Robôs espaciais autônomos e habilidosos podem reduzir a carga de trabalho dos astronautas e aumentar a eficiência operacional em muitas missões. A Figura P8.20 mostra um conceito chamado de robô de voo livre [9, 13]. Uma característica importante dos robôs espaciais, que claramente os distingue dos robôs operados na Terra, é a ausência de uma base fixa. Qualquer movimento do braço manipulador induzirá forças e momentos de reação na base, os quais perturbarão sua posição e sua atitude.

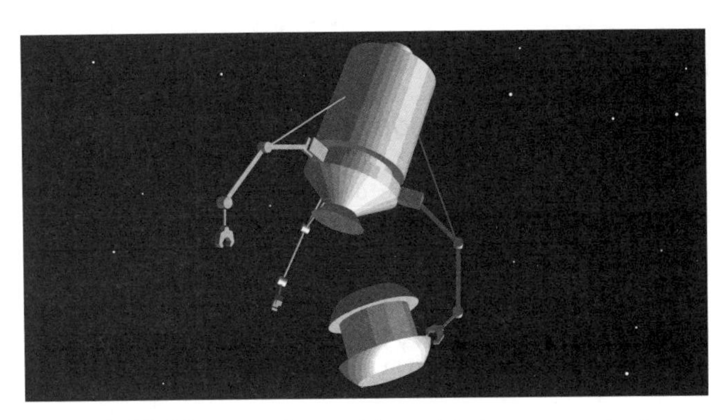

FIGURA P8.20 Um robô espacial com três braços, mostrado capturando um satélite.

O controle de uma das juntas do robô pode ser representado pela função de transferência de malha

$$L(s) = G_c(s)G(s) = \frac{825(s + 10)}{s^2 + 14s + 475}.$$

(a) Esboce o diagrama de Bode de $L(j\omega)$. (b) Determine o valor máximo de $L(j\omega)$, a frequência em que isto ocorre e a fase desta frequência.

P8.21 A tesoura de vento em baixa altitude é uma das maiores causas de acidentes com aviões de transporte nos Estados Unidos. A maior parte desses acidentes foi causada por microrrajadas (intensas correntes descendentes de tempestades, de pequena escala e em baixa altitude que colidem com a superfície e causam fortes fluxos divergentes de vento) ou por frentes de rajadas na extremidade dos fluxos de tempestade em expansão. O encontro de uma microrrajada é um problema sério para aeronaves pousando ou decolando, uma vez que a aeronave está em baixas altitudes e voando com velocidades apenas 25% acima de sua velocidade de estol [12].

O projeto do controle de uma aeronave que encontra tesoura de vento após a decolagem pode ser tratado como um problema de estabilizar a razão de subida em torno do valor desejado. O controlador resultante utiliza somente a informação da razão de subida.

O sistema com realimentação unitária negativa padrão da Figura 8.24 possui uma função de transferência de malha

$$L(s) = G_c(s)G(s) = \frac{-200s^2}{s^3 + 14s^2 + 44s + 40}.$$

Observe o ganho negativo na função de transferência de malha. Este sistema representa o sistema de controle para a razão de subida. Esboce o diagrama de Bode e determine o ganho (em dB) quando a fase é $\phi(\omega) = -180°$.

P8.22 A resposta em frequência de um processo $G(j\omega)$ é mostrada na Figura P8.22. Determine $G(s)$.

P8.23 A resposta em frequência de um processo $G(j\omega)$ é mostrada na Figura P8.23. Deduza o tipo numérico (número de integradores) do sistema. Determine a função de transferência do sistema, $G(s)$. Calcule o erro para uma entrada em degrau unitário.

P8.24 O diagrama de Bode de um sistema de transporte de filme em malha fechada é mostrado na Figura P8.24 [17]. Admita que a função de transferência do sistema $T(s)$ possua dois polos conjugados complexos dominantes. (a) Determine o melhor modelo de segunda ordem para o sistema. (b) Determine a faixa de passagem

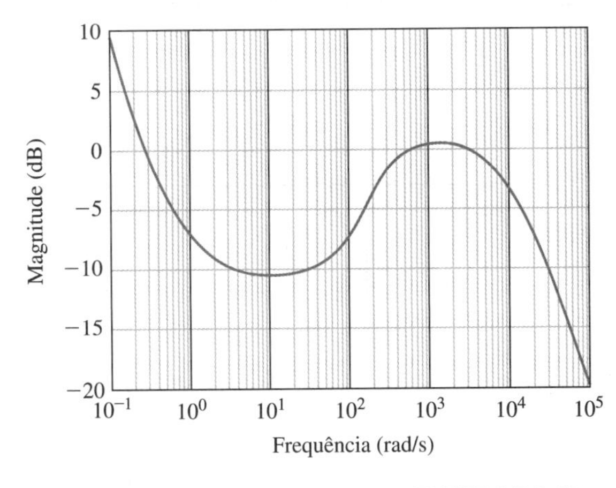

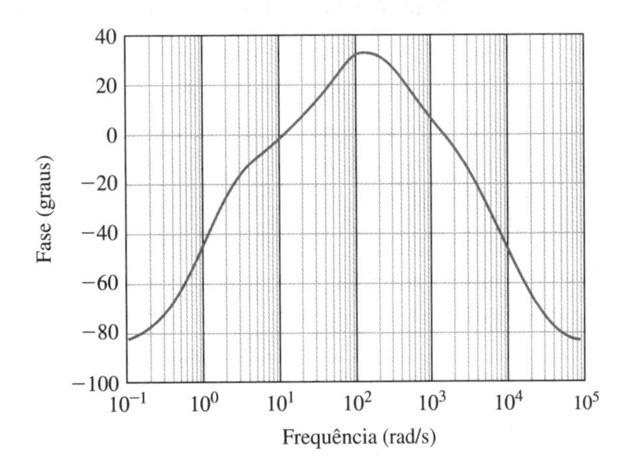

FIGURA P8.22 Diagrama de Bode de $G(s)$.

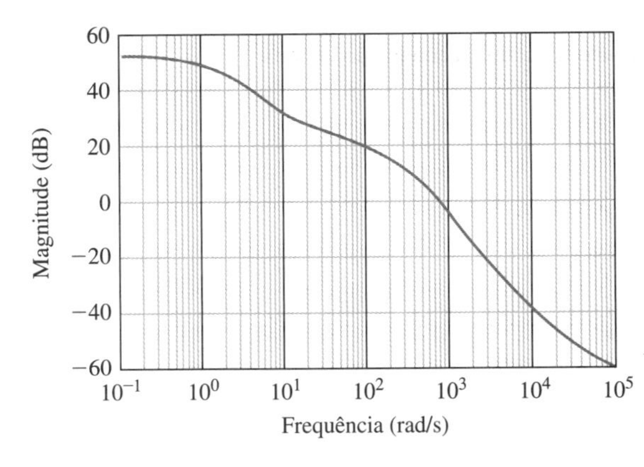

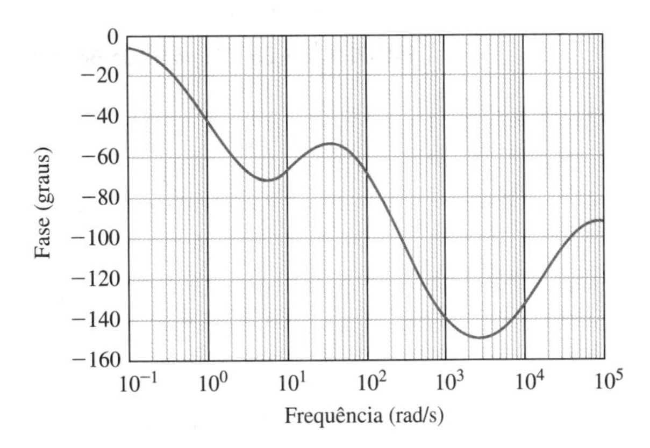

FIGURA P8.23 Resposta em frequência de $G(j\omega)$.

do sistema. (c) Prediga a máxima ultrapassagem percentual e o tempo de acomodação (com critério de 2%) para uma entrada em degrau.

P8.25 Um sistema em malha fechada com realimentação unitária possui um erro em regime estacionário igual a $A/10$, em que a entrada é $r(t) = At^2/2$. O diagrama de Bode é mostrado na Figura P8.25 para $G(j\omega)$. Determine a função de transferência $G(s)$.

P8.26 Determine a função de transferência do circuito com amp-op mostrado na Figura P8.26. Admita um amp-op ideal. Represente graficamente a resposta em frequência quando $R = 10\ \text{k}\Omega$, $R_1 = 9\ \text{k}\Omega$, $R_2 = 1\ \text{k}\Omega$ e $C = 1\ \mu\text{F}$.

P8.27 Um sistema com realimentação unitária possui a função de transferência de malha

$$L(s) = G_c(s)G(s) = \frac{K(s + 50)}{s^2 + 10s + 25}.$$

Esboce o diagrama de Bode da função de transferência de malha e indique como o diagrama de magnitude $20 \log|L(j\omega)|$ varia à medida que K varia. Crie uma tabela para $K = 0{,}75$, 2 e 10, e para cada K determine a frequência de cruzamento (ω_c para $20 \log|L(j\omega)| = 0$ dB), a magnitude em baixas frequências ($20 \log|L(j\omega)|$ para $\omega << 1$), e para o sistema em malha fechada determine a faixa de passagem para cada K.

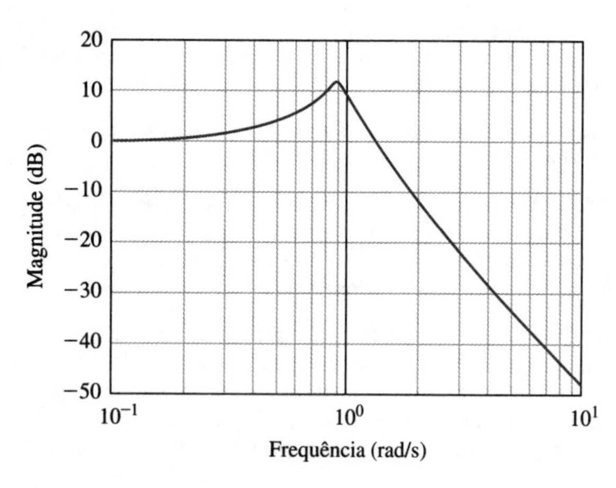

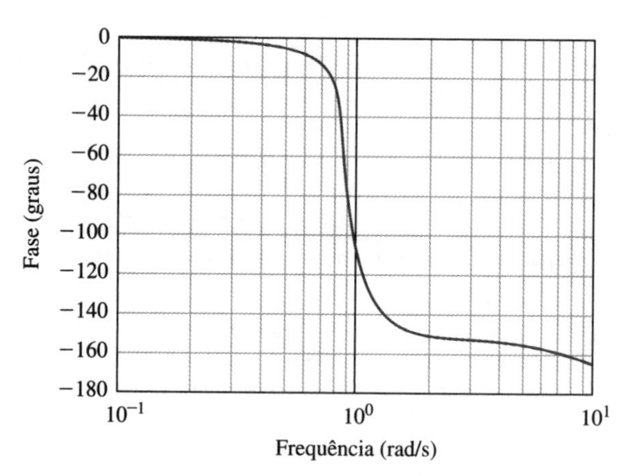

FIGURA P8.24 Diagrama de Bode de um sistema de transporte de filme em malha fechada.

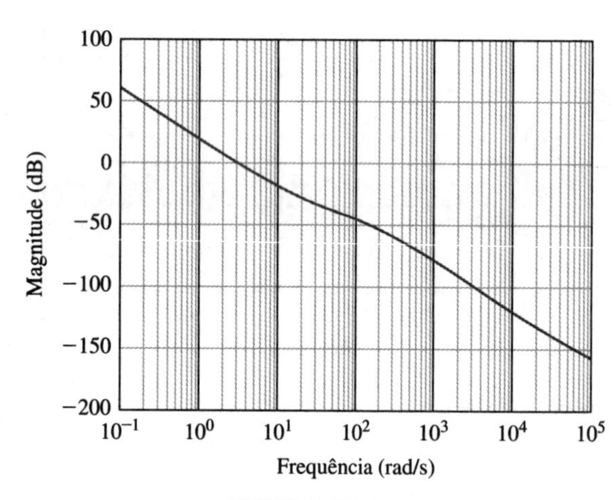

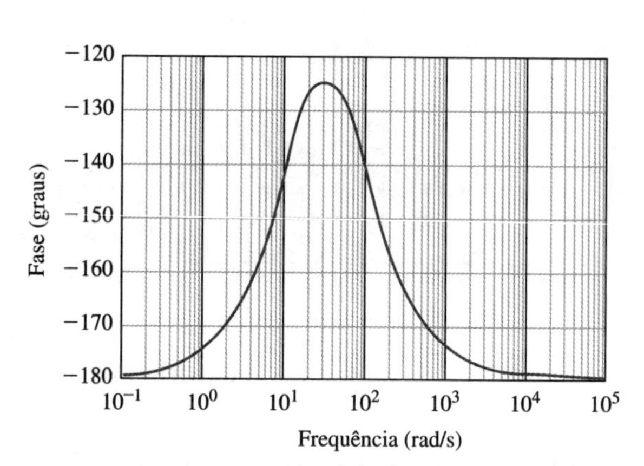

FIGURA P8.25 Diagrama de Bode de um sistema com realimentação unitária.

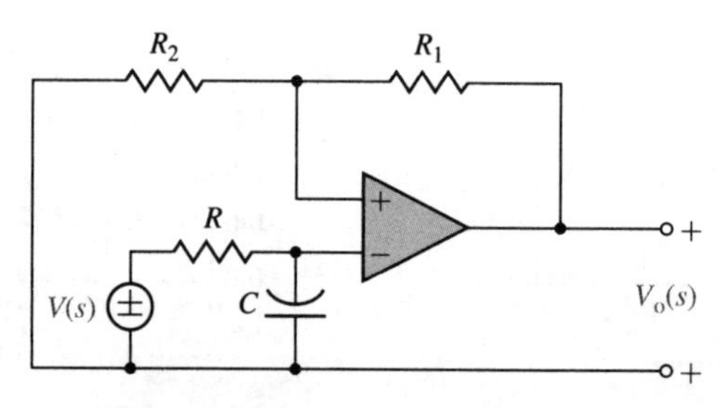

FIGURA P8.26 Um circuito com amp-op.

PROBLEMAS AVANÇADOS

PA8.1 Um sistema massa-mola-amortecedor é mostrado na Figura PA8.1(a). O diagrama de Bode obtido experimentalmente usando uma função forçante senoidal é mostrado na Figura PA8.1(b). Determine os valores numéricos de m, b e k.

PA8.2 Um sistema é mostrado na Figura PA8.2. O valor nominal do parâmetro b é 5,0 e $K = 10{,}0$. Determine a sensibilidade S_b^T e represente graficamente $20 \log |S_b^T(j\omega)|$.

PA8.3 À medida que um automóvel se desloca ao longo da estrada, o deslocamento vertical dos pneus age como o movimento de excitação para o sistema de suspensão do automóvel [16]. A Figura PA8.3 é um diagrama esquemático de um sistema de suspensão de automóvel simplificado, para o qual se admite que a entrada é senoidal. Determine a função de transferência $X(s)/R(s)$ e esboce o diagrama de Bode quando $M = 1$ kg, $b = 4$ N s/m e $k = 18$ N/m.

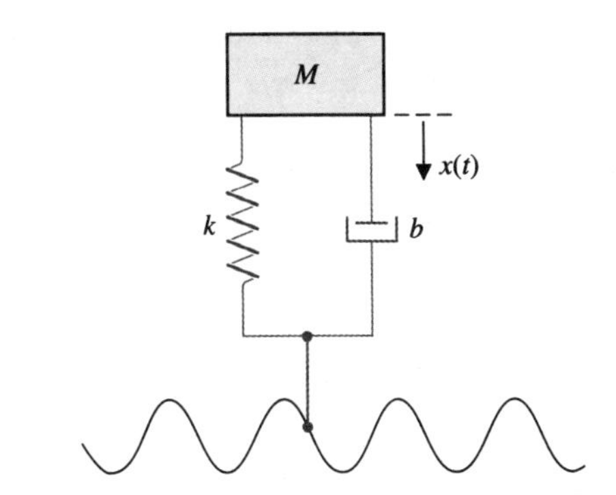

FIGURA PA8.3 Modelo de sistema de suspensão de automóvel.

PA8.4 Um helicóptero com carga na extremidade de um cabo é mostrado na Figura PA8.4(a). O sistema de controle de posição é mostrado na Figura PA8.4(b), em que a realimentação visual é representada por $H(s)$. Esboce o diagrama de Bode da função de transferência de malha. Determine a frequência de cruzamento, isto é, em que $20 \log_{10} |H(j\omega)\, G(j\omega)| = 0$ dB.

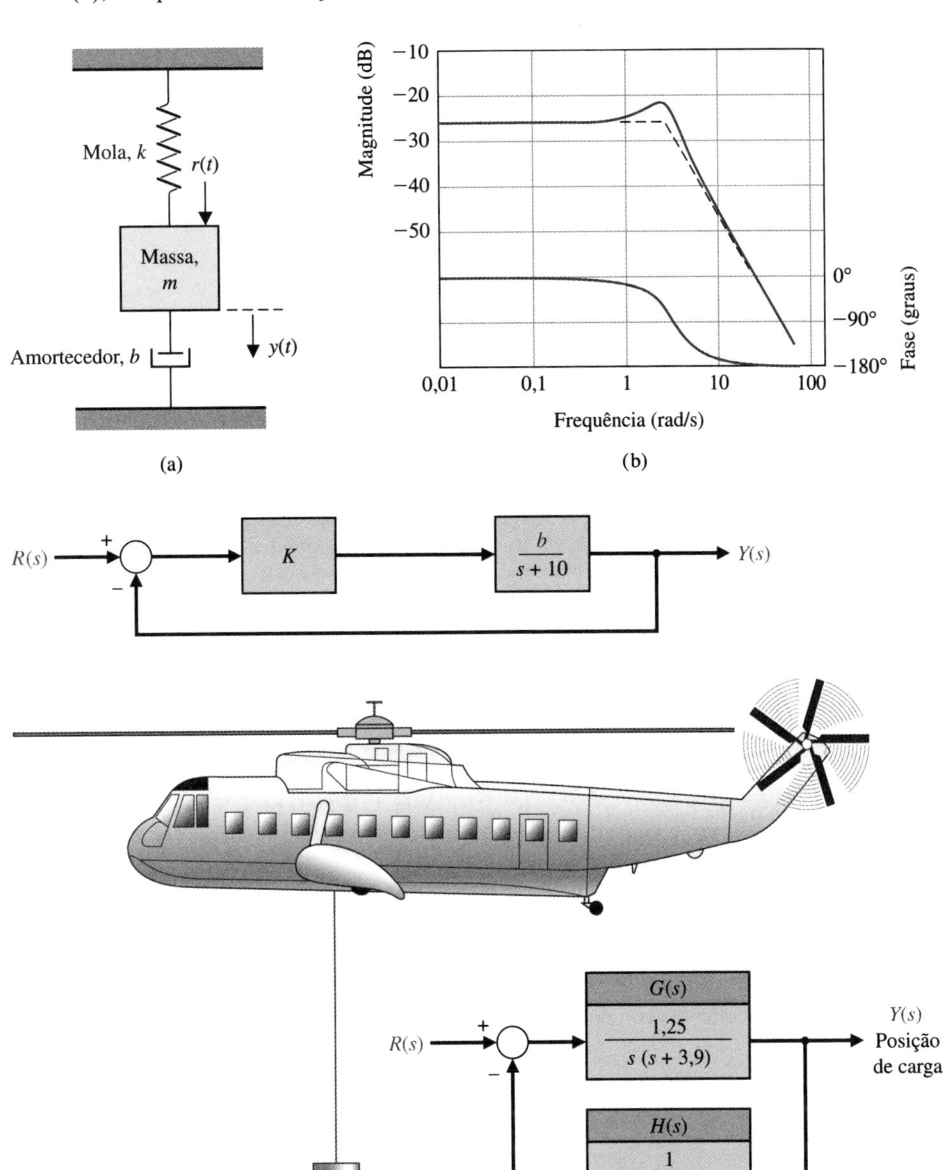

FIGURA PA8.1 Sistema massa-mola-amortecedor.

FIGURA PA8.2 Sistema com parâmetro b e ganho do controlador K

FIGURA PA8.4 Sistema de controle com realimentação de um helicóptero.

PA8.5 Um sistema em malha fechada com realimentação unitária possui função de transferência

$$T(s) = \frac{10(s+1)}{s^2 + 9s + 10}.$$

(a) Determine a função de transferência de malha $L(s) = G_c(s)G(s)$. (b) Represente graficamente o logaritmo da magnitude *versus* fase e identifique os pontos de frequência para ω igual a 1, 10, 50, 110 e 500. (c) O sistema em malha aberta é estável? O sistema em malha fechada é estável?

PA8.6 Considere o sistema massa-mola representado na Figura PA8.6. Desenvolva um modelo em função de transferência para descrever o movimento da massa $M = 2$ kg, em que a entrada é $u(t)$ e a saída é $x(t)$. Admita que as condições iniciais sejam $x(0) = 0$ e $\dot{x}(0) = 0$. Determine valores de k e b de modo que a resposta máxima em regime estacionário para uma entrada senoidal $u(t) = \text{sen}(\omega t)$ seja menor que 1 para todo ω. Para os valores escolhidos de k e b, qual é a frequência em que o pico da resposta ocorre?

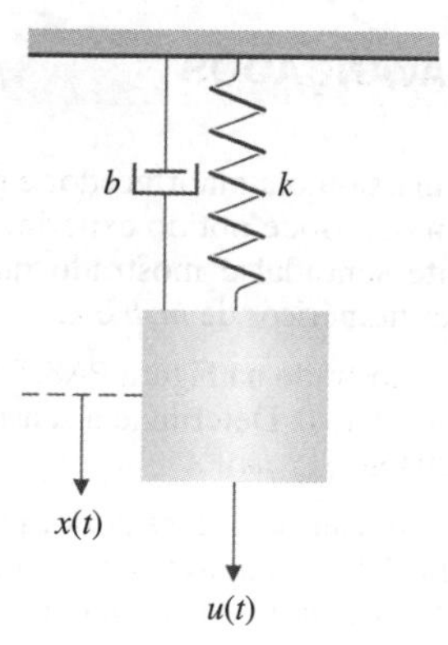

FIGURA PA8.6 Sistema massa-mola suspenso com parâmetros k e b.

PA8.7 Um circuito com amp-op é mostrado na Figura PA8.7. O circuito representa um compensador de avanço de fase.

(a) Determine a função de transferência deste circuito.

(b) Esboce o diagrama de Bode do circuito quando $R_1 = 10$ kΩ, $R_2 = 10$ Ω, $C_1 = 0{,}1$ μF e $C_2 = 1$ mF.

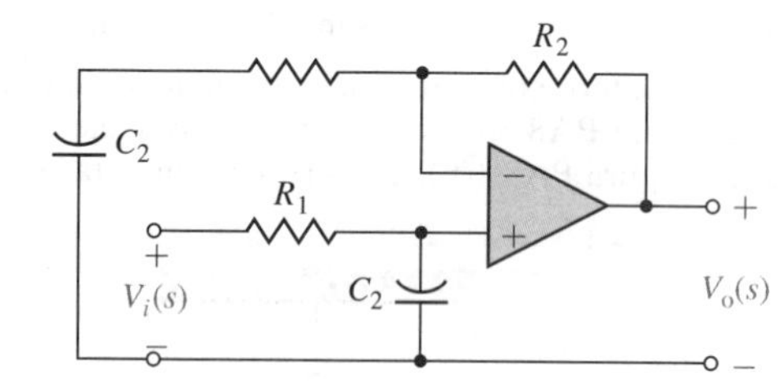

FIGURA PA8.7 Circuito de avanço de fase com amp-op.

PROBLEMAS DE PROJETO

PPC8.1 Neste capítulo, deseja-se usar um controlador PD tal que

$$G_c(s) = K(s + 2).$$

O tacômetro não é usado (veja a Figura PPC4.1). Trace o diagrama de Bode para o sistema quando $K = 40$. Determine a resposta ao degrau deste sistema e estime a máxima ultrapassagem e o tempo de acomodação (com um critério de 2%).

PP8.1 Entender o comportamento de um ser humano dirigindo automóvel continua sendo um assunto interessante [14, 15, 16, 21]. O projeto e o desenvolvimento de sistemas para direção nas quatro rodas, suspensão ativa, frenagem independente ativa e direção "*drive-by-wire*" dão ao engenheiro uma liberdade consideravelmente maior para alterar a qualidade de manobra do veículo do que existia no passado.

O veículo e o motorista são representados pelo modelo da Figura PP8.1, na qual o motorista desenvolve uma antecipação do desvio do veículo em relação à linha central. Para $K = 1$, trace o diagrama de Bode para (a) a função de transferência de malha $L(s) = G_c(s)G(s)$ e (b) a função de transferência em malha fechada $T(s)$. (c) Repita as partes (a) e (b) para $K = 50$. (d) Um motorista pode escolher o ganho K. Determine o ganho apropriado de modo que $M_{p\omega} \leq 2$ e a faixa de passagem seja a máxima atingível para o sistema em malha fechada. (e) Determine o erro em regime estacionário do sistema para uma entrada rampa, $r(t) = t$.

PP8.2 A exploração não tripulada de planetas requer um elevado grau de autonomia em razão dos retardos de comunicação entre robôs no espaço e suas estações baseadas na Terra. Isso afeta todos os componentes do sistema: planejamento, sensores e mecanismos. Em particular, tal nível de autonomia pode ser alcançado apenas se cada robô possuir um sistema de percepção que possa construir e manter modelos confiáveis do ambiente. O sistema de percepção é uma parte importante do desenvolvimento de um sistema completo que inclui planejamento e projeto mecânico. O veículo alvo é o Spider-bot, um robô que caminha com quatro patas como mostrado na Figura PP8.2(a), sendo desenvolvido no Laboratório de Propulsão a Jato da NASA [18]. O sistema de controle de uma pata é mostrado na Figura PP8.2(b).

(a) Esboce o diagrama de Bode para a função de transferência de malha em que $K = 20$. Determine (1) a frequência quando a fase é $\phi(\omega) = -180°$ e (2) a frequência de cruzamento. (b) Trace o diagrama de Bode para a função de transferência em malha fechada $T(s)$ quando $K = 20$. (c) Determine $M_{p\omega}$, ω_r e ω_B para o sistema em malha fechada quando $K = 22$ e $K = 25$. (d) Escolha o melhor ganho entre os dois especificados na parte (c) quando se deseja que a máxima ultrapassagem do sistema para uma entrada em degrau $r(t)$ seja $M.U.P. \leq 5\%$ e o tempo de acomodação seja o menor possível.

PP8.3 Uma mesa é utilizada para posicionar frascos debaixo de um bico dosador, como mostrado na Figura PP8.3(a). O objetivo é um movimento rápido, exato e suave a fim de eliminar o desperdício. O sistema de controle de posição é mostrado na Figura PP8.3(b). Determine um K tal que a faixa de passagem seja maximizada enquanto se mantém a $M.U.P. \leq 20\%$ para uma entrada

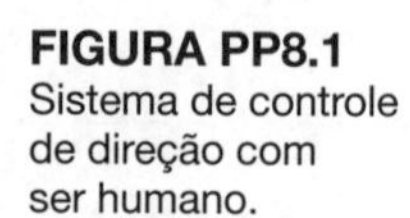

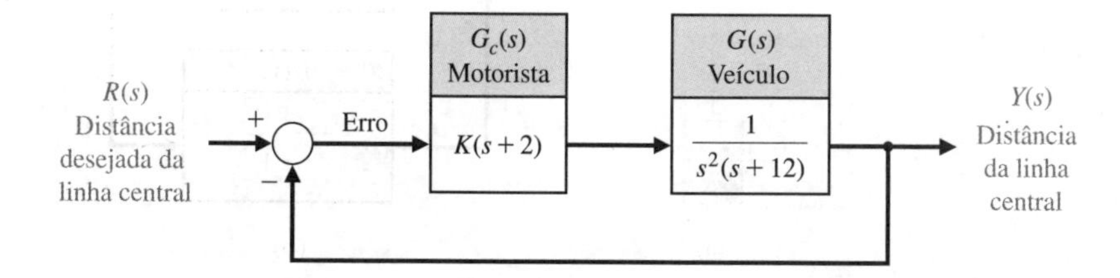

FIGURA PP8.1 Sistema de controle de direção com ser humano.

(a)

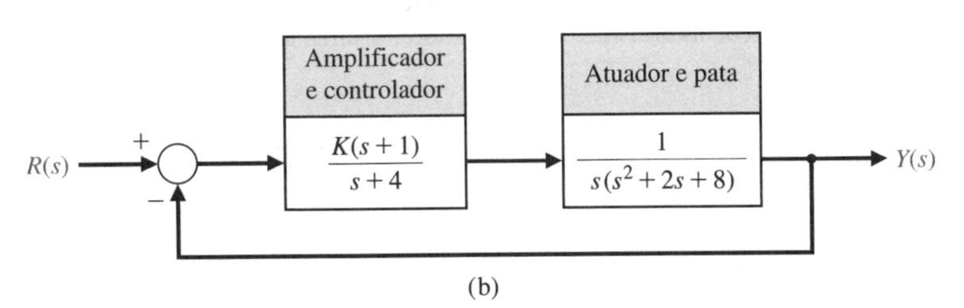

(b)

FIGURA PP8.2
(a) O robô para exploração de Marte Spider-bot. (Fotografia cortesia da NASA.) (b) Diagrama de blocos do sistema de controle para uma pata.

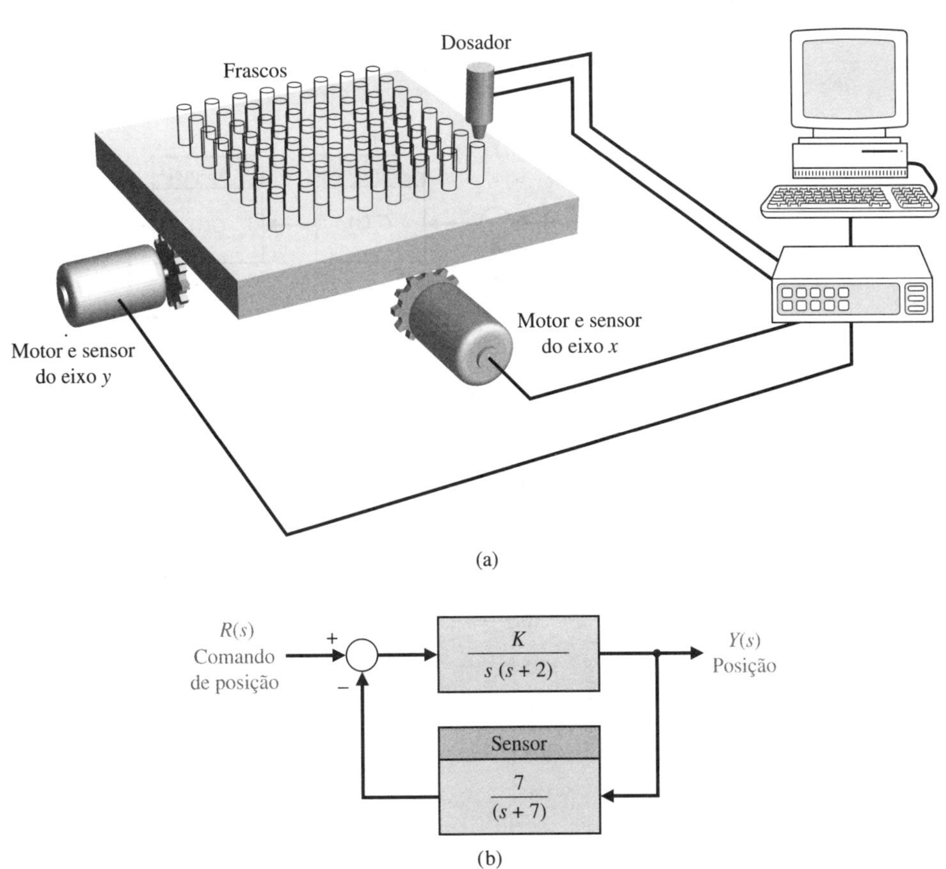

(b)

FIGURA PP8.3
Mesa e dosador automáticos.

degrau unitário. Qual é a máxima faixa de passagem, ω_b, quando $M.U.P. \leq 20\%$? Determine a faixa de K tal que o sistema em malha fechada seja estável.

PP8.4 A anestesia pode ser ministrada automaticamente por um sistema de controle. Para garantir condições de operação adequadas para o cirurgião, drogas relaxantes musculares, as quais bloqueiam movimentos musculares involuntários, são ministradas.

Um método convencional utilizado pelos anestesistas para ministrar o relaxante muscular é injetar uma grande dose cuja quantidade é determinada pela experiência e injetar complementos à medida que for necessário. Melhorias significantes podem ser obtidas introduzindo-se o conceito de controle automático, o qual resulta em uma redução considerável no consumo total da droga relaxante [19].

Um modelo do processo de anestesia é mostrado na Figura PP8.4. Escolha um ganho K de modo que a faixa de passagem do sistema em malha fechada seja maximizada enquanto $M_{p\omega} \leq 1{,}5$. Determine a faixa de passagem obtida no seu projeto.

PP8.5 Considere o sistema de controle representado na Figura PP8.5(a) em que a planta é uma "caixa-preta" sobre a qual pouco é conhecido em termos de modelos matemáticos. A única informação disponível sobre a planta é a resposta em frequência mostrada na Figura PP8.5(b). Projete um controlador $G_c(s)$ para satisfazer às seguintes especificações: (i) a frequência de cruzamento esteja entre 10 e 50 rad/s; (ii) a magnitude da função de transferência de malha seja maior que 20 dB para $\omega < 0{,}1$ rad/s.

PP8.6 Um sistema de entrada única e saída única é descrito por

$$\dot{\mathbf{x}}(t) = \begin{bmatrix} 0 & 1 \\ -1 & -p \end{bmatrix}\mathbf{x}(t) + \begin{bmatrix} K \\ 0 \end{bmatrix}u(t)$$

$$y(t) = [0 \quad 1]\mathbf{x}(t)$$

(a) Determine p e K de modo que a resposta ao degrau unitário apresente um erro em regime estacionário nulo e a máxima ultrapassagem atenda ao requisito $M.U.P. \leq 5\%$.

(b) Para os valores de p e K determinados na parte (a), calcule o fator de amortecimento do sistema ζ e a frequência natural ω_n.

(c) Para os valores de p e K determinados na parte (a), obtenha o diagrama de Bode do sistema e determine a faixa de passagem ω_B.

(d) Estime a faixa de passagem usando ζ e ω_n e compare o valor com a faixa de passagem real da parte (c).

PP8.7 Considere o sistema da Figura PP8.7. Considere que o controlador seja um controlador proporcional, integral e derivativo (PID) dado por

$$G_c(s) = K_P + K_D s + \frac{K_I}{s}.$$

Projete os ganhos do controlador PID para alcançar (a) uma constante de aceleração $K_a = 2$, (b) uma margem de fase de $M.F. \geq 45°$ e (c) uma faixa de passagem $\omega_b \geq 3{,}0$. Represente graficamente a resposta do sistema em malha fechada a uma entrada em degrau unitário.

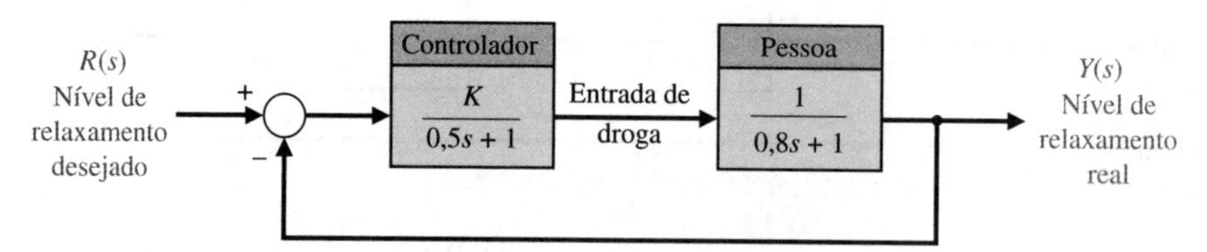

FIGURA PP8.4 Modelo de um sistema de controle de anestesia.

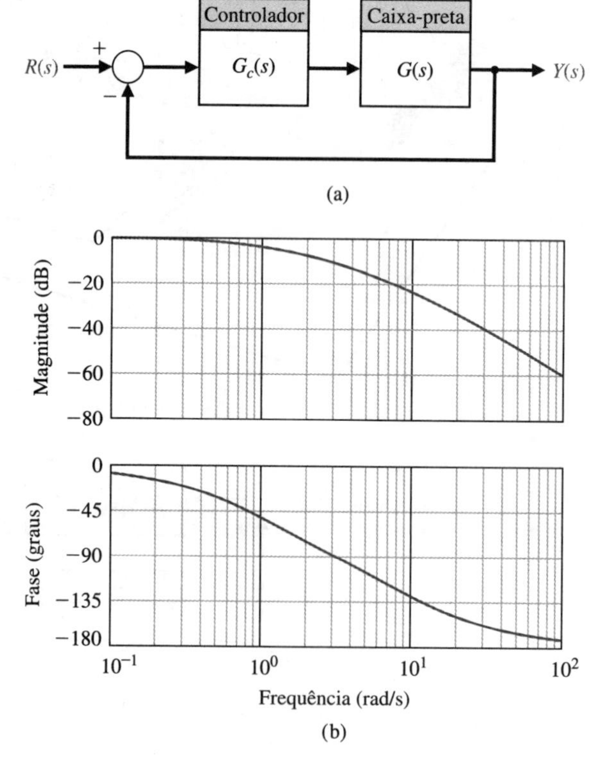

FIGURA PP8.5 (a) Sistema com realimentação com planta "caixa-preta". (b) Diagrama da resposta em frequência da "caixa-preta" representada por $G(s)$.

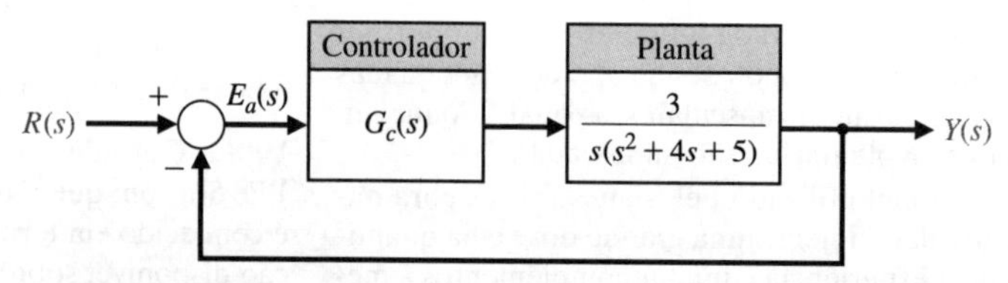

FIGURA PP8.7 Sistema com realimentação em malha fechada.

PROBLEMAS COMPUTACIONAIS

PC8.1 Considere a função de transferência em malha fechada

$$T(s) = \frac{50}{s^2 + s + 50}.$$

Desenvolva uma sequência de instruções em arquivo m para obter o diagrama de Bode e verificar que a frequência de ressonância é 7 rad/s e que a magnitude de pico $M_{p\omega}$ é 17 dB.

PC8.2 Para as seguintes funções de transferência, esboce os diagramas de Bode e em seguida confira com a função bode:

(a) $G(s) = \dfrac{2.000}{(s + 10)(s + 200)}$

(b) $G(s) = \dfrac{s + 100}{(s + 2)(s + 30)}$

(c) $G(s) = \dfrac{200}{s^2 + 2s + 100}$

(d) $G(s) = \dfrac{s - 5}{(s + 3)(s^2 + 12s + 50)}$

PC8.3 Para cada uma das funções de transferência a seguir, esboce o diagrama de Bode e determine a frequência de cruzamento

(a) $G(s) = \dfrac{2.500}{(s + 10)(s + 100)}$

(b) $G(s) = \dfrac{50}{(s + 1)(s^2 + 10s + 2)}$

(c) $G(s) = \dfrac{30(s + 100)}{(s + 1)(s + 30)}$

(d) $G(s) = \dfrac{100(s^2 + 14s + 50)}{(s + 1)(s + 2)(s + 200)}$

PC8.4 Um sistema com realimentação negativa unitária possui a função de transferência de malha

$$L(s) = G_c(s)G(s) = \frac{10}{s(s + 1)}.$$

Determine a faixa de passagem do sistema em malha fechada. Usando a função bode, obtenha o diagrama de Bode e rotule o gráfico com a faixa de passagem.

PC8.5 Um diagrama de blocos de um sistema de segunda ordem é mostrado na Figura PC8.5.

(a) Determine o pico de ressonância $M_{p\omega}$, a frequência de ressonância ω_r e a faixa de passagem ω_B do sistema a partir do diagrama de Bode em malha fechada. Gere o diagrama de Bode com uma sequência de instruções para $\omega = 0{,}1$ até $\omega = 1.000$ rad/s usando a função logspace. (b) Estime o fator de amortecimento do sistema ζ e a frequência natural ω_n. (c) A partir da função de transferência em malha fechada, calcule ζ e ω_n reais e compare com os resultados da parte (b).

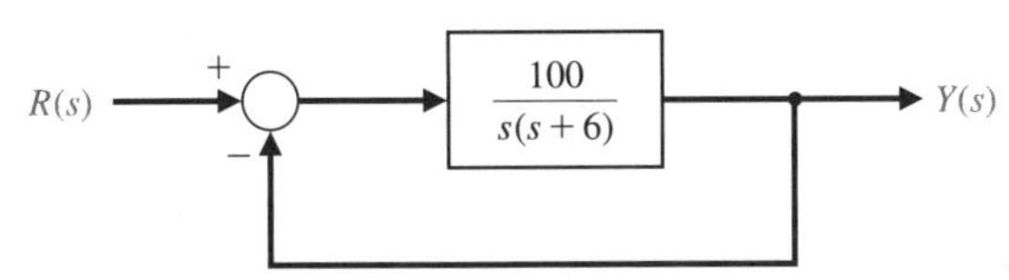

FIGURA PC8.5 Um sistema de controle de segunda ordem com realimentação.

PC8.6 Considere o sistema com realimentação na Figura PC8.6. Obtenha os diagramas de Bode da função de transferência de malha e da função de transferência em malha fechada usando uma sequência de instruções em arquivo m.

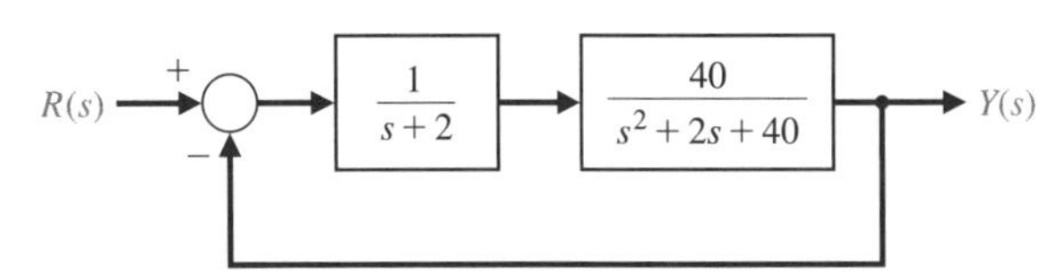

FIGURA PC8.6 Sistema com realimentação em malha fechada.

PC8.7 Um sistema com realimentação unitária possui a função de transferência de malha

$$L(s) = G_c(s)G(s) = \frac{1}{s(s + 2p)}.$$

Gere um gráfico da faixa de passagem *versus* o parâmetro p para $0 < p < 1$.

PC8.8 Considere o problema de controlar um pêndulo invertido sobre uma base móvel, como mostrado na Figura PC8.8(a). A função de transferência do sistema é

$$G(s) = \frac{-1/(M_b L)}{s^2 - (M_b + M_s)g/(M_b L)}.$$

O objetivo do projeto é equilibrar o pêndulo (isto é, $\theta(t) \approx 0$) na presença de entradas de perturbação. Uma representação em diagrama de blocos do sistema é descrita na Figura PC8.8(b). Sejam $M_s = 10$ kg, $M_b = 100$ kg, $L = 1$ m, $g = 9{,}81$ m/s^2, $a = 5$ e $b = 10$. As especificações de projeto, com base em uma perturbação em degrau unitário, são as seguintes:

1. tempo de acomodação (com um critério de 2%) $T_s \leq 10$ s,
2. máxima ultrapassagem percentual $M.U.P. \leq 40\%$ e
3. erro de rastreamento em regime estacionário menor que 0,1° na presença da perturbação.

Desenvolva um conjunto de sequências de instruções interativas em arquivo m para auxiliar no projeto do sistema de controle. A primeira sequência de instruções deve realizar pelo menos o seguinte:

1. Calcular a função de transferência em malha fechada da perturbação para a saída com K como parâmetro ajustável.
2. Desenhar o diagrama de Bode do sistema em malha fechada.
3. Calcular e apresentar automaticamente os valores de $M_{p\omega}$ e ω_r.

Como passo intermediário, use $M_{p\omega}$ e ω_r e as Equações (8.36) e (8.37) na Seção 8.2 para estimar ζ e ω_n. A segunda sequência de instruções deve pelo menos estimar o tempo de acomodação e a máxima ultrapassagem percentual usando ζ e ω_n como variáveis de entrada.

Se as especificações de desempenho não forem satisfeitas, mude K e reitere no projeto usando as duas primeiras sequências de instruções. Depois de completar os dois primeiros passos, o passo final é testar o projeto por meio de simulação. As funções da terceira sequência de instruções são as seguintes:

1. traçar o gráfico da resposta, $\theta(t)$, para uma perturbação em degrau unitário com K como parâmetro ajustável,
2. rotular o gráfico apropriadamente.

Utilizando as sequências de instruções interativas, projete o controlador para atender às especificações usando métodos de Bode da resposta em frequência. Para iniciar o processo de projeto, utilize métodos analíticos para calcular o valor mínimo de K a fim de atender à especificação de erro de rastreamento em regime estacionário. Use o K mínimo como primeira tentativa na iteração de projeto.

PC8.9 Projete um filtro, $G(s)$, com a seguinte resposta em frequência:

1. Para $\omega < 1$ rad/s, a magnitude $20 \log_{10}|G(j\omega)| < 0$ dB
2. Para $1 < \omega < 1.000$ rad/s, a magnitude $20 \log_{10}|G(j\omega)| \geq 0$ dB
3. Para $\omega > 1.000$ rad/s, a magnitude $20 \log_{10}|G(j\omega)| < 0$ dB

Tente maximizar a magnitude de pico o mais próximo possível de $\omega = 40$ rad/s.

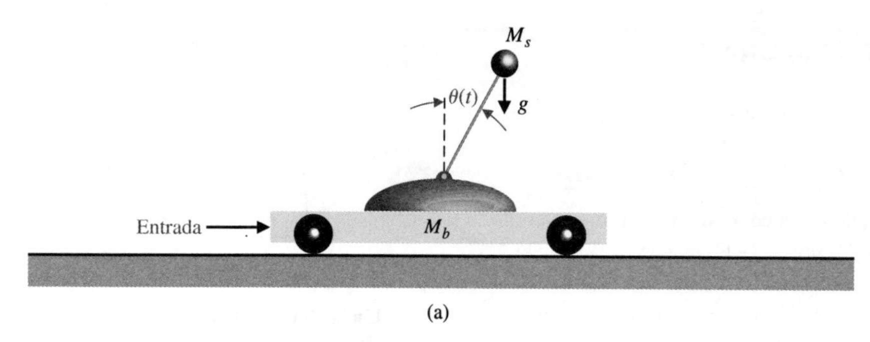

(a)

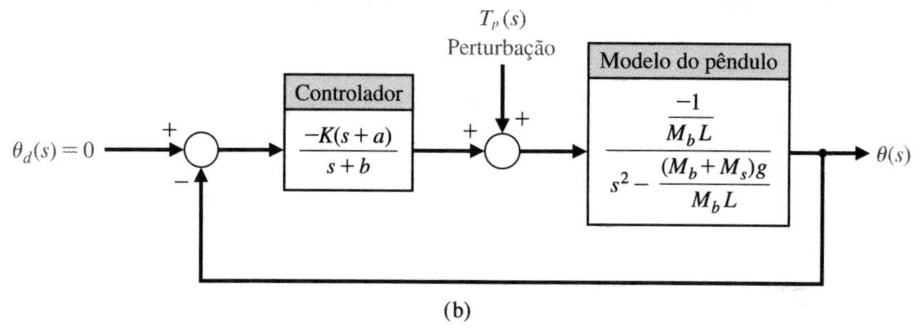

(b)

FIGURA PC8.8 (a) Pêndulo invertido sobre uma base móvel. (b) Representação em diagrama de blocos.

RESPOSTAS PARA A VERIFICAÇÃO DE COMPETÊNCIAS

Verdadeiro ou Falso: (1) Verdadeiro; (2) Falso; (3) Falso; (4) Verdadeiro; (5) Verdadeiro

Múltipla Escolha: (6) a; (7) a; (8) b; (9) b; (10) c; (11) b; (12) c; (13) d; (14) a; (15) d

Correspondência de palavras (em ordem, de cima para baixo): d, i, q, n, l, m, o, j, s, p, c, e, b, r, h, f, g, k, a

TERMOS E CONCEITOS

Circuito passa-tudo Um sistema de fase não mínima que passa todas as frequências com o mesmo ganho.

Década Fator de 10 na frequência (por exemplo, a faixa de frequências de 1 a 10 rad/s é uma década).

Decibel (dB) A unidade do ganho logarítmico.

Diagrama de Bode O logaritmo da magnitude da função de transferência é representado graficamente *versus* o logaritmo de ω, a frequência. A fase ϕ da função de transferência é representada separadamente *versus* o logaritmo da frequência.

Diagrama logarítmico Ver Diagrama de Bode.

Diagrama polar Um gráfico da parte real de $G(j\omega)$ *versus* a parte imaginária de $G(j\omega)$.

Faixa de passagem Frequência na qual a resposta em frequência decaiu 3 dB a partir do seu valor em baixa frequência.

Frequência de corte Frequência na qual a aproximação assintótica da resposta em frequência para um polo (ou zero) muda de inclinação.

Frequência de quebra Ver Frequência de corte.

Frequência de ressonância A frequência ω_r na qual o valor máximo da resposta em frequência de um par de polos complexos é alcançado.

Frequência natural A frequência de oscilação natural que ocorreria para dois polos complexos se o amortecimento fosse igual a zero.

Função de transferência de fase mínima Todos os zeros de uma função de transferência estão situados no semiplano esquerdo do plano s.

Função de transferência de fase não mínima Funções de transferência com zeros no semiplano direito do plano s.

Função de transferência no domínio de frequência Razão entre o sinal de saída e o sinal de entrada quando a entrada é uma senoide. Ela é expressa como $G(j\omega)$.

Magnitude logarítmica O logaritmo da magnitude da função de transferência, usualmente expressa em unidades de 20 dB, portanto $20 \log_{10}|G|$.

Oitava O intervalo de frequência $\omega_2 = 2\omega_1$ é uma oitava de frequências (por exemplo, a faixa de frequências de $\omega_1 = 100$ rad/s a $\omega_2 = 200$ rad/s é uma oitava).

Par da transformada de Fourier Par de funções, uma no domínio do tempo, denotada por $f(t)$, e outra no domínio da frequência, denotada por $F(\omega)$, relacionadas pela transformada de Fourier como $F(\omega) = \mathcal{F}\{f(t)\}$, em que $\mathcal{F}$ denota a transformada de Fourier.

Par da transformada de Laplace Par de funções, uma no domínio do tempo, denotada por $f(t)$, e outra no domínio da frequência, denotada por $F(s)$, relacionadas pela transformada de Laplace como $F(s) = \mathcal{L}\{f(t)\}$, em que $\mathcal{L}$ denota a transformada de Laplace.

Raízes dominantes Raízes da equação característica que representam ou dominam a resposta transitória em malha fechada.

Resposta em frequência A resposta em regime estacionário de um sistema a um sinal de entrada senoidal.

Transformada de Fourier Transformação de uma função do tempo $f(t)$ para o domínio de frequência.

Valor máximo da resposta em frequência Um par de polos complexos resultará em um valor máximo para a resposta em frequência ocorrendo na frequência de ressonância.

CAPÍTULO

9 Estabilidade no Domínio da Frequência

APRESENTAÇÃO

Nos capítulos anteriores, discutiu-se a estabilidade e foram desenvolvidas várias ferramentas para determinar a estabilidade e para avaliar a estabilidade relativa. Neste capítulo continua-se com essa discussão, mostrando como os métodos da resposta em frequência podem ser utilizados para investigar a estabilidade. Os conceitos importantes de margem de ganho, margem de fase e faixa de passagem são desenvolvidos no contexto de diagramas de Bode e de diagramas de Nyquist e de cartas de Nichols. Um resultado da estabilidade da resposta em frequência — conhecido como critério de estabilidade de Nyquist — é apresentado e sua utilização é ilustrada por meio de vários exemplos interessantes. Discutem-se as consequências de haver retardos puros de tempo no sistema, tanto sobre a estabilidade quanto sobre o desempenho. Será visto que o atraso de fase introduzido pelo retardo no tempo pode desestabilizar um sistema que seria estável sem o retardo. O capítulo é concluído com uma análise da resposta em frequência do Exemplo de Projeto Sequencial: Sistema de Leitura de Acionadores de Disco.

RESULTADOS DESEJADOS

Ao concluírem o Capítulo 9, os estudantes devem ser capazes de:

- Explicar o critério de estabilidade de Nyquist e o papel do diagrama de Nyquist.
- Identificar especificações de desempenho do domínio do tempo no domínio da frequência.
- Descrever a importância de se considerarem os retardos no tempo em sistemas de controle com realimentação.
- Analisar a estabilidade relativa e o desempenho de sistemas de controle com realimentação usando métodos da resposta em frequência considerando a margem de fase, a margem de ganho e a faixa de passagem do sistema com diagramas de Bode, diagramas de Nyquist e cartas de Nichols.

9.1 INTRODUÇÃO

A estabilidade é uma característica-chave de sistemas de controle com realimentação. Além disso, se o sistema for estável, é possível investigar a estabilidade relativa. Existem diversos métodos para determinar a estabilidade absoluta e relativa de um sistema. O método de Routh–Hurwitz é útil para investigar a equação característica expressa em função da variável complexa $s = \sigma + j\omega$. A estabilidade relativa de um sistema pode ser investigada utilizando-se o método do lugar geométrico das raízes, o qual também é expresso em função da variável complexa s. Neste capítulo, o interesse é investigar a estabilidade de um sistema no domínio da frequência real, isto é, em termos da resposta em frequência.

A resposta em frequência de um sistema representa a resposta senoidal em regime estacionário de um sistema e fornece informação suficiente para a determinação da estabilidade relativa do

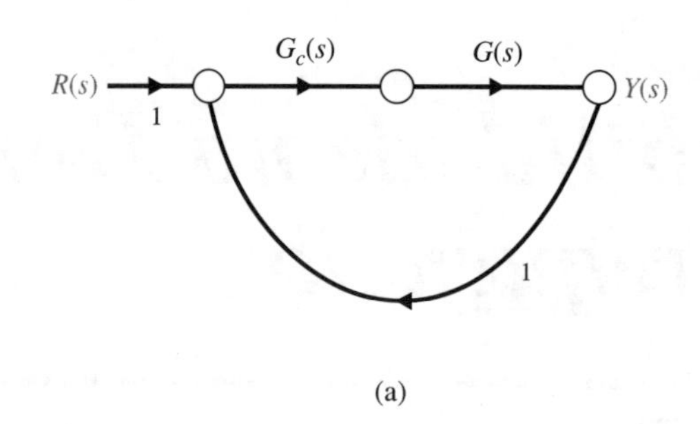

(a)

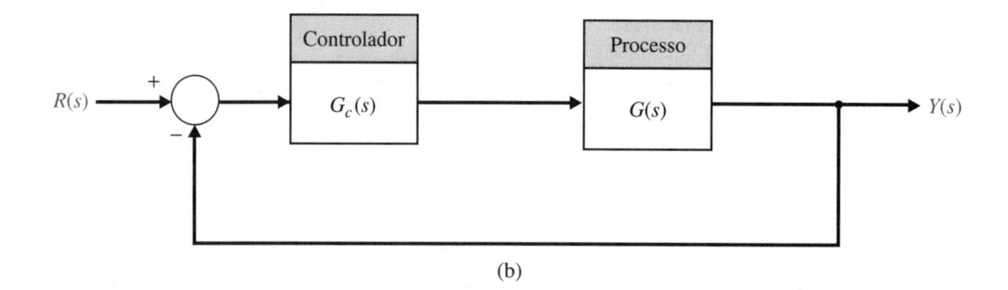

(b)

FIGURA 9.1 Sistema de controle com realimentação unitária.

sistema. A resposta em frequência de um sistema pode ser prontamente obtida excitando-se experimentalmente o sistema com sinais de entrada senoidais; consequentemente, pode ser utilizada para investigar a estabilidade relativa de um sistema quando os valores dos parâmetros do mesmo não foram determinados. Além disso, um critério de estabilidade no domínio da frequência poderia ser útil na determinação de abordagens adequadas para ajustar os parâmetros de um sistema a fim de aumentar sua estabilidade relativa.

Um critério de estabilidade no domínio da frequência foi desenvolvido por H. Nyquist em 1932 e continua sendo uma abordagem fundamental para a investigação da estabilidade de sistemas de controle lineares [1, 2]. O **critério de estabilidade de Nyquist** é baseado em um teorema da teoria de funções de variável complexa atribuído a Cauchy. O teorema de Cauchy diz respeito ao mapeamento de contornos no plano s complexo, e felizmente pode ser compreendido sem uma prova formal que necessite de teoria de variáveis complexas.

Para determinar a estabilidade relativa de um sistema em malha fechada, deve-se investigar a equação característica do sistema:

$$F(s) = 1 + L(s) = 0. \tag{9.1}$$

Para o sistema de controle com realimentação unitária da Figura 9.1, a função de transferência de malha é $L(s) = G_c(s)G(s)$. Para um sistema com múltiplas malhas, em termos de diagramas de fluxo de sinal, a equação característica é

$$F(s) = \Delta(s) = 1 - \Sigma L_n + \Sigma L_m L_q \ldots = 0,$$

na qual $\Delta(s)$ é o determinante do diagrama. Portanto, pode-se representar a equação característica de sistemas com uma única malha ou com múltiplas malhas pela Equação (9.1), na qual $L(s)$ é uma função racional de s. Para se garantir a estabilidade, deve-se verificar que todos os zeros de $F(s)$ estejam no semiplano esquerdo do plano s. Nyquist então propôs um mapeamento do semiplano direito do plano s no plano $F(s)$. Por esse motivo, para utilizar e compreender o critério de Nyquist, deve-se primeiro considerar sucintamente o mapeamento de contornos no plano complexo.

9.2 MAPEAMENTO DE CONTORNOS NO PLANO *s*

Considere o mapeamento de contornos no plano s por meio de uma função $F(s)$. Um **mapa de contorno** é um contorno ou trajetória em um plano mapeado ou transformado em outro plano por meio de uma relação $F(s)$. Uma vez que s é uma variável complexa, $s = \sigma + j\omega$, a função $F(s)$ é uma função complexa, que pode ser definida como $F(s) = u + jv$ e que pode ser representada em um plano $F(s)$ complexo com coordenadas u e v. Como exemplo, considere uma função $F(s) = 2s + 1$ e um contorno no plano s, como mostrado na Figura 9.2(a). O mapeamento do contorno quadrado de lado unitário do plano s para o plano $F(s)$ é realizado por meio da relação $F(s)$, e assim

$$u + jv = F(s) = 2s + 1 = 2(\sigma + j\omega) + 1. \tag{9.2}$$

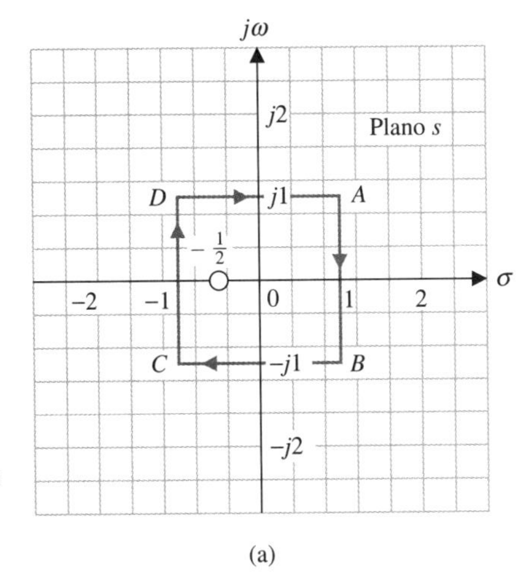

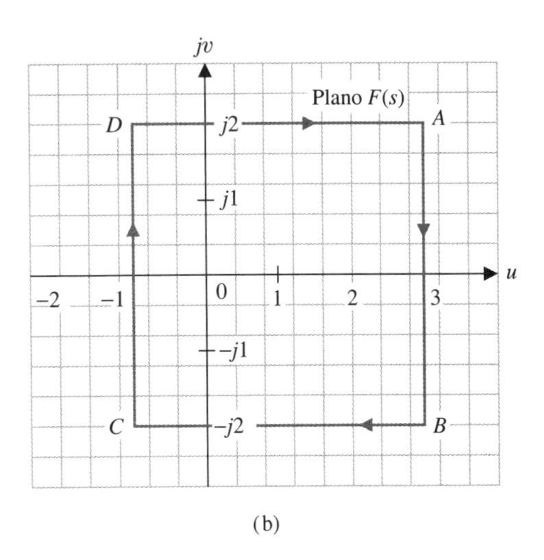

FIGURA 9.2 Mapeamento de um contorno quadrado por $F(s) = 2s + 1 = 2(s + 1/2)$.

Consequentemente, neste caso, tem-se

$$u = 2\sigma + 1 \tag{9.3}$$

e

$$v = 2\omega. \tag{9.4}$$

Portanto, o contorno foi mapeado por meio de $F(s)$ em um contorno de formato idêntico, um quadrado, com o centro deslocado de uma unidade e com o tamanho do lado multiplicado por dois. Este tipo de mapeamento, que conserva os ângulos do contorno do plano s no plano $F(s)$, é chamado de **mapeamento conforme**. Observa-se também que um contorno fechado no plano s resulta em um contorno fechado no plano $F(s)$.

Os pontos A, B, C e D, mostrados no contorno do plano s, são mapeados nos pontos A, B, C e D mostrados no plano $F(s)$. Além disso, um sentido de percurso do contorno do plano s pode ser indicado pelo sentido $ABCD$ e pelas setas mostradas no contorno. Então, um percurso similar ocorre no contorno no plano $F(s)$ à medida que se percorre $ABCD$ na ordem, como mostrado pelas setas. Por convenção, a área no interior do contorno à direita do sentido de percurso do contorno é considerada como a área envolvida pelo contorno. Consequentemente, admite-se que o percurso de um contorno no sentido horário será positivo e a área envolvida pelo contorno estará à direita. Essa convenção é oposta àquela usualmente empregada na teoria de variáveis complexas, mas é igualmente aplicável e geralmente usada na teoria de sistemas de controle. Pode-se considerar a área à direita à medida que se caminha sobre o contorno no sentido horário e denominar essa regra "sentido horário e considerar a direita".

Tipicamente, estamos interessados em uma função $F(s)$ que seja função racional de s. Portanto, será conveniente considerar outro exemplo de mapeamento de um contorno. Considere novamente o contorno quadrado unitário para a função

$$F(s) = \frac{s}{s+2}. \tag{9.5}$$

Diversos valores de $F(s)$ à medida que s percorre o contorno quadrado são dados na Tabela 9.1, e o contorno resultante no plano $F(s)$ é mostrado na Figura 9.3(b). O contorno no plano $F(s)$ envolve a origem do plano $F(s)$, porque ela fica situada dentro da área envolvida pelo contorno no plano $F(s)$.

O teorema de Cauchy diz respeito ao mapeamento de uma função $F(s)$ que possua um número finito de polos e zeros no interior do contorno, de modo que se possa expressar $F(s)$ como

$$F(s) = \frac{K\prod_{i=1}^{n}(s+z_i)}{\prod_{k=1}^{M}(s+p_k)}, \tag{9.6}$$

Tabela 9.1 Valores de $F(s)$

	Ponto A		Ponto B		Ponto C		Ponto D	
$s = \sigma + j\omega$	$1 + j1$	1	$1 - j1$	$-j1$	$-1 - j1$	-1	$-1 + j1$	$j1$
$F(s) = u + jv$	$\frac{4+2j}{10}$	$\frac{1}{3}$	$\frac{4-2j}{10}$	$\frac{1-2j}{5}$	$-j$	-1	$+j$	$\frac{1+2j}{5}$

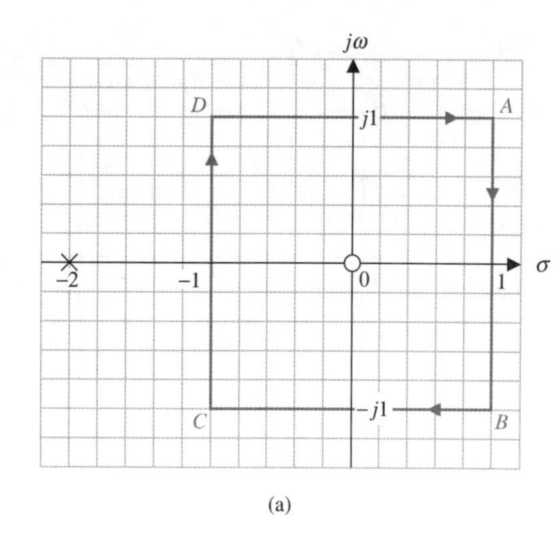

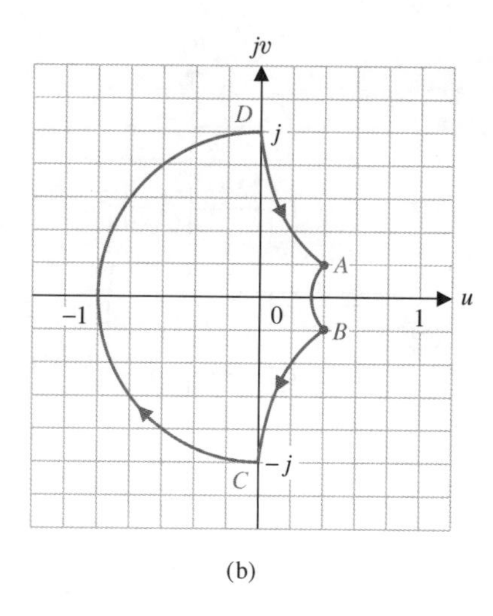

FIGURA 9.3 Mapeamento para $F(s) = s/(s + 2)$.

no qual $-z_i$ são os zeros da função $F(s)$ e $-p_k$ são os polos de $F(s)$. A função $F(s)$ é a equação característica, e assim

$$F(s) = 1 + L(s), \tag{9.7}$$

em que

$$L(s) = \frac{N(s)}{D(s)}.$$

Consequentemente, tem-se

$$F(s) = 1 + L(s) = 1 + \frac{N(s)}{D(s)} = \frac{D(s) + N(s)}{D(s)} = \frac{K\prod_{i=1}^{n}(s + z_i)}{\prod_{k=1}^{M}(s + p_k)} \tag{9.8}$$

e os polos de $L(s)$ são os polos de $F(s)$. Contudo, os zeros de $F(s)$ são as raízes características do sistema e indicam sua resposta. Isso fica evidente se for lembrado que a saída do sistema é

$$Y(s) = T(s)R(s) = \frac{\sum P_k \Delta_k}{\Delta(s)}R(s) = \frac{\sum P_k \Delta_k}{F(s)}R(s), \tag{9.9}$$

na qual P_k e Δ_k são os fatores e cofatores dos caminhos, como definido na Seção 2.7.

Examinando-se novamente o exemplo quando $F(s) = 2(s + 1/2)$, tem-se um zero de $F(s)$ em $s = -1/2$, como mostrado na Figura 9.2. O contorno escolhido (isto é, o quadrado unitário) envolve e dá a volta em torno do zero uma vez no interior da área do contorno. De modo similar, para a função $F(s) = s/(s + 2)$, o quadrado unitário dá uma volta em torno do zero na origem, mas não dá nenhuma volta em torno do polo em $s = -2$. As voltas em torno dos polos e zeros de $F(s)$ podem ser relacionadas com as voltas em torno da origem no plano $F(s)$ por meio do **teorema de Cauchy**, comumente conhecido como **princípio do argumento**, que afirma [3, 4]:

> Se um contorno Γ_s no plano s dá a volta em torno de Z zeros e P polos de $F(s)$, não passa por nenhum polo ou zero de $F(s)$ e é percorrido no sentido horário ao longo do contorno, o contorno correspondente Γ_F no plano $F(s)$ dará $N = Z - P$ voltas no sentido horário em torno da origem do plano $F(s)$.

Assim, para os exemplos mostrados nas Figuras 9.2 e 9.3, o contorno no plano $F(s)$ dá uma volta em torno da origem, porque $N = Z - P = 1$, conforme esperado. Como outro exemplo, considere a função $F(s) = s/(s + 1/2)$. Para o contorno quadrado unitário mostrado na Figura 9.4(a), o contorno resultante no plano $F(s)$ é mostrado na Figura 9.4(b). Nesse caso, $N = Z - P = 0$, de acordo com a Figura 9.4(b), uma vez que o contorno Γ_F não dá nenhuma volta em torno da origem.

O teorema de Cauchy pode ser compreendido melhor considerando-se $F(s)$ em termos do ângulo devido a cada polo e a cada zero à medida que o contorno Γ_s é percorrido no sentido horário. Assim, considere a função

$$F(s) = \frac{(s + z_1)(s + z_2)}{(s + p_1)(s + p_2)}, \tag{9.10}$$

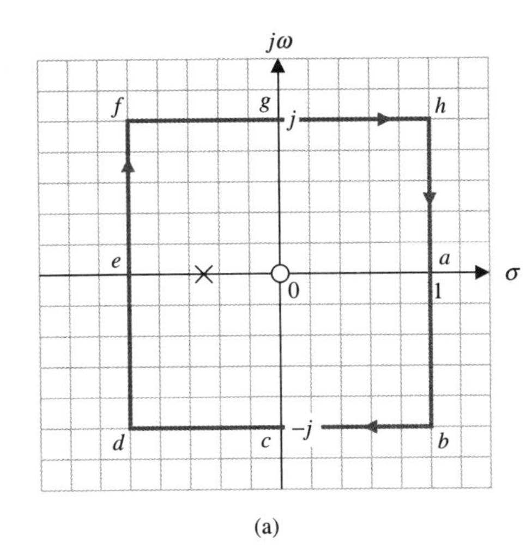

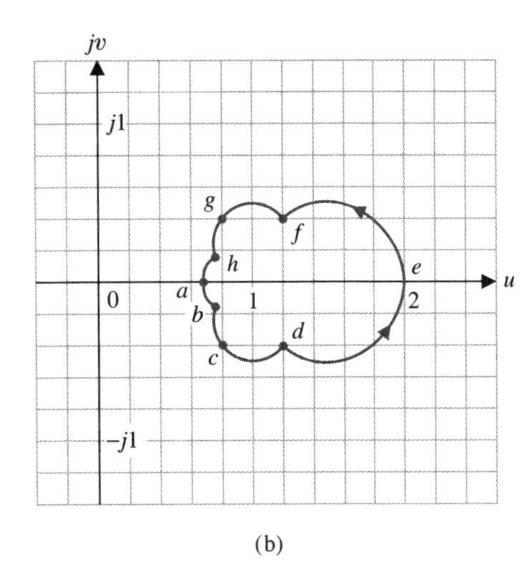

FIGURA 9.4
Mapeamento para $F(s) = s/(s + 1/2)$.

na qual $-z_i$ é um zero de $F(s)$ e $-p_k$ é um polo de $F(s)$. A Equação (9.10) pode ser escrita como

$$\begin{aligned} F(s) &= |F(s)|\underline{/F(s)} \\ &= \frac{|s + z_1||s + z_2|}{|s + p_1||s + p_2|}\left(\underline{/s + z_1} + \underline{/s + z_2} - \underline{/s + p_1} - \underline{/s + p_2}\right) \\ &= |F(s)|(\phi_{z_1} + \phi_{z_2} - \phi_{p_1} - \phi_{p_2}). \end{aligned} \tag{9.11}$$

Agora, considerando os vetores como mostrados para um contorno específico Γ_s [Figura 9.5(a)], é possível determinar os ângulos à medida que s percorre o contorno. Claramente, a variação líquida do ângulo à medida que s percorre Γ_s até o final (uma rotação completa de 360º para ϕ_{p1}, ϕ_{p2} e ϕ_{z2}) é de zero grau. Contudo, para ϕ_{z1}, à medida que s percorre uma volta de 360º ao longo de Γ_s, o ângulo ϕ_{z1} passa por uma rotação completa de 360º no sentido horário. Assim, à medida que Γ_s é percorrido completamente, o aumento total de ângulo de $F(s)$ é igual a 360º, uma vez que apenas um zero é envolvido. Se Z zeros forem envolvidos por Γ_s, então o aumento total de ângulo será igual a $\phi_z = 2\pi Z$ rad. Seguindo esse raciocínio, se Z zeros e P polos forem envolvidos à medida que Γ_s for percorrido, então $2\pi Z - 2\pi P$ é o aumento total de ângulo para $F(s)$. Assim, o aumento total de ângulo de Γ_F do contorno no plano $F(s)$ é simplesmente

$$\phi_F = \phi_Z - \phi_P,$$

ou

$$2\pi N = 2\pi Z - 2\pi P, \tag{9.12}$$

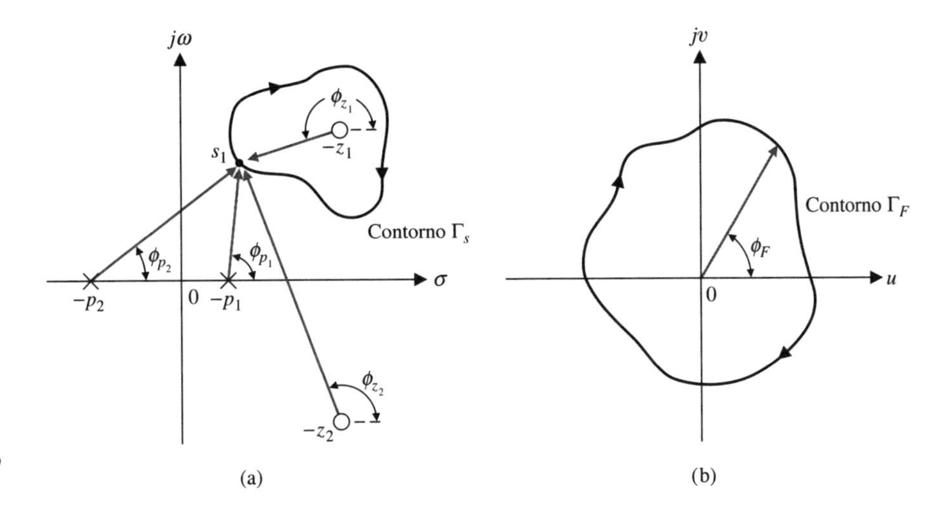

FIGURA 9.5
Cálculo do ângulo líquido de Γ_F.

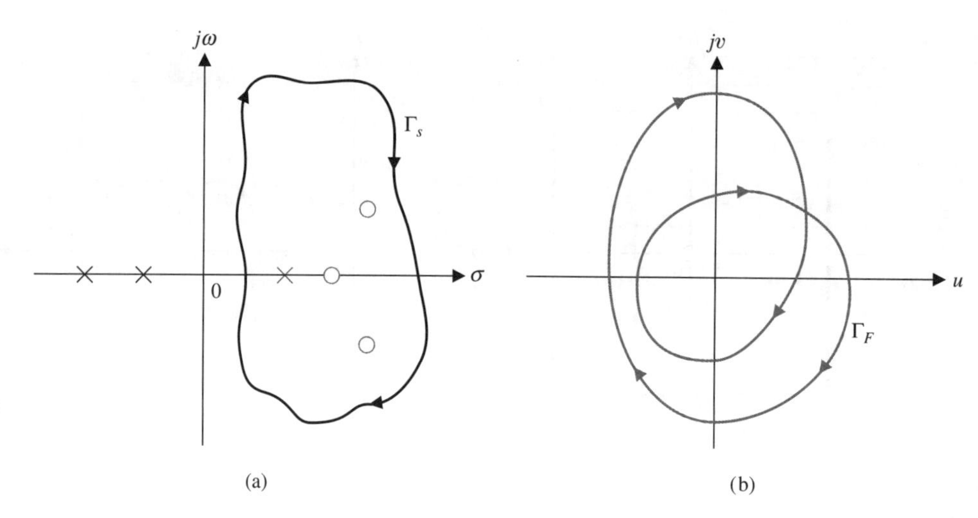

FIGURA 9.6 Exemplo do teorema de Cauchy com três zeros e um polo no interior de Γ_s.

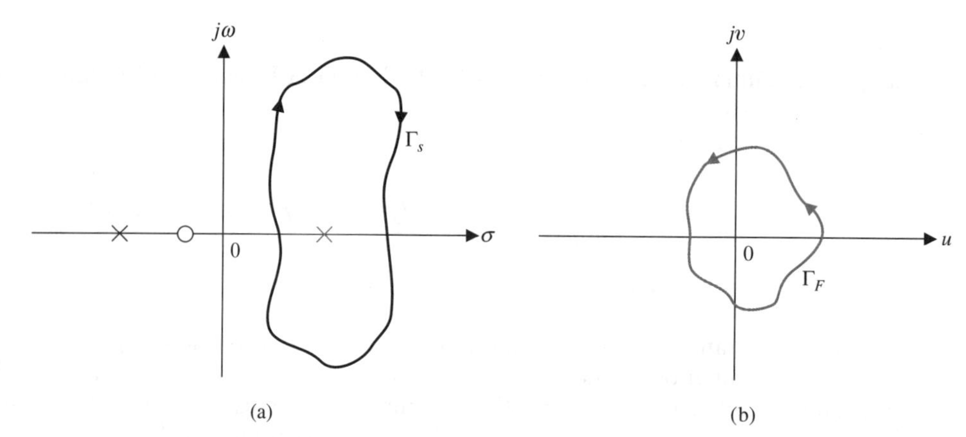

FIGURA 9.7 Exemplo do teorema de Cauchy com um polo no interior de Γ_s.

e o número líquido de voltas em torno da origem do plano $F(s)$ é $N = Z - P$. Portanto, para o contorno mostrado na Figura 9.5(a), que dá a volta em torno de um zero, o contorno Γ_F mostrado na Figura 9.5(b) dá uma volta em torno da origem no sentido horário.

Como exemplo do uso do teorema de Cauchy, considere a configuração de polos e zeros mostrada na Figura 9.6(a) com o contorno Γ_s a ser considerado. O contorno envolve e dá a volta em três zeros e um polo. Portanto, obtém-se

$$N = 3 - 1 = +2,$$

e Γ_F completa duas voltas no sentido horário em torno da origem do plano $F(s)$, como mostrado na Figura 9.6(b).

Para a configuração de polos e zeros e o contorno Γ_s mostrados na Figura 9.7(a), um polo é circundado e nenhum zero é circundado. Portanto, tem-se

$$N = Z - P = -1$$

e espera-se que o contorno Γ_F dê uma volta em torno da origem no plano $F(s)$. Entretanto, uma vez que o sinal de N é negativo, verifica-se que a volta ocorre no sentido anti-horário, como mostrado na Figura 9.7(b).

Agora que se desenvolveu e ilustrou o conceito de mapeamento de contornos por meio de uma função $F(s)$, estamos preparados para considerar o critério de estabilidade proposto por Nyquist.

9.3 CRITÉRIO DE NYQUIST

Para investigar a estabilidade de um sistema de controle, considera-se a equação característica

$$F(s) = 1 + L(s) = \frac{K\prod_{i=1}^{n}(s + z_i)}{\prod_{k=1}^{M}(s + p_k)} = 0. \tag{9.13}$$

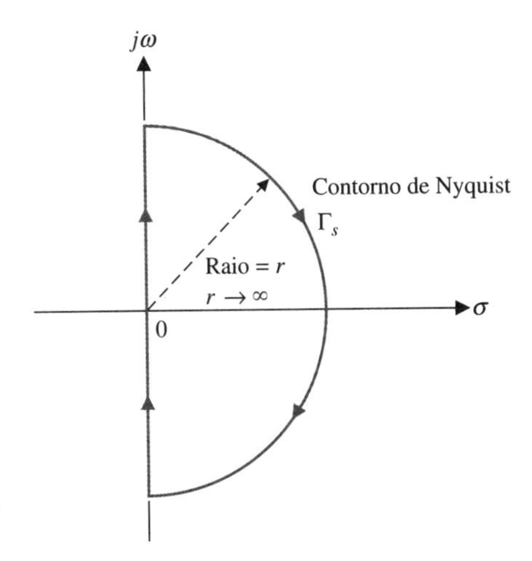

FIGURA 9.8
O contorno de Nyquist é mostrado pela linha grossa.

Para um sistema ser estável, todos os zeros de $F(s)$ devem estar no semiplano esquerdo do plano s. Assim, constata-se que as raízes de um sistema estável (os zeros de $F(s)$) devem estar à esquerda do eixo $j\omega$ no plano s. Portanto, escolhe-se um contorno Γ_s no plano s que envolva completamente o semiplano direito do plano s e determina-se se algum zero de $F(s)$ está no interior de Γ_s utilizando-se o teorema de Cauchy. Isto é, traça-se Γ_F no plano $F(s)$ e determina-se o número de voltas em torno da origem N. Então, o número de zeros de $F(s)$ no interior do contorno Γ_s (e, portanto, os zeros instáveis de $F(s)$) é

$$\boxed{Z = N + P.} \tag{9.14}$$

Assim, se $P = 0$, como é usualmente o caso, constata-se que o número de raízes instáveis do sistema é igual a N, o número de voltas em torno da origem do plano $F(s)$.

O contorno de Nyquist que envolve todo o semiplano direito do plano s é mostrado na Figura 9.8. O contorno Γ_s passa sobre o eixo $j\omega$ de $-j\infty$ a $+j\infty$, e essa parte do contorno fornece a já conhecida $F(j\omega)$. O contorno é completado por um percurso semicircular de raio r, no qual r tende a infinito de modo que essa parte do contorno é tipicamente mapeada em um ponto. Esse contorno Γ_F é conhecido como diagrama de Nyquist.

O critério de Nyquist diz respeito ao mapeamento da equação característica

$$F(s) = 1 + L(s) \tag{9.15}$$

e ao número de voltas em torno da origem do plano $F(s)$. Alternativamente, pode-se definir a função

$$F'(s) = F(s) - 1 = L(s). \tag{9.16}$$

A mudança de funções representada pela Equação (9.16) é bastante conveniente porque a função de transferência de malha $L(s)$ está tipicamente disponível na forma fatorada, o que não ocorre com $1 + L(s)$. Então, o mapeamento de Γ_s no plano s será realizado por meio da função $F'(s) = L(s)$ no plano $L(s)$. Neste caso, o número de voltas no sentido horário em torno da origem do plano $F(s)$ se torna o número de voltas no sentido horário em torno do ponto –1 no plano $F'(s) = L(s)$, porque $F'(s) = F(s) - 1$. Consequentemente, o **critério de estabilidade de Nyquist** pode ser enunciado como se segue:

Um sistema com realimentação é estável se e somente se o contorno Γ_L no plano $L(s)$ não der voltas em torno do ponto (–1, 0) quando o número de polos de $L(s)$ no semiplano direito do plano s for zero ($P = 0$).

Quando o número de polos de $L(s)$ no semiplano direito do plano s é diferente de zero, o critério de Nyquist é enunciado como se segue:

Um sistema de controle com realimentação é estável se e somente se, para o contorno Γ_L, o número de voltas no sentido anti-horário em torno do ponto (–1, 0) for igual ao número de polos de $L(s)$ com parte real positiva.

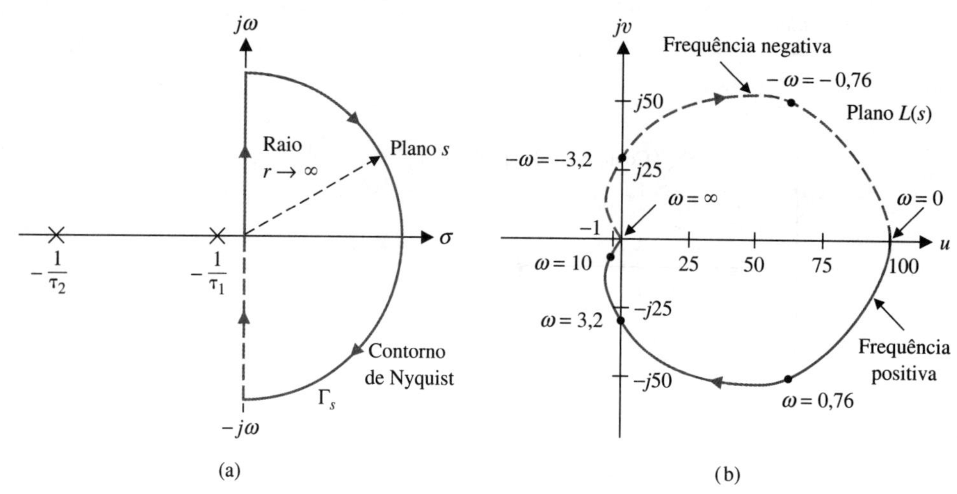

FIGURA 9.9 Contorno de Nyquist e mapeamento para $L(s) = \dfrac{100}{(s+1)(s/10+1)}$.

A base para os dois enunciados é o fato de que, para o mapeamento $F'(s) = L(s)$, o número de raízes (ou zeros) de $1 + L(s)$ no semiplano direito do plano s é representado pela expressão

$$Z = N + P.$$

Claramente, se o número de polos de $L(s)$ no semiplano direito do plano s for zero ($P = 0$), requer-se para um sistema estável que $N = 0$, e o contorno Γ_L não deve dar voltas em torno do ponto –1. Além disso, se P for diferente de zero e se requer para um sistema estável que $Z = 0$, então deve-se ter $N = -P$, ou P voltas no sentido anti-horário.

EXEMPLO 9.1 **Sistema com dois polos reais**

Um sistema de controle com realimentação unitária é mostrado na Figura 9.1, na qual

$$L(s) = \frac{K}{(\tau_1 s + 1)(\tau_2 s + 1)}. \tag{9.17}$$

Neste caso, $L(s) = G_c(s)G(s)$ e utiliza-se um contorno Γ_L no plano $L(s)$. O contorno Γ_s no plano s é mostrado na Figura 9.9(a) e o contorno Γ_L é mostrado na Figura 9.9(b) para $\tau_1 = 1$, $\tau_2 = 1/10$ e $K = 100$.

O eixo $+j\omega$ é mapeado na linha contínua, como mostrado na Figura 9.9. O eixo $-j\omega$ é mapeado na linha tracejada, como mostrado na Figura 9.9. O semicírculo com $r \to \infty$ no plano s é mapeado na origem do plano $L(s)$.

Constata-se que o número de polos de $L(s)$ no semiplano direito do plano s é zero e, portanto, $P = 0$. Consequentemente, para este sistema ser estável, requer-se que $N = Z = 0$, e o contorno não deve dar voltas em torno do ponto –1 no plano $L(s)$. Examinando-se a Figura 9.9(b) e a Equação (9.17), verifica-se que, independentemente do valor de K, o contorno não dá voltas em torno do ponto –1, e o sistema é sempre estável para todo K maior que zero. ■

EXEMPLO 9.2 **Sistema com um polo na origem**

Um sistema de controle com realimentação unitária é mostrado na Figura 9.1, em que

$$L(s) = \frac{K}{s(\tau s + 1)}.$$

Neste caso de uma única malha, $L(s) = G_c(s)G(s)$ e determina-se o contorno Γ_L no plano $L(s)$. O contorno Γ_s no plano s é mostrado na Figura 9.10(a), na qual um desvio infinitesimal em torno do polo na origem é realizado por meio de um pequeno semicírculo de raio ϵ, em que $\epsilon \to 0$. Esse desvio é uma consequência da condição do teorema de Cauchy, o qual requer que o contorno não passe pelo polo na origem. Um esboço do contorno Γ_L é mostrado na Figura 9.10(b). Claramente, o trecho do contorno Γ_L de $\omega = 0^+$ a $\omega = +\infty$ é um gráfico dos componentes real e imaginário de $L(j\omega) = u(\omega) + jv(\omega)$. Considere cada um dos trechos do contorno de Nyquist Γ_s em detalhe e determine as partes correspondentes do contorno Γ_L do plano $L(s)$.

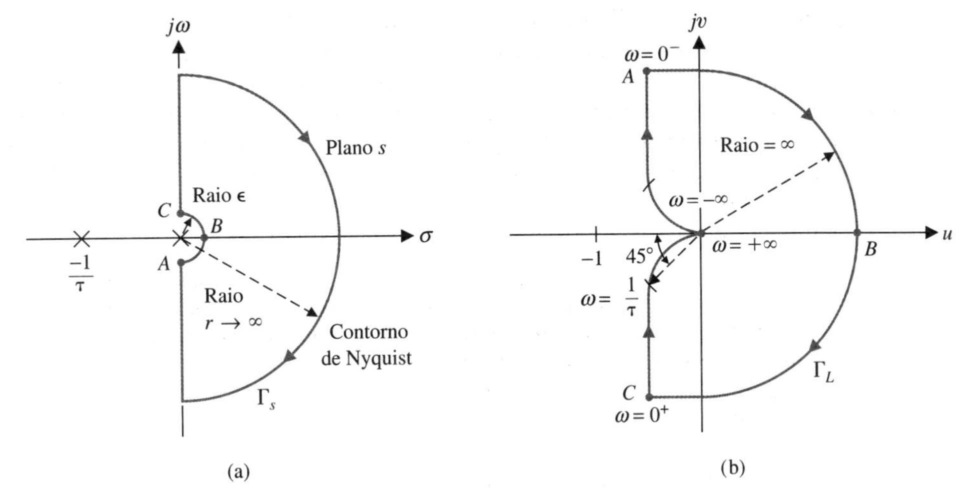

FIGURA 9.10 Contorno de Nyquist e mapeamento para $L(s) = K/(s(\tau s + 1))$.

(a) Origem do Plano s. O pequeno desvio semicircular em torno do polo na origem pode ser representado fazendo-se $s = \epsilon e^{j\phi}$ e fazendo ϕ variar de –90° em $\omega = 0_-$ a +90° em $\omega = 0_+$. Como ϵ tende a zero, o mapeamento para $L(s)$ é

$$\lim_{\epsilon \to 0} L(s) = \lim_{\epsilon \to 0} \frac{K}{\epsilon e^{j\phi}} = \lim_{\epsilon \to 0} \frac{K}{\epsilon} e^{-j\phi}. \tag{9.18}$$

Consequentemente, o ângulo do contorno no plano $L(s)$ varia de 90° em $\omega = 0_-$ a –90° em $\omega = 0_+$, passando por 0° em $\omega = 0$. O raio do contorno no plano $L(s)$ para esse trecho do contorno é infinito, e esse trecho do contorno é mostrado na Figura 9.10(b). Os pontos designados por A, B e C na Figura 9.10(a) são mapeados para A, B e C, respectivamente, na Figura 9.10(b).

(b) Trecho de $\omega = 0_+$ a $\omega = +\infty$. O trecho do contorno Γ_s de $\omega = 0_+$ a $\omega = +\infty$ é mapeado por meio da função $L(j\omega)$ em que

$$L(j\omega) = L(s)|_{s=j\omega} \tag{9.19}$$

para este trecho do contorno. Isso resulta no diagrama polar com $\omega = 0_+$ até $+\infty$ mostrado na Figura 9.10(b). Quando ω tende a $+\infty$, tem-se

$$\begin{aligned}\lim_{\omega \to +\infty} L(j\omega) &= \lim_{\omega \to +\infty} \frac{K}{+j\omega(j\omega\tau + 1)} \\ &= \lim_{\omega \to \infty} \left|\frac{K}{\tau\omega^2}\right| \angle -(\pi/2) - \tan^{-1}(\omega\tau).\end{aligned} \tag{9.20}$$

Portanto, a magnitude tende a zero com um ângulo de –180°.

(c) Trecho de $\omega = +\infty$ a $\omega = -\infty$. O trecho de Γ_s de $\omega = +\infty$ a $\omega = -\infty$ é mapeado no ponto zero na origem do plano $L(s)$ por meio da função $L(s)$. O mapeamento é representado por

$$\lim_{r \to \infty} L(s)|_{s=re^{j\phi}} = \lim_{r \to \infty} \left|\frac{K}{\tau r^2}\right| e^{-2j\phi} \tag{9.21}$$

à medida que ϕ varia de ϕ = +90° em $\omega = +\infty$ a ϕ = –90° em $\omega = -\infty$. Assim, o contorno se desloca a partir de um ângulo de –180° em $\omega = +\infty$ até um ângulo de +180° em $\omega = -\infty$. A magnitude do contorno $L(s)$ quando r for infinito é sempre zero ou uma constante.

(d) Trecho de $\omega = -\infty$ a $\omega = 0_-$. O trecho do contorno Γ_s de $\omega = -\infty$ a $\omega = 0_-$ é mapeado pela função $L(j\omega)$ como

$$L(-j\omega) = L(s)|_{s=-j\omega}. \tag{9.22}$$

Assim, obtém-se o conjugado complexo de $L(j\omega)$ e o gráfico para o trecho do diagrama polar de $\omega = -\infty$ a $\omega = 0_-$ é simétrico ao diagrama polar de $\omega = +\infty$ a $\omega = 0_+$. Este diagrama polar simétrico é mostrado no plano $L(s)$ na Figura 9.10(b).

Para investigar a estabilidade deste sistema de segunda ordem, observa-se primeiro que o número de polos, P, no interior do semiplano direito do plano s é zero. Portanto, para este sistema ser estável, requer-se que $N = Z = 0$, e o contorno Γ_L não pode circundar o ponto –1 do plano $L(s)$. Examinando-se a Figura 9.10(b), observa-se que, independentemente do valor do ganho K e da constante de tempo τ, o contorno não circunda o ponto –1 e o sistema é sempre estável. Estamos considerando valores positivos do ganho K. Se valores negativos de ganhos devem ser considerados, pode-se usar $-K$, sendo $K \geq 0$.

Podem-se tirar duas conclusões gerais a partir deste exemplo:

1. O gráfico do contorno Γ_L para a faixa de $-\infty < \omega < 0_-$ será o conjugado complexo do gráfico para a faixa de $0_+ < \omega < +\infty$ e o diagrama polar de $L(s) = G_c(s)G(s)$ será simétrico no plano $L(s)$ em relação ao eixo u. Portanto, **é suficiente construir o contorno Γ_L para a faixa de frequências $0_+ < \omega < +\infty$ para investigar a estabilidade** (levando-se em conta o desvio em torno da origem).
2. A magnitude de $L(s) = G_c(s)G(s)$ quando $s = re^{j\phi}$ e $r \to \infty$ irá normalmente tender a zero ou a uma constante. ■

EXEMPLO 9.3 **Sistema com três polos**

Considere o sistema de realimentação unitária mostrado na Figura 9.1 com função de transferência de malha

$$L(s) = G_c(s)G(s) = \frac{K}{s(\tau_1 s + 1)(\tau_2 s + 1)}. \tag{9.23}$$

O contorno de Nyquist Γ_s é mostrado na Figura 9.10(a). Este mapeamento é simétrico para $L(j\omega)$ e $L(-j\omega)$, de modo que é suficiente investigar o lugar geométrico de $L(j\omega)$. O pequeno semicírculo ao redor da origem do plano s é mapeado em um semicírculo de raio infinito, como no Exemplo 9.2. Além disso, o semicírculo $re^{j\phi}$ no plano s com $r \to \infty$ é mapeado no ponto $L(j\omega) = 0$, como esperado. Consequentemente, para investigar a estabilidade do sistema, é suficiente traçar o gráfico do trecho do contorno Γ_L que é a magnitude e a fase de $L(j\omega)$ para $0_+ < \omega < +\infty$. Assim, quando $s = +j\omega$, tem-se

$$\begin{aligned} L(j\omega) &= \frac{K}{j\omega(j\omega\tau_1 + 1)(j\omega\tau_2 + 1)} = \frac{-K(\tau_1 + \tau_2) - jK(1/\omega)(1 - \omega^2\tau_1\tau_2)}{1 + \omega^2(\tau_1^2 + \tau_2^2) + \omega^4\tau_1^2\tau_2^2} \\ &= \frac{K}{[\omega^4(\tau_1 + \tau_2)^2 + \omega^2(1 - \omega^2\tau_1\tau_2)^2]^{1/2}} \angle -\tan^{-1}(\omega\tau_1) - \tan^{-1}(\omega\tau_2) - (\pi/2). \end{aligned} \tag{9.24}$$

Quando $\omega = 0_+$, a magnitude do lugar geométrico é infinita com um ângulo de –90° no plano $L(s)$. Quando ω tende a $+\infty$, tem-se

$$\begin{aligned} \lim_{\omega \to \infty} L(j\omega) &= \lim_{\omega \to \infty} \left| \frac{1}{\omega^3 \tau_1 \tau_2} \right| \angle -(\pi/2) - \tan^{-1}(\omega\tau_1) - \tan^{-1}(\omega\tau_2) \\ &= \lim_{\omega \to \infty} \left| \frac{1}{\omega^3 \tau_1 \tau_2} \right| \angle -3\pi/2. \end{aligned} \tag{9.25}$$

Portanto, $L(j\omega)$ tende à magnitude zero com um ângulo de –270° [29]. Para tender a um ângulo de –270°, o lugar geométrico deve cruzar o eixo u no plano $L(s)$, como mostrado na Figura 9.11. Assim, é possível dar voltas em torno do ponto –1. O número de voltas quando o ponto –1 estiver no interior do lugar geométrico, como mostrado na Figura 9.11, é igual a dois, e o sistema é instável com duas raízes no semiplano direito do plano s. O ponto em que $L(s)$ intercepta o eixo real pode ser encontrado fazendo-se a parte imaginária de $L(j\omega) = u + jv$ igual a zero. Tem-se, então, a partir da Equação (9.24),

$$v = \frac{-K(1/\omega)(1 - \omega^2\tau_1\tau_2)}{1 + \omega^2(\tau_1^2 + \tau_2^2) + \omega^4\tau_1^2\tau_2^2} = 0. \tag{9.26}$$

Portanto, $v = 0$ quando $1 - \omega^2\tau_1\tau_2 = 0$ ou $\omega = 1/\sqrt{\tau_1\tau_2}$. A magnitude da parte real de $L(j\omega)$ nesta frequência é

$$u = \left. \frac{-K(\tau_1 + \tau_2)}{1 + \omega^2(\tau_1^2 + \tau_2^2) + \omega^4\tau_1^2\tau_2^2} \right|_{\omega^2 = 1/\tau_1\tau_2} = \frac{-K\tau_1\tau_2}{\tau_1 + \tau_2}. \tag{9.27}$$

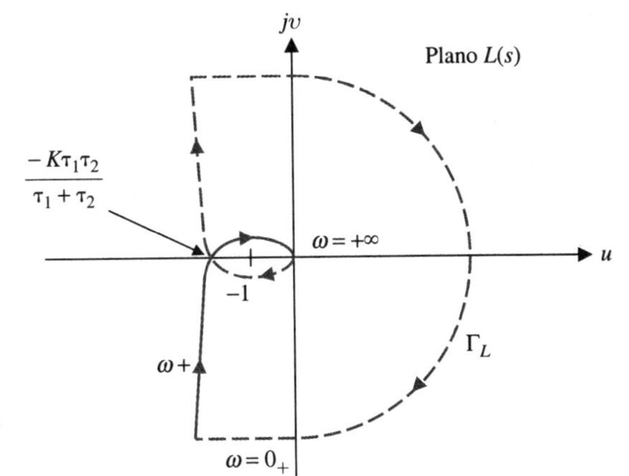

FIGURA 9.11 Diagrama de Nyquist para $L(s) = K/(s(\tau_1 s + 1)(\tau_2 s + 1))$. A marca mostrada à esquerda da origem é o ponto −1.

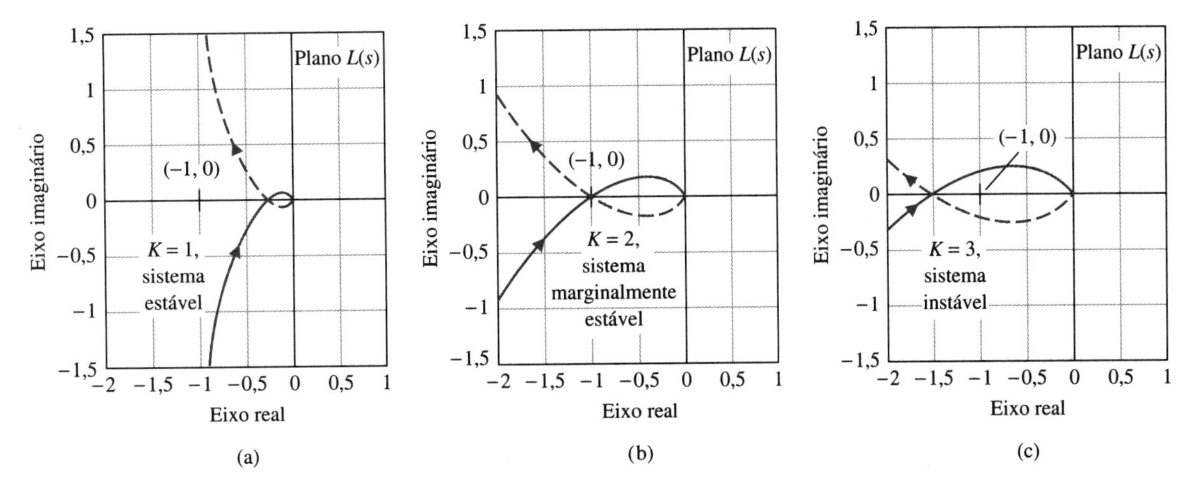

FIGURA 9.12 Diagrama de Nyquist para $L(s) = G_c(s)G(s) = \dfrac{K}{s(s+1)^2}$ quando (a) $K = 1$, (b) $K = 2$ e (c) $K = 3$.

Portanto, o sistema é estável quando

$$\frac{-K\tau_1\tau_2}{\tau_1 + \tau_2} \geq -1,$$

ou

$$K \leq \frac{\tau_1 + \tau_2}{\tau_1\tau_2}. \qquad (9.28)$$

Considere o caso em que $\tau_1 = \tau_2 = 1$, de modo que

$$L(s) = G_c(s)G(s) = \frac{K}{s(s+1)^2}.$$

Usando-se a Equação (9.28), espera-se estabilidade quando

$$K \leq 2.$$

Os diagramas de Nyquist para três valores de K são mostrados na Figura 9.12. ∎

EXEMPLO 9.4 **Sistema com dois polos na origem**

Considere o sistema com realimentação unitária mostrado na Figura 9.1, quando

$$L(s) = G_c(s)G(s) = \frac{K}{s^2(\tau s + 1)}. \qquad (9.29)$$

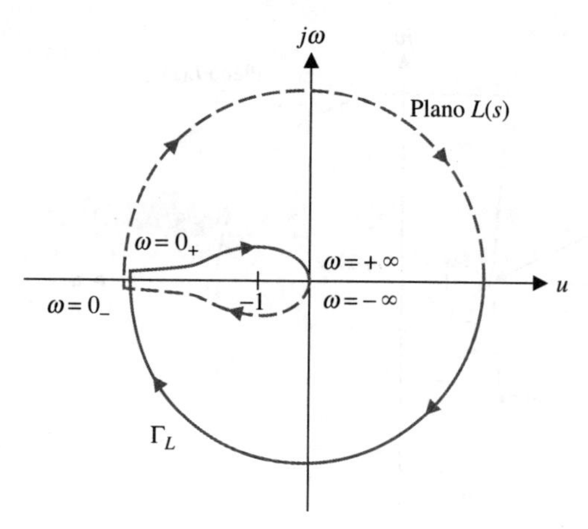

FIGURA 9.13 Gráfico do contorno de Nyquist para $L(s) = K/(s^2(\tau s + 1))$.

Quando $s = j\omega$, tem-se

$$L(j\omega) = \frac{K}{-\omega^2(j\omega\tau + 1)} = \frac{K}{[\omega^4 + \tau^2\omega^6]^{1/2}} \angle - \pi - \tan^{-1}(\omega\tau). \tag{9.30}$$

Observa-se que o ângulo de $L(j\omega)$ é sempre menor ou igual a –180°, e que o lugar geométrico de $L(j\omega)$ está acima do eixo u para todos os valores de ω. À medida que ω tende a 0_+, tem-se

$$\lim_{\omega \to 0+} L(j\omega) = \lim_{\omega \to 0+} \left| \frac{K}{\omega^2} \right| \angle - \pi. \tag{9.31}$$

À medida que ω tende a $+\infty$, tem-se

$$\lim_{\omega \to +\infty} L(j\omega) = \lim_{\omega \to +\infty} \frac{K}{\omega^3} \angle - 3\pi/2. \tag{9.32}$$

No pequeno desvio semicircular em torno da origem do plano s em que $s = \epsilon e^{j\phi}$, tem-se

$$\lim_{\epsilon \to 0} L(s) = \lim_{\epsilon \to 0} \frac{K}{\epsilon^2} e^{-2j\phi}, \tag{9.33}$$

em que $-\pi/2 \leq \phi \leq \pi/2$. Desse modo, o contorno Γ_L varia de um ângulo de $+\pi\omega = 0_-$ a $-\pi$ em $\omega = 0_+$ e percorre um círculo completo de 2π rad à medida que ω varia de $\omega = 0_-$ a $\omega = 0_+$. O gráfico completo do contorno Γ_L é mostrado na Figura 9.13. Como o contorno dá duas voltas em torno do ponto –1, há duas raízes do sistema em malha fechada no semiplano direito e o sistema, independentemente do ganho K, é instável. ■

EXEMPLO 9.5 **Sistema com um polo no semiplano direito do plano *s***

Considere o sistema de controle mostrado na Figura 9.14 e determine a estabilidade do sistema. Primeiro, considere o sistema sem realimentação derivativa, de modo que $K_2 = 0$. Então, tem-se a função de transferência em malha

$$L(s) = G_c(s)G(s) = \frac{K_1}{s(s - 1)}. \tag{9.34}$$

Assim, a função de transferência em malha possui um polo no semiplano direito do plano s, e consequentemente $P = 1$. Para este sistema ser estável, requer-se que $N = -P = -1$, uma volta no sentido anti-horário em torno do ponto –1. No desvio semicircular em torno da origem do plano s, faz-se $s = \epsilon e^{j\phi}$ quando $-\pi/2 \leq \phi \leq \pi/2$. Então, quando $s = \epsilon e^{j\phi}$, tem-se

$$\lim_{\epsilon \to 0} L(s) = \lim_{\epsilon \to 0} \frac{K_1}{-\epsilon e^{j\phi}} = \lim_{\epsilon \to 0} \left| \frac{K_1}{\epsilon} \right| \angle -180° - \phi. \tag{9.35}$$

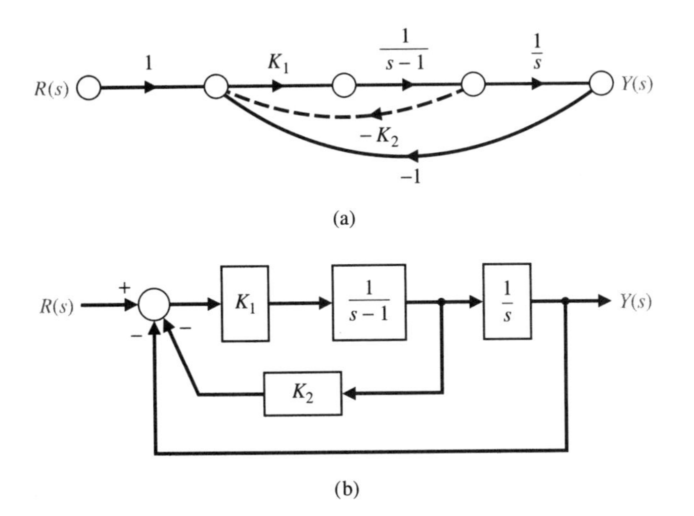

FIGURA 9.14 Sistema de controle de segunda ordem com realimentação. (a) Diagrama de fluxo de sinal. (b) Diagrama de blocos.

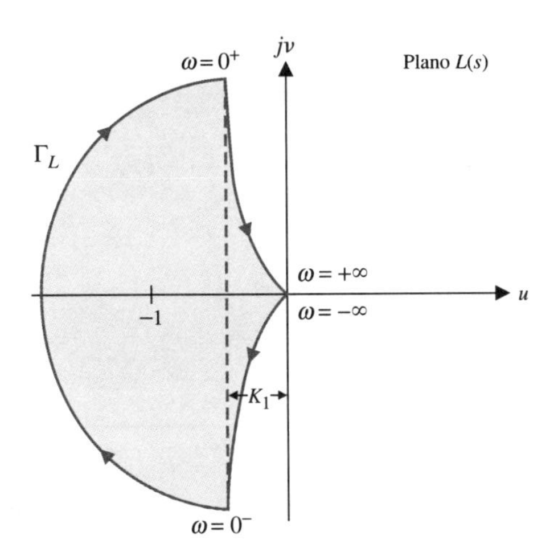

FIGURA 9.15 Diagrama de Nyquist para $L(s) = K_1/(s(s-1))$.

Por conseguinte, este trecho do contorno Γ_L é um semicírculo de magnitude infinita no semiplano esquerdo do plano $L(s)$, como mostrado na Figura 9.15. Quando $s = j\omega$, tem-se

$$L(j\omega) = G_c(j\omega)G(j\omega) = \frac{K_1}{j\omega(j\omega - 1)} = \frac{K_1}{(\omega^2 + \omega^4)^{1/2}} \angle(-\pi/2) - \tan^{-1}(-\omega)$$

$$= \frac{K_1}{(\omega^2 + \omega^4)^{1/2}} \angle +\pi/2 + \tan^{-1}\omega. \tag{9.36}$$

Finalmente, para o semicírculo de raio r com r tendendo a infinito, tem-se

$$\lim_{r\to\infty} L(s)|_{s=re^{j\phi}} = \lim_{r\to\infty} \left|\frac{K_1}{r^2}\right| e^{-2j\phi}, \tag{9.37}$$

em que ϕ varia de $\pi/2$ a $-\pi/2$ no sentido horário. Portanto, o contorno Γ_L, na origem do plano $L(s)$, varia de 2π rad no sentido anti-horário. O contorno Γ_L no plano $L(s)$ dá uma volta em torno do ponto –1 no sentido horário de modo que $N = +1$, e há um polo $s = 1$ no semiplano direito de modo que $P = 1$. Portanto,

$$Z = N + P = 2, \tag{9.38}$$

e o sistema é instável porque duas raízes da equação característica, independentemente do valor do ganho K_1, estão no semiplano direito do plano s.

Agora considere novamente o sistema quando a realimentação derivativa é incluída no sistema mostrado na Figura 9.14 ($K_2 > 0$). Então, a função de transferência em malha é

$$L(s) = G_c(s)G(s) = \frac{K_1(1 + K_2 s)}{s(s - 1)}. \tag{9.39}$$

O trecho do contorno Γ_L quando $s = \epsilon e^{j\phi}$ é o mesmo do sistema sem realimentação derivativa, como mostrado na Figura 9.16. Contudo, quando $s = re^{j\phi}$ com r tendendo a infinito, tem-se

$$\lim_{r\to\infty} L(s)|_{s=re^{j\phi}} = \lim_{r\to\infty} \left|\frac{K_1 K_2}{r}\right| e^{-j\phi}, \tag{9.40}$$

e o contorno Γ_L na origem do plano $L(s)$ varia π rad no sentido anti-horário. O lugar geométrico de $L(j\omega)$ cruza o eixo u em um ponto determinado considerando

$$L(j\omega) = G_c(j\omega)G(j\omega) = \frac{K_1(1 + K_2 j\omega)}{-\omega^2 - j\omega}$$

$$= \frac{-K_1(\omega^2 + \omega^2 K_2) + j(\omega - K_2\omega^3)K_1}{\omega^2 + \omega^4}. \tag{9.41}$$

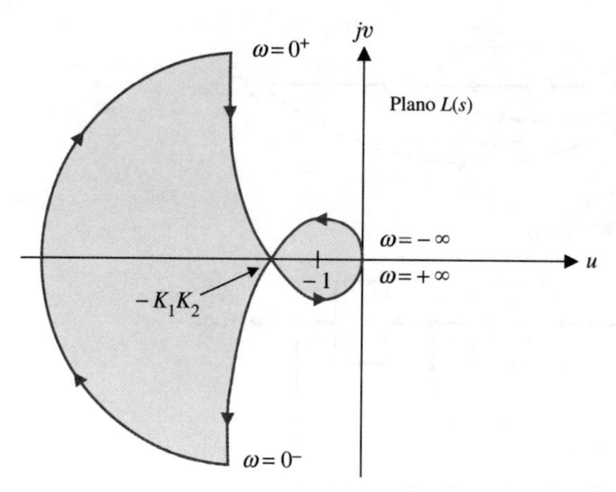

FIGURA 9.16 Diagrama de Nyquist para $L(s) = K_1(1 + K_2s)/(s(s - 1))$.

O lugar geométrico de $L(j\omega)$ intercepta o eixo u em um ponto em que a parte imaginária de $L(j\omega)$ é zero. Portanto,

$$\omega - K_2\omega^3 = 0$$

neste ponto, ou $\omega^2 = 1/K_2$. O valor da parte real de $L(j\omega)$ na interseção é então

$$u\big|_{\omega^2=1/K_2} = \frac{-\omega^2 K_1(1 + K_2)}{\omega^2 + \omega^4}\bigg|_{\omega^2=1/K_2} = -K_1K_2. \tag{9.42}$$

Portanto, quando $-K_1K_2 < -1$ ou $K_1K_2 > 1$, o contorno Γ_L dá uma volta em torno do ponto –1 no sentido anti-horário e, consequentemente, $N = -1$. Então, o número de zeros do sistema no semiplano direito é

$$Z = N + P = -1 + 1 = 0.$$

Assim, o sistema é estável quando $K_1K_2 > 1$. Frequentemente, pode ser útil utilizar um computador para traçar o diagrama de Nyquist [5]. ∎

EXEMPLO 9.6 **Sistema com um zero no semiplano direito do plano *s***

Considere o sistema de controle com realimentação mostrado na Figura 9.1 quando

$$L(s) = G_c(s)G(s) = \frac{K(s - 2)}{(s + 1)^2}.$$

Tem-se

$$L(j\omega) = \frac{K(j\omega - 2)}{(j\omega + 1)^2} = \frac{K(j\omega - 2)}{(1 - \omega^2) + j2\omega}. \tag{9.43}$$

À medida que ω tende a $+\infty$ no eixo $+j\omega$, tem-se

$$\lim_{\omega\to+\infty} L(j\omega) = \lim_{\omega\to+\infty} \frac{K}{\omega}\angle -\pi/2.$$

Quando $\omega = \sqrt{5}$, tem-se $L(j\omega) = K/2$. Em $\omega = 0_+$, tem-se $L(j\omega) = -2K$. O diagrama de Nyquist para $L(j\omega)/K$ é mostrado na Figura 9.17. $L(j\omega)$ intercepta o ponto $-1 + j0$ quando $K = 1/2$. Assim, o sistema é estável para a faixa limitada de ganho $0 < K \leq 1/2$. Quando $K > 1/2$, o número de voltas em torno do ponto –1 é $N = 1$. O número de polos de $L(s)$ no semiplano direito do plano s é $P = 0$. Consequentemente, tem-se

$$Z = N + P = 1,$$

e o sistema é instável. Examinando-se o diagrama de Nyquist da Figura 9.17, conclui-se que o sistema é instável para todo $K > 1/2$. ∎

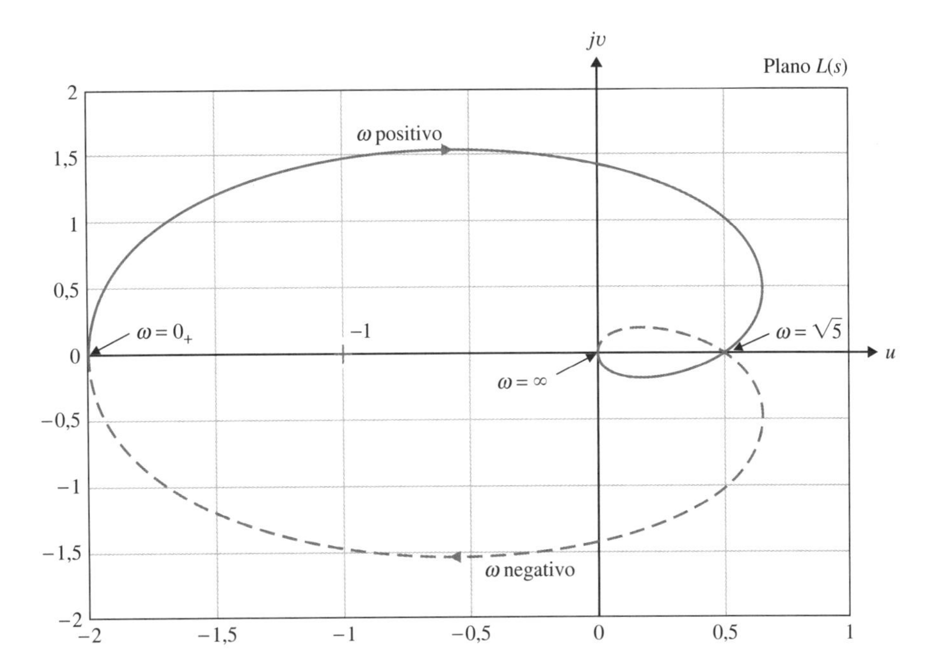

FIGURA 9.17 Diagrama de Nyquist para o Exemplo 9.6 para $L(j\omega)/K$.

9.4 ESTABILIDADE RELATIVA E O CRITÉRIO DE NYQUIST

Para o plano *s*, definiu-se a estabilidade relativa de um sistema como a propriedade medida pelo tempo de acomodação relativo a cada raiz ou par de raízes. Portanto, um sistema com menor tempo de acomodação é considerado relativamente mais estável. Deseja-se determinar uma medida similar de estabilidade relativa útil para o método da resposta em frequência. O critério de Nyquist fornece informação adequada a respeito da estabilidade absoluta e, além disso, pode ser utilizado para definir e verificar a estabilidade relativa de um sistema.

O critério de estabilidade de Nyquist é definido em termos do ponto (–1, 0) no diagrama de Nyquist ou do ponto 0 dB, –180° no diagrama de Bode. A proximidade do lugar geométrico de $L(j\omega)$ em relação a esse ponto de estabilidade é uma medida da estabilidade relativa de um sistema. A parte crítica do diagrama de Nyquist para a função de transferência de malha para diversos valores de *K* com

$$L(j\omega) = G_c(j\omega)G(j\omega) = \frac{K}{j\omega(j\omega\tau_1 + 1)(j\omega\tau_2 + 1)} \tag{9.44}$$

é mostrada na Figura 9.18. À medida que *K* aumenta, o diagrama de Nyquist se aproxima do ponto –1 e eventualmente dá a volta em torno do ponto –1 para um ganho $K = K_3$. Determinou-se na Seção 9.3 que o lugar geométrico intercepta o eixo *u* no ponto

$$u = \frac{-K\tau_1\tau_2}{\tau_1 + \tau_2}. \tag{9.45}$$

Portanto, o sistema possui raízes no eixo $j\omega$ quando

$$u = -1 \quad \text{ou} \quad K = \frac{\tau_1 + \tau_2}{\tau_1\tau_2}.$$

Conforme *K* é reduzido abaixo desse valor marginal, a estabilidade é aumentada, e a margem entre o ganho crítico $K = (\tau_1 + \tau_2)/\tau_1\tau_2$ e um ganho $K = K_2$ é uma medida da estabilidade relativa. Essa medida é chamada de **margem de ganho** e é definida como **o inverso do ganho $|L(j\omega)|$ na frequência em que a fase atinge –180°** (isto é, $v = 0$). A margem de ganho é uma medida do fator pelo qual o ganho do sistema teria que ser aumentado para que o lugar $L(j\omega)$ passasse pelo ponto $u = -1$. Assim, para um ganho $K = K_2$ na Figura 9.18, a margem de ganho é igual ao inverso de $L(j\omega)$ quando $v = 0$. Uma vez que $\omega = 1/\sqrt{\tau_1\tau_2}$ quando a variação de fase é –180°, tem-se uma margem de ganho igual a

$$\frac{1}{|L(j\omega)|} = \left[\frac{K_2\tau_1\tau_2}{\tau_1 + \tau_2}\right]^{-1} = \frac{1}{d}. \tag{9.46}$$

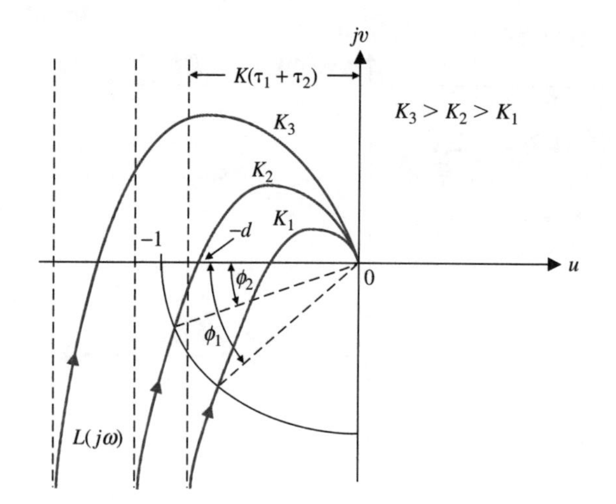

FIGURA 9.18 Diagrama de Nyquist para $L(j\omega)$ para três valores de ganho.

A margem de ganho pode ser definida em termos de uma **medida logarítmica (decibel)** como

$$\boxed{20\log\frac{1}{d} = -20\log d \text{ dB.}} \tag{9.47}$$

Por exemplo, quando $\tau_1 = \tau_2 = 1$, o sistema é estável quando $K \leq 2$. Assim, quando $K = K_2 = 0{,}5$, a margem de ganho é igual a

$$\frac{1}{d} = \left[\frac{K_2\tau_1\tau_2}{\tau_1 + \tau_2}\right]^{-1} = 4, \tag{9.48}$$

ou, em medida logarítmica,

$$20\log 4 = 12 \text{ dB.} \tag{9.49}$$

Portanto, a margem de ganho indica que o ganho do sistema pode ser aumentado por um fator de quatro (12 dB) antes que o limiar de estabilidade seja alcançado.

Margem de ganho é o acréscimo no ganho do sistema quando a fase = −180° que resultará em um sistema marginalmente estável, com a interseção do ponto −1 + *j*0 no diagrama de Nyquist.

Uma medida alternativa da estabilidade relativa pode ser definida em termos da margem de fase entre um sistema específico e um sistema que é marginalmente estável. A **margem de fase** é definida como **o ângulo pelo qual o lugar geométrico $L(j\omega)$ deve ser girado de modo que o ponto de magnitude unitária $|L(j\omega)| = 1$ passe pelo ponto (−1, 0) no plano $L(j\omega)$.** Essa medida de estabilidade relativa é igual ao atraso de fase adicional requerido antes que o sistema se torne instável. Essa informação pode ser determinada a partir do diagrama de Nyquist mostrado na Figura 9.18. Para um ganho $K = K_2$, uma fase adicional, ϕ_2, pode ser somada ao sistema antes que ele se torne instável. De modo semelhante, para o ganho K_1, a margem de fase é igual a ϕ_1, como mostrado na Figura 9.18.

Margem de fase é a quantidade de deslocamento de fase de $L(j\omega)$ com magnitude unitária que resultará em um sistema marginalmente estável, com a interseção do ponto −1 + *j*0 no diagrama de Nyquist.

As margens de ganho e de fase são facilmente determinadas a partir do diagrama de Bode. O ponto crítico para estabilidade é $u = -1, v = 0$ no plano $L(j\omega)$, o que é equivalente a uma magnitude logarítmica de 0 dB e uma fase de 180° (ou – 180°) no diagrama de Bode.

É relativamente simples examinar o diagrama de Nyquist de um sistema de fase mínima. Entretanto, é necessário cuidado especial com um sistema de fase não mínima, e deve-se estudar o diagrama de Nyquist completo para que a estabilidade seja determinada.

O diagrama de Bode associado à função de transferência de malha

$$L(j\omega) = G_c(j\omega)G(j\omega) = \frac{1}{j\omega(j\omega + 1)(0{,}2j\omega + 1)} \tag{9.50}$$

é mostrado na Figura 9.19. A fase quando a magnitude logarítmica é 0 dB é igual a –137°. Assim, a margem de fase é 180° – 137° = 43°. A magnitude logarítmica quando a fase é –180° é –15 dB, portanto, a margem de ganho é igual a $M.G. = 15$ dB.

A resposta em frequência de um sistema pode ser retratada graficamente no diagrama de logaritmo da magnitude e fase. Para o diagrama de logaritmo da magnitude e fase, o ponto crítico de estabilidade é o ponto 0 dB, –180°, e as margens de ganho e de fase podem ser facilmente determinadas e indicadas no diagrama. O diagrama de logaritmo da magnitude e fase da função de transferência de malha, $L(j\omega)$, da Equação (9.50) é mostrado na Figura 9.20. A margem de fase indicada é de 43° e a margem de ganho é de 15 dB. Para comparação, o diagrama para

$$L_2(j\omega) = G_c(j\omega)G(j\omega) = \frac{1}{j\omega(j\omega + 1)^2} \tag{9.51}$$

também é mostrado na Figura 9.20. A margem de ganho para $L_2(j\omega)$ é igual a 5,7 dB e a margem de fase para L_2 é igual a 20°. Claramente, o sistema com realimentação $L_2(j\omega)$ é relativamente menos estável que o sistema $L_1(j\omega)$. Entretanto, a questão ainda permanece: Quão menos estável é o sistema $L_2(j\omega)$ em comparação com o sistema $L_1(j\omega)$? A seguir, responde-se a essa questão para um sistema de segunda ordem, e a utilidade geral da relação desenvolvida dependerá da presença de raízes dominantes.

Pretende-se agora determinar a margem de fase de um sistema de segunda ordem e relacionar a margem de fase com o fator de amortecimento ζ de um sistema subamortecido. Considere a função de transferência em malha do sistema mostrado na Figura 9.1, na qual

$$L(s) = G_c(s)G(s) = \frac{\omega_n^2}{s(s + 2\zeta\omega_n)}. \tag{9.52}$$

A equação característica para este sistema de segunda ordem é

$$s^2 + 2\zeta\omega_n s + \omega_n^2 = 0. \tag{9.53}$$

Portanto, as raízes de malha fechada são

$$s = -\zeta\omega_n \pm j\omega_n\sqrt{1 - \zeta^2}.$$

A forma no domínio de frequência da Equação (9.52) é

$$L(j\omega) = \frac{\omega_n^2}{j\omega(j\omega + 2\zeta\omega_n)}. \tag{9.54}$$

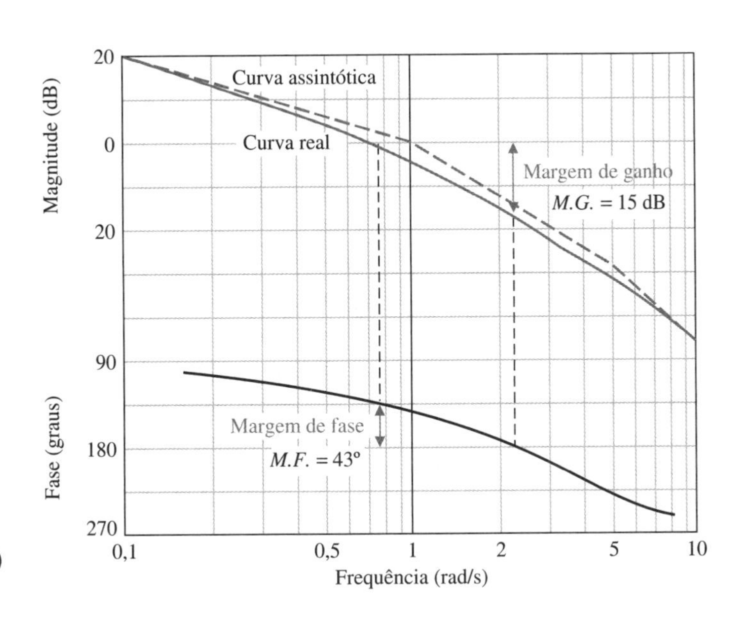

FIGURA 9.19 Diagrama de Bode para $L(j\omega) = 1/(j\omega(j\omega + 1)(0{,}2j\omega + 1))$.

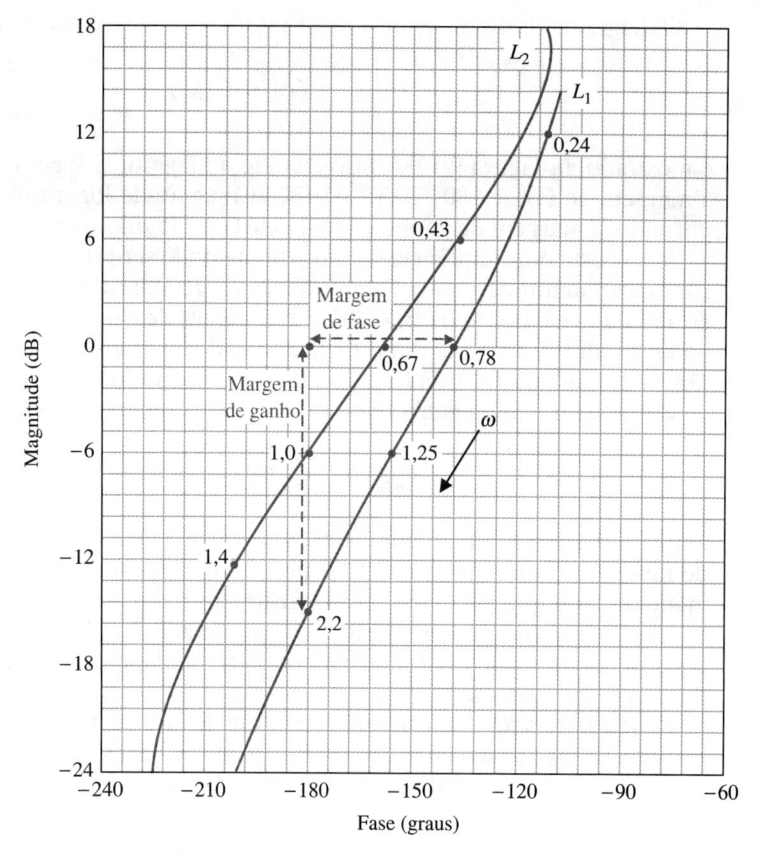

FIGURA 9.20 Diagrama de logaritmo da magnitude e fase L_1 e L_2.

A magnitude da resposta em frequência é igual a 1 na frequência de cruzamento ω_c; assim,

$$\frac{\omega_n^2}{\omega_c(\omega_c^2 + 4\zeta^2\omega_n^2)^{1/2}} = 1. \tag{9.55}$$

Reescrevendo a Equação (9.55), obtém-se

$$(\omega_c^2)^2 + 4\zeta^2\omega_n^2(\omega_c^2) - \omega_n^4 = 0. \tag{9.56}$$

Resolvendo para ω_c, descobre-se que

$$\frac{\omega_c^2}{\omega_n^2} = (4\zeta^4 + 1)^{1/2} - 2\zeta^2.$$

A margem de fase para este sistema é

$$\begin{aligned}\phi_{\text{mf}} &= 180° - 90° - \tan^{-1}\frac{\omega_c}{2\zeta\omega_n}\\ &= 90° - \tan^{-1}\left(\frac{1}{2\zeta}\left[\left(4\zeta^4 + 1\right)^{1/2} - 2\zeta^2\right]^{1/2}\right)\\ &= \tan^{-1}\frac{2}{\left[\left(4 + 1/\zeta^4\right)^{1/2} - 2\right]^{1/2}}.\end{aligned} \tag{9.57}$$

A Equação (9.57) é a relação entre o fator de amortecimento ζ e a margem de fase ϕ_{mf}, a qual fornece uma correlação entre a resposta em frequência e a resposta no tempo. Um gráfico ζ *versus* ϕ_{mf} é mostrado na Figura 9.21. A curva real de ζ *versus* ϕ_{mf} pode ser aproximada pela reta tracejada mostrada na Figura 9.21. A inclinação da aproximação linear é igual a 0,01, e, portanto, uma relação linear aproximada entre o fator de amortecimento e a margem de fase é

$$\boxed{\zeta = 0{,}01\phi_{\text{mf}},} \tag{9.58}$$

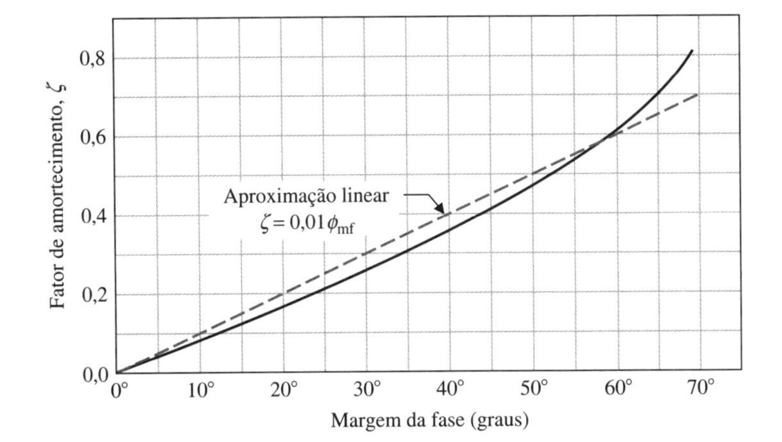

FIGURA 9.21 Fator de amortecimento *versus* margem de fase para um sistema de segunda ordem.

na qual a margem de fase é medida em graus. Esta aproximação é razoavelmente exata para $\zeta \leq 0{,}7$ e é um índice útil para correlacionar a resposta em frequência com o desempenho transitório de um sistema. A Equação (9.58) é uma aproximação adequada para um sistema de segunda ordem e pode ser usada para sistemas de ordem mais elevada se for possível supor que a resposta transitória do sistema ocorre principalmente por causa de um par de raízes dominantes subamortecidas. A aproximação de um sistema de ordem mais elevada por um sistema de segunda ordem dominante é útil! Embora deva ser usada com cautela, os engenheiros de controle acham que essa abordagem é uma técnica simples, mas razoavelmente exata para ajuste das especificações de um sistema de controle.

Portanto, para o sistema com uma função de transferência em malha, $L(j\omega)$, da Equação (9.50) constatou-se que a margem de fase era 43°. Assim, o fator de amortecimento é aproximadamente

$$\zeta \simeq 0{,}01\phi_{\mathrm{mf}} = 0{,}43. \tag{9.59}$$

Então, a máxima ultrapassagem percentual para uma entrada em degrau para este sistema é aproximadamente

$$M.U.P. = 22\%. \tag{9.60}$$

É possível calcular e traçar gráficos da margem de fase e da margem de ganho em função do ganho K para um $L(j\omega)$ específico. Considere o sistema da Figura 9.1 com função de transferência de malha

$$L(s) = G_c(s)G(s)H(s) = \frac{K}{s(s+4)^2}. \tag{9.61}$$

O ganho para o qual o sistema é marginalmente estável é $K = K^* = 128$. A margem de ganho e a margem de fase traçadas em função de K são mostradas nas Figuras 9.22(a) e (b), respectivamente. A margem de ganho é traçada em função da margem de fase, como mostrado na Figura 9.22(c). A margem de fase e a margem de ganho são medidas adequadas do desempenho do sistema. Normalmente a margem de fase será enfatizada como uma especificação no domínio de frequência.

A margem de fase de um sistema é uma medida da resposta em frequência para indicar o desempenho transitório esperado de um sistema. Outro índice de desempenho útil no domínio da frequência é $M_{p\omega}$, a magnitude máxima da resposta em frequência em malha fechada, e agora é possível se considerar este índice prático.

9.5 CRITÉRIOS DE DESEMPENHO DO DOMÍNIO DO TEMPO NO DOMÍNIO DA FREQUÊNCIA

O desempenho transitório de um sistema com realimentação pode ser estimado a partir da resposta em frequência em malha fechada. A **resposta em frequência em malha fechada** é a resposta em frequência da função de transferência em malha fechada $T(j\omega)$. As respostas em frequência em malha aberta e em malha fechada para um sistema com uma única malha estão relacionadas. Considere o sistema em malha fechada:

$$\frac{Y(j\omega)}{R(j\omega)} = T(j\omega) = M(\omega)\, e^{j\phi(\omega)} = \frac{G_c(j\omega)G(j\omega)}{1 + G_c(j\omega)G(j\omega)}. \tag{9.62}$$

O critério de Nyquist e o índice de margem de fase são definidos para a função de transferência em malha $L(j\omega) = G_c(j\omega)G(j\omega)$. Contudo, como constatou-se na Seção 8.2, a magnitude máxima da

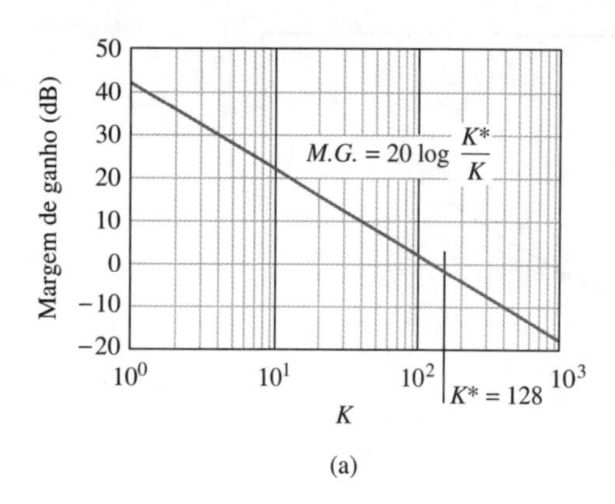

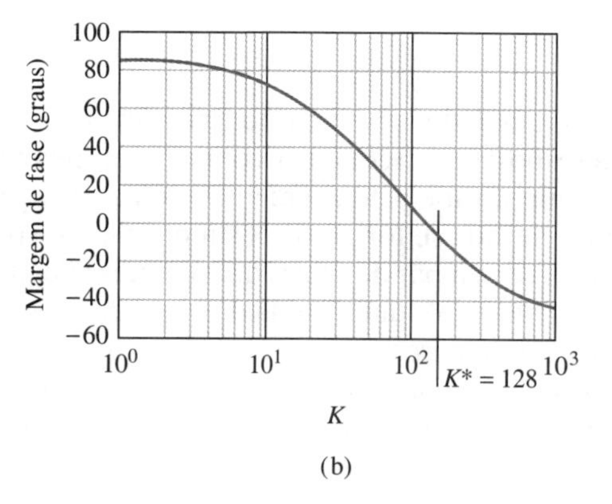

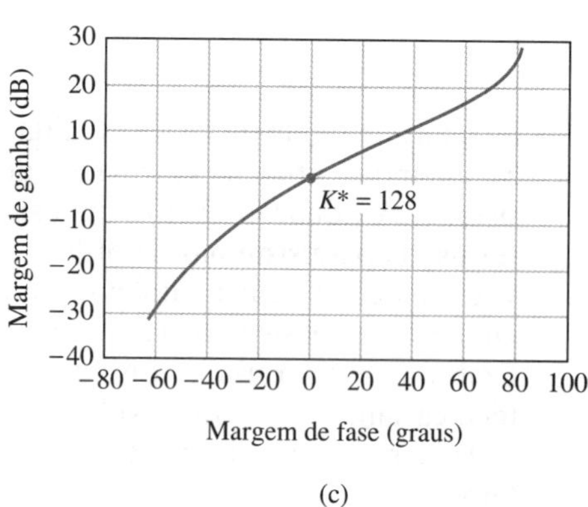

FIGURA 9.22 (a) Margem de ganho *versus* ganho K. (b) Margem de fase *versus* ganho K. (c) Margem de ganho *versus* margem de fase.

resposta em frequência em malha fechada pode ser relacionada com o fator de amortecimento de um sistema de segunda ordem por

$$M_{p\omega} = |T(\omega_r)| = (2\zeta\sqrt{1-\zeta^2})^{-1}, \quad \zeta < 0{,}707. \tag{9.63}$$

Como esta relação entre a resposta em frequência em malha fechada e a resposta transitória é útil, seria desejável poder determinar $M_{p\omega}$ a partir dos gráficos completados para a investigação do critério de Nyquist. Isto é, deseja-se ter a capacidade de obter a resposta em frequência em malha fechada a partir da resposta em frequência em malha aberta. É claro que seria possível determinar as raízes em malha fechada de $1 + L(s)$ e traçar a resposta em frequência em malha fechada. Contudo, uma vez que se tenha investido todo o esforço necessário para achar as raízes em malha fechada da equação característica, uma resposta em frequência em malha fechada não seria necessária.

A relação entre a resposta em frequência em malha aberta e em malha fechada pode ser observada com maior facilidade no diagrama de magnitude e fase quando se consideram sistemas com realimentação unitária. Neste caso, importantes indicadores de desempenho como $M_{p\omega}$ e ω_r podem ser determinados a partir do diagrama de magnitude e fase usando círculos de magnitude constante da função de transferência em malha fechada. Esses círculos são conhecidos como círculos de M constante.

A relação entre $T(j\omega)$ e $L(j\omega)$ é prontamente obtida em termos de variáveis complexas no plano $L(s)$. As coordenadas do plano $L(s)$ são u e v, e tem-se

$$L(j\omega) = G_c(j\omega)G(j\omega) = u + jv. \tag{9.64}$$

Consequentemente, a magnitude da função de transferência em malha fechada é

$$M(\omega) = \left|\frac{G_c(j\omega)G(j\omega)}{1 + G_c(j\omega)G(j\omega)}\right| = \left|\frac{u + jv}{1 + u + jv}\right| = \frac{(u^2 + v^2)^{1/2}}{[(1+u)^2 + v^2]^{1/2}}. \tag{9.65}$$

Elevando-se a Equação (9.65) ao quadrado e reagrupando, obtém-se

$$(1 - M^2)u^2 + (1 - M^2)v^2 - 2M^2u = M^2. \tag{9.66}$$

Dividindo-se a Equação (9.66) por $1 - M^2$ e adicionando-se o termo $[M^2/(1 - M^2)]^2$ a ambos os lados, tem-se

$$u^2 + v^2 - \frac{2M^2 u}{1 - M^2} + \left(\frac{M^2}{1 - M^2}\right)^2 = \left(\frac{M^2}{1 - M^2}\right) + \left(\frac{M^2}{1 - M^2}\right)^2. \tag{9.67}$$

Reagrupando, obtém-se

$$\left(u - \frac{M^2}{1 - M^2}\right)^2 + v^2 = \left(\frac{M}{1 - M^2}\right)^2, \tag{9.68}$$

que é a equação de um círculo no plano (u, v) com o centro em

$$u = \frac{M^2}{1 - M^2}, \qquad v = 0.$$

O raio do círculo é igual a $|M/(1 - M^2)|$. Portanto, é possível traçar diversos círculos de magnitude constante M no plano $L(s)$. Diversos círculos de M constante são mostrados na Figura 9.23. Os círculos à esquerda de $u = -1/2$ são para $M > 1$, e os círculos à direita de $u = -1/2$ são para $M < 1$. Quando $M = 1$, o círculo se torna a reta $u = -1/2$, o que é evidente por inspeção da Equação (9.66).

A resposta em frequência em malha aberta para um sistema é mostrada na Figura 9.24 para dois valores de ganho no qual $K_2 > K_1$. A curva da resposta em frequência do sistema com o ganho K_1 é tangente ao círculo de magnitude M_1 na frequência ω_{r1}. De modo similar, a curva da resposta em frequência para o ganho K_2 é tangente ao círculo de magnitude M_2 na frequência ω_{r2}. Portanto, as curvas de magnitude da resposta em frequência em malha fechada são estimadas como mostrado na Figura 9.25. Assim, pode-se obter a resposta em frequência em malha fechada de um sistema a partir do plano $L(s)$. Se a magnitude máxima, $M_{p\omega}$, for a única informação desejada, então será suficiente ler esse valor diretamente do diagrama de Nyquist. A magnitude máxima da resposta em frequência em malha fechada, $M_{p\omega}$, é o valor do círculo M que é tangente ao lugar geométrico de $L(j\omega)$. O ponto de tangência ocorre na frequência ω_r, a frequência de ressonância. A resposta em frequência em malha fechada completa de um sistema pode ser obtida lendo-se a magnitude M dos círculos que o lugar geométrico de $L(j\omega)$ intercepta em várias frequências. Portanto, o sistema com um ganho $K = K_2$ possui uma magnitude em malha fechada M_1, nas frequências ω_1 e ω_2. Essa magnitude é lida a partir da Figura 9.24 e é mostrada na resposta em frequência em malha fechada na Figura 9.25. A **faixa de passagem** para K_1 é mostrada como ω_{B1}.

Pode-se mostrar empiricamente que a frequência de cruzamento ω_c no diagrama de Bode de malha aberta está relacionada com a faixa de passagem do sistema em malha fechada ω_B pela aproximação para ζ no intervalo de 0,2 a 0,8.

$$\boxed{\omega_B = 1{,}6\omega_c.} \tag{9.69}$$

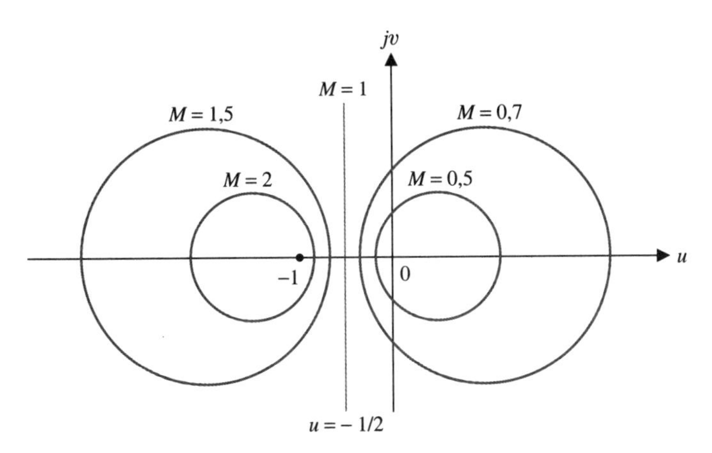

FIGURA 9.23 Círculos de $M(\omega)$ constante.

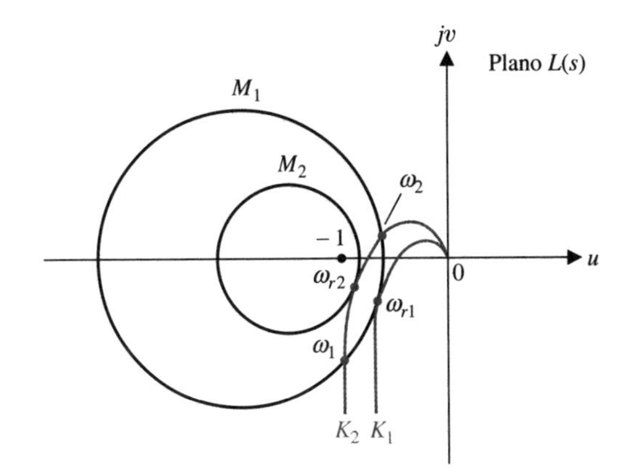

FIGURA 9.24 Diagrama de resposta em frequência de $G_c(j\omega)G(j\omega)$ para dois valores de ganho ($K_2 > K_1$).

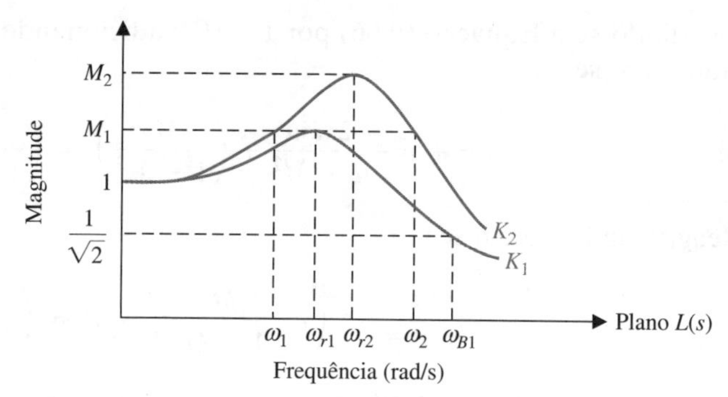

FIGURA 9.25 Resposta em frequência em malha fechada de $T(j\omega) = G_c(j\omega)G(j\omega)/(1 + G_c(j\omega)G(j\omega))$. Observe que $K_2 > K_1$.

De modo similar, podem-se obter círculos de fase constante em malha fechada. Assim, para a Equação (9.62), a relação de ângulo é

$$\phi = \underline{/T(j\omega)} = \underline{/(u + jv)/(1 + u + jv)}$$

$$= \tan^{-1}\left(\frac{v}{u}\right) - \tan^{-1}\left(\frac{v}{1 + u}\right). \tag{9.70}$$

Tomando-se a tangente de ambos os lados e reagrupando, tem-se

$$u^2 + v^2 + u - \frac{v}{N} = 0, \tag{9.71}$$

na qual $N = \tan \phi$. Somando-se o termo $1/4[1 + 1/N^2]$ a ambos os lados da equação e simplificando, obtém-se

$$\left(u + \frac{1}{2}\right)^2 + \left(v - \frac{1}{2N}\right)^2 = \frac{1}{4}\left(1 + \frac{1}{N^2}\right), \tag{9.72}$$

que é a equação de um círculo com centro em $u = -1/2$ e $v = +1/(2N)$. O raio do círculo é igual a $1/2[1 + 1/N^2]^{1/2}$. Portanto, as curvas de fase constante podem ser obtidas para diversos valores de N, de modo similar ao dos círculos de M.

Os círculos de M e N constantes podem ser usados para análise e projeto no plano $L(s)$. Contudo, é muito mais fácil obter o diagrama de Bode para um sistema, e pode ser preferível que os círculos de M e N constantes sejam convertidos em valores logarítmicos de ganho de fase. N. B. Nichols transformou os círculos de M e N constantes para o diagrama de logaritmo da magnitude e fase, e o diagrama resultante é chamado de **carta de Nichols** [3, 7]. Os círculos de M e N aparecem como contornos na carta de Nichols mostrada na Figura 9.26. As coordenadas do diagrama de logaritmo da magnitude e fase são as mesmas usadas na Seção 8.5. Porém, superpostas no plano de logaritmo da magnitude e fase encontram-se as linhas de M e N constantes. As linhas de M constante são dadas em decibéis e as linhas de N constante, em graus. Um exemplo ilustrará o uso da carta de Nichols para que se determine a resposta em frequência em malha fechada.

EXEMPLO 9.7 **Estabilidade usando a carta de Nichols**

Considere um sistema com realimentação unitária com uma função de transferência em malha na Equação (9.50). A resposta em frequência de $L(j\omega)$ é traçada na carta de Nichols e é mostrada na Figura 9.27. A magnitude máxima, $M_{p\omega}$, é igual a +2,5 dB e ocorre na frequência $\omega_r = 0{,}8$. A fase em malha fechada em ω_r é igual a –72°. A faixa de passagem de 3 dB em malha fechada, na qual a magnitude em malha fechada é –3 dB, é igual a $\omega_B = 1{,}33$, como mostrado na Figura 9.27. A fase em malha fechada em ω_B é igual a –142°. ■

EXEMPLO 9.8 **Sistema de terceira ordem**

Considere um sistema com realimentação unitária com uma função de transferência em malha

$$L(s) = G_c(s)G(s) = \frac{0{,}64}{s(s^2 + s + 1)}, \tag{9.73}$$

na qual $\zeta = 0{,}5$ para os polos complexos. O diagrama de Nichols para este sistema é mostrado na Figura 9.28. A margem de fase para este sistema, determinada a partir do diagrama de Nichols,

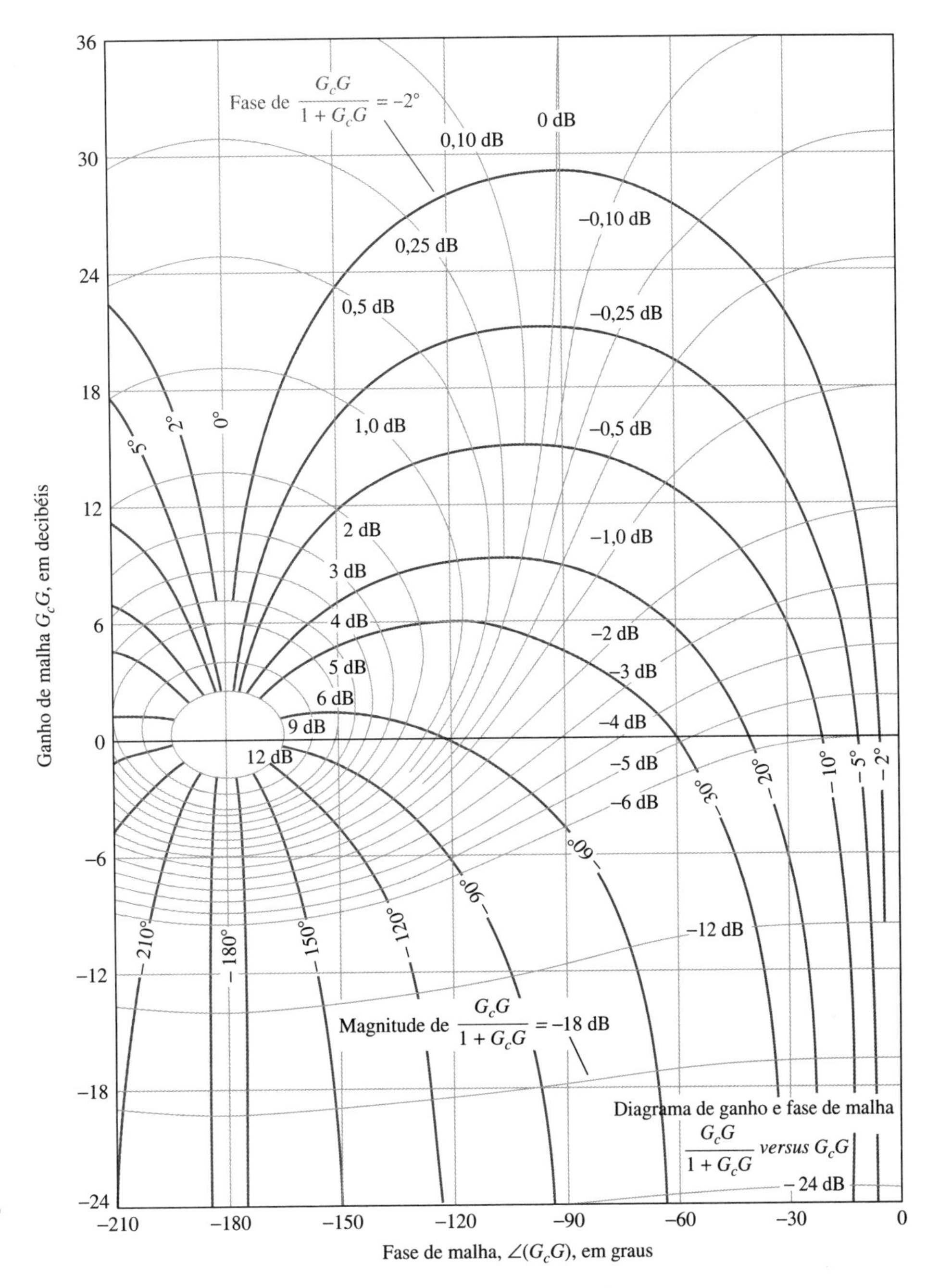

FIGURA 9.26 Carta de Nichols. As curvas de fase para o sistema em malha fechada são mostradas como curvas grossas.

é 30°. Com base na fase, utiliza-se a Equação (9.58) para estimar o fator de amortecimento do sistema como $\zeta = 0{,}30$. A magnitude máxima é igual a +9 dB ocorrendo na frequência $\omega_r = 0{,}88$. Portanto,

$$20 \log M_{p\omega} = 9 \text{ dB}, \quad \text{ou} \quad M_{p\omega} = 2{,}8.$$

Resolvendo-se a Equação (9.63), encontra-se $\zeta = 0{,}18$. Há o confronto de dois fatores de amortecimento conflitantes, no qual um foi obtido a partir de uma medida de margem de fase e o outro a partir de uma medida de pico da resposta em frequência. Neste caso, descobriu-se um exemplo no qual a correlação entre o domínio da frequência e o domínio do tempo é obscura e incerta. Esse conflito aparente é causado pela natureza da resposta em frequência que se inclina rapidamente em direção à reta de 180° a partir do eixo de 0 dB. Se forem determinadas as raízes da equação característica para $1 + L(s)$, obtém-se

$$(s + 0{,}77)(s^2 + 0{,}225s + 0{,}826) = 0. \tag{9.74}$$

O fator de amortecimento das raízes conjugadas complexas é igual a 0,124, no qual as raízes complexas não dominam a resposta do sistema. Portanto, a raiz real adiciona algum amortecimento ao sistema, e pode-se estimar o fator de amortecimento como aproximadamente o valor determinado a partir

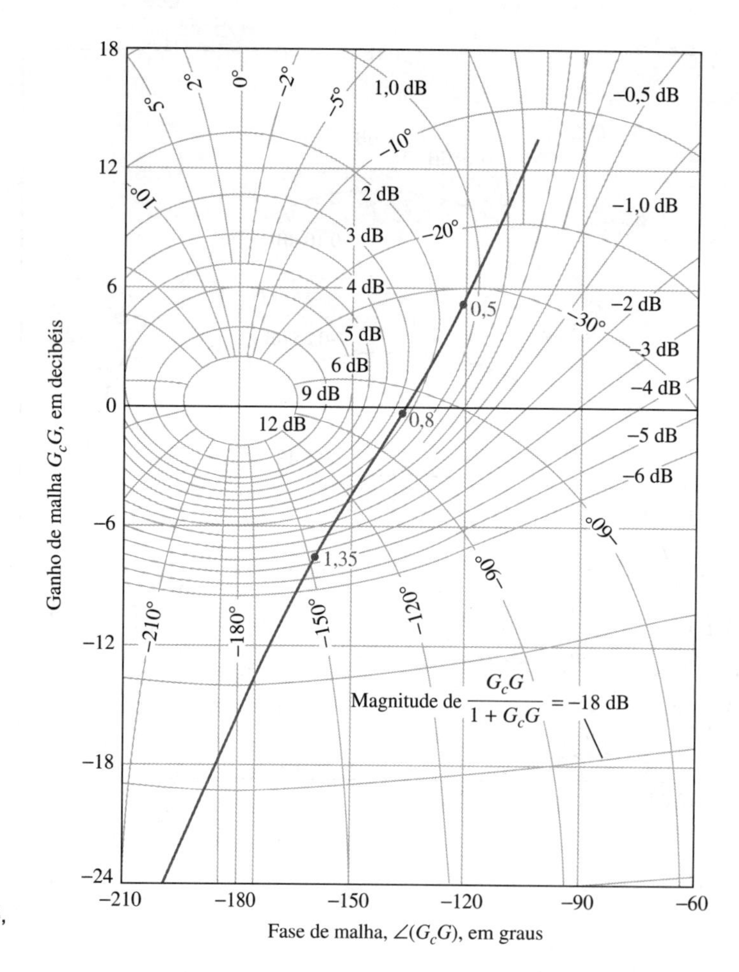

FIGURA 9.27 Diagrama de Nichols para $G_c(j\omega)G(j\omega) = 1/(j\omega(j\omega + 1)(0{,}2j\omega + 1))$. Três pontos sobre a curva são mostrados para ω = 0,5, 0,8 e 1,35, respectivamente.

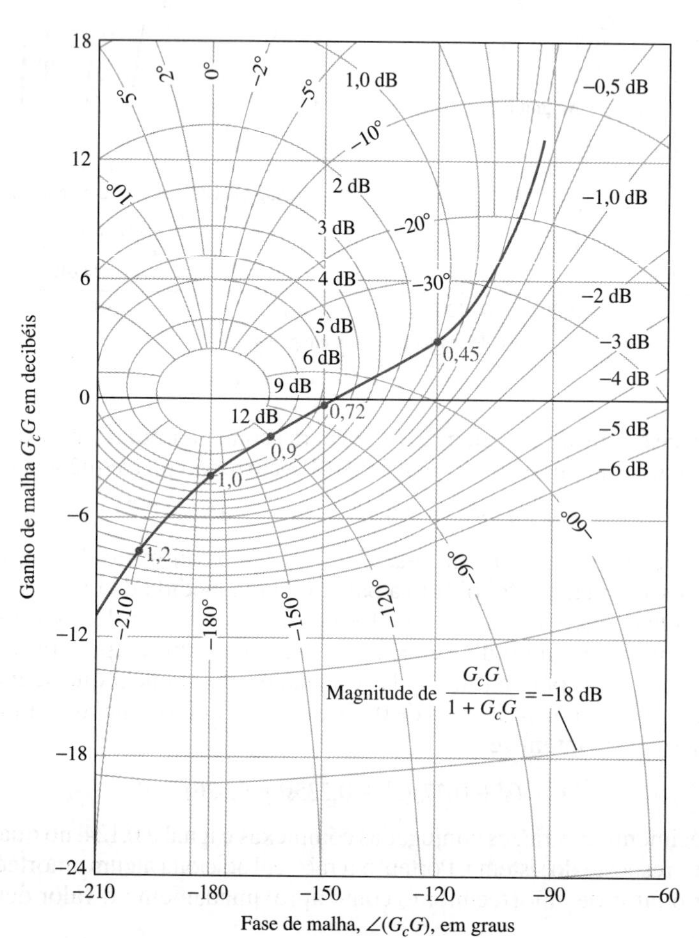

FIGURA 9.28 Diagrama de Nichols para $G_c(j\omega)G(j\omega) = 0{,}64/(j\omega[(j\omega)^2 + j\omega + 1])$.

do índice $M_{p\omega}$; isto é, $\zeta = 0{,}18$. Um projetista deve usar com prudência as correlações do domínio da frequência com o domínio do tempo. Contudo, é relativamente seguro se o menor valor de fator de amortecimento resultante das relações de margem de fase e $M_{p\omega}$ for usado para fins de análise e projeto. ■

A carta de Nichols pode ser usada para propósitos de projeto alterando-se a resposta em frequência da função de transferência de malha, $L(s) = G_c(s)G(s)$, de modo que se possa obter uma margem de fase e $M_{p\omega}$ desejadas. O ganho do sistema K é ajustado rapidamente para fornecer a margem de fase e $M_{p\omega}$ adequadas inspecionando-se a carta de Nichols. Por exemplo, consideremos novamente o Exemplo 9.8, no qual

$$L(s) = G_c(s)G(s) = \frac{K}{s(s^2 + s + 1)}. \tag{9.75}$$

O lugar geométrico de $G_c(j\omega)G(j\omega)$ na carta de Nichols para $K = 0{,}64$ é mostrado na Figura 9.28. Determina-se um valor adequado para K de modo que o fator de amortecimento do sistema seja maior que 0,30. Da Equação (9.63), é requerida que $M_{p\omega}$ seja menor do que 1,75 (4,9 dB). A partir da Figura 9.28, descobre-se que o lugar geométrico de $G_c(j\omega)G(j\omega)$ será tangente à curva de 4,9 dB se a magnitude for baixada por um fator de 2,2 dB. Portanto, K deve ser reduzido em 1,28. Assim, o ganho K deve ser menor que $0{,}64/1{,}28 = 0{,}50$ se o fator de amortecimento do sistema tiver que ser maior que 0,30.

9.6 FAIXA DE PASSAGEM DO SISTEMA

A faixa de passagem do sistema de controle em malha fechada é uma excelente medida da resposta do sistema. Em sistemas nos quais a magnitude de baixa frequência é 0 dB no diagrama de Bode, a faixa de passagem é medida na frequência de –3 dB. A velocidade da resposta à entrada em degrau será aproximadamente proporcional a ω_B, e o tempo de acomodação é inversamente proporcional a ω_B. Assim, procura-se obter uma faixa de passagem grande consistente com componentes de sistema aceitáveis [12].

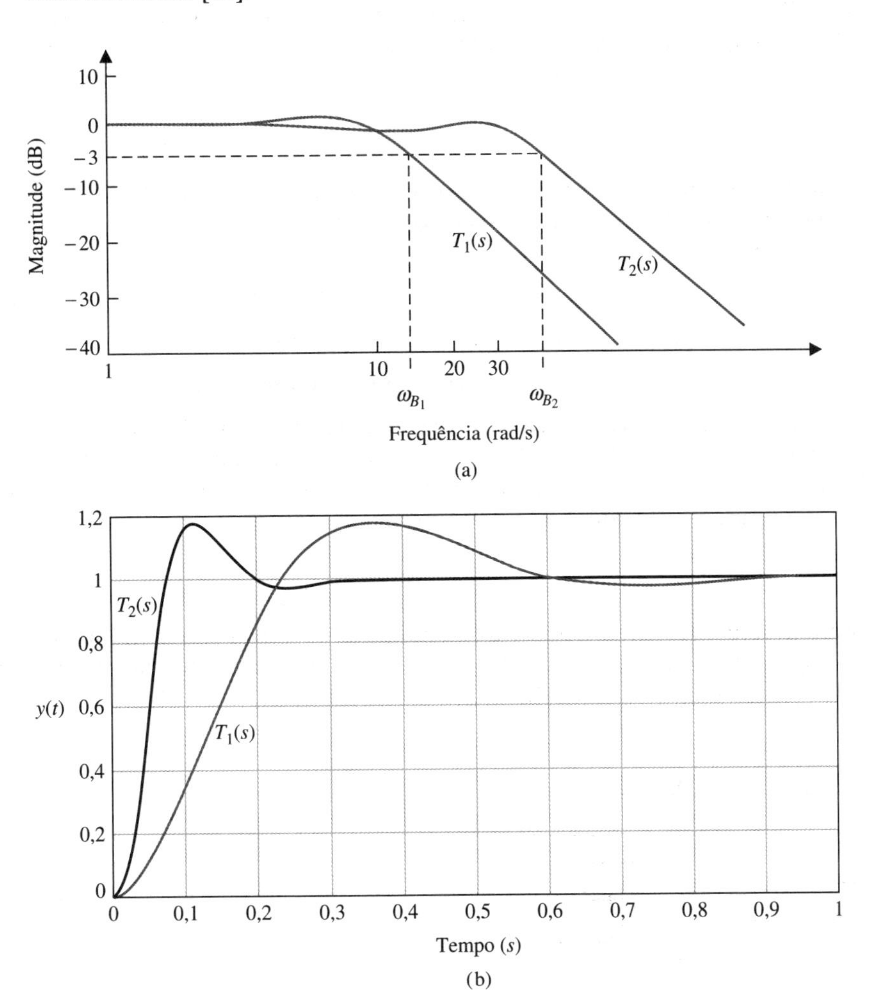

FIGURA 9.29 Resposta de dois sistemas de segunda ordem.

Considere os dois sistemas de segunda ordem com funções de transferência em malha fechada

$$T_1(s) = \frac{100}{s^2 + 10s + 100} \quad \text{e} \quad T_2(s) = \frac{900}{s^2 + 30s + 900}. \tag{9.76}$$

Ambos os sistemas possuem um ζ de 0,5. A resposta em frequência de ambos os sistemas em malha fechada é mostrada na Figura 9.29(a). A frequência natural é $\omega_{n_1} = 10$ e $\omega_{n_2} = 30$ para os sistemas $T_1(s)$ e $T_2(s)$, respectivamente. A faixa de passagem é $\omega_{B_1} = 12{,}7$ e $\omega_{B_2} = 38{,}1$ para os sistemas $T_1(s)$ e $T_2(s)$, respectivamente. Ambos os sistemas têm uma $M.U.P. = 16\%$, mas $T_1(s)$ tem um tempo de pico de $T_p = 0{,}12$ segundo em comparação com $T_p = 0{,}36$ para $T_2(s)$, como mostrado na Figura 9.29(b). Além disso, observe que o tempo de acomodação para $T_2(s)$ é $T_s = 0{,}27$ segundo, enquanto o tempo de acomodação para $T_1(s)$ é $T_s = 0{,}8$ segundo. O sistema com uma faixa de passagem maior fornece resposta mais rápida.

9.7 ESTABILIDADE DE SISTEMAS DE CONTROLE COM RETARDOS NO TEMPO (ATRASO DE TRANSPORTE)

Muitos sistemas de controle possuem um retardo no tempo no interior da malha fechada do sistema que afeta a estabilidade. Um **retardo no tempo** é o intervalo de tempo entre o início de um evento em um ponto do sistema e sua ação resultante em outro ponto do sistema. Felizmente, o critério de Nyquist pode ser utilizado para determinar o efeito do retardo no tempo sobre a estabilidade relativa do sistema com realimentação. Um retardo puro no tempo, sem atenuação, é representado pela função de transferência

$$G_d(s) = e^{-sT}, \tag{9.77}$$

na qual T é o retardo no tempo. O critério de Nyquist permanece válido para um sistema com retardo no tempo porque o fator e^{-sT} não introduz nenhum polo ou zero adicional no interior do contorno. O fator traz um deslocamento de fase à resposta em frequência sem alterar a curva de magnitude.

Esse tipo de retardo no tempo ocorre em sistemas que apresentam movimento de um material que requeira um tempo finito para passar de um ponto de entrada ou de controle para um ponto de saída ou de medida [8,9]. Por exemplo, o sistema de controle de uma laminadora de aço é mostrado na Figura 9.30. O motor ajusta a separação dos rolos de modo que o erro de espessura seja minimizado. Se o aço estiver se deslocando a uma velocidade v, então o retardo no tempo entre o ajuste dos rolos e a medida é

$$T = \frac{d}{v}.$$

Portanto, para se ter um retardo no tempo desprezível, deve-se diminuir a distância até a medição e aumentar a velocidade de escoamento do aço. Usualmente, não se pode eliminar o efeito do retardo no tempo; assim, a função de transferência em malha é [10]

$$L(s) = G_c(s)G(s)e^{-sT}. \tag{9.78}$$

A resposta em frequência deste sistema é obtida a partir de

$$L(j\omega) = G_c(j\omega)G(j\omega)e^{-j\omega T}. \tag{9.79}$$

A resposta em frequência da função de transferência de malha é desenhada no diagrama de Nyquist e a estabilidade averiguada em relação ao ponto –1. Alternativamente, pode-se traçar o diagrama de Bode, inclusive o fator de retardo, e investigar a estabilidade em relação ao ponto 0 dB, –180°. O fator de retardo $e^{-j\omega T}$ resulta em um deslocamento de fase

$$\boxed{\phi(\omega) = -\omega T} \tag{9.80}$$

e é rapidamente acrescentado ao deslocamento de fase resultante de $G_c(j\omega)G(j\omega)$. Observe que o ângulo está em radianos na Equação (9.80). Um exemplo mostrará a simplicidade dessa abordagem no diagrama de Bode.

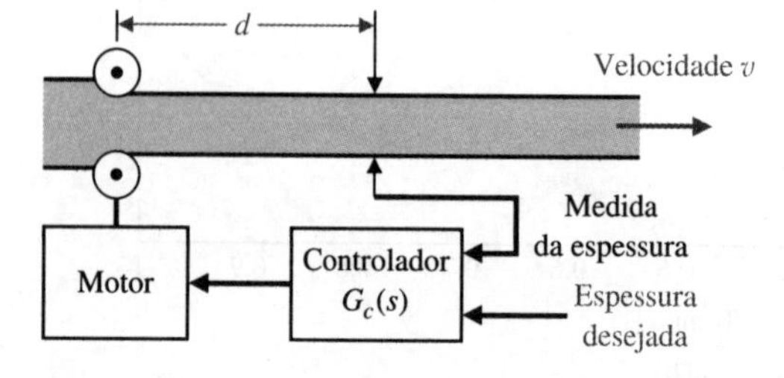

FIGURA 9.30 Sistema de controle de laminadora de aço.

EXEMPLO 9.9 **Sistema de controle de nível de líquido**

Um sistema de controle de nível é mostrado na Figura 9.31(a) e o diagrama de blocos na Figura 9.31(b) [11]. O retardo no tempo entre o ajuste da válvula e a saída do fluido é $T = d/v$. Portanto, se a velocidade do fluxo é $v = 5$ m³/s e a distância $d = 5$ m, então tem-se um retardo no tempo $T = 1$ s. A função de transferência em malha é então

$$L(s) = G_A(s)G(s)G_f(s)e^{-sT}$$

$$= \frac{31{,}5}{(s+1)(30s+1)[(s^2/9)+(s/3)+1]}e^{-sT}. \quad (9.81)$$

O diagrama de Bode para este sistema é mostrado na Figura 9.32. A fase é mostrada tanto para os fatores do denominador sozinhos quanto com o atraso de fase adicional em razão do retardo no tempo. A curva de ganho logarítmico cruza a reta de 0 dB em $\omega = 0{,}8$. Portanto, a margem de fase do sistema sem o retardo puro no tempo seria $M.F. = 40°$. Contudo, com o retardo no tempo adicionado, descobre-se que a margem de fase é $M.F. = -3°$, e o sistema é instável. Consequentemente, o ganho do sistema deve ser reduzido para proporcionar uma margem de fase aceitável. Para produzir uma margem de fase de $M.F. = 30°$, o ganho deveria ser reduzido por um fator de 5 dB, para $K = 31{,}5/1{,}78 = 17{,}7$.

Um retardo no tempo e^{-sT} em um sistema com realimentação introduz um atraso de fase adicional e resulta em um sistema menos estável. Por conseguinte, como retardos puros no tempo são inevitáveis em muitos sistemas, frequentemente é necessário reduzir o ganho de malha a fim de se obter uma resposta estável. Contudo, o custo da estabilidade é o aumento resultante no erro em regime estacionário do sistema à medida que o ganho de malha é reduzido. ■

Os sistemas considerados pela maioria das ferramentas analíticas são descritos por funções racionais (isto é, funções de transferência) ou por um conjunto finito de equações diferenciais ordinárias com coeficientes constantes. Uma vez que o retardo no tempo é dado por e^{-sT}, no qual T é o retardo, observa-se que o retardo no tempo não é racional. Seria útil se fosse possível obter uma aproximação na forma de função racional para o retardo no tempo. Então, poderia ser mais conveniente incorporar o retardo no diagrama de blocos para propósitos de análise e projeto.

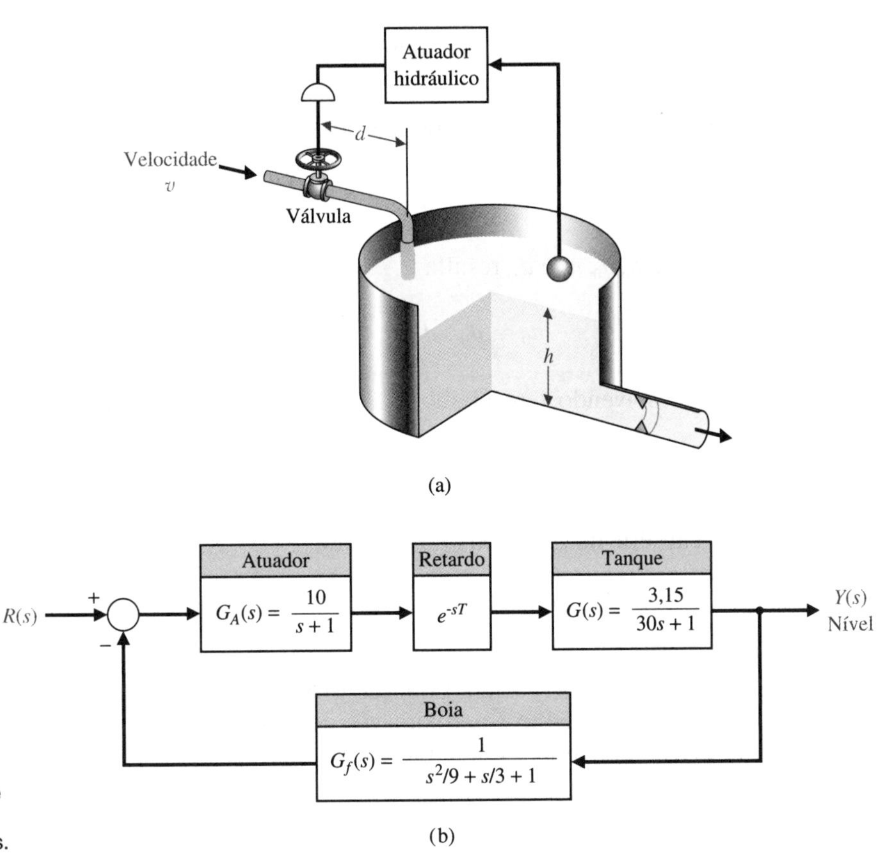

FIGURA 9.31
(a) Sistema de controle de nível de líquido.
(b) Diagrama de blocos.

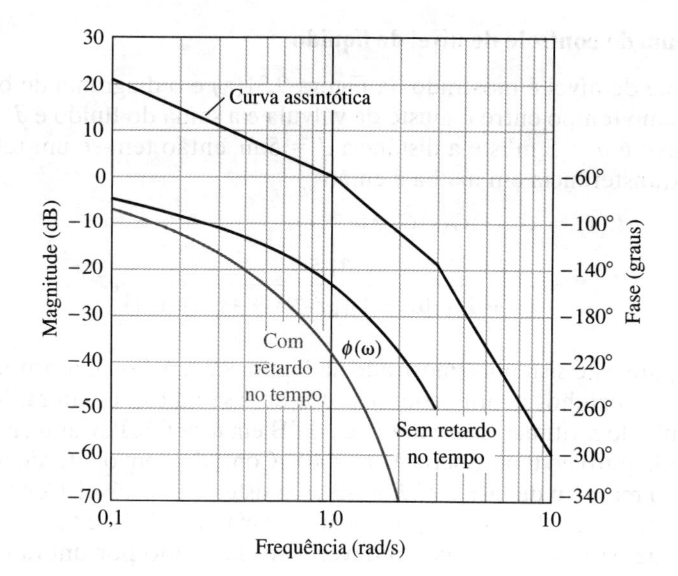

FIGURA 9.32 Diagrama de Bode para o sistema de controle de nível de líquido.

A aproximação de **Padé** utiliza uma expansão em série da função transcendental e^{-sT} e iguala tantos coeficientes quanto possível com uma expansão em série de uma função racional de ordem específica. Por exemplo, para aproximar a função e^{-sT} com uma função racional de primeira ordem, inicia-se pela expressão de ambas as funções em séries (na verdade, séries de Maclaurin[1]),

$$e^{-sT} = 1 - sT + \frac{(sT)^2}{2!} - \frac{(sT)^3}{3!} + \frac{(sT)^4}{4!} - \frac{(sT)^5}{5!} + \cdots \tag{9.82}$$

e

$$\frac{n_1 s + n_0}{d_1 s + d_0} = \frac{n_0}{d_0} + \left(\frac{d_0 n_1 - n_0 d_1}{d_0^2}\right)s + \left(\frac{d_1^2 n_0}{d_0^3} - \frac{d_1 n_1}{d_0^2}\right)s^2 + \cdots$$

Para uma aproximação de primeira ordem, deseja-se encontrar n_0, n_1, d_0 e d_1, de modo que

$$e^{-sT} \approx \frac{n_1 s + n_0}{d_1 s + d_0}.$$

Igualando-se os coeficientes correspondentes dos termos em s, obtêm-se as relações

$$\frac{n_0}{d_0} = 1,\ \frac{n_1}{d_0} - \frac{n_0 d_1}{d_0^2} = -T,\ \frac{d_1^2 n_0}{d_0^3} - \frac{d_1 n_1}{d_0^2} = \frac{T^2}{2},\ \cdots$$

Resolvendo-se para n_0, d_0, n_1 e d_1, resulta

$$n_0 = d_0,\ d_1 = \frac{d_0 T}{2} \quad \text{e} \quad n_1 = -\frac{d_0 T}{2}.$$

Fazendo $d_0 = 1$ e resolvendo, o resultado é

$$e^{-sT} \approx \frac{n_1 s + n_0}{d_1 s + d_0} = \frac{-\frac{T}{2}s + 1}{\frac{T}{2}s + 1}. \tag{9.83}$$

Uma expansão em série da Equação (9.83) resulta

$$\frac{n_1 s + n_0}{d_1 s + d_0} = \frac{-\frac{T}{2}s + 1}{\frac{T}{2}s + 1} = 1 - Ts + \frac{T^2 s^2}{2} - \frac{T^3 s^3}{4} + \cdots. \tag{9.84}$$

Comparando a Equação (9.84) com a Equação (9.82), verifica-se que os três primeiros termos são iguais. Então, para um s pequeno, a aproximação de Padé é uma representação aceitável do retardo no tempo. Funções racionais de ordem mais elevada podem ser obtidas.

[1] $f(s) = f(0) + \frac{s}{1!}\dot{f}(0) + \frac{s^2}{2!}\ddot{f}(0) + \cdots$

9.8 EXEMPLOS DE PROJETO

Nesta seção, são apresentados três exemplos ilustrativos. O primeiro é um problema de projeto que suporta a engenharia verde e envolve o controle do ângulo de passo de hélices em turbinas eólicas de grande escala. A velocidade do vento é admitida como alta o suficiente de modo que o ângulo de passo pode ser apropriadamente determinado para eliminar a energia excedente com a finalidade de regular a energia eólica gerada em níveis desejados. O segundo exemplo é um projeto de controle de um veículo de reconhecimento controlado remotamente. A carta de Nichols é ilustrada como um elemento-chave do projeto do ganho de um controlador para atender a especificações no domínio do tempo. O terceiro exemplo considera o controle de um robô manipulador de lingotes quentes usado na manufatura. O objetivo é minimizar o erro de rastreamento na presença de perturbações e de um retardo no tempo conhecido. O processo de projeto é ilustrado, conduzindo a um controlador PI que atende a uma combinação de especificações de desempenho no domínio do tempo e no domínio da frequência.

EXEMPLO 9.10 **Controle PID de turbinas eólicas para energia limpa**

A energia eólica é atualmente a fonte de energia que mais cresce no mundo. Ela é uma solução custo-efetiva e ambientalmente correta para a necessidade de energia. Turbinas eólicas modernas são grandes estruturas flexíveis operando em ambientes incertos, uma vez que a direção e o fluxo do vento mudam constantemente. Existem muitos desafios de controle associados com a captação e geração eficientes de energia para turbinas eólicas. Neste problema de projeto, considera-se o assim chamado modo operacional "acima do nominal" da turbina eólica. Neste modo, a velocidade do vento é alta o suficiente para que o ângulo de passo das hélices da turbina precise ser apropriadamente determinado de modo a não aproveitar a energia excedente com a finalidade de regular a energia eólica gerada em níveis desejados. Esse modo de operação permite a pronta aplicação da teoria de controle linear.

As turbinas eólicas são geralmente construídas em uma configuração de eixo vertical ou em uma configuração de eixo horizontal, como mostrado na Figura 9.33. A configuração de eixo horizontal é a mais comum para a produção de energia atualmente. Uma turbina eólica de eixo horizontal é montada em uma torre com duas ou três hélices rotativas posicionadas no topo de uma torre alta e acionando um gerador elétrico. O posicionamento alto das hélices aproveita as velocidades mais altas do vento. As turbinas eólicas de eixo vertical são geralmente menores e apresentam uma característica de ruído reduzida.

Quando há vento suficiente para regular a velocidade do rotor e o eixo da turbina, e assim o gerador, o passo das hélices da turbina eólica é ajustado coletivamente por um motor de passo da hélice, como ilustrado na Figura 9.34(a). Um modelo simplificado da turbina do comando de passo até a velocidade do rotor é obtido incluindo-se um modelo do gerador representado por uma função de transferência de primeira ordem em série com a complacência do sistema de transmissão representado por uma função de transferência de segunda ordem [32]. A função de transferência de terceira ordem da turbina é dada por

$$G(s) = \left[\frac{1}{\tau s + 1}\right]\left[\frac{K\omega_{n_g}^2}{s^2 + 2\zeta_g\omega_{n_g}s + \omega_{n_g}^2}\right], \tag{9.85}$$

(a)

(b)

FIGURA 9.33 (a) Turbina eólica de eixo vertical (josiephos/iStockPhoto) e (b) turbina eólica de eixo horizontal (AndrewMaltzoff/iStockPhoto).

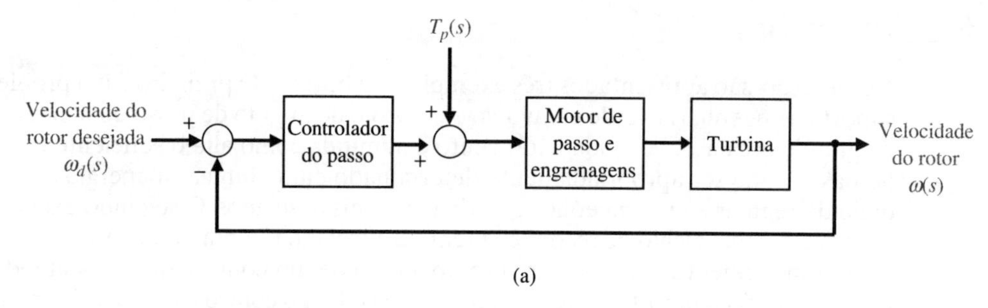

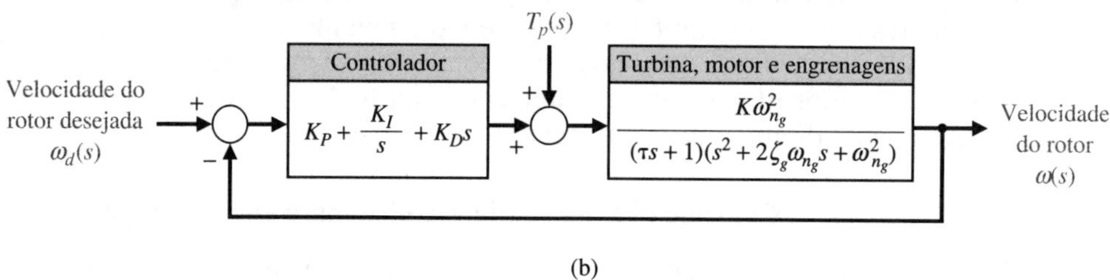

FIGURA 9.34 (a) Modelo em diagrama de blocos do sistema da turbina eólica. (b) Diagrama de blocos para o projeto do sistema de controle.

na qual $K = -7.000$, $\tau_g = 5$ s, $\zeta_g = 0{,}005$ e $\omega_{n_g} = 20$ rad/s. A entrada para o modelo da turbina é o ângulo de passo comandado (em radianos) além das perturbações, e a saída é a velocidade do rotor (em rpm). Para turbinas eólicas comerciais, o controle de passo é frequentemente realizado utilizando-se um controlador PID, como mostrado na Figura 9.34(b). A escolha de um controlador PID requer a escolha dos coeficientes do controlador K_P, K_I e K_D. O objetivo é projetar um sistema PID para controle rápido e exato. As especificações de controle são margem de ganho $M.G. \geq 6$ dB e margem de fase $30° \leq M.F. \leq 60°$. As especificações para a resposta transitória são tempo de subida $T_{r_1} < 4$ s e instante de pico $T_P < 10$ s.

A saída $\omega(s)$ mostrada na Figura 9.34 é, na verdade, o desvio a partir da velocidade nominal da turbina. Na velocidade nominal, o controle de passo das hélices é usado para regular a velocidade do rotor. Na configuração linear descrita pela Figura 9.34, a entrada de velocidade desejada do rotor $\omega_d(s) = 0$ e o objetivo é regular a saída em zero na presença de perturbações.

A função de transferência em malha é

$$L(s) = K\omega_{n_g}^2 K_D \frac{s^2 + (K_P/K_D)s + (K_I/K_D)}{s(\tau s + 1)(s^2 + 2\zeta_g\omega_{n_g}s + \omega_{n_g}^2)}.$$

O objetivo é determinar os ganhos K_P, K_I e K_D para atender às especificações de projeto de controle. A especificação de margem de fase pode ser utilizada para determinar um amortecimento desejado das raízes dominantes levando a

$$\zeta = \frac{M.F.}{100} = 0{,}3,$$

no qual deseja-se uma margem de fase $M.F. = 30°$. Então, utiliza-se a fórmula de projeto do tempo de subida para se obter a frequência natural das raízes dominantes. Para isso, utiliza-se a fórmula de projeto

$$T_{r_1} = \frac{2{,}16\zeta + 0{,}6}{\omega_n} < 4 \text{ s}$$

para se obter $\omega_n > 0{,}31$ quando $\zeta = 0{,}3$. Para propósitos de projeto, escolhem-se $\omega_n = 0{,}4$ e $\zeta = 0{,}3$ para os polos dominantes. Como verificação final do amortecimento e da frequência natural desejados, verifica-se se a especificação de instante de pico é atendida com $\omega_n = 0{,}4$ e $\zeta = 0{,}3$. O tempo de subida e o instante de pico são estimados como

$$T_{r_1} = \frac{2{,}16\zeta + 0{,}6}{\omega_n} = 3 \text{ s} \quad \text{e} \quad T_P = \frac{\pi}{\omega_n\sqrt{1-\zeta^2}} = 8 \text{ s},$$

que atendem às especificações de projeto. Primeiro posicionam-se os zeros do PID no semiplano esquerdo na região de desempenho desejado definida por ω_n e ζ especificando-se as razões K_P/K_D e K_I/K_D e escolhe-se o ganho K_D para atender às especificações de margem de fase e de margem de ganho usando diagramas da resposta em frequência (isto é, diagramas de Bode).

O diagrama de Bode é mostrado na Figura 9.35, em que $K_P/K_D = 5$ e $K_I/K_D = 20$. O valor de $K_D = -6{,}22 \times 10^{-6}$ foi determinado observando-se os efeitos da variação do ganho nas margens de fase e de ganho e escolhendo-se o ganho que satisfaz às especificações o mais de perto possível. O controlador PID é então dado por

$$G_c(s) = -6{,}22 \times 10^{-6}\left[\frac{s^2 + 5s + 20}{s}\right].$$

O projeto final resulta em uma margem de fase de $M.F. = 32{,}9°$ e uma margem de ganho de $M.G. = 13{,}9$ dB. A resposta ao degrau é mostrada na Figura 9.36. O tempo de subida $T_{r_1} = 3{,}2$ s e o instante de pico, $T_p = 7{,}6$ s. Todas as especificações são satisfeitas. Os polos dominantes do sistema com realimentação em malha fechada possuem $\omega_n = 0{,}41$ e $\zeta = 0{,}29$. Isto é bem próximo dos valores de projeto, o que demonstra a efetividade das fórmulas de projeto mesmo quando o sistema considerado não é um sistema de segunda ordem.

A resposta da turbina eólica para uma perturbação impulsiva é mostrada na Figura 9.37. Neste experimento numérico, a perturbação (possivelmente uma rajada de vento) resulta em uma alteração em degrau no ângulo de passo das hélices da turbina. Na prática, a perturbação poderia levar a

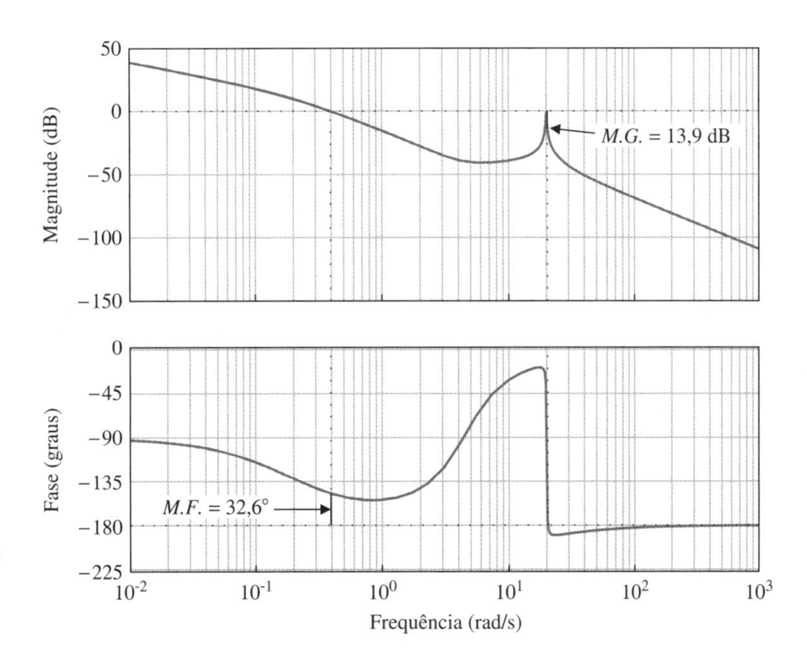

FIGURA 9.35 Diagrama de Bode com $K_P/K_D = 5$, $K_I/K_D = 20$ e $K_D = -6{,}22 \times 10^{-6}$.

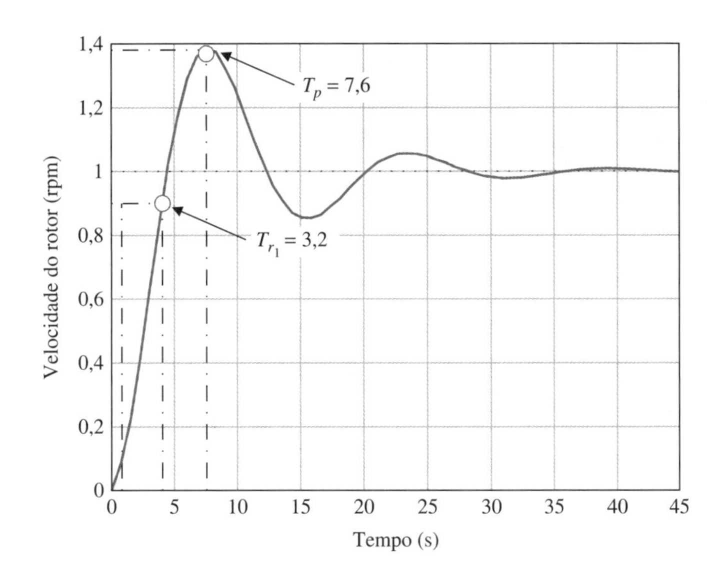

FIGURA 9.36 Resposta ao degrau em malha fechada para um degrau unitário mostrando que as especificações de tempo de subida e instante de pico são satisfeitas.

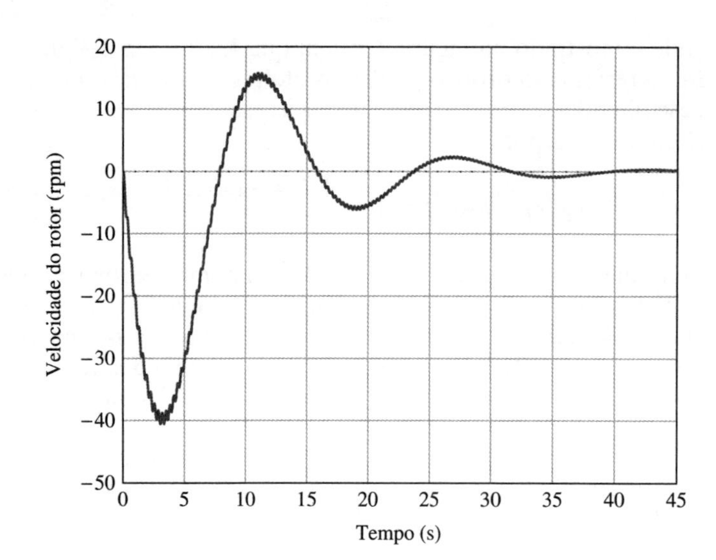

FIGURA 9.37 Resposta à perturbação mostrando o desvio da velocidade do rotor a partir da velocidade nominal.

alterações de ângulo de passo diferentes em cada hélice, mas, para propósitos de demonstração, modela-se a perturbação como uma entrada de perturbação em degrau simples. O resultado é uma mudança na velocidade do rotor com referência à velocidade nominal que é trazida de volta a zero em cerca de 25 segundos. ■

EXEMPLO 9.11 **Veículo controlado remotamente**

Um conceito de veículo remotamente controlado é mostrado na Figura 9.38(a) e um sistema de controle de velocidade proposto é mostrado na Figura 9.38(b). A velocidade desejada $R(s)$ é transmitida por rádio para o veículo; a perturbação $T_p(s)$ representa morros e rochas. O objetivo é alcançar bom controle geral com um pequeno erro em regime estacionário e uma resposta com pequena máxima ultrapassagem para comandos degrau, $R(s)$ [13].

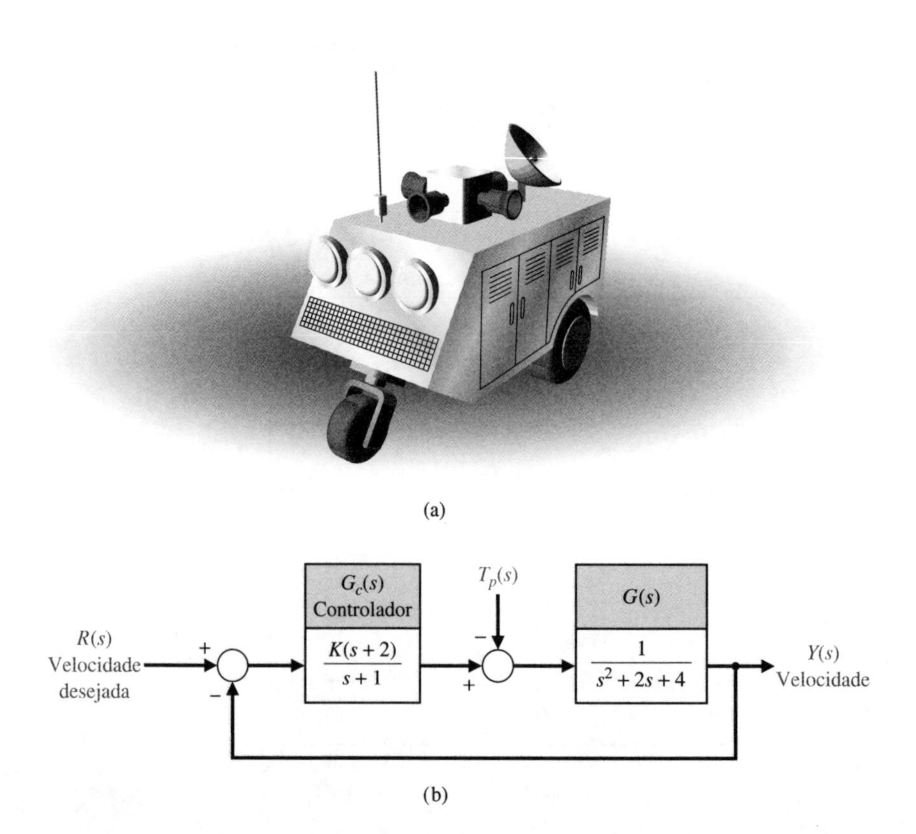

FIGURA 9.38 (a) Veículo de reconhecimento controlado remotamente. (b) Sistema de controle de velocidade.

Primeiro, para se alcançar um pequeno erro em regime estacionário para um comando degrau unitário, calcula-se

$$e_{ss} = \lim_{s\to 0} sE(s) = \lim_{s\to 0} s\left[\frac{R(s)}{1 + L(s)}\right]$$

$$= \frac{1}{1 + L(s)} = \frac{1}{1 + K/2},$$

em que $L(s) = G_c(s)G(s)$. Caso se escolha $K = 20$, obtém-se um erro em regime estacionário de 9% da magnitude do comando de entrada. Usando-se $K = 20$, reformula-se $L(s) = G_c(s)G(s)$ para cálculos do diagrama de Bode, obtendo-se

$$L(s) = G_c(s)G(s) = \frac{10(1 + s/2)}{(1 + s)(1 + s/2 + s^2/4)}. \tag{9.86}$$

O diagrama de Nichols para $K = 20$ é mostrado na Figura 9.39. Examinando-se a carta de Nichols, descobre-se que $M_{p\omega} = 12$ dB e a margem de fase é $M.F. = 15°$. A resposta ao degrau deste sistema é subamortecida e utiliza-se a Equação (9.58) para computar $\zeta = 0{,}15$ a fim de predizer uma máxima ultrapassagem excessiva de $M.U.P. = 61\%$.

Para reduzir a máxima ultrapassagem para uma entrada em degrau, pode-se reduzir o ganho para se alcançar uma máxima ultrapassagem predita. Para limitar a máxima ultrapassagem em $M.U.P. = 25\%$, escolhe-se um ζ desejado das raízes dominantes como 0,4 e assim se requer $M_{p\omega} = 1{,}35$ [da Equação (9.63)] ou $20 \log M_{p\omega} = 2{,}6$ dB. Para reduzir o ganho, desloca-se a resposta em frequência verticalmente para baixo na carta de Nichols, como mostrado na Figura 9.39. Em $\omega_1 = 2{,}8$, intercepta-se exatamente a curva de malha fechada de 2,6 dB. A redução (queda vertical) no ganho é igual a 13 dB, ou um fator de 4,5. Assim, $K = 20/4{,}5 = 4{,}44$. Para este ganho reduzido, o erro em regime estacionário é

$$e_{ss} = \frac{1}{1 + 4{,}4/2} = 0{,}31,$$

de modo que se tem $e_{ss} = 31\%$ de erro em regime estacionário.

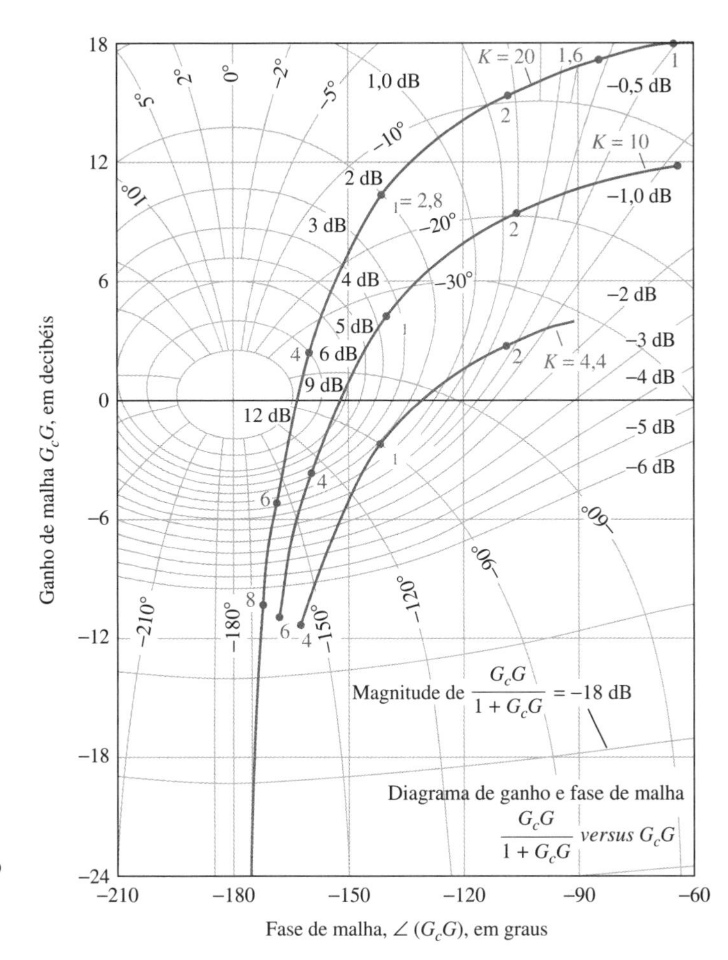

FIGURA 9.39 Diagrama de Nichols para o exemplo de projeto quando $K = 20$ e para dois ganhos reduzidos.

A resposta ao degrau real quando $K = 4{,}44$, como mostrado na Figura 9.40, tem máxima ultrapassagem de $M.U.P. = 32\%$. Se for usado um ganho de 10, tem-se máxima ultrapassagem de $M.U.P. = 48\%$ com um erro em regime estacionário de $e_{ss} = 17\%$. O desempenho do sistema é resumido na Tabela 9.2. Como solução de compromisso aceitável, escolhe-se $K = 10$ e desenha-se a resposta em frequência na carta de Nichols deslocando-se a resposta para $K = 20$ para baixo por $20 \log 2 = 6$ dB, como mostrado na Figura 9.39.

Examinando-se a carta de Nichols para $K = 10$, tem-se $M_{p\omega} = 7$ dB e uma margem de fase de $M.F. = 26°$. Assim, estima-se um ζ para as raízes dominantes de 0,26, o que deve resultar em máxima ultrapassagem para uma entrada em degrau de $M.U.P. = 43\%$. A resposta real está registrada na Tabela 9.2. A faixa de passagem do sistema é $\omega_B = 5{,}4$ rad/s. Portanto, é previsto um tempo de acomodação (com um critério de 2%) de

$$T_s = \frac{4}{\zeta\omega_n} = \frac{4}{(0{,}26)(3{,}53)} = 4{,}4 \text{ s},$$

uma vez que

$$\omega_n = \frac{\omega_B}{-1{,}19\zeta + 1{,}85}.$$

O tempo de acomodação real é aproximadamente $T_s = 5{,}4$ s, como mostrado na Figura 9.41. O efeito em regime estacionário de uma perturbação em degrau unitário pode ser determinado usando-se o teorema do valor final com $R(s) = 0$, como se segue:

$$y(\infty) = \lim_{s\to 0} s\left[\frac{G(s)}{1 + L(s)}\right]\left(\frac{1}{s}\right) = \frac{1}{4 + 2K}. \tag{9.87}$$

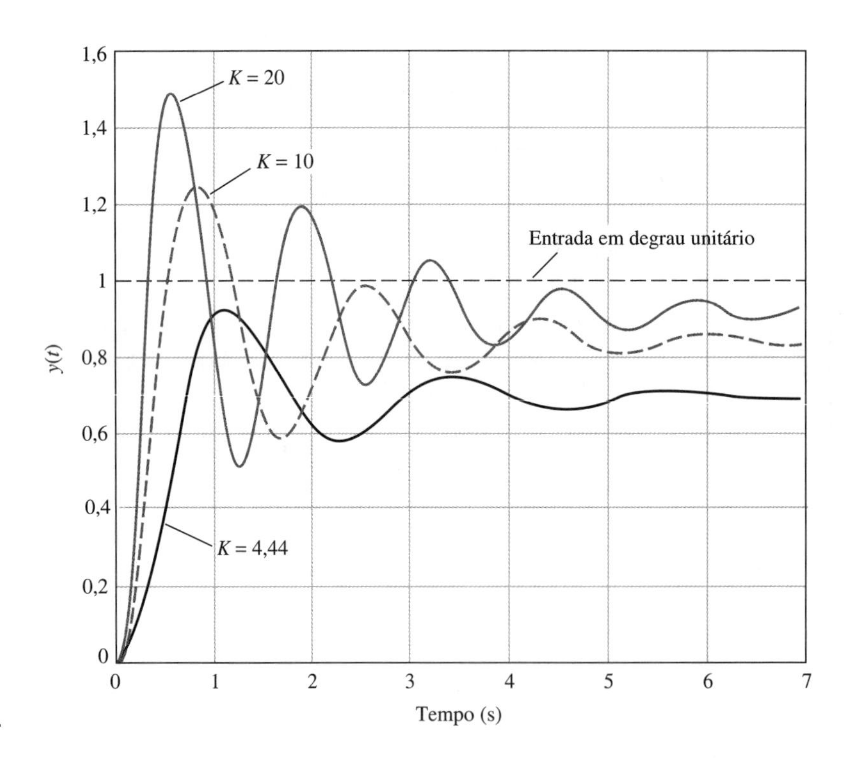

FIGURA 9.40 Resposta do sistema para três valores de K para uma entrada em degrau unitário $r(t)$.

Tabela 9.2 Resposta Real para os Ganhos Escolhidos

K	4,44	10	20
Máxima ultrapassagem percentual (%)	32,4	48,4	61,4
Tempo de acomodação (segundos)	4,94	5,46	6,58
Instante de pico (segundos)	1,19	0,88	0,67
e_{ss}	31%	16,7%	9,1%

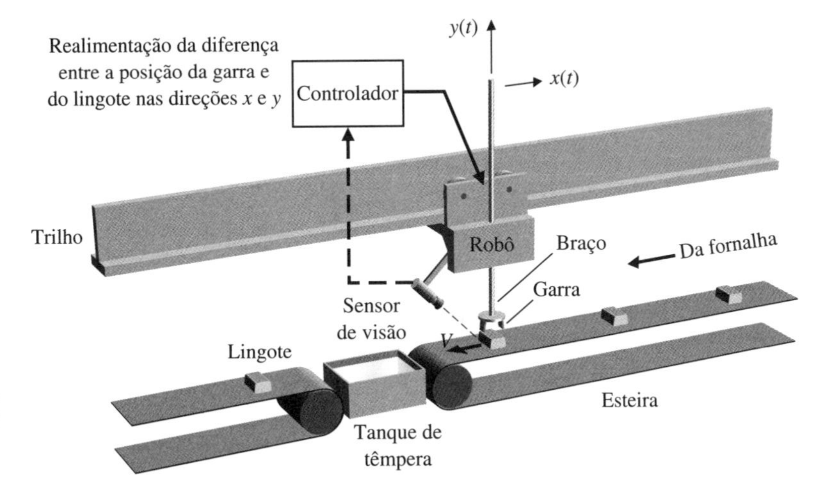

FIGURA 9.41 Representação artística do sistema de controle do robô manipulador de lingotes quentes.

Assim, a perturbação unitária é reduzida pelo fator $4 + 2K$. Para $K = 10$, tem-se $y(\infty) = 1/24$, ou a perturbação em regime estacionário é reduzida para 4% da magnitude da perturbação. Assim, alcançou-se um resultado razoável com $K = 10$.

O melhor compromisso de projeto seria $K = 10$, uma vez alcançado um erro em regime estacionário de $e_{ss} = 16{,}7\%$. Se a máxima ultrapassagem e o tempo de acomodação forem excessivos, é necessário alterar a forma da resposta em frequência na carta de Nichols. ■

EXEMPLO 9.12 Controle de robô manipulador de lingotes quentes

O mecanismo robótico manipulador de lingotes quentes é mostrado na Figura 9.41. O robô pega os lingotes quentes e os coloca em um tanque de têmpera. Um sensor de visão está posicionado para fornecer uma medida da posição do lingote. O controlador utiliza a informação da posição medida para orientar o robô sobre o lingote (ao longo do eixo x). O sensor de visão fornece a entrada de posição desejada $R(s)$ para o controlador. A representação em diagrama de blocos do sistema em malha fechada é mostrada na Figura 9.42. Mais informações sobre robôs e sistemas de visão robótica podem ser encontradas em [15, 30, 31].

A posição do robô ao longo da trilha também é medida (por outro sensor diferente do sensor de visão) e está disponível para realimentação do controlador. Admite-se que a medida de posição é livre de ruído. Então, não é uma hipótese restritiva, uma vez que muitos sensores de posição exatos estão disponíveis atualmente. Por exemplo, alguns sistemas de diodo *laser* são completos (incluindo fonte de energia, óptica e diodo *laser*) e fornecem exatidão de posição de mais de 99,9%.

A dinâmica do robô é modelada como um sistema de segunda ordem com dois polos em $s = -1$ e inclui um retardo no tempo de $T = \pi/4$ s. Portanto,

$$G(s) = \frac{e^{-sT}}{(s+1)^2}, \tag{9.88}$$

no qual $T = \pi/4$ s. Os elementos do processo de projeto enfatizados neste exemplo são destacados na Figura 9.43. O objetivo de controle é como se segue:

Objetivo de Controle

Minimizar o erro de rastreamento $E(s) = R(s) - Y(s)$ na presença de perturbações externas enquanto se considera o retardo no tempo conhecido.

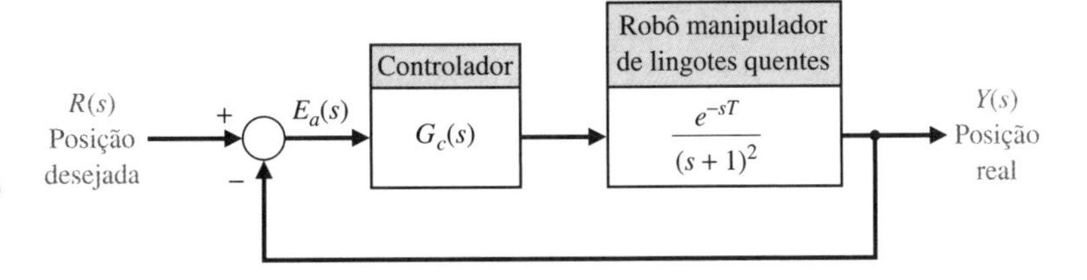

FIGURA 9.42 Diagrama de blocos do sistema de controle do robô manipulador de lingotes quentes.

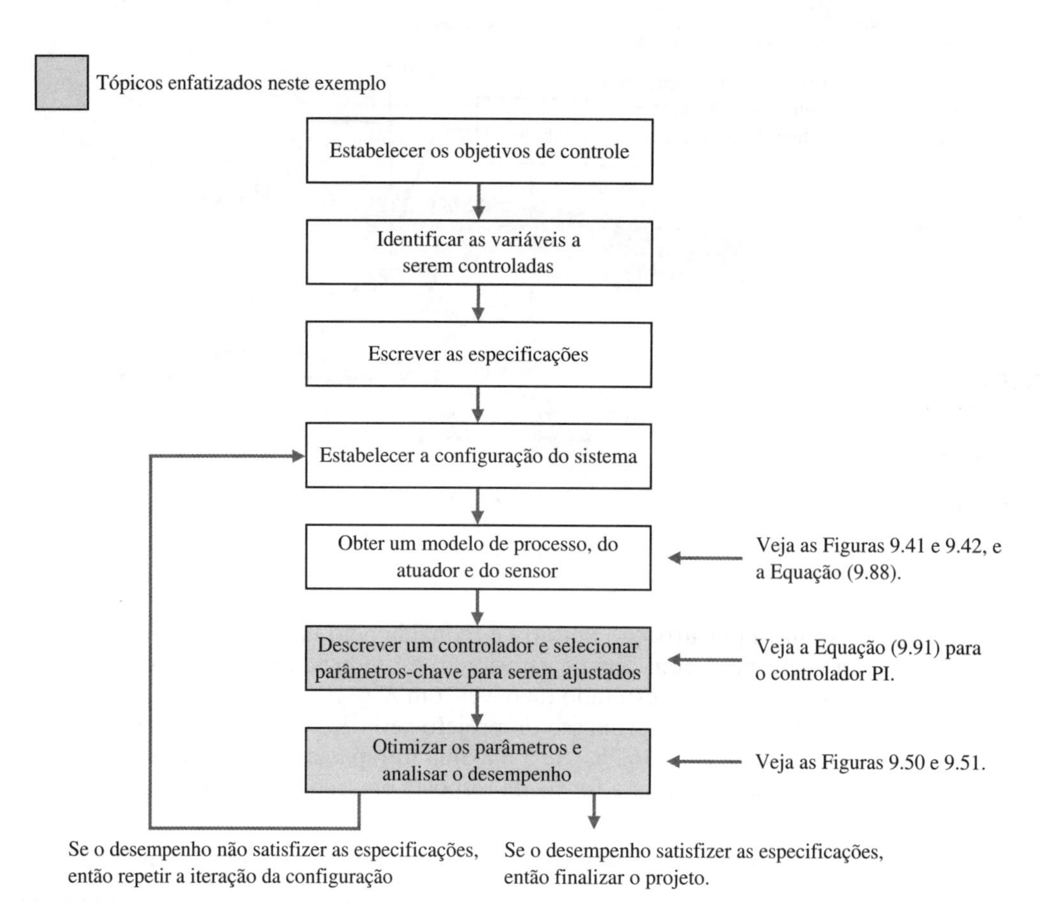

FIGURA 9.43 Elementos do processo de projeto de sistemas de controle enfatizados no exemplo de controle do robô manipulador de lingotes quentes.

Para essa finalidade, as seguintes especificações de controle devem ser satisfeitas:

Especificações de Projeto

EP1 Alcançar um erro de rastreamento em regime estacionário $e_{ss} \leq 10\%$ para uma entrada em degrau.

EP2 Margem de fase $M.F. \geq 50^\circ$ com o retardo no tempo $T = \pi/4$ s.

EP3 Máxima ultrapassagem percentual $M.U.P. \leq 10\%$ para uma entrada em degrau.

O método de projeto é, primeiro, considerar um controlador proporcional. Será mostrado que as especificações de projeto não podem ser satisfeitas simultaneamente com um controlador proporcional; entretanto, o sistema com realimentação com controle proporcional fornece um meio útil para se discutirem em detalhes os efeitos do retardo no tempo. Em particular, consideram-se os efeitos do retardo no tempo no diagrama de Nyquist. O projeto final utiliza um controlador PI, o qual é capaz de fornecer desempenho adequado, isto é, satisfaz todas as especificações de projeto.

Como primeira tentativa, considera-se um controlador proporcional simples:

$$G_c(s) = K.$$

Então, ignorando-se o retardo no tempo por agora, tem-se o ganho de malha

$$L(s) = G_c(s)G(s) = \frac{K}{(s + 1)^2} = \frac{K}{s^2 + 2s + 1}.$$

O sistema de controle com realimentação é mostrado na Figura 9.44 com um controlador proporcional e sem retardo no tempo. O sistema é do tipo zero, de modo que espera-se um erro de rastreamento em regime estacionário diferente de zero para uma entrada em degrau. A função de transferência em malha fechada é

$$T(s) = \frac{K}{s^2 + 2s + 1 + K}.$$

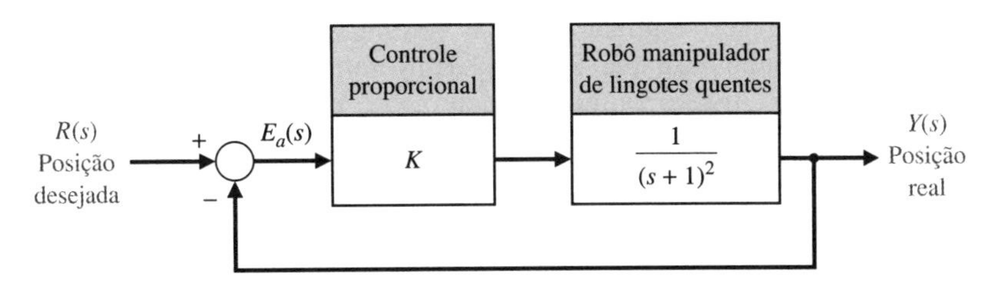

FIGURA 9.44 Diagrama de blocos do sistema de controle do robô manipulador de lingotes quentes com o controlador proporcional e sem retardo no tempo.

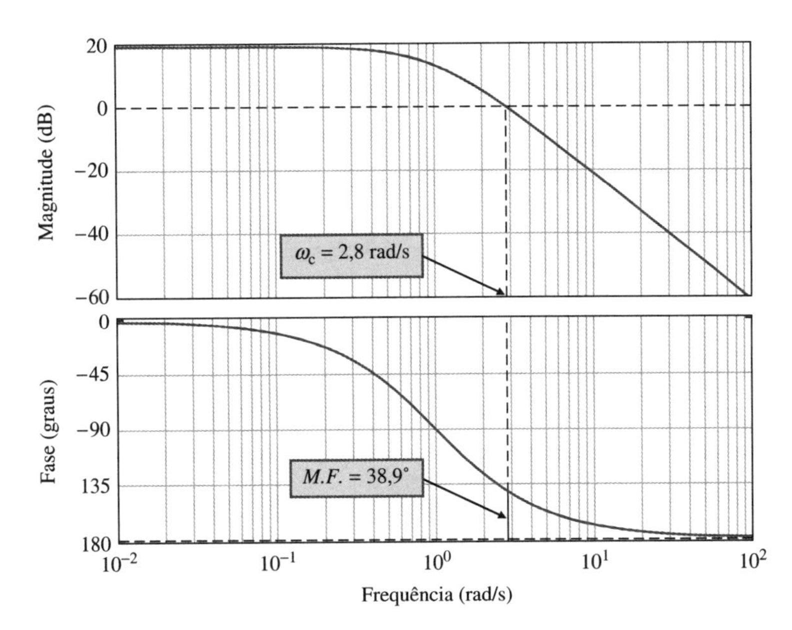

FIGURA 9.45 Diagrama de Bode com $K = 9$ e sem retardo no tempo mostrando a margem de ganho $M.G. = \infty$ e a margem de fase $M.F. = 38{,}9°$.

Com o erro de rastreamento definido como

$$E(s) = R(s) - Y(s),$$

e com $R(s) = a/s$, no qual a é a magnitude de entrada, tem-se

$$E(s) = \frac{s^2 + 2s + 1}{s^2 + 2s + 1 + K}\frac{a}{s}.$$

Usando o teorema do valor final (o que é possível, uma vez que o sistema é estável para todos os valores positivos de K), o resultado é

$$e_{ss} = \lim_{s\to 0} sE(s) = \frac{a}{1 + K}.$$

Pela especificação EP1, requer-se que o erro de rastreamento em regime estacionário seja menor que 10%. Portanto,

$$e_{ss} \leq \frac{a}{10}.$$

Resolver para o ganho K apropriado resulta $K \geq 9$. Com $K = 9$, obtém-se o diagrama de Bode mostrado na Figura 9.45.

Quando se aumenta o ganho acima de $K = 9$, descobre-se que o cruzamento se move para a direita (isto é, ω_c aumenta) e a margem de fase correspondente diminui. Uma $M.F. = 38{,}9°$ em $\omega = 2{,}8$ rad/s é suficiente para manter a estabilidade na presença de um retardo no tempo de $T = \pi/4$ s? O acréscimo do termo de retardo no tempo causa um atraso de fase sem mudar o gráfico de magnitude. A quantidade de retardo no tempo que o sistema pode suportar enquanto se mantém estável é $\phi = -\omega T$, o que implica que

$$\frac{-38{,}9\pi}{180} = -2{,}8T.$$

Resolvendo-se para T, tem-se o resultado $T = 0{,}24$s. Assim, para retardos no tempo menores que $T = 0{,}24$s, o sistema em malha fechada permanece estável. Entretanto, o retardo no tempo $T = \pi/4$ s irá causar instabilidade. Aumentando-se o ganho, só se agrava o problema, uma vez que a margem de fase diminui ainda mais. Diminuindo-se o ganho aumenta-se a margem de fase, mas o erro de rastreamento em regime estacionário excede o limite de 10%. Um controlador mais complexo é necessário. Antes de prosseguir, considera-se o diagrama de Nyquist e observa-se como este muda com o acréscimo do retardo no tempo. O diagrama de Nyquist para o sistema (sem o retardo no tempo)

$$L(s) = G_c(s)G(s) = \frac{K}{(s+1)^2}$$

é mostrado na Figura 9.46, na qual utiliza-se $K = 9$. O número de polos de malha aberta de $G_c(s)G(s)$ no semiplano direito é $P = 0$. A partir da Figura 9.46, observa-se que não há voltas em torno do ponto –1, assim, $N = 0$.

Pelo teorema de Nyquist, sabe-se que o número total de voltas N é igual ao número de zeros Z (ou polos do sistema em malha fechada) no semiplano direito menos o número de polos de malha aberta P no semiplano direito. Portanto,

$$Z = N + P = 0.$$

Uma vez que $Z = 0$, o sistema em malha fechada é estável. Mais importante, mesmo quando o ganho K é aumentado (ou diminuído), o ponto –1 nunca é circundado — a margem de ganho é ∞. Similarmente, quando o retardo no tempo é ausente, a margem de fase é sempre positiva. O valor da $M.F.$ varia à medida que K varia, mas a $M.F.$ é sempre maior que zero.

Com o retardo no tempo na malha, pode-se confiar em métodos analíticos para se obter o diagrama de Nyquist. A função de transferência em malha com o retardo no tempo é

$$L(s) = G_c(s)G(s) = \frac{K}{(s+1)^2}e^{-sT}.$$

Utilizando-se a identidade de Euler

$$e^{-j\omega T} = \cos(\omega T) - j\,\text{sen}(\omega T),$$

e substituindo-se $s = j\omega$ em $L(s)$, tem-se como resultado

$$\begin{aligned} L(j\omega) &= \frac{K}{(j\omega+1)^2}e^{-j\omega T} \\ &= \frac{K}{\Delta}([(1-\omega^2)\cos(\omega T) - 2\omega\,\text{sen}(\omega T) - j[(1-\omega^2)\,\text{sen}(\omega T) + 2\omega\cos(\omega T)], \end{aligned} \tag{9.89}$$

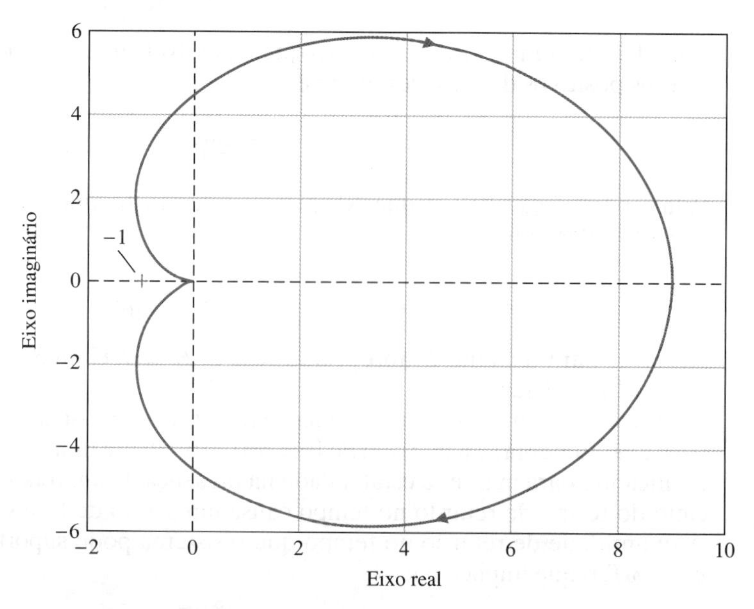

FIGURA 9.46 Diagrama de Nyquist com $K = 9$ e sem retardo no tempo, mostrando que não há voltas em torno do ponto –1.

em que

$$\Delta = (1 - \omega^2)^2 + 4\omega^2.$$

Gerando-se um gráfico de Re($L(j\omega)$) *versus* Im($L(j\omega)$), chega-se ao diagrama mostrado na Figura 9.47. Com $K = 9$, o número de voltas em torno do ponto –1 é $N = 2$. Portanto, o sistema é instável uma vez que $Z = N + P = 2$.

A Figura 9.48 mostra o diagrama de Nyquist para quatro valores de retardo no tempo: $T = 0; 0{,}1; 0{,}24$ e $\pi/4 = 0{,}78$ s. Para $T = 0$, não há possibilidade de um envolvimento do ponto –1 à medida que K varia (veja o gráfico superior esquerdo da Figura 9.48). Tem-se estabilidade (isto é, $N = 0$) para $T = 0{,}1$ s (gráfico superior direito), estabilidade marginal para $T = 0{,}24$ s (gráfico inferior esquerdo) e para $T = \pi/4 = 0{,}78$ s tem-se $N = 2$ (gráfico inferior direito); assim, o sistema em malha fechada é instável.

Sabendo-se que $T = \pi/4$ neste exemplo, o controlador de ganho proporcional não é um controlador viável. Desse modo, não se pode atender à especificação de erro em regime estacionário e ter um sistema estável em malha fechada na presença do retardo no tempo $T = \pi/4$. Entretanto, antes de prosseguirmos com o projeto de um controlador que atenda a todas as especificações, observemos mais atentamente o diagrama de Nyquist com um retardo no tempo.

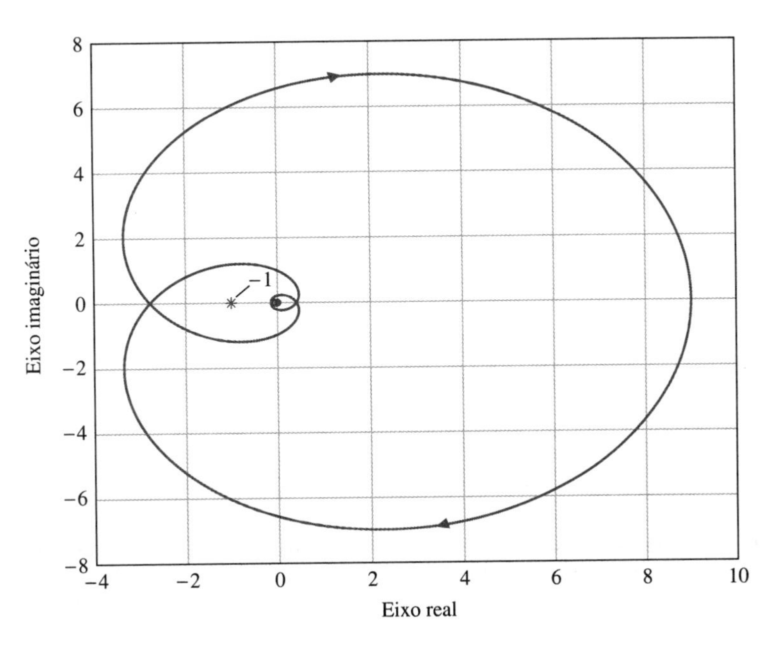

FIGURA 9.47 Diagrama de Nyquist com $K = 9$ e $T = \pi/4$ mostrando duas voltas em torno do ponto –1, $N = 2$.

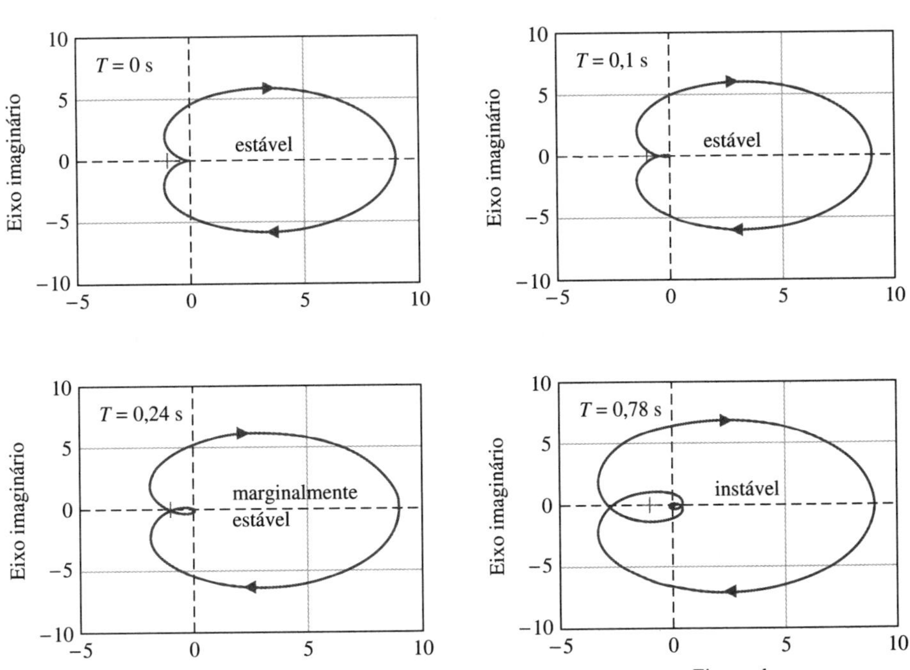

FIGURA 9.48 Diagrama de Nyquist com $K = 9$ e vários retardos no tempo.

Admita que $K = 9$ e $T = 0,1$ s. O diagrama de Nyquist associado é mostrado na parte superior direita da Figura 9.48. O diagrama de Nyquist intercepta (ou cruza) o eixo real sempre que a parte imaginária de $G_c(j\omega)G(j\omega) = 0$, ou

$$(1 - \omega^2)\,\text{sen}(0{,}1\omega) + 2\omega\cos(0{,}1\omega) = 0.$$

Assim, obtém-se a relação que descreve as frequências ω nas quais ocorre cruzamento:

$$\frac{(1 - \omega^2)\tan(0{,}1\omega)}{2\omega} = -1. \tag{9.90}$$

A Equação (9.90) possui um número infinito de soluções. O primeiro cruzamento do eixo real (mais afastado no semiplano esquerdo) ocorre quando $\omega = 4{,}43$ rad/s.

A magnitude de $|L(j4{,}43)|$ é igual a $0{,}0484\,K$. Para estabilidade, requer-se que $|L(j\omega)| < 1$ quando $\omega = 4{,}43$ (para evitar uma volta em torno do ponto -1). Assim, para estabilidade encontra-se

$$K < \frac{1}{0{,}0484} = 20{,}67,$$

quando $T = 0{,}1$. Quando $K = 9$, o sistema em malha fechada é estável, como já se sabia. Se o ganho $K = 9$ aumentar por um fator de 2,3 para $K = 20{,}67$, estará no limiar de instabilidade. Este fator δ é a margem de ganho:

$$M.G. = 20\log_{10} 2{,}3 = 7{,}2 \text{ dB}.$$

Considere o controlador PI

$$G_c(s) = K_P + \frac{K_I}{s} = \frac{K_P s + K_I}{s}. \tag{9.91}$$

A função de transferência em malha do sistema é

$$L(s) = G_c(s)G(s) = \frac{K_P s + K_I}{s}\frac{K}{(s + 1)^2}e^{-sT}.$$

O tipo do sistema é agora igual a 1; assim, espera-se um erro em regime estacionário nulo para uma entrada em degrau. A especificação de erro em regime estacionário EP1 é satisfeita. Pode-se agora focar em atender à especificação EP3, $M.U.P. \leq 10\%$ e EP2, o requisito de estabilidade na presença do retardo no tempo $T = \pi/4$ s.

A partir da especificação de máxima ultrapassagem percentual, pode-se determinar um fator de amortecimento desejado para o sistema. Assim, determina-se para $M.U.P. \leq 10\%$ que $\zeta \geq 0{,}59$. Por causa do controlador PI, o sistema agora possui um zero em $s = -K_I/K_P$. O zero não irá afetar a estabilidade do sistema em malha fechada, mas afetará o desempenho. Usando a aproximação (válida para ζ pequeno, $M.F.$ expressa em graus)

$$\zeta \approx \frac{M.F.}{100},$$

determina-se que uma boa margem de fase desejada (uma vez que se deseja $\zeta \geq 0{,}59$) é 60°. Pode-se reescrever o controlador PI como

$$G_c(s) = K_I\frac{1 + \tau s}{s},$$

no qual $1/\tau = K_I/K_P$ é a frequência de corte do controlador. O controlador PI é essencialmente um filtro passa-baixas e adiciona um atraso de fase ao sistema abaixo da frequência de corte. Seria desejável posicionar a frequência de corte abaixo da frequência de cruzamento de modo que a margem de fase não seja reduzida significativamente por causa da presença do PI.*

O diagrama de Bode sem compensação é mostrado na Figura 9.49 para

$$G(s) = \frac{9}{(s + 1)^2}e^{-sT},$$

na qual $T = \pi/4$. A margem de fase do sistema sem compensação é $M.F. = -88{,}34°$ em $\omega_c = 2{,}83$ rad/s. Uma vez que se deseja $M.F. = 60°$, necessita-se que a fase seja menos 120° na frequência de

---

*N.T.: A presença do zero do PI não é responsável pelo atraso de fase, e sim a presença do polo. O zero deve ser colocado antes de ω_c para mitigar o atraso de fase causado pelo polo.

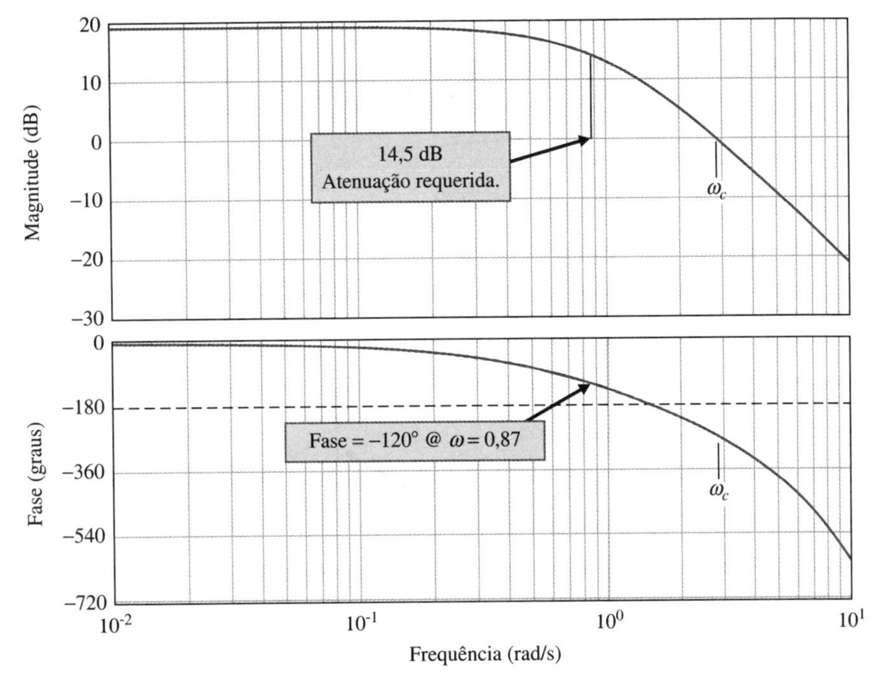

FIGURA 9.49 Diagrama de Bode sem compensação com $K = 9$ e $T = \pi/4$.

cruzamento. Na Figura 9.49, é possível estimar a fase $\phi = -120°$ em $\omega \approx 0{,}87$ rad/s. Este é um valor aproximado, mas é suficientemente exato para o processo de projeto. Em $\omega = 0{,}87$, a magnitude é cerca de 14,5 dB. Caso se deseje que o cruzamento seja $\omega_c = 0{,}87$ rad/s, o controlador precisa atenuar o ganho do sistema por 14,5 dB, de modo que a magnitude seja 0 dB em $\omega_c = 0{,}87$ rad/s. Com

$$G_c(s) = K_P \frac{s + \frac{K_I}{K_P}}{s},$$

pode-se considerar K_P como o ganho do compensador (uma boa aproximação para ω grande). Portanto,

$$K_P = 10^{-(14{,}5/20)} = 0{,}188.$$

Finalmente deve-se escolher K_I. Uma vez que se deseja que a frequência de corte do controlador esteja abaixo da frequência de cruzamento (de modo que a margem de fase não seja reduzida significativamente por causa da presença do PI), uma boa regra prática é se escolher $1/\tau = K_I/K_P = 0{,}1\omega_c$. Para zerar a frequência de corte do controlador uma década abaixo da frequência de cruzamento. O valor final de K_I é calculado como $K_I = 0{,}1\omega_c K_P = 0{,}0164$, no qual $\omega_c = 0{,}87$ rad/s. Assim, o controlador PI é

$$G_c(s) = \frac{0{,}188s + 0{,}0164}{s}. \tag{9.92}$$

O diagrama de Bode de $G_c(s)G(s)e^{-sT}$ é mostrado na Figura 9.50, em que $T = \pi/4$. As margens de ganho e de fase são $M.G. = 5{,}3$ dB e $M.F. = 56{,}5°$.

É preciso levar em conta se as especificações de desempenho foram atendidas. A especificação de rastreamento em regime estacionário (EP1) é certamente satisfeita uma vez que o sistema é do tipo um; o controlador PI introduziu um integrador. A margem de fase (com o retardo no tempo) é $M.F. = 56{,}5°$, de modo que a especificação de margem de fase, EP2, é satisfeita. A resposta ao degrau unitário é mostrada na Figura 9.51. A máxima ultrapassagem percentual é aproximadamente $M.U.P. \approx 4{,}2\%$. A máxima ultrapassagem requerida era de $M.U.P. = 10\%$, então EP3 é satisfeita. Todas as especificações de projeto são satisfeitas.

9.9 CONTROLADORES PID NO DOMÍNIO DA FREQUÊNCIA

O controlador PID fornece um termo proporcional, um termo integral e um termo derivativo. Então, tem-se a função de transferência do controlador PID como

$$G_c(s) = K_P + \frac{K_I}{s} + K_D s. \tag{9.93}$$

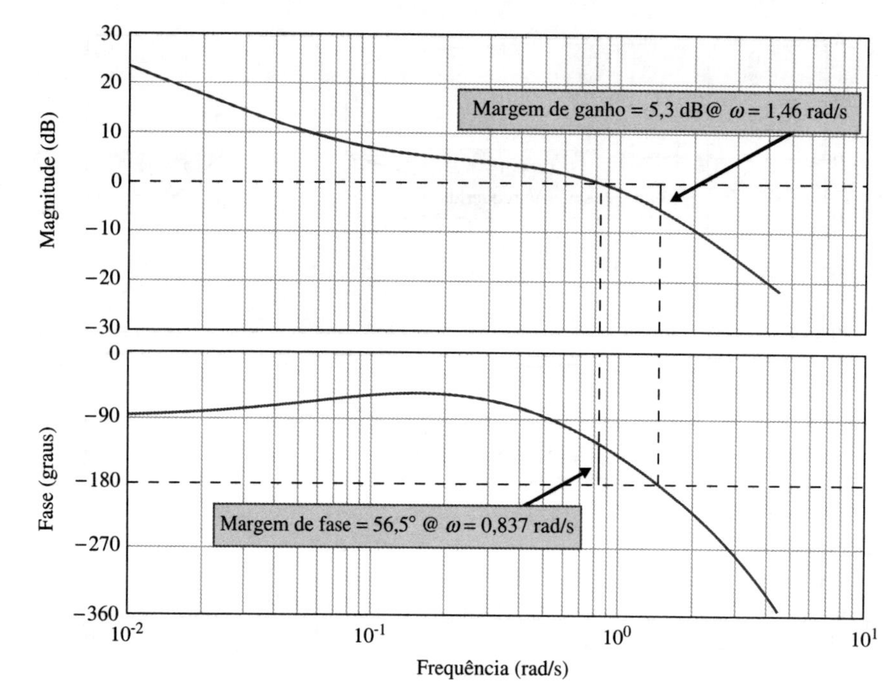

FIGURA 9.50 Diagrama de Bode compensado com $K = 9$ e $T = \pi/4$, com o controlador PI.

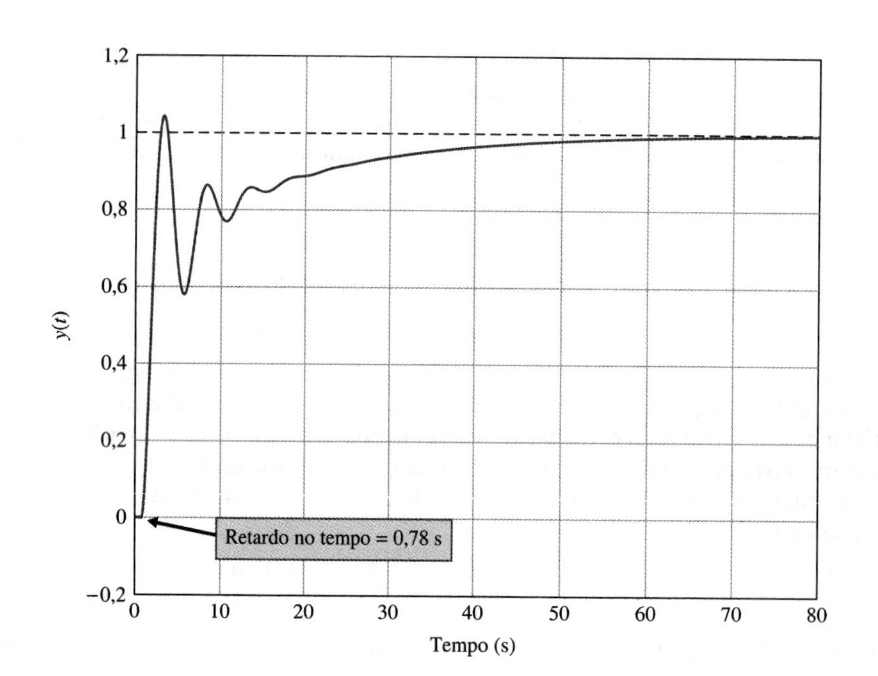

FIGURA 9.51 Resposta ao degrau do controle do robô manipulador de lingotes quentes com o controlador PI.

Em geral, observa-se que os controladores PID são particularmente úteis para reduzir o erro em regime estacionário e melhorar a resposta transitória quando $G(s)$ possui um ou dois polos (ou pode ser aproximado por um processo de segunda ordem).

Podem-se utilizar métodos da resposta em frequência para representar o acréscimo de um controlador PID. O controlador PID, Equação (9.93), pode ser reescrito como

$$G_c(s) = \frac{K_I\left(\frac{K_D}{K_I}s^2 + \frac{K_P}{K_I}s + 1\right)}{s} = \frac{K_I(\tau s + 1)\left(\frac{\tau}{\alpha}s + 1\right)}{s}. \tag{9.94}$$

O diagrama de Bode da Equação (9.94) é mostrado na Figura 9.52 para $K_I = 2$, $\tau = 1$ e $\alpha = 10$. O controlador PID é uma forma de compensador *notch* (rejeita faixa) com um ganho variável, K_I.

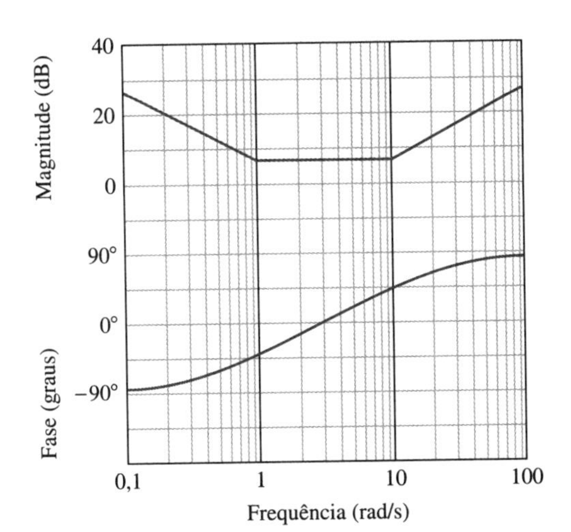

FIGURA 9.52 Diagrama de Bode para um controlador PID usando a aproximação assintótica para a curva de magnitude, com $K_I = 2$, $\alpha = 10$ e $\tau = 1$.

Naturalmente, é possível que o controlador tenha zeros complexos e um diagrama de Bode que será dependente do ζ dos zeros complexos. O controlador PID com zeros complexos é

$$G_c(\omega) = \frac{K_I[1 + (2\zeta/\omega_n)j\omega - (\omega/\omega_n)^2]}{j\omega}. \tag{9.95}$$

Normalmente, escolhe-se $0{,}9 > \zeta > 0{,}7$.

9.10 ESTABILIDADE NO DOMÍNIO DA FREQUÊNCIA COM O USO DE PROGRAMAS DE PROJETO DE CONTROLE

Aborda-se agora o problema da estabilidade usando-se o computador como ferramenta. Esta seção revê o diagrama de Nyquist, a carta de Nichols e o diagrama de Bode nas discussões sobre estabilidade relativa. Dois exemplos irão ilustrar a abordagem de projeto no domínio da frequência. Será feito uso da resposta em frequência da função de transferência em malha fechada $T(j\omega)$, bem como da função de transferência em malha $L(j\omega)$. Também será apresentado um exemplo ilustrativo que mostra como lidar com retardo no tempo em um sistema utilizando aproximação de Padé [6]. As funções cobertas nesta seção são nyquist, nichols, margin, pade e ngrid.

Em geral, é mais difícil gerar manualmente o diagrama de Nyquist do que o diagrama de Bode. Contudo, podem-se usar programas de projeto de controle para gerar o diagrama de Nyquist. O diagrama de Nyquist é gerado com a função nyquist, como mostrado na Figura 9.53. Quando a função nyquist é usada sem argumentos do lado esquerdo, o diagrama de Nyquist é gerado automaticamente; caso contrário, as partes real e imaginária da resposta em frequência (juntamente com o vetor de frequências ω) são retornadas. Uma ilustração da função nyquist é dada na Figura 9.54.

Como foi discutido na Seção 9.4, as medidas de estabilidade relativa de **margem de ganho** e de **margem de fase** podem ser determinadas tanto a partir do diagrama de Nyquist quanto do diagrama de Bode. A margem de ganho é uma medida de quanto o ganho do sistema deveria ser aumentado para que o lugar $L(j\omega)$ passasse pelo ponto $-1 + j0$, resultando assim em um sistema instável. A margem de fase é uma medida do atraso de fase adicional requerido antes que o sistema se torne instável. As margens de ganho e de fase podem ser determinadas tanto a partir do diagrama de Nyquist quanto do diagrama de Bode.

Considere o sistema mostrado na Figura 9.55. A estabilidade relativa pode ser determinada a partir do diagrama de Bode usando-se a função margin, a qual é mostrada na Figura 9.56. Se a função margin é chamada sem argumentos do lado esquerdo, o diagrama de Bode é gerado automaticamente com as margens de ganho e de fase rotuladas no diagrama. Isso é ilustrado na Figura 9.57 para o sistema mostrado na Figura 9.55.

A sequência de instruções para gerar o diagrama de Nyquist para o sistema da Figura 9.55 é mostrada na Figura 9.58. Nesse caso, o número de polos de $L(s) = G_c(s)G(s)$ com parte real positiva é zero, e o número de voltas no sentido anti-horário em torno do ponto -1 é zero; consequentemente, o sistema em malha fechada é estável. É possível também determinar a margem de ganho e a margem de fase, como indicado na Figura 9.58.

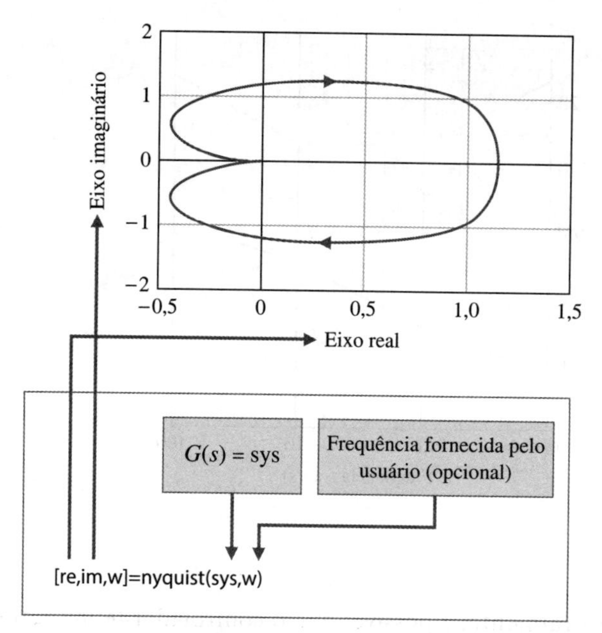

FIGURA 9.53 Função **nyquist**.

```
>>num=[0.5]; den=[1 2 1 0.5 ];
>>sys=tf(num,den);
>>nyquist(sys)
```

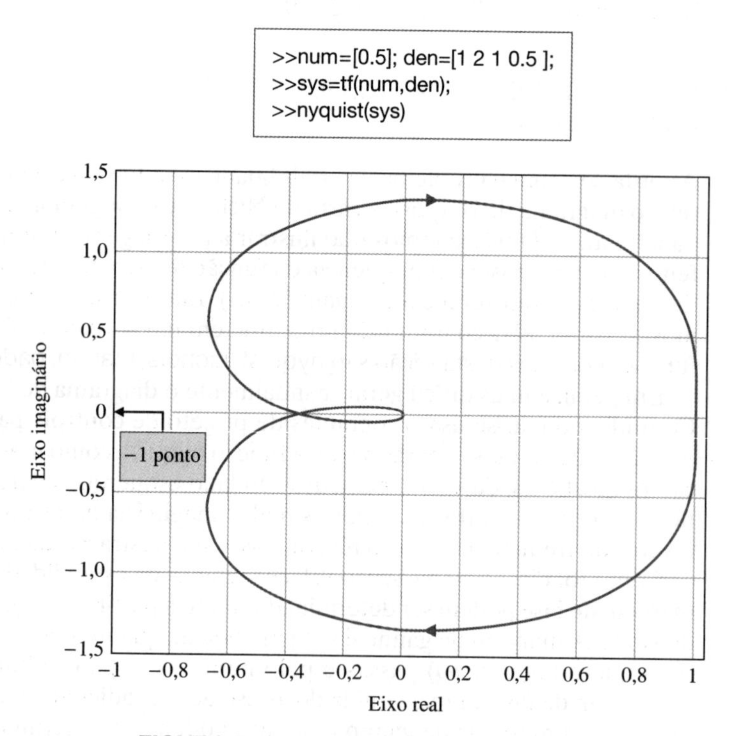

FIGURA 9.54 Um exemplo da função **nyquist**.

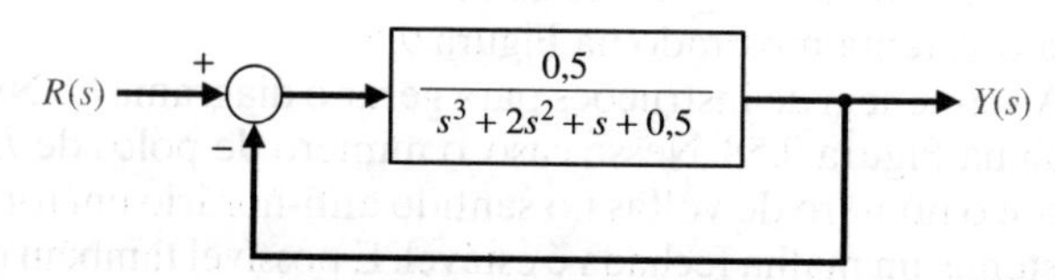

FIGURA 9.55 Um exemplo de sistema de controle em malha fechada para Nyquist e Bode com estabilidade relativa.

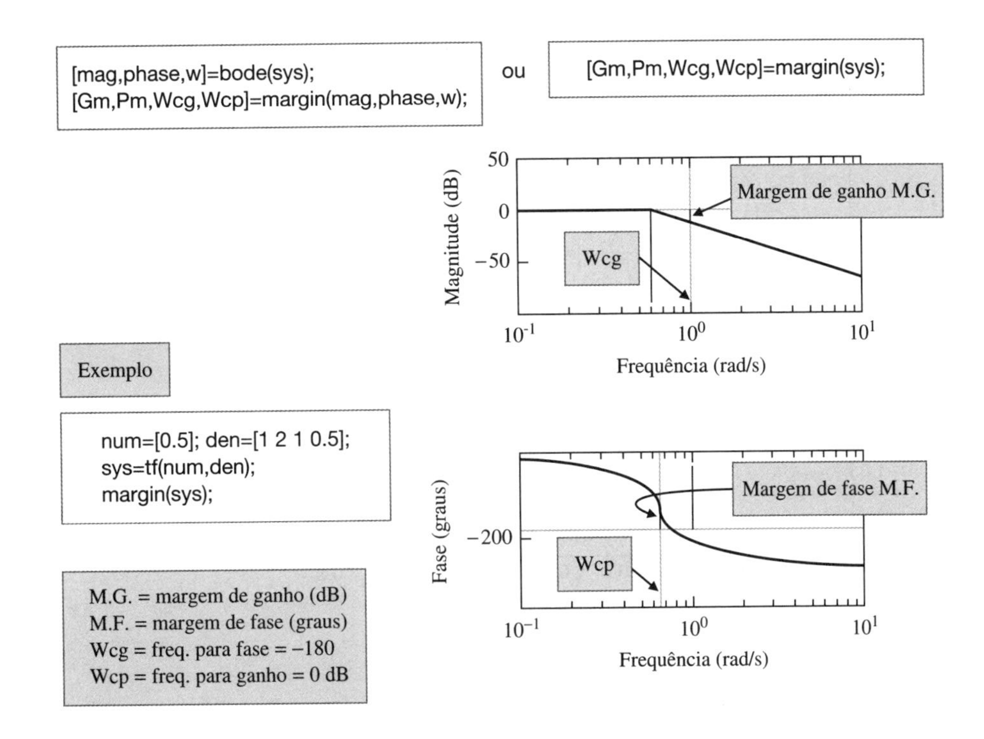

FIGURA 9.56
Função **margin**.

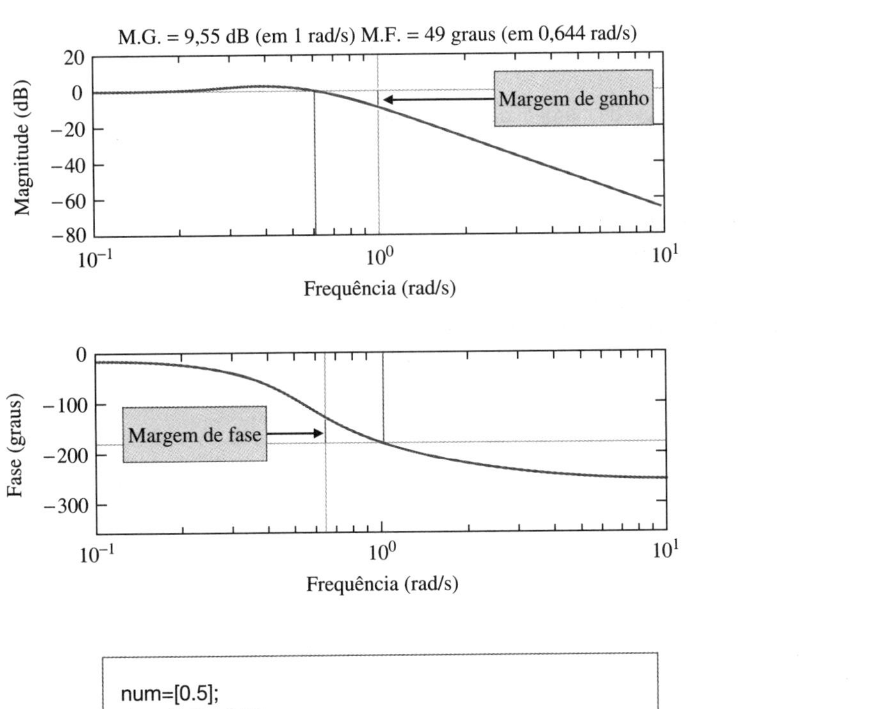


```
num=[0.5];
den=[1 2 1 0.5 ];
sys=tf(num,den);   ← Função de transferência em malha
%
margin(sys)
```

FIGURA 9.57
Diagrama de Bode para o sistema na Figura 9.55 com margem de ganho e margem de fase indicadas nos gráficos.

As cartas de Nichols podem ser geradas usando-se a função **nichols**, mostrada na Figura 9.59. Se a função **nichols** for chamada sem argumentos do lado esquerdo, a carta de Nichols será gerada automaticamente; caso contrário, a função **nichols** retorna a magnitude e a fase em graus (juntamente com a frequência ω). Uma grade de carta de Nichols é desenhada sobre um gráfico existente com a função **ngrid**. A carta de Nichols, mostrada na Figura 9.60, é para o sistema

$$G(j\omega) = \frac{1}{j\omega(j\omega + 1)(0{,}2j\omega + 1)}. \tag{9.96}$$

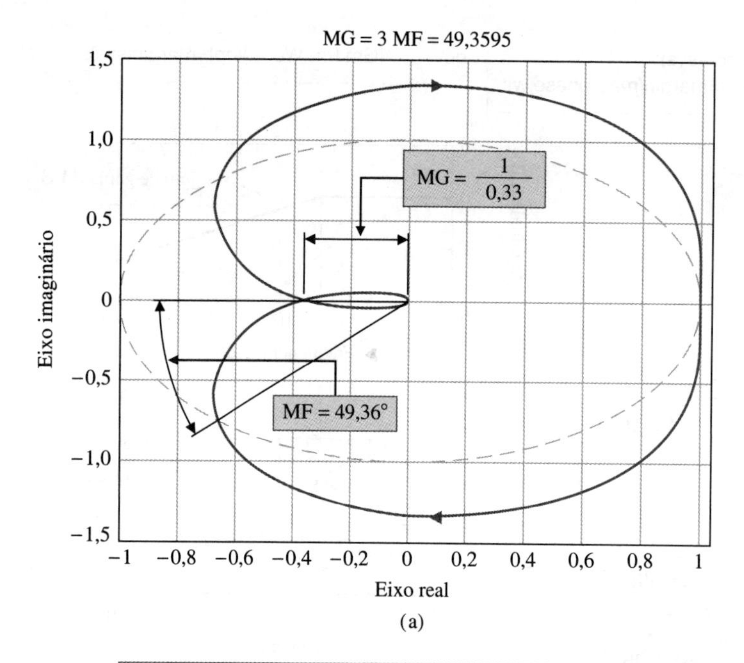

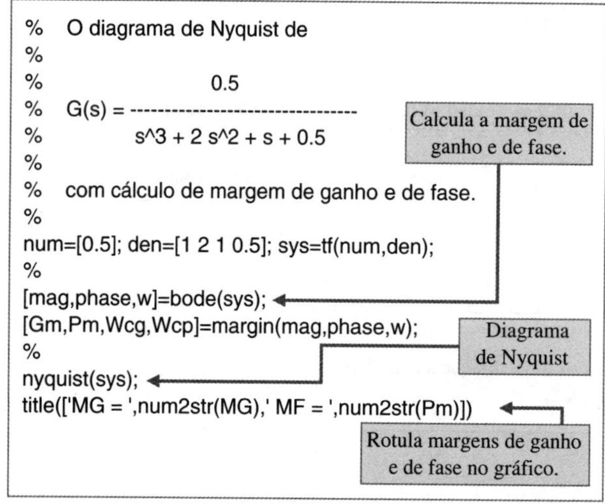

```
% O diagrama de Nyquist de
%
%                    0.5
% G(s) = --------------------------------
%          s^3 + 2 s^2 + s + 0.5
%
% com cálculo de margem de ganho e de fase.
%
num=[0.5]; den=[1 2 1 0.5]; sys=tf(num,den);
%
[mag,phase,w]=bode(sys);
[Gm,Pm,Wcg,Wcp]=margin(mag,phase,w);
%
nyquist(sys);
title(['MG = ',num2str(MG),' MF = ',num2str(Pm)])
```


FIGURA 9.58
(a) Diagrama de Nyquist para o sistema na Figura 9.55 com margens de ganho e de fase. (b) Sequência de instruções em arquivo m.

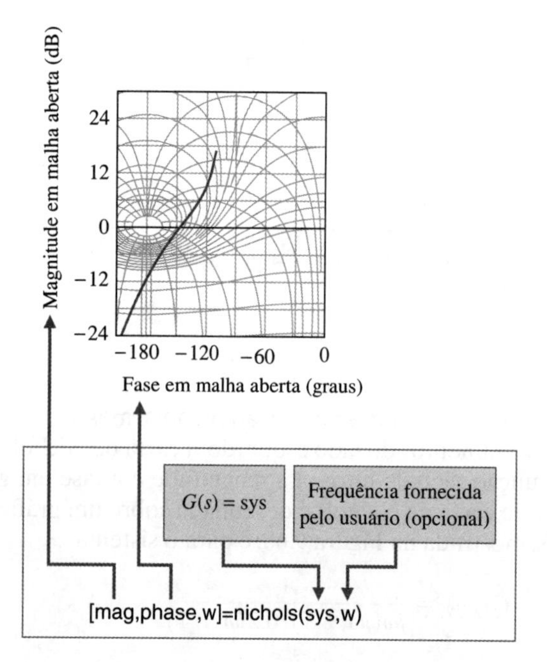

FIGURA 9.59
Função **nichols**.

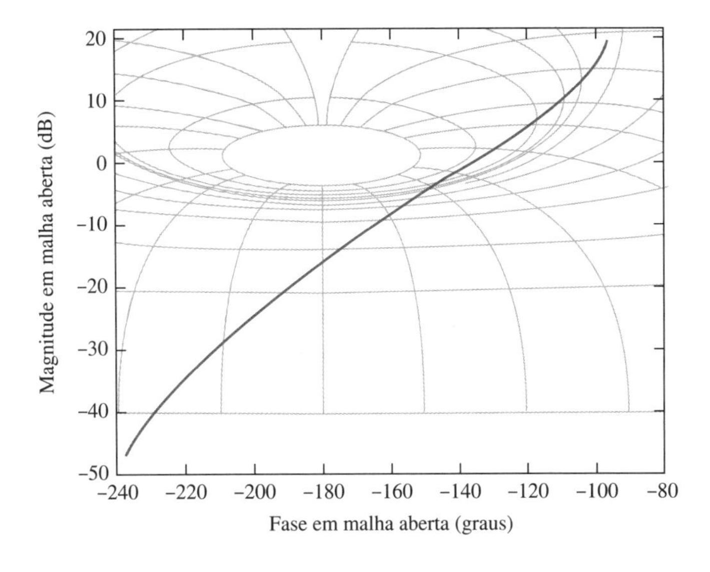


```
num=[1]; den=[0.2 1.2 1 0 ];
sys=tf(num,den);
w=logspace(-1,1,400);
nichols(sys,w);
ngrid
```

Ajuste para gerar a Figura 9.27

Traça a carta de Nichols e adiciona linhas de grade.

FIGURA 9.60 Carta de Nichols para o sistema da Equação (9.96).

■

EXEMPLO 9.13 **Sistema de controle de nível de líquido**

Considere um sistema de controle de nível de líquido descrito pelo diagrama de blocos mostrado na Figura 9.31. Observe que este sistema possui um retardo no tempo. A função de transferência em malha é dada por

$$L(s) = \frac{31{,}5e^{-sT}}{(s+1)(30s+1)(s^2/9+s/3+1)}. \tag{9.97}$$

Primeiro, modifica-se a Equação (9.97) de modo que $L(s)$ tenha forma de função de transferência com polinômios no numerador e no denominador. Para tanto, pode-se fazer uma aproximação de e^{-sT} com a função pade, mostrada na Figura 9.61. Por exemplo, admita que o retardo no tempo é $T = 1$ s e que se deseja uma aproximação de segunda ordem $n = 2$. Utilizando-se a função pade, descobre-se que

$$e^{-sT} \simeq \frac{s^2 - 6s + 12}{s^2 + 6s + 12}. \tag{9.98}$$

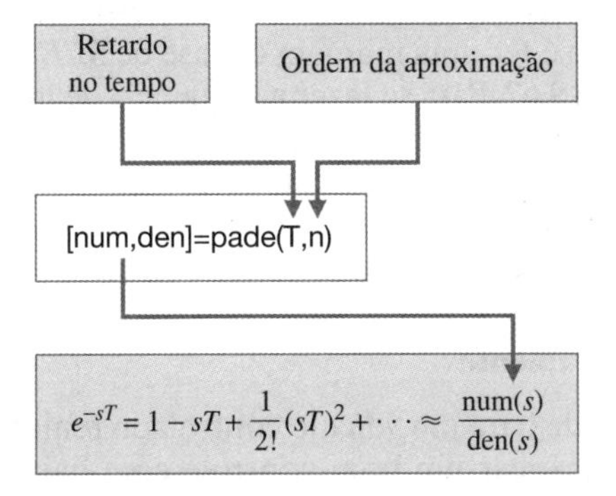

FIGURA 9.61 Função **pade**.

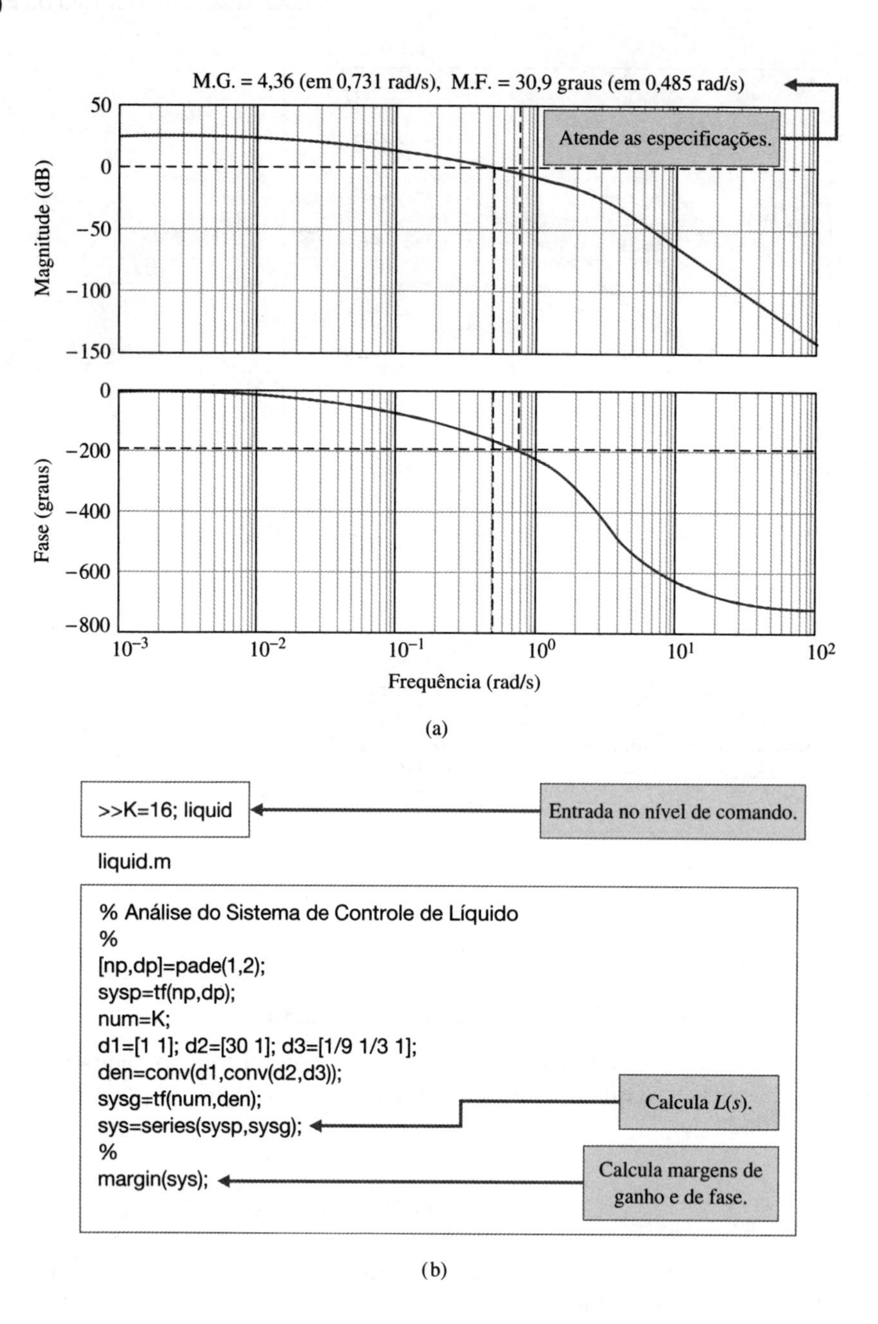

FIGURA 9.62 (a) Diagrama de Bode para o sistema de controle de nível de líquido. (b) Sequência de instruções em arquivo m.

Substituindo-se a Equação (9.98) na Equação (9.97), tem-se

$$L(s) = \frac{31{,}5(s^2 - 6s + 12)}{(s + 1)(30s + 1)(s^2/9 + s/3 + 1)(s^2 + 6s + 12)}.$$

Agora, é possível construir uma sequência de instruções para investigar a estabilidade relativa do sistema usando o diagrama de Bode. O objetivo é ter uma margem de fase de $M.F. = 30°$. A sequência de instruções associada é mostrada na Figura 9.62. Para se fazer a sequência de instruções interativa, permite-se que o ganho K (agora ajustado em $K = 31{,}5$) seja ajustável e definido fora da sequência de instruções no nível de comando. Então, ajusta-se K e executa-se a sequência de instruções para verificar a margem de fase, repetindo caso necessário. O ganho final escolhido é $K = 16$. Lembre-se de que foi utilizada uma aproximação de Padé de segunda ordem do retardo no tempo na análise. ■

EXEMPLO 9.14 **Veículo controlado remotamente**

Considere o sistema de controle de velocidade para um veículo controlado remotamente mostrado na Figura 9.38. O objetivo do projeto é alcançar um bom controle com baixo erro em regime estacionário e com baixa máxima ultrapassagem para um comando degrau. A construção de uma sequência de instruções permitirá que se realizem muitas iterações de projeto de forma rápida e eficiente. Primeiro, investiga-se a especificação de erro em regime estacionário. O erro em regime estacionário para um comando degrau é

$$e_{ss} = \frac{1}{1 + K/2}. \tag{9.99}$$

O efeito do ganho K no erro em regime estacionário é evidente a partir da Equação (9.99): se $K = 20$, o erro é $e_{ss} = 9\%$ da magnitude de entrada; se $K = 10$, o erro é $e_{ss} = 17\%$ da magnitude de entrada.

Agora é possível investigar a especificação de máxima ultrapassagem no domínio da frequência. Admita que a máxima ultrapassagem percentual requerida seja menor do que 50%. A solução

$$M.U.P. \approx 100 \exp^{-\zeta\pi/\sqrt{1-\zeta^2}} \leq 50$$

para ζ resulta $\zeta \geq 0{,}215$. Remetendo à Equação (9.63), descobre-se que $M_{p\omega} \leq 2{,}45$. Deve-se ter em mente que a Equação (9.63) é apenas para sistemas de segunda ordem e só pode ser utilizada aqui como orientação. Agora, calcula-se o diagrama de Bode em malha fechada e verifica-se o valor de $M_{p\omega}$. Qualquer ganho K para o qual $M_{p\omega} \leq 2{,}45$ pode ser um ganho válido para o projeto, mas ainda é necessário investigar a resposta ao degrau para verificar a máxima ultrapassagem real. A sequência de instruções na Figura 9.63 auxilia nessa tarefa. Investigam-se ainda os ganhos $K = 20, 10$ e $4{,}44$ (ainda que $M_{p\omega} > 2{,}45$ para $K = 20$).

É possível representar graficamente as respostas ao degrau para quantificar a máxima ultrapassagem como mostrado na Figura 9.64. Adicionalmente, poder-se-ia ter usado uma carta de Nichols para auxiliar o procedimento de projeto, como mostrado na Figura 9.65.

Os resultados da análise são resumidos na Tabela 9.3 para $K = 20, 10$ e $4{,}44$. Escolhe-se $K = 10$ como ganho do projeto. Então, obtém-se o diagrama de Nyquist e verifica-se a estabilidade relativa, como mostrado na Figura 9.66. A margem de ganho é $M.G. = \infty$ e a margem de fase é $M.F. = 26{,}1°$. ∎

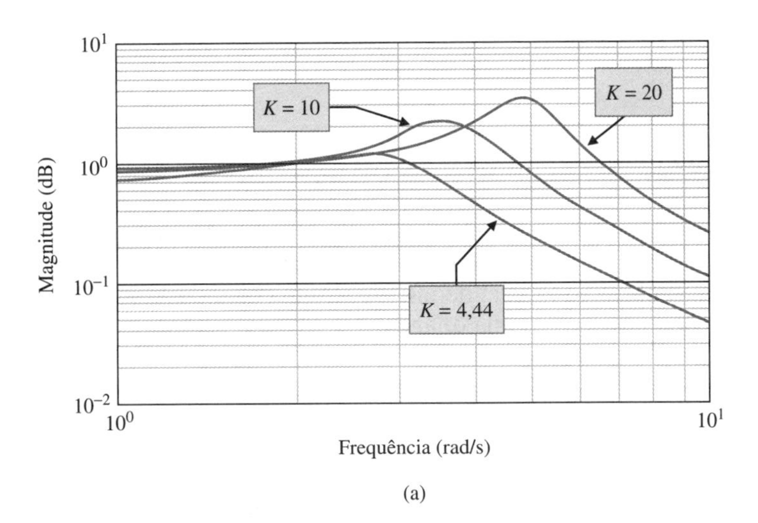

(a)

```
w=logspace(0,1,200); K=[20,10,4.44];   ← Laço para três ganhos K = 20, 10, 4,44.
%
for i=1:3
  numgc=K(i)*[1 2]; dengc=[1 1]; sysgc=tf(numgc,dengc);
  numg=[1]; deng=[1 2 4]; sysg=tf(numg,deng);
  [syss]=series(sysgc,sysg); sys=feedback(syss,[1]);
  [mag,phase,w]=bode(sys,w);
  mag_save(i,:)=mag(:,1,:);   ← Calcula resposta em frequência em malha fechada
end
%
loglog(w,mag_save(1,:), w,mag_save(2,:), w,mag_save(3,:))
xlabel('Frequência (rad/s)'), ylabel('Magnitude'), grid on
```

(b)

FIGURA 9.63 Veículo controlado remotamente. (a) Diagrama de Bode do sistema em malha fechada. (b) Sequência de instruções em arquivo m.

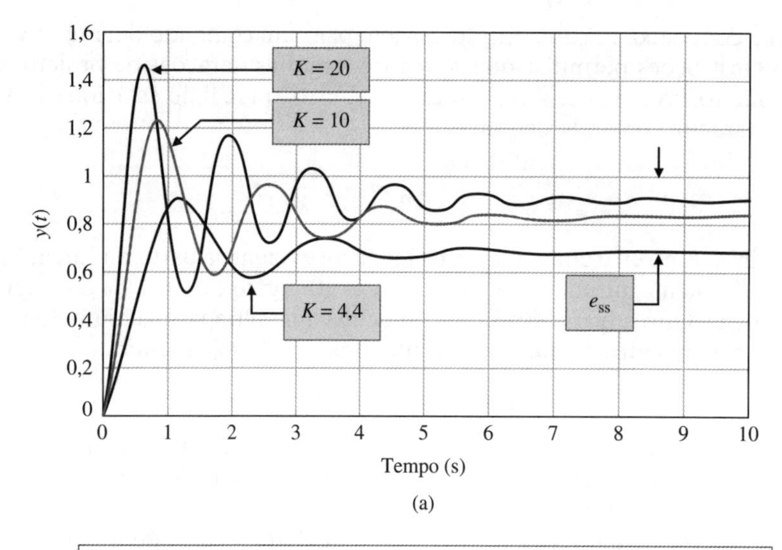

(a)

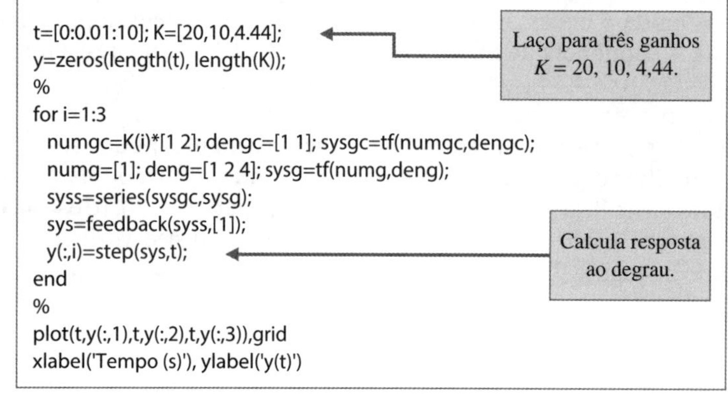

```
t=[0:0.01:10]; K=[20,10,4.44];
y=zeros(length(t), length(K));
%
for i=1:3
  numgc=K(i)*[1 2]; dengc=[1 1]; sysgc=tf(numgc,dengc);
  numg=[1]; deng=[1 2 4]; sysg=tf(numg,deng);
  syss=series(sysgc,sysg);
  sys=feedback(syss,[1]);
  y(:,i)=step(sys,t);
end
%
plot(t,y(:,1),t,y(:,2),t,y(:,3)),grid
xlabel('Tempo (s)'), ylabel('y(t)')
```


(b)

FIGURA 9.64 Veículo controlado remotamente. (a) Resposta ao degrau. (b) Sequência de instruções em arquivo m.

9.11 EXEMPLO DE PROJETO SEQUENCIAL: SISTEMA DE LEITURA DE ACIONADORES DE DISCO

Neste capítulo, será examinado o sistema de leitura de acionadores de disco, incluindo o efeito da ressonância da lâmina e incorporando um controlador PD com um zero em $s = -1$. Serão determinados a margem de ganho e a margem de fase do sistema quando $K = 400$.

O diagrama de Bode para o sistema quando $K = 400$ é mostrado na Figura 9.67. A margem de ganho é $M.G. = 22{,}9$ dB e a margem de fase é $M.F. = 37{,}2°$. O gráfico da resposta ao degrau deste sistema é mostrado na Figura 9.68. O tempo de acomodação deste projeto é $T_s = 9{,}6$ ms.

9.12 RESUMO

A estabilidade de um sistema de controle com realimentação pode ser determinada no domínio de frequência utilizando-se o critério de Nyquist. Além disso, o critério de Nyquist fornece duas medidas de estabilidade relativa: (1) margem de ganho e (2) margem de fase. Essas medidas de estabilidade relativa podem ser usadas como índices do desempenho transitório com base nas correlações estabelecidas entre o domínio da frequência e a resposta transitória. A magnitude e a fase do sistema em malha fechada podem ser determinadas a partir da resposta em frequência da função de transferência em malha aberta utilizando-se círculos de magnitude e de fase constantes no diagrama polar. Alternativamente, pode-se utilizar um diagrama de logaritmo da magnitude e fase com curvas de magnitude e fase em malha fechada superpostas (chamado de carta de Nichols) para se obter a resposta em frequência em malha fechada. Uma medida da estabilidade relativa, a magnitude máxima da resposta em frequência em malha fechada, $M_{p\omega}$, está disponível a partir da carta de Nichols. A resposta em frequência, $M_{p\omega}$ pode ser correlacionada com o fator de amortecimento da resposta no tempo e é um índice útil de desempenho. Finalmente, um sistema de controle com retardo puro no tempo pode ser investigado de modo similar ao dos sistemas sem retardo no tempo. Um resumo do critério de Nyquist, das medidas de estabilidade relativa e do diagrama de Nichols para várias funções de transferência é dado na Tabela 9.3.

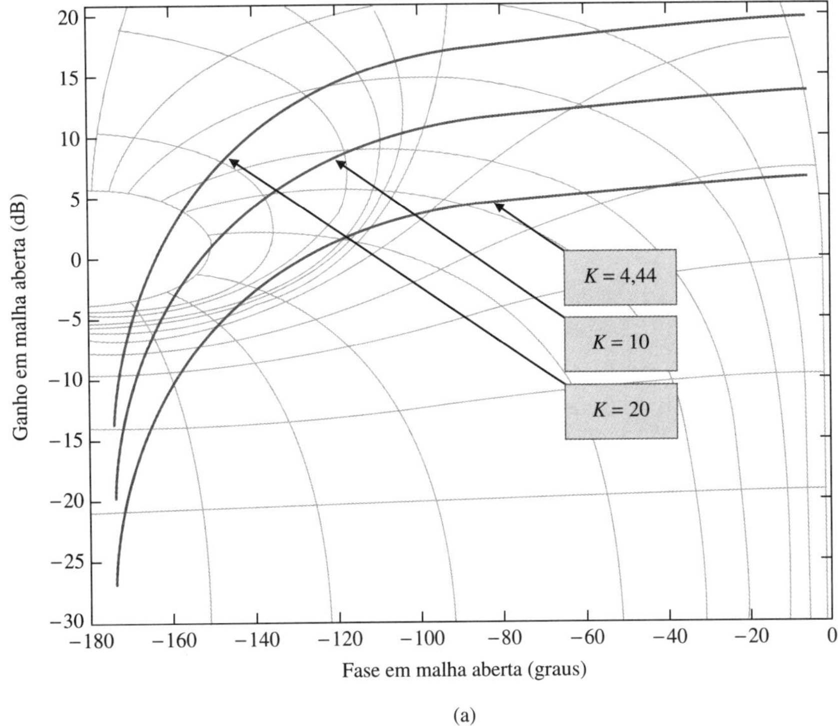

(a)

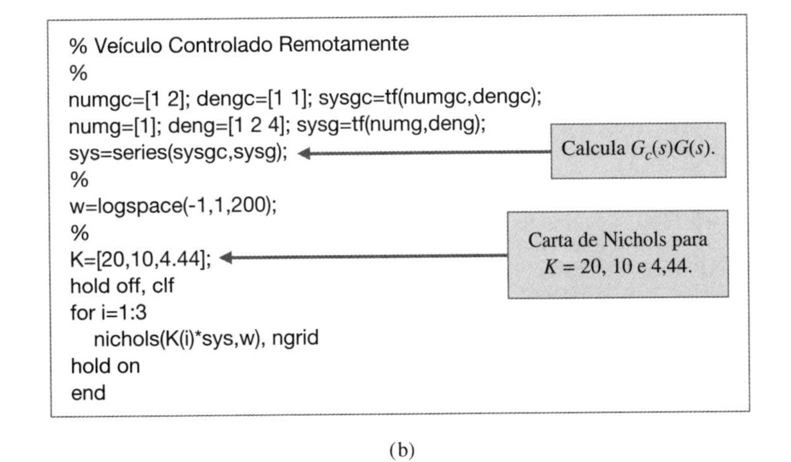

```
% Veículo Controlado Remotamente
%
numgc=[1 2]; dengc=[1 1]; sysgc=tf(numgc,dengc);
numg=[1]; deng=[1 2 4]; sysg=tf(numg,deng);
sys=series(sysgc,sysg);
%
w=logspace(-1,1,200);
%
K=[20,10,4.44];
hold off, clf
for i=1:3
   nichols(K(i)*sys,w), ngrid
hold on
end
```


(b)

FIGURA 9.65 Veículo controlado remotamente. (a) Carta de Nichols. (b) Sequência de instruções em arquivo m.

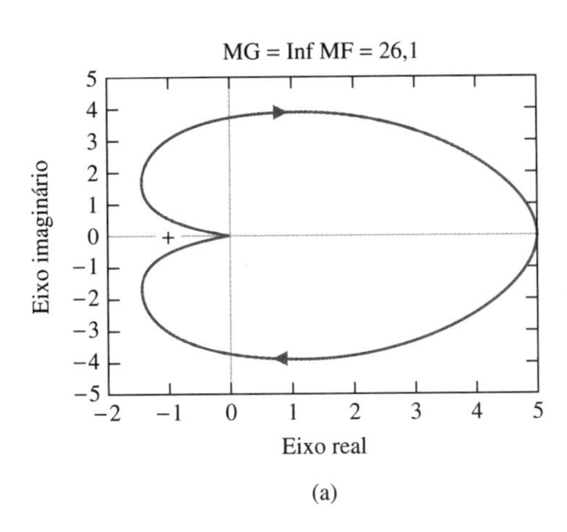

(a)

```
% Diagrama de Nyquist do Veículo Controlado
% Remotamente para K=10
%
numgc=10*[1 2]; dengc=[1 1]; sysgc=tf(numgc,dengc);
numg=[1]; deng=[1 2 4]; sysg=tf(numg,deng);
sys=series(sysgc,sysg);
%
[Gm,Pm,Wcg,Wcp]=margin(sys);
%
nyquist(sys);
title(['MG = ',num2str(MG), '  MF = ',num2str(Pm)])
```

(b)

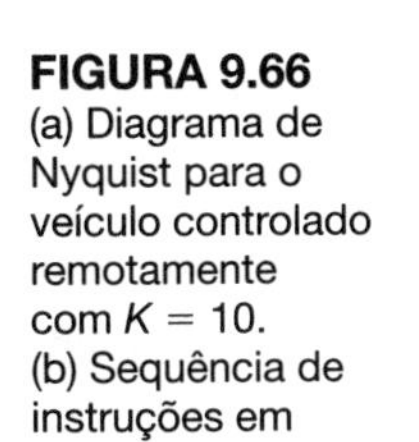

FIGURA 9.66 (a) Diagrama de Nyquist para o veículo controlado remotamente com $K = 10$. (b) Sequência de instruções em arquivo m.

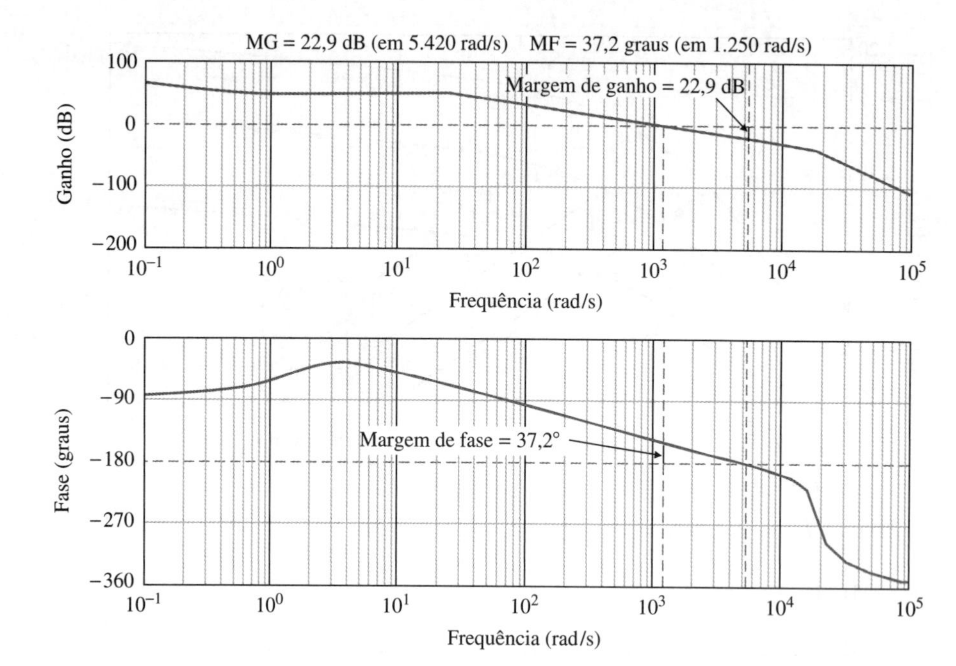

FIGURA 9.67 Diagrama de Bode do sistema de leitura de acionadores de disco.

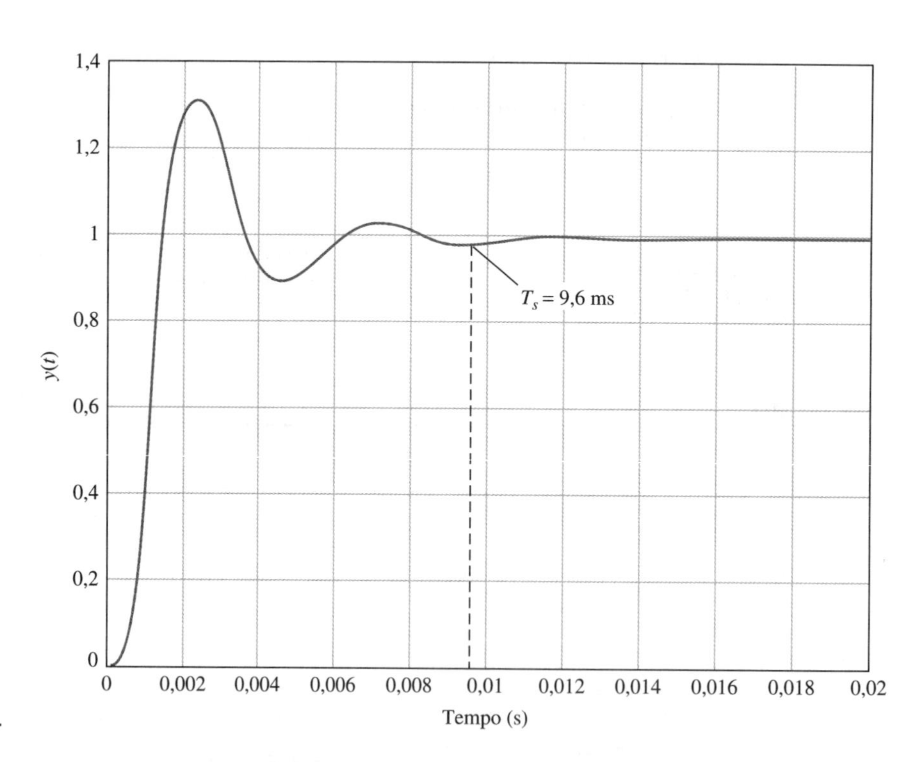

FIGURA 9.68 Resposta do sistema de leitura de acionadores de disco para uma entrada em degrau.

A Tabela 9.3 é muito útil e importante para o projetista e para o analista de sistemas de controle. Caso se tenha o modelo de um processo $G(s)$ e de um controlador $G_c(s)$, então se pode determinar $L(s) = G_c(s)G(s)$. Com essa função de transferência em malha, pode-se examinar a coluna 1 da tabela de funções de transferência. Essa tabela contém 15 funções de transferência típicas. Para uma função de transferência escolhida, a tabela fornece o diagrama de Bode, a carta de Nichols e o lugar geométrico das raízes. Com essa informação, o projetista pode determinar ou estimar o desempenho do sistema e considerar a inclusão ou a alteração do controlador $G_c(s)$.

Tabela 9.3 Diagramas da Função de Transferência para Funções de Transferência Típicas

$L(s)$	Diagrama de Nyquist	Diagrama de Bode
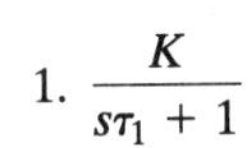 1. $\dfrac{K}{s\tau_1 + 1}$	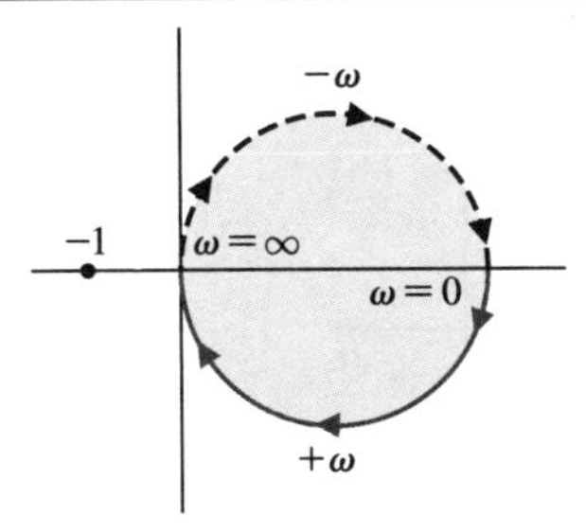	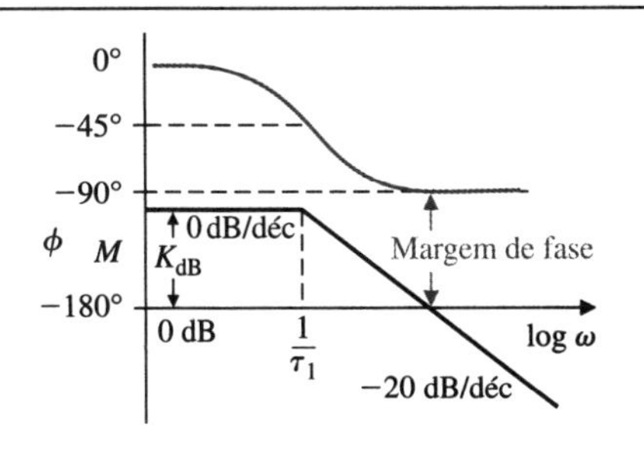
2. $\dfrac{K}{(s\tau_1 + 1)(s\tau_2 + 1)}$	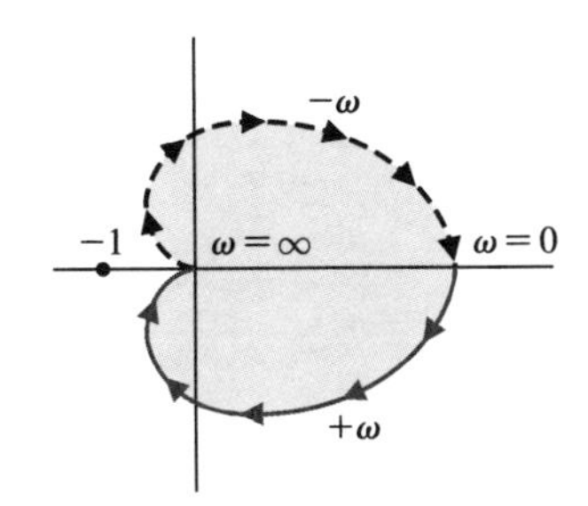	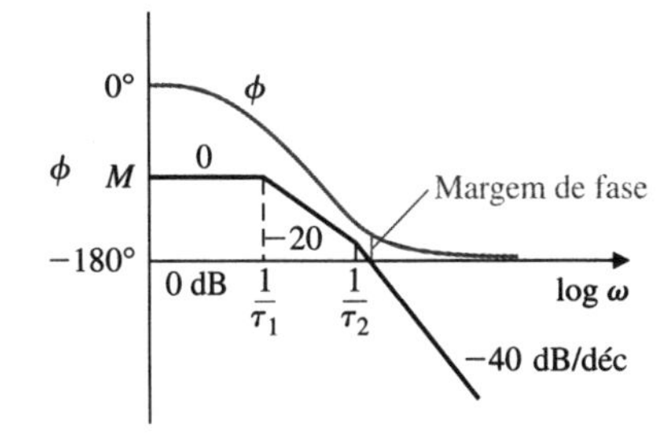
3. $\dfrac{K}{(s\tau_1 + 1)(s\tau_2 + 1)(s\tau_3 + 1)}$	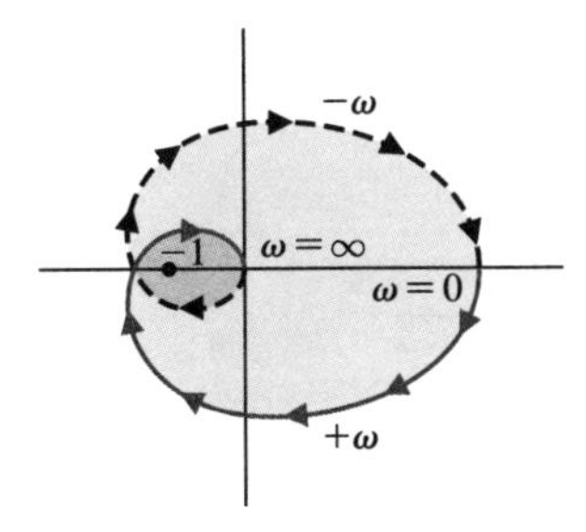	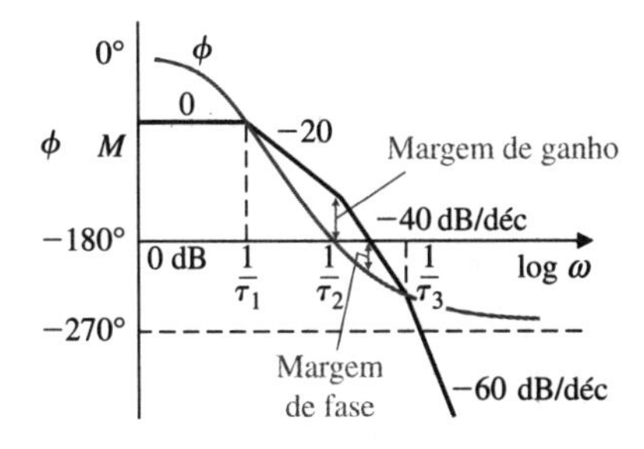
4. $\dfrac{K}{s}$	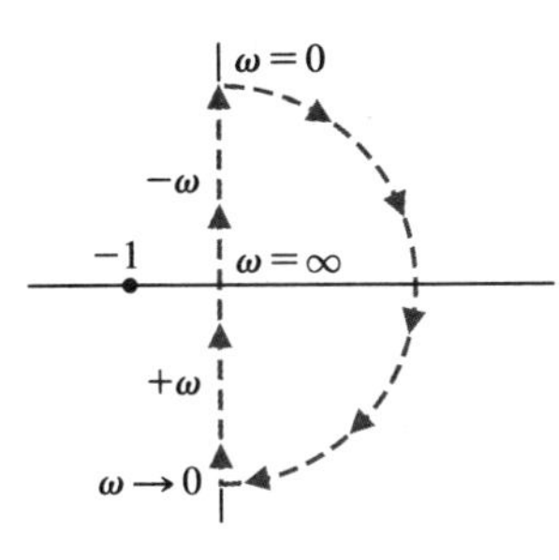	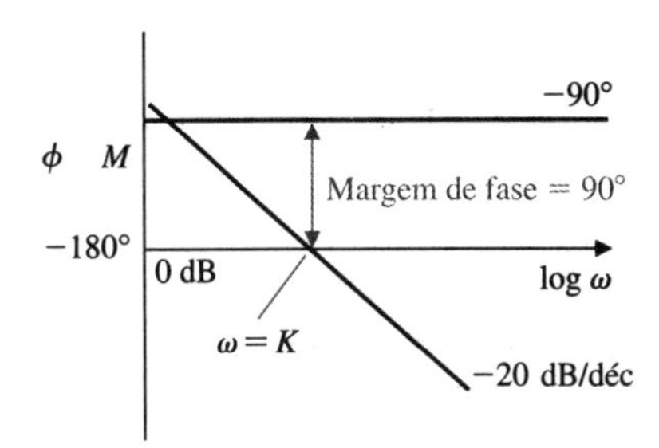
5. $\dfrac{K}{s(s\tau_1 + 1)}$	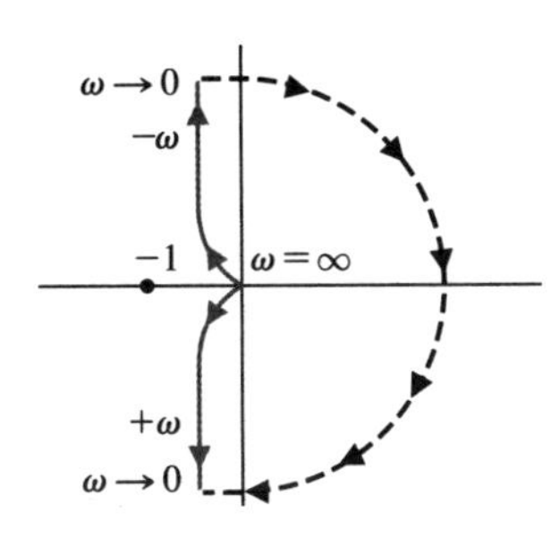	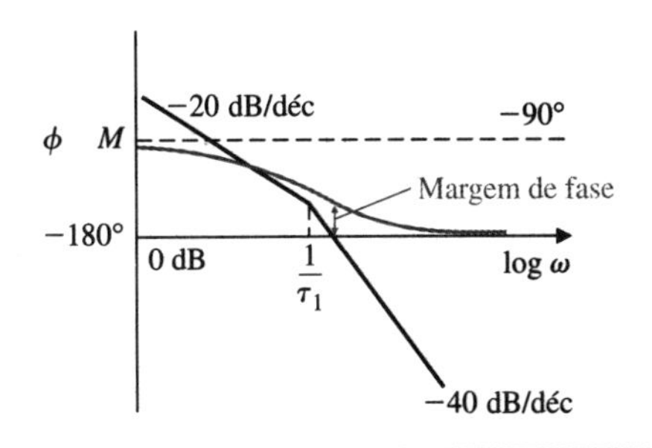

(continua)

Tabela 9.3 Diagramas da Função de Transferência para Funções de Transferência Típicas (*Continuação*)

Diagrama de Nichols	Lugar Geométrico das Raízes	Comentários
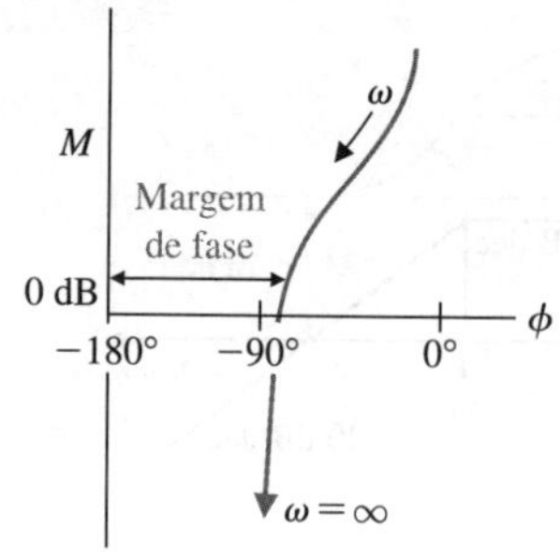 M; ω; Margem de fase; 0 dB; $-180°$; $-90°$; $0°$; ϕ; $\omega = \infty$	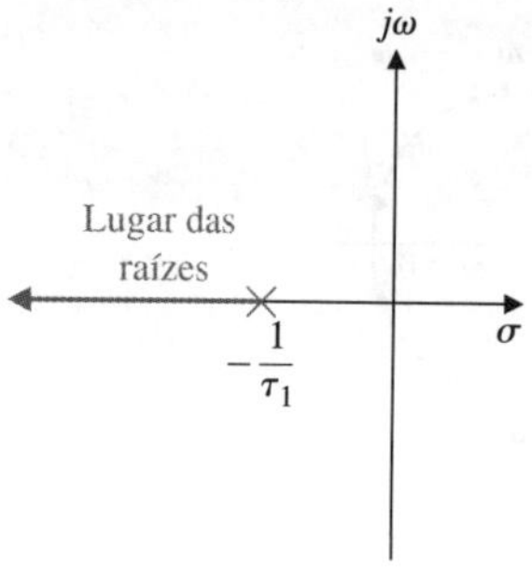 $j\omega$; Lugar das raízes; $-\frac{1}{\tau_1}$; σ	Estável; margem de ganho = ∞
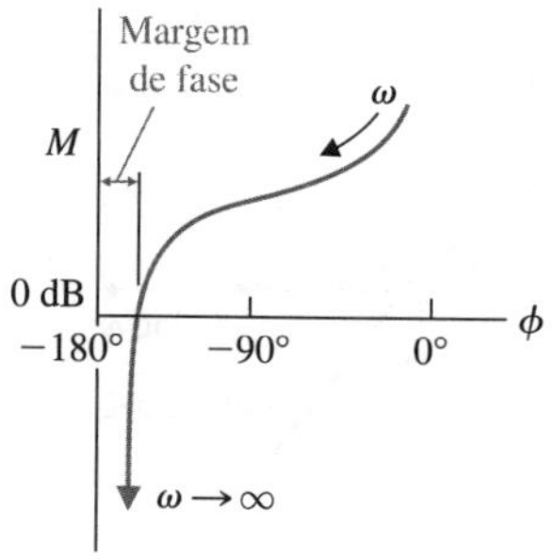 Margem de fase; ω; M; 0 dB; $-180°$; $-90°$; $0°$; ϕ; $\omega \to \infty$	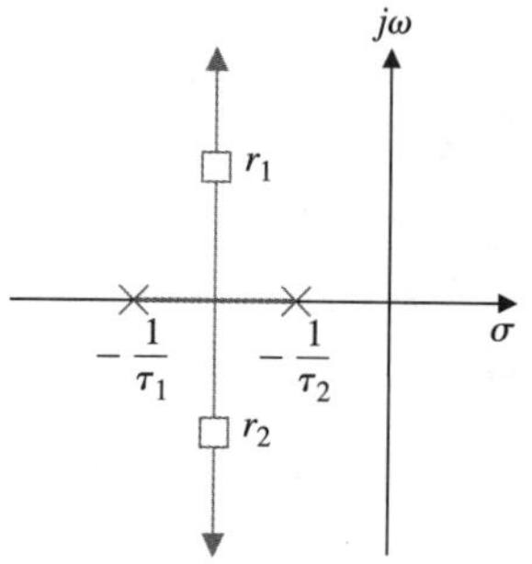 $j\omega$; r_1; $-\frac{1}{\tau_1}$; $-\frac{1}{\tau_2}$; σ; r_2	Regulador elementar; estável; margem de ganho = ∞
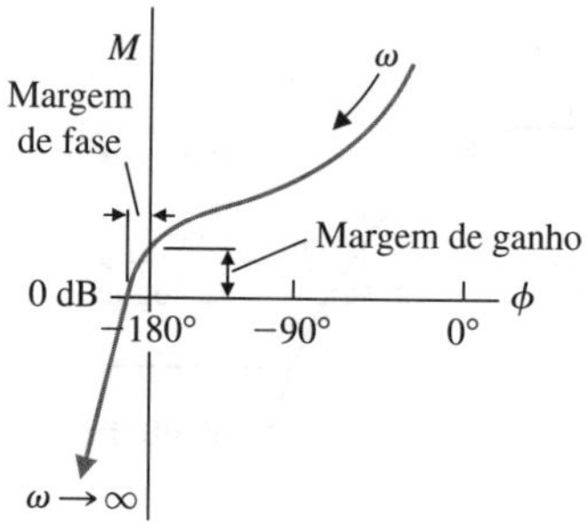 M; ω; Margem de fase; Margem de ganho; 0 dB; $-180°$; $-90°$; $0°$; ϕ; $\omega \to \infty$	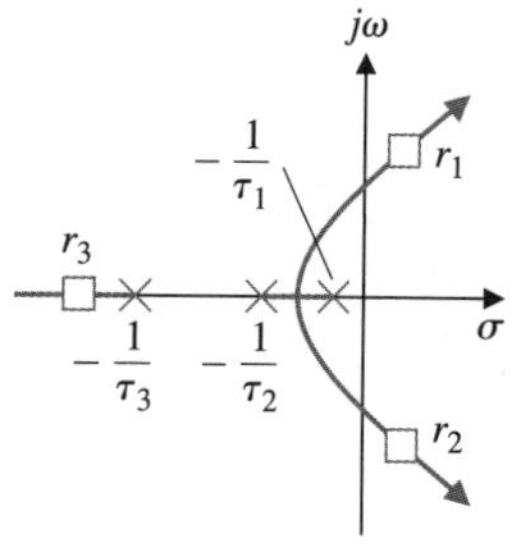 $j\omega$; $-\frac{1}{\tau_1}$; r_1; r_3; $-\frac{1}{\tau_3}$; $-\frac{1}{\tau_2}$; σ; r_2	Regulador com componente armazenador de energia adicional; instável, mas pode passar a estável reduzindo-se o ganho
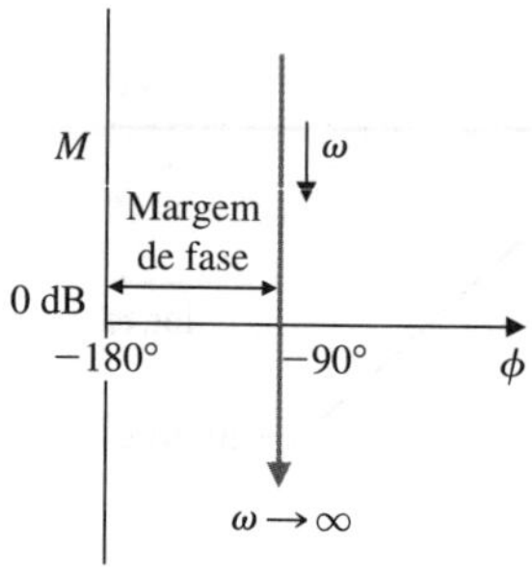 M; ω; Margem de fase; 0 dB; $-180°$; $-90°$; ϕ; $\omega \to \infty$	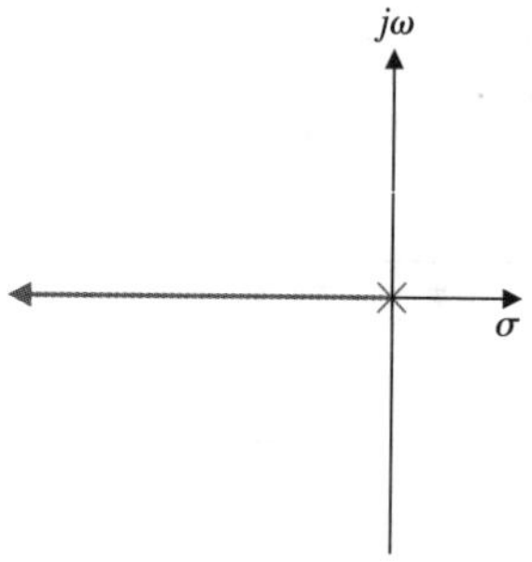 $j\omega$; σ	Integrador ideal; estável
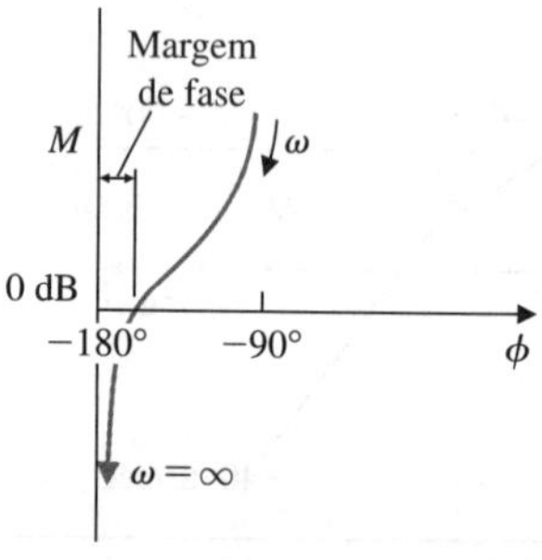 Margem de fase; M; ω; 0 dB; $-180°$; $-90°$; ϕ; $\omega = \infty$	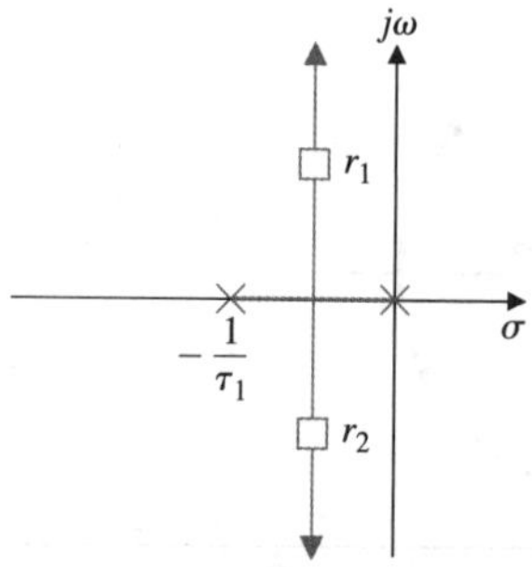 $j\omega$; r_1; $-\frac{1}{\tau_1}$; σ; r_2	Servo instrumental elementar; inerentemente estável; margem de ganho = ∞

(*continua*)

Tabela 9.3 Diagramas da Função de Transferência para Funções de Transferência Típicas (*Continuação*)

$L(s)$	Diagrama de Nyquist	Diagrama de Bode
6. 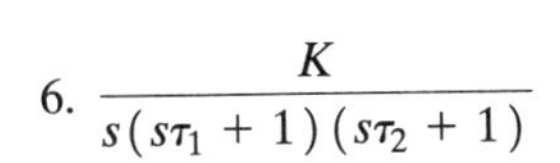 $\dfrac{K}{s(s\tau_1+1)(s\tau_2+1)}$	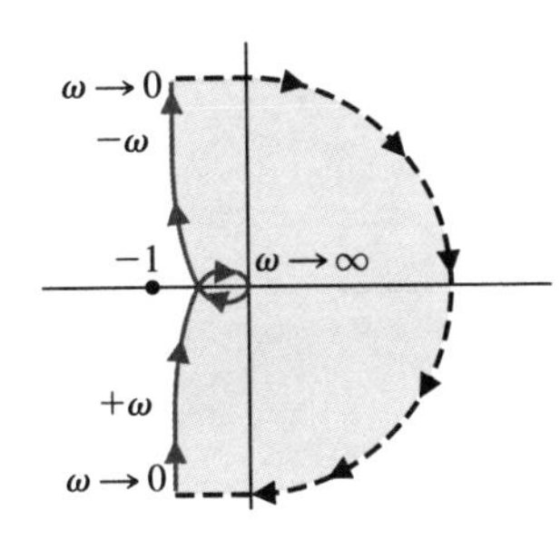	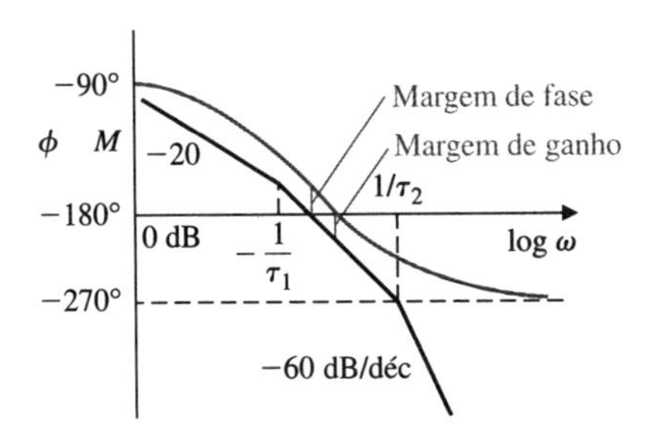
7. $\dfrac{K(s\tau_a+1)}{s(s\tau_1+1)(s\tau_2+1)}$	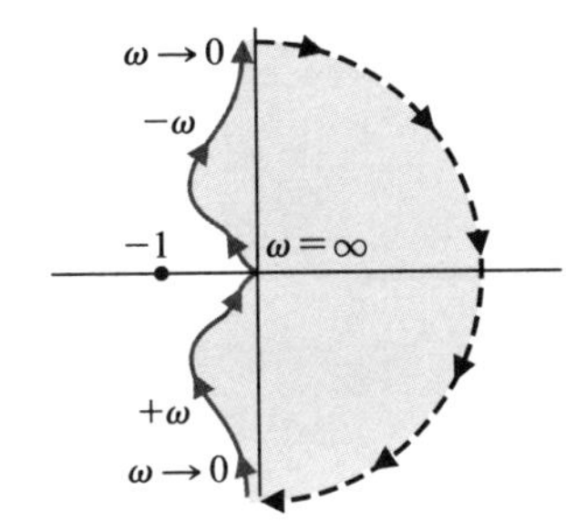	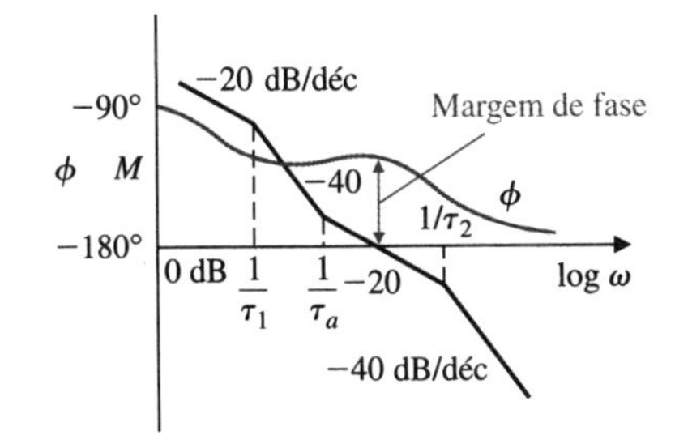
8. $\dfrac{K}{s^2}$	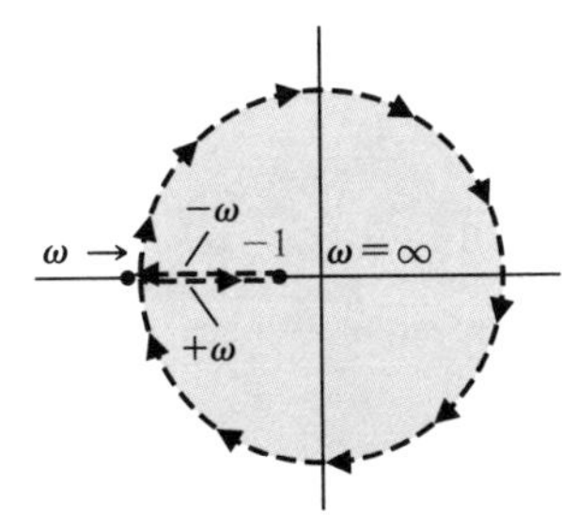	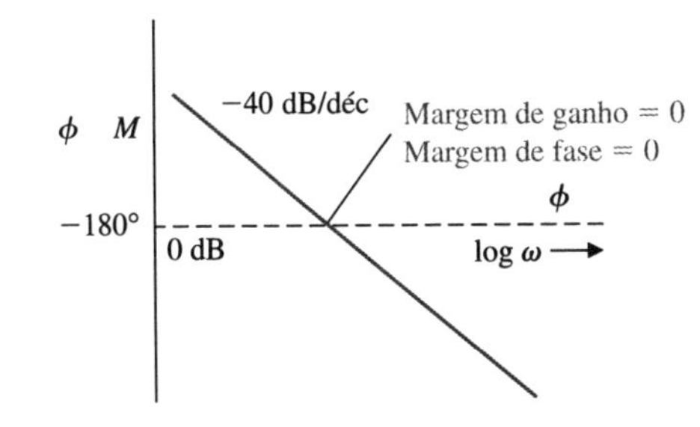
9. 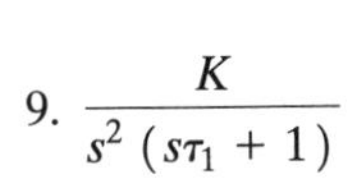 $\dfrac{K}{s^2(s\tau_1+1)}$	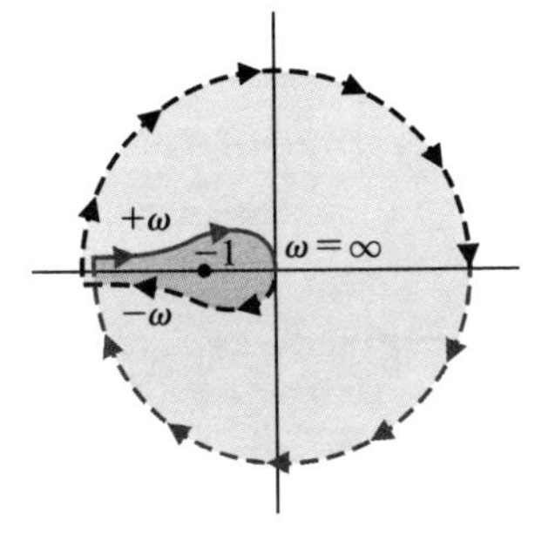	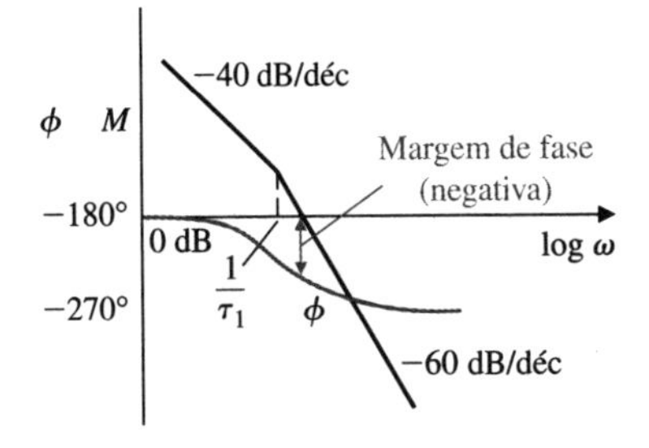
10. 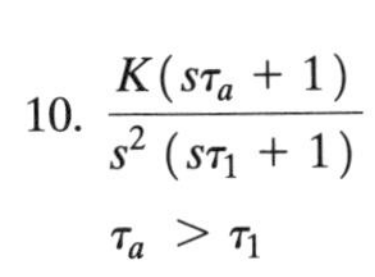 $\dfrac{K(s\tau_a+1)}{s^2(s\tau_1+1)}$ $\tau_a > \tau_1$	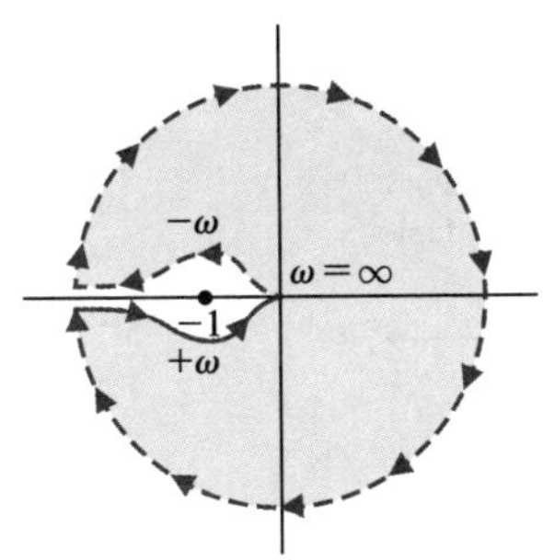	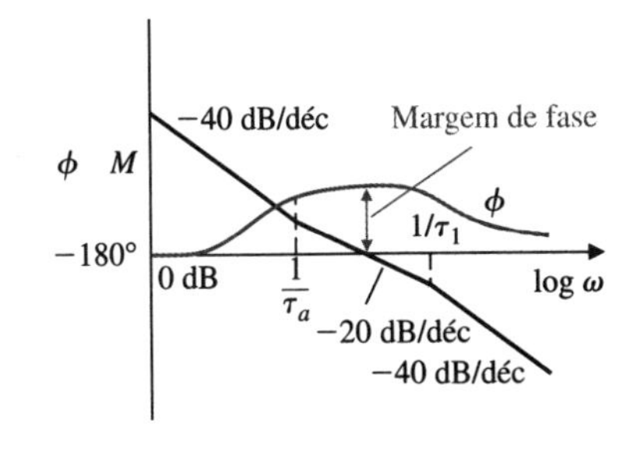

(*continua*)

Tabela 9.3 Diagramas da Função de Transferência para Funções de Transferência Típicas (*Continuação*)

Diagrama de Nichols	Lugar Geométrico das Raízes	Comentários
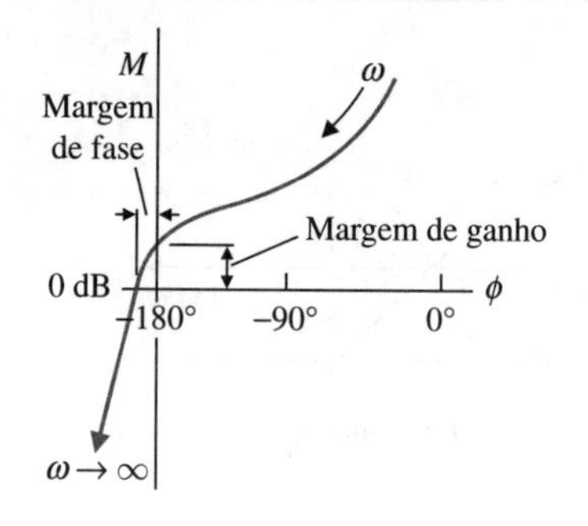	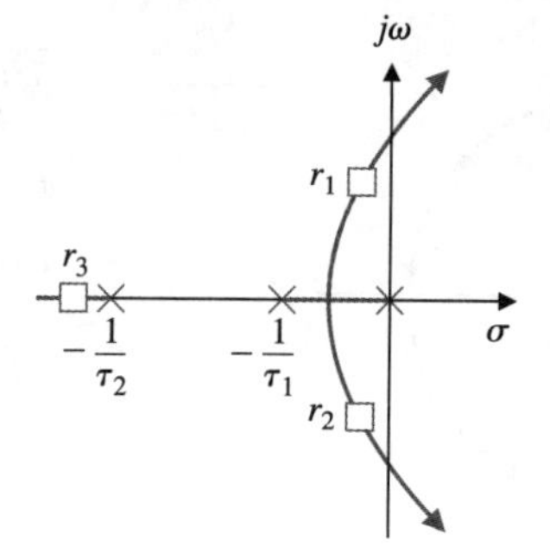	Servo instrumental com motor controlado pelo campo ou servo de potência com acionador Ward–Leonard elementar; estável como mostrado, mas pode se tornar instável com ganho aumentado
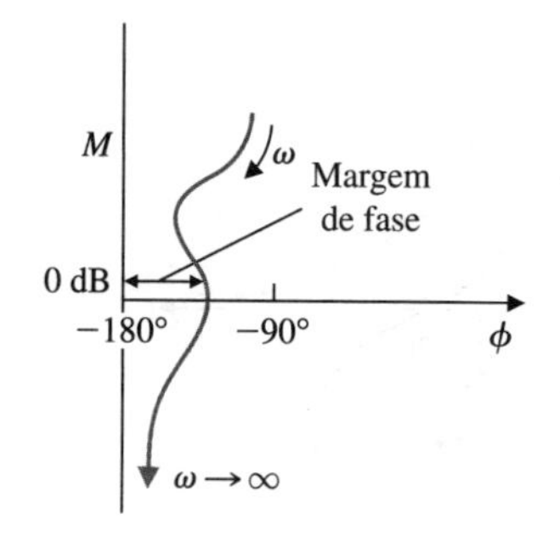	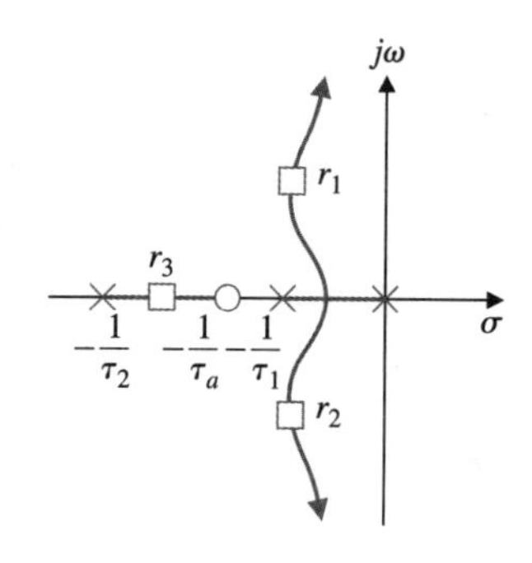	Servo instrumental elementar com compensador de avanço de fase (derivativo); estável
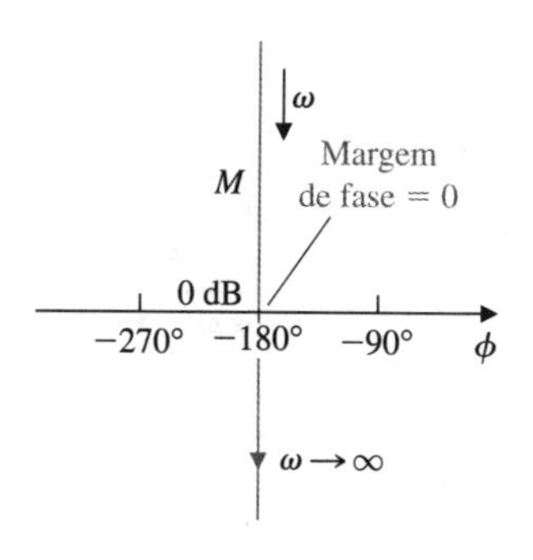	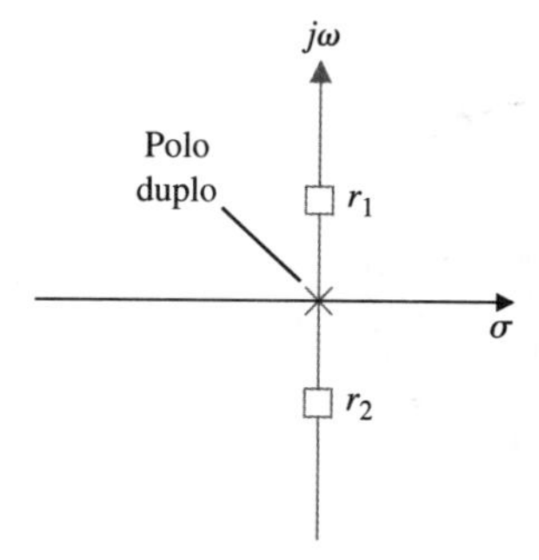	De forma inerente marginalmente estável; precisa ser compensado
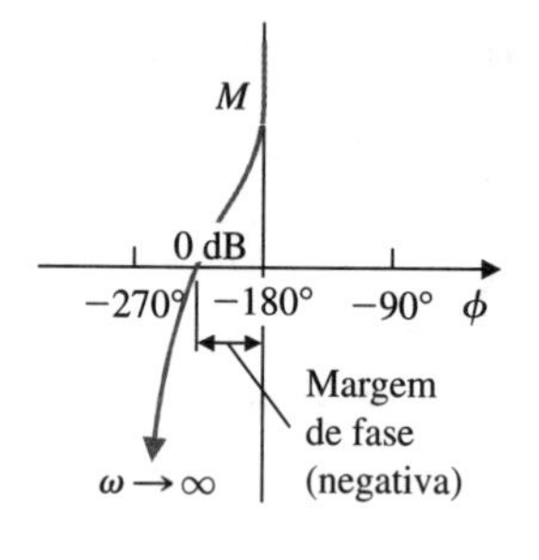	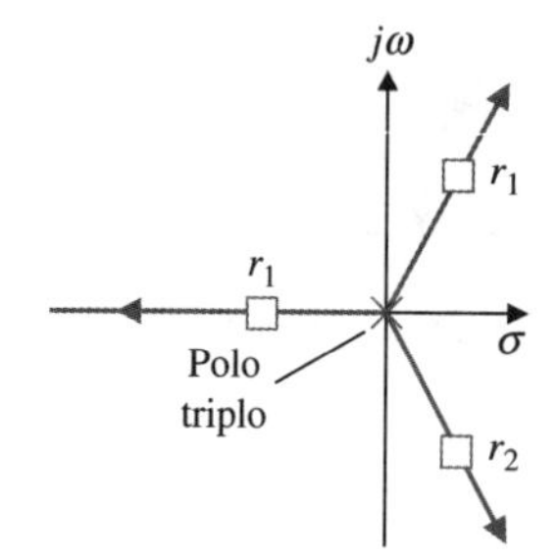	Inerentemente instável; precisa ser compensado
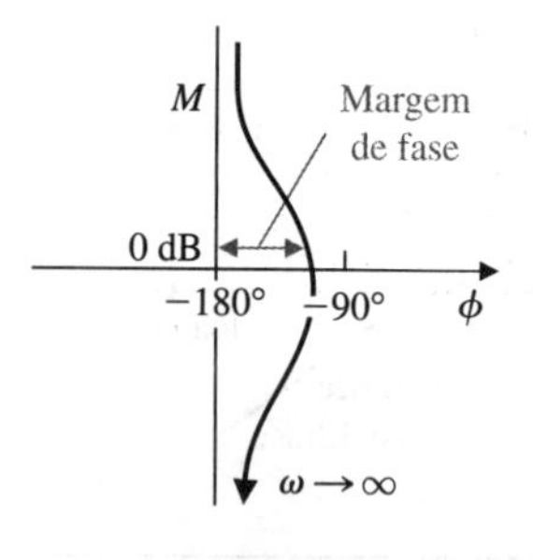	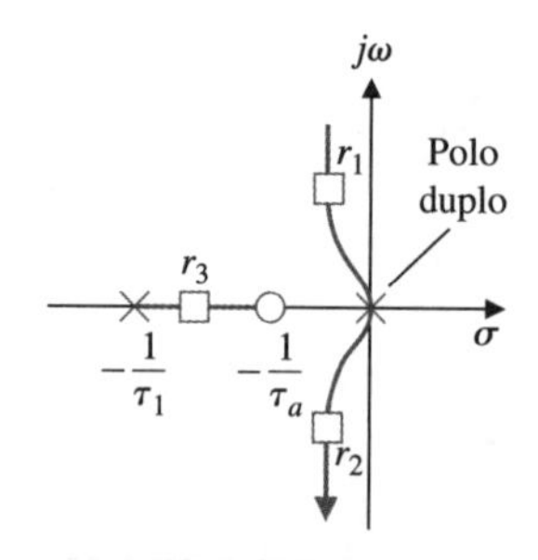	Estável para todos os ganhos

(*continua*)

Tabela 9.3 Diagramas da Função de Transferência para Funções de Transferência Típicas (*Continuação*)

$L(s)$	Diagrama de Nyquist	Diagrama de Bode
11. $\dfrac{K}{s^3}$	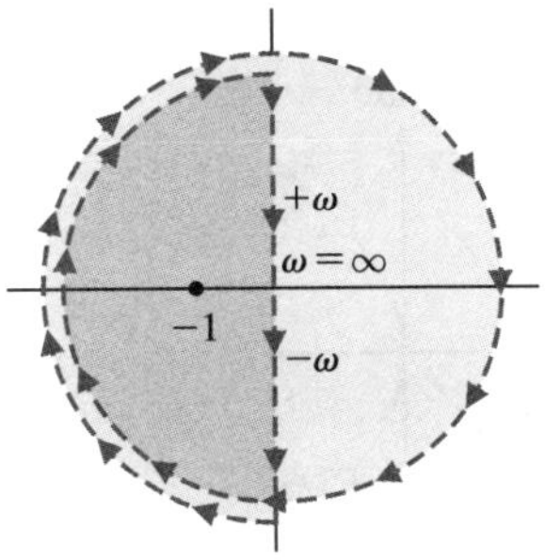	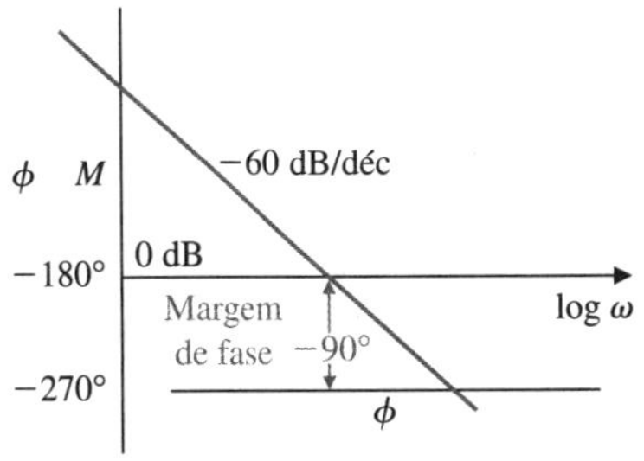
12. $\dfrac{K(s\tau_a + 1)}{s^3}$	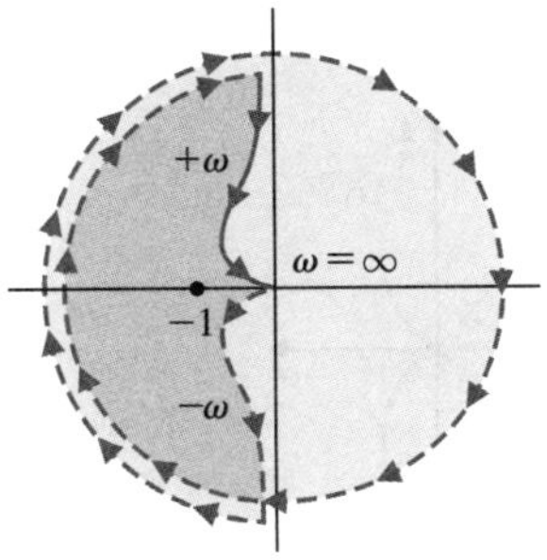	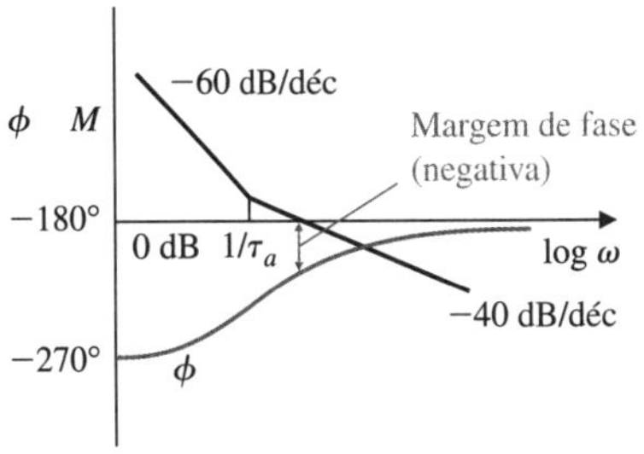
13. $\dfrac{K(s\tau_a + 1)(s\tau_b + 1)}{s^3}$	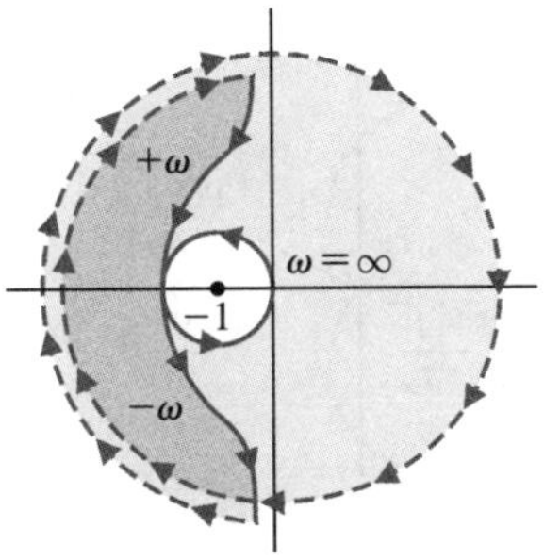	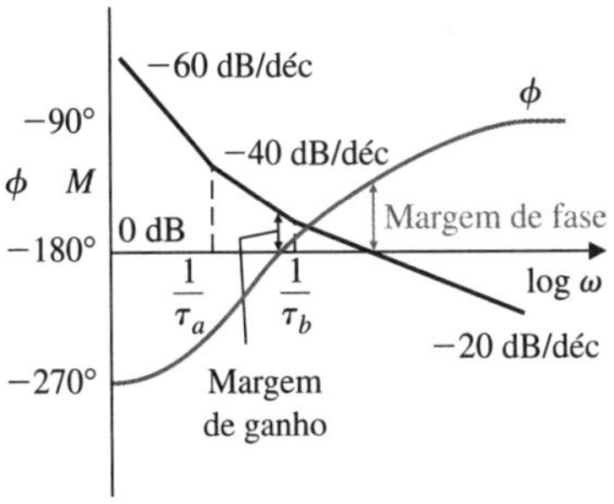
14. $\dfrac{K(s\tau_a + 1)(s\tau_b + 1)}{s(s\tau_1 + 1)(s\tau_2 + 1)(s\tau_3 + 1)(s\tau_4 + 1)}$	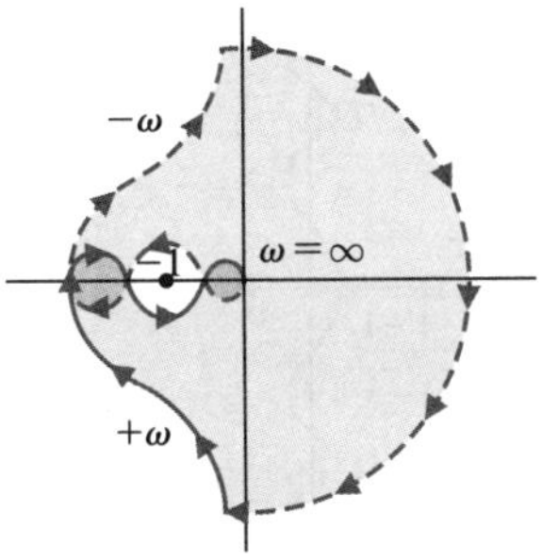	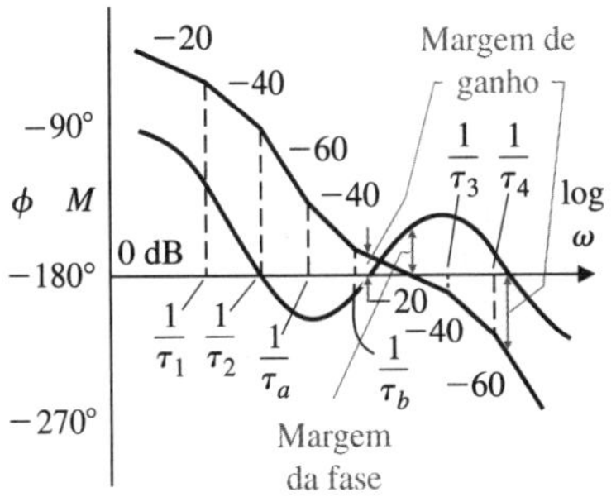
15. $\dfrac{K(s\tau_a + 1)}{s^2(s\tau_1 + 1)(s\tau_2 + 1)}$	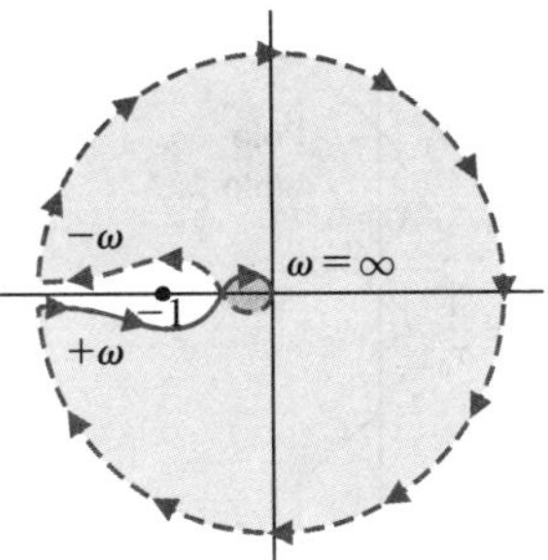	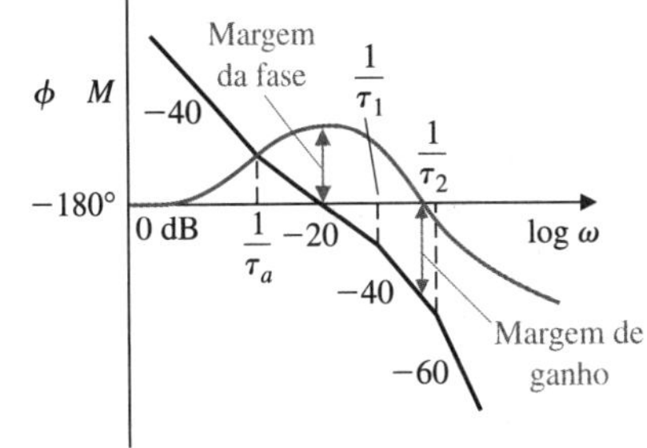

(*continua*)

Tabela 9.3 Diagramas da Função de Transferência para Funções de Transferência Típicas (*Continuação*)

Diagrama de Nichols	Lugar Geométrico das Raízes	Comentários
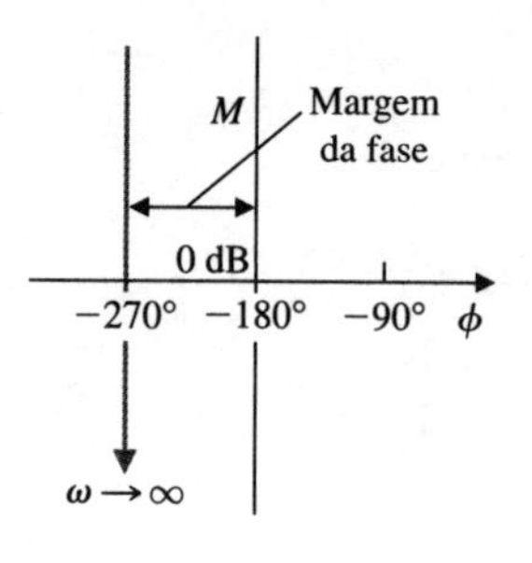	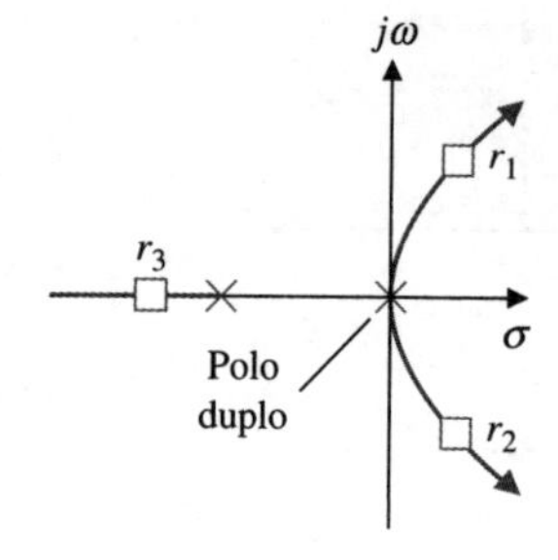	Inerentemente instável
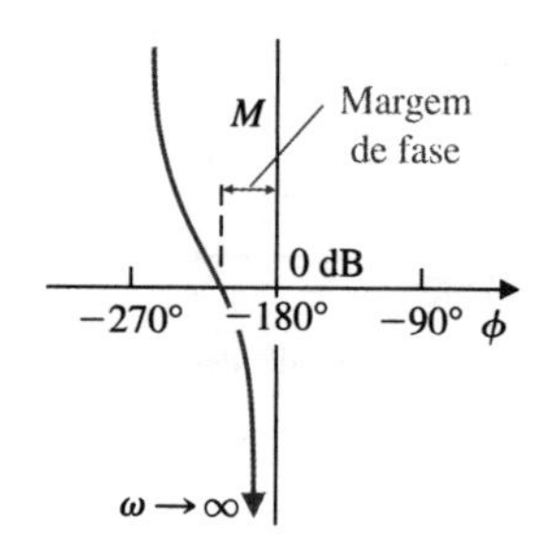	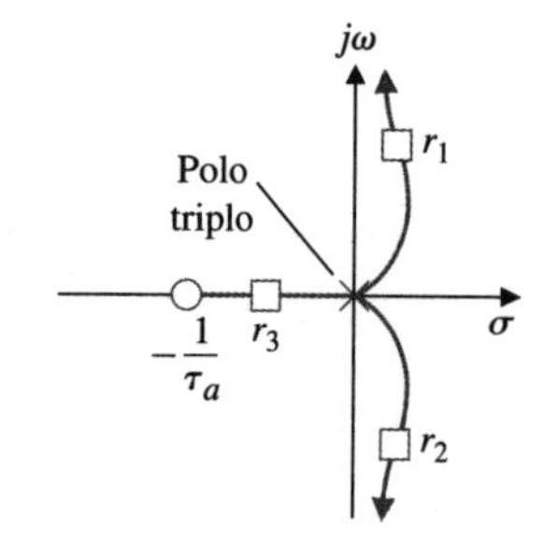	Inerentemente instável
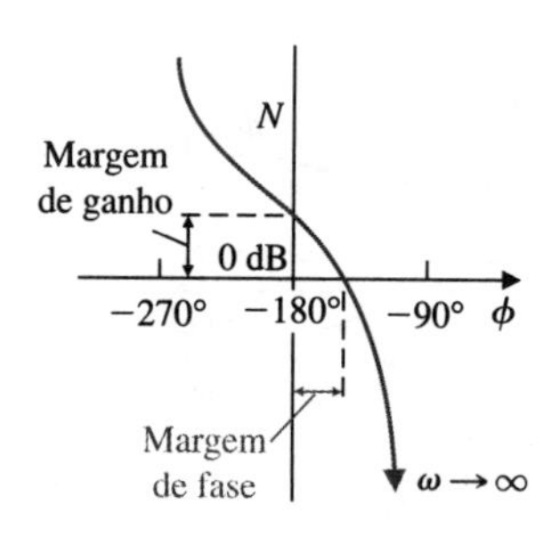	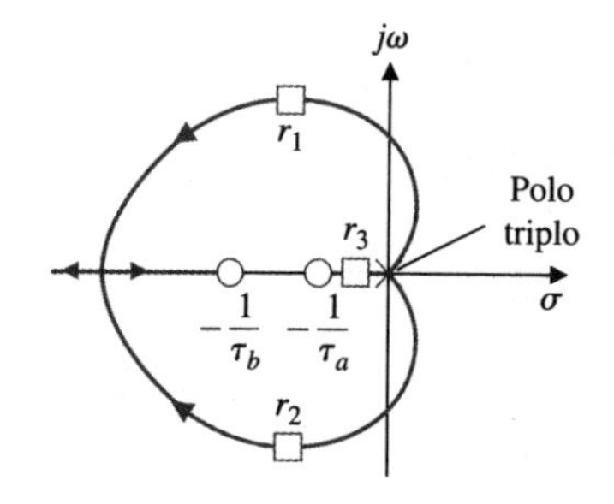	Condicionalmente estável; torna-se instável se o ganho for muito pequeno
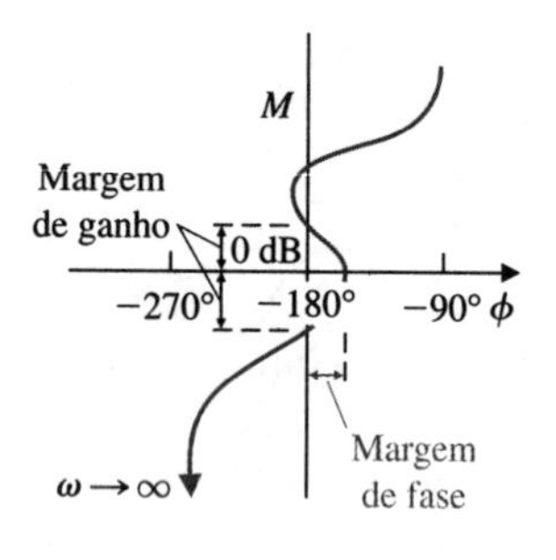	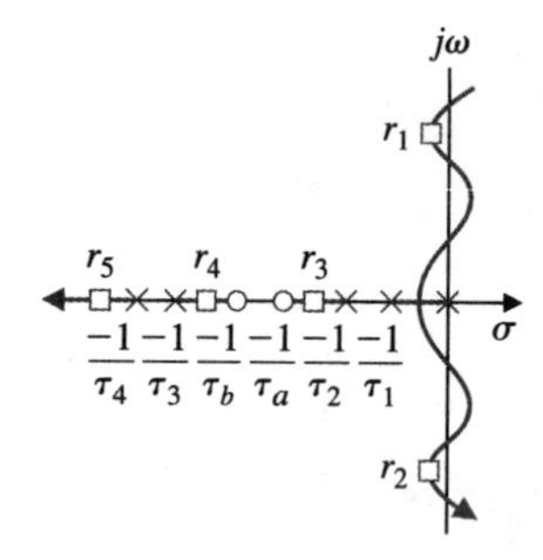	Condicionalmente estável; estável com ganho pequeno, tornando-se instável à medida que o ganho é aumentado, torna-se estável novamente à medida que o ganho é aumentado ainda mais, e torna-se instável para ganhos muito elevados
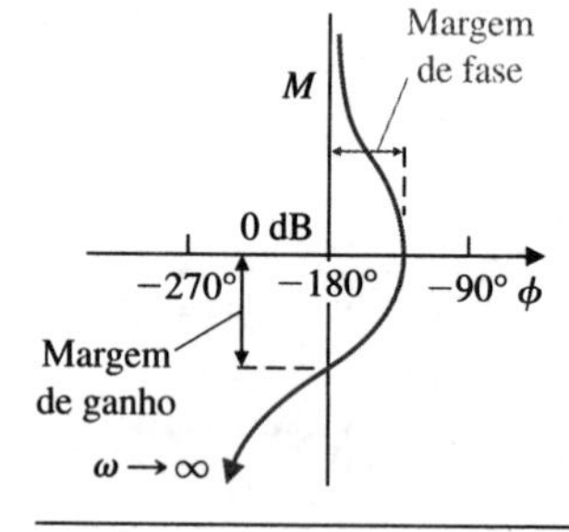	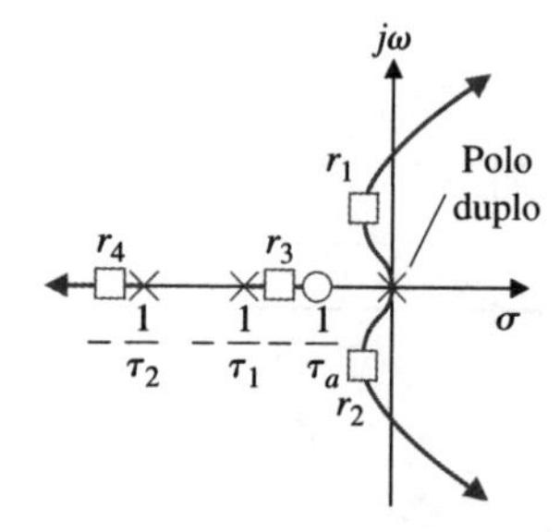	Condicionalmente estável; torna-se instável com ganho elevado

VERIFICAÇÃO DE COMPETÊNCIAS

Nesta seção, são apresentados três conjuntos de problemas para testar o conhecimento do leitor: Verdadeiro ou Falso, Múltipla Escolha e Correspondência de Palavras. Para obter um retorno imediato, compare as respostas com o gabarito fornecido depois dos problemas de fim de capítulo. Use o diagrama de blocos da Figura 9.69 como especificado nos vários enunciados dos problemas.

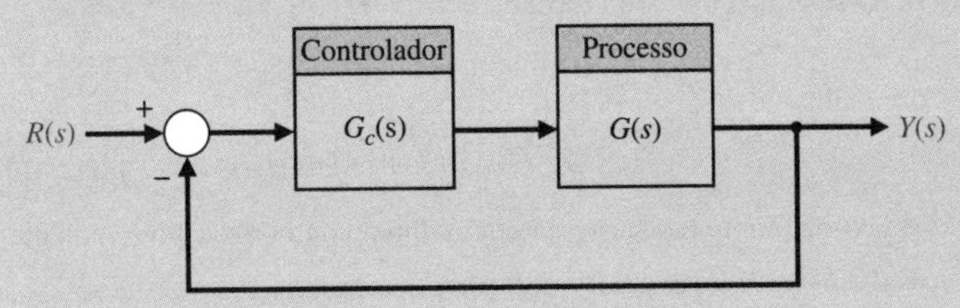

FIGURA 9.69 Diagrama de blocos para a Verificação de Competências.

Nos seguintes problemas de **Verdadeiro ou Falso** e **Múltipla Escolha**, circule a resposta correta.

1. A margem de ganho de um sistema é o acréscimo no ganho do sistema quando a fase é –180°, que resultará em um sistema marginalmente estável. *Verdadeiro ou Falso*
2. Mapeamento conformal é um mapeamento de contorno que conserva os ângulos no plano *s* no plano *F*(*s*) transformado. *Verdadeiro ou Falso*
3. As margens de ganho e de fase são prontamente avaliadas tanto no diagrama de Bode quanto no diagrama de Nyquist. *Verdadeiro ou Falso*
4. Uma carta de Nichols apresenta curvas descrevendo o relacionamento entre as respostas em frequência em malha aberta e em malha fechada. *Verdadeiro ou Falso*
5. A margem de fase de um sistema de segunda ordem (sem zeros) é uma função de ambos, o fator de amortecimento ζ e a frequência natural, ω_n. *Verdadeiro ou Falso*
6. Considere o sistema em malha fechada na Figura 9.69 no qual

$$L(s) = G_c(s)G(s) = \frac{3{,}25(1 + s/6)}{s(1 + s/3)(1 + s/8)}.$$

A frequência de cruzamento e a margem de fase são:

a. $\omega = 2{,}0$ rad/s, $M.F. = 37{,}2°$

b. $\omega = 2{,}5$ rad/s, $M.F. = 54{,}9°$

c. $\omega = 5{,}3$ rad/s, $M.F. = 68{,}1°$

d. $\omega = 10{,}7$ rad/s, $M.F. = 47{,}9°$

7. Considere o diagrama de blocos na Figura 9.69. A função de transferência da planta é

$$G(s) = \frac{1}{(1 + 0{,}25s)(0{,}5s + 1)}$$

e o controlador é

$$G_c(s) = \frac{s + 0{,}2}{s + 5}.$$

Utilize o critério de estabilidade de Nyquist para caracterizar a estabilidade do sistema em malha fechada.

a. O sistema em malha fechada é estável.

b. O sistema em malha fechada é instável.

c. O sistema em malha fechada é marginalmente estável.

d. Nenhuma das anteriores.

Para os Problemas 8 e 9, considere o diagrama de blocos na Figura 9.69, na qual

$$G(s) = \frac{9}{(s + 1)(s^2 + 3s + 9)}$$

e o controlador é o controlador proporcional e derivativo (PD)

$$G_c(s) = K(1 + T_d s).$$

8. Quando $T_d = 0$, o controlador PD se reduz a um controlador proporcional, $G_c(s) = K$. Neste caso, use o diagrama de Nyquist para determinar o valor limitante de *K* para estabilidade em malha fechada.

a. $K = 0{,}5$

b. $K = 1{,}6$

c. $K = 2{,}4$

d. $K = 4{,}3$

9. Usando o valor de K no Problema 8, calcule as margens de ganho e de fase quando $T_d = 0{,}2$.
   a. $M.G. = 14$ dB, $M.F. = 27°$
   b. $M.G. = 20$ dB, $M.F. = 64{,}9°$
   c. $M.G. = \infty$ dB, $M.F. = 60°$
   d. O sistema em malha fechada é instável

10. Determine se o sistema em malha fechada na Figura 9.69 é estável ou não, dada a função de transferência em malha

$$L(s) = G_c(s)G(s) = \frac{s+1}{s^2(4s+1)}.$$

Adicionalmente, se o sistema em malha fechada for estável, calcule as margens de ganho e de fase.
   a. Estável, $M.G. = 24$ dB, $M.F. = 2{,}5°$
   b. Estável, $M.G. = 3$ dB, $M.F. = 24°$
   c. Estável, $M.G. = \infty$, $M.F. = 60°$
   d. Instável

11. Considere o sistema em malha fechada da Figura 9.69, no qual a função de transferência em malha é

$$L(s) = G_c(s)G(s) = \frac{K(s+4)}{s^2}.$$

Determine o valor do ganho K tal que a margem de fase seja $M.F. = 40°$.
   a. $K = 1{,}64$
   b. $K = 2{,}15$
   c. $K = 2{,}63$
   d. O sistema em malha fechada é instável para todo $K > 0$

12. Considere o sistema com realimentação da Figura 9.69, no qual

$$G_c(s) = K \quad \text{e} \quad G(s) = \frac{e^{-0{,}2s}}{s+5}.$$

Observe que a planta contém um retardo no tempo de $T = 0{,}2$ segundo. Determine o ganho K tal que a margem de fase do sistema seja $M.F. = 50°$. Qual é a margem de ganho para o mesmo ganho K?
   a. $K = 8{,}35$, $M.G. = 2{,}6$ dB
   b. $K = 2{,}15$, $M.G. = 10{,}7$ dB
   c. $K = 5{,}22$, $M.G. = \infty$ dB
   d. $K = 1{,}22$, $M.G. = 14{,}7$ dB

13. Considere o sistema de controle da Figura 9.69, no qual a função de transferência em malha é

$$L(s) = G_c(s)G(s) = \frac{1}{s(s+1)}.$$

O valor do pico de ressonância, $M_{p\omega}$, e do fator de amortecimento, ζ, para o sistema em malha fechada são:
   a. $M_{p\omega} = 0{,}37$, $\zeta = 0{,}707$
   b. $M_{p\omega} = 1{,}15$, $\zeta = 0{,}5$
   c. $M_{p\omega} = 2{,}55$, $\zeta = 0{,}5$
   d. $M_{p\omega} = 0{,}55$, $\zeta = 0{,}25$

14. Um modelo com realimentação do tempo de reação humana usado na análise de controle de veículos pode usar o modelo em diagrama de blocos na Figura 9.69 com

$$G_c(s) = e^{-sT} \quad \text{e} \quad G(s) = \frac{1}{s(0{,}2s+1)}.$$

Um motorista típico tem um tempo de reação de $T = 0{,}3$ segundo. Determine a faixa de passagem do sistema em malha fechada.
   a. $\omega_b = 0{,}5$ rad/s
   b. $\omega_b = 10{,}6$ rad/s
   c. $\omega_b = 1{,}97$ rad/s
   d. $\omega_b = 200{,}6$ rad/s

15. Considere um sistema de controle com realimentação unitária como na Figura 9.69 com função de transferência em malha

$$L(s) = G_c(s)G(s) = \frac{(s+4)}{s(s+1)(s+5)}.$$

As margens de ganho e de fase são:

a. $M.G. = \infty$ dB, $M.F. = 58{,}1°$
b. $M.G. = 20{,}4$ dB, $M.F. = 47{,}3°$
c. $M.G. = 6{,}6$ dB, $M.F. = 60{,}4°$
d. O sistema em malha fechada é instável.

No problema de **Correspondência de Palavras** seguinte, combine o termo com sua definição escrevendo a letra correta no espaço fornecido.

a. Retardo no tempo	A resposta em frequência da função de transferência em malha fechada $T(j\omega)$.	_____
b. Teorema de Cauchy	Uma carta apresentando as curvas para a relação entre a resposta em frequência em malha aberta e em malha fechada.	_____
c. Faixa de passagem	Mapeamento de contorno que conserva os ângulos do plano s no plano $F(s)$.	_____
d. Mapeamento de contorno	Se um contorno percorrido no sentido horário dá a volta em torno de Z zeros e P polos de $F(s)$, o contorno correspondente no plano $F(s)$ dará $N = Z - P$ voltas no sentido horário em torno da origem do plano $F(s)$.	_____
e. Carta de Nichols	Quantidade de deslocamento de fase de $G_c(j\omega)G(j\omega)$ com magnitude unitária que resultará em um sistema marginalmente estável, com a interseção do ponto $-1 + j0$ no diagrama de Nyquist.	_____
f. Resposta em frequência em malha fechada	Eventos ocorrendo no instante t em um ponto do sistema ocorrem em outro ponto do sistema em um instante posterior, $t + T$.	_____
g. Medida logarítmica (decibel)	Um sistema com realimentação será estável se e somente se o contorno no plano $G(s)$ não der voltas em torno do ponto $(-1, 0)$ quando o número de polos de $G(s)$ no semiplano direito do plano s for zero. Se $G(s)$ possui P polos no semiplano direito, então o número de voltas no sentido anti-horário em torno do ponto $(-1, 0)$ deve ser igual a P para um sistema estável.	_____
h. Margem de ganho	Um contorno ou trajetória em um plano é mapeado em outro plano por meio de uma relação $F(s)$.	_____
i. Critério de estabilidade de Nyquist	Acréscimo no ganho do sistema quando a fase = $-180°$ que resultará em um sistema marginalmente estável, com a interseção do ponto $-1 + j0$ no diagrama de Nyquist.	_____
j. Margem de fase	Frequência na qual a resposta em frequência decaiu 3 dB a partir de seu valor em baixa frequência.	_____
k. Mapeamento conforme	Uma medida da margem de ganho.	_____

EXERCÍCIOS

E9.1 Um sistema possui a função de transferência em malha

$$L(s) = G_c(s)G(s) = \frac{2(1 + s/10)}{s(1 + 5s)(1 + s/9 + s^2/81)}.$$

Trace o diagrama de Bode. Mostre que a margem de fase é $M.F. = 17{,}5°$ e que a margem de ganho é $M.G. = 26{,}2$ dB.

E9.2 Um sistema possui a função de transferência em malha

$$L(s) = G_c(s)G(s) = \frac{K(s+2)}{s(s+1)(s+10)},$$

na qual $K = 96{,}4$. Mostre que a frequência de cruzamento é $\omega_c = 7{,}79$ rad/s e que a margem de fase é $M.F. = 45°$.

E9.3 Um circuito integrado está disponível para servir como um sistema com realimentação para regular a tensão de saída de uma fonte de alimentação. O diagrama de Bode da função de transferência em malha é mostrado na Figura E9.3. Estime a margem de fase do regulador.

Resposta: $M.F. = 75°$

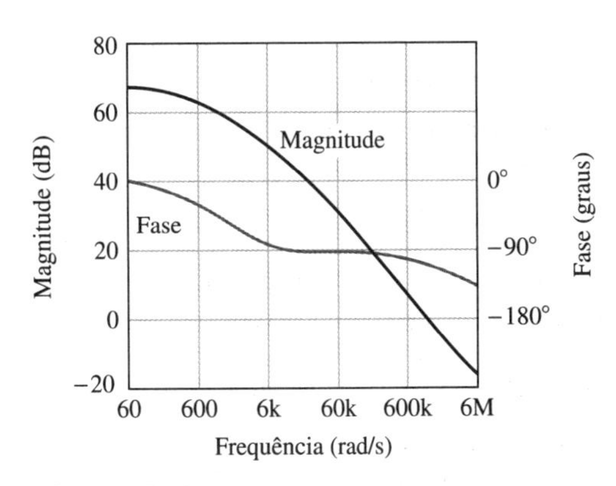

FIGURA E9.3 Regulador de fonte de alimentação.

E9.4 Considere um sistema com função de transferência em malha

$$L(s) = G_c(s)G(s) = \frac{100}{s(s + 10)}.$$

Deseja-se obter um pico de ressonância $M_{p\omega} = 3{,}0$ dB para o sistema em malha fechada. O pico ocorre entre 6 e 9 rad/s e é de apenas 1,25 dB. Trace a carta de Nichols para a faixa de frequências de 6 a 15 rad/s. Mostre que o ganho do sistema precisa ser aumentado de 4,6 dB para 171. Determine a frequência de ressonância para o sistema ajustado.

Resposta: $\omega_r = 11$ rad/s

E9.5 Um circuito digital CMOS integrado pode ser representado pelo diagrama de Bode mostrado na Figura E9.5. (a) Encontre as margens de ganho e de fase do circuito. (b) Estime em quanto seria necessário reduzir o ganho do sistema (dB) para obter uma margem de fase de *M.F.* = 60°.

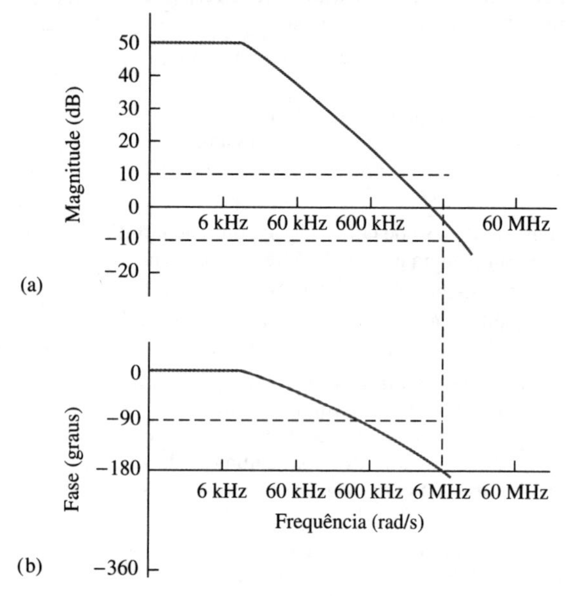

FIGURA E9.5 Diagrama de Bode do circuito CMOS.

E9.6 Um sistema possui função de transferência em malha

$$L(s) = G_c(s)G(s) = \frac{K(s+50)}{s(s+10)(s+45)}.$$

Determine a faixa de valores de K para se ter estabilidade em malha fechada. Encontre a margem de ganho e a margem de fase do sistema com $K = 100$.

E9.7 Um sistema com realimentação unitária possui a função de transferência em malha

$$L(s) = G_c(s)G(s) = \frac{K}{s-4}.$$

Determine a faixa de valores de K para a qual o sistema é estável usando o diagrama de Nyquist.

E9.8 Considere um sistema com realimentação unitária com a função de transferência em malha

$$L(s) = G_c(s)G(s) = \frac{K}{s(s+1)(s+4)}.$$

(a) Para $K = 5$, mostre que a margem de ganho é *M.G.* = 12 dB.

(b) Caso se deseje alcançar uma margem de ganho *M.G.* = 20 dB, determine o valor do ganho K.

Resposta: (b) $K = 2$

E9.9 Para o sistema do E9.8, encontre a margem de fase do sistema para $K = 3$. Considere um sistema com realimentação unitária e função de transferência de malha

$$L(s) = G_c(s)G(s) = \frac{10}{s\left(s^2+11s+10\right)}.$$

Determine as margens de fase e de ganho.

E9.10 Considere um sistema com função de transferência em malha

$$L(s) = G_c(s)G(s) = \frac{300(s+4)}{s(s+0{,}16)(s^2+14{,}6s+149)}.$$

Obtenha o diagrama de Bode e mostre que a *M.F.* = 23° e que a *M.G.* = 13 dB. Além disso, mostre que a faixa de passagem do sistema em malha fechada é $\omega_B = 5{,}8$ rad/s.

E9.11 Considere um sistema com realimentação unitária com a função de transferência em malha

$$L(s) = G_c(s)G(s) = \frac{10(1+0{,}4s)}{s(1+2s)(1+0{,}24s+0{,}04s^2)}.$$

(a) Trace o diagrama de Bode. (b) Encontre a margem de ganho e a margem de fase.

E9.12 Considere um sistema com realimentação unitária com a função de transferência em malha

$$L(s) = G_c(s)G(s) = \frac{K}{s(\tau_1 s+1)(\tau_2 s+1)},$$

na qual $\tau_1 = 0{,}02$ s e $\tau_2 = 0{,}2$ s. (a) Escolha um ganho K de modo que o erro em regime estacionário para uma entrada em rampa seja 10% da magnitude da função rampa A, na qual $r(t) = At,\ t \geq 0$. (b) Trace o diagrama de Bode da função de transferência em malha e determine as margens de fase e de ganho. (c) Determine a faixa de passagem ω_B, o pico de ressonância $M_{p\omega}$ e a frequência de ressonância ω_r do sistema em malha fechada.

Respostas:

(a) $K = 10$

(b) *M.F.* = 31,7°, *M.G.* = 14,8 dB

(c) $\omega_B = 10{,}2$, $M_{p\omega} = 1{,}84$, $\omega_r = 6{,}4$

E9.13 Um sistema com realimentação unitária possui a função de transferência em malha

$$L(s) = G_c(s)G(s) = \frac{150}{s(s+5)}.$$

(a) Encontre a magnitude máxima da resposta em frequência em malha fechada. (b) Encontre a faixa de passagem e a frequência de ressonância deste sistema. (c) Use essas medidas de frequência para estimar a máxima ultrapassagem do sistema para uma resposta em degrau.

Respostas: (a) 7,96 dB, (b) $\omega_B = 18{,}5$, $\omega_r = 11{,}7$

E9.14 Uma carta de Nichols é dada na Figura E9.14 para um sistema com $G_c(j\omega)G(j\omega)$. Usando a tabela a seguir, encontre: (a) o pico de ressonância $M_{p\omega}$ em dB; (b) a frequência de ressonância ω_r; (c) a faixa de passagem de 3 dB; e (d) a margem de fase do sistema.

	ω_1	ω_2	ω_3	ω_4
rad/s	1	3	6	10

E9.15 Considere um sistema com realimentação unitária com a função de transferência em malha

$$L(s) = G_c(s)G(s) = \frac{90}{s(s+15)}.$$

Encontre a faixa de passagem do sistema em malha fechada.

Resposta: $\omega_B = 8{,}37$ rad/s

E9.16 O retardo puro no tempo e^{-sT} pode ser aproximado por uma função de transferência como

$$e^{-sT} \approx \frac{1 - Ts/2}{1 + Ts/2}.$$

Obtenha o diagrama de Bode da função de transferência real e da aproximação para $T = 0{,}2$ para $0 < \omega < 10$.

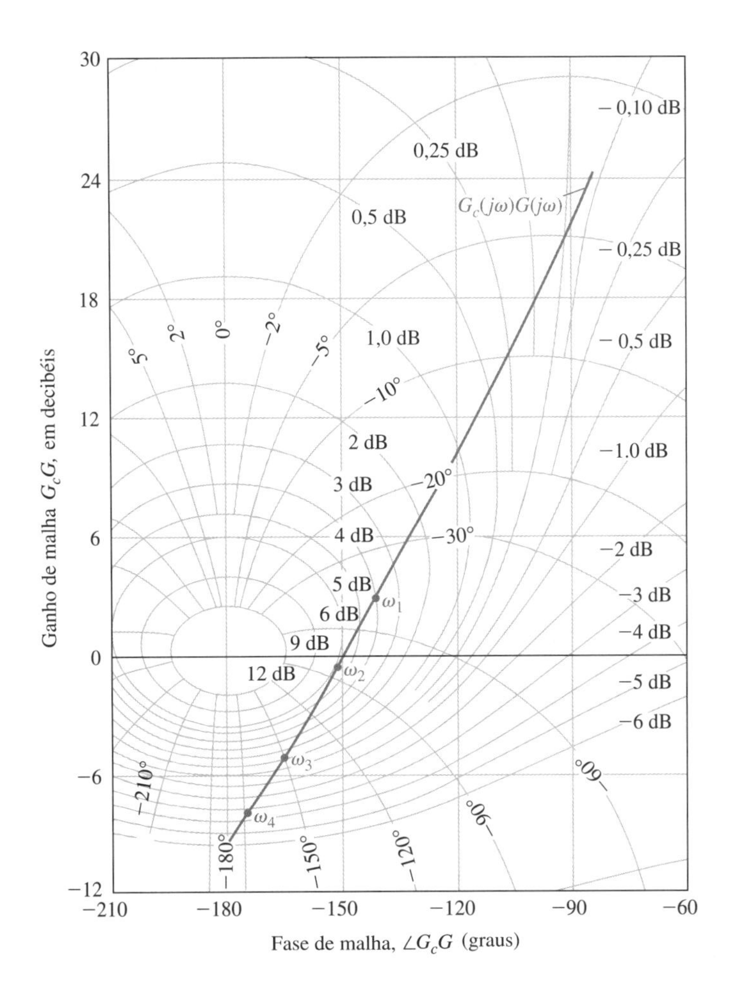

FIGURA E9.14 Carta de Nichols para $G_c(j\omega)G(j\omega)$.

E9.17 Um sistema com realimentação unitária possui função de transferência em malha

$$L(s) = G_c(s)G(s) = \frac{K(s+2)}{s^3 + 2s^2 + 15s}.$$

(a) Trace o diagrama de Bode e (b) determine o ganho K requerido para obter uma margem de fase de $M.F. = 30°$. Qual é o erro em regime estacionário para uma entrada rampa para o ganho da parte (b)?

E9.18 Um atuador para acionador de disco usa uma base amortecedora para absorver energia vibratória em aproximadamente 60 Hz [14]. O diagrama de Bode da função de transferência em malha do sistema de controle é mostrado na Figura E9.18. (a) Determine a máxima ultrapassagem percentual esperada para uma entrada em degrau para o sistema em malha fechada, (b) estime a faixa de passagem do sistema em malha fechada e (c) estime o tempo de acomodação (com um critério de 2%) do sistema.

E9.19 Um sistema com realimentação unitária com $G_c(s) = K$ possui

$$G(s) = \frac{e^{-0,1s}}{s+10}.$$

Escolha um ganho K de modo que a margem de fase do sistema seja $M.F. = 50°$. Determine a margem de ganho para o ganho K escolhido.

E9.20 Considere um modelo simples de um motorista de automóvel seguindo outro carro na autoestrada em alta velocidade. O modelo mostrado na Figura E9.20 incorpora o tempo de reação do motorista, T. Um motorista possui $T = 1$ s, e outro motorista possui $T = 1,5$ s. Determine a resposta no tempo $y(t)$ do sistema de ambos os motoristas para uma mudança em degrau no sinal de comando $R(s) = -1/s$, em razão de uma freada do carro da frente.

E9.21 Um sistema de controle com realimentação unitária possui a função de transferência em malha

$$L(s) = G_c(s)G(s) = \frac{K}{s(s+2)(s+10)}.$$

Determine a margem de fase, a frequência de cruzamento e a margem de ganho quando $K = 50$.

Respostas: $M.F. = 37,4°$, $\omega_c = 4,5$, $M.G. = 13,6$ dB

E9.22 Um sistema com realimentação unitária possui função de transferência em malha

$$L(s) = G_c(s)G(s) = \frac{K}{(s+1)^2}.$$

(a) Usando um diagrama de Bode para $K = 10$, determine a margem de fase do sistema. (b) Escolha um ganho K de modo que a margem de fase seja $M.F. \geq 60°$.

E9.23 Considere novamente o sistema do E9.21 quando $K = 100$. Determine a faixa de passagem, a frequência de ressonância e $M_{p\omega}$ do sistema em malha fechada.

Respostas: $\omega_B = 4,48$ rad/s, $\omega_r = 2,92$, $M_{p\omega} = 2,98$

E9.24 Um sistema com realimentação unitária possui função de transferência em malha

$$L(s) = G_c(s)G(s) = \frac{K}{-1 + \tau s},$$

na qual $K = \frac{1}{2}$ e $\tau = 1$. O diagrama de Nyquist para $G_c(j\omega)G(j\omega)$ é mostrado na Figura E9.24. Determine se o sistema é estável usando o critério de Nyquist.

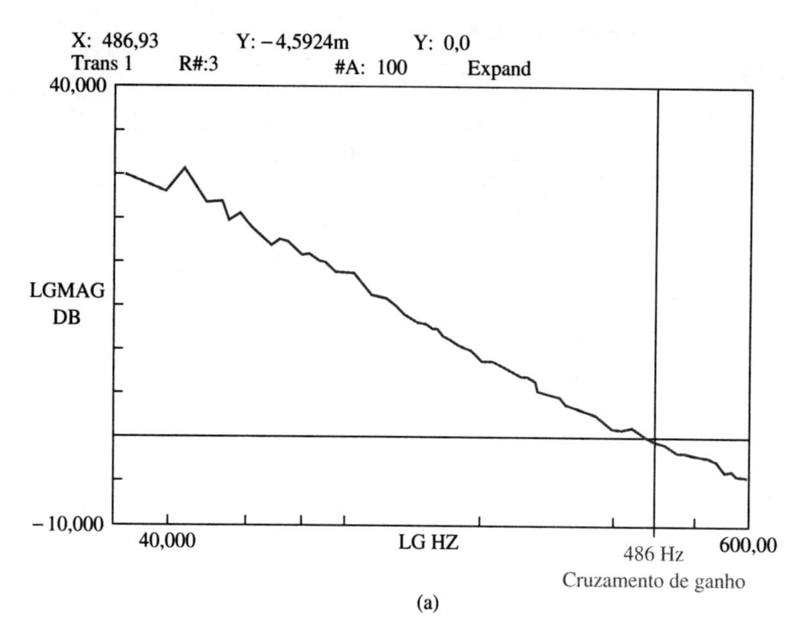

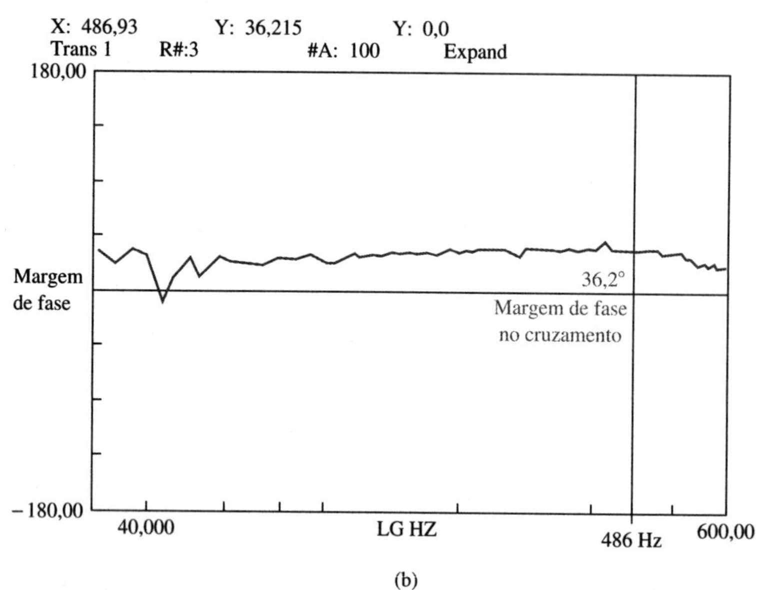

FIGURA E9.18 Diagrama de Bode do acionador de disco $G_c(s)G(s)$.

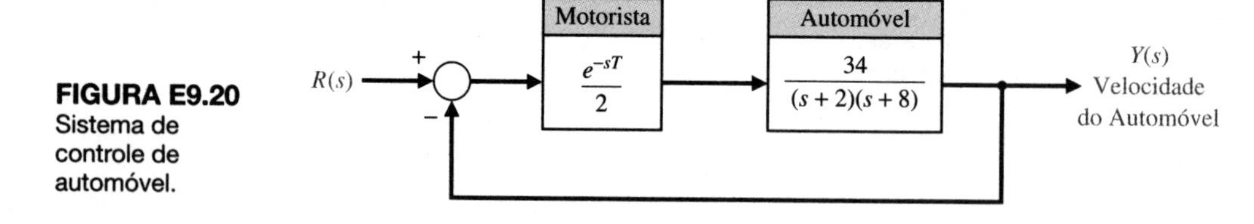

FIGURA E9.20 Sistema de controle de automóvel.

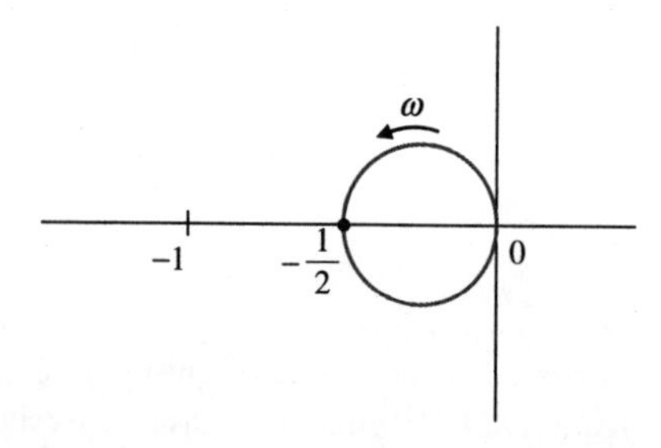

FIGURA E9.24 Diagrama de Nyquist para $G_c(s)G(s) = K/(-1 + \tau s)$.

E9.25 Um sistema com realimentação unitária possui função de transferência em malha

$$L(s) = G_c(s)G(s) = \frac{15}{s(1 + 0{,}01s)(1 + 0{,}1s)}.$$

Determine a margem de fase e a frequência de cruzamento.

Respostas: $M.F. = 38{,}1°$; $\omega_c = 10{,}4$ rad/s

E9.26 Para o sistema do E9.25, determine $M_{p\omega}$, ω_r e ω_B para a resposta em frequência em malha fechada usando a carta de Nichols.

E9.27 Um sistema com realimentação unitária possui a função de transferência em malha

$$L(s) = G_c(s)G(s) = \frac{K}{s(s+5)^2}.$$

Determine o ganho K máximo para o qual a margem de fase é $M.F. \geq 40°$ e a margem de ganho é $M.G. \geq 6$ dB. Quais são as margens de ganho e de fase para este valor de K?

E9.28 Um sistema com realimentação unitária possui a função de transferência em malha.

$$L(s) = G_c(s)G(s) = \frac{K}{s(s+0{,}2)}.$$

(a) Determine a margem de fase do sistema quando $K = 0{,}16$. (b) Use a margem de fase para estimar o fator de amortecimento e predizer a máxima ultrapassagem. (c) Calcule a resposta real para este sistema de segunda ordem e compare o resultado com a estimativa da parte (b).

E9.29 Uma função de transferência em malha é

$$L(s) = G_c(s)G(s) = \frac{1}{s+2}.$$

Usando o contorno no plano s mostrado na Figura E9.29, determine o contorno correspondente no plano $F(s)$ $(B = -1 + j)$.

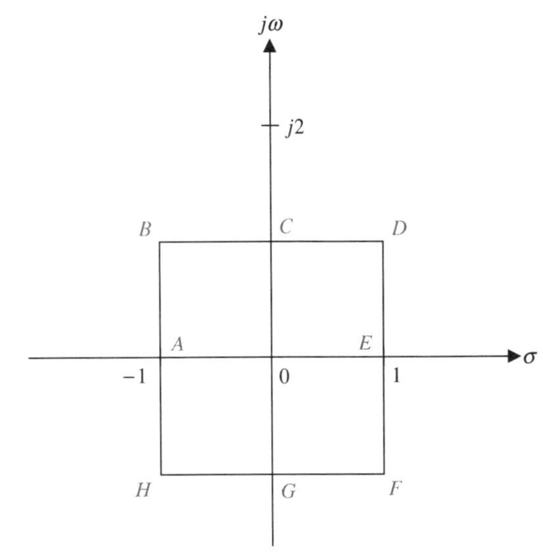

FIGURA E9.29 Contorno no plano s.

E9.30 Considere o sistema representado na forma de variáveis de estado

$$\dot{\mathbf{x}}(t) = \mathbf{A}\mathbf{x}(t) + \mathbf{B}u(t)$$
$$y(t) = \mathbf{C}\mathbf{x}(t) + \mathbf{D}u(t),$$

em que

$$\mathbf{A} = \begin{bmatrix} 0 & 1 \\ -10 & -100 \end{bmatrix}, \mathbf{B} = \begin{bmatrix} 0 \\ 1 \end{bmatrix},$$

$$\mathbf{C} = [1.000 \quad 0] \text{ e } \mathbf{D} = [0].$$

Esboce o diagrama de Bode.

E9.31 Um sistema com realimentação em malha fechada é mostrado na Figura E9.31. Esboce o diagrama de Bode e determine a margem de fase.

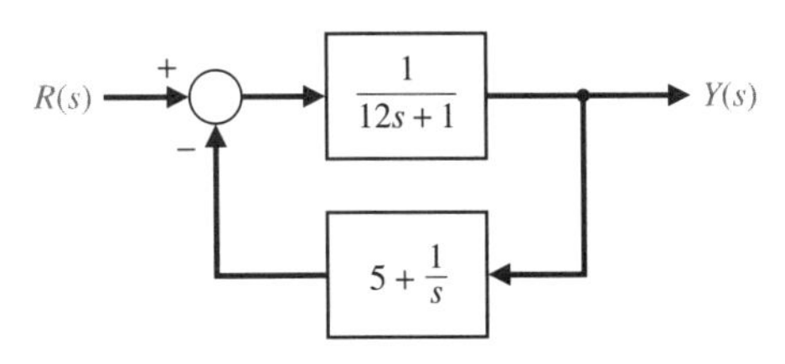

FIGURA E9.31 Sistema com realimentação não unitária.

E9.32 Considere o sistema descrito na forma de variáveis de estado por

$$\dot{\mathbf{x}}(t) = \mathbf{A}\mathbf{x}(t) + \mathbf{B}u(t)$$
$$y(t) = \mathbf{C}\mathbf{x}(t),$$

em que

$$\mathbf{A} = \begin{bmatrix} 0 & 1 \\ -4 & -1 \end{bmatrix}, \mathbf{B} = \begin{bmatrix} 0 \\ 5 \end{bmatrix}, \mathbf{C} = [1 \quad 0].$$

Calcule a margem de fase.

E9.33 Considere o sistema mostrado na Figura E9.33. Calcule a função de transferência em malha $L(s)$ e esboce o diagrama de Bode. Determine a margem de fase e a margem de ganho quando o controlador $K = 2{,}2$.

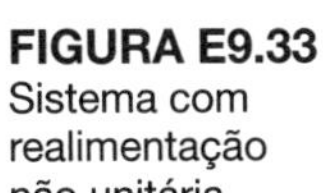
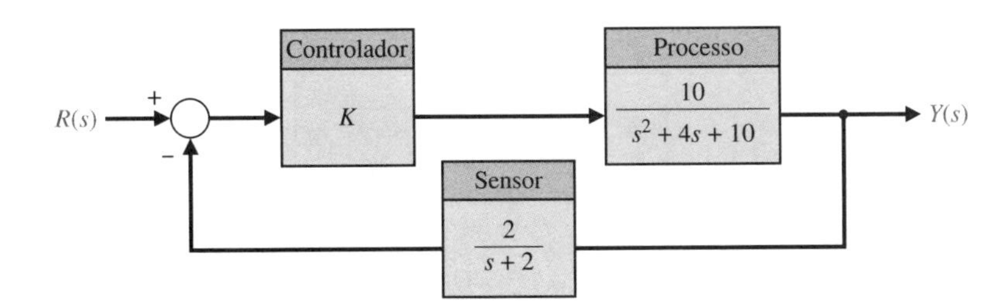

FIGURA E9.33 Sistema com realimentação não unitária com controlador proporcional K.

PROBLEMAS

P9.1 Nos diagramas de Nyquist do Problema P8.1, use o critério de Nyquist para verificar a estabilidade dos vários sistemas. Em cada caso, especifique os valores de N, P e Z.

P9.2 Esboce os diagramas de Nyquist das seguintes funções de transferência em malha $L(s) = G_c(s)G(s)$ e determine se o sistema é estável aplicando o critério de Nyquist:

$$\text{(a)}\ L(s) = G_c(s)G(s) = \frac{K}{s(s^2+s+6)}.$$

$$\text{(b)}\ L(s) = G_c(s)G(s) = \frac{K(s+1)}{s^2(s+6)}.$$

Se o sistema for estável, encontre o valor máximo para K determinando o ponto onde o diagrama de Nyquist cruza o eixo u.

P9.3 (a) Determine um contorno adequado Γ_s no plano s que possa ser usado para determinar se todas as raízes da equação característica possuem fatores de amortecimento maiores do que ζ_1. (b) Determine um contorno adequado Γ_s no plano s que possa ser usado para determinar se todas as raízes da equação característica possuem partes reais menores que $s = -\sigma_1$. (c) Usando o contorno da parte (b) e o teorema de Cauchy, determine se a seguinte equação característica possui raízes com partes reais menores que $s = -1$:

$$q(s) = s^3 + 11s^2 + 56s + 96.$$

P9.4 O diagrama de Nyquist de um sistema condicionalmente estável é mostrado na Figura P9.4 para um ganho específico K. (a) Determine se o sistema é estável e encontre o número de raízes (caso existam) no semiplano direito do plano s. O sistema não possui polos de $G_c(s)$ $G(s)$ no semiplano direito. (b) Determine se o sistema é estável se o ponto −1 está no ponto marcado no eixo.

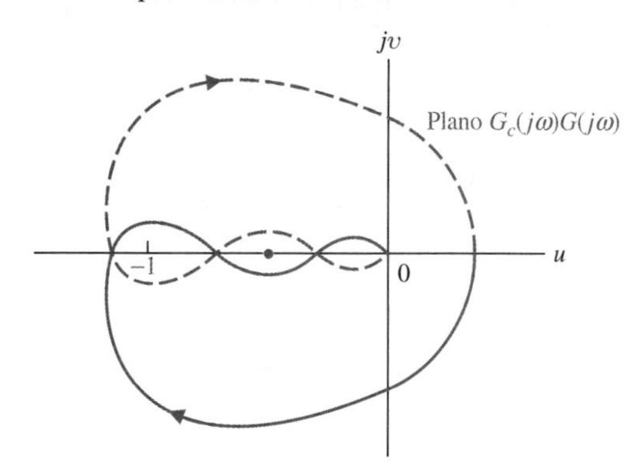

FIGURA P9.4 Diagrama de Nyquist de sistema condicionalmente estável.

P9.5 Um controle de velocidade para um motor a gasolina é mostrado na Figura P9.5. Por causa das restrições na admissão do carburador e da capacitância do coletor de redução, a defasagem τ_t ocorre e é igual a 1,5 segundo. A constante de tempo do motor τ_e é igual a $J/b = 4$ s. A constante de tempo da medida de velocidade é $\tau_m = 0{,}6$ s. (a) Determine o ganho K necessário se for requerido que o erro de velocidade em regime estacionário seja menor que 20% do ajuste de referência de velocidade. (b) Com o ganho determinado na parte (a), aplique o critério de Nyquist para investigar a estabilidade do sistema. (c) Determine as margens de fase e de ganho do sistema.

P9.6 Um braço com acionamento direto é um braço mecânico inovador no qual não são usados redutores entre os motores e suas cargas. Uma vez que os rotores dos motores estão acoplados diretamente às cargas, os sistemas de acionamento não têm folgas, têm pouco atrito e alta rigidez mecânica, as quais são todas características importantes para posicionamento rápido e exato, e manipulação ágil usando controle de torque sofisticado.

O objetivo do projeto do braço com acionamento direto do MIT é obter velocidades do braço de 10 m/s [15]. O braço possui torques de até 660 N m (475 ft lb). Realimentação e um conjunto de sensores de posição e velocidade são usados em cada motor. A resposta em frequência de uma junta do braço é mostrada na Figura P9.6(a). Os dois polos aparecem em 3,7 Hz e 68 Hz. A Figura P9.6(b) mostra a resposta ao degrau com realimentação de posição e de velocidade sendo usada. A constante de tempo do sistema em malha fechada é 82 ms. Desenvolva o diagrama de blocos do sistema de acionamento e prove que 82 ms é um resultado aceitável.

P9.7 Uma aeronave de decolagem vertical (*vertical takeoff and landing* – VTOL) é um veículo inerentemente instável e requer sistema de estabilização automática. Um sistema de estabilização de atitude para a aeronave VTOL K-16B do exército americano foi projetado e é mostrado na forma de diagrama de blocos na Figura P9.7 [16].

(a) Obtenha o diagrama de Bode da função de transferência em malha $L(s)$ quando o ganho é $K = 2$. (b) Determine as margens de ganho e de fase deste sistema. (c) Determine o erro em regime estacionário para uma perturbação de vento de $T_p(s) = 1/s$. (d) Determine a amplitude máxima do pico de ressonância da resposta em frequência em malha fechada e a frequência de ressonância. (e) Estime o fator de amortecimento do sistema a partir de $M_{p\omega}$ e da margem de fase.

P9.8 Servomecanismos eletro-hidráulicos são utilizados em sistemas de controle que requerem resposta rápida para uma grande massa. Um servomecanismo eletro-hidráulico pode fornecer saída de

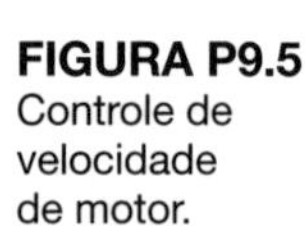

FIGURA P9.5 Controle de velocidade de motor.

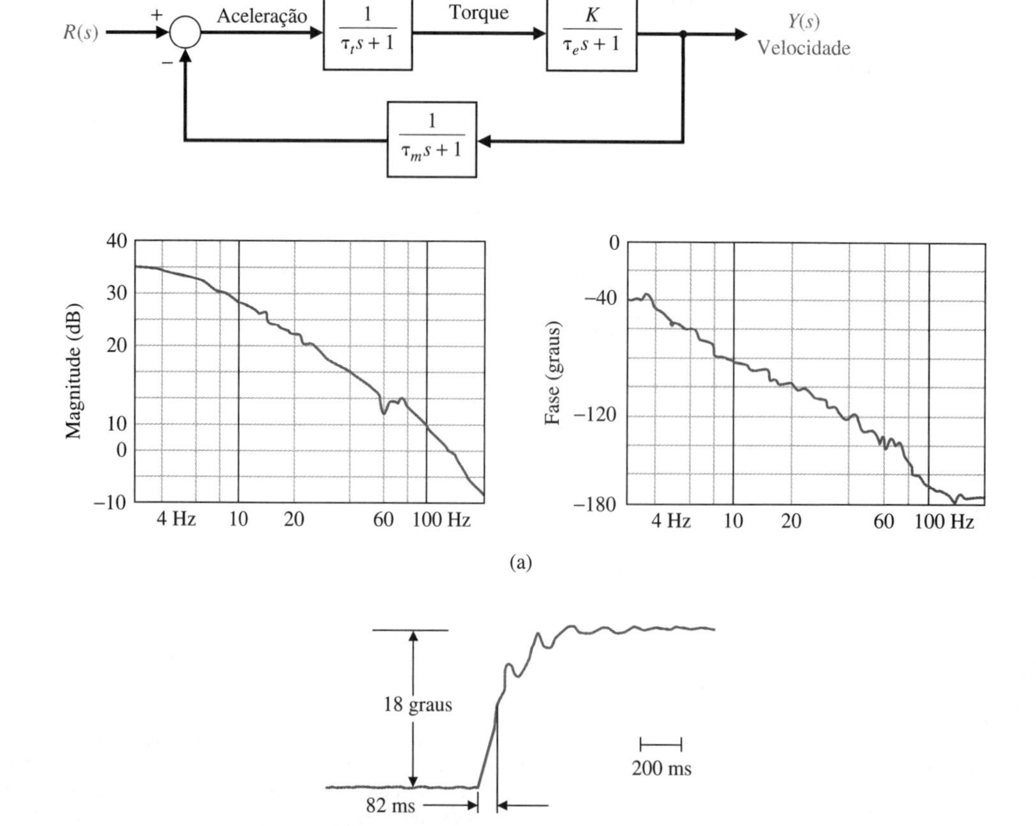

FIGURA P9.6 Braço do MIT: (a) resposta em frequência e (b) resposta da posição.

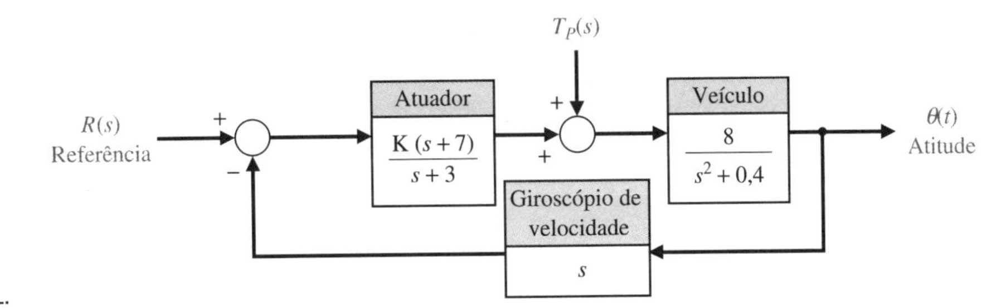

FIGURA P9.7 Sistema de estabilização de aeronave VTOL.

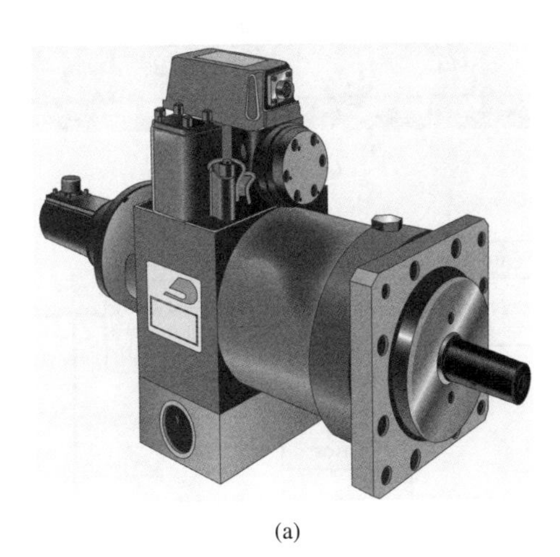

(a)

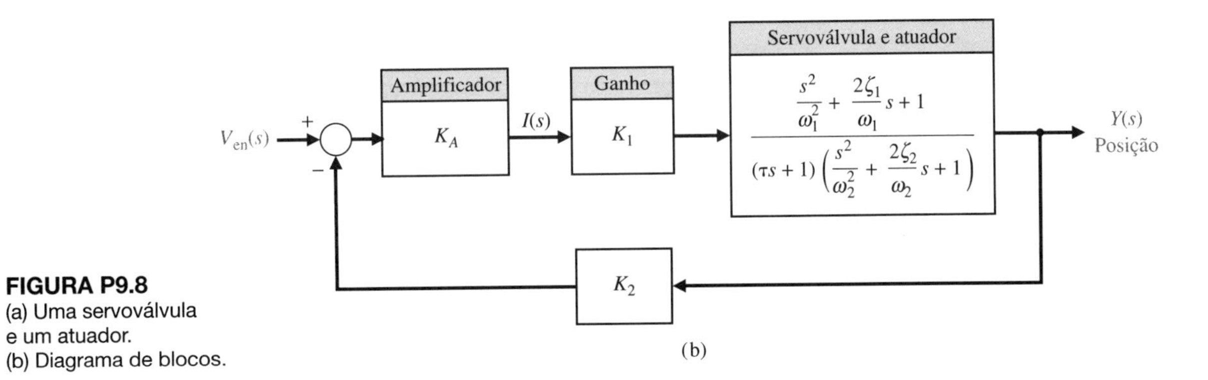

(b)

FIGURA P9.8 (a) Uma servoválvula e um atuador. (b) Diagrama de blocos.

100 kW ou mais [17]. Uma ilustração de servoválvula e atuador é mostrada na Figura P9.8(a). O sensor de saída fornece uma medida da posição do atuador, a qual é comparada com V_{en}. O erro é amplificado e controla a posição da válvula hidráulica, controlando assim a vazão de fluido hidráulico para o atuador. O diagrama de blocos de um servomecanismo eletro-hidráulico em malha fechada utilizando realimentação de pressão para obter amortecimento é mostrado na Figura P9.8(b) [17, 18]. Valores típicos para este sistema são $\tau = 0{,}02$ s; $\omega_2 = 7(2\pi)$ e $\zeta_2 = 0{,}05$ para o sistema hidráulico. A ressonância estrutural ω_1 é igual a $10(2\pi)$ e o amortecimento é $\zeta_1 = 0{,}05$. O ganho de malha é $K_AK_1K_2 = 1{,}0$. (a) Esboce o diagrama de Bode e determine a margem de fase do sistema. (b) O amortecimento do sistema pode ser aumentado abrindo-se um pequeno orifício no êmbolo de modo que $\zeta_2 = 0{,}25$. Esboce o diagrama de Bode e determine a margem de fase deste sistema.

P9.9 O ônibus espacial, mostrado na Figura P9.9(a), transportava grandes cargas para o espaço e retornava com elas à Terra para serem reutilizadas [19]. O ônibus utilizava *elevons* nos bordos de fuga da asa e um freio na cauda para controlar o voo durante a reentrada. O diagrama de blocos de um sistema de controle da velocidade de arfagem é mostrado na Figura P9.9(b).

(a) Esboce o diagrama de Bode do sistema quando $G_c(s) = 2$ e determine a margem de estabilidade. (b) Esboce o diagrama de Bode do sistema quando

$$G_c(s) = K_P + K_I/s \quad \text{e} \quad K_I/K_P = 0{,}5.$$

O ganho K_P deve ser escolhido de modo que a margem de ganho seja 10 dB.

P9.10 Máquinas operatrizes são frequentemente controladas automaticamente, como mostrado na Figura P9.10. Estes sistemas automáticos são muitas vezes chamados máquinas de controle numérico [9]. Em cada eixo, a posição desejada da máquina operatriz é comparada com a posição real e o resultado é usado para atuar sobre uma bobina de um solenoide e sobre o eixo de um atuador hidráulico. A função de transferência é

$$G_a(s) = \frac{X(s)}{Y(s)} = \frac{K_a}{s(\tau_a s + 1)},$$

na qual $K_a = 1$ e $\tau_a = 0{,}4$ s. A tensão de saída do amplificador diferencial é

$$E_0(s) = K_1(X(s) - X_d(s)),$$

(a)

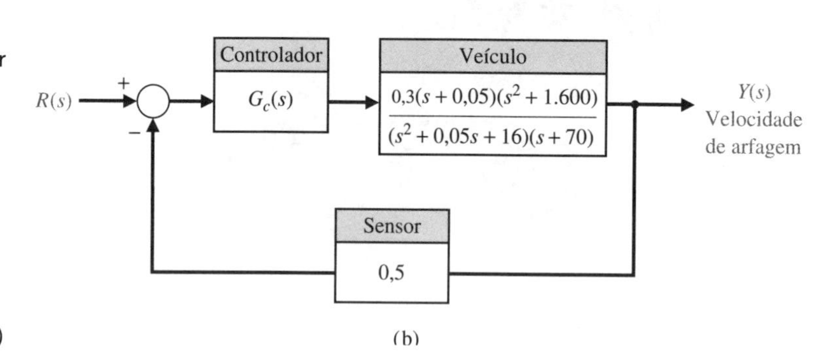

(b)

FIGURA P9.9 (a) Ônibus espacial em órbita da Terra contra a escuridão do espaço. O robô manipulador remoto é mostrado com as portas da área de carga abertas nesta vista superior, tirada por um satélite. (b) Sistema de controle da velocidade de arfagem. (Cortesia da NASA.)

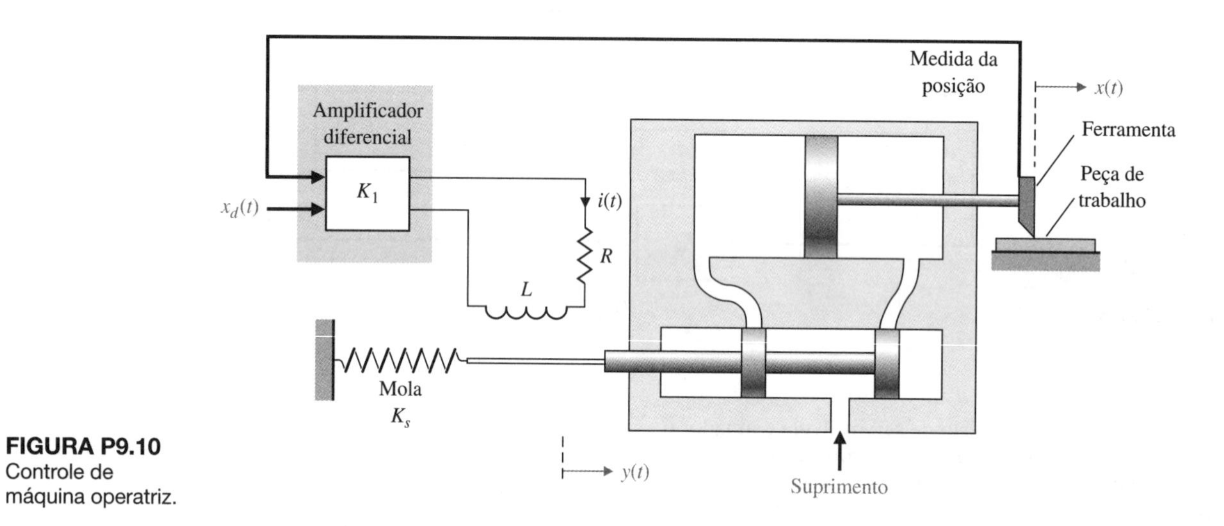

FIGURA P9.10 Controle de máquina operatriz.

na qual $x_d(t)$ é a entrada de posição desejada. A força no eixo é proporcional à corrente $i(t)$, de modo que $F = K_2 i(t)$, em que $K_2 = 3,0$. A constante de mola K_s é igual a 1,5, $R = 0,1$ e $L = 0,2$.

(a) Determine o ganho K_1 que resulta em um sistema com margem de fase de $M.F. = 30°$. (b) Para o ganho K_1 da parte (a), determine $M_{p\omega}$, ω_r e a faixa de passagem do sistema em malha fechada. (c) Estime a máxima ultrapassagem percentual da resposta transitória para uma entrada em degrau $X_d(s) = 1/s$ e o tempo de acomodação (para uma faixa de 2% do valor final).

P9.11 Um sistema de controle de concentração química é mostrado na Figura P9.11. O sistema recebe uma alimentação granular de composição variante, e deseja-se manter uma composição constante da mistura de saída ajustando-se a válvula de vazão de alimentação.

O transporte do suprimento ao longo da esteira requer um tempo (ou retardo) de transporte, $T = 1,5$ s. (a) Esboce o diagrama de Bode quando $K_1 = K_2 = 1$ e investigue a estabilidade do sistema. (b) Esboce o diagrama de Bode quando $K_1 = 0,1$ e $K_2 = 0,04$ e investigue a estabilidade do sistema. (c) Quando $K_1 = 0$, utilize o critério de Nyquist para calcular o máximo valor admissível do ganho K_2 para que o sistema permaneça estável.

P9.12 Um modelo simplificado do sistema de controle para regular a abertura da pupila do olho humano é mostrado na Figura P9.12 [20]. O ganho K representa o ganho da pupila e τ é a constante de tempo da pupila, a qual é 0,75 s. O retardo no tempo T é igual a 0,6 s. O ganho da pupila é igual a 2,5.

(a) Admitindo que o retardo no tempo seja desprezível, esboce o diagrama de Bode do sistema. Determine a margem de fase do sistema. (b) Inclua o efeito do retardo no tempo acrescentando o deslocamento de fase devido ao retardo. Determine a margem de fase do sistema com o retardo no tempo incluído.

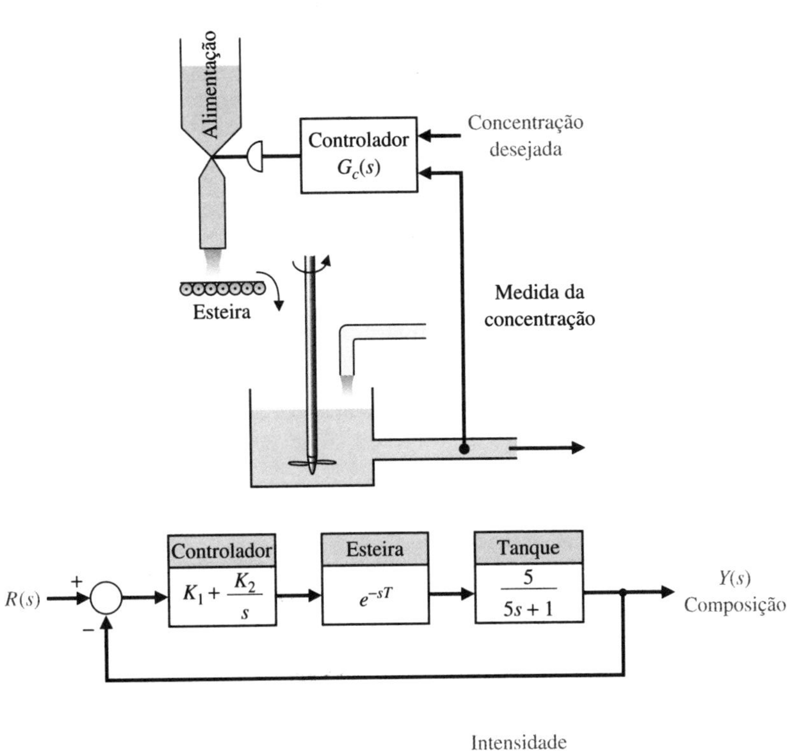

FIGURA P9.11 Controle de concentração química.

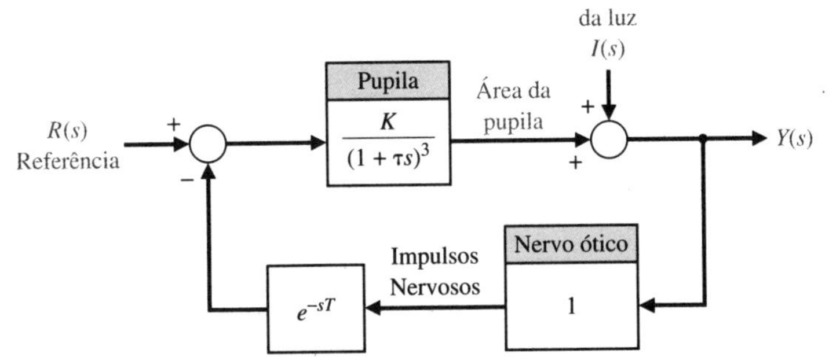

FIGURA P9.12 Controle da abertura da pupila humana.

P9.13 Um controlador é utilizado para regular a temperatura de um molde para a fabricação de peças de plástico, como mostrado na Figura P9.13. O valor do retardo no tempo é estimado como 1,2 s. (a) Utilizando o critério de Nyquist, determine a estabilidade do sistema para $K_a = K = 1$. (b) Determine um valor adequado para K_a para um sistema estável que resultará em uma margem de fase $M.F. \geq 50°$ quando $K = 1$.

P9.14 A eletrônica e os computadores estão sendo usados para controlar automóveis. A Figura P9.14 é um exemplo de sistema de controle de automóvel, o controle de direção para um automóvel de pesquisa. A alavanca de controle é usada para dirigir. Um motorista típico apresenta tempo de reação de $T = 0{,}2$ s.

(a) Utilizando a carta de Nichols, determine a magnitude do ganho K que resultará em um sistema com magnitude de pico da resposta em frequência em malha fechada $M_{p\omega} \leq 2$ dB.

(b) Estime o fator de amortecimento do sistema com base (1) em $M_{p\omega}$ e (2) na margem de fase. Compare os resultados e explique a diferença, caso exista.

(c) Determine a faixa de passagem em malha fechada do sistema.

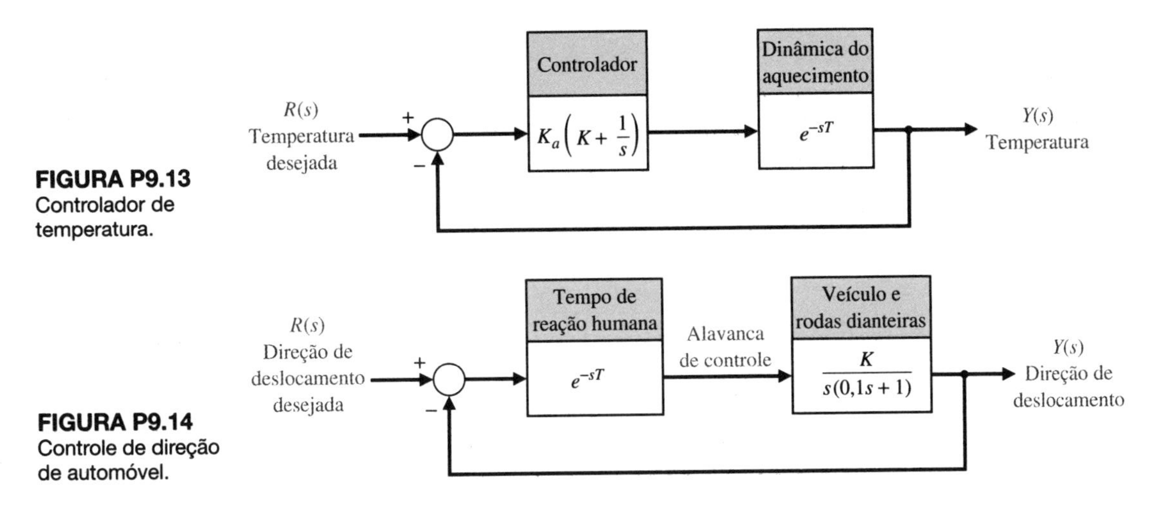

FIGURA P9.13 Controlador de temperatura.

FIGURA P9.14 Controle de direção de automóvel.

P9.15 Considere a função de tranferência do sistema de pilotagem automática de navio

$$G(s) = \frac{-0{,}164(s + 0{,}2)(s - 0{,}32)}{s^2(s + 0{,}25)(s - 0{,}009)}.$$

O desvio do navio-tanque em relação à trajetória retilínea é medido por radar e é usado para gerar o sinal de erro, como mostrado na Figura P9.15. Este sinal de erro é usado para controlar o ângulo do leme $\delta(s)$.

(a) Este sistema é estável? Discuta o que um sistema instável de pilotagem de navio indica em termos da resposta transitória do sistema. Lembre-se de que o sistema considerado é um navio tentando seguir uma trajetória reta.

(b) É possível estabilizar este sistema reduzindo o ganho da função de transferência $G(s)$?

(c) É possível estabilizar este sistema com um controlador com realimentação da derivativa?

(d) Sugira um compensador com realimentação adequado.

(e) Repita as partes (a), (b) e (c) quando a chave S está fechada.

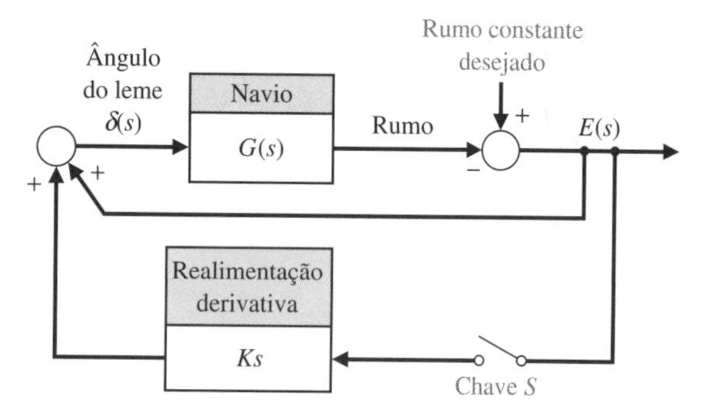

FIGURA P9.15 Pilotagem automática de navio.

P9.16 Um transportador elétrico que segue automaticamente uma trilha de fita traçada em um piso de fábrica é mostrado na Figura P9.16(a) [15]. Sistemas com realimentação em malha fechada são usados para controlar a direção e a velocidade do veículo. O carro detecta o percurso de fita por meio de um arranjo de 16 fototransistores. O diagrama de blocos do sistema de direção é mostrado na Figura P9.16(b). Escolha um ganho K de modo que a margem de fase seja $M.F. = 30°$.

P9.17 O objetivo principal de muitos sistemas de controle é manter a variável de saída na condição desejada ou de referência quando o sistema está sujeito a uma perturbação [22]. Um esquema de controle de reator químico típico é mostrado na Figura P9.17. A perturbação é representada por $U(s)$ e o processo químico por G_3 e G_4. O controlador é representado por G_1 e a válvula por G_2. O sensor de realimentação é $H(s)$ e será admitido como igual a 1. Assuma que G_2, G_3 e G_4 são todos da forma

$$G_i(s) = \frac{K_i}{1 + \tau_i s},$$

na qual $\tau_3 = \tau_4 = 4$ s e $K_3 = K_4 = 0{,}1$. As constantes da válvula são $K_2 = 20$ e $\tau_2 = 0{,}5$ s. Deseja-se manter um erro em regime estacionário $e_{ss} = 5\%$ da posição de referência desejada.

(a) Quando $G_1(s) = K_1$, encontre o ganho necessário para satisfazer o requisito de constante de erro. Para esta condição, determine a máxima ultrapassagem percentual esperada para uma mudança em degrau no sinal de referência $r(t)$.

(b) Se o controlador possui um termo proporcional e mais um termo integral de modo que $G_1(s) = K_1(1 + 1/s)$, determine um ganho adequado para produzir um sistema com máxima ultrapassagem $M.U.P. \leq 30\%$, mas $M.U.P. \geq 5\%$. Para as partes (a) e (b), utilize a aproximação do fator de amortecimento como uma função da margem de fase que resulta $\zeta = 0{,}01\ \phi_{mf}$. Para esses cálculos, supor que $U(s) = 0$.

(a)

Arranjo de fototransistores

$R(s)$ → (+/−) → K → Dinâmica do motor e do carro: $\frac{1}{(s/10 + 1)(s^2 + s + 2)}$ → $Y(s)$ Direção do carro

(b)

FIGURA P9.16 (a) Um veículo transportador elétrico (Vanit Janthra/iStockPhoto). (b) Diagrama de blocos.

(c) Estime o tempo de acomodação (com um critério de 2%) da resposta ao degrau do sistema para os controladores das partes (a) e (b).

(d) Espera-se que o sistema seja submetido a uma perturbação em degrau $U(s) = A/s$. Para facilitar, suponha que a referência desejada é $r(t) = 0$ quando o sistema estiver estabelecido. Determine a resposta do sistema da parte (b) à perturbação.

P9.18 Um modelo de motorista de automóvel tentando manter uma direção é mostrado na Figura P9.18, na qual $K = 6{,}0$. (a) Determine a resposta em frequência e as margens de ganho e de fase quando o tempo de reação for $T = 0$. (b) Encontre a margem de fase quando o tempo de reação for $T = 0{,}15$ s. (c) Encontre o tempo de reação que fará com que o sistema fique no limiar de estabilidade ($M.F. = 0°$).

P9.19 Nos Estados Unidos, bilhões de dólares são gastos anualmente na coleta e no tratamento de lixo sólido. Um sistema que utiliza um braço coletor controlado remotamente para recolher sacos de lixo é mostrado na Figura P9.19. A função de transferência em malha do braço coletor é

$$L(s) = G_c(s)G(s) = \frac{0{,}5}{s(2s + 1)(s + 4)}.$$

(a) Trace a carta de Nichols e mostre que a margem de ganho é $M.G. = 32$ dB. (b) Determine a margem de fase e $M_{p\omega}$ em malha fechada. Determine também a faixa de passagem em malha fechada.

P9.20 O V-22 Osprey Tiltrotor da Bell-Boeing é tanto uma aeronave quanto um helicóptero. Sua vantagem é a capacidade de girar os motores para uma posição vertical, como mostrado na Figura P7.33(a), em decolagens e pousos, e então mudar os motores para uma posição horizontal e se deslocar como um avião. O sistema de controle de altitude no modo helicóptero é mostrado na Figura P9.20. (a) Obtenha a resposta em frequência do sistema para $K = 100$. (b) Encontre a margem de ganho e a margem de fase para este sistema. (c) Escolha um ganho adequado K de modo que a margem de fase seja $M.F. = 40°$. (Diminua o ganho acima $K = 100$.) (d) Encontre a resposta $y(t)$ do sistema para o ganho escolhido na parte (c).

P9.21 Considere um sistema com realimentação unitária com a função de transferência em malha

$$L(s) = G_c(s)G(s) = \frac{K}{s(s + 1)(s + 4)}.$$

(a) Esboce o diagrama de Bode para $K = 4$. Determine (b) a margem de ganho, (c) o valor de K necessário para fornecer uma margem de ganho igual a 12 dB e (d) o valor de K que resulta em um erro em regime estacionário de 25% da magnitude A para uma entrada rampa $r(t) = At$, $t > 0$. Este ganho pode ser utilizado para alcançar um desempenho aceitável?

P9.22 O diagrama de Nichols para $G_c(j\omega)G(j\omega)$ de um sistema em malha fechada é mostrado na Figura P9.22. A frequência para cada ponto no gráfico é dada na seguinte tabela:

Ponto	1	2	3	4	5	6	7	8	9
ω	1	2,0	2,6	3,4	4,2	5,2	6,0	7,0	8,0

Determine (a) a frequência de ressonância, (b) a faixa de passagem, (c) a margem de fase e (d) a margem de ganho. (e) Estime a máxima ultrapassagem e o tempo de acomodação (com um critério de 2%) da resposta a uma entrada em degrau.

P9.23 Um sistema de controle em malha fechada possui a função de transferência em malha

$$L(s) = G_c(s)G(s) = \frac{K}{s(s + 10)(s + 20)}.$$

(a) Determine o ganho K de modo que a margem de fase seja $M.F. = 50°$. (b) Para o ganho K escolhido na parte (a), determine a margem de ganho do sistema.

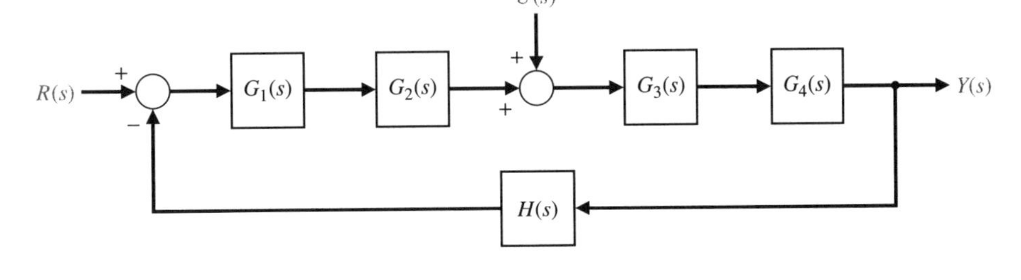

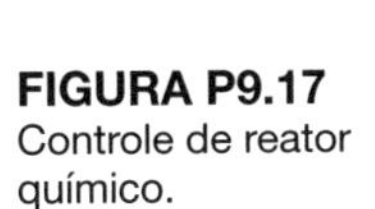

FIGURA P9.17 Controle de reator químico.

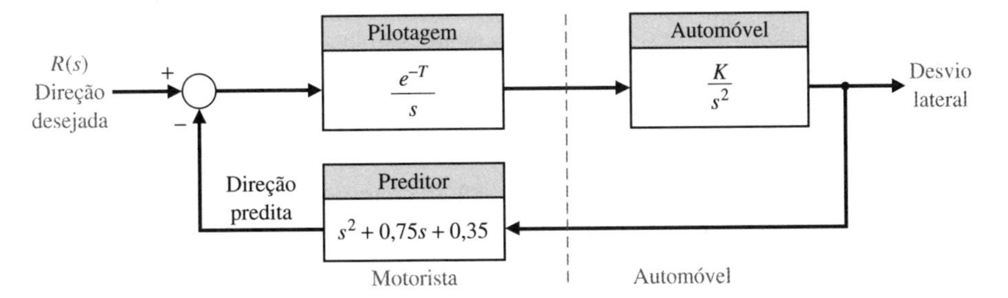

FIGURA P9.18 Controle de automóvel e motorista.

FIGURA P9.19 Sistema coletor de lixo.

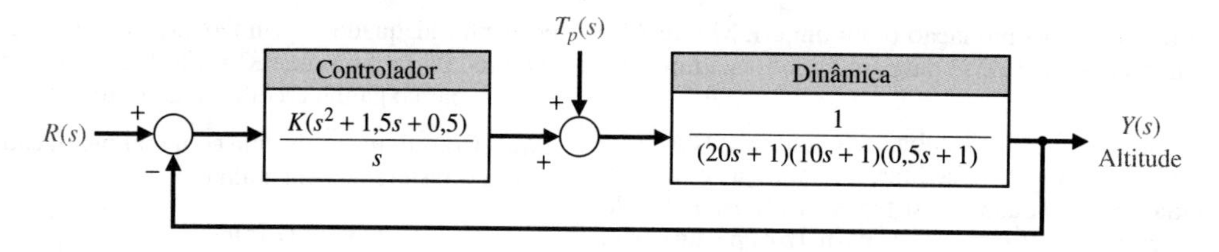

FIGURA P9.20 Controle da aeronave Tiltrotor.

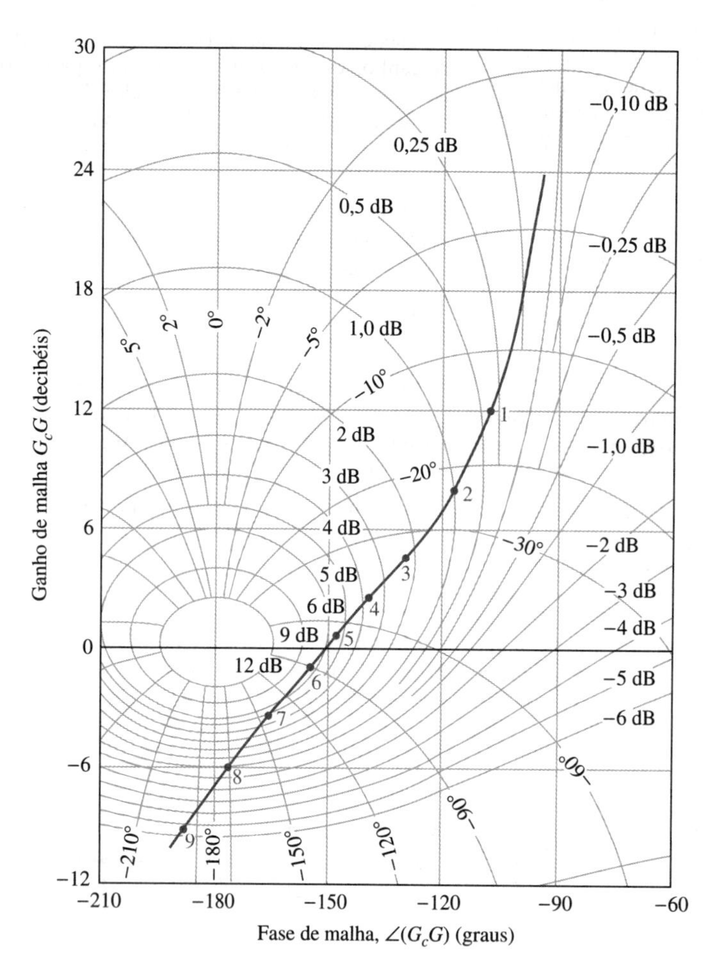

FIGURA P9.22 Carta de Nichols.

P9.24 Um sistema em malha fechada com realimentação unitária possui a função de transferência em malha

$$L(s) = G_c(s)G(s) = \frac{K(s+20)}{s^2}.$$

(a) Determine o ganho K de modo que a margem de fase seja $M.F. = 45°$. (b) Para o ganho K escolhido na parte (a), determine a margem de ganho. (c) Prediga a faixa de passagem do sistema em malha fechada.

P9.25 Um sistema em malha fechada possui a função de transferência em malha

$$L(s) = G_c(s)G(s) = \frac{Ke^{-Ts}}{s}.$$

(a) Determine o ganho K de modo que a margem de fase seja $M.F. = 45°$ quando $T = 0{,}1$. (b) Represente graficamente a margem de fase *versus* o retardo no tempo T para K como na parte (a).

P9.26 Uma oficina de máquinas especializada está melhorando a eficiência do seu processo de retificação de superfícies [21]. A máquina existente está mecanicamente íntegra, mas é operada manualmente. A automatização da máquina irá liberar o operador para outras tarefas e assim aumentará a produtividade geral da oficina de máquinas. A máquina de retificação é mostrada na Figura P9.26(a) com todos os três eixos automatizados com motores e sistemas com realimentação. O sistema de controle para o eixo y é mostrado na Figura P9.26(b). Para alcançar um erro em regime estacionário baixo para um comando rampa, escolhe-se $K = 5$. Esboce o diagrama de Bode e obtenha o gráfico da carta de Nichols. Determine as margens de ganho e de fase do sistema e a faixa de passagem do sistema em malha fechada. Estime o fator de amortecimento do sistema e prediga a máxima ultrapassagem e o tempo de acomodação (com um critério de 2%).

P9.27 Considere o sistema mostrado na Figura P9.27. Determine o máximo valor de $K = K_{máx}$ para o qual o sistema em malha fechada é estável. Represente graficamente a margem de fase como função do ganho $3 \le K \le K_{máx}$. Explique o que acontece com a margem de fase à medida que K se aproxima de $K_{máx}$.

P9.28 Considere o sistema com realimentação mostrado na Figura P9.28.

(a) Determine o valor de K_P tal que a margem de fase seja $M.F. = 45°$.

(b) Usando a $M.F.$ obtida, prediga a máxima ultrapassagem percentual do sistema em malha fechada para uma entrada em degrau unitário.

(c) Represente graficamente a resposta ao degrau e compare a máxima ultrapassagem percentual real com a máxima ultrapassagem predita.

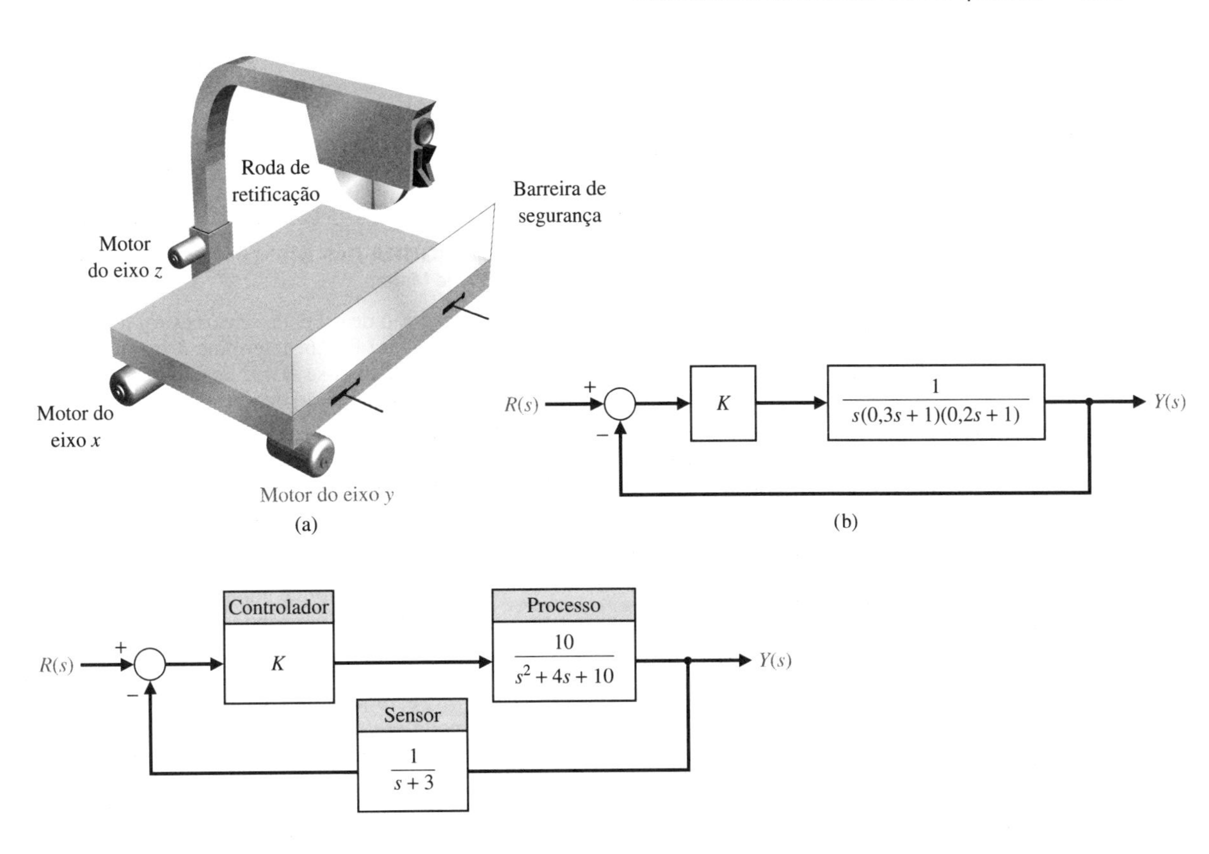

FIGURA P9.26 Sistema de controle de roda de retificação de superfícies.

FIGURA P9.27 Sistema com realimentação não unitária com controlador proporcional K.

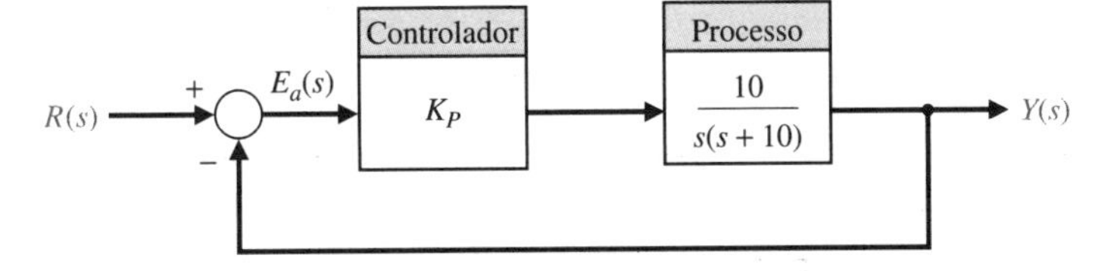

FIGURA P9.28 Sistema com realimentação unitária com um controlador proporcional na malha.

PROBLEMAS AVANÇADOS

PA9.1 Espaçonaves em operação passam por variações substanciais de propriedades de massa e de configuração durante sua vida útil [25]. Considere o sistema de controle de orientação mostrado na Figura PA9.1.

(a) Trace o diagrama de Bode e determine as margens de ganho e de fase quando $\omega_n^2 = 15.000$. (b) Repita a parte (a) quando $\omega_n^2 = 7.500$. Observe o efeito de se variar ω_n^2 por 50%.

PA9.2 A anestesia é usada em cirurgias para produzir inconsciência. Um problema com a inconsciência produzida por medicamentos é a grande diferença de respostas dos pacientes. Além disso, a resposta do paciente varia durante uma operação. Um modelo do controle de anestesia produzida por medicamentos é mostrado na Figura PA9.2. O indicador de inconsciência é a pressão do sangue arterial.

(a) Trace o diagrama de Bode e determine a margem de ganho e a margem de fase quando $T = 0{,}05$ s. (b) Repita a parte (a) quando $T = 0{,}1$ s. Descreva o efeito do aumento de 100% no retardo no tempo T. (c) Usando a margem de fase, prediga a máxima ultrapassagem para uma entrada em degrau para as partes (a) e (b).

PA9.3 Processos de solda vêm sendo automatizados ao longo das últimas décadas. As características de qualidade da solda, como a metalurgia final e a mecânica da junta, tipicamente não são mensuráveis em tempo real para controle. Portanto, alguma forma indireta para controlar a qualidade da solda é necessária. Uma abordagem abrangente para o controle durante o processo de solda inclui tanto características geométricas do pingo (como características de largura, profundidade e altura da seção reta) quanto características térmicas (como largura da zona afetada pelo calor e taxa de resfriamento). A profundidade do pingo de solda, que é o atributo geométrico chave de uma grande classe de soldas, é muito difícil de medir diretamente, mas um método para se estimar a profundidade usando medidas de temperatura foi

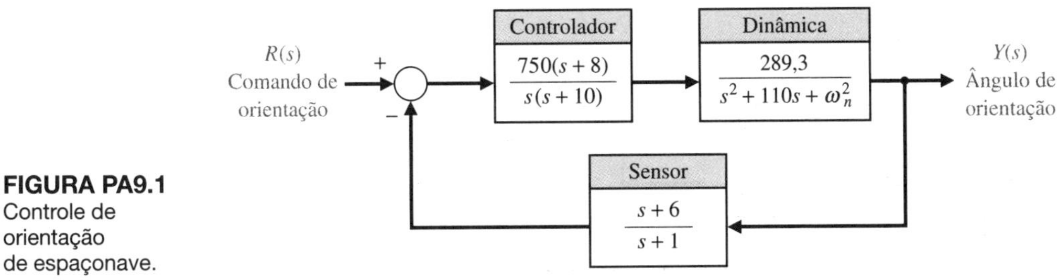

FIGURA PA9.1 Controle de orientação de espaçonave.

desenvolvido [26]. Um modelo do sistema de controle de solda é mostrado na Figura PA9.3.

(a) Determine a margem de fase e a margem de ganho para o sistema quando $K = 1$. (b) Repita a parte (a) quando $K = 1{,}5$. (c) Determine a faixa de passagem do sistema para $K = 1$ e $K = 1{,}5$ usando a carta de Nichols. (d) Prediga o tempo de acomodação (com um critério de 2%) da resposta ao degrau para $K = 1$ e $K = 1{,}5$.

PA9.4 O controle de uma máquina de fabricar papel é bastante complexo [27]. O objetivo é depositar a quantidade adequada de suspensão de fibra (pasta) na velocidade correta e de um modo uniforme. Desidratação, deposição da fibra, prensagem e secagem ocorrem então em sequência. O controle do peso do papel por unidade de área é muito importante. Para o sistema de controle mostrado na Figura PA9.4, escolha K de modo que a margem de fase $M.F. \geq 45°$ e a margem de ganho $M.G. \geq 10$ dB. Represente graficamente a resposta ao degrau para o ganho escolhido. Determine a faixa de passagem do sistema em malha fechada.

PA9.5 Um explorador típico de Marte é um veículo de energia solar que usa câmeras e sensores de distância a *laser*. Ele é capaz de escalar uma inclinação de 30° em areia seca e carrega um espectrômetro que pode determinar a composição química das rochas da superfície. É controlado remotamente a partir da Terra.

Para o modelo do sistema de controle de posição mostrado na Figura PA9.5, determine o ganho K que maximiza a margem de fase. Determine a máxima ultrapassagem para uma entrada em degrau com o ganho escolhido.

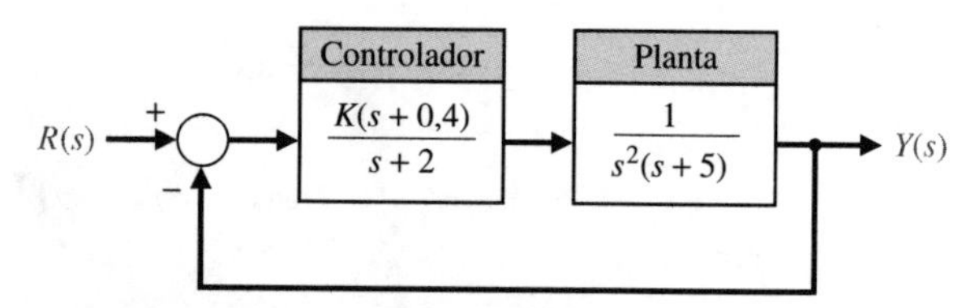

FIGURA PA9.5 Sistema de controle de posição de um explorador de Marte.

PA9.6 A acidez da água drenada de uma mina de carvão é frequentemente controlada pela adição de cal à água. Uma válvula controla a adição de cal e um sensor está a jusante. Para o modelo mostrado na Figura PA9.6, determine K e a distância D para manter estabilidade. Requer-se $D > 2$ metros para permitir uma mistura completa antes da medição do sensor.

PA9.7 Os elevadores de edifícios estão limitados em cerca de 800 metros. Acima dessa altura, os cabos do elevador se tornam grossos e pesados demais para uso prático. Uma solução é eliminar o cabo. A chave para o elevador sem cabo é a tecnologia de motor linear que está sendo aplicada atualmente no desenvolvimento de sistemas de transporte de trilho levitados magneticamente. Considera-se um motor síncrono linear que impulsiona um carro de passageiros ao longo de um trilho guia que sobe com a extensão do poço do elevador. O motor funciona por meio da interação de um campo eletromagnético de bobinas elétricas ao longo do trilho guia com ímãs no carro [28].

Se for admitido que o motor possui atrito desprezível, o sistema pode ser representado pelo modelo mostrado na Figura PA9.7. Determine K de modo que a margem de fase do sistema seja $M.F. = 45°$. Para o ganho K escolhido, determine a faixa de passagem do sistema. Calcule também o valor máximo da saída de uma perturbação em degrau unitário para o ganho escolhido.

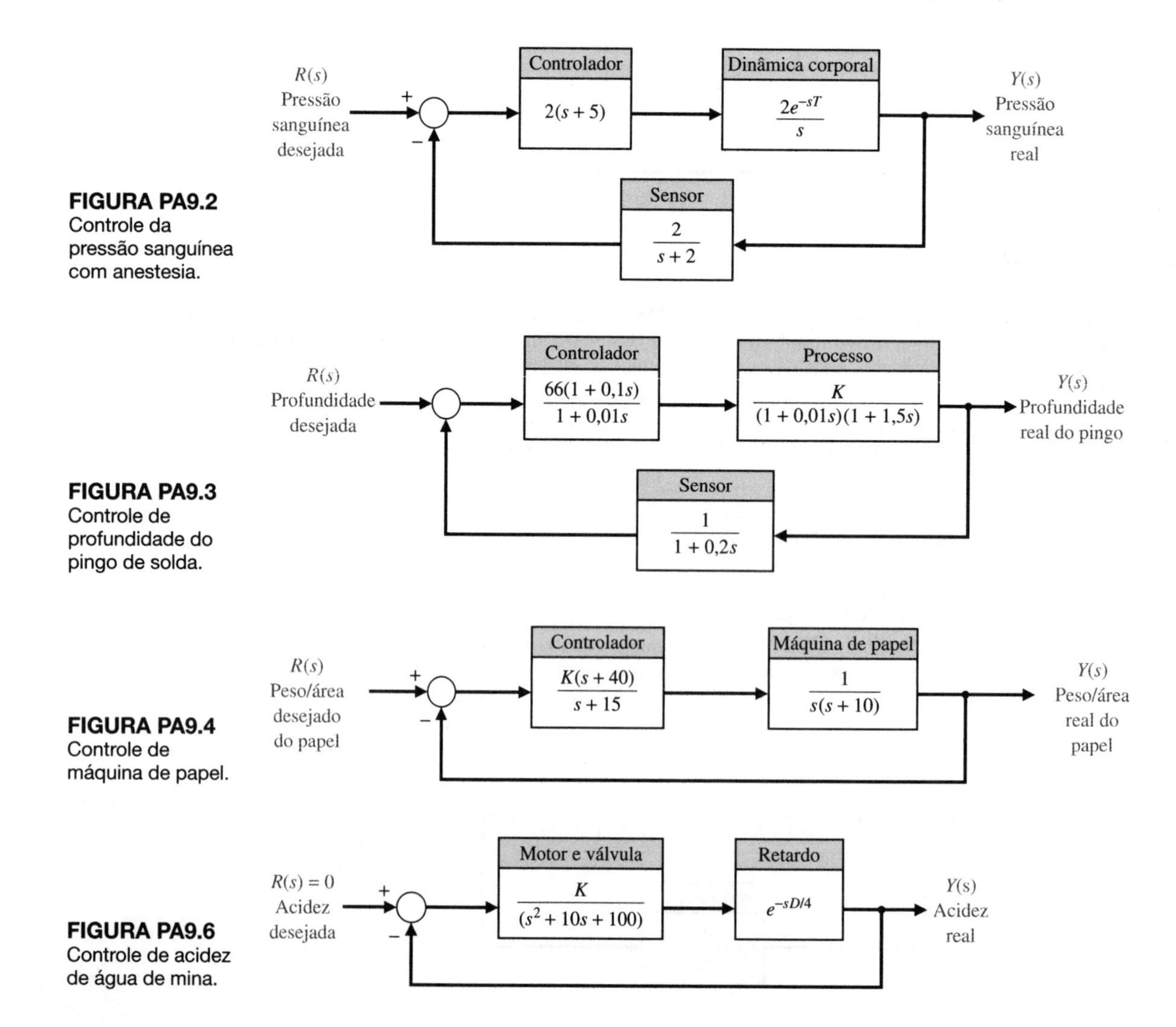

FIGURA PA9.2 Controle da pressão sanguínea com anestesia.

FIGURA PA9.3 Controle de profundidade do pingo de solda.

FIGURA PA9.4 Controle de máquina de papel.

FIGURA PA9.6 Controle de acidez de água de mina.

PA9.8 Um sistema de controle é mostrado na Figura PA9.8. O ganho K é maior que 500 e menor do que 4.000. Escolha um ganho que fará com que a resposta ao degrau do sistema tenha máxima ultrapassagem de menos que $M.U.P. \leq 20\%$. Trace o diagrama de Nichols e calcule a margem de fase.

PA9.9 Considere um sistema com realimentação unitária com

$$G(s) = \frac{1}{s(s^2 + 5s + 15)}$$

e

$$G_c(s) = K_p + \frac{K_I}{s}.$$

Admita

$$\frac{K_I}{K_P} = 0{,}3$$

e determine o ganho K_p que fornece a máxima margem de fase.

PA9.10 Um diagrama de blocos com múltiplas malhas é mostrado na Figura PA9.10

(a) Calcule a função de transferência $T(s) = Y(s)/R(s)$.

(b) Determine K tal que o erro de rastreamento em regime estacionário para uma entrada em degrau unitário $R(s) = 1/s$ seja zero. Represente graficamente a resposta ao degrau unitário.

(c) Usando K da parte (b), calcule a faixa de passagem do sistema, ω_b.

PA9.11 Pacientes com doenças cardiológicas e força muscular cardíaca abaixo do normal podem se beneficiar de um dispositivo de assistência. Um dispositivo elétrico de assistência ventricular (*electric ventricular assist device* – EVAD) converte energia elétrica em fluxo sanguíneo movimentando uma placa de pressão contra uma bolsa de sangue flexível. A placa de pressão alterna seu movimento para ejetar sangue na sístole e permitir que a bolsa se encha na diástole. O EVAD pode ser implantado em conjunto ou em paralelo com o coração natural intacto, como mostrado na Figura PA9.11(a). O EVAD é acionado por baterias recarregáveis e a energia elétrica é transmitida indutivamente através da pele por meio de um sistema de transmissão. As baterias e o sistema de transmissão limitam o armazenamento de energia elétrica e o pico de energia transmitida. Deseja-se acionar o EVAD de modo a minimizar seu consumo de energia elétrica [33].

O EVAD possui uma entrada única, a tensão aplicada no motor, e uma saída única, o fluxo sanguíneo. O sistema de controle do EVAD executa duas tarefas principais: ajusta a tensão do motor para acionar a placa de pressão no ritmo desejado e ele varia o fluxo sanguíneo do EVAD para atender à demanda de saída cardíaca do corpo. O controlador do fluxo sanguíneo ajusta o fluxo sanguíneo variando a frequência da batida do EVAD. Um modelo do sistema de controle com realimentação é mostrado na Figura PA9.11(b). O motor, a bomba e a bolsa de sangue podem ser modelados por um retardo no tempo nominal com $T = 1$ s. O objetivo é alcançar uma resposta ao degrau com erro em regime estacionário nulo e máxima ultrapassagem percentual $M.U.P. \leq 10\%$.

Considere o controlador

$$G_c(s) = \frac{5}{s(s + 10)}.$$

Para o retardo no tempo nominal de $T = 1$ s, represente graficamente a resposta ao degrau e verifique que as especificações de erro de rastreamento em regime estacionário e máxima ultrapassagem percentual são satisfeitas. Determine o retardo no tempo máximo, T, possível com o controlador que mantém o sistema em malha fechada estável. Represente graficamente a margem de fase como uma função do retardo no tempo até o máximo permitido para a estabilidade.

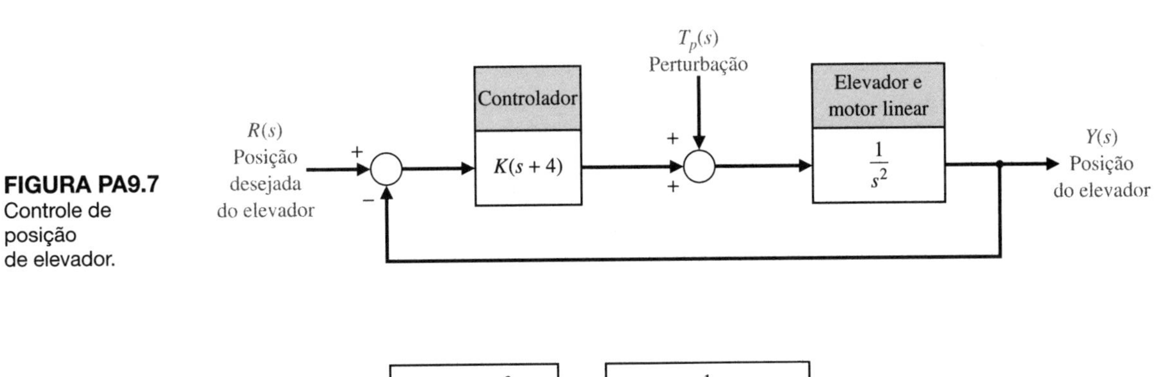

FIGURA PA9.7 Controle de posição de elevador.

$R(s)$ → $\frac{K(s+1)^2}{(s+12)(s+23)}$ → $\frac{1}{s(s^2+3{,}2s+3{,}56)}$ → $Y(s)$

FIGURA PA9.8 Escolha de ganho.

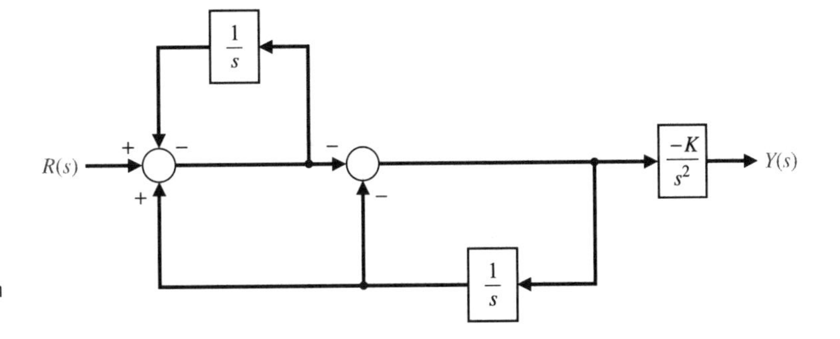

FIGURA PA9.10 Sistema de controle com realimentação com múltiplas malhas.

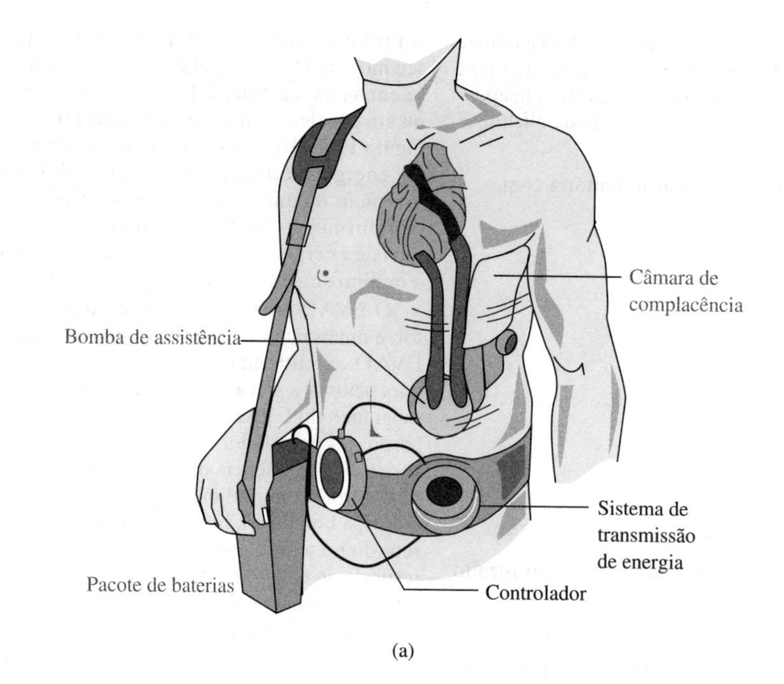

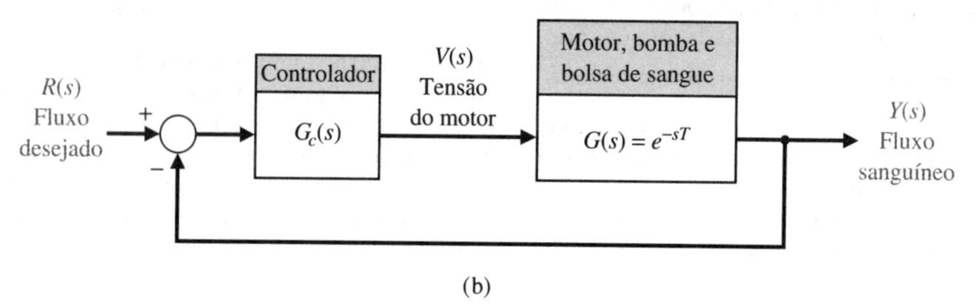

FIGURA PA9.11 (a) Um dispositivo elétrico de assistência ventricular para pacientes de cardiologia. (b) Sistema de controle com realimentação.

PROBLEMAS DE PROJETO

PPC9.1 O sistema da Figura PPC4.1 utiliza um controlador $G_c(s) = K_a$. Determine o valor de K_a de modo que a margem de fase seja $M.F. = 70°$. Represente graficamente a resposta deste sistema para uma entrada em degrau.

PP9.1 Um robô móvel para a limpeza de lixo tóxico é mostrado na Figura PP9.1(a) [23]. O controle de velocidade em malha fechada é um sistema com realimentação unitária. A carta de Nichols na Figura PP9.1(b) mostra o gráfico de $G_c(j\omega)G(j\omega)/K$ *versus* ω. O valor da frequência nos pontos indicados está registrado na seguinte tabela:

Ponto	1	2	3	4	5
ω	2	5	10	20	50

(a) Determine as margens de ganho e de fase do sistema em malha fechada quando $K = 1$. (b) Determine o pico de ressonância em dB e a frequência de ressonância para $K = 1$. (c) Determine a faixa de passagem do sistema e estime o tempo de acomodação (com um critério de 2%) e a máxima ultrapassagem percentual deste sistema para uma entrada em degrau. (d) Determine o ganho K apropriado de modo que a máxima ultrapassagem percentual para uma entrada em degrau seja $M.U.P. = 30\%$ e estime o tempo de acomodação do sistema.

PP9.2 Braços robóticos de juntas flexíveis são construídos de materiais leves e apresentam dinâmica em malha aberta levemente amortecida [15]. Um sistema de controle com realimentação para um braço flexível é mostrado na Figura PP9.2. Escolha K de modo que o sistema possua uma margem de fase máxima. Prediga a máxima ultrapassagem percentual para uma entrada em degrau com base na margem de fase alcançada e compare-a com a máxima ultrapassagem real para uma entrada em degrau. Determine a faixa de passagem do sistema em malha fechada. Prediga o tempo de acomodação (com um critério de 2%) do sistema para uma entrada em degrau e compare-o com o tempo de acomodação real. Discuta a conveniência deste sistema de controle.

PP9.3 Um sistema de injeção de medicamento automático é utilizado na regulação de pacientes de tratamento crítico sofrendo de deficiência cardíaca [24]. O objetivo é manter uma condição estável do paciente dentro de limites estreitos. Considere o uso de um sistema de injeção de medicamento para a regulação da pressão sanguínea com a infusão de um medicamento. O sistema de controle com realimentação é mostrado na Figura PP9.3. Escolha um ganho K apropriado que mantenha um pequeno desvio da pressão sanguínea enquanto alcança uma boa resposta dinâmica.

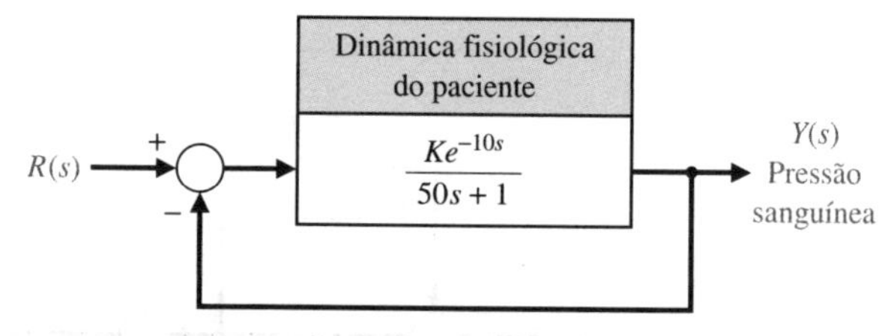

FIGURA PP9.3 Injeção de medicamento automática.

PP9.4 Um robô jogador de tênis é mostrado na Figura PP9.4(a) e um sistema de controle simplificado para $\theta_2(t)$ é mostrado na Figura PP9.4(b). O objetivo do sistema de controle é obter a melhor resposta ao degrau enquanto se alcança um K_v grande para o sistema. Escolha

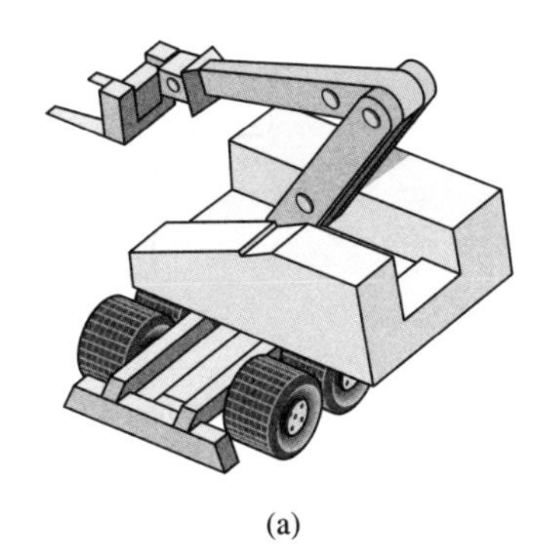

(a)

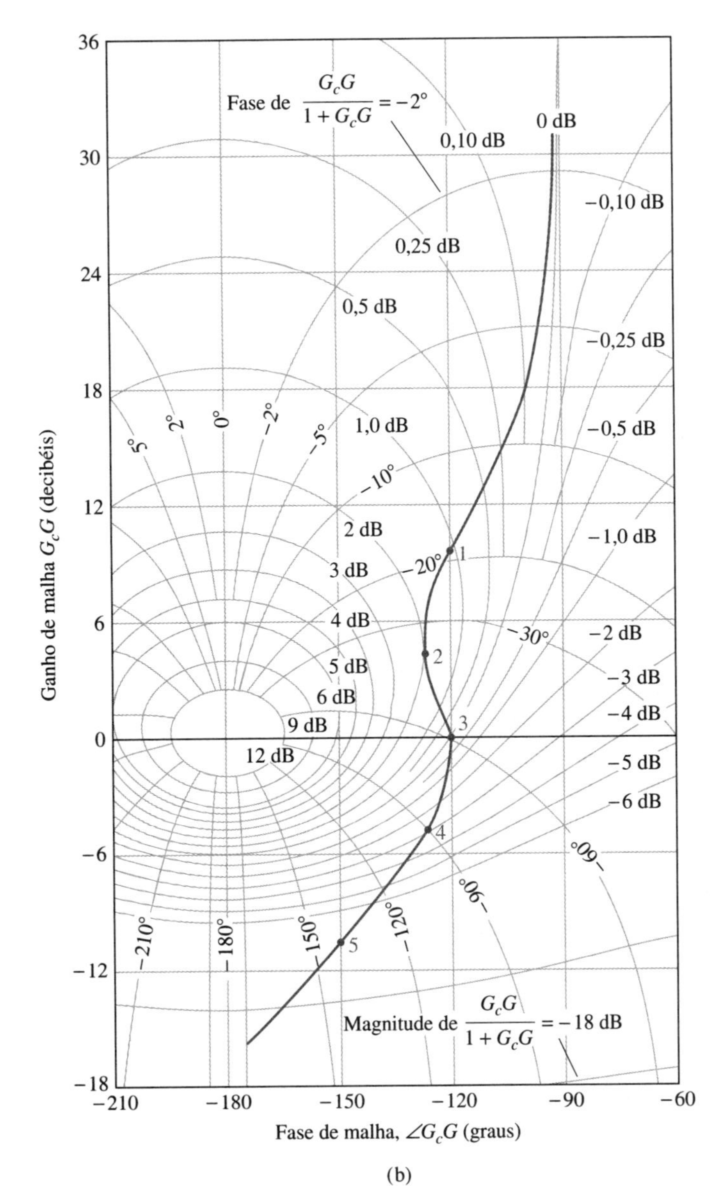

(b)

FIGURA PP9.1
(a) Robô móvel para limpeza de lixo tóxico.
(b) Carta de Nichols.

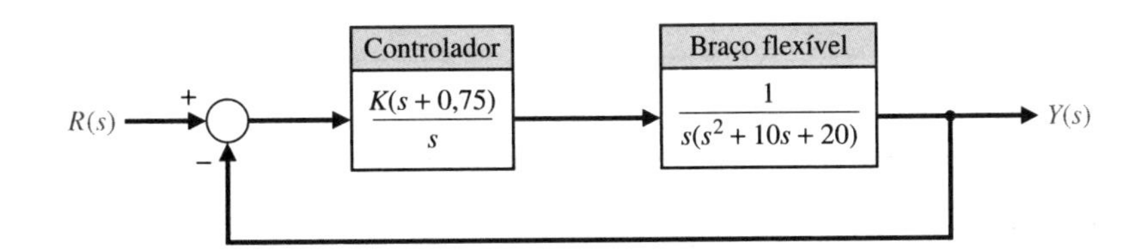

FIGURA PP9.2
Controle de um braço robótico flexível.

$K_{v1} = 0{,}4$ e $K_{v2} = 0{,}75$ e determine a margem de fase, a margem de ganho, a faixa de passagem, a máxima ultrapassagem percentual e o tempo de acomodação para cada caso. Obtenha a resposta ao degrau para cada caso e escolha o melhor valor para K.

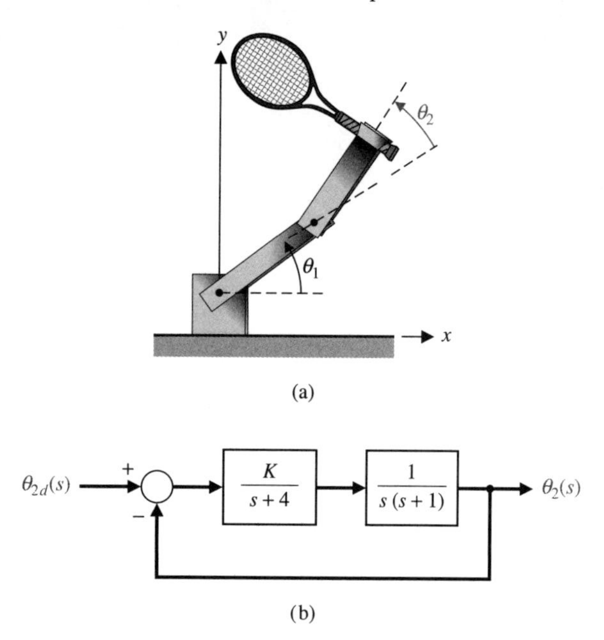

FIGURA PP9.4 (a) Um robô jogador de tênis com duas articulações. (b) Sistema de controle com realimentação unitária.

PP9.5 Um atuador eletro-hidráulico é utilizado para acionar grandes cargas para um manipulador robótico, como mostrado na Figura PP9.5 [17]. O sistema está sujeito a uma entrada em degrau e deseja-se que o erro em regime estacionário seja minimizado. Contudo, objetiva-se manter a máxima ultrapassagem $M.U.P. \leq 10\%$. Seja $T = 0{,}8$ s.

(a) Escolha o ganho K quando $G_c(s) = K$ e determine a máxima ultrapassagem percentual, o tempo de acomodação (com um critério de 2%) e o erro em regime estacionário resultantes. (b) Repita a parte (a) quando $G_c(s) = K_1 + K_2/s$ escolhendo K_1 e K_2. Esboce a carta de Nichols para os ganhos escolhidos K_1 e K_2.

PP9.6 A representação física de uma laminadora de aço é um sistema de mola amortecida [8]. O sensor de espessura de saída está posicionado a uma distância desprezível da saída da laminadora e o objetivo é manter a espessura o mais próximo possível de um valor de referência. Qualquer mudança na espessura da chapa de

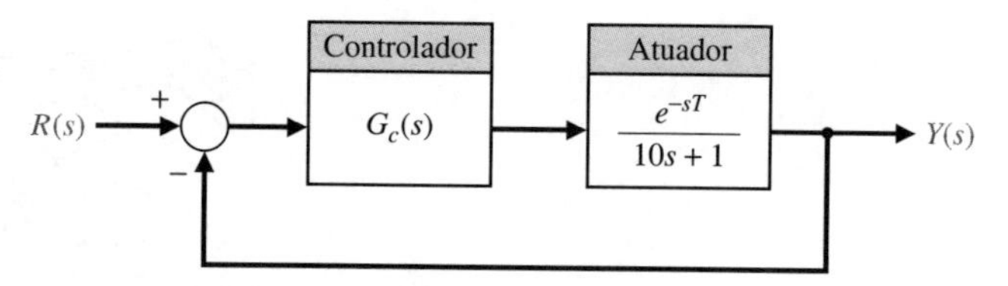

FIGURA PP9.5 Atuador eletro-hidráulico.

entrada é considerada uma perturbação. O sistema é com realimentação não unitária, conforme mostrado na Figura PP9.6. Dependendo da manutenção da laminadora, o parâmetro varia no intervalo $50 \leq b < 400$.

Determine a margem de fase e a margem de ganho para os dois valores extremos de b quando o valor normal do ganho for $K = 100$. Recomende um valor menor para K de modo que a margem de fase seja $M.F. \geq 45°$ e a margem de ganho seja $M.G. \geq 6$ dB para a faixa de variação de b.

PP9.7 Os veículos para trabalhos de construção e exploração lunar enfrentarão condições diferentes de tudo encontrado na Terra. Além disso, serão governados por meio de controle remoto. Um diagrama de blocos de um desses veículos e o controle são mostrados na Figura PP9.7. Escolha um ganho K adequado quando $T = 0{,}5$ s. O objetivo é alcançar uma resposta ao degrau rápida com máxima ultrapassagem percentual $M.U.P. \leq 20\%$.

PP9.8 O controle de uma laminadora de aço de alta velocidade é um problema desafiador. O objetivo é manter a espessura da chapa exata e rapidamente ajustável. O modelo do sistema de controle é mostrado na Figura PP9.8. Projete um sistema de controle escolhendo K de modo que a resposta ao degrau do sistema seja a mais rápida possível com máxima ultrapassagem percentual $M.U.P. \leq 0{,}5\%$ e tempo de acomodação (com um critério de 2%) $T_s \leq 4$ s. Utilize o lugar geométrico das raízes para escolher K e calcule as raízes para o K escolhido. Descreva a(s) raiz(es) dominante(s) do sistema.

PP9.9 Um sistema de dois tanques contendo um líquido aquecido tem seu modelo mostrado na Figura PP9.9(a), na qual T_0 é a temperatura do fluido escoando para dentro do primeiro tanque e T_2 é a temperatura do líquido escoando para fora do segundo tanque. O modelo em diagrama de blocos é mostrado na Figura PP9.9(b). O sistema de dois tanques possui um aquecedor no tanque 1 com entrada de calor controlada Q. As constantes de tempo são $\tau_1 = 10$ s e $\tau_2 = 50$ s.

(a) Determine $T_2(s)$ em função de $T_0(s)$ e de $T_{2d}(s)$.

(b) Se $T_{2d}(s)$, a temperatura de saída desejada, for modificada instantaneamente de $T_{2d}(s) = A/s$ para $T_{2d}(s) = 2A/s$, determine a resposta transitória $T_2(t)$ quando $G_c(s) = K = 500$.

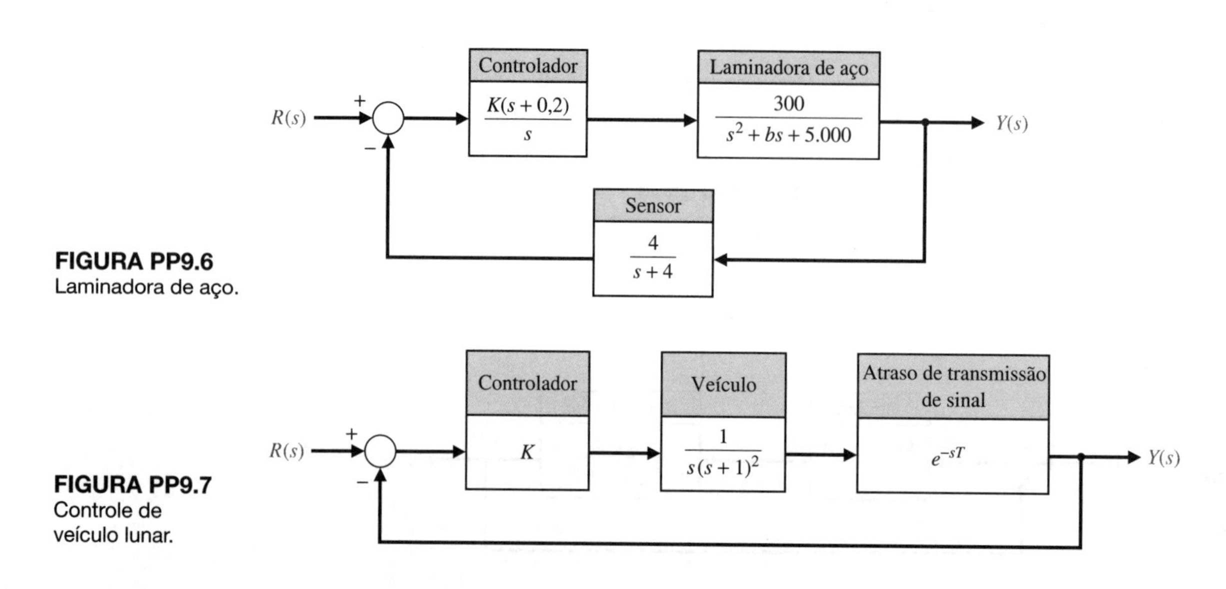

FIGURA PP9.6 Laminadora de aço.

FIGURA PP9.7 Controle de veículo lunar.

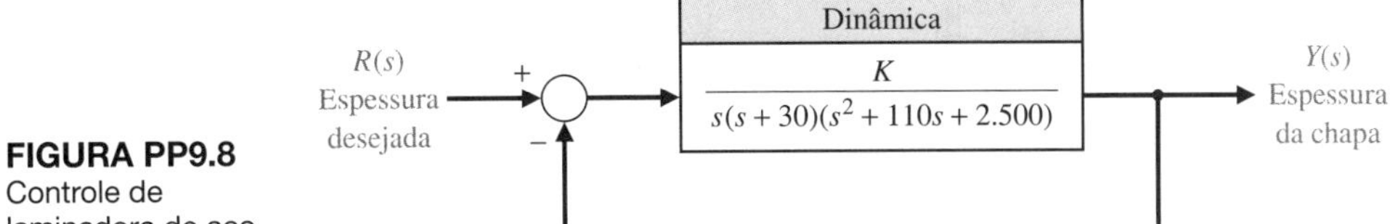

FIGURA PP9.8 Controle de laminadora de aço.

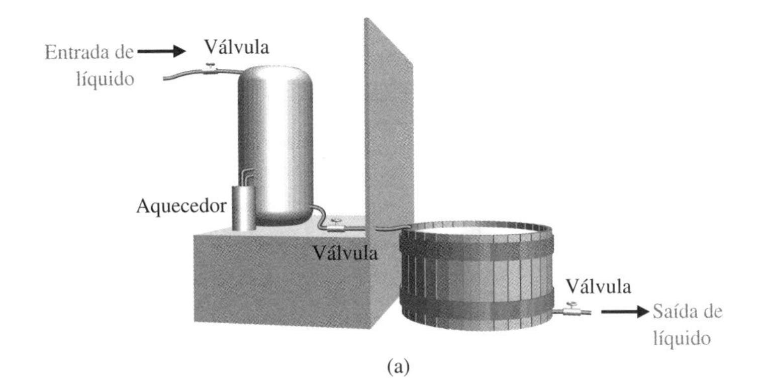

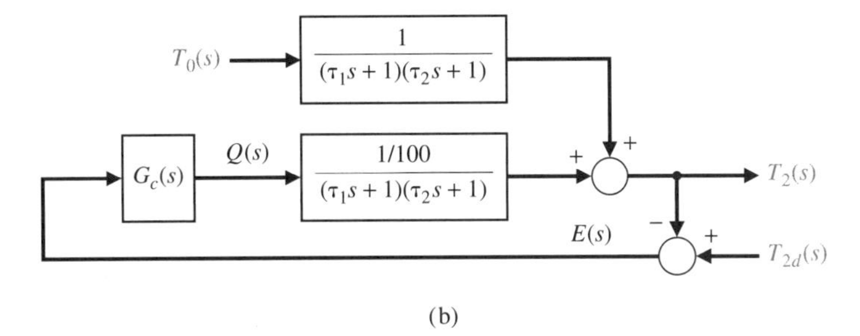

FIGURA PP9.9 Controle de temperatura de dois tanques.

Admita que, antes da mudança brusca de temperatura, o sistema está em regime estacionário.

(c) Encontre o erro em regime estacionário e_{ss} do sistema da parte (b), no qual $E(s) = T_{2d}(s) - T_2(s)$.

(d) Faça $G_c(s) = K/s$ e repita as partes (b) e (c). Use um ganho K tal que a máxima ultrapassagem percentual seja $M.U.P. \leq 10\%$.

(e) Projete um controlador que resultará em um sistema com tempo de acomodação (com um critério de 2%) $T_s \leq 150$ s e máxima ultrapassagem percentual $M.U.P. \leq 10\%$, enquanto mantém um erro em regime estacionário nulo quando

$$G_c(s) = K_P + \frac{K_I}{s}.$$

(f) Prepare uma tabela comparando a máxima ultrapassagem percentual, o tempo de acomodação e erro em regime estacionário para os projetos das partes (b) até (e).

PP9.10 Considere o sistema descrito na forma de variáveis de estado por

$$\dot{\mathbf{x}}(t) = \mathbf{A}\mathbf{x}(t) + \mathbf{B}u(t)$$
$$y(t) = \mathbf{C}\mathbf{x}(t)$$

em que

$$\mathbf{A} = \begin{bmatrix} 0 & 1 \\ 2 & 3 \end{bmatrix}, \mathbf{B} = \begin{bmatrix} 0 \\ 1 \end{bmatrix}, \mathbf{C} = [1 \quad 0].$$

Admita que a entrada é uma combinação linear do estado, isto é,

$$u(t) = -\mathbf{K}\mathbf{x}(t) + r(t),$$

na qual $r(t)$ é a entrada de referência e a matriz de ganho é $\mathbf{K} = [K_1\ K_2]$. Substituindo-se $u(t)$ na equação de variável de estado, produz-se o sistema em malha fechada

$$\dot{\mathbf{x}}(t) = [\mathbf{A} - \mathbf{B}\mathbf{K}]\mathbf{x}(t) + \mathbf{B}r(t)$$
$$y(t) = \mathbf{C}\mathbf{x}(t).$$

(a) Obtenha a equação característica associada com **A–BK**.

(b) Projete a matriz de ganho **K** para atender às seguintes especificações: (i) o sistema em malha fechada seja estável; (ii) a faixa de passagem do sistema $\omega_b \geq 1$ rad/s; e (iii) o erro em regime estacionário para uma entrada em degrau unitário $R(s) = 1/s$ seja nulo.

PP9.11 A malha de controle principal de uma usina de energia nuclear inclui um retardo no tempo devido à necessidade de se conduzir o fluido do reator ao ponto de medição como mostrado na Figura PP9.11. A função de transferência do controlador é

$$G_c(s) = K_P + \frac{K_I}{s}.$$

A função de transferência do reator e do retardo no tempo é

$$G(s) = \frac{e^{-sT}}{\tau s + 1},$$

na qual $T = 0{,}4$ s e $\tau = 0{,}2$ s. Usando métodos de resposta em frequência, projete o controlador de modo que a máxima ultrapassagem do sistema seja $M.U.P. \leq 10\%$. Com este controlador na malha, estime a máxima ultrapassagem percentual e o tempo de acomodação (com um critério de 2%) para um degrau unitário. Determine a máxima ultrapassagem e o tempo de acomodação reais e compare com os valores estimados.

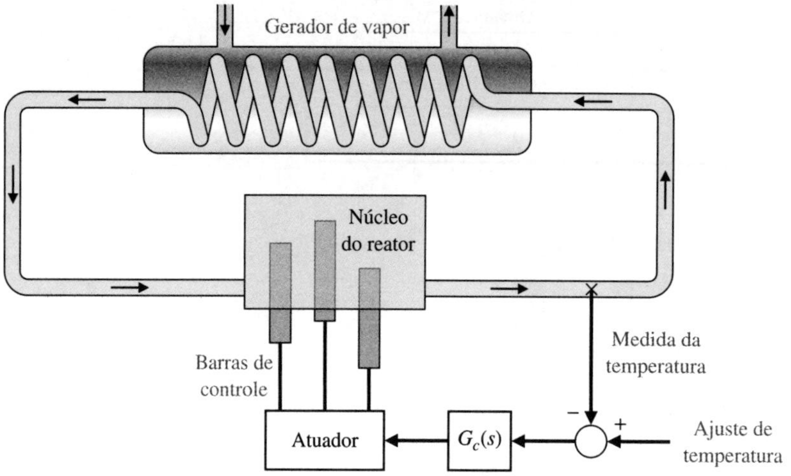

FIGURA PP9.10 Controle de reator nuclear.

PROBLEMAS COMPUTACIONAIS

PC9.1 Considere um sistema de controle com realimentação negativa unitária com

$$L(s) = G_c(s)G(s) = \frac{20}{s(s^2 + 10s + 10)}.$$

Verifique que a margem de ganho é $M.G. = 14$ dB e que a margem de fase é $M.F. = 32{,}7°$.

PC9.2 Usando a função nyquist, obtenha o diagrama de Nyquist para as seguintes funções de transferência:

(a) $G(s) = \dfrac{10}{s + 10}$;

(b) $G(s) = \dfrac{48}{s^2 + 8s + 24}$;

(c) $G(s) = \dfrac{10}{s^3 + 3s^2 + 3s + 1}$.

PC9.3 Usando a função nichols, obtenha a carta de Nichols com uma grade para as seguintes funções de transferência:

(a) $G(s) = \dfrac{1}{s + 0{,}5}$;

(b) $G(s) = \dfrac{4}{s^2 + 4s + 4}$;

(c) $G(s) = \dfrac{6}{s^3 + 6s^2 + 11s + 6}$.

Determine as margens de ganho e de fase aproximadas a partir das cartas de Nichols e rotule as cartas adequadamente.

PC9.4 Um sistema de controle com realimentação negativa possui a função de transferência em malha

$$L(s) = G_c(s)G(s) = \frac{Ke^{-Ts}}{s + 10}.$$

(a) Quando $T = 0{,}2$ s, encontre K tal que a margem de fase seja $M.F. \geq 45°$, usando a função margin. (b) Obtenha um gráfico da margem de fase *versus* T para K como na parte (a), com $0 \leq T \leq 0{,}3$ s.

PC9.5 Considere um sistema com realimentação unitária e função de transferência de malha

$$L(s) = G_c(s)G(s) = \frac{K(s + 25)}{s(s + 10)(s + 20)}.$$

Desenvolva um arquivo m para traçar um gráfico da faixa de passagem do sistema em malha fechada conforme o ganho K varia no intervalo $1 \leq K \leq 80$.

PC9.6 Um diagrama de blocos do sistema de controle de aceleração de guinagem para um míssil rola-para-virar é mostrado na Figura PC9.6. A entrada é o comando de aceleração de guinagem (em g) e a saída é a aceleração de guinagem do míssil (em g). O controlador é especificado para ser um controlador proporcional e integral (PI). O valor nominal de b_0 é 0,5.

(a) Usando a função margin, calcule a margem de fase, a margem de ganho e a frequência de cruzamento do sistema, admitindo o valor nominal de b_0.

(b) Usando a margem de ganho da parte (a), determine o valor máximo de b_0 para um sistema estável. Verifique sua resposta com uma análise de Routh–Hurwitz da equação característica.

PC9.7 Um laboratório de engenharia apresentou plano para operar um satélite em órbita da Terra que deve ser controlado de uma estação em terra. Um diagrama de blocos do sistema proposto é mostrado na Figura PC9.7. São necessários T segundos para um sinal alcançar a espaçonave a partir da estação em terra e um retardo idêntico para um sinal de retorno. O controlador baseado em terra proposto é um controlador proporcional e derivativo (PD), no qual

$$G_c(s) = K_P + K_D s.$$

(a) Admita que não haja retardo no tempo de transmissão (isto é, $T = 0$) e projete um controlador com as seguintes especificações: (1) máxima ultrapassagem percentual $M.U.P. \leq 20\%$ para uma entrada em degrau unitário e (2) instante de pico $T_p \leq 30$ s.

(b) Calcule a margem de fase com o controlador na malha, mas admitindo um retardo no tempo de transmissão nulo. Estime o retardo no tempo tolerável para um sistema estável a partir do cálculo da margem de fase.

(c) Usando uma aproximação de Padé de segunda ordem para o retardo no tempo, determine o retardo máximo tolerável $T_{máx}$ para a estabilidade do sistema desenvolvendo uma sequência de instruções em arquivo m que empregue a função pade e calcule os polos do sistema em malha fechada como função do retardo no tempo T. Compare sua resposta com a obtida na parte (b).

PC9.8 Considere o sistema representado na forma de variáveis de estado

$$\dot{\mathbf{x}}(t) = \begin{bmatrix} 0 & 1 \\ -1 & -15 \end{bmatrix}\mathbf{x}(t) + \begin{bmatrix} 0 \\ 30 \end{bmatrix}u(t)$$

$$y(t) = [\ 8 \quad 0\ ]\,\mathbf{x}(t) + [0]u(t).$$

Usando a função nyquist, obtenha o diagrama de Nyquist.

PC9.9 Para o sistema no PC9.8, utilize a função nichols para obter a carta de Nichols e determine a margem de fase e a margem de ganho.

PC9.10 Um sistema com realimentação em malha fechada é mostrado na Figura PC9.10. (a) Obtenha o diagrama de Nyquist e determine a margem de fase. Admita que o retardo no tempo T = 0 s. (b) Calcule a margem de fase quando T = 0,05 s. (c) Determine o retardo no tempo mínimo que desestabiliza o sistema em malha fechada.

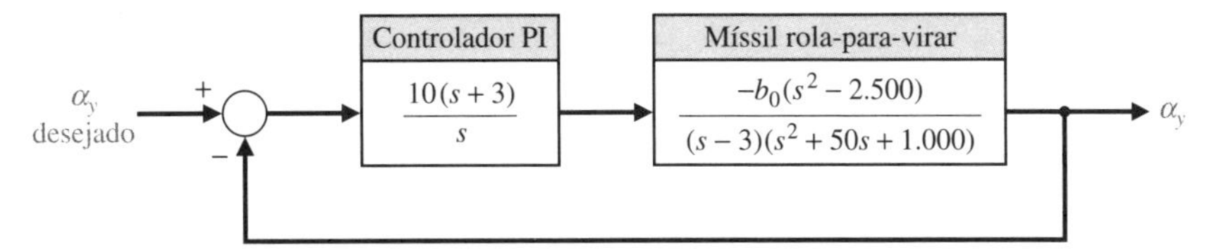

FIGURA PC9.6 Sistema de controle com realimentação para o controle de aceleração de guinagem de um míssil rola-para-virar.

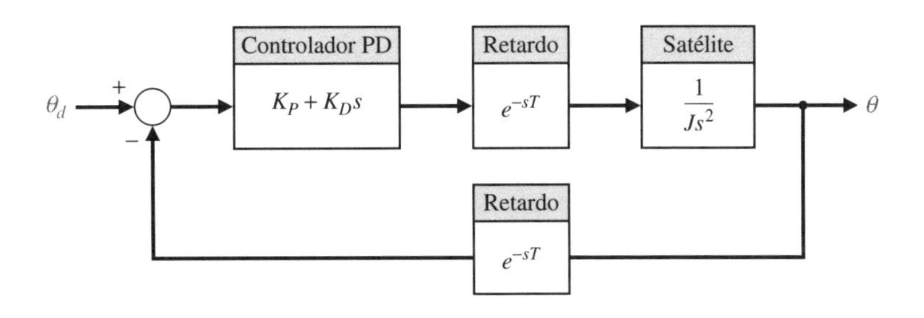

FIGURA PC9.7 Diagrama de blocos de um satélite controlado de uma estação em terra.

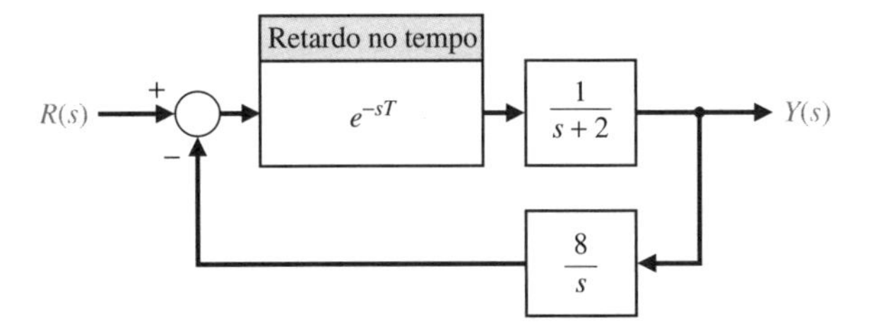

FIGURA PC9.10 Sistema com realimentação não unitária com um retardo no tempo.

RESPOSTAS PARA A VERIFICAÇÃO DE COMPETÊNCIAS

Verdadeiro ou Falso: (1) Verdadeiro; (2) Verdadeiro; (3) Verdadeiro; (4) Verdadeiro; (5) Falso

Múltipla Escolha: (6) b; (7) a; (8) d; (9) a; (10) d; (11) b; (12) a; (13) b; (14) c; (15) a

Correspondência de Palavras (em ordem, de cima para baixo): f, e, k, b, j, a, i, d, h, c, g

TERMOS E CONCEITOS

Carta de Nichols Carta que apresenta as curvas para a relação entre a resposta em frequência em malha aberta e em malha fechada.

Critério de estabilidade de Nyquist Um sistema com realimentação será estável se, e somente se, o contorno no plano $L(s)$ não der voltas em torno do ponto (–1, 0) quando o número de polos de $L(s)$ no semiplano direito do plano s for zero. Se $L(s)$ possui P polos no semiplano direito, então o número de voltas no sentido anti-horário em torno do ponto (–1, 0) deve ser igual a P para um sistema estável.

Faixa de passagem Frequência na qual a resposta em frequência decaiu 3 dB a partir de seu valor em baixa frequência.

Mapeamento conformal Mapeamento de contorno que conserva os ângulos do plano s no plano $F(s)$.

Mapeamento de contorno Um contorno ou trajetória em um plano é mapeado em outro plano por meio de uma relação $F(s)$.

Margem de fase Quantidade de deslocamento de fase de $L(j\omega)$ com magnitude unitária que resultará em um sistema marginalmente estável, com interseções do ponto $-1 + j0$ no diagrama de Nyquist.

Margem de ganho Acréscimo no ganho do sistema quando a fase = –180° resulta em um sistema marginalmente estável, com a interseção do ponto $-1 + j0$ no diagrama de Nyquist.

Medida logarítmica (decibel) Uma medida da margem de ganho definida como $20 \log_{10}(1/d)$, em que $\frac{1}{d} = \frac{1}{|L(j\omega)|}$ quando o deslocamento de fase é –180º.

Princípio do argumento Veja o teorema de Cauchy.

Resposta em frequência em malha fechada A resposta em frequência da função de transferência em malha fechada $T(j\omega)$.

Retardo no tempo Um retardo no tempo T, de modo que eventos ocorrendo no instante t em um ponto do sistema ocorrem em outro ponto do sistema em um instante posterior $t + T$.

Teorema de Cauchy Se um contorno percorrido no sentido horário dá a volta em torno de Z zeros e P polos de $F(s)$, o contorno correspondente no plano $F(s)$ dará $N = Z - P$ voltas no sentido horário em torno da origem do plano $F(s)$.

CAPÍTULO

10 Projeto de Sistemas de Controle com Realimentação

APRESENTAÇÃO

Neste capítulo, é tratada a questão central do projeto de compensadores. Usando os métodos dos capítulos anteriores, são desenvolvidas diversas técnicas de projeto no domínio da frequência que permitem que o desempenho desejado do sistema seja obtido. Os eficientes controladores de avanço e de atraso de fase são utilizados em diversos exemplos de projeto. Apresentam-se abordagens de projeto de controle por avanço e por atraso de fase utilizando tanto o gráfico do lugar geométrico das raízes quanto os diagramas de Bode. O controlador proporcional e integral (PI) é visto novamente no contexto de se obter grande exatidão de rastreamento em regime estacionário. O capítulo é concluído com o projeto de um controlador proporcional e derivativo (PD) com pré-filtragem para o Exemplo de Projeto Sequencial: Sistema de Leitura de Acionadores de Disco.

RESULTADOS DESEJADOS

Ao concluírem o Capítulo 10, os estudantes devem ser capazes de:

- Explicar o projeto de compensadores de avanço e atraso de fase usando métodos do lugar geométrico das raízes e do diagrama de Bode.
- Identificar a utilidade de pré-filtros e projetar para uma resposta *deadbeat*.
- Reconhecer abordagens variadas disponíveis para o projeto de sistemas de controle.

10.1 INTRODUÇÃO

O desempenho de um sistema de controle com realimentação é de fundamental importância. Um sistema de controle adequado deve ser estável e deve resultar em uma resposta aceitável a comandos de entrada, deve ser menos sensível a variações de parâmetros do sistema, resultar em erro em regime estacionário mínimo para comandos de entrada e, finalmente, deve ser capaz de reduzir o efeito de perturbações indesejadas. Um sistema de controle com realimentação que forneça desempenho ótimo sem a necessidade de nenhum ajuste é certamente um caso raro. Usualmente, descobre-se que é necessário realizar uma solução de compromisso entre as várias especificações conflitantes e ajustar os parâmetros do sistema para fornecer um desempenho adequado e aceitável quando não é possível obter todas as especificações ótimas desejadas.

É frequentemente possível ajustar os parâmetros do sistema a fim de fornecer a resposta desejada do sistema. Contudo, muitas vezes descobre-se que não é suficiente ajustar um parâmetro do sistema e assim obter o desempenho desejado. Em vez disso, é necessário considerar a estrutura do sistema e projetar o sistema novamente a fim de se obter um sistema adequado. Isto é, deve-se examinar o esquema ou a disposição do sistema e obter um novo projeto ou disposição que resultem em um sistema adequado. Assim, **o projeto de um sistema de controle diz respeito à organização, ou disposição, da estrutura do sistema e à escolha de componentes e de parâmetros adequados**. Por exemplo, caso se deseje que um conjunto de medidas de desempenho seja menor que alguns valores especificados, frequentemente se encontrará um conjunto de requisitos conflitantes. Por conseguinte, quando se deseja que um sistema tenha máxima ultrapassagem percentual menor que 20% e $\omega_n T_p = 3{,}3$, obtém-se um requisito conflitante para o fator de amortecimento do sistema ζ. Se não for possível relaxar esses dois requisitos de desempenho, deve-se alterar o sistema de alguma maneira. A alteração ou o ajuste de um sistema de controle com a finalidade de fornecer um desempenho adequado é chamada de **compensação**; isto é, a compensação é o ajuste de um sistema com a finalidade de corrigir deficiências ou inadequações.

Ao se projetar novamente um sistema de controle para alterar a resposta do sistema, um componente adicional é inserido na estrutura do sistema com realimentação. É esse componente ou dispositivo adicional que equaliza ou compensa a deficiência de desempenho. O dispositivo de compensação é frequentemente chamado de **compensador**.

Compensador é um componente adicional que é inserido em um sistema de controle para compensar um desempenho deficiente.

A função de transferência de um compensador é designada por $G_c(s) = E_s(s)/E_{en}(s)$ e o compensador pode ser colocado em uma posição adequada na estrutura do sistema. Alguns tipos de compensadores são mostrados na Figura 10.1 para um sistema de controle simples, com realimentação e uma única malha. O compensador colocado no percurso direto de ação à frente é chamado de **compensador em cascata** ou em série (Figura 10.1(a)). Semelhantemente, os outros esquemas de compensação são chamados de compensação na realimentação, na saída (ou na carga) e na entrada, como mostrado nas Figuras 10.1 (b), (c) e (d), respectivamente. A escolha do esquema de compensação depende da consideração das especificações, dos níveis de potência em vários pontos de sinal do sistema e das estruturas disponíveis para uso. Frequentemente, a saída $Y(s)$ é uma saída direta do processo $G(s)$ e a compensação na saída mostrada na Figura 10.1(c) não é fisicamente realizável.

10.2 ABORDAGENS PARA PROJETO DE SISTEMAS

O desempenho de um sistema de controle pode ser descrito em termos de medidas de desempenho no domínio do tempo ou de medidas de desempenho no domínio da frequência. O desempenho de um sistema pode ser especificado requerendo-se determinado instante de pico, T_p, um valor máximo de máxima ultrapassagem percentual e um tempo de acomodação, T_s, para uma entrada em degrau. Além disso, é usualmente necessário especificar-se o máximo erro em regime estacionário admissível para diversas entradas de sinais de teste e entradas de perturbação. Essas especificações de desempenho podem ser definidas em termos da posição desejada dos polos e zeros da função de transferência em malha fechada $T(s)$. Assim, a posição dos polos e zeros de $T(s)$ no plano s pode ser especificada. O lugar das raízes do sistema em malha fechada pode ser obtido prontamente para a variação de um parâmetro do sistema. Contudo, quando o lugar das raízes não

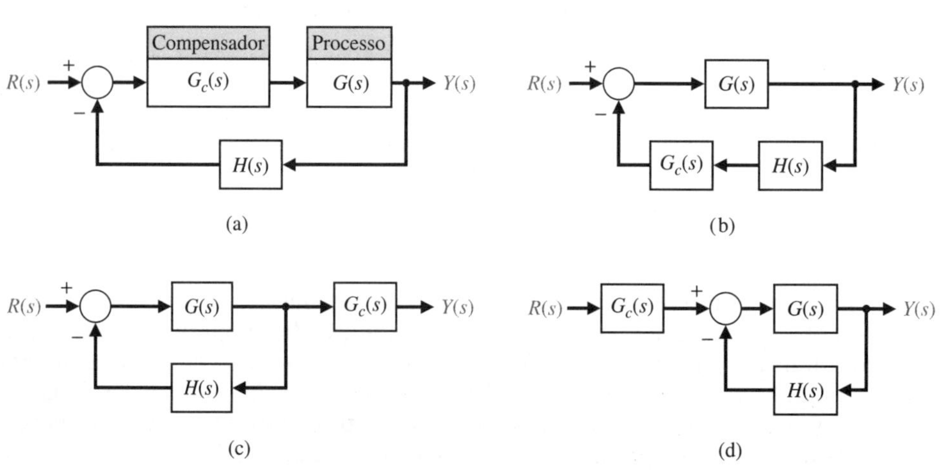

FIGURA 10.1 Tipos de compensação. (a) Compensação em cascata. (b) Compensação na realimentação. (c) Compensação na saída, ou na carga. (d) Compensação na entrada.

resulta em uma configuração de raízes adequada, deve-se adicionar uma estrutura de compensação para alterar o lugar das raízes à medida que o parâmetro é variado. Consequentemente, pode-se usar o método do lugar geométrico das raízes e determinar uma função de transferência de estrutura de compensação adequada de modo que o lugar geométrico das raízes resultante produza a configuração de raízes em malha fechada desejada.

Alternativamente, pode-se descrever o desempenho de um sistema de controle com realimentação em termos de medidas de desempenho em frequência. Nesse caso, um sistema pode ser descrito em termos do pico da resposta em frequência em malha fechada, $M_{p\omega}$, da frequência de ressonância, ω_r, da faixa de passagem, ω_B, da margem de ganho, *M.G.*, da margem de fase, *M.F.*, do sistema. Pode-se acrescentar uma estrutura de compensação adequada, se necessário, a fim de satisfazer as especificações do sistema. O projeto da estrutura, representada por $G_c(s)$, é desenvolvido em termos da resposta em frequência representada no diagrama de Nyquist, no diagrama de Bode ou na carta de Nichols. Como uma função de transferência em cascata é facilmente levada em conta em um diagrama de Bode por meio da adição da resposta em frequência da estrutura, usualmente é preferível abordar os métodos de resposta em frequência utilizando-se o diagrama de Bode.

Assim, o projeto de um sistema diz respeito à alteração da resposta em frequência ou do lugar geométrico das raízes do sistema a fim de se obter um desempenho adequado do sistema. No caso dos métodos da resposta em frequência, o propósito é alterar o sistema de modo que a resposta em frequência do sistema compensado satisfaça às especificações de sistema. Desse modo, na abordagem da resposta em frequência, utilizam-se estruturas de compensação para alterar e remodelar as características do sistema representadas no diagrama de Nyquist, no diagrama de Bode e na carta de Nichols.

Alternativamente, o projeto de um sistema de controle pode ser realizado no plano s por meio de métodos do lugar geométrico das raízes. No caso do plano s, o projetista deseja alterar e remodelar o lugar geométrico das raízes de modo que as raízes do sistema fiquem nas posições desejadas no plano s.

Quando possível, uma maneira de melhorar o desempenho de um sistema de controle é alterar o próprio processo. Isto é, se o projetista do sistema for capaz de especificar e alterar o projeto do processo que é representado pela função de transferência $G(s)$, então o desempenho do sistema pode ser melhorado prontamente. Por exemplo, para melhorar o comportamento transitório de um controlador de posição de um servomecanismo, pode-se escolher um motor melhor para o sistema. No caso do sistema de controle de um avião, seria possível ter a capacidade de alterar o projeto aerodinâmico do avião e assim melhorar as características transitórias de voo. Desse modo, um projetista de sistema de controle deve reconhecer que uma alteração no processo pode resultar em um sistema melhorado. Contudo, o processo muitas vezes é inalterável ou foi alterado tanto quanto possível e ainda resulta em um desempenho insatisfatório. Então, o acréscimo de estruturas de compensação se torna útil para melhorar o desempenho do sistema.

Nas seções seguintes, admitir-se-á que o processo foi melhorado tanto quanto possível e que $G(s)$, representando o processo, é inalterável. Primeiro, será considerado o acréscimo da assim chamada estrutura de compensação de avanço de fase e se descreverá o projeto da estrutura por meio das técnicas do lugar geométrico das raízes e da resposta em frequência. Em seguida, usando tanto técnicas do lugar geométrico das raízes quanto da resposta em frequência, será descrito o projeto de estruturas de compensação com integração a fim de se obter um desempenho adequado para o sistema.

10.3 ESTRUTURAS DE COMPENSAÇÃO EM CASCATA

Nesta seção, será considerado o projeto de uma estrutura em cascata ou na realimentação, como mostrado nas Figuras 10.1(a) e (b), respectivamente. O compensador, $G_c(s)$, é colocado em série com o processo especificado $G(s)$ a fim de fornecer uma função de transferência em malha aberta $L(s) = G_c(s)G(s)H(s)$ apropriada. O compensador $G_c(s)$ pode ser escolhido para alterar a forma do lugar geométrico das raízes ou a resposta em frequência. Em ambos os casos, a estrutura pode ser escolhida para ter uma função de transferência

$$G_c(s) = \frac{K\prod_{i=1}^{M}(s + z_i)}{\prod_{j=1}^{n}(s + p_j)}. \tag{10.1}$$

Então, o problema se reduz à escolha criteriosa dos polos e zeros do compensador. Para ilustrar as propriedades da estrutura de compensação, considera-se um compensador de primeira ordem. A abordagem de compensação desenvolvida com base em um compensador de primeira ordem pode então ser estendida para compensadores de ordem mais elevada, por exemplo, cascateando-se vários compensadores de primeira ordem.

Um compensador $G_c(s)$ é usado com um processo $G(s)$ de modo que o ganho de malha total possa ser ajustado para satisfazer o requisito de erro em regime estacionário e, então, $G_c(s)$ é usado para ajustar favoravelmente a dinâmica do sistema sem afetar o erro em regime estacionário.

Considere o compensador de primeira ordem com a função de transferência

$$G_c(s) = \frac{K(s + z)}{s + p}. \tag{10.2}$$

O problema de projeto então se torna a escolha de z, p e K a fim de se obter um desempenho apropriado. Quando $|z| < |p|$, a estrutura é chamada **estrutura de avanço de fase** e possui uma configuração de polos e zeros no plano s, como mostrado na Figura 10.2. Se o polo for desprezível, isto é, $|p| \gg |z|$ e o zero ocorrer na origem do plano s, pode-se ter um diferenciador de modo que

$$G_c(s) \approx \frac{K}{p}s. \tag{10.3}$$

Assim, uma estrutura de compensação com a forma da Equação (10.2) é uma estrutura do tipo diferenciadora. A estrutura diferenciadora da Equação (10.3) possui característica de frequência

$$G_c(j\omega) = j\frac{K}{p}\omega = \left(\frac{K}{p}\omega\right)e^{+j90^\circ} \tag{10.4}$$

e um ângulo de fase de $+90°$. De forma similar, a resposta em frequência da estrutura diferenciadora da Equação (10.2) é

$$G_c(j\omega) = \frac{K(j\omega + z)}{j\omega + p} = \frac{K(1 + j\omega\alpha\tau)}{\alpha(1 + j\omega\tau)}, \tag{10.5}$$

na qual $\tau = 1/p$ e $p = \alpha z$. A resposta em frequência desta estrutura de avanço de fase é mostrada na Figura 10.3. A fase da característica de frequência é

$$\phi(\omega) = \tan^{-1}(\alpha\omega\tau) - \tan^{-1}(\omega\tau). \tag{10.6}$$

Como o zero ocorre primeiro no eixo da frequência, obtém-se uma característica de avanço de fase, como mostrada na Figura 10.3. A inclinação da curva assintótica de magnitude é $+20$ dB/década.

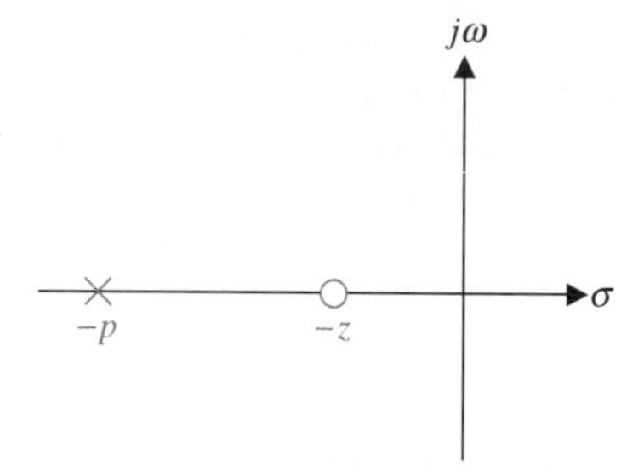

FIGURA 10.2 Diagrama de polos e zeros da estrutura de avanço de fase.

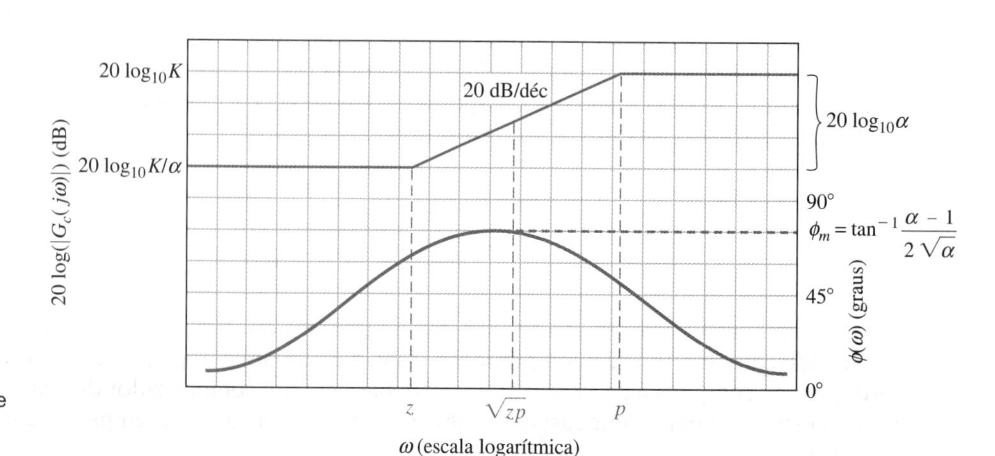

FIGURA 10.3 Diagrama de Bode da estrutura de avanço de fase.

A função de transferência de **compensador por avanço de fase** pode ser escrita como

$$G_c(s) = \frac{K(1 + \alpha\tau s)}{\alpha(1 + \tau s)}, \tag{10.7}$$

em que $\tau = 1/p$ e $\alpha = p/z > 1$. O valor máximo do avanço de fase ocorre na frequência ω_m, na qual ω_m é a média geométrica entre $p = 1/\tau$ e $z = 1/(\alpha\tau)$; isto é, o máximo avanço de fase ocorre a meio caminho entre as frequências do polo e do zero na escala de frequência logarítmica. Portanto,

$$\omega_m = \sqrt{zp} = \frac{1}{\tau\sqrt{\alpha}}. \tag{10.8}$$

Para se obter uma equação com o valor máximo de avanço de fase, reescreve-se a fase da Equação (10.5) como

$$\phi = \tan^{-1}\frac{\alpha\omega\tau - \omega\tau}{1 + (\omega\tau)^2\alpha}. \tag{10.9}$$

Então, substituindo-se a frequência para o máximo avanço de fase, $\omega_m = 1/\left(\tau\sqrt{a}\right)$, tem-se

$$\tan\phi_m = \frac{\alpha/\sqrt{\alpha} - 1/\sqrt{\alpha}}{1 + 1} = \frac{\alpha - 1}{2\sqrt{\alpha}}. \tag{10.10}$$

Utiliza-se a relação trigonométrica sen $\phi = \tan\phi/\sqrt{1 + \tan^2\phi}$ e obtém-se

$$\text{sen}\,\phi_m = \frac{\alpha - 1}{\alpha + 1}. \tag{10.11}$$

A Equação (10.11) é muito útil para o cálculo da relação α necessária entre o polo e o zero para um compensador a fim de se fornecer o avanço de fase máximo requerido. Um gráfico de ϕ_m *versus* α é mostrado na Figura 10.4. A fase prontamente disponível a partir dessa estrutura não é muito maior que 70°. Além disso, há limitações práticas sobre o valor máximo de α que se pode tentar obter. Portanto, se for requerido um avanço máximo maior que 70°, duas estruturas de compensação em cascata devem ser utilizadas.

Frequentemente, é útil acrescentar uma estrutura de compensação em cascata que forneça uma característica de atraso de fase.

A função de transferência do **compensador de atraso de fase** é

$$G_c(s) = K\alpha\frac{1 + \tau s}{1 + \alpha\tau s}, \tag{10.12}$$

em que $\tau = 1/z$ e $\alpha = z/p > 1$. O polo fica mais próximo da origem do plano s, como mostrado na Figura 10.5. Este tipo de estrutura de compensação é frequentemente chamada de estrutura integradora, porque possui uma resposta em frequência parecida com a de um integrador em faixa finita de frequências. O diagrama de Bode da estrutura de atraso de fase é obtido a partir da função de transferência

$$G_c(j\omega) = K\alpha\frac{1 + j\omega\tau}{1 + j\omega\alpha\tau} \tag{10.13}$$

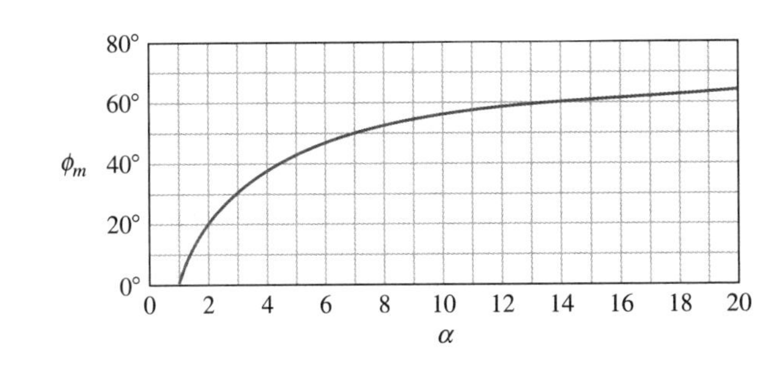

FIGURA 10.4 Avanço de fase máximo ϕ_m *versus* α para uma estrutura de avanço de fase.

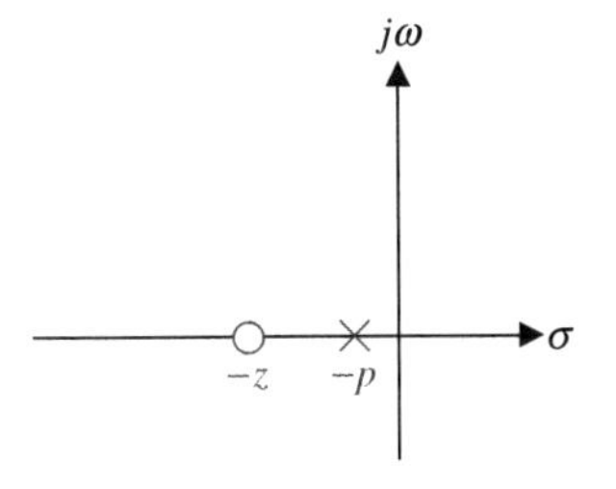

FIGURA 10.5 Diagrama de polos e zeros da estrutura de atraso de fase.

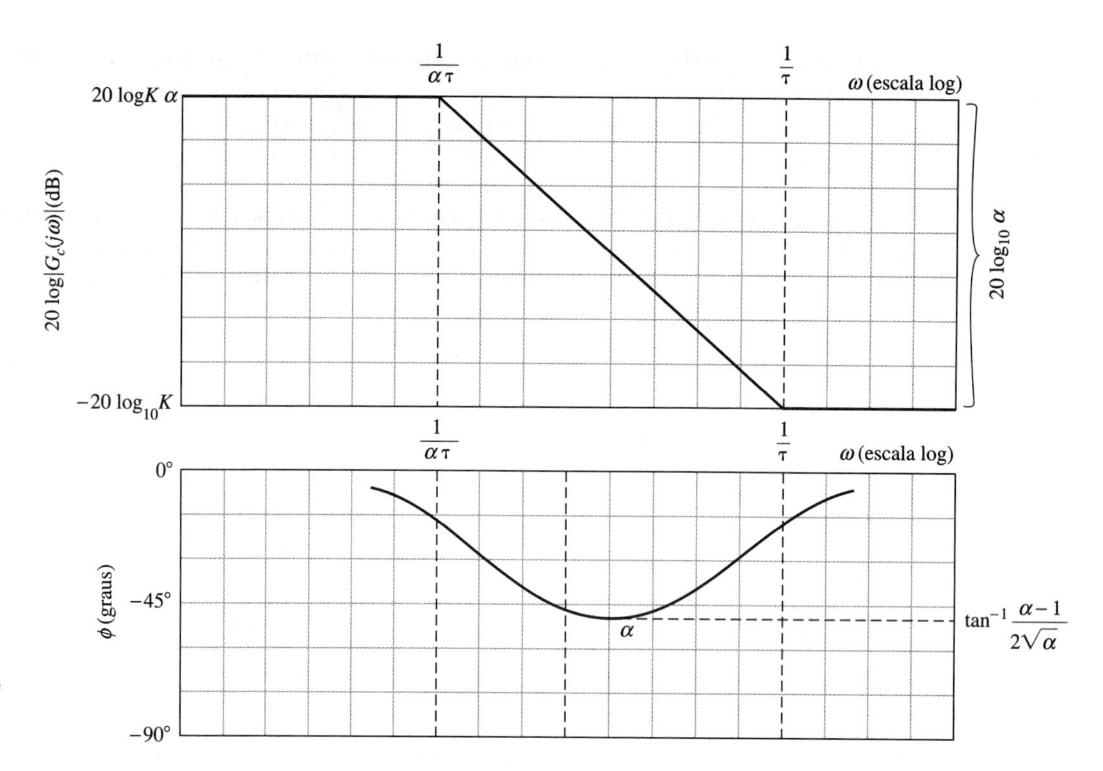

FIGURA 10.6 Diagrama de Bode da estrutura de atraso de fase.

e é mostrado na Figura 10.6. A forma do diagrama de Bode da **estrutura de atraso de fase** é semelhante à da estrutura de avanço de fase; a diferença está na atenuação e no atraso de fase resultantes no lugar da amplificação e do avanço de fase. Observa-se que as formas dos diagramas das Figuras 10.3 e 10.6 são similares. Portanto, é possível mostrar que o atraso de fase máximo ocorre em $\omega_m = \sqrt{zp}$.

Nas seções seguintes, almeja-se utilizar essas estruturas de compensação para se obter uma resposta em frequência desejada do sistema ou um posicionamento desejado das raízes do sistema no plano s. A **estrutura de avanço de fase** pode fornecer um aumento da fase e assim fornecer margem de fase satisfatória para um sistema. Alternativamente, a estrutura de avanço de fase pode permitir uma nova formatação do lugar geométrico das raízes, fornecendo assim as posições desejadas para as raízes. A estrutura de atraso de fase não é utilizada para fornecer um atraso na fase, o que é normalmente uma influência desestabilizadora, mas sim para fornecer uma atenuação e aumentar a constante de erro em regime estacionário [3].

10.4 PROJETO DE AVANÇO DE FASE USANDO O DIAGRAMA DE BODE

O diagrama de Bode é usado, em preferência a outros gráficos de resposta em frequência, para projetar uma estrutura de avanço de fase adequada. A resposta em frequência da estrutura de compensação em cascata é adicionada à resposta em frequência do sistema sem compensação. Isto é, como a função de transferência em malha completa da Figura 10.1(a) é $L(j\omega) = G_c(j\omega)G(j\omega)H(j\omega)$, primeiro será traçado o diagrama de Bode de $G(j\omega)H(j\omega)$. Em seguida, pode-se examinar o gráfico de $G(j\omega)H(j\omega)$ e determinar uma posição adequada para p e z de $G_c(j\omega)$ a fim de modificar a forma da resposta em frequência satisfatoriamente. O $G(j\omega)H(j\omega)$ sem compensação é traçado com o ganho desejado para possibilitar um erro em regime estacionário aceitável. Em seguida, os valores de margem de fase e de $M_{p\omega}$ esperados são examinados para verificar se satisfazem às especificações. Se a margem de fase não for suficiente, um avanço de fase pode ser acrescentado à curva de fase do sistema colocando-se $G_c(j\omega)$ em uma posição adequada. Para se obter um avanço de fase adicional máximo, ajusta-se a estrutura de modo que a frequência ω_m fique situada na frequência na qual a magnitude da curva de magnitude compensada cruza o eixo de 0 dB. O valor do avanço de fase adicional requerido permite determinar o valor necessário para α a partir da Equação (10.11) ou da Figura 10.4. O zero $z = 1/(\alpha\tau)$ é posicionado observando-se que o avanço de fase máximo deve ocorrer em $\omega_m = \sqrt{zp}$, na metade do caminho entre o polo e o zero. Como o ganho em magnitude total para a estrutura é 20 log α, espera-se um ganho de 10 log α em ω_m. Assim, determina-se a estrutura de compensação completando-se os seguintes passos:

1. Calcule a margem de fase do sistema sem compensação quando as constantes de erro são satisfeitas.
2. Acrescentando uma pequena margem de segurança, determine o avanço de fase adicional necessário, ϕ_m.

3. Calcule α a partir da Equação (10.11).
4. Admita $K/\alpha = 1$ em $G_c(s)$ na Equação (10.7). Este ganho será ajustado no passo 8.
5. Calcule $10 \log \alpha$ e determine a frequência na qual a curva de magnitude sem compensação é igual a $-10 \log \alpha$ dB. Como a estrutura de compensação fornece um ganho de $10 \log \alpha$ dB em ω_m, esta frequência é, simultaneamente, a nova frequência de cruzamento de 0 dB e ω_m.
6. Calcule o polo $p = \omega_m\sqrt{\alpha}$ e $z = p/\alpha$.
7. Trace a resposta em frequência compensada, verifique a margem de fase resultante e repita os passos, se necessário.
8. Finalmente, para um projeto aceitável, aumente o ganho K do compensador, a fim de levar em conta a atenuação $(1/\alpha)$.

EXEMPLO 10.1 **Compensador de avanço de fase para um sistema do tipo dois**

Considere um sistema de controle com realimentação com uma única malha, como mostrado na Figura 10.1(a), em que

$$G(s) = \frac{10}{s^2} \tag{10.14}$$

e $H(s) = 1$. O sistema sem compensação é um sistema do tipo dois e, a princípio, parece possuir um erro em regime estacionário satisfatório, tanto para o sinal de entrada em degrau quanto para o sinal de entrada rampa. Entretanto, a resposta do sistema sem compensação é uma oscilação não amortecida porque

$$T(s) = \frac{Y(s)}{R(s)} = \frac{10}{s^2 + 10}. \tag{10.15}$$

Portanto, a estrutura de compensação é acrescentada de modo que a função de transferência em malha é $L(s) = G_c(s)G(s)$. As especificações para o sistema são:

Tempo de acomodação, $T_s \leq 4$ s;

Fator de amortecimento do sistema, $\zeta \geq 0{,}45$.

O requisito de tempo de acomodação (com um critério de 2%) é

$$T_s = \frac{4}{\zeta\omega_n} = 4;$$

portanto,

$$\omega_n = \frac{1}{\zeta} = \frac{1}{0{,}45} = 2{,}22.$$

Talvez o modo mais fácil de verificar o valor de ω_n para a resposta em frequência seja relacioná-lo à faixa de passagem ω_B, e calcular a faixa de passagem de -3 dB do sistema em malha fechada. Para um sistema em malha fechada com $\zeta = 0{,}45$, estima-se a faixa de passagem $\omega_B = (-1{,}19\,\zeta + 1{,}85)\omega_n = 3{,}00$. A faixa de passagem pode ser verificada após a compensação utilizando-se a carta de Nichols. O diagrama de Bode de

$$G(j\omega) = \frac{10}{(j\omega)^2} \tag{10.16}$$

é mostrado como linhas contínuas na Figura 10.7. A margem de fase do sistema deve ser de aproximadamente

$$\phi_{\text{mf}} = \frac{\zeta}{0{,}01} = \frac{0{,}45}{0{,}01} = 45°. \tag{10.17}$$

A margem de fase do sistema sem compensação é de 0° porque a integração dupla resulta em um atraso de fase constante de 180°. Portanto, deve-se adicionar um avanço de fase de 45° na frequência de cruzamento (0 dB) da curva de magnitude compensada. Calculando-se o valor de α, tem-se

$$\frac{\alpha - 1}{\alpha + 1} = \text{sen}\,\phi_m = \text{sen}\,45°, \tag{10.18}$$

e desse modo $\alpha = 5{,}8$. Para fornecer uma margem de segurança, será usado $\alpha = 6$. O valor de $10 \log \alpha$ é então igual a 7,78 dB. Portanto, a estrutura de avanço de fase acrescentará um ganho

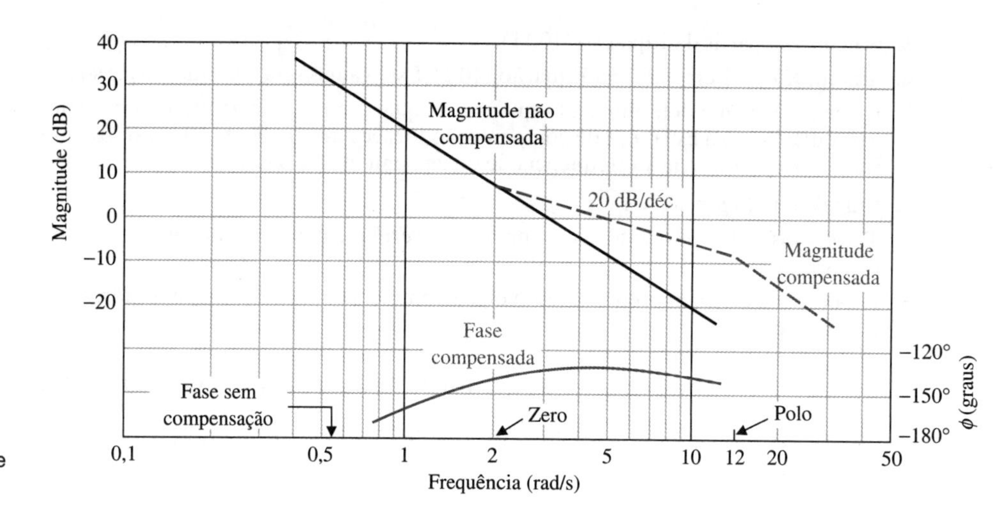

FIGURA 10.7 Diagrama de Bode do Exemplo 10.1.

adicional de 7,78 dB na frequência ω_m, e deseja-se ter ω_m igual à inclinação compensada próxima do eixo de 0 dB (a linha tracejada), de modo que a nova frequência de cruzamento seja ω_m e que a curva de magnitude tracejada esteja 7,78 dB acima da curva sem compensação na frequência de cruzamento. Assim, a frequência de cruzamento compensada é localizada calculando-se a frequência na qual a curva de magnitude sem compensação é igual a −7,78 dB, a qual neste caso é $\omega = 4{,}95$. Então, o avanço de fase máximo é adicionado em $\omega = \omega_m = 4{,}95$, como mostrado na Figura 10.7. Usando o passo 6, determinam-se o polo $p = \omega_m\sqrt{\alpha} = 12{,}0$ e o zero $z = p/\alpha = 2{,}0$.

A função de transferência do compensador é

$$G_c(s) = K\frac{(1 + \alpha\tau s)}{\alpha(1 + \tau s)} = \frac{K}{6}\frac{1 + s/2{,}0}{1 + s/12{,}0}, \tag{10.19}$$

na forma da Equação (10.8). Seleciona-se $K = 6$ de forma que o ganho total em malha ainda seja igual a 10. Então, adiciona-se o diagrama de Bode compensado ao diagrama de Bode não compensado, como na Figura 10.7, e admite-se que se pode aumentar o ganho para compensar com a atenuação de $1/\alpha$.

A função de transferência em malha completa é

$$L(s) = \frac{10(1 + s/2)}{s^2(1 + s/12)} = \frac{60(s + 2)}{s^2(s + 12)}.$$

A função de transferência em malha fechada é

$$T(s) = \frac{60(s + 2)}{s^3 + 12s^2 + 60s + 120} \approx \frac{60(s + 2)}{(s^2 + 6s + 20)(s + 6)}, \tag{10.20}$$

e os efeitos do zero em $s = -2$ e do terceiro polo em $s = -6$ afetarão a resposta transitória. A máxima ultrapassagem percentual é $M.U.P. = 34\%$, o tempo de acomodação é $T_s = 1{,}3$ s, a faixa de passagem é $\omega_B = 8{,}4$ rad/s e a margem de fase é $M.F. = 45{,}6°$. ∎

EXEMPLO 10.2 **Compensador de avanço de fase para um sistema de segunda ordem**

Um sistema de controle com realimentação unitária possui a função de transferência em malha

$$L(s) = \frac{40}{s(s + 2)}, \tag{10.21}$$

na qual $L(s) = G_c(s)G(s)$. Deseja-se ter um erro em regime estacionário para uma entrada rampa de $e_{ss} = 5\%$ da velocidade da rampa. Portanto, requer-se que

$$K_v = \frac{A}{e_{ss}} = \frac{A}{0{,}05A} = 20. \tag{10.22}$$

Além disso, deseja-se que a margem de fase do sistema seja de pelo menos $M.F. = 40°$. O primeiro passo é traçar o diagrama de Bode da função de transferência sem compensação

$$G(j\omega) = \frac{20}{j\omega(0{,}5j\omega + 1)}, \tag{10.23}$$

em que $K = K_v$, como mostrado na Figura 10.8(a). A frequência na qual a curva de magnitude cruza a linha de 0 dB é 6,2 rad/s, e a margem de fase nessa frequência é prontamente determinada a partir de

$$\underline{/G(j\omega)} = \phi(\omega) = -90° - \tan^{-1}(0{,}5\omega). \tag{10.24}$$

Na frequência de cruzamento $\omega = \omega_c = 6{,}2$ rad/s, tem-se

$$\phi(\omega) = -162° \tag{10.25}$$

e, portanto, a margem de fase é $M.F. = 18°$. Necessita-se adicionar uma estrutura de avanço de fase de modo que a margem de fase seja aumentada para $M.F. = 40°$ na nova frequência de cruzamento (0 dB). Como a frequência de cruzamento da compensação é maior que a frequência de cruzamento sem compensação, a defasagem do sistema sem compensação também é maior. Deve-se levar em conta essa defasagem adicional tentando-se obter um avanço de fase máximo de $40° - 18° = 22°$, mais um pequeno acréscimo de avanço de fase para considerar o atraso adicional. Assim, será projetado um compensador com avanço de fase máximo igual a $22° + 8° = 30°$. Então, calculando-se α, obtém-se

$$\frac{\alpha - 1}{\alpha + 1} = \text{sen } 30° = 0{,}5 \tag{10.26}$$

e, portanto, $\alpha = 3$.

O avanço de fase máximo ocorre em ω_m e esta frequência será escolhida de modo que a nova frequência de cruzamento e ω_m coincidam. O compensador de avanço de fase adicionará $10 \log \alpha = 10 \log 3 = 4{,}8$ dB em ω_m. A frequência de cruzamento compensada é então calculada quando a magnitude de $G(j\omega)$ é –4,8 dB, e assim $\omega_m = \omega_c = 8{,}4$. Traçando a reta de magnitude compensada de modo que a mesma intercepte o eixo de 0 dB em $\omega = \omega_c = 8{,}4$, descobre-se que $z = \omega_m/\sqrt{\alpha} = 4{,}8$ e que $p = \alpha z = 14{,}4$. Portanto, o compensador

$$G_c(s) = \frac{K}{3}\frac{1 + s/4{,}8}{1 + s/14{,}4}. \tag{10.27}$$

O ganho de malha estático total deve ser aumentado por um fator de três a fim de se levar em conta o fator $1/\alpha$. Com $K = 3$, a função de transferência em malha compensada é

$$L(s) = G_c(s)G(s) = \frac{20(s/4{,}8 + 1)}{s(0{,}5s + 1)(s/14{,}4 + 1)}. \tag{10.28}$$

Para verificar a margem de fase final, pode-se calcular a fase de $G_c(j\omega)G(j\omega)$ em $\omega = \omega_c = 8{,}4$ e assim obter a margem de fase. A fase é, então,

$$\begin{aligned}\phi(\omega_c) &= -90° - \tan^{-1} 0{,}5\omega_c - \tan^{-1}\frac{\omega_c}{14{,}4} + \tan^{-1}\frac{\omega_c}{4{,}8}\\ &= -90° - 76{,}5° - 30{,}0° + 60{,}2°\\ &= -136{,}3°.\end{aligned} \tag{10.29}$$

Portanto, a margem de fase para o sistema compensado é $M.F. = 43{,}7°$. A resposta ao degrau deste sistema resulta em $M.U.P. = 28\%$ com um tempo de acomodação de $T_s = 0{,}9$ s. O sistema compensado tem erro em regime estacionário de 5% para uma rampa, conforme desejado.

O diagrama de Nichols para o sistema compensado e sem compensação é mostrado na Figura 10.8(b). A mudança de forma da curva de resposta em frequência é clara neste diagrama. Observe a margem de fase maior para o sistema compensado, bem como a menor magnitude de $M_{p\omega}$, a magnitude máxima da resposta em frequência em malha fechada. Neste caso, $M_{p\omega}$ foi reduzido de um valor não compensado de +12 dB para um valor compensado de aproximadamente +3,2 dB. Além disso, observa-se que a faixa de passagem de 3 dB em malha fechada do sistema compensado é igual a 12 rad/s em comparação com 9,5 rad/s do sistema sem compensação. ■

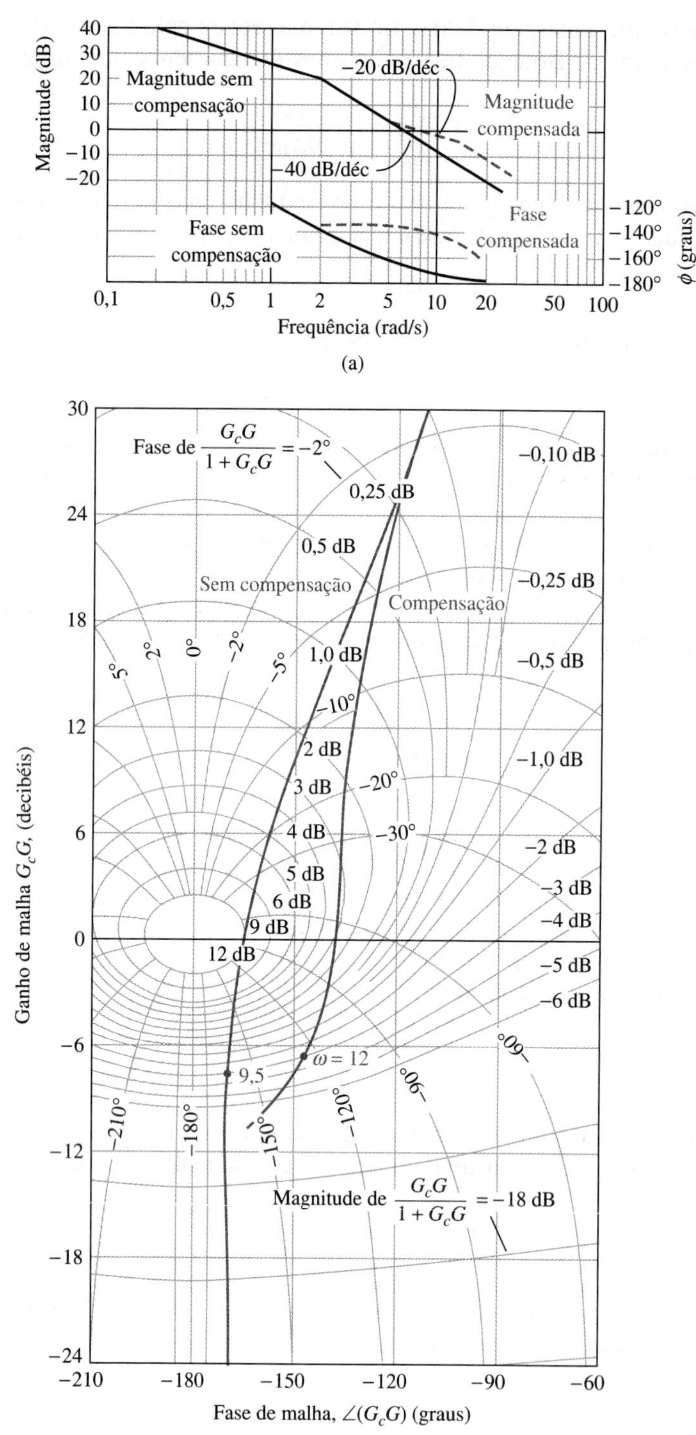

FIGURA 10.8
(a) Diagrama de Bode do Exemplo 10.2.
(b) Diagrama de Nichols do Exemplo 10.2.

10.5 PROJETO DE AVANÇO DE FASE USANDO O LUGAR GEOMÉTRICO DAS RAÍZES

O projeto do compensador por avanço de fase também pode ser prontamente realizado usando-se o lugar geométrico das raízes. As localizações do zero e do polo são escolhidas de modo a resultar em um lugar geométrico das raízes satisfatório para o sistema compensado. As especificações do sistema são utilizadas para identificar a posição desejada das raízes dominantes do sistema. O método do lugar geométrico das raízes no plano s é como se segue:

1. Liste as especificações do sistema e traduza-as em posições desejadas para as raízes dominantes.
2. Esboce o lugar geométrico das raízes com controlador de ganho constante, $G_c(s) = K$, e determine se as posições desejadas para as raízes podem ser obtidas.

3. Se um compensador for necessário, posicione o zero do compensador de avanço de fase diretamente abaixo da posição desejada da raiz (ou à esquerda dos dois primeiros polos reais).
4. Determine a posição do polo de modo que o ângulo total na posição desejada da raiz seja 180° e, consequentemente, esteja no lugar geométrico das raízes compensado.
5. Calcule o ganho total do sistema na posição desejada da raiz, e então calcule a constante de erro.
6. Repita os passos se a constante de erro não for satisfatória.

Portanto, primeiro se escolhe a posição desejada das raízes dominantes de modo que elas satisfaçam às especificações em termos de ζ e ω_n, como mostrado na Figura 10.9(a). O lugar geométrico das raízes com $G_c(s) = K$ é esboçado como ilustrado na Figura 10.9(b). Então, o zero é acrescentado para fornecer um avanço de fase, sendo colocado à esquerda dos dois primeiros polos reais. Alguma cautela é necessária, porque o zero não deve alterar a dominância das raízes desejadas; isto é, o zero não deve ser colocado mais próximo da origem do que o segundo polo no eixo real, o que resultaria em uma raiz real próxima da origem que dominaria a resposta do sistema. Assim, na Figura 10.9(c), observa-se que a raiz desejada está diretamente acima do segundo polo e coloca-se o zero z um pouco à esquerda do segundo polo real.

Consequentemente, a raiz real pode estar perto do zero real e o coeficiente desse termo na expansão em frações parciais pode ser relativamente pequeno. Assim, a resposta devida a essa raiz real pode ter um efeito muito pequeno sobre a resposta total do sistema. Contudo, o projetista deve estar continuamente ciente de que a resposta do sistema compensado será influenciada pelas raízes e zeros do sistema e de que as raízes dominantes não ditarão a resposta do sistema sozinhas. É usualmente sensato acrescentar alguma margem de erro no projeto e testar o sistema compensado usando uma simulação computacional.

Como a raiz desejada é um ponto no lugar geométrico das raízes, quando se realiza a compensação final, espera-se que a soma algébrica dos ângulos dos vetores seja 180° neste ponto. Assim, calcula-se o ângulo θ_p a partir do polo do compensador a fim de se obter em um ângulo total de 180°. Então, traçando uma reta com ângulo de θ_p que intercepte a raiz desejada, é possível calcular o polo do compensador p, como mostrado na Figura 10.9(d).

A vantagem do método do lugar geométrico das raízes é a possibilidade de o projetista especificar a posição das raízes dominantes e, consequentemente, a resposta transitória dominante. A desvantagem do método é que não se pode especificar diretamente uma constante de erro (por exemplo, K_v), como na abordagem do diagrama de Bode. Depois que o projeto estiver concluído, calcula-se o ganho do sistema na posição da raiz, o qual depende de p e z, e, em seguida, calcula-se a constante

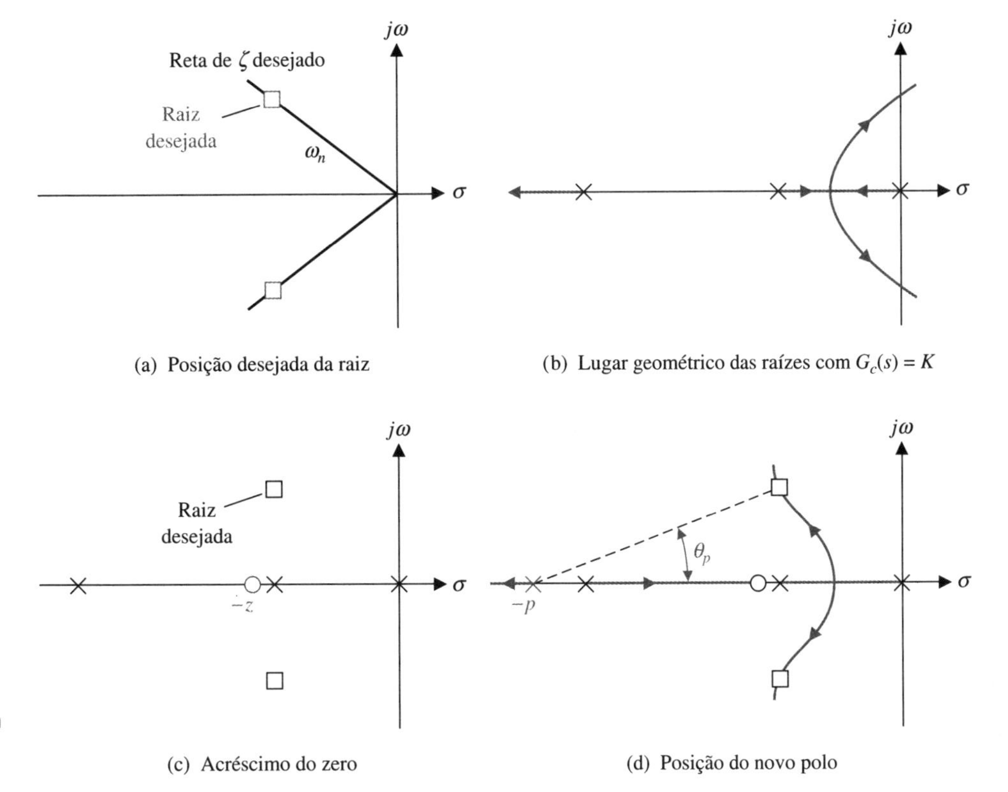

FIGURA 10.9 Compensação no plano s usando um compensador de avanço de fase.

de erro para o sistema compensado. Se a constante de erro não for satisfatória, deve-se repetir os passos do projeto e alterar a posição das raízes desejadas, bem como a posição do polo e do zero do compensador.

EXEMPLO 10.3 **Compensador por avanço de fase usando o lugar geométrico das raízes**

Considere novamente o sistema do Exemplo 10.1 no qual a função de transferência em malha seja

$$L(s) = G_c(s)G(s) = \frac{10K}{s^2}. \tag{10.30}$$

A equação característica do sistema em malha fechada é

$$1 + L(s) = 1 + K\frac{10}{s^2} = 0, \tag{10.31}$$

e o lugar geométrico das raízes é o eixo $j\omega$. Portanto, propõe-se compensar este sistema com o compensador

$$G_c(s) = K\frac{s + z}{s + p}, \tag{10.32}$$

em que $|z| < |p|$. As especificações para o sistema são

Tempo de acomodação (com um critério de 2%), $T_s \leq 4$ s;
Máxima ultrapassagem percentual para um degrau unitário $M.U.P. \leq 35\%$.

Portanto, o fator de amortecimento deve ser $\zeta \geq 0{,}32$. O requisito de tempo de acomodação é

$$T_s = \frac{4}{\zeta\omega_n} = 4,$$

assim, $\zeta\omega_n = 1$. Neste caso, escolhe-se uma posição desejada das raízes dominantes como

$$r_1, \hat{r}_1 = -1 \pm j2, \tag{10.33}$$

como mostrado na Figura 10.10 (consequentemente, $\zeta = 0{,}45$).

Agora se posiciona o zero do compensador diretamente abaixo da posição desejada em $s = -z = -1$, como mostrado na Figura 10.10. Medindo-se o ângulo na raiz desejada, tem-se

$$\phi = -2(116°) + 90° = -142°. \tag{10.34}$$

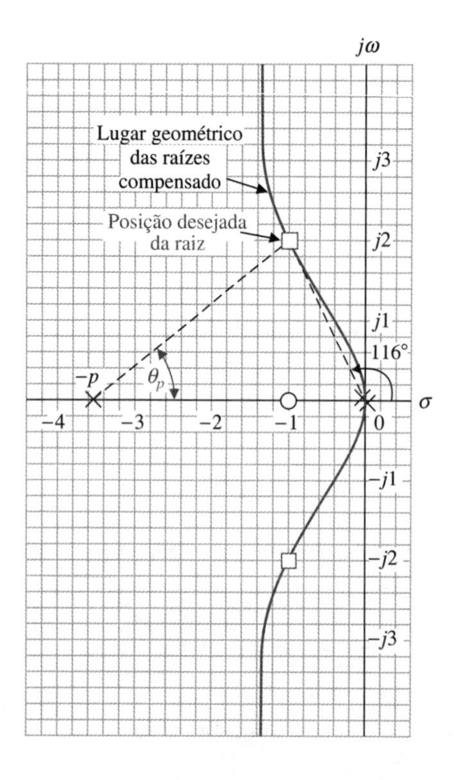

FIGURA 10.10 Projeto de avanço de fase do Exemplo 10.3.

Portanto, para ter um total de 180° na raiz desejada, calcula-se o ângulo a partir do polo indeterminado, θ_p, como

$$-180° = -142° - \theta_p, \tag{10.35}$$

ou $\theta_p = 38°$. Então, uma reta é traçada com ângulo $\theta_p = 38°$ interceptando a posição desejada da raiz e o eixo real, como mostrado na Figura 10.10. O ponto de interseção com o eixo real é então $s = -p = -3{,}6$. Portanto, o compensador é

$$G_c(s) = K\frac{s+1}{s+3{,}6}, \tag{10.36}$$

e a função de transferência em malha compensada para o sistema é

$$L(s) = G_c(s)G(s) = \frac{10K(s+1)}{s^2(s+3{,}6)}. \tag{10.37}$$

O ganho K é calculado medindo-se os comprimentos dos vetores a partir dos polos e zeros até a posição da raiz. Assim,

$$K = \frac{(2{,}23)^2(3{,}25)}{2(10)} = 0{,}81. \tag{10.38}$$

Finalmente, as constantes de erro deste sistema são calculadas. Constata-se que este sistema com duas integrações em malha aberta resultará em um erro em regime estacionário nulo para sinais de entrada em degrau e rampa. A constante de aceleração é

$$K_a = \frac{10(0{,}81)}{3{,}6} = 2{,}25. \tag{10.39}$$

O desempenho em regime estacionário deste sistema é bastante satisfatório e, portanto, a compensação está completa. Quando se compara a estrutura de compensação obtida com o método do plano s com a estrutura obtida usando-se a abordagem do diagrama de Bode, constata-se que os valores dos polos e zeros são diferentes. Contudo, o sistema resultante terá o mesmo desempenho e não será necessário dar-se atenção à diferença. De fato, a diferença origina-se do passo de projeto (número 3), o qual posiciona o zero diretamente abaixo da posição desejada da raiz. Se o zero tivesse sido posicionado em $s = -2{,}0$, seria constatado um polo calculado pelo método do plano s aproximadamente igual ao polo calculado a partir da abordagem do diagrama de Bode.

As especificações para a resposta transitória deste sistema foram expressas originalmente em termos da máxima ultrapassagem percentual e do tempo de acomodação do sistema. Essas especificações foram traduzidas, com base em uma aproximação do sistema por um sistema de segunda ordem, para valores de ζ e ω_n equivalentes e, consequentemente, para uma posição desejada das raízes. Porém, as especificações originais serão satisfeitas apenas se as raízes escolhidas forem dominantes. O zero do compensador e a raiz resultante do acréscimo do polo do compensador resultarão em um sistema de terceira ordem com um zero. A validade de aproximar esse sistema a um sistema de segunda ordem sem zeros depende da validade da hipótese da dominância. Frequentemente, o projetista simulará o projeto final e obterá a resposta transitória real do sistema. A máxima ultrapassagem percentual real é $M.U.P. = 46\%$ e o tempo de acomodação (para uma faixa de 2% do valor final) é $T_s = 3{,}8$ s para uma entrada em degrau. Esses valores são razoavelmente parecidos com os valores especificados de $M.U.P. = 35\%$ e $T_s = 4$ s, e justificam a utilização de especificações de raízes dominantes. A diferença na máxima ultrapassagem percentual em relação ao valor especificado deve-se ao zero, que não é desprezível. Assim, verifica-se novamente que a especificação de raízes dominantes é uma abordagem útil, mas deve ser utilizada com cautela e entendimento. Uma segunda tentativa de se obter um sistema compensado com máxima ultrapassagem percentual de $M.U.P. = 30\%$ usaria um **pré-filtro** para eliminar o efeito do zero na função de transferência em malha fechada. ■

EXEMPLO 10.4 **Compensador de avanço de fase para um sistema do tipo um**

Consideremos novamente o sistema do Exemplo 10.2 e projetemos um compensador com base na abordagem do lugar geométrico das raízes. A função de transferência em malha é

$$L(s) = G_c(s)G(s) = \frac{40K}{s(s+2)}, \tag{10.40}$$

quando $G_c(s) = K$. Deseja-se que o fator de amortecimento das raízes dominantes do sistema seja $\zeta = 0{,}4$ e que a constante de erro de velocidade seja igual a $K_v \geq 20$.

Para se conseguir um tempo de acomodação rápido, escolhe-se a parte real das raízes desejadas como $\zeta\omega_n = 4$ e, portanto, $T_s = 1$ s. Isso significa que a frequência natural dessas raízes é razoavelmente grande, $\omega_n = 10$; consequentemente, a constante de velocidade deve ser razoavelmente grande. A posição das raízes desejadas é mostrada na Figura 10.11(a) para $\zeta\omega_n = 4$, $\zeta = 0{,}4$ e $\omega_n = 10$.

O zero do compensador é posicionado em $s = -z = -4$, diretamente abaixo da posição desejada da raiz. Então, o ângulo na posição desejada da raiz é

$$\phi = -114^\circ - 102^\circ + 90^\circ = -126^\circ. \tag{10.41}$$

Portanto, o ângulo a partir do polo indeterminado é estabelecido a partir de

$$-180^\circ = -126^\circ - \theta_p$$

e, assim, $\theta_p = 54^\circ$. Este ângulo é traçado para interceptar a posição desejada da raiz e p é calculado como $s = -p = -10{,}6$, como mostrado na Figura 10.11(a). O ganho do sistema compensado é então

$$K = \frac{10(9{,}4)(11{,}3)}{9{,}2(40)} = 2{,}9. \tag{10.42}$$

A função de transferência em malha do sistema compensado é então

$$L(s) = G_c(s)G(s) = \frac{115{,}5(s+4)}{s(s+2)(s+10{,}6)}. \tag{10.43}$$

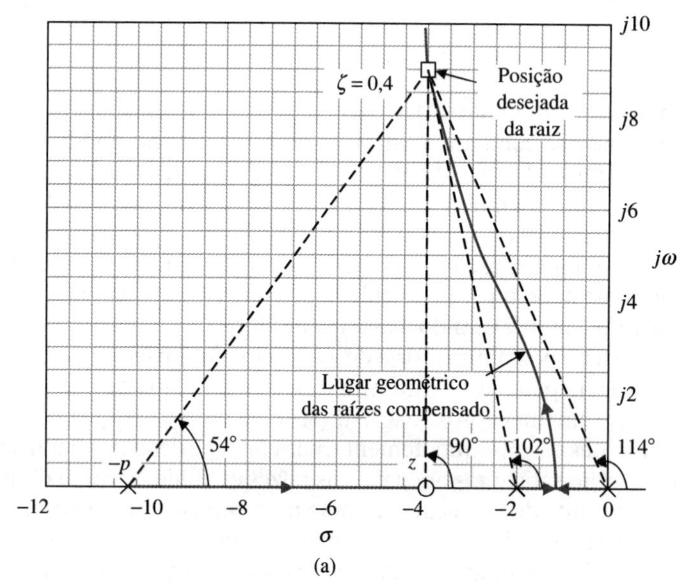

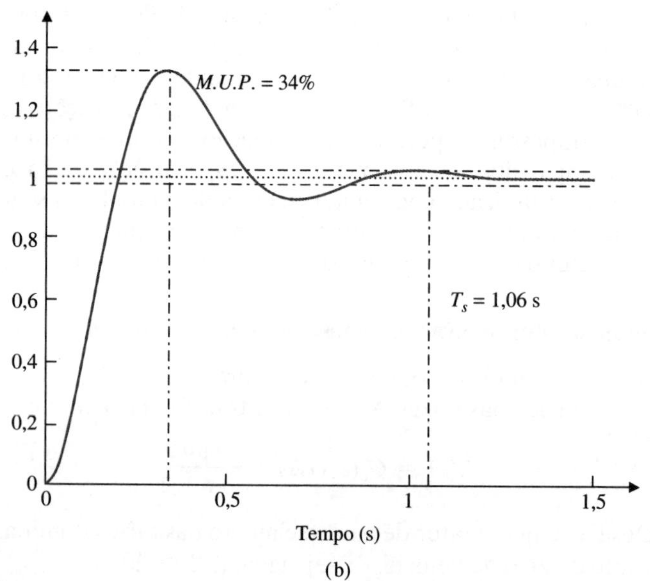

FIGURA 10.11 (a) Projeto de um compensador de avanço de fase no plano s do Exemplo 10.4. (b) Resposta ao degrau do sistema compensado do Exemplo 10.4.

Consequentemente, a constante de velocidade do sistema compensado é

$$K_v = \lim_{s\to 0} s[G_c(s)G(s)] = \frac{115{,}5(4)}{2(10{,}6)} = 21{,}8. \quad (10.44)$$

A constante de velocidade do sistema compensado atende ao requisito $K_v \geq 20$.

A resposta ao degrau do sistema compensado resulta na máxima ultrapassagem percentual *M.U.P.* = 34% com um tempo de acomodação $T_s = 1{,}06$ s, conforme mostrado na Figura 10.11(b). A margem de fase é *M.F.* = 38,4. ■

O compensador por avanço de fase é útil para se alterar o desempenho de um sistema de controle. O compensador de avanço de fase adiciona um avanço de fase para fornecer uma margem de fase adequada. Usando uma abordagem de projeto no plano s, pode-se escolher o compensador de avanço de fase a fim de alterar o lugar geométrico das raízes do sistema e posicionar as raízes do sistema em posições desejadas no plano s. Quando as especificações de projeto incluem um requisito de constante de erro, o método do diagrama de Bode é mais conveniente, porque a constante de erro de um sistema projetado no plano s deve ser verificada após a escolha do polo e do zero do compensador. Assim sendo, o método do lugar geométrico das raízes frequentemente resulta em um procedimento de projeto iterativo quando a constante de erro é especificada. Por outro lado, o lugar geométrico das raízes é uma abordagem muito satisfatória quando as especificações são dadas em termos de máxima ultrapassagem percentual e de tempo de acomodação, especificando, assim, os valores de ζ e ω_n das raízes dominantes desejadas no plano s. A utilização de um compensador por avanço de fase aumenta a faixa de passagem de um sistema com realimentação, o que pode ser questionável para sistemas sujeitos a muito ruído. Além disso, compensadores de avanço de fase não são adequados para fornecer exatidão elevada em regime estacionário em sistemas que requerem constantes de erro muito elevadas. Para fornecer constantes de erro grandes, tipicamente K_p e K_v, deve-se considerar a utilização de estruturas de compensação do tipo integrador.

10.6 PROJETO DE SISTEMAS USANDO ESTRUTURAS DE INTEGRAÇÃO

Para grande parte dos sistemas de controle, o objetivo principal é obter elevada exatidão em regime estacionário. Outro objetivo é manter o desempenho transitório destes sistemas dentro de limites razoáveis. A exatidão em regime estacionário de muitos sistemas com realimentação pode ser elevada aumentando-se o ganho no canal direto. Contudo, a resposta transitória resultante pode ser totalmente inaceitável — até mesmo instável. Portanto, é frequentemente necessário introduzir um compensador no caminho direto à frente de um sistema de controle com realimentação a fim de fornecer suficiente exatidão em regime estacionário.

Considere o sistema de controle com uma única malha mostrado na Figura 10.12. O compensador é escolhido para fornecer uma constante de erro grande. Com $G_p(s) = 1$, o erro em regime estacionário deste sistema é

$$\lim_{t\to\infty} e(t) = \lim_{s\to 0} s\frac{R(s)}{1 + G_c(s)G(s)H(s)}. \quad (10.45)$$

O erro em regime estacionário de um sistema depende do número de polos na origem para $L(s) = G_c(s)G(s)H(s)$. Um polo na origem pode ser considerado como uma integração e, portanto, a exatidão em regime estacionário de um sistema depende basicamente do número de integrações na função de transferência em malha. Se a exatidão em regime estacionário não for suficiente, será introduzido um **compensador do tipo integrador** $G_c(s)$ a fim de compensar a falta de integração na função de transferência em malha sem compensação $G_c(s)H_c(s)$.

Uma forma largamente utilizada de controlador é o **controlador proporcional e integral (PI)**, o qual possui uma função de transferência

$$\boxed{G_c(s) = K_p + \frac{K_I}{s}.} \quad (10.46)$$

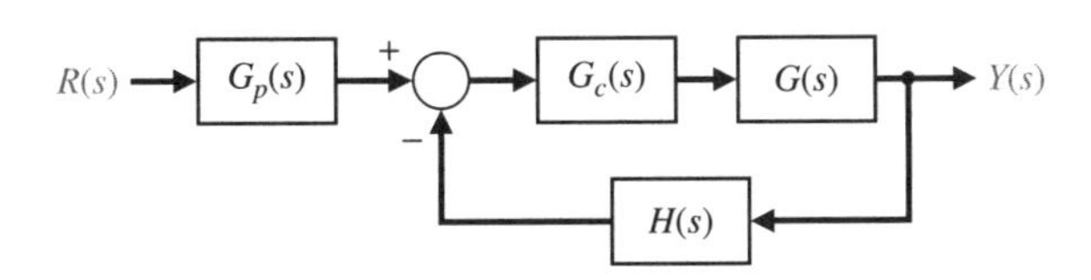

FIGURA 10.12 Sistema de controle com realimentação com uma única malha.

Por exemplo, considere um sistema de controle no qual a função de transferência $H(s) = 1$ e a função de transferência do processo é [28]

$$G(s) = \frac{K}{(\tau_1 s + 1)(\tau_2 s + 1)}. \tag{10.47}$$

O erro em regime estacionário do sistema sem compensação é

$$\lim_{t\to\infty} e(t) = \lim_{s\to 0} s\frac{A/s}{1 + G(s)} = \frac{A}{1 + K}, \tag{10.48}$$

em que $R(s) = A/s$ e $K = \lim_{s\to 0} G(s)$. Para se obter um erro em regime estacionário pequeno, a magnitude do ganho K deve ser muito grande. Contudo, quando K é muito grande, o desempenho transitório do sistema será muito provavelmente inaceitável. Portanto, deve-se considerar o acréscimo de um compensador $G_c(s)$, como mostrado na Figura 10.12. Para se eliminar o erro em regime estacionário deste sistema, pode-se escolher

$$G_c(s) = K_P + \frac{K_I}{s} = \frac{K_P s + K_I}{s}. \tag{10.49}$$

O erro em regime estacionário do sistema para uma entrada em degrau é sempre zero, porque

$$\lim_{t\to\infty} e(t) = \lim_{s\to 0} s\frac{A/s}{1 + G_c(s)G(s)}$$

$$= \lim_{s\to 0} \frac{A}{1 + (K_P s + K_I)/s\, K/[(\tau_1 s + 1)(\tau_2 s + 1)]} = 0. \tag{10.50}$$

O desempenho transitório pode ser ajustado para satisfazer as especificações do sistema ajustando-se as constantes K, K_P e K_I. O ajuste da resposta transitória é possivelmente mais bem realizado utilizando-se os métodos do lugar geométrico das raízes e traçando-se um lugar geométrico das raízes para o ganho $K_P K$ após posicionar-se o zero $s = -K_I/K_P$ no plano s.

O acréscimo de uma integração como $G_c(s) = K_P + K_I/s$ também pode ser usado para se reduzir o erro em regime estacionário para uma entrada rampa $r(t) = t, t \geq 0$. Por exemplo, se o sistema sem compensação $G(s)$ possuísse uma integração, a integração adicional por causa de $G_c(s)$ resultaria em um erro em regime estacionário nulo para uma entrada rampa.

EXEMPLO 10.5 **Sistema de controle de temperatura**

A função de transferência de um sistema de controle de temperatura é

$$G(s) = \frac{1}{(s + 0{,}5)(s + 2)}. \tag{10.51}$$

Para se manter um erro em regime estacionário nulo para uma entrada em degrau, será acrescentado o compensador PI

$$G_c(s) = K_P + \frac{K_I}{s} = K_P\frac{s + K_I/K_P}{s}. \tag{10.52}$$

Portanto, a função de transferência de malha é

$$L(s) = G_c(s)G(s) = K_P\frac{s + K_I/K_P}{s(s + 0{,}5)(s + 2)}. \tag{10.53}$$

É necessário que a resposta transitória do sistema tenha máxima ultrapassagem percentual menor ou igual a $M.U.P. \leq 20\%$. Como o compensador PI introduz um zero que interagirá com os polos dominantes, objetiva-se um fator de amortecimento levemente superior dos polos dominantes para aumentar a probabilidade de atingir a máxima ultrapassagem percentual desejada. Portanto, as raízes complexas dominantes serão colocadas na reta $\zeta = 0{,}6$, como mostrado na Figura 10.13. O zero do compensador será ajustado de modo que a parte real negativa das raízes complexas seja $\zeta\omega_n = 0{,}75$, e assim o tempo de acomodação (com um critério de 2%) seja $T_s = 4/(\zeta\omega_n) = \frac{16}{3}$ s. Será determinada a posição do zero, $z = -K_I/K_P$, assegurando-se que o ângulo na raiz desejada seja $-180°$. Portanto, a soma dos ângulos na raiz desejada é

$$-180° = -127° - 104° - 38° + \theta_z,$$

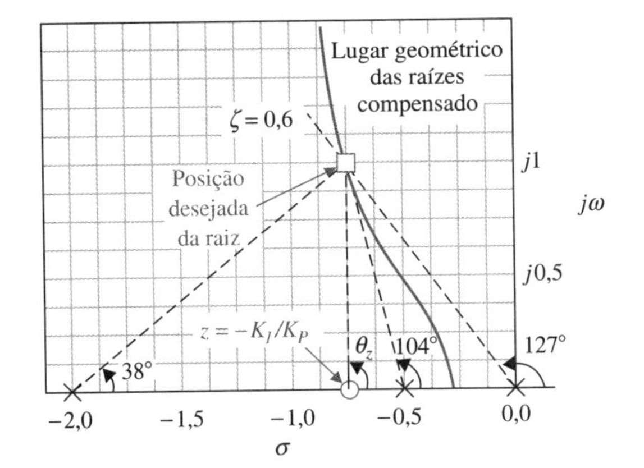

FIGURA 10.13 Projeto no plano s de um compensador de integração.

na qual θ_z é o ângulo a partir do zero indeterminado. Consequentemente, constata-se que $\theta_z = +89°$ e a posição do zero é $z = -0{,}75$. Finalmente, para se determinar o ganho na raiz desejada, calculam-se os comprimentos dos vetores a partir dos polos e zeros e obtém-se

$$K_P = \frac{1{,}25(1{,}03)1{,}6}{1{,}0} = 2.$$

O lugar geométrico das raízes compensado e a posição do zero são mostrados na Figura 10.13. Observe que o zero $z = -K_I/K_P$ deve ser colocado à esquerda do polo em $s = -0{,}5$ para assegurar que as raízes complexas dominem a resposta transitória. De fato, a terceira raiz do sistema compensado da Figura 10.13 pode ser determinada como $s = -1{,}0$ e, portanto, essa raiz real é apenas $\frac{4}{3}$ vezes a parte real das raízes complexas. Embora as raízes complexas dominem a resposta do sistema, o amortecimento equivalente do sistema é um pouco menor que $\zeta = 0{,}60$ por causa da raiz real e do zero.

A função de transferência em malha fechada é

$$T(s) = \frac{G_c(s)G(s)}{1 + G_c(s)G(s)} = \frac{2(s + 0{,}75)}{(s+1)/(s^2 + 1{,}5s + 1{,}5)}. \tag{10.54}$$

O efeito do zero é o aumento da máxima ultrapassagem para uma entrada degrau. A máxima ultrapassagem percentual é $M.U.P. = 16\%$, o tempo de acomodação é $T_s = 4{,}9$ s e o erro em regime estacionário para um degrau unitário é zero, conforme desejado. ■

10.7 PROJETO DE ATRASO DE FASE USANDO O LUGAR GEOMÉTRICO DAS RAÍZES

O compensador de atraso de fase é um compensador do tipo integração e pode ser usado para aumentar a constante de erro de um sistema de controle com realimentação. A função de transferência do compensador de atraso de fase tem a forma

$$G_c(s) = K\frac{s + z}{s + p} = K\alpha\frac{1 + \tau s}{1 + \alpha\tau s}, \tag{10.55}$$

em que

$$z = \frac{1}{\tau} \quad \text{e} \quad p = z/\alpha.$$

Comecemos admitindo que o controlador é um controlador com ganho constante, $G_c(s) = K$. Refere-se ao sistema com função de transferência de malha $L(s) = KG(s)$ como sistema não compensado. Então, por exemplo, a constante de velocidade de um sistema do tipo um sem compensação é

$$K_{v,\text{sem}} = K\lim_{s\to 0} sG(s). \tag{10.56}$$

Se um compensador de atraso de fase for adicionado à Equação (10.55), tem-se

$$K_{v,\text{com}} = \frac{z}{p}K_{v,\text{sem}}, \tag{10.57}$$

ou

$$\frac{K_{v,\text{com}}}{K_{v,\text{sem}}} = \alpha. \tag{10.58}$$

Agora, se o polo e o zero do compensador forem escolhidos de modo que $|z| = \alpha\,|p| < 1$, o $K_{v,\text{com}}$ resultante será aumentado na posição desejada da raiz por α. Então, por exemplo, se $z = 0{,}1$ e $p = 0{,}01$, a constante de velocidade da posição desejada da raiz será aumentada por um fator de 10. Se o polo e o zero do compensador aparecerem relativamente próximos um do outro no plano s, seu efeito na posição da raiz desejada será desprezível. Portanto, a combinação de polo e zero do compensador próximos da origem do plano s pode ser usada para aumentar a constante de erro de um sistema com realimentação por um fator α enquanto altera muito levemente a posição das raízes.

Os passos necessários para o projeto de um compensador de atraso de fase no plano s são os seguintes:

1. Obtenha o lugar geométrico das raízes do sistema sem compensação, com um controlador de ganho constante, $G_c(s) = K$.
2. Determine as especificações de desempenho transitório para o sistema e localize posições adequadas das raízes dominantes no lugar geométrico das raízes sem compensação que irão satisfazer às especificações.
3. Calcule o ganho de malha na posição desejada da raiz e, assim, a constante de erro do sistema sem compensação.
4. Compare a constante de erro sem compensação com a constante de erro desejada e calcule o aumento necessário que deve resultar da razão α entre o polo e o zero do compensador.
5. Com a razão conhecida da combinação polo–zero do compensador, determine uma posição adequada para o polo e o zero do compensador de modo que o lugar geométrico das raízes compensado ainda passe pela posição desejada da raiz. Posicione o polo e o zero próximos da origem do plano s.

O quinto requisito pode ser satisfeito se as magnitudes do polo e do zero forem significativamente menores que ω_n das raízes dominantes e se eles parecerem se fundir quando medidos a partir da posição desejada da raiz. O polo e o zero parecerão se fundir na posição da raiz se os ângulos a partir do polo e do zero do compensador forem essencialmente iguais quando medidos com relação à posição da raiz. Um método para se posicionar o zero e o polo do compensador é baseado no requisito de que a diferença entre o ângulo do polo e o ângulo do zero, quando medidos com relação à raiz desejada, seja menor que 2°.

EXEMPLO 10.6 **Projeto de um compensador de atraso de fase**

Considere um sistema com realimentação unitária no qual a função de transferência em malha sem compensação é

$$L(s) = G_c(s)G(s) = \frac{K}{s(s+2)}. \tag{10.59}$$

Requer-se que o fator de amortecimento das raízes complexas dominantes seja $\zeta \geq 0{,}45$, com uma constante de velocidade do sistema $K_v \geq 20$. O lugar geométrico das raízes sem compensação é uma reta vertical em $s = -1$ e resulta em raízes na reta $\zeta = 0{,}45$ em $s = -1 \pm j2$, como mostrado na Figura 10.14. Medindo-se o ganho nessas raízes, tem-se $K = (2{,}24)^2 = 5$. Portanto, a constante de velocidade do sistema sem compensação é

$$K_v = \frac{K}{2} = \frac{5}{2} = 2{,}5.$$

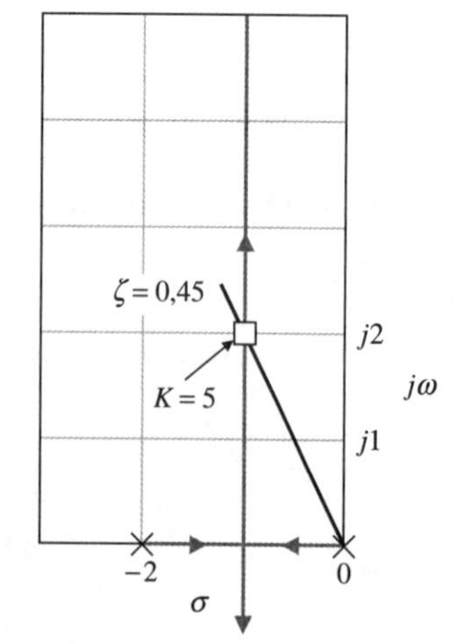

FIGURA 10.14 Lugar geométrico das raízes do sistema sem compensação do Exemplo 10.6.

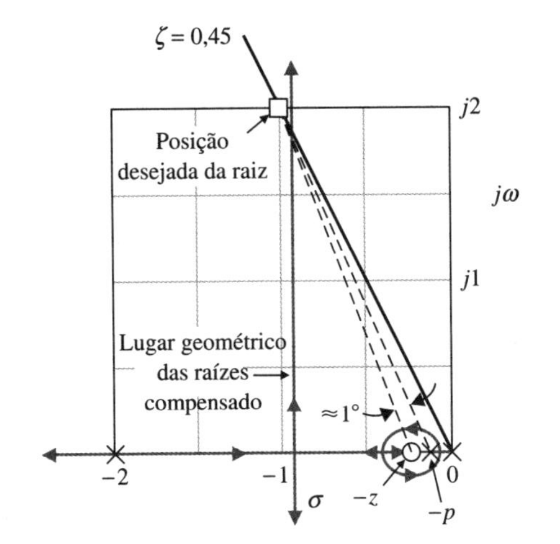

FIGURA 10.15 Lugar geométrico das raízes do sistema compensado do Exemplo 10.6. Observe que a raiz real diferirá da raiz desejada por um pequeno valor. A parte vertical do lugar parte do eixo σ em $\sigma = -0{,}95$.

Assim, a razão requerida entre o zero e o polo do compensador é

$$\left|\frac{z}{p}\right| = \alpha = \frac{K_{v,\text{com}}}{K_{v,\text{sem}}} = \frac{20}{2{,}5} = 8. \tag{10.60}$$

Examinando a Figura 10.15, percebe-se que se poderia fazer $z = 0{,}1$ e então $p = 0{,}1/8$. A diferença entre os ângulos a partir de p e de z na raiz desejada é aproximadamente 1°; portanto, $s = -1 \pm j2$ continua sendo a posição das raízes dominantes. Um esboço do lugar geométrico das raízes compensado é mostrado como linhas grossas na Figura 10.15. Assim, a função de transferência em malha do sistema compensado é

$$L(s) = G_c(s)G(s) = \frac{5(s + 0{,}1)}{s(s + 2)(s + 0{,}0125)}. \tag{10.61}$$ ■

EXEMPLO 10.7 **Projeto de um compensador de atraso de fase**

Considere um sistema que é difícil de projetar usando uma estrutura de avanço de fase. A função de transferência em malha do sistema com realimentação unitária sem compensação é

$$L(s) = G_c(s)G(s) = \frac{K}{s(s + 10)^2}. \tag{10.62}$$

Especificou-se que a constante de velocidade desse sistema deve ser $K_v \geq 20$, enquanto o fator de amortecimento das raízes dominantes deve ser igual a $\zeta = 0{,}707$. O ganho necessário para um $K_v = 20$ é

$$K_v = 20 = \frac{K}{(10)^2},$$

ou $K = 2.000$. Entretanto, usando-se o critério de Routh, constata-se que as raízes da equação característica estão situadas no eixo $j\omega$ em $\pm j10$ quando $K = 2.000$. As raízes do sistema quando o requisito de K_v é satisfeito estão muito longe de satisfazer a especificação de fator de amortecimento, e seria difícil trazer as raízes dominantes do eixo $j\omega$ até a reta $\zeta = 0{,}707$ usando um compensador de avanço de fase. Consequentemente, tentar-se-á satisfazer os requisitos de K_v e de ζ utilizando-se um compensador de atraso de fase. O lugar geométrico das raízes sem compensação deste sistema é mostrado na Figura 10.16 e as raízes são mostradas quando $\zeta = 0{,}707$ e $s = -2{,}9 \pm j2{,}9$. Medindo-se o ganho nessas raízes, constata-se que $K = 242$. Portanto, a razão necessária entre o zero e o polo do compensador é

$$\alpha = \left|\frac{z}{p}\right| = \frac{2.000}{242} = 8{,}3.$$

Assim, escolhem-se $z = 0{,}1$ e $p = 0{,}1/9$ a fim de se admitir uma pequena margem de segurança. Examinando-se a Figura 10.16, constata-se que a diferença entre os ângulos a partir do polo e do zero de $G_c(s)$ é desprezível. Portanto, a função de transferência em malha aberta do sistema compensado é

$$L(s) = G_c(s)G(s) = \frac{242(s + 0{,}1)}{s(s + 10)^2(s + 0{,}0111)}, \tag{10.63}$$

em que $G_c(s) = \dfrac{242(s + 0{,}1)}{(s + 0{,}0111)}$. ■

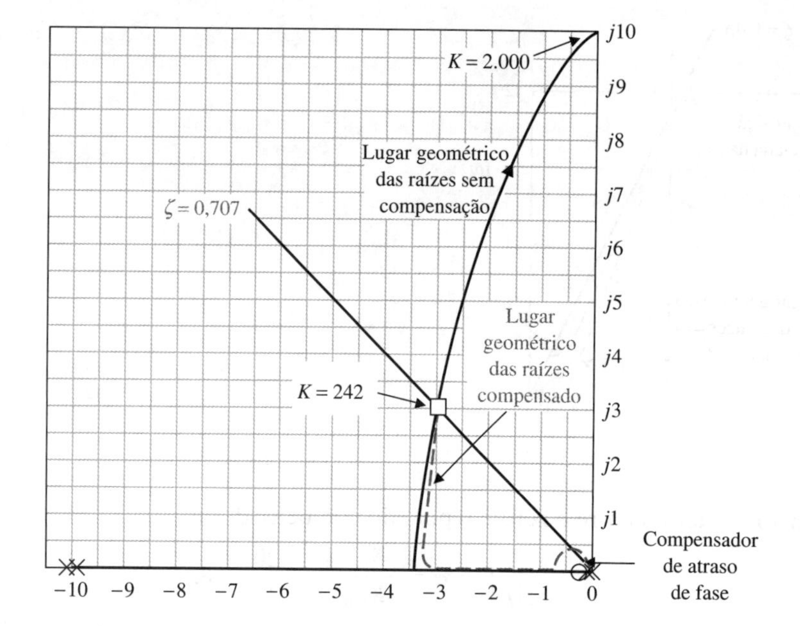

FIGURA 10.16 Projeto de um compensador de atraso de fase no plano s.

10.8 PROJETO DE ATRASO DE FASE USANDO O DIAGRAMA DE BODE

O projeto de um compensador de atraso de fase pode ser prontamente realizado no diagrama de Bode. A função de transferência do compensador de atraso de fase, escrita na forma do diagrama de Bode, é

$$G_c(j\omega) = K\alpha\,\frac{1 + j\omega\tau}{1 + j\omega\alpha\tau}. \tag{10.64}$$

O diagrama de Bode da estrutura de atraso de fase é mostrado na Figura 10.6 para dois valores de α. No diagrama de Bode, o polo e o zero do compensador possuem uma magnitude muito menor que o menor polo do sistema sem compensação. Assim, o atraso de fase não é o efeito útil do compensador; é a atenuação $-20 \log \alpha$ que é o efeito útil da compensação. O compensador de atraso de fase é utilizado para fornecer uma atenuação e, consequentemente, para diminuir a frequência de 0 dB (cruzamento) do sistema. Porém, em frequências de cruzamento mais baixas, usualmente constata-se que a margem de fase do sistema é aumentada e as especificações podem ser satisfeitas. O procedimento de projeto para um compensador de atraso de fase no diagrama de Bode é conforme segue:

1. Obtenha o diagrama de Bode do sistema sem compensação com um controlador de ganho constante, $G_c(s) = K$, com o ganho ajustado para a constante de erro desejada.
2. Determine a margem de fase do sistema sem compensação e, se ela for insuficiente, prossiga com os passos a seguir.
3. Determine a frequência na qual o requisito de margem de fase seria satisfeito se a curva de magnitude cruzasse a reta de 0 dB nessa frequência, ω_c'. (Leve em conta 5° de atraso de fase do compensador de atraso de fase ao determinar a nova frequência de cruzamento.)
4. Posicione o zero do compensador uma década abaixo da nova frequência de cruzamento ω_c', e assim garanta apenas 5° de atraso de fase adicional em ω_c' (veja a Figura 10.8) por causa da estrutura de atraso de fase.
5. Meça a atenuação necessária em ω_c' para assegurar que a curva de magnitude cruze a reta de 0 dB nesta frequência.
6. Calcule α observando que a atenuação introduzida pela estrutura de atraso de fase é $-20 \log \alpha$ em ω_c'.
7. Calcule o polo como $\omega_p = 1/(\alpha\tau) = \omega_z/\alpha$, e o projeto está concluído.

Um exemplo deste procedimento de projeto ilustrará que o método é simples de ser conduzido na prática.

EXEMPLO 10.8 **Projeto de um compensador de atraso de fase**

Considere novamente o sistema com realimentação unitária do Exemplo 10.6 e projete um compensador de atraso de fase de modo que a margem de fase desejada seja obtida. A função de transferência em malha sem compensação é

$$L(j\omega) = G_c(j\omega)G(j\omega) = \frac{K}{j\omega(j\omega + 2)} = \frac{K_v}{j\omega(0{,}5j\omega + 1)}, \tag{10.65}$$

em que $K_v = K/2$. Deseja-se $K_v \geq 20$ enquanto uma margem de fase de $M.F. = 45°$ é obtida. O diagrama de Bode do sistema sem compensação é mostrado em linha contínua na Figura 10.17. O sistema sem compensação possui uma margem de fase de $M.F. = 18°$ e a margem de fase deve ser aumentada. Tolerando 5° para o compensador de atraso de fase, localiza-se a frequência ω em que $\phi(\omega) = -130°$, a qual será a nova frequência de cruzamento ω_c'. Neste caso, verifica-se que $\omega_c' = 1{,}66$. Seleciona-se $\omega_c' = 1{,}5$ para permitir uma pequena margem de segurança. A atenuação necessária para fazer com que ω_c' seja a nova frequência de cruzamento é igual a 20 dB. Ambas as curvas de magnitude, do sistema compensado e do sistema sem compensação, são aproximações assintóticas. Assim, $\omega_c' = 1{,}5$ e a atenuação requerida é 20 dB.

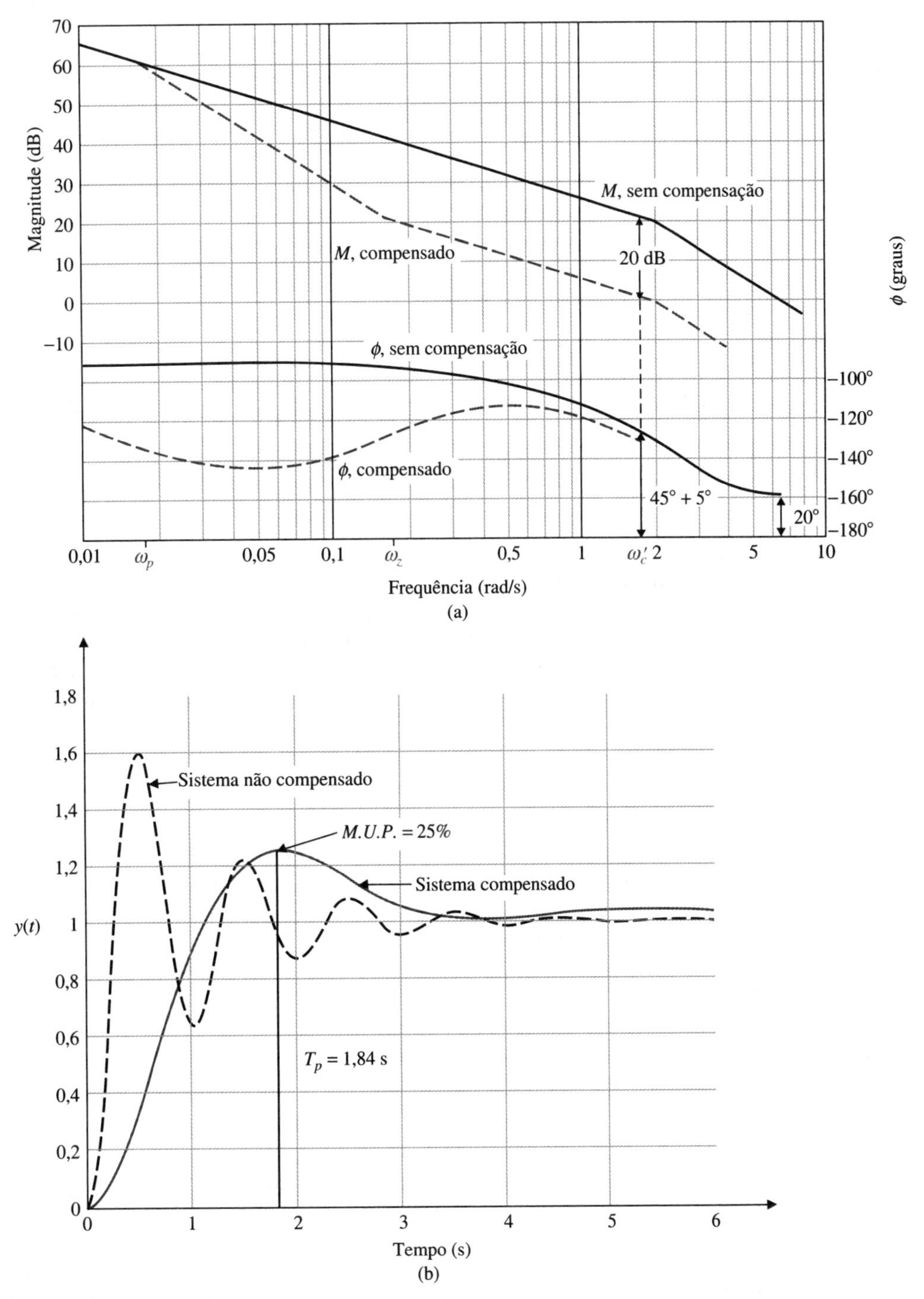

FIGURA 10.17 (a) Projeto de uma estrutura de atraso de fase no diagrama de Bode para o Exemplo 10.8. (b) Resposta no tempo para uma entrada em degrau para o sistema sem compensação (linha contínua) e para o sistema compensado (linha tracejada) do Exemplo 10.8.

Então, verifica-se que 20 dB = 20 log α, ou $\alpha = 10$. Portanto, o zero está uma década abaixo da frequência de cruzamento, ou $\omega_z = \omega_c'/10 = 0{,}15$, e o polo está em $\omega_p = \omega_z/10 = 0{,}015$. O sistema compensado é então

$$L(j\omega) = G_c(j\omega)G(j\omega) = \frac{20(6{,}66j\omega + 1)}{j\omega(0{,}5j\omega + 1)(66{,}6j\omega + 1)}, \tag{10.66}$$

e o compensador de atraso de fase é

$$G_c(s) = \frac{4(s + 0{,}15)}{(s + 0{,}015)}.$$

A resposta em frequência do sistema compensado é mostrada na Figura 10.17(a) com linhas tracejadas. É evidente que o atraso de fase introduz uma atenuação que diminui a frequência de cruzamento e, consequentemente, aumenta a margem de fase. Observe que a fase do compensador de atraso desapareceu quase totalmente na frequência de cruzamento ω_c'. Como verificação final, calcula-se numericamente a margem de fase e verifica-se que $M.F. = 46{,}9°$ em $\omega_c' = 1{,}58$, que é o resultado desejado. Usando a carta de Nichols, descobre-se que a faixa de passagem em malha fechada do sistema foi reduzida de $\omega = 10$ rad/s para o sistema sem compensação para $\omega = 2{,}5$ rad/s para o sistema compensado. Por causa da faixa de passagem reduzida, espera-se uma resposta no tempo mais lenta para um comando degrau.

A resposta no tempo do sistema é mostrada na Figura 10.17(b). Observe que a máxima ultrapassagem percentual é $M.U.P. = 25\%$ e que o tempo de pico é $T_p = 1{,}84$ s. Assim, a resposta está dentro das especificações. ■

EXEMPLO 10.9 **Projeto de um compensador de atraso de fase**

Considere novamente o sistema com realimentação unitária do Exemplo 10.7, com

$$L(j\omega) = G_c(j\omega)G(j\omega) = \frac{K}{j\omega(j\omega + 10)^2} = \frac{K_v}{j\omega(0{,}1j\omega + 1)^2}, \tag{10.67}$$

em que $K_v = K/100$. Uma constante de velocidade $K_v \geq 20$ é especificada. Além disso, deseja-se uma margem de fase $M.F. = 70°$. A resposta em frequência do sistema sem compensação é mostrada na Figura 10.18. A margem de fase do sistema sem compensação é 0°. Admitindo-se 5° para a estrutura de atraso, localiza-se a frequência na qual a fase é –105°. Essa frequência é igual a $\omega = 1{,}3$ e, portanto, tentar-se-á posicionar a nova frequência de cruzamento em $\omega_c' = 1{,}3$. Medindo-se a atenuação necessária em $\omega = \omega_c'$, verifica-se que se requer 24 dB; então 24 = 20 log α, resultando em $\alpha = 16$. O zero do compensador é posicionado uma década abaixo da frequência de cruzamento, e assim

$$\omega_z = \frac{\omega_c'}{10} = 0{,}13.$$

O polo é então

$$\omega_p = \frac{\omega_z}{\alpha} = \frac{0{,}13}{16{,}0}.$$

Portanto, o sistema compensado é

$$L(j\omega) = G_c(j\omega)G(j\omega) = \frac{20(7{,}69j\omega + 1)}{j\omega(0{,}1j\omega + 1)^2(123{,}1j\omega + 1)}, \tag{10.68}$$

em que

$$G_c(s) = \frac{125(s + 0{,}13)}{(s + 0{,}00815)}.$$

A resposta em frequência compensada é mostrada na Figura 10.18. Como verificação final, calcula-se a margem de fase em $\omega_c' = 1{,}24$ e verifica-se que $M.F. = 70{,}3°$, que está dentro das especificações. ■

Verificou-se que um compensador por atraso de fase pode ser utilizado para alterar a resposta em frequência de um sistema de controle com realimentação a fim de se obter um desempenho satisfatório do sistema. O projeto do sistema é satisfatório quando a curva assintótica de magnitude do sistema compensado cruza a reta de 0 dB com uma inclinação de –20 dB/década. A atenuação

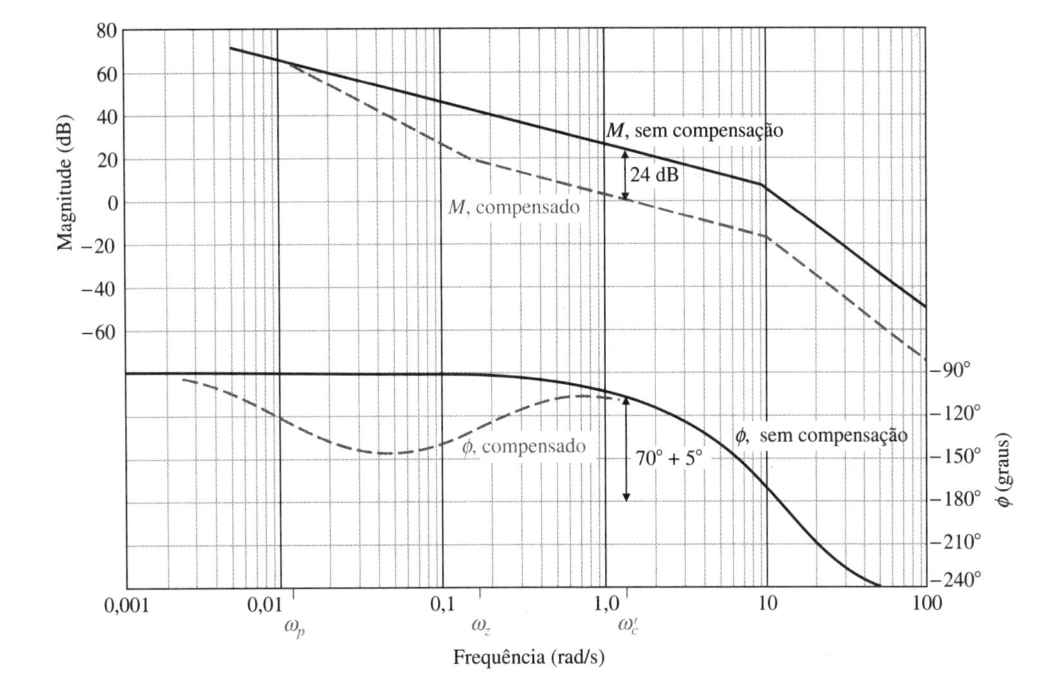

FIGURA 10.18 Projeto de uma estrutura de atraso de fase no diagrama de Bode para o Exemplo 10.9.

do compensador de atraso de fase reduz a magnitude da frequência de cruzamento (0 dB) para um ponto em que a margem de fase do sistema é satisfatória. Assim, em contraste com o compensador de avanço de fase, o compensador de atraso de fase reduz a faixa de passagem em malha fechada do sistema enquanto mantém uma constante de erro adequada.

O compensador de avanço de fase altera a resposta em frequência de um sistema adicionando uma fase positiva (avanço) e, portanto, aumenta a margem de fase na frequência de cruzamento (0 dB). Fica evidente que um projetista pode desejar considerar a utilização de um compensador que forneça a atenuação de um compensador de atraso de fase e o avanço de fase de um compensador de avanço de fase. Tal estrutura existe, é chamada de **estrutura de avanço e atraso de fase**. A função de transferência desse compensador é

$$G_c(s) = K\frac{\beta}{\alpha}\frac{(1 + \alpha\tau_1 s)(1 + \tau_2 s)}{(1 + \tau_1 s)(1 + \beta\tau_2 s)}. \tag{10.69}$$

Os primeiros termos no numerador e no denominador, que são funções de τ_1, proporcionam a parte de avanço de fase do compensador. Os segundos termos, que são funções de τ_2, proporcionam a parte de atraso de fase do compensador. O parâmetro β é ajustado para fornecer uma atenuação adequada da porção de baixa frequência da resposta em frequência e o parâmetro α é ajustado para fornecer um avanço de fase adicional na nova frequência de cruzamento (0 dB). Alternativamente, a compensação pode ser projetada no plano s posicionando-se o polo e o zero da compensação por avanço a fim de posicionar as raízes dominantes na posição desejada. Em seguida, a compensação por atraso de fase é usada para aumentar a constante de erro na posição das raízes dominantes. O projeto de um compensador por avanço e atraso de fase segue os procedimentos já discutidos. Outra literatura irá ilustrar mais a utilidade da compensação por avanço e atraso de fase [2, 3, 25].

10.9 PROJETO NO DIAGRAMA DE BODE USANDO MÉTODOS ANALÍTICOS

Uma técnica analítica de escolha de parâmetros de um compensador de estágio único foi desenvolvida para o diagrama de Bode [3–5]. Para um compensador de estágio único,

$$G_c(s) = \frac{1 + \alpha\tau s}{1 + \tau s}, \tag{10.70}$$

em que $\alpha < 1$ resulta em um atraso de fase e $\alpha > 1$ resulta em um avanço de fase. A contribuição de fase do compensador na frequência de cruzamento desejada ω_c (veja a Equação 10.9) é dada por

$$p = \tan\phi = \frac{\alpha\omega_c\tau - \omega_c\tau}{1 + (\omega_c\tau)^2\alpha}. \tag{10.71}$$

A magnitude M (em dB) do compensador na Equação (10.70) em ω_c é

$$c = 10^{M/10} = \frac{1 + (\omega_c \alpha \tau)^2}{1 + (\omega_c \tau)^2}. \tag{10.72}$$

Eliminando-se $\omega_c \tau$ a partir das Equações (10.71) e (10.72), obtém-se a equação de solução não trivial para α como

$$(p^2 - c + 1)\alpha^2 + 2p^2 c\alpha + p^2 c^2 + c^2 - c = 0. \tag{10.73}$$

Para um compensador de estágio único, é necessário que $c > p^2 + 1$. Se é possível resolver para α a partir da Equação (10.73), pode-se obter τ a partir de

$$\tau = \frac{1}{\omega_c}\sqrt{\frac{1 - c}{c - \alpha^2}}. \tag{10.74}$$

Os passos de projeto para adicionar avanço de fase são:

1. Escolha o ω_c desejado.
2. Determine a margem de fase desejada e, consequentemente, a fase requerida ϕ para a Equação (10.71).
3. Verifique que o avanço de fase é aplicável: $\phi > 0$ e $M > 0$.
4. Determine se um estágio único é suficiente testando $c > p^2 + 1$.
5. Determine α a partir da Equação (10.73).
6. Determine τ a partir da Equação (10.74).

Caso seja necessário projetar um compensador de atraso de estágio único, então $\phi < 0$ e $M < 0$ (passo 3). O passo 4 irá requerer $c < 1/(1 + p^2)$. Fora isso, o método é similar.

EXEMPLO 10.10 **Projeto utilizando uma técnica analítica**

Considere o sistema do Exemplo 10.1 usando a técnica analítica. Examinam-se as curvas sem compensação na Figura 10.7. Seleciona-se $\omega_c = 5$. Em seguida, como anteriormente, deseja-se uma margem de fase de *M.F.* = 45°. O compensador deve produzir essa fase, então

$$p = \tan 45° = 1. \tag{10.75}$$

A contribuição de magnitude requerida é 8 dB, ou $M = 8$, de modo que

$$c = 10^{8/10} = 6{,}31. \tag{10.76}$$

Usando c e p, obtém-se

$$-4.31\alpha^2 + 12{,}62\alpha + 73{,}32 = 0. \tag{10.77}$$

Resolvendo-se para α, obtém-se $\alpha = 5{,}84$. Resolvendo-se a Equação (10.74), tem-se $\tau = 0{,}087$. Portanto, o compensador é

$$G_c(s) = \frac{1 + 0{,}515s}{1 + 0{,}087s}. \tag{10.78}$$

O polo é igual a 11,5 e o zero é 1,94. Isso pode ser escrito na forma de compensador de avanço de fase como

$$G_c(s) = 5{,}9\frac{s + 1{,}94}{s + 11{,}5}. \quad ■$$

10.10 SISTEMAS COM PRÉ-FILTRO

Nas seções anteriores deste capítulo, utilizaram compensadores da forma

$$G_c(s) = K\frac{s + z}{s + p}$$

que alteram as raízes da equação característica do sistema em malha fechada. Contudo, a função de transferência em malha fechada $T(s)$ irá conter o zero de $G_c(s)$ como um zero de $T(s)$. Esse zero irá afetar significativamente a resposta do sistema $T(s)$.

Considere o sistema mostrado na Figura 10.19, em que

$$G(s) = \frac{1}{s}.$$

Será introduzido um compensador PI, de modo que

$$G_c(s) = K_P + \frac{K_I}{s} = \frac{K_P s + K_I}{s}.$$

A função de transferência em malha fechada do sistema com um pré-filtro é

$$T(s) = \frac{(K_P s + K_I)G_p(s)}{s^2 + K_P s + K_I}. \quad (10.79)$$

Para fins de ilustração, as especificações requerem um tempo de acomodação (com um critério de 2%) de $T_s = 0{,}5$ s e uma máxima ultrapassagem percentual de aproximadamente $M.U.P. = 4\%$. Utiliza-se $\zeta = 1/\sqrt{2}$ e observa-se que

$$T_s = \frac{4}{\zeta\omega_n}.$$

Assim, requer-se que $\zeta\omega_n = 8$ ou $\zeta\omega_n = 8\sqrt{2}$. Obtém-se agora

$$K_P = 2\zeta\omega_n = 16 \quad \text{e} \quad K_I = \omega_n^2 = 128.$$

A função de transferência em malha fechada quando $G_p(s) = 1$ é então

$$T(s) = \frac{16(s + 8)}{s^2 + 16s + 128}.$$

O efeito do zero na resposta ao degrau é significativo. A máxima ultrapassagem percentual para um degrau é $M.U.P. = 21\%$.

Utiliza-se um pré-filtro $G_p(s)$ para eliminar o zero de $T(s)$ enquanto se mantém o ganho estático de 1, assim requerendo que

$$G_p(s) = \frac{8}{s + 8}.$$

Então, tem-se

$$T(s) = \frac{128}{s^2 + 16s + 128},$$

e a máxima ultrapassagem percentual deste sistema é $M.U.P. = 4{,}5\%$, como esperado.

Agora considere novamente o Exemplo 10.3, o qual inclui o projeto de um compensador de avanço de fase. A função de transferência em malha fechada resultante pode ser determinada como (usando a Figura 10.22)

$$T(s) = \frac{8{,}1(s + 1)G_p(s)}{(s^2 + 1{,}94s + 4{,}88)(s + 1{,}66)}.$$

Se $G_p(s) = 1$ (sem pré-filtro), então obtém-se uma resposta com máxima ultrapassagem percentual de $M.U.P. = 46{,}6\%$ e um tempo de acomodação de $T_s = 3{,}8$ s. Se for utilizado um pré-filtro

$$G_p(s) = \frac{1}{s + 1},$$

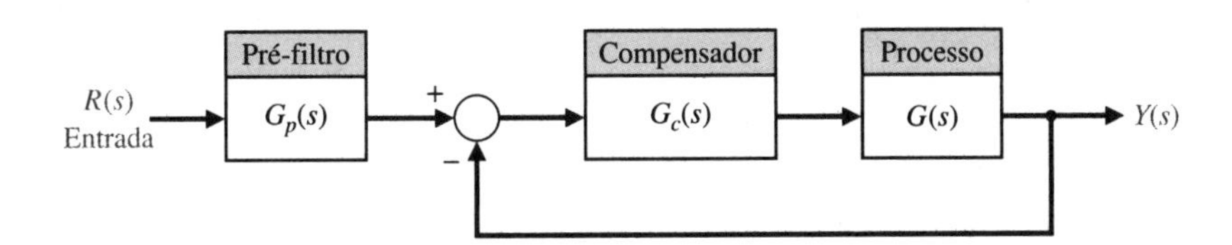

FIGURA 10.19 Sistema de controle com um pré-filtro $G_p(s)$.

obtém-se máxima ultrapassagem percentual de $M.U.P. = 6{,}7\%$ e tempo de acomodação de $T_s = 3{,}8$ s. A raiz real em $s = -1{,}66$ ajuda a amortecer a resposta ao degrau. O pré-filtro é muito útil ao permitir que o projetista introduza um compensador com um zero para ajustar a posição das raízes (polos) da função de transferência em malha fechada enquanto elimina o efeito do zero incorporado em $T(s)$.

Em geral, acrescenta-se um pré-filtro para sistemas com compensadores de avanço ou compensadores PI. Não será usado um pré-filtro para um sistema com compensador de atraso, uma vez que se espera que o efeito do zero seja insignificante. Para verificarmos essa afirmação, consideremos novamente o projeto obtido no Exemplo 10.6. O sistema com um controlador de atraso de fase é

$$L(s) = G(s)G_c(s) = \frac{5(s + 0{,}1)}{s(s + 2)(s + 0{,}0125)}.$$

A função de transferência em malha fechada é então

$$T(s) = \frac{5(s + 0{,}1)}{(s^2 + 1{,}98s + 4{,}83)(s + 0{,}104)} \approx \frac{5}{s^2 + 1{,}98s + 4{,}83},$$

uma vez que o zero em $s = -0{,}1$ e o polo em $s = -0{,}104$ aproximadamente se cancelam. Espera-se máxima ultrapassagem percentual de $M.U.P. = 20\%$ e um tempo de acomodação (com critério de 2%) de $T_s = 4{,}0$ s para os parâmetros de projeto $\zeta = 0{,}45$ e $\zeta\omega_n = 1$. A resposta real possui máxima ultrapassagem percentual de $M.U.P. = 26\%$ e um tempo de acomodação de $T_s = 5{,}8$ s. Assim, usualmente não se utiliza um pré-filtro com sistemas que utilizam compensadores de atraso de fase.

EXEMPLO 10.11 **Projeto de um sistema de terceira ordem**

Considere um sistema com a forma mostrada na Figura 10.19 com

$$G(s) = \frac{1}{s(s + 1)(s + 5)}.$$

Projete um sistema que produzirá uma resposta ao degrau com máxima ultrapassagem percentual de $M.U.P. \leq 2\%$ e um tempo de acomodação $T_s \leq 3$ s utilizando ambos, $G_c(s)$ e $G_p(s)$, para alcançar a resposta desejada.

Considere um compensador por avanço

$$G_c(s) = \frac{K(s + 1{,}2)}{s + 10}$$

e escolha K para obter as raízes complexas com $\zeta = 1/\sqrt{2}$. Então, com $K = 78{,}7$, a função de transferência em malha fechada é

$$T(s) = \frac{78{,}7(s + 1{,}2)G_p(s)}{(s^2 + 3{,}42s + 5{,}83)(s + 1{,}45)(s + 11{,}1)}.$$

Se escolher

$$G_p(s) = \frac{p}{s + p}, \tag{10.80}$$

a função de transferência em malha fechada será

$$T(s) = \frac{78{,}7p(s + 1{,}2)}{(s^2 + 3{,}42s + 5{,}83)(s + 1{,}45)(s + 11{,}1)(s + p)}.$$

Se $p = 1{,}2$, cancela-se o efeito do zero. A resposta do sistema com um pré-filtro é resumida na Tabela 10.1. Escolhe-se o valor apropriado de p para se alcançar a resposta desejada. Observe que $p = 2{,}40$ fornecerá uma resposta que pode ser desejável, já que produz um tempo de subida mais rápido que $p = 1{,}20$. O pré-filtro fornece um parâmetro adicional a ser escolhido para propósitos de projeto. ■

Tabela 10.1 Efeito de um Pré-filtro na Resposta ao Degrau

$G_p(S)$	$p = 1$	$p = 1{,}20$	$p = 2{,}4$
Máxima ultrapassagem percentual	0%	0%	5%
Tempo de subida para 90% (segundos)	2,6	2,2	1,60
Tempo de acomodação (segundos)	4,0	3,0	3,2

10.11 PROJETO PARA RESPOSTA *DEADBEAT*

Frequentemente, o objetivo para um sistema de controle é alcançar resposta rápida para um comando degrau com a menor ultrapassagem máxima possível. Define-se uma **resposta *deadbeat*** como uma resposta que vai rapidamente para o nível desejado e se mantém nesse nível com um mínimo de ultrapassagem máxima. Utiliza-se a faixa de $\pm 2\%$ em torno do nível desejado como a faixa aceitável de variação a partir da resposta desejada. Então, se a resposta entrar na faixa no instante T_s, ela terá correspondido ao tempo de acomodação T_s ao entrar na faixa, conforme ilustrado na Figura 10.20. Uma resposta *deadbeat* possui as seguintes características:

1. Erro em regime estacionário = 0
2. Resposta rápida $\rightarrow T_r$ e T_s mínimos
3. $0{,}1\% \leq M.U.P. < 2\%$
4. *Undershoot* percentual, $U.P. < 2\%$.

As características (3) e (4) requerem que a resposta permaneça dentro da faixa de $\pm 2\%$, de modo que a entrada na faixa ocorra no tempo de acomodação.

Considere a função de transferência $T(s)$ de um sistema em malha fechada. Para determinar os coeficientes que produzem a resposta *deadbeat* ótima, a função de transferência padrão é primeiro normalizada. Um exemplo disso para um sistema de terceira ordem é

$$T(s) = \frac{\omega_n^3}{s^3 + \alpha\omega_n s^2 + \beta\omega_n^2 s + \omega_n^3}. \tag{10.81}$$

Dividindo-se o numerador e o denominador por ω_c^3 produz-se

$$T(s) = \frac{1}{\dfrac{s^3}{\omega_n^3} + \alpha\dfrac{s^2}{\omega_n^2} + \beta\dfrac{s}{\omega_n} + 1}. \tag{10.82}$$

Faz-se $\bar{s} = s/\omega_n$ para obter

$$T(s) = \frac{1}{\bar{s}^3 + \alpha\bar{s}^2 + \beta\bar{s} + 1}. \tag{10.83}$$

A Equação (10.83) é a função de transferência em malha fechada de terceira ordem normalizada. Para um sistema de ordem mais elevada, o mesmo método é utilizado para se deduzir a equação normalizada. Os coeficientes da equação — α, β, γ e assim por diante — são então especificados pelos valores necessários para atender aos requisitos de resposta *deadbeat*. Os coeficientes registrados na Tabela 10.2 foram escolhidos para se obter a resposta *deadbeat* e minimizar o tempo de acomodação e o tempo de subida T_r. A forma da Equação (10.83) é normalizada, uma vez que

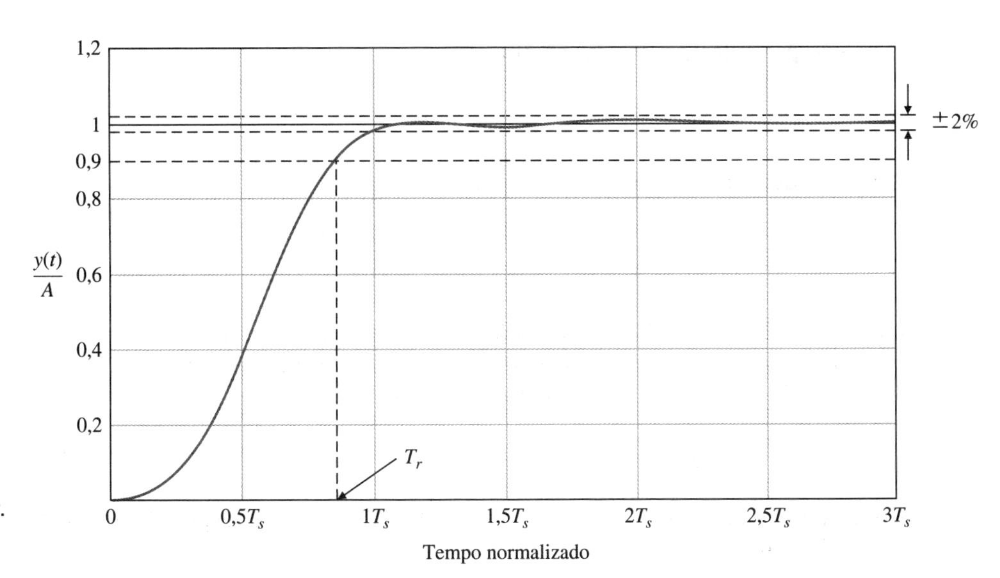

FIGURA 10.20 Resposta *deadbeat*. *A* é a magnitude da entrada em degrau.

Tabela 10.2 Coeficientes e Medidas da Resposta de um Sistema *Deadbeat*

Ordem do Sistema	Coeficientes α	β	γ	δ	ϵ	Máxima Ultrapassagem Percentual *M.U.P.*	*Undershoot* Percentual *U.P.*	Tempo de Subida 90% T_r	Tempo de Acomodação T_s
2ª	1,82					0,10%	0,00%	3,47	4,82
3ª	1,90	2,20				1,65%	1,36%	3,48	4,04
4ª	2,20	3,50	2,80			0,89%	0,95%	4,16	4,81
5ª	2,70	4,90	5,40	3,40		1,29%	0,37%	4,84	5,43
6ª	3,15	6,50	8,70	7,55	4,05	1,63%	0,94%	5,49	6,04

Nota: todos os tempos são normalizados.

$\bar{s} = s/\omega_n$. Assim, escolhe-se ω_n com base no tempo de acomodação ou no tempo de subida desejados. Portanto, quando se tem um sistema de terceira ordem com tempo de acomodação requerido de $T_s = 1{,}2$ s, observa-se, a partir da Tabela 10.2, que o tempo de acomodação normalizado é

$$\omega_n T_s = 4{,}04.$$

Portanto, requer-se que

$$\omega_n = \frac{4{,}04}{T_s} = \frac{4{,}04}{1{,}2} = 3{,}37.$$

Uma vez que ω_n é escolhido, a função de transferência em malha fechada completa é conhecida, tendo a forma da Equação (10.81). Ao se projetar um sistema para se obter uma resposta *deadbeat*, o compensador é escolhido e a função de transferência em malha fechada é determinada. Esta função de transferência compensada é então igualada à Equação (10.81) e o compensador requerido pode ser determinado.

EXEMPLO 10.12 **Projeto de um sistema com resposta *deadbeat***

Considere um sistema com realimentação unitária com um compensador $G_c(s)$ e um pré-filtro $G_p(s)$. O processo é

$$G(s) = \frac{K}{s(s+1)},$$

e o compensador é

$$G_c(s) = \frac{s+z}{s+p}.$$

O uso do pré-filtro necessário resulta

$$G_p(s) = \frac{z}{s+z}.$$

A função de transferência em malha fechada é

$$T(s) = \frac{Kz}{s^3 + (1+p)s^2 + (K+p)s + Kz}.$$

Utiliza-se a Tabela 10.2 para determinar os coeficientes requeridos, $\alpha = 1{,}90$ e $\beta = 2{,}20$. Caso se escolha um tempo de acomodação (com um critério de 2%) de $T_s = 2$ s, então $\omega_n T_s = 4{,}04$ e assim $\omega_n = 2{,}02$. O sistema em malha fechada requerido possui a equação característica

$$q(s) = s^3 + \alpha\omega_n s^2 + \beta\omega_n^2 s + \omega_n^3 = s^3 + 3{,}84s^2 + 8{,}98s + 8{,}24.$$

Então, determina-se que $p = 2{,}84$, $z = 1{,}34$ e $K = 6{,}14$. A resposta deste sistema terá $T_s = 2$ s e $T_r = 1{,}72$ s. ■

10.12 EXEMPLOS DE PROJETO

Nesta seção, são apresentados dois exemplos ilustrativos. O primeiro é um sistema de controle de enrolamento de rotor no qual os compensadores de avanço e de atraso são, ambos, projetados usando-se métodos do lugar geométrico das raízes. No segundo exemplo, o controle preciso de uma fresadora usada em manufatura é empregado para ilustrar o processo de projeto. Um compensador de atraso é projetado usando métodos do lugar geométrico das raízes para atender especificações de erro de rastreamento em regime estacionário e máxima ultrapassagem percentual.

EXEMPLO 10.13 **Sistema de controle de enrolamento de rotor**

O objetivo é substituir a operação manual usando uma máquina para enrolar fio de cobre nos rotores de motores pequenos. Cada motor possui três enrolamentos separados de algumas centenas de espiras de fio. É importante que os enrolamentos sejam consistentes e que a produtividade do processo seja alta. O operador simplesmente insere um rotor sem enrolamento, aperta um botão de partida e, em seguida, remove o rotor completamente enrolado. O motor CC é utilizado para obter enrolamento rápido e exato. Assim, o objetivo é alcançar elevada exatidão em regime estacionário para ambos, posição e velocidade. O sistema de controle é mostrado na Figura 10.21(a) e o diagrama de blocos na Figura 10.21(b). Esse sistema possui erro em regime estacionário nulo para uma entrada em degrau e o erro em regime estacionário para uma entrada rampa é

$$e_{SS} = A/K_v,$$

em que

$$K_v = \lim_{s\to 0} \frac{G_c(s)}{50}.$$

Quando $G_c(s) = K$, tem-se $K_v = K/50$. Caso se escolha $K = 500$, ter-se-á $K_v = 10$, mas a máxima ultrapassagem percentual para um degrau será $M.U.P. = 70\%$ e o tempo de acomodação será $T_s = 8$ s.

Primeiro, tenta-se um compensador de avanço de modo que

$$G_c(s) = \frac{K(s + z_1)}{s + p_1}. \tag{10.84}$$

Escolhendo-se $z_1 = 4$ e o polo p_1 de modo que as raízes complexas possuam um $\zeta = 0{,}6$, tem-se (veja a Figura 10.22)

$$G_c(s) = \frac{191{,}2(s + 4)}{s + 7{,}3}. \tag{10.85}$$

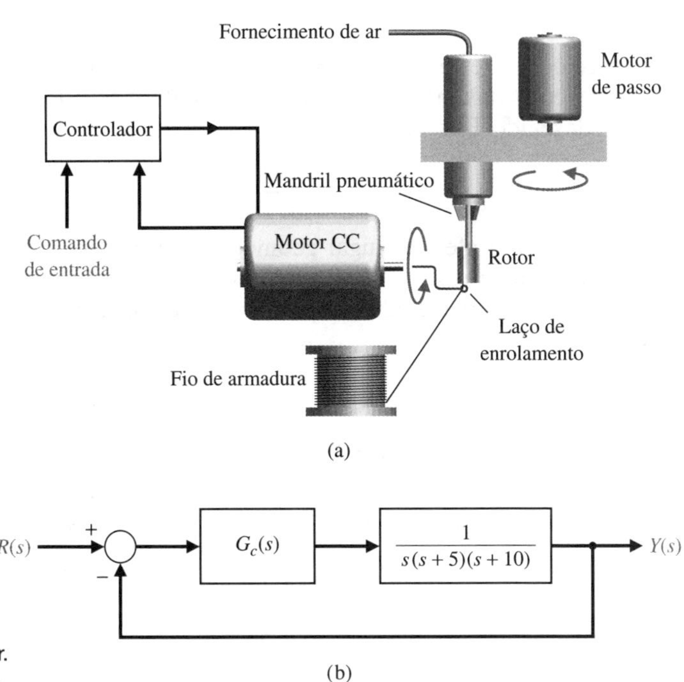

FIGURA 10.21
(a) Sistema de controle de enrolamento de rotor.
(b) Diagrama de blocos.

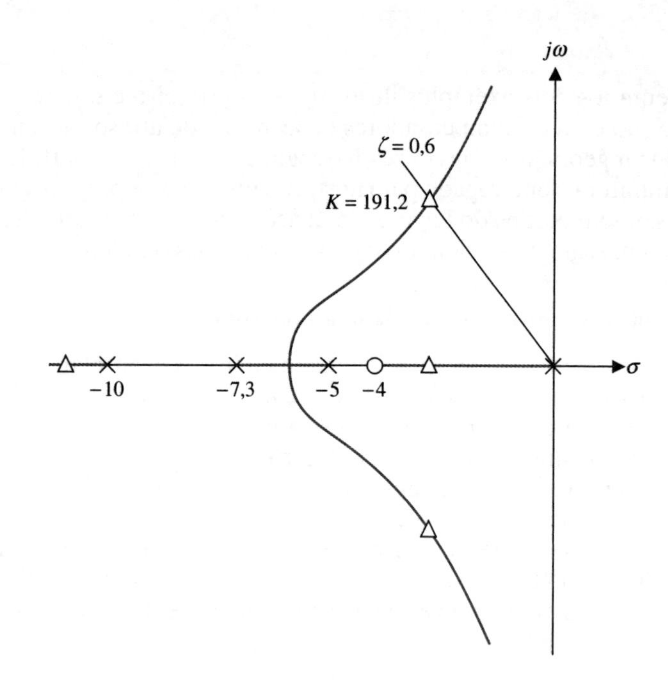

FIGURA 10.22 Lugar geométrico das raízes para compensador de avanço.

Verifica-se que a resposta para uma entrada em degrau tem $M.U.P. = 3\%$ e um tempo de acomodação de $T_s = 1{,}5$ s. Entretanto, a constante de velocidade é

$$K_v = \frac{191{,}2(4)}{7{,}3(50)} = 2{,}1,$$

a qual é inadequada.

Se for usado um compensador de atraso de fase, escolhe-se

$$G_c(s) = \frac{K(s + z_2)}{s + p_2}$$

a fim de se alcançar $K_v = 38$. Assim, a constante de velocidade do sistema compensado por atraso de fase é

$$K_v = \frac{Kz_2}{50p_2}.$$

Usando o lugar geométrico das raízes, escolhe-se $K = 105$ a fim de alcançar uma resposta ao degrau sem compensação razoável com máxima ultrapassagem percentual $M.U.P. \leq 10\%$. Escolhe-se $\alpha = z/p$ para se alcançar o K_v desejado. Então, tem-se

$$\alpha = \frac{50K_v}{K} = \frac{50(38)}{105} = 18{,}1.$$

Escolhendo-se $z_2 = 0{,}1$ para evitar afetar o lugar geométrico das raízes sem compensação, tem-se $p_2 = 0{,}0055$. Então, obtém-se uma resposta ao degrau com $M.U.P. = 12\%$ e um tempo de acomodação de $T_s = 2{,}5$ s. Os resultados para o ganho simples, a estrutura de avanço e a estrutura de atraso são resumidos na Tabela 10.3.

Tabela 10.3 Resultados do Exemplo de Projeto

Controlador	Ganho, *K*	Compensador de avanço	Compensador de atraso	Compensador de avanço e atraso
Máxima ultrapassagem para degrau	70%	3%	12%	5%
Tempo de acomodação (segundos)	8	1,5	2,5	2,0
Erro em regime estacionário para rampa	10%	48%	2,6%	4,8%
K_v	10	2,1	38	21

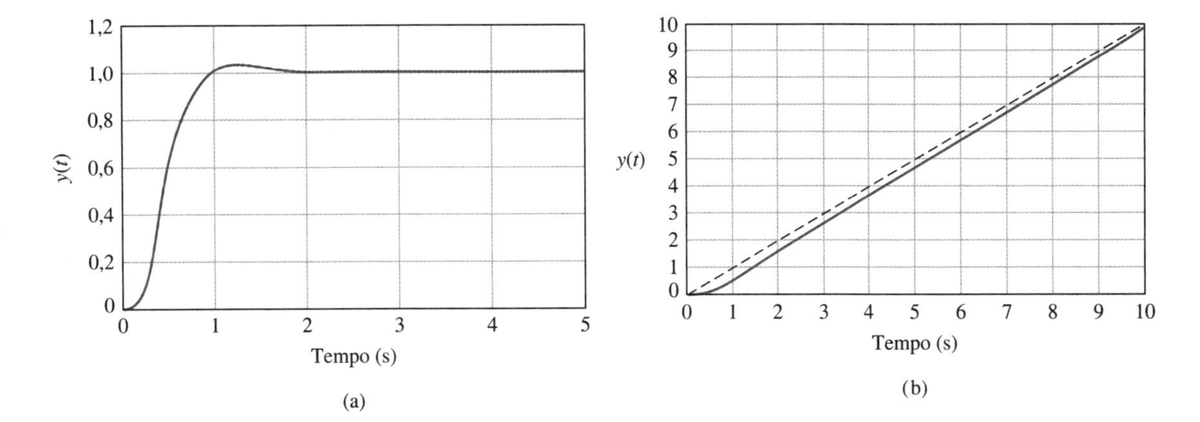

FIGURA 10.23 (a) Resposta ao degrau e (b) resposta à rampa para o sistema de enrolamento de rotor.

Retorne ao sistema com compensador de avanço e acrescente um compensador de atraso em cascata, de modo que o compensador de avanço e atraso seja

$$G_c(s) = \frac{K(s + z_1)(s + z_2)}{(s + p_1)(s + p_2)}. \tag{10.86}$$

O compensador de avanço da Equação (10.86) requer $K = 191{,}2$, $z_1 = 4$ e $p_1 = 7{,}3$. O lugar geométrico das raízes para o sistema é mostrado na Figura 10.22. Recorde que este compensador de avanço resultou em $K_v = 2{,}1$ (veja a Tabela 10.3). Para se obter $K_v = 21$, usa-se $\alpha = 10$ e escolhem-se $z_2 = 0{,}1$ e $p_2 = 0{,}01$. Desse modo, a função de transferência em malha compensada é

$$L(s) = G(s)G_c(s) = \frac{191{,}2(s + 4)(s + 0{,}1)}{s(s + 5)(s + 10)(s + 7{,}28)(s + 0{,}01)}. \tag{10.87}$$

A resposta ao degrau e a resposta à rampa deste sistema são mostradas na Figura 10.23 nas partes (a) e (b), respectivamente, e são resumidas na Tabela 10.3. Claramente, o projeto de avanço e atraso é adequado para satisfazer os objetivos do projeto. ■

EXEMPLO 10.14 Sistema de controle de fresadora

Sensores menores, mais leves e mais baratos estão sendo desenvolvidos por engenheiros para usinagem e outros processos de manufatura. Uma mesa de fresadora é representada na Figura 10.24. Esta mesa de usinagem em particular possui um novo sensor que obtém informações sobre o processo de corte (isto é, a profundidade do corte) a partir de sinais de emissão acústica (*acoustic emission* – AE). Emissões acústicas são ondas de pressão de baixa amplitude e alta frequência que se originam a partir da liberação rápida de energia de compressão em um meio contínuo. Os sensores AE são comumente sensíveis à amplitude piezoelétrica na faixa de 100 kHz a 1 MHz; eles são econômicos e podem ser montados na maioria das máquinas operatrizes.

Existe uma relação entre a sensibilidade do sinal de potência AE e pequenas mudanças da profundidade de corte [15, 18, 19]. Essa relação pode ser explorada para se obter um sinal de realimentação ou medida da profundidade do corte. Um diagrama de blocos simplificado do sistema com realimentação é mostrado na Figura 10.25. Os elementos do processo de projeto enfatizados neste exemplo são destacados na Figura 10.26.

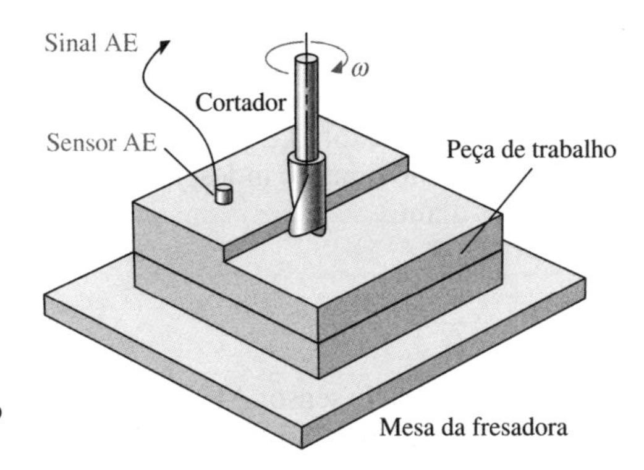

FIGURA 10.24 Uma representação da fresadora.

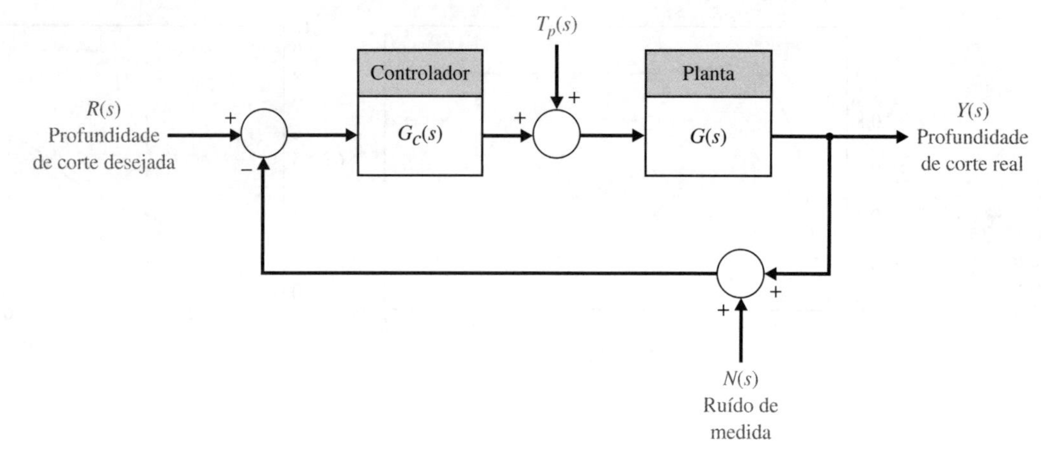

FIGURA 10.25 Um diagrama de blocos simplificado do sistema com realimentação da fresadora.

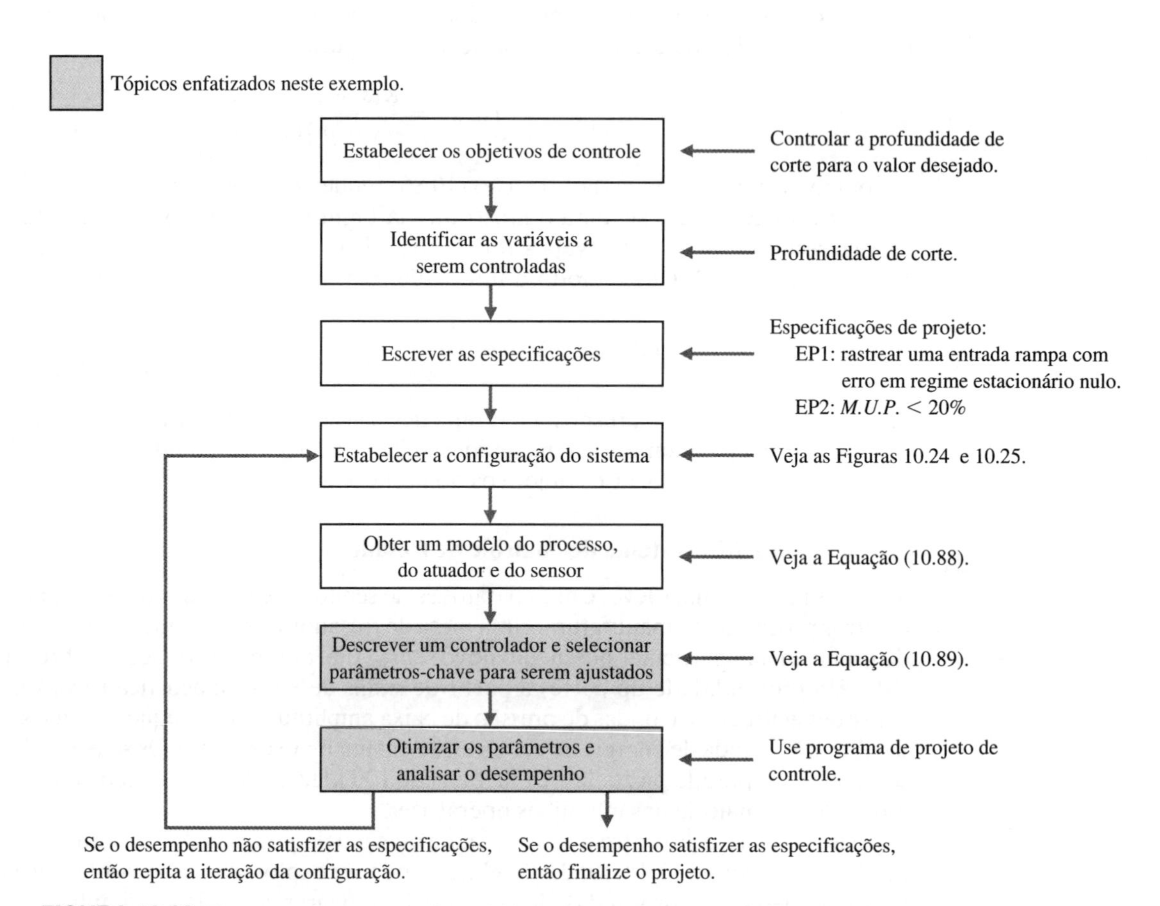

FIGURA 10.26 Elementos do processo de projeto de sistema de controle enfatizados no exemplo de projeto de sistema de controle de fresadora.

Uma vez que as emissões acústicas são sensíveis ao material, à geometria da ferramenta, ao desgaste da ferramenta e aos parâmetros de corte tais como velocidade rotacional do cortador, a medida da profundidade de corte é modelada como corrompida por ruído, denotado por $N(s)$ na Figura 10.25. Além disso, perturbações no processo, denotadas por $T_p(s)$, são modeladas, podendo representar perturbações externas, resultando em movimento indesejado do cortador, flutuação na velocidade de rotação do cortador, e assim por diante.

O modelo do processo $G(s)$ é dado por

$$G(s) = \frac{2}{s(s+1)(s+5)} \tag{10.88}$$

e representa o modelo do aparato de corte e a dinâmica do sensor AE. A entrada de $G(s)$ é um sinal de controle para atuar um dispositivo eletromecânico, o qual então aplica pressão para baixo no cortador.

Existe uma variedade de métodos disponíveis para se obter o modelo representado pela Equação (10.88). Uma abordagem seria usar princípios básicos para se obter um modelo matemático na forma de equação diferencial não linear, a qual poderia então ser linearizada em torno de um ponto de operação conduzindo a um modelo linear (ou, de forma equivalente, a uma função de transferência). Os princípios básicos incluem as leis de Newton, as várias leis de conservação e as leis de Kirchhoff. Outra abordagem poderia ser admitir-se uma forma do modelo (como um sistema de segunda ordem) com parâmetros desconhecidos (tais como ω_n e ζ) e então obterem-se experimentalmente bons valores dos parâmetros desconhecidos.

Uma terceira abordagem seria conduzir um experimento de laboratório para se obter a resposta ao degrau ou impulso do sistema. Em outras palavras, pode-se aplicar uma entrada (neste caso, uma tensão elétrica) no sistema e medir a saída — a profundidade de corte na peça de trabalho. Admita, por exemplo, que se tem os dados da resposta ao impulso mostrados na Figura 10.27 (os pequenos círculos no gráfico representam os dados). Se houver acesso à função $C_{\text{imp}}(t)$ — a função resposta ao impulso da fresadora —, será possível tomar a transformada de Laplace para se obter o modelo de função de transferência. Existem vários métodos disponíveis para ajustar uma curva aos dados e obter a função $C_{\text{imp}}(t)$. O ajuste de curva não será abordado aqui, mas é possível dizer algumas palavras a respeito da estrutura básica da função.

A partir da Figura 10.27, observa-se que a resposta se aproxima de um valor em regime estacionário:

$$C_{\text{imp}}(t) \rightarrow C_{\text{imp,ss}} \approx \frac{2}{5} \text{ à medida que } t \rightarrow \infty.$$

Então, espera-se que

$$C_{\text{imp}}(t) = \frac{2}{5} + \Delta C_{\text{imp}}(t),$$

em que $\Delta C_{\text{imp}}(t)$ é uma função que tende a zero à medida que t aumenta. Isso leva a considerar $\Delta C_{\text{imp}}(t)$ como uma soma de exponenciais estáveis. Uma vez que a resposta não oscila, deve-se esperar que as exponenciais sejam, de fato, exponenciais reais,

$$\Delta C_{\text{imp}}(t) = \sum_i k_i e^{-\tau_i t},$$

nas quais τ_i são números reais positivos. Os dados na Figura 10.27 podem ser ajustados pela função

$$C_{\text{imp}}(t) = \frac{2}{5} + \frac{1}{10}e^{-5t} - \frac{1}{2}e^{-t},$$

para a qual a transformada de Laplace é

$$G(s) = \mathscr{L}\{C_{\text{imp}}(t)\} = \frac{2}{5}\frac{1}{s} + \frac{1}{10}\frac{1}{s+5} - \frac{1}{2}\frac{1}{s+1} = \frac{2}{s(s+1)(s+5)}.$$

Deste modo, pode-se obter o modelo de função de transferência da fresadora.

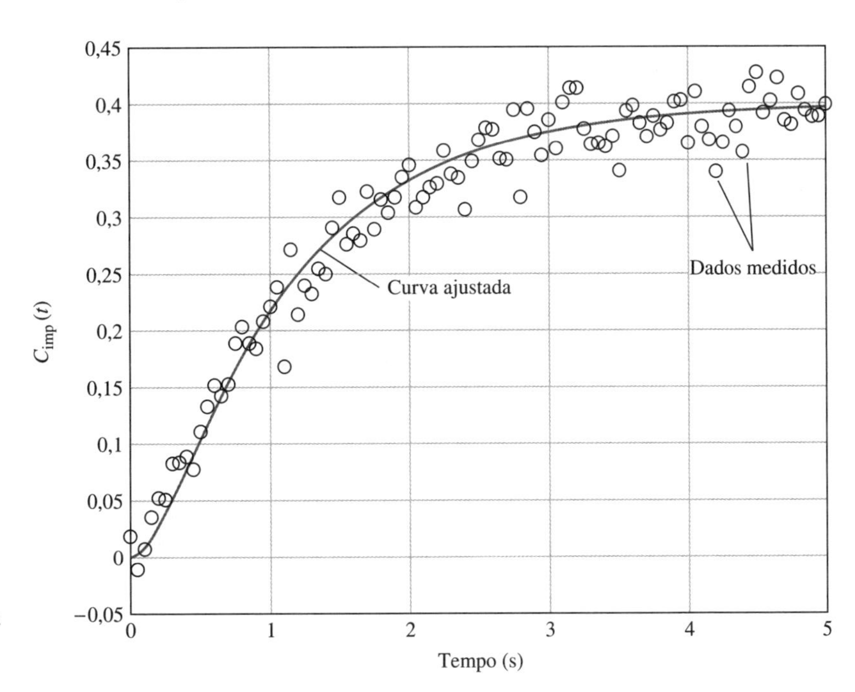

FIGURA 10.27 Resposta hipotética ao impulso da fresadora.

O objetivo de controle é desenvolver um sistema com realimentação para rastrear uma entrada em degrau desejada. Neste caso, a entrada de referência é a profundidade de corte desejada. O objetivo de controle é declarado como

Objetivo de Controle

Controlar a profundidade de corte para o valor desejado.

A variável a ser controlada é a profundidade do corte, ou

Variável a Ser Controlada

Profundidade de corte $y(t)$.

Uma vez que neste capítulo estão sendo enfocados os controladores de avanço e de atraso, os parâmetros-chave de ajuste são os parâmetros associados com o compensador dado na Equação (10.89).

Parâmetros-Chave de Ajuste Escolhidos

Variáveis do compensador: p, z e K.

As especificações de projeto de controle são

Especificações de Projeto de Controle

EP1 Rastrear uma entrada rampa, $R(s) = a/s^2$, com um erro de rastreamento em regime estacionário menor que $a/8$, em que a é a velocidade da rampa.

EP2 Máxima ultrapassagem percentual para uma entrada em degrau $M.U.P. \leq 20\%$.

O compensador de atraso é dado por

$$G_c(s) = K\frac{s+z}{s+p} = K\alpha\frac{(1+\tau s)}{(1+\alpha\tau s)}, \tag{10.89}$$

em que $\alpha = z/p > 1$ e $\tau = 1/z$. O erro de rastreamento é

$$E(s) = R(s) - Y(s) = (1 - T(s))R(s),$$

no qual

$$T(s) = \frac{G_c(s)G(s)}{1 + G_c(s)G(s)}.$$

Portanto,

$$E(s) = \frac{1}{1 + G_c(s)G(s)}R(s).$$

Com $R(s) = a/s^2$ e usando o teorema do valor final, verifica-se que

$$e_{ss} = \lim_{t\to\infty} e(t) = \lim_{s\to 0} sE(s) = \lim_{s\to 0} s\frac{1}{1 + G_c(s)G(s)}\frac{a}{s^2},$$

ou, de forma equivalente,

$$\lim_{s\to 0} sE(s) = \frac{a}{\lim_{s\to 0} sG_c(s)G(s)}.$$

De acordo com EP1, requer-se que

$$\frac{a}{\lim_{s\to 0} sG_c(s)G(s)} < \frac{a}{8},$$

ou

$$\lim_{s\to 0} sG_c(s)G(s) > 8.$$

Substituindo por $G(s)$ e $G_c(s)$ a partir das Equações (10.88) e (10.89), respectivamente, obtém-se a constante de velocidade compensada

$$K_{v,\text{com}} = \frac{2}{5}K\frac{z}{p} > 8.$$

A constante de velocidade compensada é a constante de velocidade do sistema quando o compensador de atraso está na malha.

A função de transferência em malha é

$$L(s) = G_c(s)G(s) = \frac{s+z}{s+p}\frac{2K}{s(s+1)(s+5)}.$$

Retira-se o compensador de atraso do processo e obtém-se o lugar geométrico das raízes sem compensação considerando-se a malha de realimentação com o ganho K, mas não os fatores do zero e do polo do compensador de atraso. O lugar geométrico das raízes sem compensação para a equação característica

$$1 + K\frac{2}{s(s+1)(s+5)} = 0$$

é mostrado na Figura 10.28.

A partir de EP2 determina-se que o fator de amortecimento alvo das raízes dominantes é $\zeta > 0{,}45$. Constata-se que $K \leq 2{,}09$ para $\zeta \geq 0{,}45$. Então, com $K = 2{,}0$ a constante de velocidade sem compensação é

$$K_{v,\text{sem}} = \lim_{s\to 0} s\frac{2K}{s(s+1)(s+5)} = \frac{2K}{5} = 0{,}8.$$

A constante de velocidade compensada é

$$K_{v,\text{com}} = \lim_{s\to 0} s\frac{s+z}{s+p}\frac{2K}{s(s+1)(s+5)} = \frac{z}{p}K_{v,\text{sem}}.$$

Portanto, com $\alpha = z/p$, obtém-se a relação

$$\alpha = \frac{K_{v,\text{com}}}{K_{v,\text{sem}}}.$$

Requer-se $K_{v,\text{com}} > 8$. Uma escolha possível é $K_{v,\text{com}} = 10$ como a constante de velocidade desejada. Então

$$\alpha = \frac{K_{v,\text{com}}}{K_{v,\text{sem}}} = \frac{10}{0{,}8} = 12{,}5.$$

Mas $\alpha = z/p$, assim o compensador de atraso deve ter $p = 0{,}08z$. Caso se escolha $z = 0{,}01$, então $p = 0{,}0008$.

A função de transferência em malha compensada é dada por

$$L(s) = G_c(s)G(s) = K\frac{s+z}{s+p}\frac{2}{s(s+1)(s+5)}.$$

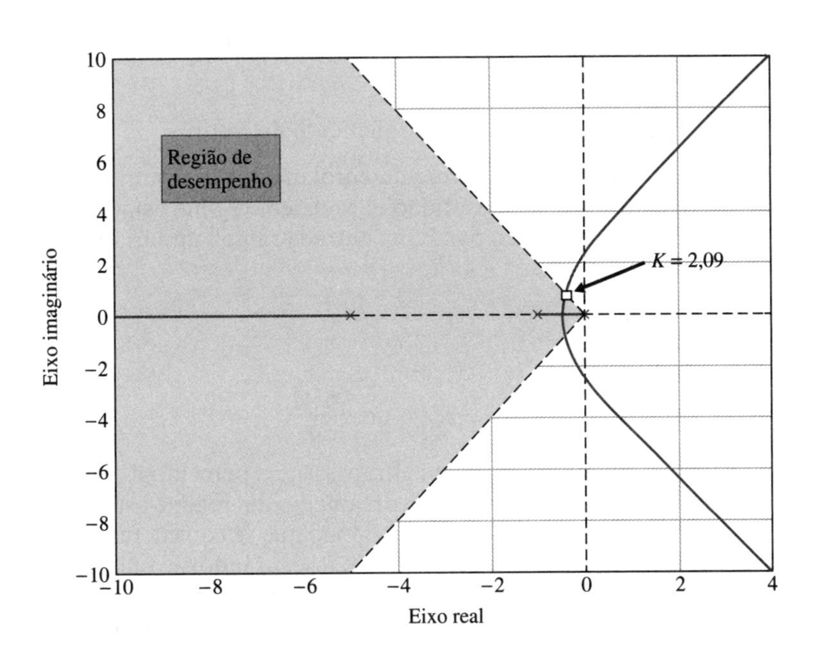

FIGURA 10.28 Lugar geométrico das raízes para o sistema sem compensação.

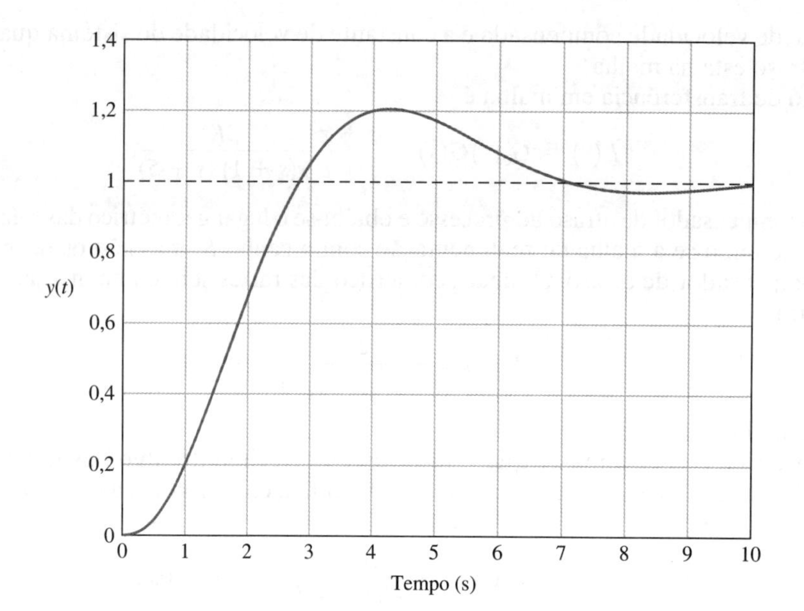

FIGURA 10.29 Resposta ao degrau para o sistema compensado.

O compensador de atraso com z e p como antes foi determinado como

$$G_c(s) = 2{,}0\frac{s + 0{,}01}{s + 0{,}0008}. \quad (10.90)$$

A resposta ao degrau é mostrada na Figura 10.29. A máxima ultrapassagem percentual é $M.U.P. = 22\%$. A constante de erro de velocidade é $K_v = 10$, o que satisfaz EP1. ■

10.13 PROJETO DE SISTEMA USANDO PROGRAMAS DE PROJETO DE CONTROLE

Optamos por usar computadores, quando conveniente, para auxiliarem o projetista na escolha dos parâmetros de um compensador. O desenvolvimento de algoritmos para o projeto assistido por computador é uma abordagem alternativa importante para os métodos de tentativa e erro considerados nas seções anteriores. Programas de computador foram desenvolvidos visando a escolha de valores de parâmetros adequados para compensadores baseados na satisfação de critérios de resposta em frequência como a margem de fase [3, 4].

Nesta seção, a compensação de sistemas de controle é ilustrada usando métodos de resposta em frequência e do plano s. Será considerado novamente o projeto de enrolamento de rotor para ilustrar o uso de sequências de instruções em arquivos m no projeto e desenvolvimento de sistemas de controle com boas características de desempenho. Examinam-se ambos os compensadores de avanço e de atraso para este exemplo de projeto e se obtém a resposta do sistema utilizando-se ferramentas de análise computacionais.

EXEMPLO 10.15 **Sistema de controle de enrolamento de rotor**

Considere novamente o sistema de controle de enrolamento de rotor mostrado na Figura 10.21. O objetivo de projeto é alcançar uma exatidão elevada em regime estacionário para uma entrada rampa. O erro em regime estacionário para uma entrada rampa unitária $R(s) = 1/s^2$ é

$$e_{ss} = \frac{1}{K_v},$$

em que

$$K_v = \lim_{s\to 0} \frac{G_c(s)}{50}.$$

As especificações de desempenho de máxima ultrapassagem percentual e de tempo de acomodação devem ser consideradas, bem como o erro de rastreamento em regime estacionário. Muito provavelmente, um ganho simples não será satisfatório, de modo que se considerará também a compensação utilizando compensadores de avanço e de atraso de fase, usando-se ambos os métodos de projeto, do diagrama de Bode e do lugar geométrico das raízes. A abordagem consiste em desenvolver uma série de sequências de instruções em arquivos m para auxiliar no projeto dos compensadores.

Considere um controlador de ganho simples

$$G_c(s) = K.$$

Então, o erro em regime estacionário é

$$e_{ss} = \frac{50}{K}.$$

Quanto maior for o valor de K, menor será o erro em regime estacionário e_{ss}. Entretanto, deve-se considerar o efeito que o aumento de K tem sobre a resposta transitória, como mostrado na Figura 10.30. Quando $K = 500$, o erro em regime estacionário para uma rampa é de 10%, mas a máxima ultrapassagem percentual é de $M.U.P. = 70\%$, e o tempo de acomodação é aproximadamente $T_s = 8$ s para uma entrada em degrau. Considera-se isso como um desempenho inaceitável e desse modo muda-se para a compensação. Os dois tipos de compensadores importantes a considerar são os compensadores de avanço e de atraso de fase.

Primeiro, tenta-se um compensador de avanço

$$G_c(s) = \frac{K(s + z)}{s + p},$$

no qual $|z| < |p|$. O compensador de avanço fornece a capacidade de melhorar a resposta transitória. Será utilizada uma abordagem no domínio de frequência para se projetar o compensador de avanço.

Deseja-se um erro em regime estacionário $e_{ss} \leq 10\%$ para uma entrada rampa e $K_v = 10$. Adicionalmente às especificações de regime estacionário, deseja-se atender certas especificações de desempenho: (1) tempo de acomodação (com um critério de 2%) $T_s \leq 3$ s e (2) máxima ultrapassagem percentual para uma entrada em degrau $M.U.P. \leq 10\%$. A solução para ζ e ω_n usando

$$M.U.P. = 100 \exp^{-\zeta\pi/\sqrt{1-\zeta^2}} = 10 \quad \text{e} \quad T_s = \frac{4}{\zeta\omega_n} = 3$$

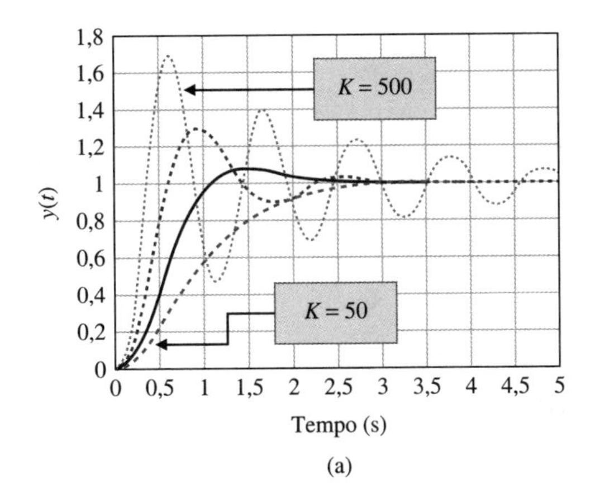

(a)

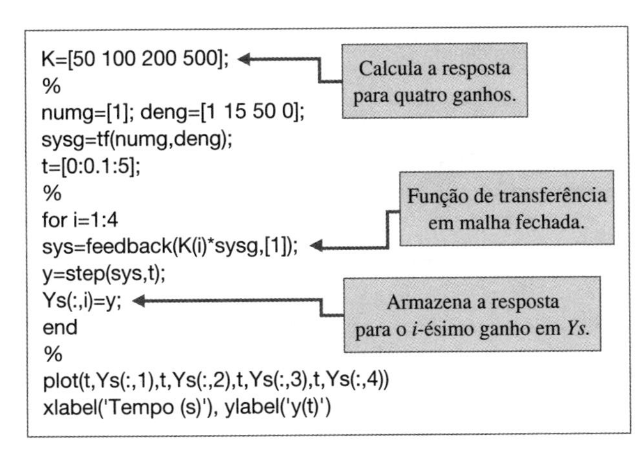

```
K=[50 100 200 500];
%
numg=[1]; deng=[1 15 50 0];
sysg=tf(numg,deng);
t=[0:0.1:5];
%
for i=1:4
sys=feedback(K(i)*sysg,[1]);
y=step(sys,t);
Ys(:,i)=y;
end
%
plot(t,Ys(:,1),t,Ys(:,2),t,Ys(:,3),t,Ys(:,4))
xlabel('Tempo (s)'), ylabel('y(t)')
```


(b)

FIGURA 10.30 (a) Resposta transitória para controlador de ganho simples. (b) Sequência de instruções em arquivo m.

resulta $\zeta = 0{,}59$ e $\omega_n = 2{,}26$. Portanto, obtém-se o requisito de margem de fase:

$$\phi_{\text{m.f.}} = \frac{\zeta}{0{,}01} \approx 60°.$$

Os passos que conduzem ao projeto final são os seguintes:

1. Obtenha o diagrama de Bode do sistema sem compensação com $K = 500$ e calcule a margem de fase.
2. Determine a quantidade de avanço de fase necessária ϕ_m.
3. Calcule α a partir de sen $\phi_m = (\alpha - 1)/(\alpha + 1)$.
4. Calcule 10 log α e determine a frequência ω_m no diagrama de Bode sem compensação em que a curva de magnitude é igual a –10 log α.
5. Na vizinhança de ω_m no diagrama de Bode sem compensação, trace uma reta passando pelo ponto de 0 dB em ω_m com uma inclinação igual à inclinação atual mais 20 dB/década. Localize a interseção da reta com o diagrama de Bode sem compensação para determinar a posição do zero da compensação por avanço. Em seguida, calcule a posição do polo do compensador de avanço como $p = \alpha z$.
6. Obtenha o diagrama de Bode compensado e verifique a margem de fase. Repita quaisquer dos passos, se necessário.
7. Aumente o ganho para levar em conta a atenuação $1/\alpha$.
8. Verifique o projeto final com simulações usando entradas de função degrau e repita quaisquer dos passos de projeto, se necessário.

Utilizam-se três sequências de instruções no projeto. As sequências de instruções de projeto são mostradas nas Figuras 10.31 a 10.33. A sequência de instruções na Figura 10.31 é para o diagrama de Bode do sistema sem compensação. A sequência de instruções na Figura 10.32 é para o diagrama de Bode detalhado do sistema compensado. A sequência de instruções na Figura 10.33 é para a análise da resposta ao degrau. O projeto final do compensador de avanço de fase é

$$G_c(s) = \frac{1.800(s + 3{,}5)}{s + 25},$$

em que $K = 1.800$ foi escolhido após utilizar-se iterativamente a sequência de instruções em arquivo m.

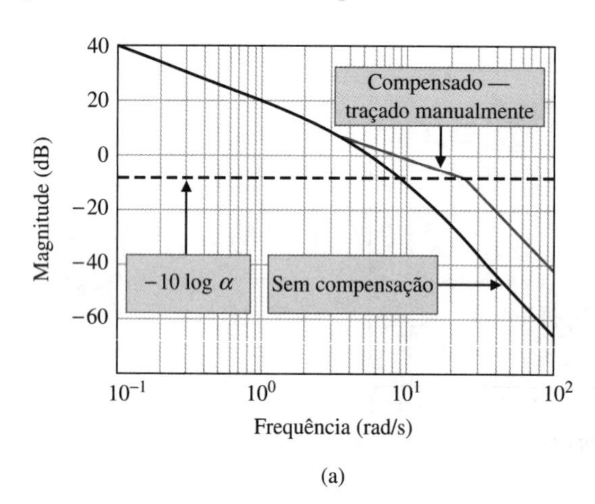

(a)

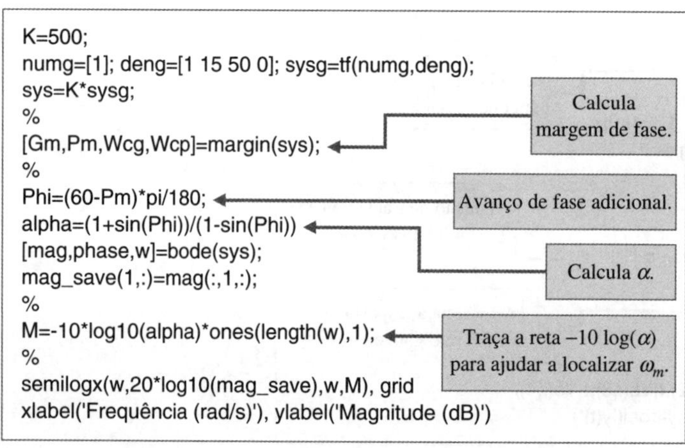


```
K=500;
numg=[1]; deng=[1 15 50 0]; sysg=tf(numg,deng);
sys=K*sysg;
%
[Gm,Pm,Wcg,Wcp]=margin(sys);
%
Phi=(60-Pm)*pi/180;
alpha=(1+sin(Phi))/(1-sin(Phi))
[mag,phase,w]=bode(sys);
mag_save(1,:)=mag(:,1,:);
%
M=-10*log10(alpha)*ones(length(w),1);
%
semilogx(w,20*log10(mag_save),w,M), grid
xlabel('Frequência (rad/s)'), ylabel('Magnitude (dB)')
```

(b)

FIGURA 10.31 (a) Diagrama de Bode. (b) Sequência de instruções em arquivo m.

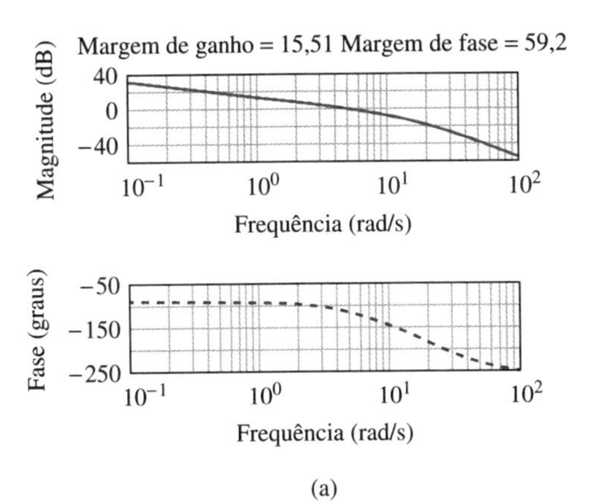

(a)

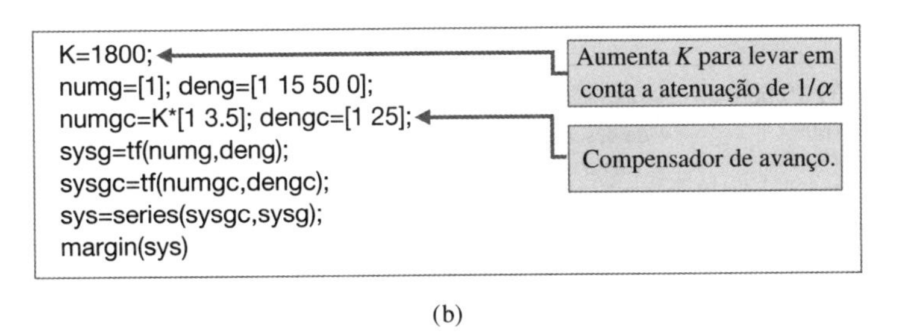


```
K=1800;
numg=[1]; deng=[1 15 50 0];
numgc=K*[1 3.5]; dengc=[1 25];
sysg=tf(numg,deng);
sysgc=tf(numgc,dengc);
sys=series(sysgc,sysg);
margin(sys)
```

(b)

FIGURA 10.32 Compensador de avanço: (a) diagrama de Bode compensado e (b) sequência de instruções em arquivo m.

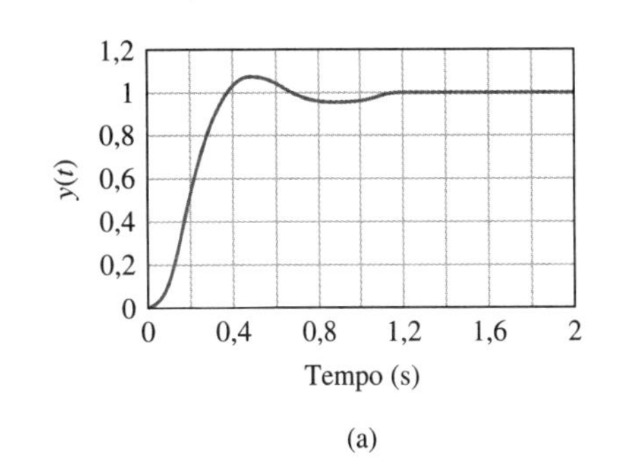

(a)

```
K=1800;
%
numg=[1]; deng=[1 15 50 0]; sysg=tf(numg,deng);
numgc=K*[1 3.5]; dengc=[1 25]; sysgc=tf(numgc,dengc);
%
syso=series(sysgc,sysg);
sys=feedback(syso,[1]);
%
t=[0:0.01:2];
step(sys,t)
ylabel ('y(t)')
```

(b)

FIGURA 10.33 Compensador de avanço: (a) resposta ao degrau e (b) sequência de instruções em arquivo m.

As especificações de tempo de acomodação e de máxima ultrapassagem percentual são satisfeitas, mas $K_v = 5$, resultando em erro de 20% em regime estacionário para uma entrada rampa. É possível continuar a iteração de projeto e refinar um pouco o compensador, embora deva ser claro que o compensador de avanço aumentou a margem de fase e melhorou a resposta transitória como previsto.

Para se reduzir o erro em regime estacionário, pode-se considerar o compensador de atraso, que possui a forma

$$G_c(s) = \frac{K(s+z)}{s+p},$$

em que $|p| < |z|$. Será utilizada uma abordagem do lugar geométrico das raízes para se projetar o compensador de atraso, embora isso também possa ser feito utilizando-se um diagrama de Bode. A região de posições desejadas para as raízes dominantes é especificada por

$$\zeta = 0{,}59 \quad \text{e} \quad \omega_n = 2{,}26.$$

Os passos de projeto são os seguintes:

1. Obtenha o lugar geométrico das raízes do sistema sem compensação.
2. Localize posições adequadas para as raízes no sistema sem compensação que estejam na região definida por $\zeta = 0{,}59$ e $\omega_n = 2{,}26$.
3. Calcule o ganho de malha na posição desejada da raiz e a constante de erro do sistema, $K_{v,\text{sem}}$.
4. Calcule $\alpha = K_{v,\text{com}}/K_{v,\text{sem}}$, sendo $K_{v,\text{com}} = 10$.
5. Com α conhecido, determine posições adequadas do polo e do zero do compensador de modo que o lugar geométrico das raízes compensado continue passando pelas posições desejadas.
6. Verifique com simulação e repita quaisquer dos passos, se necessário.

A metodologia de projeto é ilustrada nas Figuras 10.34 a 10.36. Usando a função rlocfind, é possível calcular o ganho K associado às raízes escolhidas no lugar geométrico das raízes sem compensação que estão na região de desempenho. Então, calcula-se α para se assegurar que se alcança o K_v desejado. Posicionam-se o polo e o zero do compensador de atraso para evitar afetar o lugar geométrico das raízes sem compensação. Na Figura 10.35, o polo e o zero do compensador estão muito próximos da origem, em $z = -0{,}1$ e $p = -0{,}01$.

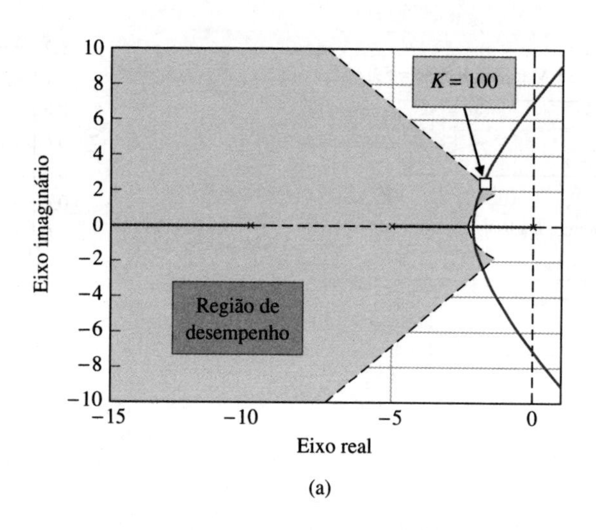

(a)

```
numg=[1]; deng=[1 15 50 0];
sysg=tf(numg,deng);
clf; rlocus(sysg); hold on
%
zeta=0.5912; wn=2.2555;
%
x=[-10:0.1:-zeta*wn]; y=-(sqrt(1-zeta^2)/zeta)*x;
xc=[-10:0.1:-zeta*wn]; c=sqrt(wn^2-xc.^2);
%
plot(x,y,':',x,-y,':',xc,c,':',xc,-c,':')
axis([-15,1,-10,10]);
```

Representa a região de desempenho no lugar das raízes

(b)

FIGURA 10.34 Compensador de atraso: (a) lugar geométrico das raízes sem compensação e (b) sequência de instruções em arquivo m.

Compensador de atraso

Eixo imaginário

O lugar geométrico das raízes compensado permanece praticamente inalterado.

Eixo real

(a)

```
numg=[1]; deng=[1 15 50 0]; sysg=tf(numg,deng);
numgc=[1 0.1]; dengc=[1 0.01]; sysgc=tf(numgc,dengc);
sys=series(sysgc,sysg);
clf; rlocus(sys); hold on
%
zeta=0.5912; wn=2.2555;
x=[-10:0.1:-zeta*wn]; y=-(sqrt(1-zeta^2)/zeta)*x;
xc=[-10:0.1:-zeta*wn];c=sqrt(wn^2-xc.^2);
plot(x,y,':',x,-y,':',xc,c,':',xc,-c,':')
axis([-15,1,-10,10]);
```

(b)

FIGURA 10.35 Compensador de atraso: (a) lugar geométrico das raízes compensado e (b) sequência de instruções em arquivo m.

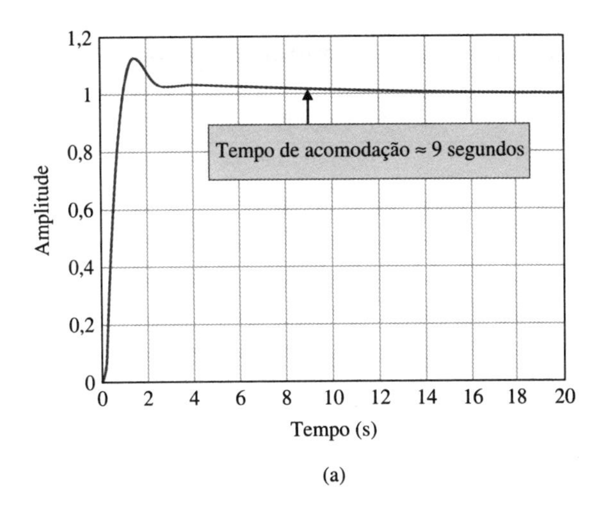

(a)

```
K=100;
%
numg=[1]; deng=[1 15 50 0]; sysg=tf(numg,deng);
numgc=K*[1 0.1]; dengc=[1 0.01]; sysgc=tf(numgc,dengc);
%
syso=series(sysgc,sysg);
sys=feedback(syso,[1]);
%
step(sys)
```

(b)

FIGURA 10.36 Compensador de atraso: (a) resposta ao degrau e (b) sequência de instruções em arquivo m.

Tabela 10.4 Resultados do Projeto do Compensador

Controlador	Ganho, $K = 500$	Avanço	Atraso
Máxima ultrapassagem para degrau	70%	8%	13%
Tempo de acomodação (segundos)	8	1	9
Erro em regime estacionário para rampa	10%	20%	10%
K_v	10	5	10

As especificações de tempo de acomodação e de máxima ultrapassagem percentual não são satisfeitas, mas $K_v = 10$, como desejado. É possível continuar a iteração de projeto e refinar um pouco o compensador, embora deva ser claro que o compensador de atraso melhorou os erros em regime estacionário para uma entrada rampa em relação ao projeto do compensador de avanço de fase. O projeto final do compensador de atraso de fase é

$$G_c(s) = \frac{100(s + 0{,}1)}{s + 0{,}01}.$$

O desempenho resultante é resumido na Tabela 10.4. ■

10.14 EXEMPLO DE PROJETO SEQUENCIAL: SISTEMA DE LEITURA DE ACIONADORES DE DISCO

Neste capítulo, projeta-se um **controlador proporcional PD** para se alcançar a resposta especificada em uma entrada de degrau unitário. As especificações são dadas na Tabela 10.5. O sistema em malha fechada é mostrado na Figura 10.37. Um pré-filtro é usado para eliminar quaisquer efeitos indesejados do termo $s + z$ introduzido na função de transferência em malha fechada. Será utilizado o sistema *deadbeat* no qual a função de transferência em malha fechada desejada é

$$T(s) = \frac{\omega_n^2}{s^2 + \alpha\omega_n s + \omega_n^2}. \tag{10.91}$$

Tabela 10.5 Especificações do Sistema de Controle de Acionador de Disco e Desempenho Real

Medida de Desempenho	Valor Desejado	Resposta Real
Máxima ultrapassagem percentual	Menor que 5%	0,1%
Tempo de acomodação	Menor que 250 ms	40 ms
Resposta máxima para uma perturbação unitária	Menor que 5×10^{-3}	$6{,}9 \times 10^{-5}$

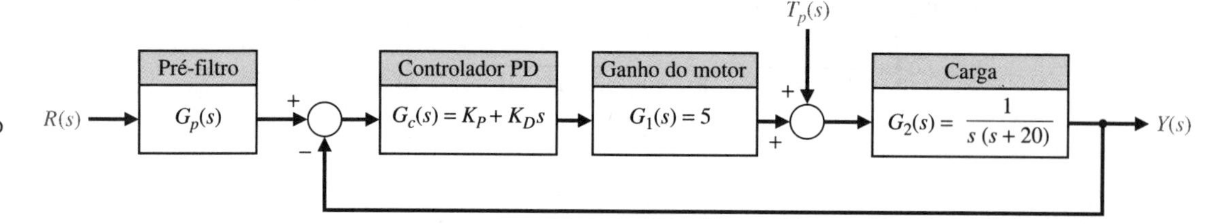

FIGURA 10.37 Sistema de controle de acionador de disco com controlador PD (modelo de segunda ordem).

Para o modelo de segunda ordem mostrado na Figura 10.37, requer-se que $\alpha = 1{,}82$ (veja a Tabela 10.2). Então, o tempo de acomodação é

$$\omega_n T_s = 4{,}82.$$

Uma vez que se deseja um tempo de acomodação $T_s \leq 50$ ms, será utilizado $\omega_n = 120$. Então, espera-se $T_s = 40$ ms. Portanto, o denominador da Equação (10.91) é

$$s^2 + 218{,}4s + 14.400. \qquad (10.92)$$

A equação característica do sistema em malha fechada da Figura 10.37 é

$$s^2 + (20 + 5K_D)s + 5K_P = 0. \qquad (10.93)$$

Igualando-se as Equações (10.92) e (10.93), tem-se

$$218{,}4 = 20 + 5K_D$$

e

$$14.400 = 5K_P.$$

Portanto, $K_P = 2.880$ e $K_D = 39{,}68$. Então, observa-se que

$$Gc(s) = 39{,}68(s + 72{,}58).$$

O pré-filtro será então

$$G_p(s) = \frac{72{,}58}{s + 72{,}58}.$$

O modelo desprezou o campo do motor. Apesar disso, este projeto será bastante exato. A resposta real é dada na Tabela 10.5. Todas as especificações são satisfeitas.

10.15 RESUMO

Neste capítulo, foram consideradas diversas abordagens alternativas para o projeto de sistemas de controle com realimentação. Nas duas primeiras seções, os conceitos de projeto e compensação foram examinados e observaram-se diversos casos. Em seguida, foi examinada a possibilidade de se introduzirem estruturas de compensação em cascata nas malhas de realimentação dos sistemas de controle. Os compensadores em cascata são úteis para se alterar a forma do lugar geométrico das raízes ou da resposta em frequência de um sistema. O compensador de avanço de fase e o compensador de atraso de fase foram considerados em detalhes como candidatos a compensadores de sistemas. Em seguida, a compensação de sistemas foi estudada usando-se um compensador de avanço de fase no diagrama de Bode e no lugar geométrico das raízes. Observou-se que o compensador de avanço de fase aumenta a margem de fase do sistema e assim fornece estabilidade adicional. Quando as especificações de projeto incluem uma constante de erro, o projeto de um compensador de avanço de fase é realizado mais facilmente no diagrama de Bode. Alternativamente, quando uma constante de erro não é especificada, mas o tempo de acomodação e a máxima ultrapassagem percentual para uma entrada em degrau são especificadas, o projeto de uma estrutura de avanço de fase é conduzido mais facilmente no plano s. Quando constantes de erro grandes são especificadas para um sistema com realimentação, é usualmente mais fácil compensar o sistema usando-se compensador de integração (atraso de fase). Também observou-se que a compensação por avanço de fase aumenta a faixa de passagem do sistema, enquanto a compensação por atraso de fase diminui a faixa de passagem do sistema. A faixa de passagem pode ser muitas vezes um fator importante quando o ruído está presente no sinal de entrada e é gerado no interior do sistema. Além disso, observou-se que um sistema satisfatório é obtido quando a curva assintótica de magnitude do sistema compensado cruza a reta de 0 dB com uma inclinação de –20 dB/década. As características dos compensadores por avanço de fase e por atraso de fase são resumidas na Tabela 10.6. Circuitos com amplificador operacional para avanço de fase, para atraso de fase e para compensadores PI e PD são resumidos na Tabela 10.7 [1].

Tabela 10.6 Resumo das Características dos Compensadores de Avanço de Fase e de Atraso de Fase

	Compensação	
	Avanço de Fase	**Atraso de Fase**
Abordagem	Acréscimo de um avanço de fase próximo da frequência de cruzamento no diagrama de Bode. Acrescenta uma estrutura de avanço para resultar em raízes dominantes desejadas no plano s.	Acréscimo de um atraso de fase para resultar em uma constante de erro maior enquanto mantém as raízes dominantes desejadas no plano s ou a margem de fase no diagrama de Bode
Resultados	1. Aumenta a faixa de passagem do sistema 2. Aumenta o ganho em altas frequências	1. Diminui a faixa de passagem do sistema
Vantagens	1. Produz a resposta desejada 2. Melhora a dinâmica da resposta	1. Suprime ruído de alta frequência 2. Reduz o erro em regime estacionário
Desvantagens	1. Requer ganho adicional do amplificador 2. Aumenta a faixa de passagem e assim a suscetibilidade ao ruído	1. Torna a resposta transitória mais lenta
Aplicações	1. Quando a resposta transitória rápida é desejada	1. Quando constantes de erro são especificadas
Situações não aplicáveis	1. Quando a fase diminui rapidamente próximo da frequência de cruzamento	1. Quando não existe faixa de baixa frequência em que a fase é igual à margem de fase desejada

Tabela 10.7 Circuitos com Amplificador Operacional para Compensadores

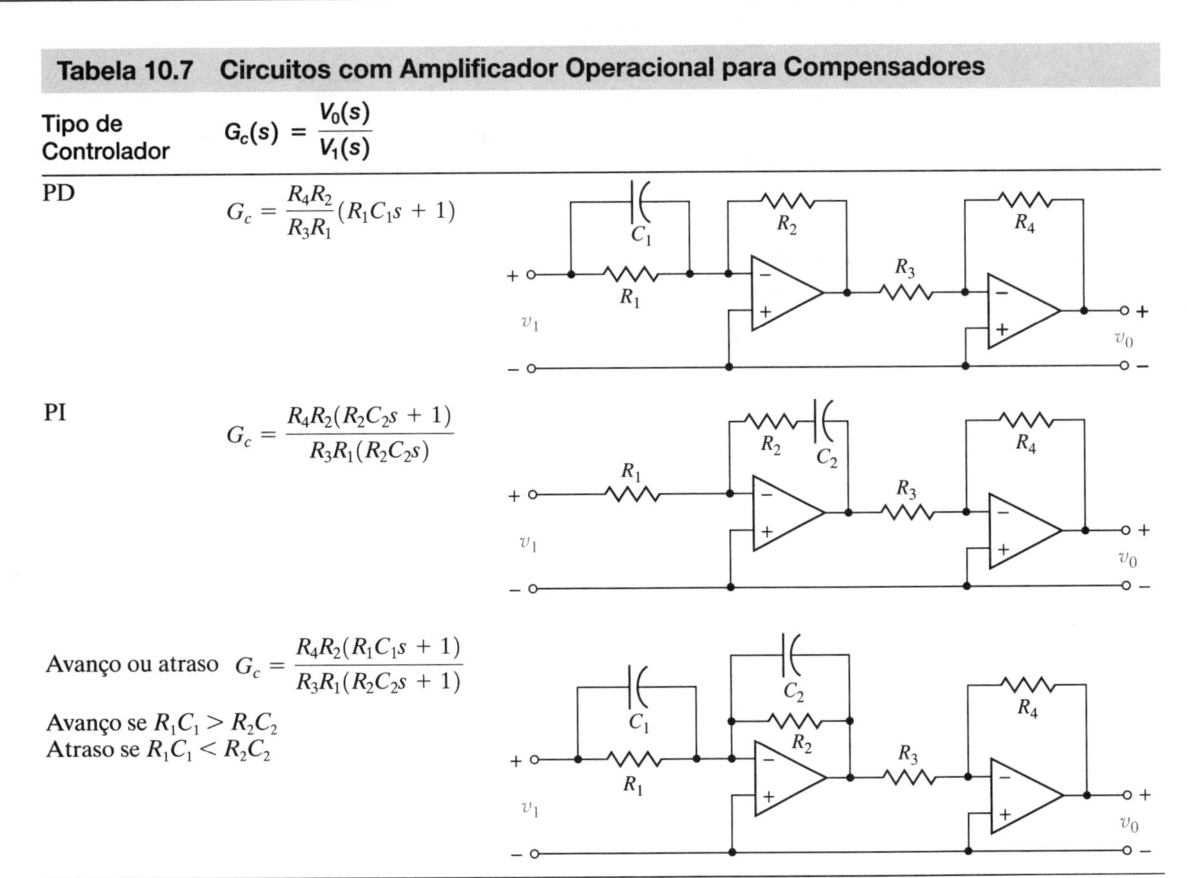

Tipo de Controlador	$G_c(s) = \dfrac{V_0(s)}{V_1(s)}$
PD	$G_c = \dfrac{R_4R_2}{R_3R_1}(R_1C_1s + 1)$
PI	$G_c = \dfrac{R_4R_2(R_2C_2s + 1)}{R_3R_1(R_2C_2s)}$
Avanço ou atraso Avanço se $R_1C_1 > R_2C_2$ Atraso se $R_1C_1 < R_2C_2$	$G_c = \dfrac{R_4R_2(R_1C_1s + 1)}{R_3R_1(R_2C_2s + 1)}$

VERIFICAÇÃO DE COMPETÊNCIAS

Nesta seção, são apresentados três conjuntos de problemas para testar o conhecimento do leitor: Verdadeiro ou Falso, Múltipla Escolha e Correspondência de Palavras. Para obter um retorno imediato, compare as respostas com o gabarito fornecido depois dos problemas de fim de capítulo. Use o diagrama de blocos da Figura 10.38, como especificado nos vários enunciados dos problemas.

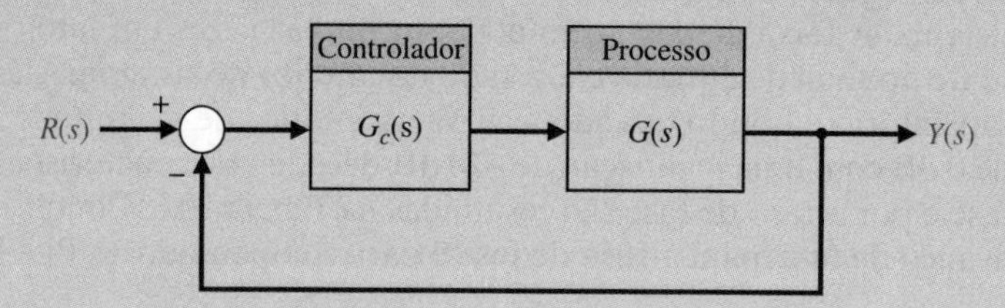

FIGURA 10.38 Diagrama de blocos para a Verificação de Competências.

Nos seguintes problemas de **Verdadeiro ou Falso** e **Múltipla Escolha**, circule a resposta correta.

1. Um compensador em cascata é um compensador que é colocado em paralelo com o processo do sistema. *Verdadeiro ou Falso*
2. Geralmente, um compensador de atraso de fase deixa a resposta transitória mais rápida. *Verdadeiro ou Falso*
3. A organização do sistema e a escolha de componentes e parâmetros é parte do processo de projeto de sistemas de controle. *Verdadeiro ou Falso*
4. Uma resposta *deadbeat* de um sistema é uma resposta rápida com mínima ultrapassagem percentual e erro em regime estacionário nulo para uma entrada em degrau. *Verdadeiro ou Falso*
5. Um compensador de avanço de fase pode ser utilizado para aumentar a faixa de passagem do sistema. *Verdadeiro ou Falso*
6. Considere o sistema com realimentação da Figura 10.38, no qual

$$G(s) = \frac{1.000}{s(s + 400)(s + 20)}.$$

Um compensador de atraso de fase é projetado para o sistema a fim de se dar uma atenuação adicional em altas frequências. O compensador é

$$G_c(s) = \frac{1 + 0{,}25s}{1 + 2s}.$$

Quando comparado com o sistema sem compensação (isto é, $G_c(s) = 1$), o sistema compensado utilizando o compensador de atraso:

a. Aumenta o atraso de fase próximo à frequência de cruzamento.
b. Diminui a margem de fase.
c. Fornece atenuação adicional em altas frequências.
d. Todas as anteriores.

7. Um sistema de controle de posição pode ser analisado utilizando-se o sistema com realimentação da Figura 10.38, em que a função de transferência do processo é

$$G(s) = \frac{5}{s(s + 1)(0{,}4s + 1)}.$$

Um compensador de atraso de fase que fornece uma margem de fase de $M.F. \approx 30°$ é:

a. $G_c(s) = \dfrac{1 + s}{1 + 106s}$
b. $G_c(s) = \dfrac{1 + 26s}{1 + 115s}$
c. $G_c(s) = \dfrac{1 + 106s}{1 + 118s}$
d. Nenhuma das anteriores.

8. Considere um sistema com realimentação unitária como o da Figura 10.38, no qual

$$G(s) = \frac{1.450}{s(s + 3)(s + 25)}.$$

Um compensador de avanço é introduzido na malha de realimentação, na qual

$$G_c(s) = \frac{1 + 0,3s}{1 + 0,03s}.$$

A magnitude de pico e a faixa de passagem da resposta em frequência em malha fechada são:

a. $M_{p_\omega} = 1,9$ dB; $\omega_b = 12,1$ rad/s
b. $M_{p_\omega} = 12,8$ dB; $\omega_b = 14,9$ rad/s
c. $M_{p_\omega} = 5,3$ dB; $\omega_b = 4,7$ rad/s
d. $M_{p_\omega} = 4,3$ dB; $\omega_b = 24,2$ rad/s

9. Considere o sistema com realimentação da Figura 10.38, no qual o modelo da planta é

$$G(s) = \frac{500}{s(s + 50)}$$

e o controlador é um controlador proporcional e integral (PI) dado por

$$G_c(s) = K_P + \frac{K_I}{s}.$$

Escolhendo $K_I = 1$, determine um valor adequado de K_P para uma máxima ultrapassagem percentual de $M.U.P. = 20\%$.

a. $K_P = 0,5$
b. $K_P = 1,5$
c. $K_P = 2,5$
d. $K_P = 5,0$

10. Considere o sistema com realimentação da Figura 10.38, no qual

$$G(s) = \frac{1}{s(1 + s/8)(1 + s/20)}.$$

As especificações de projeto são: $K \geq 100$, $M.G. \geq 10$ dB, $M.F. \geq 45°$, e frequência de cruzamento, $\omega_c \geq 10$ rad/s. Qual dos seguintes controladores atende a essas especificações?

a. $G_c(s) = \dfrac{(1 + s)(1 + 20s)}{(1 + s/0,01)(1 + s/50)}$
b. $G_c(s) = \dfrac{100(1 + s)(1 + s/5)}{(1 + s/0,1)(1 + s/50)}$
c. $G_c(s) = \dfrac{1 + 100s}{1 + 120s}$
d. $G_c(s) = 100$

11. Considere um sistema com realimentação no qual um compensador de avanço de fase

$$G_c(s) = \frac{1 + 0,4s}{1 + 0,04s}$$

é colocado em série com a planta

$$G(s) = \frac{500}{(s + 1)(s + 5)(s + 10)}.$$

O sistema com realimentação é um sistema de controle com realimentação unitária negativa mostrado na Figura 10.38. Calcule as margens de ganho e de fase.

a. $M.G. = \infty$ dB, $M.F. = 60°$
b. $M.G. = 20,5$ dB, $M.F. = 47,8°$
c. $M.G. = 8,6$ dB, $M.F. = 33,6°$
d. O sistema em malha fechada é instável.

12. Considere o sistema com realimentação da Figura 10.38, no qual

$$G(s) = \frac{1}{s(s + 10)(s + 15)}.$$

Qual dos seguintes representa um compensador de atraso adequado que alcança erro em regime estacionário de $e_{ss} \leq 10\%$ para uma entrada rampa e um fator de amortecimento das raízes dominantes do sistema em malha fechada de $\zeta \approx 0{,}707x$.

a. $G_c(s) = \dfrac{2.850(s+1)}{(10s+1)}$

b. $G_c(s) = \dfrac{100(s+1)(s+5)}{(s+10)(s+50)}$

c. $G_c(s) = \dfrac{10}{s+1}$

d. O sistema em malha fechada não pode rastrear uma entrada rampa para nenhum $G_c(s)$.

13. Uma compensação por atraso viável para um sistema com realimentação unitária negativa com função de transferência da planta

$$G(s) = \frac{1.000}{(s+8)(s+14)(s+20)}$$

que satisfaz as especificações de projeto: (i) máxima ultrapassagem percentual $M.U.P. \leq 5\%$, (ii) tempo de subida $T_r \leq 20$ segundos e (iii) constante de erro de posição $K_p > 6$, é qual das seguintes:

a. $G_c(s) = \dfrac{s+1}{s+0{,}074}$

b. $G_c(s) = \dfrac{s+0{,}074}{s+1}$

c. $G_c(s) = \dfrac{20s+1}{100s+1}$

d. $G_c(s) = 20$

14. Considere o sistema com realimentação representado na Figura 10.38, no qual

$$G(s) = \frac{1}{s(s+4)^2}.$$

Uma compensação adequada $G_c(s)$ para este sistema que satisfaz as especificações: (i) $M.U.P. \leq 20\%$ e (ii) constante de erro de velocidade $K_v \geq 10$, é qual das seguintes:

a. $G_c(s) = \dfrac{s+4}{(s+1)}$

b. $G_c(s) = \dfrac{160(10s+1)}{200s+1}$

c. $G_c(s) = \dfrac{24(s+1)}{s+4}$

d. Nenhuma das anteriores

15. Usando uma carta de Nichols, determine as margens de ganho e de fase do sistema da Figura 10.38 com função de transferência em malha aberta

$$L(s) = G_c(s)G(s) = \frac{8s+1}{s(s^2+2s+4)}.$$

a. $M.G. = 20{,}4$ dB, $M.F. = 58{,}1°$

b. $M.G. = \infty$ dB, $M.F. = 47°$

c. $M.G. = 6$ dB, $M.F. = 45°$

d. $M.G. = \infty$ dB, $M.F. = 23°$

No problema de **Correspondência de Palavras** seguinte, combine o termo com sua definição escrevendo a letra correta no espaço fornecido.

a. Resposta *deadbeat*	Um sistema com resposta rápida, mínima ultrapassagem máxima e erro em regime estacionário nulo para uma entrada em degrau.	_______
b. Compensação por avanço de fase	Estrutura que fornece uma fase positiva sobre a faixa de frequências de interesse.	_______
c. Controlador PI	Um compensador que funciona, em parte, como integrador.	_______
d. Compensador de avanço e atraso	Um compensador com características tanto de compensador de avanço quanto de compensador de atraso.	_______

e. Projeto de um sistema de controle	Compensador que fornece uma fase negativa e uma atenuação significante sobre a faixa de frequências de interesse.	______
f. Compensação por atraso de fase	Um componente ou circuito adicional que é inserido no sistema para compensar uma deficiência de desempenho.	______
g. Estrutura de integração	Um compensador colocado em cascata ou em série com o processo do sistema.	______
h. Compensador	Controlador com um termo proporcional e um termo integral.	______
i. Compensação	Uma função de transferência, $G_p(s)$, que filtra o sinal de entrada $R(s)$ antes do cálculo do sinal de erro.	______
j. Estrutura de atraso de fase	A organização ou o planejamento da estrutura do sistema e a escolha de componentes e parâmetros adequados.	______
k. Estrutura de compensação em cascata	A alteração ou ajuste de um sistema de controle para fornecer um desempenho adequado.	______
l. Estrutura de avanço de fase	Um compensador muito utilizado que possui um zero e um polo, com o polo mais próximo da origem do plano s.	______
m. Pré-filtro	Compensador muito utilizado que possui um zero e um polo, com o zero mais próximo da origem do plano s.	______

EXERCÍCIOS

E10.1 Um sistema de controle com realimentação negativa possui função de transferência

$$G(s) = \frac{K}{s+3}.$$

Escolhe-se um compensador

$$G_c(s) = \frac{s+a}{s},$$

a fim de se alcançar o erro em regime estacionário nulo para uma entrada em degrau. Escolha a e K de modo a atingir máxima ultrapassagem percentual para uma entrada degrau $M.U.P. \leq 20\%$ e um tempo de acomodação (com critério de 2%) $T_s \leq 1{,}25$ s. Os valores reais de $M.U.P.$ e T_s estão de acordo com os projetados? Caso não, explique por quê.

Resposta: $K = 3{,}4, a = 14{,}49$

E10.2 Um sistema de controle com realimentação unitária negativa possui o processo

$$G(s) = \frac{400}{s(s+40)},$$

e deseja-se usar uma compensação proporcional e integral, em que

$$G_c(s) = K_P + \frac{K_I}{s}.$$

Observe que o erro em regime estacionário deste sistema para uma entrada rampa é zero. (a) Faça $K_I = 1$ e encontre um valor adequado para K_P de modo que a resposta ao degrau tenha máxima ultrapassagem percentual de $M.U.P. \leq 20\%$. (b) Qual é o tempo de acomodação (com um critério de 2%) esperado do sistema compensado?

Resposta: $K_P = 0{,}5$

E10.3 Um sistema de controle com realimentação unitária em um sistema de manufatura possui função de transferência de processo

$$G(s) = \frac{e^{-s}}{s+2},$$

e é proposto que se utilize um compensador para se alcançar máxima ultrapassagem percentual de $M.U.P. \leq 5\%$ para uma entrada em degrau. O compensador é [4]

$$G_c(s) = K\left(1 + \frac{1}{\tau s}\right),$$

o qual fornece controle proporcional e integral. Mostre que uma solução é $K = 0{,}95$ e $\tau = 0{,}8$.

E10.4 Considere um sistema com realimentação unitária com

$$G(s) = \frac{K}{s(s+5)(s+10)},$$

em que K é ajustado igual a 100 a fim de atender a uma especificação $K_v = 2$. Deseja-se adicionar um compensador de avanço e atraso de fase

$$G_c(s) = \frac{(s+0{,}15)(s+0{,}7)}{(s+0{,}015)(s+7)}.$$

Mostre que a margem de ganho do sistema compensado é $M.G. = 28{,}6$ dB e que a margem de fase é $M.F. = 75{,}4°$.

E10.5 Considere um sistema com realimentação unitária com a função de transferência

$$G(s) = \frac{K}{s(s+3)(s+5)}.$$

Deseja-se obter as raízes dominantes com $\omega_n = 2$ e $\zeta = 0{,}55$. O compensador é

$$G_c(s) = \frac{s+7}{s+13}.$$

Determine o valor de K que deve ser escolhido.

Resposta: $K = 42$.

E10.6 Considere o sistema com função de transferência em malha

$$L(s) = G_c(s)G(s) = \frac{K(s+4)}{s(s+0{,}2)(s^2+15s+150)}.$$

Quando $K = 10$, determine $T(s)$ e estime a máxima ultrapassagem percentual e o tempo de acomodação (com um critério de 2%) esperados. Compare suas estimativas com a máxima ultrapassagem percentual real de $M.U.P. = 47{,}5\%$ e com o tempo de acomodação de $T_s = 32{,}1$ s.

E10.7 Astronautas da NASA recuperaram um satélite e levaram-no para o compartimento de carga do ônibus espacial, como mostrado na Figura E10.7(a). Um modelo do sistema de controle com realimentação é mostrado na Figura E10.7(b). Determine o valor de K que resultará em uma margem de fase de $M.F. = 40°$ quando $T = 0{,}6$ s.

Resposta: $K = 34{,}15$

(a)

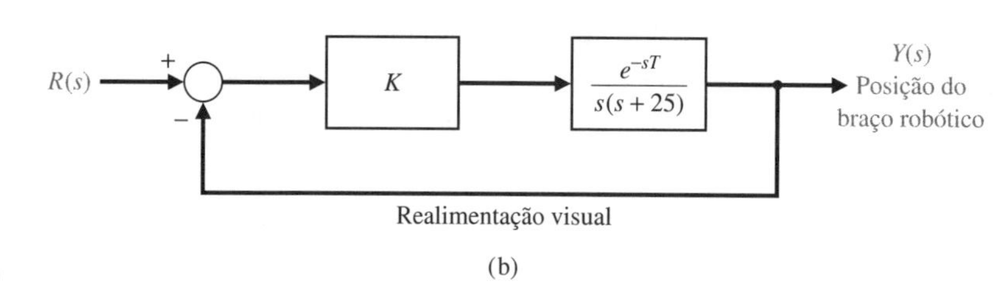

(b)

FIGURA E10.7 Recuperação de um satélite. (Foto cortesia da NASA.)

E10.8 Um sistema com realimentação unitária possui uma planta

$$G(s) = \frac{2.257}{s(\tau s + 1)},$$

em que $\tau = 2,8$ ms. Escolha um compensador

$$G_c(s) = K_P + K_I/s,$$

de modo que as raízes dominantes da equação característica possuam $\zeta = 1/\sqrt{2}$. Represente graficamente $y(t)$ para uma entrada em degrau.

E10.9 Um sistema de controle com controlador é mostrado na Figura E10.9. Escolha K_P e K_I de modo que a máxima ultrapassagem percentual para uma entrada em degrau seja $M.U.P. = 5\%$ e a constante de velocidade K_v seja igual a 5. Verifique os resultados de seu projeto.

E10.10 Um sistema de controle com controlador é mostrado na Figura E10.10. Será escolhido $K_I = 2$ a fim de se fornecer um erro em regime estacionário aceitável para um degrau [8]. Encontre K_P para obter margem de fase de $M.F. = 60°$. Encontre o tempo de pico e a máxima ultrapassagem percentual deste sistema.

E10.11 Um sistema com realimentação unitária possui

$$G(s) = \frac{1.350}{s(s+1)(s+25)}.$$

Uma estrutura de avanço é escolhida de modo que

$$G_c(s) = \frac{1 + 0,5s}{1 + 0,05s}.$$

Determine a magnitude de pico , $M_{p\omega}$, e a faixa de passagem da resposta, ω_b, em frequência em malha fechada. A partir de $M_{p\omega}$, estime a máxima ultrapassagem percentual, $M.U.P.$, para um degrau unitário. Compare com a $M.U.P.$ real e comente.

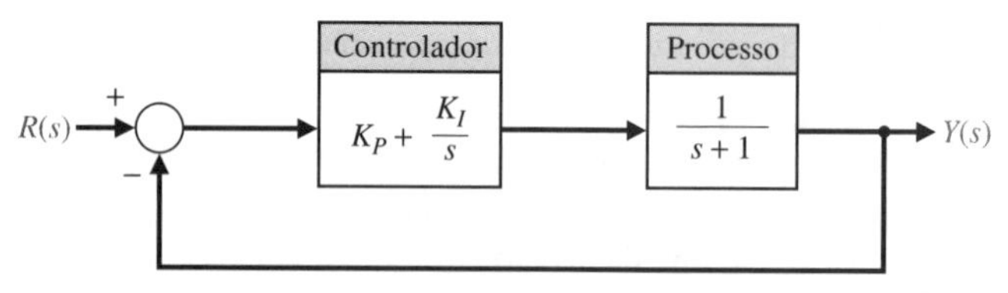

FIGURA E10.9 Projeto de um controlador.

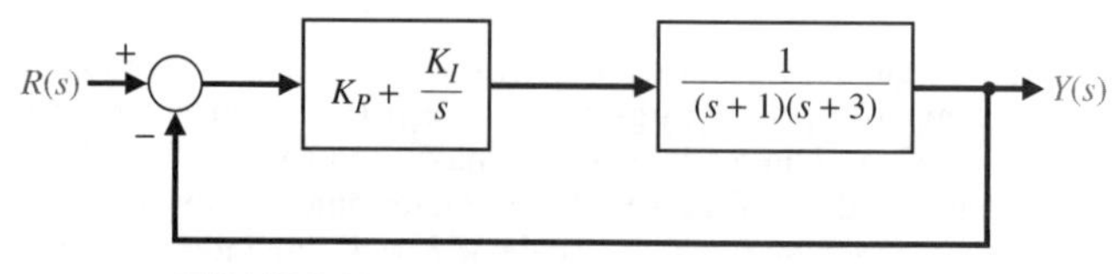

FIGURA E10.10 Projeto de um controlador PI.

E10.12 O controle do sistema de ignição de um automóvel possui realimentação unitária e uma função de transferência em malha $L(s) = G_c(s)G(s)$, em que

$$G(s) = \frac{K}{s(s+5)} \quad \text{e} \quad G_c(s) = K_P + K_I/s.$$

Admita $K_I/K_P = 0,5$ e determine KK_P de modo que as raízes complexas tenham um $\zeta = 1/\sqrt{2}$.

E10.13 O projeto do Exemplo 10.3 determinou uma estrutura de avanço a fim de se obter posições desejadas das raízes dominantes usando um compensador em cascata $G_c(s)$ na configuração de sistema mostrada na Figura 10.1(a). A mesma estrutura de avanço poderia ser obtida se fosse utilizada a configuração de compensação na realimentação da Figura 10.1(b). Determine a função de transferência em malha fechada $T(s) = Y(s)/R(s)$ de ambas as configurações, em cascata e na realimentação, e mostre as diferenças entre as funções de transferência de cada configuração. Explique como a resposta a um degrau $R(s)$ seria diferente para cada sistema.

E10.14 Um robô será operado pela NASA para construir uma estação lunar estacionária. O sistema de controle de posição com realimentação unitária tem a função de transferência do processo

$$G(s) = \frac{5}{s(s+1)(0,25s+1)}.$$

Determine um compensador por atraso $G_c(s)$ que fornecerá uma margem de fase de $M.F. = 45°$.

Resposta: $G_c(s) = \dfrac{1 + 7,5s}{1 + 110s}$

E10.15 Um sistema de controle com realimentação unitária possui uma função de transferência da planta

$$G(s) = \frac{40}{s(s+2)}.$$

Deseja-se alcançar um erro em regime estacionário para uma rampa $r(t) = At$ de menos de $0{,}05A$ e uma margem de fase de 30°. Deseja-se ter a frequência de cruzamento ω_c de 10 rad/s. Determine se é requerido um compensador de avanço ou de atraso.

E10.16 Considere novamente o sistema e as especificações do Exercício E10.15 quando a frequência de cruzamento requerida for $\omega_c = 2$ rad/s.

E10.17 Considere novamente o sistema do Exercício E10.9. Escolha K_P e K_I de modo que a resposta ao degrau seja *deadbeat* e o tempo de acomodação (com um critério de 2%) seja $T_S \leq 2$ s.

E10.18 O sistema de controle com realimentação não unitária mostrado na Figura E10.18 possui as funções de transferência

$$G(s) = \frac{1}{s-20} \quad \text{e} \quad H(s) = 10.$$

Projete um compensador $G_c(s)$ e um pré-filtro $G_p(s)$ de modo que o sistema em malha fechada seja estável e atenda às seguintes especificações: (i) máxima ultrapassagem percentual para uma entrada em degrau unitário de $M.U.P. \leq 10\%$, (ii) tempo de acomodação de $T_S \leq 2$ s e (iii) erro de rastreamento em regime estacionário nulo para um degrau unitário.

E10.19 Um sistema de controle com realimentação unitária possui a função de transferência da planta

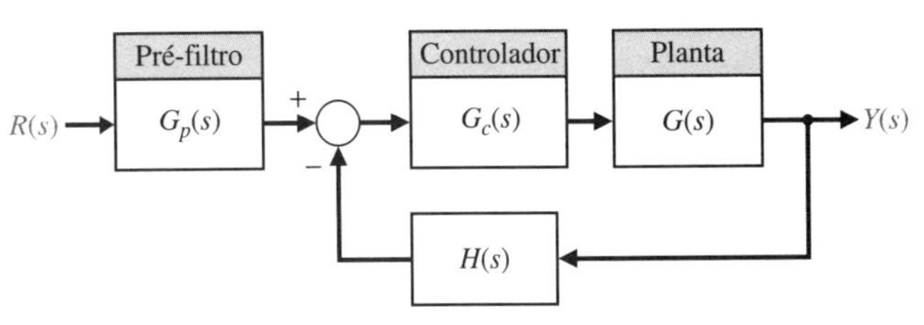

FIGURA E10.18 Sistema com realimentação não unitária com um pré-filtro.

$$G(s) = \frac{1}{s(s-5)}.$$

Projete um controlador PID da forma

$$G_c(s) = K_p + K_D s + \frac{K_I}{s}$$

de modo que o sistema em malha fechada tenha tempo de acomodação $T_S \leq 1$ s para uma entrada em degrau unitário.

E10.20 Considere o sistema mostrado na Figura E10.20. Projete o controlador proporcional e derivativo $G_c(s)$ tal que o sistema tenha uma margem de fase de $40° \leq M.F. \leq 60°$.

E10.21 Considere o sistema com realimentação unitária mostrado na Figura E10.21. Projete o ganho do controlador, K, tal que o valor máximo de saída $y(t)$ em resposta a uma perturbação degrau unitário $T_p(s) = 1/s$ seja menor que 0,1.

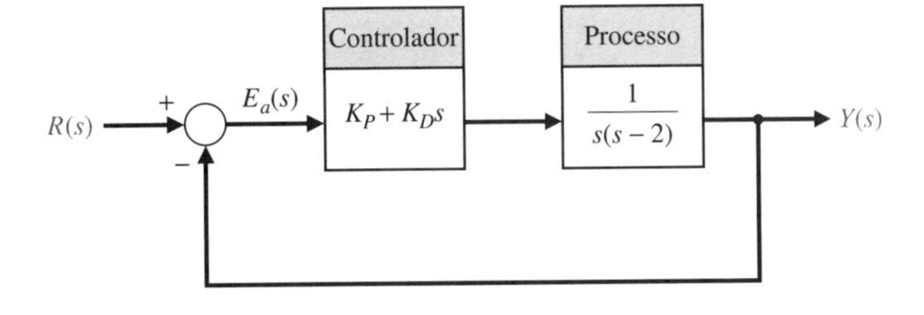

FIGURA E10.20 Sistema com realimentação unitária com controlador PD.

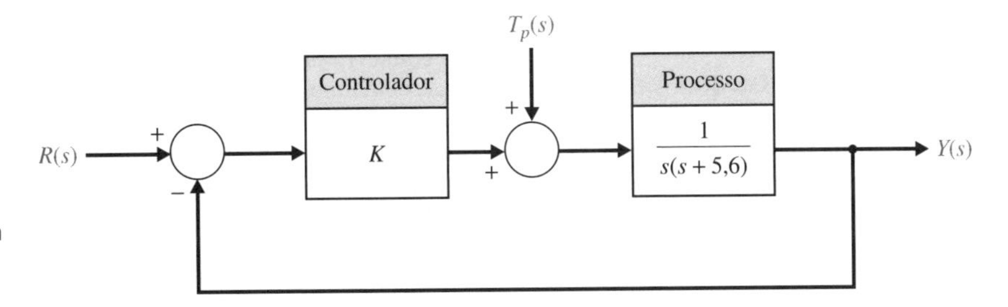

FIGURA E10.21 Sistema com realimentação em malha fechada com uma entrada de perturbação.

PROBLEMAS

P10.1 O projeto de um módulo de excursão lunar (*lunar excursion module* – LEM) é um problema de controle interessante. O sistema de controle de atitude para o veículo lunar é mostrado na Figura P10.1. O amortecimento do veículo é desprezível e a atitude é controlada por jatos de gás. O torque, como primeira aproximação, será considerado proporcional ao sinal $V(s)$ de modo que $T(s) = K_2V(s)$. O ganho de malha pode ser escolhido pelo projetista a fim de fornecer um amortecimento adequado. Um fator de amortecimento de $\zeta = 0{,}6$ com um tempo de acomodação (com um critério de 2%) menor que 2,5 segundos são requeridos. Usando uma estrutura de compensação de avanço, escolha o compensador necessário $G_c(s)$ usando (a) técnicas de resposta em frequência e (b) métodos do lugar geométrico das raízes.

P10.2 Um transportador de fita magnética de gravação para computadores modernos requer um sistema de controle com alta exatidão e resposta rápida. Os requisitos para um sistema de transporte específico são os seguintes: (1) A fita deve parar ou pôr-se em movimento em 10 ms e (2) deve ser possível ler 45.000 caracteres por segundo. Este sistema é ilustrado na Figura P.10.2. Será usado um tacômetro nesse caso, ajustando-se $K_a = 50.000$ e $K_2 = 1$. Para se

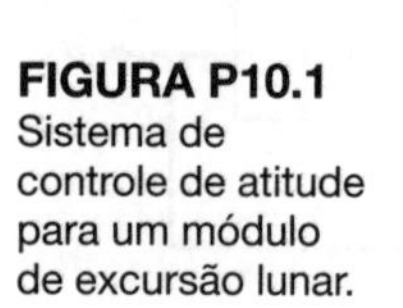

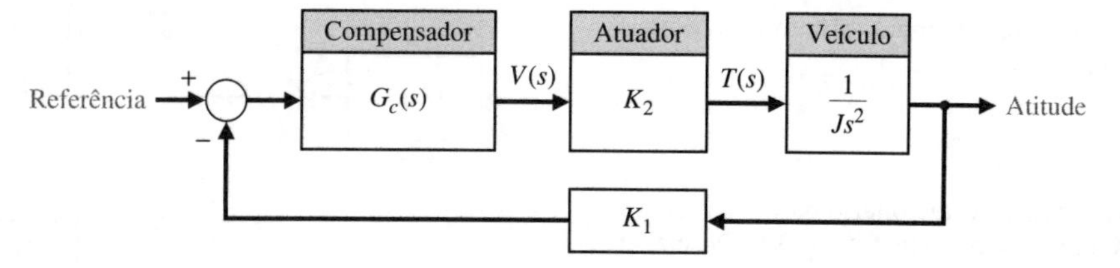

FIGURA P10.1 Sistema de controle de atitude para um módulo de excursão lunar.

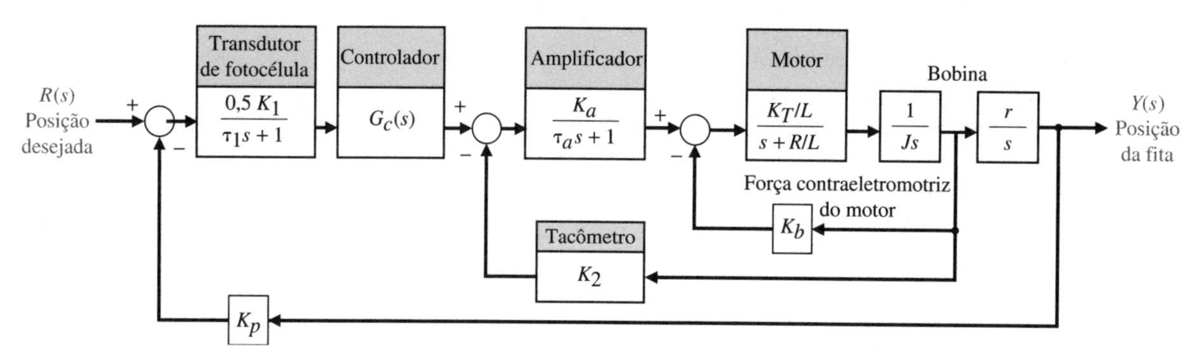

FIGURA P10.2 Diagrama de blocos de um sistema de controle de fita.

fornecer desempenho adequado, um compensador $G_c(s)$ é inserido imediatamente após o transdutor de fotocélula. Escolha um compensador $G_c(s)$ de modo que a máxima ultrapassagem percentual do sistema para uma entrada em degrau seja $M.U.P. \le 25\%$. Admite-se que $\tau_1 = 0{,}1$ ms, $\tau_a = 0{,}1$ ms, $K_1 = 2$, $R/L = 0{,}5$ ms, $K_b = 0{,}4$, $r = 0{,}2$, $K_T/LJ = 2{,}0$ e $K_p = 1$.

P10.3 Uma versão simplificada do controle de variação de atitude para uma aeronave supersônica é mostrada na Figura P10.3. Quando o veículo está voando a quatro vezes a velocidade do som (Mach 4) a uma altitude de 100.000 ft (30.500 m), os parâmetros são [26]

$$\tau_a = 1{,}1, \qquad K_1 = 1{,}25,$$

$$\zeta\omega_a = 1{,}0 \quad \text{e} \quad \omega_a = 4.$$

Projete um compensador $G_c(s)$ de modo que a resposta para uma entrada em degrau tenha máxima ultrapassagem percentual $M.U.P. \le 10\%$.

P10.4 Embreagens de partículas magnéticas são dispositivos de atuação úteis para requisitos de potência elevada, porque podem oferecer tipicamente 200 W de potência mecânica de saída. As embreagens de partículas fornecem uma relação torque-inércia elevada e uma resposta com constante de tempo rápida. Um sistema de posicionamento de embreagem de partículas para barras de reator nuclear é mostrado na Figura P10.4. O motor aciona duas carcaças de embreagens contrarrotativas. As carcaças de embreagens são engrenadas através de trens de engrenagem paralelos e a direção da saída do servo depende da embreagem que é energizada. A constante de tempo de uma embreagem de 200 W é $\tau = 1/10$ s. As constantes são tais que $K_T n/J = 1$. Deseja-se que a ultrapassagem percentual para uma entrada em degrau seja $M.U.P. \le 20\%$. Projete um compensador de modo que o sistema seja estabilizado adequadamente. O tempo de acomodação (com critério de 2%) do sistema deve ser $T_s \le 7$ s.

P10.5 Uma mesa giratória de precisão estabilizada usa um tacômetro de precisão e um motor de torque CC de acionamento direto, como mostrado na Figura P10.5. Deseja-se manter elevada exatidão em regime estacionário para o controle de velocidade. Para obter um projeto com erro em regime estacionário nulo para um comando degrau, escolha um compensador proporcional e integral. Escolha as constantes de ganho apropriadas de modo que o sistema tenha máxima ultrapassagem percentual de $M.U.P. = 15\%$ e um tempo de acomodação (com critério de 2%) $T_s \le 2$ s.

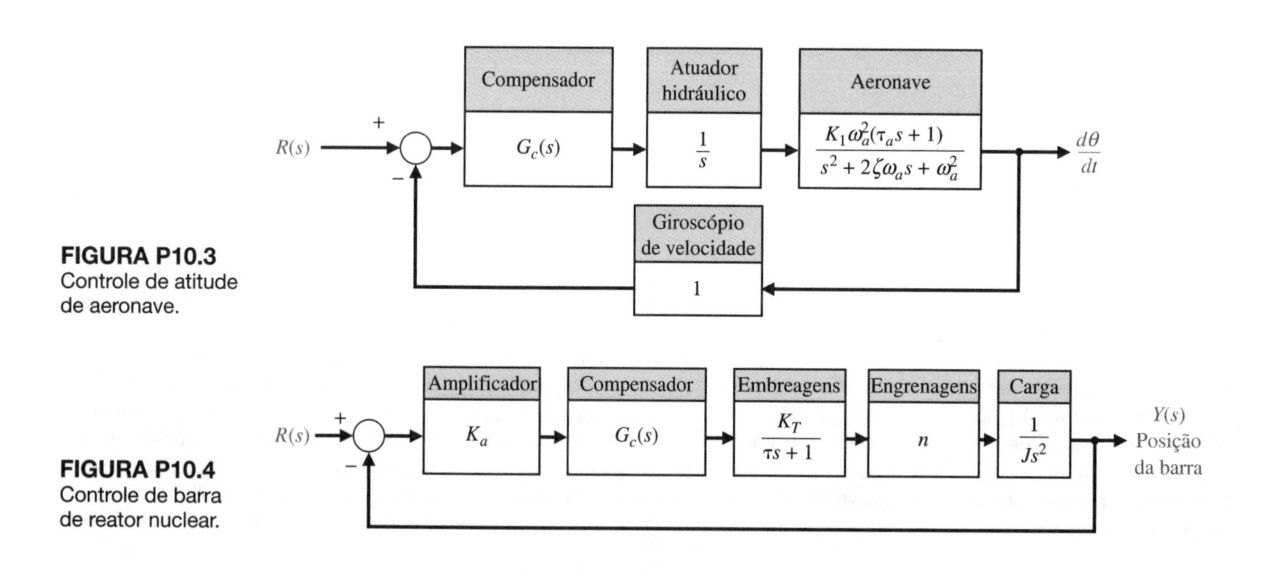

FIGURA P10.3 Controle de atitude de aeronave.

FIGURA P10.4 Controle de barra de reator nuclear.

P10.6 Repita o Problema P10.5 usando um compensador de avanço de fase e compare os resultados.

P10.7 Um processo de reator químico cuja taxa de produção é uma função da adição do catalisador é mostrado na forma de diagrama de blocos na Figura P10.7 [10]. O atraso de transporte é $T = 50$ s e a constante de tempo τ é aproximadamente 40 s. O ganho do processo é $K = 1$. Projete uma compensação usando os métodos do diagrama de Bode a fim de fornecer uma resposta adequada do sistema. Deseja-se ter erro em regime estacionário menor que $0{,}10A$ para uma entrada em degrau $R(s) = A/s$. Para o sistema com a compensação adicionada, estime o tempo de acomodação do sistema.

P10.8 Um torno revólver com movimento controlado numericamente é um problema interessante na obtenção de exatidão suficiente [2, 23]. Um diagrama de blocos de um sistema de controle de torno revólver é mostrado na Figura P10.8. A relação de engrenagens é $n = 0{,}2$, $J = 10^{-3}$ e $b = 2{,}0 \times 10^{-2}$. É necessário alcançar uma exatidão de 5×10^{-4} polegadas e, portanto, uma exatidão de posição em regime estacionário de 2,5% é especificada para uma entrada rampa. Projete um compensador em cascata para ser inserido antes dos retificadores controlados de silício a fim de fornecer uma resposta para um comando degrau com máxima ultrapassagem percentual $M.U.P. \leq 5\%$. Um fator de amortecimento adequado para este sistema é $\zeta = 0{,}7$. O ganho dos retificadores controlados de silício é $K_R = 5$. Projete um compensador de atraso de fase adequado.

P10.9 O barco de travessia Avemar, mostrado na Figura P10.9(a), é um grande hidrofólio de travessia de 670 toneladas construído para o serviço de travessia do Mediterrâneo. É capaz de fazer 45 nós (52 mph) [29]. A aparência do barco, assim como seu desempenho,

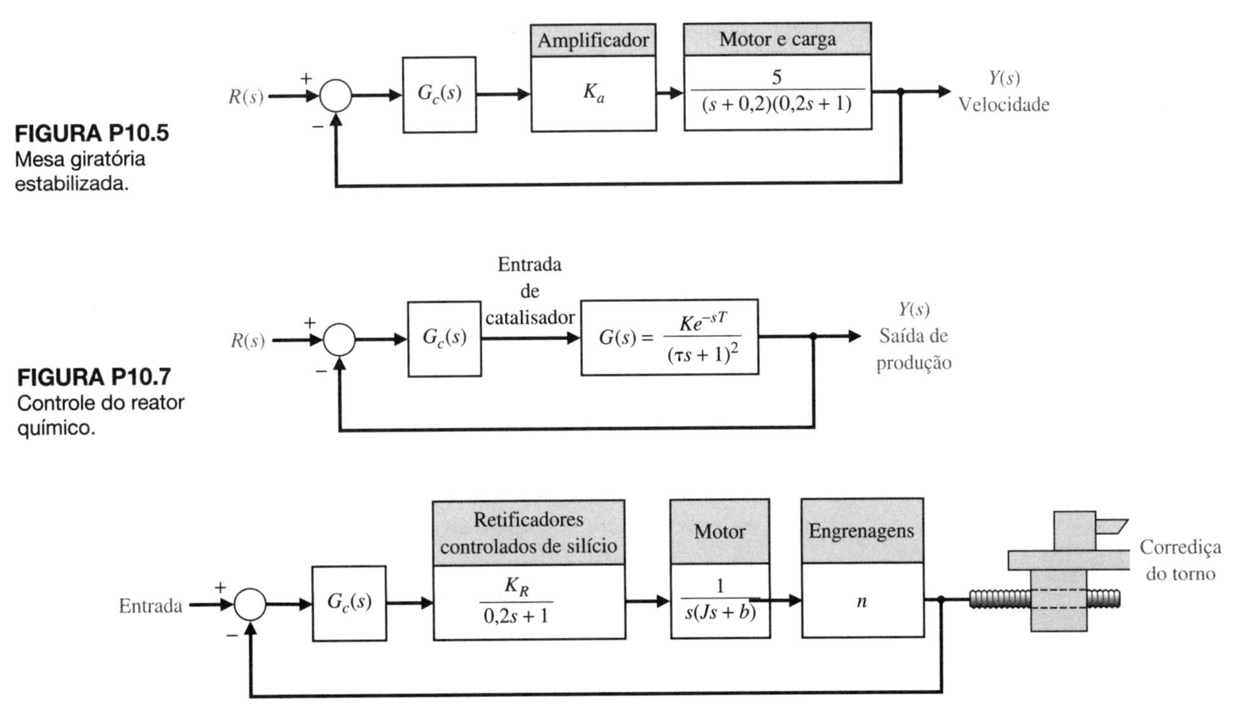

FIGURA P10.5 Mesa giratória estabilizada.

FIGURA P10.7 Controle do reator químico.

FIGURA P10.8 Torno revólver com movimento controlado.

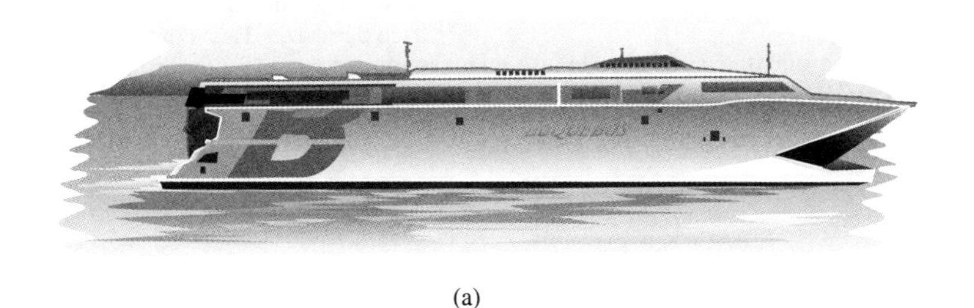

(a)

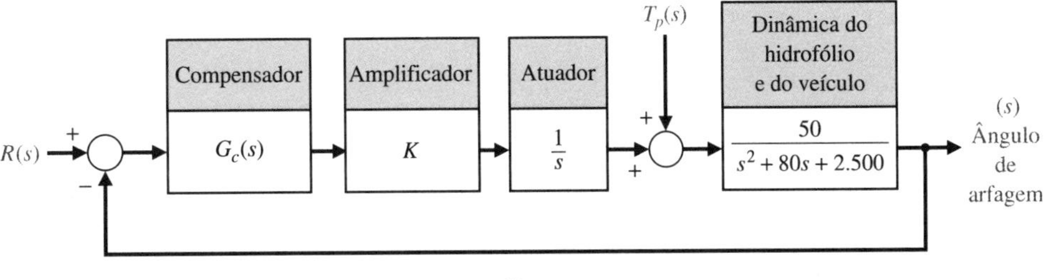

(b)

FIGURA P10.9 (a) Barco de travessia Avemar construído para o serviço de travessia entre Barcelona e as Ilhas Baleares. (b) Um diagrama de blocos do sistema de controle de sustentação.

origina-se do projeto inovador dos cascos estreitos "cortadores de ondas", os quais se movem pela água como barcos de competição de remo. Entre os cascos está um terceiro pseudocasco, o qual dá um poder de flutuação adicional em águas agitadas. Carregado com 900 passageiros e tripulação, e uma mistura de carros, ônibus e caminhões de carga, um dos barcos pode carregar quase seu próprio peso. O Avemar é capaz de operar em águas com ondas de até 8 ft (2,5 m) em amplitude com velocidade de 40 nós como resultado de um sistema de controle de estabilização automática. A estabilização é alcançada por meio de superfícies de controle nos hidrofólios principais e pelo ajuste do hidrofólio da popa. O sistema de controle de estabilização mantém um deslocamento nivelado através de águas agitadas. Assim, um sistema que minimiza os desvios a partir de uma força de sustentação constante ou, equivalentemente, que minimiza o ângulo de arfagem $\theta(t)$ foi projetado. Um diagrama de blocos do sistema de controle de sustentação é mostrado na Figura P10.9(b). A resposta desejada do sistema para perturbação de ondas é um deslocamento com nível constante do barco. Estabeleça um conjunto de especificações aceitáveis e projete um compensador $G_c(s)$ de modo que o desempenho do sistema seja adequado. Admita que a perturbação é devida a ondas com uma frequência $\omega = 6$ rad/s.

P10.10 Um sistema com realimentação unitária possui a função de transferência em malha

$$L(s) = G_c(s)G(s) = G_c(s)\frac{5}{s(s^2 + 5s + 12)}.$$

(a) Determine a resposta ao degrau quando $G_c(s) = 1$ e calcule o tempo de acomodação e o regime estacionário para uma entrada rampa $r(t) = t, t > 0$. (b) Projete um compensador de atraso usando o método do lugar geométrico das raízes de modo que a constante de velocidade seja aumentada para 10. Determine o tempo de acomodação (com um critério de 2%) do sistema compensado.

P10.11 Um sistema de controle com realimentação unitária possui função de transferência em malha

$$L(s) = G_c(s)G(s) = G_c(s)\frac{160}{s^2}.$$

Escolha um compensador de avanço e atraso de fase de modo que a máxima ultrapassagem percentual para uma entrada em degrau seja $M.U.P. \leq 5\%$ e o tempo de acomodação (com critério de 2%) seja $T_s \leq 1$ s. Também é desejado que a constante de aceleração K_a seja maior que 7.500.

P10.12 Um sistema com realimentação unitária possui a planta

$$G(s) = \frac{20}{s(1 + 0,1s)(1 + 0,05s)}.$$

Escolha um compensador $G_c(s)$ de modo que a margem de fase seja $M.F. \geq 75°$. Use um compensador de avanço de dois estágios

$$G_c(s) = \frac{K(1 + s/\omega_1)(1 + s/\omega_3)}{(1 + s/\omega_2)(1 + s/\omega_4)}.$$

É requerido que o erro para uma entrada rampa seja 0,5% da magnitude da entrada rampa ($K_v = 200$).

P10.13 O ensaio de materiais requer o projeto de sistemas de controle que possam reproduzir fielmente ambientes de operação de prova normais sobre uma variedade de parâmetros de prova [23]. Do ponto de vista de projeto de sistemas de controle, uma máquina de ensaio de materiais pode ser considerada um servomecanismo no qual se deseja que a forma de onda da carga rastreie o sinal de referência. O sistema é mostrado na Figura P10.13.

(a) Com $G_c(s) = K$, escolha K de modo que uma margem de fase de $M.F. = 45°$ seja alcançada. Determine a faixa de passagem do sistema para este projeto.

(b) O requisito adicional introduzido é que a constante de velocidade K_v seja igual a 1. Projete uma estrutura de atraso de fase de modo que a margem de fase seja $M.F. = 45°$ e $K_v = 1$.

P10.14 Para o sistema descrito no Problema P10.13, o objetivo é alcançar uma margem de fase de $M.F. = 45°$ com o requisito adicional de que o tempo de acomodação (para o interior de 2% do valor final) seja $T_s \leq 10$ s. Projete um compensador de avanço de fase para atender às especificações. Como antes, requer-se $K_v = 1$.

P10.15 Um robô com um braço estendido suporta carga pesada, cujo efeito é uma perturbação, como mostrado na Figura P10.15 [22]. Faça $R(s) = 0$ e projete $G_c(s)$ de modo que o valor máximo da resposta à perturbação seja 0,25 e o erro em regime estacionário para uma perturbação em degrau unitário seja zero.

P10.16 Um motorista e um carro podem ser representados pelo modelo simplificado mostrado na Figura P10.16 [17]. O objetivo é ter a velocidade ajustada para uma entrada em degrau com máxima ultrapassagem percentual $M.U.P. \leq 10\%$ e um tempo de acomodação (com critério de 2%) de $T_s = 1$ s. Escolha um controlador proporcional e integral (PI) para atender a essas especificações. Para o controlador escolhido, determine a resposta real (a) para $G_p(s) = 1$ e (b) com um pré-filtro $G_p(s)$ que remova o zero da função de transferência em malha fechada $T(s)$.

P10.17 Um sistema de controle com realimentação unitária para um submarino robô possui uma planta com função de transferência de terceira ordem [20]:

$$G(s) = \frac{K}{s(s + 10)(s + 50)}.$$

Deseja-se que a máxima ultrapassagem percentual seja $M.U.P. = 7,5\%$ para uma entrada em degrau, e que o tempo de acomodação (com critério de 2%) do sistema seja $T_s = 400$ ms. Encontre um compensador de avanço de fase adequado usando métodos do lugar geométrico das raízes. Faça com que o zero do compensador esteja posicionado em $s = -15$ e determine o polo do compensador. Determine o K_v resultante do sistema.

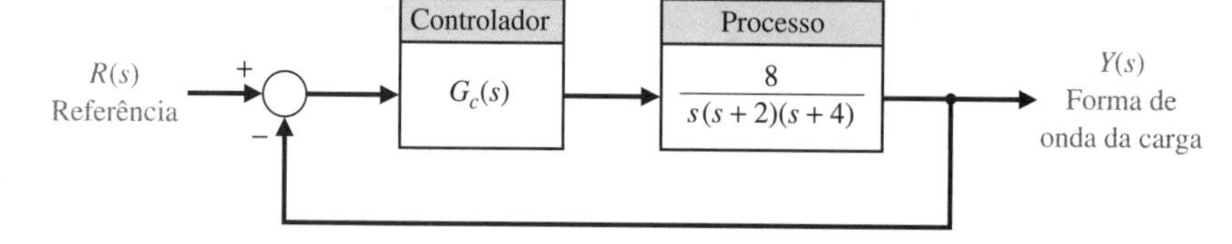

FIGURA P10.13 Sistema de máquina de ensaio de materiais.

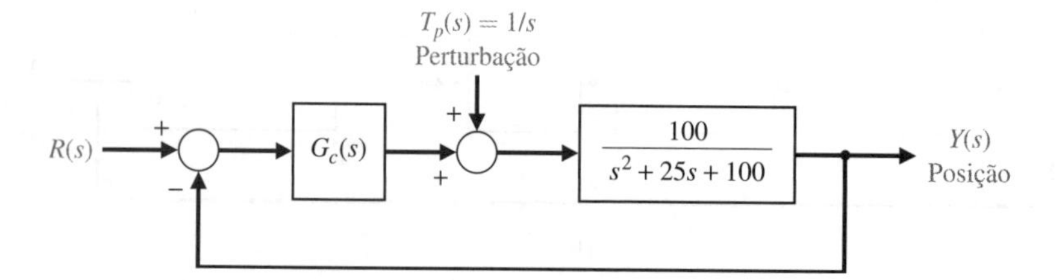

FIGURA P10.15 Controle de robô.

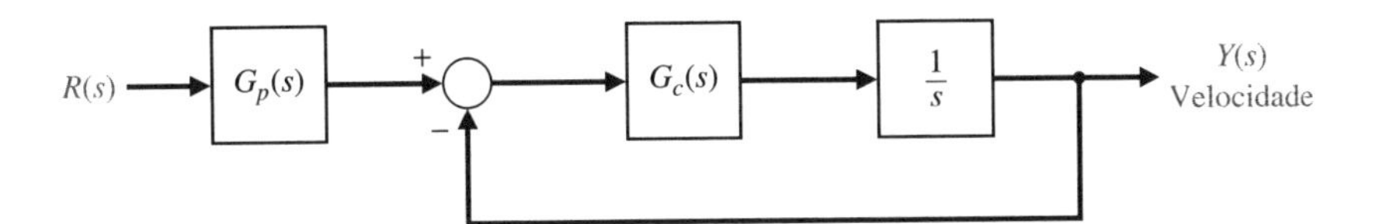

FIGURA P10.16 Controle da velocidade de um automóvel.

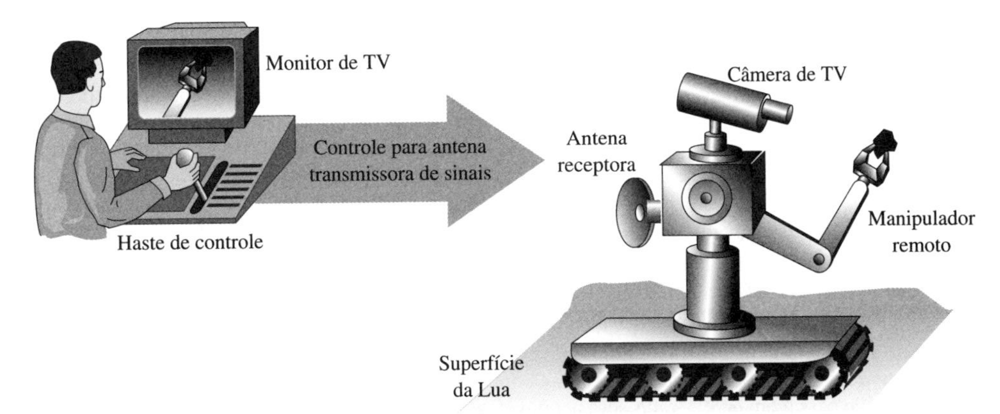

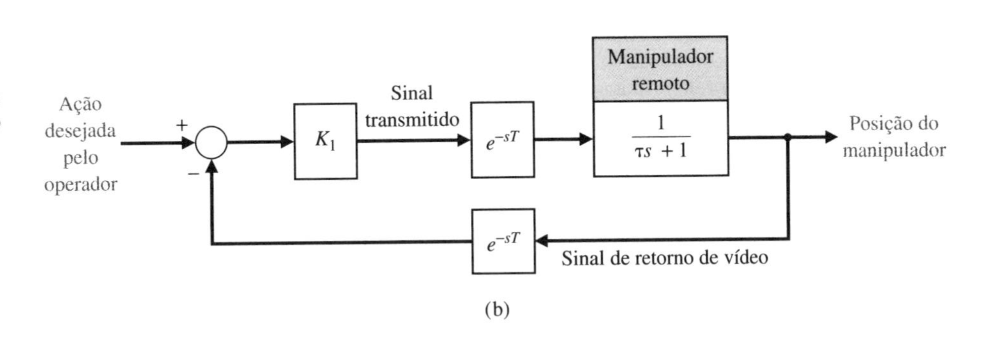

FIGURA P10.18 (a) Diagrama conceitual de um manipulador remoto na Lua controlado por uma pessoa na Terra. (b) Diagrama com realimentação do sistema de controle do manipulador remoto com T = atraso de transporte de transmissão do sinal de vídeo.

P10.18 A NASA está desenvolvendo manipuladores remotos que podem ser usados para estender o alcance e o poder da humanidade através do espaço por meio de transmissões de rádio. Um conceito de manipulador remoto é mostrado na Figura P10.18(a) [11, 22]. O controle em malha fechada é mostrado esquematicamente na Figura P10.18(b). Admitindo uma distância média de 238.855 milhas (384.400 km) entre a Terra e a Lua, o atraso de transporte T na transmissão de um sinal de comunicação é de 1,28 s. O operador usa uma haste de controle para comandar remotamente o manipulador colocado na Lua a fim de auxiliar em experimentos geológicos, e o monitor de TV para ter acesso à resposta do manipulador. A constante de tempo do manipulador é $\frac{1}{4}$ segundo.

(a) Ajuste o ganho K_1 de modo que o sistema possua uma margem de fase de $M.F. = 30°$. Calcule o erro em regime estacionário percentual deste sistema para uma entrada em degrau.

(b) Para reduzir o erro em regime estacionário com uma entrada de comando de posição de 5%, adicione uma estrutura de compensação de atraso de fase em cascata com K_1. Represente graficamente a resposta ao degrau.

P10.19 Têm-se observado desenvolvimentos significativos na aplicação da tecnologia robótica em problemas de manutenção em usinas de energia nuclear. Até aqui, a tecnologia robótica na indústria nuclear tem sido usada principalmente no reprocessamento de combustível nuclear usado e no controle de resíduos. Atualmente, a indústria está começando a aplicar a tecnologia em áreas como inspeção de contenção primária, manutenção de reatores, descontaminação de instalações e atividades de recuperação de acidentes. Esses desenvolvimentos sugerem que a aplicação de dispositivos operados remotamente pode reduzir significativamente a exposição de pessoal à radiação e melhorar o desempenho de programas de manutenção.

Atualmente, um sistema robótico operacional está em desenvolvimento para tratar problemas operacionais particulares dentro de uma usina de energia nuclear. Este dispositivo, IRIS (*industrial remote inspection system* – sistema de inspeção remoto industrial), é um sistema de vigilância de propósito geral que conduz tarefas de inspeção e de manipulação particulares com o objetivo de reduzir significativamente a exposição de pessoal a campos de radiação elevada [12]. O dispositivo é mostrado na Figura P10.19. A função de transferência em malha aberta é

$$G(s) = \frac{Ke^{-sT}}{(s+1)(s+3)}.$$

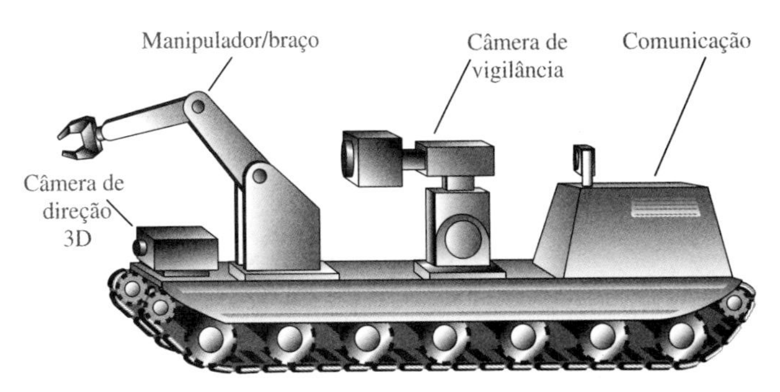

FIGURA P10.19 Robô controlado remotamente para usinas nucleares.

(a) Determine um ganho K adequado para o sistema quando $T = 0{,}5$ s, de modo que a máxima ultrapassagem percentual para uma entrada em degrau seja $M.U.P. \leq 30\%$. Determine o erro em regime estacionário. (b) Projete um compensador

$$G_c(s) = \frac{s+2}{s+b}$$

para melhorar a resposta ao degrau para o sistema na parte (a) de modo que o erro em regime estacionário seja menor que 12%. Admita o sistema com realimentação unitária.

P10.20 Um sistema de controle sem compensação com realimentação unitária possui função de transferência da planta

$$G(s) = \frac{K}{s(s/2+1)(s/6+1)}.$$

Deseja-se ter uma constante de erro de velocidade $K_v = 20$. Deseja-se também ter uma margem de fase de $M.F. = 45°$ e uma faixa de passagem em malha fechada maior que $\omega_B \geq 4$ rad/s. Use dois compensadores de avanço de fase idênticas em cascata para compensar o sistema.

P10.21 Para o sistema do Problema P10.20, projete um compensador de atraso de fase para atender às especificações desejadas, com a exceção de que uma faixa de passagem $\omega_B \geq 2$ rad/s será aceitável.

P10.22 Para o sistema do Problema P10.20, deseja-se alcançar a mesma margem de fase e K_v, mas, adicionalmente, deseja-se limitar a faixa de passagem entre 2 rad/s $\leq \omega_B \leq$ 10 rad/s. Utilize um compensador de avanço e atraso de fase para compensar o sistema. A estrutura de avanço e atraso de fase pode ser da forma

$$G_c(s) = \frac{(1+s/10a)(1+s/b)}{(1+s/a)(1+s/10b)},$$

em que a deve ser escolhido para a parte de atraso de fase do compensador e b deve ser escolhido para a parte de avanço de fase do compensador. A razão α é escolhida como 10 para ambas as partes de avanço e de atraso de fase.

P10.23 Um sistema função de transferência em malha com realimentação unitária possui

$$L(s) = G_c(s)G(s) = G_c(s)\frac{K}{(s+6)^2}.$$

Deseja-se que o erro em regime estacionário para uma entrada em degrau seja aproximadamente 5% e que a margem de fase do sistema seja $M.U.P. = 45°$. Projete uma estrutura de atraso de fase para atender a essas especificações.

P10.24 A estabilidade e o desempenho da rotação de um robô (semelhante à rotação da cintura) oferece um problema de controle desafiador. O sistema requer ganhos elevados a fim de alcançar alta resolução; contudo, uma máxima ultrapassagem percentual grande da resposta transitória não pode ser tolerada. O diagrama de blocos de um sistema eletro-hidráulico para controle de rotação é mostrado na Figura P10.24 [15].

Deseja-se ter $K_v = 20$ para o sistema compensado. Projete um compensador que resulte em máxima ultrapassagem percentual para uma entrada em degrau $M.U.P. \leq 10\%$.

P10.25 A possibilidade de superar o atrito, o desgaste e a vibração das rodas por suspensão sem contato para veículos de transporte público de passageiros está sendo investigada em todo o mundo. Um projeto utiliza uma suspensão magnética com força de atração entre o veículo e um trilho guia com um entreferro controlado com exatidão. Um sistema é mostrado na Figura P10.25, o qual incorpora compensação na realimentação. Usando métodos do lugar geométrico das raízes, escolha valores adequados para K_1 e b de modo que o sistema possua um fator de amortecimento para as raízes subamortecidas de $\zeta = 0{,}50$.

P10.26 Um computador usa uma impressora como dispositivo de saída rápida. Deseja-se manter controle de posição exato enquanto se move o papel rapidamente através da impressora. Considere um sistema com realimentação unitária e uma função de transferência para o motor e o amplificador de

$$G(s) = \frac{0{,}2}{s(s+1)(6s+1)}.$$

Projete um compensador de avanço de fase de modo que a faixa de passagem do sistema seja $\omega_B = 0{,}8$ rad/s e a margem de fase seja $M.F. \geq 30°$.

P10.27 Uma equipe de projeto de engenharia está tentando controlar um processo mostrado na Figura P10.27. Foi combinado que um sistema com margem de fase de $M.F. = 50°$ é aceitável. Determine $G_c(s)$.

Primeiro, faça $G_c(s) = K$ e encontre (a) um valor de K que produza margem de fase de $M.F. = 50°$ e a resposta ao degrau do sistema para esse valor de K. (b) Determine o tempo de acomodação, a máxima ultrapassagem percentual e o tempo de pico. (c) Obtenha a resposta em frequência em malha fechada do sistema e determine $M_{p\omega}$ e a faixa de passagem.

A equipe decidiu fazer

$$G_c(s) = \frac{K(s+12)}{(s+20)}$$

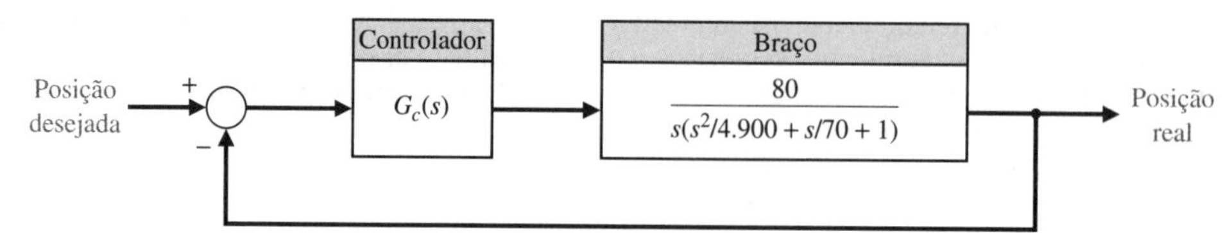

FIGURA P10.24 Controle de posição do robô.

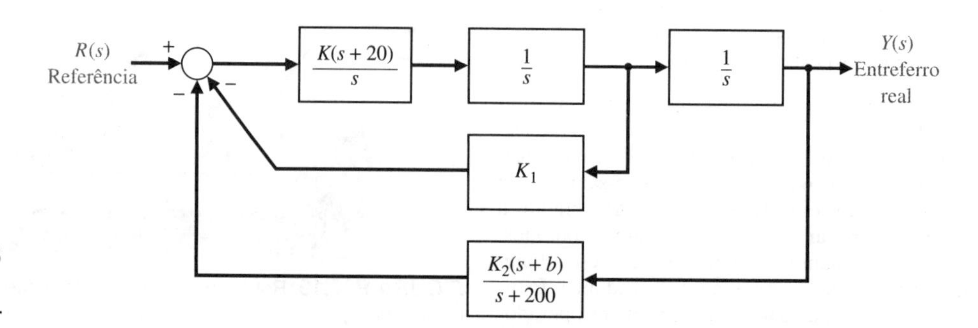

FIGURA P10.25 Controle do entreferro de trem.

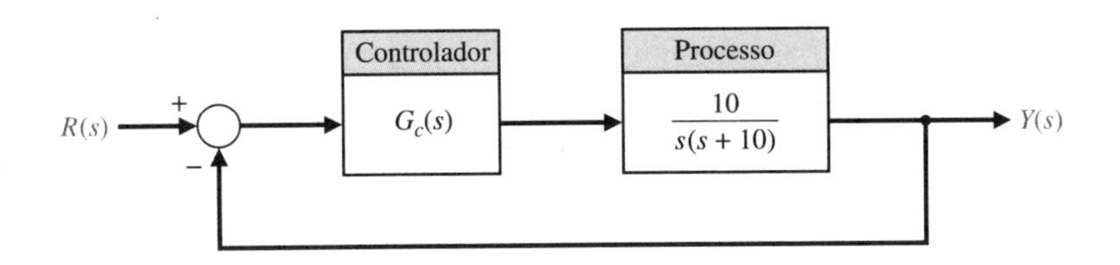

FIGURA P10.27
Projeto de controlador.

e repetir as partes (a), (b) e (c). Determine o ganho K que resulta em uma margem de fase de $M.F. = 50°$ e então prossiga para o cálculo da resposta no tempo e da resposta em frequência em malha fechada. Prepare uma tabela contrastando os resultados dos dois controladores escolhidos para $G_c(s)$ comparando o tempo de acomodação (com um critério de 2%), a máxima ultrapassagem percentual, o tempo de pico, $M_{p\omega}$, e a faixa de passagem.

P10.28 Um veículo com suspensão adaptativa utiliza um princípio de locomoção com pernas. O controle da perna pode ser representado por um sistema com realimentação unitária com [12]

$$G(s) = \frac{K}{s(s+10)(s+14)}.$$

Deseja-se alcançar um erro em regime estacionário para entrada rampa de 10% e um fator de amortecimento das raízes dominantes de $\zeta = 0{,}707$. Determine um compensador de atraso de fase adequado e determine a máxima ultrapassagem e o tempo de acomodação (para a faixa de 2% do valor final) reais.

P10.29 Um sistema de controle de nível de líquido possui a função de transferência em malha

$$L(s) = G_c(s)G(s),$$

em que $G_c(s)$ é um compensador e a planta é

$$G(s) = \frac{10e^{-sT}}{s^2(s+10)},$$

sendo $T = 50$ ms. Projete um compensador de modo que $M_{p\omega}$ não exceda 3,5 dB e ω_r seja aproximadamente 1,4 rad/s. Prediga a máxima ultrapassagem percentual e o tempo de acomodação (com critério de 2%) do sistema compensado quando a entrada for um degrau. Represente graficamente a resposta real.

P10.30 Um veículo guiado automaticamente (*automated guided vehicle* – AGV) pode ser considerado um transportador móvel automático para o transporte de materiais. A maioria dos AGVs requer algum tipo de trilho guia. A estabilidade de direção do sistema de controle de condução não foi totalmente resolvida. O leve "serpentear" do AGV em torno do trilho tem geralmente sido aceito, embora indique instabilidade do sistema de controle de condução da direção [9].

A maioria dos AGVs possui especificação de velocidade máxima de cerca de 1 m/s, embora, na prática, seja usualmente operada com metade desta velocidade. Em um ambiente de manufatura totalmente automatizado, deveria haver pouco pessoal na área de produção; portanto, o AGV deveria ser capaz de funcionar com velocidade máxima. À medida que a velocidade do AGV aumenta, o mesmo ocorre com a dificuldade de se projetar controles de rastreamento estáveis e suaves.

Um sistema de direção para um AGV é mostrado na Figura P10.30, em que $\tau_1 = 40$ ms e $\tau_2 = 1$ ms. Requer-se que a constante de velocidade K_v seja 100 de modo que o erro em regime estacionário para uma entrada rampa seja 1% da inclinação da rampa. Despreze τ_2 e projete um compensador de avanço de fase de modo que a margem de fase seja

$$45° \leq M.F. \leq 65°.$$

Tente obter os dois casos limites para a margem de fase e compare seus resultados para os dois projetos determinando a máxima ultrapassagem percentual e o tempo de acomodação reais para uma entrada em degrau.

P10.31 Para o sistema do Problema P10.30, use um compensador de atraso de fase e tente alcançar uma margem de fase de aproximadamente 50°. Determine a máxima ultrapassagem percentual e o tempo de pico reais para o sistema compensado.

P10.32 Quando um motor aciona uma estrutura flexível, as frequências naturais da estrutura, em comparação com a faixa de passagem do servoacionador, determinam a contribuição da flexibilidade estrutural para os erros do movimento resultante. Nos robôs industriais atuais, os acionadores são quase sempre relativamente lentos e as estruturas são relativamente rígidas, de modo que as máximas ultrapassagens e outros erros são causados principalmente pelo servoacionador. Contudo, dependendo da exatidão requerida, as deflexões estruturais dos membros acionados podem se tornar significantes. A flexibilidade estrutural deve ser considerada a maior fonte de erros de movimento em estruturas e manipuladores espaciais. Devido a restrições de peso no espaço, braços de grandes dimensões resultam em estruturas flexíveis. Além disso, os robôs industriais do futuro deverão requerer manipuladores mais leves e flexíveis.

Para investigar os efeitos da flexibilidade estrutural e como diferentes esquemas de controle podem reduzir oscilações indesejadas, uma montagem experimental foi construída consistindo em um motor CC acionando uma viga delgada de alumínio. O propósito dos experimentos foi identificar estratégias de controle simples e eficazes para lidar com os erros de movimento que ocorrem quando um servomotor está acionando uma estrutura muito flexível [13].

A montagem experimental é mostrada na Figura P10.32(a) e o sistema de controle é mostrado na Figura P10.32(b). O objetivo é que o sistema tenha um K_v de 100. (a) Quando $G_c(s) = K$, determine K e represente graficamente o diagrama de Bode. Encontre a margem de fase e a margem de ganho. (b) Usando a carta de Nichols, encontre ω_r, $M_{p\omega}$ e ω_B. (c) Escolha um compensador de modo que a margem de fase seja $M.F. \geq 35°$ e encontre ω_r, $M_{p\omega}$ e ω_B para o sistema compensado.

P10.33 Considere o diagrama de blocos do robô extensor apresentado na Figura P10.33 [14]. O objetivo é que o sistema compensado tenha uma constante de velocidade K_v igual a 80, a fim de que o tempo de acomodação (com um critério de 2%) seja de $T_s = 1{,}6$ s e que a máxima ultrapassagem percentual seja de $M.U.P. = 16\%$, de modo que as raízes dominantes tenham um $\zeta = 0{,}5$. Determine um compensador de avanço e de atraso de fase usando métodos do lugar geométrico das raízes.

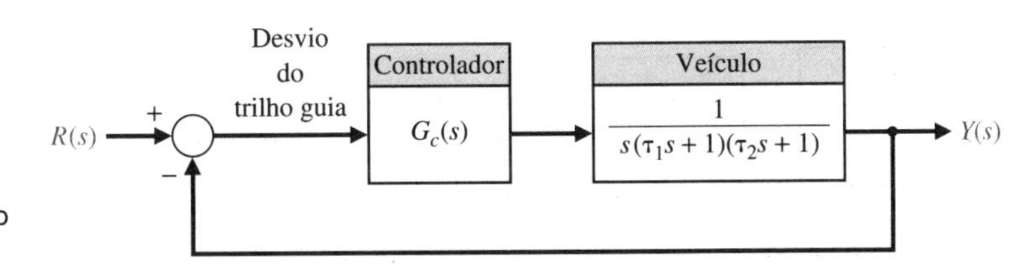

FIGURA P10.30
Controle de direção para veículo.

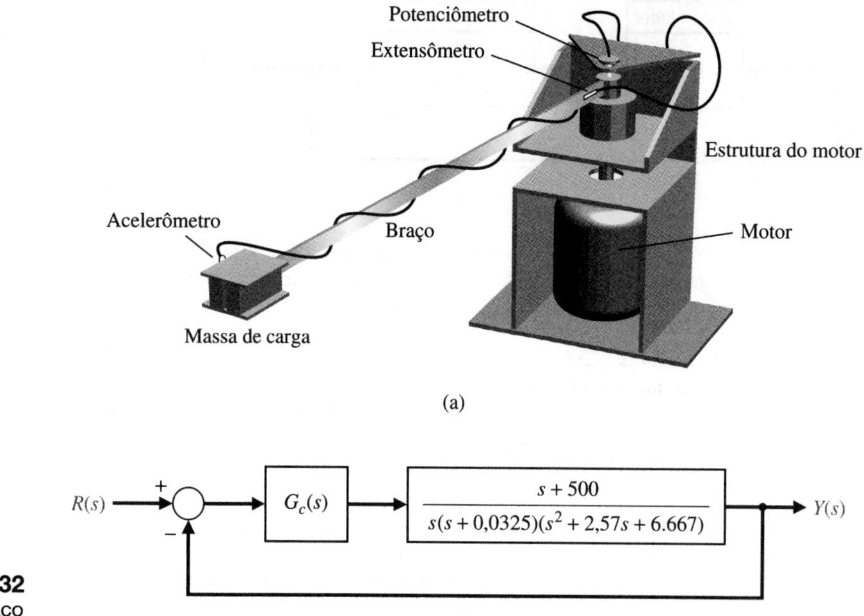

FIGURA P10.32 Controle do braço flexível.

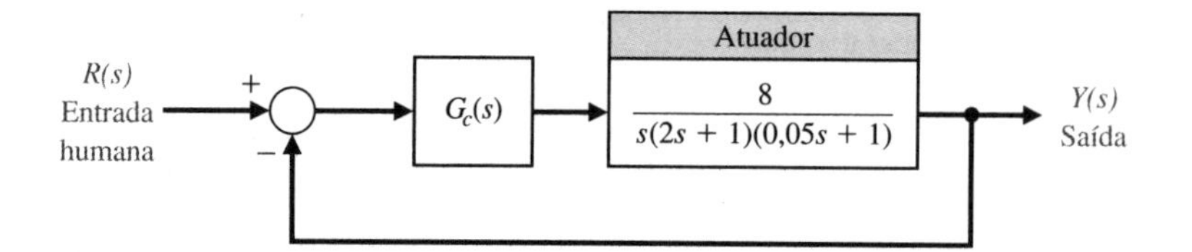

FIGURA P10.33 Controle do robô extensor.

P10.34 Um trem levitado magneticamente operou em Berlim, Alemanha, de 1989 a 1991. Os trens completamente automatizados podem trafegar em pequenos intervalos e operar com excelente eficiência energética. O sistema de controle para a levitação do carro é mostrado na Figura P10.34. Escolha um compensador de modo que a margem de fase do sistema seja $45° \leq M.F. \leq 55°$. Prediga a resposta do sistema para um comando degrau e determine a resposta ao degrau real para comparação.

P10.35 Um sistema com realimentação unitária possui a função de transferência em malha

$$L(s) = G_c(s)G(s) = \frac{Ks + 0{,}54}{s(s + 1{,}76)}e^{-Ts},$$

na qual T é um atraso de transporte e K é o ganho proporcional do controlador. O diagrama de blocos é ilustrado na Figura P10.35. O valor nominal de $K = 2$. Represente graficamente a margem de fase do sistema para $0 \leq T \leq 2$ s quando $K = 2$. O que acontece com a margem de fase à medida que o atraso de transporte aumenta? Qual é o máximo atraso de transporte permitido antes que o sistema se torne instável?

P10.36 A função de transferência de um sistema é um atraso de transporte puro de 0,5 s, de modo que $G(s) = e^{-s/2}$. Escolha um compensador $G_c(s)$ de modo que o erro em regime estacionário para uma entrada em degrau seja menor que 2% da amplitude do degrau e a margem de fase seja $M.F. \geq 30°$. Determine a faixa de passagem do sistema compensado e represente graficamente a resposta ao degrau.

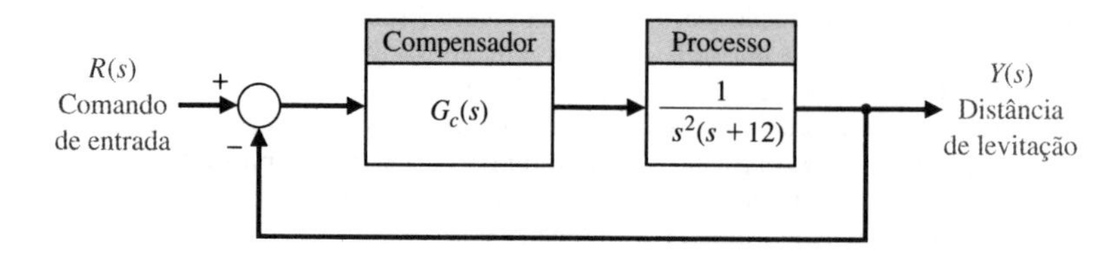

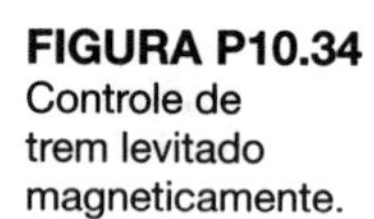

FIGURA P10.34 Controle de trem levitado magneticamente.

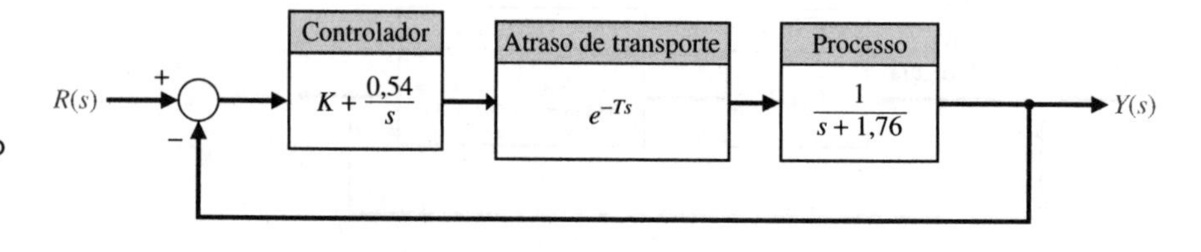

FIGURA P10.35 Sistema com realimentação unitária com atraso de transporte e controlador PI.

P10.37 Admita que um sistema com realimentação unitária tenha função de transferência em malha

$$L(s) = G_c(s)G(s) = G_c(s)\frac{1}{(s+2)(s+8)}.$$

Projete um compensador $G_c(s)$ de modo que a máxima ultrapassagem percentual para uma entrada em degrau $R(s)$ seja $M.U.P. \leq 5\%$ e o erro em regime estacionário seja menor que 1%. Determine a faixa de passagem do sistema.

P10.38 Um sistema com realimentação unitária possui uma planta

$$G(s) = \frac{40}{s(s+2)}.$$

Deseja-se ter uma margem de fase de $M.F. = 30°$ e uma faixa de passagem relativamente grande. Escolha a frequência de cruzamento $\omega_c = 10$ rad/s e projete um compensador de avanço de fase. Verifique os resultados.

P10.39 Um sistema com realimentação unitária possui planta

$$G(s) = \frac{40}{s(s+2)}.$$

Deseja-se que a margem de fase seja $M.F. = 30°$. Para uma entrada rampa $r(t) = t$, deseja-se que o erro em regime estacionário seja igual a 0,05. Projete um compensador de atraso para satisfazer as especificações. Verifique os resultados.

P10.40 Para o sistema e os requisitos do Problema P10.39, determine o compensador requerido quando o erro em regime estacionário para a entrada rampa deve ser igual a 0,02.

P10.41 Repita o Exemplo 10.12 quando desejar que o tempo de subida seja $T_r = 1$ s.

P10.42 Considere o sistema mostrado na Figura P10.42 e faça $R(s) = 0$ e $T_p(s) = 0$. Projete o controlador $G_c(s) = K$ tal que, em regime estacionário, a resposta do sistema $y(t)$ seja menor que –40 dB quando o ruído $N(s)$ é uma entrada senoidal em uma frequência de $\omega \geq 100$ rad/s.

P10.43 Um sistema com realimentação unitária possui função de transferência em malha aberta

$$L(s) = G_c(s)G(s) = \frac{K(s^2+2s+20)}{s(s+2)(s^2+2s+1)}.$$

Represente graficamente a máxima ultrapassagem percentual da resposta do sistema em malha fechada para uma entrada em degrau unitário para K na faixa $0 < K \leq 100$. Explique o comportamento da resposta para K na faixa $0,129 < K \leq 69,872$.

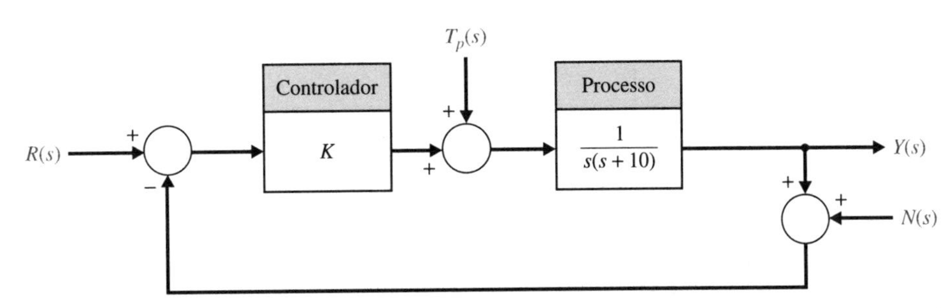

FIGURA P10.42 Sistema com realimentação unitária com controlador proporcional e ruído de medida.

PROBLEMAS AVANÇADOS

PA10.1 Uma aplicação *pick-and-place* de três eixos requer o movimento preciso de um braço robótico no espaço tridimensional, como mostrado na Figura PA10.1 para a junta 2. O braço possui percursos lineares específicos a serem seguidos para evitar outras peças de maquinário. A máxima ultrapassagem para uma entrada em degrau deve ser menor que 20%.

(a) Faça $G_c(s) = K$ e determine o ganho K que satisfaz o requisito. Determine o tempo de acomodação (com um critério de 2%) resultante. (b) Use uma estrutura de avanço de fase e reduza o tempo de acomodação para $T_s \leq 2$ s.

PA10.2 O sistema do Problema Avançado PA10.1 deve ter uma máxima ultrapassagem percentual $M.U.P. \leq 13\%$. Adicionalmente, deseja-se que o erro em regime estacionário para uma entrada rampa unitária seja menor que 0,125 ($K_v = 8$) [24]. Projete um compensador de atraso de fase para atender às especificações. Verifique a máxima ultrapassagem percentual e o tempo de acomodação (com um critério de 2%) resultantes para o projeto.

PA10.3 Requer-se que o sistema do Problema Avançado PA10.1 tenha máxima ultrapassagem percentual $M.U.P. \leq 13\%$ com erro em regime estacionário para uma entrada rampa unitária menor que 0,125 ($K_v = 8$). Projete um controlador proporcional e integral (PI) para atender às especificações.

PA10.4 Um sistema de controle de motor CC com realimentação unitária possui a forma mostrada na Figura PA10.4. Escolha K_1 e K_2 de modo que a resposta do sistema tenha um tempo de acomodação (com critério de 2%) $T_s \leq 0,5$ s e máxima ultrapassagem percentual $M.U.P. \leq 10\%$ para uma entrada em degrau.

PA10.5 Um sistema com realimentação unitária é mostrado na Figura PA10.5. Deseja-se que a resposta ao degrau do sistema tenha a máxima ultrapassagem percentual $M.U.P. \leq 10\%$ e um tempo de acomodação (com critério de 2%) de cerca de $T_s \leq 4$ s.

(a) Projete um compensador de avanço de fase $G_c(s)$ para obter as raízes dominantes desejadas. (b) Determine a resposta ao degrau do sistema quando $G_p(s) = 1$. (c) Escolha um pré-filtro $G_p(s)$ e determine a resposta ao degrau do sistema com o pré-filtro.

PA10.6 Considere um sistema com realimentação com função de transferência em malha

$$L(s) = G_c(s)G(s) = \frac{s+z}{s+p}\frac{K}{s(s+1)}.$$

Deseja-se minimizar o tempo de acomodação do sistema enquanto se requer que $K < 52$. Determine o compensador apropriado que irá minimizar o tempo de acomodação. Represente graficamente a resposta do sistema.

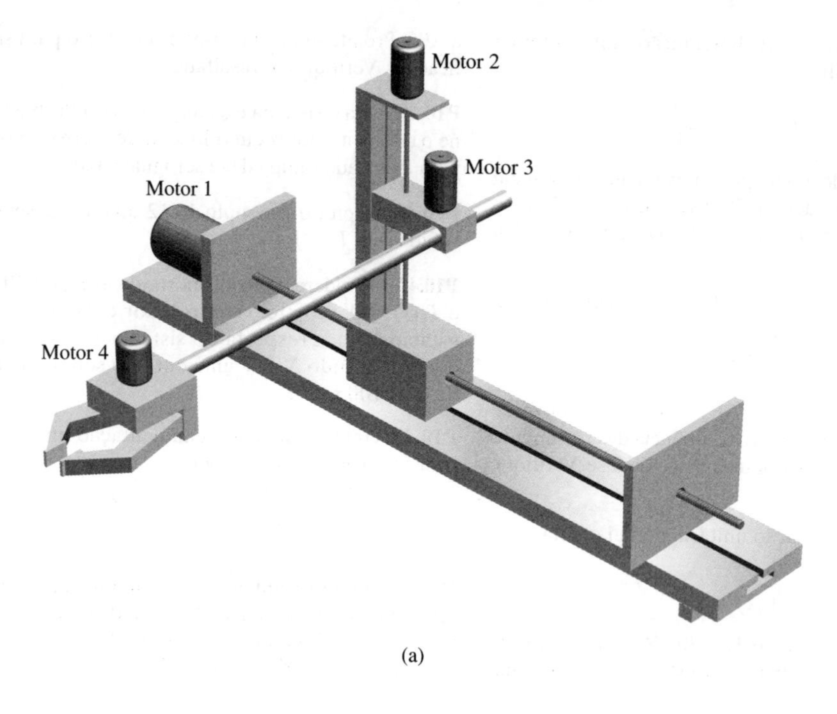

(a)

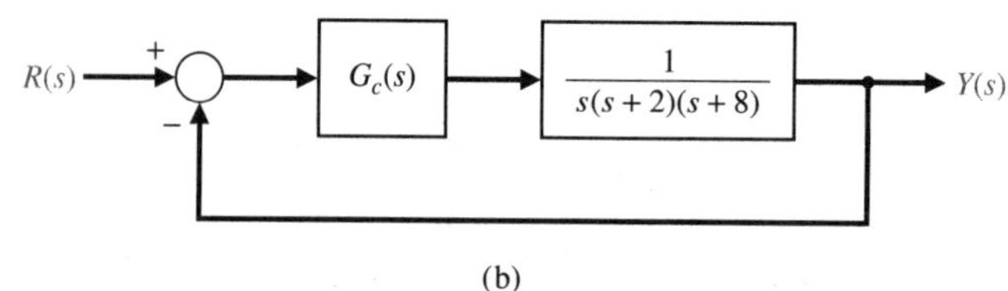

(b)

FIGURA PA10.1 Robô *pick-and-place*.

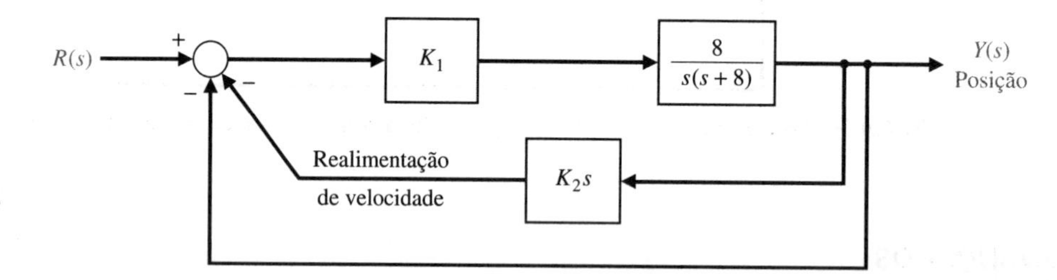

FIGURA PA10.4 Sistema de controle de motor.

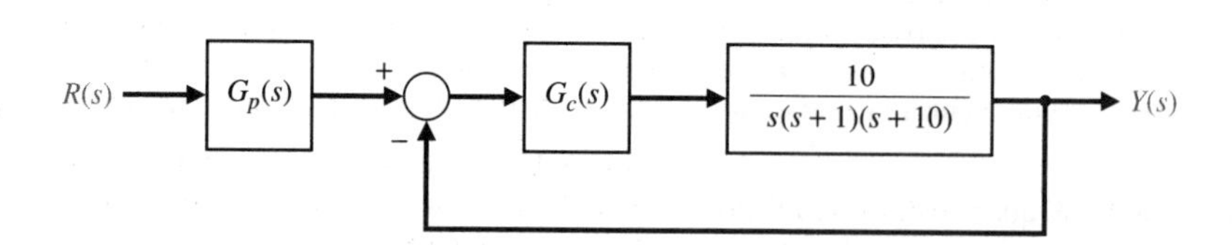

FIGURA PA10.5 Realimentação unitária com um pré-filtro.

PA10.7 Um sistema com realimentação unitária tem

$$G(s) = \frac{1}{s(s+2)(s+8)},$$

com um compensador de avanço de fase

$$G_c(s) = \frac{K(s+3)}{s+28}.$$

Determine K de modo que as raízes complexas tenham $\zeta = 1/\sqrt{2}$. Considere o pré-filtro

$$G_p(s) = \frac{p}{s+p}.$$

(a) Determine a máxima ultrapassagem percentual e o tempo de subida para $G_p(s) = 1$ e para $p = 3$. (b) Escolha um valor apropriado para p que dará máxima ultrapassagem de $M.U.P. \leq 1\%$ e compare os resultados.

PA10.8 O robô Manutec possui inércia grande e um braço muito comprido resultando em um problema de controle desafiador, como mostrado na Figura PA10.8(a). O modelo em diagrama de blocos do sistema é mostrado na Figura PA10.8(b).

A máxima ultrapassagem percentual para uma entrada em degrau deve ser $M.U.P. \leq 20\%$ com um tempo de subida $T_r \leq 0{,}5$ s e um tempo de acomodação (com critério de 2%) $T_s \leq 1{,}2$ s. Além disso, deseja-se que para uma entrada rampa $K_v \geq 10$. Determine um compensador de avanço de fase adequado.

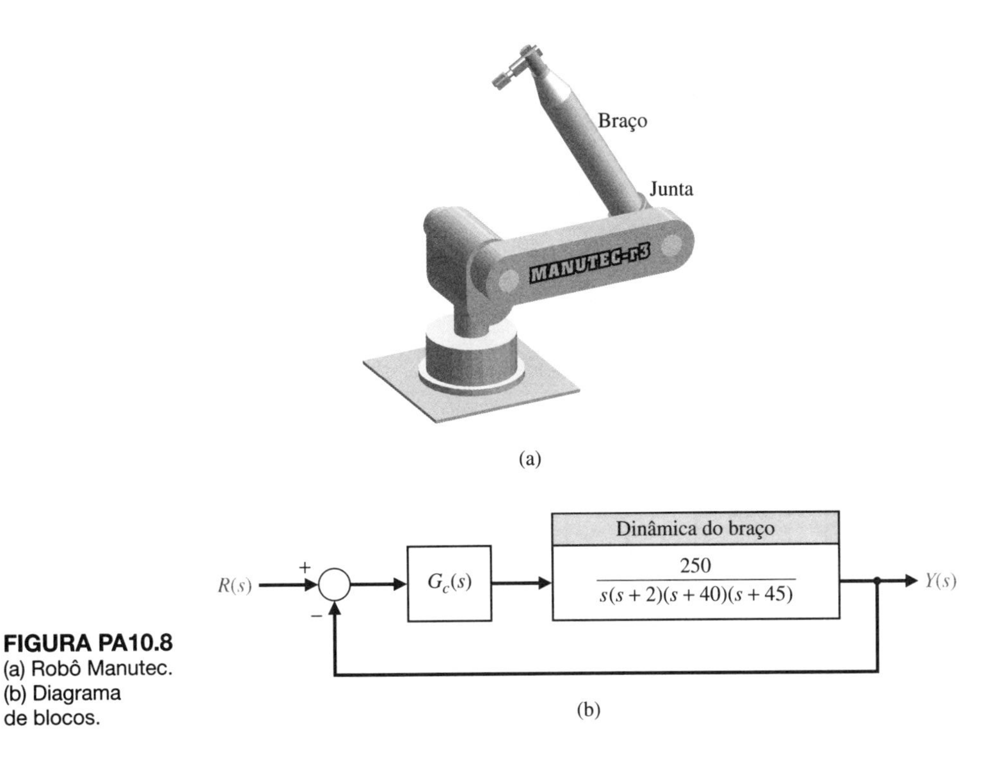

FIGURA PA10.8 (a) Robô Manutec. (b) Diagrama de blocos.

PA10.9 A dinâmica da planta de um processo químico é representada por

$$G(s) = \frac{100}{s(s + 5)(s + 10)}.$$

Deseja-se que o sistema tenha um pequeno erro em regime estacionário para uma entrada rampa de modo que $K_v = 100$. Para fins de estabilidade, deseja-se uma margem de ganho de $M.G. \geq 10$ dB e uma margem de fase de $M.F. \geq 40°$. Determine um compensador de avanço e atraso de fase que atenda a essas especificações.

PROBLEMAS DE PROJETO

PPC10.1 O sistema sarilho e corrediça da Figura PPC4.1 usa um controlador PD. Determine os valores necessários das constantes de ganho do controlador PD de modo que a resposta *deadbeat* seja alcançada. Além disso, deseja-se que o tempo de acomodação (com um critério de 2%) seja $T_s \leq 250$ ms. Verifique os resultados.

PP10.1 Na Figura PP10.1, dois robôs são mostrados cooperando um com o outro para manipular um eixo longo de modo a inseri-lo no orifício no bloco repousando sobre a mesa. A inserção de peças longas é um bom exemplo de tarefa que pode se beneficiar do controle cooperativo. O sistema de controle com realimentação unitária de uma junta do robô possui a função de transferência de processo

$$G(s) = \frac{20}{s(s + 2)}.$$

As especificações requerem um erro em regime estacionário para uma entrada rampa unitária de 0,02 e uma resposta ao degrau que tenha máxima ultrapassagem $M.U.P. \leq 15\%$ com um tempo de acomodação (com critério de 2%) $T_s \leq 1$ s. Determine um compensador de avanço e atraso de fase que irá atender às especificações e represente graficamente a resposta compensada e a resposta sem compensação para entradas rampa e em degrau.

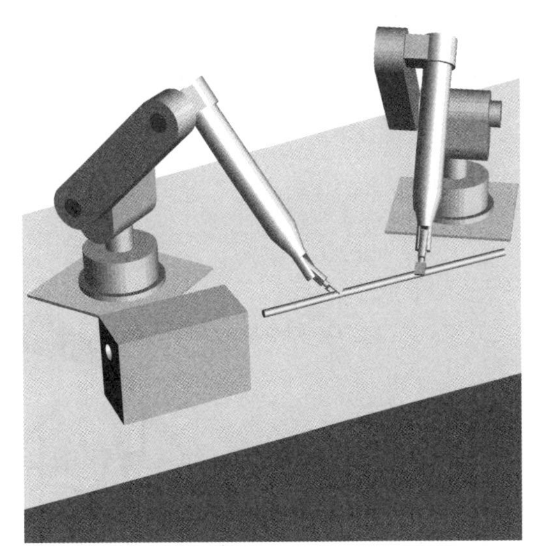

FIGURA PP10.1 Dois robôs cooperam para inserir um eixo.

PP10.2 O controle de rumo do avião biplano convencional, mostrado na Figura PP10.2(a), é representado pelo diagrama de blocos da Figura PP10.2(b).

(a) Determine o valor mínimo do ganho K quando $G_c(s) = K$, de modo que o efeito em regime estacionário de uma perturbação em degrau unitário $T_p(s) = 1/s$ seja menor ou igual a 5% do degrau unitário ($y(\infty) = 0{,}05$).

(b) Determine se o sistema usando o ganho da parte (a) é estável.

(c) Projete um compensador usando um estágio de compensação por avanço de fase, de modo que a margem de fase seja $M.F. = 30°$.

(d) Projete um compensador de avanço de fase de dois estágios de modo que a margem de fase seja $M.F. = 55°$.

(a)

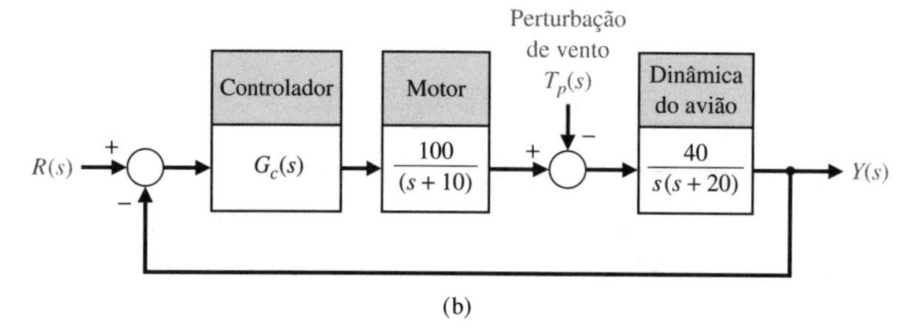

(b)

FIGURA PP10.2 (a) Avião biplano. (colematt/ iStockPhoto). (b) Sistema de controle.

(e) Compare a faixa de passagem dos sistemas das partes (c) e (d).

(f) Represente graficamente a resposta ao degrau $y(t)$ para os sistemas das partes (c) e (d) e compare a máxima ultrapassagem percentual, o tempo de acomodação (com um critério de 2%) e o tempo de pico.

PP10.3 A NASA identificou a necessidade de grandes estruturas espaciais desdobráveis, as quais serão construídas com materiais leves e conterão um grande número de juntas ou conexões estruturais. Esta necessidade é evidente para programas como a estação espacial. Estas estruturas espaciais desdobráveis podem ter requisitos precisos de forma e uma necessidade de supressão de vibração durante operações em órbita [16].

Uma destas estruturas é o sistema de mastro de voo, o qual é mostrado na Figura PP10.3(a). O propósito do sistema é fornecer um aparato de ensaios experimentais para controle e dinâmica. O elemento fundamental no sistema de mastro de voo é uma estrutura treliçada de 60,7 m de comprimento, que é presa ao ônibus espacial em órbita. Incluídos na extremidade da estrutura treliçada estão os atuadores principais e os sensores em conjunto. Um subsistema de desdobramento/retração, que também protege a embalagem de armazenamento da estrutura durante o lançamento e a aterrissagem, é fornecido.

O sistema utiliza um grande motor para movimentar a estrutura e possui o diagrama de blocos mostrado na Figura PP10.3(b). O objetivo é máxima ultrapassagem percentual da resposta ao degrau de $M.U.P. \leq 20\%$; assim, estima-se o $\zeta = 0,5$ do sistema e a margem de fase requerida como $M.F. = 50°$. Projete para $0,75 < K < 2,0$ e registre a máxima ultrapassagem percentual, o tempo de subida e a margem de fase para ganhos escolhidos.

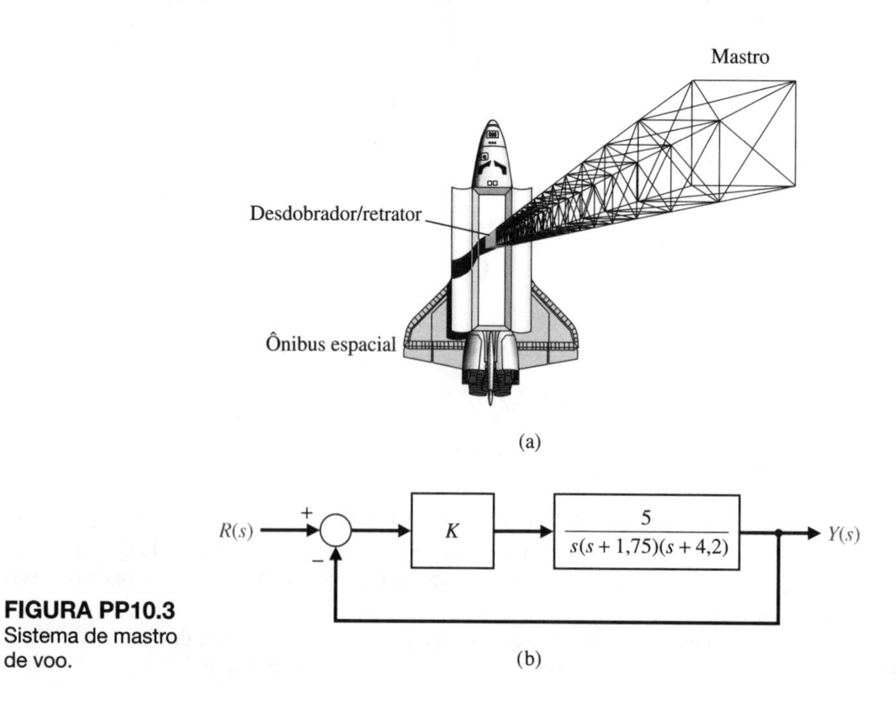

(b)

FIGURA PP10.3 Sistema de mastro de voo.

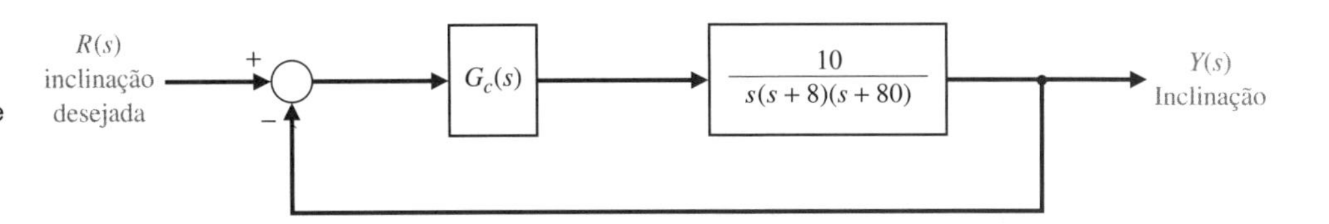

FIGURA PP10.4 Sistema de controle com realimentação do trem de alta velocidade.

PP10.4 Um trem de alta velocidade está sendo desenvolvido no Texas [21] com projeto baseado no *Train à Grande Vitesse* (TGV) francês. Velocidade do trem de 186 milhas (299 km) por hora é prevista. Para atingir tal velocidade em curvas fechadas, a composição pode usar eixos independentes combinados com a capacidade de inclinar o trem. Cilindros hidráulicos conectando os compartimentos de passageiros aos seus truques com rodas permitem que o trem se incline nas curvas como uma motocicleta. Um dispositivo semelhante a um pêndulo no truque dianteiro de cada um dos vagões sente quando o trem está entrando em uma curva e envia esta informação para o sistema hidráulico. A inclinação não torna o trem mais seguro, mas deixa os passageiros mais confortáveis.

Considere o controle de inclinação mostrado na Figura PP10.4. Projete um compensador $G_c(s)$ para um comando de entrada em degrau de modo que a máxima ultrapassagem percentual $M.U.P. \leq 10\%$ e o tempo de acomodação (com um critério de 2%) seja $T_s \leq 1$ s. Também se deseja que o erro em regime estacionário para uma entrada de velocidade (rampa) seja menor que $0{,}2A$, em que $r(t) = At, t > 0$. Verifique os resultados para o projeto.

PP10.5 Sistemas de transporte de fita de alto desempenho são projetados com um pequeno eixo giratório para puxar a fita passando pelas cabeças de leitura/gravação e com bobinas de recolhimento giradas por motores CC. A fita deve ser controlada em velocidades de até 200 polegadas (508 cm) por segundo, com partida tão rápida quanto possível, ao mesmo tempo em que se previne distorção permanente da fita. Uma vez que se deseja controlar a velocidade e a tração da fita, será usado um tacômetro CC como sensor de velocidade e um potenciômetro como sensor de posição. Será usado um motor CC como atuador. Então, o modelo linear para o sistema é um sistema com realimentação unitária com

$$\frac{Y(s)}{E(s)} = G(s) = \frac{K(s + 4.000)}{s(s + 1.000)(s + 3.000)(s^2 + 4.000s + 8.000.000)},$$

em que $Y(s)$ é a posição.

As especificações para o sistema são (1) tempo de acomodação de $T_s \leq 12$ ms, (2) máxima ultrapassagem percentual para um comando de posição degrau $M.U.P. \leq 10\%$ e (3) um erro de velocidade em regime estacionário menor que 0,5%. Determine um compensador para atender a essas especificações.

PP10.6 Os últimos anos têm testemunhado uma atividade substancial na construção de modelos de motores na indústria automotiva em uma categoria chamada de modelos "orientados a controle" ou modelos "de projeto de controle". Esses modelos contêm representações da borboleta de admissão, dos fenômenos de bombeamento do motor, da dinâmica do processo de indução, do sistema de combustível, da geração de torque do motor e dos momentos de inércia.

O controle da relação ar-combustível no carburador do automóvel ganhou primordial importância quando os fabricantes de automóveis trabalharam para reduzir a emissão de poluentes via escapamento. Assim, os projetistas de motores de automóveis se voltaram para o controle com realimentação da relação ar-combustível. A operação de um motor com ou próximo de uma relação ar-combustível particular requer o gerenciamento dos fluxos de ar e de combustível no sistema coletor. O comando de combustível é considerado a entrada, e a velocidade do motor é considerada a saída [9, 10].

O diagrama de blocos do sistema é mostrado na Figura PP10.6, no qual $T = 0{,}066$ s. Um compensador é requerido para produzir erro em regime estacionário nulo para uma entrada em degrau e máxima ultrapassagem percentual $M.U.P. \leq 10\%$. Deseja-se também o tempo de acomodação (com critério de 2%) de $T_s \leq 10$ s.

PP10.7 Um avião a jato de alto desempenho é mostrado na Figura PP10.7(a) e o sistema de controle do ângulo de rolagem é mostrado na Figura PP10.7(b). Projete um controlador $G_c(s)$ de modo que a resposta ao degrau seja bem comportada e o erro em regime estacionário seja nulo. Isto é, $M.U.P. \leq 10\%$ e $T_s \leq 2$ s.

PP10.8 Um sistema de controle em malha fechada simples foi proposto para demonstrar o controle proporcional e integral (PI) de um radiômetro de Crookes [27]. O radiômetro de Crookes é mostrado na Figura PP10.8(a) e o sistema de controle é mostrado na Figura PP10.8(b). A variável a ser controlada é a velocidade angular ω do radiômetro de Crookes cujas palhetas giram quando expostas à radiação infravermelha. Uma montagem experimental utilizando sensor fotoelétrico reflexivo e circuitos eletrônicos básicos torna possível o projeto e a implementação de um sistema de controle de alto desempenho.

Admita $\tau = 20$ s. Projete um controlador PI de modo que o sistema alcance uma resposta *deadbeat* com tempo de acomodação $T_s \leq 25$ s.

PP10.9 Considere o sistema de controle com realimentação mostrado na Figura PP10.9. Projete um compensador PID $G_{c1}(s)$ e um compensador de avanço e atraso de fase $G_{c2}(s)$ tais que, em cada caso, o sistema em malha fechada seja estável na presença de um atraso de transporte $T = 0{,}1$ s. Discuta a capacidade de cada compensador de assegurar a estabilidade na presença de um aumento da incerteza do atraso de transporte de até 0,2 s.

PP10.10 Um sistema com realimentação unitária possui a função de transferência de processo

$$G(s) = \frac{s + 1{,}59}{s(s + 3{,}7)(s^2 + 2{,}4s + 0{,}43)}.$$

Projete o controlador $G_c(s)$ tal que o diagrama de Bode de magnitude da função de transferência em malha aberta $L(s) = G_c(s)G(s)$ seja maior que 20 dB para $\omega \leq 0{,}01$ rad/s e menor que –20 dB para

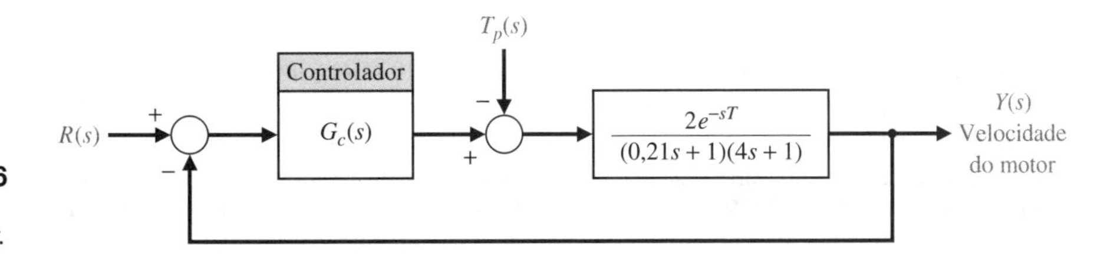

FIGURA PP10.6 Sistema de controle de motor.

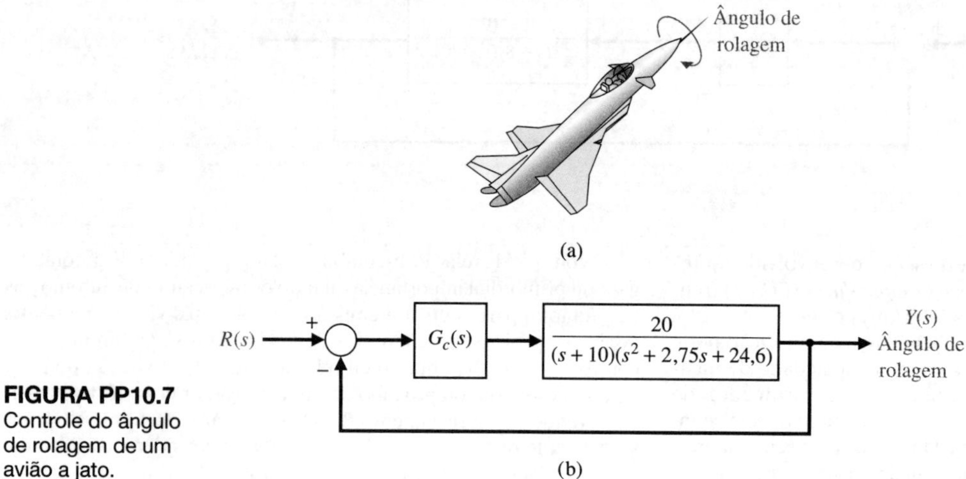

FIGURA PP10.7 Controle do ângulo de rolagem de um avião a jato.

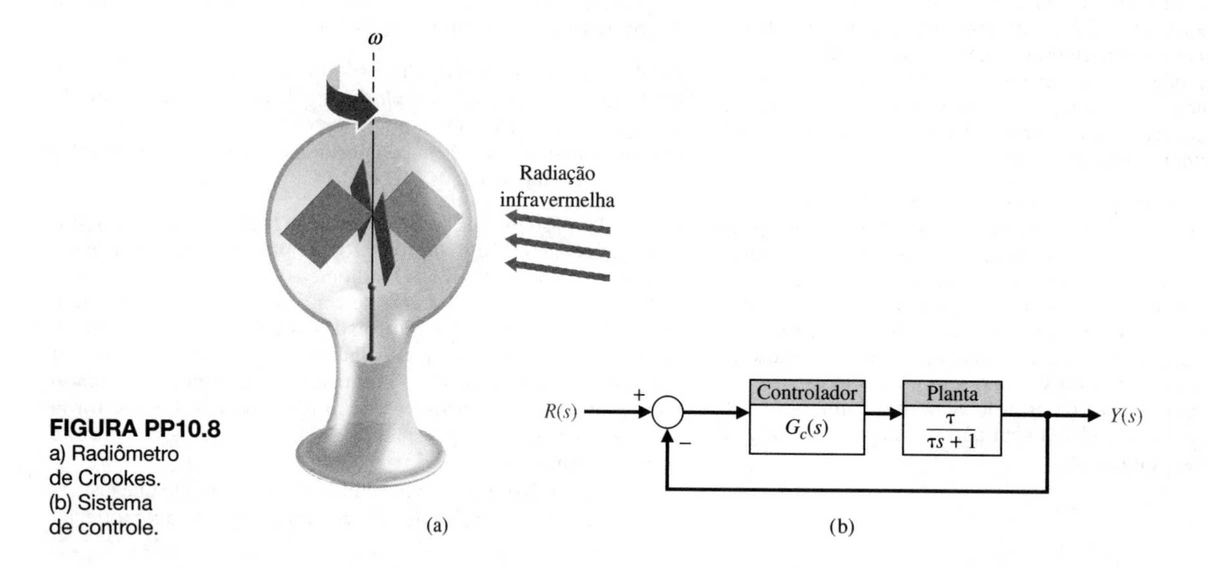

FIGURA PP10.8 a) Radiômetro de Crookes. (b) Sistema de controle.

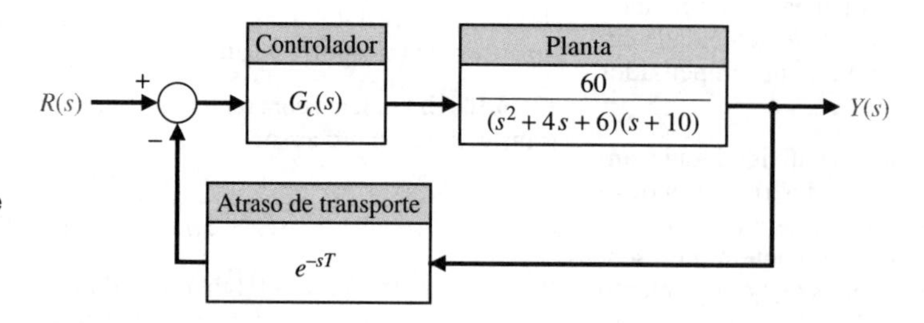

FIGURA PP10.9 Sistema de controle com realimentação com um atraso de transporte.

$\omega \geq 10$ rad/s. A forma desejada do diagrama de Bode de magnitude da função de transferência em malha aberta é ilustrada na Figura PP10.10. Explique por que se desejaria que o ganho fosse alto em baixas frequências e baixo em altas frequências.

PP10.11 Sistemas microanalíticos modernos usados para reação em cadeia da polimerase (*polymerase chain reaction* – PCR) requerem resposta de rastreamento rápida e amortecida [30]. O controle da temperatura do reator PCR pode ser representado como mostrado na Figura PP10.11. O controlador é escolhido como controlador PID, denotado por $G_c(s)$, com um pré-filtro, denotado por $G_p(s)$.

É requerido que a máxima ultrapassagem percentual $M.U.P. < 1\%$ e que o tempo de acomodação $T_s < 3$ s para uma entrada em degrau unitário. Projete um controlador $G_c(s)$ e um pré-filtro $G_p(s)$ para atender as especificações de controle.

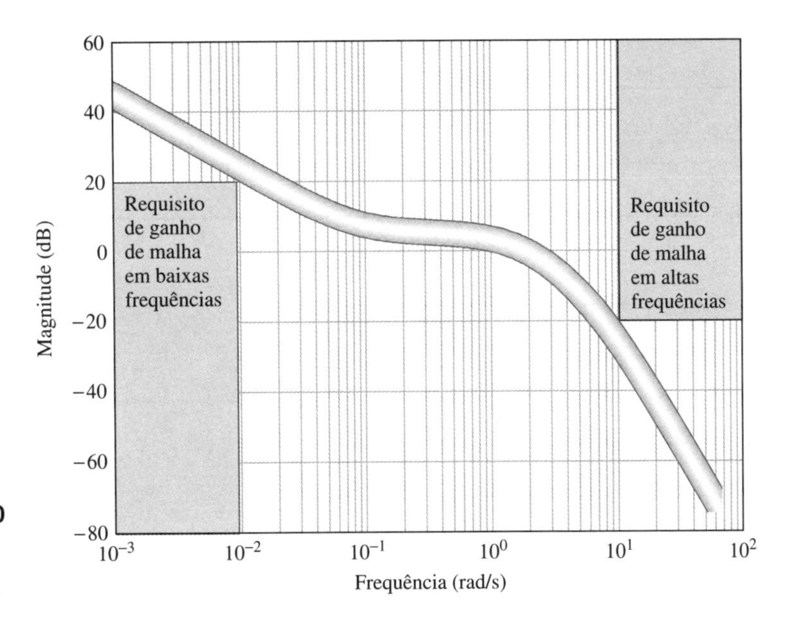

FIGURA PP10.10 Requisitos de *loop shaping* do diagrama de Bode.

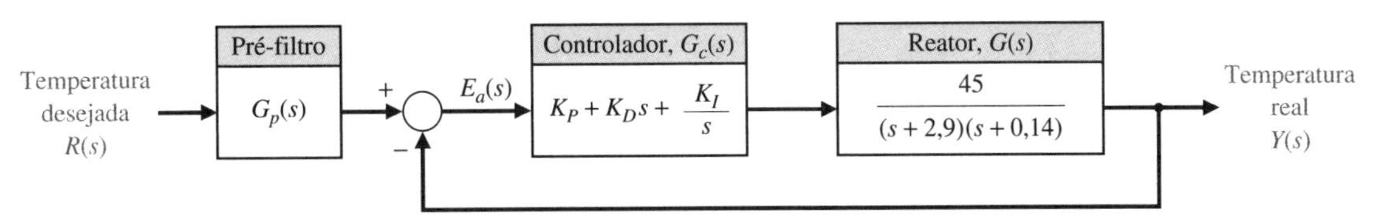

FIGURA PP10.11 Sistema de controle da reação em cadeia da polimerase.

PROBLEMAS COMPUTACIONAIS

PC10.1 Considere o sistema de controle na Figura PC10.1, em que

$$G(s) = \frac{1}{s + 9,5} \quad \text{e} \quad G_c(s) = \frac{99}{s}.$$

Desenvolva uma sequência de instruções em arquivo m para mostrar que a margem de fase é aproximadamente $M.F. = 50°$ e que a máxima ultrapassagem percentual para uma entrada em degrau é aproximadamente $M.U.P. = 18\%$.

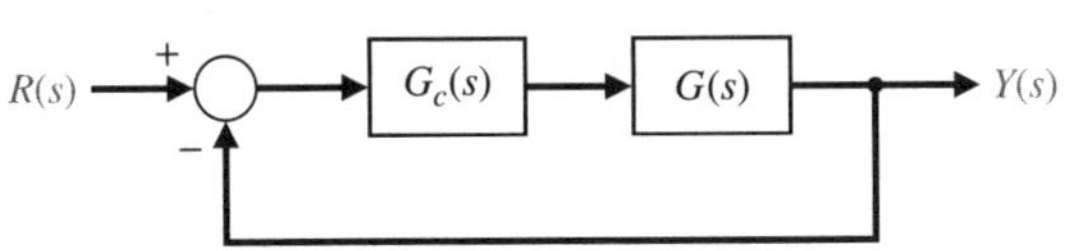

FIGURA PC10.1 Um sistema de controle com realimentação com compensação.

PC10.2 Um sistema de controle com realimentação negativa é mostrado na Figura PC10.2. Projete o controlador proporcional $G_c(s) = K$ de modo que o sistema tenha uma margem de fase de $M.F. = 40°$. Desenvolva uma sequência de instruções em arquivo m para obter um diagrama de Bode e verifique se a especificação de projeto é satisfeita.

PC10.3 Considere o sistema na Figura PC10.1, em que

$$G(s) = \frac{1}{s(s + 5)}.$$

Projete um compensador $G_c(s)$ de modo que o erro de rastreamento em regime estacionário para uma entrada rampa seja zero e o tempo de acomodação (com um critério de 2%) seja $T_s \leq 6$ s. Obtenha a resposta do sistema em malha fechada para a entrada $R(s) = 1/s^2$ e verifique que o requisito de tempo de acomodação foi satisfeito e que o erro em regime estacionário é zero.

PC10.4 Considere o sistem de controle com realimentação unitária de uma aeronave na Figura PC10.4, na qual $\dot{\theta}(t)$ é a velocidade de arfagem (rad/s) e $\delta(t)$ é a deflexão do profundor (rad). Os quatro polos representam os modos fugoide e de período curto. O modo fugoide possui uma frequência natural de 0,1 rad/s e o modo de período curto é 1,4 rad/s. (a) Usando métodos do diagrama de Bode, projete o compensador de avanço de fase para atender às seguintes especificações: (1) tempo de acomodação (com critério de 2%) para uma entrada em degrau $T_s \leq 2$ s e (2) máxima ultrapassagem percentual de $M.U.P. \leq 10\%$. (b) Simule o sistema em malha fechada com uma entrada em degrau de 10°/s e mostre a evolução no tempo de $\dot{\theta}(t)$.

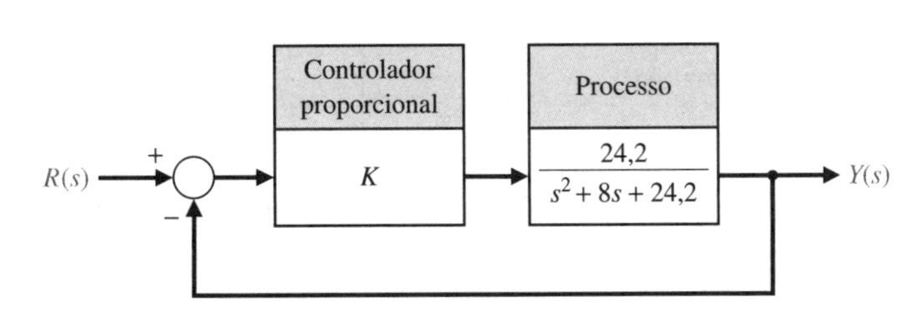

FIGURA PC10.2 Sistema com realimentação com uma única malha com controlador proporcional.

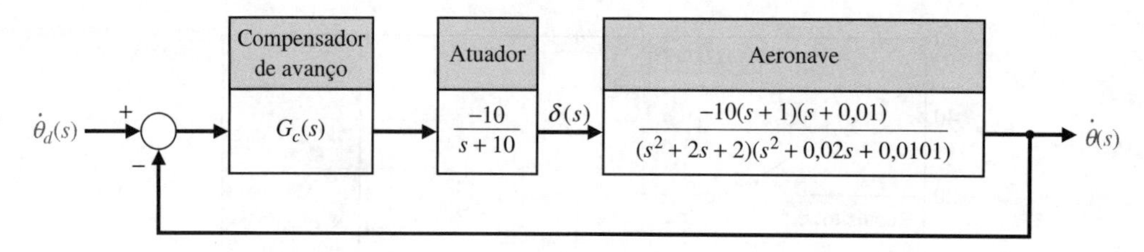

FIGURA PC10.4 Sistema de controle com realimentação da velocidade de arfagem de uma aeronave.

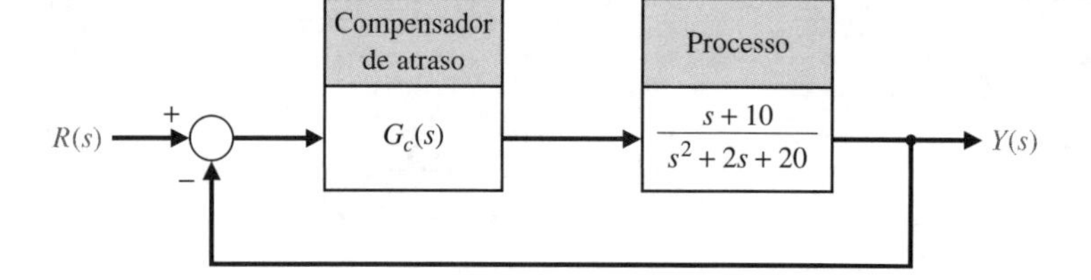

FIGURA PC10.6 Sistema de controle com realimentação unitária.

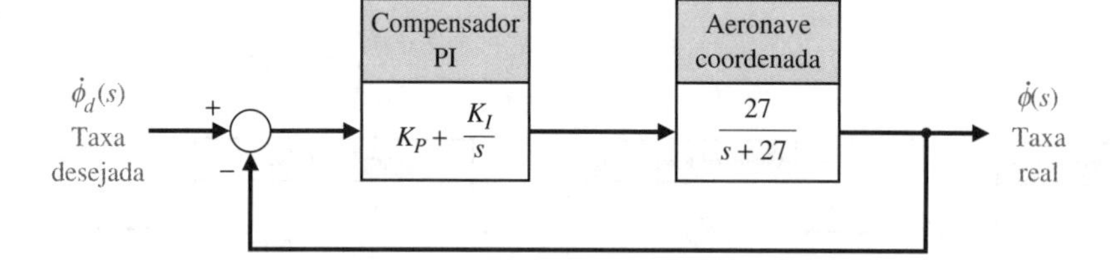

FIGURA PC10.7 Malha interna de um sistema de guiamento por feixe transversal.

PC10.5 O movimento de atitude de arfagem de uma espaçonave rígida é descrito por

$$J\ddot{\theta}(t) = u(t),$$

em que J é o momento de inércia principal e u é o torque de entrada aplicado ao veículo [7]. Considere o controlador PD

$$G_c(s) = K_P + K_D s.$$

(a) Projete um sistema de controle com realimentação unitária que atenda às seguintes especificações: (1) faixa de passagem do sistema em malha fechada de cerca de 10 rad/s e (2) máxima ultrapassagem percentual $M.U.P. \leq 20\%$ para uma entrada em degrau de 10°. Complete o projeto desenvolvendo e usando uma sequência de instruções interativa em arquivo m. (b) Verifique o projeto simulando a resposta para uma entrada em degrau de 10°. (c) Inclua um diagrama de Bode da função de transferência em malha fechada para verificar que o requisito de faixa de passagem é satisfeito.

PC10.6 Considere o sistema de controle mostrado na Figura PC10.6. Projete um compensador de atraso usando métodos do lugar geométrico das raízes para atender às seguintes especificações: (1) erro em regime estacionário menor que 10% para uma entrada em degrau, (2) margem de fase $M.F. \geq 45°$ e (3) tempo de acomodação (com critério de 2%) $T_s \leq 5$ s para uma entrada em degrau unitário.

(a) Projete um compensador de atraso utilizando métodos do lugar geométrico das raízes para atender às especificações de projeto. Desenvolva um conjunto de sequências de instruções em arquivos m para auxiliar no processo de projeto. (b) Teste o controlador desenvolvido na parte (a) simulando a resposta do sistema em malha fechada para uma entrada em degrau. Forneça a evolução no tempo da saída $y(t)$. (c) Calcule a margem de fase usando a função margin.

PC10.7 Um sistema de guiamento por feixe transversal possui uma malha interna como mostrado na Figura PC10.7 [26].

(a) Projete um sistema de controle para atender às seguintes especificações: (1) tempo de acomodação (com critério de 2%) para uma entrada em degrau unitário $T_s \leq 1$ s e (2) erro de rastreamento em regime estacionário para uma entrada rampa unitária menor que 0,1. (b) Verifique o projeto por simulação.

PC10.8 Considere um sistema com realimentação unitária com função de transferência em malha

$$L(s) = G_c(s)G(s) = \frac{s+z}{s+p}\frac{8,1}{s^2},$$

em que $z = 1$ e $p = 3,6$. A máxima ultrapassagem percentual real do sistema compensado será $M.U.P. = 46\%$. Deseja-se reduzir a máxima ultrapassagem percentual para $M.U.P. = 32\%$. Usando uma sequência de instruções em arquivo m, determine um valor apropriado para o zero de $G_c(s)$.

PC10.9 Considere um circuito com função de transferência

$$G(s) = \frac{V_o(s)}{V_i(s)} = \frac{1 + R_2C_2s}{1 + R_1C_1s}$$

em que $C_1 = 0,1\ \mu$F, $C_2 = 1$ mF, $R_1 = 10$ kΩ e $R_2 = 10$Ω. Represente graficamente a resposta em frequência do circuito.

PC10.10 Considere o sistema de controle com realimentação mostrado na Figura PC10.10. O atraso de transporte é $T = 0,2$ s. Represente graficamente a margem de fase para o sistema *versus* ganho na faixa $0,1 \leq K \leq 10$. Determine o ganho K que maximiza a margem de fase.

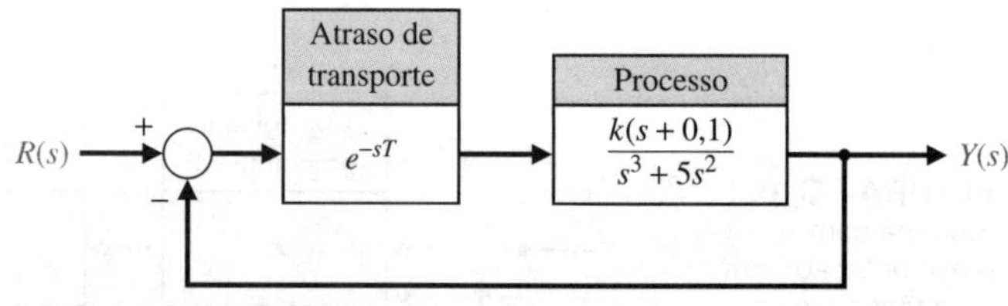

FIGURA PC10.10 Sistema de controle com realimentação com um atraso de transporte.

RESPOSTAS PARA A VERIFICAÇÃO DE COMPETÊNCIAS

Verdadeiro ou Falso: (1) Falso; (2) Falso; (3) Verdadeiro; (4) Verdadeiro; (5) Verdadeiro

Múltipla Escolha: (6) d; (7) b; (8) d; (9) a; (10) b; (11) c; (12) a; (13) a; (14) b; (15) b

Correspondência de Palavras (em ordem, de cima para baixo): a, l, g, d, j, h, k, c, m, e, i, f, b

TERMOS E CONCEITOS

Compensação Alteração ou ajuste de um sistema de controle para fornecer um desempenho adequado.

Compensação por atraso de fase Um compensador muito utilizado que possui um zero e um polo, com o polo mais próximo da origem do plano *s*. Este compensador reduz os erros de rastreamento em regime estacionário.

Compensação por avanço de fase Um compensador muito utilizado que possui um zero e um polo, com o zero mais próximo da origem do plano *s*. Este compensador aumenta a faixa de passagem do sistema e melhora a resposta dinâmica.

Compensador Componente ou circuito adicional que é inserido no sistema para compensar uma deficiência de desempenho.

Compensador de atraso de fase Compensador que fornece uma fase negativa e uma atenuação significante sobre a faixa de frequências de interesse.

Compensador de avanço de fase Um compensador amplamente utilizado que fornece uma fase positiva sobre a faixa de frequências de interesse. Assim, o avanço de fase pode ser utilizado para fazer com que um sistema tenha margem de fase adequada.

Compensador de avanço e atraso de fase Um compensador com características de ambos, compensador de avanço e compensador de atraso.

Compensador de integração Compensador que funciona, em parte, como um integrador.

Compensador em cascata Um compensador colocado em cascata ou em série com o processo do sistema.

Controlador PD Controlador com um termo proporcional e um termo derivativo (Proporcional-Derivativo).

Controlador PI Controlador com um termo proporcional e um termo integral (Proporcional-Integral).

Estrutura de atraso *Ver* Compensador de atraso de fase.

Estrutura de avanço *Ver* Compensador de avanço de fase.

Pré-filtro Uma função de transferência, $G_p(s)$, que filtra o sinal de entrada $R(s)$ antes do cálculo do sinal de erro.

Projeto de um sistema de controle A organização ou o planejamento da estrutura do sistema e a escolha de componentes e parâmetros adequados.

Resposta *deadbeat* Sistema com uma resposta rápida, máxima ultrapassagem mínima e erro em regime estacionário nulo para uma entrada em degrau.

CAPÍTULO 11

Projeto de Sistemas com Realimentação de Variáveis de Estado

APRESENTAÇÃO

O projeto de controladores utilizando realimentação de estado é o assunto deste capítulo. Primeiro, apresenta-se um teste do sistema para controlabilidade e observabilidade. Usando o poderoso conceito de realimentação de variáveis de estado, introduz-se a técnica de projeto de alocação de polos. A fórmula de Ackermann pode ser utilizada para se determinar a matriz de ganho de realimentação de variáveis de estado para alocar os polos do sistema nas posições desejadas. As posições dos polos do sistema em malha fechada podem ser alocadas arbitrariamente se e somente se o sistema for controlável. Quando o estado completo não está disponível para realimentação, introduz-se um observador. O processo de projeto de um observador é descrito e a aplicabilidade da fórmula de Ackermann, estabelecida. O compensador de variáveis de estado é obtido por meio da conexão da lei de realimentação de estado completo ao observador. Considera-se o projeto de sistemas de controle ótimo e, em seguida, descreve-se a utilização do projeto com modelo interno para se alcançar uma resposta em regime estacionário prescrita para comandos de entrada selecionados. O capítulo é concluído mediante retorno ao Exemplo de Projeto Sequencial: Sistema de Leitura de Acionadores de Disco.

RESULTADOS DESEJADOS

Ao concluírem o Capítulo 11, os estudantes devem ser capazes de:

- Descrever os conceitos de controlabilidade e observabilidade.
- Projetar controladores com realimentação de estado completo e observadores.
- Explicar os métodos de alocação de polos e a aplicação da fórmula de Ackermann.
- Explicar o princípio da separação e como construir compensadores de variáveis de estado.
- Identificar entradas de referência, controle ótimo, e descrever projeto com modelo interno.

11.1 INTRODUÇÃO

O método no domínio no tempo, expresso em termos de variáveis de estado, pode ser utilizado para se projetar um esquema de compensação adequado para um sistema de controle. Tipicamente, é interessante controlar o sistema com um sinal de controle $\mathbf{u}(t)$ que é uma função de diversas variáveis de estado mensuráveis. Então, desenvolve-se um controlador de variáveis de estado que trabalha com as informações disponíveis na forma de medidas. Esse tipo de compensação de sistema é muito útil para otimização de sistemas e será considerado neste capítulo.

Projetos de variáveis de estado tipicamente compreendem *três* passos. No primeiro passo, admite-se que todas as variáveis de estado são mensuráveis e elas são utilizadas em uma **lei de controle de realimentação de estado completo**. A realimentação de estado completo não é usualmente prática, porque

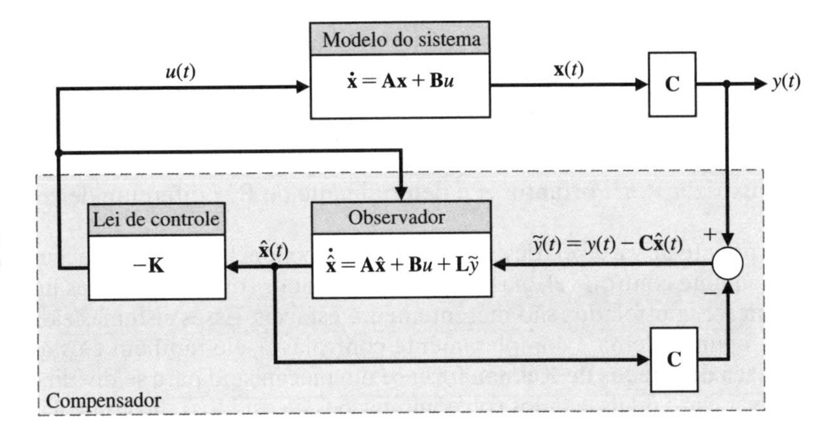

FIGURA 11.1 Compensador com variáveis de estado empregando realimentação de estado completo em série com um observador de estado completo.

não é possível (em geral) medir todos os estados. Na prática, apenas certos estados (ou combinações lineares deles) são medidos e fornecidos como saídas do sistema. O segundo passo no projeto de variáveis de estado é se construir um **observador** para estimar os estados que não são diretamente medidos e não estão acessíveis como saídas. Os observadores podem ser observadores de estado completo ou observadores de ordem reduzida. Observadores de ordem reduzida levam em conta o fato de que certos estados já estão disponíveis como saídas do sistema; consequentemente, eles não precisam ser estimados [26]. Neste capítulo, consideram-se apenas os observadores de estado completo. O passo final no processo de projeto é conectar adequadamente o observador à lei de controle de realimentação de estado completo. É comum chamar o controlador de variáveis de estado (lei de controle de estado completo mais observador) de **compensador**. O projeto de variáveis de estado produz um compensador da forma representada na Figura 11.1. Adicionalmente, é possível considerar entradas de referência não nulas para o compensador de variáveis de estado a fim de se completar o projeto. Todos os três passos do processo de projeto são examinados nas seções subsequentes, bem como a forma de incorporar as entradas de referência.

11.2 CONTROLABILIDADE E OBSERVABILIDADE

Uma questão fundamental que aparece no projeto de compensadores de variáveis de estado é se todos os polos do sistema em malha fechada podem ou não ser arbitrariamente posicionados no plano complexo. Recorde-se de que os polos do sistema em malha fechada são equivalentes aos autovalores da matriz do sistema na forma de variáveis de estado. Como será visto, se o sistema é **controlável** e **observável**, então é possível realizar o objetivo de projeto de alocar os polos precisamente nas posições desejadas para atender às especificações de desempenho. O projeto de realimentação de estado completo comumente se baseia em técnicas de **alocação de polos** [2, 27]. A alocação de polos é discutida de forma mais completa na Seção 11.3. É importante notar que um sistema deve ser completamente controlável e observável para permitir a flexibilidade de alocar *todos* os polos do sistema em malha fechada de modo arbitrário. Os conceitos de controlabilidade e observabilidade (examinados nesta seção) foram introduzidos por Kalman na década de 1960 [28–30]. Rudolph Kalman foi uma figura central no desenvolvimento da teoria matemática de sistemas sobre a qual grande parte do assunto métodos de variáveis de estado se baseia. Kalman é muito conhecido por seu papel no desenvolvimento do assim chamado filtro de Kalman, o qual foi decisivo nos pousos bem-sucedidos da Apollo na Lua [31, 32].

Um sistema é completamente controlável se existe um controle $\mathbf{u}(t)$ sem restrições que pode transferir qualquer estado inicial $\mathbf{x}(t_0)$ para qualquer outra posição desejada $\mathbf{x}(t)$ em um tempo finito, $t_0 \leq t \leq T$.

Para o sistema

$$\dot{\mathbf{x}}(t) = \mathbf{A}\mathbf{x}(t) + \mathbf{B}u(t),$$

pode-se determinar se o sistema é controlável pelo exame da condição algébrica

$$\text{posto}[\mathbf{B} \quad \mathbf{AB} \quad \mathbf{A}^2\mathbf{B} \ldots \mathbf{A}^{n-1}\mathbf{B}] = n. \tag{11.1}$$

A matriz $\mathbf{A}$ é uma matriz $n \times n$ e $\mathbf{B}$ é uma matriz $n \times 1$. Para sistemas com múltiplas entradas, $\mathbf{B}$ pode ser $n \times m$, em que m é o número de entradas.

Para um sistema de entrada única e saída única, a **matriz de controlabilidade** $\mathbf{P}_c$ é descrita em função de **A** e **B** como

$$\mathbf{P}_c = [\mathbf{B} \quad \mathbf{AB} \quad \mathbf{A}^2\mathbf{B} \ldots \mathbf{A}^{n-1}\mathbf{B}], \tag{11.2}$$

a qual é uma matriz $n \times n$. Portanto, se o determinante de $\mathbf{P}_c$ é diferente de zero, o sistema é controlável [11].

Técnicas de projeto de variáveis de estado avançadas podem lidar com situações nas quais o sistema não é completamente controlável, mas nas quais os estados (ou combinações lineares dos mesmos) que não podem ser controlados são inerentemente estáveis. Esses sistemas são classificados como **estabilizáveis**. Se um sistema é completamente controlável, ele também é estabilizável. A **decomposição de espaço de estados de Kalman** fornece um mecanismo para se dividir o espaço de estados de modo a deixar claro quais estados (ou combinações de estados) são controláveis e quais não são [12, 18]. O subespaço controlável é assim evidenciado e, se o sistema for estabilizável, o projeto do sistema de controle poderá, teoricamente, prosseguir. Neste capítulo, consideram-se apenas sistemas completamente controláveis.

EXEMPLO 11.1 **Controlabilidade de um sistema**

Considere o sistema

$$\dot{\mathbf{x}}(t) = \begin{bmatrix} 0 & 1 & 0 \\ 0 & 0 & 1 \\ -a_0 & -a_1 & -a_2 \end{bmatrix} \mathbf{x}(t) + \begin{bmatrix} 0 \\ 0 \\ 1 \end{bmatrix} u(t),$$

$$y(t) = [1 \quad 0 \quad 0]\mathbf{x}(t) + [0]u(t).$$

Os modelos em diagrama de fluxo de sinal e em diagrama de blocos são ilustrados na Figura 11.2. Então, tem-se

$$\mathbf{A} = \begin{bmatrix} 0 & 1 & 0 \\ 0 & 0 & 1 \\ -a_0 & -a_1 & -a_2 \end{bmatrix}, \quad \mathbf{B} = \begin{bmatrix} 0 \\ 0 \\ 1 \end{bmatrix}, \quad \mathbf{AB} = \begin{bmatrix} 0 \\ 1 \\ -a_2 \end{bmatrix} \quad \text{e} \quad \mathbf{A}^2\mathbf{B} = \begin{bmatrix} 1 \\ -a_2 \\ a_2^2 - a_1 \end{bmatrix}.$$

Portanto, obtém-se

$$\mathbf{P}_c = [\mathbf{B} \quad \mathbf{AB} \quad \mathbf{A}^2\mathbf{B}] = \begin{bmatrix} 0 & 0 & 1 \\ 0 & 1 & -a_2 \\ 1 & -a_2 & a_2^2 - a_1 \end{bmatrix}.$$

O determinante de $\mathbf{P}_c = -1 \neq 0$, portanto este sistema é controlável. ■

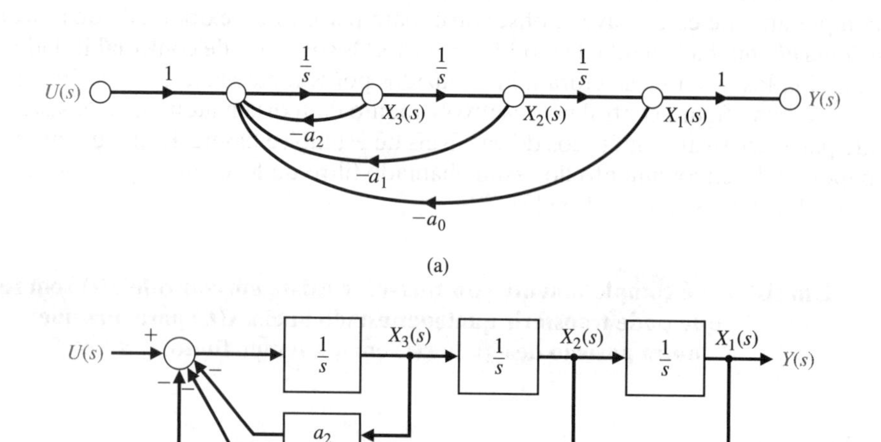

FIGURA 11.2 Sistema de terceira ordem. (a) Modelo em diagrama de fluxo de sinal. (b) Modelo em diagrama de blocos.

EXEMPLO 11.2 **Controlabilidade de um sistema com dois estados**

Considere um sistema representado pelas duas equações de estado

$$\dot{x}_1(t) = -2x_1(t) + u(t) \quad \text{e} \quad \dot{x}_2(t) = -3x_2(t) + dx_1(t),$$

em que d é uma constante, e determine a condição para controlabilidade. Além disso, tem-se $y(t) = x_2(t)$, como mostrado na Figura 11.3. O modelo do sistema em variáveis de estado é

$$\dot{\mathbf{x}}(t) = \begin{bmatrix} -2 & 0 \\ d & -3 \end{bmatrix}\mathbf{x}(t) + \begin{bmatrix} 1 \\ 0 \end{bmatrix}u(t),$$

$$y(t) = [0 \quad 1]\mathbf{x}(t) + [0]u(t).$$

Pode-se determinar o requisito sobre o parâmetro d construindo a matriz $\mathbf{P}_c$. Então, com

$$\mathbf{B} = \begin{bmatrix} 1 \\ 0 \end{bmatrix} \quad \text{e} \quad \mathbf{AB} = \begin{bmatrix} -2 & 0 \\ d & -3 \end{bmatrix}\begin{bmatrix} 1 \\ 0 \end{bmatrix} = \begin{bmatrix} -2 \\ d \end{bmatrix},$$

tem-se

$$\mathbf{P}_c = \begin{bmatrix} 1 & -2 \\ 0 & d \end{bmatrix}.$$

O determinante de $\mathbf{P}_c$ é igual a d, e é diferente de zero sempre que d for diferente de zero. ■

Todos os polos de um sistema em malha fechada podem ser posicionados arbitrariamente no plano complexo se e somente se o sistema for controlável e observável. A observabilidade se refere à capacidade de se estimar uma variável de estado.

Um sistema é completamente observável se e somente se existe um tempo finito T tal que o estado inicial x(0) pode ser determinado a partir do histórico de observações de $y(t)$ dado o controle $u(t)$, $0 \leq t \leq T$.

Considere o sistema com entrada única e saída única

$$\dot{\mathbf{x}}(t) = \mathbf{A}\mathbf{x}(t) + \mathbf{B}u(t) \quad \text{e} \quad y(t) = \mathbf{C}\mathbf{x}(t),$$

em que $\mathbf{C}$ é um vetor linha $1 \times n$ e $\mathbf{x}$ é um vetor coluna $n \times 1$. Este sistema é completamente observável quando o determinante da **matriz de observabilidade $\mathbf{P}_o$** é diferente de zero, sendo

$$\mathbf{P}_o = \begin{bmatrix} \mathbf{C} \\ \mathbf{CA} \\ \vdots \\ \mathbf{CA}^{n-1} \end{bmatrix}, \tag{11.3}$$

que é uma matriz $n \times n$.

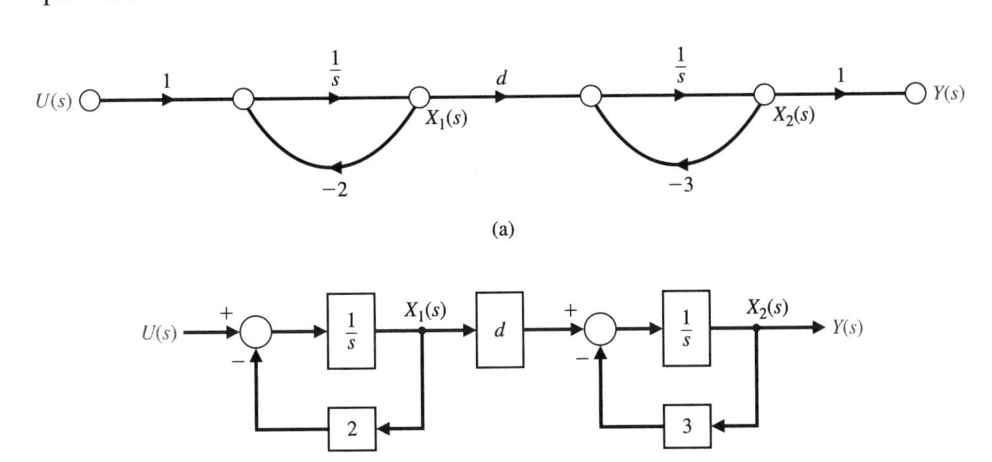

FIGURA 11.3 (a) Modelo em diagrama de fluxo do Exemplo 11.2. (b) Modelo em diagrama de blocos.

Como comentado nesta seção, técnicas de projeto de variáveis de estado avançadas podem lidar com situações nas quais o sistema não é completamente controlável, contanto que o sistema seja estabilizável. Essas mesmas técnicas podem lidar com casos nos quais o sistema não é completamente observável, mas nos quais os estados (ou combinações lineares deles) que não podem ser observados são inerentemente estáveis. Esses sistemas são classificados como **detectáveis**. Se um sistema é completamente observável, ele é também detectável. A decomposição de espaço de estados de Kalman fornece um mecanismo para dividir o espaço de estados, de modo a deixar claro quais estados (ou combinações de estados) são observáveis e quais não são [12, 18]. O subespaço não observável é assim evidenciado e, se o sistema for detectável, o projeto de sistema de controle poderá, teoricamente, prosseguir. Neste capítulo, consideraremos apenas sistemas completamente observáveis. A abordagem de projeto de variáveis de estado envolve primeiro a verificação de que o sistema sob consideração é completamente controlável e completamente observável. Nesse caso, a técnica de projeto de alocação de polos considerada aqui pode fornecer um desempenho aceitável do sistema em malha fechada.

EXEMPLO 11.3 **Observabilidade de um sistema**

Considere novamente o sistema do Exemplo 11.1. O modelo é mostrado na Figura 11.2. Para se construir $\mathbf{P}_o$, utilizam-se

$$\mathbf{A} = \begin{bmatrix} 0 & 1 & 0 \\ 0 & 0 & 1 \\ -a_0 & -a_1 & -a_2 \end{bmatrix} \quad \text{e} \quad \mathbf{C} = [1 \quad 0 \quad 0].$$

Portanto,

$$\mathbf{CA} = [0 \quad 1 \quad 0] \quad \text{e} \quad \mathbf{CA}^2 = [0 \quad 0 \quad 1].$$

Assim, obtém-se

$$\mathbf{P}_o = \begin{bmatrix} 1 & 0 & 0 \\ 0 & 1 & 0 \\ 0 & 0 & 1 \end{bmatrix}.$$

O det $\mathbf{P}_o = 1$, e o sistema é completamente observável. ■

EXEMPLO 11.4 **Observabilidade de um sistema com dois estados**

Considere o sistema dado por

$$\dot{\mathbf{x}}(t) = \begin{bmatrix} 2 & 0 \\ -1 & 1 \end{bmatrix}\mathbf{x}(t) + \begin{bmatrix} 1 \\ -1 \end{bmatrix}u(t) \quad \text{e} \quad y(t) = [1 \quad 1]\mathbf{x}(t).$$

O sistema é ilustrado na Figura 11.4. É possível verificar a controlabilidade e a observabilidade do sistema usando as matrizes $\mathbf{P}_c$ e $\mathbf{P}_o$.

A partir da definição do sistema, obtêm-se

$$\mathbf{B} = \begin{bmatrix} 1 \\ -1 \end{bmatrix} \quad \text{e} \quad \mathbf{AB} = \begin{bmatrix} 2 \\ -2 \end{bmatrix}.$$

Portanto, a matriz de controlabilidade é determinada como

$$\mathbf{P}_c = [\mathbf{B} \quad \mathbf{AB}] = \begin{bmatrix} 1 & 2 \\ -1 & -2 \end{bmatrix},$$

e det $\mathbf{P}_c = 0$. Assim, o sistema não é controlável.

A partir da definição do sistema, têm-se

$$\mathbf{C} = [1 \quad 1] \quad \text{e} \quad \mathbf{CA} = [1 \quad 1].$$

Portanto, o cálculo da matriz de observabilidade resulta

$$\mathbf{P}_o = \begin{bmatrix} \mathbf{C} \\ \mathbf{CA} \end{bmatrix} = \begin{bmatrix} 1 & 1 \\ 1 & 1 \end{bmatrix},$$

e det $\mathbf{P}_o = 0$. Desse modo, o sistema não é observável.

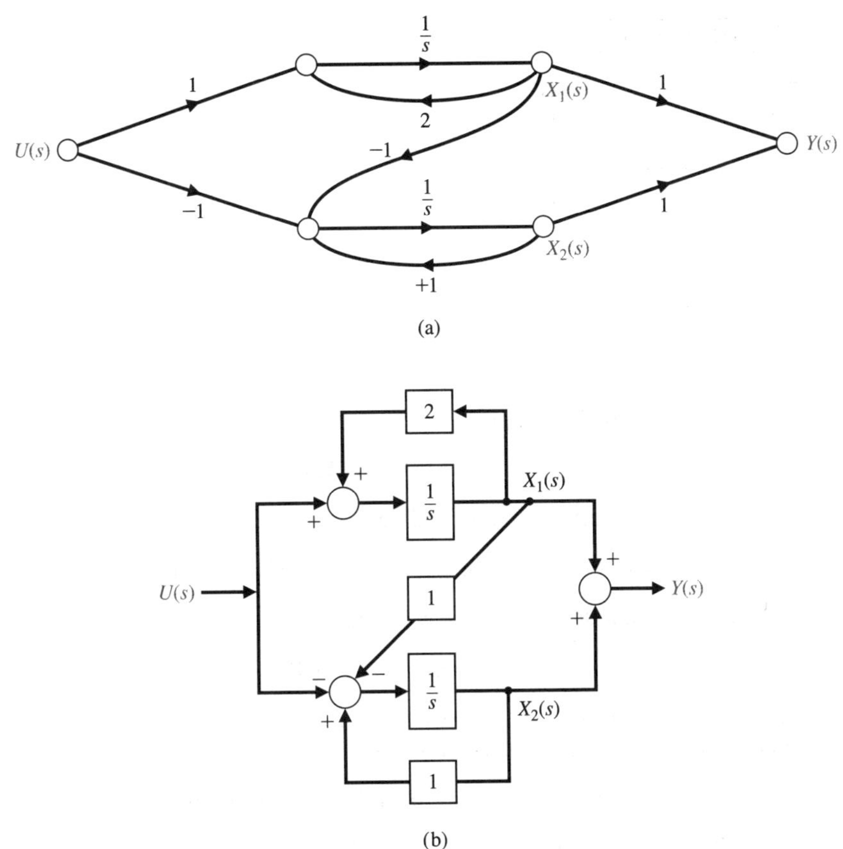

FIGURA 11.4 Modelo de sistema de dois estados do Exemplo 11.4. (a) Modelo em diagrama de fluxo de sinal. (b) Modelo em diagrama de blocos.

Caso se considere novamente o modelo de estado, observa-se que

$$y(t) = x_1(t) + x_2(t).$$

Entretanto,

$$\dot{x}_1(t) + \dot{x}_2(t) = 2x_1(t) + (x_2(t) - x_1(t)) + u(t) - u(t) = x_1(t) + x_2(t).$$

Assim, as variáveis de estado do sistema não dependem de u e o sistema não é controlável. De modo similar, a saída $x_1(t) + x_2(t)$ depende de $x_1(0)$ mais $x_2(0)$ e não permite determinar $x_1(0)$ e $x_2(0)$ independentemente. Como consequência, o sistema não é observável. ■

11.3 PROJETO DE CONTROLE COM REALIMENTAÇÃO DE ESTADO COMPLETO

Nesta seção, leva-se em consideração a realimentação de variáveis de estado completo para alcançar as posições desejadas dos polos do sistema em malha fechada. O primeiro passo no processo de projeto de variáveis de estado requer que se admita que todos os estados estejam disponíveis para realimentação — isto é, tem-se acesso ao estado completo $\mathbf{x}(t)$ para todo t. Admite-se que a entrada do sistema $u(t)$ é dada por

$$u(t) = -\mathbf{K}\mathbf{x}(t). \tag{11.4}$$

Determinar a matriz de ganho **K** é o objetivo do procedimento de projeto de realimentação de estado completo. A beleza do processo de projeto de variáveis de estado é que o problema naturalmente se separa em um componente de realimentação de estado completo e um componente de projeto de observador. Esses dois procedimentos de projeto podem ocorrer independentemente, e, de fato, o **princípio da separação** fornece a prova de que essa abordagem é ótima. Será mostrado mais tarde que a estabilidade do sistema em malha fechada será garantida se a lei de controle de realimentação de estado completo estabilizar o sistema (sob a hipótese de acesso ao estado completo) e o observador for estável (o erro de rastreamento for assintoticamente estável). Os observadores são examinados na Seção 11.4. O diagrama de blocos da realimentação de estado completo é ilustrado na Figura 11.5. Com o sistema definido pelo modelo em variáveis de estado

$$\dot{\mathbf{x}}(t) = \mathbf{A}\mathbf{x}(t) + \mathbf{B}u(t)$$

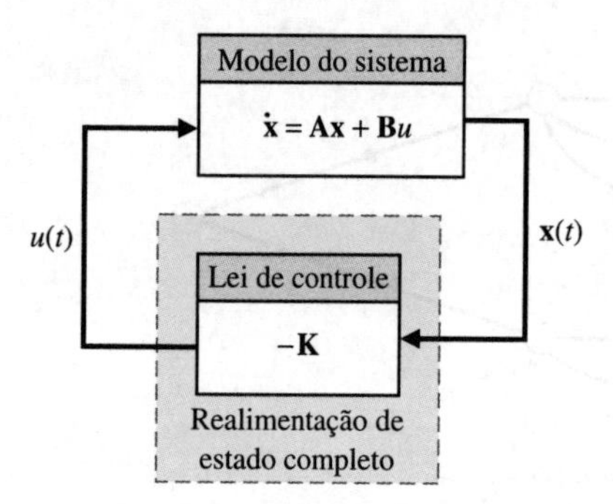

FIGURA 11.5 Diagrama de blocos de realimentação de estado completo (sem entrada de referência).

e a realimentação de controle dada por

$$u(t) = -\mathbf{K}\mathbf{x}(t),$$

descobre-se que o sistema em malha fechada é

$$\dot{\mathbf{x}}(t) = \mathbf{A}\mathbf{x}(t) + \mathbf{B}u(t) = \mathbf{A}\mathbf{x}(t) - \mathbf{B}\mathbf{K}\mathbf{x}(t) = (\mathbf{A} - \mathbf{B}\mathbf{K})\mathbf{x}(t). \tag{11.5}$$

A equação característica associada com a Equação (11.5) é

$$\det(\lambda\mathbf{I} - (\mathbf{A} - \mathbf{B}\mathbf{K})) = 0.$$

Se todas as raízes da equação característica estiverem no semiplano esquerdo, então o sistema em malha fechada será estável. Em outras palavras, para qualquer condição inicial $\mathbf{x}(t_0)$ segue-se que

$$\mathbf{x}(t) = e^{(\mathbf{A}-\mathbf{B}\mathbf{K})t}\mathbf{x}(t_0) \to 0 \quad \text{à medida que } t \to \infty.$$

Dado o par $(\mathbf{A}, \mathbf{B})$, sempre é possível determinar $\mathbf{K}$ para a alocação de *todos* os polos do sistema em malha fechada no semiplano esquerdo se, e somente se, o sistema for completamente controlável — isto é, se, e somente se, a matriz de controlabilidade $\mathbf{P}_c$ for de posto completo (para um sistema de entrada única e saída única, posto completo implica que $\mathbf{P}_c$ é invertível).

A adição de uma entrada de referência pode ser escrita como

$$u(t) = -\mathbf{K}\mathbf{x}(t) + Nr(t),$$

em que $r(t)$ é a entrada de referência. A questão das entradas de referência é tratada na Seção 11.6. Quando $r(t) = 0$ para todo $t > t_0$, o problema de projeto de controle é conhecido como **problema de regulação**. Isto é, deseja-se calcular $\mathbf{K}$ de modo que todas as condições iniciais tendam a zero de uma forma específica (como determinado pelas especificações do projeto).

Quando se utiliza essa realimentação de variáveis de estado, as raízes da equação característica são posicionadas onde o desempenho transitório atende à resposta desejada.

EXEMPLO 11.5 **Projeto de um sistema de terceira ordem**

Considere o sistema de terceira ordem com a equação diferencial

$$\frac{d^3y(t)}{dt^3} + 5\frac{d^2y(t)}{dt^2} + 3\frac{dy(t)}{dt} + 2y(t) = u(t).$$

É possível escolher as variáveis de estado com as variáveis de fase de modo que $x_1(t) = y(t)$, $x_2(t) = dy(t)/dt$, $x_3(t) = d^2y(t)/dt^2$, e então

$$\dot{\mathbf{x}}(t) = \begin{bmatrix} 0 & 1 & 0 \\ 0 & 0 & 1 \\ -2 & -3 & -5 \end{bmatrix}\mathbf{x}(t) + \begin{bmatrix} 0 \\ 0 \\ 1 \end{bmatrix}u(t) = \mathbf{A}\mathbf{x}(t) + \mathbf{B}u(t)$$

e

$$y(t) = [1 \quad 0 \quad 0]\mathbf{x}(t).$$

Se a matriz de realimentação de variáveis de estado for

$$\mathbf{K} = [k_1 \quad k_2 \quad k_3]$$

e

$$u(t) = -\mathbf{K}\mathbf{x}(t),$$

então, o sistema em malha fechada será

$$\dot{\mathbf{x}}(t) = \mathbf{A}\mathbf{x}(t) - \mathbf{B}\mathbf{K}\mathbf{x}(t) = (\mathbf{A} - \mathbf{B}\mathbf{K})\mathbf{x}(t).$$

A matriz de realimentação de estado é

$$\mathbf{A} - \mathbf{B}\mathbf{K} = \begin{bmatrix} 0 & 1 & 0 \\ 0 & 0 & 1 \\ -2-k_1 & -3-k_2 & -5-k_3 \end{bmatrix},$$

e a equação característica é

$$\Delta(\lambda) = \det(\lambda\mathbf{I} - (\mathbf{A} - \mathbf{B}\mathbf{K})) = \lambda^3 + (5 + k_3)\lambda^2 + (3 + k_2)\lambda + (2 + k_1) = 0. \quad (11.6)$$

No caso de procurar obter uma resposta rápida com máxima ultrapassagem pequena, escolhemos uma equação característica desejada, tal como

$$\Delta(\lambda) = (\lambda^2 + 2\zeta\omega_n\lambda + \omega_n^2)(\lambda + \zeta\omega_n).$$

Escolhemos $\zeta = 0{,}8$ como mínimo para a máxima ultrapassagem percentual e ω_n para atender ao requisito de tempo de acomodação. Caso se deseje um tempo de acomodação (com critério de 2%) igual a 1 segundo, então

$$T_s = \frac{4}{\zeta\omega_n} = \frac{4}{(0{,}8)\omega_n} \approx 1.$$

Quando se escolhe $\omega_n = 6$, a equação característica desejada é

$$(\lambda^2 + 9{,}6\lambda + 36)(\lambda + 4{,}8) = \lambda^3 + 14{,}4\lambda^2 + 82{,}1\lambda + 172{,}8. \quad (11.7)$$

Comparando as Equações (11.6) e (11.7), produzem-se as três equações

$$5 + k_3 = 14{,}4$$
$$3 + k_2 = 82{,}1$$
$$2 + k_1 = 172{,}8.$$

Portanto, é necessário que $k_3 = 9{,}4$, $k_2 = 79{,}1$ e $k_1 = 170{,}8$. A resposta ao degrau não tem máxima ultrapassagem e tem um tempo de acomodação de 1 segundo, como desejado. ■

EXEMPLO 11.6 **Controle de pêndulo invertido**

Considere o controle do pêndulo invertido instável equilibrado sobre um carro. Medem-se e utilizam-se as variáveis de estado do sistema a fim de se controlar o pêndulo. Assim, caso se deseje medir o ângulo com relação à vertical $\theta(t)$, pode-se utilizar um potenciômetro acoplado ao eixo de articulação do pêndulo. De modo similar, há a possibilidade de medir a velocidade angular $\dot{\theta}(t)$ utilizando um gerador tacométrico. Se as variáveis de estado forem todas medidas, então elas podem ser usadas em um controlador com realimentação de modo que $u(t) = -\mathbf{K}\mathbf{x}(t)$, na qual $\mathbf{K}$ é a matriz de realimentação. O vetor de estado $\mathbf{x}(t)$ representa o estado do sistema; portanto, o conhecimento de $\mathbf{x}(t)$ e das equações descrevendo a dinâmica do sistema fornecem informações suficientes para o controle e a estabilização de um sistema [4, 5, 7].

Para ilustrar a utilização da realimentação de variáveis de estado, considere outra vez a parte instável do sistema de pêndulo invertido e projete um sistema de controle com realimentação de variáveis de estado adequado. Ao admitir que o sinal de controle, $u(t)$, é um sinal de aceleração, é possível concentrar a atenção na dinâmica instável do pêndulo. A equação de movimento descrevendo o ângulo, $\dot{\theta}(t)$, da vertical, é

$$\ddot{\theta}(t) = \frac{g}{l}\,\theta(t) - \frac{1}{l}\,u(t).$$

Admita que o vetor de estado é $(x_1(t), x_2(t)) = (\theta(t), \dot{\theta}(t))$. A equação diferencial do vetor de estado é

$$\frac{d}{dt}\begin{pmatrix} x_1(t) \\ x_2(t) \end{pmatrix} = \begin{bmatrix} 0 & 1 \\ g/l & 0 \end{bmatrix}\begin{pmatrix} x_1(t) \\ x_2(t) \end{pmatrix} + \begin{bmatrix} 0 \\ -1/l \end{bmatrix}u(t). \quad (11.8)$$

A matriz $\mathbf{A}$ da Equação (11.8) tem a característica $\lambda^2 - g/l = 0$ com uma raiz no semiplano direito do plano s.

Para estabilizar o sistema, gera-se um sinal de controle que é função das duas variáveis de estado, $x_1(t)$ e $x_2(t)$. Então, tem-se

$$u(t) = -\mathbf{Kx}(t) = -[k_1 \quad k_2]\begin{pmatrix} x_1(t) \\ x_2(t) \end{pmatrix} = -k_1x_1(t) - k_2x_2(t).$$

Substituindo essa relação do sinal de controle na Equação (11.8), tem-se

$$\begin{pmatrix} \dot{x}_1(t) \\ \dot{x}_2(t) \end{pmatrix} = \begin{bmatrix} 0 & 1 \\ g/l & 0 \end{bmatrix}\begin{pmatrix} x_1(t) \\ x_2(t) \end{pmatrix} + \begin{bmatrix} 0 \\ (1/l)(k_1x_1 + k_2x_2) \end{bmatrix}.$$

Combinando os dois termos aditivos no lado direito da equação, descobre-se que

$$\begin{pmatrix} \dot{x}_1(t) \\ \dot{x}_2(t) \end{pmatrix} = \begin{bmatrix} 0 & 1 \\ (g + k_1)/l & k_2/l \end{bmatrix}\begin{pmatrix} x_1(t) \\ x_2(t) \end{pmatrix}.$$

Obtendo a equação característica, tem-se

$$\begin{bmatrix} \lambda & -1 \\ -(g + k_1)/l & \lambda - k_2/l \end{bmatrix} = \lambda\left(\lambda - \frac{k_2}{l}\right) - \frac{g + k_1}{l}$$

$$= \lambda^2 - \left(\frac{k_2}{l}\right)\lambda + \frac{g + k_1}{l}. \qquad (11.9)$$

Portanto, para que o sistema seja estável, requer-se que $k_2/l < 0$ e $k_1 > -g$. Assim, estabiliza-se um sistema instável medindo as variáveis de estado x_1 e x_2 e usando a função de controle $u(t) = -\mathbf{Kx}(t)$ para obter um sistema estável. Se o objetivo é atingir uma resposta rápida com máxima ultrapassagem modesta, seleciona-se $\omega_n = 10$ e $\zeta = 0{,}8$. Então, requerem-se

$$\frac{k_2}{l} = -16 \quad \text{e} \quad \frac{k_1 + g}{l} = 100.$$

A resposta ao degrau teria máxima ultrapassagem percentual de $M.U.P. = 1{,}5\%$ e tempo de acomodação de $T_s = 0{,}5$ s. ■

Até agora, estabelecemos uma abordagem para o projeto de um sistema de controle com realimentação que usou as variáveis de estado como variáveis de realimentação a fim de aumentar a estabilidade do sistema e de obter a resposta do sistema desejada. Agora, a tarefa é enfrentar o cálculo da matriz de ganho **K** para alocar os polos nas posições desejadas. Para um sistema de entrada e saída únicas, a fórmula de Ackermann é útil para se determinar a matriz de realimentação de variáveis de estado

$$\mathbf{K} = [k_1\, k_2 \ldots k_n],$$

em que

$$u(t) = -\mathbf{Kx}(t).$$

Dada a equação característica desejada

$$q(\lambda) = \lambda^n + \alpha_{n-1}\lambda^{n-1} + \ldots + \alpha_O,$$

a matriz de ganho de realimentação de estado é

$$\boxed{\mathbf{K} = [0 \quad 0 \ldots 0 \quad 1]\mathbf{P}_c^{-1}q(\mathbf{A}),} \qquad (11.10)$$

em que

$$q(\mathbf{A}) = \mathbf{A}^n + \alpha_{n-1}\mathbf{A}^{n-1} + \ldots \alpha_1\mathbf{A} + \alpha_0\mathbf{I},$$

e $\mathbf{P}_c$ é a matriz de controlabilidade da Equação (11.2).

EXEMPLO 11.7 **Sistema de segunda ordem**

Considere o sistema

$$\frac{Y(s)}{U(s)} = G(s) = \frac{1}{s^2}$$

e determine o ganho de realimentação para alocar os polos em malha fechada em $s = -1 \pm j$. Portanto, isso requer que

$$q(\lambda) = \lambda^2 + 2\lambda + 2,$$

e $\alpha_1 = \alpha_2 = 2$. Com $x_1(t) = y(t)$ e $x_2(t) = \dot{y}(t)$, a equação matricial para o sistema $G(s)$ é

$$\dot{\mathbf{x}}(t) = \begin{bmatrix} 0 & 1 \\ 0 & 0 \end{bmatrix}\mathbf{x}(t) + \begin{bmatrix} 0 \\ 1 \end{bmatrix}u(t).$$

A matriz de controlabilidade é

$$\mathbf{P}_c = [\mathbf{B} \quad \mathbf{AB}] = \begin{bmatrix} 0 & 1 \\ 1 & 0 \end{bmatrix}.$$

Assim, obtém-se

$$\mathbf{K} = [0 \quad 1]\mathbf{P}_c^{-1}q(\mathbf{A}),$$

em que

$$\mathbf{P}_c^{-1} = \frac{1}{-1}\begin{bmatrix} 0 & -1 \\ -1 & 0 \end{bmatrix} = \begin{bmatrix} 0 & 1 \\ 1 & 0 \end{bmatrix}$$

e

$$q(\mathbf{A}) = \begin{bmatrix} 0 & 1 \\ 0 & 0 \end{bmatrix}^2 + 2\begin{bmatrix} 0 & 1 \\ 0 & 0 \end{bmatrix} + 2\begin{bmatrix} 1 & 0 \\ 0 & 1 \end{bmatrix} = \begin{bmatrix} 2 & 2 \\ 0 & 2 \end{bmatrix}.$$

Então, tem-se

$$\mathbf{K} = [0 \quad 1]\begin{bmatrix} 0 & 1 \\ 1 & 0 \end{bmatrix}\begin{bmatrix} 2 & 2 \\ 0 & 2 \end{bmatrix} = [0 \quad 1]\begin{bmatrix} 0 & 2 \\ 2 & 2 \end{bmatrix} = [2 \quad 2]. \blacksquare$$

Observe que o cálculo da matriz de ganho **K** utilizando a fórmula de Ackermann requer o uso de $\mathbf{P}_c^{-1}$. Verifica-se que a controlabilidade completa é essencial porque somente assim é possível garantir que a matriz de controlabilidade $\mathbf{P}_c$ tenha posto completo e, consequentemente, que $\mathbf{P}_c^{-1}$ exista.

11.4 PROJETO DE OBSERVADOR

No procedimento de projeto de realimentação de estado completo examinado na Seção 11.3, foi admitido que todos os estados estavam disponíveis para realimentação durante todo o tempo. Essa é uma boa hipótese para o processo de projeto da lei de controle. Entretanto, em geral, apenas um subconjunto dos estados é facilmente mensurável e está disponível para realimentação. Ter todos os estados disponíveis para realimentação implica que estes estados são mensuráveis com um sensor ou com uma combinação de sensores. O custo e a complexidade do sistema de controle aumentam à medida que o número de sensores requeridos aumenta. Portanto, mesmo em situações em que sensores extras estão disponíveis, pode não ser economicamente vantajoso empregá-los se, de fato, os objetivos do projeto do sistema puderem ser atingidos sem eles. Felizmente, se o sistema for completamente observável com um dado conjunto de saídas, então será possível determinar (ou estimar) os estados que não são diretamente medidos (ou observados).

De acordo com Luenberger [26], o observador de estado completo para o sistema

$$\dot{\mathbf{x}}(t) = \mathbf{A}\mathbf{x}(t) + \mathbf{B}u(t)$$
$$y(t) = \mathbf{C}\mathbf{x}(t)$$

é dado por

$$\dot{\hat{\mathbf{x}}}(t) = \mathbf{A}\hat{\mathbf{x}}(t) + \mathbf{B}u(t) + \mathbf{L}(y(t) - \mathbf{C}\hat{\mathbf{x}}(t)) \tag{11.11}$$

em que $\hat{\mathbf{x}}(t)$ denota a estimativa do estado $\mathbf{x}(t)$. A matriz **L** é a matriz de ganho do observador e deve ser determinada como parte do procedimento de projeto do observador. O observador é representado na Figura 11.6. O observador tem duas entradas, $u(t)$ e $y(t)$, e uma saída, $\hat{\mathbf{x}}(t)$.

O objetivo do observador é fornecer uma estimativa $\hat{\mathbf{x}}(t)$ de modo que $\hat{\mathbf{x}}(t) \to \mathbf{x}(t)$ à medida que $t \to \infty$. Recorde que não se conhece $\mathbf{x}(t_0)$ precisamente; portanto, deve-se fornecer uma estimativa inicial $\hat{\mathbf{x}}(t_0)$ para o observador. O **erro de estimação** do observador é definido como

$$\mathbf{e}(t) = \mathbf{x}(t) - \hat{\mathbf{x}}(t). \tag{11.12}$$

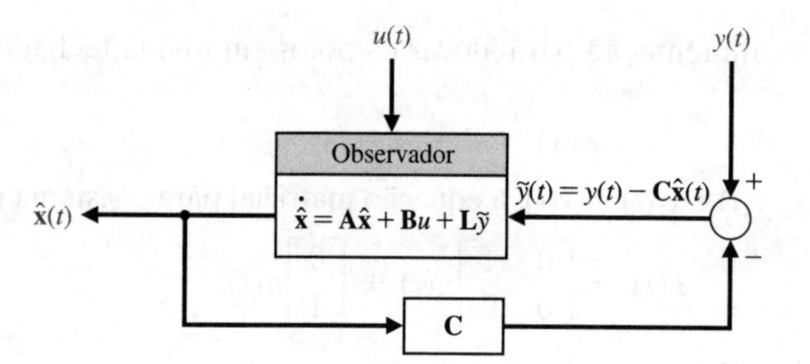

FIGURA 11.6
Observador de estado completo.

O projeto do observador deve produzir um observador com a propriedade de que $\mathbf{e}(t) \to 0$ à medida que $t \to \infty$. Um dos principais resultados da teoria de sistemas é que, sendo o sistema completamente observável, sempre é possível encontrar $\mathbf{L}$ de modo que o erro de rastreamento seja assintoticamente estável, como desejado.

Levar em consideração a derivada no tempo do erro de estimação na Equação (11.12) resulta

$$\dot{\mathbf{e}}(t) = \dot{\mathbf{x}}(t) - \dot{\hat{\mathbf{x}}}(t)$$

e, usando-se o modelo do sistema e o observador da Equação (11.11), obtém-se

$$\dot{\mathbf{e}}(t) = \mathbf{A}\mathbf{x}(t) + \mathbf{B}u(t) - \mathbf{A}\hat{\mathbf{x}}(t) - \mathbf{B}u(t) - \mathbf{L}(y(t) - \mathbf{C}\hat{\mathbf{x}}(t))$$

ou

$$\dot{\mathbf{e}}(t) = (\mathbf{A} - \mathbf{LC})\mathbf{e}(t). \tag{11.13}$$

Pode-se garantir que $\mathbf{e}(t) \to 0$ à medida que $t \to \infty$ para qualquer erro de rastreamento inicial $\mathbf{e}(t_0)$ se a equação característica

$$\det(\lambda\mathbf{I} - (\mathbf{A} - \mathbf{LC})) = 0 \tag{11.14}$$

tiver todas as suas raízes no semiplano esquerdo. Portanto, o processo de projeto do observador fica reduzido ao encontro da matriz $\mathbf{L}$ tal que as raízes da equação característica na Equação (11.14) fiquem no semiplano esquerdo. Isso poderá ser sempre realizado se o sistema for completamente observável; isto é, se a matriz de observabilidade $\mathbf{P}_o$ tiver posto completo (para um sistema de entrada única e saída única, posto completo implica que $\mathbf{P}_o$ é invertível).

EXEMPLO 11.8 **Projeto de observador para sistema de segunda ordem**

Considere o sistema de segunda ordem

$$\dot{\mathbf{x}}(t) = \begin{bmatrix} 2 & 3 \\ -1 & 4 \end{bmatrix}\mathbf{x}(t) + (t)\begin{bmatrix} 0 \\ 1 \end{bmatrix}u(t)$$

$$y(t) = [1 \quad 0]\mathbf{x}(t).$$

Neste exemplo, pode-se observar diretamente apenas o estado $y(t) = x_1(t)$. O observador fornecerá estimativas do segundo estado $x_2(t)$.

Apenas observadores de estado completo são considerados, o que implica os observadores fornecerem estimativas de todos os estados. Poder-se-ia supor que, uma vez que alguns estados são medidos diretamente, seria possível projetar um observador que fornecesse apenas as estimativas dos estados não medidos diretamente. Essa hipótese é possível, e os observadores resultantes são conhecidos como observadores de ordem reduzida [12, 18]. Entretanto, uma vez que os sensores não são livres de ruídos, mesmo os estados medidos diretamente são geralmente estimados em um esforço para se reduzir o efeito do ruído de medida na estimação de estado. O filtro de Kalman (que é um observador ótimo variante no tempo) resolve o problema de observação na presença de ruído de medida (e também de ruído de processo) [33, 34].

O projeto do observador tem início com o teste de observabilidade do sistema para verificar se um observador pode ser construído para garantir a estabilidade do erro de rastreamento. Do modelo do sistema, constata-se que

$$\mathbf{A} = \begin{bmatrix} 2 & 3 \\ -1 & 4 \end{bmatrix} \quad \text{e} \quad \mathbf{C} = [1 \quad 0].$$

A matriz de observabilidade correspondente é

$$\mathbf{P}_o = \begin{bmatrix} \mathbf{C} \\ \mathbf{CA} \end{bmatrix} = \begin{bmatrix} 1 & 0 \\ 2 & 3 \end{bmatrix}.$$

Uma vez que det $\mathbf{P}_o = 3 \neq 0$, o sistema é completamente observável. Suponha que a equação característica desejada seja dada por

$$\Delta_d(\lambda) = \lambda^2 + 2\zeta\omega_n\lambda + \omega_n^2. \qquad (11.15)$$

Podem-se escolher $\zeta = 0{,}8$ e $\omega_n = 10$, resultando em um tempo de acomodação esperado de menos de 0,5 segundo. O cálculo da equação característica real resulta

$$\det(\lambda\mathbf{I} - (\mathbf{A} - \mathbf{LC})) = \lambda^2 + (L_1 - 6)\lambda - 4(L_1 - 2) + 3(L_2 + 1), \qquad (11.16)$$

em que $\mathbf{L} = [L_1\ L_2]^T$. Igualando os coeficientes na Equação (11.15) com aqueles na Equação (11.16), são produzidas as duas equações

$$L_1 - 6 = 16$$

$$-4(L_1 - 2) + 3(L_2 + 1) = 100$$

as quais, quando solucionadas, produzem

$$\mathbf{L} = \begin{bmatrix} L_1 \\ L_2 \end{bmatrix} = \begin{bmatrix} 22 \\ 59 \end{bmatrix}.$$

O observador é, assim, dado por

$$\dot{\hat{\mathbf{x}}}(t) = \begin{bmatrix} 2 & 3 \\ -1 & 4 \end{bmatrix}\hat{\mathbf{x}}(t) + \begin{bmatrix} 0 \\ 1 \end{bmatrix}u(t) + \begin{bmatrix} 22 \\ 59 \end{bmatrix}(y(t) - \hat{x}_1(t)).$$

A resposta do erro de estimação para um erro inicial de

$$\mathbf{e}(t_0) = \begin{bmatrix} 1 \\ -2 \end{bmatrix}$$

é mostrada na Figura 11.7. ■

A fórmula de Ackermann também pode ser empregada para se alocar as raízes da equação característica do observador nas posições desejadas. Considere a matriz de ganho do observador

$$\mathbf{L} = [L_1 \quad L_2 \quad \ldots \quad L_n]^T$$

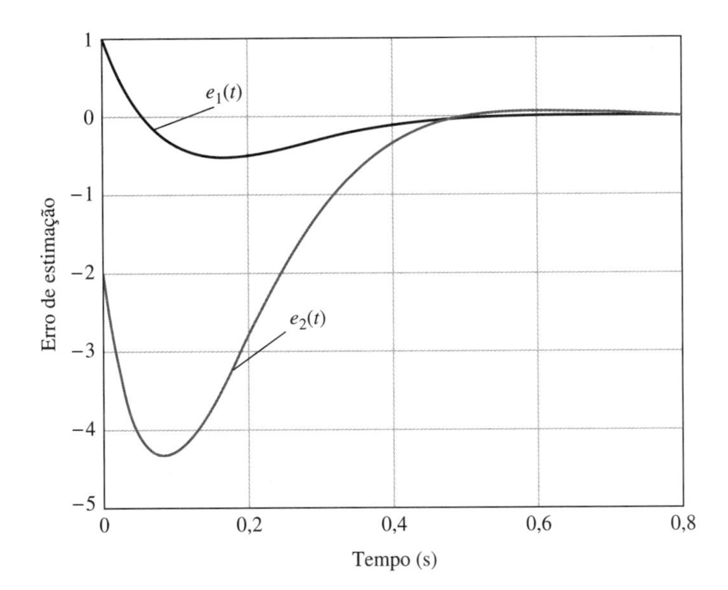

FIGURA 11.7 Resposta de observador de segunda ordem para erros de estimação inicial.

e a equação característica do observador desejada

$$p(\lambda) = \lambda^n + \beta_{n-1}\lambda^{n-1} + \cdots + \beta_1\lambda + \beta_0.$$

Os β são escolhidos para atender especificações de desempenho dadas para o observador. A matriz de ganho do observador é então calculada por meio de

$$\boxed{\mathbf{L} = p(\mathbf{A})\mathbf{P}_o^{-1}[0 \cdots 0 \quad 1]^T,} \tag{11.17}$$

na qual $\mathbf{P}_o$ é a matriz de observabilidade dada na Equação (11.3) e

$$p(\mathbf{A}) = \mathbf{A}^n + \beta_{n-1}\mathbf{A}^{n-1} + \cdots + \beta_1\mathbf{A} + \beta_0\mathbf{I}.$$

EXEMPLO 11.9 **Projeto de observador para sistema de segunda ordem usando a fórmula de Ackermann**

Considere o sistema de segunda ordem no Exemplo 11.8. A equação característica desejada foi dada como

$$p(\lambda) = \lambda^2 + 2\zeta\omega_n\lambda + \omega_n^2,$$

na qual $\zeta = 0{,}8$ e $\omega_n = 10$; consequentemente, $\beta_1 = 16$ e $\beta_2 = 100$. O cálculo de $p(\mathbf{A})$ resulta

$$p(\mathbf{A}) = \begin{bmatrix} 2 & 3 \\ -1 & 4 \end{bmatrix}^2 + 16\begin{bmatrix} 2 & 3 \\ -1 & 4 \end{bmatrix} + 100\begin{bmatrix} 1 & 0 \\ 0 & 1 \end{bmatrix} = \begin{bmatrix} 133 & 66 \\ -22 & 177 \end{bmatrix}$$

e, a partir do Exemplo 11.8, tem-se a matriz de observabilidade

$$\mathbf{P}_o = \begin{bmatrix} 1 & 0 \\ 2 & 3 \end{bmatrix},$$

que implica que

$$\mathbf{P}_o^{-1} = \begin{bmatrix} 1 & 0 \\ -2/3 & 1/3 \end{bmatrix}.$$

Usando a fórmula de Ackermann na Equação (11.17), chega-se à matriz de ganho do observador

$$\mathbf{L} = p(\mathbf{A})\mathbf{P}_o^{-1}[0 \quad \cdots \quad 0 \quad 1]^T = \begin{bmatrix} 133 & 66 \\ -22 & 177 \end{bmatrix}\begin{bmatrix} 1 & 0 \\ -2/3 & 1/3 \end{bmatrix}\begin{bmatrix} 0 \\ 1 \end{bmatrix} = \begin{bmatrix} 22 \\ 59 \end{bmatrix}.$$

Este é o mesmo resultado obtido no Exemplo 11.8 utilizando-se outros métodos. ■

11.5 REALIMENTAÇÃO DE ESTADO COMPLETO E OBSERVADOR INTEGRADOS

O compensador de variáveis de estado é construído por meio da conexão adequada da lei de controle de realimentação de estado completo (veja a Seção 11.3) ao observador (veja a Seção 11.4). O compensador é mostrado na Figura 11.1 (como discutido na Seção 11.1). A estratégia foi projetar a lei de controle de realimentação de estado como $u(t) = -\mathbf{K}\mathbf{x}(t)$, na qual se admitiu que havia acesso ao estado completo $\mathbf{x}(t)$. Em seguida, foi projetado um observador para fornecer uma estimativa do estado $\hat{\mathbf{x}}(t)$. Parece razoável que se possa empregar a estimação de estado na lei de controle de realimentação no lugar de $\mathbf{x}(t)$. Em outras palavras, pode-se considerar a lei de realimentação

$$u(t) = -\mathbf{K}\hat{\mathbf{x}}(t). \tag{11.18}$$

Mas essa é uma boa estratégia? A matriz de ganho de realimentação $\mathbf{K}$ foi projetada para garantir a estabilidade do sistema em malha fechada; isto é, as raízes da equação característica

$$\det(\lambda\mathbf{I} - (\mathbf{A} - \mathbf{B}\mathbf{K})) = 0$$

estão no semiplano esquerdo. Sob a hipótese de que o estado completo $\mathbf{x}(t)$ está disponível para realimentação, a lei de controle de realimentação (com matriz de ganho $\mathbf{K}$ adequadamente projetada) conduz ao resultado desejado de que $\mathbf{x}(t) \to 0$ à medida que $t \to \infty$ para qualquer condição inicial $\mathbf{x}(t_0)$. Precisa-se verificar que, quando se utiliza a lei de controle de realimentação na Equação (11.18), mantém-se a estabilidade do sistema em malha fechada.

Considere o observador (da Seção 11.4)

$$\dot{\hat{\mathbf{x}}}(t) = \mathbf{A}\hat{\mathbf{x}}(t) + \mathbf{B}u(t) + \mathbf{L}(y(t) - \mathbf{C}\hat{\mathbf{x}}(t)).$$

Substituir a lei de realimentação na Equação (11.18) e reorganizar os termos no observador resulta no sistema compensador

$$\begin{aligned} \dot{\hat{\mathbf{x}}}(t) &= (\mathbf{A} - \mathbf{BK} - \mathbf{LC})\hat{\mathbf{x}}(t) + \mathbf{L}y(t) \\ u(t) &= -\mathbf{K}\hat{\mathbf{x}}(t). \end{aligned} \tag{11.19}$$

Observe que o sistema na Equação (11.19) tem a forma de um modelo em variáveis de estado com entrada $y(t)$ e saída $u(t)$, como ilustrado na Figura 11.8.

O cálculo do erro de estimação usando o compensador na Equação (11.19) resulta

$$\dot{\mathbf{e}}(t) = \dot{\mathbf{x}}(t) - \dot{\hat{\mathbf{x}}}(t) = \mathbf{A}\mathbf{x}(t) + \mathbf{B}u(\text{t}) - \mathbf{A}\hat{\mathbf{x}}(t) - \mathbf{B}u(t) - \mathbf{L}y(t) + \mathbf{LC}\hat{\mathbf{x}}(t),$$

ou

$$\dot{\mathbf{e}}(t) = (\mathbf{A} - \mathbf{LC})\mathbf{e}(t). \tag{11.20}$$

Este é o mesmo resultado que foi obtido para o erro de estimação na Seção 11.4. O erro de estimação não depende da entrada como visto na Equação (11.20), na qual os termos de entrada se cancelam. Recorde que o modelo do sistema subjacente é dado por

$$\begin{aligned} \dot{\mathbf{x}}(t) &= \mathbf{A}\mathbf{x}(t) + \mathbf{B}u(t) \\ y(t) &= \mathbf{C}\mathbf{x}(t). \end{aligned}$$

Substituindo a lei de realimentação $u(t) = -\mathbf{K}\hat{\mathbf{x}}(t)$ no modelo do sistema resulta

$$\dot{\mathbf{x}}(t) = \mathbf{A}\mathbf{x}(t) + \mathbf{B}u(t) = \mathbf{A}\mathbf{x}(t) - \mathbf{BK}\hat{\mathbf{x}}(t)$$

e, com $\hat{\mathbf{x}}(t) = \mathbf{x}(t) - \mathbf{e}(t)$, obtém-se

$$\dot{\mathbf{x}}(t) = (\mathbf{A} - \mathbf{BK})\mathbf{x}(t) + \mathbf{BKe}(t). \tag{11.21}$$

Escrevendo as Equações (11.20) e (11.21) na forma matricial, tem-se

$$\begin{pmatrix} \dot{\mathbf{x}}(t) \\ \dot{\mathbf{e}}(t) \end{pmatrix} = \begin{bmatrix} \mathbf{A} - \mathbf{BK} & \mathbf{BK} \\ \mathbf{0} & \mathbf{A} - \mathbf{LC} \end{bmatrix} \begin{pmatrix} \mathbf{x}(t) \\ \mathbf{e}(t) \end{pmatrix}. \tag{11.22}$$

Recorde que o objetivo é verificar, com $u(t) = -\mathbf{K}\hat{\mathbf{x}}(t)$, a manutenção da estabilidade do sistema em malha fechada e do observador. A equação característica associada com a Equação (11.22) é

$$\Delta(\lambda) = \det(\lambda\mathbf{I} - (\mathbf{A} - \mathbf{BK}))\det(\lambda\mathbf{I} - (\mathbf{A} - \mathbf{LC})).$$

Assim, se as raízes de $\det(\lambda\mathbf{I} - (\mathbf{A} - \mathbf{BK})) = 0$ encontram-se no semiplano esquerdo (o que acontece por causa do projeto da lei de realimentação de estado completo), e se as raízes de $\det(\lambda\mathbf{I} - (\mathbf{A} - \mathbf{LC})) = 0$ encontram-se no semiplano esquerdo (o que acontece por causa do projeto do observador), então o sistema como um todo é estável. Portanto, empregar a estratégia de usar as estimativas de estado para a realimentação é de fato uma boa estratégia.

Em outras palavras, quando se utiliza $u(t) = -\mathbf{K}\hat{\mathbf{x}}(t)$, na qual $\mathbf{K}$ é projetado usando os métodos propostos na Seção 11.3 e $\hat{\mathbf{x}}(t)$ é derivado a partir do observador examinado na Seção 11.4, então $\mathbf{x}(t) \to 0$ à medida que $t \to \infty$ para qualquer condição inicial $\mathbf{x}(t_0)$ e $\mathbf{e}(t) \to 0$ à medida que $t \to \infty$ para qualquer erro de estimação inicial $\mathbf{e}(t_0)$. O fato de que a lei de realimentação de estado completo e o observador podem ser projetados independentemente é uma ilustração do **princípio da separação**.

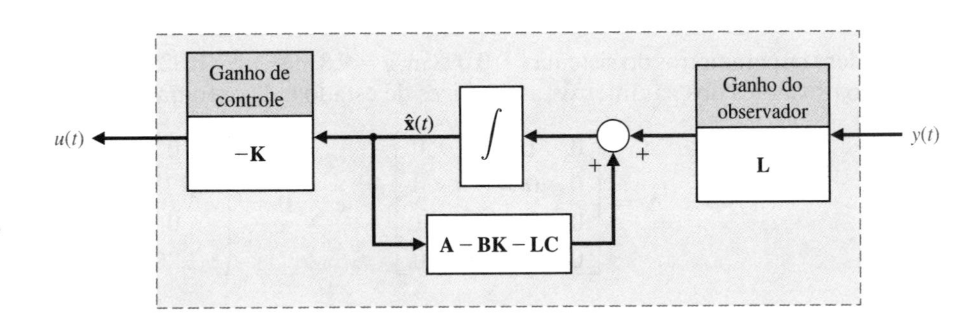

FIGURA 11.8 Compensador com variáveis de estado com realimentação de estado completo e observador integrados.

O procedimento do projeto é resumido da seguinte forma:

1. Determine $\mathbf{K}$ tal que $\det(\lambda\mathbf{I} - (\mathbf{A} - \mathbf{BK})) = 0$ tenha raízes no semiplano esquerdo e aloque os polos adequadamente para atender às especificações de projeto do sistema de controle. A capacidade de alocar os polos arbitrariamente no plano complexo será assegurada se o sistema for completamente controlável.
2. Determine $\mathbf{L}$ tal que $\det(\lambda\mathbf{I} - (\mathbf{A} - \mathbf{LC})) = 0$ tenha raízes no semiplano esquerdo e aloque os polos para alcançar um desempenho aceitável do observador. A capacidade de alocar os polos do observador arbitrariamente no plano complexo será assegurada se o sistema for completamente observável.
3. Conecte o observador à lei de realimentação de estado completo usando

$$u(t) = -\mathbf{K}\hat{\mathbf{x}}(t).$$

Função de Transferência do Compensador. O compensador dado na Equação (11.19) pode ser dado equivalentemente na forma de função de transferência com entrada $Y(s)$ e saída $U(s)$. Levando em conta a transformada de Laplace (com condições iniciais nulas) do compensador, chega-se a

$$\begin{aligned} s\hat{\mathbf{X}}(s) &= (\mathbf{A} - \mathbf{BK} - \mathbf{LC})\hat{\mathbf{X}}(s) + \mathbf{L}Y(s) \\ U(s) &= -\mathbf{K}\hat{\mathbf{X}}(s) \end{aligned}$$

e, ao reorganizar e resolver para $U(s)$, obtém-se a função de transferência

$$\boxed{U(s) = [-\mathbf{K}(s\mathbf{I} - (\mathbf{A} - \mathbf{BK} - \mathbf{LC}))^{-1}\mathbf{L}]Y(s).} \qquad (11.23)$$

Observe que a própria função de transferência do compensador (quando vista como um sistema) pode ou não ser estável. Ainda que $\mathbf{A} - \mathbf{BK}$ e $\mathbf{A} - \mathbf{LC}$ sejam estáveis, não necessariamente segue-se que $\mathbf{A} - \mathbf{BK} - \mathbf{LC}$ é estável. Entretanto, o sistema em malha fechada como um todo é estável (como se provou nas discussões anteriores). O controlador na Equação (11.23) é comumente chamado de **controlador estabilizante**.

EXEMPLO 11.10 **Projeto de compensador para o pêndulo invertido**

O modelo em variáveis de estado representando o pêndulo invertido em cima de um carro móvel é

$$\dot{\mathbf{x}}(t) = \begin{bmatrix} 0 & 1 & 0 & 0 \\ 0 & 0 & \dfrac{-mg}{M} & 0 \\ 0 & 0 & 0 & 1 \\ 0 & 0 & \dfrac{g}{l} & 0 \end{bmatrix}\mathbf{x}(t) + \begin{bmatrix} 0 \\ \dfrac{1}{M} \\ 0 \\ \dfrac{-1}{Ml} \end{bmatrix}u(t),$$

em que $\mathbf{x}(t) = (x_1(t), x_2(t), x_3(t), x_4(t))^T$, $x_1(t)$ é a posição do carro, $x_2(t)$ é a velocidade do carro, $x_3(t)$ é a posição angular do pêndulo (medida a partir da vertical), $x_4(t)$ é a velocidade angular do pêndulo e $u(t)$ é a entrada aplicada ao carro. Tipicamente, pode-se medir a variável de estado $x_3(t) = \theta$ utilizando um potenciômetro preso ao eixo, ou medir $x_4(t) = \dot{\theta}(t)$, utilizando um gerador tacométrico. Entretanto, admite-se que há um sensor disponível para medir a posição do carro. É possível manter a posição angular do pêndulo no valor desejado ($\theta(t) = 0°$) quando apenas a saída $y(t) = x_1(t)$ (a posição do carro) está disponível? Neste caso, tem-se a equação de saída

$$y(t) = [1 \quad 0 \quad 0 \quad 0]\mathbf{x}(t).$$

Considere os parâmetros do sistema $l = 0{,}098$ m, $g = 9{,}8$ m/s^2, $m = 0{,}825$ kg e $M = 8{,}085$ kg. Portanto, usando os valores dos parâmetros, as matrizes de estado e de entrada do sistema são

$$\mathbf{A} = \begin{bmatrix} 0 & 1 & 0 & 0 \\ 0 & 0 & -1 & 0 \\ 0 & 0 & 0 & 1 \\ 0 & 0 & 100 & 0 \end{bmatrix} \quad \text{e} \quad \mathbf{B} = \begin{bmatrix} 0 \\ 0{,}1237 \\ 0 \\ -1{,}2621 \end{bmatrix}.$$

Verificando a controlabilidade, encontra-se a matriz de controlabilidade

$$\mathbf{P}_c = \begin{bmatrix} 0 & 0{,}1237 & 0 & 1{,}2621 \\ 0{,}1237 & 0 & 1{,}2621 & 0 \\ 0 & -1{,}2621 & 0 & -126{,}21 \\ -1{,}2621 & 0 & -126{,}21 & 0 \end{bmatrix}.$$

Calculando det $\mathbf{P}_c = 196{,}49 \neq 0$; logo, o sistema é completamente controlável. Do mesmo modo, calculando a matriz de observabilidade

$$\mathbf{P}_o = \begin{bmatrix} 1 & 0 & 0 & 0 \\ 0 & 1 & 0 & 0 \\ 0 & 0 & -1 & 0 \\ 0 & 0 & 0 & -1 \end{bmatrix}$$

e det $\mathbf{P}_o = 1 \neq 0$; logo, o sistema é completamente observável. É possível agora continuar com o procedimento de projeto de três passos, visto que se podem determinar uma matriz de ganho de controle **K** e uma matriz de ganho do observador **L** para alocar todos os polos do sistema em malha fechada nas posições desejadas.

PASSO 1: Projetar a Lei de Controle de Realimentação de Estado Completo

Os polos do sistema em malha aberta estão localizados em $\lambda = 0, 0, -10$ e 10, portanto o sistema em malha aberta é instável (existe um polo no semiplano direito). Considere que a equação característica desejada do sistema em malha fechada seja dada por

$$q(\lambda) = (\lambda^2 + 2\zeta\omega_n\lambda + \omega_n^2)(\lambda^2 + a\lambda + b),$$

na qual se escolhe (1) o par (ζ, ω_n) de modo que os polos associados sejam os polos dominantes e (2) o par (a, b) tal que o par de polos associados esteja mais distante no semiplano esquerdo de modo a não dominar a resposta. Para obter um tempo de acomodação menor do que 10 segundos com máxima ultrapassagem pequena, pode-se escolher $(\zeta, \omega_n) = (0{,}8, 0{,}5)$. Em seguida, escolhe-se um fator de separação de 20 entre os polos dominantes e os demais polos a partir do qual resulta que $(a, b) = (16, 100)$. A Figura 11.9 mostra o mapa de polos e zeros para o projeto do sistema. O fator de separação entre os polos dominantes e os polos não dominantes é um parâmetro que pode ser variado como parte do processo de projeto. Quanto maior a separação escolhida, mais distantes à esquerda no semiplano esquerdo os polos não dominantes serão alocados, e consequentemente maiores serão os ganhos da lei de controle requeridos. As raízes desejadas são então especificadas como

$$\det(\lambda\mathbf{I} - (\mathbf{A} - \mathbf{BK})) = (\lambda + 8 \pm j6)(\lambda + 0{,}4 \pm j0{,}3).$$

Os polos em $\lambda = -0{,}4 \pm 0{,}3j$ são os polos dominantes. O uso da fórmula de Ackermann resulta na matriz de ganho de realimentação

$$\mathbf{K} = [-2{,}2509 \quad -7{,}5631 \quad -169{,}0265 \quad -14{,}0523].$$

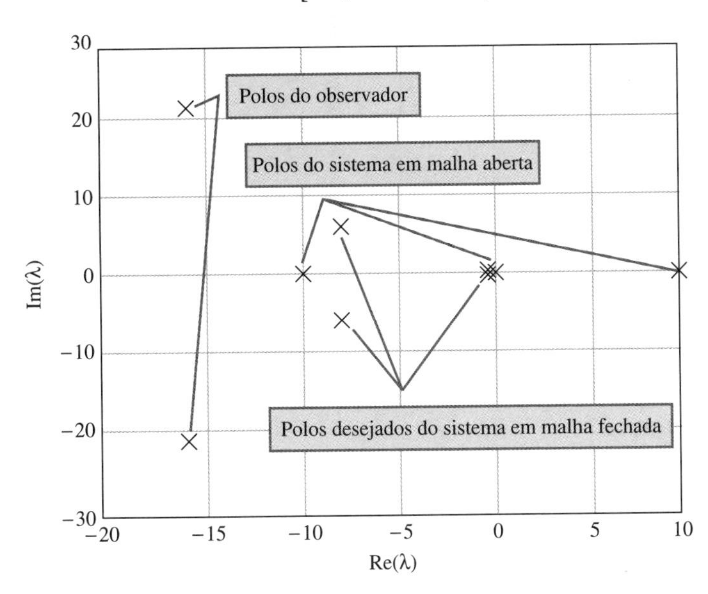

FIGURA 11.9 Mapa de polos do sistema: polos em malha aberta, polos em malha fechada desejados e polos do observador.

PASSO 2: Projeto do Observador

O observador precisa fornecer uma estimativa dos estados que não podem ser diretamente observados. O objetivo é alcançar uma estimação correta tão rápido quanto possível sem resultar em uma matriz de ganho **L** grande demais. Quão grande é grande demais depende do problema considerado. Em particular, se existem níveis significativos de ruído de medida (isso depende do sensor), então a magnitude da matriz do observador deve ser mantida correspondentemente baixa para evitar a ampliação do ruído de medida. O compromisso entre o tempo requerido para obter um desempenho correto do observador e o valor da amplificação do ruído é uma questão fundamental de projeto. Para propósitos de projeto, tentar-se-á assegurar uma separação entre os polos desejados do sistema em malha fechada e os polos do observador da ordem de 2 a 10 (como ilustrado na Figura 11.9). A equação característica do observador desejada é escolhida como tendo a forma

$$p(\lambda) = (\lambda^2 + c_1\lambda + c_2)^2,$$

em que as constantes c_1 e c_2 são escolhidas adequadamente. Como primeira tentativa, escolhem-se $c_1 = 32$ e $c_2 = 711{,}11$. Esses valores devem produzir uma resposta para um erro de estimação de estado inicial que se acomode em menos de 0,5 segundo com máxima ultrapassagem percentual mínima. Com o uso da fórmula de Ackermann da Seção 11.3, determina-se que o ganho do observador que alcança as posições desejadas dos polos do observador $\det(\lambda\mathbf{I} - (\mathbf{A} - \mathbf{LC})) = ((\lambda + 16 + j21{,}3)(\lambda + 16 - j21{,}3))^2$ seja

$$\mathbf{L} = \begin{bmatrix} 64{,}0 \\ 2.546{,}22 \\ -5{,}1911\text{E}04 \\ -7{,}6030\text{E}05 \end{bmatrix}.$$

PASSO 3: Projeto do Compensador

O passo final no projeto é conectar o observador à lei de controle de realimentação de estado completo por meio de $u(t) = -\mathbf{K}\hat{\mathbf{x}}(t)$. Como provado anteriormente, o sistema em malha fechada permanecerá estável; entretanto, não se deve esperar que o desempenho em malha fechada seja igualmente bom quando se usa o estado estimado pelo observador. Isso faz sentido, uma vez que se leva um intervalo de tempo finito até que o observador forneça estimações de estado corretas. A resposta ao projeto do pêndulo invertido é mostrada na Figura 11.10. O pêndulo está inicialmente imóvel em $\theta(t_0) = 5{,}72°$ e o carro está inicialmente parado. A estimativa do estado inicial no observador é ajustada em zero.

Na Figura 11.10(a), observa-se que, de fato, o pêndulo é equilibrado na vertical em menos de 4 segundos. A resposta do compensador (com o observador) é mais oscilatória do que sem o observador na malha — mas esta diferença no desempenho era esperada, uma vez que se leva cerca de 0,4 segundo para que o observador convirja para um erro de rastreamento de estado mínimo, como pode ser visto na Figura 11.10(b). ■

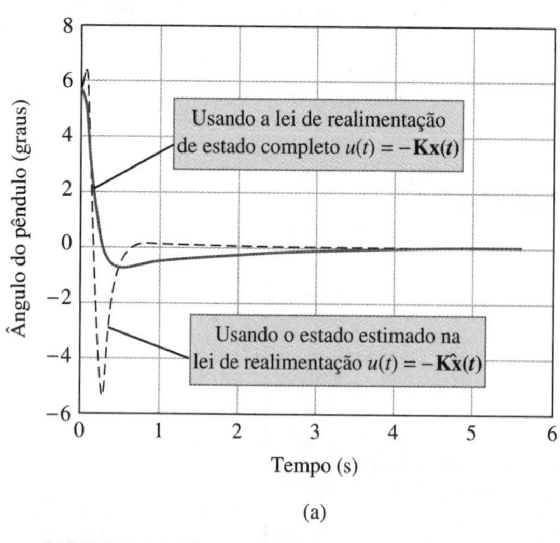

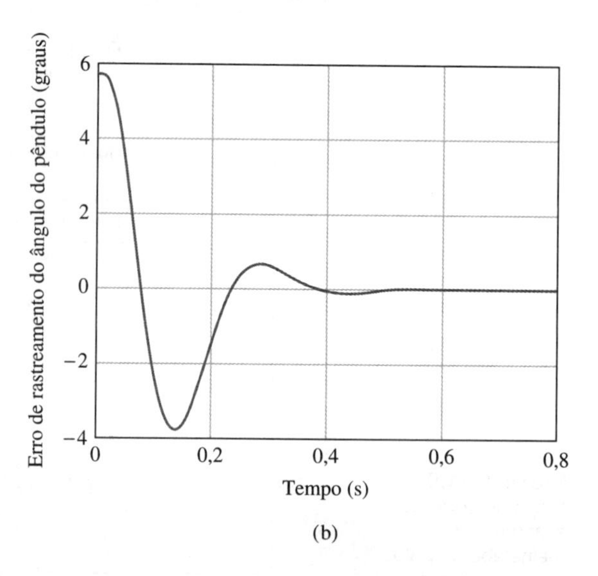

FIGURA 11.10
(a) Desempenho do pêndulo com controle com realimentação de estado completo com o observador na malha.
(b) Desempenho do observador.

11.6 ENTRADAS DE REFERÊNCIA

As estratégias de realimentação examinadas nas seções anteriores (e ilustradas na Figura 11.1) foram construídas sem a consideração de entradas de referência. Apresentou-se o projeto de compensadores com realimentação de variáveis de estado sem entradas de referência (isto é, $r(t) = 0$) como reguladores. Uma vez que o **rastreamento de comando** também é um aspecto relevante do projeto com realimentação, é importante considerar como se pode introduzir um sinal de referência no compensador com realimentação de variáveis de estado. Existem, de fato, muitas técnicas diferentes que podem ser empregadas para permitir o rastreamento de uma entrada de referência. Dois dos métodos mais comuns são examinados nesta seção.

A forma geral do compensador com realimentação de variáveis de estado é

$$\dot{\hat{\mathbf{x}}}(t) = \mathbf{A}\hat{\mathbf{x}}(t) + \mathbf{B}\tilde{u}(t) + \mathbf{L}\tilde{y}(t) + \mathbf{M}r(t)$$
$$u(t) = \tilde{u}(t) + Nr(t) = -\mathbf{K}\hat{\mathbf{x}}(t) + Nr(t), \quad (11.24)$$

na qual $\tilde{y} = y(t) - \mathbf{C}\hat{\mathbf{x}}(t)$ e $\tilde{u}(t) = -\mathbf{K}\hat{\mathbf{x}}(t)$. O compensador de variáveis de estado com a entrada de referência é ilustrado na Figura 11.11. Observe que, quando $\mathbf{M} = 0$ e $N = 0$, o compensador na Equação (11.24) se reduz ao regulador descrito na Seção 11.5 e ilustrado na Figura 11.1.

Os parâmetros-chave de projeto do compensador requeridos para a implementação do rastreamento de comando da entrada de referência são $\mathbf{M}$ e N. Quando a entrada de referência é um sinal escalar (isto é, uma entrada única), o parâmetro $\mathbf{M}$ é um vetor coluna de comprimento n, em que n é o comprimento do vetor de estado $\mathbf{x}(t)$ e N é um escalar. Aqui, consideram-se duas possibilidades para a escolha de $\mathbf{M}$ e N. No primeiro caso, escolhem-se $\mathbf{M}$ e N de modo que o erro de estimação $\mathbf{e}(t)$ seja independente da entrada de referência $r(t)$. No segundo caso, escolhem-se $\mathbf{M}$ e N de modo que o erro de rastreamento $y(t) - r(t)$ seja usado como uma entrada para o compensador. Esses dois casos resultarão em implementações em que o compensador está na malha de realimentação no primeiro caso, e na malha direta à frente no segundo caso.

Com o emprego do compensador generalizado na Equação (11.24), o erro de estimação é encontrado como descrito pela equação diferencial

$$\dot{\mathbf{e}}(t) = \dot{\mathbf{x}}(t) - \dot{\hat{\mathbf{x}}}(t) = \mathbf{A}\mathbf{x}(\mathrm{t}) + \mathbf{B}u(\mathrm{t}) - \mathbf{A}\hat{\mathbf{x}}(t) - \mathbf{B}\tilde{u}(t) - \mathbf{L}\tilde{y}(t) - \mathbf{M}r(t),$$

ou

$$\dot{\mathbf{e}}(t) = (\mathbf{A} - \mathbf{L}\mathbf{C})\mathbf{e}(t) + (\mathbf{B}N - \mathbf{M})r(t).$$

Suponha que seja escolhido

$$\mathbf{M} = \mathbf{B}N. \quad (11.25)$$

Então, o erro de estimação correspondente é dado por

$$\dot{\mathbf{e}}(t) = (\mathbf{A} - \mathbf{L}\mathbf{C})\mathbf{e}(t).$$

Neste caso, o erro de estimação é independente da entrada de referência $r(t)$. Este é o mesmo resultado encontrado na Seção 11.4, na qual se considerou projeto do observador admitindo-se que não existiam entradas de referência. A tarefa restante é determinar um valor adequado de N, uma vez que o valor de $\mathbf{M}$ resulta da Equação (11.25). Por exemplo, pode-se escolher N para se obter um erro de rastreamento em regime estacionário nulo para uma entrada em degrau $r(t)$.

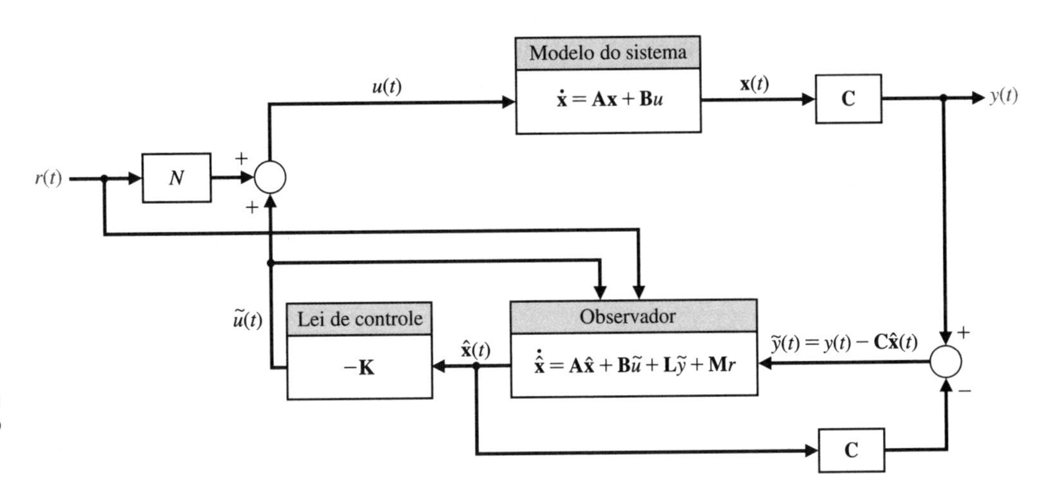

FIGURA 11.11 Compensador com variáveis de estado com uma entrada de referência.

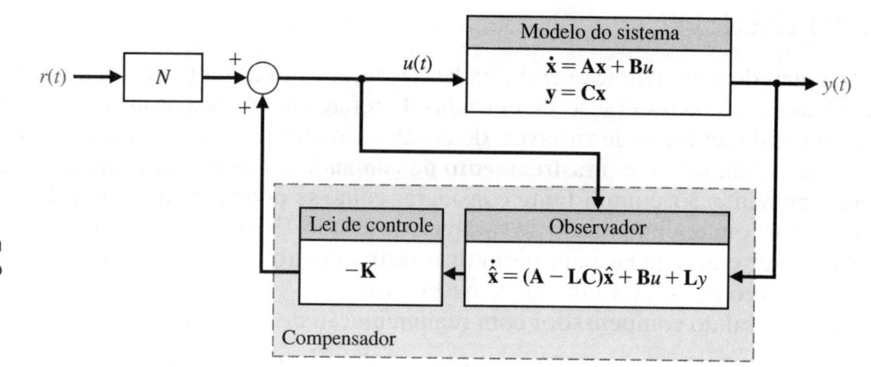

FIGURA 11.12 Compensador com variáveis de estado com entrada de referência e $\mathbf{M} = \mathbf{B}N$.

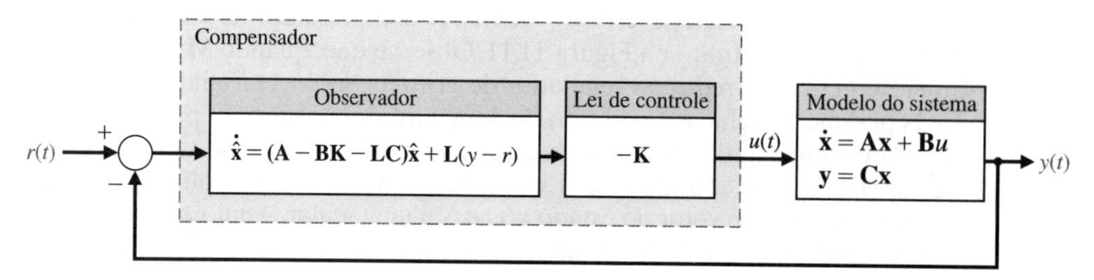

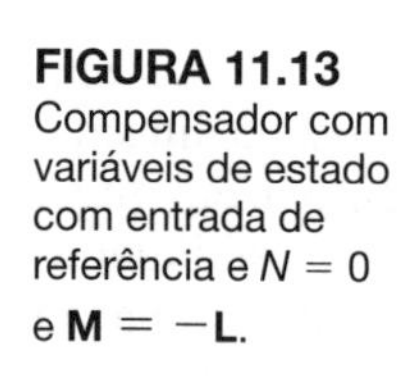

FIGURA 11.13 Compensador com variáveis de estado com entrada de referência e $N = 0$ e $\mathbf{M} = -\mathbf{L}$.

Com $\mathbf{M} = \mathbf{B}N$, descobre-se que o compensador é dado por

$$\dot{\hat{\mathbf{x}}}(t) = \mathbf{A}\hat{\mathbf{x}}(t) + \mathbf{B}u(t) + \mathbf{L}\tilde{y}(t)$$
$$u(t) = -\mathbf{K}\hat{\mathbf{x}}(t) + Nr(t).$$

Esta implementação do compensador de variáveis de estado é ilustrada na Figura 11.12.

Como abordagem alternativa, suponha que se escolhem $N = 0$ e $\mathbf{M} = -\mathbf{L}$. Então, o compensador na Equação (11.24) é dado por

$$\dot{\hat{\mathbf{x}}}(t) = \mathbf{A}\hat{\mathbf{x}}(t) + \mathbf{B}u(t) + \mathbf{L}\tilde{y}(t) - \mathbf{L}r(t)$$
$$u(t) = -\mathbf{K}\hat{\mathbf{x}}(t),$$

o qual pode ser reescrito como

$$\dot{\hat{\mathbf{x}}}(t) = (\mathbf{A} - \mathbf{B}\mathbf{K} - \mathbf{L}\mathbf{C})\hat{\mathbf{x}}(t) + \mathbf{L}\big(y(t) - r(t)\big)$$
$$u(t) = -\mathbf{K}\hat{\mathbf{x}}(t).$$

Nesta formulação, o observador é conduzido pelo erro de rastreamento $y(t) - r(t)$. A implementação do rastreamento da entrada de referência é ilustrada na Figura 11.13.

Observe que, na primeira implementação (com $\mathbf{M} = \mathbf{B}N$), o compensador está na malha de realimentação, enquanto na segunda implementação ($N = 0$ e $\mathbf{M} = -\mathbf{L}$) o compensador está no caminho direto à frente. Essas duas implementações são representativas das possibilidades abertas para os projetistas de sistemas de controle quando se consideram entradas de referência.

Dependendo da escolha de N e $\mathbf{M}$, outras implementações são possíveis. Por exemplo, a Seção 11.8 apresenta um método de rastreamento de entradas de referência com erros de rastreamento em regime estacionário assegurados usando técnicas de **projeto com modelo interno**.

11.7 SISTEMAS DE CONTROLE ÓTIMO

O projeto de sistemas de controle ótimo é uma função importante da engenharia de controle. O propósito do projeto é conceber um sistema com componentes práticos que fornecerá o desempenho de operação desejado. O desempenho desejado pode ser prontamente expresso em termos de índices de desempenho no domínio do tempo, como medidas integrais de desempenho. O projeto de um sistema pode ser baseado na minimização de um índice de desempenho, como a integral do erro quadrático (*integral of the squared error* – ISE). Os sistemas que são ajustados para fornecer um índice de desempenho mínimo são chamados de **sistemas de controle ótimo**. Nesta seção, será considerado o projeto de um sistema de controle ótimo descrito por uma formulação em variáveis de estado.

O desempenho de um sistema de controle, escrito em termos das variáveis de estado do sistema, pode ser expresso como

$$J = \int_0^\infty g(\mathbf{x}, \mathbf{u}, t)\, dt, \tag{11.26}$$

em que $\mathbf{x}(t)$ é o vetor de estado e $\mathbf{u}(t)$ é o vetor de controle. Nesta seção, será considerado o projeto de sistemas de controle ótimo usando realimentação de variáveis de estado e índices de desempenho de erro quadrático [1–3].

Considere o sistema

$$\dot{\mathbf{x}}(t) = \mathbf{A}\mathbf{x}(t) + \mathbf{B}\mathbf{u}(t). \tag{11.27}$$

Escolha-se um controlador com realimentação, como

$$u(t) = -\mathbf{K}\mathbf{x}(t), \tag{11.28}$$

em que $\mathbf{K}$ é uma matriz $1 \times n$

Substituindo a Equação (11.28) na Equação (11.27), obtém-se

$$\dot{\mathbf{x}}(t) = \mathbf{A}\mathbf{x}(t) - \mathbf{B}\mathbf{K}\mathbf{x}(t) = \mathbf{H}\mathbf{x}(t), \tag{11.29}$$

em que $\mathbf{H}$ é a matriz $n \times n$ resultante da soma dos elementos de $\mathbf{A}$ e $-\mathbf{BK}$.

O índice do desempenho de erro quadrático para uma única variável, $x_1(t)$, é escrito como

$$J = \int_0^\infty x_1^2(t)\, dt. \tag{11.30}$$

Um índice de desempenho escrito em termos de duas variáveis de estado seria então

$$J = \int_0^\infty (x_1^2(t) + x_2^2(t))\, dt. \tag{11.31}$$

Uma vez que se deseja definir o índice de desempenho em termos de uma integral da soma dos quadrados das variáveis de estado, usa-se a operação matricial

$$\begin{aligned}\mathbf{x}^T(t)\mathbf{x}(t) &= (x_1(t), x_2(t), x_3(t), \ldots, x_n(t))\begin{pmatrix} x_1(t) \\ x_2(t) \\ \vdots \\ x_n(t) \end{pmatrix} \\ &= x_1^2(t) + x_2^2(t) + x_3^2(t) + \cdots + x_n^2(t),\end{aligned} \tag{11.32}$$

em que $\mathbf{x}^T(t)$ indica a transposta da matriz $\mathbf{x}(t)$. Então, a forma específica do índice de desempenho, em termos do vetor de estado, é

$$J = \int_0^\infty \mathbf{x}^T(t)\mathbf{x}(t)\, dt. \tag{11.33}$$

A forma geral do índice de desempenho [Equação (11.26)] incorpora um termo com $u(t)$ que não se incluiu até este momento, mas isso será feito mais adiante nesta seção.

Para obter o valor mínimo de J, postula-se a existência de uma diferencial exata de modo que

$$\frac{d}{dt}(\mathbf{x}^T(t)\mathbf{P}\mathbf{x}(t)) = -\mathbf{x}^T(t)\mathbf{x}(t), \tag{11.34}$$

em que $\mathbf{P}$ deve ser determinada. Uma matriz simétrica $\mathbf{P}$ será utilizada para simplificar o cálculo algébrico sem perda de generalidade. Então, para uma matriz simétrica $\mathbf{P}$, $p_{ij} = p_{ji}$. Completando a derivação indicada no lado esquerdo da Equação (11.34), tem-se

$$\frac{d}{dt}(\mathbf{x}^T(t)\mathbf{P}\mathbf{x}(t)) = \dot{\mathbf{x}}^T(t)\mathbf{P}\mathbf{x}(t) + \mathbf{x}^T(t)\mathbf{P}\dot{\mathbf{x}}(t). \tag{11.35}$$

Substituindo a Equação (11.29) na Equação (11.35), obtém-se

$$\frac{d}{dt}(\mathbf{x}^T(t)\mathbf{P}\mathbf{x}(t)) = \mathbf{x}^T(t)(\mathbf{H}^T\mathbf{P} + \mathbf{P}\mathbf{H})\mathbf{x}(t). \tag{11.36}$$

Caso se faça

$$\mathbf{H}^T\mathbf{P} + \mathbf{P}\mathbf{H} = -\mathbf{I}, \tag{11.37}$$

a Equação (11.36) se torna

$$\frac{d}{dt}(\mathbf{x}^T(t)\mathbf{P}\mathbf{x}(t)) = -\mathbf{x}^T(t)\mathbf{x}(t), \tag{11.38}$$

que é a equação diferencial exata almejada. Substituindo a Equação (11.38) na Equação (11.33), obtém-se

$$J = \int_0^\infty -\frac{d}{dt}(\mathbf{x}^T(t)\mathbf{P}\mathbf{x}(t))\,dt = -\mathbf{x}^T(t)\mathbf{P}\mathbf{x}(t)\Big|_0^\infty = \mathbf{x}^T(0)\mathbf{P}\mathbf{x}(0). \tag{11.39}$$

No cálculo do limite em $t = \infty$, admitiu-se que o sistema é estável, e assim $\mathbf{x}(\infty) = 0$, como desejado. Consequentemente, para se minimizar o índice de desempenho J, consideram-se as duas equações

$$\boxed{J = \int_0^\infty \mathbf{x}^T(t)\mathbf{x}(t)\,dt = \mathbf{x}^T(0)\mathbf{P}\mathbf{x}(0)} \tag{11.40}$$

e

$$\boxed{\mathbf{H}^T\mathbf{P} + \mathbf{P}\mathbf{H} = -\mathbf{I}.} \tag{11.41}$$

Os passos de projeto são então os seguintes:

1. Determine a matriz $\mathbf{P}$ que satisfaça a Equação (11.41), na qual $\mathbf{H}$ é conhecida.
2. Minimize J determinando o mínimo da Equação (11.40), ajustando um ou mais parâmetros não especificados do sistema.

EXEMPLO 11.11 **Realimentação com variáveis de estado**

Considere o sistema de controle em malha aberta mostrado na Figura 11.14. As variáveis de estado são identificadas como $x_1(t)$ e $x_2(t)$. O desempenho deste sistema é bastante insatisfatório, porque resulta em uma resposta não amortecida para uma entrada em degrau. A equação diferencial vetorial deste sistema é

$$\frac{d}{dt}\begin{pmatrix} x_1(t) \\ x_2(t) \end{pmatrix} = \begin{bmatrix} 0 & 1 \\ 0 & 0 \end{bmatrix}\begin{pmatrix} x_1(t) \\ x_2(t) \end{pmatrix} + \begin{bmatrix} 0 \\ 1 \end{bmatrix} u(t). \tag{11.42}$$

Escolhe-se um sistema de controle com realimentação de modo que

$$u(t) = -k_1x_1(t) - k_2x_2(t) \tag{11.43}$$

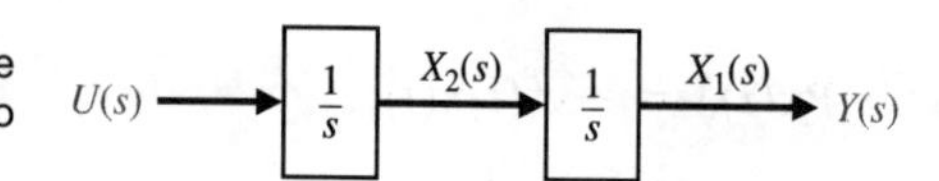

FIGURA 11.14 Sistema de controle em malha aberta do Exemplo 11.11.

e, portanto, o sinal de controle é uma função linear das duas variáveis de estado. Então, a Equação (11.42) se torna

$$\dot{x}_1(t) = x_2(t),$$
$$\dot{x}_2(t) = -k_1x_1(t) - k_2x_2(t). \tag{11.44}$$

Em forma matricial, tem-se

$$\dot{\mathbf{x}}(t) = \mathbf{H}\mathbf{x}(t) = \begin{bmatrix} 0 & 1 \\ -k_1 & -k_2 \end{bmatrix}\mathbf{x}(t). \tag{11.45}$$

Faça $k_1 = 1$ e determine um valor adequado para k_2 de modo que o índice de desempenho seja minimizado. Da Equação (11.41), tem-se

$$\begin{bmatrix} 0 & -1 \\ 1 & -k_2 \end{bmatrix}\begin{bmatrix} p_{11} & p_{12} \\ p_{12} & p_{22} \end{bmatrix} + \begin{bmatrix} p_{11} & p_{12} \\ p_{12} & p_{22} \end{bmatrix}\begin{bmatrix} 0 & 1 \\ -1 & -k_2 \end{bmatrix} = \begin{bmatrix} -1 & 0 \\ 0 & -1 \end{bmatrix}. \tag{11.46}$$

Completando a multiplicação e a soma matriciais, tem-se

$$-p_{12} - p_{12} = -1,$$
$$p_{11} - k_2p_{12} - p_{22} = 0,$$
$$p_{12} - k_2p_{22} + p_{12} - k_2p_{22} = -1. \tag{11.47}$$

Resolvendo estas equações simultâneas, obtém-se

$$p_{12} = \frac{1}{2}, \quad p_{22} = \frac{1}{k_2}, \quad p_{11} = \frac{k_2^2 + 2}{2k_2}.$$

O índice de desempenho integral é então

$$J = \mathbf{x}^T(0)\,\mathbf{P}\mathbf{x}(0), \tag{11.48}$$

e considera-se o caso em que cada estado está inicialmente deslocado de uma unidade a partir do equilíbrio, de modo que $\mathbf{x}^T(0) = (1, 1)$. Consequentemente, a Equação (11.48) se torna

$$J = [1 \quad 1]\begin{bmatrix} p_{11} & p_{12} \\ p_{12} & p_{22} \end{bmatrix}\begin{bmatrix} 1 \\ 1 \end{bmatrix} = p_{11} + 2p_{12} + p_{22}. \tag{11.49}$$

Substituindo os valores dos elementos de $\mathbf{P}$, tem-se

$$J = \frac{k_2^2 + 2}{2k_2} + 1 + \frac{1}{k_2} = \frac{k_2^2 + 2k_2 + 4}{2k_2}. \tag{11.50}$$

Para minimizar em função de k_2, toma-se a derivada em relação a k_2 e iguala-se a zero, resultando

$$\frac{dJ}{dk_2} = \frac{2k_2(2k_2 + 2) - 2(k_2^2 + 2k_2 + 4)}{(2k_2)^2} = 0. \tag{11.51}$$

Portanto, $k_2^2 = 4$ e $k_2 = 2$ quando J é um mínimo. O valor mínimo de J é obtido substituindo $k_2 = 2$ na Equação (11.50). Assim, obtém-se

$$J_{\text{mín}} = 3.$$

A matriz do sistema $\mathbf{H}$, obtida para o sistema compensado, é então

$$\mathbf{H} = \begin{bmatrix} 0 & 1 \\ -1 & -2 \end{bmatrix}. \tag{11.52}$$

A equação característica do sistema compensado é, portanto,

$$\det[\lambda\mathbf{I} - \mathbf{H}] = \det\begin{bmatrix} \lambda & -1 \\ 1 & \lambda + 2 \end{bmatrix} = \lambda^2 + 2\lambda + 1. \tag{11.53}$$

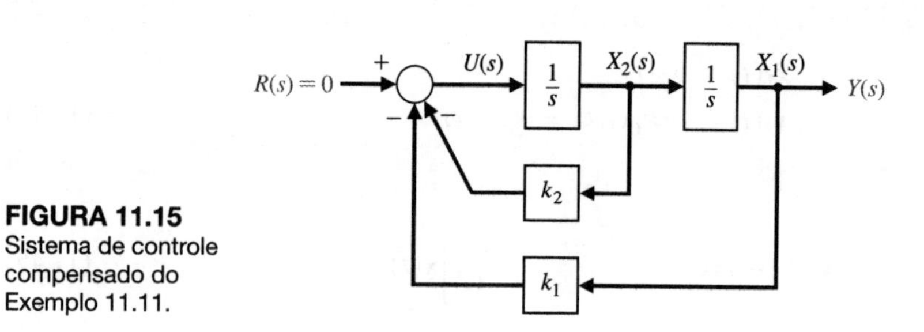

FIGURA 11.15 Sistema de controle compensado do Exemplo 11.11.

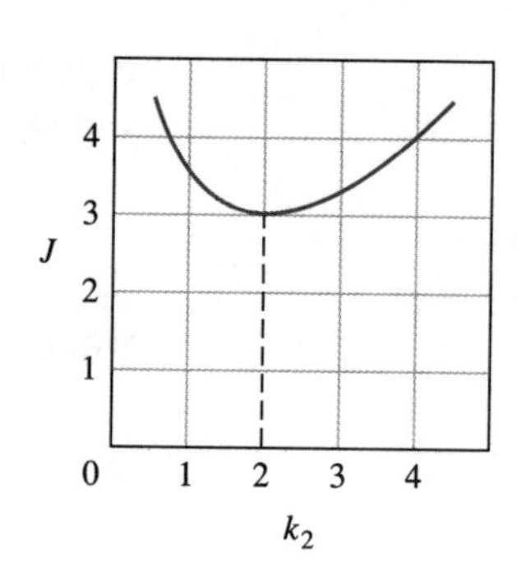

FIGURA 11.16 Índice de desempenho *versus* o parâmetro k_2.

Como este é um sistema de segunda ordem, observa-se que a equação característica é da forma $s^2 + 2\zeta\omega_n s + \omega_n^2 = 0$ e, consequentemente, o fator de amortecimento do sistema compensado é $\zeta = 1{,}0$. Este sistema compensado é considerado um sistema ótimo no sentido de que o sistema compensado resulta em um valor mínimo para o índice de desempenho quando $k_1 = 1$ é fixado. Claramente, reconhece-se que este sistema é ótimo apenas para o conjunto específico de condições iniciais que foram admitidas. O sistema compensado é mostrado na Figura 11.15. Uma curva do índice de desempenho em função de k_2 é mostrada na Figura 11.16. É evidente que este sistema não é muito sensível a variações em k_2 e manterá um índice de desempenho próximo do mínimo se k_2 for alterado de alguma porcentagem. Define-se a sensibilidade de um sistema ótimo como

$$S_k^{\text{ótimo}} = \frac{\Delta J/J}{\Delta k/k}, \tag{11.54}$$

no qual k é o parâmetro de projeto. Então, para este exemplo, tem-se $k = k_2$, e considerando $k_2 = 2{,}5$, para o qual $J = 3{,}05$, obtém-se

$$S_{k_2}^{\text{ótimo}} \approx \frac{0{,}05/3}{0{,}5/2} = 0{,}07. \tag{11.55}$$ ■

EXEMPLO 11.12 **Determinação de um sistema ótimo**

Agora, considere novamente o sistema do Exemplo 11.11, no qual ambos os ganhos de realimentação, k_1 e k_2, não são especificados. Para simplificar o cálculo algébrico sem nenhuma perda de compreensão do problema, sejam $k_1 = k_2 = k$. Pode-se provar que, se k_1 e k_2 não são especificados, então $k_1 = k_2$ quando o mínimo do índice de desempenho [Equação (11.40)] é obtido. Então, para o sistema do Exemplo 11.11, a Equação (11.45) se torna

$$\dot{\mathbf{x}}(t) = \mathbf{H}\mathbf{x}(t) = \begin{bmatrix} 0 & 1 \\ -k & -k \end{bmatrix}\mathbf{x}(t). \tag{11.56}$$

Para determinar a matriz **P**, utiliza-se a Equação (11.41), resultando

$$p_{12} = \frac{1}{2k}, \quad p_{22} = \frac{k+1}{2k^2} \quad \text{e} \quad p_{11} = \frac{1+2k}{2k}. \tag{11.57}$$

Considere o caso em que o sistema está inicialmente deslocado uma unidade do equilíbrio de modo que $\mathbf{x}^T(0) = (1 \quad 0)$. Então, o índice de desempenho torna-se

$$J = \int_0^\infty \mathbf{x}^T(t)\mathbf{x}(t)\,dt = \mathbf{x}^T(0)\mathbf{P}\mathbf{x}(0) = p_{11}. \tag{11.58}$$

Assim, o índice de desempenho a ser minimizado é

$$J = p_{11} = \frac{1+2k}{2k} = 1 + \frac{1}{2k}. \tag{11.59}$$

O valor mínimo de J é obtido quando k tende a infinito; o resultado é $J_{mín} = 1$. Um gráfico de J *versus* k, mostrado na Figura 11.17, ilustra que o índice de desempenho tende assintoticamente para um mínimo à medida que k tende a um valor infinito. Desse ponto em diante, reconhece-se que, ao fornecer um ganho k muito grande, é possível fazer com que o sinal de realimentação

$$u(t) = -k(x_1(t) + x_2(t))$$

seja muito grande. Contudo, fica-se restrito a magnitudes realizáveis do sinal de controle $u(t)$. Portanto, deve-se introduzir uma restrição para $u(t)$ de modo que o ganho k não fique grande demais. Então, por exemplo, caso seja estabelecida uma restrição para $u(t)$ de modo que

$$|u(t)| \leq 50, \tag{11.60}$$

é necessário que o valor máximo aceitável de k nesta situação seja

$$k_{máx} = \frac{|u(t)|_{máx}}{x_1(0)} = 50. \tag{11.61}$$

Então, o valor mínimo de J é

$$J_{mín} = 1 + \frac{1}{2k_{máx}} = 1{,}01, \tag{11.62}$$

que é suficientemente próximo do mínimo absoluto de J para atender aos requisitos.

Ao se examinar o índice de desempenho, identifica-se que a razão para que a magnitude do sinal de controle não seja levada em conta nos cálculos originais é que $u(t)$ não está incluído na expressão do índice de desempenho. Entretanto, em muitos casos, há limites físicos sobre a magnitude do controle. Para se levar em conta a magnitude do sinal de controle, será utilizado o índice de desempenho

$$\boxed{J = \int_0^\infty (\mathbf{x}^T(t)\mathbf{I}\mathbf{x}(t) + \lambda\mathbf{u}^T(t)\mathbf{u}(t))\, dt,} \tag{11.63}$$

no qual λ é um fator de ponderação escalar e $\mathbf{I}$ = matriz de identidade. O fator de ponderação λ será escolhido de modo que a importância relativa do desempenho das variáveis de estado seja contrastada com a importância do gasto dos recursos de energia do sistema que é representado por $\mathbf{u}^T(t)\mathbf{u}(t)$. Representar-se-á a realimentação de variáveis de estado por meio de

$$u(t) = -\mathbf{K}\mathbf{x}(t), \tag{11.64}$$

e o sistema com essa realimentação de variáveis de estado como

$$\dot{\mathbf{x}}(t) = \mathbf{A}\mathbf{x}(t) + \mathbf{B}u(t) = \mathbf{H}\mathbf{x}(t). \tag{11.65}$$

Substituindo a Equação (11.64) na Equação (11.63), tem-se

$$J = \int_0^\infty \mathbf{x}^T(t)(\mathbf{I} + \lambda\mathbf{K}^T\mathbf{K})\mathbf{x}(t)\, dt = \int_0^\infty \mathbf{x}^T(t)\mathbf{Q}\mathbf{x}(t)\, dt, \tag{11.66}$$

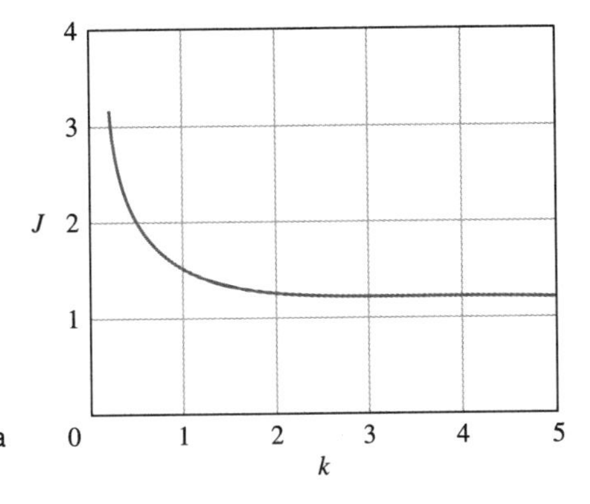

FIGURA 11.17 Índice de desempenho *versus* o ganho de realimentação k para o Exemplo 11.12.

na qual $\mathbf{Q} = \mathbf{I} + \lambda\mathbf{K}^T\mathbf{K}$ é uma matriz $n \times n$. Seguindo o desenvolvimento das Equações (11.33) a (11.39), postula-se a existência de uma derivada exata de modo que

$$\frac{d}{dt}(\mathbf{x}^T(t)\mathbf{P}\mathbf{x}(t)) = -\mathbf{x}^T(t)\mathbf{Q}\mathbf{x}(t). \tag{11.67}$$

Então, nesse caso, requer-se que

$$\mathbf{H}^T\mathbf{P} + \mathbf{P}\mathbf{H} = -\mathbf{Q} \tag{11.68}$$

e, assim, tem-se, como anteriormente:

$$J = \mathbf{x}^T(0)\mathbf{P}\mathbf{x}(0). \tag{11.69}$$

Se $\lambda = 0$, a Equação (11.68) se reduz à Equação (11.41). Agora, considere novamente o Exemplo 11.11, quando λ é diferente de zero, e se considera o gasto de energia do sinal de controle. ■

EXEMPLO 11.13 **Sistema ótimo com considerações sobre a energia de controle**

Considere novamente o sistema do Exemplo 11.11, que é mostrado na Figura 11.14. Para este sistema, utiliza-se uma realimentação de variáveis de estado de modo que

$$u(t) = -\mathbf{K}\mathbf{x}(t) = [-k \quad -k]\begin{pmatrix} x_1(t) \\ x_2(t) \end{pmatrix}. \tag{11.70}$$

Consequentemente, a matriz

$$\mathbf{Q} = \mathbf{I} + \lambda\mathbf{K}^T\mathbf{K} = \begin{bmatrix} 1 + \lambda k^2 & \lambda k^2 \\ \lambda k^2 & 1 + \lambda k^2 \end{bmatrix}. \tag{11.71}$$

Como no Exemplo 11.12, será feito $\mathbf{x}^T(0) = (1, 0)$ de modo que $J = p_{11}$. Calculamos p_{11} a partir da Equação (11.68), resultando

$$J = p_{11} = (1 + \lambda k^2)\left(1 + \frac{1}{2k}\right) - \lambda k^2. \tag{11.72}$$

O mínimo de J é encontrado a partir da derivada de J, igualando-a a zero e resolvendo para k, resultando

$$\frac{dJ}{dk} = \frac{1}{2}\left(\lambda - \frac{1}{k^2}\right) = 0. \tag{11.73}$$

Portanto, o mínimo do índice de desempenho ocorre quando $k = k_{\text{mín}} = 1/\sqrt{\lambda}$, em que $k_{\text{mín}}$ é a solução da Equação (11.73).

Completemos este exemplo para o caso em que a energia de controle e as variáveis de estado ao quadrado sejam igualmente importantes, de modo que $\lambda = 1$. Então, a Equação (11.73) é satisfeita quando $k^2 - 1 = 0$, e constata-se que $k_{\text{mín}} = 1{,}0$. O gráfico de J *versus* k para este caso é mostrado na Figura 11.18. O gráfico de J *versus* k para o Exemplo 11.12 também é mostrado na Figura 11.18, para comparação. ■

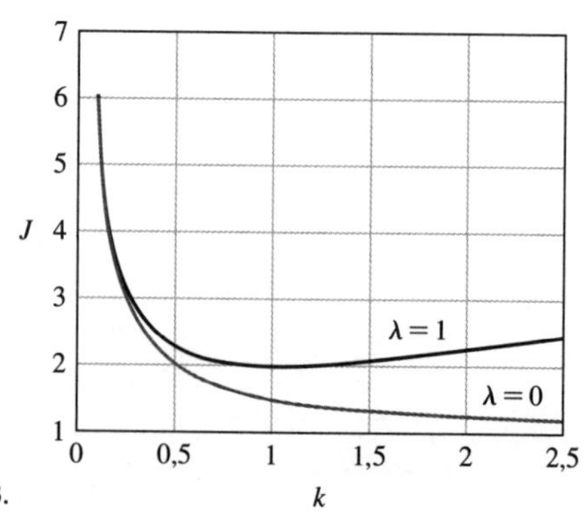

FIGURA 11.18 Índice de desempenho *versus* o ganho de realimentação k para o Exemplo 11.13.

O projeto de vários parâmetros pode ser realizado de modo similar ao que foi ilustrado nos exemplos. Além disso, o procedimento de projeto pode ser realizado para sistemas de ordem mais elevada. Considere o sistema de entrada única e saída única com

$$\dot{\mathbf{x}}(t) = \mathbf{A}\mathbf{x}(t) + \mathbf{B}u(t)$$

e realimentação

$$u(t) = -\mathbf{K}\mathbf{x}(t) = -[k_1 \quad k_2 \ldots k_n]\mathbf{x}(t).$$

Pode-se considerar o índice de desempenho

$$\boxed{J = \int_0^{\infty} (\mathbf{x}^T(t)\mathbf{Q}\mathbf{x}(t) + Ru^2(t))\, dt,} \tag{11.74}$$

em que $R > 0$ é um fator escalar de ponderação. Esse índice é minimizado quando

$$\mathbf{K} = R^{-1}\mathbf{B}^T\mathbf{P}. \tag{11.75}$$

A matriz $n \times n$ $\mathbf{P}$ é determinada a partir da solução da equação

$$\mathbf{A}^T\mathbf{P} + \mathbf{P}\mathbf{A} - \mathbf{P}\mathbf{B}R^{-1}\mathbf{B}^T\mathbf{P} + \mathbf{Q} = \mathbf{0}. \tag{11.76}$$

A Equação (11.76) é frequentemente chamada de equação algébrica de Riccati. Este problema de controle ótimo é chamado de **regulador linear quadrático** (*linear quadratic regulator* – LQR) [12, 19].

11.8 PROJETO COM MODELO INTERNO

Nesta seção, considere o problema de projetar um compensador que forneça rastreamento assintótico de uma entrada de referência com erro em regime estacionário nulo. As entradas de referência consideradas podem incluir degraus, rampas e outros sinais persistentes, como senoides. Para uma entrada em degrau, sabe-se que erros de rastreamento em regime estacionário nulos podem ser alcançados com um sistema do tipo um. Essa ideia é formalizada aqui introduzindo-se um **modelo interno** de entrada de referência no compensador [5, 18].

Considere um modelo em variáveis de estado dado por

$$\dot{\mathbf{x}}(t) = \mathbf{A}\mathbf{x}(t) + \mathbf{B}u(t), \qquad y(t) = \mathbf{C}\mathbf{x}(t). \tag{11.77}$$

Será considerada uma entrada de referência a ser gerada por um sistema linear da forma

$$\dot{\mathbf{x}}_r(t) = \mathbf{A}_r\mathbf{x}_r(t), \qquad r(t) = \mathbf{d}_r\mathbf{x}_r(t), \tag{11.78}$$

com condições iniciais desconhecidas.

Inicia-se considerando um problema de projeto conhecido, a saber, o projeto de um controlador para permitir o rastreamento de uma entrada de referência em degrau com erro em regime estacionário nulo. Nesse caso, a entrada de referência é gerada por

$$\dot{x}_r(t) = 0, \qquad r(t) = x_r(t), \tag{11.79}$$

ou equivalentemente

$$\dot{r}(t) = 0, \tag{11.80}$$

e o erro de rastreamento $e(t)$ é definido como

$$e(t) = y(t) - r(t).$$

Tomando-se a derivada no tempo, resulta

$$\dot{e}(t) = \dot{y}(t) = \mathbf{C}\dot{\mathbf{x}}(t).$$

Se são definidas as duas variáveis intermediárias

$$\mathbf{z}(t) = \dot{\mathbf{x}}(t) \quad \text{e} \quad w(t) = \dot{u}(t),$$

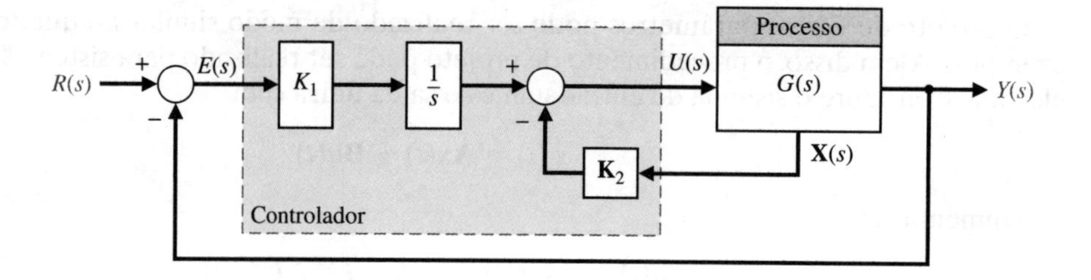

FIGURA 11.19 Projeto com modelo interno para uma entrada em degrau.

tem-se

$$\begin{pmatrix} \dot{e}(t) \\ \dot{\mathbf{z}}(t) \end{pmatrix} = \begin{bmatrix} 0 & \mathbf{C} \\ 0 & \mathbf{A} \end{bmatrix} \begin{pmatrix} e(t) \\ \mathbf{z}(t) \end{pmatrix} + \begin{bmatrix} 0 \\ \mathbf{B} \end{bmatrix} w(t). \qquad (11.81)$$

Se o sistema na Equação (11.81) for controlável, pode-se encontrar uma realimentação da forma

$$w(t) = -K_1 e(t) - \mathbf{K}_2 \mathbf{z}(t) \qquad (11.82)$$

tal que a Equação (11.81) seja estável. Isto implica que o erro de rastreamento e é estável; assim, ter-se-á alcançado o objetivo de rastreamento assintótico com erro em regime estacionário nulo. A entrada de controle encontrada pela integração da Equação (11.82) é

$$u(t) = -K_1 \int_0^t e(\tau)\, d\tau - \mathbf{K}_2 \mathbf{x}(t).$$

O diagrama de blocos correspondente é mostrado na Figura 11.19. Observe que o compensador inclui um **modelo interno** (isto é, um integrador) da entrada em degrau de referência.

EXEMPLO 11.14 **Projeto com modelo interno para uma entrada em degrau unitário**

Considere um processo dado por

$$\dot{\mathbf{x}}(t) = \begin{bmatrix} 0 & 1 \\ -2 & -2 \end{bmatrix} \mathbf{x}(t) + \begin{bmatrix} 0 \\ 1 \end{bmatrix} u(t), \qquad y(t) = [1 \quad 0]\mathbf{x}(t). \qquad (11.83)$$

Deseja-se projetar um controlador para este sistema a fim de rastrear uma entrada em degrau de referência com erro em regime estacionário nulo. A partir da Equação (11.81), tem-se

$$\begin{pmatrix} \dot{e}(t) \\ \dot{\mathbf{z}}(t) \end{pmatrix} = \begin{bmatrix} 0 & 1 & 0 \\ 0 & 0 & 1 \\ 0 & -2 & -2 \end{bmatrix} \begin{pmatrix} e(t) \\ \mathbf{z}(t) \end{pmatrix} + \begin{bmatrix} 0 \\ 0 \\ 1 \end{bmatrix} w(t). \qquad (11.84)$$

Uma verificação da controlabilidade mostra que o sistema descrito pela Equação (11.84) é completamente controlável. Utiliza-se

$$K_1 = 20, \qquad \mathbf{K}_2 = [20 \quad 10],$$

a fim de se alocar as raízes da equação característica da Equação (11.84) em $s = -1 \pm j, -10$. Com $w(t)$ dado na Equação (11.82), tem-se o sistema de Equações (11.84) assintoticamente estável. Assim, para qualquer erro de rastreamento inicial $e(0)$ se está assegurado que $e(t) \to 0$ à medida que $t \to \infty$. ∎

Considere um modelo em diagrama de blocos no qual o processo é representado por $G(s)$ e o controlador em cascata é $G_c(s) = K_1/s$. O princípio do modelo interno afirma que, se $G(s)G_c(s)$ contém $R(s)$, então $y(t)$ rastreará $r(t)$ assintoticamente. Nesse caso, $R(s) = 1/s$, o qual está contido em $G(s)G_c(s)$, como esperado.

Considere o problema de projetar um controlador para fornecer rastreamento assintótico de uma entrada rampa $r(t) = Mt, t \geq 0$, com erro em regime estacionário nulo, no qual M é a magnitude da rampa. Neste caso, o modelo da entrada de referência é

$$\dot{\mathbf{x}}_r(t) = \mathbf{A}_r \mathbf{x}_r(t) = \begin{bmatrix} 0 & 1 \\ 0 & 0 \end{bmatrix} \mathbf{x}_r(t)$$

$$r(t) = \mathbf{d}_r \mathbf{x}_r(t) = [1 \quad 0]\mathbf{x}_r(t). \qquad (11.85)$$

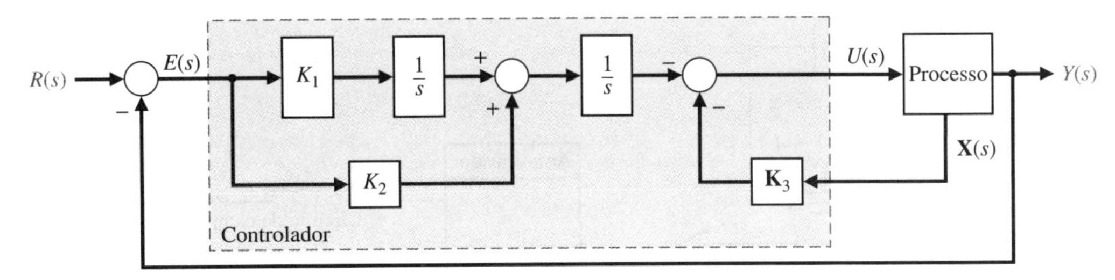

FIGURA 11.20 Projeto com modelo interno para uma entrada em rampa. Observe que $G(s)G_c(s)$ contém $1/s^2$, a entrada de referência $R(s)$.

Na forma entrada-saída, o modelo de referência na Equação (11.85) é dado por

$$\ddot{r}(t) = 0.$$

Procedendo como anteriormente, toma-se a derivada no tempo do erro de rastreamento duas vezes, o que resulta em

$$\ddot{e}(t) = \ddot{y}(t) = \mathbf{C}\ddot{\mathbf{x}}(t).$$

Com as definições

$$\mathbf{z}(t) = \ddot{\mathbf{x}}(t), \qquad w(t) = \ddot{u}(t),$$

tem-se

$$\begin{pmatrix} \dot{e} \\ \ddot{e} \\ \dot{\mathbf{z}} \end{pmatrix} = \begin{bmatrix} 0 & 1 & 0 \\ 0 & 0 & \mathbf{C} \\ 0 & 0 & \mathbf{A} \end{bmatrix} \begin{pmatrix} e \\ \dot{e} \\ \mathbf{z} \end{pmatrix} + \begin{bmatrix} 0 \\ 0 \\ \mathbf{B} \end{bmatrix} w. \tag{11.86}$$

Desse modo, se o sistema da Equação (11.86) for controlável, então será possível calcular os ganhos K_1, K_2 e $\mathbf{K}_3$, tal que, com

$$w(t) = -[K_1 \quad K_2 \quad \mathbf{K}_3] \begin{pmatrix} e(t) \\ \dot{e}(t) \\ \mathbf{z}(t) \end{pmatrix}, \tag{11.87}$$

o sistema representado pela Equação (11.86) seja assintoticamente estável; consequentemente, o erro de rastreamento $e(t) \to 0$ à medida que $t \to \infty$, como desejado. O controle, $u(t)$, é encontrado pela integração da Equação (11.87) por duas vezes. Na Figura 11.20, observa-se que o controlador resultante possui dupla integração, que é o modelo interno da entrada rampa de referência.

A abordagem com modelo interno pode ser estendida para outras entradas de referência seguindo o mesmo procedimento geral descrito para as entradas em degrau e em rampa. Adicionalmente, o projeto de modelo interno pode ser utilizado para rejeitar perturbações persistentes, incluindo modelos das perturbações no compensador.

11.9 EXEMPLOS DE PROJETO

Nesta seção, apresenta-se o projeto de um sistema de controle para gerenciar a velocidade do eixo do motor elétrico de uma locomotiva elétrica a diesel. O processo foca no projeto de um sistema de controle com realimentação de estado completo usando métodos de alocação de polos.

EXEMPLO 11.15 Controle de locomotiva elétrica a diesel

A locomotiva elétrica a diesel é representada na Figura 11.21. A eficiência do motor a diesel é muito sensível à velocidade de rotação dos motores. Deseja-se projetar um sistema de controle que acione os motores elétricos de uma locomotiva elétrica a diesel para uso em trens ferroviários. A locomotiva é acionada por motores CC posicionados em cada um dos eixos das rodas. O comando de aceleração é ajustado movendo-se o potenciômetro de entrada. Os elementos de processo do projeto enfatizados neste exemplo são destacados na Figura 11.22.

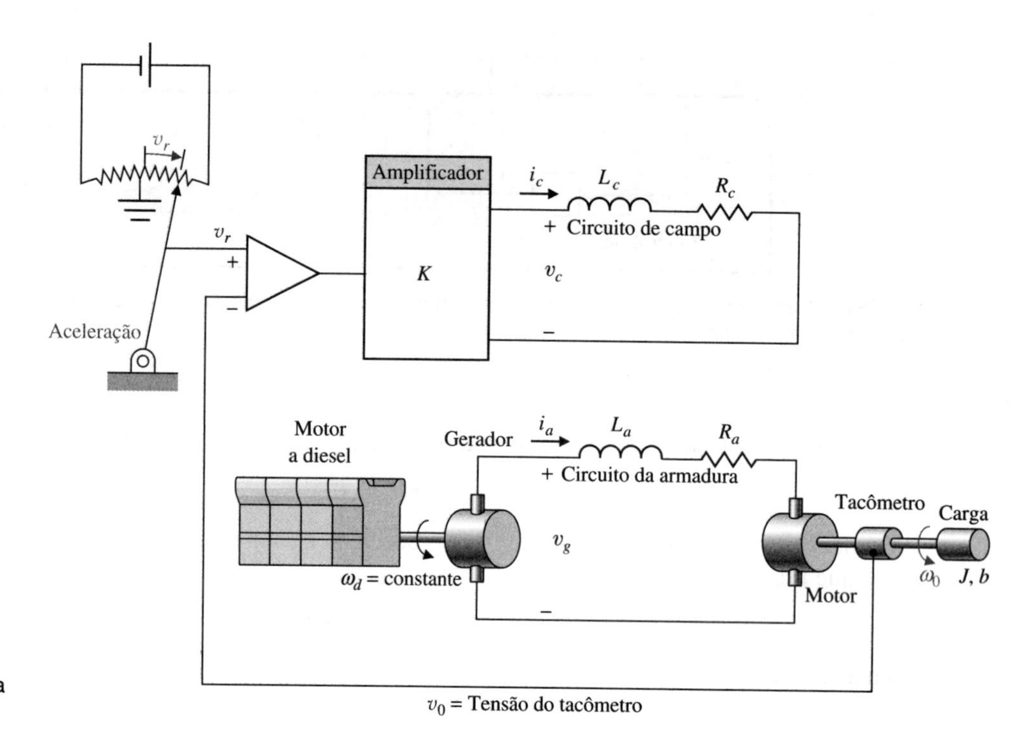

FIGURA 11.21 Sistema da locomotiva elétrica a diesel.

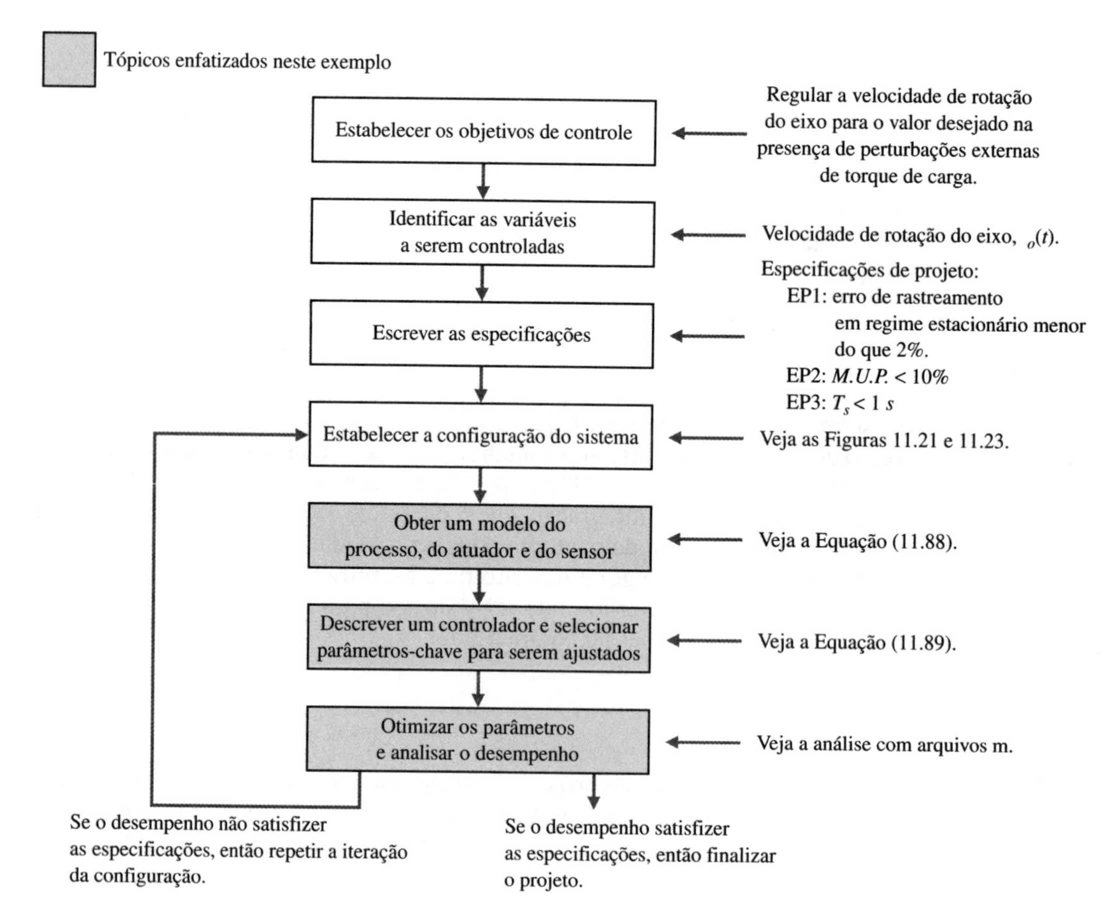

FIGURA 11.22 Elementos do processo de projeto de sistema de controle enfatizados no exemplo da locomotiva elétrica a diesel.

O objetivo de controle é regular a velocidade de rotação do eixo $\omega_0(t)$ para o valor desejado $\omega_r(t)$.

Objetivo de Controle

Regular a velocidade de rotação do eixo para o valor desejado na presença de perturbações externas de torque de carga.

A variável correspondente a ser controlada é a velocidade rotacional do eixo $\omega_0(t)$.

Variável a Ser Controlada

Velocidade de rotação do eixo $\omega_0(t)$.

A velocidade controlada $\omega_0(t)$ é medida por um tacômetro, o qual fornece uma tensão de realimentação $v_0(t)$. O amplificador eletrônico amplifica o sinal de erro, $v_r(t) - v_0(t)$, entre os sinais de tensão de referência e de realimentação, e fornece uma tensão $v_f(t)$ que é fornecida para a bobina de campo de um gerador CC.

O gerador é mantido a uma velocidade constante ω_d pelo motor a diesel e gera uma tensão v_g, que é fornecida para a armadura de um motor CC. O motor é controlado pela armadura, com uma corrente fixa fornecida para seu campo. Como resultado, o motor produz um torque T e aciona a carga conectada ao seu eixo de modo que a velocidade controlada $\omega_0(t)$ tende a igualar a velocidade comandada $\omega_r(t)$.

Um diagrama de blocos e um diagrama de fluxo de sinal do sistema são mostrados na Figura 11.23. Na Figura 11.23, usam-se L_t e R_t, cujas definições são

$$L_t = L_a + L_g,$$
$$R_t = R_a + R_g.$$

Os valores para os parâmetros da locomotiva elétrica a diesel são dados na Tabela 11.1.

Observe que o sistema possui uma malha de realimentação; utiliza-se a tensão do tacômetro $v_0(t)$ como sinal de realimentação para formar um sinal de erro $v_r(t) - v_0(t)$. Sem uma realimentação de estado adicional, o único parâmetro de ajuste é o ganho do amplificador K. Como primeiro passo, pode-se investigar o desempenho do sistema apenas com a realimentação da tensão do tacômetro.

Os parâmetros-chave de ajuste são dados por

Parâmetros-Chave de Ajuste Escolhidos

K e $\mathbf{K}$

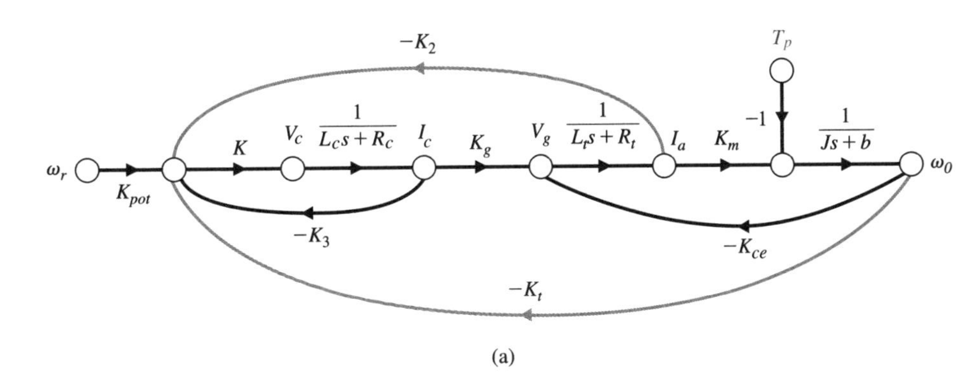

(a)

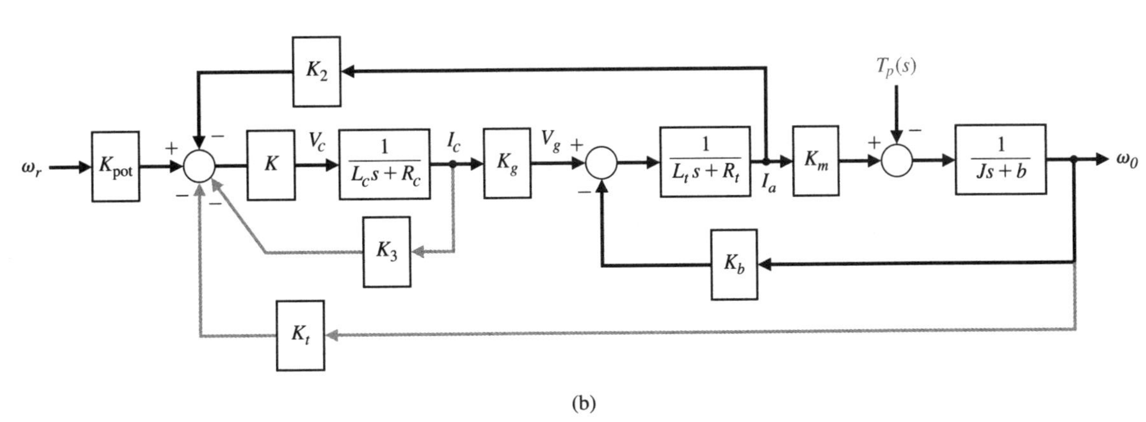

(b)

FIGURA 11.23 Diagrama de fluxo de sinal da locomotiva elétrica a diesel. (a) Diagrama de fluxo de sinal. (b) Diagrama de blocos. As malhas de realimentação do controlador são mostradas em tom mais claro.

Tabela 11.1 Valores dos Parâmetros para a Locomotiva Elétrica a Diesel

K_m	K_g	K_{ce}	J	b	L_a	R_a	R_c	L_c	K_t	K_{pot}	L_g	R_g
10	100	0,62	1	1	0,2	1	1	0,1	1	1	0,1	1

A matriz **K** é a matriz de ganho de realimentação de estado. As especificações de projeto são

Especificações do Projeto

EP1 Erro de rastreamento em regime estacionário $e_{ss} \leq 2\%$ para uma entrada em degrau unitário.

EP2 Máxima ultrapassagem percentual de $\omega_0(t)$ $M.U.P. \leq 10\%$ para uma entrada em degrau unitário $\omega_r(s) = 1/s$.

EP3 Tempo de acomodação $T_s \leq 1$ s para uma entrada em degrau unitário.

O primeiro passo no desenvolvimento da equação diferencial vetorial que descreve corretamente o sistema é escolher um conjunto de variáveis de estado. Na prática, a escolha de variáveis de estado pode ser um processo difícil, particularmente para sistemas complexos. As variáveis de estado devem ser suficientes em número para se determinar o comportamento futuro do sistema quando o estado atual e todas as entradas futuras são conhecidos. A escolha de variáveis de estado está relacionada com a questão da complexidade.

O sistema da locomotiva elétrica a diesel possui três componentes principais: dois circuitos elétricos e um sistema mecânico. Parece lógico que o vetor de estado incluirá variáveis de estado de ambos os circuitos elétricos e do sistema mecânico. Uma escolha razoável de variáveis de estado é $x_1(t) = \omega_0(t)$, $x_2(t) = i_a(t)$ e $x_3(t) = i_c(t)$. Esta escolha de variáveis de estado não é única. Com as variáveis de estado definidas como antes, o modelo em variáveis de estado é

$$\dot{x}_1(t) = -\frac{b}{J}x_1(t) + \frac{K_m}{J}x_2(t) - \frac{1}{J}T_p(t),$$
$$\dot{x}_2(t) = -\frac{K_{ce}}{L_t}x_1(t) - \frac{R_t}{L_t}x_2(t) + \frac{K_g}{L_t}x_3(t),$$
$$\dot{x}_3(t) = -\frac{R_f}{L_c}x_3(t) + \frac{1}{L_c}u(t),$$

em que

$$u(t) = KK_{\text{pot}}\omega_r(t).$$

Na forma matricial (com $T_p(s) = 0$), têm-se

$$\begin{aligned} \dot{\mathbf{x}}(t) &= \mathbf{A}\mathbf{x}(t) + \mathbf{B}u(t), \\ y(t) &= \mathbf{C}\mathbf{x}(t) + \mathbf{D}u(t), \end{aligned} \tag{11.88}$$

em que

$$\mathbf{A} = \begin{bmatrix} -\frac{b}{J} & \frac{K_m}{J} & 0 \\ -\frac{K_{ce}}{L_t} & -\frac{R_t}{L_t} & \frac{K_g}{L_t} \\ 0 & 0 & -\frac{R_c}{L_c} \end{bmatrix}, \quad \mathbf{B} = \begin{bmatrix} 0 \\ 0 \\ \frac{1}{L_c} \end{bmatrix} \text{ e}$$

$$\mathbf{C} = [1 \quad 0 \quad 0], \quad \mathbf{D} = [0].$$

A função de transferência correspondente é

$$G(s) = \mathbf{C}(s\mathbf{I} - \mathbf{A})^{-1}\mathbf{B} = \frac{K_g K_m}{(R_c + L_c s)[(R_t + L_t s)(Js + b) + K_m K_{ce}]}.$$

Comece admitindo que a realimentação do tacômetro esteja disponível, isto é, que K_t esteja na malha. Aproveite o fato de que

$$K_{\text{pot}} = K_t = 1,$$

e então (a partir de uma perspectiva entrada–saída) o sistema tem a configuração de realimentação mostrada na Figura 11.24.

Usando os valores dos parâmetros dados na Tabela 11.1 e calculando o erro de rastreamento em regime estacionário para uma estrada em degrau unitário, resulta

$$e_{ss} = \frac{1}{1 + KG(0)} = \frac{1}{1 + 121{,}95K}.$$

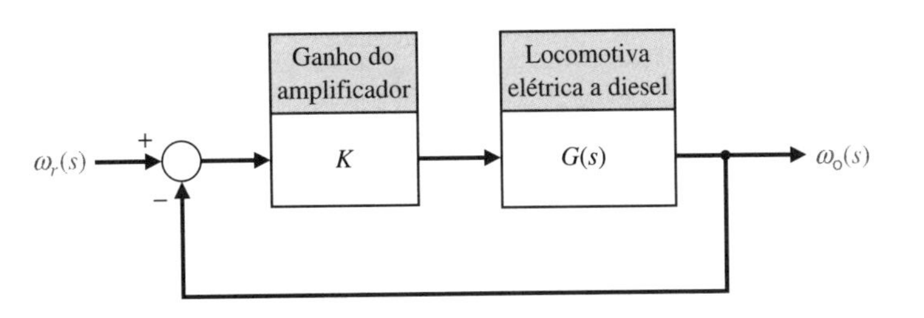

FIGURA 11.24 Representação em diagrama de blocos da locomotiva elétrica a diesel.

Usando o método de Routh-Hurwitz, descobre-se também que o sistema em malha fechada é estável para

$$-0{,}008 < K < 0{,}0468.$$

O menor erro de rastreamento em regime estacionário é alcançado para o maior valor de K. No melhor caso, pode-se obter um erro de rastreamento de 15%, o qual não atende à especificação de projeto EP1. Além disso, à medida que K aumenta, a resposta torna-se inaceitavelmente oscilatória.

Agora se considera um projeto de controlador com realimentação de estado completo. As malhas de realimentação são mostradas na Figura 11.23, a qual mostra que $\omega_0(t)$, $i_a(t)$ e $i_c(t)$ estão disponíveis para realimentação. Sem nenhuma perda de generalidade, faça $K = 1$. Qualquer valor de $K > 0$ também funcionaria.

A entrada de controle é

$$u(t) = K_{\text{pot}}\omega_r(t) - K_t x_1(t) - K_2 x_2(t) - K_3 x_3(t).$$

Os ganhos de realimentação a serem determinados são K_1, K_2 e K_3. O ganho do tacômetro, K_t, é agora um parâmetro-chave do processo de projeto. Além disso, K_{pot} é uma variável-chave de ajuste. Ajustando o parâmetro K_{pot}, tem-se a liberdade de variar a escala da entrada $\omega_r(t)$. Quando se define

$$\mathbf{K} = [K_t \quad K_2 \quad K_3],$$

então

$$u(t) = -\mathbf{K}\mathbf{x}(t) + K_{\text{pot}}\omega_r(t). \tag{11.89}$$

O sistema em malha fechada com realimentação de estado é

$$\dot{\mathbf{x}}(t) = (\mathbf{A} - \mathbf{B}\mathbf{K})\mathbf{x}(t) + \mathbf{B}v(t),$$
$$y(t) = \mathbf{C}\mathbf{x}(t),$$

em que

$$v(t) = K_{\text{pot}}\omega_r(t).$$

Serão utilizados métodos de alocação de polos para determinar $\mathbf{K}$ tal que os autovalores de $\mathbf{A} - \mathbf{BK}$ estejam nas posições desejadas. Primeiro, certifica-se que o sistema é controlável. Quando $n = 3$, a matriz de controlabilidade é

$$\mathbf{P}_c = [\mathbf{B} \quad \mathbf{AB} \quad \mathbf{A}^2\mathbf{B}].$$

Calculando-se o determinante de $\mathbf{P}_c$, resulta

$$\det \mathbf{P}_c = -\frac{K_g^2 K_m}{J L_c^3 L_t^2}.$$

Uma vez que $K_g \neq 0$ e $K_m \neq 0$ e $JL_c^3L_t^2$ não é nulo, determina-se que

$$\det \mathbf{P}_c \neq 0.$$

Assim, o sistema é controlável. Podem-se alocar todos os polos do sistema apropriadamente para satisfazer EP2 e EP3.

A região desejada para alocar os autovalores de $\mathbf{A} - \mathbf{BK}$ é ilustrada na Figura 11.25. As posições específicas dos polos são escolhidas como

$$p_1 = -50,$$
$$p_2 = -4 + 3j,$$
$$p_3 = -4 - 3j.$$

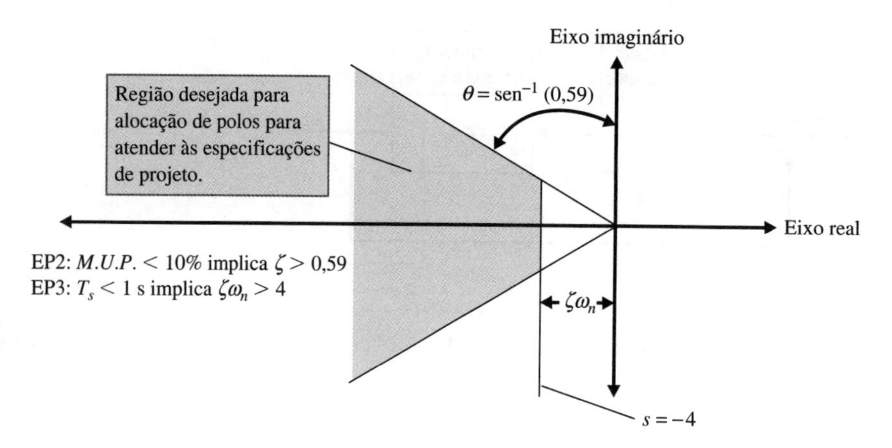

FIGURA 11.25 Posições desejadas dos polos de malha fechada (isto é, dos autovalores de **A** − **BK**).

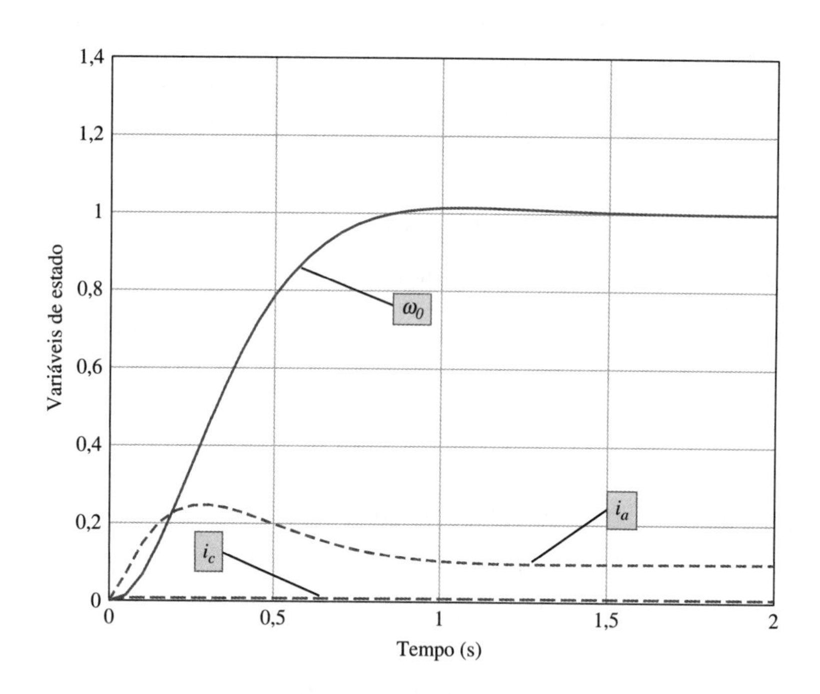

FIGURA 11.26 Resposta ao degrau em malha fechada da locomotiva elétrica a diesel.

Escolher $p_1 = -50$ possibilita uma boa resposta de segunda ordem que é determinada por p_2 e p_3. A matriz de ganho **K** que resulta nos polos de malha fechada desejados é

$$\mathbf{K} = [-0{,}0041 \quad 0{,}0035 \quad 4{,}0333].$$

Para se escolher o ganho K_{pot}, primeiro calcula-se o ganho estático da função de transferência em malha fechada. Com a realimentação de estado no lugar, a função de transferência em malha fechada é

$$T(s) = \mathbf{C}(s\mathrm{I} - \mathbf{A} + \mathbf{BK})^{-1}\,\mathbf{B}.$$

Então,

$$K_{\text{pot}} = \frac{1}{T(0)}.$$

Utilizando-se o ganho K_{pot} desta maneira, efetivamente altera-se a escala da função de transferência em malha fechada de modo que o ganho estático seja igual a 1. Espera-se, então, que uma entrada em degrau unitário representando um comando em degrau de 1°/s resulte em uma saída em regime estacionário de 1°/s em ω_0.

A resposta ao degrau do sistema é mostrada na Figura 11.26. É possível observar que todas as especificações de projeto são satisfeitas. ■

11.10 PROJETO COM VARIÁVEIS DE ESTADO USANDO PROGRAMAS DE PROJETO DE CONTROLE

A controlabilidade e a observabilidade de um sistema na forma de realimentação de variáveis de estado podem ser verificadas usando-se as funções ctrb e obsv, respectivamente. As entradas da função ctrb, mostrada na Figura 11.27, são a matriz de sistema **A** e a matriz de entrada **B**; a saída de ctrb é a matriz de controlabilidade $\mathbf{P}_c$. De modo similar, as entradas da função obsv, mostrada na Figura 11.27, são a matriz de sistema **A** e a matriz de saída **C**; a saída de obsv é a matriz de observabilidade $\mathbf{P}_o$.

Observe que a matriz de controlabilidade $\mathbf{P}_c$ é função apenas de **A** e **B**, enquanto a matriz de observabilidade $\mathbf{P}_o$ é função apenas de **A** e **C**.

EXEMPLO 11.16 **Controle de trajetória de satélite**

Consideremos um satélite em órbita equatorial circular a uma altitude de 250 milhas náuticas acima da superfície terrestre, como ilustrado na Figura 11.28 [14, 24]. O movimento do satélite (no plano da órbita) é descrito pelo modelo em variáveis de estado normalizado

$$\dot{\mathbf{x}}(t) = \begin{bmatrix} 0 & 1 & 0 & 0 \\ 3\omega^2 & 0 & 0 & 2\omega \\ 0 & 0 & 0 & 1 \\ 0 & -2\omega & 0 & 0 \end{bmatrix}\mathbf{x}(t) + \begin{bmatrix} 0 \\ 1 \\ 0 \\ 0 \end{bmatrix}u_r(t) + \begin{bmatrix} 0 \\ 0 \\ 0 \\ 1 \end{bmatrix}u_t(t), \qquad (11.90)$$

em que o vetor de estado $\mathbf{x}(t)$ representa perturbações normalizadas a partir da órbita equatorial circular; $u_r(t)$ é a entrada devida a um propulsor radial; $u_t(t)$ é a entrada devida a um propulsor tangencial; e $\omega = 0{,}0011$ rad/s (aproximadamente uma órbita de 90 minutos) é a velocidade orbital do satélite na altitude específica. Na ausência de perturbações, o satélite permanecerá na órbita equatorial circular nominal. Entretanto, perturbações como o arrasto aerodinâmico podem fazer com que o satélite se desvie de sua trajetória nominal. O problema é projetar um controlador que comande os propulsores do satélite de tal maneira que a órbita real permaneça próxima da órbita circular desejada. Antes de começar com o projeto, verifica-se a controlabilidade. Neste caso, investiga-se a controlabilidade usando os propulsores radial e tangencial independentemente.

Suponha que o propulsor tangencial falhe (isto é, $u_t(t) = 0$) e apenas o propulsor radial esteja operacional. O satélite é controlável apenas com $u_r(t)$? Responde-se a essa questão usando-se uma sequência de instruções em arquivo m para determinar a controlabilidade. Usando a sequência de instruções mostrada na Figura 11.29, descobre-se que o determinante de $\mathbf{P}_c$ é zero; assim, o satélite não é completamente controlável quando o propulsor tangencial falha.

Suponha, agora, que o propulsor radial falhe (isto é, $u_r(t) = 0$) e que o propulsor tangencial esteja funcionando de forma adequada. O satélite é controlável apenas com $u_t(t)$? Usando a sequência de instruções na Figura 11.30, descobre-se que o satélite é completamente controlável apenas com o uso do propulsor tangencial. ■

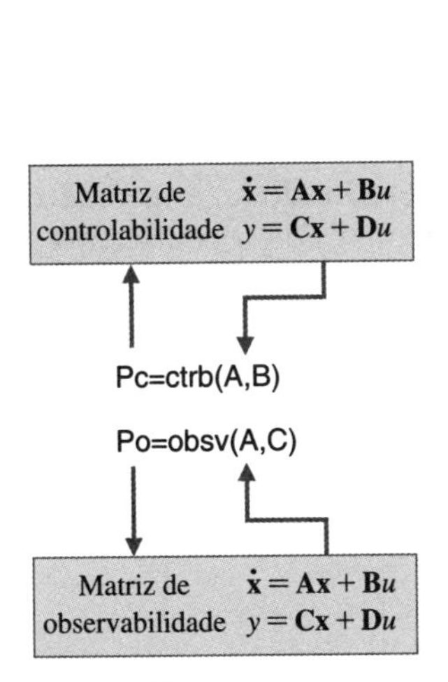

FIGURA 11.27 Funções **ctrb** e **obsv**.

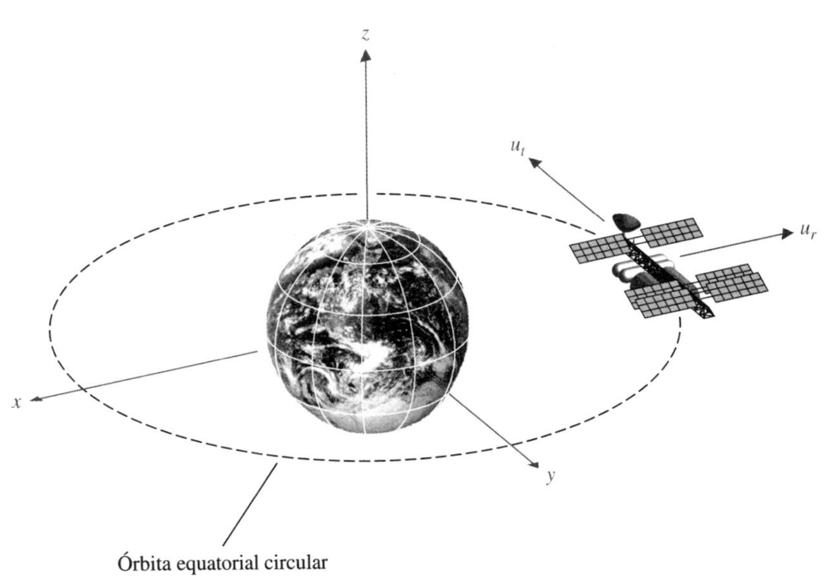

FIGURA 11.28 Satélite em uma órbita equatorial circular.

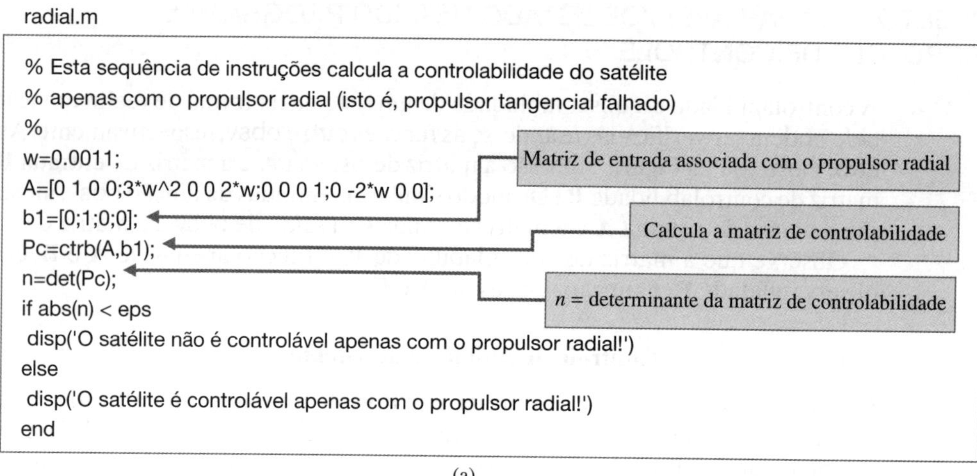

(a)

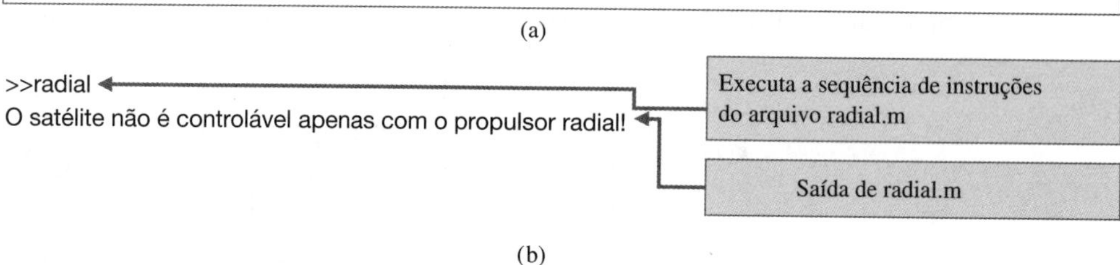

(b)

FIGURA 11.29 Controlabilidade apenas com propulsores radiais: (a) sequência de instruções em arquivo m e (b) saída.

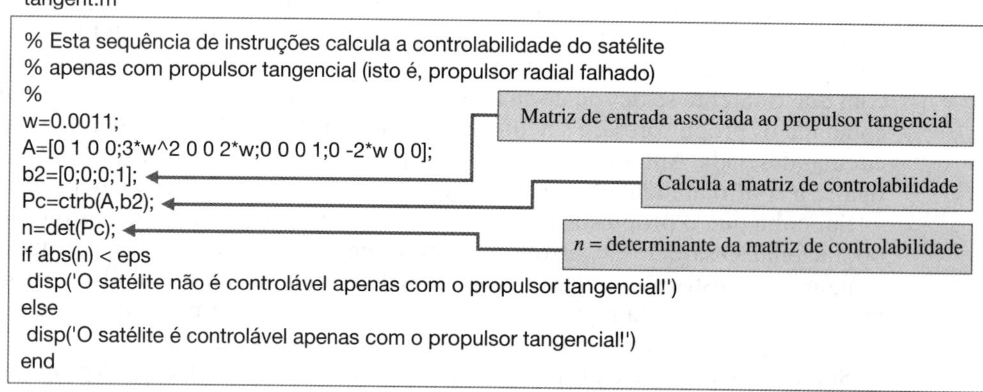

(a)

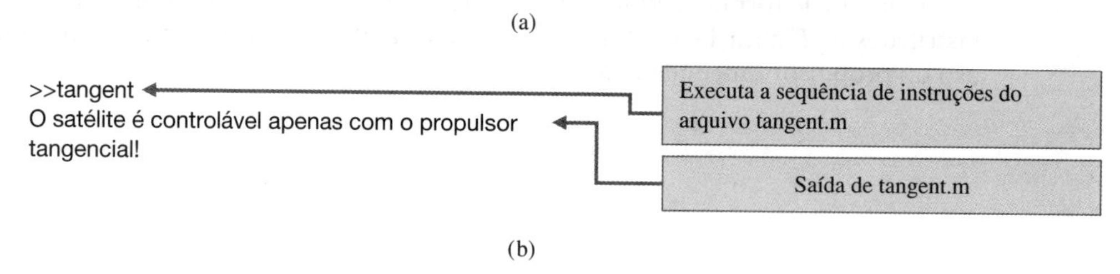

(b)

FIGURA 11.30 Controlabilidade apenas com propulsores tangenciais: (a) sequência de instruções em arquivo m e (b) saída.

Conclui-se esta seção com um projeto de controlador para um sistema de terceira ordem usando modelos em variáveis de estado. A abordagem de projeto utiliza métodos do lugar geométrico das raízes e incorpora sequências de instruções em arquivos m para auxiliar no procedimento.

EXEMPLO 11.17 **Sistema de terceira ordem**

Considere um sistema com a representação no espaço de estados

$$\dot{\mathbf{x}}(t) - \mathbf{A}\mathbf{x}(t) + \mathbf{B}u(t), \tag{11.91}$$

em que

$$\mathbf{A} = \begin{bmatrix} 0 & 1 & 0 \\ 0 & -1 & 1 \\ 0 & 0 & -5 \end{bmatrix} \quad \text{e} \quad \mathbf{B} = \begin{bmatrix} 0 \\ 0 \\ K \end{bmatrix}.$$

As especificações de projeto são uma resposta ao degrau com (1) tempo de acomodação (com critério de 2%) $T_s \leq 2$ s e (2) máxima ultrapassagem percentual $M.U.P. \leq 4\%$. Admite-se que as variáveis de estado estão disponíveis para realimentação, de modo que o controle é dado por

$$u(t) = -[K_1 \quad K_2 \quad K_3]\mathbf{x}(t) + r(t) = -\mathbf{K}\mathbf{x}(t) + r(t). \tag{11.92}$$

Deve-se escolher os ganhos K, K_1, K_2 e K_3 para atender às especificações de desempenho. Usando as aproximações de projeto

$$T_s = \frac{4}{\zeta\omega_n} < 2 \quad \text{e} \quad M.U.P. = 100e^{-\zeta\pi/\sqrt{1-\zeta^2}} < 4,$$

descobre-se que

$$\zeta > 0{,}72 \quad \text{e} \quad \omega_n > 2{,}8.$$

Isto define uma região no plano complexo na qual as raízes dominantes devem ficar, de modo que se espera atender às especificações de projeto, como mostrado na Figura 11.31. Substituindo-se a Equação (11.92) na Equação (11.91), resulta

$$\dot{\mathbf{x}}(t) = \begin{bmatrix} 0 & 1 & 0 \\ 0 & -1 & 1 \\ -KK_1 & -KK_2 & -(5 + KK_3) \end{bmatrix}\mathbf{x}(t) + \begin{bmatrix} 0 \\ 0 \\ K \end{bmatrix} r(t) = \mathbf{H}\mathbf{x}(t) + \mathbf{B}r(t), \tag{11.93}$$

na qual $\mathbf{H} = \mathbf{A} - \mathbf{BK}$. A equação característica associada com a Equação (11.93) pode ser obtida calculando $\det(s\mathbf{I} - \mathbf{H}) = 0$, obtendo

$$s(s + 1)(s + 5) + KK_3\left(s^2 + \frac{K_3 + K_2}{K_3}s + \frac{K_1}{K_3}\right) = 0. \tag{11.94}$$

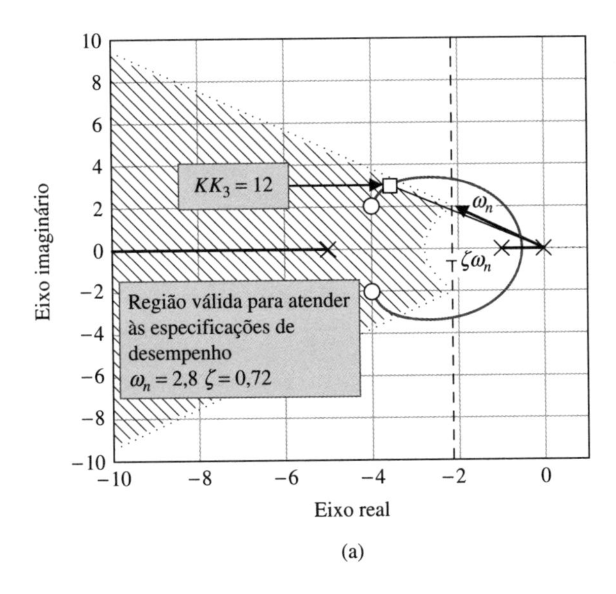

(a)

```
% Sequência de instruções do lugar geométrico das raízes
% incluindo as regiões das especificações de desempenho
num=[1 8 20]; den=[1 6 5 0]; sys=tf(num,den);
clf; rlocus(sys); hold on
%
zeta=0.72; wn=2.8;
x=[-10:0.1:-zeta*wn]; y=-(sqrt(1-zeta^2)/zeta)*x;
xc=[-10:0.1:-zeta*wn];c=sqrt(wn^2-xc.^2);
plot(x,y,':',x,-y,':',xc,c,':',xc,-c,':')
```

Mantém o gráfico para acrescentar as regiões de estabilidade

(b)

FIGURA 11.31 (a) Lugar geométrico das raízes. (b) Sequência de instruções em arquivo m.

Considerando KK_3 como um parâmetro e fazendo $K_1 = 1$, então é possível escrever a Equação (11.94) como

$$1 + KK_3 \frac{s^2 + \dfrac{K_3 + K_2}{K_3}s + \dfrac{1}{K_3}}{s(s+1)(s+5)} = 0.$$

Aloca-se os zeros em $s = -4 \pm 2j$ a fim de puxar o lugar geométrico para a esquerda no plano s. Assim, o polinômio do numerador desejado é $s^2 + 8s + 20$. Comparando os coeficientes correspondentes, chega-se a

$$\frac{K_3 + K_2}{K_3} = 8 \quad \text{e} \quad \frac{1}{K_3} = 20.$$

Consequentemente, $K_2 = 0{,}35$ e $K_3 = 0{,}05$. Pode-se agora traçar um lugar geométrico das raízes com KK_3 como o parâmetro, conforme mostrado na Figura 11.31.

A equação característica, Equação (11.94), é

$$1 + KK_3 \frac{s^2 + 8s + 20}{s(s+1)(s+5)} = 0.$$

As raízes para o ganho escolhido, $KK_3 = 12$, situam-se na região de desempenho, como mostrado na Figura 11.31. A função rlocfind é usada para se determinar o valor de KK_3 no ponto escolhido. Os ganhos finais são: $K = 240{,}00$, $K_1 = 1{,}00$, $K_2 = 0{,}35$ e $K_3 = 0{,}05$. O projeto do controlador resulta em um tempo de acomodação de cerca de 1,8 segundo e máxima ultrapassagem de 3%, como mostrado na Figura 11.32. ■

Na Seção 11.4, examinou-se a fórmula de Ackermann para alocar os polos do sistema em posições desejadas. A função acker calcula a matriz de ganho **K** para alocar os polos de malha fechada nas posições desejadas. A função acker é ilustrada na Figura 11.33.

EXEMPLO 11.18 **Projeto de sistema de segunda ordem usando a função acker**

Considere novamente o sistema de segunda ordem no Exemplo 11.7. O modelo do sistema é

$$\dot{\mathbf{x}}(t) = \begin{bmatrix} 0 & 1 \\ 0 & 0 \end{bmatrix}\mathbf{x}(t) + \begin{bmatrix} 0 \\ 1 \end{bmatrix}u(t).$$

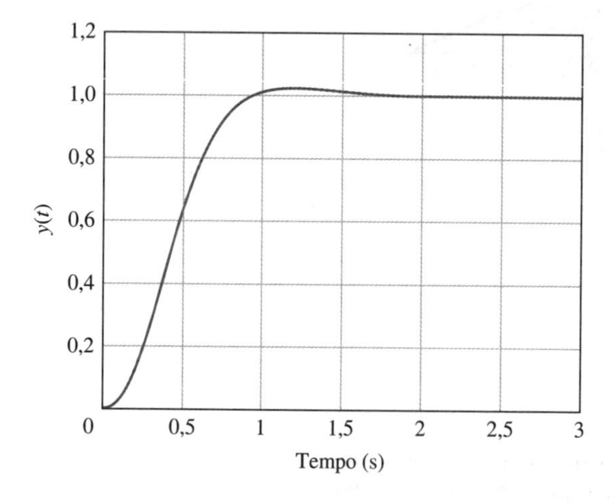

FIGURA 11.32 Resposta ao degrau.

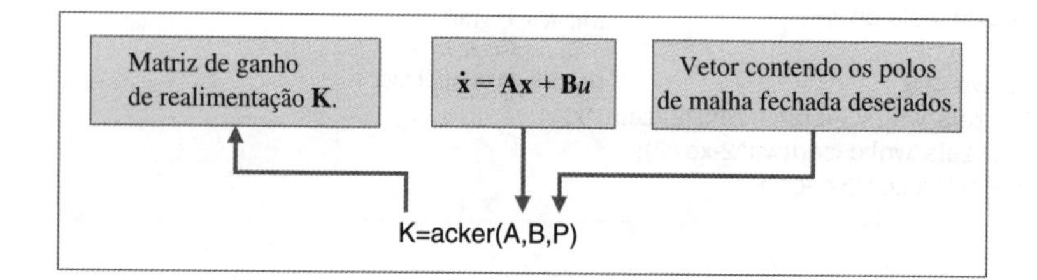

FIGURA 11.33 Função **acker**.

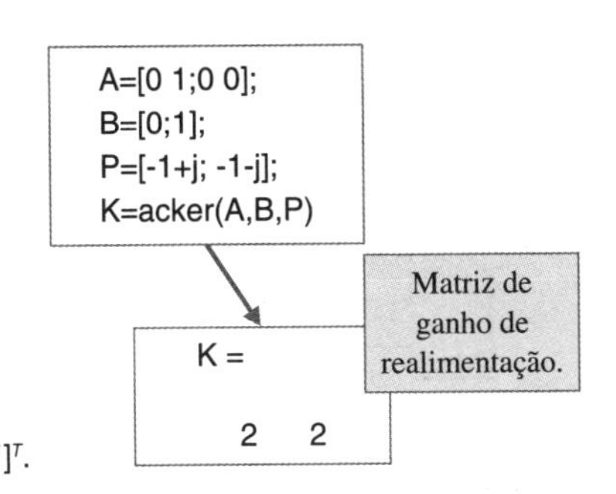

FIGURA 11.34 Usando **acker** para calcular **K** visando alocar os polos em $\mathbf{P} = [-1 + j, -1 - j]^T$.

As posições desejadas dos polos de malha fechada são $s_{1,2} = -1 \pm j$. Para aplicar a fórmula de Ackermann usando a função acker, forma-se o vetor

$$\mathbf{P} = \begin{bmatrix} -1 + j \\ -1 - j \end{bmatrix}.$$

Então, com

$$\mathbf{A} = \begin{bmatrix} 0 & 1 \\ 0 & 0 \end{bmatrix} \quad \text{e} \quad \mathbf{B} = \begin{bmatrix} 0 \\ 1 \end{bmatrix},$$

a função acker, ilustrada na Figura 11.34, determina que a matriz de ganho que alcança a posição desejada dos polos é

$$\mathbf{K} = [2 \quad 2].$$

Isto confirma o resultado no Exemplo 11.7. ■

11.11 EXEMPLO DE PROJETO SEQUENCIAL: SISTEMA DE LEITURA DE ACIONADORES DE DISCO

Neste capítulo, será projetado um sistema com realimentação de variáveis de estado que alcançará a resposta desejada do sistema. As especificações para o sistema são dadas na Tabela 11.2. O modelo de segunda ordem em malha aberta é mostrado na Figura 11.35. O sistema será projetado para este modelo de segunda ordem e, em seguida, será testada a resposta do sistema para ambos os modelos de segunda ordem e de terceira ordem.

Primeiro, escolhem-se as duas variáveis de estado como $x_1(t) = y(t)$ e $x_2(t) = dy(t)/dt = dx_1(t)/dt$, como mostrado na Figura 11.36. É prático medir essas variáveis como a posição e a velocidade da cabeça de leitura. Então, adiciona-se a realimentação com variáveis de estado, como mostrado

Tabela 11.2 Especificações e Desempenho Real do Sistema de Controle de Acionador de Disco

Medida de Desempenho	Valor Desejado	Resposta para o Modelo de Segunda Ordem	Resposta para o Modelo de Terceira Ordem
Máxima ultrapassagem percentual	<5%	<1%	0%
Tempo de acomodação	<50 ms	34,3 ms	34,2 ms
Resposta máxima para uma perturbação em degrau unitário	$<5 \times 10^{-3}$	$5{,}2 \times 10^{-5}$	$5{,}2 \times 10^{-5}$

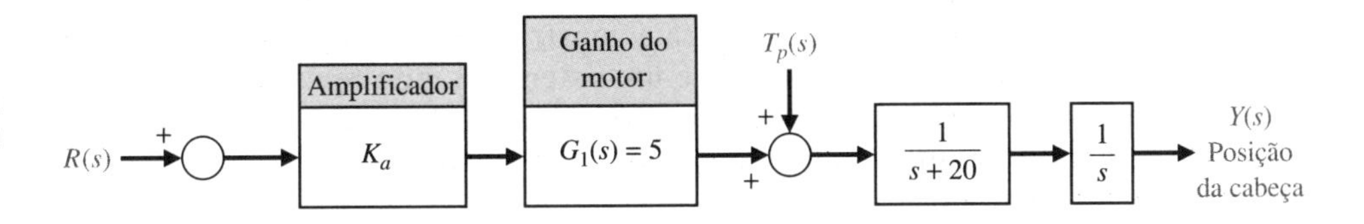

FIGURA 11.35 Modelo em malha aberta do sistema de controle da cabeça.

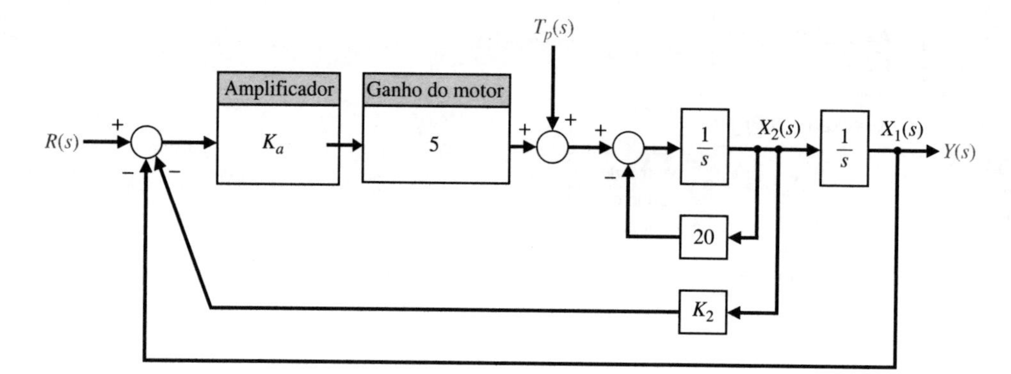

FIGURA 11.36 Sistema em malha fechada com realimentação das duas variáveis de estado.

na Figura 11.36. Escolhe-se $K_1 = 1$, uma vez que o objetivo é que $y(t)$ siga de perto e com exatidão o comando $r(t)$. A equação diferencial em variáveis de estado para o sistema em malha aberta é

$$\dot{\mathbf{x}}(t) = \begin{bmatrix} 0 & 1 \\ 0 & -20 \end{bmatrix}\mathbf{x}(t) + \begin{bmatrix} 0 \\ 5K_a \end{bmatrix}r(t).$$

A equação diferencial em variáveis de estado em malha fechada obtida a partir da Figura 11.36 é

$$\dot{\mathbf{x}}(t) = \begin{bmatrix} 0 & 1 \\ -5K_1K_a & -(20 + 5K_2K_a) \end{bmatrix}\mathbf{x}(t) + \begin{bmatrix} 0 \\ 5K_a \end{bmatrix}r(t).$$

A equação característica do sistema em malha fechada é

$$s^2 + (20 + 5K_2K_a)s + 5K_a = 0,$$

uma vez que $K_1 = 1$. A fim de alcançar as especificações, escolhe-se $\zeta = 0{,}90$ e $\zeta\omega_n = 125$. Então, a equação característica em malha fechada desejada é

$$s^2 + 2\zeta\omega_n s + \omega_n^2 = s^2 + 250s + 19.290 = 0.$$

Portanto, isso requer que $5K_a = 19.290$ ou $K_a = 3.858$. Além disso, é necessário que

$$20 + 5K_2K_a = 250,$$

ou $K_2 = 0{,}012$.

O sistema com o modelo de segunda ordem tem a resposta desejada e atende todas as especificações, como mostrado na Tabela 11.2. Quando se adiciona a indutância de campo $L = 1$ mH, obtém-se um modelo de terceira ordem com

$$G_1(s) = \frac{5.000}{s + 1.000}.$$

Usando esse modelo, que incorpora a indutância de campo, testa-se a resposta do sistema com os ganhos de realimentação escolhidos para o modelo de segunda ordem. Os resultados são fornecidos na Tabela 11.2, ilustrando que o modelo de segunda ordem é um modelo muito bom do sistema. Os resultados reais do sistema de terceira ordem atendem às especificações.

11.12 RESUMO

Neste capítulo, examinou-se o projeto de sistemas de controle no domínio do tempo. O procedimento de projeto de três passos para a construção de compensadores com variáveis de estado foi apresentado. O projeto ótimo de um sistema usando realimentação de variáveis de estado e um índice de desempenho integral foi considerado. Além disso, examinou-se o projeto no plano s de sistemas utilizando realimentação de variáveis de estado. Finalmente, o projeto com modelo interno foi discutido.

VERIFICAÇÃO DE COMPETÊNCIAS

Nesta seção, são apresentados três conjuntos de problemas para testar o conhecimento do leitor: Verdadeiro ou Falso, Múltipla Escolha e Correspondência de Palavras. Para obter um retorno imediato, compare as respostas com o gabarito fornecido depois dos problemas de fim de capítulo. Use o diagrama de blocos da Figura 11.37 como especificado nos vários enunciados dos problemas.

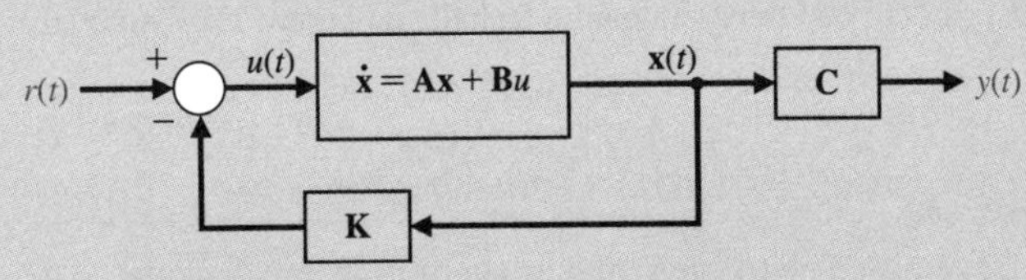

FIGURA 11.37 Diagrama de blocos para a Verificação de Competências.

Nos seguintes problemas de **Verdadeiro ou Falso** e **Múltipla Escolha**, circule a resposta correta.

1. Um sistema é dito controlável no intervalo $[t_0, t_f]$ se existe uma entrada contínua $u(t)$ tal que qualquer estado inicial $\mathbf{x}(t_0)$ pode ser transformado em qualquer estado arbitrário $\mathbf{x}(t_f)$ em um intervalo finito $t_f - t_0 > 0$. *Verdadeiro ou Falso*
2. Os polos de um sistema podem ser arbitrariamente alocados por meio de realimentação de estado completo se, e somente se, o sistema for completamente controlável e observável. *Verdadeiro ou Falso*
3. O problema de se projetar um compensador que forneça o rastreamento assintótico de uma entrada de referência com erro em regime estacionário nulo é chamado de realimentação de variáveis de estado. *Verdadeiro ou Falso*
4. Sistemas de controle ótimo são sistemas cujos parâmetros são ajustados de modo que o índice de desempenho alcance um valor extremo. *Verdadeiro ou Falso*
5. A fórmula de Ackermann é usada para verificar a observabilidade de um sistema. *Verdadeiro ou Falso*
6. Considere o sistema

$$\dot{\mathbf{x}}(t) = \begin{bmatrix} 0 & 1 \\ 0 & -4 \end{bmatrix}\mathbf{x}(t) + \begin{bmatrix} 0 \\ 2 \end{bmatrix}u(t)$$

$$y(t) = \begin{bmatrix} 0 & 2 \end{bmatrix}\mathbf{x}(t).$$

O sistema é:

a. Controlável e observável
b. Não controlável e não observável
c. Controlável e não observável
d. Não controlável e observável

7. Considere o sistema

$$G(s) = \frac{10}{s^2(s+2)(s^2+2s+5)}.$$

O sistema é:

a. Controlável e observável
b. Não controlável e não observável
c. Controlável e não observável
d. Não controlável e observável

8. Um sistema tem a representação em variáveis de estado

$$\dot{\mathbf{x}}(t) = \begin{bmatrix} -1 & 0 & 0 \\ 0 & -3 & 0 \\ 0 & 0 & -5 \end{bmatrix}\mathbf{x}(t) + \begin{bmatrix} 1 \\ 1 \\ 1 \end{bmatrix}u(t)$$

$$y(t) = \begin{bmatrix} 1 & 2 & -1 \end{bmatrix}\mathbf{x}(t).$$

Determine o modelo em função de transferência associado $G(s) = \dfrac{Y(s)}{U(s)}$.

a. $G(s) = \dfrac{5s^2 + 32s + 35}{s^3 + 9s^2 + 23s + 15}$

b. $G(s) = \dfrac{5s^2 + 32s + 35}{s^4 + 9s^3 + 23s + 15}$

c. $G(s) = \dfrac{2s^2 + 16s + 22}{s^3 + 9s^2 + 23s + 15}$

d. $G(s) = \dfrac{5s + 32}{s^2 + 32s + 9}$

9. Considere o sistema em malha fechada na Figura 11.37, no qual

$$\mathbf{A} = \begin{bmatrix} -12 & -10 & -5 \\ 1 & 0 & 0 \\ 0 & 1 & 0 \end{bmatrix}, \quad \mathbf{B} = \begin{bmatrix} 1 \\ 0 \\ 0 \end{bmatrix}, \quad \mathbf{C} = \begin{bmatrix} 3 & 5 & -5 \end{bmatrix}.$$

Determine a matriz de ganho de controle com realimentação de variáveis de estado **K** de modo que os polos do sistema em malha fechada sejam $s = -3, -4$ e -6.

a. $\mathbf{K} = [1 \quad 44 \quad 67]$
b. $\mathbf{K} = [10 \quad 44 \quad 67]$
c. $\mathbf{K} = [44 \quad 1 \quad 1]$
d. $\mathbf{K} = [1 \quad 67 \quad 44]$

10. Considere o sistema retratado no diagrama de blocos da Figura 11.38.

O sistema é:

a. Controlável e observável
b. Não controlável e não observável
c. Controlável e não observável
d. Não controlável e observável

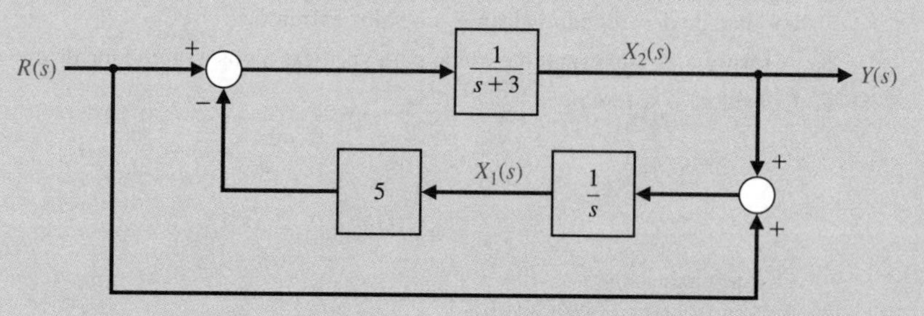

FIGURA 11.38 Sistema de controle com realimentação com duas malhas.

11. Um sistema tem a função de transferência

$$T(s) = \frac{s + a}{s^4 + 6s^3 + 12s^2 + 12s + 6}.$$

Determine os valores de a que tornam o sistema não observável.

a. $a = 1{,}30$ ou $a = -1{,}43$
b. $a = 3{,}30$ ou $a = 1{,}43$
c. $a = -3{,}30$ ou $a = -1{,}43$
d. $a = -5{,}7$ ou $a = -2{,}04$

12. Considere o sistema em malha fechada na Figura 11.37, no qual

$$\mathbf{A} = \begin{bmatrix} -7 & -10 \\ 1 & 0 \end{bmatrix}, \quad \mathbf{B} = \begin{bmatrix} 1 \\ 0 \end{bmatrix}, \quad \mathbf{C} = \begin{bmatrix} 0 & 1 \end{bmatrix}.$$

Determine a matriz de ganho de controle com realimentação de variáveis de estado **K** para um erro de rastreamento em regime estacionário nulo para uma entrada em degrau.

a. $\mathbf{K} = [3 \quad -9]$
b. $\mathbf{K} = [3 \quad -6]$
c. $\mathbf{K} = [-3 \quad 2]$
d. $\mathbf{K} = [-1 \quad 4]$

13. Considere o sistema no qual

$$\mathbf{A} = \begin{bmatrix} -3 & 0 \\ 1 & 0 \end{bmatrix}, \quad \mathbf{B} = \begin{bmatrix} 1 \\ 0 \end{bmatrix}, \quad \mathbf{C} = \begin{bmatrix} 0 & 1 \end{bmatrix}.$$

Deseja-se posicionar os polos do observador em $s_{1,2} = -3 \pm j3$. Determine a matriz de ganho de controle com realimentação de variáveis de estado **L** apropriada.

a. $\mathbf{L} = \begin{bmatrix} -9 \\ 3 \end{bmatrix}$

b. $\mathbf{L} = \begin{bmatrix} 9 \\ 3 \end{bmatrix}$

c. $\mathbf{L} = \begin{bmatrix} 3 \\ 9 \end{bmatrix}$

d. Nenhuma das anteriores

14. Um sistema com realimentação tem representação em variáveis de estado

$$\dot{\mathbf{x}}(t) = \begin{bmatrix} -75 & 0 \\ 1 & 0 \end{bmatrix}\mathbf{x}(t) + \begin{bmatrix} 1 \\ 0 \end{bmatrix}u(t)$$

$$y(t) = \begin{bmatrix} 0 & 3.600 \end{bmatrix}\mathbf{x}(t),$$

em que a realimentação é $u(t) = -\mathbf{Kx} + r(t)$. As especificações de projeto do sistema de controle são: (i) máxima ultrapassagem para uma entrada em degrau de aproximadamente $M.U.P. \approx 6\%$ e (ii) tempo de acomodação $T_s \approx 0{,}1$ segundo. Uma matriz de ganho de realimentação de variáveis de estado que satisfaz as especificações é:

a. $\mathbf{K} = \begin{bmatrix} 10 & 200 \end{bmatrix}$

b. $\mathbf{K} = \begin{bmatrix} 6 & 3.600 \end{bmatrix}$

c. $\mathbf{K} = \begin{bmatrix} 3.600 & 10 \end{bmatrix}$

d. $\mathbf{K} = \begin{bmatrix} 100 & 40 \end{bmatrix}$

15. Considere o sistema

$$Y(s) = G(s)U(s) = \left[\frac{1}{s^2}\right]U(s).$$

Determine os autovalores do sistema em malha fechada quando se utiliza realimentação de variáveis de estado, em que $u(t) = -2x_2(t) - 2x_1(t) + r(t)$. Define-se $x_1(t) = y(t)$ e $r(t)$ é uma entrada de referência.

a. $s_1 = -1 + j1 \quad s_2 = -1 - j1$

b. $s_1 = -2 + j2 \quad s_2 = -2 - j2$

c. $s_1 = -1 + j2 \quad s_2 = -1 - j2$

d. $s_1 = -1 \quad s_2 = -1$

No problema de **Correspondência de Palavras** seguinte, combine o termo com sua definição escrevendo a letra correta no espaço fornecido.

a. Controlador estabilizante	Ocorre quando o sinal de controle para o processo é uma função direta de todas as variáveis de estado.	_____
b. Matriz de controlabilidade	Sistema no qual qualquer estado inicial $\mathbf{x}(t_0)$ é determinado de modo único por meio da observação da saída $y(t)$ no intervalo $[t_0, t_f]$.	_____
c. Estabilizável	Sistema no qual existe uma entrada contínua $u(t)$ tal que qualquer estado inicial $\mathbf{x}(t_0)$ pode ser levado para qualquer estado arbitrário $\mathbf{x}(t_f)$ em um intervalo de tempo finito $t_f - t_0 > 0$.	_____
d. Rastreamento de comando	Sistema cujos parâmetros são ajustados de modo que o índice de desempenho alcance um valor extremo.	_____
e. Realimentação com variáveis de estado	Aspecto importante do projeto de sistemas de controle em que uma entrada de referência não nula é rastreada.	_____
f. Lei de controle de realimentação de estado completo	Um sistema linear será (completamente) controlável se e somente se esta matriz for de posto completo.	_____
g. Observador	Sistema no qual os estados que não são observáveis são naturalmente estáveis.	_____
h. Regulador linear quadrático	Diferença entre o estado real e o estado estimado.	_____
i. Sistema de controle ótimo	Uma lei de controle da forma $u(t) = -\mathbf{Kx}(t)$ em que $\mathbf{x}(t)$ é o estado do sistema admitido como conhecido em todos os instantes.	_____

j. Detectável	Uma divisão do espaço de estados que destaca os estados que são controláveis e não observáveis; não controláveis e não observáveis; controláveis e observáveis; e não controláveis e observáveis.	____
k. Sistema controlável	Controlador ótimo projetado para minimizar um índice de desempenho quadrático.	____
l. Alocação de polos	Um sistema linear será (completamente) observável se, e somente se, esta matriz for de posto completo.	____
m. Erro de estimação	Um sistema dinâmico usado para estimar o estado de outro sistema dinâmico, dado o conhecimento das entradas do sistema e as medidas das saídas do sistema.	____
n. Decomposição do espaço de estados de Kalman	Metodologia de projeto em que o objetivo é posicionar os autovalores do sistema em malha fechada em regiões desejadas do plano complexo.	____
o. Sistema observável	Princípio segundo o qual a lei de realimentação de estado completo e o observador podem ser projetados independentemente e, quando conectados, funcionarão como um sistema de controle integrado da maneira desejada (isto é, estável).	____
p. Princípio da separação	Sistema no qual os estados que não são controláveis são naturalmente estáveis.	____
q. Matriz de observabilidade	Controlador que estabiliza o sistema em malha fechada.	____

EXERCÍCIOS

E11.1 A capacidade de se equilibrar ativamente é um ingrediente-chave para a mobilidade de um dispositivo que salta e se move sobre uma perna de mola, como mostrado na Figura E11.1 [8]. O controle da atitude do dispositivo usa um giroscópio e uma realimentação tal que $u(t) = \mathbf{K}\mathbf{x}(t)$, em que

$$\mathbf{K} = \begin{bmatrix} -k & 0 \\ 0 & -2k \end{bmatrix}$$

e

$$\dot{\mathbf{x}}(t) = \mathbf{A}\mathbf{x}(t) + \mathbf{B}u(t)$$

em que

$$\mathbf{A} = \begin{bmatrix} 0 & 1 \\ -1 & 0 \end{bmatrix} \quad \text{e} \quad \mathbf{B} = \mathbf{I}.$$

Determine um valor para k de modo que a resposta de cada salto seja criticamente amortecida.

E11.2 Uma esfera de aço suspensa magneticamente pode ser descrita pela equação linear

$$\dot{\mathbf{x}}(t) = \begin{bmatrix} 0 & 1 \\ 9 & 0 \end{bmatrix}\mathbf{x}(t) + \begin{bmatrix} 0 \\ 1 \end{bmatrix}u(t),$$

$$y(t) = \begin{bmatrix} 1 & 0 \end{bmatrix}\mathbf{x}(t).$$

As variáveis de estado são $x_1(t)$ = posição e $x_2(t)$ = velocidade. Escolha uma realimentação de modo que o tempo de acomodação (com critério de 2%) seja $T_s = 4$ s e $M.U.P. \leq 10\%$ para uma entrada degrau unitário. Escolha a realimentação na forma

$$u(t) = -k_1x_1(t) - k_2x_2(t) + r(t)$$

na qual $r(t)$ seja a entrada de referência e os ganhos k_1 e k_2 devem ser determinados.

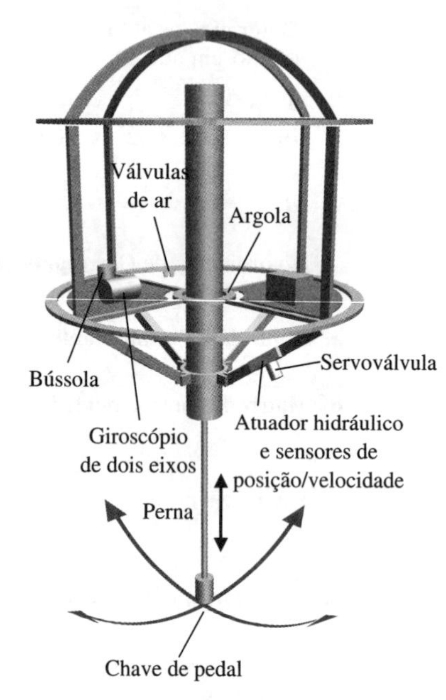

FIGURA E11.1 Controle de uma perna.

E11.3 Um sistema é descrito pelas equações matriciais

$$\dot{\mathbf{x}}(t) = \begin{bmatrix} 0 & 1 \\ 0 & -5 \end{bmatrix}\mathbf{x}(t) + \begin{bmatrix} 0 \\ 2 \end{bmatrix}u(t)$$

$$y(t) = [0 \quad 2]\mathbf{x}(t).$$

Determine se o sistema é controlável e observável.

Resposta: controlável e não observável

E11.4 Um sistema é descrito pelas equações matriciais

$$\dot{\mathbf{x}}(t) = \begin{bmatrix} -8 & -9 \\ 0 & 1 \end{bmatrix}\mathbf{x}(t) + \begin{bmatrix} -1 \\ 1 \end{bmatrix}u(t)$$

$$y(t) = \begin{bmatrix} 1 & 0 \end{bmatrix}\mathbf{x}(t).$$

Determine se o sistema é controlável e observável.

E11.5 Um sistema é descrito pelas equações matriciais

$$\dot{\mathbf{x}}(t) = \begin{bmatrix} 0 & 1 \\ -2 & -2 \end{bmatrix}\mathbf{x}(t) + \begin{bmatrix} 1 \\ -3 \end{bmatrix}u(t)$$

$$y(t) = [1 \quad 0]\mathbf{x}(t).$$

Determine se o sistema é controlável e observável.

E11.6 Um sistema é descrito pelas equações matriciais

$$\dot{\mathbf{x}}(t) = \begin{bmatrix} 0 & 1 \\ -1 & -2 \end{bmatrix}\mathbf{x}(t) + \begin{bmatrix} 0 \\ 1 \end{bmatrix}u(t)$$

$$y(t) = [1 \quad 0]\mathbf{x}(t).$$

Determine se o sistema é controlável e observável.

Resposta: controlável e observável

E11.7 Considere o sistema representado na forma de variáveis de estado

$$\dot{\mathbf{x}}(t) = \mathbf{A}\mathbf{x}(t) + \mathbf{B}u(t)$$

$$y(t) = \mathbf{C}\mathbf{x}(t) + \mathbf{D}u(t),$$

em que

$$\mathbf{A} = \begin{bmatrix} 0 & 1 \\ -4 & -6 \end{bmatrix}, \quad \mathbf{B} = \begin{bmatrix} 0 \\ 10 \end{bmatrix},$$

$$\mathbf{C} = [2 \quad -4] \quad \text{e} \quad \mathbf{D} = [0].$$

Esboce um modelo em diagrama de blocos do sistema.

E11.8 Considere o sistema de terceira ordem

$$\dot{\mathbf{x}}(t) = \begin{bmatrix} 0 & 1 & 0 \\ 0 & 0 & 1 \\ -8 & -3 & -1 \end{bmatrix}\mathbf{x}(t) + \begin{bmatrix} -1 \\ 2 \\ -6 \end{bmatrix}u(t)$$

$$y(t) = \begin{bmatrix} 2 & 8 & 10 \end{bmatrix}\mathbf{x}(t) + [1]u(t).$$

Esboce um modelo em diagrama de blocos do sistema.

E11.9 Considere o sistema de segunda ordem

$$\dot{\mathbf{x}}(t) = \begin{bmatrix} 1 & -1 \\ -1 & 1 \end{bmatrix}\mathbf{x}(t) + \begin{bmatrix} k_1 \\ k_2 \end{bmatrix}u(t)$$

$$y(t) = \begin{bmatrix} 1 & 0 \end{bmatrix}\mathbf{x}(t) + [0]u(t).$$

Para que valores de k_1 e k_2 o sistema é completamente controlável?

E11.10 Considere o modelo em diagrama de blocos na Figura E11.10. Escreva o modelo em variáveis de estado correspondente na forma

$$\dot{\mathbf{x}}(t) = \mathbf{A}\mathbf{x}(t) + \mathbf{B}u(t)$$

$$y(t) = \mathbf{C}\mathbf{x}(t) + \mathbf{D}u(t).$$

E11.11 Considere o sistema mostrado na forma de diagrama de blocos na Figura E11.11. Obtenha uma representação em variáveis de estado do sistema. Determine se o sistema é controlável e observável.

E11.12 Considere o sistema de entrada única e saída única descrito por

$$\dot{\mathbf{x}}(t) = \mathbf{A}\mathbf{x}(t) + \mathbf{B}u(t)$$

$$y(t) = \mathbf{C}\mathbf{x}(t)$$

em que

$$\mathbf{A} = \begin{bmatrix} 0 & 1 \\ -6 & -5 \end{bmatrix}, \quad \mathbf{B} = \begin{bmatrix} 0 \\ 6 \end{bmatrix}, \quad \mathbf{C} = \begin{bmatrix} 1 & 0 \end{bmatrix}.$$

Calcule a representação em função de transferência correspondente do sistema. Se as condições iniciais são nulas (isto é, $x_1(0) = 0$ e $x_2(0) = 0$), determine a resposta quando $u(t)$ é uma entrada em degrau unitário para $t \geq 0$.

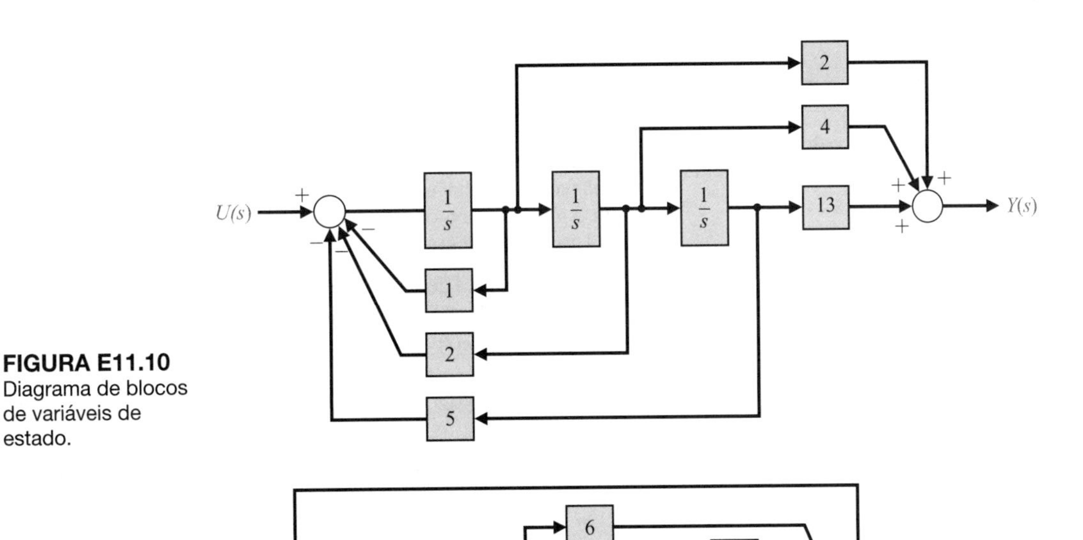

FIGURA E11.10 Diagrama de blocos de variáveis de estado.

FIGURA E11.11 Diagrama de blocos de variáveis de estado com um termo direto à frente.

PROBLEMAS

P11.1 Um sistema de primeira ordem é representado pela equação diferencial no domínio do tempo

$$\dot{x}(t) = x(t) + u(t).$$

Um controlador com realimentação deve ser projetado tal que

$$u(t) = -kx(t),$$

e a condição de equilíbrio desejada é $x(t) = 0$ à medida que $t \to \infty$. A integral de desempenho é definida como

$$J = \int_0^\infty x^2(t)\, dt,$$

e o valor inicial da variável de estado é $x(0) = \sqrt{2}$. Obtenha o valor de k de modo que J fique mínimo. Este k é fisicamente realizável? Escolha um valor prático para o ganho k e calcule o índice de desempenho com este ganho. O sistema é estável sem a realimentação devida a $u(t)$?

P11.2 Para levar em conta o gasto de energia e de recursos, o sinal de controle é frequentemente incluído na integral de desempenho. Então, a operação não envolverá sinal de controle ilimitado. Um índice de desempenho adequado, que inclui o efeito da magnitude do sinal de controle, é

$$J = \int_0^\infty (x^2(t) + \lambda u^2(t))\, dt.$$

(a) Repita o Problema P11.1 para o índice de desempenho.

(b) Se $\lambda = 2$, obtenha o valor de k que minimiza o índice de desempenho. Calcule o valor mínimo resultante de J.

P11.3 Um sistema robótico instável é descrito pela equação diferencial vetorial [9]

$$\dot{\mathbf{x}}(t) = \begin{bmatrix} 1 & 0 \\ -1 & 2 \end{bmatrix}\mathbf{x}(t) + \begin{bmatrix} 1 \\ 1 \end{bmatrix}u(t),$$

em que $\mathbf{x}(t) = (x_1(t), x_2(t))^T$. Ambas as variáveis de estado são mensuráveis e, assim, o sinal de controle é definido como $u(t) = -k(x_1(t) + x_2(t))$. Projete o ganho k tal que o índice de desempenho

$$J = \int_0^\infty \mathbf{x}^T(t)\mathbf{x}(t)\, dt$$

seja minimizado. Calcule o valor mínimo do índice de desempenho. Determine a sensibilidade do desempenho a uma mudança em k. Admita que as condições iniciais são

$$\mathbf{x}(0) = \begin{pmatrix} 1 \\ 1 \end{pmatrix}.$$

O sistema é estável sem os sinais de realimentação devidos a $u(t)$?

P11.4 Considere o sistema

$$\dot{\mathbf{x}}(t) = [\mathbf{A} - \mathbf{BK}]\mathbf{x}(t) = \mathbf{H}\mathbf{x}(t),$$

em que $\mathbf{H} = \begin{bmatrix} 0 & 1 \\ -k & -k \end{bmatrix}$. Determine o ganho de realimentação k que minimiza o índice de desempenho

$$J = \int_0^\infty \mathbf{x}^T(t)\mathbf{x}(t) dt$$

quando $\mathbf{x}^T(0) = [1, -1]$. Represente graficamente o índice de desempenho J *versus* o ganho k.

P11.5 Considere o sistema descrito por

$$\dot{\mathbf{x}}(t) = \mathbf{A}\mathbf{x}(t) + \mathbf{B}u(t)$$

em que $\mathbf{x}(t) = (x_1(t), x_2(t))^T$ e

$$\mathbf{A} = \begin{bmatrix} 0 & 1 \\ 0 & 0 \end{bmatrix} \quad \text{e} \quad \mathbf{B} = \begin{bmatrix} 0 \\ 1 \end{bmatrix}.$$

Admite-se que a realimentação seja dada por $u(t) = -kx_1(t) - kx_2(t)$. Determine o ganho de realimentação k que minimiza o índice de desempenho

$$J = \int_0^\infty (\mathbf{x}^T(t)\mathbf{x}(t) + \mathbf{u}^T(t)\mathbf{u}(t))dt$$

quando $\mathbf{x}^T(0) = [1, 1]$. Represente graficamente o índice de desempenho J *versus* o ganho k.

P11.6 Para as soluções dos Problemas P11.3, P11.4 e P11.5, determine as raízes do sistema de controle ótimo em malha fechada. Observe que as raízes resultantes em malha fechada dependem do índice de desempenho escolhido.

P11.7 Um sistema tem a equação diferencial vetorial

$$\dot{\mathbf{x}}(t) = \mathbf{A}\mathbf{x}(t) + \mathbf{B}u(t)$$

em que

$$\mathbf{A} = \begin{bmatrix} 0 & 1 \\ 0 & 0 \end{bmatrix} \quad \text{e} \quad \mathbf{B} = \begin{bmatrix} 0 \\ 1 \end{bmatrix}.$$

Deseja-se que ambas as variáveis de estado sejam usadas na realimentação de forma que $u(t) = -k_1x_1(t) - k_2x_2(t)$. Adicionalmente, deseja-se ter uma frequência natural $\omega_n = 2$. Determine um conjunto de ganhos k_1 e k_2 de maneira a atingir um sistema ótimo quando J é dado por

$$J = \int_0^\infty \left(\mathbf{x}^T(t)\mathbf{x}(t) + u^T(t)u(t)\right)dt.$$

Admite-se que $\mathbf{x}^T(0) = [1, 0]$.

P11.8 Para o sistema do P11.7, determine o valor ótimo para k_2 quando $k_1 = 1$ e $\mathbf{x}^T(0) = [1, 0]$.

P11.9 Um sistema mecânico interessante com problema de controle desafiador é o sistema de barra e esfera, mostrado na Figura P11.9(a) [10]. Ele consiste em uma barra rígida que pode girar livremente no plano do papel em torno de um pivô, com uma esfera sólida rolando ao longo de uma ranhura na parte superior da barra. O problema de controle é posicionar a esfera em um ponto desejado da barra usando torque aplicado à barra como uma entrada de controle no pivô.

Um modelo linear do sistema com valor medido do ângulo $\phi(t)$ e sua velocidade angular $\dot{\phi}(t) = \omega(t)$ está disponível. Escolha um esquema de realimentação de modo que a resposta do sistema em malha fechada tenha máxima ultrapassagem percentual $M.U.P. = 4\%$ e um tempo de acomodação (com critério de 2%) de $T_s = 1$ s para uma entrada em degrau.

P11.10 A dinâmica de um foguete é representada por

$$\dot{\mathbf{x}}(t) = \begin{bmatrix} 0 & 0 \\ 1 & 0 \end{bmatrix}\mathbf{x}(t) + \begin{bmatrix} 1 \\ 0 \end{bmatrix}u(t)$$

$$y(t) = [0 \quad 1]\mathbf{x}(t)$$

e usa-se realimentação de variáveis de estado, em que $u(t) = -10x_1(t) - 25x_2(t) + r(t)$. Determine as raízes da equação característica deste sistema e a resposta do sistema quando as condições iniciais forem $x_1(0) = 1$ e $x_2(0) = -1$. Admita a entrada de referência $r(t) = 0$.

P11.11 O modelo em variáveis de estado de uma planta a ser controlada é

$$\dot{\mathbf{x}}(t) = \begin{bmatrix} -5 & -2 \\ 2 & 0 \end{bmatrix}\mathbf{x}(t) + \begin{bmatrix} 0{,}5 \\ 0 \end{bmatrix}u(t)$$

$$y(t) = [0 \quad 1]\mathbf{x}(t) + [0]u(t).$$

Utilize realimentação de variáveis de estado e incorpore uma entrada de comando $u(t) = -\mathbf{K}\mathbf{x}(t) + \alpha r(t)$. Escolha os ganhos $\mathbf{K}$ e α de modo que o sistema tenha uma resposta rápida com máxima ultrapassagem percentual de $M.U.P. = 1\%$, um tempo de acomodação

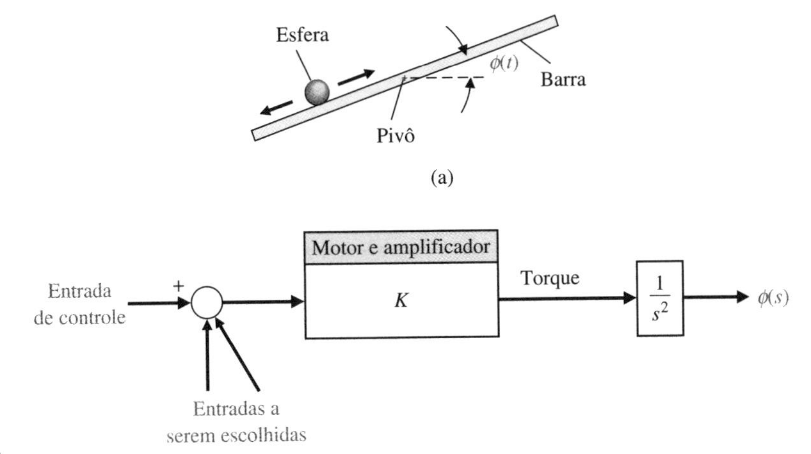

FIGURA P11.9
(a) Barra e esfera.
(b) Modelo da barra e esfera.

(com critério de 2%) de $T_s \leq 1$ s e erro em regime estacionário nulo para uma entrada em degrau unitário.

P11.12 Um motor CC possui o modelo em variáveis de estado

$$\dot{\mathbf{x}}(t) = \begin{bmatrix} -2 & -4 & -0{,}6 & 0 & 0 \\ -7 & 0 & 0 & 0 & 0 \\ 0 & 4{,}2 & 0 & 0 & 0 \\ 0 & 0 & 1 & 0 & 0 \\ 0 & 0 & 0 & 3{,}7 & 0 \end{bmatrix} \mathbf{x}(t) + \begin{bmatrix} -1 \\ 0 \\ 0 \\ 0 \\ 0 \end{bmatrix} u(t)$$

$$y(t) = [0 \quad 0 \quad 0 \quad 0 \quad 4]\mathbf{x}(t).$$

Determine a função de transferência. Determine se este sistema é controlável e observável.

P11.13 Um sistema com realimentação possui a função de transferência da planta

$$\frac{Y(s)}{R(s)} = G(s) = \frac{45{,}78}{s(s+50)}.$$

Deseja-se que a máxima ultrapassagem percentual para um degrau seja $M.U.P. \leq 10\%$ e o tempo de acomodação (com critério de 2%) $T_s \leq 1$ s. Projete um sistema com realimentação de variáveis de estado apropriado para $r(t) = -k_1x_1(t) - k_2x_2(t)$.

P11.14 Um processo tem a função de transferência

$$\dot{\mathbf{x}}(t) = \begin{bmatrix} -10 & 0 \\ 1 & 0 \end{bmatrix} \mathbf{x}(t) + \begin{bmatrix} 1 \\ 0 \end{bmatrix} u(t)$$

$$y(t) = [0 \quad 1]\mathbf{x}(t) + [0]u(t).$$

Determine os ganhos da realimentação de variáveis de estado para alcançar um tempo de acomodação (com critério de 2%) de $T_s = 1$ s e máxima ultrapassagem percentual de $M.U.P. = 10\%$. Além disso, esboce o diagrama de blocos do sistema resultante. Admite-se que o vetor de estado completo esteja disponível para realimentação.

P11.15 Um sistema robótico operado a distância tem as equações matriciais [16]

$$\dot{\mathbf{x}}(t) = \begin{bmatrix} -4 & 0 & 0 \\ 0 & -2 & 0 \\ 0 & 0 & -3 \end{bmatrix} \mathbf{x}(t) + \begin{bmatrix} 1 \\ 1 \\ 0 \end{bmatrix} u(t)$$

e

$$y(t) = [2 \quad 1 \quad 0]\mathbf{x}(t).$$

(a) Determine a função de transferência, $G(s) = Y(s)/U(s)$. (b) Desenhe o diagrama de blocos indicando as variáveis de estado. (c) Determine se o sistema é controlável. (d) Determine se o sistema é observável.

P11.16 Atuadores hidráulicos de potência foram utilizados para acionar os dinossauros do filme *Jurassic Park* [20]. Os movimentos dos grandes monstros precisaram de atuadores de grande potência requerendo 1.200 watts.

Um movimento específico de um membro possui a dinâmica representada por

$$\dot{\mathbf{x}}(t) = \begin{bmatrix} -4 & 0 \\ 1 & -1 \end{bmatrix} \mathbf{x}(t) + \begin{bmatrix} 1 \\ 0 \end{bmatrix} u(t)$$

$$y(t) = [0 \quad 1]\mathbf{x}(t) + [0]u(t).$$

Deseja-se alocar os polos de malha fechada em $s = -1 \pm 3j$. Determine a realimentação de variáveis de estado requerida usando a fórmula de Ackermann. Admite-se que o vetor de estado completo esteja disponível para realimentação.

P11.17 Um sistema possui a função de transferência

$$\frac{Y(s)}{R(s)} = \frac{s^2 + as + b}{s^4 + 12s^3 + 48s^2 + 72s + 52}.$$

Determine um valor real para a de modo que o sistema seja ou não controlável ou não observável.

P11.18 Um sistema possui planta

$$\frac{Y(s)}{U(s)} = G(s) = \frac{1}{(s+1)^2}.$$

(a) Encontre uma equação diferencial matricial para representar este sistema. Identifique as variáveis de estado em um modelo em diagrama de blocos. (b) Escolha uma estrutura de realimentação de variáveis de estado usando $u(t)$ e escolha os ganhos de realimentação de modo que a resposta $y(t)$ do sistema livre seja criticamente amortecida quando a condição inicial é $x_1(0) = 1$ e $x_2(0) = 0$, em que $x_1 = y(t)$. As raízes repetidas estão em $s = -\sqrt{2}$.

P11.19 O diagrama de blocos de um sistema é mostrado na Figura P11.19. Determine se o sistema é controlável e observável.

P11.20 Considere o sistema de pilotagem automática de navio. A forma em variáveis de estado da equação diferencial do sistema é

$$\dot{\mathbf{x}}(t) = \begin{bmatrix} -0{,}06 & -5 & 0 & 0 \\ -0{,}01 & -0{,}2 & 0 & 0 \\ 1 & 0 & 0 & 10 \\ 0 & 1 & 0 & 0 \end{bmatrix} \mathbf{x}(t) + \begin{bmatrix} -0{,}1 \\ 0{,}05 \\ 0 \\ 0 \end{bmatrix} \delta(t),$$

$$y(t) = [0 \quad 0 \quad 10 \quad 0]\,\mathbf{x}(t)$$

em que $\mathbf{x}^T(t) = [v(t)\ \omega_s(t)\ y(t)\ \theta(t)]$. As variáveis de estado são $x_1(t) = v(t)$ = velocidade transversal; $x_2(t) = \omega_s(t)$ = velocidade angular

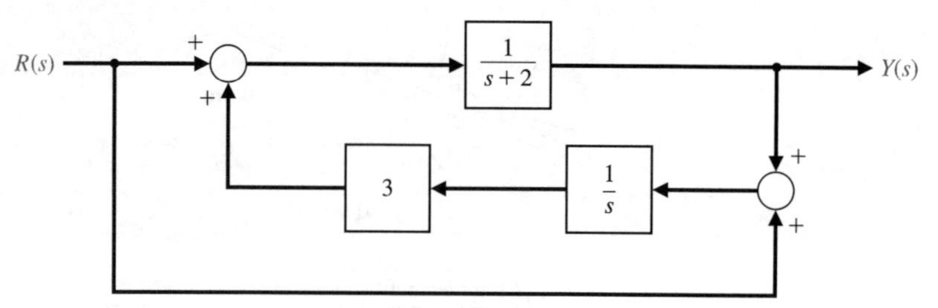

FIGURA P11.19 Sistema de controle com realimentação com múltiplas malhas.

do plano de coordenadas do navio em relação ao plano da resposta; $x_3(t) = y(t)$ = distância do desvio em um eixo perpendicular à rota; $x_4(t) = \theta(t)$ = ângulo de desvio. (a) Determine se o sistema é estável. (b) Uma realimentação pode ser acrescentada de modo que

$$\delta(t) = -k_1x_1(t) - k_3x_3(t) + r(t).$$

Determine se este sistema é estável para valores adequados de k_1 e de k_3. Caso seja, determine k_1 e k_3 tais que a máxima ultrapassagem percentual $M.U.P. \leq 25\%$ para um degrau unitário, $R(s) = 1/s$ e $T_s \leq 20$ s.

P11.21 Um circuito RL é mostrado na Figura P11.21. (a) Escolha as duas variáveis de estado e obtenha a equação diferencial vetorial na qual a saída é $v_0(t)$. (b) Determine se as variáveis de estado são observáveis quando $R_1/L_1 = R_2/L_2$. (c) Encontre as condições para que o sistema tenha duas raízes iguais.

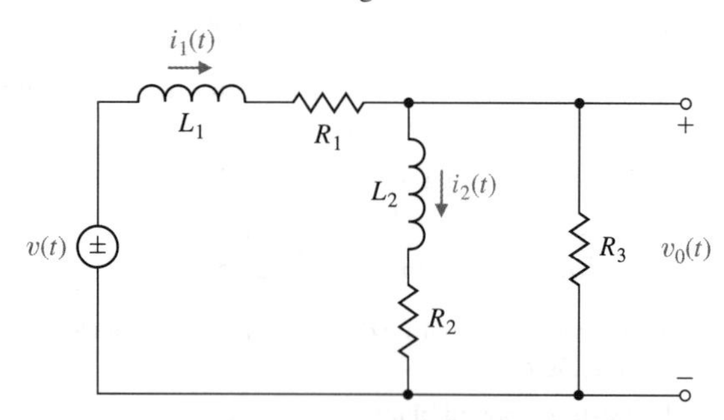

FIGURA P11.21 Circuito *RL*.

P11.22 Um sistema de controle de manipulador possui a função de transferência em malha aberta

$$G(s) = \frac{1}{s(s + 0{,}4)}$$

e realimentação unitária negativa [15]. Represente este sistema por meio de um diagrama de fluxo de sinal ou de um diagrama de blocos com variáveis de estado e de uma equação diferencial vetorial. (a) Represente graficamente a resposta do sistema em malha fechada para uma entrada em degrau. (b) Utilize realimentação de variáveis de estado de modo que a máxima ultrapassagem percentual seja $M.U.P. = 5\%$ e o tempo de acomodação (com critério de 2%) seja $T_s = 1{,}35$ s. (c) Represente graficamente a resposta do sistema com realimentação de variáveis de estado para uma entrada em degrau.

P11.23 Seja:

$$\mathbf{A} = \begin{bmatrix} -1 & 2 \\ 0 & 1 \end{bmatrix}, \quad \mathbf{B} = \begin{bmatrix} -1 \\ 1 \end{bmatrix}, \quad \mathbf{C} = [1 \quad 0]$$

e $\mathbf{D} = [0]$. Então, projete um controlador usando métodos de modelo interno de modo que o erro em regime estacionário para uma entrada em degrau seja zero e que as raízes desejadas da equação característica sejam $s = -2 \pm 2j$ e $s = -20$.

P11.24 Seja:

$$\mathbf{A} = \begin{bmatrix} 0 & 1 \\ 0 & 0 \end{bmatrix}, \quad \mathbf{B} = \begin{bmatrix} 0 \\ 1 \end{bmatrix}, \quad \mathbf{C} = [1 \quad 0]$$

e $\mathbf{D} = [0]$. Então, projete um controlador usando métodos de modelo interno de modo que o erro em regime estacionário para uma entrada rampa seja zero e as raízes da equação característica sejam $s = -2 \pm j2, s = -2$ e $s = -1$.

P11.25 Considere o sistema representado na forma de variáveis de estado

$$\dot{\mathbf{x}}(t) = \mathbf{A}\mathbf{x}(t) + \mathbf{B}u(t)$$
$$y(t) = \mathbf{C}\mathbf{x}(t) + \mathbf{D}u(t),$$

em que

$$\mathbf{A} = \begin{bmatrix} 1 & 4 \\ -5 & 10 \end{bmatrix}, \quad \mathbf{B} = \begin{bmatrix} 0 \\ 1 \end{bmatrix},$$
$$\mathbf{C} = [1 \quad -4] \quad \text{e} \quad \mathbf{D} = [0].$$

Verifique se o sistema é observável. Em seguida projete um observador de estado completo alocando os polos do observador em $s_{1,2} = -1$. Represente graficamente a resposta do erro de estimação $\mathbf{e}(t) = \mathbf{x}(t) - \hat{\mathbf{x}}(t)$ com um erro de estimação inicial de $\mathbf{e}(0) = [1, \ 1]^T$.

P11.26 Considere o sistema de terceira ordem

$$\dot{\mathbf{x}}(t) = \begin{bmatrix} 0 & 1 & 0 \\ 0 & 0 & 1 \\ -7 & -5 & -3 \end{bmatrix}\mathbf{x}(t) + \begin{bmatrix} 0 \\ 0 \\ 5 \end{bmatrix}u(t)$$
$$y(t) = [2 \quad -5 \quad 0]\mathbf{x}(t) + [0]u(t).$$

Verifique se o sistema é observável. Se for, determine a matriz de ganho do observador requerida para alocar os polos do observador em $s_{1,2} = -1 \pm j$ e $s_3 = -5$.

P11.27 Considere o sistema de segunda ordem

$$\dot{\mathbf{x}}(t) = \begin{bmatrix} 1 & 0 \\ -3 & -2 \end{bmatrix}\mathbf{x}(t) + \begin{bmatrix} 10 \\ 0 \end{bmatrix}u(t)$$
$$y(t) = [1 \quad 0]\mathbf{x}(t) + [0]u(t).$$

Determine a matriz de ganho do observador requerida para alocar os polos do observador em $s_{1,2} = -1 \pm j$.

P11.28 Considere o sistema de entrada única e saída única descrito por

$$\dot{\mathbf{x}}(t) = \mathbf{A}\mathbf{x}(t) + \mathbf{B}u(t)$$
$$y(t) = \mathbf{C}\mathbf{x}(t)$$

em que

$$\mathbf{A} = \begin{bmatrix} 0 & 1 \\ -16 & -8 \end{bmatrix}, \mathbf{B} = \begin{bmatrix} 0 \\ K \end{bmatrix}, \mathbf{C} = [1 \quad 0].$$

(a) Determine o valor de K que resulta em um erro de rastreamento em regime estacionário nulo quando $u(t)$ é uma entrada em degrau unitário para $t \geq 0$. O erro de rastreamento é definido aqui como $e(t) = u(t) - y(t)$.

(b) Represente graficamente a resposta para uma entrada em degrau unitário e verifique que o erro de rastreamento é zero para o ganho K determinado na parte (a).

P11.29 O diagrama de blocos mostrado na Figura P11.29 é um exemplo de sistema interativo. Determine uma representação em variáveis de estado do sistema na forma

$$\dot{\mathbf{x}}(t) = \mathbf{A}\mathbf{x}(t) + \mathbf{B}u(t)$$
$$y(t) = \mathbf{C}\mathbf{x}(t) + \mathbf{D}u(t).$$

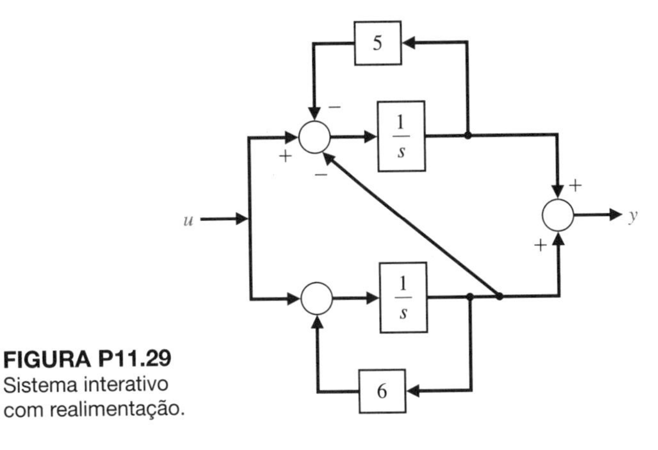

FIGURA P11.29 Sistema interativo com realimentação.

PROBLEMAS AVANÇADOS

PA11.1 Um sistema de controle de motor CC tem a forma mostrada na Figura PA11.1 [6]. As três variáveis de estado estão disponíveis para medição; a posição de saída é $x_1(t)$. Escolha os ganhos de realimentação de modo que o sistema tenha um erro em regime estacionário igual a zero para uma entrada em degrau e uma resposta com máxima ultrapassagem percentual $M.U.P. \leq 3\%$.

PA11.2 Um sistema possui o modelo

$$\dot{\mathbf{x}}(t) = \begin{bmatrix} -5 & -2 & -1 \\ 1 & 0 & 0 \\ 0 & 1 & 0 \end{bmatrix} \mathbf{x}(t) + \begin{bmatrix} 16 \\ 0 \\ 0 \end{bmatrix} u(t)$$

$$y(t) = \begin{bmatrix} 0 & 0 & 10 \end{bmatrix} \mathbf{x}(t).$$

Acrescente uma realimentação de variáveis de estado de modo que os polos de malha fechada sejam $s = -2 \pm 2j$ e $s = -20$.

PA11.3 Um sistema possui a equação diferencial matricial

$$\dot{\mathbf{x}}(t) = \begin{bmatrix} 0 & 1 \\ -1 & -2 \end{bmatrix} \mathbf{x}(t) + \begin{bmatrix} b_1 \\ b_2 \end{bmatrix} u(t).$$

Que valores de b_1 e b_2 são necessários para que o sistema seja controlável?

PA11.4 A equação diferencial vetorial descrevendo o pêndulo invertido do Exemplo 3.3 é

$$\dot{\mathbf{x}}(t) = \begin{bmatrix} 0 & 1 & 0 & 0 \\ 0 & 0 & -1 & 0 \\ 0 & 0 & 0 & 1 \\ 0 & 0 & 9{,}8 & 0 \end{bmatrix} \mathbf{x}(t) + \begin{bmatrix} 0 \\ 1 \\ 0 \\ -1 \end{bmatrix} u(t).$$

Admita que todas as variáveis de estado estejam disponíveis para medição e use realimentação de variáveis de estado. Aloque as raízes características do sistema em $s = -2 \pm j$, -5 e -5.

PA11.5 Um sistema de suspensão de automóvel tem três variáveis de estado físicas, como mostrado na Figura PA11.5 [13]. A estrutura de realimentação de variáveis de estado é mostrada na figura, com $K_1 = 1$. Escolha K_2 e K_3 de modo que as raízes da equação característica sejam três raízes reais situadas entre $s = -3$ e $s = -6$. Além disso, escolha K_p de modo que o erro em regime estacionário para uma entrada em degrau seja igual a zero.

PA11.6 Um sistema é representado pela equação diferencial

$$\ddot{y}(t) + 4\dot{y}(t) + 4y(t) = \dot{u}(t) + 2u(t),$$

em que $y(t)$ = saída e $u(t)$ = entrada.

(a) Defina como variáveis de estado $x_1(t) = y(t)$ e $x_2(t) = \dot{y}(t)$ Desenvolva uma representação em variáveis de estado e mostre que se trata de um sistema controlável. (b) Defina as variáveis de estado como $x_1(t) = y(t)$ e $x_2(t) = \dot{y}(t) - u(t)$, e determine se o sistema é controlável. Desenvolva uma representação no espaço de estados e determine se o sistema é controlável. (c) Explique por que a controlabilidade do sistema difere nestes dois casos.

PA11.7 O *Radisson Diamond* usa flutuadores e estabilizadores para amortecer o efeito das ondas que batem no navio, como mostrado na Figura PA11.7(a). O diagrama de blocos do sistema de controle de rolagem do navio é mostrado na Figura PA11.7(b). Determine os ganhos de realimentação K_2 e K_3 de modo que as raízes características sejam $s = -15$ e $s = -2 \pm j2$. Represente graficamente a saída de rolagem para uma perturbação em degrau unitário.

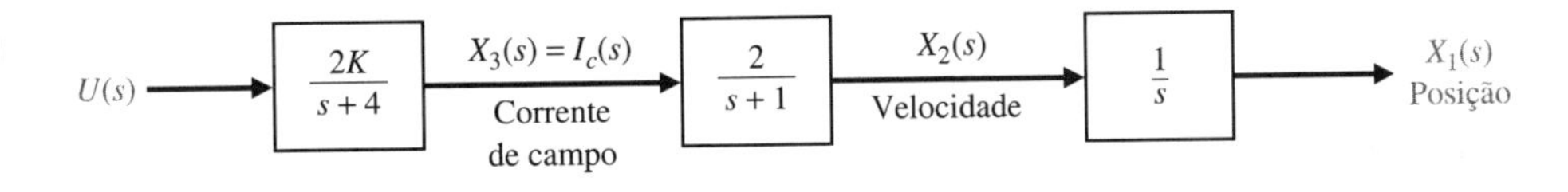

FIGURA PA11.1 Motor CC controlado pelo campo.

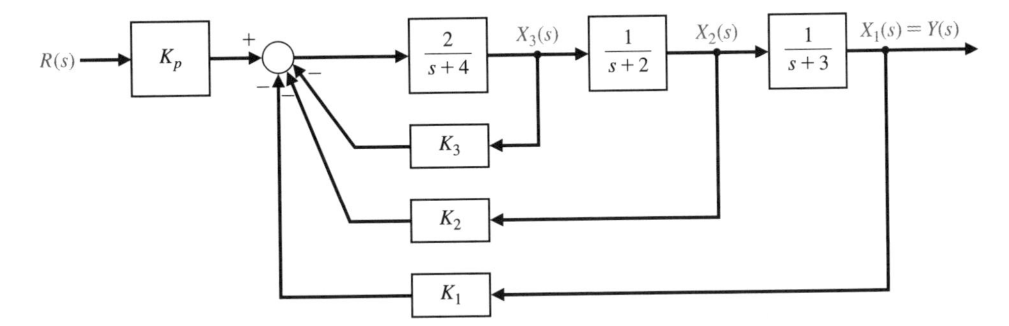

FIGURA PA11.5 Sistema de suspensão de automóvel.

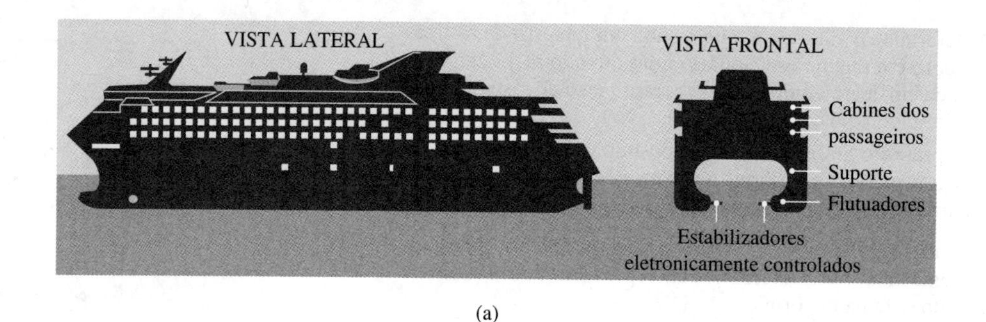

(a)

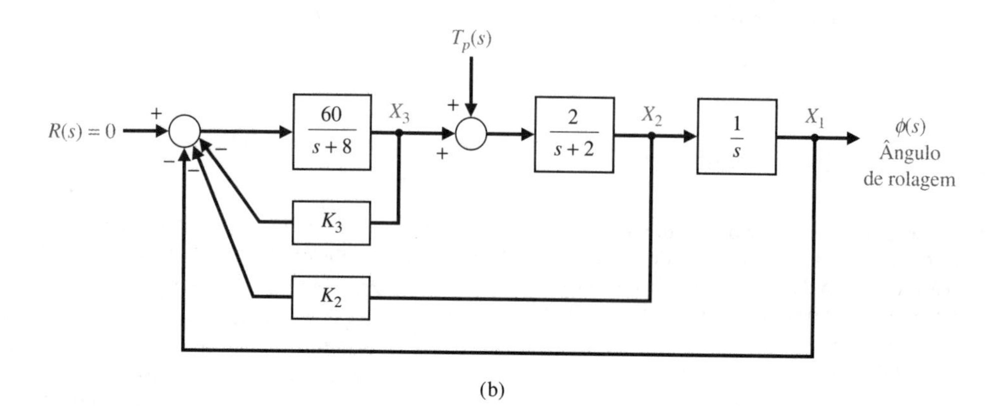

(b)

FIGURA PA11.7 (a) *Radisson Diamond*. (b) Sistema de controle para reduzir o efeito da perturbação.

PA11.8 Considere o sistema

$$\dot{\mathbf{x}}(t) = \mathbf{A}\mathbf{x}(t) + \mathbf{B}u(t)$$

em que

$$\mathbf{A} = \begin{bmatrix} -1 & 1{,}6 & 0 \\ 0 & 0 & 1 \\ 0 & 0 & -11{,}8 \end{bmatrix} \quad \text{e} \quad \mathbf{B} = \begin{bmatrix} 0 \\ 0 \\ 8.333{,}0 \end{bmatrix}.$$

(a) Projete um controlador de realimentação de estado usando apenas $x_1(t)$ como variável de realimentação, de forma que a resposta ao degrau apresente máxima ultrapassagem percentual $M.U.P. \leq 10\%$ e um tempo de acomodação (com critério de 2%) de $T_s \leq 5$ s. (b) Projete um controlador de realimentação de estado usando duas variáveis de estado, o nível $x_1(t)$ e a posição do eixo $x_2(t)$, para satisfazer às especificações da parte (a). (c) Compare os resultados das partes (a) e (b).

PA11.9 O controle de movimento de um veículo de transporte hospitalar leve pode ser representado por um sistema de duas massas, como mostrado na Figura PA11.9, em que $m_1 = m_2 = 1$ e $k_1 = k_2 = 1$ [21]. (a) Determine a equação diferencial vetorial de estado. (b) Encontre as raízes da equação característica. (c) Deseja-se estabilizar o sistema fazendo $u(t) = -kx_i(t)$, em que u é a força sobre a massa inferior e $x_i(t)$ é uma das variáveis de estado. Escolha uma variável de estado adequada $x_i(t)$. (d) Escolha um valor para o ganho k e esboce o lugar geométrico das raízes à medida que k varia.

PA11.10 Considere o pêndulo invertido montado em um motor, como mostrado na Figura PA11.10. Admita que o motor e a carga não possuem atrito viscoso. O pêndulo a ser equilibrado é fixado ao eixo horizontal de um servomotor. O servomotor porta um gerador tacométrico, de modo que o sinal de velocidade está disponível, mas não há sinal de posição. Quando o motor estiver desligado o pêndulo ficará pendurado verticalmente para baixo e, se for perturbado levemente, apresentará oscilações. Se suspenso para o topo de seu arco, o pêndulo será instável nesta posição. Planeje um compensador com realimentação usando apenas o sinal de velocidade do tacômetro.

PA11.11 Determine um controlador com modelo interno $G_c(s)$ para o sistema mostrado na Figura PA11.11. Deseja-se que o erro em regime estacionário para uma entrada em degrau seja zero. Deseja-se também que o tempo de acomodação (com critério de 2%) seja menor que $T_s \leq 5$ s.

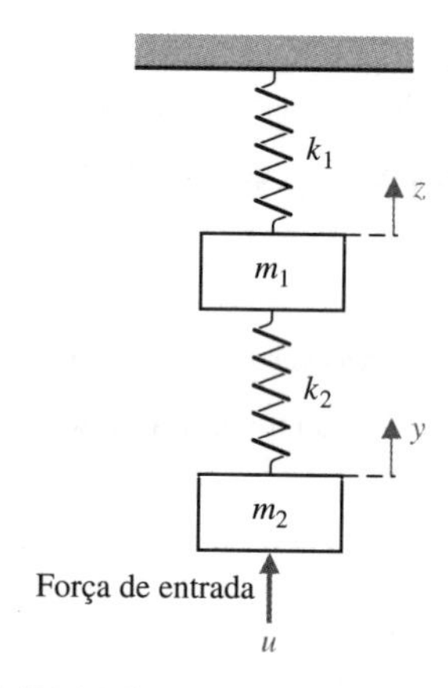

FIGURA PA11.9 Modelo de veículo hospitalar.

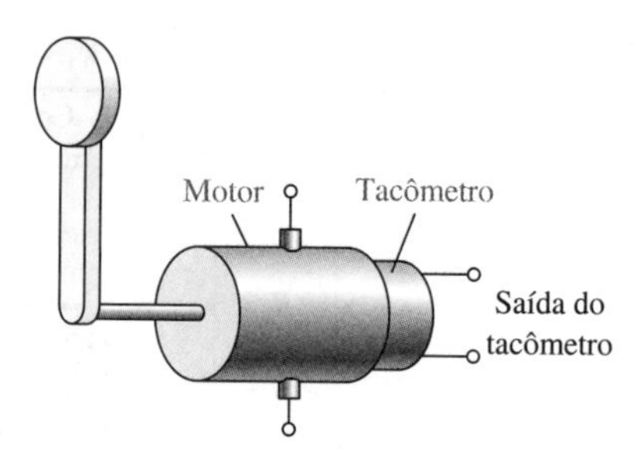

FIGURA PA11.10 Motor e pêndulo invertido.

PA11.12 Repita o Problema Avançado PA11.11, fazendo com que o erro em regime estacionário para uma entrada rampa seja zero e que o tempo de acomodação (com critério de 2%) da resposta à rampa seja $T_s \leq 6$ s.

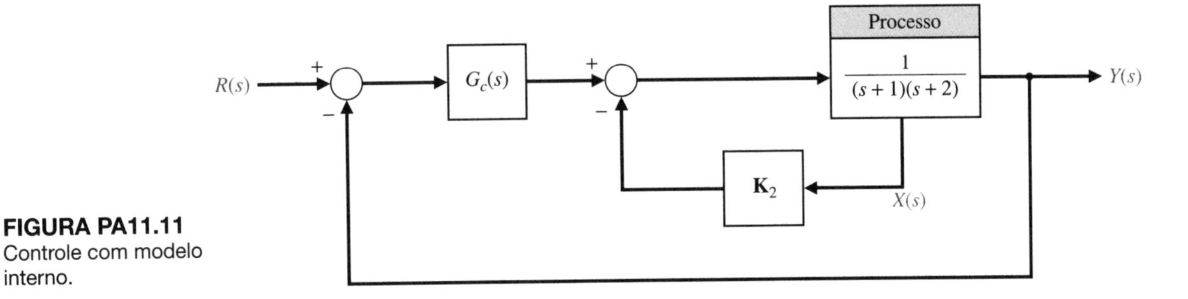

FIGURA PA11.11 Controle com modelo interno.

PA11.13 Considere o sistema representado na forma de variáveis de estado

$$\dot{\mathbf{x}}(t) = \mathbf{A}\mathbf{x}(t) + \mathbf{B}u(t)$$

$$y(t) = \mathbf{C}\mathbf{x}(t) + \mathbf{D}u(t),$$

em que

$$\mathbf{A} = \begin{bmatrix} 1 & 2 \\ -8 & -10 \end{bmatrix}, \quad \mathbf{B} = \begin{bmatrix} 2 \\ 1 \end{bmatrix},$$

$$\mathbf{C} = [5 \quad 2] \quad \text{e} \quad \mathbf{D} = [0].$$

Verifique se o sistema é observável e controlável. Se for, projete uma lei de realimentação de estado completo e um observador alocando os polos do sistema em malha fechada em $s_{1,2} = -1 \pm j$ e os polos do observador em $s_{1,2} = -12$.

PA11.14 Considere o sistema de terceira ordem

$$\dot{\mathbf{x}}(t) = \begin{bmatrix} 0 & 1 & 0 \\ 0 & 0 & 1 \\ -8 & -3 & -3 \end{bmatrix}\mathbf{x}(t) + \begin{bmatrix} 0 \\ 0 \\ 4 \end{bmatrix}u(t)$$

$$y(t) = \begin{bmatrix} 2 & -9 & 2 \end{bmatrix}\mathbf{x}(t) + [0]u(t).$$

Verifique se o sistema é observável e controlável. Em seguida, projete uma lei de realimentação de estado completo e um observador alocando os polos do sistema em malha fechada em $s_{1,2} = -1 \pm j$, $s_3 = -3$ e os polos do observador em $s_{1,2} = -12 \pm j2, s_3 = -30$.

PA11.15 Considere o sistema representado na Figura PA11.15. Projete um observador de estado completo para o sistema. Determine a matriz de ganho do observador **L** para alocar os polos do observador em $s_{1,2} = -10 \pm j10$.

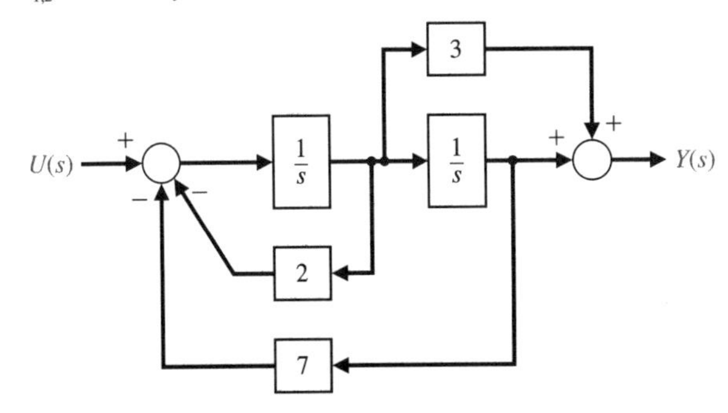

FIGURA PA11.15 Diagrama de blocos de um sistema de segunda ordem.

PROBLEMAS DE PROJETO

PPC11.1 Deseja-se obter um sistema com realimentação de variáveis de estado para o sistema sarilho-corrediça. Utilize o modelo em variáveis de estado desenvolvido no PPC3.1 e determine o sistema com realimentação. A resposta ao degrau deve ter máxima ultrapassagem percentual $M.U.P. \leq 2\%$ e tempo de acomodação $T_s \leq 250$ ms.

PP11.1 Considere o dispositivo para a levitação magnética de uma esfera de aço, como mostrado nas Figuras PP11.1(a) e (b). Projete um controlador com realimentação $i = -k_1x_1 - k_2x_2 + \beta r$ em que $x_1(t) = y(t)$, $x_2(t) = \dot{y}(t)$, e β é selecionado para produzir erro em regime permanente nulo para uma entrada degrau unitário. O objetivo para $y(t)$ é $M.U.P. \leq 10\%$ para um degrau unitário. Admite-se que $y(t)$ e $\dot{y}(t)$ são mensuráveis.

PP11.2 O controle da relação ar-combustível no carburador de um automóvel adquiriu primordial importância quando os fabricantes de automóveis trabalharam para reduzir a emissão de poluentes via escapamento. Assim, os projetistas de motores de automóveis se voltaram para o controle com realimentação da relação ar-combustível. Um sensor foi colocado no fluxo de exaustão e usado como entrada para o controlador. O controlador realmente ajusta o orifício que controla a vazão de combustível para o motor [3].

Escolha os dispositivos e desenvolva um modelo linear para o sistema completo. Admita que o sensor meça a relação ar-combustível real com um atraso de transporte desprezível. Com este modelo, determine o controlador ótimo quando se deseja um sistema com erro em regime estacionário nulo para uma entrada em degrau e máxima ultrapassagem percentual para um comando em degrau $M.U.P. \leq 10\%$.

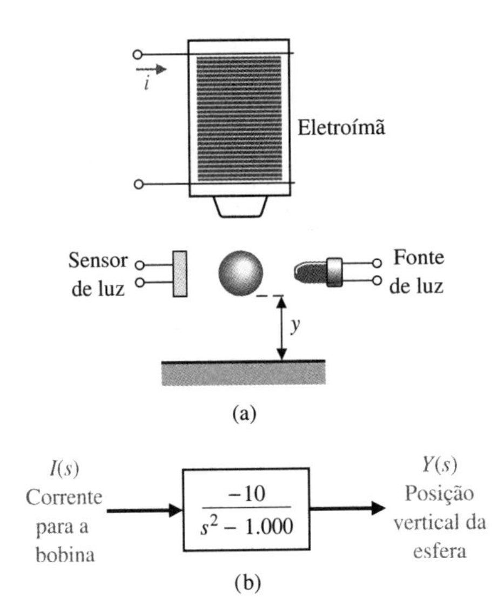

FIGURA PP11.1 (a) Levitação de uma esfera usando um eletroímã. (b) Modelo do eletroímã e da esfera.

PP11.3 Considere o sistema com realimentação representado na Figura PP11.3. O modelo do sistema é dado por

$$\dot{\mathbf{x}}(t) = \mathbf{A}\mathbf{x}(t) + \mathbf{B}u(t)$$

$$y(t) = \mathbf{C}\mathbf{x}(t)$$

em que

$$\mathbf{A} = \begin{bmatrix} 0 & 1 \\ -10{,}5 & -11{,}3 \end{bmatrix}, \mathbf{B} = \begin{bmatrix} 0 \\ 0{,}55 \end{bmatrix}, \mathbf{C} = [1 \quad 0].$$

Projete o compensador para atender às seguintes especificações:

1. O erro em regime estacionário para uma entrada em degrau unitário é zero.
2. O tempo de acomodação $T_s < 1$ s e a máxima ultrapassagem percentual é $M.U.P. < 5\%$.
3. Escolha condições iniciais para $\mathbf{x}(0)$ e condições iniciais diferentes para $\hat{\mathbf{x}}(0)$ e simule a resposta do sistema em malha fechada para uma entrada em degrau unitário.

PP11.4 Um helicóptero de alto desempenho tem o modelo mostrado na Figura PP11.4. O objetivo é controlar o ângulo de arfagem $\theta(t)$ do helicóptero por meio do ajuste do ângulo de ataque do rotor $\delta(t)$. As equações do movimento do helicóptero são

$$\ddot{\theta}(t) = -\sigma_1\dot{\theta}(t) - \alpha_1\dot{x}(t) + n\delta(t)$$

$$\ddot{x}(t) = g\theta(t) - \alpha_2\dot{\theta}(t) - \sigma_2\dot{x}(t) + g\delta(t),$$

nas quais $x(t)$ é a translação na direção horizontal. Para um helicóptero militar de alto desempenho, constata-se que

$$\sigma_1 = 0{,}415 \qquad \alpha_2 = 1{,}43$$

$$\sigma_2 = 0{,}0198 \qquad n = 6{,}27$$

$$\alpha_1 = 0{,}0111 \qquad g = 9{,}8$$

tudo em unidades SI apropriadas.

Encontre (a) uma representação em variáveis de estado deste sistema e (b) a representação em função de transferência para $\theta(s)/\delta(s)$. (c) Utilize realimentação de variáveis de estado para alcançar desempenhos adequados para o sistema controlado.

As especificações desejadas incluem (1) um erro em regime estacionário para um comando de entrada em degrau para $\theta_d(s)$, o ângulo de arfagem desejado, menor que 20% da magnitude da entrada em degrau; (2) máxima ultrapassagem para um comando de entrada em degrau menor do que 20%; e (3) um tempo de acomodação (com critério de 2%) para um comando em degrau menor do que 1,5 segundo.

PP11.5 O processo *headbox* é usado na fabricação de papel para transformar o fluxo de pasta fluida em um jato de 2 cm e, em seguida, espalhá-lo em uma esteira de tela [22]. Para se alcançar a qualidade desejada do papel, a pasta fluida deve ser distribuída tão uniformemente quanto possível na esteira e a relação entre a velocidade do jato e a da esteira, chamada de relação jato/esteira, deve ser mantida. Uma das principais variáveis de controle é a pressão na *headbox*, a qual, por sua vez, controla a velocidade da pasta no jato. A pressão total na *headbox* é a soma da pressão da coluna de líquido e da pressão do ar que é bombeado para dentro da *headbox*. Como a *headbox* pressurizada é um sistema altamente dinâmico e acoplado, o controle manual seria difícil de manter e poderia resultar na degradação das propriedades da folha de papel.

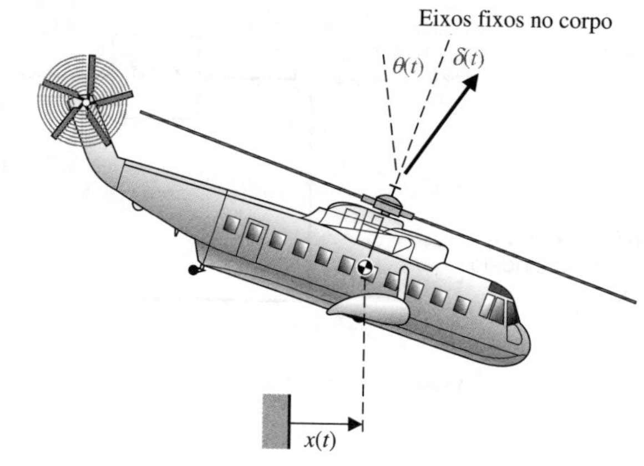

FIGURA PP11.4 Controle do ângulo de arfagem, θ, do helicóptero.

O modelo em variáveis de estado de uma *headbox* típica, linearizado em torno de um ponto estacionário particular, é dado por

$$\dot{\mathbf{x}}(t) = \begin{bmatrix} -0{,}8 & 0{,}02 \\ -0{,}02 & 0 \end{bmatrix}\mathbf{x}(t) + \begin{bmatrix} 0{,}05 \\ 0{,}001 \end{bmatrix}u(t)$$

e $y(t) = [1 \quad 0]\mathbf{x}(t)$.

As variáveis de estado são $x_1(t)$ = nível do líquido e $x_2(t)$ = pressão. A variável de controle é $u_1(t)$ = corrente da bomba. (a) Projete um sistema com realimentação de variáveis de estado que tenha uma equação característica com raízes reais com magnitude maior que cinco. (b) Projete um observador com os polos do observador posicionados pelo menos dez vezes mais distantes no semiplano esquerdo que o sistema com realimentação de variáveis de estado. (c) Conecte o observador e o sistema com realimentação de estado completo e esboce o diagrama de blocos do sistema integrado.

PP11.6 Um mecanismo de acionamento acoplado é mostrado na Figura PP11.6. Os acionamentos acoplados consistem em duas polias conectadas por meio de uma correia elástica, a qual é esticada por uma terceira polia montada sobre molas fornecendo um modo dinâmico subamortecido. Uma das polias principais, a polia A, é acionada por um motor elétrico CC. Ambas as polias, A e B, são equipadas com tacômetros que geram tensões elétricas mensuráveis proporcionais à velocidade de rotação da polia. Quando uma tensão elétrica for aplicada ao motor CC, a polia A irá acelerar com uma taxa determinada pela inércia total sentida pelo sistema. A polia B, na outra extremidade da correia elástica, também irá acelerar por causa da tensão elétrica ou do torque aplicado, mas com um efeito de atraso causado pela elasticidade da correia. A integração dos sinais de velocidade medidos em cada polia fornecerá uma estimativa da posição angular da polia [23].

O modelo de segunda ordem de um acionador acoplado é

$$\dot{\mathbf{x}}(t) = \begin{bmatrix} 0 & 1 \\ -36 & -12 \end{bmatrix}\mathbf{x}(t) + \begin{bmatrix} 0 \\ 1 \end{bmatrix}u(t)$$

e $y(t) = x_1(t)$.

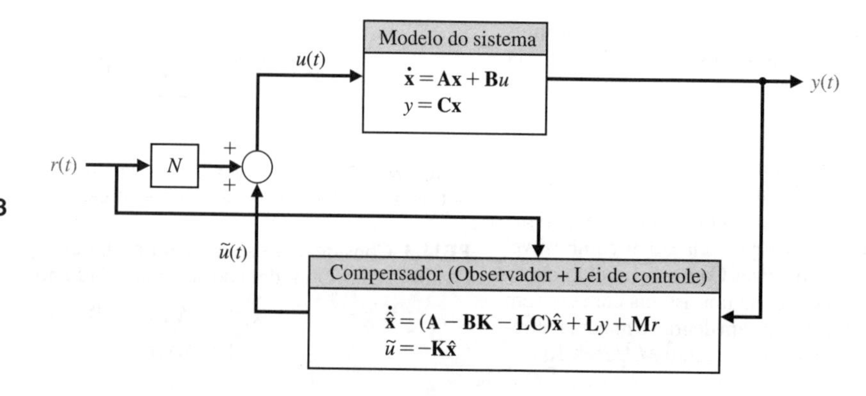

FIGURA PP11.3 Sistema com realimentação construído para rastrear uma entrada desejada $r(t)$.

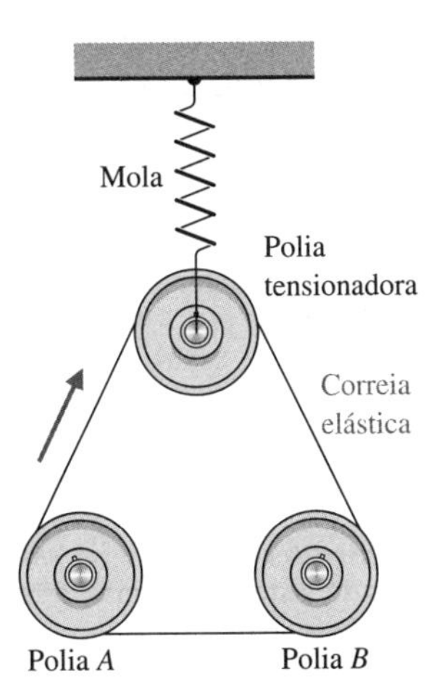

FIGURA PP11.6

(a) Projete um controlador com realimentação de variáveis de estado que produza uma resposta ao degrau com resposta *deadbeat* e um tempo de acomodação (com critério de 2%) $T_s \leq 0{,}5$ s. (b) Projete um observador para o sistema alocando os polos do observador adequadamente no semiplano esquerdo. (c) Desenhe o diagrama de blocos do sistema incluindo o compensador com o observador e a realimentação de estado. (d) Simule a resposta para um estado inicial $\mathbf{x}(0) = [1 \;\; 0]^T$ e $\hat{\mathbf{x}}(0) = [0 \;\; 0]^T$.

PP11.7 Um sistema com realimentação em malha fechada deve ser projetado para rastrear uma entrada de referência. O diagrama de blocos com realimentação desejado é mostrado na Figura PP11.7. O modelo do sistema é dado por

$$\dot{\mathbf{x}}(t) = \mathbf{A}\mathbf{x}(t) + \mathbf{B}u(t)$$
$$y(t) = \mathbf{C}\mathbf{x}(t)$$

em que

$$\mathbf{A} = \begin{bmatrix} 0 & 1 & 0 \\ 0 & 0 & 1 \\ -4 & -8 & -10 \end{bmatrix}, \; \mathbf{B} = \begin{bmatrix} 0 \\ 0 \\ 1 \end{bmatrix}, \; \mathbf{C} = \begin{bmatrix} 1 & 0 & 0 \end{bmatrix}.$$

Projete o observador e a lei de controle para atender às seguintes especificações:

1. O erro em regime estacionário do sistema em malha fechada para uma entrada em degrau unitário é zero.
2. *M.U.P.* $\leq 20\%$ para degrau unitário.
3. $Ts \leq 1$ s para degrau unitário.
4. Escolha condições iniciais para $\mathbf{x}(0)$ e condições iniciais diferentes para $\hat{\mathbf{x}}(0)$ e simule a resposta do sistema em malha fechada para uma entrada em degrau unitário. Verifique se o erro de rastreamento é zero em regime estacionário.

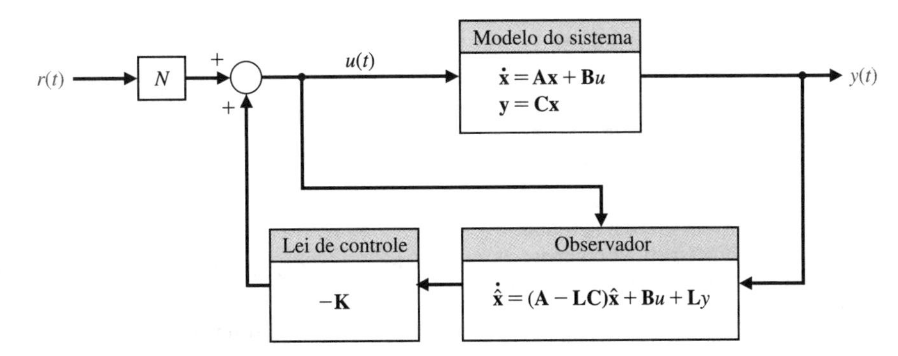

FIGURA PP11.7 Sistema com realimentação construído para rastrear uma entrada desejada $r(t)$.

PROBLEMAS COMPUTACIONAIS

PC11.1 Considere o sistema

$$\dot{\mathbf{x}}(t) = \begin{bmatrix} -6 & 2 & 0 \\ 4 & 0 & 7 \\ -10 & 1 & 11 \end{bmatrix} \mathbf{x}(t) + \begin{bmatrix} 5 \\ 0 \\ 1 \end{bmatrix} u(t),$$
$$y(t) = [1 \;\; 2 \;\; 1]\mathbf{x}(t).$$

Usando as funções ctrb e obsv, mostre que o sistema é controlável e observável.

PC11.2 Considere o sistema

$$\dot{\mathbf{x}}(t) = \begin{bmatrix} 0 & 1 \\ -1 & -2 \end{bmatrix} \mathbf{x}(t) + \begin{bmatrix} 0 \\ 7 \end{bmatrix} u(t),$$
$$y(t) = \begin{bmatrix} 1 & 1 \end{bmatrix} \mathbf{x}(t).$$

Determine se o sistema é controlável e observável. Calcule a função de transferência de $u(t)$ para $y(t)$.

PC11.3 Encontre uma matriz de ganho **K** de modo que os polos de malha fechada do sistema

$$\dot{\mathbf{x}}(t) = \begin{bmatrix} 0 & 1 \\ -0{,}5 & -0{,}75 \end{bmatrix} \mathbf{x}(t) + \begin{bmatrix} 2 \\ 1 \end{bmatrix} u(t),$$
$$y(t) = \begin{bmatrix} 2 & -1 \end{bmatrix} \mathbf{x}(t)$$

sejam $s_1 = -1$ e $s_2 = -2$. Utilize realimentação de estado $u(t) = -\mathbf{K}\mathbf{x}(t)$.

PC11.4 O seguinte modelo foi proposto para descrever o movimento de um míssil guiado com velocidade constante:

$$\dot{\mathbf{x}}(t) = \begin{bmatrix} 0 & 1 & 0 & 0 & 0 \\ -0{,}1 & -0{,}5 & 0 & 0 & 0 \\ 0{,}5 & 0 & 0 & 0 & 0 \\ 0 & 0 & 10 & 0 & 0 \\ 0{,}5 & 1 & 0 & 0 & 0 \end{bmatrix} \mathbf{x}(t) + \begin{bmatrix} 0 \\ 1 \\ 0 \\ 0 \\ 0 \end{bmatrix} u(t),$$
$$y(t) = [0 \;\; 0 \;\; 0 \;\; 1 \;\; 0]\mathbf{x}(t).$$

(a) Verifique se o sistema não é controlável analisando a matriz de controlabilidade usando a função ctrb.

(b) Desenvolva um modelo em variáveis de estado controlável calculando primeiro a função de transferência de $u(t)$ para $y(t)$, em seguida cancele todos os fatores comuns dos polinômios do numerador e do denominador da função de transferência. Com a função de transferência modificada obtida, use a função ss de forma a determinar um modelo em variáveis de estado modificado para o sistema.

(c) Verifique se o modelo em variáveis de estado modificado na parte (b) é controlável.

(d) O míssil guiado com velocidade constante é estável?

(e) Comente sobre a relação entre a controlabilidade e a complexidade do modelo em variáveis de estado (na qual a complexidade é medida pelo número de variáveis de estado).

PC11.5 Um modelo linearizado de uma aeronave de decolagem e pouso verticais (*vertical takeoff and landing* – VTOL) é [24]

$$\dot{\mathbf{x}}(t) = \mathbf{A}\mathbf{x}(t) + \mathbf{B}_1 u_1(t) + \mathbf{B}_2 u_2(t),$$

em que

$$\mathbf{A} = \begin{bmatrix} -0{,}0389 & 0{,}0271 & 0{,}0188 & -0{,}4555 \\ 0{,}0482 & -1{,}0100 & 0{,}0019 & -4{,}0208 \\ 0{,}1024 & 0{,}3681 & -0{,}7070 & 1{,}4200 \\ 0 & 0 & 1 & 0 \end{bmatrix}$$

e

$$\mathbf{B}_1 = \begin{bmatrix} 0{,}4422 \\ 3{,}5446 \\ -6{,}0214 \\ 0 \end{bmatrix}, \quad \mathbf{B}_2 = \begin{bmatrix} 0{,}1291 \\ -7{,}5922 \\ 4{,}4900 \\ 0 \end{bmatrix}.$$

As componentes do vetor de estado são: (i) $x_1(t)$ é a velocidade horizontal (nós), (ii) $x_2(t)$ é a velocidade vertical (nós), (iii) $x_3(t)$ é a velocidade de arfagem (graus/segundo) e (iv) $x_4(t)$ é o ângulo de arfagem (graus). A entrada $u_1(t)$ é usada principalmente para controlar o movimento vertical, e a entrada $u_2(t)$ é usada para o movimento horizontal.

(a) Calcule os autovalores da matriz do sistema **A**. O sistema é estável? (b) Determine o polinômio característico associado com **A** usando a função poly. Calcule as raízes da equação característica e compare-as com os autovalores da parte (a). (c) O sistema é controlável a partir de $u_1(t)$ sozinho? E a partir de $u_2(t)$ sozinho? Comente os resultados.

PC11.6 Em um esforço para se abrir a face oculta da Lua para exploração, estudos foram conduzidos para determinar a viabilidade de se operar um satélite de comunicação em torno do ponto de equilíbrio translunar no sistema Terra–Sol–Lua. A órbita desejada do satélite, conhecida como órbita de halo, é mostrada na Figura PC11.6. O objetivo do controlador é manter o satélite em uma trajetória de órbita de halo que possa ser vista a partir da Terra de modo que as linhas de comunicação estejam acessíveis o tempo todo. O enlace de comunicação seria da Terra para o satélite e então para a face oculta da Lua.

As equações de movimento linearizadas (e normalizadas) do satélite em torno do ponto de equilíbrio translunar são [25]

$$\dot{\mathbf{x}}(t) = \begin{bmatrix} 0 & 0 & 0 & 1 & 0 & 0 \\ 0 & 0 & 0 & 0 & 1 & 0 \\ 0 & 0 & 0 & 0 & 0 & 1 \\ 7{,}3809 & 0 & 0 & 0 & 2 & 0 \\ 0 & -2{,}1904 & 0 & -2 & 0 & 0 \\ 0 & 0 & -3{,}1904 & 0 & 0 & 0 \end{bmatrix} \mathbf{x}(t)$$

$$+ \begin{bmatrix} 0 \\ 0 \\ 0 \\ 1 \\ 0 \\ 0 \end{bmatrix} u_1(t) + \begin{bmatrix} 0 \\ 0 \\ 0 \\ 0 \\ 1 \\ 0 \end{bmatrix} u_2(t) + \begin{bmatrix} 0 \\ 0 \\ 0 \\ 0 \\ 0 \\ 1 \end{bmatrix} u_3(t).$$

O vetor de estado $\mathbf{x}(t)$ é a posição, e a velocidade do satélite e as entradas $u_i(t)$, $i = 1, 2, 3$, são as acelerações dos motores de propulsão nas direções ξ, η e ζ, respectivamente.

(a) O ponto de equilíbrio translunar é uma posição estável? (b) O sistema é controlável a partir de $u_1(t)$ sozinho? (c) Repita a parte (b) para $u_2(t)$. (d) Repita a parte (b) para $u_3(t)$. (e) Suponha que se pode observar a posição na direção η. Determine a função de transferência de $u_2(t)$ para $x_2(t)$. (*Dica:* faça $y(t) = [0\ 1\ 0\ 0\ 0\ 0]\mathbf{x}(t)$.) (f) Obtenha uma representação no espaço de estados da função de transferência na parte (e) usando a função ss. Verifique se o sistema é controlável. (g) Usando uma realimentação de estado

$$u_2(t) = -\mathbf{K}\mathbf{x}(t),$$

projete um controlador (isto é, encontre **K**) para o sistema na parte (f) tal que os polos do sistema em malha fechada estejam em $s_{1,2} = -1 \pm j$ e $s_{3,4} = -10$.

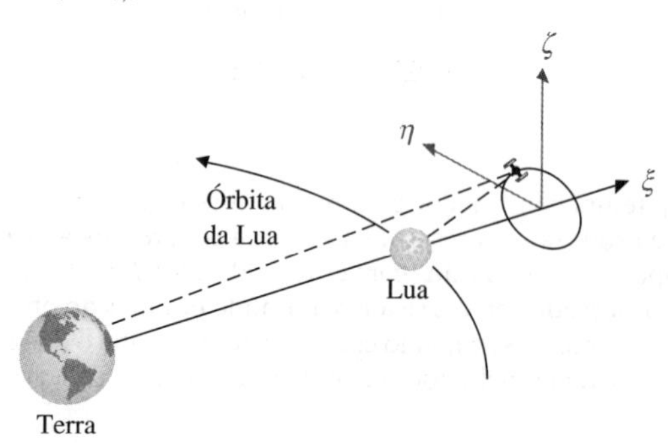

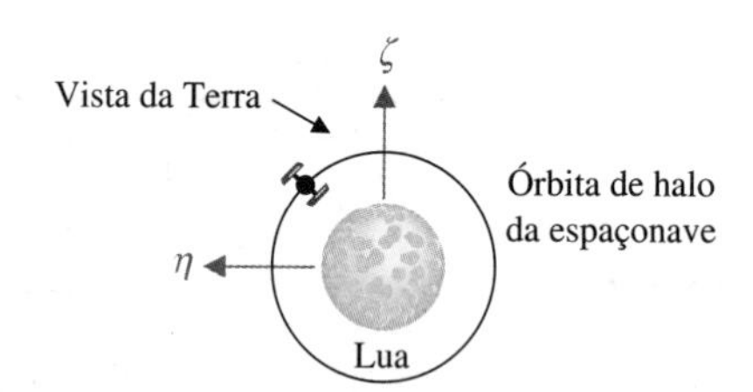

FIGURA PC11.6 Órbita de halo do satélite translunar.

PC11.7 Considere o sistema

$$\dot{\mathbf{x}}(t) = \begin{bmatrix} 0 & 1 & 0 \\ 0 & 0 & 1 \\ -2 & -4 & -6 \end{bmatrix} \mathbf{x}(t),$$

$$y(t) = [1\ \ 0\ \ 0]\mathbf{x}(t). \qquad \text{(PC11.7)}$$

Suponha que foram dadas três observações $y(t_i)$, $i = 1, 2, 3$, como a seguir:

$$y(t_1) = 1 \quad \text{em} \quad t_1 = 0$$
$$y(t_2) = -0{,}0256 \quad \text{em} \quad t_2 = 2$$
$$y(t_3) = -0{,}2522 \quad \text{em} \quad t_3 = 4.$$

(a) Usando as três observações, desenvolva um método para determinar o valor inicial do vetor de estado $\mathbf{x}(t_0)$ para o sistema da Equação PC11.7 que reproduzirá as três observações quando simulado usando a função lsim. (b) Com as observações dadas, calcule $\mathbf{x}(t_0)$ e discuta a condição na qual este problema pode ser resolvido em geral. (c) Verifique o resultado simulando a resposta do sistema para a condição inicial calculada. (*Dica:* recorde que $\mathbf{x}(t) = e^{\mathbf{A}(t-t_0)}\mathbf{x}(t_0)$ para o sistema da Equação PC11.7.)

PC11.8 Considere o sistema

$$\dot{\mathbf{x}}(t) = \mathbf{A}\mathbf{x}(t) + \mathbf{B}u(t)$$

em que

$$\mathbf{A} = \begin{bmatrix} 0 & 0 \\ -1 & 0 \end{bmatrix} \text{ e } \mathbf{B} = \begin{bmatrix} 0 \\ 1 \end{bmatrix}.$$

Admita que $u(t) = -\mathbf{K}\mathbf{x}(t)$ e considere o índice de desempenho

$$J = \int_0^\infty \mathbf{x}^T(t)\mathbf{x}(t)\,dt = \mathbf{x}^T(0)\mathbf{P}\mathbf{x}(0).$$

Determine o sistema ótimo quando $\mathbf{x}^T(0) = (1, 0)$.

PC11.9 Um sistema de primeira ordem é dado por

$$\dot{x}(t) = -x(t) + u(t)$$

com a condição inicial $x(0) = x_0$. Deseja-se projetar um controlador com realimentação

$$u(t) = -kx(t)$$

tal que o índice de desempenho

$$J = \int_0^\infty (x^2(t) + \lambda u^2(t))\,dt$$

seja minimizado.

(a) Faça $\lambda = 1$. Desenvolva uma fórmula para J em função de k, válida para qualquer x_0, e use um arquivo m para gerar o gráfico de J/x_0^2 *versus* k. A partir do gráfico, determine o valor aproximado de $k = k_{mín}$ que minimiza J/x_0^2. (b) Verifique o resultado da parte (a) analiticamente. (c) Usando o procedimento desenvolvido na parte (a), obtenha um gráfico de $k_{mín}$ *versus* λ, no qual $k_{mín}$ é o ganho que minimiza o índice de desempenho.

PC11.10 Considere o sistema representado na forma de variáveis de estado

$$\dot{\mathbf{x}}(t) = \mathbf{A}\mathbf{x}(t) + \mathbf{B}u(t)$$
$$y(t) = \mathbf{C}\mathbf{x}(t) + \mathbf{D}u(t),$$

em que

$$\mathbf{A} = \begin{bmatrix} 0 & 1 \\ -18{,}7 & -10{,}4 \end{bmatrix}, \quad \mathbf{B} = \begin{bmatrix} 10{,}1 \\ 24{,}6 \end{bmatrix},$$

$$\mathbf{C} = [1 \quad 0] \quad \text{e} \quad \mathbf{D} = [0].$$

Usando a função acker, determine uma matriz de ganho de realimentação de estado completo e uma matriz de ganho do observador para alocar os polos do sistema em malha fechada em $s_{1,2} = -2$ e os polos do observador em $s_{1,2} = -20 \pm j4$.

PC11.11 Considere o sistema de terceira ordem

$$\dot{\mathbf{x}}(t) = \begin{bmatrix} 0 & 1 & 0 \\ 0 & 0 & 1 \\ -4{,}3 & -1{,}7 & -6{,}7 \end{bmatrix}\mathbf{x}(t) + \begin{bmatrix} 0 \\ 0 \\ 0{,}35 \end{bmatrix}u(t)$$

$$y(t) = [0 \quad 1 \quad 0]\mathbf{x}(t) + [0]u(t).$$

(a) Usando a função acker, determine uma matriz de ganho de realimentação de estado completo e uma matriz de ganho do observador para alocar os polos do sistema em malha fechada em $s_{1,2} = -1{,}4 \pm j1{,}4, s_3 = -2$ e os polos do observador em $s_{1,2} = -18 \pm j5$, $s_3 = -20$. (b) Construa o compensador com variáveis de estado. (c) Simule o sistema em malha fechada com as condições iniciais de estado $\mathbf{x}(0) = (1 \;\; 0 \;\; 0)^T$ e a estimação de estado inicial de $\hat{\mathbf{x}}(0) = (0{,}5 \;\; 0{,}1 \;\; 0{,}1)^T$.

PC11.12 Implemente o sistema mostrado na Figura PC11.12 em um arquivo m. Obtenha a resposta ao degrau do sistema.

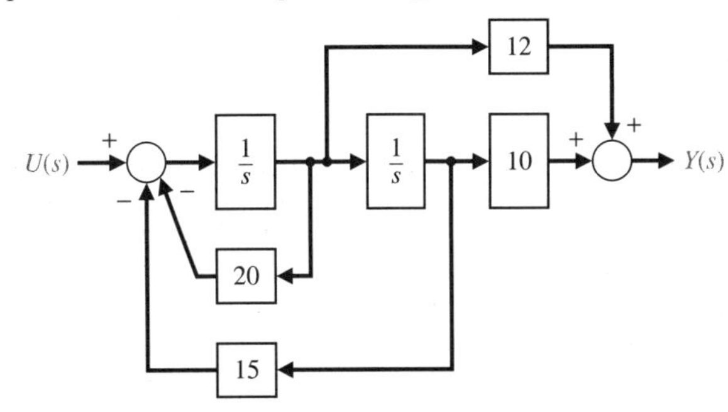

FIGURA PC11.12 Sistema de controle para implementação em arquivo m.

PC11.13 Considere o sistema na forma de variáveis de estado

$$\dot{\mathbf{x}}(t) = \begin{bmatrix} 0 & 1 & 0 & 0 \\ 0 & 0 & 1 & 0 \\ 0 & 0 & 0 & 1 \\ -2 & -5 & -1 & -13 \end{bmatrix}\mathbf{x}(t) + \begin{bmatrix} 0 \\ 0 \\ 0 \\ 1 \end{bmatrix}u(t)$$

$$y(t) = [1 \quad 0 \quad 0 \quad 0]\mathbf{x}(t) + [0]u(t).$$

Projete uma matriz de ganho de realimentação de estado completo e uma matriz de ganho do observador para alocar os polos do sistema em malha fechada em $s_{1,2} = -1{,}4 \pm j1{,}4, s_{3,4} = -2 \pm j$ e os polos do observador em $s_{1,2} = -18 \pm j5, s_{3,4} = -20$. Construa o compensador com variáveis de estado e simule o sistema em malha fechada. Escolha vários valores de estados iniciais e estimativas de estado inicial no observador e mostre os resultados de rastreamento.

RESPOSTAS PARA A VERIFICAÇÃO DE COMPETÊNCIAS

Verdadeiro ou Falso: (1) Verdadeiro; (2) Verdadeiro; (3) Falso; (4) Verdadeiro; (5) Falso

Múltipla Escolha: (6) c; (7) a; (8) c; (9) a; (10) a; (11) b; (12) a; (13) b; (14) b; (15) a

Correspondência de Palavras (em ordem, de cima para baixo): e, o, k, i, d, b, j, m, f, n, h, q, g, l, p, c, a

TERMOS E CONCEITOS

Alocação de polos Metodologia de projeto em que o objetivo é posicionar os autovalores do sistema em malha fechada em regiões desejadas do plano complexo.

Controlador estabilizante Um controlador que estabiliza o sistema em malha fechada.

Decomposição do espaço de estados de Kalman Divisão do espaço de estados que destaca os estados que são controláveis e não observáveis; não controláveis e não observáveis; controláveis e observáveis; e não controláveis e observáveis.

Detectável Sistema no qual os estados que não são observáveis são naturalmente estáveis.

Erro de estimação Diferença entre o estado real e o estado estimado $\mathbf{e}(t) = \mathbf{x}(t) - \hat{\mathbf{x}}(t)$.

Estabilizável Sistema no qual os estados que não são controláveis são naturalmente estáveis.

Lei de controle de realimentação de estado completo Lei de controle na forma $\mathbf{u} = -\mathbf{Kx}$ na qual $\mathbf{x}$ é o estado do sistema admitido como conhecido em todos os instantes.

Matriz de controlabilidade Um sistema linear será (completamente) controlável se, e somente se, a matriz de controlabilidade $\mathbf{P}_c = [\mathbf{B} \quad \mathbf{AB} \quad \mathbf{A}^2\mathbf{B} \ldots \mathbf{A}^{n-1}\mathbf{B}]$ for de posto completo, na qual $\mathbf{A}$ é uma matriz $n \times n$. Para sistemas lineares com entrada única e saída única, o sistema será controlável se, e somente se, o determinante da matriz de controlabilidade $n \times n$ $\mathbf{P}_c$ for diferente de zero.

Matriz de observabilidade Um sistema linear será (completamente) observável se, e somente se, a matriz de observabilidade $\mathbf{P}_o = [\mathbf{C}^T \quad (\mathbf{CA})^T \quad (\mathbf{CA}^2)^T \ldots (\mathbf{CA}^{n-1})^T]^T$ for de posto completo, na qual $\mathbf{A}$ é uma matriz $n \times n$. Para sistemas lineares com entrada única e saída única, o sistema será observável se, e somente se, o determinante da matriz de observabilidade $n \times n$ $\mathbf{P}_o$ for diferente de zero.

Observador Sistema dinâmico usado para estimar o estado de outro sistema dinâmico dado o conhecimento das entradas do sistema e as medidas das saídas do sistema.

Princípio da separação Princípio que declara que a lei de realimentação de estado completo e o observador podem ser projetados independentemente e, quando conectados, funcionarão como um sistema de controle integrado da maneira desejada (isto é, estável).

Problema de regulação Problema de projeto de controle quando a entrada de referência é $r(t) = 0$ para todo $t \geq t_0$.

Projeto com modelo interno Método de rastrear entradas de referência com erros de rastreamento em regime estacionário assegurados.

Rastreamento de comando Aspecto importante do projeto de sistemas de controle em que uma entrada de referência não nula é rastreada.

Realimentação de variáveis de estado Ocorre quando o sinal de controle u para o processo é uma função direta de todas as variáveis de estado.

Regulador linear quadrático Controlador ótimo projetado para minimizar o índice de desempenho quadrático $J = \int_0^{\infty} \left(\mathbf{x}^T\mathbf{Qx} + \mathbf{u}^T\mathbf{Ru}\right) dt$, no qual $\mathbf{Q}$ e $\mathbf{R}$ são parâmetros de projeto.

Sistema controlável Sistema será controlável no intervalo $[t_0, t_f]$ se existir uma entrada contínua $u(t)$ tal que qualquer estado inicial $\mathbf{x}(t_0)$ possa ser levado para qualquer estado arbitrário $\mathbf{x}(t_f)$ em um intervalo de tempo finito $t_f - t_0 > 0$.

Sistema de controle ótimo Sistema cujos parâmetros são ajustados de modo que o índice de desempenho alcance um valor extremo.

Sistema observável Um sistema será observável no intervalo $[t_0, t_f]$ se qualquer estado inicial $\mathbf{x}(t_0)$ for determinado de modo único por meio da observação da saída $y(t)$ no intervalo $[t_0, t_f]$.

CAPÍTULO

12 Sistemas de Controle Robusto

APRESENTAÇÃO

Os sistemas físicos e o ambiente externo no qual operam não podem ser modelados precisamente, podem mudar de maneira imprevisível e estar sujeitos a perturbações significantes. O projeto de sistemas de controle na presença de incertezas significantes requer que o projetista almeje um sistema robusto. Avanços recentes nas metodologias de projeto de controle robusto podem tratar a robustez da estabilidade e a robustez do desempenho na presença de incertezas. Neste capítulo, cinco métodos para projeto robusto são descritos, incluindo lugar geométrico das raízes, resposta em frequência, métodos ITAE para controladores PID robustos, controle com modelo interno e métodos de realimentação pseudoquantitativa. Contudo, deve-se reconhecer que técnicas de projeto clássico também podem produzir sistemas de controle robusto. Os engenheiros de controle que estão cientes dessas questões podem projetar controladores PID robustos, controladores de avanço, atraso de fase robustos e assim por diante. O capítulo é concluído com o projeto de um controlador PID para o Exemplo de Projeto Sequencial: Sistema de Leitura de Acionadores de Disco.

RESULTADOS DESEJADOS

Ao concluírem o Capítulo 12, os estudantes devem ser capazes de:

- Descrever o papel da robustez no projeto de sistemas de controle.
- Identificar modelos com incertezas, incluindo incerteza aditiva, incerteza multiplicativa e incerteza paramétrica.
- Explicar os vários métodos de conduzir o problema de projeto de controle robusto usando lugar geométrico das raízes, resposta em frequência, métodos ITAE para controle PID, modelo interno e métodos de realimentação pseudoquantitativa.

12.1 INTRODUÇÃO

Um sistema de controle projetado usando os métodos e conceitos dos capítulos anteriores pressupõe o conhecimento do modelo do processo e do controlador e parâmetros constantes. O modelo do processo sempre será uma representação inexata do sistema físico real por causa de

- variações nos parâmetros
- dinâmica não modelada
- atrasos de transporte não modelados
- alterações no ponto de equilíbrio (ponto de operação)
- ruído de sensor
- entradas de perturbação imprevistas.

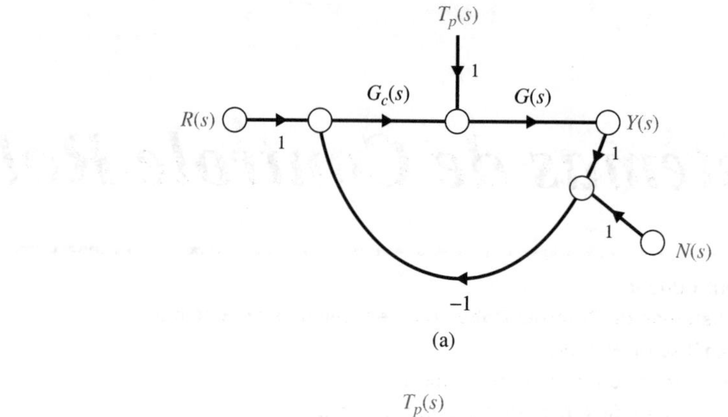

(a)

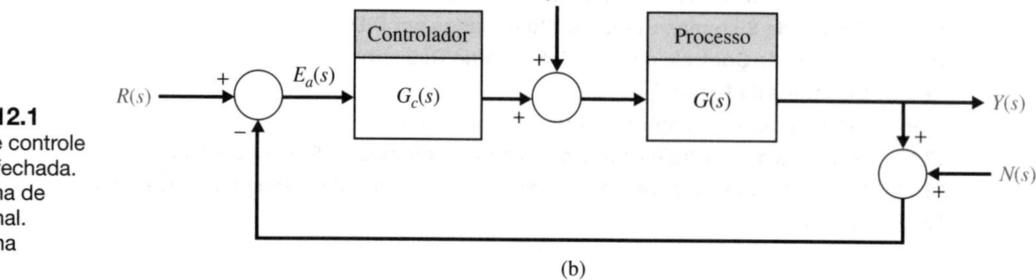

(b)

FIGURA 12.1 Sistema de controle em malha fechada. (a) Diagrama de fluxo de sinal. (b) Diagrama de blocos.

O objetivo do projeto de sistemas de controle robustos é manter o desempenho do sistema em malha fechada aceitável na presença de inexatidões do modelo e variações.

Um sistema robusto apresenta desempenho aceitável na presença de incertezas significativas de modelo, perturbações e ruído.

Uma estrutura de sistema que incorpora incertezas do sistema é mostrada na Figura 12.1. Este modelo inclui o ruído do sensor $N(s)$, a entrada de perturbação $T_p(s)$ e um processo $G(s)$ com dinâmica potencialmente não modelada ou variações paramétricas. A dinâmica não modelada e as variações paramétricas podem ser significativas e para estes sistemas o desafio é criar um projeto que mantenha o desempenho desejado.

12.2 SISTEMAS DE CONTROLE ROBUSTO E SENSIBILIDADE DO SISTEMA

O projeto de sistemas altamente exatos na presença de incertezas significativas da planta é um problema clássico de projeto com realimentação. As bases teóricas para a solução deste problema datam dos trabalhos de H. S. Black e H. W. Bode no início da década de 1930, quando este problema foi referido como o problema de projeto de sensibilidades. Um volume significativo de literatura foi publicado desde então com relação ao projeto de sistemas sujeitos a grandes incertezas de processo. O projetista procura obter um sistema que apresente desempenho adequado sobre uma grande faixa de parâmetros incertos. Um sistema é dito robusto quando é durável, resistente e resiliente.

Um sistema de controle é robusto quando (1) tem sensibilidades pequenas, (2) é estável sobre a faixa de variação dos parâmetros e (3) o desempenho continua a atender às especificações na presença de um conjunto de variações nos parâmetros do sistema [3,4]. Robustez é a baixa sensibilidade aos efeitos que não são considerados nas fases de análise e de projeto — por exemplo, perturbações, ruído de medida e dinâmica não modelada. O sistema deve ser capaz de resistir a estes efeitos que não foram considerados quando executar as tarefas para as quais foi projetado.

Para pequenas perturbações paramétricas, pode-se usar, como medida de robustez, as sensibilidades diferenciais examinadas nas Seções 4.3 (sensibilidade do sistema) e 7.5 (sensibilidade da raiz) [6]. A **sensibilidade do sistema** é definida como

$$\boxed{S_\alpha^T = \frac{\partial T/T}{\partial \alpha/\alpha},} \tag{12.1}$$

em que α é o parâmetro e T é a função de transferência do sistema. A **sensibilidade da raiz** é definida como

$$S_\alpha^{r_i} = \frac{\partial r_i}{\partial \alpha/\alpha}. \tag{12.2}$$

Quando os zeros de $T(s)$ são independentes do parâmetro α, mostrou-se que

$$S_\alpha^T = -\sum_{i=1}^{n} S_\alpha^{r_i} \cdot \frac{1}{s + r_i}, \tag{12.3}$$

para um sistema de n-ésima ordem. Por exemplo, quando se tem um sistema em malha fechada, como mostrado na Figura 12.2, no qual o parâmetro variável é α, então $T(s) = 1/[s + (\alpha + 1)]$ e

$$S_\alpha^T = \frac{-\alpha}{s + \alpha + 1}. \tag{12.4}$$

Isto se segue porque $r_1 = +(\alpha + 1)$ e

$$-S_\alpha^{r_i} = -\alpha. \tag{12.5}$$

Consequentemente,

$$S_\alpha^T = -S_\alpha^{r_i} \frac{1}{s + \alpha + 1} = \frac{-\alpha}{s + \alpha + 1}. \tag{12.6}$$

Examinemos agora a sensibilidade do sistema de segunda ordem mostrado na Figura 12.3. A função de transferência do sistema em malha fechada é

$$T(s) = \frac{K}{s^2 + s + K}. \tag{12.7}$$

A sensibilidade do sistema para K é

$$S(s) = S_K^T = \frac{s(s + 1)}{s^2 + s + K}. \tag{12.8}$$

Um diagrama de Bode das assíntotas de 20 log| $T(j\omega)$ | e 20 log| $S(j\omega)$ | é mostrado na Figura 12.4 para $K = 1/4$ (amortecimento crítico). Observe que a sensibilidade é pequena em baixas frequências, enquanto a função de transferência passa principalmente baixas frequências.

É claro que a sensibilidade $S(s)$ somente representa a robustez para pequenas variações no ganho. Se K variar a partir de 1/4 dentro da faixa $K = 1/16$ até $K = 1$, a faixa resultante da resposta ao degrau é mostrada na Figura 12.5. Esse sistema, com uma grande variação esperada de K, não pode ser considerado adequadamente robusto. Espera-se que um sistema robusto produza essencialmente a mesma resposta (dentro de uma variação tolerada) para uma entrada escolhida.

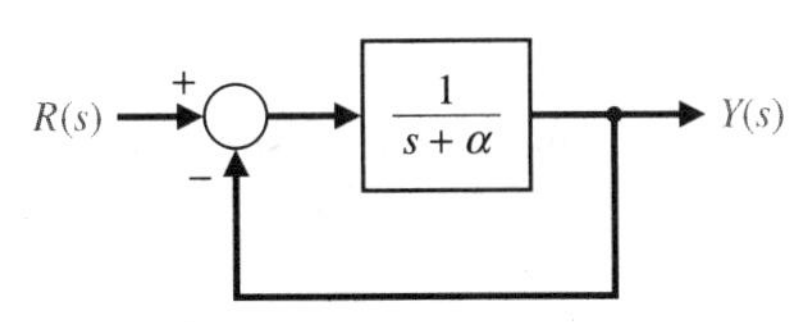

FIGURA 12.2 Um sistema de primeira ordem.

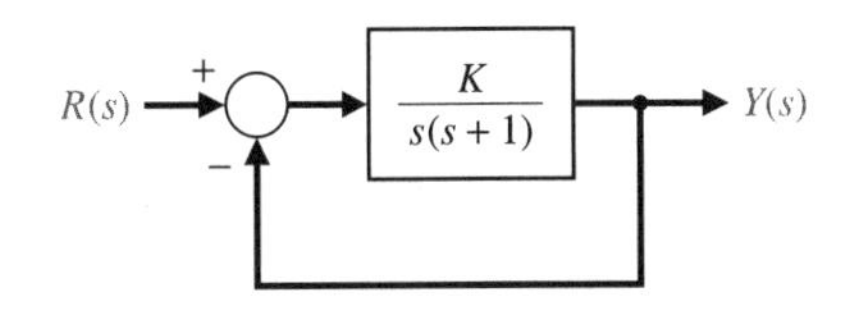

FIGURA 12.3 Um sistema de segunda ordem.

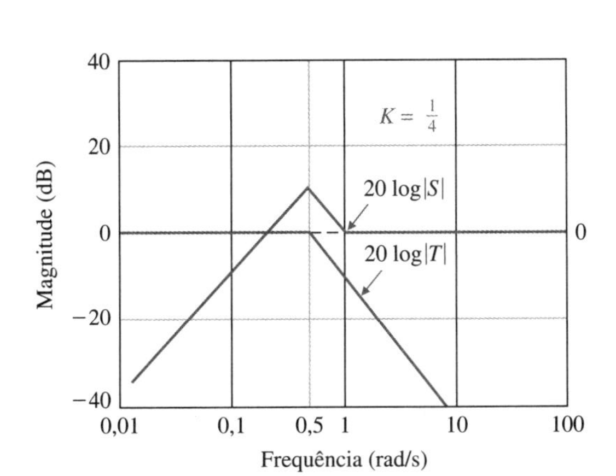

FIGURA 12.4 Sensibilidade e 20 log $|T(j\omega)|$ para o sistema de segunda ordem na Figura 12.3. As aproximações assintóticas são mostradas para $K = \frac{1}{4}$.

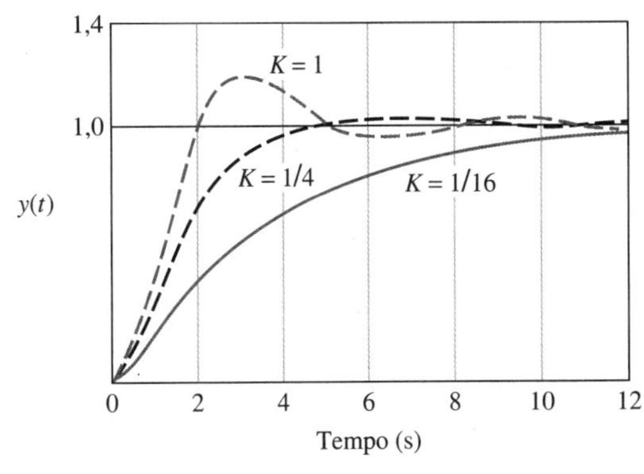

FIGURA 12.5 Resposta ao degrau para ganhos K escolhidos.

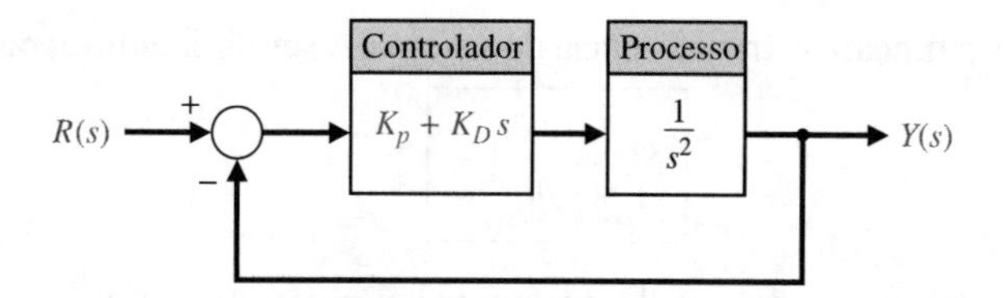

FIGURA 12.6 Um sistema com controlador PD.

EXEMPLO 12.1 **Sensibilidade de um sistema controlado**

Considere o sistema mostrado na Figura 12.6, no qual $G(s) = 1/s^2$ e um controlador PD $G_c(s) = K_P + K_D s$. Então, a sensibilidade com respeito a variações em $G(s)$ é

$$S_G^T = \frac{1}{1 + G_c(s)G(s)} = \frac{s^2}{s^2 + K_D s + K_p} \tag{12.9}$$

e

$$T(s) = \frac{K_D s + K_p}{s^2 + K_D s + K_p}. \tag{12.10}$$

Considere a condição normal $\zeta = 1$ e $\omega_n = \sqrt{K_p}$. Então, $K_D = 2\omega_n$ para se alcançar $\zeta = 1$. Portanto, pode-se representar graficamente $20 \log|S|$ e $20 \log|T|$ em um diagrama de Bode, como mostrado na Figura 12.7. Observe que a frequência ω_n é um indicador da fronteira entre a região de frequências na qual a sensibilidade é o critério de projeto importante e a região na qual a margem de estabilidade é importante. Assim, quando se especifica ω_n adequadamente para levar em consideração a amplitude do erro de modelagem e a frequência da perturbação externa, pode-se esperar que o sistema tenha um nível aceitável de robustez. ■

EXEMPLO 12.2 **Sistema com um zero no semiplano direito**

Considere o sistema mostrado na Figura 12.8, no qual a planta tem um zero no semiplano direito. A função de transferência em malha fechada é

$$T(s) = \frac{K(s - 1)}{s^2 + (2 + K)s + (1 - K)}. \tag{12.11}$$

O sistema é estável para um ganho $-2 < K < 1$. O erro em regime estacionário por causa de uma entrada em degrau unitário negativo $R(s) = -1/s$ é

$$e_{ss} = \frac{1 - 2K}{1 - K}, \tag{12.12}$$

e $e_{ss} = 0$ quando $K = 1/2$. A resposta é mostrada na Figura 12.9. Observe o *undershoot* inicial em $t = 1$ s. Este sistema é sensível a variações em K, como registrado na Tabela 12.1. O desempenho deste sistema pode ser considerado pouco aceitável para uma variação de ganho de apenas $\pm 10\%$, e, por isso, ele não poderia ser considerado robusto. O erro em regime estacionário deste sistema varia muito à medida que K varia. ■

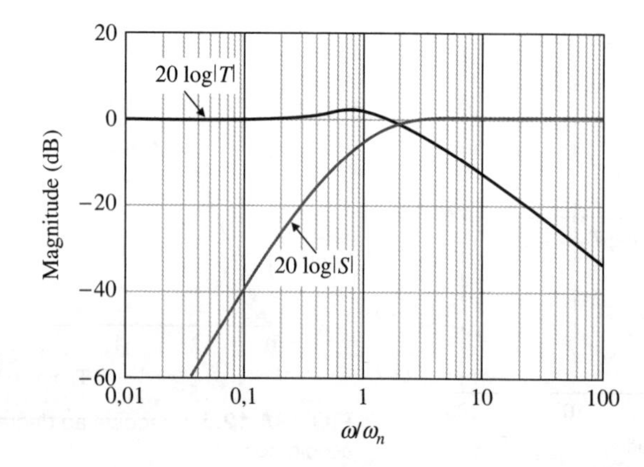

FIGURA 12.7 Sensibilidade e $T(s)$ para o sistema de segunda ordem na Figura 12.6.

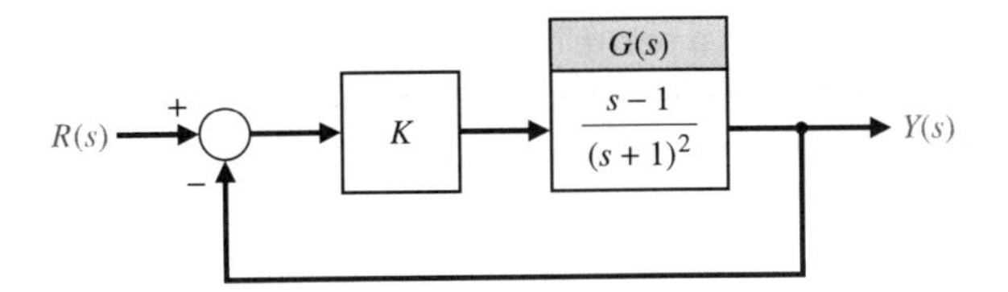

FIGURA 12.8 Um sistema de segunda ordem.

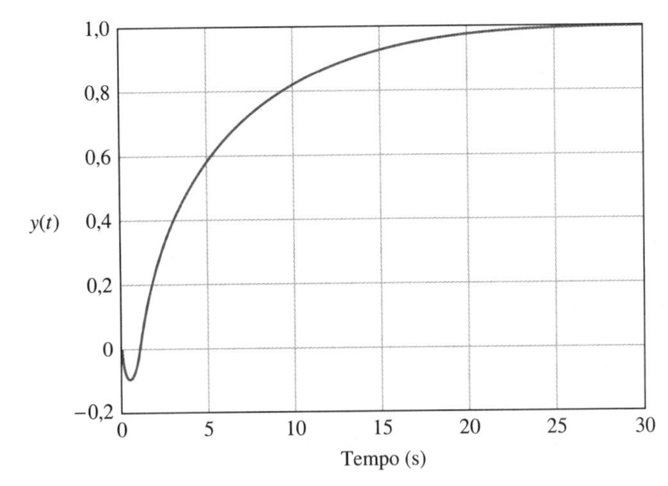

FIGURA 12.9 Resposta ao degrau do sistema na Figura 12.8 com $K = \frac{1}{2}$.

Tabela 12.1 Resultados do Exemplo 12.2

K	0,25	0,45	0,50	0,55	0,75
$\lvert e_{ss} \rvert$	0,67	0,18	0	0,22	1,0
Undershoot	5%	9%	10%	11%	15%
Tempo de acomodação (segundos)	15	24	27	30	45

12.3 ANÁLISE DE ROBUSTEZ

Os objetivos do sistema incluem manter um pequeno erro de rastreamento para uma entrada $R(s)$ e conservar a saída $Y(s)$ pequena para uma perturbação $T_p(s)$. A **função sensibilidade** é

$$\boxed{S(s) = \frac{1}{1 + G_c(s)G(s)},}$$

e a **função sensibilidade complementar** é

$$\boxed{C(s) = \frac{G_c(s)G(s)}{1 + G_c(s)G(s)}.}$$

Tem-se também a relação

$$\boxed{S(s) + C(s) = 1.} \tag{12.13}$$

Para sistemas fisicamente realizáveis, o ganho em malha aberta $L(s) = G_c(s)G(s)$ deve ser pequeno para altas frequências. Isto significa que $S(j\omega)$ tende a 1 em altas frequências.

Considere o sistema em malha fechada na Figura 12.1. Uma **perturbação aditiva** caracteriza o conjunto de possíveis processos como se segue:

$$G_a(s) = G(s) + A(s),$$

em que $G(s)$ é o processo nominal e $A(s)$ é a perturbação que é limitada em magnitude. Admita que $G_a(s)$ e $G(s)$ possuem o mesmo número de polos no semiplano direito do plano s (se existir algum) [32]. Então, a estabilidade do sistema não mudará se

$$|A(j\omega)| < |1 + G_c(j\omega)G(j\omega)| \quad \text{para todo o } \omega^* \tag{12.14}$$

Isto garante a estabilidade, mas não o desempenho dinâmico.

Uma **perturbação multiplicativa** é modelada como

$$G_m(s) = G(s)[1 + M(s)].$$

A perturbação é limitada em magnitude, e admite-se novamente que $G_m(s)$ e $G(s)$ possuem o mesmo número de polos no semiplano direito do plano s. Então, a estabilidade do sistema não mudará se

$$\boxed{|M(j\omega)| < \left|1 + \frac{1}{G_c(j\omega)G(j\omega)}\right| \quad \text{para todo } \omega.} \tag{12.15}$$

A Equação (12.15) é chamada de **critério de estabilidade robusta**. Este é um teste para robustez com respeito a uma perturbação multiplicativa. Essa forma de perturbação é frequentemente usada porque satisfaz as propriedades intuitivas de (1) ser pequena em baixas frequências nas quais o modelo nominal do processo é usualmente bem conhecido e (2) ser grande em altas frequências nas quais o modelo nominal é sempre inexato.

EXEMPLO 12.3 **Sistema com perturbação multiplicativa**

Considere o sistema da Figura 12.1 com $G_c = K$ e

$$G(s) = \frac{170.000(s + 0{,}1)}{s(s + 3)(s^2 + 10s + 10.000)}.$$

O sistema é instável com $K = 1$, mas uma redução no ganho para $K = 0{,}5$ o estabilizará. Agora, considere o efeito de um polo não modelado em 50 rad/s. Neste caso, a perturbação multiplicativa é determinada a partir de

$$1 + M(s) = \frac{50}{s + 50},$$

ou $M(s) = -s/(s + 50)$. O limite de magnitude é então

$$|M(j\omega)| = \left|\frac{-j\omega}{j\omega + 50}\right|.$$

$|M(j\omega)|$ e $|1 + 1/[KG(j\omega)]|$ são representados graficamente na Figura 12.10(a), na qual se verifica que o critério da Equação (12.15) não é satisfeito. Assim, o sistema pode não ser estável.

Se é utilizado um compensador de atraso de fase

$$G_c(s) = \frac{0{,}15(s + 25)}{s + 2{,}5},$$

---

*N.T.: Com $G_a(s) = G(s) + A(s)$, o denominador da função de transferência em malha fechada com o controlador $G_c(s)$ em cascata é dado por

$$1 + G_c(s)G(s) + G_c(s)A(s)$$

De acordo com o critério de Nyquist, o número de polos de malha fechada no semiplano direito será dependente do número de voltas do gráfico de $1 + G_c(s)G(s) + G_c(s)A(s)$, avaliado no contorno de Nyquist, em torno da origem. Como supusemos que o número de polos de malha aberta de $G(s)$ e de $G_a(s)$ é o mesmo, podemos supor que o controlador $G_c(s)$ foi projetado para que o número de voltas de $1 + G_c(s)G(s)$ seja tal que resulte em nenhum polo de malha fechada no semiplano direito, isto é, sistema estável em malha fechada. Assim, deseja-se que o mesmo número de voltas em torno da origem ocorra para $1 + G_c(s)G(s) + G_c(s)A(s)$. Uma condição para isso é que o módulo da parcela adicional nunca seja maior do que o módulo de $1 + G_c(s)G(s)$ para os valores de $s = j\omega$, evitando assim que o gráfico cruze para outro lado da origem e mude o número de voltas:

$$|G_c(j\omega)A(j\omega)| < |1 + G_c(j\omega)G(j\omega)|,$$

ou

$$|A(j\omega)| < \left|\frac{1}{G_c(j\omega)}\right| + G_c(j\omega), \text{ para todo } \omega.$$

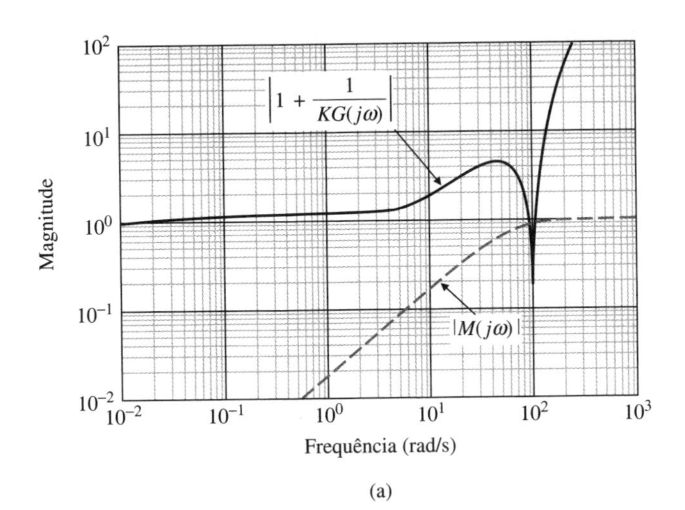

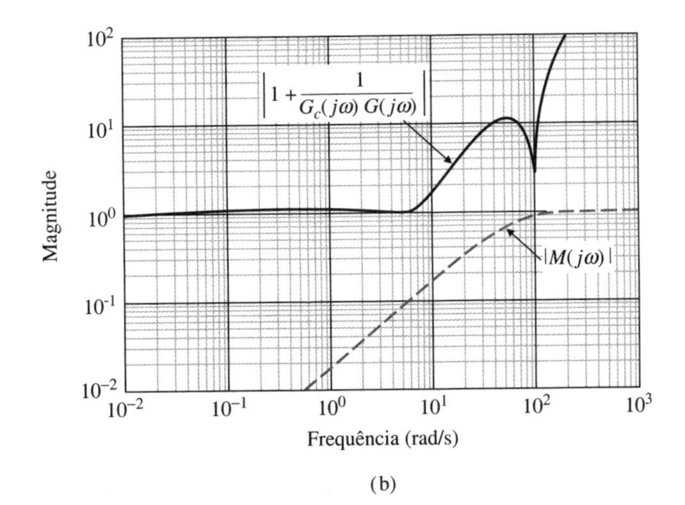

FIGURA 12.10 Critério de estabilidade robusta para o Exemplo 12.3.

a função de transferência em malha aberta é $L(s) = 1 + G_c(s)G(s)$. Altera-se a forma da função $G_c(j\omega)G(j\omega)$ na faixa de frequências $2 < \omega < 25$ e verifica-se a condição

$$|M(j\omega)| < \left|1 + \frac{1}{G_c(j\omega)G(j\omega)}\right|,$$

como representado graficamente na Figura 12.10(b). Aqui a desigualdade da robustez é satisfeita e o sistema é robustamente estável. ■

O objetivo de controle é projetar um compensador $G_c(s)$ de modo que as especificações de transitório, de regime estacionário e do domínio da frequência sejam atendidas, e que o custo da realimentação medido pela faixa de passagem do compensador $G_c(j\omega)$ seja suficientemente pequeno. Esta restrição sobre a faixa de passagem é necessária principalmente por causa do ruído. Em seções subsequentes, discute-se o acréscimo de um pré-filtro em uma configuração de dois graus de liberdade para que os objetivos do projeto sejam alcançados.

12.4 SISTEMAS COM PARÂMETROS INCERTOS

Muitos sistemas possuem vários parâmetros que são constantes, mas incertos dentro de uma faixa. Por exemplo, considere um sistema com uma equação característica

$$s^n + a_{n-1}s^{n-1} + a_{n-2}s^{n-2} + \cdots + a_0 = 0 \tag{12.16}$$

com coeficientes dentro de limites conhecidos

$$\alpha_i \leq a_i \leq \beta_i \quad \text{e} \quad i = 0, \ldots, n,$$

em que $a_n = 1$.

Para assegurar a estabilidade do sistema, todas as possíveis combinações dos parâmetros teriam de ser investigadas. Felizmente, é possível investigar um número limitado de polinômios de pior caso [20]. A análise de apenas quatro polinômios é suficiente, sendo rapidamente definidos para um sistema de terceira ordem com uma equação característica

$$s^3 + a_2s^2 + a_1s + a_0 = 0. \tag{12.17}$$

Então, os quatro polinômios são

$$\begin{aligned} q_1(s) &= s^3 + \alpha_2s^2 + \beta_1s + \beta_0, \\ q_2(s) &= s^3 + \beta_2s^2 + \alpha_1s + \alpha_0, \\ q_3(s) &= s^3 + \beta_2s^2 + \beta_1s + \alpha_0, \\ q_4(s) &= s^3 + \alpha_2s^2 + \alpha_1s + \beta_0. \end{aligned}$$

Um dos quatro polinômios representa o pior caso, podendo indicar desempenho instável ou pelo menos o pior desempenho para o sistema neste caso.

EXEMPLO 12.4 **Sistema de terceira ordem com coeficientes incertos**

Considere um sistema de terceira ordem com coeficientes incertos tais que

$$\begin{aligned} 8 \le a_0 \le 60 &\Rightarrow \alpha_0 = 8, \beta_0 = 60; \\ 12 \le a_1 \le 100 &\Rightarrow \alpha_1 = 12, \beta_1 = 100; \\ 7 \le a_2 \le 25 &\Rightarrow \alpha_2 = 7, \beta_2 = 25. \end{aligned}$$

Os quatro polinômios são

$$\begin{aligned} q_1(s) &= s^3 + 7s^2 + 100s + 60, \\ q_2(s) &= s^3 + 25s^2 + 12s + 8, \\ q_3(s) &= s^3 + 25s^2 + 100s + 8, \\ q_4(s) &= s^3 + 7s^2 + 12s + 60. \end{aligned}$$

Prossegue-se, então, para a verificação desses quatro polinômios por meio do critério de Routh–Hurwitz e assim determina-se que o sistema é estável para toda a faixa de parâmetros incertos. ■

EXEMPLO 12.5 **Estabilidade de sistema com incertezas**

Considere um sistema com realimentação unitária com uma função de transferência de processo (em condições nominais)

$$G(s) = \frac{4{,}5}{s(s + 1)(s + 2)}.$$

A equação característica nominal é então

$$q(s) = s^3 + 3s^2 + 2s + 4{,}5 = 0,$$

em que $a_0 = 4{,}5, a_1 = 2$, e $a_2 = 3$. Usando o critério de Routh–Hurwitz, descobre-se que este sistema é nominalmente estável. Entretanto, se o sistema tiver coeficientes incertos tais que

$$\begin{aligned} 4 \le a_0 \le 5 &\Rightarrow \alpha_0 = 4, \quad \beta_0 = 5, \\ 1 \le a_1 \le 3 &\Rightarrow \alpha_1 = 1, \quad \beta_1 = 3, \\ 2 \le a_2 \le 4 &\Rightarrow \alpha_2 = 2, \quad \beta_2 = 4, \end{aligned}$$

então, devem-se examinar os quatro polinômios:

$$\begin{aligned} q_1(s) &= s^3 + 2s^2 + 3s + 5, \\ q_2(s) &= s^3 + 4s^2 + 1s + 4, \\ q_3(s) &= s^3 + 4s^2 + 3s + 4, \\ q_4(s) &= s^3 + 2s^2 + 1s + 5. \end{aligned}$$

Usando o critério de Routh–Hurwitz, $q_1(s)$ e $q_3(s)$ são estáveis e $q_2(s)$ é marginalmente estável. Para $q_4(s)$, tem-se

$$\begin{array}{c|cc} s^3 & 1 & 1 \\ s^2 & 2 & 5 \\ s^1 & -3/2 & \\ s^0 & 5 & \end{array}.$$

Portanto, o sistema é instável para o pior caso, no qual α_2 = mínimo, α_1 = mínimo e β_0 = máximo. Isto ocorre quando o processo tiver mudado para

$$G(s) = \frac{5}{s(s+1)(s+1)}.$$

Observe que o terceiro polo se moveu em direção ao eixo $j\omega$ para seu limite em $s = -1$ e que o ganho aumentou para seu limite em $K = 5$. ■

12.5 PROJETO DE SISTEMAS DE CONTROLE ROBUSTO

O projeto de sistemas de controle robusto envolve determinar a estrutura do controlador e ajustar os parâmetros do controlador para fornecer um desempenho aceitável na presença de incerteza. A estrutura do controlador é escolhida tal que a resposta do sistema possa atender certos critérios de desempenho.

Um possível objetivo no projeto de um sistema de controle é que a saída do sistema controlado deve rastrear bastante precisamente sua entrada. Isto é, deseja-se minimizar o erro de rastreamento. Em um cenário ideal, o diagrama de Bode do ganho de malha, $L(s)$, seria um ganho de 0dB com faixa de passagem infinita e variação de fase nula. Na prática isto não é possível. Um possível objetivo de projeto é manter a curva de resposta de magnitude tão plana e tão próxima da unidade para uma faixa de passagem tão grande quanto possível em dada combinação de planta e controlador [20].

Outro importante objetivo de um projeto de sistema de controle é que o efeito na saída do sistema por causa de perturbações seja minimizado. Considere o sistema de controle mostrado na Figura 12.11, no qual $G(s)$ é a planta e $T_p(s)$ é a perturbação. Então, tem-se

$$T(s) = \frac{Y(s)}{R(s)} = \frac{G_c(s)G(s)}{1 + G_c(s)G(s)} \tag{12.18}$$

e

$$\frac{Y(s)}{T_P(s)} = \frac{G(s)}{1 + G_c(s)G(s)}. \tag{12.19}$$

Observe que ambas as funções de transferência da referência e da perturbação têm o mesmo denominador; em outras palavras, têm a mesma equação característica – a saber

$$1 + G_c(s)G(s) = 1 + L(s) = 0. \tag{12.20}$$

Recorde que a sensibilidade de $T(s)$ com respeito a $G(s)$ é

$$S_G^T = \frac{1}{1 + G_c(s)G(s)}. \tag{12.21}$$

A Equação (12.21) mostra que para baixa sensibilidade é necessário um elevado valor de ganho em malha aberta $L(j\omega)$. Mas sabe-se que um ganho elevado poderia causar instabilidade e ampliação do ruído de medida. Assim, busca-se o seguinte:

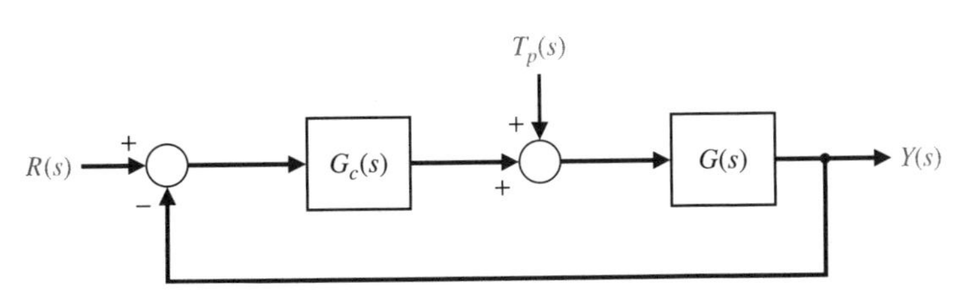

FIGURA 12.11 Um sistema com perturbação.

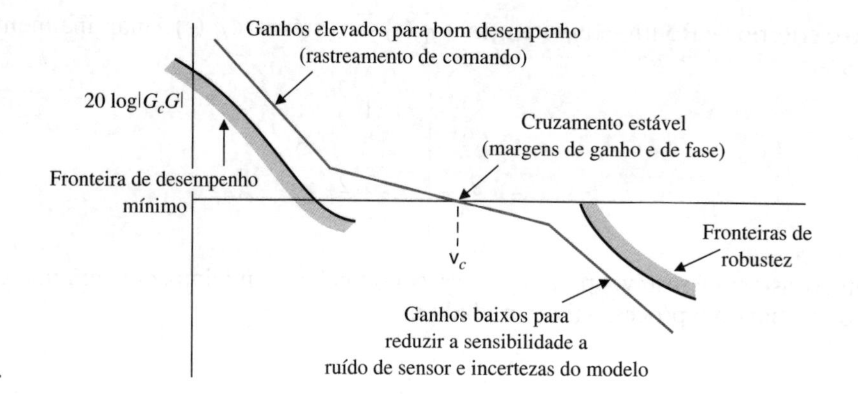

FIGURA 12.12 Diagrama de Bode para 20 log$|G_c(j\omega)G(j\omega)|$.

1. $T(s)$ com faixa de passagem larga.
2. Ganho em malha aberta $L(s)$ elevado em baixas frequências.
3. Ganho baixo em malha aberta $L(s)$ em altas frequências.

Definindo o projeto de sistemas robustos em termos do domínio da frequência, determina-se um compensador $G_c(s)$ tal que a sensibilidade em malha fechada seja menor do que certo valor de tolerância. Contudo, minimização de sensibilidade envolve encontrar um compensador tal que a sensibilidade em malha fechada seja minimizada.

O problema de margens de ganho e de fase é encontrar um compensador para atingir margens predeterminadas de ganho e fase. O problema de rejeição, a perturbação e o problema de atenuação de ruído de medida buscam uma solução com alto ganho em malha aberta em baixas frequências e baixo ganho em malha aberta em altas frequências, respectivamente. Para as especificações no domínio da frequência, buscam-se as seguintes condições para o diagrama de Bode de $G_c(j\omega)G(j\omega)$, conforme mostrado na Figura 12.12:

1. Para estabilidade relativa, o ganho em malha aberta não deve ter inclinação menor do que –20 dB/déc na frequência de cruzamento ω_c ou próximo da mesma.
2. Rejeição de ruído de medida atingida por meio de baixo ganho em altas frequências.
3. Rejeição a perturbação e exatidão em regime estacionário* por meio de um alto ganho em baixas frequências.
4. Exatidão em uma faixa de frequência ω_B, mantendo o ganho em malha aberta acima de um nível predeterminado.

Utilizando o conceito de sensibilidade da raiz, pode-se afirmar que S_a^r deve ser minimizado ao mesmo tempo em que se obtém $T(s)$ com raízes dominantes que fornecerão a resposta apropriada e minimizarão o efeito de $T_p(s)$. Como exemplo, sejam $G_c(s) = K$ e $G(s) = 1/(s(s+1))$ para o sistema na Figura 12.11. Este sistema tem duas raízes, e escolhe-se um ganho K de modo que $Y(s)/T_p(s)$ seja minimizado, S_K^r seja minimizado e $T(s)$ possua raízes dominantes desejáveis. A sensibilidade é

$$S_K^r = \frac{dr}{dK}\cdot\frac{K}{r} = \frac{ds}{dK}\bigg|_{s=r}\cdot\frac{K}{r}, \tag{12.22}$$

e a equação característica é

$$s(s+1) + K = 0. \tag{12.23}$$

Portanto $dK/ds = -(2s+1)$, uma vez que $K = -s(s+1)$. Então, obtém-se

$$S_K^r = \frac{-1}{2s+1}\,\frac{-s(s+1)}{s}\bigg|_{s=r}. \tag{12.24}$$

Quando $\zeta < 1$, as raízes são complexas e $r = -0{,}5 + j\frac{1}{2}\sqrt{4K-1}$. Então,

$$|S_K^r| = \left(\frac{K}{4K-1}\right)^{1/2}. \tag{12.25}$$

A magnitude da sensibilidade da raiz é mostrada na Figura 12.13 para $K = 0{,}2$ a $K = 5$. A máxima ultrapassagem percentual para um degrau também é mostrada. Como ilustrado na Figura 12.13,

*N.T.: A exatidão em regime estacionário requer que $T(s)$ da Equação (12.18) seja próxima de 1 em baixa frequência, isto é, $|G_c(j\omega)G(j\omega)| >> 1$.

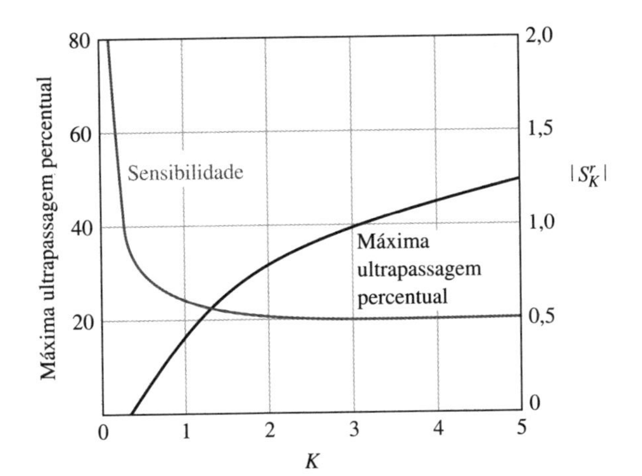

FIGURA 12.13 Sensibilidade e máxima ultrapassagem percentual para um sistema de segunda ordem.

selecionar $K \approx 1{,}25$ resulta em sensibilidade próxima do mínimo enquanto se mantém bom desempenho para a resposta ao degrau. Para reduzir a sensibilidade da raiz enquanto simultaneamente se minimizam os efeitos de perturbações, pode-se usar o procedimento de projeto a seguir:

1. Esboce o lugar geométrico das raízes do sistema compensado com $G_c(s)$ escolhido de modo a obter a posição desejada para as raízes dominantes.
2. Maximize o ganho de $G_c(s)$ para reduzir o efeito da perturbação.
3. Determine S_K^r e obtenha o valor mínimo da sensibilidade consistente com a resposta transitória requerida, como descrito no Passo 1.

EXEMPLO 12.6 **Sensibilidade e compensação**

Considere o sistema da Figura 12.11, quando $G(s) = 1/s^2$ e $G_c(s)$ deve ser escolhido por meio de métodos da resposta em frequência. Portanto, o compensador deve ser escolhido para alcançar margens de ganho e de fase adequadas enquanto minimiza a sensibilidade e o efeito da perturbação. Assim, escolhe-se

$$G_c(s) = \frac{K(s/z + 1)}{s/p + 1}. \tag{12.26}$$

Escolhe-se $K = 10$ para reduzir o efeito da perturbação. Para alcançar uma margem de fase de 45°, escolhem-se $z = 2{,}0$ e $p = 12{,}0$. O diagrama compensado é mostrado na Figura 12.14. A faixa de passagem em malha fechada é $\omega_B = 1{,}6\omega_c$. Assim, aumenta-se a faixa de passagem utilizando o compensador.

A sensibilidade em ω_c é

$$|S_G^T(j\omega_c)| = \left|\frac{1}{1 + G_c(j\omega)G(j\omega)}\right|_{\omega = \omega_c}. \tag{12.27}$$

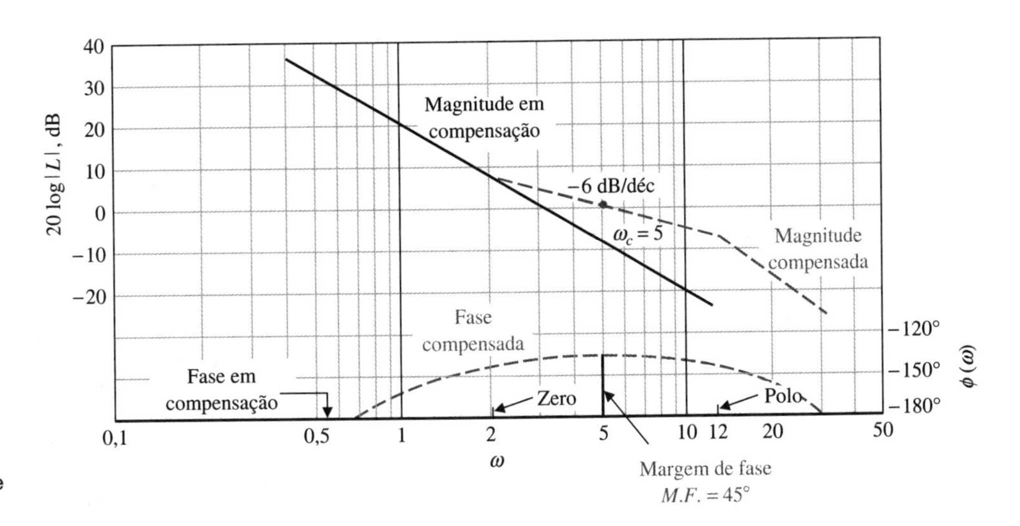

FIGURA 12.14 Diagrama de Bode do Exemplo 12.6.

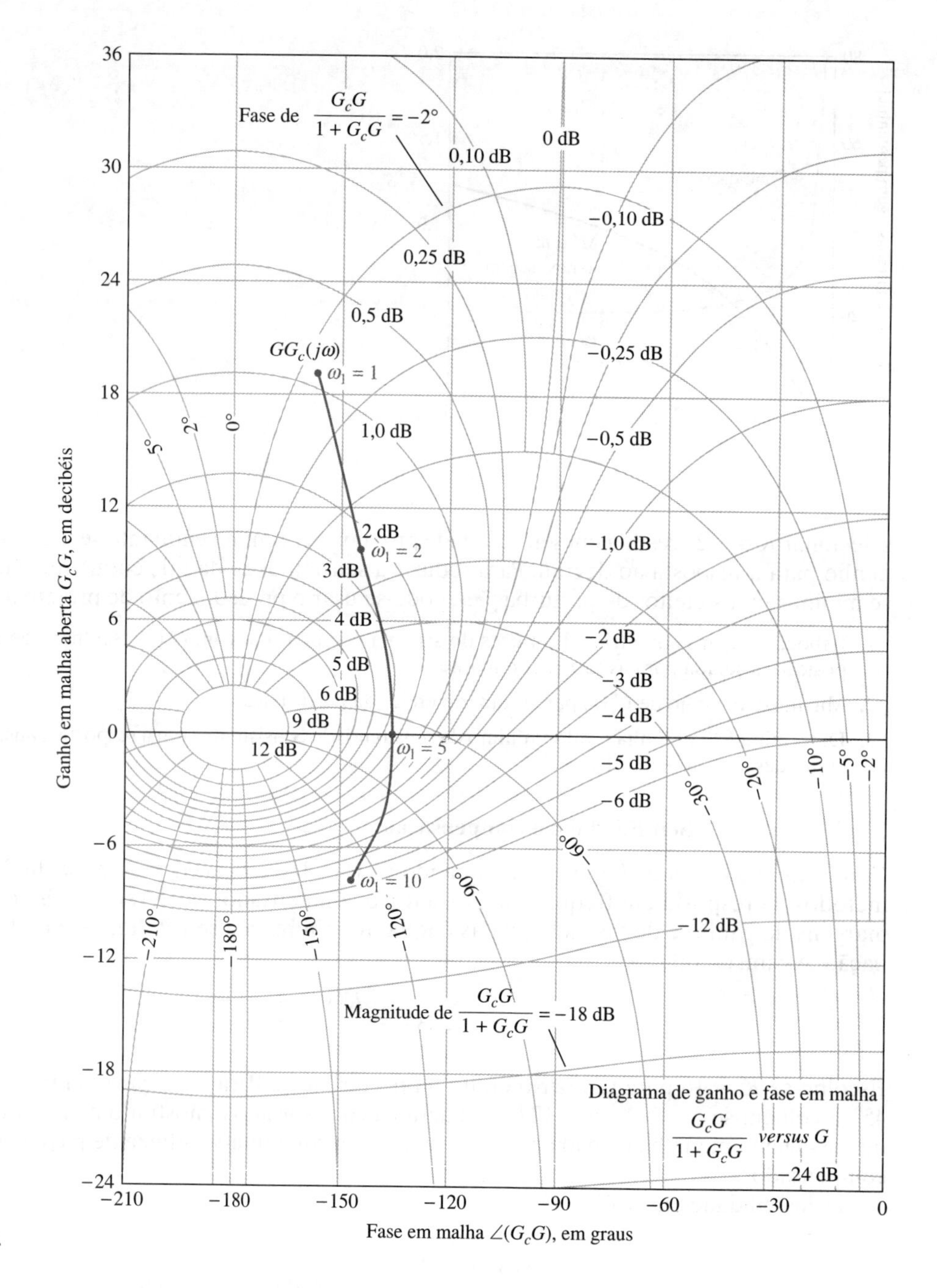

FIGURA 12.15 Carta de Nichols do Exemplo 12.6.

Para se estimar $|S_G^T|$, recorde que a carta de Nichols possibilita obter

$$|T(j\omega)| = \left|\frac{G_c(j\omega)G(j\omega)}{1 + G_c(j\omega)G(j\omega)}\right|. \tag{12.28}$$

Desse modo, podem-se representar graficamente alguns pontos de $G_c(j\omega)G(j\omega)$ na carta de Nichols e em seguida ler $|T(j\omega)|$ a partir da carta. Então, tem-se

$$|S_G^T(j\omega_1)| = \frac{|T(j\omega_1)|}{|G_c(j\omega_1)G(j\omega_1)|}, \tag{12.29}$$

em que ω_1 é escolhido em uma frequência abaixo de ω_c. A carta de Nichols para o sistema compensado é mostrada na Figura 12.15. Para $\omega_1 = \omega_c/2{,}5 = 2$, tem-se $20 \log|T(j\omega_1)| = 2{,}5$ dB e $20 \log |G_c(j\omega_1)G(j\omega_1)| = 9$ dB. Consequentemente,

$$|S(j\omega_1)| = \frac{|T(j\omega_1)|}{|G_c(j\omega_1)G(j\omega_1)|} = \frac{1{,}33}{2{,}8} = 0{,}47. \blacksquare$$

12.6 PROJETO DE SISTEMAS ROBUSTOS CONTROLADOS POR PID

O **controlador PID** possui a função de transferência

$$G_c(s) = K_P + \frac{K_I}{s} + K_D s.$$

A popularidade dos controladores PID pode ser atribuída parcialmente ao seu desempenho robusto em uma larga faixa de condições de operação e parcialmente à sua simplicidade funcional, a qual permite aos engenheiros operá-los de uma maneira simples e direta. Para implementar tal controlador, três parâmetros devem ser determinados para o processo dado: ganho proporcional, ganho integral e ganho derivativo [31].

Considere o controlador PID

$$\begin{aligned} G_c(s) &= K_P + \frac{K_I}{s} + K_D s = \frac{K_D s^2 + K_P s + K_I}{s} \\ &= \frac{K_D(s^2 + as + b)}{s} = \frac{K_D(s + z_1)(s + z_2)}{s}, \end{aligned} \tag{12.30}$$

em que $a = K_P/K_D$ e $b = K_I/K_D$. Consequentemente, um controlador PID introduz uma função de transferência com um polo na origem e dois zeros.

Recorde-se de que um lugar geométrico das raízes começa nos polos e termina nos zeros. Caso se tenha um sistema como o mostrado na Figura 12.16 com

$$G(s) = \frac{1}{(s + 2)(s + 5)},$$

e caso se utilize um controlador PID com zeros complexos, pode-se traçar o lugar geométrico das raízes como mostrado na Figura 12.17. À medida que o ganho K_D do controlador é aumentado, as raízes complexas se aproximam dos zeros. A função de transferência em malha fechada é

$$\begin{aligned} T(s) &= \frac{G(s)G_c(s)G_p(s)}{1 + G(s)G_c(s)} \\ &= \frac{K_D(s + z_1)(s + \hat{z}_1)}{(s + r_2)(s + r_1)(s + \hat{r}_1)} G_p(s) \simeq \frac{K_D G_p(s)}{s + r_2}, \end{aligned} \tag{12.31}$$

porque os zeros e as raízes complexas são aproximadamente iguais ($r_1 \approx z_1$). Fazendo $G_p(s) = 1$, tem-se

$$T(s) = \frac{K_D}{s + r_2} \approx \frac{K_D}{s + K_D} \tag{12.32}$$

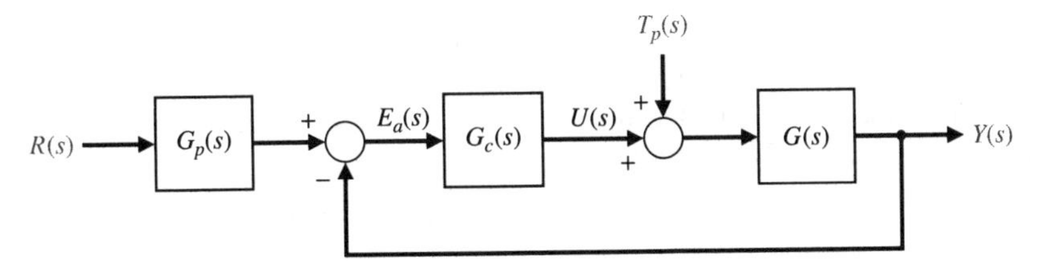

FIGURA 12.16 Sistema de controle com realimentação com uma entrada desejada $R(s)$ e uma entrada não desejada $T_p(s)$.

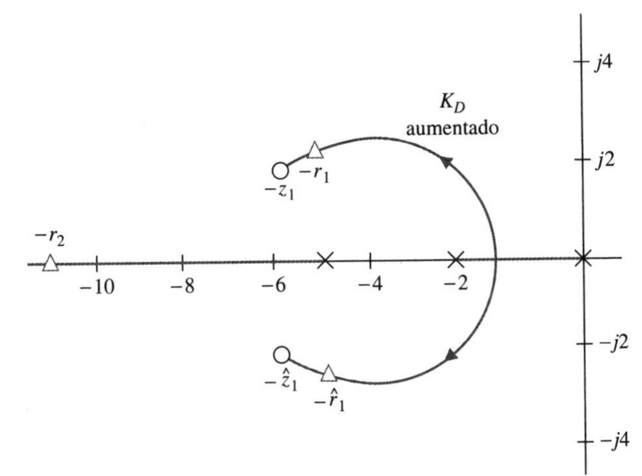

FIGURA 12.17 Lugar geométrico das raízes com $-z_1 = -6 + j2$.

quando $K_D \gg 1$. O único fator limitante é a magnitude admissível para $U(s)$ (Figura 12.16) quando K_D for grande. Se K_D for 100, o sistema tem uma resposta rápida e um erro em regime estacionário nulo. Além disso, o efeito da perturbação é reduzido significativamente.

Em geral, observa-se que os controladores PID são particularmente úteis para reduzir o erro em regime estacionário e melhorar a resposta transitória quando $G(s)$ possui um ou dois polos (ou pode ser aproximado por um sistema de segunda ordem).

O principal problema na escolha dos três coeficientes é que esses coeficientes não se traduzem diretamente nas características de desempenho e de robustez desejadas que o projetista do sistema de controle tem em mente. Várias regras e métodos foram propostos para solucionar este problema. Nesta seção, consideram-se diversos métodos de projeto utilizando o lugar geométrico das raízes e índices de desempenho.

O primeiro método de projeto usa o índice de desempenho ITAE. Por conseguinte, escolhem-se os três coeficientes do PID para minimizar o índice de desempenho ITAE, o que produz uma excelente resposta transitória para um degrau ou para uma rampa. O procedimento de projeto consiste em três passos:

1. Escolha o ω_n do sistema em malha fechada especificando o tempo de acomodação.
2. Determine os três coeficientes usando a equação ótima apropriada (Tabela 5.6) e o ω_n do passo 1 para obter $G_c(s)$.
3. Determine um **pré-filtro** $G_p(s)$ de modo que a função de transferência em malha fechada, $T(s)$, não tenha nenhum zero.

EXEMPLO 12.7 Controle robusto de temperatura

Considere um controlador de temperatura com um sistema de controle como mostrado na Figura 12.16 e um processo

$$G(s) = \frac{1}{(s+1)^2}. \tag{12.33}$$

Se $G_c(s) = 1$, o erro em regime estacionário é $e_{ss} = 50\%$ e o tempo de acomodação (com critério de 2%) é de $T_s = 3{,}2$ s para uma entrada em degrau. Deseja-se obter um desempenho ITAE ótimo para uma entrada em degrau e um tempo de acomodação $T_s \leq 0{,}5$ s. Usando um controlador PID, tem-se

$$T_1(s) = \frac{Y(s)}{R(s)} = \frac{G_c(s)G(s)}{1 + G_c(s)G(s)}$$
$$= \frac{K_Ds^2 + K_Ps + K_I}{s^3 + (2 + K_D)s^2 + (1 + K_P)s + K_I}, \tag{12.34}$$

em que $G_p(s) = 1$. Os coeficientes ótimos da equação característica para ITAE são

$$s^3 + 1{,}75\omega_n s^2 + 2{,}15\omega_n^2 s + \omega_n^3 = 0. \tag{12.35}$$

Precisa-se escolher ω_n a fim de atender ao requisito de tempo de acomodação. Uma vez que $T_s = 4/(\zeta\omega_n)$ e ζ é desconhecido mas próximo de 0,8, define-se $\omega_n = 10$. Então, igualando-se o denominador da Equação (12.34) à Equação (12.35), obtêm-se os três coeficientes como $K_P = 214$, $K_D = 15{,}5$ e $K_I = 1.000$.

Então, a Equação (12.34) torna-se

$$T_1(s) = \frac{15{,}5s^2 + 214s + 1.000}{s^3 + 17{,}5s^2 + 215s + 1.000}$$
$$= \frac{15{,}5(s + 6{,}9 + j4{,}1)(s + 6{,}9 - j4{,}1)}{s^3 + 17{,}5s^2 + 215s + 1.000}. \tag{12.36}$$

A resposta deste sistema para uma entrada em degrau tem máxima ultrapassagem de $M.U.P. = 33{,}9\%$, como registrado na Tabela 12.2*.

Tabela 12.2 Resultados do Exemplo 12.7

Controlador	$G_c(s) = 1$	PID e $G_p(s) = 1$	PID com Pré-filtro $G_p(s)$
Máxima ultrapassagem percentual	4,2%	33,9%	1,9%
Tempo de acomodação (segundos)	4,2	0,6	0,75
Erro em regime estacionário	50%	0,0%	0,0%
Erro de perturbação	52%	0,4%	0,4%

*N.T.: O requisito de tempo de acomodação não foi atendido, pois $T_s > 0{,}5$s.

Escolhe-se um pré-filtro $G_p(s)$ de modo que se alcance a resposta ITAE desejada com

$$T(s) = \frac{G_c(s)G(s)G_p(s)}{1 + G_c(s)G(s)} = \frac{1.000}{s^3 + 17{,}5s^2 + 215s + 1.000}. \quad (12.37)$$

Portanto, é necessário que

$$G_p(s) = \frac{64{,}5}{s^2 + 13{,}8s + 64{,}5} \quad (12.38)$$

a fim de se eliminarem os zeros na Equação (12.36) e conduzir o numerador global para 1.000. A resposta do sistema $T(s)$ para uma entrada em degrau é indicada na Tabela 12.2. O sistema tem máxima ultrapassagem pequena, tempo de acomodação $T_s > 0{,}5$ s* e erro em regime estacionário nulo. Além disso, para uma perturbação $T_p(s) = 1/s$, o valor máximo de $y(t)$ por causa da perturbação é de 0,4% da magnitude da perturbação. Este é um projeto muito satisfatório.

Considere o sistema quando a planta varia significativamente, de modo que

$$G(s) = \frac{K}{(\tau s + 1)^2}, \quad (12.39)$$

em que $0{,}5 \leq \tau \leq 1$ e $1 \leq K \leq 2$. Deseja-se investigar o comportamento robusto utilizando-se um sistema ótimo ITAE com pré-filtro ao mesmo tempo em que se obtém máxima ultrapassagem percentual $M.U.P. \leq 4\%$ e um tempo de acomodação (com critério de 2%) $T_s > 0{,}5$ s, enquanto $G(s)$ pode ter qualquer valor na faixa indicada.

Então, obtém-se a resposta ao degrau para as quatro condições: $\tau = 1, K = 1$; $\tau = 0{,}5, K = 1$; $\tau = 1, K = 2$; e $\tau = 0{,}5, K = 2$. Os resultados estão resumidos na Figura 12.18. Este é um sistema bastante robusto. ■

O valor de ω_n que pode ser escolhido será limitado considerando-se o máximo $u(t)$ admissível, em que $u(t)$ é a saída do controlador, como mostrado na Figura 12.16. Como exemplo, considere o sistema na Figura 12.16 com um controlador PID, $G(s) = 1/(s(s + 1))$ e o pré-filtro $G_p(s)$ necessário para alcançar o desempenho ITAE. Escolhendo-se $\omega_n = 10, 20$ e 40, o valor máximo de $u(t)$ será como registrado na Tabela 12.3. Se o propósito é limitar $u(t)$ deve-se limitar ω_n. Assim, há um limite no tempo de acomodação que pode ser alcançado.

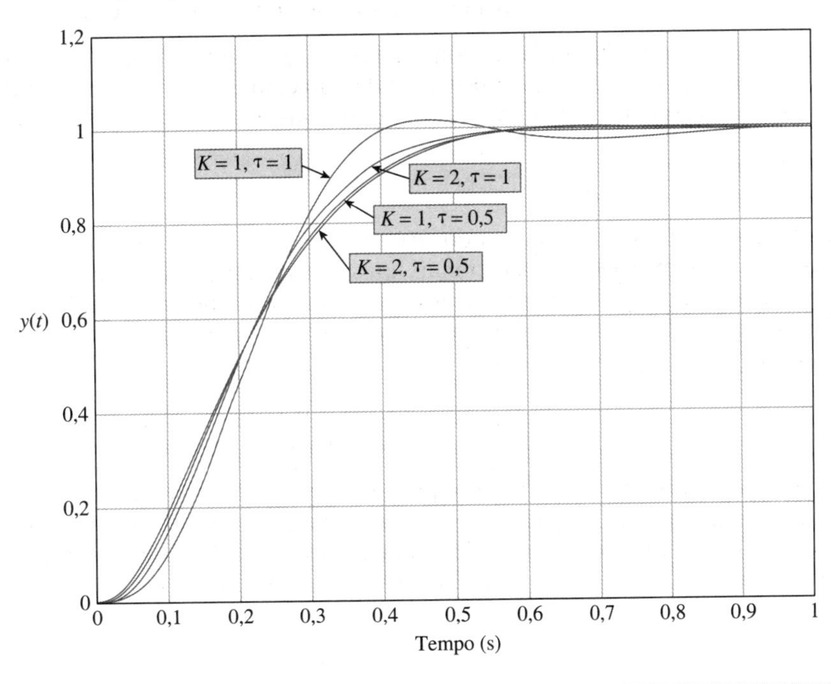

FIGURA 12.18 Resposta do sistema em malha fechada na presença de incerteza em K e τ.

Tabela 12.3 Valor Máximo da Entrada da Planta

ω_n	10	20	40
Máximo $u(t)$ para $R(s) = 1/s$	35	135	550
Tempo de acomodação (segundos)	0,9	0,5	0,3

*N.T.: O requisito de tempo de acomodação não foi atendido, pois $T_s > 0{,}5$ s.

12.7 SISTEMA DE CONTROLE COM MODELO INTERNO ROBUSTO

O sistema de controle com modelo interno é mostrado na Figura 12.19. Agora, se considera o uso do projeto com modelo interno dando atenção especial ao desempenho robusto do sistema. O **princípio do modelo interno** afirma que, se $G_c(s)G(s)$ contém $R(s)$, então $Y(s)$ irá rastrear $R(s)$ assintoticamente (em regime estacionário) e o rastreamento é robusto.

Considere um sistema simples com $G(s) = 1/s$, para o qual se busca uma resposta à rampa com erro em regime estacionário nulo. Um controlador PI é suficiente e faz-se $\mathbf{K} = \mathbf{0}$ (sem realimentação de variáveis de estado). Então, tem-se

$$G_c(s)G(s) = \left(K_p + \frac{K_I}{s}\right)\frac{1}{s} = \frac{K_p s + K_I}{s^2}. \tag{12.40}$$

Observe que, para uma rampa, $R(s) = 1/s^2$, que está contido como um fator da Equação (12.40), e que a função de transferência em malha fechada é

$$T(s) = \frac{K_p s + K_I}{s^2 + K_p s + K_I}. \tag{12.41}$$

Utilizando as especificações ITAE para uma resposta à rampa, requer-se que

$$T(s) = \frac{3{,}2\omega_n s + \omega_n^2}{s^2 + 3{,}2\omega_n s + \omega_n^2}. \tag{12.42}$$

Escolhe-se ω_n para satisfazer a uma especificação para o tempo de acomodação. Para um tempo de acomodação (com critério de 2%) de $T_s = 1$ s, escolha $\omega_n = 5$. Então, requer-se $K_P = 16$ e $K_I = 25$. A resposta deste sistema se acomoda em $T_s = 1$ s e então acompanha a rampa com erro em regime estacionário nulo. Se este sistema (projetado para uma entrada rampa) receber uma entrada em degrau, a resposta terá máxima ultrapassagem percentual de *M.U.P.* = 5% e um tempo de acomodação de $T_s = 1{,}5$ s. Este sistema é bastante robusto para variações na planta. Por exemplo, se $G(s) = K/s$, variando-se o ganho de modo que K varie por ±50%, a variação na resposta à rampa é insignificante.

EXEMPLO 12.8 **Projeto de um sistema de controle com modelo interno**

Considere o sistema na Figura 12.20 com realimentação de variáveis de estado e um compensador $G_c(s)$. Deseja-se rastrear uma entrada em degrau com erro em regime estacionário nulo. Aqui, escolhe-se um controlador PID para $G_c(s)$. Então, tem-se

$$G_c(s) = \frac{K_D s^2 + K_P s + K_I}{s},$$

e $G(s)G_c(s)$ conterá $R(s) = 1/s$, o comando de entrada. Observe que se realimentam ambas as variáveis de estado e se somam estes sinais adicionais após $G_c(s)$ a fim de preservar o integrador em $G_c(s)$.

O objetivo é se alcançar um tempo de acomodação (para a faixa de 2% do valor final) de $T_s \leq 1$ s e uma resposta *deadbeat* ao mesmo tempo em que se mantém uma resposta robusta. Aqui, admite-se que os dois polos de $G(s)$ podem variar de ±50%. Então, a condição de pior caso é

$$\hat{G}(s) = \frac{1}{(s + 0{,}5)(s + 1)}.$$

Uma abordagem é projetar o controlador para esta condição de pior caso. Outra abordagem de projeto, a qual se utiliza aqui, é projetar para $G(s)$ nominal e metade do tempo de acomodação desejado. Então, espera-se atender ao requisito de tempo de acomodação e obter um sistema muito rápido e altamente robusto. Observe que o pré-filtro $G_p(s)$ é usado para obter a forma desejada para $T(s)$.

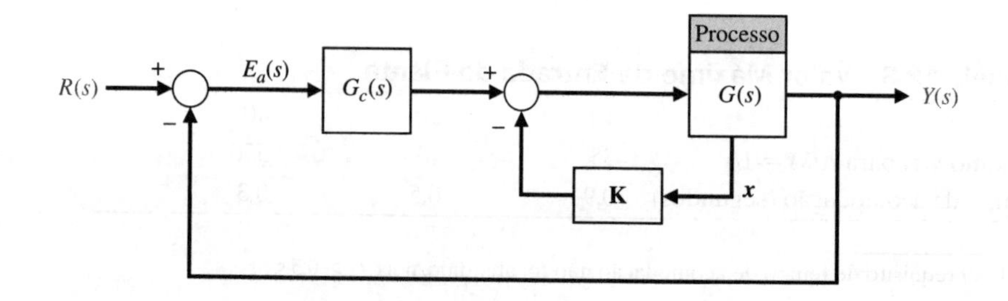

FIGURA 12.19 Sistema de controle com modelo interno.

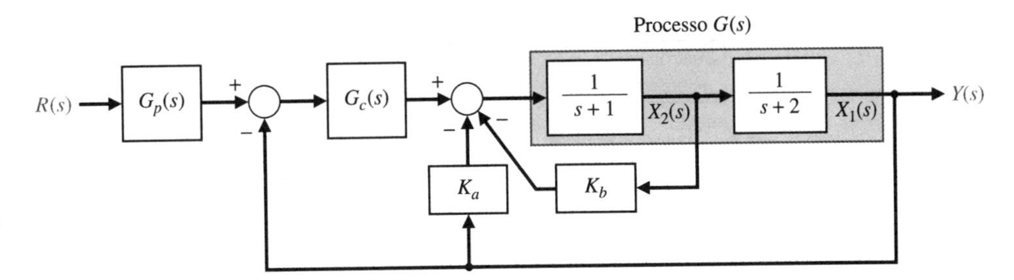

FIGURA 12.20 Um controle com modelo interno com realimentação de variáveis de estado e $G_c(s)$.

A resposta desejada é *deadbeat*, de modo que se utiliza uma função de transferência de terceira ordem como

$$T(s) = \frac{\omega_n^3}{s^3 + 1{,}9\omega_n s^2 + 2{,}20\omega_n^2 s + \omega_n^3}, \tag{12.43}$$

e o tempo de acomodação (com critério de 2%) é $T_s = 4/\omega_n$. Para um tempo de acomodação de $T_s = 0{,}5$ s, utiliza-se $\omega_n = 8$.

A função de transferência em malha fechada do sistema da Figura 12.20 com o $G_p(s)$ apropriado é

$$T(s) = \frac{K_I}{s^3 + (3 + K_D + K_b)s^2 + (2 + K_P + K_a + 2K_b)s + K_I}. \tag{12.44}$$

Fazemos $K_a = 10$, $K_b = 2$, $K_P = 127{,}6$, $K_I = 527{,}5$ e $K_D = 10{,}35$. Observe que $T(s)$ poderia ser alcançada com outras combinações de ganhos.

A resposta ao degrau deste sistema tem uma resposta *deadbeat* com máxima ultrapassagem percentual de $M.U.P. = 1{,}65\%$ e um tempo de acomodação de $T_S = 0{,}5$ s. Quando os polos de $G(s)$ variam de $\pm 50\%$, a máxima ultrapassagem percentual muda para $M.U.P. = 1{,}86\%$ e o tempo de acomodação se torna $T_S = 0{,}95$ s. Este é um excelente projeto de sistema com resposta *deadbeat* robusto. ■

12.8 EXEMPLOS DE PROJETO

Nesta seção, são apresentados dois exemplos ilustrativos. O primeiro exemplo ilustra o projeto de controladores de dois graus de liberdade (isto é, dois controladores separados) para um torno de diamante ultrapreciso. No segundo exemplo de projeto, considera-se o problema prático de projetar um controlador na presença de um atraso de transporte incerto. O problema específico sendo investigado é um controlador PID para um acionador de fita de áudio digital. O processo de projeto é destacado com ênfase na robustez.

EXEMPLO 12.9 **Torno de diamante ultrapreciso**

O projeto de um torno de diamante ultrapreciso foi estudado no Lawrence Livermore National Laboratory. Esta máquina usina dispositivos ópticos como espelhos com precisão extremamente elevada usando uma ferramenta de diamante como dispositivo de corte. Neste estudo, considerar-se-á apenas o controle do eixo z. Utilizando identificação de resposta em frequência com entrada senoidal no atuador, foi determinado que

$$G(s) = \frac{4.500}{s + 60}. \tag{12.45}$$

O sistema pode suportar ganhos elevados, uma vez que o comando de entrada é uma série de comandos degrau de magnitude muito pequena (uma fração de um mícron). O sistema possui uma malha externa para realimentação de posição usando um interferômetro *laser* com exatidão de 0,1 mícron (10^{-7} m). Uma malha de realimentação interna também é utilizada para realimentação de velocidade, como mostrado na Figura 12.21.

Deseja-se escolher os controladores, $G_1(s)$ e $G_2(s)$, para que se obtenha um sistema superamortecido, altamente robusto e com grande faixa de passagem. O sistema robusto deve suportar variações em $G(s)$ devidas a variações de carga, de materiais e de requisitos de corte. Assim, busca-se margem de fase e margem de ganho elevadas para as malhas interna e externa e baixa sensibilidade da raiz. As especificações estão resumidas na Tabela 12.4.

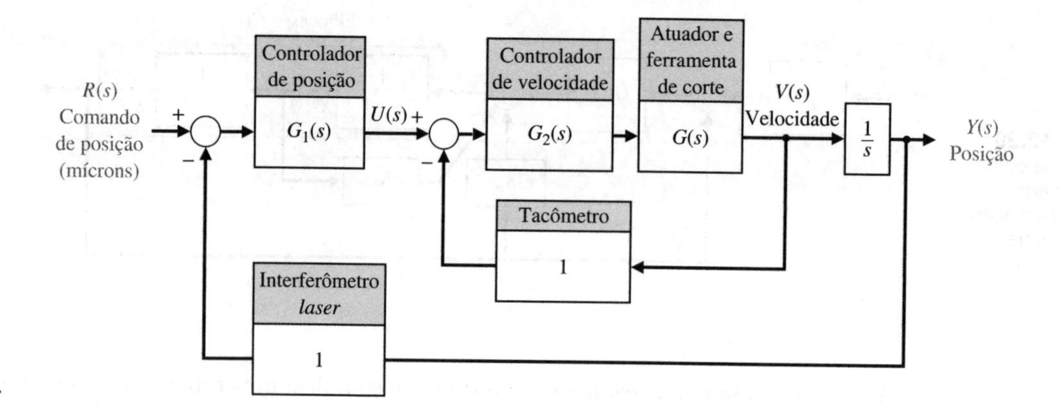

FIGURA 12.21 Sistema de controle de torno.

Tabela 12.4 Especificações para o Sistema de Controle de Torno

Especificação	Função de Transferência — Velocidade, $V(s)/U(s)$	Posição $Y(s)/R(s)$
Faixa de passagem mínima	950 rad/s	95 rad/s
Erro em regime estacionário para um degrau	0	0
Fator de amortecimento ζ mínimo	0,8	0,9
Sensibilidade da raiz $\lvert S_K^r \rvert$ máxima	1,0	1,5
Margem de fase mínima	90°	75°
Margem de ganho mínima	40 dB	60 dB

Uma vez que se deseja erro em regime estacionário nulo para a malha de velocidade, utiliza-se um controlador de malha de velocidade $G_2(s) = G_3(s)G_4(s)$, em que $G_3(s)$ é um controlador PI e $G_4(s)$ é um controlador de avanço de fase. Então, tem-se

$$G_2(s) = G_3(s)G_4(s) = \left(K_p + \frac{K_I}{s}\right)\cdot\frac{1 + K_4 s}{\alpha\left(1 + \dfrac{K_4}{\alpha}s\right)}$$

e escolhem-se $K_P/K_I = 0{,}00532$, $K_4 = 0{,}00272$ e $\alpha = 2{,}95$. Agora, tem-se

$$G_2(s) = K_P\frac{s + 188}{s}\cdot\frac{s + 368}{s + 1.085}.$$

O lugar geométrico das raízes para $G_2(s)G(s)$ é mostrado na Figura 12.22. Quando $K_P = 2$, tem-se a função de transferência em malha fechada da velocidade, dada por

$$T_2(s) = \frac{V(s)}{U(s)} = \frac{9.000(s + 188)(s + 368)}{(s + 205)(s + 305)\left(s + 10^4\right)} \approx \frac{10^4}{\left(s + 10^4\right)}, \tag{12.46}$$

que é um sistema com grande faixa de passagem. A faixa de passagem e a sensibilidade da raiz reais estão resumidas na Tabela 12.5. Observe que se superam as especificações para a função de transferência de velocidade.

Propõe-se um compensador de avanço de fase para a malha de posição da forma

$$G_1(s) = K_1\frac{1 + K_5 s}{\alpha\left(1 + \dfrac{K_5}{\alpha}s\right)},$$

e escolhem-se $\alpha = 2{,}0$ e $K_5 = 0{,}0185$ de modo que

$$G_1(s) = \frac{K_1(s + 54)}{s + 108}.$$

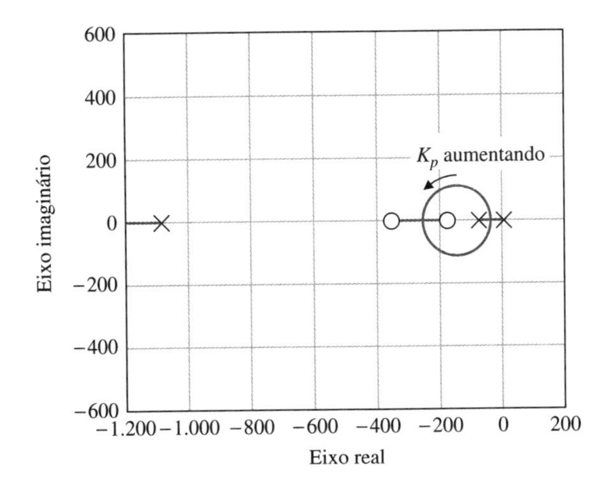

FIGURA 12.22 Lugar geométrico das raízes para a malha de velocidade à medida que K_P varia.

Tabela 12.5 Resultados do Projeto para o Sistema de Controle de Torno

Resultado Obtido	Função de Transferência de Velocidade	Função de Transferência de Posição
Faixa de passagem em malha fechada	4.000 rad/s	1.000 rad/s
Erro em regime estacionário	0	0
Fator de amortecimento, ζ	1,0	1,0
Sensibilidade da raiz, $\lvert S_K^r \rvert$	0,92	1,2
Margem de fase	93°	85°
Margem de ganho	Infinita	76 dB

Então, traça-se o lugar geométrico das raízes para a função de transferência em malha

$$L(s) = G_1(s) \cdot T_2(s) \cdot \frac{1}{s}.$$

Utilizando-se a aproximação de $T_2(s)$ da Equação (12.46), tem-se o lugar geométrico das raízes da Figura 12.23(a). Utilizando $T_2(s)$ real, obtém-se a vista ampliada do lugar geométrico das raízes mostrada na Figura 12.23(b). Escolhe-se $K_P = 1.000$ e obtêm-se os resultados reais para a função de transferência total do sistema como registrados na Tabela 12.5. O sistema total possui margem de fase elevada, baixa sensibilidade e é superamortecido com uma grande faixa de passagem. Este sistema é muito robusto. ■

EXEMPLO 12.10 **Controlador de fita de áudio digital**

Considere o sistema de controle com realimentação mostrado na Figura 12.24, em que

$$G_d(s) = e^{-Ts}.$$

O valor exato do atraso de transporte é incerto, mas sabe-se que está no intervalo $T_1 \leq T \leq T_2$. Define-se

$$G_m(s) = e^{-Ts}G(s).$$

Então,

$$G_m(s) - G(s) = e^{-Ts}G(s) - G(s) = (e^{-Ts} - 1)G(s),$$

ou

$$\frac{G_m(s)}{G(s)} - 1 = e^{-Ts} - 1.$$

Ao se definir

$$M(s) = e^{-Ts} - 1,$$

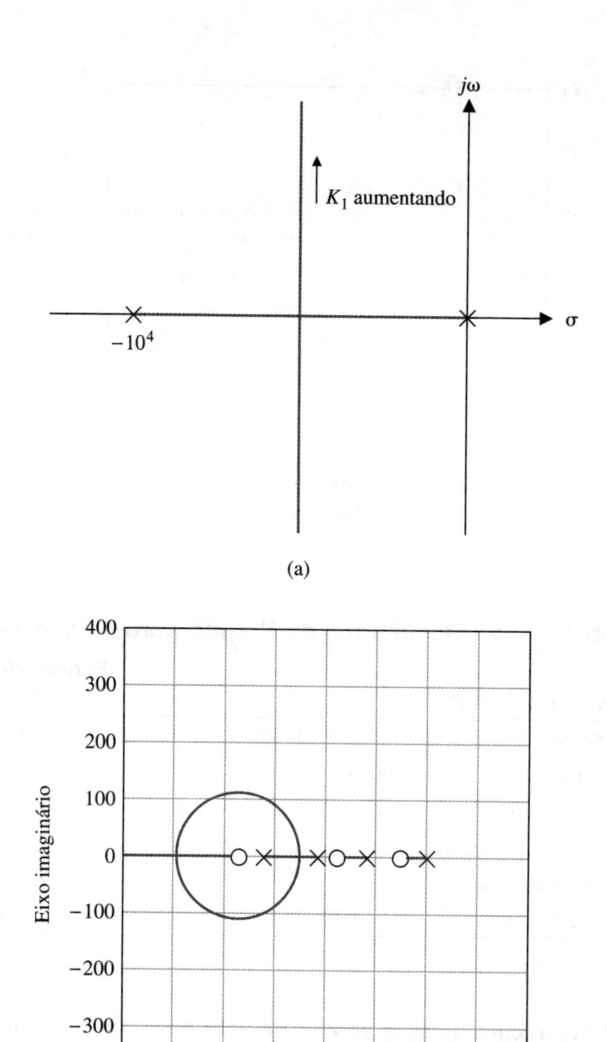

FIGURA 12.23 Lugar geométrico das raízes para $K_1 > 0$ para (a) visão geral e (b) vista ampliada próximo da origem do plano s.

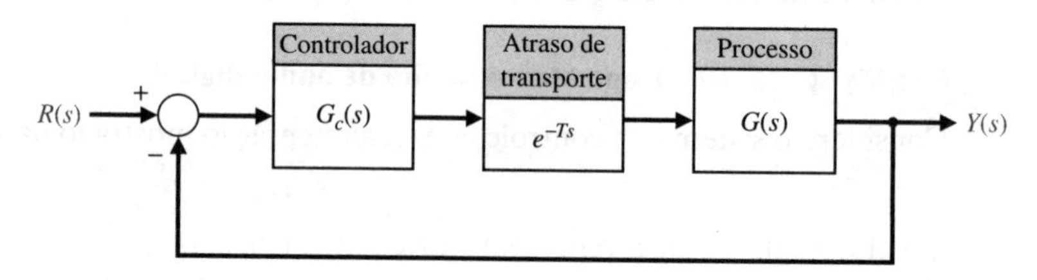

FIGURA 12.24 Um sistema com realimentação com atraso de transporte na malha.

então tem-se

$$G_m(s) = (1 + M(s))G(s). \tag{12.47}$$

No desenvolvimento de um controlador de estabilidade robusta, seria desejável representar a incerteza de atraso de transporte na forma mostrada na Figura 12.25, em que se deve determinar uma função $M(s)$ que modele aproximadamente o atraso de transporte. Isto levará ao estabelecimento de um método claro de se testar o sistema para a robustez da estabilidade na presença do atraso de transporte incerto. O modelo da incerteza é conhecido como representação de incerteza multiplicativa.

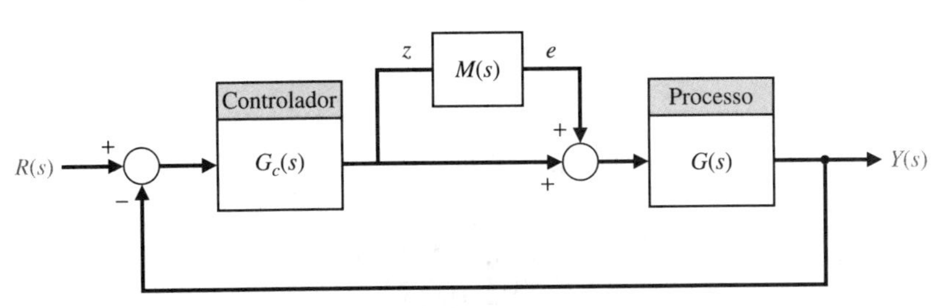

FIGURA 12.25 Representação de incerteza multiplicativa.

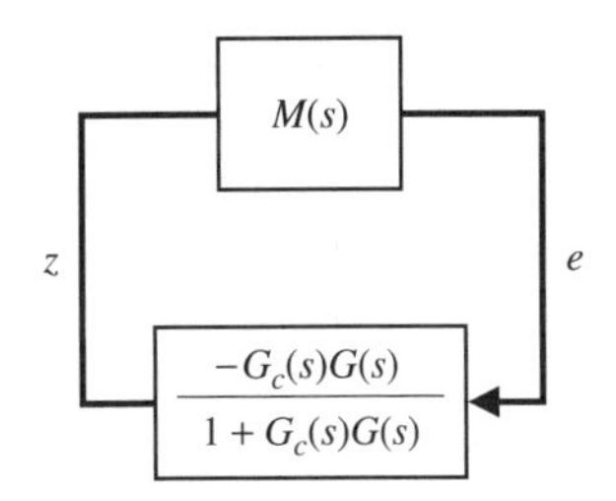

FIGURA 12.26 Representação equivalente em diagrama de blocos da incerteza multiplicativa.

Uma vez que se está interessado na estabilidade, pode-se considerar $R(s) = 0$. Então, pode-se manipular o diagrama de blocos na Figura 12.25 para obter a forma mostrada na Figura 12.26. Utilizando-se o assim chamado teorema do ganho pequeno, tem-se a condição de que o sistema em malha fechada é estável se

$$|M(j\omega)| < \left|1 + \frac{1}{G_c(j\omega)G(j\omega)}\right| \quad \text{para todo } \omega.$$

O problema é que o atraso de transporte T não é conhecido exatamente. Uma abordagem para se solucionar o problema é encontrar uma função de ponderação, denotada por $W(s)$, tal que

$$|e^{-j\omega T} - 1| < |W(j\omega)| \quad \text{para todo } \omega \text{ e } T_1 \leq T \leq T_2. \tag{12.48}$$

Se $W(s)$ satisfaz a desigualdade na Equação (12.48), segue-se que

$$|M(j\omega)| < |W(j\omega)|.$$

Portanto, a condição de estabilidade robusta pode ser satisfeita por

$$|W(j\omega)| < \left|1 + \frac{1}{G_c(j\omega)G(j\omega)}\right| \quad \text{para todo } \omega. \tag{12.49}$$

Este é um limite conservador. Se a condição na Equação (12.49) for satisfeita, então a estabilidade é assegurada na presença de qualquer atraso de transporte na faixa $T_1 \leq T \leq T_2$ [5, 32]. Se a condição não for satisfeita, o sistema pode ou não ser estável.

Suponha que se tem um atraso de transporte incerto que se sabe estar no intervalo $0{,}1 \leq T \leq 1$. Pode-se determinar uma função de peso apropriada $W(s)$ representando-se graficamente a magnitude de $e^{-j\omega T} - 1$, como mostrado na Figura 12.27 para vários valores de T na faixa $T_1 \leq T \leq T_2$. Uma função de ponderação aceitável obtida por tentativa e erro é

$$W(s) = \frac{2{,}5s}{1{,}2s + 1}.$$

Esta função satisfaz a condição

$$|e^{-j\omega T} - 1| < |W(j\omega)|.$$

Tenha em mente que a escolha da função de ponderação não é única.

Uma fita de áudio digital (*digital audio tape* – DAT) armazena 1,3 gigabyte de dados em um dispositivo do tamanho de um cartão de crédito — cerca de nove vezes mais que um rolo de fita de meia polegada (1,27 cm) ou um cartucho de fita de um quarto de polegada (0,63 cm). Uma DAT é vendida quase pelo mesmo preço de um disco flexível, mesmo podendo armazenar 1.000 vezes mais dados. Uma DAT pode gravar por duas horas (mais tempo que um rolo de fita ou cartucho de fita), o que significa que pode rodar mais tempo sem supervisão e requer menos trocas e, consequentemente, menos interrupções da transferência de dados. A DAT dá acesso a um determinado arquivo de dados em 20 segundos, em média, comparado com alguns minutos tanto para o cartucho quanto para o rolo de fita [2].

O acionador de fita controla eletronicamente as velocidades relativas do cilindro giratório e da fita de modo que as cabeças acompanhem as trilhas na fita, como mostrado na Figura 12.28. O sistema de controle é muito complexo porque mais motores têm que ser controlados com exatidão: eixo, carretéis de enrolamento e de fornecimento, cilindro e controle de tensão. Os elementos do processo de projeto enfatizados neste exemplo estão destacados na Figura 12.29.

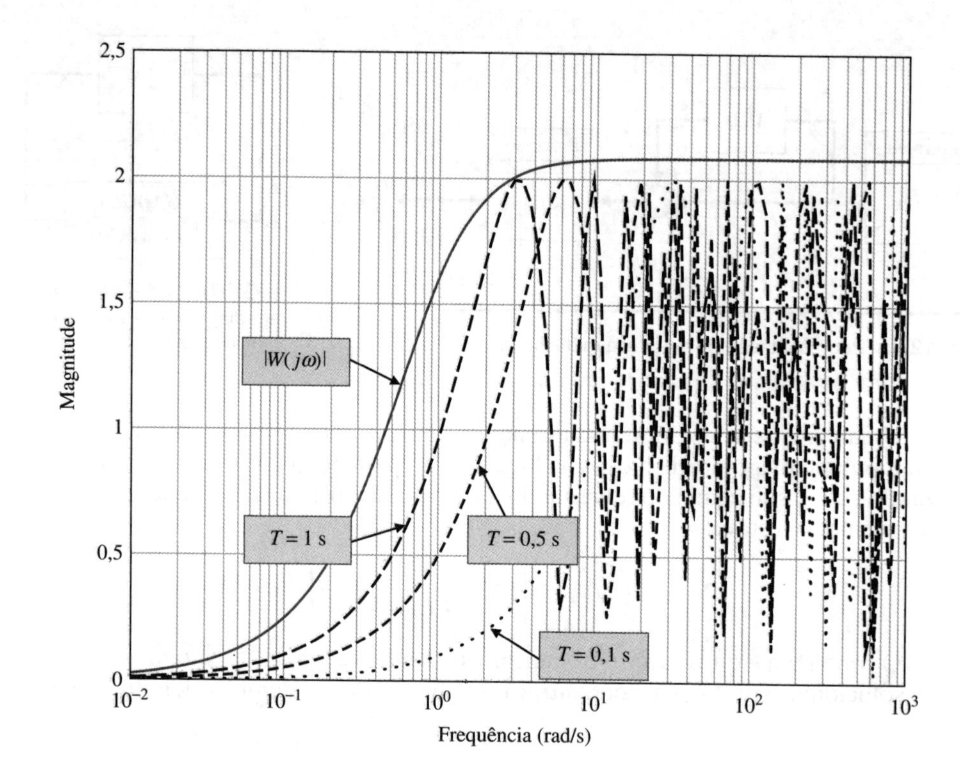

FIGURA 12.27 Diagrama de magnitude de $|e^{-j\omega T} - 1|$ para $T = 0{,}1$, 0,5 e 1.

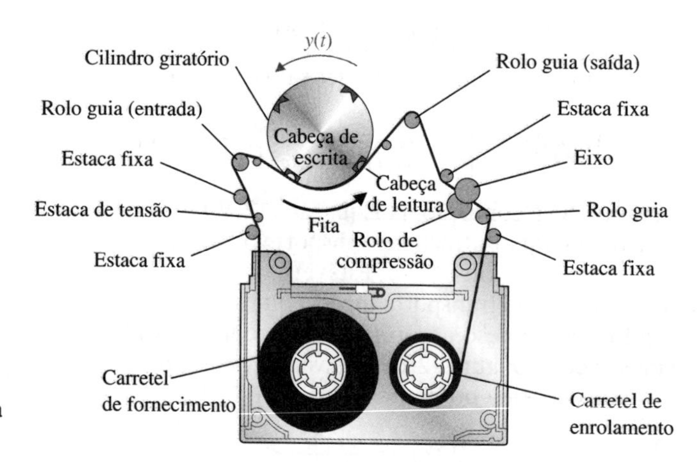

FIGURA 12.28 Mecanismo de acionamento de fita de áudio digital.

Considere o sistema de controle de velocidade mostrado na Figura 12.30. A função de transferência do motor e da carga varia porque a fita se move de um carretel para o outro. A função de transferência é

$$G(s) = \frac{K_m}{(s + p_1)(s + p_2)}, \tag{12.50}$$

na qual os valores nominais são $K_m = 4$, $p_1 = 1$ e $p_2 = 4$. Entretanto, a faixa de variação é $3 \leq K_m \leq 5$, $0{,}5 \leq p_1 \leq 1{,}5$ e $3{,}5 \leq p_2 \leq 4{,}5$. Assim, o processo pertence a uma família de processos, na qual cada membro corresponde a diferentes valores de K_m, p_1 e p_2. O objetivo de projeto é

Objetivo de Projeto

Controlar a velocidade da DAT para o valor desejado na presença de incertezas significativas no processo.

Associada com o objetivo de projeto, tem-se a variável a ser controlada definida como

Variável a Ser Controlada

Velocidade da DAT $Y(s)$.

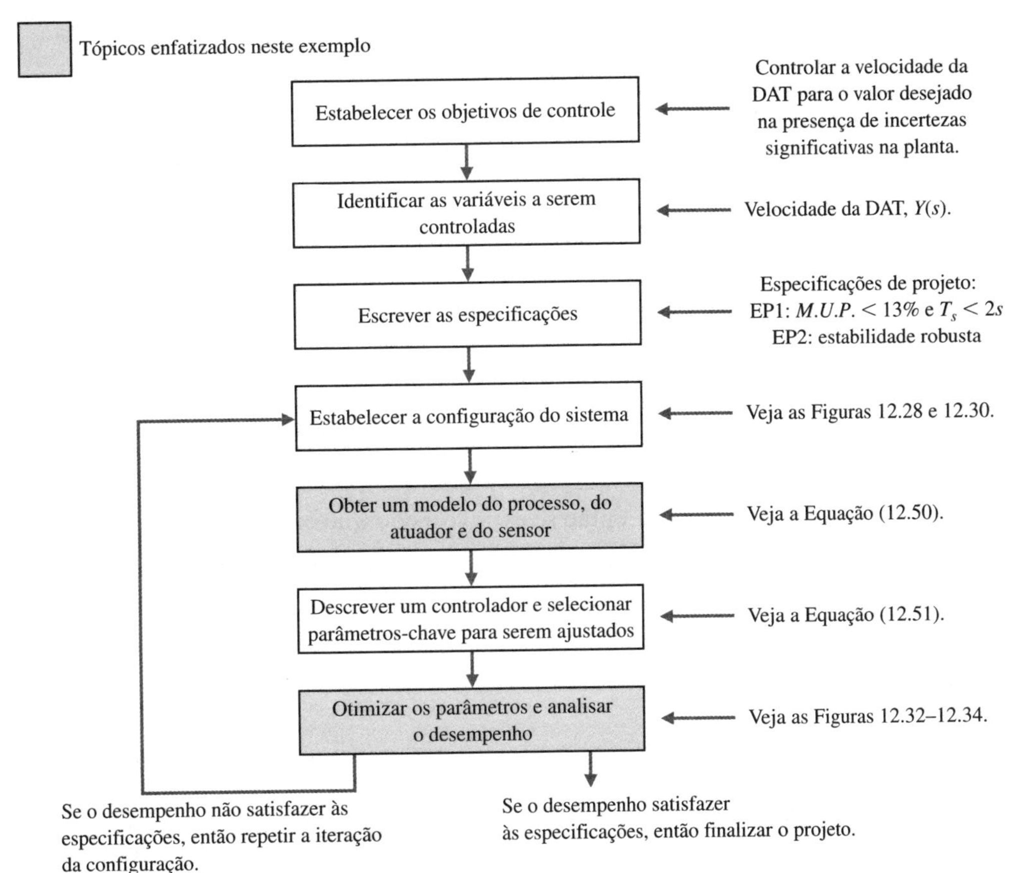

FIGURA 12.29 Elementos do processo de projeto de sistema de controle enfatizados no projeto de controle de velocidade de fita de áudio digital.

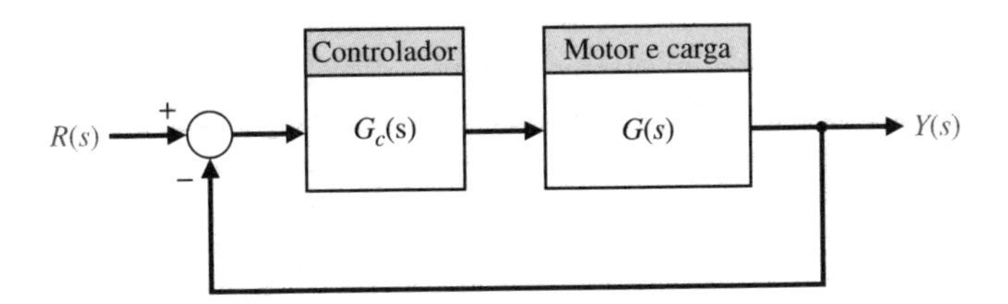

FIGURA 12.30 Diagrama de blocos do sistema de controle de velocidade da fita de áudio digital.

As especificações de projeto são

Especificações de Projeto

EP1 Máxima ultrapassagem percentual $M.U.P. \leq 13\%$ e tempo de acomodação $T_s \leq 2$ s para uma entrada em degrau unitário.

EP2 Estabilidade robusta na presença de um atraso de transporte na entrada da planta. O valor do atraso de transporte é incerto, mas sabe-se que está no intervalo $0 \leq T \leq 0{,}1$.

A especificação de projeto EP1 deve ser satisfeita para todos os processos da família. A especificação de projeto EP2 deve ser satisfeita pelo processo nominal ($K_m = 4, p_1 = 1, p_2 = 4$).

As seguintes restrições de projeto são dadas:

- Tempo de pico rápido requer que uma condição superamortecida não seja aceitável.
- Utilizar um controlador PID:

$$G_c(s) = K_P + \frac{K_I}{s} + K_D s. \tag{12.51}$$

- $K_m K_D \leq 20$ quando $K_m = 4$.

Os parâmetros-chave de ajuste são os ganhos do PID:

Parâmetros-Chave de Ajuste Escolhidos

K_P, K_I e K_D.

Uma vez que se está restrito a ter $K_m K_D \leq 20$ quando $K_m = 4$, deve-se escolher $K_D \leq 5$. Projetar-se-á um controlador PID utilizando-se valores nominais para K_m, p_1 e p_2. Analisar-se-á o desempenho do sistema controlado para os vários valores dos parâmetros do processo, usando-se uma simulação para se verificar que a EP1 é satisfeita. O processo nominal é dado por

$$G(s) = \frac{4}{(s+1)(s+4)}.$$

A função de transferência em malha fechada é

$$T(s) = \frac{4K_D s^2 + 4K_P s + 4K_I}{s^3 + (5 + 4K_D)s^2 + (4 + 4K_P)s + 4K_I}.$$

Caso se escolha $K_D = 5$, então se escreve a equação característica como

$$s^3 + 25s^2 + 4s + 4(K_P s + K_I) = 0,$$

ou

$$1 + \frac{4K_P(s + K_I/K_P)}{s(s^2 + 25s + 4)} = 0.$$

De acordo com as especificações, tenta-se posicionar os polos dominantes na região definida por $\zeta\omega_n > 2$ e $\zeta > 0{,}55$. É necessário escolher um valor de $\tau = K_I/K_P$, e então é possível traçar o lugar geométrico das raízes com o ganho $4K_P$ como o parâmetro variável. Depois de algumas iterações, escolhe-se um valor razoável de $\tau = 3$. O lugar geométrico das raízes é mostrado na Figura 12.31. Determina-se que $4K_P = 120$ representa uma escolha válida uma vez que as raízes ficam dentro da região de desempenho desejado. Obtêm-se $K_P = 30$ e $K_I = \tau K_P = 90$. O controlador PID é então dado por

$$G_c(s) = 30 + \frac{90}{s} + 5s. \quad (12.52)$$

A resposta ao degrau (para o processo com valores nominais dos parâmetros) é mostrada na Figura 12.32. Uma família de respostas é mostrada na Figura 12.33 para vários valores de K_m, p_1 e p_2. Nenhuma das respostas sugere máxima ultrapassagem percentual acima do valor especificado de $M.U.P. = 13\%$ e os tempos de acomodação estão todos abaixo da especificação de $T_s \leq 2$ s. Como se pode observar

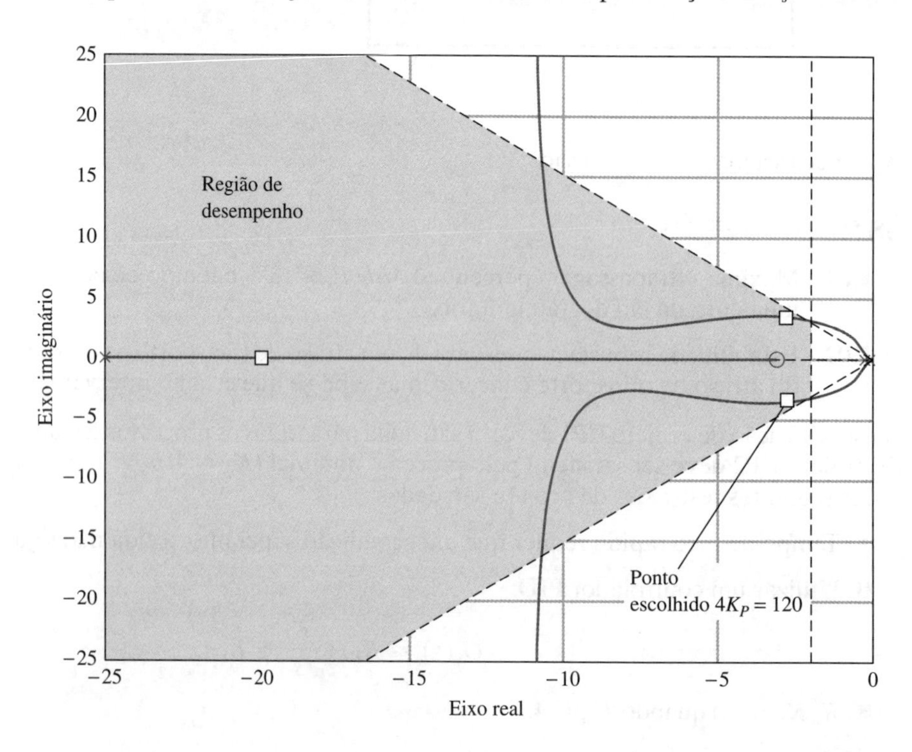

FIGURA 12.31 Lugar geométrico das raízes para o sistema DAT com $K_D = 5$ e $\tau = K_I/K_P = 3$.

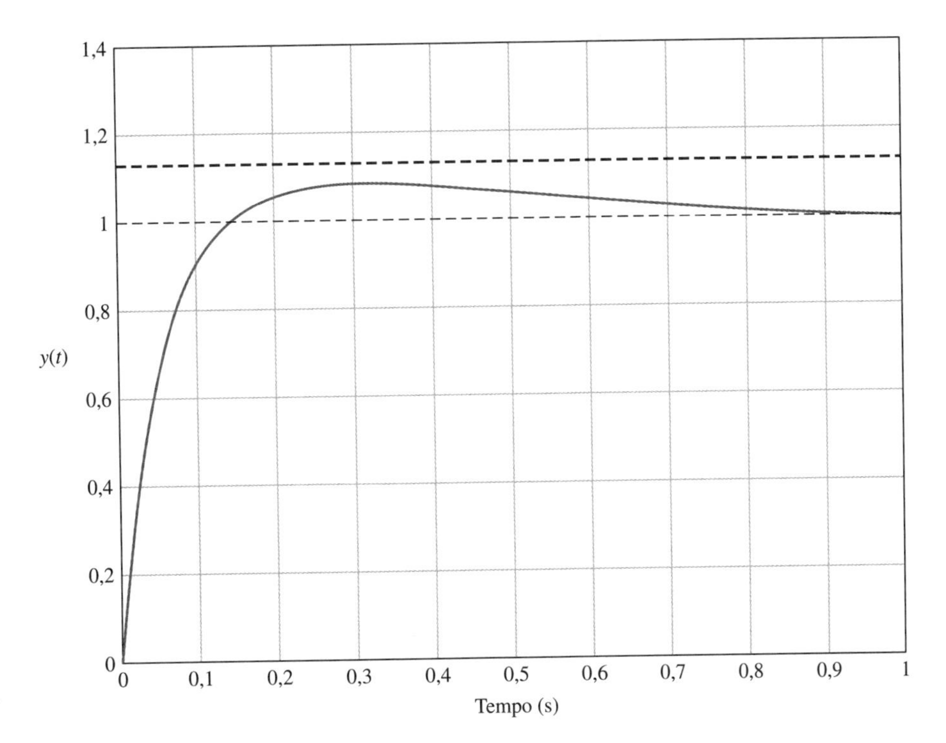

FIGURA 12.32 Resposta ao degrau unitário para o sistema DAT com $K_P = 30$, $K_D = 5$ e $K_I = 90$.

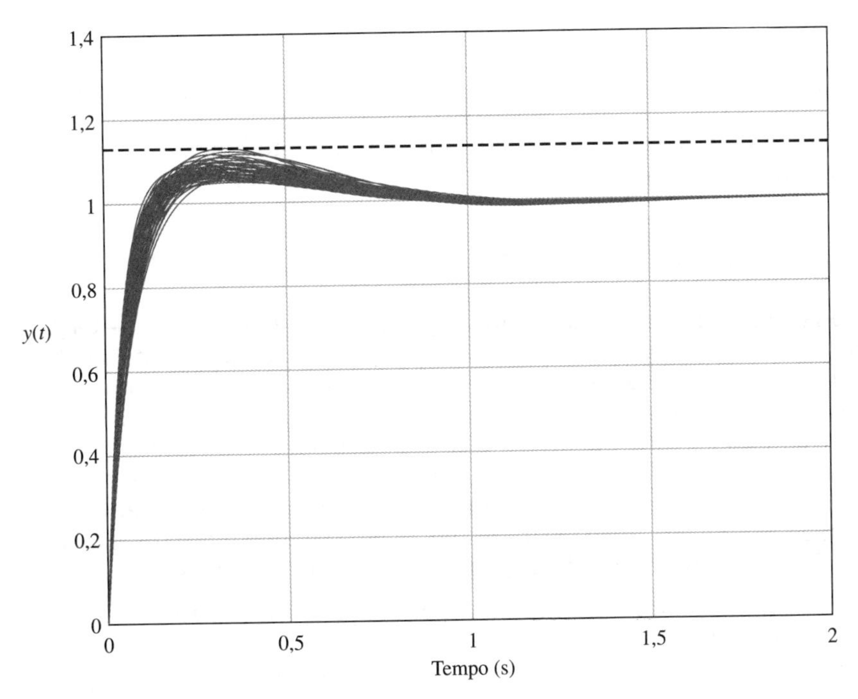

FIGURA 12.33 Uma família de respostas ao degrau para o sistema DAT para vários valores dos parâmetros do processo K_m, p_1 e p_2.

na Figura 12.33, todos os processos da família testados são adequadamente controlados pelo único controlador PID na Equação (12.52). Portanto, a EP1 é satisfeita para todos os processos da família.

Admita que o sistema tem um atraso de transporte na entrada do processo. O atraso de transporte real é incerto, mas sabe-se que está no intervalo $0 \leq T \leq 0{,}1$ s. Seguindo o método examinado previamente, determina-se que uma função aceitável $W(s)$ que limita os gráficos de $|e^{-j\omega T} - 1|$ para vários valores de T é

$$W(s) = \frac{0{,}29s}{0{,}28s + 1}.$$

Para se verificar a propriedade de robustez da estabilidade, necessita-se verificar que

$$|W(j\omega)| < \left|1 + \frac{1}{G_c(j\omega)G(j\omega)}\right| \quad \text{para todo } \omega. \tag{12.53}$$

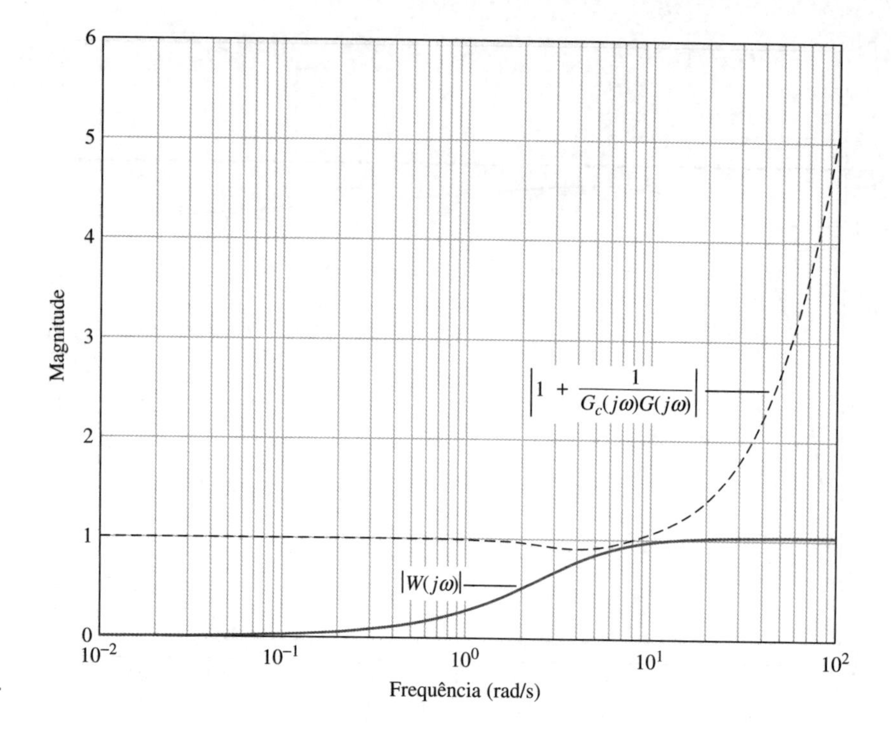

FIGURA 12.34 Robustez da estabilidade para um atraso de transporte de magnitude incerta.

O gráfico de $|W(j\omega)|$ e de $\left|1 + \dfrac{1}{G_c(j\omega)G(j\omega)}\right|$ é mostrado na Figura 12.34. Pode ser observado que a condição na Equação (12.53) é de fato satisfeita. Portanto, espera-se que o sistema nominal permaneça estável na presença de atrasos de transporte de até 0,1 s. ■

12.9 SISTEMA COM REALIMENTAÇÃO PSEUDOQUANTITATIVA

A teoria de realimentação quantitativa (*quantitative feedback theory* – QFT) usa um controlador, como mostrado na Figura 12.35, para alcançar desempenho robusto. O objetivo é alcançar uma grande faixa de passagem para a função de transferência em malha fechada, com um ganho em malha aberta K elevado. Métodos de projeto QFT típicos utilizam métodos gráficos e numéricos em conjunto com a carta de Nichols. Geralmente, o projeto QFT busca um ganho em malha aberta elevado e uma margem de fase grande de modo que o desempenho robusto seja alcançado [24–26, 28].

Nesta seção, adota-se um método simples de se alcançarem os objetivos da QFT com uma abordagem do lugar geométrico das raízes no plano s para a escolha do ganho K e do compensador $G_c(s)$. Essa abordagem, alcunhada pseudo-QFT, segue estes passos:

1. Posicione os n polos e m zeros de $G(s)$ no plano s para $G(s)$ de n-ésima ordem. Além disso, acrescente os polos de $G_c(s)$.
2. Começando perto da origem, posicione os zeros de $G_c(s)$ imediatamente à esquerda de cada um dos $(n-1)$ polos no semiplano esquerdo do plano s. Isto deixa um polo bem à esquerda no semiplano esquerdo do plano s.
3. Aumente o ganho K de modo que as raízes da equação característica (polos da função de transferência em malha fechada) fiquem próximas dos zeros de $G_c(s)G(s)$.

Este método introduz zeros de modo que todos os lugares das raízes, exceto um, terminem em zeros finitos. Se o ganho K for suficientemente grande, então os polos de $T(s)$ serão aproximadamente iguais aos zeros de $G_c(s)G(s)$. Isto deixa um polo de $T(s)$ com um resíduo da expansão em frações parciais significativo e o sistema com uma margem de fase de aproximadamente 90° (na verdade, cerca de 85°).

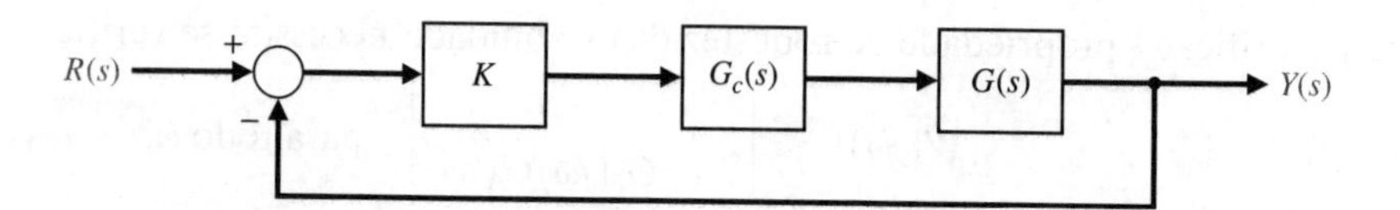

FIGURA 12.35 Sistema com realimentação.

EXEMPLO 12.11 **Projeto usando o método pseudo-QFT**

Considere o sistema da Figura 12.35 com

$$G(s) = \frac{1}{(s + p_1)(s + p_2)},$$

em que o caso nominal é $p_1 = 1$ e $p_2 = 2$, com uma variação de ±50%. O pior caso é com $p_1 = 0{,}5$ e $p_2 = 1$. Deseja-se projetar o sistema para erro em regime estacionário nulo para uma entrada em degrau, de modo que se utiliza o controlador PID

$$G_c(s) = \frac{(s + z_1)(s + z_2)}{s}.$$

Então, invoca-se o princípio do modelo interno, com $R(s) = 1/s$ incorporado em $G_c(s)G(s)$. Usando o Passo 1, posicionam-se os polos de $G_c(s)G(s)$ no plano s, como mostrado na Figura 12.36. Há três polos (em $s = 0, -1$ e -2), como mostrado. O Passo 2 pede que se coloque um zero à esquerda do polo na origem e do polo em $s = -1$, como mostrado na Figura 12.36.

O compensador é, assim,

$$G_c(s) = \frac{(s + 0{,}8)(s + 1{,}8)}{s}. \tag{12.54}$$

Escolhe-se $K = 100$, de modo que as raízes da equação característica fiquem próximas dos zeros. A função de transferência em malha fechada é

$$T(s) = \frac{100(s + 0{,}80)(s + 1{,}80)}{(s + 0{,}798)(s + 1{,}797)(s + 100{,}4)} \approx \frac{100}{s + 100}. \tag{12.55}$$

Este sistema em malha fechada fornece uma resposta rápida e possui uma margem de fase de $M.F. = 85°$.

Quando as condições de pior caso são utilizadas ($p_1 = 0{,}5$ e $p_2 = 1$), o desempenho permanece essencialmente inalterado. O projeto pseudo-QFT resulta em sistemas muito robustos. ■

12.10 SISTEMAS DE CONTROLE ROBUSTO USANDO PROGRAMAS DE PROJETO DE CONTROLE

Nesta seção, investigaremos os sistemas de controle robusto utilizando programas de projeto de controle. Em particular, será considerado o comumente utilizado controlador PID no sistema de controle com realimentação mostrado na Figura 12.16. Observe que o sistema tem um pré-filtro $G_p(s)$.

O objetivo é escolher os parâmetros de PID K_P, K_I e K_D para se atender às especificações de desempenho e ter as propriedades de robustez desejadas. Infelizmente, não fica claro de imediato como escolher os parâmetros no controlador PID para se obterem determinadas características de robustez. Um exemplo ilustrativo mostrará que é possível escolher os parâmetros de forma iterativa e verificar a robustez por meio de simulação. A utilização do computador auxilia neste processo, porque todo o projeto e a simulação podem ser automatizados utilizando-se sequências de instruções e podem ser executados repetidamente com facilidade.

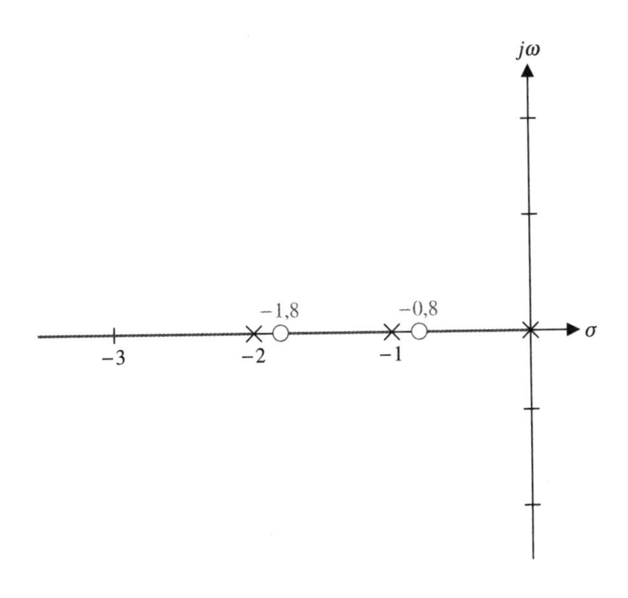

FIGURA 12.36 Lugar geométrico das raízes para $KG_c(s)G(s)$.

EXEMPLO 12.12 **Controle robusto de temperatura**

Considere o sistema de controle com realimentação na Figura 12.16, no qual

$$G(s) = \frac{1}{(s + c_0)^2}$$

e o valor nominal é $c_0 = 1$ e $G_p(s) = 1$. Projetar-se-á um compensador baseado em $c_0 = 1$ e verificar-se-á a robustez por meio de simulação. As especificações de projeto incluem

1. Tempo de acomodação (com um critério de 2%) $T_s \leq 0{,}5$ s e
2. Desempenho ITAE ótimo para uma entrada em degrau.

Para este projeto, não se utilizará um pré-filtro para atender à especificação (2), mas, em vez disso, será mostrado que um desempenho aceitável (isto é, máxima ultrapassagem pequena) pode ser obtido aumentando-se um ganho em cascata.

A função de transferência em malha fechada é

$$T(s) = \frac{K_D s^2 + K_P s + K_I}{s^3 + (2 + K_D)s^2 + (1 + K_P)s + K_I}. \tag{12.56}$$

A equação do lugar geométrico das raízes associada é

$$1 + \hat{K}\left(\frac{s^2 + as + b}{s^3}\right) = 0,$$

na qual

$$\hat{K} = K_D + 2, \quad a = \frac{1 + K_P}{2 + K_D} \quad \text{e} \quad b = \frac{K_I}{2 + K_D}.$$

O requisito de tempo de acomodação $T_s < 0{,}5$ s conduz à escolha das raízes de $s^2 + as + b$ à esquerda da reta $s = -\zeta\omega_n = -8$ no plano s, como mostrado na Figura 12.37, para assegurar que o lugar das raízes se desloque na região requerida do plano s. Escolheram-se $a = 16$ e $b = 70$ para garantir que o lugar das raízes se desloque além da reta $s = -8$. Escolhe-se um ponto no lugar geométrico das raízes na região de desempenho e, usando a função rlocfind, encontra-se o ganho $\hat{K}$ associado e o valor de ω_n associado. Para o ponto escolhido, descobre-se que

$$\hat{K} = 118.$$

Então, com $\hat{K}$, a e b, é possível se encontrar os coeficientes do PID como a seguir:

$$K_D = \hat{K} - 2 = 116,$$
$$K_P = a(2 + K_D) - 1 = 1.887,$$
$$K_I = b(2 + K_D) = 8.260.$$

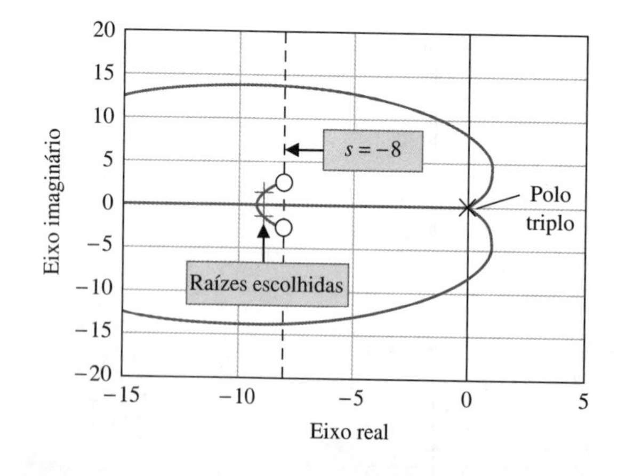

FIGURA 12.37 Lugar geométrico das raízes para o controlador PID de compensação de temperatura à medida que $\hat{K}$ varia.

```
>>a=16; b=70; num=[1 a b]; den=[1 0 0 0]; sys=tf(num,den);
>>rlocus(sys)
>>rlocfind(sys)
```

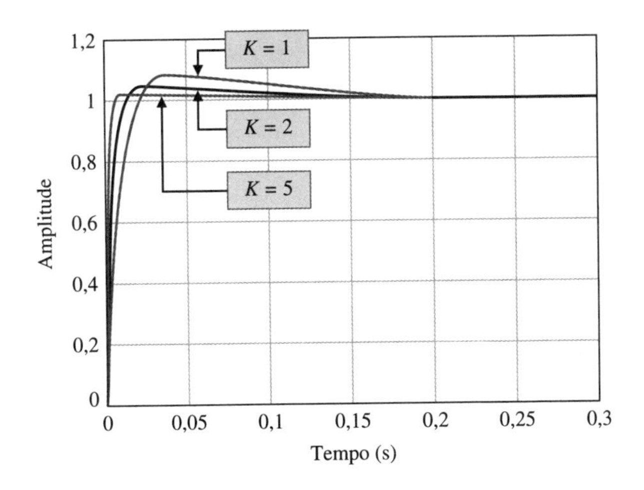

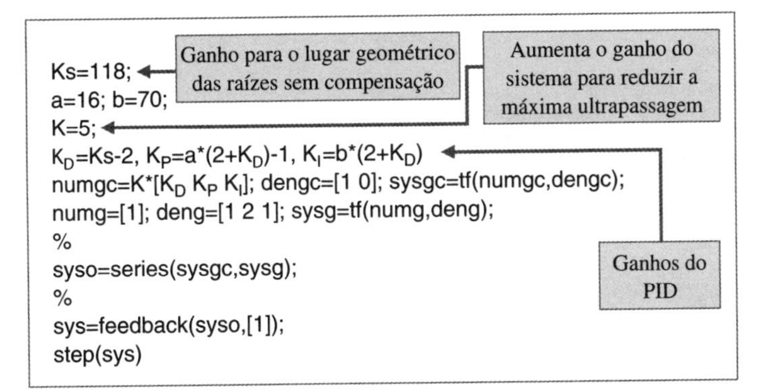

FIGURA 12.38 Resposta ao degrau do controlador de temperatura PID.

Para atender ao requisito de desempenho de máxima ultrapassagem para uma entrada em degrau, será utilizado um ganho em cascata K que será escolhido por métodos iterativos usando-se a função **step**, como ilustrado na Figura 12.38. A resposta ao degrau correspondente a $K = 5$ tem máxima ultrapassagem percentual aceitável de $M.U.P. = 2\%$. Com o acréscimo do ganho $K = 5$, o controlador PID final é

$$G_c(s) = K\frac{K_D s^2 + K_P s + K_I}{s} = 5\frac{116s^2 + 1.887s + 8.260}{s}. \tag{12.57}$$

Não se utiliza o pré-filtro. Em vez disso, aumenta-se o ganho em cascata K para se obter uma resposta transitória satisfatória. Agora, é possível considerar a questão da robustez em variações no parâmetro c_0 da planta.

A investigação da robustez do projeto consiste em uma análise da resposta ao degrau utilizando o controlador PID dado na Equação (12.57) para uma faixa de variação do parâmetro da planta de $0{,}1 \leq c_0 \leq 10$. Os resultados estão apresentados na Figura 12.39. A sequência de instruções é escrita para calcular a resposta ao degrau para um dado c_0. Pode ser conveniente colocar a entrada de c_0 no nível de linha de comandos para tornar a sequência de instruções mais interativa.

Os resultados da simulação indicam que o projeto do PID é robusto com relação a variações em c_0. As diferenças entre as respostas ao degrau para $0{,}1 \leq c_0 \leq 10$ mal são perceptíveis no gráfico. Se os resultados mostrassem o contrário, seria possível repetir a iteração do projeto até que um desempenho aceitável fosse alcançado. A capacidade interativa da sequência de instruções em arquivo m permite verificar a robustez através de simulação. ■

12.11 EXEMPLO DE PROJETO SEQUENCIAL: SISTEMA DE LEITURA DE ACIONADORES DE DISCO

Nesta seção, será projetado um controlador PID para se alcançar a resposta do sistema desejada. Muitos sistemas reais de controle da cabeça de acionadores de disco utilizam um controlador PID e usam um sinal de comando $r(t)$ que utiliza um perfil de velocidade ideal com a máxima velocidade admissível até que a cabeça chegue perto da trilha desejada, quando $r(t)$ é comutado para uma entrada do tipo degrau. Assim, deseja-se um erro em regime permanente nulo para um sinal rampa (velocidade) e para um sinal degrau. Examinando o sistema mostrado na Figura 12.40, observa-se

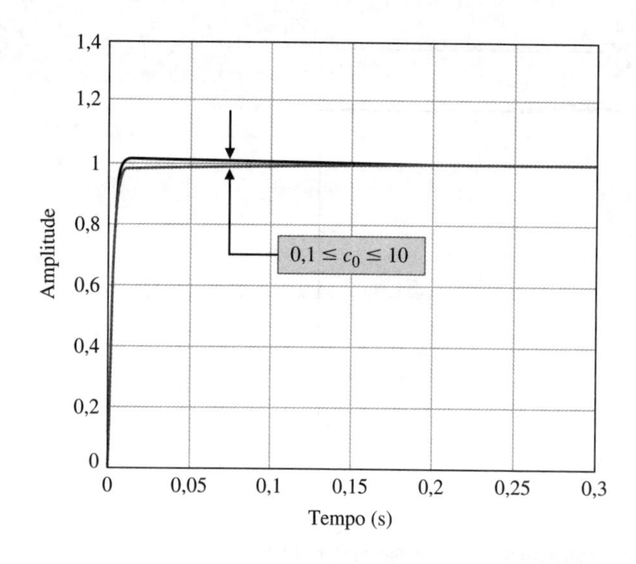


```
c0=10 <-- Especifica o parâmetro de processo.
numg=[1]; deng=[1 2*c0 c0^2];
numgc=5*[116 1887 8260]; dengc=[1 0];
sysg=tf(numg,deng);
sysgc=tf(numgc,dengc);
%
syso=series(sysgc,sysg);
%
sys=feedback(syso,[1]);
%
step(sys)
```

FIGURA 12.39 Análise do controlador PID robusto com variações em c_0.

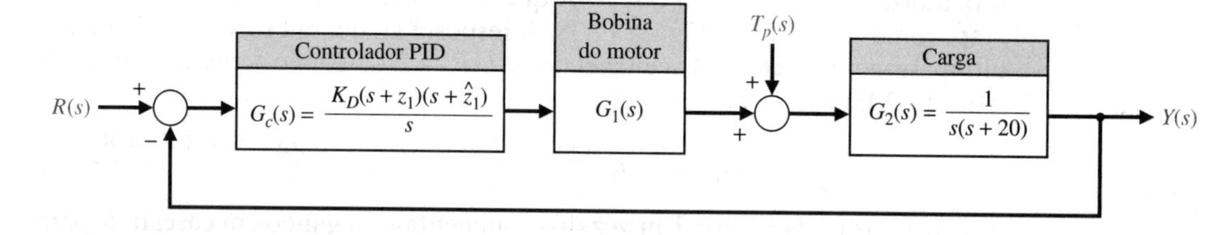

FIGURA 12.40 Sistema com realimentação do acionador de disco com um controlador PID.

que o caminho à frente possui dois integradores puros e espera-se erro em regime estacionário nulo para uma entrada em velocidade $r(t) = At, t > 0$.

O controlador PID é

$$G_c(s) = K_P + \frac{K_I}{s} + K_D s = \frac{K_D(s + z_1)(s + \hat{z}_1)}{s}.$$

A função de transferência do campo do motor é

$$G_1(s) = \frac{5.000}{(s + 1.000)} \approx 5.$$

O modelo de segunda ordem usa $G_1(s) = 5$ e o projeto é determinado para este modelo.

Utiliza-se o modelo de segunda ordem e o controlador PID para a técnica de projeto no plano s ilustrada na Seção 12.6. Os polos e zeros do sistema são mostrados no plano s na Figura 12.41 para o modelo de segunda ordem e $G_1(s) = 5$. Então, tem-se a função de transferência em malha

$$L(s) = G_c(s)G_1(s)G_2(s) = \frac{5K_D(s + z_1)(s + \hat{z}_1)}{s^2(s + 20)}.$$

Escolhe-se $-z_1 = -120 + j40$ e determina-se $5K_D$ de modo que as raízes fiquem à esquerda da reta $s = -100$. Caso se alcance este requisito, então

$$T_s < \frac{4}{100},$$

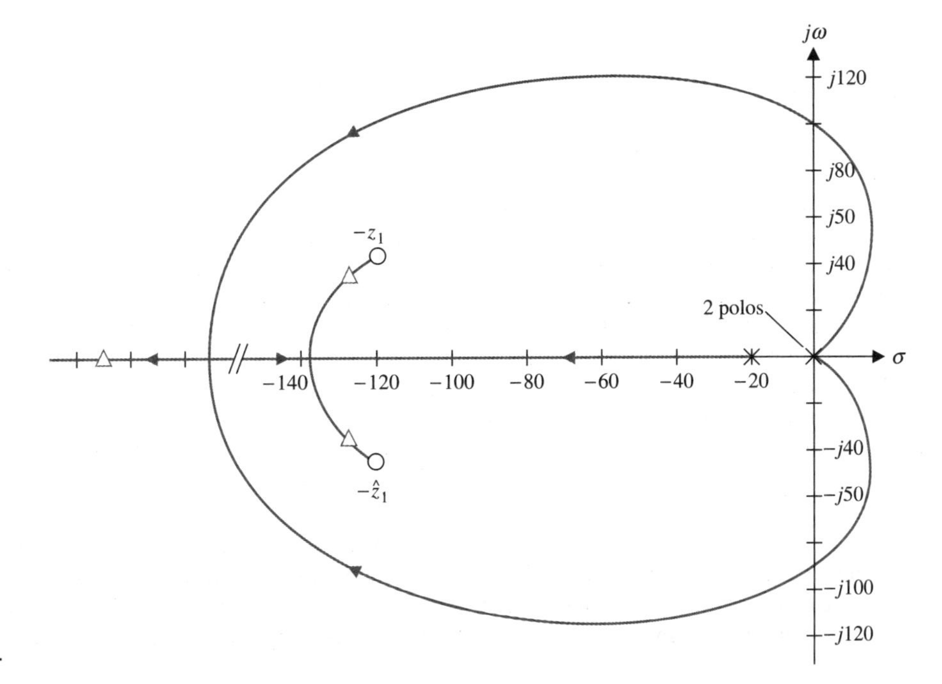

FIGURA 12.41 Esboço de um lugar geométrico das raízes à medida que K_D aumenta para o posicionamento estimado das raízes com uma resposta do sistema desejada.

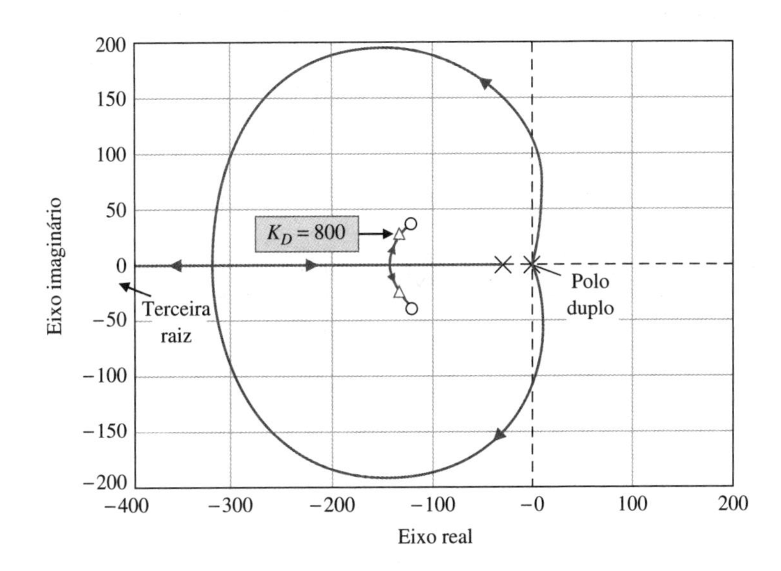

FIGURA 12.42 Lugar geométrico das raízes real para o modelo de segunda ordem.

Tabela 12.6 Especificações e Desempenho Real do Sistema de Controle do Acionador de Disco

Medida de Desempenho	Valor Desejado	Resposta para o Modelo de Segunda Ordem
Máxima ultrapassagem percentual	<5%	4,5%
Tempo de acomodação para entrada em degrau	<50 ms	6 ms
Resposta máxima para uma perturbação em degrau unitário	$<5 \times 10^{-3}$	$7{,}7 \times 10^{-7}$

e a máxima ultrapassagem percentual para uma entrada em degrau é (idealmente) $M.U.P. \leq 2\%$, uma vez que o ζ das raízes complexas é aproximadamente 0,8. Naturalmente, este esboço é apenas um primeiro passo. Como segundo passo, determina-se K_D. Então, obtém-se o lugar geométrico das raízes real, como mostrado na Figura 12.42, com $K_D = 800$. A resposta do sistema está registrada na Tabela 12.6. O sistema atende a todas as especificações.

12.12 RESUMO

O projeto de sistemas de controle de alta exatidão na presença de incertezas significativas na planta requer que o projetista busque um sistema de controle robusto. Um sistema de controle robusto apresenta baixas sensibilidades a variações dos parâmetros e é estável sobre uma vasta gama de variação de parâmetros.

O controlador PID foi considerado um compensador para auxiliar no projeto de sistemas de controle robusto. A questão de projeto com relação a um controlador PID é a escolha do ganho e dos dois zeros da função de transferência do controlador. Utilizaram-se três métodos de projeto para a escolha do controlador: o método do lugar geométrico das raízes, o método da resposta em frequência e o método do índice de desempenho ITAE. Um circuito com amplificador operacional usado para um controlador PID é mostrado na Figura 12.43. Em geral, o uso de um controlador PID permitirá ao projetista obter um sistema de controle robusto.

O sistema de controle com modelo interno com realimentação de variáveis de estado e um controlador $G_c(s)$ foi utilizado para se obter um sistema de controle robusto. Finalmente, a natureza robusta de um sistema de controle pseudo-QFT foi demonstrada.

Um sistema de controle robusto fornece desempenho estável e consistente, como especificado pelo projetista, a despeito da ampla variação dos parâmetros da planta e das perturbações. Fornece também uma resposta altamente robusta para entradas de comando e um erro de rastreamento em regime estacionário igual a zero.

Para sistemas com parâmetros incertos, a necessidade de sistemas robustos irá requerer a incorporação de inteligência de máquina avançada, como mostrado na Figura 12.44.

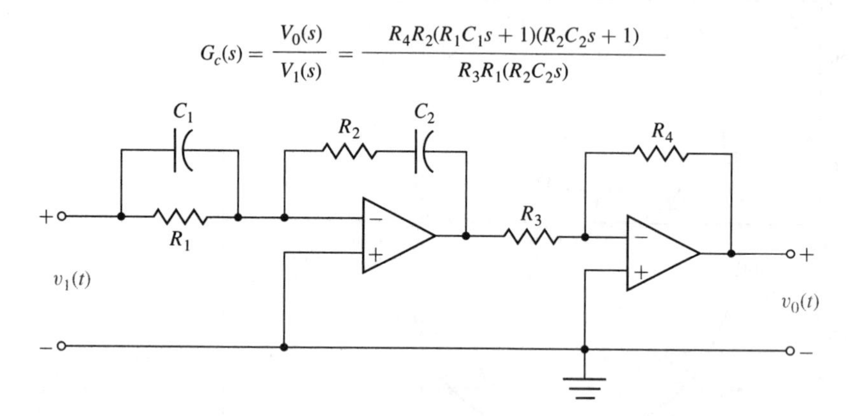

FIGURA 12.43 Circuito com amplificador operacional usado para controlador PID.

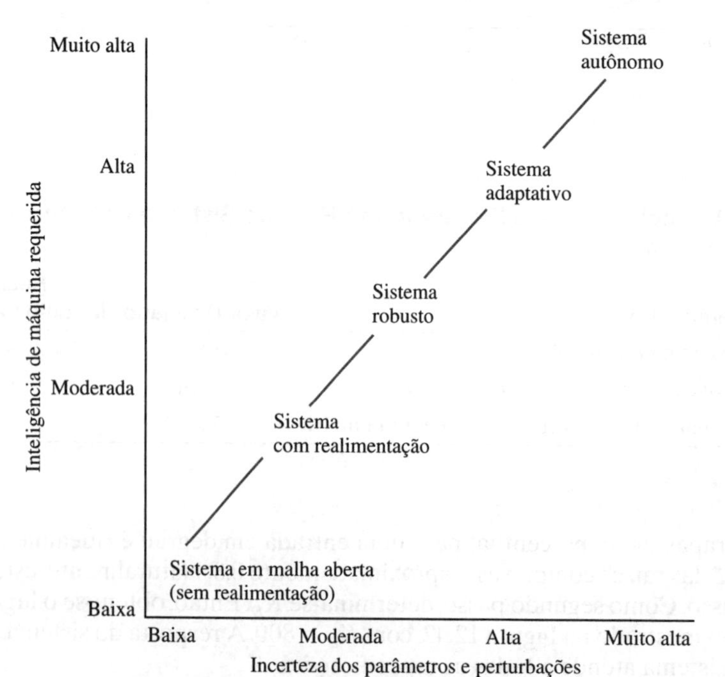

FIGURA 12.44 Inteligência requerida *versus* incerteza para sistemas de controle modernos.

VERIFICAÇÃO DE COMPETÊNCIAS

Nesta seção, são apresentados três conjuntos de problemas para testar o conhecimento do leitor: Verdadeiro ou Falso, Múltipla Escolha e Correspondência de Palavras. Para obter um retorno imediato, compare as respostas com o gabarito fornecido depois dos problemas de fim de capítulo. Use o diagrama de blocos da Figura 12.45 como especificado nos vários enunciados dos problemas.

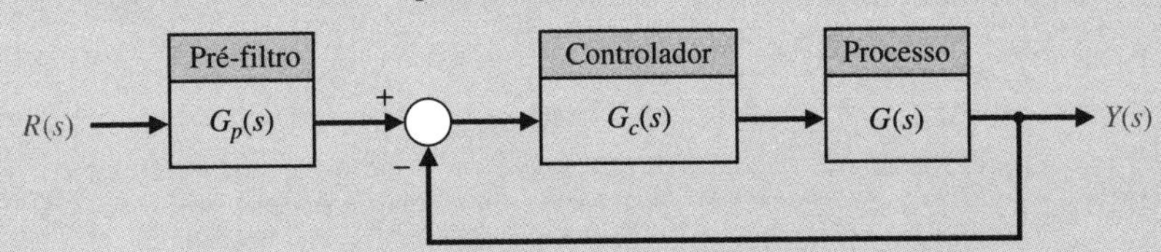

FIGURA 12.45 Diagrama de blocos para a Verificação de Competências.

Nos seguintes problemas de **Verdadeiro ou Falso** e **Múltipla Escolha**, circule a resposta correta.

1. Um sistema de controle robusto apresenta o desempenho desejado na presença de incerteza significativa da planta. *Verdadeiro ou Falso*
2. Para sistemas fisicamente realizáveis, o ganho em malha aberta $L(s) = G_c(s)G(s)$ deve ser grande em altas frequências. *Verdadeiro ou Falso*
3. O controlador PID consiste em três termos nos quais a saída é a soma de um termo proporcional, de um termo integral e de um termo derivativo, com um ganho ajustável para cada termo. *Verdadeiro ou Falso*
4. Um modelo de planta sempre será uma representação inexata do sistema físico real. *Verdadeiro ou Falso*
5. Projetistas de sistemas de controle buscam por pequenos ganhos em malha aberta $L(s)$ a fim de minimizar a sensibilidade $S(s)$. *Verdadeiro ou Falso*
6. Um sistema de controle em malha fechada possui a equação característica de terceira ordem

$$q(s) = s^3 + a_2s^2 + a_1s + a_0 = 0,$$

em que os valores nominais dos coeficientes são $a_2 = 3, a_1 = 6$ e $a_0 = 11$. A incerteza nos coeficientes é tal que os valores reais dos coeficientes podem estar nos intervalos

$$2 \leq a_2 \leq 4, \quad 4 \leq a_1 \leq 9, \quad 6 \leq a_0 \leq 17.$$

Considerando todas as possíveis combinações dos coeficientes nos intervalos dados, o sistema é:

a. Estável para todas as combinações de coeficientes.

b. Instável para algumas combinações de coeficientes.

c. Marginalmente estável para algumas combinações de coeficientes.

d. Instável para todas as combinações de coeficientes.

Nos Problemas 7 e 8, considere o sistema com realimentação unitária da Figura 12.45, no qual

$$G(s) = \frac{2}{(s+3)}.$$

7. Admita que o pré-filtro é $G_p(s) = 1$. Qual dos seguintes é o controlador proporcional e integral (PI), $G_c(s)$, que fornece coeficientes ótimos da equação característica para ITAE (admitindo $\omega_n = 12$ e uma entrada em degrau)?

a. $G_c(s) = 72 + \frac{6{,}9}{s}$

b. $G_c(s) = 6{,}9 + \frac{72}{s}$

c. $G_c(s) = 1 + \frac{1}{s}$

d. $G_c(s) = 14 + 10s$

8. Considerando o mesmo controlador PI como no Problema 7, um pré-filtro adequado, $G_p(s)$, que fornece resposta ITAE ótima para uma entrada em degrau é:

a. $G_p(s) = \frac{10{,}44}{s + 12{,}5}$

b. $G_p(s) = \frac{12{,}5}{s + 12{,}5}$

c. $G_p(s) = \frac{10{,}44}{s + 10{,}44}$

d. $G_p(s) = \frac{144}{s + 144}$

9. Considere o diagrama de blocos de sistema em malha fechada na Figura 12.45, no qual

$$G(s) = \frac{1}{s(s^2 + 8s)} \quad \text{e} \quad G_p(s) = 1.$$

Determine qual dos seguintes controladores PID resulta em um sistema em malha fechada que possua dois pares de raízes iguais.

a. $G_c(s) = \dfrac{22{,}5(s + 1{,}11)^2}{s}$

b. $G_c(s) = \dfrac{10{,}5(s + 1{,}11)^2}{s}$

c. $G_c(s) = \dfrac{2{,}5(s + 2{,}3)^2}{s}$

d. Nenhuma das anteriores

10. Considere o sistema na Figura 12.45 com $G_p(s) = 1$,

$$G(s) = \frac{b}{s^2 + as + b}$$

e $1 \leq a \leq 3$ e $7 \leq b \leq 11$. Qual dos seguintes controladores PID resulta em um sistema robustamente estável?

a. $G_c(s) = \dfrac{13{,}5(s + 1{,}2)^2}{s}$

b. $G_c(s) = \dfrac{10(s + 100)^2}{s}$

c. $G_c(s) = \dfrac{0{,}1(s + 10)^2}{s}$

d. Nenhuma das anteriores

11. Considere o sistema na Figura 12.45 com $G_p(s) = 1$ e uma função de transferência em malha aberta

$$L(s) = G_c(s)G(s) = \frac{K}{s(s + 5)}.$$

A sensibilidade do sistema em malha fechada com respeito a variações no parâmetro K é

a. $S_K^T = \dfrac{s(s + 3)}{s^2 + 3s + K}$

b. $S_K^T = \dfrac{s + 5}{s^2 + 5s + K}$

c. $S_K^T = \dfrac{s}{s^2 + 5s + K}$

d. $S_K^T = \dfrac{s(s + 5)}{s^2 + 5s + K}$

12. Considere o sistema de controle com realimentação na Figura 12.45 com a planta

$$G(s) = \frac{1}{s + 2}.$$

Um par controlador proporcional e integral (PI) e pré-filtro que resulta em um tempo de acomodação $T_s < 1{,}8$ s e uma resposta ao degrau ITAE é qual dos seguintes:

a. $G_c(s) = 3{,}2 + \dfrac{13{,}8}{s}$ e $G_p(s) = \dfrac{13{,}8}{3{,}2s + 13{,}8}$

b. $G_c(s) = 10 + \dfrac{10}{s}$ e $G_p(s) = \dfrac{1}{s + 1}$

c. $G_c(s) = 1 + \dfrac{5}{s}$ e $G_p(s) = \dfrac{5}{s + 5}$

d. $G_c(s) = 12{,}5 + \dfrac{500}{s}$ e $G_p(s) = \dfrac{500}{12{,}5s + 500}$

13. Considere um sistema com realimentação negativa unitária com uma função de transferência em malha aberta (com valores nominais)

$$L(s) = G_c(s)G(s) = \frac{K}{s(s + a)(s + b)} = \frac{4{,}5}{s(s + 1)(s + 2)}.$$

Usando a análise de estabilidade de Routh-Hurwitz, pode ser mostrado que o sistema em malha fechada é nominalmente estável. Entretanto, se o sistema tem coeficientes com incerteza tais que

$$0{,}25 \leq a \leq 3, \quad 2 \leq b \leq 4 \quad \text{e} \quad 4 \leq K \leq 5,$$

o sistema em malha fechada pode apresentar instabilidade. Qual das seguintes situações é verdadeira:

a. Instável para $a = 1, b = 2$ e $K = 4$.
b. Instável para $a = 2, b = 4$ e $K = 4{,}5$.
c. Instável para $a = 0{,}25, b = 3$ e $K = 5$.
d. Estável para todos a, b e K nos intervalos dados.

14. Considere o sistema de controle com realimentação na Figura 12.45 com $G_p(s) = 1$ e $G(s) = \frac{1}{Js^2}$. O valor nominal de $J = 5$, mas é sabido que muda com o tempo. É necessário, então, projetar um controlador com margem de fase suficiente para manter a estabilidade à medida que J varia. Um controlador PID adequado tal que a margem de fase seja maior que $M.F. > 40°$ e a faixa de passagem $\omega_b < 20$ rad/s é qual dos seguintes?

a. $G_c(s) = \dfrac{50(s^2 + 10s + 26)}{s}$
b. $G_c(s) = \dfrac{5(s^2 + 2s + 2)}{s}$
c. $G_c(s) = \dfrac{60(s^2 + 20s + 200)}{s}$
d. Nenhuma das anteriores

15. Um sistema de controle com realimentação tem a equação característica nominal

$$q(s) = s^3 + a_2s^2 + a_1s + a_0 = s^3 + 3s^2 + 2s + 3 = 0.$$

O processo varia tal que

$$2 \leq a_2 \leq 4, \quad 1 \leq a_1 \leq 3, \quad 1 \leq a_0 \leq 5.$$

Considerando todas as combinações possíveis dos coeficientes a_2, a_1 e a_0 nos intervalos dados, o sistema é:

a. Estável para todas as combinações de coeficientes.
b. Instável para algumas combinações dos coeficientes.
c. Marginalmente estável para algumas combinações dos coeficientes.
d. Instável para todas as combinações de coeficientes.

No problema de **Correspondência de Palavras** seguinte, combine o termo com sua definição escrevendo a letra correta no espaço fornecido.

a. Sensibilidade da raiz	Um sistema que apresenta o desempenho desejado na presença de incertezas significativas na planta.	______
b. Perturbação aditiva	Um controlador com três termos no qual a saída é a soma de um termo proporcional, um termo integral e um termo derivativo, com um ganho ajustável para cada termo.	______
c. Função sensibilidade complementar	Uma função de transferência que filtra o sinal de entrada $R(s)$ antes do cálculo do sinal de erro.	______
d. Sistema de controle robusto	Modelo de perturbação de sistema expresso na forma aditiva $G_a(s) = G(s) + A(s)$, em que $G(s)$ é a planta nominal, $A(s)$ é a perturbação que é limitada em magnitude e $G_a(s)$ é a família de plantas perturbadas.	______
e. Sensibilidade do sistema	A função $C(s) = G_c(s)G(s)[1 + G_c(s)G(s)]^{-1}$ que satisfaz à relação $C(s) + S(s) = 1$, em que $S(s)$ é a função sensibilidade.	______
f. Perturbação multiplicativa	Princípio segundo o qual, se $G_c(s)G(s)$ contém a entrada $R(s)$, então a saída $y(t)$ rastreará a entrada assintoticamente (em regime estacionário) e o rastreamento será robusto.	______
g. Controlador PID	Modelo de perturbação de sistema expresso na forma multiplicativa $G_m(s) = G(s)(1 + M(s))$, no qual $G(s)$ é a planta nominal, $M(s)$ é a perturbação que é limitada em magnitude e $G_m(s)$ é a família de plantas perturbadas.	______
h. Critério de estabilidade robusta	Um teste para robustez com respeito a perturbações multiplicativas.	______
i. Pré-filtro	Uma medida da sensibilidade das raízes (isto é, dos polos e zeros) do sistema a variações em um parâmetro.	______
j. Função sensibilidade	A função $S(s) = [1 + G_c(s)G(s)]^{-1}$ que satisfaz a relação $S(s) + C(s) = 1$, na qual $C(s)$ é a função sensibilidade complementar.	______
k. Princípio do modelo interno	Uma medida da sensibilidade do sistema a variações em um parâmetro.	______

EXERCÍCIOS

E12.1 Considere um sistema com realimentação unitária, no qual

$$G(s) = \frac{3}{(s + 3)}.$$

Usando o método de desempenho ITAE para uma entrada em degrau, determine o $G_c(s)$ requerido. Admita $\omega_n = 30$. Determine a resposta ao degrau com e sem pré-filtro $G_p(s)$.

E12.2 Para o projeto ITAE obtido no Exercício E12.1, determine a resposta devida a uma perturbação $T_p(s) = 1/s$.

E12.3 Um sistema com realimentação unitária em malha fechada tem a função de transferência em malha aberta

$$L(s) = G_c(s)G(s) = \frac{10}{s(s + b)},$$

em que b é normalmente igual a 5. Determine S_b^T e represente graficamente $|T(j\omega)|$ e $|S(j\omega)|$ em um diagrama de Bode.

Resposta: $S_b^T = \dfrac{-bs}{s^2 + bs + 10}$

E12.4 Um controlador PID é usado em um sistema com realimentação unitária, no qual

$$G(s) = \frac{1}{(s + 10)(s + 25)}.$$

O ganho K_D do controlador

$$G_c(s) = K_p + K_D s + \frac{K_I}{s}$$

é limitado em 500. Escolha um conjunto de zeros do compensador de modo que o par de raízes em malha fechada seja aproximadamente igual aos zeros. Determine a resposta ao degrau para a aproximação

$$T(s) \cong \frac{K_D}{s + K_D}$$

e a resposta real e compare-as.

E12.5 Um sistema tem a função de processo

$$G(s) = \frac{K}{s(s + 3)(s + 10)}$$

com $K = 10$ e realimentação unitária negativa com um compensador PD

$$G_c(s) = K_p + K_D s.$$

O objetivo é projetar $G_c(s)$ de modo que a máxima ultrapassagem percentual para um degrau seja $M.U.P. \leq 5\%$ e o tempo de acomodação (com critério de 2%) seja $T_s \leq 3$ s. Encontre um $G_c(s)$ adequado. Qual é o efeito de se variar o ganho do processo $5 \leq K \leq 20$ na máxima ultrapassagem percentual e no tempo de acomodação?

E12.6 Considere o sistema de controle mostrado na Figura E12.6 quando $G(s) = 1/(s + 5)^2$ e escolha um controlador PID de modo que o tempo de acomodação (com critério de 2%) seja $T_s \leq 1,5$ s para uma resposta ao degrau ITAE. Represente graficamente $y(t)$ para uma entrada em degrau $r(t)$ com e sem pré-filtro. Determine e represente graficamente $y(t)$ para uma perturbação degrau. Discuta a efetividade do sistema.

Resposta: Um possível controlador é

$$G_c(s) = \frac{0,5s^2 + 52,4s + 216}{s}.$$

E12.7 Para o sistema de controle da Figura E12.6 com $G(s) = 1/(s + 4)^2$, escolha um controlador PID para alcançar um tempo de acomodação (com critério de 2%) $T_s \leq 1,0$ s para uma resposta ao degrau ITAE. Represente graficamente $y(t)$ para uma entrada em degrau $r(t)$ com e sem pré-filtro. Determine e represente graficamente $y(t)$ para uma perturbação degrau. Discuta a efetividade do sistema.

E12.8 Repita o Exercício E12.6, empenhando-se em alcançar um tempo de acomodação mínimo enquanto acrescenta a restrição de que $|u(t)| \leq 80$ para $t > 0$ para uma entrada em degrau unitário, $r(t) = 1, t \geq 0$.

Resposta: $G_c(s) = \dfrac{3.600 + 80s}{s}.$

E12.9 Um sistema tem a forma mostrada na Figura E12.6 com

$$G(s) = \frac{K}{s(s + 10)(s + 20)},$$

em que $K = 1$. Projete um controlador PD tal que os polos dominantes em malha fechada possuam um fator de amortecimento de $\zeta = 0,5912$. Determine a resposta ao degrau do sistema. Prediga o efeito de uma variação em K de $\pm 50\%$ na máxima ultrapassagem percentual. Estime a resposta ao degrau do sistema no pior caso.

E12.10 Um sistema tem a forma mostrada na Figura E12.6 com

$$G(s) = \frac{K}{s(s + 3)(s + 6)},$$

em que $K = 1$. Projete um controlador PI de modo que as raízes dominantes tenham um fator de amortecimento $\zeta = 0,70$. Determine a resposta ao degrau do sistema. Prediga o efeito de uma variação em K de $\pm 50\%$ na máxima ultrapassagem percentual. Estime a resposta a degrau do sistema no pior caso.

E12.11 Considere o sistema em malha fechada representado na forma de variáveis de estado

$$\dot{\mathbf{x}}(t) = \mathbf{A}\mathbf{x}(t) + \mathbf{B}r(t)$$
$$y(t) = \mathbf{C}\mathbf{x}(t) + \mathbf{D}r(t),$$

em que

$$\mathbf{A} = \begin{bmatrix} 0 & 1 \\ -10 & -k \end{bmatrix},$$

$$\mathbf{B} = \begin{bmatrix} 0 \\ 1 \end{bmatrix}, \mathbf{C} = [1 \quad 0] \text{ e } \mathbf{D} = [0].$$

O valor nominal é de $k = 3,738$. Entretanto, o valor de k pode variar na faixa $0,1 \leq k \leq 10$. Represente graficamente a máxima ultrapassagem percentual para uma entrada em degrau unitário à medida que k varia de 0,1 a 10. Qual é a $M.U.P.$ quando k tem o valor nominal? Quais valores de k fazem com que o sistema tenha $M.U.P. = 0\%$?

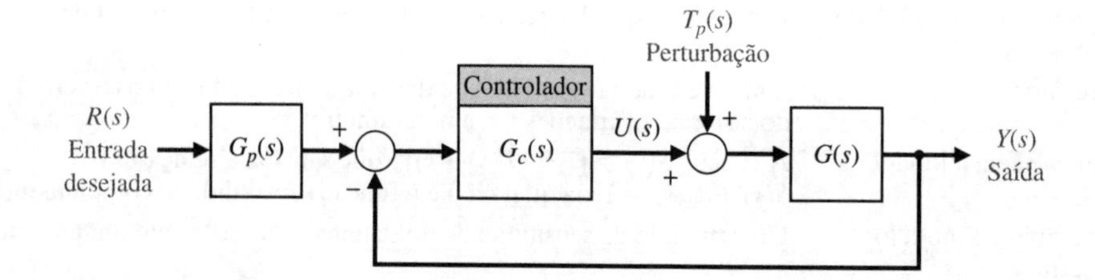

FIGURA E12.6 Sistema com controlador.

E12.12 Considere o sistema de segunda ordem

$$\dot{\mathbf{x}}(t) = \begin{bmatrix} 0 & 1 \\ -a & -b \end{bmatrix}\mathbf{x}(t) + \begin{bmatrix} c_1 \\ c_2 \end{bmatrix}u(t)$$

$$y(t) = [1 \quad 0]\mathbf{x}(t) + [0]u(t).$$

Os parâmetros a, b, c_1 e c_2 são conhecidos *a priori*. Sob quais condições o sistema é completamente controlável? Escolha valores válidos de a, b, c_1 e c_2 para assegurar a controlabilidade e represente graficamente a resposta ao degrau.

PROBLEMAS

P12.1 Considere o problema do veículo subaquático não tripulado (*uncrewed underwater vehicle* – UUV). O sistema de controle é mostrado na Figura P12.1, na qual $R(s) = 0$ é o ângulo de rolagem desejado e $T_p(s) = 1/s$. (a) Represente graficamente $20 \log|T(j\omega)|$ e $20 \log |S_K^T(j\omega)|$ em um diagrama de Bode. (b) Calcule $|S_K^T(j\omega)|$ em ω_B, $\omega_{B/2}$ e $\omega_{B/4}$.

P12.2 Considere o sistema de controle mostrado na Figura P12.2, no qual $\tau_1 = 20$ ms e $\tau_2 = 2$ ms.

(a) Escolha K de modo que $M_{p\omega} = 1{,}84$. (b) Represente graficamente $20 \log|T(j\omega)|$ e $20 \log |S_K^T(j\omega)|$ em um diagrama de Bode. (c) Calcule $|S_K^T(j\omega)|$ em ω_B, $\omega_{B/2}$ e $\omega_{B/4}$. (d) Faça $R(s) = 0$ e determine o efeito de $T_p(s) = 1/s$ para o ganho K da parte (a) representando graficamente $y(t)$.

P12.3 Trens com levitação magnética (*magnetic levitation* – maglev) podem substituir os aviões em trajetos menores que 200 milhas (322 km). O trem maglev desenvolvido por uma empresa alemã usa atração eletromagnética para impulsionar e levitar veículos pesados, transportando até 400 passageiros a velocidades de 300 mph (483 kph). Mas o intervalo de $\frac{1}{4}$ de polegada (0,6 cm) entre o carro e o trilho é difícil de ser mantido [7, 12, 17].

O diagrama de blocos do sistema de controle do intervalo de ar é mostrado na Figura P12.3. O compensador é

$$G_c(s) = \frac{K(s-1)}{(s+0{,}01)}.$$

(a) Encontre a faixa de variação de $K > 0$ para um sistema estável. (b) Escolha um ganho de modo que o erro em regime estacionário do sistema seja menor que 0,025 para um comando de entrada em degrau. (c) Encontre $y(t)$ para o ganho da parte (b). (d) Determine $y(t)$ quando K varia $\pm 15\%$ a partir do ganho da parte (b).

P12.4 Um veículo guiado automaticamente é mostrado na Figura P12.4(a) e seu sistema de controle é mostrado na Figura P12.4(b). O objetivo é rastrear o fio guia com exatidão, ser insensível a variações no ganho K_1 e reduzir o efeito da perturbação [15, 22]. O ganho K_1 é normalmente igual a 1 e $\tau_1 = 1/10$.

(a) Escolha um compensador $G_c(s)$ de modo que a máxima ultrapassagem percentual para uma entrada em degrau seja *M.U.P.* $\leq 15\%$ e o tempo de acomodação (com critério de 2%) seja $T_s \leq 0{,}5$ s.

(b) Para o compensador escolhido na parte (a), determine a sensibilidade do sistema para pequenas variações em K_1 determinando $S_{K_1}^T$.

(c) Se K_1 muda para 2 enquanto $G_c(s)$ da parte (a) permanece inalterado, determine a resposta ao degrau do sistema e compare os valores de desempenho escolhidos com os obtidos na parte (a).

(d) Determine o efeito de $T_p(s) = 1/s$ representando graficamente $y(t)$ quando $R(s) = 0$.

P12.5 Uma máquina de empacotamento de rolos (*roll-wrapping machine* – RWM) recebe, empacota e rotula grandes rolos de papel produzidos em uma fábrica de papel [9, 16]. A RWM consiste em diversas estações principais: estação de posicionamento, estação de

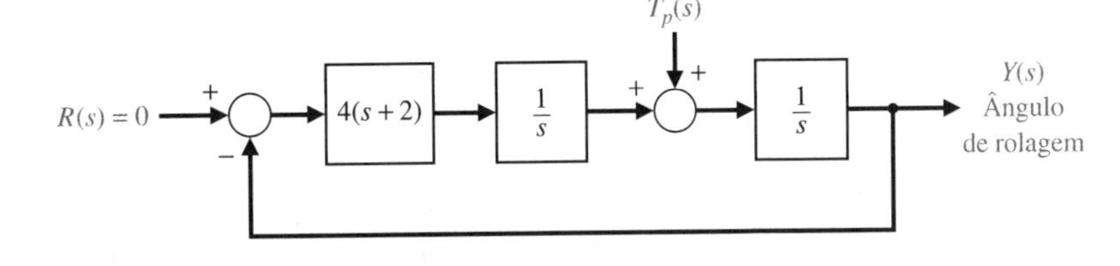

FIGURA P12.1 Controle de um veículo subaquático [13].

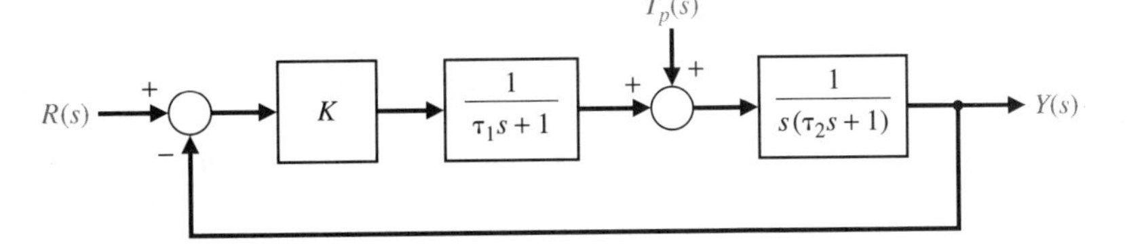

FIGURA P12.2 Câmera de TV controlada remotamente.

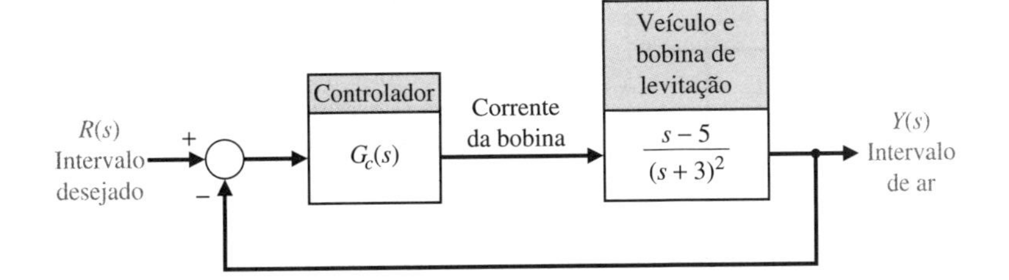

FIGURA P12.3 Controle de trem maglev.

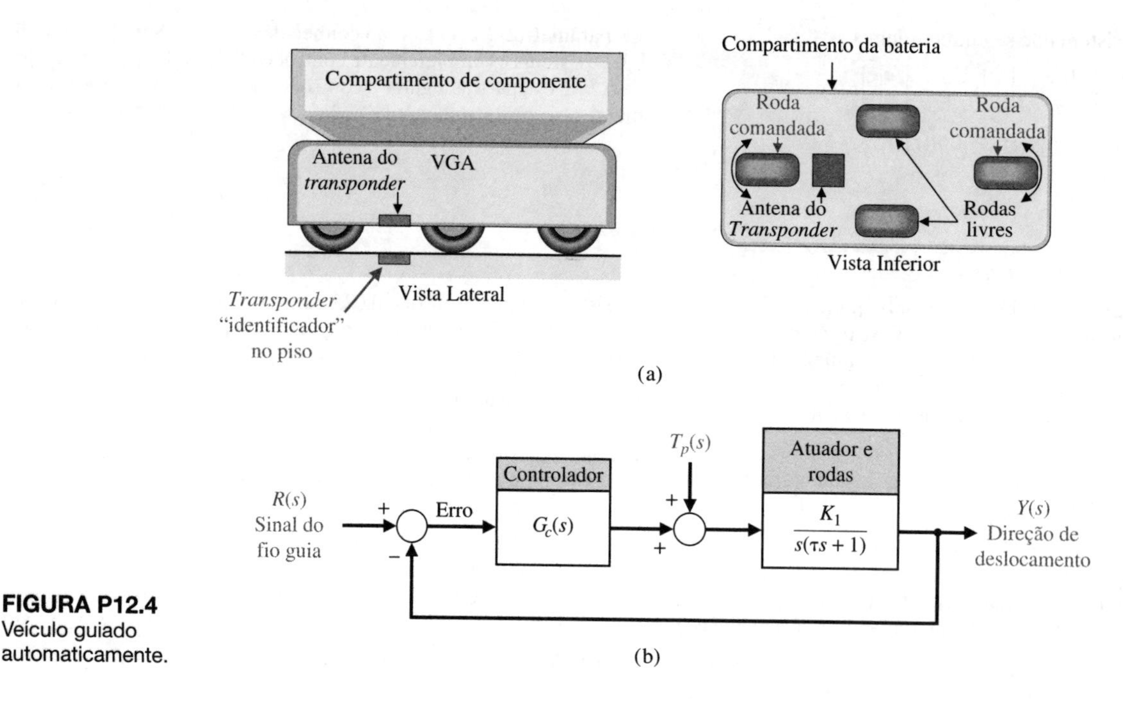

FIGURA P12.4 Veículo guiado automaticamente.

espera, estação de empacotamento e assim por diante. O foco será a estação de posicionamento mostrada na Figura P12.5(a). A estação de posicionamento é a primeira que recebe um rolo de papel. Essa estação é responsável por receber e pesar o rolo, medir o seu diâmetro e largura, determinar o empacotamento desejado para o rolo, posicionar o rolo para o processamento seguinte e finalmente ejetar o rolo da estação.

Funcionalmente, a RWM pode ser categorizada como uma operação complexa, porque cada etapa funcional (por exemplo, medir a largura) envolve um grande número de ações de dispositivos de campo e depende de diversos sensores de acompanhamento.

O sistema de controle para posicionamento com exatidão do braço de medida da largura é mostrado na Figura P12.5(b). O polo p do braço de posicionamento é normalmente igual a 2, mas está sujeito a variações por causa do carregamento e do desalinhamento

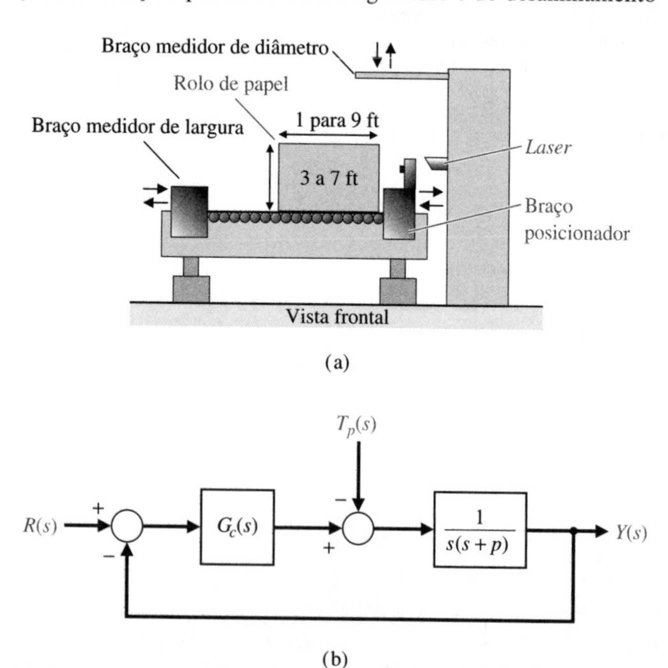

FIGURA P12.5 Controle de máquina de empacotamento de rolos.

da máquina. (a) Para $p = 2$, projete um compensador de modo que $M.U.P. \leq 20\%$ e $T_s \leq 1$ s e (b) represente graficamente $y(t)$ para uma entrada em degrau $R(s) = 1/s$. (c) Represente graficamente $y(t)$ para uma perturbação $T_p(s) = 1/s$ com $R(s) = 0$. (d) Repita as partes (b) e (c) quando p muda para 1 e $G_c(s)$ permanece como projetado na parte (a). Compare os resultados para os dois valores do polo negativo p.

P12.6 A função de uma laminadora de chapas de aço é laminar placas reaquecidas em chapas de espessura e tamanho tabelados [5, 10]. Os produtos finais são chapas planas retangulares com uma largura de até 3.300 mm e espessura de 180 mm.

Um plano esquemático da laminadora é mostrado na Figura P12.6(a). A laminadora possui duas estações de laminação principais designadas nº 1 e nº 2. Estas são equipadas com grandes rolos (de até 508 mm de diâmetro), os quais são acionados por motores elétricos de alta potência (de até 4.470 kW). Os intervalos e as forças dos rolos são mantidos por grandes cilindros hidráulicos.

A operação típica da laminadora pode ser descrita como se segue. As placas vindas do forno de reaquecimento inicialmente passam através da estação nº 1, cuja função é reduzir as placas à largura requerida. As placas prosseguem através da estação nº 2, em que passagens de acabamento são realizadas para produzir a espessura desejada da placa. Finalmente, passam através do nivelador de chapas quentes, que dá a cada chapa um acabamento suave.

Um dos sistemas-chave controla a espessura das chapas ajustando os rolos. O diagrama de blocos deste sistema de controle é mostrado na Figura P12.6(b).

O controlador é um PID com dois zeros reais iguais. (a) Escolha os zeros e os ganhos do PID de modo que o sistema em malha fechada tenha dois pares de raízes iguais. (b) Para o projeto da parte (a), obtenha a resposta ao degrau sem um pré-filtro ($G_p(s) = 1$). (c) Repita a parte (b) para um pré-filtro apropriado. (d) Para o sistema, determine o efeito de uma perturbação em degrau unitário calculando $y(t)$ com $r(t) = 0$.

P12.7 Um motor e uma carga com atrito desprezível e um amplificador tensão-corrente K_a são usados no sistema de controle com realimentação, mostrado na Figura P12.7. Um projetista escolhe um controlador PID

$$G_c(s) = K_P + \frac{K_I}{s} + K_D s,$$

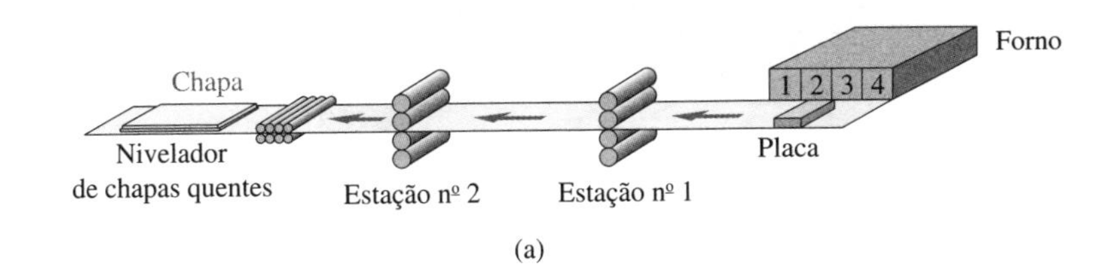

(a)

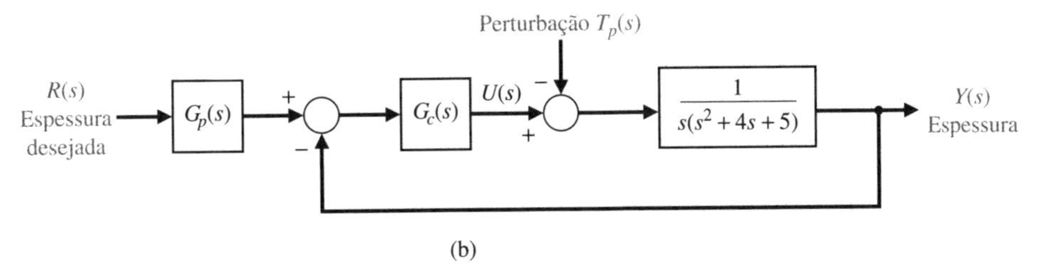

(b)

FIGURA P12.6 Controle de laminadora de aço.

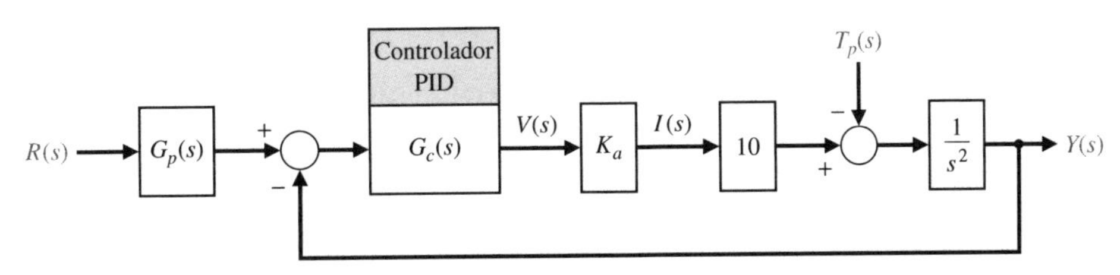

FIGURA P12.7 Controlador PID para o sistema de motor e carga.

no qual $K_P = 5, K_I = 500$ e $K_D = 0{,}0475$.
(a) Determine o valor apropriado de K_a de modo que a margem de fase do sistema seja $M.F. = 30°$. (b) Para o ganho K_a, trace o lugar geométrico das raízes do sistema e determine as raízes do sistema para o K_a da parte (a). (c) Determine o valor máximo de $y(t)$ quando $T_p(s) = 1/s$ e $R(s) = 0$ para o K_a da parte (a). (d) Determine a resposta para uma entrada em degrau $r(t)$, com e sem pré-filtro.

P12.8 Um sistema com realimentação unitária possui uma equação característica nominal

$$q(s) = s^3 + 3s^2 + 3{,}5s + 3 = 0.$$

Os coeficientes variam como a seguir:

$$2 \le a_2 \le 5, \quad 3 \le a_1 \le 4, \quad 2 \le a_0 \le 4.$$

Determine se o sistema é estável para estes coeficientes incertos.

P12.9 Futuros astronautas poderão dirigir na Lua em um veículo pressurizado, mostrado na Figura P12.9(a), que teria alcance amplo e poderia ser usado em missões de até seis meses. Engenheiros primeiro analisaram o Veículo Móvel Lunar da era Apollo e, em seguida, projetaram o novo veículo, incorporando aperfeiçoamentos na proteção contra radiação e na proteção térmica, no controle de impactos e de vibrações e na lubrificação e vedação.

O controle de direção do carro lunar é mostrado na Figura P12.9(b). O objetivo do projeto de controle é alcançar resposta ao degrau para um comando de direção com erro em regime estacionário nulo, máxima ultrapassagem percentual $M.U.P. \le 20\%$ e tempo de pico $T_p \le 1$ s. Também é necessário determinar o efeito de uma perturbação em degrau $T_p(s) = 1/s$ quando $R(s) = 0$, a fim de assegurar a redução de efeitos da superfície da Lua. Usando (a) um controlador PI e (b) um controlador PID, projete um controlador aceitável. Registre os resultados para cada projeto em uma tabela. Compare o desempenho dos projetos.

P12.10 Uma planta tem função de transferência

$$G(s) = \frac{32}{s^2}.$$

Deseja-se usar realimentação negativa unitária com um controlador PID e um pré-filtro. O objetivo é alcançar um tempo de pico de $T_p = 1$ s com desempenho do tipo ITAE. Prediga a máxima ultrapassagem percentual e o tempo de acomodação (com critério de 2%) do sistema para uma entrada em degrau.

P12.11 Considere o came tridimensional mostrado na Figura P12.11 [18]. O controle de x pode ser realizado com um motor CC e realimentação de posição da forma mostrada na Figura P12.11.

Admita que $1 \le K \le 5$ e $2 \le p \le 5$. Normalmente, $K = 1$ e $p = 3$. Projete um controlador PID de modo que o tempo de acomodação da resposta a uma entrada em degrau seja $T_p \le 3$ s para o desempenho de pior caso.

P12.12 Considere o sistema de segunda ordem em malha fechada

$$\dot{\mathbf{x}}(t) = \begin{bmatrix} 0 & 1 & 0 \\ 0 & 0 & 1 \\ -5 & K & -2 \end{bmatrix} \mathbf{x}(t) + \begin{bmatrix} 0 \\ 0 \\ 1 \end{bmatrix} u(t)$$

$$y(t) = \begin{bmatrix} 2 & 1 & 0 \end{bmatrix} \mathbf{x}(t) + [0]u(t).$$

Calcule a sensibilidade do sistema em malha fechada para variações no parâmetro K.

(a)

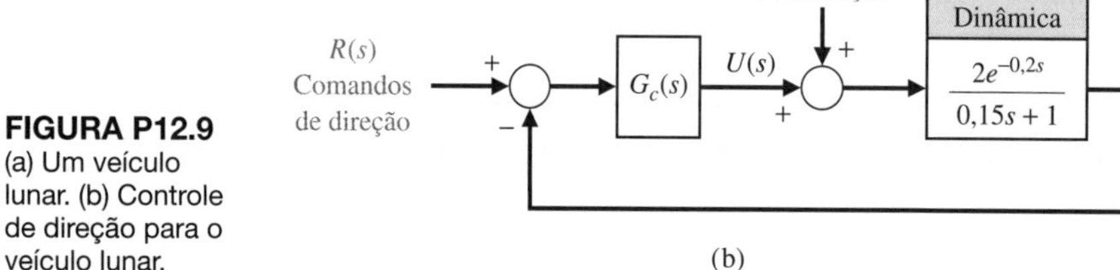

(b)

FIGURA P12.9 (a) Um veículo lunar. (b) Controle de direção para o veículo lunar.

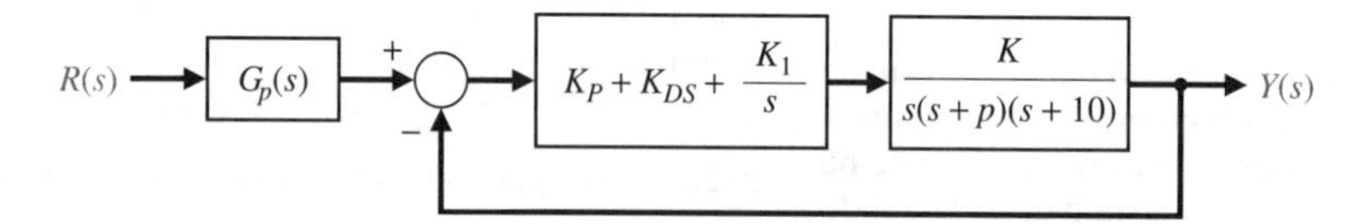

FIGURA P12.11 Sistema de controle do eixo *x* de um came tridimensional.

PROBLEMAS AVANÇADOS

PA12.1 Para minimizar os efeitos das vibrações, um telescópio é levitado magneticamente. Este método também elimina o atrito no sistema de acionamento magnético de azimute. Os fotodetectores para o sistema de sensoriamento requerem conexões elétricas. O diagrama de blocos do sistema é mostrado na Figura PA12.1. Projete um controlador PID de modo que a máxima ultrapassagem percentual para uma entrada em degrau seja $M.U.P. \leq 20\%$ e $T_s \leq 1$ s.

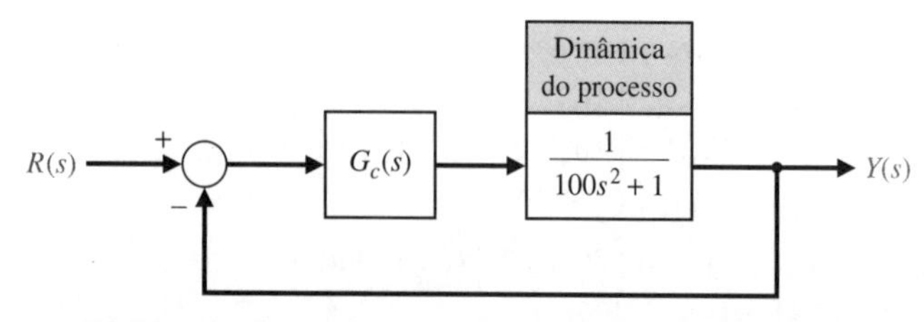

FIGURA PA12.1 Sistema de controle de posição de telescópio levitado magneticamente.

PA12.2 Uma solução promissora para o colapso do trânsito é um sistema de levitação magnética (*magnetic levitation* – maglev). Os veículos são suspensos em um trilho guia acima da rodovia e guiados por forças magnéticas em vez de depender de rodas ou de forças aerodinâmicas. Ímãs fornecem a propulsão para os veículos [7, 12, 17]. Idealmente, o maglev pode oferecer as vantagens ambientais e de segurança de um trem de alta velocidade, a velocidade e o baixo atrito de uma aeronave e a conveniência de um automóvel. Com todos esses atributos compartilhados sem se oporem uns aos outros, o sistema maglev é realmente um novo meio de transporte e irá melhorar os outros meios de transporte aliviando congestionamentos e fornecendo conexões entre eles. As viagens com maglev poderão ser rápidas, operando entre 150 e 300 milhas por hora (240 e 480 quilômetros por hora).

O controle de inclinação de um veículo maglev é ilustrado nas Figuras PA12.2(a) e (b). A dinâmica da planta $G(s)$ está sujeita a variações de modo que os polos estarão dentro das caixas mostradas na Figura PA12.2(c), e $1 \leq K \leq 2$.

O objetivo é conseguir um sistema robusto com resposta ao degrau que tenha máxima ultrapassagem percentual $M.U.P. \leq 10\%$,

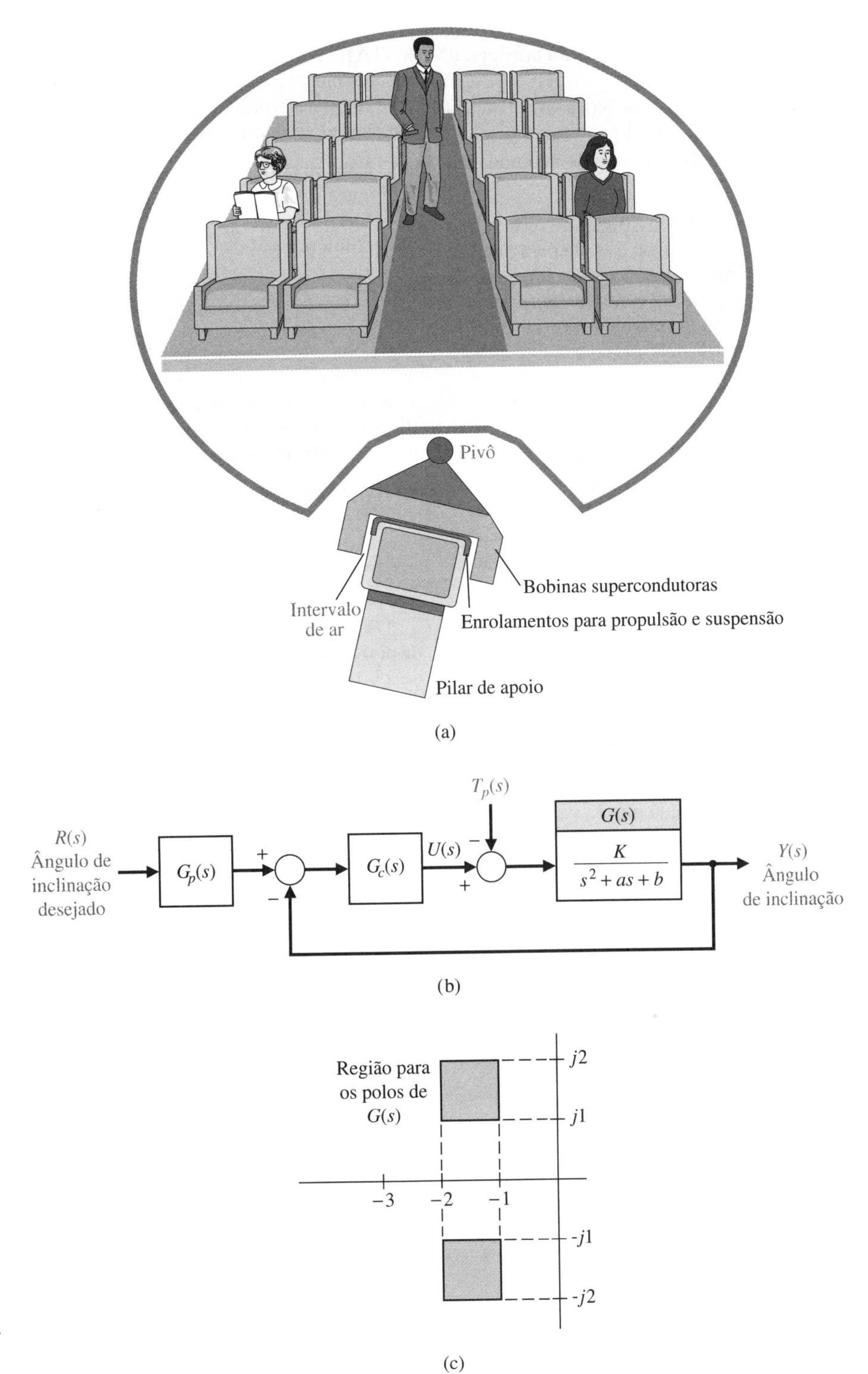

FIGURA PA12.2 (a) e (b) Controle de inclinação para um veículo maglev. (c) Dinâmica da planta.

bem como um tempo de acomodação (com critério de 2%) de $T_s \leq 2$ s quando $|u(t)| \leq 100$. Obtenha um projeto com controlador PI, PD e PID e compare os resultados. Use um pré-filtro $G_p(s)$, se necessário.

PA12.3 Os sistemas de frenagem antiderrapantes oferecem um problema de controle desafiador, pois as variações dos parâmetros do sistema freio/automóvel podem ser muito significativas (por exemplo, por causa das variações no coeficiente de atrito das pastilhas de freio ou variações na inclinação da estrada) e as condições ambientais influenciam muito (por exemplo, por causa das condições desfavoráveis da rodovia). O objetivo do sistema antiderrapagem é regular o escorregamento da roda para maximizar o coeficiente de atrito entre o pneu e a estrada em qualquer superfície de estrada [8]. Como esperado, o coeficiente de atrito de frenagem é máximo para asfalto seco, levemente reduzido para asfalto molhado e muito reduzido para gelo.

Um modelo simplificado do sistema de frenagem é representado por uma função de transferência de planta $G(s)$ com

$$G(s) = \frac{Y(s)}{U(s)} = \frac{1}{(s + a)(s + b)},$$

em que normalmente $a = 1$ e $b = 4$.

(a) Usando um controlador PID, projete um sistema muito robusto no qual, para uma entrada em degrau, a máxima ultrapassagem percentual seja $M.U.P. \leq 4\%$ e o tempo de acomodação (com um critério de 2%) seja $T_s \leq 1$ s. O erro em regime estacionário deve ser menor que 1% para um degrau. Espera-se que a e b variem de ±50%.

(b) Projete um sistema para atender às especificações da parte (a) usando um índice de desempenho ITAE. Prediga a máxima ultrapassagem percentual e o tempo de acomodação para este projeto.

PA12.4 Um robô foi projetado para auxiliar em cirurgias de substituição de quadril. O dispositivo, chamado de RoBoDoc, é usado para orientar e fresar precisamente a cavidade femural para aceitar o implante da prótese de quadril. Obviamente, deseja-se um controle muito robusto da ferramenta cirúrgica, porque não há uma segunda oportunidade de se perfurar um osso [21, 27]. O sistema de controle com realimentação unitária possui

$$G(s) = \frac{b}{s^2 + as + b},$$

em que $1 \leq a \leq 2$ e $4 \leq b \leq 12$.

Escolha um controlador PID de modo que o sistema seja robusto. Use o método do lugar geométrico das raízes no plano s. Escolha o $G_p(s)$ apropriado e represente graficamente a resposta para uma entrada em degrau.

PA12.5 Considere um sistema com realimentação unitária com

$$G(s) = \frac{K_1}{s(s + 25)},$$

no qual $K_1 = 1$ sob condições normais. Projete um controlador PID para alcançar uma margem de fase de $M.F. = 45°$. Determine o efeito de uma variação de ±25% em K_1 desenvolvendo um registro em forma de tabela da margem de fase à medida que K_1 varia.

PA12.6 Considere um sistema com realimentação unitária com

$$G(s) = \frac{K_1}{s(\tau s + 1)},$$

em que $K_1 = 1{,}5$ e $\tau = 0{,}001$ s. Escolha um controlador PID de modo que o tempo de acomodação (com critério de 2%) para uma entrada em degrau seja $T_s \leq 1$ s e a máxima ultrapassagem percentual seja $M.U.P. \leq 10\%$. Além disso, o efeito de uma perturbação na saída deve ser reduzido para menos de 5% da magnitude da perturbação.

PA12.7 Considere um sistema com realimentação unitária com

$$G(s) = \frac{1}{s}.$$

O objetivo é escolher um controlador PI usando o critério de projeto ITAE enquanto se limita o sinal de controle a $|u(t)| \leq 1$ para uma entrada em degrau unitário. Determine o controlador PI apropriado e o tempo de acomodação (com critério de 2%) para uma entrada em degrau. Use um pré-filtro se necessário.

PA12.8 Um sistema de controle de máquina operatriz é mostrado na Figura PA12.8. A função de transferência do amplificador de potência, do motor principal, do carro móvel e da ponta de corte da ferramenta é

$$G(s) = \frac{50}{s(s + 1)(s + 4)(s + 5)}.$$

O objetivo é ter máxima ultrapassagem percentual $M.U.P. \leq 25\%$ para uma entrada em degrau enquanto se alcança um tempo de pico de $T_p \leq 3$ s. Determine um controlador adequado usando (a) controle PD, (b) controle PI e (c) controle PID. (d) Em seguida, escolha o melhor controlador.

PA12.9 Considere um sistema com realimentação unitária com

$$G(s) = \frac{K}{s^2 + 2as + a^2},$$

em que $1 \leq a \leq 3$ e $2 \leq K \leq 4$.

Use um controlador PID e projete o controlador para a condição de pior caso. Deseja-se que o tempo de acomodação (com um critério de 2%) seja $T_s \leq 0{,}8$ s com desempenho ITAE.

PA12.10 Um sistema da forma mostrada na Figura 12.1 tem

$$G(s) = \frac{s + r}{(s + p)(s + q)},$$

em que $3 \leq p \leq 5$, $0 \leq q \leq 1$ e $1 \leq r \leq 2$. Será usado um compensador

$$G_c(s) = \frac{K(s + z_1)(s + z_2)}{(s + p_1)(s + p_2)},$$

com todos os polos e zeros reais. Escolha um compensador apropriado para alcançar desempenho robusto.

PA12.11 Um sistema com realimentação unitária tem a planta

$$G(s) = \frac{1}{(s + 2)(s + 4)(s + 6)}.$$

Deseja-se obter um erro em regime estacionário nulo para uma entrada em degrau. Escolha um compensador $G_c(s)$, usando o método pseudo-QFT e determine o desempenho do sistema quando todos os polos de $G(s)$ variam de –50%. Descreva a natureza robusta do sistema.

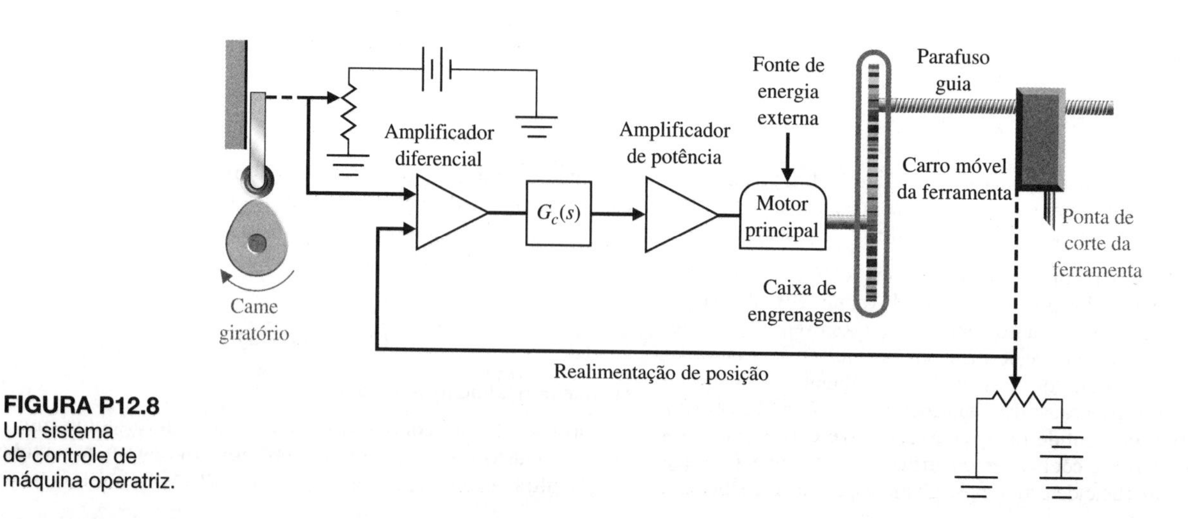

FIGURA P12.8 Um sistema de controle de máquina operatriz.

PROBLEMAS DE PROJETO

PPC12.1 Projete um controlador PID para o sistema sarilho e corrediça da Figura PPC4.1. A máxima ultrapassagem percentual deve ser $M.U.P. \leq 3\%$ e o tempo de acomodação (com critério de 2%) deve ser $T_s \leq 250$ ms para uma entrada em degrau $r(t)$. Determine a resposta a uma perturbação para o sistema projetado.

PP12.1 Um sistema de controle de posição para uma grande plataforma giratória é mostrado na Figura PP12.1(a) e o diagrama de blocos do sistema é mostrado na Figura PP12.1(b) [11, 14]. Este sistema usa um grande motor de torque com $K_m = 15$. O objetivo é reduzir o efeito em regime estacionário de uma mudança em degrau na perturbação da carga para 5% da magnitude da perturbação em degrau ao mesmo tempo em que se mantém resposta rápida para um comando de entrada em degrau $R(s)$, com $M.U.P. \leq 5\%$. Escolha K_1 e o compensador quando (a) $G_c(s) = K$ e (b) $G_c(s) = K_P + K_D s$. Represente graficamente a resposta ao degrau para a perturbação e para a entrada em ambos os compensadores. Determine se um pré-filtro é requerido para atender ao requisito de máxima ultrapassagem percentual.

PP12.2 Considere o sistema em malha fechada representado na Figura PP12.2. O processo tem um parâmetro K que é nominalmente $K = 1$. Projete um controlador que resulte em máxima ultrapassagem percentual $M.U.P. \leq 20\%$ para uma entrada em degrau unitário em todo K na faixa $1 \leq K \leq 4$.

PP12.3 Muitos laboratórios universitários e governamentais construíram mãos robóticas capazes de segurar e manipular objetos. Mas ensinar os dispositivos artificiais a realizarem até mesmo tarefas simples requer uma tremenda programação computacional. Agora, porém, um dispositivo manual especial pode ser vestido em uma mão humana para registrar os movimentos laterais e de flexão das articulações dos dedos. Cada articulação é provida de um sensor que muda seu sinal dependendo da posição. Os sinais de todos os sensores são convertidos em dados de computador e usados para operar mãos robóticas [1].

O sistema de controle do ângulo da articulação é mostrado na Figura PP12.3. O valor normal de K_m é 1,0. O objetivo é projetar um controlador PID de modo que o erro em regime estacionário para uma entrada em rampa seja nulo. Além disso, o tempo de acomodação (com critério de 2%) deve ser $T_s \leq 3$ s para a entrada em rampa. Deseja-se que o controlador seja

$$G_c(s) = \frac{K_D(s^2 + 6s + 18)}{s}.$$

(a) Escolha K_D e obtenha a resposta à rampa. Trace o lugar geométrico das raízes à medida que K_D varia. (b) Se K_m muda para metade de seu valor normal e $G_c(s)$ permanece como projetado na parte (a), obtenha a resposta à rampa do sistema. Compare os resultados das partes (a) e (b) e discuta a robustez do sistema.

PP12.4 Objetos menores que os comprimentos de onda da luz visível são uma matéria-prima da ciência e tecnologia contemporâneas. Biólogos estudam moléculas isoladas de proteínas ou DNA; cientistas de materiais examinam imperfeições em cristais em escala atômica; engenheiros de microeletrônica projetam configurações de circuitos de apenas algumas dezenas de átomos de espessura. Até recentemente, este mundo diminuto podia ser visto apenas por meio de métodos trabalhosos, frequentemente destrutivos, como a microscopia eletrônica e a difração de raios X, ficando além do alcance de qualquer instrumento tão simples e direto quanto o familiar microscópio de luz. Novos microscópios, exemplificados pelo microscópio de varredura

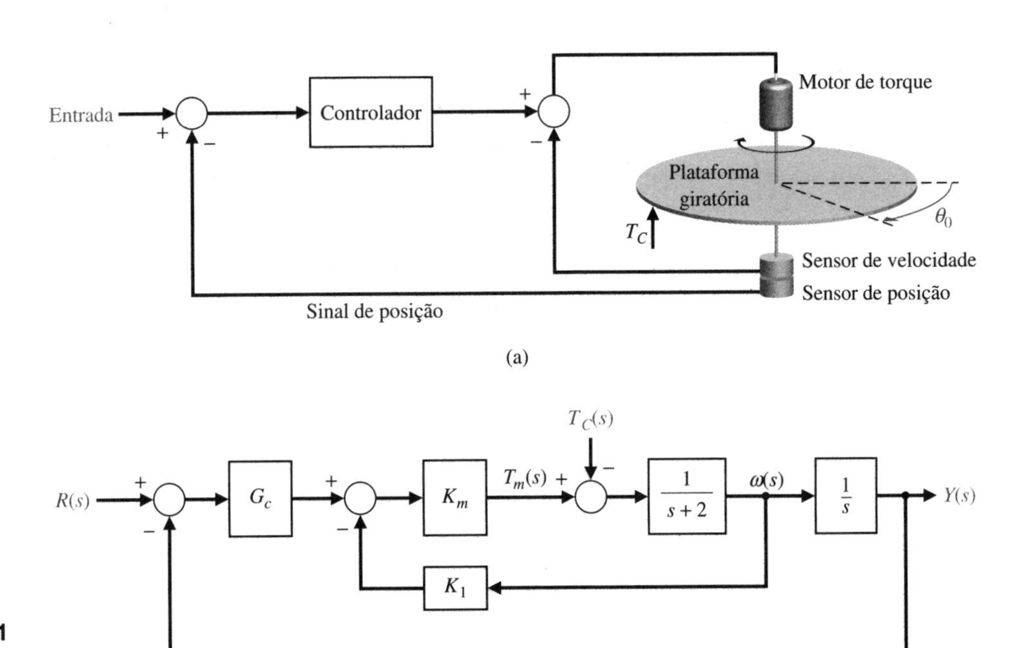

FIGURA PP12.1 Controle de plataforma giratória.

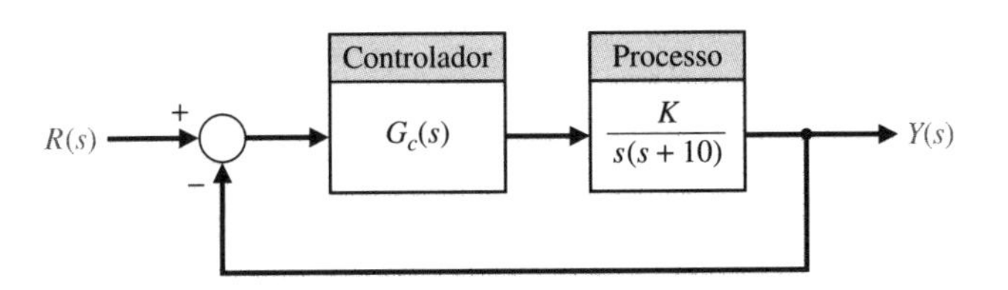

FIGURA PP12.2 Um sistema com realimentação unitária com um processo com parâmetro variável K.

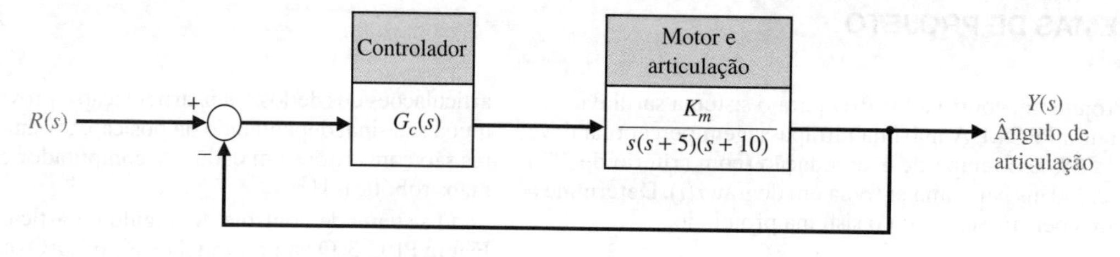

FIGURA PP12.3 Dispositivo especial manual para treinar mãos robóticas.

por tunelamento (*scanning tunneling microscope* – STM), estão disponíveis atualmente [3].

A precisão requerida do controle de posição é da ordem de nanômetros. O STM conta com sensores piezoelétricos que mudam de tamanho quando uma tensão elétrica através do material é alterada. O "diafragma" no STM é uma minúscula sonda de tungstênio, cuja ponta é tão afiada que pode consistir em apenas um único átomo e medir apenas 0,2 nanômetro de largura. Controles piezoelétricos manobram a ponta para uma distância de um nanômetro ou dois da superfície de uma amostra condutora — tão perto que as nuvens de elétrons do átomo na ponta da sonda e do átomo mais próximo da amostra se sobrepõem. Um mecanismo de realimentação sente as variações na corrente de tunelamento e modifica a tensão aplicada a um terceiro controle, do eixo z. O eixo z piezoelétrico movimenta a sonda verticalmente para estabilizar a corrente e para manter um espaço constante entre a ponta do microscópio e a superfície. O sistema de controle é mostrado Figura PP12.4(a) e o diagrama de blocos é mostrado na Figura PP12.4(b).

(a) Use o método de projeto ITAE para determinar $G_c(s)$. (b) Determine a resposta ao degrau do sistema com e sem um pré-filtro $G_p(s)$. (c) Determine a resposta do sistema a uma perturbação quando $T_p(s) = 1/s$. (d) Usando o pré-filtro e $G_c(s)$ das partes (a) e (b), determine a resposta real quando o processo mudar para

$$G(s) = \frac{16.000}{s(s^2 + 40s + 1.600)}.$$

PP12.5 O sistema descrito no PP12.4 deve ser projetado usando as técnicas de resposta em frequência. Escolha os coeficientes de $G_c(s)$ de modo que a margem de fase seja $M.F. = 45°$. Obtenha a resposta ao degrau do sistema com e sem pré-filtro $G_p(s)$.

PP12.6 A utilização da teoria de controle para fornecer uma compreensão mais clara na neurofisiologia tem uma longa história. Já no começo do século passado, muitos pesquisadores descreveram um fenômeno de controle muscular causado pela ação de realimentação das fibras musculares e por sensores baseados em uma combinação do comprimento do músculo e da taxa de variação do comprimento do músculo.

Essa análise da regulação muscular foi baseada na teoria de sistemas de controle de entrada única e saída única. Um exemplo é a proposta de que o reflexo de distensão é uma observação experimental de uma estratégia de controle motora, isto é, o controle do comprimento muscular individual através das fibras. Outros propuseram mais tarde a regulação da rigidez muscular individual (através de sensores de comprimento e de força) como a estratégia de controle motor [30].

Um modelo do mecanismo humano de equilíbrio na posição vertical é mostrado na Figura PP12.6. Considere o caso de um paraplégico que perdeu o controle de seu mecanismo de ficar em pé. Propõe-se adicionar um controlador artificial para capacitar a pessoa a ficar de pé e mover suas pernas. (a) Projete um controlador quando os valores normais dos parâmetros são $K = 10$, $a = 12$ e $b = 100$, a fim de alcançar uma resposta ao degrau com máxima ultrapassagem percentual $M.U.P. \leq 10\%$, erro em regime estacionário $e_{ss} \leq 5\%$ e um tempo de acomodação (com critério de 2%) $T_s \leq 2$ s. Tente um controlador com ganho proporcional, PI, PD e PID. (b) Quando a pessoa está cansada, os parâmetros podem mudar para $K = 15, a = 8$ e $b = 144$. Examine o desempenho deste sistema com

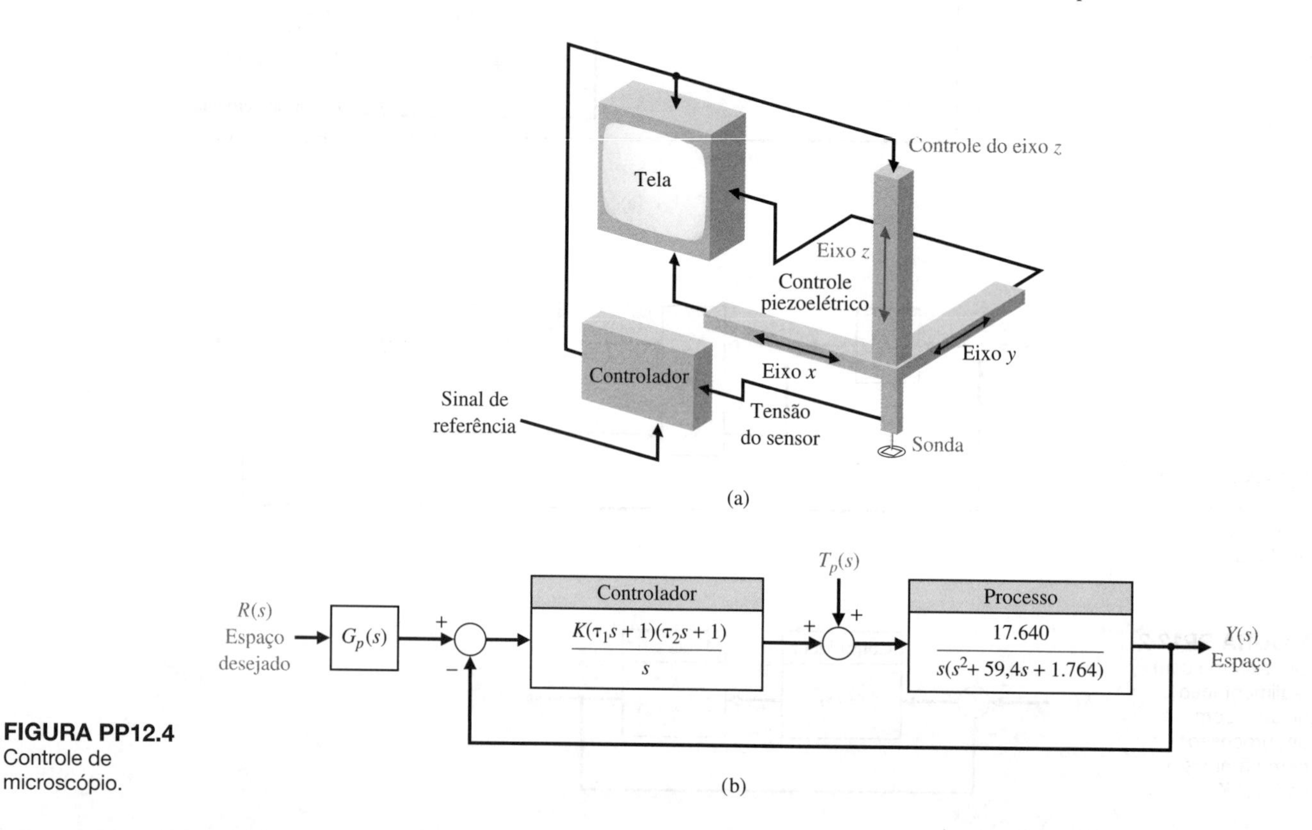

FIGURA PP12.4 Controle de microscópio.

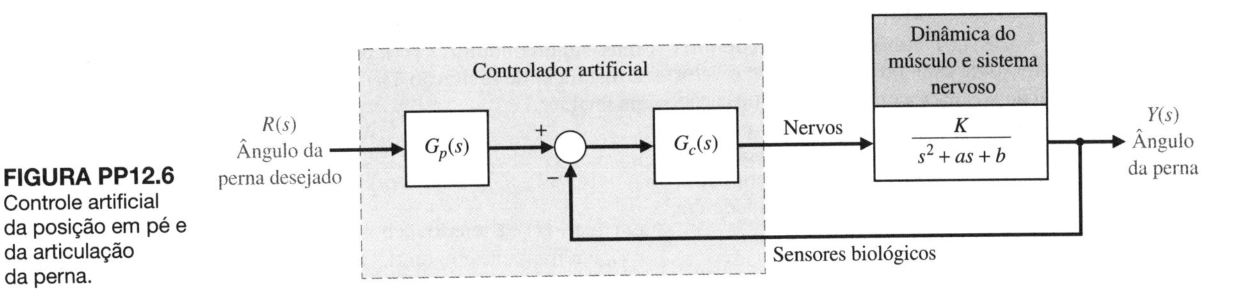

FIGURA PP12.6 Controle artificial da posição em pé e da articulação da perna.

os controladores da parte (a). Prepare uma tabela contrastando os resultados das partes (a) e (b).

PP12.7 O objetivo é projetar um sistema de controle de elevador de modo que o elevador se desloque de um andar a outro rapidamente e pare com exatidão no andar escolhido (Figura PP12.7). O elevador terá de um a três ocupantes. Contudo, o peso do elevador deverá ser maior que o peso dos ocupantes; pode-se admitir que o elevador pese 1.000 libras (453 kg) e que cada ocupante pese 150 libras (68 kg). Projete um sistema para controlar o elevador com exatidão, com tolerância de um centímetro. Admita que o grande motor CC é controlado pelo campo. Além disso, admita que a constante de tempo do motor e da carga é um segundo, a constante de tempo do amplificador de potência que aciona o motor é meio segundo e a constante de tempo do campo é desprezível. Busca-se máxima ultrapassagem percentual $M.U.P. \leq 6\%$ e um tempo de acomodação (com critério de 2%) $T_s \leq 4$ s.

PP12.8 Um modelo do sistema de controle com realimentação é mostrado na Figura PP12.8 para um dispositivo elétrico de assistência ventricular. Este problema foi apresentado no PA9.11. O motor, a bomba e a bolsa de sangue podem ser modelados por um atraso de transporte com $T = 1$ s. O objetivo é alcançar uma resposta ao degrau com menos de 5% de erro em regime estacionário e $M.U.P. \leq 10\%$. Além disso, para prolongar a vida das baterias, a tensão é limitada a 30 V [26]. Projete um controlador usando (a) $G_c(s) = K/s$, (b) um controlador PI e (c) um controlador PID. Em cada caso, projete também o pré-filtro $G_p(s)$. Compare os resultados para os três controladores registrando em uma tabela a máxima ultrapassagem percentual, o tempo de pico, o tempo de acomodação (com critério de 2%) e o valor máximo de $v(t)$.

PP12.9 Um braço de um robô espacial é mostrado na Figura PP12.9(a). O diagrama de blocos para o controle do braço é mostrado na Figura PP12.9(b).

(a) Se $G_c(s) = K$, determine o ganho necessário para máxima ultrapassagem percentual de $M.U.P. \leq 4{,}5\%$ e represente graficamente a resposta degrau. (b) Projete um controlador proporcional e derivativo (PD) usando o método ITAE e $\omega_n = 10$. Determine o pré-filtro $G_p(s)$ requerido. (c) Projete um controlador PI e um pré-filtro usando o

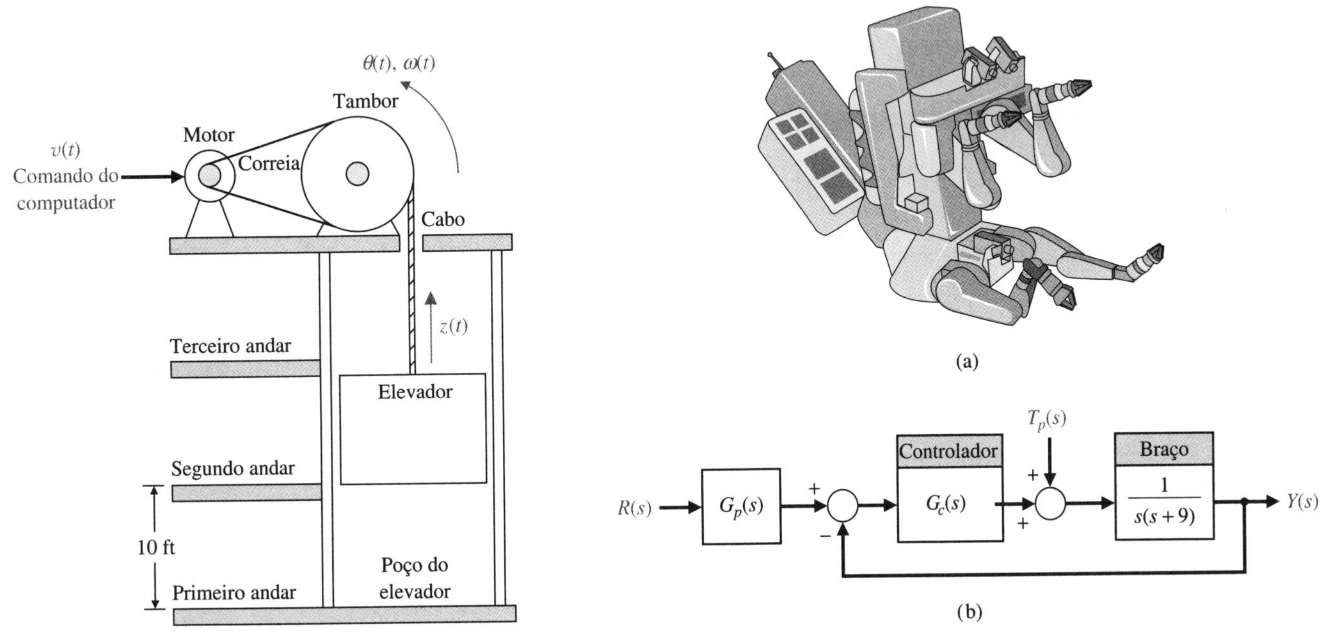

FIGURA PP12.7 Controle de posição de elevador.

FIGURA PP12.9 Controle de robô espacial.

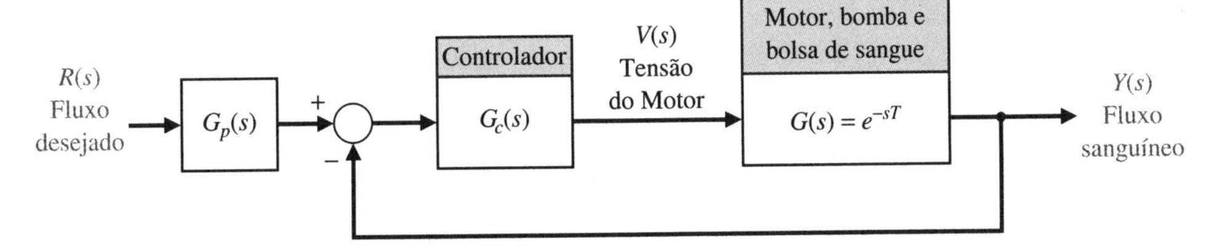

FIGURA PP12.8 Sistema de controle com realimentação para um dispositivo elétrico de assistência ventricular.

método ITAE. (d) Projete um controlador PID e um pré-filtro usando o método ITAE com $\omega_n = 10$. (e) Determine o efeito de uma perturbação em degrau unitário para cada projeto. Registre o valor máximo de $y(t)$ e o valor final de $y(t)$ para a entrada de perturbação. (f) Determine a máxima ultrapassagem, o tempo de pico e o tempo de acomodação (com critério de 2%) para um degrau $R(s)$ em cada projeto anterior. (g) O processo está sujeito a variações por causa das variações de carga. Encontre a magnitude da sensibilidade em $\omega = 5$, $|S_G^T(j5)|$, em que

$$T(s) = \frac{G_c(s)G(s)}{1 + G_c(s)G(s)}.$$

(h) Com base nos resultados das partes (e), (f) e (g), escolha o melhor controlador.

PP12.10 Um sistema fotovoltaico é montado em uma estação espacial a fim de produzir energia para a estação. Os painéis fotovoltaicos devem seguir o Sol com boa exatidão a fim de maximizar a energia dos painéis. O sistema com realimentação unitária utiliza um motor CC, de modo que a função de transferência do suporte do painel e do motor é

$$G(s) = \frac{1}{s(s+b)},$$

em que $b = 10$. Projete um controlador $G_c(s)$ admitindo que um sensor óptico esteja disponível para rastrear com exatidão a posição do Sol.

O objetivo é projetar $G_c(s)$ de modo que (1) a máxima ultrapassagem percentual para um degrau unitário seja $M.U.P. \leq 15\%$ e (2) o tempo de acomodação seja $T_s \leq 0{,}75$ s. Examine a robustez do sistema quando b varia $\pm$ 10%.

PP12.11 Os sistemas de suspensão eletromagnética para trens com colchão de ar são conhecidos como trens com levitação magnética (*magnetic levitation* – maglev). Um trem maglev usa um sistema de ímãs supercondutores [17], que utiliza bobinas supercondutoras e a distância de levitação $x(t)$ é inerentemente instável. O modelo da levitação é

$$G(s) = \frac{X(s)}{V(s)} = \frac{K}{(s\tau_1 + 1)(s^2 - \omega_1^2)},$$

em que $V(s)$ é a tensão na bobina; τ_1 é a constante de tempo do ímã; e ω_1 é a frequência natural. O sistema utiliza um sensor de posição com constante de tempo desprezível. Um trem se deslocando a 250 km/h teria $\tau_1 = 0{,}75$ s e $\omega_1 = 75$ rad/s. Determine um controlador em um sistema com realimentação unitária que possa manter levitação exata e estável quando perturbações ocorrem ao longo do caminho.

PP12.12 Um problema de referência consiste no sistema massa-mola mostrado na Figura PP12.12, o qual representa uma estrutura flexível. Sejam $m_1 = m_2 = 1$ e $0{,}5 \leq k \leq 2{,}0$ [29]. É possível medir $x_1(t)$ e $x_2(t)$ e usar um controlador antes de $u(t)$. Obtenha a descrição do sistema, escolha uma estrutura de controle e projete um sistema robusto. Determine a resposta do sistema para uma perturbação em degrau unitário. Admita que a saída $x_2(t)$ é a variável a ser controlada.

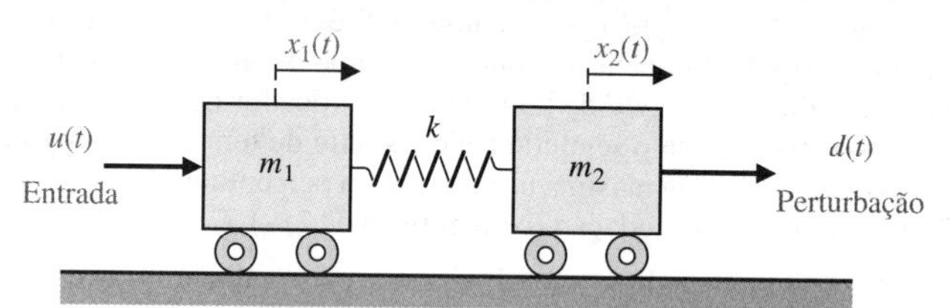

FIGURA PP12.12 Sistema de carros de duas massas.

PROBLEMAS COMPUTACIONAIS

PC12.1 Um sistema com realimentação em malha fechada é mostrado na Figura PC12.1. Use um arquivo m para obter um gráfico de $|S_K^T(j\omega)|$ *versus* ω. Represente graficamente $|T(j\omega)|$ *versus* ω, sendo $T(s)$ a função de transferência em malha fechada.

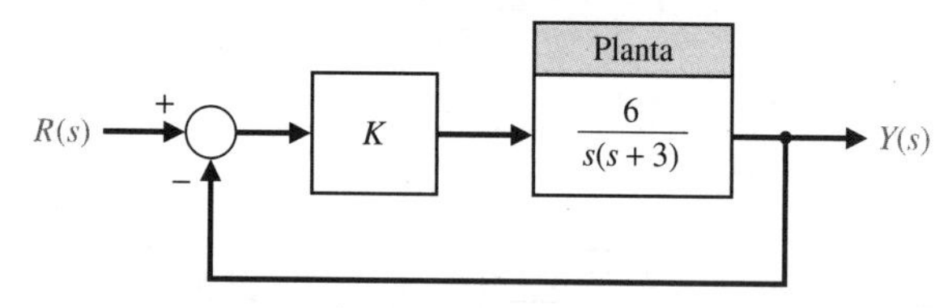

FIGURA PC12.1 Sistema com realimentação em malha fechada com ganho K.

PC12.2 O aileron de uma aeronave pode ser modelado como um sistema de primeira ordem

$$G(s) = \frac{p}{s + p},$$

no qual p depende da aeronave. Obtenha uma família de respostas ao degrau para um sistema de aileron na configuração com realimentação mostrada na Figura PC12.2.

O valor nominal de $p = 15$. Calcule valores aceitáveis para K_p e K_I de modo que a resposta ao degrau (com $p = 15$) tenha $M.U.P \leq 20\%$ e $T_s \leq 0{,}5$ s. Em seguida, utilize um arquivo m para obter as respostas ao degrau para $12 < p < 18$, com o controlador determinado anteriormente. Represente graficamente o tempo de acomodação em função de p.

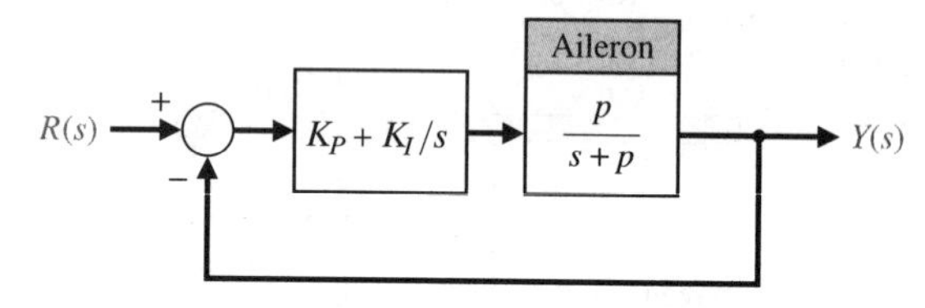

FIGURA PC12.2 Sistema de controle em malha fechada para o aileron de aeronave.

PC12.3 Considere o sistema de controle na Figura PC12.3.

Sabe-se que o valor de J varia lentamente com o tempo, contudo, para propósitos de projeto, o valor nominal é escolhido como $J = 28$.

(a) Projete um compensador PID (denotado por $G_c(s)$) para alcançar uma margem de fase $M.F. \geq 45°$ e uma faixa de passagem $\omega_B \leq 4$ rad/s. (b) Usando o controlador PID projetado na parte (a), desenvolva uma sequência de instruções em arquivo m para gerar um gráfico da margem de fase à medida que J varia de 10 até 40. Para qual valor de J o sistema em malha fechada é instável?

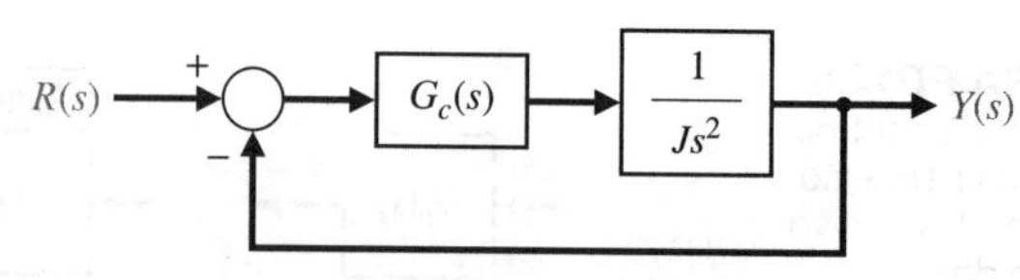

FIGURA PC12.3 Um sistema de controle com realimentação com compensação.

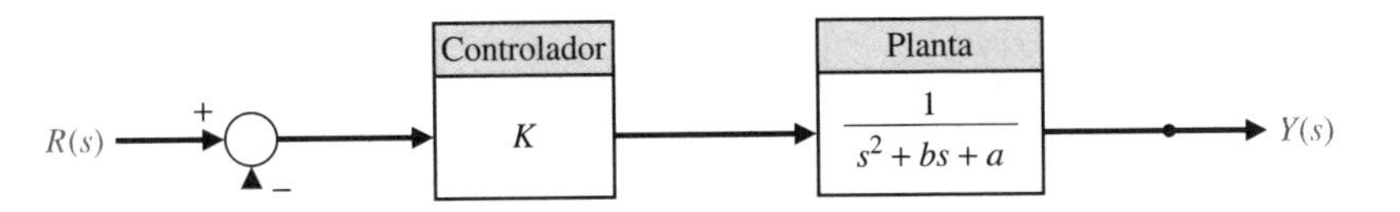

FIGURA PC12.4 Um sistema de controle com realimentação com parâmetro incerto b.

PC12.4 Considere o sistema de controle com realimentação na Figura PC12.4. O valor exato do parâmetro b é desconhecido; porém, para propósitos de projeto, o valor nominal é tomado como $b = 4$. O valor de $a = 8$ é conhecido com muita precisão.

(a) Projete um controlador proporcional K de modo que a resposta do sistema em malha fechada para uma entrada em degrau unitário tenha tempo de acomodação (com critério de 2%) de $T_s \leq 5$ s e máxima ultrapassagem percentual $M.U.P. \leq 10\%$. Use o valor nominal de b no projeto.

(b) Investigue os efeitos de variações do parâmetro b na resposta ao degrau unitário do sistema em malha fechada. Faça $b = 0, 1$, 4 e 40 e represente em um mesmo gráfico a resposta ao degrau associada com cada valor de b. Em todos os casos, utilize o controlador proporcional da parte (a). Discuta os resultados.

PC12.5 Um modelo de estrutura flexível é dado por

$$G(s) = \frac{(1 + k\omega_n^2)s^2 + 2\zeta\omega_n s + \omega_n^2}{s^2(s^2 + 2\zeta\omega_n s + \omega_n^2)},$$

em que ω_n é a frequência natural do modo flexível e ζ é o fator de amortecimento correspondente. Geralmente, é difícil conhecer o amortecimento estrutural com precisão, enquanto a frequência natural pode ser predita mais exatamente usando técnicas de modelagem bem conhecidas. Admita os valores nominais de $\omega_n = 2$ rad/s, $\zeta = 0{,}005$ e $k = 0{,}1$.

(a) Projete um compensador de avanço de fase para atender às seguintes especificações: (1) uma resposta do sistema em malha fechada para uma entrada em degrau unitário com tempo de acomodação (com um critério de 2%) $T_s \leq 200$ s e (2) máxima ultrapassagem percentual $M.U.P. \leq 50\%$.

(b) Com o controlador da parte (a), investigue a resposta ao degrau unitário do sistema em malha fechada com $\zeta = 0, 0{,}005$, 0,1 e 1. Represente em um mesmo gráfico as várias respostas ao degrau unitário e discuta os resultados.

(c) Do ponto de vista de um sistema de controle, é preferível ter o amortecimento real da estrutura flexível menor ou maior que o valor de projeto? Explique.

PC12.6 Sabe-se que o processo industrial mostrado na Figura PC12.6 apresenta atraso de transporte na malha. Na prática, frequentemente a magnitude dos atrasos de transporte do sistema não pode ser determinada com precisão. A magnitude do atraso de transporte pode variar de forma imprevisível dependendo do ambiente do processo. Um sistema de controle robusto deve ser capaz de operar satisfatoriamente na presença dos atrasos de transporte do sistema.

(a) Desenvolva uma sequência de instruções em arquivo m para calcular e apresentar o gráfico da margem de fase para o processo industrial na Figura PC12.6 quando o atraso de transporte, T, varia entre 0 e 5 segundos. Use a função pade com uma aproximação de segunda ordem para aproximar o atraso de transporte. Apresente o gráfico da margem de fase em função do atraso de transporte.

(b) Determine o máximo atraso de transporte admissível para a estabilidade do sistema. Use o gráfico gerado na parte (a) para calcular, aproximadamente, o máximo atraso de transporte.

PC12.7 Uma malha com realimentação negativa unitária tem a função de transferência em malha aberta

$$L(s) = G_c(s)G(s) = \frac{a(s + 0{,}5)}{s^2 + 0{,}15s}.$$

Sabe-se, a partir do conhecimento da física do problema, que o parâmetro a pode variar apenas entre $0 < a < 1$. Desenvolva uma sequência de instruções em arquivo m para gerar os seguintes gráficos:

(a) A resposta a degrau unitário para a faixa de a dada.

(b) A máxima ultrapassagem percentual, $M.U.P.$, devida ao degrau unitário *versus* o parâmetro a.

(c) A margem de ganho *versus* o parâmetro a.

(d) Com base nos resultados das partes (a) a (c), comente sobre a robustez do sistema para variações no parâmetro a em termos de estabilidade e resposta transitória.

PC12.8 O Gamma-Ray Imaging Device (GRID) é um experimento da NASA para ser realizado em voo de longa duração em um balão de grande altitude durante o máximo solar vindouro. O GRID em um balão é o instrumento que irá melhorar qualitativamente a imagem de raios X duros e efetuará a primeira imagem de raios gama para o estudo do fenômeno de alta energia solar na próxima fase de pico de atividade solar. A partir de seu balão plataforma de longa duração, o GRID observará numerosas rajadas de raios X duros, fontes de coroa de raios X duros, eventos térmicos "superquentes" e microchamas [2]. A Figura PC12.8(a) representa a carga útil GRID presa ao balão. Os componentes principais do experimento GRID consistem em um tubo de 5,2 metros e uma gôndola de suporte, um balão de grande altitude e um cabo conectando a gôndola e o balão. Os requisitos de direcionamento instrumento–sol do experimento são 0,1 grau de exatidão de direcionamento e 0,2 segundo de arco por 4 ms de estabilidade de direcionamento.

Um sensor de sol óptico fornece uma medida do ângulo sol–instrumento e é modelado como sistema de primeira ordem com um ganho estático e um polo em $s = -500$. Um motor de torque aciona o conjunto tubo/gôndola. O sistema de controle do ângulo de azimute é mostrado na Figura PC12.8(b). O controlador PID é escolhido pela equipe de projeto de modo que

$$G_c(s) = \frac{K_D(s^2 + as + b)}{s},$$

no qual a e b devem ser escolhidos. Um pré-filtro é usado como mostrado na Figura PC12.8(b). Determine o valor de K_D, a e b de modo que as raízes dominantes tenham um ζ de 0,8 e a máxima ultrapassagem percentual para uma entrada em degrau seja $M.U.P. \leq 3\%$. Desenvolva uma simulação para estudar o desempenho do sistema de controle. Use uma resposta ao degrau para confirmar se a máxima ultrapassagem percentual atende à especificação.

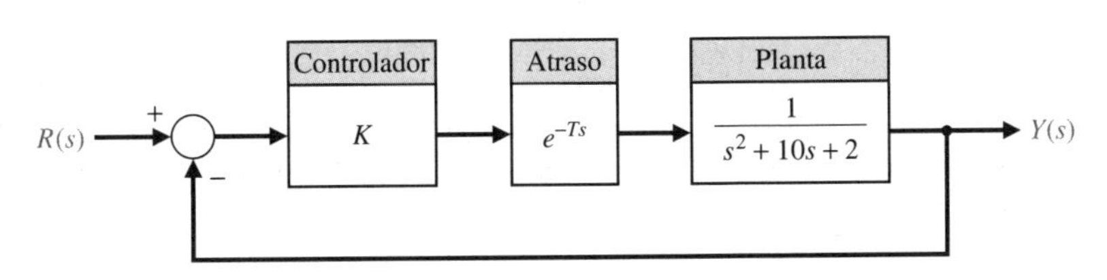

FIGURA PC12.6 Um processo industrial controlado com atraso de transporte na malha.

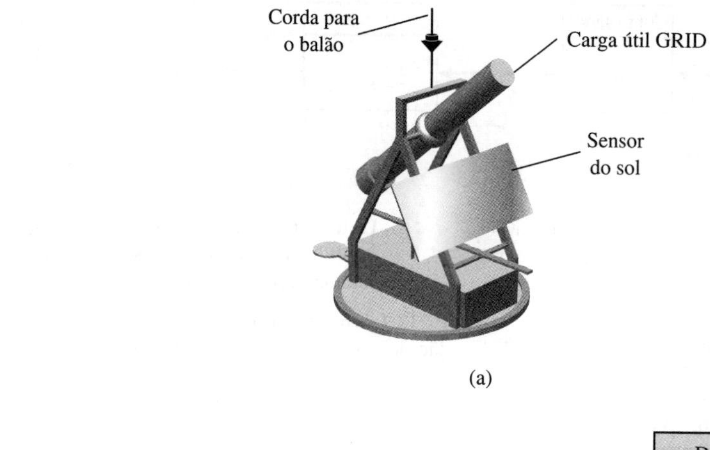

(a)

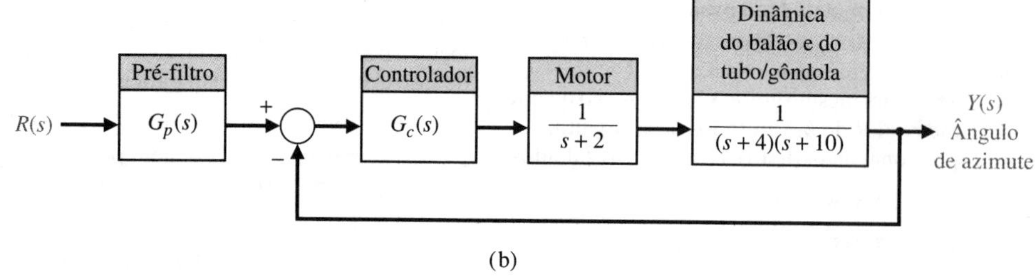

(b)

FIGURA PC12.8
Dispositivo GRID.

RESPOSTAS PARA A VERIFICAÇÃO DE COMPETÊNCIAS

Verdadeiro ou Falso: (1) Verdadeiro; (2) Falso; (3) Verdadeiro; (4) Verdadeiro; (5) Falso

Múltipla Escolha: (6) b; (7) b; (8) c; (9) d; (10) a; (11) d; (12) a; (13) c; (14) a; (15) b

Correspondência de Palavras (em ordem, de cima para baixo): d, g, i, b, c, k, f, h, a, j, e

TERMOS E CONCEITOS

Controlador de processo *Veja* controlador PID.

Controlador PID Um controlador com três termos no qual a saída é a soma de um termo proporcional, um termo integral e um termo derivativo, com um ganho ajustável para cada termo.

Critério de estabilidade robusta Um teste para robustez com respeito a uma perturbação multiplicativa no qual a estabilidade é assegurada se $|M(j\omega)| < \left|1 + \frac{1}{G_c(j\omega)}\right|$, para todo ω, em que $M(s)$ é a perturbação multiplicativa.

Função sensibilidade A função $S(s) = [1 + G_c(s)G(s)]^{-1}$ que satisfaz à relação $S(s) + T(s) = 1$, na qual $T(s)$ é a função sensibilidade complementar.

Função sensibilidade complementar A função $T(s) = \frac{G_c(s)G(s)}{1 + G_c(s)G(s)}$ que satisfaz a relação $S(s) + C(s) = 1$, na qual $S(s)$ é a função sensibilidade.

Perturbação aditiva Um modelo de perturbação de sistema expresso na forma aditiva $G_a(s) = G(s) + A(s)$, na qual $G(s)$ é função nominal do processo, $A(s)$ é a perturbação que é limitada em magnitude e $G_a(s)$ é a família de funções de processo perturbadas.

Perturbação multiplicativa Um modelo de perturbação de sistema expresso na forma multiplicativa $G_m(s) = G(s)(1 + M(s))$, em que $G(s)$ é função nominal do processo, $M(s)$ é a perturbação que é limitada em magnitude e $G_m(s)$ é a família de funções de processo perturbadas.

Pré-filtro Uma função de transferência $G_p(s)$ que filtra o sinal de entrada $R(s)$ antes do cálculo do sinal de erro.

Princípio do modelo interno O princípio que afirma que se $G_c(s)G(s)$ contém a entrada $R(s)$, então a saída $y(t)$ rastreará $r(t)$ assintoticamente (em regime estacionário) e o rastreamento será robusto.

Sensibilidade da raiz Uma medida da sensibilidade das raízes (isto é, dos polos e zeros) do sistema a variações em um parâmetro definida por $S_\alpha^{r_i} = \frac{\partial r_i}{\partial \alpha / \alpha}$, em que α é o parâmetro e r_i é a raiz.

Sensibilidade do sistema Uma medida da sensibilidade do sistema a variações em um parâmetro definida por $S_\alpha^T = \frac{\partial T / T}{\partial \alpha / \alpha}$, em que α é o parâmetro e T é a função de transferência do sistema.

Sistema de controle robusto Um sistema que mantém desempenho aceitável na presença de incertezas significativas de modelo, perturbações e ruído.

CAPÍTULO

13 Sistemas de Controle Digital

APRESENTAÇÃO

Um computador digital frequentemente hospeda o algoritmo de controle em um sistema de controle com realimentação. Uma vez que o computador recebe dados apenas em intervalos de tempo específicos, é necessário desenvolver um método para descrever e analisar o desempenho de sistemas de controle por computador. Neste capítulo, é feita uma introdução ao tópico de sistemas de controle digital. O conceito de sistema com dados amostrados é apresentado seguido por uma discussão sobre a transformada z. Pode-se usar a transformada z de uma função de transferência para analisar a estabilidade e a resposta transitória de um sistema. Os fundamentos da estabilidade em malha fechada com um controlador digital na malha são cobertos por uma breve apresentação do papel do lugar geométrico das raízes no processo de projeto. Este capítulo é concluído com o projeto de um controlador digital para o Exemplo de Projeto Sequencial: Sistema de Leitura de Acionadores de Disco.

RESULTADOS DESEJADOS

Ao concluírem o Capítulo 13, os estudantes devem ser capazes de:

- Explicar o papel dos computadores digitais no projeto e na utilização de sistemas de controle.
- Descrever a transformada z e sistemas com dados amostrados.
- Projetar controladores digitais usando métodos do lugar geométrico das raízes.
- Identificar as potenciais dificuldades de implementar controladores digitais.

13.1 INTRODUÇÃO

A utilização de dispositivos **compensadores com computador digital** (controlador) continua a crescer conforme o preço e a confiabilidade dos computadores digitais melhoram [1, 2]. Um diagrama de blocos de um sistema de controle digital com malha única é mostrado na Figura 13.1. O computador digital nesta configuração de sistema recebe o erro em formato digital e executa cálculos a fim de fornecer uma saída em formato digital. O computador pode ser programado para fornecer uma saída de modo que o desempenho do processo seja próximo ou igual ao desempenho desejado. Muitos computadores são capazes de receber e manipular diversas entradas, de modo que um sistema de controle com computador digital pode frequentemente ser um sistema multivariável.

Um computador digital recebe e trata sinais no formato digital (numérico) em contraste com os sinais contínuos [3]. Um **sistema de controle digital** usa sinais digitais e computador digital para controlar um processo. Os dados medidos são convertidos do formato analógico para o formato digital por meio do conversor analógico-digital mostrado na Figura 13.1. Depois de processar as entradas, o computador digital fornece uma saída no formato digital. Esta saída é então convertida para o formato analógico pelo conversor digital-analógico mostrado na Figura 13.1.

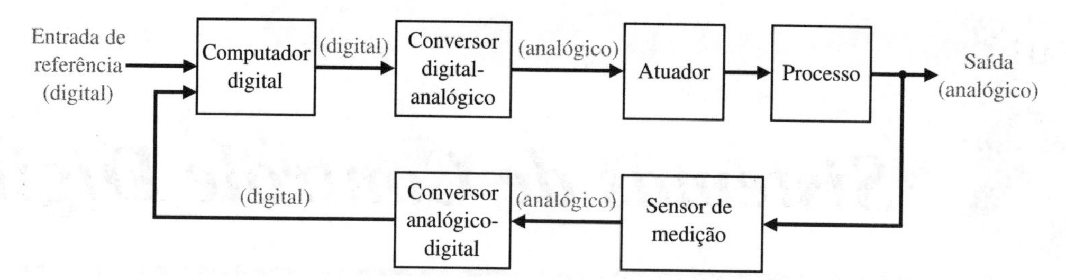

FIGURA 13.1 Diagrama de blocos de um sistema de controle por computador, incluindo os conversores de sinal. O sinal é indicado como digital ou analógico.

13.2 APLICAÇÕES DE SISTEMAS DE CONTROLE COM COMPUTADOR DIGITAL

Um computador digital consiste em uma unidade central de processamento (*central processing unit* – CPU), unidades de entrada–saída e uma unidade de memória. O tamanho e o poder de processamento de um computador irão variar de acordo com o tamanho, a velocidade e o poder de processamento da CPU, bem como com o tamanho, a velocidade e a organização da unidade de memória. Computadores poderosos, mas baratos, chamados de **microcomputadores**, estão em toda parte. Esses sistemas usam um microprocessador como CPU. Consequentemente, a natureza da tarefa de controle, o volume de dados requeridos na memória e a velocidade de cálculo requerida ditarão a escolha do computador dentro da faixa de computadores disponíveis.

O tamanho dos computadores e o custo dos dispositivos lógicos ativos usados para construí-los têm diminuído de forma exponencial. O número de componentes ativos por centímetro cúbico aumentou de tal modo que os computadores atuais podem ser reduzidos em tamanho ao ponto em que computadores portáteis poderosos e relativamente baratos estão fornecendo capacidade computacional móvel de alto desempenho igualmente a estudantes e profissionais e estão, em muitos casos, substituindo os tradicionais microcomputadores de mesa. A velocidade dos computadores também aumentou exponencialmente. A densidade de transistores (uma medida do desempenho computacional) nos circuitos integrados dos microprocessadores aumentou exponencialmente nos últimos 40 anos, como ilustrado na Figura 13.2. De fato, de acordo com a "lei de Moore", a densidade de transistores dobra a cada ano e provavelmente continuará a fazê-lo. Progresso significativo na capacidade computacional foi e continuará sendo feito. Obviamente, o aumento da capacidade computacional revolucionou a aplicação da teoria e do projeto de controle na era moderna.

Os sistemas de controle digital são usados em muitas aplicações: para máquinas operatrizes, processos de metalurgia, processos químicos biomédicos, ambientais, controle de aeronaves e controle do tráfego de automóveis, entre outras [4–8]. Um exemplo de sistema de controle por computador usado na indústria aeronáutica é mostrado na Figura 13.3. Os sistemas automáticos de controle por computador são usados para propósitos tão diversos quanto a medida da refração do cristalino do olho humano e o controle do tempo da centelha de ignição ou da relação ar–combustível de motores de automóveis.

As vantagens da utilização de controle digital incluem: melhoria da sensibilidade da medição; o uso de sinais digitalmente codificados, de sensores e transdutores digitais e de microprocessadores; sensibilidade reduzida ao ruído do sinal; e a capacidade de reconfigurar facilmente o algoritmo de controle no programa. A melhoria da sensibilidade resulta dos sinais de baixa potência requeridos

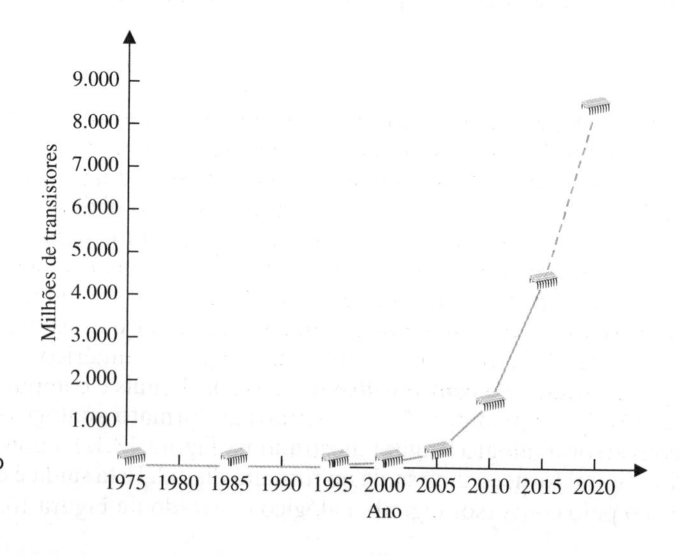

FIGURA 13.2 Desenvolvimento dos microprocessadores medido em milhões de transistores.

FIGURA 13.3 A cabine dos Boeing 787 Dreamliner apresenta eletrônicos para controle digital. A aeronave é equipada com um conjunto completo de comunicação e navegação (sharrocks/iStockPhoto).

pelos sensores e dispositivos digitais. O uso de sinais digitalmente codificados permite uma ampla aplicação de dispositivos e sistemas de comunicações digitais. Sensores e transdutores digitais podem efetivamente medir, transmitir e acoplar sinais e dispositivos. Além disso, muitos sistemas são inerentemente digitais por emitirem sinais pulsados.

13.3 SISTEMAS COM DADOS AMOSTRADOS

Os computadores usados em sistemas de controle são interligados com o atuador e com o processo por meio de conversores de sinal. A saída do computador é processada por um conversor digital-analógico. Admite-se que todos os números que entram ou saem do computador fazem-no no mesmo período fixo T, chamado **período de amostragem**. Assim, por exemplo, a entrada de referência mostrada na Figura 13.4 é uma sequência de valores amostrados $r(kT)$. As variáveis $r(kT)$, $m(kT)$ e $u(kT)$ são sinais discretos em contraste com $m(t)$ e $y(t)$, que são funções contínuas do tempo.

Dados amostrados (ou um sinal discreto) são dados obtidos para as variáveis do sistema apenas em intervalos discretos e são denotados por $x(kT)$.

Quando uma parte de um sistema trabalha com dados amostrados, isso é chamado **sistema com dados amostrados**. Um amostrador é basicamente uma chave que se fecha a cada T segundos por um instante de tempo. Considere um amostrador ideal, como mostrado na Figura 13.5. A entrada é $r(t)$ e a saída é $r^*(t)$, em que nT é o instante de amostragem atual, e o valor atual, de $r^*(t)$ é $r(nT)$. Então, tem-se $r^*(t) = r(nT)\delta(t - nT)$, em que δ é a função impulso.

Considere que se amostra um sinal $r(t)$, tal como ilustrado na Figura 13.5, e se determina $r^*(t)$. Então, retrata-se a série para $r^*(t)$ como uma sequência de impulsos começando em $t = 0$, espaçada de T segundos e de amplitude $r(kT)$. Por exemplo, considere o sinal de entrada $r(t)$ mostrado na Figura 13.6(a). Esse sinal pode ser visto na Figura 13.6(b) com um impulso representado por uma seta vertical de magnitude $r(kT)$.

Um conversor digital-analógico serve como dispositivo que converte o sinal amostrado $r^*(t)$ em um sinal contínuo $p(t)$. O conversor digital-analógico pode usualmente ser representado por um circuito segurador de ordem zero, como mostrado na Figura 13.7. O segurador de ordem zero recebe o valor $r(kT)$ e o mantém constante para $kT \leq t < (k + 1)T$, como mostrado na Figura 13.8 para $k = 0$. Assim, usa-se $r(kT)$ durante o período de amostragem.

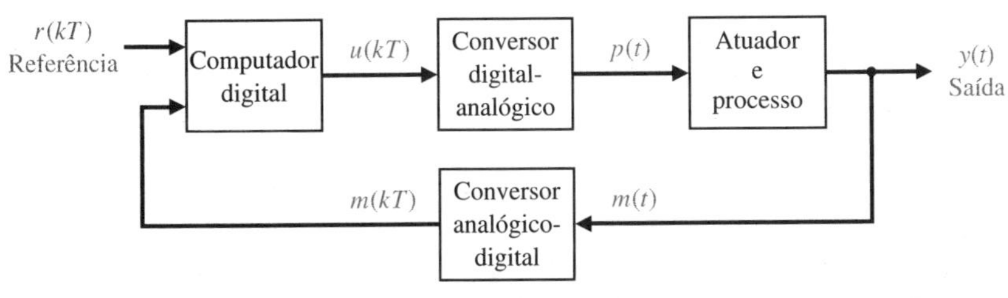

FIGURA 13.4 Um sistema de controle digital.

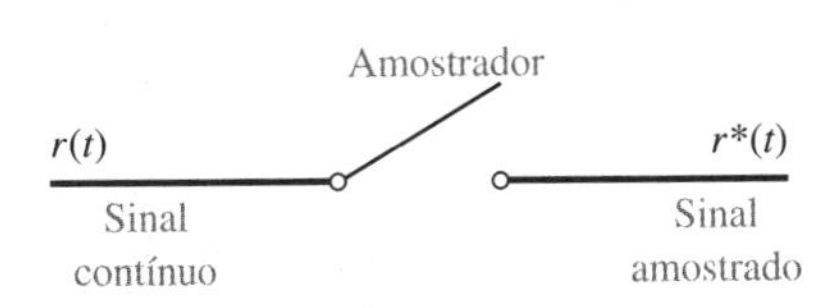

FIGURA 13.5 Amostrador ideal com uma entrada $r(t)$.

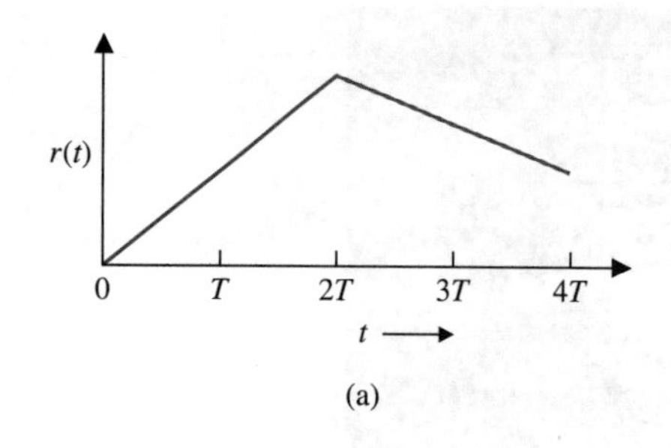

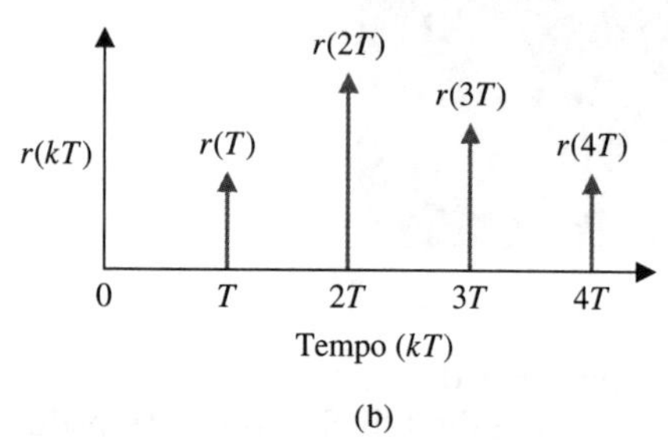

FIGURA 13.6 (a) Um sinal de entrada $r(t)$. (b) O sinal amostrado $r^*(t) = \Sigma_{k=0}^{\infty} r(kT)\delta(t - kT)$. A seta vertical representa um impulso.

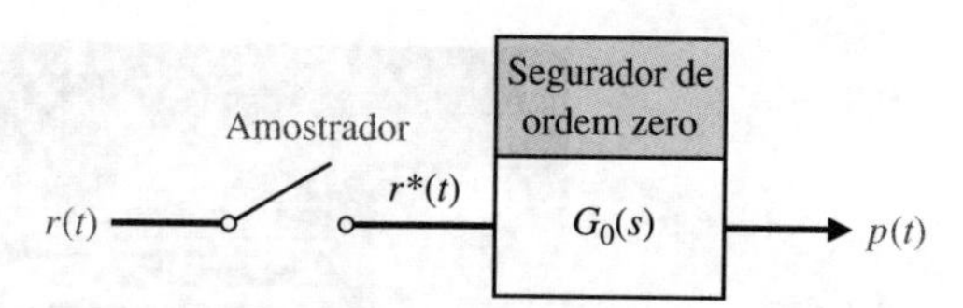

FIGURA 13.7 Um amostrador e um circuito segurador de ordem zero.

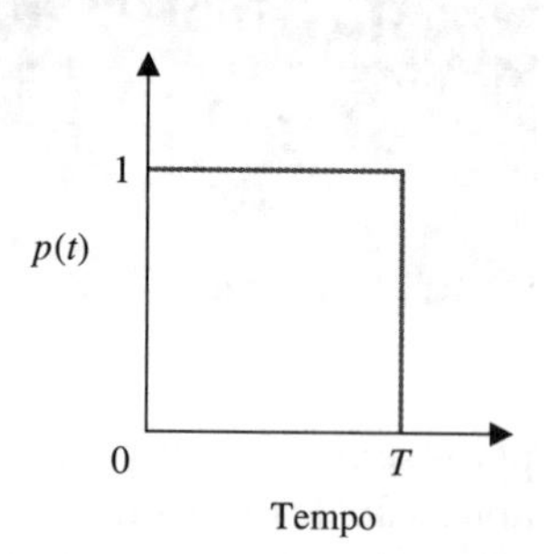

FIGURA 13.8 Resposta de um segurador de ordem zero a uma entrada impulso $r(kT)$, a qual é igual a um quando $k = 0$ e igual a zero quando $k \neq 0$, de modo que $r^*(t) = r(0)\delta(t)$.

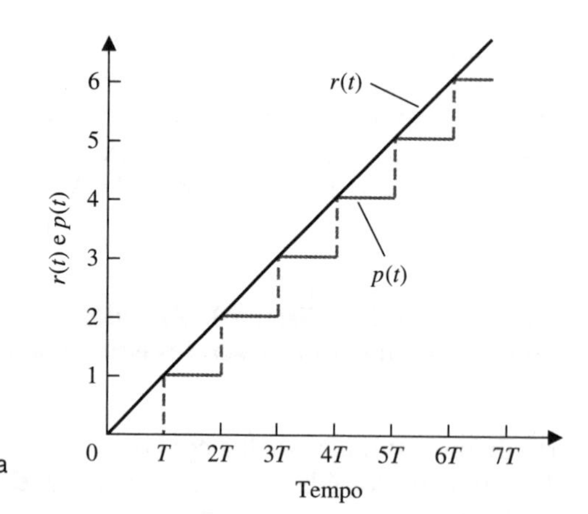

FIGURA 13.9 Resposta de um amostrador e segurador de ordem zero para uma entrada rampa $r(t) = t$.

Um amostrador e um segurador de ordem zero podem seguir com exatidão o sinal de entrada caso T seja pequeno em comparação com as variações transitórias do sinal. A resposta de um amostrador e segurador de ordem zero para uma entrada rampa é mostrada na Figura 13.9. Por último, a resposta de um amostrador e segurador de ordem zero para um sinal com decaimento exponencial é mostrada na Figura 13.10 para dois valores de período de amostragem. Está evidente que a saída $p(t)$ tenderá à entrada $r(t)$ à medida que T tender a zero, significando que se amostra frequentemente.

A resposta ao impulso de um segurador de ordem zero é mostrada na Figura 13.8. A função de transferência do **segurador de ordem zero** é

$$G_0(s) = \frac{1}{s} - \frac{1}{s}e^{-sT} = \frac{1 - e^{-sT}}{s}. \tag{13.1}$$

A precisão do computador digital e dos conversores de sinal associados é limitada. A **precisão** é o grau de exatidão ou de discriminação com a qual uma grandeza é determinada. A precisão do computador é limitada por um comprimento de palavra finito. A precisão do conversor analógico-digital é limitada pela capacidade de armazenar sua saída em lógica digital composta por um número finito de dígitos binários. Diz-se, então, que o sinal convertido $m(kT)$ contém um **erro de quantização de amplitude**. Quando o erro de quantização e o erro devido a um tamanho da palavra finito do computador são pequenos comparados com a amplitude do sinal [13, 16], o sistema é suficientemente preciso e as limitações de precisão podem ser desprezadas.

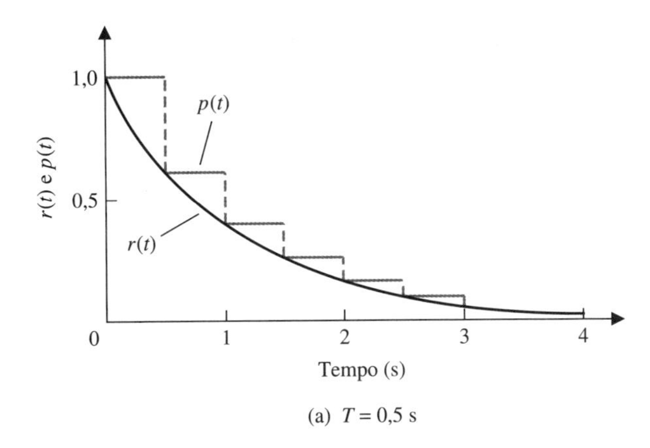

(a) $T = 0{,}5$ s

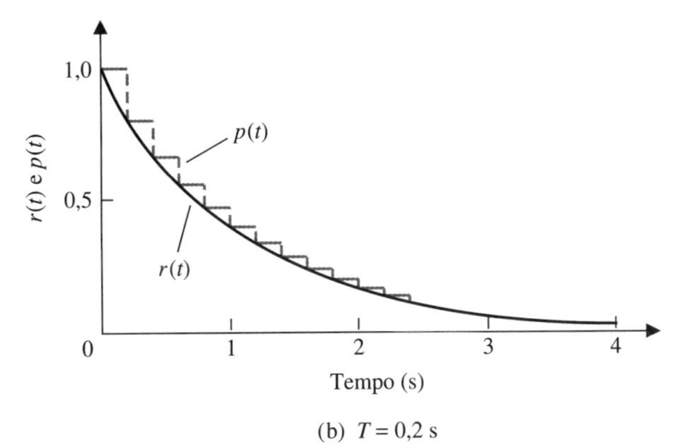

(b) $T = 0{,}2$ s

FIGURA 13.10 Resposta de um amostrador e segurador de ordem zero para uma entrada $r(t) = e^{-t}$ para dois valores do período de amostragem T.

13.4 TRANSFORMADA z

Uma vez que a saída de um amostrador ideal, $r^*(t)$, é uma série de impulsos com valores $r(kT)$, tem-se

$$r^*(t) = \sum_{k=0}^{\infty} r(kT)\delta(t - kT), \tag{13.2}$$

para um sinal para $t > 0$. Usando a transformada de Laplace, tem-se

$$\mathcal{L}\{r^*(t)\} = \sum_{k=0}^{\infty} r(kT)e^{-ksT}. \tag{13.3}$$

Tem-se agora uma série infinita que envolve múltiplos de e^{sT} e suas potências. Define-se

$$\boxed{z = e^{sT},} \tag{13.4}$$

e essa relação envolve um mapeamento conforme do plano s no plano z. A seguir, define-se uma nova transformada, chamada de transformada z, de modo que

$$Z\{r(t)\} = Z\{r^*(t)\} = \sum_{k=0}^{\infty} r(kT)z^{-k}. \tag{13.5}$$

Como exemplo, determinemos a transformada z da função degrau unitário $u(t)$ (não confundir com o sinal de controle $u(t)$). Obtém-se

$$Z\{u(t)\} = \sum_{k=0}^{\infty} u(kT)z^{-k} = \sum_{k=0}^{\infty} z^{-k}, \tag{13.6}$$

uma vez que $u(kT) = 1$ para $k \geq 0$. Essa série pode ser escrita na forma fechada como[1]

$$U(z) = \frac{1}{1 - z^{-1}} = \frac{z}{z - 1}. \tag{13.7}$$

[1]Lembre-se de que a série geométrica infinita pode ser escrita como $(1 - bx)^{-1} = 1 + bx + (bx)^2 + (bx)^3 + \ldots$, se $|bx| < 1$.

Em geral, será definida a **transformada** z de uma função $f(t)$ como

$$Z\{f(t)\} = F(z) = \sum_{k=0}^{\infty} f(kT)z^{-k}. \tag{13.8}$$

EXEMPLO 13.1 **Transformada de uma exponencial**

Determinemos a transformada z de $f(t) = e^{-at}$ para $t \geq 0$. Então,

$$Z\{e^{-at}\} = F(z) = \sum_{k=0}^{\infty} e^{-akT} z^{-k} = \sum_{k=0}^{\infty} (ze^{+aT})^{-k}. \tag{13.9}$$

Novamente, essa série pode ser escrita na forma fechada como

$$F(z) = \frac{1}{1 - (ze^{aT})^{-1}} = \frac{z}{z - e^{-aT}}. \tag{13.10}$$

Em geral, pode-se mostrar que

$$Z\{e^{-at}f(t)\} = F(e^{aT}z). \ ■$$

EXEMPLO 13.2 **Transformada de uma senoide**

Determinemos a transformada z de $f(t) = \text{sen}(\omega t)$ para $t \geq 0$. Pode-se escrever $\text{sen}(\omega t)$ como

$$\text{sen}(\omega t) = \frac{e^{j\omega T}}{2j} - \frac{e^{-j\omega T}}{2j}. \tag{13.11}$$

Então

$$\begin{aligned} F(z) &= \frac{1}{2j}\left(\frac{z}{z - e^{j\omega T}} - \frac{z}{z - e^{-j\omega T}}\right) = \frac{1}{2j}\left(\frac{z\left(e^{j\omega T} - e^{-j\omega T}\right)}{z^2 - z\left(e^{j\omega T} + e^{-j\omega T}\right) + 1}\right) \\ &= \frac{z\,\text{sen}(\omega T)}{z^2 - 2z\cos(\omega T) + 1}. \ ■ \end{aligned} \tag{13.12}$$

Uma lista de transformadas z é dada na Tabela 13.1. Observe que se utiliza a mesma letra para denotar ambas as transformadas, de Laplace e z, distinguindo-s e uma da outra pelo argumento s ou z. Uma tabela das propriedades da transformada z é dada na Tabela 13.2. Como no caso da transformada de Laplace, o interesse é basicamente na saída $y(t)$ do sistema. Consequentemente, deve-se usar uma transformada inversa para obter $y(t)$ a partir de $Y(z)$. Pode-se obter a saída (1) pela expansão de $Y(z)$ em uma série de potências, (2) por meio da expansão de $Y(z)$ em frações parciais e pelo uso da Tabela 13.1 para obter a inversa de cada termo ou (3) pela obtenção da transformada z inversa por uma integral de inversão. Nesta discussão limitada, apenas os métodos (1) e (2) serão tratados.

EXEMPLO 13.3 **Função de transferência de um sistema em malha aberta**

Considere-se o sistema mostrado na Figura 13.11 para $T = 1$. A função de transferência do segurador de ordem zero é

$$G_0(s) = \frac{1 - e^{-sT}}{s}.$$

Portanto, a função de transferência $Y(s)/R^*(s)$ é

$$\frac{Y(s)}{R^*(s)} = G_0(s)G_p(s) = G(s) = \frac{1 - e^{-sT}}{s^2(s + 1)}. \tag{13.13}$$

Tabela 13.1 Transformadas z

$x(t)$	$X(s)$	$X(z)$
$\delta(t) = \begin{cases} \frac{1}{\epsilon}, & t < \epsilon, \epsilon \to 0 \\ 0 & \text{caso contrário} \end{cases}$	1	—
$\delta(t-a) = \begin{cases} \frac{1}{\epsilon}, & a < t < a + \epsilon, \epsilon \to 0 \\ 0 & \text{caso contrário} \end{cases}$	e^{-as}	—
$\delta_o(t) = \begin{cases} 1 & t = 0, \\ 0 & t = kT, k \neq 0 \end{cases}$	—	1
$\delta_o(t-kT) = \begin{cases} 1 & t = kT, \\ 0 & t \neq kT \end{cases}$	—	z^{-k}
$u(t)$, degrau unitário	$1/s$	$\frac{z}{z-1}$
t	$1/s^2$	$\frac{Tz}{(z-1)^2}$
e^{-at}	$\frac{1}{s+a}$	$\frac{z}{z-e^{-aT}}$
$1 - e^{-at}$	$\frac{1}{s(s+a)}$	$\frac{(1-e^{-aT})z}{(z-1)(z-e^{-aT})}$
$\text{sen}(\omega t)$	$\frac{\omega}{s^2+\omega^2}$	$\frac{z\,\text{sen}(\omega T)}{z^2 - 2z\cos(\omega T) + 1}$
$\cos(\omega t)$	$\frac{s}{s^2+\omega^2}$	$\frac{z(z - \cos(\omega T))}{z^2 - 2z\cos(\omega T) + 1}$
$e^{-at}\text{sen}(\omega t)$	$\frac{\omega}{(s+a)^2+\omega^2}$	$\frac{(ze^{-aT}\text{sen}(\omega T))}{z^2 - 2ze^{-aT}\cos(\omega T) + e^{-2aT}}$
$e^{-at}\cos(\omega t)$	$\frac{s+a}{(s+a)^2+\omega^2}$	$\frac{z^2 - ze^{-aT}\cos(\omega T)}{z^2 - 2ze^{-aT}\cos(\omega T) + e^{-2aT}}$

Tabela 13.2 Propriedades da Transformada z

	$x(t)$	$X(z)$
1.	$kx(t)$	$kX(z)$
2.	$x_1(t) + x_2(t)$	$X_1(z) + X_2(z)$
3.	$x(t+T)$	$zX(z) - zx(0)$
4.	$tx(t)$	$-Tz\frac{dX(z)}{dz}$
5.	$e^{-at}x(t)$	$X(ze^{aT})$
6.	$x(0)$, valor inicial	$\lim_{z\to\infty} X(z)$ se o limite existe
7.	$x(\infty)$, valor final	$\lim_{z\to 1}(z-1)X(z)$ se o limite existe e o sistema é estável; isto é, se todos os polos de $(z-1)X(z)$ estão dentro do círculo unitário $\lvert z \rvert = 1$ no plano z

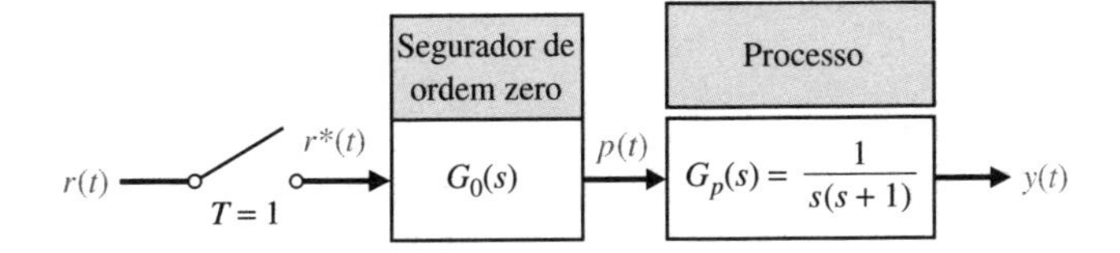

FIGURA 13.11 Um sistema com dados amostrados em malha aberta (sem realimentação).

Expandindo-se em frações parciais, tem-se

$$G(s) = (1 - e^{-sT})\left(\frac{1}{s^2} - \frac{1}{s} + \frac{1}{s + 1}\right), \tag{13.14}$$

e a transformada z é

$$G(z) = Z\{G(s)\} = (1 - z^{-1})Z\left(\frac{1}{s^2} - \frac{1}{s} + \frac{1}{s + 1}\right). \tag{13.15}$$

Usando-se os elementos da Tabela 13.1 para converter cada termo da transformada de Laplace para a transformada z correspondente, tem-se

$$\begin{aligned} G(z) &= (1 - z^{-1})\left[\frac{Tz}{(z - 1)^2} - \frac{z}{z - 1} + \frac{z}{z - e^{-T}}\right] \\ &= \frac{(ze^{-T} - z + Tz) + (1 - e^{-T} - Te^{-T})}{(z - 1)(z - e^{-T})}. \end{aligned}$$

Quando $T = 1$, obtém-se

$$G(z) = \frac{ze^{-1} + 1 - 2e^{-1}}{(z - 1)(z - e^{-1})} = \frac{0{,}3678z + 0{,}2644}{z^2 - 1{,}3678z + 0{,}3678}. \tag{13.16}$$

A resposta desse sistema a um impulso unitário é obtida para $R(z) = 1$, de modo que $Y(z) = G(z) \cdot 1$. Pode-se obter $Y(z)$ dividindo o numerador pelo denominador:

$$\begin{array}{r|l} & 0{,}3678z^{-1} + 0{,}7675z^{-2} + 0{,}9145z^{-3} + \cdots = Y(z) \\ \hline z^2 - 1{,}3678z + 0{,}3678 & 0{,}3678z \quad + 0{,}2644 \\ & \underline{0{,}3678z \quad - 0{,}5031 \quad + 0{,}1353z^{-1}} \\ & \quad + 0{,}7675 \quad - 0{,}1353z^{-1} \\ & \underline{\quad + 0{,}7675 \quad - 1{,}0497z^{-1} + 0{,}2823z^{-2}} \\ & \quad 0{,}9145z^{-1} - 0{,}2823z^{-2} \end{array} \tag{13.17}$$

Esse cálculo produz a resposta nos instantes de amostragem e pode ser estendido tanto quanto necessário para $Y(z)$. Da Equação (13.5), tem-se

$$Y(z) = \sum_{k=0}^{\infty} y(kT)z^{-k}.$$

Nesse caso, obteve-se $y(kT)$ como: $y(0) = 0$, $y(T) = 0{,}3678$, $y(2T) = 0{,}7675$ e $y(3T) = 0{,}9145$. Observe que $y(kT)$ fornece os valores de $y(t)$ em $t = kT$. ■

Determinou-se $Y(z)$, a transformada z do sinal de saída amostrado. A transformada z do sinal de entrada amostrado é $R(z)$. A função de transferência no domínio z é

$$\frac{Y(z)}{R(z)} = G(z). \tag{13.18}$$

Uma vez que se determinou a saída amostrada, pode-se usar um amostrador na saída para representar esta condição, como mostrado na Figura 13.12; isso representa o sistema da Figura 13.11 com a entrada amostrada passando pelo processo. Admita que ambos os amostradores tenham o mesmo período de amostragem e operem sincronicamente. Então,

$$Y(z) = G(z)R(z), \tag{13.19}$$

como requerido. Pode-se representar a Equação (13.19), que é uma equação de transformada z, pelo diagrama de blocos da Figura 13.13.

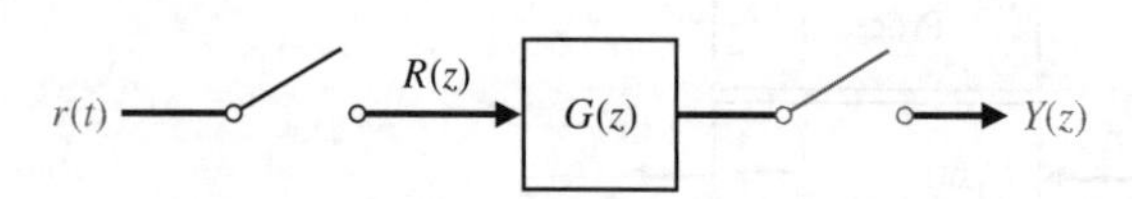

FIGURA 13.12 Sistema com saída amostrada.

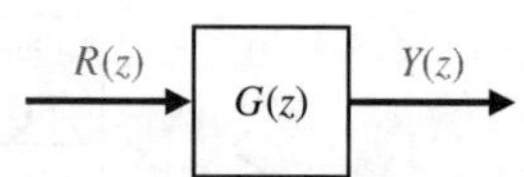

FIGURA 13.13 Função de transferência em transformada z na forma de diagrama de blocos.

13.5 SISTEMAS COM DADOS AMOSTRADOS COM REALIMENTAÇÃO EM MALHA FECHADA

Nesta seção, vamos considerar sistemas de controle com dados amostrados em malha fechada. Considere o sistema mostrado na Figura 13.14(a). O modelo em transformada z de dados amostrados nessa figura com um sinal de saída amostrado $Y(z)$ é reproduzido na Figura 13.14(b). A função de transferência em malha fechada (usando redução de diagrama de blocos) é

$$\frac{Y(z)}{R(z)} = T(z) = \frac{G(z)}{1 + G(z)}. \tag{13.20}$$

Aqui, se admite que $G(z)$ é a transformada z de $G(s) = G_0(s)G_p(s)$, na qual $G_0(s)$ é a função de transferência do segurador de ordem zero e $G_p(s)$ é a função de transferência do processo.

Um sistema de controle digital com um controlador digital é mostrado na Figura 13.15(a). O modelo em diagrama de blocos de transformada z é mostrado na Figura 13.15(b). A função de transferência em malha fechada é

$$\boxed{\frac{Y(z)}{R(z)} = T(z) = \frac{G(z)D(z)}{1 + G(z)D(z)}.} \tag{13.21}$$

EXEMPLO 13.4 **Resposta de um sistema em malha fechada**

Considere o sistema em malha fechada mostrado na Figura 13.16. Obteve-se o modelo em transformada z desse sistema, como mostrado na Figura 13.14. Portanto, tem-se

$$\frac{Y(z)}{R(z)} = \frac{G(z)}{1 + G(z)}. \tag{13.22}$$

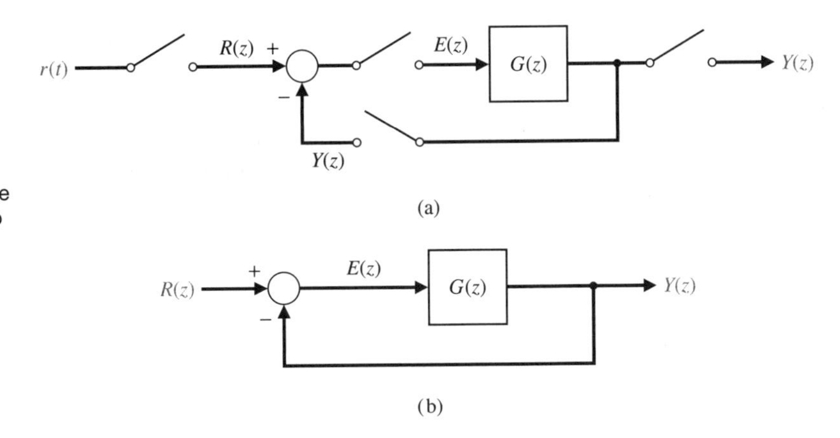

FIGURA 13.14 Sistema de controle com realimentação unitária. $G(z)$ é a transformada z correspondente a $G(s)$, a qual representa o processo e o segurador de ordem zero.

Controlador digital

(a)

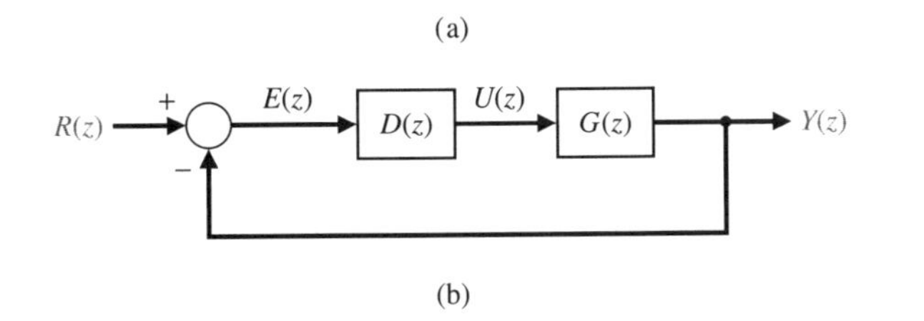

FIGURA 13.15 (a) Sistema de controle com realimentação com um controlador digital. (b) Modelo em diagrama de blocos. Observe que $G(z) = Z\{G_0(s)G_p(s)\}$.

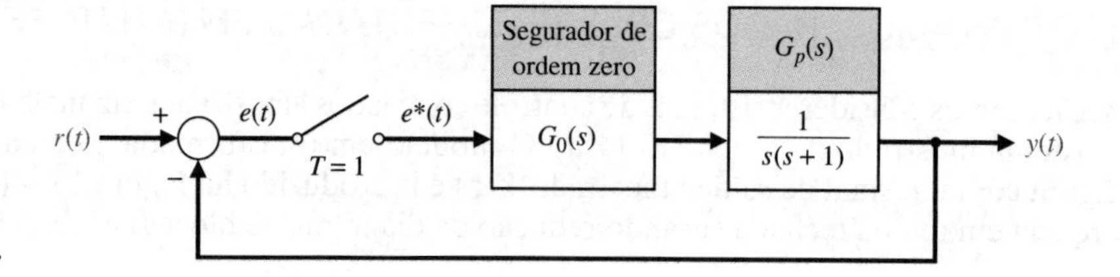

FIGURA 13.16 Um sistema com dados amostrados em malha fechada.

No Exemplo 13.3, obteve-se $G(z)$ como a Equação (13.16) quando $T = 1$ s. Substituindo $G(z)$ na Equação (13.22), obtém-se

$$\frac{Y(z)}{R(z)} = \frac{0{,}3678z + 0{,}2644}{z^2 - z + 0{,}6322}. \tag{13.23}$$

Uma vez que a entrada é um degrau unitário,

$$R(z) = \frac{z}{z - 1}, \tag{13.24}$$

segue-se que

$$Y(z) = \frac{z(0{,}3678z + 0{,}2644)}{(z - 1)(z^2 - z + 0{,}6322)} = \frac{0{,}3678z^2 + 0{,}2644z}{z^3 - 2z^2 + 1{,}6322z - 0{,}6322}.$$

Completando a divisão, tem-se

$$Y(z) = 0{,}3678z^{-1} + z^{-2} + 1{,}4z^{-3} + 1{,}4z^{-4} + 1{,}147z^{-5} \ldots . \tag{13.25}$$

Os valores de $y(kT)$ são mostrados na Figura 13.17, usando o símbolo □. A resposta completa do sistema com dados amostrados em malha fechada é mostrada e contrastada com a resposta de um sistema contínuo (quando $T = 0$). A máxima ultrapassagem do sistema amostrado é 45%, em contraste com 17% para o sistema contínuo. Além disso, o tempo de acomodação do sistema amostrado é duas vezes maior do que o do sistema contínuo. ■

Um sistema de controle com realimentação contínuo linear será estável se todos os polos da função de transferência em malha fechada $T(s)$ estiverem no semiplano esquerdo do plano s. O plano z está relacionado com o plano s pela transformação

$$z = e^{sT} = e^{(\sigma + j\omega)T}. \tag{13.26}$$

Pode-se também escrever esta relação como

$$|z| = e^{\sigma T}$$

e

$$\angle z = \omega T. \tag{13.27}$$

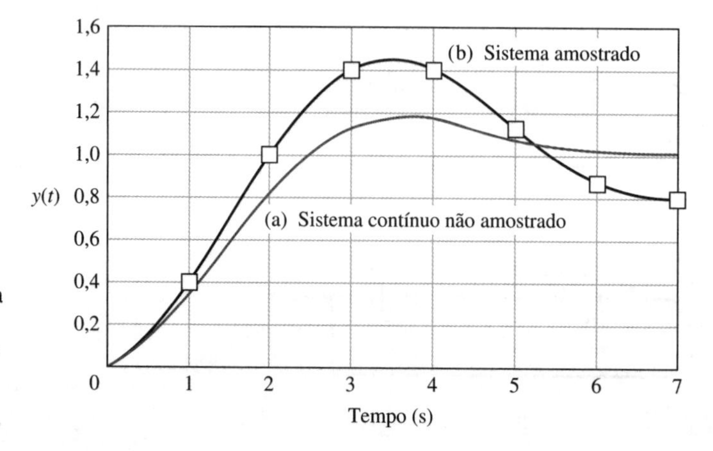

FIGURA 13.17 Resposta de um sistema de segunda ordem: (a) contínuo ($T = 0$), não amostrado; (b) sistema amostrado, $T = 1$ s.

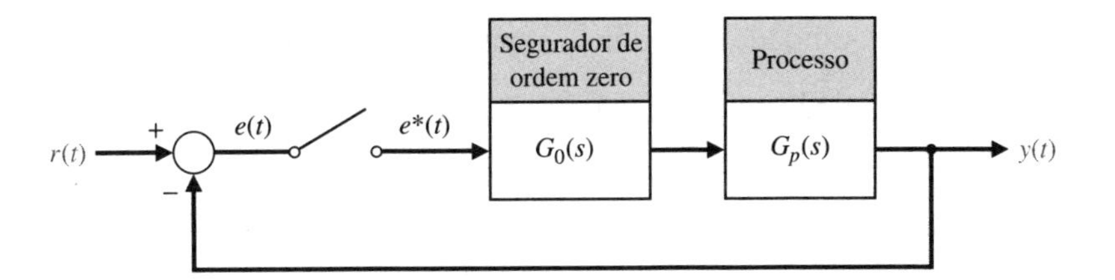

FIGURA 13.18 Um sistema amostrado em malha fechada.

No semiplano esquerdo do plano s, $\sigma < 0$; portanto, a magnitude associada de z varia entre 0 e 1. Assim, o eixo imaginário do plano s corresponde à circunferência unitária no plano z e o interior do círculo unitário corresponde ao semiplano esquerdo do plano s [14].

Portanto, pode-se declarar que um **sistema amostrado é estável** se todos os polos da função de transferência em malha fechada $T(z)$ estão no interior do círculo unitário do plano z.

EXEMPLO 13.5 **Estabilidade de um sistema em malha fechada**

Consideremos o sistema mostrado na Figura 13.18 quando $T = 1$ e

$$G_p(s) = \frac{K}{s(s+1)}. \tag{13.28}$$

Recordando a Equação (13.16), observa-se que

$$G(z) = \frac{K(0{,}3678z + 0{,}2644)}{z^2 - 1{,}3678z + 0{,}3678} = \frac{K(az+b)}{z^2 - (1+a)z + a}, \tag{13.29}$$

na qual $a = 0{,}3678$ e $b = 0{,}2644$.

Os polos da função de transferência em malha fechada $T(z)$ são as raízes da equação $1 + G(z) = 0$. Chama-se $q(z) = 1 + G(z) = 0$* de equação característica. Portanto, obtém-se

$$q(z) = 1 + G(z) = z^2 - (1+a)z + a + Kaz + Kb = 0. \tag{13.30}$$

Quando $K = 1$, tem-se

$$\begin{aligned} q(z) &= z^2 - z + 0{,}6322 \\ &= (z - 0{,}50 + j0{,}6182)(z - 0{,}50 - j0{,}6182) = 0. \end{aligned} \tag{13.31}$$

Consequentemente, o sistema é estável porque as raízes estão no interior do círculo unitário. Quando $K = 10$, tem-se

$$\begin{aligned} q(z) &= z^2 + 2{,}310z + 3{,}012 \\ &= (z + 1{,}155 + j1{,}295)(z + 1{,}155 - j1{,}295), \end{aligned} \tag{13.32}$$

e o sistema é instável porque ambas as raízes estão fora do círculo unitário. Este sistema é estável para $0 < K < 2{,}39$. O lugar das raízes à medida que K varia é discutido na Seção 13.8.

Observe que um sistema amostrado de segunda ordem pode ser instável com ganho crescente enquanto um sistema contínuo de segunda ordem é estável para todos os valores de ganho (admitindo-se que ambos os polos do sistema em malha aberta estejam no semiplano esquerdo do plano s). ■

13.6 DESEMPENHO DE UM SISTEMA DE SEGUNDA ORDEM COM DADOS AMOSTRADOS

Considere o desempenho de um sistema de segunda ordem amostrado com um segurador de ordem zero, como mostrado na Figura 13.18, quando o processo é

$$G_p(s) = \frac{K}{s(\tau s + 1)}. \tag{13.33}$$

Então, obtém-se $G(z)$ para o período de amostragem arbitrário T como

$$G(z) = \frac{K\{(z-E)[T - \tau(z-1)] + \tau(z-1)^2\}}{(z-1)(z-E)}, \tag{13.34}$$

*N.T.: $q(z)$ é apenas o polinômio no numerador de $1 + G(z)$.

em que $E = e^{-T/\tau}$. A estabilidade do sistema é analisada considerando-se a equação característica

$$q(z) = z^2 + z\{K[T - \tau(1 - E)] - (1 + E)\} + K[\tau(1 - E) - TE] + E = 0. \qquad (13.35)$$

Uma vez que o polinômio $q(z)$ é quadrático e possui coeficientes reais, as condições necessárias e suficientes para $q(z)$ ter todas as raízes no interior do círculo unitário são

$$|q(0)| < 1, \quad q(1) > 0 \quad \text{e} \quad q(-1) > 0.$$

Essas condições de estabilidade para um sistema de segunda ordem podem ser estabelecidas pelo mapeamento da equação característica do plano z no plano s e pelo teste para coeficientes positivos de $q(s)$. Usando-se estas condições, são estabelecidas as condições necessárias a partir da Equação (13.35) como

$$K\tau < \frac{1 - E}{1 - E - (T/\tau)E}, \qquad (13.36)$$

$$K\tau < \frac{2(1 + E)}{(T/\tau)(1 + E) - 2(1 - E)} \qquad (13.37)$$

e $K > 0$, $T > 0$. Para esse sistema, pode-se calcular o ganho máximo admissível para um sistema estável. O máximo ganho admissível é dado na Tabela 13.3 para diversos valores de T/τ. É possível definir $T/\tau = 0{,}1$ e obter características de sistema tendendo às de um sistema contínuo (não amostrado). A máxima ultrapassagem do sistema de segunda ordem para uma entrada em degrau unitário é mostrada na Figura 13.19.

O critério de desempenho integral do erro quadrático pode ser escrito como

$$I = \frac{1}{\tau}\int_0^\infty e^2(t)\, dt. \qquad (13.38)$$

Os lugares desse critério são dados na Figura 13.20 para valores constantes de I. Para um dado valor de T/τ, pode-se determinar o valor mínimo de I e o valor requerido de $K\tau$. A curva ótima mostrada na Figura 13.20 indica o $K\tau$ requerido para um T/τ especificado que minimiza I. Por exemplo, quando $T/\tau = 0{,}75$, requer-se $K\tau = 1$ a fim de minimizar o índice de desempenho I.

O erro em regime estacionário para uma entrada rampa unitária $r(t) = t$ é mostrado na Figura 13.21. Para um dado T/τ, pode-se reduzir o erro em regime estacionário, mas então o sistema produz máxima ultrapassagem e tempo de acomodação maiores para uma entrada em degrau.

Tabela 13.3 Ganho Máximo para um Sistema Amostrado de Segunda Ordem

	T/τ	0	0,1	0,5	1	2
Máximo	$K\tau$	∞	20,4	4,0	2,32	1,45

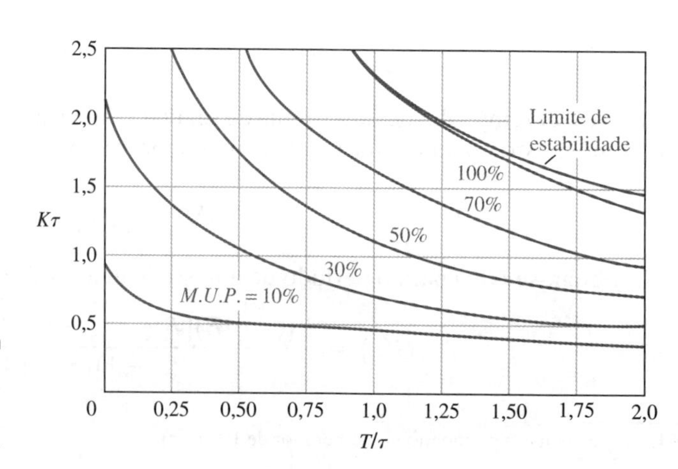

FIGURA 13.19 Máxima ultrapassagem percentual para um sistema amostrado de segunda ordem para uma entrada em degrau unitário.

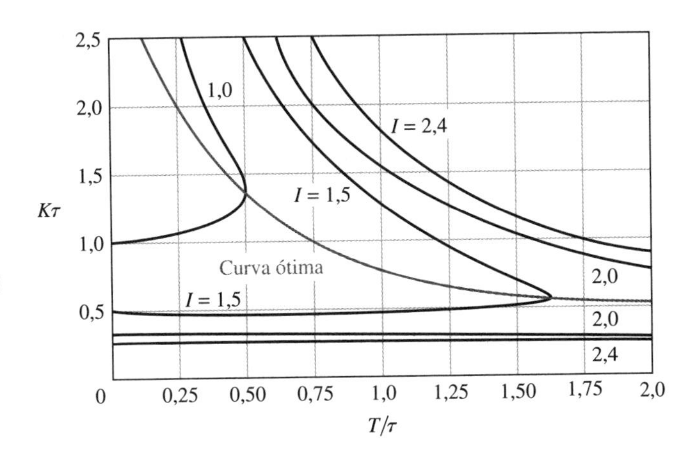

FIGURA 13.20 Lugares da integral do erro quadrático para um sistema amostrado de segunda ordem para valores constantes de I.

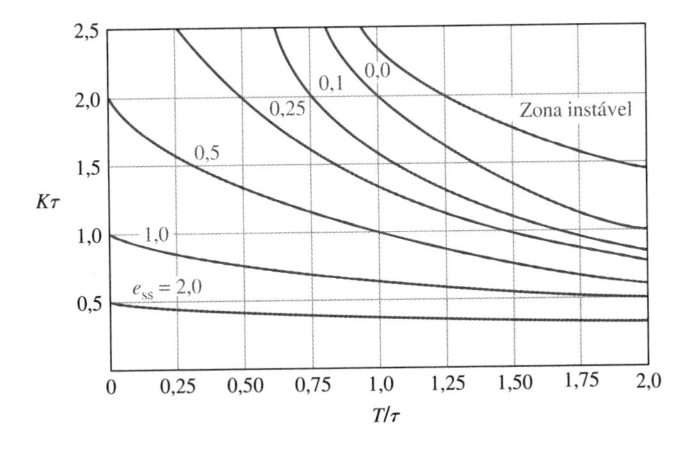

FIGURA 13.21 Erro em regime estacionário de um sistema amostrado de segunda ordem para uma entrada em rampa unitária $r(t) = t, t > 0$.

EXEMPLO 13.6 **Projeto de um sistema amostrado**

Considere um sistema amostrado em malha fechada como mostrado na Figura 13.18 quando

$$G_p(s) = \frac{K}{s(0{,}1s + 1)}. \tag{13.39}$$

Busca-se escolher T e K para desempenho adequado. Podem-se usar as Figuras 13.19 a 13.21 a fim de escolher K e T para $\tau = 0{,}1$. Limitando a máxima ultrapassagem a $M.U.P. = 30\%$ para a entrada em degrau, escolhe-se $T/\tau = 0{,}25$, resultando em $K\tau = 1{,}4$. Para esses valores, o erro em regime estacionário para uma entrada em rampa unitária é aproximadamente 0,6 (veja a Figura 13.21).

Como $\tau = 0{,}1$, então definem-se $T = 0{,}025$ s e $K = 14$. A taxa de amostragem é de 40 amostras por segundo. A máxima ultrapassagem percentual para a entrada em degrau e o erro em regime estacionário para uma entrada rampa podem ser reduzidos caso se ajuste T/τ para 0,1. A máxima ultrapassagem percentual para uma entrada em degrau será 25% para $K\tau = 1{,}6$. Usando a Figura 13.21, estima-se que o erro em regime estacionário para uma entrada rampa unitária seja 0,55 para $K\tau = 1{,}6$. ■

13.7 SISTEMAS EM MALHA FECHADA COM COMPENSAÇÃO COM COMPUTADOR DIGITAL

Um sistema amostrado em malha fechada com um computador digital para melhorar o desempenho é mostrado na Figura 13.15. A função de transferência em malha fechada é

$$\frac{Y(z)}{R(z)} = T(z) = \frac{G(z)D(z)}{1 + G(z)D(z)}. \tag{13.40}$$

A função de transferência do computador é representada por

$$D(z) = \frac{U(z)}{E(z)}. \tag{13.41}$$

Nos cálculos anteriores, $D(z)$ foi representado simplesmente por um ganho K. Como uma ilustração do poder do computador como compensador, será considerado novamente o sistema de segunda ordem com um segurador de ordem zero e processo

$$G_p(s) = \frac{1}{s(s+1)} \text{ quando } T = 1.$$

Então [veja a Equação (13.16)]

$$G(z) = \frac{0{,}3678(z + 0{,}7189)}{(z - 1)(z - 0{,}3678)}. \tag{13.42}$$

Caso se escolha

$$D(z) = \frac{K(z - 0{,}3678)}{z + r}, \tag{13.43}$$

cancela-se o polo de $G(z)$ em $z = 0{,}3678$ e ajustam-se dois parâmetros, r e K. No caso de se escolher

$$D(z) = \frac{1{,}359(z - 0{,}3678)}{z + 0{,}240}, \tag{13.44}$$

tem-se

$$G(z)D(z) = \frac{0{,}50(z + 0{,}7189)}{(z - 1)(z + 0{,}240)}. \tag{13.45}$$

Caso seja calculada a resposta do sistema para uma entrada em degrau, descobre-se que a saída é igual à entrada no quarto instante de amostragem e depois disso. As respostas para ambos os sistemas, sem compensação e com compensação, são mostradas na Figura 13.22. A máxima ultrapassagem do sistema compensado é 4%, enquanto a máxima ultrapassagem do sistema sem compensação é $M.U.P. = 45\%$. Está além do objetivo deste livro discutir todos os métodos extensivos para a escolha analítica dos parâmetros de $D(z)$; outros textos [2–4] podem fornecer informação adicional. De qualquer modo, serão considerados dois métodos de projeto de compensador: (1) o método da conversão $G_c(s)$-para-$D(z)$ (nos parágrafos seguintes) e (2) o método do lugar geométrico das raízes no plano z (na Seção 13.8).

Um método para determinar $D(z)$ primeiro determina um controlador $G_c(s)$ para um processo dado $G_p(s)$ no sistema mostrado na Figura 13.23. Em seguida, o controlador é convertido em $D(z)$ para o período de amostragem T dado. Esse método de projeto é chamado de método da conversão $G_c(s)$-para-$D(z)$, e converte o $G_c(s)$ da Figura 13.23 para o $D(z)$ da Figura 13.15 [7].

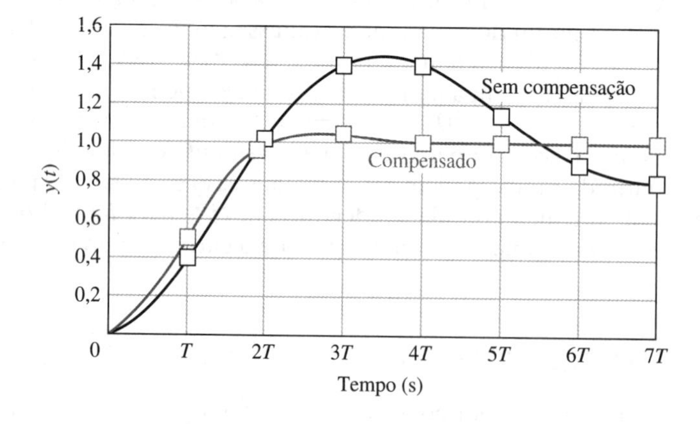

FIGURA 13.22 Resposta de um sistema de segunda ordem com dados amostrados para uma entrada em degrau unitário.

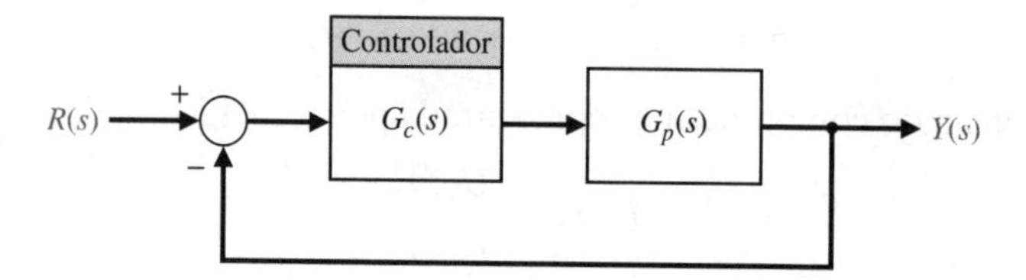

FIGURA 13.23 Modelo de sistema contínuo de um sistema amostrado.

Consideram-se um compensador de primeira ordem

$$G_c(s) = K\frac{s + a}{s + b} \quad (13.46)$$

e um controlador digital

$$\boxed{D(z) = C\frac{z - A}{z - B}.} \quad (13.47)$$

Determina-se a transformada z correspondente a $G_c(s)$ e a define-se igual a $D(z)$ como

$$Z\{G_c(s)\} = D(z). \quad (13.48)$$

Então, a relação entre as duas funções de transferência é $A = e^{-aT}$, $B = e^{-bT}$ e, quando $s = 0$, é necessário que

$$C\frac{1 - A}{1 - B} = K\frac{a}{b}. \quad (13.49)$$

EXEMPLO 13.7 **Projeto para atender uma especificação de margem de fase**

Considere um sistema com o processo

$$G_p(s) = \frac{1.740}{s(0{,}25s + 1)}. \quad (13.50)$$

Será projetado $G_c(s)$ de modo a alcançar uma margem de fase de $M.F. = 45°$ com frequência de cruzamento $\omega_c = 125$ rad/s. Utilizando o diagrama de Bode de $G_p(s)$, descobre-se que a margem de fase é $M.F. = 2°$. Considere o compensador de avanço de fase

$$G_c(s) = \frac{K(s + 50)}{s + 275}. \quad (13.51)$$

Escolha K a fim de obter $20 \log_{10} | G_c(j\omega)G(j\omega) | = 0$ quando $\omega = \omega_c = 125$ rad/s resultando $K = 5{,}0$. O compensador $G_c(s)$ deve ser implementado por $D(z)$, de modo que se resolvem as relações com um período de amostragem escolhido. Definindo $T = 0{,}003$ s, tem-se

$$A = e^{-0{,}15} = 0{,}86, \qquad B = e^{-0{,}827} = 0{,}44 \qquad \text{e} \qquad C = 3{,}66.$$

Então, tem-se

$$D(z) = \frac{3{,}66(z - 0{,}86)}{z - 0{,}44}. \quad (13.52)$$

Naturalmente, se for escolhido outro valor para o período de amostragem, então os coeficientes de $D(z)$ serão diferentes. ■

Em geral, escolhe-se um período de amostragem pequeno de modo que o projeto baseado no sistema contínuo seja transportado corretamente para o plano z. Entretanto, não se deve escolher um T pequeno demais, ou os requisitos computacionais podem ser maiores que o necessário. Em geral, utiliza-se um período de amostragem $T \approx 1/(10f_B)$, no qual $f_B = \omega_B/(2\pi)$, e ω_B é faixa de passagem do sistema contínuo em malha fechada. A faixa de passagem do sistema projetado no Exemplo 13.7 é $\omega_B = 208$ rad/s ou $f_B = 33{,}2$ Hz. Assim, escolhe-se um período $T = 0{,}003$ s.

13.8 LUGAR GEOMÉTRICO DAS RAÍZES DE SISTEMAS DE CONTROLE DIGITAL

Considere a função de transferência do sistema mostrado na Figura 13.24. Recorde-se de que $G(s) = G_0(s)G_p(s)$. A função de transferência em malha fechada é

$$\frac{Y(z)}{R(z)} = \frac{KG(z)D(z)}{1 + KG(z)D(z)}. \quad (13.53)$$

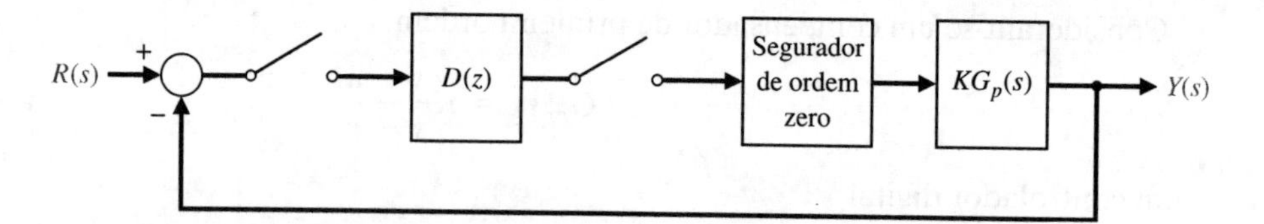

FIGURA 13.24 Sistema em malha fechada com um controlador digital.

A equação característica é

$$\boxed{1 + KG(z)D(z) = 0.}$$

Assim, pode-se traçar o lugar geométrico das raízes para a equação característica do sistema amostrado à medida que K varia. As regras para obter o lugar geométrico das raízes são resumidas na Tabela 13.4.

EXEMPLO 13.8 **Lugar geométrico das raízes de um sistema de segunda ordem**

Considere o sistema mostrado na Figura 13.24 com $D(z) = 1$ e $G_p(s) = 1/s^2$. Então, obtém-se

$$KG(z) = \frac{T^2}{2}\frac{K(z + 1)}{(z - 1)^2}.$$

Faça $T = \sqrt{2}$ e trace o lugar geométrico das raízes. Agora, tem-se

$$KG(z) = \frac{K(z + 1)}{(z - 1)^2},$$

e os polos e zeros são mostrados no plano z na Figura 13.25. A equação característica é

$$1 + KG(z) = 1 + \frac{K(z + 1)}{(z - 1)^2} = 0.$$

Faça $z = \sigma$ e resolva para K a fim de obter

$$K = -\frac{(\sigma - 1)^2}{\sigma + 1} = F(\sigma).$$

Tabela 13.4 Lugar Geométrico das Raízes no Plano *z*

1. O lugar geométrico das raízes começa nos polos e prossegue para os zeros.
2. O lugar geométrico das raízes fica em uma seção da reta real à esquerda de um número ímpar de polos e zeros.
3. O lugar geométrico das raízes é simétrico com relação ao eixo real horizontal.
4. O lugar geométrico das raízes pode sair do eixo real e pode retornar ao eixo real. Os pontos de saída e de entrada são determinados a partir da equação

$$K = -\frac{N(z)}{D(z)} = F(z),$$

com $z = \sigma$. Em seguida, obtém-se a solução de $\dfrac{dF(\sigma)}{d\sigma} = 0.$

5. Traça-se o lugar das raízes que satisfaz

$$1 + KG(z)D(z) = 0,$$

ou

$$|KG(z)D(z)| = 1$$

e

$$\angle G(z)D(z) = 180° \pm k360°, \qquad k = 0, 1, 2, \ldots$$

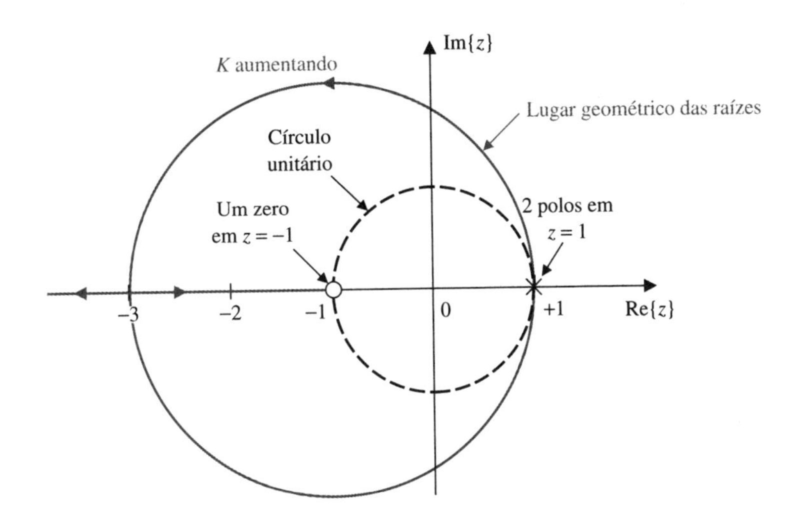

FIGURA 13.25 Lugar geométrico das raízes do Exemplo 13.8.

Em seguida, a derivada $dF(\sigma)/d\sigma = 0$ é obtida e são calculadas as raízes como $\sigma_1 = -3$ e $\sigma_2 = 1$. O lugar geométrico das raízes parte dos dois polos em $\sigma_2 = 1$ e retorna em $\sigma_1 = -3$, como mostrado na Figura 13.25. O círculo unitário também é mostrado na Figura 13.25. O sistema sempre tem duas raízes fora do círculo unitário e é sempre instável para todo $K > 0$. ■

Mudamos agora para o projeto de um controlador digital $D(z)$ no qual se quer alcançar uma resposta especificada utilizando um método do lugar geométrico das raízes. Escolhemos um controlador

$$D(z) = \frac{z - a}{z - b}$$

Em seguida, usamos $z - a$ para cancelar um polo de $G(z)$ que fica no eixo real positivo do plano z. Então, escolhemos $z - b$ de modo que o lugar geométrico do sistema compensado apresente um conjunto de raízes complexas em um ponto desejado no interior do círculo unitário no plano z.

EXEMPLO 13.9 **Projeto de um compensador digital**

Projetamos um compensador $D(z)$ que resultará em um sistema estável quando $G_p(s)$ é como descrito no Exemplo 13.8. Com $D(z) = 1$, tem-se um sistema instável. Escolhemos

$$D(z) = \frac{z - a}{z - b}$$

de modo que

$$KG(z)D(z) = \frac{K(z + 1)(z - a)}{(z - 1)^2(z - b)}.$$

Definindo $a = 1$ e $b = 0{,}2$, tem-se

$$KG(z)D(z) = \frac{K(z + 1)}{(z - 1)(z - 0{,}2)}.$$

Utilizando a equação para $F(\sigma)$, obtém-se o ponto de entrada $z = -2{,}56$, como mostrado na Figura 13.26. O lugar geométrico das raízes intercepta o círculo unitário em $K = 0{,}8$. Assim, o sistema é estável para $K < 0{,}8$. Se escolhemos $K = 0{,}25$, descobrimos que a resposta ao degrau tem a máxima ultrapassagem de $M.U.P. = 20\%$ e tempo de acomodação (com critério de 2%) $T_s = 8{,}5$ s. ■

Podem-se traçar curvas de ζ constante no plano z. O mapeamento entre o plano s e o plano z é obtido pela relação $z = e^{sT}$. As curvas de ζ constante no plano s são linhas radiais com

$$\frac{\sigma}{\omega} = -\tan\theta = -\tan(\text{sen}^{-1}\zeta) = -\frac{\zeta}{\sqrt{1 - \zeta^2}}.$$

Uma vez que $s = \sigma + j\omega$, tem-se

$$z = e^{\sigma T}e^{j\omega T},$$

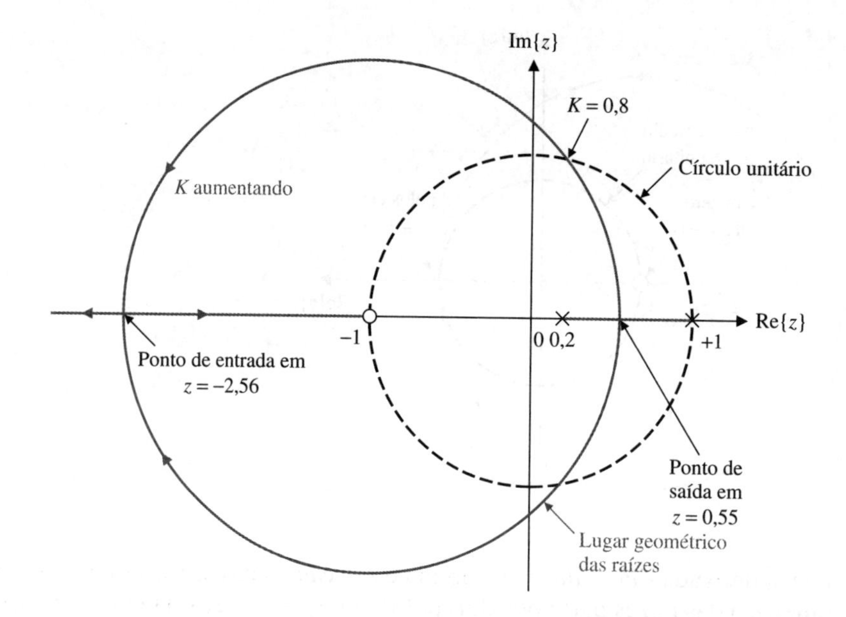

FIGURA 13.26 Lugar geométrico das raízes do Exemplo 13.9.

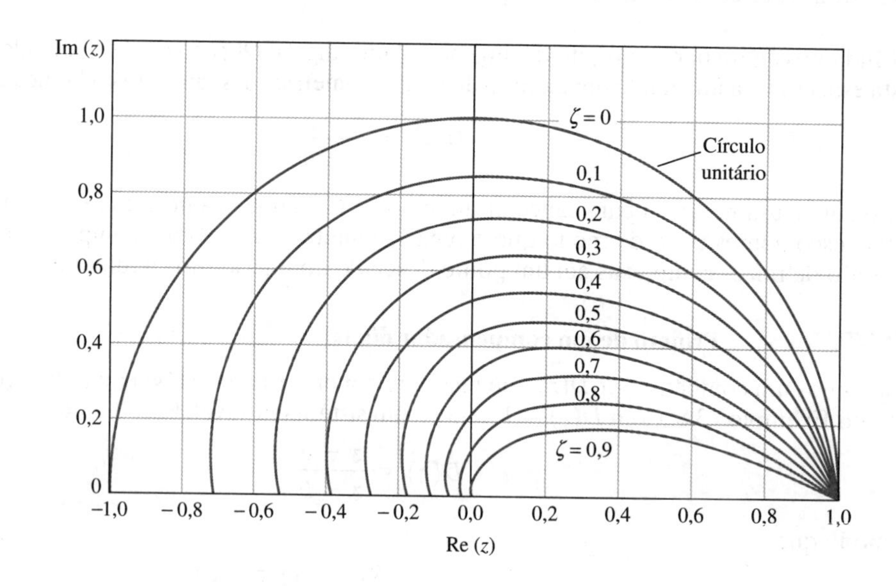

FIGURA 13.27 Curvas de ζ constante no plano z.

em que

$$\sigma = -\frac{\zeta}{\sqrt{1-\zeta^2}}\omega.$$

O gráfico dessas curvas de ζ constante é mostrado na Figura 13.27 para uma faixa de T. Um valor comum de ζ para muitas especificações de projeto é $\zeta = 1/\sqrt{2}$. Então, tem-se $\sigma = -\omega$ e

$$z = e^{-\omega T}e^{j\omega T} = e^{-\omega T}\angle\theta,$$

em que $\theta = \omega T$.

13.9 IMPLEMENTAÇÃO DE CONTROLADORES DIGITAIS

Considere o controlador PID com uma função de transferência no domínio s

$$\frac{U(s)}{X(s)} = G_c(s) = K_P + \frac{K_I}{s} + K_D s. \tag{13.54}$$

Pode-se determinar uma implementação digital deste controlador usando-se uma aproximação discreta para a derivação e a integração. Para a derivada no tempo, utiliza-se a **regra das diferenças regressivas**

$$u(kT) = \left.\frac{dx}{dt}\right|_{t=kT} = \frac{1}{T}(x(kT) - x((k-1)T)). \tag{13.55}$$

A transformada z da Equação (13.55) é então

$$U(z) = \frac{1 - z^{-1}}{T}X(z) = \frac{z - 1}{Tz}X(z).$$

A integração de $x(t)$ pode ser representada pela **integração retangular à frente** em $t = kT$ como

$$u(kT) = u((k-1)T) + Tx(kT), \tag{13.56}$$

em que $u(kT)$ é a saída do integrador em $t = kT$. A transformada z da Equação (13.56) é

$$U(z) = z^{-1}U(z) + TX(z),$$

e a função de transferência é então

$$\frac{U(z)}{X(z)} = \frac{Tz}{z - 1}.$$

Consequentemente, a função de transferência no domínio z do **controlador PID** é

$$\boxed{G_c(z) = K_P + \frac{K_I Tz}{z - 1} + K_D\frac{z - 1}{Tz}.} \tag{13.57}$$

O algoritmo completo da equação de diferenças que fornece o controlador PID é obtido somando-se os três termos para obter [use $x(kT) = x(k)$]

$$\begin{aligned} u(k) &= K_P x(k) + K_I[u(k-1) + Tx(k)] + (K_D/T)[x(k) - x(k-1)] \\ &= [K_P + K_I T + (K_D/T)]x(k) - K_D Tx(k-1) + K_I u(k-1). \end{aligned} \tag{13.58}$$

A Equação (13.58) pode ser implementada com um computador digital ou um microprocessador. Naturalmente, pode-se obter um controlador PI ou PD definindo-se o ganho apropriado igual a zero.

13.10 EXEMPLOS DE PROJETO

Nesta seção, dois exemplos ilustrativos são apresentados. No primeiro exemplo, um controlador é projetado para controlar o motor e o parafuso guia de uma mesa de trabalho móvel. Usando-se uma formulação de segurador de ordem zero, um compensador de atraso* de fase é obtido e o desempenho é verificado. No segundo exemplo, um sistema de controle é projetado para controlar uma superfície de controle de aeronave como parte de um sistema *fly-by-wire*. Utilizando-se métodos do lugar geométrico das raízes, o processo de projeto concentra-se no projeto de um controlador digital para atender às especificações de desempenho de tempo de acomodação e de máxima ultrapassagem percentual.

EXEMPLO 13.10 **Sistema de controle de movimento de mesa de trabalho**

Um sistema de posicionamento importante nos sistemas de manufatura é um sistema de controle de movimento de mesa de trabalho. O sistema controla o movimento de uma mesa de trabalho em certa posição [18]. Admite-se que a mesa é ativada em cada um dos eixos por um motor e parafuso guia, como mostrado na Figura 13.28(a). Considera-se o eixo x e examina-se o controle do movimento para um sistema com realimentação, como mostrado na Figura 13.28(b). O objetivo é obter resposta rápida com um tempo de subida e um tempo de acomodação rápidos para um comando degrau ao mesmo tempo em que não se excede uma máxima ultrapassagem de $M.U.P. = 5\%$.

As especificações são então (1) máxima ultrapassagem percentual igual a $M.U.P. = 5\%$ e (2) um tempo de acomodação (com critério de 2%) e um tempo de subida mínimos.

*N.T.: Diferentemente do que é afirmado, o compensador é de atraso de fase.

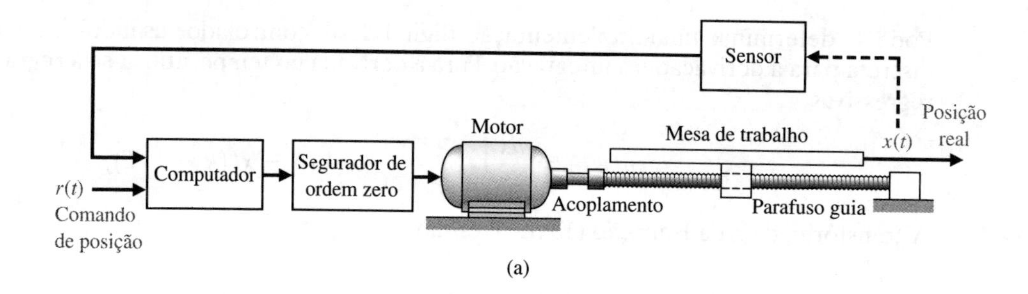

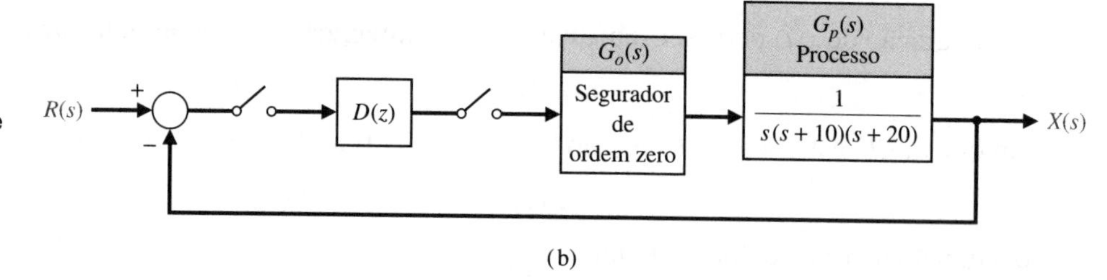

FIGURA 13.28 Sistema de controle de movimento de uma mesa: (a) atuador e mesa; (b) diagrama de blocos.

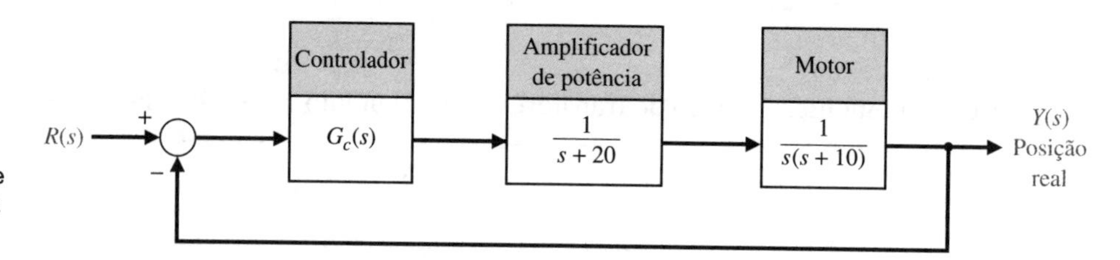

FIGURA 13.29 Modelo do controle do eixo *x* para uma mesa de trabalho.

Para configurar o sistema, escolhem-se um amplificador de potência e um motor de modo que o sistema é descrito pela Figura 13.29. Obtendo a função de transferência do motor e do amplificador de potência, tem-se

$$G_p(s) = \frac{1}{s(s+10)(s+20)}. \tag{13.59}$$

Inicialmente será utilizado um sistema contínuo e projetado $G_c(s)$ como descrito na Seção 13.8. Em seguida, obtém-se $D(z)$ a partir de $G_c(s)$.

$$G_c(s) = \frac{K(s+a)}{s+b}. \tag{13.60}$$

O lugar geométrico das raízes é mostrado na Figura 13.30 quando $a = 30$ e $b = 25$. Na Figura 13.30, a região desejada para alocação de polos é consistente com um sobressinal almejado de $M.U.P. \leq 5\%$ (correspondente a $\zeta \geq 0{,}69$). O ponto selecionado corresponde a $K = 545$. A máxima ultrapassagem percentual real é de $M.U.P. = 5\%$, o tempo de acomodação é $T_s = 1{,}18$ s, e o tempo de subida, $T_r = 0{,}4$ s, portanto, as especificações de desempenho são satisfeitas. O controlador final é

$$G_c(s) = \frac{545(s+30)}{s+25}.$$

A faixa de passagem de malha fechada é $\omega_B = 5{,}3$ rad/s (ou $f_B = 0{,}85$ Hz). Assim, o período de amostragem é selecionado para ser $T = 1/(10 f_B) = 0{,}12$ s. Seguindo a estratégia de projeto da Seção 13.7, determina-se que

$$A = e^{-aT} = 0{,}03,\ B = e^{-bT} = 0{,}05 \ \text{e}\ C = K\frac{a}{b}\frac{(1-B)}{(1-A)} = 638.$$

O controlador digital é, então, dado por

$$D(z) = 638\frac{z-0{,}03}{z-0{,}05}.$$

Usando este $D(z)$, espera-se uma resposta muito similar àquela obtida para o modelo contínuo do sistema. ■

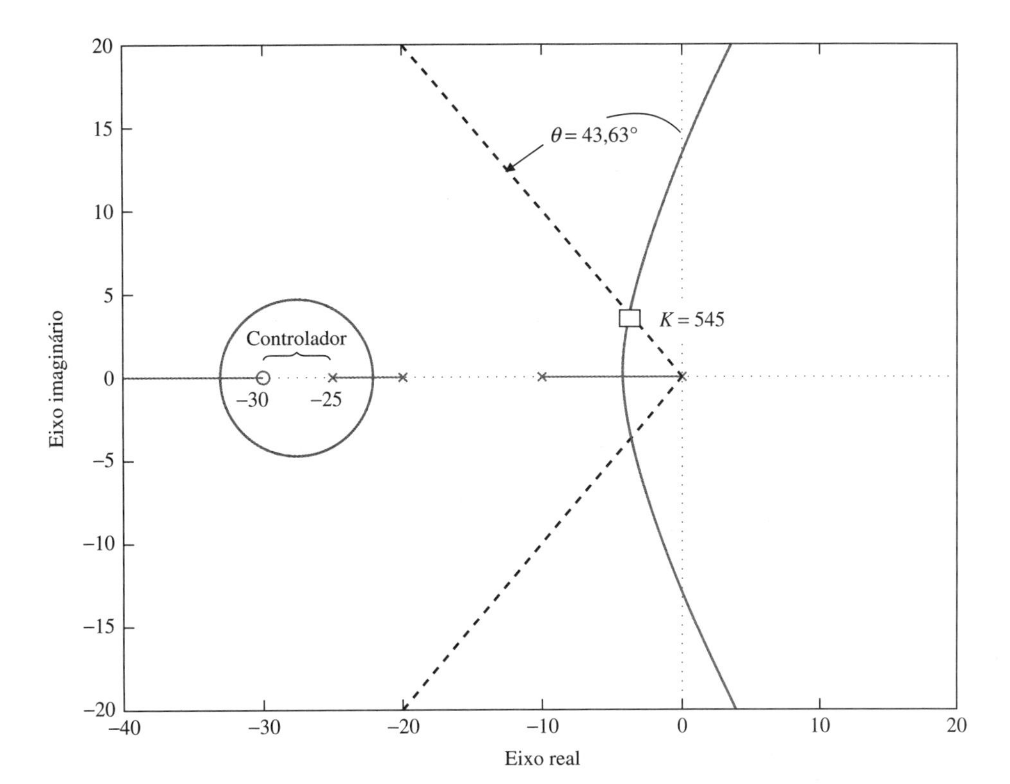

FIGURA 13.30 Lugar geométrico das raízes por $L(s) = KG_c(s)G_p(s)$ em que $G_c(s) = K(s + a)/(s + b)$, $a = 30$ e $b = 25$.

EXEMPLO 13.11 **Controle de superfície de aeronave *fly-by-wire***

Restrições crescentes com relação a peso, desempenho, consumo de combustível e confiabilidade criaram a necessidade de um novo tipo de sistema de controle de voo conhecido como *fly-by-wire*. Essa abordagem implica que componentes específicos do sistema sejam interconectados eletricamente em vez de mecanicamente e que operem sob a supervisão de um computador responsável por monitorar, controlar e coordenar as tarefas. O princípio *fly-by-wire* permite a implementação de sistemas de controle totalmente digitais e altamente redundantes, alcançando um nível notável de confiabilidade e desempenho [19].

As características operacionais de um sistema de controle de voo dependem da firmeza dinâmica de um atuador, que representa sua capacidade de manter a posição da superfície de controle a despeito dos efeitos de perturbação de forças externas aleatórias. Um sistema de atuador de voo consiste em um tipo especial de motor CC, acionado por um amplificador de potência, que aciona uma bomba hidráulica conectada a ambos os lados de um cilindro hidráulico. O êmbolo do cilindro hidráulico é conectado diretamente a uma superfície de controle de uma aeronave por meio de uma ligação mecânica apropriada, como mostrado na Figura 13.31. Os elementos do processo de projeto enfatizados neste exemplo são destacados na Figura 13.32.

O modelo do processo é dado por

$$G_p(s) = \frac{1}{s(s+1)}. \tag{13.61}$$

O segurador de ordem zero é modelado por

$$G_o(s) = \frac{1 - e^{-sT}}{s}. \tag{13.62}$$

Combinar o processo e o segurador de ordem zero em série resulta

$$G(s) = G_o(s)G_p(s) = \frac{1 - e^{-sT}}{s^2(s+1)}. \tag{13.63}$$

O objetivo de controle é projetar um compensador, $D(z)$, de modo que o ângulo da superfície de controle $Y(s) = \theta(s)$ rastreie o ângulo desejado, denotado por $R(s)$. Declara-se o objetivo de controle como

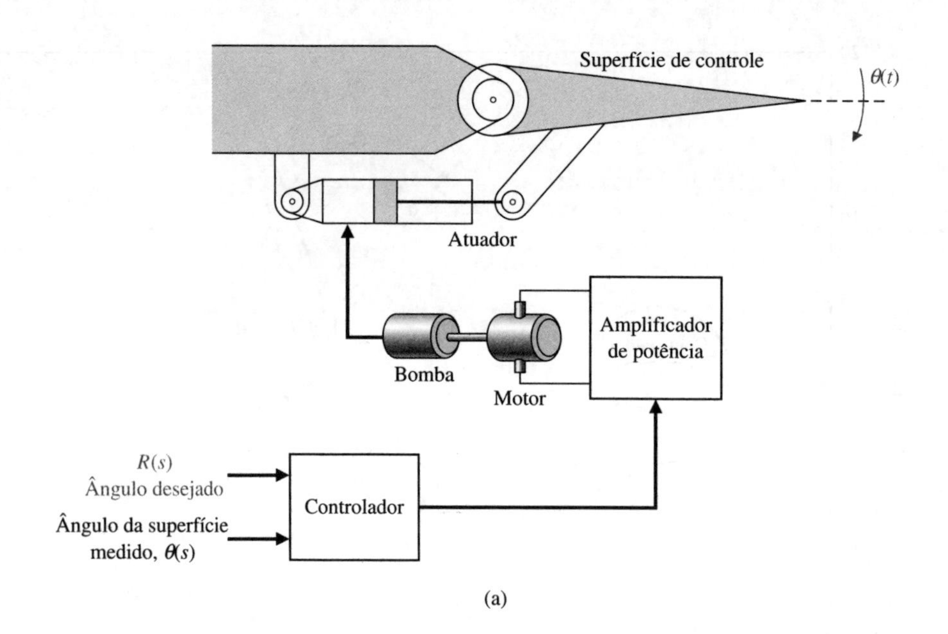

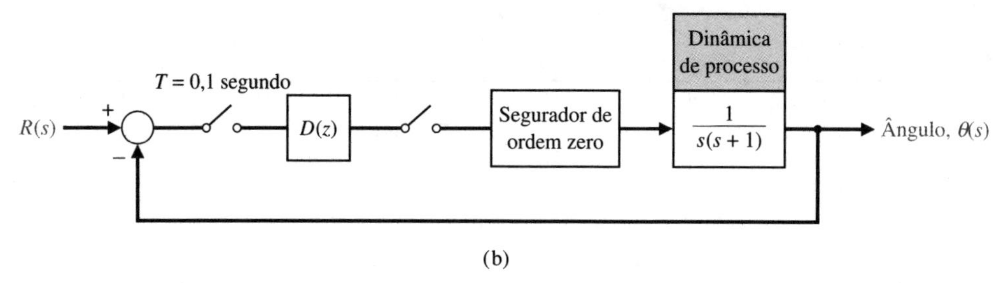

FIGURA 13.31 (a) Sistema de superfície de controle de aeronave *fly-by-wire* e (b) diagrama de blocos. O período de amostragem é 0,1 segundo.

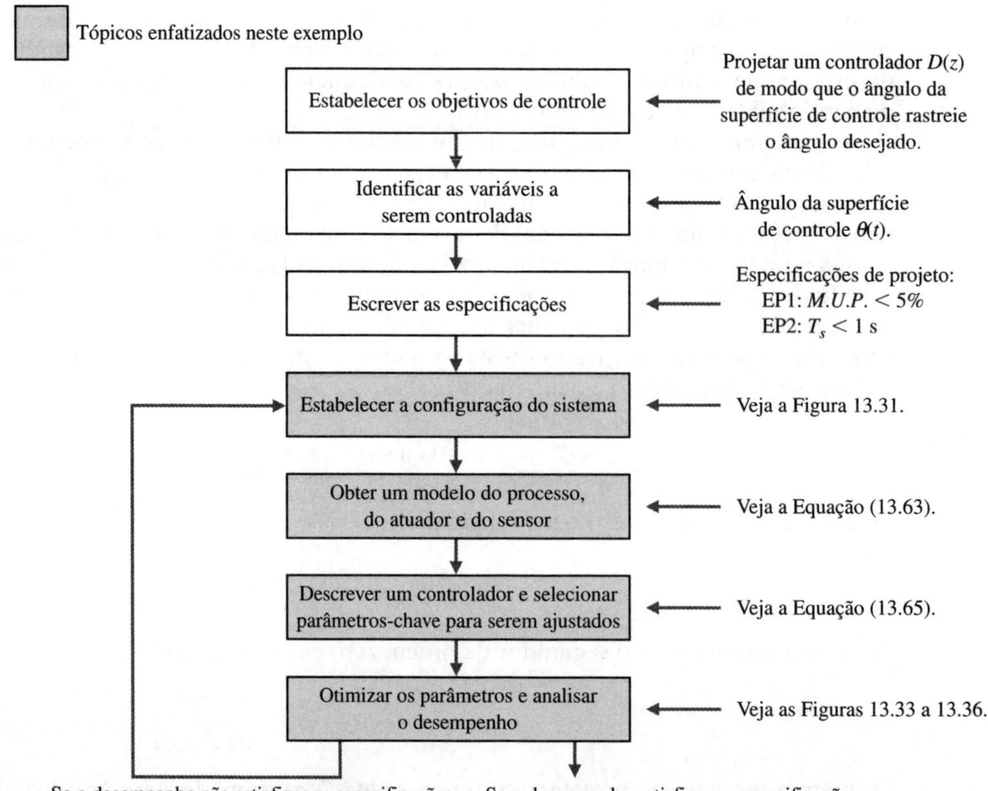

FIGURA 13.32 Elementos do processo de projeto de sistema de controle enfatizados no exemplo de superfície de controle de aeronave *fly-by-wire*.

Objetivo de Controle

Projetar um controlador $D(z)$ de modo que o ângulo da superfície de controle rastreie o ângulo desejado.

A variável a ser controlada é o ângulo da superfície de controle $\theta(t)$:

Variável a Ser Controlada

Ângulo da superfície de controle $\theta(t)$.

As especificações de projeto são as seguintes:

Especificações de Projeto

EP1 Máxima ultrapassagem percentual $\leq 5\%$ para uma entrada em degrau unitário.

EP2 Tempo de acomodação $T_s \leq 1$ s para uma entrada em degrau unitário.

Inicia-se o processo de projeto determinando $G(z)$ a partir de $G(s)$. Ao se expandir $G(s)$ da Equação (13.63) em frações parciais, resulta

$$G(s) = (1 - e^{-sT})\left(\frac{1}{s^2} - \frac{1}{s} + \frac{1}{s+1}\right)$$

e

$$G(z) = Z\{G(s)\} = \frac{ze^{-T} - z + Tz + 1 - e^{-T} - Te^{-T}}{(z-1)(z-e^{-T})},$$

em que $Z\{\cdot\}$ representa a transformada z. Escolhendo $T = 0{,}1$, tem-se

$$G(z) = \frac{0{,}004837z + 0{,}004679}{(z-1)(z-0{,}9048)}. \tag{13.64}$$

Para um compensador simples, $D(z) = K$, o lugar geométrico das raízes é mostrado na Figura 13.33. Para estabilidade, é necessário $K < 21$. Utilizando uma abordagem iterativa, descobre-se que, à medida que $K \to 21$, a resposta ao degrau se torna muito oscilatória e a máxima ultrapassagem percentual é grande demais; reciprocamente, à medida que K se torna menor, o tempo de acomodação se alonga muito, embora a máxima ultrapassagem percentual diminua. De qualquer modo as especificações de projetos não podem ser satisfeitas com um controlador proporcional simples, $D(z) = K$. É necessário utilizar um controlador mais sofisticado.

Tem-se a liberdade para escolher o tipo de controlador. Como no projeto de controle para sistemas contínuos no tempo, a escolha do compensador é sempre um desafio e depende do problema. Escolhe-se um compensador com a estrutura geral

$$D(z) = K\frac{z-a}{z-b}. \tag{13.65}$$

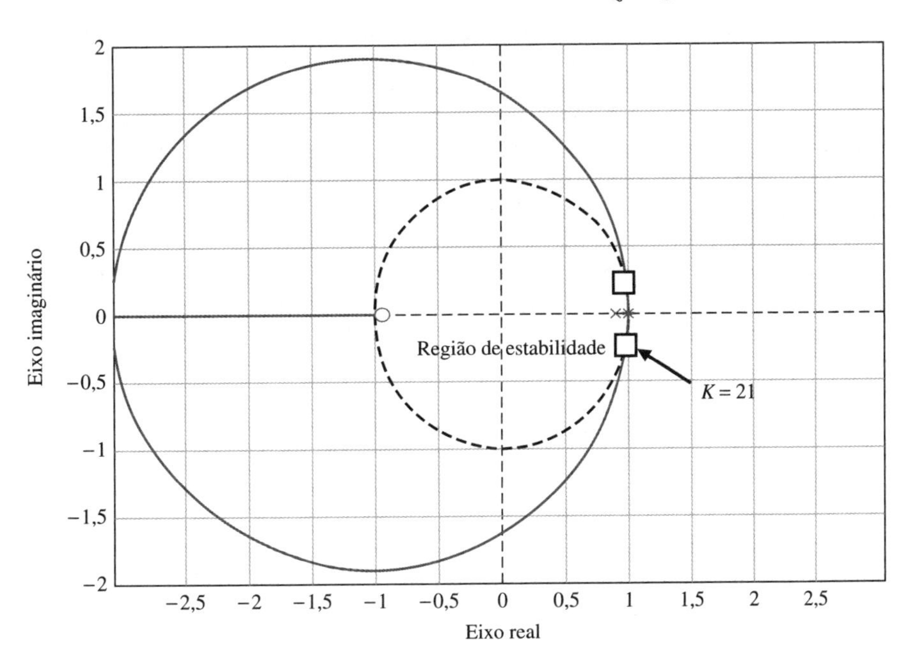

FIGURA 13.33 Lugar geométrico das raízes para $D(z) = K$.

Portanto, os parâmetros-chave de ajuste são os parâmetros do compensador:

Parâmetros-Chave de Ajuste Escolhidos

K, a e b.

Para sistemas contínuos, sabe-se que uma fórmula prática de projeto para o tempo de acomodação é

$$T_s = \frac{4}{\zeta\omega_n},$$

em que se usa um limite de 2% para definir a acomodação. Esta regra prática de projeto é válida para sistemas de segunda ordem sem zeros. Desse modo, para atender ao requisito de T_s, precisa-se de

$$-\mathrm{Re}(s_i) = \zeta\omega_n > \frac{4}{T_s}, \tag{13.66}$$

em que $s_i, i = 1, 2$ são os polos complexos conjugados dominantes. Na definição da região desejada do plano z para posicionar os polos dominantes, utiliza-se a transformação

$$z = e^{s_i T} = e^{(-\zeta\omega_n \pm j\omega_n\sqrt{(1-\zeta^2)})T} = e^{-\zeta\omega_n T} e^{\pm j\omega_n T\sqrt{(1-\zeta^2)}}.$$

O cálculo da magnitude de z resulta

$$r_o = |z| = e^{-\zeta\omega_n T}.$$

Para atender à especificação de tempo de acomodação, é preciso que os polos no plano z estejam no interior do círculo definido por

$$r_o = e^{-4T/T_s}, \tag{13.67}$$

no qual utilizou-se o resultado da Equação (13.66).

Considere o requisito de tempo de acomodação $T_s < 1$ s. Neste caso em estudo, $T = 0{,}1$ s. A partir da Equação (13.67), determina-se que os polos dominantes no plano z devem ficar no interior do círculo definido por

$$r_o = e^{-0{,}4/1} = 0{,}67.$$

Como mostrado anteriormente, podem ser traçadas curvas de ζ constante no plano z. Essas curvas de ζ constante no plano s são linhas radiais com

$$\sigma = -\omega \tan(\mathrm{sen}^{-1}\zeta) = -\frac{\zeta}{\sqrt{1-\zeta^2}}\omega.$$

Então, com $s = \sigma + j\omega$ e utilizando a transformação $z = e^{sT}$, tem-se

$$z = e^{-\sigma\omega T} e^{j\omega T}. \tag{13.68}$$

Para um dado ζ, pode-se representar graficamente $\mathrm{Re}(z)$ *versus* $\mathrm{Im}(z)$ para z dado na Equação (13.68).

Caso se estivesse trabalhando com uma função de transferência de segunda ordem no domínio s, seria preciso ter o fator de amortecimento associado às raízes dominantes maior que $\zeta \geq 0{,}69$. Quando $\zeta \geq 0{,}69$, a máxima ultrapassagem percentual para um sistema de segunda ordem (sem zeros) é $M.U.P. \leq 5\%$. As curvas de ζ constante no plano z definirão a região no plano z em que se necessita posicionar os polos dominantes para se atender à especificação de máxima ultrapassagem percentual.

O lugar geométrico das raízes na Figura 13.33 é repetido na Figura 13.34 com a inclusão das regiões de estabilidade e desempenho desejados. Pode-se perceber que o lugar geométrico das raízes não passa pela interseção das regiões de estabilidade e desempenho. A questão é como escolher os parâmetros do controlador K, a e b, de modo que o lugar geométrico das raízes passe pelas regiões desejadas.

Uma abordagem para o projeto é escolher a de tal forma que o polo de $G(z)$ em $z = 0{,}9048$ seja cancelado. Em seguida, deve-se escolher b de modo que o lugar geométrico das raízes passe pela região desejada. Por exemplo, quando $a = -0{,}9048$ e $b = 0{,}25$, o lugar geométrico das raízes compensado fica como mostrado na Figura 13.35. O lugar geométrico das raízes passa pelo interior da região de desempenho, como desejado.

Um valor válido de K é $K = 70$. Assim, o compensador é

$$D(z) = 70\frac{s - 0{,}9048}{s + 0{,}25}.$$

A resposta ao degrau em malha fechada é mostrada na Figura 13.36. Observe que a especificação de máxima ultrapassagem percentual ($M.U.P. \leq 5\%$) é satisfeita e que a resposta do sistema se acomoda em menos de 10 amostras (10 amostras = 1 segundo uma vez que o período de amostragem é $T = 0{,}1$ s). ■

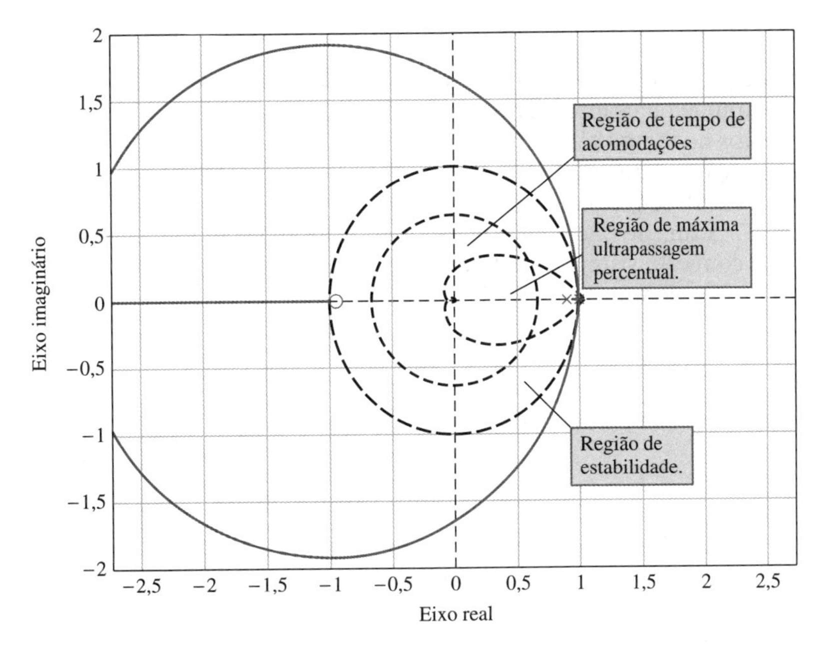

FIGURA 13.34 Lugar geométrico das raízes para $D(z) = K$ com as regiões de estabilidade e desempenho mostradas.

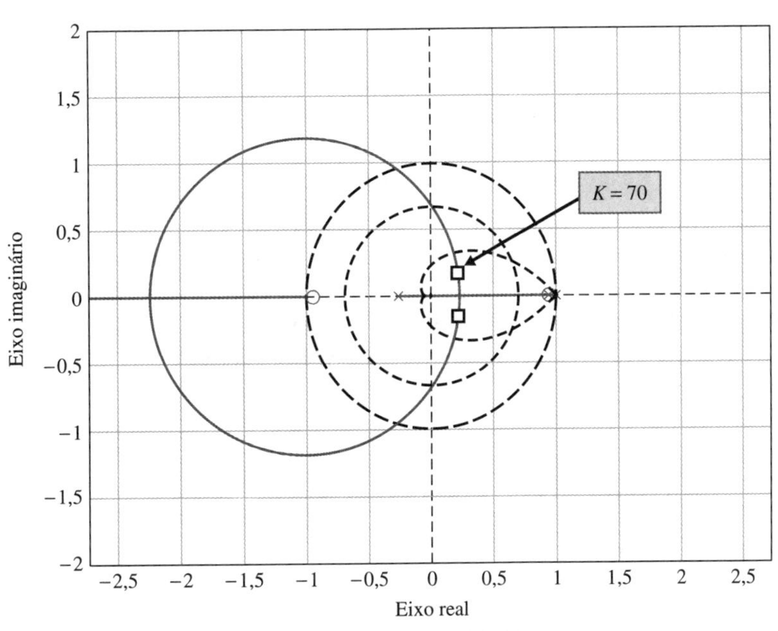

FIGURA 13.35 Lugar geométrico das raízes compensado.

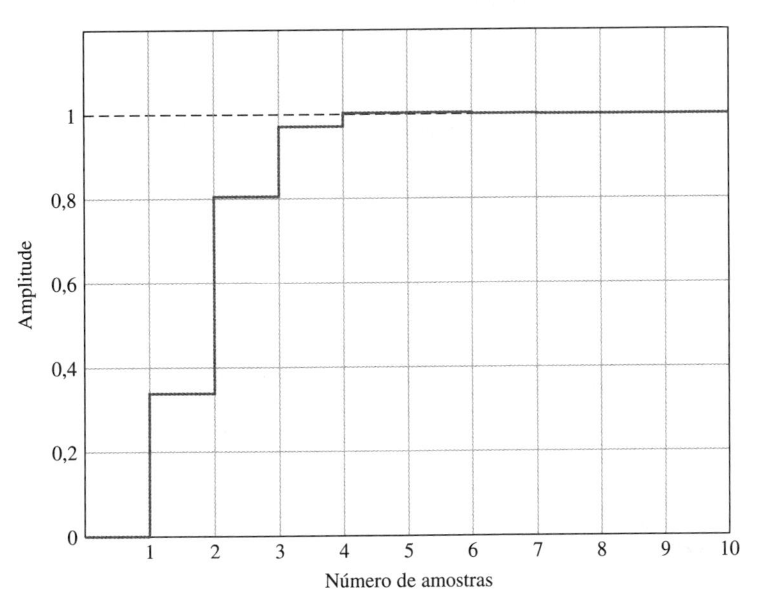

FIGURA 13.36 Resposta ao degrau do sistema em malha fechada.

13.11 SISTEMAS DE CONTROLE DIGITAL USANDO PROGRAMAS DE PROJETO DE CONTROLE

O processo de projeto e análise de sistemas com dados amostrados é melhorado com o uso de ferramentas computacionais interativas. Muitas das funções de projeto de controle para projeto de sistemas contínuos no tempo têm versões equivalentes para sistemas com dados amostrados. Objetos modelo em função de transferência de tempo discreto são obtidos com a função tf. A Figura 13.37 ilustra o uso de tf. A conversão de modelos pode ser realizada com as funções c2d e d2c, mostradas na Figura 13.37. A função c2d converte sistemas de tempo contínuo em sistemas de tempo discreto; a função d2c converte sistemas de tempo discreto em sistemas de tempo contínuo. Por exemplo, considere a função de transferência de processo

$$G_p(s) = \frac{1}{s(s+1)}.$$

Para um período de amostragem de $T = 1$ s, tem-se

$$G(z) = \frac{0{,}3678(z + 0{,}7189)}{(z-1)(z-0{,}3680)} = \frac{0{,}3679z + 0{,}2644}{z^2 - 1{,}368z + 0{,}3680}. \tag{13.69}$$

Pode-se usar uma sequência de instruções em arquivo m para obter $G(z)$, como mostrado na Figura 13.38.

As funções step, impulse e lsim são usadas para a simulação de sistemas com dados amostrados. A resposta ao degrau unitário é gerada via step. O formato da função step é mostrado na Figura 13.39. A resposta a impulso unitário é gerada pela função impulse e a resposta para uma entrada arbitrária é obtida pela função lsim. As funções impulse e lsim são mostradas nas Figuras 13.40 e 13.41, respectivamente. Tais funções de simulação de sistemas com dados amostrados operam essencialmente da mesma forma que suas correspondentes para sistemas contínuos no tempo (não amostrados). A saída é $y(kT)$ e é mostrada com $y(kT)$ mantida constante durante o período T.

EXEMPLO 13.12 **Resposta a degrau unitário**

No Exemplo 13.4, considerou-se o problema de calcular a resposta ao degrau de um sistema com dados amostrados em malha fechada. Naquele exemplo, a resposta, $y(kT)$, foi calculada usando divisão longa. Pode-se calcular a resposta $y(kT)$ usando a função step, mostrada na Figura 13.39. Com a função de transferência em malha fechada dada por

$$\frac{Y(z)}{R(z)} = \frac{0{,}3678z + 0{,}2644}{z^2 - z + 0{,}6322},$$

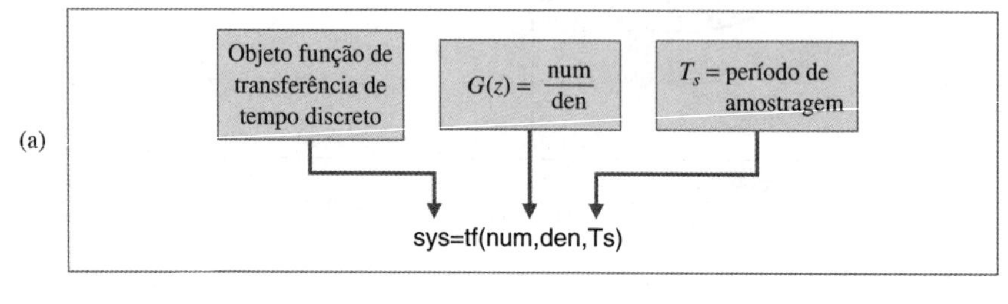

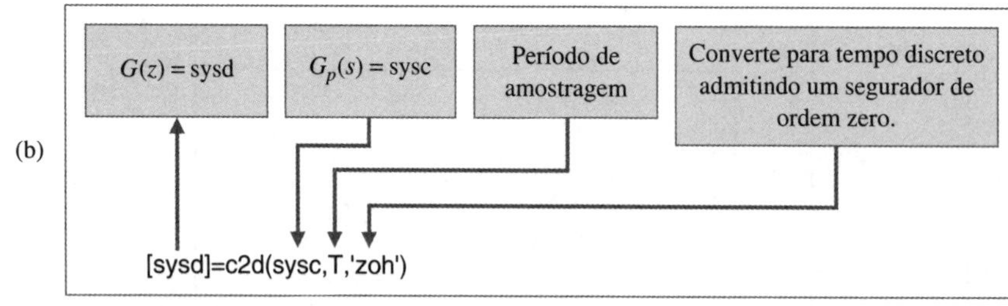

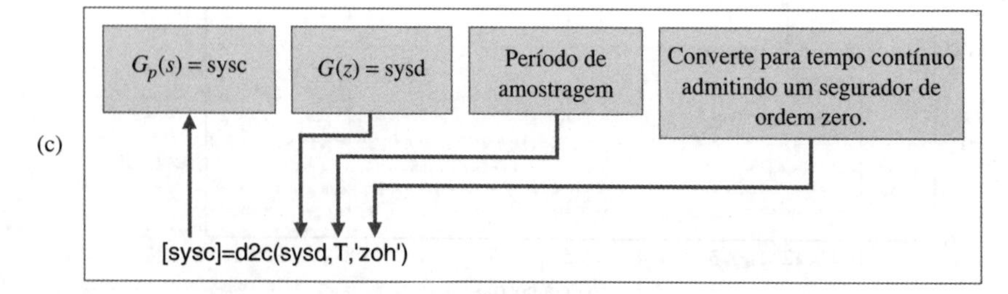

FIGURA 13.37
(a) Função **tf**.
(b) Função **c2d**.
(c) Função **d2c**.

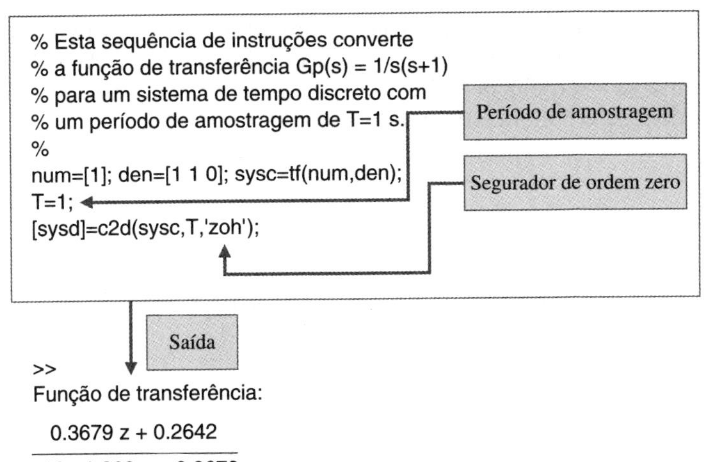

FIGURA 13.38 Uso da função **c2d** para converter $G(s) = G_0(s)G_p(s)$ em $G(z)$.

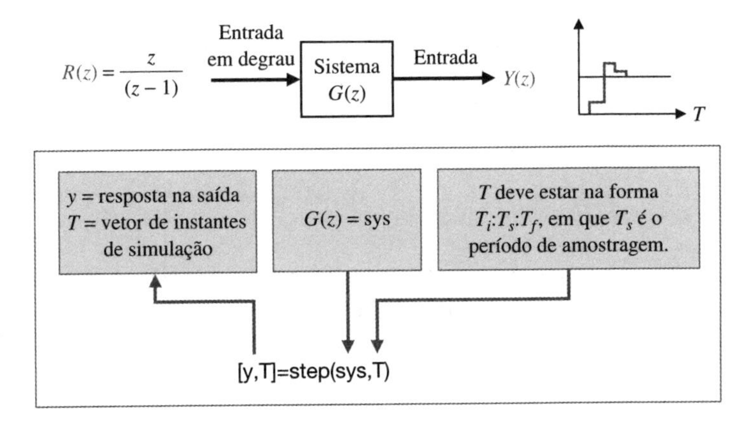

FIGURA 13.39 A função **step** gera a saída $y(kT)$ para uma entrada em degrau.

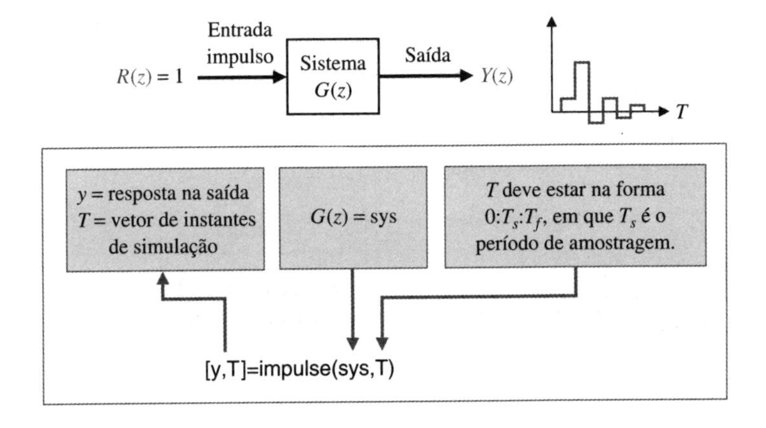

FIGURA 13.40 A função **impulse** gera a saída $y(T)$ para uma entrada impulso.

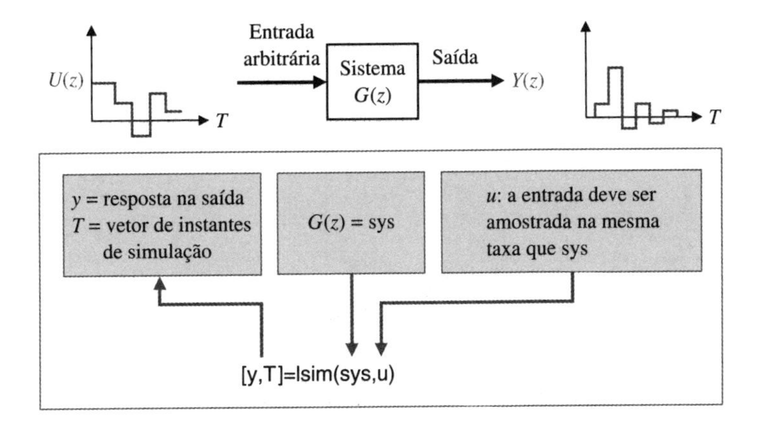

FIGURA 13.41 A função **lsim** gera a saída $y(kT)$ para uma entrada arbitrária.

a resposta ao degrau em malha fechada associada é mostrada na Figura 13.42. A resposta ao degrau discreta mostrada nesta figura é também mostrada na Figura 13.17. Para determinar a resposta contínua real $y(t)$, usa-se a sequência de instruções em arquivo m como mostrado na Figura 13.43. O segurador de ordem zero é modelado pela função de transferência

$$G_0(s) = \frac{1 - e^{-sT}}{s}.$$

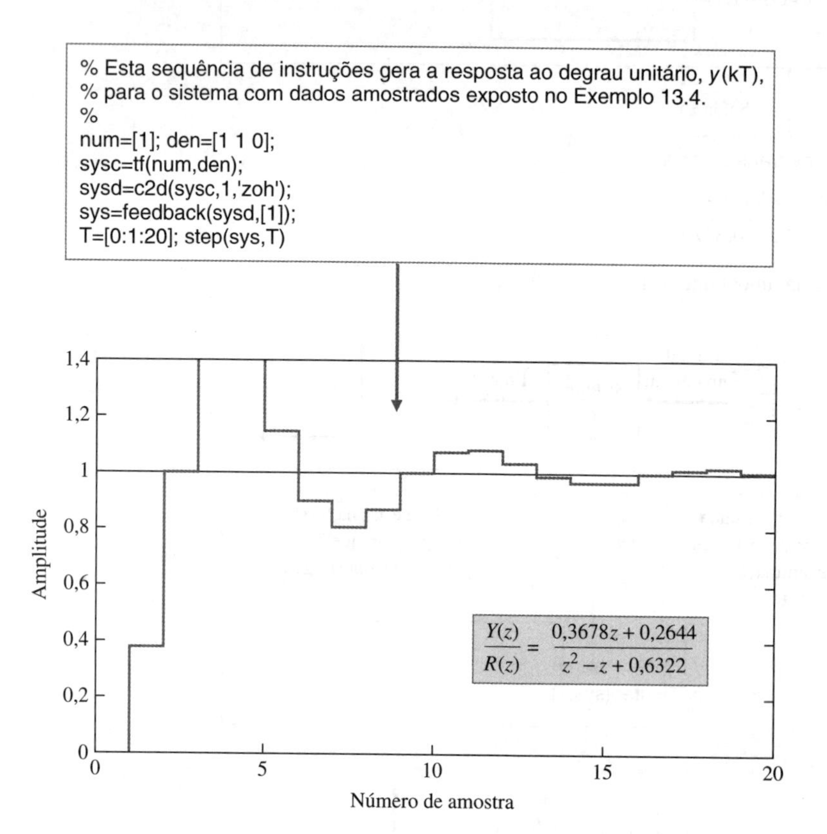

FIGURA 13.42 A resposta discreta, $y(kT)$, de um sistema de segunda ordem amostrado para um degrau unitário.

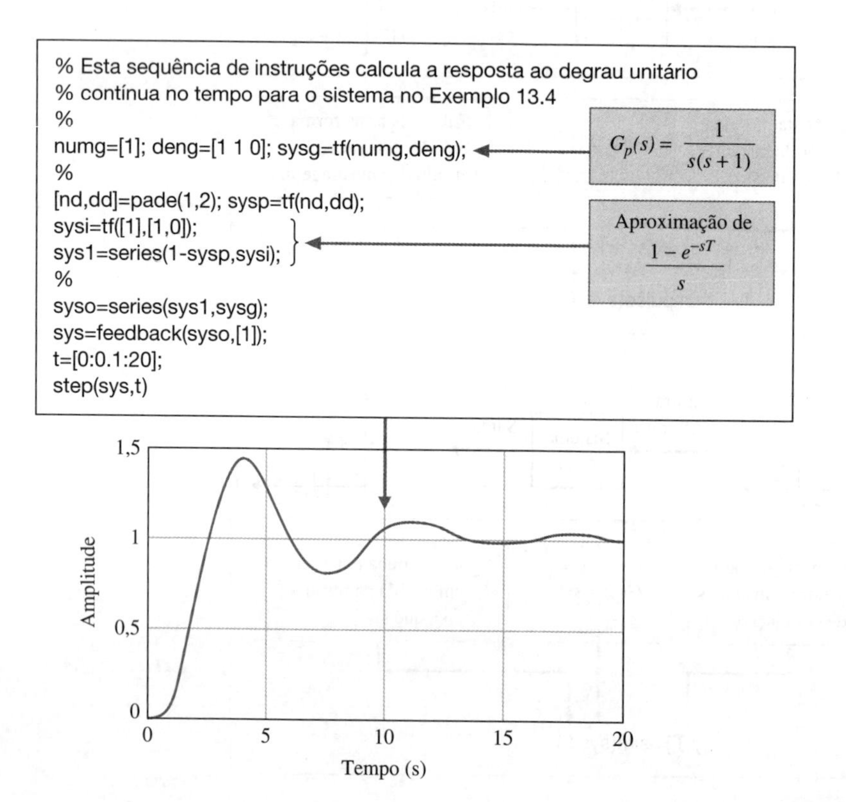

FIGURA 13.43 A resposta contínua $y(t)$ para um degrau unitário para o sistema da Figura 13.16.

Na sequência de instruções em arquivo m na Figura 13.43, aproxima-se o termo e^{-sT} usando a função pade com uma aproximação de segunda ordem e um período de amostragem de $T = 1$ s. Então, calcula-se uma aproximação para $G_0(s)$ baseada na aproximação de Padé de e^{-sT}. ■

O assunto da compensação com computador digital foi examinado na Seção 13.7. No próximo exemplo, considera-se novamente o assunto utilizando programas de projeto de controle.

EXEMPLO 13.13 **Lugar geométrico das raízes de um sistema de controle digital**

Considere

$$G(z) = \frac{0{,}3678(z + 0{,}7189)}{(z - 1)(z - 0{,}3680)},$$

e o compensador

$$D(z) = \frac{K(z - 0{,}3678)}{z + 0{,}2400},$$

com o parâmetro K como variável ainda a ser determinada. O período de amostragem é $T = 1$ s. Quando

$$G(z)D(z) = K\frac{0{,}3678(z + 0{,}7189)}{(z - 1)(z + 0{,}2400)}, \tag{13.70}$$

se tem o problema em uma forma para a qual o método do lugar geométrico das raízes é diretamente aplicável. A função rlocus funciona para sistemas de tempo discreto do mesmo modo que para sistemas de tempo contínuo. Usando uma sequência de instruções em arquivo m, o lugar geométrico das raízes associado à Equação (13.70) é gerado facilmente, como mostrado na Figura 13.44. Recorde-se de que a região de estabilidade é definida pelo círculo unitário no plano complexo. A função rlocfind pode ser usada com o lugar geométrico das raízes do sistema de tempo discreto exatamente da mesma maneira que com sistemas de tempo contínuo, para determinar o valor do ganho do sistema associado com qualquer ponto no lugar geométrico. Usando rlocfind, determina-se que $K = 4{,}639$ posiciona as raízes sobre o círculo unitário. ■

```
% Esta sequência de instruções gera o lugar geométrico
% das raízes para o sistema com dados amostrados com T = 1s.
%
%      K(0.3678)(z+0.7189)
%      ----------------------------
%        (z-1)(z+0.2400)
%
num=[0.3678 0.2644]; den=[1.0000 -0.7600 -0.2400]; sys=tf(num,den,1);
rlocus(sys);
axis('equal')
```

Corrigir a razão de aspecto

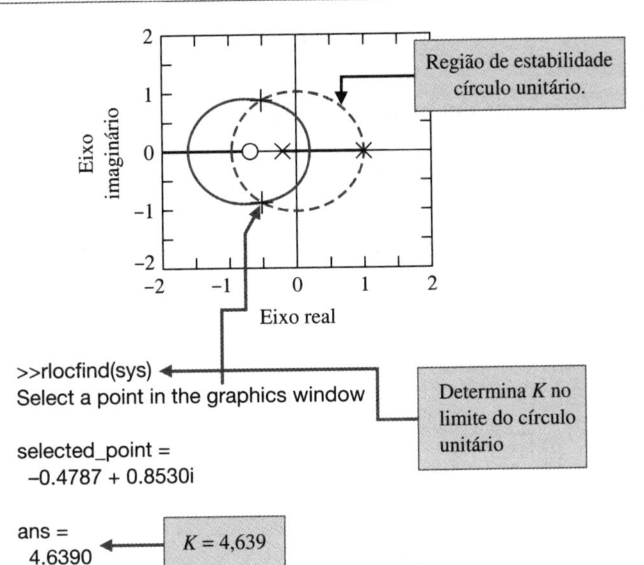

FIGURA 13.44 Função **rlocus** para sistemas com dados amostrados.

13.12 EXEMPLO DE PROJETO SEQUENCIAL: SISTEMA DE LEITURA DE ACIONADORES DE DISCO

Neste capítulo, será projetado um controlador digital para o sistema acionador de disco. À medida que o disco gira, a cabeça do sensor lê os padrões usados para fornecer a informação de erro de referência. Este padrão de informação de erro é lido intermitentemente à medida que a cabeça lê os dados armazenados e, em seguida, o padrão, alternadamente. Uma vez que o disco está girando a uma velocidade constante, o tempo T entre leituras de erro de posição é constante. Esse período de amostragem está tipicamente entre 100 μs e 1 ms [20]. Assim, tem-se informação de erro amostrada. Pode-se também utilizar um controlador digital, como mostrado na Figura 13.45, para alcançar uma resposta do sistema satisfatória. Nesta seção, será projetado $D(z)$.

Primeiro, determina-se

$$G(z) = Z[G_0(s)G_p(s)].$$

Uma vez que

$$G_p(s) = \frac{5}{s(s+20)}, \tag{13.71}$$

tem-se

$$G_0(s)G_p(s) = \frac{1-e^{-sT}}{s}\frac{5}{s(s+20)}.$$

Observe que, para $s = 20$ e $T = 1$ ms, e^{-sT} é igual a 0,98. Então, perceba que o polo em $s = -20$ na Equação (13.71) tem um efeito insignificante. Portanto, pode-se aproximar

$$G_p(s) \approx \frac{0{,}25}{s}.$$

Então tem-se

$$G(z) = Z\left[\frac{1-e^{-sT}}{s}\frac{0{,}25}{s}\right] = (1-z^{-1})(0{,}25)Z\left[\frac{1}{s^2}\right]$$

$$= (1-z^{-1})(0{,}25)\frac{Tz}{(z-1)^2} = \frac{0{,}25T}{z-1} = \frac{0{,}25\times 10^{-3}}{z-1}.$$

É necessário escolher o controlador digital $D(z)$ de modo que a resposta desejada seja alcançada para uma entrada em degrau. Caso defina-se $D(z) = K$, então tem-se

$$D(z)G(z) = \frac{K(0{,}25\times 10^{-3})}{z-1}.$$

O lugar geométrico das raízes para este sistema é mostrado na Figura 13.46. Quando $K = 4.000$,

$$D(z)G(z) = \frac{1}{z-1}.$$

Portanto, a função de transferência em malha fechada é

$$T(z) = \frac{D(z)G(z)}{1+D(z)G(z)} = \frac{1}{z}.$$

Espera-se uma resposta rápida para o sistema. A máxima ultrapassagem percentual para uma entrada em degrau é $M.U.P. = 0\%$ e o tempo de acomodação é $T_s = 2$ ms.

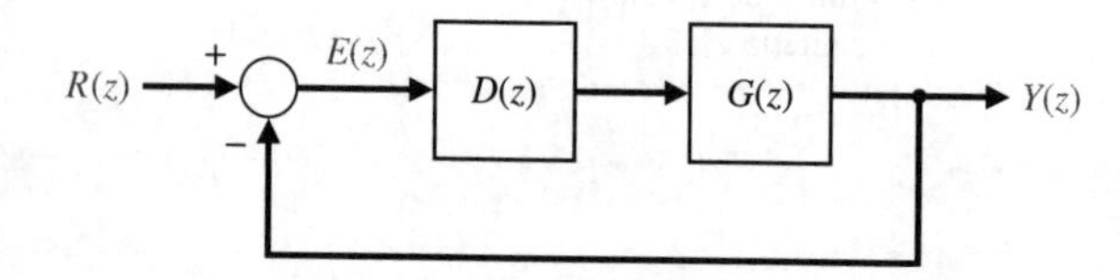

FIGURA 13.45 Sistema de controle com realimentação com um controlador digital. Observe que $G(z) = Z[G_0(s)G_p(s)]$.

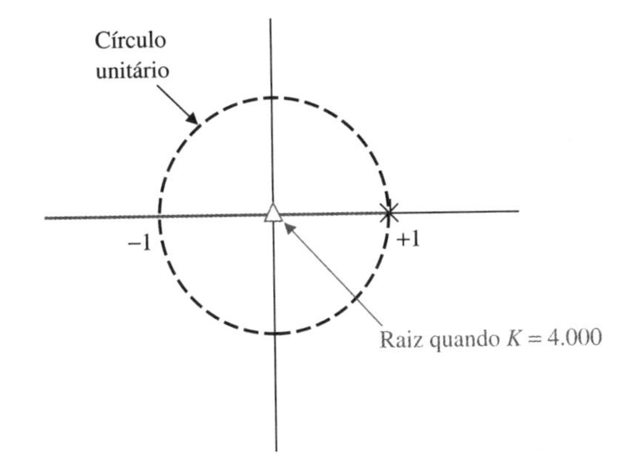

FIGURA 13.46 Lugar geométrico das raízes.

13.13 RESUMO

O uso de computador digital como o dispositivo de compensação para um sistema de controle em malha fechada cresceu durante as duas últimas décadas à medida que o preço e a confiabilidade dos computadores melhoraram extraordinariamente. Um computador pode ser usado para concluir muitos cálculos durante o período de amostragem T e para fornecer um sinal de saída que é utilizado para acionar um atuador de um processo. O controle por computador é usado hoje em processos químicos, no controle de aeronaves, em máquinas operatrizes e em muitos processos comuns.

A transformada z pode ser usada para analisar a estabilidade e a resposta de um sistema amostrado e para projetar sistemas adequados incorporando um computador. Os sistemas de controle por computador tornaram-se cada vez mais comuns à medida que computadores de baixo custo ficaram facilmente acessíveis.

VERIFICAÇÃO DE COMPETÊNCIAS

Nesta seção, são apresentados três conjuntos de problemas para testar o conhecimento do leitor: Verdadeiro ou Falso, Múltipla Escolha e Correspondência de Palavras. Para obter um retorno imediato, compare as respostas com o gabarito fornecido depois dos problemas de fim de capítulo. Use o diagrama de blocos da Figura 13.47 como especificado nos vários enunciados dos problemas.

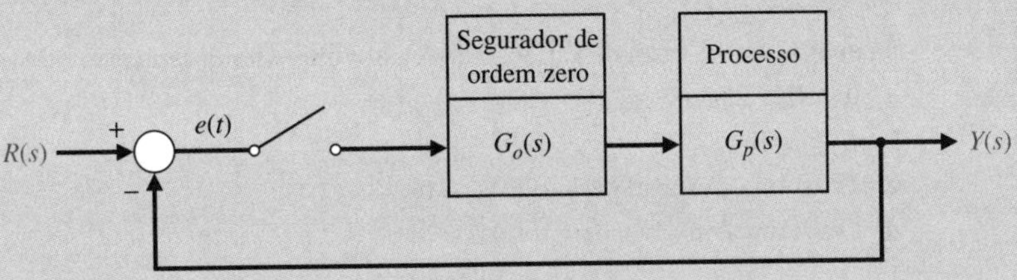

FIGURA 13.47 Diagrama de blocos para a Verificação de Competências.

Nos seguintes problemas de **Verdadeiro ou Falso** e **Múltipla Escolha**, circule a resposta correta.

1. Um sistema de controle digital usa sinais digitais e computador digital para controlar um processo. *Verdadeiro ou Falso*
2. O sinal amostrado está disponível apenas com precisão limitada. *Verdadeiro ou Falso*
3. Os métodos do lugar geométrico das raízes não são aplicáveis ao projeto e análise de sistemas de controle digital. *Verdadeiro ou Falso*
4. Um sistema amostrado será estável se todos os polos da função de transferência em malha fechada ficarem fora do círculo unitário no plano z. *Verdadeiro ou Falso*
5. A transformada z é um mapeamento conforme do plano s para o plano z pela relação $z = e^{sT}$. *Verdadeiro ou Falso*
6. Considere a função no domínio s

$$Y(s) = \frac{10}{s(s+2)(s+6)}.$$

Seja T o período de amostragem. Então, no domínio z, a função $Y(s)$ é

a. $Y(z) = \frac{5}{6}\frac{z}{z-1} - \frac{5}{4}\frac{z}{z-e^{-2T}} + \frac{5}{12}\frac{z}{z-e^{-6T}}$

b. $Y(z) = \frac{5}{6}\frac{z}{z-1} - \frac{5}{4}\frac{z}{z-e^{-6T}} + \frac{5}{12}\frac{z}{z-e^{-T}}$

c. $Y(z) = \frac{5}{6}\frac{z}{z-1} - \frac{z}{z-e^{-6T}} + \frac{5}{12}\frac{z}{z-e^{-2T}}$

d. $Y(z) = \frac{1}{6}\frac{z}{z-1} - \frac{z}{1-e^{-2T}} + \frac{5}{6}\frac{z}{1-e^{-6T}}$

7. A resposta ao impulso de um sistema é dada por

$$Y(z) = \frac{z^3 + 2z^2 + 2}{z^3 - 25z^2 + 0{,}6z}.$$

Determine os valores de $y(nT)$ nos quatro primeiros instantes de amostragem.

a. $y(0) = 1, y(T) = 27, y(2T) = 647, y(3T) = 660{,}05$

b. $y(0) = 0, y(T) = 27, y(2T) = 47, y(3T) = 60{,}05$

c. $y(0) = 1, y(T) = 27, y(2T) = 674{,}4, y(3T) = 16.845{,}8$

d. $y(0) = 1, y(T) = 647, y(2T) = 47, y(3T) = 27$

8. Considere um sistema com dados amostrados com a função de transferência em malha fechada

$$T(z) = K\frac{z^2 + 2z}{z^2 + 0{,}2z - 0{,}5}.$$

Este sistema é:

a. Estável para todo K finito.

b. Estável para $-0{,}5 < K < \infty$.

c. Instável para todo K finito.

d. Instável para $-0{,}5 < K < \infty$.

9. A equação característica de um sistema amostrado é

$$q(z) = z^2 + (2K - 1{,}75)z + 2{,}5 = 0,$$

na qual $K > 0$. A faixa de variação de K para um sistema estável é:

a. $0 < K \leq 2{,}63$

b. $K \geq 2{,}63$

c. O sistema é estável para todo $K > 0$.

d. O sistema é instável para todo $K > 0$.

10. Considere o sistema com realimentação unitária na Figura 13.47, em que

$$G_p(s) = \frac{K}{s(0{,}2s + 1)}$$

com o período de amostragem $T = 0{,}4$ segundo. O valor máximo de K para um sistema em malha fechada estável é qual dos seguintes:

a. $K = 7{,}25$

b. $K = 10{,}5$

c. O sistema em malha fechada é estável para todo K finito.

d. O sistema em malha fechada é instável para todo $K > 0$.

Nos Problemas 11 e 12, considere o sistema com dados amostrados na Figura 13.47, em que

$$G_p(s) = \frac{225}{s^2 + 225}.$$

11. A função de transferência em malha fechada $T(z)$ deste sistema com amostragem com $T = 1$ s é

a. $T(z) = \dfrac{1{,}76z + 1{,}76}{z^2 + 3{,}279z + 2{,}76}$

b. $T(z) = \dfrac{z + 1{,}76}{z^2 + 2{,}76}$

c. $T(z) = \dfrac{1{,}76z + 1{,}76}{z^2 + 1{,}519z + 1}$

d. $T(z) = \dfrac{z}{z^2 + 1}$

12. A resposta ao degrau unitário do sistema em malha fechada é:

a. $Y(z) = \dfrac{1{,}76z + 1{,}76}{z^2 + 3{,}279z + 2{,}76}$

b. $Y(z) = \dfrac{1{,}76z + 1{,}76}{z^3 + 2{,}279z^2 - 0{,}5194z - 2{,}76}$

c. $Y(z) = \dfrac{1{,}76z^2 + 1{,}76z}{z^3 + 2{,}279z^2 - 0{,}5194z - 2{,}76}$

d. $Y(z) = \dfrac{1{,}76z^2 + 1{,}76z}{2{,}279z^2 - 0{,}5194z - 2{,}76}$

Nos Problemas 13 e 14, considere o sistema com dados amostrados com um segurador de ordem zero em que

$$G_p(s) = \frac{20}{s(s + 9)}.$$

13. A função de transferência em malha fechada $T(z)$ deste sistema usando um período de amostragem de $T = 0{,}5$ s é qual das seguintes:

a. $T(z) = \dfrac{1{,}76z + 1{,}76}{z^2 + 2{,}76}$

b. $T(z) = \dfrac{0{,}87z + 0{,}23}{z^2 - 0{,}14z + 0{,}24}$

c. $T(z) = \dfrac{0{,}87z + 0{,}23}{z^2 - 1{,}01z + 0{,}011}$

d. $T(z) = \dfrac{0{,}92z + 0{,}46}{z^2 - 1{,}01z}$

14. A faixa de variação do período de amostragem T para a qual o sistema em malha fechada é estável é:

a. $T \leq 1{,}12$

b. O sistema é estável para todo $T > 0$.

c. $1{,}12 \leq T \leq 10$

d. $T \leq 4{,}23$

15. Considere um sistema de tempo contínuo com a função de transferência em malha fechada

$$T(s) = \frac{s}{s^2 + 4s + 8}.$$

Usando um segurador de ordem zero na entrada e um período de amostragem $T = 0{,}02$ s, determine qual das seguintes é a representação em função de transferência em malha fechada de tempo discreto equivalente:

a. $T(z) = \dfrac{0{,}019z - 0{,}019}{z^2 + 2{,}76}$

b. $T(z) = \dfrac{0{,}87z + 0{,}23}{z^2 - 0{,}14z + 0{,}24}$

c. $T(z) = \dfrac{0{,}019z - 0{,}019}{z^2 - 1{,}9z + 0{,}9}$

d. $T(z) = \dfrac{0{,}043z - 0{,}02}{z^2 + 1{,}9231}$

No problema de **Correspondência de Palavras** seguinte, combine o termo com sua definição escrevendo a letra correta no espaço fornecido.

a. Precisão	Um sistema que trabalha em parte com dados amostrados (variáveis amostradas). ______
b. Compensador com computador digital	A condição de estabilidade ocorre quando todos os polos da função de transferência em malha fechada $T(z)$ estão no interior do círculo unitário no plano z. ______
c. Plano z	Plano com o eixo vertical igual à parte imaginária de z e o eixo horizontal igual à parte real de z. ______
d. Regra das diferenças regressivas	Sistema de controle que usa sinais digitais e computador digital para controlar um processo. ______
e. Minicomputador	Dados obtidos para as variáveis do sistema apenas em intervalos discretos. ______
f. Sistema com dados amostrados	Período em que todos os números saem ou entram no computador. ______
g. Dados amostrados	Um mapeamento conforme do plano s para o plano z por meio da relação $z = e^{sT}$. ______
h. Sistema de controle digital	O sinal amostrado disponível apenas com precisão limitada. ______
i. Microcomputador	Sistema que usa um computador digital como o elemento compensador. ______
j. Integração retangular à frente	Um método computacional de aproximação da derivada no tempo de uma função. ______
k. Estabilidade de um sistema com dados amostrados	Um método computacional de aproximação da integral de uma função. ______
l. Erro de quantização de amplitude	Pequeno computador pessoal (*personal computer* – PC) baseado em um microprocessador. ______
m. Controlador PID	Um computador dedicado com tamanho e desempenho entre um microcomputador e um computador de grande porte. ______
n. Transformada z	Controlador com três termos no qual a saída é a soma de um termo proporcional, um termo integral e um termo derivativo. ______
o. Período de amostragem	O grau de exatidão ou de discriminação em que uma grandeza é determinada. ______
p. Segurador de ordem zero	Modelo matemático de uma operação de amostragem e manutenção de dados. ______

EXERCÍCIOS

E13.1 Especifique se os seguintes sinais são discretos ou contínuos:

(a) Curvas de nível em um mapa.

(b) Temperatura em uma sala.

(c) Mostrador de relógio digital.

(d) O placar de um jogo de futebol.

(e) A saída de um alto-falante.

E13.2 (a) Descubra os valores de $y(kT)$ quando

$$Y(z) = \frac{z}{z^2 - 3z + 2}$$

para $k = 0$ até 4.

(b) Obtenha uma forma fechada de solução para $y(kT)$ como função de k.

Resposta: $y(0) = 0, y(T) = 1, y(2T) = 3, y(3T) = 7, y(4T) = 15$

E13.3 Um sistema tem resposta $y(kT) = kT$ para $k \geq 0$. Encontre $Y(z)$ para esta resposta.

Resposta: $Y(z) = \dfrac{Tz}{(z-1)^2}$

E13.4 Tem-se uma função

$$Y(s) = \frac{10}{s(s+2)(s+10)}.$$

Usando uma expansão em frações parciais de $Y(s)$ e uma tabela de transformadas z, encontre $Y(z)$ quando $T = 0{,}2$ s.

E13.5 O ônibus espacial, com seu braço robótico, é mostrado na Figura E13.5(a). Um astronauta controla o braço e a garra robóticos usando uma escotilha e as câmeras de TV [9]. Discuta o uso de controle digital para este sistema e esboce um diagrama de blocos para o sistema, incluindo um computador para a geração de telas de exibição e o controle.

E13.6 O controle por computador de um robô para pintar um automóvel por pulverização é mostrado pelo sistema na Figura E13.6(a) [1]. O sistema é do tipo mostrado na Figura E13.6(b), na qual

$$KG_p(s) = \frac{10}{s(0,25s + 1)},$$

e deseja-se uma margem de fase de $M.F. = 45°$. Usando métodos de resposta em frequência, um compesador foi desenvolvido, dado por $G_c(s) = \dfrac{0,508(s + 0,15)}{s + 0,015}$. Obtenha o $D(z)$ requerido quando $T = 0,1$ s.

E13.7 Encontre a resposta para os quatro primeiros instantes de amostragem para

$$Y(z) = \frac{z^3 + 3z^2 + 1}{z^3 - 1,0z^2 + 0,25z}.$$

Ou seja, encontre $y(0), y(1), y(2)$ e $y(3)$.

E13.8 Determine se o sistema em malha fechada com $T(z)$ é estável quando

$$T(z) = \frac{z}{z^2 + 0,5z - 1,0}.$$

Resposta: instável

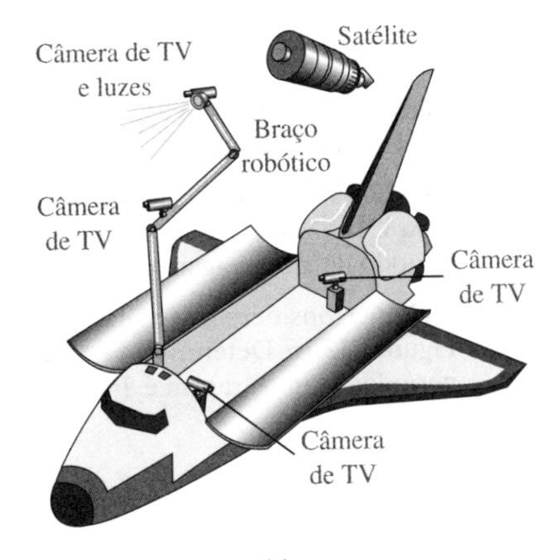

(a)

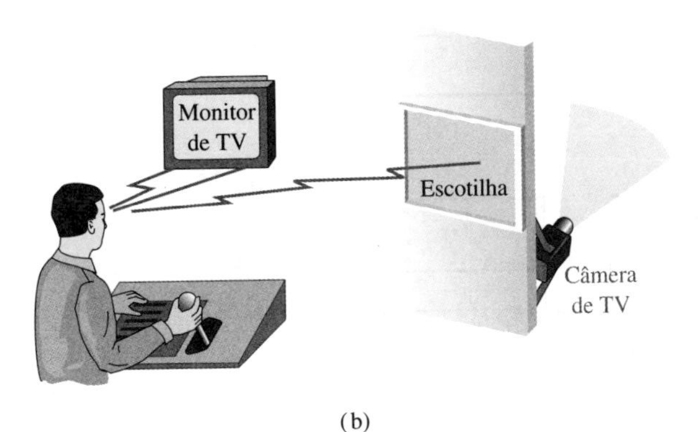

(b)

FIGURA E13.5 (a) Ônibus espacial e braço robótico. (b) Astronauta controlando o braço.

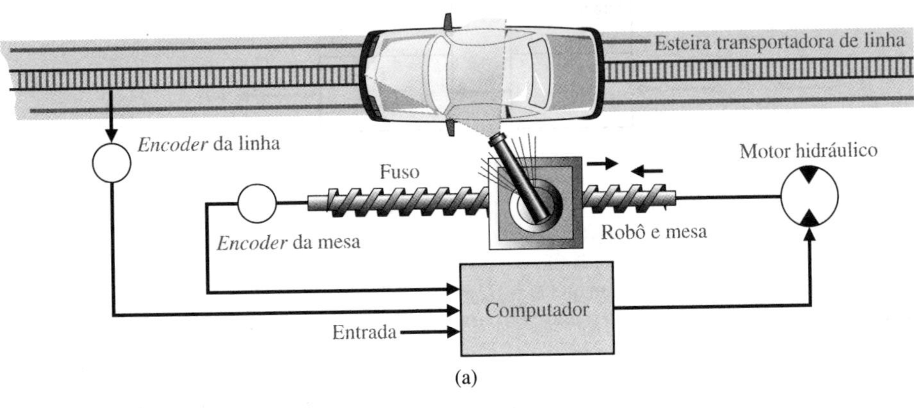

(a)

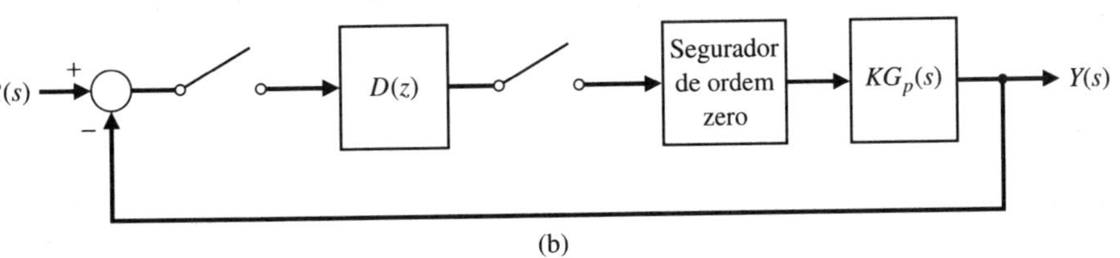

(b)

FIGURA E13.6 (a) Sistema de pintura de automóvel por pulverização. (b) Sistema de controle em malha fechada com controlador digital.

E13.9 (a) Determine $y(kT)$ para $k = 0$ até 3 quando

$$Y(z) = \frac{z+1}{z^2-1}.$$

(b) Determine a solução na forma fechada para $y(kT)$ com uma função de k.

E13.10 Um sistema tem

$$G_p(s) = \frac{K}{s(\tau s+1)},$$

com $T = 0{,}01$ s e $\tau = 0{,}008$ s. (a) Encontre K de modo que a máxima ultrapassagem seja menor que 40%. (b) Determine o erro em regime permanente em resposta a uma entrada em rampa unitária. (c) Determine K para minimizar a integral do erro quadrático.

E13.11 Um sistema tem a função de transferência do processo

$$G_p(s) = \frac{10}{s^2+10}.$$

(a) Determine $G(z)$ para $G_p(s)$ precedido por um segurador de ordem zero com $T = 0{,}1$ s. (b) Determine se o sistema digital é estável. (c) Represente graficamente a resposta ao impulso de $G(z)$ para as 35 primeiras amostras. (d) Represente graficamente a resposta para uma entrada senoidal com $\omega_n = 1{,}5$ rad/s.

E13.12 Encontre a transformada z de

$$X(s) = \frac{s+2}{s^2+6s+8}$$

quando o período de amostragem é $T = 1$ s.

E13.13 A equação característica de um sistema amostrado é

$$z^2 + (K-4)z + 0{,}8 = 0.$$

Encontre a faixa de K de modo que o sistema seja estável.
Resposta: $2{,}2 < K < 5{,}8$

E13.14 Um sistema com realimentação unitária, como mostrado na Figura E13.14, tem uma planta

$$G_p(s) = \frac{K}{s(s+3)},$$

com $T = 0{,}5$ s. Determine se o sistema é estável quando $K = 5$. Determine o valor máximo de K para estabilidade.

E13.15 Considere o sistema com dados amostrados exibido na Figura E13.15. Determine a função de transferência $G(z)$ quando o período de amostragem é $T = 0{,}1$ s.

E13.16 Considere o sistema com dados amostrados presente na Figura E13.16. Determine a função de transferência $G(z)$ quando o período de amostragem é $T = 0{,}5$ s.

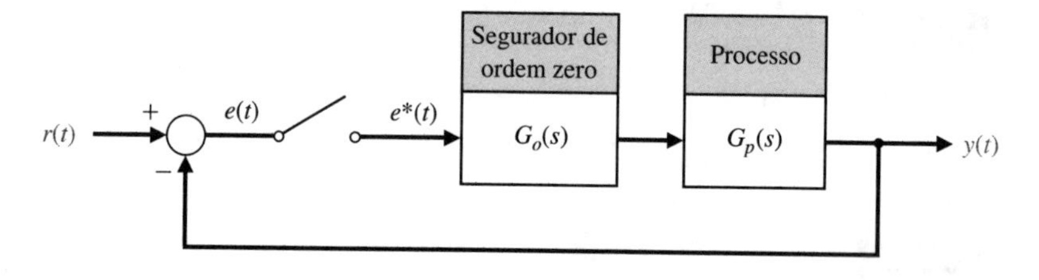

FIGURA E13.14 Um sistema amostrado em malha fechada.

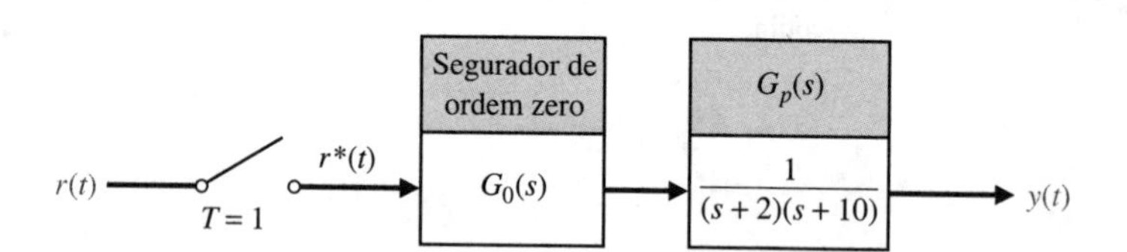

FIGURA E13.15 Um sistema com dados amostrados em malha aberta com período de amostragem $T = 1$ s.

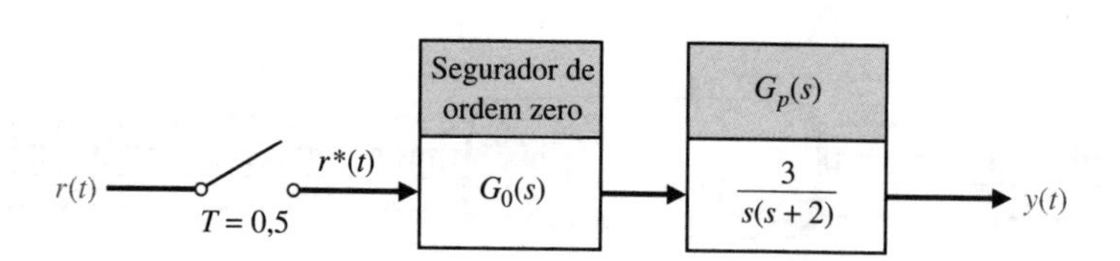

FIGURA E13.16 Um sistema com dados amostrados em malha aberta com período de amostragem $T = 0{,}5$ s.

PROBLEMAS

P13.1 A entrada de um amostrador é $r(t) = \text{sen}(\omega t)$, em que $\omega = 1/2\pi$. Represente graficamente a entrada do amostrador e a saída $r^*(t)$ para os primeiros 4 segundos quando $T = 0{,}125$ s.

P13.2 A entrada de um amostrador é $r(t) = \text{sen}(\omega t)$, em que $\omega = 1/\pi$. A saída do amostrador entra em um segurador de ordem zero. Represente graficamente a saída do segurador de ordem zero $p(t)$ para os primeiros 2 segundos quando $T = 0{,}25$ s.

P13.3 Uma rampa unitária $r(t) = t, t > 0$, é usada como entrada para um processo em que $G(s) = 1/(s+1)$, como mostrado na Figura P13.3. Determine a saída $y(kT)$ para os quatro primeiros instantes de amostragem.

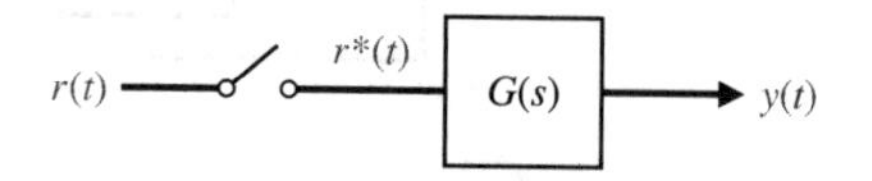

FIGURA P13.3 Sistema de amostragem.

P13.4 Um sistema em malha fechada possui um circuito segurador e um processo como mostrado na Figura E13.14. Determine $G(z)$ quando $T = 1$ e

$$G_p(s) = \frac{10}{s+10}.$$

P13.5 Para o sistema no Problema P13.4, faça $r(t)$ ser uma entrada em degrau unitário e calcule a resposta do sistema por divisão sintética com cinco passos de amostragem.

P13.6 Para a saída do sistema no Problema P13.4, encontre os valores inicial e final da saída diretamente a partir de $Y(z)$. Verifique traçando a resposta para degrau unitário.

P13.7 Um sistema em malha fechada é mostrado na Figura E13.14. Este sistema representa o controle de arfagem de uma aeronave. A função de transferência do processo é $G_p(s) = K/[s(0{,}5s + 1)]$. Escolha um ganho K e um período de amostragem T de modo que a máxima ultrapassagem seja limitada a 0,3 para uma entrada em degrau unitário e o erro em regime estacionário para uma entrada rampa unitária seja menor do que 1,0.

P13.8 Considere o sistema compensado por computador mostrado na Figura E13.6(b) quando $T = 1$ e

$$KG_p(s) = \frac{K}{s(s + 10)}.$$

Escolha os parâmetros K e r de $D(z)$ quando

$$D(z) = \frac{z - 0{,}3678}{z + r}.$$

Escolha dentro da faixa $1 < K < 2$ e $0 < r < 1$.
Determine a resposta do sistema compensado e compare-a com a do sistema sem compensação.

P13.9 Um sistema suspenso móvel controlado remotamente para trazer mobilidade tridimensional à liga profissional de futebol americano é mostrado na Figura P13.9. A câmera pode ser movimentada sobre o campo, bem como para cima e para baixo. O controle do motor em cada uma das polias é representado pela Figura E13.14 com

$$G_p(s) = \frac{10}{s(s + 1)(s/10 + 1)}.$$

Deseja-se alcançar uma margem de fase de $M.F. = 45°$ usando $G_c(s)$. Escolha uma frequência de cruzamento e um período de amostragem adequados para obter $D(z)$. Use o método de conversão $G_c(s)$-para-$D(z)$.

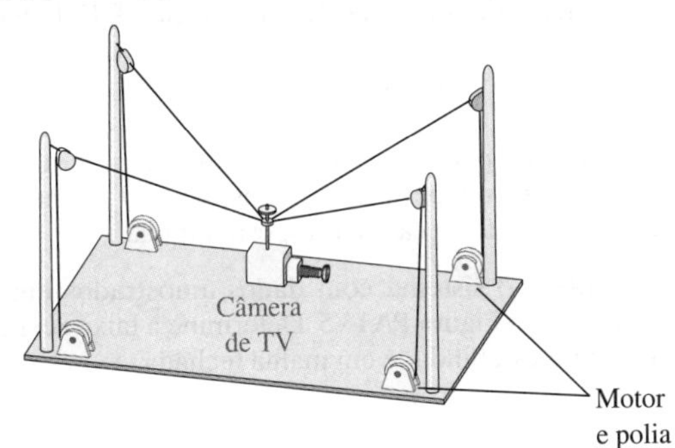

FIGURA P13.9 Câmera móvel para campo de futebol americano.

P13.10 Considere um sistema como mostrado na Figura P13.10 com um segurador de ordem zero, um processo

$$G_p(s) = \frac{1}{s(s + 10)},$$

e $T = 0{,}1$ s. Observe que $G(z) = Z\{G_0(s)G_p(s)\}$
(a) Faça $D(z) = K$ e determine a função de transferência $G(z)D(z)$. (b) Determine a equação característica do sistema em malha fechada. (c) Calcule o valor máximo de K para um sistema estável. (d) Determine K tal que a máxima ultrapassagem seja $M.U.P. \leq 30\%$. (e) Calcule a função de transferência em malha fechada $T(z)$ para K da parte (d) e represente graficamente a resposta ao degrau. (f) Determine a posição das raízes em malha fechada e a máxima ultrapassagem percentual se K for metade do valor determinado na parte (c). (g) Represente graficamente a resposta ao degrau para o K da parte (f).

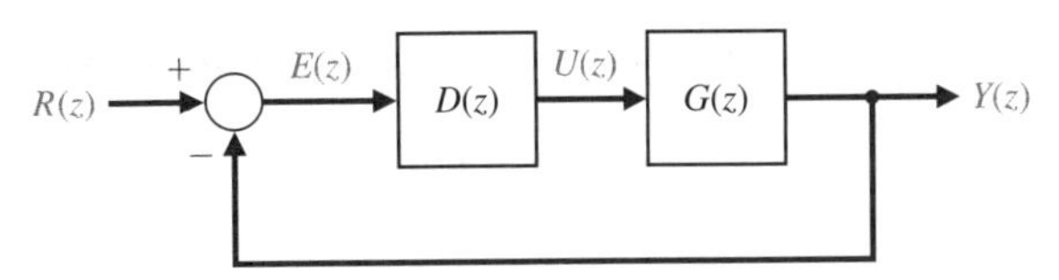

FIGURA P13.10 Sistema de controle com realimentação com um controlador digital.

P13.11 (a) Para o sistema descrito no Problema P13.10, projete um compensador de atraso de fase $G_c(s)$ para alcançar máxima ultrapassagem percentual $M.U.P. \leq 30\%$ e erro em regime estacionário $e_{ss} = 0{,}01$ para uma entrada rampa. Admita um sistema contínuo não amostrado com $G_p(s)$.

(b) Determine um $D(z)$ adequado para satisfazer os requisitos da parte (a) com um período de amostragem $T = 0{,}1$ s. Admita um segurador de ordem zero e um amostrador e use o método de conversão $G_c(s)$-para-$D(z)$.

(c) Represente graficamente a resposta ao degrau do sistema com o compensador contínuo no tempo $G_c(s)$ da parte (a) e do sistema digital com o $D(z)$ da parte (b). Compare os resultados.

(d) Repita a parte (b) para $T = 0{,}01$ s e, em seguida, repita a parte (c).

(e) Represente graficamente a resposta à rampa para $D(z)$ com $T = 0{,}1$ s e compare-a com a resposta do sistema contínuo.

P13.12 A função de transferência de uma planta e um segurador de ordem zero é

$$G(z) = \frac{K(z + 0{,}8)}{z(z - 2)}.$$

(a) Trace o lugar geométrico das raízes. (b) Determine a faixa do ganho K para um sistema estável.

P13.13 Um controlador de orientação da estação espacial é implementado com um amostrador e um segurador e tem a função de transferência

$$G(z) = \frac{K(z^2 + 1{,}1206z - 0{,}0364)}{z^3 - 1{,}7358z^2 + 0{,}8711z - 0{,}1353}.$$

(a) Trace o lugar geométrico das raízes. (b) Determine o valor de K de modo que duas das raízes da equação característica sejam iguais. (c) Determine todas as raízes da equação característica para o ganho da parte (b).

P13.14 Um sistema com dados amostrados com período de amostragem $T = 0{,}05$ s é

$$G(z) = \frac{K(z^3 + 10{,}3614z^2 + 9{,}758z + 0{,}8353)}{z^4 - 3{,}7123z^3 + 5{,}1644z^2 - 3{,}195z + 0{,}7408}.$$

(a) Trace o lugar geométrico das raízes. (b) Determine K quando os dois polos reais saem do eixo real. (c) Calcule o K máximo para estabilidade.

P13.15 Um sistema em malha fechada com um amostrador e um segurador, como mostrado na Figura E13.14, tem uma função de transferência do processo

$$G_p(s) = \frac{20}{s - 5}.$$

Calcule e represente graficamente $y(kT)$ para $0 \leq T \leq 0{,}6$ quando $T = 0{,}1$ s. O sinal de entrada é um degrau unitário.

P13.16 Um sistema em malha fechada como mostrado na Figura E13.14 tem

$$G_p(s) = \frac{1}{s(s + 1)}.$$

Calcule e represente graficamente $y(kT)$ para $0 \leq k \leq 25$ quando $T = 1$ s e a entrada é um degrau unitário.

P13.17 Um sistema em malha fechada, como o mostrado na Figura E13.14, tem

$$G_p(s) = \frac{K}{s(s + 0{,}75)}$$

e $T = 1$ s. Trace o lugar geométrico das raízes para $K \geq 0$ e determine o ganho K que resulta nas duas raízes da equação característica sobre o círculo z (no limite de estabilidade).

P13.18 Um sistema com realimentação unitária, como mostrado na Figura E13.14, tem

$$G_p(s) = \frac{K}{s(s + 1)}.$$

Se o sistema for contínuo ($T = 0$), então $K = 1$ produz uma resposta ao degrau com máxima ultrapassagem percentual $M.U.P. = 16\%$ e tempo de acomodação (com um critério de 2%) de $T_s = 8$ s. Represente graficamente a resposta para $0 \leq T \leq 1{,}2$, variando T em incrementos de 0,2 quando $K = 1$. Complete uma tabela registrando a máxima ultrapassagem e tempo de acomodação *versus* T.

PROBLEMAS AVANÇADOS

PA13.1 Um sistema em malha fechada, como mostrado na Figura E13.14, tem um processo

$$G_p(s) = \frac{K(1 + as)}{s^2 + 2s + 50},$$

em que a é ajustável para se alcançar uma resposta adequada. Trace o lugar geométrico das raízes quando $a = 0{,}2$. Determine a faixa de K para estabilidade quando $T = 0{,}5$ s.

PA13.2 Um fabricante usa adesivo para formar uma linha de junção ao longo da borda do material, como mostrado na Figura PA13.2. É essencial que a cola seja aplicada uniformemente para evitar defeitos; contudo, a velocidade com a qual o material passa sob a cabeça aplicadora de cola não é constante. A cola precisa ser aplicada a uma taxa proporcional à velocidade variável do material. O controlador ajusta a válvula que libera a cola [12].

O sistema pode ser representado pelo diagrama de blocos mostrado na Figura P13.10, em que $G_p(s) = 2/(0{,}03s + 1)$ com um segurador de ordem zero $G_0(s)$. Use um controlador

$$D(z) = \frac{KT}{1 - z^{-1}} = \frac{KTz}{z - 1}$$

que representa um controlador integral. Determine $G(z)D(z)$ para $T = 30$ ms e trace o lugar geométrico das raízes. Escolha um ganho K adequado e represente graficamente a resposta ao degrau.

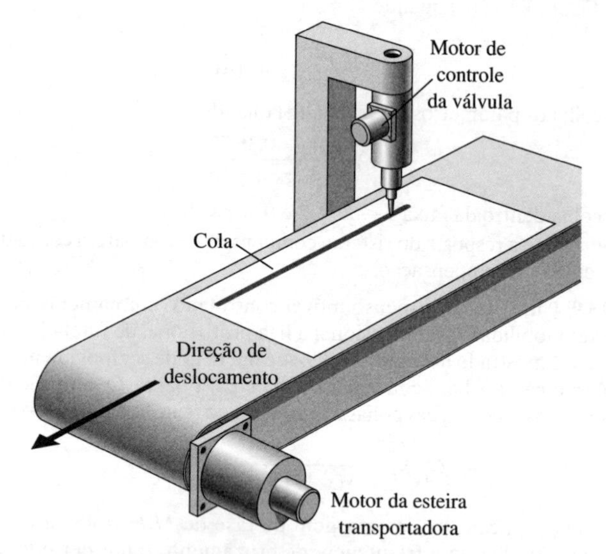

FIGURA PA13.2 Um sistema de controle de cola.

PA13.3 Um sistema da forma mostrada na Figura P13.10 tem $D(z) = K$ e

$$G_p(s) = \frac{12}{s(s + 12)}.$$

Quando $T = 0{,}05$ s, encontre um K adequado para uma resposta ao degrau rápida com máxima ultrapassagem percentual $M.U.P. \leq 10\%$.

PA13.4 Um sistema da forma mostrada na Figura E13.14 tem

$$G_p(s) = \frac{4}{s + 2}.$$

Determine a faixa do período de amostragem T para a qual o sistema é estável. Escolha um período de amostragem T de modo que o sistema seja estável e forneça uma resposta rápida.

PA13.5 Considere o sistema com dados amostrados em malha fechada mostrado na Figura PA13.5. Determine a faixa aceitável do parâmetro K para estabilidade em malha fechada.

FIGURA PA13.5 Um sistema com dados amostrados em malha fechada com período de amostragem $T = 0{,}1$ s.

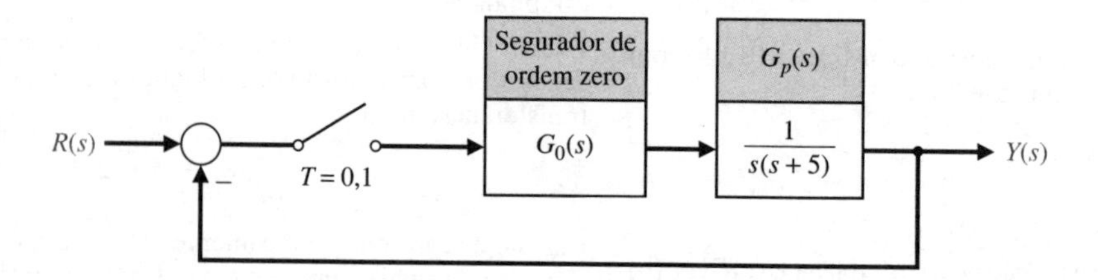

PROBLEMAS DE PROJETO

PPC13.1 Projete um controlador digital para o sistema usando o modelo de segunda ordem do motor-sarilho-corrediça como descrito em PPC2.1 e PPC4.1. Use um período de amostragem de $T = 1$ ms e escolha um $D(z)$ adequado para o sistema mostrado na Figura P13.10. Determine a resposta do sistema projetado para uma entrada em degrau $r(t)$.

PP13.1 Um sistema de temperatura, como mostrado na Figura P13.10, tem uma função de transferência de processo

$$G_p(s) = \frac{0{,}8}{3s + 1}$$

e um período de amostragem T de 0,5 s.
(a) Usando $D(z) = K$, escolha um ganho K de modo que o sistema seja estável. (b) O sistema pode ser lento e superamortecido, e assim busca-se projetar um compensador de avanço de fase. Determine um compensador $G_c(s)$ adequado e em seguida calcule $D(z)$. (c) Verifique o projeto obtido na parte (b) representando graficamente a resposta ao degrau do sistema para o $D(z)$ escolhido.

PP13.2 O sistema de posicionamento de cabeça de leitura e de gravação de um acionador de disco tem um sistema como mostrado na Figura P13.10 [11]. A função de transferência do processo é

$$G_p(s) = \frac{9}{s^2 + 0{,}85s + 788}.$$

Controle exato usando um compensador digital é requerido. Faça $T = 10$ ms e projete um compensador, $D(z)$, utilizando (a) o método da conversão $G_c(s)$-para-$D(z)$ e (b) o método do lugar geométrico das raízes.

PP13.3 O controle de tração de automóveis, que inclui freios antiderrapantes e aceleração antipatinação, pode melhorar o desempenho e a condução do veículo. O objetivo deste controle é maximizar a tração nos pneus para prevenir travamento das rodas durante a frenagem e patinação durante a aceleração.

O escorregamento da roda, a diferença entre a velocidade do veículo e a velocidade da roda (normalizada pela velocidade do veículo para frenagem e pela velocidade da roda para aceleração), é escolhido como a variável controlada para a maioria dos algoritmos de controle de tração devido à sua forte influência na força de tração entre o pneu e a estrada [17].

Um modelo para roda é mostrado na Figura PP13.3, no qual y é o escorregamento da roda. O objetivo é minimizar o escorregamento quando uma perturbação ocorre em virtude de condições da estrada. Projete um controlador $D(z)$ de modo que o fator de amortecimento do sistema seja $\zeta = 1/\sqrt{2}$ e determine o K resultante. Admita $T = 0{,}1$ s. Represente graficamente a resposta ao degrau resultante e encontre a máxima ultrapassagem percentual e o tempo de acomodação (com um critério de 2%).

PP13.4 Um sistema de máquina operatriz tem a forma mostrada na Figura E13.6(b) com [10]

$$KG_p(s) = \frac{0{,}2}{s(s + 0{,}2)}.$$

A taxa de amostragem é escolhida como $T = 1$ s. Deseja-se que a resposta ao degrau tenha máxima ultrapassagem percentual de $M.U.P. \le 20\%$ e um tempo de acomodação (com critério de 2%) de $T_s \le 10$ s. Projete um $D(z)$ para alcançar essas especificações.

PP13.5 A extrusão de plástico é um método bem estabelecido e largamente usado na indústria de processamento de polímeros [12]. Extrusoras consistem tipicamente em um grande cilindro dividido em diversas zonas de temperatura com um funil de alimentação em uma extremidade e uma fieira na outra. O polímero é alimentado no cilindro em forma bruta e sólida a partir do funil de alimentação e é empurrado para a frente por um fuso potente. Ao mesmo tempo, é aquecido gradualmente enquanto passa através das diversas zonas de temperatura ajustadas em temperaturas gradualmente crescentes. O calor produzido pelos aquecedores no cilindro, juntamente com o calor liberado a partir do atrito entre o polímero bruto e as superfícies do cilindro e do parafuso, acaba causando o derretimento do polímero, que é então empurrado pelo fuso para fora através da fieira, para ser processado mais adiante com diversas finalidades.

As variáveis de saída são o fluxo de saída da fieira e a temperatura do polímero. A variável de controle principal é a velocidade do fuso, uma vez que a resposta do processo à mesma é rápida.

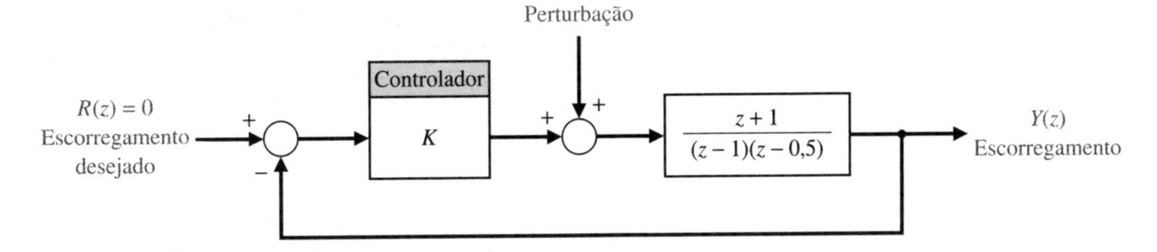

FIGURA PP13.3 Sistema de controle de tração de automóvel.

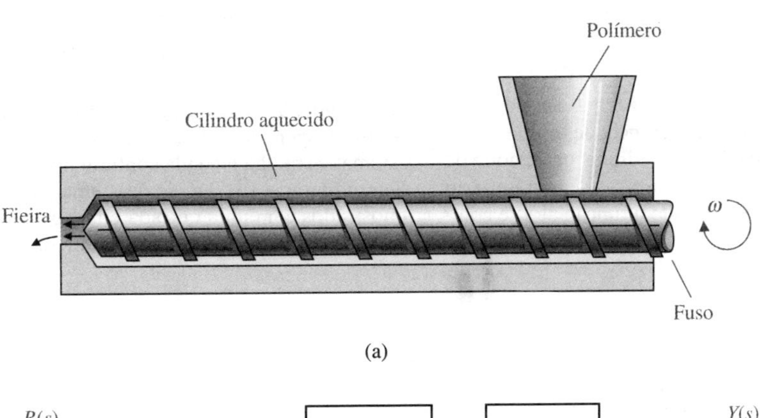

FIGURA PP13.5 Sistema de controle para uma extrusora.

O sistema de controle para a temperatura de saída do polímero é mostrado na Figura PP13.5. Escolha um ganho K e um período de amostragem T de modo a obter máxima ultrapassagem percentual para degrau $\leq 20\%$ e $T_s \leq 10$ s com uma entrada degrau unitário.

PP13.6 O diagrama de blocos de um sistema com dados amostrados em malha fechada é mostrado na Figura PP13.6. Projete $D(z)$ tal que a resposta do sistema em malha fechada para uma entrada em degrau unitário tenha máxima ultrapassagem percentual $M.U.P. \leq 12\%$ e tempo de acomodação $T_s \leq 20$ s.

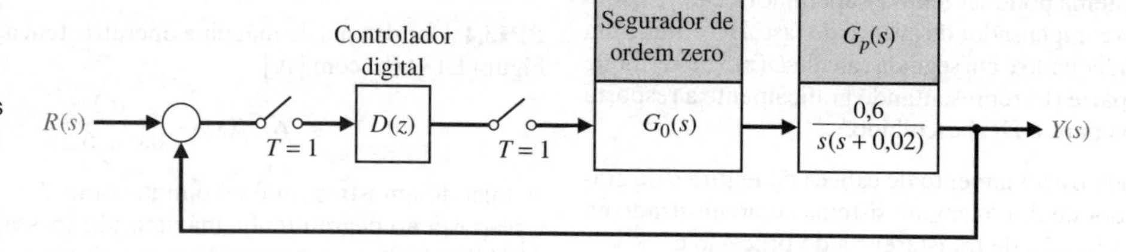

FIGURA PP13.6 Um sistema com dados amostrados em malha fechada com período de amostragem $T = 1$ s.

PROBLEMAS COMPUTACIONAIS

PC13.1 Desenvolva um arquivo m para gerar o gráfico da resposta ao degrau do sistema

$$G(z) = \frac{0{,}2145z + 0{,}1609}{z^2 - 0{,}75z + 0{,}125}.$$

Verifique graficamente que o valor em regime estacionário da saída é 1.

PC13.2 Converta as seguintes funções de transferência de tempo contínuo para sistemas com dados amostrados usando a função c2d. Admita um período de amostragem de 1 segundo e um segurador de ordem zero $G_0(s)$.

(a) $G_p(s) = \frac{1}{s}$

(b) $G_p(s) = \frac{s}{s^2 + 1}$

(c) $G_p(s) = \frac{s + 4}{s + 5}$

(d) $G_p(s) = \frac{1}{s(s + 10)}$

PC13.3 A função de transferência em malha fechada de um sistema com dados amostrados é dada por

$$T(z) = \frac{Y(z)}{R(z)} = \frac{1{,}7(z + 0{,}46)}{z^2 + z + 0{,}5}.$$

(a) Obtenha a resposta ao degrau unitário do sistema usando a função step. (b) Determine a função de transferência de tempo contínuo equivalente a $T(z)$ usando a função d2c e admita um período de amostragem de $T = 0{,}1$ s. (c) Calcule a resposta ao degrau unitário do sistema contínuo (não amostrado) usando a função step e compare o gráfico com a parte (a).

PC13.4 Trace o lugar geométrico das raízes para o sistema

$$G(z)D(z) = K\frac{0{,}9902z + 0{,}2014}{z^2 - 0{,}9464z + 0{,}7408}.$$

Encontre a faixa de K para estabilidade.

PC13.5 Considere o sistema com realimentação na Figura PC13.5. Obtenha o lugar geométrico das raízes e determine a faixa de K para estabilidade.

PC13.6 Considere o sistema com dados amostrados com a função de transferência em malha aberta

$$G(z)D(z) = K\frac{z^2 + 3z + 4}{z^2 - 0{,}1z - 2}.$$

(a) Trace o lugar geométrico das raízes usando a função rlocus.

(b) A partir do lugar geométrico das raízes, determine a faixa de K para estabilidade.

PC13.7 Um processo industrial de moagem é dado pela função de transferência [15]

$$G_p(s) = \frac{10}{s(s + 5)}.$$

O objetivo é usar um computador digital para melhorar o desempenho, sendo que a função de transferência do computador é representada por $D(z)$. As especificações de projeto são (1) margem de fase $M.F. \geq 45°$ e (2) tempo de acomodação (com um critério de 2%) $T_s \leq 1$ s.

(a) Projete um controlador

$$G_c(s) = K\frac{s + a}{s + b}$$

para atender às especificações de projeto. (b) Admitindo um período de amostragem de $T = 0{,}02$ s, converta $G_c(s)$ para $D(z)$. (c) Simule o sistema em malha fechada contínuo no tempo com uma entrada em degrau unitário. (d) Simule o sistema em malha fechada com dados amostrados com uma entrada em degrau unitário. (e) Compare os resultados das partes (c) e (d) e comente.

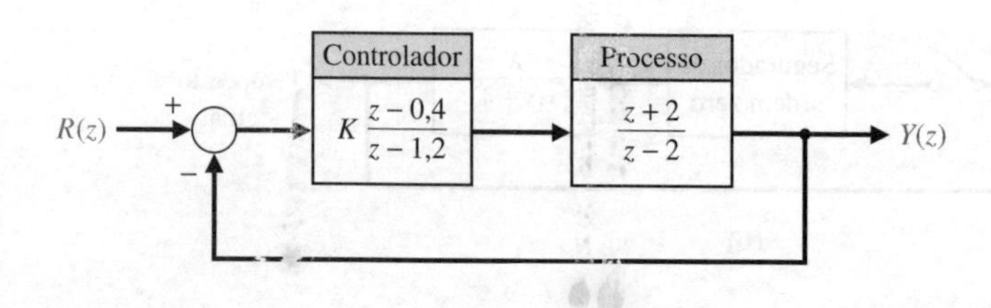

FIGURA PC13.5 Sistema de controle com um controlador digital.

RESPOSTAS PARA A VERIFICAÇÃO DE COMPETÊNCIAS

Verdadeiro ou Falso: (1) Verdadeiro; (2) Verdadeiro; (3) Falso; (4) Falso; (5) Verdadeiro
Múltipla Escolha: (6) a; (7) c; (8) a; (9) d; (10) a; (11) a; (12) c; (13) b; (14) a; (15) c

Correspondência de Palavras (em ordem, de cima para baixo): f, k, c, h, g, o, n, l, b, d, j, i, e, m, a, p

TERMOS E CONCEITOS

Compensador com computador digital Sistema que usa um computador digital como elemento compensador.

Controlador PID Um controlador com três termos no qual a saída é a soma de um termo proporcional, um termo integral e um termo derivativo, com um ganho ajustável para cada termo, dado por

$$G_c(z) = K_1 + \frac{K_2 Ts}{z - 1} + K_3 \frac{z - 1}{Tz}.$$

Dados amostrados Dados obtidos para as variáveis do sistema apenas em intervalos discretos. Dados obtidos uma vez a cada período de amostragem.

Erro de quantização de amplitude Sinal amostrado disponível apenas com precisão limitada. O erro entre o sinal real e o sinal amostrado.

Estabilidade de um sistema com dados amostrados A condição de estabilidade ocorre quando todos os polos da função de transferência em malha fechada $T(z)$ estão no interior do círculo unitário no plano z.

Integração retangular à frente Método computacional de aproximação da integral de uma função dado por $x(kT) \approx x((k-1)T) + T\dot{x}((k-1)T)$, em que $t = kT$, T é o período de amostragem e $k = 1, 2, \ldots$

Microcomputador Pequeno computador pessoal (*personal computer* – PC) baseado em um microprocessador.

Período de amostragem Período em que todos os números saem ou entram no computador. O período para o qual a variável amostrada é mantida constante.

Plano z Plano com o eixo vertical igual à parte imaginária de z e o eixo horizontal igual à parte real de z.

Precisão O grau de exatidão ou de discriminação com que uma grandeza é determinada.

Regra das diferenças regressivas Método computacional de aproximação da derivada no tempo de uma função dado por $\dot{x}(kT) \approx \dfrac{x(kT) - x((k-1)T)}{T}$, em que $t = kT$, T é o período de amostragem e $k = 1, 2, \ldots$

Segurador de ordem zero Modelo matemático de uma operação de amostragem e manutenção de dados cuja função de transferência entrada-saída é representada por $G_o(s) = \dfrac{1 - e^{-sT}}{s}$.

Sistema com dados amostrados Um sistema que em parte trabalha com dados amostrados (variáveis amostradas).

Sistema de controle digital Um sistema de controle que usa sinais digitais e um computador digital para controlar um processo.

Transformada z Um mapeamento conforme do plano s para o plano z por meio da relação $z = e^{sT}$. Uma transformação do domínio s para o domínio z.

Referências Bibliográficas

Capítulo 1

1. O. Mayr, *The Origins of Feedback Control*, MIT Press, Cambridge, Mass., 1970.
2. O. Mayr, "The Origins of Feedback Control," *Scientific American*, Vol. 223, No. 4, October 1970, pp. 110–118.
3. O. Mayr, *Feedback Mechanisms in the Historical Collections of the National Museum of History and Technology*, Smithsonian Institution Press, Washington, D. C., 1971.
4. E. P. Popov, *The Dynamics of Automatic Control Systems*, Gostekhizdat, Moscow, 1956; Addison-Wesley, Reading, Mass., 1962.
5. J. C. Maxwell, "On Governors," *Proc. of the Royal Society of London*, 16, 1868, in *Selected Papers on Mathematical Trends in Control Theory,* Dover, New York, 1964, pp. 270–283.
6. I. A. Vyshnegradskii, "On Controllers of Direct Action," *Izv. SPB Tekhnolog. Inst.*, 1877.
7. H. W. Bode, "Feedback – The History of na Idea," in *Selected Papers on Mathematical Trends in Control Theory,* Dover, New York, 1964, pp. 106–123.
8. H. S. Black, "Inventing the Negative Feedback Amplifier," *IEEE Spectrum*, December 1977, pp. 55–60.
9. J. E. Brittain, *Turning Points in American Electrical History*, IEEE Press, New York, 1977, Sect. II-E.
10. W. S. Levine, *The Control Handbook*, CRC Press, Boca Raton, Fla., 1996.
11. G. Newton, L. Gould, and J. Kaiser, *Analytical Design of Linear Feedback Controls*, John Wiley & Sons, New York, 1957.
12. M. D. Fagen, *A History of Engineering and Science on the Bell Systems*, Bell Telephone Laboratories, 1978, Chapter 3.
13. G. Zorpette, "Parkinson's Gun Director," *IEEE Spectrum*, April 1989, p. 43.
14. J. Höller, V. Tsiatsis, C. Mulligan, S. Karnouskos, S. Avesand, and D. Boyle, *From Machine-to-Machine to the Internet of Things: Introduction to New Age of Intelligence*, Elsevier, United Kingdom 2014.
15. S. Thrun, "Toward Robotic Cars," *Communications of the ACM*, Vol. 53, No. 4, April 2010.
16. M. M. Gupta, *Intelligent Control*, IEEE Press, Piscataway, N. J., 1995.
17. A. G. Ulsoy, "Control of Machining Processes," *Journal of Dynamic Systems*, ASME, June 1993, pp. 301–307.
18. M. P. Groover, *Fundamentals of Modern Manufacturing*, Prentice Hall, Englewood Cliffs, N. J., 1996.
19. Michelle Maisto, "Induct Now Selling Navia, First Self-Driving Commercial Vehicle," *eWeek*. 2014, http://www.eweek.com/innovation/inductnow-selling-navia-first-self-driving-commercialvehicle.html.
20. Heather Kelly, "Self-Driving Cars Now Legal in California," *CNN*, 2013, http://www.cnn.com/2012/09/25/tech/innovation/selfdriving-car-california/index.html.
21. P. M. Moretti and L. V. Divone, "Modern Windmills," *Scientific American*, June 1986, pp. 110–118.
22. Amy Lunday, "Bringing a Human Touch to Modern Prosthetics," *Johns Hopkins University*, June 20, 2018, https://hub.jhu.edu/2018/06/20/edermis-prosthetic-sense-of-touch/
23. R. C. Dorf and J. Unmack, "A Time-Domain Model of the Heart Rate Control System," *Proceedings of the San Diego Symposium for Biomedical Engineering*, 1965, pp. 43–47.
24. Alex Wood, "The Internet of Things is Revolutionising Our Lives, But Standards Are a Must," published by theguardian.com, The Guardian, 2015.
25. R. C. Dorf, *Introduction to Computers and Computer Science*, 3rd ed., Boyd and Fraser, San Francisco, 1982, Chapters 13, 14.
26. K. Sutton, "Productivity," in *Encyclopedia of Engineering*, McGraw-Hill, New York, pp. 947–948.
27. Florian Michahelles, "The Internet of Things – How It Has Started and What to Expect," *Swiss Federal Institute of Technology*, Zurich, 2010, http://www.im.ethz.ch/people/fmichahelles/talks/iotexpo_iothistory_fmichahelles.pdf.
28. R. C. Dorf, *Robotics and Automated Manufacturing*, Reston Publishing, Reston, Va., 1983.
29. S. S. Hacisalihzade, "Control Engineering and Therapeutic Drug Delivery," *IEEE Control Systems*, June 1989, pp. 44–46.
30. E. R. Carson and T. Deutsch, "A Spectrum of Approaches for Controlling Diabetes," *IEEE Control Systems*, December 1992, pp. 25–30.
31. J. R. Sankey and H. Kaufman, "Robust Considerations of a Drug Infusion System," *Proceedings of the American Control Conference*, San Francisco, Calif., June 1993, pp. 1689–1695.
32. W. S. Levine, *The Control Handbook*, CRC Press, Boca Raton, Fla., 1996.
33. D. Auslander and C. J. Kempf, *Mechatronics*, Prentice Hall, Englewood Cliffs, N. J., 1996.
34. "Things that Go Bump in Your Flight," *The Economist*, July 3, 1999, pp. 69–70.

35. P. J. Brancazio, "Science and the Game of Baseball," *Science Digest*, July 1984, pp. 66–70.
36. C. Klomp, et al., "Development of an Autonomous Cow-Milking Robot Control System," *IEEE Control Systems*, October 1990, pp. 11–19.
37. M. B. Tischler et al., "Flight Control of a Helicopter," *IEEE Control Systems*, August 1999, pp. 22–32.
38. G. B. Gordon and J. C. Roark, "ORCA: Na Optimized Robot for Chemical Analysis," *Hewlett-Packard Journal*, June 1993, pp. 6–19.
39. C. Lo, "The Magic Touch: Bringing Sensory Feedback to Brain-Controlled Prosthetics," January 21, 2019, https://www.medicaldevicenetwork.com/features/future-prosthetics/.
40. L. Scivicco and B. Siciliano, *Modeling and Control of Robot Manipulators*, McGraw-Hill, New York, 1996.
41. O. Mayr, "Adam Smith and the Concept of the Feedback System," *Technology and Culture*, Vol. 12, No. 1, January 1971, pp. 1–22.
42. A. Goldsmith, "Autofocus Cameras," *Popular Science*, March 1988, pp. 70–72.
43. R. Johansson, *System Modeling and Identification*, Prentice Hall, Englewood Cliffs, N. J., 1993.
44. M. DiChristina, "Telescope Tune-Up," *Popular Science*, September 1999, pp. 66–68.
45. K. Capek, *Rossum's Universal Robots*, English version by P. Selver and N. Playfair, Doubleday, Page, New York, 1923.
46. D. Hancock, "Prototyping the Hubble Fix," *IEEE Spectrum*, October 1993, pp. 34–39.
47. A. K. Naj, "Engineers Want New Buildings to Behave Like Human Beings," *Wall Street Journal*, January 20, 1994, p. B1.
48. E. H. Maslen, et al., "Feedback Control Applications in Artifical Hearts," *IEEE Control Systems*, December 1998, pp. 26–30.
49. M. DiChristina, "What's Next for Hubble?" *Popular Science*, March 1998, pp. 56–59.
50. Jack G. Arnold, "Technology Trends in Storage," IBM U.S. Federal, 2013, https://www-950.ibm.com/events/wwe/grp/grp017.nsf/vLookupPDFs/StLouis Technology/$file/StLouis Technology.pdf.
51. T. Brant, "SSD vs. HDD: What's the Difference?," January 24, 2019, https://www.pcmag.com/news/ssd-vs-hold-whats-the-difference.
52. R. Stone, "Putting a Human Face on a New Breed of Robot," *Science*, October 11, 1996, p. 182.
53. P. I. Ro, "Nanometric Motion Control of a Traction Drive," *ASME Dynamic Systems and Control*, Vol. 55.2, 1994, pp. 879–883.
54. K. C. Cheok, "A Smart Automatic Windshield Wiper," *IEEE Control Systems Magazine*, December 1996, pp. 28–34.
55. D. Dooling, "Transportation," *IEEE Spectrum*, January 1996, pp. 82–86.
56. Y. Lu, Y. Pan, and Z. Xu, ed., *Innovative Design of Manufacturing*, Springer Tracts in Mechanical Engineering, Springer, 2020.
57. Trevor English, "Generative Design Utilizes AI to Provide You Practical Optimized Design Solutions," *Interesting Engineering*, February 17, 2020, https://interestingengineering.com/generative-design-proves-thatthe-future-is-now-for-engineers.
58. Douglas Heaven, "The Designer Changing the Way Aircraft are Built." *BBC Future: Machine Minds*, November 29, 2018, https://www.bbc.com/future/article/20181129-the-ai-transforming-the-wayaircraft-are-built.
59. C. Rist, "Angling for Momentum," *Discover*, September 1999, p. 37.
60. S. J. Elliott, "Down With Noise," *IEEE Spectrum*, June 1999, pp. 54–62.
61. W. Ailor, "Controlling Space Traffic," *AIAA Aerospace America*, November 1999, pp. 34–38.
62. Willam Van Winkle, "The Death of Disk? HDDs Still have an Important Role to Play," September 2, 2019, *VentureBeat*, https://venturebeat.com/2019/09/02/the-death-ofdisk-hdds-still-have-an-important-role-to-play/
63. G. F. Hughes, "Wise Drives," *IEEE Spectrum*, August 2002, pp. 37–41.
64. R. H. Bishop, *The Mechatronics Handbook*, 2nd ed., CRC Press, Inc., Boca Raton, Fla., 2007.
65. N. Kyura and H. Oho, "Mechatronics — Na Industrial Perspective," *IEEE/ASME Transactions on Mechatronics*, Vol. 1, No. 1, 1996, pp. 10–15.
66. T. Mori, "Mecha-tronics," *Yasakawa Internal Trademark Application Memo 21.131.01*, July 12, 1969.
67. F. Harshama, M. Tomizuka, and T. Fukuda, "Mechatronics — What is it, Why, and How? — An Editorial," *IEEE/ASME Transactions on Mechatronics*, Vol. 1, No. 1, 1996, pp. 1–4.
68. D. M. Auslander and C. J. Kempf, *Mechatronics: Mechanical System Interfacing*, Prentice Hall, Upper Saddle River, N. J., 1996.
69. D. Shetty and R. A. Kolk, *Mechatronic System Design*, PWS Publishing Company, Boston, Mass., 1997.
70. W. Bolton, *Mechatronics: Electrical Control Systems in Mechanical and Electrical Engineering*, 2nd ed., Addison Wesley Longman, Harlow, England, 1999.
71. D. Tomkinson and J. Horne, *Mechatronics Engineering*, McGraw-Hill, New York, 1996.
72. H. Kobayashi, Guest Editorial, *IEEE/ASME Transactions on Mechatronics*, Vol. 2, No. 4, 1997, p. 217.
73. D. S. Bernstein, "What Makes Some Control Problems Hard?" *IEEE Control Systems Magazine*, August 2002, pp. 8–19.
74. Lukas Schroth, "Drones and Artificial Intelligence," *Drone Industry Insights*, 28 August 2018, https://www.droneii.com/drones-andartifical-intelligence.
75. O. Zerbinati, "A Direct Methanol Fuel Cell," *Journal of Chemical Education*, Vol. 79, No. 7, July 2002, p. 829.
76. D. Basmadjian, *Mathematical Modeling of Physical Systems: An Introduction*, Oxford University Press, New York, N.Y., 2003.
77. D. W. Boyd, *Systems Analysis and Modeling: A Macro-to-Micro Approach with Multidisciplinary Applications*, Academic Press, San Diego, CA, 2001.

78. F. Bullo and A. D. Lewis, *Geometric Control of Mechanical Systems: Modeling, Analysis, and Design for Simple Mechanical Control Systems*, Springer Verlag, New York, N.Y., 2004.
79. P. D. Cha, J. J. Rosenberg, and C. L. Dym, *Funda mentals of Modeling and Analyzing Engineering Systems*, Cambridge University Press, Cambridge, United Kingdom, 2000.
80. P. H. Zipfel, *Modeling and Simulation of Aerospace Vehicle Dynamics*, AIAA Education Series, American Institute of Aeronautics & Astronautics, Inc., Reston, Virginia, 2001.
81. D. Hristu-Varsakelis and W. S. Levin, eds., *Hand book of Networked and Embedded Control Systems*, Series: Control Engineering Series, Birkhäuser, Boston, MA, 2005.
82. See the website http://www.gps.gov.
83. B. W. Parkinson and J. J. Spilker, eds., *Global Positioning System: Theory & Applications,* Vol. 1 & 2, Progress in Astronautics and Aeronautics, AIAA, 1996.
84. E. D. Kaplan and C. Hegarty, eds., *Understanding GPS: Principles and Applications*, 2nd ed., Artech House Publishers, Norwood, Mass., 2005.
85. B. Hofmann-Wellenhof, H. Lichtenegger, and E. Wasle, *GNSS-Global navigation Satellite Systems*, Springer-Verlag, Vienna, Austria, 2008.
86. M. A. Abraham and N. Nguyen, "Green Engineering: Defining the Principles," *Environmental Progress*, Vol. 22, No. 4, American Institute of Chemical Engineers, 2003, pp. 233–236.
87. "National Electric Delivery Technologies Roadmap: Transforming the Grid to Revolutionize Electric Power in North America," U.S. Department of Energy, Office of Electric Transmission and Distribution, 2004.
88. D. T. Allen and D. R. Shonnard, *Green Engineering: Environmentally Conscious Design of Chemical Processes,* Prentice Hall, N. J., 2001.
89. "The Modern Grid Strategy: Moving Towards the Smart Grid," U.S. Department of Energy, Office of Electricity Delivery and Energy Reliability, http://www.netl.doe.gov/moderngrid/.
90. "Smart Grid System Report," U.S. Department of Energy, July 2009, http://www.oe.energy.gov/DocumentsandMedia/SGSRMain_090707_lowres.pdf.
91. Pacific Northwest National Laboratory (PNNL) report, "The Smart Grid: An Estimation of the Energy and CO2 Benefits," January 2010, https://www.pnnl.gov/news/release.aspx?id=776.
92. J. Machowski, J. Bialek, and J. Bumby, *Power System Dynamics: Stability and Control*, 2nd ed., John Wiley & Sons, Ltd, West Sussex, United Kingdom, 2008.
93. R. H. Bishop, ed., *Mechatronics Handbook*, 2nd ed., CRC Press, 2007.
94. See http://www.burjdubai.com/.
95. R. Roberts, "Control of High-Rise High-Speed Elevators," *Proceedings of the American Control Conference*, Philadelphia, Pa., 1998, pp. 3440–3444.
96. N. L. Doh, C. Kim, and W. K. Chung, "A Practical Path Planner for the Robotic Vacuum Cleaner in Rectilinear Environments," *IEEE Transactions on Consumer Electronics*, Vol. 53, No. 2, 2007, pp. 519–527.
97. S. C. Lin and C. C. Tsai, "Development of a Self-Balancing Human Transportation Vehicle for the Teaching of Feedback Control," *IEEE Transactions on Education*, Vol. 52, No. 1, 2009, pp. 157–168.
98. K. Li, E. B. Kosmatopoulos, P. A. Ioannou, and H. Ryaciotaki-Boussalis, "Large Segmented Telescopes: Centralized, Decentralized and Overlapping Control Designs," *IEEE Control Systems Magazine*, October 2000.
99. A. Cavalcanti, "Assembly Automation with Evolutionary Nanorobots and Sensor-Based Control Applied to Nanomedicine," *IEEE Transactions on Nanotechnology*, Vol. 2, No. 2, 2003, pp. 82 –87.
100. C. J. Hegarty and E. D. Kaplan, ed., *Understanding GPS/GNSS: Principles and Applications*, 3rd ed., Artech House Publisher, 2017.
101. K. Yu, ed., *Positioning and Navigation in Complex Environments*, IGI Global, 2017.
102. P. Szeredi, G. Lukácsy, and B. Tamás, *The Semantic Web Explained—the technology and mathematics behind Web 3.0*, Cambridge University Press, 2014.
103. L. Yu, *A Developer's Guide to the Semantic Web*, 2nd ed., Springer-Verlag, Berlin Heidelberg, 2014.
104. J. Krumm, ed., *Ubiquitous Computing Fundamentals*, CRC Press, 2018.
105. Help Net Security, "41.6 Billion IoT Devices will be Generating 79.4 Zettabytes of Data in 2025," June 21, 2019, https: www.helpnetsecurity.com/2019/06/21/connnectediot-devices-forecast/.
106. W. Harris, "10 Hardest Things to Teach a Robot," November 25, 2013, HowStuffWorks.com, https://science.howstuffworks.com/10-hardest-things-to-teach-robot.htm.

Capítulo 2

1. R. C. Dorf, *Electric Circuits*, 4th ed., John Wiley & Sons, New York, 1999.
2. I. Cochin, *Analysis and Design of Dynamic Systems*, Addison-Wesley Publishing Co., Reading, Mass., 1997.
3. J. W. Nilsson, *Electric Circuits*, 5th ed., Addison-Wesley, Reading, Mass., 1996.
4. E. W. Kamen and B. S. Heck, *Fundamentals of Signals and Systems Using MATLAB*, Prentice Hall, Upper Saddle River, N. J., 1997.
5. F. Raven, *Automatic Control Engineering*, 3rd ed., McGraw-Hill, New York, 1994.
6. S. Y. Nof, *Handbook of Industrial Robotics*, John Wiley & Sons, New York, 1999.
7. R. R. Kadiyala, "A Toolbox for Approximate Linearization of Nonlinear Systems," *IEEE Control Systems*, April 1993, pp. 47–56.
8. R. Smith and R. Dorf, *Circuits, Devices and Systems*, 5th ed., John Wiley & Sons, New York, 1992.

9. Y. M. Pulyer, *Electromagnetic Devices for Motion Control*, Springer-Verlag, New York, 1992.
10. B. C. Kuo, *Automatic Control Systems*, 5th ed., Prentice Hall, Englewood Cliffs, N. J., 1996.
11. F. E. Udwadia, *Analytical Dynamics*, Cambridge Univ. Press, New York, 1996.
12. R. C. Dorf, *Electrical Engineering Handbook*, 2nd ed., CRC Press, Boca Raton, Fla., 1998.
13. S. M. Ross, *Simulation*, 2nd ed., Academic Press, Orlando, Fla., 1996.
14. G. B. Gordon, "ORCA: Optimized Robot for Chemical Analysis," *Hewlett-Packard Journal*, June 1993, pp. 6–19.
15. P. E. Sarachik, *Principles of Linear Systems*, Cambridge Univ. Press, New York, 1997.
16. S. Bennett, "Nicholas Minorsky and the Automatic Steering of Ships," *IEEE Control Systems*, November 1984, pp. 10–15.
17. P. Gawthorp, *Metamodeling: Bond Graphs and Dynamic Systems*, Prentice Hall, Englewood Cliffs, N. J., 1996.
18. C. M. Close and D. K. Frederick, *Modeling and Analysis of Dynamic Systems*, 2nd ed., Houghton Mifflin, Boston, Mass., 1995.
19. H. S. Black, "Stabilized Feed-Back Amplifiers," *Elec trical Engineering*, 53, January 1934, pp. 114–120. Also in *Turning Points in American History*, J. E. Brittain, ed., IEEE Press, New York, 1977, pp. 359–361.
20. P. L. Corke, *Visual Control of Robots*, John Wiley & Sons, New York, 1997.
21. W. J. Rugh, *Linear System Theory*, 2nd ed., Prentice Hall, Englewood Cliffs, N. J., 1997.
22. S. Pannu and H. Kazerooni, "Control for a Walking Robot," *IEEE Control Systems*, February 1996, pp. 20–25.
23. K. Ogata, *Modern Control Engineering*, 3rd ed., Prentice Hall, Upper Saddle River, N. J., 1997.
24. S. P. Parker, *Encyclopedia of Engineering*, 2nd ed., McGraw-Hill, New York, 1993.
25. G. T. Pope, "Living-Room Levitation," *Discover*, June 1993, p. 24.
26. G. Rowell and D. Wormley, *System Dynamics*, Prentice Hall, Upper Saddle River, N. J., 1997.
27. R. H. Bishop, *The Mechatronics Handbook*, 2nd ed., CRC Press, Inc., Boca Raton, Fla., 2007.
28. C. N. Dorny, *Understanding Dynamic Systems: Approaches to Modeling, Analysis, and Design*, Prentice-Hall, Englewood Cliffs, New Jersey, 1993.
29. T. D. Burton, *Introduction to Dynamic Systems Analysis*, McGraw-Hill, Inc., New York, 1994.
30. K. Ogata, *System Dynamics*, 4th ed., Prentice-Hall, Englewood Cliffs, New Jersey, 2003.
31. J. D. Anderson, *Fundamentals of Aerodynamics*, 4th ed., McGraw-Hill, Inc., New York, 2005.
32. G. Emanuel, *Gasdynamics Theory and Applications*, AIAA Education Series, New York, 1986.
33. A. M. Kuethe and C-Y. Chow, *Foundations of Aerodynamics: Bases of Aerodynamic Design*, 5th ed., John Wiley & Sons, New York, 1997.
34. M. A. S. Masoum, H. Dehbonei, and E. F. Fuchs, "Theoretical and Experimental Analyses of Photovoltaic Systems with Voltage- and Current-Based Maximum Power-Point Tracking," *IEEE Transactions on Energy Conversion*, Vol. 17, No. 4, 2002, pp. 514–522.
35. M. G. Wanzeller, R. N. C. Alves, J. V. da Fonseca Neto, and W. A. dos Santos Fonseca, "Current Control Loop for Tracking of Maximum Power Point Supplied for Photovoltaic Array," *IEEE Transactions on Instrumentation And Measurement*, Vol. 53, No. 4, 2004, pp. 1304–1310.
36. G. M. S. Azevedo, M. C. Cavalcanti, K. C. Oliveira, F. A. S. Neves, and Z. D. Lins, "Comparative Evaluation of Maximum Power Point Tracking Methods for Photovoltaic Systems," *ASME Journal of Solar Energy Engineering*, Vol. 131, 2009.
37. W. Xiao, W. G. Dunford, and A. Capel, "A Novel Modeling Method for Photovoltaic Cells," *35th Annual IEEE Power Electronics Specialists Conference,* Aachen, Germany, 2004, pp. 1950–1956.
38. M. Uzunoglu, O.C. Onar, and M.S. Alam, "Modeling, Control and Simulation of a PV/FC/UC Based Hybrid Power Generation System for Stand-Alone Applications," *Renewable Energy*, Vol. 34, Elsevier Ltd., 2009, pp. 509–520.
39. N. Hamrouni and A. Cherif, "Modelling and Control of a Grid Connected Photovoltaic System," *International Journal of Electrical and Power Engineering,* Vol. 1, No. 3, Medwell Journals, 2007, pp. 307–313.
40. N. Kakimoto, S. Takayama, H. Satoh, and K. Nakamura, "Power Modulation of Photovoltaic Generator for Frequency Control of Power System," *IEEE Transactions on Energy Conversion*, Vol. 24, No. 4, 2009, pp. 943–949.
41. S. J. Chiang, H.-J. Shieh, and M.-C. Chen, "Modeling and Control of PV Charger System with SEPIC Converter," *IEEE Transactions on Industrial Electronics*, Vol. 56, No. 11, 2009, pp. 4344–4353.
42. M. Castilla, J. Miret, J. Matas, L. G. de Vicuña, and J. M. Guerrero, "Control Design Guidelines for Single-Phase Grid-Connected Photovoltaic Inverters with Damped Resonant Harmonic Compensators," *IEEE Transactions on Industrial Electronics*, Vol. 56, No. 11, 2009, pp. 4492–4501.

Capítulo 3

1. R. C. Dorf, *Electric Circuits*, 3rd ed., John Wiley & Sons, New York, 1997.
2. W. J. Rugh, *Linear System Theory*, 2nd ed., Prentice Hall, Englewood Cliffs, N. J., 1996.
3. H. Kajiwara, et al., "LPV Techniques for Control of an Inverted Pendulum," *IEEE Control Systems*, February 1999, pp. 44–47.
4. R. C. Dorf, *Encyclopedia of Robotics*, John Wiley & Sons, New York, 1988.
5. A. V. Oppenheim, et al., *Signals and Systems*, Prentice Hall, Englewood Cliffs, N. J., 1996.
6. J. L. Stein, "Modeling and State Estimator Design Issues for Model Based Monitoring Systems," *Journal of Dynamic Systems*, ASME, June 1993, pp. 318–326.

7. I. Cochin, *Analysis and Design of Dynamic Systems*, Addison-Wesley, Reading, Mass., 1997.
8. R. C. Dorf, *Electrical Engineering Handbook*, CRC Press, Boca Raton, Fla., 1993.
9. Y. M. Pulyer, *Electromagnetic Devices for Motion Control*, Springer-Verlag, New York, 1992.
10. C. M. Close and D. K. Frederick, *Modeling and Analysis of Dynamic Systems*, 2nd ed., Houghton Mifflin, Boston, 1995.
11. R. C. Durbeck, "Computer Output Printer Technologies," in *Electrical Engineering Handbook*, R. C. Dorf, ed., CRC Press, Boca Raton, Fla., 1998, pp. 1958–1975.
12. B. Wie, et al., "New Approach to Attitude/Momentum Control for the Space Station," *AIAA Journal of Guidance, Control, and Dynamics,* Vol. 12, No. 5, 1989, pp. 714–722.
13. H. Ramirez, "Feedback Controlled Landing Maneuvers," *IEEE Transactions on Automatic Control*, April 1992, pp. 518–523.
14. C. A. Canudas De Wit, *Theory of Robot Control*, Springer-Verlag, New York, 1996.
15. R. R. Kadiyala, "A Toolbox for Approximate Linearization of Nonlinear Systems," *IEEE Control Systems*, April 1993, pp. 47–56.
16. B. C. Crandall, *Nanotechnology*, MIT Press, Cambridge, Mass., 1996.
17. W. Leventon, "Mountain Bike Suspension Allows Easy Adjustment," *Design News*, July 19, 1993, pp. 75–77.
18. A. Cavallo, et al., *Using* MATLAB, SIMULINK, *and Control System Toolbox*, Prentice Hall, Englewood Cliffs, N. J., 1996.
19. G. E. Carlson, *Signal and Linear System Analysis*, John Wiley & Sons, New York, 1998.
20. D. Cho, "Magnetic Levitation Systems," *IEEE Control Systems*, February 1993, pp. 42–48.
21. W. J. Palm, *Modeling, Analysis, Control of Dynamic Systems*, 2nd ed., John Wiley & Sons, New York, 2000.
22. H. Kazerooni, "Human Extenders," *Journal of Dynamic Systems*, ASME, June 1993, pp. 281–290.
23. C. N. Dorny, *Understanding Dynamic Systems*, Prentice Hall, Englewood Cliffs, N. J., 1993.
24. C. Chen, *Linear System Theory and Design*, 3rd ed., Oxford Univ. Press, New York, 1998.
25. M. Kaplan, *Modern Spacecraft Dynamics and Control*, John Wiley and Sons, New York, 1976.
26. J. Wertz, ed., *Spacecraft Attitude Determination and Control*, Kluwer Academic Publishers, Dordrecht, The Netherlands, 1978 (reprinted in 1990).
27. W. E. Wiesel, *Spaceflight Dynamics*, McGraw-Hill, New York, 1989.
28. B. Wie, K. W. Byun, V. W. Warren, D. Geller, D. Long, and J. Sunkel, "New Approach to Attitude/Momentum Control for the Space Station," *AIAA Journal Guidance, Control, and Dynamics*, Vol. 12, No. 5, 1989, pp. 714–722.
29. L. R. Bishop, R. H. Bishop, and K. L. Lindsay, "Proposed CMG Momentum Management Scheme for Space Station," *AIAA Guidance Navigation and Controls Conference Proceedings*, Vol. 2, No. 87-2528, 1987, pp. 1229–1236.
30. H. H. Woo, H. D. Morgan, and E. T. Falangas, "Momentum Management and Attitude Control Design for a Space Station," *AIAA Journal of Guidance, Control, and Dynamics*, Vol. 11, No. 1, 1988, pp. 19–25.
31. J. W. Sunkel and L. S. Shieh, "An Optimal Momentum Management Controller for the Space Station," *AIAA Journal of Guidance, Control, and Dynamics*, Vol. 13, No. 4, 1990, pp. 659–668.
32. V. W. Warren, B. Wie, and D. Geller, "Periodic-Disturbance Accommodating Control of the Space Station," *AIAA Journal of Guidance, Control, and Dynamics*, Vol. 13, No. 6, 1990, pp. 984–992.
33. B. Wie, A. Hu, and R. Singh, "Multi-Body Interaction Effects on Space Station Attitude Control and Momentum Management," *AIAA Journal of Guidance, Control, and Dynamics*, Vol. 13, No. 6, 1990, pp. 993–999.
34. J. W. Sunkel and L. S. Shieh, "Multistage Design of an Optimal Momentum Management Controller for the Space Station," *AIAA Journal of Guidance, Control, and Dynamics*, Vol. 14, No. 3, 1991, pp. 492–502.
35. K. W. Byun, B. Wie, D. Geller, and J. Sunkel, "Robust H_ Control Design for the Space Station with Structured Parameter Uncertainty," *AIAA Journal of Guidance, Control, and Dynamics*, Vol. 14, No. 6, 1991, pp. 1115–1122.
36. E. Elgersma, G. Stein, M. Jackson, and J. Yeichner, "Robust Controllers for Space Station Momentum Management," *IEEE Control Systems Magazine*, Vol. 12, No. 2, October 1992, pp. 14–22.
37. G. J. Balas, A. K. Packard, and J. T. Harduvel, "Application of m@Synthes is Technique to Momentum Management and Attitude Control of the Space Station," *Proceedings of 1991 AIAA Guidance, Navigation, and Control Conference*, New Orleans, La., pp. 565–575.
38. Rhee and J. L. Speyer, "Robust Momentum Management and Attitude Control System for the Space Station," *AIAA Journal of Guidance, Control, and Dynamics*, Vol. 15, No. 2, 1992, pp. 342–351.
39. T. F. Burns and H. Flashner, "Adaptive Control Applied to Momentum Unloading Using the Low Earth Orbital Environment," *AIAA Journal of Guidance, Control, and Dynamics*, Vol. 15, No. 2, 1992, pp. 325–333.
40. X. M. Zhao, L. S. Shieh, J. W. Sunkel, and Z. Z. Yuan, "Self-Tuning Control of Attitude and Momentum Management for the Space Station," *AIAA Journal of Guidance, Control, and Dynamics*, Vol. 15, No. 1, 1992, pp. 17–27.
41. G. Parlos and J. W. Sunkel, "Adaptive Attitude Control and Momentum Management for Large-Angle Spacecraft Maneuvers," *AIAA Journal of Guidance, Control, and Dynamics*, Vol. 15, No. 4, 1992, pp. 1018–1028.
42. R. H. Bishop, S. J. Paynter, and J. W. Sunkel, "Adaptive Control of Space Station with Control Moment Gyros," *IEEE Control Systems Magazine*, Vol. 12, No. 2, October 1992, pp. 23–28.
43. S. R. Vadali and H. S. Oh, "Space Station Attitude Control and Momentum Management: A Nonlinear Look,"

AIAA Journal of Guidance, Control, and Dynamics, Vol. 15, No. 3, 1992, pp. 577–586.
44. S. N. Singh and T. C. Bossart, "Feedback Linearization and Nonlinear Ultimate Boundedness Control of the Space Station Using CMG," *AIAA Guidance Navigation and Controls Conference Proceedings*, Vol. 1, No. 90-3354-CP, 1990, pp. 369–376.
45. S. N. Singh and T. C. Bossart, "Invertibility of Map, Zero Dynamics and Nonlinear Control of Space Station," *AIAA Guidance Navigation and Controls Conference Proceedings*, Vol. 1, No. 91-2663-CP, 1991, pp. 576–584.
46. S. N. Singh and A. Iyer, "Nonlinear Regulation of Space Station: A Geometric Approach," *AIAA Journal of Guidance, Control, and Dynamics*, Vol. 17, No. 2, 1994, pp. 242–249.
47. J. J. Sheen and R. H. Bishop, "Spacecraft Nonlinear Control," *The Journal of Astronautical Sciences*, Vol. 42, No. 3, 1994, pp. 361–377.
48. J. Dzielski, E. Bergmann, J. Paradiso, D. Rowell, and D. Wormley, "Approach to Control Moment Gyroscope Steering Using Feedback Linearization," *AIAA Journal of Guidance, Control, and Dynamics*, Vol. 14, No. 1, 1991, pp. 96–106.
49. J. J. Sheen and R. H. Bishop, "Adaptive Nonlinear Control of Spacecraft," *The Journal of Astronautical Sciences*, Vol. 42, No. 4, 1994, pp. 451–472.
50. S. N. Singh and T. C. Bossart, "Exact Feedback Linearization and Control of Space Station Using CMG," *IEEE Transactions on Automatic Control*, Vol. Ac-38, No. 1, 1993, pp. 184–187.

Capítulo 4

1. R. C. Dorf, *Electrical Engineering Handbook*, 2nd ed., CRC Press, Boca Raton, Fla., 1998.
2. R. C. Dorf, *Electric Circuits*, 3rd ed., John Wiley & Sons, New York, 1996.
3. C. E. Rohrs, J. L. Melsa, and D. Schultz, *Linear Control Systems*, McGraw-Hill, New York, 1993.
4. P. E. Sarachik, *Principles of Linear Systems*, Cambridge Univ. Press, New York, 1997.
5. B. K. Bose, *Power Electronics and Variable Frequency Drives*, IEEE Press, Piscataway, N. J., 1997.
6. J. C. Nelson, *Operational Amplifier Circuits*, Butterworth, New York, 1995.
7. *Motomatic Speed Control*, Electro-Craft Corp., Hopkins, Minn., 1999.
8. M. W. Spong et al., *Robot Control Dynamics, Motion Planning and Analysis*, IEEE Press, New York, 1993.
9. R. C. Dorf, *Encyclopedia of Robotics*, John Wiley & Sons, New York, 1988.
10. D. J. Bak, "Dancer Arm Feedback Regulates Tension Control," *Design News*, April 6, 1987, pp. 132–133.
11. "The Smart Projector Demystified," *Science Digest*, May 1985, p. 76.
12. J. M. Maciejowski, *Multivariable Feedback Design*, Addison-Wesley, Wokingham, England, 1989.
13. L. Fortuna and G. Muscato, "A Roll Stabilization System for a Monohull Ship," *IEEE Transactions on Control Systems Technology*, January 1996, pp. 18–28.
14. C. N. Dorny, *Understanding Dynamic Systems*, Prentice Hall, Englewood Cliffs, N. J., 1993.
15. D. W. Clarke, "Sensor, Actuator, and Loop Validation," *IEEE Control Systems*, August 1995, pp. 39–45.
16. S. P. Parker, *Encyclopedia of Engineering*, 2nd ed., McGraw-Hill, New York, 1993.
17. M. S. Markow, "An Automated Laser System for Eye Surgery," *IEEE Engineering in Medicine and Biology*, December 1989, pp. 24–29.
18. M. Eslami, *Theory of Sensitivity in Dynamic Systems*, Springer-Verlag, New York, 1994.
19. Y. M. Pulyer, *Electromagnetic Devices for Motion Control*, Springer-Verlag, New York, 1992.
20. J. R. Layne, "Control for Cargo Ship Steering," *IEEE Control Systems*, December 1993, pp. 23–33.
21. S. Begley, "Greetings From Mars," *Newsweek*, July 14, 1997, pp. 23–29.
22. M. Carroll, "Assault on the Red Planet," *Popular Science*, January 1997, pp. 44–49.
23. The American Medical Association, *Home Medical Encyclopedia*, vol. 1, Random House, New York, 1989, pp. 104–106.
24. J. B. Slate, L. C. Sheppard, V. C. Rideout, and E. H. Blackstone, "Closed-loop Nitroprusside Infusion: Modeling and Control Theory for Clinical Applications," *Proceedings IEEE International Symposium on Circuits and Systems*, 1980, pp. 482–488.
25. B. C. McInnis and L. Z. Deng, "Automatic Control of Blood Pressures with Multiple Drug Inputs," *Annals of Biomedical Engineering*, vol. 13, 1985, pp. 217–225.
26. R. Meier, J. Nieuwland, A. M. Zbinden, and S. S. Hacisalihzade, "Fuzzy Logic Control of Blood Pressure During Anesthesia," *IEEE Control Systems*, December 1992, pp. 12–17.
27. L. C. Sheppard, "Computer Control of the Infusion of Vasoactive Drugs," *Proceedings IEEE International Symposium on Circuits and Systems*, 1980, pp. 469–473.
28. S. Lee, "Intelligent Sensing and Control for Advanced Teleoperation," *IEEE Control Systems*, June 1993, pp. 19–28.
29. L. L. Cone, "Skycam: An Aerial Robotic Camera System," *Byte*, October 1985, pp. 122–128.

Capítulo 5

1. C. M. Close and D. K. Frederick, *Modeling and Analysis of Dynamic Systems*, 2nd ed., Houghton Mifflin, Boston, 1993.
2. R. C. Dorf, *Electric Circuits*, 3rd ed., John Wiley & Sons, New York, 1996.
3. B. K. Bose, *Power Electronics and Variable Frequency Drives*, IEEE Press, Piscataway, N. J., 1997.
4. P. R. Clement, "A Note on Third-Order Linear Systems," *IRE Transactions on Automatic Control*, June 1960, p. 151.

5. R. N. Clark, *Introduction to Automatic Control Systems*, John Wiley & Sons, New York, 1962, pp. 115–124.
6. D. Graham and R. C. Lathrop, "The Synthesis of Optimum Response: Criteria and Standard Forms, Part 2," *Trans. of the AIEE* 72, November 1953, pp. 273–288.
7. R. C. Dorf, *Encyclopedia of Robotics*, John Wiley & Sons, New York, 1988.
8. L. E. Ryan, "Control of an Impact Printer Hammer," *ASME Journal of Dynamic Systems*, March 1990, pp. 69–75.
9. E. J. Davison, "A Method for Simplifying Linear Dynamic Systems," *IEEE Transactions on Automatic Control*, January 1966, pp. 93–101.
10. R. C. Dorf, *Electrical Engineering Handbook*, CRC Press, Boca Raton, Fla., 1998.
11. A. G. Ulsoy, "Control of Machining Processes," *ASME Journal of Dynamic Systems*, June 1993, pp. 301–310.
12. I. Cochin, *Analysis and Design of Dynamic Systems*, Addison-Wesley, Reading, Mass., 1997.
13. W. J. Rugh, *Linear System Theory*, 2nd ed., Prentice Hall, Englewood Cliffs, N.J., 1997.
14. W. J. Book, "Controlled Motion in an Elastic World," *Journal of Dynamic Systems*, June 1993, pp. 252–260.
15. C. E. Rohrs, J. L. Melsa, and D. Schultz, *Linear Control Systems*, McGraw-Hill, New York, 1993.
16. S. Lee, "Intelligent Sensing and Control for Advanced Teleoperation," *IEEE Control Systems*, June 1993, pp. 19–28.
17. Japan-Guide.com, "Shin Kansen," 2015, www.japan-guide.com/e/e2018.html.
18. M. DiChristina, "Telescope Tune-Up," *Popular Science*, September 1999, pp. 66–68.
19. M. Hutton and M. Rabins, "Simplification of Higher-Order Mechanical Systems Using the Routh Approximation," *Journal of Dynamic Systems*, ASME, December 1975, pp. 383–392.
20. E. W. Kamen and B. S. Heck, *Fundamentals of Signals and Systems Using MATLAB*, Prentice Hall, Upper Saddle River, N. J., 1997.
21. M. DiChristina, "What's Next for Hubble?" *Popular Science*, March 1998, pp. 56–59.
22. A. Edsinger-Gonzales and J. Weber, "Domo: A Force Sensing Humanoid Robot for Manipulation Research," *Proceedings of the IEEE/RSJ International Conference on Humanoid Robotics*, 2004.
23. A. Edsinger-Gonzales, "Design of a Compliant and Force Sensing Hand for a Humanoid Robot," *Proceedings of the International Conference on Intelligent Manipulation and Grasping*, 2004.
24. B. L. Stevens and F. L. Lewis, *Aircraft Control and Simulation,* 2nd ed., John Wiley & Sons, New York, 2003.
25. B. Etkin and L. D. Reid, *Dynamics of Flight,* 3rd ed., John Wiley & Sons, New York, 1996.
26. G. E. Cooper and R. P. Harper, Jr., "The Use of Pilot Rating in the Evaluation of Aircraft Handling Qualities," NASA TN D-5153, 1969 (see also http://flighttest.navair.navy.mil/unrestricted/ch.pdf).
27. USAF, "Flying Qualities of Piloted Vehicles," USAF Spec., MIL-F-8785C, 1980.
28. H. Paraci and M. Jamshidi, *Design and Implementation of Intelligent Manufacturing Systems*, Prentice Hall, Upper Saddle River, N. J., 1997.

Capítulo 6

1. R. C. Dorf, *Electrical Engineering Handbook*, 2nd ed., CRC Press, Boca Raton, Fla., 1998.
2. R. C. Dorf, *Electric Circuits*, 3rd ed., John Wiley & Sons, New York, 1996.
3. W. J. Palm, *Modeling, Analysis and Control*, 2nd ed., John Wiley & Sons, New York, 2000.
4. W. J. Rugh, *Linear System Theory*, 2nd ed., Prentice Hall, Englewood Cliffs, N. J., 1997.
5. B.Lendon, "Scientist:Tae Bo Workout Sent Skyscraper Shaking," CNN, 2011, http://news.blogs.cnn.com/2011/07/19/scientisttae-bo-workout-sent-skyscraper-shaking/.
6. A. Hurwitz, "On the Conditions under which an Equation Has Only Roots with Negative Real Parts," *Mathematische Annalen* 46, 1895, pp. 273–284. Also in *Selected Papers on Mathematical Trends in Control Theory*, Dover, New York, 1964, pp. 70–82.
7. E. J. Routh, *Dynamics of a System of Rigid Bodies*, Macmillan, New York, 1892.
8. G. G. Wang, "Design of Turning Control for a Tracked Vehicle," *IEEE Control Systems*, April 1990, pp. 122–125.
9. N. Mohan, *Power Electronics*, John Wiley & Sons, New York, 1995.
10. *World Robotics 2014 Industrial Robots,* IFR International Federation of Robotics, Frankfurt, Germany, 2014, http://www.ifr.org/industrial-robots/statistics/.
11. R. C. Dorf and A. Kusiak, *Handbook of Manufacturing and Automation*, John Wiley & Sons, New York, 1994.
12. A. N. Michel, "Stability: The Common Thread in the Evolution of Control," *IEEE Control Systems*, June 1996, pp. 50–60.
13. S. P. Parker, *Encyclopedia of Engineering*, 2nd ed., McGraw-Hill, New York, 1933.
14. J. Levine, et al., "Control of Magnetic Bearings," *IEEE Transactions on Control Systems Technology*, September 1996, pp. 524–544.
15. F. S. Ho, "Traffic Flow Modeling and Control," *IEEE Control Systems*, October 1996, pp. 16–24.
16. D. W. Freeman, "Jump-Jet Airliner," *Popular Mechanics*, June 1993, pp. 38–40.
17. B. Sweetman, "Venture Star–21st-Century Space Shuttle," *Popular Science*, October 1996, pp. 43–47.
18. S. Lee, "Intelligent Sensing and Control for Advanced Teleoperation," *IEEE Control Systems*, June 1993, pp. 19–28.
19. "Uplifting," *The Economist*, July 10, 1993, p. 79.
20. R. N. Clark, "The Routh-Hurwitz Stability Criterion, Revisited," *IEEE Control Systems*, June 1992, pp. 119–120.
21. Gregory Mone, "5 Paths to the Walking, Talking, Pie-Baking Humanoid Robot," *Popular Science*, September 2006.

22. L. Hatvani, "Adaptive Control: Stabilization," *Applied Control*, edited by Spyros G. Tzafestas, Marcel Decker, New York, 1993, pp. 273–287.
23. H. Kazerooni, "Human Extenders," *Journal of Dynamic Systems*, ASME, 1993, pp. 281–290.
24. T. Koolen, J. Smith, G. Thomas, et al., "Summary of Team IHMC's Virtual Robotics Challenge Entry," *Proceedings of the IEEERAS International Conference on Humanoid Robots,* Atlanta, GA, 2013.

Capítulo 7

1. W. R. Evans, "Graphical Analysis of Control Systems," *Transactions of the AIEE*, 67, 1948, pp. 547–551. Also in G. J. Thaler, ed., *Automatic Control*, Dowden, Hutchinson, and Ross, Stroudsburg, Pa., 1974, pp. 417–421.
2. W. R. Evans, "Control System Synthesis by Root Locus Method," *Transactions of the AIEE*, 69, 1950, pp. 1–4. Also in *Automatic Control*, G. J. Thaler, ed., Dowden, Hutchinson, and Ross, Stroudsburg, Pa., 1974, pp. 423–425.
3. W. R. Evans, *Control System Dynamics*, McGraw-Hill, New York, 1954.
4. R. C. Dorf, *Electrical Engineering Handbook*, 2nd ed., CRC Press, Boca Raton, Fla., 1998.
5. J. G. Goldberg, *Automatic Controls*, Allyn and Bacon, Boston, 1965.
6. R. C. Dorf, *The Encyclopedia of Robotics*, John Wiley & Sons, New York, 1988.
7. H. Ur, "Root Locus Properties and Sensitivity Relations in Control Systems," *I.R.E. Trans. on Automatic Control*, January 1960, pp. 57–65.
8. T. R. Kurfess and M. L. Nagurka, "Understanding the Root Locus Using Gain Plots," *IEEE Control Systems*, August 1991, pp. 37–40.
9. T. R. Kurfess and M. L. Nagurka, "Foundations of Classical Control Theory," *The Franklin Institute*, Vol. 330, No. 2, 1993, pp. 213–227.
10. "Webb Automatic Guided Carts," Jervis B. Webb Company, 2008, http://www.jervisbwebb.com/.
11. D. K. Lindner, *Introduction to Signals and Systems*, McGraw-Hill, New York, 1999.
12. S. Ashley, "Putting a Suspension through Its Paces," *Mechanical Engineering*, April 1993, pp. 56–57.
13. B. K. Bose, *Modern Power Electronics*, IEEE Press, New York, 1992.
14. P. Varaiya, "Smart Cars on Smart Roads," *IEEE Transactions on Automatic Control*, February 1993, pp. 195–207.
15. S. Bermana, E. Schechtmana, and Y. Edana, "Evaluation of Automatic Guided Vehicle Systems," *Robotics and Computer-Integrated Manufacturing*, Vol. 25, No. 3, 2009, pp. 522–528.
16. B. Sweetman, "21st Century SST," *Popular Science*, April 1998, pp. 56–60.
17. L. V. Merritt, "Tape Transport Head Positioning Servo Using Positive Feedback," *Motion*, April 1993, pp. 19–22.
18. G. E. Young and K. N. Reid, "Control of Moving Webs," *Journal of Dynamic Systems,* ASME, June 1993, pp. 309–316.
19. S. P. Parker, *Encyclopedia of Engineering*, 2nd ed., McGraw-Hill, New York, 1993.
20. A. J. Calise and R. T. Rysdyk, "Nonlinear Adaptive Flight Control Using Neural Networks," *IEEE Control Systems*, December 1998, pp. 14–23.
21. T. B. Sheridan, *Telerobotics, Automation and Control*, MIT Press, Cambridge, Mass., 1992.
22. L. W. Couch, *Digital and Analog Communication Systems*, 5th ed., Macmillan, New York, 1997.
23. D. Hrovat, "Applications of Optimal Control to Automotive Suspension Design," *Journal of Dynamic Systems*, ASME, June 1993, pp. 328–342.
24. T. J. Lueck, "Amtrak Unveils Its Bullet to Boston," *New York Times*, March 10, 1999.
25. M. van de Panne, "A Controller for the Dynamic Walk of a Biped," *Proceedings of the Conference on Decision and Control*, IEEE, December 1992, pp. 2668–2673.
26. R. C. Dorf, *Electric Circuits*, 3rd ed., John Wiley & Sons, New York, 1996.
27. S. Begley, "Mission to Mars," *Newsweek*, September 23, 1996, pp. 52–58.
28. W. J. Cook, "The International Space Station Takes Shape," *US News and World Report*, December 7, 1998, pp. 56–59.
29. "Batwings and Dragonfies," *The Economist*, July 2002, pp. 66–67.
30. "Global Automotive Electronics with Special Focus on OEMs Market," *Business Wire,* May 2013, http://www.researchandmarkets.com/research/j7t7g5/global_automotive.
31. F. Y. Wang, D. Zeng, and L. Yang, "Smart Cars on Smart Roads: An IEEE Intelligent Transportation Systems Society Update," *Pervasive Computing,* IEEE Computer Society, Vol. 5, No. 4, 2006, pp. 68–69.
32. M. B. Barron and W. F. Powers, "The Role of Electronic Controls for Future Automotive Mechatronic Systems," *IEEE/ASME Transactions on Mechatronics*, Vol. 1, No. 1, 1996, pp. 80–88.
33. *Wind Energy—The Facts*, European Wind Energy Association, 2009, http://windfacts.eu/.
34. P. D. Sclavounos, E. N. Wayman, S. Butterfield, J. Jonkman, and W. Musial, "Floating Wind Turbine Concepts," *European Wind Energy Association Conference (EWAC)*, Athens, Greece, 2006.
35. I. Munteanu, A. I. Bratcu, N. A. Cutululis, and E. Ceanga, *Optimal Control of Wind Energy Systems*, Springer-Verlag, London, 2008.
36. F. G. Martin, *The Art of Robotics*, Prentice Hall, Upper Saddle River, N. J., 1999.

Capítulo 8

1. R. C. Dorf, *Electrical Engineering Handbook*, 2nd ed., CRC Press, Boca Raton, Fla., 1998.
2. I. Cochin and H. J. Plass, *Analysis and Design of Dynamic Systems*, John Wiley & Sons, New York, 1997.
3. R. C. Dorf, *Electric Circuits*, 3rd ed., John Wiley & Sons, New York, 1996.

4. H. W. Bode, "Relations Between Attenuation and Phase in Feedback Amplifier Design," *Bell System Tech. J.*, July 1940, pp. 421–454. Also in *Automatic Control: Classical Linear Theory*, G. J. Thaler, ed., Dowden, Hutchinson, and Ross, Stroudsburg, Pa., 1974, pp. 145–178.
5. M. D. Fagen, *A History of Engineering and Science in the Bell System*, Bell Telephone Laboratories, Murray Hill, N.J., 1978, Chapter 3.
6. D. K. Lindner, *Introduction to Signals and Systems*, McGraw-Hill, New York., 1999.
7. R. C. Dorf and A. Kusiak, *Handbook of Manufacturing and Automation*, John Wiley & Sons, New York, 1994.
8. R. C. Dorf, *The Encyclopedia of Robotics*, John Wiley & Sons, New York, 1988.
9. T. B. Sheridan, *Telerobotics, Automation and Control*, MIT Press, Cambridge, Mass., 1992.
10. J. L. Jones and A. M. Flynn, *Mobile Robots*, A. K. Peters Publishing, New York, 1993.
11. D. McLean, *Automatic Flight Control Systems*, Prentice Hall, Englewood Cliffs, N. J., 1990.
12. G. Leitman, "Aircraft Control Under Conditions of Windshear," *Proceedings of IEEE Conference on Decision and Control*, December 1990, pp. 747–749.
13. S. Lee, "Intelligent Sensing and Control for Advanced Teleoperation," *IEEE Control Systems*, June 1993, pp. 19–28.
14. R. A. Hess, "A Control Theoretic Model of Driver Steering Behavior," *IEEE Control Systems*, August 1990, pp. 3–8.
15. J. Winters, "Personal Trains," *Discover*, July 1999, pp. 32–33.
16. J. Ackermann and W. Sienel, "Robust Yaw Damping of Cars with Front and Rear Wheel Steering," *IEEE Transactions on Control Systems Technology*, March 1993, pp. 15–20.
17. L. V. Merritt, "Differential Drive Film Transport," *Motion*, June 1993, pp. 12–21.
18. S. Ashley, "Putting a Suspension through Its Paces," *Mechanical Engineering*, April 1993, pp. 56–57.
19. D. A. Linkens, "Anaesthesia Simulators," *Computing and Control Engineering Journal*, IEEE, April 1993, pp. 55–62.
20. J. R. Layne, "Control for Cargo Ship Steering," *IEEE Control Systems*, December 1993, pp. 58–64.
21. A. Titli, "Three Control Approaches for the Design of Car Semi-active Suspension," *IEEE Proceedings of Conference on Decision and Control*, December 1993, pp. 2962–2963.
22. H. H. Ottesen, "Future Servo Technologies for Hard Disk Drives," *Journal of the Magnetics Society of Japan*, Vol. 18, 1994, pp. 31–36.
23. D. Leonard, "Ambler Ramblin," *Ad Astra*, Vol. 2, No. 7, July–August 1990, pp. 7–9.
24. M. G. Wanzeller, R. N. C. Alves, J. V. da Fonseca Neto, and W. A. dos Santos Fonseca, "Current Control Loop for Tracking of Maximum Power Point Supplied for Photovoltaic Array," *IEEE Transactions on Instrumentation And Measurement*, Vol. 53, No. 4, 2004, pp. 1304–1310.

Capítulo 9

1. H. Nyquist, "Regeneration Theory," *Bell Systems Tech. J.*, January 1932, pp. 126–147. Also in *Automatic Control: Classical Linear Theory*, G. J. Thaler, ed., Dowden, Hutchinson, and Ross, Stroudsburg, Pa., 1932, pp. 105–126.
2. M. D. Fagen, *A History of Engineering and Science in the Bell System*, Bell Telephone Laboratories, Inc., Murray Hill, N. J., 1978, Chapter 5.
3. H. M. James, N. B. Nichols, and R. S. Phillips, *Theory of Servomechanisms*, McGraw-Hill, New York, 1947.
4. W. J. Rugh, *Linear System Theory*, 2nd ed., Prentice Hall, Englewood Cliffs, N. J., 1996.
5. D. A. Linkens, *CAD for Control Systems*, Marcel Dekker, New York, 1993.
6. A. Cavallo, *Using MATLAB, SIMULINK, and Control System Toolbox*, Prentice Hall, Englewood Cliffs, N. J., 1996.
7. R. C. Dorf, *Electrical Engineering Handbook*, 2nd ed., CRC Press, Boca Raton, Fla., 1998.
8. D. Sbarbaro-Hofer, "Control of a Steel Rolling Mill," *IEEE Control Systems*, June 1993, pp. 69–75.
9. R. C. Dorf and A. Kusiak, *Handbook of Manufacturing and Automation*, John Wiley & Sons, New York, 1994.
10. J. J. Gribble, "Systems with Time Delay," *IEEE Control Systems*, February 1993, pp. 54–55.
11. C. N. Dorny, *Understanding Dynamic Systems*, Prentice Hall, Englewood Cliffs, N. J., 1993.
12. R. C. Dorf, *Electric Circuits*, 3rd ed., John Wiley & Sons, New York, 1996.
13. J. Yan and S. E. Salcudean, "Teleoperation Controller Design," *IEEE Transactions on Control Systems Technology*, May 1996, pp. 244–247.
14. K. K. Chew, "Control of Errors in Disk Drive Systems," *IEEE Control Systems*, January 1990, pp. 16–19.
15. R. C. Dorf, *The Encyclopedia of Robotics*, John Wiley & Sons, New York, 1988.
16. D. W. Freeman, "Jump-Jet Airliner," *Popular Mechanics*, June 1993, pp. 38–40.
17. F. D. Norvelle, *Electrohydraulic Control Systems*, Prentice Hall, Upper Saddle River, N. J., 2000.
18. B. K. Bose, *Power Electronics and Variable Frequency Drives*, IEEE Press, Piscataway, N. J., 1997.
19. C. S. Bonaventura and K. W. Lilly, "A Constrained Motion Algorithm for the Shuttle Remote Manipulator System," *IEEE Control Systems*, October 1995, pp. 6–16.
20. A. T. Bahill and L. Stark, "The Trajectories of Saccadic Eye Movements," *Scientific American*, January 1979, pp. 108–117.
21. A. G. Ulsoy, "Control of Machining Processes," ASME, *Journal of Dynamic Systems*, June 1993, pp. 301–310.
22. C. E. Rohrs, J. L. Melsa, and D. Schultz, *Linear Control Systems*, McGraw-Hill, New York, 1993.
23. J. L. Jones and A. M. Flynn, *Mobile Robots*, A. K. Peters Publishing, New York, 1993.
24. D. A. Linkens, "Adaptive and Intelligent Control in Anesthesia," *IEEE Control Systems*, December 1992, pp. 6–10.

25. R. H. Bishop, "Adaptive Control of Space Station with Control Moment Gyros," *IEEE Control Systems*, October 1992, pp. 23–27.
26. J. B. Song, "Application of Adaptive Control to Arc Welding Processes," *Proceedings of the American Control Conference*, IEEE, June 1993, pp. 1751–1755.
27. X. G. Wang, "Estimation in Paper Machine Control," *IEEE Control Systems*, August 1993, pp. 34–43.
28. R. Patton, "Mag Lift," *Scientific American*, October 1993, pp. 108–109.
29. P. Ferreira, "Concerning the Nyquist Plots of Rational Functions of Nonzero Type," *IEEE Transaction on Education*, Vol. 42, No. 3, 1999, pp. 228–229.
30. J. Pretolve, "Stereo Vision," *Industrial Robot*, Vol. 21, No. 2, 1994, pp. 24–31.
31. M. W. Spong and M. Vidyasagar, *Robot Dynamics and Control*, John Wiley & Sons, New York, 1989.
32. L. Y. Pao and K. E. Johnson, "A Tutorial on the Dynamics and Control of Wind Turbines and Wind Farms," *Proceedings of the American Control Conference,* St. Louis, MO, 2009, pp. 2076–2089.
33. G. K. Klute, U. Tsach, and D. Geselowitz, "An Optimal Controller for an Electric Ventricular Assist Device: Theory, Implementation, and Testing," *IEEE Transactions of Biomedical Engineering*, Vol. 39, No. 4, 1992, pp. 394–403.

Capítulo 10

1. R. C. Dorf, *Electrical Engineering Handbook*, 2nd ed., CRC Press, Boca Raton, Fla., 1998.
2. Z. Gajic and M. Lelic, *Modern Control System Engineering*, Prentice Hall, Englewood Cliffs, N. J., 1996.
3. K. S. Yeung, et al., "A Non-trial and Error Method for Lag-Lead Compensator Design," *IEEE Transactions on Education*, February 1998, pp. 76–80.
4. W. R. Wakeland, "Bode Compensator Design," *IEEE Transactions on Automatic Control*, October 1976, pp. 771–773.
5. J. R. Mitchell, "Comments on Bode Compensator Design," *IEEE Transactions on Automatic Control*, October 1977, pp. 869–870.
6. S. T. Van Voorhis, "Digital Control of Measurement Graphics," *Hewlett-Packard Journal*, January 1986, pp. 24–26.
7. R. H. Bishop, "Adaptive Control of Space Station with Control Moment Gyros," *IEEE Control Systems*, October 1992, pp. 23–27.
8. C. L. Phillips, "Analytical Bode Design of Controllers," *IEEE Transactions on Education*, February 1985, pp. 43–44.
9. R. C. Garcia and B. S. Heck, "Enhancing Classical Controls Education via Interactive Design," *IEEE Control Systems*, June 1999, pp. 77–82.
10. J. D. Powell, N. P. Fekete, and C-F. Chang, "Observer-Based Air-Fuel Ratio Control," *IEEE Control Systems*, October 1998, p. 72.
11. T. B. Sheridan, *Telerobotics, Automation and Control*, MIT Press, Cambridge, Mass., 1992.
12. R. C. Dorf, *The Encyclopedia of Robotics*, John Wiley & Sons, New York, 1988.
13. R. L. Wells, "Control of a Flexible Robot Arm," *IEEE Control Systems*, January 1990, pp. 9–15.
14. H. Kazerooni, "Human Extenders," *Journal of Dynamic Systems*, ASME, June 1993, pp. 281–290.
15. R. C. Dorf and A. Kusiak, *Handbook of Manufacturing and Automation*, John Wiley & Sons, New York, 1994.
16. F. M. Ham, S. Greeley, and B. Henniges, "Active Vibration Suppression for the Mast Flight System," *IEEE Control System Magazine*, Vol. 9, No. 1, 1989, pp. 85–90.
17. K. Pfeiffer and R. Isermann, "Driver Simulation in Dynamical Engine Test Stands," *Proceedings of the American Control Conference*, IEEE, 1993, pp. 721–725.
18. A. G. Ulsoy, "Control of Machining Processes," ASME, *Journal of Dynamic Systems*, June 1993, pp. 301–310.
19. B. K. Bose, *Modern Power Electronics*, IEEE Press, New York, 1992.
20. F. G. Martin, *The Art of Robotics*, Prentice Hall, Upper Saddle River, N. J., 1999.
21. J. M. Weiss, "The TGV Comes to Texas," *Europe*, March 1993, pp. 18–20.
22. H. Kazerooni, "A Controller Design Framework for Telerobotic Systems," *IEEE Transactions on Control Systems Technology*, March 1993, pp. 50–62.
23. W. H. Zhu, "Industrial Manipulators," *IEEE Control Systems*, April 1999, pp. 24–28.
24. E. W. Kamen and B. S. Heck, *Fundamentals of Signals and Systems Using MATLAB*, Prentice Hall, Upper Saddle River, N. J., 1997.
25. C. T. Chen, *Analog and Digital Control Systems Design*, Oxford Univ. Press, New York, 1996.
26. M. J. Sidi, *Spacecraft Dynamics and Control*, Cambridge Univ. Press, New York, 1997.
27. A. Arenas, et al., "Angular Velocity Control for a Windmill Radiometer," *IEEE Transactions on Education*, May 1999, pp. 147–152.
28. M. Berenguel, et al., "Temperature Control of a Solar Furnace," *IEEE Control Systems*, February 1999, pp. 8–19.
29. A. H. Moore, "The Shipping News: Fast Ferries," *Fortune*, December 6, 1999, pp. 240–249.
30. M. P. Dinca, M. Gheorghe, and P. Galvin, "Design of a PID Controller for a PCR Micro Reactor," *IEEE Transactions on Education,* Vol. 52, No. 1, 2009, pp. 117–124.

Capítulo 11

1. R. C. Dorf, *Electrical Engineering Handbook*, 2nd ed., CRC Press, Boca Raton, Fla., 1998.
2. G. Goodwin, S. Graebe, and M. Salgado, *Control System Design*, Prentice Hall, Saddle River, N.J., 2001.
3. A. E. Bryson, "Optimal Control," *IEEE Control Systems*, June 1996, pp. 26–33.
4. J. Farrell, "Using Learning Techniques to Accommodate Unanticipated Faults," *IEEE Control Systems*, June 1993, pp. 40–48.

5. M. Jamshidi, *Design of Intelligent Manufacturing Systems*, Prentice Hall, Upper Saddle River, N. J., 1998.
6. M. Bodson, "High Performance Control of a Permanent Magnet Stepper Motor," *IEEE Transactions on Control Systems Technology*, March 1993, pp. 5–14.
7. G. W. Van der Linden, "Control of an Inverted Pendulum," *IEEE Control Systems*, August 1993, pp. 44–50.
8. W. J. Book, "Controlled Motion in an Elastic World," *Journal of Dynamic Systems*, June 1993, pp. 252–260.
9. E. W. Kamen, *Introduction to Industrial Control*, Academic Press, San Diego, 1999.
10. M. Jamshidi, *Large-Scale Systems*, Prentice Hall, Upper Saddle River, N. J., 1997.
11. W. J. Rugh, *Linear System Theory*, 2nd ed., Prentice Hall, Englewood Cliffs, N. J., 1996.
12. J. B. Burl, *Linear Optimal Control*, Prentice Hall, Upper Saddle River, N. J., 1999.
13. D. Hrovat, "Applications of Optimal Control to Automotive Suspension Design," *Journal of Dynamic Systems*, ASME, June 1993, pp. 328–342.
14. R. H. Bishop, "Adaptive Control of Space Station with Control Moment Gyros," *IEEE Control Systems*, October 1992, pp. 23–27.
15. R. C. Dorf, *Encyclopedia of Robotics*, John Wiley & Sons, New York, 1988.
16. T. B. Sheridan, *Telerobotics, Automation and Control*, MIT Press, Cambridge, Mass., 1992.
17. R. C. Dorf and A. Kusiak, *Handbook of Manufacturing and Automation*, John Wiley & Sons, New York, 1994.
18. C. T. Chen, *Linear System Theory and Design*, 3rd ed., Oxford University Press, New York, 1999.
19. F. L. Chernousko, *State Estimation for Dynamic Systems*, CRC Press, Boca Raton, Fla., 1993.
20. M. A. Gottschalk, "Dino-Adventure Duels Jurassic Park," *Design News*, August 16, 1993, pp. 52–58.
21. Y. Z. Tsypkin, "Robust Internal Model Control," *Journal of Dynamic Systems*, ASME, June 1993, pp. 419–425.
22. J. D. Irwin, *The Industrial Electronics Handbook*, CRC Press, Boca Raton, Fla., 1997.
23. J. K. Pieper, "Control of a Coupled-Drive Apparatus," *IEE Proceedings*, March 1993, pp. 70–79.
24. Rama K. Yedavalli, "Robust Control Design for Aerospace Applications," *IEEE Transactions of Aerospace and Electronic Systems*, Vol. 25, No. 3, 1989, pp. 314–324.
25. Bryan L. Jones and Robert H. Bishop, "*H2* Optimal Halo Orbit Guidance," *Journal of Guidance, Control, and Dynamics, AIAA*, Vol. 16, No. 6, 1993, pp. 1118–1124.
26. D. G. Luenberger, "Observing the State of a Linear System," *IEEE Transactions on Military Electronics*, 1964, pp. 74–80.
27. G. F. Franklin, J. D. Powell, and A. Emami-Naeini, *Feedback Control of Dynamic Systems*, 4th ed., Prentice Hall, Upper Saddle River, N. J., 2002.
28. R. E. Kalman, "Mathematical Description of Linear Dynamical Systems," *SIAM J. Control*, Vol. 1, 1963, pp. 152–192.
29. R. E. Kalman, "A New Approach to Linear Filtering and Prediction Problems," *Journal of Basic Engineering*, 1960, pp. 35–45.
30. R. E. Kalman and R. S. Bucy, "New Results in Linear Filtering and Prediction Theory," Transactions of the American Society of Mechanical Engineering, Series D, *Journal of Basic Engineering*, 1961, pp. 95–108.
31. B. Cipra, "Engineers Look to Kalman Filtering for Guidance," *SIAM News*, Vol. 26, No. 5, August 1993.
32. R. H. Battin, "Theodore von Karman Lecture: Some Funny Things Happened on the Way to the Moon," 27th Aerospace Sciences Meeting, Reno, Nevada, AIAA-89-0861, 1989.
33. R. G. Brown and P. Y. C. Hwang, *Introduction to Random Signal Analysis and Kalman Filtering with Matlab Exercises and Solutions*, John Wiley and Sons, Inc., 1996.
34. M. S. Grewal, and A. P. Andrews, *Kalman Filtering: Theory and Practice Using MATLAB, 2nd ed.*, Wiley-Interscience, 2001.

Capítulo 12

1. R. C. Dorf, *The Encyclopedia of Robotics*, John Wiley & Sons, New York, 1988.
2. R. C. Dorf, *Electrical Engineering Handbook*, 2nd ed., CRC Press, Boca Raton, Fla., 1998.
3. R. S. Sanchez-Pena and M. Sznaier, *Robust Systems Theory and Applications*, John Wiley & Sons, New York, 1998.
4. G. Zames, "Input-Output Feedback Stability and Robustness," *IEEE Control Systems*, June 1996, pp. 61–66.
5. K. Zhou and J. C. Doyle, *Essentials of Robust Control*, Prentice Hall, Upper Saddle River, N. J., 1998.
6. C. M. Close and D. K. Frederick, *Modeling and Analysis of Dynamic Systems*, 2nd ed., Houghton Mifflin, Boston, 1993.
7. A. Charara, "Nonlinear Control of a Magnetic Levitation System," *IEEE Transactions on Control System Technology*, September 1996, pp. 513–523.
8. J. Yen, *Fuzzy Logic: Intelligence and Control*, Prentice Hall, Upper Saddle River, N. J., 1998.
9. X. G. Wang, "Estimation in Paper Machine Control," *IEEE Control Systems*, August 1993, pp. 34–43.
10. D. Sbarbaro-Hofer, "Control of a Steel Rolling Mill," *IEEE Control Systems*, June 1993, pp. 69–75.
11. N. Mohan, *Power Electronics*, John Wiley & Sons, New York, 1995.
12. J. M. Weiss, "The TGV Comes to Texas," *Europe*, March 1993, pp. 18–20.
13. S. Lee, "Intelligent Sensing and Control for Advanced Teleoperation," *IEEE Control Systems*, June 1993, pp. 19–28.
14. J. V. Wait and L. P. Huelsman, *Operational Amplifier Theory*, 2nd ed., McGraw-Hill, New York, 1992.
15. F. G. Martin, *The Art of Robotics*, Prentice Hall, Upper Saddle River, N. J., 1999.
16. R. Shoureshi, "Intelligent Control Systems," *Journal of Dynamic Systems*, June 1993, pp. 392–400.

17. A. Butar and R. Sales, "Control for MagLev Vehicles," *IEEE Control Systems*, August 1998, pp. 18–25.
18. H. Paraci and M. Jamshidi, *Design and Implementation of Intelligent Manufacturing Systems*, Prentice Hall, Upper Saddle River, N.J., 1997.
19. B. Johnstone, "Japan's Friendly Robots," *Technology Review*, June 1999, pp. 66–69.
20. W. J. Grantham and T. L. Vincent, *Modern Control Systems Analysis and Design*, John Wiley & Sons, New York, 1993.
21. K. Capek, *Rossum's Universal Robots*, English edition by P. Selver and N. Playfair, Doubleday, Page, New York, 1923.
22. H. Kazerooni, "Human Extenders," *Journal of Dynamic Systems*, ASME, June 1993, pp. 281–290.
23. C. Lapiska, "Flight Simulation," *Aerospace America*, August 1993, pp. 14–17.
24. D. E. Bossert, "A Root-Locus Analysis of Quantitative Feedback Theory," *Proceedings of the American Control Conference*, June 1993, pp. 1698–1705.
25. J. A. Gutierrez and M. Rabins, "A Computer Loop-shaping Algorithm for Controllers," *Proceedings of the American Control Conference*, June 1993, pp. 1711–1715.
26. J. W. Song, "Synthesis of Compensators in Linear Uncertain Plants," *Proceedings of the Conference on Decision and Control*, December 1992, pp. 2882–2883.
27. M. Gottschalk, "Part Surgeon–Part Robot," *Design News*, June 7, 1993, pp. 68–75.
28. S. Jayasuriya, "Frequency Domain Design for Robust Performance Under Uncertainties," *Journal of Dynamic Systems*, June 1993, pp. 439–450.
29. L. S. Shieh, "Control of Uncertain Systems," *IEE Proceedings*, March 1993, pp. 99–110.
30. M. van de Panne, "A Controller for the Dynamic Walk of a Biped," *Proceedings of the Conference on Decision and Control*, IEEE, December 1992, pp. 2668–2673.
31. S. Bennett, "The Development of the PID Controller," *IEEE Control Systems*, December 1993, pp. 58–64.
32. J. C. Doyle, A. B. Francis, and A. R. Tannenbaum, *Feedback Control Theory*, Macmillan, New York, 1992.

Capítulo 13

1. R. C. Dorf, *The Encyclopedia of Robotics*, John Wiley & Sons, New York, 1988.
2. C. L. Phillips and H. T. Nagle, *Digital Control Systems*, Prentice Hall, Englewood Cliffs, N. J., 1995.
3. G. F. Franklin, et al., *Digital Control of Dynamic Systems*, 2nd ed., Prentice Hall, Upper Saddle River, N.J., 1998.
4. S. H. Zak, "Ripple-Free Deadbeat Control," *IEEE Control Systems*, August 1993, pp. 51–56.
5. C. Lapiska, "Flight Simulation," *Aerospace America*, August 1993, pp. 14–17.
6. F. G. Martin, *The Art of Robotics*, Prentice Hall, Upper Saddle River, N. J., 1999.
7. D. Raviv and E.W. Djaja, "Discretized Controllers," *IEEE Control Systems*, June 1999, pp. 52–58.
8. R. C. Dorf, *Electrical Engineering Handbook*, 2nd ed., CRC Press, Boca Raton, Fla., 1998.
9. T. M. Foley, "Engineering the Space Station," *Aerospace America*, October 1996, pp. 26–32.
10. A. G. Ulsoy, "Control of Machining Processes," ASME, *Journal of Dynamic Systems*, June 1993, pp. 301–310.
11. K. J. Astrom, *Computer-Controlled Systems*, Prentice Hall, Upper Saddle River, N.J., 1997.
12. R. C. Dorf and A. Kusiak, *Handbook of Manufacturing and Automation*, John Wiley & Sons, New York, 1994.
13. L. W. Couch, *Digital and Analog Communication Systems*, 5th ed., Macmillan, New York, 1995.
14. K. S. Yeung and H. M. Lai, "A Reformation of the Nyquist Criterion for Discrete Systems," *IEEE Transactions on Education*, February 1988, pp. 32–34.
15. T. R. Kurfess, "Predictive Control of a Robotic Grinding System," *Journal of Engineering for Industry*, ASME, November 1992, pp. 412–420.
16. D. M. Auslander, *Mechatronics*, Prentice Hall, Englewood Cliffs, N. J., 1996.
17. R. Shoureshi, "Intelligent Control Systems," *Journal of Dynamic Systems*, June 1993, pp. 392–400.
18. D. J. Leo, "Control of a Flexible Frame in Slewing," *Proceedings of American Control Conference*, 1992, pp. 2535–2540.
19. V. Skormin, "On-Line Diagnostics of a Self-Contained Flight Actuator," *IEEE Transactions on Aerospace and Electronic Systems*, January 1994, pp. 130–141.
20. H. H. Ottesen, "Future Servo Technologies for Hard Disk Drives," *J. of the Magnetics Society of Japan*, Vol. 18, 1994, pp. 31–36.

Índice Alfabético

T

U

V

Z

1
2
3
4
5
6
7
8
9
10
2024